KUANGWU X SHEXIAN

FENJING JIANDING SHOUCE

(TU PU)

KUANGWU X SHEXIAN
FENJING JIANDING SHOUCE (TU PU)

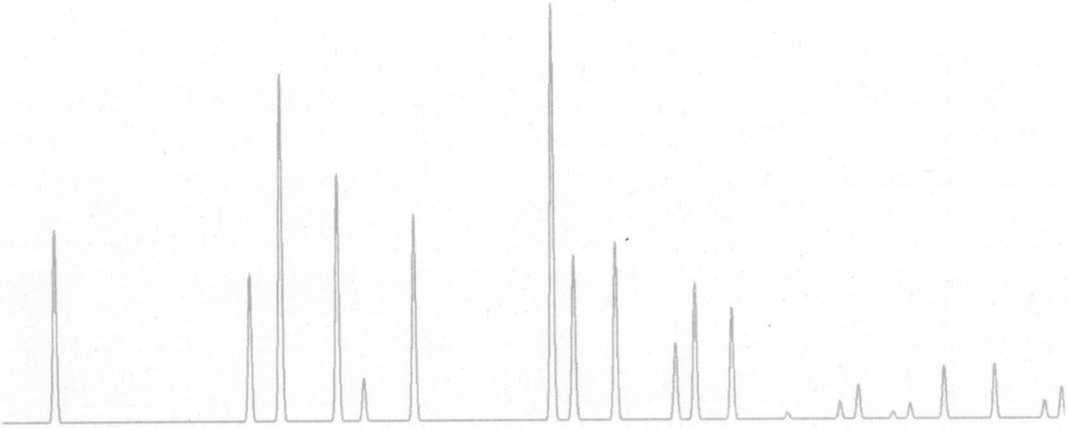

矿物X射线粉晶鉴定手册（图谱）

◉ 于吉顺　雷新荣
张锦化　吴红丹

華中科技大学出版社
http://www.hustp.com
中国·武汉

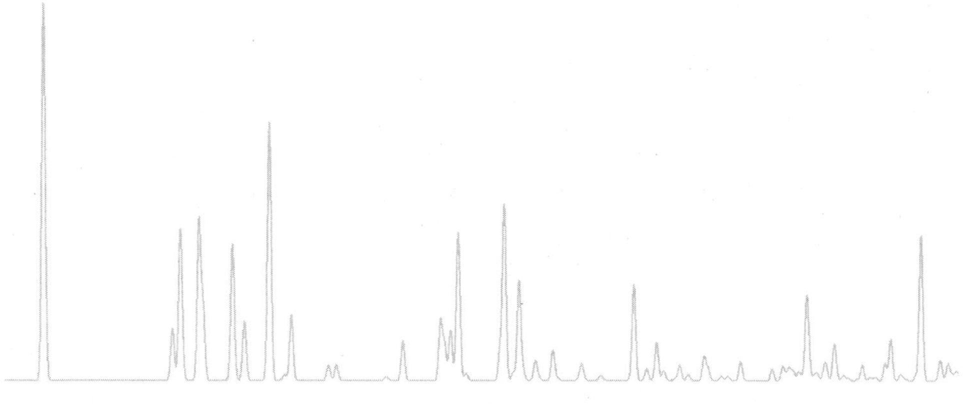

图书在版编目(CIP)数据

矿物X射线粉晶鉴定手册(图谱)/于吉顺　雷新荣　张锦化　吴红丹.—武汉：华中科技大学出版社，2011.1.

ISBN 978-7-5609-6773-8

Ⅰ.矿…　Ⅱ.①于…　②雷…　③张…　④吴…　Ⅲ.矿物-X射线衍射分析-手册　Ⅳ.P575.5-62

中国版本图书馆CIP数据核字(2010)第236777号

矿物X射线粉晶鉴定手册(图谱)　　　　于吉顺　雷新荣　张锦化　吴红丹

责任编辑：周芬娜
责任校对：李　琴
封面设计：潘　群
责任监印：周治超
出版发行：华中科技大学出版社(中国·武汉)
　　　　　武昌喻家山　　邮编：430074　　电话：(027)87557437
录　　排：华中科技大学惠友文印中心
印　　刷：湖北新华印务有限公司
开　　本：787mm×1092mm　1/16
印　　张：48.25　插页：2
字　　数：1295千字
版　　次：2011年1月第1版第1次印刷
定　　价：298.00元

序

X 射线粉晶衍射法是物相定性和定量分析不可或缺的最有效、最简捷的方法之一，在矿物、岩石、矿床、地球化学、石油、地层、古生物、构造地质等学科中均有广泛的应用。每一种结晶物质都具有特定的晶体结构类型，有着不同的 X 射线衍射花样。X 射线粉晶衍射定性的基本方法是将未知物的衍射花样与标准数据库中已知物质的衍射值相比对。通常数据库中存有要分析物相的标准卡片，但是，卡片中只有数据而没有图谱。该手册的编者们把粉晶 X 射线衍射标准图谱、面网间距 d 值、面网符号、衍射强度数据等集中在一个表格中，这就极大地方便了使用者，为矿物研究者们在 X 射线粉晶衍射分析方面提供了一个直观的平台。如此系统完整地将矿物的 X 射线衍射数据汇集于一本手册中，在我国还是首次，是编者们的一项新的尝试。

本手册的编者大多是长期从事矿物研究和 X 射线粉晶衍射分析工作的专家，其中，于吉顺和雷新荣同志从事 X 射线粉晶衍射分析工作 20 多年，张锦化和吴红丹两位博士在 X 射线粉晶衍射分析方面也有深入的研究。

我对本手册的出版表示祝贺，并深信，这一部很好的关于 X 射线粉晶衍射分析的数据手册，定将受到广大矿物研究者的欢迎。

中国科学院院士

中国地质大学教授

2010 年 9 月 26 日于北京

前言

自1895年由伦琴发现X射线以来，可利用X射线分辨的物质系统越来越复杂。从简单物质系统到复杂的生物大分子，X射线已经为我们提供了大量关于物质晶体结构的信息。X射线粉晶衍射分析已渗透到物理、化学、地球科学、生命科学、材料科学以及各种工程技术科学领域，尤其是在矿物、岩石、矿床、地球化学、石油、地层、古生物、构造地质等学科得到广泛应用。在物相定性和定量分析中，X射线粉晶衍射法是不可或缺的最有效、最简捷的方法之一。

随着我国科学实验技术水平的提高，大多数科研机构、大专院校及工矿企业都配备了X射线粉晶衍射仪。尽管仪器操作很简单，然而数据的分析却是一个复杂的过程。当然，现在的X射线粉晶衍射仪都配备有各式各样的计算机分析软件，但都不能满足测试分析者直观的要求，特别是那些需要分析数据而又接触粉晶衍射方法少的研究人员。为了使X射线粉晶衍射分析方法得到进一步的普及与应用，我们主要针对岩石矿物收集整理了这本《矿物X射线粉晶鉴定手册(图谱)》。

本手册共收集矿物861种，含自然元素、碳化物及相关化合物、硫化物、氧化物和氢氧化物、卤化物、碳酸盐及相关盐类、硫酸盐及相关盐类、磷酸盐及相关盐类、硅酸盐(岛状、环状、链状、层状、架状、沸石)等9大类矿物。

书中对每种矿物都附有粉晶X射线衍射标准图谱一幅，面网间距d值、面网符号、衍射强度数据表一个，其中的衍射图谱是根据ICSD数据库的晶体结构数据，用自编的软件计算得出的，衍射数据是根据PDF数据库得出的。书中同时给出了每种物质的晶体结构数据，应用者可使用atoms等相关软件据此绘出晶体结构图形。以上数据为粉晶X射线分析、单晶晶体结构分析、电子衍射分析等提供了充分的数据。

手册中的数据可按矿物类、矿物名称笔画及矿物粉晶衍射的三强峰等三种检索方法查阅。

本手册由于吉顺、雷新荣、张锦化、吴红丹编著，其中于吉顺和雷新荣长期从事X射线粉晶衍射分析工作，并且得到过原武汉地质学院X光室潘兆橹教授、沈今川教授、陆琦教授的教导。在本手册的编写过程中，得到了中国地质大学(武汉)地质过程与矿产资源国家重点实验室金振民院士、成秋明主任的关心，特别感谢实验室副主任赵来时教授在本手册编写过程中给予的大力支持与关怀。感谢中国地质大学(北京)赵志丹教授在本手册编写过程中的关怀与帮助。

中国科学院院士、中国地质大学莫宣学教授百忙中审阅本手册并题序,编者在此深表谢意。

由于编者水平有限,本手册中难免出现错误之处,望广大读者及专家提出宝贵意见。

编　者

2010. 11. 28

目　　录

第一部分　X射线粉晶数据

1　自然元素 ………… 3
(1) 金属 ………… 4
1-001 铬-立方相 1 ………… 4
1-002 铬-立方相 2 ………… 4
1-003 铬-六方相 ………… 5
1-004 铝 ………… 5
1-005 铜 ………… 6
1-006 金 ………… 6
1-007 铅 ………… 7
1-008 银-立方相 ………… 7
1-009 银-六方相 ………… 8
1-010 铟 ………… 8
1-011 α-铁 ………… 9
1-012 γ-铁 ………… 9
1-013 δ-铁 ………… 10
1-014 ε-铁 ………… 10
1-015 镍 ………… 11
1-016 铱 ………… 11
1-017 锇 ………… 12
1-018 钯 ………… 12
1-019 铂 ………… 13
1-020 铑 ………… 13
1-021 β-锡 ………… 14
1-022 钛-立方相 1 ………… 14
1-023 钛-立方相 2 ………… 15
1-024 钛-六方相 ………… 15
1-025 锌 ………… 16
1-026 锑 ………… 16
1-027 铋 ………… 17
(2) 合金 ………… 17
1-028 锑铅金矿 ………… 17
1-029 珲春矿 ………… 18
1-030 金三铜矿 ………… 18
1-031 铜汞合金 ………… 19
1-032 张衡矿 ………… 20
1-033 铜铝合金 ………… 20
1-034 α-铁纹石 ………… 21
1-035 β-镍纹石 ………… 21
1-036 铁镍矿 ………… 22
1-037 铁钴矿 ………… 22
(3) 半金属、非金属 ………… 23
1-038 砷 ………… 23
1-039 硫 ………… 23
1-040 硒 ………… 24
1-041 碲 ………… 24
1-042 石墨-2*H* ………… 25
1-043 石墨-3*R* ………… 25
1-044 金刚石 ………… 26
1-045 赵石墨 ………… 26
1-046 六方金刚石 ………… 27
1-047 硅-立方相 1 ………… 27
1-048 硅-立方相 2 ………… 28
2　碳化物及相关化合物 ………… 29
(1) 碳化物 ………… 30
2-001 碳化钨 ………… 30
2-002 碳化钙 ………… 30
2-003 陨碳铁矿 ………… 31
2-004 碳化钛 ………… 31
2-005 碳化铬 ………… 32
2-006 α-碳化硅-2*H* ………… 32
2-007 α-碳化硅-4*H* ………… 33
2-008 α-碳化硅-6*H* ………… 33
2-009 β-碳化硅 ………… 34
2-010 碳化硼 ………… 34

(2) 氮化物 …… 35
2-011 氮化铝-立方相1 …… 35
2-012 氮化铝-立方相2 …… 35
2-013 氮化铝-六方相 …… 36
2-014 氮化锂 …… 36
2-015 氮化镁 …… 37
2-016 氮铁矿 …… 37
2-017 氮化钛 …… 38
2-018 氮化钽 …… 38
2-019 氮化钒 …… 39
2-020 氮化硼 …… 39
2-021 氮化磷 …… 40
2-022 氮化硅-三方相 …… 40
2-023 氮化硅-六方相 …… 41
2-024 氮化镓-六方相 …… 41
2-025 氮化镓-立方相 …… 42
(3) 砷化物 …… 42
2-026 砷化镓-立方相1 …… 42
2-027 砷化镓-立方相2 …… 43
2-028 砷化镓-六方相 …… 43
2-029 砷化镓-斜方相1 …… 44
2-030 砷化镓-斜方相2 …… 44
2-031 砷化铟-立方相1 …… 45
2-032 砷化铟-立方相2 …… 45
2-033 砷化铟-立方相3 …… 46
2-034 砷化铟-四方相 …… 46
(4) 硼化物 …… 47
2-035 硼化镁 …… 47
2-036 硼化钙 …… 47
2-037 一硼化锆 …… 48
2-038 二硼化锆 …… 48
2-039 十二硼化锆 …… 49
2-040 六硼化镧 …… 49
2-041 四硼化镧 …… 50
2-042 硼化铬 …… 50
2-043 硼化钛-立方相 …… 51
2-044 硼化钛-斜方相 …… 51
2-045 二硼化钛 …… 52
2-046 四硼化硅 …… 52
2-047 六硼化硅 …… 53
2-048 硼化钽 …… 53
2-049 硼化二钽 …… 54
2-050 二硼化钽 …… 54
(5) 磷化物 …… 55
2-051 磷化钙 …… 55
2-052 二磷化三钙 …… 55
2-053 α-磷化锌 …… 56
2-054 β-磷化锌 …… 56
2-055 磷化铝-立方相 …… 57
2-056 磷化铝-六方相 …… 57
2-057 磷化三铜 …… 58
2-058 二磷化铜 …… 58
2-059 磷化氢 …… 59
2-060 磷化硼 …… 59
3 硫化物 …… 60
3-001 辉银矿 …… 61
3-002 硫锰矿 …… 61
3-003 银镍黄铁矿 …… 62
3-004 硫银锗矿 …… 62
3-005 毒砂 …… 63
3-006 辉铋矿 …… 64
3-007 斑铜矿 …… 64
3-008 硫铜钴矿 …… 65
3-009 辉铜矿-六方相 …… 66
3-010 辉铜矿-四方相 …… 66
3-011 辉铜矿-单斜相 …… 67
3-012 黄铜矿 …… 68
3-013 辰砂 …… 69
3-014 黑辰砂 …… 69
3-015 辉砷钴矿 …… 70
3-016 铜蓝 …… 70
3-017 方黄铜矿 …… 71
3-018 蓝灰铜矿 …… 71
3-019 块硫锑铜矿 …… 72
3-020 方铅矿 …… 72
3-021 硫锗铜矿 …… 73
3-022 辉砷镍矿 …… 74
3-023 硫镉矿 …… 74
3-024 硫铋锑镍矿 …… 75
3-025 褐硫锰矿 …… 75

3-026 辉铜银矿 …… 76
3-027 红锑矿 …… 76
3-028 硫钌矿 …… 77
3-029 辉砷铜矿 …… 78
3-030 硫钴矿 …… 78
3-031 针镍矿 …… 79
3-032 辉钼矿-2H …… 79
3-033 辉钼矿-3R …… 80
3-034 雌黄 …… 80
3-035 绿硫钒矿 …… 81
3-036 镍黄铁矿 …… 81
3-037 硫镍矿 …… 82
3-038 黄铁矿 …… 82
3-039 白铁矿 …… 83
3-040 磁黄铁矿-1T …… 83
3-041 雄黄 …… 84
3-042 副雄黄 …… 85
3-043 硫镍钴矿 …… 86
3-044 闪锌矿 …… 86
3-045 黝锡矿 …… 87
3-046 硫铁银矿 …… 87
3-047 辉锑矿 …… 88
3-048 硫铜银矿 …… 88
3-049 硫锡铅矿 …… 89
3-050 辉钨矿-2H …… 89
3-051 辉钨矿-3R …… 90
3-052 锑硫镍矿 …… 90
3-053 纤锌矿-2H …… 91
3-054 纤锌矿-4H …… 91
3-055 纤锌矿-6H …… 92
3-056 纤锌矿-8H …… 92
3-057 纤锌矿-10H …… 93
4 氧化物和氢氧化物 …… 95
(1) 氧化物 …… 96
4-001 易解石 …… 96
4-002 锐钛矿 …… 96
4-003 方铁锰矿 …… 97
4-004 钛铀矿 …… 97
4-005 板钛矿 …… 98
4-006 金绿宝石 …… 98
4-007 铌铁矿 …… 99
4-008 刚玉 …… 99
4-009 赤铜矿 …… 100
4-010 黑锰矿 …… 100
4-011 赤铁矿 …… 101
4-012 冰 …… 101
4-013 钛铁矿 …… 102
4-014 钙钛矿 …… 102
4-015 方镁石 …… 103
4-016 复稀金矿 …… 103
4-017 铁板钛矿 …… 104
4-018 贝塔石 …… 105
4-019 细晶石 …… 105
4-020 烧绿石 …… 106
4-021 拉锰矿 …… 106
4-022 硬锰矿 …… 107
4-023 锡石 …… 108
4-024 块黑铅矿 …… 108
4-025 软锰矿 …… 109
4-026 金红石 …… 109
4-027 斯石英 …… 110
4-028 方石英 …… 110
4-029 β-方石英 …… 111
4-030 石英 …… 111
4-031 β-石英 …… 112
4-032 柯石英 …… 112
4-033 方锑矿 …… 113
4-034 铬铁矿 …… 113
4-035 锌铁尖晶石 …… 114
4-036 锌尖晶石 …… 114
4-037 镁铬铁矿 …… 115
4-038 磁铁矿 …… 115
4-039 尖晶石 …… 116
4-040 塔菲石 …… 116
4-041 钽铁矿 …… 117
4-042 重钽铁矿 …… 118
4-043 晶质铀矿 …… 118
4-044 锑华 …… 119
4-045 红锌矿 …… 119
4-046 钕石 …… 120

4-047 方铁矿 …… 120
4-048 绿镍矿 …… 121
4-049 方锰矿 …… 121
4-050 石灰 …… 122
4-051 黑铜矿 …… 122
4-052 橙汞矿 …… 123
4-053 密陀僧 …… 123
4-054 铁尖晶石 …… 124
4-055 镁铁矿 …… 124
4-056 锌黑锰矿 …… 125
4-057 铅丹 …… 125
4-058 钙铁石 …… 126
4-059 砷华 …… 126
4-060 软铋矿 …… 127
4-061 水钙钛矿 …… 127
4-062 钠铌矿 …… 128
4-063 副黄碲矿 …… 129
4-064 铌钙矿 …… 129
4-065 钽锑矿 …… 130
4-066 斜锆石 …… 130
4-067 方铈矿 …… 131
4-068 方钍矿 …… 131
4-069 钼华 …… 132
4-070 钨华 …… 132
4-071 砒霜 …… 133
4-072 褐锰矿 …… 133
(2) 氢氧化物 …… 134
4-073 水镁石 …… 134
4-074 勃姆矿 …… 134
4-075 硬水铝石 …… 135
4-076 三水铝石 …… 135
4-077 黑锌锰矿 …… 136
4-078 羟铟石 …… 136
4-079 针铁矿 …… 137
4-080 纤铁矿 …… 137
4-081 水锰矿 …… 138
4-082 硬锰矿 …… 138
4-083 羟钙石 …… 139
5 卤化物 …… 140
(1) 氟化物 …… 141
5-001 氟盐 …… 141
5-002 方氟钾石 …… 141
5-003 莴氟锂石 …… 142
5-004 氟镁石 …… 142
5-005 萤石 …… 143
5-006 钡萤石 …… 143
5-007 氟铈矿 …… 144
5-008 氟镧矿 …… 144
5-009 氟镁钠石 …… 145
5-010 氟硼钾石 …… 145
5-011 氟硼钠石 …… 146
5-012 氟铝钙锂石 …… 146
5-013 冰晶石 …… 147
5-014 钾冰晶石 …… 147
5-015 锂冰晶石 …… 148
5-016 汤霜晶石 …… 148
(2) 氯化物 …… 149
5-017 石盐 …… 149
5-018 钾盐 …… 150
5-019 冰石盐 …… 150
5-020 硇砂 …… 151
5-021 角银矿 …… 151
5-022 铜盐 …… 152
5-023 汞膏 …… 152
5-024 陨氯铁 …… 153
5-025 氯锰石 …… 153
5-026 氯镁石 …… 154
5-027 罗水氯铁石 …… 154
5-028 水氯钙石 …… 155
5-029 南极石 …… 155
5-030 氯铅矿 …… 156
5-031 氯钙石 …… 156
5-032 水氯铜石 …… 157
5-033 托氯铜石 …… 157
5-034 水氯镁石 …… 158
5-035 氯氟钙石 …… 158
5-036 铁盐 …… 159
5-037 水铁盐 …… 159
5-038 氯铝石 …… 160
5-039 光卤石 …… 160

5-040 氯铜矿 …… 161
5-041 副氯铜矿 …… 162
5-042 羟氯铅矿 …… 162
5-043 氯锑铅矿 …… 163
（3）溴化物 …… 163
5-044 溴汞石 …… 163
5-045 溴银矿 …… 164
（4）碘化物 …… 164
5-046 碘银矿 …… 164
5-047 黄碘银矿 …… 165
5-048 碘铜矿 …… 165
5-049 碘汞矿 …… 166
6 碳酸盐及相关盐类 …… 167
（1）无水碳酸盐 …… 168
6-001 苏打石 …… 168
6-002 重碳酸钾石 …… 168
6-003 天然碱 …… 169
6-004 方解石 …… 169
6-005 菱镁矿 …… 170
6-006 菱铁矿 …… 170
6-007 菱锰矿 …… 171
6-008 菱钴矿 …… 171
6-009 菱锌矿 …… 172
6-010 菱镉矿 …… 172
6-011 菱镍矿 …… 173
6-012 球方解石 …… 173
6-013 文石 …… 174
6-014 毒重石 …… 174
6-015 碳锶矿 …… 175
6-016 白铅矿 …… 175
6-017 钠碳石 …… 176
6-018 扎布耶石 …… 176
6-019 白云石 …… 177
6-020 铁白云石 …… 177
6-021 锰方解石 …… 178
6-022 钡白云石 …… 178
6-023 钡解石-三方相 …… 179
6-024 菱碱土矿 …… 179
6-025 钡解石-单斜相 …… 180
6-026 碳酸钠钙石 …… 181
6-027 碳酸钙镁矿 …… 181
（2）水合碳酸盐及复合碳酸盐 …… 182
6-028 水碱 …… 182
6-029 泡碱 …… 183
6-030 单水碳钙石 …… 184
6-031 六水碳钙石 …… 185
6-032 五水碳镁石 …… 185
6-033 钙水碱 …… 186
6-034 针碳钠钙石 …… 187
6-035 氟碳铈矿 …… 187
6-036 氟碳钙铈矿 …… 188
6-037 黄河矿 …… 189
6-038 氟菱钙铈矿 …… 189
6-039 蓝铜矿 …… 190
6-040 孔雀石 …… 191
6-041 角铅矿 …… 191
6-042 泡铋矿 …… 192
6-043 氯碳酸钠镁石 …… 192
6-044 水锌矿 …… 193
6-045 绿铜锌矿 …… 193
6-046 水碳铝铅矿 …… 194
6-047 鳞镁铁矿 …… 195
6-048 水菱镁矿 …… 196
6-049 硫碳酸铅矿 …… 197
（3）硝酸盐 …… 198
6-050 钠硝石 …… 198
6-051 钾硝石 …… 199
6-052 钡硝石 …… 199
6-053 水钙硝石 …… 200
6-054 水镁硝石 …… 201
6-055 铜硝石 …… 201
6-056 毛青铜矿 …… 202
6-057 羟磷硝铜矿 …… 203
6-058 钠硝矾 …… 204
（4）硼酸盐 …… 205
6-059 硼铝镁石 …… 205
6-060 硼镁铁矿 …… 205
6-061 硼铁矿 …… 206
6-062 天然硼酸 …… 207
6-063 硼钙石 …… 208

6-064 硼铝钙石 …… 208
6-065 硼锂石 …… 209
6-066 硼铍石 …… 209
6-067 硼镁石 …… 210
6-068 硅硼钙石 …… 211
6-069 方硼石 …… 212
6-070 硼砂 …… 213
6-071 三方硼砂 …… 214
6-072 章氏硼镁石 …… 215
7 硫酸盐及相关盐类 …… 216
(1) 硫酸盐 …… 217
7-001 铵矾 …… 217
7-002 单钾芒硝 …… 218
7-003 无水芒硝 …… 218
7-004 重晶石 …… 219
7-005 天青石 …… 219
7-006 硫酸铅矿 …… 220
7-007 硬石膏 …… 220
7-008 钙芒硝 …… 221
7-009 钾石膏 …… 221
7-010 柱钠铜矾 …… 222
7-011 软钾镁矾 …… 223
7-012 柱钾铁矾 …… 224
7-013 钾明矾 …… 225
7-014 铵明矾 …… 226
7-015 水铁矾 …… 226
7-016 石膏 …… 227
7-017 胆矾 …… 227
7-018 锌铁矾 …… 228
7-019 镍矾 …… 229
7-020 水绿矾 …… 230
7-021 赤矾 …… 231
7-022 泻利盐 …… 232
7-023 碧矾 …… 233
7-024 镁明矾 …… 234
7-025 铁明矾 …… 236
7-026 针绿矾 …… 237
7-027 水胆矾 …… 238
7-028 块铜矾 …… 239
7-029 青铅矿 …… 240
7-030 明矾石 …… 241
7-031 黄钾铁矾 …… 241
7-032 铅铁矾 …… 242
7-033 矾石 …… 243
7-034 基铁矾 …… 244
7-035 纤铁矾 …… 245
7-036 钙矾石 …… 246
(2) 亚硒酸盐 …… 247
7-037 蓝硒铜矿 …… 247
(3) 铬酸盐 …… 247
7-038 黄铬钾石 …… 247
7-039 铬铅矿 …… 248
(4) 钨酸盐 …… 248
7-040 钨铁矿 …… 248
7-041 黑钨矿 …… 249
7-042 钨锰矿 …… 249
7-043 白钨矿 …… 250
7-044 钨铅矿 …… 250
(5) 钼酸盐 …… 251
7-045 钼钙矿 …… 251
7-046 钼铅矿 …… 251
7-047 黄钼铀矿 …… 252
8 磷酸盐及相关盐类 …… 253
(1) 磷酸盐 …… 254
8-001 锂磷铝石 …… 254
8-002 磷铝铅矿 …… 255
8-003 白磷钙石 …… 255
8-004 光彩石 …… 256
8-005 黄磷铁矿 …… 257
8-006 磷铜铁矿 …… 258
8-007 绿磷铁矿 …… 259
8-008 磷铍钙石 …… 260
8-009 天蓝石 …… 261
8-010 磷铜矿 …… 262
8-011 板磷铁矿 …… 262
8-012 准磷铝石 …… 263
8-013 独居石 …… 264
8-014 三斜磷锌矿 …… 264
8-015 磷铁锂矿 …… 265
8-016 磷铝石 …… 266

8-017 磷砷锌铜矿 …… 266
8-018 蓝铁矿 …… 267
8-019 银星石 …… 268
8-020 基性磷铁锰矿 …… 269
8-021 磷钇矿 …… 270
8-022 簇磷铁矿 …… 271
8-023 钙铀云母 …… 272
8-024 淡磷钙铁矿 …… 273
8-025 准钙铀云母 …… 274
8-026 准铜铀云母 …… 274
8-027 暧昧石 …… 275
8-028 磷锂铝石 …… 276
8-029 多铁天蓝石 …… 277
8-030 氟磷铁锰矿 …… 278
8-031 氟磷灰石 …… 279
8-032 红磷锰矿 …… 280
8-033 假孔雀石 …… 281
8-034 铁锰绿铁矿 …… 282
8-035 块磷铝矿 …… 283
8-036 蓝磷铁矿 …… 283
8-037 蓝磷铜矿 …… 285
8-038 纤磷钙铝石 …… 286
8-039 磷钙锌矿 …… 286
8-040 磷灰石 …… 287
8-041 镁磷石 …… 288
8-042 磷镧镨矿 …… 289
8-043 磷铝锰矿 …… 289
8-044 磷铝铁石 …… 290
8-045 磷钠铍石 …… 291
8-046 磷铁铝矿 …… 292
8-047 磷锌矿 …… 293
8-048 磷叶石 …… 294
8-049 绿磷铅铜矿 …… 295
8-050 绿松石 …… 296
8-051 磷铀矿 …… 297
8-052 氯磷灰石 …… 298
8-053 锰磷锂矿 …… 299
8-054 羟磷灰石 …… 299
8-055 水磷铝钠石 …… 300
8-056 纤磷锰铁矿 …… 301
8-057 针磷钇铒矿 …… 302
8-058 准钡铀云母 …… 303
8-059 准蓝磷铝铁矿 …… 304
8-060 紫磷铁锰矿 …… 305
8-061 菱磷铝锶石 …… 305
(2) 砷酸盐 …… 306
8-062 砷钇矿 …… 306
8-063 橄榄铜矿 …… 306
8-064 水砷锌矿 …… 307
8-065 砷钙铜矿 …… 307
8-066 砷铜铅矿 …… 308
8-067 砷铅铁矿 …… 308
8-068 砷铅矿 …… 309
8-069 臭葱石 …… 310
8-070 钴华 …… 310
8-071 镍华 …… 311
8-072 毒铁矿 …… 312
8-073 砷铋铜矿 …… 313
8-074 翠砷铜铀矿 …… 314
8-075 准翠砷铜铀矿 …… 315
8-076 砷菱铅矾 …… 316
(3) 钒酸盐 …… 316
8-077 钒铅矿 …… 316
8-078 钒铋矿 …… 317
8-079 钒铅锌矿 …… 317
8-080 钒铜铅矿 …… 318
8-081 钒钡铜矿 …… 318
8-082 水钒铜矿 …… 319
8-083 钒钾铀矿 …… 319
(4) 锑酸盐 …… 320
8-084 水锑铅矿 …… 320
8-085 黄锑矿 …… 321
8-086 锑钙石 …… 321
9 硅酸盐 …… 322
(1) 岛状硅酸盐 …… 323
9-001 硅铍石 …… 323
9-002 硅锌矿 …… 323
9-003 锂霞石 …… 324
9-004 锂铍石 …… 325
9-005 三斜石 …… 325

9-006 硅铅锌矿 …… 326
9-007 橄榄石 …… 327
9-008 铁橄榄石 …… 328
9-009 镁橄榄石 …… 328
9-010 镍橄榄石 …… 329
9-011 锰橄榄石 …… 329
9-012 钙镁橄榄石 …… 330
9-013 钙铁橄榄石 …… 330
9-014 钙锰橄榄石 …… 331
9-015 尖晶橄榄石 …… 332
9-016 镁铝榴石 …… 332
9-017 铁铝榴石 …… 333
9-018 锰铝榴石 …… 333
9-019 钙铁榴石 …… 334
9-020 钙铝榴石 …… 334
9-021 钙铬榴石 …… 335
9-022 钙钒榴石 …… 335
9-023 水钙锰榴石 …… 336
9-024 斜硅钙石 …… 337
9-025 锆石 …… 337
9-026 钍石 …… 338
9-027 硅钍石 …… 338
9-028 蓝柱石 …… 339
9-029 斜晶石 …… 340
9-030 褐锌锰矿 …… 341
9-031 硅锌镁锰石 …… 342
9-032 矽线石 …… 343
9-033 莫来石 …… 343
9-034 红柱石 …… 344
9-035 锰辉石 …… 344
9-036 紫硅铝镁石 …… 345
9-037 蓝晶石 …… 346
9-038 十字石 …… 347
9-039 黄玉 …… 348
9-040 块硅镁石 …… 349
9-041 粒硅锰矿 …… 349
9-042 粒硅镁石 …… 350
9-043 水硅锰矿 …… 351
9-044 斜硅镁石 …… 352
9-045 斜硅锰矿 …… 353
9-046 硅镁石 …… 354
9-047 硬绿泥石 …… 355
9-048 榍石 …… 356
9-049 氧硅钛钠石 …… 357
9-050 铈硅石 …… 357
9-051 桂硅钙石 …… 358
9-052 氟硅钙石 …… 359
9-053 哈硅钙石 …… 360
9-054 灰硅钙石 …… 361
9-055 硅铅铀矿 …… 362
9-056 硅钙铀矿 …… 363
9-057 硅镁铀矿 …… 364
9-058 水硅钙铀矿 …… 365
9-059 硅铀矿 …… 366
9-060 蓝线石 …… 367
9-061 锑线石 …… 368
9-062 硅硼钙石 …… 369
9-063 兴安石 …… 369
9-064 硅铍钇矿 …… 370
9-065 钙铒钇矿 …… 371
9-066 硼硅钡钇矿 …… 372
9-067 磷硼硅铈矿 …… 373
9-068 硅硼镁石 …… 374
9-069 硅钡铍矿 …… 375
9-070 钪钇石 …… 375
9-071 红钇矿 …… 376
9-072 硅钍钇矿 …… 377
9-073 硅铅矿 …… 378
9-074 硅钙石 …… 379
9-075 镁黄长石 …… 380
9-076 钙铝黄长石 …… 380
9-077 黄长石 …… 381
9-078 硅钛钡石 …… 381
9-079 铍柱石 …… 382
9-080 白铍石 …… 383
9-081 密黄长石 …… 384
9-082 顾家石 …… 385
9-083 羟硅铍石 …… 385
9-084 异极石 …… 386
9-085 水硅锌钙石 …… 387

9-086 斧石 …… 388
9-087 硬柱石 …… 389
9-088 黑柱石 …… 389
9-089 枪晶石 …… 390
9-090 锆钽矿 …… 391
9-091 黄硅铌钙矿 …… 392
9-092 片榍石 …… 393
9-093 锆针钠钙石 …… 395
9-094 索伦石 …… 396
9-095 氟钠钛锆石 …… 397
9-096 钡铁钛石 …… 398
9-097 钡闪叶石 …… 400
9-098 闪叶石 …… 401
9-099 斜方镁钡闪叶石 …… 402
9-100 硅铁钡石 …… 403
9-101 硅钛钠石 …… 404
9-102 硅钛铈钇矿 …… 405
9-103 钛硅铈矿 …… 406
9-104 粒硅钙石 …… 407
9-105 斜水硅钙石 …… 408
9-106 硅铅锰矿 …… 409
9-107 氯硅钙铅矿 …… 410
9-108 赛黄晶 …… 411
9-109 磷硅钛钠石 …… 412
9-110 磷硅铌钠石 …… 413
9-111 铍密黄石 …… 414
9-112 锌黄长石 …… 415
9-113 水硅铜钙石 …… 415
9-114 罗水硅钙石 …… 416
9-115 水硅锰钙石 …… 417
9-116 羟硅铝锰石 …… 418
9-117 氯黄晶 …… 419
9-118 柱晶石 …… 420
9-119 锰镁云母 …… 421
9-120 褐帘石 …… 422
9-121 斜黝帘石 …… 423
9-122 绿帘石 …… 424
9-123 铅黝帘石 …… 425
9-124 红帘石 …… 426
9-125 黝帘石 …… 428
9-126 绿纤石 …… 429
9-127 锰帘石 …… 430
9-128 钙锰帘石 …… 431
9-129 符山石 …… 432
9-130 鲁硅钙石 …… 434
9-131 硅钛钠钡石 …… 435
9-132 锰硅铝矿 …… 436
9-133 锰柱石 …… 438
9-134 斜方硅钙石 …… 439
（2）环状硅酸盐 …… 440
9-135 硅锆钡石 …… 440
9-136 蓝锥矿 …… 441
9-137 硅锡钡石 …… 441
9-138 钾钙板锆石 …… 442
9-139 瓦硅钙钡石 …… 443
9-140 针硅钙铅矿 …… 444
9-141 斜方钠锆石 …… 445
9-142 三水钠锆石 …… 446
9-143 包头矿 …… 447
9-144 硅钛铌钠矿 …… 448
9-145 羟铝铜钙石 …… 449
9-146 钙钇铈矿 …… 450
9-147 磷硅铈钠石 …… 451
9-148 绿柱石 …… 452
9-149 硅钪铍石 …… 453
9-150 印度石 …… 453
9-151 基性异性石 …… 454
9-152 硅锆钙钠石 …… 455
9-153 硅铁钙钠石 …… 456
9-154 透视石 …… 457
9-155 硅钛锂钙石 …… 457
9-156 堇青石 …… 459
9-157 钙锂电气石 …… 460
9-158 钙镁电气石 …… 461
9-159 布格电气石 …… 462
9-160 锂电气石 …… 463
9-161 镁电气石 …… 464
9-162 黑电气石 …… 465
9-163 铬电气石 …… 466
9-164 羟硅钡石 …… 467

9-165 硅锂锡钾石 …………………… 468
9-166 硅锆锰钾石 …………………… 468
9-167 陨铁大隅石 …………………… 469
9-168 大隅石 …………………… 470
9-169 硅铁锂钠石 …………………… 471
9-170 整柱石 …………………… 472
9-171 硅锂钛锆石 …………………… 472
9-172 碱硅镁石 …………………… 473
9-173 蓝铜矿 …………………… 474
9-174 片柱钙石 …………………… 475
9-175 铅蓝方石 …………………… 476
9-176 硅钡铁矿 …………………… 477
9-177 天山石 …………………… 478
9-178 硅钛铁钡石 …………………… 479
9-179 斜辉石 …………………… 481
(3) 链状硅酸盐 …………………… 482
9-180 斜顽辉石 …………………… 482
9-181 斜铁辉石 …………………… 483
9-182 锰辉石 …………………… 484
9-183 易变辉石 …………………… 485
9-184 斜方辉石 …………………… 486
9-185 顽火辉石 …………………… 487
9-186 透辉石 …………………… 488
9-187 钙铁辉石 …………………… 488
9-188 普通辉石 …………………… 489
9-189 锰钙辉石 …………………… 490
9-190 绿辉石 …………………… 490
9-191 硬玉 …………………… 491
9-192 霓石 …………………… 492
9-193 锂辉石 …………………… 492
9-194 针锰柱石 …………………… 493
9-195 硅钠钛矿 …………………… 494
9-196 单斜硅铜矿 …………………… 494
9-197 硅灰石 …………………… 495
9-198 钙蔷薇辉石 …………………… 496
9-199 针钠钙石 …………………… 497
9-200 桃针钠石 …………………… 498
9-201 针硅钙石 …………………… 499
9-202 水硅锰镁锌矿 …………………… 500
9-203 蔷薇辉石 …………………… 501
9-204 铁灰石 …………………… 502
9-205 硅铍钠石 …………………… 504
9-206 锰三斜辉石 …………………… 505
9-207 铅辉石 …………………… 506
9-208 镁闪石 …………………… 507
9-209 镁铁闪石 …………………… 508
9-210 铁闪石 …………………… 509
9-211 直闪石 …………………… 510
9-212 铝直闪石 …………………… 511
9-213 锂蓝闪石 …………………… 513
9-214 透闪石 …………………… 514
9-215 角闪石 …………………… 515
9-216 阳起石 …………………… 516
9-217 镁角闪石 …………………… 517
9-218 铁角闪石 …………………… 518
9-219 浅闪石 …………………… 519
9-220 韭角闪石 …………………… 520
9-221 铁韭闪石 …………………… 521
9-222 镁绿钙闪石 …………………… 522
9-223 绿钠闪石 …………………… 523
9-224 钛角闪石 …………………… 524
9-225 铁钙镁闪石 …………………… 526
9-226 蓝透闪石 …………………… 527
9-227 锰闪石 …………………… 528
9-228 铁钠钙闪石 …………………… 529
9-229 红闪石 …………………… 530
9-230 绿铁闪石 …………………… 531
9-231 蓝闪石 …………………… 532
9-232 铁蓝闪石 …………………… 533
9-233 钠闪石 …………………… 534
9-234 氟镁钠闪石 …………………… 535
9-235 钠铁闪石 …………………… 536
9-236 纤硅铜矿 …………………… 537
9-237 双晶石 …………………… 538
9-238 板晶石 …………………… 539
9-239 星叶石 …………………… 540
9-240 锰星叶石 …………………… 542
9-241 短柱石 …………………… 543
(4) 层状硅酸盐 …………………… 544
9-242 柱星叶石 …………………… 544

9-243 绿泥石 …… 545
9-244 地开石 …… 546
9-245 埃洛石-10Å …… 547
9-246 埃洛石-7Å …… 548
9-247 准埃洛石 …… 548
9-248 高岭石-1*A* …… 549
9-249 叶蛇纹石 …… 550
9-250 利蛇纹石-1*T* …… 551
9-251 镁绿泥石-2H_2 …… 552
9-252 叶腊石-1*A* …… 554
9-253 叶腊石-2*M* …… 555
9-254 滑石-1*A* …… 556
9-255 滑石-2*M* …… 557
9-256 白云母-1*M* …… 558
9-257 白云母-2M_1 …… 559
9-258 白云母-2M_2 …… 560
9-259 钠云母-1*M* …… 561
9-260 钠云母-2M_1 …… 561
9-261 绿鳞石-1*M* …… 562
9-262 金云母-1*M* …… 563
9-263 金云母-2M_1 …… 564
9-264 金云母-3*T* …… 565
9-265 黑云母-1*M* …… 566
9-266 锂云母-1*M* …… 567
9-267 锂云母-2M_1 …… 568
9-268 锂云母-2M_2 …… 569
9-269 锂云母-3*T* …… 570
9-270 锂云母-6*M* …… 571
9-271 铁锂云母-1*M* …… 574
9-272 铁锂云母-2M_1 …… 575
9-273 铁锂云母-3*T* …… 576
9-274 伊利石-2M_1 …… 577
9-275 蛭石 …… 578
9-276 蒙脱石-15Å …… 579
9-277 铝绿泥石-1M_{IIb} …… 580
9-278 斜绿泥石-2*M* …… 581
9-279 鲕绿泥石 …… 582
9-280 葡萄石 …… 583
9-281 鱼眼石 …… 584
9-282 碱硅钙石 …… 585
9-283 纤硅碱钙石 …… 586
9-284 片硅碱钙石 …… 587
9-285 淡钡钛石 …… 588
9-286 硅钠锶镧石 …… 589
9-287 钠锆石 …… 590
9-288 透锂长石-1*M* …… 591
9-289 硅钠钙石 …… 592
9-290 白钙沸石 …… 594
9-291 斑硅锰石 …… 596
9-292 铅铝硅石 …… 599
9-293 坡缕石 …… 600
9-294 海泡石 …… 601
9-295 硅钡石 …… 602
9-296 水硅钒钙石 …… 603
9-297 五角水硅钒钙石 …… 604
(5) 架状硅酸盐 …… 605
9-298 正长石 …… 605
9-299 透长石 …… 606
9-300 微斜长石 …… 607
9-301 歪长石 …… 608
9-302 钠长石 …… 609
9-303 中长石 …… 610
9-304 倍长石 …… 611
9-305 钙长石 …… 613
9-306 霞石 …… 614
9-307 白榴石 …… 615
9-308 方钠石 …… 616
9-309 黝方石 …… 616
9-310 蓝方石 …… 617
9-311 青金石 …… 618
9-312 铍方钠石 …… 619
9-313 锰铁闪石 …… 620
9-314 锌榴石 …… 620
9-315 钙霞石 …… 621
9-316 钾钙霞石 …… 622
9-317 硫酸钙霞石 …… 623
9-318 钠柱石 …… 624
9-319 钙柱石 …… 625
9-320 肉色柱石 …… 626
9-321 紫脆石 …… 627

(6) 沸石 …… 628
9-322 方沸石 …… 628
9-323 铯榴石 …… 628
9-324 斜钙沸石 …… 629
9-325 浊沸石 …… 630
9-326 香花石 …… 631
9-327 菱沸石 …… 632
9-328 菱钾铝矿 …… 633
9-329 毛沸石 …… 634
9-330 钠菱沸石 …… 635
9-331 八面沸石 …… 636
9-332 插晶菱沸石 …… 637
9-333 水钙沸石 …… 638
9-334 斜碱沸石 …… 639
9-335 交沸石 …… 640
9-336 钙十字沸石 …… 641
9-337 针沸石 …… 642
9-338 麦钾沸石 …… 643
9-339 丝光沸石 …… 644
9-340 片沸石 …… 645
9-341 斜发沸石 …… 646
9-342 辉沸石 …… 647
9-343 淡红沸石 …… 648
9-344 板沸石 …… 649
9-345 钠沸石 …… 651
9-346 中沸石 …… 652
9-347 钙沸石 …… 653
9-348 钡沸石 …… 654
9-349 变杆沸石 …… 655
9-350 杆沸石 …… 656
9-351 柱沸石 …… 658
9-352 环晶石 …… 659
9-353 镁碱沸石 …… 660
9-354 锶沸石 …… 661
9-355 汤河原沸石 …… 662
9-356 透锂铝石 …… 664
(7) 未分类 …… 665
9-357 铝硅钡石 …… 665
9-358 硅钙铅矿 …… 667
9-359 白针柱石 …… 668

第二部分 索 引

X射线粉晶数据索引 …… 673
中文矿物名称索引(笔画顺序) …… 724
中文矿物名称索引(拼音顺序) …… 735
英文矿物名称索引(字母顺序) …… 746

第一部分

X射线粉晶数据

1 自然元素

(1) 金属 …………………………………………………………………… (4)

(2) 合金 …………………………………………………………………… (17)

(3) 半金属、非金属 ………………………………………………………… (23)

(1) 金 属

1-001 铬-立方相 1(Chromium-cub1)

Cr, 52.00

Sys.: Cubic S.G.: $Im\bar{3}m$(229) Z: 2

a: 2.8839 Vol.: 23.99

ICSD: 64711

Atom		Wcf	x	y	z	Occ
Cr1	Cr	$2a$	0	0	0	1.0

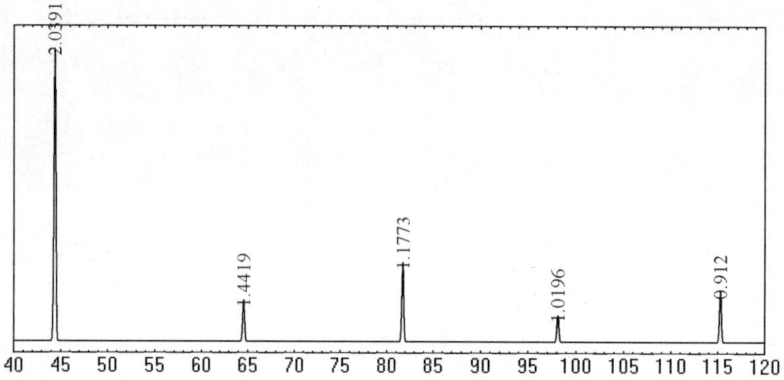

PDF: 06-0694

d	I/I_0	hkl
2.0390	100	110
1.4419	16	200
1.1774	30	211
1.0195	18	220
0.9120	20	310
0.8325	6	222

1-002 铬-立方相 2(Chromium-cub2)

Cr, 52.00

Sys.: Cubic S.G.: $Fm\bar{3}m$(225) Z: 4

a: 3.6 Vol.: 46.66

ICSD: 41505

Atom		Wcf	x	y	z	Occ
Cr1	Cr	$4a$	0	0	0	1.0

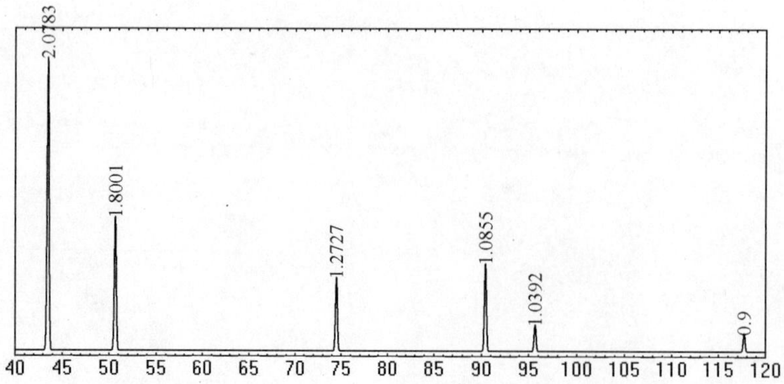

PDF: 88-2323

d	I/I_0	hkl
2.0785	999	111
1.8000	419	200
1.2728	172	220

1-003 铬-六方相(Chromium-hex)

Cr，52.00

Sys.：Hexagonal　S.G.：$P6_3/mmc$(194)　Z：2

a：2.7224(4)　c：4.4342(3)　Vol.：28.46

ICSD：43526

Atom		Wcf	x	y	z	Occ
Cr1	Cr	2c	0.3333	0.6667	0.25	1.0

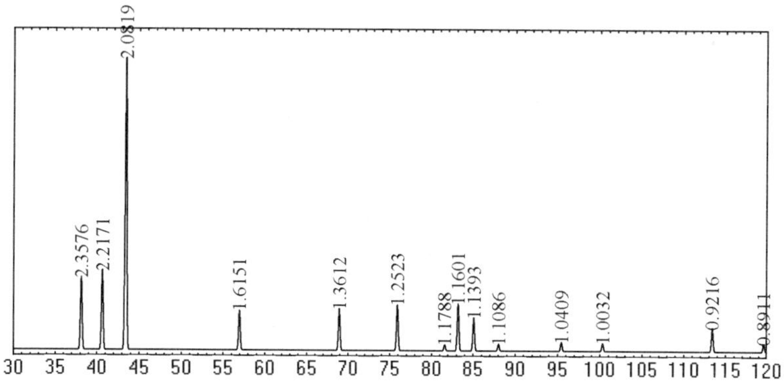

PDF：89-2871		
d	I/I_0	hkl
2.3577	265	100
2.2171	283	002
2.0817	999	101
1.6151	118	102
1.3612	106	110
1.2523	106	103
1.1788	13	200
1.1600	99	112
1.1393	68	201
1.1086	13	004

1-004 铝(Aluminum)

Al，26.98

Sys.：Cubic　S.G.：$Fm\overline{3}m$(225)　Z：4

a：4.0494　Vol.：66.4

ICSD：43423

Atom		Wcf	x	y	z	Occ
Al1	Al	4a	0	0	0	1.0

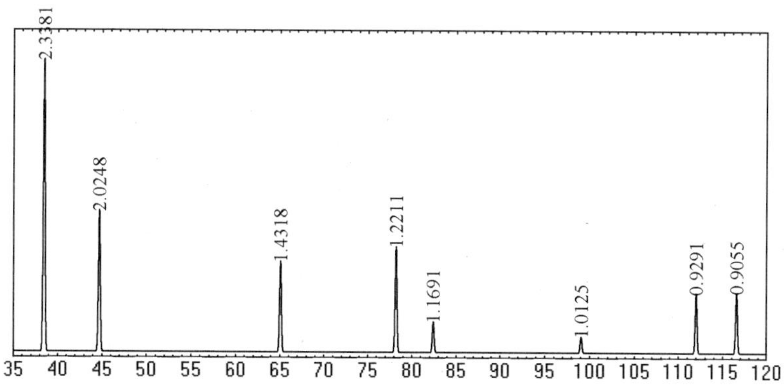

PDF：04-0787		
d	I/I_0	hkl
2.3380	100	111
2.0240	47	200
1.4310	22	220
1.2210	24	311
1.1690	7	222
1.0124	2	400
0.9289	8	331
0.9055	8	420
0.8266	8	422

1-005 铜(Copper)

Cu, 63.55

Sys.:Cubic S.G.:$Fm\bar{3}m$(225) Z:4

a:3.615 Vol.:47.24

ICSD:64699

Atom		Wcf	x	y	z	Occ
Cu1	Cu	4a	0	0	0	1.0

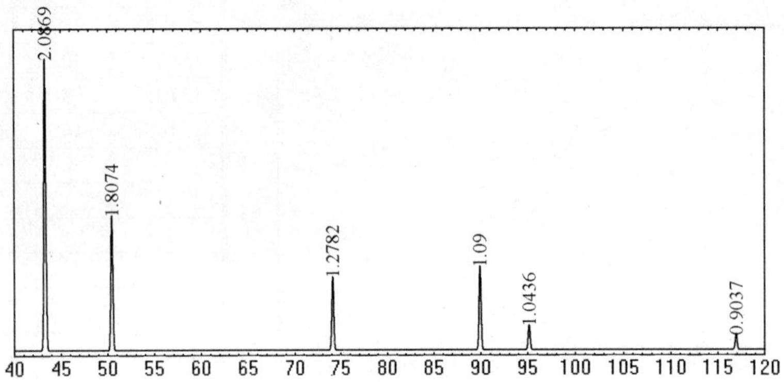

PDF:04-0836

d	I/I_0	hkl
2.0880	100	111
1.8080	46	200
1.2780	20	220
1.0900	17	311
1.0436	5	222
0.9038	3	400
0.8293	9	331
0.8083	8	420

1-006 金(Gold)

Au, 196.97

Sys.:Cubic S.G.:$Fm\bar{3}m$(225) Z:4

a:4.0786 Vol.:67.85

ICSD:64701

Atom		Wcf	x	y	z	Occ
Au1	Au	4a	0	0	0	1.0

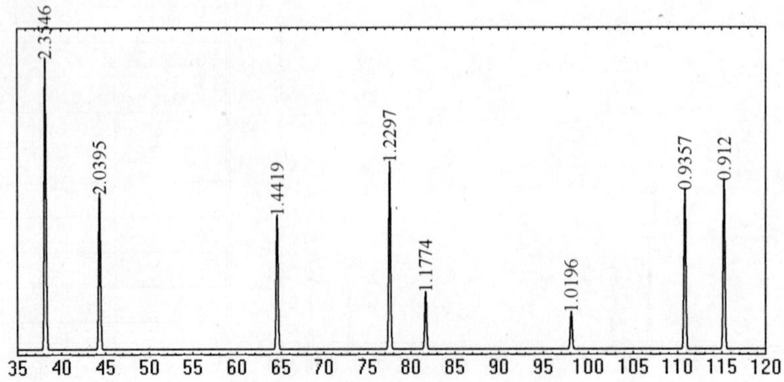

PDF:04-0784

d	I/I_0	hkl
2.3550	100	111
2.0390	52	200
1.4420	32	220
1.2300	36	311
1.1774	12	222
1.0196	6	400
0.9358	23	331
0.9120	22	420
0.8325	23	422

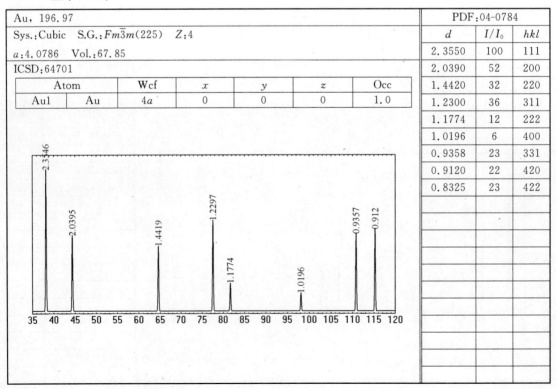

1-007 铅(Lead)

Pb, 207.2

Sys.:Cubic S.G.:$Fm\bar{3}m$(225) Z:4

a:4.9506 Vol.:121.33

ICSD:64808

Atom		Wcf	x	y	z	Occ
Pb1	Pb	4a	0	0	0	1.0

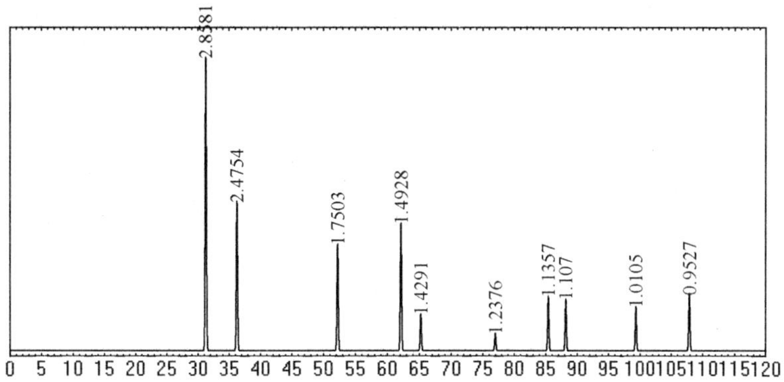

PDF:04-0686

d	I/I_0	hkl
2.8550	100	111
2.4750	50	200
1.7500	31	220
1.4930	32	311
1.4290	9	222
1.2380	2	400
1.1359	10	331
1.1069	7	420
1.0105	6	422
0.9526	5	511
0.8752	1	440
0.8369	9	531
0.8251	4	600

1-008 银-立方相(Silver-cub)

Ag, 107.87

Sys.:Cubic S.G.:$Fm\bar{3}m$(225) Z:4

a:4.0862 Vol.:68.23

ICSD:64706

Atom		Wcf	x	y	z	Occ
Ag1	Ag	4a	0	0	0	1.0

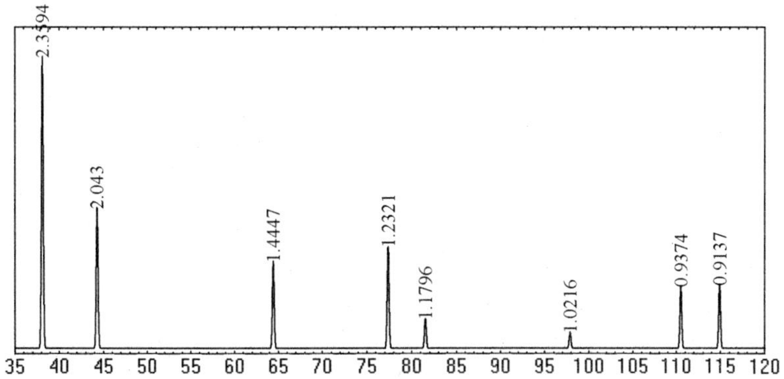

PDF:04-0783

d	I/I_0	hkl
2.3590	100	111
2.0440	40	200
1.4450	25	220
1.2310	26	311
1.1796	12	222
1.0215	4	400
0.9375	15	331
0.9137	12	420
0.8341	13	422

1-009 银-六方相(Silver-hex)

Ag, 107.87						
Sys.: Hexagonal S.G.: $P6_3/mmc$(194) Z: 4						
a: 2.8862 c: 10 Vol.: 72.14						
ICSD: 64707						
Atom		Wcf	x	y	z	Occ
Ag1	Ag	2a	0	0	0.5	1.0
Ag2	Ag	2c	0.3333	0.6667	0.25	1.0

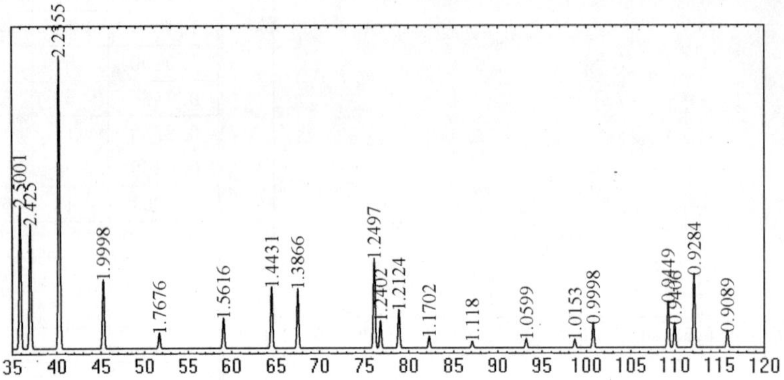

PDF: 41-1402

d	I/I_0	hkl
2.5000	60	004
2.5000	60	100
2.4250	10	101
2.2360	10	$1\bar{1}2$
2.0000	80	103
1.7670	10	104
1.6660	10	006
1.5610	10	105
1.4430	100	110
1.3860	20	112
1.2500	20	008
1.2400	100	201
1.2120	10	202
1.1700	90	203
1.1180	10	108
1.0000	20	00$\underline{10}$

1-010 铟(Osmium)

Os, 190.2						
Sys.: Tetragonal S.G.: $I4/mmm$(139) Z: 2						
a: 3.2517 c: 4.9459 Vol.: 52.3						
ICSD: 64794						
Atom		Wcf	x	y	z	Occ
In1	In	2a	0	0	0	1.0

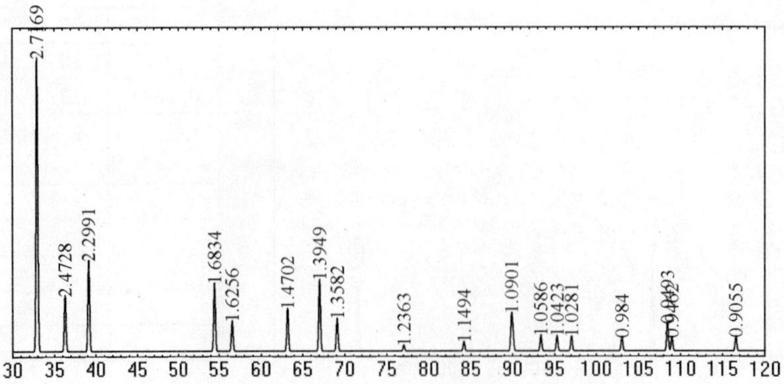

PDF: 05-0642

d	I/I_0	hkl
2.7150	100	101
2.4710	21	002
2.2980	36	110
1.6830	24	112
1.6250	12	200
1.4700	16	103
1.3950	23	211
1.3580	11	202
1.2368	3	004
1.1493	5	220
1.0904	12	213
1.0587	4	301
1.0425	5	222
1.0282	8	310
0.9845	1	204
0.9495	3	312
0.9056	2	303
0.8874	4	321

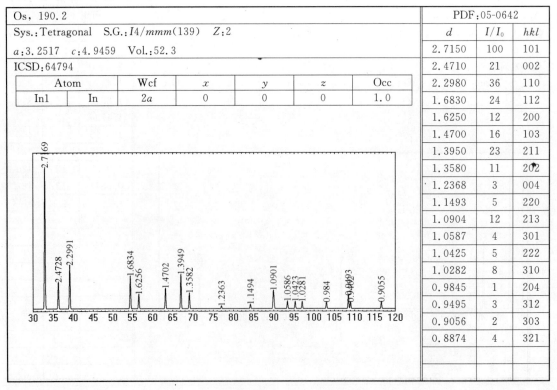

1-011　α-铁(Iron-α)

Fe，55.85

Sys.:Cubic　S.G.:$Im\bar{3}m$(229)　Z:2

a:2.8664　Vol.:23.55

ICSD:76747

Atom		Wcf	x	y	z	Occ
Fe1	Fe	2a	0	0	0	1.0

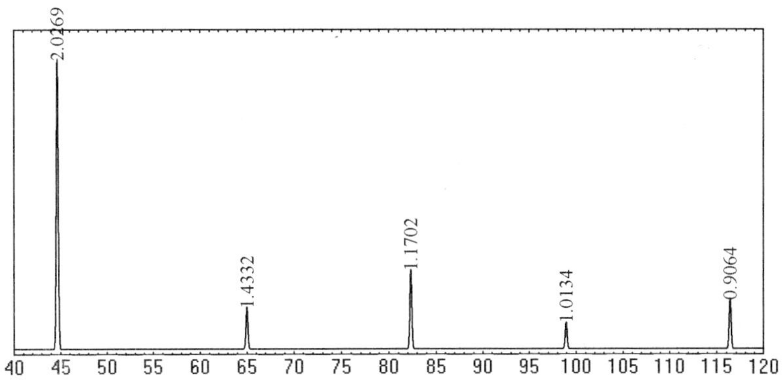

PDF:06-0696

d	I/I₀	hkl
2.0268	100	110
1.4332	20	200
1.1702	30	211
1.0134	10	220
0.9064	12	310
0.8275	6	222

1-012　γ-铁(Iron-γ)

Fe，55.85

Sys.:Cubic　S.G.:$Fm\bar{3}m$(225)　Z:4

a:3.6544　Vol.:48.8

ICSD:53449

Atom		Wcf	x	y	z	Occ
Fe1	Fe	4a	0	0	0	1.0

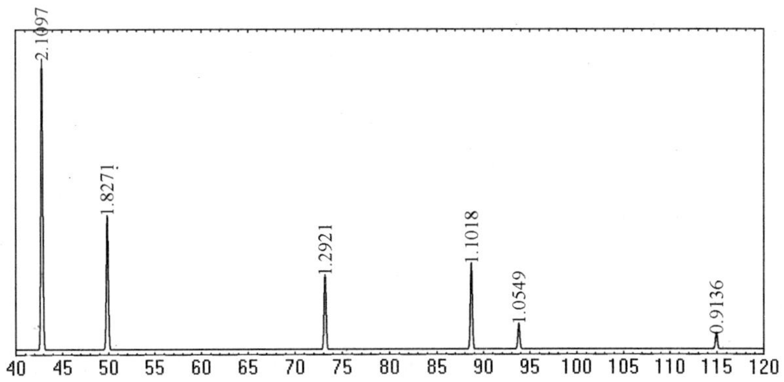

PDF:65-9094

d	I/I₀	hkl
2.1099	999	111
1.8272	429	200
1.2920	179	220
1.1018	168	311
1.0549	46	222
0.9136	20	400
0.8384	66	331
0.8171	64	420

1-013 δ-铁(Iron-δ)

Fe, 55.85

Sys.: Cubic S.G.: $Im\bar{3}m$(229) Z: 2

a: 2.9315 Vol.: 25.19

ICSD: 53452

Atom		Wcf	x	y	z	Occ
Fe1	Fe	4*a*	0	0	0	1.0

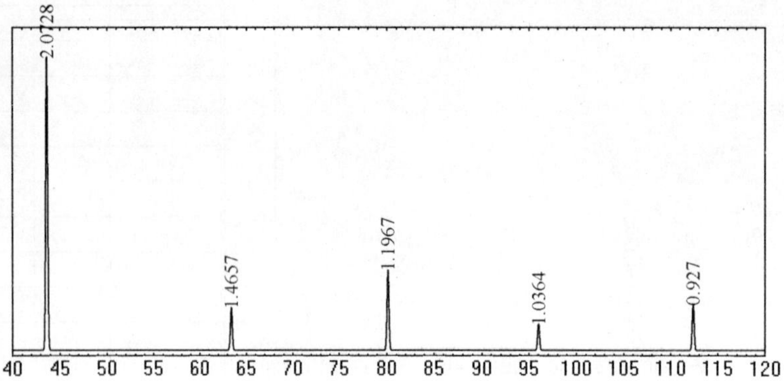

PDF: 89-4186

d	I/I_0	hkl
2.0729	999	110
1.4658	117	200
1.1968	178	211

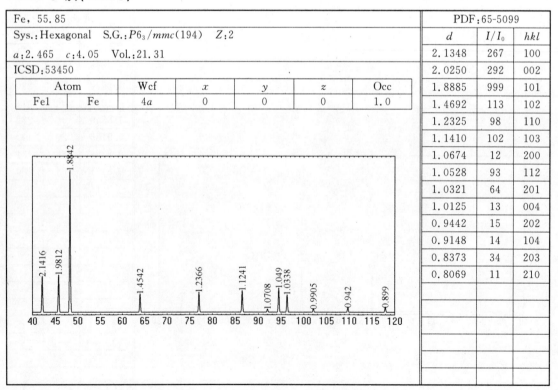

1-014 ε-铁(Iron-ε)

Fe, 55.85

Sys.: Hexagonal S.G.: $P6_3/mmc$(194) Z: 2

a: 2.465 c: 4.05 Vol.: 21.31

ICSD: 53450

Atom		Wcf	x	y	z	Occ
Fe1	Fe	4*a*	0	0	0	1.0

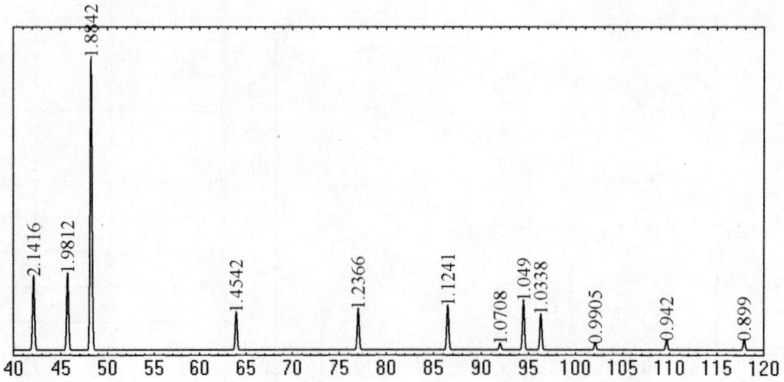

PDF: 65-5099

d	I/I_0	hkl
2.1348	267	100
2.0250	292	002
1.8885	999	101
1.4692	113	102
1.2325	98	110
1.1410	102	103
1.0674	12	200
1.0528	93	112
1.0321	64	201
1.0125	13	004
0.9442	15	202
0.9148	14	104
0.8373	34	203
0.8069	11	210

1-015 镍(Nickel)

Ni, 58.7

Sys.:Cubic S.G.:$Fm\bar{3}m$(225) Z:4

a:3.5238 Vol.:43.76

ICSD:64989

Atom		Wcf	x	y	z	Occ
Ni1	Ni	4a	0	0	0	1.0

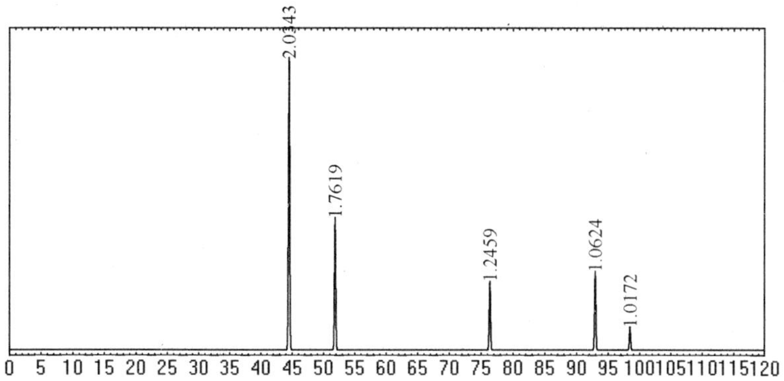

PDF:04-0850

d	I/I_0	hkl
2.0340	100	111
1.7620	42	200
1.2460	21	220
1.0624	20	311
1.0172	7	222
0.8810	4	400
0.8084	14	331
0.7880	15	420

1-016 铱(Iridium)

Ir, 192.22

Sys.:Cubic S.G.:$Fm\bar{3}m$(225) Z:4

a:3.8394 Vol.:56.6

ICSD:64992

Atom		Wcf	x	y	z	Occ
Ir1	Ir	4a	0	0	0	1.0

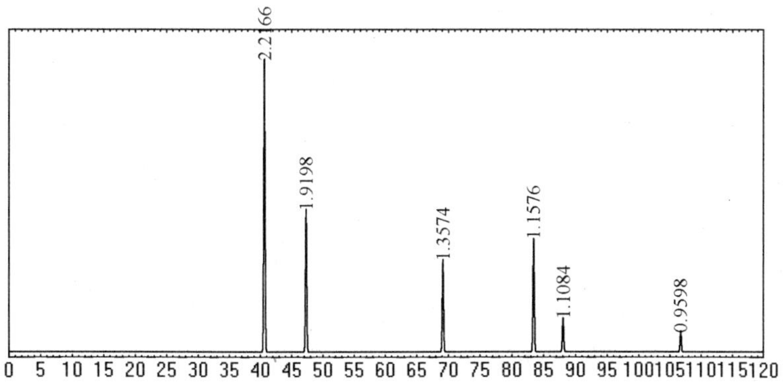

PDF:06-0598

d	I/I_0	hkl
2.2170	100	111
1.9197	50	200
1.3575	40	220
1.1574	45	311
1.1082	15	222
0.9598	10	400
0.8808	40	331
0.8586	40	420
0.7838	45	422

1-017 锇(Osmium)

Os, 190.2

Sys.: Hexagonal S.G.: $P6_3/mmc$(194) Z: 4

a: 2.7341 c: 4.3197 Vol.: 27.96

ICSD: 64993

Atom		Wcf	x	y	z	Occ
Os1	Os	$2c$	0.3333	0.6667	0.25	1.0

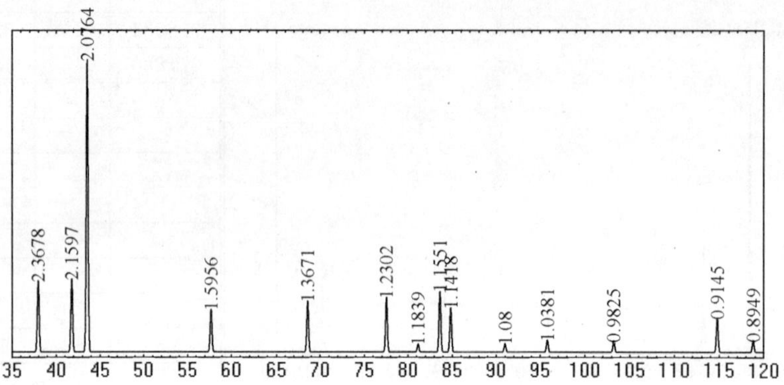

PDF: 06-0662

d	I/I_0	hkl
2.3670	35	100
2.1600	35	002
2.0760	100	101
1.5950	18	102
1.3668	20	110
1.2300	20	103
1.1840	4	200
1.1551	20	112
1.1416	18	201
1.0799	4	004
1.0383	4	202
0.9827	4	104
0.9145	10	203
0.8949	4	210
0.8764	16	211
0.8474	12	114
0.8268	6	212
0.8116	10	105

1-018 钯(Palladium)

Pd, 58.85

Sys.: Cubic S.G.: $Fm\bar{3}m$(225) Z: 4

a: 3.8898 Vol.: 58.85

ICSD: 76148

Atom		Wcf	x	y	z	Occ
Pd1	Pd	$4a$	0	0	0	1.0

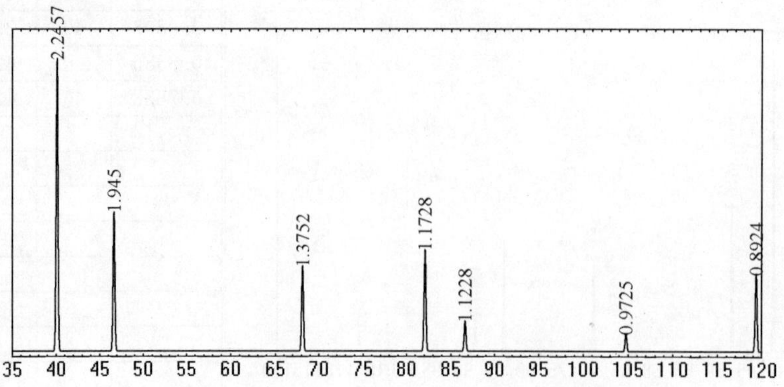

PDF: 05-0681

d	I/I_0	hkl
2.2460	100	111
1.9450	42	200
1.3760	25	220
1.1730	24	311
1.1232	8	222
0.9723	3	400
0.8924	13	331
0.8697	11	420

1-019 铂(Platinum)

Pt，195.09

Sys.:Cubic S.G.:$Fm\bar{3}m$(225) Z:4

a:3.9231 Vol.:60.38

ICSD:76153

Atom		Wcf	x	y	z	Occ
Pt1	Pt	4a	0	0	0	1.0

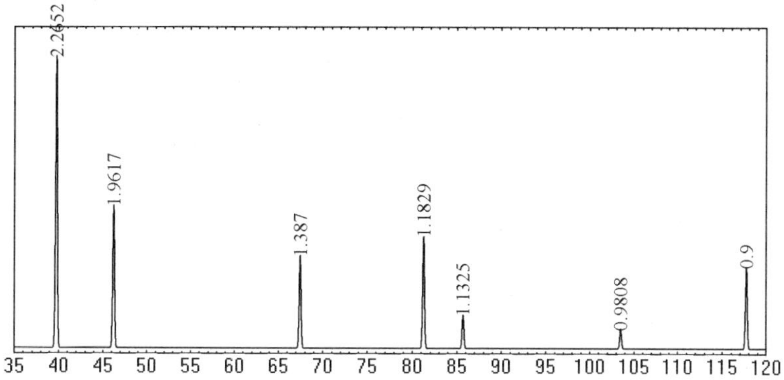

PDF:04-0802

d	I/I_0	hkl
2.2650	100	111
1.9616	53	200
1.3873	31	220
1.1826	33	311
1.1325	12	222
0.9808	6	400
0.9000	22	331
0.8773	20	420
0.8008	29	422

1-020 铑(Rhodium)

Rh，102.91

Sys.:Cubic S.G.:$Fm\bar{3}m$(225) Z:4

a:3.8031 Vol.:55.01

ICSD:64991

Atom		Wcf	x	y	z	Occ
Rh1	Rh	4a	0	0	0	1.0

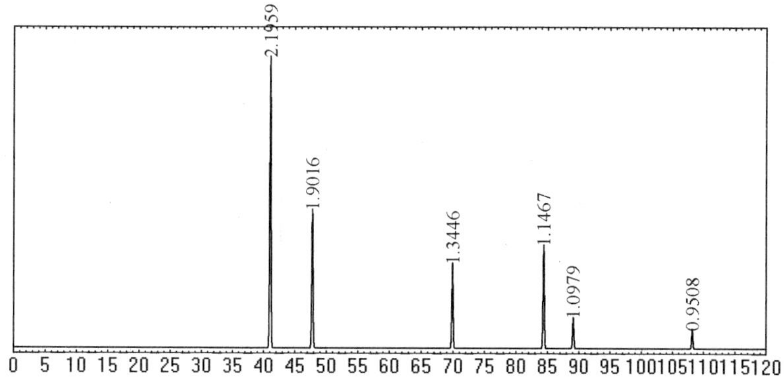

PDF:05-0685

d	I/I_0	hkl
2.1960	100	111
1.9020	50	200
1.3450	26	220
1.1468	33	311
1.0979	11	222
0.9508	7	400
0.8724	20	331
0.8504	14	420

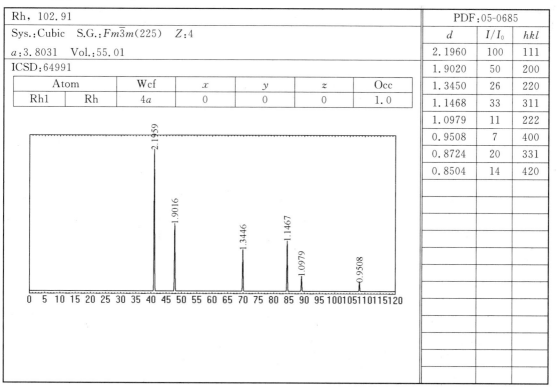

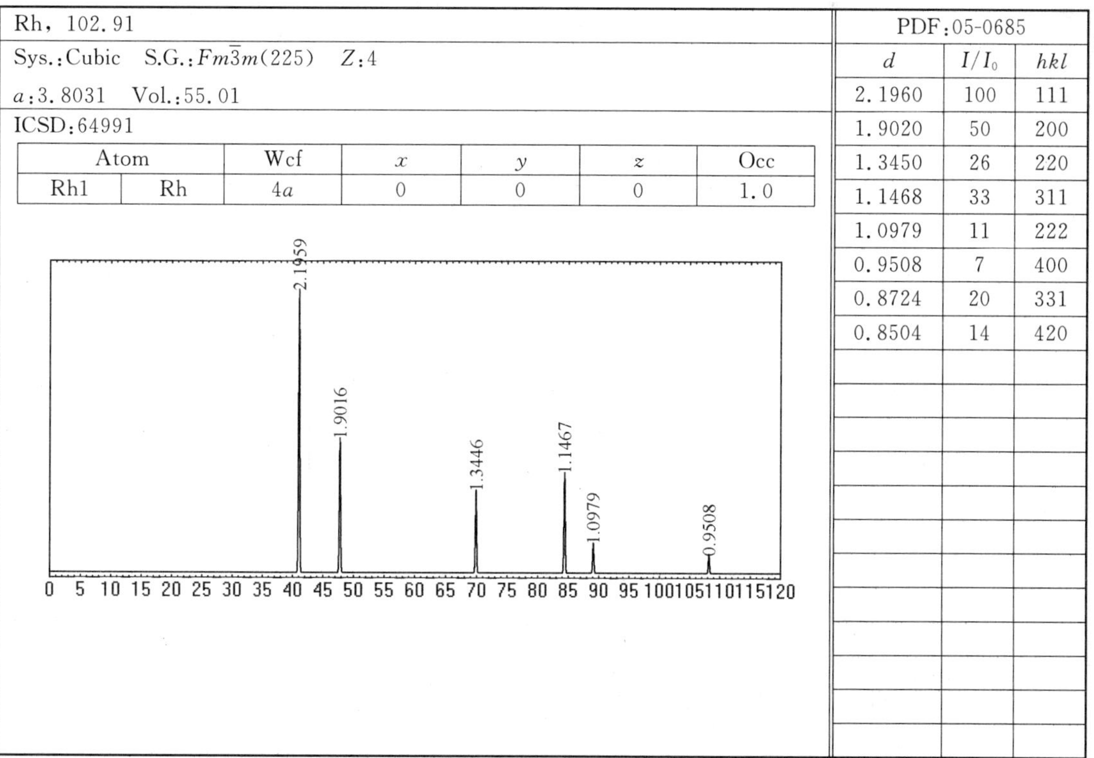

1-021 β-锡(Tin-β)

Sn, 118.69

Sys.: Tetragonal S.G.: $I4_1/amd$(141) Z:4

a:5.831 c:3.182 Vol.:108.19

ICSD:40037

Atom		Wcf	x	y	z	Occ
Sn1	Sn	4a	0	0	0	1.0

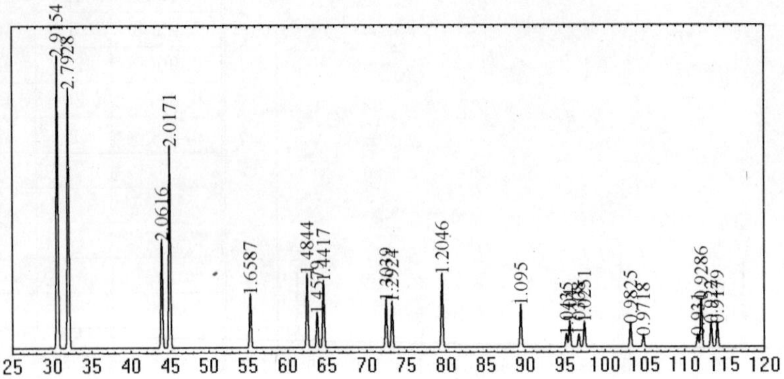

PDF:04-0673		
d	I/I_0	hkl
2.9150	100	200
2.7930	90	101
2.0620	34	220
2.0170	74	211
1.6590	17	301
1.4840	23	112
1.4580	13	400
1.4420	20	321
1.3040	15	420
1.2920	15	411
1.2050	20	312
1.0950	13	501
1.0434	3	103
1.0401	5	332
1.0309	2	440
1.0252	5	521
0.9824	5	213
0.9718	2	600
0.9310	3	303
0.9286	13	512

1-022 钛-立方相 1(Titanium-cub1)

Ti, 47.9

Sys.: Cubic S.G.: $Fm\overline{3}m$(225) Z:4

a:4.06 Vol.:66.92

ICSD:41503

Atom		Wcf	x	y	z	Occ
Ti1	Ti	4a	0	0	0	1.0

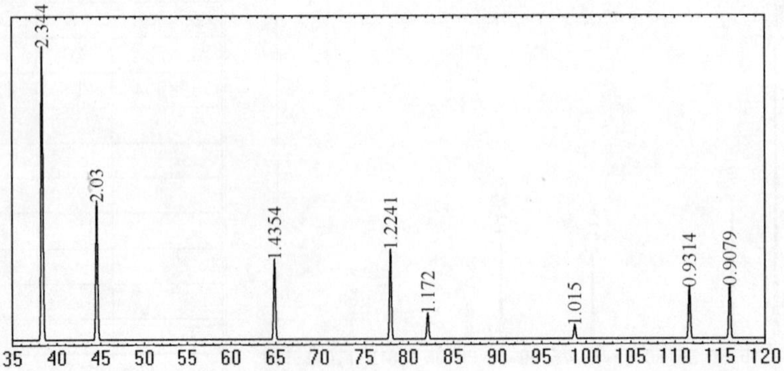

PDF:88-2321		
d	I/I_0	hkl
2.3440	999	111
2.0300	442	200
1.4354	202	220
1.2241	193	311
1.1720	53	222

1-023 钛-立方相 2(Titanium-cub2)

Ti, 47.9

Sys.: Cubic　S.G.: $Im\bar{3}m$(229)　Z: 2

a: 3.3111　Vol.: 36.3

ICSD: 44391

Atom		Wcf	x	y	z	Occ
Ti1	Ti	2a	0	0	0	1.0

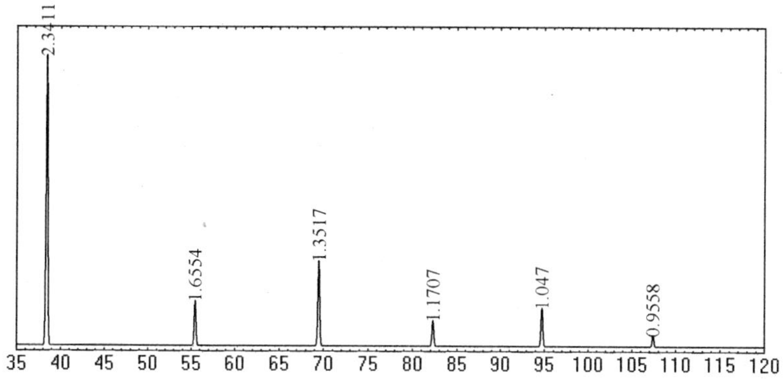

PDF: 89-3726

d	I/I_0	hkl
2.3413	999	110
1.6556	129	200
1.3518	205	211
1.1707	53	220

1-024 钛-六方相(Titanium-hex)

Ti, 47.9

Sys.: Hexagonal　S.G.: $P6_3/mmc$(194)　Z: 2

a: 2.95　c: 4.686　Vol.: 35.32

ICSD: 43416

Atom		Wcf	x	y	z	Occ
Ti1	Ti	2c	0.3333	0.6667	0.25	1.0

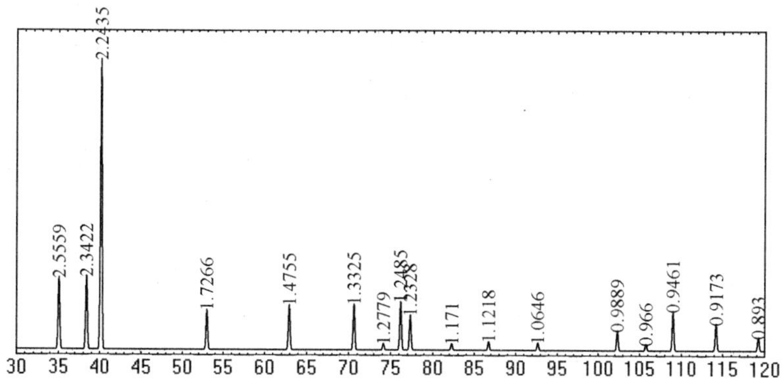

PDF: 04-0831

d	I/I_0	hkl
2.5570	30	100
2.3420	26	002
2.2440	100	101
1.7260	19	102
1.4750	17	110
1.3320	16	103
1.2760	2	200
1.2470	16	112
1.2330	13	201
1.1708	2	004
1.1220	2	202
1.0653	3	104
0.9895	6	203
0.9458	11	211
0.9175	10	114
0.8927	4	212
0.8796	4	105
0.8634	2	204
0.8514	4	300
0.8211	12	213

1-025 锌(Zinc)

Zn，65.38

Sys.：Hexagonal S.G.：$P6_3/mmc$(194) Z：2

a：2.665 c：4.947 Vol.：30.43

ICSD：64990

Atom		Wcf	x	y	z	Occ
Zn1	Zn	2c	0.3333	0.6667	0.25	1.0

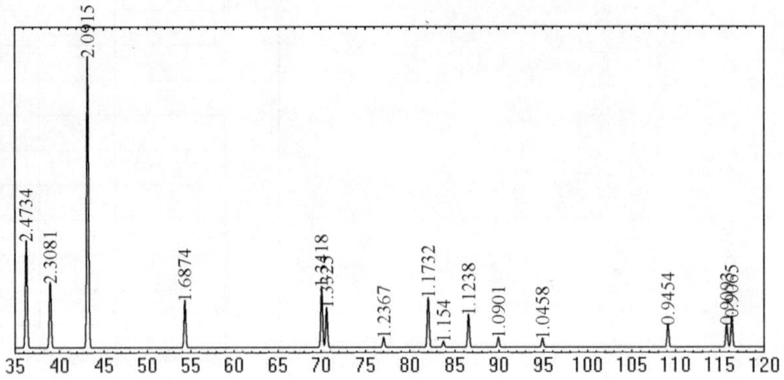

PDF：04-0831

d	I/I_0	hkl
2.4730	53	002
2.3080	40	100
2.0910	100	101
1.6870	28	102
1.3420	25	103
1.3320	21	110
1.2370	2	004
1.1729	23	112
1.1538	5	200
1.1236	17	201
1.0901	3	104
1.0456	5	202
0.9454	8	203
0.9093	6	105
0.9064	11	114
0.8722	5	210
0.8589	9	211
0.8437	2	204
0.8245	1	006
0.8225	9	212

1-026 锑(Antimony)

Sb，121.75

Sys.：Trigonal S.G.：$R\overline{3}m$(166) Z：6

a：4.307 c：11.273 Vol.：181.1

ICSD：9859

Atom		Wcf	x	y	z	Occ
Sb1	Sb	6c	0	0	0.2380	1.0

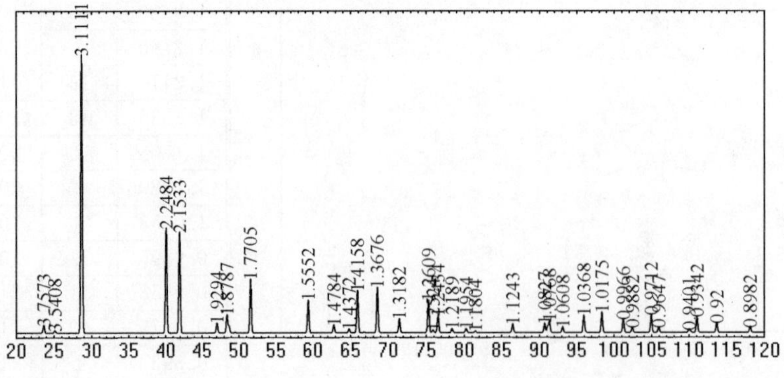

PDF：05-0562

d	I/I_0	hkl
3.7530	25	003
3.5380	4	101
3.1090	100	012
2.2480	70	104
2.1520	56	110
1.9290	12	015
1.8780	35	006
1.7700	26	202
1.5550	15	024
1.4790	13	107
1.4370	12	205
1.4160	63	116
1.3680	67	122
1.3180	30	018
1.2610	40	214
1.2520	25	009
1.2430	30	300
1.2190	11	027
1.1955	12	125
1.1802	5	303

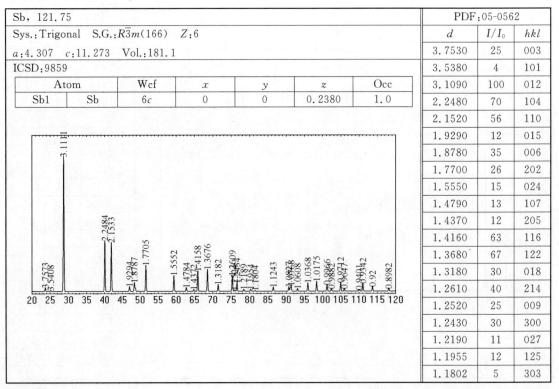

1-027 铋(Bismuth)

Bi，208.98

Sys.：Trigonal S.G.：$R\bar{3}m$(166) Z：6

a：4.546 c：11.86 Vol.：212.26

ICSD：64703

Atom		Wcf	x	y	z	Occ
Bi1	Bi	6c	0	0	0.23389	1.0

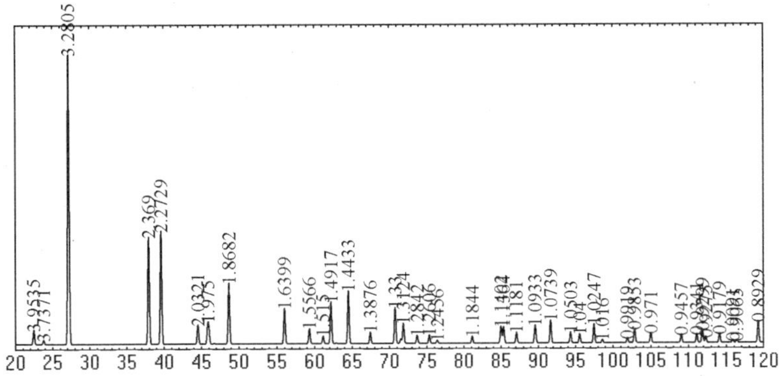

PDF：05-0519

d	I/I_0	hkl
3.9500	9	003
3.7400	3	101
3.2800	100	012
2.3700	40	104
2.2730	41	110
2.0300	8	015
1.9760	3	006
1.9700	10	113
1.9410	1	021
1.8680	23	202
1.6390	9	024
1.5560	6	107
1.5150	2	205
1.4910	13	116
1.4430	16	122
1.3870	4	018
1.3300	11	214
1.3190	1	009
1.3120	6	300

(2) 合　金

1-028 锑铅金矿(Anyuiite)

$AuPb_2$或$Au(Pb,Sb)_2$，611.37

Sys.：Tetragonal S.G.：$I4/mcm$(140) Z：4

a：7.338 c：5.658 Vol.：304.66

ICSD：56272

Atom		Wcf	x	y	z	Occ
Au1	Au	4a	0	0	0.25	1.0
Pb1	Pb	8h	0.1590	0.6590	0	1.0

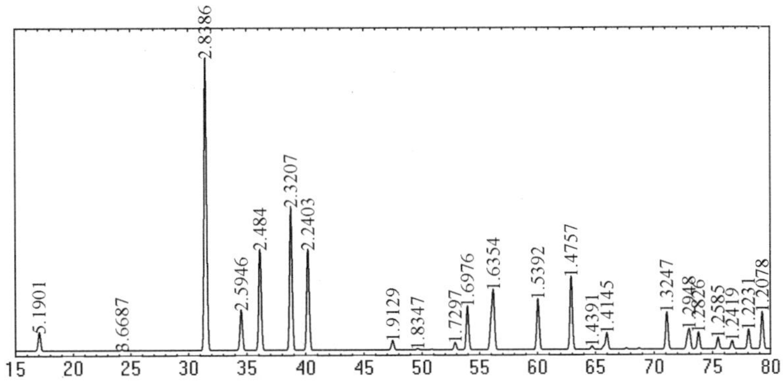

PDF：25-0365

d	I/I_0	hkl
5.1900	6	110
3.6700	1	200
2.8400	100	211
2.5900	12	220
2.4810	30	112
2.3180	45	310
2.2400	35	202
1.9110	4	222
1.8330	1	400
1.7280	3	330
1.6970	16	411
1.6420	11	420
1.6350	20	213
1.5390	18	402
1.4750	19	332
1.4390	1	510
1.4200	1	431
1.4140	5	004
1.3240	14	521

1-029 珲春矿(Hunchunite)

Au_2Pb，601.13

Sys.:Cubic S.G.:$Fd\bar{3}m$(227) Z:8

a:7.933 Vol.:499.24

ICSD:56261

Atom		Wcf	x	y	z	Occ
Pb1	Pb	8a	0	0	0	1.0
Au1	Au	16d	0.625	0.625	0.625	1.0

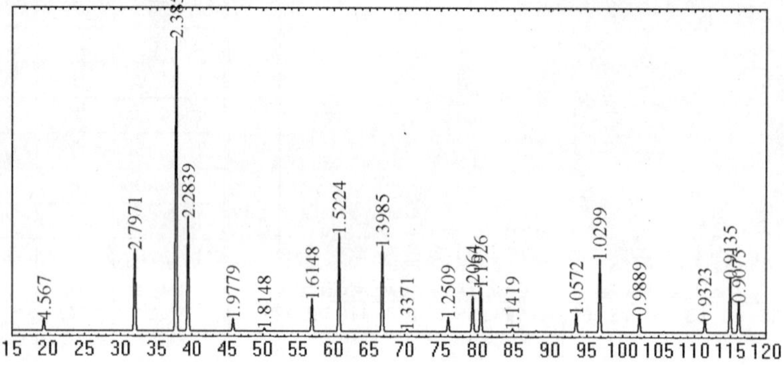

PDF:25-0365		
d	I/I_0	hkl
4.5950	21	111
2.8100	30	220
2.3910	100	311
2.3010	24	222
1.9800	7	400
1.6190	14	422
1.5260	23	511
1.4020	19	440
1.2560	8	620
1.2090	15	533
1.1960	26	622

1-030 金三铜矿(Auricupride)

$AuCu_3$，387.6

Sys.:Cubic S.G.:$Pm\bar{3}m$(221) Z:1

a:3.7493 Vol.:52.7

ICSD:42587

Atom		Wcf	x	y	z	Occ
Au1	Au	1a	0	0	0	1.0
Cu1	Cu	3c	0	0.5	0.5	1.0

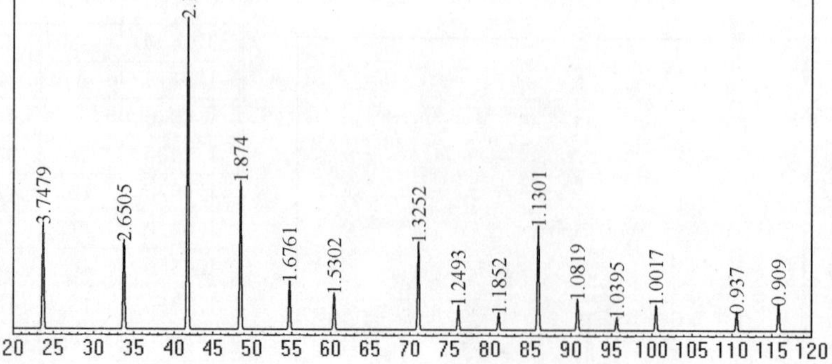

PDF:35-1357		
d	I/I_0	hkl
3.7510	17	100
2.6513	11	110
2.1652	100	111
1.8747	41	200
1.6767	6	210
1.5307	4	211
1.3257	21	220
1.2498	3	300
1.1857	2	310
1.1306	22	311
1.0824	7	222
1.0397	1	320
1.0020	3	321
0.9374	3	400
0.9093	2	410
0.8836	2	330
0.8602	13	331
0.8384	12	420
0.8182	3	421

1-031a 铜汞合金(Belendorffite)

Cu_7Hg_6, 1648.36

Sys.: Trigonal S.G.: $R3m$(160) Z: 2

a: 13.36 c: 16.161 Vol.: 12498.11

ICSD: 56268 $R3m$ R(160) a: 9.4024(4) α: 90.425(5)

Atom		Wcf	x	y	z	Occ
Cu1	Cu	1a	0.097	0.097	0.097	1.0
Cu2	Cu	3b	−0.097	−0.097	0.097	1.0
Cu3	Cu	1a	−0.163	−0.163	−0.163	1.0
Cu4	Cu	3b	0.163	0.163	−0.163	1.0
Cu5	Cu	3b	0.005	0.005	0.345	1.0
Cu6	Cu	3b	0.295	0.295	0.068	1.0
Hg1	Hg	3b	−0.003	−0.003	−0.352	1.0
Hg2	Hg	3b	−0.307	−0.307	0.04	1.0
Hg3	Hg	6c	−0.06	0.337	−0.284	1.0

PDF: 45-1474

d	I/I_0	hkl
6.6820	60	110
6.6280	40	012
3.8620	10	300
3.3110	60	024
2.9830	80	312
2.9660	80	214
2.7220	60	042
2.6930	60	006
2.5230	100	232
2.4970	60	116
2.3500	40	404
2.2270	100	330
2.2210	100	324
2.2080	100	306
2.0990	10	226
2.0130	60	152
2.0080	10	054
1.9285	40	600
1.9082	10	208
1.8521	10	342

1-031b 铜汞合金(Belendorffite)

Cu_7Hg_6, 1648.36

ICSD: 56268(续) $R3m$ R(160) a: 9.4024(4) α: 90.425(5)

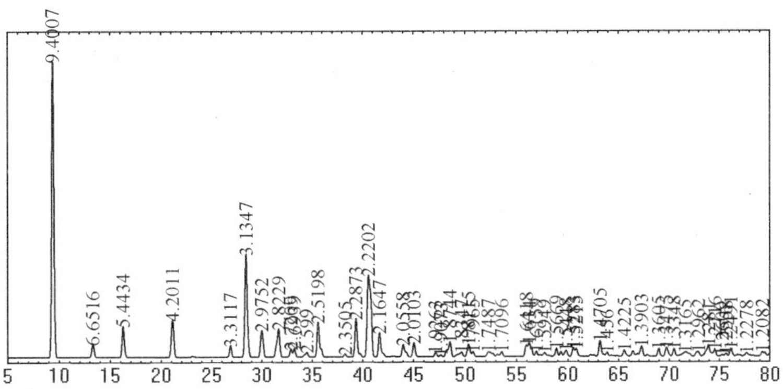

PDF: 45-1474(续)

d	I/I_0	hkl
1.8479	10	514
1.8426	40	416
1.8343	40	128
1.7234	20	612
1.7165	10	336
1.7091	40	318
1.6165	40	164
1.6067	10	238
1.5998	10	1010
1.5678	60	606
1.5561	40	0210
1.5294	60	354
1.5215	60	508
1.4912	20	624
1.4834	20	428
1.4575	40	0111
1.4484	20	158
1.4237	60	802
1.3920	60	722
1.3618	60	084

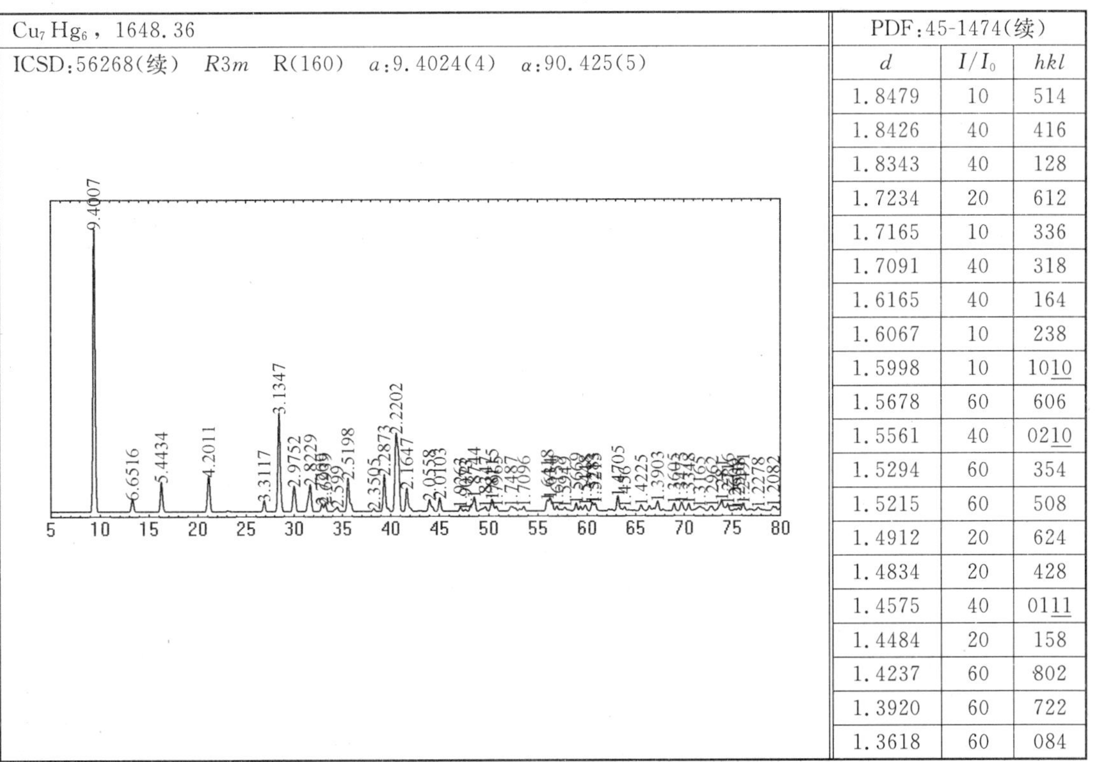

1-032 张衡矿(Zhanghengite)

CuZn，128.93

Sys.:Cubic S.G.:$Pm\bar{3}m$(221) Z:1

a:2.948 Vol.:25.62

ICSD:56276

Atom		Wcf	x	y	z	Occ
Cu1	Cu	1a	0	0	0	1.0
Zn1	Zn	1b	0.5	0.5	0.5	1.0

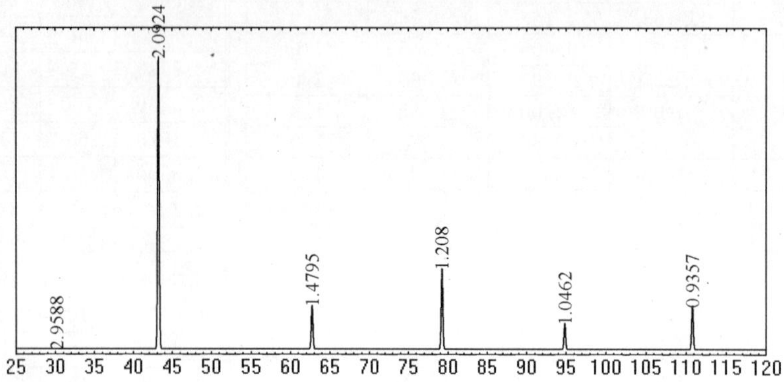

PDF:02-1231

d	I/I_0	hkl
2.9500	6	100
2.0800	100	110
1.7020	1	111
1.4740	15	200
1.3190	2	210
1.2030	29	211
1.0420	5	220
0.9830	1	300
0.9320	8	310
0.8890	1	311
0.8510	5	222
0.7880	3	321

1-033 铜铝合金(Cupalite)

AlCu，90.53

Sys.:Monoclinic S.G.:$I2/m$(12) Z:10

a:9.889 b:4.105 c:6.913 β:89.996 Vol.:280.63

ICSD:40332

Atom		Wcf	x	y	z	Occ
Cu1	Cu	2a	0	0	0	1.0
Cu2	Cu	4i	0.256	0	0.016	1.0
Cu3	Cu	4i	0.109	0	0.337	1.0
Al1	Al	2c	0	0.5	0.5	1.0
Al2	Al	4i	0.155	0	0.698	1.0
Al3	Al	4i	0.382	0	0.395	1.0

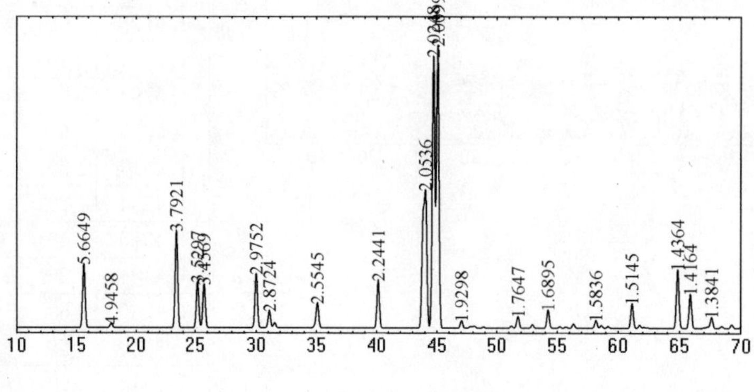

PDF:88-1713

d	I/I_0	hkl
5.6657	337	101
5.6657	337	$\bar{1}01$
3.7913	453	110
3.5296	209	011
3.4565	197	002
2.9753	232	301
2.9753	232	$\bar{3}01$
2.8728	73	211
2.8728	73	$\bar{2}11$
2.5543	101	112
2.5543	101	$\bar{1}12$
2.2442	185	103
2.2442	185	$\bar{1}03$
2.0626	398	312
2.0626	398	$\bar{3}12$
2.0525	487	020
2.0249	999	411
2.0249	999	$\bar{4}11$
2.0094	928	$\bar{4}02$
2.0094	928	013

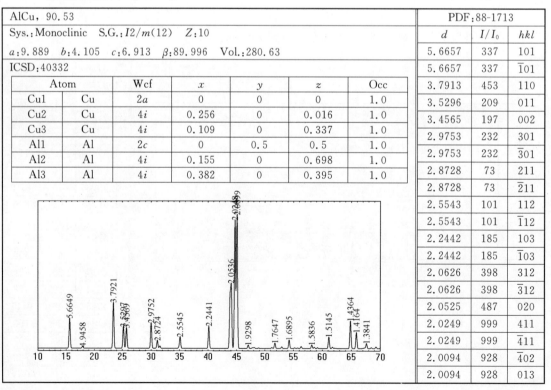

1-034 α-铁纹石(Kamacite-α)

(Fe,Ni), 56.02

Sys.:Cubic S.G.:$Im\bar{3}m$(229) Z:2

a:2.8681 Vol.:23.59

ICSD: 类似于 α-铁

PDF:37-0474

d	I/I_0	hkl
2.0280	100	110
1.4340	12	200
1.1708	18	211
1.0139	5	220
0.9070	5	310
0.8279	7	222

1-035 β-镍纹石(Taenite-β)

(Fe,Ni), 56.02

Sys.:Cubic S.G.:$Fm\bar{3}m$(225) Z:4

a:3.596 Vol.:46.5

ICSD: 类似于 γ-铁

PDF:23-0297

d	I/I_0	hkl
2.0800	100	111
1.8000	80	200
1.2700	50	220
1.0830	80	311
1.0370	50	222
0.9000	30	—

1-036 铁镍矿(Awaruite)

Ni_3Fe, 231.95

Sys.: Cubic S.G.: $Pm\bar{3}m$(221) Z: 1

a: 3.545 Vol.: 44.55

ICSD: 43044

Atom		Wcf	x	y	z	Occ
Ni1	Ni	3c	0	0.5	0.5	1.0
Fe1	Fe	1a	0	0	0	1.0

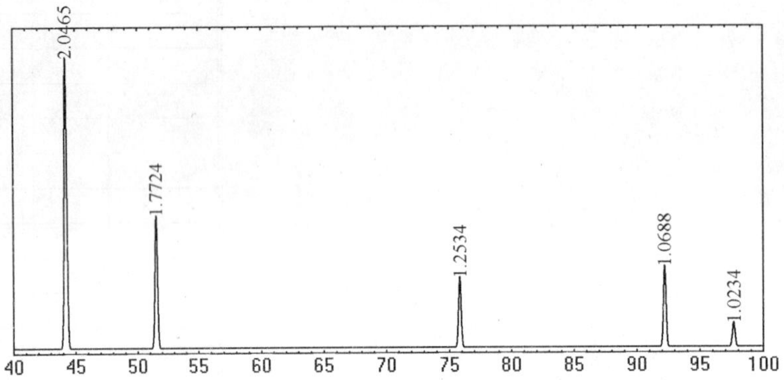

PDF: 88-1715

d	I/I_0	hkl
3.5450	5	100
2.5067	4	110
2.0467	999	111
1.7725	421	200
1.5854	2	210
1.4472	1	211
1.2534	163	220
1.1817	1	221
1.1210	1	310

1-037 铁钴矿(Wairauite)

CoFe, 114.78

Sys.: Cubic S.G.: $Pm\bar{3}m$(221) Z: 1

a: 2.8552 Vol.: 23.28

ICSD: 56273

Atom		Wcf	x	y	z	Occ
Co1	Co	1a	0	0	0	1.0
Fe1	Fe	1b	0.5	0.5	0.5	1.0

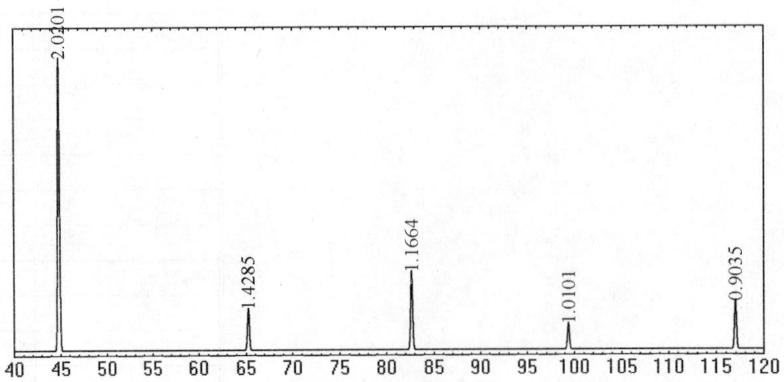

PDF: 49-1567

d	I/I_0	hkl
2.0186	100	110
1.4276	19	200
1.1656	38	211
1.0095	16	220

(3) 半金属、非金属

1-038 砷(Arsenic)

As, 74.92

Sys.: Trigonal S.G.: $R\bar{3}m$(166) Z: 6

a: 3.76 c: 10.548 Vol.: 129.14

ICSD: 16518 $R\bar{3}m$ H(166)

Atom		Wcf	x	y	z	Occ
As1	As	6c	0	0	0.22707	1.0

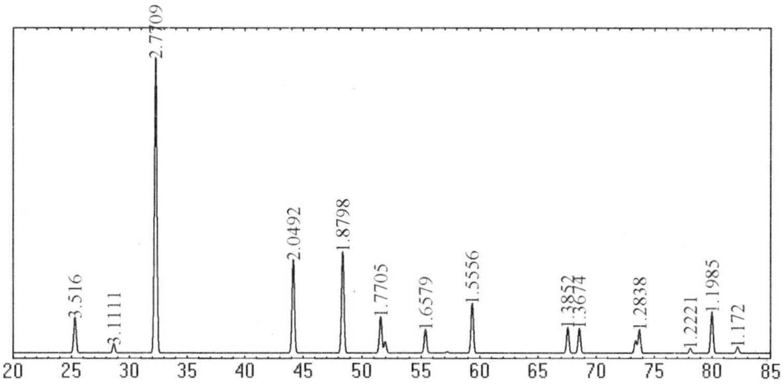

PDF: 05-0632		
d	I/I_0	hkl
3.5200	26	003
3.1120	6	101
2.7710	100	012
2.0500	24	104
1.8790	26	110
1.7680	10	015
1.7570	7	006
1.6580	6	113
1.5560	11	202
1.3860	6	024
1.3670	4	107
1.2890	5	205
1.2840	5	116
1.2220	1	018
1.1987	7	122
1.1722	1	009
1.1158	4	214
1.1062	2	027
1.0857	3	300

1-039 硫(Sulfur)

S, 32.06

Sys.: Orthorhombic S.G.: Fddd(70) Z: 16

a: 10.48 b: 12.92 c: 24.55 Vol.: 3324.11

ICSD: 200454

Atom		Wcf	x	y	z	Occ
S1	S	32h	0.85587	0.95315	0.95152	1.0
S2	S	32h	0.78426	0.03002	0.07621	1.0
S3	S	32h	0.70728	0.98004	0.00410	1.0
S4	S	32h	0.78599	0.90801	0.12951	1.0

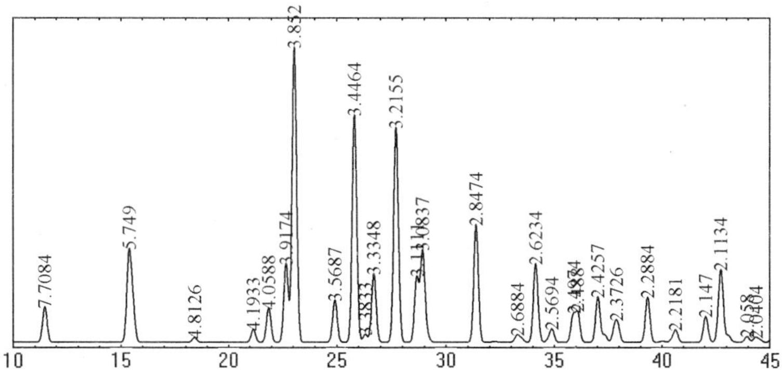

PDF: 01-0478		
d	I/I_0	hkl
5.8000	31	113
3.8500	100	222
3.4500	31	026
3.2100	50	117
3.1000	38	135
2.8500	38	044
2.6300	20	137
2.5000	18	151
2.4300	20	317
2.3800	15	422
2.3000	15	0210
2.1200	25	319
2.0000	3	513
1.9000	25	428
1.8300	18	2410
1.7800	20	517
1.7300	18	602
1.6600	10	537
1.6100	20	2214

1-040 硒(Selenium)

Se, 78.96

Sys.: Trigonal S.G.: $P3_121$(152) Z: 3

a: 4.3662 c: 4.9536 Vol.: 81.78

ICSD: 40018

Atom		Wcf	x	y	z	Occ
Se1	Se	3a	0.2254	0	0	1.0

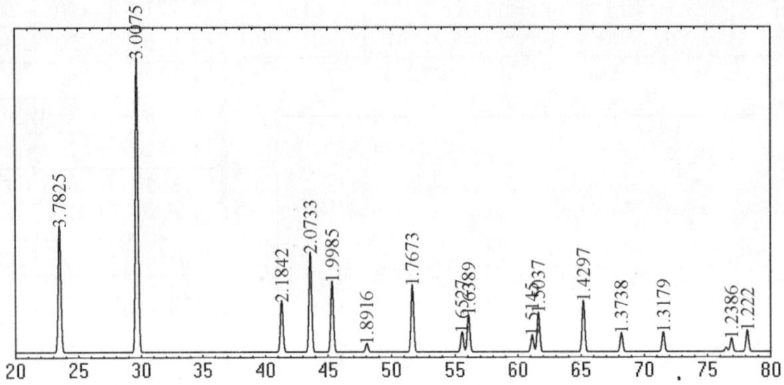

PDF: 06-0362

d	I/I_0	hkl
3.7800	55	100
3.0050	100	101
2.1840	16	110
2.0720	35	102
1.9980	20	111
1.8900	4	200
1.7660	20	201
1.6500	10	003
1.6370	12	112
1.5130	8	103
1.5030	10	202
1.4290	10	210
1.3730	4	211
1.3170	6	113
1.2440	2	203
1.2390	4	212
1.2220	4	301
1.1770	6	104
1.1230	4	302
1.0800	6	213

1-041 碲(Tellurium)

Te, 127.6

Sys.: Trigonal S.G.: $P3_121$(152) Z: 3

a: 4.4579 c: 5.927 Vol.: 102.01

ICSD: 40008

Atom		Wcf	x	y	z	Occ
Te1	Te	3a	0.2633	0	0.3333	1.0

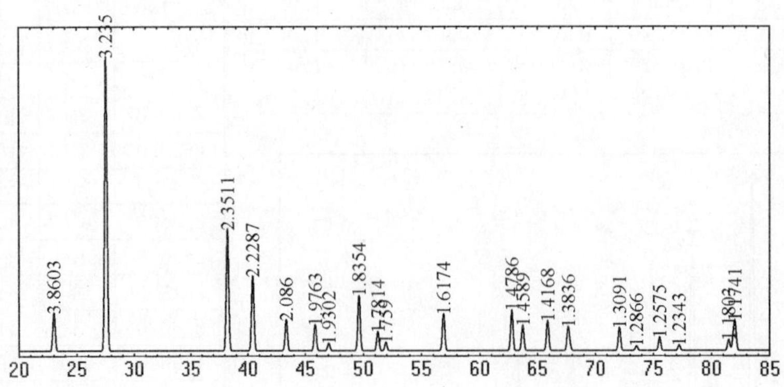

PDF: 36-1452

d	I/I_0	hkl
3.8564	16	100
3.2336	100	101
2.3505	36	102
2.2284	25	110
2.0864	8	111
1.9754	9	003
1.2870	1	300
1.2577	2	301
1.2341	1	114
1.1803	1	302
1.1751	4	204
1.1739	3	213

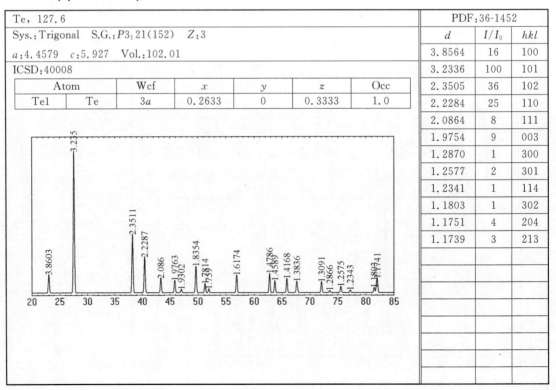

1-042 石墨-2*H*(Graphite-2*H*)

C, 12.01

Sys.:Hexagonal S.G.:$P6_3/mmc$(194) *Z*:4

a:2.464 *c*:6.711 Vol.:35.29

ICSD:76767

Atom		Wcf	*x*	*y*	*z*	Occ
C1	C	2*b*	0	0	0.25	1.0
C2	C	2*c*	0.3333	0.6667	0.25	1.0

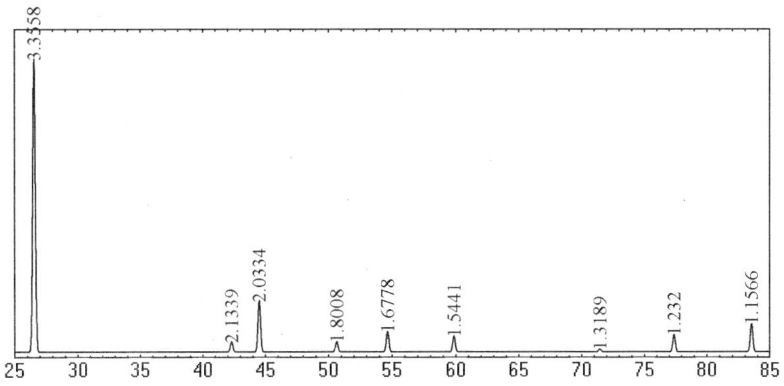

PDF:89-7213

d	I/I_0	*hkl*
3.3555	999	002
2.1339	33	100
2.0336	159	101
1.8006	29	102
1.6778	48	004
1.5440	40	103
1.3189	6	104
1.2320	42	110
1.1565	63	112
1.1361	9	105
1.1185	6	006

1-043 石墨-3*R*(Graphite-3*R*)

C, 12.01

Sys.:Trigonal S.G.:*R*3(146) *Z*:4

a:2.456 *c*:10.044 Vol.:52.47

ICSD:31829 S.G.:$R\bar{3}m$ R(166) *Z*:2

a:3.635 $\alpha=\beta=\gamma=39.49°$ Vol.:17.48

Atom		Wcf	*x*	*y*	*z*	Occ
C1	C	2*c*	0.164	0.164	0.164	1.0

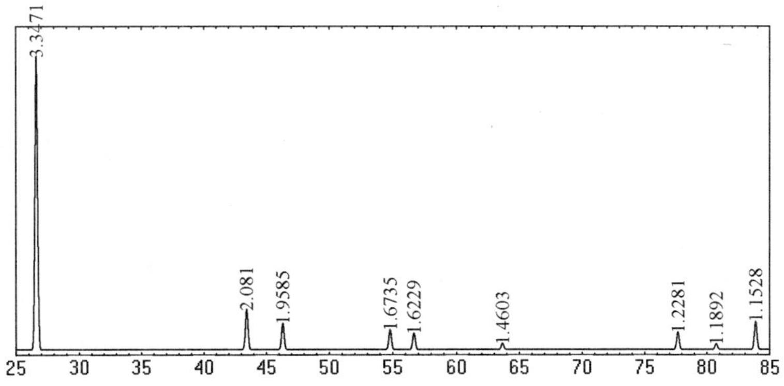

PDF:26-1079

d	I/I_0	*hkl*
3.3480	100	003
2.0810	11	101
1.9580	9	012
1.6740	6	006
1.6230	4	104
1.4600	2	015
1.2280	4	110
1.1900	1	107
1.1530	6	113
1.1160	1	009
1.0810	1	018
0.9902	4	116
0.8370	1	00$\underline{12}$
0.8259	4	119
0.8014	1	211
0.7938	1	122

1-044 金刚石(Diamond)

C，12.01

Sys.:Cubic S.G.:$Fd\bar{3}m$(227) Z:8

a:3.5667 Vol.:45.37

ICSD:66464

Atom		Wcf	x	y	z	Occ
C1	C	8b	0.5	0.5	0.5	1.0

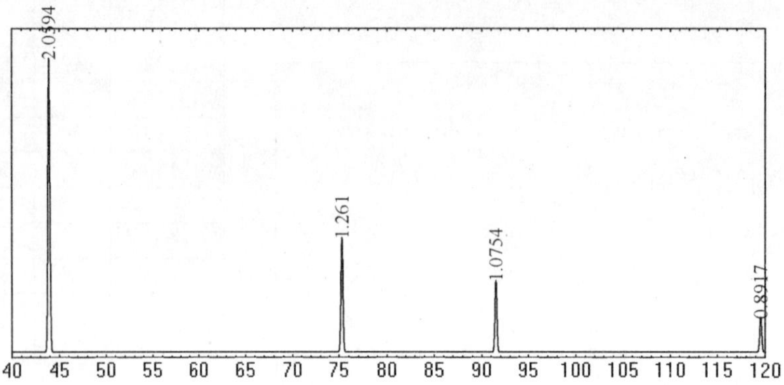

PDF:06-0675

d	I/I_0	hkl
2.0600	100	111
1.2610	25	220
1.0754	16	311
0.8916*	8	400
0.8182	16	331

1-045 赵石墨(Chaoite [NR])

C，12.01

结构未知

ICSD：暂缺

PDF:22-1069

d	I/I_0	hkl
4.4700	100	110
4.2600	100	111
4.1200	80	—
3.7100	40	201
3.2200	40	104
3.0300	60	203
2.9400	20	210
2.5500	60	301
2.4600	40	213
2.2800	60	205
2.2400	40	220
2.1000	40	304
1.9830	20	—
1.9100	20	305
1.4960	20	227
1.3700	20	416
1.2890	20	600
1.2600	20	336
1.1970	40	516
1.1840	40	427

1-046 六方金刚石(Lansdaleite)

C，12.01

Sys.：Hexagonal　S.G.：$P6_3/mmc$(194)　Z：4

a：2.52　c：4.12　Vol.：22.66

ICSD：27422

Atom		Wcf	x	y	z	Occ
C1	C	$4f$	0.3333	0.6667	0.0625	1.0

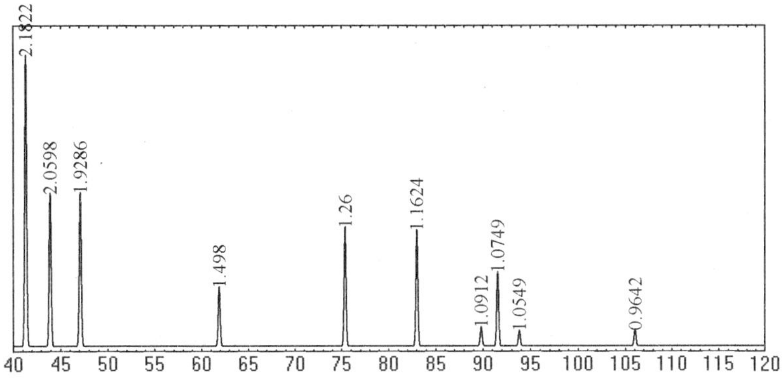

PDF：19-0268

d	I/I_0	hkl
2.1900	100	100
2.0600	100	002
1.9200	50	101
1.5000	25	102
1.2600	75	110
1.1700	50	103
1.0750	50	112
1.0550	25	201

1-047 硅-立方相 1(Silicon-cub1)

Si，28.09

Sys.：Cubic　S.G.：$Fd\bar{3}m$(227)　Z：8

a：5.4301　Vol.：160.11

ICSD：29287

Atom		Wcf	x	y	z	Occ
Si1	Si	$8a$	0	0	0	1.0

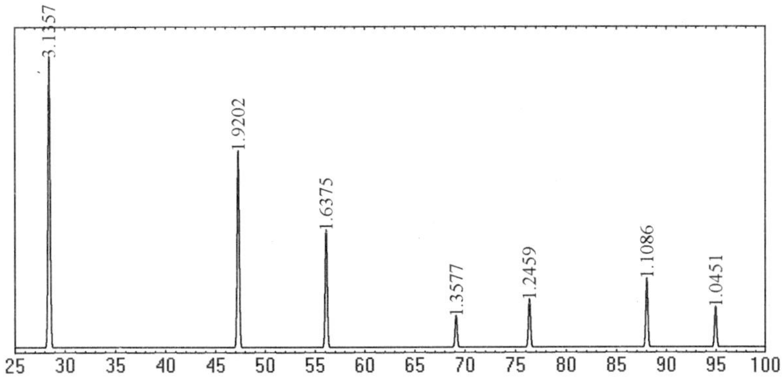

PDF：05-0565

d	I/I_0	hkl
3.1380	100	111
1.9200	60	220
1.6380	35	311
1.3570	8	400
1.2460	13	331
1.1083	17	422
1.0450	9	511
0.9599	5	440
0.9178	11	531
0.8586	9	620
0.8281	5	533

1-048 硅-立方相 2(Silicon-cub2)

Si, 28.09

Sys.:Cubic S.G.: $Ia\overline{3}$(206) Z:16

a:6.636 Vol.:292.23

ICSD:16569

Atom		Wcf	x	y	z	Occ
Si1	Si	16c	0.1003(8)	0.1003(8)	0.1003(8)	1.0

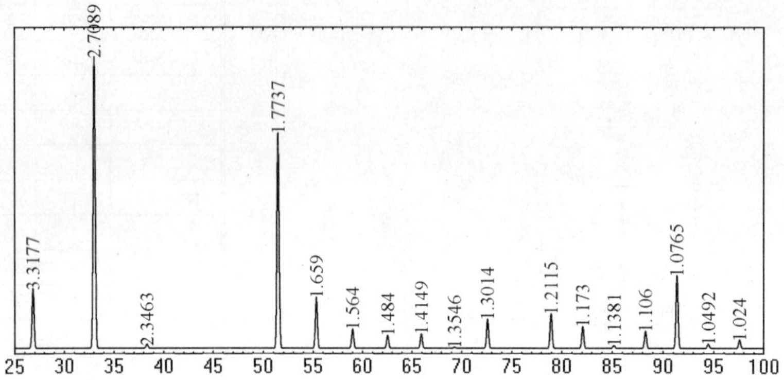

PDF:17-0901

d	I/I_0	hkl
3.2900	25	200
2.6910	100	211
2.3310	2	220
1.7680	80	321
1.6490	20	400
1.5580	10	411
1.4790	8	420
1.4090	6	332
1.2980	10	431
1.2100	16	521
1.1710	10	440
1.1060	6	600
1.0750	25	611
1.0230	4	541
0.9790	8	631
0.9570	4	444
0.9390	10	543
0.9190	16	640
0.9030	16	721
0.8860	10	642

2　碳化物及相关化合物

(1) 碳化物 …………………………………………………………………… (30)

(2) 氮化物 …………………………………………………………………… (35)

(3) 砷化物 …………………………………………………………………… (42)

(4) 硼化物 …………………………………………………………………… (47)

(5) 磷化物 …………………………………………………………………… (55)

(1) 碳 化 物

2-001 碳化钨(Tungsten Carbide)

WC，195.86

Sys.：Hexagonal S.G.：$P\bar{6}m2$(187) Z：1

a：2.90631 c：2.83754 Vol.：20.76

ICSD：43380

Atom		Wcf	x	y	z	Occ
W1	W	1*a*	0	0	0	1.0
C1	C	1*d*	0.3333	0.6667	0.5	1.0

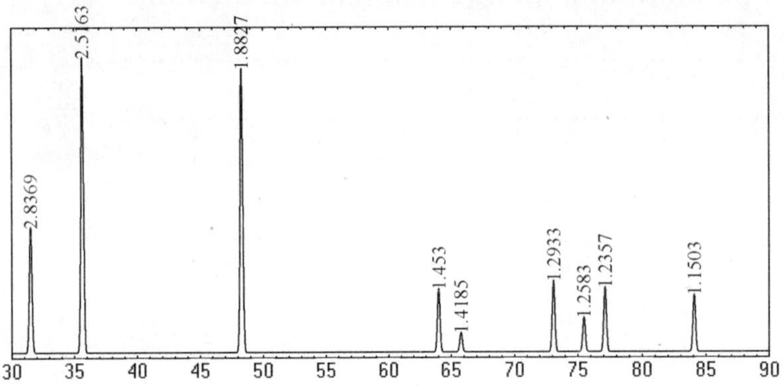

PDF：51-0939

d	I/I_0	hkl
2.8368	47	001
2.5170	100	100
1.8829	83	101
1.4531	13	110
1.4190	4	002
1.2934	16	111
1.2585	7	200
1.2360	13	102
1.1504	10	201
1.0152	7	112
0.9513	5	210
0.9458	1	003
0.9415	5	202
0.9020	9	211

2-002 碳化钙(Calcium Carbide)

CaC_2，64.1

Sys.：Tetragonal S.G.：$I4/mmm$(139) Z：2

a：3.8863 c：6.3862 Vol.：96.45

ICSD：410313

Atom		Wcf	x	y	z	Occ
Ca1	Ca^{2+}	2*a*	0	0	0	1.0
C1	C^-	4*e*	0	0	0.5936(16)	1.0

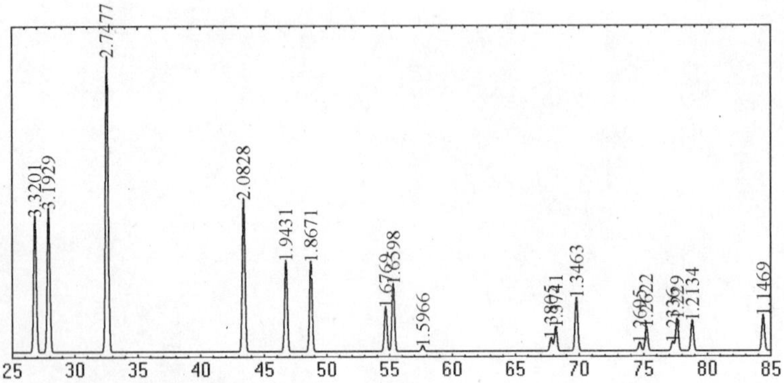

PDF：89-6786

d	I/I_0	hkl
3.3199	490	101
3.1931	512	002
2.7480	999	110
2.0829	457	112
1.9432	263	200
1.8670	249	103
1.6770	121	211
1.6600	176	202
1.5966	15	004
1.3805	33	114
1.3740	54	220
1.3463	114	213
1.2696	18	301
1.2621	48	222
1.2336	20	204
1.2290	63	310
1.2134	53	105
1.1469	62	312
1.1066	23	303

2-003　陨碳铁矿(Cohenite)

Fe_3C，179.55

Sys.:Orthorhombic　S.G.:*Pnma*(62)　*Z*:4

a:5.091　*b*:6.7434　*c*:4.526　Vol.:155.38

ICSD:38308

Atom		Wcf	*x*	*y*	*z*	Occ
Fe1	Fe	8*d*	0.1834(7)	0.0689(7)	0.3344(8)	1.0
Fe2	Fe	4*c*	0.0388(11)	0.25	0.8422(16)	1.0
C1	C	4*c*	0.8764(22)	0.25	0.4426(17)	1.0

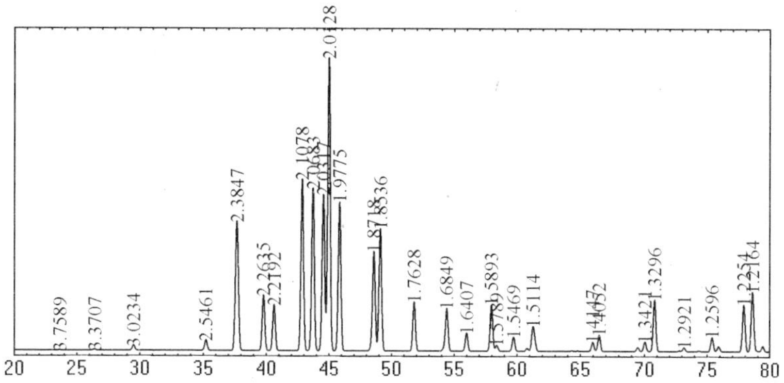

PDF:35-0772		
d	I/I_0	*hkl*
3.3719	4	020
3.0241	3	111
2.5452	4	200
2.3882	43	121
2.3815	41	210
2.2631	22	002
2.2186	22	201
2.1074	57	211
2.0678	67	102
2.0313	56	220
2.0132	100	031
1.9770	53	112
1.8792	5	022
1.8723	32	131
1.8534	43	221
1.7631	19	122
1.6914	5	202
1.6852	15	230
1.6406	8	212
1.5890	19	301

2-004　碳化钛(Khamrabaevite)

TiC，59.91

Sys.:Cubic　S.G.:$Fm\bar{3}m$(225)　*Z*:4

a:4.3274　Vol.:81.04

ICSD:1546

Atom		Wcf	*x*	*y*	*z*	Occ
Ti1	Ti	4*a*	0	0	0	1.0
C1	C	4*b*	0.5	0.5	0.5	1.0

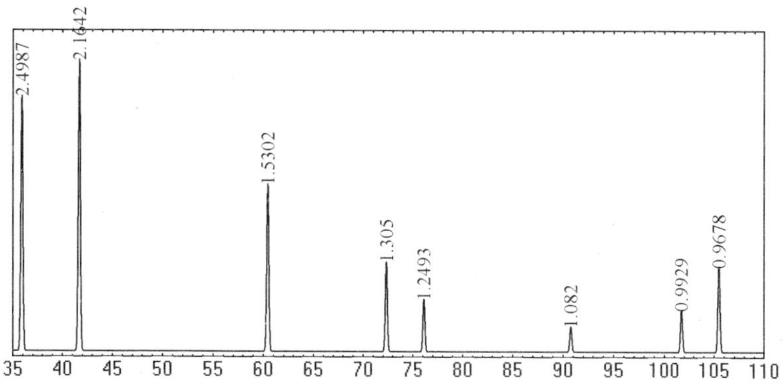

PDF:32-1383		
d	I/I_0	*hkl*
2.4990	80	111
2.1637	100	200
1.5302	60	220
1.3047	30	311
1.2492	17	222
1.0818	10	400
0.9927	13	331
0.9677	25	420
0.8834	25	422
0.8327	16	511

2-005 碳化铬(Tongbaite)

Cr_3C_2，180.01

Sys.:Orthorhombic S.G.:*Pnam*(62) *Z*:4

a:5.5273 *b*:11.4883 *c*:2.8286 Vol.:179.61

ICSD:15086

Atom		Wcf	*x*	*y*	*z*	Occ
Cr1	Cr	4*c*	0.01632(18)	0.25	0.40165(9)	1.0
Cr2	Cr	4*c*	0.18079(18)	0.25	0.77351(9)	1.0
Cr3	Cr	4*c*	0.86913(18)	0.25	0.93131(9)	1.0
C1	C	4*c*	0.0993(13)	0.25	0.2061(6)	1.0
C2	C	4*c*	0.2404(13)	0.25	0.9531(6)	1.0

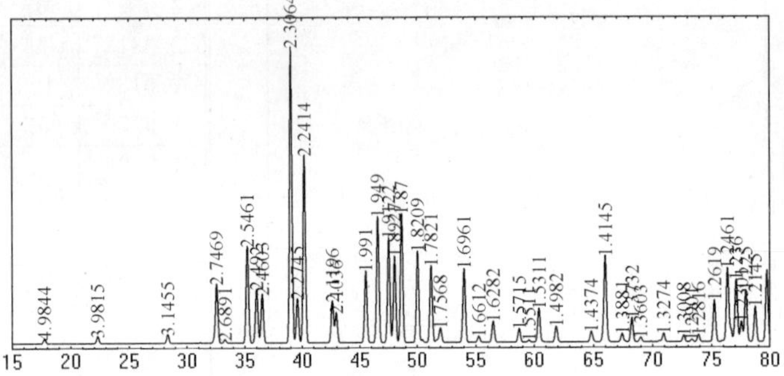

PDF:35-0804

d	I/I_0	*hkl*
4.9779	1	110
3.9830	1	120
3.1463	2	130
2.7460	18	011
2.5478	23	140
2.4897	13	220
2.4596	9	111
2.3063	100	121
2.2751	10	031
2.2409	60	230
2.1215	21	150
2.1036	10	131
1.9912	25	240
1.9482	45	211
1.9151	29	060
1.8934	34	141
1.8691	49	221
1.8190	27	310
1.7833	26	051
1.7670	1	250

2-006 α-碳化硅-2*H*(Moissanite-2*H*)

SiC，40.1

Sys.:Hexagonal S.G.:$P6_3mc$(186) *Z*:2

a:3.0763 *c*:5.048 Vol.:41.37

ICSD:24261

Atom		Wcf	*x*	*y*	*z*	Occ
Si1	Si^{4+}	2*b*	0.6667	0.3333	0	1.0
C1	C^{4-}	2*b*	0.6667	0.3333	0.375	1.0

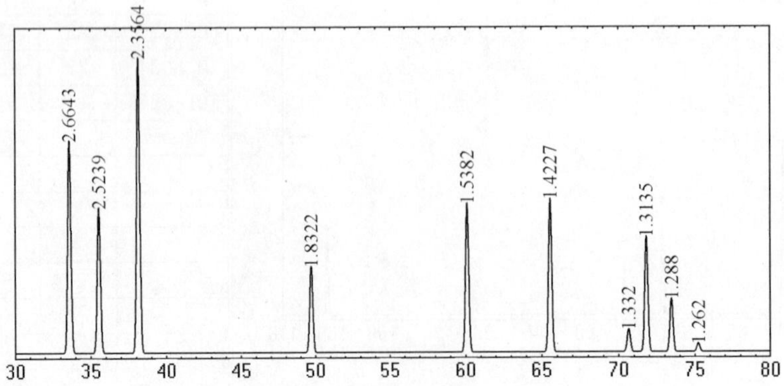

PDF:19-1138

d	I/I_0	*hkl*
2.6700	60	100
2.5200	100	002
2.3600	80	101
1.8300	20	102
1.4300	50	103
1.3300	10	200
1.2900	20	201
1.2600	20	004
1.1800	10	202
1.0400	30	—
0.8380	20	302
0.8050	30	205

2-007 α-碳化硅-4*H*(Moissanite-4*H*)

SiC, 40.1

Sys.: Hexagonal　S.G.: $P6_3mc$(186)　Z: 4

a: 3.073　c: 10.053　Vol.: 82.22

ICSD: 24170

Atom		Wcf	x	y	z	Occ
Si1	Si^{4+}	2a	0	0	0.188	1.0
Si2	Si^{4+}	2b	0.3333	−0.3333	0.438	1.0
C1	C^{4-}	2a	0	0	0	1.0
C2	C^{4-}	2b	0.3333	−0.3333	0.25	1.0

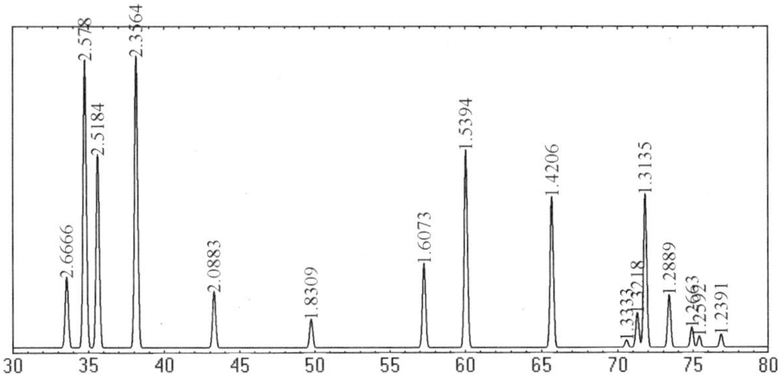

PDF: 22-1317

d	I/I_0	hkl
2.6610	20	100
2.5730	100	101
2.5130	80	004
2.3520	90	102
2.0840	25	103
1.6040	30	105
1.5370	45	110
1.4180	40	106
1.3110	35	114
1.2860	25	202
1.1100	15	205
1.0420	20	206
1.0010	20	211
0.9863	20	212
0.9744	15	118
0.9401	25	1010
0.8995	15	215
0.8871	20	300
0.8634	25	1011
0.8371	25	304

2-008 α-碳化硅-6*H*(Moissanite-6*H*)

SiC, 40.1

Sys.: Hexagonal　S.G.: $P6_3mc$(186)　Z: 6

a: 3.073　c: 15.08　Vol.: 123.33

ICSD: 15325

Atom		Wcf	x	y	z	Occ
Si1	Si	2a	0	0	0	1.0
Si2	Si	2b	0.6667	0.3333	0.16678	1.0
Si3	Si	2b	0.3333	0.6667	0.33323	1.0
C1	C	2a	0	0	0.12527	1.0
C2	C	2b	0.6667	0.3333	0.29188	1.0
C3	C	2b	0.3333	0.6667	0.4585	1.0

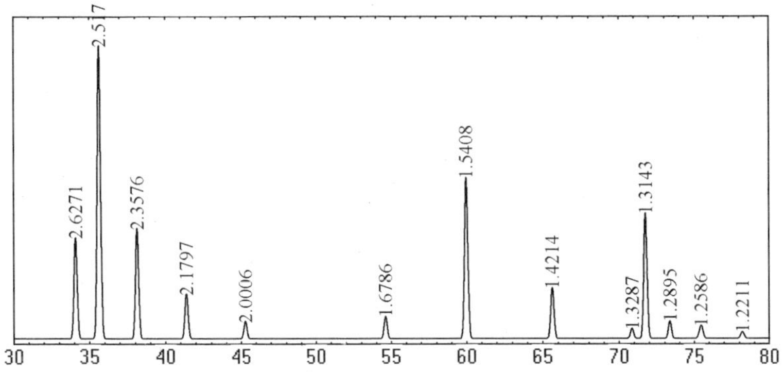

PDF: 22-1273

d	I/I_0	hkl
2.6210	40	101
2.5110	100	102
2.3520	20	103
2.1740	10	104
1.5370	35	110
1.4180	15	109
1.3110	40	116
1.2860	15	203
1.2560	7	0012
1.0870	15	208
1.0420	7	209
1.0040	15	211
0.9730	15	1112
0.8880	15	1016
0.8620	7	219
0.8370	9	2110
0.8020	9	2015

2-009 β-碳化硅(Silicon Carbide-β)

SiC，40.1

Sys.:Cubic S.G.:$F\bar{4}3m$(216) Z:4

a:4.3589 Vol.:82.82

ICSD:24217

Atom		Wcf	x	y	z	Occ
Si1	Si^{4+}	4a	0	0	0	1.0
C1	C^{4-}	4c	0.25	0.25	0.25	1.0

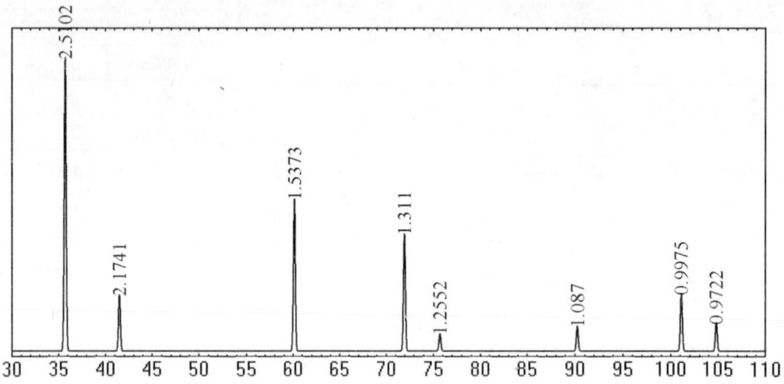

PDF:29-1129

d	I/I_0	hkl
2.5200	100	111
2.1800	20	200
1.5411	35	220
1.3140	25	311
1.2583	5	222
1.0893	5	400
0.9999	10	331
0.9748	5	420
0.8895	5	422
0.8387	5	511

2-010 碳化硼(Boron Carbide)

B_4C，55.25

Sys.:Trigonal S.G.:$R\bar{3}m$(166) Z:9

a:5.6003 c:12.086 Vol.:328.27

ICSD:29093

Atom		Wcf	x	y	z	Occ
B1	B^+	18h	0.1667	−0.1667	0.36	1.0
B2	B^+	18h	0.106	−0.106	0.113	1.0
C1	C^{4-}	6c	0	0	0.385	1.0
C2	C^{4-}	3b	0	0	0.5	1.0

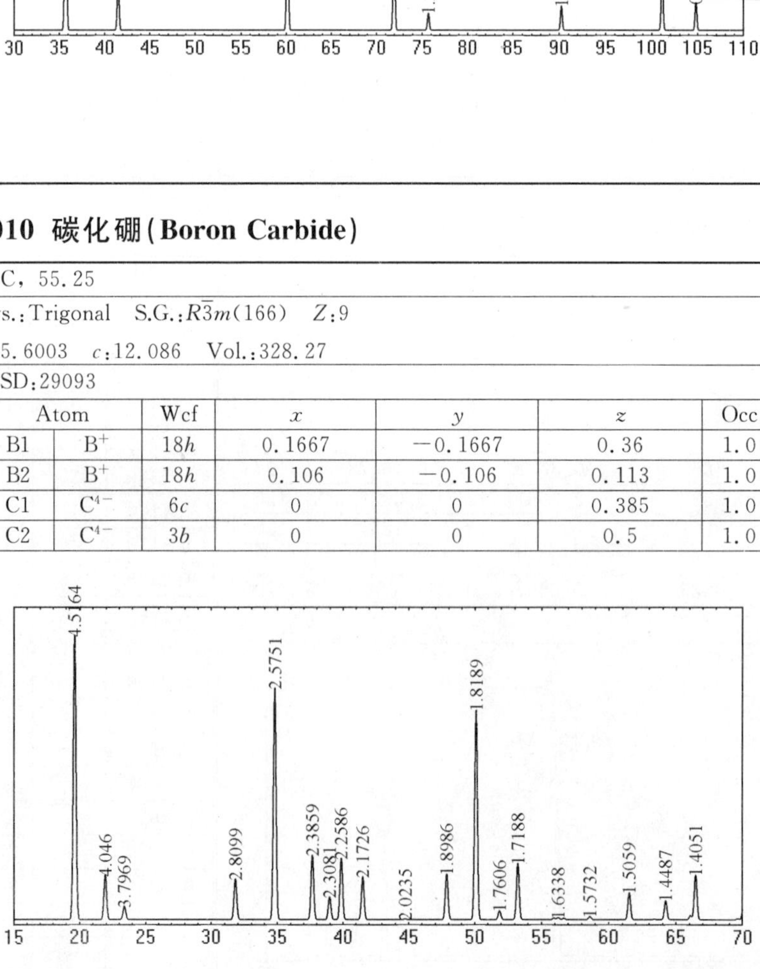

PDF:35-0798

d	I/I_0	hkl
4.4995	14	101
4.0330	21	003
3.7828	49	012
2.8031	11	110
2.5647	64	104
2.3769	100	021
2.3001	4	113
1.8906	1	024
1.8128	4	211
1.7120	11	205
1.6261	2	107
1.5674	1	214
1.5004	9	303
1.4605	13	125
1.4423	10	018
1.3995	12	220
1.3369	8	131
1.3228	7	223
1.3128	8	312
1.2820	2	208

(2) 氮　化　物

2-011 氮化铝-立方相 1(Aluminum Nitride-cub1)

AlN，40.99

Sys.:Cubic　S.G.:$Fm\bar{3}m$(225)　Z:4

a:4.045(1)　Vol.:66.18

ICSD:41358　a:3.938

Atom		Wcf	x	y	z	Occ
Al1	Al^{3+}	4a	0	0	0	1.0
N2	N^{3-}	4b	0.5	0.5	0.5	1.0

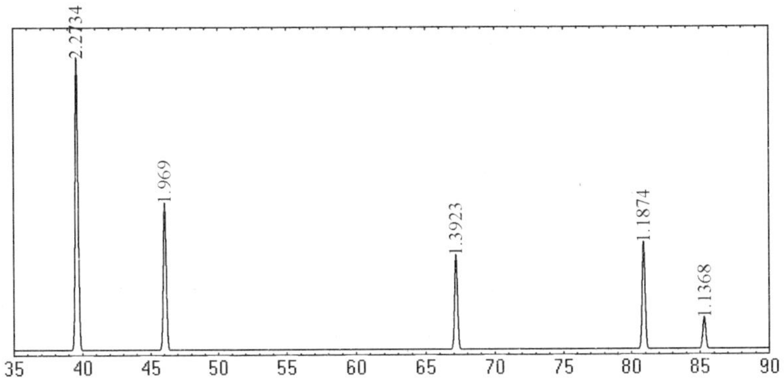

PDF:46-1200

d	I/I_0	hkl
2.3346	30	111
2.0226	100	200
1.4300	55	220
1.2195	10	311
1.1678	11	222
1.0113	6	400
0.9280	4	331
0.9045	17	420

2-012 氮化铝-立方相 2(Aluminum Nitride-cub2)

AlN，40.99

Sys.:Cubic　S.G.:$F\bar{4}3m$(216)　Z:4

a:4.342　Vol.:81.86

ICSD:41545

Atom		Wcf	x	y	z	Occ
Al1	Al^{3+}	4c	0.25	0.25	0.25	1.0
N1	N^{3-}	4a	0	0	0	1.0

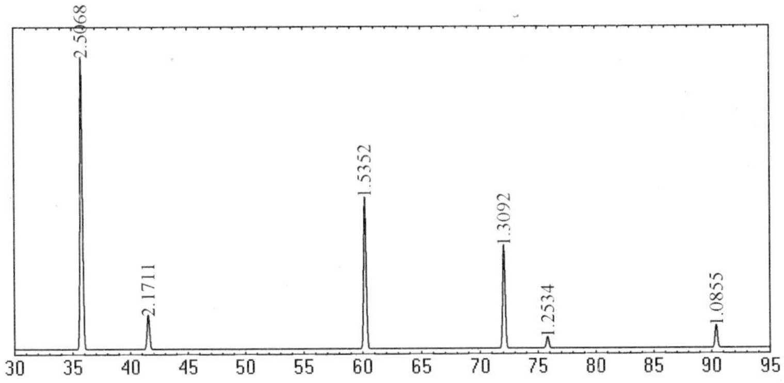

PDF:88-2363

d	I/I_0	hkl
2.5069	999	111
2.1710	105	200
1.5351	379	220
1.3092	221	311
1.2534	23	222

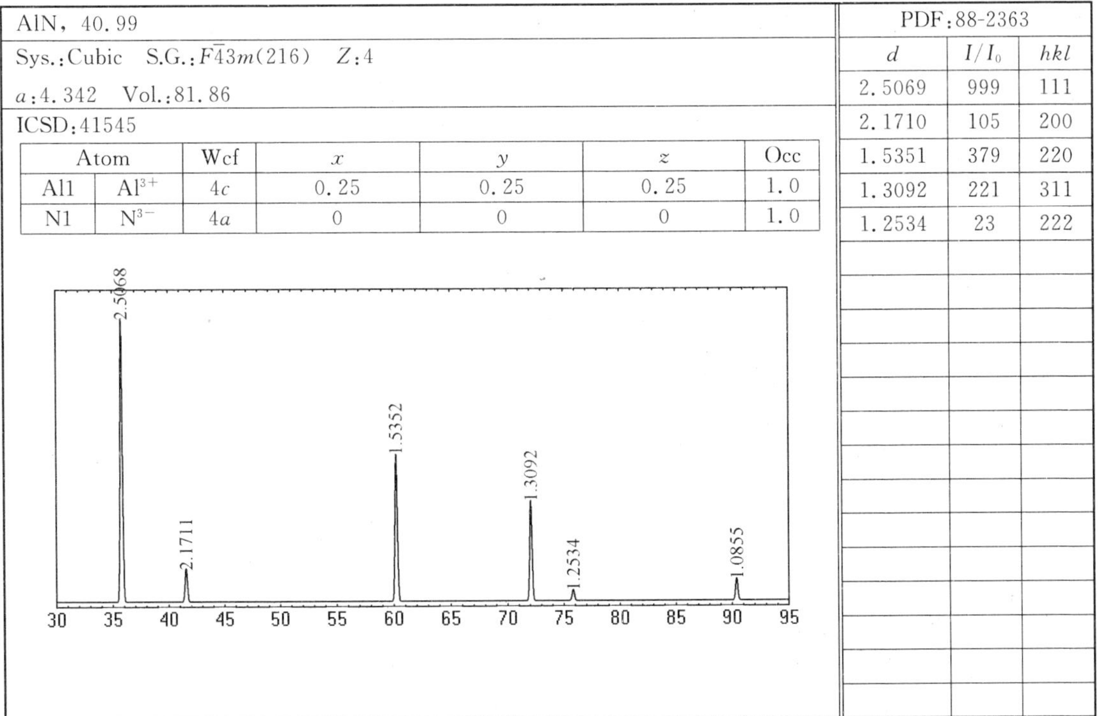

2-013 氮化铝-六方相(Aluminum Nitride-hex)

AlN，40.99

Sys.：Hexagonal S.G.：$P6_3mc$(186) Z：2

a：3.1114 c：4.9792 Vol.：41.74

ICSD：34236

Atom		Wcf	x	y	z	Occ
Al1	Al^{3+}	2b	0.3333	0.6667	0	1.0
N1	N^{3-}	2b	0.3333	0.6667	0.388	1.0

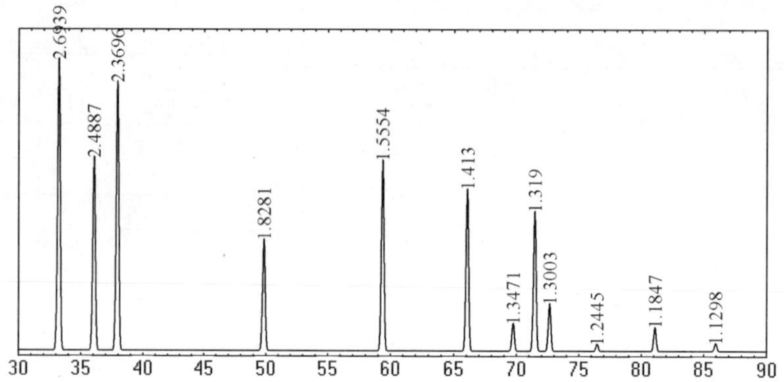

PDF：25-1133

d	I/I_0	hkl
2.6950	100	100
2.4900	60	002
2.3710	80	101
1.8290	25	102
1.5559	40	110
1.4133	30	103
1.3475	5	200
1.3194	25	112
1.3007	10	201
1.2450	1	004
1.1850	4	202
1.1301	1	104
1.0461	9	203
1.0184	3	210
0.9978	7	211
0.9720	2	114
0.9425	3	212
0.9340	6	105
0.9142	1	204
0.8982	4	300

2-014 氮化锂(Lithium Nitride)

Li_3N，34.83

Sys.：Hexagonal S.G.：$P6/mmm$(191) Z：1

a：3.655 c：3.876 Vol.：44.84

ICSD：76944

Atom		Wcf	x	y	z	Occ
N1	N^{3-}	1a	0	0	0	1.0
Li1	Li^{+}	1b	0	0	0.5	1.0
Li2	Li^{+}	2c	0.3333	0.6667	0	1.0

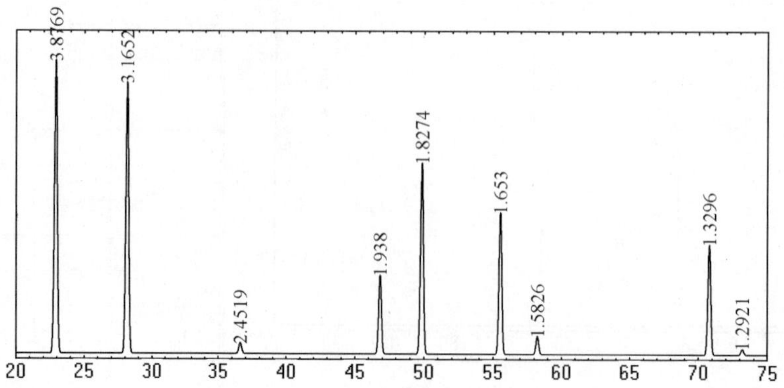

PDF：89-7375

d	I/I_0	hkl
3.8760	999	001
3.1653	838	100
2.4517	37	101
1.9380	197	002
1.8275	462	110
1.6530	323	111
1.6530	323	102
1.5827	41	200
1.4652	1	201
1.3296	208	112
1.2920	11	003
1.2258	21	202
1.1964	19	210
1.1964	19	103
1.1432	1	211

2-015 氮化镁(Magnesium Nitride)

Mg_3N_2，100.93

Sys.:Cubic　S.G.:$Ia\bar{3}$(206)　Z:16

a:9.9657　Vol.:989.75

ICSD:408145

Atom		Wcf	x	y	z	Occ
Mg1	Mg^{2+}	48e	0.38925(6)	0.15217(7)	0.38220(6)	1.0
N1	N^{3-}	8b	0.25	0.25	0.25	1.0
N2	N^{3-}	24d	0.9690(2)	0	0.25	1.0

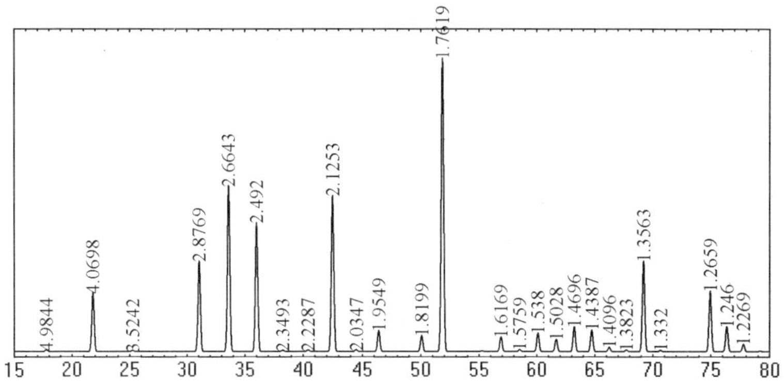

PDF:35-0778

d	I/I_0	hkl
4.0659	25	211
3.5231	1	220
2.8754	44	222
2.6622	62	321
2.4903	46	400
2.3493	1	411
2.2281	1	420
2.1239	60	332
2.0333	1	422
1.9542	8	431
1.8190	6	521
1.7613	100	440
1.6165	5	532
1.5748	1	620
1.5373	7	541
1.5018	5	622
1.4691	8	631
1.4379	7	444
1.4094	1	543
1.3824	1	640

2-016 氮铁矿(Siderazot)

Fe_3N，181.55

Sys.:Hexagonal　S.G.:$P6_322$(182)　Z:2

a:4.6919　c:4.367　Vol.:83.26

ICSD:79984

Atom		Wcf	x	y	z	Occ
Fe1	Fe	6g	0.3250(4)	0	0	1.0
N1	N	2c	0.3333	0.6667	0.25	1.0

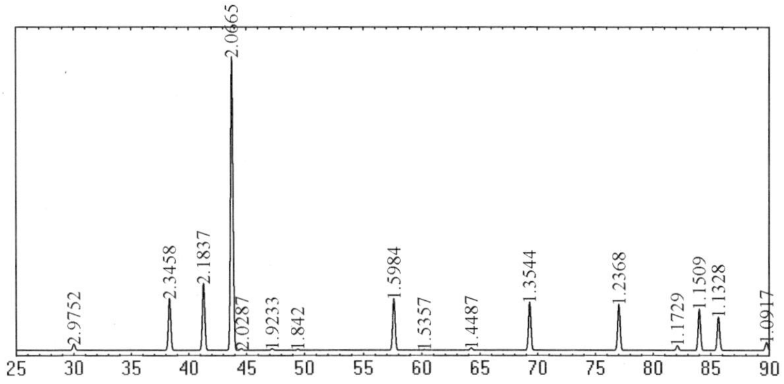

PDF:83-0879

d	I/I_0	hkl
4.0633	1	100
2.9748	23	101
2.3460	185	110
2.1835	230	002
2.0666	999	111
2.0317	9	200
1.9234	4	102
1.8421	3	201
1.5983	157	112
1.5358	1	210
1.4874	1	202
1.4488	6	211
1.3704	1	103
1.3544	137	300
1.2936	1	301
1.2562	1	212
1.2369	126	113
1.1833	1	203
1.1730	13	220
1.1510	110	302

2-017 氮化钛(Osbornite)

TiN, 61.91

Sys.: Cubic S.G.: $Fm\bar{3}m$(225) Z: 4

a: 4.24 Vol.: 76.23

ICSD: 64909

Atom		Wcf	x	y	z	Occ
Ti1	Ti^{3+}	$4a$	0	0	0	1.0
N1	N^{3-}	$4b$	0.5	0.5	0.5	1.0

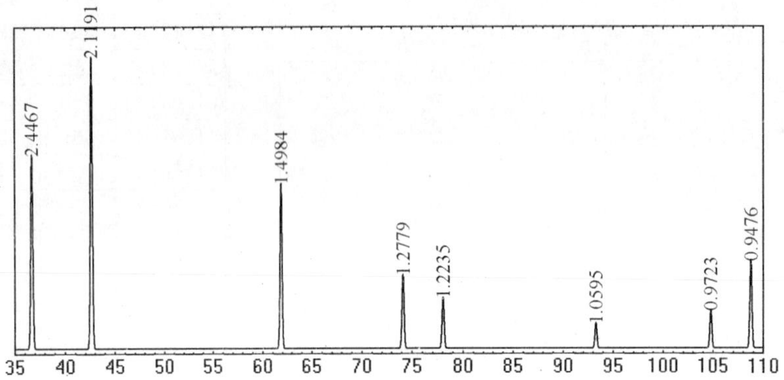

PDF: 06-0642

d	I/I_0	hkl
2.4400	75	111
2.1200	100	200
1.4960	55	220
1.2770	25	311
1.2230	16	222
1.0590	8	400
0.9720	12	331
0.9480	20	420
0.8650	20	422
0.8160	1	511

2-018 氮化钽(Tantalum Nitride)

TaN, 194.95

Sys.: Cubic S.G.: $Fm\bar{3}m$(225) Z: 4

a: 4.3399 Vol.: 81.74

ICSD: 76456

Atom		Wcf	x	y	z	Occ
Ta1	Ta^{3+}	$4b$	0.5	0.5	0.5	1.0
N1	N^{3-}	$4a$	0	0	0	1.0

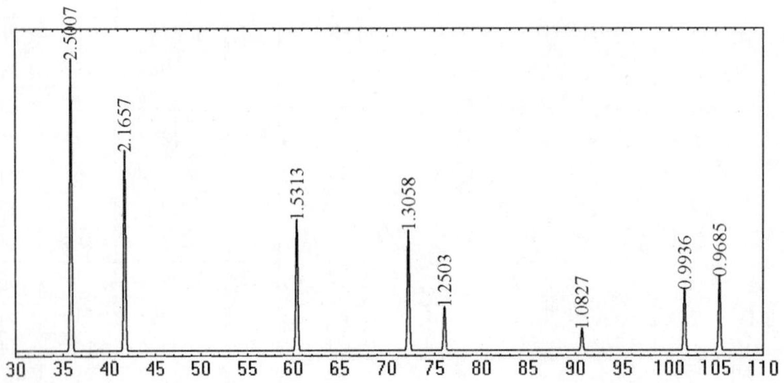

PDF: 49-1283

d	I/I_0	hkl
2.5041	100	111
2.1689	68	200
1.5346	43	220
1.3086	45	311
1.2529	13	222
1.0851	4	400
0.9956	14	331
0.9705	25	420

2-019 氮化钒(Vanadium Nitride)

VN, 64.95

Sys.:Cubic S.G.:$Fm\bar{3}m$(225) Z:4

a:4.137 Vol.:70.8

ICSD:62468

Atom		Wcf	x	y	z	Occ
V1	V^{3+}	4a	0	0	0	1.0
N1	N^{3-}	4b	0.5	0.5	0.5	1.0

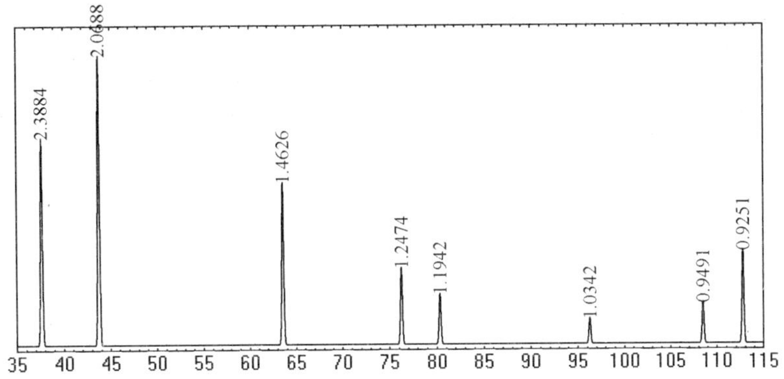

PDF:89-7381

d	I/I_0	hkl
2.3885	782	111
2.0685	999	200
1.4627	442	220
1.2474	178	311
1.1943	112	222

2-020 氮化硼(Boron Nitride)

BN, 24.82

Sys.:Cubic S.G.:$F\bar{4}3m$(216) Z:4

a:3.6158 Vol.:47.27

ICSD:86358

Atom		Wcf	x	y	z	Occ
B1	B^{3+}	4a	0	0	0	1.0
N1	N^{3-}	4c	0.25	0.25	0.25	1.0

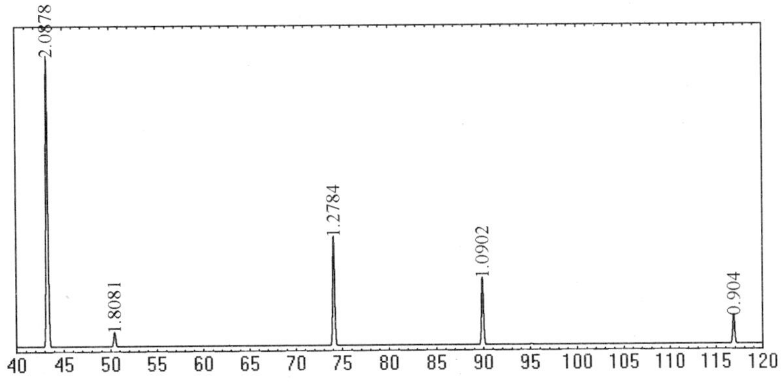

PDF:35-1365

d	I/I_0	hkl
2.0872	100	111
1.8081	5	200
1.2786	24	220
1.0900	8	311
0.9039	2	400
0.8296	3	331

2-021 氮化磷(Phosphorus Nitride)

P_3N_5, 162.95

Sys.: Monoclinic S.G.: *Aa*(9) *Z*: 4

a: 8.1208 *b*: 5.8348 *c*: 9.1607 *β*: 115.816 Vol.: 390.74

ICSD: 54200

Atom		Wcf	*x*	*y*	*z*	Occ
P1	P^{5+}	4*a*	0	0.5182(3)	0	1.0
P2	P^{5+}	4*a*	0.136(1)	0.2000(8)	0.309(1)	1.0
P3	P^{5+}	4*a*	0.365(2)	0.2924(8)	0.196(1)	1.0
N1	N^{3-}	4*a*	0.009(2)	−0.003(2)	0.269(1)	1.0
N2	N^{3-}	4*a*	0.129(1)	0.341(1)	0.450(1)	1.0
N3	N^{3-}	4*a*	0.370(1)	0.119(1)	0.066(1)	1.0
N4	N^{3-}	4*a*	0.142(2)	0.351(2)	0.147(1)	1.0
N5	N^{3-}	4*a*	0.356(2)	0.135(2)	0.348(1)	1.0

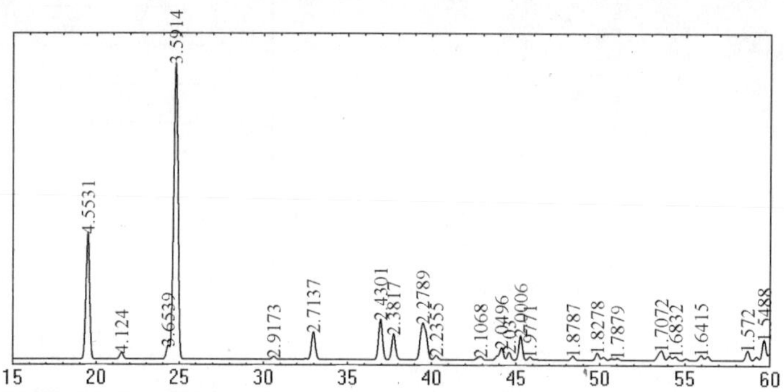

PDF: 51-0546

d	I/I_0	*hkl*
4.5567	51	110
4.5567	51	$11\bar{1}$
4.1271	3	002
3.6550	9	200
3.5949	100	111
3.5814	78	$11\bar{2}$
2.9190	2	020
2.7147	12	112
2.4313	13	$31\bar{1}$
2.3821	11	022
2.2804	12	220
2.2804	12	$22\bar{2}$
2.2672	7	$20\bar{4}$
2.2358	2	$31\bar{3}$
2.1058	1	$11\bar{4}$
2.0613	1	004
2.0502	6	$22\bar{3}$
2.0306	3	$40\bar{2}$
2.0011	12	023
1.9773	1	311

2-022 氮化硅-三方相(Silicon Nitride-tri)

Si_3N_4, 140.28

Sys.: Trigonal S.G.: *P*31*c*(159) *Z*: 4

a: 7.7541 *c*: 5.6217 Vol.: 292.73

ICSD: 35560

Atom		Wcf	*x*	*y*	*z*	Occ
N1	N^{3-}	2*a*	0	0	0.5	1.0
N2	N^{3-}	2*b*	0.3333	0.6667	0.6351	1.0
N3	N^{3-}	6*c*	0.6533	0.6109	0.4592	1.0
N4	N^{3-}	6*c*	0.3169	0.3198	0.7288	1.0
Si1	Si^{4+}	6*c*	0.0821	0.5089	0.6828	1.0
Si2	Si^{4+}	6*c*	0.2563	0.1712	0.4726	1.0

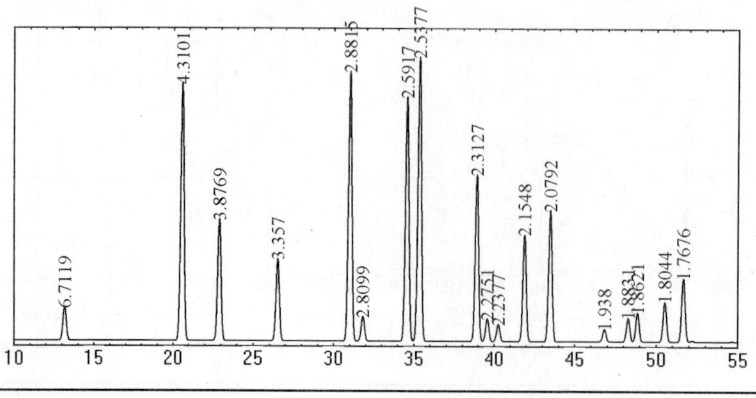

PDF: 41-0360

d	I/I_0	*hkl*
6.7125	8	100
4.3099	78	101
3.8768	41	110
3.3590	31	200
2.8827	100	201
2.8100	11	002
2.5928	85	102
2.5382	99	210
2.3132	54	211
2.2755	11	112
2.2379	6	300
2.1553	28	202
2.0796	44	301
1.9385	16	220
1.8837	9	212
1.8627	8	310
1.8046	10	103
1.7679	19	311
1.7522	1	302
1.5955	22	222

2-023 氮化硅-六方相(Silicon Nitride-hex)

Si_3N_4， 140.28

Sys.: Hexagonal S.G.: $P6_3/m$(176) Z:4

a:7.6044(2) c:2.9075(1) Vol.:145.61

ICSD:16818

Atom		Wcf	x	y	z	Occ
N1	N^{3-}	$2c$	0.3333	0.6667	0.25	1.0
N2	N^{3-}	$6h$	0.333	0.033	0.25	1.0
Si1	Si^{4+}	$6h$	0.172	−0.231	0.25	1.0

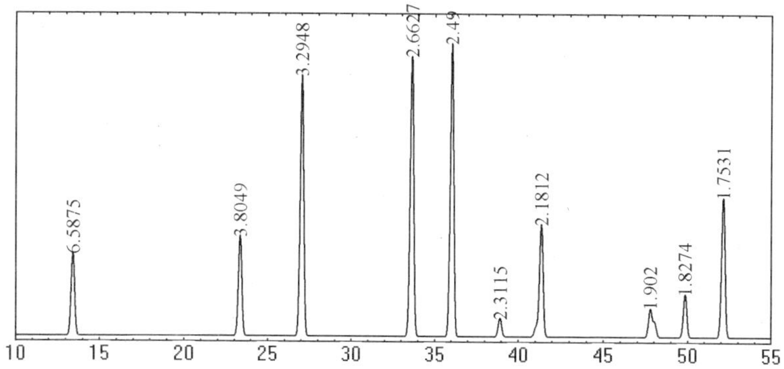

PDF:33-1160

d	I/I_0	hkl
6.5830	34	100
3.8000	35	110
3.2930	100	200
2.6600	99	101
2.4890	93	210
2.3100	9	111
2.1939	10	300
2.1797	31	201
1.9013	8	220
1.8916	5	211
1.8275	12	310
1.7525	37	301
1.5911	12	221
1.5467	6	311
1.5108	15	320
1.4534	15	002
1.4368	8	410
1.4325	5	401
1.4197	1	102
1.3579	1	112

2-024 氮化镓-六方相(Gallium Nitride-hex)

GaN， 83.73

Sys.: Hexagonal S.G.: $P6_3mc$(186) Z:2

a:3.18907(5) c:5.1855(2) Vol.:45.67

ICSD:25676

Atom		Wcf	x	y	z	Occ
Ga1	Ga^{3+}	$2b$	0.3333	0.6667	0	1.0
N1	N^{3-}	$2b$	0.3333	0.6667	0.375	1.0

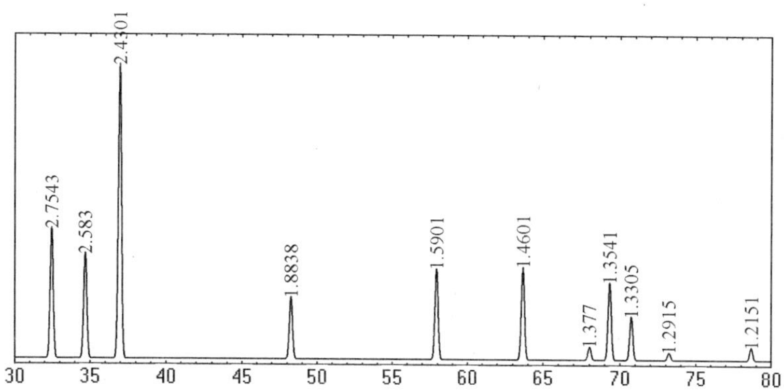

PDF:50-0792

d	I/I_0	hkl
2.7620	56	100
2.5930	45	002
2.4370	100	101
1.8910	19	102
1.5945	31	110
1.4649	27	103
1.3809	4	200
1.3582	22	112
1.3345	12	201
1.2964	3	004
1.2186	3	202
1.1737	2	104
1.0790	7	203
1.0438	3	210
1.0234	8	211
1.0059	5	114
0.9709	6	105
0.9683	5	212
0.9452	1	204
0.9207	4	300

2-025 氮化镓-立方相(Gallium Nitride-cub)

GaN, 83.73

Sys.:Cubic S.G.:$F\bar{4}3m$(216) Z:4

a:4.5027(4) Vol.:91.29

ICSD:41546

Atom		Wcf	x	y	z	Occ
Ga1	Ga^{3+}	4c	0.25	0.25	0.25	1.0
N1	N^{3-}	4a	0	0	0	1.0

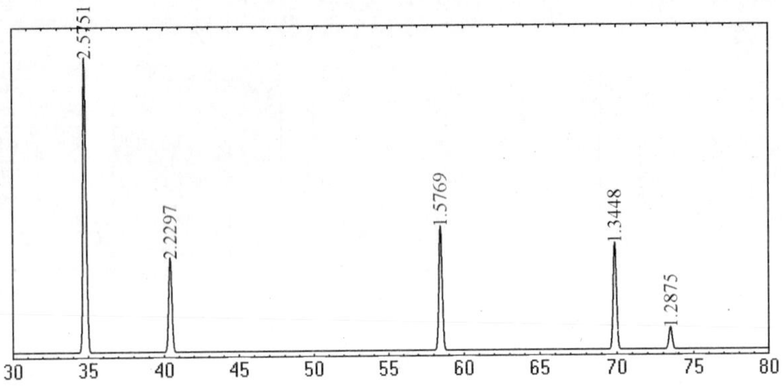

PDF:52-0791

d	I/I_0	hkl
2.5990	100	111
2.2500	6	200
1.5920	17	220
1.3580	12	311
1.3000	4	222
1.1260	1	400
1.0330	3	331

(3) 砷 化 物

2-026 砷化镓-立方相 1(Gallium Arsenide-cub1)

GaAs, 144.64

Sys.:Cubic S.G.:$F\bar{4}3m$(216) Z:4

a:5.6534 Vol.:180.69

ICSD:41674

Atom		Wcf	x	y	z	Occ
Ga1	Ga^{3+}	4a	0	0	0	1.0
As2	As^{3-}	4c	0.25	0.25	0.25	1.0

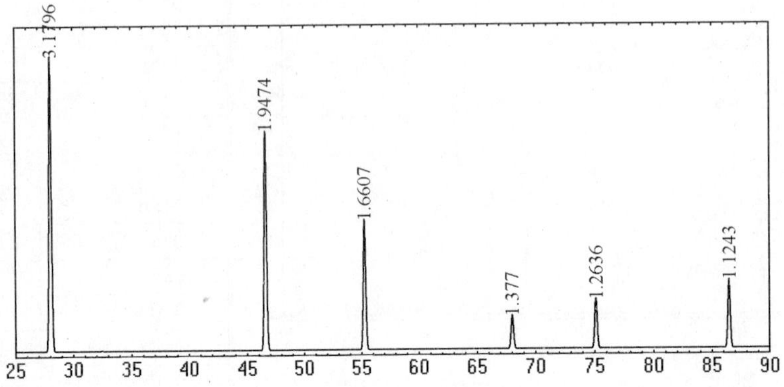

PDF:14-0450

d	I/I_0	hkl
3.2600	100	111
2.8320	1	200
1.9990	35	220
1.7040	35	311
1.4130	6	400
1.2970	8	331
1.1540	6	422
1.0880	4	511
0.9993	2	440
0.9556	2	531
0.8939	4	620
0.8622	2	533
0.8160	4	444
0.7916	2	551

2-027 砷化镓-立方相 2(Gallium Arsenide-cub2)

GaAs, 144.64

Sys.:Cubic　S.G.:$Pa\bar{3}$(205)　Z:8

a:6.922　Vol.:331.66

ICSD:41992

Atom		Wcf	x	y	z	Occ
Ga1	Ga^{3+}	8c	0.3447	0.3447	0.3447	1.0
As1	As^{3-}	8c	0.1466	0.1466	0.1466	1.0

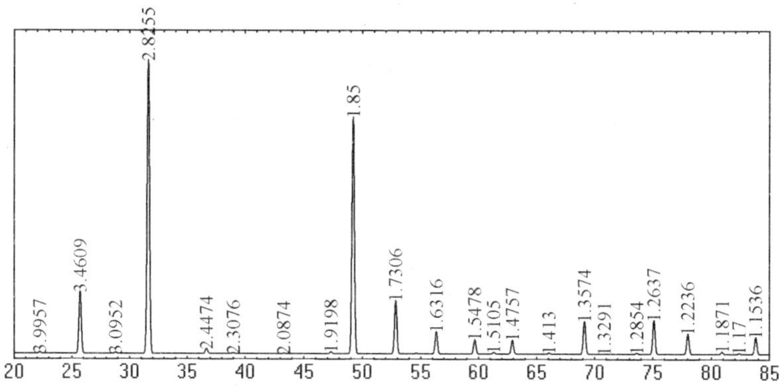

PDF:79-0614

d	I/I_0	hkl
3.9964	4	111
3.4610	234	200
3.0956	1	210
2.8259	999	211
2.4473	17	220
2.3073	3	221
2.0871	1	311
1.9982	1	222
1.9198	5	023
1.8500	642	123
1.7305	137	400
1.6788	2	410
1.6315	55	411
1.5880	1	331
1.5478	34	420
1.5105	3	421
1.4758	31	332
1.4130	2	422
1.3844	1	430
1.3575	70	431

2-028 砷化镓-六方相(Gallium Arsenide-hex)

GaAs, 144.64

Sys.:Hexagonal　S.G.:$P6_3mc$(186)　Z:2

a:3.912　c:6.441　Vol.:85.37

ICSD:67773

Atom		Wcf	x	y	z	Occ
Ga1	Ga^{3+}	2a	0.3333	0.6667	0	1.0
As1	As^{3-}	2b	0.3333	0.6667	0.374	1.0

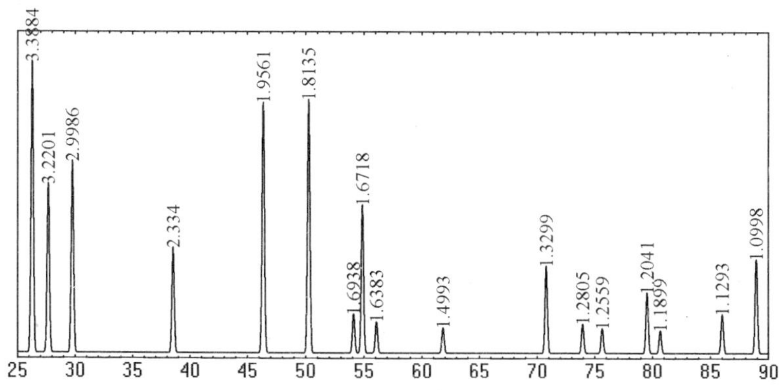

PDF:80-0003

d	I/I_0	hkl
3.3879	999	100
3.2205	568	002
2.9984	613	101
2.3342	305	102
1.9560	647	110
1.8135	631	103
1.6940	94	200
1.6718	348	112
1.6382	72	201
1.6103	1	004
1.4992	54	202
1.4543	1	104
1.3299	165	203
1.2805	54	210
1.2559	44	211
1.2432	1	114
1.2041	103	105
1.1899	38	212
1.1671	1	204
1.1293	61	300

2-029 砷化镓-斜方相 1(Gallium Arsenide-ort1)

GaAs, 144.64

Sys.: Orthorhombic S.G.: *P2mm*(25) *Z*: 1

a: 2.482(6) *b*: 4.830(10) *c*: 2.618(6) Vol.: 31.38

ICSD: 43951

Atom		Wcf	*x*	*y*	*z*	Occ
Ga1	Ga^{3+}	1*b*	0	0.5	0.35	1.0
As1	As^{3-}	1*a*	0	0	0	1.0

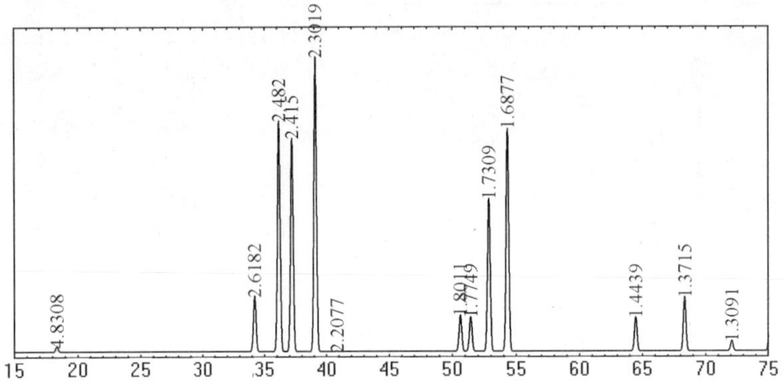

PDF: 89-3291

d	I/I_0	*hkl*
4.8300	7	010
2.6180	199	001
2.4820	815	100
2.4150	746	020
2.3016	999	011
2.2076	1	110
1.8012	106	101
1.7751	100	021
1.7309	438	120
1.6877	623	111
1.6100	1	030
1.4438	83	121
1.3714	126	031
1.3507	1	130
1.3090	22	002
1.2634	71	012
1.2410	50	200
1.2075	45	040
1.2004	139	131
1.1578	26	102

2-030 砷化镓-斜方相 2(Gallium Arsenide-ort2)

GaAs, 144.64

Sys.: Orthorhombic S.G.: *Imm*2(44) *Z*: 1

a: 4.92(1) *b*: 4.79(1) *c*: 2.635(6) Vol.: 62.1

ICSD: 43950

Atom		Wcf	*x*	*y*	*z*	Occ
Ga1	Ga^{3+}	2*b*	0	0.5	0.425	1.0
As1	As^{3-}	2*a*	0	0	0	1.0

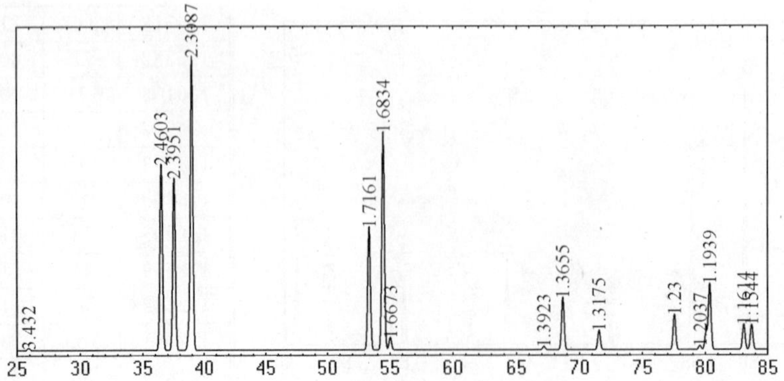

PDF: 89-3290

d	I/I_0	*hkl*
3.4321	3	110
2.4600	650	200
2.3950	594	020
2.3228	82	101
2.3087	999	011
1.7160	346	220
1.6835	609	211
1.6674	39	121
1.5516	1	310
1.5187	1	130
1.3924	8	301
1.3655	122	031
1.3175	43	002
1.2300	73	400
1.2300	73	112
1.2037	9	321
1.1975	39	040
1.1939	141	231
1.1614	49	202
1.1544	48	022

2-031 砷化铟-立方相 1(Indium Arsenide-cub1)

InAs, 189.74

Sys.: Cubic　S.G.: $F\bar{4}3m$(216)　Z: 4

a: 6.058　Vol.: 222.32

ICSD: 24518

Atom		Wcf	x	y	z	Occ
In1	In^{3+}	4a	0	0	0	1.0
As1	As^{3-}	4c	0.25	0.25	0.25	1.0

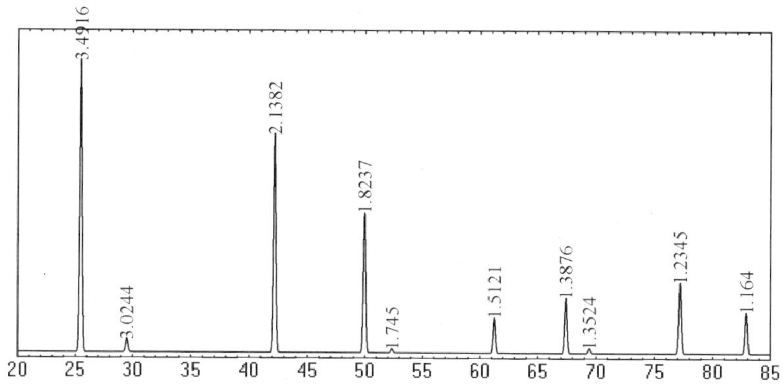

PDF: 15-0869

d	I/I_0	hkl
3.4980	100	111
3.0300	8	200
2.1420	60	220
1.8263	40	311
1.7489	2	222
1.5145	10	400
1.3895	14	331
1.3544	2	420
1.2366	16	422
1.1658	10	511
1.0707	8	440
1.0241	10	531
1.0097	2	600
0.9578	6	620
0.9239	4	533
0.8745	4	444
0.8483	6	711
0.8096	16	642
0.7887	8	731

2-032 砷化铟-立方相 2(Indium Arsenide-cub2)

InAs, 189.74

Sys.: Cubic　S.G.: $Pa\bar{3}$(205)　Z: 8

a: 7.114　Vol.: 360.03

ICSD: 41993

Atom		Wcf	x	y	z	Occ
In1	In^{3+}	8c	0.3488	0.3488	0.3488	1.0
As1	As^{3-}	8c	0.1463	0.1463	0.1463	1.0

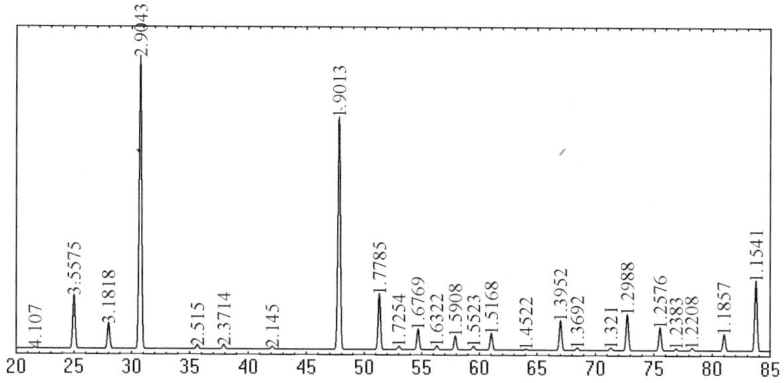

PDF: 79-0615

d	I/I_0	hkl
4.1073	5	111
3.5570	201	200
3.1815	103	210
2.9043	999	211
2.5152	13	220
2.3713	15	221
2.1450	10	311
2.0536	1	222
1.9731	1	023
1.9013	648	123
1.7785	149	400
1.7254	10	410
1.6768	52	411
1.6321	12	331
1.5907	34	420
1.5524	11	421
1.5167	38	332
1.4521	2	422
1.4228	1	430
1.3952	65	431

2-033 砷化铟-立方相 3(Indium Arsenide-cub3)

InAs, 189.74

Sys.:Cubic S.G.:$Fm\bar{3}m$(225) Z:4

a:5.5005 Vol.:166.42

ICSD:43972

Atom		Wcf	x	y	z	Occ
In1	In^{3+}	4b	0.5	0.5	0.5	1.0
As1	As^{3-}	4a	0	0	0	1.0

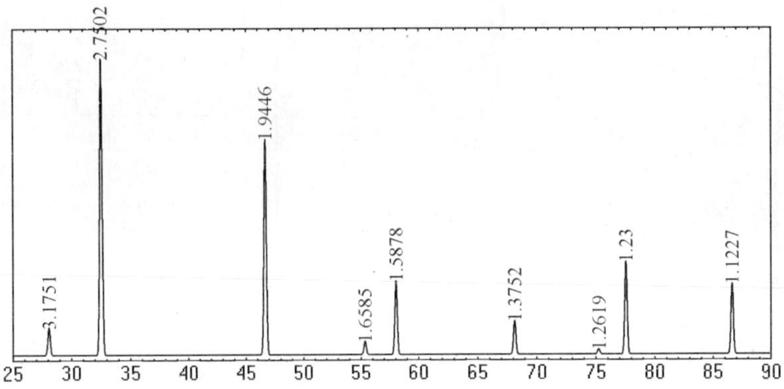

PDF:89-3312

d	I/I_0	hkl
3.1757	112	111
2.7503	999	200
1.9447	613	220
1.6585	41	311
1.5879	183	222
1.3751	73	400
1.2619	13	331
1.2300	178	420
1.1228	119	422

2-034 砷化铟-四方相(Indium Arsenide-tet)

InAs, 189.74

Sys.:Tetragonal S.G.:$I4_1/amd$(141) Z:2

a:5.226 c:2.73 Vol.:74.56

ICSD:43973

Atom		Wcf	x	y	z	Occ
In1	In^{3+}	4a	0	0	0	0.5
As1	As^{3-}	4a	0	0	0	0.5

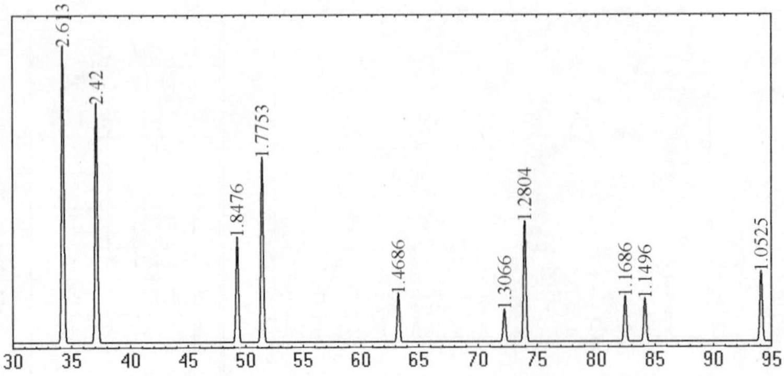

PDF:89-3312

d	I/I_0	hkl
2.6130	999	200
2.4197	773	101
1.8477	297	220
1.7754	507	211
1.4685	115	301
1.3065	68	400
1.2804	242	112
1.2804	242	321
1.2099	1	202
1.1686	83	420
1.1496	78	411

(4) 硼 化 物

2-035 硼化镁(Magnesium Boride)

MgB_2，45.93

Sys.: Hexagonal S.G.: *P*6/*mmm*(191) *Z*: 1

a: 3.0864 *c*: 3.5215 Vol.: 29.05

ICSD: 92831

Atom		Wcf	*x*	*y*	*z*	Occ
Mg1	Mg	1*a*	0	0	0	1.0
B1	B	2*d*	0.3333	0.6667	0.5	1.0

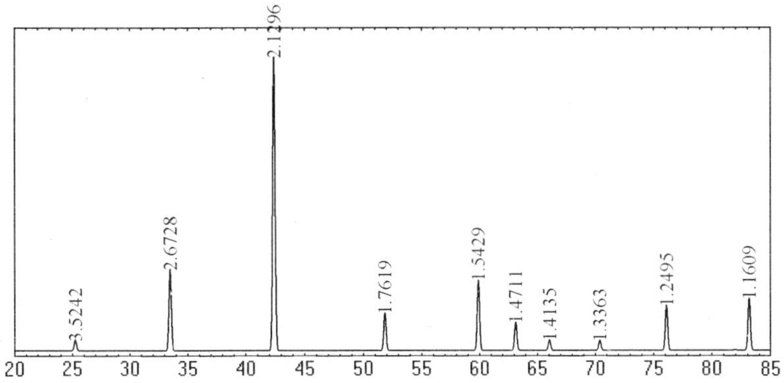

PDF: 38-1369

d	*I*/*I*₀	*hkl*
3.5221	4	001
2.6742	26	100
2.1295	100	101
1.7608	12	002
1.5433	21	110
1.4706	11	102
1.4135	5	111
1.3363	4	200
1.2494	11	201
1.1603	11	112
1.0745	6	103
1.0646	2	202
1.0104	3	210
0.9712	9	211
0.9343	1	113
0.8909	3	300
0.8819	2	203
0.8805	2	004
0.8762	2	212

2-036 硼化钙(Calcium Boride)

CaB_6，104.94

Sys.: Cubic S.G.: $Pm\bar{3}m$(221) *Z*: 1

a: 4.1535 Vol.: 71.65

ICSD: 26893

Atom		Wcf	*x*	*y*	*z*	Occ
Ca1	Ca	1*a*	0	0	0	1.0
B1	B	6*f*	0.5	0.5	0.20(2)	1.0

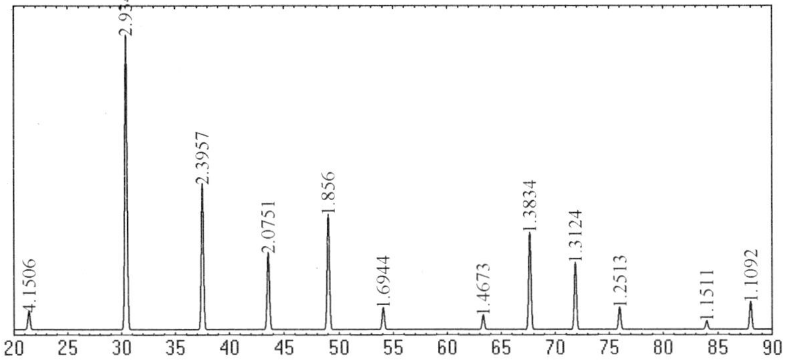

PDF: 31-0254

d	*I*/*I*₀	*hkl*
4.1510	6	100
2.9380	100	110
2.3980	45	111
2.0770	25	200
1.8572	30	210
1.6953	5	211
1.4686	3	220
1.3847	19	300
1.3137	13	310
1.2523	4	311
1.1522	1	320
1.1100	4	321
1.0384	2	400
1.0073	3	410
0.9791	4	411
0.9528	1	331
0.9287	2	420
0.9064	4	421
0.8856	2	332

2-037 一硼化锆(Zirconium Boride(1/1))

ZrB, 102.03

Sys.: Cubic S.G.: $Fm\bar{3}m$(225) Z: 4

a: 4.65 Vol.: 100.54

ICSD: 44605

Atom		Wcf	x	y	z	Occ
Zr1	Zr	4b	0.5	0.5	0.5	1.0
B1	B	4a	0	0	0	1.0

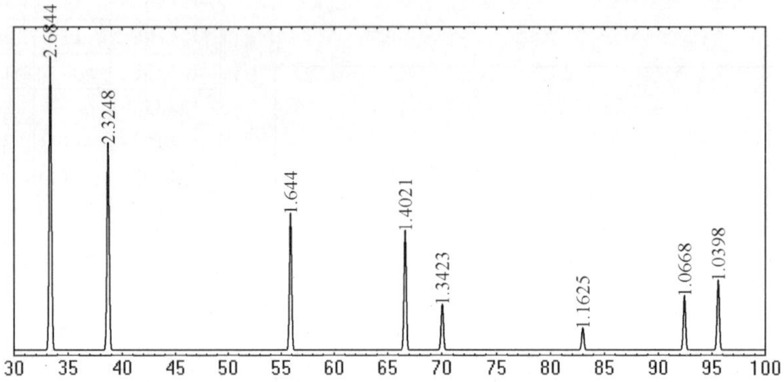

PDF: 89-5001

d	I/I_0	hkl
2.6847	999	111
2.3250	667	200
1.6440	366	220
1.4020	277	311
1.3423	103	222
1.1625	42	400

2-038 二硼化锆(Zirconium Boride(1/2))

ZrB_2, 112.84

Sys.: Hexagonal S.G.: $P6/mmm$(191) Z: 1

a: 3.1687 c: 3.53002 Vol.: 30.7

ICSD: 44492

Atom		Wcf	x	y	z	Occ
Zr1	Zr	1a	0	0	0	1.0
B1	B	2d	0.3333	0.6667	0.5	1.0

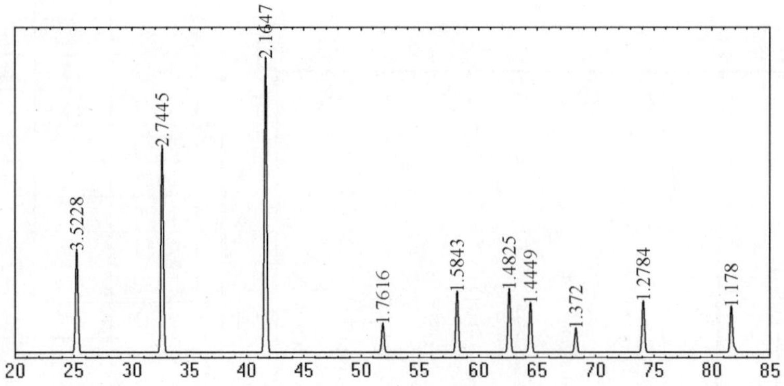

PDF: 34-0423

d	I/I_0	hkl
3.5305	30	001
2.7445	67	100
2.1663	100	101
1.7652	9	002
1.5843	19	110
1.4845	21	102
1.4455	16	111
1.3722	8	200
1.2789	16	201
1.1791	13	112
1.1769	1	003
1.0832	8	202
1.0814	10	103
1.0372	7	210
0.9951	14	211
0.9446	4	113
0.9147	3	300
0.8942	10	212
0.8932	6	203
0.8855	4	301

2-039 十二硼化锆(Zirconium Boride(1/12))

ZrB_{12}，220.94

Sys.:Cubic　S.G.:$Fm\bar{3}m$(225)　Z:4

a:7.388(3)　Vol.:403.26

ICSD:35363

Atom		Wcf	x	y	z	Occ
Zr1	Zr	4a	0	0	0	1.0
B1	B	48i	0.5	0.1710(6)	0.1710(6)	1.0

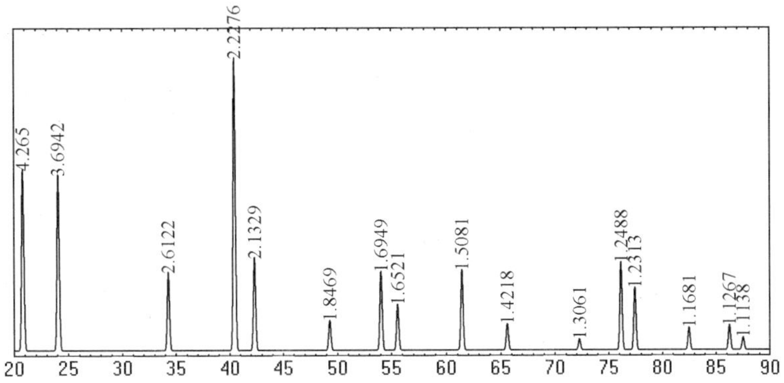

PDF:65-0386

d	I/I_0	hkl
4.2655	780	111
3.6940	715	200
2.6121	280	220
2.2276	999	311
2.1327	309	222
1.8470	93	400
1.6949	231	331
1.6520	131	420
1.5081	217	422
1.4218	68	511
1.3060	26	440
1.2488	198	531
1.2313	139	600
1.1682	46	620
1.1267	48	533
1.1138	24	622
1.0664	15	444
1.0345	37	711
1.0245	33	640
0.9873	32	642

2-040 六硼化镧(Lanthanum Boride(1/6))

LaB_6，203.77

Sys.:Cubic　S.G.:$Pm\bar{3}m$(221)　Z:1

a:4.1569　Vol.:71.83

ICSD:40947

Atom		Wcf	x	y	z	Occ
La1	La	1a	0	0	0	1.0
B1	B	6f	0.1975(1)	0.5	0.5	1.0

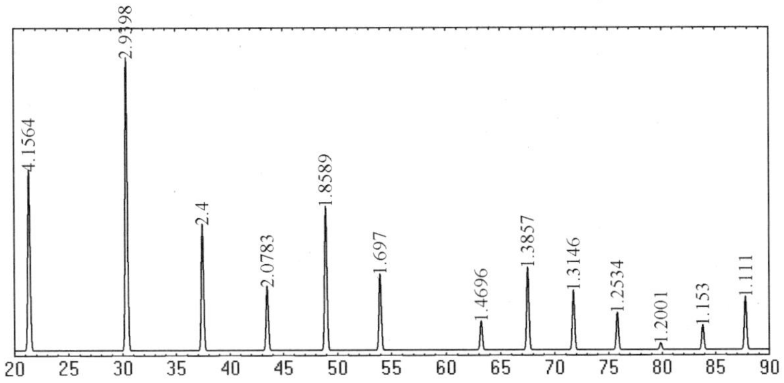

PDF:34-0427

d	I/I_0	hkl
4.1577	54	100
2.9392	100	110
2.3998	41	111
2.0780	22	200
1.8586	46	210
1.6969	24	211
1.4697	8	220
1.3853	23	300
1.3143	16	310
1.2533	10	311
1.2000	2	222
1.1529	6	320
1.1110	13	321
1.0393	2	400
1.0082	8	410
0.9798	7	411
0.9536	3	331
0.9295	4	420
0.9071	9	421
0.8862	3	332

2-041 四硼化镧(Lanthanum Boride(1/4))

LaB_4, 182.15

Sys.: Tetragonal S.G.: *P*4/*mbm*(127) *Z*: 4

a: 7.323 *c*: 4.181 Vol.: 224.21

ICSD: 2360

Atom		Wcf	*x*	*y*	*z*	Occ
La1	La	4*g*	0.31661(6)	0.81661(6)	0	1.0
B1	B	4*e*	0	0	0.2088(30)	1.0
B2	B	4*h*	0.0884(12)	0.5884(12)	0.5	1.0
B3	B	8*j*	0.1743(12)	0.0394(11)	0.5	1.0

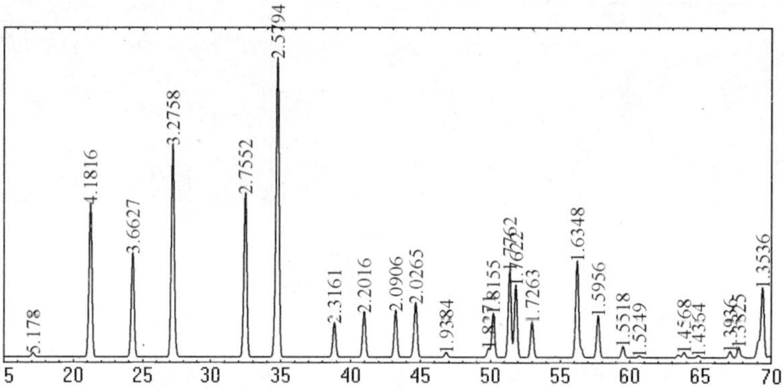

PDF: 24-1015

d	I/I_0	*hkl*
4.1600	45	001
3.6600	30	200
3.2700	70	210
2.7530	55	201
2.5770	100	211
2.3160	11	310
2.2000	16	221
2.0910	22	002
2.0260	17	311
1.8150	15	202
1.7750	28	410
1.7610	21	212
1.7250	10	330
1.6340	27	411
1.5950	12	331
1.3530	17	412
1.3310	9	332
1.3020	4	203
1.2820	7	213
1.2560	6	530

2-042 硼化铬(Chromium Boride)

CrB, 62.81

Sys.: Orthorhombic S.G.: *Cmcm*(63) *Z*: 4

a: 2.9663 *b*: 7.8666 *c*: 2.9322 Vol.: 68.42

ICSD: 40792

Atom		Wcf	*x*	*y*	*z*	Occ
Cr1	Cr^{3+}	4*c*	0	0.14525(3)	0.25	1.0
B1	B^{3-}	4*c*	0	0.4360(2)	0.25	1.0

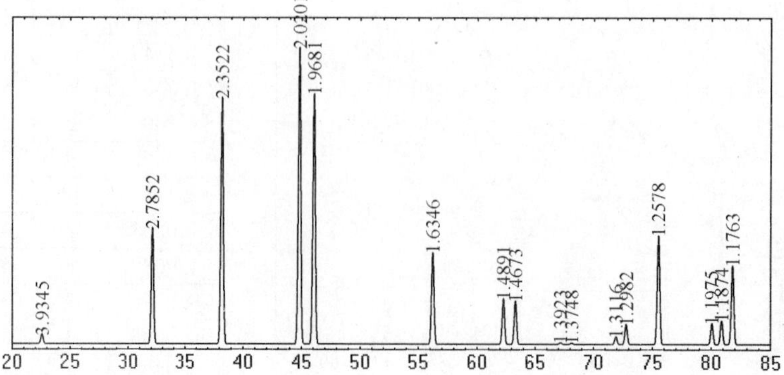

PDF: 32-0277

d	I/I_0	*hkl*
3.9360	5	020
2.7760	40	110
2.3510	75	021
2.0160	100	111
1.9650	80	130
1.6322	30	131
1.4829	14	200
1.4663	18	002
1.3881	1	220
1.3111	6	060
1.2961	12	112
1.2555	35	151
1.2543	30	221
1.1970	9	061
1.1840	12	240
1.1752	30	132
1.0980	14	241
1.0509	14	170
1.0427	14	202

2-043　硼化钛-立方相(Titanium Boride-cub)

TiB，58.71

Sys.:Cubic　S.G.:$F\bar{4}3m$(216)　Z:4

a:4.202　Vol.:74.19

ICSD:44595

Atom		Wcf	x	y	z	Occ
Ti1	Ti	4c	0.25	0.25	0.25	1.0
B1	B	4a	0	0	0	1.0

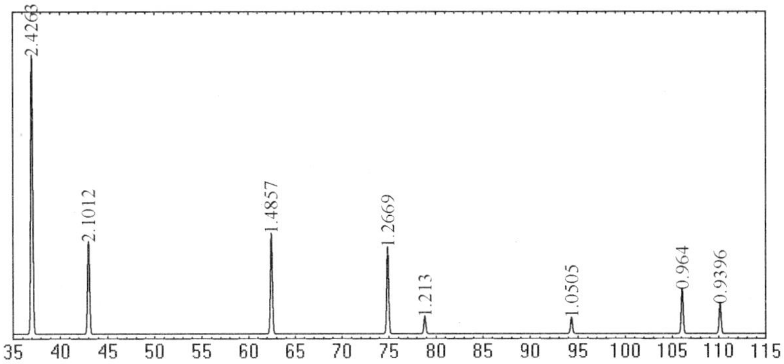

PDF:89-3922

d	I/I_0	hkl
2.4260	999	111
2.1010	312	200
1.4856	271	220
1.2670	200	311
1.2130	38	222

2-044　硼化钛-斜方相(Titanium Boride-ort)

TiB，58.71

Sys.:Orthorhombic　S.G.:$Pbnm$(62)　Z:4

a:6.12(1)　b:3.06(1)　c:4.56(1)　Vol.:85.4

ICSD:24701

Atom		Wcf	x	y	z	Occ
Ti1	Ti	4c	0.177	0.25	0.123	1.0
B1	B	4c	0.029	0.25	0.603	1.0

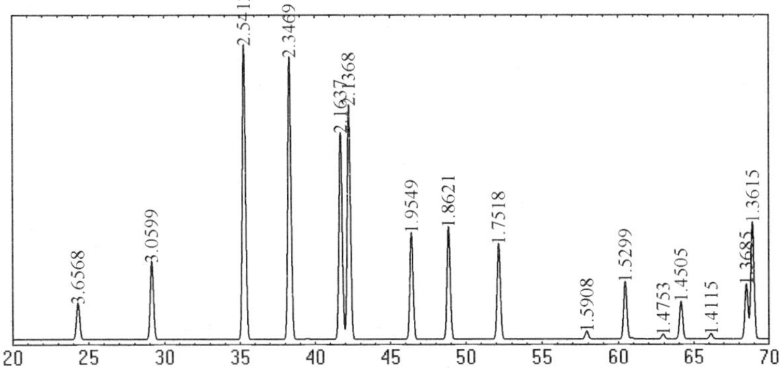

PDF:73-2148

d	I/I_0	hkl
3.6566	142	101
3.0600	285	200
2.5409	999	011
2.5409	999	201
2.3467	930	111
2.2800	4	002
2.1638	666	210
2.1366	746	102
1.9548	322	211
1.8622	333	301
1.8283	1	202
1.7518	271	112
1.5908	21	311
1.5695	1	212
1.5300	149	020
1.5300	149	400
1.5203	6	302
1.4752	12	103
1.4505	93	401
1.4114	12	121

2-045 二硼化钛(Titanium Boride(1/2))

TiB_2, 69.52

Sys.: Hexagonal S.G.: $P6/mmm$(191) Z: 1

a: 3.03034(5) c: 3.22953(14) Vol.: 25.68

ICSD: 30330

Atom		Wcf	x	y	z	Occ
Ti1	Ti^{4+}	1a	0	0	0	1.0
B1	B^{2-}	2d	0.3333	0.6667	0.5	1.0

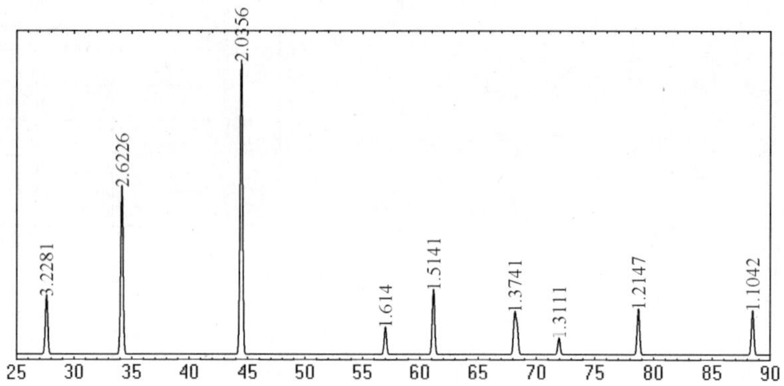

PDF: 35-0741

d	I/I_0	hkl
3.2295	22	001
2.6247	55	100
2.0370	100	101
1.6146	12	002
1.5153	27	110
1.3751	16	102
1.3717	18	111
1.3122	7	200
1.2156	16	201
1.1049	14	112
1.0766	1	003
1.0183	5	202
0.9959	8	103
0.9919	6	210
0.9482	13	211
0.8775	3	113
0.8747	5	300
0.8452	7	212
0.8444	3	301
0.8323	5	203

2-046 四硼化硅(Silicon Boride(1/4))

SiB_4, 71.33

Sys.: Trigonal S.G.: $R\bar{3}m$(166) Z: 9

a: 6.3367 c: 12.7447 Vol.: 443.19

ICSD: 29076

Atom		Wcf	x	y	z	Occ
Si1	Si	6c	0	0	0.19	1.0
Si2	Si	18h	0.11	0.89	0.87	0.167
B1	B	18h	0.11	0.89	0.87	0.833
B2	B	18h	0.1667	0.8333	0.02	1.0
B3	B	3a	0	0	0	1.0

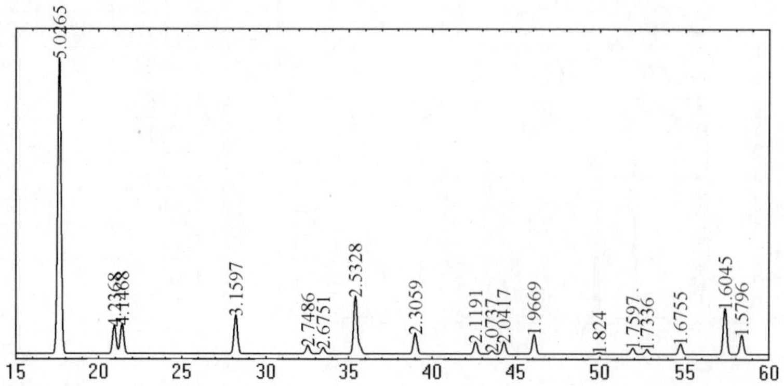

PDF: 35-0777

d	I/I_0	hkl
5.0394	4	101
4.1579	30	012
3.1675	22	110
2.7537	64	104
2.6813	100	021
2.5201	6	202
2.3116	6	015
2.1242	3	006
2.0792	3	024
2.0469	14	211
1.9724	1	122
1.7643	12	116
1.7384	3	214
1.7282	4	107
1.6798	8	303
1.6087	26	125
1.5843	12	220
1.5302	4	018
1.5178	9	027
1.5111	15	131

2-047 六硼化硅(Silicon Boride(1/6))

SiB_6，92.95

Sys.:Cubic　S.G.:$Pm\bar{3}m$(221)　Z:1

a:4.15　Vol.:71.47

ICSD:20240

Atom		Wcf	x	y	z	Occ
Si1	Si	1a	0	0	0	1.0
B1	B	6f	0.21	0.5	0.5	1.0

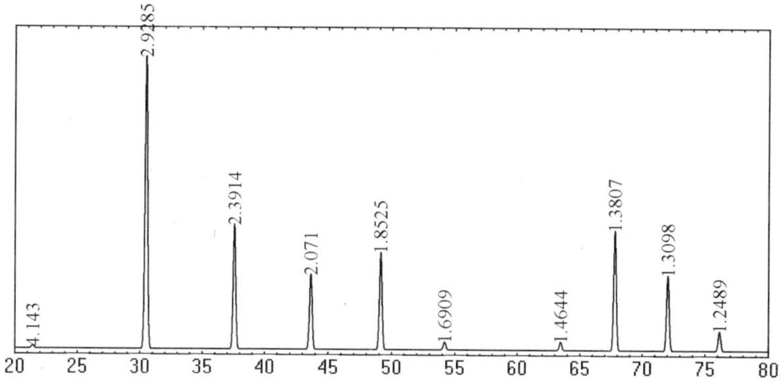

PDF:09-0065

d	I/I_0	hkl
2.9400	100	110
2.4000	80	111
2.0700	70	200
1.8500	80	210
1.6900	50	211
1.4600	50	220
1.3800	80	300
1.3100	80	310
1.2500	60	311
1.1500	50	320
1.1090	60	321
1.0370	50	400
1.0060	60	410
0.9780	70	411
0.9290	50	420
0.9060	70	421
0.8860	50	332
0.8470	100	422
0.8140	80	510
0.7988	70	511

2-048 硼化钽(Tantalum Boride(1/1))

TaB，191.76

Sys.:Orthorhombic　S.G.:$Cmcm$(63)　Z:4

a:3.28013(12)　b:8.6708(4)　c:3.1557(2)　Vol.:89.75

ICSD:42954

Atom		Wcf	x	y	z	Occ
Ta1	Ta	4c	0	0.146	0.25	1.0
B1	B	4c	0	0.44	0.25	1.0

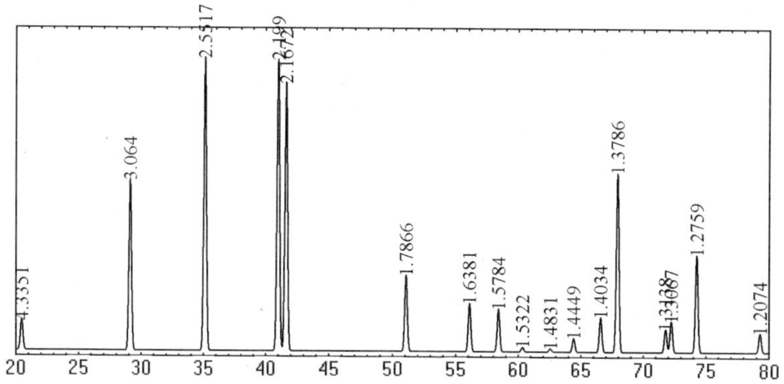

PDF:35-0815

d	I/I_0	hkl
4.3358	7	020
3.0662	50	110
2.5506	91	021
2.1989	100	111
2.1675	89	040
1.7865	30	041
1.6397	14	200
1.5777	17	002
1.5336	2	220
1.4828	2	022
1.4451	5	060
1.4030	15	112
1.3791	68	151
1.3137	9	061
1.3079	11	240
1.2758	32	132
1.2082	6	241
1.1587	8	170
1.1371	8	202
1.0997	2	152

2-049 硼化二钽(Tantalum Boride(2/1)-β)

Ta_2B, 372.71

Sys.: Tetragonal S.G.: *I*4/*mcm*(140) *Z*: 4

a: 5.778 *c*: 4.864 Vol.: 162.39

ICSD: 76744

Atom		Wcf	*x*	*y*	*z*	Occ
Ta1	Ta	8*h*	0.167	0.667	0	1.0
B1	B	4*a*	0	0	0.25	1.0

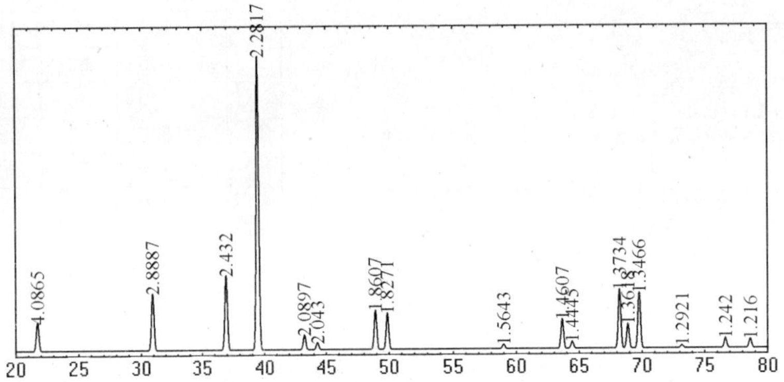

PDF: 89-7191

d	*I*/I_0	*hkl*
4.0857	119	110
2.8890	212	200
2.4320	261	002
2.2820	999	211
2.0898	49	112
2.0428	23	220
1.8605	119	202
1.8272	110	310
1.5642	12	222
1.5221	1	321
1.4608	76	312
1.4445	18	400
1.3734	143	213
1.3619	60	330
1.3466	133	411
1.2920	7	420
1.2420	22	402
1.2160	20	004
1.1883	71	332
1.1655	3	114

2-050 二硼化钽(Tantalum Boride(1/2))

TaB_2, 202.57

Sys.: Hexagonal S.G.: *P*6/*mmm*(191) *Z*: 1

a: 3.09803 *c*: 3.2266 Vol.: 26.82

ICSD: 30329

Atom		Wcf	*x*	*y*	*z*	Occ
Ta1	Ta	1*a*	0	0	0	1.0
B1	B	2*d*	0.3333	0.6667	0.5	1.0

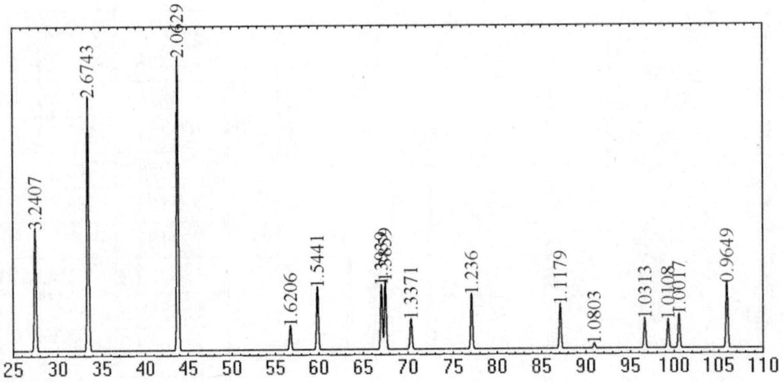

PDF: 38-1462

d	*I*/I_0	*hkl*
3.2278	39	001
2.6833	87	100
2.0634	100	101
1.6134	7	002
1.5489	19	110
1.3964	21	111
1.3827	19	102
1.3414	9	200
1.2387	15	201
1.1174	10	112
1.0755	1	003
1.0315	6	202
1.0140	6	210
0.9983	5	103
0.9674	12	211
0.8943	3	300
0.8835	3	113
0.8618	4	301
0.8586	9	212
0.8391	4	203

(5) 磷　化　物

2-051　磷化钙(Calcium Phosphide(1/1))

CaP，71.05

Sys.: Hexagonal　　S.G.: $P\overline{6}2m$(189)　Z: 6

a: 7.632　c: 5.731　Vol.: 289.09

ICSD: 26261

Atom		Wcf	x	y	z	Occ
Ca1	Ca^{2+}	$3f$	0.305	0	0	1.0
Ca2	Ca^{2+}	$3g$	0.641	0	0.5	1.0
P1	P^{2-}	$2e$	0	0	0.303	1.0
P2	P^{2-}	$4h$	0.3333	0.6667	0.197	1.0

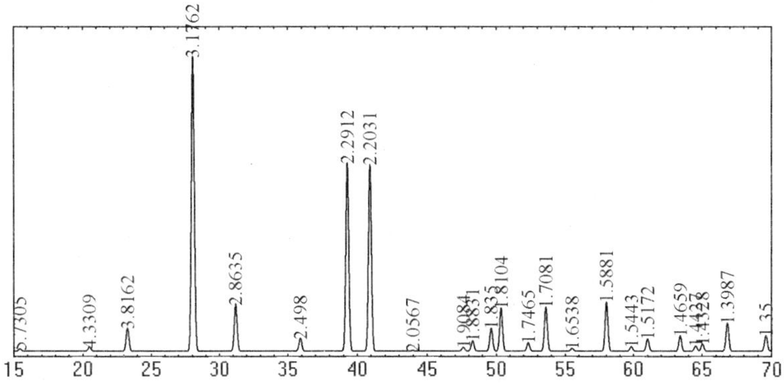

PDF: 74-0616

d	I/I_0	hkl
6.6095	1	100
5.7310	9	001
4.3300	16	101
3.8160	84	110
3.1763	999	111
2.8629	146	002
2.8629	146	201
2.6291	1	102
2.4982	40	210
2.2914	562	112
2.2914	562	211
2.2032	557	300
2.0565	2	301
1.9080	10	003
1.9080	10	220
1.8830	28	212
1.8352	56	103
1.8352	56	310
1.8103	115	221
1.7466	22	302

2-052　二磷化三钙(Calcium Phosphide(3/2))

Ca_3P_2，182.19

Sys.: Trigonal　S.G.: $R3m$(160)

a: 4.4　c: 29.9　Vol.: 501.31

ICSD: 暂缺

PDF: 16-0730

d	I/I_0	hkl
3.8000	10	101
3.2000	100	015
2.8400	18	107
2.7200	2	—
2.5100	4	0 0 12
2.3000	50	—
2.2100	45	0 1 11
2.0600	6	—
2.0200	4	116
1.8900	2	202
1.8400	6	119
1.8100	12	205
1.7100	12	208
1.5900	12	0 1 17
1.4000	6	125

2-053 α-磷化锌(Zinc Phosphide(3/2)-α)

Zn_3P_2，258.09

Sys.:Tetragonal S.G.:$P4_2/nmc$(137) Z:8

a:8.121 c:11.398 Vol.:751.71

ICSD:26876

Atom		Wcf	x	y	z	Occ
P1	P^{3-}	4c	0	0	0.25(1)	1.0
P2	P^{3-}	4d	0	0.5	0.239(10)	1.0
P3	P^{3-}	8f	0.261(10)	0.261(10)	0	1.0
Zn1	Zn^{2+}	8g	0	0.217(8)	0.103(12)	1.0
Zn2	Zn^{2+}	8g	0	0.283(8)	0.386(12)	1.0
Zn3	Zn^{2+}	8g	0	0.250(8)	0.647(12)	1.0

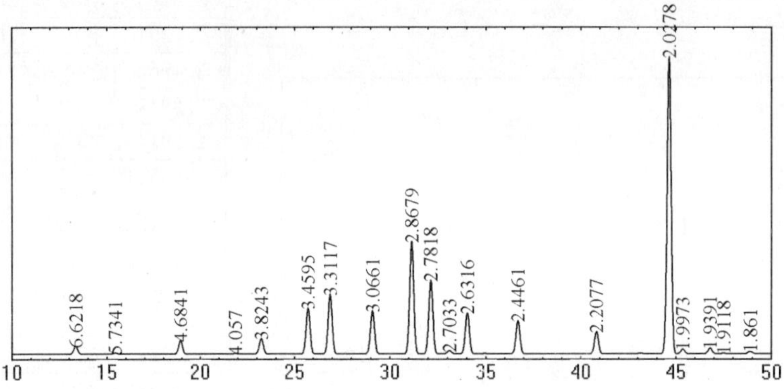

PDF:53-0591

d	I/I_0	hkl
6.6116	6	101
5.7430	6	110
5.6999	7	002
4.6667	15	102
3.8242	8	201
3.4602	40	211
3.3043	42	202
3.0650	24	212
2.8492	43	004
2.7747	47	203
2.6891	3	104
2.6334	22	301
2.4443	17	302
2.2049	8	303
2.0228	100	224
1.7440	3	305
1.7205	9	206
1.6374	7	423
1.6207	6	414
1.5967	4	107

2-054 β-磷化锌(Zinc Phosphide(1/2)-β)

ZnP_2，127.33

Sys.:Monoclinic S.G.:$P2_1/c$(14) Z:8

a:8.85 b:7.29 c:7.56 β:102.3 Vol.:476.55

ICSD:250015

Atom		Wcf	x	y	z	Occ
Zn1	Zn^{2+}	4e	0.0805(1)	0.7469(1)	0.3938(1)	1.0
Zn2	Zn^{2+}	4e	0.3933(1)	0.0967(1)	0.2249(1)	1.0
P1	P^-	4e	0.3741(1)	0.4279(1)	0.2160(1)	1.0
P2	P^-	4e	0.2350(1)	0.0195(1)	0.4410(1)	1.0
P3	P^-	4e	0.2431(1)	0.4845(1)	0.4273(1)	1.0
P4	P^-	4e	0.0790(1)	0.2572(1)	0.3959(1)	1.0

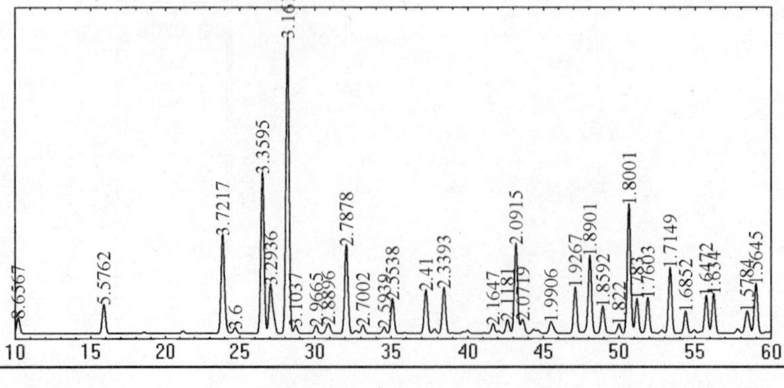

PDF:23-0748

d	I/I_0	hkl
8.5900	10	100
5.5500	20	110
3.7100	80	210
3.3500	100	120
3.2900	20	$\overline{1}12$
3.1600	100	$\overline{2}02$
2.8820	5	300
2.7860	80	220
2.5510	20	$\overline{3}02$
2.4060	50	$\overline{3}12$
2.3370	50	130
2.1160	20	230
2.0900	50	$\overline{3}22$
2.0740	5	410
1.9900	5	312
1.9260	50	$\overline{2}32$
1.8900	50	$\overline{1}04$
1.8600	50	420
1.8210	5	040
1.8010	80	322

2-055 磷化铝-立方相(Aluminum Phosphide-cub)

AlP, 57.96

Sys.:Cubic S.G.:$F\bar{4}3m$(216) Z:4

a:5.421 Vol.:159.31

ICSD:67783

Atom		Wcf	x	y	z	Occ
Al1	Al^{3+}	4a	0	0	0	1.0
P2	P^{3-}	4b	0.25	0.25	0.25	1.0

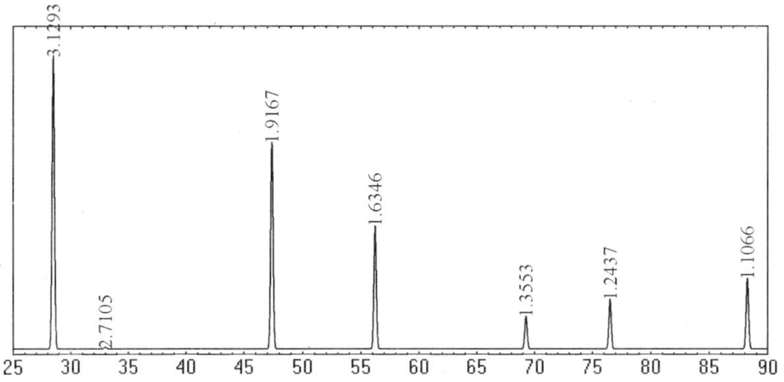

PDF:80-0013

d	I/I_0	hkl
3.1298	999	111
2.7105	4	200
1.9166	541	220
1.6345	292	311
1.5649	1	222
1.3553	66	400
1.2437	93	331
1.2122	1	420
1.1066	111	422

2-056 磷化铝-六方相(Aluminum Phosphide-hex)

AlP, 57.96

Sys.:Hexagonal S.G.:$P6_3mc$(186) Z:2

a:3.826 c:6.286 Vol.:79.69

ICSD:67770

Atom		Wcf	x	y	z	Occ
Al1	Al^{3+}	2b	0.3333	0.6667	0	1.0
P1	P^{3-}	2b	0.3333	0.6667	0.375	1.0

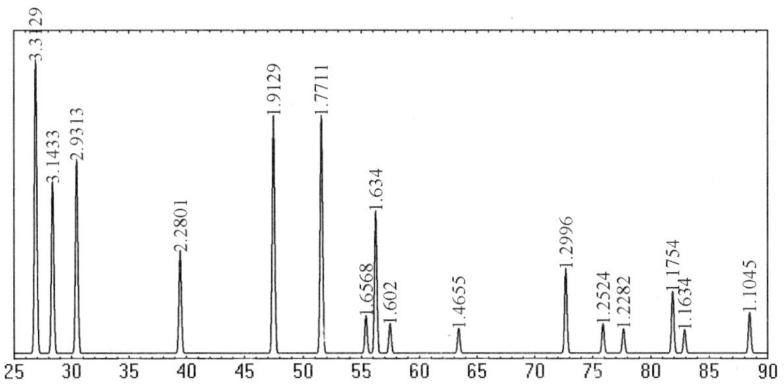

PDF:79-2500

d	I/I_0	hkl
3.3134	999	100
3.1430	561	002
2.9311	603	101
2.2803	288	102
1.9130	606	110
1.7709	575	103
1.6567	87	200
1.6341	329	112
1.6020	68	201
1.5715	1	004
1.4656	52	202
1.4199	1	104
1.2996	159	203
1.2524	53	210
1.2282	44	211
1.2143	1	114
1.1754	103	105
1.1634	39	212
1.1402	1	204
1.1045	61	300

2-057 磷化三铜(Copper Phosphide(3/1))

Cu_3P, 221.61

Sys.: Trigonal S.G.: $P\bar{3}m1$(164) Z: 2

a: 4.092 c: 7.186 Vol.: 104.21

ICSD: 16247

Atom		Wcf	x	y	z	Occ
Cu1	Cu^+	$2c$	0	0	0.2	1.0
Cu2	Cu^+	$2d$	0.3333	0.6667	0.58	1.0
Cu3	Cu^+	$2d$	0.3333	0.6667	−0.04	1.0
P1	P^{3-}	$2d$	0.3333	0.6667	0.29	1.0

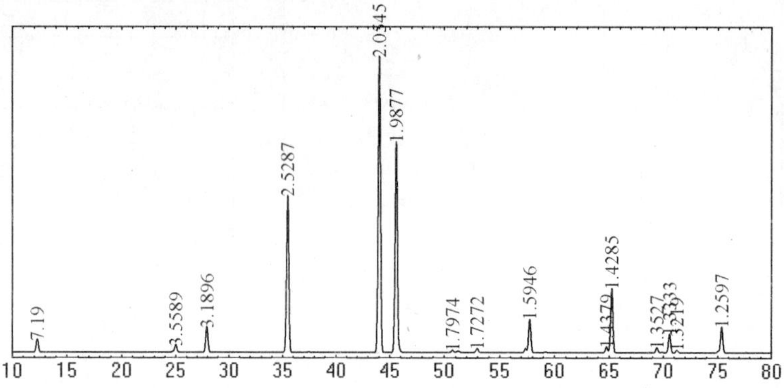

PDF: 25-0302

d	I/I_0	hkl
3.1900	7	101
2.5270	65	102
2.0480	100	110
1.9870	95	103
1.7790	20	112
1.5900	10	202
1.4250	20	203
1.1970	5	006
1.1810	15	300
1.1690	20	213

2-058 二磷化铜(Copper Phosphide(1/2))

CuP_2, 125.49

Sys.: Monoclinic S.G.: $P2_1/n$(14) Z: 4

a: 5.802 b: 4.807 c: 7.525 β: 112.7 Vol.: 193.62

ICSD: 35282

Atom		Wcf	x	y	z	Occ
Cu1	Cu^+	$4e$	0.14344(5)	0.46071(7)	0.41602(4)	1.0
P1	P^{5-}	$4e$	0.24958(9)	0.7789(1)	0.69970(7)	1.0
P2	P^{5-}	$4e$	0.40648(9)	0.1139(1)	0.58025(7)	1.0

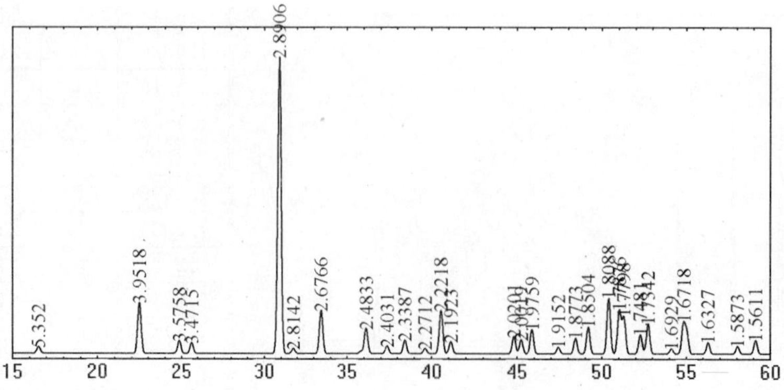

PDF: 18-0452

d	I/I_0	hkl
5.3400	20	100
3.9500	80	011
3.5800	20	$\bar{1}11$
3.4700	20	002
2.8910	100	$\bar{1}12$
2.8150	10	012
2.6760	50	200
2.4830	50	$\bar{2}11$
2.4020	20	020
2.3390	20	$\bar{2}12$
2.2720	10	021
2.2210	80	112
2.1920	20	120
2.0200	50	$\bar{2}13$
2.0030	50	$\bar{1}22$
1.9760	50	022
1.8770	50	$\bar{1}04$
1.8510	50	$\bar{2}21$
1.8090	80	202
1.7890	80	$\bar{2}22$

2-059 磷化氢(Phosphane)

H_3P，34

Sys.:Cubic　S.G.:$P4_232(208)$　Z:4

a:6.31　Vol.:251.24

ICSD:24498

Atom		Wcf	x	y	z	Occ
P1	P^{3-}	4b	0.25	0.25	0.25	1.0
H1	H^{+}	12j	0.184	0.5	0	1.0

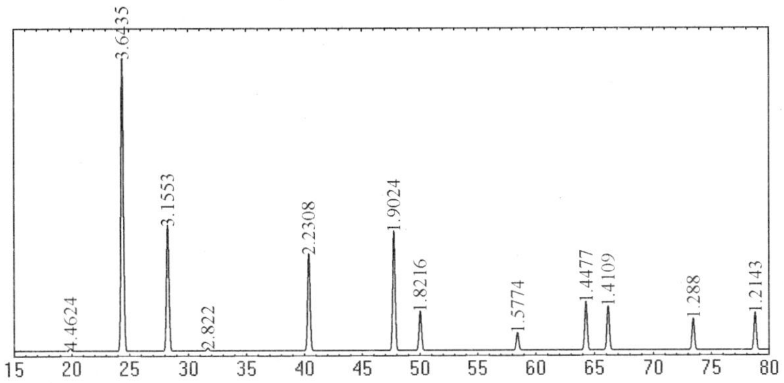

PDF:73-1965

d	I/I_0	hkl
4.4618	10	110
3.6431	999	111
3.1550	407	200
2.8219	9	210
2.5761	1	211
2.2309	279	220
2.1033	1	221
1.9954	1	310
1.9025	314	311
1.8215	100	222
1.7501	1	320
1.6864	1	321
1.5775	41	400
1.5304	1	410
1.4873	1	411
1.4476	105	331
1.4110	93	420
1.3769	1	421
1.3453	1	332
1.2880	61	422

2-060 磷化硼(Boron Phosphide)

BP，41.78

Sys.:Cubic　S.G.:$F\bar{4}3m(216)$　Z:4

a:4.538　Vol.:93.45

ICSD:44540

Atom		Wcf	x	y	z	Occ
B1	B^{3+}	4a	0	0	0	1.0
P1	P^{3-}	4c	0.25	0.25	0.25	1.0

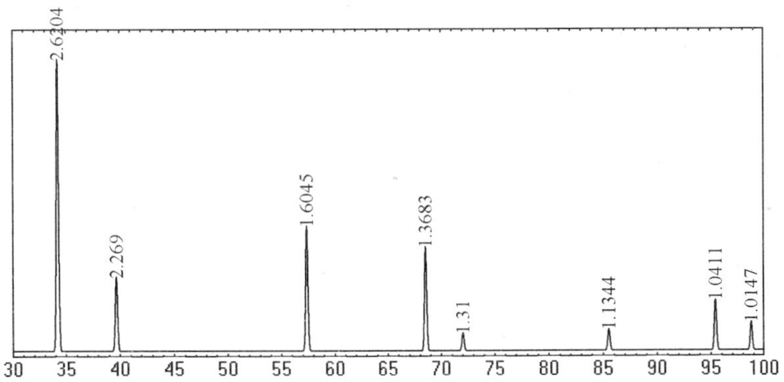

PDF:11-0119

d	I/I_0	hkl
2.6200	100	111
2.2700	25	200
1.6040	30	220
1.3680	20	311
1.3100	4	222
1.1350	4	400
1.0410	6	331
1.0150	4	420
0.9264	6	422
0.8734	12	333
0.8023	4	440

3 硫 化 物

3-001　辉银矿(Argentite)

Ag_2S，247.8

Sys.:Cubic　S.G.:$Im\bar{3}m$(229)　Z:2

a:4.86　Vol.:114.79

ICSD:9586

Atom		Wcf	x	y	z	Occ
Ag1	Ag^{+}	12d	0.25	0	0.5	0.266(12)
Ag2	Ag^{+}	6b	0	0.5	0.5	0.135
S1	S^{2-}	2a	0	0	0	1.0

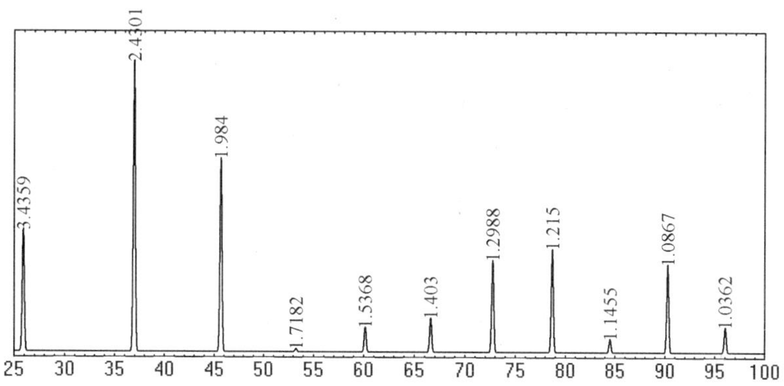

PDF:71-0995

d	I/I_0	hkl
3.4365	261	110
2.4300	999	200
1.9841	222	211
1.7183	70	220
1.5369	2	310
1.4030	5	222
1.2989	31	321
1.2150	12	400
1.1455	6	411

3-002　硫锰矿(Alabandite)

MnS，87.00

Sys.:Cubic　S.G.:$Fm\bar{3}m$(225)　Z:4

a:5.224　Vol.:142.56

ICSD:76204

Atom		Wcf	x	y	z	Occ
Mn1	Mn^{2+}	4a	0	0	0	1.0
S1	S^{2-}	4b	0.5	0.5	0.5	1.0

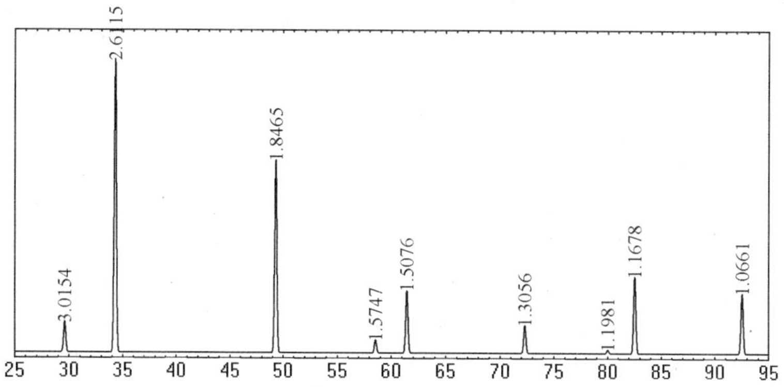

PDF:06-0518

d	I/I_0	hkl
3.0150	14	111
2.6120	100	200
1.8470	50	220
1.5750	6	311
1.5090	20	222
1.3060	8	400
1.1682	20	420
1.0662	16	422
0.9235	2	440
0.8705	8	600
0.8260	8	620
0.7875	4	622

3-003 银镍黄铁矿(Argentopentlandite)

$(Fe,Ni)_8Ag_{1-x}S_8$, 819.09

Sys.:Cubic S.G.:$Fm\bar{3}m$(225) Z:4

a:10.500 Vol.:1157.62

ICSD:40051 $Fe_{4.83}Ni_{3.17}Ag_{0.99}S_8$

Atom		Wcf	x	y	z	Occ
Ag1	Ag	4b	0.5	0.5	0.5	1.0
Fe1	Fe	32f	0.1269(1)	0.1269(1)	0.1269(1)	0.6
Ni1	Ni	32f	0.1269(1)	0.1269(1)	0.1269(1)	0.4
S1	S	8c	0.25	0.25	0.25	1.0
S2	S	24e	0.25	0	0	1.0

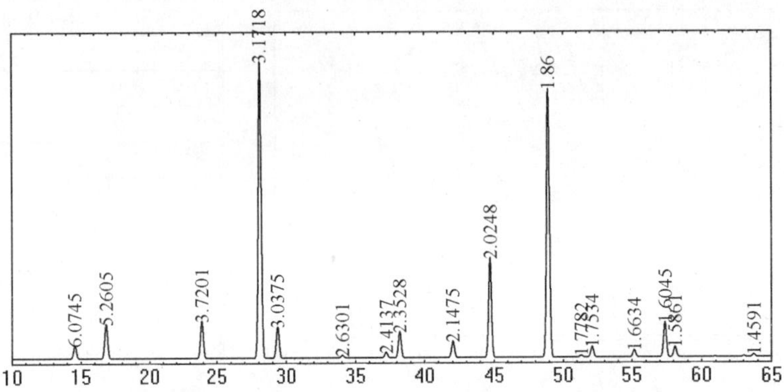

PDF:25-0406

d	I/I_0	hkl
6.0600	20	111
5.2500	20	200
3.7100	20	220
3.1700	100	311
3.0240	20	222
2.6100	5	400
2.4100	10	331
2.3500	10	420
2.1500	20	422
2.0180	40	511
1.8580	100	440
1.6020	20	533
1.5840	10	622
1.3690	20	731
1.3150	10	800
1.2120	5	751
1.0720	30	844

3-004a 硫银锗矿(Argyrodite)

Ag_8GeS_6, 1127.89

Sys.:Orthorhombic S.G.:$P2_1nb$(33) Z:4

a:15.146 b:7.472 c:10.589 Vol.:11198.37

ICSD:100079

Atom		Wcf	x	y	z	Occ
Ag1	Ag^+	4a	0.1270(1)	0.2231(4)	0.3766(2)	1.0
Ag2	Ag^+	4a	0.0622(2)	0.2257(2)	0.8373(2)	1.0
Ag3	Ag^+	4a	0.4323(2)	0.0617(3)	0.0190(3)	1.0
Ag4	Ag^+	4a	0.2763(1)	0.5000(3)	0.0822(3)	1.0
Ag5	Ag^+	4a	0.4187(1)	0.0908(3)	0.6964(3)	1.0
Ag6	Ag^+	4a	0.2727(1)	0.3842(3)	0.6874(3)	1.0
Ag7	Ag^+	4a	0.0169(2)	0.0104(3)	0.6025(3)	1.0
Ag8	Ag^+	4a	0.2588(1)	0.1277(4)	0.9059(4)	1.0
Ge1	Ge^{4+}	4a	0.3757(1)	0.2285(2)	0.352	1.0
S1	S^{2-}	4a	0.1225(3)	0.4900(5)	0.9750(4)	1.0
S2	S^{2-}	4a	−0.0046(3)	0.2700(5)	0.2320(4)	1.0
S3	S^{2-}	4a	0.3726(3)	0.4684(5)	0.4766(4)	1.0
S4	S^{2-}	4a	0.2582(3)	0.2335(6)	0.2300(4)	1.0
S5	S^{2-}	4a	0.3864(3)	0.3131(5)	0.8655(4)	1.0
S6	S^{2-}	4a	0.1224(3)	0.2668(6)	0.6115(5)	1.0

PDF:44-1416

d	I/I_0	hkl
6.1500	26	201
6.1050	35	011
5.6670	14	111
3.8920	11	311
3.7520	15	212
3.6280	11	120
3.5660	12	401
3.2180	32	411
3.2020	33	203
3.1930	35	221
3.1930	35	013
3.1220	17	113
3.0790	54	402
3.0530	100	022
3.0020	15	320
2.9920	24	122
2.8450	7	412
2.8310	9	222
2.8080	29	510
2.7140	17	511

3-004b 硫银锗矿(Argyrodite)

Ag_8GeS_6，1127.89

ICSD:100079(续)

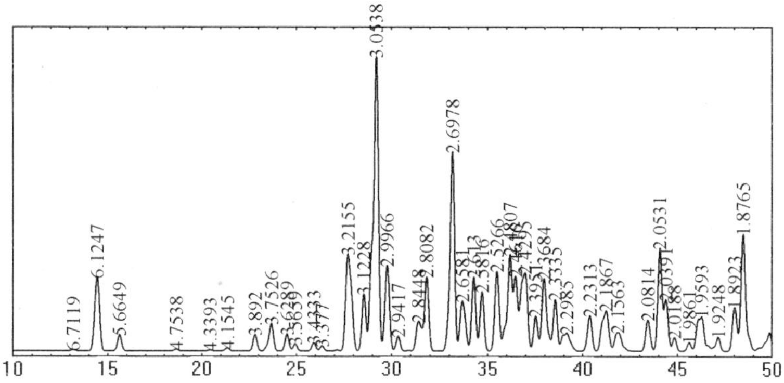

PDF:44-1416(续)

d	I/I_0	hkl
2.6990	55	313
2.6590	18	420
2.6470	14	004
2.6120	19	322
2.5810	23	403
2.5810	23	421
2.5270	26	123
2.5270	26	600
2.4990	7	204
2.4803	28	512
2.4606	20	114
2.4547	19	601
2.4399	22	413
2.4309	19	223
2.4254	17	031
2.3938	10	131
2.3938	10	610
2.3705	14	214
2.3652	19	230
2.3527	8	520

3-005 毒砂(Arsenopyrite)

FeAsS，162.83

Sys.:Triclinic S.G.:$P\bar{1}$(2) Z:4

a:5.7483 b:5.682 c:5.7883 α:90.02 β:112.38 γ:90 Vol.:174.82

ICSD:43508

Atom		Wcf	x	y	z	Occ
Fe1	Fe	2i	0.272	0	0.289	1.0
Fe2	Fe	2i	0.275	0.502	0.787	1.0
As1	As	2i	0.154	0.371	0.363	1.0
As2	As	2i	0.155	0.129	0.863	1.0
S1	S	2i	0.346	0.63	0.175	1.0
S2	S	2i	0.343	0.869	0.675	1.0

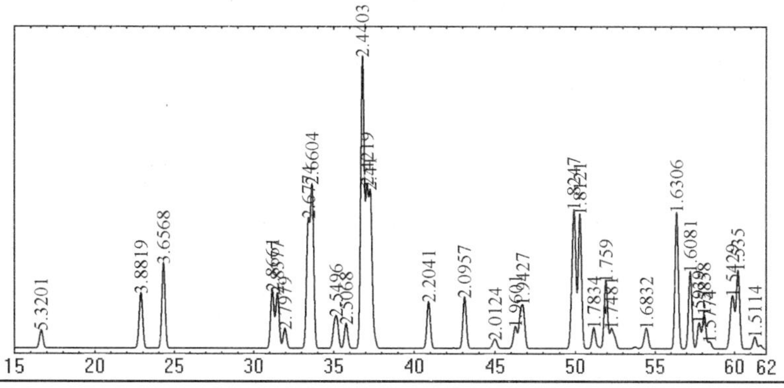

PDF:43-1470

d	I/I_0	hkl
5.6730	6	010
4.7930	8	$\bar{1}01$
3.8890	5	$\bar{1}10$
3.6610	44	$\bar{1}\bar{1}1$
2.8650	7	$\bar{1}02$
2.8410	31	020
2.7960	12	111
2.6760	78	002
2.6590	72	200
2.5590	7	$\bar{1}\bar{1}2$
2.5510	2	—
2.5490	7	$\bar{2}11$
2.5040	3	120
2.4439	100	$\bar{1}21$
2.4208	70	$0\bar{1}2$
2.4082	67	210
2.3980	8	$\bar{2}02$
2.2090	17	$\bar{2}12$
2.1289	3	$1\bar{2}1$
2.0917	12	102

3-006 辉铋矿(Bismuthinite)

Bi_2S_3，514.14

Sys.:Orthorhombic S.G.:*Pbnm*(62) *Z*:4

a:11.15 *b*:11.3 *c*:3.981 Vol.:501.59

ICSD:89324

Atom		Wcf	*x*	*y*	*z*	Occ
Bi1	Bi^{3+}	4*c*	0.17440(3)	0.48352(3)	0.75	1.0
Bi2	Bi^{3+}	4*c*	0.46568(3)	0.34042(3)	0.25	1.0
S1	S^{2-}	4*c*	0.0581(2)	0.3764(2)	0.25	1.0
S2	S^{2-}	4*c*	0.3060(2)	0.2840(2)	0.75	1.0
S3	S^{2-}	4*c*	0.3716(2)	0.5495(2)	0.25	1.0

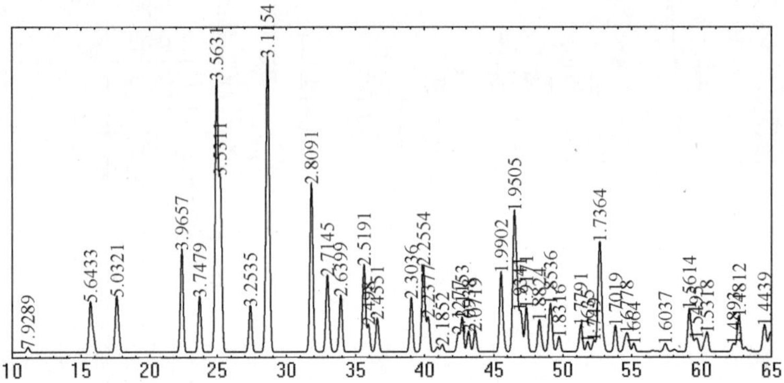

PDF:06-0333

d	I/I_0	*hkl*
5.6500	20	020
5.0400	20	120
3.9700	40	220
3.7500	20	101
3.5600	95	111
3.5300	60	310
3.2560	18	021
3.1180	100	230
2.8110	65	221
2.7160	35	301
2.6410	25	311
2.5200	35	240
2.4990	14	420
2.4560	16	231
2.3040	25	041
2.2560	35	141
2.1290	10	241
2.1180	16	421
2.0960	12	250
2.0740	10	520

3-007a 斑铜矿(Bornite)

Cu_5FeS_4，501.82

Sys.:Orthorhombic S.G.:*Pcab*(61) *Z*:16

a:10.948 *b*:21.896 *c*:10.948 Vol.:2624.43

ICSD:1963

Atom		Wcf	*x*	*y*	*z*	Occ
S1	S^{2-}	8*c*	0.0046(5)	−0.0006(2)	0.2541(5)	1.0
S2	S^{2-}	8*c*	0.0026(5)	0.2505(3)	0.2530(6)	1.0
S3	S^{2-}	8*c*	0.2446(5)	0.1251(2)	0.2574(5)	1.0
S4	S^{2-}	8*c*	0.2518(5)	0.0015(3)	0.5073(5)	1.0
S5	S^{2-}	8*c*	0.0016(5)	0.1271(3)	0.4963(6)	1.0
S6	S^{2-}	8*c*	−0.0066(5)	0.1229(3)	−0.0077(5)	1.0
S7	S^{2-}	8*c*	0.2541(5)	0.1217(2)	0.7475(5)	1.0
S8	S^{2-}	8*c*	0.2452(5)	0.2476(3)	0.4963(5)	1.0
Cu1	Cu^{+}	8*c*	0.1331(4)	0.0573(2)	0.3688(3)	0.83
Fe1	Fe^{3+}	8*c*	0.1331(4)	0.0573(2)	0.3688(3)	0.17
Cu2	Cu^{+}	8*c*	0.1053(4)	0.0619(2)	0.6223(4)	0.83
Fe2	Fe^{3+}	8*c*	0.1053(4)	0.0619(2)	0.6223(4)	0.17
Cu3	Cu^{+}	8*c*	0.3912(4)	0.0593(2)	0.3708(4)	0.83
Fe3	Fe^{3+}	8*c*	0.3912(4)	0.0593(2)	0.3708(4)	0.17
Cu4	Cu^{+}	8*c*	0.3766(3)	0.0598(2)	0.6318(3)	0.83
Fe4	Fe^{3+}	8*c*	0.3766(3)	0.0598(2)	0.6318(3)	0.17
Cu5	Cu^{+}	8*c*	0.1192(3)	0.1901(2)	0.3727(3)	0.83
Fe5	Fe^{3+}	8*c*	0.1192(3)	0.1901(2)	0.3727(3)	0.17
Cu6	Cu^{+}	8*c*	0.1248(4)	0.1871(2)	0.6440(4)	0.83
Fe6	Fe^{3+}	8*c*	0.1248(4)	0.1871(2)	0.6440(4)	0.17
Cu7	Cu^{+}	8*c*	0.3777(4)	0.1906(2)	0.3588(4)	0.83
Fe7	Fe^{3+}	8*c*	0.3777(4)	0.1906(2)	0.3588(4)	0.17

PDF:42-1405

d	I/I_0	*hkl*
6.3040	12	121
5.4740	10	200
5.4740	10	002
4.7820	10	211
4.7820	10	112
4.0700	9	231
4.0700	9	132
3.8680	9	202
3.8680	9	240
3.3000	36	321
3.3000	36	161
3.2670	13	251
3.2670	13	152
3.1590	56	242
3.0100	8	312
3.0100	8	213
2.8040	15	332
2.8040	15	233
2.7370	35	080
2.7370	35	400

3-007b 斑铜矿(Bornite)

Cu_5FeS_4，501.82

ICSD:1963(续)

Atom		Wcf	*x*	*y*	*z*	Occ
Cu8	Cu^{+}	8*c*	0.3804(4)	0.1934(2)	0.6170(4)	0.83
Fe8	Fe^{3+}	8*c*	0.3804(4)	0.1934(2)	0.6170(4)	0.17
Cu9	Cu^{+}	8*c*	0.1442(4)	0.0698(2)	0.8917(4)	0.83
Fe9	Fe^{3+}	8*c*	0.1442(4)	0.0698(2)	0.8917(4)	0.17
Cu10	Cu^{+}	8*c*	0.3424(5)	0.0790(2)	0.0963(5)	0.83
Fe10	Fe^{3+}	8*c*	0.3424(5)	0.0790(2)	0.0963(5)	0.17
Cu11	Cu^{+}	8*c*	0.1409(4)	0.1761(2)	0.1014(4)	0.83
Fe11	Fe^{3+}	8*c*	0.1409(4)	0.1761(2)	0.1014(4)	0.17
Cu12	Cu^{+}	8*c*	0.3495(5)	0.1771(2)	0.8990(5)	0.83
Fe12	Fe^{3+}	8*c*	0.3495(5)	0.1771(2)	0.8990(5)	0.17

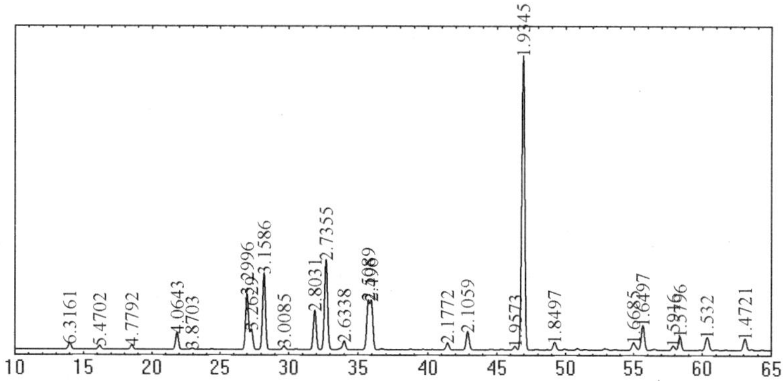

PDF:42-1405(续)

d	I/I_0	*hkl*
2.5119	25	361
2.5119	25	323
2.4966	23	352
2.4966	23	253
2.1788	5	273
2.1788	5	372
2.1070	7	363
1.9591	10	532
1.9591	10	235
1.9351	100	480
1.9351	100	084
1.9057	8	542
1.8498	5	523
1.8498	5	325
1.6707	5	563
1.6707	5	365
1.6513	11	642
1.6513	11	246
1.5920	4	633
1.5920	4	336

3-008 硫铜钴矿(Carrollite)

$CuCo_2S_4$，309.65

Sys.:Cubic　S.G.:$Fd\bar{3}m$(227)　*Z*:8

a:9.474　Vol.:850.35

ICSD:52943

Atom		Wcf	*x*	*y*	*z*	Occ
Cu1	Cu^{2+}	8*a*	0.125	0.125	0.125	1.0
Co1	Co^{3+}	16*d*	0.5	0.5	0.5	1.0
S1	S^{2-}	32*e*	0.263	0.263	0.263	1.0

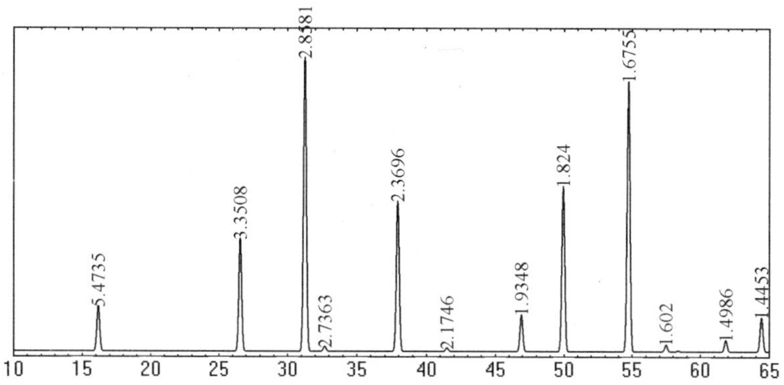

PDF:42-1450

d	I/I_0	*hkl*
5.4900	20	111
3.3500	60	022
2.8580	100	113
2.3680	80	004
1.9320	20	224
1.8230	70	115
1.6740	90	044
1.6030	5	135
1.4980	10	026
1.4450	20	335
1.3670	20	444
1.3260	5	117
1.2330	30	137
1.1840	30	008
1.1160	5	228
1.0940	30	157
1.0590	30	048
0.9933	20	931
0.9670	50	844
0.9292	10	1020

3-009 辉铜矿-六方相(Chalcocite high)

Cu_2S，159.15

Sys.:Hexagonal S.G.:$P6_3/mmc$(194) Z:2

a:3.95 c:6.75 Vol.:91.21

ICSD:43323

Atom		Wcf	x	y	z	Occ
S1	S^{2-}	2c	0.3333	0.6667	0.25	1.0
Cu1	Cu^{+}	2b	0	0	0.25	0.62
Cu2	Cu^{+}	4f	0.3333	0.6667	0.578	0.41
Cu3	Cu^{+}	6g	0	0.5	0	0.19

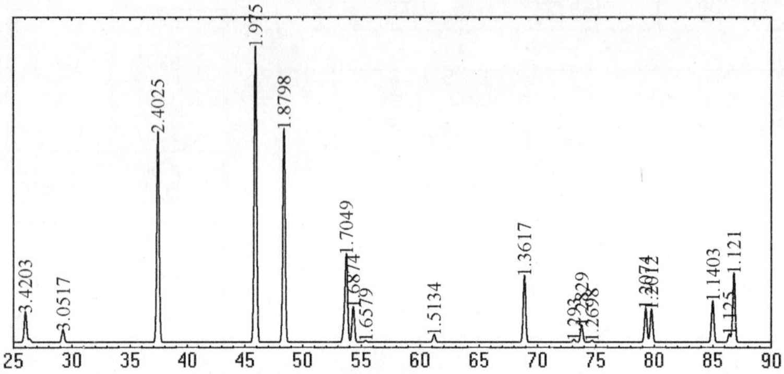

PDF:89-2670

d	I/I_0	hkl
3.4208	134	100
3.3750	16	002
3.0513	57	101
2.4025	779	102
1.9750	999	110
1.8798	703	103
1.7104	58	200
1.7046	279	112
1.6875	112	004
1.6580	5	201
1.5257	1	202
1.5134	21	104
1.3616	171	203
1.2929	7	210
1.2830	42	114
1.2699	4	211
1.2558	1	105
1.2074	78	212
1.2013	77	204
1.1403	87	300

3-010 辉铜矿-四方相(Chalcocite-Q)

Cu_2S，159.15

Sys.:Tetragonal S.G.:$P4_32_12$(96) Z:4

a:3.9962 c:11.287 Vol.:180.25

ICSD:16550

Atom		Wcf	x	y	z	Occ
S1	S^{2-}	4a	0	0	0	1.0
Cu1	Cu^{+}	8b	0.34	0	0.165	1.0

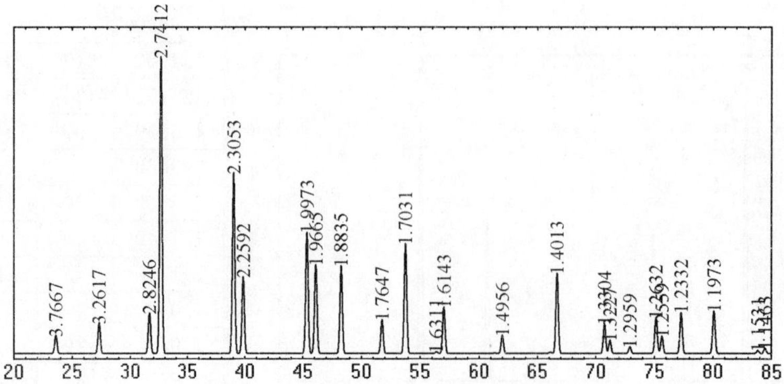

PDF:72-1071

d	I/I_0	hkl
3.7671	72	101
3.2614	117	102
2.8257	119	110
2.8257	119	004
2.7411	999	111
2.7411	999	103
2.5267	1	112
2.3050	587	104
2.2594	249	113
1.9967	333	200
1.9967	333	114
1.9675	209	201
1.9675	209	105
1.8835	257	202
1.7647	87	203
1.7647	87	115
1.7038	243	212
1.7038	243	106
1.6307	5	204
1.6143	123	213

3-011a 辉铜矿-单斜相(Chalcocite low)

Cu_2S, 159.15

Sys.: Monoclinic　S.G.: $P2_1/c$(14)　Z: 48

a: 15.235　b: 11.885　c: 13.496　β: 116.26　Vol.: 2191.49

ICSD: 100333

Atom		Wcf	x	y	z	Occ
S1	S^{2-}	4e	0.9575(6)	0.0829(6)	0.8422(6)	1.0
S2	S^{2-}	4e	0.9413(6)	0.0768(6)	0.3462(6)	1.0
S3	S^{2-}	4e	0.7940(6)	0.0824(6)	0.5068(6)	1.0
S4	S^{2-}	4e	0.7917(6)	0.0817(6)	0.0060(6)	1.0
S5	S^{2-}	4e	0.4491(6)	0.0883(6)	0.6133(6)	1.0
S6	S^{2-}	4e	0.4444(6)	0.0726(6)	0.0957(6)	1.0
S7	S^{2-}	4e	0.2999(6)	0.0781(6)	0.7868(6)	1.0
S8	S^{2-}	4e	0.2843(6)	0.0832(6)	0.2869(6)	1.0
S9	S^{2-}	4e	0.6960(6)	0.2481(6)	0.7220(6)	1.0
S10	S^{2-}	4e	0.5479(6)	0.2237(6)	0.4167(6)	1.0
S11	S^{2-}	4e	0.1970(6)	0.2384(6)	0.4766(6)	1.0
S12	S^{2-}	4e	0.0483(6)	0.2324(6)	0.1332(6)	1.0
Cu1	Cu^{+}	4e	0.8645(4)	0.2496(4)	0.2927(4)	1.0
Cu2	Cu^{+}	4e	0.6171(4)	0.0740(4)	0.6765(4)	1.0
Cu3	Cu^{+}	4e	0.6102(4)	0.0916(4)	0.1677(4)	1.0
Cu4	Cu^{+}	4e	0.3628(4)	0.2400(4)	0.0731(4)	1.0
Cu5	Cu^{+}	4e	0.1276(4)	0.0849(4)	0.9451(4)	1.0
Cu6	Cu^{+}	4e	0.1065(4)	0.0783(4)	0.4429(4)	1.0

PDF: 33-0490

d	I/I_0	hkl
8.4850	2	011
8.4850	2	$\bar{1}11$
6.3790	3	111
4.2390	4	022
4.2390	4	$\bar{2}22$
3.8550	3	221
3.7350	25	122
3.7350	25	$\bar{3}22$
3.5990	13	212
3.5990	13	$\bar{4}12$
3.3150	18	032
3.3150	18	$\bar{2}32$
3.2760	35	$\bar{1}04$
3.2760	35	$\bar{3}04$
3.1880	18	222
3.1880	18	$\bar{4}22$
3.1580	25	$\bar{1}14$
3.1580	25	$\bar{3}14$
3.0540	13	132
3.0540	13	$\bar{3}32$

3-011b 辉铜矿-单斜相(Chalcocite low)

Cu_2S, 159.15

ICSD: 100333(续 1)

Atom		Wcf	x	y	z	Occ
Cu7	Cu^{+}	4e	0.9345(4)	0.1233(4)	0.9923(4)	1.0
Cu8	Cu^{+}	4e	0.9414(4)	0.1412(4)	0.5099(4)	1.0
Cu9	Cu^{+}	4e	0.7615(4)	0.2504(4)	0.4109(4)	1.0
Cu10	Cu^{+}	4e	0.4429(4)	0.1477(4)	0.9348(4)	1.0
Cu11	Cu^{+}	4e	0.4254(4)	0.1229(4)	0.4388(4)	1.0
Cu12	Cu^{+}	4e	0.2578(4)	0.2357(4)	0.8507(4)	1.0
Cu13	Cu^{+}	4e	0.8209(4)	0.0358(4)	0.6830(4)	1.0
Cu14	Cu^{+}	4e	0.7830(4)	0.0624(4)	0.1671(4)	1.0
Cu15	Cu^{+}	4e	0.0261(4)	0.2045(4)	0.7722(4)	1.0
Cu16	Cu^{+}	4e	0.5026(4)	0.0795(4)	0.2834(4)	1.0
Cu17	Cu^{+}	4e	0.3022(4)	0.0434(4)	0.6230(4)	1.0
Cu18	Cu^{+}	4e	0.3050(4)	0.0431(4)	0.1339(4)	1.0
Cu19	Cu^{+}	4e	0.5243(4)	0.2082(4)	0.7543(4)	1.0
Cu20	Cu^{+}	4e	0.9992(4)	0.0856(4)	0.2166(4)	1.0
Cu21	Cu^{+}	4e	0.6227(4)	0.1032(4)	0.9531(4)	1.0
Cu22	Cu^{+}	4e	0.7037(4)	0.1944(4)	0.5659(4)	1.0
Cu23	Cu^{+}	4e	0.2028(4)	0.2069(4)	0.1398(4)	1.0
Cu24	Cu^{+}	4e	0.1308(4)	0.0966(4)	0.6791(4)	1.0

PDF: 33-0490(续 1)

d	I/I_0	hkl
2.9516	18	312
2.9516	18	$\bar{5}12$
2.9328	13	014
2.9328	13	$\bar{4}14$
2.8860	6	041
2.7648	13	141
2.7318	9	232
2.7318	9	$\bar{4}32$
2.7256	35	240
2.6675	18	042
2.6675	18	$\bar{2}42$
2.6432	4	$\bar{5}14$
2.6204	18	$\bar{3}15$
2.5621	6	241
2.5329	13	402
2.5329	13	$\bar{6}02$
2.5273	18	142
2.4772	18	412
2.4772	18	$\bar{6}12$
2.4698	4	$\bar{2}43$

3-011c 辉铜矿-单斜相(Chalcocite-low)

Cu_2S, 159.15

ICSD:100333(续 2)

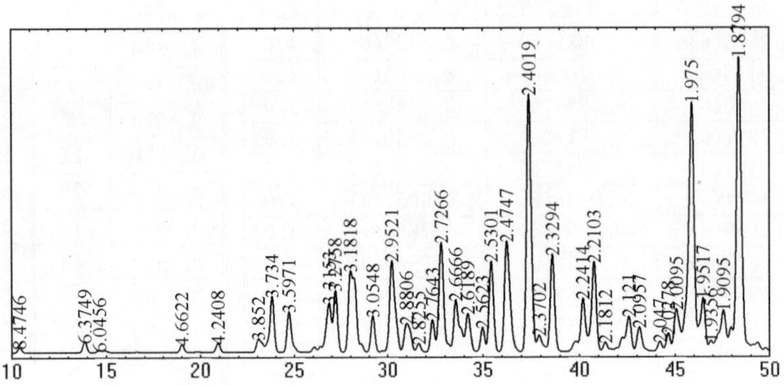

PDF:33-0490(续 2)

d	I/I_0	hkl
2.4074	50	034
2.4074	50	$\bar{4}34$
2.4030	70	204
2.3996	35	$\bar{6}04$
2.3303	25	422
2.3303	25	$\bar{6}22$
2.2424	13	$\bar{1}52$
2.2097	35	$\bar{3}16$
2.1197	9	044
2.1197	9	$\bar{4}44$
2.0108	9	$\bar{1}26$
2.0108	9	$\bar{5}26$
1.9812	9	060
1.9746	70	630
1.9513	13	450
1.8811	70	$\bar{1}36$
1.8811	70	$\bar{5}36$
1.8800	100	106
1.8800	100	$\bar{7}06$

3-012 黄铜矿(Chalcopyrite)

$CuFeS_2$, 183.51

Sys.:Tetragonal S.G.:$I\bar{4}2d$(122) Z:4

a:5.2893 c:10.423 Vol.:291.6

ICSD:94554

Atom		Wcf	x	y	z	Occ
S1	S^{2-}	8d	0.250	0.250	0.125	1.0
Cu1	Cu^{2+}	4a	0	0	0	1.0
Fe1	Fe^{2+}	4b	0	0	0.5	1.0

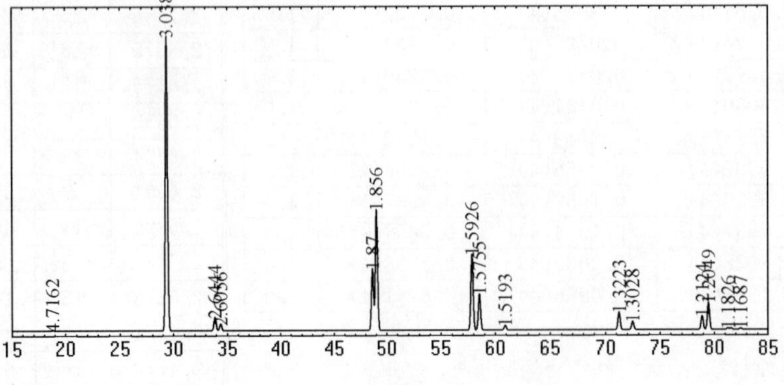

PDF:37-0471

d	I/I_0	hkl
4.7200	1	101
3.0390	100	112
2.9050	1	103
2.6450	3	200
2.6060	3	004
2.3070	1	211
1.9550	1	213
1.9400	1	105
1.8700	16	220
1.8561	25	204
1.6726	1	310
1.5926	12	312
1.5757	6	116
1.5723	2	303
1.5641	1	215
1.5193	1	224
1.4523	1	321
1.4523	1	206
1.4334	1	107
1.4075	1	314

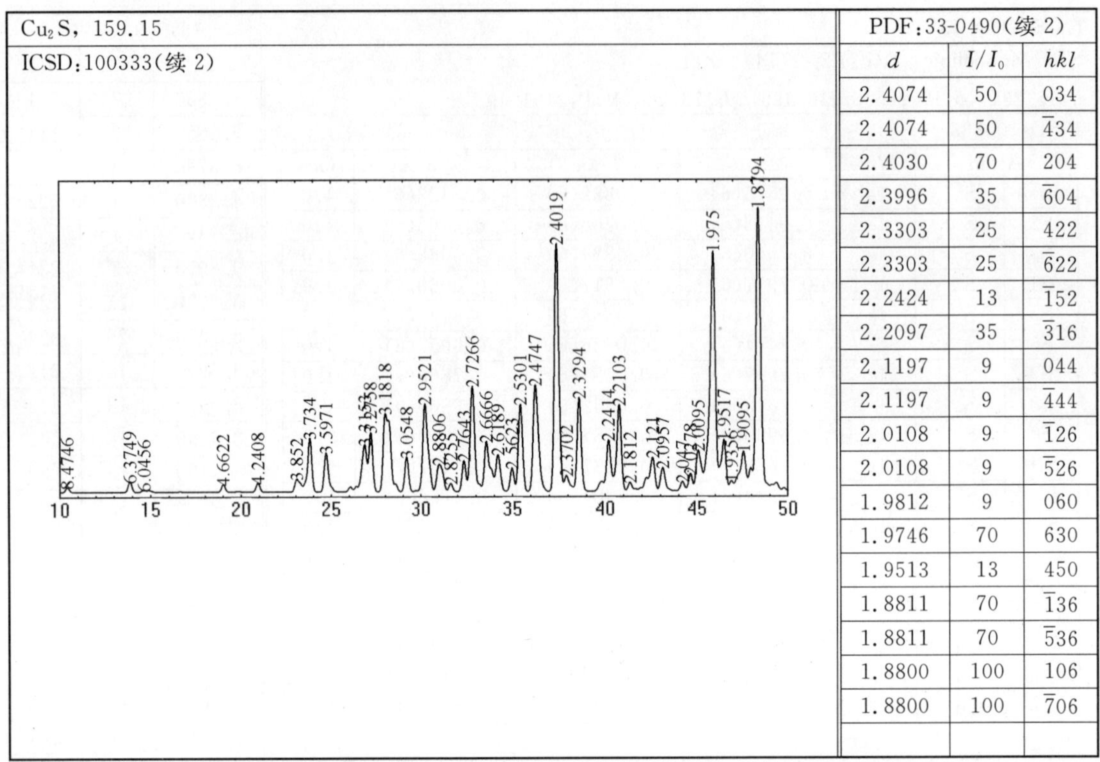

3-013 辰砂(Cinnabar)

HgS, 232.65

Sys.: Trigonal　S.G.: $P3_221$(154)　Z: 3

a: 4.1495　c: 9.497　Vol.: 141.61

ICSD: 56475

Atom		Wcf	x	y	z	Occ
Hg1	Hg^{2+}	3a	0.2804(1)	0	0.3333	1.0
S1	S^{2-}	3b	0.5081(9)	0	0.8333	1.0

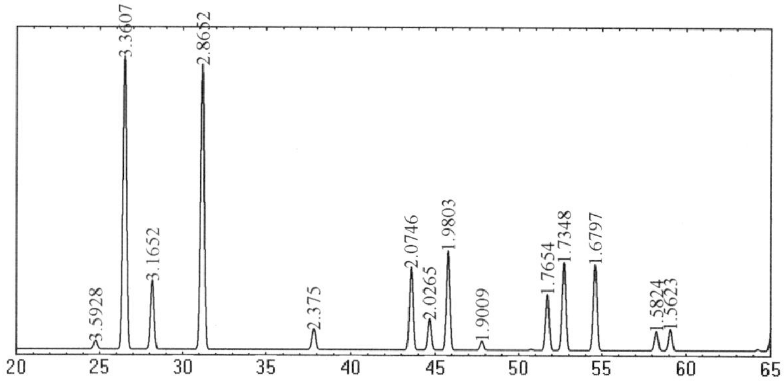

PDF: 42-1408

d	I/I_0	hkl
3.5940	5	100
3.3610	100	101
3.1650	23	003
2.8650	93	102
2.3757	5	103
2.0746	21	110
2.0272	6	111
1.9815	19	104
1.9010	2	112
1.7653	13	201
1.7352	14	113
1.6798	16	202
1.6798	16	105
1.5827	4	006
1.5627	3	203
1.5627	3	114
1.4328	4	204
1.4010	1	115
1.3584	3	210
1.3446	5	211

3-014 黑辰砂(Metacinnabar)

HgS, 232.65

Sys.: Cubic　S.G.: $F\bar{4}3m$(216)　Z: 4

a: 5.8517　Vol.: 200.38

ICSD: 81917

Atom		Wcf	x	y	z	Occ
Hg1	Hg^{2+}	4a	0	0	0	1.0
S1	S^{2-}	4c	0.25	0.25	0.25	1.0

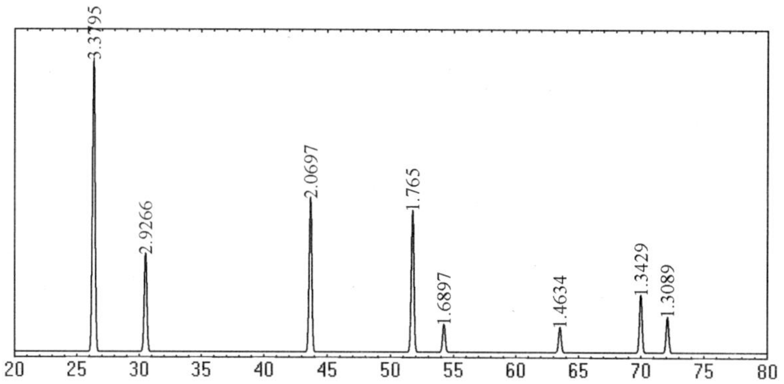

PDF: 06-0261

d	I/I_0	hkl
3.3780	100	111
2.9260	35	200
2.0680	55	220
1.7644	45	311
1.6891	10	222
1.4627	8	400
1.3424	12	331
1.3085	10	420
1.1945	10	422
1.1263	8	511
1.0344	2	440
0.9891	6	531
0.9753	2	600
0.9252	4	620
0.8923	2	533
0.8824	2	622
0.8447	4	444
0.8194	4	551

3-015 辉砷钴矿(Cobaltite)

CoAsS, 165.91

Sys.: Orthorhombic S.G.: $Pc2_1b$(29) Z: 4

a: 5.5815 b: 5.585 c: 5.5693 Vol.: 173.61

ICSD: 69129

Atom		Wcf	x	y	z	Occ
Co1	Co	4a	0.99504(8)	0.25909(6)	0	1.0
As1	As	4a	0.61885(4)	0.86935(5)	0.61668(13)	1.0
S1	S	4a	0.38266(12)	0.63129(12)	0.37996(19)	1.0

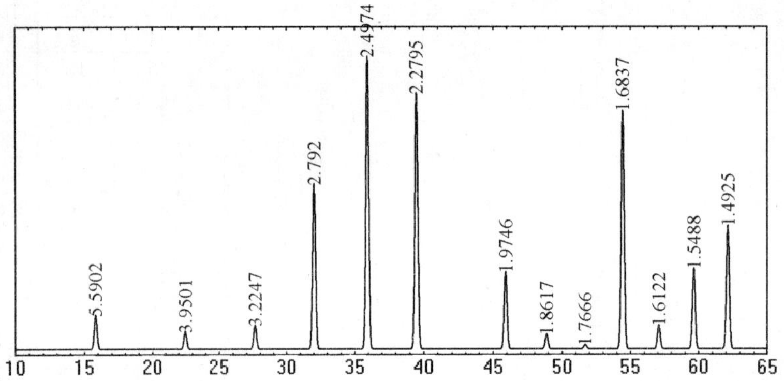

PDF: 42-1345

d	I/I_0	hkl
5.5912	30	100
3.9480	8	101
3.2226	12	111
2.7889	89	020
2.7889	89	200
2.4950	100	120
2.4950	100	201
2.2791	90	121
2.2791	90	211
2.2769	61	112
1.9750	28	220
1.9721	17	022
1.9721	17	202
1.8607	5	221
1.8607	5	300
1.8585	5	122
1.8585	5	212
1.7660	2	301
1.7625	2	103
1.6820	74	131

3-016 铜蓝(Covellite)

CuS, 95.61

Sys.: Hexagonal S.G.: $P6_3/mmc$(194) Z: 6

a: 3.792 c: 16.344 Vol.: 203.53

ICSD: 63327

Atom		Wcf	x	y	z	Occ
Cu1	Cu^+	2d	0.3333	0.6667	0.75	1.0
Cu2	Cu^+	4f	0.3333	0.6667	0.1072(2)	1.0
S1	S^-	2c	0.3333	0.6667	0.25	1.0
S2	S^-	4e	0	0	0.0611(8)	1.0

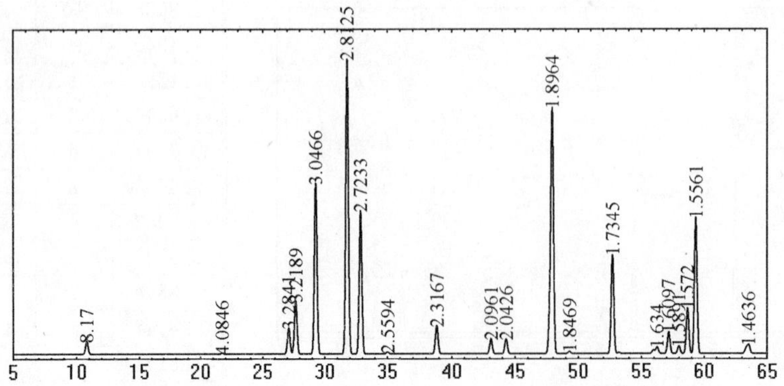

PDF: 06-0464

d	I/I_0	hkl
8.1800	8	002
3.2850	14	100
3.2200	30	101
3.0480	65	102
2.8130	100	103
2.7240	55	006
2.3170	10	105
2.0970	6	106
2.0430	8	008
1.9020	25	107
1.8960	75	110
1.7350	35	108
1.6340	4	201
1.6090	8	202
1.5720	16	203
1.5560	35	116
1.4630	6	1010
1.3900	6	118
1.3540	8	1011
1.3430	6	207

3-017　方黄铜矿(Cubanite)

$CuFe_2S_3$，271.42

Sys.:Orthorhombic　S.G.:*Pcmn*(62)　*Z*:4

a:6.234　*b*:11.125　*c*:6.471　Vol.:448.78

ICSD:53263

Atom		Wcf	*x*	*y*	*z*	Occ
Cu1	Cu^{2+}	4*c*	0.1205	0.25	0.4208	1.0
Fe1	Fe^{2+}	8*d*	0.6372	0.4131	0.5875	1.0
S1	S^{2-}	4*c*	0.7595	0.25	0.4307	1.0
S2	S^{2-}	8*d*	0.2672	0.4137	0.5962	1.0

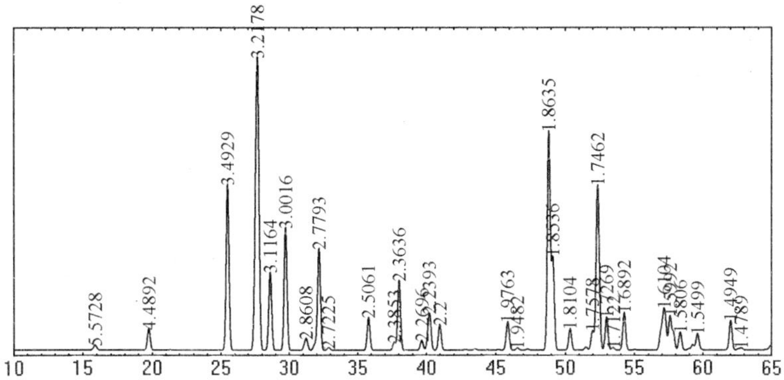

PDF:47-1749

d	I/I_0	*hkl*
5.5570	4	020
4.4840	14	101
4.1630	2	111
3.4930	61	121
3.2320	83	002
3.2170	100	031
3.1170	35	200
3.0020	46	210
2.8730	3	102
2.8590	4	131
2.7810	33	112
2.5060	12	221
2.3860	5	230
2.3650	21	141
2.2710	4	132
2.2430	11	202
2.2380	7	231
2.2000	9	212
1.9934	1	151
1.9773	7	301

3-018　蓝灰铜矿(Digenite)

Cu_9S_5，732.21

Sys.:Trigonal　S.G.:$R\bar{3}m$(166)　*Z*:3

a:3.93　*c*:48.14　Vol.:643.91

ICSD:41263

Atom		Wcf	*x*	*y*	*z*	Occ
S1	S^{2-}	3*a*	0	0	0	1.0
S2	S^{2-}	6*c*	0	0	0.2	1.0
S3	S^{2-}	6*c*	0	0	0.4	1.0
Cu1	$Cu^{1.11+}$	3*b*	0	0	0.5	1.0
Cu2	$Cu^{1.11+}$	6*c*	0	0	0.06	1.0
Cu3	$Cu^{1.11+}$	6*c*	0	0	0.133	1.0
Cu4	$Cu^{1.11+}$	6*c*	0	0	0.25	1.0
Cu5	$Cu^{1.11+}$	6*c*	0	0	0.35	1.0

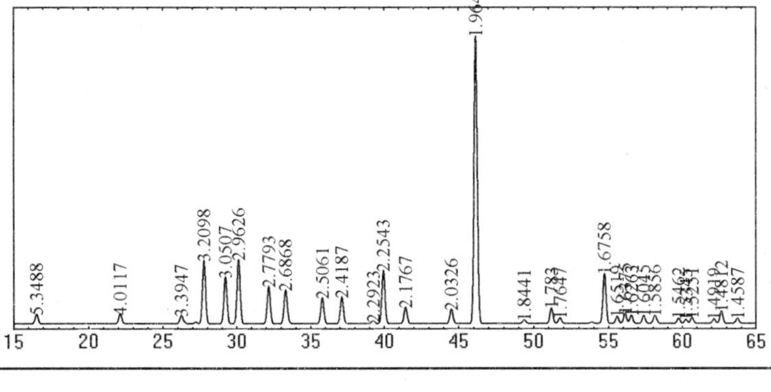

PDF:47-1748

d	I/I_0	*hkl*
3.3930	6	101
3.2100	46	0015
3.0510	11	107
2.7810	46	1010
2.5080	4	1013
2.4190	5	0114
2.1750	7	0117
1.9644	100	0120
1.9644	100	110
1.8441	3	119
1.7820	4	0027
1.7820	4	0123
1.7649	4	1112
1.6765	17	1115
1.6377	2	208
1.6039	3	0030
1.6039	3	0210
1.4586	3	0033
1.4586	3	2017
1.3896	4	2020

3-019 块硫锑铜矿(Famatinite)

Cu_3SbS_4，440.63

Sys.:Tetragonal S.G.:$I\bar{4}2m$(121) Z:2

a:5.3853 c:10.7483 Vol.:311.72

ICSD:2857

Atom		Wcf	x	y	z	Occ
Cu1	Cu^{+}	$2b$	0	0	0.5	1.0
Cu2	Cu^{+}	$4d$	0	0.5	0.25	1.0
Sb1	Sb^{5+}	$2a$	0	0	0	1.0
S1	S^{2-}	$8i$	0.255(1)	0.255(1)	0.1320(7)	1.0

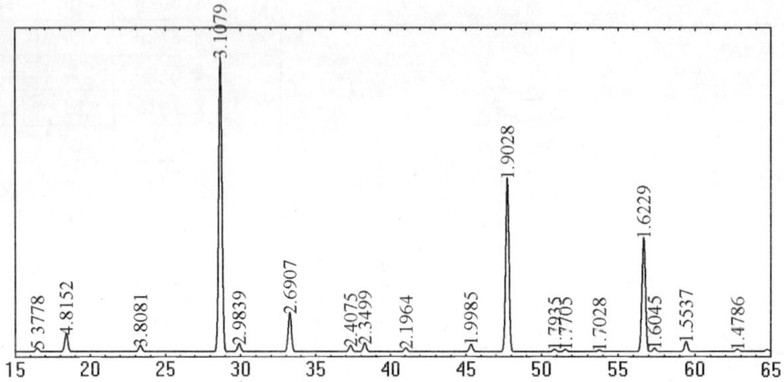

PDF:35-0581

d	I/I_0	hkl
5.3770	5	002
4.8140	12	101
3.8080	6	110
3.1080	100	112
2.9830	7	103
2.6920	20	200
2.6860	10	004
2.4066	5	202
2.3493	8	211
2.1957	3	114
1.9989	3	213
1.9967	3	105
1.9041	16	220
1.9020	65	204
1.7943	2	222
1.7708	2	301
1.7029	2	310
1.6233	35	312
1.6209	16	116
1.6052	1	303

3-020 方铅矿(Galena)

PbS，239.26

Sys.:Cubic S.G.:$Fm\bar{3}m$(225) Z:4

a:5.93 Vol.:208.53

ICSD:62191

Atom		Wcf	x	y	z	Occ
Pb1	Pb^{2+}	$4b$	0.5	0.5	0.5	1.0
S1	S^{2-}	$4a$	0	0	0	1.0

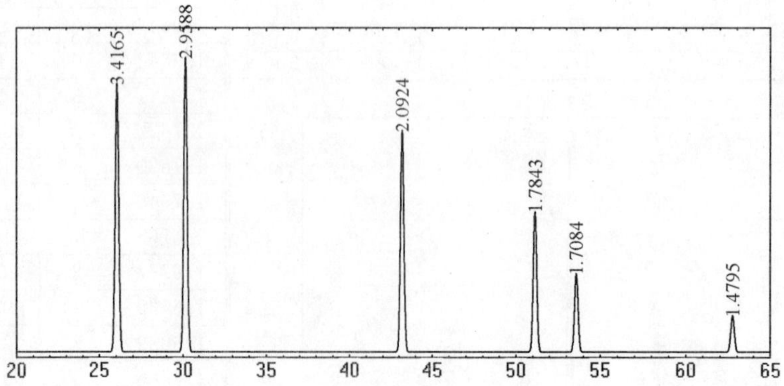

PDF:01-0880

d	I/I_0	hkl
3.4300	80	111
2.9700	100	200
2.0900	60	220
1.7900	32	311
1.7100	16	222
1.4800	8	400
1.3600	8	331
1.3300	16	420
1.2100	8	422
1.1400	8	511
1.0500	4	440
1.0000	4	531

3-021a 硫锗铜矿(Germanite)

$Cu_{13}Ge_2Fe_2S_{16}$， 1595.93

Sys.:Cubic S.G.:$P\bar{4}3n$(218) Z:2

a:10.5862 Vol.:11186.37

ICSD:64787

Atom		Wcf	x	y	z	Occ
Cu1	Cu^{2+}	2a	0	0	0	1.0
Cu2	$Cu^{1.33+}$	6c	0.25	0.5	0	1.0
Cu3	Cu^{2+}	6d	0.25	0	0.5	1.0
Cu4	$Cu^{1.33+}$	12f	0.257(2)	0	0	1.0
Ge1	Ge^{4+}	8e	0.240(2)	0.240(2)	0.240(2)	0.5
Fe1	Fe^{2+}	8e	0.240(2)	0.240(2)	0.240(2)	0.5
S1	S^{2-}	8e	0.121(3)	0.121(3)	0.121(3)	1.0
S2	S^{2-}	24i	0.379(3)	0.364(3)	0.121(1)	1.0

PDF:36-0395

d	I/I_0	hkl
7.5000	2	110
5.3000	1	200
4.7500	1	210
4.3270	4	211
3.7430	1	220
3.3460	1	310
3.0540	100	222
2.8300	2	321
2.6450	12	400
2.4960	1	411
2.3670	1	420
2.3120	1	421
2.2560	2	332
2.1630	1	422
2.0780	1	510
1.9600	1	520
1.9340	1	521
1.8700	72	440
1.7640	1	600
1.5954	39	622

3-021b 硫锗铜矿(Germanite)

$Cu_{13}Ge_2Fe_2S_{16}$， 1595.93

ICSD:64787(续)

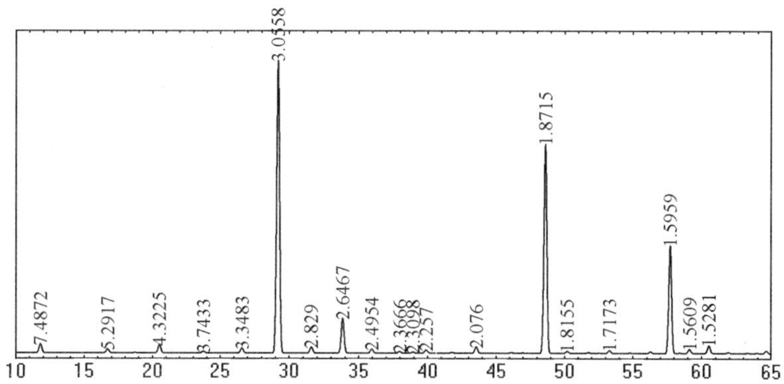

PDF:36-0395(续)

d	I/I_0	hkl
1.5605	1	631
1.5283	3	444
1.4944	1	710
1.4410	1	721
1.3905	1	730
1.3443	1	732
1.3229	10	800
1.2141	16	662
1.1987	1	752
1.1836	3	840
1.1700	1	910
1.1415	1	921
1.0917	1	932
1.0802	20	844
1.0188	9	1022
0.9468	1	1120
0.9357	7	880
0.9145	1	1132
0.8946	10	1062
0.8824	1	1200

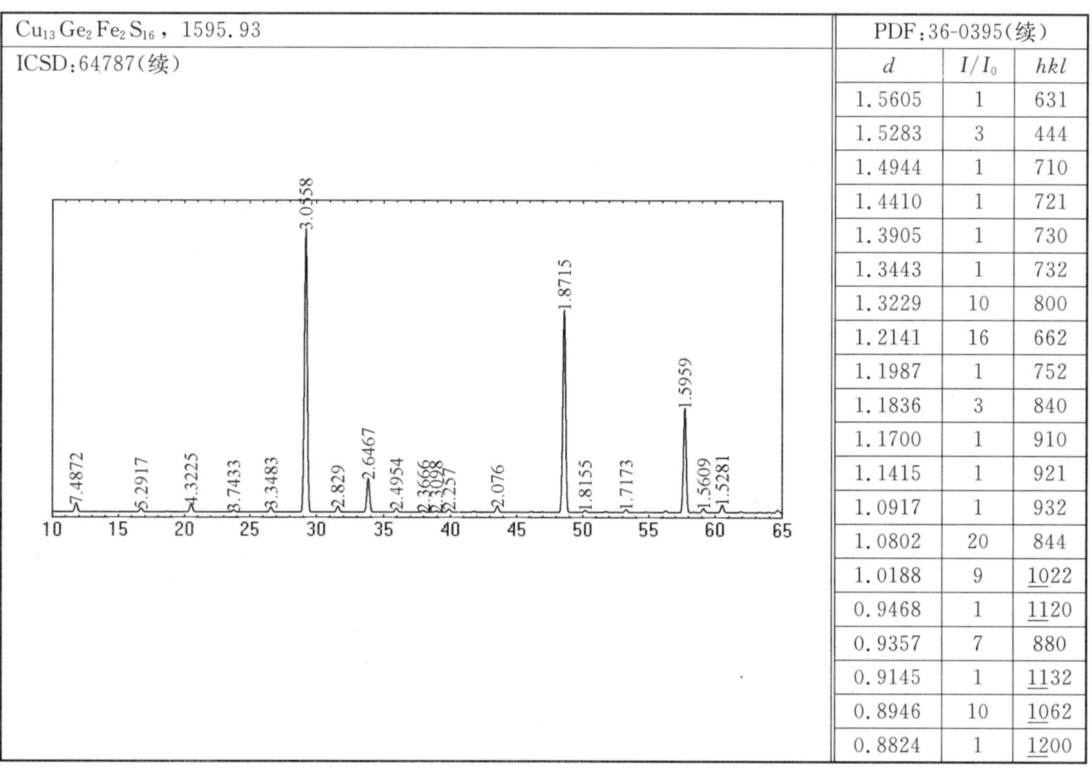

3-022 辉砷镍矿(Gersdorffite)

NiAsS, 165.68

Sys.: Cubic S.G.: $P2_13$(198) Z: 4

a: 5.6919 Vol.: 184.4

ICSD: 53937

Atom		Wcf	x	y	z	Occ
Ni1	Ni^{3+}	4a	0	0	0	1.0
As1	As^{2-}	4a	0.385	0.385	0.385	1.0
S1	S^{-}	4a	0.615	0.615	0.615	1.0

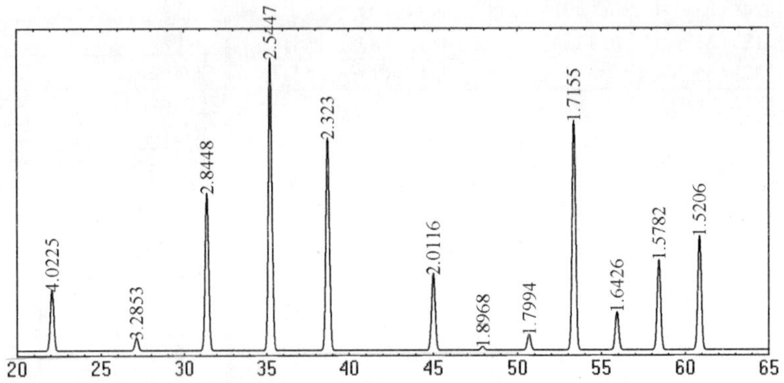

PDF: 42-1343

d	I/I_0	hkl
4.0260	18	110
3.2890	7	111
2.8470	70	200
2.5453	100	210
2.3243	57	211
2.0123	15	220
1.8972	1	221
1.8009	3	310
1.7163	42	311
1.6431	5	222
1.5787	12	320
1.5211	16	321
1.4231	2	400
1.3806	1	410
1.3413	1	330
1.3061	1	331
1.2725	2	420
1.2420	5	421
1.2133	2	332
1.1619	1	422

3-023 硫镉矿(Greenockite)

CdS, 144.47

Sys.: Hexagonal S.G.: $P6_3mc$(186) Z: 2

a: 4.14092 c: 6.7198 Vol.: 99.79

ICSD: 43599

Atom		Wcf	x	y	z	Occ
Cd1	Cd^{2+}	2b	0.3333	0.6667	0	1.0
S1	S^{2-}	2b	0.3333	0.6667	0.375	1.0

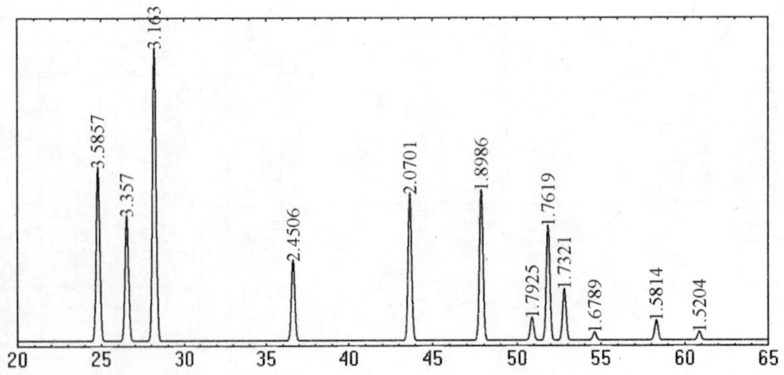

PDF: 06-0314

d	I/I_0	hkl
3.5830	75	100
3.3670	60	002
3.1600	100	101
2.4500	25	102
2.0680	55	110
1.8980	40	103
1.7910	18	200
1.7610	45	112
1.7310	18	201
1.6790	4	004
1.5810	8	202
1.5200	2	104
1.3980	16	203
1.3536	6	210
1.3271	12	211
1.3032	8	114
1.2572	12	105
1.2247	2	204
1.1940	8	300
1.1585	12	213

3-024　硫铋锑镍矿(Hauchecornite)

Ni_9BiSbS_8，1115.51

Sys.:Tetragonal　S.G.:*P*4/*mmm*(123)　*Z*:1

a:7.29　*c*:5.4　Vol.:1286.98

ICSD:40055

Atom		Wcf	*x*	*y*	*z*	Occ
Bi1	Bi^-	1*a*	0	0	0	1.0
Bi2	Bi^-	1*d*	0.5	0.5	0.5	0.3
Sb1	Sb^-	1*d*	0.5	0.5	0.5	0.7
Ni1	Ni^{2+}	1*b*	0	0	0.5	1.0
Ni2	Ni^{2+}	8*t*	0.18076(46)	0.5	0.25249(42)	1.0
S1	S^{2-}	4*m*	0.31274(92)	0	0.5	1.0
S2	S^{2-}	4*j*	0.2696(14)	0.2696(14)	0	1.0

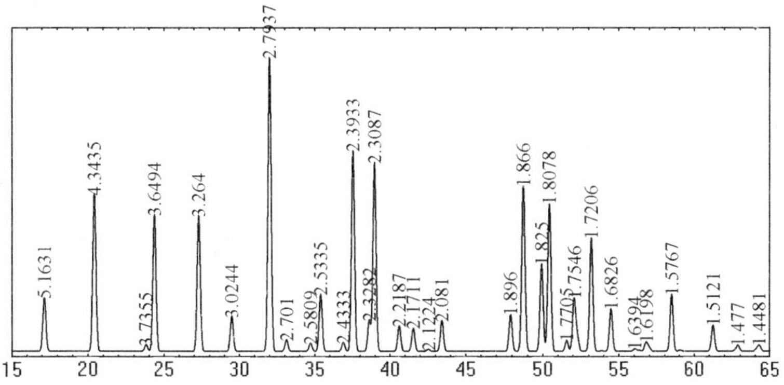

PDF:06-0457

d	*I*/I_0	*hkl*
5.2100	10	110
4.3500	50	101
4.1700	5	—
3.6500	40	200
3.2600	40	210
3.0400	10	201
2.8000	100	211
2.5500	10	102
2.3900	60	112
2.3000	60	310
2.2100	5	301
2.1600	5	202
2.0800	10	212
1.8650	50	222
1.8230	30	400
1.8030	30	003
1.7580	10	312
1.7200	20	330
1.6820	10	411
1.6140	5	203

3-025　褐硫锰矿(Hauerite)

MnS_2，119.06

Sys.:Cubic　S.G.:*Pa*$\bar{3}$(205)　*Z*:4

a:6.097　Vol.:226.65

ICSD:44373

Atom		Wcf	*x*	*y*	*z*	Occ
Mn1	Mn^{2+}	4*a*	0	0	0	1.0
S1	S^-	8*c*	0.4012(4)	0.4012	0.4012	1.0

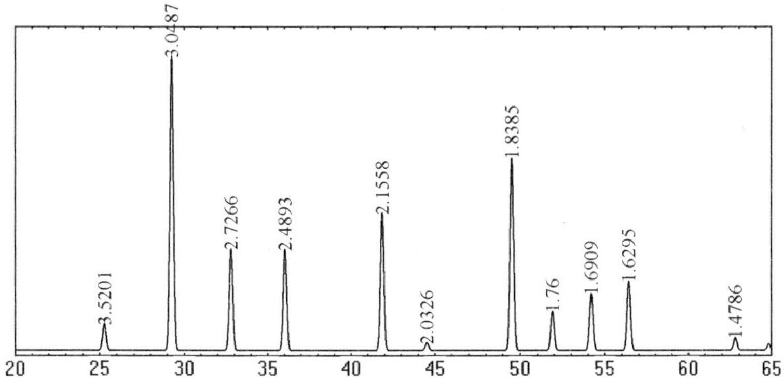

PDF:02-0616

d	*I*/I_0	*hkl*
3.0500	100	200
2.7300	70	210
2.5000	70	211
2.1500	70	220
1.8360	70	311
1.6280	70	321
1.1740	70	511

3-026 辉铜银矿(Jalpaite)

Ag_3CuS_2, 451.27

Sys.: Tetragonal S.G.: $I4_1/amd$(141) Z: 8

a: 8.667 c: 11.742 Vol.: 882.02

ICSD: 67526

Atom		Wcf	x	y	z	Occ
Ag1	Ag^+	8c	0	0	0	1.0
Ag2	Ag^+	16g	−0.3119(3)	−0.0619(3)	0.875	1.0
Cu1	Cu^+	8e	0	0.25	0.5347(6)	1.0
S1	S^{2-}	16h	0	−0.001(1)	0.2125(8)	1.0

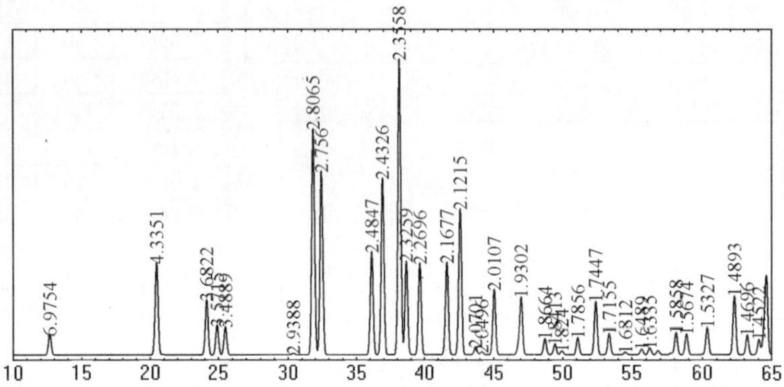

PDF: 12-0207

d	I/I_0	hkl
6.9300	40	101
4.3200	60	200
3.6710	40	211
3.5640	40	103
3.4790	40	202
2.8030	100	301
2.7530	100	213
2.4830	60	312
2.4310	100	204
2.3530	100	321
2.3250	40	303
2.2680	40	105
2.1650	40	400
2.1200	60	224
2.0110	40	215
1.9300	20	332
1.8650	20	116
1.7430	40	404
1.7140	20	501
1.6770	20	325

3-027a 红锑矿(Kermesite)

Sb_2OS_2, 323.62

Sys.: Triclinic S.G.: $P\bar{1}$(2) Z: 4

a: 8.152 b: 10.713 c: 5.789 α: 102.77 β: 110.59 γ: 100.95 Vol.: 441.28

ICSD: 68346

Atom		Wcf	x	y	z	Occ
Sb1	Sb^{3+}	2i	0.1680(2)	0.6314(1)	0.0381(2)	1.0
Sb2	Sb^{3+}	2i	0.6602(2)	0.6298(1)	0.0140(2)	1.0
Sb3	Sb^{3+}	2i	0.1253(2)	0.8543(1)	0.6323(2)	1.0
Sb4	Sb^{3+}	2i	0.6515(2)	0.9146(1)	0.6789(2)	1.0
S1	S^{2-}	2i	0.8098(7)	0.7027(4)	0.4962(9)	1.0
S2	S^{2-}	2i	0.2911(7)	0.6925(5)	0.5169(9)	1.0
S3	S^{2-}	2i	0.0467(7)	0.9095(4)	0.2255(9)	1.0
S4	S^{2-}	2i	0.5211(7)	0.9106(4)	0.2290(9)	1.0
O1	O^{2-}	2i	0.8996(17)	0.5669(11)	0.0352(25)	1.0
O2	O^{2-}	2i	0.4135(17)	0.5724(11)	0.0770(26)	1.0

PDF: 44-1435

d	I/I_0	hkl
5.3080	98	$0\bar{1}1$
5.1490	10	001
4.8430	4	$\bar{1}20$
4.5330	3	$\bar{1}11$
4.3310	47	$0\bar{2}1$
4.0850	68	011
3.8790	6	$\bar{1}\bar{2}1$
3.8050	29	$\bar{2}10$
3.8050	29	$\bar{2}01$
3.6470	18	120
3.6470	18	200
3.5690	3	101
3.4710	4	$\bar{1}21$
3.3310	11	030
3.3100	22	$0\bar{3}1$
3.1420	100	210
3.1420	100	$\bar{2}21$
3.1280	61	021
3.0340	4	111
2.9830	8	$\bar{1}\bar{3}1$

3-027b 红锑矿(Kermesite)

Sb_2OS_2，323.62

ICSD:68346(续)

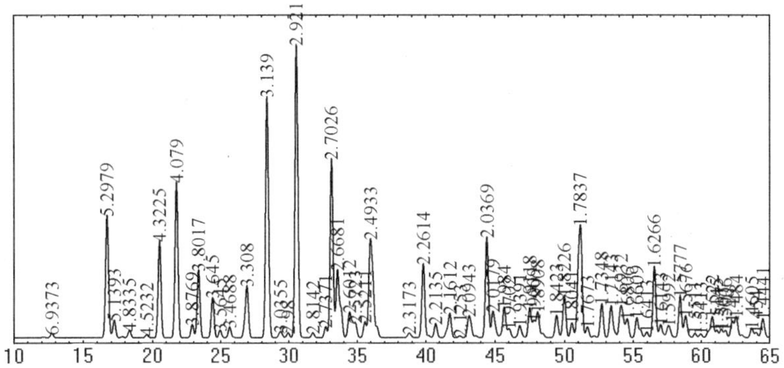

PDF:44-1435(续)

d	I/I_0	hkl
2.9240	98	$\bar{2}30$
2.8900	11	$\bar{1}\bar{1}2$
2.8140	2	$\bar{1}02$
2.7400	10	130
2.7050	87	$0\bar{1}2$
2.6720	28	$2\bar{2}1$
2.6720	28	$\bar{2}\bar{1}2$
2.6520	25	$0\bar{2}2$
2.6060	11	220
2.6060	11	$\bar{1}40$
2.5890	9	$0\bar{4}1$
2.5730	7	002
2.5420	2	$\bar{3}10$
2.5250	7	201
2.5250	7	$\bar{2}12$
2.5170	9	$1\bar{4}1$
2.4972	35	040
2.4846	30	$2\bar{3}1$
2.4846	30	$\bar{2}\bar{2}2$
2.4655	9	031

3-028 硫钌矿(Laurite)

RuS_2，165.19

Sys.:Cubic S.G.:$Pa\bar{3}$(205) Z:4

a:5.6095 Vol.:176.51

ICSD:41996

Atom		Wcf	x	y	z	Occ
Ru1	Ru^{4+}	4a	0	0	0	1.0
S1	S^{2-}	8c	0.3816	0.3816	0.3816	1.0

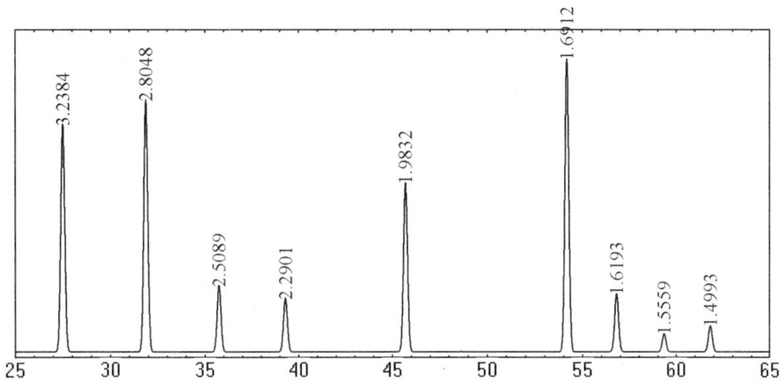

PDF:19-1107

d	I/I_0	hkl
3.2400	75	111
2.8050	100	200
2.5090	20	210
2.2900	20	211
1.9830	60	220
1.8700	2	221
1.6910	100	311
1.6190	20	222
1.5560	8	230
1.4990	10	321
1.4020	2	400
1.3610	2	410
1.3220	2	411
1.2870	20	331
1.2540	20	420
1.2240	4	421
1.1960	2	332
1.1450	20	422
1.1220	2	430
1.1000	2	431

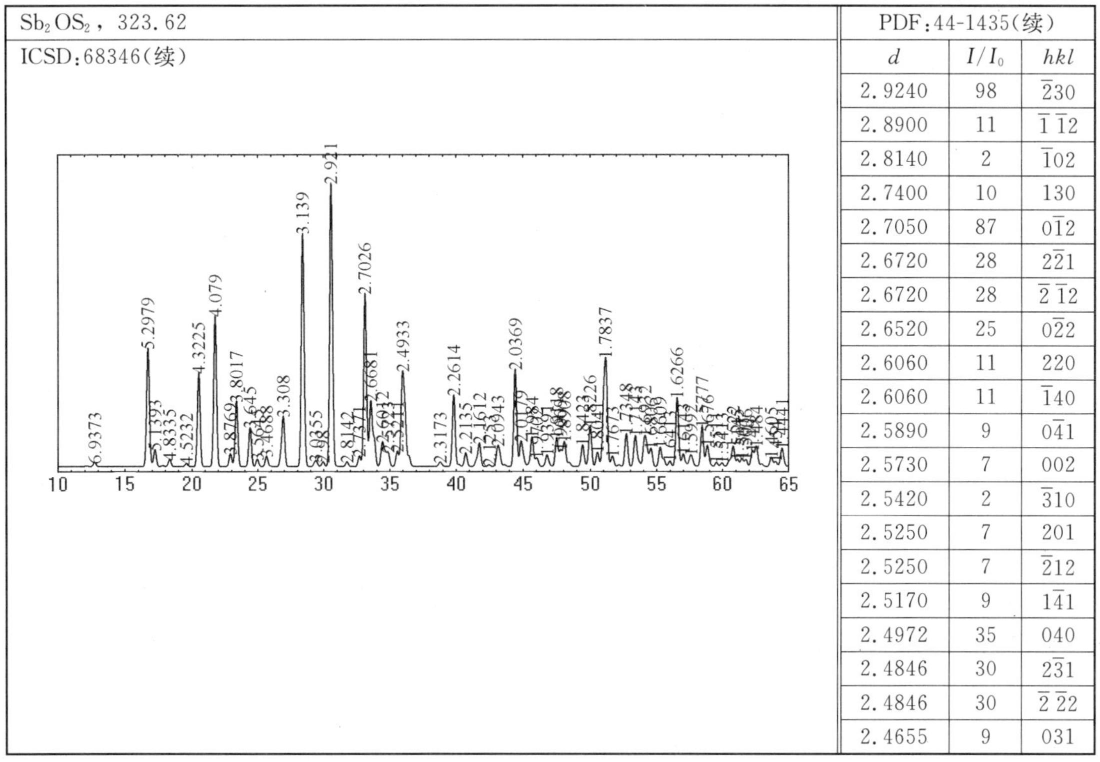

3-029 辉砷铜矿(Lautite)

CuAsS, 170.53

Sys.: Orthorhombic S.G.: $Pbn2_1$(33) Z: 4

a: 11.36 b: 5.46 c: 3.76 Vol.: 233.22

ICSD: 34450

Atom		Wcf	x	y	z	Occ
Cu1	Cu^{2+}	4c	0.1752(2)	0.25	0.0610(3)	1.0
As1	As	4c	0.0146(1)	0.25	0.3520(2)	1.0
S1	S^{2-}	4c	0.1651(2)	0.75	0.8170(6)	1.0

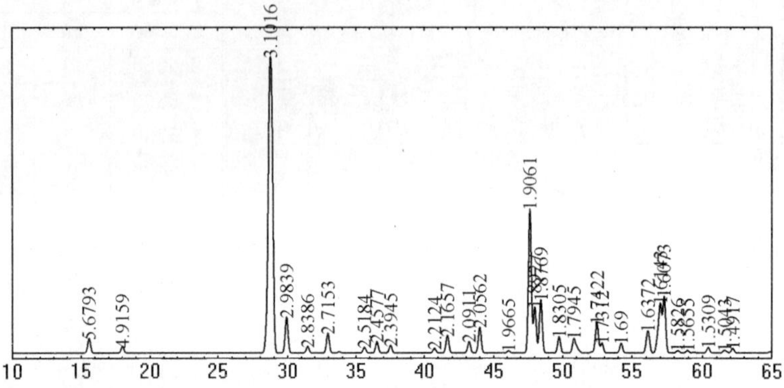

PDF: 39-0393

d	I/I_0	hkl
5.7060	5	200
4.9380	2	110
3.1130	100	310
2.9910	8	111
2.8430	2	400
2.7210	5	211
2.5230	2	410
2.4620	3	220
2.3990	1	311
2.2160	1	320
2.1690	4	121
2.0940	2	411
2.0590	4	221
1.9080	26	321
1.8940	12	600
1.8790	7	002
1.8320	2	511
1.7970	2	130
1.7440	4	421
1.7330	1	230

3-030 硫钴矿(Linnaeite)

Co_3S_4, 305.04

Sys.: Cubic S.G.: $Fd\bar{3}m$(227) Z: 8

a: 9.4232 Vol.: 836.75

ICSD: 31095

Atom		Wcf	x	y	z	Occ
Co1	Co^{2+}	8a	0	0	0	1.0
Co2	Co^{3+}	16d	0.125	0.375	0.875	1.0
S1	S^{2-}	32e	0.375(15)	0.375(15)	0.375(15)	1.0

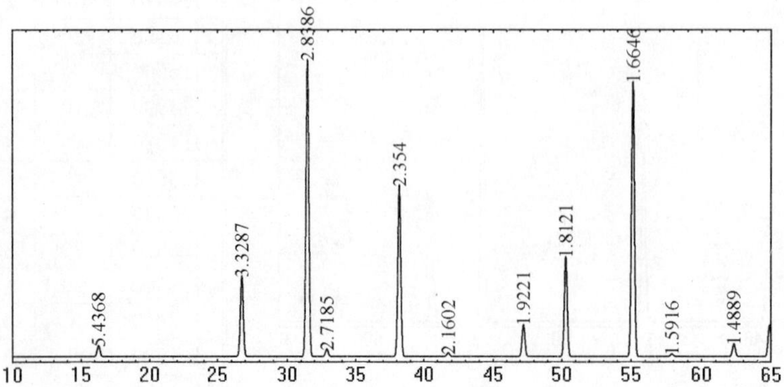

PDF: 47-1738

d	I/I_0	hkl
5.4440	19	111
3.3310	33	220
2.8410	100	311
2.7210	2	222
2.3560	52	400
1.9236	8	422
1.8135	32	511
1.6656	57	440
1.5926	2	531
1.4901	2	620
1.4369	6	533
1.4202	1	622
1.3599	6	444
1.3195	2	711
1.2591	3	642
1.2269	7	731
1.1779	6	800
1.1512	1	733
1.1106	1	660
1.0882	5	751

3-031 针镍矿(Millerite)

NiS, 90.76

Sys.: Trigonal S.G.: *R*3*m*(160) *Z*: 9

a: 9.62 *c*: 3.149 Vol.: 252.38

ICSD: 40054

Atom		Wcf	*x*	*y*	*z*	Occ
Ni1	Ni^{2+}	9*b*	−0.0878(5)	0.08781(5)	0.088	1.0
S1	S^{2-}	9*b*	0.1124(1)	−0.1124(1)	0.6164(5)	1.0

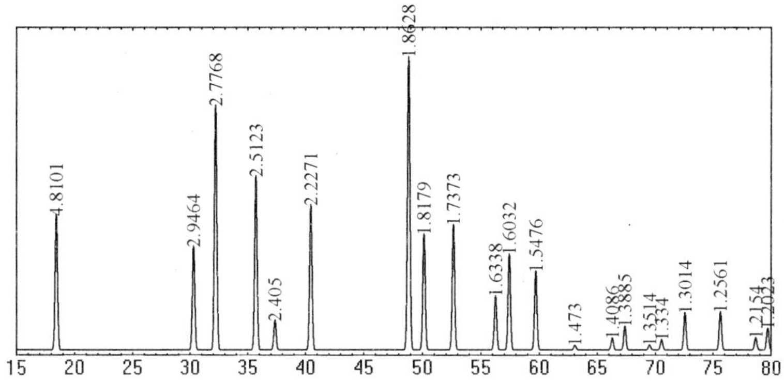

PDF: 12-0041

d	I/I_0	*hkl*
4.8070	60	110
2.9460	40	101
2.7770	100	300
2.5130	65	021
2.4060	12	220
2.2280	55	211
1.8631	95	131
1.8178	45	410
1.7372	40	401
1.6340	18	321
1.6037	35	330
1.5470	25	012
1.3884	8	600
1.3343	4	520
1.3008	10	312
1.2560	8	042
1.2023	6	440
1.1783	4	161
1.1447	6	502
1.1133	16	701

3-032 辉钼矿-2*H*(Molybdenite-2*H*)

MoS_2, 160.06

Sys.: Hexagonal S.G.: $P6_3/mmc$(194) *Z*: 2

a: 3.16116 *c*: 12.2985 Vol.: 106.43

ICSD: 49801

Atom		Wcf	*x*	*y*	*z*	Occ
Mo1	Mo^{4+}	2*c*	0.3333	0.6667	0.25	1.0
S1	S^{2-}	4*f*	0.3333	0.6667	0.621(3)	1.0

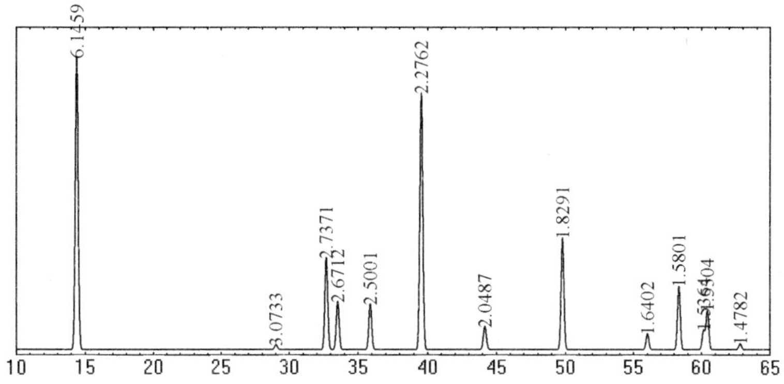

PDF: 37-1492

d	I/I_0	*hkl*
6.1554	100	002
3.0737	2	004
2.7382	22	100
2.6721	12	101
2.5014	10	102
2.2774	58	103
2.0496	11	006
1.8299	29	105
1.6414	4	106
1.5805	14	110
1.5372	12	008
1.4782	2	107
1.4055	1	114
1.3691	3	200
1.3601	2	201
1.3406	5	108
1.2982	7	203
1.2514	7	116
1.2297	2	0010
1.2225	2	109

3-033 辉钼矿-3*R*(Molybdenite-3*R*)

MoS_2, 160.06

Sys.: Trigonal S.G.: $R3m$(160) Z: 3

a: 3.16 c: 18.3299 Vol.: 158.51

ICSD: 40081

Atom		Wcf	x	y	z	Occ
Mo1	Mo^{4+}	3*a*	0	0	0	1.0
S1	S^{2-}	3*a*	0	0	0.25	1.0
S2	S^{2-}	3*a*	0	0	0.417	1.0

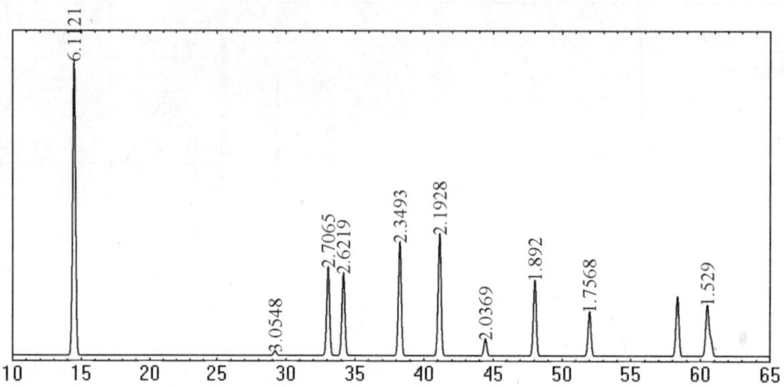

PDF: 86-2308

d	I/I_0	hkl
6.1100	999	003
3.0550	12	006
2.7066	230	101
2.6222	210	012
2.3495	279	104
2.1930	291	015
2.0367	39	009
1.8920	167	107
1.7568	93	018
1.5800	117	110
1.5297	79	113
1.5275	53	00<u>12</u>
1.5229	45	10<u>10</u>
1.4233	21	01<u>11</u>
1.4034	6	116
1.3645	17	021
1.3533	17	202
1.3111	28	024
1.2819	33	205
1.2534	12	10<u>13</u>

3-034 雌黄(Orpiment)

As_2S_3, 246.02

Sys.: Monoclinic S.G.: $P2_1/n$(14) Z: 4

a: 11.42(3) b: 9.583(4) c: 4.247(4) β: 90.88(1) Vol.: 464.73

ICSD: 25792

Atom		Wcf	x	y	z	Occ
As1	As^{3+}	4*e*	0.267(2)	0.190(2)	0.143(5)	1.0
As2	As^{3+}	4*e*	0.484(2)	0.323(2)	0.643(5)	1.0
S1	S^{2-}	4*e*	0.395(4)	0.120(4)	0.500(9)	1.0
S2	S^{2-}	4*e*	0.355(4)	0.397(4)	0.013(9)	1.0
S3	S^{2-}	4*e*	0.125(4)	0.293(4)	0.410(9)	1.0

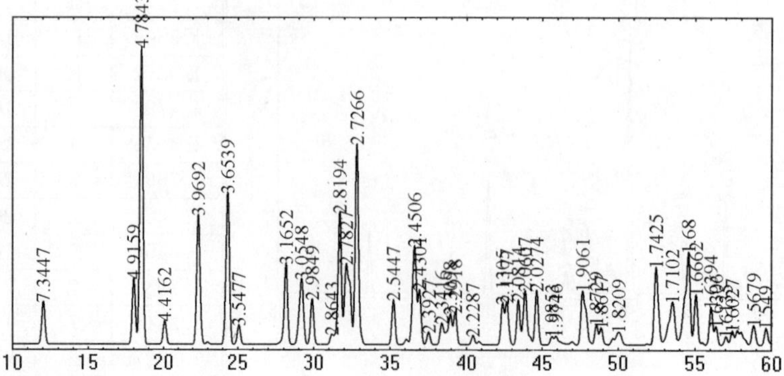

PDF: 44-1419

d	I/I_0	hkl
7.3420	6	$\bar{1}10$
4.9060	28	$\bar{2}10$
4.7970	100	020
4.4190	3	$\bar{1}20$
4.0000	12	$\bar{1}01$
3.9610	21	101
3.8830	6	011
3.6910	20	$\bar{1}11$
3.6600	11	111
3.5380	4	$\bar{3}10$
3.2320	4	$\bar{2}11$
3.1780	13	021
3.0770	6	$\bar{1}30$
3.0710	6	$\bar{1}21$
3.0530	6	121
2.9810	4	$\bar{3}20$
2.8560	29	$\bar{3}01$
2.8560	29	400
2.8130	16	301
2.7890	24	$\bar{2}21$

3-035 绿硫钒矿(Patronite)

$V(S_2)_2$，179.18

Sys.:Monoclinic　S.G.:*I*2/*a*(15)　*Z*:8

a:6.775　*b*:10.42　*c*:12.11　*β*:100.8　Vol.:839.77

ICSD:64770

Atom		Wcf	*x*	*y*	*z*	Occ
V1	V^{4+}	8*f*	−0.0002(2)	0.0013(1)	0.1173(1)	1.0
S1	S^-	8*f*	0.7631(3)	0.0980(2)	0.2180(1)	1.0
S2	S^-	8*f*	0.7635(3)	−0.0961(2)	0.2342(2)	1.0
S3	S^-	8*f*	0.2778(3)	0.0498(2)	0.0286(1)	1.0
S4	S^-	8*f*	0.0531(3)	0.1832(2)	0.0039(1)	1.0

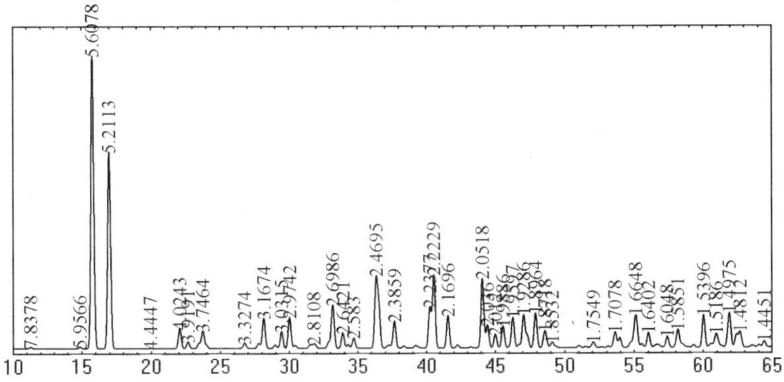

PDF:87-0603

d	*I*/I_0	*hkl*
7.8381	6	011
5.9478	7	002
5.6087	999	110
5.2100	666	020
4.4460	1	$\bar{1}12$
4.0241	62	$\bar{1}21$
3.9191	21	022
3.7925	16	112
3.7471	54	121
3.7059	10	013
3.3275	18	031
3.3275	18	200
3.2087	15	$\bar{2}11$
3.1679	89	$\bar{2}02$
3.0792	10	130
3.0314	49	$\bar{1}23$
2.9739	89	004
2.9353	9	211
2.8367	10	$\bar{1}32$
2.8180	10	$\bar{1}14$

3-036 镍黄铁矿(Pentlandite)

$(Fe,Ni)_9S_8$，1543.88

Sys.:Cubic　S.G.:*Fm*$\bar{3}$*m*(225)　*Z*:4

a:10.042　Vol.:11012.65

ICSD:40052

Atom		Wcf	*x*	*y*	*z*	Occ
Fe1	Fe	4*b*	0.5	0.5	0.5	0.467
Ni1	Ni	4*b*	0.5	0.5	0.5	0.533
Fe2	Fe	32*f*	0.1261(1)	0.1261(1)	0.1261(1)	0.467
Ni2	Ni	32*f*	0.1261(1)	0.1261(1)	0.1261(1)	0.533
S1	S	8*c*	0.25	0.25	0.25	1.0
S2	S	24*e*	0.2629(2)	0	0	1.0

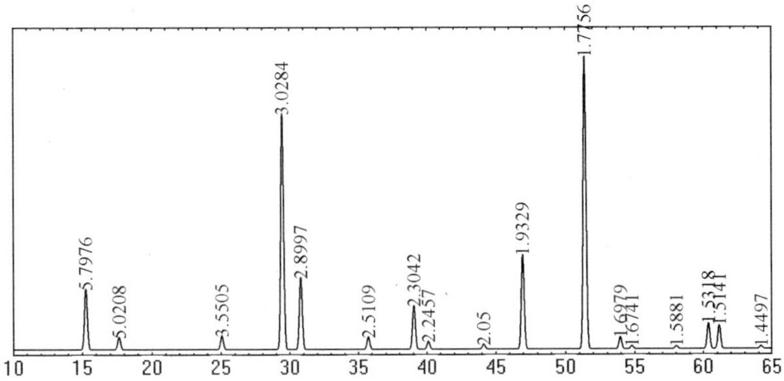

PDF:08-0090

d	*I*/I_0	*hkl*
5.7800	30	111
5.0100	5	200
3.5500	5	220
3.0300	80	311
2.9000	40	222
2.5100	5	400
2.3000	30	331
2.2500	5	420
1.9310	50	511
1.7750	100	440
1.6970	5	531
1.5300	10	533
1.5140	10	622
1.3070	20	731
1.2550	20	800
1.1600	5	751
1.1050	5	911
1.0520	5	931
1.0250	20	844
0.9704	5	951

3-037 硫镍矿(Polydymite)

Ni_3S_4, 304.34

Sys.:Cubic S.G.:$Fd\bar{3}m$(227) Z:8

a:9.4761 Vol.:850.92

ICSD:36271

Atom		Wcf	x	y	z	Occ
Ni1	Ni^{2+}	8a	0	0	0	1.0
Ni2	Ni^{3+}	16d	0.625	0.625	0.625	1.0
S1	S^{2-}	32e	−0.135	−0.135	−0.135	1.0

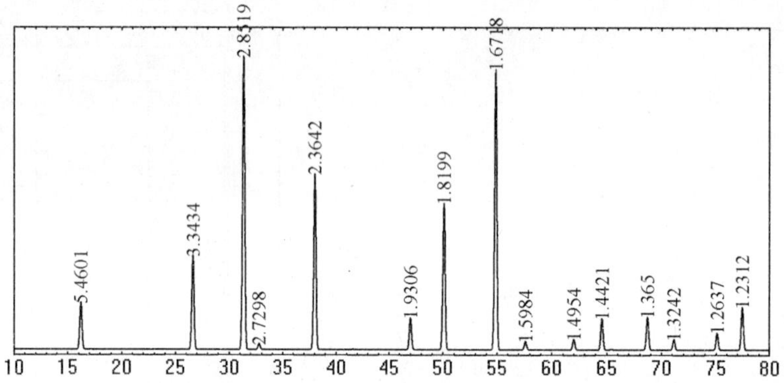

PDF:47-1739

d	I/I_0	hkl
5.4740	24	111
3.3510	35	220
2.8580	100	311
2.7350	4	222
2.3700	52	400
1.9336	8	422
1.8237	30	511
1.6753	56	440
1.6022	2	531
1.4989	2	620
1.4455	6	533
1.3678	6	444
1.3272	2	711
1.2665	2	642
1.2336	6	731
1.1845	5	800
1.1169	1	660
1.0941	3	751
1.0595	4	840
0.9934	3	931

3-038 黄铁矿(Pyrite)

FeS_2, 119.97

Sys.:Cubic S.G.:$Pa\bar{3}$(205) Z:4

a:5.4179 Vol.:159.04

ICSD:15012

Atom		Wcf	x	y	z	Occ
Fe1	Fe^{2+}	4a	0	0	0	1.0
S1	S^{-}	8c	0.3840(5)	0.3840(5)	0.3840(5)	1.0

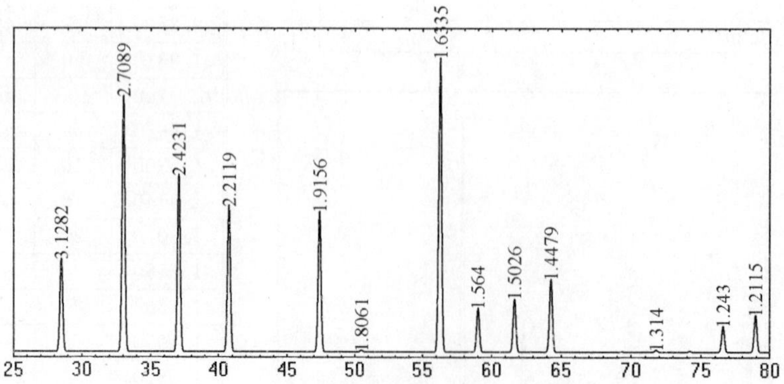

PDF:42-1340

d	I/I_0	hkl
3.1280	31	111
2.7055	100	200
2.4209	53	210
2.2107	40	211
1.9160	36	220
1.8061	1	221
1.6333	69	311
1.5639	11	222
1.5023	13	023
1.4479	16	321
1.3141	1	410
1.2770	1	411
1.2429	6	331
1.2115	7	420
1.1823	7	124
1.1552	3	332
1.1060	7	422
1.0834	1	430
1.0625	1	431
1.0427	20	333

3-039 白铁矿(Marcasite)

FeS_2，119.97

Sys.:Orthorhombic　S.G.:$Pnnm$(58)　Z:2

a:4.443　b:5.424　c:3.3865　Vol.:81.61

ICSD:42416

Atom		Wcf	x	y	z	Occ
Fe1	Fe^{2+}	2a	0	0	0	1.0
S1	S^{-}	4g	0.20008(6)	0.37820(5)	0	1.0

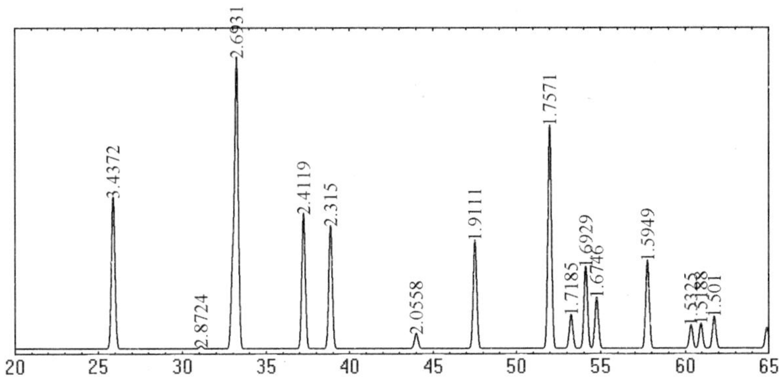

PDF:37-0475

d	I/I_0	hkl
3.4390	60	110
2.8730	2	011
2.7120	35	020
2.6930	100	101
2.4130	45	111
2.3150	40	120
2.2210	1	200
2.0550	5	210
1.9120	30	121
1.7570	70	211
1.7180	10	220
1.6930	20	002
1.6750	16	130
1.5950	25	031
1.5325	7	221
1.5187	6	112
1.5015	9	131
1.4362	6	022
1.4288	16	310
1.4023	2	230

3-040 磁黄铁矿-1T(Pyrrhotite-1T)

$Fe_{0.95}S_{1.05}$，86.72

Sys.:Hexagonal　S.G.:$P6_3/mmc$(194)　Z:2

a:3.43　c:5.68　Vol.:57.87

ICSD:2930

Atom		Wcf	x	y	z	Occ
Fe1	$Fe^{2.2+}$	2a	0	0	0	0.95
S1	S^{2-}	2a	0	0	0	0.05
S2	S^{2-}	2c	0.3333	0.6667	0.25	1.0

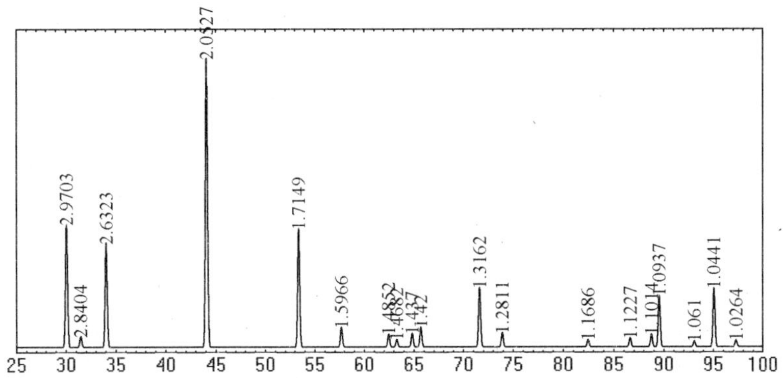

PDF:75-0600

d	I/I_0	hkl
2.9705	494	100
2.8400	45	002
2.6322	403	101
2.0528	999	102
1.7150	367	110
1.5966	57	103
1.4852	38	200
1.4681	24	112
1.4369	37	201
1.4200	53	004
1.3161	147	202
1.2811	36	104
1.1686	16	203
1.1227	19	210
1.1014	25	211
1.0937	99	114

3-041a 雄黄(Realgar)

AsS, 106.98

Sys.:Monoclinic S.G.:$P2_1/n$(14) Z:16

a:9.327(5) b:13.560(10) c:6.588(1) β:106.49 Vol.:798.94

ICSD:15238

Atom		Wcf	x	y	z	Occ
As1	As^{2+}	4e	0.12199(10)	0.02060(6)	0.76392(15)	1.0
As2	As^{2+}	4e	0.42373(10)	0.86090(6)	0.85582(15)	1.0
As3	As^{2+}	4e	0.32051(10)	0.87334(7)	0.17716(14)	1.0
As4	As^{2+}	4e	0.04014(10)	0.83917(7)	0.71491(14)	1.0
S1	S^{2-}	4e	0.34521(22)	0.00604(14)	0.70138(32)	1.0
S2	S^{2-}	4e	0.21388(22)	0.02299(14)	0.11566(32)	1.0
S3	S^{2-}	4e	0.23875(24)	0.77413(14)	0.63924(34)	1.0
S4	S^{2-}	4e	0.10702(24)	0.78976(15)	0.05105(34)	1.0

PDF:41-1494

d	I/I_0	hkl
7.4480	8	$\bar{1}10$
6.7696	9	020
6.0228	27	$\bar{1}01$
5.7238	44	011
5.5036	27	$\bar{1}11$
5.3982	100	$\bar{1}20$
4.6165	9	021
4.5831	3	101
4.4991	1	$\bar{1}21$
4.2442	3	$\bar{2}10$
4.0673	11	$\bar{2}11$
4.0321	4	$\bar{1}30$
3.7975	2	121
3.7308	6	$\bar{2}20$
3.6772	4	031
3.6093	6	$\bar{2}21$
3.2200	4	131
3.1943	9	$\bar{1}12$
3.1740	46	$\bar{2}30$
3.1740	46	$\bar{1}40$

3-041b 雄黄(Realgar)

AsS, 106.98

ICSD:15238(续)

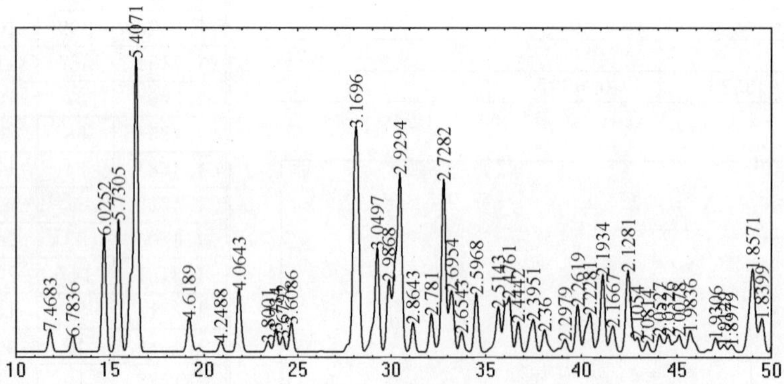

PDF:41-1494(续)

d	I/I_0	hkl
3.1572	36	002
3.1052	2	$\bar{2}31$
3.0515	16	$\bar{3}01$
3.0076	8	$\bar{2}02$
2.9855	16	041
2.9785	12	$\bar{3}11$
2.9556	15	$\bar{1}22$
2.9556	15	$\bar{1}41$
2.9451	15	$\bar{2}12$
2.9249	28	221
2.9137	7	$\bar{3}10$
2.8626	6	022
2.7820	6	$\bar{3}21$
2.7552	4	$\bar{2}22$
2.7274	29	$\bar{3}20$
2.7274	29	141
2.7026	11	$\bar{2}40$
2.6914	9	112
2.6551	3	$\bar{2}41$
2.5924	12	$\bar{1}50$

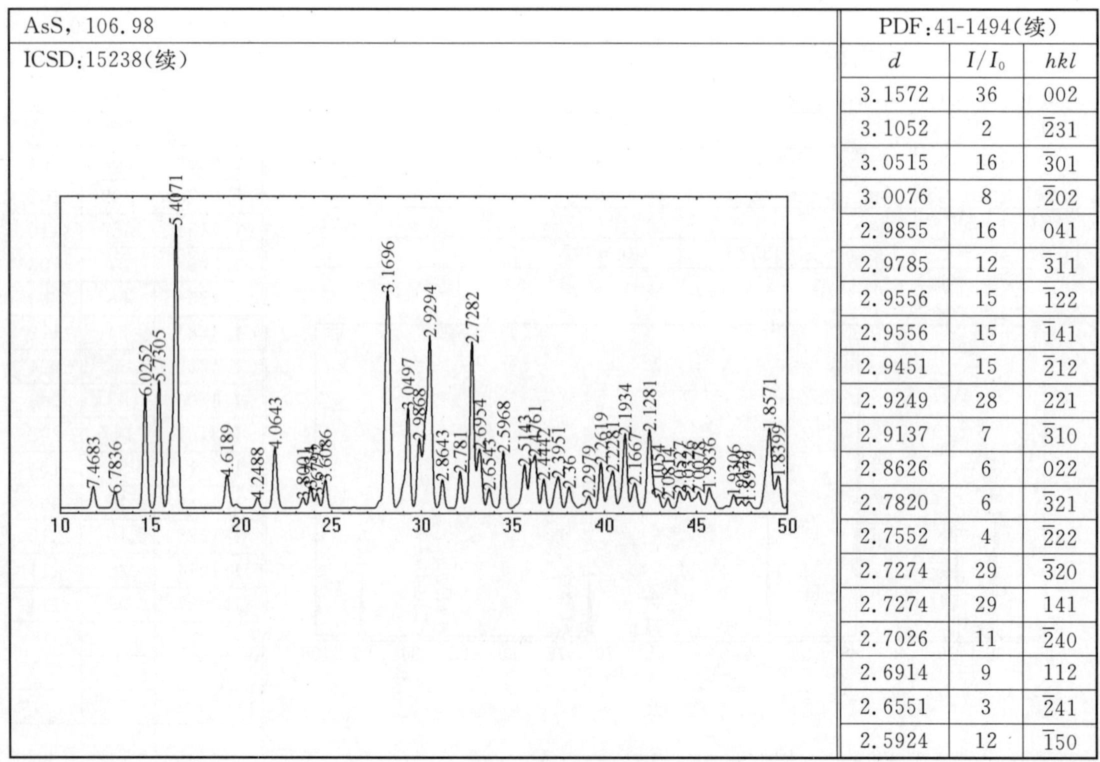

3-042a 副雄黄(Pararealgar)

AsS, 106.98

Sys.:Monoclinic S.G.:$P2_1/c$(14) Z:2

a:9.909(2) b:9.655(1) c:8.502(1) β:97.29(1) Vol.:806.82

ICSD:80125

Atom		Wcf	x	y	z	Occ
As1	As^{2+}	4e	0.3187(3)	0.6355(3)	0.0432(4)	1.0
As2	As^{2+}	4e	0.0819(3)	0.5427(3)	0.3252(4)	1.0
As3	As^{2+}	4e	0.3698(3)	0.3607(4)	0.3431(4)	1.0
As4	As^{2+}	4e	0.1455(3)	0.3439(3)	0.1643(4)	1.0
S1	S^{2-}	4e	0.1645(8)	0.7187(8)	0.1923(10)	1.0
S2	S^{2-}	4e	0.2537(9)	0.4782(9)	0.5099(10)	1.0
S3	S^{2-}	4e	0.4703(7)	0.5276(10)	0.2192(10)	1.0
S4	S^{2-}	4e	0.1964(8)	0.4483(8)	−0.0492(10)	1.0

PDF:83-1013

d	I/I_0	hkl
9.8289	102	100
6.8878	32	110
6.3515	37	011
5.5834	816	$\bar{1}11$
5.1164	999	111
4.9145	253	200
4.8275	214	020
4.3797	2	210
4.3331	5	120
4.2166	38	002
4.1896	52	021
4.0666	14	$\bar{1}02$
3.9449	31	$\bar{1}21$
3.8642	67	012
3.7693	219	121
3.7477	499	$\bar{1}12$
3.7186	163	211
3.7084	145	102
3.4618	51	112
3.4439	45	220

3-042b 副雄黄(Pararealgar)

AsS, 106.98

ICSD:80125(续)

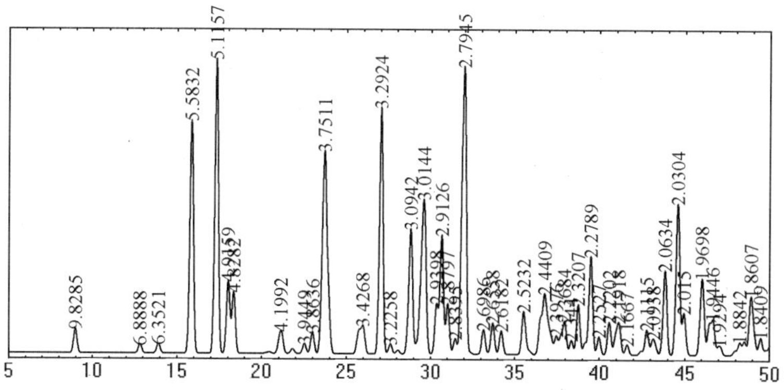

PDF:83-1013(续)

d	I/I_0	hkl
3.4219	77	$\bar{2}02$
3.2924	656	$\bar{2}21$
3.2253	31	$\bar{2}12$
3.1758	13	022
3.0935	314	221
3.0586	35	130
3.0322	158	$\bar{3}11$
3.0166	293	202
3.0068	291	031
2.9408	135	122
2.9124	292	$\bar{1}31$
2.8793	133	212
2.8396	45	131
2.8046	337	311
2.7917	627	$\bar{2}22$
2.6990	58	013
2.6924	37	230
2.6560	72	$\bar{3}12$
2.6181	54	$\bar{2}31$
2.5236	89	113

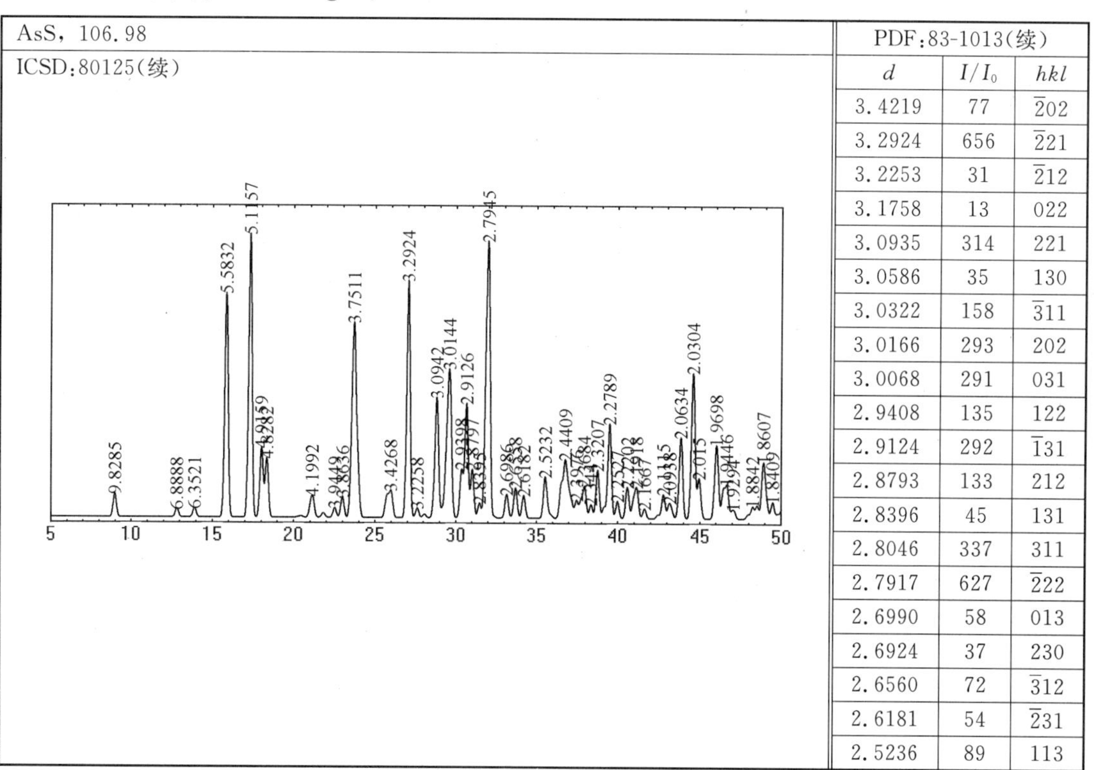

3-043 硫镍钴矿(Siegenite)

$NiCo_2S_4$, 304.81

Sys.: Cubic S.G.: $Fd\bar{3}m$(227) Z: 8

a: 9.4177 Vol.: 835.28

ICSD: 40019

Atom		Wcf	x	y	z	Occ
Ni1	Ni^{3+}	8a	0.125	0.125	0.125	1.0
Ni2	Ni^{3+}	16d	0.5	0	0	0.5
Co1	Co^{2+}	16d	0.5	0	0	0.5
S1	S^{2-}	32e	0.2577(3)	0.2577(3)	0.2577(3)	1.0

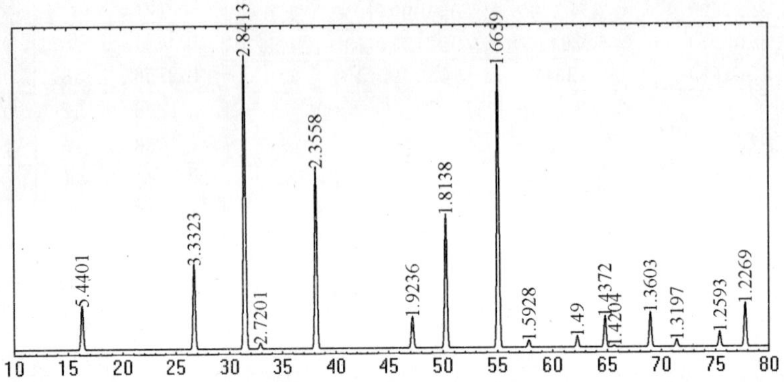

PDF: 43-1477

d	I/I_0	hkl
5.4380	19	111
3.3310	32	220
2.8400	100	311
2.7190	3	222
2.3545	67	400
1.9223	8	422
1.8124	37	511
1.6647	58	440
1.5926	2	531
1.4888	2	620
1.4361	5	533
1.4200	1	622
1.3594	6	444
1.3186	2	711
1.2586	2	642
1.2261	7	731
1.1772	7	800
1.1099	1	822
1.0875	3	751
1.0530	5	840

3-044 闪锌矿(Sphalerite)

ZnS, 97.44

Sys.: Cubic S.G.: $F\bar{4}3m$(216) Z: 4

a: 5.406 Vol.: 157.99

ICSD: 77082

Atom		Wcf	x	y	z	Occ
Zn1	Zn^{2+}	4a	0	0	0	1.0
S1	S^{2-}	4c	0.25	0.25	0.25	1.0

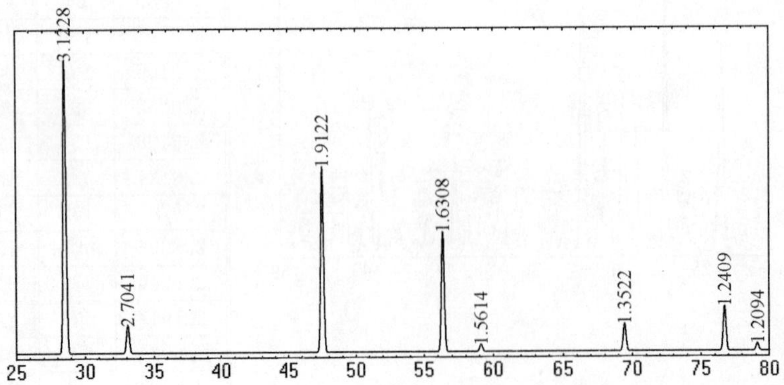

PDF: 05-0566

d	I/I_0	hkl
3.1230	100	111
2.7050	10	200
1.9120	51	220
1.6330	30	311
1.5610	2	222
1.3510	6	400
1.2400	9	331
1.2090	2	420
1.1034	9	422
1.0403	5	511
0.9557	3	440
0.9138	5	531
0.8548	3	620
0.8244	2	533

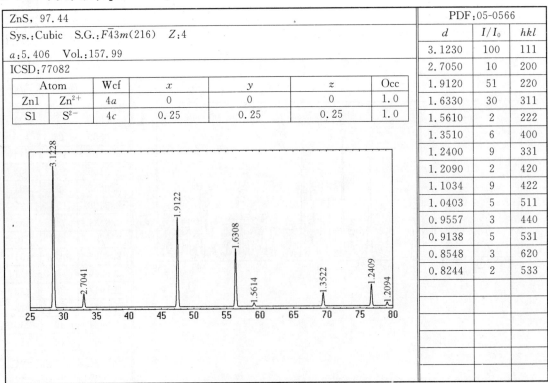

3-045 黝锡矿(Stannite)

Cu_2FeSnS_4，429.87

Sys.:Tetragonal　S.G.:$I\bar{4}2m$(121)　Z:2

a:5.4501　c:10.739　Vol.:318.99

ICSD:200420

Atom		Wcf	x	y	z	Occ
Fe1	Fe^{2+}	2a	0	0	0	0.81
Zn1	Zn^{2+}	2a	0	0	0	0.19
Sn1	Sn^{4+}	2b	0.5	0.5	0	1.0
Cu1	Cu^{+}	4d	0	0.5	0.25	1.0
S1	S^{2-}	8i	0.7551(1)	0.7551(1)	0.8702(1)	1.0

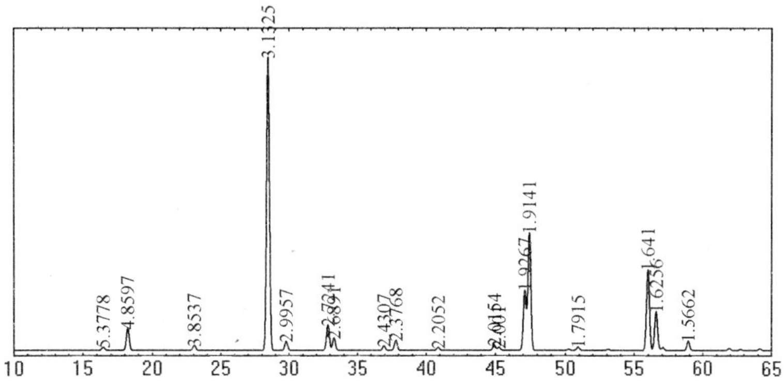

PDF:44-1476

d	I/I₀	hkl
5.3670	2	002
4.8570	3	101
3.8520	2	110
3.1290	100	112
2.9900	1	103
2.7240	6	200
2.6830	4	004
2.4290	2	202
2.3764	2	211
2.2022	1	114
2.0138	1	213
1.9980	1	105
1.9258	15	220
1.9124	27	204
1.8136	1	222
1.7913	1	301
1.6409	13	312
1.6232	7	116
1.5652	2	224
1.4962	1	321

3-046 硫铁银矿(Sternbergite)

$AgFe_2S_3$，315.74

Sys.:Orthorhombic　S.G.:Bmmb(63)　Z:8

a:6.61　b:11.64　c:12.67　Vol.:974.83

ICSD:68347　Ccmb(64)　a:6.615　b:11.639　c:12.693

Atom		Wcf	x	y	z	Occ
Ag1	Ag^{+}	8f	0.8531(4)	0	0.6996(2)	1.0
Fe1	$Fe^{2.5+}$	16g	0.8335(5)	0.3351(2)	0.5635(2)	1.0
S1	S^{2-}	8f	0.6952(14)	0	0.8800(8)	1.0
S2	S^{2-}	16g	0.6658(8)	0.1786(5)	0.6179(4)	1.0

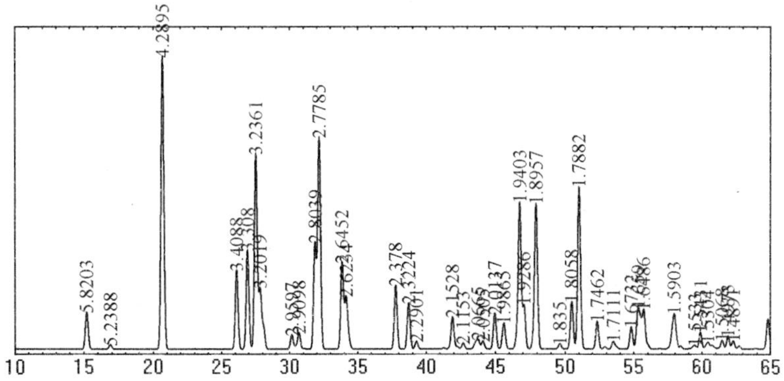

PDF:02-0264

d	I/I₀	hkl
4.7500	30	—
4.2500	100	112
3.2500	80	131
2.7900	80	024
2.6400	50	042
2.3600	30	223
1.9500	50	153
1.9000	50	225
1.7900	70	314
1.6600	50	155
1.5900	30	420

3-047 辉锑矿(Stibnite)

Sb_2S_3, 339.68

Sys.: Orthorhombic S.G.: *Pbnm*(62) *Z*: 4

a: 11.239 *b*: 11.313 *c*: 3.8411 Vol.: 488.38

ICSD: 30779

Atom		Wcf	*x*	*y*	*z*	Occ
Sb1	Sb^{3+}	4*c*	0.326(4)	0.030(3)	0.25	1.0
Sb2	Sb^{3+}	4*c*	0.036(4)	0.149(4)	0.75	1.0
S1	S^{2-}	4*c*	0.879(15)	0.054(15)	0.25	1.0
S2	S^{2-}	4*c*	0.440(14)	0.130(14)	0.75	1.0
S3	S^{2-}	4*c*	0.190(13)	0.213(14)	0.25	1.0

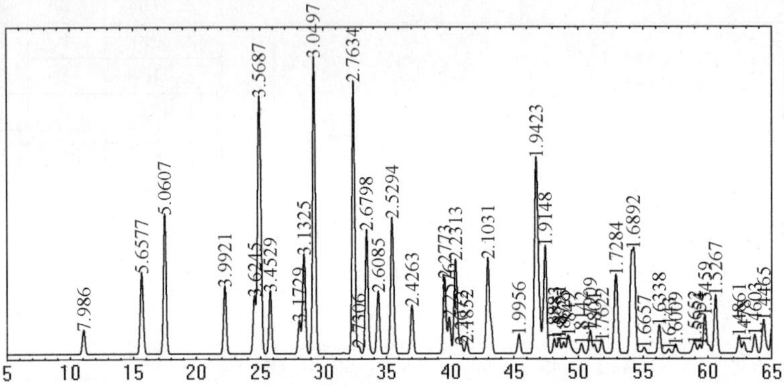

PDF: 42-1393

d	I/I_0	*hkl*
7.9490	14	110
5.6600	57	020
5.6250	21	200
5.0570	74	120
3.9870	27	220
3.6310	28	101
3.5750	100	130
3.5570	79	310
3.4600	23	111
3.1760	14	021
3.1310	39	230
3.1210	30	320
3.0600	45	121
3.0510	82	211
2.7650	66	221
2.7440	19	140
2.7250	8	410
2.6810	34	301
2.6600	9	330
2.6170	11	131

3-048 硫铜银矿(Stromeyerite)

AgCuS, 203.47

Sys.: Orthorhombic S.G.: *Bbmm*(63) *Z*: 4

a: 4.0646 *b*: 6.6312 *c*: 7.9766 Vol.: 214.99

ICSD: 30233

Atom		Wcf	*x*	*y*	*z*	Occ
Ag1	Ag^{+}	4*a*	0	0	0	1.0
Cu1	Cu^{+}	4*c*	0	0.46	0.25	1.0
S1	S^{2-}	4*c*	0	0.8	0.25	1.0

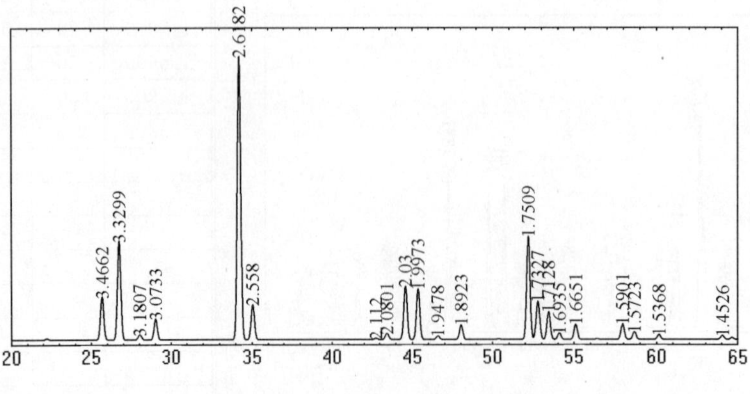

PDF: 44-1436

d	I/I_0	*hkl*
3.4650	18	110
3.3150	28	020
3.0630	12	021
2.6160	100	112
2.5500	13	022
2.0735	5	023
2.0325	18	200
1.9941	14	004
1.8867	10	131
1.7459	9	132
1.7322	6	220
1.7293	5	114
1.7093	4	024
1.6933	3	221
1.6575	2	040
1.5893	3	222
1.5682	2	133
1.4515	2	223
1.4484	2	115
1.4234	6	204

3-049 硫锡铅矿(Teallite)

$PbSnS_2$，390.01

Sys.:Orthorhombic　S.G.:*Pbnm*(62)　*Z*:2

a:4.047　*b*:4.286　*c*:11.341　Vol.:196.71

ICSD:95284　*Pnma*(62)　*a*:11.412　*b*:4.087　*c*:4.2828

Atom		Wcf	*x*	*y*	*z*	Occ
Pb1	Pb^{2+}	4*c*	0.1133(5)	0.25	0.1128(6)	0.39
Sn1	Sn^{2+}	4*c*	0.1295(6)	0.25	0.1044(7)	0.61
S1	S^{2-}	4*c*	0.3532(3)	0.25	0.0294(6)	0.93
Se1	Se^{2-}	4*c*	0.3532(3)	0.25	0.0294(6)	0.07

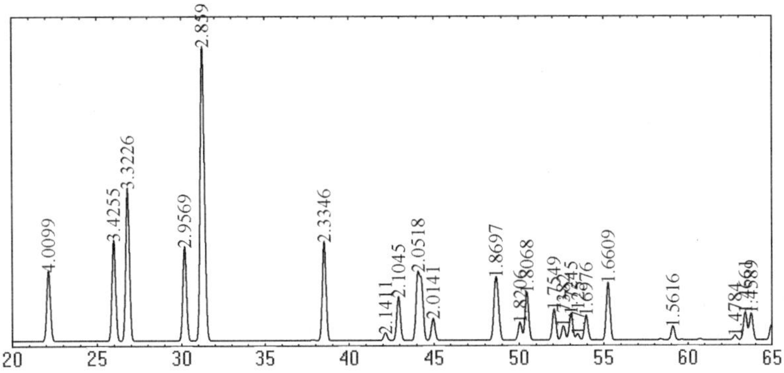

PDF:44-1437

d	I/I_0	*hkl*
4.0100	4	011
3.4210	11	012
3.2950	11	102
2.9430	8	110
2.8490	67	111
2.8350	100	004
2.3222	8	104
2.3222	8	113
2.1061	1	021
2.0417	6	114
2.0236	3	200
2.0049	4	015
1.8677	2	121
1.8643	2	023
1.8062	3	211
1.7974	4	115
1.7974	4	122
1.7411	2	212
1.7286	3	016
1.7133	3	106

3-050 辉钨矿-2*H*(Tungstenite-2*H*)

WS_2，247.97

Sys.:Hexagonal　S.G.:$P6_3/mmc$(194)　*Z*:2

a:3.154　*c*:12.362　Vol.:106.5

ICSD:84181

Atom		Wcf	*x*	*y*	*z*	Occ
W1	W^{4+}	2*d*	0.6667	0.3333	0.25	1.0
S1	S^{2-}	4*f*	0.3333	0.6667	0.114(1)	1.0

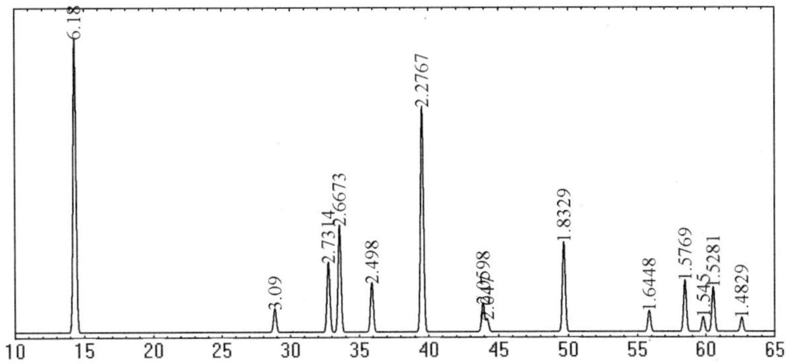

PDF:08-0237

d	I/I_0	*hkl*
6.1800	100	002
3.0890	14	004
2.7310	25	100
2.6670	25	101
2.4980	8	102
2.2772	35	103
2.0606	12	006
1.8335	18	105
1.6455	2	106
1.5783	16	110
1.5458	8	008
1.5288	14	112
1.4832	4	107
1.4052	6	114
1.3658	4	200
1.3575	4	201
1.3449	4	108
1.2524	8	116
1.2362	2	0010
1.2274	2	109

3-051 辉钨矿-3*R*(Tungstenite-3*R*)

WS_2, 247.97

Sys.: Trigonal S.G.: *R*3*m*(160) *Z*: 3

a: 3.158 *c*: 18.49 Vol.: 159.7

ICSD: 202367

Atom		Wcf	*x*	*y*	*z*	Occ
W1	W^{4+}	3*a*	0	0	0.0000(5)	1.0
S1	S^{2-}	3*a*	0	0	0.2497(6)	1.0
S2	S^{2-}	3*a*	0	0	0.4190(7)	1.0

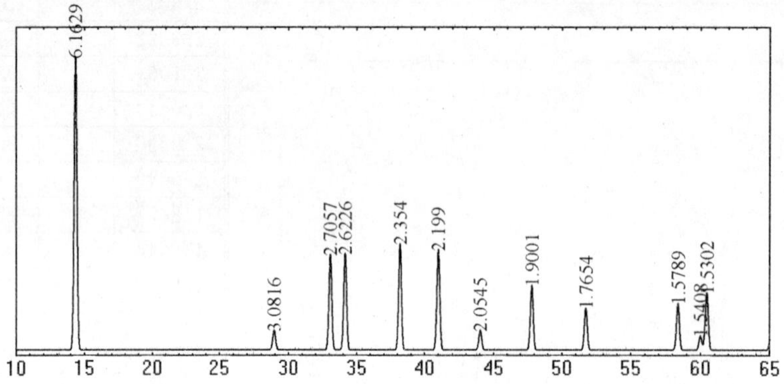

PDF: 84-1399

d	I/I_0	*hkl*
6.1633	999	003
3.0817	52	006
2.7055	244	101
2.6226	246	012
2.3538	261	104
2.1989	240	015
2.0544	46	009
1.9000	143	107
1.7653	89	018
1.5790	92	110
1.5408	29	0012
1.5318	48	1010
1.5296	93	113
1.4321	27	0111
1.4053	24	116
1.3637	20	021
1.3527	22	202
1.3113	28	024
1.2826	28	205
1.2619	14	1013

3-052 锑硫镍矿(Ullmannite)

NiSbS, 212.51

Sys.: Cubic S.G.: $P2_13$(198) *Z*: 4

a: 5.9327 Vol.: 208.81

ICSD: 53936

Atom		Wcf	*x*	*y*	*z*	Occ
Ni1	Ni^{3+}	4*a*	0	0	0	1.0
Sb1	Sb^{2-}	4*a*	0.385	0.385	0.385	1.0
S1	S^{-}	4*a*	0.615	0.615	0.615	1.0

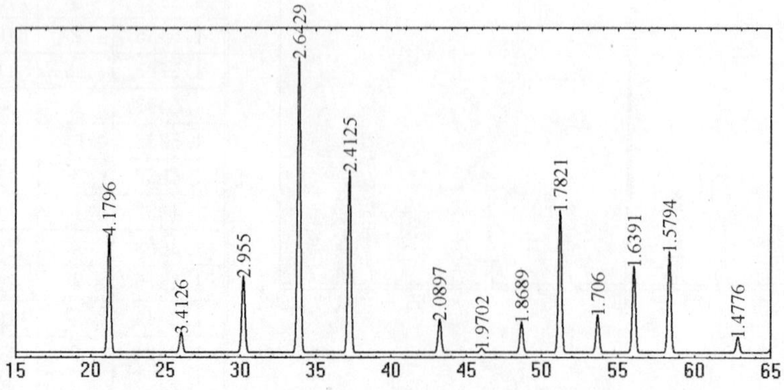

PDF: 41-1472

d	I/I_0	*hkl*
4.1930	23	110
3.4240	8	111
2.9650	23	200
2.6530	100	210
2.4210	43	211
2.0970	6	220
1.9770	1	221
1.8760	6	310
1.7887	28	311
1.7124	5	222
1.6451	11	320
1.5854	15	321
1.4829	6	400
1.4390	1	410
1.3980	3	330
1.3610	1	331
1.3263	1	420
1.2945	8	421
1.2648	2	332
1.2111	1	422

3-053 纤锌矿-2*H*(Wurtzite-2*H*)

ZnS, 97.44

Sys.:Hexagonal S.G.:$P6_3mc$(186) *Z*:2

a:3.82098 *c*:6.2573 Vol.:79.12

ICSD:41489

Atom		Wcf	*x*	*y*	*z*	Occ
Zn1	Zn	2*b*	−0.3333	−0.6667	0	1.0
S1	S	2*b*	−0.3333	−0.6667	0.375	1.0

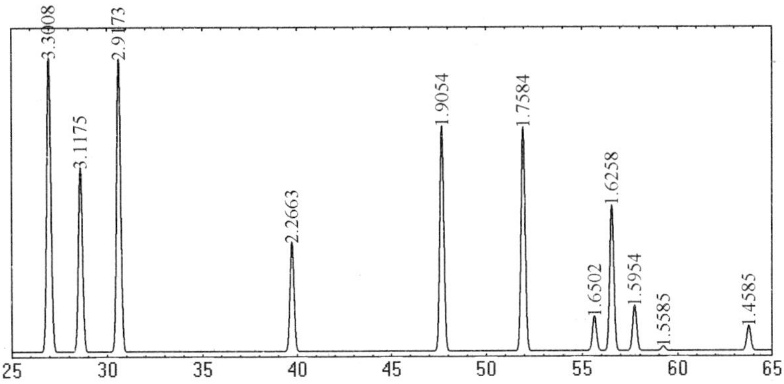

PDF:36-1450

d	I/I_0	*hkl*
3.3099	100	100
3.1292	84	002
2.9259	87	101
2.2734	28	102
1.9103	81	110
1.7642	54	103
1.6543	11	200
1.6303	47	112
1.5994	12	201
1.5641	2	004
1.4626	6	202
1.4143	1	104
1.2960	15	203
1.2506	6	210
1.2264	9	211
1.2103	2	114
1.1706	11	105
1.1614	6	212
1.1031	9	300
1.0727	15	213

3-054 纤锌矿-4*H*(Wurtzite-4*H*)

ZnS, 97.44

Sys.:Hexagonal S.G.:$P6_3mc$(186) *Z*:4

a:3.8227 *c*:12.52 Vol.:158.44

ICSD:76954

Atom		Wcf	*x*	*y*	*z*	Occ
Zn1	Zn^{2+}	2*a*	0	0	0	1.0
Zn2	Zn^{2+}	2*c*	0.3333	0.6667	0.25	1.0
S1	S^{2-}	2*a*	0	0	0.1875	1.0
S2	S^{2-}	2*c*	0.3333	0.6667	0.4375	1.0

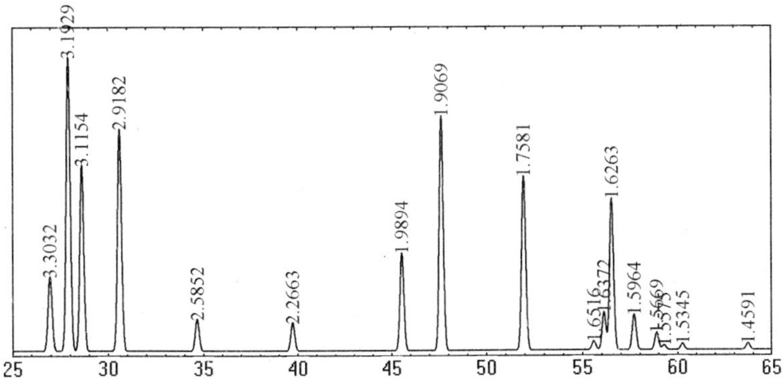

PDF:89-7334

d	I/I_0	*hkl*
6.2600	1	002
3.3106	260	100
3.2006	999	101
3.1300	634	004
2.9265	727	102
2.5936	98	103
2.2744	83	104
1.9971	269	105
1.9114	626	110
1.7653	445	106
1.6553	23	200
1.6410	97	201
1.6313	371	114
1.6003	86	202
1.5736	42	107
1.5650	12	008
1.5387	15	203
1.4633	14	204
1.4149	3	108
1.3808	57	205

3-055 纤锌矿-6*H*(Wurtzite-6*H*)

ZnS, 97.44

Sys.: Hexagonal S.G.: $P6_3mc$(186) *Z*: 6

a: 3.812 *c*: 18.69 Vol.: 235.2

ICSD: 43392

Atom		Wcf	*x*	*y*	*z*	Occ
Zn1	Zn^{2+}	2*a*	0	0	0	1.0
Zn2	Zn^{2+}	2*b*	0.3333	0.6667	0.16667	1.0
Zn3	Zn^{2+}	2*b*	0.6667	0.3333	0.33333	1.0
S1	S^{2-}	2*a*	0	0	0.125	1.0
S2	S^{2-}	2*b*	0.3333	0.6667	0.29167	1.0
S3	S^{2-}	2*b*	0.6667	0.3333	0.45833	1.0

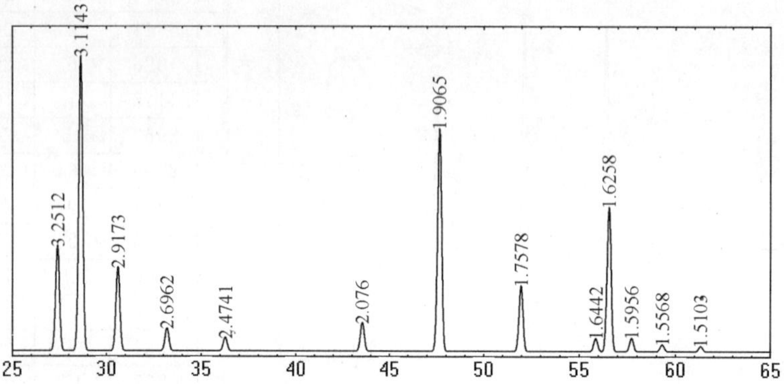

PDF: 89-2739

d	I/I_0	*hkl*
9.3450	1	002
4.6725	1	004
3.2510	376	101
3.1128	999	006
3.1128	999	102
2.9171	285	103
2.6962	74	104
2.4744	43	105
2.3363	1	008
2.0760	84	107
1.9060	582	108
1.9060	582	110
1.7578	176	109
1.6442	35	201
1.6258	350	116
1.6258	350	202
1.5956	34	203
1.5564	15	0012
1.5564	15	204
1.5107	11	1011

3-056a 纤锌矿-8*H*(Wurtzite-8*H*)

ZnS, 97.44

Sys.: Hexagonal S.G.: $P6_3mc$(186) *Z*: 8

a: 3.82 *c*: 24.96 Vol.: 315.43

ICSD: 15478

Atom		Wcf	*x*	*y*	*z*	Occ
Zn1	Zn^{2+}	2*a*	0	0	0	1.0
Zn2	Zn^{2+}	2*b*	0.3333	0.6667	0.125	1.0
Zn3	Zn^{2+}	2*b*	0.3333	0.6667	0.375	1.0
Zn4	Zn^{2+}	2*b*	0.3333	0.6667	0.75	1.0
S1	S^{2-}	2*a*	0	0	0.0938	1.0
S2	S^{2-}	2*b*	0.3333	0.6667	0.2188	1.0
S3	S^{2-}	2*b*	0.3333	0.6667	0.4688	1.0
S4	S^{2-}	2*b*	0.3333	0.6667	0.8438	1.0

PDF: 72-0163

d	I/I_0	*hkl*
12.4800	1	002
6.2400	1	004
4.1600	1	006
3.3082	82	100
3.2795	78	101
3.1978	918	102
3.1200	775	008
3.0741	999	103
2.9228	221	104
2.7576	170	105
2.5893	89	106
2.4252	9	107
2.2698	25	108
2.1253	15	109
1.9925	243	1010
1.9100	765	110
1.8712	382	1011
1.7609	134	1012
1.6606	152	1013
1.6505	15	201

3-056b 纤锌矿-8*H*(Wurtzite-8*H*)

ZnS，97.44

ICSD:15478(续)

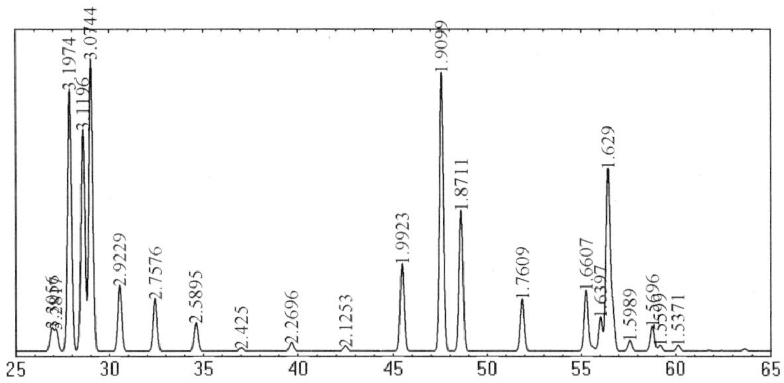

PDF:72-0163(续)		
d	I/I_0	*hkl*
1.6398	90	202
1.6290	452	118
1.6224	138	203
1.5989	27	204
1.5695	56	205
1.5695	56	104
1.5600	14	006
1.5371	13	206
1.5005	1	207
1.4865	1	105
1.4614	4	208
1.4206	3	209
1.4110	1	106
1.4068	1	112
1.3788	52	200
1.3366	89	201
1.2946	35	202
1.2789	15	108
1.2532	43	203
1.2504	27	210

3-057a 纤锌矿-10*H*(Wurtzite-10*H*)

ZnS，97.44

Sys.:Hexagonal　S.G.:$P6_3mc$(186)　*Z*:10

a:3.824　*c*:31.2　Vol.:395.11

ICSD:15477

Atom		Wcf	*x*	*y*	*z*	Occ
Zn1	Zn^{2+}	2*a*	0	0	0	1.0
Zn2	Zn^{2+}	2*a*	0	0	0.3	1.0
Zn3	Zn^{2+}	2*b*	0.3333	0.6667	0.1	1.0
Zn4	Zn^{2+}	2*b*	0.3333	0.6667	0.4	1.0
Zn5	Zn^{2+}	2*b*	0.3333	0.6667	0.7	1.0
S1	S^{2-}	2*a*	0	0	0.075	1.0
S2	S^{2-}	2*a*	0	0	0.375	1.0
S3	S^{2-}	2*b*	0.3333	0.6667	0.175	1.0
S4	S^{2-}	2*b*	0.3333	0.6667	0.475	1.0
S5	S^{2-}	2*b*	0.3333	0.6667	0.775	1.0

PDF:72-0162		
d	I/I_0	*hkl*
15.6000	1	002
7.8000	1	004
5.2000	1	006
3.9000	1	008
3.3117	49	100
3.2932	44	101
3.2395	238	102
3.1556	999	103
3.1200	704	00$\underline{10}$
3.0483	672	104
2.9252	43	105
2.7933	153	106
2.6582	101	107
2.5244	25	108
2.3946	5	109
2.2709	15	10$\underline{10}$
2.1542	7	10$\underline{11}$
2.0450	56	10$\underline{12}$
1.9433	298	10$\underline{13}$
1.9120	686	110

3-057b 纤锌矿-10H(Wurtzite-10H)

ZnS, 97.44

ICSD:15477(续)

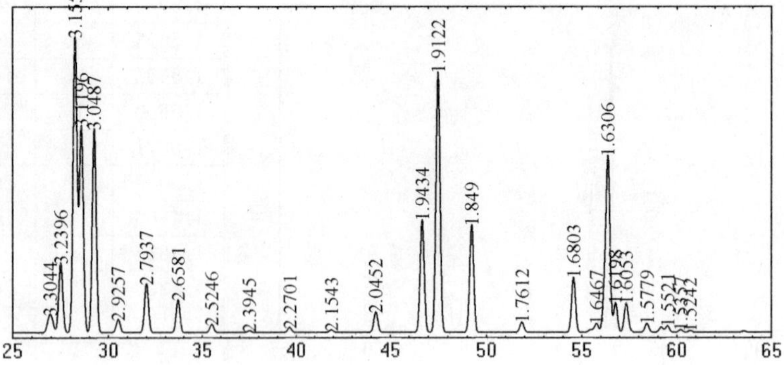

PDF:72-0162(续)

d	I/I_0	hkl
1.8489	277	$10\underline{14}$
1.7614	26	$10\underline{15}$
1.6803	134	$10\underline{16}$
1.6558	6	200
1.6535	6	201
1.6466	24	202
1.6352	111	203
1.6302	433	$11\underline{10}$
1.6198	78	204
1.6053	70	$10\underline{17}$
1.6005	41	205
1.5778	21	206
1.5600	12	$00\underline{20}$
1.5522	15	207
1.5357	6	$10\underline{18}$
1.5242	4	208
1.4942	1	209
1.4712	1	$10\underline{19}$
1.4626	2	$20\underline{10}$
1.4300	1	$20\underline{11}$

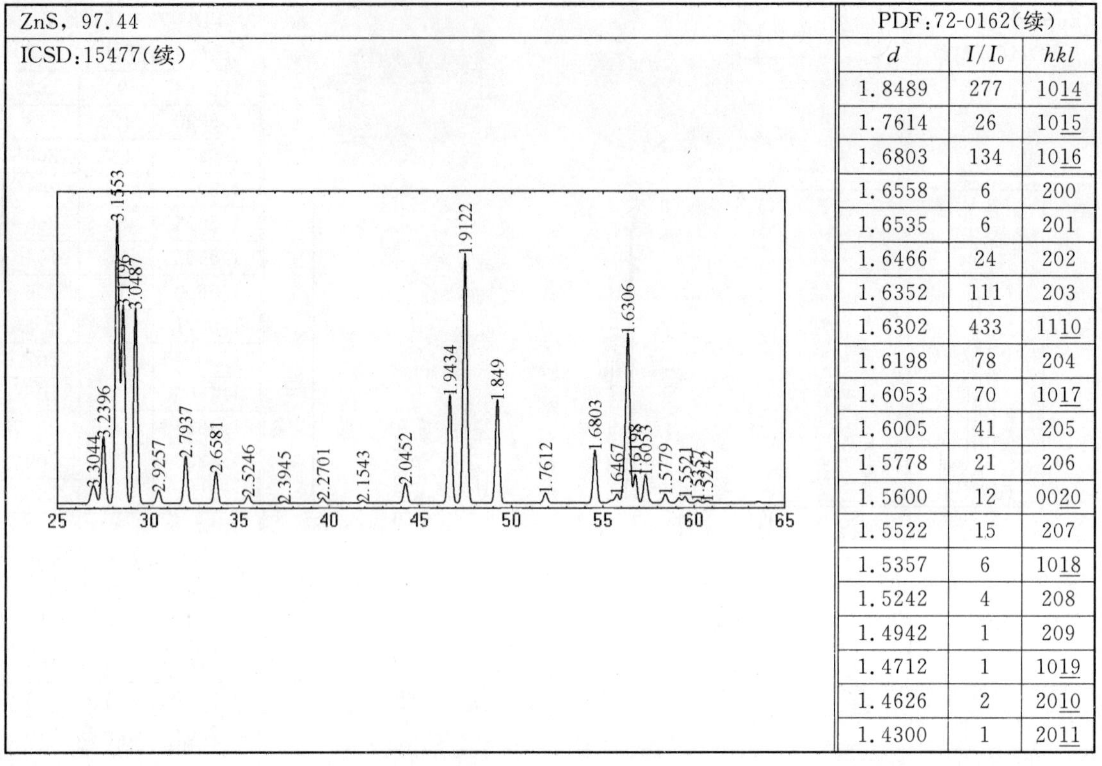

4　氧化物和氢氧化物

(1) 氧化物 ……………………………………………………………………(96)
(2) 氢氧化物 …………………………………………………………………(134)

(1) 氧 化 物

4-001 易解石(Aeschynite-Ce)

$CeTiNbO_6$, 376.92

Sys.: Orthorhombic S.G.: *Pmnb*(62) *Z*:4

a:7.538 *b*:10.958 *c*:5.396 Vol.:445.72

ICSD:20600

Atom		Wcf	*x*	*y*	*z*	Occ
Ce1	Ce^{3+}	4*c*	0.042	0.458	0.25	1.0
Nb1	Nb^{5+}	8*d*	0.04	0.144	0.008	0.5
Ti1	Ti^{4+}	8*d*	0.04	0.144	0.008	0.5
O1	O^{2-}	8*d*	0.378	0.21	0.567	1.0
O2	O^{2-}	8*d*	0.264	0.477	0.538	1.0
O3	O^{2-}	4*c*	0.167	0.105	0.25	1.0
O4	O^{2-}	4*c*	0.375	0.355	0.25	1.0

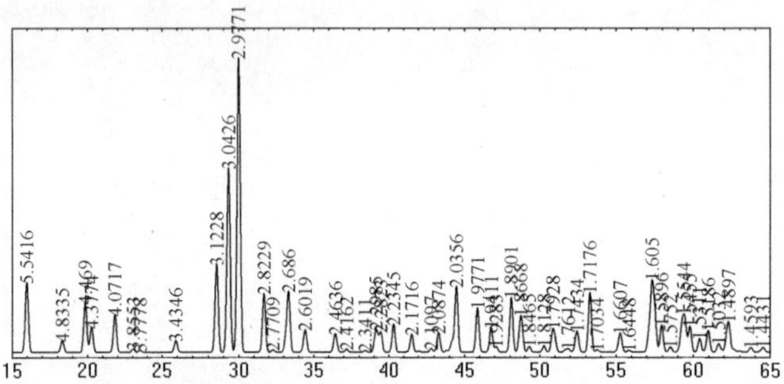

PDF:15-0864

d	I/I_0	*hkl*
5.4800	25	020
4.8410	6	011
4.4310	25	120
4.3900	10	101
4.0750	14	111
3.8470	4	021
3.7730	6	200
3.4270	4	121
3.1060	35	220
3.0240	80	031
2.9750	100	211
2.8080	20	131
2.6980	30	002
2.5740	10	140
2.4740	8	112
2.4430	8	041
2.3060	10	122
2.2830	8	320
2.2780	10	301

4-002 锐钛矿(Anatase)

TiO_2, 79.9

Sys.: Tetragonal S.G.: $I4_1/amd$(141) *Z*:4

a:3.7852 *c*:9.5139 Vol.:136.31

ICSD:77694

Atom		Wcf	*x*	*y*	*z*	Occ
Ti1	Ti^{4+}	4*a*	0	0	0	1.0
O1	O^{2-}	8*e*	0	0	0.2064	1.0

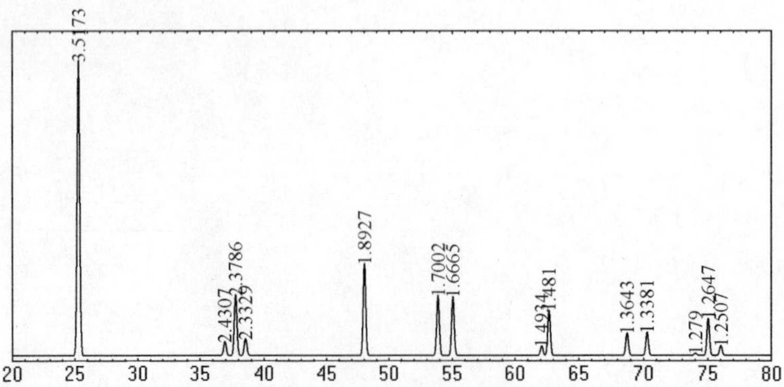

PDF:21-1272

d	I/I_0	*hkl*
3.5200	100	101
2.4310	10	103
2.3780	20	004
2.3320	10	112
1.8920	35	200
1.6999	20	105
1.6665	20	211
1.4930	4	213
1.4808	14	204
1.3641	6	116
1.3378	6	220
1.2795	2	107
1.2649	10	215
1.2509	4	301
1.1894	2	008
1.1725	2	303
1.1664	6	224
1.1608	4	312
1.0600	2	217

4-003 方铁锰矿(Bixbyite)

$FeMnO_3$，158.78

Sys.:Cubic　S.G.:$I2_13$(199)　Z:16

a:9.35　Vol.:817.4

ICSD:31112

Atom		Wcf	x	y	z	Occ
Fe1	Fe^{2+}	8a	0.25	0.25	0.25	0.5
Fe2	Fe^{2+}	12b	0.02	0	0.25	0.5
Fe3	Fe^{2+}	12b	0.54	0	0.25	0.5
Mn1	Mn^{4+}	8a	0.25	0.25	0.25	0.5
Mn2	Mn^{4+}	12b	0.02	0	0.25	0.5
Mn3	Mn^{4+}	12b	0.54	0	0.25	0.5
O1	O^{2-}	24c	0.125	0.135	0.395	1.0
O2	O^{2-}	24c	0.1	0.358	0.373	1.0

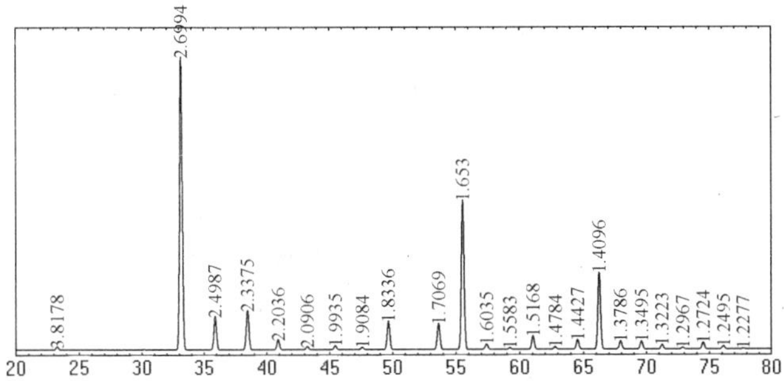

PDF:75-1573

d	I/I_0	hkl
6.6115	5	110
4.6750	1	200
3.8171	4	211
3.3057	1	220
2.9567	2	013
2.6991	999	222
2.4989	105	123
2.3375	146	400
2.2038	32	330
2.0907	10	420
1.9934	11	332
1.9086	6	422
1.8337	78	431
1.7071	68	521
1.6529	383	440
1.6035	14	035
1.5583	3	600
1.5168	33	611
1.4784	6	026
1.4427	23	541

4-004 钛铀矿(Brannerite)

UTi_2O_6，429.83

Sys.:Monoclinic　S.G.:$I2/m$(12)　Z:2

a:9.8016　b:3.762　c:6.9125　β:118.97　Vol.:223

ICSD:201342

Atom		Wcf	x	y	z	Occ
U1	U^{4+}	2a	0	0	0	1.0
Ti1	Ti^{4+}	4i	0.82356(4)	0	0.39107(6)	1.0
O1	O^{2-}	4i	0.97718(22)	0	0.30828(31)	1.0
O2	O^{2-}	4i	0.65272(24)	0	0.10530(33)	1.0
O3	O^{2-}	4i	0.28053(26)	0	0.40531(38)	1.0

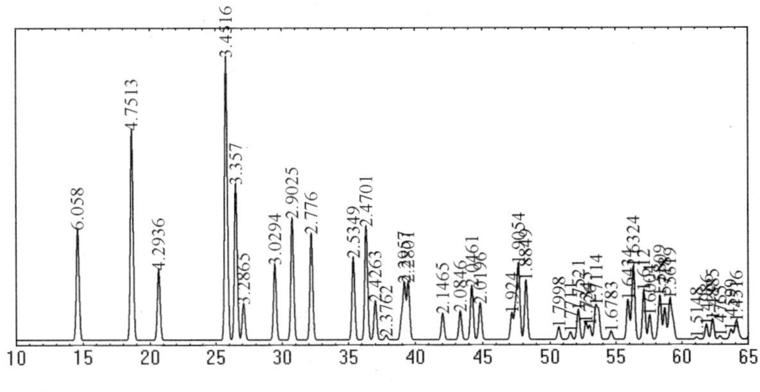

PDF:12-0477

d	I/I_0	hkl
6.0400	35	001
4.7400	95	$\bar{2}01$
4.2900	20	200
3.4400	100	110
3.3500	100	$\bar{2}02$
3.2800	14	$\bar{1}11$
3.0200	35	002
2.9000	35	201
2.7700	30	111
2.5300	30	$\bar{1}12$
2.4700	30	$\bar{3}11$
2.4100	18	$\bar{4}01$
2.3030	8	$\bar{2}03$
2.2920	25	$\bar{3}12$
2.2760	12	310
2.1440	10	400
2.0800	8	112
2.0430	35	$\bar{4}03$
2.0150	25	003
1.9110	6	$\bar{1}13$

4-005 板钛矿(Brookite)

TiO_2, 79.9

Sys.:Orthorhombic S.G.:*Pcab*(61) *Z*:8

a:5.4558 *b*:9.1819 *c*:5.1429 Vol.:257.63

ICSD:31122

Atom		Wcf	*x*	*y*	*z*	Occ
Ti1	Ti^{4+}	8*c*	0.128	0.098	0.863	1.0
O1	O^{2-}	8*c*	0.008	0.147	0.182	1.0
O2	O^{2-}	8*c*	0.229	0.11	0.53	1.0

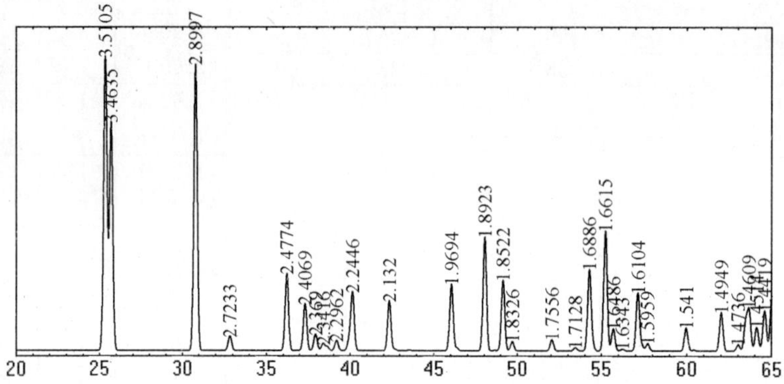

PDF:15-0875

d	I/I_0	*hkl*
3.5120	100	120
3.4650	80	111
2.9000	90	121
2.7290	4	200
2.4760	25	012
2.4090	18	201
2.3700	6	131
2.3440	4	220
2.3320	4	211
2.2960	6	040
2.2540	8	112
2.2440	18	022
2.1330	16	221
1.9685	16	032
1.8934	30	231
1.8514	18	132
1.8332	4	212
1.7568	4	240
1.6908	20	320
1.6617	30	241

4-006 金绿宝石(Chrysoberyl)

Al_2BeO_4, 126.97

Sys.:Orthorhombic S.G.:*Pmnb*(62) *Z*:4

a:4.429 *b*:9.413 *c*:5.48 Vol.:228.46

ICSD:62501

Atom		Wcf	*x*	*y*	*z*	Occ
Al1	Al^{3+}	4*a*	0	0	0	1.0
Al2	Al^{3+}	4*c*	0.9942(4)	0.2729(1)	0.25	1.0
Be1	Be^{2+}	4*c*	0.4328(13)	0.0930(6)	0.25	1.0
O1	O^{2-}	4*c*	0.7899(8)	0.0905(3)	0.25	1.0
O2	O^{2-}	4*c*	0.2419(7)	0.4330(3)	0.25	1.0
O3	O^{2-}	8*d*	0.2569(4)	0.1628(2)	0.0154(3)	1.0

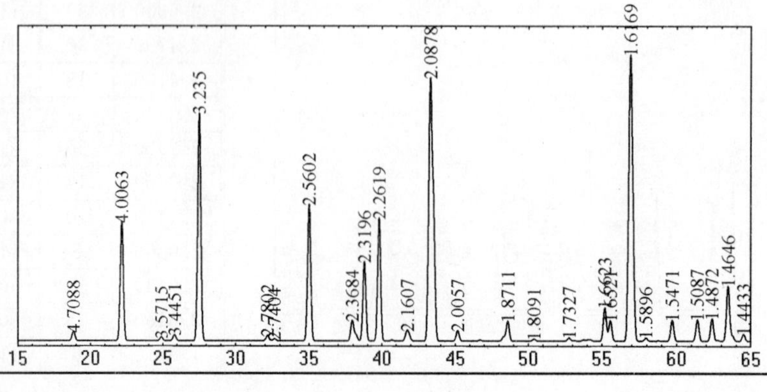

PDF:45-1445

d	I/I_0	*hkl*
4.0082	13	110
3.2345	37	111
2.5609	65	131
2.3199	37	132
2.2622	41	110
2.0884	83	122
2.0779	34	141
1.6622	16	113
1.6519	17	153
1.6175	100	223
1.6129	95	241
1.5472	13	240
1.5082	22	063
1.4872	14	131
1.4645	41	151
1.3699	33	002
1.3614	58	061
1.2978	13	332
1.2868	29	170

4-007 铌铁矿(Columbite)

$FeNb_2O_6$, 337.66

Sys.: Orthorhombic　S.G.: *Pcan*(60)　*Z*: 4

a: 5.082　*b*: 14.238　*c*: 5.73　Vol.: 414.61

ICSD: 24216

Atom		Wcf	*x*	*y*	*z*	Occ
Fe1	Fe^{2+}	4*c*	0.75	0	0.6	1.0
Nb1	Nb^{5+}	8*d*	0	0.163	0.075	1.0
O1	O^{2-}	8*d*	0.333	0.09	0.155	1.0
O2	O^{2-}	8*d*	0.333	0.41	0.15	1.0
O3	O^{2-}	8*d*	0.32	0.75	0.17	1.0

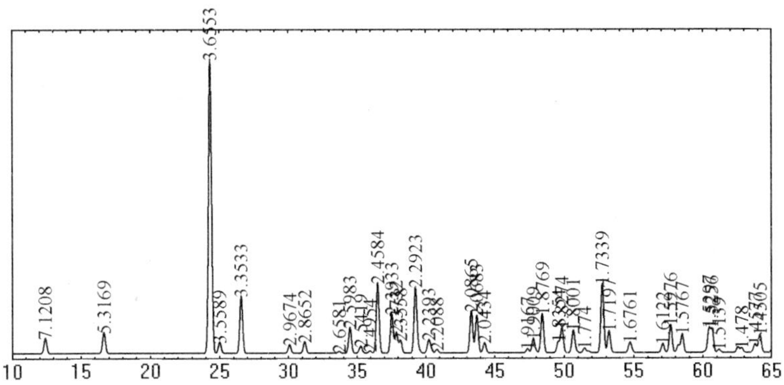

PDF: 73-1707

d	I/I_0	*hkl*
7.1190	80	020
5.3157	102	011
3.6551	999	031
3.5595	43	040
3.3537	196	121
2.9673	26	131
2.8650	39	002
2.6578	5	022
2.5985	77	141
2.5501	6	051
2.5410	23	200
2.4957	7	102
2.4583	204	112
2.3931	110	220
2.3730	65	060
2.3552	37	122
2.2925	182	211
2.2792	19	151
2.2401	31	230
2.2319	22	042

4-008 刚玉(Corundum)

Al_2O_3, 101.96

Sys.: Trigonal　S.G.: $R\bar{3}c$(167)　*Z*: 6

a: 4.7588　*c*: 12.992　Vol.: 254.8

ICSD: 75559

Atom		Wcf	*x*	*y*	*z*	Occ
Al1	Al^{3+}	12*c*	0	0	0.35217(2)	1.0
O1	O^{2-}	18*e*	0.3063(1)	0	0.25	1.0

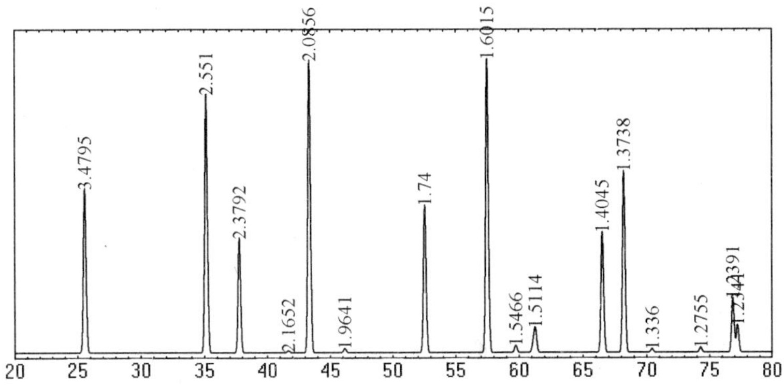

PDF: 42-1468

d	I/I_0	*hkl*
3.4800	70	012
2.5510	97	104
2.3790	42	110
2.1650	1	006
2.0850	100	113
1.9640	1	202
1.7398	42	024
1.6014	82	116
1.5461	2	211
1.5147	5	122
1.5109	7	018
1.4045	30	214
1.3738	45	300
1.3358	1	125
1.2754	1	208
1.2390	13	1010
1.2341	6	119
1.1929	2	217
1.1898	5	220
1.1598	1	306

4-009 赤铜矿(Cuprite)

Cu_2O, 143.09

Sys.: Cubic S.G.: $Pn\bar{3}m$(224) Z: 2

a: 4.2696 Vol.: 77.83

ICSD: 63281

Atom		Wcf	x	y	z	Occ
Cu	Cu^+	4b	0	0	0	1.0
O	O^{2-}	2a	0.25	0.25	0.25	1.0

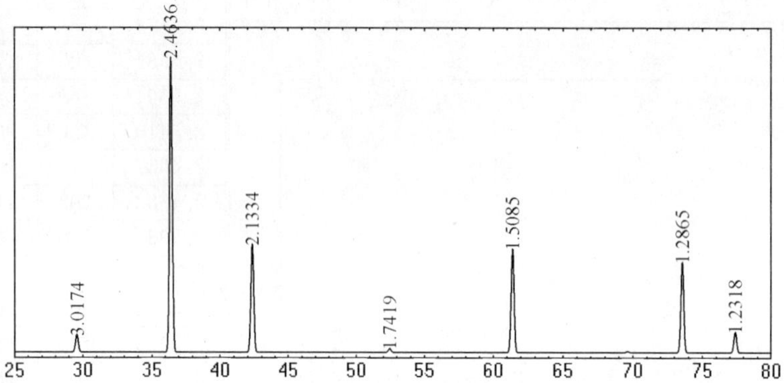

PDF: 05-0667

d	I/I_0	hkl
3.0200	9	110
2.4650	100	111
2.1350	37	200
1.7430	1	211
1.5100	27	220
1.3502	1	310
1.2870	17	311
1.2330	4	222
1.0674	2	400
0.9795	4	331
0.9548	3	420
0.8715	3	422
0.8216	3	511

4-010 黑锰矿(Hausmannite)

$MnMn_2O_4$, 228.81

Sys.: Tetragonal S.G.: $I4_1/amd$(141) Z: 4

a: 5.7621 c: 9.4696 Vol.: 314.41

ICSD: 76088

Atom		Wcf	x	y	z	Occ
Mn1	Mn^{2+}	4a	0	0	0	1.0
Mn2	Mn^{3+}	8d	0	0.25	0.625	1.0
O1	O^{2-}	16h	0	0.227	0.383	1.0

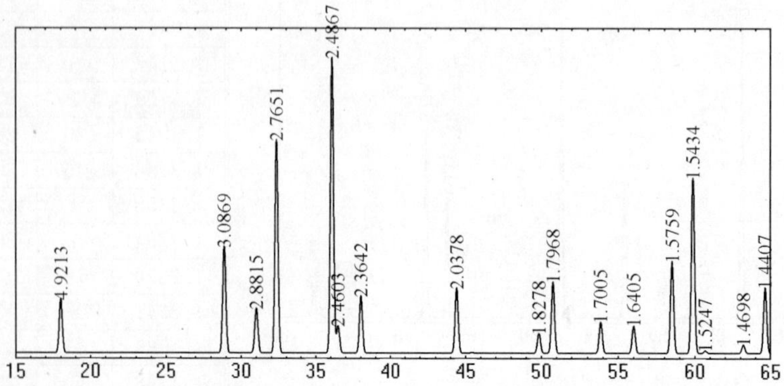

PDF: 24-0734

d	I/I_0	hkl
4.9240	30	101
3.0890	40	112
2.8810	17	200
2.7680	85	103
2.4870	100	211
2.4630	20	202
2.3670	20	004
2.0369	20	220
1.9962	1	213
1.8288	7	204
1.7988	25	105
1.7008	10	312
1.6405	8	303
1.5762	25	321
1.5443	50	224
1.5260	2	215
1.4721	3	116
1.4405	20	400
1.4260	3	323
1.3841	4	206

4-011　赤铁矿(Hematite)

Fe_2O_3，159.69

Sys.:Trigonal　S.G.:$R\bar{3}c$(167)　Z:6

a:5.0356　c:13.7489　Vol.:301.93

ICSD:82903

Atom		Wcf	x	y	z	Occ
Fe1	Fe^{3+}	12c	0	0	0.355290(6)	1.0
O1	O^{2-}	18e	0.30609(8)	0	0.25	1.0

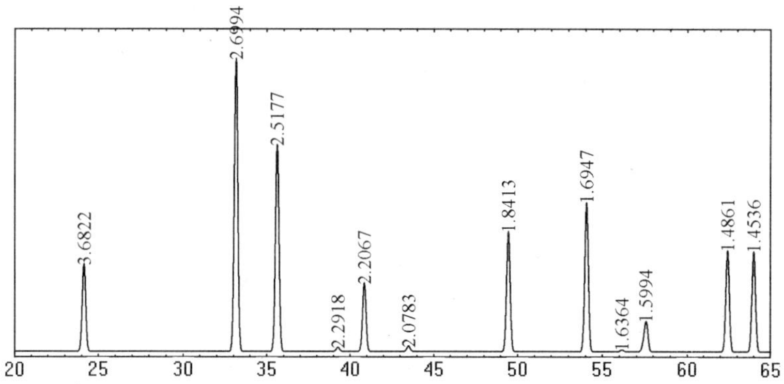

PDF:33-0664

d	I/I_0	hkl
3.6840	30	012
2.7000	100	104
2.5190	70	110
2.2920	3	006
2.2070	20	113
2.0779	3	202
1.8406	40	024
1.6941	45	116
1.6367	1	211
1.6033	5	122
1.5992	10	018
1.4859	30	214
1.4538	30	300
1.4138	1	125
1.3497	3	208
1.3115	10	1010
1.3064	6	119
1.2592	8	220
1.2276	4	306
1.2141	2	223

4-012　冰(Ice)

H_2O，18.02

Sys.:Hexagonal　S.G.:$P6_3/mmc$(194)　Z:4

a:4.498　c:7.338　Vol.:128.57

ICSD:29065

Atom		Wcf	x	y	z	Occ
O1	O^{2-}	4f	0.3333	0.6667	0.06	1.0

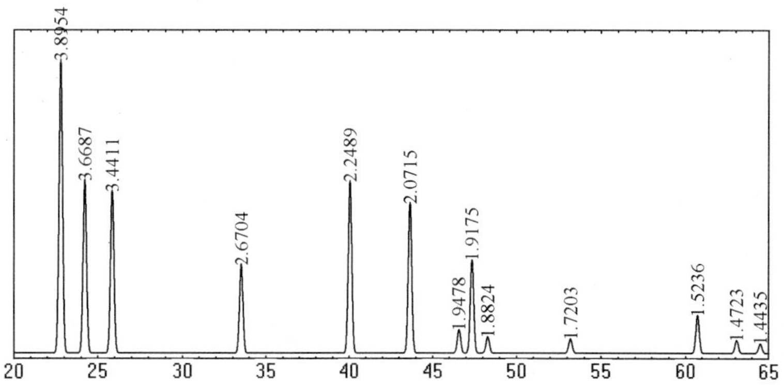

PDF:16-0687

d	I/I_0	hkl
3.9000	100	100
3.6600	100	002
3.4000	80	101
2.6700	35	102
2.2500	90	110
2.0700	60	103
1.9500	6	200
1.9200	50	112
1.8900	6	201
1.7200	6	202
1.5200	16	203
1.4800	6	210
1.4500	6	211
1.3700	14	105
1.3000	6	300
1.2600	8	213
1.2200	6	006
1.1700	4	205
1.1200	2	220
1.0800	4	310

4-013 钛铁矿(Ilmenite)

$FeTiO_3$, 151.75

Sys.: Trigonal S.G.: $R\bar{3}$(148) Z: 6

a: 5.0884 c: 14.093 Vol.: 316.01

ICSD: 30669

Atom		Wcf	x	y	z	Occ
Fe1	Fe^{2+}	6c	0	0	0.35542(2)	1.0
Ti1	Ti^{4+}	6c	0	0	0.14645(3)	1.0
O1	O^{2-}	18f	0.31745(26)	0.02345(25)	0.24485(7)	1.0

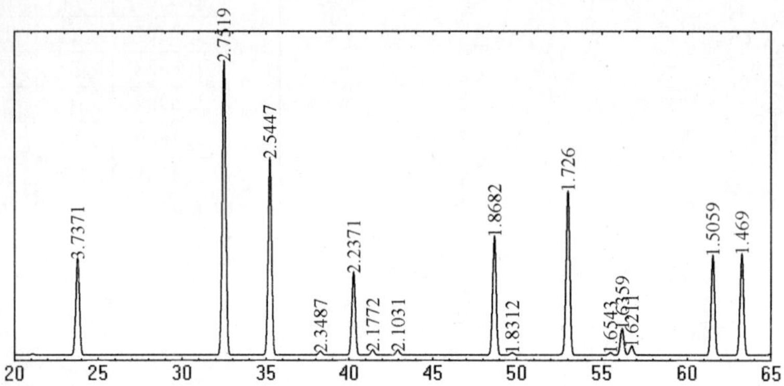

PDF: 29-0733

d	I/I_0	hkl
3.7370	30	012
2.7540	100	104
2.5440	70	110
2.3490	2	006
2.2370	30	113
2.1772	2	021
2.1032	2	202
1.8683	40	024
1.8309	1	107
1.7261	55	116
1.6535	2	211
1.6354	9	018
1.6206	3	122
1.5057	30	214
1.4686	35	300
1.4342	1	125
1.3757	3	208
1.3421	13	$10\underline{10}$
1.3337	5	119
1.2834	1	217

4-014 钙钛矿(Perovskite)

$CaTiO_3$, 135.98

Sys.: Orthorhombic S.G.: Pnma(62) Z: 4

a: 5.378 b: 5.444 c: 7.637 Vol.: 223.59

ICSD: 85101

Atom		Wcf	x	y	z	Occ
Ti1	Ti^{4+}	4a	0	0	0	1.0
Ca1	Ca^{2+}	4c	0.4930(1)	−0.0366(1)	0.25	1.0
O1	O^{2-}	4c	0.5726(4)	0.5168(4)	0.25	1.0
O2	O^{2-}	8d	0.2898(2)	0.2111(2)	0.0378(2)	1.0

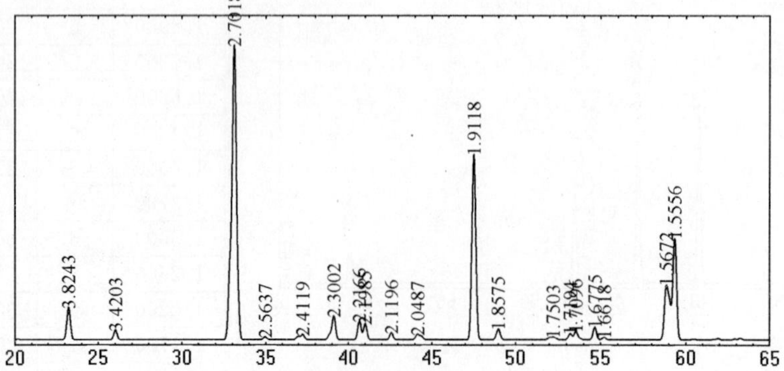

PDF: 88-0790

d	I/I_0	hkl
4.3971	2	101
3.8259	123	110
3.8259	123	002
3.4207	34	111
2.7220	274	020
2.7027	999	112
2.6890	327	200
2.5640	12	021
2.4286	10	120
2.4109	15	210
2.3144	17	121
2.3009	59	103
2.3009	59	211
2.2165	46	022
2.1986	40	202
2.1194	21	113
2.0493	16	122
2.0386	12	212
1.9130	404	220
1.9093	385	004

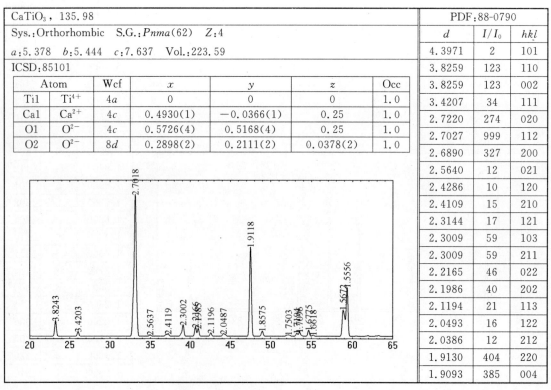

4-015 方镁石(Periclase)

MgO, 40.3

Sys.:Cubic S.G.:$Fm\bar{3}m$(225) Z:4

a:4.2112 Vol.:74.68

ICSD:64929

Atom		Wcf	x	y	z	Occ
Mg1	Mg^{2+}	4a	0	0	0	1.0
O1	O^{2-}	4b	0.5	0.5	0.5	1.0

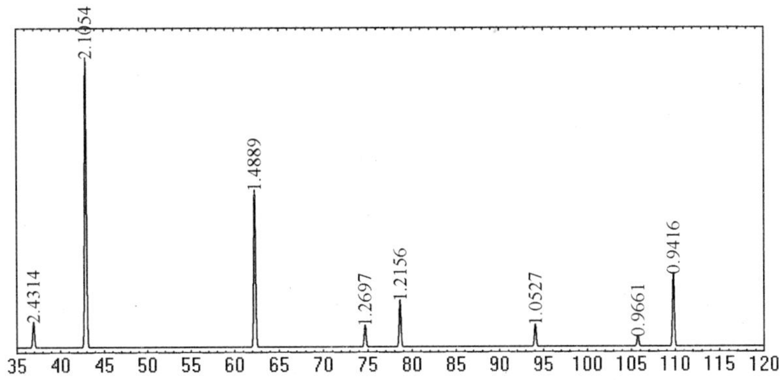

PDF:45-0946

d	I/I_0	hkl
2.4316	4	111
2.1056	100	200
1.4891	39	220
1.2698	5	311
1.2158	10	222
1.0528	8	400
0.9662	2	331
0.9417	19	420
0.8597	14	422
0.8105	4	511

4-016a 复稀金矿(Polycrase-Y)

$(Y_{0.96}Dy_{0.04})(Ti_{1.08}Nb_{0.92})O_{5.92}(OH)_{0.08}$, 325.13

Sys.:Orthorhombic S.G.:$Pcan$(60) Z:4

a:14.6673 b:5.5925 c:5.1888 Vol.:425.62

ICSD:89029

Atom		Wcf	x	y	z	Occ
Ti1	Ti^{4+}	8d	0.1687(1)	0.3182(3)	0.8125(2)	0.486
Nb1	Nb^{5+}	8d	0.1687(1)	0.3182(3)	0.8125(2)	0.414
Ti2	Ti^{4+}	8d	0.1576(17)	0.2933(45)	0.7472(50)	0.054
Nb2	Nb^{5+}	8d	0.1576(17)	0.2933(45)	0.7472(50)	0.046
Y1	Y^{3+}	4c	0	0.2355(2)	0.25	0.864
Dy1	Dy^{3+}	4c	0	0.2355(2)	0.25	0.036
Y2	Y^{3+}	4c	0	0.1849(43)	0.25	0.096
Dy2	Dy^{3+}	4c	0	0.1849(43)	0.25	0.004
O1	O^{2-}	8d	0.0929(4)	0.4309(11)	0.5226(13)	1.0
O2	O^{2-}	8d	0.0845(4)	0.0929(10)	0.9174(14)	1.0
O3	O^{2-}	8d	0.2581(4)	0.1285(10)	0.6409(13)	1.0

PDF:89-8701

d	I/I_0	hkl
7.3337	13	200
5.2255	22	110
3.6808	145	111
3.6808	145	310
3.3766	54	211
3.0022	999	311
2.7963	103	020
2.6399	24	411
2.6128	7	220
2.5944	89	510
2.5944	89	002
2.5547	22	102
2.4616	40	021
2.4446	57	202
2.4446	57	600
2.4276	10	121
2.3336	2	221
2.3229	19	112
2.3229	19	511
2.2917	11	302

4-016b 复稀金矿(Polycrase-Y)

$(Y_{0.96}Dy_{0.04})(Ti_{1.08}Nb_{0.92})O_{5.92}(OH)_{0.08}$, 325.13

ICSD:89029(续)

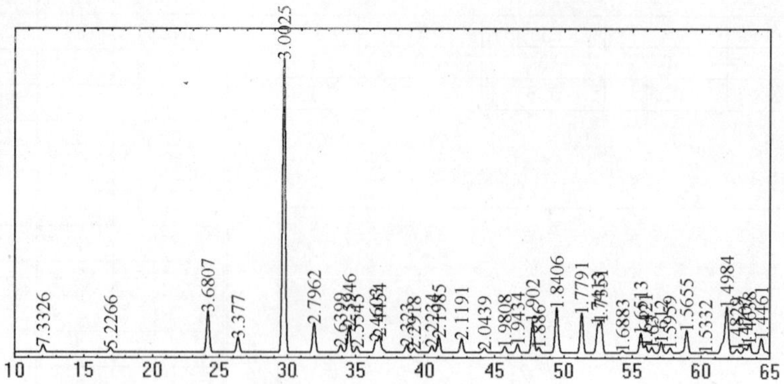

PDF:89-8701(续)

d	I/I_0	hkl
2.2235	18	420
2.1986	41	321
2.1179	30	312
2.1179	30	402
2.0565	1	611
2.0438	11	421
1.9806	16	412
1.9621	1	710
1.9434	22	502
1.9019	82	022
1.8861	16	122
1.8861	16	521
1.8404	109	222
1.8404	109	620
1.8353	67	711
1.8353	67	800
1.7792	98	602
1.7725	53	322
1.7419	69	131
1.7419	69	330

4-017 铁板钛矿(Pseudobrookite)

Fe_2TiO_5, 239.59

Sys.:Orthorhombic S.G.:*Bbmm*(63) *Z*:4

a:9.7965 *b*:9.9805 *c*:3.7301 Vol.:364.71

ICSD:88380

Atom		Wcf	x	y	z	Occ
Fe1	Fe^{3+}	4*c*	0.1884(8)	0.25	0	0.722(17)
Ti1	Ti^{4+}	4*c*	0.1884(8)	0.25	0	0.278(17)
Fe2	Fe^{3+}	8*f*	0.1367(7)	0.5649(7)	0	0.640(9)
Ti2	Ti^{4+}	8*f*	0.1367(7)	0.5649(7)	0	0.360(9)
O1	O^{2-}	4*c*	0.7617(8)	0.25	0	1.0
O2	O^{2-}	8*f*	0.0480(6)	0.1167(5)	0	1.0
O3	O^{2-}	8*f*	0.3108(6)	0.0709(5)	0	1.0

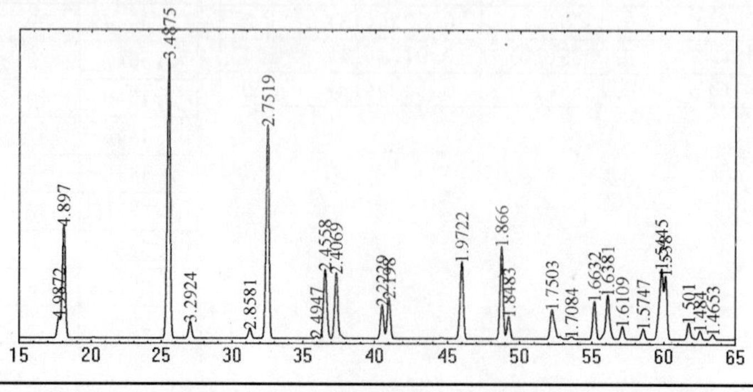

PDF:41-1432

d	I/I_0	hkl
4.9900	13	020
4.9010	42	200
3.4860	100	101
3.2940	6	111
2.8590	4	121
2.7520	77	230
2.4960	1	040
2.4580	23	301
2.4510	16	400
2.4070	22	131
2.3860	1	311
2.2240	10	240
2.2040	3	321
2.1990	12	420
2.0290	1	141
1.9766	14	331
1.9733	22	430
1.8657	23	002
1.8480	7	250
1.7516	8	341

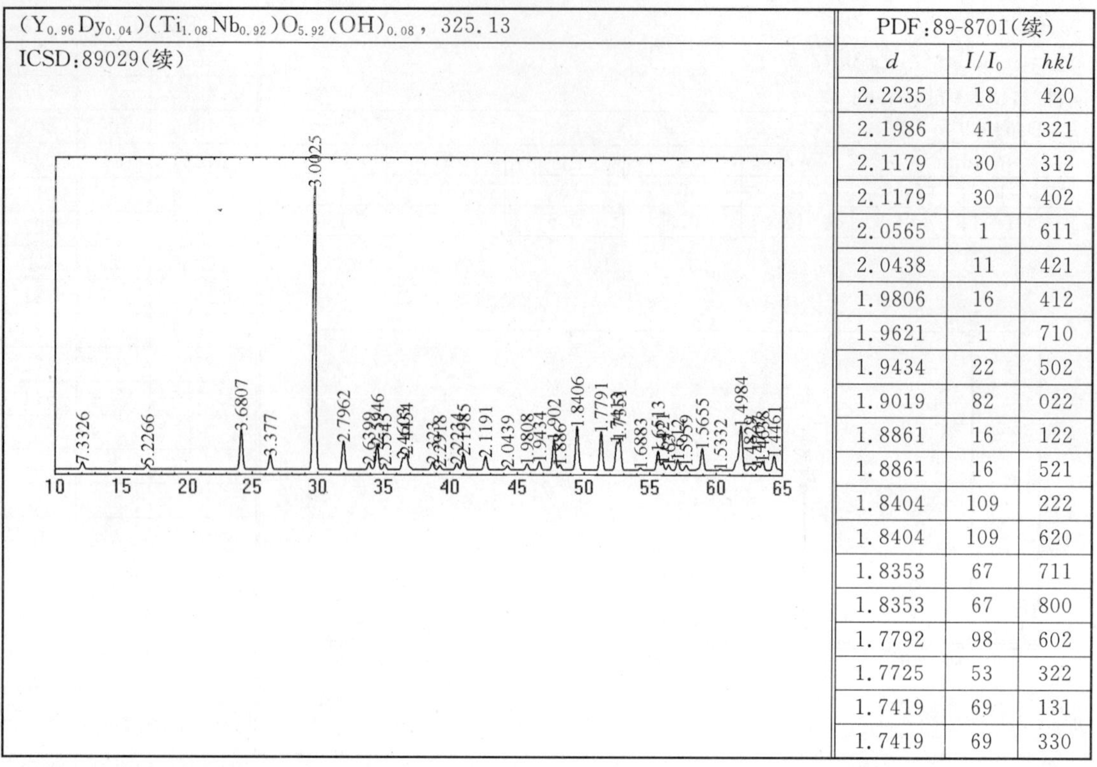

4-018 贝塔石(Betafite)

$(Ca,U)_2Ti_2O_7$, 287.96

Sys.: Cubic　S.G.: $Fd\bar{3}m$(227)　Z: 8

a: 10.1579　Vol.: 1048.12

ICSD: 86512

Atom		Wcf	x	y	z	Occ
Ca1	Ca^{2+}	16c	0	0	0	0.5
U1	U^{4+}	16c	0	0	0	0.5
Ti1	Ti^{4+}	16d	0.5	0.5	0.5	1.0
O1	O^{2-}	48f	0.42	0.125	0.125	1.0
O2	O^{2-}	8a	0.125	0.125	0.125	1.0

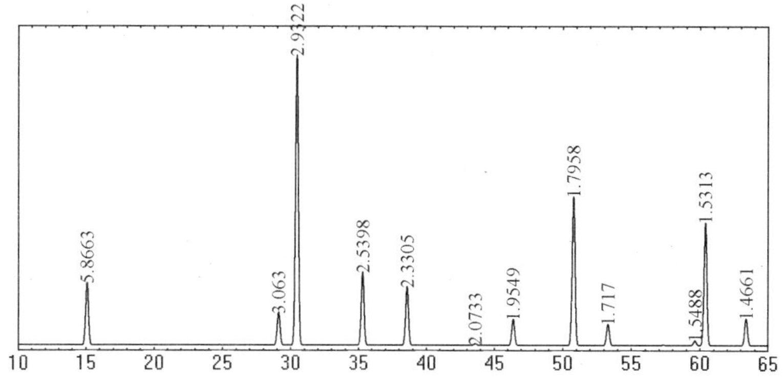

PDF: 45-1477

d	I/I_0	hkl
5.9552	15	111
3.0651	9	311
2.9338	100	222
2.5400	28	400
2.3307	21	331
1.9556	9	511
1.7960	46	440
1.7173	8	531
1.5321	36	622
1.4667	8	444
1.4231	4	711
1.3231	5	731
1.2706	5	800

4-019 细晶石(Microlite)

$(Ca,Na)_2(Ta,Nb)_2O_6(OH,F)$, 555.06

Sys.: Cubic　S.G.: $Fd\bar{3}m$(227)　Z: 8

a: 10.44　Vol.: 1137.89

ICSD: 27776

Atom		Wcf	x	y	z	Occ
Ta1	Ta^{5+}	16c	0.125	0.125	0.125	1.0
Sn1	Sn^{2+}	16d	0.625	0.625	0.625	1.0
O1	O^{2-}	8b	0.5	0.5	0.5	1.0
O2	O^{2-}	48f	0.2	0	0	1.0

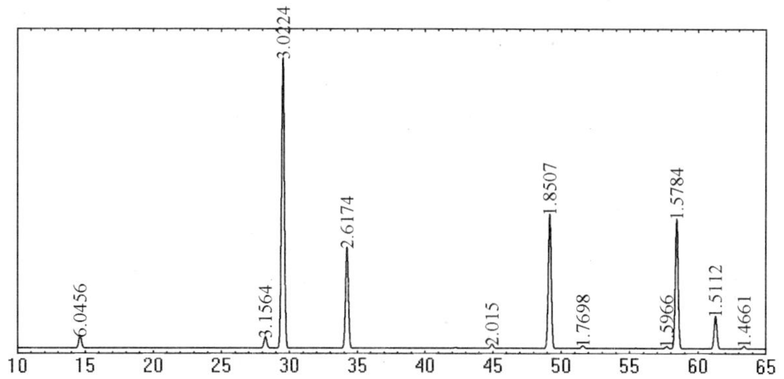

PDF: 48-1873

d	I/I_0	hkl
6.0300	30	111
3.6960	2	220
3.1530	24	311
3.0170	100	222
2.6110	21	400
2.3960	4	331
2.0090	9	511
1.8450	25	440
1.7650	5	531
1.5920	3	533
1.5730	13	622
1.5060	4	444
1.4620	2	711
1.3590	3	731
1.3050	2	800

4-020 烧绿石(Pyrochlore)

$NaCaNb_2O_6F$，363.88

Sys.:Cubic S.G.:$Fd\bar{3}m$(227) Z:8

a:10.331 Vol.:1102.62

ICSD:24445

Atom		Wcf	x	y	z	Occ
Na1	Na^{+}	16d	0.625	0.625	0.625	0.5
Ca1	Ca^{2+}	16d	0.625	0.625	0.625	0.5
Nb1	Nb^{5+}	16c	0.125	0.125	0.125	1.0
O1	O^{2-}	48f	0.200(5)	0	0	1.0
F1	F^{-}	8b	0.5	0.5	0.5	1.0

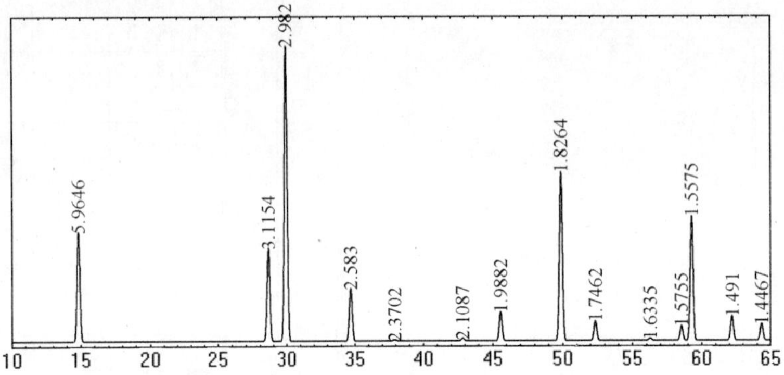

PDF:73-1924

d	I/I_0	hkl
5.9646	495	111
3.6526	1	220
3.1149	325	311
2.9823	999	222
2.5828	182	400
2.3701	6	331
2.1088	7	422
1.9882	81	333
1.8263	435	440
1.7463	50	531
1.6335	5	620
1.5755	36	533
1.5575	287	622
1.4912	56	444
1.4466	36	711
1.3805	1	642
1.3450	52	731
1.2914	44	800
1.2621	1	733
1.2175	5	822

4-021 拉锰矿(Ramsdellite)

MnO_2，86.94

Sys.:Orthorhombic S.G.:$Pbnm$(62) Z:4

a:9.266 b:2.8607 c:4.5128 Vol.:119.62

ICSD:54114

Atom		Wcf	x	y	z	Occ
Mn1	Mn^{4+}	4c	0.029(3)	0.139(1)	0.25	1.0
O1	O^{2-}	4c	0.215(13)	−0.209(5)	0.25	1.0
O2	O^{2-}	4c	−0.277(8)	−0.055(6)	0.25	1.0

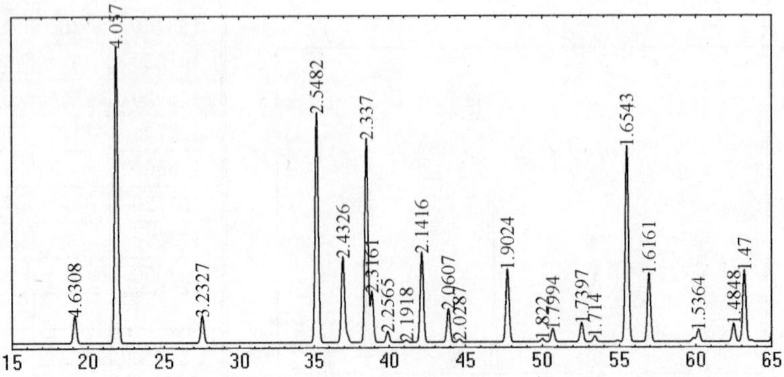

PDF:43-1455

d	I/I_0	hkl
4.6330	2	200
4.0570	100	101
3.2330	4	201
2.5490	38	301
2.4340	29	210
2.4160	3	011
2.3380	31	111
2.3160	5	400
2.2560	2	002
2.1420	19	211
2.0610	3	401
1.9031	15	311
1.8220	3	302
1.8003	1	410
1.7402	1	112
1.7143	1	501
1.6722	1	411
1.6549	20	212
1.6164	12	402
1.5368	4	312

4-022a 硬锰矿(Romanechite)

$Ba_{0.66}Mn_5O_{10}(H_2O)_{1.34}$, 549.46

Sys.: Monoclinic S.G.: $C2/m$(12) Z: 2

a: 9.56 b: 2.88 c: 13.85 β: 92.5 Vol.: 380.97

ICSD: 24687

Atom		Wcf	x	y	z	Occ
Mn1	$Mn^{3.73+}$	$2b$	0	0.5	0	1.0
Mn2	$Mn^{3.73+}$	$4i$	0.265	0	0	1.0
Mn3	$Mn^{3.73+}$	$4i$	0.488	0	0.335	1.0
Ba1	Ba^{2+}	$4i$	0.124	0	0.246	0.33
O1	O^{2-}	$4i$	0.124	0	0.246	0.67
O2	O^{2-}	$4i$	0.168	0	0.572	1.0
O3	O^{2-}	$4i$	0.421	0	0.092	1.0
O4	O^{2-}	$4i$	0.394	0	−0.232	1.0
O5	O^{2-}	$4i$	0.346	0	0.422	1.0
O6	O^{2-}	$4i$	0.08	0	−0.075	1.0

PDF: 73-2136

d	I/I_0	hkl
9.5509	155	100
6.9184	385	002
5.7227	228	$10\bar{2}$
5.4903	335	102
4.7755	322	200
4.0128	278	$20\bar{2}$
3.8523	658	202
3.4592	840	004
3.2989	655	$10\bar{4}$
3.2080	502	104
3.1836	149	300
2.9413	406	$30\bar{2}$
2.8614	294	$20\bar{4}$
2.8454	673	302
2.7451	81	204
2.7108	78	$11\bar{1}$
2.6977	120	111
2.4429	322	013
2.4375	316	$21\bar{1}$
2.4186	838	211

4-022b 硬锰矿(Romanechite)

$Ba_{0.66}Mn_5O_{10}(H_2O)_{1.34}$, 549.46

ICSD: 24687(续)

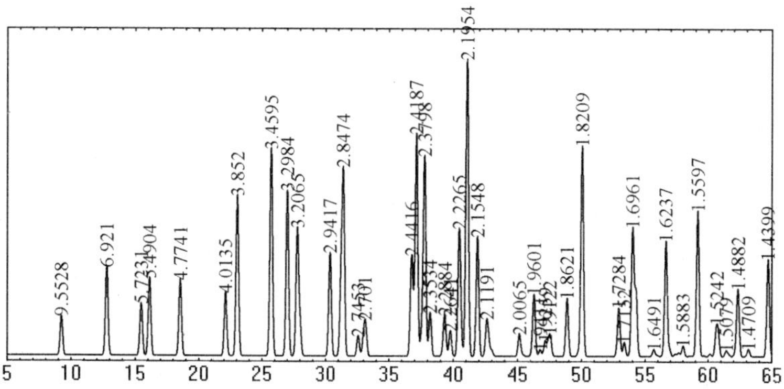

PDF: 73-2136(续)

d	I/I_0	hkl
2.3952	91	$30\bar{4}$
2.3799	742	$11\bar{3}$
2.3537	172	113
2.3061	11	006
2.2881	159	$40\bar{2}$
2.2644	95	$10\bar{6}$
2.2273	416	402
2.2197	274	106
2.1955	999	$21\bar{3}$
2.1547	393	213
2.1201	118	$31\bar{1}$
2.1131	90	$20\bar{6}$
2.1015	25	311
2.0421	1	206
2.0064	72	$40\bar{4}$
1.9955	9	015
1.9601	208	$31\bar{3}$
1.9411	25	115
1.9262	52	404
1.9168	52	313

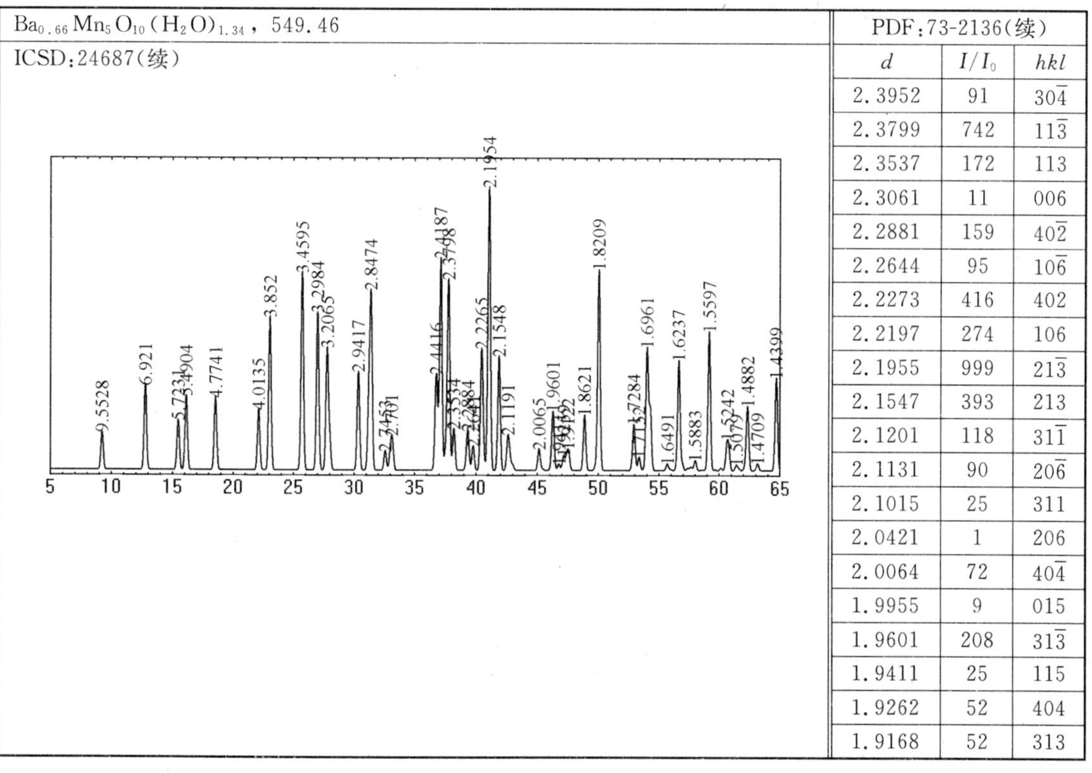

4-023 锡石(Cassiterite)

SnO_2，150.69

Sys.:Tetragonal S.G.:$P4_2/mnm$(136) Z:2

a:4.72 c:3.17 Vol.:70.62

ICSD:56672

Atom		Wcf	x	y	z	Occ
Sn1	Sn^{4+}	2a	0	0	0	1.0
O1	O^{2-}	4f	0.306(1)	0.306	0	1.0

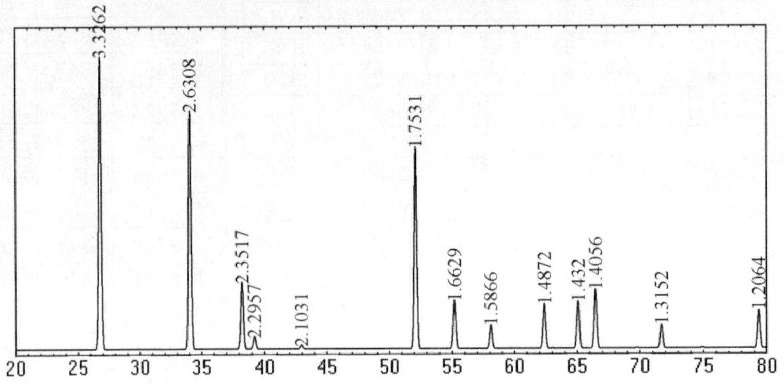

PDF:02-1340		
d	I/I_0	hkl
3.3300	80	110
2.6300	80	101
2.3600	60	200
2.2800	30	111
2.1100	20	210
1.7500	100	211
1.6700	70	220
1.5800	50	002
1.4900	70	310
1.4300	70	112
1.4100	70	301
1.3200	50	202
1.2100	80	321
1.1800	40	400
1.1500	60	222
1.1400	30	410
1.1100	60	330
1.0900	80	312
1.0800	80	411
1.0600	70	420

4-024 块黑铅矿(Plattnerite)

PbO_2，239.2

Sys.:Tetragonal S.G.:$P4_2/mnm$(136) Z:2

a:4.9564 c:3.3877 Vol.:83.22

ICSD:23292

Atom		Wcf	x	y	z	Occ
Pb1	Pb^{4+}	2a	0	0	0	1.0
O1	O^{2-}	4f	0.3067(2)	0.3067(2)	0	1.0

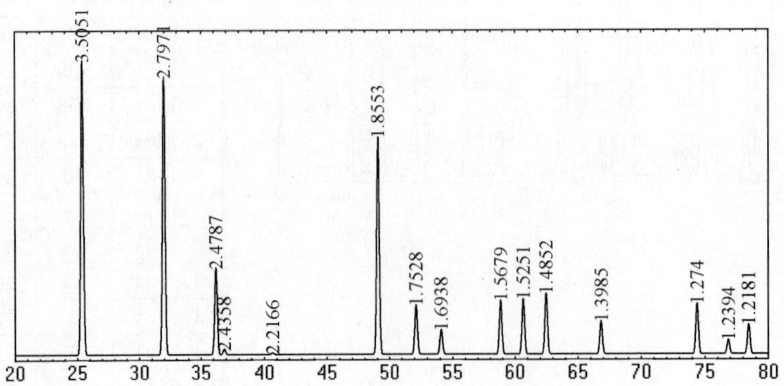

PDF:41-1492		
d	I/I_0	hkl
3.5000	100	110
2.7970	88	101
2.4800	21	200
2.4370	2	111
2.2170	1	210
1.8559	52	211
1.7534	12	220
1.6941	6	002
1.5670	9	310
1.5253	12	112
1.4856	10	301
1.3986	6	202
1.3462	1	212
1.2739	8	321
1.2392	2	400
1.2179	5	222
1.1683	2	330
1.1503	6	312
1.1327	4	411
1.1084	2	420

4-025　软锰矿(Pyrolusite)

MnO_2，86.94

Sys.:Tetragonal　S.G.:$P4_2/mnm$(136)　Z:2

a:4.3999　c:2.874　Vol.:55.64

ICSD:393

Atom		Wcf	x	y	z	Occ
Mn1	Mn^{4+}	2a	0	0	0	1.0
O1	O^{2-}	4f	0.30515(11)	0.30515(11)	0	1.0

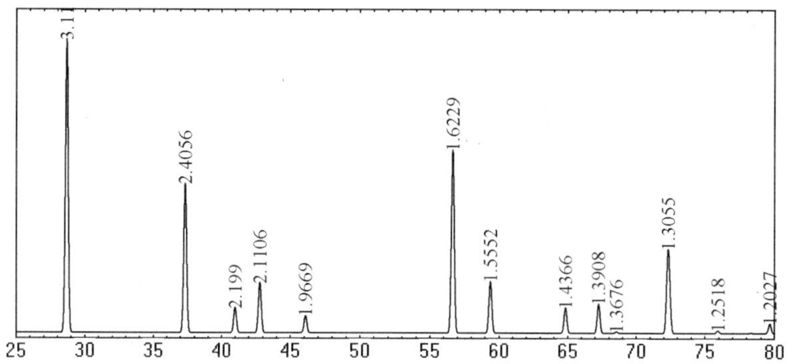

PDF:24-0735

d	I/I_0	hkl
3.1100	100	110
2.4070	55	101
2.1990	8	200
2.1100	16	111
1.9681	5	210
1.6234	55	211
1.5554	14	220
1.4370	8	002
1.3912	8	310
1.3677	1	221
1.3064	20	301
1.3045	20	112
1.2524	1	311
1.2192	1	320
1.2029	3	202
1.1604	1	212

4-026　金红石(Rutile)

TiO_2，79.9

Sys.:Tetragonal　S.G.:$P4_2/mnm$(136)　Z:2

a:4.623　c:2.986　Vol.:63.82

ICSD:36415

Atom		Wcf	x	y	z	Occ
Ti1	Ti^{4+}	2a	0	0	0	1.0
O1	O^{2-}	4f	0.3052(8)	0.3052(8)	0	1.0

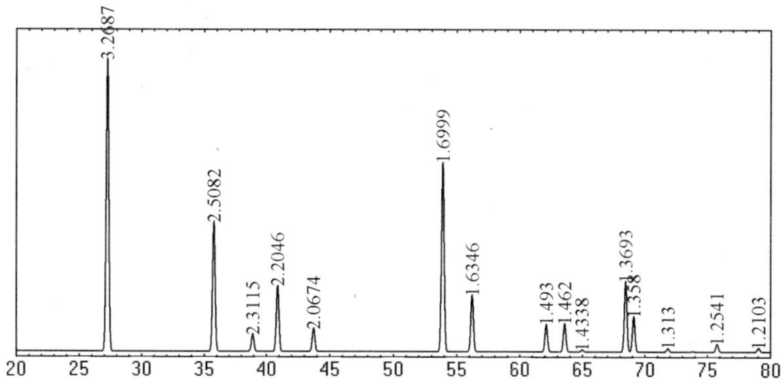

PDF:76-1941

d	I/I_0	hkl
3.2690	999	110
2.5083	418	101
2.3115	62	200
2.2047	160	111
2.0675	56	210
1.6998	413	211
1.6345	119	220
1.4930	53	002
1.4619	52	310
1.4337	4	221
1.3694	122	301
1.3581	61	112
1.3130	6	311
1.2822	1	320
1.2541	12	202
1.2104	7	212
1.1782	22	321
1.1558	14	400
1.1212	5	410
1.1023	32	222

4-027 斯石英(Stishovite)

SiO_2, 60.08

Sys.: Tetragonal S.G.: $P4_2/mnm$(136) Z:2

a:4.1791 c:2.6659 Vol.:46.56

ICSD:9160

Atom		Wcf	x	y	z	Occ
Si1	Si^{4+}	$2a$	0	0	0	1.0
O1	O^{2-}	$4f$	0.3062(13)	0.3062(13)	0	1.0

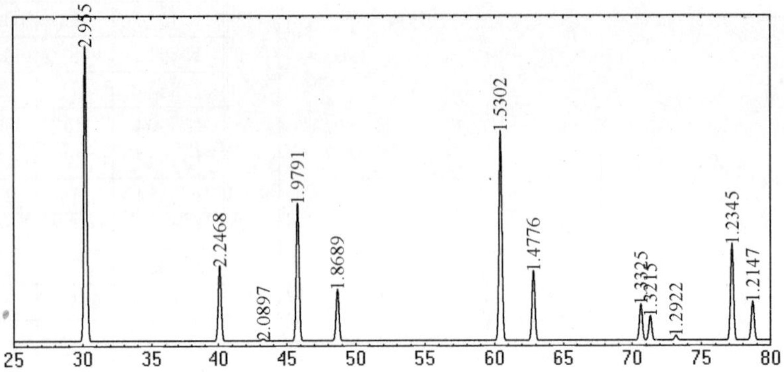

PDF:45-1374

d	I/I_0	hkl
2.9582	100	110
2.2487	22	011
2.0904	1	020
1.9806	38	111
1.8702	12	120
1.5308	37	121
1.4778	11	220
1.3330	7	002
1.3216	3	130
1.2927	1	221
1.2348	13	031
1.2151	6	112
1.1842	1	131
1.1591	1	230
1.1240	1	022
1.0852	1	122
1.0629	2	231
1.0449	2	400
1.0136	1	140
0.9897	4	222

4-028 方石英(Cristobalite)

SiO_2, 60.08

Sys.: Tetragonal S.G.: $P4_12_12_1$(92) Z:4

a:4.973 c:6.95 Vol.:171.88

ICSD:77453

Atom		Wcf	x	y	z	Occ
Si1	Si^{4+}	$4a$	0.2984(1)	0.2984	0	1.0
O1	O^{2-}	$8b$	0.2396(1)	0.1016(1)	0.1774(1)	1.0

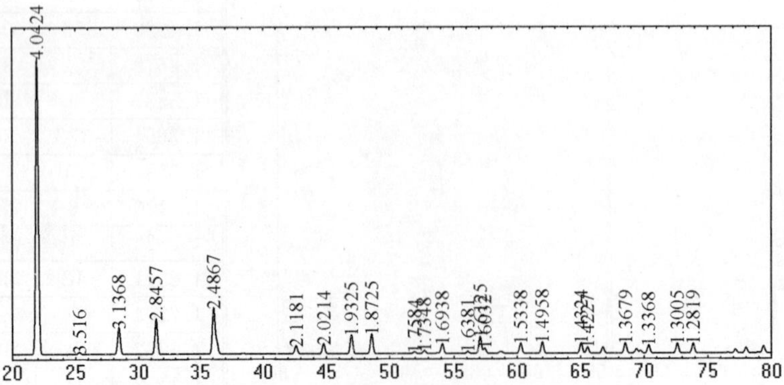

PDF:04-0379

d	I/I_0	hkl
4.0400	100	101
3.1380	12	111
2.8450	14	102
2.4890	18	200
2.4680	6	112
2.3420	21	201
2.1210	4	211
2.0240	3	202
1.9320	4	113
1.8740	4	212
1.7560	1	220
1.7360	1	004
1.6920	3	203
1.6420	1	104
1.6120	5	301
1.6040	2	213
1.5740	1	310
1.5350	2	311
1.4950	3	302
1.4320	2	312

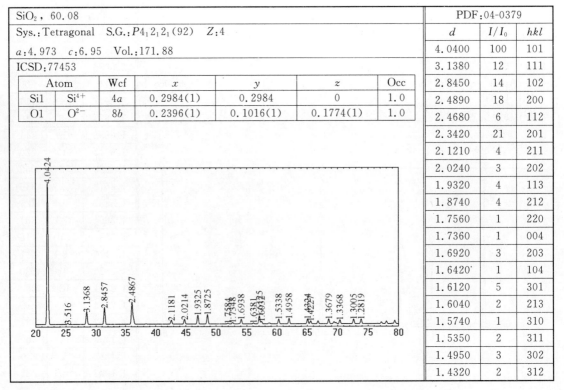

4-029 β-方石英(Cristobalite-β)

SiO_2，60.08

Sys.:Cubic　S.G.:$Fd\bar{3}m$(227)　Z:8

a:7.166　Vol.:367.99

ICSD:34925

Atom		Wcf	x	y	z	Occ
Si1	Si^{4+}	8a	0.125	0.125	0.125	1.0
O1	O^{2-}	96h	0	0.0440(9)	−0.0440(9)	0.167

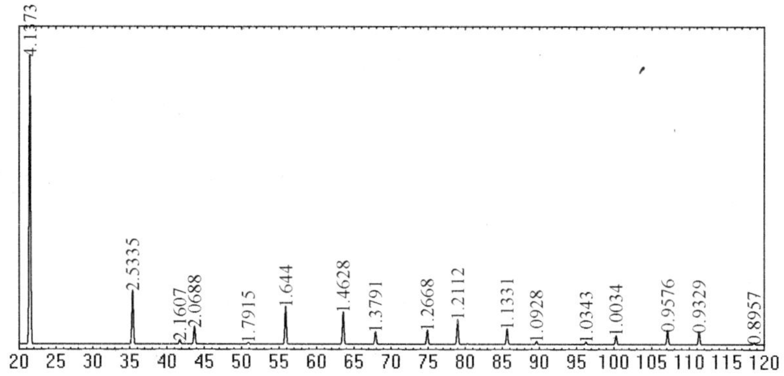

PDF:76-0934

d	I/I_0	hkl
4.1373	999	111
2.5336	154	220
2.1606	13	311
2.0687	34	222
1.7915	3	400
1.6440	57	331
1.4628	39	422
1.3791	13	511
1.2668	13	440
1.2113	20	531
1.1943	1	442
1.1330	10	620
1.0928	2	533

4-030 石英(Quartz)

SiO_2，60.08

Sys.:Trigonal　S.G.:$P3_221$(154)　Z:3

a:4.9134　c:5.4053　Vol.:113.01

ICSD:26429

Atom		Wcf	x	y	z	Occ
Si1	Si^{4+}	3a	0.4701(1)	0	0.6667	1.0
O1	O^{2-}	6c	0.4136(1)	0.2676(1)	0.7858(2)	1.0

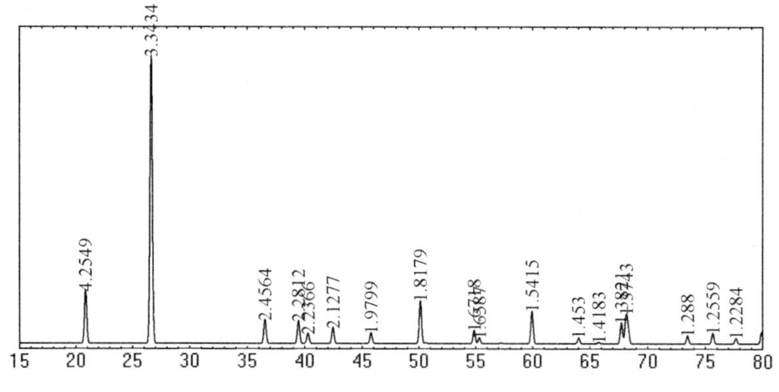

PDF:33-1161

d	I/I_0	hkl
4.2570	22	100
3.3420	100	101
2.4570	8	110
2.2820	8	102
2.2370	4	111
2.1270	6	200
1.9792	4	201
1.8179	14	112
1.8021	1	003
1.6719	4	202
1.6591	2	103
1.6082	1	210
1.5418	9	211
1.4536	1	113
1.4189	1	300
1.3820	6	212
1.3752	7	203
1.3718	8	301
1.2880	2	104
1.2558	2	302

4-031 β-石英(Quartz-β)

SiO_2, 60.08

Sys.: Hexagonal S.G.: $P6_222$(180) Z: 3

a: 5.013 c: 5.47 Vol.: 119.05

ICSD: 31088

Atom		Wcf	x	y	z	Occ
Si1	Si^{4+}	3c	0.5	0.5	0.3333	1.0
O1	O^{2-}	6j	0.197(4)	−0.197(4)	0.8333	1.0

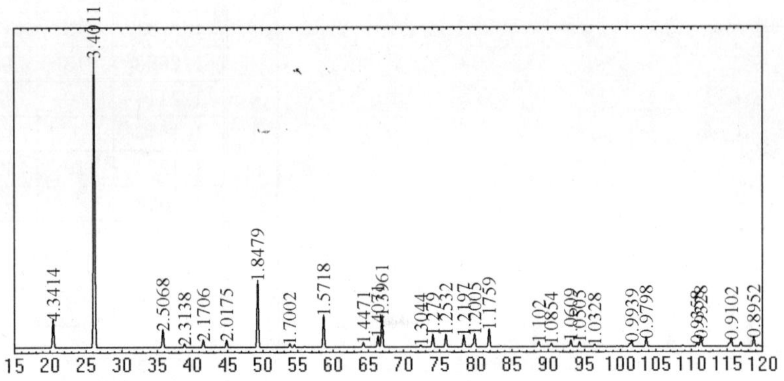

PDF: 75-1555

d	I/I_0	hkl
4.3414	128	100
3.4005	999	101
2.5065	53	110
2.3141	14	102
2.2787	1	111
2.1707	24	200
2.0176	19	201
1.8479	169	112
1.7003	8	202
1.6811	6	103
1.6409	2	210
1.5717	72	211
1.4745	1	113
1.4471	10	300
1.4071	22	212
1.3962	64	203
1.3043	3	104
1.2791	23	302
1.2533	23	220
1.2197	21	213

4-032 柯石英(Coesite)

SiO_2, 60.08

Sys.: Monoclinic S.G.: $C2/c$(15) Z: 16

a: 7.0407 b: 12.279 c: 7.1342 β: 120.61 Vol.: 530.83

ICSD: 100752

Atom		Wcf	x	y	z	Occ
Si1	Si^{4+}	8f	0.1378(1)	0.1093(3)	0.0711(1)	1.0
Si2	Si^{4+}	8f	0.5081(1)	0.1576(2)	0.5434(1)	1.0
O1	O^{2-}	4a	0	0	0	1.0
O2	O^{2-}	4e	0.5	0.1107(8)	0.75	1.0
O3	O^{2-}	8f	0.2576(4)	0.1272(6)	0.9320(4)	1.0
O4	O^{2-}	8f	0.3157(4)	0.1020(6)	0.3263(4)	1.0
O5	O^{2-}	8f	0.0234(4)	0.2126(6)	0.4728(4)	1.0

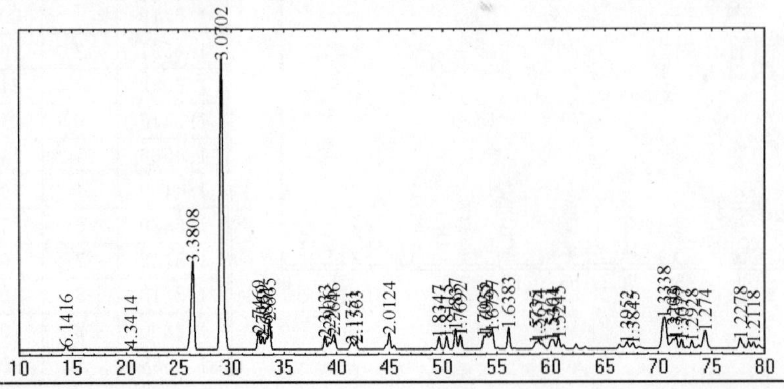

PDF: 83-1830

d	I/I_0	hkl
6.1395	31	020
5.5031	3	$\bar{1}11$
5.4339	2	110
4.3415	16	021
3.4255	38	$\bar{1}12$
3.4084	79	$\bar{1}31$
3.3918	180	130
3.3756	325	111
3.0698	999	002
3.0698	999	040
3.0536	432	$\bar{2}21$
3.0298	97	200
2.7459	63	022
2.7459	63	041
2.7170	49	220
2.6892	45	$\bar{1}32$
2.6648	116	131
2.3135	44	$\bar{2}41$
2.2913	26	$\bar{1}13$
2.2760	15	150

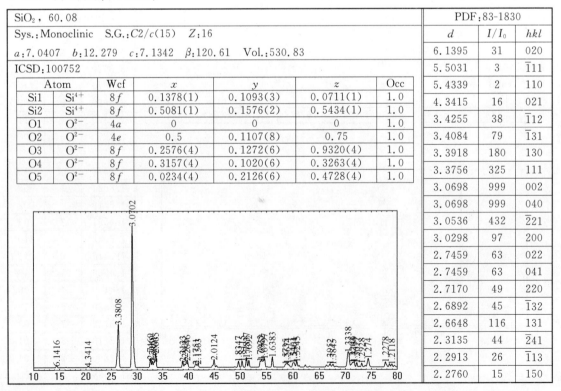

4-033 方锑矿(Senarmontite)

Sb_2O_3，291.5

Sys.:Cubic S.G.:$Fd\bar{3}m$(227) Z:16

a:11.1526 Vol.:1387.17

ICSD:1944

Atom		Wcf	x	y	z	Occ
Sb1	Sb^{3+}	32e	0.88527(18)	0.88527(18)	0.88527(18)	1.0
O1	O^{2-}	48f	0.18625(19)	0	0	1.0

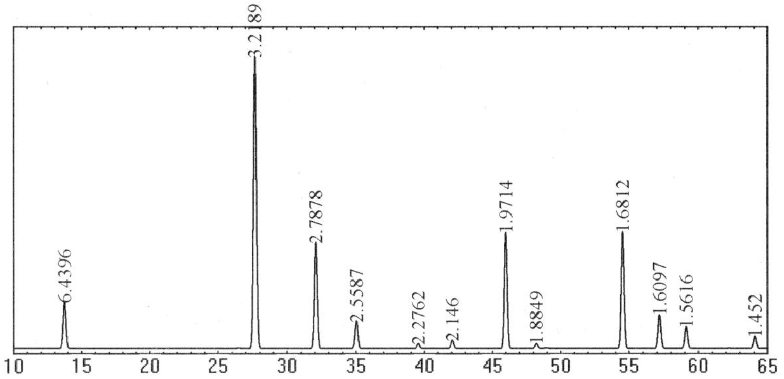

PDF:42-1466

d	I/I_0	hkl
6.4400	15	111
3.3620	1	311
3.2190	100	222
2.7880	33	400
2.5580	8	331
2.2760	1	422
2.1460	2	511
1.9709	33	440
1.8847	1	531
1.8592	1	442
1.6811	30	622
1.6097	9	444
1.5615	5	711
1.4896	1	642
1.4518	3	731
1.3940	4	800
1.3625	3	733
1.3143	1	660
1.2877	1	751
1.2793	8	662

4-034 铬铁矿(Chromite)

$FeCr_2O_4$，223.84

Sys.:Cubic S.G.:$Fd\bar{3}m$(227) Z:8

a:8.379 Vol.:588.27

ICSD:43269

Atom		Wcf	x	y	z	Occ
Fe1	Fe^{2+}	8a	0	0	0	1.0
Cr1	Cr^{3+}	16d	0.625	0.625	0.625	1.0
O1	O^{2-}	32e	0.386(1)	0.386	0.386	1.0

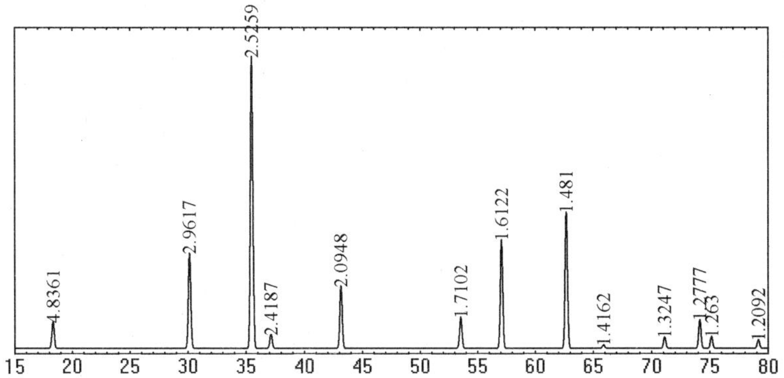

PDF:34-0140

d	I/I_0	hkl
4.8390	13	111
2.9620	33	220
2.5260	100	311
2.4180	7	222
2.0943	22	400
1.7105	11	422
1.6125	39	511
1.4812	48	440
1.4162	2	531
1.3247	3	620
1.2777	10	533
1.2632	5	622
1.2095	3	444
1.1734	1	711
1.1197	4	642
1.0907	12	731
1.0476	5	800
0.9873	2	660
0.9675	10	751
0.9612	2	662

4-035 锌铁尖晶石(Franklinite)

$ZnFe_2O_4$, 241.07

Sys.:Cubic S.G.:$Fd\bar{3}m$(227) Z:8

a:8.4411 Vol.:601.45

ICSD:91929

Atom		Wcf	x	y	z	Occ
Zn1	Zn^{2+}	8a	0.125	0.125	0.125	1.0
Fe1	Fe^{3+}	16d	0.5	0.5	0.5	1.0
O1	O^{2-}	32e	0.2605(2)	0.2605(2)	0.2605(2)	1.0

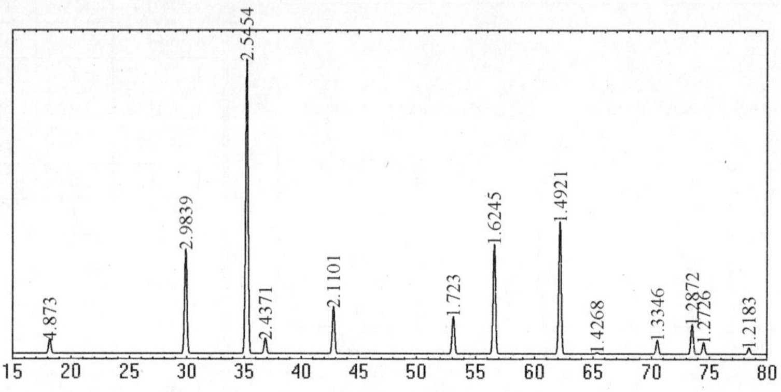

PDF:22-1012

d	I/I_0	hkl
4.8730	7	111
2.9840	35	220
2.5430	100	311
2.4360	6	222
2.1090	17	400
1.9370	1	331
1.7230	12	422
1.6240	30	511
1.4910	35	440
1.4270	1	531
1.3348	4	620
1.2872	9	533
1.2721	4	622
1.2184	2	444
1.1820	1	551
1.1280	5	642
1.0990	11	553
1.0553	4	800
0.9949	2	660
0.9747	6	751

4-036 锌尖晶石(Gahnite)

$ZnAl_2O_4$, 183.34

Sys.:Cubic S.G.:$Fd\bar{3}m$(227) Z:8

a:8.0888 Vol.:529.24

ICSD:75098

Atom		Wcf	x	y	z	Occ
Zn1	Zn^{2+}	8a	0.125	0.125	0.125	0.964(3)
Al1	Al^{3+}	8a	0.125	0.125	0.125	0.036(3)
Al2	Al^{3+}	16d	0.5	0.5	0.5	0.982(3)
Zn2	Zn^{2+}	16d	0.5	0.5	0.5	0.018(2)
O1	O^{2-}	32e	0.2639(1)	0.2639(1)	0.2639(1)	1.0

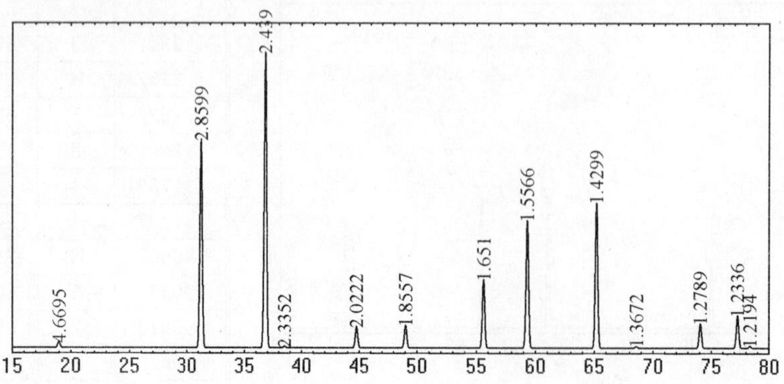

PDF:82-1043

d	I/I_0	hkl
4.6701	22	111
2.8598	733	220
2.4389	999	311
2.3350	2	222
2.0222	63	400
1.8557	69	331
1.6511	199	422
1.5567	359	511
1.4299	390	440
1.3673	5	531
1.3481	1	442
1.2790	61	620
1.2335	79	533
1.2194	5	622

4-037 镁铬铁矿(Magnesiochromite)

$MgCr_2O_4$, 192.29

Sys.:Cubic S.G.:$Fd\bar{3}m$(227) Z:8

a:8.333 Vol.:578.63

ICSD:75625

Atom		Wcf	x	y	z	Occ
Mg1	Mg^{2+}	8a	0.125	0.125	0.125	0.990(6)
Cr1	Cr^{3+}	8a	0.125	0.125	0.125	0.010(6)
Mg2	Mg^{2+}	16d	0.5	0.5	0.5	0.005(3)
Cr2	Cr^{3+}	16d	0.5	0.5	0.5	0.995(3)
O1	O^{2-}	32e	0.2618(1)	0.2618(1)	0.2618(1)	1.0

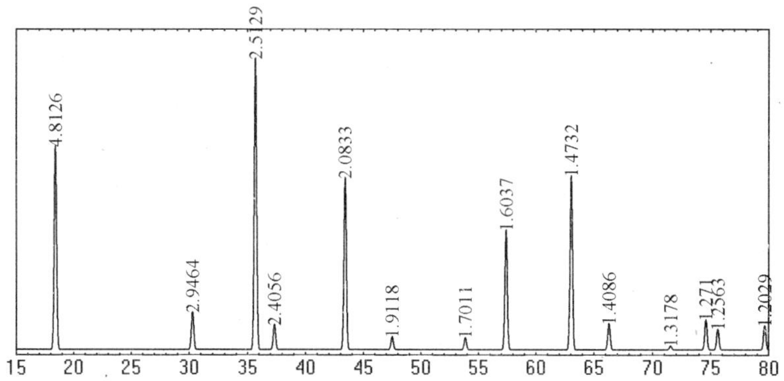

PDF:10-0351

d	I/I_0	hkl
4.8130	65	111
2.9450	14	220
2.5120	100	311
2.4060	14	222
2.0830	55	400
1.9120	6	331
1.7010	4	422
1.6030	40	511
1.4731	55	440
1.4089	14	531
1.3176	2	620
1.2711	14	533
1.2563	10	622
1.2028	10	444
1.1666	10	551
1.1136	4	642
1.0850	12	731
1.0417	6	800
0.9821	1	822
0.9623	8	751

4-038 磁铁矿(Magnetite)

Fe_3O_4, 231.54

Sys.:Cubic S.G.:$Fd\bar{3}m$(227) Z:8

a:8.394 Vol.:591.43

ICSD:44525

Atom		Wcf	x	y	z	Occ
Fe1	Fe^{3+}	8a	0	0	0	1.0
Fe2	$Fe^{2.5+}$	16d	0.625	0.625	0.625	1.0
O1	O^{2-}	32e	0.377(2)	0.377	0.377	1.0

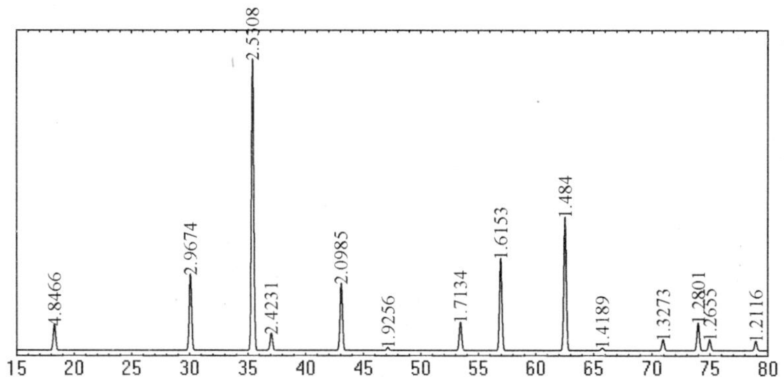

PDF:89-3854

d	I/I_0	hkl
4.8463	81	111
2.9677	289	220
2.5309	999	311
2.4231	75	222
2.0985	201	400
1.9257	9	331
1.7134	80	422
1.6154	248	511
1.4839	334	440
1.4188	7	531
1.3272	25	620
1.2801	60	533
1.2654	24	622
1.2116	20	444
1.1754	3	711
1.1217	22	642
1.0928	84	731

4-039 尖晶石(Spinel)

$MgAl_2O_4$，142.27

Sys.：Cubic S.G.：$Fd\bar{3}m$(227) Z：8

a：8.0887 Vol.：529.22

ICSD：40030

Atom		Wcf	x	y	z	Occ
Mg1	Mg^{2+}	8a	0.125	0.125	0.125	1.0
Al1	Al^{3+}	16d	0.5	0.5	0.5	1.0
O1	O^{2-}	32e	0.26322(3)	0.26322(3)	0.26322(3)	1.0

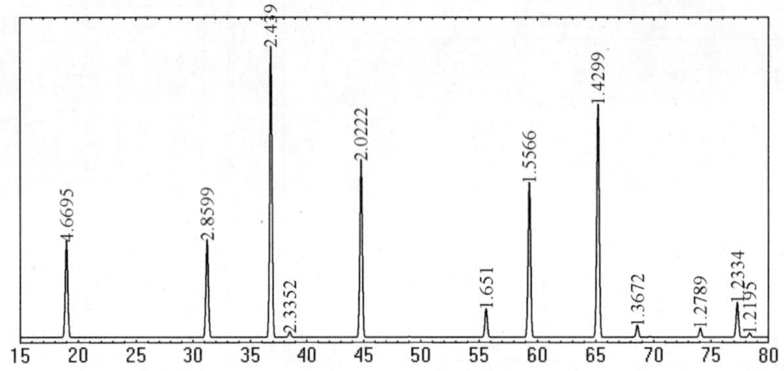

PDF：82-2424

d	I/I_0	hkl
4.6700	427	111
2.8598	350	220
2.4388	999	311
2.3350	9	222
2.0222	549	400
1.8557	1	331
1.6511	84	422
1.5567	439	511
1.4299	634	440
1.3672	31	531
1.3481	2	442
1.2789	23	620
1.2335	86	533
1.2194	10	622
1.1675	55	444
1.1326	26	551

4-040a 塔菲石(Taaffeite)

$BeMg_3Al_8O_{16}$，553.77

Sys.：Hexagonal S.G.：$P6_3mc$(186) Z：2

a：5.684 c：18.332 Vol.：512.92

ICSD：31227

Atom		Wcf	x	y	z	Occ
O1	O^{2-}	2a	0	0	0	1.0
O2	O^{2-}	6c	−0.0454	0.4773(6)	−0.0100(7)	1.0
O3	O^{2-}	2b	0.6667	0.3333	0.1057(9)	1.0
O4	O^{2-}	6c	0.1622(7)	0.3243	0.1092(7)	1.0
O5	O^{2-}	2b	0.3333	0.6667	0.2388(9)	1.0
O6	O^{2-}	6c	0.3779	0.1890(7)	0.2389(7)	1.0
O7	O^{2-}	2b	0.6667	0.3333	0.3524(9)	1.0
O8	O^{2-}	6c	0.1869(6)	0.3737	0.3567(7)	1.0
Al1	Al^{3+}	6c	0.3331	0.1665(4)	0.0525(7)	1.0
Al2	Al^{3+}	2a	0	0	0.1900(8)	1.0
Al3	Al^{3+}	6c	−0.0057	0.4972(4)	0.2971(6)	1.0
Al4	Al^{3+}	2b	0.3333	0.6667	0.4222(7)	1.0
Mg1	Mg^{2+}	2b	0.3333	0.6667	0.1410(7)	1.0
Mg2	Mg^{2+}	2a	0	0	0.3903(7)	1.0
Mg3	Mg^{2+}	2b	0.6667	0.3333	0.4573(7)	1.0
Be1	Be^{2+}	2b	0.6667	0.3333	0.196(5)	1.0

PDF：35-0701

d	I/I_0	hkl
9.1200	5	002
4.9400	5	100
4.7600	10	101
4.5800	50	004
4.3400	40	102
3.8300	10	103
3.3500	20	104
2.9410	30	105
2.8420	30	110
2.7220	5	112
2.5950	60	106
2.4440	5	201
2.4150	100	114
2.3780	40	202
2.3120	20	107
2.2810	10	008
2.2810	10	203
2.1670	40	204
2.0430	60	205
1.9170	40	206

4-040b 塔菲石(Taaffeite)

$BeMg_3Al_8O_{16}$，553.77
ICSD:31227(续)

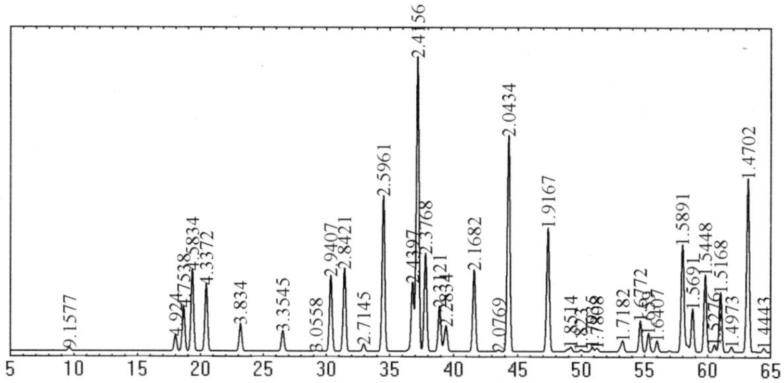

PDF:35-0701(续)		
d	I/I_0	*hkl*
1.7180	5	1010
1.6780	10	208
1.6590	10	215
1.6380	10	300
1.5880	30	216
1.5680	10	209
1.5440	20	304
1.5290	10	0012
1.5160	30	217
1.4990	5	305
1.4690	50	2010
1.4210	50	220
1.3800	30	2011
1.3570	10	224
1.2460	10	316
1.2190	5	402
1.2090	5	317
1.2090	5	228
1.1870	5	1015
1.1670	5	405

4-041 钽铁矿(Tantalite)

$(Fe,Mn)Ta_2O_6$，513.74
Sys.:Orthorhombic　S.G.:*Pnab*(60)　*Z*:4
a:5.082　*b*:14.238　*c*:5.73　Vol.:414.61
ICSD:12140

Atom		Wcf	*x*	*y*	*z*	Occ
Ta1	Ta^{5+}	8*d*	0.1628(2)	0.1770(3)	0.7367(4)	0.64
Nb1	Nb^{5+}	8*d*	0.1628(2)	0.1770(3)	0.7367(4)	0.36
Mn1	Mn^{2+}	4*c*	0	0.322(2)	0.25	0.97
Ti1	Ti^{4+}	4*c*	0	0.322(2)	0.25	0.03
O1	O^{2-}	8*d*	0.099(2)	0.094(5)	0.055(6)	1.0
O2	O^{2-}	8*d*	0.419(2)	0.112(6)	0.108(7)	1.0
O3	O^{2-}	8*d*	0.758(2)	0.121(5)	0.099(6)	1.0

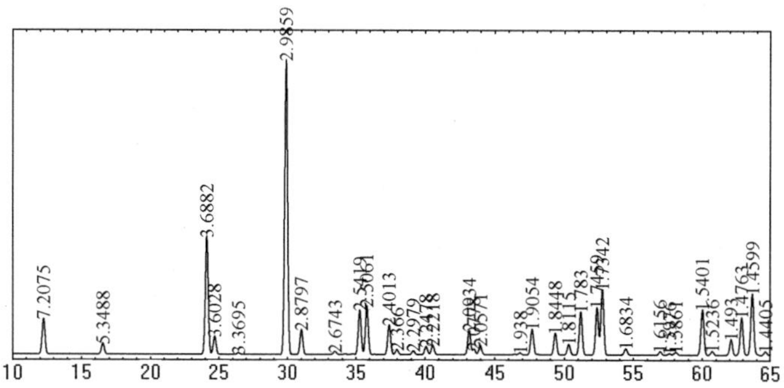

PDF:02-0691		
d	I/I_0	*hkl*
4.0200	20	—
3.6400	70	111
3.2500	50	—
2.9700	100	131
2.8500	20	002
2.7400	20	—
2.5500	50	200
2.4900	50	102
2.3600	50	122
2.2100	50	132
2.0900	50	231
1.9400	20	241
1.9000	60	202
1.8300	20	062
1.7700	70	113
1.7400	70	260
1.7200	90	162
1.6100	20	181
1.5400	60	331
1.4900	20	063

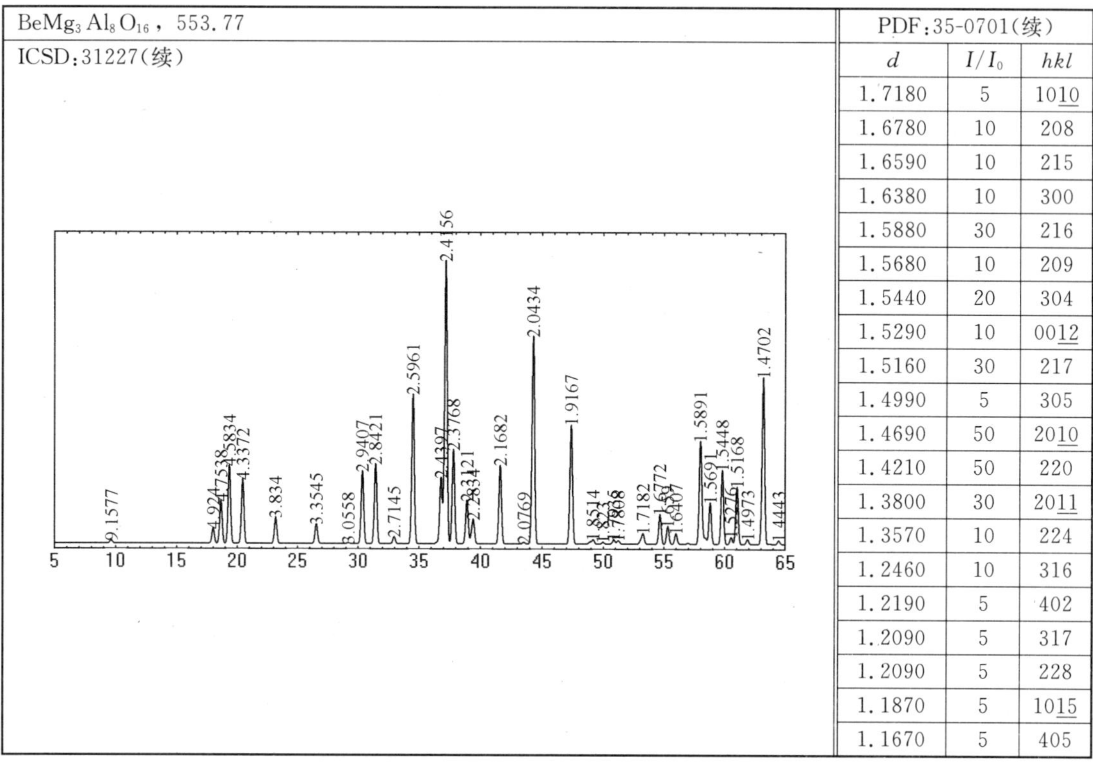

4-042 重钽铁矿(Tapiolite)

$FeTa_2O_6$，513.74

Sys.:Tetragonal S.G.:$P4_2/mnm$(136) Z:2

a:4.7451 c:9.179 Vol.:206.67

ICSD:201754

Atom		Wcf	x	y	z	Occ
Fe1	Fe^{2+}	2a	0	0	0	1.0
Ta1	Ta^{5+}	4e	0	0	0.333(2)	1.0
O1	O^{2-}	4f	0.307(5)	0.307(5)	0	1.0
O2	O^{2-}	8j	0.297(3)	0.297(3)	0.322(1)	1.0

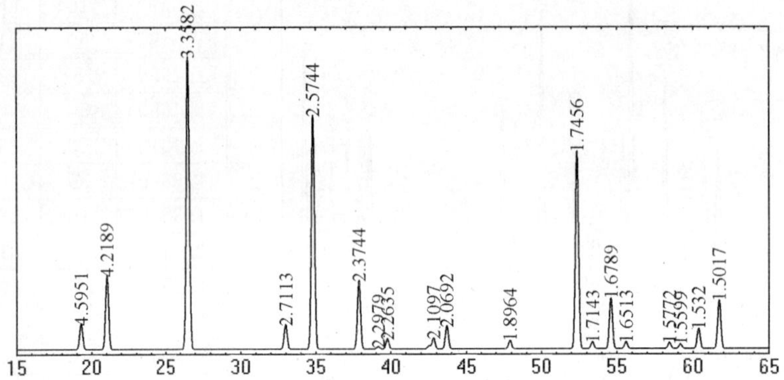

PDF:21-0434

d	I/I_0	hkl
4.5900	20	002
4.2100	70	101
3.3600	100	110
2.7100	40	112
2.5720	100	103
2.3730	70	200
2.2960	5	004
2.2610	20	113
2.1220	5	210
2.1080	20	202
2.0680	40	211
1.8940	20	114
1.7440	100	213
1.7120	20	105
1.6780	70	220
1.6500	5	221
1.5590	5	301
1.5300	70	006
1.5010	70	310
1.4260	20	312

4-043 晶质铀矿(Uraninite)

UO_2，270.03

Sys.:Cubic S.G.:$Fm\bar{3}m$(225) Z:4

a:5.467 Vol.:163.4

ICSD:61636

Atom		Wcf	x	y	z	Occ
U1	U^{4+}	4a	0	0	0	1.0
O2	O^{2-}	8c	0.25	0.25	0.25	1.0

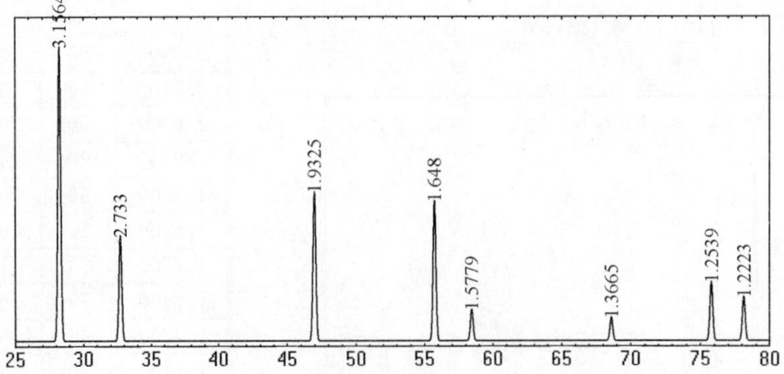

PDF:41-1422

d	I/I_0	hkl
3.1530	100	111
2.7330	50	200
1.9330	50	220
1.6474	45	311
1.5782	8	222
1.3670	10	400
1.2543	20	331
1.2224	15	420
1.1158	15	422

4-044 锑华(Valentinite)

Sb_2O_3，291.5

Sys.:Orthorhombic S.G.:*Pnaa*(56) *Z*:4

a:4.913 *b*:12.474 *c*:5.416 Vol.:331.92

ICSD:2033

Atom		Wcf	*x*	*y*	*z*	Occ
Sb1	Sb^{3+}	8*e*	0.04149(11)	0.12745(4)	0.17845(9)	1.0
O1	O^{2-}	4*c*	0.25	0.25	0.0229(15)	1.0
O2	O^{2-}	8*e*	0.1520(15)	0.0591(4)	−0.1446(10)	1.0

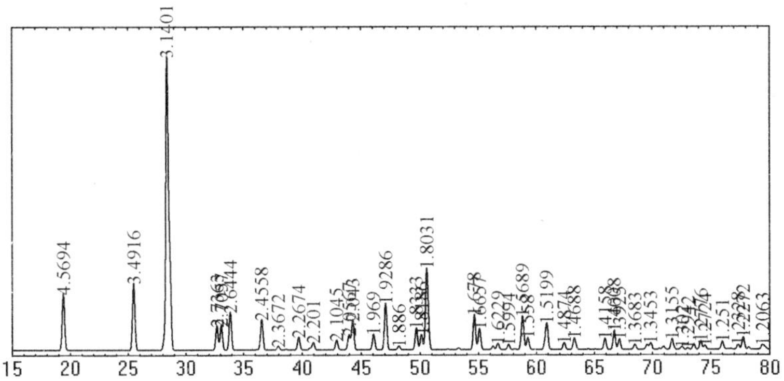

PDF:11-0691

d	I/I_0	*hkl*
4.5600	17	110
3.4940	25	111
3.1730	20	130
3.1420	100	121
3.1170	80	040
2.7370	10	131
2.7100	10	002
2.6480	14	012
2.4560	10	200
2.3710	4	102
2.2720	2	032
2.2030	4	211
2.1070	4	221
2.0580	10	151
2.0450	8	042
1.9700	6	231
1.9290	12	240
1.8880	2	142
1.8350	6	052
1.8180	8	241

4-045 红锌矿(Zincite)

ZnO，81.38

Sys.:Hexagonal S.G.:$P6_3mc$(186) *Z*:2

a:3.24982 *c*:5.20661 Vol.:47.62

ICSD:26170

Atom		Wcf	*x*	*y*	*z*	Occ
Zn1	Zn^{2+}	2*b*	0.3333	0.6667	0	1.0
O1	O^{2-}	2*b*	0.3333	0.6667	0.3825(14)	1.0

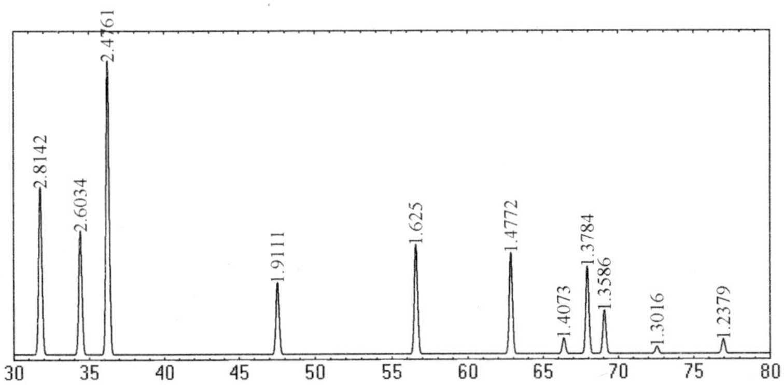

PDF:36-1451

d	I/I_0	*hkl*
2.8143	57	100
2.6033	44	002
2.4759	100	101
1.9111	23	102
1.6247	32	110
1.4771	29	103
1.4071	4	200
1.3782	23	112
1.3583	11	201
1.3017	2	004
1.2380	4	202
1.1816	1	104
1.0931	7	203
1.0638	3	210
1.0423	6	211
1.0159	4	114
0.9846	2	212
0.9766	5	105
0.9556	1	204
0.9381	3	300

4-046 铍石(Bromellite)

BeO, 25.01

Sys.: Hexagonal S.G.: $P6_3mc$(186) Z: 2

a: 2.6979 c: 4.38 Vol.: 27.61

ICSD: 41485

Atom		Wcf	x	y	z	Occ
Be1	Be^{2+}	2b	−0.3333	−0.6667	0	1.0
O1	O^{2-}	2b	−0.3333	−0.6667	0.378	1.0

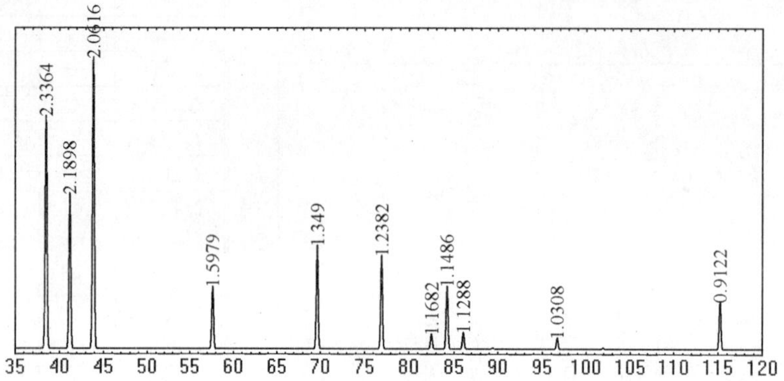

PDF: 04-0843

d	I/I_0	hkl
2.3370	91	100
2.1890	61	002
2.0610	100	101
1.5980	22	102
1.3490	29	110
1.2380	24	103
1.1682	4	200
1.1482	16	112
1.1287	5	201
1.0958	1	004
1.0308	3	202
0.9920	1	104
0.9118	10	203
0.8832	4	210
0.8657	5	211
0.8498	2	114
0.8199	14	105
0.8179	8	212

4-047 方铁矿(Wustite)

FeO, 71.85

Sys.: Cubic S.G.: $Fm\bar{3}m$(225) Z: 4

a: 4.307 Vol.: 79.9

ICSD: 60683

Atom		Wcf	x	y	z	Occ
Fe1	Fe^{2+}	4a	0	0	0	1.0
O1	O^{2-}	4b	0.5	0.5	0.5	1.0

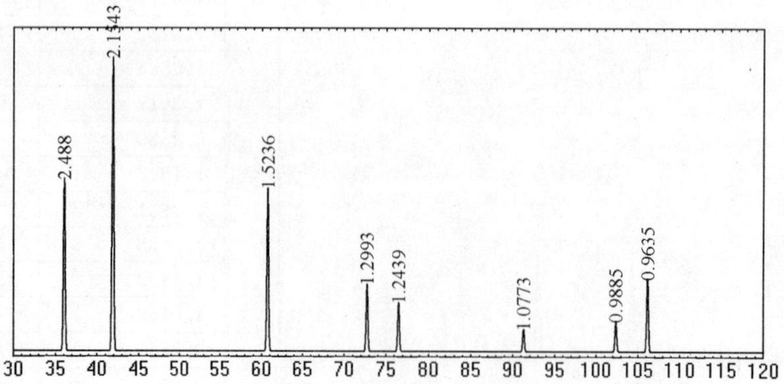

PDF: 06-0615

d	I/I_0	hkl
2.4900	80	111
2.1530	100	200
1.5230	60	220
1.2990	25	311
1.2430	15	222
1.0770	15	400
0.9880	10	331
0.9631	15	420

4-048 绿镍矿(Bunsenite)

NiO，74.7

Sys.: Cubic S.G.: $Fm\bar{3}m$(225) Z: 4

a: 4.1771 Vol.: 72.88

ICSD: 61324

Atom		Wcf	x	y	z	Occ
Ni1	Ni^{2+}	4a	0	0	0	1.0
O1	O^{2-}	4b	0.5	0.5	0.5	1.0

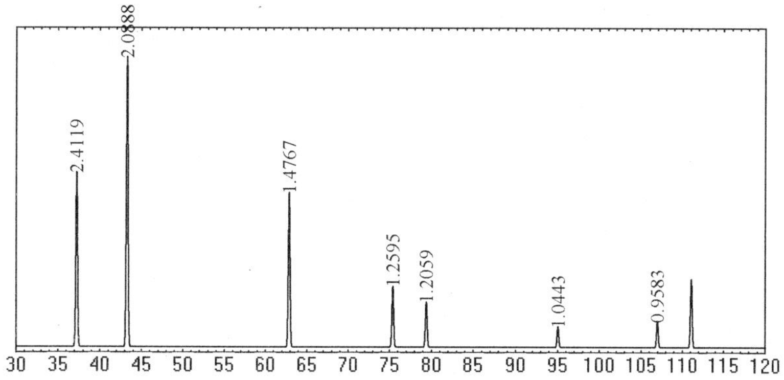

PDF: 47-1049		
d	I/I_0	hkl
2.4120	61	111
2.0890	100	200
1.4768	35	220
1.2594	13	311
1.2058	8	222
1.0443	4	400
0.9583	3	331
0.9340	7	420

4-049 方锰矿(Manganosite)

MnO，70.94

Sys.: Cubic S.G.: $Fm\bar{3}m$(225) Z: 4

a: 4.445 Vol.: 87.82

ICSD: 30520

Atom		Wcf	x	y	z	Occ
Mn1	Mn^{2+}	4a	0	0	0	1.0
O1	O^{2-}	4b	0.5	0.5	0.5	1.0

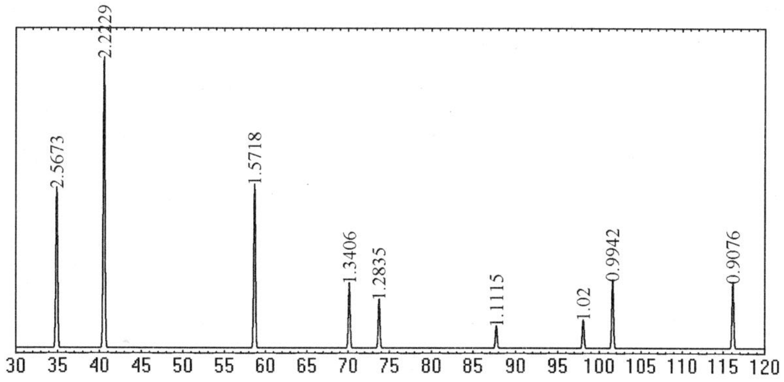

PDF: 07-0230		
d	I/I_0	hkl
2.5680	60	111
2.2230	100	200
1.5710	60	220
1.3400	20	311
1.2830	14	222
1.1112	12	400
1.0198	10	331
0.9938	18	420
0.9074	16	422
0.8554	14	511
0.7857	4	440

4-050 石灰(Lime)

CaO, 56.08

Sys.:Cubic S.G.:$Fm\bar{3}m$(225) Z:4

a:4.7967 Vol.:110.36

ICSD:75786

Atom		Wcf	x	y	z	Occ
Ca1	Ca^{2+}	4a	0	0	0	1.0
O1	O^{2-}	4b	0.5	0	0	1.0

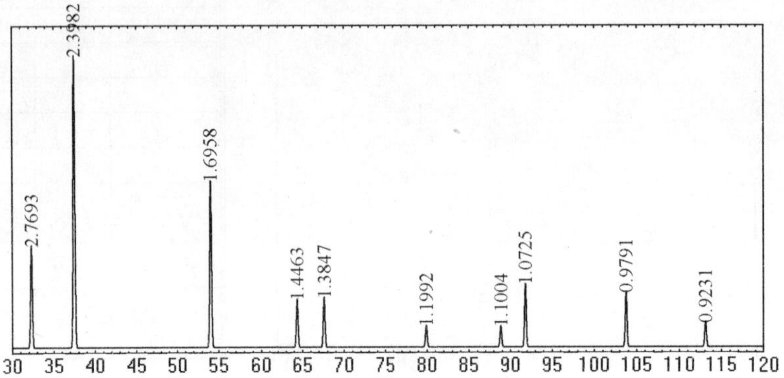

PDF:82-1691

d	I/I_0	hkl
2.7694	448	111
2.3984	999	200
1.6959	505	220
1.4463	156	311
1.3847	132	222
1.1992	51	400
1.1004	58	331

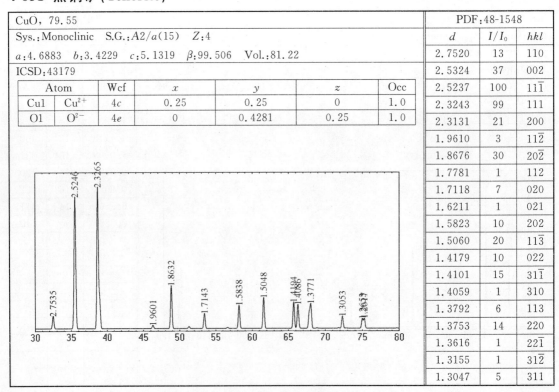

4-051 黑铜矿(Tenorite)

CuO, 79.55

Sys.:Monoclinic S.G.:$A2/a$(15) Z:4

a:4.6883 b:3.4229 c:5.1319 β:99.506 Vol.:81.22

ICSD:43179

Atom		Wcf	x	y	z	Occ
Cu1	Cu^{2+}	4c	0.25	0.25	0	1.0
O1	O^{2-}	4e	0	0.4281	0.25	1.0

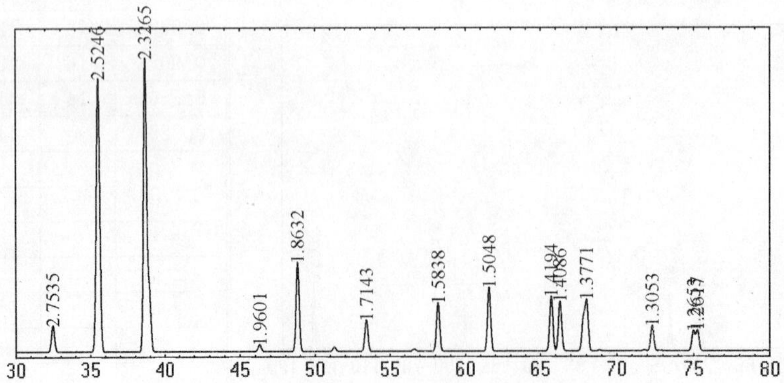

PDF:48-1548

d	I/I_0	hkl
2.7520	13	110
2.5324	37	002
2.5237	100	$11\bar{1}$
2.3243	99	111
2.3131	21	200
1.9610	3	$11\bar{2}$
1.8676	30	$20\bar{2}$
1.7781	1	112
1.7118	7	020
1.6211	1	021
1.5823	10	202
1.5060	20	$11\bar{3}$
1.4179	10	022
1.4101	15	$31\bar{1}$
1.4059	1	310
1.3792	6	113
1.3753	14	220
1.3616	1	$22\bar{1}$
1.3155	1	$31\bar{2}$
1.3047	5	311

4-052 橙汞矿(Montroydite)

HgO, 216.59

Sys.: Orthorhombic S.G.: *Pmnb*(62) *Z*: 4

a: 5.5254 *b*: 6.6074 *c*: 3.5215 Vol.: 128.56

ICSD: 14124

Atom		Wcf	*x*	*y*	*z*	Occ
Hg1	Hg^{2+}	4*c*	0.1136(3)	0.25	0.2456(3)	1.0
O1	O^{2-}	4*c*	0.3592(43)	0.25	0.5955(77)	1.0

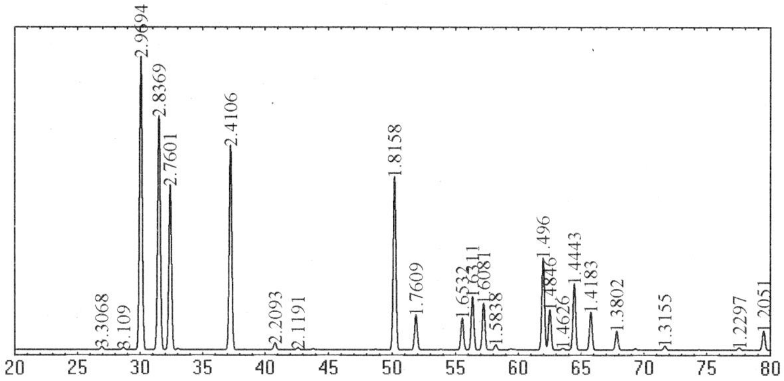

PDF: 37-1469

d	I/I_0	*hkl*
3.3033	1	020
3.1070	2	011
2.9716	100	101
2.8361	70	120
2.7619	52	200
2.4090	55	021
2.2083	1	121
2.1192	1	220
2.0648	1	211
1.8159	38	221
1.7607	10	002
1.7011	1	012
1.6519	7	040
1.6322	11	301
1.6089	9	320
1.5844	1	311
1.4956	20	041
1.4849	10	202
1.4634	1	321
1.4436	12	141

4-053 密陀僧(Litharge)

PbO, 223.2

Sys.: Tetragonal S.G.: *P*4/*nmm*(129) *Z*: 2

a: 3.9729 *c*: 5.0217 Vol.: 79.26

ICSD: 64778

Atom		Wcf	*x*	*y*	*z*	Occ
Pb1	Pb^{2+}	2*c*	0	0.5	0.233	1.0
O1	O^{2-}	2*a*	0	0	0	1.0

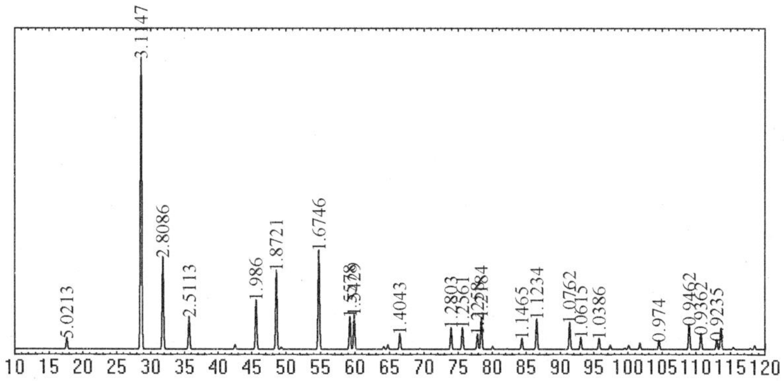

PDF: 05-0561

d	I/I_0	*hkl*
5.0180	5	001
3.1150	100	101
2.8090	62	110
2.5100	18	002
2.1240	1	102
1.9880	8	200
1.8720	37	112
1.6750	24	211
1.5580	6	202
1.5420	11	103
1.4380	2	113
1.4050	5	220
1.2820	2	301
1.2560	3	310
1.2260	4	222
1.2190	5	311
1.1977	1	104
1.1462	2	114
1.1232	2	312
1.0768	3	321

4-054 铁尖晶石(Hercynite)

$FeAl_2O_4$，173.81

Sys.:Cubic S.G.:$Fd\bar{3}m$(227) Z:8

a:8.15579 Vol.:542.5

ICSD:

Atom		Wcf	x	y	z	Occ
Fe1	Fe^{2+}	8a	0.125	0.125	0.125	0.837
Al1	Al^{3+}	8a	0.125	0.125	0.125	0.163(5)
Fe2	Fe^{2+}	16d	0.5	0.5	0.5	0.0815(25)
Al2	Al^{3+}	16d	0.5	0.5	0.5	0.9185
O1	O^{2-}	32e	0.2633(2)	0.2633(2)	0.2633(2)	1.0

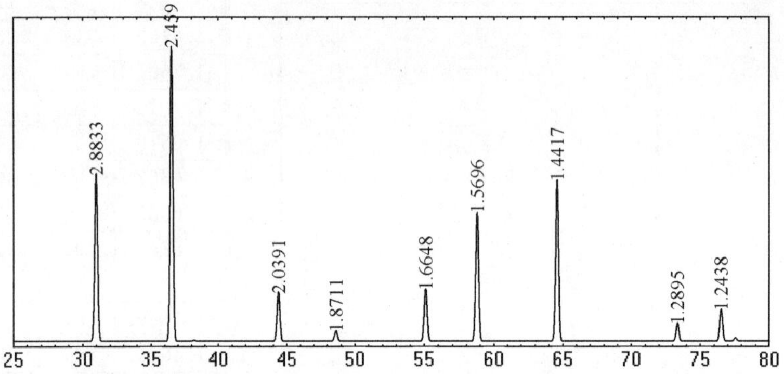

PDF:86-2320

d	I/I_0	hkl
4.7088	13	111
2.8835	588	220
2.4591	999	311
2.3544	1	222
2.0389	145	400
1.8711	29	331
1.6648	147	422
1.5696	350	511
1.4418	410	440
1.3786	2	531
1.3593	1	442
1.2895	43	620
1.2437	74	533
1.2295	9	622
1.1772	13	444
1.1420	6	551
1.0899	54	642

4-055 镁铁矿(Magnesioferrite)

$MgFe_2O_4$，200

Sys.:Cubic S.G.:$Fd\bar{3}m$(227) Z:8

a:8.366 Vol.:585.54

ICSD:76176

Atom		Wcf	x	y	z	Occ
Fe1	Fe^{3+}	8a	0	0	0	0.88
Mg1	Mg^{2+}	8a	0	0	0	0.12
Fe2	Fe^{3+}	16d	0.625	0.625	0.625	0.56
Mg2	Mg^{2+}	16d	0.625	0.625	0.625	0.44
O1	O^{2-}	32e	0.381(1)	0.381(1)	0.381(1)	1.0

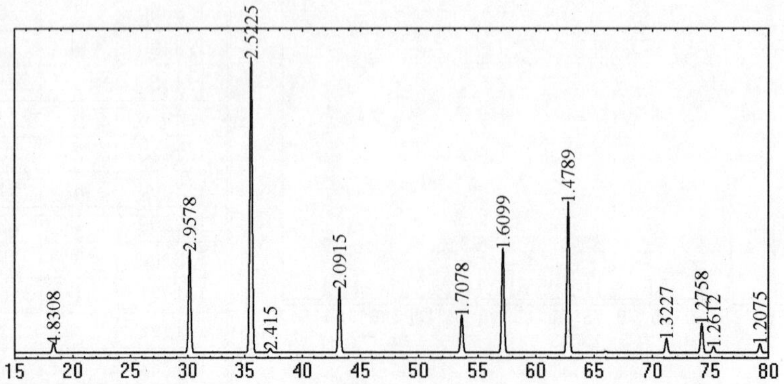

PDF:89-4924

d	I/I_0	hkl
4.8301	38	111
2.9578	377	220
2.5224	999	311
2.4151	24	222
2.0915	192	400
1.9193	1	331
1.7077	101	422
1.6100	272	511
1.4789	370	440
1.4141	3	531
1.3943	1	442
1.3228	31	620
1.2758	62	533
1.2612	13	622
1.2075	18	444
1.1715	2	551
1.1180	30	642

4-056 锌黑锰矿(Hetaerolite)

$ZnMn_2O_4$，239.25

Sys.: Tetragonal　S.G.: $I4_1/amd$(141)　Z: 4

a: 5.7204　c: 9.245　Vol.: 302.52

ICSD: 39196

Atom		Wcf	x	y	z	Occ
Zn1	Zn^{2+}	4a	0	0	0	1.0
Mn1	Mn^{3+}	8d	0	0.25	0.625	1.0
O1	O^{2-}	16h	0	0.23	0.385	1.0

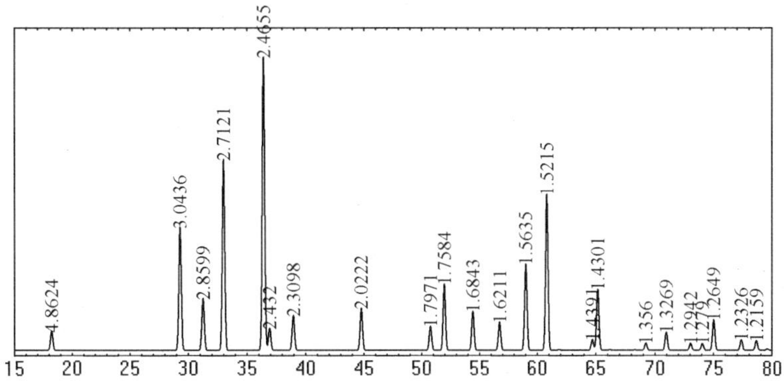

PDF: 24-1133

d	I/I_0	hkl
4.8700	10	101
3.0470	45	112
2.8620	19	200
2.7150	65	103
2.4660	100	211
2.4320	12	202
2.3110	10	004
2.0220	16	220
1.7980	7	204
1.7600	15	105
1.6840	12	312
1.6210	9	303
1.5640	25	321
1.5220	40	224
1.4390	4	116
1.4299	17	400
1.4105	2	323
1.3721	1	411
1.3565	2	206
1.3273	4	305

4-057 铅丹(Minium)

Pb_3O_4，685.6

Sys.: Tetragonal　S.G.: $P4_2/mbc$(135)　Z: 4

a: 8.8159　c: 6.5658　Vol.: 510.29

ICSD: 4106

Atom		Wcf	x	y	z	Occ
Pb1	Pb^{4+}	4d	0	0.5	0.25	1.0
Pb2	Pb^{2+}	8h	0.143(3)	0.161(3)	0	1.0
O1	O^{2-}	8g	0.672	0.172	0.25	1.0
O2	O^{2-}	8h	0.114	0.614	0	1.0

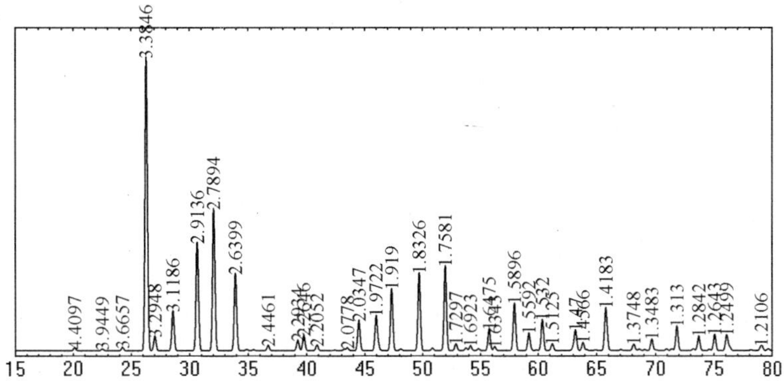

PDF: 41-1493

d	I/I_0	hkl
6.2300	16	110
4.4040	1	200
3.9420	1	210
3.6600	2	201
3.3800	100	211
3.2830	8	002
3.1160	18	220
2.9050	45	112
2.7880	37	310
2.6330	27	202
2.5650	1	311
2.5220	1	212
2.4450	2	320
2.2910	3	321
2.2610	6	222
2.2040	1	400
2.0780	1	330
2.0330	7	411
1.9710	8	420
1.9613	4	322

4-058 钙铁石(Brownmillerite)

$Ca_4Al_2Fe_2O_{10}$，485.97

Sys.:Orthorhombic S.G.:*Pcmn*(62) *Z*:2

a:5.58 *b*:14.5 *c*:5.34 Vol.:432.06

ICSD:26475

Atom		Wcf	*x*	*y*	*z*	Occ
Fe1	Fe^{3+}	4*a*	0	0	0	0.5
Al1	Al^{3+}	4*a*	0	0	0	0.5
Fe2	Fe^{3+}	4*c*	−0.072	0.25	−0.055	0.5
Al2	Al^{3+}	4*c*	−0.072	0.25	−0.055	0.5
Ca1	Ca^{2+}	8*d*	0.028	0.112	0.48	1.0
O1	O^{2-}	8*d*	0.25	−0.015	0.25	1.0
O2	O^{2-}	8*d*	0.055	0.133	0	1.0
O3	O^{2-}	4*c*	−0.137	0.25	0.607	1.0

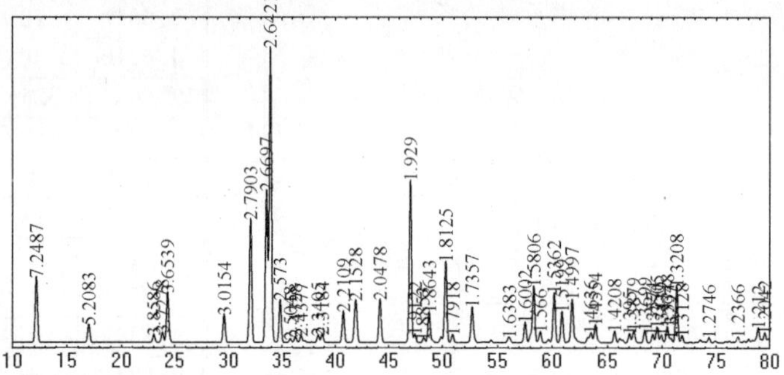

PDF:11-0124

d	I/I_0	*hkl*
7.2400	50	020
3.6300	30	040
3.3900	10	121
2.7700	80	200
2.6700	70	002
2.6300	100	012
2.5700	20	150
2.4300	10	211
2.2000	30	231
2.1500	30	042
2.0400	60	241
1.9200	80	212
1.8600	20	222
1.8100	40	080
1.7300	20	261
1.5700	40	172
1.5300	40	302
1.5100	10	262
1.5000	20	082
1.4500	10	0100

4-059 砷华(Arsenolite)

As_2O_3，197.84

Sys.:Cubic S.G.:$Fd\bar{3}m$(227) *Z*:16

a:11.0778 Vol.:1359.44

ICSD:2114

Atom		Wcf	*x*	*y*	*z*	Occ
As1	As^{3+}	32*e*	0.8971(1)	0.8971(1)	0.8971(1)	1.0
O1	O^{2-}	48*f*	0.1726(9)	0	0	1.0

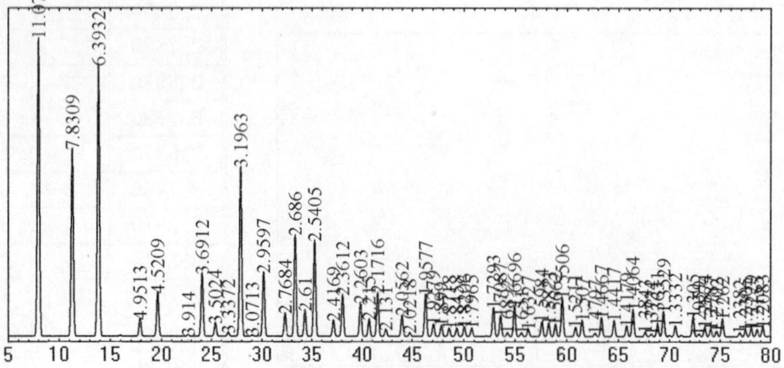

PDF:36-1490

d	I/I_0	*hkl*
6.3994	44	111
3.9207	1	220
3.3410	2	311
3.1993	100	222
2.7698	26	400
2.5422	34	331
2.2620	6	422
2.1328	12	511
1.9588	22	440
1.8728	4	531
1.8466	4	442
1.7516	1	620
1.6894	1	533
1.6702	14	622
1.5991	5	444
1.5515	14	551
1.4803	1	642
1.4422	7	731
1.3846	1	800
1.3532	7	733

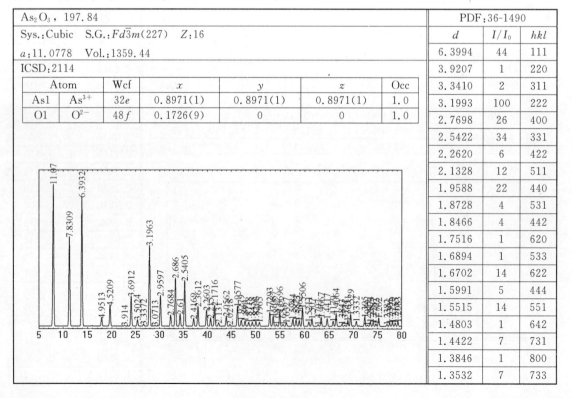

4-060　软铋矿(Sillenite)

Bi_2O_3，465.96

Sys.:Cubic　S.G.:$Im\bar{3}m$(229)　Z:13

a:10.245　Vol.:1075.32

ICSD:2376　I_{23}(197)

Atom		Wcf	x	y	z	Occ
Bi1	Bi^{3+}	24f	0.858(2)	0.687(1)	0.972(1)	1.0
Bi2	Bi^{3+}	2a	0	0	0	1.0
O1	O^{2-}	24f	0.921(1)	0.738(2)	0.514(2)	0.975
O2	O^{2-}	8c	0.716(2)	0.716(2)	0.716(2)	0.975
O3	O^{2-}	8c	0.148(4)	0.148(4)	0.148(4)	0.975

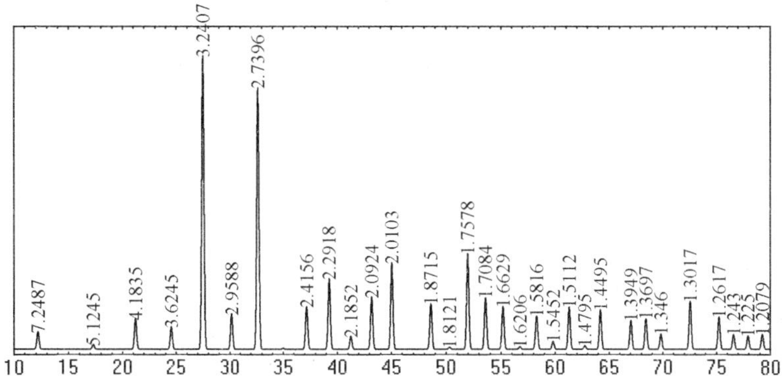

PDF:02-0542

d	I/I_0	hkl
3.5100	35	—
3.1700	100	—
2.9000	35	—
2.7100	100	321
2.5300	10	400
2.3900	35	411
2.2700	20	420
2.1600	45	332
2.0600	45	—
1.9900	45	510
1.8400	35	—
1.7500	100	530
1.6700	65	611
1.6500	100	—
1.5000	100	631
1.4400	65	710
1.3900	35	721
1.3500	35	730
1.3000	35	732
1.2600	20	811

4-061　水钙钛矿(Kassite)

$CaTi_2O_4(OH)_2$，233.89

Sys.:Trigonal　S.G.:P312(149)　Z:1

a:5.42　c:4.68　Vol.:119.06

ICSD:40342

Atom		Wcf	x	y	z	Occ
Ca1	Ca^{2+}	1a	0	0	0	1.0
Ti1	Ti^{4+}	1d	0.3333	0.6667	0.5	1.0
Ti2	Ti^{4+}	1f	0.6667	0.3333	0.5	1.0
O1	O^{2-}	6l	0.367	0	0.278	1.0

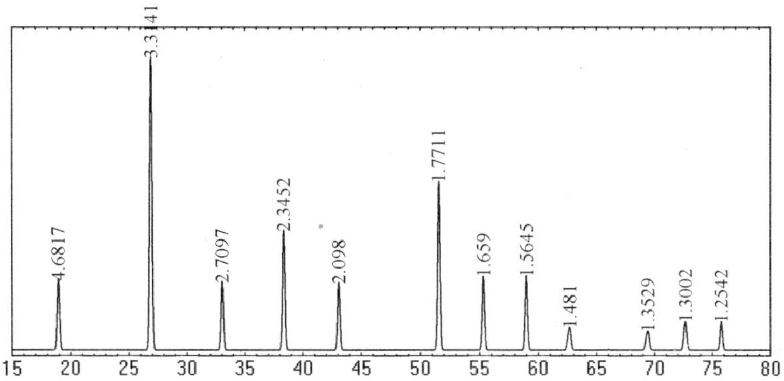

PDF:88-1722

d	I/I_0	hkl
4.6800	297	100
4.6800	297	001
3.3142	999	101
2.7100	251	110
2.3452	324	$\bar{1}\bar{1}1$
2.3400	198	002
2.0979	188	201
2.0942	106	102
1.7711	423	$\bar{1}\bar{1}2$
1.6589	173	211
1.5646	172	300
1.5600	92	003
1.4839	28	301
1.4804	57	103
1.4137	1	$\bar{2}\bar{1}2$
1.3550	24	220
1.3520	43	$\bar{1}\bar{1}3$
1.3007	31	$\bar{2}\bar{2}1$
1.3007	31	302
1.2992	42	203

4-062a 钠铌矿(Lueshite)

$NaNbO_3$，163.89

Sys.:Orthorhombic S.G.:$P22_12(17)$ Z:8

a:5.512 b:5.557 c:15.54 Vol.:475.99

ICSD:76432

Atom		Wcf	x	y	z	Occ
Na1	Na^+	2c	0	0.519	0.25	1.0
Na2	Na^+	2d	0.5	−0.019	0.25	1.0
Na3	Na^+	2a	0.519	0	0.5	1.0
Na4	Na^+	2b	−0.019	0.5	0.5	1.0
Nb1	Nb^{5+}	4e	0.014	0.005	0.375	1.0
Nb2	Nb^{5+}	4e	0.514	0.505	0.375	1.0
O1	O^{2-}	4e	0.25	0.25	0.375	1.0
O2	O^{2-}	4e	0.75	0.25	0.375	1.0
O3	O^{2-}	4e	0.25	0.75	0.375	1.0
O4	O^{2-}	4e	0.75	0.75	0.375	1.0
O5	O^{2-}	2c	0	0.025	0.25	1.0
O6	O^{2-}	2d	0.5	0.475	0.25	1.0
O7	O^{2-}	2a	0.025	0	0.5	1.0
O8	O^{2-}	2b	0.475	0.5	0.5	1.0

PDF:14-0603

d	I/I_0	hkl
3.9300	90	110
3.8500	90	004
2.7700	90	020
2.7400	100	021
2.5900	5	006
2.4400	20	211
2.3700	10	122
2.3400	10	106
2.2500	20	204
2.2400	20	123
1.9600	80	220
1.9400	60	125
1.7800	5	216
1.7500	50	224
1.7400	90	118
1.6600	20	304
1.6530	5	313
1.5980	50	134
1.5830	91	305
1.5370	5	230

4-062b 钠铌矿(Lueshite)

$NaNbO_3$，163.89

ICSD:76432(续)

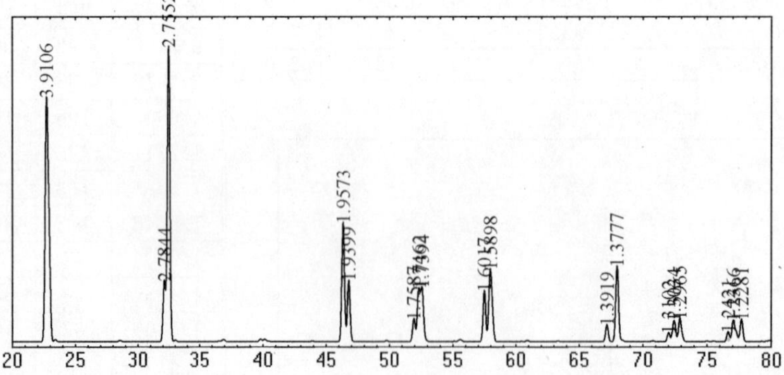

PDF:14-0603(续)

d	I/I_0	hkl
1.5230	15	315
1.3890	40	040
1.3770	80	137
1.3020	50	138
1.2950	60	0012
1.2650	10	333
1.2420	20	240
1.2360	70	145

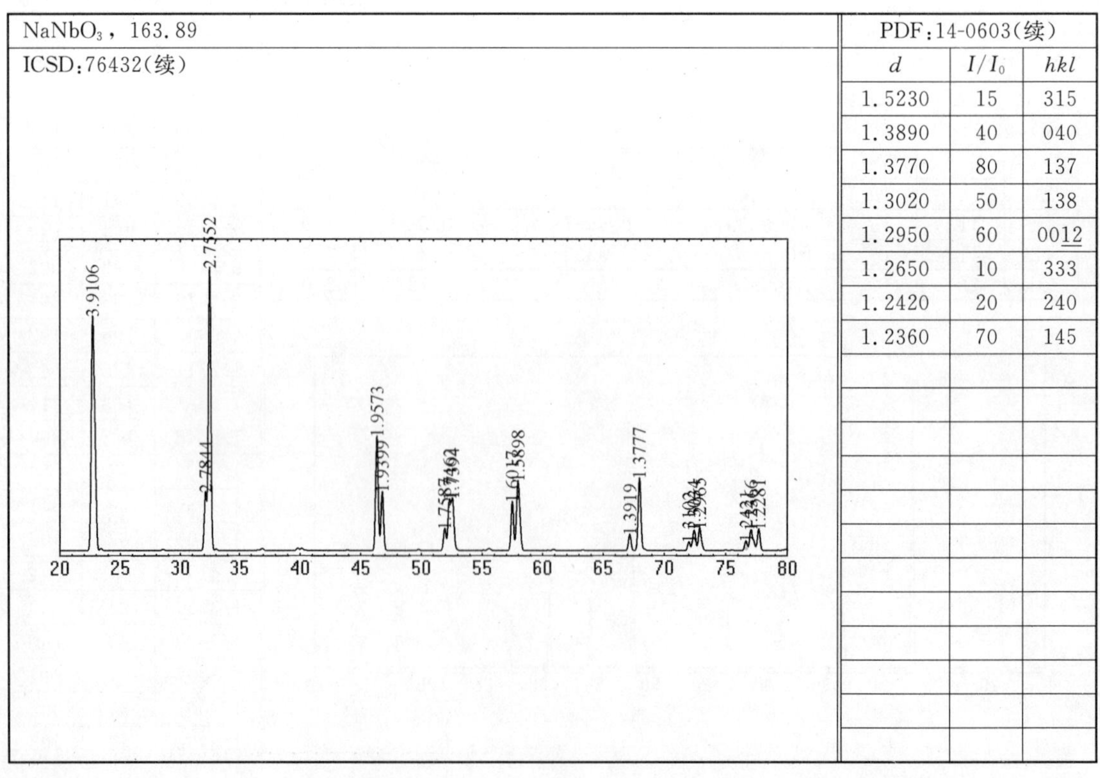

4-063 副黄碲矿(Paratellurite)

TeO_2，159.6

Sys.:Tetragonal　S.G.:$P4_12_12$(92)　Z:4

a:4.81　c:7.613　Vol.:176.14

ICSD:62898

Atom		Wcf	x	y	z	Occ
Te1	Te^{4+}	4a	0.02689(2)	0.02689(2)	0	1.0
O1	O^{2-}	8b	0.2579(1)	0.1386(1)	0.1862(1)	1.0

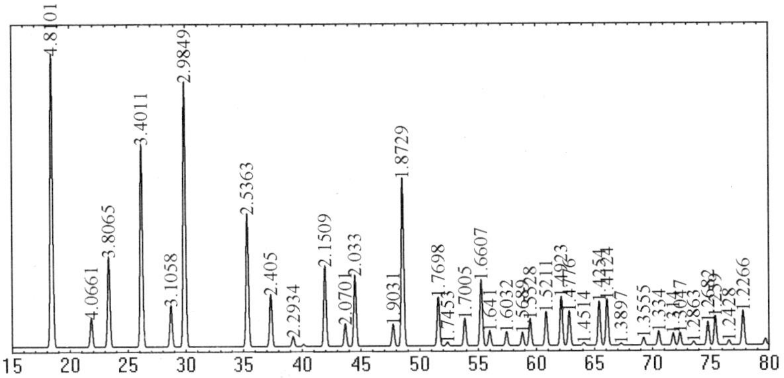

PDF:11-0693

d	I/I_0	hkl
4.0680	13	101
3.4040	85	110
3.1070	13	111
2.9880	100	102
2.5360	1	112
2.4070	20	200
2.2960	3	201
2.2440	1	103
2.1510	3	210
2.0710	5	211
2.0330	1	202
1.9040	11	004
1.8730	55	212
1.7696	1	104
1.7460	3	203
1.7010	13	220
1.6610	20	114
1.6410	5	213
1.5690	3	301
1.5527	1	222

4-064 铌钙矿(Fersmite)

$CaNb_2O_6$，321.89

Sys.:Orthorhombic　S.G.:$Pcan$(60)　Z:4

a:5.7479　b:14.9866　c:5.2263　Vol.:450.2

ICSD:15208

Atom		Wcf	x	y	z	Occ
Ca1	Ca^{2+}	4c	0	0.2244(6)	0.75	1.0
Nb1	Nb^{5+}	8d	0.1653(1)	0.3166(2)	0.2987(2)	1.0
O1	O^{2-}	8d	0.0893(6)	0.0997(14)	0.4040(18)	1.0
O2	O^{2-}	8d	0.1003(6)	0.4280(14)	0.0056(18)	1.0
O3	O^{2-}	8d	0.2576(6)	0.1351(14)	0.1266(17)	1.0

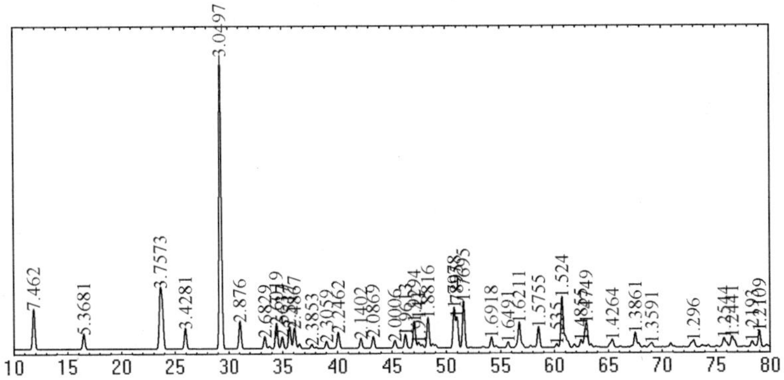

PDF:39-1392

d	I/I_0	hkl
7.5051	8	020
5.3685	5	110
3.7700	19	130
3.7437	18	111
3.4351	10	121
3.0577	100	131
2.8739	10	200
2.6906	15	141
2.6596	1	150
2.6138	8	002
2.5731	5	012
2.5187	10	201
2.5001	11	060
2.4663	2	022
2.3865	1	221
2.3156	2	032
2.2492	6	231
2.1481	4	132
2.0906	4	241
2.0085	3	142

4-065 钽锑矿(Stibiotantalite)

$SbTaO_4$，366.7

Sys.:Orthorhombic S.G.:$Pn2_1a$(33) Z:4

a:4.911 b:11.814 c:5.535 Vol.:321.13

ICSD:25548

Atom		Wcf	x	y	z	Occ
Sb1	Sb^{3+}	4a	−0.04	0	0	1.0
Ta1	Ta^{5+}	4a	0	0.375	0.25	1.0
O1	O^{2-}	4a	0.16	0.33	0.09	1.0
O2	O^{2-}	4a	0.75	0.12	0.17	1.0
O3	O^{2-}	4a	0.25	0.12	0.33	1.0

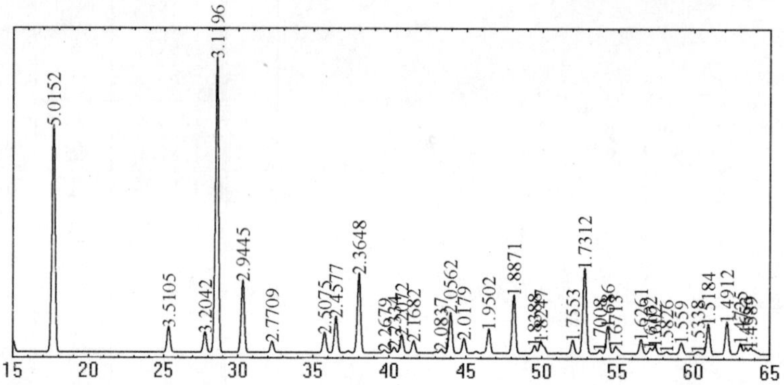

PDF:16-0908

d	I/I_0	hkl
5.9000	6	020
4.5300	6	110
3.5100	40	111
3.1200	100	121
3.0700	4	130
2.9500	35	040
2.7660	6	002
2.6920	20	012
2.6870	20	131
2.5060	6	022
2.4560	14	200
2.3630	1	112
2.2650	8	032
2.2320	2	122
2.2050	2	211
2.0980	2	221
2.0560	2	132
2.0190	6	042
1.9870	8	151
1.9680	2	060

4-066 斜锆石(Baddeleyite)

ZrO_2，123.22

Sys.:Monoclinic S.G.:$P2_1/a$(14) Z:4

a:5.3129 b:5.2125 c:5.1471 β:99.218 Vol.:140.7

ICSD:82544

Atom		Wcf	x	y	z	Occ
Zr1	Zr^{4+}	4e	0.27556(9)	0.04036(8)	0.20853(9)	1.0
O1	O^{2-}	4e	0.0744(6)	0.3345(5)	0.3439(5)	1.0
O2	O^{2-}	4e	0.4505(6)	0.7564(4)	0.4687(6)	1.0

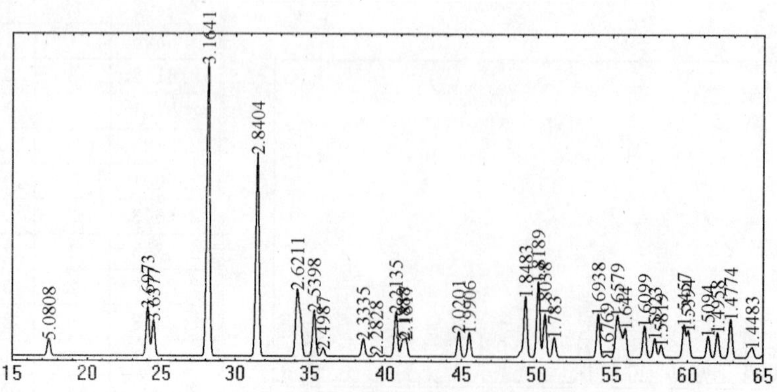

PDF:37-1484

d	I/I_0	hkl
5.0870	3	001
3.6977	14	110
3.6391	10	011
3.1647	100	$\bar{1}11$
2.8406	68	111
2.6227	21	200
2.6062	11	020
2.5399	13	002
2.4995	2	$\bar{2}01$
2.3425	1	$\bar{2}10$
2.3340	4	120
2.2845	1	012
2.2527	1	$\bar{2}11$
2.2138	12	$\bar{1}12$
2.1919	5	201
2.1805	5	$\bar{1}21$
2.0203	7	211
1.9910	6	$\bar{2}02$
1.8593	2	$\bar{2}12$
1.8481	18	220

4-067　方铈矿(Cerianite-Ce)

CeO_2，172.12

Sys.:Cubic　S.G.:$Fm\bar{3}m$(225)　Z:4

a:5.411　Vol.:158.431

ICSD:52887

Atom		Wcf	x	y	z	Occ
Ce1	Ce^{4+}	4a	0	0	0	1.0
O1	O^{2-}	8c	0.25	0.25	0.25	1.0

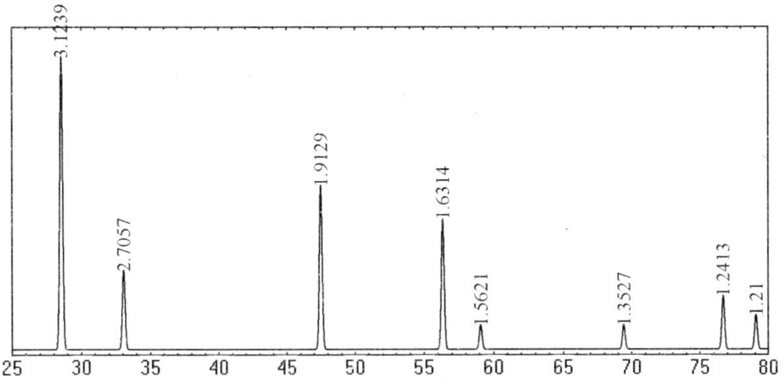

PDF:04-0593

d	I/I_0	hkl
3.1240	100	111
2.7060	29	200
1.9130	51	220
1.6320	44	311
1.5620	5	222
1.3530	5	400
1.2410	15	331
1.2100	6	420
1.1044	12	422
1.0412	9	511
0.9565	5	440
0.9146	13	531
0.9018	7	600
0.8556	7	620
0.8251	6	533
0.8158	5	622

4-068　方钍矿(Thorianite)

ThO_2，264.04

Sys.:Cubic　S.G.:$Fm\bar{3}m$(225)　Z:4

a:5.6　Vol.:175.62

ICSD:61585

Atom		Wcf	x	y	z	Occ
Th1	Th^{4+}	4a	0	0	0	1.0
O1	O^{2-}	8c	0.25	0.25	0.25	1.0

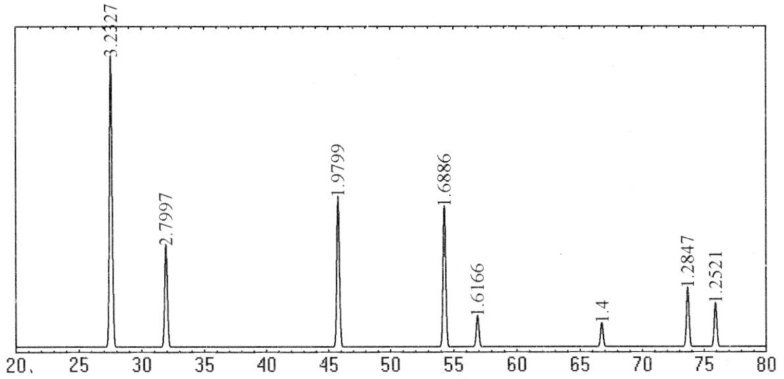

PDF:04-0556

d	I/I_0	hkl
3.2340	100	111
2.8000	35	200
1.9800	58	220
1.6890	64	311
1.6160	11	222
1.4000	8	400
1.2840	26	331
1.2520	17	420
1.1432	20	422
1.0779	19	511
0.9900	6	440
0.9465	18	531
0.9333	8	600
0.8854	14	620
0.8540	9	533
0.8441	9	622

4-069 钼华(Molybdite)

MoO_3，143.94

Sys.:Orthorhombic S.G.:*Pbnm*(62) *Z*:4

a:3.962 *b*:13.858 *c*:3.697 Vol.:202.99

ICSD:76365

Atom		Wcf	*x*	*y*	*z*	Occ
Mo1	Mo^{6+}	4*c*	0.0847	0.0998	0.25	1.0
O1	O^{2-}	4*c*	0.525	0.435	0.25	1.0
O2	O^{2-}	4*c*	0.56	0.1	0.25	1.0
O3	O^{2-}	4*c*	0.015	0.23	0.25	1.0

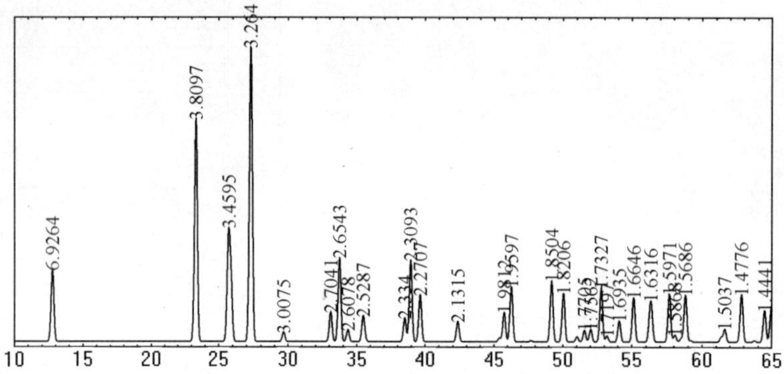

PDF:05-0508

d	I/I_0	*hkl*
6.9300	34	020
3.8100	82	110
3.4630	61	040
3.2600	100	021
3.0060	13	130
2.7020	19	101
2.6550	35	111
2.6070	6	140
2.5270	12	041
2.3320	12	131
2.3090	31	060
2.2710	18	150
2.1310	9	141
1.9960	4	160
1.9820	13	200
1.9600	17	210
1.8490	21	002
1.8210	11	230
1.7710	5	170
1.7560	5	161

4-070 钨华(Tungstite)

$WO_3 \cdot H_2O$，249.86

Sys.:Orthorhombic S.G.:*Pmnb*(62) *Z*:4

a:5.238 *b*:10.704 *c*:5.12 Vol.:287.07

ICSD:201806

Atom		Wcf	*x*	*y*	*z*	Occ
W1	W^{6+}	4*c*	0.25	0.22090(8)	−0.0037(3)	1.0
O1	O^{2-}	4*c*	0.25	0.436(2)	0.075(4)	1.0
O2	O^{2-}	4*c*	0.25	0.066(2)	−0.064(4)	1.0
O3	O^{2-}	8*d*	0.495(8)	0.227(2)	0.249(5)	1.0
H1	H^{+}	4*c*	0.25	0.479	0.2	1.0
H2	H^{+}	4*c*	0.25	0.478	−0.055	1.0

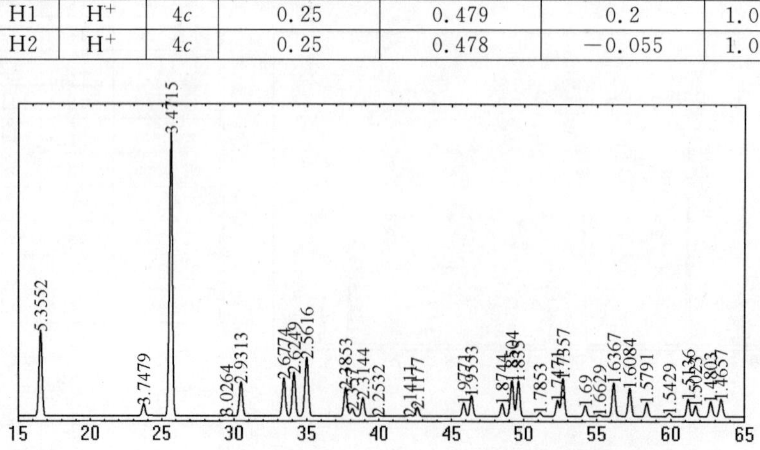

PDF:43-0679

d	I/I_0	*hkl*
5.3600	80	020
4.6000	10	011
3.7300	20	120
3.4630	100	111
2.9240	30	031
2.6770	30	040
2.6160	40	200
2.5560	50	002
2.5560	50	131
2.3830	20	140
2.3510	20	220
2.3120	30	022
2.1130	10	122
1.9750	20	051
1.9510	15	231
1.8670	5	240
1.8510	40	042
1.8510	40	151
1.8310	40	202
1.7830	3	060

4-071 砒霜(Claudetite)

As_2O_3，197.84

Sys.: Monoclinic S.G.: $P2_1/n$(14) Z:4

a:5.339 b:12.984 c:4.5405 β:94.26 Vol.:313.89

ICSD:27588

Atom		Wcf	x	y	z	Occ
As1	As^{3+}	4e	0.258	0.102	0.04	1.0
As2	As^{3+}	4e	0.363	0.352	0.007	1.0
O1	O^{2-}	4e	0.45	0.22	0.03	1.0
O2	O^{2-}	4e	0.62	0.41	0.18	1.0
O3	O^{2-}	4e	0.95	0.16	0.13	1.0

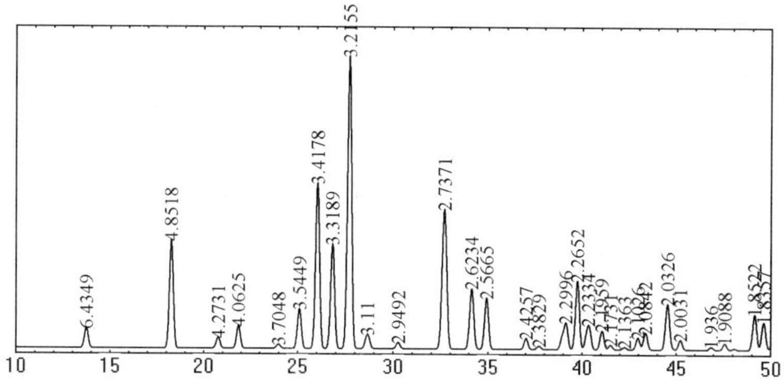

PDF:15-0778

d	I/I_0	hkl
6.4960	10	020
4.9240	25	110
4.2770	4	011
4.1180	10	$\bar{1}20$
3.7170	2	021
3.5860	14	$\bar{1}01$
3.4540	50	$\bar{1}11$
3.3560	20	$\bar{1}30$
3.3280	18	101
3.2450	100	040
3.1290	6	031
2.7710	35	140
2.6400	16	131
2.6080	14	210
2.3330	8	150
2.2640	25	002
2.2530	6	051
2.2310	12	012
2.1040	6	221

4-072 褐锰矿(Braunite)

$MnMn_6SiO_{12}$，604.64

Sys.: Tetragonal S.G.: $I4_1/acd$(142) Z:8

a:9.4207 c:18.685 Vol.:1658.29

ICSD:86887

Atom		Wcf	x	y	z	Occ
Mn1	Mn^{2+}	8b	0	0.25	0.125	1.0
Mn2	Mn^{3+}	16c	0	0	0	1.0
Mn3	Mn^{3+}	16e	0.25	0.21611(17)	0	1.0
Mn4	Mn^{3+}	16f	0.23242(12)	0.48242(12)	0.125	1.0
Si1	Si^{4+}	8a	0	0.25	0.375	1.0
O1	O^{2-}	32g	0.14963(47)	0.85538(47)	0.94580(21)	1.0
O2	O^{2-}	32g	0.14506(42)	0.07319(51)	0.05720(19)	1.0
O3	O^{2-}	32g	0.07862(47)	0.13392(50)	0.92569(21)	1.0

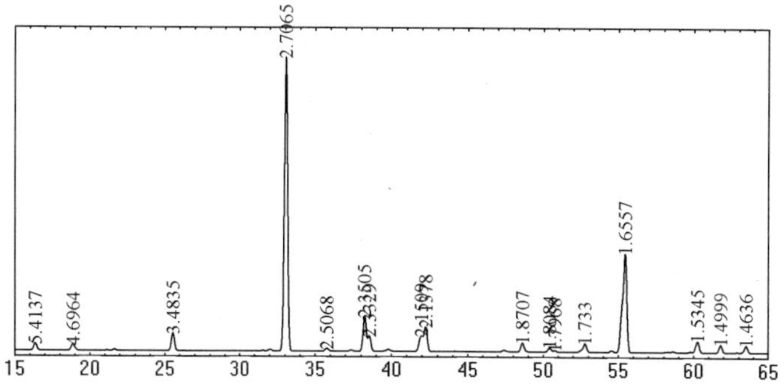

PDF:41-1367

d	I/I_0	hkl
5.4210	2	112
4.7100	3	200
4.6710	1	004
4.2060	1	202
4.1080	1	211
3.4900	7	213
3.3310	2	220
3.3170	1	204
2.8390	1	312
2.7970	1	215
2.7120	100	224
2.5120	1	314
2.4080	1	323
2.3550	14	400
2.3360	6	008
2.2840	1	402
2.2680	1	411
2.1600	4	332
2.1530	5	316
2.1430	10	325

(2) 氢氧化物

4-073 水镁石(Brucite)

$Mg(OH)_2$, 58.32

Sys.: Trigonal S.G.: $P\bar{3}m1$(164) Z: 1

a: 3.1442 c: 4.777 Vol.: 40.9

ICSD: 34401

Atom		Wcf	x	y	z	Occ
Mg1	Mg^{2+}	1a	0	0	0	1.0
O1	O^{2-}	2d	0.3333	0.6667	0.2216(7)	1.0
H1	H^{+}	2d	0.3333	0.6667	0.4303(12)	1.0

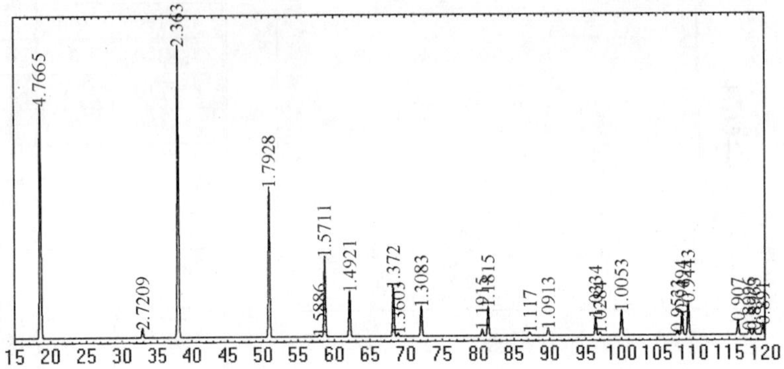

PDF: 44-1482

d	I/I_0	hkl
4.7850	53	001
2.7220	6	100
2.3670	100	101
1.7963	29	102
1.5723	33	110
1.4931	13	111
1.3737	7	103
1.3619	3	200
1.3094	7	201
1.1828	4	202
1.1188	1	113
1.0936	1	104
1.0349	1	203
1.0061	3	211
0.9554	1	005
0.9509	1	114
0.9453	3	212
0.9077	2	300
0.8918	1	301

4-074 勃姆矿(Boehmite)

AlO(OH), 59.99

Sys.: Orthorhombic S.G.: *Amam*(63) Z: 4

a: 3.6936 b: 12.214 c: 2.8679 Vol.: 129.38

ICSD: 200599

Atom		Wcf	x	y	z	Occ
Al1	Al^{3+}	4c	0.25	−0.317(1)	0	1.0
O1	O^{2-}	4c	0.25	0.286(2)	0	1.0
O2	O^{2-}	4c	0.25	0.080(2)	0	1.0

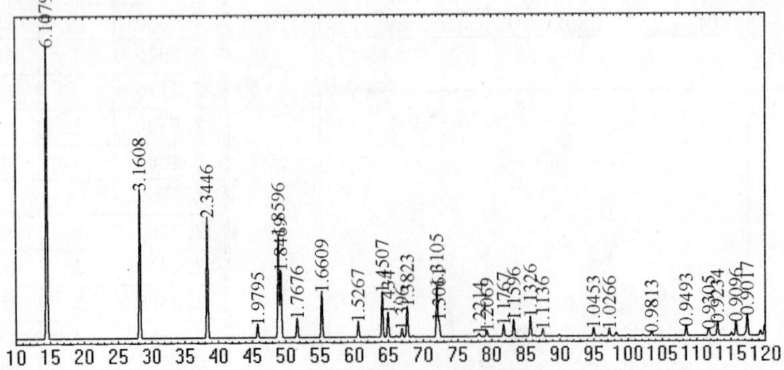

PDF: 83-2384

d	I/I_0	hkl
6.1070	999	020
3.1605	362	120
2.7920	1	011
2.3446	249	031
2.2273	2	111
2.0357	1	060
1.9795	28	131
1.8596	184	051
1.8468	123	200
1.7828	1	160
1.7677	34	220
1.6610	77	151
1.5802	1	240
1.5403	1	211
1.5268	26	080
1.4906	1	071
1.4508	68	231
1.4340	36	002
1.4110	2	180

4-075　硬水铝石(Diaspore)

AlO(OH)，59.99

Sys.:Orthorhombic　S.G.:*Pbnm*(62)　*Z*:4

a:4.396　*b*:9.426　*c*:2.844　Vol.:117.85

ICSD:200952

Atom		Wcf	*x*	*y*	*z*	Occ
Al1	Al^{3+}	4*c*	0.04476(10)	−0.14456(5)	−0.25	1.0
O1	O^{2-}	4*c*	0.71228(20)	0.19882(11)	−0.25	1.0
O2	O^{2-}	4*c*	0.19698(21)	0.05350(11)	−0.25	1.0
H1	H^{+}	4*c*	0.4095	0.0876	−0.25	1.0

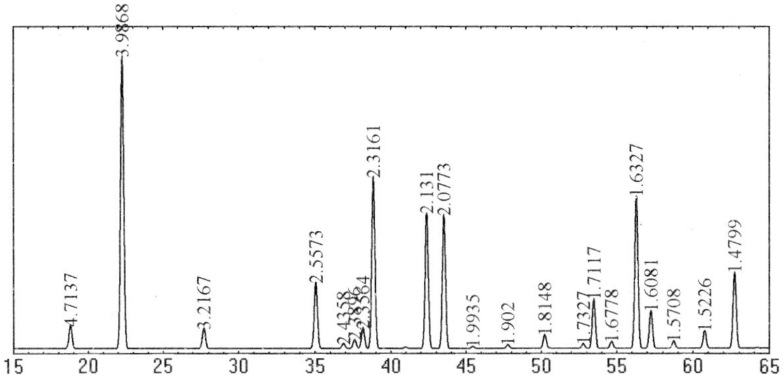

PDF:05-0355

d	I/I_0	*hkl*
4.7100	13	020
3.9900	100	110
3.2140	10	120
2.5580	30	130
2.4340	3	021
2.3860	5	101
2.3560	8	040
2.3170	56	111
2.1310	52	121
2.0770	49	140
1.9010	3	131
1.8150	8	041
1.7330	3	150
1.7120	15	211
1.6780	3	141
1.6330	43	221
1.6080	12	240
1.5700	4	060
1.5220	6	231
1.4800	20	151

4-076　三水铝石(Gibbsite)

$Al(OH)_3$，78

Sys.:Monoclinic　S.G.:$P2_1/n$(14)　*Z*:8

a:8.659　*b*:5.077　*c*:9.703　*β*:94.2　Vol.:425.42

ICSD:27698

Atom		Wcf	*x*	*y*	*z*	Occ
O1	O^{2-}	4*e*	0.183	0.202	−0.105	1.0
O2	O^{2-}	4*e*	0.674	0.67	−0.104	1.0
O3	O^{2-}	4*e*	0.48	0.132	−0.106	1.0
O4	O^{2-}	4*e*	−0.017	0.632	−0.108	1.0
O5	O^{2-}	4*e*	0.293	0.702	−0.105	1.0
O6	O^{2-}	4*e*	0.806	0.17	−0.103	1.0
Al1	Al^{3+}	4*e*	0.166	0.5	0	1.0
Al2	Al^{3+}	4*e*	0.333	0	0	1.0

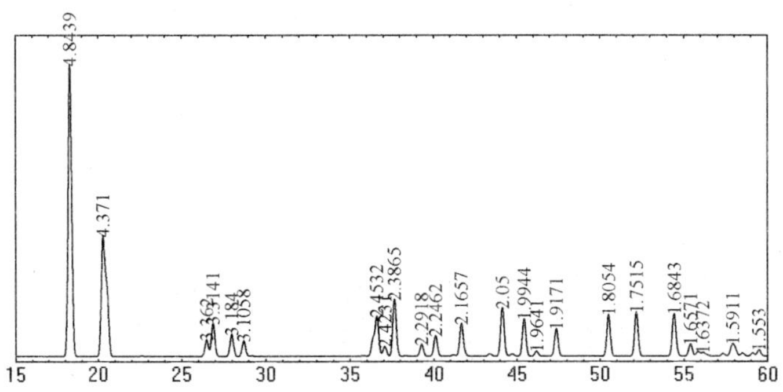

PDF:07-0324

d	I/I_0	*hkl*
4.8500	100	002
4.3700	16	110
4.3200	8	200
3.3060	5	$\bar{1}12$
3.1870	4	112
3.1120	3	202
2.4540	8	021
2.4200	6	004
2.3880	8	311
2.2850	2	$\bar{3}12$
2.2440	3	213
2.1680	3	312
2.0850	1	114
2.0430	6	$\bar{3}13$
1.9930	4	023
1.9600	1	$\bar{1}23$
1.9210	4	411
1.7990	4	$\bar{3}14$
1.7500	5	024
1.6890	4	314

4-077 黑锌锰矿(Chalcophanite)

$ZnMn_3O_7 \cdot 3H_2O$，396.24

Sys.:Trigonal S.G.:$R\overline{3}$(148) Z:6

a:7.533(3) c:20.794(7) Vol.:1021.89

ICSD:202700

Atom		Wcf	x	y	z	Occ
Mn1	Mn^{4+}	18f	0.71869(10)	0.57771(11)	0.99948(3)	1.0
Zn1	Zn^{2+}	6c	0	0	0.09997(5)	1.0
O1	O^{2-}	18f	0.52784(53)	0.62297(52)	0.04721(15)	1.0
O2	O^{2-}	18f	0.26077(54)	0.20655(53)	0.05048(16)	1.0
O3	O^{2-}	6c	0	0	0.71250(27)	1.0
O4	O^{2-}	18f	0.17900(63)	0.93107(63)	0.16435(19)	1.0

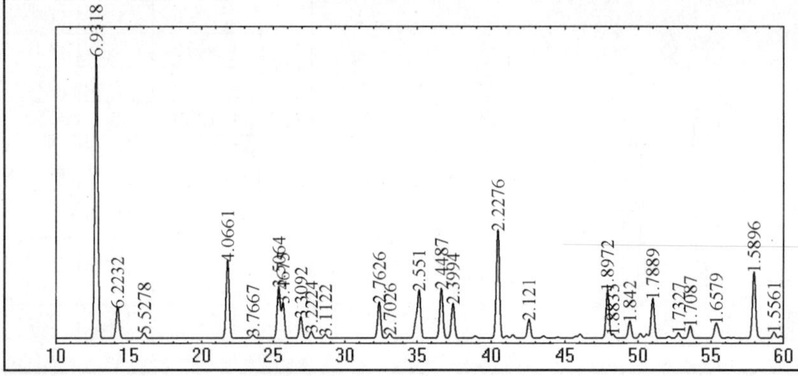

PDF:45-1320

d	I/I_0	hkl
6.9310	100	003
6.2250	12	101
5.5260	2	012
4.0660	29	104
3.7660	1	110
3.5070	19	015
3.4660	12	006
3.3090	8	113
3.2220	3	021
3.1120	1	202
2.7630	13	024
2.7030	2	107
2.5670	6	205
2.5500	17	116
2.4490	16	211
2.3990	11	122
2.3100	1	009
2.2280	40	214
2.1960	1	027
2.1750	1	300

4-078 羟铟石(Dzhalindite)

$In(OH)_3$，165.84

Sys.:Cubic S.G.:$Im\overline{3}$(204) Z:8

a:7.9743 Vol.:507.08

ICSD:35637

Atom		Wcf	x	y	z	Occ
In1	In^{3+}	8c	0.25	0.25	0.25	1.0
O1	O^{2-}	24g	0	0.3188(1)	0.1712(1)	1.0
H1	H^{+}	24g	0	0.3078(6)	0.0451(4)	0.52(2)
H2	H^{+}	24g	0	0.4458(6)	0.1757(6)	0.48(2)

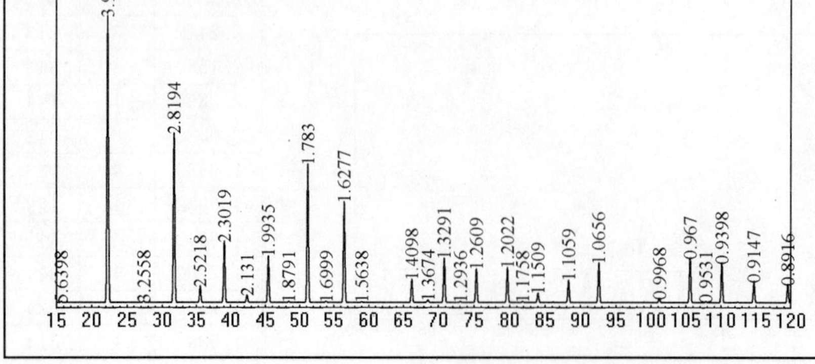

PDF:76-1463

d	I/I_0	hkl
5.6387	3	110
3.9872	999	200
3.2555	3	211
2.8193	533	220
2.5217	43	013
2.3020	180	222
2.1312	19	321
1.9936	127	400
1.8796	3	411
1.7831	356	420
1.7001	3	332
1.6278	248	422
1.5639	2	015
1.4559	1	125
1.4097	53	440
1.3676	6	530
1.3291	96	442
1.2936	3	235
1.2609	70	620
1.2305	1	145

4-079 针铁矿(Goethite)

FeO(OH)，88.85

Sys.:Orthorhombic　S.G.:*Pbnm*(62)　*Z*:4

a:4.608　*b*:9.956　*c*:3.0215　Vol.:138.62

ICSD:71810

Atom		Wcf	*x*	*y*	*z*	Occ
Fe1	Fe^{3+}	4*c*	0.0477	0.8539	0.25	1.0
O1	O^{2-}	4*c*	0.708	0.1996	0.25	1.0
O2	O^{2-}	4*c*	0.204	0.0531	0.25	1.0

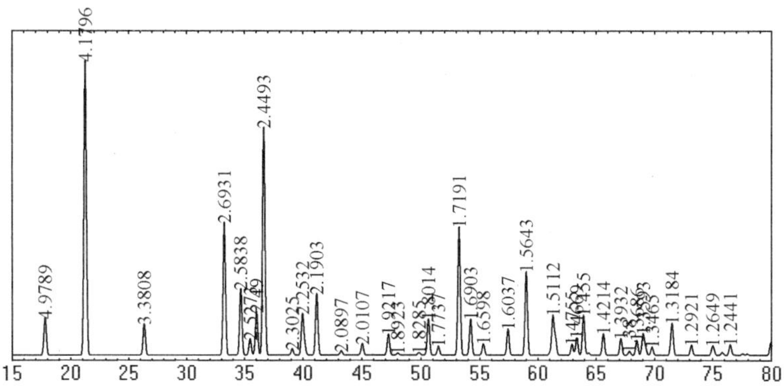

PDF:29-0713

d	I/I_0	*hkl*
4.9800	12	020
4.1830	100	110
3.3830	10	120
2.6930	35	130
2.5830	12	021
2.5270	4	101
2.4890	10	040
2.4500	50	111
2.3030	1	200
2.2530	14	121
2.1900	18	140
2.0890	1	220
2.0110	2	131
1.9200	5	041
1.8020	6	211
1.7728	1	141
1.7192	20	221
1.6906	6	240
1.6037	4	231
1.5637	10	151

4-080 纤铁矿(Lepidocrocite)

FeO(OH)，88.85

Sys.:Orthorhombic　S.G.:*Amam*(63)　*Z*:4

a:12.52　*b*:3.873　*c*:3.071　Vol.:148.91

ICSD:93948　*Cmcm*(63)　*a*:3.072　*b*:12.516　*c*:3.873

Atom		Wcf	*x*	*y*	*z*	Occ
Fe1	Fe^{3+}	4*c*	0.5	0.1778(1)	0.250	1.0
O1	O^{2-}	4*c*	0	0.2889(4)	0.250	1.0
O2	O^{2-}	4*c*	0	0.0738(4)	0.250	1.0
H1	H^{+}	8*f*	0	−0.001(3)	0.179(10)	0.5

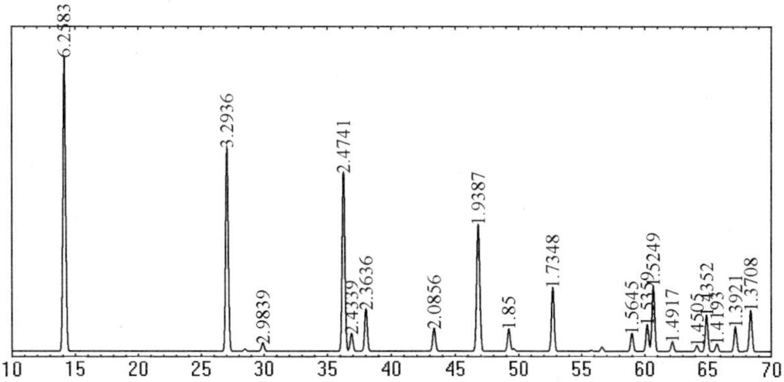

PDF:44-1415

d	I/I_0	*hkl*
6.2700	61	200
3.2940	100	210
2.9810	8	101
2.4730	76	301
2.4340	34	410
2.3620	36	111
2.0860	9	600
2.0860	9	311
1.9404	53	501
1.9351	72	020
1.8502	12	220
1.8375	8	610
1.7350	21	511
1.6238	5	121
1.5650	3	800
1.5344	33	002
1.5248	30	321
1.4915	5	202
1.4510	5	810
1.4357	8	711

4-081 水锰矿(Manganite)

MnO(OH)，87.94

Sys.:Monoclinic S.G.:$P2_1/a$(14) Z:4

a:5.300 b:5.278 c:5.307 β:114.36 Vol.:135.24

ICSD:84949

Atom		Wcf	x	y	z	Occ
Mn1	Mn^{3+}	4e	0.76316(3)	0.01033(3)	0.75464(2)	1.0
O1	O^{2-}	4e	0.3749(1)	0.1238(1)	0.6279(2)	1.0
O2	O^{2-}	4e	0.8752(1)	0.1256(1)	0.1206(2)	1.0
H1	H^{+}	4e	0.284(4)	0.027(5)	0.725(4)	1.0

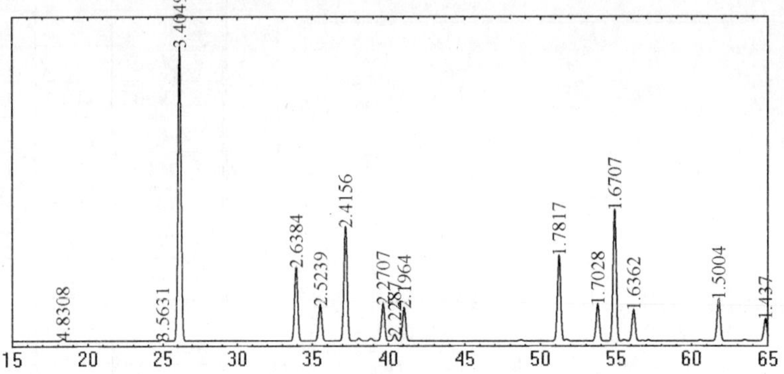

PDF:41-1379

d	I/I_0	hkl
4.8300	1	100
3.5630	1	011
3.5630	1	110
3.4050	100	$11\bar{1}$
2.6390	24	020
2.5240	12	111
2.4170	17	002
2.4140	16	200
2.3160	1	120
2.2710	10	$12\bar{1}$
2.2280	2	$20\bar{2}$
2.1960	9	012
2.1960	9	210
1.8740	1	102
1.8660	1	$22\bar{1}$
1.7820	21	022
1.7820	21	220
1.7650	1	211
1.7030	10	$22\bar{2}$
1.6720	17	$11\bar{3}$

4-082a 硬锰矿(Psilomelane)

$Ba_xMn2O_{10}\cdot 2H_2O$

Sys.:Monoclinic S.G.:$A2/m$(12) Z:2

a:9.56 b:2.88 c:13.85 β:92.5 Vol.:380.97

ICSD:38853

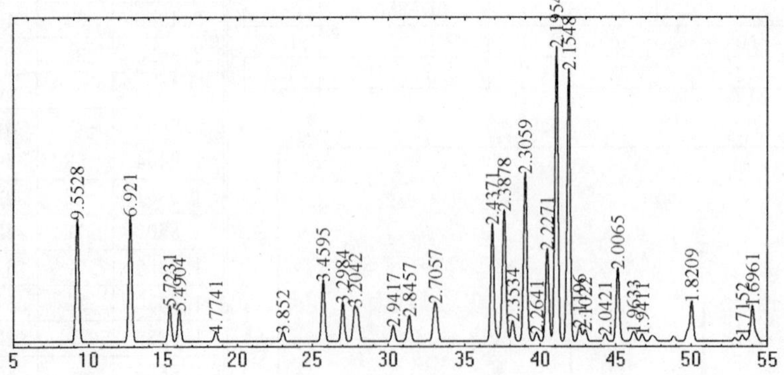

PDF:06-0606

d	I/I_0	hkl
3.8800	30	202
3.4600	70	004
3.3200	30	$\bar{1}04$
3.2400	30	203
2.8800	70	010
2.4200	70	211
2.3600	30	113
2.2600	30	$\bar{1}06$
2.1900	100	$\bar{2}13$
2.1500	30	213
2.0200	10	312
1.8200	70	215
1.7100	10	$\bar{3}07$
1.6400	30	504
1.5600	70	$\bar{2}17$
1.5000	10	$\bar{5}06$
1.4200	70	$\bar{1}21$
1.4000	70	218
1.3000	10	321

4-082b 硬锰矿(Psilomelane)

$Ba_xMn2O_{10}\cdot 2H_2O$

ICSD:38853(续)

Atom		Wcf	x	y	z	Occ
Mn1	$Mn^{3.7+}$	2*b*	0	0.5	0	1.0
Mn2	$Mn^{3.7+}$	4*i*	0.265	0	0	1.0
Mn3	$Mn^{3.7+}$	4*i*	0.488	0	0.335	1.0
Ba1	Ba^{2+}	4*i*	0.124	0	0.246	0.32
O6	O^{2-}	4*i*	0.124	0	0.246	0.68
O1	O^{2-}	4*i*	0.168	0	0.572	1.0
O2	O^{2-}	4*i*	0.421	0	0.092	1.0
O3	O^{2-}	4*i*	0.394	0	0.768	1.0
O4	O^{2-}	4*i*	0.346	0	0.422	1.0
O5	O^{2-}	4*i*	0.08	0	0.925	1.0

PDF:06-0606(续)

d	I/I_0	*hkl*

4-083 羟钙石(Portlandite)

$Ca(OH)_2$, 74.09

Sys.:Trigonal S.G.:$P\bar{3}m1$(164) *Z*:1

a:3.5899 *c*:4.916 Vol.:54.87

ICSD:73468

Atom		Wcf	x	y	z	Occ
O1	O^{2-}	2*d*	0.3333	0.6667	0.7658(1)	1.0
H1	H^+	6*i*	0.3599(12)	0.7198(24)	0.5725(3)	0.333
Ca1	Ca^{2+}	1*a*	0	0	0	1.0

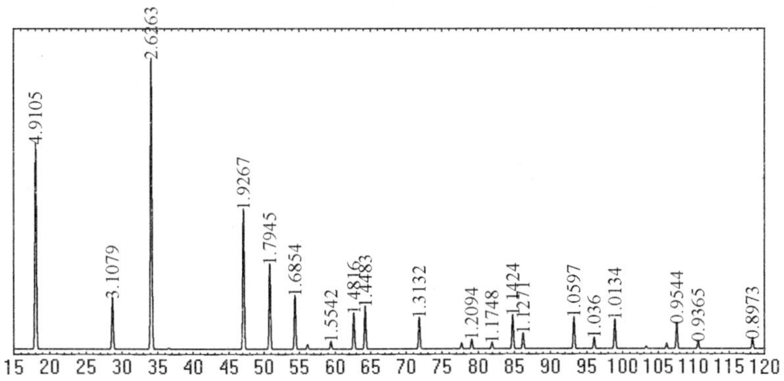

PDF:44-1481

d	I/I_0	*hkl*
4.9220	72	001
3.1110	27	100
2.6270	100	101
2.4580	1	002
1.9271	30	102
1.7954	31	110
1.6864	14	111
1.6383	1	003
1.5541	3	200
1.4820	9	201
1.4489	7	103
1.4489	7	112
1.3135	6	202
1.2286	1	004
1.2098	2	113
1.1752	2	210
1.1429	5	104
1.1429	5	211
1.1274	2	203
1.0601	3	212

5 卤 化 物

(1) 氟化物 …………………………………………………………………… (141)
(2) 氯化物 …………………………………………………………………… (149)
(3) 溴化物 …………………………………………………………………… (163)
(4) 碘化物 …………………………………………………………………… (164)

(1) 氟　化　物

5-001 氟盐(Villiaumite)

NaF，41.99

Sys.:Cubic　S.G.:$Fm\bar{3}m$(225)　Z:4

a:4.63329　Vol.:99.46

ICSD:41438

Atom		Wcf	x	y	z	Occ
Na1	Na^+	4a	0	0	0	1.0
F1	F^-	4b	0.5	0.5	0.5	1.0

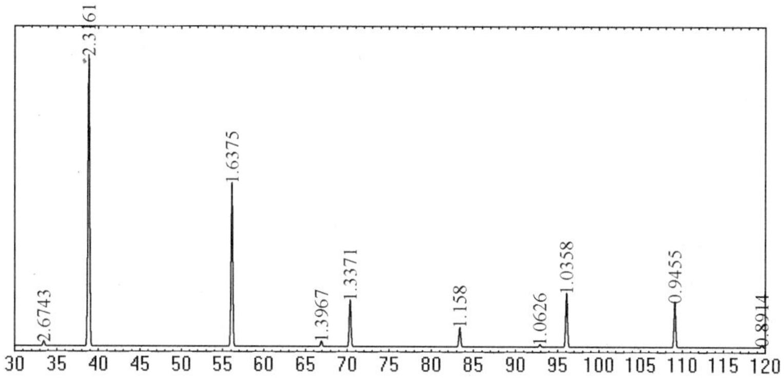

PDF:36-1455

d	I/I_0	hkl
2.6753	2	111
2.3166	100	200
1.6381	44	220
1.3969	2	311
1.3375	10	222
1.1585	3	400
1.0630	1	331
1.0359	7	420
0.9457	4	422
0.8917	1	511
0.8190	1	440

5-002 方氟钾石(Carobbiite)

KF，58.1

Sys.:Cubic　S.G.:$Fm\bar{3}m$(225)　Z:4

a:5.34758(12)　Vol.:152.92

ICSD:64686

Atom		Wcf	x	y	z	Occ
K1	K^+	4a	0	0	0	1.0
F1	F^-	4b	0.5	0.5	0.5	1.0

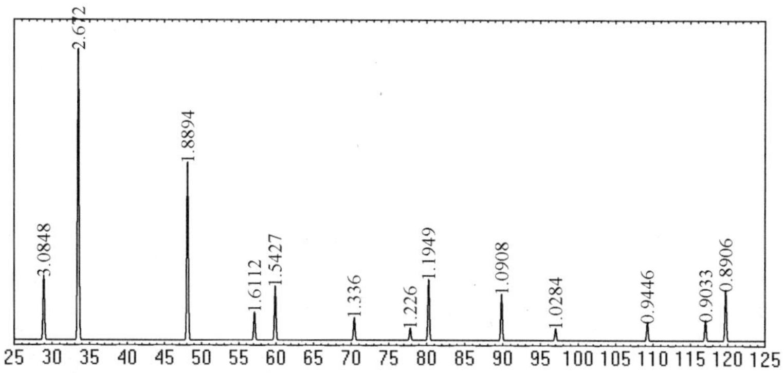

PDF:36-1458

d	I/I_0	hkl
3.0878	21	111
2.6748	100	200
1.8913	45	220
1.6125	6	311
1.5443	10	222
1.3370	4	400
1.2270	2	331
1.1959	7	420
1.0915	4	422
1.0291	1	511
0.9452	1	440
0.9039	1	531
0.8912	2	600
0.8455	1	620
0.8155	1	533
0.8062	1	622

5-003 葛氟锂石(Griceite)

LiF, 25.94

Sys.:Cubic S.G.:$Fm\bar{3}m$(225) Z:4

a:4.027 Vol.:65.3

ICSD:64686

Atom		Wcf	x	y	z	Occ
K1	K^+	4a	0	0	0	1.0
F1	F^-	4b	0.5	0.5	0.5	1.0

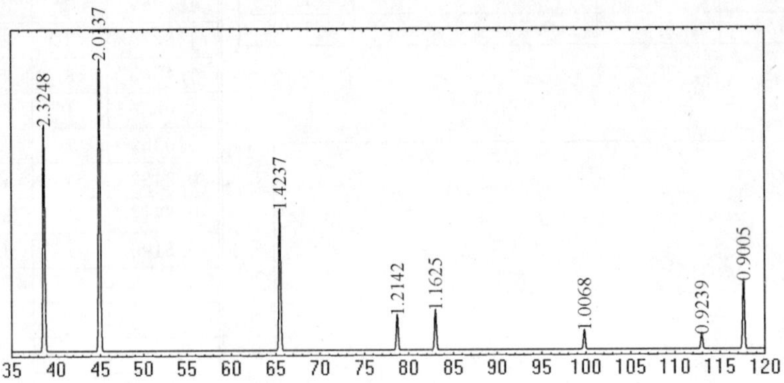

PDF:04-0857

d	I/I_0	hkl
2.3250	95	111
2.0130	100	200
1.4240	48	220
1.2140	10	311
1.1625	11	222
1.0068	3	400
0.9239	4	331
0.9005	14	420
0.8220	13	422

5-004 氟镁石(Sellaite)

MgF_2, 62.3

Sys.:Tetragonal S.G.:$P4_2/mnm$(136) Z:2

a:4.62 c:3.0509 Vol.:65.12

ICSD:20513

Atom		Wcf	x	y	z	Occ
Mg1	Mg^{2+}	2a	0	0	0	1.0
F1	F^-	4f	0.31	0.31	0	1.0

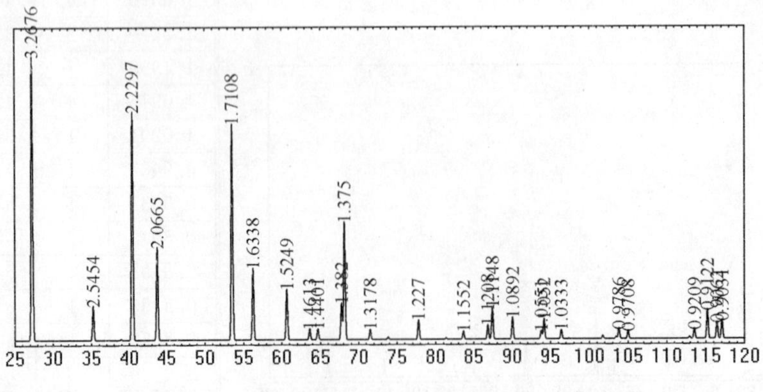

PDF:41-1443

d	I/I_0	hkl
3.2670	100	110
2.5474	15	101
2.3105	1	200
2.2309	76	111
2.0672	24	210
1.7112	56	211
1.6335	20	220
1.5259	11	002
1.4607	3	310
1.4403	2	221
1.3821	2	112
1.3745	22	301
1.3176	3	311
1.2814	1	320
1.2272	3	212
1.1814	1	321
1.1549	2	400
1.1205	2	410
1.1149	6	222
1.0889	3	330

5-005 萤石(Fluorite)

CaF_2，78.08

Sys.:Cubic　S.G.:$Fm\bar{3}m$(225)　Z:4

a:5.4626　Vol.:163

ICSD:52754

Atom		Wcf	x	y	z	Occ
Ca1	Ca^{2+}	4a	0	0	0	1.0
F1	F^-	8c	0.25	0.25	0.25	1.0

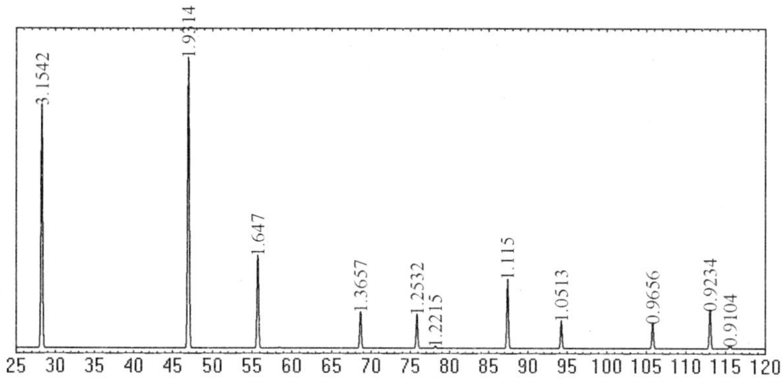

PDF:04-0864

d	I/I_0	hkl
3.1530	94	111
1.9310	100	220
1.6470	35	311
1.3660	12	400
1.2530	10	331
1.1150	16	422
1.0512	7	511
0.9657	5	440
0.9233	7	531
0.9105	1	600
0.8637	9	620
0.8330	3	533

5-006 钡萤石(Frankdicksonite)

BaF_2，175.33

Sys.:Cubic　S.G.:$Fm\bar{3}m$(225)　Z:4

a:6.2001　Vol.:238.34

ICSD:64717

Atom		Wcf	x	y	z	Occ
Ba1	Ba^{2+}	4a	0	0	0	1.0
F1	F^-	8c	0.25	0.25	0.25	1.0

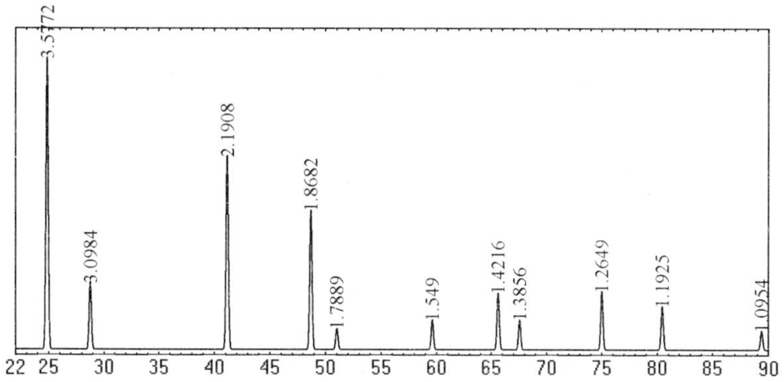

PDF:04-0452

d	I/I_0	hkl
3.5790	100	111
3.1000	30	200
2.1930	79	220
1.8700	51	311
1.7900	3	222
1.5500	6	400
1.4230	13	331
1.3860	6	420
1.2660	14	422
1.1933	6	511
1.0959	2	440
1.0481	6	531
1.0332	1	600
0.9803	2	620
0.9455	1	533
0.9347	3	622
0.8948	1	444
0.8682	4	711
0.8599	1	640
0.8285	5	642

5-007 氟铈矿(Fluocerite-Ce)

$La_{0.5}Ce_{0.5}F_3$, 196.51

Sys.: Hexagonal S.G.: $P6_3/mmc$(194) Z: 2

a: 4.148 c: 7.354 Vol.: 109.58

ICSD: 24747

Atom		Wcf	x	y	z	Occ
La1	La^{3+}	2c	0.3333	0.6667	0.25	0.5
Ce1	Ce^{3+}	2c	0.3333	0.6667	0.25	0.5
F1	F^-	2b	0	0	0.25	1.0
F2	F^-	4f	0.3333	0.6667	0.57	1.0

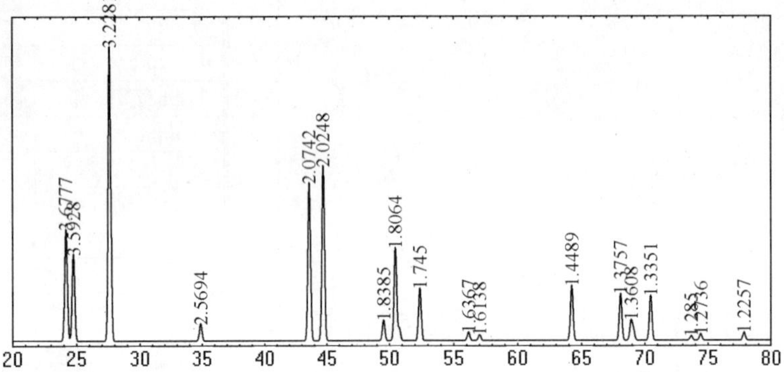

PDF: 73-2192

d	I/I_0	hkl
3.6770	398	002
3.5923	305	100
3.2278	999	101
2.5696	60	102
2.0740	437	110
2.0248	484	103
1.8385	55	004
1.8064	244	112
1.7961	40	200
1.7449	135	201
1.6366	22	104
1.6139	15	202
1.4488	122	203
1.3758	99	114
1.3611	42	105
1.3578	43	210
1.3352	93	211
1.2848	9	204
1.2737	13	212
1.2257	15	006

5-008 氟镧矿(Fluocerite-La)

LaF_3, 195.90

Sys.: Hexagonal S.G.: $P6_3/mmc$(194) Z: 2

a: 4.148 c: 7.354 Vol.: 109.58

ICSD: 24747

Atom		Wcf	x	y	z	Occ
La1	La^{3+}	2c	0.3333	0.6667	0.25	1.0
F1	F^-	2b	0	0	0.25	1.0
F2	F^-	4f	0.3333	0.6667	0.57	1.0

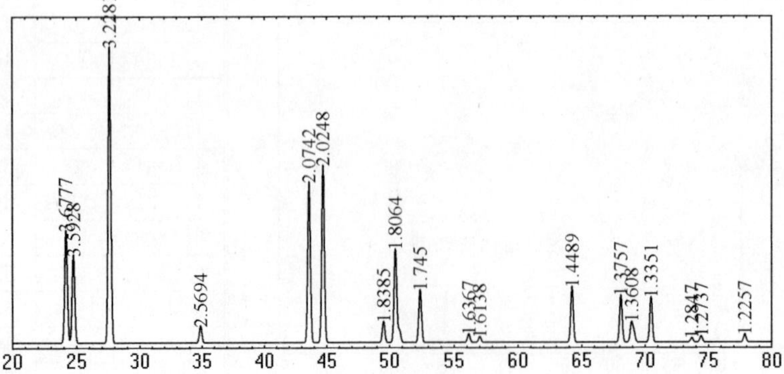

PDF: 76-0510

d	I/I_0	hkl
3.6770	399	002
3.5923	306	100
3.2278	999	101
2.5696	59	102
2.0740	440	110
2.0248	487	103
1.8385	55	004
1.8065	244	112
1.7961	40	200
1.7449	135	201
1.6366	22	104
1.6139	15	202
1.4488	123	203
1.3758	100	114
1.3611	42	105
1.3578	43	210
1.3352	94	211
1.2848	9	204
1.2737	13	212
1.2257	15	006

5-009 氟镁钠石(Neighborite)

$NaMgF_3$，104.29

Sys.:Orthorhombic　S.G.:*Pnma*(62)　*Z*:4

a:5.363　*b*:7.676　*c*:5.503　Vol.:226.54

ICSD:90283

Atom		Wcf	*x*	*y*	*z*	Occ
Mg1	Mg^{2+}	4*b*	0	0	0.5	1.0
Na1	Na^{+}	4*c*	0.0446(2)	0.25	−0.0098(2)	1.0
F1	F^{-}	4*c*	0.0877(3)	0.25	0.4730(3)	1.0
F2	F^{-}	8*d*	0.2949(2)	0.0459(1)	0.7025(2)	1.0

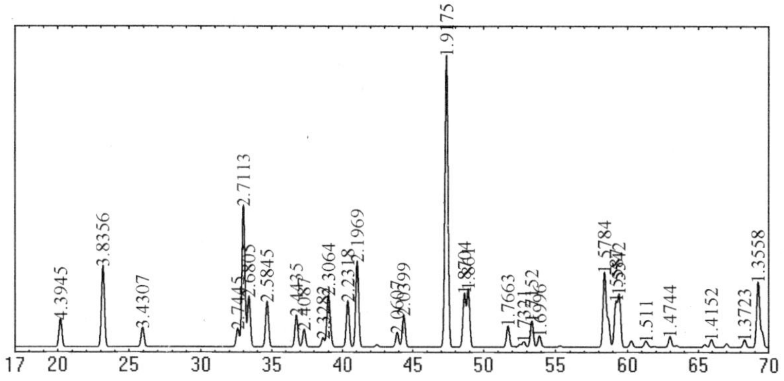

PDF:13-0303

d	I/I_0	*hkl*
3.8300	35	020
3.4400	4	111
2.7500	4	002
2.7100	50	121
2.6800	4	200
2.4400	4	102
2.4100	10	201
2.3300	4	112
2.3000	25	211
2.2300	18	022
2.2000	14	220
2.1300	6	131
2.0600	6	122
2.0400	2	221
1.9180	100	040
1.8620	4	212
1.7650	2	132
1.7320	4	103
1.7130	10	141
1.6890	6	113

5-010 氟硼钾石(Avogadrite)

KBF_4，125.90

Sys.:Orthorhombic　S.G.:*Pbnm*(62)　*Z*:4

a:8.664　*b*:5.48　*c*:7.028　Vol.:333.68

ICSD:9875

Atom		Wcf	*x*	*y*	*z*	Occ
K1	K^{+}	4*c*	0.18449(7)	0.25	0.1611(2)	1.0
B1	B^{3+}	4*c*	0.0626(4)	0.25	0.6897(7)	1.0
F1	F^{-}	4*c*	0.1789(3)	0.25	0.5560(4)	1.0
F2	F^{-}	4*c*	−0.0814(3)	0.25	0.6049(5)	1.0
F3	F^{-}	8*d*	0.0774(2)	0.0440(3)	0.8039(3)	1.0

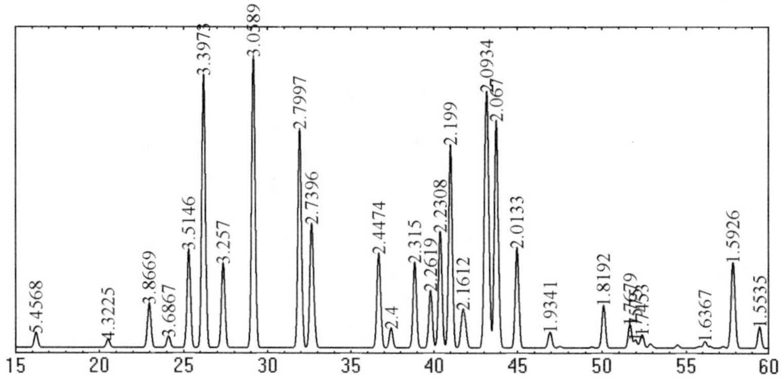

PDF:16-0378

d	I/I_0	*hkl*
5.4500	8	101
3.8700	12	111
3.6900	4	201
3.5100	45	002
3.4100	100	210
3.2600	80	102
3.0600	75	211
2.8010	40	112
2.7450	16	020
2.7370	10	202
2.6670	4	301
2.4490	8	121
2.4420	16	212
2.4030	6	311
2.3190	16	220
2.2620	18	103
2.2300	25	302
2.1980	25	221
2.1640	12	400
2.1570	12	013

5-011 氟硼钠石(Ferruccite)

$NaBF_4$, 109.79

Sys.: Orthorhombic S.G.: *Amma*(63) *Z*: 4

a: 6.85 *b*: 6.259 *c*: 6.78 Vol.: 90.69

ICSD: 30435

Atom		Wcf	*x*	*y*	*z*	Occ
Na1	Na^+	4*c*	0	0.656(1)	0.25	1.0
B1	B^{3+}	4*c*	0	0.161(2)	0.25	1.0
F1	F^-	8*f*	0	0.290(1)	0.086(1)	1.0
F2	F^-	8*g*	0.163(2)	0.032(2)	0.25	1.0

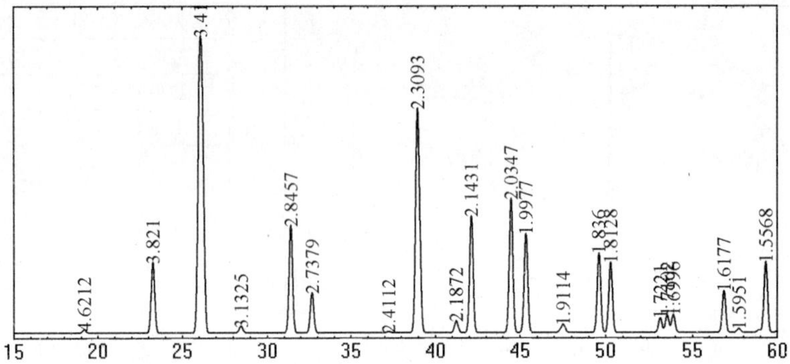

PDF: 11-0671

d	I/I_0	*hkl*
3.8200	20	111
3.4100	85	200
3.3900	100	002
3.1300	2	020
2.8400	25	021
2.7300	8	112
2.3100	40	220
2.1800	2	221
2.1400	20	310
2.0300	20	113
2.0000	19	130
1.9100	1	222
1.8340	9	023
1.8100	7	312
1.7200	2	132
1.7080	2	400
1.6970	3	004
1.6150	4	223
1.5560	8	313
1.4990	8	331

5-012 氟铝钙锂石(Colquiriite)

$CaLiAlF_6$, 187.99

Sys.: Trigonal S.G.: $P\overline{3}1c$(163) *Z*: 2

a: 5.007(1) *c*: 9.644(2) Vol.: 209.38

ICSD: 39699

Atom		Wcf	*x*	*y*	*z*	Occ
Ca1	Ca^{2+}	2*b*	0	0	0	1.0
Al1	Al^{3+}	2*d*	0.6667	0.3333	0.25	1.0
Li1	Li^+	2*c*	0.3333	0.6667	0.25	1.0
F1	F^-	12*i*	0.3769(1)	0.0311(1)	0.1434(1)	1.0

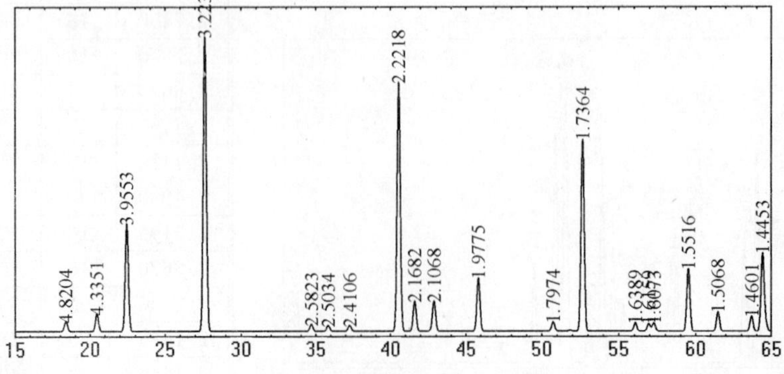

PDF: 43-1481

d	I/I_0	*hkl*
4.8190	15	002
4.3410	20	100
3.9590	60	101
3.2230	100	102
2.5820	10	103
2.5050	10	110
2.4080	10	004
2.2210	90	112
2.1650	25	200
2.1050	30	104
1.9760	40	202
1.7960	10	203
1.7350	80	114
1.6380	10	210
1.6120	15	204
1.5510	40	212
1.5060	20	106
1.4600	10	213
1.4450	40	300
1.3530	20	214

5-013 冰晶石(Cryolite)

Na_3AlF_6，209.94

Sys.:Monoclinic　S.G.:$P2_1/n$(14)　Z:2

a:7.769　b:5.593　c:5.404　β:90.18　Vol.:234.81

ICSD:96478

Atom		Wcf	x	y	z	Occ
Na1	Na^+	2c	0.5	0	0.5	1.0
Al1	Al^{3+}	2d	0.5	0	0	1.0
Na2	Na^+	4e	0.5138	0.5520(4)	0.2518	1.0
F1	F^-	4e	0.2255	0.1765(7)	0.953	1.0
F2	F^-	4e	0.3353	0.7285(7)	0.9362	1.0
F3	F^-	4e	0.397	0.9564(6)	0.2182	1.0

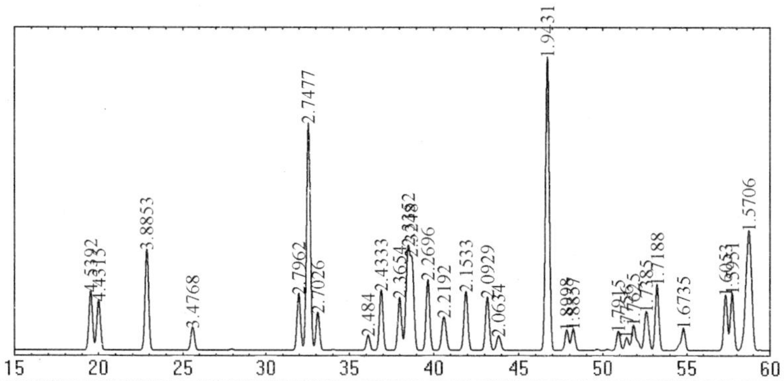

PDF:25-0772

d	I/I_0	hkl
4.5400	55	$\bar{1}10$
4.4400	40	$\bar{1}01$
3.8860	65	011
3.4790	12	$\bar{1}11$
2.7970	25	020
2.7480	100	$\bar{2}11$
2.7030	16	002
2.4850	6	021
2.4340	25	012
2.3650	25	121
2.3370	30	$\bar{3}01$
2.3330	6	301
2.3210	25	112
2.2690	25	$\bar{2}20$
2.2220	8	$\bar{2}02$
2.2160	8	202
2.1530	20	311
2.0940	20	$\bar{2}21$
2.0650	4	$\bar{2}12$
2.0610	2	212

5-014 钾冰晶石(Elpasolite)

K_2NaAlF_6，242.16

Sys.:Cubic　S.G.:$Fm\bar{3}m$(225)　Z:4

a:8.122　Vol.:535.78

ICSD:6027

Atom		Wcf	x	y	z	Occ
K1	K^+	8c	0.25	0.25	0.25	1.0
Na1	Na^+	4b	0.5	0.5	0.5	1.0
Al1	Al^{3+}	4a	0	0	0	1.0
F1	F^-	24e	0.219(7)	0	0	1.0

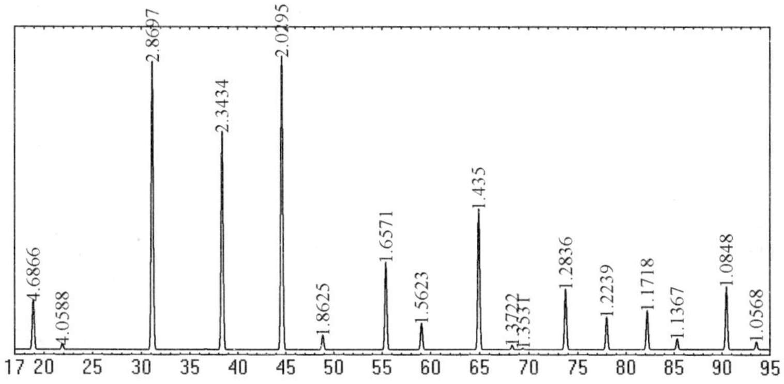

PDF:22-1235

d	I/I_0	hkl
4.6870	20	111
4.0590	4	200
2.8680	100	220
2.3450	75	222
2.0300	90	400
1.8640	4	331
1.8170	1	420
1.6580	30	422
1.5633	6	511
1.4356	35	440
1.3730	1	531
1.3539	1	600
1.2841	12	620
1.2245	7	622
1.1722	8	444
1.1373	2	551
1.0854	11	642
1.0572	2	731
1.0152	3	800
0.9924	1	733

5-015 锂冰晶石(Cryolithionite)

$Li_3Na_3Al_2F_{12}$, 371.74

Sys.:Cubic S.G.:$Ia\bar{3}d$(230) Z:8

a:12.1254 Vol.:1782.74

ICSD:9923

Atom		Wcf	x	y	z	Occ
Na1	Na^+	24c	0.125	0	0.25	1.0
Al1	Al^{3+}	16a	0	0	0	1.0
Li1	Li^+	24d	0.375	0	0.25	1.0
F1	F^-	96h	−0.02888	0.04268	0.13989	1.0

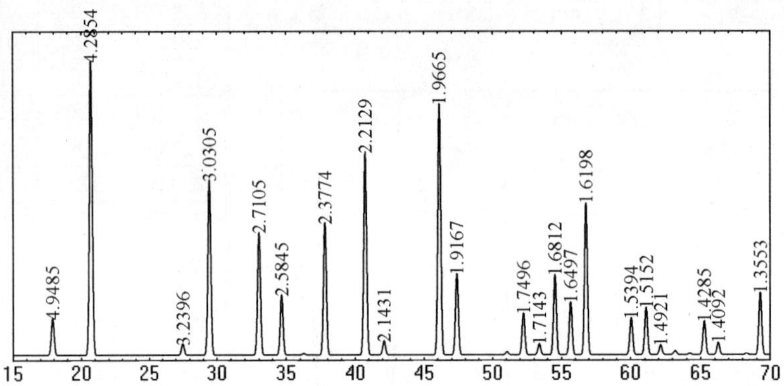

PDF:22-0416

d	I/I_0	hkl
4.9500	13	211
4.2800	100	220
3.2430	5	321
3.0290	55	400
2.7110	35	420
2.5840	17	332
2.4770	1	422
2.3760	35	431
2.2130	50	521
2.1440	6	440
1.9660	55	611
1.9170	20	620
1.7880	2	631
1.7500	10	444
1.7150	5	543
1.6810	16	640
1.6490	11	721
1.6190	30	642
1.5390	7	651
1.5150	9	800

5-016a 汤霜晶石(Thomsenolite)

NaCa[AlF_6]·H_2O, 222.06

Sys.:Monoclinic S.G.:$P2_1/a$(14) Z:4

a:5.583 b:5.508 c:16.127 β:96.43 Vol.:492.8

ICSD:26026

Atom		Wcf	x	y	z	Occ
Ca1	Ca^{2+}	4e	0.1892(4)	0.6745(4)	0.0992(1)	1.0
Al1	Al^{3+}	4e	0.7174(6)	0.1795(6)	0.1390(2)	1.0
Na1	Na^+	4e	0.2542(9)	0.1455(10)	0.2487(3)	1.0
F1	F^-	4e	0.5511(12)	0.4634(13)	0.1271(4)	1.0
F2	F^-	4e	0.9887(12)	0.3649(13)	0.1562(4)	1.0
F3	F^-	4e	0.4406(12)	0.0126(13)	0.1281(4)	1.0
F4	F^-	4e	0.9037(12)	0.9173(13)	0.1575(4)	1.0
F5	F^-	4e	0.3128(12)	0.6983(12)	0.2505(4)	1.0
F6	F^-	4e	0.7362(12)	0.1672(14)	0.0301(4)	1.0
O1	O^{2-}	4e	0.8019(15)	0.6585(16)	0.0065(5)	1.0

PDF:74-0405

d	I/I_0	hkl
8.0128	254	002
5.5479	9	100
5.2089	20	011
4.8209	4	$\bar{1}02$
4.5390	14	012
4.3395	38	102
4.0064	436	004
3.9088	999	110
3.8684	156	$\bar{1}11$
3.8346	44	013
3.6277	10	$\bar{1}12$
3.4358	72	$\bar{1}04$
3.4087	194	112
3.2802	144	$\bar{1}13$
3.2399	120	014
3.0880	46	104
3.0421	109	113
2.9151	476	$\bar{1}14$
2.7739	257	200
2.7739	257	015

5-016b 汤霜晶石(Thomsenolite)

$NaCa[AlF_6]\cdot H_2O$，222.06

ICSD:26026(续)

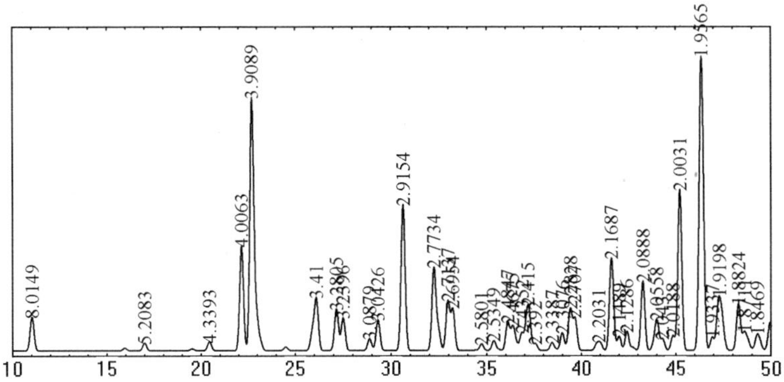

PDF:74-0405(续)

d	I/I_0	hkl
2.7540	76	020
2.7142	163	$\bar{2}02$
2.7142	163	021
2.6936	139	114
2.6045	2	022
2.5803	22	$\bar{1}15$
2.5350	31	202
2.5194	6	$\bar{1}06$
2.4862	70	$\bar{2}11$
2.4775	50	210
2.4668	63	120
2.4565	40	$\bar{1}21$
2.4478	17	023
2.4367	50	$\bar{2}12$
2.4200	75	121
2.4122	92	211
2.4122	92	$\bar{2}04$
2.4033	48	016
2.3913	20	$\bar{1}22$
2.3913	20	115

(2) 氯　化　物

5-017 石盐(Halite)

NaCl，58.44

Sys.:Cubic　S.G.:$Fm\bar{3}m$(225)　Z:4

a:5.6402　Vol.:179.43

ICSD:61662

Atom		Wcf	x	y	z	Occ
Na1	Na^+	4a	0	0	0	1.0
Cl1	Cl^-	4b	0.5	0.5	0.5	1.0

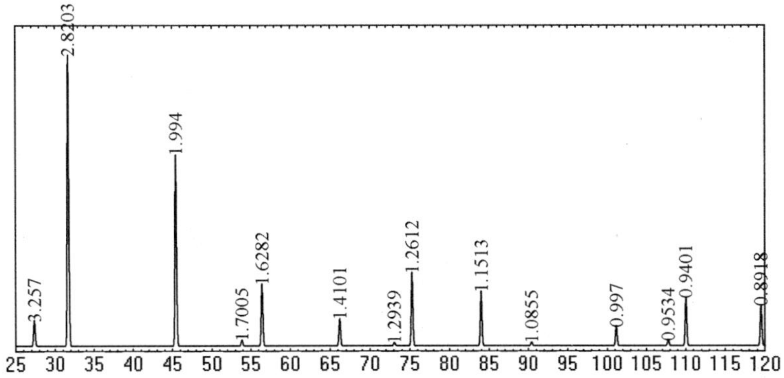

PDF:05-0628

d	I/I_0	hkl
3.2600	13	111
2.8210	100	200
1.9940	55	220
1.7010	2	311
1.6280	15	222
1.4100	6	400
1.2940	1	331
1.2610	11	420
1.1515	7	422
1.0855	1	511
0.9969	2	440
0.9533	1	531
0.9401	3	600
0.8917	4	620
0.8601	1	533
0.8503	3	622
0.8141	2	444

5-018 钾盐(Sylvite)

KCl, 74.55

Sys.: Cubic S.G.: $Fm\bar{3}m$(225) Z: 4

a: 6.2931 Vol.: 249.23

ICSD: 28938

Atom		Wcf	x	y	z	Occ
K1	K^+	4a	0	0	0	1.0
Cl1	Cl^-	4b	0.5	0.5	0.5	1.0

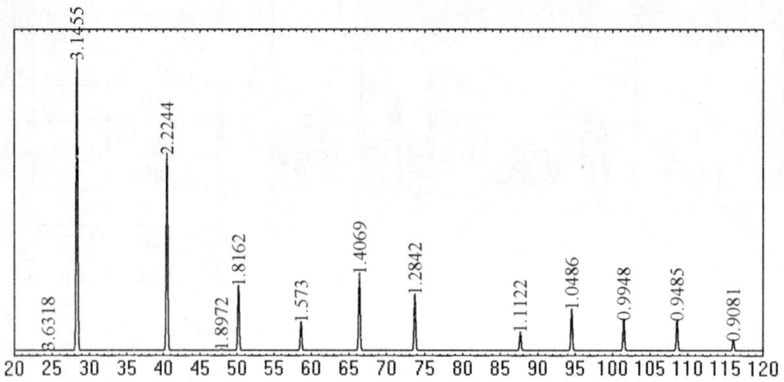

PDF: 04-0587

d	I/I_0	hkl
3.1500	100	200
2.2240	59	220
1.8160	23	222
1.5730	8	400
1.4070	20	420
1.2840	13	422
1.1126	2	440
1.0490	6	600
0.9951	2	620
0.9486	3	622
0.9083	1	444
0.8727	2	640
0.8410	6	642

5-019 冰石盐(Hydrohalite)

$NaCl \cdot (H_2O)$, 94.47

Sys.: Monoclinic S.G.: $P2_1/a$(14) Z: 4

a: 6.3313 b: 10.1178 c: 6.5029 β: 114.41 Vol.: 379.33

ICSD: 2313

Atom		Wcf	x	y	z	Occ
Na1	Na^+	4e	0.02374(4)	0.17002(2)	0.45503(2)	1.0
Cl1	Cl^-	4e	0.29210(2)	0.12190(1)	0.21354(2)	1.0
O1	O^{2-}	4e	0.78600(6)	0.32053(4)	0.17284(7)	1.0
O2	O^{2-}	4e	0.22780(6)	0.49146(4)	0.23202(6)	1.0

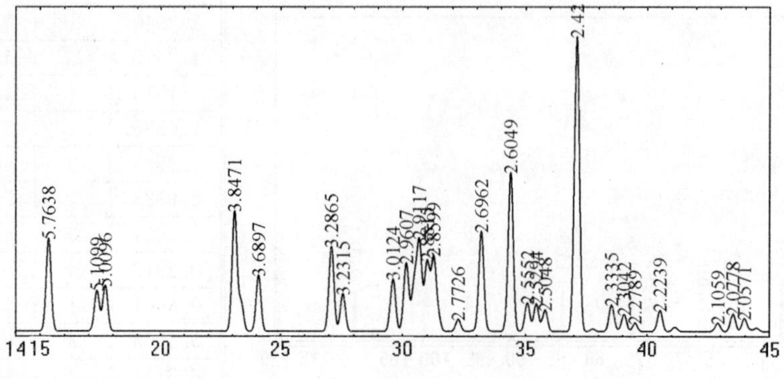

PDF: 29-1197

d	I/I_0	hkl
8.6000	10	—
5.7200	30	100
5.1900	10	011
5.0100	5	110
3.8700	80	021
3.8200	90	120
3.6800	20	$\bar{1}21$
3.6300	50	—
3.2200	5	$\bar{1}02$
3.1600	5	—
2.9800	100	002
2.9300	10	031
2.9000	50	130
2.8800	60	200
2.7700	10	210
2.6700	100	$\bar{2}21$
2.5900	50	$\bar{2}12$
2.5600	40	022
2.5200	100	040
2.4200	40	131

5-020 硇砂(Sal ammoniac)

NH_4Cl，53.49

Sys.:Cubic S.G.:$Pm\bar{3}m$(221) Z:1

a:3.86 Vol.:57.51

ICSD:53863

Atom		Wcf	x	y	z	Occ
N1	N^+	1a	0	0	0	1.0
Cl1	Cl^-	1b	0.5	0.5	0.5	1.0

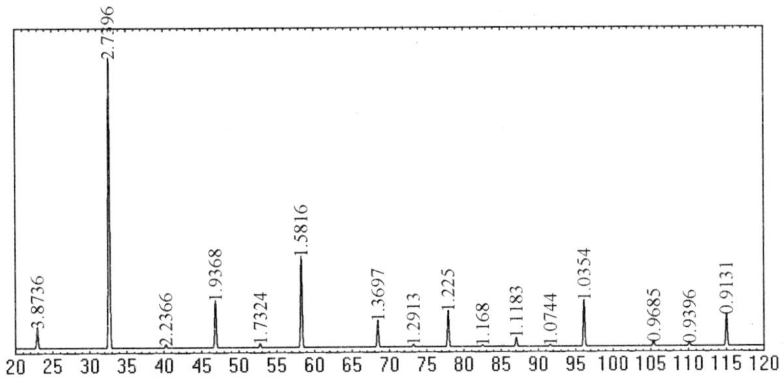

PDF:02-0887

d	I/I_0	hkl
3.8500	8	100
2.7300	100	110
2.2300	4	111
1.9300	11	200
1.7200	6	210
1.5800	21	211
1.3600	6	220
1.2900	3	300
1.2200	6	310
1.1600	2	311
1.1100	2	222
1.0700	1	320
1.0300	6	321
0.9600	1	400
0.9400	1	410
0.9100	2	411
0.8900	1	331

5-021 角银矿(Chlorargyrite)

AgCl，143.32

Sys.:Cubic S.G.:$Fm\bar{3}m$(225) Z:4

a:5.549 Vol.:170.86

ICSD:64734

Atom		Wcf	x	y	z	Occ
Ag1	Ag^+	4a	0	0	0	1.0
Cl1	Cl^-	4b	0.5	0.5	0.5	1.0

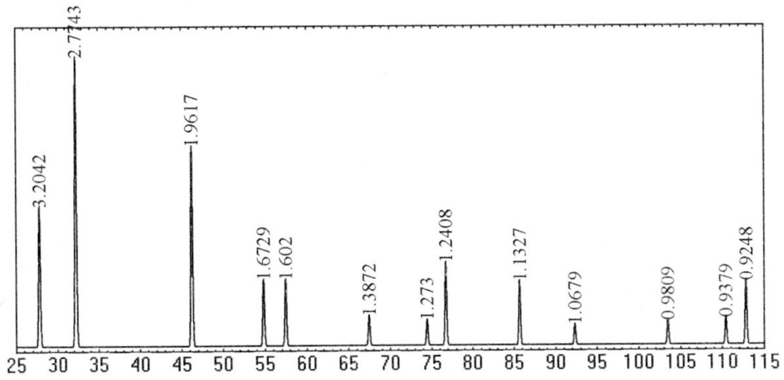

PDF:06-0480

d	I/I_0	hkl
3.2030	50	111
2.7740	100	200
1.9620	50	220
1.6730	16	311
1.6020	16	222
1.3870	6	400
1.2730	4	331
1.2410	12	420
1.1326	8	422
1.0680	4	511
0.9810	2	440
0.9380	2	531
0.9248	4	600
0.8774	4	620
0.8462	2	533
0.8366	4	622

5-022 铜盐(Nantokite)

CuCl, 99.00

Sys.: Cubic S.G.: $F\bar{4}3m$(216) Z: 4

a: 5.416 Vol.: 158.87

ICSD: 60711

Atom		Wcf	x	y	z	Occ
Cu1	Cu^{+}	4a	0	0	0	1.0
Cl1	Cl^{-}	4c	0.25	0.25	0.25	1.0

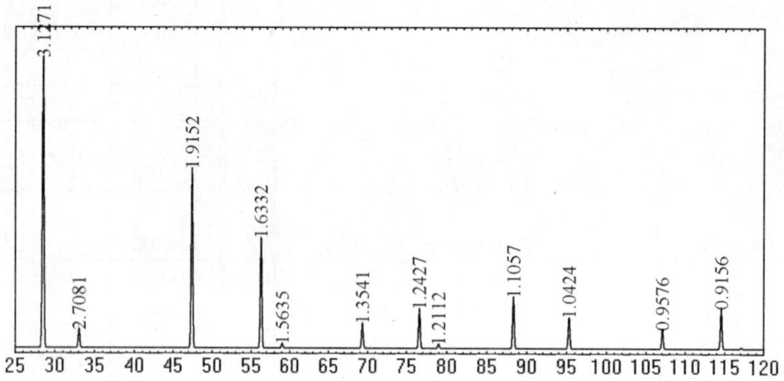

PDF: 06-0344

d	I/I_0	hkl
3.1270	100	111
2.7100	8	200
1.9150	55	220
1.6330	30	311
1.3540	6	400
1.2430	10	331
1.1054	8	422
1.0422	6	511
0.9574	2	440
0.9154	4	531
0.8564	4	620

5-023 汞膏(Calomel)

HgCl, 236.04

Sys.: Tetragonal S.G.: $I4/mmm$(139) Z: 2

a: 4.4801 c: 10.906 Vol.: 218.9

ICSD: 23720

Atom		Wcf	x	y	z	Occ
Hg1	Hg^{+}	4e	0	0	0.11577	1.0
Cl1	Cl^{-}	4e	0	0	0.338	1.0

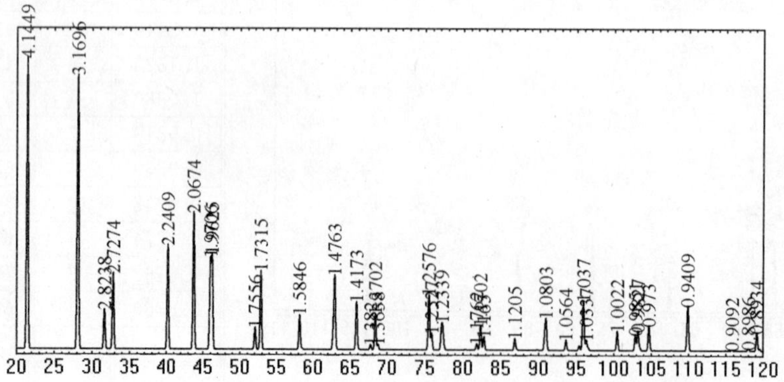

PDF: 26-0312

d	I/I_0	hkl
4.1500	75	101
3.1700	100	110
2.8240	12	103
2.7270	30	004
2.2400	14	200
2.0670	40	114
1.9700	16	211
1.9620	30	105
1.8180	1	006
1.7560	4	213
1.7320	12	204
1.5841	6	220
1.4755	10	215
1.4164	3	310
1.3815	1	303
1.3696	6	224
1.3633	3	008
1.2569	4	314
1.2522	5	118
1.2343	2	321

5-024 陨氯铁(Lawrencite)

$FeCl_2$, 126.75

Sys.:Trigonal S.G.:$R\bar{3}m$(166) Z:3

a:3.604 c:17.591 Vol.:197.87

ICSD:4059

Atom		Wcf	x	y	z	Occ
Fe1	Fe^{2+}	3a	0	0	0	1.0
Cl1	Cl^-	6c	0	0	0.2543(12)	1.0

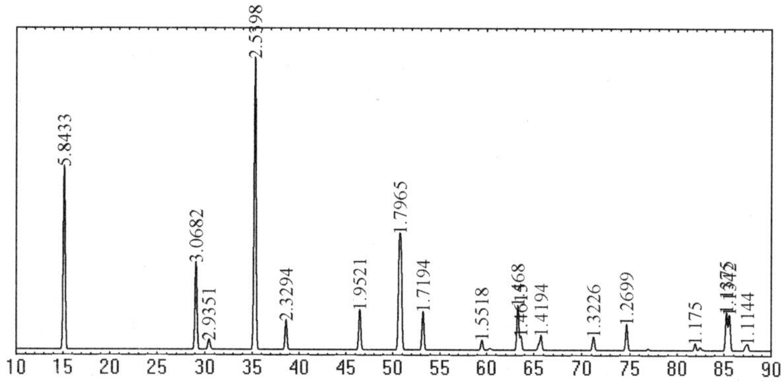

PDF:01-1106

d	I/I_0	hkl
5.9000	63	003
3.0700	30	101
2.5400	100	104
2.3200	7	015
2.0900	7	—
1.9530	13	009
1.8000	63	110
1.7210	13	113
1.6330	2	—
1.5530	4	021
1.4670	20	0012
1.4210	5	0111
1.2720	3	208
1.1730	2	0015
1.1380	18	1112
1.1180	2	125
1.0680	2	217
1.0400	8	300
0.9820	1	0117
0.9010	2	220

5-025 氯锰石(Scacchite)

$MnCl_2$, 125.84

Sys.:Trigonal S.G.:$R\bar{3}m$(166) Z:3

a:3.7061 c:17.569 Vol.:208.98

ICSD:33752

Atom		Wcf	x	y	z	Occ
Mn1	Mn^{2+}	3a	0	0	0	1.0
Cl1	Cl^-	6c	0	0	0.2545(1)	1.0

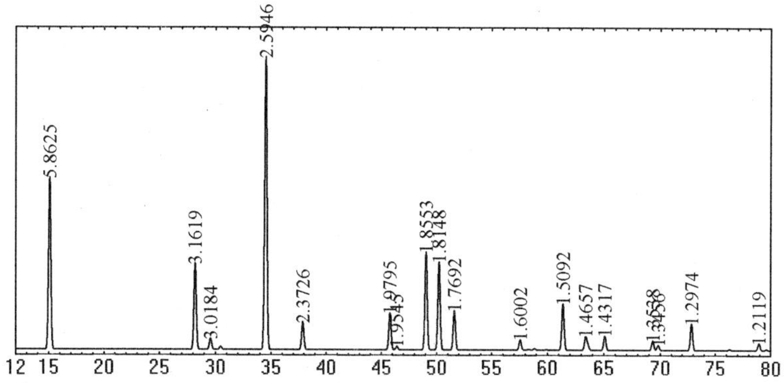

PDF:22-0720

d	I/I_0	hkl
5.8500	100	003
3.1610	25	101
3.0130	4	012
2.9290	6	006
2.5920	80	104
2.3710	8	015
1.9770	11	107
1.9521	2	009
1.8529	25	110
1.8118	25	018
1.7663	13	113
1.5074	10	024
1.4638	10	0012
1.4299	5	0111
1.2959	6	208
1.1713	6	0015
1.1488	8	1112
1.0617	3	128
1.0390	3	1016

5-026 氯镁石(Chloromagnesite)

$MgCl_2$，95.21

Sys.:Trigonal S.G.:$R\bar{3}m$(166) Z:3

a:3.64(4) c:17.673(15) Vol.:202.79

ICSD:86439

Atom		Wcf	x	y	z	Occ
Mg1	Mg^{2+}	3a	0	0	0	1.0
Cl1	Cl^-	6c	0	0	0.25784(8)	1.0

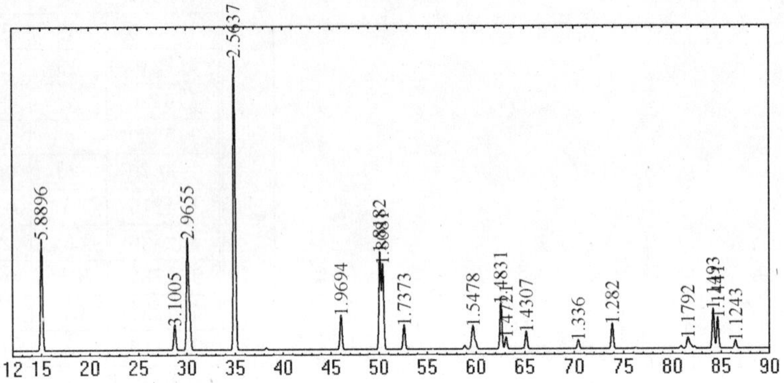

PDF:37-0774

d	I/I_0	hkl
5.8896	100	003
2.9445	50	006
2.5673	10	104
2.3411	1	015
1.9718	1	107
1.8209	2	110
1.8091	5	018
1.7391	1	113
1.5540	1	202
1.5481	1	116
1.5429	1	1010
1.4850	5	024
1.4740	10	0012
1.4320	1	0111
1.3370	1	027
1.2831	2	208
1.1780	10	0015
1.1720	1	0114
1.1499	1	214
1.1450	3	1112

5-027 罗水氯铁石(Rokuhnite)

$FeCl_2 \cdot 2H_2O$，162.78

Sys.:Monoclinic S.G.:$C2/m$(12) Z:2

a:7.396(1) b:8.458(2) c:3.638(1) β:97.68(2) Vol.:225.54

ICSD:15976 $C12/m1$(12) a:7.355(4) b:8.548(3) c:3.637(2) β:98.18(2)

Atom		Wcf	x	y	z	Occ
Fe1	Fe^{2+}	2a	0	0	0	1.0
Cl1	Cl^-	4i	0.23866(7)	0	0.55844(13)	1.0
O1	O^{2-}	4g	0	0.24273(29)	0	1.0
H1	H^+	8j	0.0964(91)	0.326(11)	0.099(17)	1.0

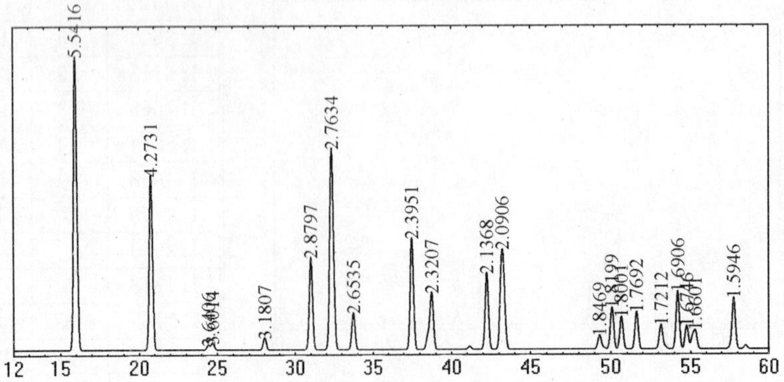

PDF:33-0646

d	I/I_0	hkl
5.5360	100	110
4.2280	60	020
3.6630	2	200
3.6050	18	001
2.8920	55	111
2.7690	20	220
2.7620	75	$\bar{2}01$
2.7440	30	021
2.6330	18	130
2.4150	55	201
2.3480	20	310
2.3110	19	$22\bar{1}$
2.1750	4	$13\bar{1}$
2.1160	25	040
2.0960	30	221
2.0960	30	$\bar{3}11$
2.0800	10	131
1.8450	2	330
1.8340	12	400
1.8030	10	002

5-028 水氯钙石(Sinjarite)

$CaCl_2 \cdot (H_2O)$，162.78

Sys.:Orthorhombic　S.G.:*Pbna*(60)　*Z*:4

a:5.893(2)　*b*:7.469(2)　*c*:12.07(2)　Vol.:531.26

ICSD:960

Atom		Wcf	*x*	*y*	*z*	Occ
Ca1	Ca^{2+}	4*c*	0	0.2157(2)	0.25	1.0
Cl1	Cl^{-}	8*d*	−0.2725(3)	0.4509(2)	0.1380(2)	1.0
O1	O^{2-}	8*d*	0.2645(13)	0.2107(7)	0.1082(5)	1.0
H1	H^{+}	8*d*	0.399	0.2909	0.0988	1.0
H2	H^{+}	8*d*	0.2498	0.1461	0.036	1.0

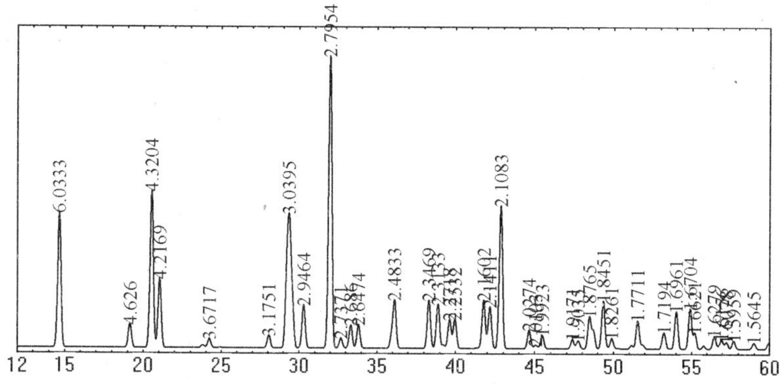

PDF:70-0385

d	I/I_0	*hkl*
6.0350	545	002
4.6264	107	110
4.3199	604	111
4.2163	287	102
3.7345	12	020
3.6717	34	112
3.5676	4	021
3.1757	42	022
3.0519	317	121
3.0359	419	113
3.0175	170	004
2.9465	153	200
2.7956	999	122
2.7371	40	023
2.6859	90	104
2.6478	89	202
2.4956	38	212
2.4824	138	123
2.3471	156	024
2.3132	149	220

5-029 南极石(Antarcticite)

$CaCl_2 \cdot (6H_2O)$，219.08

Sys.:Trigonal　S.G.:*P*321(150)　*Z*:1

a:7.876(1)　*c*:3.9555(6)　Vol.:212.49

ICSD:1140

Atom		Wcf	*x*	*y*	*z*	Occ
Ca1	Ca^{2+}	1*a*	0	0	0	1.0
Cl1	Cl^{-}	2*d*	0.6667	0.3333	0.4251(1)	1.0
O1	O^{2-}	3*f*	−0.2125(2)	0	0.5	1.0
O2	O^{2-}	3*e*	0.3112(2)	0	0	1.0
H1	H^{+}	6*g*	−0.2257	0.1173	0.5078	1.0
H2	H^{+}	6*g*	0.4368	0.1076	0.0807	1.0

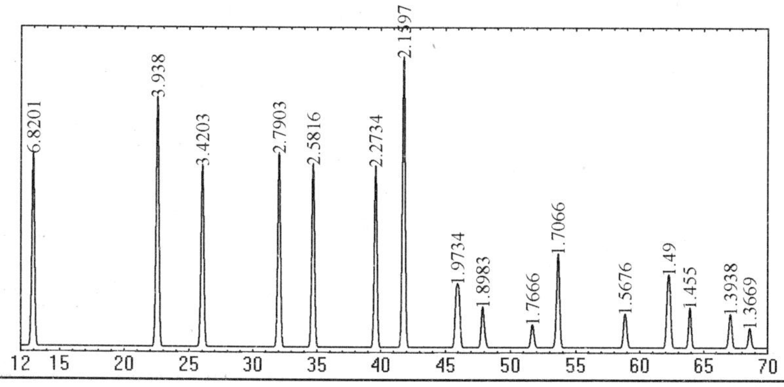

PDF:26-1053

d	I/I_0	*hkl*
6.8000	35	100
3.9300	90	110
3.4200	65	101
2.7920	75	111
2.5820	60	201
2.2730	60	300
2.1590	100	211
1.9770	20	002
1.8990	12	102
1.7670	8	112
1.7110	10	202
1.7060	25	311
1.5690	12	212
1.5660	12	401
1.4920	20	302
1.4880	25	410
1.4550	10	321
1.3960	9	222
1.3929	9	411
1.3675	5	312

5-030 氯铅矿(Cotunnite)

$PbCl_2$，278.11

Sys.:Orthorhombic S.G.:*Pnam*(62) *Z*:4

a:7.6222 *b*:9.0448 *c*:4.5348 Vol.:312.63

ICSD:52346

Atom		Wcf	*x*	*y*	*z*	Occ
Pb1	Pb^{2+}	4*c*	0.246	0.905	0.25	1.0
Cl1	Cl^{-}	4*c*	0.85	0.93	0.25	1.0
Cl2	Cl^{-}	4*c*	0.95	0.33	0.25	1.0

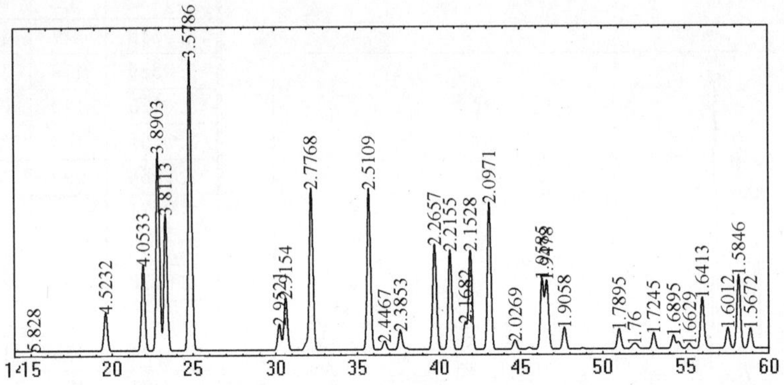

PDF:26-1150

d	I/I_0	*hkl*
5.8400	1	110
4.5230	14	020
4.0570	35	011
3.8900	75	120
3.8100	40	200
3.5790	100	111
3.5120	2	210
2.9530	6	121
2.9150	20	220
2.8020	5	130
2.7760	55	211
2.5100	45	031
2.4530	2	221
2.4460	2	310
2.3850	5	131
2.3640	4	230
2.2670	25	002
2.2610	25	040
2.2140	25	320
2.1680	8	140

5-031 氯钙石(Hydrophilite)

$CaCl_2$，110.99

Sys.:Orthorhombic S.G.:*Pnnm*(58) *Z*:1

a:6.261(2) *b*:6.429(2) *c*:4.167(1) Vol.:167.73

ICSD:26158

Atom		Wcf	*x*	*y*	*z*	Occ
Ca1	Ca^{2+}	2*a*	0	0	0	1.0
Cl1	Cl^{-}	4*g*	0.275	0.325	0	1.0

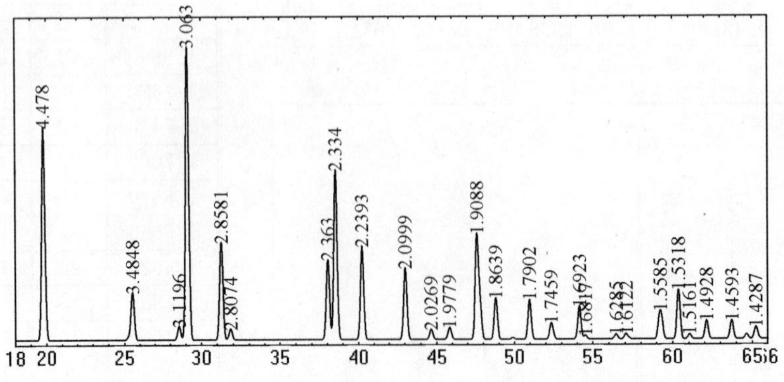

PDF:24-0223

d	I/I_0	*hkl*
4.4800	85	110
3.4650	17	101
3.0500	100	111
2.8580	35	120
2.8160	4	210
2.3560	25	121
2.3310	50	211
2.2440	30	220
2.0830	20	002
2.0270	3	130
1.9740	2	221
1.9060	25	031
1.8900	10	112
1.8660	11	301
1.7920	10	311
1.7510	4	320
1.6840	7	122
1.5650	4	400
1.5270	10	222
1.4960	4	330

5-032 水氯铜石(Eriochalcite)

$CuCl_2 \cdot (H_2O)$, 170.48

Sys.: Orthorhombic　S.G.: *Pbmn*(53)　*Z*: 2

a: 7.4164(6)　*b*: 8.0926(6)　*c*: 3.7494(4)　Vol.: 225.03

ICSD: 40290

Atom		Wcf	*x*	*y*	*z*	Occ
Cu1	Cu^{2+}	2*a*	0	0	0	1.0
Cl1	Cl^-	4*h*	0.23998(20)	0	0.3798(4)	1.0
O1	O^{2-}	4*e*	0	0.2402(5)	0	1.0
H1	H^+	8*i*	0.099(5)	0.275(7)	0.064(14)	1.0

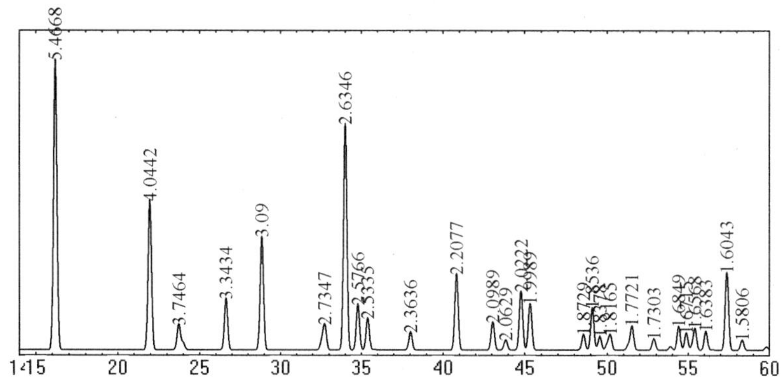

PDF: 33-0451

d	I/I_0	*hkl*
5.4670	100	110
4.0500	56	020
3.7500	11	001
3.7080	6	200
3.3460	21	101
3.0930	40	111
2.7340	14	220
2.6380	82	201
2.5780	18	121
2.5340	17	130
2.3650	9	310
2.2088	29	221
2.1004	13	131
2.0639	5	301
2.0240	22	040
2.0007	17	311
1.8744	5	002
1.8543	14	400
1.8389	5	321
1.8220	6	330

5-033 托氯铜石(Tolbachite)

$CuCl_2$, 134.45

Sys.: Monoclinic　S.G.: *I*2/*m*(12)　*Z*: 2

a: 6.89(2)　*b*: 3.31(1)　*c*: 6.82(2)　*β*: 122.3(2)　Vol.: 131.47

ICSD: 66645

Atom		Wcf	*x*	*y*	*z*	Occ
Cu1	Cu^{2+}	2*a*	0	0	0	1.0
Cl1	Cl^-	4*i*	0.5048(8)	0	0.2294(9)	1.0

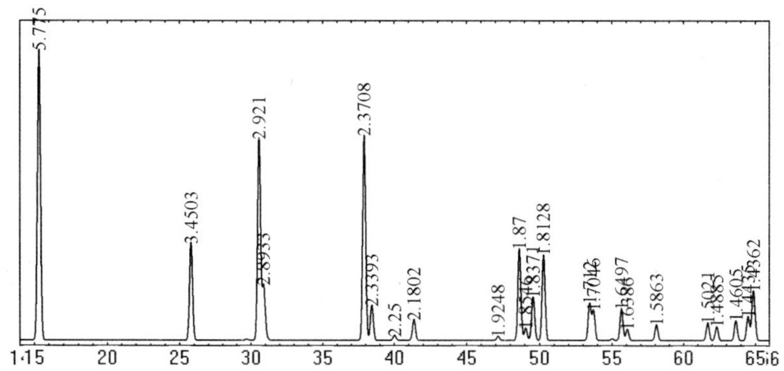

PDF: 35-0690

d	I/I_0	*hkl*
5.7600	100	001
3.4450	25	$20\bar{1}$
2.9150	35	200
2.3730	3	$11\bar{2}$
1.9230	3	003

5-034 水氯镁石(Bischofite)

$MgCl_2 \cdot (H_2O)$, 203.3

Sys.: Monoclinic S.G.: $C2/m$(12) Z: 2

a: 9.871(2) b: 7.113(1) c: 6.079(1) β: 93.74(1) Vol.: 425.91

ICSD: 34696

Atom		Wcf	x	y	z	Occ
Mg1	Mg^{2+}	2a	0	0	0	1.0
Cl1	Cl^-	4i	0.3176(1)	0	0.6122(2)	1.0
O1	O^{2-}	4i	0.2018(1)	0	0.1095(3)	1.0
O2	O^{2-}	8j	−0.0429(1)	0.2066(2)	0.2233(2)	1.0
H1	H^+	4i	0.2372(3)	0	0.2583(6)	1.0
H2	H^+	4i	0.2693(4)	0	0.0083(8)	1.0
H3	H^+	8j	0.0209(2)	0.2998(3)	0.2784(4)	1.0
H4	H^+	8j	−0.1160(2)	0.1984(4)	0.3151(4)	1.0

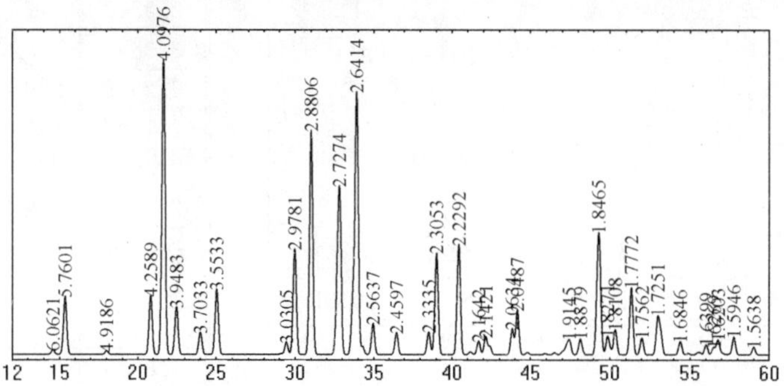

PDF: 25-0515		
d	I/I_0	hkl
5.7700	17	110
4.2630	20	$\bar{1}11$
4.1010	100	111
3.9550	30	$\bar{2}01$
3.7080	10	201
3.5560	30	020
3.0680	2	021
3.0320	5	002
2.9810	35	310
2.8830	65	220
2.7400	35	$\bar{3}11$
2.7280	55	$\bar{1}12$
2.6610	8	$\bar{2}02$
2.6430	90	112
2.6160	7	311
2.5670	9	221
2.4630	7	400
2.3360	9	$\bar{4}01$
2.3080	25	022
2.2320	30	401

5-035 氯氟钙石(Rorisite)

(Ca,Mg)FCl, 94.53

Sys.: Tetragonal S.G.: $P4/nmm$(129) Z: 2

a: 3.8911(1) c: 6.8228(2) Vol.: 103.3

ICSD: 1130

Atom		Wcf	x	y	z	Occ
Ca1	Ca^{2+}	2c	0.25	0.25	0.1962(12)	1.0
F1	F^-	2a	0.75	0.25	0	1.0
Cl1	Cl^-	2c	0.25	0.25	0.6432(14)	1.0

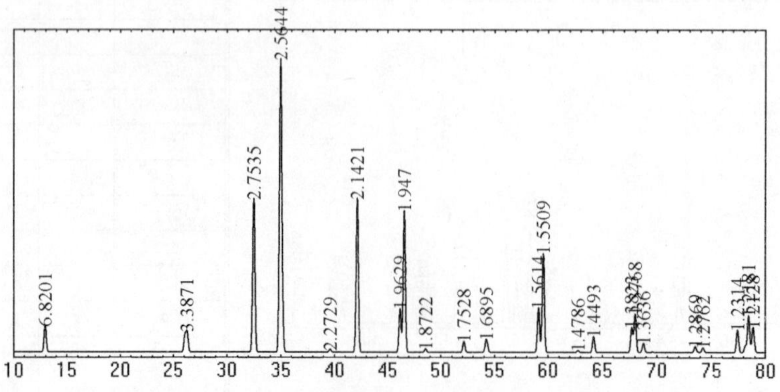

PDF: 24-0185		
d	I/I_0	hkl
6.8100	10	001
3.4090	9	002
3.3770	6	101
2.7510	50	110
2.5640	100	102
2.2750	2	003
2.1420	50	112
1.9630	17	103
1.9450	35	200
1.7540	4	113
1.6910	5	202
1.5621	16	104
1.5502	25	212
1.4497	5	114
1.3821	8	213
1.3757	11	220
1.3643	9	005
1.2875	2	105
1.2302	5	310
1.2227	5	115

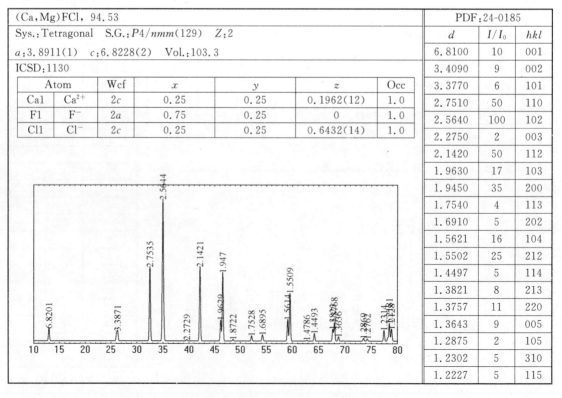

5-036 铁盐(Molysite)

$FeCl_3$，162.21

Sys.：Trigonal　S.G.：*R*32(155)　*Z*：6

a：5.918　*c*：17.255　Vol.：523.35

ICSD：63329

Atom		Wcf	*x*	*y*	*z*	Occ
Fe1	Fe^{3+}	6*c*	0	0	0.3333	1.0
Cl1	Cl^{-}	18*f*	0.358	0	0.078	1.0

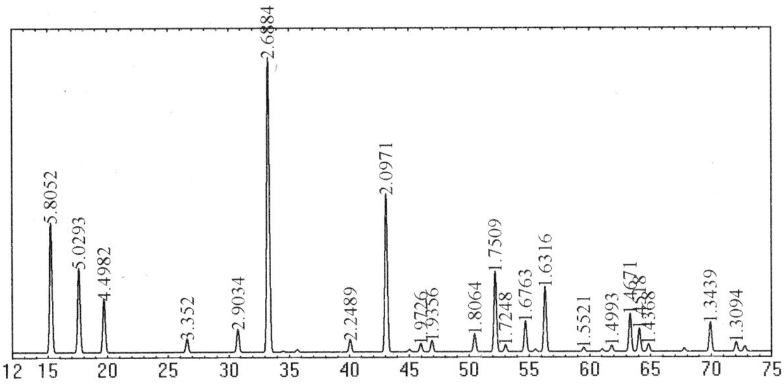

PDF：01-1059

d	I/I_0	*hkl*
5.9000	32	003
5.1000	5	101
4.7900	6	—
4.5000	3	012
3.0300	3	110
2.9000	3	006
2.6800	100	113
2.5200	2	021
2.4000	2	202
2.2300	2	107
2.0800	40	116
2.0200	2	018
1.9600	3	—
1.7500	32	214
1.6700	6	125
1.6300	16	1010
1.4600	6	306
1.3400	5	2011
1.3000	2	1112
1.1900	3	318

5-037 水铁盐(Hydromolysite)

$FeCl_3 \cdot (H_2O)$，270.3

Sys.：Monoclinic　S.G.：*C*2/*m*(12)　*Z*：2

a：11.834(2)　*b*：7.029(2)　*c*：5.9524(13)　*β*：100.47(2)　Vol.：486.88

ICSD：30453

Atom		Wcf	*x*	*y*	*z*	Occ
Fe1	Fe^{3+}	2*a*	0	0	0	1.0
Cl1	Cl^{-}	4*i*	0.1300(2)	0	0.3343(4)	1.0
Cl2	Cl^{-}	2*d*	0	0.5	0.5	1.0
O1	O^{2-}	8*j*	−0.0977(4)	0.2038(7)	0.1234(7)	1.0
O2	O^{2-}	4*i*	−0.3240(6)	0	0.1543(11)	1.0

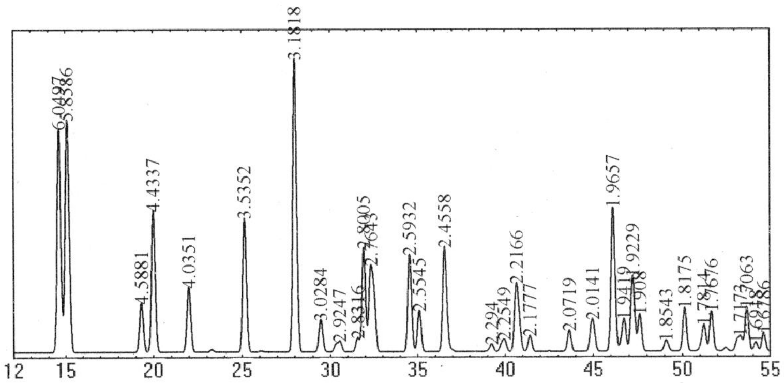

PDF：33-0645

d	I/I_0	*hkl*
6.0300	14	110
5.8660	80	001
5.8240	100	200
4.5650	3	$\bar{2}01$
4.4120	5	$\bar{1}11$
4.0150	4	111
3.5160	4	020
3.1630	15	$\bar{3}11$
3.0150	2	021
2.9270	3	002
2.9090	5	400
2.8180	2	$\bar{4}01$
2.7820	4	$\bar{2}21$
2.7540	7	311
2.7360	3	$\bar{1}12$
2.5800	5	221
2.5400	3	112
2.4420	13	202
2.2800	1	$\bar{4}02$
2.2420	1	420

5-038 氯铝石(Chloraluminite)

$AlCl_3 \cdot 6(H_2O)$，241.43						
Sys.:Trigonal S.G.:$R\bar{3}c$(167) Z:6						
a:11.8313(1) c:11.91(1) Vol.:1443.8						
ICSD:22071						
Atom		Wcf	x	y	z	Occ
Al1	Al^{3+}	6b	0	0	0	1.0
Cl1	Cl^{-}	18e	0.2684(4)	0	0.25	1.0
O1	O^{2-}	36f	0.1070(8)	0.1455(8)	0.0906(8)	1.0
H1	H^{+}	36f	0.070(1)	0.188(2)	0.145(2)	1.0
H2	H^{+}	36f	0.203(4)	0.197(4)	0.084(2)	1.0

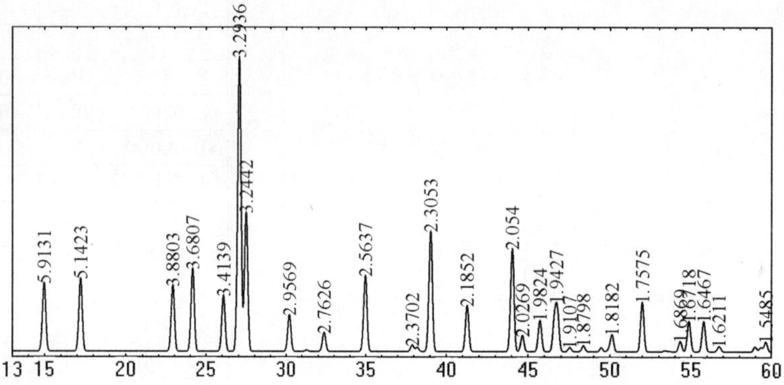

PDF:44-1473

d	I/I_0	hkl
5.9220	85	110
5.1540	43	012
3.8860	21	202
3.6830	39	211
3.4160	27	300
3.2980	100	113
3.2460	45	122
2.9560	30	220
2.7640	7	131
2.5760	3	024
2.5650	21	312
2.3710	2	223
2.3540	1	042
2.3050	57	321
2.1860	17	232
2.0550	30	134
2.0290	5	125
1.9851	6	006
1.9479	8	413
1.9421	11	404

5-039a 光卤石(Carnallite)

$KMgCl_3 \cdot 6(H_2O)$，277.85

Sys.:Orthorhombic S.G.:$Pcna$(50) Z:4

a:16.145 b:22.517 c:9.567 Vol.:3477.96

ICSD:64691 $Pnna$(52) a:16.1190(30) b:22.4719(40) c:9.551(2)

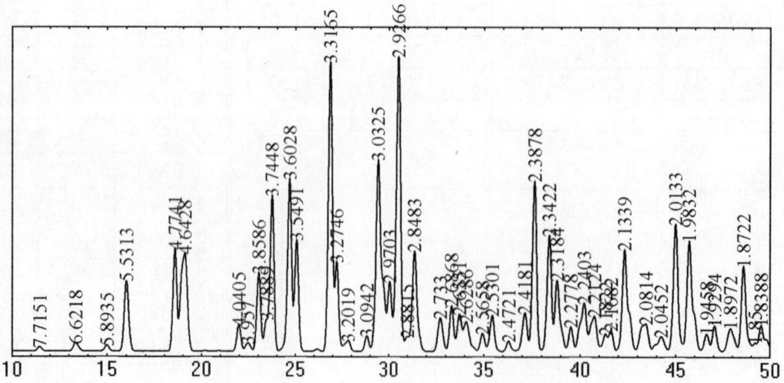

PDF:24-0869

d	I/I_0	hkl
7.7300	4	111
5.5500	12	131
4.7800	20	002
4.6900	40	301
4.6500	20	141
4.6200	10	240
4.0500	8	212
3.8650	30	222
3.8000	16	420
3.7530	45	060
3.6040	70	341
3.5550	55	430
3.3220	100	242
3.2800	40	440
3.0380	70	252
3.0140	14	123
3.0060	16	450
2.9750	30	422
2.9510	8	521
2.9320	95	361

5-039b 光卤石(Carnallite)

$KMgCl_3 \cdot 6(H_2O)$，277.85

ICSD:64691(续)　*Pnna*(52)　*a*:16.1190(30)　*b*:22.4719(40)　*c*:9.551(2)

Atom		Wcf	*x*	*y*	*z*	Occ
K1	K^+	4*c*	0.25	0	0.2486(1)	1.0
K2	K^+	8*e*	0.08860(4)	0.15668(3)	0.74995(7)	1.0
Mg1	Mg^{2+}	4*d*	0.25657(6)	0.25	0.25	1.0
Mg2	Mg^{2+}	8*e*	0.42094(4)	0.08981(3)	0.74770(8)	1.0
Cl1	Cl^-	8*e*	0.16583(4)	0.07525(3)	0.98526(6)	1.0
Cl2	Cl^-	4*d*	0.23939(5)	0.25	0.75	1.0
Cl3	Cl^-	8*e*	0.16928(4)	0.08113(3)	0.48834(6)	1.0
Cl4	Cl^-	8*e*	0.41462(4)	0.08176(3)	0.25235(7)	1.0
Cl5	Cl^-	8*e*	0.01987(4)	0.24957(3)	0.97686(6)	1.0
O1	O^{2-}	4*d*	0.1308(2)	0.25	0.25	1.0
O2	O^{2-}	4*d*	0.3834(1)	0.25	0.25	1.0
O3	O^{2-}	8*e*	0.2554(1)	0.20704(2)	0.4384(2)	1.0
O4	O^{2-}	8*e*	0.2673(1)	0.16936(8)	0.1506(2)	1.0
O5	O^{2-}	8*e*	0.4466(1)	0.01041(7)	0.6500(2)	1.0
O6	O^{2-}	8*e*	0.2967(1)	0.07117(9)	0.7349(2)	1.0
O7	O^{2-}	8*e*	0.4259(1)	0.04662(8)	0.9354(2)	1.0
O8	O^{2-}	8*e*	0.3956(1)	0.16912(8)	0.8444(2)	1.0
O9	O^{2-}	8*e*	0.5448(1)	0.10769(9)	0.7631(2)	1.0
O10	O^{2-}	8*e*	0.4179(1)	0.13155(8)	0.5580(2)	1.0

PDF:24-0869(续)

d	I/I_0	*hkl*
2.8540	40	432
2.8330	8	531
2.7440	8	303
2.7340	8	143
2.7240	2	313
2.6910	25	600
2.6580	8	280
2.6410	4	461
2.6320	4	172
2.6230	4	243
2.6030	2	522
2.5680	6	153
2.5330	16	630
2.4890	2	413
2.4770	4	253
2.4270	2	640
2.3920	35	004

5-040 氯铜矿(Atacamite)

$Cu_2(OH)_3Cl$，213.57

Sys.:Orthorhombic　S.G.:*Pmcn*(62)　*Z*:4

a:6.03　*b*:9.122　*c*:6.868　Vol.:377.78

ICSD:61252

Atom		Wcf	*x*	*y*	*z*	Occ
Cu1	Cu^{2+}	4*a*	0	0	0	1.0
Cu2	Cu^{2+}	4*c*	0.1906(1)	0.25	0.2553(1)	1.0
Cl1	Cl^-	4*c*	0.3518(2)	0.75	0.0556(1)	1.0
O1	O^{2-}	4*c*	0.1498(8)	0.25	−0.0018(3)	1.0
O2	O^{2-}	8*d*	0.4406(4)	0.0651(4)	0.2879(2)	1.0
H1	H^+	4*c*	0.3049(85)	0.25	−0.0148(62)	1.0
H2	H^+	8*d*	0.4331(71)	−0.0334(84)	0.2279(48)	1.0

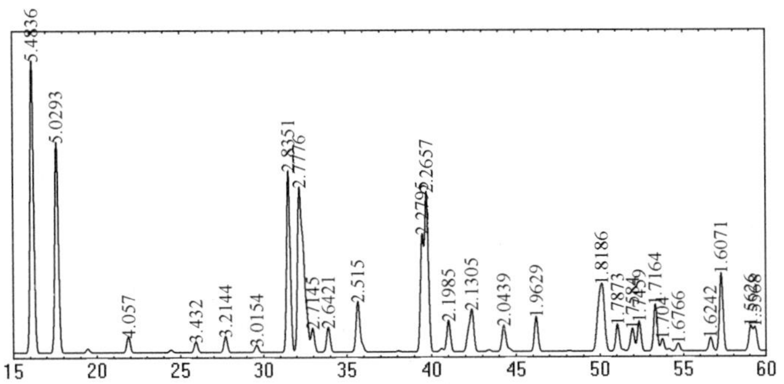

PDF:25-0269

d	I/I_0	*hkl*
5.4800	100	011
5.0300	70	110
4.5600	4	020
4.0500	12	111
3.4300	1	002
3.2200	7	121
3.0400	5	030
3.0100	8	200
2.8360	50	112
2.7790	50	031
2.7590	55	201
2.7420	25	022
2.7110	20	130
2.6410	14	211
2.5250	14	131
2.5150	40	220
2.2780	70	040
2.2650	45	202
2.2200	1	013
2.1980	17	212

5-041 副氯铜矿(Paratacamite)

$Cu_2(OH)_3Cl$, 213.57

Sys.: Trigonal S.G.: $R\bar{3}m$(166) Z: 6

a: 6.827 c: 14.041 Vol.: 566.75

ICSD: 64956

Atom		Wcf	x	y	z	Occ
Cu1	Cu^{2+}	3b	0	0	0.5	1.0
Cu2	Cu^{2+}	9e	0.5	0	0	1.0
O1	O^{2-}	18h	0.2064(2)	0.7936(2)	0.0614(2)	1.0
Cl1	Cl^-	6c	0	0	0.1938(1)	1.0
H1	H^+	18h	0.14	0.28	0.12	1.0

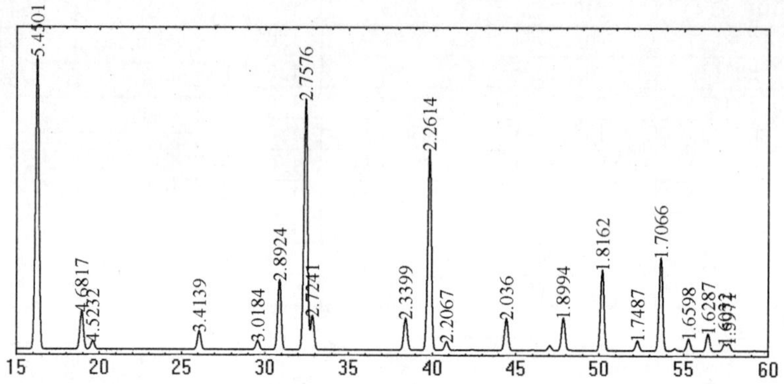

PDF: 87-0679

d	I/I_0	hkl
5.4490	999	101
4.6803	120	003
4.5223	32	012
3.4135	54	110
3.0183	17	104
2.8928	197	021
2.7579	678	113
2.7245	121	202
2.5366	1	015
2.3402	86	006
2.2612	482	024
2.2069	26	211
2.1294	1	122
2.0360	75	205
1.9708	2	300
1.9301	11	116
1.8995	72	107
1.8851	3	214
1.8163	172	033
1.7486	22	125

5-042 羟氯铅矿(Laurionite)

Pb(OH)Cl, 259.66

Sys.: Orthorhombic S.G.: *Pnam*(62) Z: 4

a: 7.112 b: 4.0192 c: 9.714 Vol.: 277.67

ICSD: 36267

Atom		Wcf	x	y	z	Occ
Pb1	Pb^{2+}	4c	0.204	0.088	0.25	1.0
Cl1	Cl^-	4c	0.469	−0.185	0.25	1.0
O1	O^{2-}	4c	−0.169	0.125	0.25	1.0

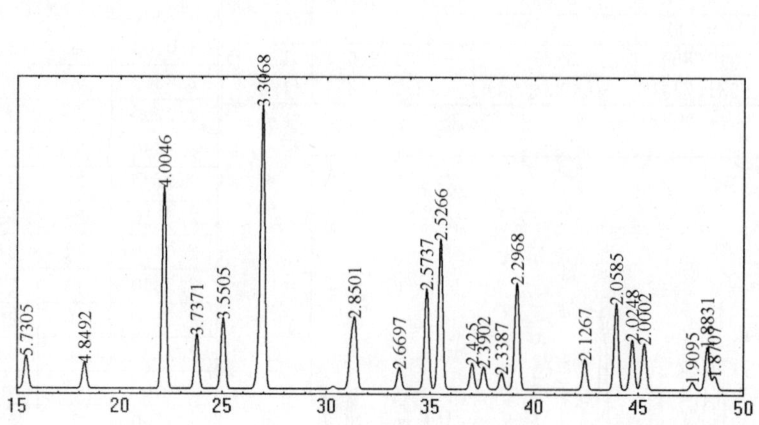

PDF: 89-2491

d	I/I_0	hkl
5.7384	195	101
4.8570	195	002
4.0109	819	102
3.7139	162	011
3.5560	244	200
3.3393	141	201
3.2920	999	111
2.9469	20	103
2.8692	130	202
2.8391	207	112
2.6633	51	210
2.5685	251	211
2.5215	444	013
2.4285	56	004
2.3942	65	203
2.3766	21	113
2.3352	34	212
2.3031	181	301
2.2982	246	104
2.1304	102	302

5-043 氯锑铅矿(Nadorite)

$PbSb_3O_2Cl$，396.4

Sys.:Orthorhombic S.G.:*Cmcm*(63) *Z*:4

a:5.593 *b*:5.426 *c*:12.183 Vol.:369.73

ICSD:36159

Atom		Wcf	*x*	*y*	*z*	Occ
Pb1	Pb^{2+}	4*c*	0	0.25	0.380(2)	1.0
Sb1	Sb^{3+}	4*c*	0	0.25	0.078(5)	1.0
Cl1	Cl^-	4*c*	0	0.25	0.756(10)	1.0
O1	O^{2-}	8*e*	0.25(2)	0	0	1.0

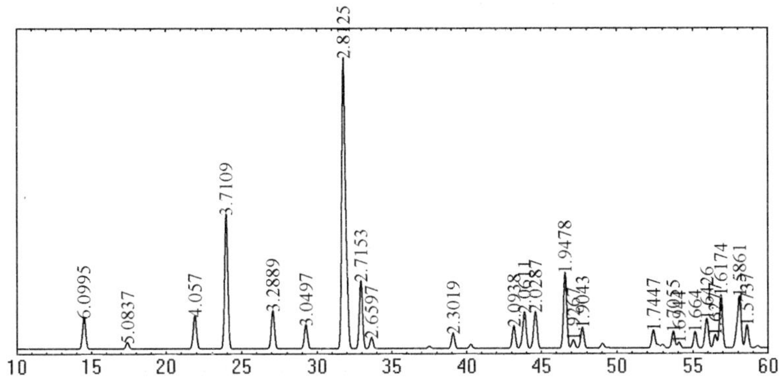

PDF:17-0469

d	I/I_0	*hkl*
6.0900	12	002
4.0500	8	012
3.7100	30	111
3.2800	20	103
3.0500	20	004
2.8000	100	200
2.7030	25	020
2.6530	1	014
2.2940	4	212
2.0900	8	123
2.0570	25	204
2.0250	25	024
1.9450	30	220
1.9010	16	016
1.7410	12	311
1.7040	8	131
1.6630	8	107
1.6420	25	206
1.6150	30	313
1.5870	30	117

(3) 溴 化 物

5-044 溴汞石(Kuzminite)

$Hg_2(Br,Cl)_2$，516.54

Sys.:Tetragonal S.G.:*I*4/*mmm*(139) *Z*:2

a:4.597(5) *c*:11.034(8) Vol.:233.18

ICSD:23721

Atom		Wcf	*x*	*y*	*z*	Occ
Hg1	Hg^+	4*e*	0	0	0.11182(45)	1.0
Br1	Br^-	4*e*	0	0	0.35501(96)	1.0

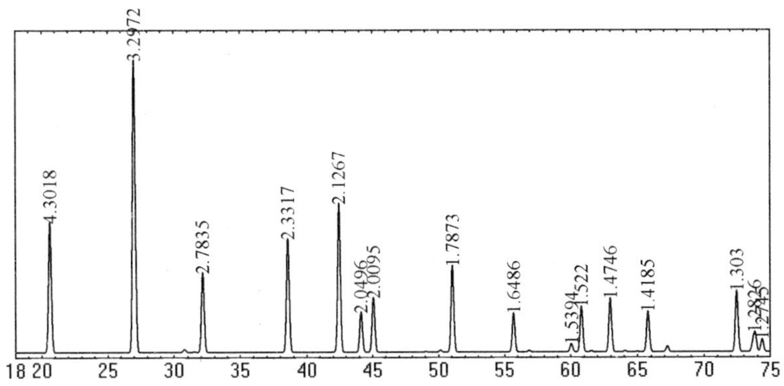

PDF:40-0514

d	I/I_0	*hkl*
4.2600	20	101
3.2500	40	110
2.8700	4	103
2.7600	16	004
2.2960	8	200
2.1030	20	114
2.0230	4	211
1.9890	12	105
1.7680	8	204
1.6260	8	220
1.5030	8	215
1.4530	100	310
1.4010	4	224
1.3820	4	008
1.2690	4	321

5-045 溴银矿(Bromargyrite)

AgBr, 187.77

Sys.: Cubic S.G.: $Fm\bar{3}m$(225) Z: 4

a: 5.7745 Vol.: 192.55

ICSD: 55246

Atom		Wcf	x	y	z	Occ
Ag1	Ag^+	4a	0	0	0	1.0
Br1	Br^-	4b	0.5	0.5	0.5	1.0

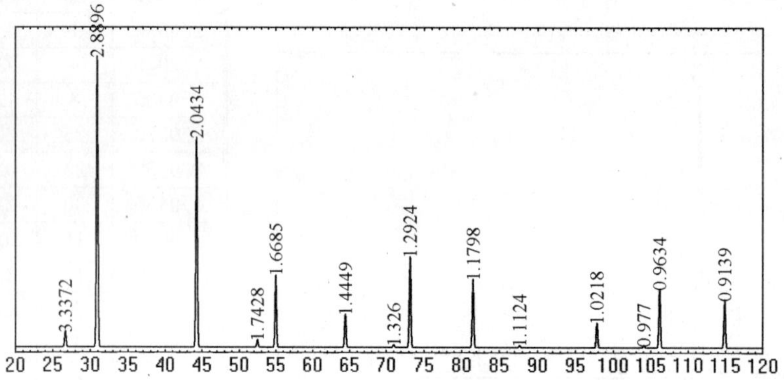

PDF: 06-0438		
d	I/I_0	hkl
3.3330	8	111
2.8860	100	200
2.0410	55	220
1.7420	2	311
1.6670	16	222
1.4440	8	400
1.3250	8	331
1.2910	14	420
1.1787	10	422
1.0207	4	440
0.9624	4	600
0.9131	4	620
0.8705	4	622
0.8336	2	444
0.8007	4	640

(4) 碘 化 物

5-046 碘银矿(Iodargyrite)

AgI, 234.77

Sys.: Hexagonal S.G.: $P6_3mc$(186) Z: 2

a: 4.5922 c: 7.51 Vol.: 137.16

ICSD: 62790

Atom		Wcf	x	y	z	Occ
I1	I^-	2b	0.3333	0.6667	0	1.0
Ag1	Ag^+	2b	0.3333	0.6667	0.6274	1.0

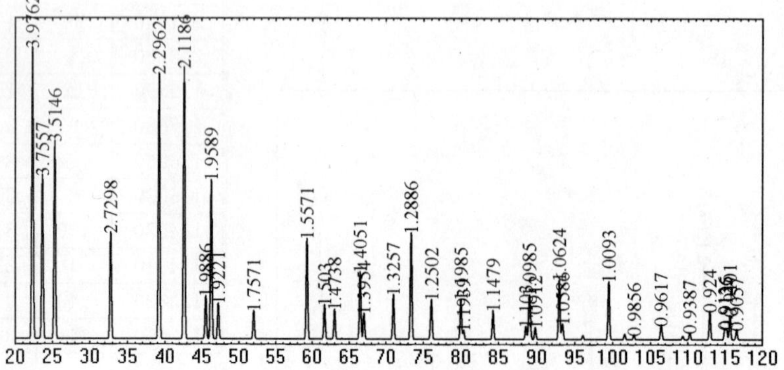

PDF: 09-0374		
d	I/I_0	hkl
3.9800	60	100
3.7500	100	002
3.5100	40	101
2.7310	18	102
2.2960	85	110
2.1190	30	103
1.9890	8	200
1.9590	50	112
1.9228	6	201
1.7574	8	202
1.5570	6	203
1.5031	6	210
1.4744	4	211
1.4535	1	114
1.4052	6	105
1.3957	4	212
1.3258	10	300
1.2888	6	213
1.2515	4	006
1.2500	6	302

5-047 黄碘银矿(Miersite)

(Ag,Cu)I, 234.77

Sys.:Cubic　S.G.:$F\bar{4}3m$(216)　Z:4

a:6.504　Vol.:275.13

ICSD:56552

Atom		Wcf	x	y	z	Occ
I1	I^-	4a	0	0	0	1.0
Ag1	Ag^+	4c	0.25	0.25	0.25	1.0

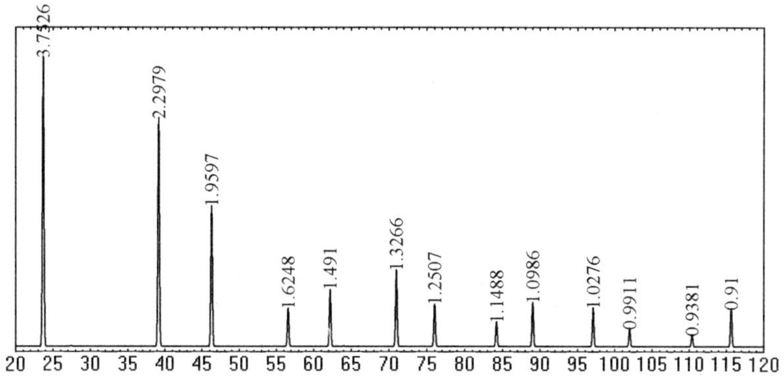

PDF:02-0499

d	I/I_0	hkl
3.7200	60	111
3.2300	100	200
2.2800	80	220
1.9500	80	311
1.4900	20	331
1.3200	20	422
1.2900	20	—

5-048 碘铜矿(Marshite)

CuI, 190.45

Sys.:Cubic　S.G.:$F\bar{4}3m$(216)　Z:4

a:6.051　Vol.:221.05

ICSD:9098

Atom		Wcf	x	y	z	Occ
Cu1	Cu^+	4a	0	0	0	1.0
I1	I^-	4c	0.25	0.25	0.25	1.0

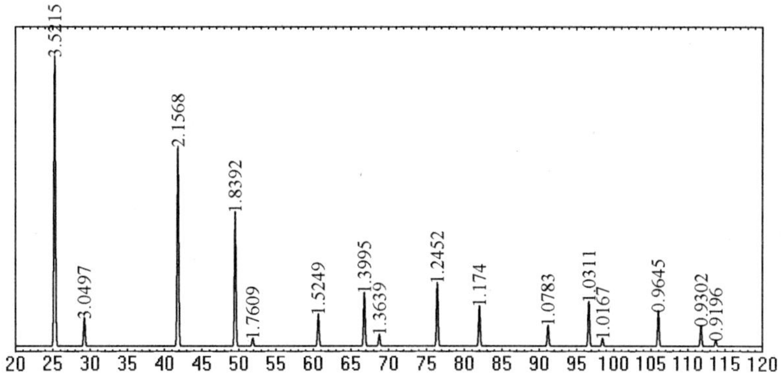

PDF:06-0246

d	I/I_0	hkl
3.4930	100	111
3.0250	12	200
2.1390	55	220
1.8240	30	311
1.7470	6	222
1.5127	8	400
1.3881	12	331
1.3529	4	420
1.2351	10	422
1.1644	8	511
1.0696	4	440
1.0228	6	531
1.0084	2	600
0.9568	4	620
0.9228	2	533
0.9121	1	622
0.8733	2	444
0.8473	4	551
0.8391	1	640
0.8086	4	642

5-049 碘汞矿(Moschelite)

HgI，327.49

Sys.: Tetragonal　S.G.: *I*4/*mmm*(139)　*Z*: 4

a: 4.933　*c*: 11.633　Vol.: 283.08

ICSD: 23721

Atom		Wcf	*x*	*y*	*z*	Occ
Hg1	Hg^{+}	4*e*	0	0	0.105	1.0
I1	I^{-}	4*e*	0	0	0.355	1.0

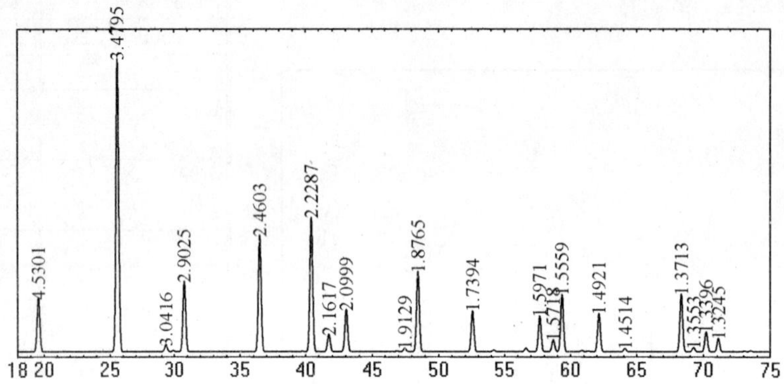

PDF: 06-0245

d	I/I_0	*hkl*
4.5400	25	101
3.4890	100	110
3.0480	2	103
2.9090	30	004
2.4670	30	200
2.2340	45	114
2.1680	6	211
2.1040	20	105
1.8810	20	204
1.7440	10	220
1.6000	12	215
1.5600	8	310
1.4950	8	224
1.4540	1	008
1.3740	10	314
1.3420	6	118
1.3270	2	217
1.2500	6	109
1.2330	2	400
1.1794	2	325

6　碳酸盐及相关盐类

(1) 无水碳酸盐 …………………………………………………………………… (168)

(2) 水合碳酸盐及复合碳酸盐 ………………………………………………… (182)

(3) 硝酸盐 ……………………………………………………………………… (198)

(4) 硼酸盐 ……………………………………………………………………… (205)

(1) 无水碳酸盐

6-001 苏打石(Nahcolite)

$NaHCO_3$，84.01

Sys.:Monoclinic S.G.:$P2_1/n$(14) Z:4

a:7.475 b:9.686 c:3.481 β:93.38 Vol.:251.6

ICSD:26933

Atom		Wcf	x	y	z	Occ
Na1	Na^+	4e	0.278	0	0.708	1.0
C1	C^{4+}	4e	0.069	0.236	0.314	1.0
O1	O^{2-}	4e	0.069	0.367	0.314	1.0
O2	O^{2-}	4e	0.2	0.169	0.183	1.0
O3	O^{2-}	4e	0.939	0.169	0.444	1.0
H1	H^+	4e	0.319	0.25	0.064	1.0

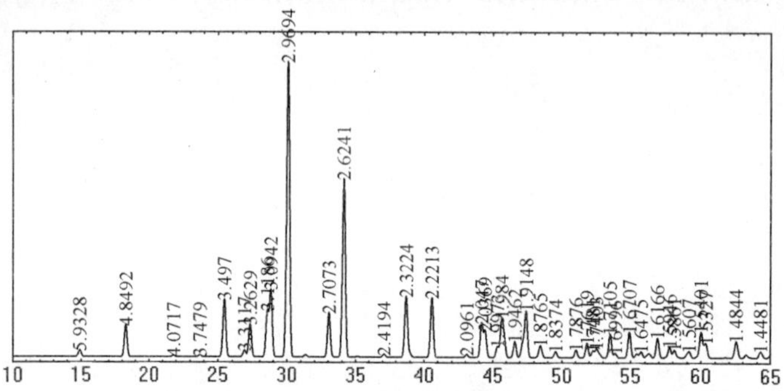

PDF:15-0700

d	I/I_0	hkl
5.9100	16	110
4.8400	25	020
4.0600	4	120
3.7310	4	200
3.4820	30	210
3.2710	8	011
3.2240	8	$\bar{1}01$
3.0820	25	101
3.0590	35	$\bar{1}11$
2.9630	20	130
2.9560	70	220
2.9360	100	111
2.8240	1	021
2.6840	30	$\bar{1}21$
2.6000	100	121
2.5300	1	$\bar{2}11$
2.4420	1	230
2.4090	4	310
2.3940	2	211

6-002 重碳酸钾石(Kalicinite)

$KHCO_3$，100.12

Sys.:Monoclinic S.G.:$P2_1/n$(14) Z:4

a:15.04 b:5.7 c:3.69 β:104.5 Vol.:306.26

ICSD:27793

Atom		Wcf	x	y	z	Occ
K1	K^+	4e	0.166	0.025	0.8	1.0
O1	O^{2-}	4e	0.195	0.525	0.59	1.0
O2	O^{2-}	4e	0.082	0.325	0.215	1.0
O3	O^{2-}	4e	0.082	0.725	0.215	1.0
C1	C^{4+}	4e	0.122	0.525	0.34	1.0

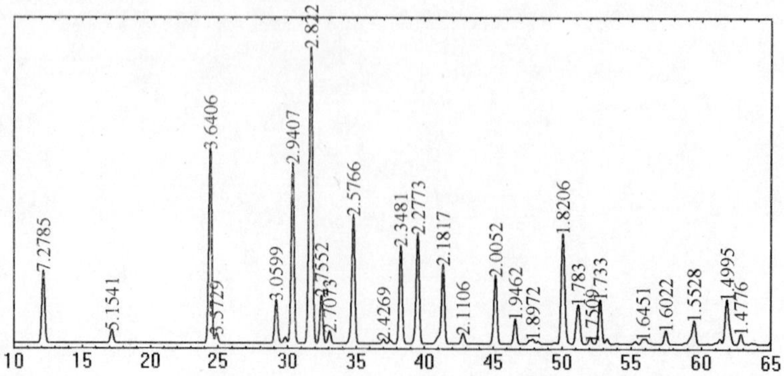

PDF:01-0976

d	I/I_0	hkl
7.3300	20	200
3.6800	32	310
3.1000	4	$\bar{1}11$
2.9500	28	$\bar{4}01$
2.8400	100	111
2.6200	32	$\bar{4}11$
2.3700	8	$\bar{5}11$
2.2800	24	401
2.2100	16	021
2.0200	12	520
1.9600	4	710
1.8400	12	230
1.8000	6	601
1.7500	8	$\bar{2}12$
1.5700	4	$\bar{9}11$
1.5200	4	$\bar{4}22$
1.4200	4	412
1.3100	4	631

6-003 天然碱(Trona)

$Na_3H(CO_3)_2 \cdot 2H_2O$，226.03

Sys.:Monoclinic　S.G.:$I2/a$(15)　Z:4

a:20.106　b:3.492　c:10.333　β:103.05　Vol.:706.74

ICSD:30655

Atom		Wcf	x	y	z	Occ
Na1	Na^+	4e	0	0.748	0.25	1.0
Na2	Na^+	8f	0.152	0.165	0.428	1.0
C1	C^{4+}	8f	0.093	0.262	0.103	1.0
O1	O^{2-}	8f	0.15	0.373	0.101	1.0
O2	O^{2-}	8f	0.056	0.139	0.991	1.0
O3	O^{2-}	8f	0.074	0.257	0.206	1.0
O4	O^{2-}	8f	0.214	0.669	0.348	1.0

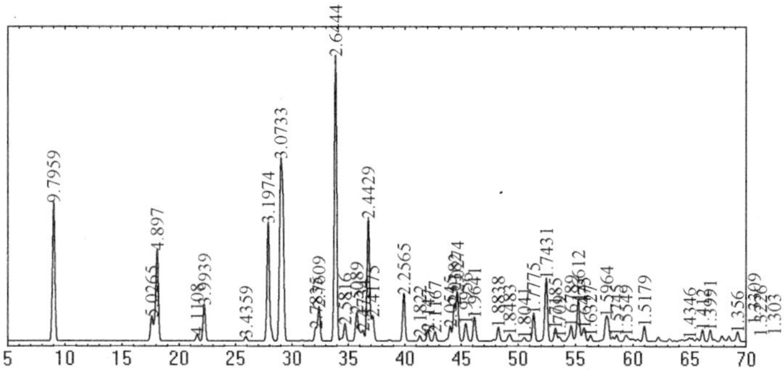

PDF:29-1447

d	I/I_0	hkl
9.7700	45	200
4.8920	55	400
4.1130	2	202
3.9870	6	$\bar{4}02$
3.4360	2	110
3.2610	6	600
3.1960	20	$\bar{2}11$
3.1670	4	402
3.0710	80	$\bar{6}02$
2.8910	1	$\bar{1}12$
2.7850	6	112
2.7590	14	$\bar{3}12$
2.6470	100	411
2.6080	4	510
2.5820	8	$\bar{2}04$
2.5100	12	312
2.4720	6	$\bar{5}12$
2.4440	30	$\bar{2}13$
2.4260	13	$\bar{8}02$
2.2540	30	$\bar{6}04$

6-004 方解石(Calcite)

$CaCO_3$，100.09

Sys.:Trigonal　S.G.:$R\bar{3}c$(167)　Z:6

a:4.989　c:17.062　Vol.:367.78

ICSD:16710

Atom		Wcf	x	y	z	Occ
Ca1	Ca^{2+}	6b	0	0	0	1.0
C1	C^{4+}	6a	0	0	0.25	1.0
O1	O^{2-}	18e	0.2593(8)	0	0.25	1.0

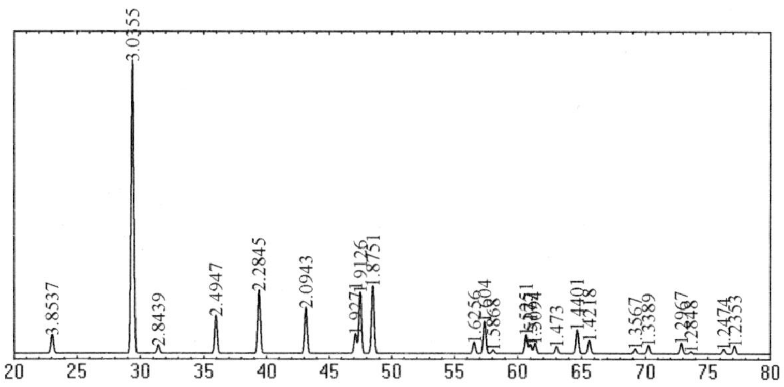

PDF:05-0586

d	I/I_0	hkl
3.8600	12	012
3.0350	100	104
2.8450	3	006
2.4950	14	110
2.2850	18	113
2.0950	18	202
1.9270	5	024
1.9130	17	018
1.8750	17	116
1.6260	4	211
1.6040	8	122
1.5870	2	1010
1.5250	5	214
1.5180	4	208
1.5100	3	119
1.4730	2	125
1.4400	5	300
1.4220	3	0012
1.3560	1	217
1.3390	2	0210

6-005 菱镁矿(Magnesite)

$MgCO_3$, 84.31

Sys.: Trigonal S.G.: $R\bar{3}c$(167) Z: 6

a: 4.624 c: 14.9922 Vol.: 277.61

ICSD: 80870

Atom		Wcf	x	y	z	Occ
Mg1	Mg^{2+}	6b	0	0	0	1.0
C1	C^{4+}	6a	0	0	0.25	1.0
O1	O^{2-}	18e	0.27748(7)	0	0.25	1.0

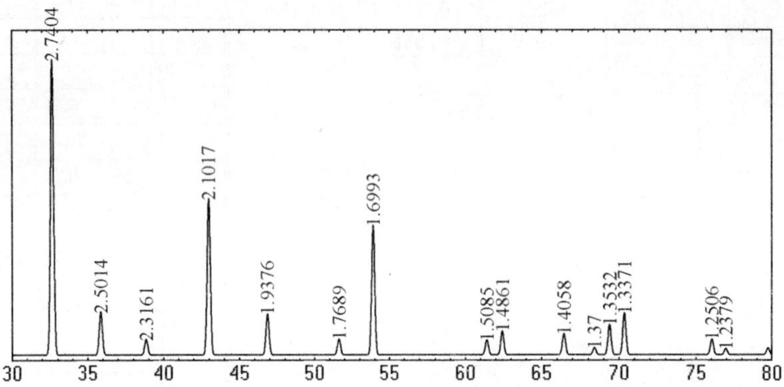

PDF: 02-0875

d	I/I_0	hkl
3.5300	20	012
2.7400	100	104
2.5000	60	006
2.3100	40	110
2.1000	80	113
1.9300	60	202
1.7700	40	024
1.7000	90	018
1.5100	40	211
1.4800	50	122
1.4000	60	214
1.3700	20	208
1.3500	60	125
1.3400	60	300
1.2500	50	0 0 12
1.2400	20	217
1.2000	40	0 2 10
1.1900	50	—
1.1800	50	128
1.1600	20	220

6-006 菱铁矿(Siderite)

$FeCO_3$, 115.86

Sys.: Trigonal S.G.: $R\bar{3}c$(167) Z: 6

a: 4.6935 c: 15.386 Vol.: 293.53

ICSD: 100678

Atom		Wcf	x	y	z	Occ
Fe1	Fe^{2+}	6b	0	0	0	1.0
C1	C^{4+}	6a	0	0	0.25	1.0
O1	O^{2-}	18e	0.27427(10)	0	0.25	1.0

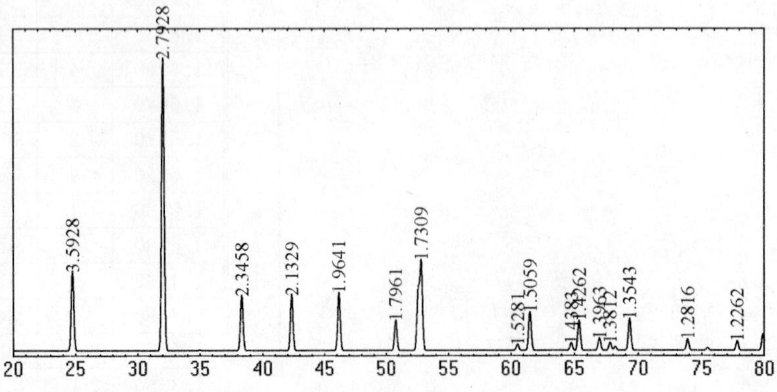

PDF: 29-0696

d	I/I_0	hkl
3.5930	25	012
2.7950	100	104
2.5640	1	006
2.3460	20	110
2.1340	20	113
1.9650	20	202
1.7968	12	024
1.7382	30	018
1.7315	35	116
1.5291	3	211
1.5063	14	122
1.4390	3	1 0 10
1.4266	11	214
1.3969	6	208
1.3818	3	119
1.3548	11	300
1.2823	5	0 0 12
1.2593	1	217
1.2269	3	0 2 10
1.2002	5	128

6-007 菱锰矿(Rhodochrosite)

$MnCO_3$，114.95

Sys.:Trigonal S.G.:$R\bar{3}c$(167) Z:6

a:4.7901 c:15.694 Vol.:311.86

ICSD:80867

Atom		Wcf	x	y	z	Occ
Mn1	Mn^{2+}	6b	0	0	0	1.0
C1	C^{4+}	6a	0	0	0.25	1.0
O1	O^{2-}	18e	0.2695(1)	0	0.25	1.0

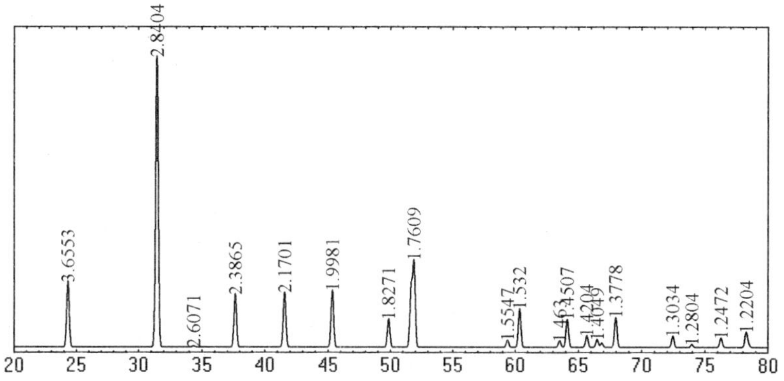

PDF:44-1472

d	I/I_0	hkl
3.6670	29	012
2.8500	100	104
2.6170	1	006
2.3950	15	110
2.1780	19	113
2.0050	17	202
1.8337	7	024
1.7734	23	018
1.7670	29	116
1.5599	2	211
1.5375	8	122
1.4671	2	1010
1.4560	5	214
1.4252	3	208
1.4097	2	119
1.4026	2	125
1.3828	6	300
1.3078	2	0012
1.2849	1	217
1.2513	1	0210

6-008 菱钴矿(Sphaerocobaltite)

$CoCO_3$，118.94

Sys.:Trigonal S.G.:$R\bar{3}c$(167) Z:6

a:4.659 c:14.957 Vol.:281.16

ICSD:61066

Atom		Wcf	x	y	z	Occ
Co1	Co^{2+}	6b	0	0	0	1.0
C1	C^{4+}	6a	0	0	0.25	1.0
O1	O^{2-}	18e	0.2766(4)	0	0.25	1.0

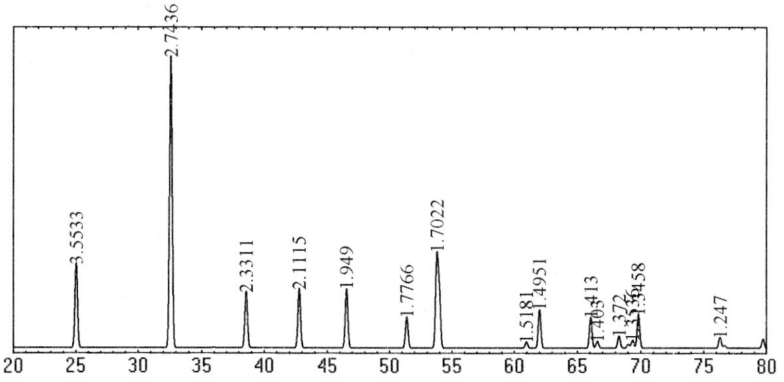

PDF:11-0692

d	I/I_0	hkl
3.5510	40	012
2.7430	100	104
2.3300	20	110
2.1120	20	113
1.9480	20	202
1.7760	10	024
1.7020	30	116
1.6970	25	018
1.5174	4	211
1.4946	12	122
1.4122	12	214
1.4026	4	1010
1.3714	4	208
1.3582	2	125
1.3531	4	119
1.3448	10	300
1.2468	4	0012
1.2015	4	0210
1.1818	6	128
1.1647	2	220

6-009 菱锌矿(Smithsonite)

$ZnCO_3$，125.39

Sys.:Trigonal S.G.:$R\bar{3}c$(167) Z:6

a:4.6533 c:15.028 Vol.:281.81

ICSD:100679

Atom		Wcf	x	y	z	Occ
Zn1	Zn^{2+}	6b	0	0	0	1.0
C1	C^{4+}	6a	0	0	0.25	1.0
O1	O^{2-}	18e	0.27636	0	0.25	1.0

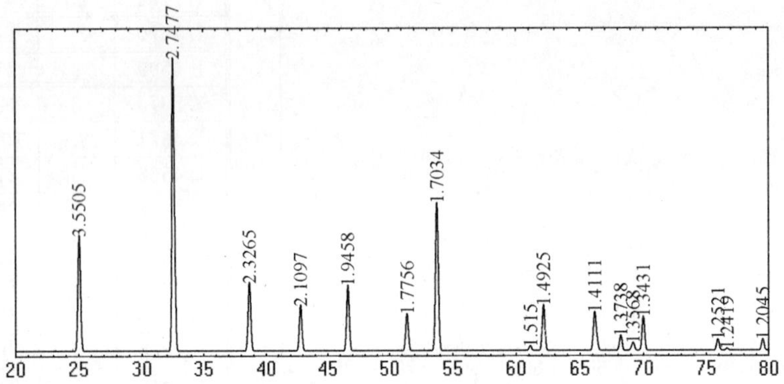

PDF:08-0449

d	I/I_0	hkl
3.5500	50	012
2.7500	100	104
2.3270	25	110
2.1100	18	113
1.9460	25	202
1.7760	12	024
1.7030	45	018
1.5150	14	211
1.4930	14	122
1.4110	10	214
1.4080	2	10$\underline{10}$
1.3740	4	208
1.3570	2	119
1.3430	10	300
1.2524	6	00$\underline{12}$
1.2423	2	217
1.2048	4	02$\underline{10}$
1.1833	8	128
1.1632	2	220
1.1057	2	312

6-010 菱镉矿(Otavite)

$CdCO_3$，172.42

Sys.:Trigonal S.G.:$R\bar{3}c$(167) Z:6

a:4.9298 c:16.306 Vol.:343.19

ICSD:20181

Atom		Wcf	x	y	z	Occ
Cd1	Cd^{2+}	6b	0	0	0.5	1.0
C1	C^{4+}	6a	0	0	0.25	1.0
O1	O^{2-}	18e	0.2621(7)	0.2621(7)	0.25	1.0

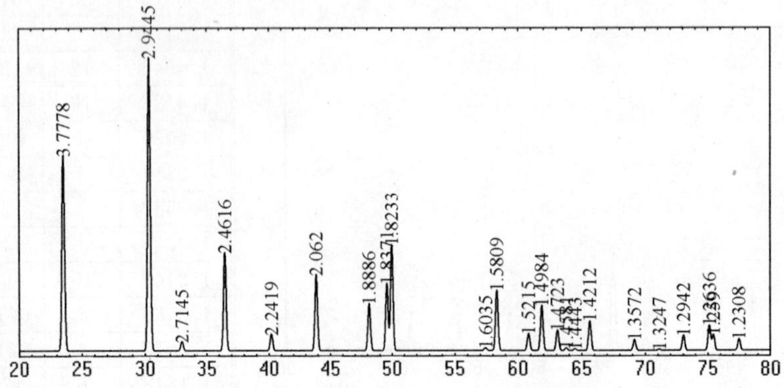

PDF:42-1342

d	I/I_0	hkl
3.7849	74	012
2.9497	100	104
2.7200	4	006
2.4652	30	110
2.2454	5	113
2.0650	24	202
1.8911	12	024
1.8394	24	018
1.8258	31	116
1.5829	13	122
1.5236	4	10$\underline{10}$
1.5005	10	214
1.4748	4	208
1.4599	1	119
1.4229	6	300
1.3582	2	00$\underline{12}$
1.2962	2	02$\underline{10}$
1.2652	5	128
1.2607	4	306
1.2324	2	220

6-011 菱镍矿(Gaspeite)

$NiCO_3$，118.71

Sys.:Trigonal　S.G.:$R\bar{3}c$(167)　Z:6

a:4.609　c:14.737　Vol.:271.11

ICSD:61067

Atom		Wcf	x	y	z	Occ
Ni1	Ni^{2+}	6b	0	0	0.5	1.0
C1	C^{4+}	6a	0	0	0.25	1.0
O1	O^{2-}	18e	0.7201	0.7201	0.25	1.0

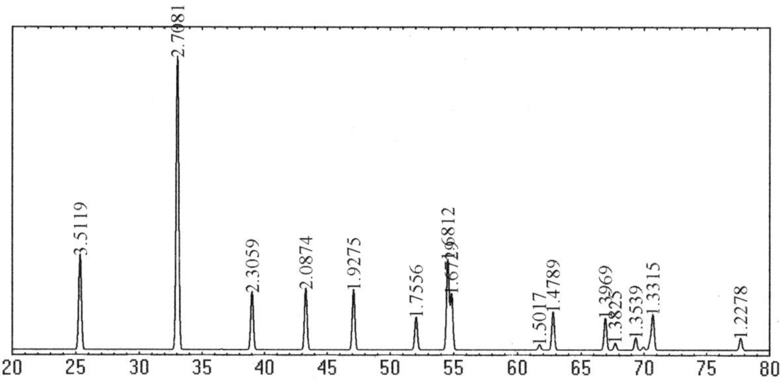

PDF:12-0771

d	I/I_0	hkl
3.5120	50	012
2.7080	100	104
2.3040	25	110
2.0860	35	113
1.9260	30	202
1.7546	16	024
1.6811	45	116
1.6734	35	018
1.5001	2	211
1.4782	18	122
1.3961	14	214
1.3834	4	10$\underline{10}$
1.3542	6	208
1.3351	10	119
1.3310	14	300
1.2287	6	00$\underline{12}$
1.2262	4	217
1.1857	2	02$\underline{10}$
1.1672	6	128
1.1526	2	220

6-012 球方解石(Vaterite)

$CaCO_3$，100.09

Sys.:Hexagonal　S.G.:$P6_3mmc$(194)　Z:3

a:7.15　c:16.94　Vol.:749.99

ICSD:18127

Atom		Wcf	x	y	z	Occ
Ca1	Ca^{2+}	2a	0	0	0	0.572
Ca2	Ca^{2+}	12k	0.0135(30)	−0.0135(30)	0	0.572
C1	C^{4+}	12j	0.3134	0.3806	0.25	0.6668
O1	O^{2-}	12j	0.291(10)	0.5255(85)	0.25	0.6668
O2	O^{2-}	24l	0.325(10)	0.308(10)	0.0548(13)	0.6668

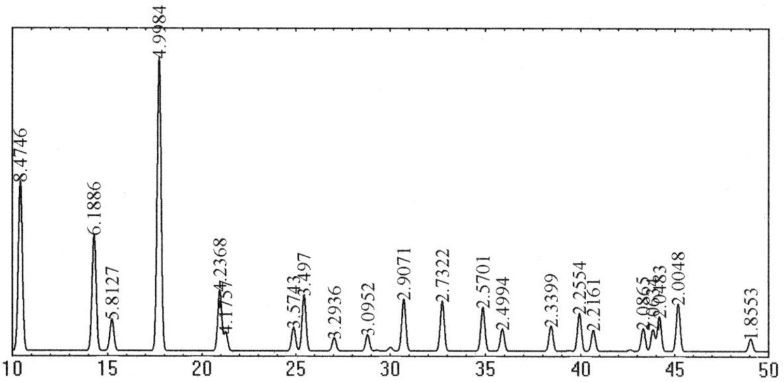

PDF:72-1616

d	I/I_0	hkl
8.4745	428	002
6.1904	514	100
5.8147	118	101
4.9988	999	102
4.2373	258	004
4.1730	46	103
3.5740	58	110
3.4966	191	104
3.2931	92	112
3.0952	40	200
3.0448	1	201
2.9732	10	105
2.9073	139	202
2.8248	1	006
2.7320	102	114
2.5699	112	106
2.4994	57	204
2.3397	75	210
2.2857	1	205
2.2554	94	212

6-013 文石(Aragonite)

$CaCO_3$，100.09

Sys.: Orthorhombic S.G.: *Pnam*(62) *Z*: 4

a: 4.9623 *b*: 7.968 *c*: 5.7439 Vol.: 227.11

ICSD: 15194

Atom		Wcf	*x*	*y*	*z*	Occ
Ca1	Ca^{2+}	4*c*	0.25	0.4150(1)	0.7597(3)	1.0
C1	C^{4+}	4*c*	0.25	0.7622(4)	−0.0862(10)	1.0
O1	O^{2-}	4*c*	0.25	0.9225(4)	−0.0962(9)	1.0
O2	O^{2-}	8*d*	0.4736(4)	0.6810(3)	−0.0862(5)	1.0

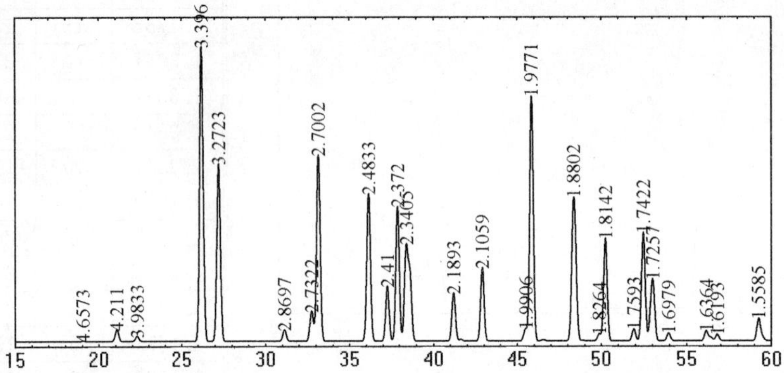

PDF: 41-1475

d	I/I_0	*hkl*
4.2120	3	110
3.9840	1	020
3.3970	100	111
3.2740	50	021
2.8720	6	002
2.7330	9	121
2.7020	60	012
2.4810	40	200
2.4110	14	031
2.3730	45	112
2.3420	25	130
2.3300	25	022
2.1900	12	211
2.1680	2	131
2.1080	20	122
2.1080	20	220
1.9774	55	221
1.9500	1	032
1.8821	25	041
1.8775	25	202

6-014 毒重石(Witherite)

$BaCO_3$，197.34

Sys.: Orthorhombic S.G.: *Pnam*(62) *Z*: 4

a: 5.3128 *b*: 8.9038 *c*: 6.4335 Vol.: 304.33

ICSD: 15196

Atom		Wcf	*x*	*y*	*z*	Occ
Ba1	Ba^{2+}	4*c*	0.25	0.41631(5)	0.7549(2)	1.0
C1	C^{4+}	4*c*	0.25	0.7570(12)	−0.0810(26)	1.0
O1	O^{2-}	4*c*	0.25	0.9011(8)	−0.0878(19)	1.0
O2	O^{2-}	8*d*	0.4595(10)	0.6839(6)	−0.0790(14)	1.0

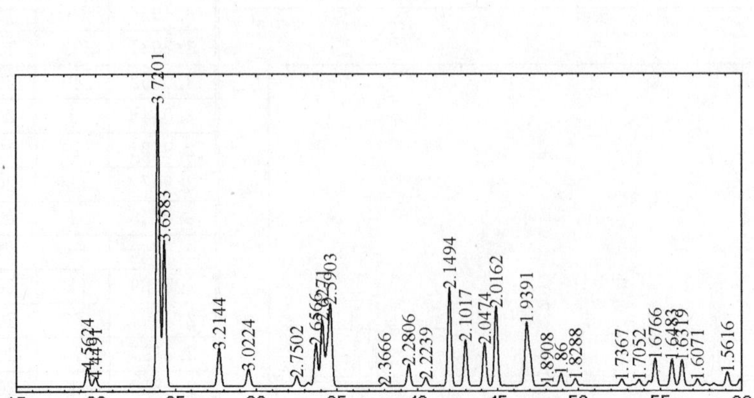

PDF: 44-1487

d	I/I_0	*hkl*
4.5630	9	110
4.4540	4	020
3.7220	100	111
3.6620	47	021
3.2170	13	002
3.0250	4	012
2.7530	2	102
2.6950	1	031
2.6560	12	200
2.6290	21	112
2.6070	14	022
2.5920	23	130
2.3670	1	211
2.2810	6	220
2.2260	2	040
2.1500	24	221
2.1040	11	041
2.0480	9	202
2.0180	19	132
1.9552	2	141

6-015 碳锶矿(Strontianite)

$SrCO_3$, 147.63

Sys.: Orthorhombic　S.G.: *Pnam*(62)　*Z*: 4

a: 5.107　*b*: 8.414　*c*: 6.029　Vol.: 259.07

ICSD: 202793

Atom		Wcf	*x*	*y*	*z*	Occ
Sr1	Sr^{2+}	4*c*	0.25	0.41619(4)	0.75678(7)	1.0
C1	C^{4+}	4*c*	0.25	0.75873(4)	−0.08547(7)	1.0
O1	O^{2-}	4*c*	0.25	0.91118(5)	−0.09501(9)	1.0
O2	O^{2-}	8*d*	0.46785(6)	0.68183(3)	−0.08610(6)	1.0

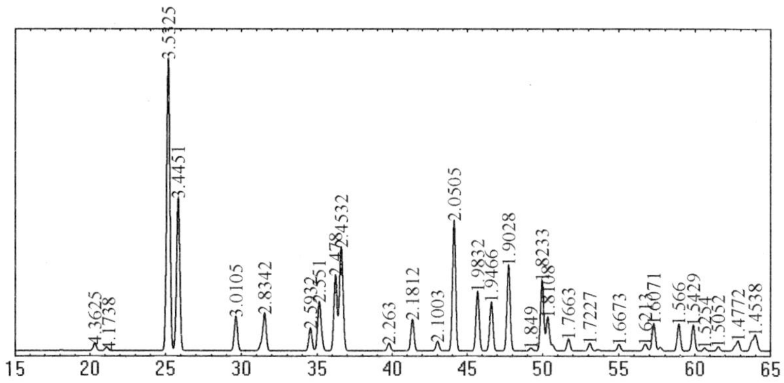

PDF: 05-0418

d	I/I_0	*hkl*
4.3670	14	110
4.2070	6	020
3.5350	100	111
3.4500	70	021
3.0140	22	002
2.8590	5	121
2.8380	20	012
2.5960	12	102
2.5540	23	200
2.4810	34	112
2.4580	40	130
2.4511	33	022
2.2646	5	211
2.1831	16	220
2.1035	7	040
2.0526	50	221
1.9860	26	041
1.9489	21	202
1.9053	35	132
1.8514	3	141

6-016 白铅矿(Cerussite)

$PbCO_3$, 267.21

Sys.: Orthorhombic　S.G.: *Pnam*(62)　*Z*: 4

a: 5.178　*b*: 8.515　*c*: 6.146　Vol.: 270.98

ICSD: 36554

Atom		Wcf	*x*	*y*	*z*	Occ
Pb1	Pb^{2+}	4*c*	0.25	0.41702(7)	0.24560(12)	1.0
C1	C^{4+}	4*c*	0.25	0.76221(11)	0.08718(15)	1.0
O1	O^{2-}	4*c*	0.25	0.91299(14)	0.09649(20)	1.0
O2	O^{2-}	8*d*	0.46445(14)	0.68597(9)	0.08893(14)	1.0

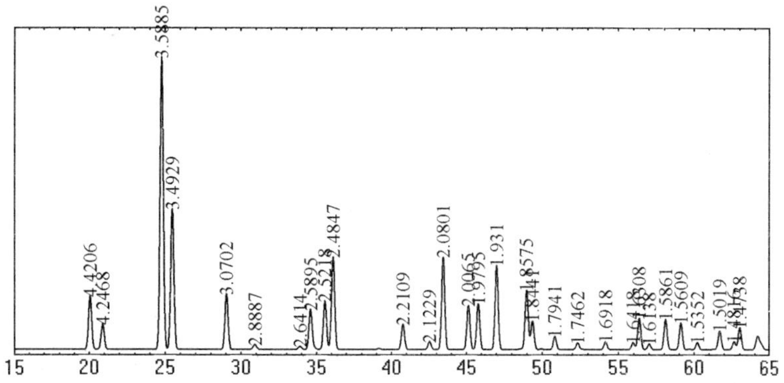

PDF: 47-1734

d	I/I_0	*hkl*
4.4180	15	110
4.2520	5	020
3.5900	100	111
3.5000	37	021
3.0730	21	002
2.9000	2	121
2.8910	2	012
2.6430	1	102
2.5880	9	200
2.5230	19	112
2.4900	23	022
2.4900	23	130
2.2130	5	220
2.1270	1	040
2.0820	21	221
2.0100	6	041
1.9803	7	202
1.9340	15	132
1.8590	15	113
1.8461	8	023

6-017 钠碳石(Natrite)

Na_2CO_3，267.21

Sys.:Monoclinic S.G.:$C2/m(12)$ Z:8

a:8.9 b:5.24 c:6.04 β:101.2 Vol.:276.32

ICSD:16024

Atom		Wcf	x	y	z	Occ
Na1	Na^+	4g	0	0.018	0	0.5
Na2	Na^+	4h	0	0.022	0.5	0.5
Na3	Na^+	8j	0.172	0.544	0.749	0.5
C1	C^{4+}	8j	0.163	0.488	0.251	0.5
O1	O^{2-}	8j	0.123	0.255	0.314	0.5
O2	O^{2-}	8j	0.291	0.491	0.173	0.5
O3	O^{2-}	8j	0.079	0.676	0.255	0.5

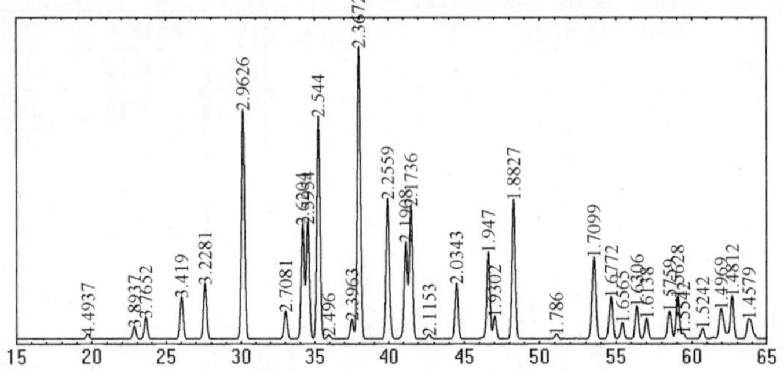

PDF:47-1734

d	I/I_0	hkl
5.9250	1	001
4.4929	30	110
4.3652	1	200
3.8941	29	$\bar{2}01$
3.7658	49	$\bar{1}11$
3.4192	115	111
3.2278	165	201
2.9625	768	002
2.7078	118	$\bar{2}02$
2.6200	437	020
2.5953	443	$\bar{1}12$
2.5441	836	310
2.4965	17	$\bar{3}11$
2.3962	69	021
2.3669	999	112
2.2561	470	202
2.2059	14	311
2.1908	320	$\bar{4}01$
2.1826	190	400
2.1738	437	$\bar{2}21$

6-018 扎布耶石(Zabuyelite)

Li_2CO_3，73.89

Sys.:Monoclinic S.G.:$I2/a(15)$ Z:4

a:8.359 b:4.9767 c:6.194 β:114.72 Vol.:234.06

ICSD:16713

Atom		Wcf	x	y	z	Occ
Li1	Li^+	8f	0.203	0.45	0.84	1.0
C1	C^{4+}	4e	0	0.057	0.25	1.0
O1	O^{2-}	4e	0	0.313	0.25	1.0
O2	O^{2-}	8f	0.145	−0.067	0.32	1.0

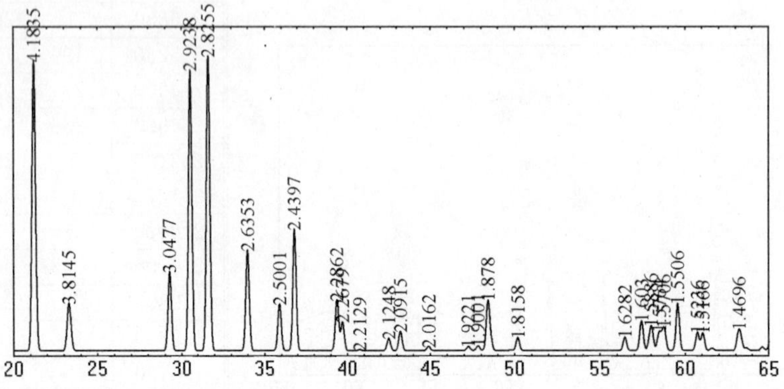

PDF:22-1141

d	I/I_0	hkl
4.1640	85	$\bar{1}10$
3.7970	20	200
3.0290	25	111
2.9180	80	$\bar{2}02$
2.8120	100	002
2.6270	30	$\bar{1}12$
2.4880	20	020
2.4310	40	$\bar{3}11$
2.2760	20	021
2.2560	12	310
2.1160	4	$\bar{2}21$
2.0810	8	$\bar{2}20$
2.0120	2	$\bar{4}02$
1.9100	2	202
1.8930	2	$\bar{2}22$
1.8670	18	311
1.8205	2	221
1.8121	4	$\bar{3}13$
1.6208	4	130
1.5959	8	$\bar{1}31$

6-019　白云石(Dolomite)

$CaMg(CO_3)_2$，184.4

Sys.：Trigonal　S.G.：$R\bar{3}$(148)　Z：3

a：4.8112　c：16.02　Vol.：321.14

ICSD：100680

Atom		Wcf	x	y	z	Occ
Ca1	Ca^{2+}	3a	0	0	0	1.0
Mg1	Mg^{2+}	3b	0	0	0.5	1.0
C1	C^{4+}	6c	0	0	0.24287(4)	1.0
O1	O^{2-}	18f	0.24802(7)	−0.03471(7)	0.24401(2)	1.0

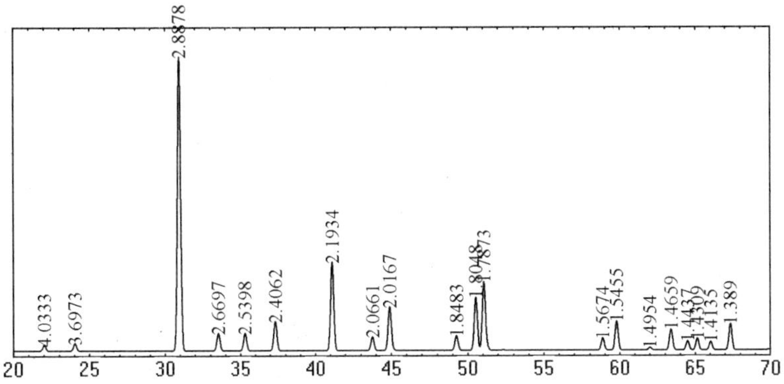

PDF：11-0078

d	I/I_0	hkl
4.0300	3	101
3.6900	5	012
2.8860	100	104
2.6700	10	006
2.5400	8	015
2.4050	10	110
2.1920	30	113
2.0660	5	021
2.0150	15	202
1.8480	5	024
1.8040	20	018
1.7860	30	116
1.7810	30	009
1.5670	8	211
1.5450	10	122
1.4960	1	$10\underline{10}$
1.4650	5	214
1.4450	4	208
1.4310	10	119
1.4130	4	125

6-020　铁白云石(Ankerite)

$Ca(Fe,Mg)(CO_3)_2$，200.17

Sys.：Trigonal　S.G.：$R\bar{3}$(148)　Z：3

a：4.824　c：16.132　Vol.：325.11

ICSD：100417

Atom		Wcf	x	y	z	Occ
Ca1	Ca^{2+}	3a	0	0	0	1.0
Mg1	Mg^{2+}	3b	0	0	0.5	0.32
Fe1	Fe^{2+}	3b	0	0	0.5	0.68
C1	C^{4+}	6c	0	0	0.2442(1)	1.0
O1	O^{2-}	18f	0.2506(2)	−0.0283(2)	0.2449(1)	1.0

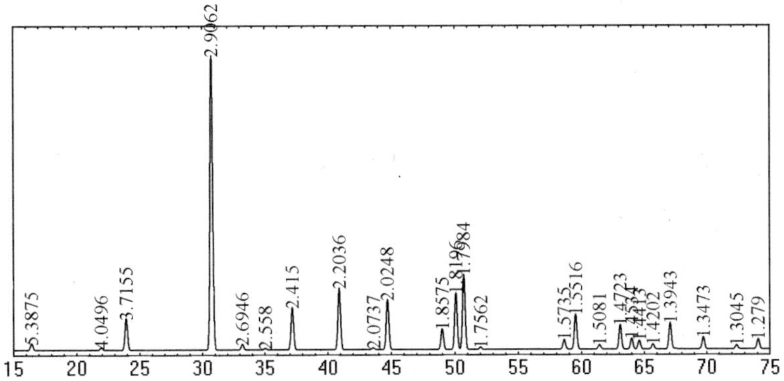

PDF：33-0282

d	I/I_0	hkl
5.3870	3	003
3.7080	12	012
2.9010	100	104
2.6890	5	006
2.5540	2	015
2.4120	15	110
2.2010	20	113
2.0720	3	021
2.0220	20	202
1.8550	10	024
1.7950	30	116
1.5720	5	211
1.5496	10	122
1.4700	10	214
1.4510	5	208
1.4390	3	119
1.4180	2	125
1.3930	7	300
1.3870	5	301
1.3720	10	302

6-021 锰方解石(Kutnohorite)

$CaMn(CO_3)_2$, 215.04

Sys.: Trigonal S.G.: $R\overline{3}$(148) Z: 3

a: 4.8732 c: 16.349 Vol.: 336.24

ICSD: 202247

Atom		Wcf	x	y	z	Occ
Ca1	Ca^{2+}	3a	0	0	0	0.49
Mn1	Mn^{2+}	3a	0	0	0	0.51
Ca2	Ca^{2+}	3b	0	0	0.5	0.53
Mn2	Mn^{2+}	3b	0	0	0.5	0.47
C1	C^{4+}	6c	0	0	0.2495(2)	1.0
O1	O^{2-}	18f	0.2634(3)	0.9995(4)	0.2496(2)	1.0

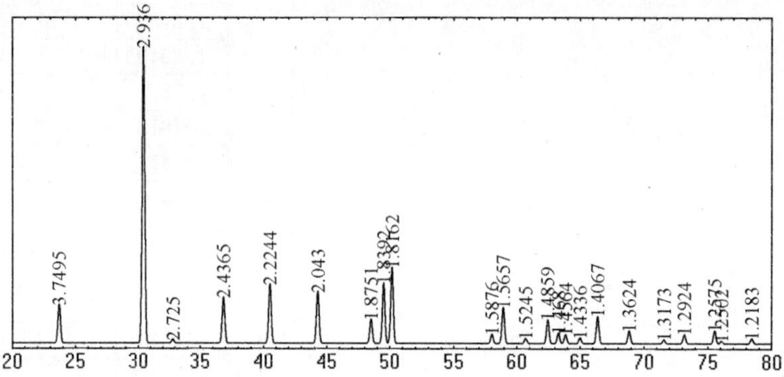

PDF: 84-1290

d	I/I_0	hkl
5.4497	1	003
4.0864	1	101
3.7500	202	012
2.9360	999	104
2.7248	8	006
2.5848	1	015
2.4366	164	110
2.2244	166	11$\overline{3}$
2.0432	164	107
2.0432	164	202
1.8750	72	024
1.8393	170	018
1.8163	216	11$\overline{6}$
1.5876	24	12$\overline{1}$
1.5656	94	21$\overline{2}$
1.5245	14	101$\overline{0}$
1.4860	64	12$\overline{4}$
1.4680	26	208
1.4564	19	11$\overline{9}$
1.4336	13	21$\overline{5}$

6-022 钡白云石(Norsethite)

$BaMg(CO_3)_2$, 281.65

Sys.: Trigonal S.G.: R32(155) Z: 3

a: 5.02 c: 16.75 Vol.: 365.56

ICSD: 24435

Atom		Wcf	x	y	z	Occ
Ba1	Ba^{2+}	3a	0	0	0	1.0
Mg1	Mg^{2+}	3b	0	0	0.5	1.0
C1	C^{4+}	6c	0	0	0.242	1.0
O1	O^{2-}	18f	0.199	−0.089	0.242	1.0

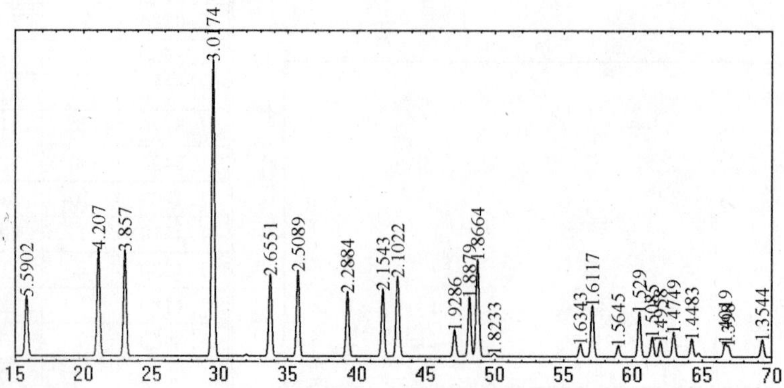

PDF: 12-0530

d	I/I_0	hkl
5.5800	25	003
4.2100	30	101
3.8600	35	012
3.0150	100	104
2.7950	4	006
2.6560	35	015
2.5120	35	110
2.2900	25	113
2.1540	25	021
2.1040	35	202
1.9310	35	024
1.8900	25	018
1.8640	35	116
1.8240	4	205
1.6360	6	211
1.6120	18	122
1.5630	6	101$\overline{0}$
1.5300	25	214
1.5100	6	208
1.4960	6	119

6-023　钡解石-三方相(Paralstonite-tri)

$BaCa(CO_3)_2$，297.43

Sys.：Trigonal　S.G.：*P*321(150)　*Z*：3

a：8.692(3)　*c*：6.148(4)　Vol.：402.26

ICSD：100477

Atom		Wcf	*x*	*y*	*z*	Occ
Ba1	Ba^{2+}	3*e*	0.6870(1)	0	0	1.0
Ca1	Ca^{2+}	3*f*	0.3586(4)	0	0.5	1.0
O1	O^{2-}	6*g*	0.191(2)	0.677(2)	0.355(2)	1.0
O2	O^{2-}	6*g*	0.173(2)	0.517(2)	0.822(1)	1.0
O3	O^{2-}	6*g*	0.150(1)	0.001(1)	0.255(1)	1.0
C1	C^{4+}	2*d*	0.3333	0.6667	0.356(5)	1.0
C2	C^{4+}	2*d*	0.3333	0.6667	0.817(5)	1.0
C3	C^{4+}	2*c*	0	0	0.267(3)	1.0

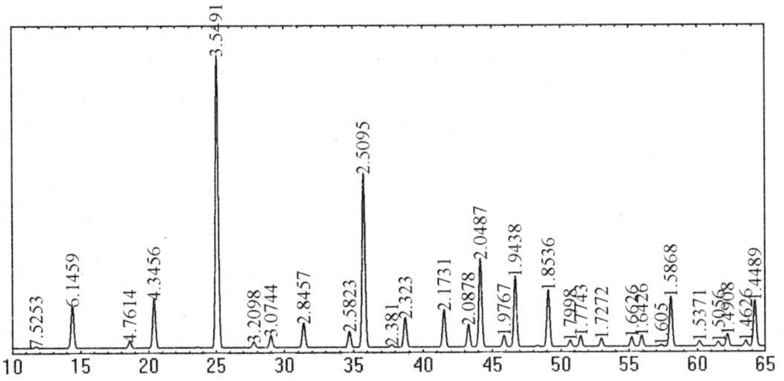

PDF：33-0178

d	I/I_0	*hkl*
7.5100	2	100
6.1500	18	001
4.7600	3	101
4.3500	11	110
3.5500	100	111
3.2060	2	201
3.0760	3	002
2.8510	11	102
2.5810	5	211
2.5100	65	300
2.3700	1	202
2.3230	6	301
2.1750	9	220
2.0850	8	310
2.0480	20	221
1.9750	3	311
1.9430	18	302
1.8530	15	113
1.7990	1	401
1.7730	3	222

6-024a　菱碱土矿(Benstonite)

$Ba_6Ca_6Mg(CO_3)_{13}$，1868.88

Sys.：Trigonal　S.G.：$R\bar{3}$(148)　*Z*：3

a：18.280(9)　*c*：8.652(8)　Vol.：12503.8

ICSD：100479

Atom		Wcf	*x*	*y*	*z*	Occ
Ba1	Ba^{2+}	18*f*	0.0533(1)	0.1778(1)	0.3007(1)	1.0
Ca1	Ca^{2+}	18*f*	0.3319(2)	0.0860(2)	0.0238(1)	1.0
Mg1	Mg^{2+}	3*a*	0	0	0	1.0
O1	O^{2-}	18*f*	0.4820(7)	0.4856(7)	0.1724(14)	1.0
O2	O^{2-}	18*f*	0.3798(6)	0.3543(6)	0.1180(12)	1.0
O3	O^{2-}	18*f*	0.3525(7)	0.4613(7)	0.1185(13)	1.0
O4	O^{2-}	18*f*	0.2393(6)	0.1124(6)	0.1817(12)	1.0
O5	O^{2-}	18*f*	0.1039(8)	0.0689(8)	0.1414(16)	1.0
O6	O^{2-}	18*f*	0.1993(8)	0.2036(7)	0.1101(14)	1.0
O7	O^{2-}	18*f*	0.0789(10)	0.0549(15)	0.4749(29)	0.5
C1	C^{4+}	18*f*	0.4058(9)	0.4334(9)	0.1398(19)	1.0
C2	C^{4+}	18*f*	0.1797(9)	0.1288(9)	0.1376(16)	1.0
C3	C^{4+}	6*c*	0	0	0.4785(83)	0.5

PDF：83-1588

d	I/I_0	*hkl*
9.1400	87	110
7.5921	73	101
5.8401	40	021
5.2770	71	300
4.9213	94	$12\bar{1}$
4.5700	65	220
4.1730	179	012
3.9154	494	$31\bar{1}$
3.7961	20	202
3.5991	114	401
3.5057	5	$21\bar{2}$
3.4546	61	410
3.3488	101	$23\bar{1}$
3.0816	999	$13\bar{2}$
2.9734	10	051
2.9201	7	042
2.8840	12	003
2.8275	14	$42\bar{1}$
2.7816	11	$32\bar{2}$
2.7503	29	$11\bar{3}$

6-024b 菱碱土矿(Benstonite)

$Ba_6Ca_6Mg(CO_3)_{13}$，1868.88

ICSD:100479(续)

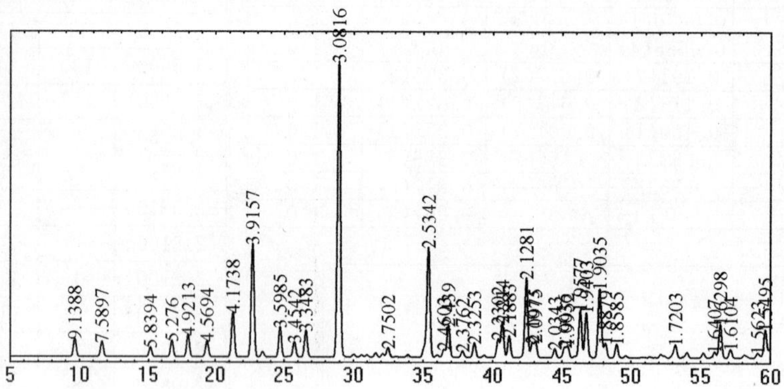

PDF:83-1588(续)		
d	I/I_0	*hkl*
2.7012	2	$15\bar{1}$
2.6385	8	600
2.5550	34	502
2.5350	341	250
2.5350	341	033
2.4923	9	431
2.4606	27	$24\bar{2}$
2.4390	98	$22\bar{3}$
2.3761	21	$51\bar{2}$
2.3254	43	$61\bar{1}$
2.2850	7	440
2.2301	57	$43\bar{2}$
2.2139	110	$41\bar{3}$
2.1881	65	701
2.1431	7	104
2.1279	242	621
2.1081	47	$16\bar{2}$
2.0969	46	710
2.0969	46	$33\bar{3}$
2.0342	26	$12\bar{4}$

6-025 钡解石-单斜相(Barytocalcite-mon)

$BaCa(CO_3)_2$，297.43

Sys.:Monoclinic S.G.:$P2_1$(4) Z:2

a:8.15 *b*:5.22 *c*:6.58 *β*:106.3 Vol.:268.68

ICSD:24422

Atom		Wcf	*x*	*y*	*z*	Occ
Ca1	Ca^{2+}	2*a*	0.125	0	0.25	1.0
Ba1	Ba^{2+}	2*a*	0.625	0	0.25	1.0
C1	C^{4+}	2*a*	0.125	0	0.75	1.0
C2	C^{4+}	2*a*	0.625	0	0.75	1.0
O1	O^{2-}	2*a*	0.125	0.3	0.75	1.0
O2	O^{2-}	2*a*	0.2	0.85	0.6	1.0
O3	O^{2-}	2*a*	0.05	0.85	0.9	1.0
O4	O^{2-}	2*a*	0.625	0.7	0.75	1.0
O5	O^{2-}	2*a*	0.7	0.15	0.6	1.0
O6	O^{2-}	2*a*	0.55	0.15	0.9	1.0

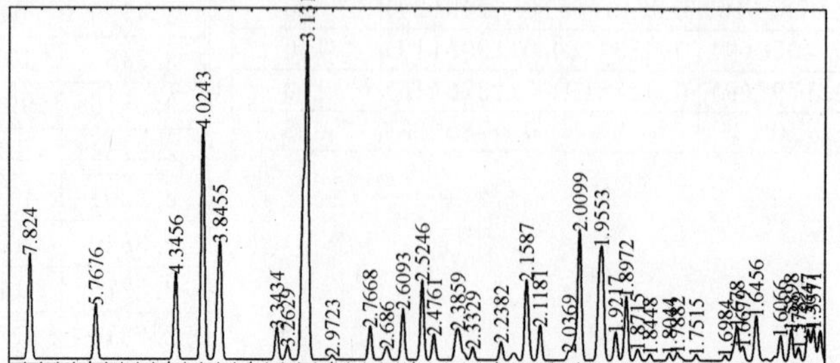

PDF:73-1921		
d	I/I_0	*hkl*
7.8224	451	100
5.7685	214	$\bar{1}01$
4.3420	286	101
4.3420	286	110
4.0235	853	011
3.8705	181	$\bar{1}11$
3.8428	387	$\bar{2}01$
3.3431	105	111
3.2633	49	$\bar{1}02$
3.1578	531	002
3.1301	999	210
2.9726	26	201
2.7671	98	$\bar{1}12$
2.6913	28	$\bar{3}01$
2.6788	30	102
2.6100	152	020
2.6100	152	300
2.5245	250	$\bar{2}12$
2.4758	73	120
2.3921	64	$\bar{3}11$

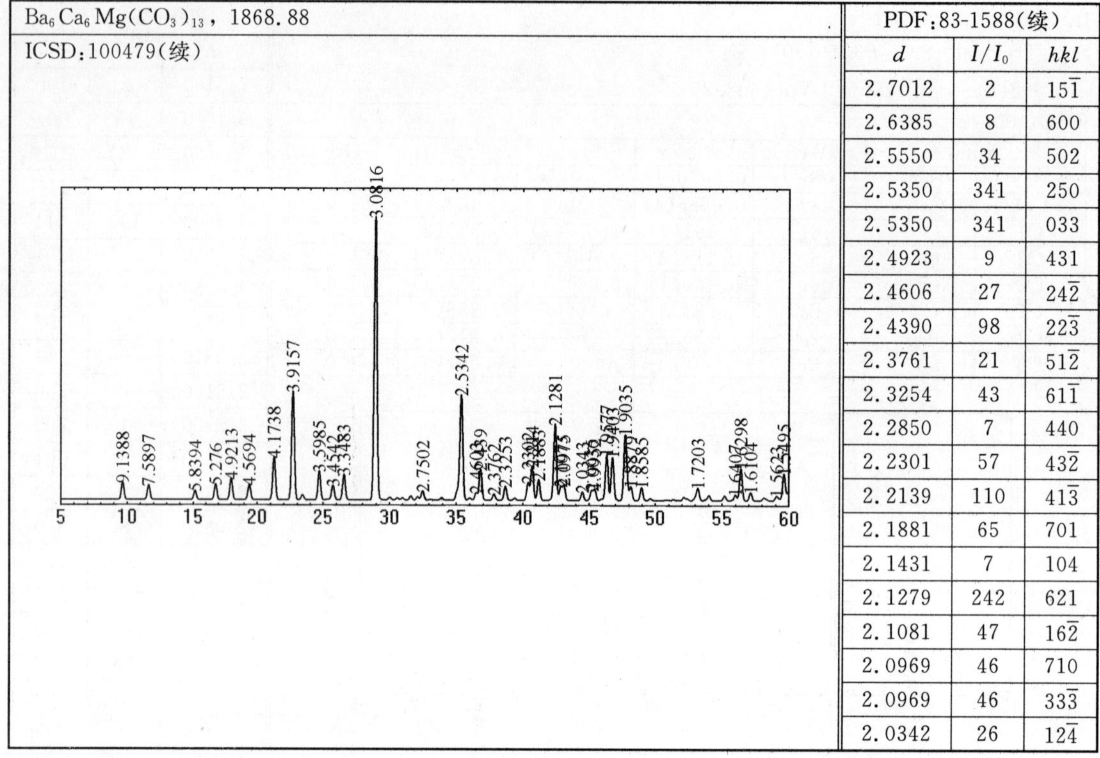

6-026 碳酸钠钙石(Shortite)

$Na_2Ca_2(CO_3)_3$, 306.17

Sys.: Orthorhombic S.G.: *C2mm*(38) *Z*: 2

a: 4.961 *b*: 11.03 *c*: 7.12 Vol.: 389.61

ICSD: 16495

Atom		Wcf	*x*	*y*	*z*	Occ
Ca1	Ca^{2+}	4*e*	0.5	0.21659(4)	0	1.0
Na1	Na^{+}	2*a*	0	0	0.9263(3)	1.0
Na2	Na^{+}	2*b*	0.5	0	0.6122(3)	1.0
C1	C^{4+}	4*d*	0	0.2961(2)	0.1697(3)	1.0
O1	O^{2-}	4*d*	0	0.1985(2)	0.0742(3)	1.0
O2	O^{2-}	8*f*	0.2261(3)	0.3456(1)	0.2152(2)	1.0
C2	C^{4+}	2*b*	0.5	0	0.2253(3)	1.0
O3	O^{2-}	2*b*	0.5	0	0.0415(4)	1.0
O4	O^{2-}	4*e*	0.5	0.1013(2)	0.3111(3)	1.0

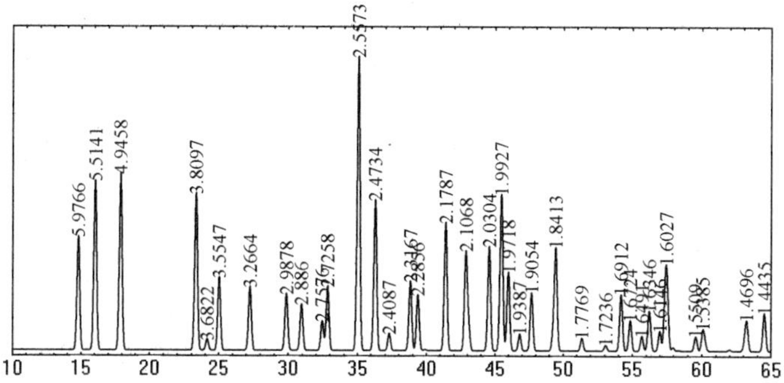

PDF: 21-1348

d	I/I_0	*hkl*
5.9900	50	011
5.5200	70	020
4.9600	70	100
3.8200	50	111
3.6900	2	120
3.5600	25	002
3.2700	25	031
2.9920	25	022
2.8880	18	102
2.7580	14	040
2.7250	35	131
2.5620	100	122
2.4760	50	200
2.4120	10	140
2.3210	35	013
2.2870	14	211
2.1790	70	042
2.1060	50	051
2.0320	35	202
1.9960	60	142

6-027 碳酸钙镁矿(Huntite)

$Mg_3Ca(CO_3)_4$, 353.03

Sys.: Trigonal S.G.: *R*32(155) *Z*: 3

a: 9.505 *c*: 7.821 Vol.: 611.92

ICSD: 201729

Atom		Wcf	*x*	*y*	*z*	Occ
Ca1	Ca^{2+}	3*a*	0	0	0	1.0
Mg1	Mg^{2+}	9*d*	0.5443(7)	0	0	1.0
C1	C^{4+}	3*b*	0	0	0.5	1.0
C2	C^{4+}	9*e*	0.4535(20)	0	0.5	1.0
O1	O^{2-}	9*e*	0.8663(15)	0	0.5	1.0
O2	O^{2-}	9*e*	0.5895(13)	0	0.5	1.0
O3	O^{2-}	18*f*	0.4569(11)	0.1355(12)	0.5161(11)	1.0

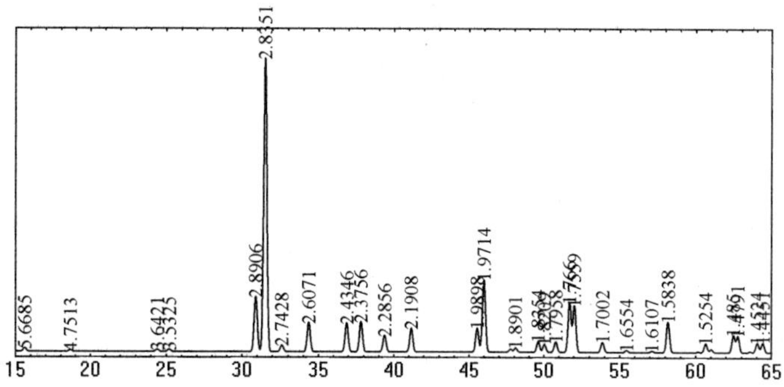

PDF: 14-0409

d	I/I_0	*hkl*
5.6700	2	101
4.7500	2	110
3.6400	2	021
3.5330	1	012
2.8880	20	211
2.8330	100	202
2.7440	2	300
2.6040	12	003
2.4320	10	122
2.3750	8	220
2.2840	6	113
2.1900	6	131
1.9910	10	401
1.9720	30	312
1.8960	6	303
1.8350	2	321
1.8210	2	042
1.7960	2	410
1.7650	20	024
1.7570	20	223

(2) 水合碳酸盐及复合碳酸盐

6-028a 水碱(Thermonatrite)

$Na_2CO_3 \cdot H_2O$, 124

Sys.:Orthorhombic S.G.:$P2_1ab$(29) Z:4

a:10.72 b:5.249 c:6.469 Vol.:364.01

ICSD:34886

Atom		Wcf	x	y	z	Occ
Na1	Na^+	4a	−0.042	0.194	0.139	1.0
Na2	Na^+	4a	0.042	0.014	−0.375	1.0
C1	C^{4+}	4a	0.75	0.26	0.602	1.0
O1	O^{2-}	4a	0.75	0.147	0.542	1.0
O2	O^{2-}	4a	0.75	0.339	0.436	1.0
O3	O^{2-}	4a	0.75	0.287	−0.171	1.0
O4	O^{2-}	4a	0.014	−0.022	0.111	1.0
H1	H^+	4a	0.128	0.445	0.783	1.0
H2	H^+	4a	−0.104	0.422	0.855	1.0

PDF:08-0448

d	I/I_0	hkl
5.3500	20	200
5.2400	20	010
4.7200	2	110
4.1200	10	201
3.2400	4	211
2.7680	100	202
2.7530	60	012
2.6840	50	311
2.6780	55	400
2.6670	8	112
2.6220	8	020
2.5500	2	120
2.4750	30	401
2.4480	20	212
2.3860	10	410
2.3720	60	121
2.2380	20	411
2.1810	16	312
2.1140	1	320

6-028b 水碱(Thermonatrite)

$Na_2CO_3 \cdot H_2O$, 124

ICSD:34886(续)

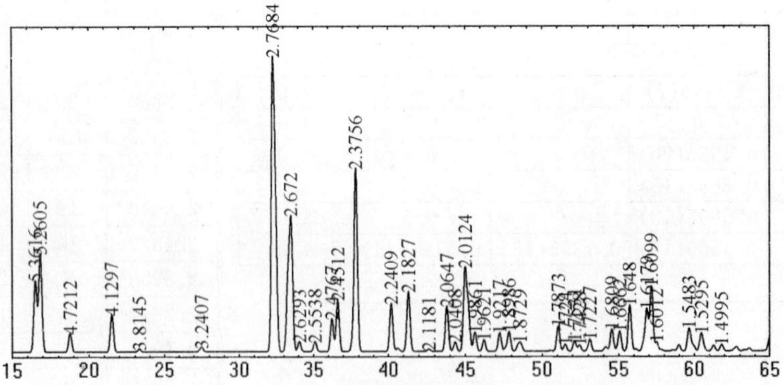

PDF:08-0448(续)

d	I/I_0	hkl
2.0650	18	402
2.0360	2	022
2.0100	25	321
2.0040	20	122
1.9850	4	510
1.9610	4	113
1.9200	8	412
1.9050	4	222
1.8980	4	511
1.8750	4	420
1.8690	2	213
1.7870	8	600
1.7700	6	322
1.7500	4	030
1.7410	8	313
1.7262	2	130
1.7220	2	601
1.6926	4	512

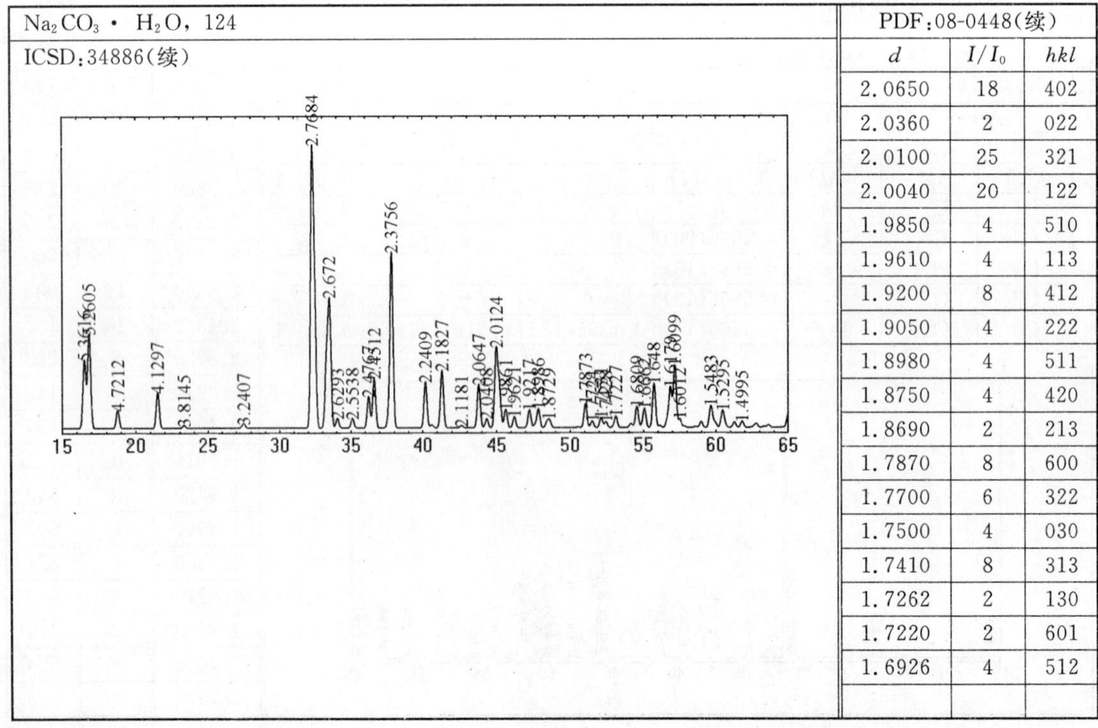

6-029a 泡碱(Natron)

$Na_2CO_3(H_2O)_{10}$，286.14

Sys.:Monoclinic S.G.:*Cc*(9) *Z*:4

a:12.83 *b*:9.026 *c*:13.44 *β*:123 Vol.:1305.31

ICSD:16033

Atom		Wcf	*x*	*y*	*z*	Occ
Na1	Na^+	4*a*	0.24	0.225	0.128	1.0
Na2	Na^+	4*a*	0.252	0.27	−0.128	1.0
O1	O^{2-}	4*a*	0.125	−0.012	0.091	1.0
O2	O^{2-}	4*a*	0.376	−0.44	0.208	1.0
O3	O^{2-}	4*a*	0.093	0.312	0.175	1.0
O4	O^{2-}	4*a*	0.374	0.121	0.322	1.0
O5	O^{2-}	4*a*	0.139	0.374	−0.058	1.0
O6	O^{2-}	4*a*	0.355	0.125	0.047	1.0
O7	O^{2-}	4*a*	0.128	0.049	−0.215	1.0
O8	O^{2-}	4*a*	0.372	0.502	−0.08	1.0
O9	O^{2-}	4*a*	0.12	0.376	−0.332	1.0
O10	O^{2-}	4*a*	0.399	0.187	−0.186	1.0
C1	C^{4+}	4*a*	0.25	0.754	0	1.0
O11	O^{2-}	4*a*	0.266	0.718	0.097	0.5
O12	O^{2-}	4*a*	0.344	0.793	−0.003	0.5
O13	O^{2-}	4*a*	0.139	0.794	−0.096	0.5
O14	O^{2-}	4*a*	0.253	0.834	−0.073	0.5

PDF:72-0635

d	I/I_0	*hkl*
7.1064	126	$\bar{1}11$
6.9152	40	110
5.7633	8	$\bar{2}02$
5.6359	34	002
5.3801	999	$\bar{1}12$
5.3801	999	200
5.1459	76	111
4.5130	290	020
4.1897	167	021
3.9282	166	$\bar{1}13$
3.8460	16	$\bar{3}12$
3.7700	18	112
3.7546	21	$\bar{3}11$
3.6872	16	$\bar{2}21$
3.5532	133	$\bar{2}22$
3.5352	175	$\bar{3}13$
3.5227	139	022
3.4576	364	220
3.3590	15	$\bar{2}04$
3.3332	3	310

6-029b 泡碱(Natron)

$Na_2CO_3(H_2O)_{10}$，286.14

ICSD:16033(续)

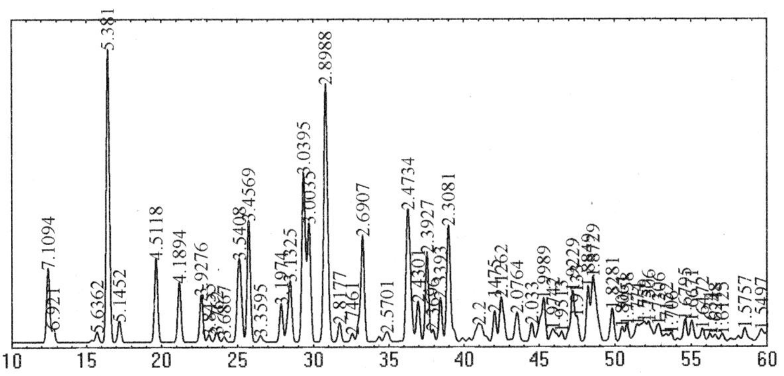

PDF:72-0635(续)

d	I/I_0	*hkl*
3.1972	100	$\bar{4}02$
3.1529	49	$\bar{2}23$
3.1318	161	202
3.0406	414	$\bar{3}14$
3.0223	141	221
3.0026	308	$\bar{1}14$
2.8975	564	113
2.8975	564	130
2.8875	374	023
2.8179	53	004
2.7459	20	$\bar{1}32$
2.7120	60	131
2.6900	247	$\bar{2}24$
2.6900	247	400
2.6089	14	$\bar{4}22$
2.5789	19	$\bar{4}23$
2.5730	18	222
2.5644	26	$\bar{3}15$
2.5060	6	$\bar{4}21$
2.4769	274	$\bar{1}33$

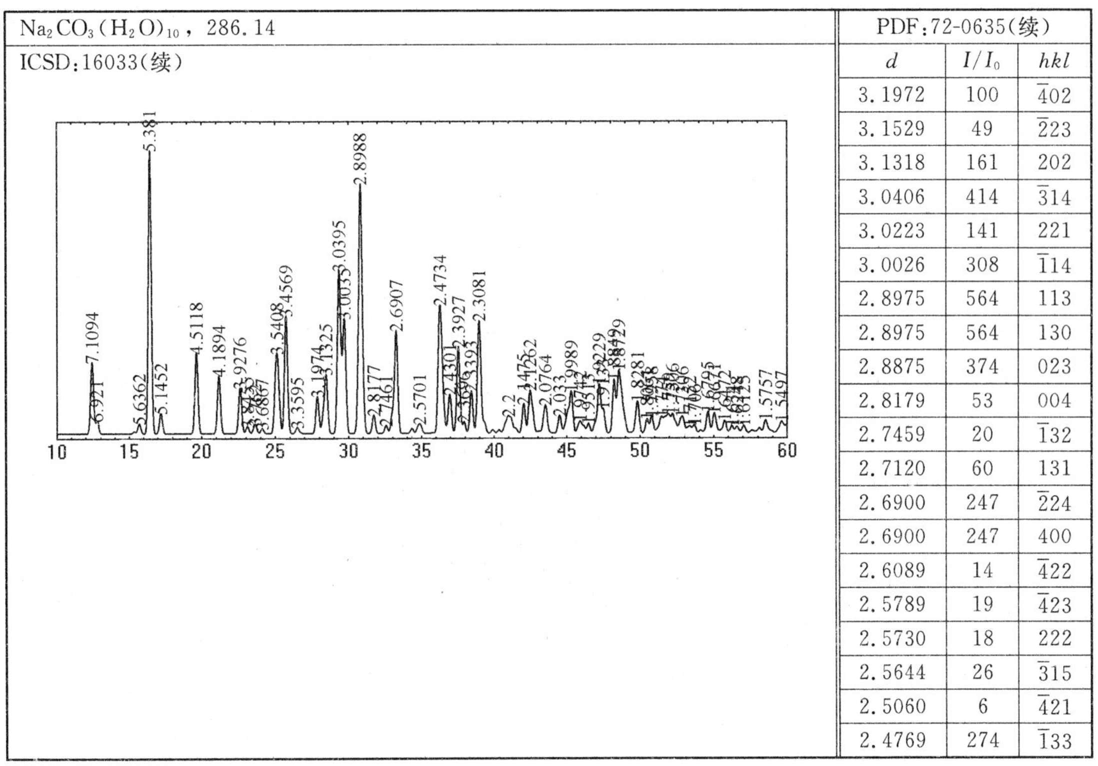

6-030a 单水碳钙石(Monohydrocalcite)

$CaCO_3 \cdot (H_2O)$, 118.1

Sys.: Trigonal S.G.: $P3_1$(144) Z: 9

a: 10.5336(16) c: 7.5446(18) Vol.: 727.73

ICSD: 100847

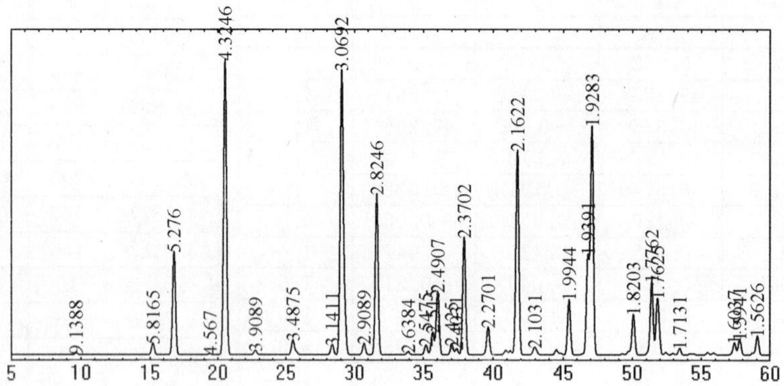

PDF: 83-1923

d	I/I_0	hkl
9.1397	4	100
5.8183	30	101
5.2768	354	110
4.5698	4	200
4.3241	999	$11\bar{1}$
3.9087	10	201
3.4870	33	102
3.4545	7	210
3.1409	24	$21\bar{1}$
3.0688	617	$11\bar{2}$
3.0466	139	300
2.9092	25	202
2.8249	320	301
2.6384	13	220
2.5477	22	$12\bar{2}$
2.5149	55	003
2.4905	140	$22\bar{1}$
2.4248	22	013
2.4029	14	$31\bar{1}$
2.3701	227	302

6-030b 单水碳钙石(Monohydrocalcite)

$CaCO_3 \cdot (H_2O)$, 118.1

ICSD: 100847(续)

Atom		Wcf	x	y	z	Occ
Ca1	Ca^{2+}	3a	0.1853(7)	0.0879(7)	0.3333	1.0
Ca2	Ca^{2+}	3a	0.8413(7)	0.4235(7)	0.3271(10)	1.0
Ca3	Ca^{2+}	3a	0.5259(5)	0.7641(5)	0.3398(12)	1.0
O1	O^{2-}	3a	0.392(2)	0.191(2)	0.835(3)	1.0
O2	O^{2-}	3a	0.066(2)	0.541(2)	0.824(3)	1.0
O3	O^{2-}	3a	0.748(2)	0.877(2)	0.849(3)	1.0
O4	O^{2-}	3a	0.206(2)	0.240(2)	0.064(3)	1.0
O5	O^{2-}	3a	0.020(2)	0.245(2)	0.936(3)	1.0
O6	O^{2-}	3a	0.885(2)	0.587(2)	0.088(2)	1.0
O7	O^{2-}	3a	0.701(2)	0.579(2)	0.936(2)	1.0
O8	O^{2-}	3a	0.547(2)	0.899(2)	0.066(3)	1.0
O9	O^{2-}	3a	0.370(2)	0.912(2)	0.927(3)	1.0
O10	O^{2-}	3a	0.060(2)	0.062(2)	0.879(3)	1.0
O11	O^{2-}	3a	0.660(2)	0.400(2)	0.123(2)	1.0
O12	O^{2-}	3a	0.401(2)	0.723(2)	0.879(3)	1.0
C1	C^{4+}	3a	0.092(2)	0.179(2)	0.965(3)	1.0
C2	C^{4+}	3a	0.750(2)	0.516(2)	0.038(3)	1.0
C3	C^{4+}	3a	0.429(2)	0.836(2)	0.973(3)	1.0

PDF: 83-1923(续)

d	I/I_0	hkl
2.2849	2	400
2.2702	62	$11\bar{3}$
2.2033	11	023
2.1868	11	401
2.1621	427	$22\bar{2}$
2.1040	15	312
2.0968	11	230
2.0332	10	213
2.0202	4	$32\bar{1}$
1.9944	112	410
1.9544	6	042
1.9395	205	303
1.9282	454	141
1.8472	2	104
1.8327	8	$32\bar{2}$
1.8279	7	500
1.8204	77	$22\bar{3}$
1.7853	8	$31\bar{3}$
1.7761	142	051
1.7761	142	114

6-031 六水碳钙石(Ikaite)

$CaCO_3 \cdot 6(H_2O)$，208.18

Sys.:Monoclinic　S.G.:$A2/a$(15)　Z:1

a:8.87(2)　b:8.23(1)　c:11.02(2)　β:110.2(2)　Vol.:754.98

ICSD:16070

Atom		Wcf	x	y	z	Occ
Ca1	Ca^{2+}	4e	0.5	0.6472(1)	0.25	1.0
C1	C^{4+}	4e	0.5	0.3067(6)	0.25	1.0
O1	O^{2-}	4e	0.5	0.1508(6)	0.25	1.0
O2	O^{2-}	8f	0.5263(4)	0.3849(3)	0.1582(3)	1.0
O3	O^{2-}	8f	0.6163(4)	0.7229(4)	0.0916(4)	1.0
O4	O^{2-}	8f	0.7883(4)	0.5576(4)	0.3825(3)	1.0
O5	O^{2-}	8f	0.6703(4)	0.8842(3)	0.3593(3)	1.0

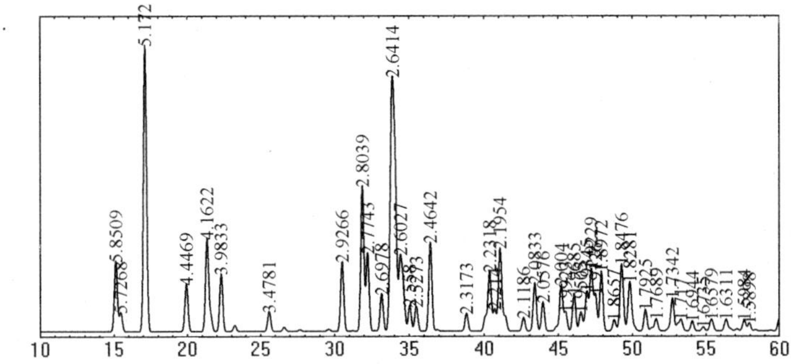

PDF:37-0416

d	I/I_0	hkl
5.8530	25	110
5.7240	22	$\bar{1}11$
5.1710	100	002
4.6340	2	111
4.4480	16	$\bar{1}12$
4.1620	29	200
4.1150	6	020
3.9830	17	$\bar{2}02$
3.8230	5	021
3.4790	6	112
3.3470	4	$\bar{1}13$
2.9260	22	220
2.8040	50	202
2.7740	27	$\bar{3}11$
2.7330	2	$\bar{3}12$
2.6980	12	113
2.6430	85	221
2.6430	85	$\bar{2}04$
2.6290	70	310
2.6050	27	130

6-032a 五水碳镁石(Lansfordite)

$MgCO_3 \cdot 5H_2O$，174.39

Sys.:Monoclinic　S.G.:$P2_1/a$(14)　Z:2

a:12.4758(7)　b:7.6258(4)　c:7.3463(6)　β:101.762(6)　Vol.:684.24

ICSD:69476　$P12_1/c1$(14)　a:7.364(1)　b:7.632(1)　c:12.488(2)

β:101.75(2)

Atom		Wcf	x	y	z	Occ
C1	C^{4+}	4e	0.6540(4)	0.2469(4)	0.1914(3)	1.0
O1	O^{2-}	4e	0.4877(3)	0.2174(3)	0.2060(2)	1.0
O2	O^{2-}	4e	0.6783(3)	0.3414(3)	0.1105(2)	1.0
O3	O^{2-}	4e	0.7946(3)	0.1825(3)	0.2573(2)	1.0
O4	O^{2-}	4e	0.2953(3)	0.0345(3)	0.5920(2)	1.0
O5	O^{2-}	4e	0.4165(4)	0.2222(3)	0.4050(2)	1.0
O6	O^{2-}	4e	−0.0121(3)	0.2545(3)	0.0447(2)	1.0
O7	O^{2-}	4e	0.0608(4)	0.0879(4)	0.8509(2)	1.0
O8	O^{2-}	4e	0.2856(3)	−0.0105(3)	0.0593(2)	1.0
Mg1	Mg^{2+}	2a	0	0	0	1.0
Mg2	Mg^{2+}	2d	0.5	0	0.5	1.0

PDF:35-0680

d	I/I_0	hkl
7.1780	30	001
6.1200	12	200
5.2390	30	20$\bar{1}$
5.1100	30	11$\bar{1}$
4.7820	15	210
4.5830	95	111
4.3100	20	21$\bar{1}$
4.2570	2	201
3.8180	3	020
3.7120	6	211
3.6450	2	120
3.5970	14	002
3.4790	2	31$\bar{1}$
3.4240	3	20$\bar{2}$
3.3690	4	021
3.3360	10	12$\bar{1}$
3.2370	55	220
3.1690	2	121
3.0710	3	22$\bar{1}$
3.0470	5	40$\bar{1}$

6-032b 五水碳镁石(Lansfordite)

$MgCO_3 \cdot 5H_2O$，174.39

ICSD:69476(续) $P12_1/c1$(14) a:7.364(1) b:7.632(1) c:12.488(2)

β:101.75(2)

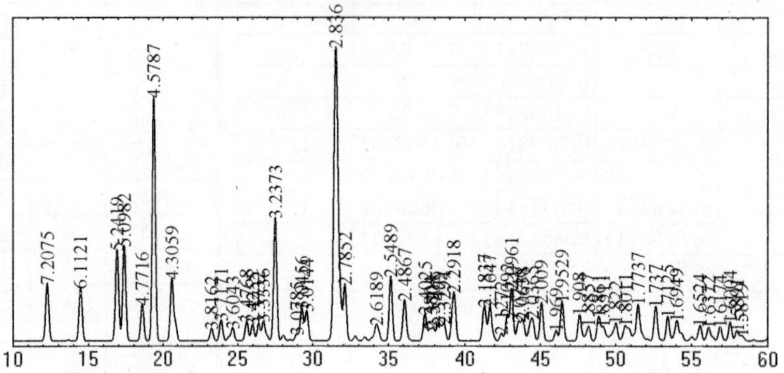

PDF:35-0680(续)

d	I/I_0	hkl
3.0140	25	112
2.8390	100	221
2.8120	7	$31\bar{2}$
2.7850	25	320
2.7320	2	$32\bar{1}$
2.6740	2	212
2.6160	5	022
2.5480	20	$22\bar{2}$
2.4850	16	411
2.3980	18	003
2.3980	18	031
2.3840	3	$13\bar{1}$
2.3670	2	$32\bar{2}$
2.3420	9	230
2.3330	8	$11\bar{3}$
2.3250	1	510
2.2910	20	$21\bar{3}$
2.2910	20	013
2.1820	14	$31\bar{3}$
2.1650	8	421

6-033 钙水碱(Pirssonite)

$Na_2Ca(CO_3)_2 \cdot 2H_2O$，242.11

Sys.:Orthorhombic S.G.:$Fdd2$(43) Z:8

a:11.338 b:20.095 c:6.038 Vol.:75.68

ICSD:9012

Atom		Wcf	x	y	z	Occ
Ca1	Ca^{2+}	8a	0	0	0	1.0
Na1	Na^+	16b	0.5653(4)	0.1118(3)	−0.0073(12)	1.0
C1	C^{4+}	16b	0.0841(8)	0.1355(5)	−0.0072(24)	1.0
O1	O^{2-}	16b	0.1169(7)	0.1975(4)	−0.0121(18)	1.0
O2	O^{2-}	16b	0.0052(6)	0.1161(4)	0.1291(15)	1.0
O3	O^{2-}	16b	0.1297(6)	0.0935(4)	−0.1420(15)	1.0
O4	O^{2-}	16b	0.6093(7)	0.2432(4)	0.0645(18)	1.0

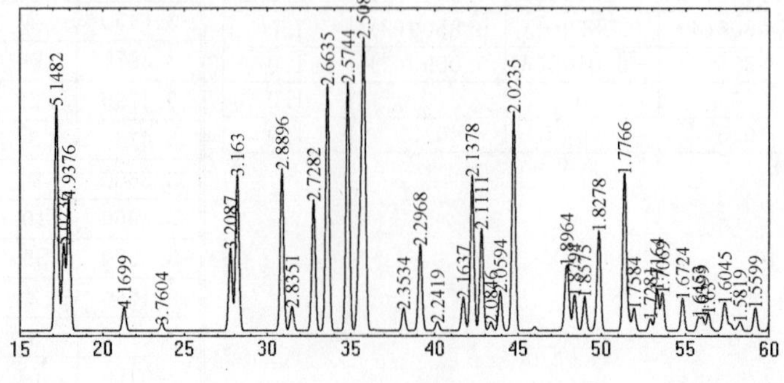

PDF:24-1065

d	I/I_0	hkl
5.1500	95	111
5.0200	20	040
4.9400	90	220
4.1700	18	131
3.2090	30	151
3.1640	70	311
2.8920	65	022
2.8340	8	400
2.7290	65	420
2.6660	100	202
2.5760	100	222
2.5290	14	171
2.5140	45	080
2.5050	45	351
2.3550	8	242
2.2970	16	280
2.1640	8	460
2.1380	30	371
2.1110	50	511
2.0600	8	191

6-034 针碳钠钙石(Gaylussite)

$Na_2Ca(CO_3)_2 \cdot 5H_2O$，296.15

Sys.:Monoclinic　S.G.:$I2/a$(15)　Z:4

a:11.579　b:7.776　c:11.207　β:102　Vol.:987.01

ICSD:26969

Atom		Wcf	x	y	z	Occ
Na1	Na^{+}	8f	0.4122(2)	0.8182(5)	0.5109(2)	1.0
Ca1	Ca^{2+}	4e	0.5	0.8065(3)	0.25	1.0
O1	O^{2-}	8f	0.3345(3)	0.9902(8)	0.0894(3)	1.0
O2	O^{2-}	8f	0.3962(3)	0.9960(8)	0.3245(4)	1.0
O3	O^{2-}	8f	0.2149(3)	0.0909(8)	0.1367(4)	1.0
O4	O^{2-}	8f	0.3526(3)	0.5965(8)	0.1893(4)	1.0
O5	O^{2-}	8f	0.5707(3)	0.7073(8)	0.5034(4)	1.0
O6	O^{2-}	4e	0.5	0.3191(11)	0.25	1.0
C1	C^{4+}	8f	0.3153(4)	0.0266(11)	0.1844(5)	1.0

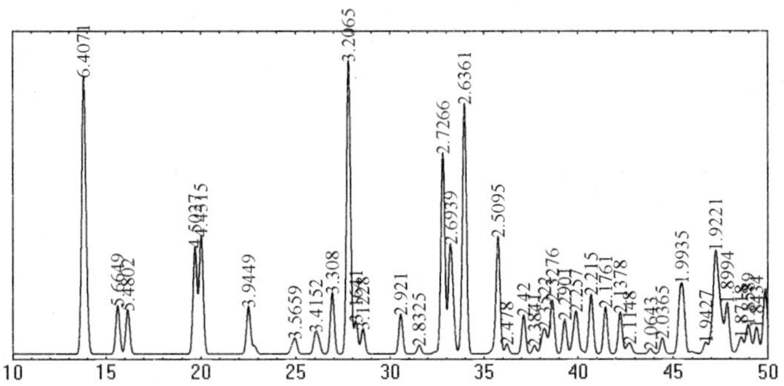

PDF:21-0343

d	I/I_0	hkl
6.4100	95	110
6.3400	20	011
5.6600	35	200
5.4800	30	002
4.5000	45	$\bar{2}11$
4.4300	40	$\bar{1}12$
3.9900	2	211
3.9400	16	112
3.8900	2	020
3.5900	6	202
3.5600	4	$\bar{1}21$
3.4200	10	121
3.4000	4	310
3.3100	35	013
3.2100	100	220
3.1600	16	$\bar{3}12$
3.1200	18	$\bar{2}13$
2.9220	10	$\bar{2}22$
2.8320	6	400
2.7600	2	$\bar{4}02$

6-035 氟碳铈矿(Bastnaesite)

$Ce(CO_3)F$，219.13

Sys.:Hexagonal　S.G.:$P\bar{6}2c$(190)　Z:6

a:7.1438　c:9.808　Vol.:433.48

ICSD:81673

Atom		Wcf	x	y	z	Occ
Ce1	Ce^{3+}	6g	0.3400(2)	0	0	1.0
C1	C^{4+}	6h	0.3246(39)	0.2893(34)	0.25	1.0
O1	O^{2-}	6h	0.3220(36)	0.1007(32)	0.25	1.0
O2	O^{2-}	12i	0.3311(31)	0.3872(27)	0.1342(13)	1.0
F1	F^{-}	2a	0	0	0	1.0
F2	F^{-}	4f	0.6667	0.3333	0.0499(19)	1.0

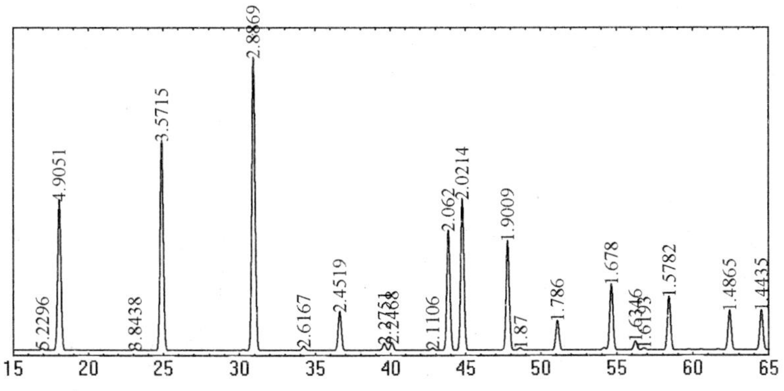

PDF:47-1832

d	I/I_0	hkl
6.1867	2	100
5.2327	11	101
4.9040	914	002
3.8431	8	102
3.5719	897	110
3.0934	1	200
2.9501	6	201
2.8872	999	103
2.8872	999	112
2.6163	17	202
2.4520	107	004
2.3384	2	210
2.2746	35	211
2.2470	39	203
2.1107	5	212
2.0622	298	300
2.0215	297	114
2.0215	297	301
1.9215	1	204
1.9010	167	213

6-036a 氟碳钙铈矿(Synchysite)

$CeCaF(CO_3)_2$，319.22

Sys.:Monoclinic S.G.:$A2/a$(15) Z:12

a:12.329 b:7.11 c:18.741 β:102.68 Vol.:1602.75

ICSD:79161

Atom		Wcf	x	y	z	Occ
Ce1	Ce^{3+}	4e	0.5	0.2529(3)	0.25	1.0
Ce2	Ce^{3+}	8f	0.6688(1)	0.2531(2)	0.7499(1)	1.0
Ca1	Ca^{2+}	4d	0.25	0.25	0.5	1.0
Ca2	Ca^{2+}	8f	0.9128(3)	0.2499(6)	0.5002(2)	1.0
C1	C^{4+}	8f	0.973(1)	0.099(3)	0.116(1)	1.0
C2	C^{4+}	8f	0.397(2)	0.100(3)	0.386(1)	1.0
C3	C^{4+}	8f	0.289(2)	0.043(3)	0.119(1)	1.0
O1	O^{2-}	8f	0.435(1)	0.303(2)	0.8794(7)	1.0
O2	O^{2-}	8f	0.922(1)	0.071(2)	0.0490(8)	1.0
O3	O^{2-}	8f	0.948(1)	0.055(2)	0.1742(7)	1.0
O4	O^{2-}	8f	0.489(1)	0.186(2)	0.3802(8)	1.0
O5	O^{2-}	8f	0.607(1)	0.076(2)	0.0470(8)	1.0
O6	O^{2-}	8f	0.670(1)	0.052(2)	0.1723(7)	1.0
O7	O^{2-}	8f	0.311(1)	0.135(2)	0.1786(7)	1.0
O8	O^{2-}	8f	0.705(1)	0.134(2)	0.8783(8)	1.0
O9	O^{2-}	8f	0.269(1)	0.111(2)	0.0534(8)	1.0
F1	F^-	4e	0.5	0.087(2)	0.75	1.0
F2	F^-	8f	0.8402(9)	0.087(1)	0.7733(5)	1.0

PDF:83-0077

d	I/I_0	hkl
9.1420	999	002
6.1207	1	110
6.0142	1	200
6.0142	1	$\bar{1}11$
5.6230	2	$\bar{2}02$
5.6230	2	111
5.3709	1	$\bar{1}12$
4.8421	7	112
4.5710	367	$\bar{1}13$
4.5710	367	004
4.0983	4	$\bar{2}04$
4.0983	4	113
3.8758	1	$\bar{1}14$
3.5581	557	$\bar{3}11$
3.5581	557	020
3.4897	57	310
3.4897	57	021
3.3160	327	$\bar{3}13$
3.3160	327	022
3.0730	110	$\bar{3}14$

6-036b 氟碳钙铈矿(Synchysite)

$CeCaF(CO_3)_2$，319.22

ICSD:79161(续)

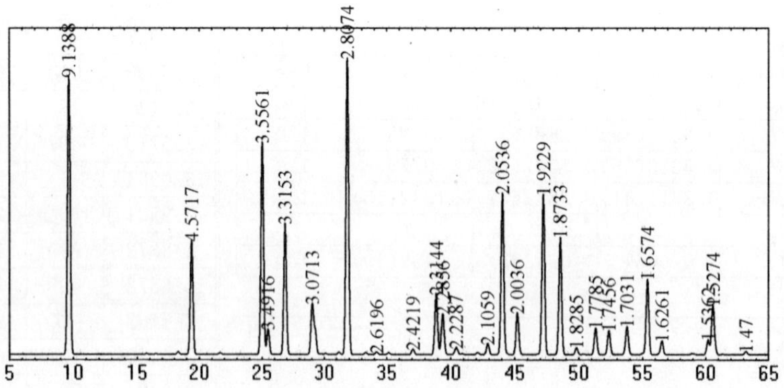

PDF:83-0077(续)

d	I/I_0	hkl
3.0730	110	023
3.0473	61	006
3.0071	2	400
3.0071	2	$\bar{2}22$
2.9649	3	221
2.8663	7	$\bar{2}23$
2.8583	6	$\bar{1}16$
2.8062	701	313
2.8062	701	024
2.6868	5	402
2.6868	5	$\bar{2}24$
2.6201	5	223
2.6139	4	116
2.5504	5	$\bar{3}16$
2.5504	5	025
2.5056	1	206
2.5056	1	$\bar{1}17$
2.4876	1	$\bar{2}25$
2.4227	11	$\bar{4}06$
2.4227	11	224

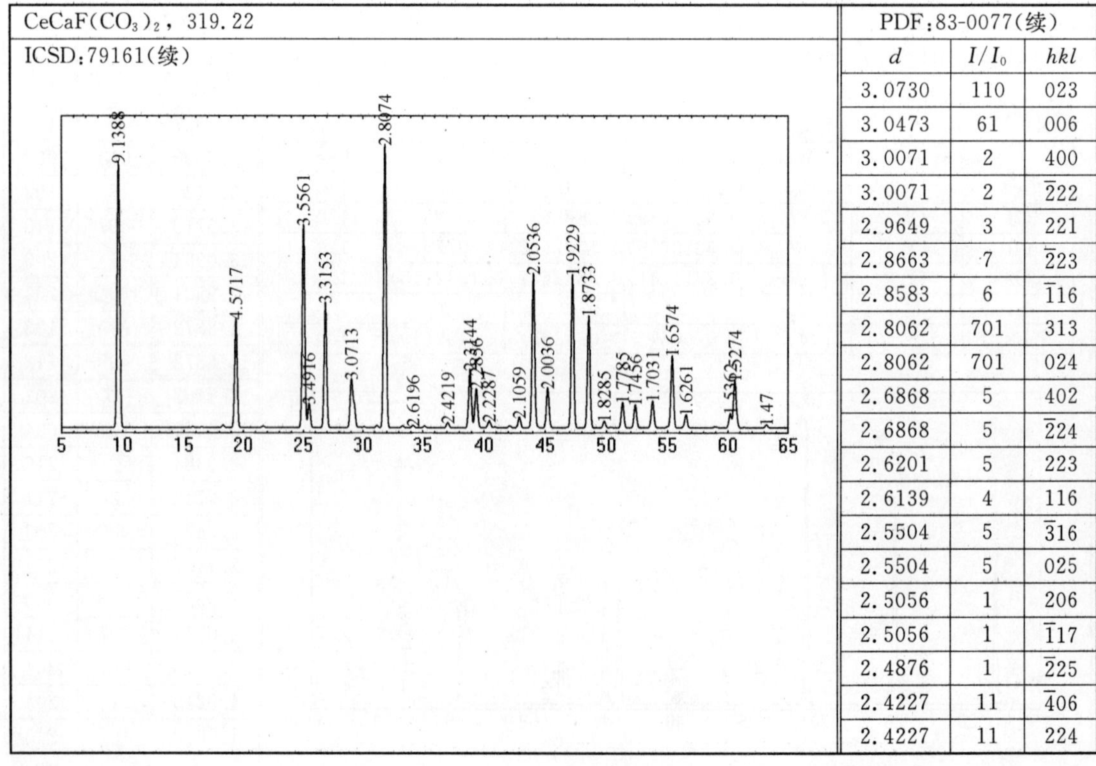

6-037 黄河矿(Huanghoite)

$BaCe(CO_3)_2F$, 416.47

Sys.: Trigonal S.G.: $R\bar{3}m$(166) Z: 6

a: 5.072 c: 38.46 Vol.: 856.84

ICSD: 74495

Atom		Wcf	x	y	z	Occ
Ba1	Ba^{2+}	3a	0	0	0	1.0
Ba2	Ba^{2+}	3b	0	0	0.5	1.0
Ce1	Ce^{3+}	6c	0	0	0.24487(2)	1.0
C1	C^{4+}	6c	0	0	0.1082(3)	1.0
C2	C^{4+}	6c	0	0	0.3734(3)	1.0
O1	O^{2-}	18h	0.1475(5)	0.8525(5)	0.1065(1)	1.0
O2	O^{2-}	18h	0.4782(5)	0.5218(5)	0.0394(1)	1.0
F1	F^{-}	6c	0	0	0.1838(1)	1.0

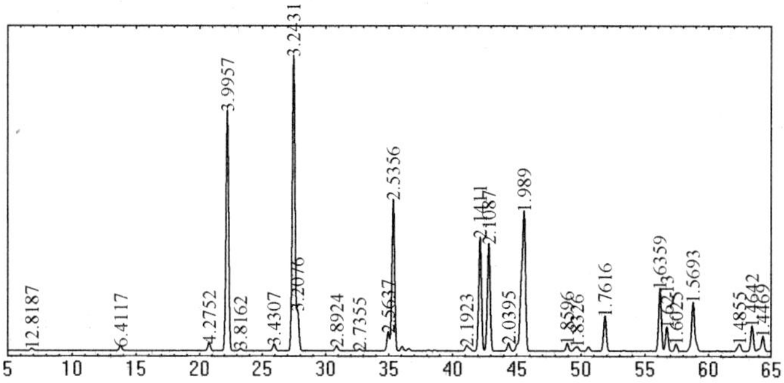

PDF: 82-0479

d	I/I_0	hkl
12.8200	20	003
6.4100	15	006
4.2733	29	012
4.2733	29	009
3.9953	972	104
3.8144	11	015
3.4308	24	107
3.2428	999	018
3.2050	165	0012
2.8936	14	1010
2.7355	5	0111
2.5640	58	0015
2.5360	432	110
2.4878	11	113
2.4538	9	1013
2.3582	1	116
2.3291	2	0114
2.1927	15	021
2.1809	10	202
2.1809	10	119

6-038a 氟菱钙铈矿(Parisite)

$CaCe_2(CO_3)_3F_2$, 538.34

Sys.: Trigonal S.G.: R3(146) Z: 18

a: 7.1102 c: 83.834 Vol.: 3670.41

ICSD: 27592

Atom		Wcf	x	y	z	Occ
F1	F^{-}	3a	0	0	0	1.0
F2	F^{-}	3a	0	0	0.333	1.0
F3	F^{-}	3a	0	0	0.667	1.0
F4	F^{-}	3a	0	0	0.108	1.0
F5	F^{-}	3a	0	0	0.441	1.0

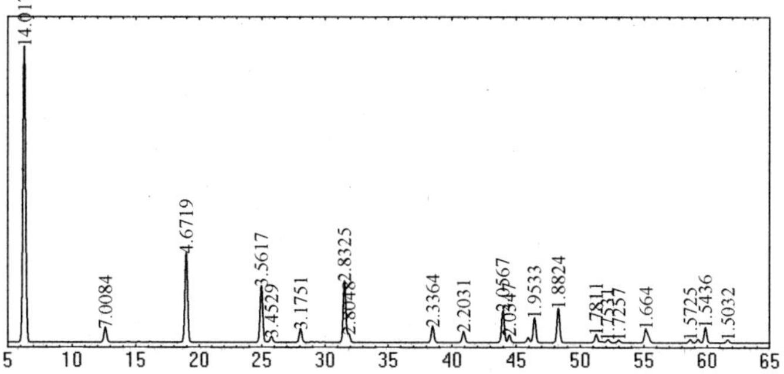

PDF: 70-3453

d	I/I_0	hkl
13.9771	881	002
6.9885	312	004
6.1367	1	110
6.0881	1	200
6.0881	1	$\bar{1}11$
5.9022	1	111
5.9022	1	$\bar{2}02$
5.7757	1	$\bar{1}12$
5.4742	1	112
5.3081	2	202
5.3081	2	$\bar{1}13$
4.9587	2	113
4.9587	2	$\bar{2}04$
4.7871	4	$\bar{1}14$
4.6590	550	006
4.4534	2	114
4.2937	1	204
4.2937	1	$\bar{1}15$
3.9882	2	115
3.9882	2	$\bar{2}06$

6-038b 氟菱钙铈矿(Parisite)

$CaCe_2(CO_3)_3F_2$，538.34

ICSD:27592(续)

Atom		Wcf	*x*	*y*	*z*	Occ
F6	F^-	3*a*	0	0	0.775	1.0
F7	F^-	3*a*	0	0	0.167	1.0
F8	F^-	3*a*	0	0	0.5	1.0
F9	F^-	3*a*	0	0	0.834	1.0
F10	F^-	3*a*	0	0	0.275	1.0
F11	F^-	3*a*	0	0	0.608	1.0
F12	F^-	3*a*	0	0	0.942	1.0
Ce1	Ce^{3+}	9*b*	0.333	0	0	1.0
Ce2	Ce^{3+}	9*b*	0.333	0	0.108	1.0
Ce3	Ce^{3+}	9*b*	0.333	0	0.167	1.0
Ce4	Ce^{3+}	9*b*	0.333	0	0.275	1.0
Ca1	Ca^{2+}	9*b*	0.333	0	0.054	1.0
Ca2	Ca^{2+}	9*b*	0.333	0	0.221	1.0
C1	C^{4+}	9*b*	0.245	0.333	0.138	1.0
C2	C^{4+}	9*b*	0.245	0.333	0.304	1.0
O1	O^{2-}	9*b*	0.067	0.333	0.138	1.0
O2	O^{2-}	9*b*	0.067	0.333	0.304	1.0
O3	O^{2-}	9*b*	0.333	0.333	0.124	1.0
O4	O^{2-}	9*b*	0.333	0.333	0.151	1.0
O5	O^{2-}	9*b*	0.333	0.333	0.291	1.0
O6	O^{2-}	9*b*	0.333	0.333	0.317	1.0

PDF:70-3453(续)

d	I/I_0	*hkl*
3.5522	817	020
3.5522	817	$\bar{3}11$
3.5242	82	310
3.5242	82	$\bar{3}12$
3.4943	25	008
3.4434	130	311
3.4434	130	$\bar{3}13$
3.3184	17	023
3.3184	17	$\bar{3}14$
3.1668	190	024
3.1668	190	$\bar{3}15$
2.9984	98	025
2.9984	98	$\bar{3}16$
2.9511	3	$\bar{4}04$
2.9511	3	118
2.8889	5	402
2.8889	5	$\bar{2}24$
2.8238	999	026
2.8238	999	$\bar{3}17$
2.7954	57	$00\underline{10}$

6-039 蓝铜矿(Azurite)

$Cu_2(CO_3)_2(OH)_2$，344.67

Sys.:Monoclinic S.G.:$P2_1/a$(14) *Z*:2

a:5.008 *b*:5.844 *c*:10.336 *β*:92.45 Vol.:302.22

ICSD:2934

Atom		Wcf	*x*	*y*	*z*	Occ
Cu1	Cu^{2+}	2*a*	0	0	0	1.0
Cu2	Cu^{2+}	4*e*	0.2502(2)	0.4986(1)	0.08340(6)	1.0
C1	C^{4+}	4*e*	0.3289(2)	0.2999(2)	0.31827(7)	1.0
O1	O^{2-}	4*e*	0.1036(3)	0.3995(2)	0.33158(9)	1.0
O2	O^{2-}	4*e*	0.4501(3)	0.2080(2)	0.41727(9)	1.0
O3	O^{2-}	4*e*	0.4313(3)	0.2960(2)	0.20736(9)	1.0
O4	O^{2-}	4*e*	0.0727(2)	0.8115(2)	0.44530(9)	1.0
H1	H^+	4*e*	0.1802(5)	0.8005(4)	0.3694(2)	1.0

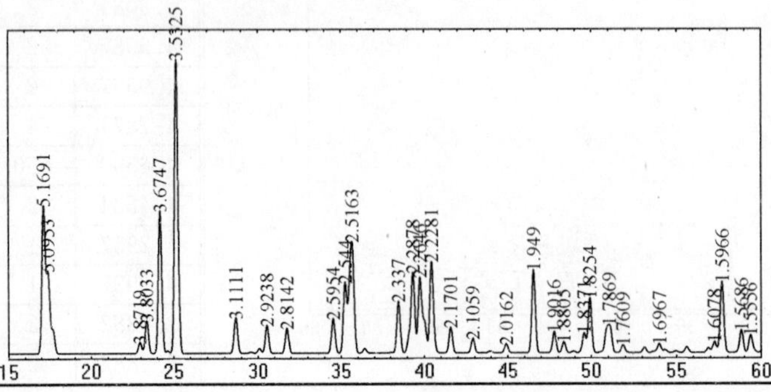

PDF:11-0682

d	I/I_0	*hkl*
5.1500	55	002
5.0800	30	011
4.9900	11	100
3.8600	3	012
3.8000	7	110
3.6740	50	$\bar{1}02$
3.5160	100	102
3.1070	11	$\bar{1}12$
2.9640	3	013
2.9200	9	020
2.8110	7	021
2.5900	11	$\bar{1}13$
2.5400	25	022
2.5230	20	120
2.5100	35	113
2.5030	30	200
2.3360	17	$\bar{1}04$
2.2990	13	210
2.2870	35	$\bar{1}22$
2.2650	25	$\bar{2}11$

6-040　孔雀石(Malachite)

$Cu_2CO_3(OH)_2$，221.12

Sys.:Monoclinic　S.G.:$P2_1/a$(14)　Z:4

a:9.502　b:11.974　c:3.24　β:98.75　Vol.:364.35

ICSD:100150

Atom		Wcf	x	y	z	Occ
Cu1	Cu^{2+}	4e	0.49814(6)	0.28793(5)	0.8925(2)	1.0
Cu2	Cu^{2+}	4e	0.23242(6)	0.39331(5)	0.3880(2)	1.0
O1	O^{2-}	4e	0.13150(9)	0.13646(7)	0.3417(3)	1.0
O2	O^{2-}	4e	0.33325(8)	0.23591(7)	0.4500(3)	1.0
O3	O^{2-}	4e	0.33412(9)	0.05622(7)	0.6308(3)	1.0
O4	O^{2-}	4e	0.09403(10)	0.35155(7)	0.9191(3)	1.0
O5	O^{2-}	4e	0.37725(9)	0.41615(8)	0.8598(3)	1.0
C1	C^{4+}	4e	0.26622(7)	0.14075(6)	0.4727(2)	1.0

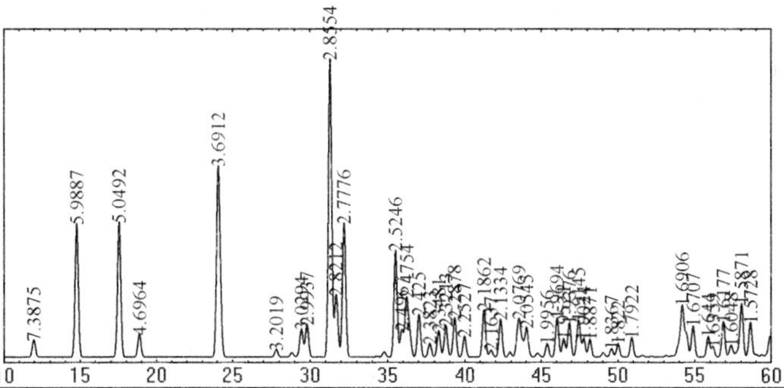

PDF:10-0399

d	I/I_0	hkl
7.4100	12	110
5.9930	55	020
5.0550	75	120
4.6990	14	200
3.6930	85	220
3.0280	18	310
2.9880	18	040
2.8570	100	$\bar{2}01$
2.8230	40	021
2.7780	45	$\bar{2}11$
2.5200	55	240
2.4770	30	201
2.4640	35	330
2.4250	20	211
2.3490	14	400
2.3160	18	150
2.2890	18	221
2.2520	8	$\bar{3}21$
2.1860	20	420
2.1600	8	340

6-041　角铅矿(Phosgenite)

$Pb_2Cl_2CO_3$，545.32

Sys.:Tetragonal　S.G.:$P4/mbm$(127)　Z:4

a:8.125　c:8.86　Vol.:584.9

ICSD:38358

Atom		Wcf	x	y	z	Occ
Pb1	Pb^{2+}	8k	0.1667	0.3333	0.25	1.0
Cl1	Cl^-	4g	0.1667	0.6667	0	1.0
Cl2	Cl^-	4e	0	0	0.25	1.0
C1	C^{4+}	4h	0.25	0.75	0.5	1.0
O1	O^{2-}	4h	0.125	0.625	0.5	1.0
O2	O^{2-}	8j	0.125	0.1667	0.5	1.0

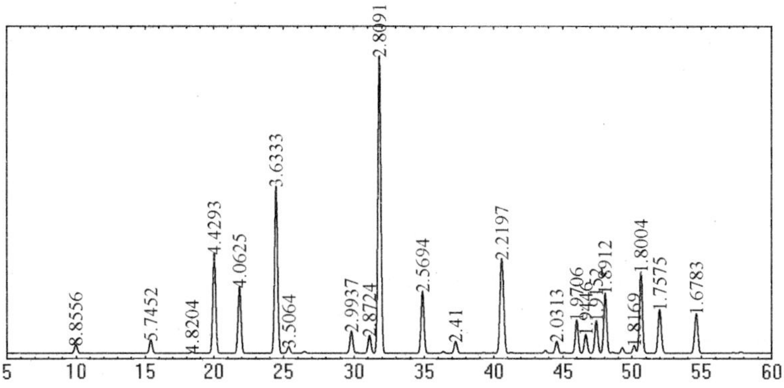

PDF:77-0302

d	I/I_0	hkl
8.8600	23	001
5.7452	63	110
4.8205	5	111
4.4300	428	002
4.0625	256	200
3.6336	628	210
3.5082	25	112
3.3619	7	211
2.9941	76	202
2.9533	2	003
2.8726	64	220
2.8094	999	212
2.6266	1	113
2.5694	204	310
2.4677	5	311
2.4102	38	222
2.2918	2	213
2.2535	3	320
2.2226	226	312
2.2150	220	004

6-042 泡铋矿(Bismutite)

$Bi_2O_2CO_3$, 509.97						
Sys.: Tetragonal S.G.: *I*4/*mmm*(139) *Z*: 2						
a: 3.865 *c*: 13.675 Vol.: 204.28						
ICSD: 94740						
Atom		Wcf	*x*	*y*	*z*	Occ
Bi1	Bi^{3+}	2*a*	0	0	0	1.0
Bi2	Bi^{3+}	2*a*	0.5	0.5	0.18433(5)	1.0
C1	C^{4+}	2*a*	0	0	0.338(3)	1.0
O1	O^{2-}	2*b*	0	0.5	0.104(2)	1.0
O2	O^{2-}	2*b*	0.5	0	0.102(2)	1.0
O3	O^{2-}	4*d*	0	0.286(4)	0.305(1)	1.0
O4	O^{2-}	2*a*	0	0	0.443(1)	1.0

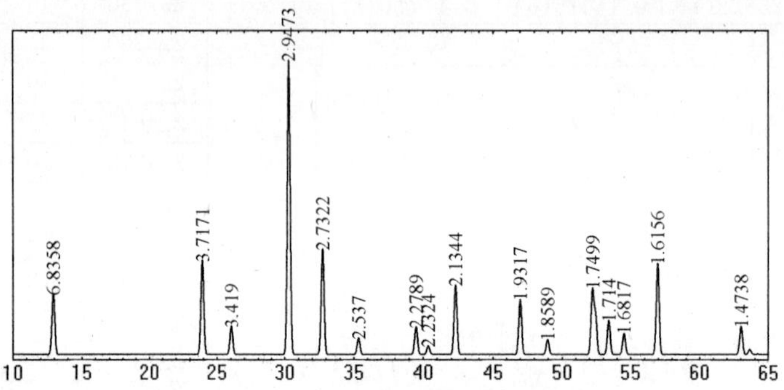

PDF: 41-1488		
d	I/I_0	*hkl*
6.8410	25	002
3.7200	40	011
3.4200	15	004
2.9520	100	013
2.7340	35	110
2.5400	5	112
2.2790	10	006
2.2330	3	015
2.1350	30	114
1.9330	20	020
1.8600	5	022
1.7500	25	116
1.7450	20	017
1.7140	15	121
1.6820	10	024
1.6170	35	123
1.4740	10	206

6-043 氯碳酸钠镁石(Northupite)

$Na_3Mg(CO_3)_2Cl$, 248.75						
Sys.: Cubic S.G.: $Fd\bar{3}$(203) *Z*: 16						
a: 14.069 Vol.: 2784.77						
ICSD: 4237						
Atom		Wcf	*x*	*y*	*z*	Occ
Na1	Na^{+}	48*f*	0.89770(6)	0.125	0.125	1.0
Mg1	Mg^{2+}	16*d*	0.5	0.5	0.5	1.0
C1	C^{4+}	32*e*	0.28309(8)	0.28309(8)	0.28309(8)	1.0
Cl1	Cl^{-}	16*c*	0	0	0	1.0
O1	O^{2-}	96*g*	0.26270(6)	0.23011(6)	0.35458(6)	1.0

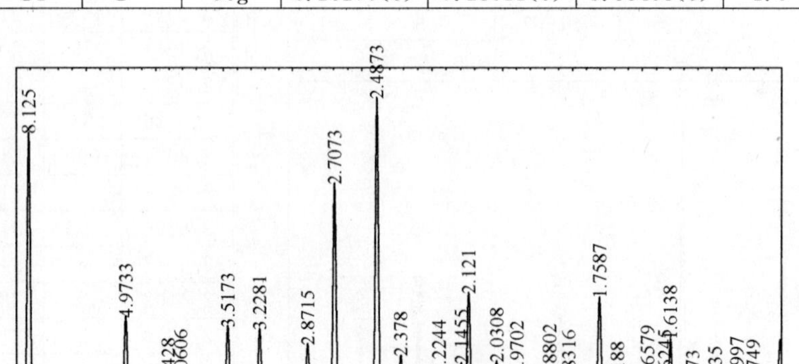

PDF: 70-1770		
d	I/I_0	*hkl*
8.1227	956	111
4.9741	336	220
4.2420	18	311
4.0614	93	222
3.5173	233	400
3.2277	203	331
2.8718	191	422
2.7076	745	333
2.4871	999	440
2.3781	145	135
2.3448	5	442
2.2245	86	026
2.1455	118	533
2.1210	377	622
2.0307	105	444
1.9701	83	711
1.8801	64	246
1.8316	39	731
1.7586	320	800
1.7188	5	733

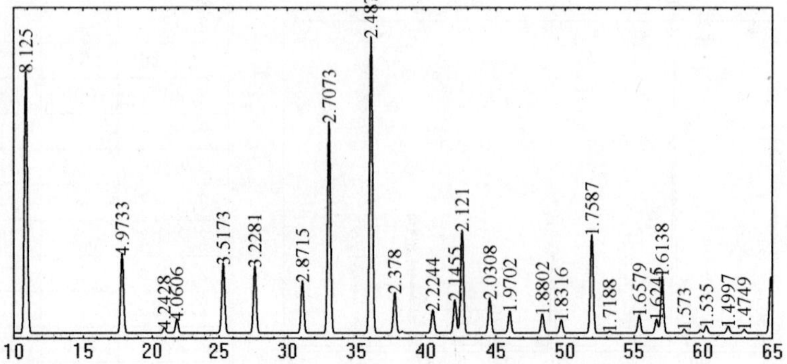

6-044 水锌矿(Hydrozincite)

$Zn_5(CO_3)_2(OH)_6$，548.96

Sys.:Monoclinic　S.G.:$C2/m$(12)　Z:2

a:13.58　b:6.28　c:5.41　β:95.6　Vol.:459.18

ICSD:16583

Atom		Wcf	x	y	z	Occ
Zn1	Zn^{2+}	2a	0	0	0	1.0
Zn2	Zn^{2+}	4h	0	0.263(1)	0.5	1.0
Zn3	Zn^{2+}	4i	0.1290(3)	0.5	0.038(1)	1.0
C1	C^{4+}	4i	0.322(4)	0.5	0.309(9)	1.0
O1	O^{2-}	4i	0.421(3)	0.5	0.318(7)	1.0
O2	O^{2-}	4i	0.266(3)	0.5	0.069(7)	1.0
O3	O^{2-}	4i	0.275(3)	0.5	0.500(7)	1.0
O4	O^{2-}	4i	0.410(3)	0	0.324(7)	1.0
O5	O^{2-}	8j	0.078(3)	0.245(6)	0.198(7)	1.0

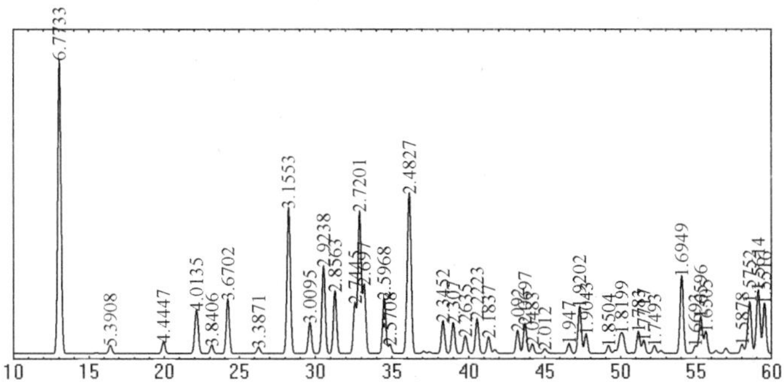

PDF:19-1458

d	I/I_0	hkl
6.7700	100	200
5.7100	5	110
5.3700	10	001
3.9900	20	$\bar{1}$11
3.8100	5	111
3.6600	40	310
3.3700	5	400
3.1400	50	020
3.0000	10	$\bar{4}$01
2.9200	20	311
2.8500	30	220
2.7400	10	401
2.7200	60	021
2.6900	20	002
2.5800	10	$\bar{2}$02
2.4800	70	510
2.3940	5	112
2.3360	10	$\bar{5}$11
2.3010	20	420
2.2530	5	600

6-045a 绿铜锌矿(Aurichalcite)

$Zn_3Cu_2(OH)_6(CO_3)_2$，545.29

Sys.:Monoclinic　S.G.:$P2_1/m$(11)　Z:2

a:13.82　b:6.419　c:5.29　β:101.04　Vol.:460.59

ICSD:75323

Atom		Wcf	x	y	z	Occ
Cu1	Cu^{2+}	2e	0.2371(3)	0.75	0.9282(12)	0.5
Zn1	Zn^{2+}	2e	0.2371(3)	0.75	0.9282(12)	0.5
Cu2	Cu^{2+}	4f	0.2478(2)	0.4972(3)	0.4206(7)	0.5
Zn2	Zn^{2+}	4f	0.2478(2)	0.4972(3)	0.4206(7)	0.5
Zn3	Zn^{2+}	2e	0.1242(3)	0.25	0.8655(11)	1.0
Cu3	Cu^{2+}	2e	0.3913(3)	0.25	0.8839(12)	0.5
Zn4	Zn^{2+}	2e	0.3913(3)	0.25	0.8839(12)	0.5
O1	O^{2-}	2e	0.3115(16)	0.75	0.2990(54)	1.0
O2	O^{2-}	4f	0.3282(12)	0.9827(19)	0.7607(42)	1.0
O3	O^{2-}	2e	0.1804(17)	0.25	0.5446(54)	1.0
O4	O^{2-}	4f	0.1617(14)	0.0009(24)	0.0711(48)	1.0
C1	C^{4+}	2e	0.4449(23)	0.25	0.3653(85)	1.0
O5	O^{2-}	2e	0.3515(20)	0.25	0.2981(63)	1.0
O6	O^{2-}	2e	0.4863(20)	0.25	0.6091(69)	1.0
O7	O^{2-}	2e	0.5009(18)	0.25	0.1964(59)	1.0
C2	C^{4+}	2e	0.0536(24)	0.75	0.5141(80)	1.0

PDF:82-1253

d	I/I_0	hkl
13.5642	8	100
6.7821	999	200
5.8021	21	110
5.1923	19	$\bar{1}$01
5.1923	19	001
4.6620	40	210
4.5663	22	$\bar{2}$01
4.5663	22	101
4.5214	21	300
4.0368	36	$\bar{1}$11
4.0368	36	011
3.7879	160	$\bar{3}$01
3.7879	160	201
3.6965	436	310
3.3911	31	400
3.2622	226	$\bar{3}$11
3.2622	226	211
3.2095	134	020
3.1265	136	$\bar{4}$01
3.1265	136	301

6-045b 绿铜锌矿(Aurichalcite)

$Zn_3Cu_2(OH)_6(CO_3)_2$，545.29

ICSD:75323(续)

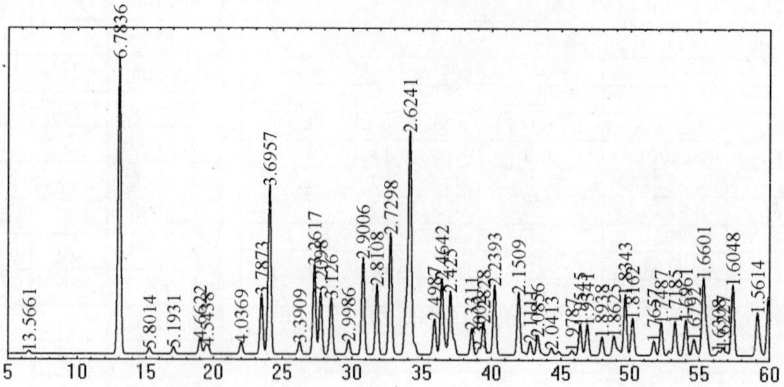

PDF:82-1253(续)

d	I/I_0	hkl
2.9984	30	410
2.9011	205	220
2.8106	162	$\bar{4}11$
2.8106	162	311
2.7300	298	$\bar{1}21$
2.7300	298	021
2.6450	114	$\bar{1}02$
2.6258	412	$\bar{2}21$
2.6258	412	121
2.6188	361	401
2.6188	361	320
2.5962	33	$\bar{2}02$
2.5962	33	002
2.4989	80	510
2.4641	167	$\bar{3}02$
2.4641	167	102
2.4486	30	221
2.4486	30	$\bar{1}12$
2.4248	136	$\bar{5}11$
2.4248	136	411

6-046a 水碳铝铅矿(Dundasite)

$PbAl_2(CO_3)_2(OH)_4(H_2O)$，467.23

Sys.:Orthorhombic S.G.:*Pbnm*(62) *Z*:4

a:9.05 *b*:16.35 *c*:5.61 Vol.:830.1

ICSD:9348

Atom		Wcf	*x*	*y*	*z*	Occ
Pb1	Pb^{2+}	4*c*	0.5131(2)	0.4117(1)	0.75	1.0
Al1	Al^{3+}	8*d*	0.3338(8)	0.1998(5)	0.998(2)	1.0
C1	C^{4+}	4*c*	0.4172(46)	0.3506(26)	0.25	1.0
C2	C^{4+}	4*c*	0.7599(49)	0.4502(29)	0.25	1.0
O1	O^{2-}	8*d*	0.4027(21)	0.3097(12)	0.0521(45)	1.0
O2	O^{2-}	4*c*	0.4599(26)	0.4224(15)	0.25	1.0
O3	O^{2-}	8*d*	0.7737(18)	0.4112(13)	0.0506(38)	1.0
O4	O^{2-}	4*c*	0.7399(33)	0.5242(18)	0.25	1.0
O5	O^{2-}	4*c*	0.1969(26)	0.2076(15)	0.25	1.0
O6	O^{2-}	4*c*	0.4705(25)	0.1856(14)	0.75	1.0
O7	O^{2-}	4*c*	0.4619(31)	0.1668(18)	0.25	1.0
O8	O^{2-}	4*c*	0.2182(29)	0.2375(17)	0.75	1.0
O9	O^{2-}	4*c*	0.1085(36)	0.4576(21)	0.25	1.0

PDF:21-0936

d	I/I_0	hkl
8.8500	5	100
7.9100	100	110
6.0700	30	120
4.6300	50	021
4.5700	20	111
4.5200	20	200
4.3600	20	210
4.1100	5	121
4.0900	10	040
3.9600	20	220
3.7200	5	140
3.6000	80	131
3.4900	5	230
3.3000	20	041
3.2300	50	221
3.0900	60	141
3.0300	30	240
2.9680	40	310
2.8000	20	002
2.7290	20	060

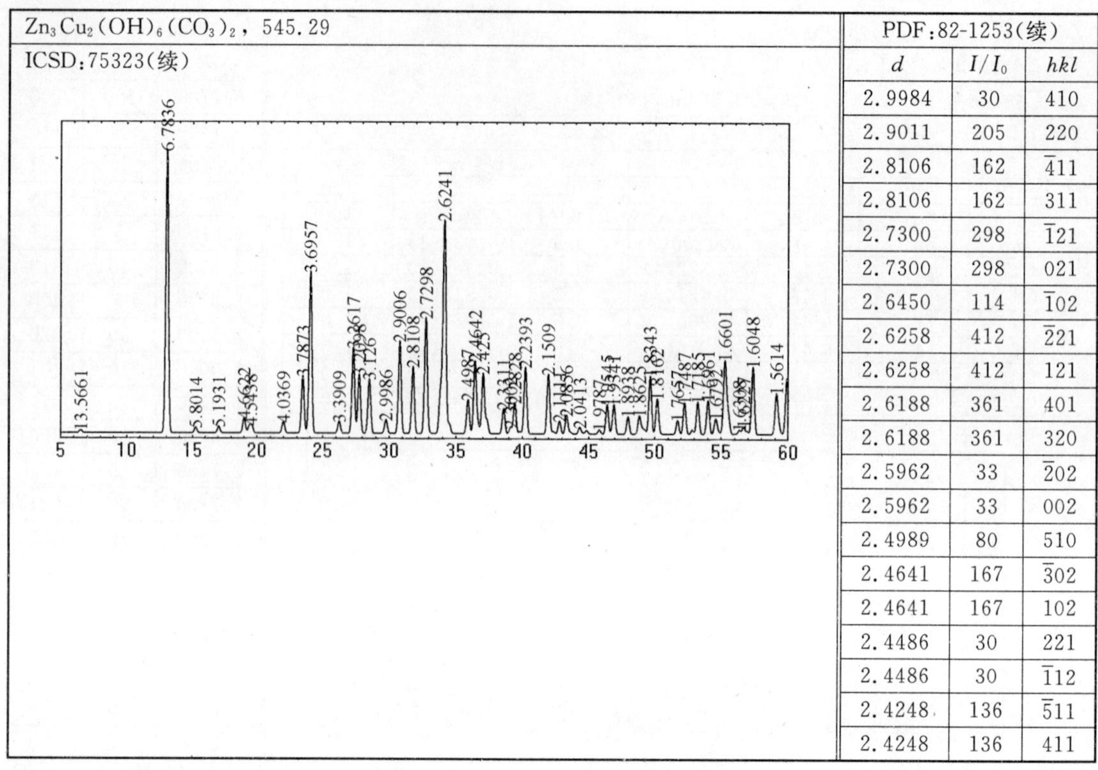

6-046b 水碳铝铅矿(Dundasite)

$PbAl_2(CO_3)_2(OH)_4(H_2O)$，467.23

ICSD:9348(续)

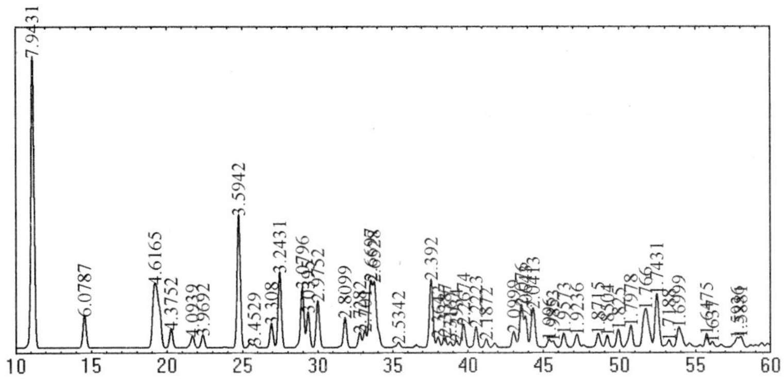

PDF:21-0936(续)

d	I/I_0	hkl
2.6970	5	151
2.6660	50	241
2.6430	40	112
2.6170	5	311
2.5240	5	321
2.4570	5	061
2.3850	40	202
2.3580	5	212
2.3370	10	260
2.3140	5	042
2.2890	5	222
2.2640	30	400
2.2180	20	350
2.1820	5	420
2.1580	5	261
2.0980	10	401
2.0750	30	270
2.0590	10	242
2.0350	20	421
1.9940	5	180

6-047 鳞镁铁矿(Pyroaurite)

$Mg_6Fe_2CO_3(OH)_{16} \cdot 4H_2O$，661.71

Sys.:Trigonal　S.G.:$R\bar{3}m$(166)　Z:1

a:3.1095　c:23.412　Vol.:196.04

ICSD:6295　$R\bar{3}H$(148)　a:3.109　c:23.41199

Atom		Wcf	x	y	z	Occ
Mg1	Mg^{2+}	3a	0	0	0	0.75
Fe1	Fe^{3+}	3a	0	0	0	0.25
O1	O^{2-}	3a	0.6667	0.3333	−0.0466	1.0
O2	O^{2-}	3a	0.3333	0.6667	0.0446	1.0
O3	O^{2-}	9b	0.235	−0.235	0.1667	0.2917

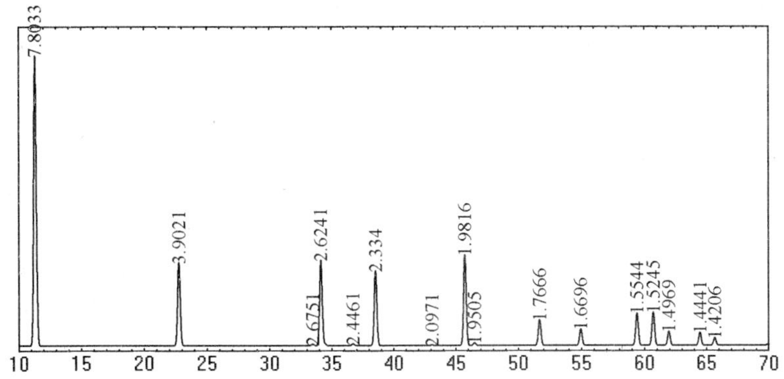

PDF:24-1110

d	I/I_0	hkl
7.7960	100	003
3.9000	25	006
2.6240	16	012
2.3340	18	015
1.9820	17	018
1.7670	4	10$\underline{10}$
1.6700	4	01$\underline{11}$
1.5550	5	110
1.5250	6	113
1.4970	3	10$\underline{13}$
1.4440	2	116
1.4210	1	01$\underline{14}$
1.3380	1	202
1.2940	1	205
1.2860	2	10$\underline{16}$
1.2230	1	208
0.9950	1	125
0.9610	1	128

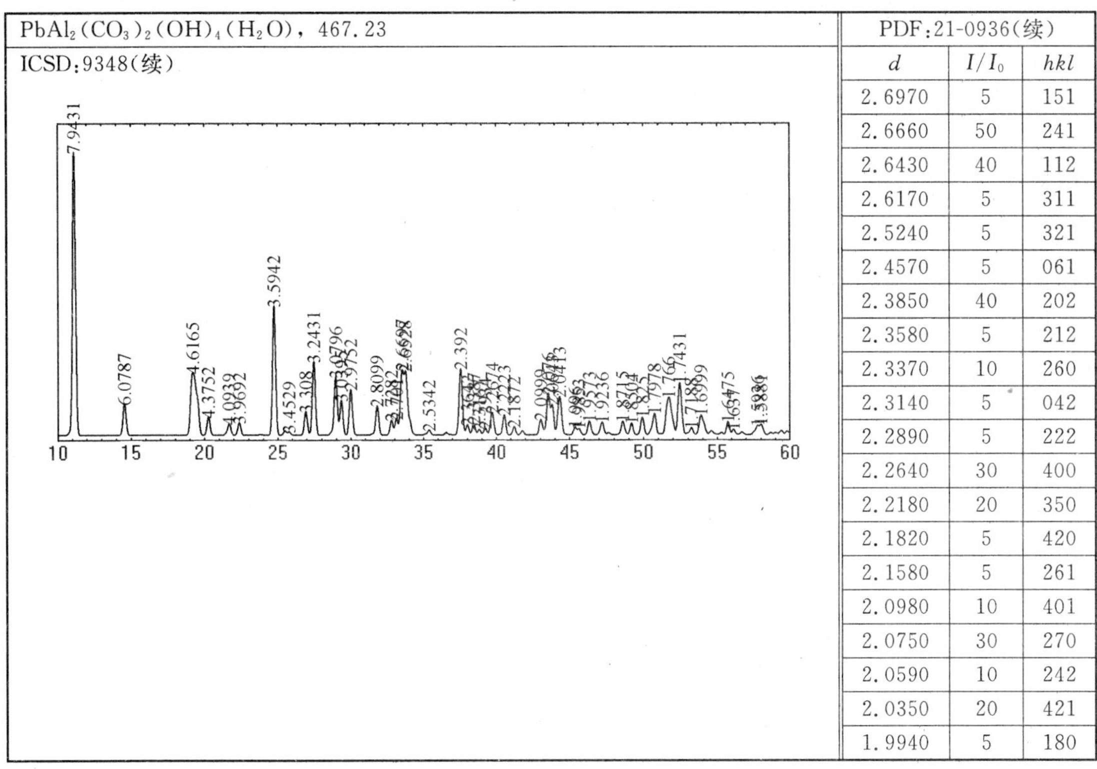

6-048a 水菱镁矿(Hydromagnesite)

$Mg_5(CO_3)_4(OH)_2 \cdot 4H_2O$, 467.64

Sys.: Monoclinic S.G.: $P2_1/c$(14) Z: 2

a: 10.11 b: 8.94 c: 8.38 β: 114.58 Vol.: 688.78

ICSD: 920

Atom		Wcf	x	y	z	Occ
Mg1	Mg^{2+}	4e	0.34502(9)	0.06865(10)	0.35897(10)	1.0
Mg2	Mg^{2+}	4e	0.34474(9)	0.43518(10)	0.49177(10)	1.0
Mg3	Mg^{2+}	2a	0	0	0	1.0
C1	C^{4+}	4e	0.08223(27)	0.26599(32)	0.27463(36)	1.0
C2	C^{4+}	4e	0.47277(21)	0.33128(23)	0.23558(25)	1.0
O1	O^{2-}	4e	0.22455(17)	0.97967(20)	0.11721(21)	1.0
O2	O^{2-}	4e	0.24791(24)	0.61189(28)	0.30117(28)	1.0
O3	O^{2-}	4e	0.23813(24)	0.92381(30)	0.45921(29)	1.0
O4	O^{2-}	4e	0.00878(27)	0.17176(35)	0.16220(45)	1.0
O5	O^{2-}	4e	0.01677(27)	0.37440(37)	0.30587(37)	1.0
O6	O^{2-}	4e	0.22288(19)	0.25692(22)	0.35464(25)	1.0
O7	O^{2-}	4e	0.43075(19)	0.19566(19)	0.21587(22)	1.0
O8	O^{2-}	4e	0.49221(18)	0.40165(19)	0.37848(21)	1.0
O9	O^{2-}	4e	0.49778(18)	0.39688(20)	0.1140(2)	1.0

PDF: 25-0513

d	I/I_0	hkl
9.2000	40	100
6.4000	40	110
5.7900	100	011
4.5800	7	200
4.4600	17	020
4.1860	30	$\bar{1}02$
4.0900	12	210
4.0220	8	120
3.8560	1	021
3.8120	13	002
3.5030	14	012
3.3170	30	$\bar{2}21$
3.2070	16	220
3.1420	20	211
3.1010	11	$\bar{3}02$
3.0880	10	102
3.0630	6	300
2.9190	11	112
2.8990	80	310
2.8400	6	130

6-048b 水菱镁矿(Hydromagnesite)

$Mg_5(CO_3)_4(OH)_2 \cdot 4H_2O$, 467.64

ICSD: 920(续)

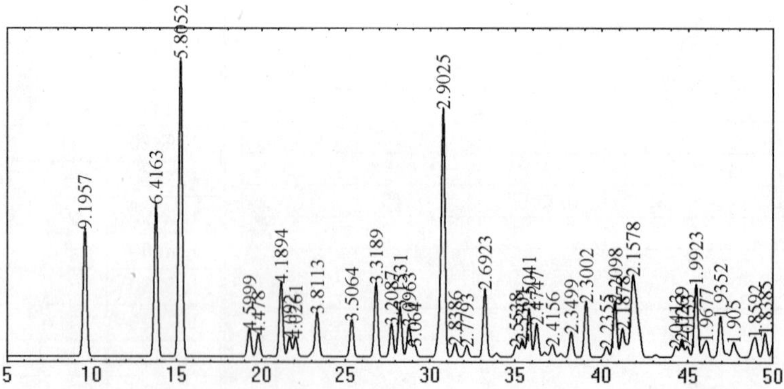

PDF: 25-0513(续)

d	I/I_0	hkl
2.7790	7	$\bar{1}31$
2.6920	25	$\bar{3}21$
2.6370	5	$\bar{1}13$
2.5560	5	$\bar{2}31$
2.5430	4	122
2.5290	9	320
2.5040	20	230
2.4780	10	$\bar{4}02$
2.4690	10	202
2.4420	5	013
2.4170	7	$\bar{4}11$
2.3870	2	$\bar{4}12$
2.3500	14	$\bar{2}23$
2.2980	35	400
2.2330	4	$\bar{3}31$
2.2070	25	023
2.1890	11	$\bar{4}21$
2.1850	11	321
2.1740	7	140
2.1610	20	$\bar{4}13$

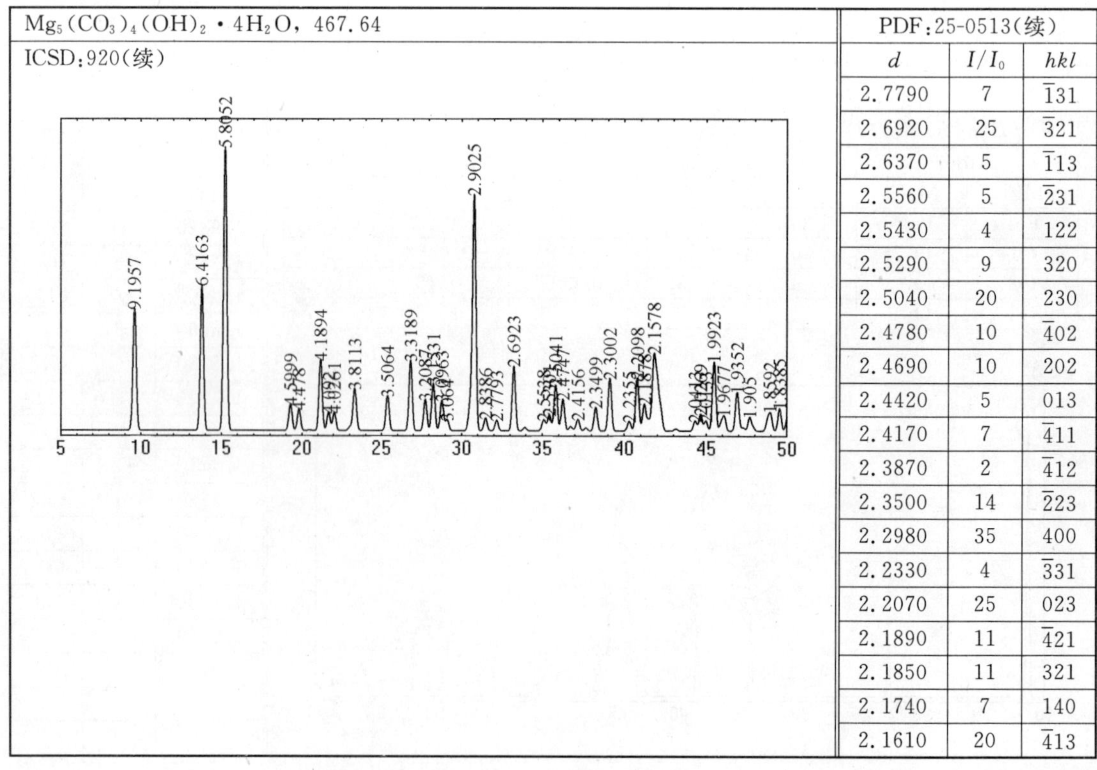

6-049a 硫碳酸铅矿(Leadhillite)

$Pb_4(SO_4)(CO_3)_2(OH)_2$, 1078.89

Sys.: Monoclinic S.G.: $P2_1/c$(14) Z: 8

a: 9.09 b: 11.57 c: 20.74 β: 90.45 Vol.: 12181.19

ICSD: 69218

Atom		Wcf	x	y	z	Occ
Pb1	Pb^{2+}	4e	0.4179(2)	0.1789(1)	0.1083(1)	1.0
Pb2	Pb^{2+}	4e	0.4295(2)	0.4324(1)	0.1034(1)	1.0
Pb3	Pb^{2+}	4e	0.4143(2)	0.6934(1)	0.0939(1)	1.0
Pb4	Pb^{2+}	4e	0.4065(2)	0.9385(1)	0.1032(1)	1.0
Pb5	Pb^{2+}	4e	0.6260(2)	0.0479(1)	0.3211(2)	1.0

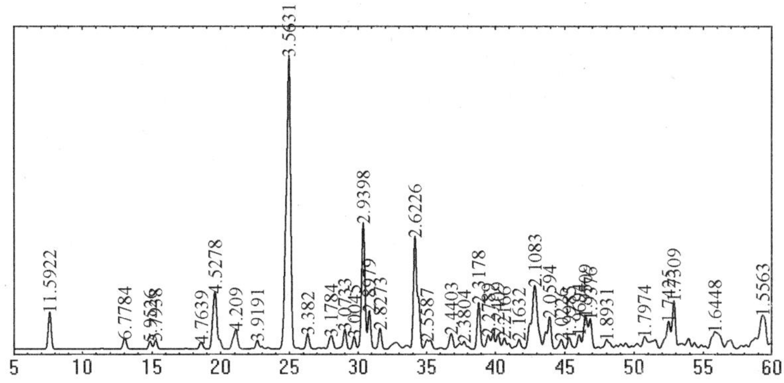

PDF: 18-0705

d	I/I_0	hkl
5.6700	6	021
4.4700	18	$\bar{2}01$
4.1700	10	$\bar{2}02$
3.5300	100	$\bar{2}21$
3.3500	4	132
3.2500	4	214
3.1500	4	125
3.0500	6	205
2.9760	4	$\bar{2}15$
2.9170	60	$\bar{2}31$
2.8740	25	017
2.8060	4	312
2.6050	50	$\bar{3}22$
2.5320	6	018
2.4230	8	241
2.3030	30	$\bar{2}43$
2.0990	30	245
2.0490	18	209
1.9350	18	318
1.8820	2	$20\underline{10}$

6-049b 硫碳酸铅矿(Leadhillite)

$Pb_4(SO_4)(CO_3)_2(OH)_2$, 1078.89

ICSD: 69218(续 1)

Atom		Wcf	x	y	z	Occ
Pb6	Pb^{2+}	4e	0.5584(2)	0.2826(1)	0.3380(2)	1.0
Pb7	Pb^{2+}	4e	0.5354(2)	0.5736(1)	0.3188(2)	1.0
Pb8	Pb^{2+}	4e	0.6078(2)	0.8319(1)	0.3187(2)	1.0
S1	S^{6+}	4e	0.2300(9)	0.0737(4)	0.4873(9)	1.0
S2	S^{6+}	4e	0.2384(9)	0.3175(5)	0.5132(9)	1.0
C1	C^{4+}	4e	0.256(4)	0.057(2)	0.158(4)	1.0
C2	C^{4+}	4e	0.257(4)	0.313(2)	0.146(4)	1.0
C3	C^{4+}	4e	0.250(4)	0.563(2)	0.124(3)	1.0
C4	C^{4+}	4e	0.249(6)	0.809(3)	0.155(5)	1.0
O1	O^{2-}	4e	0.074(5)	0.087(2)	0.465(4)	1.0
O2	O^{2-}	4e	0.100(3)	0.281(1)	0.541(2)	1.0
O3	O^{2-}	4e	0.300(4)	0.138(2)	0.475(3)	1.0
O4	O^{2-}	4e	0.208(4)	0.387(2)	0.512(3)	1.0
O5	O^{2-}	4e	0.285(6)	0.024(3)	0.411(4)	1.0
O6	O^{2-}	4e	0.292(4)	0.293(2)	0.400(3)	1.0
O7	O^{2-}	4e	0.242(3)	0.055(2)	0.614(3)	1.0
O8	O^{2-}	4e	0.346(4)	0.304(2)	0.606(3)	1.0

PDF: 18-0705(续 1)

d	I/I_0	hkl
1.8460	2	255
1.7770	4	$\bar{4}35$
1.7260	30	058
1.6910	6	$23\underline{10}$
1.6380	8	531
1.6110	6	258
1.5490	35	$\bar{2}71$
1.3750	6	281
1.3340	12	—
1.2630	8	—
1.2350	8	—
1.1900	14	—
1.1540	8	—
1.1020	4	—
1.0570	8	—
1.0240	6	—
0.9770	6	—
0.9430	6	—

6-049c 硫碳酸铅矿(Leadhillite)

$Pb_4(SO_4)(CO_3)_2(OH)_2$, 1078.89

PDF:18-0705(续 2)

ICSD:69218(续 2)

Atom		Wcf	x	y	z	Occ
O9	O^{2-}	4e	0.184(3)	0.005(1)	0.150(3)	1.0
O10	O^{2-}	4e	0.183(3)	0.258(2)	0.152(3)	1.0
O11	O^{2-}	4e	0.183(3)	0.507(1)	0.129(3)	1.0
O12	O^{2-}	4e	0.172(3)	0.758(11)	0.139(2)	1.0
O13	O^{2-}	4e	0.397(3)	0.057(2)	0.153(3)	1.0
O14	O^{2-}	4e	0.401(3)	0.311(1)	0.151(2)	1.0
O15	O^{2-}	4e	0.395(3)	0.562(2)	0.128(2)	1.0
O16	O^{2-}	4e	0.389(3)	0.807(2)	0.152(3)	1.0
O17	O^{2-}	4e	0.183(4)	0.114(2)	0.164(3)	1.0
O18	O^{2-}	4e	0.183(3)	0.367(2)	0.131(3)	1.0
O19	O^{2-}	4e	0.172(3)	0.617(1)	0.119(3)	1.0
O20	O^{2-}	4e	0.181(3)	0.868(1)	0.151(2)	1.0
O21	O^{2-}	4e	0.467(4)	0.184(2)	0.294(3)	1.0
O22	O^{2-}	4e	0.386(3)	0.448(2)	0.288(3)	1.0
O23	O^{2-}	4e	0.388(3)	0.671(1)	0.284(3)	1.0
O24	O^{2-}	4e	0.468(3)	0.936(2)	0.290(2)	1.0

d	I/I_0	hkl

(3) 硝 酸 盐

6-050 钠硝石(Nitratine)

$NaNO_3$, 84.99

Sys.: Trigonal S.G.: $R\overline{3}c$(167) Z:6

a:5.07 c:16.829 Vol.:374.63

ICSD:2865

Atom		Wcf	x	y	z	Occ
Na1	Na^{+}	6b	0	0	0	1.0
N1	N^{5+}	6a	0	0	0.25	1.0
O1	O^{2-}	18e	0.2450(2)	0	0.25	1.0

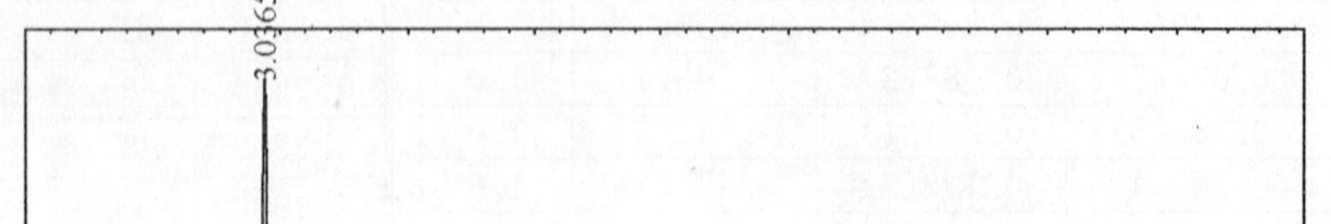

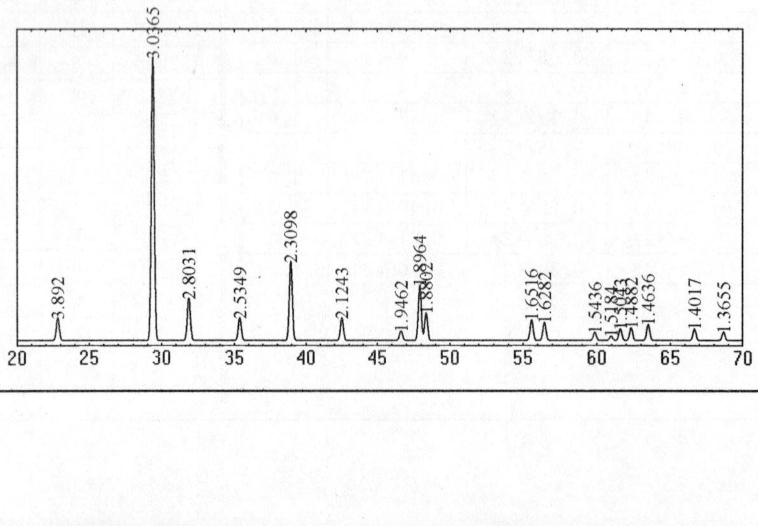

PDF:07-0271

d	I/I_0	hkl
3.8900	6	012
3.0300	100	104
2.8100	16	006
2.5300	10	110
2.3110	25	113
2.1250	10	202
1.9470	4	024
1.8980	16	018
1.8800	8	116
1.6520	4	211
1.6290	4	122
1.5440	2	214
1.5190	1	208
1.5050	2	119
1.4884	2	125
1.4633	4	300
1.4018	2	00$\underline{12}$
1.3652	1	217
1.3360	1	02$\underline{10}$

6-051 钾硝石(Niter)

KNO_3, 101.1

Sys.: Orthorhombic S.G.: *Pnam*(62) *Z*: 4

a: 6.436(1) *b*: 5.43(1) *c*: 9.192(2) Vol.: 321.24

ICSD: 28077

Atom		Wcf	*x*	*y*	*z*	Occ
K1	K^+	4*c*	0.2551(1)	0.25	0.4164(1)	1.0
N1	N^{5+}	4*c*	0.4156(3)	0.25	0.7551(3)	1.0
O1	O^{2-}	4*c*	0.4098(4)	0.25	0.8907(3)	1.0
O2	O^{2-}	8*d*	0.4129(3)	0.4501(3)	0.6864(2)	1.0

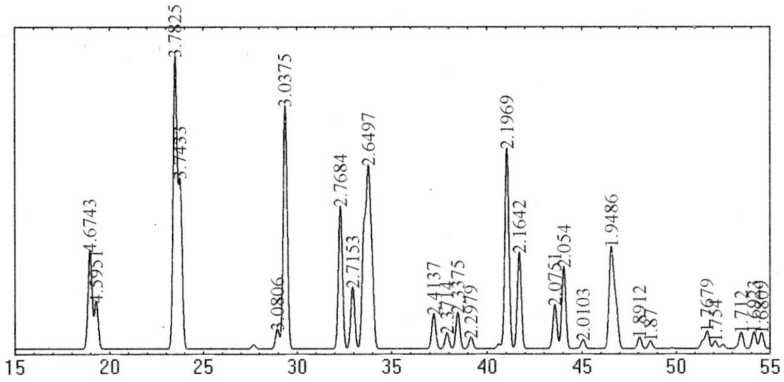

PDF: 74-2055		
d	I/I_0	*hkl*
5.2722	2	101
4.6752	443	011
4.5960	155	002
3.7826	999	111
3.7402	776	102
3.2180	33	200
3.0802	70	112
3.0373	812	201
2.7684	451	210
2.7684	451	103
2.7150	91	020
2.6685	361	013
2.6508	539	211
2.6361	340	202
2.4650	1	113
2.4137	112	121
2.3714	55	212
2.3376	59	022
2.2980	40	004
2.2190	18	203

6-052 钡硝石(Nitrobarite)

$Ba(NO_3)_2$, 261.34

Sys.: Cubic S.G.: $Pa\bar{3}$(205) *Z*: 4

a: 8.119 Vol.: 535.19

ICSD: 35495

Atom		Wcf	*x*	*y*	*z*	Occ
Ba1	Ba^{2+}	4*a*	0	0	0	1.0
N1	N^{5+}	8*c*	0.35139(4)	0.35139(4)	0.35139(4)	1.0
O1	O^{2-}	24*d*	0.28553(8)	0.29105(8)	0.47627(7)	1.0

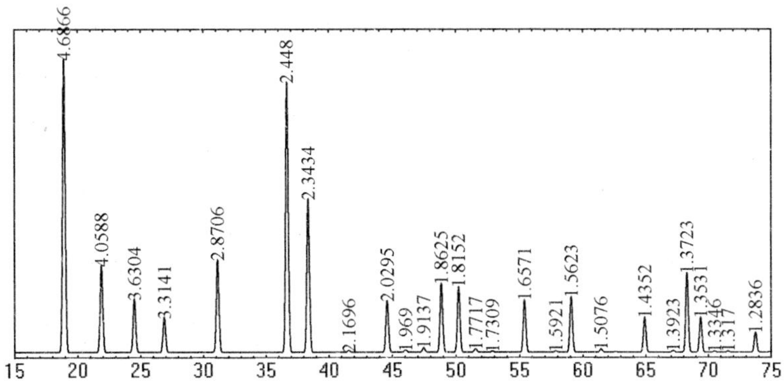

PDF: 04-0773		
d	I/I_0	*hkl*
4.6800	95	111
4.0600	40	200
3.6300	11	210
3.3130	14	211
2.8700	35	220
2.4480	100	311
2.3430	55	222
2.0290	17	400
1.9140	21	411
1.8620	21	331
1.8150	20	420
1.6570	15	422
1.5620	15	511
1.4350	5	440
1.3720	18	531
1.3530	7	600
1.2840	1	620
1.2380	1	533
1.2240	2	622
1.1721	2	444

6-053a 水钙硝石(Nitrocalcite)

$Ca(NO_3)_2 \cdot 4H_2O$, 236.15

Sys.: Monoclinic S.G.: $P2_1/n$(14) Z: 4

a: 14.477 b: 9.16 c: 6.285 β: 98.42 Vol.: 824.47

ICSD: 2594 $P12_1/n1$(14) a: 6.277(7) b: 9.157(9) c: 14.484(10) β: 98.6(2)

Atom		Wcf	x	y	z	Occ
Ca1	Ca^{2+}	4e	0.0395(3)	0.0897(2)	0.3669(1)	1.0
O1	O^{2-}	4e	0.0219(3)	0.2134(10)	0.6739(5)	1.0
O2	O^{2-}	4e	0.0817(14)	0.1213(8)	0.5415(5)	1.0
O3	O^{2-}	4e	0.1124(16)	0.3556(9)	0.5654(6)	1.0
O4	O^{2-}	4e	0.0239(15)	0.2309(9)	0.2133(6)	1.0
O5	O^{2-}	4e	0.1137(16)	0.1343(2)	0.0865(5)	1.0
O6	O^{2-}	4e	0.1580(15)	0.0153(9)	0.2181(5)	1.0
O7	O^{2-}	4e	0.1813(13)	0.4635(10)	0.7814(6)	1.0
O8	O^{2-}	4e	0.1243(14)	0.4639(10)	0.0853(6)	1.0
O9	O^{2-}	4e	0.3150(16)	0.2791(10)	0.3965(6)	1.0
O10	O^{2-}	4e	0.3090(16)	0.1961(12)	0.8849(7)	1.0
N1	N^{5+}	4e	0.0720(15)	0.2330(8)	0.5936(6)	1.0
N2	N^{5+}	4e	0.0987(16)	0.1292(11)	0.1702(6)	1.0

PDF: 26-1406

d	I/I_0	hkl
7.7200	70	110
7.1600	12	200
6.0400	16	$\bar{1}01$
5.6400	20	210
5.4200	65	101
5.1400	100	011
5.0400	35	$\bar{1}11$
4.6700	2	111
4.5800	8	020
4.4400	6	$\bar{2}11$
4.3600	55	120
4.2300	8	310
4.0900	4	$\bar{3}01$
3.9570	2	211
3.8580	6	220
3.6870	8	021
3.6480	10	$\bar{1}21$
3.5800	70	400
3.4010	2	$\bar{2}21$
3.3050	12	320

6-053b 水钙硝石(Nitrocalcite)

$Ca(NO_3)_2 \cdot 4H_2O$, 236.15

ICSD: 2594(续) $P12_1/n1$(14) a: 6.277(7) b: 9.157(9) c: 14.484(10) β: 98.6(2)

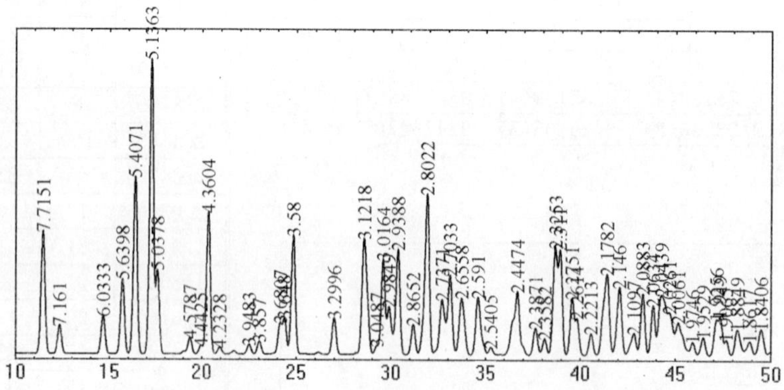

PDF: 26-1406(续)

d	I/I_0	hkl
3.1680	4	221
3.1210	55	$\bar{4}11$
3.1090	8	002
3.0490	6	$\bar{3}21$
3.0180	30	$\bar{2}02$
2.9860	18	130
2.9670	4	$\bar{1}12$
2.9450	30	012
2.8670	10	$\bar{2}12$
2.8220	6	420
2.8100	55	230
2.7410	16	031
2.7250	4	$\bar{1}31$
2.7120	20	202
2.6600	18	131
2.6420	10	$\bar{5}11$
2.6010	12	212
2.5870	10	$\bar{1}22$
2.5730	4	330
2.5390	4	$\bar{4}02$

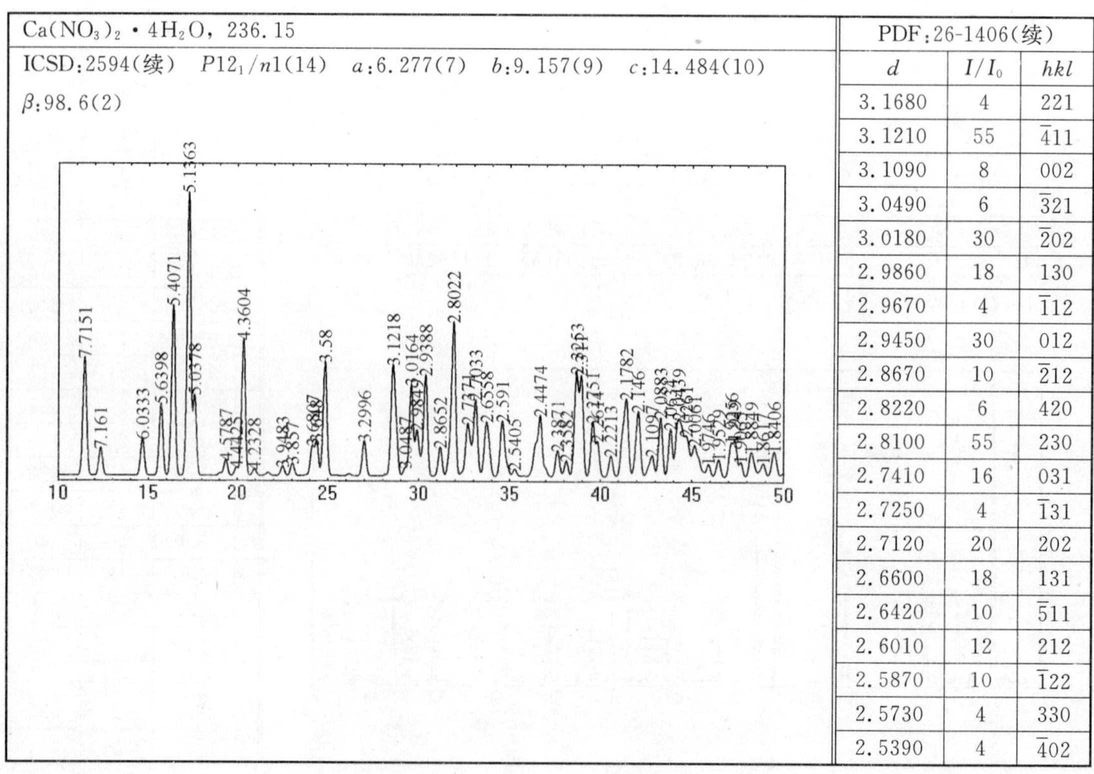

6-054 水镁硝石(Nitromagnesite)

$Mg(NO_3)_2 \cdot H_2O$, 256.41

Sys.:Monoclinic　S.G.:$P2_1/a$(14)　Z:2

a:6.194　b:12.71　c:6.6　β:93　Vol.:518.88

ICSD:23220

Atom		Wcf	x	y	z	Occ
Mg1	Mg^{2+}	2a	0	0.5	0.5	1.0
N1	N^{5+}	4e	0.4668(12)	0.2040(4)	0.5362(11)	1.0
O1	O^{2-}	4e	−0.0358(11)	0.3398(4)	0.4764(13)	1.0
O2	O^{2-}	4e	0.3022(10)	0.4805(5)	0.4616(10)	1.0
O3	O^{2-}	4e	−0.1432(13)	0.4993(4)	0.775(1)	1.0
O4	O^{2-}	4e	0.6031(14)	0.1301(4)	0.5330(12)	1.0
O5	O^{2-}	4e	0.2814(15)	0.1881(3)	0.5685(17)	1.0
O6	O^{2-}	4e	0.5339(14)	0.2962(4)	0.5172(16)	1.0

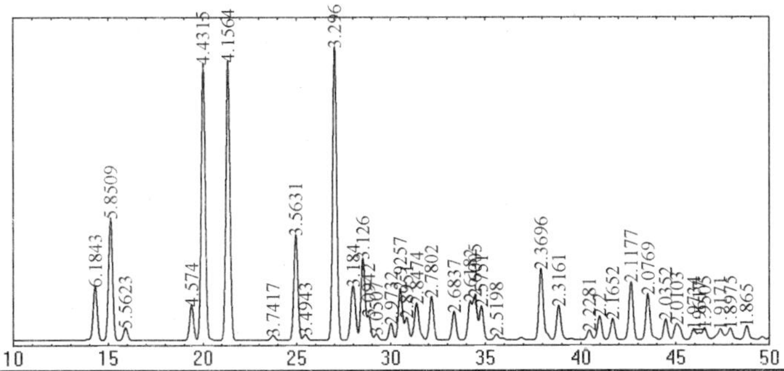

PDF:14-0101

d	I/I_0	hkl
6.1800	6	100
5.8400	45	011
5.5600	4	110
4.5700	6	021
4.4300	55	120
4.3500	25	$\bar{1}11$
4.1500	35	111
3.7400	2	$\bar{1}21$
3.5600	20	031
3.2950	100	002
3.1900	35	012
3.1240	4	$\bar{1}31$
3.0920	6	200
3.0510	8	131
2.9720	2	$\bar{1}02$
2.9250	75	022
2.8960	4	$\bar{1}12$
2.8480	25	102
2.7810	16	220
2.6880	35	211

6-055 铜硝石(Gerhardtite)

$Cu_2(NO_3)(OH)_3$, 240.12

Sys.:Orthorhombic　S.G.:$P2_12_12_1$(19)　Z:4

a:5.592　b:6.075　c:13.812　Vol.:469.21

ICSD:201478

Atom		Wcf	x	y	z	Occ
Cu1	Cu^{2+}	4a	0.7300(5)	0.2473(2)	0.5009(8)	1.0
Cu2	Cu^{2+}	4a	0.4820(5)	0.2510(2)	0.0083(5)	1.0
O1	O^{2-}	4a	0.4891(30)	0.1372(11)	0.6882(31)	1.0
O2	O^{2-}	4a	0.6211(48)	0.0040(18)	0.5499(32)	1.0
O3	O^{2-}	4a	0.3929(40)	0.0008(16)	0.8592(32)	1.0
N1	N^{5+}	4a	0.4994(41)	0.0455(14)	0.6949(30)	1.0
O4	O^{2-}	4a	0.4868(29)	0.3225(10)	0.3812(24)	1.0
O5	O^{2-}	4a	0.7260(25)	0.3101(10)	0.8224(31)	1.0
O6	O^{2-}	4a	0.2380(23)	0.3121(10)	0.8235(29)	1.0

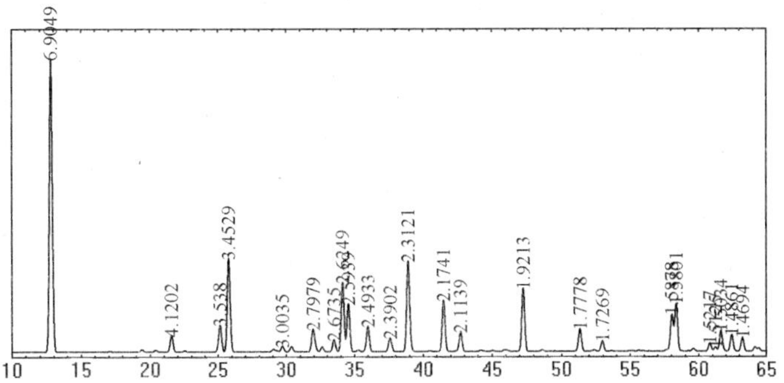

PDF:14-0687

d	I/I_0	hkl
6.9100	100	002
4.5610	10	012
4.3510	10	102
4.1210	50	110
3.9500	10	111
3.5390	50	112
3.4540	60	004
3.0700	10	113
3.0380	20	020
3.0060	20	014
2.9390	20	104
2.7970	60	200
2.7850	10	022
2.7430	30	201
2.6690	60	120
2.6240	80	121
2.5950	70	202
2.5410	10	210
2.5200	20	015
2.4930	50	122

6-056a 毛青铜矿(Buttgenbachite)

$Cu_{19}Cl_4(NO_3)_2(OH)_{32}\cdot H_2O$, 2053.46

Sys.: Hexagonal S.G.: $P6_3/mmc$(194) Z:2

a:15.75(3) c:9.161(1) Vol.:21968.04

ICSD:95546

Atom		Wcf	x	y	z	Occ
Cu1	Cu^{2+}	6g	0.5	0	0	1.0
Cu2	Cu^{2+}	12i	0.2014(1)	0	0	1.0
Cu3	Cu^{2+}	6h	0.3357(1)	0.1679(1)	0.750	1.0
Cu4	Cu^{2+}	12j	0.3586(1)	0.0165(1)	0.250	1.0
Cl1	Cl^-	2a	0	0	0	0.550
Cl2	Cl^-	6h	0.2768(3)	0.1384(2)	0.250	1.0
O1	O^{2-}	24l	0.4501(4)	0.3699(4)	0.0912(6)	1.0
O2	O^{2-}	12k	0.0753(3)	−0.0753(3)	0.0991(9)	1.0
O3	O^{2-}	24l	0.6737(4)	0.7441(4)	0.1097(6)	1.0
O4	O^{2-}	6h	0.4423(4)	0.5577(4)	0.250	1.0
Cl3	Cl^-	2d	0.6667	0.3333	0.250	0.5
N1	N^{5+}	2d	0.6667	0.3333	0.250	0.5
O5	O^{2-}	6h	0.6216(4)	0.3784(4)	0.250	0.5
O6	O^{2-}	12k	0.5104(30)	0.2552(14)	0.8070(40)	0.2

PDF:34-0181

d	I/I_0	hkl
13.6400	96	100
7.8750	100	110
6.8200	4	200
5.4700	11	201
5.1550	25	210
4.5470	11	300
4.4930	2	211
4.3420	5	102
3.9590	10	112
3.8020	10	202
3.8020	10	310
3.4240	16	212
3.2270	12	302
3.1960	10	401
2.9800	2	103
2.9610	2	321
2.9170	2	312
2.8310	2	411
2.7870	1	203
2.7350	28	402

6-056b 毛青铜矿(Buttgenbachite)

$Cu_{19}Cl_4(NO_3)_2(OH)_{32}\cdot H_2O$, 2053.46

ICSD:95546(续)

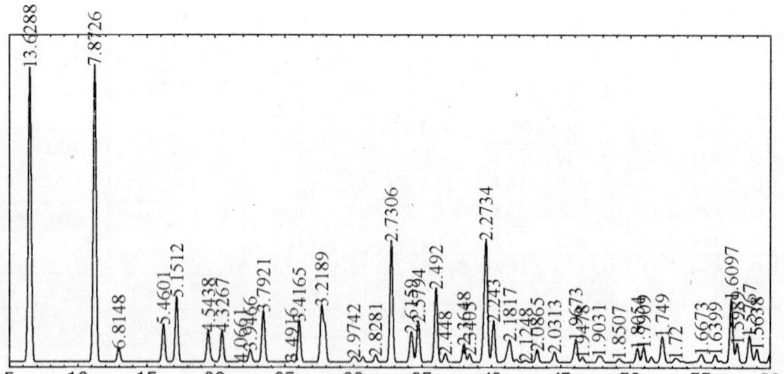

PDF:34-0181(续)

d	I/I_0	hkl
2.6270	1	213
2.6150	3	501
2.5840	10	322
2.4960	18	412
2.4500	3	510
2.3670	4	511
2.3440	2	502
2.2900	7	004
2.2780	21	332
2.2780	21	600
2.2460	8	422
2.2460	8	430
2.1990	3	114
2.1840	5	323
2.1840	5	520
2.1780	4	431
2.1600	1	512
2.0930	2	214
2.0340	2	602
2.0340	2	503

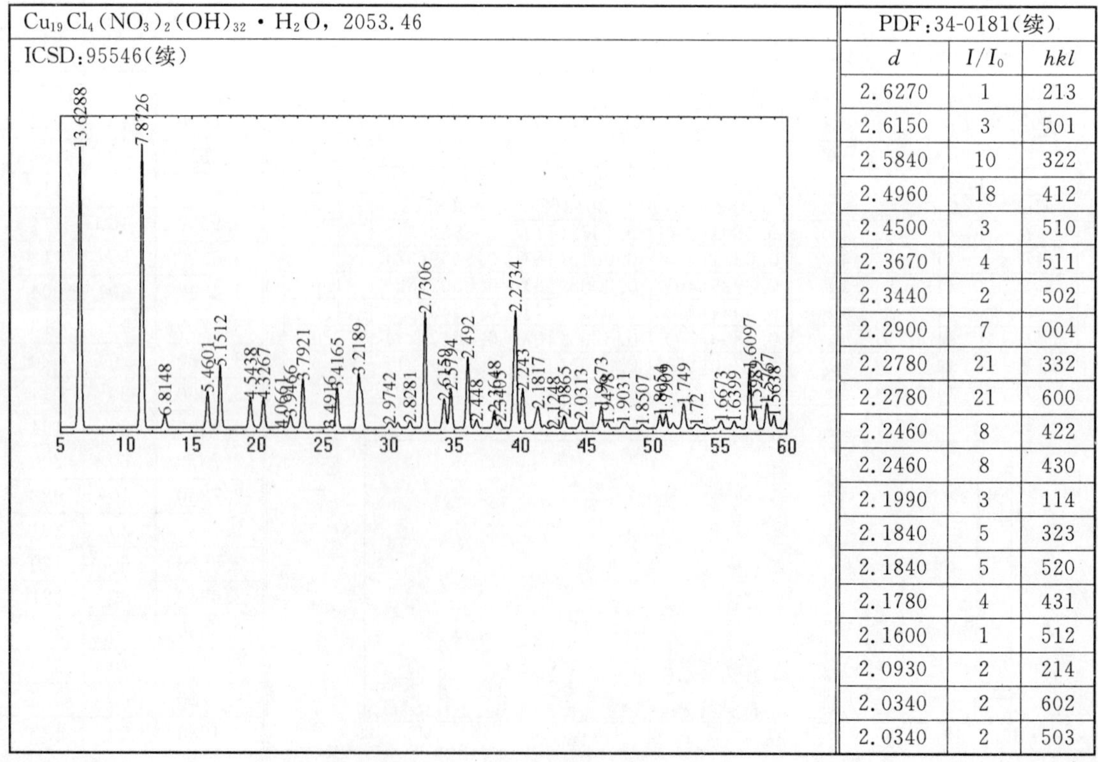

6-057a 羟磷硝铜矿(Likasite)

$Cu_3(NO_3)(OH)_5(P_2H_3) \cdot H_2O$, 369.64

Sys.: Orthorhombic S.G.: $P2_1nb$(33) Z: 4

a: 5.828(5) b: 6.769(5) c: 21.69(15) Vol.: 855.66

ICSD: 941

Atom		Wcf	x	y	z	Occ
Cu1	Cu^{2+}	4a	0.8221(5)	0.5068(13)	0.1055(1)	1.0
Cu2	Cu^{2+}	4a	0.3287(5)	0.5076(13)	0.1010(1)	1.0
Cu3	Cu^{2+}	4a	0.0061(13)	0.25	0.9997(3)	1.0
P1	P^{3-}	4a	0.0755(13)	0.6988(12)	0.0864(3)	1.0
P2	P^{3-}	4a	0.5729(14)	0.7008(15)	0.1081(3)	1.0
O1	O^{2-}	4a	0.8380(22)	0.5118(50)	0.9973(6)	1.0
O2	O^{2-}	4a	0.6290(29)	0.9968(57)	0.0310(8)	1.0
O3	O^{2-}	4a	0.5788(29)	0.5243(39)	0.3306(7)	1.0
O4	O^{2-}	4a	0.8974(26)	0.5290(36)	0.2155(7)	1.0
O5	O^{2-}	4a	0.0812(26)	0.5147(46)	0.2992(6)	1.0
O6	O^{2-}	4a	0.2592(27)	0.5343(35)	0.2127(7)	1.0
N1	N^{5+}	4a	0.0814(35)	0.5023(63)	0.2408(8)	1.0

PDF: 70-0371

d	I/I_0	hkl
10.8450	770	002
5.7423	999	012
5.6284	227	101
5.4225	18	004
4.5374	93	103
4.4166	4	110
4.3278	37	111
4.2320	134	014
4.0904	9	112
3.9699	1	104
3.7690	23	113
3.6150	21	006
3.4798	76	105
3.4244	9	114
3.3845	120	020
3.2308	62	022
3.1888	88	016
3.0948	37	115
2.9005	58	121
2.8711	45	024

6-057b 羟磷硝铜矿(Likasite)

$Cu_3(NO_3)(OH)_5(P_2H_3) \cdot H_2O$, 369.64

ICSD: 941(续)

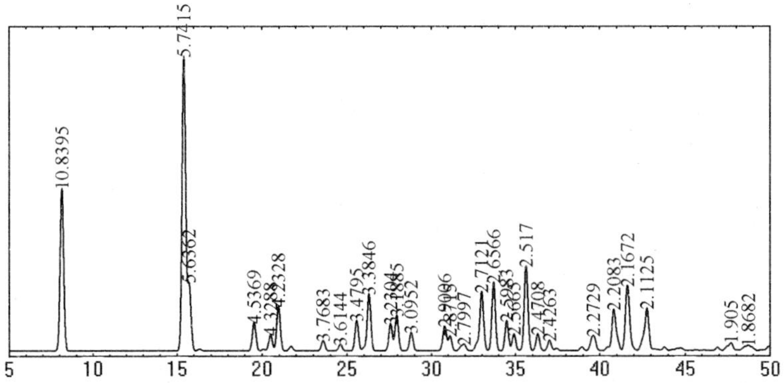

PDF: 70-0371(续)

d	I/I_0	hkl
2.8142	10	202
2.7974	13	116
2.7359	18	107
2.7129	122	123
2.7129	122	008
2.7027	81	203
2.6564	148	211
2.5986	66	212
2.5668	39	204
2.5169	160	018
2.5101	107	213
2.4707	40	026
2.4262	21	125
2.4189	14	205
2.4001	5	214
2.3106	7	118
2.2779	23	215
2.2779	23	126
2.2687	26	206
2.2271	9	109

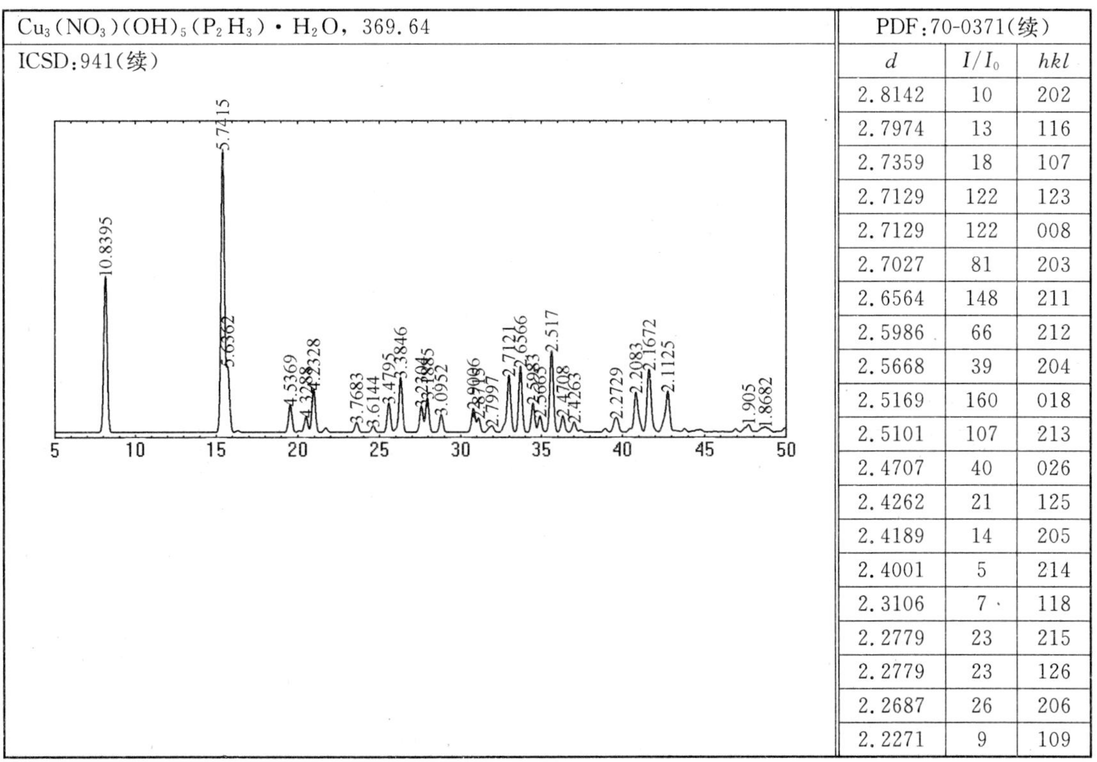

6-058a 钠硝矾(Darapskite)

$Na_3(SO_4)(NO_3)\cdot H_2O$，245.05

Sys.:Monoclinic S.G.:$P2_1/m$(11) Z:2

a:10.571 b:6.917 c:5.189 β:102.77 Vol.:370.03

ICSD:26972

Atom		Wcf	x	y	z	Occ
Na1	Na^+	4f	0.2746(2)	0.4947(6)	0.1353(4)	1.0
Na2	Na^+	2e	0.5947(3)	0.25	0.2729(7)	1.0
S1	S^{6+}	2e	0.5788(2)	0.75	0.3220(3)	1.0
N1	N^{5+}	2e	0.8813(7)	0.25	0.4275(15)	1.0
O1	O^{2-}	4f	0.6346(4)	0.5751(11)	0.2325(9)	1.0
O2	O^{2-}	2e	0.4360(6)	0.75	0.2198(12)	1.0
O3	O^{2-}	2e	0.3962(6)	0.25	0.3863(12)	1.0
O4	O^{2-}	2e	0.8295(7)	0.25	0.1897(14)	1.0
O5	O^{2-}	2e	0.1134(7)	0.25	0.0441(13)	1.0
O6	O^{2-}	2e	0.9998(9)	0.25	0.4982(17)	1.0
O7	O^{2-}	2e	0.1862(7)	0.75	0.4036(14)	1.0

PDF:23-1408

d	I/I_0	hkl
10.3000	100	100
5.7400	2	110
5.0500	2	001
4.1300	20	210
4.0600	2	$\bar{1}11$
3.5900	12	111
3.5300	18	$\bar{2}11$
3.4600	35	020
3.2700	18	201
3.1900	12	$\bar{3}01$
3.0800	4	310
2.9550	4	211
2.8710	30	220
2.8560	30	021
2.6670	8	121
2.5940	30	$\bar{1}02$
2.5340	8	$\bar{4}01$
2.4380	10	$\bar{3}20$
2.4210	2	311
2.3780	2	$\bar{4}11$

6-058b 钠硝矾(Darapskite)

$Na_3(SO_4)(NO_3)\cdot H_2O$，245.05

ICSD:26972(续)

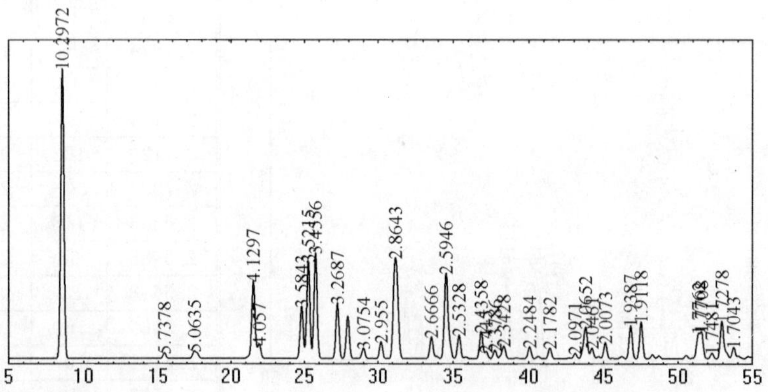

PDF:23-1408(续)

d	I/I_0	hkl
2.3410	4	102
2.2510	4	130
2.2150	2	112
2.1770	4	$\bar{3}12$
2.1000	2	031
2.0720	12	321
2.0430	4	022
2.0130	4	$\bar{2}31$
1.9613	2	$\bar{4}12$
1.9380	10	122
1.9120	4	$\bar{3}22$
1.7737	12	520
1.7481	2	$\bar{6}01$
1.7284	10	040
1.7053	2	140
1.6732	2	$\bar{1}13$
1.6294	2	322
1.6067	2	103
1.5954	2	$\bar{6}02$
1.5804	2	$\bar{4}03$

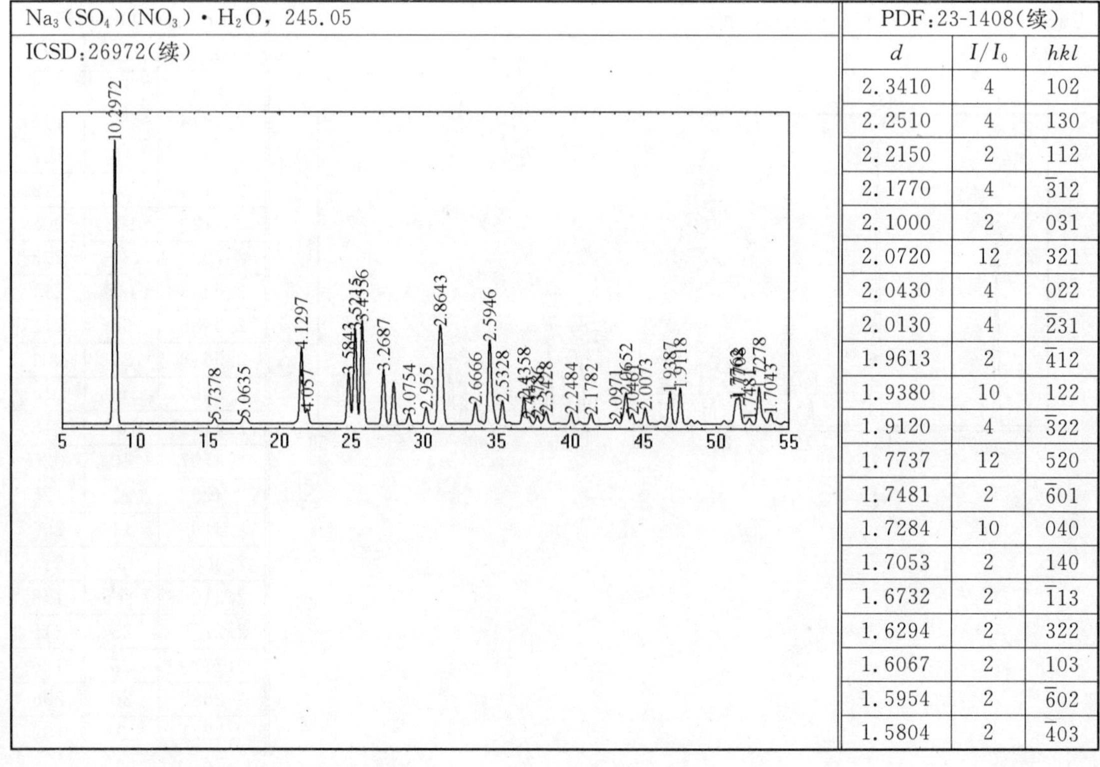

(4) 硼　酸　盐

6-059 硼铝镁石(Sinhalite)

$MgAlBO_4$，126.09

Sys.:Orthorhombic　S.G.:*Pmnb*(62)　*Z*:4

a:9.878　*b*:5.675　*c*:4.328　Vol.:242.62

ICSD:34349

Atom		Wcf	*x*	*y*	*z*	Occ
Al1	Al^{3+}	4*a*	0	0	0	1.0
Mg1	Mg^{2+}	4*c*	0.2762(3)	0.25	−0.0164(7)	1.0
B1	B^{3+}	4*c*	0.0884(8)	0.25	0.4057(18)	1.0
O1	O^{2-}	4*c*	0.0798(4)	0.25	0.7418(9)	1.0
O2	O^{2-}	4*c*	0.4450(4)	0.25	0.2559(9)	1.0
O3	O^{2-}	8*d*	0.1487(4)	0.0410(7)	0.2658(9)	1.0

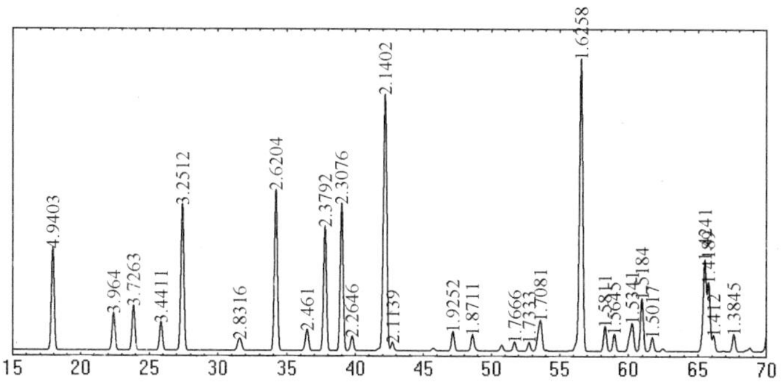

PDF:34-0157

d	I/I_0	*hkl*
4.9390	44	200
3.9640	29	101
3.7260	12	210
3.4410	9	011
3.2500	71	201
3.2500	71	111
2.8370	2	020
2.8240	3	211
2.6210	65	301
2.4600	9	400
2.4600	9	220
2.3790	44	311
2.3070	52	121
2.2640	5	410
2.1390	100	401
2.1390	100	221
2.1140	5	102
1.9251	7	321
1.8712	6	212

6-060a 硼镁铁矿(Ludwigite)

$Mg_2FeBO_3O_2$，195.26

Sys.:Orthorhombic　S.G.:*Pbam*(55)　*Z*:4

a:9.26(2)　*b*:12.26(1)　*c*:3.05(1)　Vol.:346.26

ICSD:30653　($Mg_{1.5}(Mg_{0.2}Fe_{0.3})FeBO_3O_2$)

Atom		Wcf	*x*	*y*	*z*	Occ
Mg1	Mg^{2+}	2*b*	0	0	0.5	1.0
Mg2	Mg^{2+}	4*h*	0	0.275	0.5	1.0
Mg3	Mg^{2+}	2*c*	0.5	0	0	0.4
Fe3	Fe^{2+}	2*c*	0.5	0	0	0.6
Fe1	Fe^{3+}	4*g*	0.25	0.114	0	1.0
B1	B^{3+}	4*g*	0.288	0.352	0	1.0
O1	O^{2-}	4*g*	0.125	−0.056	0	1.0
O2	O^{2-}	4*h*	0.112	0.145	0.5	1.0
O3	O^{2-}	4*g*	0.136	0.349	0	1.0
O4	O^{2-}	4*h*	0.375	0.058	0.5	1.0
O5	O^{2-}	4*g*	0.361	0.25	0	1.0

PDF:15-0797

d	I/I_0	*hkl*
7.4200	4	110
6.1200	4	020
5.1200	100	120
4.6200	1	200
3.7300	4	130
3.2040	1	—
3.0610	4	230
2.9900	25	310
2.9020	4	140
2.8120	6	111
2.7720	14	320
2.7530	10	—
2.6970	4	—
2.5470	70	201
2.5150	70	211
2.4590	2	330
2.3630	2	131
2.3270	10	400
2.3090	2	—

6-060b 硼镁铁矿(Ludwigite)

$Mg_2FeBO_3O_2$，195.26

ICSD:30653(续) ($Mg_{1.5}(Mg_{0.2}Fe_{0.3})FeBO_3O_2$)

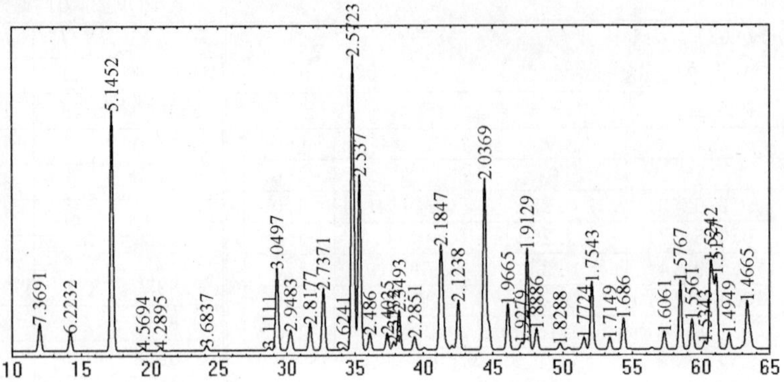

PDF:15-0797(续)

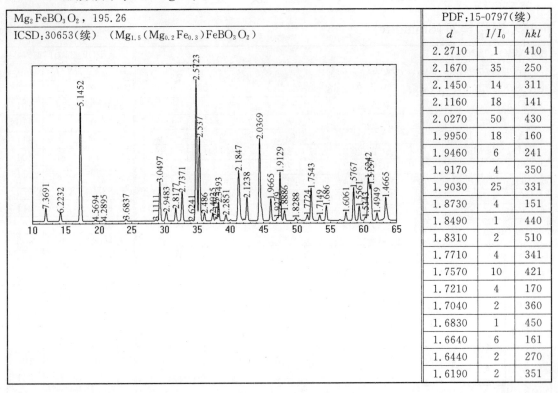

d	I/I_0	hkl
2.2710	1	410
2.1670	35	250
2.1450	14	311
2.1160	18	141
2.0270	50	430
1.9950	18	160
1.9460	6	241
1.9170	4	350
1.9030	25	331
1.8730	4	151
1.8490	1	440
1.8310	2	510
1.7710	4	341
1.7570	10	421
1.7210	4	170
1.7040	2	360
1.6830	1	450
1.6640	6	161
1.6440	2	270
1.6190	2	351

6-061a 硼铁矿(Vonsenite)

Fe_2FeBO_5，258.35

Sys.:Orthorhombic S.G.:*Pbam*(55) *Z*:4

a:9.47 *b*:12.31 *c*:3.07 Vol.:357.89

ICSD:31214

Atom		Wcf	x	y	z	Occ
Fe1	Fe^{2+}	2*a*	0	0	0	1.0
Fe2	$Fe^{2.66+}$	2*d*	0.5	0	0.5	1.0
Fe3	Fe^{2+}	4*g*	0.0004(1)	0.27416(6)	0	1.0
Fe4	$Fe^{2.66+}$	4*h*	0.7443(1)	0.38768(6)	0.5	1.0
B1	B^{3+}	4*h*	0.2683(7)	0.3608(5)	0.5	1.0
O1	O^{2-}	4*h*	0.8431(4)	0.0422(3)	0.5	1.0
O2	O^{2-}	4*g*	0.3876(4)	0.0787(3)	0	1.0
O3	O^{2-}	4*h*	0.6227(4)	0.1382(3)	0.5	1.0
O4	O^{2-}	4*g*	0.1129(4)	0.1409(3)	0	1.0
O5	O^{2-}	4*h*	0.8402(5)	0.2365(3)	0.5	1.0

PDF:13-0572

d	I/I_0	hkl
7.5200	4	110
6.1600	2	020
5.1600	50	120
4.7300	14	200
4.1300	1	030
3.7700	4	130
3.3800	1	—
3.2210	1	—
3.1350	1	300
3.0610	4	310
2.9380	2	140
2.8050	4	320
2.7530	10	021
2.5800	100	240
2.4940	1	330
2.3720	25	221
2.3310	1	410
2.1710	25	041
2.0740	18	321
2.0010	4	160

6-061b 硼铁矿(Vonsenite)

Fe_2FeBO_5，258.35

ICSD:31214(续)

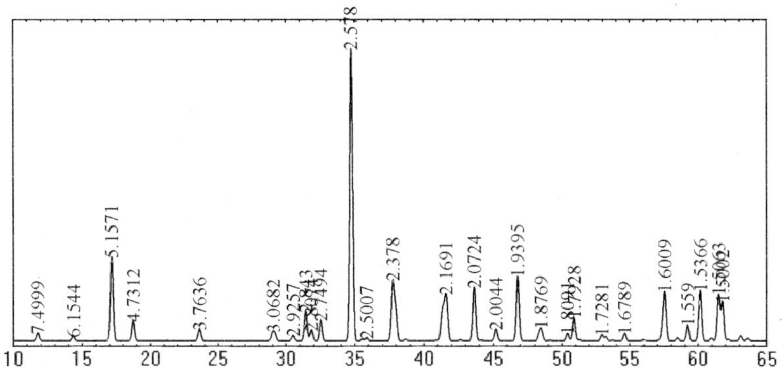

PDF:13-0572(续)

d	I/I_0	hkl
1.9370	18	331
1.8750	4	401
1.8100	2	520
1.7930	4	421
1.7280	2	170
1.7190	2	530
1.6990	1	431
1.6780	1	161
1.6600	1	—
1.6020	14	441
1.5790	1	600
1.5580	4	521
1.5380	18	080
1.5070	14	171
1.4990	14	531
1.4720	2	122
1.4560	1	271
1.4260	1	541
1.4030	10	601

6-062 天然硼酸(Sassolite)

$B(OH)_3$，61.83

Sys.:Triclinic　S.G.:$P\bar{1}$(2)　Z:4

a:7.039　b:7.064　c:6.585　α:92.53　β:101.2　γ:119.88　Vol.:274.65

ICSD:24711

Atom		Wcf	x	y	z	Occ
B1	B^{3+}	2i	0.646(1)	0.427(1)	0.258(3)	1.0
B2	B^{3+}	2i	0.307(1)	0.760(1)	0.242(3)	1.0
O1	O^{2-}	2i	0.424(1)	0.302(1)	0.261(3)	1.0
O2	O^{2-}	2i	0.768(1)	0.328(1)	0.250(3)	1.0
O3	O^{2-}	2i	0.744(1)	0.650(1)	0.261(3)	1.0
O4	O^{2-}	2i	0.532(1)	0.885(1)	0.250(3)	1.0
O5	O^{2-}	2i	0.214(1)	0.540(1)	0.244(3)	1.0
O6	O^{2-}	2i	0.180(1)	0.856(1)	0.233(3)	1.0

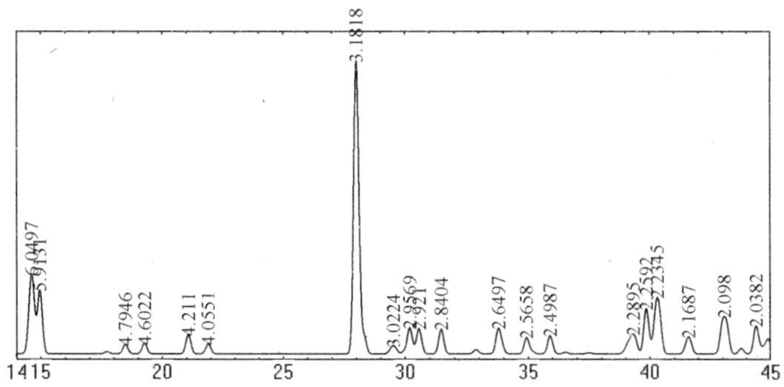

PDF:30-0620

d	I/I_0	hkl
6.0800	60	$1\bar{1}0$
5.9400	30	100
5.0100	1	$\bar{1}01$
4.7970	4	$0\bar{1}1$
4.6110	4	$\bar{1}11$
4.2170	5	$1\bar{1}1$
4.0610	2	011
3.5280	1	$1\bar{2}0$
3.4390	3	110
3.3210	3	$\bar{2}11$
3.1840	100	002
3.0210	7	020
2.9560	16	200
2.9220	16	$0\bar{2}1$
2.8430	11	$\bar{2}21$
2.7230	3	$1\bar{1}2$
2.6490	8	$2\bar{2}1$
2.5690	7	021
2.5000	5	$\bar{2}02$
2.2980	8	$\bar{2}\bar{1}1$

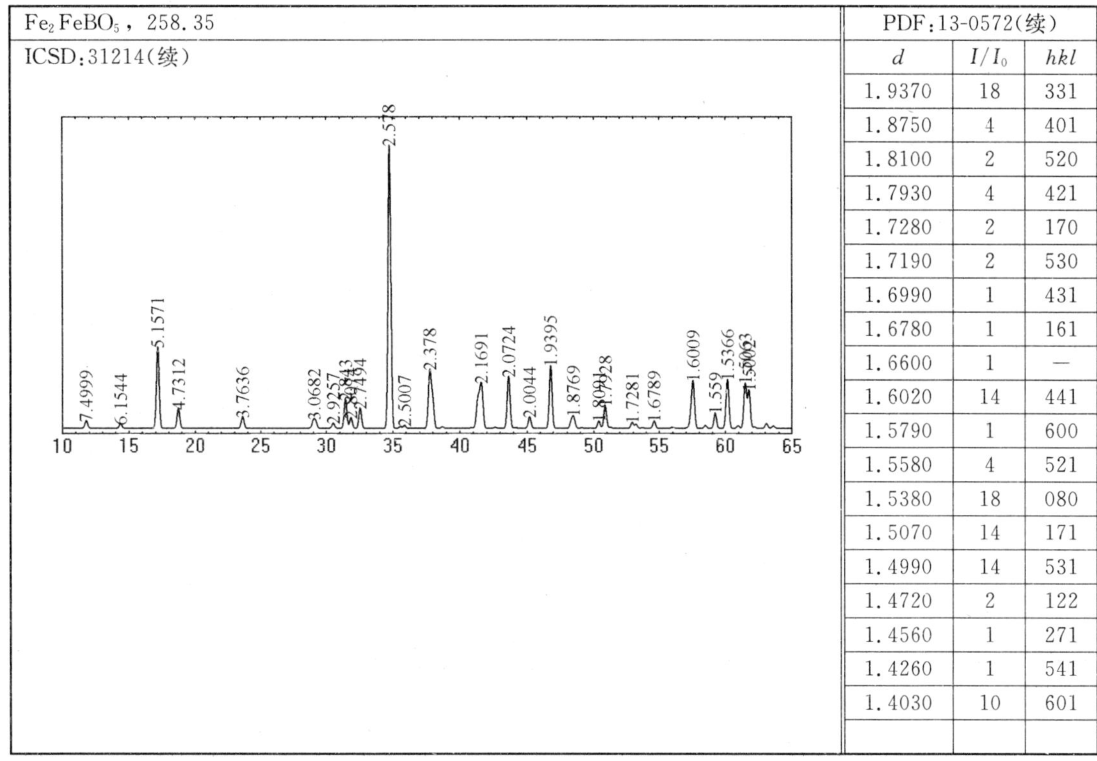

6-063 硼钙石(Calciborite)

CaB_2O_4，125.7

Sys.:Orthorhombic S.G.:*Pccn*(56) *Z*:2

a:8.38(1) *b*:13.82(1) *c*:5.006(2) Vol.:579.75

ICSD:20097

Atom		Wcf	*x*	*y*	*z*	Occ
Ca1	Ca^{2+}	8*e*	0.386	0.143	0.123	1.0
B1	B^{3+}	8*e*	0.537	0.139	0.624	1.0
B2	B^{3+}	8*e*	0.742	0.052	0.365	1.0
O1	O^{2-}	8*e*	0.391	0.185	0.633	1.0
O2	O^{2-}	8*e*	0.742	−0.009	0.114	1.0
O3	O^{2-}	8*e*	0.596	0.112	0.365	1.0
O4	O^{2-}	8*e*	0.885	0.112	0.378	1.0

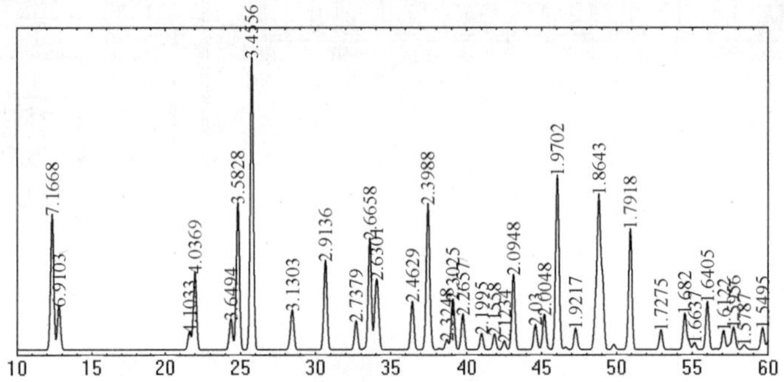

PDF:72-1859		
d	I/I_0	*hkl*
7.1656	798	110
6.9100	116	020
4.1037	86	111
4.0369	214	130
3.6494	137	121
3.5828	464	220
3.4550	999	040
3.1424	48	131
3.1296	147	211
2.9135	329	221
2.7380	102	310
2.6927	8	141
2.6656	346	240
2.6354	175	231
2.6249	191	150
2.4629	164	012
2.3983	428	311
2.3983	428	102
2.3529	6	022
2.3529	6	241

6-064 硼铝钙石(Johachidolite)

$CaAlB_3O_7$，211.49

Sys.:Orthorhombic S.G.:*Cmma*(67) *Z*:4

a:7.968 *b*:11.724 *c*:4.374 Vol.:408.61

ICSD:10245

Atom		Wcf	*x*	*y*	*z*	Occ
Ca1	Ca^{2+}	4*e*	0.25	0.25	0	1.0
Al1	Al^{3+}	4*c*	0	0	0	1.0
B1	B^{3+}	4*b*	0.25	0	0.5	1.0
B2	B^{3+}	8*m*	0	0.1365(4)	0.4571(9)	1.0
O1	O^{2-}	4*g*	0	0.25	0.3289(9)	1.0
O2	O^{2-}	8*m*	0	0.1311(3)	−0.2231(6)	1.0
O3	O^{2-}	16*o*	0.1466(3)	0.0731(2)	0.2990(4)	1.0

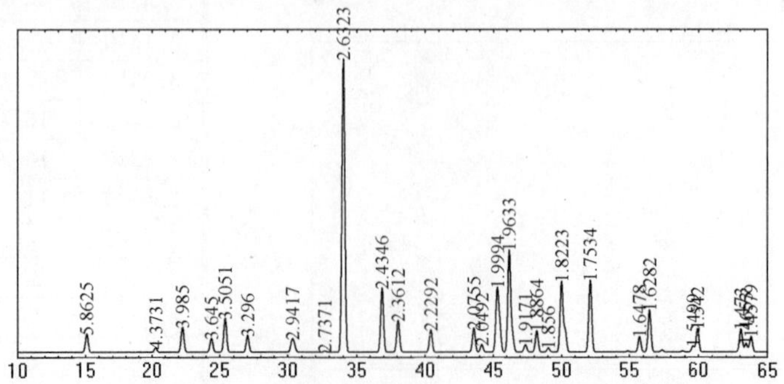

PDF:29-0280		
d	I/I_0	*hkl*
5.8800	8	020
4.3800	11	001
3.9900	17	200
3.6400	9	111
3.5100	18	021
3.3000	17	220
2.9440	14	201
2.9310	11	040
2.6320	100	221
2.4340	25	041
2.3610	14	240
2.2300	16	311
2.0750	15	112
2.0490	6	022
2.0010	25	151
1.9640	50	331
1.9154	4	202
1.8870	14	420
1.8220	25	222
1.8140	17	401

6-065 硼锂石(Diomignite)

$Li_2B_4O_7$, 169.12

Sys.: Tetragonal S.G.: $I4_1cd$(110) Z: 8

a: 9.477 c: 10.286 Vol.: 923.82

ICSD: 300010

Atom		Wcf	x	y	z	Occ
Li1	Li^+	16b	0.1496(5)	0.1657(5)	0.8519(5)	1.0
B1	B^{3+}	16b	0.1683(3)	0.0862(3)	0.2010(4)	1.0
B2	B^{3+}	16b	0.9465(2)	0.1126(2)	0.0824(4)	1.0
O1	O^{2-}	16b	0.2813(4)	0.1372(1)	0.2653(3)	1.0
O2	O^{2-}	16b	0.0671(2)	0.1777(1)	0.1565(3)	1.0
O3	O^{2-}	16b	0.1562(2)	0.9432(1)	0.1814(3)	1.0
O4	O^{2-}	8a	0	0	0	1.0

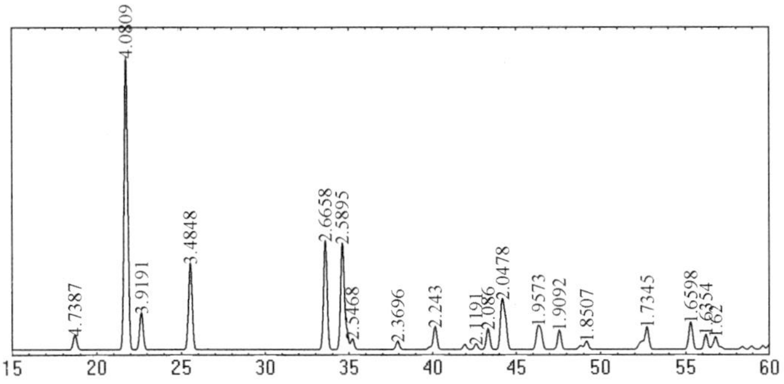

PDF: 18-0717

d	I/I_0	hkl
4.7400	8	200
4.0800	100	112
3.9180	18	211
3.4850	40	202
2.9970	2	310
2.6650	40	213
2.5890	55	312
2.5710	6	004
2.5470	8	321
2.3690	6	400
2.2610	2	204
2.2430	14	411
2.1520	4	402
2.1190	4	420
2.0860	10	323
2.0490	25	332
2.0400	12	224
1.9590	10	422
1.9510	8	314
1.9090	10	413

6-066 硼铍石(Hambergite)

$Be_2BO_3(OH)$, 93.84

Sys.: Orthorhombic S.G.: Pbca(61) Z: 8

a: 9.75(1) b: 12.204(2) c: 4.429(1) Vol.: 527

ICSD: 34650

Atom		Wcf	x	y	z	Occ
Be1	Be^{2+}	8c	0.0029(4)	0.1882(3)	0.260(1)	1.0
Be2	Be^{2+}	8c	0.2375(3)	0.0676(3)	0.2775(8)	1.0
B1	B^{3+}	8c	0.1059(3)	0.1072(2)	0.7719(8)	1.0
O1	O^{2-}	8c	0.0377(2)	0.1875(1)	0.6199(4)	1.0
O2	O^{2-}	8c	0.1013(2)	0.1029(1)	0.0815(4)	1.0
O3	O^{2-}	8c	0.1867(2)	0.0346(1)	0.6181(4)	1.0
O4	O^{2-}	8c	0.3399(2)	0.1729(1)	0.2956(5)	1.0

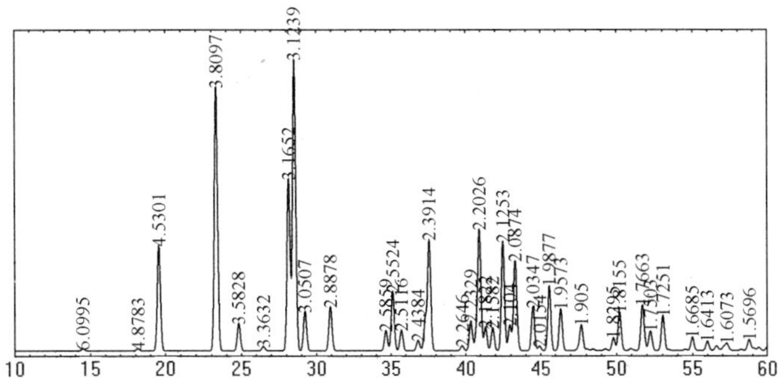

PDF: 76-1741

d	I/I_0	hkl
6.1020	1	020
4.8750	1	200
4.5272	189	210
3.8289	279	111
3.8087	865	220
3.5844	145	021
3.3642	1	121
3.1659	61	211
3.1234	999	230
3.0510	123	040
2.8878	36	221
2.8639	40	131
2.5863	82	240
2.5619	115	311
2.5525	79	231
2.5126	7	041
2.4331	37	400
2.4331	37	141
2.4077	97	321
2.3903	175	410

6-067a 硼镁石(Szaibelyite)

$MgBO_2(OH)$，84.12

Sys.: Monoclinic　S.G.: $P2_1/a(14)$　Z:8

a:12.614　b:10.418　c:3.144　β:95.88　Vol.:410.99

ICSD:4227

Atom		Wcf	x	y	z	Occ
Mg1	Mg^{2+}	4e	0.5047(2)	0.1372(2)	0.2348(8)	1.0
Mg2	Mg^{2+}	4e	0.4129(2)	0.4028(2)	0.7104(8)	1.0
B1	B^{3+}	4e	0.1372(7)	0.1680(8)	0.7598(28)	1.0
B2	B^{3+}	4e	0.3072(7)	0.0472(8)	0.6253(30)	1.0
O1	O^{2-}	4e	0.0762(4)	0.0616(4)	0.7804(17)	1.0
O2	O^{2-}	4e	0.1012(4)	0.2908(5)	0.7750(17)	1.0
O3	O^{2-}	4e	0.2476(4)	0.1548(5)	0.7208(18)	1.0
O4	O^{2-}	4e	0.2481(4)	0.4485(4)	0.6078(18)	1.0
O5	O^{2-}	4e	0.4134(4)	0.0434(4)	0.7155(17)	1.0
O6	O^{2-}	4e	0.4084(4)	0.2953(5)	0.2059(18)	1.0

PDF:39-1370

d	I/I_0	hkl
6.2700	100	200
5.2300	24	020
4.0300	1	220
3.9000	16	310
3.3400	10	130
3.2600	36	320
3.1200	7	001
3.0400	41	230
2.9990	20	011
2.8970	10	$\bar{2}01$
2.8160	8	$\bar{2}11$
2.6640	70	$\bar{1}21$
2.6080	18	211
2.5780	15	121
2.5480	37	$\bar{2}21$
2.4410	59	510
2.3910	8	221
2.3520	5	$\bar{3}21$
2.3220	34	031
2.2910	1	$\bar{4}11$

6-067b 硼镁石(Szaibelyite)

$MgBO_2(OH)$，84.12

ICSD:4227(续)

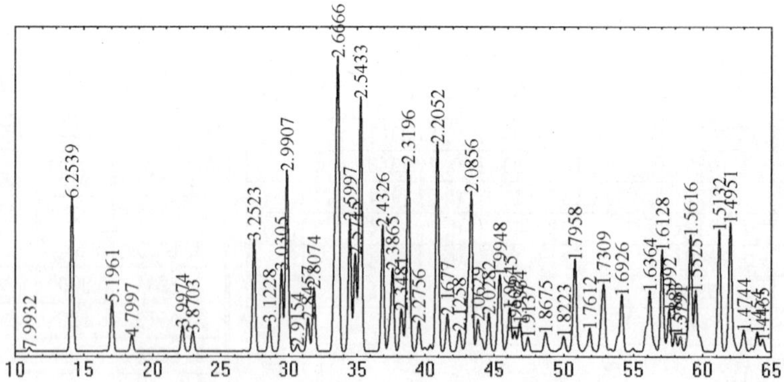

PDF:39-1370(续)

d	I/I_0	hkl
2.2070	58	340
2.1760	3	321
2.1270	3	231
2.0890	65	600
2.0620	3	411
2.0360	5	530
2.0040	21	440
1.9820	3	331
1.9400	5	620
1.9190	1	$\bar{5}21$
1.7990	7	$\bar{6}11$
1.7670	5	710
1.7340	10	051
1.6950	7	720
1.6390	3	441
1.6160	7	$\bar{6}31$
1.6050	3	360
1.5590	7	$\bar{4}51$
1.5150	7	$\bar{1}61$
1.4990	7	631

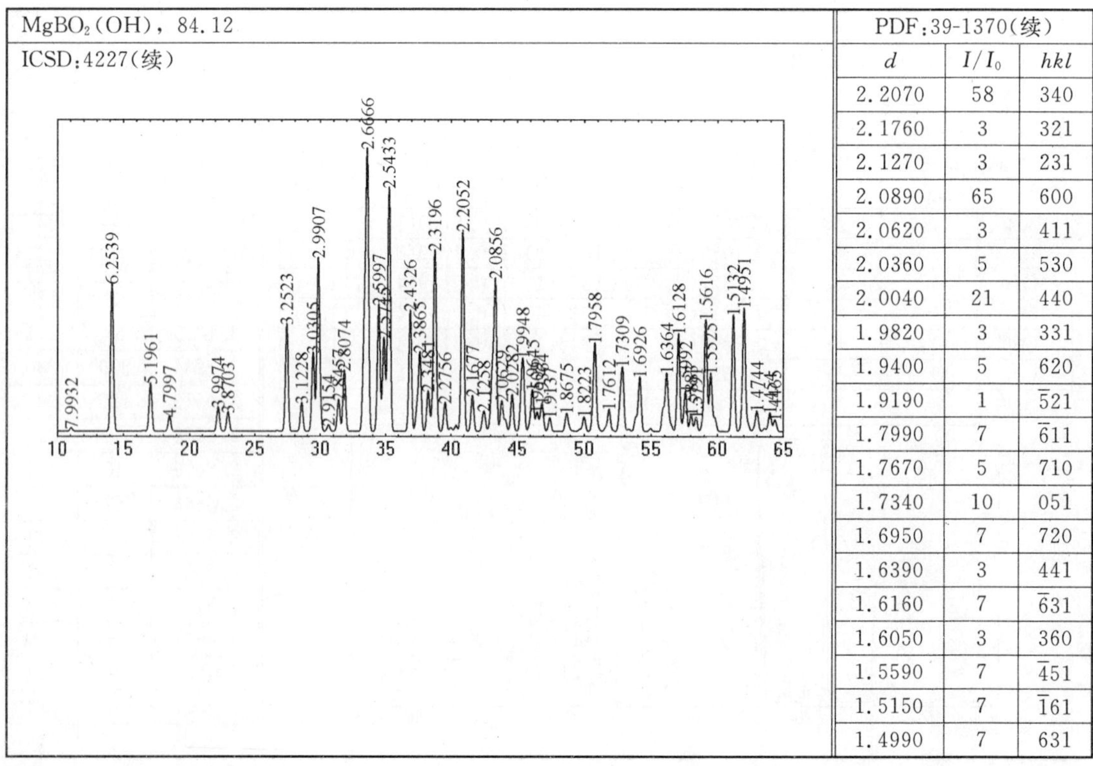

6-068a 硅硼钙石(Howlite)

$Ca_2B_5SiO_9(OH)_5$, 391.33

Sys.: Monoclinic S.G.: $P2_1/c$(14) Z: 4

a: 12.808 b: 9.351 c: 8.6069 β: 104.84 Vol.: 996.44

ICSD: 15178

Atom		Wcf	x	y	z	Occ
Ca1	Ca^{2+}	4e	0.1171(5)	0.1838(8)	0.1493(8)	1.0
Ca2	Ca^{2+}	4e	0.4118(5)	0.8216(8)	0.5228(8)	1.0
Si1	Si^{4+}	4e	0.1411(8)	0.5549(11)	0.0115(11)	1.0
B1	B^{3+}	4e	0.039(3)	0.471(5)	0.257(4)	1.0
B2	B^{3+}	4e	0.323(3)	0.384(5)	0.033(4)	1.0

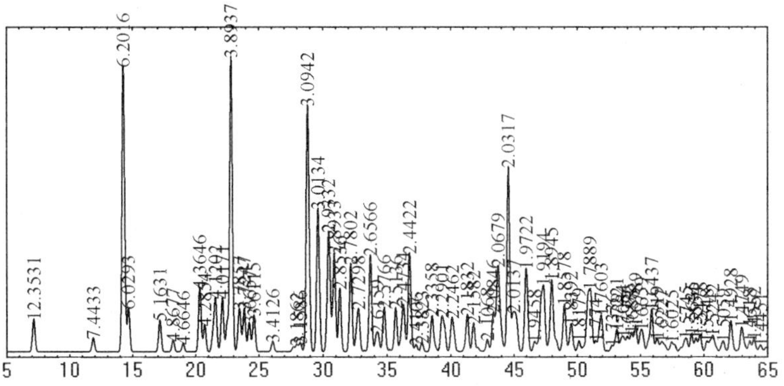

PDF: 35-0630

d	I/I_0	hkl
12.3700	35	100
6.2000	95	011
6.2000	95	200
6.0400	12	$\bar{1}11$
5.1700	10	111
5.1700	10	210
4.8770	5	$\bar{2}11$
4.6820	3	020
4.3720	17	120
4.2880	7	$\bar{1}02$
4.1260	65	300
4.0250	13	$\bar{1}21$
3.9560	9	$\bar{2}02$
3.8950	70	$\bar{1}12$
3.7890	13	$\bar{3}11$
3.7350	16	121
3.7350	16	220
3.6730	13	102
3.6170	12	$\bar{2}21$
3.4160	6	112

6-068b 硅硼钙石(Howlite)

$Ca_2B_5SiO_9(OH)_5$, 391.33

ICSD: 15178(续)

Atom		Wcf	x	y	z	Occ
B3	B^{3+}	4e	0.492(3)	0.423(5)	0.256(5)	1.0
B4	B^{3+}	4e	0.343(3)	0.261(5)	0.284(4)	1.0
B5	B^{3+}	4e	0.157(3)	0.650(5)	0.476(5)	1.0
O1	O^{2-}	4e	0.081(2)	0.512(3)	−0.174(3)	1.0
O2	O^{2-}	4e	0.127(2)	0.723(3)	0.047(3)	1.0
O3	O^{2-}	4e	0.102(2)	0.450(2)	0.137(3)	1.0
O4	O^{2-}	4e	0.269(2)	0.525(3)	0.030(3)	1.0
O5	O^{2-}	4e	0.061(2)	0.597(3)	0.355(3)	1.0
O6	O^{2-}	4e	0.438(2)	0.407(3)	0.078(3)	1.0
O7	O^{2-}	4e	0.292(2)	0.171(2)	0.364(3)	1.0
O8	O^{2-}	4e	0.287(2)	0.282(3)	0.130(3)	1.0
O9	O^{2-}	4e	0.438(2)	0.333(2)	0.352(2)	1.0
O10	O^{2-}	4e	0.497(2)	0.570(3)	0.294(3)	1.0
O11	O^{2-}	4e	0.601(2)	0.356(3)	0.272(3)	1.0
O12	O^{2-}	4e	0.246(2)	0.685(3)	0.398(3)	1.0
O13	O^{2-}	4e	0.197(2)	0.542(3)	0.599(3)	1.0
O14	O^{2-}	4e	0.055(2)	0.338(2)	0.351(2)	1.0

PDF: 35-0630(续)

d	I/I_0	hkl
3.1020	100	$\bar{3}21$
3.0210	35	130
3.0210	35	$\bar{2}22$
2.9380	70	410
2.9000	25	$\bar{1}31$
2.8580	30	$\bar{4}02$
2.7860	25	131
2.7500	8	$\bar{3}22$
2.7330	18	$\bar{4}12$
2.7330	18	321
2.6590	35	013
2.6280	8	$\bar{4}21$
2.6130	10	302
2.5820	17	420
2.5820	17	411
2.5170	25	312
2.4760	35	113
2.4760	35	500
2.4480	30	$\bar{2}32$
2.4160	3	$\bar{5}02$

6-069a 方硼石(Boracite)

$Mg_3B_7O_{13}Cl$，392.03

Sys.:Orthorhombic S.G.:$Pb2_1a$(29) Z:4

a:8.557(6) b:8.553(8) c:12.09(1) Vol.:884.84

ICSD:9290

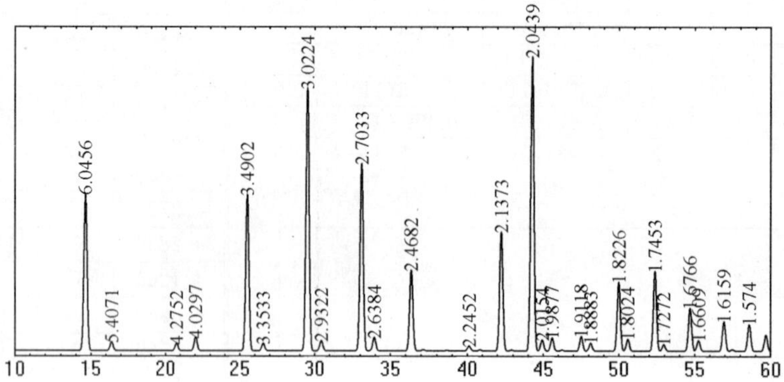

PDF:49-1806

d	I/I_0	hkl
6.0498	27	110
5.4170	3	111
4.2772	4	200
4.0315	5	201
3.5051	45	202
3.3545	3	113
3.0244	88	220
2.9369	2	203
2.7049	55	310
2.6399	4	311
2.4682	21	312
2.2462	2	133
2.1373	30	400
2.0443	100	411
2.0167	6	330
1.9873	3	331
1.9130	5	420
1.8897	2	421
1.8244	21	422
1.8034	2	333

6-069b 方硼石(Boracite)

$Mg_3B_7O_{13}Cl$，392.03

ICSD:9290(续)

Atom		Wcf	x	y	z	Occ
Mg1	Mg^{2+}	4a	0.2417(2)	0.7488(3)	0.4770(2)	1.0
Mg2	Mg^{2+}	4a	0.4851(2)	0.9704(2)	0.2537(2)	1.0
Mg3	Mg^{2+}	4a	0.4850(2)	0.5284(2)	0.2514(2)	1.0
B1	B^{3+}	4a	0.4982(7)	0.9983(6)	0.5018(5)	1.0
B2	B^{3+}	4a	0.2560(5)	0.2487(9)	0.2488(5)	1.0
B3	B^{3+}	4a	0.4981(7)	0.5023(7)	0.5016(6)	1.0
B4	B^{3+}	4a	0.2523(5)	0.4037(7)	0.4202(6)	1.0
B5	B^{3+}	4a	0.2535(5)	0.0964(7)	0.4224(6)	1.0
B6	B^{3+}	4a	0.4053(4)	0.2499(6)	0.5735(4)	1.0
B7	B^{3+}	4a	0.5472(5)	0.7500(7)	0.6012(4)	1.0
O1	O^{2-}	4a	0.2673(3)	0.2493(5)	0.4914(3)	1.0
O2	O^{2-}	4a	0.3324(3)	0.9718(4)	0.4794(4)	1.0
O3	O^{2-}	4a	0.4106(4)	0.4607(4)	0.4019(4)	1.0
O4	O^{2-}	4a	0.3289(3)	0.1253(4)	0.3156(4)	1.0
O5	O^{2-}	4a	0.1643(4)	0.5201(4)	0.4813(4)	1.0
O6	O^{2-}	4a	0.0896(4)	0.0572(4)	0.4059(4)	1.0
O7	O^{2-}	4a	0.1770(4)	0.3653(4)	0.3172(4)	1.0
O8	O^{2-}	4a	0.3830(3)	0.3301(4)	0.1865(3)	1.0
O9	O^{2-}	4a	0.5385(4)	0.9113(3)	0.6066(4)	1.0
O10	O^{2-}	4a	0.5337(4)	0.1629(4)	0.5226(4)	1.0
O11	O^{2-}	4a	0.3609(3)	0.1743(4)	0.6764(3)	1.0
O12	O^{2-}	4a	0.4504(4)	0.4097(3)	0.5965(3)	1.0
O13	O^{2-}	4a	0.4575(4)	0.6706(4)	0.5261(4)	1.0
Cl1	Cl^{-}	4a	0.2741(1)	0.7494(2)	0.2618	1.0

PDF:49-1806(续)

d	I/I_0	hkl
1.7456	21	404
1.7278	2	423
1.6775	10	510
1.6612	3	511
1.6161	6	512
1.5747	9	521
1.5488	3	513
1.5125	4	440
1.4669	13	530
1.4252	4	532
1.2037	1	551
1.1859	3	552
1.1802	1	641
1.1644	2	606
1.1585	2	713
1.1233	3	714
1.1181	1	731
1.1050	2	732
1.0823	1	733
1.0691	1	800

6-070a 硼砂(Borax)

$Na_2B_4O_5(OH)_4 \cdot (H_2O)$, 381.37

Sys.: Monoclinic　S.G.: $A2/a(15)$　Z: 4

a: 11.889　b: 10.663　c: 12.201　β: 106.67　Vol.: 1481.74

ICSD: 25796

Atom		Wcf	x	y	z	Occ
Na1	Na^+	4a	0	0	0	1.0
Na2	Na^+	4e	0	0.845	0.25	1.0
B1	B^{3+}	8f	0.085	0.345	0.217	1.0
B2	B^{3+}	8f	0.095	0.454	0.39	1.0
O1	O^{2-}	4e	0	0.265	0.25	1.0
O2	O^{2-}	8f	0.154	0.419	0.314	1.0
O3	O^{2-}	8f	0.018	0.435	0.123	1.0
O4	O^{2-}	8f	0.161	0.269	0.167	1.0
O5	O^{2-}	8f	0.163	0.511	0.491	1.0
O6	O^{2-}	8f	0.123	0.846	0.45	1.0
O7	O^{2-}	8f	0.125	0.002	0.196	1.0
O8	O^{2-}	8f	0.119	0.165	0.459	1.0
O9	O^{2-}	8f	0.116	0.707	0.171	1.0

PDF: 24-1055

d	I/I_0	hkl
7.8300	2	$\bar{1}10$
7.1900	3	$\bar{1}11$
5.9600	6	111
5.8600	6	002
5.7100	30	200
5.3300	3	020
5.2000	5	$\bar{1}12$
4.8600	55	021
3.9400	20	022
3.5900	8	202
3.5040	3	$\bar{3}12$
3.3360	3	$\bar{1}31$
3.1880	5	311
3.0750	4	$\bar{2}23$
2.9820	30	222
2.9220	4	004
2.8460	80	400
2.6640	8	040
2.5660	100	$\bar{3}32$
2.4580	8	133

6-070b 硼砂(Borax)

$Na_2B_4O_5(OH)_4 \cdot (H_2O)$, 381.37

ICSD: 25796(续)

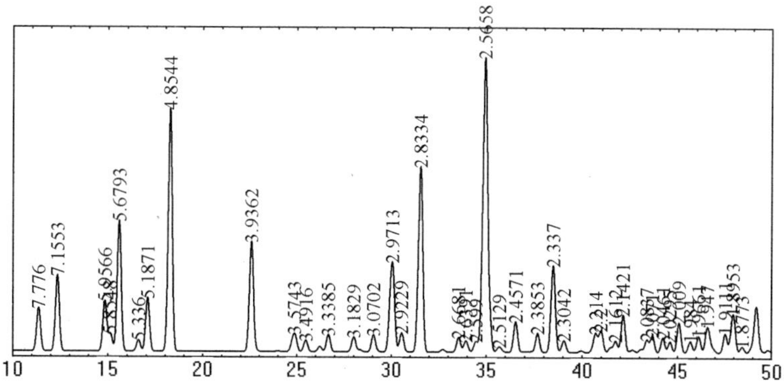

PDF: 24-1055(续)

d	I/I_0	hkl
2.3350	12	$\bar{2}42$
2.3070	4	$\bar{5}12$
2.2170	10	332
2.2060	17	$\bar{2}25$
2.1450	12	224
2.0820	20	$\bar{1}51$
2.0760	20	$\bar{5}14$
1.9455	9	$\bar{4}40$
1.9040	20	423
1.8967	15	$\bar{2}26$
1.8531	20	$\bar{6}04$
1.7761	6	334
1.7521	15	315
1.7019	25	$\bar{1}17$
1.6571	2	$\bar{2}27$
1.6147	5	$\bar{2}46$
1.5820	5	$\bar{6}41$
1.5188	6	064

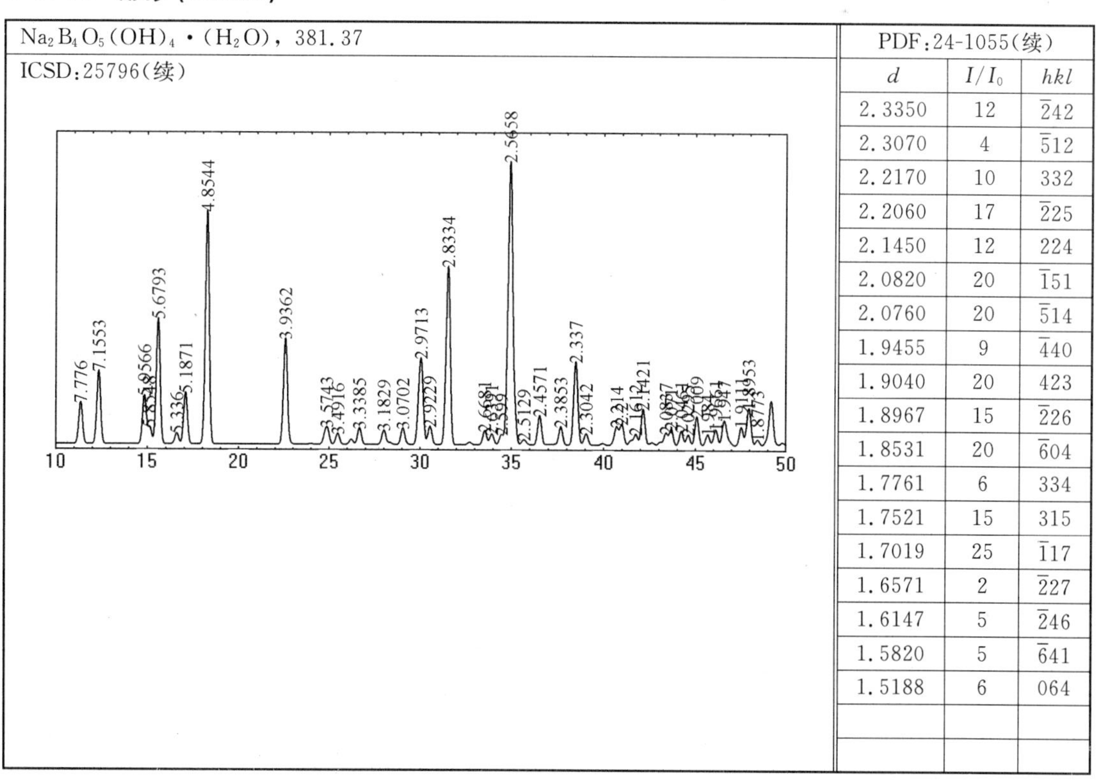

6-071a 三方硼砂(Tincalconite)

$Na_2B_4O_7 \cdot 5H_2O$, 291.29

Sys.: Trigonal S.G.: $R\bar{3}$(148) Z: 9

a: 11.12 c: 21.2 Vol.: 2270.26

ICSD: 10226

Atom		Wcf	x	y	z	Occ
Na1	Na^+	9e	0	0.6695(5)	0.5	1.0
Na2	Na^+	3b	0	0	0.5	1.0
Na3	Na^+	6c	0	0	0.0928(5)	1.0
B1	B^{3+}	18f	0.0926(11)	0.2676(12)	0.3825(7)	1.0
B2	B^{3+}	18f	0.2385(12)	0.0585(12)	0.2882(9)	1.0
O1	O^{2-}	9d	0	0.5334(8)	0	1.0
O2	O^{2-}	18f	0.0325(7)	0.2911(7)	0.2526(4)	1.0
O3	O^{2-}	18f	0.2129(7)	0.0421(7)	0.3503(5)	1.0
O4	O^{2-}	18f	0.1281(7)	0.1942(7)	0.4290(4)	1.0
O5	O^{2-}	18f	0.2630(12)	0.1794(8)	0.2577(5)	1.0
O6	O^{2-}	18f	0.0885(8)	0.2223(9)	0.1339(4)	1.0
O7	O^{2-}	9d	0	0.8620(28)	0	1.0

PDF: 07-0277

d	I/I_0	hkl
8.7500	55	101
7.0600	16	003
5.5700	25	110
4.7100	30	021
4.6500	8	104
4.3800	90	202
3.8800	8	015
3.5900	8	211
3.5600	12	024
3.5300	2	006
3.4400	55	122
3.1800	6	205
3.0000	30	214
2.9800	16	116
2.9200	100	303
2.8800	4	107
2.7800	2	220
2.7620	20	125
2.6520	4	131
2.5930	25	312

6-071b 三方硼砂(Tincalconite)

$Na_2B_4O_7 \cdot 5H_2O$, 291.29

ICSD: 10226(续)

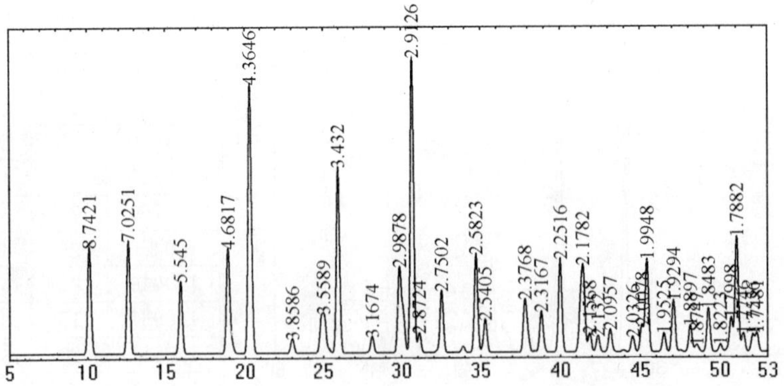

PDF: 07-0277(续)

d	I/I_0	hkl
2.5530	10	018
2.3870	14	134
2.3770	4	306
2.3280	10	217
2.2600	25	315
2.1930	14	404
2.1870	40	226
2.1670	6	119
2.1420	6	128
2.1040	6	410
2.0680	2	100
2.0390	6	324
2.0140	12	413
2.0030	25	137
1.9620	4	235
1.9400	12	0 2 $\overline{10}$
1.8990	6	309
1.8560	12	330
1.8070	6	416
1.7940	28	422

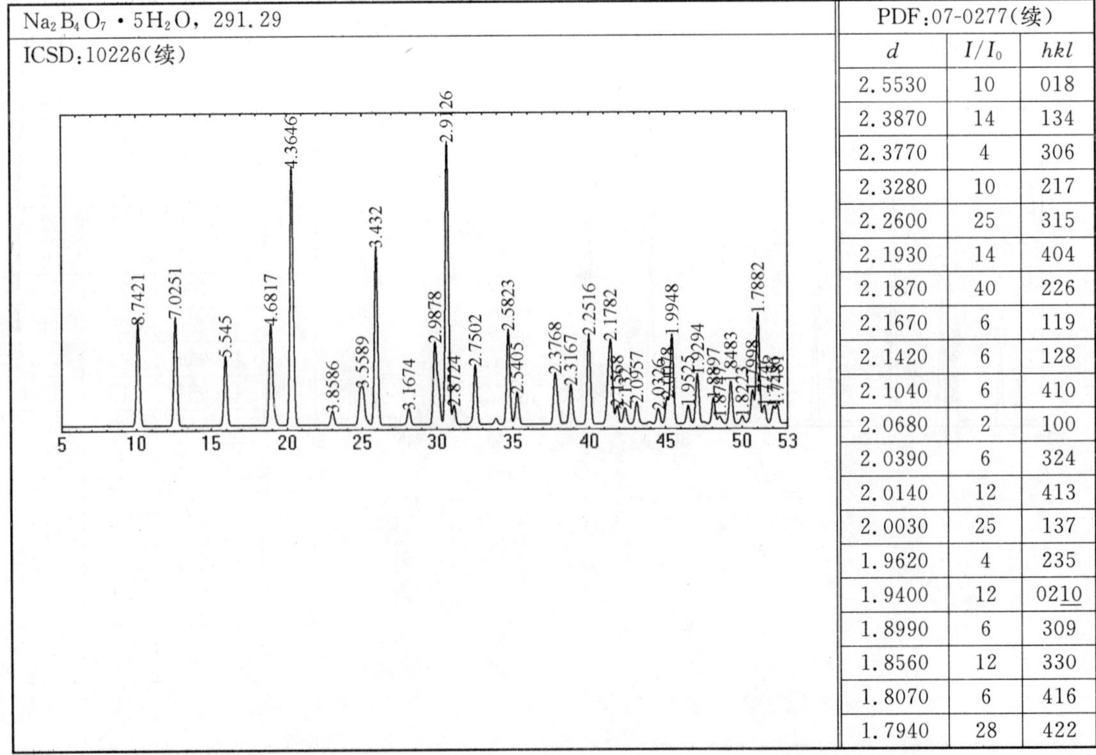

6-072a 章氏硼镁石(Hungchaoite)

$MgB_4O_5(OH)_4 \cdot (H_2O)$, 341.68

Sys.: Triclinic S.G.: $P\bar{1}(2)$ Z: 2

a: 8.811(1) b: 10.644(2) c: 7.888(1) α: 103.38(2) β: 108.58(2)

γ: 97.15(2) Vol.: 666.24

ICSD: 10423

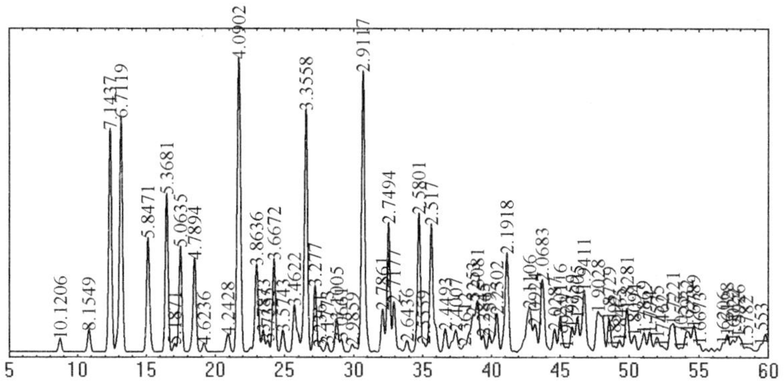

PDF: 34-1288

d	I/I_0	hkl
10.1000	4	010
8.1500	8	100
7.1400	60	$\bar{1}10$
6.7100	100	$\bar{1}01$
5.8500	60	$\bar{1}\bar{1}1$
5.3600	85	$\bar{1}11$
5.1800	6	011
5.0500	35	020
4.7870	25	$\bar{1}20$
4.6190	6	101
4.2330	8	$\bar{1}\bar{2}1$
4.0930	80	$1\bar{2}1$
4.0930	80	$\bar{2}10$
4.0790	65	200
3.8670	35	$\bar{1}21$
3.7900	8	111
3.6660	30	021
3.5740	10	$\bar{2}20$
3.4560	18	$0\bar{3}1$
3.3560	90	$\bar{2}02$

6-072b 章氏硼镁石(Hungchaoite)

$MgB_4O_5(OH)_4 \cdot (H_2O)$, 341.68

ICSD: 10423(续)

Atom		Wcf	x	y	z	Occ
Mg1	Mg^{2+}	2i	0.82907(6)	0.22643(5)	0.13238(7)	1.0
B1	B^{3+}	2i	0.1812(2)	0.3017(2)	0.4835(2)	1.0
B2	B^{3+}	2i	0.2242(2)	0.0830(2)	0.5269(2)	1.0
B3	B^{3+}	2i	0.2786(2)	0.2761(2)	0.7926(2)	1.0
B4	B^{3+}	2i	0.4629(2)	0.4094(2)	0.6887(2)	1.0
O1	O^{2-}	2i	0.1915(1)	0.1614(1)	0.4106(1)	1.0
O2	O^{2-}	2i	0.2731(1)	0.1322(1)	0.7163(1)	1.0
O3	O^{2-}	2i	0.4437(1)	0.3536(1)	0.8219(1)	1.0
O4	O^{2-}	2i	0.3412(1)	0.3893(1)	0.5202(1)	1.0
O5	O^{2-}	2i	0.1545(1)	0.3188(1)	0.6596(1)	1.0
O6	O^{2-}	2i	0.0509(1)	0.3305(1)	0.3391(1)	1.0
O7	O^{2-}	2i	0.2054(2)	0.9517(1)	0.4428(2)	1.0
O8	O^{2-}	2i	0.2539(1)	0.2893(1)	0.9977(2)	1.0
O9	O^{2-}	2i	0.6132(1)	0.4891(1)	0.7326(2)	1.0
O10	O^{2-}	2i	0.6108(2)	0.1148(1)	0.9272(2)	1.0
O11	O^{2-}	2i	0.8876(2)	0.0453(1)	0.1425(2)	1.0
O12	O^{2-}	2i	0.7246(2)	0.2192(1)	0.3387(2)	1.0
O13	O^{2-}	2i	0.7415(2)	0.3950(1)	0.1071(2)	1.0
O14	O^{2-}	2i	0.9268(2)	0.2267(1)	0.9257(2)	1.0
O15	O^{2-}	2i	0.3975(2)	0.1503(1)	0.2039(2)	1.0
O16	O^{2-}	2i	0.8919(2)	0.4104(1)	0.6640(2)	1.0

PDF: 34-1288(续)

d	I/I_0	hkl
3.3560	90	$\bar{1}12$
3.2770	20	$\bar{2}\bar{1}2$
3.2310	4	$2\bar{1}1$
3.1000	12	$\bar{2}12$
3.0620	5	$2\bar{2}1$
2.9820	5	121
2.9120	75	$0\bar{3}2$
2.7830	12	$\bar{1}22$
2.7480	35	211
2.7170	18	$\bar{2}31$
2.6410	6	$\bar{3}20$
2.5780	30	$\bar{2}\bar{3}1$
2.5160	35	$\bar{2}\bar{1}3$
2.4460	5	$0\bar{2}3$
2.4190	5	$2\bar{1}2$
2.4080	6	$\bar{3}\bar{2}1$
2.4000	6	$2\bar{2}2$
2.3250	11	$\bar{2}13$
2.3040	14	$\bar{1}32$
2.2560	6	$2\bar{3}2$

7　硫酸盐及相关盐类

(1) 硫酸盐 …… (217)
(2) 亚硒酸盐 …… (247)
(3) 铬酸盐 …… (247)
(4) 钨酸盐 …… (248)
(5) 钼酸盐 …… (251)

(1) 硫 酸 盐

7-001a 铵矾(Mascagnite)

$(NH_4)_2SO_4$, 132.13

Sys.:Orthorhombic S.G.:*Pnam*(62) *Z*:4

a:7.79 *b*:5.995 *c*:10.642 Vol.:496.99

ICSD:15825

Atom		Wcf	*x*	*y*	*z*	Occ
S1	S^{6+}	4*c*	0.25	0.42	0.256	1.0
O1	O^{2-}	4*c*	0.25	0.409	0.045	1.0
O2	O^{2-}	4*c*	0.25	0.54	0.308	1.0
O3	O^{2-}	8*d*	0.041	0.352	0.317	1.0
N1	N^{3-}	4*c*	0.25	0.097	0.192	1.0
N2	N^{3-}	4*c*	0.25	0.805	0.48	1.0
H1	H^+	4*c*	0.25	0.059	0.044	1.0
H2	H^+	4*c*	0.25	0.193	0.147	1.0
H3	H^+	4*c*	0.25	0.72	0.38	1.0
H4	H^+	4*c*	0.25	0.7	0.138	1.0
H5	H^+	8*d*	0.111	0.063	0.258	1.0
H6	H^+	8*d*	0.111	0.861	0.457	1.0

PDF:44-1413

d	I/I_0	*hkl*
5.3210	15	002
5.2210	31	011
4.3930	70	102
4.3380	100	111
3.8990	42	200
3.6580	1	201
3.5430	1	112
3.2660	1	210
3.2280	2	103
3.1410	24	202
3.1220	22	211
3.0520	42	013
2.9960	26	020
2.8420	1	113
2.7820	2	212
2.7050	6	121
2.6600	13	004
2.6230	3	203
2.6120	4	022

7-001b 铵矾(Mascagnite)

$(NH_4)_2SO_4$, 132.13

ICSD:15825(续)

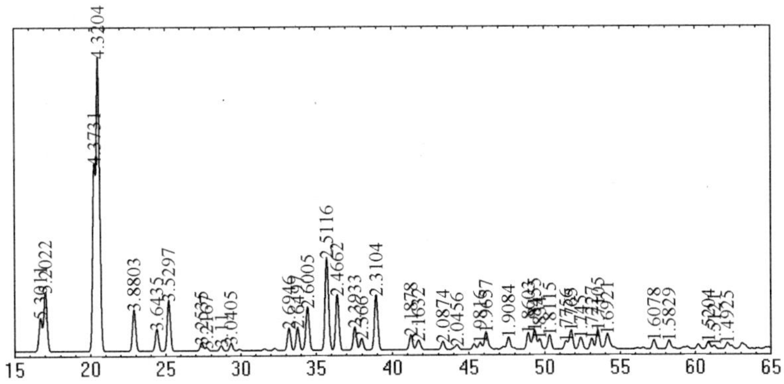

PDF:44-1413(续)

d	I/I_0	*hkl*
2.5180	13	104
2.4760	2	122
2.4020	2	213
2.3750	2	220
2.3200	18	114
2.3200	18	221
2.1960	7	204
2.1960	7	123
2.1700	10	222
2.0950	3	303
2.0630	1	214
1.9745	4	223
1.9410	4	115
1.9289	1	321
1.9289	1	124
1.9151	2	401
1.9048	2	131
1.8672	1	205
1.8283	1	402

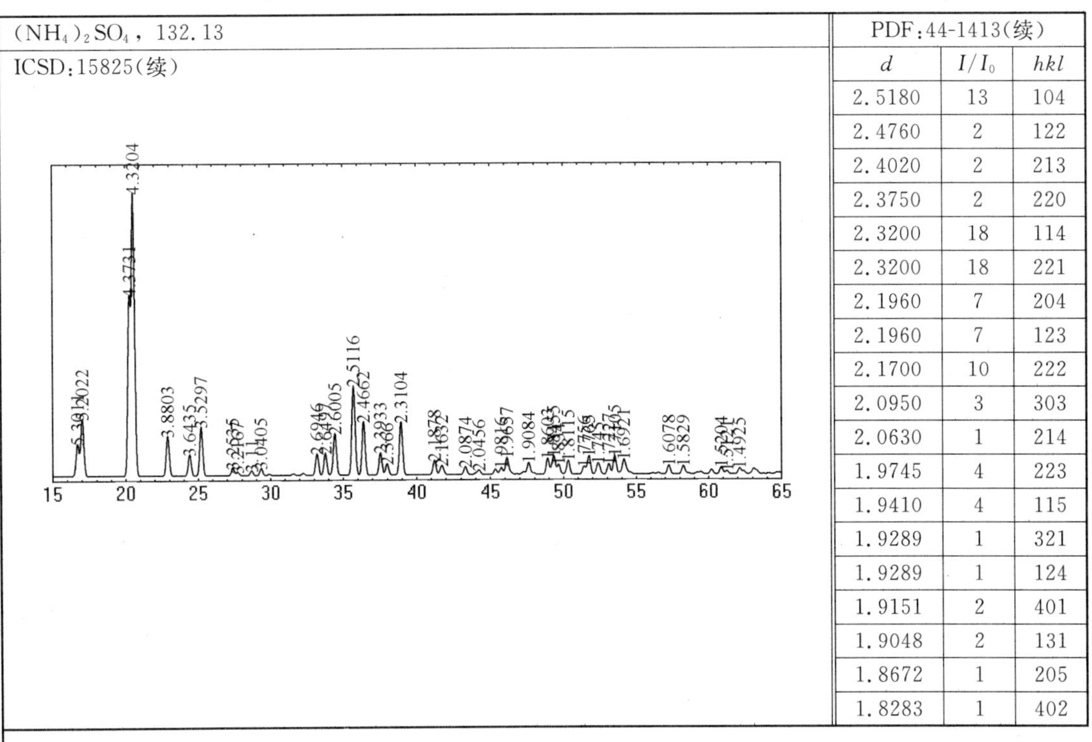

7-002 单钾芒硝(Arcanite)

K_2SO_4, 174.25

Sys.: Orthorhombic S.G.: *Pnam*(62) *Z*: 4

a: 5.7718 *b*: 10.0716 *c*: 7.4757 Vol.: 434.57

ICSD: 79777

Atom		Wcf	*x*	*y*	*z*	Occ
K1	K^+	4*c*	0.25	0.08935(6)	0.17398(7)	1.0
K2	K^+	4*c*	0.25	0.79550(5)	0.48915(7)	1.0
S1	S^{6+}	4*c*	0.25	0.41985(5)	0.23295(7)	1.0
O1	O^{2-}	4*c*	0.25	0.4162(3)	0.0368(3)	1.0
O2	O^{2-}	4*c*	0.25	0.5585(2)	0.2976(3)	1.0

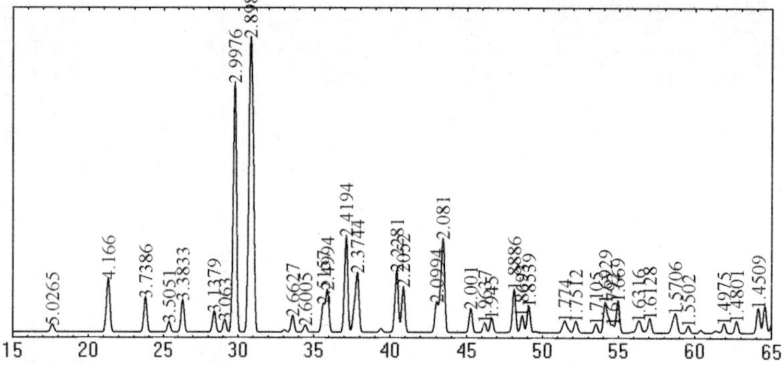

PDF: 44-1414		
d	I/I_0	*hkl*
5.0310	7	020
5.0080	6	110
4.1750	18	021
4.1600	33	111
3.7350	21	002
3.5050	5	012
3.3820	11	121
3.1340	8	102
3.0630	4	031
3.0030	56	022
2.9950	88	112
2.9010	100	130
2.8860	70	200
2.7050	1	131
2.6640	5	122
2.6010	2	211
2.5180	10	040
2.5030	8	220
2.4970	13	032
2.4180	27	013

7-003 无水芒硝(Thenardite)

Na_2SO_4, 142.04

Sys.: Orthorhombic S.G.: *Fddd*(70) *Z*: 8

a: 9.8211 *b*: 12.3076 *c*: 5.8623 Vol.: 708.6

ICSD: 28056

Atom		Wcf	*x*	*y*	*z*	Occ
Na1	Na^+	16*e*	0.4416(1)	0.125	0.125	1.0
S1	S^{6+}	8*a*	0.125	0.125	0.125	1.0
O1	O^{2-}	32*h*	0.2138(1)	0.0572(1)	0.9793(2)	1.0

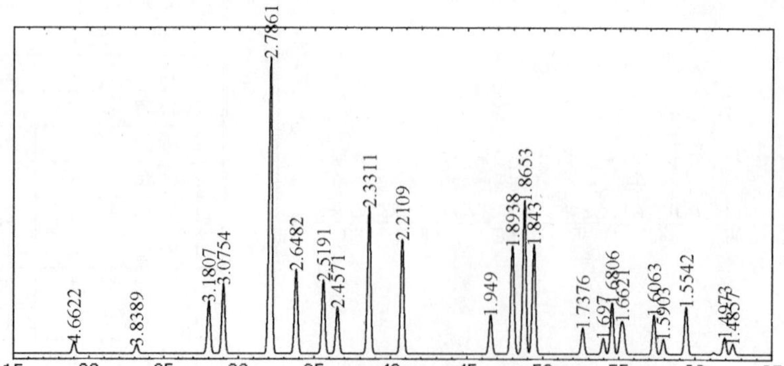

PDF: 37-1465		
d	I/I_0	*hkl*
4.6586	71	111
3.8384	17	220
3.1810	52	131
3.0775	55	040
2.7841	100	311
2.6477	52	022
2.5175	1	202
2.4558	1	400
2.3461	7	331
2.3297	25	222
2.2121	6	151
1.9195	3	440
1.8935	3	113
1.8653	36	351
1.8419	5	511
1.8002	4	422
1.7369	1	133
1.6808	13	062
1.6625	8	313
1.6056	4	442

7-004 重晶石(Barite)

$BaSO_4$, 233.39

Sys.: Orthorhombic S.G.: *Pbnm*(62) Z: 4

a: 7.1565 *b*: 8.8811 *c*: 5.4541 Vol.: 346.65

ICSD: 92610

Atom		Wcf	*x*	*y*	*z*	Occ
Ba1	Ba^{2+}	4*c*	0.15842(2)	0.18453(2)	0.250	1.0
S1	S^{6+}	4*c*	0.19082(9)	0.43749(7)	0.750	1.0
O1	O^{2-}	4*c*	0.1072(4)	0.5870(3)	0.750	1.0
O2	O^{2-}	4*c*	0.0498(3)	0.3176(2)	0.750	1.0
O3	O^{2-}	8*d*	0.3118(2)	0.4194(2)	0.9704(2)	1.0

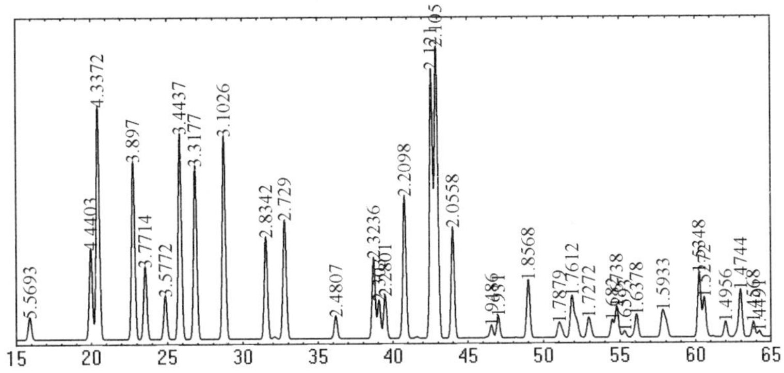

PDF: 24-1035

d	I/I_0	*hkl*
5.5800	2	110
4.4400	16	020
4.3390	30	101
3.8990	50	111
3.7730	12	120
3.5770	30	200
3.4450	100	021
3.3190	70	210
3.1030	95	121
2.8360	50	211
2.7350	15	130
2.7290	45	002
2.4820	13	221
2.4470	2	131
2.3250	14	022
2.3050	6	310
2.2820	8	230
2.2110	25	122
2.1690	3	202
2.1210	80	140

7-005 天青石(Celestite)

$SrSO_4$, 183.68

Sys.: Orthorhombic S.G.: *Pbnm*(62) Z: 4

a: 8.359 *b*: 5.352 *c*: 6.866 Vol.: 307.17

ICSD: 92608

Atom		Wcf	*x*	*y*	*z*	Occ
Sr1	Sr^{2+}	4*c*	0.15818(3)	0.18395(2)	0.250	1.0
S1	S^{6+}	4*c*	0.18505(7)	0.43797(6)	0.750	1.0
O1	O^{2-}	4*c*	0.0923(3)	0.5952(2)	0.750	1.0
O2	O^{2-}	4*c*	0.0418(3)	0.3071(2)	0.750	1.0
O3	O^{2-}	8*d*	0.3107(2)	0.4222(1)	0.9744(2)	1.0

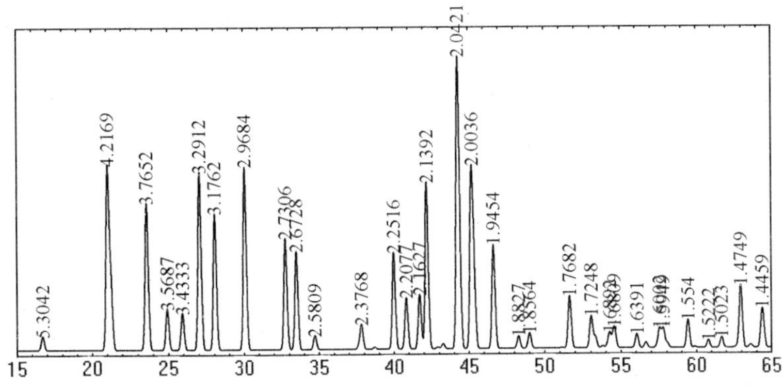

PDF: 05-0593

d	I/I_0	*hkl*
4.2300	11	011
3.7700	35	111
3.5700	2	201
3.4330	30	002
3.2950	98	210
3.1770	59	102
2.9720	100	211
2.7310	63	112
2.6740	49	020
2.5820	6	301
2.3880	7	121
2.3770	17	212
2.2530	18	220
2.2080	5	103
2.1640	7	302
2.1410	25	221
2.0450	55	122
2.0410	57	113
2.0060	40	312
1.9990	48	401

7-006 硫酸铅矿(Anglesite)

$PbSO_4$, 303.26

Sys.:Orthorhombic S.G.:*Pbnm*(62) *Z*:4

a:6.9575 *b*:8.4763 *c*:5.3982 Vol.:318.35

ICSD:76925

Atom		Wcf	*x*	*y*	*z*	Occ
Pb1	Pb^{2+}	4*c*	0.16716(5)	0.18798(4)	0.25	1.0
S1	S^{6+}	4*c*	0.1849(2)	0.4358(2)	0.75	1.0
O1	O^{2-}	4*c*	0.0946(11)	0.5915(8)	0.75	1.0
O2	O^{2-}	4*c*	0.0424(9)	0.3072(9)	0.75	1.0
O3	O^{2-}	8*d*	0.3090(6)	0.4189(5)	0.9726(10)	1.0

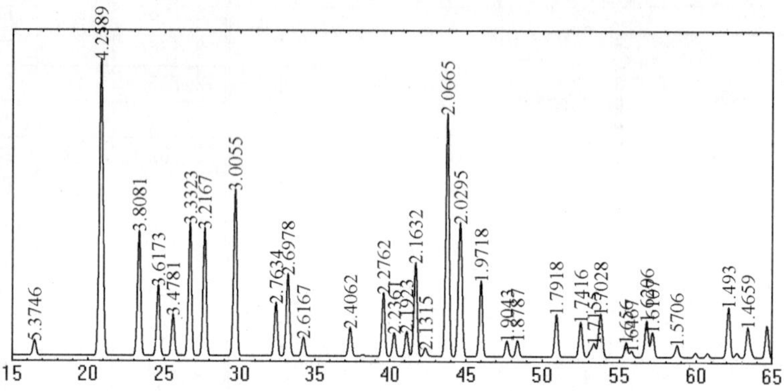

PDF:36-1461		
d	I/I_0	*hkl*
4.2665	50	101
4.2379	51	020
3.8106	40	111
3.6203	15	120
3.4796	22	200
3.3345	67	021
3.2190	53	210
3.0076	88	121
2.7650	40	211
2.6999	43	002
2.6188	10	130
2.4079	20	221
2.2768	20	022
2.1637	30	122
2.0675	100	212
2.0323	58	231
2.0272	54	140
1.9727	24	041
1.7928	19	330
1.7041	19	410

7-007 硬石膏(Anhydrite)

$CaSO_4$, 136.14

Sys.:Orthorhombic S.G.:*Bmmb*(63) *Z*:4

a:6.9933 *b*:7.0017 *c*:6.2411 Vol.:305.6

ICSD:40043

Atom		Wcf	*x*	*y*	*z*	Occ
Ca1	Ca^{2+}	4*c*	0.75	0	0.34760(7)	1.0
S1	S^{6+}	4*c*	0.25	0	0.15556(8)	1.0
O1	O^{2-}	8*g*	0.25	0.1699(1)	0.0162(2)	1.0
O2	O^{2-}	8*f*	0.0819(2)	0	0.2975(2)	1.0

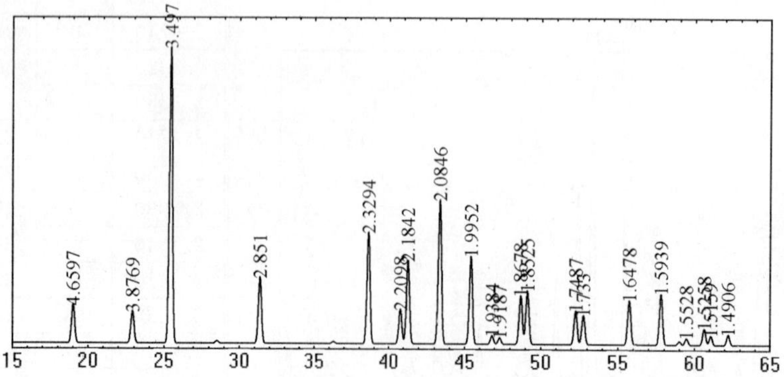

PDF:37-1496		
d	I/I_0	*hkl*
3.8785	5	111
3.4988	100	020
3.1208	2	002
2.8495	29	012
2.7971	3	121
2.4735	7	220
2.3282	20	202
2.2090	20	212
2.1836	8	301
2.0865	8	131
1.9940	4	103
1.9388	3	222
1.9176	1	113
1.8692	16	032
1.8527	3	321
1.7500	11	040
1.7481	10	400
1.7325	1	123
1.6483	15	232
1.5944	2	331

7-008 钙芒硝(Glauberite)

$Na_2Ca(SO_4)_2$，278.17

Sys.:Monoclinic S.G.:$C2/c$(15) Z:4

a:10.134 b:8.297 c:8.532 β:112.1 Vol.:664.68

ICSD:16901

Atom		Wcf	x	y	z	Occ
Ca1	Ca^{2+}	4e	0.5	0.4356(1)	0.25	1.0
Na1	Na^{+}	8f	0.1371(2)	0.4445(3)	0.4394(3)	1.0
S1	S^{6+}	8f	0.1856(1)	0.2143(1)	0.1888(1)	1.0
O1	O^{2-}	8f	0.1252(4)	0.0894(3)	0.0583(4)	1.0
O2	O^{2-}	8f	0.1616(4)	0.1633(4)	0.3399(4)	1.0
O3	O^{2-}	8f	0.3400(4)	0.2294(4)	0.2303(5)	1.0
O4	O^{2-}	8f	0.1134(4)	0.3697(3)	0.1325(5)	1.0

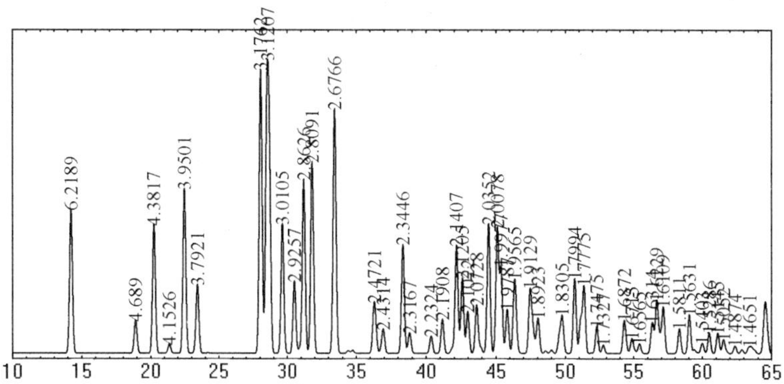

PDF:19-1187

d	I/I_0	hkl
6.2140	20	$\bar{1}$10
4.6890	18	200
4.3810	45	111
4.1480	12	020
3.9450	45	002
3.7920	18	$\bar{1}$12
3.1750	75	$\bar{2}$21
3.1260	100	$\bar{3}$11
3.1100	80	$\bar{2}$20
3.0080	35	112
2.9260	16	$\bar{3}$10
2.8610	50	022
2.8080	65	$\bar{2}$22
2.6770	60	$\bar{1}$13
2.5790	2	202
2.4750	25	311
2.4660	12	$\bar{4}$02
2.4350	8	131
2.3460	20	400
2.3190	4	$\bar{1}$32

7-009a 钾石膏(Syngenite)

$K_2Ca(SO_4)_2 \cdot H_2O$，328.41

Sys.:Monoclinic S.G.:$P2_1/m$(11) Z:2

a:9.777 b:7.147 c:6.25 β:104.01 Vol.:423.74

ICSD:26829

Atom		Wcf	x	y	z	Occ
K1	K^{+}	4f	0.3357(2)	0.0068(2)	0.1947(2)	1.0
Ca1	Ca^{2+}	2e	0.9679(2)	0.25	0.3327(2)	1.0
S1	S^{6+}	2e	0.9897(2)	0.25	0.8396(3)	1.0
S2	S^{6+}	2e	0.6373(2)	0.25	0.2697(3)	1.0
O1	O^{2-}	2e	0.1191(8)	0.25	0.0167(11)	1.0
O2	O^{2-}	2e	0.2244(7)	0.25	0.5015(11)	1.0
O3	O^{2-}	2e	0.5322(7)	0.25	0.0586(11)	1.0
O4	O^{2-}	2e	0.5650(8)	0.25	0.4493(12)	1.0
O5	O^{2-}	4f	0.7296(5)	0.0842(7)	0.2837(8)	1.0
O6	O^{2-}	2e	0.8687(8)	0.25	0.9421(11)	1.0
O7	O^{2-}	4f	0.9813(5)	0.0840(6)	0.6959(7)	1.0
H1	H^{+}	4f	0.243	0.354	0.597	1.0

PDF:28-0739

d	I/I_0	hkl
9.4900	40	100
5.7100	55	110
4.7400	16	200
4.6240	40	011
4.4960	30	$\bar{1}$11
3.9540	20	210
3.8870	30	111
3.5720	30	020
3.3470	35	120
3.1650	75	300
3.1140	17	$\bar{1}$02
3.0360	35	002
2.8910	30	$\bar{3}$10
2.8550	100	$\bar{1}$12
2.8270	50	121
2.7910	20	012
2.7410	55	$\bar{2}$21
2.7040	15	102
2.5600	2	301
2.5130	30	$\bar{3}$02

7-009b 钾石膏(Syngenite)

$K_2Ca(SO_4)_2 \cdot H_2O$，328.41

ICSD：26829(续)

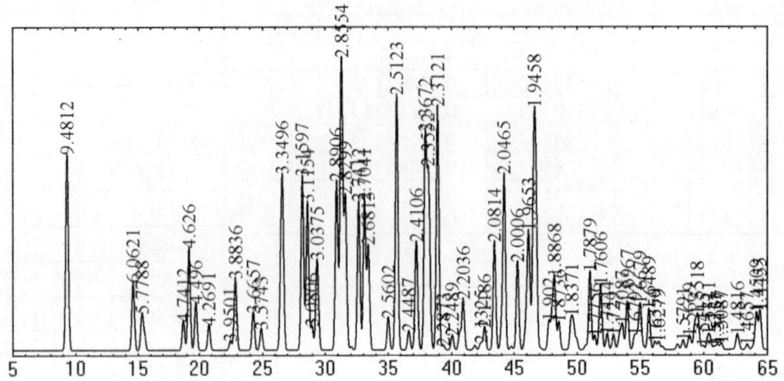

PDF：28-0739(续)		
d	I/I_0	hkl
2.4470	7	221
2.4110	8	311
2.3710	20	$\bar{3}12$
2.3550	25	$\bar{3}21$
2.3120	16	022
2.2880	7	$\bar{4}11$
2.2500	4	410
2.1290	5	230
2.0810	14	$\bar{2}31$
2.0460	17	$\bar{4}12$
2.0020	9	$\bar{4}21$
1.9740	8	420
1.9650	25	302
1.9498	20	$\bar{5}01$
1.9447	20	013
1.9028	12	$\bar{3}30$
1.8968	13	500
1.8924	12	$\bar{1}32$
1.8333	6	$\bar{4}22$
1.7870	20	040

7-010 柱钠铜矾(Kroehnkite)

$CuNa_2(SO_4)_2(H_2O)_2$，337.67

Sys.：Monoclinic S.G.：$P2_1/c$(14) Z：2

a：5.78 b：12.58 c：5.48 β：71.5 Vol.：377.87

ICSD：36236

Atom		Wcf	x	y	z	Occ
Cu1	Cu^{2+}	2a	0	0	0	1.0
Na1	Na^{+}	4e	0.427	0.126	0.237	1.0
S1	S^{6+}	4e	0.766	0.118	0.578	1.0
O1	O^{2-}	4e	0	0.165	0.48	1.0
O2	O^{2-}	4e	0.733	0.049	0.803	1.0
O3	O^{2-}	4e	0.733	0.049	0.358	1.0
O4	O^{2-}	4e	0.571	0.196	0.622	1.0
O5	O^{2-}	4e	0.173	0.13	0.987	1.0

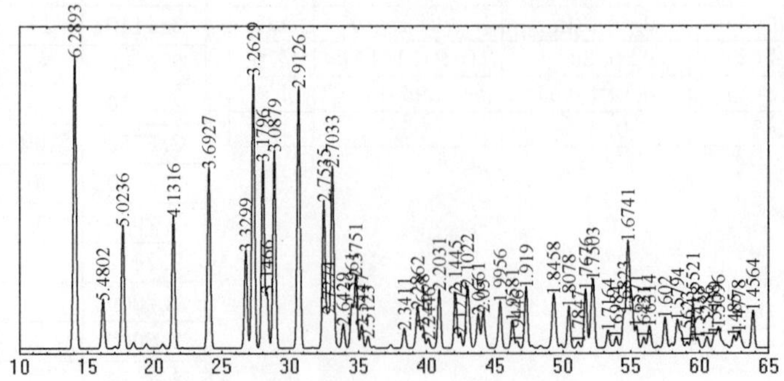

PDF：76-1785		
d	I/I_0	hkl
6.2900	999	020
5.4813	164	100
5.0250	388	110
4.8031	6	011
4.2894	13	111
4.1324	433	120
4.0063	2	021
3.6934	454	121
3.3305	261	130
3.2634	760	031
3.1797	531	$\bar{1}11$
3.1450	152	040
3.0875	549	131
2.9128	678	$\bar{1}21$
2.7532	401	211
2.7279	115	140
2.7033	472	102
2.6430	62	112
2.5984	98	002
2.5895	69	141

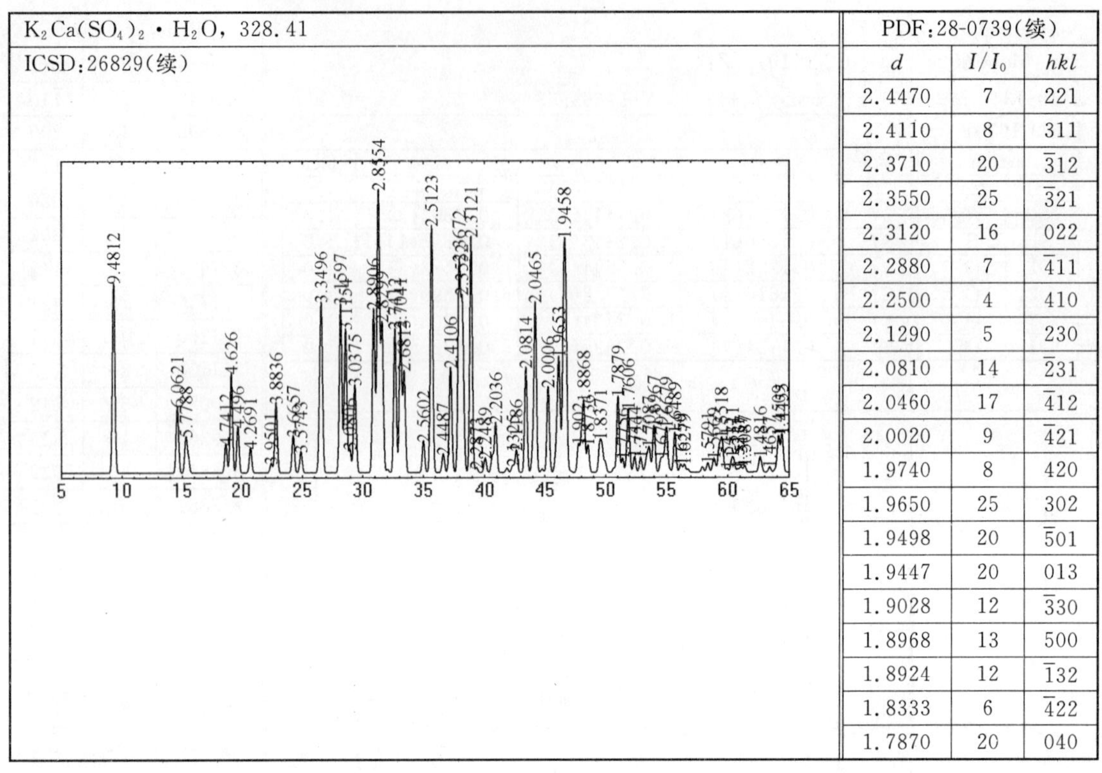

7-011a 软钾镁矾(Picromerite)

$K_2Mg(SO_4)_2 \cdot 6H_2O$，402.71

Sys.:Monoclinic S.G.:$P2_1/a$(14) Z:2

a:9.096 b:12.254 c:6.128 β:104.8 Vol.:660.38

ICSD:26772

Atom		Wcf	x	y	z	Occ
Mg1	Mg^{2+}	2a	0	0	0	1.0
K1	K^+	4e	0.131	0.346	0.345	1.0
S1	S^{6+}	4e	0.41	0.137	−0.271	1.0
O1	O^{2-}	4e	0.285	0.06	−0.379	1.0
O2	O^{2-}	4e	0.403	0.232	−0.431	1.0
O3	O^{2-}	4e	0.388	0.173	−0.055	1.0
O4	O^{2-}	4e	0.553	0.08	−0.242	1.0
O5	O^{2-}	4e	0.172	0.111	0.169	1.0
O6	O^{2-}	4e	−0.169	0.113	0.026	1.0
O7	O^{2-}	4e	0.004	0.066	−0.307	1.0
H1	H^+	4e	0.243	0.127	0.102	1.0
H2	H^+	4e	0.214	0.095	0.327	1.0
H3	H^+	4e	0.139	−0.176	−0.02	1.0
H4	H^+	4e	0.27	−0.094	0.063	1.0
H5	H^+	4e	0.013	−0.15	0.321	1.0
H6	H^+	4e	0.104	0.06	−0.335	1.0

PDF:21-1400

d	I/I_0	hkl
7.1400	25	110
6.1300	2	020
5.3390	18	011
5.0260	6	120
4.3970	16	200
4.2610	12	021
4.1560	85	111
4.0640	95	$\bar{2}01$
3.8590	8	$\bar{2}11$
3.7060	100	130
3.5830	10	121
3.3830	6	$\bar{2}21$
3.3620	12	031
3.3070	12	$\bar{1}31$
3.1640	40	201
3.0630	70	040
2.9950	20	230
2.9640	60	$\bar{1}12$
2.8950	8	140
2.8820	10	$\bar{2}31$

7-011b 软钾镁矾(Picromerite)

$K_2Mg(SO_4)_2 \cdot 6H_2O$，402.71

ICSD:26772(续)

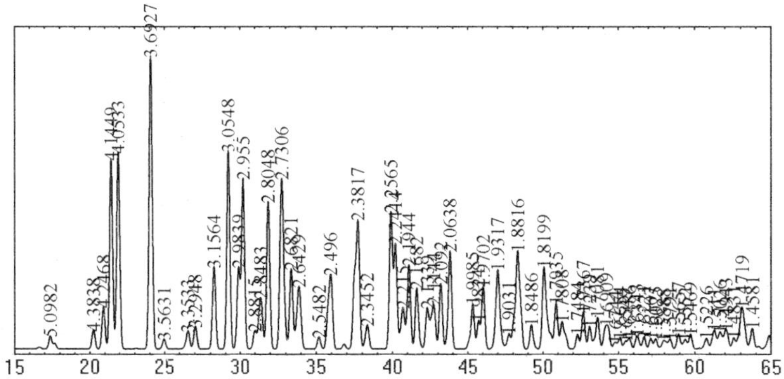

PDF:21-1400(续)

d	I/I_0	hkl
2.8630	30	$\bar{3}11$
2.8530	12	310
2.8130	40	$\bar{2}02$
2.7400	25	$\bar{2}12$
2.7330	12	$\bar{1}22$
2.6900	10	$\bar{1}41$
2.6680	4	022
2.6540	10	$\bar{3}21$
2.5550	2	112
2.5160	8	141
2.5030	16	231
2.4460	12	$\bar{2}41$
2.3980	10	032
2.3880	45	$\bar{3}31$
2.2650	8	051
2.2480	6	$\bar{1}51$
2.2200	6	$\bar{4}11$
2.1990	25	400
2.1750	6	212
2.1650	4	410

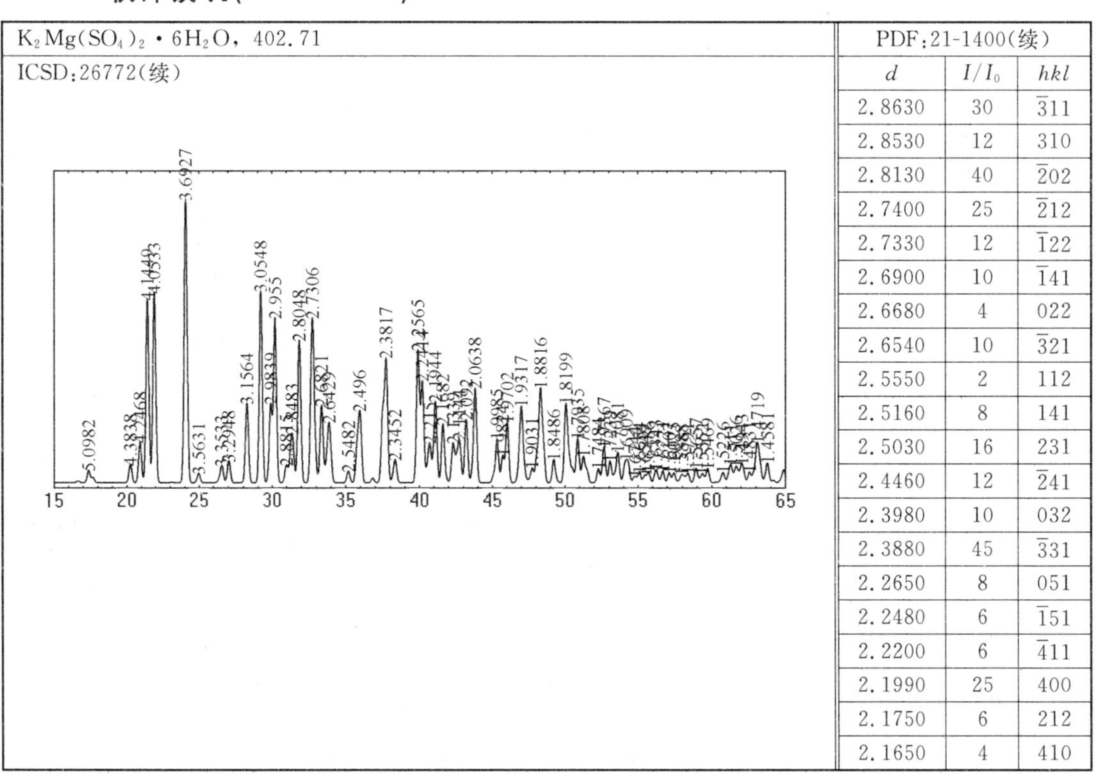

7-012a 柱钾铁矾(Goldichite)

$KFe(SO_4)_2 \cdot 4H_2O$, 359.12

Sys.: Monoclinic　S.G.: $P2_1/c$(14)　Z: 4

a: 10.435　b: 10.523　c: 9.13　β: 101.55　Vol.: 982.24

ICSD: 22053

Atom		Wcf	x	y	z	Occ
Fe1	Fe^{3+}	4e	0.7065(6)	0.1346(6)	0.0935(7)	1.0
K1	K^{+}	4e	0.6777(1)	0.7435(1)	0.0351(1)	1.0
S1	S^{6+}	4e	0.5253(1)	0.4807(1)	0.2831(1)	1.0
S2	S^{6+}	4e	0.8898(1)	0.3030(1)	0.3557(1)	1.0
O1	O^{2-}	4e	0.9208(3)	0.4235(3)	0.2907(4)	1.0
O2	O^{2-}	4e	0.8639(3)	0.1735(3)	0.0084(4)	1.0
O3	O^{2-}	4e	0.8135(3)	−0.0152(3)	0.1957(3)	1.0
O4	O^{2-}	4e	0.5910(3)	0.5058(3)	0.1598(3)	1.0
O5	O^{2-}	4e	0.6259(3)	0.0214(3)	−0.0728(3)	1.0
O6	O^{2-}	4e	0.8376(4)	0.5325(4)	−0.0109(4)	1.0
O7	O^{2-}	4e	0.5621(3)	0.0938(3)	0.2048(3)	1.0
O8	O^{2-}	4e	0.4500(3)	0.3639(3)	0.2648(3)	1.0
O9	O^{2-}	4e	0.8210(4)	0.6785(4)	0.3321(4)	1.0
O10	O^{2-}	4e	0.6066(3)	0.2910(3)	−0.0027(3)	1.0
O11	O^{2-}	4e	0.9943(3)	0.2114(4)	0.3649(4)	1.0
O12	O^{2-}	4e	0.7644(3)	0.2508(3)	0.2651(3)	1.0

PDF: 11-0428

d	I/I_0	hkl
10.3000	80	100
7.3500	90	110
6.8500	70	011
6.1600	5	$\bar{1}11$
4.3100	40	$\bar{1}21$
4.0000	60	121
3.8300	10	102
3.6700	20	220
3.5500	10	$\bar{2}12$
3.4000	60	022
3.2500	50	$\bar{3}11$
3.0700	100	202
3.0100	40	$\bar{3}02$
2.9450	5	212
2.8560	50	320
2.7520	10	$\bar{1}32$
2.6560	60	222
2.5950	5	023
2.5600	5	400
2.4400	30	$\bar{4}02$

7-012b 柱钾铁矾(Goldichite)

$KFe(SO_4)_2 \cdot 4H_2O$, 359.12

ICSD: 22053(续)

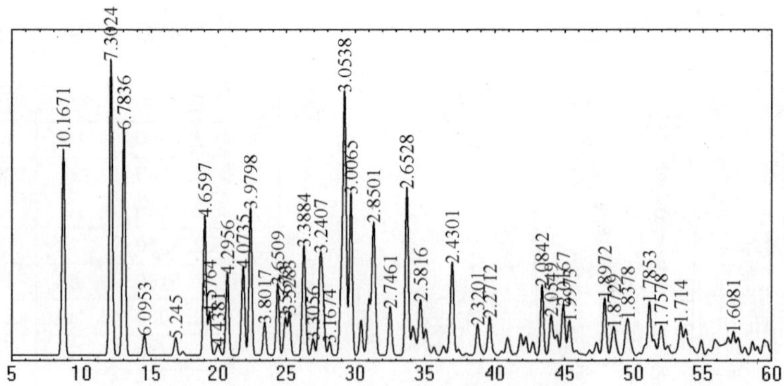

PDF: 11-0428(续)

d	I/I_0	hkl
2.3200	10	213
2.2730	20	033
2.2140	5	241
2.1560	5	$\bar{2}42$
2.0940	10	$\bar{1}24$
2.0210	5	$\bar{5}02$
2.0020	10	$\bar{4}32$
1.9010	5	$\bar{1}52$
1.8800	10	$\bar{4}04$
1.8410	5	$\bar{5}13$
1.7880	5	$\bar{4}42$
1.7630	10	243
1.7410	5	252
1.6710	10	$\bar{4}43$

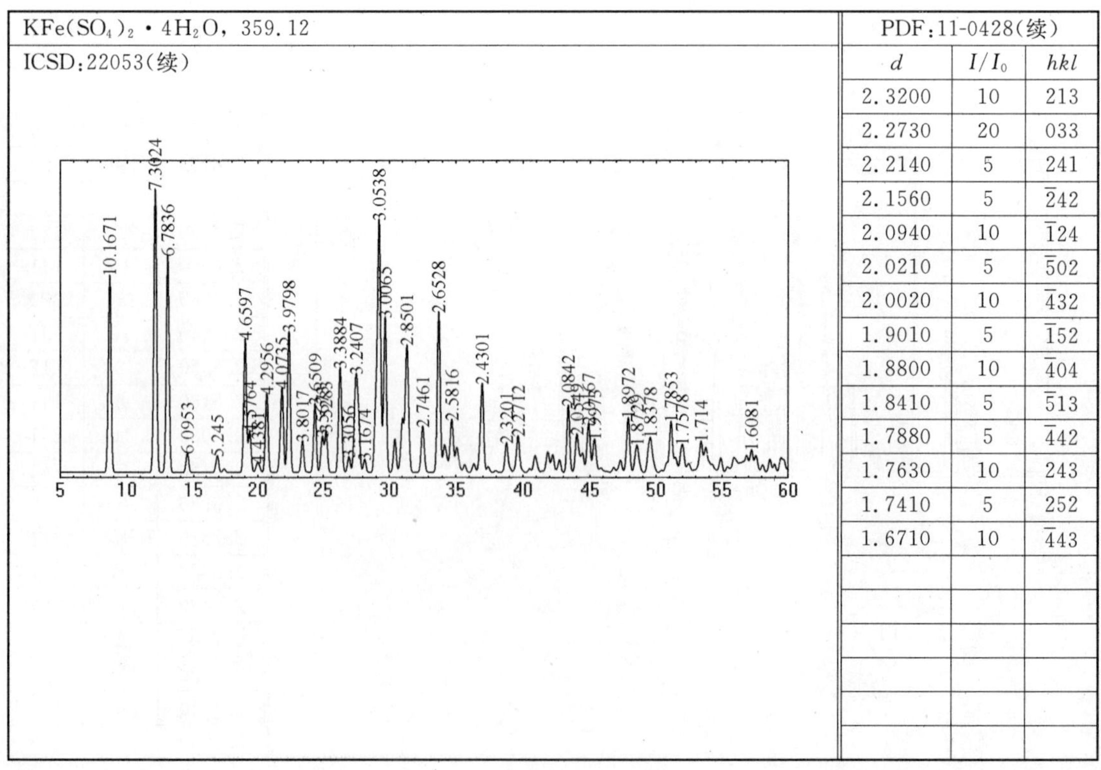

7-013a 钾明矾(Potassiumalum)

$KAl(SO_4)_2 \cdot 12H_2O$，474.38

Sys.:Cubic S.G.:$Pa\bar{3}$(205) Z:4

a:12.157 Vol.:1796.72

ICSD:14394

Atom		Wcf	x	y	z	Occ
K1	K^+	4b	0.5	0.5	0.5	0.5
K2	K^+	8c	0.485(4)	0.485(4)	0.485(4)	0.25
Al1	Al^{3+}	4a	0	0	0	1.0
S1	S^{6+}	8c	0.3075(4)	0.3075(4)	0.3075(4)	1.0
O1	O^{2-}	8c	0.2388(15)	0.2388(15)	0.2388(15)	0.7
O2	O^{2-}	8c	0.3729(39)	0.3729(39)	0.3729(39)	0.30(3)
O3	O^{2-}	24d	0.3105(13)	0.2648(14)	0.4228(14)	0.7
O4	O^{2-}	24d	0.2038(36)	0.3736(29)	0.2901(29)	0.30(3)
O5	O^{2-}	24d	0.0465(7)	0.1353(7)	0.3007(7)	1.0
O6	O^{2-}	24d	0.0206(7)	−0.0190(7)	0.1544(6)	1.0

PDF:07-0017

d	I/I_0	hkl
7.0200	10	111
5.4400	40	210
4.9600	20	211
4.2980	100	220
4.0530	45	221
3.6670	12	311
3.2500	55	321
3.0390	25	400
2.9500	20	410
2.8660	16	411
2.7890	35	331
2.7190	16	420
2.6540	12	421
2.5930	10	332
2.4820	8	422
2.3850	4	431
2.3400	10	511
2.2590	4	432
2.2200	8	521
2.1500	2	440

7-013b 钾明矾(Potassiumalum)

$KAl(SO_4)_2 \cdot 12H_2O$，474.38

ICSD:14394(续)

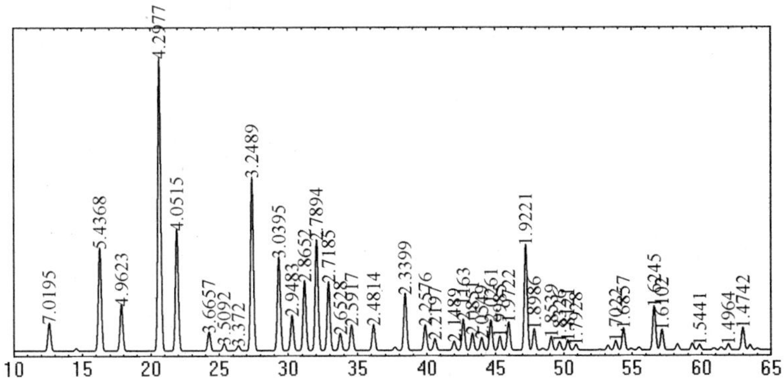

PDF:07-0017(续)

d	I/I_0	hkl
2.1180	8	522
2.0850	6	433
2.0550	2	531
2.0270	10	600
2.0000	6	610
1.9730	6	611
1.9240	16	620
1.8990	4	621
1.8770	4	541
1.8550	4	533
1.8330	4	622
1.8120	2	630
1.7930	4	631
1.7190	2	543
1.7020	4	711
1.6860	4	640
1.6700	4	641
1.6540	2	721
1.6240	8	642

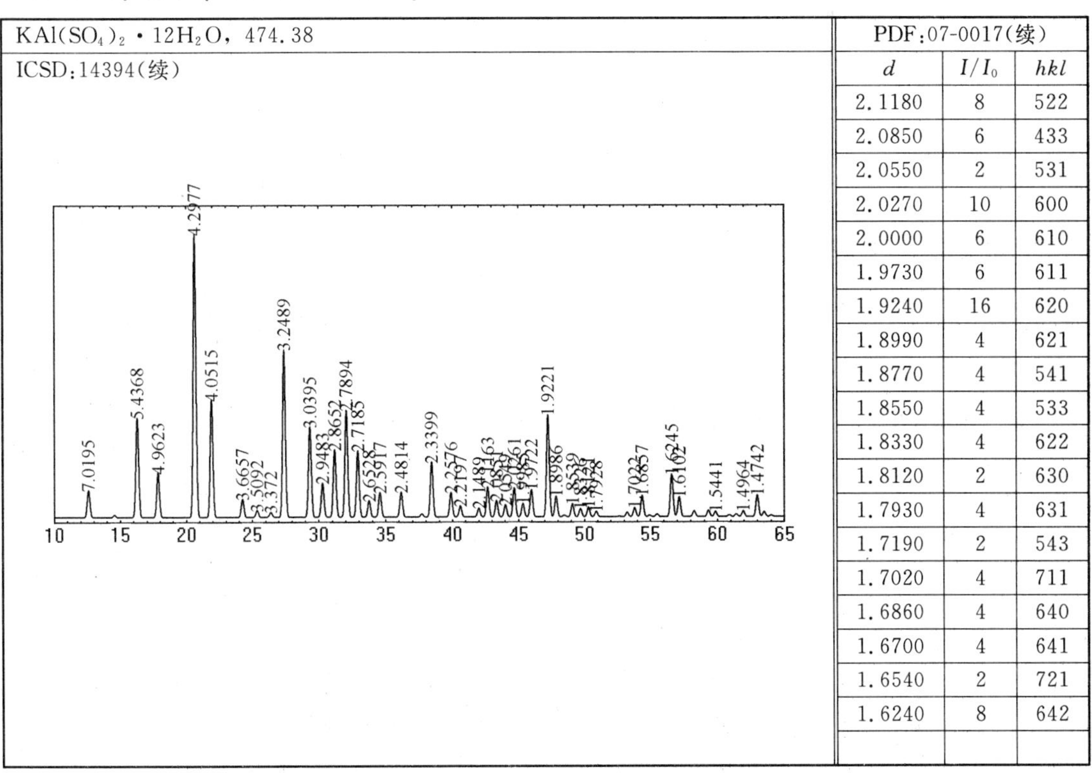

7-014 铵明矾(Tschermigite)

$(NH_4)Al(SO_4)_2 \cdot 12H_2O$, 453.32

Sys.: Cubic S.G.: $Pa\bar{3}$(205) Z:4

a:12.24 Vol.:1833.77

ICSD:14396

Atom		Wcf	x	y	z	Occ
N1	N^{3-}	4b	0.5	0.5	0.5	1.0
Al1	Al^{3+}	4a	0	0	0	1.0
S1	S^{6+}	8c	0.3090(4)	0.3090(4)	0.3090(4)	1.0
O1	O^{2-}	8c	0.2408(14)	0.2408(14)	0.2408(14)	1.0
O2	O^{2-}	24d	0.3142(10)	0.2607(11)	0.4173(9)	1.0
O3	O^{2-}	24d	0.0456(8)	0.1383(8)	0.2977(8)	1.0
O4	O^{2-}	24d	0.0184(8)	−0.0169(8)	0.1546(7)	1.0

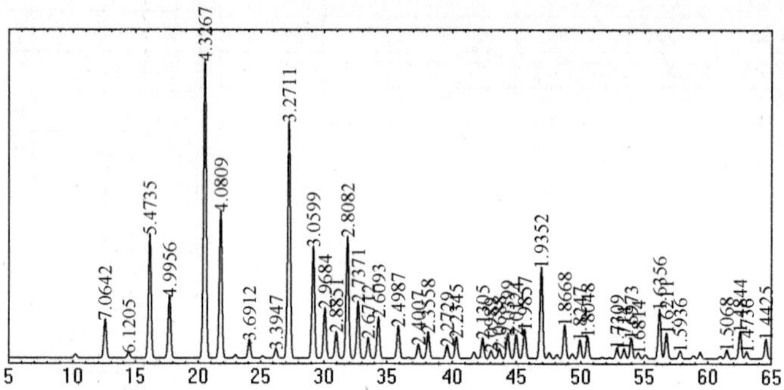

PDF:07-0022

d	I/I_0	hkl
7.0700	55	111
6.1300	12	200
5.4800	55	210
4.9980	35	211
4.3270	100	220
4.0790	80	221
3.6910	35	311
3.3950	6	230
3.2730	75	321
3.0600	30	400
2.9670	20	410
2.8830	14	411
2.8100	35	331
2.7380	18	420
2.6720	14	421
2.6080	12	332
2.4990	10	422
2.4020	8	431
2.3580	12	511
2.2750	8	432

7-015 水铁矾(Szomolnokite)

$FeSO_4 \cdot 2H_2O$, 169.92

Sys.: Monoclinic S.G.: $A2/a$(15) Z:4

a:7.081 b:7.549 c:7.775 β:118.61 Vol.:364.86

ICSD:71345

Atom		Wcf	x	y	z	Occ
Fe1	Fe^{2+}	4b	0	0.5	0	1.0
S1	S^{6+}	4e	0	0.15307(9)	0.25	1.0
O1	O^{2-}	8f	0.1697(2)	0.0429(2)	0.3985(3)	1.0
O2	O^{2-}	8f	0.0956(2)	0.2683(2)	0.1560(2)	1.0
O3	O^{2-}	4e	0	0.6444(3)	0.25	1.0
H1	H^+	8f	0.108(6)	0.709(7)	0.315(7)	1.0

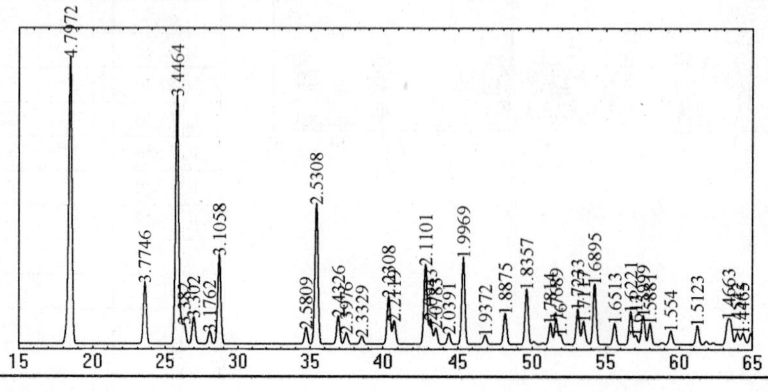

PDF:45-1365

d	I/I_0	hkl
4.8585	20	$11\bar{1}$
4.7934	19	110
3.7739	4	020
3.4458	100	$11\bar{2}$
3.3802	16	111
3.3003	32	021
3.1048	48	200
2.5802	20	$22\bar{1}$
2.5322	42	022
2.4311	4	$22\bar{2}$
2.3930	7	112
2.3332	7	130
2.2314	18	$31\bar{2}$
2.1111	8	$13\bar{2}$
2.0953	6	131
2.0797	13	$22\bar{3}$
2.0407	1	221
1.9984	28	310
1.9488	3	023
1.9374	8	$20\bar{4}$

7-016 石膏(Gypsum)

$CaSO_4 \cdot 2H_2O$, 172.17

Sys.: Monoclinic S.G.: $C2/c$(15) Z: 4

a: 6.286 b: 15.213 c: 5.678 β: 114.1 Vol.: 495.65

ICSD: 2059

Atom		Wcf	x	y	z	Occ
Ca1	Ca^{2+}	4e	0.5	0.0783(8)	0.25	1.0
S1	S^{6+}	4e	0	0.0778(12)	0.75	1.0
O1	O^{2-}	8f	0.9642(16)	0.1327(4)	0.5495(11)	1.0
O2	O^{2-}	8f	0.7602(17)	0.0221(4)	0.6674(16)	1.0
O3	O^{2-}	8f	0.3779(22)	0.1826(6)	0.4553(20)	1.0
H1	H^+	8f	0.2447(55)	0.1601(10)	0.4974(50)	1.0
H2	H^+	8f	0.3937(38)	0.2430(12)	0.4896(29)	1.0

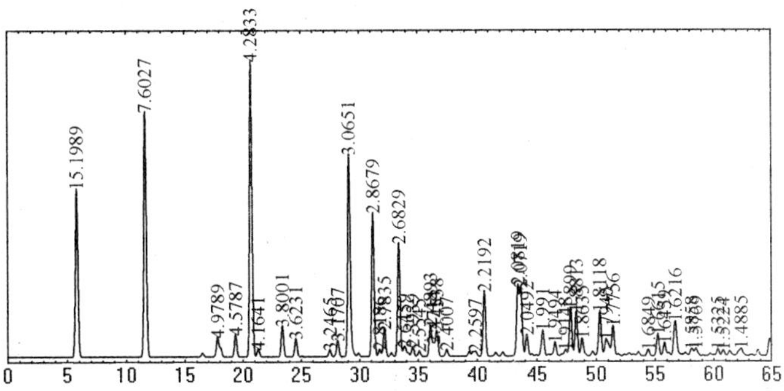

PDF: 21-0816

d	I/I_0	hkl
7.6100	45	020
4.7400	4	$\bar{1}11$
4.2800	90	021
3.8000	8	130
3.1700	4	111
3.0700	30	041
2.8710	100	200
2.7880	20	$\bar{1}12$
2.6840	50	220
2.5950	2	$\bar{1}51$
2.4960	20	$\bar{2}02$
2.4750	2	$\bar{1}32$
2.4540	6	022
2.4060	2	$\bar{2}41$
2.2200	6	151
2.1420	2	042
2.0870	14	$\bar{2}42$
2.0730	20	$\bar{3}11$
2.0480	4	112
1.9930	2	$\bar{1}71$

7-017a 胆矾(Chalcanthite)

$CuSO_4 \cdot 5H_2O$, 249.68

Sys.: Triclinic S.G.: $P\bar{1}$(2) Z: 2

a: 6.091 b: 10.634 c: 5.964 α: 82.41 β: 107.5 γ: 102.7 Vol.: 358.5

ICSD: 20658

Atom		Wcf	x	y	z	Occ
Cu1	Cu^{2+}	1a	0	0	0	1.0
Cu2	Cu^{2+}	1e	0.5	0.5	0	1.0
S1	S^{6+}	2i	0.01409(4)	0.28584(2)	0.62598(4)	1.0
O1	O^{2-}	2i	0.0431(1)	0.2997(1)	0.3837(2)	1.0
O2	O^{2-}	2i	0.2482(2)	0.3167(1)	0.7970(2)	1.0
O3	O^{2-}	2i	−0.1374(2)	0.3741(1)	0.6377(2)	1.0

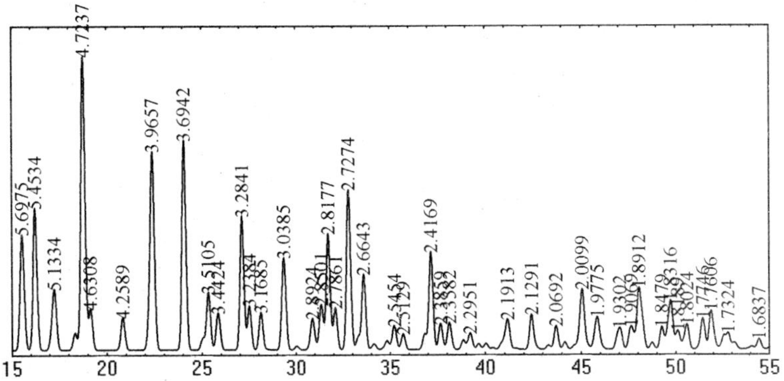

PDF: 72-2356

d	I/I_0	hkl
10.3477	71	010
5.7027	347	100
5.7027	347	001
5.4529	563	$\bar{1}10$
5.1739	91	020
5.1307	189	011
4.8325	64	$0\bar{1}1$
4.7185	999	$\bar{1}11$
4.6350	186	110
4.2566	104	$\bar{1}20$
3.9948	150	$\bar{1}\bar{1}1$
3.9655	610	021
3.6948	674	$0\bar{2}1$
3.5538	38	101
3.5132	166	120
3.4405	113	$1\bar{1}1$
3.2869	420	111
3.2371	154	$\bar{1}30$
3.1694	108	$\bar{1}\bar{2}1$
3.0365	233	$1\bar{2}1$

7-017b 胆矾(Chalcanthite)

$CuSO_4 \cdot 5H_2O$, 249.68

ICSD:20658(续)

Atom		Wcf	x	y	z	Occ
O4	O^{2-}	2i	−0.0950(2)	0.1506(1)	0.6747(2)	1.0
O5	O^{2-}	2i	0.2911(2)	0.1180(1)	0.1526(2)	1.0
O6	O^{2-}	2i	0.8153(2)	0.0745(1)	0.1483(2)	1.0
O7	O^{2-}	2i	0.5343(2)	0.5953(1)	0.7032(2)	1.0
O8	O^{2-}	2i	0.2411(2)	0.5824(1)	−0.0204(2)	1.0
O9	O^{2-}	2i	0.4334(2)	0.1249(1)	0.6310(2)	1.0
H1	H^+	2i	0.302(6)	0.199(4)	0.077(6)	1.0
H2	H^+	2i	0.334(6)	0.133(3)	0.303(6)	1.0
H3	H^+	2i	0.728(10)	−0.002(5)	0.227(10)	1.0
H4	H^+	2i	0.878(7)	0.116(4)	0.242(7)	1.0
H5	H^+	2i	0.662(7)	0.622(5)	0.642(10)	1.0
H6	H^+	2i	0.423(7)	0.605(4)	0.587(7)	1.0
H7	H^+	2i	0.186(9)	0.585(5)	0.071(10)	1.0
H8	H^+	2i	0.156(8)	0.614(5)	−0.152(8)	1.0
H9	H^+	2i	0.588(7)	0.137(4)	0.659(7)	1.0
H10	H^+	2i	0.418(5)	0.192(3)	0.675(6)	1.0

PDF:72-2356(续)

d	I/I_0	hkl
2.9704	13	$\bar{2}11$
2.8937	71	$\bar{2}01$
2.8937	71	$\bar{2}10$
2.8834	51	$\bar{1}02$
2.8513	145	200
2.8169	335	$\bar{2}21$
2.7867	122	012
2.7300	393	130
2.7300	393	$\bar{2}20$
2.7211	285	$\bar{1}22$
2.6877	42	$0\bar{1}2$
2.6640	219	$\bar{1}\bar{1}2$
2.6352	7	$\bar{2}\bar{1}1$
2.6238	16	210
2.5869	3	040
2.5725	29	$1\bar{3}1$
2.5653	23	022
2.5454	62	$\bar{1}40$
2.5390	46	$\bar{1}\bar{3}1$
2.5127	41	$\bar{1}41$

7-018a 锌铁矾(Bianchite)

$(Zn,Fe)SO_4 \cdot 6H_2O$, 269.53

Sys.:Monoclinic S.G.:$A2/a(15)$ Z:8

a:10.096 b:7.201 c:24.492 β:98.27 Vol.:1762.08

ICSD:41708

Atom		Wcf	x	y	z	Occ
Zn1	Zn^{2+}	4a	0	0	0	1.0
Zn2	Zn^{2+}	4e	0	0.949(1)	0.25	1.0
S1	S^{6+}	8f	0.868(1)	0.452(1)	0.1244(3)	1.0
O1	O^{2-}	8f	0.778(1)	0.601(2)	0.1352(6)	1.0
O2	O^{2-}	8f	0.980(2)	0.446(3)	0.1695(7)	1.0
O3	O^{2-}	8f	0.918(2)	0.492(3)	0.0698(7)	1.0
O4	O^{2-}	8f	0.799(1)	0.276(2)	0.1193(6)	1.0
O5	O^{2-}	8f	0.592(1)	0.723(2)	0.0469(6)	1.0
O6	O^{2-}	8f	0.535(2)	0.325(2)	0.0673(6)	1.0
O7	O^{2-}	8f	0.305(2)	0.557(3)	0.0216(6)	1.0
O8	O^{2-}	8f	0.885(2)	0.159(2)	0.2823(7)	1.0
O9	O^{2-}	8f	0.886(2)	0.740(2)	0.2832(7)	1.0
O10	O^{2-}	8f	0.858(1)	0.949(3)	0.1771(6)	1.0

PDF:12-0016

d	I/I_0	hkl
5.8500	50	110
5.4700	70	$\bar{1}12$
5.1200	30	112
4.9800	40	200
4.8800	30	$\bar{2}02$
4.4200	100	202
4.1600	40	$\bar{2}04$
4.0300	90	114
3.8800	10	$\bar{1}15$
3.7100	10	—
3.6100	60	204
3.3900	40	$\bar{2}06$
3.1960	40	116
3.0160	50	310
2.9650	80	$\bar{3}13$
2.9110	80	220
2.8470	20	312
2.7780	30	$\bar{2}08$
2.6880	30	026
2.5870	40	$\bar{3}16$

7-018b 锌铁矾(Bianchite)

$(Zn,Fe)SO_4 \cdot 6H_2O$，269.53

ICSD:41708(续)

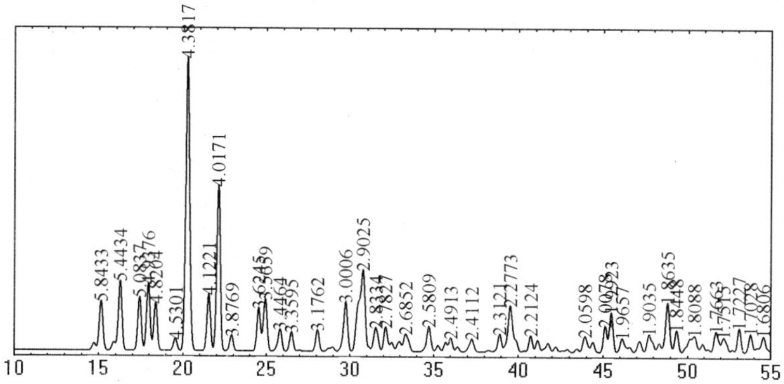

PDF:12-0016(续)		
d	I/I_0	*hkl*
2.5070	20	400
2.4730	10	$\bar{2}26$
2.4290	40	315
2.3610	10	119
2.3190	10	028
2.2740	60	$\bar{4}06$
2.2230	20	133
2.2020	20	$\bar{1}34$
2.1440	10	317
2.0750	20	135
2.0490	20	$\bar{4}23$
2.0120	30	318
2.0000	50	406
1.8160	30	513
1.7950	30	041
1.7680	30	514
1.7580	30	043
1.7300	20	$\bar{2}2\underline{12}$
1.7080	20	515
1.6870	20	045

7-019a 镍矾(Retgersite)

$NiSO_4 \cdot 6H_2O$，262.85

Sys.:Tetragonal　S.G.:$P4_12_12(92)$　*Z*:4

a:6.782　*c*:18.28　Vol.:840.8

ICSD:89699

Atom		Wcf	*x*	*y*	*z*	Occ
Ni1	Ni^{2+}	4*a*	0.71056(2)	0.71056(2)	0	1.0
S1	S^{6+}	4*a*	0.20934(4)	0.20934(4)	0	1.0
O1	O^{2-}	8*b*	0.1209(2)	0.1202(2)	0.06583(6)	1.0
O2	O^{2-}	8*b*	0.4236(1)	0.1730(2)	0.00038(7)	1.0
O3	O^{2-}	8*b*	0.6729(2)	0.4533(2)	0.05275(7)	1.0
O4	O^{2-}	8*b*	0.9704(2)	0.7446(1)	0.05613(6)	1.0
O5	O^{2-}	8*b*	0.5659(2)	0.8562(2)	0.08495(5)	1.0
H1	H^+	8*b*	0.596(4)	0.373(4)	0.042(1)	1.0
H2	H^+	8*b*	0.732(4)	0.429(5)	0.082(1)	1.0
H3	H^+	8*b*	0.048(4)	0.663(4)	0.049(1)	1.0
H4	H^+	8*b*	0.028(4)	0.848(3)	0.061(1)	1.0
H5	H^+	8*b*	0.511(4)	0.944(4)	0.071(1)	1.0
H6	H^+	8*b*	0.500(3)	0.786(3)	0.113(1)	1.0

PDF:08-0470		
d	I/I_0	*hkl*
6.3600	8	101
4.6400	18	111
4.5700	40	004
4.2500	100	112
3.7890	6	104
3.7680	6	113
3.3920	12	200
3.3360	8	201
3.1790	4	202
3.0330	4	210
2.9640	20	203
2.9080	6	115
2.8800	4	212
2.7780	2	106
2.7210	18	204
2.5710	14	116
2.5260	8	214
2.3340	12	215
2.1250	12	224
2.0880	4	312

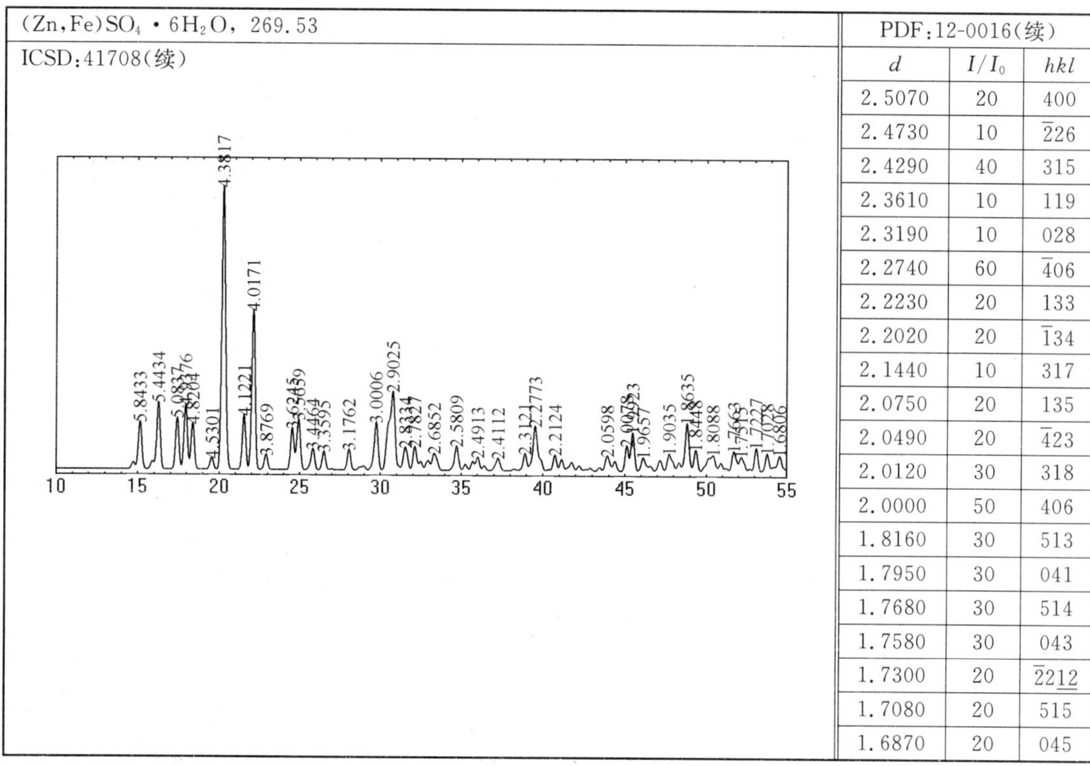

7-019b 镍矾(Retgersite)

$NiSO_4 \cdot 6H_2O$，262.85

ICSD:89699(续)

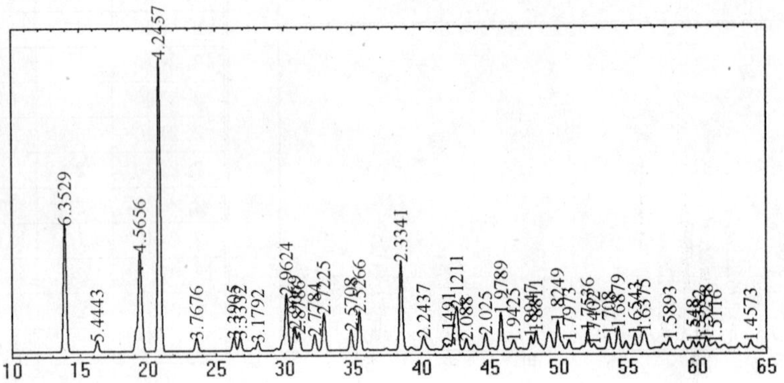

PDF:08-0470(续)		
d	I/I_0	*hkl*
2.0630	1	118
2.0230	8	313
2.0060	1	225
1.9780	4	217
1.9410	2	314
1.8950	6	208
1.8800	4	320
1.8490	6	315
1.8250	4	218
1.7990	2	323
1.7660	2	227
1.7550	6	316
1.7400	2	324
1.7080	6	$11\underline{10}$
1.6880	4	401
1.6559	2	317
1.6535	2	228
1.6372	4	411
1.6329	2	403
1.5888	1	413

7-020a 水绿矾(Melanterite)

$FeSO_4 \cdot 7H_2O$，278.01

Sys.:Monoclinic S.G.:$P2_1/c(14)$ Z:4

a:14.077 b:6.509 c:11.054 β:105.6 Vol.:975.54

ICSD:16589

Atom		Wcf	*x*	*y*	*z*	Occ
Fe1	Fe^{2+}	$2a$	0	0	0	1.0
Fe2	Fe^{2+}	$2d$	0.5	0.5	0	1.0
S1	S^{6+}	$4e$	0.2267(1)	0.4709(3)	0.1763(1)	1.0
O1	O^{2-}	$4e$	0.2045(3)	0.4705(8)	0.0368(3)	1.0
O2	O^{2-}	$4e$	0.1371(3)	0.5369(7)	0.2116(4)	1.0
O3	O^{2-}	$4e$	0.3075(3)	0.6157(7)	0.2267(4)	1.0
O4	O^{2-}	$4e$	0.2556(3)	0.2643(6)	0.2247(5)	1.0

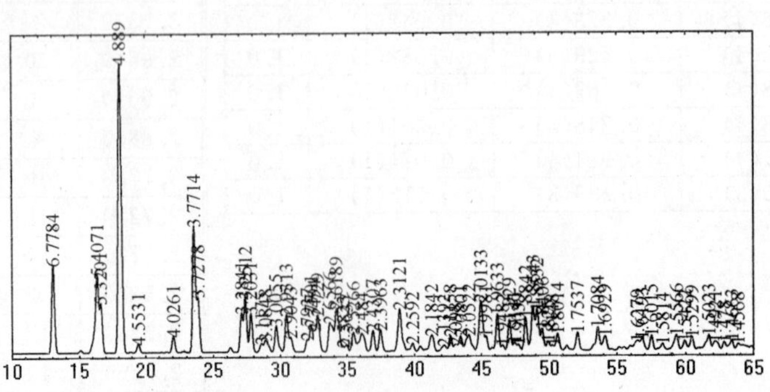

PDF:22-0633		
d	I/I_0	*hkl*
6.7900	8	200
5.8800	2	110
5.5600	8	011
5.4900	12	$\bar{1}02$
5.4100	4	$\bar{1}11$
5.3300	8	002
4.9000	100	111
4.8700	50	$\bar{2}02$
4.5600	10	102
4.2000	2	$\bar{1}12$
4.0280	14	211
3.7760	60	$\bar{3}11$
3.7320	20	112
3.3930	8	400
3.2910	16	$\bar{4}02$
3.2560	5	020
3.2090	12	$\bar{1}13$
3.1250	8	$\bar{2}13$
3.1170	6	013
3.0840	4	$\bar{1}21$

7-020b 水绿矾(Melanterite)

$FeSO_4 \cdot 7H_2O$, 278.01

ICSD:16589(续)

Atom		Wcf	x	y	z	Occ
O5	O^{2-}	4e	0.1129(4)	0.3853(9)	0.4322(5)	1.0
O6	O^{2-}	4e	0.1005(3)	0.9574(7)	0.1822(5)	1.0
O7	O^{2-}	4e	0.0305(3)	0.7937(7)	0.4323(4)	1.0
O8	O^{2-}	4e	0.4797(3)	0.4590(9)	0.1797(4)	1.0
O9	O^{2-}	4e	0.4313(3)	0.2850(8)	0.4418(4)	1.0
O10	O^{2-}	4e	0.3536(3)	0.8594(7)	0.4404(5)	1.0
O11	O^{2-}	4e	0.3637(3)	0.0048(6)	0.1142(5)	1.0
H1	H^+	4e	0.148	0.259	0.461	1.0
H2	H^+	4e	0.126	0.428	0.354	1.0
H3	H^+	4e	0.124	0.817	0.196	1.0
H4	H^+	4e	0.156	0.051	0.198	1.0
H5	H^+	4e	0.09	0.87	0.469	1.0
H6	H^+	4e	0.979	0.887	0.387	1.0
H7	H^+	4e	0.421	0.514	0.198	1.0
H8	H^+	4e	0.536	0.475	0.253	1.0
H9	H^+	4e	0.375	0.275	0.369	1.0
H10	H^+	4e	0.413	0.359	0.508	1.0
H11	H^+	4e	0.297	0.91	0.465	1.0
H12	H^+	4e	0.331	0.776	0.365	1.0
H13	H^+	4e	0.313	0.077	0.143	1.0
H14	H^+	4e	0.334	0.894	0.058	1.0

PDF:22-0633(续)

d	I/I_0	hkl
3.0620	6	302
3.0090	6	410
2.9800	2	121
2.9370	4	$\bar{4}12$
2.9050	2	$\bar{3}13$
2.7990	10	$\bar{1}22$
2.7720	8	312
2.7570	8	$\bar{1}04$
2.7310	10	$\bar{5}02$
2.7040	2	$\bar{2}22$
2.6650	4	$\bar{3}21$
2.6490	8	122
2.6430	10	320
2.6250	8	$\bar{4}13$
2.5640	2	402
2.5310	4	$\bar{3}22$
2.5270	4	$\bar{2}14$
2.4880	4	104
2.4750	4	321
2.4530	2	222

7-021a 赤矾(Bieberite)

$CoSO_4 \cdot 7H_2O$, 281.1

Sys.: Monoclinic S.G.: $P2_1/c$(14) Z:4

a:14.04 b:6.495 c:10.925 β:105.27 Vol.:961.08

ICSD:71454

Atom		Wcf	x	y	z	Occ
Co1	Co^{2+}	2a	0	0	0	1.0
Co2	Co^{2+}	2d	0.5	0.5	0	1.0
S1	S^{6+}	4e	0.22675(2)	0.47241(5)	0.17647(3)	1.0
O1	O^{2-}	4e	0.20467(8)	0.47122(16)	0.03652(10)	1.0
O2	O^{2-}	4e	0.13814(7)	0.54217(17)	0.21371(10)	1.0
O3	O^{2-}	4e	0.30951(2)	0.61333(17)	0.22694(10)	1.0
O4	O^{2-}	4e	0.25251(7)	0.26351(16)	0.22663(10)	1.0
O5	O^{2-}	4e	0.1229(4)	0.4045(12)	0.4434(8)	0.5
O6	O^{2-}	4e	0.0992(5)	0.3642(13)	0.4231(9)	0.5
O7	O^{2-}	4e	0.09718(9)	0.96137(20)	0.18159(12)	1.0
O8	O^{2-}	4e	0.02906(8)	0.79182(17)	0.43215(11)	1.0
O9	O^{2-}	4e	0.47956(9)	0.44943(20)	0.17767(10)	1.0
O10	O^{2-}	4e	0.43148(8)	0.27931(18)	0.44138(11)	1.0
O11	O^{2-}	4e	0.35744(7)	0.85773(18)	0.44239(11)	1.0
O12	O^{2-}	4e	0.36435(10)	0.00542(19)	0.11696(14)	1.0

PDF:16-0487

d	I/I_0	hkl
6.7700	8	200
5.8700	4	110
5.5200	8	011
5.4100	12	$\bar{1}02$
5.2700	6	002
4.8700	100	111
4.8200	55	$\bar{2}02$
4.5200	12	102
4.0200	14	211
3.9900	2	$\bar{3}02$
3.8700	1	$\bar{2}12$
3.7600	75	$\bar{3}11$
3.7100	20	202
3.3900	8	400
3.2800	4	311
3.2500	14	020
3.1800	10	$\bar{1}13$
3.1000	2	021
3.0900	6	013
3.0800	2	$\bar{1}21$

7-021b 赤矾(Bieberite)

$CoSO_4 \cdot 7H_2O$, 281.1

ICSD:71454(续)

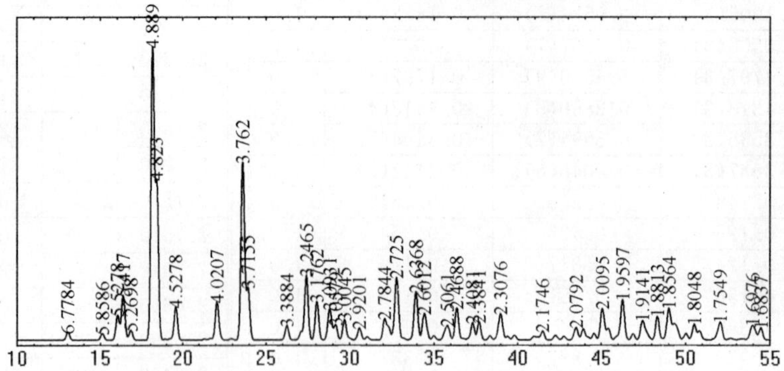

PDF:16-0487(续)

d	I/I_0	hkl
3.0500	10	302
3.0000	10	410
2.9720	2	121
2.9270	2	220
2.9170	6	$\overline{4}12$
2.8760	2	$\overline{3}13$
2.7840	6	$\overline{1}22$
2.7630	6	312
2.7410	2	221
2.7250	25	411
2.7180	4	$\overline{5}02$
2.6940	1	$\overline{2}22$
2.6370	12	320
2.6020	8	$\overline{4}13$
2.5910	4	$\overline{3}04$
2.5580	4	402
2.5180	2	$\overline{3}22$
2.5060	4	$\overline{5}12$
2.4990	4	$\overline{2}14$
2.4680	8	104

7-022a 泻利盐(Epsomite)

$MgSO_4 \cdot 7H_2O$, 246.47

Sys.:Orthorhombic S.G.:$P2_12_12_1$(19) Z:4

a:11.86 b:11.99 c:6.858 Vol.:975.22

ICSD:16111

Atom		Wcf	x	y	z	Occ
Mg1	Mg^{2+}	4a	0.4226(3)	0.1060(3)	0.0392(6)	1.0
S1	S^{6+}	4a	0.7259(5)	0.1835(6)	0.4909(9)	1.0
O1	O^{2-}	4a	0.6857(4)	0.0747(3)	0.4266(7)	1.0
O2	O^{2-}	4a	0.8498(2)	0.1869(4)	0.4835(6)	1.0
O3	O^{2-}	4a	0.6884(3)	0.2063(4)	0.6908(6)	1.0
O4	O^{2-}	4a	0.6807(3)	0.2722(3)	0.3617(6)	1.0

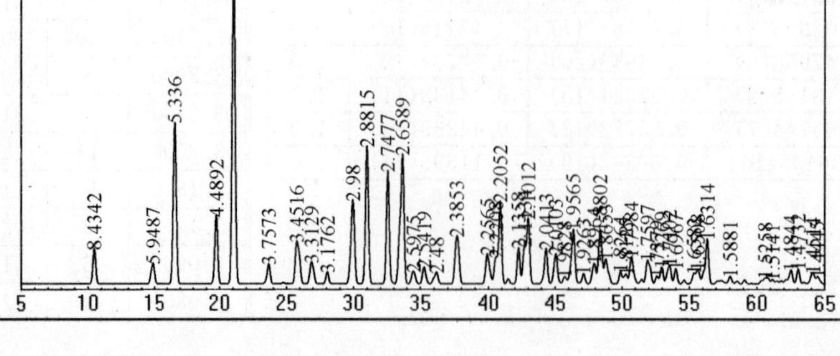

PDF:08-0467

d	I/I_0	hkl
5.9900	20	020
5.9500	6	011
5.3500	25	120
4.4800	14	201
4.2100	100	220
3.7900	14	130
3.7600	8	310
3.4530	16	031
3.4240	2	301
3.3040	4	320
3.1780	6	112
3.0000	14	040
2.9770	14	022
2.8800	20	212
2.8120	2	330
2.7480	14	041
2.6770	25	141
2.6590	20	222
2.4930	2	241
2.4820	1	421

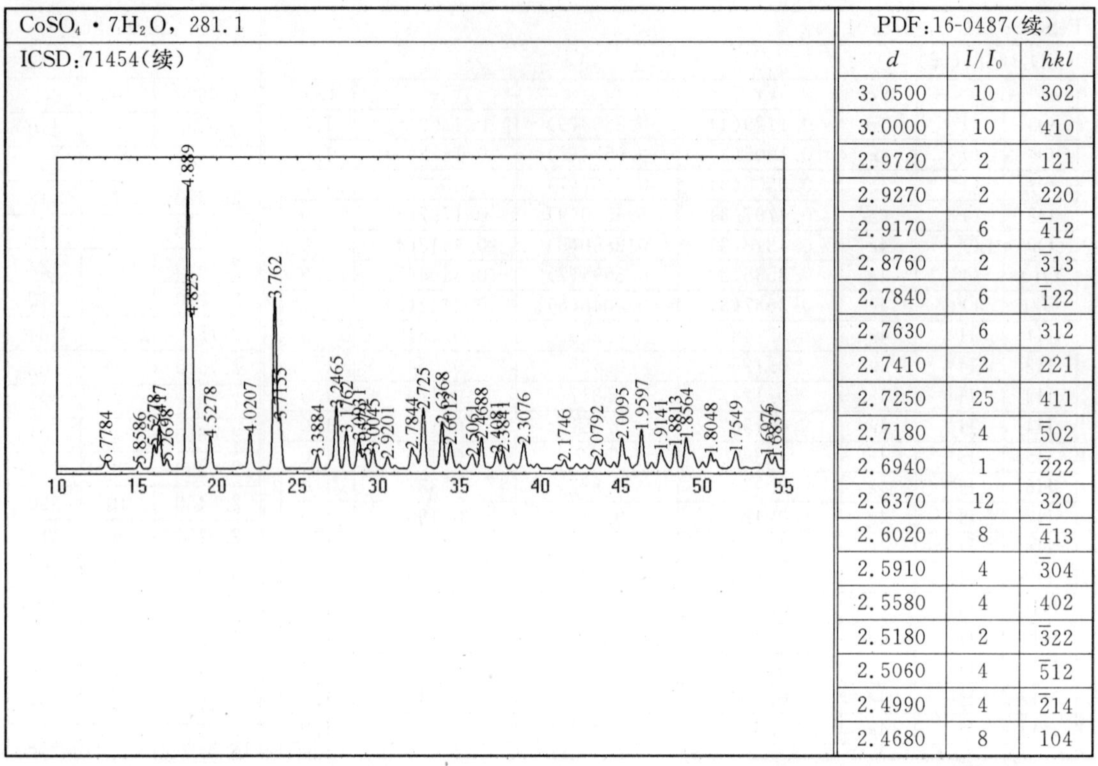

7-022b 泻利盐(Epsomite)

$MgSO_4 \cdot 7H_2O$，246.47

ICSD:16111(续)

Atom		Wcf	x	y	z	Occ
O5	O^{2-}	4a	0.2651(3)	0.1743(4)	0.0026(7)	1.0
O6	O^{2-}	4a	0.4724(3)	0.2478(3)	0.1990(5)	1.0
O7	O^{2-}	4a	0.4696(3)	0.1775(4)	−0.2214(6)	1.0
O8	O^{2-}	4a	0.5828(3)	0.0462(4)	0.0787(7)	1.0
O9	O^{2-}	4a	0.3760(3)	−0.0387(3)	−0.1118(6)	1.0
O10	O^{2-}	4a	0.3621(4)	0.0342(3)	0.2929(6)	1.0
O11	O^{2-}	4a	0.4908(4)	0.4375(4)	0.9383(6)	1.0
H1	H^+	4a	0.2346(6)	0.2215(6)	0.1058(11)	1.0
H2	H^+	4a	0.2377(5)	0.1990(7)	−0.1222(11)	1.0
H3	H^+	4a	0.4216(5)	0.2719(6)	0.3044(12)	1.0
H4	H^+	4a	0.5478(5)	0.2518(5)	0.2596(10)	1.0
H5	H^+	4a	0.4236(5)	0.2222(6)	−0.3062(11)	1.0
H6	H^+	4a	0.5479(5)	0.1842(6)	−0.2569(9)	1.0
H7	H^+	4a	0.6271(6)	0.0574(6)	0.1934(12)	1.0
H8	H^+	4a	0.6139(8)	−0.0176(9)	0.0170(15)	1.0
H9	H^+	4a	0.3668(5)	−0.1065(6)	−0.0357(12)	1.0
H10	H^+	4a	0.4217(7)	−0.0541(6)	−0.2239(13)	1.0
H11	H^+	4a	0.2840(6)	0.0262(7)	0.3207(11)	1.0
H12	H^+	4a	0.4067(7)	0.0001(6)	0.3926(11)	1.0
H13	H^+	4a	0.4252(7)	0.4834(7)	0.9562(12)	1.0
H14	H^+	4a	0.4746(7)	0.3681(7)	1.0014(15)	1.0

PDF:08-0467(续)

d	I/I_0	hkl
2.3890	6	340
2.3520	1	150
2.2580	6	042
2.2530	8	341
2.2290	4	151
2.2060	12	113
2.1150	8	251
2.1100	4	242
2.0400	2	530
2.0170	4	441
1.9640	4	351
1.9550	4	531
1.9000	2	601
1.8940	2	161
1.8820	2	233
1.8770	2	620
1.8610	2	540
1.8260	1	261
1.7990	4	451

7-023a 碧矾(Morenosite)

$NiSO_4 \cdot 7H_2O$，280.86

Sys.:Orthorhombic S.G.:$P2_12_12_1$(19) Z:4

a:11.86 b:12.08 c:6.81 Vol.:975.66

ICSD:15980

Atom		Wcf	x	y	z	Occ
Ni1	Ni^{2+}	4a	0.42	0.11	0.04	1.0
S1	S^{6+}	4a	0.725	0.185	0.49	1.0
O1	O^{2-}	4a	0.69	0.08	0.43	1.0
O2	O^{2-}	4a	0.86	0.19	0.48	1.0
O3	O^{2-}	4a	0.69	0.19	0.69	1.0
O4	O^{2-}	4a	0.68	0.28	0.37	1.0
O5	O^{2-}	4a	0.26	0.17	0.01	1.0

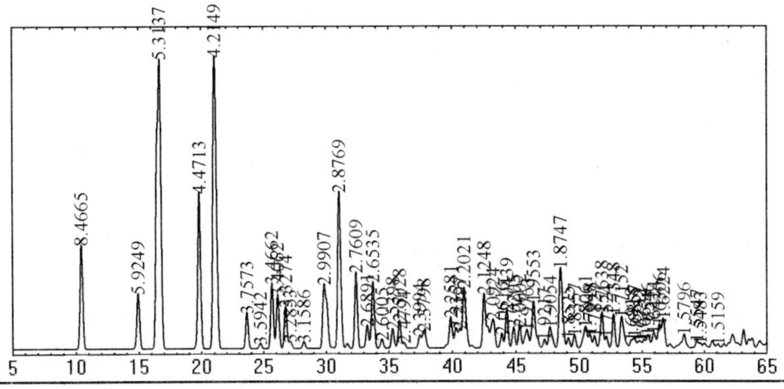

PDF:01-0403

d	I/I_0	hkl
8.5000	4	110
7.5000	4	—
6.0000	2	020
5.3000	60	111
4.4500	12	201
4.2000	100	211
3.7500	16	310
3.4500	16	031
2.9600	6	400
2.8500	25	212
2.7500	6	041
2.6500	16	411
2.4900	4	421
2.3600	4	150
2.2400	10	501
2.1900	12	113
2.0900	8	123
2.0100	2	060
1.9400	6	313
1.9000	2	601

7-023b 碧矾(Morenosite)

$NiSO_4 \cdot 7H_2O$，280.86

ICSD:15980(续)

Atom		Wcf	*x*	*y*	*z*	Occ
O6	O^{2-}	4*a*	0.46	0.25	0.19	1.0
O7	O^{2-}	4*a*	0.46	0.18	−0.21	1.0
O8	O^{2-}	4*a*	0.57	0.04	0.05	1.0
O9	O^{2-}	4*a*	0.36	−0.04	−0.09	1.0
O10	O^{2-}	4*a*	0.36	0.03	0.29	1.0
O11	O^{2-}	4*a*	0.48	0.44	−0.07	1.0
H1	H^+	4*a*	0.25	0.23	0.11	1.0
H2	H^+	4*a*	0.21	0.19	−0.1	1.0
H3	H^+	4*a*	0.4	0.29	0.27	1.0
H4	H^+	4*a*	0.53	0.25	0.27	1.0
H5	H^+	4*a*	0.43	0.23	−0.32	1.0
H6	H^+	4*a*	0.54	0.18	−0.23	1.0
H7	H^+	4*a*	0.62	0.07	0.16	1.0
H8	H^+	4*a*	0.59	−0.04	0.04	1.0
H9	H^+	4*a*	0.42	−0.05	−0.18	1.0
H10	H^+	4*a*	0.34	−0.12	−0.05	1.0
H11	H^+	4*a*	0.4	0	0.4	1.0
H12	H^+	4*a*	0.28	0.03	0.33	1.0
H13	H^+	4*a*	0.47	0.38	0.03	1.0
H14	H^+	4*a*	0.42	0.49	−0.04	1.0

PDF:01-0403(续)

d	I/I_0	*hkl*
1.8600	6	540
1.7900	2	143
1.7200	4	631
1.7000	2	004
1.6500	2	343
1.6100	4	271

7-024a 镁明矾(Pickeringite)

$MgAl_2(SO_4)_4 \cdot 22H_2O$，858.83

Sys.:Monoclinic S.G.:$P2_1/c$(14) *Z*:4

a:20.852 *b*:24.586 *c*:6.193 *β*:94.09 Vol.:3166.86

ICSD:90028

Atom		Wcf	*x*	*y*	*z*	Occ
Mg1	Mg^{2+}	4*e*	0.3617(4)	0.5955(4)	0.0824(4)	0.93
Mn1	Mn^{2+}	4*e*	0.3617(4)	0.5955(4)	0.0824(4)	0.07
Al1	Al^{3+}	4*e*	0.4301(23)	0.6141(6)	0.4240(7)	1.0
Al2	Al^{3+}	4*e*	0.6996(23)	0.3417(5)	0.1983(6)	1.0
S1	S^{6+}	4*e*	0.0887(16)	0.2442(4)	0.5241(5)	1.0
S2	S^{6+}	4*e*	0.9799(16)	0.4623(4)	0.3886(4)	1.0

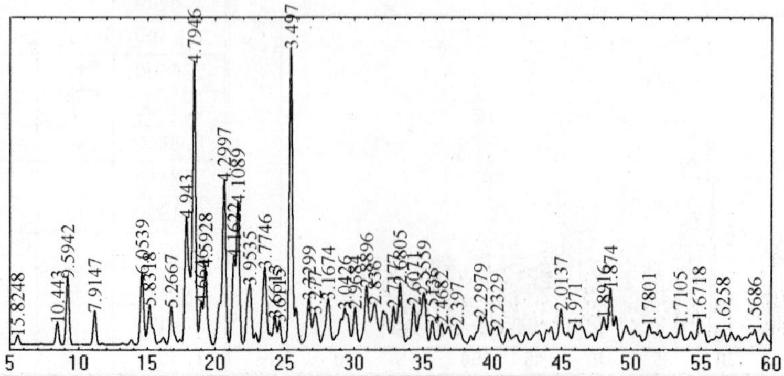

PDF:46-1454

d	I/I_0	*hkl*
10.4500	4	200
9.6100	13	210
7.9400	9	$\bar{2}$20
7.6000	4	130
6.0500	22	320
5.8500	7	$\bar{1}$11
5.6500	20	111
5.3600	27	$\bar{2}$11
5.3000	13	330
4.9300	49	031
4.8000	100	420
4.6700	4	$\bar{3}$11
4.6000	13	340
4.3600	22	231
4.3000	58	$\bar{1}$41
4.1600	35	500
4.1100	47	510
3.9600	18	440
3.7800	42	$\bar{3}$41
3.6600	7	$\bar{2}$51

7-024b 镁明矾(Pickeringite)

$MgAl_2(SO_4)_4 \cdot 22H_2O$, 858.83

ICSD:90028(续 1)

Atom		Wcf	x	y	z	Occ
S3	S^{6+}	4e	0.1459(16)	0.1957(4)	0.2554(5)	1.0
S4	S^{6+}	4e	0.1596(15)	0.4735(4)	0.1022(5)	1.0
O1	O^{2-}	4e	0.162(3)	0.2171(8)	0.4685(7)	1.0
O2	O^{2-}	4e	0.0390(31)	0.3032(5)	0.5060(9)	1.0
O3	O^{2-}	4e	0.8953(24)	0.2196(7)	0.5413(9)	1.0
O4	O^{2-}	4e	0.2798(24)	0.2426(8)	0.5773(7)	1.0
O5	O^{2-}	4e	0.0335(33)	0.4340(7)	0.3310(6)	1.0
O6	O^{2-}	4e	0.9274(31)	0.5210(5)	0.3722(9)	1.0
O7	O^{2-}	4e	0.1796(22)	0.4587(7)	0.4379(7)	1.0
O8	O^{2-}	4e	0.7881(23)	0.4370(8)	0.4082(9)	1.0
O9	O^{2-}	4e	0.1509(32)	0.1821(8)	0.3232(5)	1.0
O10	O^{2-}	4e	0.2149(31)	0.2543(5)	0.2491(9)	1.0
O11	O^{2-}	4e	−0.0803(19)	0.1899(8)	0.2197(8)	1.0
O12	O^{2-}	4e	0.3039(24)	0.1616(7)	0.2288(8)	1.0
O13	O^{2-}	4e	0.1632(31)	0.4388(6)	0.1609(6)	1.0
O14	O^{2-}	4e	0.2281(31)	0.4365(8)	0.0533(8)	1.0
O15	O^{2-}	4e	−0.0659(19)	0.4921(8)	0.0812(9)	1.0
O16	O^{2-}	4e	0.3108(27)	0.5194(5)	0.1156(9)	1.0
O17	O^{2-}	4e	0.6861(18)	0.5911(9)	0.1187(10)	1.0
O18	O^{2-}	4e	0.3388(40)	0.6314(9)	0.1670(8)	1.0

PDF:46-1454(续 1)

d	I/I_0	hkl
3.6100	7	341
3.5000	100	431
3.4500	18	540
3.3300	13	270
3.2900	9	$\bar{2}61$
3.2000	4	261
3.1700	11	550
3.0400	7	180
3.0200	7	$\bar{2}02$
2.9700	13	700
2.8800	22	$\bar{3}12$
2.8260	11	222
2.7640	7	551
2.7150	7	181
2.6780	27	$\bar{4}22$
2.6070	11	332
2.5530	13	$\bar{5}12$
2.5150	4	$\bar{5}22$
2.4650	4	$\bar{4}81$
2.3880	10	512

7-024c 镁明矾(Pickeringite)

$MgAl_2(SO_4)_4 \cdot 22H_2O$, 858.83

ICSD:90028(续 2)

Atom		Wcf	x	y	z	Occ
O19	O^{2-}	4e	0.427(4)	0.6667(6)	0.0405(10)	1.0
O20	O^{2-}	4e	0.0497(19)	0.6116(10)	0.0508(11)	1.0
O21	O^{2-}	4e	0.3912(40)	0.5589(9)	−0.0006(8)	1.0
O22	O^{2-}	4e	0.4861(40)	0.5548(8)	0.3687(10)	1.0
O23	O^{2-}	4e	0.1246(27)	0.6174(11)	0.3866(11)	1.0
O24	O^{2-}	4e	0.5764(37)	0.6622(9)	0.3741(10)	1.0
O25	O^{2-}	4e	0.3407(37)	0.6758(8)	0.4702(11)	1.0
O26	O^{2-}	4e	0.7324(27)	0.6062(10)	0.4596(11)	1.0
O27	O^{2-}	4e	0.3432(35)	0.5602(8)	0.4802(10)	1.0
O28	O^{2-}	4e	0.5275(34)	0.3426(10)	0.1147(8)	1.0
O29	O^{2-}	4e	0.9699(31)	0.3185(10)	0.1765(11)	1.0
O30	O^{2-}	4e	0.5918(36)	0.2680(7)	0.2072(11)	1.0
O31	O^{2-}	4e	0.8348(34)	0.3422(10)	0.2873(7)	1.0
O32	O^{2-}	4e	0.4137(30)	0.3626(9)	0.2124(11)	1.0
O33	O^{2-}	4e	0.7580(39)	0.4184(6)	0.1884(11)	1.0
O34	O^{2-}	4e	0.7474(37)	0.2636(9)	0.3532(11)	1.0
O35	O^{2-}	4e	0.2687(36)	0.5329(10)	0.2712(12)	1.0
O36	O^{2-}	4e	0.6925(43)	0.5153(10)	0.2283(13)	1.0
O37	O^{2-}	4e	0.3875(38)	0.4069(10)	0.3387(11)	1.0
O38	O^{2-}	4e	0.4065(43)	0.2859(9)	0.4173(11)	1.0

PDF:46-1454(续 2)

d	I/I_0	hkl
2.3000	4	680
2.2780	10	$\bar{4}91$

7-025a 铁明矾(Halotrichite)

$FeAl_2(SO_4)_4 \cdot 22H_2O$，890.37

Sys.:Monoclinic S.G.:$P2_1/n$(14) Z:4

a:6.1954 b:24.262 c:21.262 β:100.3 Vol.:3144.45

ICSD:96598

Atom		Wcf	x	y	z	Occ
Fe1	Fe^{2+}	4e	0.385(9)	0.595(2)	0.076(3)	1.0
O1	O^{2-}	4e	0.333	0.519	0.115	1.0
O2	O^{2-}	4e	0.725	0.590	0.119	1.0
O3	O^{2-}	4e	0.343	0.635	0.164	1.0
O4	O^{2-}	4e	0.456	0.674	0.037	1.0
O5	O^{2-}	4e	0.063	0.607	0.043	1.0
O6	O^{2-}	4e	0.416	0.556	−0.010	1.0

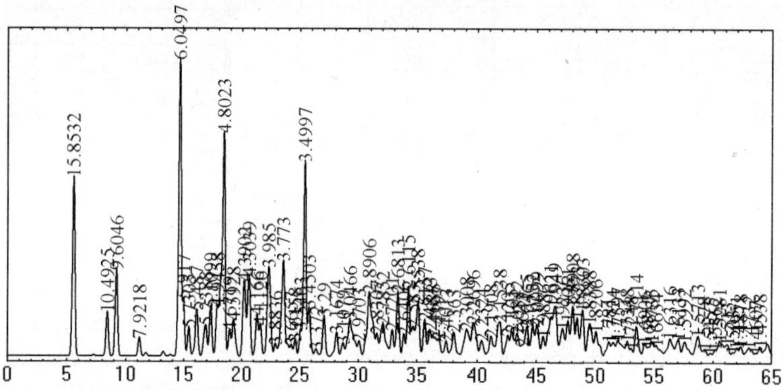

PDF:39-1387

d	I/I_0	hkl
15.8000	20	011
12.1000	8	020
10.4600	15	021
10.4600	15	002
9.5800	18	012
7.9100	15	022
6.7100	2	013
6.0200	35	023
5.9200	2	110
5.8200	9	041
5.6800	1	$\bar{1}02$
5.6800	1	$\bar{1}12$
5.4600	2	$\bar{1}21$
5.4600	2	111
5.2700	7	033
5.2700	7	042
5.1100	1	$\bar{1}22$
5.1100	1	014
4.9300	21	$\bar{1}13$
4.9300	21	102

7-025b 铁明矾(Halotrichite)

$FeAl_2(SO_4)_4 \cdot 22H_2O$，890.37

ICSD:96598(续 1)

Atom		Wcf	x	y	z	Occ
Al1	Al^{3+}	4e	0.420(11)	0.616(3)	0.411(4)	1.0
O7	O^{2-}	4e	0.478	0.553	0.360	1.0
O8	O^{2-}	4e	0.129	0.621	0.377	1.0
O9	O^{2-}	4e	0.514	0.662	0.353	1.0
O10	O^{2-}	4e	0.355	0.679	0.462	1.0
O11	O^{2-}	4e	0.708	0.612	0.446	1.0
O12	O^{2-}	4e	0.333	0.569	0.470	1.0
Al2	Al^{3+}	4e	0.707(11)	0.335(3)	0.195(3)	1.0
O13	O^{2-}	4e	0.555	0.321	0.110	1.0
O14	O^{2-}	4e	0.960	0.307	0.175	1.0
O15	O^{2-}	4e	0.622	0.263	0.212	1.0
O16	O^{2-}	4e	0.860	0.349	0.278	1.0
O17	O^{2-}	4e	0.450	0.361	0.212	1.0
O18	O^{2-}	4e	0.790	0.406	0.176	1.0
S1	S^{6+}	4e	0.087(11)	0.244(2)	0.505(3)	1.0
O19	O^{2-}	4e	0.131	0.224	0.442	1.0
O20	O^{2-}	4e	−0.025	0.302	0.506	1.0
O21	O^{2-}	4e	−0.092	0.211	0.541	1.0
O22	O^{2-}	4e	0.286	0.240	0.536	1.0
S2	S^{6+}	4e	0.965(11)	0.475(2)	0.376(2)	1.0

PDF:39-1387(续 1)

d	I/I_0	hkl
4.8600	11	130
4.7800	100	024
4.6600	10	$\bar{1}23$
4.5800	12	131
4.5400	3	043
4.5400	3	122
4.3800	10	$\bar{1}04$
4.2900	31	140
4.1600	14	113
4.1600	14	$\bar{1}42$
4.0900	20	$\bar{1}24$
4.0900	20	141
3.9870	12	123
3.9470	21	025
3.8760	5	$\bar{1}43$
3.7510	27	062
3.7510	27	133
3.7050	2	$\bar{1}52$
3.6590	7	104
3.6100	6	$\bar{1}25$

7-025c 铁明矾(Halotrichite)

$FeAl_2(SO_4)_4 \cdot 22H_2O$, 890.37

ICSD:96598(续 2)

Atom		Wcf	x	y	z	Occ
O23	O^{2-}	4e	0.012	0.423	0.312	1.0
O24	O^{2-}	4e	0.905	0.529	0.355	1.0
O25	O^{2-}	4e	0.166	0.465	0.414	1.0
O26	O^{2-}	4e	0.787	0.445	0.399	1.0
S3	S^{6+}	4e	0.123(10)	0.194(2)	0.242(2)	1.0
O27	O^{2-}	4e	0.105	0.185	0.307	1.0
O28	O^{2-}	4e	0.202	0.255	0.233	1.0
O29	O^{2-}	4e	−0.099	0.178	0.211	1.0
O30	O^{2-}	4e	0.273	0.162	0.213	1.0
S4	S^{6+}	4e	0.145(10)	0.477(2)	0.094(3)	1.0
O31	O^{2-}	4e	0.146	0.461	0.161	1.0
O32	O^{2-}	4e	0.212	0.429	0.05	1.0
O33	O^{2-}	4e	−0.075	0.489	0.102	1.0
O34	O^{2-}	4e	0.688(33)	0.253(1)	0.344(9)	1.0
O35	O^{2-}	4e	0.311(30)	0.525(3)	0.280(10)	1.0
O36	O^{2-}	4e	0.679(31)	0.495(8)	0.179(8)	1.0
O37	O^{2-}	4e	0.416(32)	0.434(9)	0.358(10)	1.0
O38	O^{2-}	4e	0.398(32)	0.277(8)	0.413(9)	1.0

PDF:39-1387(续 2)

d	I/I_0	hkl
3.4840	75	124
3.4840	75	006
3.4420	10	045
3.3430	5	134
3.2850	7	$\bar{1}62$
3.2850	7	072
3.2520	6	$\bar{1}54$
3.2390	2	$\bar{1}45$
3.1990	2	064
3.1720	2	$\bar{1}26$
3.1720	2	115
3.1120	5	073
3.0620	8	$\bar{2}02$
3.0620	8	$\bar{2}11$
3.0370	5	080
3.0210	3	210
3.0210	3	046
2.9640	10	$\bar{1}64$
2.9640	10	017
2.8890	11	074

7-026a 针绿矾(Coquimbite)

$Fe_2(SO_4)_3 \cdot 9H_2O$, 562

Sys.:Trigonal S.G.:$P\bar{3}1c$(163) Z:4

a:10.927 c:17.0863 Vol.:1766.77

ICSD:15182

Atom		Wcf	x	y	z	Occ
Al1	Al^{3+}	2b	0	0	0	0.9
Fe1	Fe^{3+}	2b	0	0	0	0.1
Fe2	Fe^{3+}	2c	0.3333	0.6667	0.25	1.0
Fe3	Fe^{3+}	4f	0.6667	0.3333	0.0025(1)	1.0
S1	S^{6+}	12i	0.2444(2)	0.4146(2)	0.1232(1)	1.0
O1	O^{2-}	12i	0.3187(7)	0.3451(7)	0.0909(4)	1.0
O2	O^{2-}	12i	0.1081(7)	0.3106(7)	0.1548(4)	1.0
O3	O^{2-}	12i	0.2197(7)	0.4946(7)	0.0597(4)	1.0
O4	O^{2-}	12i	0.3349(7)	0.5158(6)	0.1838(3)	1.0
O5	O^{2-}	12i	0.1645(7)	0.0698(7)	0.0622(4)	1.0
O6	O^{2-}	12i	0.4485(7)	0.1153(7)	0.2101(4)	1.0
O7	O^{2-}	12i	0.5720(8)	0.1616(8)	0.0720(4)	1.0

PDF:44-1425

d	I/I_0	hkl
9.4710	30	100
8.5360	28	002
8.2810	75	101
6.3390	6	102
5.4670	59	110
4.8840	4	103
4.7310	32	200
4.6020	56	112
4.5650	18	201
4.2750	6	004
3.8890	6	104
3.6390	62	203
3.5770	19	210
3.5000	46	211
3.3640	100	114
3.3000	9	212
3.2105	6	105
3.1697	10	204
3.1011	46	301
3.0280	39	213

7-026b 针绿矾(Coquimbite)

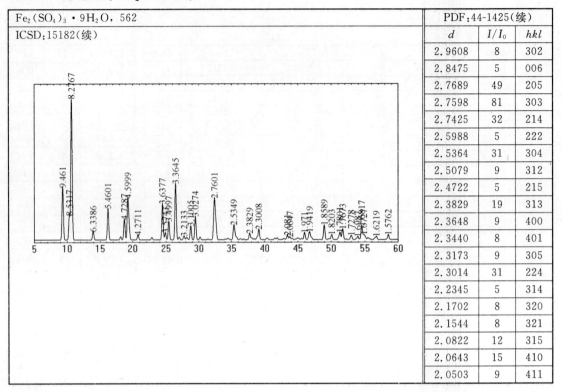

$Fe_2(SO_4)_3 \cdot 9H_2O$, 562

ICSD:15182(续)

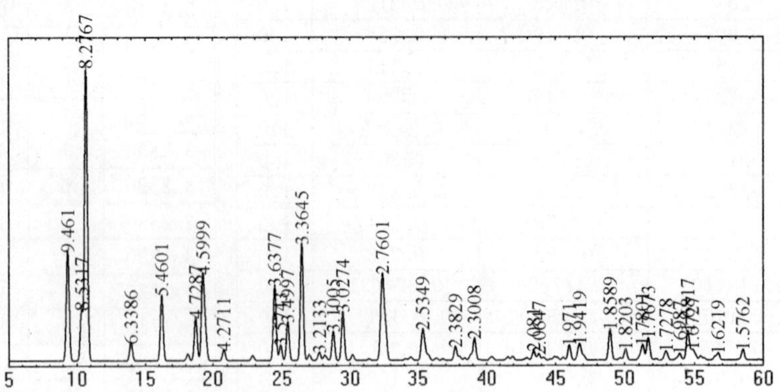

PDF:44-1425(续)

d	I/I_0	hkl
2.9608	8	302
2.8475	5	006
2.7689	49	205
2.7598	81	303
2.7425	32	214
2.5988	5	222
2.5364	31	304
2.5079	9	312
2.4722	5	215
2.3829	19	313
2.3648	9	400
2.3440	8	401
2.3173	9	305
2.3014	31	224
2.2345	5	314
2.1702	8	320
2.1544	8	321
2.0822	12	315
2.0643	15	410
2.0503	9	411

7-027a 水胆矾(Brochantite)

$Cu_4(OH)_6SO_4$, 452.29

Sys.: Monoclinic S.G.: $P2/n(13)$ Z: 4

a: 13.05 b: 9.83 c: 6.01 β: 103.4 Vol.: 749.98

ICSD:59288

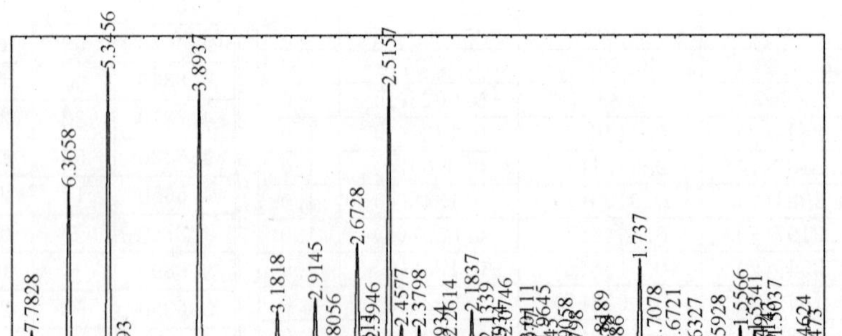

PDF:03-0282

d	I/I_0	hkl
6.5000	67	200
5.4000	58	210
4.9600	3	020
4.4100	3	$\bar{2}11$
3.9100	100	310
3.3200	7	030
3.2000	42	320
2.9400	20	$\bar{2}02$
2.6900	50	420
2.5300	67	$\bar{2}22$
2.4600	10	510
2.3900	7	$\bar{4}12$
2.2900	13	240
2.1900	13	222
2.1200	3	600
2.0700	10	610
2.0100	7	530
1.9600	13	232
1.8900	3	$\bar{2}42$
1.8200	17	142

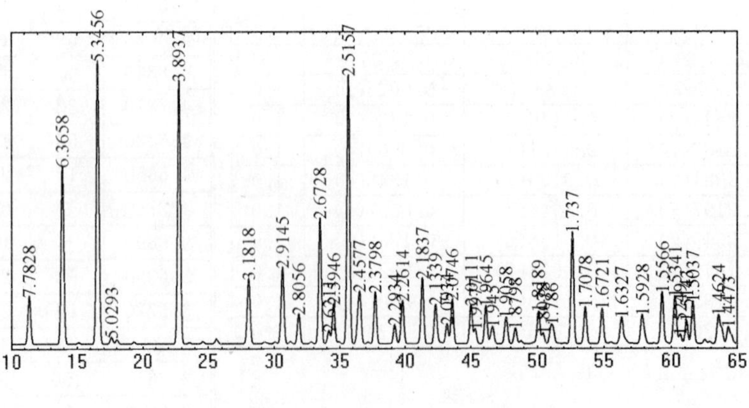

7-027b 水胆矾(Brochantite)

$Cu_4(OH)_6SO_4$，452.29

ICSD:59288(续)

Atom		Wcf	*x*	*y*	*z*	Occ
Cu1	Cu^{2+}	4*e*	0.29394(9)	0.4903(1)	0.5202(2)	1.0
Cu2	Cu^{2+}	4*e*	0.29794(9)	0.4904(1)	1.0240(2)	1.0
Cu3	Cu^{2+}	4*e*	0.11808(9)	0.2607(1)	0.1818(2)	1.0
Cu4	Cu^{2+}	4*e*	0.12008(9)	0.2565(1)	0.6848(2)	1.0
S1	S^{6+}	4*e*	0.3875(2)	0.1979(2)	0.3165(4)	1.0
O1	O^{2-}	4*e*	0.0937(5)	0.1313(6)	0.418(1)	1.0
O2	O^{2-}	4*e*	0.0821(5)	0.1335(6)	0.918(1)	1.0
O3	O^{2-}	4*e*	0.1608(5)	0.3809(6)	0.460(1)	1.0
O4	O^{2-}	4*e*	0.1551(5)	0.3822(6)	0.948(1)	1.0
O5	O^{2-}	4*e*	0.2451(5)	0.5945(7)	0.245(1)	1.0
O6	O^{2-}	4*e*	0.3583(5)	0.4006(6)	0.803(1)	1.0
O7	O^{2-}	4*e*	0.2787(5)	0.1451(7)	0.261(1)	1.0
O8	O^{2-}	4*e*	0.3828(5)	0.3487(6)	0.312(1)	1.0
O9	O^{2-}	4*e*	0.4431(5)	0.1493(6)	0.142(1)	1.0
O10	O^{2-}	4*e*	0.4418(5)	0.1519(7)	0.545(1)	1.0
H1	H^+	4*e*	0.0299	0.1224	0.351	1.0
H2	H^+	4*e*	0.0032	0.1668	0.8464	1.0
H3	H^+	4*e*	0.1065	0.4379	0.398	1.0
H4	H^+	4*e*	0.1005	0.4526	0.9185	1.0
H5	H^+	4*e*	0.1806	0.6052	0.1661	1.0
H6	H^+	4*e*	0.3494	0.316	0.7781	1.0

PDF:03-0282(续)

d	I/I_0	*hkl*
1.7400	33	123
1.6700	10	$\bar{6}32$
1.6400	13	060
1.6000	13	640
1.5600	23	$\bar{5}51$
1.5300	20	$\bar{7}32$
1.5100	20	820
1.4600	17	352
1.4400	17	650
1.4000	17	$\bar{8}03$
1.3700	10	270
1.3400	7	523
1.3100	20	362
1.2800	13	$\bar{4}71$
1.2300	3	163
1.1900	10	$\bar{7}62$
1.1400	20	$\bar{8}53$

7-028a 块铜矾(Antlerite)

$Cu_3(SO_4)(OH)_4$，354.72

Sys.:Orthorhombic　S.G.:*Pnam*(62)　*Z*:4

a:8.244　*b*:6.043　*c*:11.987　Vol.:597.17

ICSD:203067

Atom		Wcf	*x*	*y*	*z*	Occ
Cu1	Cu^{2+}	4*c*	0.0049(1)	0.25	0.00135(7)	1.0
Cu2	Cu^{2+}	8*d*	0.28982(5)	0.00278(9)	0.12585(4)	1.0
S1	S^{6+}	4*c*	0.1304(2)	0.25	0.3642(1)	1.0
O1	O^{2-}	4*c*	0.2618(5)	0.25	0.2829(4)	1.0
O2	O^{2-}	4*c*	0.1979(5)	0.25	0.4778(4)	1.0
O3	O^{2-}	8*d*	0.0312(3)	0.0481(5)	0.3477(3)	1.0
O4	O^{2-}	4*c*	0.2809(5)	0.25	0.0250(4)	1.0
O5	O^{2-}	4*c*	0.7010(5)	0.25	0.7792(3)	1.0
O6	O^{2-}	8*d*	0.0469(3)	0.5060(5)	0.1016(2)	1.0
H1	H^+	4*c*	0.373	0.25	0.971	1.0
H2	H^+	4*c*	0.22	0.75	0.261	1.0
H3	H^+	8*d*	0.497	0.025	0.66	1.0

PDF:84-2037

d	I/I_0	*hkl*
6.7926	120	101
5.9935	270	002
5.3961	241	011
4.8478	999	102
4.5149	78	111
4.1220	81	200
3.8980	2	201
3.7814	126	112
3.5956	641	103
3.3963	214	202
3.3330	58	013
3.2756	1	211
3.0900	103	113
3.0215	10	020
2.9968	127	004
2.9607	3	212
2.8690	2	203
2.8164	6	104
2.7607	104	121
2.6980	81	022

7-028b 块铜矾(Antlerite)

$Cu_3(SO_4)(OH)_4$, 354.72

ICSD:203067(续)

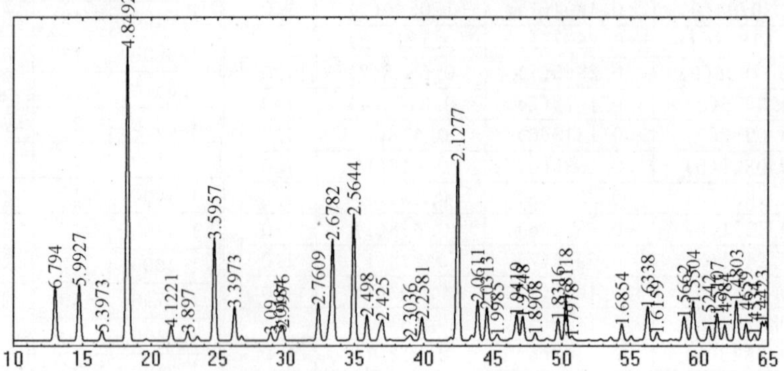

PDF:84-2037(续)

d	I/I_0	hkl
2.6785	509	301
2.5917	12	213
2.5642	727	122
2.4980	162	302
2.4488	8	311
2.4369	56	220
2.4239	100	204
2.3881	37	221
2.3132	39	123
2.3085	33	312
2.3020	37	105
2.2575	83	222
2.2497	51	214
2.2284	4	015
2.1512	7	115
2.1277	532	024
2.1203	300	313
2.0805	43	223
2.0610	103	400
2.0610	103	124

7-029 青铅矿(Linarite)

$CuPb(SO_4)(OH)_2$, 400.82

Sys.:Monoclinic S.G.:$P2_1/m(11)$ Z:2

a:9.6913 b:5.6503 c:4.6873 β:102.66 Vol.:250.43

ICSD:68173

Atom		Wcf	x	y	z	Occ
Pb1	Pb^{2+}	2e	0.34201(2)	0.25	0.32838(5)	1.0
Cu1	Cu^{2+}	2a	0	0	0	1.0
S1	S^{6+}	2e	0.3319(1)	0.75	0.8845(3)	1.0
O1	O^{2-}	2e	0.4754(4)	0.75	0.0656(10)	1.0
O2	O^{2-}	2e	0.3347(5)	0.75	0.5693(10)	1.0
O3	O^{2-}	4f	0.2531(3)	0.5355(6)	0.9426(8)	1.0
O4	O^{2-}	2e	0.0342(4)	0.75	0.2864(9)	1.0
O5	O^{2-}	2e	0.0952(3)	0.25	0.2667(8)	1.0

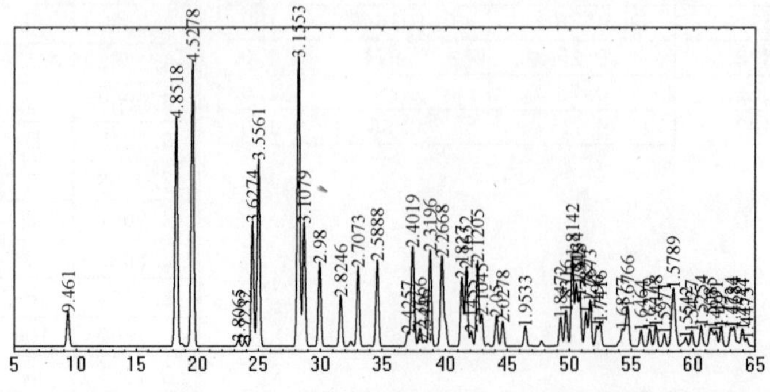

PDF:30-0493

d	I/I_0	hkl
9.4600	11	100
4.8490	40	110
4.7310	3	200
4.5210	60	$\bar{1}01$
3.8050	9	101
3.7170	3	$\bar{2}01$
3.6250	30	210
3.5560	55	011
3.1510	100	300
3.1060	40	$\bar{2}11$
2.9780	19	201
2.9120	2	$\bar{3}01$
2.8260	17	020
2.7540	6	310
2.7070	30	120
2.5870	25	$\bar{3}11$
2.4240	8	220
2.4050	17	021
2.3650	5	301
2.3440	4	$\bar{1}02$

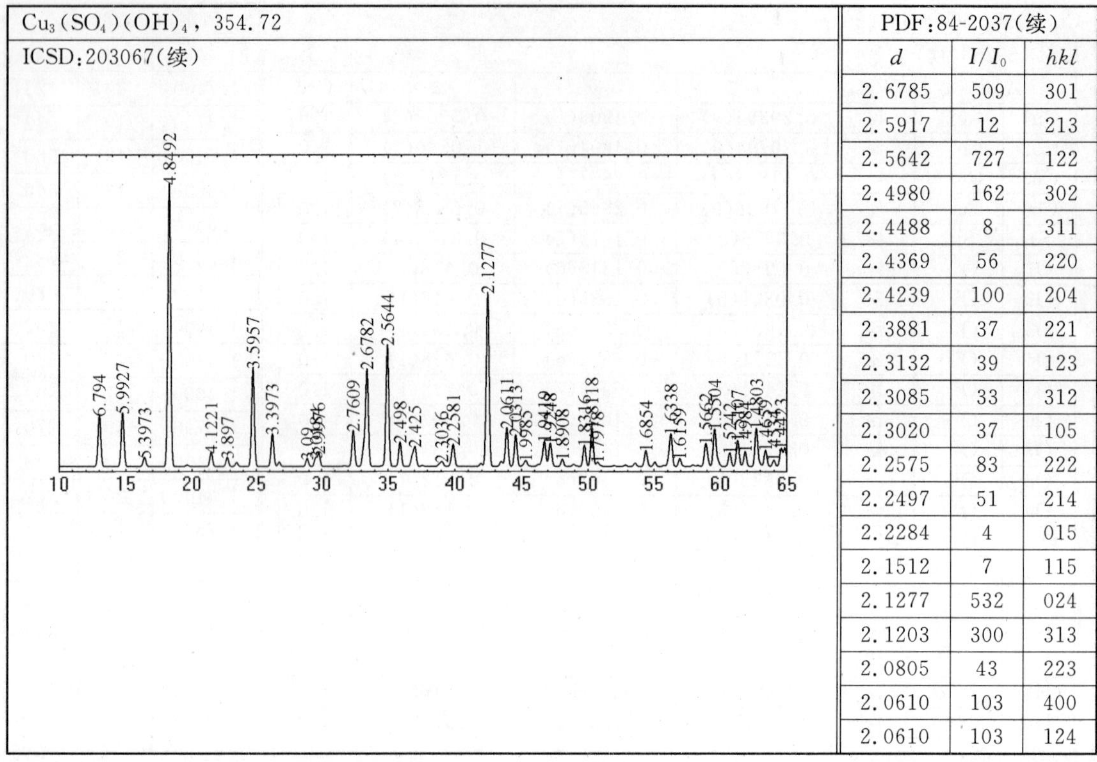

7-030 明矾石(Alunite)

$KAl_3(SO_4)_2(OH)_6$, 414.2

Sys.: Trigonal　S.G.: $R3m$(160)　Z: 3

a: 6.982　c: 17.32　Vol.: 731.2

ICSD: 24157

Atom		Wcf	x	y	z	Occ
K1	K^+	3a	0	0	0	1.0
Al1	Al^{3+}	9d	0.5	0.5	0.5	1.0
S1	S^{6+}	6c	0	0	0.305	1.0
O1	O^{2-}	6c	0	0	0.393	1.0
O2	O^{2-}	18h	−0.215	0.215	0.058	1.0
O3	O^{2-}	18h	0.15	−0.15	0.126	1.0

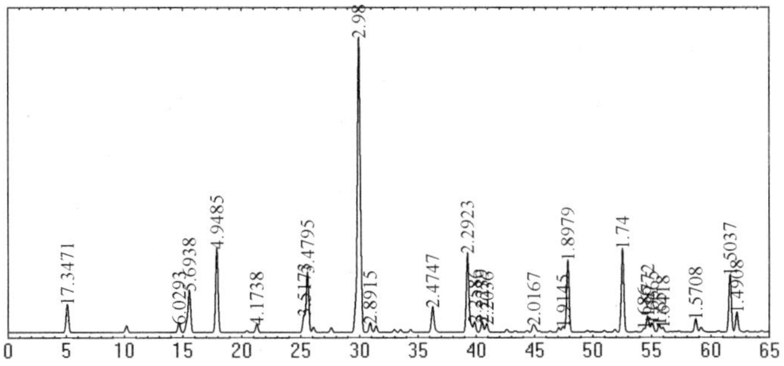

PDF: 14-0136

d	I/I_0	hkl
5.7700	30	003
5.7200	14	101
4.9600	55	012
3.4900	20	110
2.9900	100	113
2.8900	100	006
2.4770	6	024
2.2930	80	107
2.2110	6	122
2.0380	2	018
2.0220	2	214
1.9260	70	009
1.9030	30	303
1.7620	2	208
1.7460	16	220
1.6840	2	119
1.6670	2	1010
1.6480	2	312
1.5720	2	128
1.5090	4	315

7-031 黄钾铁矾(Jarosite)

$KFe_3(SO_4)_2(OH)_6$, 500.8

Sys.: Trigonal　S.G.: $R\bar{3}m$(166)　Z: 3

a: 7.29　c: 17.16　Vol.: 789.77

ICSD: 12107

Atom		Wcf	x	y	z	Occ
K1	K^+	3a	0	0	0	1.0
S1	S^{6+}	6c	0	0	0.30883(7)	1.0
Fe1	Fe^{3+}	9d	0	0.5	0.5	1.0
O1	O^{2-}	18h	0.22338(39)	−0.22338(39)	−0.05448(28)	1.0
O2	O^{2-}	6c	0	0	0.39356(50)	1.0
O3	O^{2-}	18h	0.12682(47)	−0.12682(47)	0.13573(31)	1.0
H1	H^+	18h	0.169(8)	−0.169(8)	0.106(7)	1.0

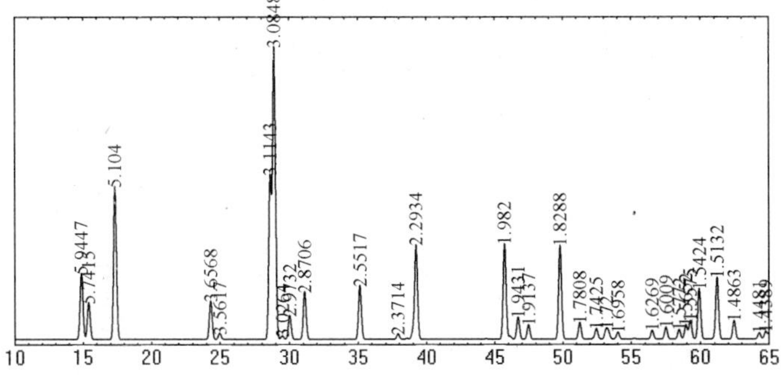

PDF: 22-0827

d	I/I_0	hkl
5.9300	45	101
5.7200	25	003
5.0900	70	012
3.6500	40	110
3.5500	4	104
3.1100	75	021
3.0800	100	113
3.0200	6	015
2.9650	15	202
2.8610	30	006
2.5420	30	024
2.3680	4	211
2.3020	12	122
2.2870	40	107
1.9770	45	303
1.9370	10	027
1.9090	8	009
1.8250	45	220
1.7760	6	208
1.7380	6	223

7-032a 铅铁矾(Plumbojarosite)

$PbFe_6(SO_4)_4(OH)_{12}$，1130.6

Sys.: Trigonal S.G.: $R\bar{3}m$(166) Z: 3

a: 7.3103 c: 33.686 Vol.: 1559.02

ICSD: 64729

Atom		Wcf	x	y	z	Occ
Pb1	Pb^{2+}	3a	0	0	0	0.039
Pb2	Pb^{2+}	3b	0	0	0.5	0.961
Fe1	Fe^{3+}	18h	0.16457(2)	0.32914	0.08228(1)	1.0
S1	S^{6+}	6c	0	0	0.15605(2)	1.0
S2	S^{6+}	6c	0	0	0.65456(2)	1.0
O1	O^{2-}	6c	0	0	0.19934(7)	1.0
O2	O^{2-}	6c	0	0	0.69971(7)	1.0
O3	O^{2-}	18h	0.22315(11)	0.4463	0.02688(4)	1.0
O4	O^{2-}	18h	0.23115(11)	0.4623	0.52569(4)	1.0
O5	O^{2-}	18h	0.13053(12)	0.26106	−0.06940(4)	1.0
O6	O^{2-}	18h	0.12303(11)	0.24606	0.43845(4)	1.0
H1	H^+	18h	0.170(4)	0.34	−0.0520(12)	1.0
H2	H^+	18h	0.1803(41)	0.3606	0.4430(13)	1.0

PDF: 39-1353

d	I/I_0	hkl
5.9250	18	012
5.6070	2	006
5.0540	5	104
3.6560	14	110
3.5070	2	018
3.1110	18	202
3.0610	100	116
2.9620	14	024
2.8070	45	0012
2.5300	25	208
2.3690	7	122
2.3020	9	214
2.2480	80	0114
2.2260	7	1112
2.0798	3	128
1.9750	30	306
1.9494	7	2110
1.9143	5	1115
1.8714	4	0018
1.8272	30	220

7-032b 铅铁矾(Plumbojarosite)

$PbFe_6(SO_4)_4(OH)_{12}$，1130.6

ICSD: 64729(续)

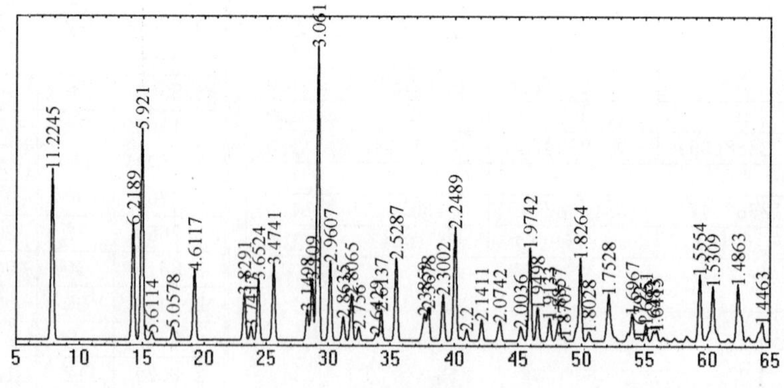

PDF: 39-1353(续)

d	I/I_0	hkl
1.7532	13	0216
1.7190	2	134
1.6969	10	1214
1.6660	14	1118
1.6276	4	0120
1.5806	1	2116
1.5765	3	042
1.5567	16	1310
1.5316	25	2212
1.4870	40	2020
1.4469	4	232
1.4320	1	4010
1.4183	8	3114
1.4004	10	3018
1.3817	3	410
1.3772	3	1220
1.3416	13	416
1.3224	1	0414
1.3103	1	1124
1.2896	1	2122

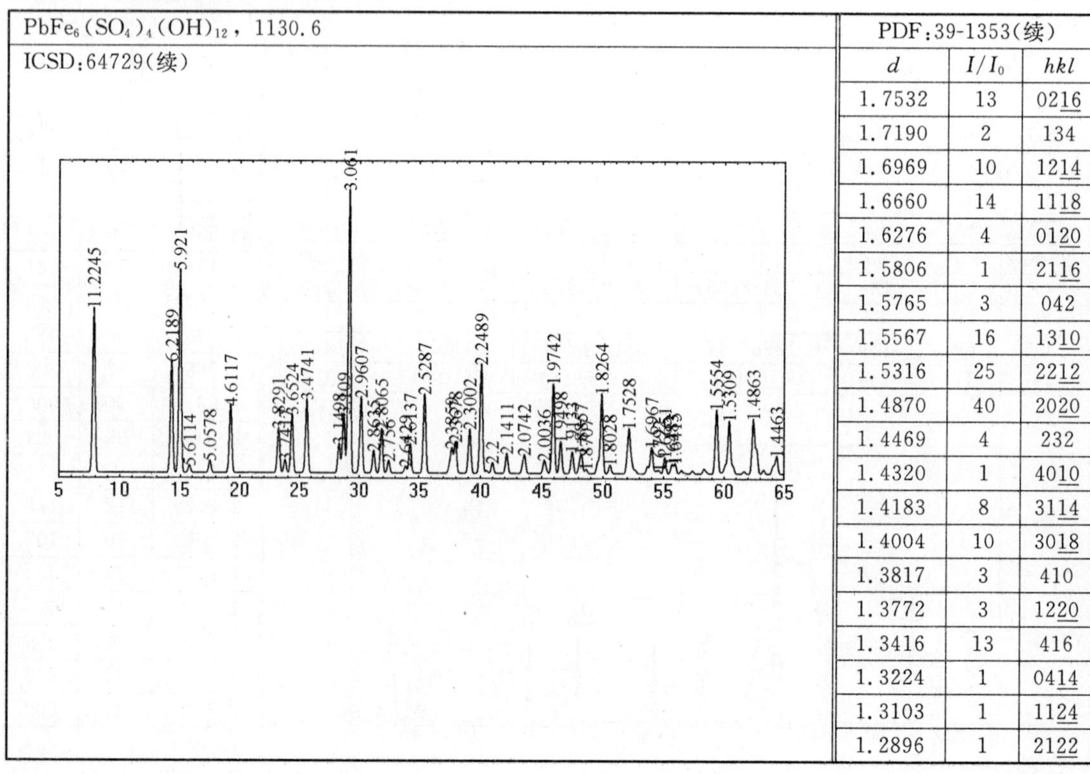

7-033a 矾石(Aluminite)

$Al_2SO_4(OH)_4 \cdot 7H_2O$, 344.16

Sys.: Monoclinic S.G.: $P2_1/c$(14) Z:4

a:11.444 b:15.849 c:7.4397 β:106.85 Vol.:1291.45

ICSD:2234

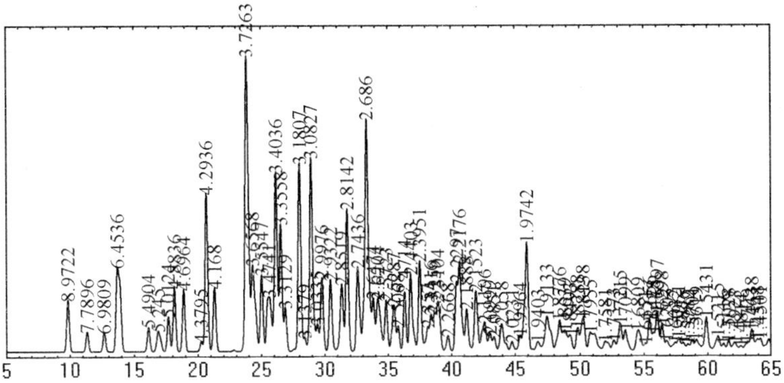

PDF:43-0669

d	I/I_0	hkl
9.0154	90	110
7.9298	100	020
6.4853	34	011
6.3783	29	$\bar{1}11$
5.4760	39	200
5.3003	30	021
5.1734	8	210
5.0331	63	111
4.8681	63	$\bar{2}11$
4.7603	71	130
4.5060	3	220
4.2992	20	$\bar{2}21$
4.2091	43	$\bar{1}31$
3.7421	70	131
3.7227	72	140
3.7227	72	$\bar{1}02$
3.6767	12	$\bar{2}31$
3.6200	29	$\bar{1}12$
3.6200	29	$\bar{3}11$
3.5599	23	002

7-033b 矾石(Aluminite)

$Al_2SO_4(OH)_4 \cdot 7H_2O$, 344.16

ICSD:2234(续 1)

Atom		Wcf	x	y	z	Occ
S1	S^{6+}	4e	0.70076(14)	0.37376(6)	0.93018(8)	1.0
Al1	Al^{3+}	4e	0.65581(15)	0.45332(7)	0.47633(9)	1.0
Al2	Al^{3+}	4e	0.07306(15)	0.46600(7)	0.62873(9)	1.0
O1	O^{2-}	4e	0.7166(4)	0.2878(2)	0.8897(3)	1.0
O2	O^{2-}	4e	0.5012(4)	0.3905(2)	0.9217(2)	1.0
O3	O^{2-}	4e	0.7539(4)	0.4342(2)	0.8525(2)	1.0
O4	O^{2-}	4e	0.8284(4)	0.3836(2)	0.0584(2)	1.0
O5	O^{2-}	4e	0.8713(3)	0.5403(1)	0.5230(2)	1.0
O6	O^{2-}	4e	0.7393(3)	0.4539(1)	0.3423(2)	1.0
O7	O^{2-}	4e	0.8684(3)	0.3947(1)	0.5778(2)	1.0
O8	O^{2-}	4e	0.4451(3)	0.5226(2)	0.4023(2)	1.0
O9	O^{2-}	4e	0.5257(4)	0.3487(2)	0.4235(2)	1.0
O10	O^{2-}	4e	0.2421(4)	0.3758(2)	0.7019(2)	1.0
O11	O^{2-}	4e	0.0346(4)	0.4930(2)	0.7774(2)	1.0
O12	O^{2-}	4e	0.8517(4)	0.2530(2)	0.7101(2)	1.0
O13	O^{2-}	4e	0.1782(4)	0.2181(2)	0.6079(3)	1.0
O14	O^{2-}	4e	0.1737(4)	0.3019(2)	0.4012(2)	1.0
O15	O^{2-}	4e	0.4317(4)	0.4095(2)	0.1035(2)	1.0

PDF:43-0669(续 1)

d	I/I_0	hkl
3.5599	23	310
3.4806	20	$\bar{2}02$
3.4806	20	012
3.4619	24	041
3.4450	26	$\bar{1}41$
3.4008	8	$\bar{2}12$
3.3656	33	$\bar{1}22$
3.2108	15	240
3.1884	19	$\bar{2}22$
3.1052	18	231
3.0452	26	150
2.9529	6	032
2.8963	13	051
2.8749	6	311
2.8027	4	$\bar{4}11$
2.7396	23	400
2.7216	16	151
2.7111	8	$\bar{1}42$
2.6982	14	410
2.6850	5	340

7-033c 矾石(Aluminite)

$Al_2SO_4(OH)_4 \cdot 7H_2O$，344.16

ICSD:2234(续 2)

Atom		Wcf	x	y	z	Occ
H1	H^+	4e	0.852(8)	0.588(4)	0.554(5)	1.0
H2	H^+	4e	0.658(8)	0.440(3)	0.283(5)	1.0
H3	H^+	4e	0.857(8)	0.350(4)	0.608(5)	1.0
H4	H^+	4e	0.408(7)	0.541(3)	0.342(5)	1.0
H5	H^+	4e	0.400(8)	0.334(3)	0.410(5)	1.0
H6	H^+	4e	0.581(8)	0.298(4)	0.409(5)	1.0
H7	H^+	4e	0.197(7)	0.319(3)	0.680(4)	1.0
H8	H^+	4e	0.327(7)	0.378(3)	0.780(5)	1.0
H9	H^+	4e	0.936(7)	0.472(3)	0.802(4)	1.0
H10	H^+	4e	0.100(7)	0.533(3)	0.831(4)	1.0
H11	H^+	4e	0.794(7)	0.263(3)	0.775(4)	1.0
H12	H^+	4e	0.780(7)	0.218(3)	0.661(5)	1.0
H13	H^+	4e	0.506(7)	0.185(3)	0.594(4)	1.0
H14	H^+	4e	0.268(7)	0.181(3)	0.621(4)	1.0
H15	H^+	4e	0.071(7)	0.279(3)	0.331(5)	1.0
H16	H^+	4e	0.156(7)	0.275(3)	0.467(4)	1.0
H17	H^+	4e	0.458(7)	0.405(3)	0.061(4)	1.0
H18	H^+	4e	0.370(7)	0.466(3)	0.130(4)	1.0

PDF:43-0669(续 2)

d	I/I_0	hkl
2.6505	12	042
2.6249	15	$\bar{3}32$
2.5581	7	$\bar{4}02$
2.5253	8	$\bar{4}12$
2.5159	9	222
2.5076	5	$\bar{4}31$
2.4728	14	$\bar{1}61$
2.4427	11	$\bar{1}13$
2.4045	18	$\bar{3}42$
2.3707	19	232
2.3434	27	$\bar{2}23$
2.3203	6	$\bar{3}03$
2.3134	3	411
2.3024	4	$\bar{4}32$
2.2046	20	242
2.1913	4	500
2.1693	5	510
2.1500	15	$\bar{4}42$
2.1254	4	$\bar{3}33$
2.1009	13	$\bar{5}31$

7-034 基铁矾(Butlerite)

$Fe(OH)SO_4 \cdot 2H_2O$，204.94

Sys.:Monoclinic S.G.:$P2_1/m$(11) Z:2

a:6.511 b:7.379 c:5.855 β:108.52 Vol.:266.73

ICSD:15199

Atom		Wcf	x	y	z	Occ
Fe1	Fe^{3+}	2a	0	0	0	1.0
S1	S^{6+}	2e	0.3809(12)	0.25	0.353(1)	1.0
O1	O^{2-}	4f	0.2476(22)	0.0885(16)	0.2697(19)	1.0
O2	O^{2-}	2e	0.4559(32)	0.25	0.6098(29)	1.0
O3	O^{2-}	2e	0.5587(42)	0.25	0.2630(39)	1.0
O4	O^{2-}	2e	0.1023(32)	0.75	0.0886(28)	1.0
O5	O^{2-}	4f	0.1844(25)	0.0133(21)	0.7647(24)	1.0

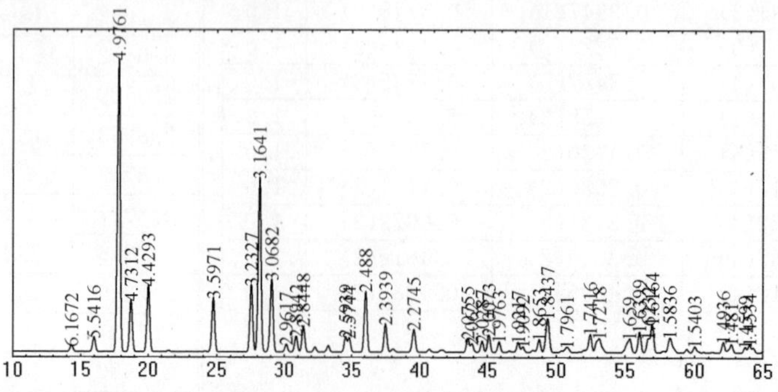

PDF:25-0409

d	I/I_0	hkl
6.1700	4	100
5.5500	6	001
4.9900	100	$\bar{1}01$
4.7400	10	$\bar{1}10$
4.4400	8	011
3.6890	2	020
3.5990	14	101
3.2350	12	111
3.1670	45	120
3.0760	12	021
2.9020	2	$\bar{2}11$
2.8490	2	210
2.6990	4	$\bar{1}12$
2.5980	2	012
2.4960	10	$\bar{2}02$
2.3930	2	201
2.2770	2	211
2.0320	2	131
2.0090	2	221
1.9830	2	310

7-035a 纤铁矾(Fibroferrite)

$Fe(SO_4)(OH) \cdot 5H_2O$, 258.99

Sys.: Trigonal S.G.: $R\overline{3}$(148) Z: 18

a: 24.152 c: 7.645 Vol.: 3862.02

ICSD: 100721

Atom		Wcf	x	y	z	Occ
Fe1	Fe^{3+}	18f	0.3979(1)	0.0560(1)	0.2838(2)	1.0
S1	S^{6+}	18f	0.2719(1)	0.0682(1)	0.3332(4)	1.0
O1	O^{2-}	18f	0.2467(4)	0.0222(4)	0.1832(11)	1.0
O2	O^{2-}	18f	0.2381(4)	0.0339(5)	0.4905(12)	1.0
O3	O^{2-}	18f	0.2638(5)	0.1226(4)	0.3012(13)	1.0
O4	O^{2-}	18f	0.3410(4)	0.0904(4)	0.3559(11)	1.0
O5	O^{2-}	18f	0.3430(4)	0.9717(4)	0.3803(11)	1.0
O6	O^{2-}	18f	0.4617(4)	0.1483(4)	0.2036(11)	1.0
O7	O^{2-}	18f	0.4642(4)	0.0312(4)	0.2144(12)	1.0
O8	O^{2-}	18f	0.5612(5)	0.2275(5)	0.3988(13)	1.0
O9	O^{2-}	18f	0.2348(5)	0.5559(5)	0.1033(14)	1.0
O10	O^{2-}	18f	0.0978(5)	0.2324(5)	0.2934(14)	1.0

PDF: 38-0481

d	I/I_0	hkl
12.1000	100	110
6.9800	42	300
6.1800	13	021
6.0300	8	220
5.5000	10	211
4.6200	5	131
4.5700	53	140
4.3100	13	401
4.0700	35	321
3.7540	5	012
3.5880	5	202
3.5050	5	241
3.4850	7	600
3.4430	22	122
3.3460	33	511
3.3460	33	250
3.1340	17	431
2.9890	25	232
2.7840	30	701
2.7130	8	621

7-035b 纤铁矾(Fibroferrite)

$Fe(SO_4)(OH) \cdot 5H_2O$, 258.99

ICSD: 100721(续)

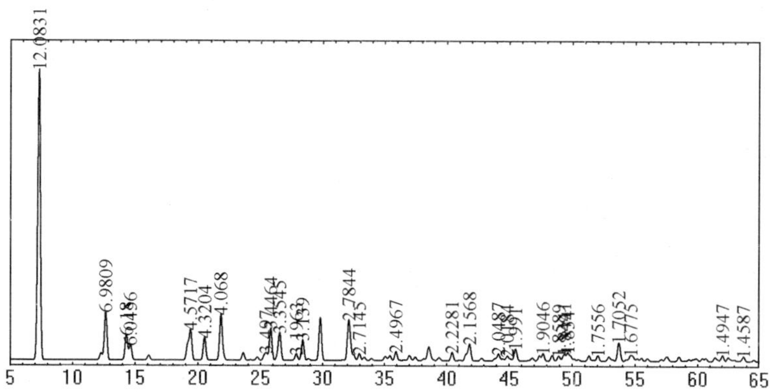

PDF: 38-0481(续)

d	I/I_0	hkl
2.6800	8	152
2.5290	7	541
2.4230	8	271
2.3290	10	811
2.2820	5	280
2.1570	8	802
2.1080	5	651
2.0450	5	381
1.9890	8	921
1.9390	3	571
1.7040	3	514
1.6780	5	681
1.5750	3	1301

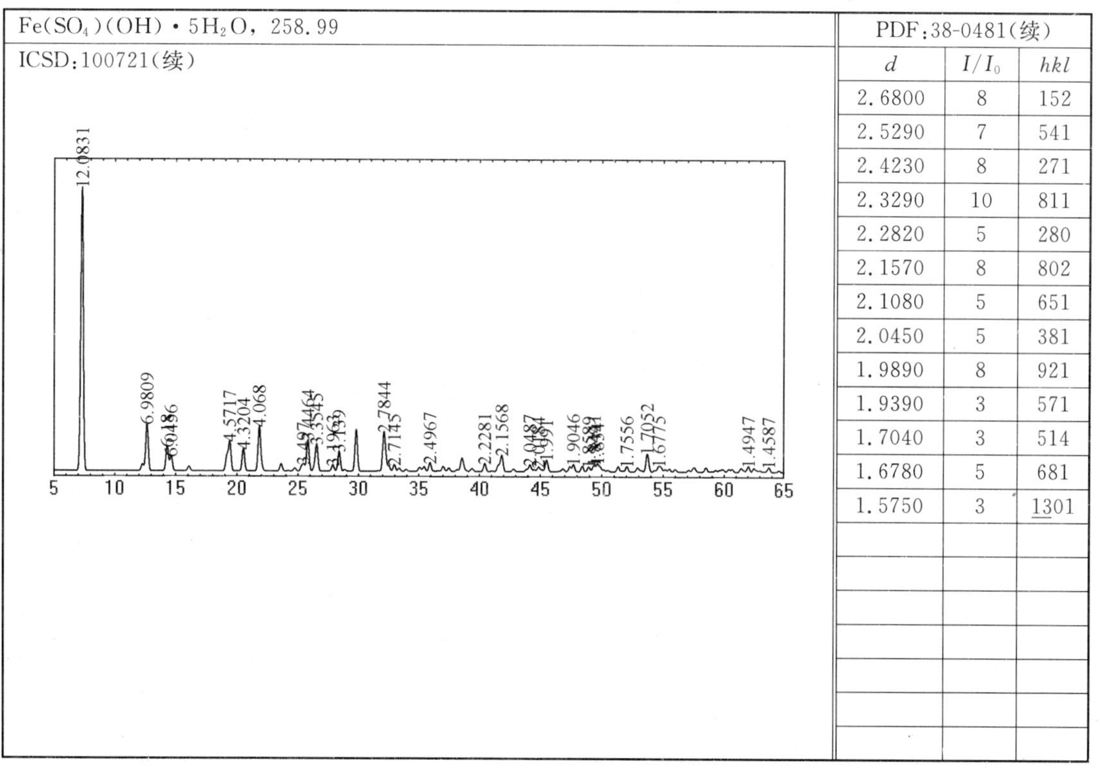

7-036a 钙矾石(Ettringite)

$Ca_6Al_2(SO_4)_3(OH)_{12}\cdot 26H_2O$，1255.1

Sys.:Trigonal S.G.:$P31c$(159) Z:2

a:11.224 c:21.408 Vol.:12335.62

ICSD:16045

Atom		Wcf	x	y	z	Occ
Al1	Al^{3+}	2a	0	0	0.000(1)	1.0
Al2	Al^{3+}	2a	0	0	0.250(1)	1.0
Ca1	Ca^{2+}	6c	0.009(1)	0.816(1)	0.875(1)	1.0
Ca2	Ca^{2+}	6c	0.994(1)	0.189(1)	0.125(1)	1.0
O1	O^{2-}	6c	0.994(3)	0.134(3)	0.948(1)	1.0
O2	O^{2-}	6c	0.996(3)	0.865(2)	0.057(1)	1.0
O3	O^{2-}	6c	0.004(3)	0.146(2)	0.805(1)	1.0
O4	O^{2-}	6c	0.004(3)	0.876(2)	0.198(1)	1.0

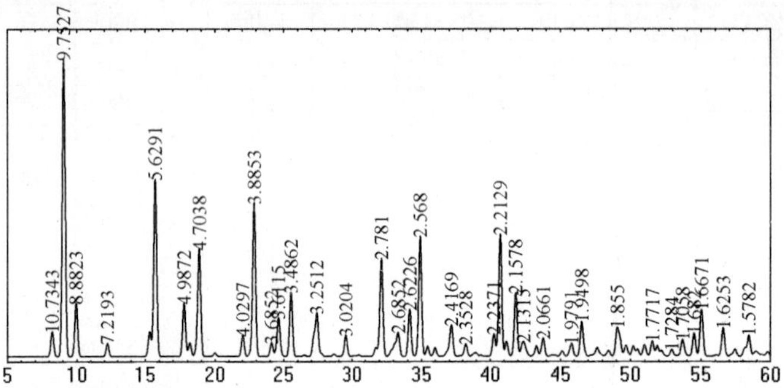

PDF:41-1451

d	I/I_0	hkl
9.7200	100	100
8.8500	4	101
7.2000	1	102
5.6100	76	110
4.9700	12	112
4.8590	6	200
4.6890	17	104
4.4250	1	202
4.0170	3	203
3.8730	31	114
3.6730	4	210
3.5980	7	204
3.4750	23	212
3.2660	5	213
3.2400	21	300
3.1010	1	302
3.0110	4	116
2.8060	6	220
2.7720	25	304
2.7140	1	222

7-036b 钙矾石(Ettringite)

$Ca_6Al_2(SO_4)_3(OH)_{12}\cdot 26H_2O$，1255.1

ICSD:16045(续)

Atom		Wcf	x	y	z	Occ
O5	O^{2-}	6c	0.000(4)	0.348(3)	0.047(2)	1.0
O6	O^{2-}	6c	0.010(2)	0.663(2)	0.958(1)	1.0
O7	O^{2-}	6c	0.997(3)	0.345(3)	0.199(1)	1.0
O8	O^{2-}	6c	0.996(3)	0.655(3)	0.788(1)	1.0
O9	O^{2-}	6c	0.263(3)	0.405(3)	0.618(2)	1.0
O10	O^{2-}	6c	0.744(4)	0.593(4)	0.374(2)	1.0
O11	O^{2-}	6c	0.259(3)	0.406(3)	0.126(2)	1.0
O12	O^{2-}	6c	0.768(2)	0.598(3)	0.870(2)	1.0
O13	O^{2-}	2b	0.3333	0.6667	0.420(3)	1.0
O14	O^{2-}	2b	0.3333	0.6667	0.814(3)	1.0
O15	O^{2-}	2b	0.3333	0.6667	0.070(3)	1.0
O16	O^{2-}	6c	0.195(3)	0.642(3)	0.518(2)	1.0
O17	O^{2-}	6c	0.195(3)	0.620(3)	0.723(1)	1.0
O18	O^{2-}	6c	0.192(2)	0.585(2)	0.982(1)	1.0
O19	O^{2-}	6c	0.197(5)	0.637(5)	0.243(3)	0.56(5)
S1	S^{6+}	2b	0.3333	0.6667	0.491(1)	1.0
S2	S^{6+}	2b	0.3333	0.6667	0.750(2)	1.0
S3	S^{6+}	2b	0.3333	0.6667	0.009(1)	1.0

PDF:41-1451(续)

d	I/I_0	hkl
2.6960	7	310
2.6760	1	008
2.6140	16	312
2.5600	29	216
2.5220	2	313
2.4850	2	224
2.4300	1	400
2.4160	1	118
2.3990	6	306
2.3440	2	208
2.2300	8	320
2.2060	22	226
2.1830	5	322
2.1510	13	316
2.1280	2	323
2.1210	5	410
2.0800	2	412
2.0580	3	324
2.0220	1	317
1.9440	11	500

(2) 亚硒酸盐

7-037 蓝硒铜矿(Chalcomenite)

$Cu[SeO_3]\cdot 2H_2O$, 226.53

Sys.: Orthorhombic S.G.: $P2_12_12_1$(19) Z: 4

a: 6.666 b: 9.169 c: 7.373 Vol.: 450.64

ICSD: 66148

Atom		Wcf	x	y	z	Occ
Cu1	Cu^{2+}	4a	0.4815(1)	0.8453(1)	0.7860(1)	1.0
Se1	Se^{4+}	4a	0.2716(1)	0.6083(1)	0.5432(1)	1.0
O1	O^{2-}	4a	0.7589(9)	0.7809(5)	0.2733(6)	1.0
O2	O^{2-}	4a	0.0301(7)	0.6135(6)	0.4704(6)	1.0
O3	O^{2-}	4a	0.7333(8)	0.9414(5)	0.8563(6)	1.0
O4	O^{2-}	4a	0.9503(8)	0.7160(5)	0.9572(7)	1.0
O5	O^{2-}	4a	0.7087(8)	0.5582(6)	0.6916(7)	1.0

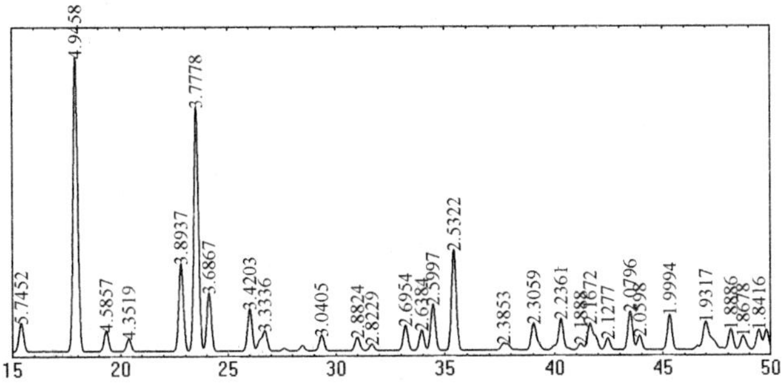

PDF: 79-1165		
d	I/I_0	hkl
5.7458	234	011
5.3917	927	110
4.9447	999	101
4.5845	16	020
4.3522	162	111
3.8932	91	021
3.7774	525	120
3.6865	4	002
3.4204	364	012
3.3619	691	121
3.3330	62	200
3.2260	155	102
3.1325	49	210
3.0432	412	112
3.0432	412	201
2.8830	332	211
2.8729	220	022
2.8234	314	031

(3) 铬酸盐

7-038 黄铬钾石(Tarapacaite)

K_2CrO_4, 194.19

Sys.: Orthorhombic S.G.: Pnam(62) Z: 4

a: 7.663 b: 10.391 c: 5.919 Vol.: 471.31

ICSD: 2828

Atom		Wcf	x	y	z	Occ
Cr1	Cr^{6+}	4c	0.22900(6)	0.42059(5)	0.25	1.0
K1	K^+	4c	0.66544(10)	0.41449(8)	0.25	1.0
K2	K^+	4c	−0.01105(4)	0.69980(7)	0.25	1.0
O1	O^{2-}	4c	0.0155(4)	0.4200(3)	0.25	1.0
O2	O^{2-}	4c	0.3024(4)	0.5700(2)	0.25	1.0
O3	O^{2-}	8d	0.3022(3)	0.3471(2)	0.0233(3)	1.0

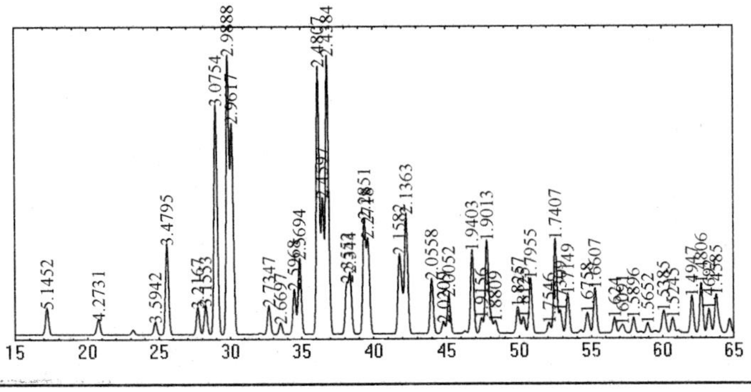

PDF: 15-0365		
d	I/I_0	hkl
6.1400	2	110
5.2000	10	020
5.1430	4	011
4.2990	16	120
4.2720	18	111
3.8340	14	200
3.5930	4	210
3.4810	6	121
3.2160	10	201
3.1560	4	130
3.0780	100	211
2.9880	75	031
2.9600	40	002
2.7330	6	221
2.6670	2	112
2.5990	20	040
2.5700	20	230
2.4790	25	310

7-039 铬铅矿(Crocoite)

$PbCrO_4$, 323.19

Sys.: Monoclinic S.G.: $P2_1/n$(14) Z: 4

a: 7.12 b: 7.44 c: 6.8 β: 102.4 Vol.: 351.81

ICSD: 40920

Atom		Wcf	x	y	z	Occ
Pb1	Pb^{2+}	4e	0.22130(4)	0.14545(4)	0.39692(5)	1.0
Cr1	Cr^{6+}	4e	0.20107(16)	0.16364(16)	0.88184(19)	1.0
O1	O^{2-}	4e	0.2538(11)	0.0042(10)	0.0574(12)	1.0
O2	O^{2-}	4e	0.1245(9)	0.3425(8)	0.9890(12)	1.0
O3	O^{2-}	4e	0.0295(10)	0.0999(9)	0.6858(12)	1.0
O4	O^{2-}	4e	0.3859(8)	0.2141(11)	0.7819(11)	1.0

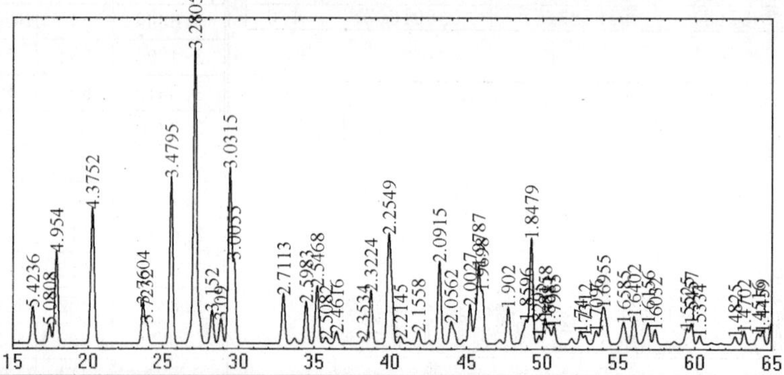

PDF: 08-0210

d	I/I_0	hkl
5.4300	10	$\bar{1}01$
5.1000	6	110
4.9600	25	011
4.3800	25	$\bar{1}11$
4.3700	14	—
3.7600	12	111
3.7200	8	020
3.4800	55	200
3.3200	4	002
3.2800	100	120
3.2400	6	021
3.1500	12	210
3.0900	6	$\bar{2}11$
3.0300	65	012
3.0000	30	$\bar{1}12$
2.7100	16	$\bar{2}02$
2.6530	2	211
2.5970	14	112
2.5490	18	$\bar{2}12$
2.5100	2	$\bar{2}21$

(4) 钨 酸 盐

7-040 钨铁矿(Ferberite)

$FeWO_4$, 303.69

Sys.: Monoclinic S.G.: $P2/a$(13) Z: 2

a: 4.734 b: 5.708 c: 4.965 β: 90 Vol.: 134.16

ICSD: 26843

Atom		Wcf	x	y	z	Occ
Fe1	Fe^{2+}	2f	0.5	0.6744(7)	0.25	1.0
W1	W^{6+}	2e	0	0.1799(1)	0.25	1.0
O1	O^{2-}	4g	0.2159(23)	0.1050(24)	0.5660(16)	1.0
O2	O^{2-}	4g	0.2538(26)	0.3744(24)	0.1096(18)	1.0

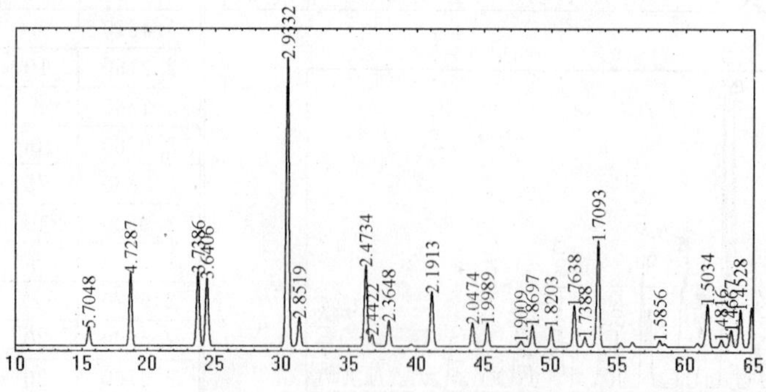

PDF: 12-0729

d	I/I_0	hkl
5.7100	15	010
4.7360	40	100
3.7450	35	011
3.6440	35	110
2.9400	100	$\bar{1}11$
2.8560	25	020
2.4810	25	002
2.4740	30	021
2.4430	10	120
2.3670	15	200
2.1940	20	$\bar{1}21$
2.0510	5	$\bar{1}12$
2.0000	10	$\bar{2}11$
1.9020	5	030
1.8730	10	022
1.8230	10	220
1.7650	20	130
1.7120	30	$\bar{2}02$

7-041 黑钨矿(Wolframite)

(Fe,Mn)WO_4, 303.69

Sys.: Monoclinic　S.G.: $P2/a$(13)　Z: 2

a: 4.772　b: 5.708　c: 4.976　β: 90.24　Vol.: 135.54

ICSD: 15192　FeWO_4

Atom		Wcf	x	y	z	Occ
W1	W^{6+}	$2e$	0	0.1808(2)	0.25	1.0
Fe1	F^{2+}	$2f$	0.5	0.3215(5)	0.75	1.0
O1	O^{2-}	$4g$	0.2167(10)	0.1017(10)	0.5833(10)	1.0
O2	O^{2-}	$4g$	0.2583(14)	0.3900(14)	0.0900(14)	1.0

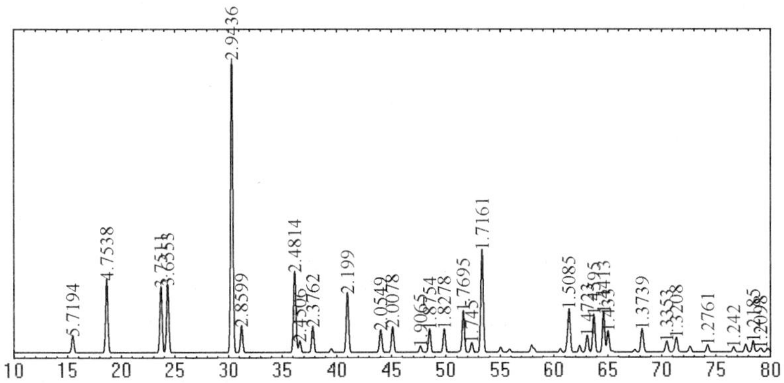

PDF: 11-0591

d	I/I_0	hkl
5.6800	10	010
4.7600	50	100
3.7400	50	011
3.6480	50	110
2.9530	100	$\bar{1}11$
2.8480	20	020
2.4830	60	002
2.3850	20	200
2.2180	10	$\bar{1}02$
2.1920	30	121
2.0610	10	$\bar{1}12$
2.0060	10	211
1.9070	5	030
1.8770	20	022
1.8330	20	220
1.7710	40	130
1.7320	20	$\bar{2}02$
1.7160	50	221
1.5950	10	013
1.5140	20	$\bar{1}13$

7-042 钨锰矿(Hubnerite)

MnWO_4, 302.79

Sys.: Monoclinic　S.G.: $P2/a$(13)　Z: 2

a: 4.829　b: 5.759　c: 4.998　β: 91.16　Vol.: 138.97

ICSD: 67907

Atom		Wcf	x	y	z	Occ
Mn1	Mn^{2+}	$2f$	0.5	0.6849(6)	0.25	1.0
W1	W^{6+}	$2e$	0	0.1800(1)	0.25	1.0
O1	O^{2-}	$4g$	0.211(2)	0.102(2)	0.941(2)	1.0
O2	O^{2-}	$4g$	0.250(2)	0.375(2)	0.392(2)	1.0

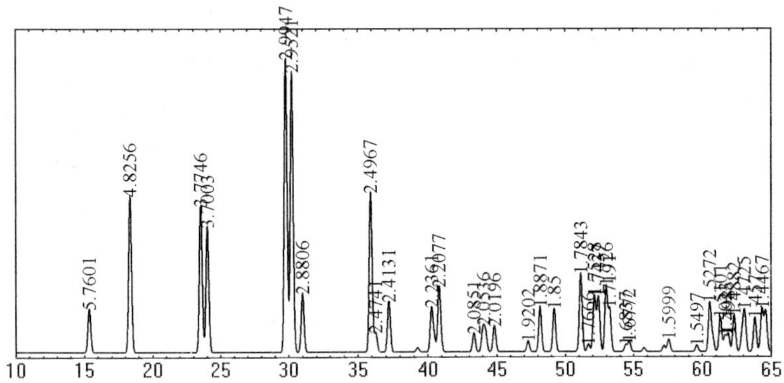

PDF: 13-0434

d	I/I_0	hkl
5.7600	20	010
4.8400	65	100
3.7800	60	011
3.7000	55	110
2.9960	100	$\bar{1}11$
2.9540	95	111
2.8800	30	020
2.4970	55	002
2.4740	10	120
2.4160	20	200
2.2370	16	$\bar{1}02$
2.2090	25	121
2.0870	8	$\bar{1}12$
2.0570	12	112
2.0510	12	$\bar{2}11$
2.0210	10	211
1.9205	6	030
1.8871	16	022
1.8507	16	220
1.7843	25	130

7-043 白钨矿(Scheelite)

$CaWO_4$，287.93

Sys.:Tetragonal S.G.:$I4_1/a$(88) Z:4

a:5.24294 c:11.373 Vol.:312.63

ICSD:60547

Atom		Wcf	x	y	z	Occ
Ca1	Ca^{2+}	4b	0	0.25	0.625	1.0
W1	W^{6+}	4a	0	0.25	0.125	1.0
O1	O^{2-}	16f	0.1507(9)	0.0086(10)	0.2106(4)	1.0

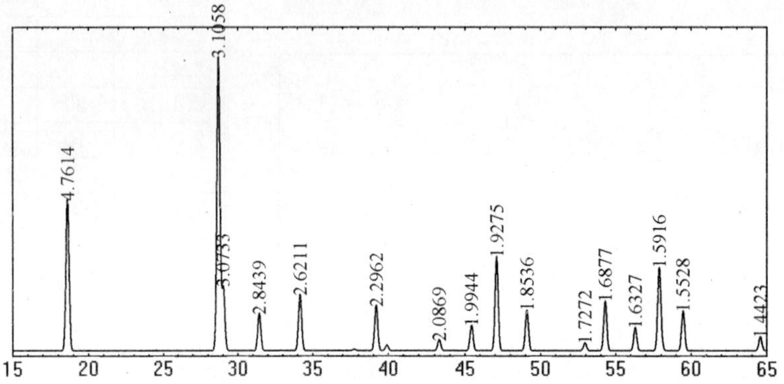

PDF:41-1431

d	I/I_0	hkl
4.7646	84	101
3.1049	100	112
3.0715	30	103
2.8427	39	004
2.6213	19	200
2.3803	1	202
2.2963	18	211
2.2563	3	114
2.0866	6	105
1.9943	10	213
1.9277	36	204
1.8536	15	220
1.7272	3	301
1.6878	17	116
1.6327	8	215
1.5922	23	312
1.5874	4	303
1.5529	13	224
1.4427	5	321
1.4219	4	008

7-044 钨铅矿(Stolzite)

$PbWO_4$，455.05

Sys.:Tetragonal S.G.:$I4_1/a$(88) Z:4

a:5.4619 c:12.049 Vol.:359.45

ICSD:93374

Atom		Wcf	x	y	z	Occ
W1	W^{6+}	4a	0	0.250	0.125	1.0
Pb1	Pb^{2+}	4b	0	0.250	0.625	1.0
O1	O^{2-}	16f	0.23168(60)	0.11200(53)	0.04324(33)	1.0

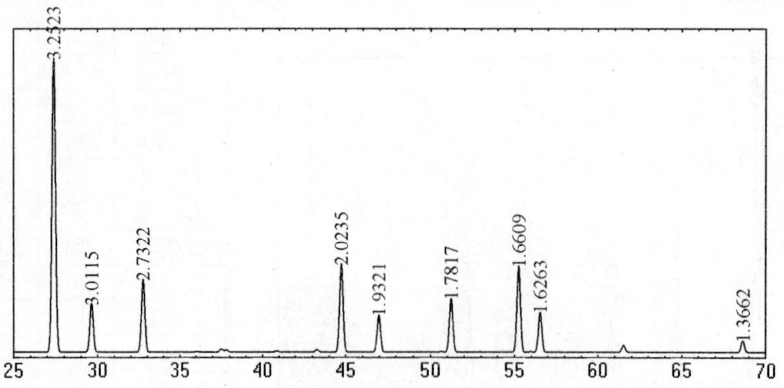

PDF:19-0708

d	I/I_0	hkl
3.2480	100	112
3.0120	20	004
2.7320	30	200
2.4890	2	202
2.3950	2	211
2.3760	2	114
2.2050	2	105
2.0870	2	213
2.0240	35	204
1.9310	16	220
1.8380	2	222
1.7997	2	301
1.7820	20	116
1.6606	35	312
1.6258	16	224
1.5065	4	008
1.4175	2	323
1.3656	4	400
1.3187	8	208
1.3093	12	316

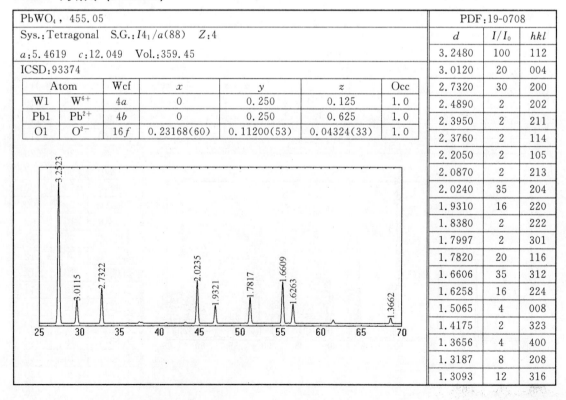

(5) 钼　酸　盐

7-045　钼钙矿(Powellite)

$CaMoO_4$，200.02

Sys.:Tetragonal　S.G.:$I4_1/a$(88)　Z:4

a:5.226　c:11.43　Vol.:312.17

ICSD:23699

Atom		Wcf	x	y	z	Occ
Ca1	Ca^{2+}	4b	0	0	0.5	1.0
Mo1	Mo^{6+}	4a	0	0	0	1.0
O1	O^{2-}	16f	0.2428(10)	0.1465(10)	0.0826(3)	1.0

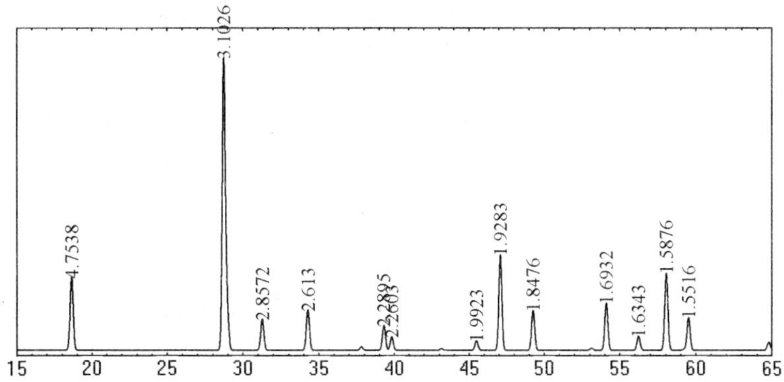

PDF:29-0351

d	I/I_0	hkl
4.7600	25	101
3.1000	100	112
2.8600	14	004
2.6100	16	200
2.3770	4	202
2.2900	10	211
2.2620	6	114
1.9930	6	213
1.9290	30	204
1.8480	14	220
1.6940	14	116
1.6350	6	215
1.5880	20	312
1.5520	10	224
1.4380	4	321
1.4290	2	008
1.3860	4	305
1.3550	4	323
1.3390	4	217

7-046　钼铅矿(Wulfenite)

$PbMoO_4$，367.14

Sys.:Tetragonal　S.G.:$I4_1/a$(88)　Z:4

a:5.433　c:12.11　Vol.:357.46

ICSD:89034

Atom		Wcf	x	y	z	Occ
Pb1	Pb^{2+}	4a	0.5	0.25	0.375	1.0
Mo1	Mo^{6+}	4b	0	0.25	0.625	1.0
O1	O^{2-}	16f	0.7654(5)	0.1140(5)	0.5441(2)	1.0

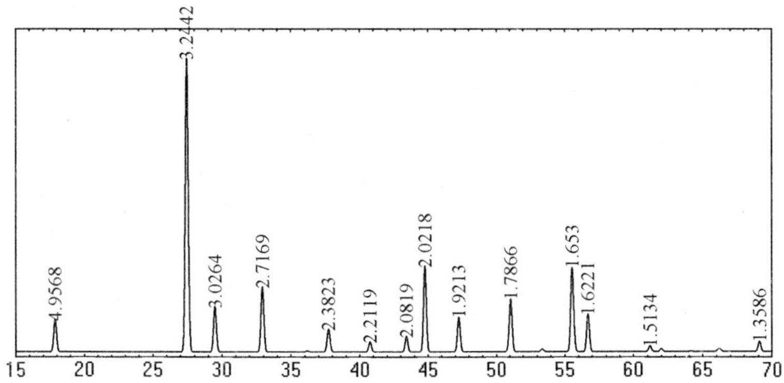

PDF:44-1486

d	I/I_0	hkl
4.9580	11	101
3.2450	100	112
3.0270	15	004
2.7180	20	200
2.4790	1	202
2.3780	6	114
2.2120	3	105
2.0820	4	123
2.0220	22	204
1.9209	9	220
1.7906	5	301
1.7865	12	116
1.7152	1	215
1.6530	17	312
1.6220	8	224
1.5137	1	008
1.4955	1	321
1.4503	1	305
1.4114	1	323

7-047a 黄钼铀矿(Iriginite)

$U(MoO_4)_2(OH)_2 \cdot 2H_2O$，627.95

Sys.:Orthorhombic S.G.:*Pmab*(57) *Z*:4

a:12.77 *b*:6.715 *c*:11.53 Vol.:988.7

ICSD:20113

Atom		Wcf	*x*	*y*	*z*	Occ
U1	U^{6+}	4*a*	0	0.2012(9)	0.25	1.0
Mo1	Mo^{6+}	4*a*	0.031(2)	0.324(2)	0.576(2)	1.0
Mo2	Mo^{6+}	4*a*	0.970(2)	0.677(3)	0.379(3)	1.0
O1	O^{2-}	4*a*	0.16(1)	0.23(2)	0.25	1.0
O2	O^{2-}	4*a*	0.87(1)	0.20(1)	0.25	1.0
O3	O^{2-}	4*a*	0.17(1)	0.34(2)	0.60(1)	1.0
O4	O^{2-}	4*a*	0.84(1)	0.36(1)	0.57(1)	1.0
O5	O^{2-}	4*a*	0.14(1)	0.67(2)	0.38(1)	1.0
O6	O^{2-}	4*a*	0.83(1)	0.66(2)	0.39(1)	1.0
O7	O^{2-}	4*a*	0	0.09(1)	0.61(1)	1.0
O8	O^{2-}	4*a*	0	0.35(1)	0.41(1)	1.0
O9	O^{2-}	4*a*	0	0.66(2)	0.54(1)	1.0
O10	O^{2-}	4*a*	0	0.55(1)	0.22(1)	1.0
O11	O^{2-}	4*a*	0	0.90(1)	0.39(1)	1.0
O12	O^{2-}	4*a*	0.25	0.05(1)	0.5	1.0

PDF:29-1372

d	I/I_0	*hkl*
6.7100	1	010
6.4000	19	200
5.7800	2	002
5.6000	1	201
5.2900	30	111
4.6200	1	210
4.3800	3	012
4.2900	16	211
4.1400	1	112
3.6130	13	212
3.4370	5	311
3.3580	9	020
3.2950	3	203
3.2290	100	113
3.1880	1	400
3.1270	25	121
2.9740	19	220
2.9040	5	022
2.8810	1	004
2.6440	5	222

7-047b 黄钼铀矿(Iriginite)

$U(MoO_4)_2(OH)_2 \cdot 2H_2O$，627.95

ICSD:20113(续) *Pca*2_1(29)

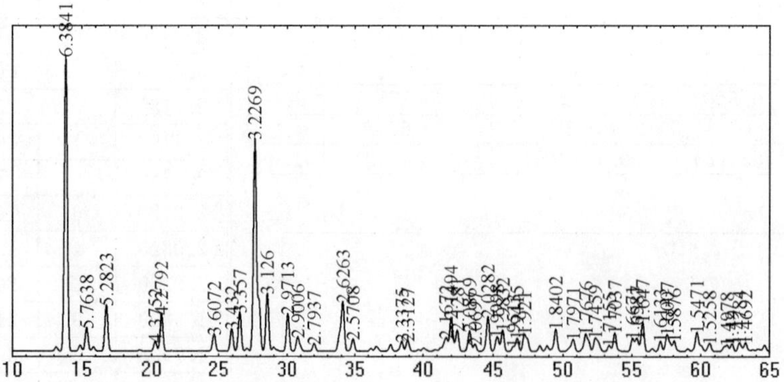

PDF:29-1372(续)

d	I/I_0	*hkl*
2.6270	13	204
2.5720	2	321
2.4470	3	214
2.3140	2	420
2.1650	4	131
2.1500	11	115
2.0870	6	032
2.0700	4	224
2.0290	2	610
1.9836	8	232
1.9426	3	315
1.9232	7	006
1.9133	2	612
1.8798	4	125
1.8405	19	206
1.7678	5	034
1.7471	2	432
1.7372	1	325
1.7036	8	234
1.6681	5	026

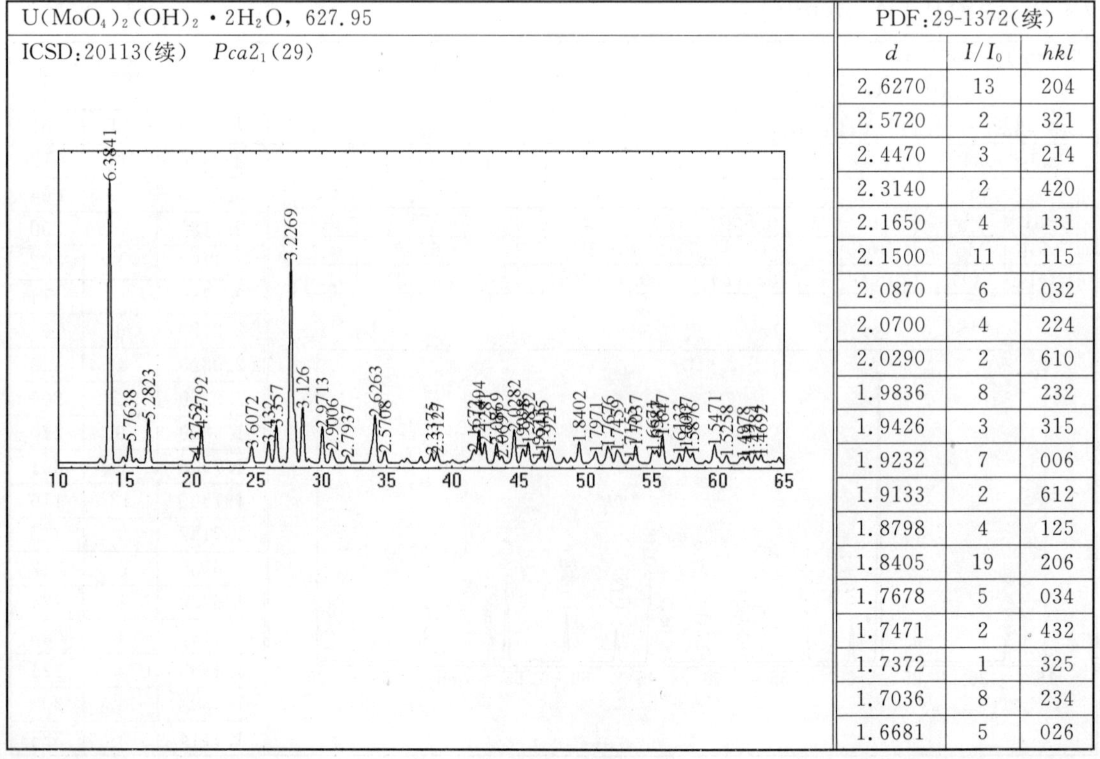

8 磷酸盐及相关盐类

(1) 磷酸盐……(254)
(2) 砷酸盐……(306)
(3) 钒酸盐……(316)
(4) 锑酸盐……(320)

(1) 磷 酸 盐

8-001a 锂磷铝石(Amblygonit)

$LiAlF(PO_4)$, 147.89

Sys.: Triclinic S.G.: $P\bar{1}$(2) Z: 2

a: 5.06 b: 5.16 c: 7.08 α: 109.87 β: 107.5 γ: 97.9 Vol.: 159.78

ICSD: 48012

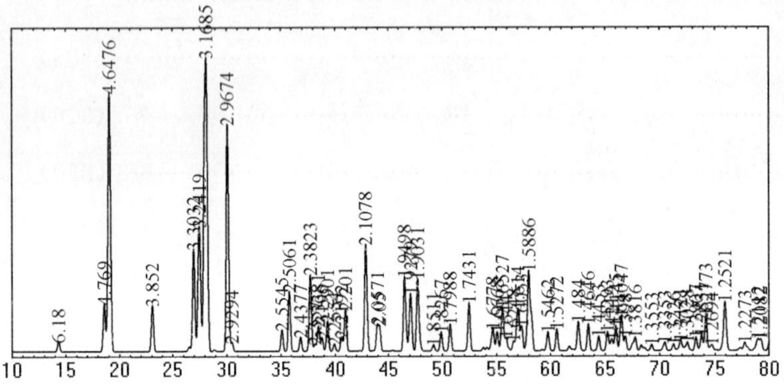

PDF: 77-1338

d	I/I_0	hkl
6.1781	45	001
4.7678	105	$0\bar{1}1$
4.6764	451	010
4.6504	879	100
4.6504	879	$\bar{1}01$
3.8520	109	$\bar{1}10$
3.3550	31	$\bar{1}\bar{1}1$
3.3037	481	$1\bar{1}1$
3.2504	376	$0\bar{1}2$
3.2348	477	$\bar{1}11$
3.1878	611	101
3.1764	555	$\bar{1}02$
3.1644	999	011
3.0890	52	002
2.9677	956	$\bar{1}\bar{1}2$
2.9293	91	110
2.5545	138	$0\bar{2}1$
2.5060	244	$\bar{2}01$
2.4380	76	$1\bar{1}2$

8-001b 锂磷铝石(Amblygonite)

$LiAlF(PO_4)$, 147.89

ICSD: 48012(续)

Atom		Wcf	x	y	z	Occ
Al1	Al^{3+}	$1a$	0	0	0	1.0
Al2	Al^{3+}	$1h$	0.5	0.5	0.5	1.0
P1	P^{5+}	$2i$	0.565	0.883	0.238	1.0
O1	O^{2-}	$2i$	0.646	0.68	0.3485	1.0
O2	O^{2-}	$2i$	0.659	0.194	0.402	1.0
O3	O^{2-}	$2i$	0.724	0.836	0.0805	1.0
O4	O^{2-}	$2i$	0.234	0.795	0.1115	1.0
F1	F^{-}	$2i$	0.143	0.319	0.267	1.0
Li1	Li^{+}	$2i$	0.92	0.575	0.18	0.5
Li2	Li^{+}	$2i$	0.995	0.65	0.25	0.5

PDF: 77-1338(续)

d	I/I_0	hkl
2.3817	330	$\bar{1}12$
2.3817	330	$1\bar{2}1$
2.3570	15	$\bar{1}20$
2.3382	57	020
2.3328	66	$\bar{2}11$
2.3252	30	200
2.3192	62	$\bar{2}02$
2.2903	83	$\bar{1}\bar{1}3$
2.2551	32	111
2.2489	20	$0\bar{1}3$
2.2197	7	102
2.2132	5	$\bar{1}03$
2.2011	66	012
2.1192	12	$\bar{1}\bar{2}1$
2.1083	206	$\bar{2}\bar{1}2$
2.1083	206	$1\bar{2}2$
2.1027	174	$\bar{2}\bar{1}1$
2.0773	5	$2\bar{1}1$
2.0580	26	003

8-002 磷铝铅矿(Pyromorphite)

$Pb_5(PO_4)_3Cl$, 1356.37

Sys.: Hexagonal　S.G.: $P6_3/m$(176)　Z: 2

a: 9.987　c: 7.33　Vol.: 633.15

ICSD: 50587

Atom		Wcf	x	y	z	Occ
Pb1	Pb^{2+}	4f	0.3333	0.6667	0.0051(2)	1.0
Pb2	Pb^{2+}	6h	0.2547(1)	0.0060(2)	0.25	1.0
P3	P^{5+}	6h	0.4102(9)	0.3790(8)	0.25	1.0
O1	O^{2-}	6h	0.3402(40)	0.4893(30)	0.25	1.0
O2	O^{2-}	6h	0.5871(28)	0.4735(29)	0.25	1.0
O3	O^{2-}	12i	0.3593(29)	0.2738(23)	0.0848(25)	1.0
Cl1	Cl^-	2b	0	0	0	1.0

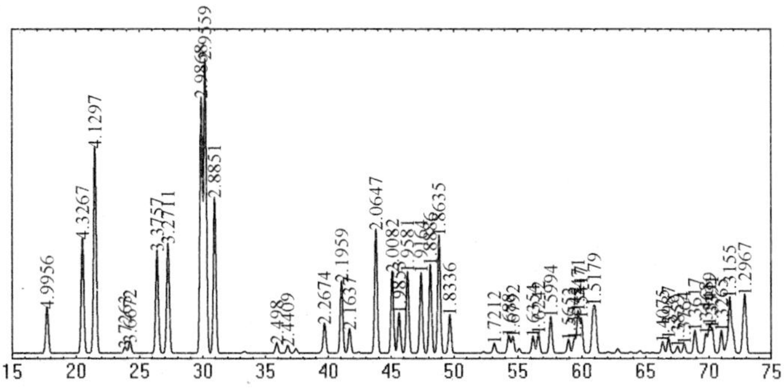

PDF: 19-0701

d	I/I_0	hkl
4.9900	8	110
4.3300	20	200
4.1300	45	111
3.7300	2	201
3.6700	8	002
3.3800	25	102
3.2700	35	210
2.9850	100	211
2.9590	100	112
2.8850	60	300
2.4970	2	220
2.4400	2	212
2.2660	6	302
2.1950	16	113
2.1620	8	400
2.0630	35	222
2.0070	18	312
1.9830	10	320
1.9570	20	213
1.9150	25	321

8-003a 白磷钙石(Whitlockite)

$Ca_{2.86}Mg_{0.14}(PO_4)_2$, 307.97

Sys.: Trigonal　S.G.: $R3c$(161)　Z: 21

a: 10.401　c: 37.316　Vol.: 3496.04

ICSD: 41846

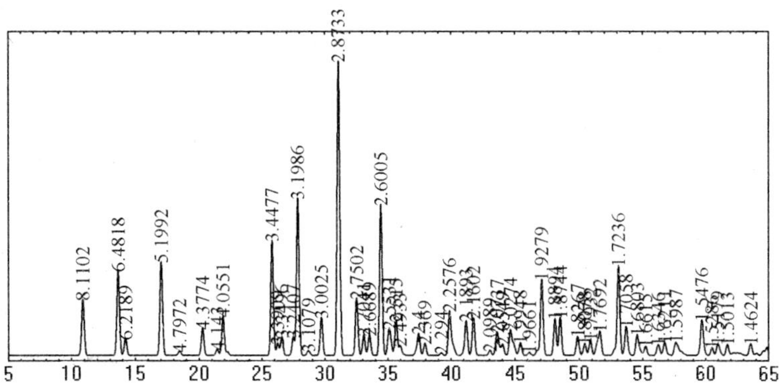

PDF: 77-0692

d	I/I_0	hkl
8.1117	148	012
6.4800	221	104
6.2193	43	006
5.2005	261	110
4.7980	13	113
4.3780	71	202
4.1421	14	018
4.0559	122	024
3.9895	13	116
3.4475	245	10$\underline{10}$
3.3904	42	211
3.3492	76	122
3.2420	52	119
3.2420	52	208
3.1982	500	214
3.1097	9	00$\underline{12}$
3.0975	8	125
3.0025	126	300
2.8734	999	02$\underline{10}$
2.8734	999	217

8-003b 白磷钙石(Whitlockite)

$Ca_{2.86}Mg_{0.14}(PO_4)_2$，307.97

ICSD:41846(续)

Atom		Wcf	x	y	z	Occ
Ca1	Ca^{2+}	18*b*	−0.2749(1)	−0.1423(1)	0.1666(1)	1.0
Ca2	Ca^{2+}	18*b*	−0.3833(1)	−0.1772(1)	−0.0339(1)	1.0
Ca3	Ca^{2+}	18*b*	−0.2737(2)	−0.1483(1)	0.0604(1)	1.0
Ca4	Ca^{2+}	6*a*	0	0	−0.0804(1)	0.305(7)
Mg1	Mg^{2+}	6*a*	0	0	−0.0804(1)	0.195(7)
Ca5	Ca^{2+}	6*a*	0	0	−0.2653(1)	0.715
Mg2	Mg^{2+}	6*a*	0	0	−0.2653(1)	0.285
P1	P^{5+}	6*a*	0	0	0	1.0
O1	O^{2-}	18*b*	0.0061(3)	−0.1363(3)	−0.0128(1)	1.0
O2	O^{2-}	6*a*	0	0	0.0407(2)	1.0
P2	P^{5+}	18*b*	−0.3124(1)	−0.1379(1)	−0.1312(1)	1.0
O3	O^{2-}	18*b*	−0.2673(3)	−0.0863(3)	−0.0922(1)	1.0
O4	O^{2-}	18*b*	−0.2383(3)	−0.2240(3)	−0.1445(1)	1.0
O5	O^{2-}	18*b*	−0.2745(2)	−0.0038(2)	−0.1525(1)	1.0
O6	O^{2-}	18*b*	−0.4817(2)	−0.2394(2)	−0.1356(1)	1.0
P3	P^{5+}	18*b*	−0.3457(1)	−0.1529(1)	−0.2334(1)	1.0
O7	O^{2-}	18*b*	−0.3997(2)	−0.0468(2)	−0.2211(1)	1.0
O8	O^{2-}	18*b*	−0.4227(2)	−0.3038(2)	−0.2146(1)	1.0
O9	O^{2-}	18*b*	−0.1787(2)	−0.0786(2)	−0.2251(1)	1.0
O10	O^{2-}	18*b*	−0.3748(3)	−0.1785(2)	−0.2736(1)	1.0

PDF:77-0692(续)

d	I/I_0	hkl
2.7500	184	128
2.7039	74	306
2.6689	55	1112
2.6003	636	220
2.5559	40	0114
2.5452	59	223
2.5151	116	2110
2.4927	38	131
2.4761	6	312
2.4132	10	134
2.3990	70	1211
2.3990	70	226
2.3690	39	315
2.2938	8	2014
2.2578	88	1016
2.2442	27	1115
2.2357	18	042
2.2029	7	229
2.2029	7	318
2.1890	97	404

8-004 光彩石(Augelite)

$Al_2(PO_4)(OH)_3$，199.96

Sys.:Monoclinic S.G.:*I*2/*m*(12) *Z*:4

a:13.134 *b*:8.0052 *c*:5.0808 *β*:112.267 Vol.:494.36

ICSD:24430

Atom		Wcf	x	y	z	Occ
Al1	Al^{3+}	4*g*	0	0.1989(2)	0	1.0
Al2	Al^{3+}	4*i*	0.1889(1)	0	0.9792(2)	1.0
P1	P^{5+}	4*i*	0.3528(1)	0	0.6278(2)	1.0
O1	O^{2-}	4*i*	0.2576(2)	0	0.7322(6)	1.0
O2	O^{2-}	4*i*	0.3038(2)	0	0.3003(6)	1.0
O3	O^{2-}	8*j*	0.4215(2)	0.1563(3)	0.7170(5)	1.0
O4	O^{2-}	4*i*	0.0853(2)	0	0.1980(5)	1.0
O5	O^{2-}	8*j*	0.1071(2)	0.1813(3)	0.8431(4)	1.0

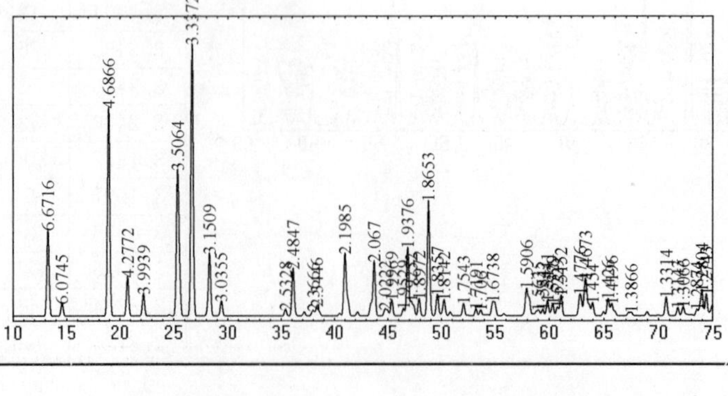

PDF:34-0151

d	I/I_0	hkl
6.7000	2	110
4.7060	25	001
4.6730	25	$\bar{2}01$
4.2930	4	$\bar{1}11$
4.0070	30	020
3.6170	4	310
3.5170	55	111
3.4900	25	$\bar{3}11$
3.3440	100	220
3.1580	10	$\bar{4}01$
3.0470	7	021
3.0470	7	400
2.6060	2	130
2.5400	3	$\bar{2}02$
2.4890	14	221
2.4890	14	311
2.4700	2	$\bar{5}11$
2.3790	2	$\bar{1}12$
2.3520	1	002
2.3360	2	$\bar{4}02$

8-005a 黄磷铁矿(Cacoxenite)

$Al_4Fe_{21}(PO_4)_{17}O_6(OH)_{12}(H_2O)_{24}$，3627.68
Sys.: Hexagonal S.G.: $P6_3/m$(176) Z: 2 a: 27.559 c: 10.55 Vol.: 36939.21
ICSD: 30834

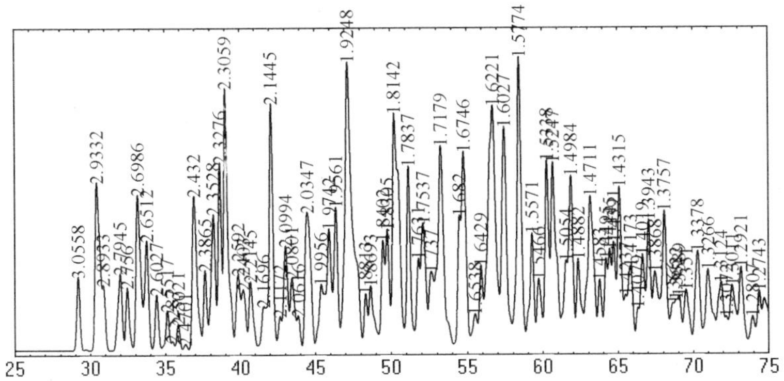

PDF:75-1346		
d	I/I_0	hkl
23.8668	999	100
13.7795	13	110
11.9334	74	200
9.6493	9	101
9.0208	8	210
8.3767	1	111
7.9040	4	300
7.9040	4	201
6.8562	12	121
6.6195	1	130
6.3520	2	301
5.9667	1	400
5.7686	3	221
5.6071	1	131
5.4754	3	320
5.2750	1	002
5.1936	1	140
5.1936	1	401
4.9264	1	112
4.8599	8	231

8-005b 黄磷铁矿(Cacoxenite)

$Al_4Fe_{21}(PO_4)_{17}O_6(OH)_{12}(H_2O)_{24}$，3627.68

ICSD: 30834(续 1)

Atom		Wcf	x	y	z	Occ
Fe1	Fe^{3+}	6h	0.4759(2)	0.1140(2)	0.25	1.0
Fe2	Fe^{3+}	6h	0.6542(2)	0.0940(2)	0.75	1.0
Fe3	Fe^{3+}	6h	0.5717(2)	0.2330(2)	0.75	1.0
Fe4	Fe^{3+}	12i	0.5400(1)	0.0525(1)	0.1025(4)	1.0
Fe5	Fe^{3+}	12i	0.6758(1)	0.2229(1)	0.6066(4)	1.0
Al1	Al^{3+}	2d	0.66667	0.33333	0.25	1.0
Al2	Al^{3+}	6h	0.3831(4)	0.0107(4)	0.75	1.0
P1	P^{5+}	4f	0.66667	0.33333	0.562(1)	1.0
O1	O^{2-}	4f	0.66667	0.33333	0.422(3)	1.0
O2	O^{2-}	12i	0.6060(6)	0.2979(6)	0.614(2)	1.0
P2	P^{5+}	6h	0.6555(4)	0.1129(4)	0.25	1.0
O3	O^{2-}	6h	0.6731(10)	0.0672(10)	0.25	1.0
O4	O^{2-}	6h	0.7063(10)	0.1709(10)	0.25	1.0
O5	O^{2-}	12i	0.6203(7)	0.1022(7)	0.128(2)	1.0
P3	P^{5+}	12i	0.4061(2)	0.0107(2)	0.049(1)	1.0
O6	O^{2-}	12i	0.3839(6)	0.0171(6)	−0.077(2)	1.0
O7	O^{2-}	12i	0.3591(7)	−0.0398(7)	0.119(2)	1.0
O8	O^{2-}	12i	0.4256(7)	0.0650(7)	0.122(2)	1.0

PDF:75-1346(续 1)		
d	I/I_0	hkl
4.7734	1	500
4.6701	1	141
4.5932	1	330
4.5536	2	122
4.5104	1	420
4.3964	1	302
4.3489	1	501
4.2866	1	510
4.2114	1	331
4.1884	1	222
4.1473	2	421
3.9713	2	511
3.9520	1	402
3.9237	1	430
3.8218	1	250
3.7989	1	322
3.7061	4	142
3.6397	1	610
3.5933	1	251
3.5394	2	502

8-005c 黄磷铁矿(Cacoxenite)

$Al_4Fe_{21}(PO_4)_{17}O_6(OH)_{12}(H_2O)_{24}$，3627.68

ICSD:30834(续 2)

Atom		Wcf	x	y	z	Occ
O9	O^{2-}	12*i*	0.4572(6)	−0.0001(6)	0.031(1)	1.0
P4	P^{5+}	12*i*	0.5522(2)	0.1657(3)	0.000(1)	1.0
O10	O^{2-}	12*i*	0.5239(7)	0.1706(7)	0.122(2)	1.0
O11	O^{2-}	12*i*	0.5284(6)	0.1817(6)	−0.113(2)	1.0
O12	O^{2-}	12*i*	0.5403(6)	0.1053(7)	−0.021(2)	1.0
O13	O^{2-}	12*i*	0.6155(6)	0.2062(6)	0.015(2)	1.0
O14	O^{2-}	12*i*	0.6680(7)	0.1496(7)	0.615(2)	1.0
O15	O^{2-}	6*h*	0.5144(10)	0.074(1)	0.25	1.0
O16	O^{2-}	6*h*	0.5172(9)	0.2646(9)	0.75	1.0
O17	O^{2-}	6*h*	0.6294(9)	0.2150(9)	0.75	1.0
O18	O^{2-}	6*h*	0.5520(11)	0.0025(11)	0.25	1.0
O19	O^{2-}	6*h*	0.427(1)	0.156(1)	0.25	1.0
O20	O^{2-}	6*h*	0.570(1)	0.079(1)	0.75	1.0
O21	O^{2-}	6*h*	0.325(1)	0.034(1)	0.75	1.0
O22	O^{2-}	6*h*	0.376(1)	0.262(1)	0.75	1.0
O23	O^{2-}	6*h*	0.443(1)	0.094(1)	0.75	1.0
O24	O^{2-}	6*h*	0.620(3)	0.256(3)	0.25	0.5
O25	O^{2-}	6*h*	0.656(4)	0.259(3)	0.25	0.5
O26	O^{2-}	12*i*	0.510(1)	0.269(1)	0.047(2)	1.0

PDF:75-1346(续 2)

d	I/I_0	hkl
3.4640	1	332
3.4281	1	242
3.4095	2	700
3.4095	2	113
3.3732	1	203
3.3097	2	260
3.2765	1	123
3.2765	1	441
3.2443	1	351
3.2164	1	303
3.1612	4	710
3.1612	4	261
3.1483	3	432
3.0949	3	522
3.0558	1	450
3.0282	1	711
2.9958	2	612
2.9589	1	323
2.9352	2	451
2.9145	3	413

8-006a 磷铜铁矿(Chalcosiderite)

$CuFe_6(PO_4)_4(OH)_8 \cdot 4H_2O$，986.63

Sys.:Triclinic S.G.:$P\bar{1}$(2) Z:1

a:7.672 b:7.885 c:10.199 α:67.51 β:69.16 γ:64.88 Vol.:502.16

ICSD:67037 $Cu(Al_{0.54}Fe_{5.46})(PO_4)_4(OH)_8(H_2O)_4$

Atom		Wcf	x	y	z	Occ
Cu1	Cu^{2+}	1*a*	0	0	0	1.0
Fe1	Fe^{3+}	2*i*	0.2444(1)	0.5032(1)	0.2433(1)	0.97
Al1	Al^{3+}	2*i*	0.2444(1)	0.5032(1)	0.2433(1)	0.03
Fe2	Fe^{3+}	2*i*	0.2863(1)	0.1822(1)	0.7530(1)	0.88
Al2	Al^{3+}	2*i*	0.2863(1)	0.1822(1)	0.7530(1)	0.12
Fe3	Fe^{3+}	2*i*	0.7560(1)	0.1873(1)	0.2743(1)	0.88

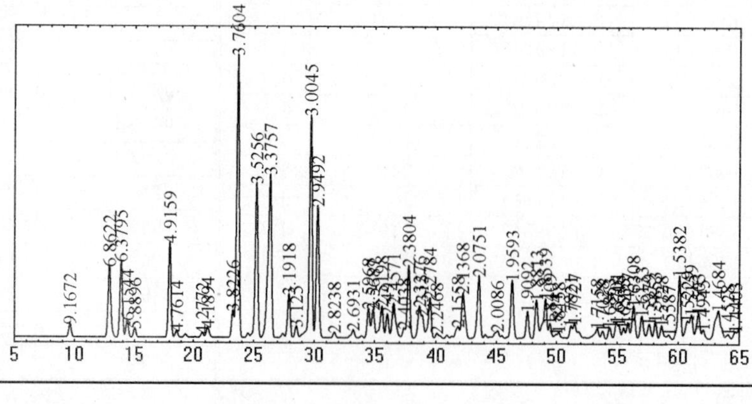

PDF:37-0446

d	I/I_0	hkl
9.1600	3	001
6.8600	8	010
6.3880	25	111
6.1620	14	101
5.9010	3	110
4.9260	20	$\bar{1}01$
4.7730	3	112
4.5830	13	002
4.4140	1	012
4.2820	1	102
4.2020	6	$\bar{1}\bar{1}1$
3.9270	3	121
3.7630	100	$1\bar{1}1$
3.5360	35	210
3.4440	5	$\bar{1}02$
3.3810	40	113
3.3810	40	200
3.2520	2	221
3.1980	6	022
3.1980	6	222

8-006b 磷铜铁矿(Chalcosiderite)

$CuFe_6(PO_4)_4(OH)_8 \cdot 4H_2O$, 986.63

ICSD:67037(续)　$Cu(Al_{0.54}Fe_{5.46})(PO_4)_4(OH)_8(H_2O)_4$

Atom		Wcf	x	y	z	Occ
Al3	Al^{3+}	$2i$	0.7560(1)	0.1873(1)	0.2743(1)	0.12
P1	P^{5+}	$2i$	0.3500(2)	0.3823(2)	0.9482(1)	1.0
P2	P^{5+}	$2i$	0.8433(2)	0.3807(2)	0.4621(1)	1.0
O1	O^{2-}	$2i$	0.5690(4)	0.3681(4)	0.9048(3)	0.75
O2	O^{2-}	$2i$	0.5690(4)	0.3681(4)	0.9048(3)	0.25
O3	O^{2-}	$2i$	0.0608(4)	0.3635(5)	0.3913(3)	1.0
O4	O^{2-}	$2i$	0.2754(4)	0.3486(4)	0.1144(3)	1.0
O5	O^{2-}	$2i$	0.8063(4)	0.3361(4)	0.6284(3)	1.0
O6	O^{2-}	$2i$	0.7838(4)	0.4188(4)	0.1255(3)	1.0
O7	O^{2-}	$2i$	0.2953(4)	0.4154(4)	0.6000(3)	1.0
O8	O^{2-}	$2i$	0.3320(4)	0.2215(4)	0.9104(3)	1.0
O9	O^{2-}	$2i$	0.7944(4)	0.2251(4)	0.4377(3)	1.0
O10	O^{2-}	$2i$	0.7393(4)	0.0863(4)	0.1184(3)	0.333
O11	O^{2-}	$2i$	0.7393(4)	0.0863(4)	0.1184(3)	0.667
O12	O^{2-}	$2i$	0.2330(4)	0.0815(4)	0.6260(3)	1.0
O13	O^{2-}	$2i$	0.4640(4)	0.2907(4)	0.3331(3)	1.0
O14	O^{2-}	$2i$	0.9859(4)	0.2743(4)	0.8564(3)	1.0
O15	O^{2-}	$2i$	0.5830(4)	0.0437(4)	0.6829(3)	0.667
O16	O^{2-}	$2i$	0.5830(4)	0.0437(4)	0.6829(3)	0.333
O17	O^{2-}	$2i$	0.0715(4)	0.0619(4)	0.1939(3)	1.0

PDF:37-0446(续)

d	I/I_0	hkl
3.1280	4	013
3.0810	6	202
3.0100	40	123
2.9520	30	$\bar{1}\bar{2}1$
2.9520	30	220
2.8270	2	223
2.6960	6	$\bar{1}21$
2.6960	6	$\bar{2}10$
2.6410	1	$2\bar{1}1$
2.6000	4	131
2.5710	3	$\bar{1}03$
2.5440	2	$0\bar{1}3$
2.5440	2	114
2.5210	25	$1\bar{2}1$
2.4950	4	312
2.4950	4	$\bar{1}13$
2.4610	10	$\bar{2}02$
2.4450	3	$0\bar{2}2$
2.4070	4	$2\bar{1}2$
2.3860	10	214

8-007a 绿磷铁矿(Dufrenite)

$CaFe_{12}(PO_4)_8(OH)_{12} \cdot 4H_2O$, 1746.16

Sys.:Monoclinic　S.G.:$I2/a$(15)　Z:2

a:25.84　b:5.126　c:13.78　β:111.2　Vol.:11701.72

ICSD:34830

Atom		Wcf	x	y	z	Occ
Fe1	Fe^{3+}	$4a$	0	0	0	1.0
Fe2	Fe^{2+}	$4c$	0.25	0.25	0	1.0
Fe3	Fe^{3+}	$8f$	0.1529(1)	−0.0150(8)	0.1116(3)	1.0
Fe4	Fe^{3+}	$8f$	0.1401(2)	−0.2220(8)	0.3545(3)	1.0
P1	P^{5+}	$8f$	0.2185(3)	0.2612(13)	0.3312(5)	1.0

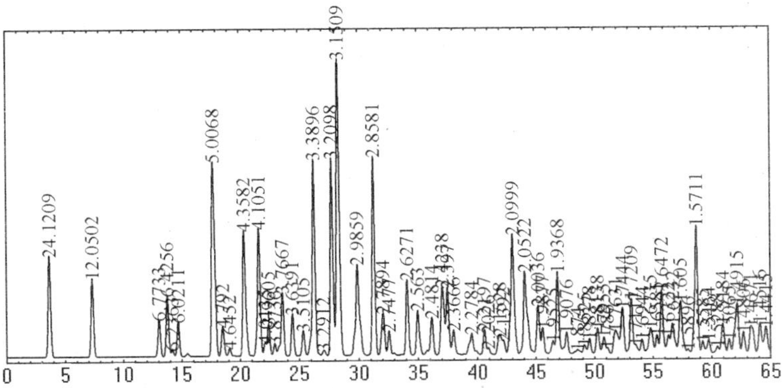

PDF:22-1143

d	I/I_0	hkl
12.0000	90	200
6.7800	20	$\bar{2}02$
6.4100	30	002
5.9900	20	400
5.0000	90	110
4.8000	20	$\bar{1}11$
4.3500	40	$\bar{3}11$
4.1100	50	$\bar{1}12$
3.7600	20	402
3.6300	30	$\bar{5}11$
3.5100	10	510
3.3900	70	$\bar{3}13$
3.2100	50	$\bar{8}02$
3.1500	100	$\bar{5}13$
2.9900	40	$\bar{7}11$
2.8600	60	$\bar{3}14$
2.7950	20	$\bar{7}13$
2.6270	40	711
2.5650	20	020
2.4870	10	404

8-007b 绿磷铁矿(Dufrenite)

$CaFe_{12}(PO_4)_8(OH)_{12} \cdot 4H_2O$，1746.16

ICSD:34830(续)

Atom		Wcf	x	y	z	Occ
P2	P^{5+}	8f	0.0790(3)	0.2808(14)	0.3970(5)	1.0
Ca1	Ca^{2+}	4e	0	−0.1474(25)	0.25	0.5
O1	O^{2-}	8f	0.0887(7)	0.0660(34)	0.3293(13)	1.0
O2	O^{2-}	8f	0.0769(8)	0.5468(39)	0.3422(15)	1.0
O3	O^{2-}	8f	0.0193(8)	0.2255(38)	0.4030(14)	1.0
O4	O^{2-}	8f	0.1224(8)	0.2896(37)	0.5055(14)	1.0
O5	O^{2-}	8f	0.1727(8)	0.2183(37)	0.0170(14)	1.0
O6	O^{2-}	8f	0.2134(8)	0.0108(36)	0.3878(14)	1.0
O7	O^{2-}	8f	0.2029(8)	−0.5144(38)	0.3907(15)	1.0
O8	O^{2-}	8f	0.1289(9)	−0.2574(39)	0.2046(15)	1.0
O9	O^{2-}	8f	0.1766(8)	0.2529(36)	0.2203(14)	1.0
O10	O^{2-}	8f	0.2223(8)	−0.2034(36)	0.1670(14)	1.0
O11	O^{2-}	8f	0.0769(8)	0.1439(38)	0.0645(14)	1.0
O12	O^{2-}	8f	0.0243(9)	−0.2853(41)	0.1119(16)	1.0

PDF:22-1143(续)

d	I/I_0	hkl
2.4270	30	221
2.4090	30	$\underline{10}00$
2.3620	10	712
2.2770	10	222
2.2230	10	115
2.1500	10	$\overline{12}02$
2.1010	50	$\bar{6}23$
2.0550	30	$\bar{2}24$
2.0080	20	$\underline{12}00$
1.9900	20	206
1.9390	30	622
1.9060	10	224
1.8770	10	$\bar{4}25$
1.8200	10	$\overline{10}22$
1.7650	10	$\bar{8}25$
1.7500	20	$\bar{9}17$
1.7230	20	$\bar{6}08$
1.7000	10	130
1.6770	10	715
1.6520	20	$\underline{13}11$

8-008 磷铍钙石(Herderite)

$CaBePO_4OH$，161.07

Sys.:Monoclinic S.G.:$P2_1/a$(14) Z:4

a:9.789 b:7.661 c:4.804 β:90.02 Vol.:360.27

ICSD:6188

Atom		Wcf	x	y	z	Occ
O1	O^{2-}	4e	0.0396(2)	0.3988(3)	0.2466(5)	1.0
O2	O^{2-}	4e	0.4585(2)	0.2835(3)	0.6521(5)	1.0
O3	O^{2-}	4e	0.1935(2)	0.3445(3)	0.6669(5)	1.0
O4	O^{2-}	4e	0.1428(2)	0.1059(3)	0.3305(5)	1.0
O5	O^{2-}	4e	0.3332(4)	0.4123(3)	0.2039(5)	1.0
Ca1	Ca^{2+}	4e	0.3309(1)	0.1116(1)	0.9974(1)	1.0
P1	P^{5+}	4e	0.0815(1)	0.2710(1)	0.4708(1)	1.0
Be1	Be^{2+}	4e	0.3398(4)	0.4141(5)	0.5370(9)	1.0

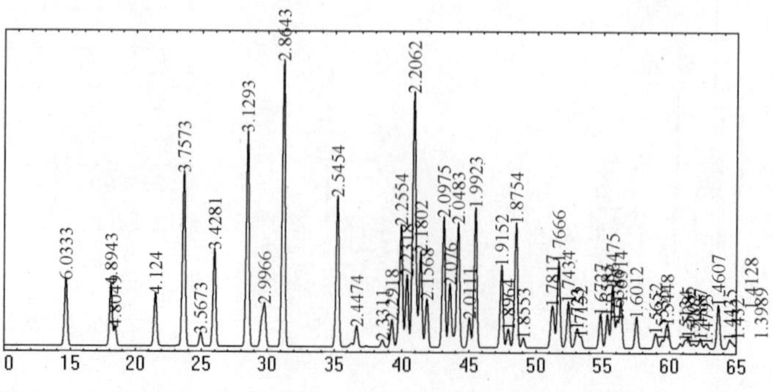

PDF:70-2062

d	I/I_0	hkl
6.0331	209	110
4.8945	7	200
4.8040	105	001
4.1246	33	210
4.0700	17	011
3.8305	107	020
3.7577	196	$11\bar{1}$
3.7577	196	111
3.5671	13	120
3.4279	370	$20\bar{1}$
3.4279	370	201
3.1299	999	$21\bar{1}$
3.1299	999	211
3.0165	148	220
2.9950	338	021
2.8641	500	$12\bar{1}$
2.8641	500	121
2.5544	81	$22\bar{1}$
2.5544	81	221
2.5455	232	$31\bar{1}$

8-009a 天蓝石(Lazulite)

$(Mg,Fe)Al_2(PO_4)_2(OH)_2$, 302.23

Sys.: Monoclinic S.G.: $P2_1/n$(14) Z: 2

a: 7.15 b: 7.28 c: 7.25 β: 120.6 Vol.: 324.82

ICSD: 31259

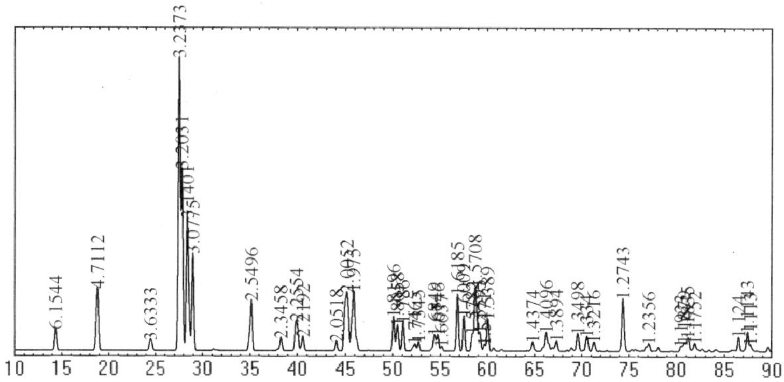

PDF: 14-0137

d	I/I_0	hkl
6.1500	75	100
4.7260	16	011
4.7110	16	110
3.6270	4	$\bar{1}02$
3.2340	75	$\bar{1}12$
3.1970	65	111
3.1360	95	120
3.0720	100	200
2.5460	25	121
2.3420	4	102
2.2540	12	$\bar{1}13$
2.2170	8	211
2.0510	10	300
2.0040	12	$\bar{3}13$
2.0000	10	013
1.9820	12	$\bar{1}23$
1.9740	20	$\bar{3}22$
1.9610	10	$\bar{3}21$
1.9590	8	221
1.8190	14	040

8-009b 天蓝石(Lazulite)

$(Mg,Fe)Al_2(PO_4)_2(OH)_2$, 302.23

ICSD: 31259(续)

Atom		Wcf	x	y	z	Occ
Mg1	Mg^{2+}	2a	0	0	0	0.866
Fe1	Fe^{2+}	2a	0	0	0	0.134
Al1	Al^{3+}	4e	−0.2674(1)	0.2668(1)	0.0064(1)	1.0
P1	P^{5+}	4e	0.2480(1)	0.3854(1)	0.2450(1)	1.0
O1	O^{2-}	4e	−0.2125(2)	0.0142(2)	0.1060(2)	1.0
O2	O^{2-}	4e	−0.2881(2)	0.4998(2)	−0.0930(2)	1.0
O3	O^{2-}	4e	0.0436(2)	0.2641(2)	0.1245(2)	1.0
O4	O^{2-}	4e	−0.5619(2)	0.2427(2)	−0.1292(2)	1.0
O5	O^{2-}	4e	−0.2599(2)	0.1467(1)	−0.2412(2)	1.0

PDF: 14-0137(续)

d	I/I_0	hkl
1.8140	10	$\bar{2}04$
1.8040	16	023
1.7870	8	320
1.7810	6	202
1.6620	6	311
1.6190	12	141
1.6010	12	222
1.5780	8	033
1.5720	20	042
1.5670	25	330
1.5480	6	$\bar{4}21$
1.5440	4	321
1.5380	16	400
1.4100	8	$\bar{2}15$
1.3890	6	312
1.2740	16	$\bar{5}24$

8-010 磷铜矿(Libethenite)

$Cu_2(PO_4)(OH)$, 239.07

Sys.: Orthorhombic S.G.: *Pnnm*(58) *Z*: 4

a: 8.0633 *b*: 8.3981 *c*: 5.8873 Vol.: 398.67

ICSD: 200422

Atom		Wcf	*x*	*y*	*z*	Occ
Cu1	Cu^{2+}	4*e*	0	0	0.24926(7)	1.0
Cu2	Cu^{2+}	4*g*	0.13828(6)	0.62472(6)	0	1.0
P1	P^{5+}	4*g*	0.2327(1)	0.24835(11)	0	1.0
O1	O^{2-}	8*h*	0.3406(3)	0.2607(3)	0.2112(3)	1.0
O2	O^{2-}	4*g*	0.1329(3)	0.0889(3)	0	1.0
O3	O^{2-}	4*g*	0.1021(4)	0.3838(4)	0	1.0
O4	O^{2-}	4*g*	0.3762(3)	0.6029(3)	0	1.0

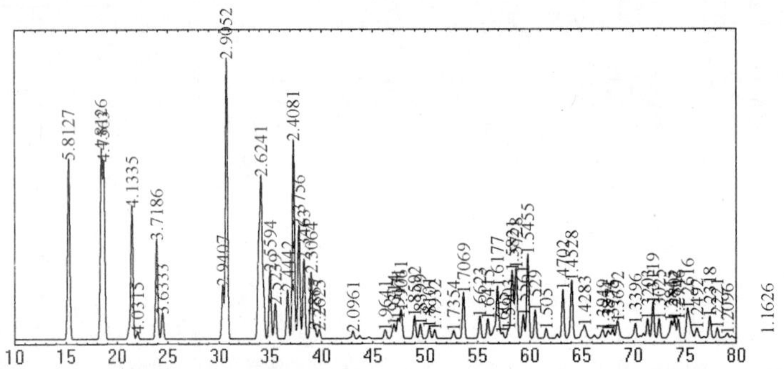

PDF: 36-0404		
d	I/I_0	*hkl*
5.8070	80	110
4.8200	100	011
4.7560	70	101
4.1360	6	111
3.7200	50	120
3.6330	16	210
2.9420	12	002
2.9080	75	220
2.6440	40	130
2.6270	60	112
2.6060	18	221
2.5590	25	310
2.5270	13	031
2.4440	14	301
2.4120	30	131
2.3760	25	202
2.3470	10	311
2.3090	25	122
2.2980	5	230
2.2870	3	212

8-011a 板磷铁矿(ludlamite)

$Fe_3(PO_4)_2(H_2O)_4$, 429.54

Sys.: Monoclinic S.G.: $P2_1/a$(14) *Z*: 2

a: 10.541 *b*: 4.638 *c*: 9.285 *β*: 100.73 Vol.: 446

ICSD: 28292

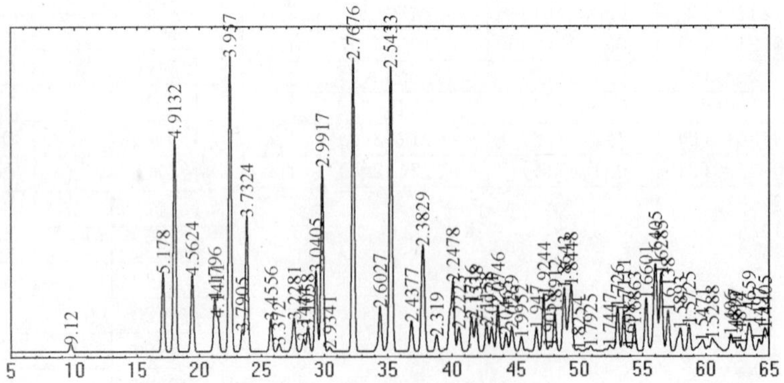

PDF: 74-2234		
d	I/I_0	*hkl*
9.1227	32	001
5.1784	253	200
4.9132	850	$20\bar{1}$
4.5613	258	002
4.2329	26	110
4.1816	160	201
4.1344	117	011
3.9564	999	$11\bar{1}$
3.7907	74	$20\bar{2}$
3.7328	423	111
3.4549	105	210
3.3727	24	$21\bar{1}$
3.2521	24	012
3.2276	93	$11\bar{2}$
3.1447	58	202
3.1057	82	211
3.0409	265	003
2.9913	582	112
2.9351	20	$21\bar{2}$
2.8655	2	$20\bar{3}$

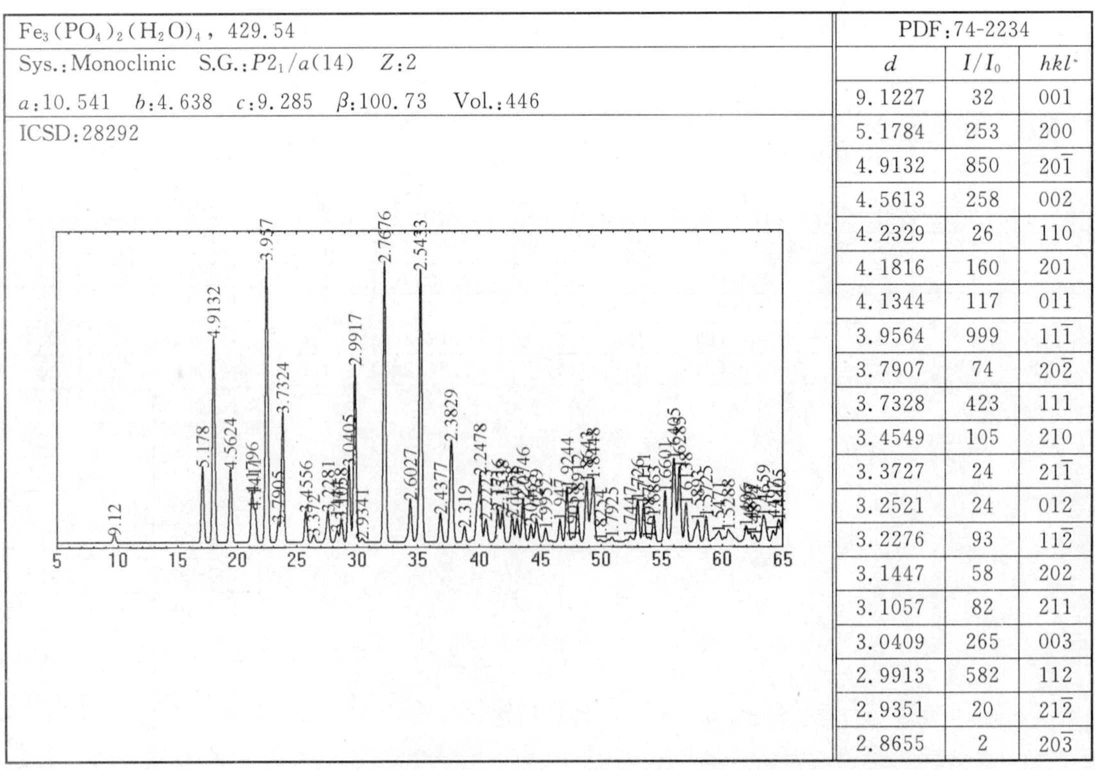

8-011b 板磷铁矿(ludlamite)

$Fe_3(PO_4)_2(H_2O)_4$，429.54

ICSD:28292(续)

Atom		Wcf	x	y	z	Occ
Fe1	Fe^{2+}	2a	0	0	0	1.0
Fe2	Fe^{2+}	4e	0.1727(2)	0.0729(25)	0.3287(2)	1.0
P1	P^{5+}	4e	0.4524(3)	0.9724(16)	0.2372(5)	1.0
O1	O^{2-}	4e	0.0353(3)	0.7837(12)	0.2003(4)	1.0
O2	O^{2-}	4e	0.4086(3)	0.1544(13)	0.0989(4)	1.0
O3	O^{2-}	4e	0.3324(3)	0.8515(16)	0.2919(4)	1.0
O4	O^{2-}	4e	0.0344(3)	0.3551(14)	0.3596(5)	1.0
O5	O^{2-}	4e	0.1702(4)	0.2412(15)	0.0992(5)	1.0
O6	O^{2-}	4e	0.3265(3)	0.3846(12)	0.4539(5)	1.0
H1	H^{+}	4e	0.1429(11)	0.4321(36)	0.0639(14)	1.0
H2	H^{+}	4e	0.2650(8)	0.2035(25)	0.0918(10)	1.0
H3	H^{+}	4e	0.3305(8)	0.5676(95)	0.3953(11)	1.0
H4	H^{+}	4e	0.4064(7)	0.2780(27)	0.4443(9)	1.0

PDF:74-2234(续)

d	I/I_0	hkl
2.7673	816	310
2.7673	816	$31\bar{1}$
2.6223	18	$40\bar{1}$
2.6028	120	212
2.5638	35	$11\bar{3}$
2.5415	716	013
2.5415	716	$31\bar{2}$
2.4566	8	$40\bar{2}$
2.4378	81	$21\bar{3}$
2.4319	55	203
2.3852	235	113
2.3773	250	401
2.3190	55	020
2.2807	8	$41\bar{1}$
2.2807	8	004
2.2607	106	120
2.2607	106	410
2.2472	204	021
2.2472	204	$20\bar{4}$
2.2244	53	312

8-012 准磷铝石(Metavariscite)

$AlPO_4 \cdot 2H_2O$，157.98

Sys.:Monoclinic　S.G.:$P2_1/n$(14)　Z:4

a:5.182　b:9.5115　c:8.4516　β:90.4　Vol.:416.56

ICSD:2643

Atom		Wcf	x	y	z	Occ
Al1	Al^{3+}	4e	0.40309(9)	0.32545(5)	0.30626(5)	1.0
P1	P^{5+}	4e	−0.09105(8)	0.14688(4)	0.18371(4)	1.0
O1	O^{2-}	4e	0.16505(22)	0.17902(11)	0.27036(13)	1.0
O2	O^{2-}	4e	−0.09291(23)	0.21677(12)	0.02094(13)	1.0
O3	O^{2-}	4e	−0.31481(22)	0.20439(12)	0.28127(13)	1.0
O4	O^{2-}	4e	−0.11458(21)	−0.01392(11)	0.17227(13)	1.0
O5	O^{2-}	4e	0.11617(30)	0.44767(15)	0.32202(18)	1.0
O6	O^{2-}	4e	0.40410(31)	0.36239(14)	0.07903(15)	1.0

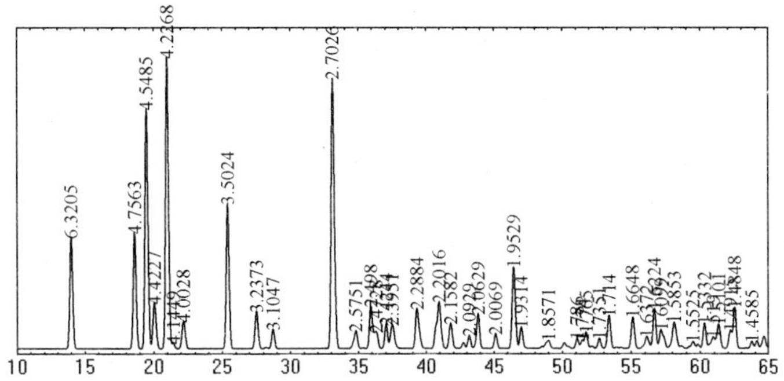

PDF:33-0032

d	I/I_0	hkl
6.3250	25	011
4.7580	100	020
4.5520	75	110
4.4370	9	$\bar{1}01$
4.4040	6	101
4.2270	65	002
4.1490	5	021
4.0110	5	$\bar{1}11$
4.0110	5	111
3.5030	60	120
3.2400	9	$\bar{1}21$
3.2400	9	121
3.1060	6	$\bar{1}12$
2.7050	95	130
2.7050	95	$\bar{1}22$
2.6840	11	122
2.5920	2	200
2.5750	7	$\bar{1}31$
2.5750	7	131
2.5010	15	210

8-013 独居石(Monazite)

$CePO_4$，235.09

Sys.:Monoclinic S.G.:$P2_1/n$(14) Z:4

a:6.8004 b:7.0231 c:6.4717 β:103.46 Vol.:300.6

ICSD:79746

Atom		Wcf	x	y	z	Occ
Ce1	Ce^{3+}	4e	0.28152(4)	0.15929(4)	0.10006(4)	1.0
P1	P^{5+}	4e	0.3048(2)	0.1630(2)	0.6121(2)	1.0
O1	O^{2-}	4e	0.2501(5)	0.0068(5)	0.4450(5)	1.0
O2	O^{2-}	4e	0.3814(5)	0.3307(6)	0.4975(6)	1.0
O3	O^{2-}	4e	0.4742(6)	0.1070(6)	0.8037(6)	1.0
O4	O^{2-}	4e	0.1274(5)	0.2153(5)	0.7104(6)	1.0

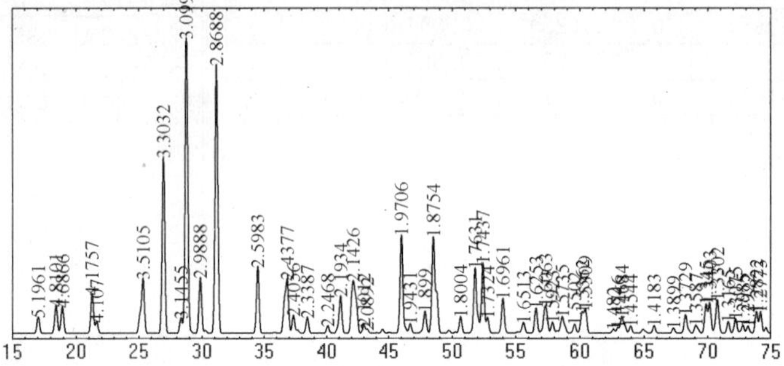

PDF:32-0199

d	I/I_0	hkl
5.2040	8	$\bar{1}01$
4.8120	8	110
4.6880	14	011
4.1810	30	$\bar{1}\bar{1}1$
4.1050	12	101
3.5440	12	111
3.5090	18	020
3.3080	70	200
3.1470	6	002
3.0990	100	120
3.0640	6	021
2.9910	20	210
2.9540	5	$\bar{2}11$
2.8710	70	012
2.6000	20	$\bar{2}02$
2.5030	1	211
2.4520	12	112
2.4410	18	$\bar{2}12$
2.4080	8	220
2.3860	2	$\bar{2}21$

8-014a 三斜磷锌矿(Tarbuttite)

$Zn_2PO_4(OH)$，242.74

Sys.:Triclinic S.G.:$P\bar{1}$(2) Z:2

a:5.5572 b:5.7019 c:6.4734 α:102.68 β:102.81 γ:86.88 Vol.:195.13

ICSD:62245

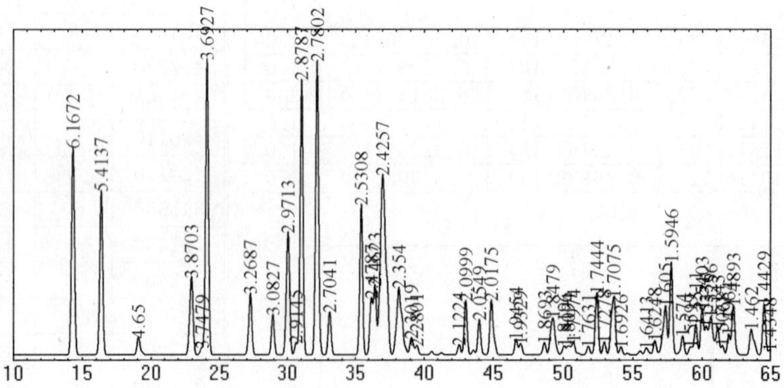

PDF:36-0410

d	I/I_0	hkl
6.1700	100	001
5.4200	4	100
4.6590	1	$0\bar{1}1$
4.5950	4	$\bar{1}01$
3.8720	1	$\bar{1}10$
3.7570	2	011
3.6970	20	101
3.2710	7	$1\bar{1}1$
3.0850	10	002
2.9800	12	$0\bar{1}2$
2.9710	12	$\bar{1}02$
2.9170	5	111
2.8820	19	$\bar{1}\bar{1}2$
2.7820	25	0
2.7660	4	$0\bar{2}1$
2.7090	2	200
2.5730	1	$\bar{1}\bar{2}1$
2.5340	5	$\bar{2}\bar{1}1$
2.4820	7	012
2.4820	7	120

8-014b 三斜磷锌矿(Tarbuttite)

$Zn_2PO_4(OH)$，242.74

ICSD:62245(续)

Atom		Wcf	*x*	*y*	*z*	Occ
Zn1	Zn^{2+}	2*i*	0.3862(2)	0.2482(2)	0.4916(2)	1.0
Zn2	Zn^{2+}	2*i*	0.0276(2)	0.7384(2)	0.1897(2)	1.0
P1	P^{5+}	2*i*	0.8371(4)	0.2497(4)	0.2757(3)	1.0
O1	O^{2-}	2*i*	0.7759(11)	0.9935(11)	0.1498(10)	1.0
O2	O^{2-}	2*i*	0.9421(11)	0.3845(10)	0.1336(9)	1.0
O3	O^{2-}	2*i*	0.6029(11)	0.3782(10)	0.3342(10)	1.0
O4	O^{2-}	2*i*	0.9696(10)	0.7514(11)	0.5137(9)	1.0
O5	O^{2-}	2*i*	0.3595(11)	0.8872(11)	0.2954(9)	1.0

PDF:36-0410(续)

d	I/I_0	*hkl*
2.4610	6	102
2.4310	5	$\bar{2}10$
2.4190	8	$\bar{1}12$
2.4070	5	$1\bar{1}2$
2.3540	9	021
2.3410	2	$\bar{2}11$
2.3050	1	201
2.2820	1	$\bar{1}22$
2.2560	1	$\bar{2}12$
2.2220	1	$\bar{1}21$
2.1250	1	112
2.1000	5	121
2.1000	5	$\bar{1}\bar{1}3$
2.0770	2	$0\bar{1}3$
2.0770	2	$\bar{1}03$
2.0580	30	003
2.0190	2	$1\bar{2}2$
1.9480	2	220
1.9350	1	$\bar{2}20$
1.8910	1	$0\bar{3}1$

8-015 磷铁锂矿(Triphylite)

$LiFePO_4$，157.76

Sys.:Orthorhombic　S.G.:*Pmnb*(62)　*Z*:4

a:6.0189　*b*:10.347　*c*:4.7039　Vol.:292.95

ICSD:200155

Atom		Wcf	*x*	*y*	*z*	Occ
Fe1	Fe^{2+}	4*c*	0.28225(5)	0.25	0.97459(2)	1.0
Li1	Li^{+}	4*a*	0	0	0	1.0
P1	P^{5+}	4*c*	0.09485(9)	0.25	0.4180(2)	1.0
O1	O^{2-}	4*c*	0.0965(3)	0.25	0.7428(2)	1.0
O2	O^{2-}	4*c*	0.4570(3)	0.25	0.2054(6)	1.0
O3	O^{2-}	8*d*	0.1655(2)	0.0462(3)	0.2854(4)	1.0

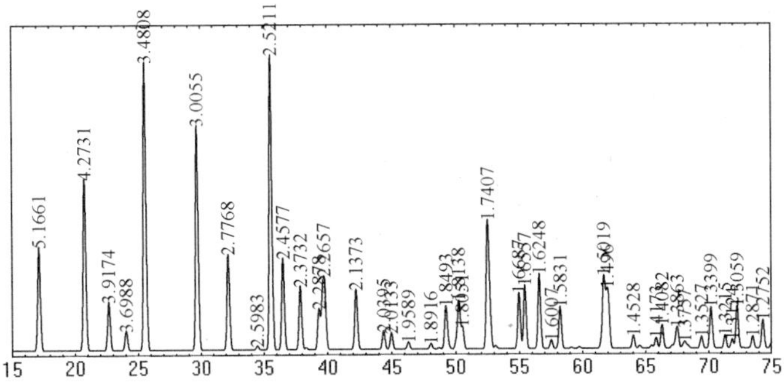

PDF:40-1499

d	I/I_0	*hkl*
5.1750	34	020
4.2770	76	011
3.9230	26	120
3.7050	10	101
3.4870	70	111
3.4870	70	021
3.0080	100	121
3.0080	100	200
2.7810	34	031
2.6020	1	220
2.5250	81	131
2.4620	25	211
2.3760	16	140
2.3520	1	002
2.2930	9	012
2.2760	14	221
2.2680	19	041
2.1420	16	112
2.1420	16	022
2.0430	4	231

8-016 磷铝石(Variscite)

$AlPO_4 \cdot 2H_2O$，157.98

Sys.:Orthorhombic S.G.:*Pbca*(61) *Z*:8

a:9.8216 *b*:8.5583 *c*:9.6222 Vol.:808.81

ICSD:819

Atom		Wcf	*x*	*y*	*z*	Occ
Al1	Al^{3+}	8*c*	0.13389(7)	0.15500(8)	0.16841(6)	1.0
P1	P^{5+}	8*c*	0.14779(6)	0.46844(6)	0.35284(6)	1.0
O1	O^{2-}	8*c*	0.11180(16)	0.29870(19)	0.31525(17)	1.0
O2	O^{2-}	8*c*	0.04030(17)	0.58186(21)	0.29453(17)	1.0
O3	O^{2-}	8*c*	0.28545(16)	0.51247(20)	0.29006(16)	1.0
O4	O^{2-}	8*c*	0.14997(16)	0.47916(19)	0.51224(16)	1.0
O5	O^{2-}	8*c*	0.06041(19)	0.32564(23)	0.0546(19)	1.0
O6	O^{2-}	8*c*	0.30726(18)	0.23597(21)	0.11499(19)	1.0

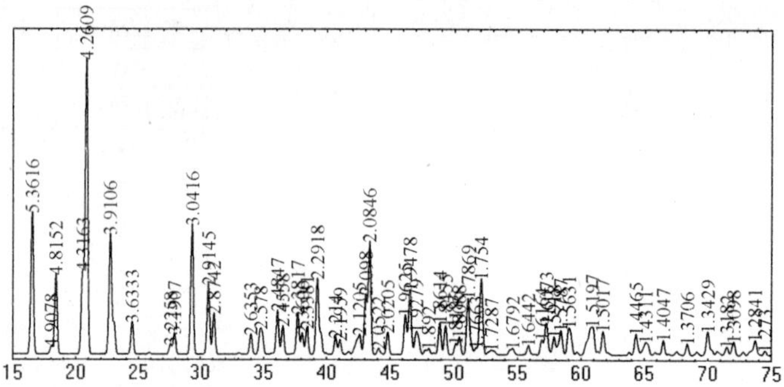

PDF:33-0033

d	I/I_0	*hkl*
5.3600	65	111
4.9220	4	200
4.8150	25	002
4.2600	70	210
3.9030	25	021
3.9030	25	211
3.8570	4	112
3.6320	20	121
3.4380	2	202
3.2290	7	220
3.1900	7	022
3.1900	7	212
3.0410	100	122
2.9140	45	311
2.8710	35	113
2.6330	25	131
2.5820	9	312
2.5640	8	023
2.5640	8	213
2.4830	20	123

8-017a 磷砷锌铜矿(Veszelyite)

$(Cu,Zn)_3(PO_4)(OH)_3 \cdot 2H_2O$，372.66

Sys.:Monoclinic S.G.:$P2_1/a$(14) *Z*:4

a:9.807 *b*:10.189 *c*:7.491 *β*:103.25 Vol.:728.6

ICSD:6209 $(Cu_{1.76}Zn_{0.24})Zn(PO_4)(OH)_3(H_2O)_2$

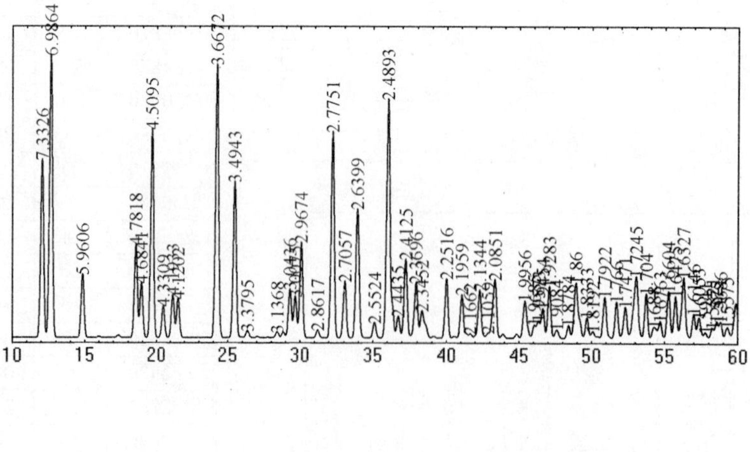

PDF:12-0525

d	I/I_0	*hkl*
7.2900	25	001
6.9600	40	110
5.9200	20	011
5.1000	6	020
4.7610	10	200
4.6520	14	111
4.4890	30	$\overline{2}01$
4.3200	14	210
3.6420	100	002
3.4820	30	220
3.0350	8	310
2.9560	25	221
2.8500	6	131
2.7710	30	230
2.6940	12	122
2.6400	10	$\overline{3}12$
2.5390	8	212
2.4830	25	032
2.4110	8	041
2.3650	12	013

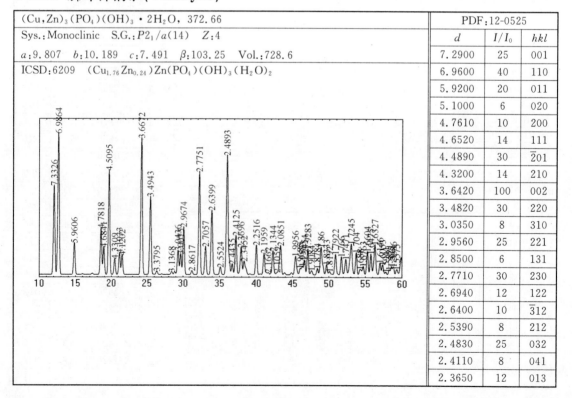

8-017b 磷砷锌铜矿(Veszelyite)

$(Cu,Zn)_3(PO_4)(OH)_3 \cdot 2H_2O$，372.66

ICSD:6209(续) $(Cu_{1.76}Zn_{0.24})Zn(PO_4)(OH)_3(H_2O)_2$

Atom		Wcf	*x*	*y*	*z*	Occ
Cu1	Cu^{2+}	4*e*	0.12991(8)	0.07328(7)	0.49115(10)	0.88
Zn1	Zn^{2+}	4*e*	0.12991(8)	0.07328(7)	0.49115(10)	0.12
Cu2	Cu^{2+}	4*e*	0.35837(8)	0.25318(8)	0.45957(9)	0.88
Zn2	Zn^{2+}	4*e*	0.35837(8)	0.25318(8)	0.45957(9)	0.12
Zn3	Zn^{2+}	4*e*	0.21036(6)	0.07612(7)	0.06936(9)	1.0
P1	P^{5+}	4*e*	0.41433(16)	0.29884(15)	0.06551(21)	1.0
O1	O^{2-}	4*e*	0.03230(45)	0.15904(45)	0.97475(60)	1.0
O2	O^{2-}	4*e*	0.35754(46)	0.16623(44)	0.98344(60)	1.0
O3	O^{2-}	4*e*	0.46803(44)	0.28632(43)	0.27424(57)	1.0
O4	O^{2-}	4*e*	0.29531(46)	0.39994(43)	0.02472(64)	1.0
O5	O^{2-}	4*e*	0.26853(45)	0.08673(42)	0.33723(57)	1.0
O6	O^{2-}	4*e*	0.23522(43)	0.21782(42)	0.62330(57)	1.0
O7	O^{2-}	4*e*	0.46292(41)	0.40724(40)	0.60096(56)	1.0
O8	O^{2-}	4*e*	0.03710(49)	0.38414(51)	0.65793(71)	1.0
O9	O^{2-}	4*e*	0.19138(50)	0.40815(51)	0.31930(65)	1.0

PDF:12-0525(续)

d	I/I_0	*hkl*
2.3420	4	$\bar{2}13$
2.3350	4	222
2.2560	6	—
2.2510	6	240
2.1850	12	113
2.1290	8	401
2.0760	8	232
2.0080	2	$\bar{3}23$
1.9880	6	340
1.9450	4	$\bar{1}51$
1.9280	2	$\bar{5}11$
1.9060	2	$\bar{4}13$
1.8790	2	510
1.8720	2	$\bar{4}32$
1.8550	8	$\bar{2}51$
1.8260	6	332
1.7890	2	520
1.7630	6	$\bar{4}41$
1.7440	4	440
1.7190	10	$\bar{3}51$

8-018 蓝铁矿(Vivianite)

$Fe_3(PO_4)_2 \cdot 8H_2O$，501.61

Sys.:Monoclinic　S.G.:$I2/m(12)$　*Z*:2

a:10.034　*b*:13.449　*c*:4.707　*β*:102.65　Vol.:619.78

ICSD:67139

Atom		Wcf	*x*	*y*	*z*	Occ
Fe1	Fe^{2+}	2*a*	0	0	0	1.0
Fe2	Fe^{2+}	4*g*	0.5	0.1102(2)	0.5	1.0
P1	P^{5+}	4*i*	0.3143(4)	0	0.9402(8)	1.0
O1	O^{2-}	4*i*	0.1578(3)	0	0.7947(8)	1.0
O2	O^{2-}	4*i*	0.3910(3)	0	0.6927(8)	1.0
O3	O^{2-}	8*j*	0.3449(2)	0.0955(2)	0.1216(6)	1.0
O4	O^{2-}	8*j*	0.1014(3)	0.8830(2)	0.3021(7)	1.0
O5	O^{2-}	8*j*	0.3952(3)	0.7755(2)	0.6829(8)	1.0

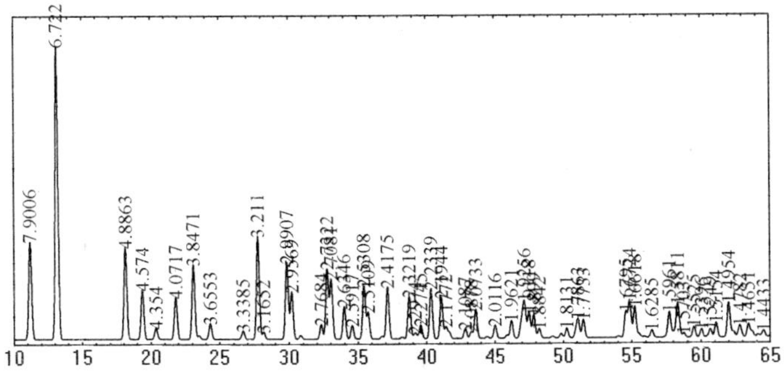

PDF:30-0662

d	I/I_0	*hkl*
7.9300	13	110
6.7300	100	020
4.9000	12	200
4.5580	5	$\bar{1}01$
4.3410	2	011
4.0810	12	130
3.8490	7	101
3.7680	1	$\bar{1}21$
3.3610	1	040
3.3430	2	121
3.2100	16	031
2.9850	10	$\bar{3}01$
2.9600	8	211
2.7700	4	240
2.7280	9	$\bar{3}21$
2.7060	9	$\bar{1}41$
2.6370	6	330
2.5930	4	150
2.5300	8	141
2.5140	3	231

8-019a 银星石(Wavellite)

$Al_3(PO_4)_2(OH)_3 \cdot 5H_2O$，411.99

Sys.:Orthorhombic S.G.:*Pcmn*(62) *Z*:4

a:9.624 *b*:17.338 *c*:6.986 Vol.:1165.69

ICSD:26816

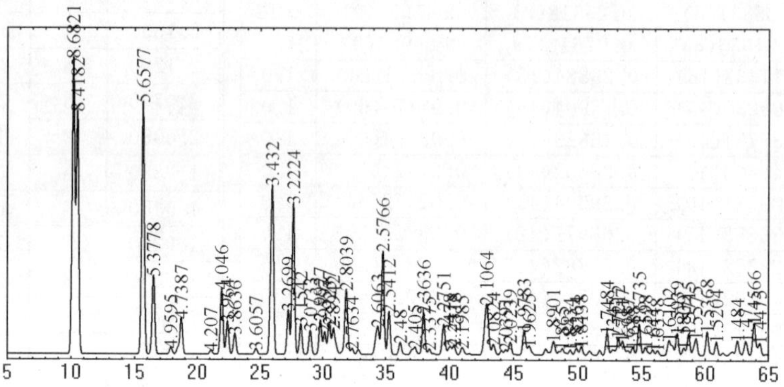

PDF:25-0020

d	I/I_0	*hkl*
8.6700	100	020
8.4200	100	110
5.6500	50	101
5.3800	15	111
4.9500	13	130
4.8100	25	200
4.3400	3	040
4.0400	9	131
3.9600	9	201
3.8600	4	211
3.4200	42	012
3.2200	60	240
3.1600	9	310
3.0700	13	122
2.9560	6	151
2.9250	9	241
2.8900	4	060
2.8050	18	330
2.6070	8	251
2.5730	25	161

8-019b 银星石(Wavellite)

$Al_3(PO_4)_2(OH)_3 \cdot 5H_2O$，411.99

ICSD:26816(续)

Atom		Wcf	*x*	*y*	*z*	Occ
Al1	Al^{3+}	4*c*	0.22384(23)	0.25	0.12326(26)	1.0
Al2	Al^{3+}	8*d*	0.75605(19)	0.01638(8)	0.14186(16)	1.0
P1	P^{5+}	8*d*	0.06061(14)	0.09221(8)	0.10399(17)	1.0
O1	O^{2-}	8*d*	0.90525(38)	0.08349(22)	0.06432(36)	1.0
O2	O^{2-}	8*d*	0.08916(40)	0.17642(23)	0.15555(41)	1.0
O3	O^{2-}	8*d*	0.10095(40)	0.04183(23)	0.27355(40)	1.0
O4	O^{2-}	8*d*	0.36037(38)	0.07246(21)	0.42258(40)	1.0
O5	O^{2-}	4*c*	0.27997(50)	0.25	0.36925(58)	1.0
O6	O^{2-}	8*d*	0.82173(36)	0.01851(20)	0.3949(4)	1.0
O7	O^{2-}	8*d*	0.37060(45)	0.17055(26)	0.09551(54)	1.0
O8	O^{2-}	8*d*	0.64979(41)	0.11144(23)	0.1974(4)	1.0
O9	O^{2-}	4*c*	0.8131(28)	0.25	0.2345(43)	0.5
O10	O^{2-}	4*c*	0.7831(26)	0.25	0.1133(39)	0.5

PDF:25-0020(续)

d	I/I_0	*hkl*
2.5390	6	232
2.4750	1	260
2.4060	3	400
2.3630	9	302
2.2750	11	401
2.2330	4	351
2.2280	4	062
2.1980	3	421
2.1910	3	252
2.1670	3	080
2.1050	21	440
2.0950	21	203
2.0810	2	213
2.0520	3	361
2.0390	4	223
2.0220	1	262
1.9760	13	280
1.9600	13	370
1.8890	3	190
1.8290	3	362

8-020a 基性磷铁锰矿(Wolfeite)

$(Fe,Mn)_2(PO_4)(OH)$, 223.67

Sys.: Monoclinic S.G.: $P2_1/a$(14) Z: 18

a: 12.2 b: 13.17 c: 9.79 β: 108 Vol.: 1496.01

ICSD: 281348

Atom		Wcf	x	y	z	Occ
Fe1	Fe^{2+}	4e	0.18625(2)	0.479059(19)	0.19287(3)	1.0
Fe2	Fe^{2+}	4e	0.19712(2)	0.996441(18)	0.21294(3)	1.0
Fe3	Fe^{2+}	4e	0.30503(2)	0.752291(19)	0.29253(3)	1.0
Fe4	Fe^{2+}	4e	0.31941(2)	0.269768(19)	0.30463(3)	1.0

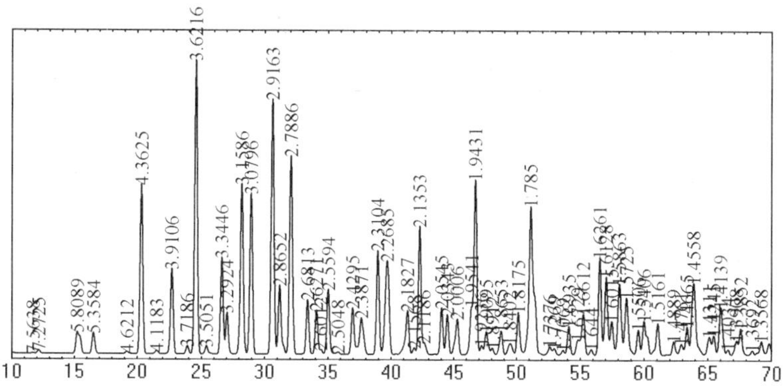

PDF: 05-0612

d	I/I_0	hkl
4.3700	30	201
3.6300	40	$\bar{2}22$
3.3700	50	122
3.1800	80	202
3.0900	90	$\bar{2}32$
2.9300	100	132
2.8700	10	222
2.8000	40	023
2.6900	10	042
2.6300	10	241
2.5700	50	123
2.4500	30	203
2.3300	10	004
2.2900	50	223
2.1900	10	520
2.1400	50	$\bar{4}14$
2.0600	10	$\bar{4}24$
2.0400	10	351
2.0100	10	053
1.9600	30	261

8-020b 基性磷铁锰矿(Wolfeite)

$(Fe,Mn)_2(PO_4)(OH)$, 223.67

ICSD: 281348(续 1)

Atom		Wcf	x	y	z	Occ
Fe5	Fe^{2+}	4e	0.09673(2)	0.070820(19)	0.46928(3)	0.9027(17)
Mg1	Mg^{2+}	4e	0.09673(2)	0.070820(19)	0.46928(3)	0.0973(18)
Fe6	Fe^{2+}	4e	0.08530(2)	0.57376(2)	0.45154(3)	0.7596(17)
Mg2	Mg^{2+}	4e	0.08530(2)	0.57376(2)	0.45154(3)	0.2404(17)
Fe7	Fe^{2+}	4e	0.39431(2)	0.67498(2)	0.03060(3)	0.8138(18)
Mg3	Mg^{2+}	4e	0.39431(2)	0.67498(2)	0.03060(3)	0.1862(18)
Fe8	Fe^{2+}	4e	0.42084(2)	0.178485(19)	0.03902(3)	0.8806(18)
Mg4	Mg^{2+}	4e	0.42084(2)	0.178485(19)	0.03902(3)	0.1194(18)
P1	P^{5+}	4e	0.07895(3)	0.82096(3)	0.38003(4)	1.0
P2	P^{5+}	4e	0.07554(3)	0.32667(3)	0.38279(4)	1.0
P3	P^{5+}	4e	0.42320(3)	0.42224(3)	0.11305(4)	1.0
P4	P^{5+}	4e	0.42369(3)	0.92805(3)	0.11974(4)	1.0
O1	O^{2-}	4e	0.04746(10)	0.41493(9)	0.46857(12)	1.0
O2	O^{2-}	4e	0.06154(10)	0.90756(9)	0.47864(12)	1.0
O3	O^{2-}	4e	0.4316(1)	0.84078(9)	0.01678(12)	1.0

PDF: 05-0612(续 1)

d	I/I_0	hkl
1.9500	30	450
1.8200	10	$\bar{1}63$
1.7900	60	522
1.7500	10	460
1.7100	20	$\bar{7}11$

8-020c 基性磷铁锰矿(Wolfeite)

$(Fe,Mn)_2(PO_4)(OH)$，223.67

PDF:05-0612(续 2)

ICSD:281348(续 2)

Atom		Wcf	x	y	z	Occ
O4	O^{2-}	4e	0.45635(10)	0.33768(8)	0.02509(12)	1.0
O5	O^{2-}	4e	0.02635(10)	0.04737(9)	0.24273(12)	1.0
O6	O^{2-}	4e	0.04291(10)	0.55442(9)	0.23235(12)	1.0
O7	O^{2-}	4e	0.46682(9)	0.70250(9)	0.25868(12)	1.0
O8	O^{2-}	4e	0.4669(1)	0.20262(9)	0.25864(12)	1.0
O9	O^{2-}	4e	0.17393(9)	0.84775(9)	0.31437(12)	1.0
O10	O^{2-}	4e	0.17245(9)	0.36054(9)	0.32331(12)	1.0
O11	O^{2-}	4e	0.32337(9)	0.38398(8)	0.16515(12)	1.0
O12	O^{2-}	4e	0.33522(9)	0.90386(9)	0.19588(12)	1.0
O13	O^{2-}	4e	0.11856(10)	0.72748(9)	0.48034(12)	1.0
O14	O^{2-}	4e	0.11776(10)	0.23476(9)	0.48261(12)	1.0
O15	O^{2-}	4e	0.38512(10)	0.02300(9)	0.02283(12)	1.0
O16	O^{2-}	4e	0.37799(10)	0.51398(9)	0.01303(13)	1.0
O17	O^{2-}	4e	0.25351(10)	0.03131(9)	0.43671(12)	1.0
O18	O^{2-}	4e	0.20613(10)	0.16268(9)	0.19383(13)	1.0
O19	O^{2-}	4e	0.24283(9)	0.71893(9)	0.06783(12)	1.0
O20	O^{2-}	4e	0.30215(10)	0.58247(9)	0.30905(12)	1.0

d	I/I_0	hkl

8-021 磷钇矿(Xenotime)

YPO_4，183.88

Sys.:Tetragonal S.G.:$I4_1/amd$(141) Z:4

a:6.904 c:6.035 Vol.:287.66

ICSD:56113

Atom		Wcf	x	y	z	Occ
Y1	Y^{3+}	4a	0	0.75	0.125	1.0
P1	P^{5+}	4b	0	0.25	0.375	1.0
O1	O^{2-}	16h	0	0.072	0.187	1.0

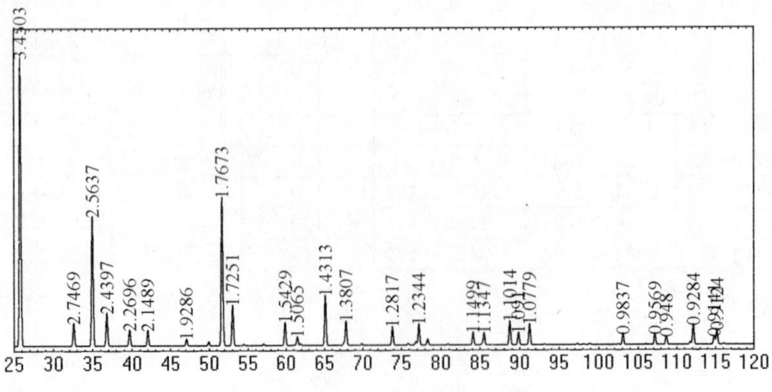

PDF:11-0254

d	I/I_0	hkl
4.5500	25	101
3.4500	100	200
2.7500	9	211
2.5600	50	112
2.4400	13	220
2.2700	6	202
2.1500	25	301
1.9290	9	103
1.8240	13	321
1.7680	50	312
1.7250	18	400
1.6840	6	213
1.6160	3	411
1.5430	9	420
1.5130	3	303
1.4320	9	332
1.3830	7	204
1.3460	5	431
1.2830	9	224
1.2350	9	512

8-022a 簇磷铁矿(Beraunite)

$Fe_6(OH)_5(H_2O)_4(PO_4)_4(H_2O)_2$, 908.1

Sys.: Monoclinic S.G.: $C2/c$(15) Z: 4

a: 20.953 b: 5.171 c: 19.266 β: 93.34 Vol.: 2083.89

ICSD: 36588

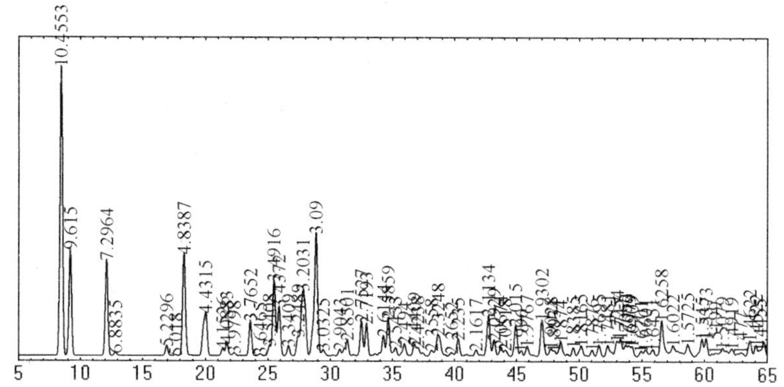

PDF: 76-2087

d	I/I_0	hkl
10.4587	999	200
9.6166	386	002
7.2939	310	$\bar{2}02$
6.8820	11	202
5.2294	26	400
5.0199	3	110
4.8407	294	111
4.7107	5	$\bar{4}02$
4.4687	82	$\bar{1}12$
4.4687	82	$\bar{2}04$
4.4248	128	112
4.2752	1	204
4.1534	18	310
4.0892	41	$\bar{3}11$
4.0311	4	311
3.9795	6	$\bar{1}13$
3.9259	1	113
3.8621	2	$\bar{3}12$
3.7657	97	312
3.6469	5	$\bar{4}04$

8-022b 簇磷铁矿(Beraunite)

$Fe_6(OH)_5(H_2O)_4(PO_4)_4(H_2O)_2$, 908.1

ICSD: 36588(续 1)

Atom		Wcf	x	y	z	Occ
Fe1	Fe^{2+}	4a	0	0	0	1.0
Fe2	Fe^{3+}	4c	0.25	0.25	0	1.0
Fe3	Fe^{3+}	8f	0.04430(3)	0.2847(1)	0.17278(4)	1.0
Fe4	Fe^{3+}	8f	0.10813(3)	0.0389(1)	0.41529(4)	1.0
P1	P^{5+}	8f	0.10518(6)	0.4743(2)	0.02374(6)	1.0
O1	O^{2-}	8f	0.1779(2)	0.4837(6)	0.0161(2)	1.0
O2	O^{2-}	8f	0.4245(2)	0.2515(6)	0.0199(2)	1.0
O3	O^{2-}	8f	0.4234(2)	0.2327(6)	0.5039(2)	1.0
O4	O^{2-}	8f	0.0906(2)	0.4418(7)	0.1000(2)	1.0
P2	P^{5+}	8f	0.40726(6)	0.04656(2)	0.18157(6)	1.0
O5	O^{2-}	8f	0.4788(2)	0.0525(6)	0.1667(2)	1.0
O6	O^{2-}	8f	0.1004(2)	0.4930(6)	0.2404(2)	1.0
O7	O^{2-}	8f	0.3783(2)	0.3136(6)	0.1638(2)	1.0
O8	O^{2-}	8f	0.1294(2)	0.3431(6)	0.3626(2)	1.0
O9	O^{2-}	8f	0.007(20)	0.05(7)	0.3913(2)	1.0
O10	O^{2-}	8f	0.1926(2)	0.0219(7)	0.4620(2)	1.0
O11	O^{2-}	4e	0	0.1142(9)	0.25	1.0
O12	O^{2-}	8f	0.3841(2)	0.4915(8)	0.3192(2)	1.0

PDF: 76-2087(续 1)

d	I/I_0	hkl
3.5424	35	$\bar{3}13$
3.4969	116	$\bar{1}14$
3.4862	159	600
3.4319	116	404
3.4319	116	313
3.3405	29	$\bar{6}02$
3.2524	42	510
3.2310	33	$\bar{5}11$
3.2180	66	602
3.2056	120	006
3.1986	101	$\bar{3}14$
3.1832	105	511
3.1161	62	$\bar{2}06$
3.0905	278	314
3.0329	15	115
3.0160	7	206
2.9550	2	$\bar{5}13$
2.9040	16	$\bar{6}04$
2.8724	19	$\bar{3}15$
2.8489	38	513

8-022c 簇磷铁矿(Beraunite)

$Fe_6(OH)_5(H_2O)_4(PO_4)_4(H_2O)_2$，908.1

ICSD:36588(续 2)

Atom		Wcf	x	y	z	Occ
O13	O^{2-}	8*f*	0.2472(2)	0.0857(8)	0.0988(2)	1.0
O14	O^{2-}	8*f*	0.2318(2)	0.3639(9)	0.2165(3)	1.0
H1	H^+	8*f*	0.002(2)	0.89(1)	0.379(3)	1.0
H2	H^+	8*f*	0.194(3)	0.10(1)	0.481(3)	1.0
H3	H^+	4*e*	0	−0.1	0.25	1.0
H4	H^+	8*f*	0.386(3)	0.38(1)	0.313(3)	1.0
H5	H^+	8*f*	0.379	0.5	0.291	1.0
H6	H^+	8*f*	0.243(3)	0.19(1)	0.134(3)	1.0
H7	H^+	8*f*	0.286(3)	0.02(1)	0.108(3)	1.0
H8	H^+	8*f*	0.206(3)	0.40(1)	0.211(3)	1.0
H9	H^+	8*f*	0.23	0.29	0.225	1.0

PDF:76-2087(续 2)

d	I/I_0	hkl
2.8068	7	$\bar{4}06$
2.7525	80	$\bar{5}14$
2.7525	80	604
2.7190	76	$\bar{1}16$
2.6847	3	116
2.6647	7	406
2.6391	9	514
2.6147	46	800
2.5873	72	710
2.5873	72	020
2.5814	57	$\bar{7}11$
2.5814	57	$\bar{3}16$
2.5611	13	021
2.5611	13	$\bar{8}02$
2.5410	21	$\bar{5}15$
2.5307	12	$\bar{7}12$
2.5099	7	220
2.4933	22	316
2.4933	22	$\bar{2}21$
2.4844	16	802

8-023 钙铀云母(Autunite)

$Ca(UO_2)_2(PO_4)_2 \cdot 10H_2O$，950.23

Sys.:Tetragonal S.G.:*I*4/*mmm*(139) *Z*:2

a:7.0087 *c*:20.736 Vol.:1018.59

ICSD:33193

Atom		Wcf	x	y	z	Occ
Ca1	Ca^{2+}	2*a*	0	0	0	1.0
P1	P^{5+}	4*d*	0	0.5	0.25	1.0
U1	U^{6+}	4*e*	0	0	0.208	1.0
O1	O^{2-}	4*e*	0	0	0.308	1.0
O2	O^{2-}	4*e*	0	0	0.108	1.0

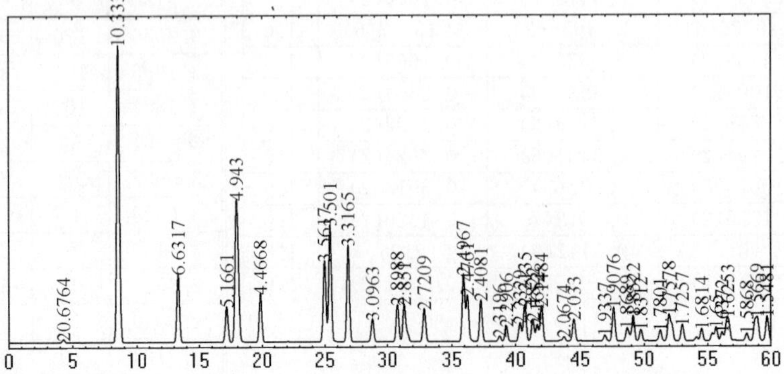

PDF:41-1353

d	I/I_0	hkl
10.3500	85	002
6.6400	4	101
5.1850	65	004
4.9300	35	103
4.4700	14	112
3.5690	100	105
3.5020	40	200
3.3190	35	202
2.9030	12	204
2.8520	13	213
2.7270	35	107
2.5910	5	008
2.5010	7	215
2.4770	7	220
2.4090	13	222
2.3200	4	301
2.2980	10	118
2.2130	30	303
2.1870	40	109
2.1670	20	312

8-024a 淡磷钙铁矿(Collinsite)

$Ca_2Mg(PO_4)_2 \cdot 2H_2O$, 330.44

Sys.: Triclinic S.G.: $P\bar{1}(2)$ Z: 1

a: 5.734 b: 6.78 c: 5.441 α: 97.29 β: 108.56 γ: 107.28 Vol.: 185.66

ICSD: 4258

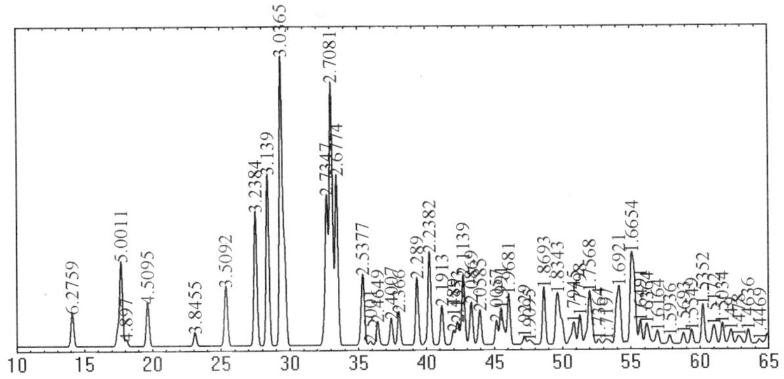

PDF: 26-1063

d	I/I_0	hkl
6.2900	20	010
5.1000	10	100
5.0000	40	001
4.5200	30	$\bar{1}01$
3.8600	10	$\bar{1}11$
3.5200	20	011
3.5100	20	$\bar{1}\bar{1}1$
3.2400	50	$1\bar{2}0$
3.1400	50	020
3.0400	100	101
3.0200	50	$0\bar{2}1$
2.7570	10	$\bar{2}11$
2.7350	60	$1\bar{2}1$
2.7130	80	$2\bar{1}0$
2.7070	30	$\bar{1}21$
2.6820	90	$\bar{1}02$
2.5500	10	$0\bar{1}2$
2.5400	40	200
2.4680	20	$\bar{1}\bar{2}1$
2.4050	20	021

8-024b 淡磷钙铁矿(Collinsite)

$Ca_2Mg(PO_4)_2 \cdot 2H_2O$, 330.44

ICSD: 4258(续)

Atom		Wcf	x	y	z	Occ
Mg1	Mg^{2+}	1a	0	0	0	1.0
Ca1	Ca^{2+}	2i	0.3031(3)	0.7590(2)	0.6544(3)	1.0
P1	P^{5+}	2i	0.3336(3)	0.2436(3)	0.6633(3)	1.0
O1	O^{2-}	2i	0.3319(9)	0.1276(7)	0.8905(9)	1.0
O2	O^{2-}	2i	0.2549(9)	0.0720(7)	0.4028(9)	1.0
O3	O^{2-}	2i	0.1547(9)	0.3740(7)	0.6334(9)	1.0
O4	O^{2-}	2i	0.6185(9)	0.3864(7)	0.7212(9)	1.0
O5	O^{2-}	2i	0.9489(10)	0.2776(8)	0.0685(9)	1.0
H1	H^+	2i	0.12(2)	0.39(2)	0.15(2)	1.0
H2	H^+	2i	0.77(3)	0.28(2)	0.89(3)	1.0

PDF: 26-1063(续)

d	I/I_0	hkl
2.3700	30	$\bar{2}21$
2.2890	40	$\bar{2}\bar{1}1$
2.2410	40	$0\bar{2}2$
2.1920	30	$\bar{2}12$
2.1530	10	012
2.1370	20	$2\bar{1}1$
2.1270	10	$0\bar{3}1$
2.1150	40	$\bar{1}\bar{2}2$
2.0900	30	030
2.0610	20	$2\bar{2}1$
2.0060	20	$2\bar{3}0$
1.9930	30	$1\bar{2}2$
1.9820	20	201
1.9690	30	102
1.9230	10	$\bar{2}22$
1.9090	10	$\bar{3}11$
1.8710	40	121
1.8370	30	$\bar{2}\bar{2}1$
1.8310	30	$\bar{3}21$
1.8210	20	$2\bar{3}1$

8-025 准钙铀云母(Metaautunite)

$Ca(UO_2)_2(PO_4)_2 \cdot 3H_2O$, 824.12

Sys.: Tetragonal S.G.: *P*4/*nmm*(129) *Z*: 1

a: 6.988 *c*: 8.4589 Vol.: 413.07

ICSD: 20378

Atom		Wcf	*x*	*y*	*z*	Occ
U1	U^{6+}	2*c*	0.25	0.25	0.106	1.0
O1	O^{2-}	2*c*	0.25	0.25	0.343	1.0
O2	O^{2-}	2*c*	0.25	0.25	0.893	1.0
P1	P^{5+}	2*a*	0.75	0.25	0	1.0
O3	O^{2-}	8*i*	0.25	0.584	0.106	1.0
Ca1	Ca^{2+}	2*c*	0.25	0.25	0.612	0.5
O4	O^{2-}	8*i*	0.25	0.486	0.392	0.75

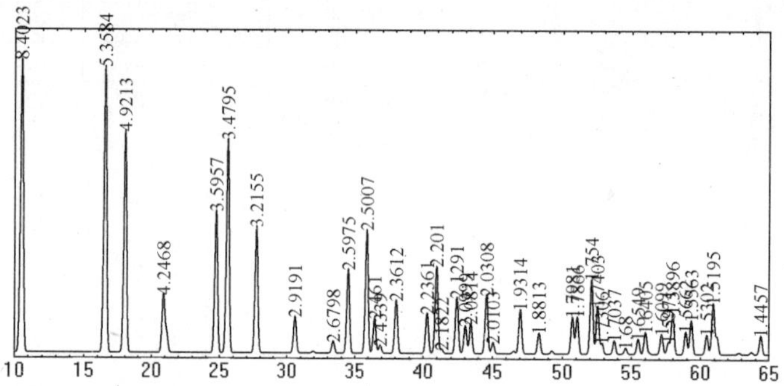

PDF: 39-1351

d	I/I_0	*hkl*
8.4600	100	001
5.3900	20	101
4.9410	5	110
4.2710	12	111
4.2330	20	002
3.6200	60	102
3.4950	16	200
3.2330	14	201
2.9300	6	211
2.8200	1	003
2.6920	2	202
2.6150	30	103
2.5130	6	212
2.4700	3	220
2.4480	5	113
2.3720	4	221
2.2450	5	301
2.2090	6	310
2.1920	1	203
2.1390	6	311

8-026a 准铜铀云母(Metatorbernite)

$Cu(UO_2)_2(PO_4)_2 \cdot 8H_2O$, 937.67

Sys.: Tetragonal S.G.: *P*4/*n*(85) *Z*: 2

a: 6.9702 *c*: 17.334 Vol.: 842.15

ICSD: 15493

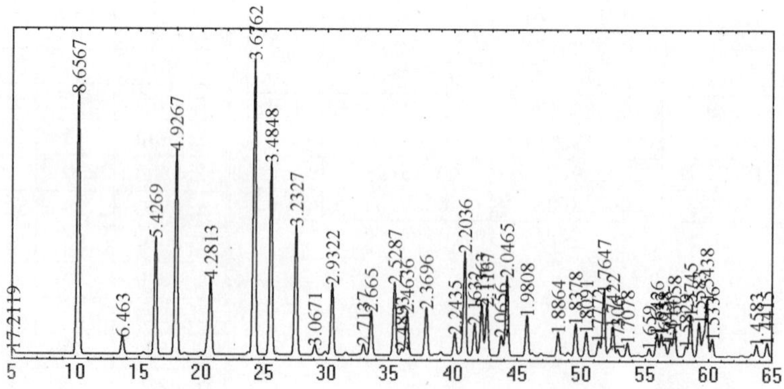

PDF: 36-0406

d	I/I_0	*hkl*
17.3500	2	001
8.6600	100	002
6.4700	2	101
5.7780	1	003
5.4340	16	102
4.9310	15	110
4.7380	1	111
4.3360	8	004
4.2820	5	112
3.6790	65	104
3.4840	18	200
3.4660	9	005
3.2330	14	202
3.0700	1	211
2.9860	1	203
2.9340	6	212
2.8910	1	006
2.8360	1	115
2.7160	2	204
2.6690	11	106

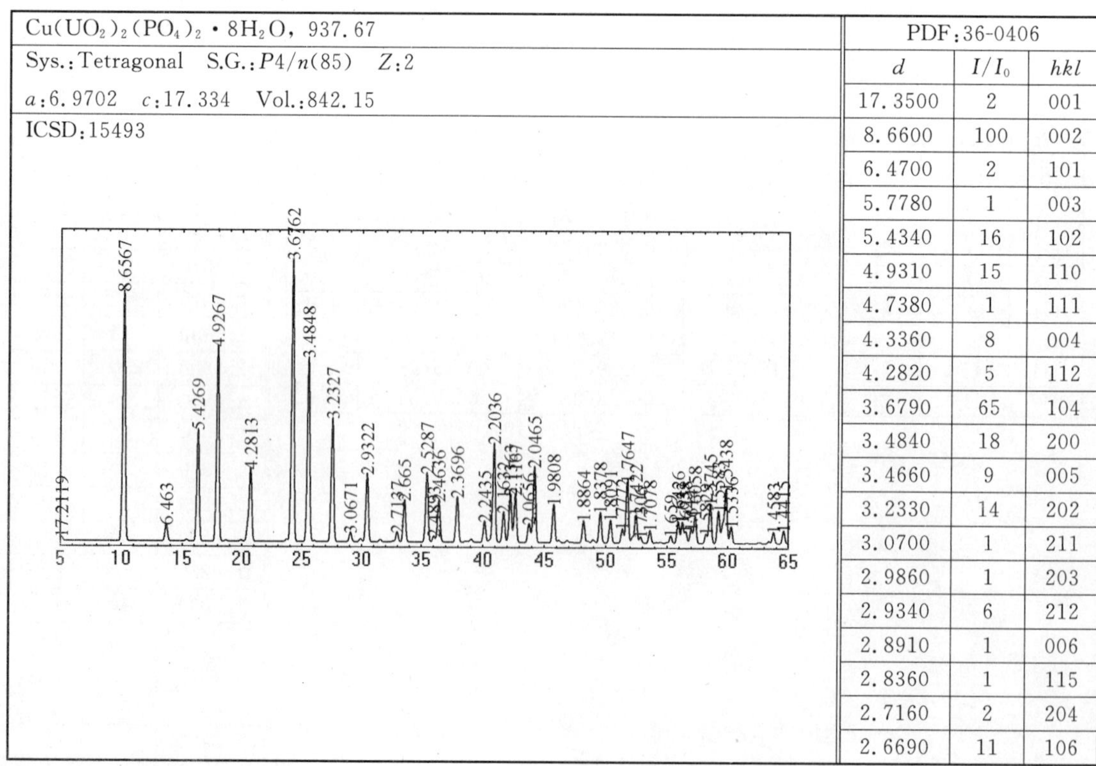

8-026b 准铜铀云母(Metatorbernite)

$Cu(UO_2)_2(PO_4)_2 \cdot 8H_2O$, 937.67

ICSD:15493(续)

Atom		Wcf	*x*	*y*	*z*	Occ
O1	O^{2-}	2*c*	0.25	0.25	0.1564(45)	1.0
O2	O^{2-}	2*c*	0.25	0.25	0.6563(43)	1.0
O3	O^{2-}	2*c*	0.25	0.25	0.9488(37)	1.0
O4	O^{2-}	2*c*	0.25	0.25	0.4403(41)	1.0
O5	O^{2-}	8*g*	0.7834(36)	0.0802(35)	0.4466(19)	1.0
O6	O^{2-}	8*g*	0.7038(29)	0.0818(26)	0.9486(14)	1.0
O7	O^{2-}	8*g*	0.3476(39)	0.9814(39)	0.3105(24)	1.0
O8	O^{2-}	8*g*	0.2225(38)	0.9768(39)	0.8095(24)	1.0
P1	P^{5+}	2*a*	0.25	0.75	0	1.0
P2	P^{5+}	2*b*	0.25	0.75	0.5	1.0
Cu1	Cu^{2+}	2*c*	0.25	0.25	0.8099(7)	1.0
U1	U^{6+}	2*c*	0.25	0.25	0.0510(2)	1.0
U2	U^{6+}	2*c*	0.25	0.25	0.5524(2)	1.0

PDF:36-0406(续)

d	I/I_0	*hkl*
2.5300	7	214
2.4930	2	116
2.4650	3	220
2.3710	3	222
2.3350	1	107
2.3030	1	301
2.2440	2	302
2.2050	6	310
2.1665	14	008
2.1572	14	303
2.1362	4	312
2.1196	6	216
2.0690	5	108
2.0590	1	313
2.0471	7	304
1.9836	9	118
1.9399	1	217
1.8865	1	322
1.8569	1	109
1.8402	4	208

8-027a 暧昧石(Griphite)

$(Na,Al,Ca,Fe)_3Mn_2(PO_4)_{2.5}(OH)_2$, 450.29

Sys.:Cubic　S.G.:$Pa\bar{3}$(205)　*Z*:1

a:12.195　Vol.:1813.62

ICSD:200269$(Mn_{5.3}Na_{4.6}Li_{2.2}Ca_{1.7}Mg_{0.2})Ca_{4.02}(Fe_{0.75})_4(Al_{0.96}Fe_{0.04})_8(P_{0.983}O_4)_{24.1}F_{7.7}$

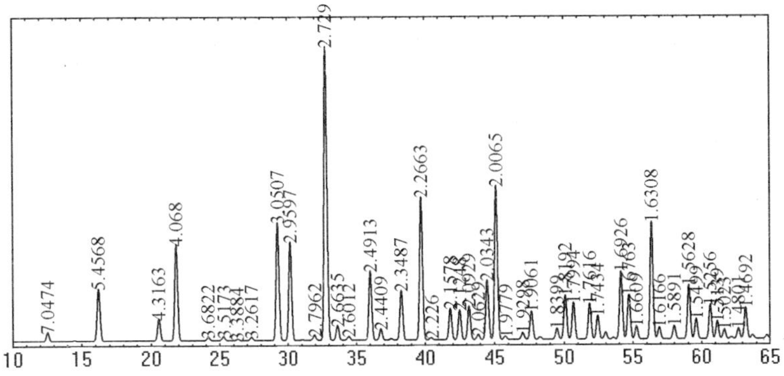

PDF:25-0774

d	I/I_0	*hkl*
3.6800	1	311
3.5100	1	222
3.3700	15	230
3.0400	30	400
2.9500	30	410
2.8600	5	411
2.7300	100	420
2.6600	5	421
2.4870	30	422
2.3470	10	511
2.2650	15	432
2.1480	1	440
2.1230	1	522
2.0300	5	600
2.0060	15	610
1.9750	1	611
1.8180	10	630
1.7630	10	444
1.7410	1	632
1.6920	15	640

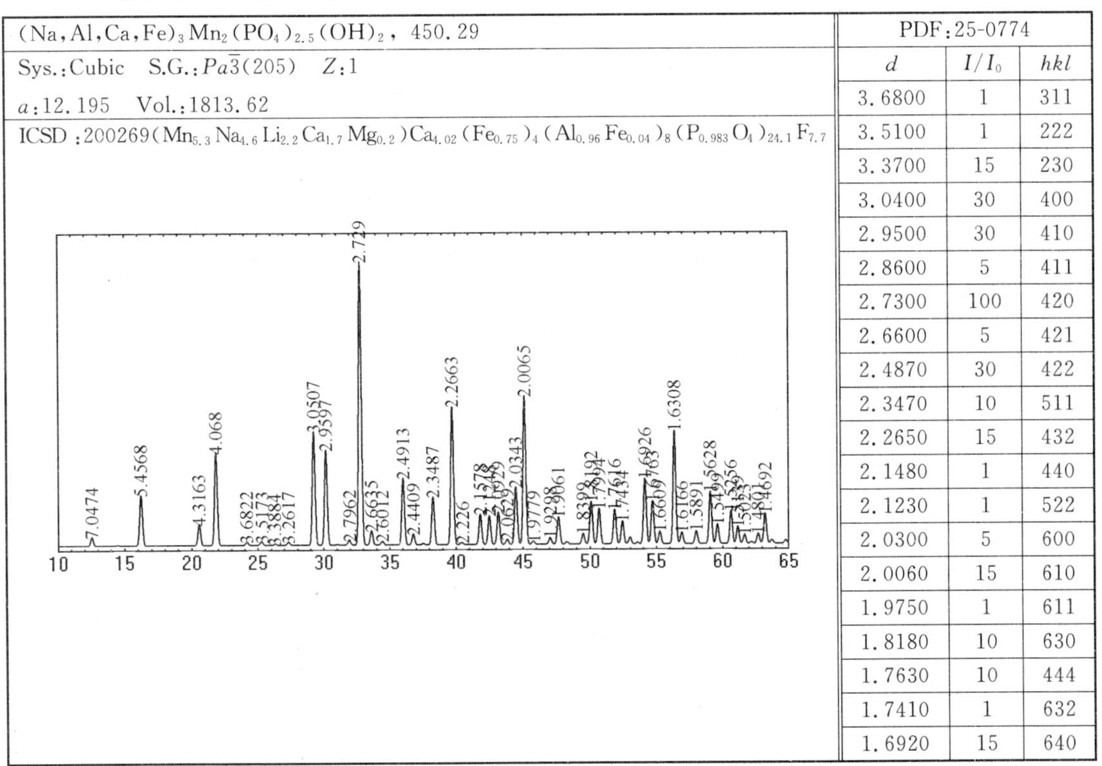

8-027b 暧昧石(Griphite)

$(Na,Al,Ca,Fe)_3Mn_2(PO_4)_{2.5}(OH)_2$，450.29

ICSD:200269(续)

Atom		Wcf	*x*	*y*	*z*	Occ
Mn1	Mn^{2+}	24*d*	0.0057(1)	0.1208(1)	0.2608(1)	0.63
Na1	Na^{+}	24*d*	0.0057(1)	0.1208(1)	0.2608(1)	0.19
Li1	Li^{+}	24*d*	0.0057(1)	0.1208(1)	0.2608(1)	0.09
Ca1	Ca^{2+}	24*d*	0.0057(1)	0.1208(1)	0.2608(1)	0.07
Mg1	Mg^{2+}	24*d*	0.0057(1)	0.1208(1)	0.2608(1)	0.01
Ca2	Ca^{2+}	4*a*	0	0	0	1.0
Fe1	Fe^{2+}	4*b*	0.5	0.5	0.5	0.75
Al1	Al^{3+}	8*c*	0.2846(1)	0.2846(1)	0.2846(1)	0.99
P1	P^{5+}	24*d*	0.0403(1)	0.3597(1)	0.2352(1)	0.99
F1	F^{-}	8*c*	0.1145(2)	0.1145(2)	0.1145(2)	0.96
O1	O^{2-}	24*d*	0.1276(2)	0.2848(2)	0.2876(2)	1.0
O2	O^{2-}	24*d*	0.2785(2)	0.4403(2)	0.2828(2)	0.99
O3	O^{2-}	24*d*	0.0782(2)	0.3959(2)	0.1194(2)	1.0
O4	O^{2-}	24*d*	0.0171(2)	0.4604(2)	0.3036(2)	0.99

PDF:25-0774(续)

d	I/I_0	*hkl*
1.6590	1	721
1.6300	20	642
1.5890	5	731
1.5640	5	650
1.5490	5	732
1.5280	5	800
1.4680	10	821
1.4410	1	822
1.4190	1	831
1.3920	2	832
1.3660	2	840

8-028a 磷锂铝石(Montebrasite)

$LiAl(PO_4)(OH)$，145.9

Sys.:Triclinic S.G.:$P\bar{1}(2)$ Z:4

a:6.713 b:7.708 c:7.0194 α:91.31 β:117.93 γ:91.77 Vol.:160.23

ICSD:68921

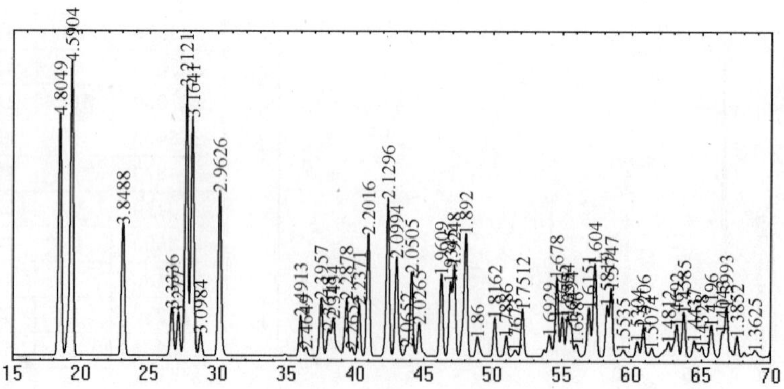

PDF:80-1099

d	I/I_0	*hkl*
6.1962	87	001
4.8056	72	$\bar{1}10$
4.6857	400	$\bar{1}11$
4.6559	846	$\bar{1}\bar{1}1$
4.5915	237	110
3.8487	88	020
3.3547	64	$\bar{2}01$
3.3331	467	$0\bar{2}1$
3.2765	426	$1\bar{1}1$
3.2121	953	$\bar{1}\bar{1}2$
3.2121	953	021
3.1642	999	$\bar{1}12$
3.0981	41	002
2.9623	861	200
2.9381	88	$\bar{2}02$
2.5679	122	$\bar{2}21$
2.4916	222	$\bar{2}\bar{2}1$
2.4648	92	$0\bar{2}2$
2.3960	336	$\bar{1}30$
2.3650	61	022

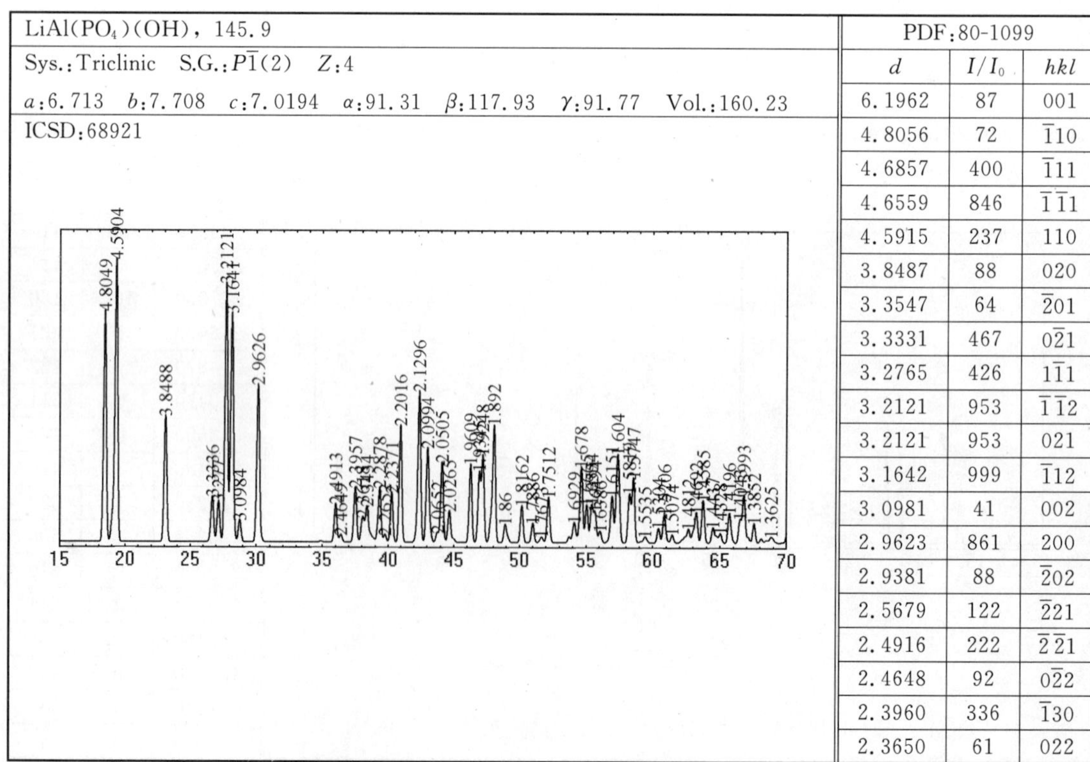

8-028b 磷锂铝石(Montebrasite)

LiAl(PO_4)(OH)，145.9

ICSD:68921(续)

Atom		Wcf	*x*	*y*	*z*	Occ
P1	P^{5+}	4*i*	0.98395(6)	0.34212(4)	0.26653(6)	1.0
Al1	Al^{3+}	2*a*	0	0	0	1.0
Al2	Al^{3+}	2*b*	0	0	0.5	1.0
O1	O^{2-}	4*i*	−0.3172(2)	0.0154(1)	−0.1592(2)	1.0
O2	O^{2-}	4*i*	0.2981(2)	0.0581(1)	0.5743(2)	1.0
O3	O^{2-}	4*i*	0.1013(2)	−0.2234(1)	−0.3897(2)	1.0
O4	O^{2-}	4*i*	0.0265(2)	0.2362(1)	0.1035(2)	1.0
O5	O^{2-}	4*i*	0.0471(2)	0.0890(1)	−0.2265(2)	1.0
Li1	Li^{+}	4*i*	0.07(5)	−0.32(5)	0.31(4)	0.5
Li2	Li^{+}	4*i*	0.07(5)	−0.32(5)	0.31(4)	0.5

PDF:80-1099(续)

d	I/I_0	*hkl*
2.3572	37	$\bar{1}31$
2.3429	51	$\bar{1}\bar{3}1$
2.3429	51	$\bar{2}22$
2.3280	13	$\bar{2}\bar{2}2$
2.3151	39	130
2.2958	72	220
2.2872	113	201
2.2650	59	$\bar{2}03$
2.2650	59	$1\bar{1}2$
2.2372	3	$\bar{1}\bar{1}3$
2.2016	88	$\bar{1}13$
2.2016	88	112
2.1296	201	$1\bar{3}1$
2.1254	120	$\bar{3}12$
2.1004	86	$\bar{3}\bar{1}2$
2.1004	86	$\bar{3}\bar{1}1$
2.0654	5	003
2.0504	32	$\bar{1}32$
2.0264	37	131
2.0127	14	$2\bar{2}1$

8-029a 多铁天蓝石(Scorzalite)

(Fe,Mg)Al_2(PO_4)$_2$(OH)$_2$，333.77

Sys.:Monoclinic　S.G.:$P2_1/n$(14)　*Z*:2

a:7.1568　*b*:7.3018　*c*:7.2481　*β*:120.588　Vol.:326.06

ICSD:29319

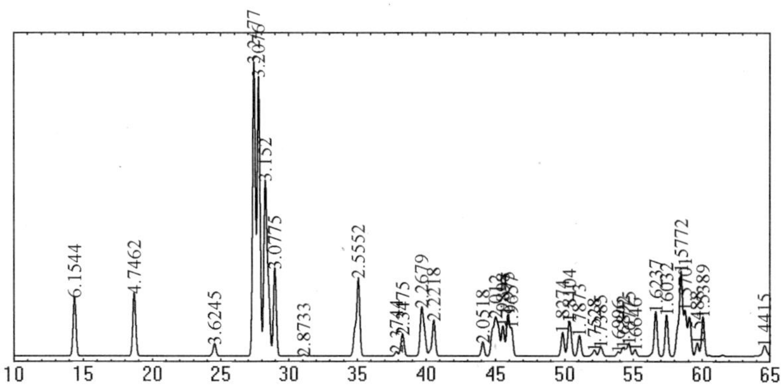

PDF:35-0632

d	I/I_0	*hkl*
6.1700	20	100
4.7480	19	011
4.7040	9	$\bar{1}10$
3.6240	6	$\bar{1}02$
3.2460	75	$\bar{1}12$
3.2060	100	$\bar{2}11$
3.2060	100	111
3.1520	50	021
3.0810	35	200
2.5730	8	$\bar{1}22$
2.5540	19	$\bar{2}21$
2.3760	1	$\bar{2}22$
2.3510	4	$\bar{3}02$
2.2670	10	$\bar{1}31$
2.2670	10	031
2.2550	8	$\bar{2}13$
2.2220	16	211
2.0530	7	300
2.0220	6	$\bar{1}32$
2.0121	13	$\bar{2}31$

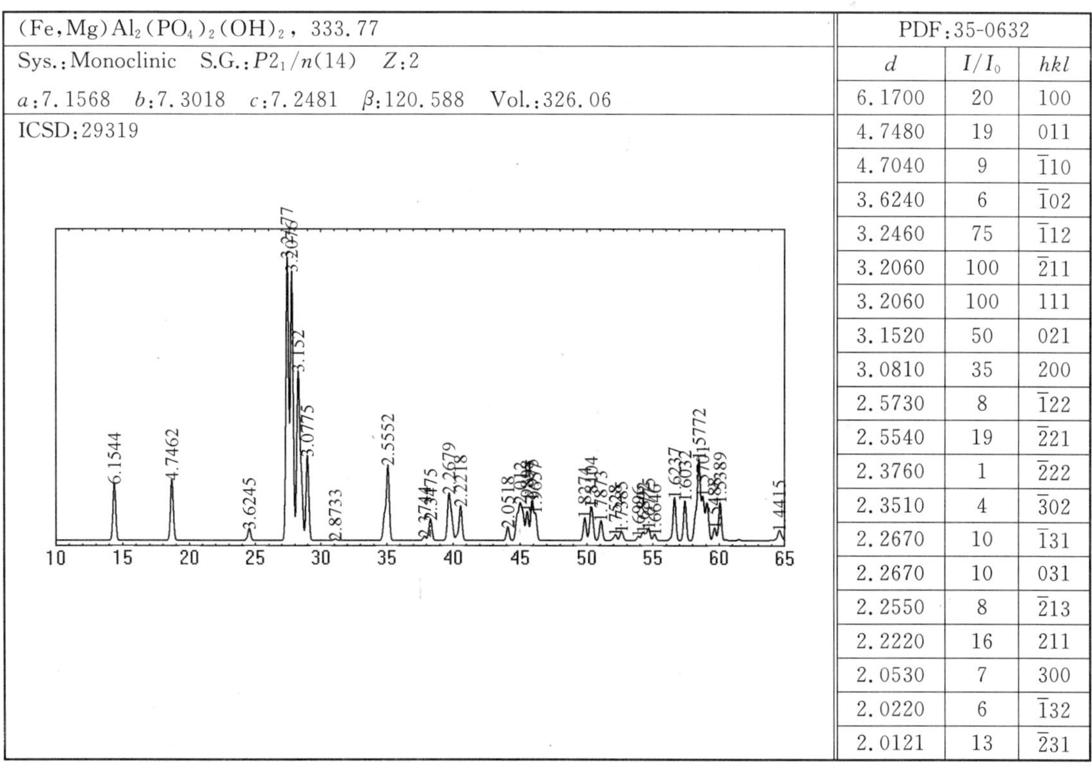

8-029b 多铁天蓝石(Scorzalite)

$(Fe,Mg)Al_2(PO_4)_2(OH)_2$, 333.77

ICSD:29319(续)

Atom		Wcf	*x*	*y*	*z*	Occ
Mg1	Mg^{2+}	2*a*	0	0	0	0.23
Fe1	Fe^{2+}	2*a*	0	0	0	0.77
Al1	Al^{3+}	4*e*	0.732	0.267	0.004	1.0
P1	P^{5+}	4*e*	0.249	0.111	0.747	1.0
O1	O^{2-}	4*e*	0.219	0	0.905	1.0
O2	O^{2-}	4*e*	0.291	0	0.589	1.0
O3	O^{2-}	4*e*	0.046	0.254	0.129	1.0
O4	O^{2-}	4*e*	0.432	0.251	0.366	1.0
O5	O^{2-}	4*e*	0.746	0.13	0.747	1.0

PDF:35-0632(续)

d	I/I_0	*hkl*
2.0121	13	131
2.0045	8	$\bar{3}13$
1.9894	11	$\bar{2}23$
1.9772	14	310
1.9772	14	$\bar{3}22$
1.9649	7	221
1.8259	5	040
1.8127	5	$\bar{2}04$
1.8076	6	023
1.7883	7	$\bar{4}02$
1.7520	2	$\bar{1}41$
1.7520	2	041
1.7393	2	$\bar{3}04$
1.6990	1	$\bar{2}33$
1.6905	3	$\bar{3}32$
1.6905	3	$\bar{1}14$
1.6850	3	$\bar{3}31$
1.6770	3	113
1.6651	3	311
1.6299	3	$\bar{1}42$

8-030a 氟磷铁锰矿(Triplite)

$(Mn_{0.88}Fe_{0.32}Mg_{0.70}Ca_{0.10})FPO_4$, 201.21

Sys.:Monoclinic S.G.:*I*2/*a*(15) *Z*:8

a:12.065 *b*:6.454 *c*:9.937 *β*:107.093 Vol.:739.59

ICSD:4428

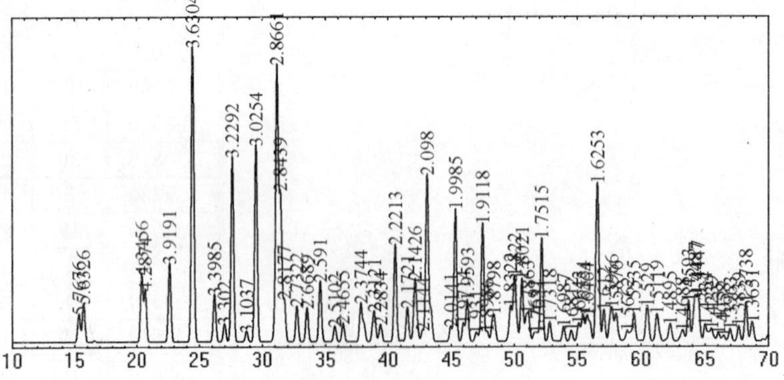

PDF:70-1906

d	I/I_0	*hkl*
5.7660	6	200
5.6320	10	110
5.3382	717	011
4.7490	2	002
4.3458	12	$\bar{2}02$
4.2861	120	$\bar{2}11$
3.9183	402	$\bar{1}12$
3.6297	81	211
3.3981	16	112
3.3026	259	310
3.2294	663	202
3.2294	663	020
3.1035	326	$\bar{3}12$
3.0252	867	$\bar{1}21$
2.8830	85	121
2.8830	85	400
2.8663	999	$\bar{2}13$
2.8663	999	$\bar{4}02$
2.8424	135	013
2.8160	145	220

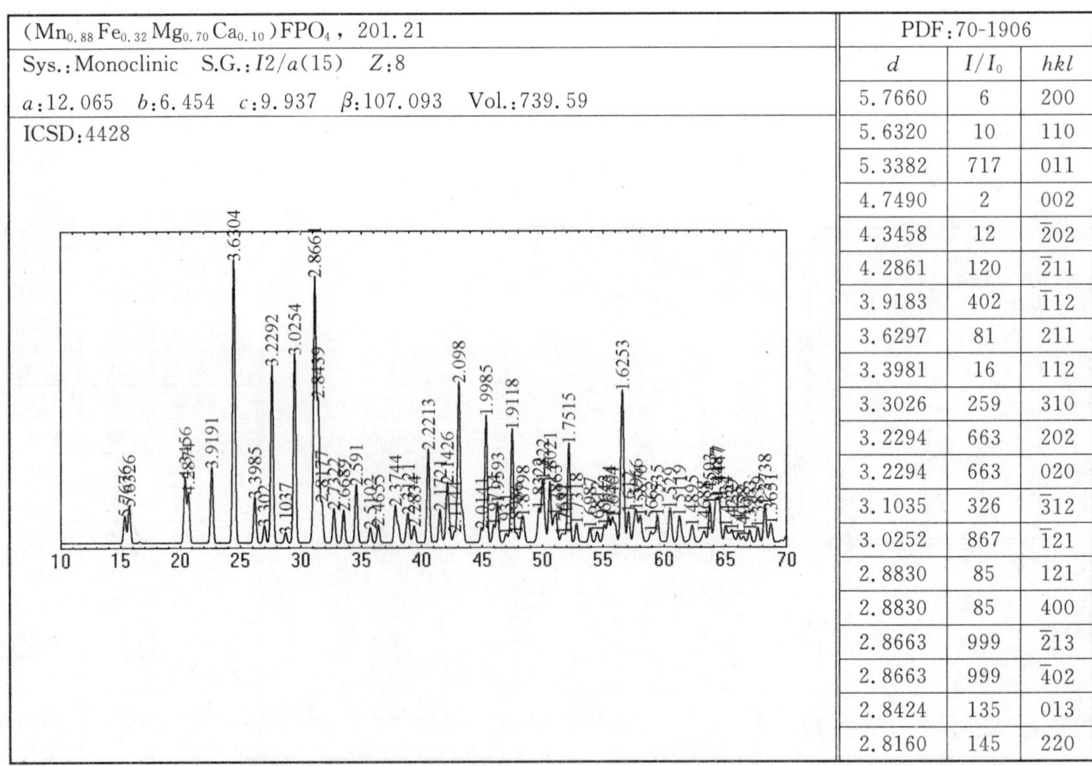

8-030b 氟磷铁锰矿(Triplite)

($Mn_{0.88}Fe_{0.32}Mg_{0.70}Ca_{0.10}$)$FPO_4$，201.21

ICSD:4428(续)

Atom		Wcf	x	y	z	Occ
Mn1	Mn^{2+}	8f	0.1927(2)	0.9815(3)	0.1921(2)	0.5232
Fe1	Fe^{2+}	8f	0.1927(2)	0.9815(3)	0.1921(2)	0.1868
Mg1	Mg^{2+}	8f	0.1927(2)	0.9815(3)	0.1921(2)	0.24
Ca1	Ca^{2+}	8f	0.1927(2)	0.9815(3)	0.1921(2)	0.05
Mn2	Mn^{2+}	8f	0.0931(2)	0.1442(3)	0.4503(2)	0.3611
Fe2	Fe^{2+}	8f	0.0931(2)	0.1442(3)	0.4503(2)	0.1289
Mg2	Mg^{2+}	8f	0.0931(2)	0.1442(3)	0.4503(2)	0.46
Ca2	Ca^{2+}	8f	0.0931(2)	0.1442(3)	0.4503(2)	0.05
P1	P^{5+}	8f	0.0743(2)	0.6546(4)	0.3798(2)	1.0
O1	O^{2-}	8f	0.0556(4)	0.8310(9)	0.4752(5)	1.0
O2	O^{2-}	8f	0.9606(4)	0.6066(9)	0.2666(5)	1.0
O3	O^{2-}	8f	0.1673(4)	0.7124(9)	0.3091(5)	1.0
O4	O^{2-}	8f	0.1165(4)	0.4630(9)	0.4739(5)	1.0
F1	F^-	8f	0.2591(8)	0.1227(16)	0.3947(10)	0.5
F2	F^-	8f	0.2786(8)	0.1694(17)	0.3521(10)	0.5

PDF:70-1906(续)

d	I/I_0	hkl
2.7325	6	$\bar{4}11$
2.6691	78	022
2.5908	183	$\bar{2}22$
2.5103	155	$\bar{3}21$
2.4656	110	$\bar{2}04$
2.4381	158	312
2.3745	9	411
2.3745	9	004
2.3591	2	$\bar{4}13$
2.3184	147	213
2.3099	151	$\bar{1}23$
2.3099	151	$\bar{1}14$
2.2827	58	222
2.2213	141	$\bar{5}12$
2.1948	35	402
2.1719	74	$\bar{4}04$
2.1719	74	510
2.1558	6	$\bar{3}23$
2.1430	71	$\bar{4}22$
2.1349	131	123

8-031 氟磷灰石(Fluorapatite,syn)

$Ca_5(PO_4)_3F$，504.31

Sys.:Hexagonal　S.G.:$P6_3/m$(176)　Z:2

a:9.3684　c:6.8841　Vol.:523.25

ICSD:9445

Atom		Wcf	x	y	z	Occ
Ca1	Ca^{2+}	4f	0.3333	0.6667	0.0011	0.975
Ca2	Ca^{2+}	6h	0.2416	0.0071	0.25	0.976
P1	P^{5+}	6h	0.3981	0.3688	0.25	0.992
O1	O^{2-}	6h	0.3262(1)	0.4843(1)	0.25	1.0
O2	O^{2-}	6h	0.5880(1)	0.4668(1)	0.25	1.0
O3	O^{2-}	12i	0.3416(1)	0.2568(1)	0.0704(1)	0.998
F1	F^-	2a	0	0	0.25	0.942

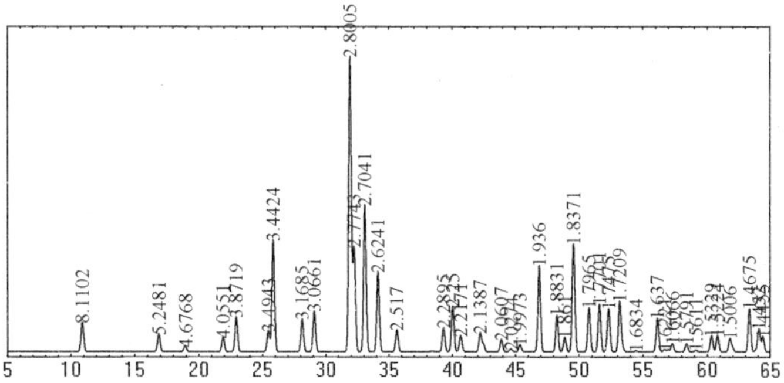

PDF:15-0876

d	I/I_0	hkl
8.1200	8	100
5.2500	4	101
4.6840	1	110
4.0550	8	200
3.8720	8	111
3.4940	1	201
3.4420	40	002
3.1670	14	102
3.0670	18	210
2.8000	100	211
2.7720	55	112
2.7020	60	300
2.6240	30	202
2.5170	6	301
2.2890	8	212
2.2500	20	310
2.2180	4	221
2.1400	6	311
2.1280	4	302
2.0610	6	113

8-032a 红磷锰矿(Hureaulite)

$Mn_5(PO_4)_2[PO_3(OH)]_2 \cdot 4H_2O$, 728.65

Sys.: Monoclinic S.G.: $C2/c$(15) Z: 4

a: 17.618 b: 9.1172 c: 9.482 β: 96.58 Vol.: 1513.03

ICSD: 82617

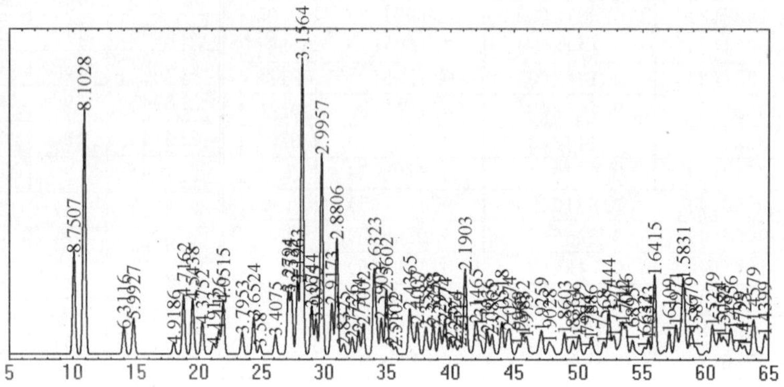

PDF: 34-0146

d	I/I_0	hkl
8.7500	40	200
8.0900	70	110
6.3060	11	$\overline{1}11$
5.9870	13	111
4.9200	9	310
4.7160	18	002
4.5450	35	$\overline{3}11$
4.3800	13	400
4.1890	5	311
4.1060	16	021
4.0430	25	220
3.7910	11	$\overline{2}21$
3.6480	14	221
3.5800	3	$\overline{3}12$
3.4100	12	$\overline{4}02$
3.2760	17	022
3.2500	25	312
3.1980	30	$\overline{5}11$
3.1520	100	$\overline{2}22$
3.0700	25	$\overline{4}21$

8-032b 红磷锰矿(Hureaulite)

$Mn_5(PO_4)_2[PO_3(OH)]_2 \cdot 4H_2O$, 728.65

ICSD: 82617(续)

Atom		Wcf	x	y	z	Occ
Mn1	Mn^{2+}	4e	0	0.1041(7)	0.75	1.0
Mn2	Mn^{2+}	8f	0.3185(2)	0.0892(5)	0.6845(5)	1.0
Mn3	Mn^{2+}	8f	0.1732(2)	0.9754(5)	0.8669(6)	1.0
P1	P^{5+}	8f	0.4193(5)	0.3212(9)	0.9095(12)	1.0
P2	P^{5+}	8f	0.1598(4)	0.2600(8)	0.6353(9)	1.0
O1	O^{2-}	8f	0.3483(8)	0.2402(14)	0.8738(16)	1.0
O2	O^{2-}	8f	0.4931(7)	0.2269(15)	0.9217(15)	1.0
O3	O^{2-}	8f	0.4238(7)	0.4291(15)	0.7854(18)	1.0
O4	O^{2-}	8f	0.4157(7)	0.3859(17)	0.0584(17)	1.0
O5	O^{2-}	8f	0.1589(7)	0.2360(13)	0.4665(18)	1.0
O6	O^{2-}	8f	0.0776(8)	0.2568(13)	0.6548(16)	1.0
O7	O^{2-}	8f	0.2000(7)	0.3993(15)	0.6719(15)	1.0
O8	O^{2-}	8f	0.2013(7)	0.1190(17)	0.7111(16)	1.0
O9	O^{2-}	8f	0.4233(7)	−0.0174(15)	0.6516(17)	1.0
O10	O^{2-}	8f	0.2636(7)	0.0844(13)	0.0336(16)	1.0

PDF: 34-0146(续)

d	I/I_0	hkl
3.0370	16	402
2.9920	65	222
2.9920	65	511
2.9190	20	600
2.8780	25	113
2.8330	5	$\overline{5}12$
2.7700	5	$\overline{3}13$
2.7310	10	$\overline{4}22$
2.6960	12	330
2.6300	40	$\overline{3}31$
2.5870	10	023
2.5590	25	512
2.5590	25	331
2.5260	4	422
2.5070	2	132
2.4370	15	$\overline{6}21$
2.4000	11	$\overline{7}11$
2.3550	5	004
2.3230	12	621
2.2950	9	530

8-033a 假孔雀石(Pseudomalachite)

$Cu_5(PO_4)_2(OH)_4$, 575.7

Sys.: Monoclinic S.G.: $P2_1/a$(14) Z: 2

a: 4.4784 b: 5.7514 c: 17.05 β: 91.069 Vol.: 439.08

ICSD: 10418

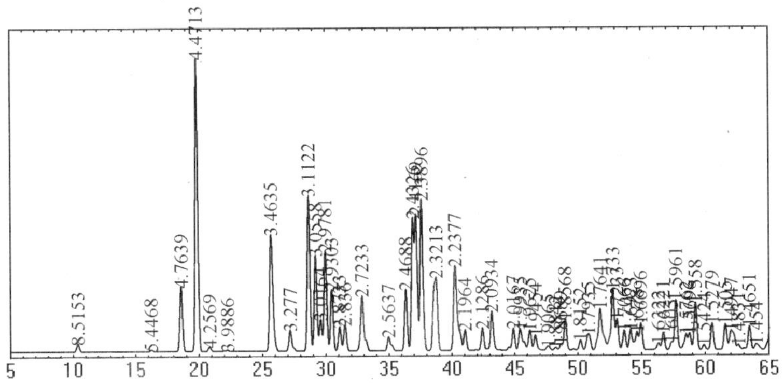

PDF: 36-0408

d	I/I_0	hkl
8.5200	1	002
4.7680	9	012
4.4760	100	100
4.2580	1	004
3.4680	20	$\bar{1}11$
3.4470	13	111
3.2830	4	$\bar{1}12$
3.2440	1	112
3.1150	19	$\bar{1}04$
3.0600	25	104
3.0210	5	$\bar{1}13$
2.9800	25	113
2.9310	8	015
2.8750	4	020
2.8380	5	021
2.7250	8	022
2.7010	3	114
2.5660	2	023
2.5480	1	016
2.4710	7	$\bar{1}15$

8-033b 假孔雀石(Pseudomalachite)

$Cu_5(PO_4)_2(OH)_4$, 575.7

ICSD: 10418(续)

Atom		Wcf	x	y	z	Occ
Cu1	Cu^{2+}	2a	0	0	0	1.0
Cu2	Cu^{2+}	4e	0.0461(1)	0.4726(1)	0.08560(3)	1.0
Cu3	Cu^{2+}	4e	−0.0171(1)	0.3287(1)	0.25705(3)	1.0
P1	P^{5+}	4e	0.5255(2)	0.0942(2)	0.13480(7)	1.0
O1	O^{2-}	4e	0.7109(7)	0.1561(6)	0.0622(2)	1.0
O2	O^{2-}	4e	0.3242(7)	0.3059(6)	0.1511(2)	1.0
O3	O^{2-}	4e	0.7405(7)	0.0762(6)	0.2077(2)	1.0
O4	O^{2-}	4e	0.3487(8)	0.8725(7)	0.1247(2)	1.0
O5	O^{2-}	4e	0.1722(7)	0.3201(6)	−0.0142(2)	1.0
O6	O^{2-}	4e	0.1521(7)	0.0719(5)	0.3166(2)	1.0

PDF: 36-0408(续)

d	I/I_0	hkl
2.4350	25	115
2.4190	15	120
2.4190	15	$\bar{1}06$
2.3920	30	121
2.3340	8	$\bar{1}22$
2.3220	13	122
2.2390	14	200
2.2282	3	$\bar{1}16$
2.2184	3	123
2.1983	3	116
2.1983	3	025
2.1561	1	202
2.1306	2	008
2.0955	7	124
2.0868	1	210
2.0351	1	$\bar{2}12$
2.0180	3	212
1.9981	2	018
1.9981	2	$\bar{2}04$
1.9824	1	$\bar{1}25$

8-034a 铁锰绿铁矿(Rockbridgeite)

$Fe_5(PO_4)_3(OH)_5$, 649.19

Sys.: Orthorhombic S.G.: *Bbmm*(63) *Z*: 4

a: 13.783 *b*: 16.805 *c*: 5.172 Vol.: 1197.96

ICSD: 34829

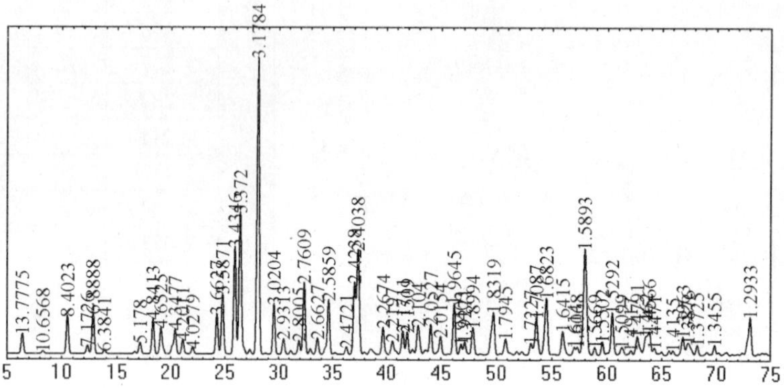

PDF: 22-0356		
d	I/I_0	*hkl*
8.4100	30	020
6.8700	40	200
6.4000	10	210
4.8400	50	101
4.6300	40	111
4.3500	20	230
4.1800	30	121
3.6800	20	131
3.5700	50	240
3.4300	40	301
3.3600	40	311
3.2000	100	420
3.0200	30	250
2.9340	20	430
2.7540	40	151
2.6630	20	440
2.5840	30	002
2.4090	50	511
2.3320	10	521
2.2620	20	270

8-034b 铁锰绿铁矿(Rockbridgeite)

$Fe_5(PO_4)_3(OH)_5$, 649.19

ICSD: 34829(续)

Atom		Wcf	*x*	*y*	*z*	Occ
Fe1	Fe^{2+}	4*a*	0	0	0	1.0
Fe2	Fe^{3+}	8*f*	0.0687(5)	0.1574(4)	0	1.0
Fe3	Fe^{3+}	16*h*	0.3214(4)	0.1385(3)	0.2385(14)	0.5
P1	P^{5+}	8*f*	0.1420(6)	0.0432(5)	0.5	1.0
P2	P^{5+}	4*c*	0.4806(10)	0.25	0	1.0
O1	O^{2-}	8*g*	0.0477(19)	0.25	0.2508(66)	1.0
O2	O^{2-}	16*h*	0.0829(10)	0.0605(8)	0.2615(32)	1.0
O3	O^{2-}	8*g*	0.3132(31)	0.25	0.3876(95)	0.5
O4	O^{2-}	8*f*	0.3126(22)	0.0357(18)	0	1.0
O5	O^{2-}	8*f*	0.2175(18)	0.1720(14)	0	1.0
O6	O^{2-}	8*f*	0.4204(18)	0.1071(14)	0.5	1.0
O7	O^{2-}	8*f*	0.4171(18)	0.1763(15)	0	1.0
O8	O^{2-}	8*f*	0.2276(16)	0.1044(13)	0.5	1.0

PDF: 22-0356(续)		
d	I/I_0	*hkl*
2.2140	10	620
2.1480	20	171
2.1030	30	541
2.0520	40	412
2.0150	20	640
1.9620	30	252
1.8330	40	262
1.7930	20	480
1.7190	10	602
1.7080	20	612
1.6810	30	0100
1.6130	10	751
1.5890	50	642
1.5510	20	333
1.5300	30	652
1.5100	10	4100
1.4780	20	292
1.4580	20	1111
1.3930	20	173
1.3700	10	2120

8-035 块磷铝矿(Berlinite)

$AlPO_4$, 121.95

Sys.: Trigonal S.G.: $P3_121(152)$ Z: 3

a: 4.9429 c: 10.9476 Vol.: 231.64

ICSD: 9642

Atom		Wcf	x	y	z	Occ
Al1	Al^{3+}	3a	0.502(4)	0	0.3333	1.0
P1	P^{5+}	3b	0.501(3)	0	0.8333	1.0
O1	O^{2-}	6c	0.436(5)	0.242(6)	0.424(2)	1.0
O2	O^{2-}	6c	0.410(5)	0.201(4)	0.915(2)	1.0

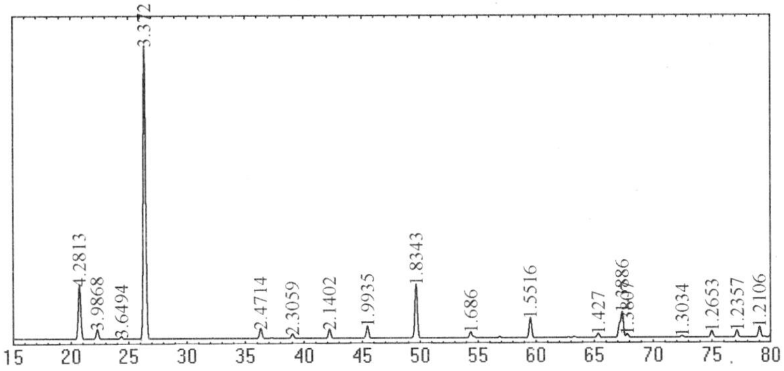

PDF: 71-1041

d	I/I_0	hkl
4.2807	220	100
3.9867	34	101
3.6492	7	003
3.3720	999	012
2.7771	1	103
2.4715	68	110
2.4108	2	111
2.3059	76	104
2.2525	37	112
2.1403	55	200
2.1006	1	201
2.0463	1	113
1.9934	24	202
1.9493	1	015
1.8343	100	114
1.8246	9	006
1.6860	37	024
1.6785	17	016
1.6389	2	115
1.6179	2	210

8-036a 蓝磷铁矿(Vauxite)

$FeAl_2(PO_4)_2(OH)_2(H_2O)_6$, 441.86

Sys.: Triclinic S.G.: $P\bar{1}(2)$ Z: 2

a: 9.13 b: 11.59 c: 6.14 α: 98.3 β: 92 γ: 108.4 Vol.: 607.8

ICSD: 24603

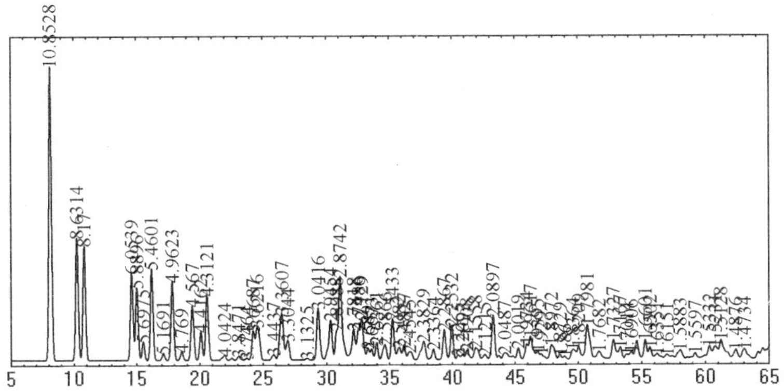

PDF: 73-2056

d	I/I_0	hkl
10.8489	999	010
8.6314	374	100
8.1669	336	$\bar{1}10$
6.0533	253	001
5.8880	208	110
5.6983	59	$0\bar{1}1$
5.4590	263	$\bar{1}20$
5.1686	17	$\bar{1}01$
4.9645	181	$1\bar{1}1$
4.9645	181	011
4.7677	22	$\bar{1}11$
4.7677	22	101
4.5708	115	$\bar{1}\bar{1}1$
4.4153	71	$0\bar{2}1$
4.3157	140	200
4.0834	8	$\bar{2}20$
4.0403	11	120
3.9404	6	111
3.8477	13	$\bar{1}21$
3.8039	1	$\bar{1}30$

8-036b 蓝磷铁矿(Vauxite)

$FeAl_2(PO_4)_2(OH)_2(H_2O)_6$，441.86

ICSD:24603(续 1)

Atom		Wcf	x	y	z	Occ
Fe1	Fe^{2+}	1*a*	0	0	0	1.0
Fe2	Fe^{2+}	1*c*	0	0.5	0	1.0
Al1	Al^{3+}	2*i*	0.667	0.291	0.187	1.0
Al2	Al^{3+}	1*g*	0	0.5	0.5	1.0
Al3	Al^{3+}	1*e*	0.5	0.5	0	1.0
P1	P^{5+}	2*i*	0.99	0.264	0.215	1.0
P2	P^{5+}	2*i*	0.31	0.639	0.291	1.0
O1	O^{2-}	2*i*	0.812	0.208	0.202	1.0
O2	O^{2-}	2*i*	0.035	0.329	0.015	1.0
O3	O^{2-}	2*i*	0.046	0.353	0.429	1.0
O4	O^{2-}	2*i*	0.063	0.16	0.211	1.0
O5	O^{2-}	2*i*	0.137	0.571	0.296	1.0
O6	O^{2-}	2*i*	0.625	0.285	0.483	1.0
O7	O^{2-}	2*i*	0.329	0.725	0.121	1.0
O8	O^{2-}	2*i*	0.396	0.546	0.228	1.0
O9	O^{2-}	2*i*	0.532	0.384	0.165	1.0

PDF:73-2056(续 1)

d	I/I_0	hkl
3.7462	6	021
3.6657	58	$\bar{2}11$
3.6657	58	$\bar{2}01$
3.6444	19	$\bar{1}\bar{2}1$
3.6264	63	210
3.6163	54	030
3.5992	40	$2\bar{1}1$
3.4535	11	$2\bar{2}1$
3.4358	12	$1\bar{3}1$
3.3798	57	201
3.3560	90	$\bar{2}30$
3.3560	90	$0\bar{3}1$
3.3208	25	$\bar{2}21$
3.3009	36	$\bar{2}\bar{1}1$
3.1340	4	121
3.0416	95	$\bar{1}31$
3.0416	95	$\bar{3}10$
3.0060	5	130
2.9718	21	$\bar{3}20$
2.9440	79	220

8-036c 蓝磷铁矿(Vauxite)

$FeAl_2(PO_4)_2(OH)_2(H_2O)_6$，441.86

ICSD:24603(续 2)

Atom		Wcf	x	y	z	Occ
O10	O^{2-}	2*i*	0.838	0.448	0.258	1.0
O11	O^{2-}	2*i*	0.768	0.961	0.142	1.0
O12	O^{2-}	2*i*	0.058	0.907	0.276	1.0
O13	O^{2-}	2*i*	0.502	0.136	0.12	1.0
O14	O^{2-}	2*i*	0.694	0.62	0.143	1.0
O15	O^{2-}	2*i*	0.38	0.958	0.341	1.0
O16	O^{2-}	2*i*	0.706	0.808	0.468	1.0

PDF:73-2056(续 2)

d	I/I_0	hkl
2.9022	59	031
2.8903	41	$\bar{1}\bar{3}1$
2.8771	141	$1\bar{1}2$
2.8771	141	300
2.8693	136	$\bar{1}\bar{1}2$
2.8693	136	$\bar{1}40$
2.8492	37	$0\bar{2}2$
2.8157	9	$\bar{2}\bar{2}1$
2.7990	19	$\bar{1}12$
2.7990	19	012
2.7827	59	102
2.7827	59	$1\bar{2}2$
2.7633	21	$\bar{3}11$
2.7496	58	$1\bar{4}1$
2.7295	84	$\bar{2}40$
2.7223	66	$\bar{3}30$
2.7122	26	040
2.6894	24	$\bar{3}01$
2.6663	19	$\bar{3}21$
2.6663	19	$3\bar{1}1$

8-037a 蓝磷铜矿(Cornetite)

$Cu_3(PO_4)(OH)_3$, 336.63

Sys.:Orthorhombic S.G.:*Pbca*(61) *Z*:8

a:10.8653 *b*:14.0711 *c*:7.0979 Vol.:1085.17

ICSD:67044

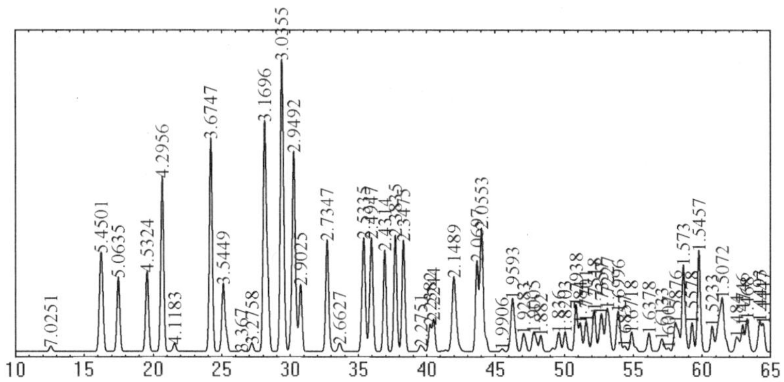

PDF:37-0449

d	I/I_0	*hkl*
7.0300	3	020
5.4790	25	111
5.4340	20	200
5.0690	30	210
4.5430	30	121
4.3020	60	220
3.6800	70	131
3.6800	70	221
3.5510	25	230
3.5510	25	002
3.5180	9	040
3.2800	6	112
3.1770	70	231
3.1510	25	041
3.0430	100	122
3.0280	35	141
2.9530	60	240
2.9330	8	321
2.9070	20	212
2.7380	40	132

8-037b 蓝磷铜矿(Cornetite)

$Cu_3(PO_4)(OH)_3$, 336.63

ICSD:67044(续)

Atom		Wcf	*x*	*y*	*z*	Occ
Cu1	Cu^{2+}	8*c*	0.01900(6)	0.12739(5)	0.1876(1)	1.0
Cu2	Cu^{2+}	8*c*	0.19409(6)	0.24645(6)	0.40293(9)	1.0
Cu3	Cu^{2+}	8*c*	0.10041(6)	0.45217(5)	0.1092(1)	1.0
P1	P^{5+}	8*c*	0.3800(1)	0.3864(1)	0.2070(2)	1.0
O1	O^{2-}	8*c*	0.2690(3)	0.4101(3)	0.0857(6)	1.0
O2	O^{2-}	8*c*	0.9211(4)	0.4726(3)	0.1754(6)	1.0
O3	O^{2-}	8*c*	0.4896(4)	0.3596(3)	0.0812(5)	1.0
O4	O^{2-}	8*c*	0.3499(4)	0.3034(3)	0.3415(6)	1.0
O5	O^{2-}	8*c*	0.0564(4)	0.3390(3)	0.9551(5)	1.0
O6	O^{2-}	8*c*	0.1822(4)	0.1876(3)	0.1470(5)	1.0
O7	O^{2-}	8*c*	0.1343(4)	0.5679(3)	0.2450(6)	1.0

PDF:37-0449(续)

d	I/I_0	*hkl*
2.7380	40	222
2.6670	4	410
2.5440	17	151
2.5350	25	302
2.5350	25	420
2.5090	7	232
2.4990	35	250
2.4990	35	042
2.4350	35	142
2.3870	30	421
2.3510	30	430
2.2820	3	113
2.2420	9	023
2.2270	17	061
2.1618	6	152
2.1527	13	260
2.1441	7	213
2.1321	2	412
2.0743	25	133
2.0608	16	422

8-038 纤磷钙铝石(Crandallite)

$CaAl_3(PO_4)_2(OH)_5 \cdot H_2O$，414.02

Sys.:Trigonal S.G.:$R3m$(160) Z:3

a:7.013 c:16.196 Vol.:689.84

ICSD:6195

Atom		Wcf	x	y	z	Occ
Ca1	Ca^{2+}	18f	0.044(13)	0	0	0.167
P1	P^{5+}	6c	0	0	0.3137(2)	1.0
Al1	Al^{3+}	9d	0.5	0	0.5	1.0
O1	O^{2-}	6c	0	0	0.4076(4)	1.0
O2	O^{2-}	18h	0.2142(3)	−0.2142	0.9471(2)	1.0
O3	O^{2-}	18h	0.1237(3)	−0.1237(3)	0.1353	1.0

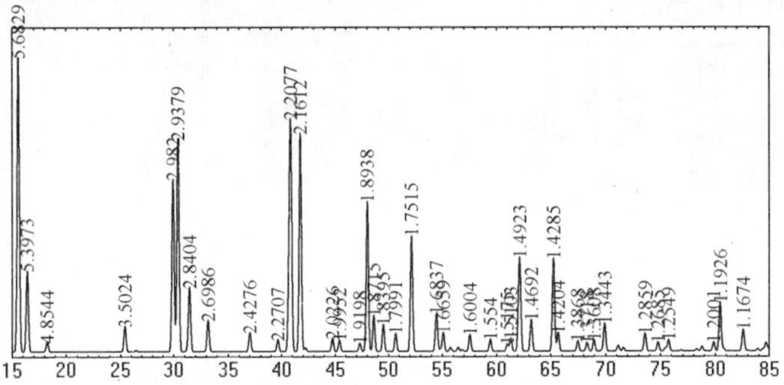

PDF:25-1457		
d	I/I_0	hkl
5.7000	34	101
4.8700	29	012
3.5100	35	110
2.9830	50	021
2.9410	100	113
2.8580	6	015
2.6990	17	006
2.4300	4	024
2.2070	16	122
2.1620	36	107
1.9960	2	214
1.8960	27	303
1.8420	6	027

8-039 磷钙锌矿(Scholzite)

$CaZn_2(PO_4)_2(H_2O)_2$，396.81

Sys.:Orthorhombic S.G.:$Pcan$(60) Z:4

a:17.149 b:7.412 c:6.667 Vol.:847.43

ICSD:56304

Atom		Wcf	x	y	z	Occ
Zn1	Zn^{2+}	8d	0.2727	0.5	0.1875	1.0
P1	P^{5+}	8d	0.35	0.1875	0.4375	1.0
Ca1	Ca^{2+}	4c	0	0.375	0.25	1.0
O1	O^{2-}	8d	0.4375	0.05	0.4375	1.0
O2	O^{2-}	8d	0.2727	0.05	0.4375	1.0
O3	O^{2-}	8d	0.15	0.2	0.125	1.0
O4	O^{2-}	8d	0.05	0.15	0.4375	1.0
O5	O^{2-}	8d	0.35	0.3	0.25	1.0

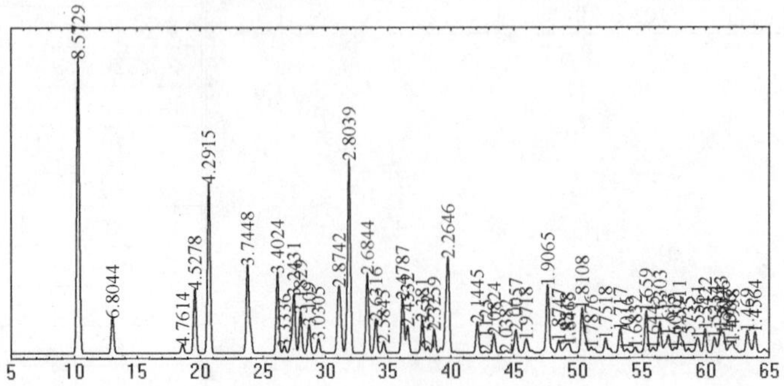

PDF:73-1151		
d	I/I_0	hkl
8.5745	999	200
6.8037	88	110
4.7619	19	111
4.5265	149	310
4.2914	357	211
4.2914	357	400
3.7449	175	311
3.7060	55	020
3.4019	175	220
3.3335	18	002
3.2723	28	102
3.2426	108	411
3.2426	108	021
3.1829	112	121
3.1127	75	510
3.1070	78	202
3.0302	33	221
2.9935	4	112
2.8796	102	302
2.8654	111	212

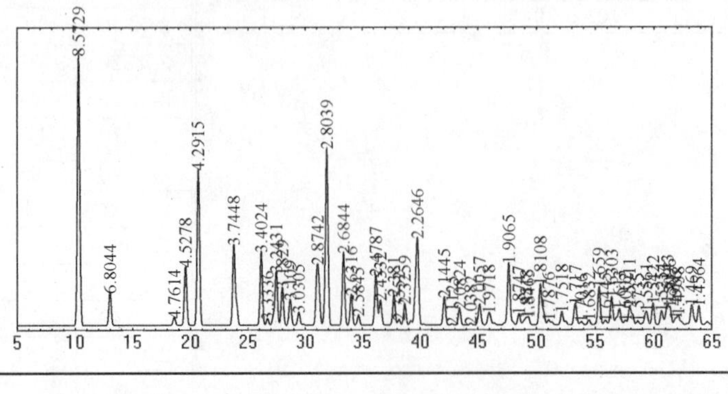

8-040a 磷灰石(Apatite)

$Ca_{4.03}Cd_{0.97}(PO_4)_3(OH)$, 572.48

Sys.: Hexagonal S.G.: $P6_3/m$(176) Z: 2

a: 9.391 c: 6.837 Vol.: 522.18

ICSD: 41101

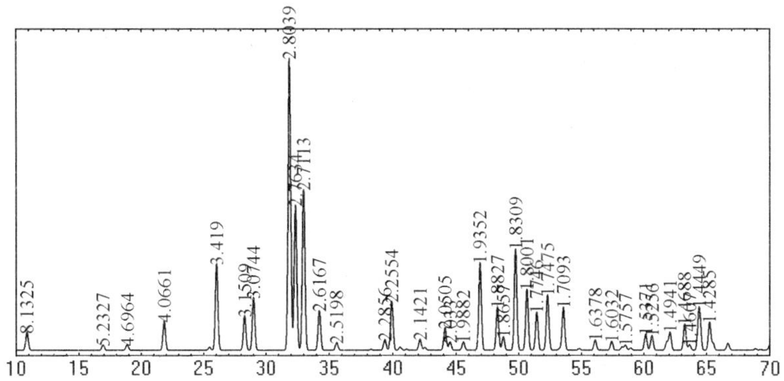

PDF: 75-0425

d	I/I_0	hkl
8.1328	72	100
5.2334	20	101
4.6955	17	110
4.0664	125	200
3.8706	6	111
3.4950	9	201
3.4185	305	002
3.1514	137	102
3.0739	199	210
2.8036	999	211
2.7637	529	112
2.7110	533	300
2.6167	120	202
2.5201	23	301
2.3478	3	220
2.2857	30	212
2.2557	140	130
2.2205	10	221
2.1945	3	103
2.1421	33	131

8-040b 磷灰石(Apatite)

$Ca_{4.03}Cd_{0.97}(PO_4)_3(OH)$, 572.48

ICSD: 41101(续)

Atom		Wcf	x	y	z	Occ
Ca1	Ca^{2+}	4f	0.3333	0.6667	0.0008(6)	0.865
Cd1	Cd^{2+}	4f	0.3333	0.6667	0.0008(6)	0.135
Ca2	Ca^{2+}	6h	0.2472(2)	0.9931(3)	0.25	0.767
Cd2	Cd^{2+}	6h	0.2472(2)	0.9931(3)	0.25	0.233
P1	P^{5+}	6h	0.3967(4)	0.3702(4)	0.25	1.0
O1	O^{2-}	6h	0.3266(8)	0.4846(8)	0.25	1.0
O2	O^{2-}	6h	0.5845(9)	0.4658(9)	0.25	1.0
O3	O^{2-}	12i	0.3418(6)	0.2562(6)	0.0688(7)	1.0
O4	O^{2-}	4e	0	0	0.1921(19)	0.5

PDF: 75-0425(续)

d	I/I_0	hkl
2.1241	8	302
2.0503	66	113
2.0332	28	400
1.9881	23	203
1.9353	258	222
1.8827	130	132
1.8658	42	230
1.8307	287	213
1.8000	174	321
1.7747	111	140
1.7475	155	402
1.7445	88	303
1.7178	7	411
1.7093	119	004
1.6727	4	104
1.6377	26	322
1.6266	1	500
1.6032	21	313
1.5824	8	501
1.5757	13	204

8-041a 镁磷石(Newberyite)

$MgHPO_4 \cdot 3H_2O$，174.33

Sys.:Orthorhombic　S.G.:*Pbca*(61)　*Z*:8

a:10.2083　*b*:10.6845　*c*:10.0129　Vol.:1092.11

ICSD:15330

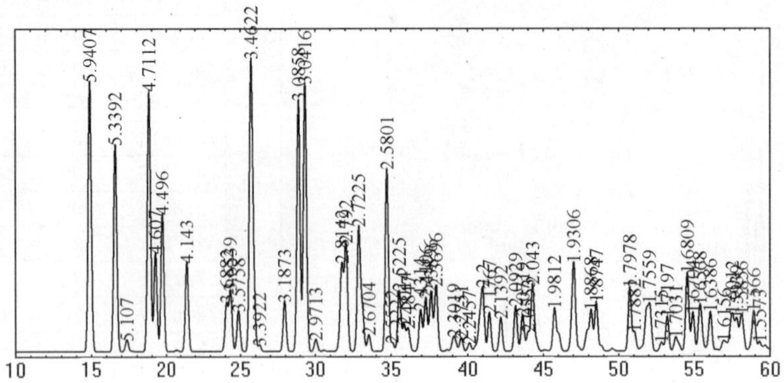

PDF:35-0780		
d	I/I_0	*hkl*
5.9452	52	111
5.3444	22	020
5.1086	4	200
4.7141	47	021
4.6102	16	210
4.4981	41	102
4.1461	33	112
3.6922	9	220
3.6525	12	022
3.5744	11	202
3.4616	66	221
3.4373	33	122
3.3935	2	212
3.1865	10	131
3.0858	54	311
3.0407	100	113
2.9703	3	222
2.8148	24	302
2.7910	22	132
2.7214	32	312

8-041b 镁磷石(Newberyite)

$MgHPO_4 \cdot 3H_2O$，174.33

ICSD:15330(续)

Atom		Wcf	*x*	*y*	*z*	Occ
P1	P^{5+}	8*c*	−0.00897(14)	0.13254(14)	0.15364(16)	1.0
Mg1	Mg^{2+}	8*c*	0.29683(19)	0.24666(19)	0.08644(22)	1.0
O1	O^{2-}	8*c*	−0.08849(45)	0.20017(42)	0.25682(52)	1.0
O2	O^{2-}	8*c*	−0.05097(44)	0.16132(42)	0.00892(48)	1.0
O3	O^{2-}	8*c*	0.14006(42)	0.15337(40)	0.16736(46)	1.0
O4	O^{2-}	8*c*	−0.03371(42)	−0.01235(42)	0.17864(46)	1.0
O5	O^{2-}	8*c*	0.16684(47)	0.31363(45)	−0.06051(51)	1.0
O6	O^{2-}	8*c*	0.24894(49)	0.41417(44)	0.18918(49)	1.0
O7	O^{2-}	8*c*	0.35504(52)	0.09193(50)	−0.03328(56)	1.0

PDF:35-0780(续)		
d	I/I_0	*hkl*
2.7042	13	213
2.6726	3	040
2.5820	34	041
2.5532	3	400
2.5234	11	232
2.5048	6	004
2.5007	5	141
2.4827	4	410
2.4315	22	104
2.4091	12	411
2.3899	13	331
2.3708	22	114
2.3253	1	313
2.3039	2	241
2.2974	2	142
2.2753	2	402
2.2479	1	204
2.2071	10	332
2.1993	17	214
2.1763	10	323

8-042 磷镧镨矿(Rhabdophane)

$CePO_4$，235.09

Sys.：Hexagonal S.G.：$P6_222$(180) Z：3

a：7.055 c：6.439 Vol.：277.55

ICSD：31563

Atom		Wcf	x	y	z	Occ
Ce1	Ce^{3+}	3c	0.5	0	0	1.0
P1	P^{5+}	3d	0.5	0	0.5	1.0
O1	O^{2-}	12k	0.446	0.147	0.36	1.0

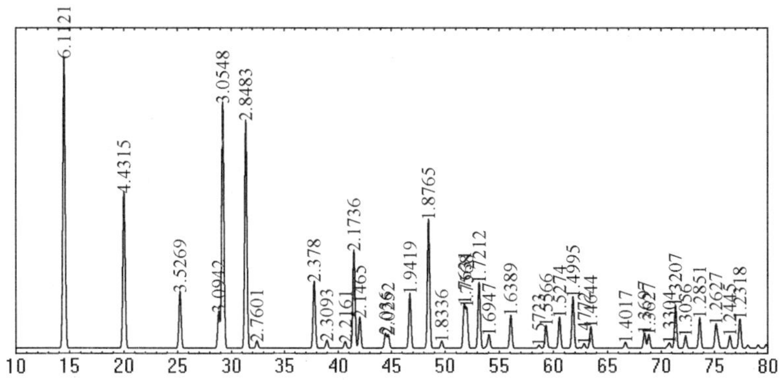

PDF：75-1880

d	I/I_0	hkl
6.1098	999	100
4.4321	553	101
3.5275	168	110
3.0937	126	111
3.0549	713	200
2.8483	630	102
2.7600	19	201
2.3780	180	112
2.3093	22	210
2.2161	17	202
2.1737	245	211
2.1463	77	003
2.0366	36	300
2.0250	33	103
1.9418	128	301
1.8765	300	212
1.8336	16	113
1.7638	97	220
1.7562	93	203
1.7211	145	302

8-043a 磷铝锰矿(Eosphorite)

$MnAl(PO_4)(OH)_2 \cdot H_2O$，228.92

Sys.：Orthorhombic S.G.：$Bbam$(64) Z：8

a：10.436 b：13.495 c：6.9227 Vol.：974.95

ICSD：74292

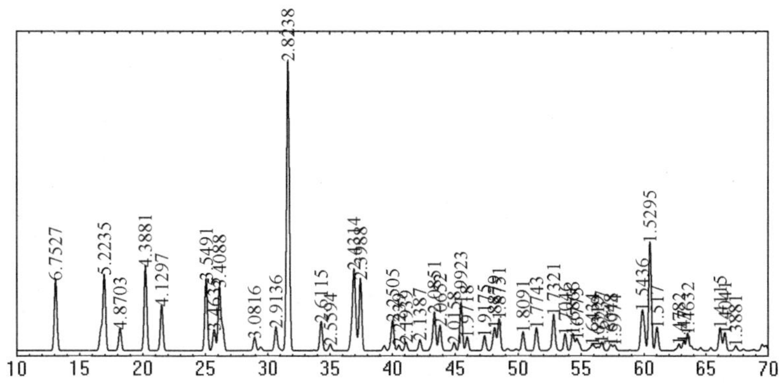

PDF：36-0402

d	I/I_0	hkl
6.7500	25	020
5.3070	11	111
5.2200	60	200
4.8700	30	210
4.3840	35	121
4.1310	40	220
3.5480	20	131
3.4610	10	002
3.4100	30	230
3.3750	13	040
3.0790	9	022
2.9140	10	141
2.8220	100	321
2.8220	100	212
2.6080	25	400
2.5610	3	410
2.4440	8	151
2.4320	30	420
2.4170	6	042
2.3980	25	250

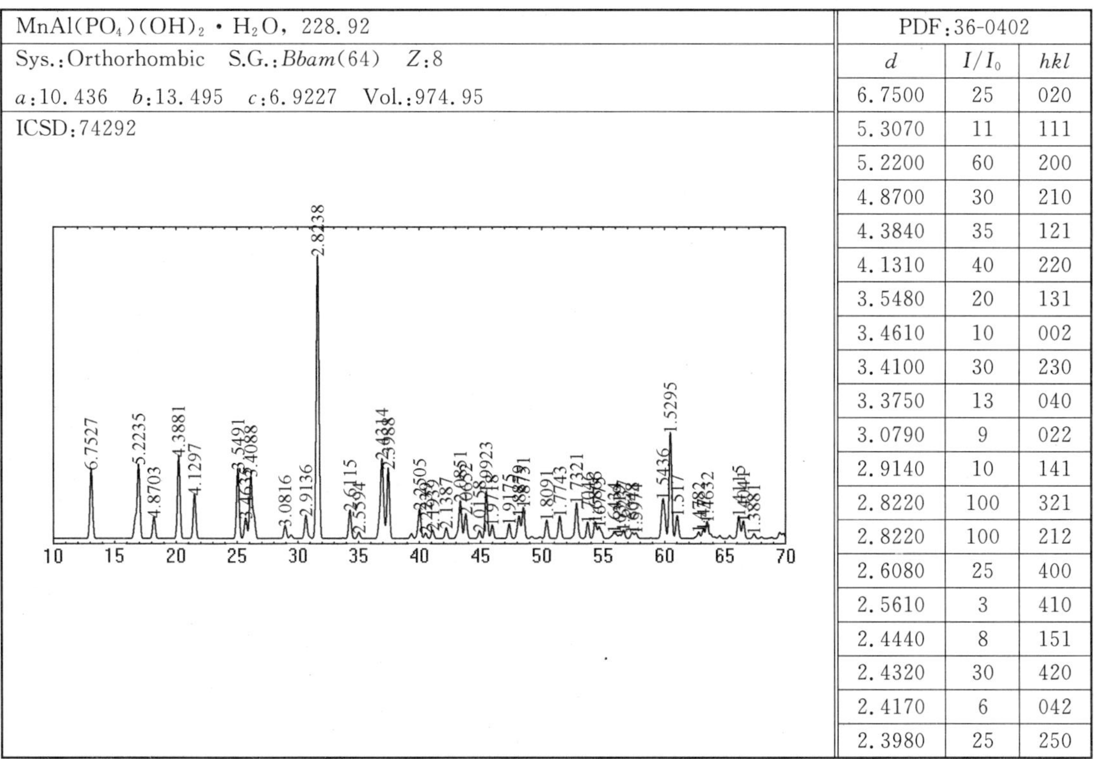

8-043b 磷铝锰矿(Eosphorite)

$MnAl(PO_4)(OH)_2 \cdot H_2O$，228.92

ICSD:74292(续)

Atom		Wcf	x	y	z	Occ
Mn1	Mn^{2+}	8*e*	0.25	0.1333	0.25	0.8
Fe1	Fe^{2+}	8*e*	0.25	0.1333	0.25	0.2
P1	P^{5+}	8*f*	0	0.3772	0.3334	1.0
Al1	Al^{3+}	8*c*	0.25	0.25	0	1.0
O1	O^{2-}	8*f*	0	0.2656(1)	0.25841	1.0
O2	O^{2-}	8*f*	0	0.0067(1)	0.2195(1)	1.0
O3	O^{2-}	8*f*	0	0.2522(1)	0.0492(1)	1.0
O4	O^{2-}	16*g*	0.1801(1)	0.1104(1)	0.4093	1.0
O5	O^{2-}	16*g*	0.3195(1)	0.1324(1)	0.6006(1)	1.0
H1	H^+	16*g*	0.11	0.285	0.08	1.0
H2	H^+	16*g*	0.182	0.035	0.421	1.0

PDF:36-0402(续)

d	I/I_0	*hkl*
2.2860	2	341
2.2490	10	060
2.1920	2	242
2.1370	4	123
2.0820	13	402
2.0650	16	260
2.0150	3	133
1.9920	13	422
1.9720	3	252
1.9160	5	521
1.8860	1	062
1.8740	5	143
1.8080	6	270
1.7736	4	262
1.7736	4	442
1.7310	8	004
1.7036	5	460
1.6851	6	620
1.6765	3	024
1.6232	3	630

8-044a 磷铝铁石(Childrenite)

$(Fe_{0.89}Mn_{0.11})Al(PO_4)(OH)_2(H_2O)$，229.73

Sys.:Orthorhombic S.G.:*Bba*2(41) *Z*:8

a:10.395 *b*:13.394 *c*:6.918 Vol.:963.2

ICSD:30686

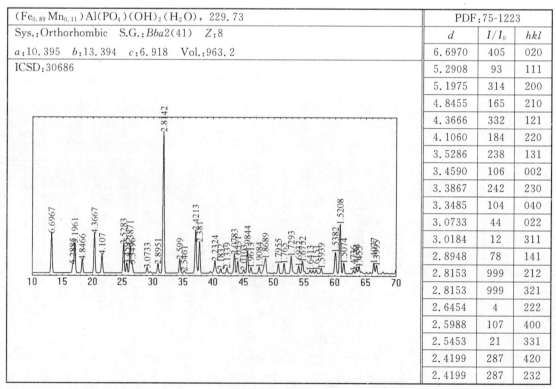

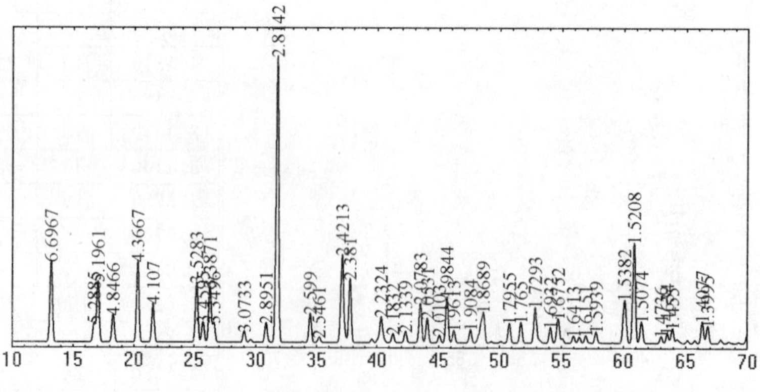

PDF:75-1223

d	I/I_0	*hkl*
6.6970	405	020
5.2908	93	111
5.1975	314	200
4.8455	165	210
4.3666	332	121
4.1060	184	220
3.5286	238	131
3.4590	106	002
3.3867	242	230
3.3485	104	040
3.0733	44	022
3.0184	12	311
2.8948	78	141
2.8153	999	212
2.8153	999	321
2.6454	4	222
2.5988	107	400
2.5453	21	331
2.4199	287	420
2.4199	287	232

8-044b 磷铝铁石(Childrenite)

$(Fe_{0.89}Mn_{0.11})Al(PO_4)(OH)_2(H_2O)$，229.73

ICSD:30686(续)

Atom		Wcf	x	y	z	Occ
Fe1	Fe^{2+}	8b	0.1329	0.2499(2)	0.2495(6)	0.89
Mn1	Mn^{2+}	8b	0.1329	0.2499(2)	0.2495(6)	0.11
Al1	Al^{3+}	8b	0.2483(4)	−0.0003(5)	0.2500(7)	1.0
P1	P^{5+}	8b	0.3777(1)	0.3324(1)	0	1.0
O1	O^{2-}	8b	0.2643(2)	0.2577(1)	−0.0024(19)	1.0
O2	O^{2-}	8b	0.0076(2)	0.2214(1)	0.0012(17)	1.0
O3	O^{2-}	8b	0.2536(2)	0.0487(1)	0.0049(16)	1.0
O4	O^{2-}	8b	0.1099(6)	0.4085(7)	0.1801(13)	1.0
O5	O^{2-}	8b	−0.1127(6)	−0.4048(8)	−0.1855(14)	1.0
O6	O^{2-}	8b	0.1302(6)	0.6011(6)	0.3178(14)	1.0
O7	O^{2-}	8b	−0.1320(7)	−0.6005(7)	−0.3200(15)	1.0
H1	H^+	8b	0.279	0.107	0	1.0
H2	H^+	8b	0.036	0.416	0.225	1.0
H3	H^+	8b	0.1	0.406	0.048	1.0
H4	H^+	8b	−0.036	−0.416	−0.225	1.0

PDF:75-1223(续)

d	I/I_0	hkl
2.4059	53	042
2.3811	240	250
2.2741	10	341
2.2460	14	430
2.2323	85	060
2.2201	17	113
2.1833	34	242
2.1339	36	123
2.0777	126	161
2.0777	126	402
2.0530	87	440
2.0530	87	260
2.0264	2	351
2.0102	28	133
1.9844	162	422
1.9694	6	511
1.9614	44	252
1.9085	46	521
1.8837	22	432
1.8756	64	062

8-045a 磷钠铍石(Beryllonite)

$NaBePO_4$，126.97

Sys.:Monoclinic　S.G.:$P2_1/n(14)$　Z:12

a:8.1376　b:7.8005　c:14.2042　β:90.013　Vol.:901.64

ICSD:9271

Atom		Wcf	x	y	z	Occ
Na1	Na^+	4e	0.2477(3)	0.0046(4)	0.2499(2)	1.0
Na2	Na^+	4e	0.7308(3)	0.4712(3)	0.0881(2)	1.0
Na3	Na^+	4e	0.7737(3)	0.0305(3)	0.0682(1)	1.0
Be1	Be^{2+}	4e	0.9220(8)	0.1699(9)	0.2411(4)	1.0
Be2	Be^{2+}	4e	0.3991(8)	0.1693(10)	0.4190(5)	1.0

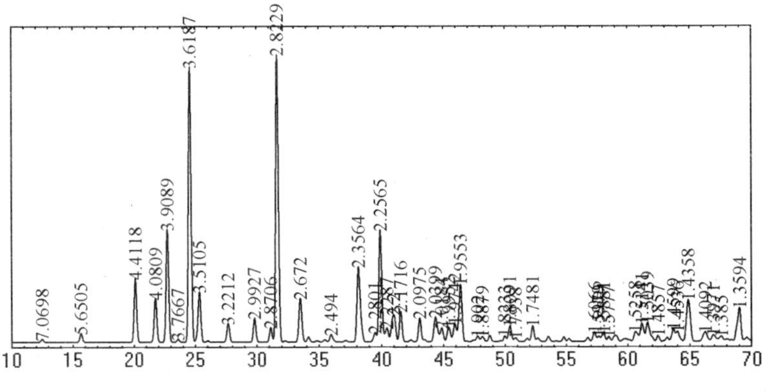

PDF:44-1397

d	I/I_0	hkl
7.0498	2	$\bar{1}01$
7.0498	2	101
5.6315	4	110
4.4131	39	$\bar{1}12$
4.4131	39	112
4.0922	15	$\bar{1}03$
4.0922	15	103
4.0694	7	200
3.8998	68	020
3.7619	1	021
3.6241	82	$\bar{1}13$
3.6241	82	113
3.6078	43	210
3.5294	1	$\bar{2}02$
3.5294	1	202
3.4963	32	$\bar{2}11$
3.4963	32	211
3.4184	1	022
3.2323	3	014
3.2162	8	$\bar{2}12$

8-045b 磷钠铍石(Beryllonite)

$NaBePO_4$, 126.97

ICSD:9271(续)

Atom		Wcf	x	y	z	Occ
Be3	Be^{2+}	4e	0.4329(8)	0.171(1)	0.0910(5)	1.0
P1	P^{5+}	4e	0.5806(1)	0.2858(2)	0.2628(1)	1.0
P2	P^{5+}	4e	0.1069(1)	0.2902(2)	0.0813(1)	1.0
P3	P^{5+}	4e	0.0689(1)	0.2887(2)	0.4084(1)	1.0
O1	O^{2-}	4e	0.4411(4)	0.2678(5)	0.1906(2)	1.0
O2	O^{2-}	4e	0.0662(4)	0.2686(5)	0.1855(2)	1.0
O3	O^{2-}	4e	0.2483(4)	0.2770(6)	0.3762(2)	1.0
O4	O^{2-}	4e	0.7430(5)	0.2499(5)	0.2137(3)	1.0
O5	O^{2-}	4e	0.9524(4)	0.2520(5)	0.0223(2)	1.0
O6	O^{2-}	4e	0.5600(4)	0.2534(5)	0.0134(2)	1.0
O7	O^{2-}	4e	0.5550(5)	0.1652(5)	0.3458(3)	1.0
O8	O^{2-}	4e	0.2449(4)	0.1674(5)	0.0527(2)	1.0
O9	O^{2-}	4e	0.9609(4)	0.1645(5)	0.3530(3)	1.0
O10	O^{2-}	4e	0.5769(5)	0.4702(5)	0.2994(2)	1.0
O11	O^{2-}	4e	0.1663(4)	0.4724(5)	0.0642(3)	1.0
O12	O^{2-}	4e	0.0068(5)	0.4701(6)	0.3904(2)	1.0

PDF:44-1397(续)

d	I/I_0	hkl
3.2162	8	212
3.0034	19	$\bar{1}14$
3.0034	19	114
2.8699	12	$\bar{2}13$
2.8699	12	213
2.8234	100	$\bar{1}23$
2.8234	100	123
2.8161	55	220
2.6816	13	$\bar{1}05$
2.6816	13	105
2.6744	10	$\bar{2}04$
2.6744	10	204
2.6637	20	$\bar{3}01$
2.6637	20	301
2.6176	3	$\bar{2}22$
2.6176	3	222
2.5619	1	310
2.4988	6	$\bar{1}24$
2.4988	6	124
2.4771	2	130

8-046a 磷铁铝矿(Paravauxite)

$FeAl_2(PO_4)_2(OH)_2(H_2O)_8$, 477.89

Sys.:Triclinic S.G.:$P\bar{1}$(2) Z:1

a:5.233 b:10.541 c:6.962 α:106.9 β:110.8 γ:72.1 Vol.:334.43

ICSD:24456

Atom		Wcf	x	y	z	Occ
Fe1	Fe^{2+}	1a	0	0	0	1.0
Al1	Al^{3+}	1c	0	0.5	0	1.0
Al2	Al^{3+}	1g	0	0.5	0.5	1.0
P1	P^{5+}	2i	0.3431	0.6665	0.9224	1.0
O1	O^{2-}	2i	0.1639	0.6481	0.042	1.0

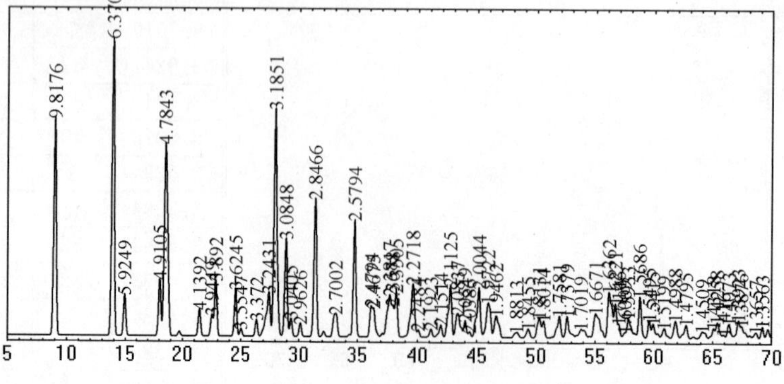

PDF:73-1932

d	I/I_0	hkl
9.8196	832	010
6.3713	999	001
5.9255	154	$0\bar{1}1$
4.9098	223	020
4.9098	223	011
4.7909	496	$\bar{1}\bar{1}1$
4.7629	291	100
4.7302	208	110
4.4956	12	$\bar{1}01$
4.3409	2	$0\bar{2}1$
4.1382	84	$\bar{1}\bar{2}1$
3.9463	67	$\bar{1}10$
3.8911	176	120
3.6242	124	$\bar{1}11$
3.5541	25	021
3.3719	45	101
3.3021	17	$\bar{1}\bar{1}2$
3.2732	51	030
3.2622	41	$\bar{1}\bar{3}1$
3.2429	122	111

8-046b 磷铁铝矿(Paravauxite)

$FeAl_2(PO_4)_2(OH)_2(H_2O)_8$，477.89

ICSD:24456(续)

Atom		Wcf	x	y	z	Occ
O2	O^{2-}	2i	0.2935	0.5759	0.7002	1.0
O3	O^{2-}	2i	0.2691	0.8167	0.9069	1.0
O4	O^{2-}	2i	0.3405	0.372	0.9567	1.0
O5	O^{2-}	2i	0.1398	0.5034	0.2912	1.0
O6	O^{2-}	2i	0.2333	0.3189	0.5437	1.0
O7	O^{2-}	2i	0.2474	0.0124	0.3195	1.0
O8	O^{2-}	2i	0.2225	0.1085	0.9283	1.0
O9	O^{2-}	2i	0.264	0.8072	0.505	1.0
H1	H^+	2i	0.31	0.5	0.3	1.0
H2	H^+	2i	0.27	0.3	0.68	1.0
H3	H^+	2i	0.41	0.3	0.52	1.0
H4	H^+	2i	0.25	0.08	0.39	1.0
H5	H^+	2i	0.25	0.93	0.37	1.0
H6	H^+	2i	0.17	0.16	0.95	1.0
H7	H^+	2i	0.36	0.14	0.03	1.0
H8	H^+	2i	0.3	0.75	0.64	1.0
H9	H^+	2i	0.16	0.74	0.46	1.0

PDF:73-1932(续)

d	I/I_0	hkl
3.1856	581	$0\bar{3}1$
3.1856	581	002
3.1621	168	$\bar{1}\bar{2}2$
3.0848	275	$\bar{1}20$
3.0409	51	130
2.9627	25	$0\bar{2}2$
2.8452	314	$\bar{1}21$
2.7836	17	$\bar{1}\bar{3}2$
2.7126	53	$1\bar{2}1$
2.6964	58	$\bar{1}12$
2.6964	58	031
2.6098	8	$\bar{2}\bar{1}1$
2.5796	275	$\bar{1}\bar{4}1$
2.4808	70	$\bar{2}01$
2.4658	60	$0\bar{4}1$
2.4457	11	$\bar{1}30$
2.4457	11	210
2.4184	15	140
2.4184	15	131
2.3955	54	$\bar{2}\bar{2}2$

8-047a 磷锌矿(Hopeite)

$Zn_3(PO_4)_2 \cdot 4H_2O$，458.14

Sys.:Orthorhombic　S.G.:*Pnma*(62)　*Z*:4

a:10.611　*b*:18.312　*c*:5.0309　Vol.:977.55

ICSD:34869

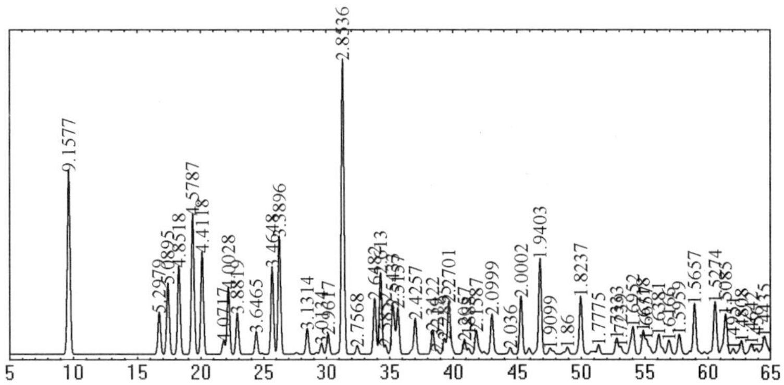

PDF:33-1474

d	I/I_0	hkl
9.1600	55	020
5.3110	17	200
5.0950	25	210
4.8550	30	011
4.5760	55	040
4.4140	35	111
4.0720	7	121
4.0050	20	230
3.8800	14	031
3.6480	9	201
3.6480	9	131
3.4680	30	240
3.3910	40	221
3.2250	1	141
3.1340	9	231
3.0530	1	060
3.0150	4	250
2.9630	8	051
2.8550	100	311
2.8550	100	241

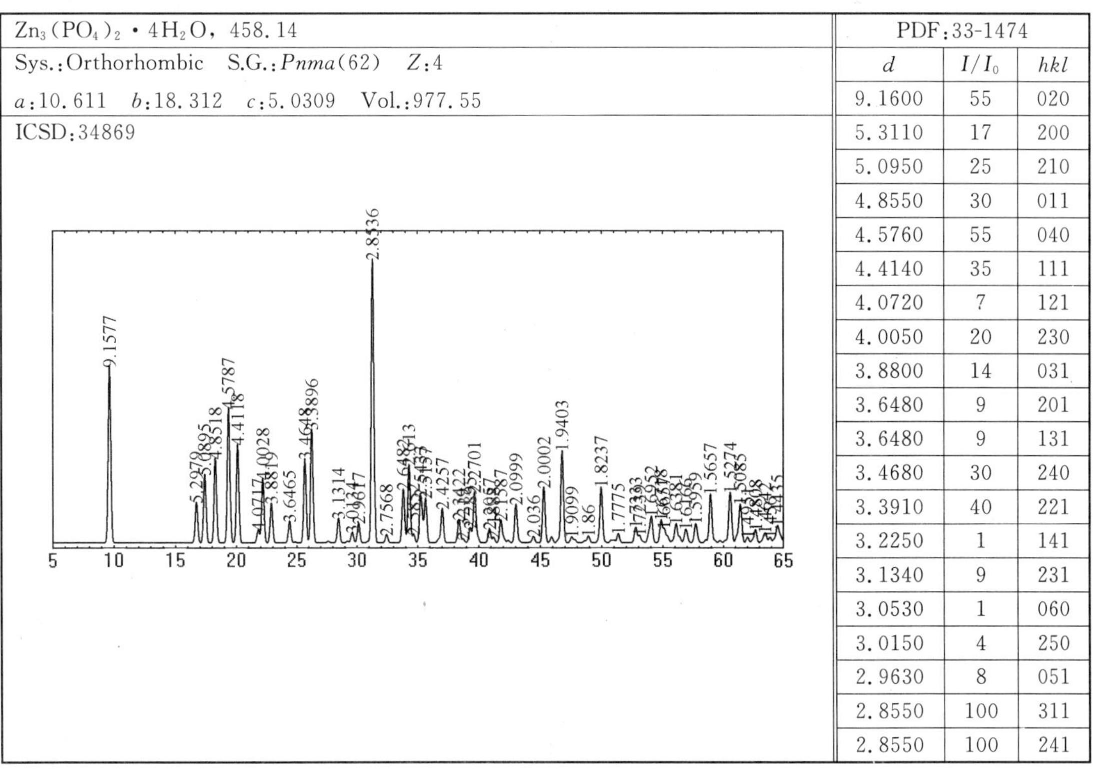

8-047b 磷锌矿(Hopeite)

$Zn_3(PO_4)_2 \cdot 4H_2O$，458.14

ICSD:34869(续)

Atom		Wcf	x	y	z	Occ
Zn1	Zn^{2+}	4*c*	0.26365(5)	0.25	0.0728(1)	1.0
Zn2	Zn^{2+}	8*d*	0.14273(3)	0.49915(2)	0.2078(1)	1.0
P1	P^{5+}	8*d*	0.3971(1)	0.40580(4)	0.22561(16)	1.0
O1	O^{2-}	4*c*	0.1065(3)	0.75	0.2579(7)	1.0
O2	O^{2-}	4*c*	0.1143(3)	0.25	0.3480(8)	1.0
O3	O^{2-}	8*d*	0.3367(3)	0.6695(2)	0.3372(6)	1.0
O4	O^{2-}	8*d*	0.3599(2)	0.3275(1)	0.2838(5)	1.0
O5	O^{2-}	8*d*	0.1003(3)	0.5795(2)	0.4283(5)	1.0
O6	O^{2-}	8*d*	0.0250(2)	0.4217(1)	0.1433(5)	1.0
O7	O^{2-}	8*d*	0.3013(2)	0.4597(1)	0.3597(5)	1.0

PDF:33-1474(续)

d	I/I_0	*hkl*
2.7600	3	321
2.6520	19	400
2.6140	25	331
2.5850	3	251
2.5480	15	420
2.5350	11	161
2.5150	15	002
2.4450	3	102
2.4450	3	341
2.4260	10	112
2.4260	10	022
2.3420	7	261
2.3210	1	071
2.2880	7	080
2.2710	15	132
2.2710	15	351
2.2680	13	171
2.2060	4	222
2.2060	4	042
2.1900	2	431

8-048a 磷叶石(Phosphophyllite)

$Zn_2Fe(PO4)_2 \cdot 4H_2O$，448.61

Sys.:Monoclinic　S.G.:$P2_1/n$(14)　*Z*:2

a:10.377　*b*:5.086　*c*:10.559　*β*:121.1　Vol.:477.18

ICSD:100078

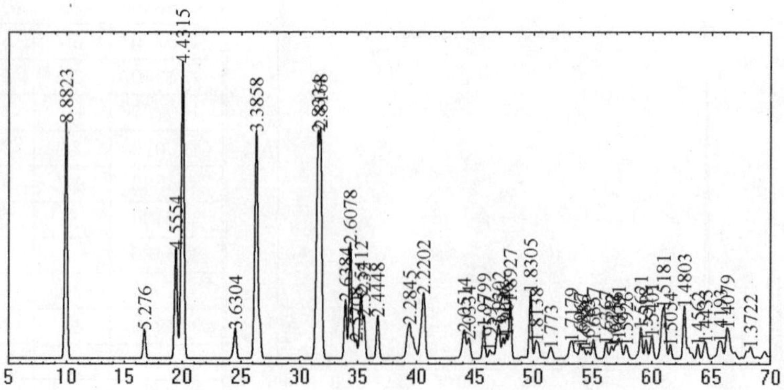

PDF:29-1427

d	I/I_0	*hkl*
8.8600	85	100
5.2800	5	$\bar{1}02$
4.5500	20	$\bar{2}02$
4.4380	100	$\bar{1}11$
3.6280	10	$\bar{2}11$
3.3830	60	102
3.3460	15	210
2.8330	50	$\bar{3}12$
2.8180	45	112
2.6380	7	$\bar{2}04$
2.6070	15	$\bar{3}13$
2.5920	4	013
2.5710	7	202
2.5410	15	020
2.5240	15	$\bar{1}04$
2.4450	10	120
2.2950	4	212
2.2840	9	$\bar{2}21$
2.2710	3	$\bar{3}14$
2.2220	30	400

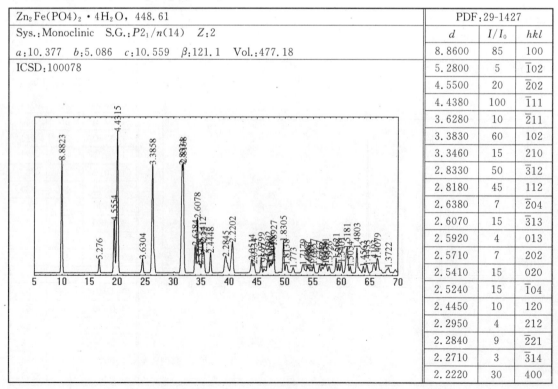

8-048b 磷叶石(Phosphophyllite)

$Zn_2Fe(PO4)_2 \cdot 4H_2O$, 448.61

ICSD:100078(续)

Atom		Wcf	*x*	*y*	*z*	Occ
Fe1	Fe^{2+}	2*a*	0	0	0	1.0
Zn1	Zn^{2+}	4*e*	0.50024(3)	0.31002(5)	0.35646(3)	1.0
P1	P^{5+}	4*e*	0.68924(6)	0.28707(11)	0.19476(6)	1.0
O1	O^{2-}	4*e*	−0.0046(3)	0.2958(4)	0.1392(3)	1.0
O2	O^{2-}	4*e*	0.1803(3)	0.2897(5)	0.5030(3)	1.0
O3	O^{2-}	4*e*	0.8542(2)	0.2582(4)	0.3158(2)	1.0
O4	O^{2-}	4*e*	0.3526(2)	0.0728(3)	0.3420(2)	1.0
O5	O^{2-}	4*e*	0.6617(2)	0.1323(4)	0.0582(2)	1.0
O6	O^{2-}	4*e*	0.5860(2)	0.1527(3)	0.2445(2)	1.0
H1	H^+	4*e*	−0.030(4)	0.276(8)	0.195(4)	1.0
H2	H^+	4*e*	0.054(6)	0.403(11)	0.177(6)	1.0
H3	H^+	4*e*	0.231(8)	0.358(17)	0.491(8)	1.0
H4	H^+	4*e*	0.219(8)	0.154(17)	0.547(9)	1.0

PDF:29-1427(续)

d	I/I_0	*hkl*
2.0540	8	$\bar{5}02$
2.0340	8	122
1.9800	8	$\bar{5}04$
1.9630	2	104
1.9300	10	320
1.9170	3	$\bar{5}13$
1.9060	10	$\bar{5}12$
1.8940	15	312
1.8320	5	$\bar{2}24$
1.8110	5	411
1.5409	9	421
1.5193	10	$\bar{6}06$
1.4806	30	$\bar{3}33$

8-049a 绿磷铅铜矿(Tsumebite)

$Pb_2Cu(PO_4)(SO_4)(OH)$, 685.98

Sys.:Monoclinic S.G.:$P2_1/m(11)$ *Z*:2

a:7.85 *b*:5.8 *c*:8.7 *β*:111.5 Vol.:368.55

ICSD:76613

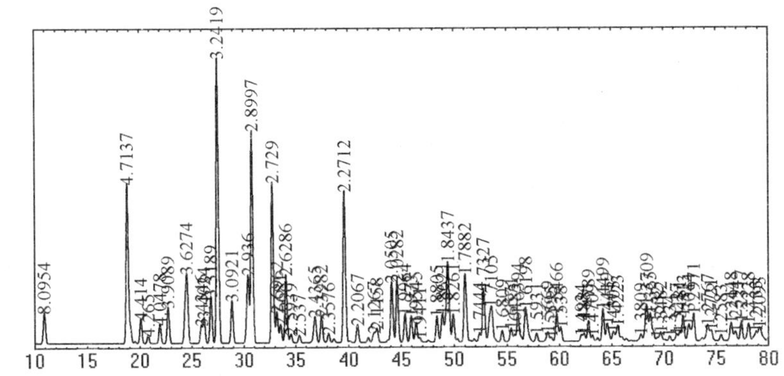

PDF:89-7074

d	I/I_0	*hkl*
8.0946	153	001
7.3038	1	100
6.8027	1	$\bar{1}01$
4.7147	696	011
4.6421	84	101
4.5421	11	110
4.4136	103	$\bar{1}11$
4.2642	34	$\bar{1}02$
4.0473	72	002
3.9089	143	$\bar{2}01$
3.6519	133	200
3.6242	243	111
3.4356	70	$\bar{1}12$
3.4013	103	$\bar{2}02$
3.3191	173	012
3.2414	999	$\bar{2}11$
3.0921	151	102
3.0921	151	210
2.9483	94	201
2.9340	218	$\bar{2}12$

8-049b 绿磷铅铜矿(Tsumebite)

$Pb_2Cu(PO_4)(SO_4)(OH)$，685.98

ICSD:76613(续)

Atom		Wcf	x	y	z	Occ
Pb1	Pb^{2+}	2e	0.729	0.25	0.25	1.0
Pb2	Pb^{2+}	2e	0.288	0.25	0.393	1.0
Cu1	Cu^{2+}	2a	0	0	0	1.0
S1	S^{6+}	2e	0.454	0.75	0.171	1.0
P1	P^{5+}	2e	0.032	0.75	0.34	1.0
O1	O^{2-}	4f	0.997	0.968	0.239	1.0
O2	O^{2-}	2e	0.233	0.75	0.456	1.0
O3	O^{2-}	2e	0.902	0.75	0.435	1.0
O4	O^{2-}	4f	0.491	0.964	0.282	1.0
O5	O^{2-}	2e	0.571	0.75	0.065	1.0
O6	O^{2-}	2e	0.259	0.75	0.048	1.0
O7	O^{2-}	2e	0.839	0.75	0.935	1.0

PDF:89-7074(续)

d	I/I_0	hkl
2.9000	714	020
2.9000	714	$\bar{1}03$
2.7286	508	021
2.7286	508	112
2.6953	92	120
2.6953	92	$\bar{2}03$
2.6677	64	$\bar{1}21$
2.6282	215	211
2.5938	30	$\bar{1}13$
2.5370	26	$\bar{3}02$
2.4595	5	121
2.4421	37	013
2.4421	37	$\bar{2}13$
2.4346	77	300
2.3980	84	$\bar{1}22$
2.3802	6	$\bar{3}11$
2.3573	34	022
2.3290	10	$\bar{2}21$
2.3244	9	$\bar{3}12$
2.3244	9	202

8-050a 绿松石(Turquoise)

$CuAl_6(PO_4)_4(OH)_8(H_2O)_4$，813.44

Sys.:Triclinic S.G.:$P\bar{1}(2)$ Z:1

a:7.424 b:7.629 c:9.91 α:68.61 β:69.71 γ:65.08 Vol.:461.4

ICSD:21062

Atom		Wcf	x	y	z	Occ
Cu1	Cu^{2+}	1a	0	0	0	1.0
P1	P^{5+}	2i	0.3504(6)	0.3867(6)	0.9429(4)	1.0
P2	P^{5+}	2i	0.8423(6)	0.3866(5)	0.4570(4)	1.0
Al1	Al^{3+}	2i	0.2843(6)	0.1766(6)	0.7521(5)	1.0
Al2	Al^{3+}	2i	0.7520(5)	0.1862(6)	0.2763(5)	1.0
Al3	Al^{3+}	2i	0.2448(7)	0.5023(7)	0.2438(5)	1.0

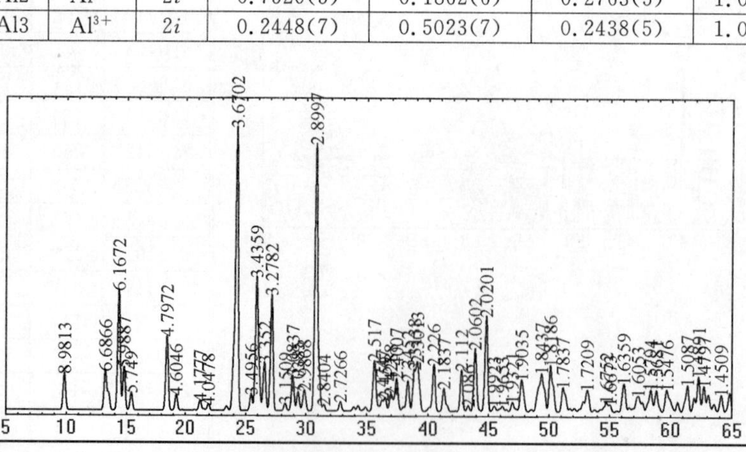

PDF:73-0184

d	I/I_0	hkl
8.9829	186	001
6.6864	138	010
6.5544	80	100
6.1658	566	011
6.1658	566	111
5.9866	224	101
5.7509	82	110
4.7981	283	$0\bar{1}1$
4.7981	283	$\bar{1}01$
4.6050	61	112
4.4915	7	002
4.2709	6	012
4.1771	37	102
4.1185	9	$\bar{1}\bar{1}1$
4.0471	24	$\bar{1}10$
3.7948	11	121
3.7099	154	$\bar{1}11$
3.7099	154	211
3.6702	999	$1\bar{1}1$
3.4978	59	122

8-050b 绿松石(Turquoise)

$CuAl_6(PO_4)_4(OH)_8(H_2O)_4$, 813.44

ICSD:21062(续)

Atom		Wcf	x	y	z	Occ
O1	O^{2-}	2*i*	0.0675(14)	0.3633(14)	0.3841(11)	1.0
O2	O^{2-}	2*i*	0.8058(14)	0.3435(14)	0.6262(11)	1.0
O3	O^{2-}	2*i*	0.2752(14)	0.3554(14)	0.1129(11)	1.0
O4	O^{2-}	2*i*	0.0663(15)	0.0639(15)	0.1973(11)	1.0
O5	O^{2-}	2*i*	0.2375(15)	0.0739(15)	0.6287(12)	1.0
O6	O^{2-}	2*i*	0.7334(14)	0.0857(14)	0.1243(11)	1.0
O7	O^{2-}	2*i*	0.2978(15)	0.4016(14)	0.6060(11)	1.0
O8	O^{2-}	2*i*	0.3249(14)	0.2227(14)	0.9049(11)	1.0
O9	O^{2-}	2*i*	0.9857(14)	0.2807(14)	0.8471(11)	1.0
O10	O^{2-}	2*i*	0.5756(16)	0.0467(15)	0.6855(12)	1.0
O11	O^{2-}	2*i*	0.7866(14)	0.4067(15)	0.1319(11)	1.0
O12	O^{2-}	2*i*	0.4630(14)	0.2950(14)	0.3277(21)	1.0
O13	O^{2-}	2*i*	0.7864(14)	0.2281(14)	0.4323(11)	1.0
O14	O^{2-}	2*i*	0.5779(14)	0.3660(14)	0.8987(11)	1.0
H1	H^+	2*i*	0.8667	0.0333	0.7533	1.0
H2	H^+	2*i*	0.15	0.1567	0.15	1.0
H3	H^+	2*i*	0.6333	0.1433	0.59	1.0
H4	H^+	2*i*	0.3933	0.0833	0.29	1.0
H5	H^+	2*i*	0.1433	0.1667	0.5933	1.0
H6	H^+	2*i*	0.65	0.1433	0.1	1.0
H7	H^+	2*i*	0.98	0.35	0.9	1.0
H8	H^+	2*i*	0.45	0.2676	0.4233	1.0

PDF:73-0184(续)

d	I/I_0	*hkl*
3.4978	59	120
3.4369	447	210
3.4369	447	021
3.4091	146	212
3.3510	149	$0\bar{1}2$
3.3510	149	020
3.2772	368	113
3.2772	368	200
3.1515	26	221
3.0829	103	022
3.0829	103	222
3.0397	60	013
3.0283	42	$\bar{1}12$
2.9947	37	103
2.9947	37	003
2.9820	57	$1\bar{1}2$
2.9820	57	$\bar{1}\bar{1}2$
2.9011	741	123
2.9011	741	$\bar{1}\bar{2}1$
2.8744	131	$\bar{2}01$

8-051a 磷铀矿(Phosphuranylite)

$Ca(UO_2)[(UO_2)_3(OH)_2(PO_4)_2]_2 \cdot 12H_2O$, 2594.37

Sys.:Orthorhombic　S.G.:*Bmmb*(63)　*Z*:4

a:15.85　*b*:17.42　*c*:13.76　Vol.:23799.23

ICSD:71103

Atom		Wcf	x	y	z	Occ
U1	U^{6+}	8*g*	0.2095(2)	0.25	0.1158(2)	1.0
U2	U^{6+}	16*h*	0.2439(1)	0.1399(1)	0.3726(1)	1.0
P1	P^{5+}	16*h*	0.1876(7)	0.0609(6)	0.1229(8)	1.0
O1	O^{2-}	8*g*	0.325(4)	0.25	0.137(4)	1.0
O2	O^{2-}	8*g*	0.095(3)	0.25	0.103(3)	1.0
O3	O^{2-}	16*h*	0.349(3)	0.143(2)	0.320(3)	1.0

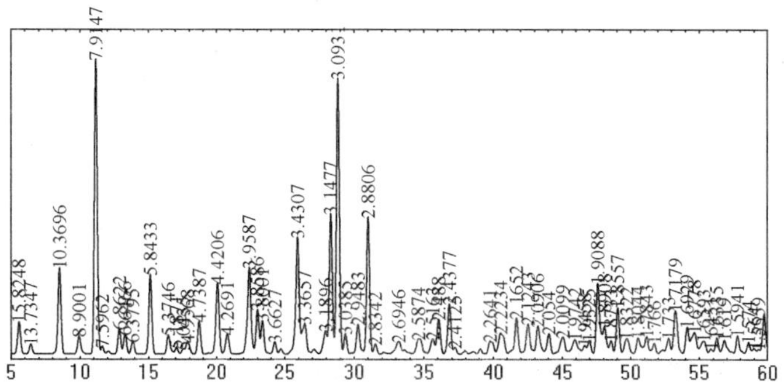

PDF:19-0898

d	I/I_0	*hkl*
10.4000	50	101
8.9900	10	111
8.6800	10	020
7.9600	80	200
6.9000	20	002
6.6800	20	121
6.4300	20	012
5.8600	80	220
5.4000	10	022
5.2200	10	202
4.9900	10	212
4.7700	10	311
4.4600	10	222
4.4300	80	032
4.3000	10	321
4.0000	50	141
3.9800	40	400
3.9300	10	123
3.8700	80	232
3.8100	60	240

8-051b 磷铀矿(Phosphuranylite)

$Ca(UO_2)[(UO_2)_3(OH)_2(PO_4)_2]_2 \cdot 12H_2O$，2594.37

ICSD:71103(续)

Atom		Wcf	x	y	z	Occ
O4	O^{2-}	16h	0.139(3)	0.130(2)	0.415(3)	1.0
O5	O^{2-}	16h	0.209(2)	0.117(2)	0.035(2)	1.0
O6	O^{2-}	16h	0.198(2)	0.113(2)	0.215(2)	1.0
O7	O^{2-}	16h	0.246(2)	0.005(2)	0.374(2)	1.0
O8	O^{2-}	16h	0.098(2)	0.028(2)	0.110(3)	1.0
O9	O^{2-}	8g	0.198(4)	0.25	0.294(4)	1.0
O10	O^{2-}	8g	0.267(2)	0.25	0.453(2)	1.0
O11	O^{2-}	4c	0.5	0.25	0.227(7)	1.0
O12	O^{2-}	4c	0.5	0.25	0.420(7)	1.0
O13	O^{2-}	4c	0.5	0.25	0.800(13)	1.0
U3	U^{6+}	4a	0.5	0	0.5	1.0
Ca1	Ca^{2+}	8f	0.5	0.082(2)	−0.031(2)	0.5
O14	O^{2-}	8f	0.5	0.095(3)	0.457(4)	1.0
O15	O^{2-}	8f	0.5	0.078	0.785	0.5
O16	O^{2-}	8f	0.5	−0.072	0.22	0.5
O17	O^{2-}	16h	0.411	0.029	0.098	0.5
O18	O^{2-}	16h	0.412	−0.04	−0.073	0.5
O19	O^{2-}	8f	0.5	0.214(7)	−0.001(10)	0.5
O20	O^{2-}	8f	0.5	−0.084	0.768	0.5
O21	O^{2-}	8f	0.5	0.08	0.255	0.5

PDF:19-0898(续)

d	I/I_0	hkl
3.6700	10	042
3.4500	70	004
3.4000	10	313
3.3800	10	014
3.2000	40	024
3.1600	100	204
3.0900	100	501
2.9540	10	432
2.8830	100	252
2.6940	10	442
2.5890	10	125
2.5190	20	541
2.4890	40	424
2.4390	30	305
2.2300	20	444
2.1640	40	721
2.1280	30	345
2.1170	10	561
2.0990	10	280
2.0830	30	454

8-052 氯磷灰石(Chlorapatite)

$Ca_5(PO_4)_3Cl$，520.77

Sys.:Hexagonal S.G.:$P6_3/m$(176) Z:2

a:9.52 c:6.85 Vol.:537.64

ICSD:24237

Atom		Wcf	x	y	z	Occ
Ca1	Ca^{2+}	4f	0.3333	0.6667	0	1.0
Ca2	Ca^{2+}	6h	0.25	0	0.25	1.0
P1	P^{5+}	6h	0.417	0.361	0.25	1.0
O1	O^{2-}	6h	0.3333	0.5	0.25	1.0
O2	O^{2-}	6h	0.6	0.467	0.25	1.0
O3	O^{2-}	12i	0.3333	0.25	0.064	1.0
Cl1	Cl^{-}	2b	0	0	0	1.0

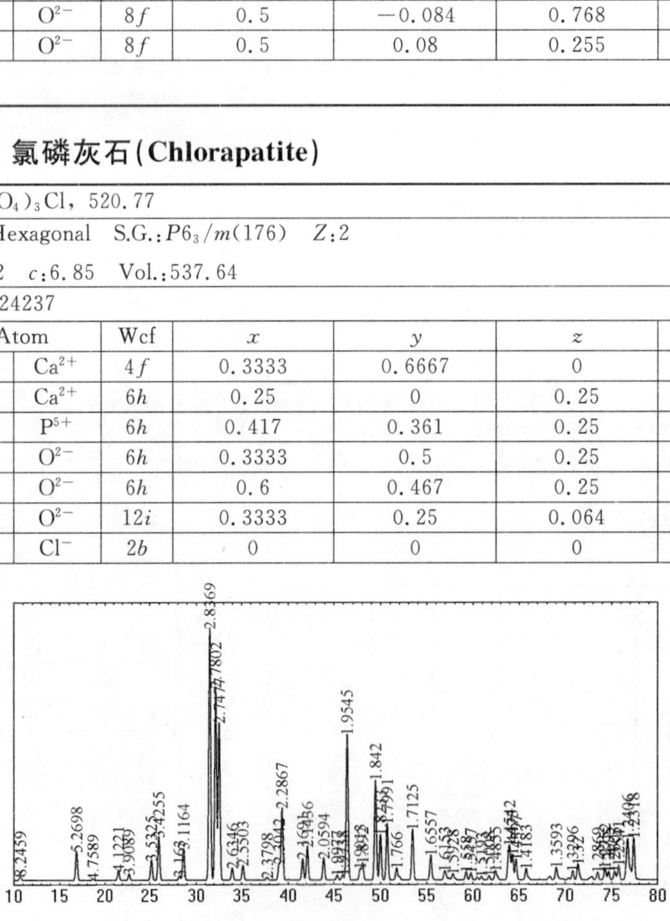

PDF:73-1728

d	I/I_0	hkl
8.2446	9	100
5.2687	133	101
4.7600	16	110
4.1223	41	200
3.9089	17	111
3.5320	77	201
3.4250	176	002
3.1629	12	102
3.1162	132	210
2.8365	999	211
2.7801	795	112
2.7482	624	300
2.6344	42	202
2.5506	52	301
2.3800	11	220
2.3049	60	122
2.2866	246	130
2.2482	3	221
2.2005	1	103
2.1690	75	131

8-053 锰磷锂矿(Lithiophilite)

$LiMnPO_4$, 156.85

Sys.: Orthorhombic S.G.: *Pmnb*(62) *Z*: 4

a: 6.106 *b*: 10.454 *c*: 4.749 Vol.: 303.14

ICSD: 25834

Atom		Wcf	*x*	*y*	*z*	Occ
Li1	Li^{+}	4*a*	0	0	0	1.0
Mn1	Mn^{2+}	4*c*	0.25	0.2817(1)	−0.0281(4)	1.0
P1	P^{5+}	4*c*	0.25	0.0923(3)	0.4081(7)	1.0
O1	O^{2-}	4*c*	0.25	0.0968(9)	−0.2664(21)	1.0
O2	O^{2-}	4*c*	0.25	0.4561(8)	0.2073(20)	1.0
O3	O^{2-}	8*d*	0.0492(12)	0.1609(6)	0.2781(14)	1.0

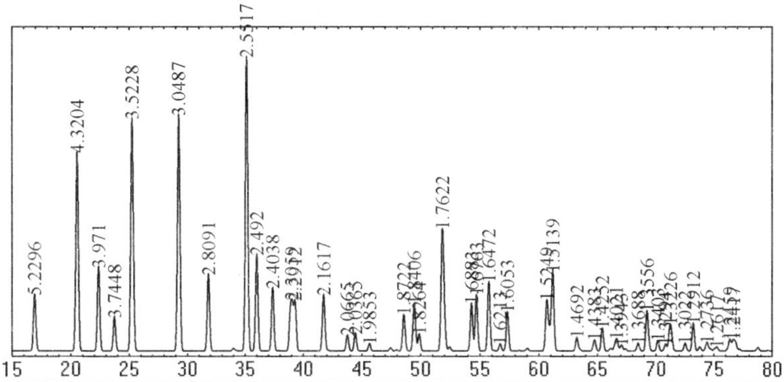

PDF: 33-0804

d	I/I_0	*hkl*
5.2300	50	020
4.3200	75	011
3.9730	30	120
3.7510	10	101
3.5220	80	111
3.5220	80	021
3.0530	65	200
2.8090	30	031
2.6360	3	220
2.5520	100	131
2.4940	30	211
2.4040	20	140
2.3150	16	012
2.3050	16	221
2.2910	6	041
2.1650	20	112
2.0670	6	231
2.0380	8	122
1.9850	2	240
1.9140	1	051

8-054 羟磷灰石(Hydroxylapatite)

$Ca_5(PO_4)_3(OH)$, 502.32

Sys.: Hexagonal S.G.: $P6_3/m$(176) *Z*: 2

a: 9.432 *c*: 6.881 Vol.: 530.14

ICSD: 22059

Atom		Wcf	*x*	*y*	*z*	Occ
O1	O^{2-}	6*h*	0.3272(12)	0.4837(11)	0.25	1.0
O2	O^{2-}	6*h*	0.5899(12)	0.4666(12)	0.25	1.0
O3	O^{2-}	12*i*	0.3457(9)	0.2595(8)	0.0736(13)	1.0
O4	O^{2-}	4*e*	0	0	0.1930(46)	0.5
P1	P^{5+}	6*h*	0.3999(3)	0.3698(3)	0.25	1.0
Ca1	Ca^{2+}	4*f*	0.3333	0.6667	0.0010(5)	1.0
Ca2	Ca^{2+}	6*h*	0.2464(3)	0.9938(3)	0.25	1.0

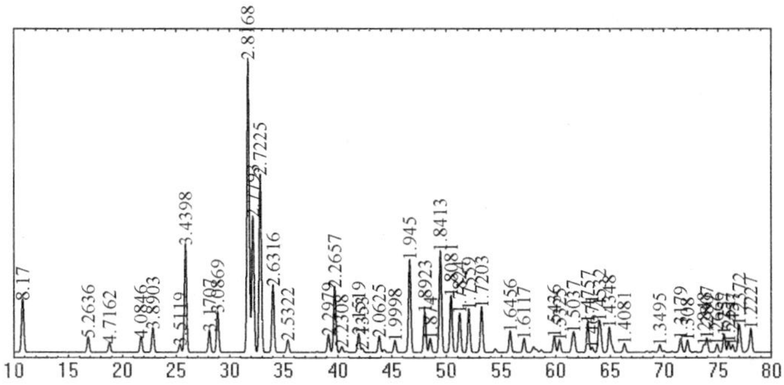

PDF: 73-0293

d	I/I_0	*hkl*
8.1684	214	100
5.2626	53	101
4.7160	26	110
4.0842	66	200
3.8901	64	111
3.5121	26	201
3.4405	368	002
3.1707	91	102
3.0874	159	210
2.8168	999	211
2.7795	522	112
2.7228	590	300
2.6313	196	202
2.5318	39	301
2.3580	1	220
2.2978	49	212
2.2655	184	130
2.2307	19	221
2.2083	4	103
2.1519	56	131

8-055a 水磷铝钠石(Wardite)

$NaAl_3(PO_4)_2(OH)_4 \cdot 2H_2O$，397.94

Sys.:Tetragonal　S.G.:$P4_12_12$(92)　Z:4

a:7.0587　c:19.062　Vol.:949.77

ICSD:6300

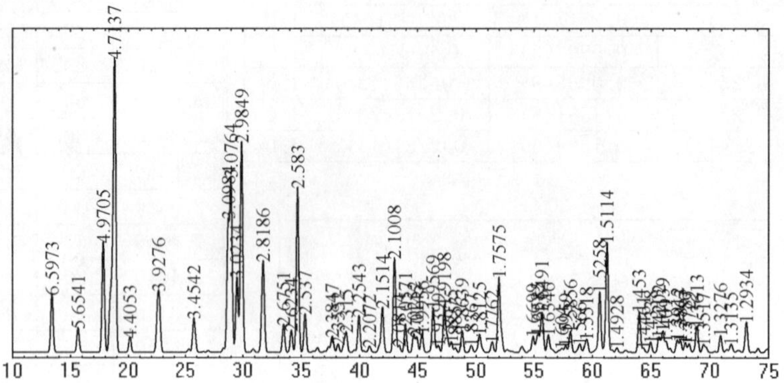

PDF:33-1202

d	I/I_0	hkl
6.6300	11	101
5.6800	12	102
4.9960	30	110
4.8300	16	111
4.7720	50	004
4.7250	100	103
4.4250	6	112
3.9530	19	104
3.9240	17	113
3.5320	2	200
3.4690	20	201
3.4420	4	114
3.1580	3	210
3.1160	55	211
3.0860	75	203
3.0310	35	115
2.9990	75	212
2.8960	2	106
2.8280	40	204
2.8280	40	213

8-055b 水磷铝钠石(Wardite)

$NaAl_3(PO_4)_2(OH)_4 \cdot 2H_2O$，397.94

ICSD:6300(续)

Atom		Wcf	x	y	z	Occ
P1	P^{5+}	8b	0.1427(7)	0.3659(7)	0.3488(2)	1.0
Al1	Al^{3+}	8b	0.3984(10)	0.1057(10)	0.2581(3)	1.0
Al2	Al^{3+}	4a	0.1029(10)	0.1029(10)	0	1.0
Na1	Na^{+}	4a	0.3733(14)	0.3733(14)	0.5	1.0
O1	O^{2-}	8b	−0.0317(20)	0.4279(20)	0.3091(7)	1.0
O2	O^{2-}	8b	0.2960(19)	0.5112(19)	0.3378(7)	1.0
O3	O^{2-}	8b	0.2031(19)	0.1771(19)	0.3216(7)	1.0
O4	O^{2-}	8b	0.0994(19)	0.3532(19)	0.4274(6)	1.0
O5	O^{2-}	8b	0.1326(19)	0.3537(19)	−0.0394(6)	1.0
O6	O^{2-}	8b	0.1883(21)	0.0294(21)	0.1915(8)	1.0
O7	O^{2-}	8b	0.4083(18)	0.3489(18)	0.2173(6)	1.0

PDF:33-1202(续)

d	I/I_0	hkl
2.6820	12	116
2.6320	11	214
2.5900	75	205
2.5410	20	107
2.4740	1	221
2.4130	2	222
2.3920	8	117
2.3850	4	008
2.3620	3	206
2.3360	3	301
2.3230	9	223
2.2830	1	302
2.2580	20	108
2.2140	1	311
2.1740	4	312
2.1570	25	207
2.1100	40	304
2.1050	35	313
2.0890	4	225
2.0630	12	217

8-056a 纤磷锰铁矿(Strunzite)

$MnFe_2(PO_4)_2(OH)_2(H_2O)_6$, 498.68

Sys.: Triclinic S.G.: $P\bar{1}(2)$ Z: 2

a: 10.228 b: 9.837 c: 7.284 α: 90.17 β: 98.44 γ: 117.44 Vol.: 641.28

ICSD: 100409

Atom		Wcf	x	y	z	Occ
Fe1	Fe^{3+}	2i	−0.0307(4)	0.2435(3)	0.1373(4)	1.0
Fe2	Fe^{3+}	2i	0.0260(4)	−0.2290(3)	0.3630(4)	1.0
Mn1	Mn^{2+}	2i	0.5037(4)	0.3338(4)	0.2445(4)	1.0
P1	P^{5+}	2i	−0.1864(6)	0.4664(6)	0.0607(6)	1.0
P2	P^{5+}	2i	0.1917(6)	0.1531(5)	0.4342(6)	1.0

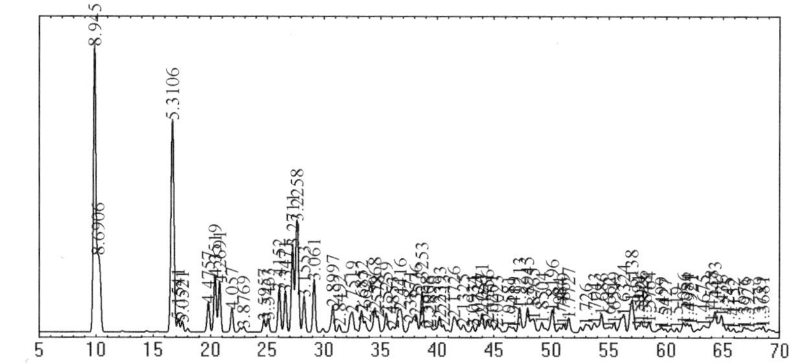

PDF: 83-1524

d	I/I_0	hkl
8.9499	999	100
8.7020	210	010
8.5388	172	$\bar{1}10$
7.1818	2	001
6.1224	3	$\bar{1}01$
5.7716	3	$0\bar{1}1$
5.3325	407	011
5.2908	424	$1\bar{1}1$
5.1527	46	110
5.0512	37	$\bar{2}10$
4.9172	18	$\bar{1}20$
4.4750	110	200
4.3510	183	020
4.2694	164	$\bar{2}20$
4.1191	2	$\bar{2}01$
4.0589	67	$\bar{1}21$
4.0589	67	$1\bar{2}1$
3.9278	11	111
3.8809	11	$2\bar{1}1$
3.8067	1	$\bar{2}21$

8-056b 纤磷锰铁矿(Strunzite)

$MnFe_2(PO_4)_2(OH)_2(H_2O)_6$, 498.68

ICSD: 100409(续)

Atom		Wcf	x	y	z	Occ
O1	O^{2-}	2i	−0.3481(18)	0.4256(18)	0.0667(22)	1.0
O2	O^{2-}	2i	−0.1758(16)	0.3191(16)	0.0312(19)	1.0
O3	O^{2-}	2i	−0.0853(14)	−0.4445(15)	0.2458(17)	1.0
O4	O^{2-}	2i	−0.1407(16)	−0.4316(16)	−0.1044(19)	1.0
O5	O^{2-}	2i	0.1000(15)	0.1508(15)	0.2454(18)	1.0
O6	O^{2-}	2i	0.1508(15)	−0.0133(15)	0.4783(18)	1.0
O7	O^{2-}	2i	0.3549(17)	0.2430(18)	0.4251(21)	1.0
O8	O^{2-}	2i	0.1606(15)	0.2289(15)	0.5945(18)	1.0
O9	O^{2-}	2i	−0.0408(15)	0.3084(15)	0.3926(17)	1.0
O10	O^{2-}	2i	0.0347(15)	−0.1524(16)	0.1115(18)	1.0
O11	O^{2-}	2i	0.3138(15)	0.2511(16)	0.0097(18)	1.0
O12	O^{2-}	2i	0.3122(16)	−0.4351(16)	0.5171(20)	1.0
O13	O^{2-}	2i	0.4893(17)	−0.4520(17)	0.258(2)	1.0
O14	O^{2-}	2i	−0.4763(23)	0.1230(23)	0.1925(28)	1.0
O15	O^{2-}	2i	0.2289(15)	−0.2306(16)	0.3338(19)	1.0
O16	O^{2-}	2i	−0.2241(15)	0.0387(16)	0.1677(18)	1.0

PDF: 83-1524(续)

d	I/I_0	hkl
3.5954	38	021
3.5954	38	002
3.5469	40	$2\bar{2}1$
3.5469	40	$\bar{1}02$
3.4177	93	$0\bar{1}2$
3.4094	107	$\bar{1}12$
3.3472	108	120
3.3472	108	$\bar{3}10$
3.2700	205	$\bar{3}20$
3.2700	205	$\bar{2}\bar{1}1$
3.2272	210	012
3.2272	210	$\bar{3}11$
3.2190	173	$1\bar{1}2$
3.2118	144	$\bar{2}30$
3.1556	87	102
3.1448	61	$\bar{2}12$
3.0612	137	$\bar{2}02$
2.9833	8	$1\bar{3}1$
2.9833	8	300
2.9195	13	$\bar{1}31$

8-057a 针磷钇铒矿(Churchite-Y)

$(Y_{0.947}Dy_{0.028}Er_{0.018}Gd_{0.007})(PO_4)(H_2O)_2$, 222.76
Sys.:Monoclinic S.G.:$C2/c$(15) Z:4
a:5.578 b:15.006 c:6.275 β:117.83 Vol.:464.49
ICSD:75246

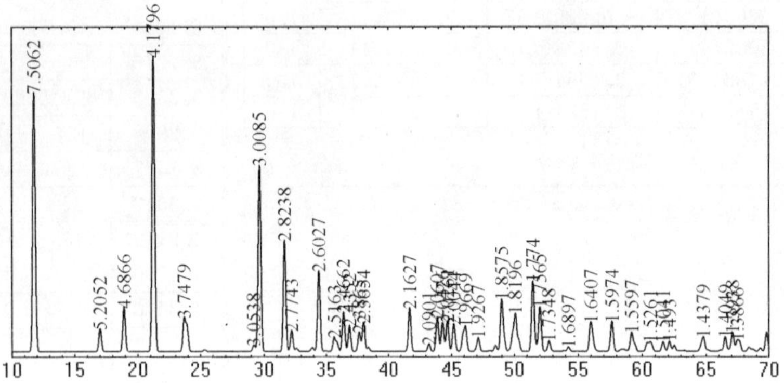

PDF:85-1842

d	I/I_0	hkl
7.5030	999	020
5.2047	87	011
4.6861	176	110
4.1803	969	$\bar{1}21$
3.7515	105	040
3.7154	98	031
3.5122	5	130
3.0540	30	$\bar{1}12$
3.0081	535	$\bar{1}41$
2.8234	325	121
2.7746	73	002
2.7412	7	$\bar{2}11$
2.6399	13	051
2.6024	216	022
2.5639	5	150
2.5170	47	$\bar{2}02$
2.5010	33	060
2.4664	116	200
2.4353	76	$\bar{2}31$
2.3863	55	$\bar{2}22$

8-057b 针磷钇铒矿(Churchite-Y)

$(Y_{0.947}Dy_{0.028}Er_{0.018}Gd_{0.007})(PO_4)(H_2O)_2$, 222.76

ICSD:75246(续)

Atom		Wcf	x	y	z	Occ
Y1	Y^{3+}	4e	0.25	0.8289(1)	0	0.947
Dy1	Dy^{3+}	4e	0.25	0.8289(1)	0	0.028
Er1	Er^{3+}	4e	0.25	0.8289(1)	0	0.018
Gd1	Gd^{3+}	4e	0.25	0.8289(1)	0	0.007
P1	P^{5+}	4e	0.25	0.3307(3)	0	1.0
O1	O^{2-}	8f	0.302(1)	0.3857(5)	0.224(1)	1.0
O2	O^{2-}	8f	0.506(1)	0.2714(5)	0.084(1)	1.0
O3	O^{2-}	8f	0.630(2)	0.0680(5)	0.218(1)	1.0

PDF:85-1842(续)

d	I/I_0	hkl
2.3654	92	141
2.3431	15	220
2.2398	1	$\bar{1}61$
2.2308	1	042
2.1627	112	$\bar{1}52$
2.0902	21	$\bar{2}42$
2.0609	89	240
2.0427	74	$\bar{2}51$
2.0259	83	112
2.0048	70	$\bar{1}23$
1.9997	47	071
1.9747	40	$\bar{2}13$
1.9661	63	170
1.9333	6	161
1.9262	34	211
1.8926	3	132
1.8758	17	080
1.8577	126	062
1.8507	76	$\bar{2}33$
1.8358	7	013

8-058a 准钡铀云母(Meta-uranocircite)

$Ba(UO_2)_2(PO_4)_2 \cdot 6H_2O$, 975.42

Sys.: Monoclinic S.G.: $P2_1/a$(14) Z: 4

a: 9.789 b: 9.882 c: 16.868 β: 89.95 Vol.: 1631.72

ICSD: 17042

Atom		Wcf	x	y	z	Occ
Ba1	Ba^{2+}	4e	0.87402(27)	0.82940(24)	0.94228(15)	1.0
U1	U^{6+}	4e	0.73137(14)	0.50710(14)	0.79811(8)	1.0
U2	U^{6+}	4e	0.72978(13)	0.00705(14)	0.69617(8)	1.0
O1	O^{2-}	4e	0.7406(21)	0.5174(20)	0.9050(13)	1.0
O2	O^{2-}	4e	0.7141(21)	0.5096(21)	0.6951(13)	1.0
O3	O^{2-}	4e	0.7071(22)	1.0114(22)	0.5934(15)	1.0

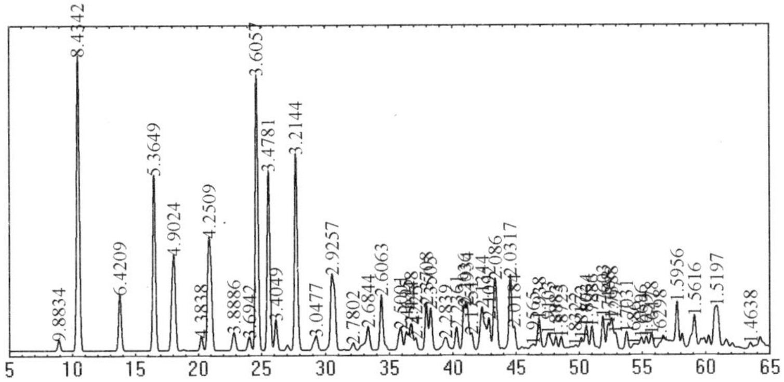

PDF: 47-1813

d	I/I_0	hkl
8.5080	22	011
6.4300	17	111
6.4300	17	$\bar{1}11$
5.3740	22	112
4.9470	22	020
4.8700	22	013
4.3610	6	$\bar{1}13$
4.2720	22	121
4.2140	22	004
3.8880	17	212
3.6090	67	114
3.4700	67	$\bar{1}23$
3.4140	50	221
3.2070	94	024
3.0680	11	032
3.0390	28	$\bar{2}14$
2.9272	100	132
2.9006	100	$\bar{3}12$
2.6824	67	125
2.6065	89	$\bar{1}16$

8-058b 准钡铀云母(Meta-uranocircite)

$Ba(UO_2)_2(PO_4)_2 \cdot 6H_2O$, 975.42

ICSD: 17042(续)

Atom		Wcf	x	y	z	Occ
O4	O^{2-}	4e	0.7502(21)	0.9919(21)	0.8019(13)	1.0
P1	P^{5+}	4e	0.4757(9)	0.7622(8)	0.7576(6)	1.0
O5	O^{2-}	4e	0.4041(21)	0.8583(20)	0.8168(13)	1.0
O6	O^{2-}	4e	0.5640(24)	0.8420(23)	0.7029(15)	1.0
O7	O^{2-}	4e	0.5574(20)	0.663(2)	0.8026(13)	1.0
O8	O^{2-}	4e	0.3665(24)	0.7014(23)	0.7066(15)	1.0
P2	P^{5+}	4e	0.4799(9)	0.2579(8)	0.7585(6)	1.0
O9	O^{2-}	4e	0.5496(25)	0.1591(25)	0.7016(15)	1.0
O10	O^{2-}	4e	0.4025(22)	0.3621(21)	0.7074(14)	1.0
O11	O^{2-}	4e	0.3763(23)	0.1823(22)	0.8115(14)	1.0
O12	O^{2-}	4e	0.5834(18)	0.3348(17)	0.8109(11)	1.0
O13	O^{2-}	4e	0.9197(22)	0.1185(21)	0.9415(16)	1.0
O14	O^{2-}	4e	0.5905(25)	0.8972(23)	0.9462(17)	1.0
O15	O^{2-}	4e	0.0658(31)	0.6089(29)	0.9526(20)	1.0
O16	O^{2-}	4e	0.7361(27)	0.6752(25)	0.0513(18)	1.0
O17	O^{2-}	4e	0.4132(25)	0.5784(24)	0.9546(17)	1.0
O18	O^{2-}	4e	0.6508(27)	0.2100(25)	0.9637(17)	1.0

PDF: 47-1813(续)

d	I/I_0	hkl
2.5106	44	134
2.4959	44	$\bar{3}14$
2.4674	78	040
2.4581	83	$\bar{2}33$
2.4396	78	206
2.4171	50	$\bar{2}25$

8-059a 准蓝磷铝铁矿(Meta-vauxite)

$Fe(H_2O)_6Al_2(PO_4)_2(OH)_2(H_2O)_2$, 477.89

Sys.: Monoclinic S.G.: $P2_1/c$(14) Z: 2

a: 10.22 b: 9.56 c: 6.94 β: 97.9 Vol.: 671.63

ICSD: 24909

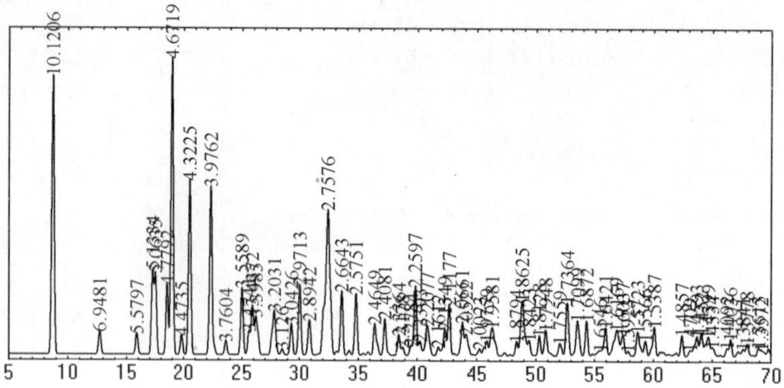

PDF: 73-2346		
d	I/I_0	hkl
10.1230	999	100
6.9505	79	110
5.5811	50	011
5.1358	272	$\bar{1}11$
5.0615	286	200
4.7800	180	020
4.6720	865	111
4.4732	59	210
4.3224	535	120
3.9766	475	$\bar{2}11$
3.9245	28	021
3.7599	37	$\bar{1}21$
3.5570	173	211
3.4752	72	220
3.4371	130	002
3.4000	96	$\bar{1}02$
3.3743	51	300
3.2264	44	$\bar{2}21$
3.2034	110	$\bar{1}12$
3.1819	22	310

8-059b 准蓝磷铝铁矿(Meta-vauxite)

$Fe(H_2O)_6Al_2(PO_4)_2(OH)_2(H_2O)_2$, 477.89

ICSD: 24909(续)

Atom		Wcf	x	y	z	Occ
Fe1	Fe^{2+}	2a	0	0	0	1.0
Al1	Al^{3+}	4e	0.511	0.254	0.129	1.0
P1	P^{5+}	4e	0.328	0.538	0.074	1.0
O1	O^{2-}	4e	0.393	0.4	0.027	1.0
O2	O^{2-}	4e	0.388	0.598	0.27	1.0
O3	O^{2-}	4e	0.338	0.642	0.91	1.0
O4	O^{2-}	4e	0.18	0.507	0.078	1.0
O5	O^{2-}	4e	0.507	0.323	0.379	1.0
O6	O^{2-}	4e	0.357	0.138	0.15	1.0
O7	O^{2-}	4e	0.032	0.102	0.286	1.0
O8	O^{2-}	4e	0.123	0.355	0.379	1.0
O9	O^{2-}	4e	0.83	0.365	0.428	1.0

PDF: 73-2346(续)		
d	I/I_0	hkl
3.1264	14	102
3.0446	64	$\bar{2}02$
3.0446	64	$\bar{3}11$
2.9715	172	112
2.9010	40	$\bar{2}12$
2.8911	71	031
2.8234	5	$\bar{1}31$
2.7906	112	022
2.7706	153	$\bar{1}22$
2.7567	335	320
2.7567	335	311
2.7385	138	131
2.6967	12	230
2.6640	140	$\bar{3}21$
2.6165	13	122
2.5754	143	212
2.5754	143	$\bar{2}31$
2.5679	85	$\bar{2}22$
2.5307	4	400
2.5022	5	$\bar{3}12$

8-060 紫磷铁锰矿(Purpurite)

$(Mn,Fe)PO_4$, 149.91

Sys.: Orthorhombic　S.G.: *Pmnb*(62)　*Z*: 4

a: 5.8237　*b*: 9.766　*c*: 4.7771　Vol.: 271.69

ICSD: 38210

Atom		Wcf	*x*	*y*	*z*	Occ
Mn1	Mn^{3+}	4*c*	−0.0278	0.2778	0.25	0.65
Fe1	Fe^{3+}	4*c*	−0.0278	0.2778	0.25	0.35
P1	P^{5+}	4*c*	0.4167	0.0972	0.25	1.0
O1	O^{2-}	4*c*	−0.25	0.0556	0.25	1.0
O2	O^{2-}	4*c*	0.25	0.4444	0.25	1.0
O3	O^{2-}	8*d*	0.1944	0.1667	0.0278	1.0

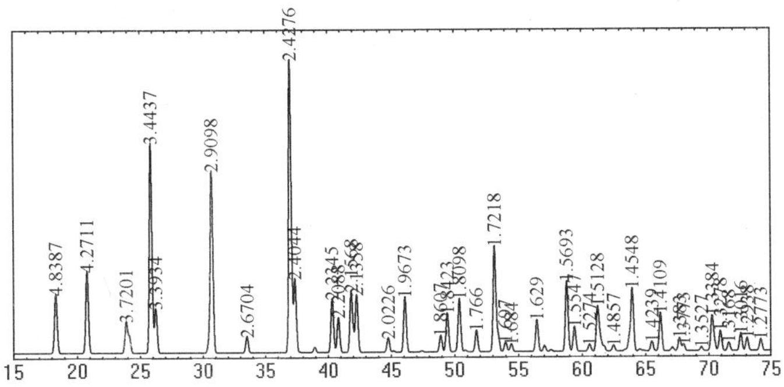

PDF: 37-0478

d	I/I_0	*hkl*
4.8830	700	020
4.2929	999	011
3.7400	250	120
3.6916	25	101
3.4549	650	111
3.4150	250	021
2.9459	350	121
2.9122	600	200
2.6904	140	031
2.5003	20	220
2.4423	700	131
2.4423	700	040
2.4099	300	211
2.3204	160	012
2.2521	100	140
2.2153	100	221
2.1745	160	041
2.1556	100	112
2.1455	60	022
2.0367	40	141

8-061 菱磷铝锶石(Svanbergite)

$SrAl_3(PO_4)(SO_4)(OH)_6$, 461.64

Sys.: Trigonal　S.G.: $R\bar{3}m$(166)　*Z*: 1

a: 6.9753　*c*: 16.597　Vol.: 699.34

ICSD: 27636

Atom		Wcf	*x*	*y*	*z*	Occ
Sr1	Sr^{2+}	1*a*	0	0	0	1.0
Al1	Al^{3+}	3*d*	0.5	0	0	1.0
S1	S^{6+}	2*c*	0.3	0.3	0.3	0.5
P1	P^{5+}	2*c*	0.3	0.3	0.3	0.5
O1	O^{2-}	2*c*	0.39	0.39	0.39	1.0
O2	O^{2-}	6*h*	0.15	0.15	0.51	1.0
O3	O^{2-}	6*h*	0.27	0.27	−0.18	1.0

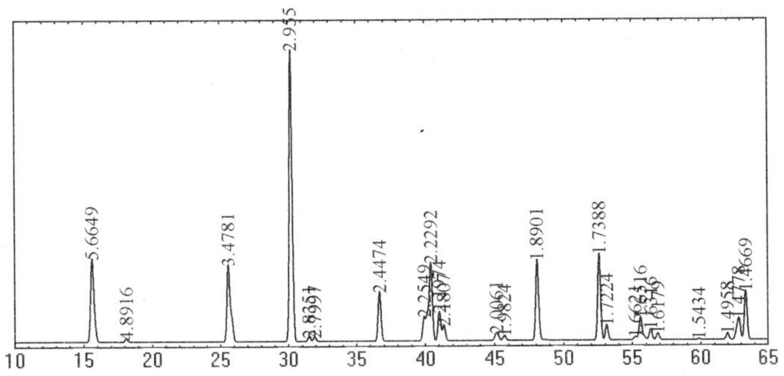

PDF: 39-1361

d	I/I_0	*hkl*
5.6750	25	101
5.5340	2	003
4.8850	2	012
3.4870	16	110
3.4200	4	104
2.9730	15	021
2.9490	100	113
2.8370	4	202
2.7660	30	006
2.4410	11	024
2.2620	5	211
2.2339	12	205
2.2069	85	107
2.1671	8	116
2.0140	2	300
2.0007	6	214
1.9619	2	018
1.8923	45	303
1.8443	3	009
1.7433	30	220

(2) 砷 酸 盐

8-062 砷钇矿(Chernovite)

$YAsO_4$，227.83

Sys.: Tetragonal　S.G.: $I4_1/amd$(141)　Z: 4

a: 6.904　c: 6.282　Vol.: 299.43

ICSD: 24513

Atom		Wcf	x	y	z	Occ
Y1	Y^{3+}	4a	0	0	0	1.0
As1	As^{5+}	4b	0	0	0.5	1.0
O1	O^{2-}	16h	0	0.176	0.301	1.0

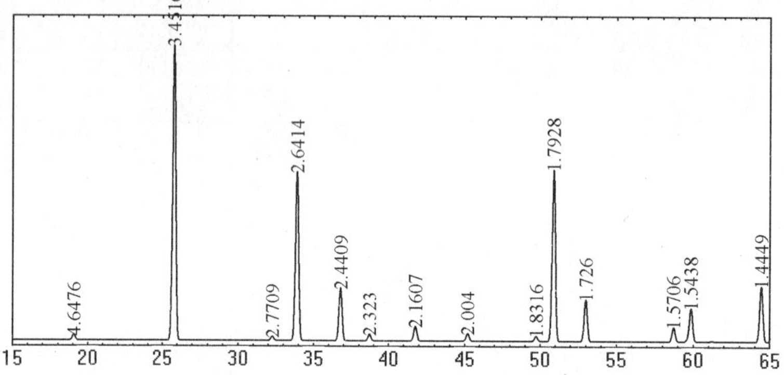

PDF: 73-1979

d	I/I_0	hkl
4.6464	22	101
3.4520	999	200
2.7710	9	211
2.6415	534	112
2.4409	163	220
2.3232	18	202
2.1609	43	301
2.0039	23	103
1.8316	16	321
1.7927	434	312
1.7260	103	400
1.6180	1	411
1.5705	33	004
1.5488	8	303
1.5438	75	420
1.5127	2	402
1.4449	122	332
1.4295	77	204
1.4131	1	323

8-063 橄榄铜矿(Olivenite)

$Cu_2(AsO_4)(OH)$，283.02

Sys.: Monoclinic　S.G.: $P2_1/n$(14)　Z: 4

a: 8.232　b: 8.609　c: 5.9365　β: 90.12　Vol.: 420.71

ICSD: 81613

Atom		Wcf	x	y	z	Occ
As1	As^{5+}	4e	0.2503(3)	0.2627(3)	0.0052(11)	1.0
Cu1	Cu^{2+}	4e	0.8807(3)	0.3624(3)	−0.0023(12)	1.0
Cu2	Cu^{2+}	4e	−0.0016(10)	−0.0007(9)	0.2501(5)	1.0
O1	O^{2-}	4e	0.1069(13)	0.4022(13)	0.0551(21)	1.0
O2	O^{2-}	4e	0.4171(11)	0.3667(13)	−0.0076(46)	1.0
O3	O^{2-}	4e	0.8998(11)	0.1213(12)	0.0029(42)	1.0
O4	O^{2-}	4e	0.2135(16)	0.1499(24)	0.2269(30)	1.0
O5	O^{2-}	4e	0.2577(16)	0.1528(24)	0.771(3)	1.0

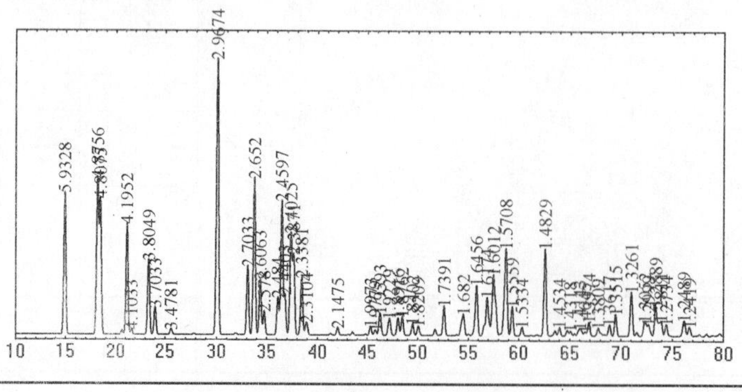

PDF: 42-1353

d	I/I_0	hkl
5.9401	58	$\bar{1}10$
4.8848	78	011
4.8164	63	$\bar{1}01$
4.8164	63	101
4.3071	4	020
4.1991	64	111
4.1165	4	200
3.8138	30	$\bar{1}20$
3.7103	9	$\bar{2}10$
3.4824	1	021
3.2097	1	$\bar{1}21$
3.2097	1	121
2.9756	100	$\bar{2}20$
2.8050	5	012
2.7080	26	$\bar{1}30$
2.6561	59	$\bar{1}12$
2.6561	59	112
2.6123	20	$\bar{3}10$
2.5822	8	031

8-064 水砷锌矿(Adamite)

$Zn_2(AsO_4)(OH)$, 286.69

Sys.: Orthorhombic　S.G.: *Pnnm*(58)　*Z*: 4

a: 8.3086　*b*: 8.5272　*c*: 6.0577　Vol.: 429.18

ICSD: 34868

Atom		Wcf	*x*	*y*	*z*	Occ
As1	As^{5+}	4*g*	0.25048(6)	0.24394(5)	0.5	1.0
Zn1	Zn^{2+}	4*e*	0	0	0.24737(10)	1.0
Zn2	Zn^{2+}	4*g*	0.13482(7)	0.36423(6)	0	1.0
O1	O^{2-}	4*g*	0.0760(4)	0.1447(4)	0.5	1.0
O2	O^{2-}	4*g*	0.1079(5)	0.1268(4)	0	1.0
O3	O^{2-}	4*g*	0.3960(5)	0.1063(4)	0.5	1.0
O4	O^{2-}	8*h*	0.2685(3)	0.3615(3)	0.2778(4)	1.0

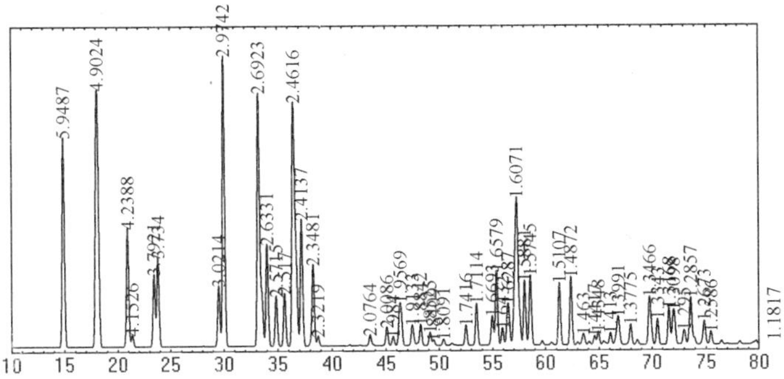

PDF: 39-1354

d	I/I_0	*hkl*
5.9490	30	110
4.9390	40	011
4.8930	70	101
4.2470	35	111
4.1570	6	200
3.7930	13	120
3.7330	20	210
3.0290	25	002
2.9750	100	220
2.7000	70	112
2.6880	30	130
2.6710	17	221
2.6340	30	310
2.5730	15	031
2.5190	20	301
2.4690	65	022
2.4580	60	131
2.4480	55	202
2.4150	65	311
2.3518	40	212

8-065 砷钙铜矿(Conichalcite)

$CaCuAsO_4(OH)$, 259.55

Sys.: Orthorhombic　S.G.: $P2_12_12_1$(19)　*Z*: 4

a: 7.4004　*b*: 9.234　*c*: 5.8342　Vol.: 398.68

ICSD: 64694

Atom		Wcf	*x*	*y*	*z*	Occ
Ca1	Ca^{2+}	4*a*	0.1168(10)	0.2696(13)	0.4258(9)	1.0
Cu1	Cu^{2+}	4*a*	0	0	0.75	1.0
As1	As^{5+}	4*a*	0.3685(14)	−0.2332(19)	0.5806(12)	1.0
O1	O^{2-}	4*a*	0.187(1)	−0.256(2)	0.700(1)	1.0
O2	O^{2-}	4*a*	0.5384	−0.176(6)	0.694(4)	1.0
O3	O^{2-}	4*a*	0.378(6)	0.509(8)	0.489(5)	1.0
O4	O^{2-}	4*a*	0.368(5)	−0.016(6)	0.474(4)	1.0
O5	O^{2-}	4*a*	0.151(6)	0.250(8)	0.680(5)	1.0

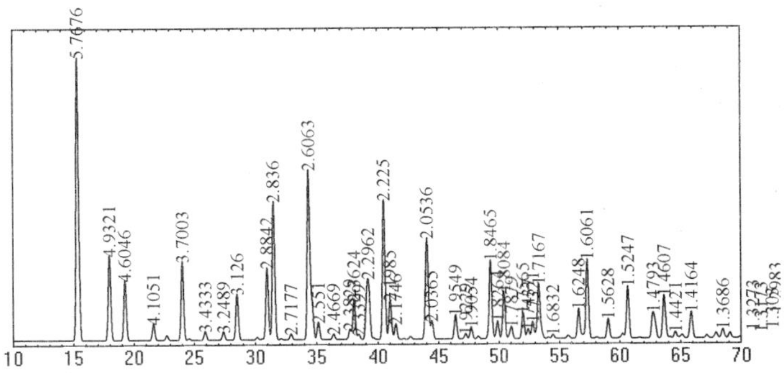

PDF: 37-0448

d	I/I_0	*hkl*
5.7800	25	110
4.9300	13	011
4.1110	25	111
3.9190	16	120
3.7020	20	200
3.4350	18	210
3.2520	12	121
3.1220	80	201
2.9180	9	002
2.8900	30	220
2.8410	100	130
2.6020	65	112
2.5860	55	221
2.5540	45	131
2.4670	9	022
2.3820	15	310
2.3660	11	230
2.3410	20	122
2.3120	4	040
2.2910	11	202

8-066 砷铜铅矿(Duftite)

$PbCuAsO_4(OH)$, 426.67

Sys.: Orthorhombic S.G.: $P2_12_12_1$(19) Z: 4

a: 7.778 b: 9.207 c: 6 Vol.: 429.67

ICSD: 43455

Atom		Wcf	x	y	z	Occ
Pb1	Pb^{2+}	4a	0.125	0.167	0	1.0
Cu1	Cu^{2+}	4a	0.254(2)	0.498(2)	0.246(2)	1.0
As1	As^{5+}	4a	0.1300(9)	0.8068(5)	0.0260(7)	1.0
O1	O^{2-}	4a	0.115(6)	0.434(3)	0.010(3)	1.0
O2	O^{2-}	4a	0.637(9)	0.813(3)	0.234(8)	1.0
O3	O^{2-}	4a	0.866(6)	0.220(3)	0.263(4)	1.0
O4	O^{2-}	4a	0.453(6)	0.583(4)	0.980(9)	1.0
O5	O^{2-}	4a	0.298(6)	0.910(5)	0.046(1)	1.0

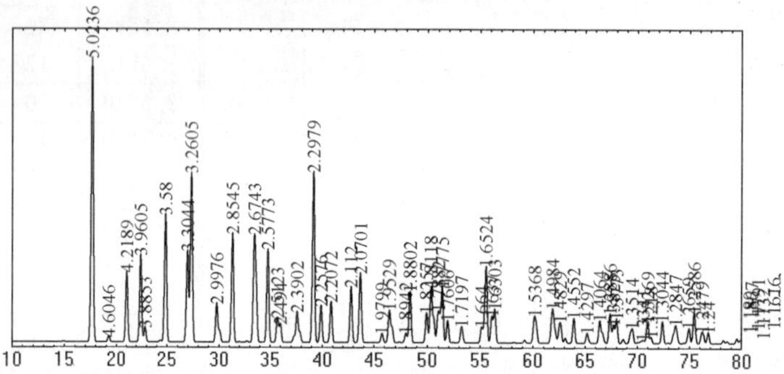

PDF: 42-1444

d	I/I_0	hkl
5.0300	50	011
4.5900	30	020
4.2200	60	111
3.9600	30	120
3.8800	10	200
3.6790	20	021
3.3020	10	121
3.2570	100	201
2.9990	40	002
2.8540	70	130
2.6700	80	112
2.6700	80	221
2.5770	70	131
2.5200	20	022
2.4970	10	310
2.4090	10	230
2.2980	50	212
2.2590	10	320
2.2060	10	140
2.1110	30	222

8-067a 砷铅铁矿(Carminite)

$PbFe_3(AsO_4)_2(OH)_2$, 630.75

Sys.: Orthorhombic S.G.: $Amaa$(66) Z: 8

a: 16.59 b: 7.5794 c: 12.2921 Vol.: 1545.64

ICSD: 82883

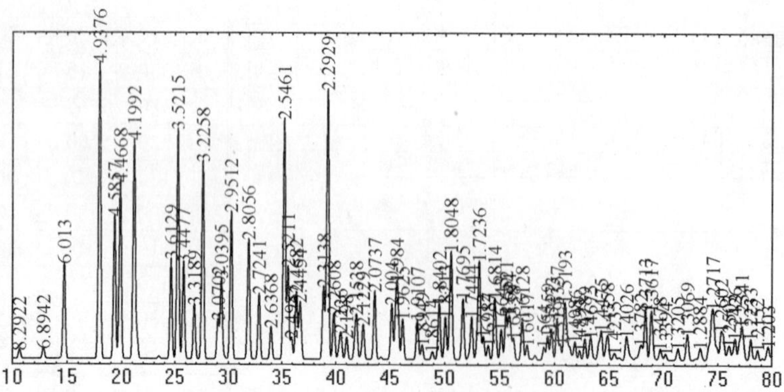

PDF: 39-1355

d	I/I_0	hkl
6.9100	4	110
6.0210	19	111
4.9410	5	202
4.5840	35	112
4.4690	12	310
4.2000	16	311
4.1470	13	400
3.6140	6	312
3.5220	45	113
3.3200	14	221
3.2250	100	022
3.0720	25	004
3.0390	35	510
2.9500	50	511
2.8060	30	114
2.7230	40	512
2.6380	9	223
2.5460	95	422
2.5330	20	314
2.5210	30	602

8-067b 砷铅铁矿(Carminite)

$PbFe_3(AsO_4)_2(OH)_2$，630.75

ICSD:82883(续)

Atom		Wcf	x	y	z	Occ
Pb1	Pb^{2+}	4*a*	0	0	0.25	1.0
Pb2	Pb^{2+}	4*f*	0.25	0.75	0	1.0
Fe1	Fe^{3+}	16*m*	0.37751(7)	0.1300(1)	0.13516(8)	1.0
As1	As^{5+}	8*l*	0.04286(6)	0.7384(1)	0	1.0
As2	As^{5+}	8*g*	0.21189(6)	0	0.25	1.0
O1	O^{2-}	16*m*	0.0172(3)	0.2469(6)	0.1114(5)	1.0
O2	O^{2-}	8*l*	0.0923(4)	0.5401(9)	0	1.0
O3	O^{2-}	8*l*	0.1121(4)	0.8959(9)	0	1.0
O4	O^{2-}	16*m*	0.1512(3)	0.1758(6)	0.2415(5)	1.0
O5	O^{2-}	16*m*	0.2723(3)	−0.0034(6)	0.1390(4)	1.0
O6	O^{2-}	8*l*	0.1690(4)	0.2387(8)	0	1.0
O7	O^{2-}	8*g*	0.4222(4)	0	0.25	1.0

PDF:39-1355(续)

d	I/I_0	hkl
2.4960	16	130
2.4690	35	404
2.4460	19	131
2.4410	20	513
2.3140	19	115
2.3140	19	132
2.2940	20	224
2.2620	1	710
2.2600	3	331
2.2330	3	620
2.2240	4	711
2.1980	5	621
2.1610	13	514
2.1520	4	332
2.0730	9	800
2.0100	4	530
2.0040	7	333
1.9835	13	531
1.9633	11	116
1.9633	11	623

8-068 砷铅矿(Mimetite)

$Pb_5(AsO_4)_3Cl$，1488.21

Sys.:Hexagonal　S.G.:$P6_3/m$(176)　Z:2

a:10.251　c:7.442　Vol.:1677.26

ICSD:33720

Atom		Wcf	x	y	z	Occ
Cl1	Cl^-	2*b*	0	0	0	1.0
Pb1	Pb^{2+}	4*f*	0.3333	0.6667	0.0065(5)	1.0
Pb2	Pb^{2+}	6*h*	0.2514(4)	0.0042(5)	0.25	1.0
As1	As^{5+}	6*h*	0.4096(5)	0.3850(6)	0.25	1.0
O1	O^{2-}	6*h*	0.3290(8)	0.4937(8)	0.25	1.0
O2	O^{2-}	6*h*	0.5982(10)	0.4872(9)	0.25	1.0
O3	O^{2-}	12*i*	0.3597(8)	0.2716(8)	0.0733(7)	1.0

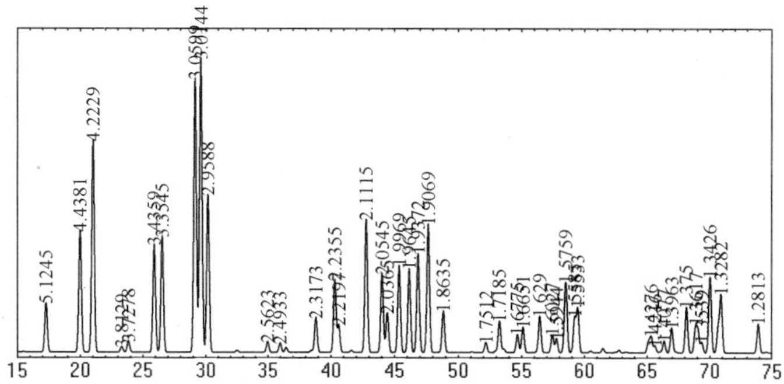

PDF:19-0683

d	I/I_0	hkl
5.1300	4	110
4.4400	18	200
4.2200	18	111
3.8100	2	201
3.7200	10	002
3.4300	18	102
3.3600	40	210
3.0600	100	211
3.0100	90	112
2.9620	65	300
2.8530	2	202
2.5600	2	220
2.4920	2	212
2.4230	2	221
2.3370	4	311
2.3150	2	302
2.2330	6	113
2.2200	6	400
2.1100	30	222
2.0530	10	312

8-069 臭葱石(Scorodite)

$FeAsO_4 \cdot 2H_2O$，230.8

Sys.:Orthorhombic S.G.:*Pbca*(61) *Z*:8

a:8.9516 *b*:10.3273 *c*:10.0419 Vol.:928.33

ICSD:1815

Atom		Wcf	*x*	*y*	*z*	Occ
As1	As^{5+}	8*c*	0.34799(6)	0.03556(7)	−0.13618(7)	1.0
Fe1	Fe^{3+}	8*c*	0.37359(9)	0.14651(11)	0.18278(10)	1.0
O1	O^{2-}	8*c*	0.19917(42)	0.00327(51)	−0.19453(46)	1.0
O2	O^{2-}	8*c*	0.35791(45)	0.00678(50)	0.02939(42)	1.0
O3	O^{2-}	8*c*	0.39294(43)	0.2123(5)	−0.16644(47)	1.0
O4	O^{2-}	8*c*	0.44796(45)	−0.08264(51)	−0.21656(46)	1.0
O5	O^{2-}	8*c*	0.19851(43)	0.23012(54)	0.11835(52)	1.0
O6	O^{2-}	8*c*	0.44653(47)	0.32843(56)	0.06932(47)	1.0

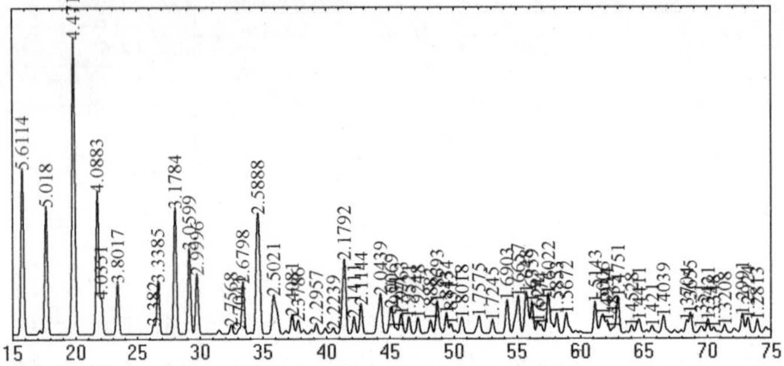

PDF:37-0468

d	I/I_0	*hkl*
5.6090	80	111
5.1640	6	020
5.0180	35	002
4.5130	10	012
4.4720	100	200
4.4720	100	120
4.0890	30	201
4.0890	30	121
4.0330	4	112
3.8000	30	211
3.3830	7	220
3.3390	12	122
3.1780	90	212
3.0600	45	131
2.9990	35	113
2.7580	10	311
2.7080	4	132
2.6820	25	203
2.6820	25	123
2.5960	35	213

8-070a 钴华(Erythrite)

$Co_3(AsO_4)_2 \cdot 8H_2O$，598.76

Sys.:Monoclinic S.G.:*I*2/*m*(12) *Z*:2

a:10.118 *b*:13.433 *c*:4.762 *β*:101.9 Vol.:633.32

ICSD:81385 $(Co_{2.01}Fe_{0.74}Ni_{0.25})(AsO_4)_2(H_2O)_8$

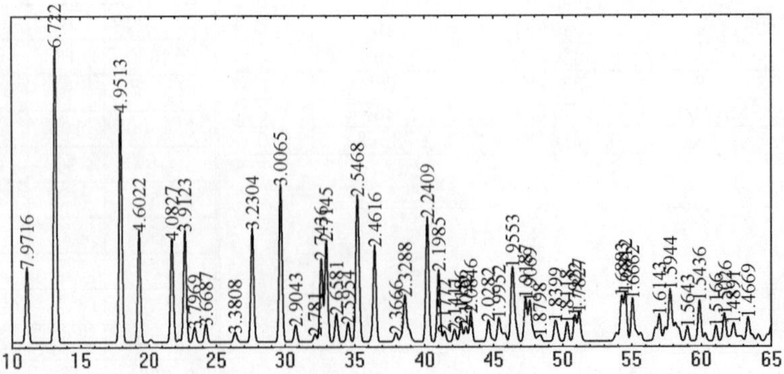

PDF:33-0413

d	I/I_0	*hkl*
7.9600	26	110
6.7200	100	020
4.9510	9	200
4.6020	2	$\bar{1}01$
4.4030	19	011
4.0810	5	130
3.9780	7	220
3.9160	12	101
3.7870	2	$\bar{1}21$
3.6630	7	$\bar{2}11$
3.3810	3	121
3.3570	4	040
3.2270	42	031
3.0030	47	$\bar{3}01$
2.7790	9	240
2.7400	30	$\bar{3}21$
2.7120	24	$\bar{1}41$
2.6580	14	330
2.5930	1	150
2.5490	9	141

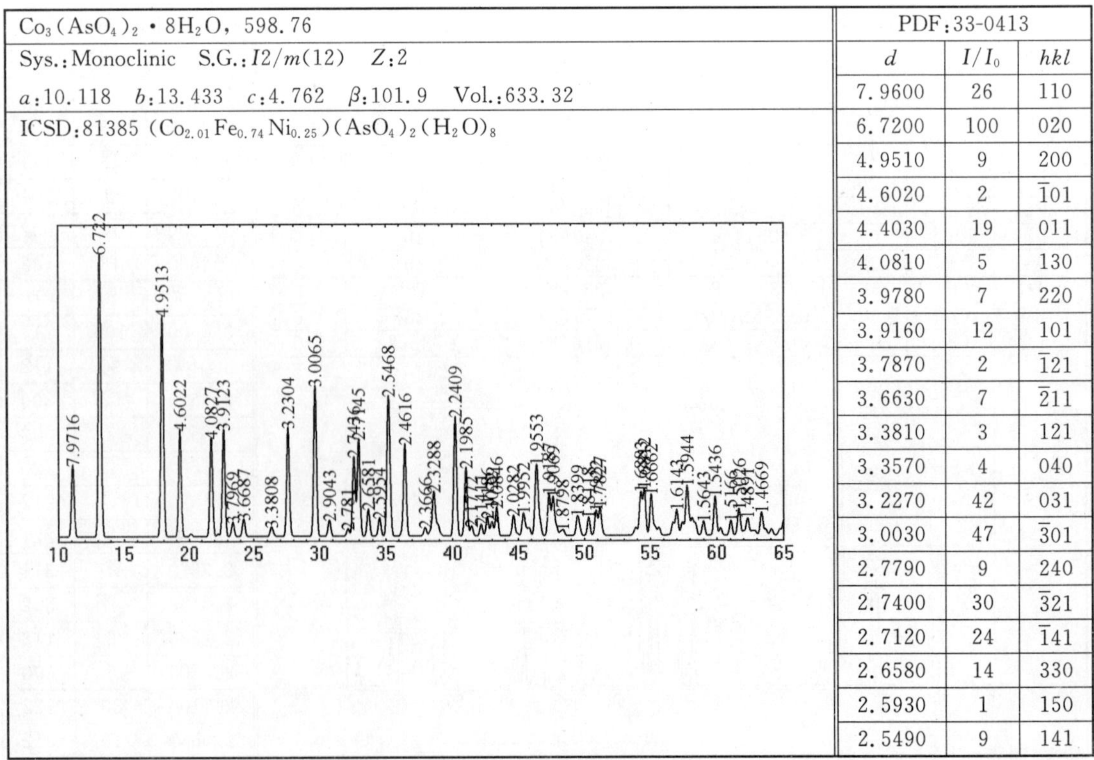

8-070b 钴华(Erythrite)

$Co_3(AsO_4)_2 \cdot 8H_2O$, 598.76

ICSD:81385(续) $(Co_{2.01}Fe_{0.74}Ni_{0.25})(AsO_4)_2(H_2O)_8$

Atom		Wcf	x	y	z	Occ
Co1	Co^{2+}	2*a*	0	0	0	0.67
Fe1	Fe^{2+}	2*a*	0	0	0	0.2467
Ni1	Ni^{2+}	2*a*	0	0	0	0.0833
Co2	Co^{2+}	4*g*	0	0.38512(3)	0	0.67
Fe2	Fe^{2+}	4*g*	0	0.38512(3)	0	0.2467
Ni2	Ni^{2+}	4*g*	0	0.38512(3)	0	0.0833
As1	As^{5+}	4*i*	0.31621(3)	0	0.37235(7)	1.0
O1	O^{2-}	4*i*	0.1493(2)	0	0.3748(5)	1.0
O2	O^{2-}	4*i*	0.4057(3)	0	0.7226(5)	1.0
O3	O^{2-}	8*j*	0.3433(2)	0.1067(1)	0.2087(4)	1.0
O4	O^{2-}	8*j*	0.0978(2)	0.1137(2)	0.8067(4)	1.0
O5	O^{2-}	8*j*	0.3995(2)	0.2273(2)	0.7133(5)	1.0

PDF:33-0413(续)

d	I/I_0	*hkl*
2.4630	18	301
2.3270	17	051
2.2380	3	060
2.2380	3	$\bar{3}41$
2.1960	9	$\bar{2}51$
2.0940	7	$\bar{3}12$
2.0830	9	350
2.0400	2	260
2.0120	3	$\bar{1}61$
1.9870	5	341
1.9540	7	132
1.9172	8	$\bar{3}32$

8-071a 镍华(Annabergite)

$Ni_3(AsO_4)_2 \cdot 8H_2O$, 598.06

Sys.: Monoclinic S.G.: *I*2/*m*(12) *Z*: 2

a: 10.054 *b*: 13.303 *c*: 4.7159 *β*: 102.1 Vol.: 616.73

ICSD:81386 $(Ni_{0.99}Mg_{0.01})(Ni_{0.83}Mg_{0.17})_2(AsO_4)_2(H_2O)_8$

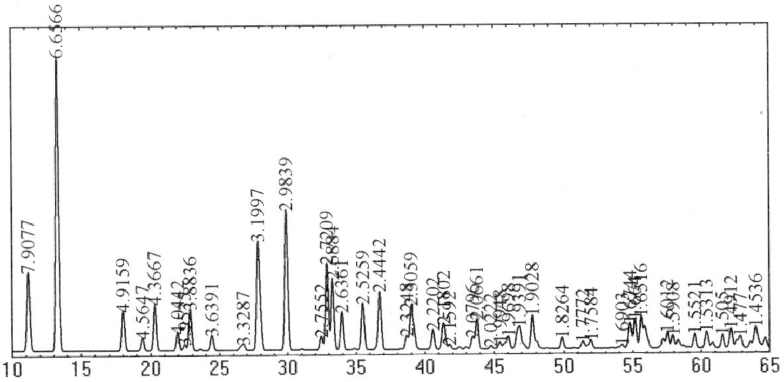

PDF:34-0141

d	I/I_0	*hkl*
7.9100	33	110
6.6600	100	020
4.9190	11	200
4.5620	4	$\bar{1}01$
4.3630	20	011
4.0440	6	130
3.9540	8	220
3.8790	16	101
3.7650	3	$\bar{1}21$
3.6390	8	$\bar{2}11$
3.3470	5	121
3.3260	4	040
3.1980	43	031
2.9820	52	$\bar{3}01$
2.9820	52	211
2.7560	12	240
2.7210	30	$\bar{3}21$
2.6870	21	$\bar{1}41$
2.6350	14	330
2.5680	1	150

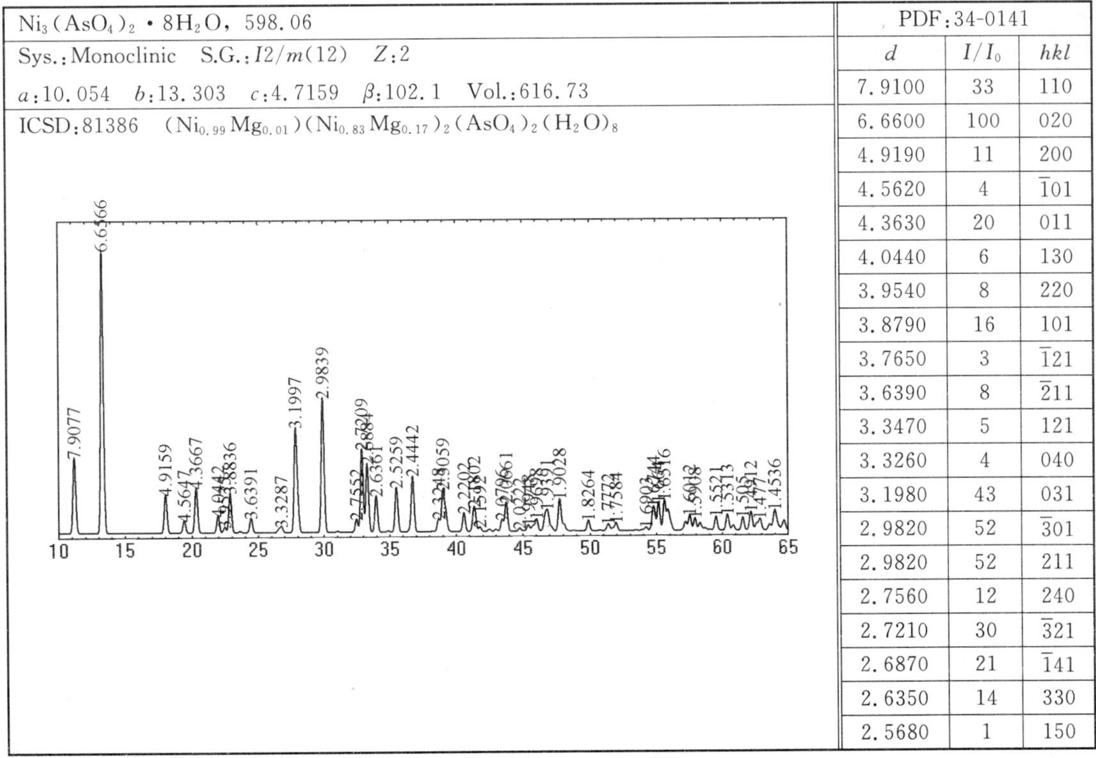

8-071b 镍华(Annabergite)

$Ni_3(AsO_4)_2 \cdot 8H_2O$，598.06

ICSD:81386(续) $(Ni_{0.99}Mg_{0.01})(Ni_{0.83}Mg_{0.17})_2(AsO_4)_2(H_2O)_8$

Atom		Wcf	x	y	z	Occ
Ni1	Ni^{2+}	2*a*	0	0	0	0.99
Mg1	Mg^{2+}	2*a*	0	0	0	0.01
Ni2	Ni^{2+}	4*g*	0	0.38583(2)	0	0.83
Mg2	Mg^{2+}	4*g*	0	0.38583(2)	0	0.17
As1	As^{5+}	4*i*	0.31620(1)	0	0.37558(3)	1.0
O1	O^{2-}	4*i*	0.1491(1)	0	0.3807(2)	1.0
O2	O^{2-}	4*i*	0.4072(1)	0	0.7287(2)	1.0
O3	O^{2-}	8*j*	0.3429(1)	0.1076(1)	0.2104(2)	1.0
O4	O^{2-}	8*j*	0.0961(1)	0.1135(1)	0.8126(2)	1.0
O5	O^{2-}	8*j*	0.4001(1)	0.2253(1)	0.7183(2)	1.0

PDF:34-0141(续)

d	I/I_0	hkl
2.5230	8	141
2.4400	17	301
2.3210	10	$\bar{1}12$
2.3040	16	420
2.3040	16	051
2.2170	3	060
2.1780	8	022
2.1780	8	$\bar{2}51$
2.1550	1	$\bar{2}22$
2.1020	1	$\bar{4}31$
2.0790	7	$\bar{3}12$
2.0660	8	350
2.0210	1	260
1.9920	2	$\bar{1}61$
1.9678	3	341
1.9463	6	510
1.9322	6	132
1.9006	9	$\bar{3}32$
1.8240	3	431
1.7756	2	$\bar{4}51$

8-072 毒铁矿(Pharmacosiderite)

$(Fe_4(OH)_4(AsO_4)_3)H(H_2O)_5$，799.26

Sys.:Cubic　S.G.:$P\bar{4}3m$(215)　Z:1

a:7.9816　Vol.:508.48

ICSD:27302

Atom		Wcf	x	y	z	Occ
Fe1	Fe^{3+}	4*e*	0.1426(7)	0.1426(7)	0.1426(7)	1.0
As1	As^{5+}	3*d*	0.5	0	0	1.0
O1	O^{2-}	12*i*	0.1223(15)	0.1223(15)	0.3787(22)	1.0
O2	O^{2-}	4*e*	0.8847(27)	0.8847(27)	0.8847(27)	1.0
O3	O^{2-}	6*g*	0.068(5)	0.5	0.5	0.5
O4	O^{2-}	4*e*	0.694(5)	0.694(5)	0.694(5)	0.5

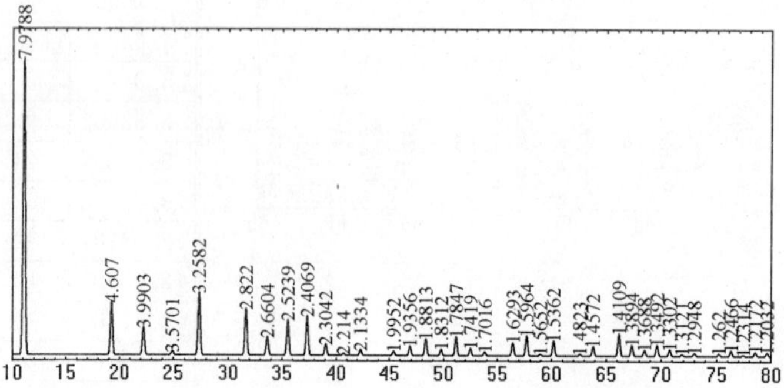

PDF:74-1496

d	I/I_0	hkl
7.9816	999	100
5.6438	1	110
4.6082	174	111
3.9908	81	200
3.5695	12	210
3.2585	156	211
2.8219	109	220
2.6605	46	221
2.5240	82	310
2.4065	96	311
2.3041	25	222
2.2137	6	320
2.1332	13	321
1.9954	8	400
1.9358	18	410
1.8813	31	411
1.8311	12	331
1.7847	35	420
1.7417	14	421
1.7017	7	332

8-073a 砷铋铜矿(Mixite)

$Cu_6Bi(AsO_4)_3(OH)_6 \cdot 3H_2O$, 1163.1

Sys.: Hexagonal S.G.: $P6_3/m$(176) Z: 2

a: 13.598 c: 5.9071 Vol.: 1945.92

ICSD: 70117

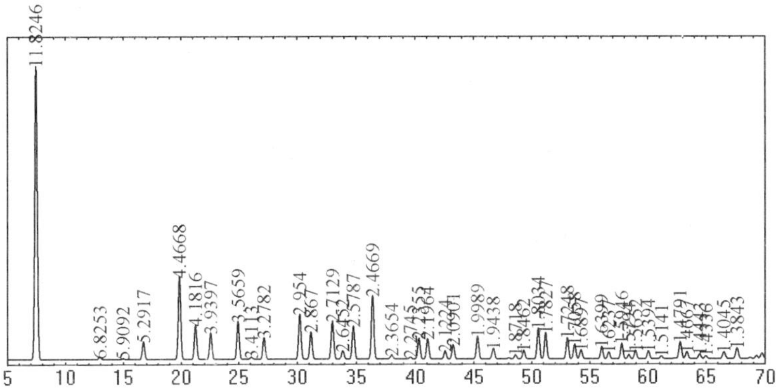

PDF: 13-0414

d	I/I_0	hkl
12.0000	100	100
6.9100	30	110
5.2600	5	101
4.4700	50	111
4.1800	50	201
3.9300	40	300
3.5700	80	211
3.4100	20	220
3.2700	50	301
2.9500	70	002
2.8600	60	311
2.7000	60	320
2.6400	20	202
2.5700	60	410
2.4600	90	212
2.2300	30	222
2.1900	30	312
2.1100	40	510
2.0800	40	421
1.9920	30	511

8-073b 砷铋铜矿(Mixite)

$Cu_6Bi(AsO_4)_3(OH)_6 \cdot 3H_2O$, 1163.1

ICSD: 70117(续)

Atom		Wcf	x	y	z	Occ
Bi1	Bi^{3+}	$2c$	0.6667	0.3333	0.75	0.66
Ca1	Ca^{2+}	$2c$	0.6667	0.3333	0.75	0.34
Cu1	Cu^{2+}	$12i$	0.4138(1)	0.0982(1)	0.4975(2)	1.0
As1	As^{5+}	$6h$	0.6554(1)	0.1486(1)	0.25	1.0
O1	O^{2-}	$6h$	0.800(1)	0.214(1)	0.25	1.0
O2	O^{2-}	$6h$	0.612(1)	0.008(1)	0.25	1.0
O3	O^{2-}	$12i$	0.6050(6)	0.1767(6)	0.483(1)	1.0
O4	O^{2-}	$6h$	0.369(1)	−0.007(1)	0.25	1.0
O5	O^{2-}	$6h$	0.438(1)	0.195(1)	0.75	1.0
O6	O^{2-}	$6h$	0.112(4)	−0.047(5)	0.75	1.0

PDF: 13-0414(续)

d	I/I_0	hkl
1.9610	10	600
1.9340	30	430
1.8870	5	520
1.8660	5	203
1.8400	30	431
1.7970	50	521
1.7770	50	422
1.7190	40	512
1.7020	30	223
1.6830	30	700
1.6340	50	441
1.6190	50	432
1.5900	40	522
1.5730	10	621
1.5610	20	710
1.5360	30	612
1.4770	40	004
1.4650	20	104
1.4400	30	631

8-074a 翠砷铜铀矿(Zeunerite)

$Cu(UO_2)_2(AsO_4)_2 \cdot 12H_2O$，1097.62

Sys.:Tetragonal S.G.:*P*4/*nnc*(126) *Z*:2

a:7.18 *c*:20.79 Vol.:11071.77

ICSD:412820 *I*4/*mmm*(139)

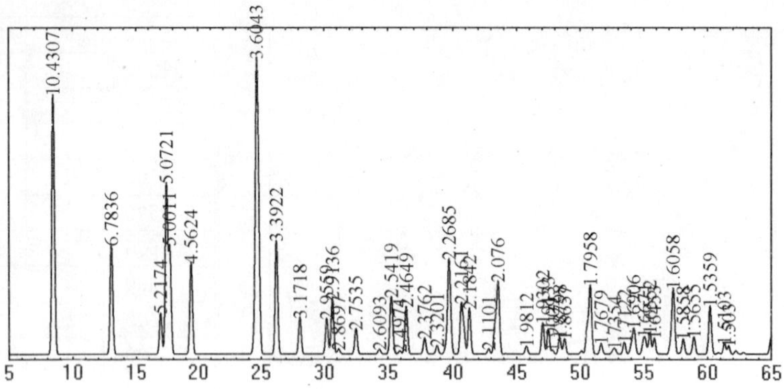

PDF:17-0150		
d	I/I_0	*hkl*
10.3000	100	002
6.8100	30	101
5.2000	70	004
4.9800	50	103
4.5800	5	112
3.5900	100	200
3.3900	50	202
3.1600	10	211
3.0600	5	212
2.9500	30	204
2.9100	5	213
2.8600	10	116
2.7400	30	107
2.5300	40	220
2.4600	30	222
2.3700	5	301
2.3200	20	118
2.2600	40	303
2.2100	40	312
2.1800	20	217

8-074b 翠砷铜铀矿(Zeunerite)

$Cu(UO_2)_2(AsO_4)_2 \cdot 12H_2O$，1097.62

ICSD:412820(续) *I*4/*mmm*(139)

Atom		Wcf	*x*	*y*	*z*	Occ
U1	U^{6+}	4*e*	0	0	0.29480(2)	1.0
As1	As^{5+}	4*d*	0	0.5	0.25	1.0
Cu1	Cu^{2+}	2*b*	0	0	0.5	0.85
Cu2	Cu^{2+}	4*e*	0	0	0.1210(13)	0.075
O1	O^{2-}	4*e*	0	0	0.3825(6)	1.0
O2	O^{2-}	4*e*	0	0	0.2099(6)	1.0
O3	O^{2-}	32*o*	0.0407(13)	0.3185(13)	0.2983(3)	0.5
O4	O^{2-}	16*l*	−0.016(5)	−0.2691(16)	0.5	0.5
O5	O^{2-}	32*o*	0.2354(14)	−0.4163(13)	0.5868(4)	0.5

PDF:17-0150(续)		
d	I/I_0	*hkl*
2.0800	60	314
1.9240	60	$11\underline{10}$
1.7940	50	400
1.7650	5	402
1.7350	5	411
1.7080	10	318
1.6900	10	413
1.6610	5	309
1.6400	40	$11\underline{12}$
1.6020	40	421
1.5840	10	422
1.5620	20	$10\underline{13}$
1.5320	50	$31\underline{10}$
1.4270	30	$11\underline{14}$
1.3780	40	$31\underline{12}$
1.3620	30	$10\underline{15}$
1.3550	30	505
1.3120	20	$33\underline{10}$
1.2890	5	524
1.2720	30	517

8-075a 准翠砷铜铀矿(Metazeunerite)

$Cu(UO_2)_2(AsO_4)_2(H_2O)_8$, 1025.56

Sys.: Tetragonal S.G.: $P4_2/nmc$(137) Z: 2

a: 7.1 c: 17.7 Vol.: 1892.26

ICSD: 38122

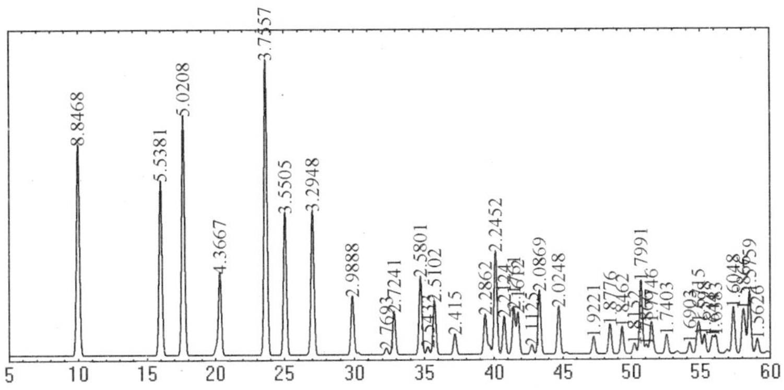

PDF: 77-0124

d	I/I_0	hkl
8.8500	999	002
6.5896	1	101
5.5381	398	102
5.0205	316	110
4.5377	1	103
4.4250	57	004
4.3667	52	112
3.7554	588	104
3.5500	411	200
3.2948	423	202
2.9887	109	212
2.7690	48	204
2.7242	78	106
2.5798	149	214
2.5434	48	116
2.5102	138	220
2.5102	138	205
2.4150	78	222
2.2863	64	302
2.2689	4	206

8-075b 准翠砷铜铀矿(Metazeunerite)

$Cu(UO_2)_2(AsO_4)_2(H_2O)_8$, 1025.56

ICSD: 38122(续)

Atom		Wcf	x	y	z	Occ
U1	U^{6+}	4d	0.25	0.25	0.0545	1.0
As1	As^{5+}	4c	0.75	0.25	0	1.0
O1	O^{2-}	4d	0.25	0.25	0.164	1.0
O2	O^{2-}	4d	0.25	0.25	0.454	1.0
Cu1	Cu^{2+}	4d	0.25	0.25	0.308	0.5
O3	O^{2-}	8g	0.25	0.556	0.563	1.0
O4	O^{2-}	8g	0.25	0.556	0.063	1.0
O5	O^{2-}	16h	0.517	0.111	0.309	0.5
O6	O^{2-}	16h	0.517	0.111	0.809	0.5

PDF: 77-0124(续)

d	I/I_0	hkl
2.2452	107	310
2.2125	43	008
2.1834	27	224
2.1763	35	312
2.1612	69	216
2.1123	15	108
2.0869	100	304
2.0246	115	118
2.0022	3	314
1.9222	27	322
1.9118	3	226
1.8777	23	208
1.8460	40	306
1.8153	17	218
1.7991	106	324
1.7866	40	316
1.7750	62	400
1.7700	36	0010
1.7403	47	402
1.7174	3	1010

8-076 砷菱铅矾(Beudantite)

$PbFe_3[(As,S)O_4]_2(OH)_6$，711.76

Sys.:Trigonal S.G.:$R\bar{3}m$(166) Z:3

a:7.32 c:17.02 Vol.:789.79

ICSD:51669

Atom		Wcf	x	y	z	Occ
H1	H^+	18f	0.0383	0.0	0.0	0.0917
As1	As^{5+}	6c	0.0	0.0	0.3132(3)	0.255
S1	S^{6+}	6c	0.0	0.0	0.3132(3)	0.745
Fe1	Fe^{3+}	9d	0.0	0.5	0.5	0.9533
O1	O^{2-}	6c	0.0	0.0	0.4068	1.0
O2	O^{2-}	18h	0.2145	0.4290	0.9468	1.0
O3	O^{2-}	18h	0.1254	0.2508	0.1343	1.0
H2	H^+	18h	0.169	0.338	0.106	1.0

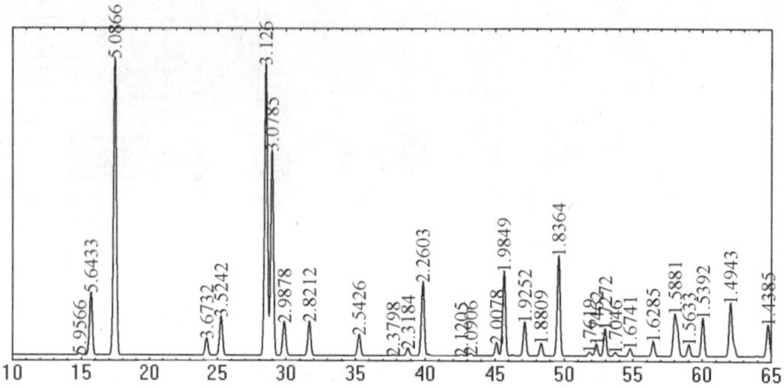

PDF:19-0689

d	I/I_0	hkl
5.9900	80	101
5.7200	20	003
5.1300	5	012
3.6700	70	110
3.5400	20	104
3.0800	100	113
2.9700	30	202
2.8400	50	006
2.5400	50	024
2.3700	20	211
2.3100	20	122
2.2700	60	107
2.2400	30	116
2.1200	10	300
2.0900	10	214
1.9790	60	303
1.8290	60	220
1.7680	10	208
1.7450	5	223

(3) 钒 酸 盐

8-077 钒铅矿(Vanadinite)

$Pb_5(VO_4)_3Cl$，1416.27

Sys.:Hexagonal S.G.:$P6_3/m$(176) Z:2

a:10.325 c:7.3434 Vol.:1677.97

ICSD:15750

Atom		Wcf	x	y	z	Occ
Pb1	Pb^{2+}	4f	0.3333	0.6667	0.0054(11)	1.0
Pb2	Pb^{2+}	6h	0.2558(3)	0.0107(3)	0.25	1.0
V1	V^{5+}	6h	0.4046(21)	0.3787(21)	0.25	1.0
Cl1	Cl^-	2b	0	0	0	1.0
O1	O^{2-}	6h	0.3309(36)	0.5005(36)	0.25	1.0
O2	O^{2-}	6h	0.6006(36)	0.4604(36)	0.25	1.0
O3	O^{2-}	12i	0.3812(33)	0.2873(33)	0.046(12)	1.0

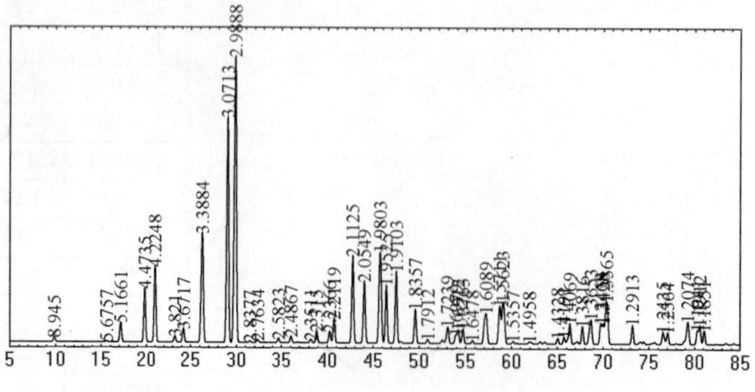

PDF:43-1461

d	I/I_0	hkl
8.9400	1	100
5.6700	1	101
5.1600	6	110
4.4710	18	200
4.2230	25	111
3.8190	5	201
3.6720	6	002
3.3960	30	102
3.3800	40	210
3.0720	85	211
2.9920	100	112
2.9800	80	300
2.8370	2	202
2.7620	2	301
2.5810	2	220
2.4870	2	212
2.4350	1	221
2.3610	1	103
2.3500	1	311

8-078 钒铋矿(Pucherite)

$BiVO_4$，323.92

Sys.:Orthorhombic　S.G.:*Pnab*(60)　*Z*:4

a:5.326　*b*:5.056　*c*:12　Vol.:323.14

ICSD:30907

Atom		Wcf	*x*	*y*	*z*	Occ
Bi1	Bi^{3+}	4*c*	0.25	0	0.10960(3)	1.0
V1	V^{5+}	4*c*	0.25	0	0.3938(1)	1.0
O1	O^{2-}	8*d*	0.083(1)	0.258(1)	0.4664(6)	1.0
O2	O^{2-}	8*d*	0.458(1)	0.143(1)	0.3077(5)	1.0

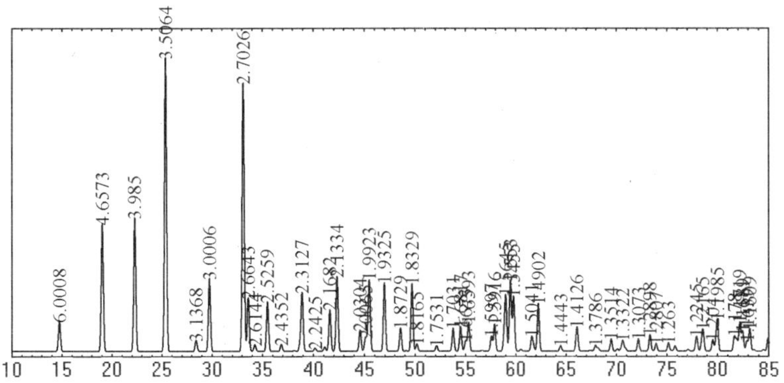

PDF:12-0293

d	I/I_0	*hkl*
5.9850	16	002
4.6440	55	011
3.9820	55	102
3.4990	100	111
3.1250	10	112
2.9920	45	004
2.7020	100	113
2.6580	20	200
2.6140	2	104
2.5280	25	020
2.4380	2	202
2.3120	35	211
2.2370	2	121
2.1680	25	015
2.1330	40	122
2.0300	16	213
1.9920	45	204
1.9340	40	024
1.8720	20	106
1.8320	40	220

8-079 钒铅锌矿(Descloizite)

Pb(Zn,Cu)VO_4(OH)，403.79

Sys.:Orthorhombic　S.G.:*Pnam*(62)　*Z*:4

a:7.619　*b*:6.032　*c*:9.4　Vol.:432

ICSD:8062

Atom		Wcf	*x*	*y*	*z*	Occ
Zn1	Zn^{2+}	4*b*	0.5	0	0	1.0
Pb1	Pb^{2+}	4*c*	0.1288(2)	0.25	0.1759(1)	1.0
V1	V^{5+}	4*c*	0.8672(8)	0.75	0.1882(5)	1.0
O1	O^{2-}	8*d*	0.8720(23)	0.5108(22)	0.2900(15)	1.0
O2	O^{2-}	4*c*	0.0430(31)	0.75	0.0861(27)	1.0
O3	O^{2-}	4*c*	0.6884(28)	0.75	0.0692(24)	1.0
O4	O^{2-}	4*c*	0.6457(35)	0.25	0.0650(24)	1.0

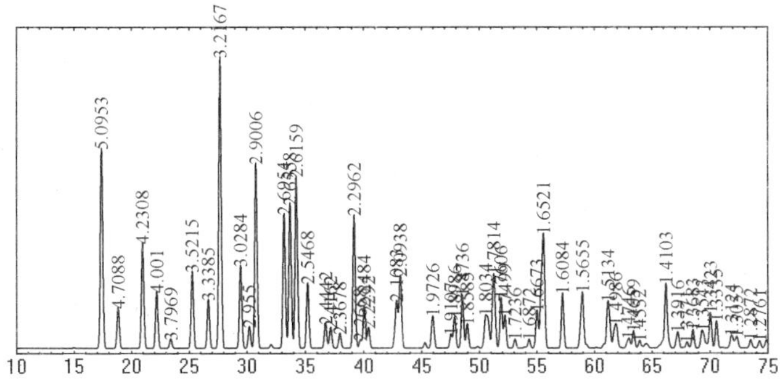

PDF:41-1369

d	I/I_0	*hkl*
5.0790	70	011
4.7030	14	002
4.2280	35	111
4.0020	16	102
3.8130	2	200
3.5320	25	201
3.3340	20	112
3.2210	100	210
3.0160	45	020
2.9590	7	202
2.8970	60	103
2.7810	1	013
2.6870	50	121
2.6560	50	212
2.6120	55	113
2.5380	25	022
2.4520	8	301
2.4200	2	203
2.4090	7	122
2.3640	4	220

8-080 钒铜铅矿(Mottramite)

$PbCu_2(VO_4)(OH)$, 402.69

Sys.: Orthorhombic S.G.: *Pnam*(62) Z: 4

a: 7.693 *b*: 9.267 *c*: 6.04 Vol.: 430.6

ICSD: 81588

Atom		Wcf	*x*	*y*	*z*	Occ
Cu1	Cu^{2+}	4*b*	0.5	0	0	1.0
Pb1	Pb^{2+}	4*c*	0.13186(7)	0.25	0.17374(6)	1.0
V1	V^{5+}	4*c*	0.8778(3)	0.75	0.1939(2)	1.0
O1	O^{2-}	8*d*	0.8847(9)	0.507(1)	0.2954(7)	1.0
O2	O^{2-}	4*c*	0.053(1)	0.75	0.085(1)	1.0
O3	O^{2-}	4*c*	0.703(1)	0.75	0.081(1)	1.0
O4	O^{2-}	4*c*	0.637(2)	0.25	0.063(1)	1.0

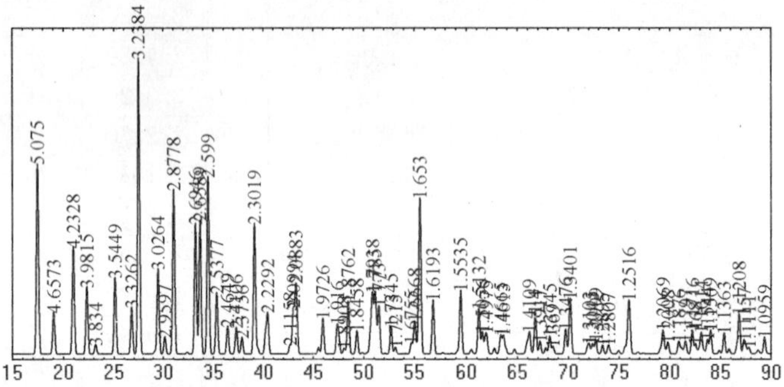

PDF: 43-1463

d	I/I_0	*hkl*
5.0640	55	011
4.6340	8	020
4.2280	40	111
3.9720	14	120
3.8470	4	200
3.5530	20	210
3.3170	14	121
3.2460	100	201
3.0620	25	211
3.0210	30	002
2.9600	20	220
2.8670	30	130
2.6900	40	112
2.6580	50	221
2.5900	40	131
2.5300	18	022
2.4710	9	310
2.4060	6	230
2.4060	6	122
2.3760	6	202

8-081 钒钡铜矿(Vesignieite)

$Cu_3Ba(VO_4)_2(OH)_2$, 591.86

Sys.: Monoclinic S.G.: *I*2/*m*(12) Z: 2

a: 10.27 *b*: 5.911 *c*: 7.711 β: 116.42 Vol.: 419.21

ICSD: 67726

Atom		Wcf	*x*	*y*	*z*	Occ
Ba1	Ba^{2+}	2*c*	0	0	0.5	1.0
Cu1	Cu^{2+}	2*a*	0.5	0.5	0	1.0
Cu2	Cu^{2+}	4*e*	0.25	0.25	0	1.0
V1	V^{5+}	4*i*	0.0898(3)	0.5	0.2697(4)	1.0
O1	O^{2-}	4*i*	0.2080(1)	0	0.1228(13)	1.0
O2	O^{2-}	8*j*	0.4822(10)	0.2411(16)	0.1902(13)	1.0
O3	O^{2-}	4*i*	0.2245(13)	0.5	0.1913(19)	1.0
O4	O^{2-}	4*i*	0.3303(31)	0	0.4941(25)	1.0

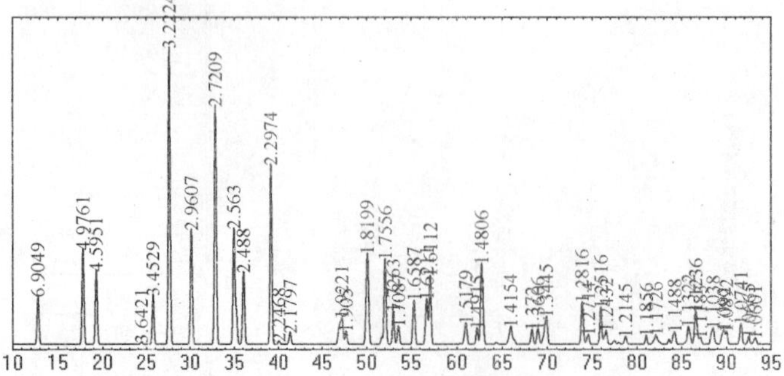

PDF: 79-2460

d	I/I_0	*hkl*
6.9056	213	001
4.9726	286	$\bar{2}01$
4.9726	286	110
4.5931	267	200
4.5931	267	$\bar{1}11$
3.6412	12	$\bar{2}02$
3.6412	12	111
3.4528	152	002
3.2225	999	201
3.2225	999	$\bar{1}12$
2.9624	241	$\bar{3}11$
2.9555	246	020
2.7215	464	$\bar{3}12$
2.7215	464	310
2.7171	484	021
2.5621	305	$\bar{2}03$
2.5621	305	112
2.5477	63	$\bar{4}01$
2.5423	89	$\bar{2}21$
2.4927	113	$\bar{4}02$

8-082 水钒铜矿(Volborthite)

$Cu_3(VO_4)_2 \cdot 3H_2O$, 474.56

Sys.: Monoclinic S.G.: $C2/m(12)$ Z: 2

a: 10.604 b: 5.879 c: 7.202 β: 94.81 Vol.: 447.4

ICSD: 68994

Atom		Wcf	x	y	z	Occ
Cu1	Cu^{2+}	2*a*	0	0	0	1.0
Cu2	Cu^{2+}	4*e*	0.25	0.25	0	1.0
V1	V^{5+}	4*i*	0.9959(2)	0.5	0.2516(3)	1.0
O1	O^{2-}	2*d*	0	0.5	0.5	1.0
O2	O^{2-}	4*i*	0.3424(5)	0.5	0.1143(7)	1.0
O3	O^{2-}	8*j*	0.0682(3)	0.2721(6)	0.1846(5)	1.0
O4	O^{2-}	4*i*	0.1548(5)	0.5	0.8464(7)	1.0
O5	O^{2-}	4*i*	0.3261(5)	0.5	0.4788(7)	1.0

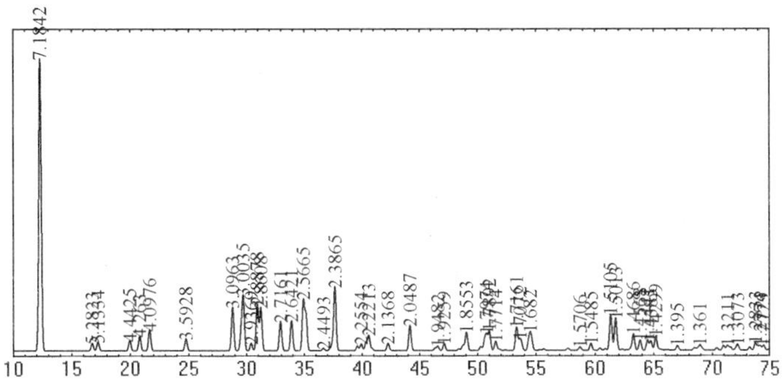

PDF: 26-1119

d	I/I_0	hkl
7.1600	100	001
5.2910	30	200
5.1360	40	110
4.4260	10	$\bar{2}01$
4.1030	50	111
3.5830	10	002
3.0900	50	$\bar{2}02$
3.0220	40	310
2.9980	50	$\bar{1}12$
2.9400	10	020
2.8870	50	112
2.8590	50	202
2.7220	50	021
2.6430	70	400
2.5710	70	220

8-083a 钒钾铀矿(Carnotite anhydrous)

$K_2(UO_2)_2V_2O_8$, 848.13

Sys.: Monoclinic S.G.: $P2_1/a(14)$ Z: 2

a: 10.47 b: 8.41 c: 6.59 β: 103.83 Vol.: 563.44

ICSD: 64692

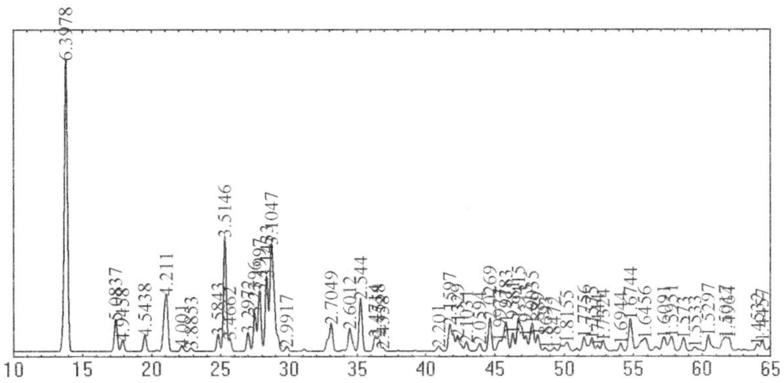

PDF: 85-1320

d	I/I_0	hkl
6.4802	125	110
6.3990	999	001
5.0832	98	011
5.0832	98	200
4.9455	33	$11\bar{1}$
4.5443	44	$20\bar{1}$
4.3503	6	210
4.2415	96	111
4.2050	148	020
3.9980	19	$21\bar{1}$
3.8857	9	120
3.5847	50	201
3.5141	327	021
3.4647	39	$12\bar{1}$
3.2976	58	211
3.2401	111	220
3.1995	172	002
3.1995	172	121
3.1432	215	310
3.1070	283	$31\bar{1}$

8-083b 钒钾铀矿(Carnotite anhydrous)

$K_2(UO_2)_2V_2O_8$, 848.13

ICSD:64692(续)

Atom		Wcf	x	y	z	Occ
O1	O^{2-}	4e	0.6238	0.4382	0.7415	1.0
O2	O^{2-}	4e	0.7406	0.5226	0.233	1.0
O3	O^{2-}	4e	0.5098	0.6525	0.9667	1.0
O4	O^{2-}	4e	0.9347	0.6342	0.6603	1.0
O5	O^{2-}	4e	0.8953	0.4424	0.982	1.0
O6	O^{2-}	4e	0.7786	0.7077	0.9418	1.0
V1	V^{5+}	4e	0.944	0.6495	0.8959	1.0
K1	K^{+}	4e	0.6358	0.7681	0.4576	1.0
U1	U^{6+}	4e	0.6813	0.4795	0.9873	1.0

PDF:85-1320(续)

d	I/I_0	hkl
3.0864	158	$22\bar{1}$
3.0572	44	$11\bar{2}$
3.0572	44	$20\bar{2}$
2.9904	16	012
2.8732	5	$21\bar{2}$
2.7280	32	221
2.7096	40	112
2.7025	73	130
2.6022	63	311
2.5887	23	$12\bar{2}$
2.5835	20	$40\bar{1}$
2.5416	126	400
2.5416	126	$31\bar{2}$
2.4727	37	$22\bar{2}$
2.4727	37	$41\bar{1}$
2.4548	38	202
2.4548	38	230
2.4347	12	131

(4) 锑 酸 盐

8-084 水锑铅矿(Bindheimite)

$Pb_2Sb_2O_7$, 769.9

Sys.:Cubic S.G.:$Fd\bar{3}m$(227) Z:8

a:10.4069 Vol.:1127.1

ICSD:27120

Atom		Wcf	x	y	z	Occ
Sb1	Sb^{5+}	16c	0.125	0.125	0.125	1.0
Pb1	Pb^{2+}	16d	0.625	0.625	0.625	1.0
O1	O^{2-}	8b	0.5	0.5	0.5	1.0
O2	O^{2-}	48f	0.20(1)	0	0	1.0

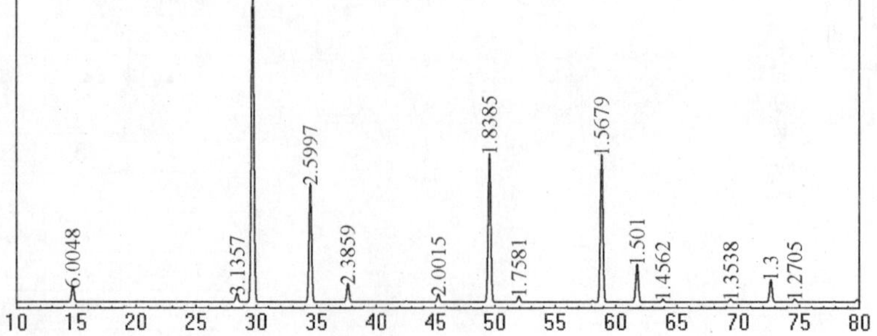

PDF:42-1355

d	I/I_0	hkl
6.0164	1	111
3.0038	100	222
2.6031	30	400
2.3895	1	331
2.1245	2	422
1.8396	30	440
1.5868	2	533
1.5691	24	622
1.5028	8	444
1.3007	3	800
1.1940	6	662
1.1636	5	840
1.0621	3	844
1.0014	3	$\underline{10}22$
0.9197	1	880
0.8796	2	$\underline{10}62$
0.8672	1	$\underline{12}00$
0.8227	1	$\underline{12}40$

8-085 黄锑矿(Stibiconite)

$SbSb_2O_6OH$，478.25

Sys.:Cubic　S.G.:$Fd\bar{3}m$(227)　Z:8

a:10.3　Vol.:1092.73

ICSD:77332

Atom		Wcf	x	y	z	Occ
Sb1	Sb^{3+}	16c	0.125	0.125	0.125	0.5
Sb2	Sb^{5+}	16d	0.625	0.625	0.625	1.0
O1	O^{2-}	8b	0.5	0.5	0.5	1.0
O2	O^{2-}	48f	0.29	0	0	1.0

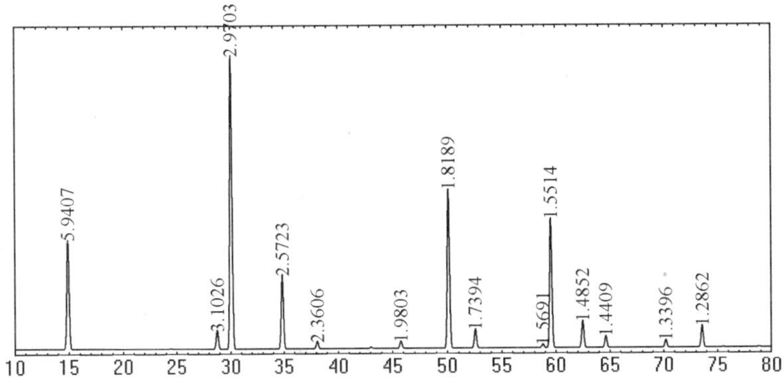

PDF:16-0938

d	I/I_0	hkl
3.1000	60	311
2.9670	100	222
2.5740	80	400
2.3590	20	331
2.1050	20	422
1.9830	60	511
1.8210	80	440
1.7410	60	531
1.5710	40	533
1.5520	80	622
1.4870	60	444
1.4420	60	711
1.3410	60	731
1.2880	60	800
1.1900	40	751
1.1810	100	662

8-086 锑钙石(Romeite)

$CaSb_2O_6(F,O,OH)$，398.57

Sys.:Cubic　S.G.:$Fd\bar{3}m$(227)　Z:8

a:10.284　Vol.:1087.64

ICSD:30291

Atom		Wcf	x	y	z	Occ
Ca1	Ca^{2+}	16c	0.125	0.125	0.125	0.5
Na1	Na^{+}	16c	0.125	0.125	0.125	0.5
Sb1	Sb^{5+}	16d	0.125	0.375	0.875	1.0
O1	O^{2-}	48f	0.3	0	0	1.0
O2	O^{2-}	8a	0	0.5	0.5	1.0

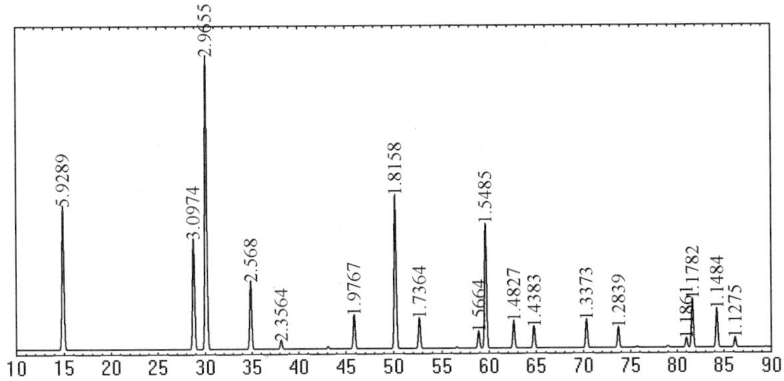

PDF:27-0089

d	I/I_0	hkl
6.0000	80	111
3.0900	70	311
2.9500	100	222
2.5700	60	400
2.3600	10	331
1.9770	40	511
1.8270	80	440
1.7400	30	531
1.5680	20	533
1.5490	70	622
1.4850	30	444
1.4390	30	711
1.3390	30	731
1.2860	30	800
1.1820	50	662
1.1520	40	840
1.1320	20	753
1.0800	20	931
1.0510	40	844
1.0350	10	933

9 硅 酸 盐

(1) 岛状硅酸盐 …………………………………………………………… (323)
(2) 环状硅酸盐 …………………………………………………………… (440)
(3) 链状硅酸盐 …………………………………………………………… (482)
(4) 层状硅酸盐 …………………………………………………………… (544)
(5) 架状硅酸盐 …………………………………………………………… (605)
(6) 沸石 ……………………………………………………………………… (628)
(7) 未分类 …………………………………………………………………… (665)

(1) 岛状硅酸盐

9-001　硅铍石(Phenakite)

Be_2SiO_4, 110.11

Sys.: Trigonal　S.G.: $R\overline{3}$(148)　Z: 18

a: 12.472　c: 8.252　Vol.: 1111.63

ICSD: 28003

Atom		Wcf	x	y	z	Occ
Be1	Be^{2+}	18f	0.19397(14)	0.98412(14)	0.41547(18)	1.0
Be2	Be^{2+}	18f	0.19386(14)	0.98234(14)	0.08454(18)	1.0
Si1	Si^{4+}	18f	0.19559(3)	0.98402(3)	0.74993(4)	1.0
O1	O^{2-}	18f	0.20959(8)	0.12116(8)	0.75021(10)	1.0
O2	O^{2-}	18f	0.33350(8)	0.00030(8)	0.74991(10)	1.0
O3	O^{2-}	18f	0.12230(8)	0.91239(8)	0.91484(10)	1.0
O4	O^{2-}	18f	0.12224(8)	0.91326(8)	0.58506(10)	1.0

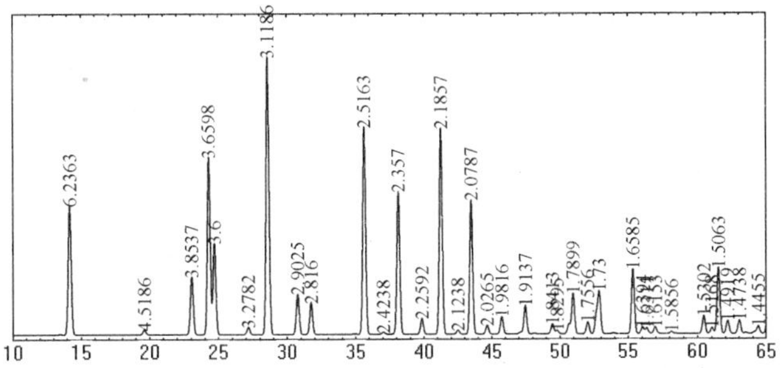

PDF: 09-0431		
d	I/I_0	hkl
6.2400	40	110
4.5200	4	021
3.8600	25	012
3.6600	80	211
3.6010	30	300
3.2790	4	202
3.1190	100	220
2.9030	18	122
2.8170	14	131
2.5180	75	113
2.3580	70	410
2.2620	6	042
2.1870	60	303
2.0790	50	330
2.0260	4	104
1.9820	10	241
1.9140	10	502
1.8420	4	214
1.8290	4	422

9-002　硅锌矿(Willemite)

Zn_2SiO_4, 222.84

Sys.: Trigonal　S.G.: $R\overline{3}$(148)　Z: 18

a: 13.9381　c: 9.31　Vol.: 1566.35

ICSD: 2425

Atom		Wcf	x	y	z	Occ
Si1	Si^{4+}	18f	0.98393(8)	0.19557(8)	0.7494(1)	1.0
Zn1	Zn^{2+}	18f	0.98257(4)	0.19167(4)	0.41535(5)	1.0
Zn2	Zn^{2+}	18f	0.97694(4)	0.19197(4)	0.08140(5)	1.0
O1	O^{2-}	18f	0.1104(2)	0.2164(2)	0.7505(3)	1.0
O2	O^{2-}	18f	−0.0042(2)	0.3178(2)	0.7490(3)	1.0
O3	O^{2-}	18f	0.9164(2)	0.1256(2)	0.8926(3)	1.0
O4	O^{2-}	18f	0.9227(2)	0.1283(2)	0.6036(3)	1.0

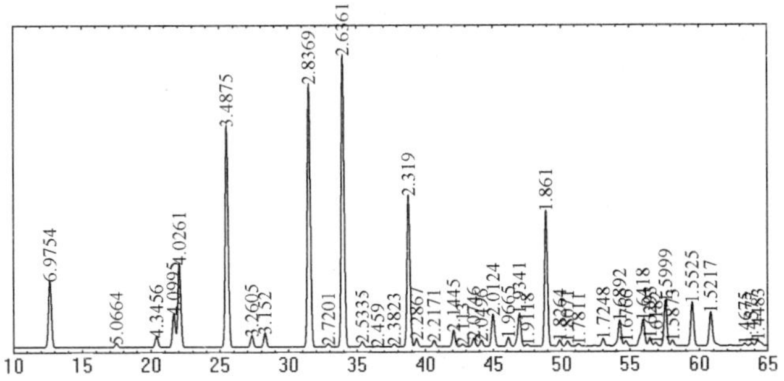

PDF: 37-1485		
d	I/I_0	hkl
7.3803	5	101
6.9734	14	110
5.0628	1	021
4.3425	3	012
4.0974	16	211
4.0240	33	300
3.6863	1	202
3.4847	72	220
3.2580	4	122
3.1510	6	131
2.8350	100	113
2.7179	1	312
2.6344	86	410
2.5325	2	042
2.3799	2	232
2.3174	50	223
2.2859	4	104
2.2159	2	241
2.1431	6	502

9-003a 锂霞石(Eucryptite)

$LiAlSiO_4$, 126.01	PDF:14-0667		
Sys.: Trigonal S.G.: $R\bar{3}$(148) Z:18	d	I/I_0	hkl
a:13.48 c:9.001 Vol.:1416.45	7.1300	1	101
ICSD:67237	6.7400	55	110
	4.8970	1	021
	4.1990	30	012
	3.9610	100	211
	3.8900	35	300
	3.5660	6	202
	3.3690	95	220
	3.1510	14	122
	3.0460	10	131
	2.7760	1	401
	2.7400	80	113
	2.5460	60	410
	2.4470	2	042
	2.3760	25	303
	2.3010	1	232
	2.2470	14	330
	2.2420	2	223
	2.2080	1	104
	2.1430	2	241

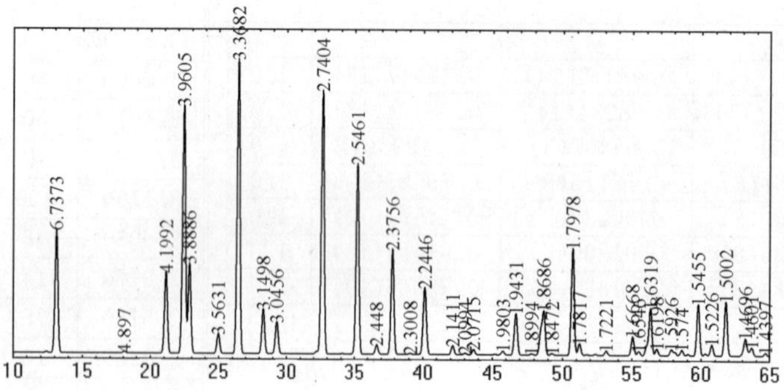

9-003b 锂霞石(Eucryptite)

$LiAlSiO_4$, 126.01

ICSD:67237(续)

Atom		Wcf	x	y	z	Occ
Li1	Li^+	18f	0.2073	0.1875	0.2487	1.0
Al1	Al^{3+}	18f	0.2086	0.1976	0.5827	0.5
Si1	Si^{4+}	18f	0.2086	0.1976	0.5827	0.5
Al2	Al^{3+}	18f	0.214	0.1969	0.9172	0.5
Si2	Si^{4+}	18f	0.214	0.1969	0.9172	0.5
O1	O^{2-}	18f	0.341	0.3436	0.2504	1.0
O2	O^{2-}	18f	0.2161	0.1156	0.0585	1.0
O3	O^{2-}	18f	0.2128	0.12	0.4393	1.0
O4	O^{2-}	18f	0.2002	0.1343	0.7489	1.0

PDF:14-0667(续)

d	I/I_0	hkl
2.1000	1	024
2.0720	2	502
2.0040	1	214
1.9800	1	422
1.9430	10	413
1.9000	1	152
1.8770	6	431
1.8690	10	520
1.8480	1	134
1.7970	25	333
1.7820	2	404
1.7650	1	342
1.7450	1	161
1.7220	1	324
1.6670	4	125
1.6390	2	701
1.6320	8	603
1.6200	2	054
1.5930	2	621

9-004 锂铍石(Liberite)

Li_2BeSiO_4，114.98

Sys.:Monoclinic　S.G.:*Pn*(7)　*Z*:2

a:4.698　*b*:4.942　*c*:6.104　*β*:90　Vol.:141.72

ICSD:34055

Atom		Wcf	*x*	*y*	*z*	Occ
Si1	Si^{4+}	2*a*	0	0.17	0	1.0
Be1	Be^{2+}	2*a*	0.52	0.33	0.245	1.0
Li1	Li^{+}	2*a*	0	0.162	0.56	1.0
Li2	Li^{+}	2*a*	0.5	0.325	0.735	1.0
O1	O^{2-}	2*a*	0.355	0.16	0.05	1.0
O2	O^{2-}	2*a*	0.42	0.15	0.455	1.0
O3	O^{2-}	2*a*	0.42	0.65	0.235	1.0
O4	O^{2-}	2*a*	0.845	0.345	0.205	1.0

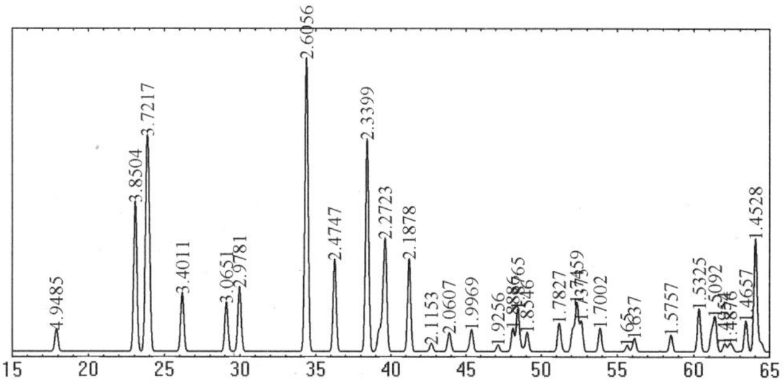

PDF:29-0799

d	*I*/I_0	*hkl*
4.9400	10	010
3.8400	100	011
3.7200	100	$\bar{1}01$
3.4100	40	110
3.0500	20	002
2.9760	40	$\bar{1}11$
2.5960	80	012
2.4710	60	020
2.3490	80	200
2.2730	60	$\bar{1}12$
2.1860	20	120
2.0580	10	$\bar{1}21$
2.0030	10	$\bar{2}11$
1.9190	10	022
1.8780	10	013

9-005a 三斜石(Trimerite)

$CaMn_2(BeSiO_4)_3$，453.24

Sys.:Monoclinic　S.G.:$P2_1/a$(14)　*Z*:4

a:16.14　*b*:7.62　*c*:27.92　*β*:90　Vol.:3433.79

ICSD:100082

Atom		Wcf	*x*	*y*	*z*	Occ
Si1	Si^{4+}	4*e*	0.0803(1)	0.7718(1)	0.2335(1)	1.0
Si2	Si^{4+}	4*e*	0.8901(1)	0.2728(1)	0.0767(1)	1.0
Si3	Si^{4+}	4*e*	0.5600(1)	0.7704(1)	0.0931(2)	1.0
Be1	Be^{2+}	4*e*	0.0805(6)	0.1626(7)	0.2360(3)	1.0
Be2	Be^{2+}	4*e*	0.8974(6)	0.6615(7)	0.0790(3)	1.0

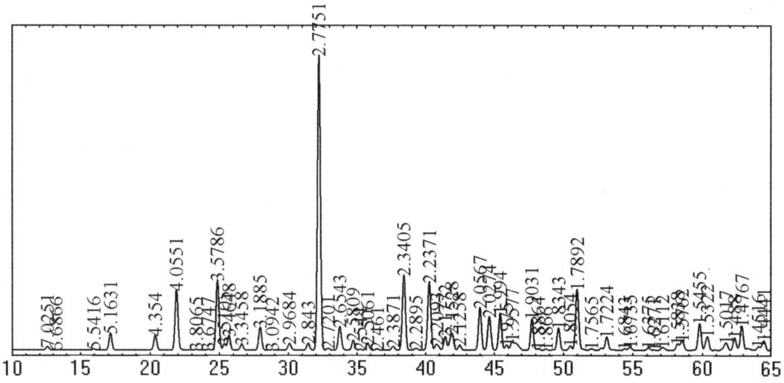

PDF:17-0477

d	*I*/I_0	*hkl*
5.1500	8	$\bar{2}12$
4.3400	12	$\bar{2}14$
4.0400	16	400
3.8100	6	020
3.5600	40	$\bar{2}16$
3.4500	6	$\bar{1}17$
3.1700	14	018
2.9530	2	$\bar{2}18$
2.7640	100	$\bar{2}26$
2.6440	16	$\bar{6}02$
2.5730	2	028
2.4970	2	$\bar{6}12$
2.3320	30	$\bar{6}06$
2.2290	35	036
2.1710	14	$\bar{6}22$
2.1450	10	$\bar{2}1\,\underline{12}$
2.0530	25	$\bar{7}15$
2.0220	16	800
1.9890	16	$\bar{2}38$
1.8970	18	$\bar{7}24$

9-005b 三斜石(Trimerite)

$CaMn_2(BeSiO_4)_3$，453.24

ICSD:100082(续)

Atom		Wcf	*x*	*y*	*z*	Occ
Be3	Be^{2+}	4*e*	0.5633(6)	0.1635(7)	0.0917(3)	1.0
Mn1	Mn^{2+}	4*e*	0.2384(1)	0.0383(1)	0.0726(1)	1.0
Mn2	Mn^{2+}	4*e*	0.2592(1)	0.4633(1)	0.0899(1)	1.0
Ca1	Ca^{2+}	4*e*	0.7504(1)	0.0018(1)	0.2492(1)	1.0
O1	O^{2-}	4*e*	0.5766(3)	0.2586(4)	0.1939(2)	1.0
O2	O^{2-}	4*e*	0.9212(3)	0.2607(4)	0.1909(2)	1.0
O3	O^{2-}	4*e*	0.7475(3)	0.7585(4)	0.1354(2)	1.0
O4	O^{2-}	4*e*	0.2522(3)	0.2531(4)	0.2030(2)	1.0
O5	O^{2-}	4*e*	0.0651(3)	0.2382(4)	0.0222(2)	1.0
O6	O^{2-}	4*e*	0.4303(3)	0.2616(4)	0.0216(2)	1.0
O7	O^{2-}	4*e*	0.0592(3)	0.6312(4)	0.1476(2)	1.0
O8	O^{2-}	4*e*	0.7477(3)	0.1342(4)	0.0451(2)	1.0
O9	O^{2-}	4*e*	0.4423(3)	0.6322(4)	0.1493(2)	1.0
O10	O^{2-}	4*e*	0.0776(3)	0.9678(4)	0.1846(2)	1.0
O11	O^{2-}	4*e*	0.8214(3)	0.4697(4)	0.0513(2)	1.0
O12	O^{2-}	4*e*	0.4866(3)	0.9677(4)	0.1137(2)	1.0

PDF:17-0477(续)

d	I/I_0	*hkl*
1.8290	12	$\bar{2}3\underline{10}$
1.7840	25	$\bar{1}3\underline{11}$
1.7170	8	728
1.5760	6	$\underline{\overline{10}}11$
1.5420	14	—
1.5280	8	—
1.4990	6	—
1.4840	8	—
1.4730	14	—
1.4200	30	—
1.3490	18	—
1.3180	6	—
1.3110	6	—
1.1430	2	—
1.1170	12	—
1.0870	2	—
1.0770	10	—
1.0490	2	—

9-006a 硅铅锌矿(Larsenite)

$PbZnSiO_4$，364.66

Sys.:Orthorhombic S.G.:*Pnam*(62) *Z*:8

a:8.24 *b*:19 *c*:5.05 Vol.:790.63

ICSD:26840

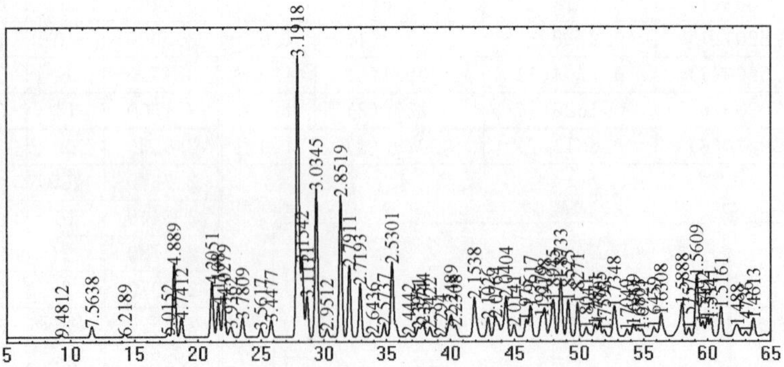

PDF:20-0607

d	I/I_0	*hkl*
7.5900	10	110
6.2300	6	120
4.8800	80	011
4.7500	20	040
4.1900	60	111
4.1100	50	140
4.0300	50	210
3.9700	2	031
3.9300	10	121
3.7800	30	220
3.5600	16	131
3.4500	20	150
3.1900	100	141
3.1500	10	211
3.1100	16	240
3.0400	80	051
2.9550	6	160
2.8540	90	231
2.7930	30	250
2.7200	30	310

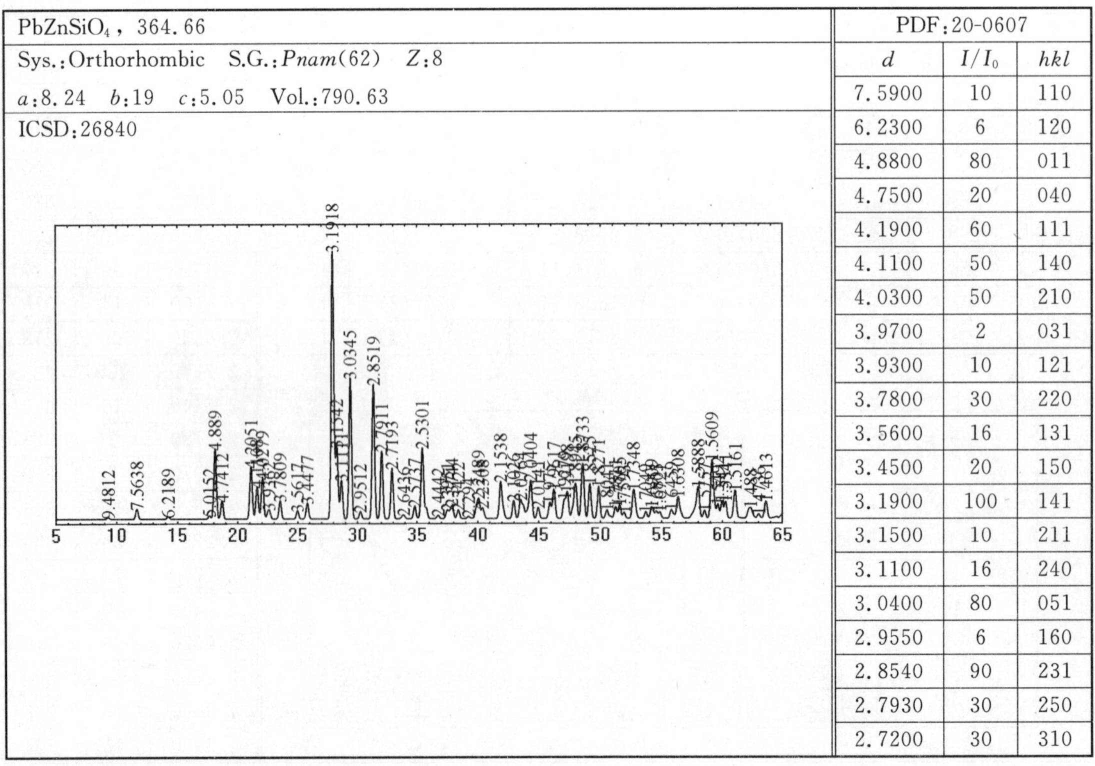

9-006b 硅铅锌矿(Larsenite)

$PbZnSiO_4$，364.66						
ICSD:26840(续)						
Atom		Wcf	*x*	*y*	*z*	Occ
Pb1	Pb^{2+}	4*a*	0.0373(1)	0.2702(1)	0.25	1.0
Pb2	Pb^{2+}	4*a*	0.1476(1)	0.0588(1)	0.2780(4)	1.0
Zn1	Zn^{2+}	4*a*	0.8220(4)	0.1560(2)	0.7170(9)	1.0
Zn2	Zn^{2+}	4*a*	0.5017(4)	0.0579(2)	0.7220(9)	1.0
Si1	Si^{4+}	4*a*	0.2008(8)	0.1781(4)	0.726(2)	1.0
Si2	Si^{4+}	4*a*	0.7312(8)	0.0739(4)	0.215(2)	1.0
O1	O^{2-}	4*a*	0.220(3)	0.257(1)	0.593(6)	1.0
O2	O^{2-}	4*a*	0.351(2)	0.130(1)	0.646(5)	1.0
O3	O^{2-}	4*a*	0.037(2)	0.147(1)	0.584(5)	1.0
O4	O^{2-}	4*a*	0.173(3)	0.183(1)	0.042(5)	1.0
O5	O^{2-}	4*a*	0.748(3)	0.152(1)	0.081(5)	1.0
O6	O^{2-}	4*a*	0.572(2)	0.034(1)	0.081(5)	1.0
O7	O^{2-}	4*a*	0.886(3)	0.024(1)	0.144(5)	1.0
O8	O^{2-}	4*a*	0.703(3)	0.079(1)	0.532(5)	1.0

PDF:20-0607(续)		
d	I/I_0	*hkl*
2.6510	4	241
2.5760	8	170
2.5250	25	002
2.4420	2	022
2.3950	4	112
2.3760	6	080
2.3410	4	122
2.2950	2	171
2.2490	8	261
2.2300	8	042
2.1500	10	341
2.1000	6	222
2.0800	6	181
2.0750	6	360
2.0680	8	271
2.0640	8	—
2.0570	6	280
2.0530	8	—
2.0440	6	190
2.0390	10	232

9-007 橄榄石(Olivine)

$Mg_{1.41}Fe_{0.59}(SiO_4)$，159.3						
Sys.:Orthorhombic　S.G.:*Pmnb*(62)　*Z*:4						
a:4.8024　*b*:10.3608　*c*:6.0645　Vol.:301.75						
ICSD:91911						
Atom		Wcf	*x*	*y*	*z*	Occ
Si1	Si^{4+}	4*c*	0.4253(8)	0.0977(4)	0.25	1.0
O1	O^{2-}	4*c*	0.7683(9)	0.0915(4)	0.25	1.0
O2	O^{2-}	4*c*	0.2172(8)	0.4510(3)	0.25	1.0
O3	O^{2-}	8*d*	0.2826(5)	0.1641(3)	0.0348(4)	1.0
Fe1	Fe^{2+}	4*a*	0	0	0	0.537(17)
Mg1	Mg^{2+}	4*a*	0	0	0	0.463(17)
Fe2	Fe^{2+}	4*c*	0.9919(8)	0.2787(3)	0.25	0.463(17)
Mg2	Mg^{2+}	4*c*	0.9919(8)	0.2787(3)	0.25	0.537(17)

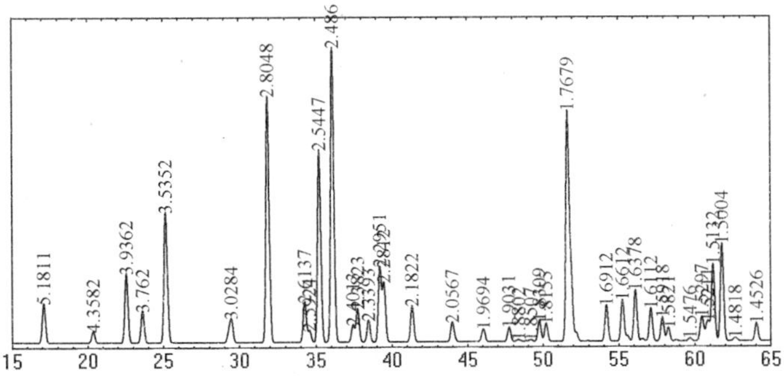

PDF:79-1205		
d	I/I_0	*hkl*
5.1804	214	020
4.3571	2	110
3.9389	431	021
3.7649	156	101
3.5385	293	111
3.0456	57	121
3.0323	132	002
2.8039	755	130
2.6169	80	022
2.5902	20	040
2.5450	724	131
2.4889	999	112
2.4012	42	200
2.3820	118	041
2.3392	85	210
2.2979	263	122
2.2798	201	140
2.1825	134	211
2.1786	78	220
2.1340	1	141

9-008 铁橄榄石(Fayalite)

Fe_2SiO_4, 203.78

Sys.: Orthorhombic S.G.: *Pmnb*(62) *Z*: 4

a: 6.0902 *b*: 10.4805 *c*: 4.8215 Vol.: 307.75

ICSD: 54029

Atom		Wcf	*x*	*y*	*z*	Occ
Fe1	Fe^{2+}	4*a*	0	0	0	1.0
Fe2	Fe^{2+}	4*c*	0.9860(2)	0.2802(1)	0.25	1.0
Si1	Si^{4+}	4*c*	0.4301(4)	0.0974(2)	0.25	1.0
O1	O^{2-}	4*c*	0.7679(10)	0.0916(5)	0.25	1.0
O2	O^{2-}	4*c*	0.2104(10)	0.4541(4)	0.25	1.0
O3	O^{2-}	8*d*	0.2881(1)	0.1649(3)	0.0380(6)	1.0

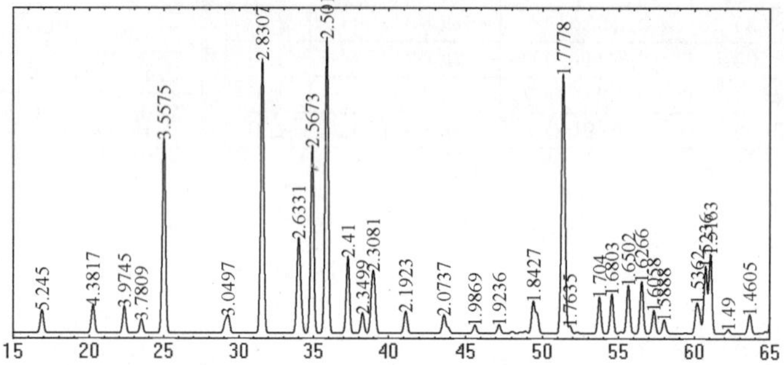

PDF: 34-0178		
d	I/I_0	*hkl*
5.2420	6	020
4.3800	9	011
3.9740	11	120
3.7830	7	101
3.5560	55	111
3.0640	6	121
3.0460	7	200
2.8290	86	031
2.6330	32	220
2.6190	23	040
2.5650	45	131
2.5000	100	211
2.4070	25	140
2.3510	10	012
2.3110	23	221
2.3030	21	041
2.1927	9	112
2.1532	7	141
2.0723	8	231
1.9855	5	240

9-009 镁橄榄石(Forsterite)

Mg_2SiO_4, 140.69

Sys.: Orthorhombic S.G.: *Pmnb*(62) *Z*: 4

a: 4.758 *b*: 10.207 *c*: 5.988 Vol.: 290.81

ICSD: 68756

Atom		Wcf	*x*	*y*	*z*	Occ
Mg1	Mg^{2+}	4*a*	0	0	0	1.0
Si1	Si^{4+}	4*c*	0.4263	0.0942	0.25	1.0
Mg2	Mg^{2+}	4*c*	0.9897	0.2776	0.25	1.0
O1	O^{2-}	4*c*	0.7658	0.0916	0.25	1.0
O2	O^{2-}	4*c*	0.2783	−0.0528	0.25	1.0
O3	O^{2-}	8*d*	0.2773	0.163	0.0329	1.0

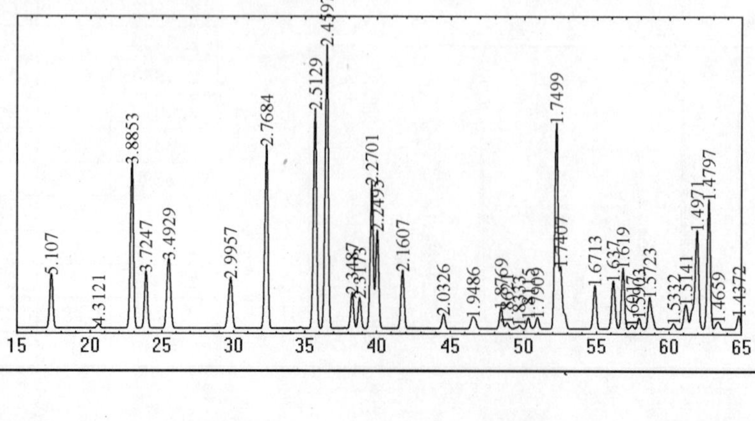

PDF: 07-0074		
d	I/I_0	*hkl*
5.1000	50	020
4.3000	10	110
3.8830	70	021
3.7230	10	101
3.4960	10	111
3.4780	20	120
3.0070	10	121
2.9920	10	002
2.7680	60	130
2.5120	70	131
2.4580	100	112
2.3830	5	200
2.3470	20	041
2.3160	10	210
2.2690	40	122
2.2500	30	140
2.1610	10	211
2.0320	5	132
1.8760	20	150
1.7850	5	151

9-010 镍橄榄石(Liebenbergite)

Ni_2SiO_4，209.48

Sys.:Orthorhombic　S.G.:*Pmnb*(62)　*Z*:4

a:4.725　*b*:10.118　*c*:5.908　Vol.:282.45

ICSD:100642

Atom		Wcf	*x*	*y*	*z*	Occ
Ni1	Ni^{2+}	4*a*	0	0	0	1.0
Ni2	Ni^{2+}	4*c*	0.9924(2)	0.2738(1)	0.25	1.0
Si1	Si^{4+}	4*c*	0.4276(4)	0.0944(2)	0.25	1.0
O1	O^{2-}	4*c*	0.7703(9)	0.0935(6)	0.25	1.0
O2	O^{2-}	4*c*	0.2197(11)	0.4455(6)	0.25	1.0
O3	O^{2-}	8*d*	0.2754(8)	0.1633(4)	0.031(1)	1.0

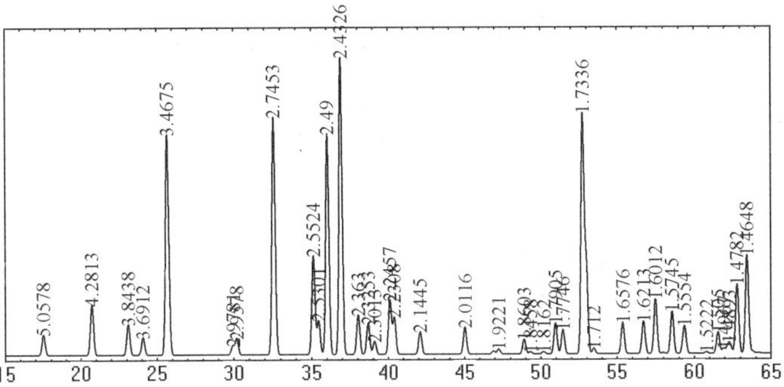

PDF:15-0388		
d	I/I_0	*hkl*
5.0580	12	020
4.2810	25	110
3.8450	16	021
3.6900	8	101
3.4690	90	111
3.4500	2	120
2.9830	4	121
2.9540	8	002
2.7440	85	130
2.5510	40	022
2.5280	12	040
2.4880	80	131
2.4300	100	112
2.3620	16	200
2.3240	10	041
2.3020	8	210
2.2440	16	122
2.2280	14	140
2.1420	8	220
2.0110	10	132

9-011 锰橄榄石(Tephroite)

Mn_2SiO_4，201.96

Sys.:Orthorhombic　S.G.:*Pmnb*(62)　*Z*:4

a:6.2585　*b*:10.6039　*c*:4.903　Vol.:325.39

ICSD:26376

Atom		Wcf	*x*	*y*	*z*	Occ
Mn1	Mn^{2+}	4*a*	0	0	0	1.0
Mn2	Mn^{2+}	4*c*	0.98792(6)	0.28041(3)	0.25	1.0
Si1	Si^{4+}	4*c*	0.42755(11)	0.09643(5)	0.25	1.0
O1	O^{2-}	4*c*	0.75776(26)	0.09363(14)	0.25	1.0
O2	O^{2-}	4*c*	0.21088(28)	0.45369(13)	0.25	1.0
O3	O^{2-}	8*d*	0.28706(19)	0.16384(9)	0.04140(16)	1.0

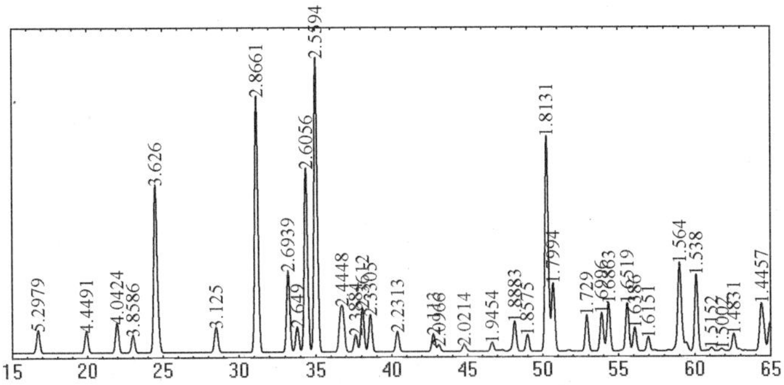

PDF:35-0748		
d	I/I_0	*hkl*
5.3050	9	020
4.4527	8	011
4.0468	12	120
3.8604	9	101
3.6271	50	111
3.5995	10	021
3.1298	12	200
2.8668	92	031
2.6946	30	220
2.6510	11	040
2.6066	69	131
2.5597	100	211
2.4516	19	002
2.4410	17	140
2.3890	8	012
2.3622	17	221
2.3321	16	041
2.2314	10	112
2.1138	8	231
2.0962	4	122

9-012 钙镁橄榄石(Monticellite)

$CaMgSiO_4$，156.47

Sys.: Orthorhombic S.G.: *Pmnb*(62) *Z*: 4

a: 6.3666 *b*: 11.0741 *c*: 4.8224 Vol.: 340

ICSD: 15828

Atom		Wcf	*x*	*y*	*z*	Occ
Mg1	Mg^{2+}	4*a*	0	0	0	1.0
Ca1	Ca^{2+}	4*c*	0.9767	0.2768	0.25	1.0
Si1	Si^{4+}	4*c*	0.4101	0.0812	0.25	1.0
O1	O^{2-}	4*c*	0.7448	0.0775	0.25	1.0
O2	O^{2-}	4*c*	0.2464	0.4496	0.25	1.0
O3	O^{2-}	8*d*	0.2734	0.1465	0.0476	1.0

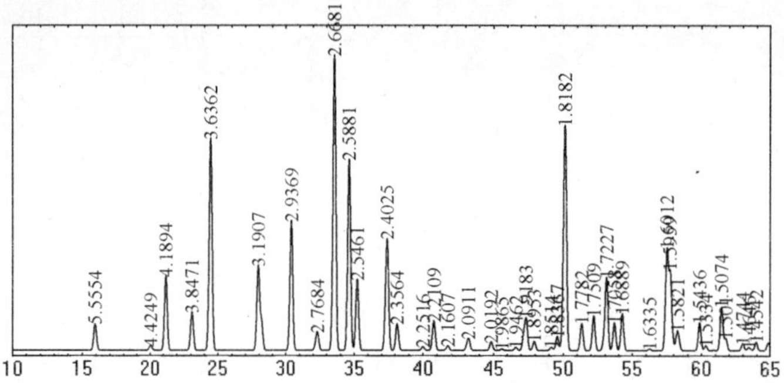

PDF: 35-0590		
d	I/I_0	*hkl*
5.5383	8	020
4.4246	3	011
4.1826	25	120
3.8451	13	101
3.6342	51	021
3.6342	51	111
3.1846	26	200
3.1588	10	121
2.9318	44	031
2.7683	6	040
2.7609	6	220
2.6636	100	131
2.5843	59	211
2.5405	21	140
2.3965	29	221
2.3571	9	012
2.2471	1	141
2.2100	10	022
2.2100	10	112
2.1557	1	231

9-013 钙铁橄榄石(Kirschsteinite)

$CaFeSiO_4$，188.01

Sys.: Orthorhombic S.G.: *Pmnb*(62) *Z*: 4

a: 6.4413 *b*: 11.1586 *c*: 4.8753 Vol.: 350.42

ICSD: 83825

Atom		Wcf	*x*	*y*	*z*	Occ
Fe1	Fe^{2+}	4*a*	0	0	0	0.69
Mg1	Mg^{2+}	4*a*	0	0	0	0.31
Ca1	Ca^{2+}	4*c*	0.98042(5)	0.27722(2)	0.25	1.0
Si1	Si^{4+}	4*c*	0.41545(7)	0.08422(3)	0.25	1.0
O1	O^{2-}	4*c*	0.7484(2)	0.0803(1)	0.25	1.0
O2	O^{2-}	4*c*	0.2355(2)	0.4514(1)	0.25	1.0
O3	O^{2-}	8*d*	0.2807(1)	0.1505(1)	0.0473(1)	1.0

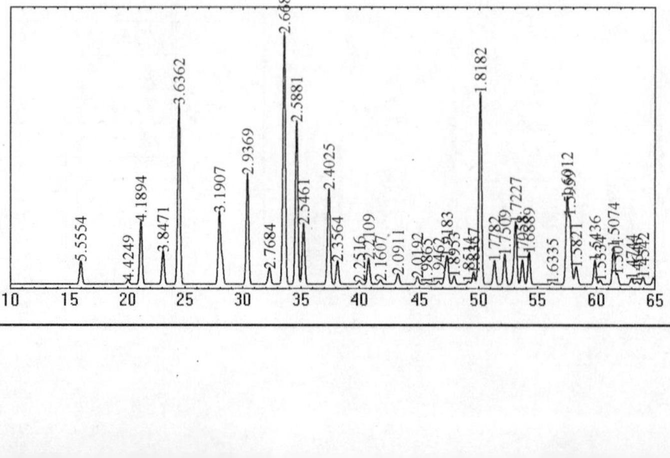

PDF: 34-0098		
d	I/I_0	*hkl*
5.5792	31	020
4.4658	13	011
4.2172	16	120
3.8864	11	101
3.6716	39	021
3.6716	39	111
3.2222	9	200
3.1901	8	121
2.9553	74	031
2.7894	34	040
2.7894	34	220
2.6873	67	131
2.6124	100	211
2.5604	16	140
2.4375	12	002
2.4208	27	041
2.4208	27	221
2.3809	7	012
2.2328	8	022
2.2328	8	112

9-014a 钙锰橄榄石(Glaucochroite)

$(Ca_{0.98}Mn_{0.02})(Mn_{0.85}Mg_{0.10}Zn_{0.05})SiO_4$，184.86

Sys.:Orthorhombic　S.G.:*Pmnb*(62)　*Z*:4

a:4.913　*b*:11.151　*c*:6.488　Vol.:355.44

ICSD:100650

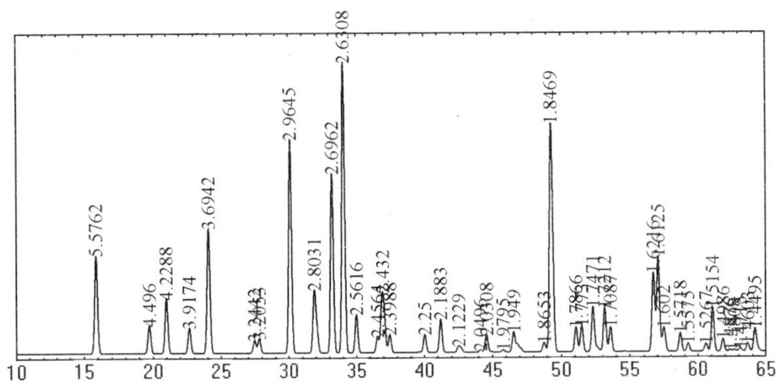

PDF:83-1745		
d	I/I_0	*hkl*
5.5755	453	020
4.4960	100	110
4.2286	239	021
3.9167	104	101
3.6954	369	111
3.6861	339	120
3.2440	55	002
3.2050	56	121
2.9642	730	130
2.8039	224	022
2.7878	92	040
2.6962	637	131
2.6307	999	112
2.5613	137	041
2.4565	71	200
2.4352	139	122
2.4246	119	140
2.3990	63	210
2.2712	4	141
2.2501	62	211

9-014b 钙锰橄榄石(Glaucochroite)

$(Ca_{0.98}Mn_{0.02})(Mn_{0.85}Mg_{0.10}Zn_{0.05})SiO_4$，184.86

ICSD:100650(续)

Atom		Wcf	*x*	*y*	*z*	Occ
Mn1	Mn^{2+}	4*a*	0	0	0	0.85
Mg1	Mg^{2+}	4*a*	0	0	0	0.1
Zn1	Zn^{2+}	4*a*	0	0	0	0.05
Ca1	Ca^{2+}	4*c*	0.9803(5)	0.2780(1)	0.25	0.98
Mn2	Mn^{2+}	4*c*	0.9803(5)	0.2780(1)	0.25	0.02
Si1	Si^{4+}	4*c*	0.4161(5)	0.0868(2)	0.25	1.0
O1	O^{2-}	4*c*	0.7466(14)	0.0843(5)	0.25	1.0
O2	O^{2-}	4*c*	0.2305(14)	0.4528(5)	0.25	1.0
O3	O^{2-}	8*d*	0.2818(9)	0.1527(3)	0.0493(6)	1.0

PDF:83-1745(续)		
d	I/I_0	*hkl*
2.2501	62	220
2.1883	103	132
2.1241	18	221
2.1143	14	042
2.0494	9	230
2.0308	55	150
2.0163	3	023
1.9794	7	103
1.9489	64	113
1.9421	36	142
1.9381	26	151
1.9289	13	212
1.8653	34	123
1.8585	24	060
1.8477	580	222
1.8431	528	240
1.7866	75	061
1.7729	79	241
1.7471	131	133
1.7383	19	160

9-015 尖晶橄榄石(Ringwoodite)

$(Mg,Fe)_2SiO_4$, 140.69

Sys.: Cubic S.G.: $Fd\bar{3}m$(227) Z: 8

a: 8.113 Vol.: 534

ICSD: 27531

Atom		Wcf	x	y	z	Occ
Si1	Si^{4+}	8a	0.125	0.125	0.125	1.0
Mg1	Mg^{2+}	16d	0.5	0.5	0.5	1.0
O1	O^{2-}	32e	0.2416	0.2416	0.2416	1.0

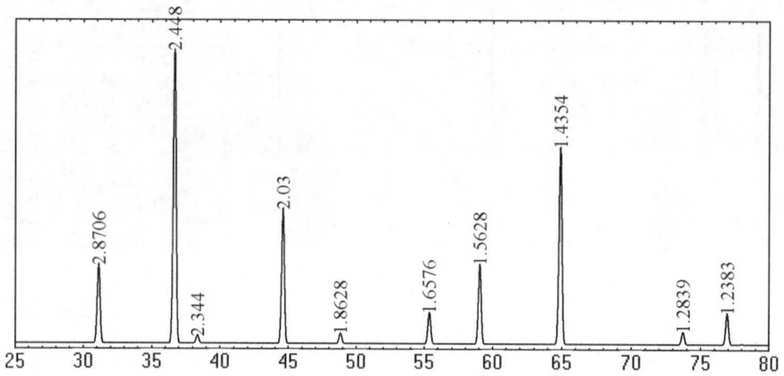

PDF: 21-1258

d	I/I_0	hkl
2.8720	20	220
2.4470	100	311
2.0280	40	400
1.6560	5	422
1.5600	20	511
1.4340	60	440
1.2370	5	533
1.1720	5	444
1.0560	10	731
1.0140	5	800
0.9350	5	751
0.9070	5	840
0.8500	5	931
0.8280	10	844

9-016 镁铝榴石(Pyrope)

$Mg_3Al_2(SiO_4)_3$, 403.13

Sys.: Cubic S.G.: $Ia\bar{3}d$(230) Z: 8

a: 11.4582 Vol.: 1504.35

ICSD: 50617

Atom		Wcf	x	y	z	Occ
Mg1	Mg^{2+}	24c	0	0.25	0.125	1.0
Al1	Al^{3+}	16a	0	0	0	1.0
Si1	Si^{4+}	24d	0	0.25	0.375	1.0
O1	O^{2-}	96h	0.03301(3)	0.05024(3)	0.65329(3)	1.0

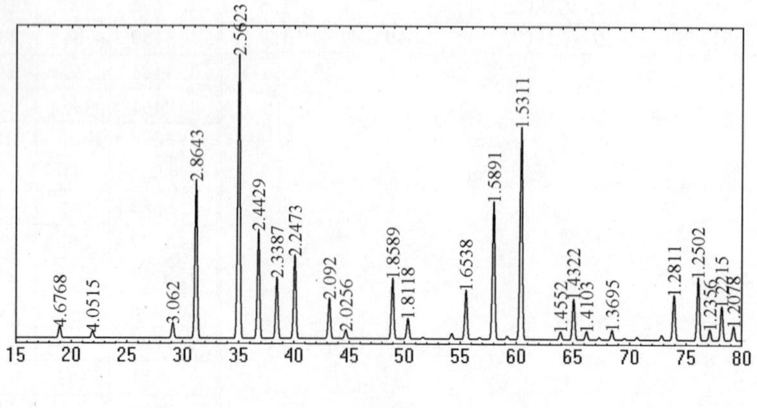

PDF: 81-1826

d	I/I_0	hkl
4.6778	78	211
4.0511	18	220
3.0623	64	321
2.8646	561	400
2.5621	999	420
2.4429	343	332
2.3389	228	422
2.2471	244	431
2.0920	110	521
2.0255	26	440
1.8588	173	611
1.8117	62	620
1.7680	4	541
1.6894	18	631
1.6539	135	444
1.6204	5	543
1.5890	373	640
1.5593	10	552
1.5312	573	642
1.4552	23	732

9-017 铁铝榴石(Almandine)

$Fe_3Al_2(SiO_4)_3$, 497.75

Sys.:Cubic S.G.:$Ia\bar{3}d$(230) Z:8

a:11.546 Vol.:1539.2

ICSD:80674

Atom		Wcf	x	y	z	Occ
O1	O^{2-}	96h	0.03406(4)	0.04870(4)	0.65280(4)	1.0
Fe1	Fe^{2+}	24c	0	0.25	0.125	1.0
Al1	Al^{3+}	16a	0	0	0	1.0
Si1	Si^{4+}	24d	0.375	0	0.25	1.0

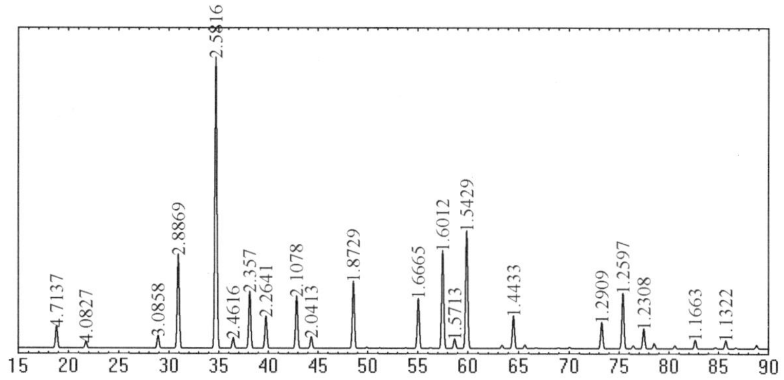

PDF:85-2499

d	I/I_0	hkl
4.7136	73	211
4.0821	31	220
3.0858	41	321
2.8865	325	400
2.5818	999	420
2.4616	37	332
2.3568	201	422
2.2644	95	431
2.1080	144	521
2.0411	35	440
1.8730	186	611
1.8256	5	620
1.7816	1	541
1.7024	3	631
1.6665	135	444
1.6329	3	543
1.6011	254	640
1.5712	24	721
1.5429	311	642
1.4663	9	732

9-018 锰铝榴石(Spessartine)

$(Mn,Ca)_3(Al,V)_2Si_3O_{12}$, 495.03

Sys.:Cubic S.G.:$Ia\bar{3}d$(230) Z:8

a:11.69 Vol.:1597.51

ICSD:94597

Atom		Wcf	x	y	z	Occ
O1	O^{2-}	96h	0.0351	0.0473	0.6524	1.0
Mn1	Mn^{2+}	24c	0	0.250	0.125	1.0
Al1	Al^{3+}	16a	0	0	0	1.0
Si1	Si^{4+}	24d	0.375	0	0.250	1.0

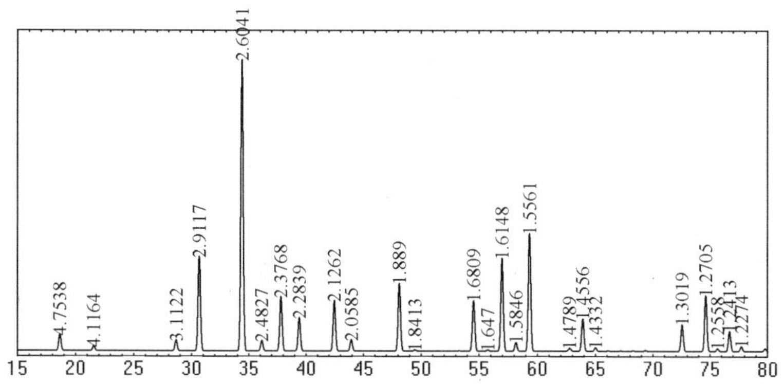

PDF:47-1815

d	I/I_0	hkl
4.7870	5	211
3.1230	5	321
2.9270	45	400
2.6170	100	420
2.4970	5	332
2.3860	20	422
2.2920	10	431
2.1340	15	521
2.0630	2	440
1.8960	20	611
1.6870	10	444
1.6210	20	640
1.5610	25	642
1.4600	7	800

9-019 钙铁榴石(Andradite)

$Ca_3Fe_2(SiO_4)_3$，508.18

Sys.:Cubic S.G.:$Ia\bar{3}d$(230) Z:8

a:12.059 Vol.:1753.61

ICSD:34845

Atom		Wcf	x	y	z	Occ
O1	O^{2-}	96h	0.03986(15)	0.04885(13)	0.65555(15)	1.0
Ca1	Ca^{2+}	24c	0.125	0	0.25	1.0
Fe1	Fe^{3+}	16a	0	0	0	1.0
Si1	Si^{4+}	24d	0.375	0	0.25	1.0

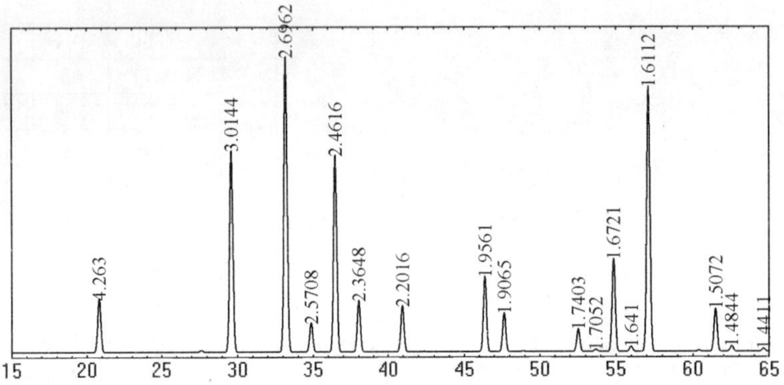

PDF:10-0288

d	I/I_0	hkl
4.2630	14	220
3.0150	60	400
2.6960	100	420
2.5710	14	332
2.4620	45	422
2.3650	18	431
2.2020	18	521
1.9564	25	611
1.9068	12	620
1.7406	10	444
1.6728	25	640
1.6412	4	721
1.6112	60	642
1.5073	14	800
1.4213	4	660
1.3483	14	840
1.3157	20	842
1.2856	14	664
1.2309	4	844
1.2182	6	941

9-020 钙铝榴石(Grossular)

$Ca_3Al_2(SiO_4)_3$，450.45

Sys.:Cubic S.G.:$Ia\bar{3}d$(230) Z:8

a:11.8493 Vol.:1663.71

ICSD:66253

Atom		Wcf	x	y	z	Occ
Ca1	Ca^{2+}	24c	0.125	0	0.25	0.956
Fe1	Fe^{2+}	24c	0.125	0	0.25	0.044
Al1	Al^{3+}	16a	0	0	0	0.945
Fe2	Fe^{3+}	16a	0	0	0	0.055
Si1	Si^{4+}	24d	0.375	0	0.25	1.0
O1	O^{2-}	96h	0.5381(1)	0.5450(1)	0.1516(1)	1.0

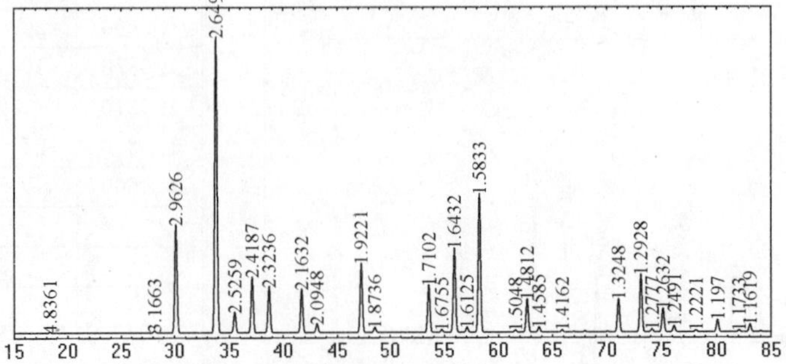

PDF:39-0368

d	I/I_0	hkl
4.8370	1	211
4.1890	1	220
3.1670	1	321
2.9620	35	400
2.6500	100	420
2.5260	7	332
2.4180	18	422
2.3230	16	431
2.1630	12	521
2.0940	3	440
1.9220	18	611
1.8740	2	620
1.7471	1	631
1.7099	12	444
1.6757	1	543
1.6432	18	640
1.6123	1	721
1.5834	30	642
1.5050	1	651
1.4810	6	800

9-021 钙铬榴石(Uvarovite)

$Ca_3Cr_2(SiO_4)_3$，500.48

Sys.:Cubic S.G.:$Ia\bar{3}d$(230) Z:8

a:11.999 Vol.:1727.57

ICSD:77430

Atom		Wcf	x	y	z	Occ
O1	O^{2-}	96h	0.03982	0.04664	0.65463	1.0
Ca1	Ca^{2+}	24c	0.125	0	0.25	1.0
Cr1	Cr^{3+}	16a	0	0	0	1.0
Si1	Si^{4+}	24d	0.375	0	0.25	1.0

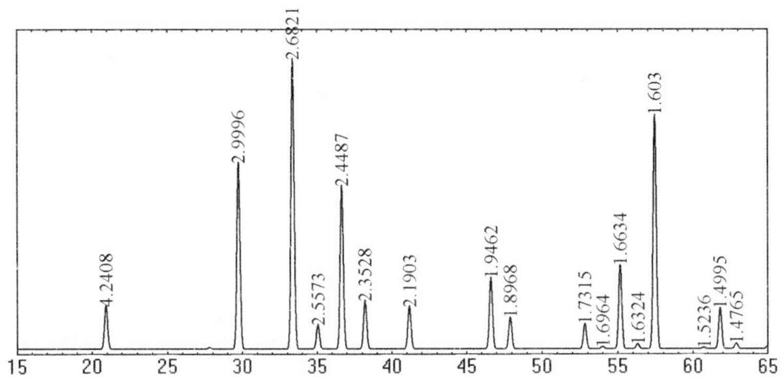

PDF:11-0696

d	I/I_0	hkl
4.2400	15	220
3.2050	6	321
2.9990	70	400
2.6840	100	420
2.5570	20	332
2.4490	55	422
2.3520	25	431
2.1910	15	521
1.9460	20	611
1.8960	10	620
1.8540	8	541
1.7320	8	444
1.6640	25	640
1.6030	60	642
1.5000	10	800
1.4770	6	741
1.4320	8	653
1.4140	6	660
1.3410	15	840
1.3090	15	842

9-022 钙钒榴石(Goldmanite)

$Ca_3(V,Fe,Al)_2(SiO_4)_3$，498.37

Sys.:Cubic S.G.:$Ia\bar{3}d$(230) Z:8

a:12.026 Vol.:1739.26

ICSD:34841

Atom		Wcf	x	y	z	Occ
O1	O^{2-}	96h	0.0385(2)	0.04742(20)	0.65387(18)	1.0
Ca1	Ca^{2+}	24c	0.125	0	0.25	1.0
V1	V^{3+}	16a	0	0	0	0.6
Al1	Al^{3+}	16a	0	0	0	0.24
Fe1	Fe^{3+}	16a	0	0	0	0.16
Si1	Si^{4+}	24d	0.375	0	0.25	1.0

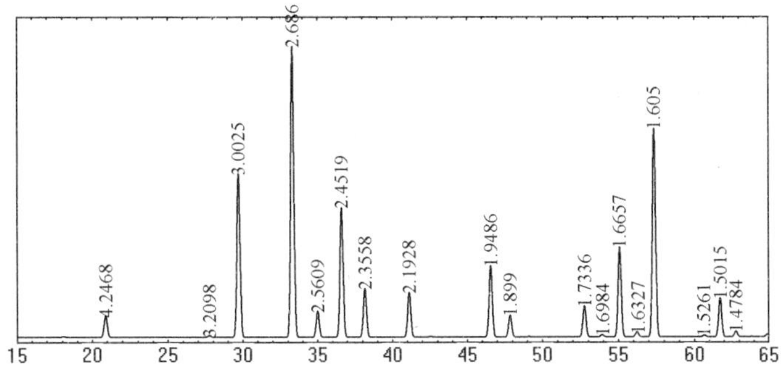

PDF:16-0714

d	I/I_0	hkl
4.2600	12	220
3.0100	65	400
2.6880	100	420
2.5650	10	332
2.4530	40	422
2.3570	16	431
2.1940	16	521
1.9510	20	611
1.9010	8	620
1.7350	8	444
1.6670	18	640
1.6070	50	642
1.5020	10	800
1.3450	10	840
1.3120	10	842
1.2820	4	664
1.1170	10	1040
1.0980	10	1042
1.0630	6	880
1.0020	4	1200

9-023a 水钙锰榴石(Henritermierite)

$Ca_3(Mn_{1.934}Al_{0.066})(SiO_4)_{2.044}((OH)_4)_{0.95}$, 481.12

Sys.: Tetragonal S.G.: $I4_1/acd$(142) Z: 8

a: 12.468 c: 11.894 Vol.: 1848.93

ICSD: 51249

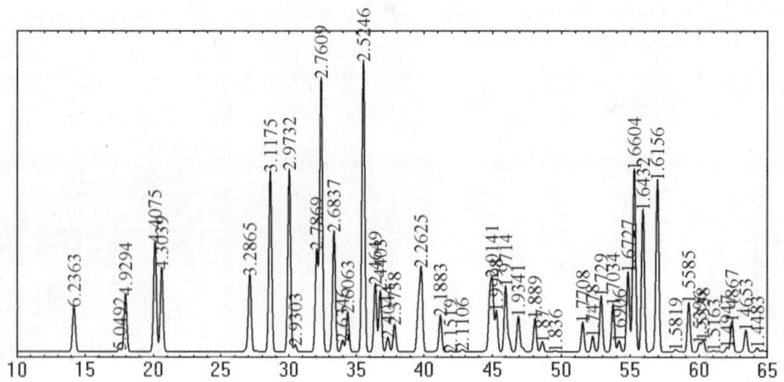

PDF: 70-2750

d	I/I_0	hkl
6.2340	247	200
5.0486	6	211
4.9302	236	112
4.4081	441	220
4.3031	304	202
3.3205	15	321
3.2861	249	312
3.2311	5	213
3.1170	628	400
2.9735	627	004
2.9307	32	411
2.7879	357	420
2.7608	893	402
2.6838	399	204
2.6346	33	332
2.6060	116	323
2.5243	999	422
2.4651	245	224
2.4405	180	431
2.4044	40	413

9-023b 水钙锰榴石(Henritermierite)

$Ca_3(Mn_{1.934}Al_{0.066})(SiO_4)_{2.044}((OH)_4)_{0.95}$, 481.12

ICSD: 51249(续)

Atom		Wcf	x	y	z	Occ
Mn1	Mn^{3+}	16c	0	0	0	0.967(2)
Al1	Al^{3+}	16c	0	0	0	0.033
Ca1	Ca^{2+}	16e	0.36177(2)	0	0.25	1.0
Ca2	Ca^{2+}	8b	0	0.25	0.125	1.0
Si1	Si^{4+}	16e	0.11595(3)	0	0.25	1.0
O1	O^{2-}	32g	0.29522(6)	0.71857(6)	0.09654(6)	1.0
O2	O^{2-}	32g	0.15985(6)	0.55463(5)	0.05400(6)	1.0
O3	O^{2-}	32g	0.4427(1)	0.3601(1)	0.0219(1)	0.954(5)
Si2	Si^{4+}	8a	0.5	0.25	0.125	0.044(4)
H1	H^+	32g	0.432(2)	0.350(2)	0.083(2)	0.95
O4	O^{2-}	32g	0.454(3)	0.347(3)	0.030(3)	0.044

PDF: 70-2750(续)

d	I/I_0	hkl
2.3740	77	314
2.2726	125	521
2.2615	236	512
2.2041	6	440
2.1880	100	215
2.1515	8	404
2.1108	8	433
2.0780	1	600
2.0338	7	424
2.0200	150	611
2.0121	198	532
1.9993	118	523
1.9714	192	620
1.9599	37	602
1.9599	37	325
1.9341	100	116
1.9216	15	541
1.8891	97	206
1.8891	97	514
1.8696	28	622

9-024 斜硅钙石(Larnite)

Ca_2SiO_4，172.24

Sys.:Monoclinic　S.G.:$P2_1/n$(14)　Z:4

a:5.507　b:6.754　c:9.317　β:94.62　Vol.:345.41

ICSD:963

Atom		Wcf	x	y	z	Occ
Ca1	Ca^{2+}	4e	0.2738(2)	0.3428(2)	0.5694(2)	1.0
Ca2	Ca^{2+}	4e	0.2798(2)	0.9976(2)	0.2981(2)	1.0
Si1	Si^{4+}	4e	0.2324(3)	0.7814(2)	0.5817(2)	1.0
O1	O^{2-}	4e	0.2864(10)	0.0135(8)	0.5599(6)	1.0
O2	O^{2-}	4e	0.0202(9)	0.7492(8)	0.6919(6)	1.0
O3	O^{2-}	4e	0.4859(9)	0.6682(8)	0.6381(5)	1.0
O4	O^{2-}	4e	0.1558(9)	0.6710(8)	0.4264(5)	1.0

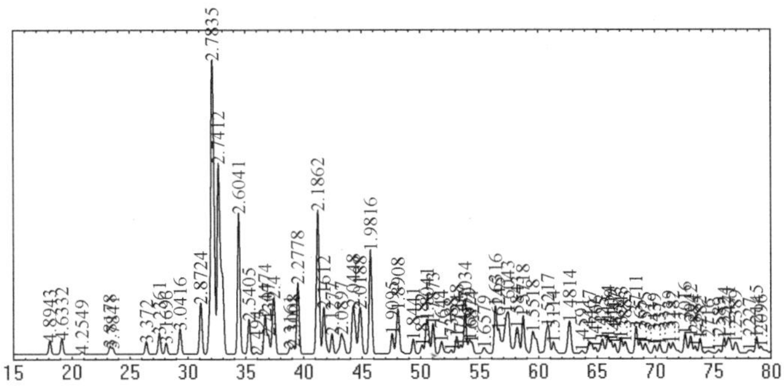

PDF:09-0351

d	I/I_0	hkl
4.9000	10	$\bar{1}01$
4.6450	14	002
3.9700	4	$\bar{1}11$
3.8270	8	012
3.7830	8	111
3.3770	12	020
3.2410	14	$\bar{1}12$
3.1750	12	021
3.0460	14	112
2.8760	35	120
2.8140	20	013
2.7950	100	$\bar{1}03$
2.7800	90	$\bar{1}21$
2.7440	95	200
2.7310	40	022
2.7160	40	121
2.6080	65	103
2.5430	14	210
2.4510	20	$\bar{2}02$
2.4330	8	113

9-025 锆石(Zircon)

$ZrSiO_4$，183.3

Sys.:Tetragonal　S.G.:$I4_1/amd$(141)　Z:4

a:6.604　c:5.979　Vol.:260.76

ICSD:100239

Atom		Wcf	x	y	z	Occ
Zr1	Zr^{4+}	4a	0	0.75	0.125	1.0
Si1	Si^{4+}	4b	0	0.25	0.375	1.0
O1	O^{2-}	16h	0	0.0660(4)	0.1951(4)	1.0

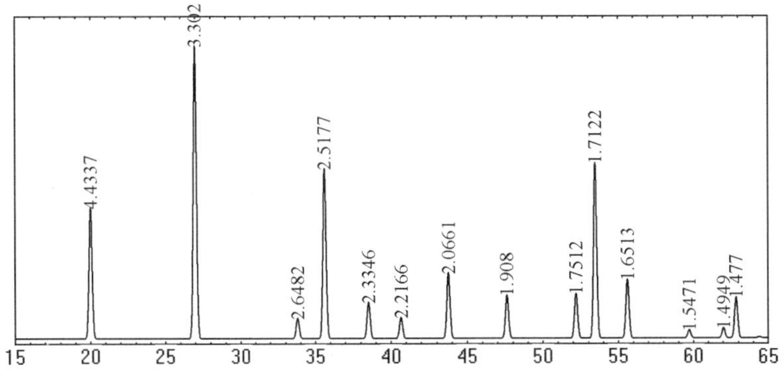

PDF:06-0266

d	I/I_0	hkl
4.4340	45	101
3.3020	100	200
2.6500	8	211
2.5180	45	112
2.3360	10	220
2.2170	8	202
2.0660	20	301
1.9080	14	103
1.7510	12	321
1.7120	40	312
1.6510	14	400
1.5470	4	411
1.4950	4	004
1.4770	8	420
1.3810	10	332
1.3620	8	204
1.2900	6	431
1.2590	8	224
1.2480	4	413
1.1883	12	512

9-026 钍石(Thorite)

$ThSiO_4$, 324.12

Sys.: Tetragonal S.G.: $I4_1/amd$(141) Z: 4

a: 7.132 c: 6.322 Vol.: 321.57

ICSD: 1615

Atom		Wcf	x	y	z	Occ
Th1	Th^{4+}	4a	0	0.75	0.125	1.0
Si1	Si^{4+}	4b	0	0.75	0.625	1.0
O1	O^{2-}	16h	0	0.0732(13)	0.2104(16)	1.0

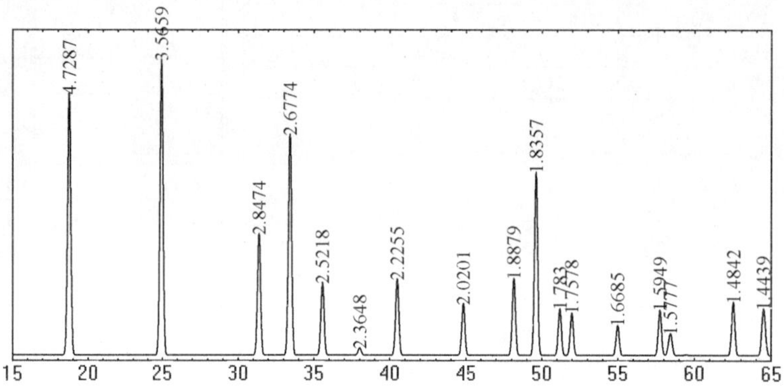

PDF: 11-0419

d	I/I_0	hkl
4.7200	85	101
3.5500	100	200
2.8420	45	211
2.6760	75	112
2.5160	30	220
2.3610	3	202
2.2220	30	301
2.0190	20	103
1.8850	30	321
1.8340	65	312
1.7820	20	400
1.7570	15	213
1.6670	10	411
1.5940	20	420
1.5780	9	303
1.4840	20	332
1.4440	15	204
1.3920	15	501
1.3380	15	413
1.2960	5	521

9-027 硅钍石(Huttonite)

$ThSiO_4$, 324.12

Sys.: Monoclinic S.G.: $P2_1/n$(14) Z: 4

a: 6.7759 b: 6.9648 c: 6.4982 β: 104.99 Vol.: 296.23

ICSD: 1614

Atom		Wcf	x	y	z	Occ
Th1	Th^{4+}	4e	0.2828(1)	0.1550(1)	0.0988(1)	1.0
Si1	Si^{4+}	4e	0.3020(6)	0.1616(7)	0.6117(7)	1.0
O1	O^{2-}	4e	0.3900(17)	0.3388(18)	0.4967(19)	1.0
O2	O^{2-}	4e	0.4803(18)	0.1060(16)	0.8234(18)	1.0
O3	O^{2-}	4e	0.1216(19)	0.2122(18)	0.7245(20)	1.0
O4	O^{2-}	4e	0.2451(19)	0.4976(19)	0.0626(20)	1.0

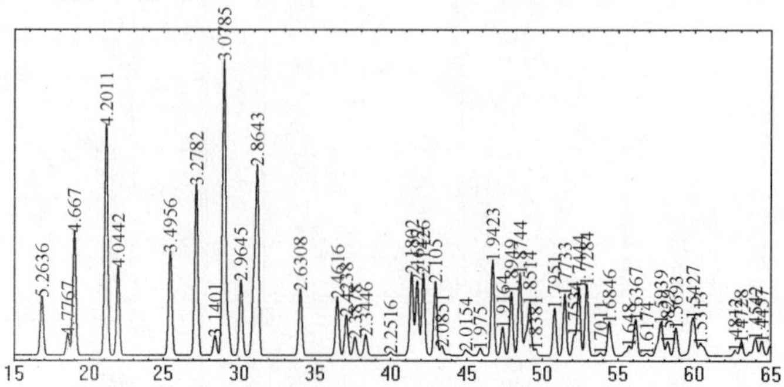

PDF: 34-0188

d	I/I_0	hkl
5.2600	19	$\bar{1}01$
4.7689	8	110
4.6630	42	011
4.1983	74	$\bar{1}11$
4.0392	31	101
3.4933	30	111
3.2726	60	200
3.1395	7	002
3.0743	100	120
3.0440	13	021
2.9618	26	210
2.8830	27	$\bar{1}12$
2.8622	61	012
2.6302	21	$\bar{2}02$
2.4614	18	$\bar{2}12$
2.4210	13	112
2.3835	7	$\bar{2}21$
2.3432	7	$\bar{1}22$
2.2493	1	$\bar{3}01$
2.1774	25	031

9-028a 蓝柱石(Euclase)

$BeAlSiO_4(OH)$, 145.08

Sys.: Monoclinic S.G.: $P2_1/a$(14) Z:4

a:4.7708 b:14.306 c:4.6221 β:100.31 Vol.:310.37

ICSD:202094

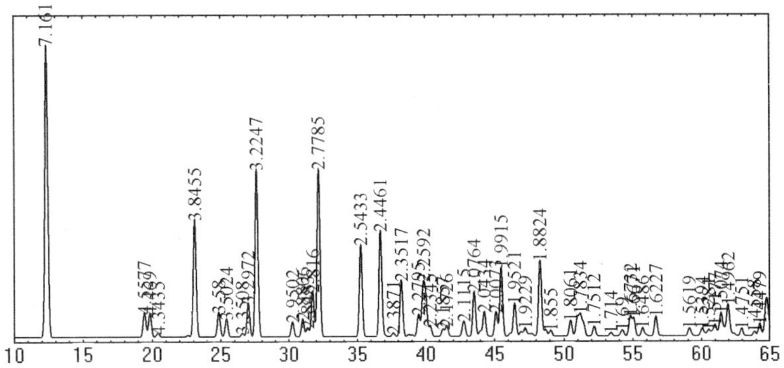

PDF:14-0065

d	I/I_0	hkl
7.1500	100	020
4.5470	6	001
4.4570	4	110
4.3310	2	011
3.8360	35	021
3.5760	14	040
3.4930	4	$\bar{1}11$
3.3420	4	130
3.2920	4	031
3.2190	50	$\bar{1}21$
2.9430	4	111
2.8710	4	$\bar{1}31$
2.8110	4	041
2.7730	35	121
2.5430	25	131
2.4440	35	150
2.3840	2	060
2.3470	10	200
2.2790	2	002
2.2520	14	$\bar{2}01$

9-028b 蓝柱石(Euclase)

$BeAlSiO_4(OH)$, 145.08

ICSD:202094(续)

Atom		Wcf	x	y	z	Occ
Si1	Si^{4+}	4e	0.17752(13)	0.10027(5)	0.53639(14)	1.0
Al1	Al^{3+}	4e	0.24877(14)	0.44470(5)	0.95708(15)	1.0
Be1	Be^{2+}	4e	0.1741(6)	0.3006(2)	0.4571(7)	1.0
O1	O^{2-}	4e	0.3818(3)	0.0324(1)	0.7630(3)	1.0
O2	O^{2-}	4e	0.3800(3)	0.3770(1)	0.6521(3)	1.0
O3	O^{2-}	4e	0.3431(3)	0.1998(1)	0.5248(6)	1.0
O4	O^{2-}	4e	0.1006(3)	0.0531(1)	0.2113(3)	1.0
O5	O^{2-}	4e	0.1596(4)	0.3320(1)	0.1206(4)	1.0
H1	H^+	4e	0.063(9)	0.302(3)	0.011(9)	1.0

PDF:14-0065(续)

d	I/I_0	hkl
2.1820	2	$\bar{1}12$
2.1110	4	061
2.0740	10	151
2.0400	6	$\bar{2}31$
2.0030	2	$\bar{1}32$
1.9910	18	$\bar{1}61$
1.9520	6	201
1.9240	2	042
1.8800	18	221
1.8650	2	071
1.7900	6	080
1.7780	4	132
1.7480	2	$\bar{1}52$
1.7200	2	241
1.6900	2	171
1.6750	10	260
1.6640	10	081
1.6470	2	062
1.6210	4	$\bar{1}62$
1.5620	2	$\bar{3}11$

9-029a 斜晶石(Clinohedrite)

$CaZnSiO_4 H_2O$，215.56

Sys.:Monoclinic S.G.:*Aa*(9) *Z*:4

a:5.09 *b*:15.829 *c*:5.386 *β*:103.26 Vol.:422.38

ICSD:34944

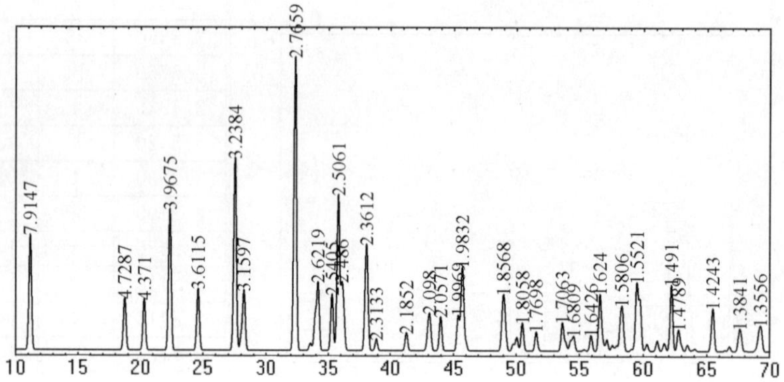

PDF:76-0950

d	I/I_0	*hkl*
7.9145	661	020
4.7281	230	110
4.3706	223	021
3.9698	460	$\bar{1}11$
3.9698	460	040
3.6117	241	130
3.2379	702	$\bar{1}31$
3.1817	61	111
3.1584	214	041
2.7660	999	131
2.6677	25	150
2.6382	118	060
2.6212	230	002
2.5404	203	$\bar{1}12$
2.5059	500	$\bar{1}51$
2.4883	204	022
2.4772	149	200
2.3641	237	220
2.3571	293	$\bar{2}21$
2.3571	293	061

9-029b 斜晶石(Clinohedrite)

$CaZnSiO_4 H_2O$，215.56

ICSD:34944(续)

Atom		Wcf	*x*	*y*	*z*	Occ
Zn1	Zn^{2+}	4*a*	0	0.24928(4)	0	1.0
Ca1	Ca^{2+}	4*a*	0.3480(3)	0.5724(1)	0.6384(3)	1.0
Si1	Si^{4+}	4*a*	0.0139(4)	0.3618(1)	0.5183(4)	1.0
O1	O^{2-}	4*a*	0.1415(11)	0.9591(3)	0.8564(11)	1.0
O2	O^{2-}	4*a*	0.1876(9)	0.1443(3)	0.9489(9)	1.0
O3	O^{2-}	4*a*	0.1410(9)	0.2934(3)	0.3476(9)	1.0
O4	O^{2-}	4*a*	0.1279(10)	0.3406(3)	0.8155(9)	1.0
O5	O^{2-}	4*a*	0.1067(9)	0.5459(3)	0.9479(9)	1.0
H1	H^+	4*a*	0.186	0.916	0.725	1.0
H2	H^+	4*a*	0.32	0.986	0.942	1.0

PDF:76-0950(续)

d	I/I_0	*hkl*
2.3132	28	$\bar{1}32$
2.2671	1	151
2.1853	55	042
2.1054	31	112
2.0997	84	240
2.0948	107	$\bar{2}41$
2.0571	107	170
2.0504	61	$\bar{2}02$
1.9971	104	221
1.9971	104	$\bar{1}52$
1.9849	200	$\bar{2}22$
1.9802	213	$\bar{1}71$
1.9802	213	080
1.9705	39	132
1.8594	94	062
1.8558	138	171
1.8512	101	081
1.8302	20	241
1.8205	36	$\bar{2}42$
1.8059	81	260

9-030a 褐锌锰矿(Hodgkinsonite)

$Zn_2Mn(SiO_4)(OH)_2$，311.8

Sys.:Monoclinic　S.G.:$P2_1/c$(14)　Z:4

a:11.764　b:5.318　c:8.182　β:95.42　Vol.:509.59

ICSD:25709

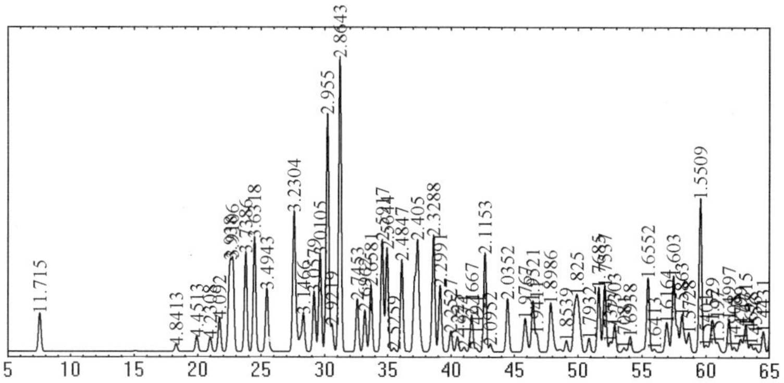

PDF:35-0554

d	I/I_0	hkl
11.8200	55	100
5.8800	1	200
4.8600	2	110
4.4600	2	011
4.2500	1	$11\bar{1}$
4.1100	7	111
3.9400	35	210
3.7500	40	102
3.6400	40	$21\bar{1}$
3.4100	30	301
3.2400	45	012
3.1500	7	310
3.0700	15	112
3.0200	35	$31\bar{1}$
2.9650	80	$30\bar{2}$
2.8690	100	311
2.7490	20	212
2.6990	7	302
2.6630	25	020
2.5950	25	120

9-030b 褐锌锰矿(Hodgkinsonite)

$Zn_2Mn(SiO_4)(OH)_2$，311.8

ICSD:25709(续)

Atom		Wcf	x	y	z	Occ
Zn1	Zn^{2+}	4e	0.2732(2)	0.0657(3)	0.0788(1)	1.0
Zn2	Zn^{2+}	4e	0.6084(2)	0.0623(3)	0.2491(1)	1.0
Mn1	Mn^{2+}	4e	0.1063(2)	0.2420(3)	0.5482(1)	1.0
Si1	Si^{4+}	4e	0.0673(3)	0.0666(5)	0.8292(2)	1.0
O1	O^{2-}	4e	0.1067(9)	0.0810(14)	0.1911(6)	1.0
O2	O^{2-}	4e	0.1657(9)	0.0405(14)	0.7151(6)	1.0
O3	O^{2-}	4e	0.8193(9)	0.0702(15)	0.0660(6)	1.0
O4	O^{2-}	4e	0.5384(8)	0.1441(14)	0.8621(6)	1.0
O5	O^{2-}	4e	0.4902(9)	0.0892(15)	0.3836(6)	1.0
O6	O^{2-}	4e	0.8491(9)	0.0882(15)	0.5560(6)	1.0
H1	H^+	4e	0.466(27)	0.26(4)	0.333(18)	1.0
H2	H^+	4e	0.842(27)	−0.83(4)	0.600(18)	1.0

PDF:35-0554(续)

d	I/I_0	hkl
2.5670	20	410
2.4860	25	$12\bar{1}$
2.4110	30	$11\bar{3}$
2.3320	35	$30\bar{3}$
2.2990	15	221
2.2570	2	$41\bar{2}$
2.2260	1	022
2.1660	9	122
2.1180	30	$22\bar{2}$
2.0390	7	$10\bar{4}$
1.9790	3	$32\bar{2}$
1.9520	9	502
1.9010	10	023
1.8520	13	114
1.7920	1	413
1.7730	9	223
1.7550	12	611
1.7290	1	$61\bar{2}$
1.6940	1	521
1.6570	10	$52\bar{2}$

9-031a 硅锌镁锰石(Gerstmannite)

$(Mg,Mn)_2Zn(SiO_4)(OH)_2$，240.09

Sys.:Orthorhombic S.G.:*Bbam*(64) *Z*:8

a:8.185 *b*:18.65 *c*:6.256 Vol.:954.98

ICSD:100142

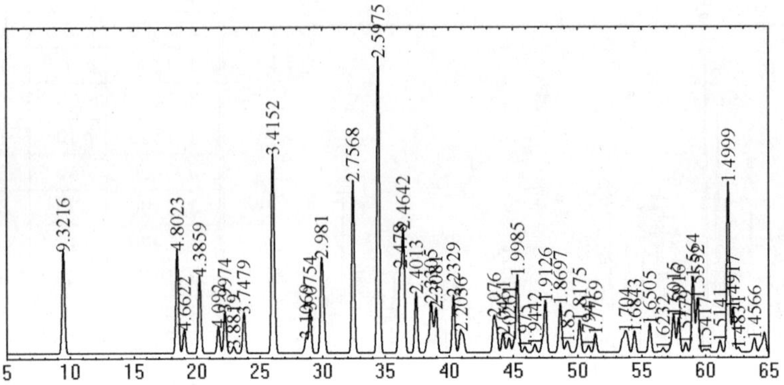

PDF:29-0867

d	*I*/*I*$_0$	*hkl*
9.3300	85	020
4.8100	50	111
4.6600	25	040
4.3900	40	121
4.0900	10	200
3.9900	15	210
3.8800	5	131
3.7500	15	220
3.4200	80	230
3.1100	20	060
3.0800	20	240
2.9830	60	151
2.7580	75	250
2.5980	100	042
2.4800	25	311
2.4660	50	212
2.4030	25	222
2.3480	10	171
2.3320	75	080
2.3080	15	232

9-031b 硅锌镁锰石(Gerstmannite)

$(Mg,Mn)_2Zn(SiO_4)(OH)_2$，240.09

ICSD:100142(续)

Atom		Wcf	*x*	*y*	*z*	Occ
Mn1	Mn^{2+}	8*f*	0.00721(8)	0.39594(4)	0.5	0.786
Mg1	Mg^{2+}	8*f*	0.00721(8)	0.39594(4)	0.5	0.214
Mg2	Mg^{2+}	8*c*	0.25	0.5	0.25	1.0
Zn1	Zn^{2+}	8*e*	0.40033(6)	0.25	0.25	1.0
Si1	Si^{4+}	8*f*	0.14422(12)	0.34580(5)	0	1.0
O1	O^{2-}	8*d*	0	0.5	0.2822(5)	1.0
O2	O^{2-}	8*f*	0.2501(4)	0.4306(1)	0.5	1.0
O3	O^{2-}	8*f*	0.2484(4)	0.4205(1)	0	1.0
O4	O^{2-}	8*f*	0.2775(4)	0.2793(1)	0	1.0
O5	O^{2-}	16*g*	0.0294(3)	0.3373(1)	0.2112(3)	1.0

PDF:29-0867(续)

d	*I*/*I*$_0$	*hkl*
2.2320	30	270
2.2040	10	341
2.1930	5	242
2.0760	10	351
2.0460	5	400
2.0250	10	280
1.9980	20	420
1.9120	35	191
1.8690	25	082
1.8170	10	272
1.7760	5	153
1.7050	5	412
1.7000	5	282
1.6840	5	422
1.6500	5	313
1.6010	10	333
1.5910	10	292
1.5640	25	004
1.5550	45	0120
1.5000	35	462

9-032 矽线石(Sillimanite)

Al_2SiO_5，162.05

Sys.:Orthorhombic　S.G.:*Pbnm*(62)　*Z*:4

a:7.486　*b*:7.675　*c*:5.7729　Vol.:331.68

ICSD:85200

Atom		Wcf	*x*	*y*	*z*	Occ
Al1	Al^{3+}	4*a*	0	0	0	1.0
Al2	Al^{3+}	4*c*	0.1417(1)	0.3452(1)	0.25	1.0
Si1	Si^{4+}	4*c*	0.1532(1)	0.3404(1)	0.75	1.0
O1	O^{2-}	4*c*	0.3602(2)	0.4089(2)	0.75	1.0
O2	O^{2-}	4*c*	0.3566(2)	0.4339(2)	0.25	1.0
O3	O^{2-}	4*c*	0.4767(2)	0.0009(2)	0.75	1.0
O4	O^{2-}	8*d*	0.1255(2)	0.2232(2)	0.5145(2)	1.0

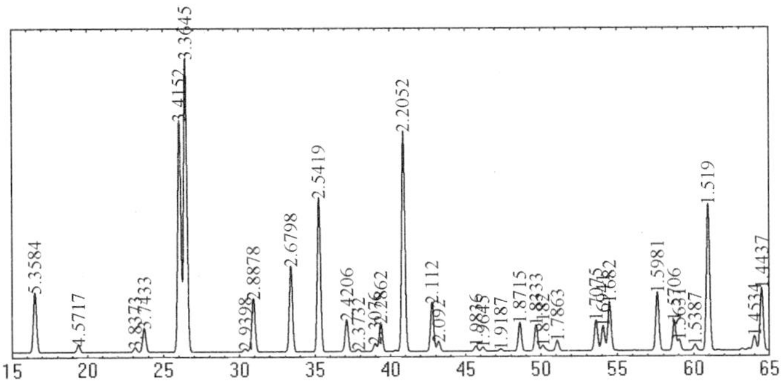

PDF:38-0471

d	I/I_0	*hkl*
5.3660	12	110
4.5750	2	101
3.8390	14	020
3.7430	3	200
3.4150	100	120
3.3660	35	210
3.1960	1	021
2.9390	1	121
2.9070	1	211
2.8860	7	002
2.6800	16	220
2.5420	20	112
2.4300	3	221
2.4210	20	130
2.3730	1	310
2.3070	2	022
2.2890	3	301
2.2890	3	202
2.2330	1	131
2.2040	30	122

9-033 莫来石(Mullite)

$Al_6Si_2O_{13}$，426.05

Sys.:Orthorhombic　S.G.:*Pbam*(55)　*Z*:1

a:7.5456　*b*:7.6898　*c*:2.8842　Vol.:167.35

ICSD:66451

Atom		Wcf	*x*	*y*	*z*	Occ
Al1	Al^{3+}	2*a*	0	0	0	1.0
Al2	Al^{3+}	4*h*	0.1487(1)	0.3411(2)	0.5	0.5
Si2	Si^{4+}	4*h*	0.1487(1)	0.3411(2)	0.5	0.369
Al3	Al^{3+}	4*h*	0.2604(12)	0.2073(10)	0.5	0.131
O1	O^{2-}	4*h*	0.3575(3)	0.4227(2)	0.5	1.0
O2	O^{2-}	4*g*	0.1273(3)	0.2206(3)	0	1.0
O3	O^{2-}	2*d*	0.5	0	0.5	0.607
O4	O^{2-}	4*h*	0.4418(17)	0.0522(18)	0.5	0.131

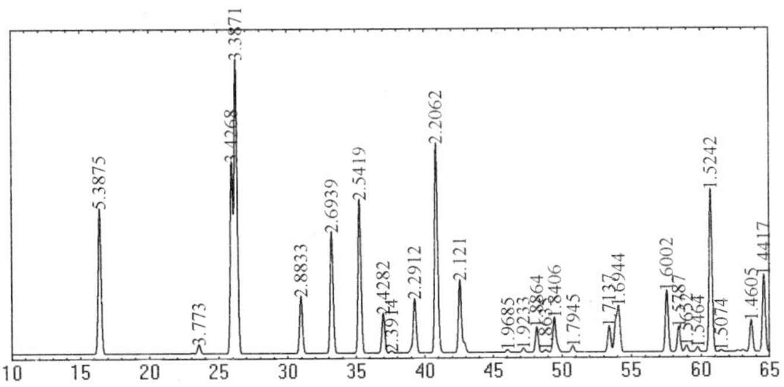

PDF:15-0776

d	I/I_0	*hkl*
5.3900	50	110
3.7740	8	200
3.4280	95	120
3.3900	100	210
2.8860	20	001
2.6940	40	220
2.5420	50	111
2.4280	14	130
2.3930	2	310
2.3080	4	021
2.2920	20	201
2.2060	60	121
2.1210	25	230
2.1060	8	320
1.9690	2	221
1.9230	2	040
1.8870	8	400
1.8630	2	140
1.8410	10	311
1.7954	2	330

9-034 红柱石(Andalusite)

$Al_2(SiO_4)O$，162.05

Sys.:Orthorhombic S.G.:*Pnnm*(58) *Z*:4

a:7.7944 *b*:7.8979 *c*:5.5586 Vol.:342.18

ICSD:24275

Atom		Wcf	*x*	*y*	*z*	Occ
Al1	Al^{3+}	4*e*	0	0	0.2422(4)	1.0
Al2	Al^{3+}	4*g*	0.3708(3)	0.1387(3)	0.5	1.0
Si1	Si^{4+}	4*g*	0.2462(3)	0.2529(3)	0	1.0
O1	O^{2-}	4*g*	0.4232(6)	0.3627(7)	0.5	1.0
O2	O^{2-}	4*g*	0.4240(6)	0.3629(7)	0	1.0
O3	O^{2-}	4*g*	0.1038(7)	0.4013(6)	0	1.0
O4	O^{2-}	8*h*	0.2303(4)	0.1343(5)	0.2390(5)	1.0

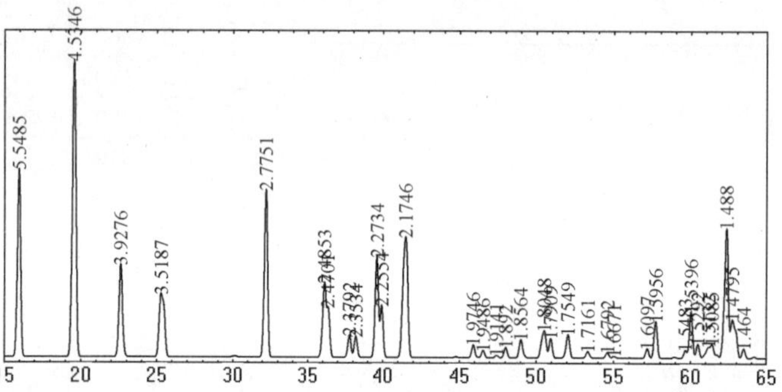

PDF:39-0376		
d	I/I_0	*hkl*
5.5490	100	110
4.5310	82	101
3.9290	33	111
3.8970	6	200
3.5210	30	120
3.4940	24	210
2.7740	74	220
2.4940	22	130
2.4833	17	112
2.4833	17	221
2.4688	20	310
2.3799	7	031
2.3541	6	301
2.2736	28	131
2.2736	28	022
2.2632	15	202
2.2561	18	311
2.1819	12	122
2.1819	12	230
2.1754	27	212

9-035a 锰辉石(Kanonaite)

AlMn$(SiO_4)O$，183.02

Sys.:Orthorhombic S.G.:*Pnnm*(58) *Z*:4

a:7.959 *b*:8.047 *c*:5.616 Vol.:359.68

ICSD:100748

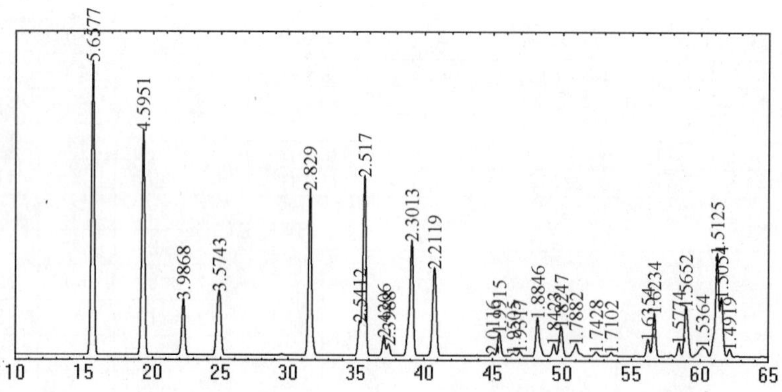

PDF:42-0575		
d	I/I_0	*hkl*
5.6590	100	110
4.5890	60	011
4.5890	60	101
3.9860	15	111
3.5910	12	120
3.5670	15	210
2.8290	40	220
2.5420	9	130
2.5150	40	310
2.5150	40	112
2.4200	4	031
2.3990	3	301
2.3160	6	131
2.3030	20	022
2.3030	20	311
2.2940	20	202
2.2150	15	320
2.2150	15	122
2.2060	14	212
1.9897	4	222

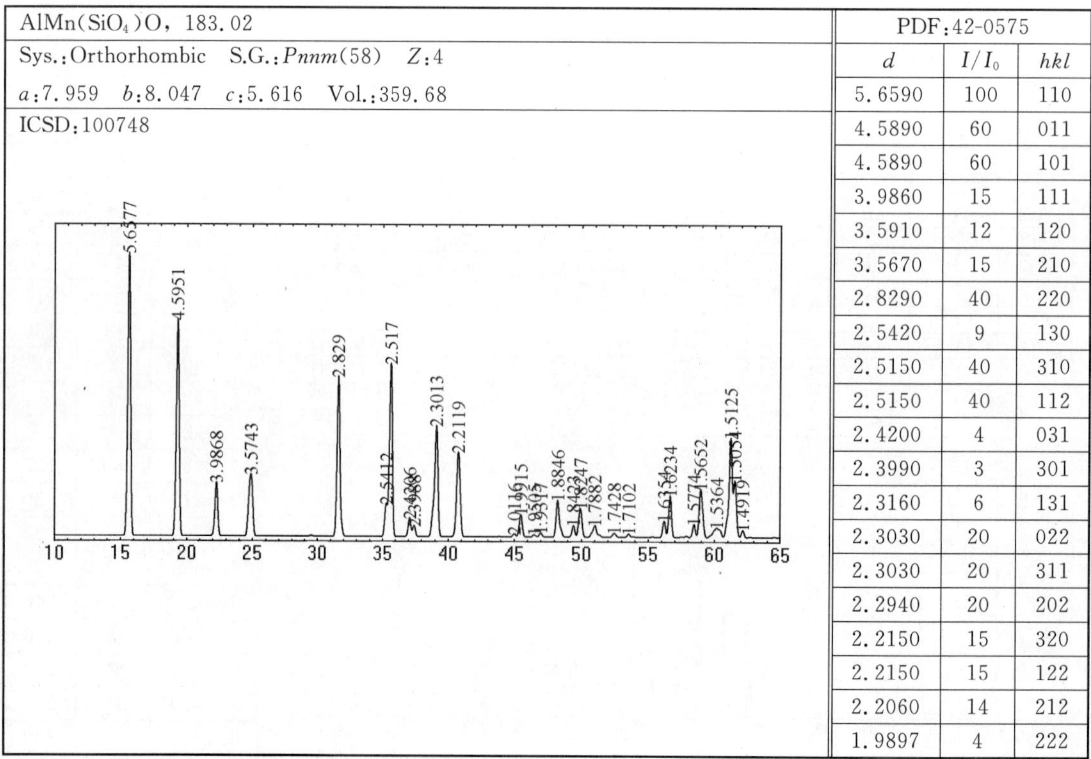

9-035b 锰辉石(Kanonaite)

$AlMn(SiO_4)O$，183.02

ICSD:100748(续)

Atom		Wcf	x	y	z	Occ
Mn1	Mn^{3+}	4*e*	0	0	0.2429(1)	0.74
Al1	Al^{3+}	4*e*	0	0	0.2429(1)	0.26
Mn2	Mn^{3+}	4*g*	−0.1252(2)	0.3630(2)	0	0.12
Al2	Al^{3+}	4*g*	−0.1252(2)	0.3630(2)	0	0.88
Si1	Si^{4+}	4*g*	0.2492(2)	0.2549(2)	0	1.0
O1	O^{2-}	4*g*	0.0743(4)	−0.1369(4)	0	1.0
O2	O^{2-}	4*g*	0.4243(3)	0.3626(3)	0	1.0
O3	O^{2-}	4*g*	0.1042(3)	0.3989(3)	0	1.0
O4	O^{2-}	8*h*	0.2430(3)	0.1413(3)	0.2383(3)	1.0

PDF:42-0575(续)

d	I/I_0	*hkl*
1.9897	4	400
1.8844	7	330
1.8844	7	132
1.8753	5	312
1.8425	2	141
1.8266	4	411
1.8233	5	013
1.8233	5	103
1.7881	2	331
1.7836	2	420
1.6354	3	042
1.6235	7	402
1.5775	2	150
1.5658	8	332
1.5615	7	510
1.5615	7	223
1.5371	2	431
1.5371	2	033
1.5315	2	501
1.5315	2	303

9-036a 紫硅铝镁石(Yoderite)

$(MgAl_3)(MgAl)(Al_{0.84}Fe_{0.16})_2O_2(OH)_2(SiO_4)_4$，654.08

Sys.:Monoclinic S.G.:$P2_1/m(11)$ Z:1

a:8.022 b:5.816 c:7.25 β:104.9 Vol.:326.88

ICSD:17050

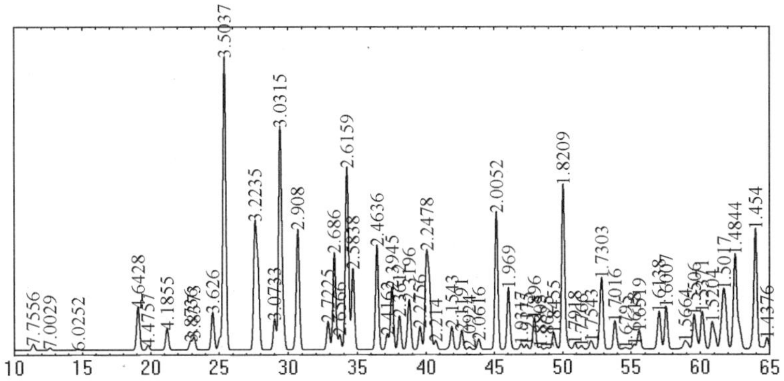

PDF:72-1504

d	I/I_0	*hkl*
7.7523	37	100
7.0062	21	001
6.0255	1	$\bar{1}01$
4.6384	121	110
4.6384	121	101
4.4750	19	011
4.1846	64	$\bar{1}11$
3.8761	27	200
3.8350	47	$\bar{2}01$
3.6264	156	111
3.5536	43	$\bar{1}02$
3.5031	999	002
3.2255	403	210
3.2016	283	$\bar{2}11$
3.0734	109	201
3.0323	717	$\bar{1}12$
3.0128	163	$\bar{2}02$
2.9227	52	102
2.9080	366	020
2.7227	90	120

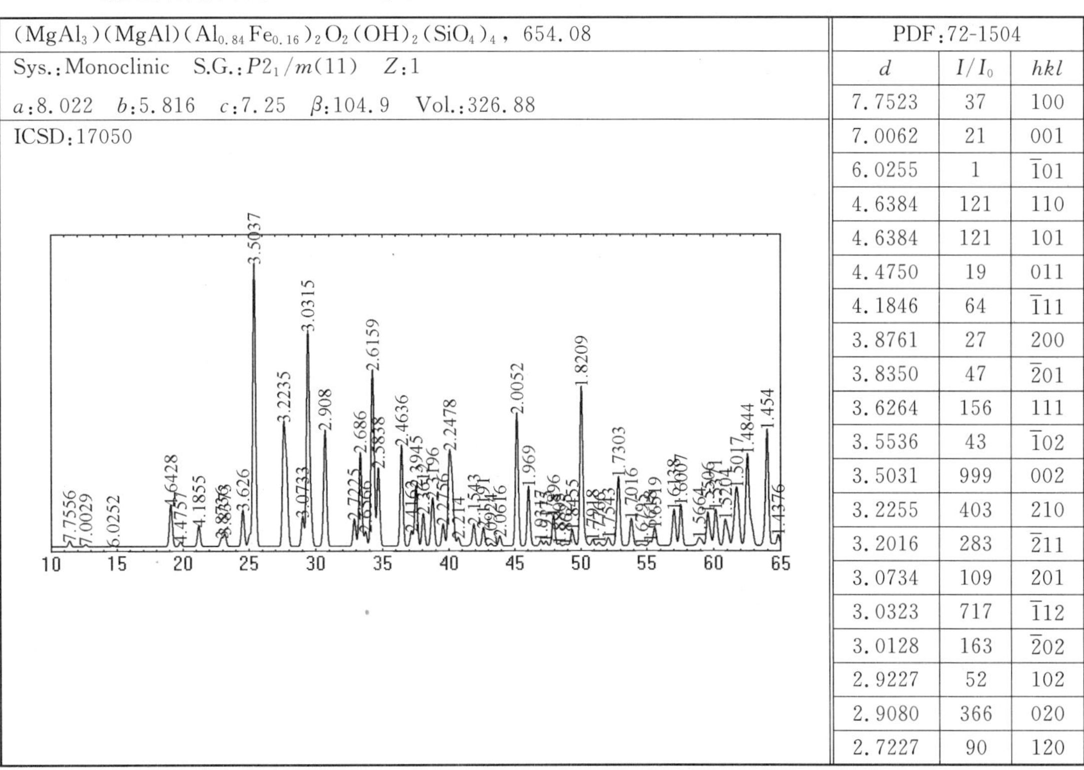

9-036b 紫硅铝镁石(Yoderite)

$(MgAl_3)(MgAl)(Al_{0.84}Fe_{0.16})_2O_2(OH)_2(SiO_4)_4$，654.08

ICSD:17050(续)

Atom		Wcf	*x*	*y*	*z*	Occ
Si1	Si^{4+}	2*e*	0.0637(3)	0.25	0.7984(4)	1.0
Si2	Si^{4+}	2*e*	0.3396(3)	0.75	0.8024(4)	1.0
Al1	Al^{3+}	4*f*	0.2952(2)	0.0051(3)	0.1776(3)	0.75
Mg1	Mg^{2+}	4*f*	0.2952(2)	0.0051(3)	0.1776(3)	0.25
Al2	Al^{3+}	2*e*	0.3888(4)	0.25	0.6301(4)	0.5
Mg2	Mg^{2+}	2*e*	0.3888(4)	0.25	0.6301(4)	0.5
Al3	Al^{3+}	2*e*	0.0557(3)	0.25	0.3539(4)	0.84
Fe1	Fe^{3+}	2*e*	0.0557(3)	0.25	0.3539(4)	0.16
O1	O^{2-}	4*f*	0.0573(5)	0.9801(7)	0.2147(6)	1.0
O2	O^{2-}	4*f*	0.4525(6)	0.9760(8)	0.7812(7)	1.0
O3	O^{2-}	2*e*	0.1478(8)	0.25	0.6145(10)	1.0
O4	O^{2-}	2*e*	0.2206(8)	0.25	0.9928(9)	1.0
O5	O^{2-}	2*e*	0.2979(9)	0.25	0.3615(10)	1.0
O6	O^{2-}	2*e*	0.1652(8)	0.75	0.6322(10)	1.0
O7	O^{2-}	2*e*	0.2830(9)	0.75	0.0045(10)	1.0
O8	O^{2-}	2*e*	0.3597(8)	0.75	0.3643(10)	1.0

PDF:72-1504(续)

d	I/I_0	*hkl*
2.7227	90	211
2.6858	267	021
2.6751	163	$\bar{2}12$
2.6563	54	$\bar{3}01$
2.6190	397	$\bar{1}21$
2.6115	466	112
2.5841	261	300
2.4638	319	121
2.4162	52	$\bar{3}11$
2.4162	52	$\bar{1}03$
2.3943	190	$\bar{3}02$
2.3615	105	310
2.3261	29	220
2.3192	92	202
2.3192	92	$\bar{2}21$
2.2757	51	$\bar{2}03$
2.2505	223	$\bar{1}22$
2.2443	213	301
2.2375	161	022
2.2297	78	$\bar{1}13$

9-037a 蓝晶石(Kyanite)

Al_2SiO_5，162.05

Sys.:Triclinic S.G.:$P\bar{1}$(2) *Z*:4

a:7.112 *b*:7.844 *c*:5.574 *α*:90.09 *β*:101.1 *γ*:105.9 Vol.:292.98

ICSD:33669

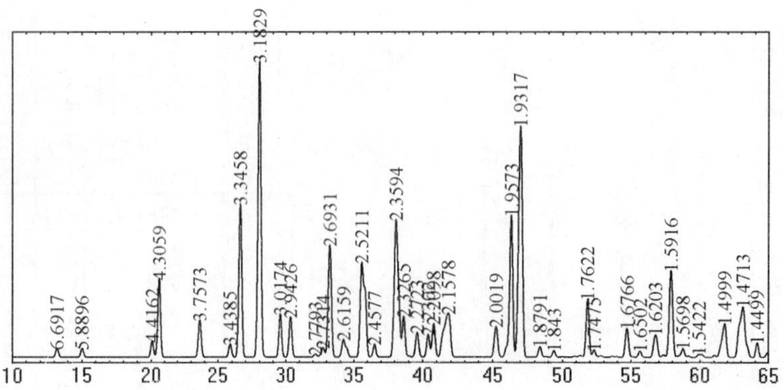

PDF:11-0046

d	I/I_0	*hkl*
6.7000	3	100
5.8900	3	$1\bar{1}0$
4.4200	5	110
4.3000	25	$\bar{1}11$
3.7700	20	020
3.4400	5	$2\bar{1}0$
3.3500	65	200
3.1800	100	$\bar{2}11$
3.0200	15	021
2.9470	20	$2\bar{2}0$
2.7820	1	210
2.7270	9	$\bar{1}02$
2.6990	25	$2\bar{1}1$
2.6940	25	$\bar{2}11$
2.6120	7	$\bar{1}12$
2.6020	3	$1\bar{3}0$
2.5200	30	012
2.5090	20	030
2.4600	5	$2\bar{2}1$
2.3660	1	$\bar{1}31$

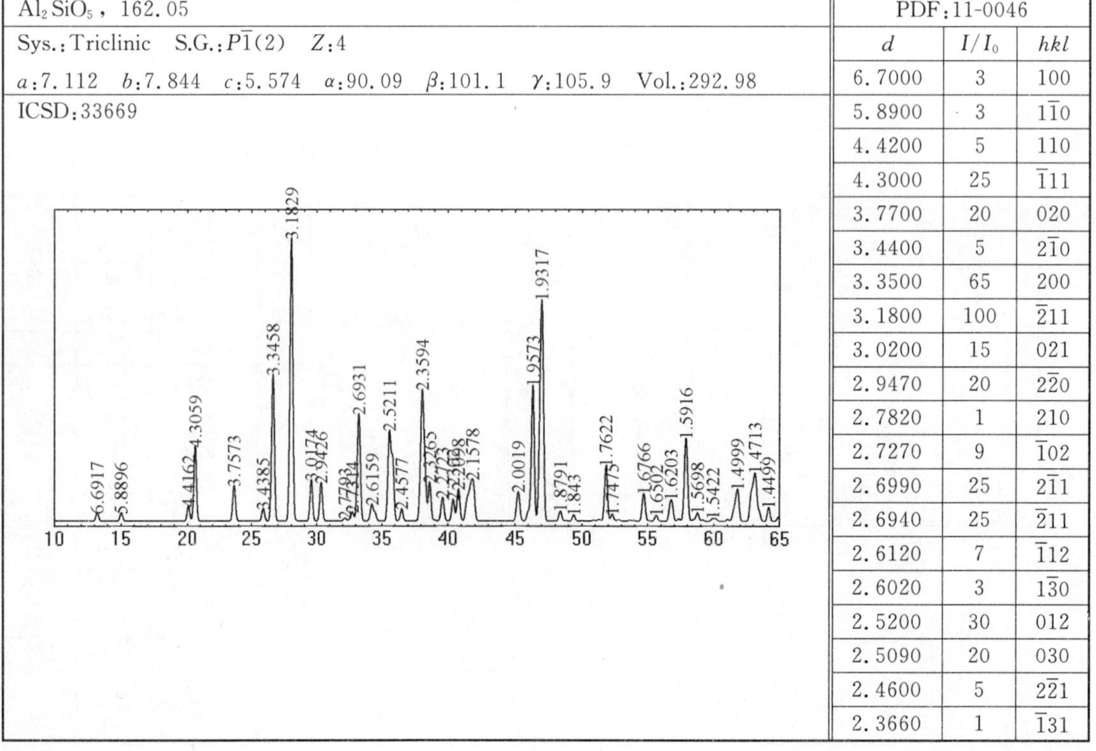

9-037b 蓝晶石(Kyanite)

Al_2SiO_5，162.05

ICSD:33669(续)

Atom		Wcf	*x*	*y*	*z*	Occ
Al1	Al^{3+}	2*i*	0.1739(2)	−0.2041(2)	0.0424(2)	1.0
Al2	Al^{3+}	2*i*	0.2026(2)	−0.1989(2)	−0.4498(2)	1.0
Al3	Al^{3+}	2*i*	0.4000(2)	0.1134(2)	−0.1410(2)	1.0
Al4	Al^{3+}	2*i*	0.3880(2)	−0.4171(2)	0.3348(2)	1.0
Si1	Si^{4+}	2*i*	0.2035(2)	0.4347(2)	−0.2069(2)	1.0
Si2	Si^{4+}	2*i*	0.2090(2)	0.1687(2)	0.3108(2)	1.0
O1	O^{2-}	2*i*	0.3904(4)	0.3538(4)	0.3721(5)	1.0
O2	O^{2-}	2*i*	0.3767(4)	−0.1860(4)	0.3192(5)	1.0
O3	O^{2-}	2*i*	0.2259(4)	0.0464(4)	−0.4559(5)	1.0
O4	O^{2-}	2*i*	0.2169(5)	−0.4343(4)	−0.4347(5)	1.0
O5	O^{2-}	2*i*	0.3899(5)	0.3465(4)	−0.1673(5)	1.0
O6	O^{2-}	2*i*	0.3780(4)	−0.1312(4)	−0.1392(5)	1.0
O7	O^{2-}	2*i*	0.2169(5)	0.0542(5)	0.0700(6)	1.0
O8	O^{2-}	2*i*	0.2081(5)	−0.4472(4)	0.0351(5)	1.0
O9	O^{2-}	2*i*	−0.0005(4)	0.2255(4)	0.2562(5)	1.0
O10	O^{2-}	2*i*	−0.0018(4)	0.2682(4)	−0.2562(5)	1.0

PDF:11-0046(续)

d	I/I_0	*hkl*
2.3610	1	$\bar{2}02$
2.3550	30	$\bar{2}12$
2.3500	30	$2\bar{3}0$
2.3310	20	$1\bar{3}1$
2.2720	11	$0\bar{2}2$
2.2330	9	031
2.2140	15	220
2.1810	7	$\bar{2}\bar{2}1$
2.1680	5	112
2.1630	20	$\bar{2}\bar{1}2$
2.1510	3	$\bar{1}\bar{2}2$
2.0060	7	$3\bar{1}1$
1.9730	3	$2\bar{1}2$
1.9620	55	$1\bar{4}0$
1.9350	50	131
1.9300	50	$\bar{3}31$
1.8830	5	040
1.8650	3	$1\bar{3}2$
1.8460	3	$1\bar{4}1$
1.8200	1	003

9-038a 十字石(Staurolite)

$Fe_{3.46}(Al_{17.99}Si_8O_{45})(OH)_3$，1674.31

Sys.:Monoclinic S.G.:$C2/m$(12) Z:1

a:7.87 b:16.6228 c:5.6613 β:90.124 Vol.:1740.62

ICSD:67447

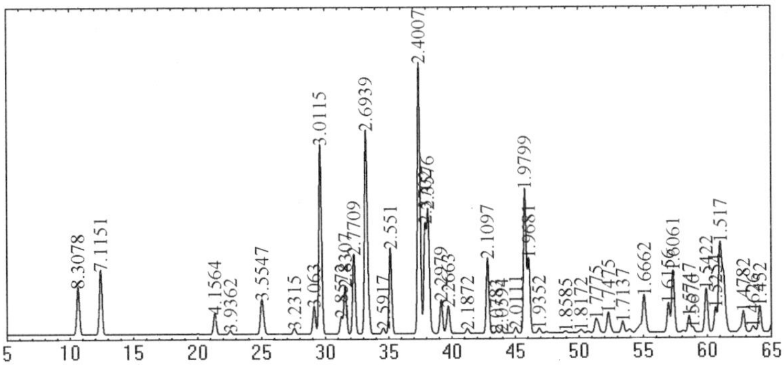

PDF:79-2197

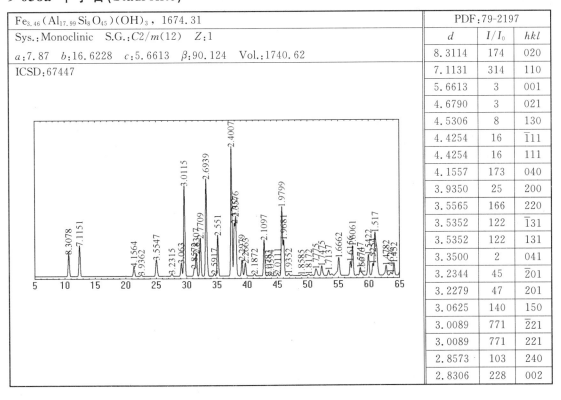

d	I/I_0	*hkl*
8.3114	174	020
7.1131	314	110
5.6613	3	001
4.6790	3	021
4.5306	8	130
4.4254	16	$\bar{1}11$
4.4254	16	111
4.1557	173	040
3.9350	25	200
3.5565	166	220
3.5352	122	$\bar{1}31$
3.5352	122	131
3.3500	2	041
3.2344	45	$\bar{2}01$
3.2279	47	201
3.0625	140	150
3.0089	771	$\bar{2}21$
3.0089	771	221
2.8573	103	240
2.8306	228	002

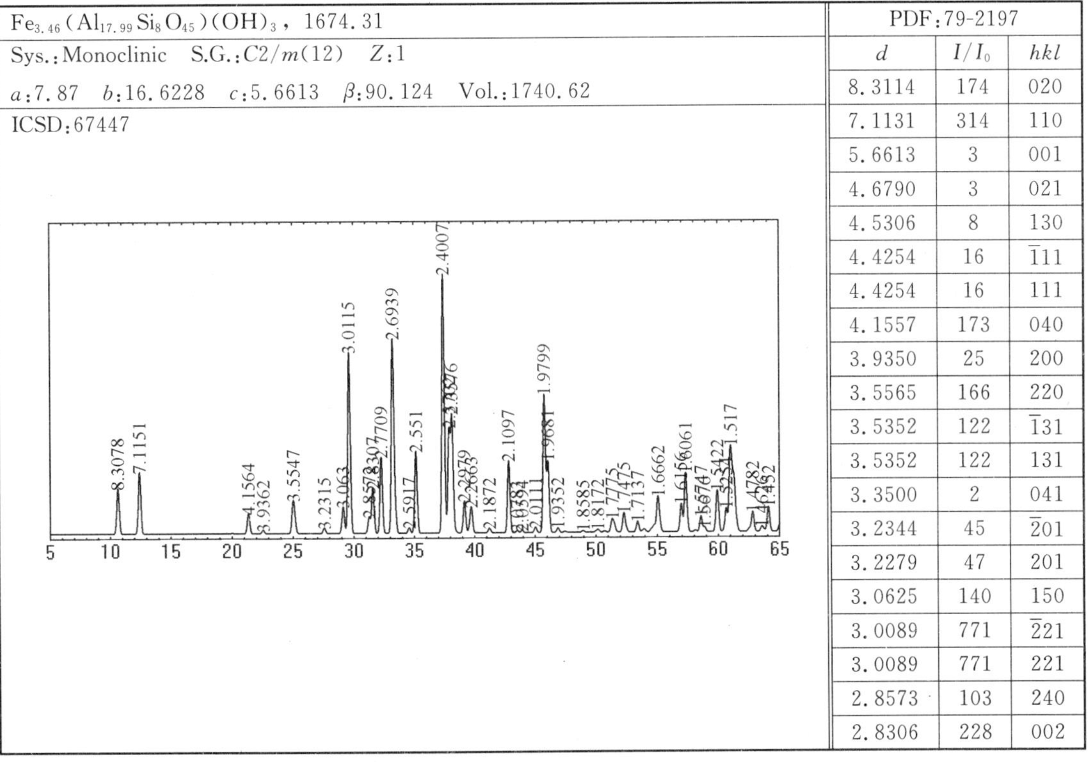

9-038b 十字石(Staurolite)

$Fe_{3.46}(Al_{17.99}Si_8O_{45})(OH)_3$, 1674.31

ICSD:67447(续)

Atom		Wcf	*x*	*y*	*z*	Occ
Fe1	$Fe^{1.98+}$	4*i*	0.39191(5)	0	0.24986(4)	0.857
Fe2	$Fe^{1.98+}$	2*b*	0.5	0	0	0.030(1)
Fe3	$Fe^{1.98+}$	2*d*	0.5	0	0.5	0.029(1)
Si1	Si^{4+}	8*j*	0.13409(2)	0.16603(1)	0.24992(3)	1.0
Al1	Al^{3+}	4*g*	0.5	0.17529(1)	0	1.0
Al2	Al^{3+}	4*h*	0.5	0.17528(2)	0.5	1.0
Al3	Al^{3+}	8*j*	0.26303(2)	0.41048(1)	0.25009(3)	1.0
Al4	Al^{3+}	2*a*	0	0	0	0.507(3)
Al5	Al^{3+}	2*c*	0	0	0.5	0.496(3)
O1	O^{2-}	4*i*	0.23445(9)	0	0.96478(12)	1.0
O2	O^{2-}	4*i*	0.23521(8)	0	0.53395(12)	1.0
O3	O^{2-}	8*j*	0.25533(5)	0.16148(2)	0.01522(7)	1.0
O4	O^{2-}	8*j*	0.25470(5)	0.16122(2)	0.48422(7)	1.0
O5	O^{2-}	8*j*	0.00174(5)	0.08880(2)	0.24692(8)	1.0
O6	O^{2-}	8*j*	0.02132(5)	0.24917(2)	0.24976(7)	1.0
O7	O^{2-}	8*j*	0.52712(5)	0.10013(2)	0.24962(7)	1.0

PDF:79-2197(续)

d	I/I_0	*hkl*
2.7705	412	060
2.6946	904	$\bar{1}51$
2.6946	904	151
2.6283	6	$\bar{1}12$
2.6283	6	112
2.5913	46	310
2.5492	311	$\bar{2}41$
2.5492	311	241
2.4885	3	061
2.3993	999	$\bar{1}32$
2.3993	999	132
2.3710	498	330
2.3581	376	$\bar{3}11$
2.3543	410	311
2.3395	40	042
2.3002	67	$\bar{2}02$
2.2955	89	202
2.2735	30	170
2.2653	96	260
2.2127	1	222

9-039 黄玉(Topaz)

$Al_2SiO_4(F,OH)_2$, 184.04

Sys.:Orthorhombic S.G.:*Pmnb*(62) *Z*:4

a:4.649 *b*:8.792 *c*:8.394 Vol.:343.1

ICSD:59410

Atom		Wcf	*x*	*y*	*z*	Occ
Al1	Al^{3+}	8*d*	−0.09674(2)	0.13099(1)	0.08265(1)	1.0
Si1	Si^{4+}	4*c*	−0.39751(2)	0.05960(1)	0.75	1.0
O1	O^{2-}	4*c*	−0.29621(7)	0.03196(3)	0.25	1.0
O2	O^{2-}	4*c*	0.04272(7)	0.25606(4)	0.25	1.0
O3	O^{2-}	8*d*	0.21047(4)	−0.01074(2)	0.09236(3)	1.0
F1	F^-	8*d*	−0.40193(5)	0.25256(3)	0.05684(3)	1.0

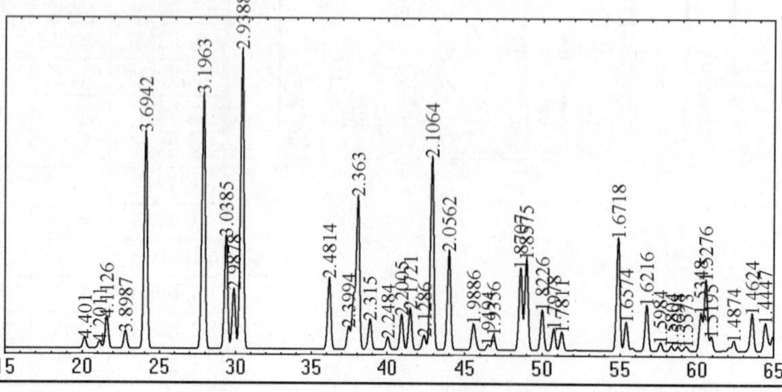

PDF:12-0765

d	I/I_0	*hkl*
4.3950	5	020
4.1940	4	002
4.1110	12	110
3.8960	6	021
3.6930	60	111
3.1950	65	120
3.0370	35	022
2.9860	23	121
2.9370	100	112
2.4804	22	130
2.3966	10	103
2.3783	26	131
2.3609	45	023
2.3247	8	200
2.3130	9	113
2.2470	6	210
2.1989	10	040
2.1711	12	211
2.1269	8	041
2.1049	44	123

9-040 块硅镁石(Norbergite)

$Mg_3SiO_4F_2$，202.99					
Sys.:Orthorhombic　S.G.:*Pmnb*(62)　*Z*:4					
a:10.271　*b*:8.727　*c*:4.709　Vol.:422.09					
ICSD:15203					

Atom		Wcf	*x*	*y*	*z*	Occ
Mg1	Mg^{2+}	8*d*	0.9890(2)	0.6330(1)	0.4305(1)	1.0
Mg2	Mg^{2+}	4*c*	0.9924(2)	0.9077(2)	0.25	1.0
Si1	Si^{4+}	4*c*	0.4195(2)	0.7196(1)	0.25	1.0
O1	O^{2-}	4*c*	0.7617(4)	0.7204(3)	0.25	1.0
O2	O^{2-}	4*c*	0.2793(5)	0.5740(3)	0.25	1.0
O3	O^{2-}	8*d*	0.2690(3)	0.7907(2)	0.1034(3)	1.0
F1	F^-	8*d*	0.7295(3)	0.9682(2)	0.0834(3)	1.0

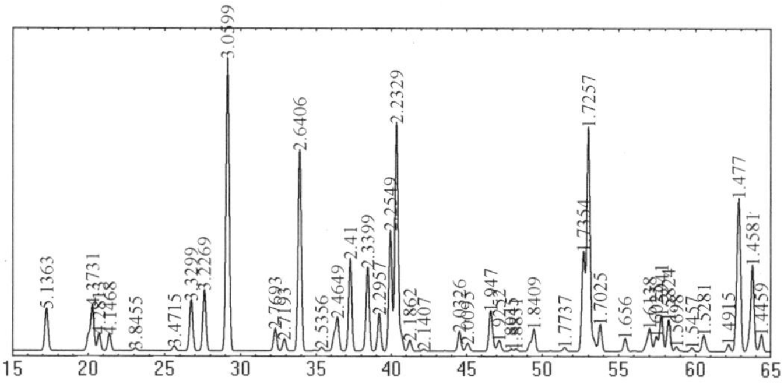

PDF:11-0686		
d	I/I_0	*hkl*
5.1400	18	200
4.4300	10	210
4.3710	30	020
4.2830	12	101
4.1490	20	011
3.3270	20	220
3.2270	25	211
3.0580	100	121
2.7710	14	301
2.7160	12	221
2.6390	75	311
2.4660	16	410
2.4080	35	131
2.3370	35	321
2.2960	16	102
2.2550	70	401
2.2300	80	231
2.2140	8	420
2.1840	8	411
2.0320	10	122

9-041a 粒硅锰矿(alleghanyite)

$Mn_5(SiO_4)_2(OH)_2$，492.87
Sys.:Monoclinic　S.G.:$P2_1/a$(14)　*Z*:2
a:10.72　*b*:4.85　*c*:8.275　*β*:108.64　Vol.:407.67
ICSD:14253

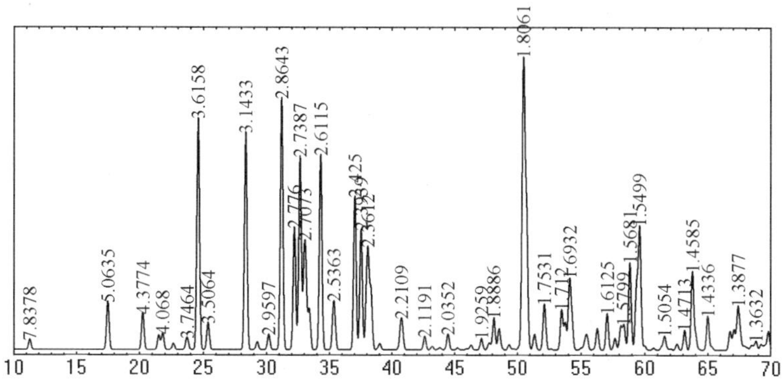

PDF:25-1184		
d	I/I_0	*hkl*
7.8410	3	001
5.0650	20	$\bar{2}01$
4.3770	18	110
4.1250	7	011
4.0680	11	$\bar{1}11$
3.9200	2	002
3.7510	6	201
3.6160	100	111
3.5080	11	$\bar{2}10$
3.1430	84	$\bar{1}12$
3.0490	3	012
2.9590	6	$\bar{2}12$
2.8640	94	$\bar{3}11$
2.7760	45	$\bar{3}10$
2.7390	70	112
2.7120	35	202
2.7020	36	$\bar{2}03$
2.6800	17	$\bar{4}01$
2.6110	68	$\bar{3}12$
2.5390	13	400

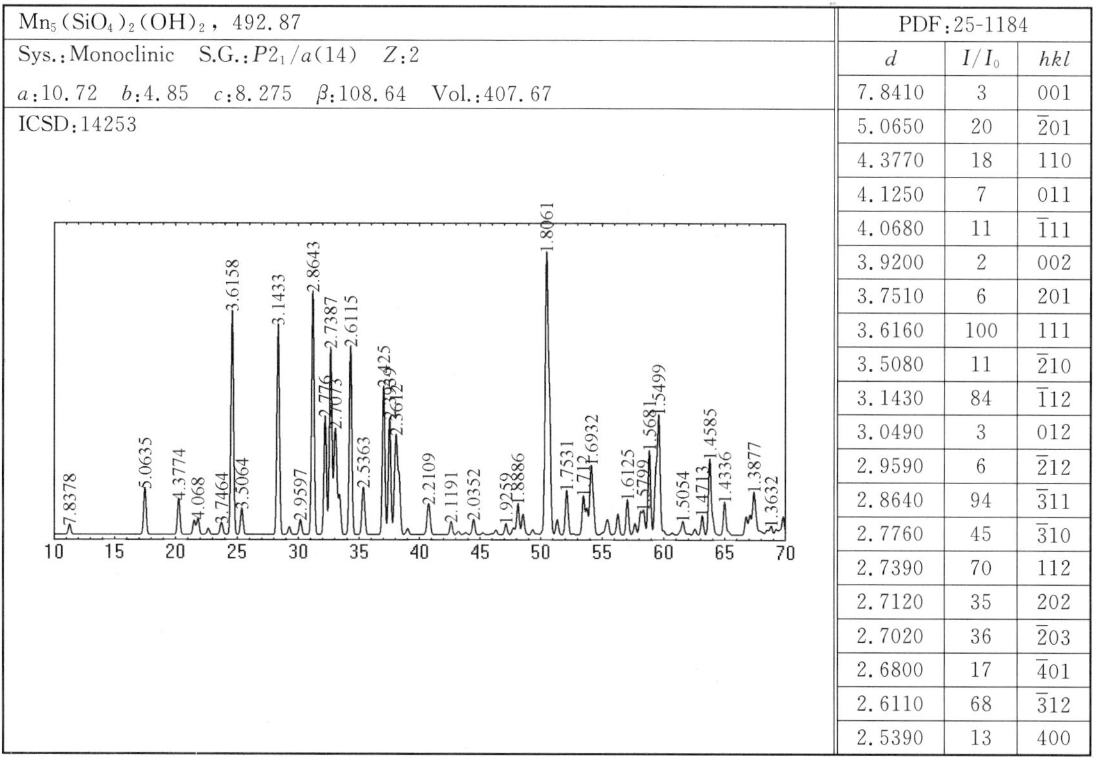

9-041b 粒硅锰矿(alleghanyite)

$Mn_5(SiO_4)_2(OH)_2$，492.87

ICSD:14253(续)

Atom		Wcf	x	y	z	Occ
Mn1	Mn^{2+}	4e	0.3110(2)	0.0087(4)	0.1719(2)	1.0
Mn2	Mn^{2+}	4e	0.0772(2)	0.0137(4)	0.3812(2)	1.0
Mn3	Mn^{2+}	2d	0.5	0	0.5	1.0
Si1	Si^{4+}	4e	0.2976(4)	0.5773(6)	0.3569(3)	1.0
O1	O^{2-}	4e	0.2945(8)	0.7123(16)	0.4952(7)	1.0
O2	O^{2-}	4e	0.1347(9)	0.7185(16)	0.2469(7)	1.0
O3	O^{2-}	4e	0.4632(8)	0.7143(16)	0.3303(7)	1.0
O4	O^{2-}	4e	0.2976(8)	0.2430(16)	0.3537(7)	1.0
O5	O^{2-}	4e	0.0973(10)	0.2530(17)	0.0566(7)	1.0

PDF:25-1184(续)

d	I/I_0	hkl
2.5320	15	$\bar{4}02$
2.4250	54	020
2.3940	41	$\bar{1}13$
2.3600	32	$\bar{2}13$
2.3460	21	$\bar{4}11$
2.3070	2	$\bar{1}21$
2.3010	2	013
2.2140	7	121
2.2080	9	$\bar{4}03$
2.1190	5	113
2.0360	4	221
1.9259	3	$\bar{5}12$
1.9040	2	213
1.8989	2	$\bar{2}14$
1.8886	9	$\bar{1}14$
1.8738	6	510
1.8669	4	$\bar{4}04$
1.8453	2	$\bar{3}14$
1.8078	63	222
1.7982	47	$\bar{4}21$

9-042a 粒硅镁石(Chondrodite)

$Mg_{4.95}Fe_{0.05}(SiO_4)_2F_{1.3}(OH)_{0.7}$，343.87

Sys.:Monoclinic S.G.:$P2_1/a$(14) Z:2

a:4.7284 b:10.2539 c:7.8404 α:109.059 Vol.:359.3

ICSD:92764

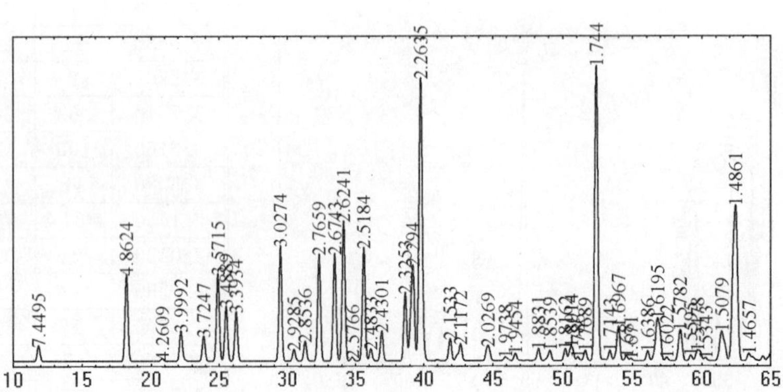

PDF:71-2378

d	I/I_0	hkl
7.4106	107	001
4.8446	501	020
4.8446	501	$02\bar{1}$
4.2496	9	110
3.9861	156	101
3.9378	40	$11\bar{1}$
3.7053	174	002
3.5583	406	021
3.5583	406	$02\bar{2}$
3.4779	273	111
3.3843	250	120
3.3843	250	$12\bar{1}$
3.0148	493	$11\bar{2}$
2.9165	58	102
2.8424	91	121
2.8424	91	$12\bar{2}$
2.7579	386	$13\bar{1}$
2.6675	474	130
2.6136	604	112
2.5667	22	022

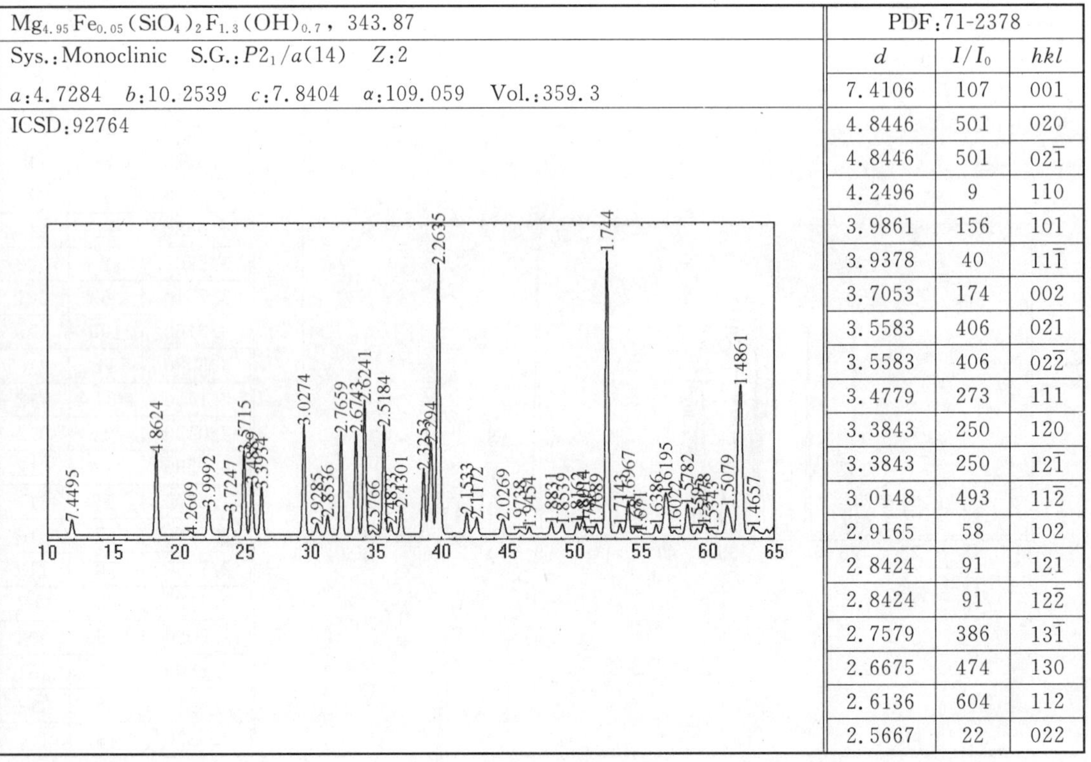

9-042b 粒硅镁石(Chondrodite)

$Mg_{4.95}Fe_{0.05}(SiO_4)_2F_{1.3}(OH)_{0.7}$，343.87

ICSD:92764(续)

Atom		Wcf	x	y	z	Occ
Mg1	Mg^{2+}	2d	0.5	0	0.5	0.880(9)
Fe1	Fe^{2+}	2d	0.5	0	0.5	0.120(9)
Mg2	Mg^{2+}	4e	0.0104(2)	0.17356(7)	0.3072(1)	1.0
Mg3	Mg^{2+}	4e	0.4921(2)	0.88631(8)	0.0792(1)	1.0
Si1	Si^{4+}	4e	0.0760(2)	0.1442(1)	0.7040(1)	1.0
O1	O^{2-}	4e	0.7792(2)	0.00099(7)	0.2941(1)	1.0
O2	O^{2-}	4e	0.7268(2)	0.24079(7)	0.1251(1)	1.0
O3	O^{2-}	4e	0.2238(2)	0.16899(7)	0.5286(1)	1.0
O4	O^{2-}	4e	0.2646(1)	0.85471(7)	0.2946(1)	1.0
O5	O^{2-}	4e	0.2593(2)	0.05668(8)	0.0988(8)	0.430(8)
F1	F^-	4e	0.2593(2)	0.05668(8)	0.0988(8)	0.570(8)
H1	H^+	4e	0.0895(8)	0.0138(4)	0.0190(5)	0.430(8)

PDF:71-2378(续)

d	I/I_0	hkl
2.5667	22	$02\bar{3}$
2.5093	485	$13\bar{2}$
2.4702	54	003
2.4230	139	040
2.4230	139	$04\bar{2}$
2.3642	2	200
2.3185	258	131
2.2969	153	210
2.2823	330	$11\bar{3}$
2.2536	954	$12\bar{3}$
2.2536	954	$14\bar{1}$
2.1894	8	103
2.1563	10	140
2.1563	10	$14\bar{2}$
2.1474	96	211
2.1247	10	220
2.1247	10	$22\bar{1}$
2.1196	15	$13\bar{3}$
2.1077	66	041
1.7389	999	222

9-043a 水硅锰矿(Leucophoenicite)

$Mn_7(SiO_4)_2SiO_4(OH)_2$，694.83

Sys.:Monoclinic　S.G.:$P2_1/c$(14)　Z:2

a:10.842　b:4.826　c:11.324　β:103.93　Vol.:575.09

ICSD:15176

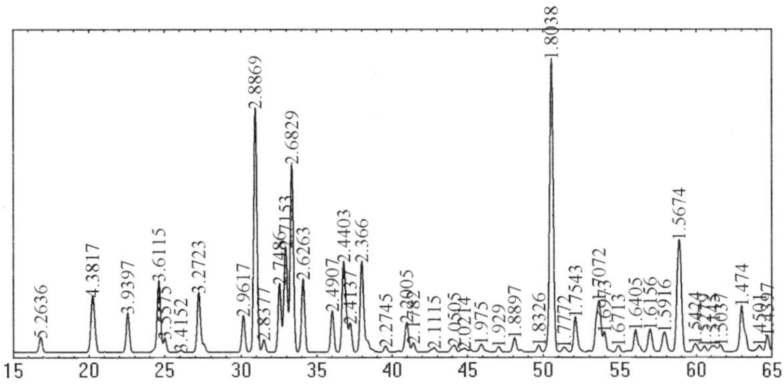

PDF:71-2374

d	I/I_0	hkl
10.9910	9	001
5.4955	1	002
5.2650	88	$20\bar{1}$
5.2650	88	200
4.3867	219	110
4.3550	120	$20\bar{2}$
4.3550	120	201
4.2227	5	$11\bar{1}$
3.9403	174	111
3.6637	18	003
3.6095	281	$11\bar{2}$
3.5565	71	$21\bar{1}$
3.5565	71	210
3.4170	8	$20\bar{3}$
3.4170	8	202
3.2720	245	112
3.2356	40	$21\bar{2}$
3.2356	40	211
2.9620	160	$11\bar{3}$
2.8868	999	$31\bar{1}$

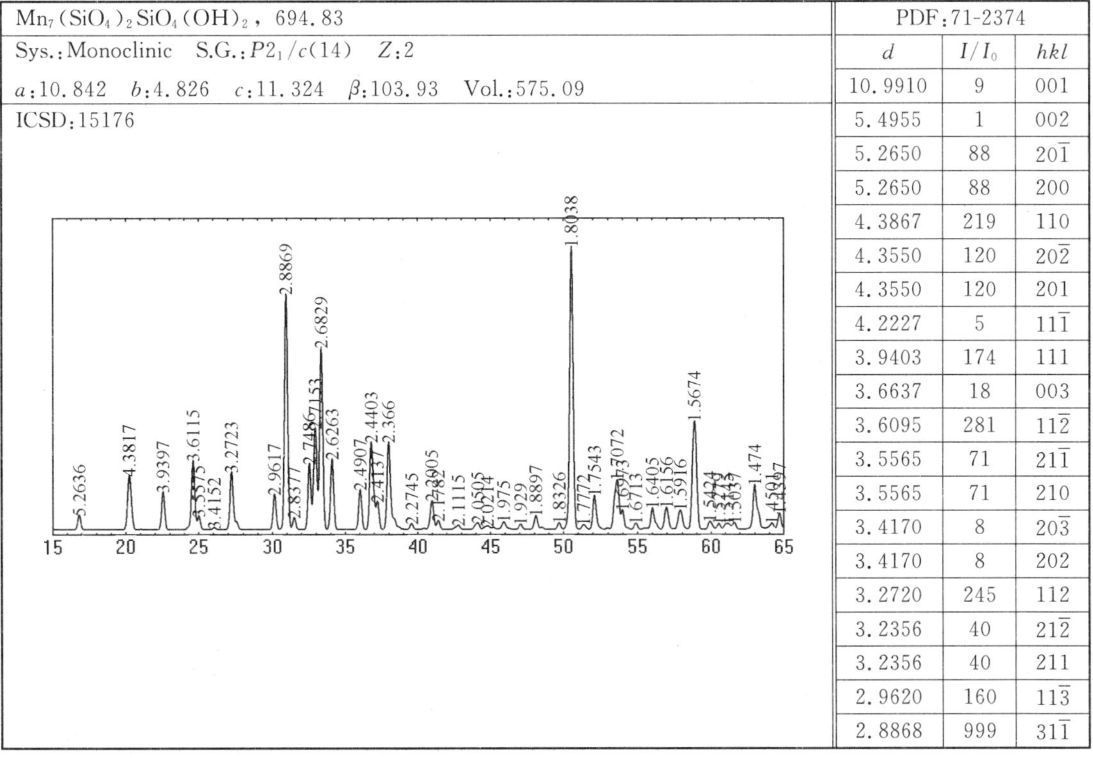

9-043b 水硅锰矿(Leucophoenicite)

$Mn_7(SiO_4)_2SiO_4(OH)_2$, 694.83

ICSD:15176(续)

Atom		Wcf	x	y	z	Occ
Mn1	Mn^{2+}	2a	0	0	0	1.0
Mn2	Mn^{2+}	4e	0.3149(2)	0.0150(5)	0.1396(2)	1.0
Mn3	Mn^{2+}	4e	0.3308(2)	0.4942(5)	0.4110(2)	1.0
Mn4	Mn^{2+}	4e	0.0781(2)	−0.0105(5)	0.2967(2)	1.0
Si1	Si^{4+}	4e	0.0246(6)	0.4144(13)	0.4381(5)	0.5
Si2	Si^{4+}	4e	0.1287(3)	0.5731(6)	0.1439(3)	1.0
O1	O^{2-}	4e	0.4907(7)	−0.2135(17)	0.1488(7)	1.0
O2	O^{2-}	4e	0.3345(8)	0.2137(18)	−0.0265(7)	1.0
O3	O^{2-}	4e	0.2289(8)	−0.2879(19)	0.2614(7)	1.0
O4	O^{2-}	4e	0.4207(9)	0.2348(20)	0.3058(8)	0.5
O5	O^{2-}	4e	0.4207(9)	0.2348(20)	0.3058(8)	0.5
O6	O^{2-}	4e	0.1736(8)	0.2626(20)	0.4391(8)	0.5
O7	O^{2-}	4e	0.1736(8)	0.2626(20)	0.4391(8)	0.5
O8	O^{2-}	4e	0.1290(8)	0.2390(19)	0.1450(8)	1.0
O9	O^{2-}	4e	0.5254(9)	0.7708(20)	0.4379(9)	1.0

PDF:71-2374(续)

d	I/I_0	hkl
2.8374	61	310
2.7887	6	$21\bar{3}$
2.7887	6	212
2.7488	297	$31\bar{2}$
2.7488	297	004
2.7190	335	$20\bar{4}$
2.7190	335	203
2.7105	348	$40\bar{1}$
2.6826	782	113
2.6263	309	400
2.6263	309	311
2.4903	170	$31\bar{3}$
2.4415	333	$11\bar{4}$
2.4323	223	$40\bar{3}$
2.4130	139	020
2.3633	232	213
2.3633	232	$41\bar{1}$
2.3421	45	312
2.3256	13	$12\bar{1}$
2.3099	2	$41\bar{2}$

9-044a 斜硅镁石(Clinohumite)

$Mg_{7.23}Fe_{1.51}Ti_{0.26}(SiO_4)_4(OH)_{1.48}O_{0.52}$, 674.33

Sys.:Monoclinic S.G.:$P2_1/c$(14) Z:2

a:4.753 b:10.269 c:13.724 α:100.9 Vol.:657.76

ICSD:21021

Atom		Wcf	x	y	z	Occ
Mg1	Mg^{2+}	2d	0.5	0	0.5	0.806
Mg2	Mg^{2+}	4e	0.00294(14)	0.44596(6)	0.27424(5)	0.803
Mg3	Mg^{2+}	4e	0.01258(15)	0.13989(7)	0.16997(5)	0.84
Mg4	Mg^{2+}	4e	0.98872(15)	0.75089(7)	0.38792(6)	0.759
Mg5	Mg^{2+}	4e	0.00599(15)	0.38156(8)	0.04182(6)	0.81

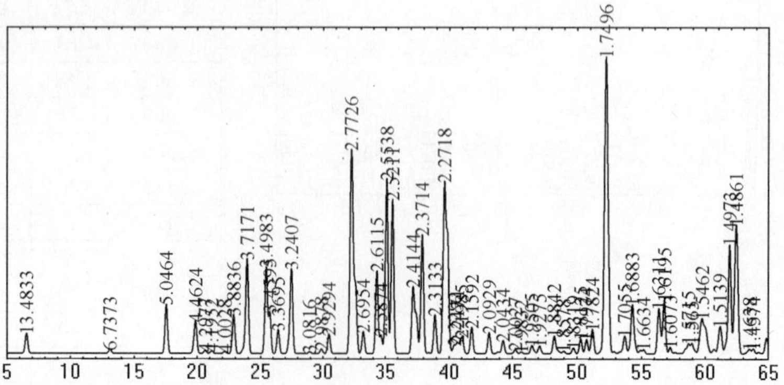

PDF:73-0151

d	I/I_0	hkl
13.4764	218	001
6.7382	43	002
5.0457	387	$02\bar{1}$
5.0457	387	020
4.4618	229	$02\bar{2}$
4.4618	229	021
4.2993	10	110
4.1951	29	$11\bar{1}$
4.0036	14	111
3.8840	249	102
3.7647	21	$11\bar{2}$
3.7140	559	$02\bar{3}$
3.7140	559	022
3.4988	454	112
3.4585	257	$12\bar{1}$
3.4585	257	120
3.3691	145	004
3.2648	53	103
3.2392	438	$11\bar{3}$
2.9880	31	113

9-044b 斜硅镁石(Clinohumite)

$Mg_{7.23}Fe_{1.51}Ti_{0.26}(SiO_4)_4(OH)_{1.48}O_{0.52}$, 674.33

ICSD:21021(续)

Atom		Wcf	*x*	*y*	*z*	Occ
Fe1	Fe^{2+}	2*d*	0.5	0	0.5	0.194
Fe2	Fe^{2+}	4*e*	0.00294(14)	0.44596(6)	0.27424(5)	0.197
Fe3	Fe^{2+}	4*e*	0.01258(15)	0.13989(7)	0.16997(5)	0.16
Fe4	Fe^{2+}	4*e*	0.98872(15)	0.75089(7)	0.38792(6)	0.241
Fe5	Fe^{2+}	4*e*	0.00599(15)	0.38156(8)	0.04182(6)	0.06
Ti1	Ti^{4+}	4*e*	0.00599(15)	0.38156(8)	0.04182(6)	0.13
Si1	Si^{4+}	4*e*	0.42699(15)	0.56673(6)	0.38952(5)	1.0
Si2	Si^{4+}	4*e*	0.57563(14)	0.32317(6)	0.16460(5)	1.0
O1	O^{2-}	4*e*	0.76733(40)	0.56471(16)	0.38786(12)	1.0
O2	O^{2-}	4*e*	0.28089(38)	0.42086(16)	0.38774(16)	1.0
O3	O^{2-}	4*e*	0.27872(37)	0.61312(17)	0.29395(13)	1.0
O4	O^{2-}	4*e*	0.27941(38)	0.65899(16)	0.48633(13)	1.0
O5	O^{2-}	4*e*	0.23539(39)	0.32279(17)	0.16273(13)	1.0
O6	O^{2-}	4*e*	0.72116(37)	0.46805(17)	0.16273(13)	1.0
O7	O^{2-}	4*e*	0.72219(39)	0.27913(17)	0.26181(13)	1.0
O8	O^{2-}	4*e*	0.72579(38)	0.22776(17)	0.06969(13)	1.0
O9	O^{2-}	4*e*	0.24213(39)	0.54469(17)	0.05394(13)	1.0

PDF:73-0151(续)

d	I/I_0	*hkl*
2.9303	90	$12\bar{3}$
2.9303	90	122
2.7742	935	$13\bar{1}$
2.7622	642	$11\bar{4}$
2.7444	366	104
2.7444	366	130
2.6953	119	005
2.6953	119	$13\bar{2}$
2.6115	461	131
2.5846	125	$12\bar{4}$
2.5846	125	024
2.5538	947	114
2.5215	846	$13\bar{3}$
2.5215	846	040
2.4147	349	132
2.3974	186	$04\bar{3}$
2.3974	186	041
2.3713	630	$11\bar{5}$
1.7494	999	224
1.7440	783	$24\bar{1}$

9-045a 斜硅锰矿(Sonolite)

$(Mn,Zn)_9Si_4O_{16}(OH)_2$, 896.79

Sys.:Monoclinic S.G.:$P2_1/c$(14) *Z*:2

a:13.94 *b*:4.79 *c*:10.51 *β*:100.83 Vol.:689.28

ICSD:75546

Atom		Wcf	*x*	*y*	*z*	Occ
Mn1	Mn^{2+}	2*d*	0.5	0	0.5	0.26
Mg1	Mg^{2+}	2*d*	0.5	0	0.5	0.46
Zn1	Zn^{2+}	2*d*	0.5	0	0.5	0.28
Mn2	Mn^{2+}	4*e*	0.4988(2)	0.9466(1)	0.2722(1)	0.38
Mg2	Mg^{2+}	4*e*	0.4988(2)	0.9466(1)	0.2722(1)	0.36

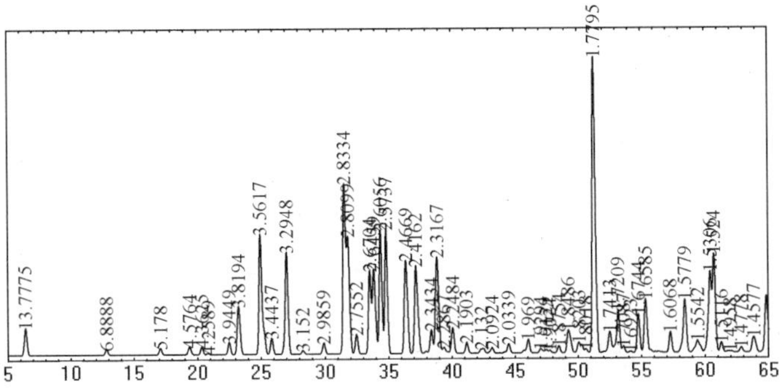

PDF:22-0728

d	I/I_0	*hkl*
13.7000	20	100
6.9000	5	200
5.1600	20	$\bar{1}02$
4.9100	5	—
4.5600	20	300
4.3500	5	011
3.9300	10	210
3.7900	20	$\bar{3}02$
3.5500	30	211
3.5100	5	$\bar{1}12$
3.4200	10	400
3.2800	25	$\bar{3}11$
2.9720	10	$\bar{3}12$
2.8220	70	$\bar{1}13$
2.7990	50	$\bar{4}11$
2.7400	10	500
2.6580	30	113
2.6310	20	$\bar{5}02$
2.5940	35	411
2.5640	40	$\bar{3}13$

9-045b 斜硅锰矿(Sonolite)

$(Mn,Zn)_9Si_4O_{16}(OH)_2$，896.79

ICSD:75546(续)

Atom		Wcf	x	y	z	Occ
Zn2	Zn^{2+}	4e	0.4988(2)	0.9466(1)	0.2722(1)	0.26
Mn3	Mn^{2+}	4e	0.0099(2)	0.1392(1)	0.1696(1)	0.84
Mg3	Mg^{2+}	4e	0.0099(2)	0.1392(1)	0.1696(1)	0.2
Mn4	Mn^{2+}	4e	0.5151(2)	0.2523(1)	0.3876(1)	1.02
Mg4	Mg^{2+}	4e	0.5151(2)	0.2523(1)	0.3876(1)	0.06
Mg5	Mg^{2+}	4e	0.4899(2)	0.8760(1)	0.0412(1)	0.84
Zn3	Zn^{2+}	4e	0.4899(2)	0.8760(1)	0.0412(1)	0.21
Si1	Si^{4+}	4e	0.0767(3)	0.0651(1)	0.3890(1)	1.0
Si2	Si^{4+}	4e	0.0756(3)	0.1758(1)	0.8382(1)	1.0
O1	$O^{2.04-}$	4e	0.7427(8)	0.0612(4)	0.3873(3)	1.0
O2	$O^{2.04-}$	4e	0.2759(8)	0.4232(3)	0.3877(3)	1.0
O3	$O^{2.04-}$	4e	0.2156(8)	0.1112(4)	0.2949(3)	1.0
O4	$O^{2.04-}$	4e	0.2176(8)	0.1549(4)	0.4836(3)	1.0
O5	$O^{2.04-}$	4e	0.2383(8)	0.3253(3)	0.1597(2)	1.0
O6	$O^{2.04-}$	4e	0.7762(8)	0.9657(3)	0.1607(3)	1.0
O7	$O^{2.04-}$	4e	0.7176(8)	0.2809(3)	0.2570(2)	1.0
O8	$O^{2.04-}$	4e	0.7213(8)	0.2305(3)	0.0684(2)	1.0
O9	O^{2-}	4e	0.2619(8)	0.0425(3)	0.0511(2)	0.6
F1	F^{-}	4e	0.2619(8)	0.0425(3)	0.0511(2)	0.4

PDF:22-0728(续)

d	I/I_0	hkl
2.4510	40	$\bar{3}04$
2.4050	40	$\bar{5}11$
2.3340	10	021
2.3050	55	$\bar{1}14$
2.2380	10	511
2.1860	5	114
2.1160	5	$\bar{3}21$
2.0790	5	$\bar{5}04$
1.9560	5	700
1.9230	5	$\bar{1}15$
1.8670	5	$\bar{3}15$
1.8370	5	223
1.8090	5	$\bar{7}12$
1.7720	100	422
1.7530	5	215
1.7060	10	$\bar{5}15$
1.6670	15	$\bar{6}21$
1.6510	15	224
1.6010	15	$\bar{6}15$
1.5720	2	$\bar{5}24$

9-046a 硅镁石(Humite)

$Mg_{6.6}Fe_{0.4}(SiO_4)_3F(OH)$，495.01

Sys.:Orthorhombic S.G.:*Pnma*(62) *Z*:4

a:4.7408 *b*:10.258 *c*:20.8526 Vol.:1014.09

ICSD:34847

Atom		Wcf	x	y	z	Occ
Mg1	Mg^{2+}	8d	0.0017(3)	0.3773(2)	0.1767(1)	0.91
Fe1	Fe^{2+}	8d	0.0017(3)	0.3773(2)	0.1767(1)	0.09
Mg2	Mg^{2+}	4c	0.5108(5)	0.1540(2)	0.25	0.88
Fe2	Fe^{2+}	4c	0.5108(5)	0.1540(2)	0.25	0.12
Mg3	Mg^{2+}	8d	0.0087(4)	0.0976(2)	0.1092(1)	0.97

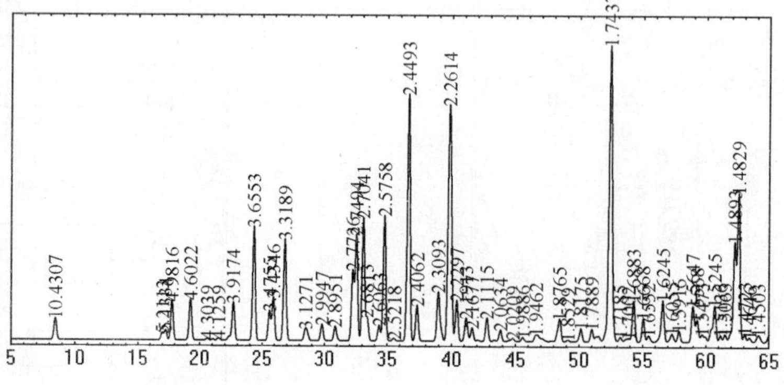

PDF:76-0876

d	I/I_0	hkl
10.4263	75	002
5.2132	52	004
5.1290	63	020
4.9806	231	021
4.6023	254	022
4.3034	2	110
4.2146	9	111
4.1271	9	023
3.9779	46	112
3.9166	198	103
3.6561	549	113
3.6561	549	024
3.4754	155	120
3.4754	155	006
3.4339	216	121
3.3188	448	114
3.2358	2	025
3.1313	49	105
3.1128	37	123
2.9949	51	115

9-046b 硅镁石(Humite)

$Mg_{6.6}Fe_{0.4}(SiO_4)_3F(OH)$，495.01

ICSD:34847(续)

Atom		Wcf	x	y	z	Occ
Fe3	Fe^{2+}	8d	0.0087(4)	0.0976(2)	0.1092(1)	0.03
Mg4	Mg^{2+}	8d	0.4925(4)	0.8665(1)	0.0278(1)	0.99
Fe4	Fe^{2+}	8d	0.4925(4)	0.8665(1)	0.0278(1)	0.01
Si1	Si^{4+}	4c	0.0752(5)	0.9691(2)	0.25	1.0
Si2	Si^{4+}	8d	0.5765(4)	0.2819(1)	0.1059(1)	1.0
O1	O^{2-}	8d	0.7225(8)	0.2141(4)	0.1686(2)	1.0
O2	O^{2-}	8d	0.2198(9)	0.0382(4)	0.1882(2)	1.0
O3	O^{2-}	8d	0.7261(8)	0.2087(4)	0.0452(2)	1.0
O4	O^{2-}	8d	0.2368(8)	0.2827(4)	0.1048(2)	1.0
O5	O^{2-}	4c	0.2816(13)	0.3233(6)	0.25	1.0
O6	O^{2-}	4c	0.7320(11)	0.9679(6)	0.25	1.0
O7	O^{2-}	8d	0.7805(9)	0.9264(4)	0.1046(2)	1.0
F1	F^{-}	8d	0.2621(7)	0.0328(3)	0.0357(2)	0.5
O8	O^{2-}	8d	0.2621(7)	0.0328(3)	0.0357(2)	0.5

PDF:76-0876(续)

d	I/I_0	hkl
2.8952	63	124
2.7733	280	130
2.7491	456	131
2.7038	551	116
2.6801	94	132
2.6726	65	125
2.6066	81	008
2.5758	578	027
2.5758	578	133
2.5223	13	107
2.4903	6	042
2.4494	999	117
2.4494	999	134
2.4060	161	043
2.3704	8	200
2.3095	189	210
2.3095	189	135
2.3011	112	044
2.2955	50	211
2.2634	672	127

9-047a 硬绿泥石(Chloritoid)

$FeAl_2SiO_5(OH)_2$，251.91

Sys.:Triclinic　S.G.:$P\bar{1}$(2)　Z:2

a:9.5　b:5.48　c:9.16　α:96.88　β:101.8　γ:90.03　Vol.:463.28

ICSD:100223

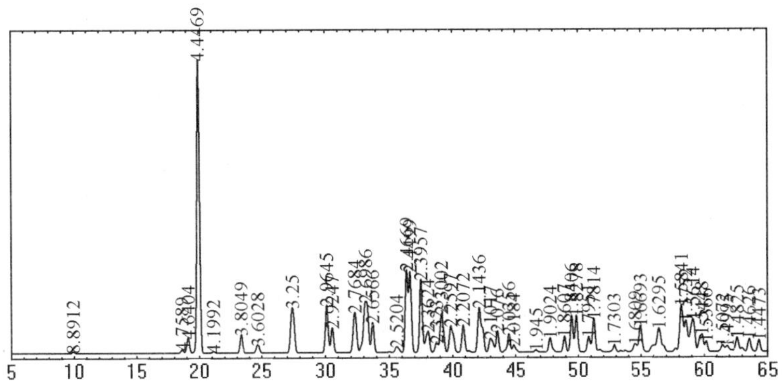

PDF:14-0344

d	I/I_0	hkl
4.7470	10	$\bar{1}10$
4.6400	10	110
4.4490	100	002
3.8060	30	201
3.6080	10	$\bar{1}\bar{1}2$
3.2470	60	$1\bar{1}2$
2.9650	80	003
2.9240	20	112
2.7710	40	$\bar{2}03$
2.6960	70	$\bar{3}11$
2.6610	30	310
2.5140	10	$\bar{1}13$
2.4560	90	$0\bar{2}2$
2.3990	50	311
2.3690	30	$\bar{2}\bar{2}1$
2.3220	10	220
2.2950	50	203
2.2590	30	$\bar{4}02$
2.2060	30	$3\bar{1}2$
2.1390	60	221

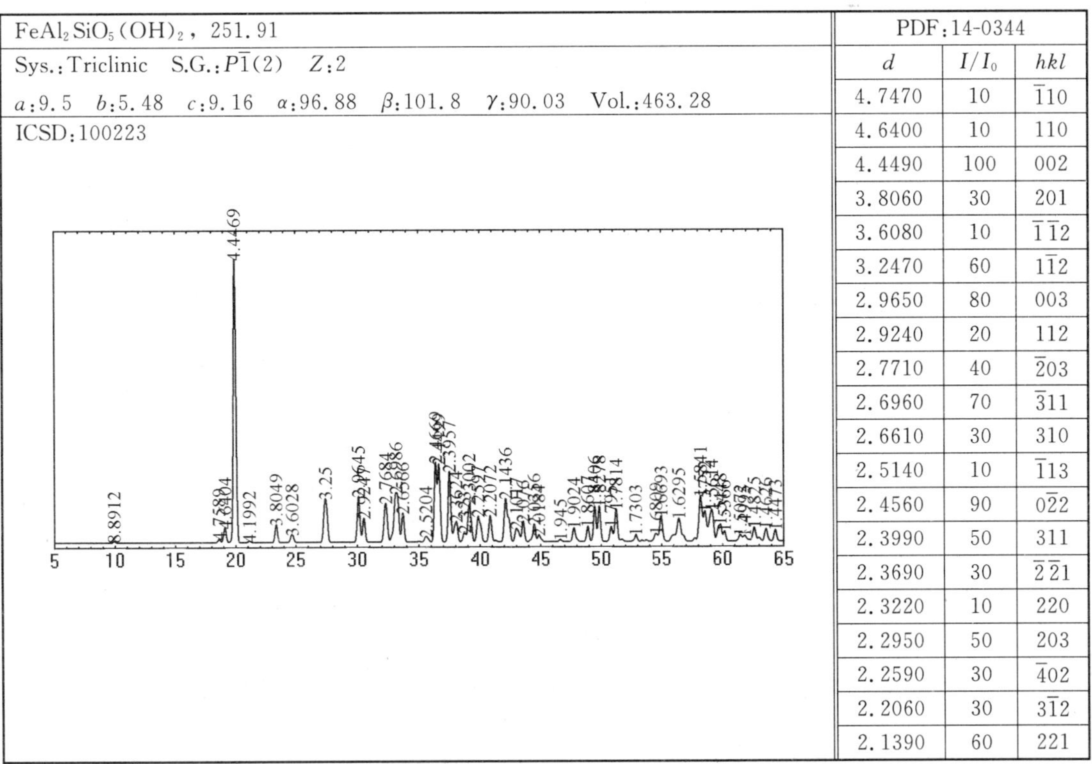

9-047b 硬绿泥石(Chloritoid)

$FeAl_2SiO_5(OH)_2$, 251.91

ICSD:100223(续)

Atom		Wcf	x	y	z	Occ
Fe1	Fe^{3+}	2c	0.25	0.25	0	0.160(15)
Al1	Al^{3+}	2c	0.25	0.25	0	0.840(15)
Al2	Al^{3+}	2h	0	0.5	0.5	1.0
Fe2	Fe^{2+}	4i	0.0837(2)	0.7470(4)	0.0018(3)	0.885
Mg1	Mg^{2+}	4i	0.0837(2)	0.7470(4)	0.0018(3)	0.075
Al3	Al^{3+}	2g	0.25	0.25	0.5	1.0
Al4	Al^{3+}	2f	0.25	0.75	0.5	1.0
Si1	Si^{4+}	4i	0.4620(4)	0.4643(7)	0.3135(7)	1.0
O1	O^{2-}	4i	0.1093(9)	0.4142(16)	0.1062(10)	1.0
O2	O^{2-}	4i	0.2655(10)	0.9615(15)	0.1027(10)	1.0
O3	O^{2-}	4i	0.4204(10)	0.4217(15)	0.1264(11)	1.0
O4	O^{2-}	4i	0.3942(9)	0.2316(14)	0.3759(10)	1.0
O5	O^{2-}	4i	0.3939(9)	0.7186(14)	0.375(1)	1.0
O6	O^{2-}	4i	0.1351(9)	0.9753(14)	0.3737(10)	1.0
O7	O^{2-}	4i	0.1486(9)	0.4811(14)	0.4013(10)	1.0

PDF:14-0344(续)

d	I/I_0	hkl
2.0950	20	$2\bar{2}2$
2.0780	10	312
2.0440	20	213
2.0160	10	320
1.9450	10	$\bar{3}\bar{1}4$
1.9040	20	402
1.8960	20	$3\bar{1}3$
1.8530	20	$\bar{2}23$
1.8340	70	$\bar{3}14$
1.7820	30	$\bar{4}21$
1.7270	10	$\bar{1}31$
1.6850	10	105
1.6690	30	403
1.6395	10	$\bar{1}\bar{3}3$
1.6285	20	$3\bar{1}4$
1.5804	80	$0\bar{2}5$
1.5650	30	$\bar{3}\bar{3}2$
1.5575	30	$\bar{3}31$
1.5484	2	330

9-048 榍石(Titanite)

$CaTiSiO_5$, 196.06

Sys.:Monoclinic S.G.:$A2/a$(15) Z:4

a:7.073 b:8.718 c:6.555 β:113.97 Vol.:369.34

ICSD:24614

Atom		Wcf	x	y	z	Occ
Ca1	Ca^{2+}	4e	0.25	0.1677(7)	0	1.0
Ti1	Ti^{4+}	4b	0.5	0	0.5	1.0
Si1	Si^{4+}	4e	0.75	0.1818(6)	0	1.0
O1	O^{2-}	4e	0.75	0.0668(26)	0.5	1.0
O2	O^{2-}	8f	0.9097(13)	0.0689(18)	0.1838(17)	1.0
O3	O^{2-}	8f	0.3737(13)	0.2111(18)	0.3982(15)	1.0

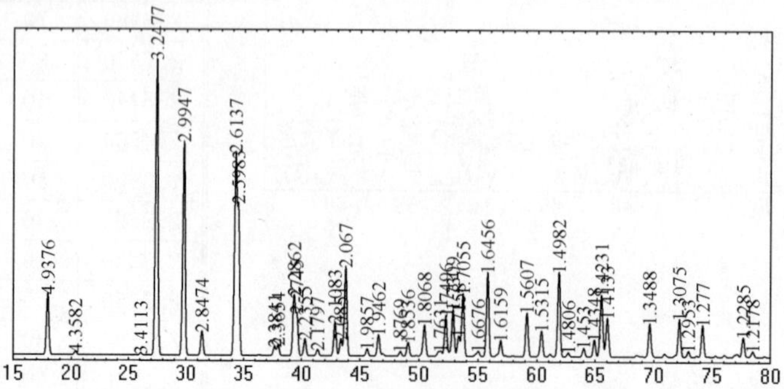

PDF:73-2066

d	I/I_0	hkl
4.9368	242	011
4.7683	6	$11\bar{1}$
4.3590	14	020
3.6139	1	120
3.4108	12	111
3.2476	999	$21\bar{1}$
2.9948	757	002
2.8479	65	$20\bar{2}$
2.6145	670	$12\bar{2}$
2.6145	670	031
2.5960	493	220
2.5886	292	$13\bar{1}$
2.4684	2	022
2.3841	43	$22\bar{2}$
2.3651	51	211
2.2868	159	131
2.2732	109	$31\bar{1}$
2.2357	42	$23\bar{1}$
2.1795	18	040
2.1082	85	$11\bar{3}$

9-049 氧硅钛钠石(Natisite)

$Na_2(TiO)SiO_4$, 201.96

Sys.: Tetragonal　S.G.: $P4/nmm$(129)　Z: 2

a: 6.4967　c: 5.0845　Vol.: 214.6

ICSD: 20205

Atom		Wcf	x	y	z	Occ
Ti1	Ti^{4+}	$2c$	0.5	0	0.9345(3)	1.0
Si1	Si^{4+}	$2a$	0	0	0	1.0
Na1	Na^{+}	$4e$	0.25	0.25	0.5	1.0
O1	O^{2-}	$8i$	0.2060(6)	0	0.8168(8)	1.0
O2	O^{2-}	$2c$	0.5	0	0.269(1)	1.0

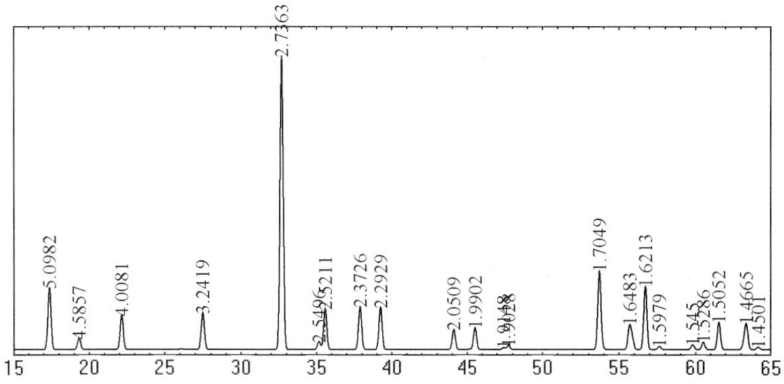

PDF: 54-1128

d	I/I_0	hkl
5.0806	37	001
4.5990	1	110
4.0013	12	101
3.2485	11	200
2.7373	100	201
2.5423	17	002
2.5233	8	211
2.3661	28	102
2.2968	9	220
2.0541	3	310
1.9929	7	301
1.9057	1	311
1.7052	31	222
1.6490	4	302
1.6398	12	103
1.6247	13	400
1.5973	2	312
1.5477	3	401
1.5316	2	330
1.5022	17	203

9-050a 铈硅石(Cerite)

$(Ca,Mg)_2(La,Ce)_8(SiO_4)_7(OH,H_2O)_3$, 1887.01

Sys.: Trigonal　S.G.: $R3c$(161)　Z: 6

a: 10.785　c: 37.995　Vol.: 13827.34

ICSD: 31226

Atom		Wcf	x	y	z	Occ
Ce1	Ce^{3+}	$18b$	0.2552(1)	0.1318(1)	0.0683(2)	0.940(5)
Ce2	Ce^{3+}	$18b$	0.1435(1)	0.2621(1)	0.4329(2)	0.890(5)
Ce3	Ce^{3+}	$18b$	0.2592(1)	0.1357(1)	0.1762(2)	0.879(5)
Si1	Si^{4+}	$18b$	0.3164(4)	0.1471(4)	0.3641(2)	1.0
O1	O^{2-}	$18b$	0.2653(14)	0.0907(15)	0.3232(3)	1.0

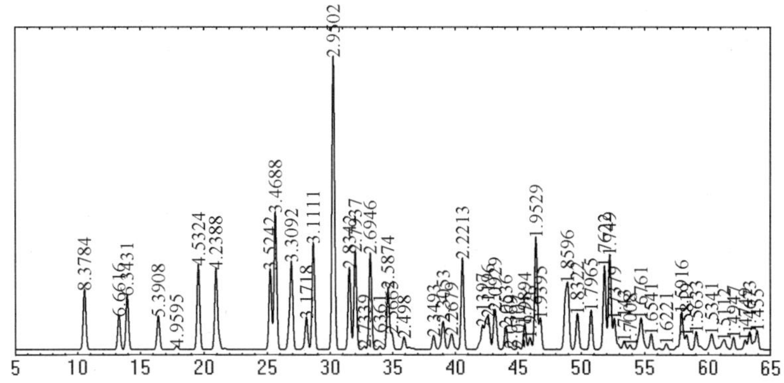

PDF: 11-0126

d	I/I_0	hkl
8.4000	14	012
6.6700	8	104
6.3500	8	006
5.4000	10	110
4.5300	18	202
4.2300	14	018
3.5100	16	211
3.4700	40	122
3.3100	35	214
3.1700	8	00
3.1100	30	300
2.9500	100	0210
2.8300	40	128
2.8000	25	306
2.6900	40	220
2.5900	20	2110
2.5700	8	312
2.5000	6	134
2.4400	4	315
2.3100	8	042

9-050b 铈硅石(Cerite)

$(Ca,Mg)_2(La,Ce)_8(SiO_4)_7(OH,H_2O)_3$, 1887.01

ICSD:31226(续)

Atom		Wcf	x	y	z	Occ
O2	O^{2-}	18*b*	0.2764(9)	0.0034(9)	0.3871(3)	1.0
O3	O^{2-}	18*b*	0.2578(12)	0.2478(12)	0.3796(3)	1.0
O4	O^{2-}	18*b*	0.0857(10)	0.1785(10)	0.0334(3)	1.0
Si2	Si^{4+}	18*b*	0.1499(4)	0.3255(5)	0.1376(2)	1.0
O5	O^{2-}	18*b*	0.2415(11)	0.2645(11)	0.1177(3)	1.0
O6	O^{2-}	18*b*	−0.014(1)	0.264(1)	0.1236(3)	1.0
O7	O^{2-}	18*b*	0.1682(9)	0.0743(10)	0.4655(3)	1.0
O8	O^{2-}	18*b*	0.1396(10)	0.2824(9)	0.1788(2)	1.0
Mg1	Mg^{2+}	6*a*	0	0	0	1.0
Si3	Si^{4+}	6*a*	0	0	0.2524(2)	0.862(7)
O9	O^{2-}	18*b*	0.1602(11)	0.0392(12)	0.2398(2)	1.0
O10	O^{2-}	6*a*	0	0	0.2967(5)	0.866(9)
O11	O^{2-}	6*a*	0	0	0.0638(37)	0.097(8)
O12	O^{2-}	6*a*	0	0	0.0900(5)	1.0
O13	O^{2-}	6*a*	0	0	0.1633(5)	0.936(9)
O14	O^{2-}	6*a*	0	0	0.4090(5)	1.0
Ca1	Ca^{2+}	6*a*	0	0	0.3444(13)	0.169(9)

PDF:11-0126(续)

d	I/I_0	hkl
2.2700	8	229
2.2200	25	3012
2.1400	10	1310
2.1300	8	232
2.0900	14	324
2.0700	6	3111
2.0400	10	410
1.9540	50	238
1.9390	14	1313
1.8630	25	0120
1.8340	14	054
1.7990	16	330
1.7910	6	333
1.7480	25	3018
1.7400	10	2119
1.7170	6	1121
1.6790	12	247
1.6550	8	428
1.5930	14	3216
1.5830	10	1319

9-051a 桂硅钙石(Afwillite)

$Ca_3(SiO_3OH)_2 \cdot 2H_2O$, 342.45

Sys.:Monoclinic S.G.:*Ia*(9) *Z*:4

a:16.271 *b*:5.6326 *c*:13.237 *β*:134.9 Vol.:859.32

ICSD:18

Atom		Wcf	x	y	z	Occ
Ca1	Ca^{2+}	4*a*	0.19680(5)	0.03703(6)	0.29200(5)	1.0
Ca2	Ca^{2+}	4*a*	0.80171(4)	0.04990(7)	0.21213(5)	1.0
Ca3	Ca^{2+}	4*a*	0.50392(4)	0.02829(7)	0.03131(6)	1.0
Si1	Si^{4+}	4*a*	0.11768(6)	0.05129(10)	0.00184(7)	1.0
Si2	Si^{4+}	4*a*	0.86923(6)	0.98073(10)	0.00188(7)	1.0

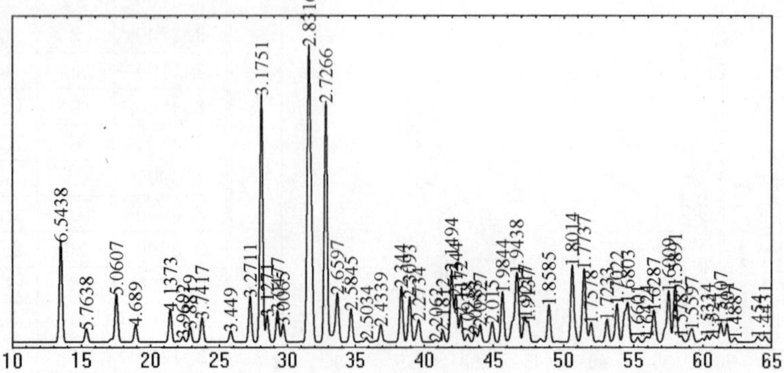

PDF:29-0330

d	I/I_0	hkl
6.5200	45	$\bar{2}02$
5.7600	6	200
5.0600	25	110
4.6900	10	002
4.1400	11	$\bar{1}12$
3.8790	10	$\bar{3}12$
3.7400	13	$\bar{3}11$
3.4460	3	$\bar{3}13$
3.2700	12	$\bar{4}04$
3.1740	100	$\bar{3}10$
3.1260	11	$\bar{1}13$
3.0480	11	$\bar{2}04$
3.0050	10	112
2.8340	95	$\bar{3}14$
2.8180	60	020
2.7270	70	$\bar{5}12$
2.6990	3	021
2.6770	3	$\bar{6}04$
2.6600	18	$\bar{2}21$
2.5870	13	$\bar{2}22$

9-051b 桂硅钙石(Afwillite)

$Ca_3(SiO_3OH)_2 \cdot 2H_2O$，342.45

ICSD:18(续)

Atom		Wcf	*x*	*y*	*z*	Occ
O1	O^{2-}	4*a*	0.99020(15)	0.90943(34)	0.34297(18)	1.0
O2	O^{2-}	4*a*	0.00197(15)	0.90887(33)	0.15827(18)	1.0
O3	O^{2-}	4*a*	0.78272(14)	0.97821(29)	0.02343(18)	1.0
O4	O^{2-}	4*a*	0.21228(15)	0.05467(27)	0.98665(19)	1.0
O5	O^{2-}	4*a*	0.33680(15)	0.73414(27)	0.39691(17)	1.0
O6	O^{2-}	4*a*	0.36651(16)	0.26997(30)	0.44054(21)	1.0
O7	O^{2-}	4*a*	0.15230(15)	0.27093(26)	0.10640(18)	1.0
O8	O^{2-}	4*a*	0.13667(15)	0.80824(26)	0.08125(19)	1.0
O9	O^{2-}	4*a*	0.59284(16)	0.89321(35)	0.26963(20)	1.0
O10	O^{2-}	4*a*	0.41837(20)	0.96957(40)	0.26654(26)	1.0
H1	H^+	4*a*	0.496	0.415	0.243	1.0
H2	H^+	4*a*	0.228	0.24	0	1.0
H3	H^+	4*a*	0.15	0.45	0.375	1.0
H4	H^+	4*a*	0.03	0.36	0.27	1.0
H5	H^+	4*a*	0.43	0.105	0.312	1.0
H6	H^+	4*a*	0.346	0.975	0.164	1.0

PDF:29-0330(续)

d	I/I_0	*hkl*
2.5080	2	$\bar{6}02$
2.4350	6	$\bar{1}14$
2.3460	20	004
2.3100	18	$\bar{4}22$
2.2830	2	$\bar{4}23$
2.2730	6	221
2.1810	5	$\bar{6}06$
2.1490	30	$\bar{7}14$
2.1340	14	$\bar{4}24$
2.1170	10	312
2.1000	3	$\bar{7}15$
2.0660	5	$\bar{2}24$
2.0530	6	$\bar{5}16$
2.0150	6	420
1.9840	18	222
1.9570	6	$\bar{7}16$
1.9450	25	$\bar{6}23$
1.9400	13	$\bar{6}24$
1.9210	6	600
1.9130	4	114

9-052a 氟硅钙石(Bultfonteinite)

$Ca_2SiO_2F(OH)_3$，210.26

Sys.:Triclinic S.G.:$P\bar{1}$(2) *Z*:2

a:10.995 *b*:8.185 *c*:5.674 *α*:94.18 *β*:91.16 *γ*:89.89 Vol.:509.16

ICSD:45301

Atom		Wcf	*x*	*y*	*z*	Occ
Ca1	Ca^{2+}	2*i*	0.1331(3)	0.7938(3)	0.7834(3)	1.0
Ca2	Ca^{2+}	2*i*	0.3695(3)	0.7942(3)	0.2873(3)	1.0
Ca3	Ca^{2+}	2*i*	0.1202(3)	0.4759(3)	0.2495(3)	1.0
Ca4	Ca^{2+}	2*i*	0.3829(3)	0.4792(3)	0.7449(3)	1.0

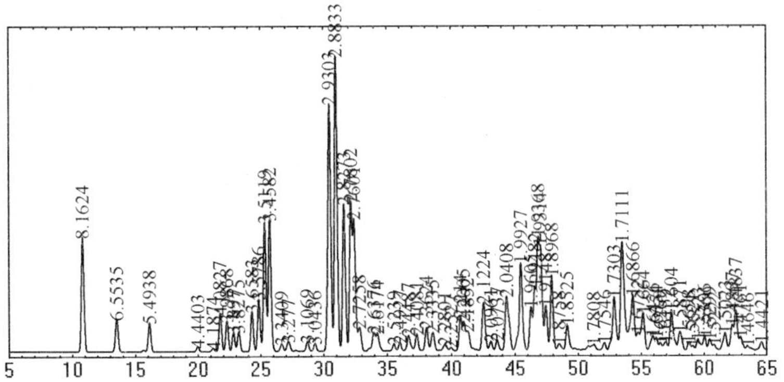

PDF:42-1435

d	I/I_0	*hkl*
8.1700	60	010
6.5600	15	110
6.5600	15	$\bar{1}10$
5.5000	15	200
4.0800	37	020
3.9870	10	$\bar{2}01$
3.5090	30	$\bar{2}11$
3.4610	25	211
3.3410	10	310
3.2780	10	220
3.2780	10	$\bar{2}20$
2.9280	53	$\bar{2}\bar{2}1$
2.8910	80	$2\bar{2}1$
2.8910	80	$3\bar{1}1$
2.8310	60	002
2.7740	42	$\bar{2}21$
2.7490	25	221
2.7490	25	400
2.7260	20	320
2.7260	20	$\bar{3}20$

9-052b 氟硅钙石(Bultfonteinite)

$Ca_2SiO_2F(OH)_3$，210.26

ICSD:45301(续)

Atom		Wcf	x	y	z	Occ
Si1	Si^{4+}	2i	0.4266(4)	0.2404(4)	0.2146(3)	1.0
Si2	Si^{4+}	2i	0.0701(4)	0.2397(4)	0.7325(3)	1.0
O1	O^{2-}	2i	0.2512(12)	0.6186(14)	0.0250(15)	1.0
O2	O^{2-}	2i	0.2479(12)	0.6253(14)	0.5067(15)	1.0
O3	O^{2-}	2i	0.0423(12)	0.0382(14)	0.7002(15)	1.0
O4	O^{2-}	2i	0.4579(12)	0.0369(14)	0.1963(15)	1.0
O5	O^{2-}	2i	0.2797(12)	0.2678(14)	0.1841(15)	1.0
O6	O^{2-}	2i	0.2193(12)	0.2708(14)	0.7593(15)	1.0
O7	O^{2-}	2i	0.0163(12)	0.3280(14)	0.4955(15)	1.0
O8	O^{2-}	2i	0.0018(12)	0.3152(14)	0.9596(15)	1.0
O9	O^{2-}	2i	0.1945(12)	0.9564(14)	0.1642(15)	1.0
O10	O^{2-}	2i	0.3094(12)	0.9579(14)	0.6488(15)	1.0
O11	O^{2-}	2i	0.4935(12)	0.6830(14)	0.9870(15)	1.0
O12	O^{2-}	2i	0.4795(12)	0.3190(14)	0.4625(15)	1.0

PDF:42-1435(续)

d	I/I_0	hkl
2.6420	10	$1\bar{1}2$
2.6420	10	130
2.4910	5	202
2.4910	5	$\bar{4}01$
2.1850	18	330
2.1220	32	$\bar{5}10$
2.0410	40	040
1.9940	25	331
1.9520	15	402
1.9330	100	$\bar{4}30$
1.9130	10	$\bar{2}40$
1.8940	10	032
1.7100	10	$\bar{5}30$
1.6360	5	$\bar{3}13$
1.6020	5	$\bar{2}23$

9-053a 哈硅钙石(Hatrurite)

Ca_3SiO_5，228.32

Sys.:Trigonal S.G.:$R3m$(160) Z:9

a:7.15 c:25.56 Vol.:1131.63

ICSD:30889

Atom		Wcf	x	y	z	Occ
Ca1	Ca^{2+}	9b	0.488(1)	−0.488(1)	0.001(2)	1.0
Ca2	Ca^{2+}	9b	0.826(2)	−0.826(2)	−0.111(2)	1.0
Ca3	Ca^{2+}	9b	0.509(1)	−0.509(1)	−0.225(2)	1.0
Si1	Si^{4+}	3a	0	0	0	1.0
Si2	Si^{4+}	3a	0	0	−0.213(2)	1.0

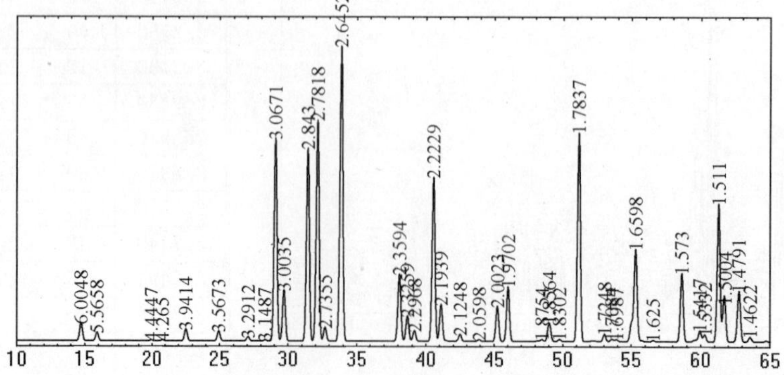

PDF:16-0406

d	I/I_0	hkl
6.0200	12	101
5.5700	6	012
3.9400	12	015
3.5800	8	110
3.3000	4	113
3.0700	90	021
3.0100	30	202
2.8400	70	009
2.7870	100	024
2.7390	6	116
2.6490	100	205
2.3620	20	027
2.3310	6	211
2.3030	4	122
2.2240	50	119
2.1980	16	214
2.1300	2	$0\underline{012}$
2.0060	12	303
1.9710	18	$02\underline{10}$
1.8580	8	$20\underline{11}$

9-053b 哈硅钙石(Hatrurite)

Ca_3SiO_5，228.32

ICSD:30889(续)

Atom		Wcf	x	y	z	Occ
Si3	Si^{4+}	3*a*	0	0	−0.784(2)	1.0
O1	O^{2-}	3*a*	0	0	−0.385(3)	1.0
O2	O^{2-}	3*a*	0	0	−0.504(9)	1.0
O3	O^{2-}	3*a*	0	0	−0.627(3)	1.0
O4	O^{2-}	9*b*	0.057	−0.057	−0.057	0.3333
O5	O^{2-}	9*b*	−0.13	0.13	−0.007	0.3333
O6	O^{2-}	18*c*	0.223	0.148	0.032	0.3333
O7	O^{2-}	9*b*	0.016	−0.016	−0.276	0.10(2)
O8	O^{2-}	9*b*	−0.128	0.128	−0.199	0.10(2)
O9	O^{2-}	18*c*	0.241	0.13	−0.188	0.10(2)
O10	O^{2-}	9*b*	0.032	−0.032	−0.152	0.23(2)
O11	O^{2-}	9*b*	−0.131	0.131	−0.219	0.23(2)
O12	O^{2-}	18*c*	0.234	0.137	−0.241	0.23(2)
O13	O^{2-}	9*b*	−0.032	0.032	−0.845	0.3333
O14	O^{2-}	9*b*	0.131	−0.131	−0.778	0.3333
O15	O^{2-}	18*c*	0.137	0.234	−0.756	0.3333

PDF:16-0406(续)

d	I/I_0	hkl
1.8300	2	1112
1.7890	55	220
1.6690	4	309
1.6590	16	134
1.6490	2	1211
1.5750	10	2014
1.5370	4	042
1.5130	25	229
1.5050	6	2113
1.4820	12	3012

9-054a 灰硅钙石(Spurrite)

$Ca_5(SiO_4)_2CO_3$，444.58

Sys.:Monoclinic　S.G.:$P2_1/c$(14)　*Z*:4

a:10.49　*b*:6.705　*c*:14.15　*β*:101.3　Vol.:975.95

ICSD:25830

Atom		Wcf	x	y	z	Occ
Ca1	Ca^{2+}	4*e*	0.1400(7)	0.661(1)	0.0720(5)	1.0
Ca2	Ca^{2+}	4*e*	0.0330(7)	0.240(1)	0.6120(5)	1.0
Ca3	Ca^{2+}	4*e*	0.2390(7)	0.061(1)	0.4550(5)	1.0
Ca4	Ca^{2+}	4*e*	0.0440(7)	0.990(1)	0.8300(5)	1.0
Ca5	Ca^{2+}	4*e*	0.1330(7)	0.507(1)	0.8260(5)	1.0

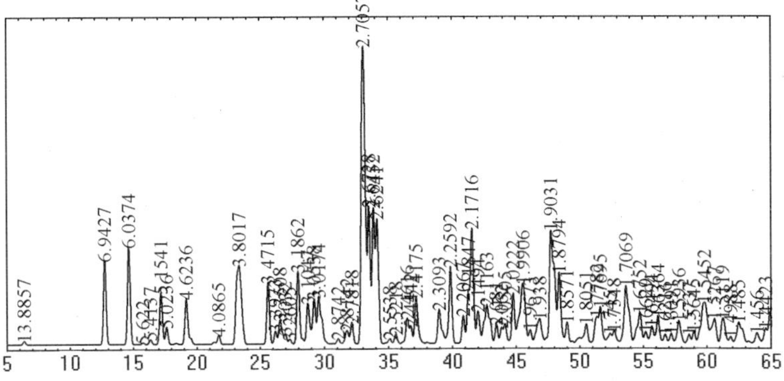

PDF:13-0496

d	I/I_0	hkl
6.9300	16	002
6.0300	14	011
5.1400	18	200
5.0200	10	111
4.6200	14	003
4.5400	6	201
3.8100	30	013
3.4700	25	004
3.3950	8	113
3.3520	10	020
3.3000	2	212
3.1800	16	$\bar{2}04$
3.0850	14	014
3.0190	65	022
2.9790	8	$\bar{1}22$
2.8880	6	311
2.8650	4	$\bar{2}14$
2.8160	6	114
2.7680	8	005
2.7010	100	$\bar{1}23$

9-054b 灰硅钙石(Spurrite)

$Ca_5(SiO_4)_2CO_3$，444.58

ICSD:25830(续)

Atom		Wcf	x	y	z	Occ
Si1	Si^{4+}	4e	0.135(1)	0.221(1)	0.056(1)	1.0
Si2	Si^{4+}	4e	0.025(1)	0.750(1)	0.604(1)	1.0
O1	O^{2-}	4e	0.124(2)	0.237(3)	0.938(1)	1.0
O2	O^{2-}	4e	0.141(2)	0.995(3)	0.098(1)	1.0
O3	O^{2-}	4e	0.008(2)	0.334(3)	0.083(1)	1.0
O4	O^{2-}	4e	0.263(2)	0.333(3)	0.106(1)	1.0
O5	O^{2-}	4e	0.883(2)	0.153(3)	0.468(1)	1.0
O6	O^{2-}	4e	0.890(2)	0.427(3)	0.335(1)	1.0
O7	O^{2-}	4e	0.024(2)	0.072(3)	0.330(1)	1.0
O8	O^{2-}	4e	0.098(2)	0.340(3)	0.468(1)	1.0
O9	O^{2-}	4e	0.283(2)	0.696(3)	0.235(1)	1.0
O10	O^{2-}	4e	0.073(2)	0.685(3)	0.230(1)	1.0
O11	O^{2-}	4e	0.211(2)	0.712(3)	0.372(1)	1.0
C1	C^{4+}	4e	0.185(3)	0.695(4)	0.285(2)	1.0

PDF:13-0496(续)

d	I/I_0	hkl
2.6630	50	$\bar{2}05$
2.6350	70	312
2.6090	30	$\bar{1}15$
2.4530	6	214
2.4310	6	$\bar{1}24$
2.4110	10	024
2.2530	16	$\bar{3}23$
2.2070	12	031
2.1830	12	130
2.1790	12	322
2.1700	40	$\bar{4}14$
2.1420	6	131
2.1090	10	$\bar{1}32$
2.0890	6	$\bar{2}25$
2.0590	4	132
2.0490	6	230
2.0160	10	323
1.9900	8	413
1.9820	18	007
1.9600	4	510

9-055a 硅铅铀矿(Kasolite)

$Pb(UO_2)SiO_3(OH)_2$，587.33

Sys.:Monoclinic S.G.:$P2_1/a$(14) Z:4

a:13.24 b:6.94 c:6.7 β:104.3 Vol.:596.56

ICSD:1149

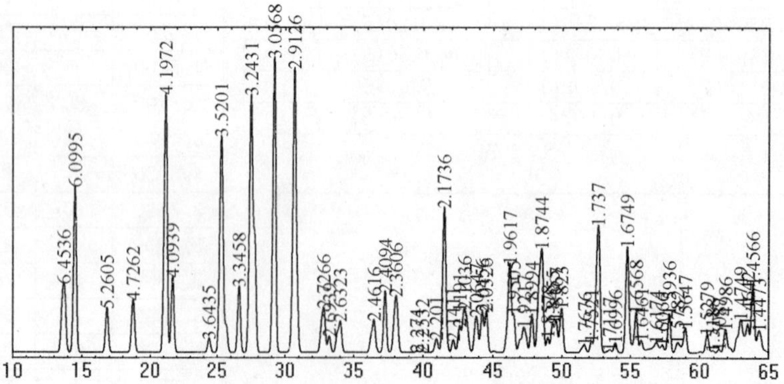

PDF:12-0210

d	I/I_0	hkl
6.5100	20	001
6.1500	40	110
5.3200	5	$\bar{2}01$
4.7300	5	$\bar{1}11$
4.2100	60	111
3.5200	60	211
3.2400	60	$\bar{2}02$
3.0600	80	021
2.9200	100	311
2.7400	5	112
2.6500	5	202
2.4800	5	212
2.3500	5	$\bar{4}21$
2.1800	20	031
2.1100	5	222
2.0400	5	$\bar{4}03$
1.9660	5	113
1.8790	20	331
1.8290	5	611
1.7410	20	232

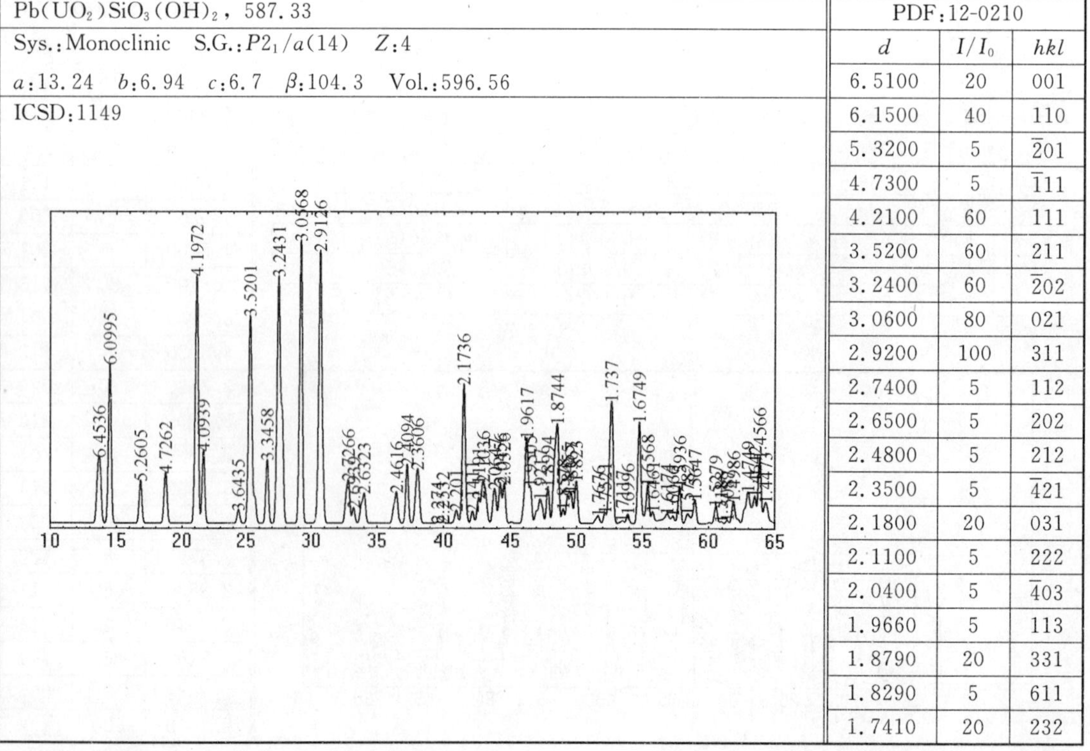

9-055b 硅铅铀矿(Kasolite)

$Pb(UO_2)SiO_3(OH)_2$，587.33

ICSD:1149(续)

Atom		Wcf	x	y	z	Occ
U1	U^{6+}	4e	0.4757(1)	0.2299(1)	0.1788(1)	1.0
Pb1	Pb^{2+}	4e	0.0754(1)	0.0706(1)	0.3821(1)	1.0
Si1	Si^{4+}	4e	0.4079(8)	0.7120(7)	0.0734(4)	1.0
O1	O^{2-}	4e	0.205(2)	0.276(2)	0.166(1)	1.0
O2	O^{2-}	4e	0.250(2)	0.697(2)	0.300(1)	1.0
O3	O^{2-}	4e	0.180(2)	0.638(2)	0.026(1)	1.0
O4	O^{2-}	4e	0.451(2)	0.267(2)	0.009(1)	1.0
O5	O^{2-}	4e	0.526(2)	0.559(2)	0.167(1)	1.0
O6	O^{2-}	4e	0.418(2)	0.903(2)	0.147(1)	1.0
O7	O^{2-}	4e	0.940(2)	0.932(2)	0.089(1)	1.0

PDF:12-0210(续)

d	I/I_0	hkl

9-056a 硅钙铀矿(Uranophane)

$Ca(UO_2)_2(SiO_3OH)_2 \cdot 5H_2O$，856.39

Sys.:Monoclinic　S.G.:$P2_1$(4)　Z:2

a:15.92　b:7.013　c:6.673　β:97.3　Vol.:738.98

ICSD:63029

Atom		Wcf	x	y	z	Occ
U1	U^{6+}	2a	0.00568(3)	0.78217(5)	0.1340(1)	1.0
U2	U^{6+}	2a	−0.50568(3)	−0.7822(1)	−0.1340(1)	1.0
Si1	Si^{4+}	2a	0.0329(2)	0.2796(6)	0.3405(5)	1.0
Si2	Si^{4+}	2a	−0.5329(2)	−0.2796(6)	−0.3405(5)	1.0

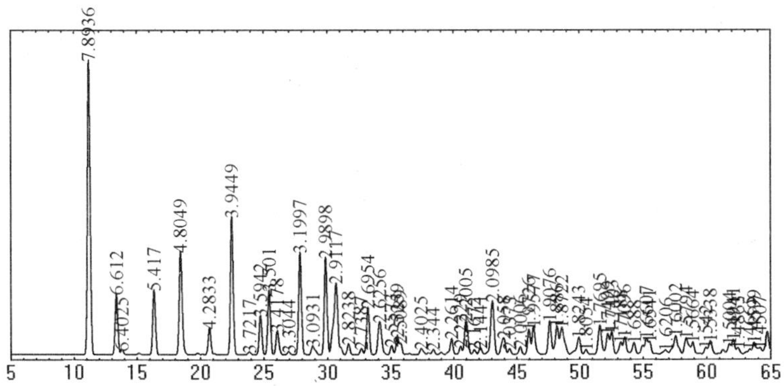

PDF:39-1360

d	I/I_0	hkl
7.9000	100	200
6.6400	7	001
5.4310	14	$\bar{2}01$
4.8230	6	011
4.7860	6	201
4.2900	2	$\bar{2}11$
3.9500	90	211
3.9500	90	400
3.6000	20	$\bar{4}01$
3.5080	4	020
3.2100	10	401
3.2100	10	220
2.9930	16	012
2.9150	11	320
2.9150	11	$\bar{2}12$
2.8280	2	221
2.6980	11	212
2.6330	40	600
2.6200	7	420
2.5600	12	$\bar{6}01$

9-056b 硅钙铀矿(Uranophane)

$Ca(UO_2)_2(SiO_3OH)_2 \cdot 5H_2O$，856.39

ICSD:63029(续)

Atom		Wcf	x	y	z	Occ
O1	O^{2-}	2a	0.1193(7)	0.8004(18)	0.1393(17)	1.0
O2	O^{2-}	2a	−0.6193(7)	−0.8004(18)	−0.1393(17)	1.0
O3	O^{2-}	2a	−0.1076(6)	0.7612(18)	0.1240(16)	1.0
O4	O^{2-}	2a	−0.3924(6)	−0.7612(18)	−0.1240(16)	1.0
O5	O^{2-}	2a	0.0198(7)	0.4592(13)	0.1873(14)	1.0
O6	O^{2-}	2a	−0.5198(7)	−0.4592(13)	−0.1873(14)	1.0
O7	O^{2-}	2a	0.0048(8)	0.1064(14)	0.1837(14)	1.0
O8	O^{2-}	2a	−0.5048(8)	−0.1064(14)	−0.1837(14)	1.0
O9	O^{2-}	2a	−0.0213(6)	0.2865(17)	0.5271(12)	1.0
O10	O^{2-}	2a	−0.4787(6)	−0.2865(17)	−0.5271(12)	1.0
O11	O^{2-}	2a	0.1338(7)	0.2691(22)	0.4274(18)	1.0
O12	O^{2-}	2a	−0.6338(7)	−0.2691(22)	−0.4274(18)	1.0
O13	O^{2-}	2a	0.8190(8)	0.3723(22)	0.3634(23)	1.0
O14	O^{2-}	2a	0.7438(9)	0.0145(18)	0.2052(31)	1.0
O15	O^{2-}	2a	0.6869(7)	0.6329(30)	0.5493(17)	1.0

PDF:39-1360(续)

d	I/I_0	hkl
2.5300	5	$\bar{4}12$
2.5090	2	$\bar{4}21$
2.4060	4	022
2.4060	4	$\bar{6}11$
2.3920	2	402
2.3480	1	122
2.3480	1	520
2.2640	5	412
2.2260	6	611
2.2070	10	003
2.1970	9	$\bar{2}03$
2.1970	9	$\bar{1}31$
2.1440	1	$\bar{4}22$
2.1060	12	620
2.1060	12	013
2.1000	15	231
2.1000	15	$\bar{6}12$
2.0680	4	$\bar{6}21$
2.0580	8	203
2.0580	8	512

9-057a 硅镁铀矿(Sklodowskite)

$MgO(UO_3)_2(SiO_2)_2(H_2O)_7$，858.63

Sys.:Monoclinic S.G.:$I2/m(12)$ Z:2

a:17.382 b:7.047 c:6.61 β:105.9 Vol.:778.69

ICSD:1148

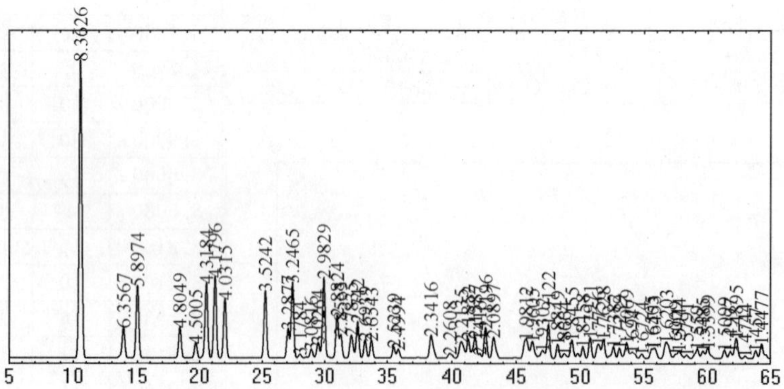

PDF:70-0497

d	I/I_0	hkl
8.3585	999	200
6.4936	7	110
6.3571	91	001
5.8981	206	$\bar{2}01$
4.8055	92	$\bar{1}11$
4.5006	40	201
4.3187	183	111
4.1793	208	400
4.0285	131	$\bar{4}01$
4.0285	131	$\bar{3}11$
3.5235	166	020
3.2870	75	311
3.2870	75	$\bar{2}02$
3.2468	174	220
3.1786	7	002
3.1216	3	401
3.0818	24	021
3.0350	16	$\bar{5}11$
3.0248	38	$\bar{2}21$
3.0248	38	510

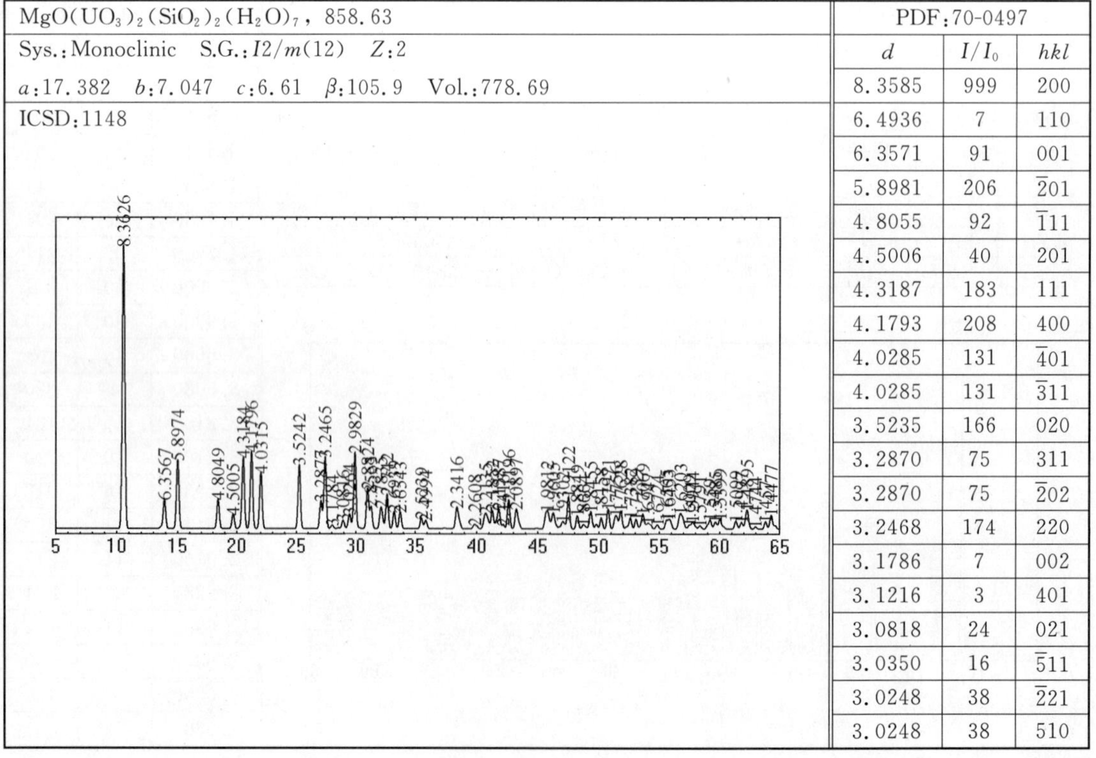

9-057b 硅镁铀矿(Sklodowskite)

$MgO(UO_3)_2(SiO_2)_2(H_2O)_7$，858.63

ICSD:1148(续)

Atom		Wcf	x	y	z	Occ
U1	U^{6+}	4*i*	0.25763(2)	0	0.13838(4)	1.0
Si1	Si^{4+}	4*i*	0.2836(1)	0.5	0.3578(3)	1.0
Mg1	Mg^{2+}	2*c*	0.5	0.5	0.5	1.0
O1	O^{2-}	4*i*	0.3639(3)	0	0.1619(9)	1.0
O2	O^{2-}	4*i*	0.1509(3)	0	0.1065(8)	1.0
O3	O^{2-}	4*i*	0.2263(3)	0.5	0.5119(7)	1.0
O4	O^{2-}	4*i*	0.3779(3)	0.5	0.5016(8)	1.0
O5	O^{2-}	8*j*	0.2673(2)	0.3243(5)	0.1917(5)	1.0
O6	O^{2-}	8*j*	0.5196(4)	0.3029(13)	0.7301(15)	1.0
O7	O^{2-}	4*i*	0.5760(5)	0	0.2275(12)	1.0

PDF:70-0497(续)

d	I/I_0	*hkl*
2.9830	182	$\bar{1}12$
2.9490	5	$\bar{4}02$
2.8821	99	$\bar{3}12$
2.8556	52	$\bar{6}01$
2.7862	42	600
2.7744	30	221
2.7420	83	112
2.7327	52	202
2.6939	49	420
2.6545	39	$\bar{4}21$
2.5236	28	$\bar{5}12$
2.4991	22	511
2.4549	1	$\bar{6}02$
2.4027	1	$\bar{2}22$
2.3424	49	312
2.3365	30	421
2.3304	19	$\bar{7}11$
2.3304	19	601
2.2618	8	710
2.2618	8	$\bar{4}22$

9-058a 水硅钙铀矿(Haiweeite)

$Ca(UO_2)_2Si_6O_{15} \cdot 5H_2O$，1078.72

Sys.:Orthorhombic S.G.:*Cmcm*(63) *Z*:4

a:16.957 *b*:13.069 *c*:18.357 Vol.:14068.11

ICSD:92806

Atom		Wcf	x	y	z	Occ
U1	U^{6+}	4*c*	0	0.39036(4)	0.250	1.0
U2	U^{6+}	4*c*	0.5	0.28612(3)	0.250	1.0
Si1	Si^{4+}	4*c*	0	0.2148(2)	0.250	1.0
Si2	Si^{4+}	4*c*	0.5	0.4608(3)	0.250	1.0

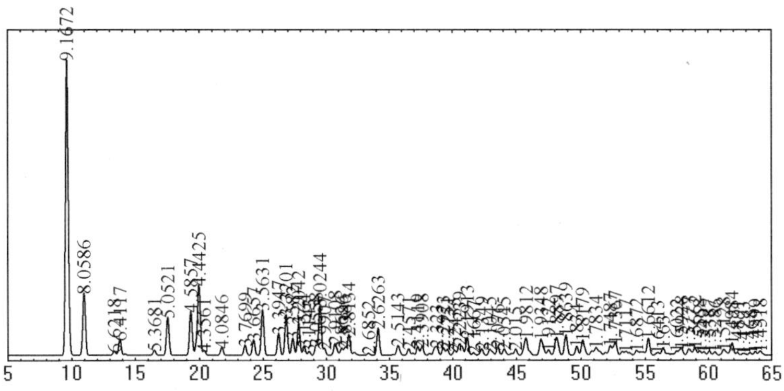

PDF:22-0160

d	I/I_0	*hkl*
9.1600	100	002
8.0700	30	102
5.0000	10	311
4.5900	70	004
4.4300	60	104
3.6600	30	124
3.5500	30	033
3.4100	20	500
3.3100	20	422
3.2000	40	140
3.0300	20	142
2.8200	10	600
2.6300	10	144
2.5100	6	335
2.3900	10	153
2.2900	10	008
2.2200	10	713
2.1000	6	228
1.9300	6	428
1.8900	6	462

9-058b 水硅钙铀矿(Haiweeite)

$Ca(UO_2)_2Si_6O_{15}\cdot 5H_2O$，1078.72

ICSD:92806(续)

Atom		Wcf	*x*	*y*	*z*	Occ
Si3	Si^{4+}	16*h*	0.1079(7)	0.0871(3)	0.3524(3)	0.5
Si4	Si^{4+}	8*f*	0	0.5858(4)	0.2744(4)	0.5
Ca1	Ca^{2+}	8*f*	0	0.3887(4)	0.4850(4)	0.5
O1	O^{2-}	8*f*	0	0.1606(6)	0.3212(6)	1.0
O2	O^{2-}	8*f*	0.5	0.5154(6)	0.3199(8)	1.0
O3	O^{2-}	8*g*	0.324(1)	0.4049(5)	0.250	1.0
O4	O^{2-}	8*g*	0.177(1)	0.2703(5)	0.250	1.0
O5	O^{2-}	8*f*	0	0.3899(9)	0.3470(7)	1.0
O6	O^{2-}	8*f*	0	0.509(1)	0.274(1)	0.5
O7	O^{2-}	8*f*	0.5	0.2873(8)	0.3485(7)	1.0
O8	O^{2-}	8*f*	0.5	0.1623(9)	0.2727(8)	0.5
O9	O^{2-}	16*h*	0.824(2)	0.5845(8)	0.3316(9)	0.5
O10	O^{2-}	16*h*	0.083(2)	0.088(1)	0.4390(9)	0.5
O11	O^{2-}	16*h*	0.172(6)	0.092(2)	0.551(2)	0.25
O12	O^{2-}	16*h*	0.102(8)	0.271(2)	0.453(2)	0.25
O13	O^{2-}	16*h*	0.893(5)	0.520(2)	0.422(2)	0.25

PDF:22-0160(续)

d	I/I_0	*hkl*
1.8600	6	364
1.8300	10	653
1.7800	10	608
1.7400	6	806
1.6500	6	1111
1.6300	6	571
1.5900	6	853
1.5600	6	0311
1.5300	6	1033
1.5000	6	1120

9-059 硅铀矿(Soddyite)

$(UO_2)_2(SiO_4)\cdot 2H_2O$，668.17

Sys.:Orthorhombic S.G.:*Fddd*(70) *Z*:8

a:8.32 *b*:11.21 *c*:18.71 Vol.:1745.03

ICSD:66313

Atom		Wcf	*x*	*y*	*z*	Occ
U1	U^{6+}	16*g*	0.375	0.375	0.04413(1)	1.0
Si1	Si^{4+}	8*a*	0.125	0.125	0.125	1.0
O1	O^{2-}	32*h*	0.5522(6)	0.2862(5)	0.0454(2)	1.0
O2	O^{2-}	32*h*	0.2243(6)	0.2063(4)	0.0677(2)	1.0
O3	O^{2-}	16*g*	0.375	0.375	0.1730(4)	1.0
H1	H^{+}	32*h*	0.30(1)	0.394(9)	0.193(4)	1.0

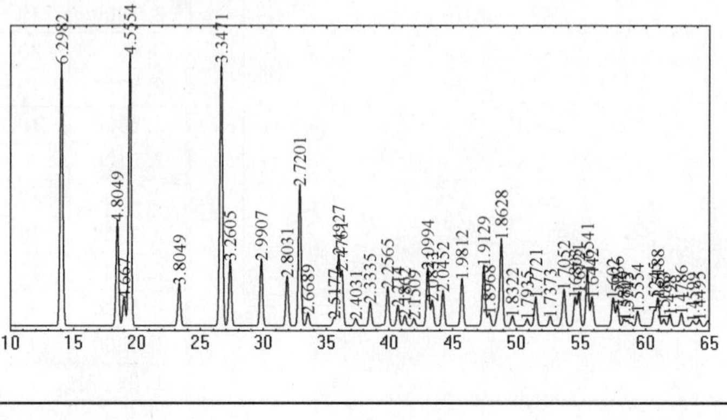

PDF:35-0491

d	I/I_0	*hkl*
6.2980	100	111
4.8050	70	022
4.6620	10	004
4.5600	100	113
3.8030	10	202
3.3480	100	131
3.2620	40	115
2.9920	70	133
2.8060	40	040
2.7200	100	026
2.7200	100	224
2.4930	40	206
2.4770	10	117
2.3350	10	008
2.2580	10	242
2.0990	10	137
2.0990	10	333
2.0460	10	153
1.9810	40	119
1.9130	40	228

9-060a 蓝线石(Dumortierite)

$(Al,Fe)_7BSi_3O_{18}$, 571.93

Sys.:Orthorhombic S.G.:*Pcmn*(62) *Z*:4

a:11.79 *b*:20.209 *c*:4.7015 Vol.:1120.2

ICSD:201944

Atom		Wcf	*x*	*y*	*z*	Occ
Si1	Si^{4+}	4*c*	0.75	0.4053	0.0871(1)	1.0
Si2	Si^{4+}	8*d*	0.5243	0.3283	0.5870(1)	1.0
Al1	Al^{3+}	4*c*	0.75	0.2498(1)	0.3997(3)	0.84
Al2	Al^{3+}	8*d*	0.6104	0.4725	0.5580(1)	1.0
Al3	Al^{3+}	8*d*	0.4911	0.4311	0.0595(1)	1.0

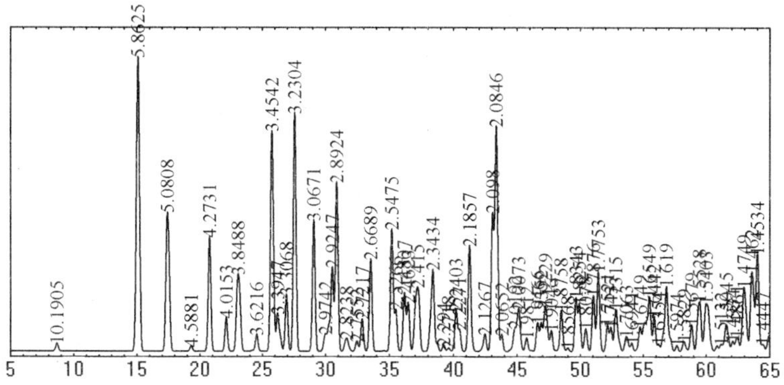

PDF:12-0270		
d	I/I_0	*hkl*
5.8500	100	130
5.0600	90	040
4.2600	50	111
3.8400	50	240
3.4300	60	221
3.3300	5	141
3.2200	60	231
3.0700	40	—
2.9100	60	260
2.6600	40	161
2.5400	20	440
2.4800	5	411
2.4100	5	171
2.3400	20	431
2.2400	5	441
2.1900	20	181
2.0900	80	371
2.0100	5	531
1.9300	5	620
1.8710	5	551

9-060b 蓝线石(Dumortierite)

$(Al,Fe)_7BSi_3O_{18}$, 571.93

ICSD:201944(续)

Atom		Wcf	*x*	*y*	*z*	Occ
Al4	Al^{3+}	8*d*	0.3586	0.2891	0.0576(1)	1.0
B1	B^{3+}	4*c*	0.25	0.4160(1)	0.2251(6)	1.0
O1	O^{2-}	4*c*	0.75	0.4540(1)	0.3771(4)	1.0
O2	O^{2-}	4*c*	0.75	0.3265(1)	0.1498(4)	1.0
O3	O^{2-}	8*d*	0.6394(1)	0.4243(1)	0.8963(2)	1.0
O4	O^{2-}	8*d*	0.4359(1)	0.2827(1)	0.4011(2)	1.0
O5	O^{2-}	8*d*	0.5500(1)	0.3943(1)	0.3963(2)	1.0
O6	O^{2-}	8*d*	0.4539(1)	0.3502(1)	0.8805(2)	1.0
O7	O^{2-}	8*d*	0.6385(1)	0.2870(1)	0.6477(3)	1.0
O8	O^{2-}	4*c*	0.25	0.3505(1)	0.1621(4)	1.0
O9	O^{2-}	8*d*	0.3511(1)	0.4479(1)	0.2548(3)	1.0
O10	O^{2-}	4*c*	0.25	0.2724(1)	0.7612(4)	1.0
O11	O^{2-}	8*d*	0.4464(1)	0.4881(1)	0.7499(2)	1.0

PDF:12-0270(续)		
d	I/I_0	*hkl*
1.8310	20	640
1.7810	20	621
1.7290	5	362
1.6560	20	651
1.6170	20	532
1.5440	20	731
1.5060	5	602
1.4760	5	751
1.4630	5	4 12 0
1.4490	5	5 11 0
1.3340	50	2 12 2
1.2970	40	752
1.2670	5	2 13 2
1.2470	5	7 10 1

9-061a 锑线石(Holtite)

$(Ta,Sb)Al_6(SiO_4)_3BO_3(O,OH)_3$，725.89

Sys.:Orthorhombic　S.G.:*Pmcn*(62)　*Z*:4

a:11.905　*b*:20.355　*c*:4.69　Vol.:1136.51

ICSD:66143

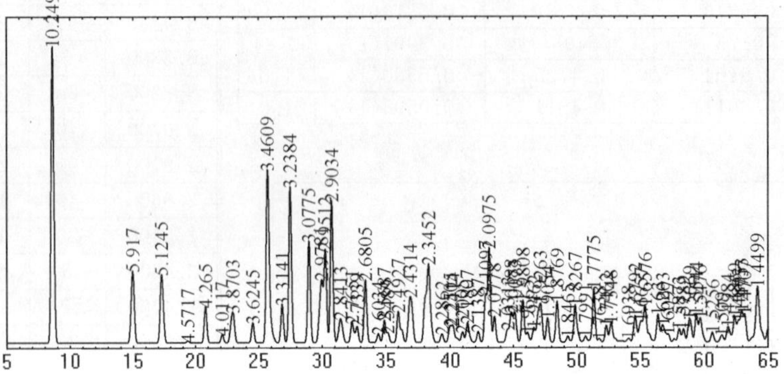

PDF:25-1209

d	I/I_0	*hkl*
10.3000	100	110
5.9300	32	200
5.8900	34	130
5.1200	24	220
5.0800	32	040
4.2600	3	021
3.8600	14	031
3.8500	14	150
3.6200	2	211
3.4600	14	221
3.4400	6	041
3.3900	3	060
3.3100	3	141
3.2300	20	231
3.0700	6	051
2.9700	22	400
2.9400	40	260
2.8950	8	321
2.8400	10	350
2.7620	3	331

9-061b 锑线石(Holtite)

$(Ta,Sb)Al_6(SiO_4)_3BO_3(O,OH)_3$，725.89

ICSD:66143(续)

Atom		Wcf	*x*	*y*	*z*	Occ
Sb1	Sb^{3+}	4*c*	0.1150(3)	0.75	0.3823(1)	0.25
Si2	Si^{4+}	8*d*	0.5890(2)	0.5216(1)	0.3294(1)	0.75
Sb2	Sb^{3+}	8*d*	0.6117(2)	0.5632(1)	0.3164	0.25
O1	O^{2-}	4*c*	0.3798(6)	0.75	0.4572(1)	1.0
O2	O^{2-}	4*c*	0.1618(9)	0.75	0.3305(2)	0.75
O3	O^{2-}	8*d*	0.8906(4)	0.6377(2)	0.4243(1)	1.0
O4	O^{2-}	8*d*	0.4016(4)	0.4348(2)	0.2815(1)	1.0
O5	O^{2-}	8*d*	0.3922(4)	0.5511(2)	0.3942(1)	1.0
O6	O^{2-}	8*d*	0.8837(4)	0.4504(2)	0.3518(1)	1.0
O7	O^{2-}	8*d*	0.6608(6)	0.6333(2)	0.2886(1)	0.75
O8	O^{2-}	4*c*	0.1729(6)	0.25	0.3499(1)	1.0
O9	O^{2-}	8*d*	0.2531(4)	0.3508(1)	0.4477(1)	1.0
O10	O^{2-}	4*c*	0.7620(6)	0.25	0.2734(1)	1.0
O11	O^{2-}	8*d*	0.7498(4)	0.4670(1)	0.4883(1)	1.0
B1	B^{3+}	4*c*	0.2252(8)	0.25	0.4158(2)	1.0

PDF:25-1209(续)

d	I/I_0	*hkl*
2.7310	2	251
2.6790	7	161
2.5710	8	440
2.5430	8	080
2.4920	2	411
2.4730	2	071
2.4300	6	351
2.3620	24	510
2.3550	16	431
2.3440	24	002
2.3380	26	280
2.2370	4	460
2.2020	2	181
2.1810	2	202
2.1730	2	212
2.1370	2	451
2.1130	6	511
2.0940	10	281
2.0760	2	232
2.0180	4	302

9-062 硅硼钙石(Datolite)

$CaBSiO_4(OH)$，159.98

Sys.: Monoclinic S.G.: $P2_1/a$(14) Z: 4

a: 9.633 b: 7.61 c: 4.835 β: 90.16 Vol.: 354.44

ICSD: 87426

Atom		Wcf	x	y	z	Occ
Ca1	Ca^{2+}	4e	0.98709	0.10881	0.33492	1.0
Si1	Si^{4+}	4e	0.46773	0.25804	0.09088	1.0
B1	B^{3+}	4e	0.56606	0.39807	0.33883	1.0
O1	O^{2-}	4e	0.24259	0.39479	0.03506	1.0
O2	O^{2-}	4e	0.66898	0.30756	0.44746	1.0
O3	O^{2-}	4e	0.64279	0.33838	0.21771	1.0
O4	O^{2-}	4e	0.33325	0.08305	0.15337	1.0
O5	O^{2-}	4e	0.20022	0.44629	0.35828	1.0

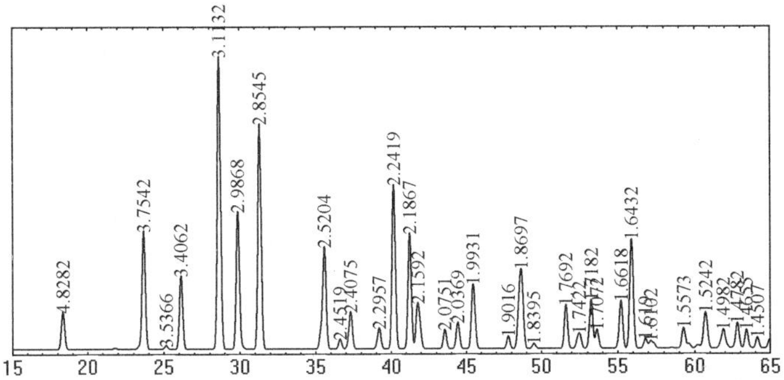

PDF: 36-0429		
d	I/I_0	hkl
5.9700	5	110
4.8380	20	001
3.7990	5	020
3.7550	46	111
3.4040	72	201
3.1170	100	$\bar{2}11$
3.1170	100	211
2.9880	22	021
2.8560	70	$\bar{1}21$
2.8560	70	121
2.5370	7	221
2.5220	48	311
2.4540	4	130
2.4090	6	400
2.2950	13	410
2.2460	27	031
2.2460	27	230
2.2420	26	$\bar{1}12$
2.1900	29	$\bar{3}21$
2.1850	22	321

9-063a 兴安石(Hingganite-Y)

$BeYSiO_4(OH)$，207.01

Sys.: Monoclinic S.G.: $P2_1/a$(14) Z: 2

a: 9.861 b: 7.605 c: 4.72 β: 89.65 Vol.: 353.96

ICSD: 92800

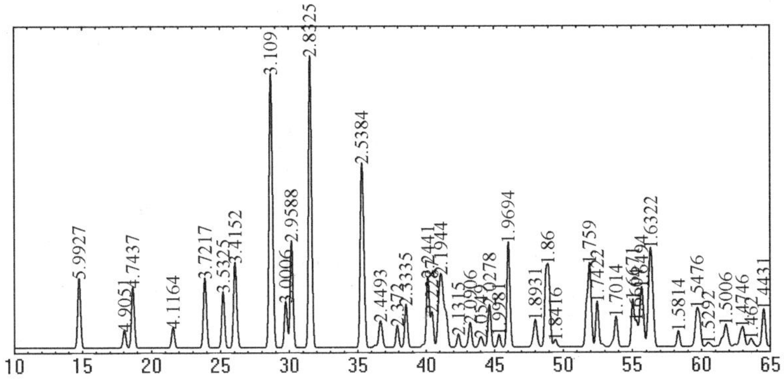

PDF: 26-0812		
d	I/I_0	hkl
6.0210	20	110
4.9240	5	200
4.7240	15	001
4.1370	10	210
3.7240	20	111
3.7090	20	$\bar{1}11$
3.5450	20	120
3.4200	20	201
3.4010	20	$\bar{2}01$
3.1200	80	211
3.1060	80	$\bar{2}11$
3.0130	15	220
2.9600	20	021
2.8350	100	$\bar{1}21$
2.5520	50	311
2.5380	50	$\bar{3}11$
2.4610	10	400
2.3610	15	002
2.3440	20	410
2.2540	25	012

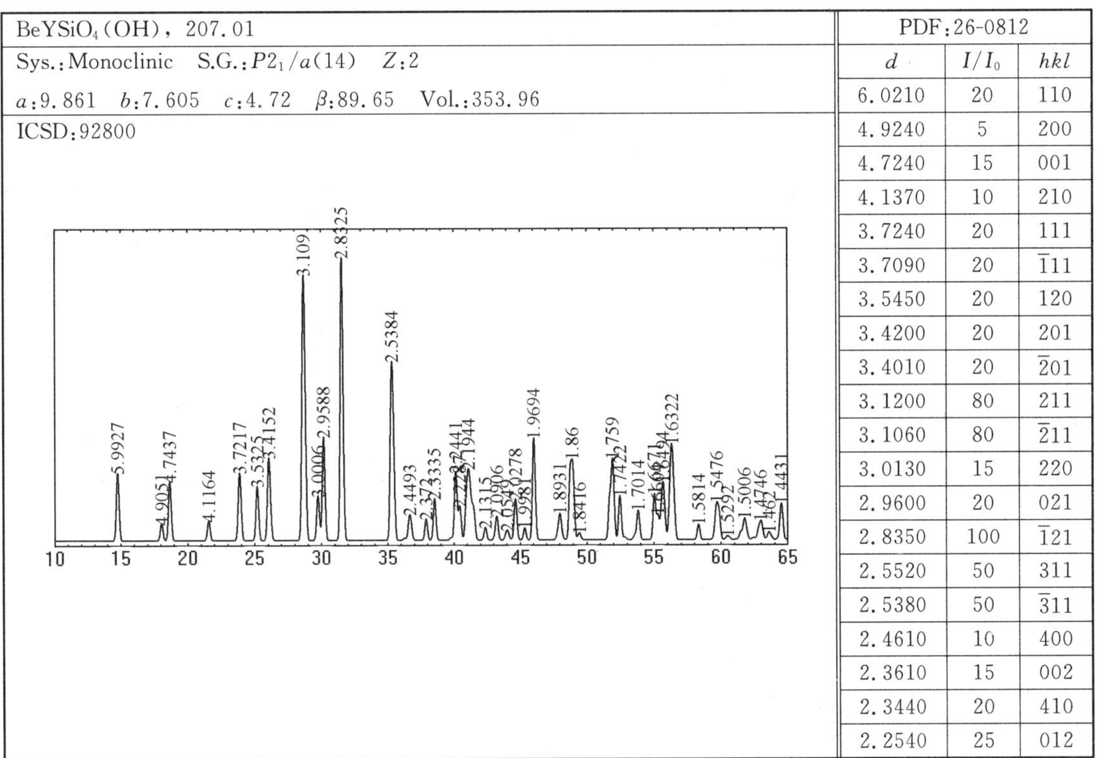

9-063b 兴安石(Hingganite-Y)

$BeYSiO_4(OH)$, 207.01

ICSD:92800(续)

Atom		Wcf	x	y	z	Occ
Y1	Y^{3+}	4e	0.0014(1)	0.1086(1)	0.33164(7)	0.75
Ca1	Ca^{2+}	4e	0.0014(1)	0.1086(1)	0.33164(7)	0.25
Fe1	Fe^{2+}	2a	0	0	0	0.3
Si1	Si^{4+}	4e	0.5197(5)	0.2743(3)	0.0802(2)	1.0
O1	O^{2-}	4e	0.761(1)	0.4103(8)	0.0326(6)	1.0
O2	O^{2-}	4e	0.325(1)	0.2866(8)	0.4511(2)	1.0
O3	O^{2-}	4e	0.308(1)	0.3434(9)	0.1974(6)	1.0
O4	O^{2-}	4e	0.685(1)	0.1060(8)	0.1458(5)	1.0
O5	O^{2-}	4e	0.780(1)	0.4094(9)	0.3313(6)	1.0
Be1	Be^{2+}	4e	0.452(2)	0.413(1)	0.335(1)	0.75
B1	B^{3+}	4e	0.452(2)	0.413(1)	0.335(1)	0.25

PDF:26-0812(续)

d	I/I_0	hkl
2.2320	10	031
2.2030	30	321
2.1940	30	$\bar{1}12$
2.0380	10	231
2.0330	10	$\bar{2}31$
2.0070	5	330
1.9680	30	122
1.9620	30	$\bar{1}22$
1.9000	10	040
1.8550	20	$\bar{2}22$
1.8500	20	331
1.7700	5	430
1.7630	30	041
1.7510	5	520
1.6980	5	$\bar{4}02$
1.6680	10	412
1.6600	10	$\bar{2}41$
1.6540	30	$\bar{4}31$

9-064a 硅铍钇矿(Gadolinite)

$Be_2FeY_2Si_2O_{10}$, 467.85

Sys.:Monoclinic S.G.:$P2_1/a$(14) Z:2

a:9.92 b:7.484 c:4.7474 β:90.4 Vol.:352.44

ICSD:40003

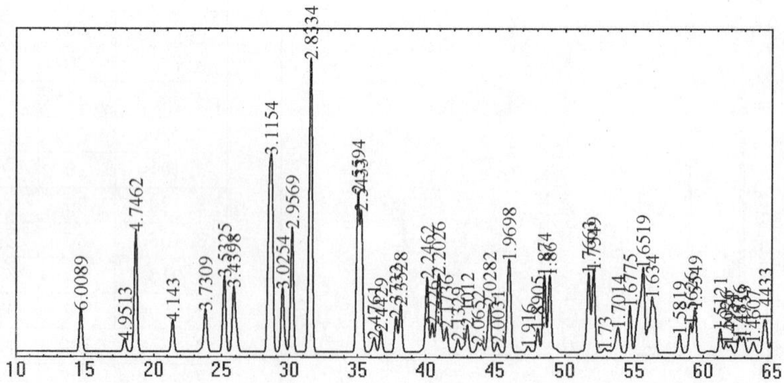

PDF:26-1134

d	I/I_0	hkl
4.7400	80	001
4.1300	5	210
3.7400	5	020
3.5000	30	120
3.4400	10	$\bar{2}01$
3.4100	5	201
3.1200	50	$\bar{2}11$
3.1100	50	211
3.0300	30	310
2.9320	70	021
2.8180	100	$\bar{1}21$
2.8140	100	121
2.5580	60	$\bar{3}11$
2.5390	55	311
2.4770	5	320
2.4180	20	130
2.3690	30	002
2.3570	10	410
2.2280	30	230
2.2050	30	$\bar{4}01$

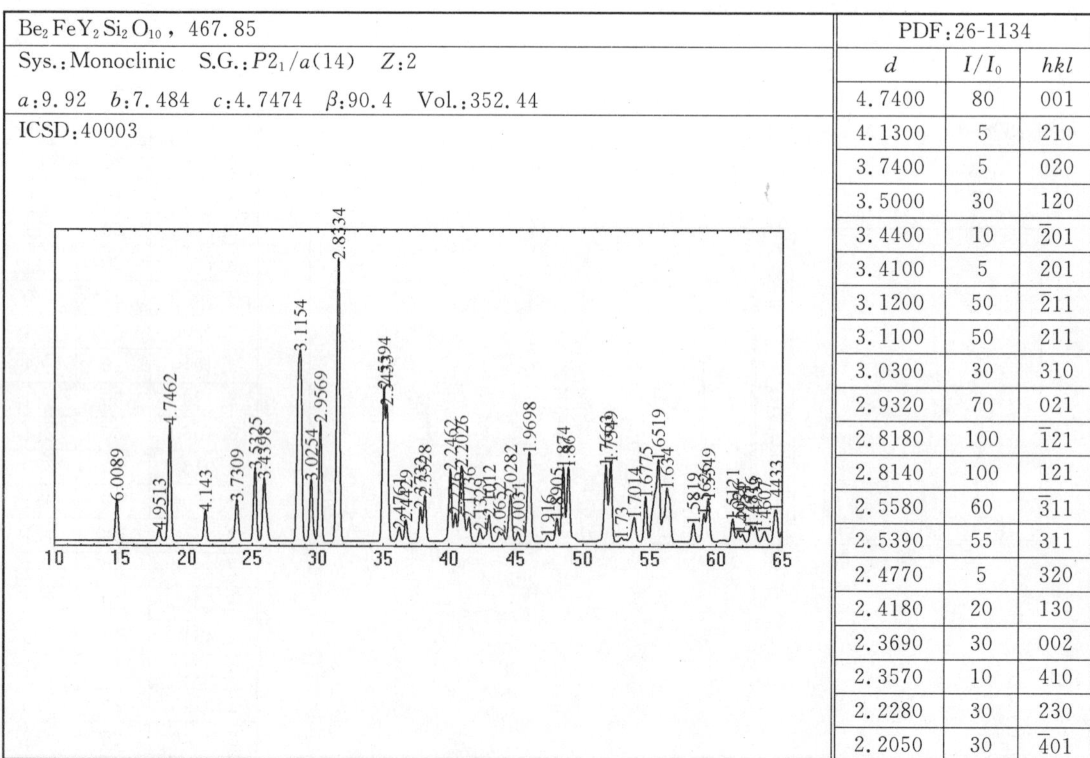

9-064b 硅铍钇矿(Gadolinite)

$Be_2FeY_2Si_2O_{10}$，467.85

ICSD:40003(续)

Atom		Wcf	*x*	*y*	*z*	Occ
Y1	Y^{3+}	4*e*	0.00027(5)	0.10773(3)	0.33093(2)	0.71
Dy1	Dy^{3+}	4*e*	0.00027(5)	0.10773(3)	0.33093(2)	0.14
Ca1	Ca^{2+}	4*e*	0.00027(5)	0.10773(3)	0.33093(2)	0.15
Be1	Be^{2+}	4*e*	0.4534(7)	0.4144(5)	0.3362(3)	0.67
B1	B^{3+}	4*e*	0.4534(7)	0.4144(5)	0.3362(3)	0.33
Si1	Si^{4+}	4*e*	0.5205(1)	0.2763(1)	0.07928(7)	1.0
Fe1	Fe^{2+}	2*a*	0	0	0	0.54
O1	O^{2-}	4*e*	0.7599(4)	0.4117(3)	0.0317(2)	1.0
O2	O^{2-}	4*e*	0.3250(4)	0.2879(3)	0.4514(2)	1.0
O3	O^{2-}	4*e*	0.3074(4)	0.3459(3)	0.1967(2)	1.0
O4	O^{2-}	4*e*	0.6848(5)	0.1053(2)	0.1444(2)	1.0
O5	O^{2-}	4*e*	0.7893(5)	0.4116(3)	0.3322(2)	1.0

PDF:26-1134(续)

d	I/I_0	*hkl*
2.2010	20	$\bar{3}21$
2.1900	1	401
2.1560	20	$\bar{1}31$
2.1310	5	202
2.1030	10	411
2.0180	10	$\bar{2}31$
2.0140	5	231
1.9640	20	122
1.9600	25	$\bar{1}22$
1.8730	30	$\bar{3}12$
1.8720	20	040
1.8610	20	312
1.7590	10	430
1.7550	25	520
1.7520	30	240
1.7410	10	041
1.6920	15	132
1.6790	15	$\bar{4}12$
1.6650	10	412
1.6550	20	600

9-065a 钙铒钇矿(Hellandite)

$(Ca,Y)_6(Al,Fe)Si_4B_4O_{20}(OH)_4$，811.06

Sys.:Monoclinic　S.G.:$P2/n(13)$　Z:1

a:18.845　b:4.687　c:10.269　β:111.6　Vol.:843.33

ICSD:100145

Atom		Wcf	*x*	*y*	*z*	Occ
Al1	Al^{3+}	2*a*	0	0	0	0.55
Fe1	Fe^{3+}	2*a*	0	0	0	0.45
Y1	Y^{3+}	4*g*	0.04179(4)	0.01878(14)	0.35996(7)	0.435
La1	La^{3+}	4*g*	0.04179(4)	0.01878(14)	0.35996(7)	0.435
Ca1	Ca^{2+}	4*g*	0.24771(8)	0.00225(37)	0.65957(16)	0.7525
Y2	Y^{3+}	4*g*	0.24771(8)	0.00225(37)	0.65957(16)	0.0538

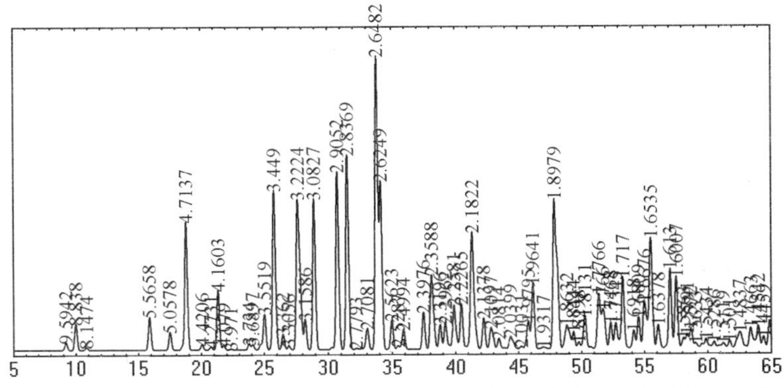

PDF:25-0184

d	I/I_0	*hkl*
8.7700	30	200
5.5100	30	201
5.0400	10	$\bar{2}02$
4.6900	80	$\bar{4}01$
4.1300	10	210
3.5200	30	401
3.4400	70	$\bar{2}12$
3.3400	5	012
3.2000	70	$\bar{4}10$
3.0700	60	$\bar{4}12$
2.8840	60	212
2.8120	100	411
2.6350	80	013
2.6030	80	$\bar{6}11$
2.5520	10	$\bar{2}04$
2.4830	10	$\bar{6}10$
2.3880	20	004
2.3450	40	$\bar{8}02$
2.2470	10	$\bar{3}14$
2.2090	20	710

9-065b 钙铒钇矿(Hellandite)

$(Ca,Y)_6(Al,Fe)Si_4B_4O_{20}(OH)_4$, 811.06

ICSD:100145(续)

Atom		Wcf	x	y	z	Occ
La2	La^{3+}	4g	0.24771(8)	0.00225(37)	0.65957(16)	0.0538
Ca2	Ca^{2+}	4g	0.15428(6)	−0.03944(26)	0.92862(12)	0.5563
Y3	Y^{3+}	4g	0.15428(6)	−0.03944(26)	0.92862(12)	0.1669
La3	La^{3+}	4g	0.15428(6)	−0.03944(26)	0.92862(12)	0.1669
O1	O^{2-}	4g	0.0408(4)	0.2436(14)	0.5635(7)	1.0
O2	O^{2-}	4g	0.1757(4)	0.3127(14)	0.7556(7)	1.0
O3	O^{2-}	4g	0.0698(4)	−0.3003(15)	0.7357(7)	1.0
O4	O^{2-}	4g	0.1312(4)	−0.3268(14)	0.5404(7)	1.0
O5	O^{2-}	4g	0.0373(4)	0.1926(13)	0.8669(7)	1.0
O6	O^{2-}	4g	0.2457(4)	−0.2345(14)	0.8605(7)	1.0
O7	O^{2-}	4g	0.1665(4)	0.2219(13)	0.4475(6)	1.0
O8	O^{2-}	4g	0.1303(4)	0.6744(15)	0.3085(7)	1.0
O9	O^{2-}	4g	0.1872(4)	0.3281(15)	0.1633(8)	1.0
O10	O^{2-}	4g	0.0848(4)	0.7286(15)	0.0388(7)	1.0
O11	O^{2-}	4g	0.0526(4)	0.2484(15)	0.1576(7)	1.0
O12	O^{2-}	2e	0.25	0.3267(21)	0	1.0
O13	O^{2-}	2f	0.25	0.6515(20)	0.5	1.0
Si1	Si^{4+}	4g	0.0999(1)	0.4851(6)	0.6468(6)	1.0
Si2	Si^{4+}	4g	0.1112(1)	0.4966(6)	0.1616(3)	1.0
B1	B^{3+}	4g	0.1708(5)	0.5344(18)	0.4510(9)	1.0
B2	B^{3+}	4g	0.2544(4)	0.4527(17)	0.1375(8)	1.0
H1	H^{+}	4g	0.047	0.04	0.92	1.0

PDF:25-0184(续)

d	I/I_0	hkl
2.1650	40	313
2.1270	10	014
2.0930	10	$\bar{3}22$
2.0290	5	$\bar{4}22$
1.9510	30	421
1.8850	40	$\overline{\underline{10}}02$
1.8490	5	$\overline{\underline{10}}03$
1.8070	10	$\bar{8}05$
1.7550	30	$\overline{\underline{10}}04$
1.7060	10	414
1.6570	5	$\bar{8}22$
1.6400	20	$\underline{10}10$
1.6090	10	$\overline{\underline{11}}12$
1.5890	10	622
1.5660	5	$\overline{\underline{12}}02$
1.4300	5	$\bar{2}07$
1.4030	20	$\underline{10}20$

9-066a 硼硅钡钇矿(Cappelenite-Y)

$BaY_6B_6Si_3O_{24}F_2$, 1241.86

Sys.:Trigonal S.G.:$P3(143)$ Z:1

a:10.625 c:4.701 Vol.:1459.6

ICSD:30674

Atom		Wcf	x	y	z	Occ
Ba1	Ba^{2+}	1a	0	0	0	1.0
Y1	Y^{3+}	3d	0.2155(2)	0.4311(2)	0.9401(6)	1.0
Y2	Y^{3+}	3d	0.4320(2)	0.2161(2)	0.9722(9)	1.0
Si1	Si^{4+}	3d	0.0088(7)	0.5049(7)	0.4100(14)	1.0

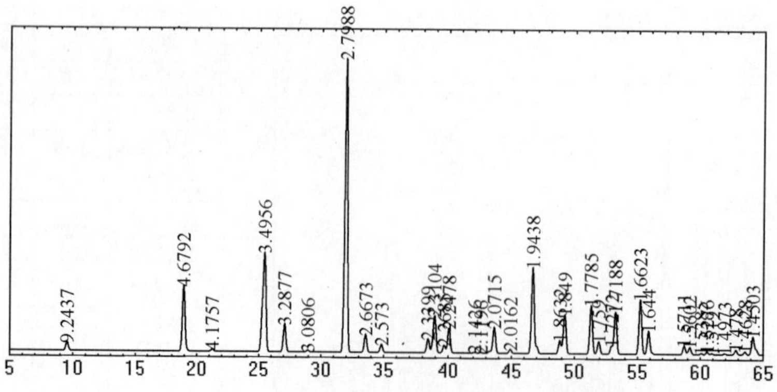

PDF:39-1349

d	I/I_0	hkl
4.6800	44	001
4.6200	9	200
3.4930	50	210
3.2880	16	021
3.0800	4	300
2.7990	100	$21\bar{1}$
2.6680	5	220
2.5730	8	301
2.3400	7	002
2.3100	10	221
2.3100	10	400
2.2680	2	102
2.2480	7	$31\bar{1}$
2.0880	2	022
2.0720	8	401
1.9440	29	$21\bar{2}$
1.9310	5	$32\bar{1}$
1.8633	7	302
1.8481	12	500
1.7783	17	330

9-066b 硼硅钡钇矿(Cappelenite-Y)

$BaY_6B_6Si_3O_{24}F_2$，1241.86

ICSD:30674(续)

Atom		Wcf	x	y	z	Occ
B1	B^{3+}	3d	0.255(2)	0.255(2)	0.474(4)	1.0
B2	B^{3+}	3d	0.003(3)	0.254(2)	0.475(4)	1.0
O1	O^{2-}	3d	0.371(2)	0.387(2)	0.630(3)	1.0
O2	O^{2-}	3d	0.018(2)	0.387(2)	0.631(3)	1.0
O3	O^{2-}	3d	0.572(2)	0.428(1)	0.236(3)	1.0
O4	O^{2-}	3d	0.426(2)	0.573(2)	0.197(3)	1.0
O5	O^{2-}	3d	0.281(2)	0.140(2)	0.600(3)	1.0
O6	O^{2-}	3d	0.112(2)	0.227(2)	0.619(3)	1.0
O7	O^{2-}	3d	0.260(1)	0.262(1)	0.186(3)	1.0
O8	O^{2-}	3d	0.001(2)	0.265(2)	0.188(3)	1.0
F1	F^-	1b	0.3333	0.6667	0.735(4)	1.0
F2	F^-	1c	0.6667	0.3333	0.783(4)	1.0

PDF:39-1349(续)

d	I/I_0	hkl
1.7591	3	$22\bar{2}$
1.7463	2	420
1.7280	4	$31\bar{2}$
1.7189	16	501
1.6624	21	331
1.6440	6	042
1.6361	4	421
1.5711	3	$32\bar{2}$
1.5642	2	511
1.5600	3	003
1.4780	2	023
1.4629	2	061
1.4503	7	052
1.4449	4	431
1.4244	9	$21\bar{3}$
1.4159	9	$33\bar{2}$
1.4108	5	251
1.4092	2	160
1.3917	2	303
1.3493	5	161

9-067 磷硼硅铈矿(Stillwellite-Ce)

(Ce,La)$BSiO_5$，259.01

Sys.:Trigonal　S.G.:$P3_1$(144)　Z:3

a:6.852　c:6.697　Vol.:272.3

ICSD:28026

Atom		Wcf	x	y	z	Occ
Ce1	Ce^{3+}	3a	0.587	0	0	1.0
B1	B^{3+}	3a	0.113	0	0.973	1.0
Si1	Si^{4+}	3a	0.585	0	0.5	1.0
O1	O^{2-}	3a	0.339	0.194	0.023	1.0
O2	O^{2-}	3a	0.195	0.339	0.31	1.0
O3	O^{2-}	3a	0.613	0.464	0.32	1.0
O4	O^{2-}	3a	0.464	0.614	0.014	1.0
O5	O^{2-}	3a	0.051	0.051	0.781	1.0

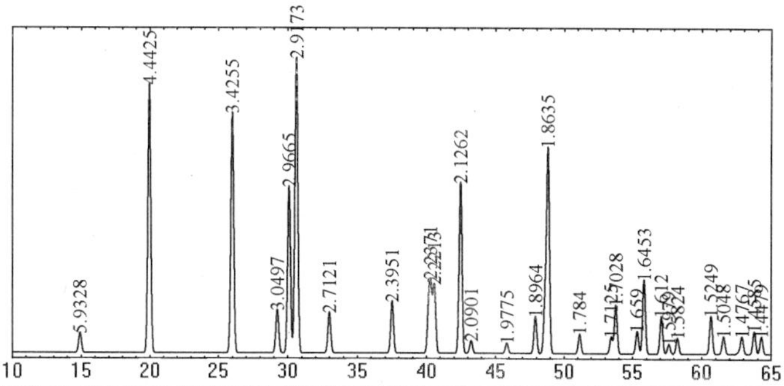

PDF:25-1447

d	I/I_0	hkl
5.9600	10	100
4.4400	70	101
3.4300	100	110
3.0500	50	111
2.9600	100	200
2.7100	60	201
2.4000	50	112
2.2400	60	210
2.2300	60	003
2.1300	80	211
2.0900	10	103
1.9790	30	300
1.8960	50	301
1.8640	70	212
1.7850	30	203
1.7040	50	302
1.6460	60	310
1.6120	30	104
1.5260	30	222
1.4760	10	312

9-068a 硅硼镁石(Garrelsite)

$NaBa_3Si_2B_7O_{16}(OH)_4$, 890.84

Sys.: Monoclinic S.G.: $C2/c$(15) Z:4

a:14.655 b:8.48 c:13.46 β:114.3 Vol.:1524.53

ICSD:32

Atom		Wcf	x	y	z	Occ
Ba1	Ba^{2+}	4e	0	0.59316(3)	0.25	1.0
Ba2	Ba^{2+}	8f	0.20878(1)	0.06623(2)	0.69714(1)	1.0
Na1	Na^{+}	4c	0.25	−0.25	0.5	1.0
Si1	Si^{4+}	8f	0.36481(6)	0.10344(9)	0.49211(6)	1.0

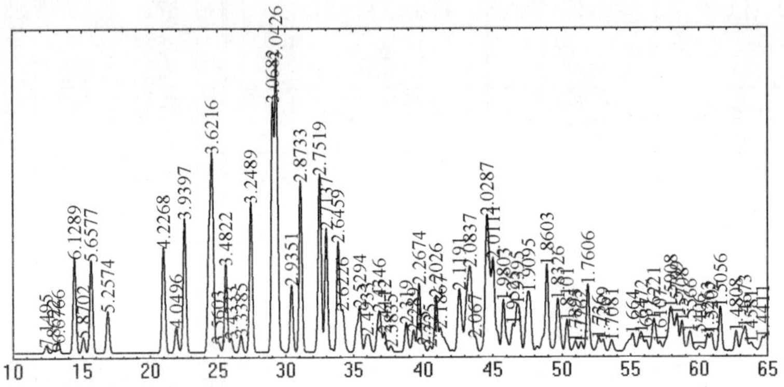

PDF:26-1369

d	I/I_0	hkl
7.1800	5	110
6.7000	5	200
6.1300	30	002
5.9100	10	$\overline{2}02$
5.6600	20	111
4.2300	30	$\overline{3}11$
4.0600	5	$\overline{3}12$
3.9400	30	310
3.6400	80	$\overline{4}02$
3.4900	10	022
3.3500	5	$\overline{2}04$
3.2600	20	113
3.0500	100	$\overline{2}23$
2.9380	10	$\overline{4}04$
2.8730	45	312
2.7570	45	$\overline{4}22$
2.7130	20	$\overline{5}11$
2.6530	20	131
2.5350	10	$\overline{3}15$
2.4870	5	024

9-068b 硅硼镁石(Garrelsite)

$NaBa_3Si_2B_7O_{16}(OH)_4$, 890.84

ICSD:32(续)

Atom		Wcf	x	y	z	Occ
B1	B^{3+}	8f	0.44136(22)	−0.18705(35)	0.46699(24)	1.0
B2	B^{3+}	8f	0.15777(22)	0.15868(35)	0.38052(23)	1.0
B3	B^{3+}	8f	0.08095(23)	−0.05896(36)	0.44539(25)	1.0
B4	B^{3+}	4e	0	0.01509(50)	0.25	1.0
O1	O^{2-}	8f	0.04806(15)	0.31989(25)	0.53726(17)	1.0
O2	O^{2-}	8f	0.38512(16)	−0.08553(23)	0.51380(17)	1.0
O3	O^{2-}	8f	0.09432(16)	−0.14939(24)	0.53367(16)	1.0
O4	O^{2-}	8f	0.01130(15)	−0.09158(24)	0.34249(17)	1.0
O5	O^{2-}	8f	0.35920(15)	0.17100(24)	0.60324(16)	1.0
O6	O^{2-}	8f	0.14845(15)	0.06169(24)	0.46626(16)	1.0
O7	O^{2-}	8f	0.23914(15)	0.36016(25)	0.61444(16)	1.0
O8	O^{2-}	8f	0.09008(15)	0.10786(24)	0.27316(16)	1.0
O9	O^{2-}	8f	0.18539(14)	−0.30397(24)	0.31420(16)	1.0
O10	O^{2-}	8f	0.41549(16)	−0.13809(25)	0.35321(16)	1.0

PDF:26-1369(续)

d	I/I_0	hkl
2.4350	10	204
2.2690	10	$\overline{2}25$
2.2090	10	133
2.1210	10	040
2.0860	20	041
2.0260	60	$\overline{6}24$
1.9810	10	$\overline{7}14$
1.9460	10	$\overline{4}26$
1.9130	20	$\overline{6}25$
1.8640	30	710
1.8340	20	531
1.8130	10	$\overline{8}04$
1.7600	30	135
1.7330	5	$\overline{2}27$
1.7070	5	334
1.6750	5	$\overline{7}32$

9-069 硅钡铍矿(Barylite)

$BaBe_2Si_2O_7$， 323.52

Sys.:Orthorhombic　S.G.:*Pnma*(62)　*Z*:4

a:9.82　*b*:11.67　*c*:4.69　Vol.:537.4

ICSD:24615

Atom		Wcf	*x*	*y*	*z*	Occ
Ba1	Ba^{2+}	4*c*	0.1515(2)	0.75	0.2473(6)	1.0
Be1	Be^{2+}	8*d*	0.1624(29)	0.5021(24)	0.6988(71)	1.0
Si1	Si^{4+}	8*d*	0.0886(6)	0.3779(5)	0.1930(14)	1.0
O1	O^{2-}	8*d*	0.4297(13)	0.3845(11)	0.2131(37)	1.0
O2	O^{2-}	8*d*	0.1861(15)	0.4701(13)	0.3579(33)	1.0
O3	O^{2-}	8*d*	0.1092(17)	0.3873(14)	0.8584(38)	1.0
O4	O^{2-}	4*c*	0.1431(18)	0.25	0.2983(46)	1.0

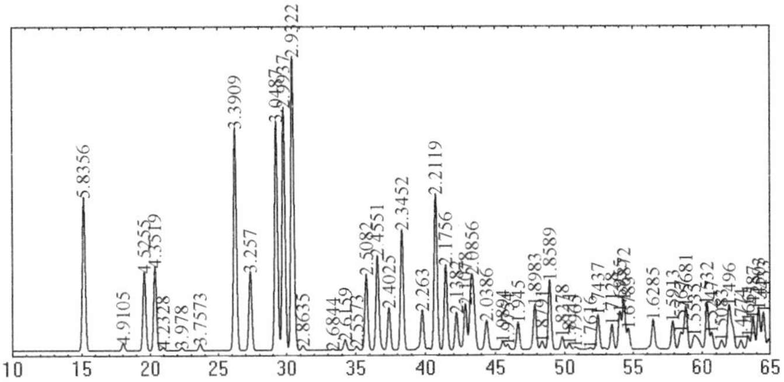

PDF:20-0119

d	I/I_0	*hkl*
5.8100	50	020
4.5200	35	210
4.3700	30	011
3.3900	95	201
3.2600	30	211
3.0500	90	230
2.9920	95	031
2.9250	100	221
2.5090	16	240
2.4530	30	400
2.3990	10	141
2.3370	35	002
2.2630	20	420
2.2120	50	241
2.1740	30	401
2.1350	10	411
2.1110	20	250
2.0770	20	430
2.0360	10	421
1.8970	16	431

9-070 钪钇石(Thortveitite)

$(Sc,Y)_2Si_2O_7$， 258.08

Sys.:Monoclinic　S.G.:*C*2/*m*(12)　*Z*:2

a:6.65　*b*:8.62　*c*:4.68　*β*:102.2　Vol.:262.21

ICSD:202633

Atom		Wcf	*x*	*y*	*z*	Occ
Sc1	Sc^{3+}	4*h*	0	0.30503(3)	0.5	0.6
Y1	Y^{3+}	4*h*	0	0.30503(3)	0.5	0.4
Si1	Si^{4+}	4*i*	0.22108(11)	0	−0.08762(15)	0.98
Al1	Al^{3+}	4*i*	0.22108(11)	0	−0.08762(15)	0.02
O1	O^{2-}	2*a*	0	0	0	1.0
O2	O^{2-}	4*i*	0.38654(28)	0	0.22171(38)	1.0
O3	O^{2-}	8*j*	0.23655(26)	0.15499(17)	−0.28174(30)	1.0

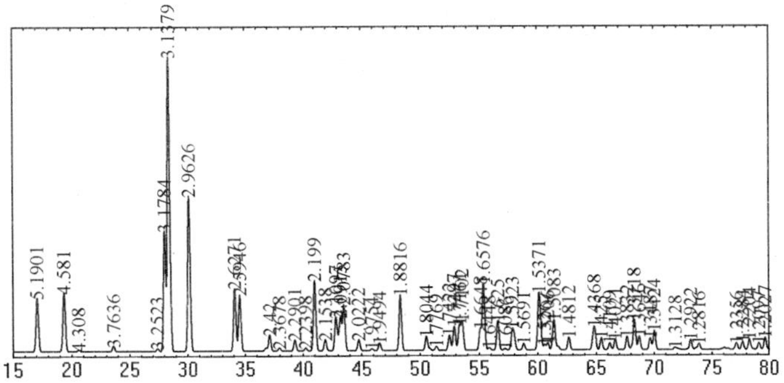

PDF:19-1125

d	I/I_0	*hkl*
5.1800	60	110
4.5800	18	001
4.3100	2	020
3.7600	2	$\bar{1}11$
3.2500	4	200
3.1800	45	111
3.1400	100	021
2.9650	65	$\bar{2}01$
2.6270	30	130
2.5960	50	220
2.4390	2	$\bar{2}21$
2.4210	8	201
2.3670	2	$\bar{1}31$
2.2870	2	002
2.2360	2	$\bar{1}12$
2.2000	25	131
2.1550	4	040
2.1100	10	221
2.1050	10	310
2.0910	6	$\bar{2}02$

9-071a 红钇矿(Thalenite)

$Y_3F(Si_3O_{10})$，529.97

Sys.:Monoclinic S.G.:$P2_1/n$(14) Z:4

a:7.3038 b:11.1247 c:10.3714 β:97.235 Vol.:835.99

ICSD:50443

Atom		Wcf	x	y	z	Occ
Y1	Y^{3+}	4e	0.29994(6)	0.40243(4)	0.49603(4)	1.0
Y2	Y^{3+}	4e	0.40413(6)	0.26968(4)	0.81174(4)	1.0
Y3	Y^{3+}	4e	0.26328(6)	0.03243(3)	0.51828(4)	1.0
F1	F^-	4e	0.1941(5)	0.2166(3)	0.4394(3)	1.0

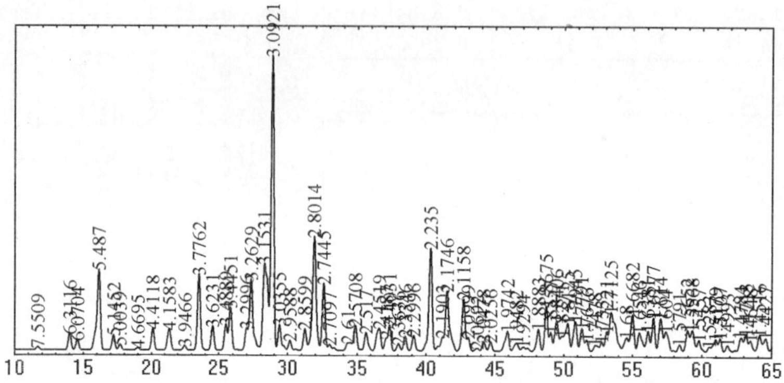

PDF:89-0134

d	I/I_0	hkl
6.3100	60	$\bar{1}01$
6.0714	38	110
5.6013	29	101
5.5624	52	020
5.4886	256	$\bar{1}11$
5.1444	44	002
5.0029	20	111
4.8931	1	021
4.6693	5	012
4.4121	75	120
4.1726	40	$\bar{1}21$
4.1467	52	$\bar{1}12$
3.9469	18	121
3.7768	244	022
3.7353	12	112
3.6228	79	200
3.4886	87	031
3.4886	87	$\bar{1}22$
3.4448	142	210

9-071b 红钇矿(Thalenite)

$Y_3F(Si_3O_{10})$，529.97

ICSD:50443(续)

Atom		Wcf	x	y	z	Occ
Si1	Si^{4+}	4e	0.0235(2)	0.0860(1)	0.7411(1)	1.0
Si2	Si^{4+}	4e	0.2328(2)	0.2459(1)	0.1120(1)	1.0
Si3	Si^{4+}	4e	0.4940(2)	0.0389(1)	0.2088(1)	1.0
O1	O^{2-}	4e	0.0136(5)	0.0251(3)	0.3616(4)	1.0
O2	O^{2-}	4e	0.0404(5)	0.0504(3)	0.8914(4)	1.0
O3	O^{2-}	4e	0.2059(5)	0.1446(3)	0.6970(4)	1.0
O4	O^{2-}	4e	0.3428(5)	0.3241(4)	0.2318(4)	1.0
O5	O^{2-}	4e	0.2697(5)	0.3186(4)	0.9840(4)	1.0
O6	O^{2-}	4e	0.0176(5)	0.2288(3)	0.1207(4)	1.0
O7	O^{2-}	4e	0.3198(5)	0.1106(3)	0.1250(4)	1.0
O8	O^{2-}	4e	0.1856(5)	0.3946(3)	0.6931(4)	1.0
O9	O^{2-}	4e	0.4652(5)	0.0219(3)	0.3612(4)	1.0
O10	O^{2-}	4e	0.0238(6)	0.4131(3)	0.3705(4)	1.0

PDF:89-0134(续)

d	I/I_0	hkl
3.3911	5	$\bar{2}11$
3.3010	79	130
3.2629	240	$\bar{1}03$
3.2290	47	122
3.1970	18	$\bar{1}31$
3.1550	282	$\bar{2}02$
3.1550	282	211
3.1310	235	$\bar{1}13$
3.0920	999	131
3.0353	89	220
3.0353	89	$\bar{2}12$
3.0082	15	032
2.9988	16	$\bar{2}21$
2.9591	34	103
2.9193	4	023
2.8597	74	113
2.8537	51	$\bar{1}32$
2.8316	25	221
2.8144	83	$\bar{1}23$
2.8007	364	202

9-072a 硅钍钇矿(Yttrialite-Y)

$Y_{1.95}Th_{0.05}Si_2O_7$, 353.14
Sys.:Monoclinic S.G.:$P2_1/m$(11) Z:2
a:7.34 b:8.06 c:5.02 β:108.5 Vol.:281.64
ICSD:28004

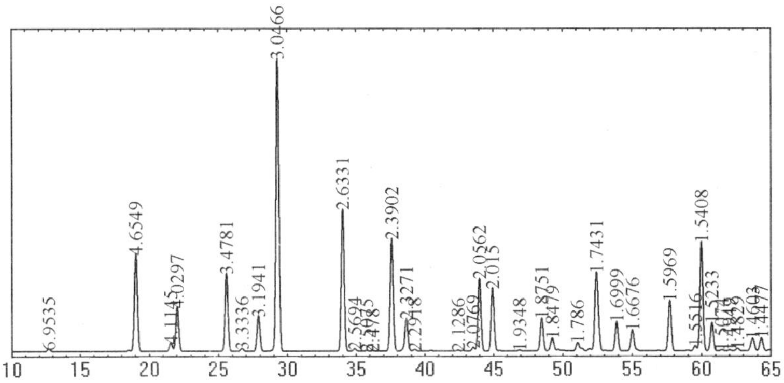

PDF:24-1428

d	I/I_0	hkl
4.6700	25	$\bar{1}01$
4.0300	25	020
3.4700	25	200
3.4500	25	101
3.1700	20	111
3.0500	100	$\bar{1}21$
2.6250	40	121
2.4640	6	201
2.4070	25	$\bar{3}01$
2.3810	20	002
2.3450	6	$\bar{2}02$
2.3270	6	$\bar{1}31$
2.1300	8	$\bar{1}22$
2.0980	8	$\bar{2}31$
2.0680	35	$\bar{3}21$
2.0510	25	022
2.0250	14	$\bar{2}22$
2.0130	25	040
1.9340	6	140
1.8660	25	301

9-072b 硅钍钇矿(Yttrialite-Y)

$Y_{1.95}Th_{0.05}Si_2O_7$, 353.14

ICSD:28004(续)

Atom		Wcf	x	y	z	Occ
Y1	Y^{3+}	2a	0	0	0	1.0
Y2	Y^{3+}	2b	0.5	0	0	1.0
Si1	Si^{4+}	2e	0.12	0.25	0.588	1.0
Si2	Si^{4+}	2e	0.709	0.25	0.548	1.0
O1	O^{2-}	2e	0.19	0.25	0.31	1.0
O2	O^{2-}	2e	0.508	0.25	0.264	1.0
O3	O^{2-}	2e	0.88	0.25	0.43	1.0
O4	O^{2-}	4f	0.19	0.09	0.8	1.0
O5	O^{2-}	4f	0.688	0.09	0.786	1.0

PDF:24-1428(续)

d	I/I_0	hkl
1.8500	8	$\bar{1}41$
1.8200	6	311
1.8000	6	$\bar{3}22$
1.7410	40	141
1.7260	6	202
1.6950	6	321
1.6830	8	$\bar{4}02$
1.6700	6	$\bar{4}21$
1.5970	18	420
1.5870	18	003
1.5730	4	$\bar{1}42$
1.5530	18	$\bar{4}22$
1.5410	20	$\bar{1}23$
1.5290	14	$\bar{2}42$
1.4630	4	250
1.4550	8	$\bar{3}23$
1.4400	6	142
1.4240	6	$\bar{3}42$
1.4180	4	$\bar{4}03$

9-073a 硅铅矿(Barysilite)

$Pb_8Mn(Si_2O_7)_3$，2217.04

Sys.:Trigonal S.G.:$R\bar{3}c$(167) Z:6

a:9.801 c:38.355 Vol.:23190.76

ICSD:95503

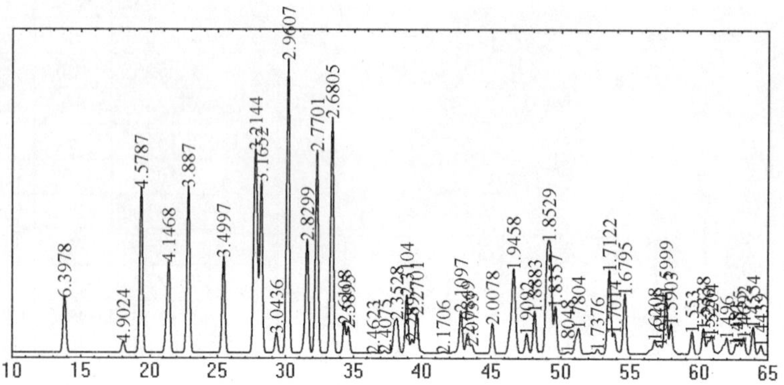

PDF:23-0404

d	I/I_0	hkl
6.3900	16	006
4.9000	6	110
4.5700	50	113
4.1400	25	202
3.8800	60	024
3.5000	35	10$\underline{10}$
3.2200	50	119
3.2100	50	211
3.1600	60	122
3.0400	16	214
2.9570	100	125
2.8290	50	300
2.7650	80	217
2.6750	80	11$\underline{12}$
2.6050	20	01$\underline{14}$
2.5860	20	306
2.3580	16	12$\underline{11}$
2.3470	20	131
2.3050	25	10$\underline{16}$
2.2850	10	134

9-073b 硅铅矿(Barysilite)

$Pb_8Mn(Si_2O_7)_3$，2217.04

ICSD:95503(续)

Atom		Wcf	x	y	z	Occ
Pb1	Pb^{2+}	36f	0.25627(3)	0.23661(3)	0.039503(6)	1.0
Pb2	Pb^{2+}	12c	0	0	0.162640(10)	0.909(3)
Ca1	Ca^{2+}	12c	0	0	0.162640(10)	0.091(3)
Mn1	Mn^{2+}	6a	0	0	0.250	1.0
Si1	Si^{4+}	36f	0.59781(19)	0.60219(19)	0.04882(4)	1.0
O1	O^{2-}	18e	0.6129(6)	0	0.250	1.0
O2	O^{2-}	36f	0.6230(6)	0.7148(6)	0.01576(12)	1.0
O3	O^{2-}	36f	0.7069(5)	0.5215(5)	0.04550(11)	1.0
O4	O^{2-}	36f	0.4142(6)	0.4768(6)	0.05626(11)	1.0

PDF:23-0404(续)

d	I/I_0	hkl
2.2660	20	11$\underline{15}$
2.1090	30	042
2.0830	10	12$\underline{14}$
2.0700	8	404
2.0040	25	13$\underline{10}$
1.9540	16	11$\underline{18}$
1.9430	40	22$\underline{12}$
1.9010	25	324
1.8860	30	235
1.8560	50	40$\underline{10}$
1.8500	40	410
1.8440	45	12$\underline{17}$
1.8340	30	327
1.7840	10	31$\underline{14}$
1.7770	20	416

9-074a 硅钙石(Rankinite)

$Ca_3Si_2O_7$, 288.41

Sys.: Monoclinic S.G.: $P2_1/n$(14) Z: 4

a: 10.614 b: 8.914 c: 7.847 β: 120 Vol.: 642.96

ICSD: 34338

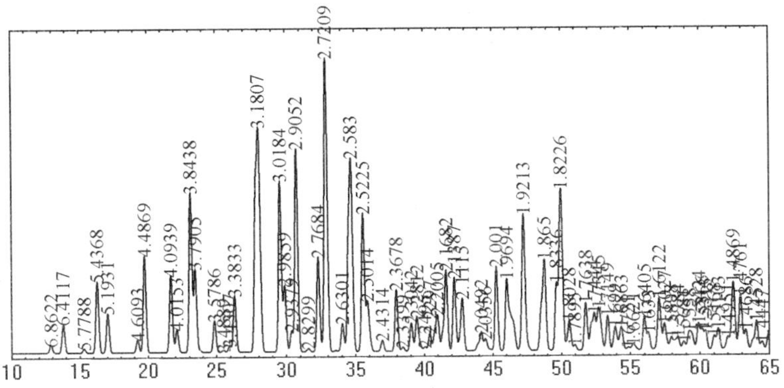

PDF: 22-0539		
d	I/I_0	hkl
5.4300	20	011
5.1800	20	$\bar{2}01$
4.4800	70	$\bar{2}11$
4.0900	20	210
4.0100	10	120
3.8400	70	$\bar{1}21$
3.7900	30	$\bar{2}02$
3.7200	10	021
3.5500	10	$\bar{1}12$
3.3800	20	$\bar{2}21$
3.2000	50	220
3.1800	80	012
3.0300	60	$\bar{3}12$
2.9810	40	211
2.9400	10	$\bar{1}22$
2.9020	50	310
2.8580	50	$\bar{2}22$
2.7630	20	$\bar{1}31$
2.7170	100	031
2.5780	40	$\bar{2}31$

9-074b 硅钙石(Rankinite)

$Ca_3Si_2O_7$, 288.41

ICSD: 34338(续)

Atom		Wcf	x	y	z	Occ
Ca1	Ca^{2+}	4e	0.0071(3)	0.0552(3)	0.2893(4)	1.0
Ca2	Ca^{2+}	4e	0.1677(3)	0.5745(3)	0.2083(4)	1.0
Ca3	Ca^{2+}	4e	0.3403(3)	0.9034(3)	0.2839(4)	1.0
Si1	Si^{4+}	4e	0.2948(4)	0.2357(4)	0.4314(5)	1.0
Si2	Si^{4+}	4e	0.0903(4)	0.2145(4)	0.9843(5)	1.0
O1	O^{2-}	4e	0.3579(10)	0.4038(10)	0.4229(13)	1.0
O2	O^{2-}	4e	0.1782(10)	0.2344(10)	0.5033(13)	1.0
O3	O^{2-}	4e	0.4105(10)	0.1016(10)	0.5523(13)	1.0
O4	O^{2-}	4e	0.2007(10)	0.1629(10)	0.2120(13)	1.0
O5	O^{2-}	4e	0.097(1)	0.3857(10)	0.9810(13)	1.0
O6	O^{2-}	4e	0.1451(10)	0.1487(10)	0.8437(13)	1.0
O7	O^{2-}	4e	0.9299(10)	0.1536(10)	0.9394(14)	1.0

PDF: 22-0539(续)		
d	I/I_0	hkl
2.5210	30	320
2.3620	10	$\bar{1}32$
2.2740	10	$\bar{3}31$
2.1660	20	140
2.1370	10	$\bar{1}41$
2.0430	10	$\bar{4}20$
2.0010	10	$\bar{5}11$
1.9630	20	$\bar{2}33$
1.8610	30	331
1.8190	60	241
1.7570	20	421

9-075 镁黄长石(Akermanite)

$Ca_2MgSi_2O_7$，272.63

Sys.: Tetragonal S.G.: $P\bar{4}2_1m$(113) Z: 2

a: 7.8332 c: 5.0069 Vol.: 307.22

ICSD: 85088

Atom		Wcf	x	y	z	Occ
Ca1	Ca^{2+}	4e	0.3318	0.1682	0.5063	1.0
Mg1	Mg^{2+}	2a	0	0	0	1.0
Si1	Si^{4+}	4e	0.1399	0.3601	0.9357(1)	1.0
O1	O^{2-}	2c	0.5	0	0.1818(8)	1.0
O2	O^{2-}	4e	0.1405(2)	0.3594(2)	0.2548(5)	1.0
O3	O^{2-}	8f	0.0800(2)	0.1867(2)	0.7850(3)	1.0

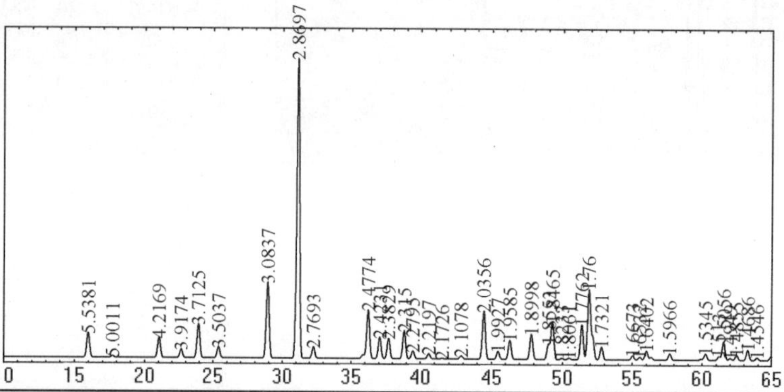

PDF: 35-0592

d	I/I_0	hkl
5.5379	9	110
5.0100	2	001
4.2216	7	101
3.9166	4	200
3.7159	12	111
3.5039	5	210
3.0866	23	201
2.8719	100	211
2.7713	4	220
2.5048	4	002
2.4778	15	310
2.4247	7	221
2.3858	8	102
2.3162	9	301
2.2822	3	112
2.2209	1	311
2.1724	1	320
2.1098	1	202
2.0372	13	212
1.9928	2	321

9-076 钙铝黄长石(Gehlenite)

$Ca_2Al(Al,Si)_2O_7$，273.1

Sys.: Tetragonal S.G.: $P\bar{4}2_1m$(113) Z: 2

a: 7.717 c: 5.086 Vol.: 302.88

ICSD: 87144

Atom		Wcf	x	y	z	Occ
Ca1	Ca^{2+}	4e	0.3375(1)	0.1625(1)	0.5110(2)	1.0
Al1	Al^{3+}	2a	0	0	0	1.0
Al2	Al^{3+}	4e	0.1431(1)	0.3569(1)	0.9528(3)	0.5
Si1	Si^{4+}	4e	0.1431(1)	0.3569(1)	0.9528(3)	0.5
O1	O^{2-}	2c	0.5	0	0.1884(9)	1.0
O2	O^{2-}	4e	0.1418(3)	0.3582(3)	0.2832(5)	1.0
O3	O^{2-}	8f	0.0872(2)	0.1706(3)	0.8033(4)	1.0

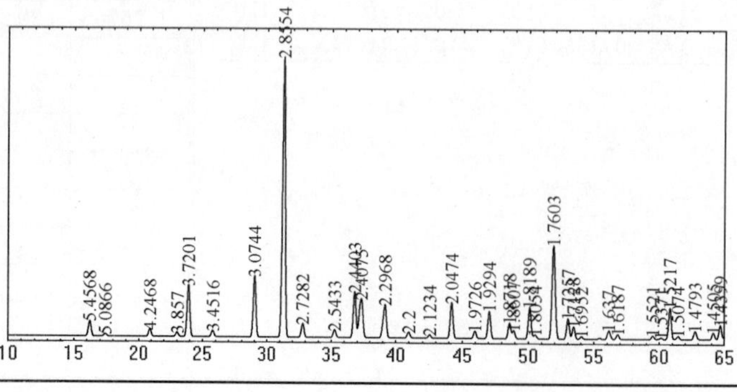

PDF: 25-0123

d	I/I_0	hkl
5.4600	5	110
5.0800	5	001
4.2400	9	101
3.7200	30	111
3.4500	2	210
3.0700	25	201
2.8570	100	211
2.7300	15	220
2.5350	15	002
2.4410	30	310
2.4150	12	102
2.4060	30	221
2.3050	4	112
2.2990	20	301
2.1990	3	311
2.0480	10	212
1.9300	55	400
1.8720	8	410
1.8600	4	222
1.8190	55	330

9-077 黄长石(Melilite)

$Ca_8Al_6MgSi_5O_{28}$，1095.24

Sys.: Tetragonal S.G.: $P\bar{4}2_1m$(113) Z: 2

a: 7.719 c: 5.0545 Vol.: 1301.16

ICSD: 92773

Atom		Wcf	x	y	z	Occ
Ca1	Ca^{2+}	4e	0.331662(18)	0.168338(18)	0.50694(4)	1.0
Mg1	Mg^{2+}	2a	0	0	0	1.0
Si1	Si^{4+}	4e	0.13991(2)	0.36009(2)	0.93538(5)	1.0
O1	O^{2-}	2c	0	0.5	0.8193(2)	1.0
O2	O^{2-}	4e	0.14059(8)	0.35941(8)	0.25434(14)	1.0
O3	O^{2-}	8f	0.08282(9)	0.18624(7)	0.78834(10)	1.0

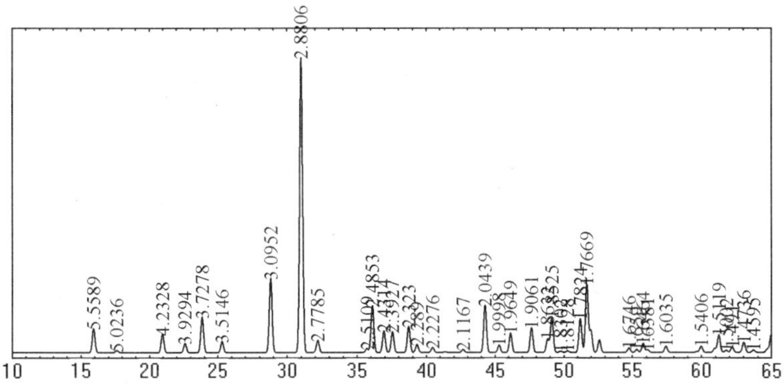

PDF: 04-0689

d	I/I_0	hkl
4.2300	20	101
3.7100	60	111
3.4500	20	210
3.0700	60	201
2.8500	100	211
2.7400	20	220
2.5300	20	002
2.4400	70	310
2.4000	70	221
2.2900	70	301
2.2000	30	311
2.1100	20	202
2.0400	60	212
1.9700	30	321
1.9300	60	400
1.8700	50	410
1.8500	30	222
1.8200	60	330
1.7600	100	312
1.7300	50	420

9-078 硅钛钡石(Fresnoite)

$Ba_2TiSi_2O_8$，506.73

Sys.: Tetragonal S.G.: P4bm(100) Z: 2

a: 8.5291 c: 5.211 Vol.: 379.08

ICSD: 201844

Atom		Wcf	x	y	z	Occ
Ba1	Ba^{2+}	4c	0.32701(3)	0.82701(3)	0	1.0
Ti1	Ti^{4+}	2a	0	0	−0.5354(5)	1.0
Si1	Si^{4+}	4c	0.1280(2)	0.6280(2)	−0.5129(8)	1.0
O1	O^{2-}	2b	0	0.5	−0.6293(19)	1.0
O2	O^{2-}	4c	0.1259(5)	0.6259(5)	−0.2051(12)	1.0
O3	O^{2-}	8d	0.2924(6)	0.5772(8)	−0.6429(11)	1.0
O4	O^{2-}	2a	0	0	−0.2096(20)	1.0

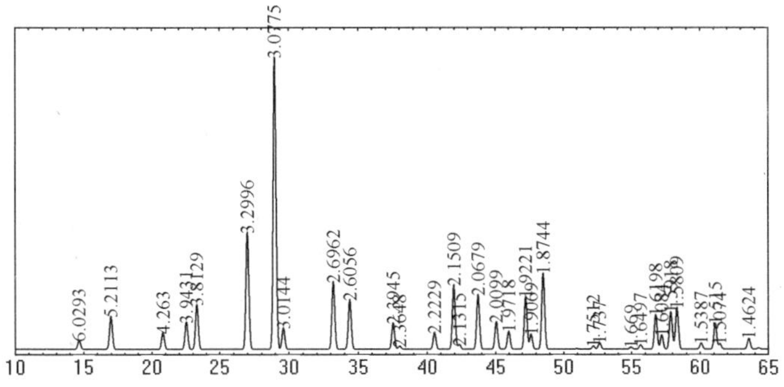

PDF: 22-0513

d	I/I_0	hkl
6.0300	5	110
5.2200	14	001
4.2670	8	200
3.9470	12	111
3.8160	20	210
3.3010	45	201
3.0770	100	211
3.0170	10	220
2.6970	25	310
2.6070	20	002
2.3950	8	311
2.3640	2	320
2.2230	6	202
2.1510	20	212
2.1330	4	400
2.0690	16	410
2.0090	10	330
1.9710	6	222
1.9220	15	411
1.9070	6	420

9-079a 铍柱石(Harstigite)

$Ca_6(Mn,Mg)Be_4Si_6(O,OH)_{24}$，883.97

Sys.:Orthorhombic S.G.:*Pmcn*(62) *Z*:4

a:13.9 *b*:13.62 *c*:9.68 Vol.:1832.6

ICSD:64790

Atom		Wcf	*x*	*y*	*z*	Occ
Mn1	Mn^{2+}	4*c*	0.9993(1)	0.3950(1)	0.25	1.0
Ca1	Ca^{2+}	8*d*	0.9962(1)	0.6083	0.3859(1)	1.0
Ca2	Ca^{2+}	8*d*	0.5086(1)	0.3157	0.3876(1)	1.0
Ca3	Ca^{2+}	8*d*	0.5004(1)	0.5897	0.3926	1.0
Si1	Si^{4+}	4*c*	0.2281(1)	0.2579(1)	0.25	1.0
Si2	Si^{4+}	4*c*	0.2831(1)	0.5151(1)	0.25	1.0

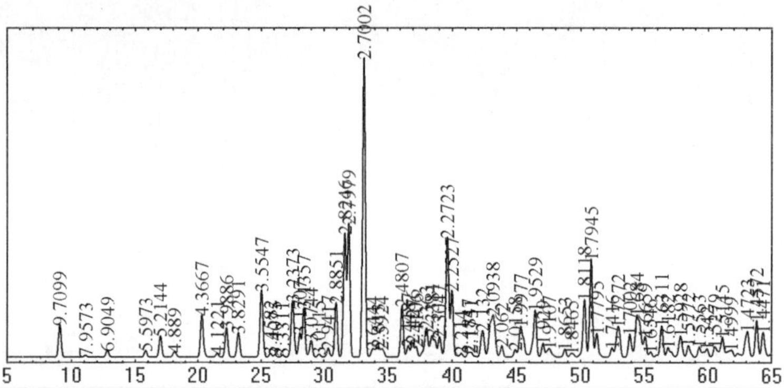

PDF:20-0200

d	*I*/I_0	*hkl*
9.7700	20	110
4.3500	40	221
3.9700	20	202
3.8300	20	212
3.5500	30	321
3.2200	40	132
3.1300	20	141
3.0700	10	331
2.8850	30	213
2.8170	50	402
2.7880	50	042
2.6950	100	332
2.4760	30	323
2.4190	10	004
2.3610	10	441
2.2680	50	060
2.2500	30	124
2.1270	25	532
2.0910	25	343
2.0620	10	612

9-079b 铍柱石(Harstigite)

$Ca_6(Mn,Mg)Be_4Si_6(O,OH)_{24}$，883.97

ICSD:64790(续)

Atom		Wcf	*x*	*y*	*z*	Occ
Si3	Si^{4+}	8*d*	0.2124(1)	0.5498(1)	0.5490(1)	1.0
Si4	Si^{4+}	8*d*	0.2325(1)	0.7485(1)	0.4521(1)	1.0
Be1	Be^{2+}	8*d*	0.2381(5)	0.4017(4)	0.4159(3)	1.0
Be2	Be^{2+}	4*c*	0.2624(7)	0.5394(5)	0.75	1.0
Be3	Be^{2+}	4*c*	0.2657(7)	0.7284(4)	0.25	1.0
O1	O^{2-}	8*d*	0.1579(3)	0.6590(2)	0.5144(2)	1.0
O2	O^{2-}	8*d*	0.3952(2)	0.7417(2)	0.4549(2)	1.0
O3	O^{2-}	8*d*	0.1701(2)	0.8459(2)	0.5036(2)	1.0
O4	O^{2-}	8*d*	0.1675(3)	0.7400(2)	0.3458(2)	1.0
O5	O^{2-}	8*d*	0.1373(3)	0.4746(2)	0.4765(2)	1.0
O6	O^{2-}	8*d*	0.1529(2)	0.5308(2)	0.6577(2)	1.0
O7	O^{2-}	8*d*	0.3778(2)	0.5504(2)	0.5471(2)	1.0
O8	O^{2-}	8*d*	0.1602(3)	0.3165(2)	0.3434(2)	1.0
O9	O^{2-}	8*d*	0.3425(3)	0.4606(2)	0.3460(2)	1.0
O10	O^{2-}	4*c*	0.1172(4)	0.5239(3)	0.25	1.0
O11	O^{2-}	4*c*	0.1590(4)	0.1485(3)	0.25	1.0
O12	O^{2-}	4*c*	0.3926(3)	0.2476(3)	0.25	1.0
O13	O^{2-}	4*c*	0.3507(3)	0.6245(3)	0.25	1.0
O14	O^{2-}	4*c*	0.3666(4)	0.4499(3)	0.75	1.0
O15	O^{2-}	4*c*	0.1115(5)	0.3146(3)	0.75	1.0
H1	H^{+}	4*c*	0.176(12)	0.883(8)	0.25	1.0

PDF:20-0200(续)

d	*I*/I_0	*hkl*
1.9920	20	253
1.9460	25	550
1.9250	10	711
1.8070	25	072
1.7900	40	172
1.7720	10	315
1.7190	30	444
1.6940	20	534
1.6760	30	713
1.6280	25	281
1.5890	20	505
1.5750	10	381
1.5100	10	481
1.4710	15	902
1.4550	20	416
1.4440	15	092
1.3720	30	680
1.3310	40	574
1.3230	10	606

9-080a 白铍石(Leucophanite)

$NaCaBeSi_2O_6F$，243.25

Sys.:Orthorhombic S.G.:$P2_12_12_1$(19) Z:4

a:7.401 b:7.42 c:9.939 Vol.:545.8

ICSD:15314

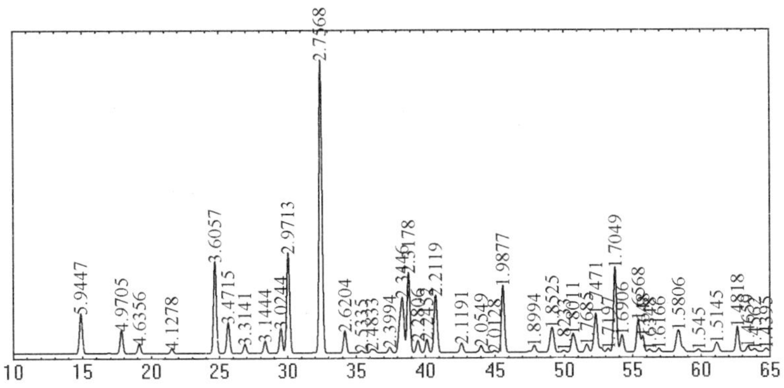

PDF:22-1362

d	I/I_0	hkl
5.9400	20	101
4.9700	14	002
4.6300	5	111
4.1300	2	012
3.6040	40	112
3.4690	13	201
3.3120	3	210
3.1440	5	121
3.0230	11	103
2.9720	30	022
2.9680	33	202
2.7560	100	212
2.6200	9	220
2.5340	1	221
2.4850	2	004
2.4710	1	023
2.4000	2	031
2.3550	10	104
2.3460	14	130
2.3410	17	310

9-080b 白铍石(Leucophanite)

$NaCaBeSi_2O_6F$，243.25

ICSD:15314(续)

Atom		Wcf	x	y	z	Occ
Ca1	Ca^{2+}	4a	0.1050(4)	0.8265(5)	0.9894(3)	1.0
Na1	Na^{+}	4a	0.0670(11)	0.8535(13)	0.5059(8)	1.0
Si1	Si^{4+}	4a	0.7406(5)	0.0132(7)	0.2507(4)	1.0
Si2	Si^{4+}	4a	0.1080(5)	0.1508(7)	0.2265(4)	1.0
Be1	Be^{2+}	4a	0.1091(24)	0.1268(50)	0.7174(32)	1.0
O1	O^{2-}	4a	0.2421(20)	0.0037(23)	0.1623(14)	1.0
O2	O^{2-}	4a	0.1052(20)	0.1607(29)	0.3829(22)	1.0
O3	O^{2-}	4a	0.8382(12)	0.8484(21)	0.3381(12)	1.0
O4	O^{2-}	4a	0.8383(14)	0.8308(20)	0.8476(12)	1.0
O5	O^{2-}	4a	0.9130(14)	0.0746(19)	0.6574(10)	1.0
O6	O^{2-}	4a	0.9087(17)	0.1000(18)	0.1627(13)	1.0
F1	F^{-}	4a	0.1021(13)	0.1315(17)	0.8753(9)	1.0

PDF:22-1362(续)

d	I/I_0	hkl
2.3180	28	222
2.2830	3	131
2.2780	4	311
2.2450	5	114
2.2140	12	032
2.2100	16	302
2.1180	3	312
2.0550	2	223
1.9880	19	214
1.8990	2	322
1.8550	5	040
1.8500	7	400
1.8030	4	224
1.7990	4	140
1.7950	4	410
1.7700	2	141
1.7670	2	411
1.7510	4	205
1.7470	11	233
1.7340	1	402

9-081a 密黄长石(Meliphanite)

$(Ca,Na)_2Be(Si,Al)_2(O,F)_7$, 257.34

Sys.: Tetragonal S.G.: $I\bar{4}$(82) Z: 2

a: 10.516 c: 9.887 Vol.: 1093.37

ICSD: 95368

Atom		Wcf	x	y	z	Occ
Ca1	Ca^{2+}	8g	0.25462(4)	0.09040(4)	0.25568(5)	1.0
Na1	Na^{+}	8g	0.23900(8)	0.08693(7)	0.75073(10)	0.66
Ca2	Ca^{2+}	8g	0.23900(8)	0.08693(7)	0.75073(10)	0.34
Al1	Al^{3+}	2a	0	0	0	1.0

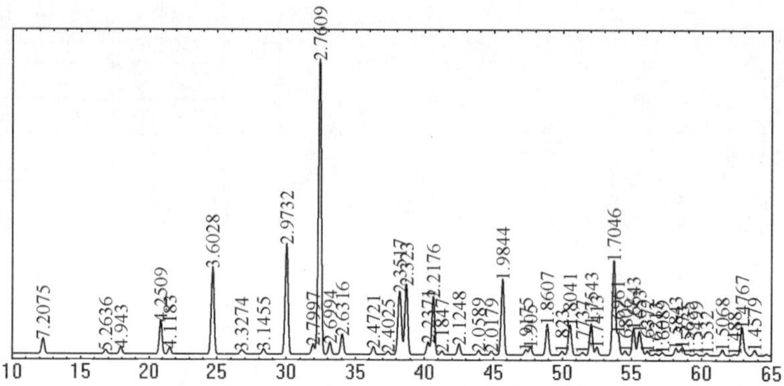

PDF: 23-0349		
d	I/I_0	hkl
7.2020	5	101
5.2540	2	200
4.9400	3	002
4.2470	13	211
4.1150	3	112
3.6010	37	202
3.3260	2	310
3.1440	2	103
2.9700	39	222
2.7980	4	321
2.7590	100	312
2.6990	4	213
2.6290	7	400
2.4710	3	004
2.4010	1	303
2.3520	18	420
2.3460	20	114
2.3210	20	402
2.2370	5	204
2.2160	15	332

9-081b 密黄长石(Meliphanite)

$(Ca,Na)_2Be(Si,Al)_2(O,F)_7$, 257.34

ICSD: 95368(续)

Atom		Wcf	x	y	z	Occ
Si1	Si^{4+}	2b	0	0	0.5	1.0
Si2	Si^{4+}	4f	0.5	0	0.00573(3)	1.0
Si3	Si^{4+}	8g	0.25251(6)	0.88834(6)	0.97402(7)	1.0
Be1	Be^{2+}	8g	0.24830(19)	0.89319(18)	0.47330(22)	1.0
O1	O^{2-}	8g	0.25297(14)	0.25601(14)	0.08835(18)	1.0
O2	O^{2-}	8g	0.12502(15)	0.96902(16)	0.40747(18)	1.0
O3	O^{2-}	8g	0.12831(15)	0.95323(16)	0.90262(18)	1.0
O4	O^{2-}	8g	0.37662(15)	0.95923(16)	0.40499(18)	1.0
O5	O^{2-}	8g	0.37771(15)	0.96106(17)	0.90772(18)	1.0
O6	O^{2-}	8g	0.25369(16)	0.89533(16)	0.13478(16)	1.0
O7	O^{2-}	8g	0.24825(15)	0.89211(15)	0.63154(14)	0.142
F1	F^{-}	8g	0.24825(15)	0.89211(15)	0.63154(14)	0.858

PDF: 23-0349(续)		
d	I/I_0	hkl
2.1840	1	323
2.1230	3	422
2.0570	1	501
2.0170	1	413
1.9840	21	314
1.9156	1	521
1.9035	2	512
1.8589	8	440
1.8226	1	215
1.8031	7	530
1.8011	6	404
1.7730	1	433
1.7528	8	600
1.7397	2	442
1.7037	24	424
1.6944	7	532
1.6800	1	523
1.6626	7	620
1.6521	6	602
1.6478	5	006

9-082　顾家石(Gugiaite)

$Ca_2Be(Si_2O_7)$, 257.34

Sys.: Tetragonal　S.G.: $P\bar{4}2_1m$(113)　Z:2

a:7.419　c:4.988　Vol.:274.55

ICSD:31234

Atom		Wcf	x	y	z	Occ
Ca1	Ca^{2+}	4e	0.33581(5)	0.16419	0.51116(11)	1.0
Be1	Be^{2+}	2a	0	0	0	1.0
Si1	Si^{4+}	4e	0.14692(7)	0.35308	0.95990(14)	1.0
O1	O^{2-}	2c	0.5	0	0.16536(62)	1.0
O2	O^{2-}	4e	0.14031(20)	0.35969	0.27898(37)	1.0
O3	O^{2-}	8f	0.08613(21)	0.16619(20)	0.81970(28)	1.0

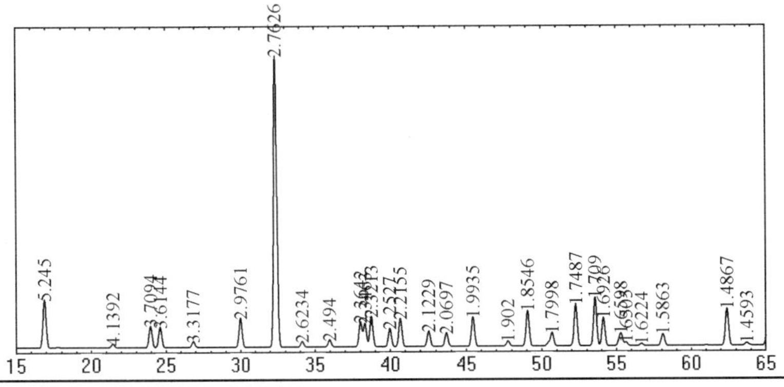

PDF:75-1676

d	I/I_0	hkl
5.2460	209	110
4.9880	12	001
4.1394	15	101
3.7095	85	200
3.6148	66	111
3.3179	24	210
2.9766	90	201
2.7626	999	211
2.6230	18	220
2.4940	29	002
2.3640	75	102
2.3461	81	310
2.3216	83	221
2.2524	55	112
2.2156	78	301
2.1230	41	311
2.0697	40	202
1.9936	82	212
1.9022	14	321
1.8548	100	400

9-083a　羟硅铍石(Bertrandite)

$Be_4Si_2O_7(OH)_2$, 238.23

Sys.: Orthorhombic　S.G.: $Cmc2_1$(36)　Z:4

a:8.7　b:15.26　c:4.56　Vol.:605.39

ICSD:64946

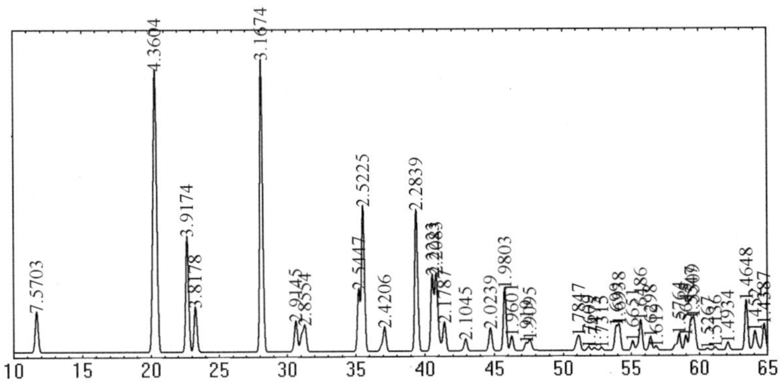

PDF:12-0452

d	I/I_0	hkl
7.5600	10	110
4.3850	55	130
4.3500	35	200
3.9140	20	021
3.8070	100	040
3.1610	45	131
2.9250	4	041
2.9130	4	221
2.8760	6	150
2.8650	8	240
2.8500	6	310
2.5430	75	060
2.5210	40	330
2.4170	4	311
2.2830	20	002
2.2220	14	061
2.2080	6	331
2.1770	4	400
2.1020	4	350
2.0210	4	202

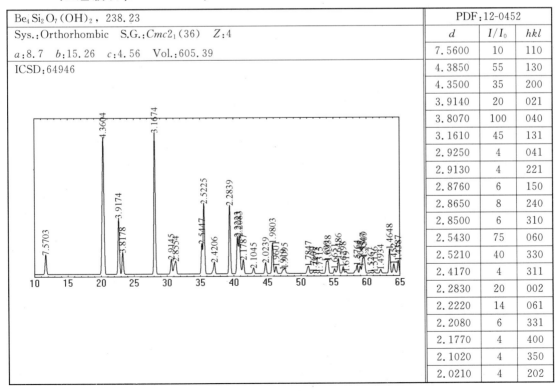

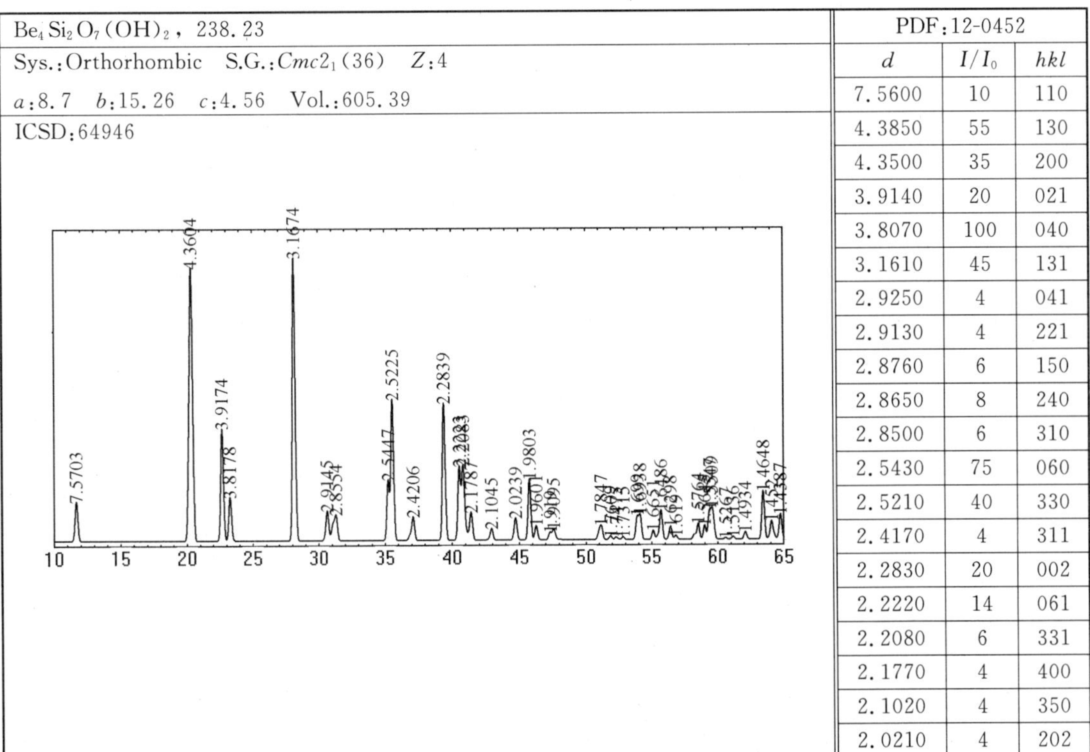

9-083b 羟硅铍石(Bertrandite)

$Be_4Si_2O_7(OH)_2$，238.23

ICSD:64946(续)

Atom		Wcf	x	y	z	Occ
Si1	Si^{4+}	8b	0.3254(1)	0.1144(1)	0.6523(17)	1.0
Be1	Be^{2+}	8b	0.1735(8)	0.0527(3)	0.1628(48)	1.0
Be2	Be^{2+}	8b	0.3264(7)	0.2203(3)	0.1517(21)	1.0
O1	O^{2-}	8b	0.2897(3)	0.1244(2)	0	1.0
O2	O^{2-}	8b	0.2101(4)	0.0431(2)	0.5074(8)	1.0
O3	O^{2-}	8b	0.2934(4)	0.2093(2)	0.5024(8)	1.0
O4	O^{2-}	4a	0	0.5852(2)	0.5951(11)	1.0
O5	O^{2-}	4a	0	0.7553(2)	0.0886(10)	1.0
O6	O^{2-}	4a	0	0.0872(2)	0.0993(11)	1.0

PDF:12-0452(续)

d	I/I_0	hkl
1.9780	6	261
1.9170	4	171
1.9070	12	080
1.7900	2	152
1.7610	2	081
1.6990	2	062
1.6480	4	530
1.5790	2	262
1.5630	4	191
1.5560	6	461
1.5510	6	172

9-084 异极石(Hemimorphite)

$Zn_4Si_2O_7(OH)_2 \cdot H_2O$，481.72

Sys.:Orthorhombic S.G.:*Imm*2(44) *Z*:2

a:8.37 *b*:10.719 *c*:5.12 Vol.:459.36

ICSD:26842

Atom		Wcf	x	y	z	Occ
Zn1	Zn^{2+}	8e	0.2044(1)	0.1612(1)	0	1.0
Si1	Si^{4+}	4d	0	0.1463(3)	0.5054(15)	1.0
O1	O^{2-}	8e	0.1590(7)	0.2067(6)	0.6378(15)	1.0
O2	O^{2-}	4d	0	0.1656(10)	0.1909(19)	1.0
O3	O^{2-}	4c	0.3071(14)	0	1.0356(33)	1.0
O4	O^{2-}	2a	0	0	0.5896(29)	1.0
O5	O^{2-}	2b	0.5	0	0.509(15)	1.0

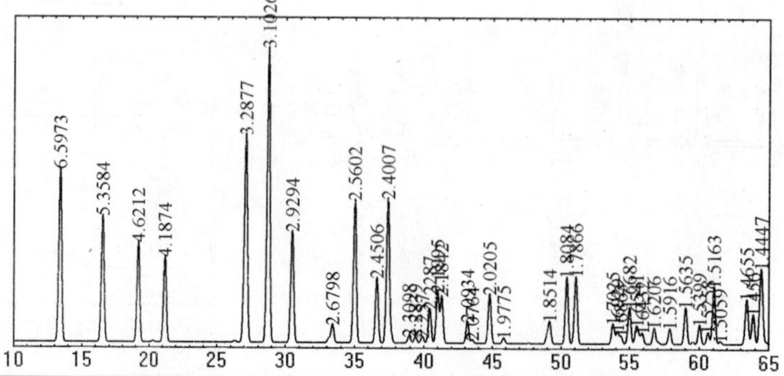

PDF:05-0555

d	I/I_0	hkl
6.6000	86	110
5.3600	55	020
4.6200	41	011
4.1800	38	200
3.2960	73	220
3.2880	75	130
3.1040	100	211
2.9290	40	031
2.6980	10	310
2.6790	7	040
2.5590	51	002
2.4500	32	301
2.4000	54	231
2.3090	3	022
2.2840	2	141
2.2290	11	321
2.1980	19	330
2.1830	16	202
2.0920	10	400
2.0770	1	150

9-085a 水硅锌钙石(Junitoite)

$CaZn_2Si_2O_7 \cdot H_2O$，357.02

Sys.:Orthorhombic S.G.:*B*2*mb*(40) *Z*:4

a:6.309 *b*:12.503 *c*:8.549 Vol.:674.36

ICSD:40526

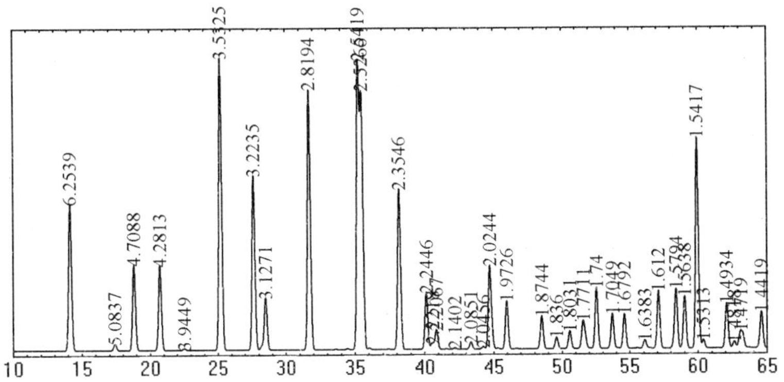

PDF:29-0394		
d	I/I_0	*hkl*
6.2500	40	020
4.7000	50	111
4.2700	40	002
3.5300	100	022
3.2200	40	131
3.1600	5	200
3.1300	10	040
2.8160	100	220
2.5400	100	202
2.5210	50	042
2.3520	70	222
2.2430	20	151
2.2010	10	133
2.0210	40	024
1.9700	30	242
1.8720	20	062
1.8330	10	331
1.8020	5	153
1.7680	30	204
1.7390	30	260

9-085b 水硅锌钙石(Junitoite)

$CaZn_2Si_2O_7 \cdot H_2O$，357.02

ICSD:40526(续)

Atom		Wcf	*x*	*y*	*z*	Occ
Ca1	Ca^{2+}	4*b*	0.25	0.2462(12)	0.1119(11)	1.0
Zn1	Zn^{2+}	4*a*	0	0	0	1.0
Zn2	Zn^{2+}	4*a*	0	0	0.4963(14)	1.0
Si1	Si^{4+}	8*c*	0.1316(3)	0.7348(11)	0.2359(12)	1.0
O1	O^{2-}	8*c*	0.0437(12)	0.7438(30)	0.3764(19)	1.0
O2	O^{2-}	8*c*	0.1213(15)	0.5314(29)	0.1360(31)	1.0
O3	O^{2-}	8*c*	0.1263(14)	0.9517(32)	0.1249(31)	1.0
O4	O^{2-}	4*b*	0.25	0.7221(44)	0.3270(28)	1.0
O5	O^{2-}	4*b*	0.25	0.2746(64)	0.3785(45)	1.0

PDF:29-0394(续)		
d	I/I_0	*hkl*
1.7030	30	224
1.6770	30	313
1.6110	20	262
1.5770	40	400
1.5650	10	410
1.5400	60	244
1.4920	20	064
1.4400	30	422
1.4080	10	440
1.3900	10	026
1.3380	40	442
1.3310	30	282
1.3180	10	315
1.2980	30	325
1.2710	30	226
1.2440	40	424

9-086a 斧石(Axinite)

$FeCa_2Al_2(BO_3)(Si_4O_{12})OH$，570.12

Sys.:Triclinic S.G.:$P\bar{1}$(2) Z:2

a:7.1566 b:9.1995 c:8.9585 α:91.75 β:98.14 γ:77.3 Vol.:569.58

ICSD:4343

Atom		Wcf	x	y	z	Occ
Fe1	Fe^{2+}	2i	0.7687(5)	0.5904(5)	0.1120(5)	1.0
Ca1	Ca^{2+}	2i	0.7465(6)	0.3480(6)	0.3956(6)	1.0
Ca2	Ca^{2+}	2i	0.1831(6)	0.1006(6)	0.0837(6)	1.0
Al1	Al^{3+}	2i	0.0529(9)	0.8009(9)	0.2543(9)	1.0
Al2	Al^{3+}	2i	0.3520(9)	0.9362(9)	0.4212(9)	1.0
Si1	Si^{4+}	2i	0.2120(8)	0.4502(8)	0.2356(8)	1.0
Si2	Si^{4+}	2i	0.2189(8)	0.2748(8)	0.5242(8)	1.0

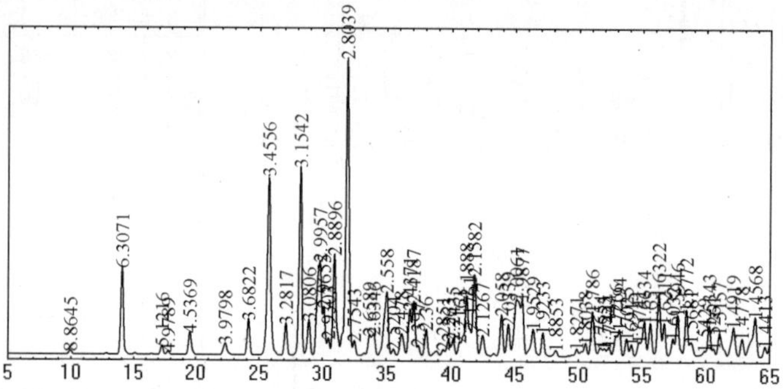

PDF:74-1187

d	I/I_0	hkl
8.9744	10	010
8.8682	35	001
6.9144	6	100
6.3061	327	011
6.3061	327	$0\bar{1}1$
6.1648	38	110
5.8601	7	$\bar{1}01$
5.3814	3	$\bar{1}\bar{1}1$
5.1202	41	101
4.9781	27	$\bar{1}10$
4.7933	24	111
4.5388	81	$\bar{1}11$
4.4872	10	020
4.4341	1	002
4.2055	1	120
4.1668	1	$1\bar{1}1$
4.0048	22	021
4.0048	22	$0\bar{2}1$
3.9744	35	012
3.9744	35	$0\bar{1}2$

9-086b 斧石(Axinite)

$FeCa_2Al_2(BO_3)(Si_4O_{12})OH$，570.12

ICSD:4343(续)

Atom		Wcf	x	y	z	Occ
Si3	Si^{4+}	2i	0.6995(8)	0.2553(8)	0.0112(8)	1.0
Si4	Si^{4+}	2i	0.6413(8)	0.0189(8)	0.2304(8)	1.0
B1	B^{3+}	2i	0.4619(33)	0.6346(31)	0.2860(31)	1.0
O1	O^{2-}	2i	0.0564(23)	0.6033(22)	0.1897(22)	1.0
O2	O^{2-}	2i	0.2333(24)	0.3386(23)	0.0982(22)	1.0
O3	O^{2-}	2i	0.4202(23)	0.4864(22)	0.3135(22)	1.0
O4	O^{2-}	2i	0.1357(24)	0.3739(25)	0.3713(23)	1.0
O5	O^{2-}	2i	0.0218(22)	0.2419(23)	0.5638(22)	1.0
O6	O^{2-}	2i	0.3261(22)	0.3791(22)	0.6455(22)	1.0
O7	O^{2-}	2i	0.3802(22)	0.1274(21)	0.4956(22)	1.0
O8	O^{2-}	2i	0.5371(23)	0.3433(23)	0.8773(21)	1.0
O9	O^{2-}	2i	0.8759(22)	0.1543(22)	0.9334(21)	1.0
O10	O^{2-}	2i	0.7693(25)	0.3655(24)	0.1394(23)	1.0
O11	O^{2-}	2i	0.6037(24)	0.1348(24)	0.0863(23)	1.0
O12	O^{2-}	2i	0.4359(22)	0.9817(22)	0.2442(22)	1.0
O13	O^{2-}	2i	0.7204(23)	0.0998(22)	0.3842(22)	1.0
O14	O^{2-}	2i	0.7943(22)	0.8735(23)	0.1783(23)	1.0
O15	O^{2-}	2i	0.3256(22)	0.7464(21)	0.3545(21)	1.0
O16	O^{2-}	2i	0.0968(21)	0.9954(22)	0.3232(21)	1.0
H1	H^{+}	2i	0.002(67)	0.970(67)	0.626(67)	1.0

PDF:74-1187(续)

d	I/I_0	hkl
3.9291	10	$\bar{1}\bar{2}1$
3.8297	1	$\bar{1}\bar{1}2$
3.6826	131	121
3.4888	55	210
3.4888	55	$\bar{1}12$
3.4572	663	200
3.4376	240	$\bar{1}20$
3.4150	55	$\bar{2}\bar{1}1$
3.4150	55	112
3.3834	22	$\bar{2}01$
3.2828	117	$\bar{1}21$
3.1873	21	$\bar{1}\bar{2}2$
3.1550	689	022
3.1550	689	$0\bar{2}2$
3.1044	16	211
3.0801	128	220
3.0801	128	201
3.0134	241	$\bar{2}10$
2.9934	307	130
2.9934	307	030

9-087 硬柱石(Lawsonite)

$CaAl_2Si_2O_7(OH)_2 \cdot H_2O$, 314.24

Sys.: Orthorhombic　S.G.: *Bbmm*(63)　*Z*: 4

a: 8.787　*b*: 13.123　*c*: 5.836　Vol.: 672.96

ICSD: 81644

Atom		Wcf	*x*	*y*	*z*	Occ
Ca1	Ca^{2+}	4*c*	0.3330(1)	0	0.25	1.0
Al1	Al^{3+}	8*d*	0.25	0.25	0	1.0
Si1	Si^{4+}	8*f*	0.9802(2)	0	0.1329(1)	1.0
O1	O^{2-}	4*c*	0.0499(6)	0	0.25	1.0
O2	O^{2-}	16*h*	0.3797(3)	0.2722(5)	0.1173(2)	1.0
O3	O^{2-}	8*f*	0.1378(4)	0	0.0646(2)	1.0
O4	O^{2-}	8*f*	0.6385(4)	0	0.0481(2)	1.0
O5	O^{2-}	4*c*	0.6094(7)	0	0.25	1.0

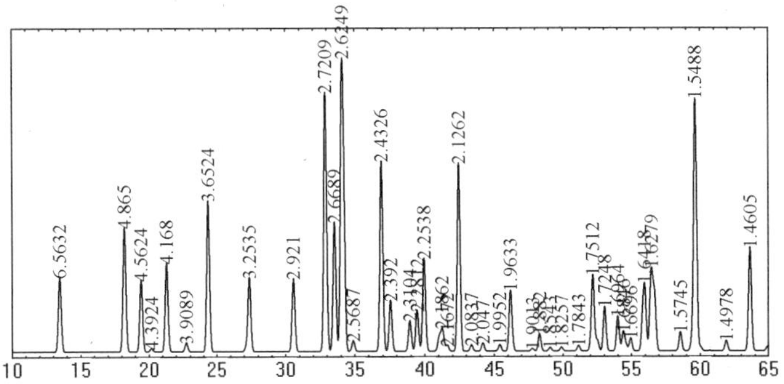

PDF: 13-0567

d	I/I_0	*hkl*
6.5600	30	020
4.8620	40	101
4.5650	16	111
4.1670	50	210
3.6500	60	220
2.9180	25	002
2.7200	100	141
2.6660	40	022
2.6310	50	240
2.6180	70	301
2.4320	40	321
2.3910	6	212
2.3130	40	151
2.2790	20	222
2.2530	20	250
2.2470	6	331
2.1890	20	060
2.1800	10	042
2.1660	6	410
2.1250	70	232

9-088a 黑柱石(Ilvaite)

$CaFe_2Fe(SiO_7)(O,OH)_2$, 379.7

Sys.: Monoclinic　S.G.: $P2_1/a$(14)　*Z*: 4

a: 13.014　*b*: 8.807　*c*: 5.853　*β*: 90.22　Vol.: 670.83

ICSD: 31307

Atom		Wcf	*x*	*y*	*z*	Occ
Ca1	Ca^{2+}	4*e*	0.18721(2)	0.37036(4)	0.24959(6)	1.0
Fe1	$Fe^{2.44+}$	4*e*	0.10977(2)	0.05063(3)	0.99240(4)	1.0
Fe2	$Fe^{2.56+}$	4*e*	0.10980(2)	0.05086(3)	0.50752(4)	1.0
Fe3	Fe^{2+}	4*e*	0.44035(2)	0.23975(3)	0.24973(4)	1.0
Si1	Si^{4+}	4*e*	0.04073(3)	0.36862(5)	0.75046(8)	1.0

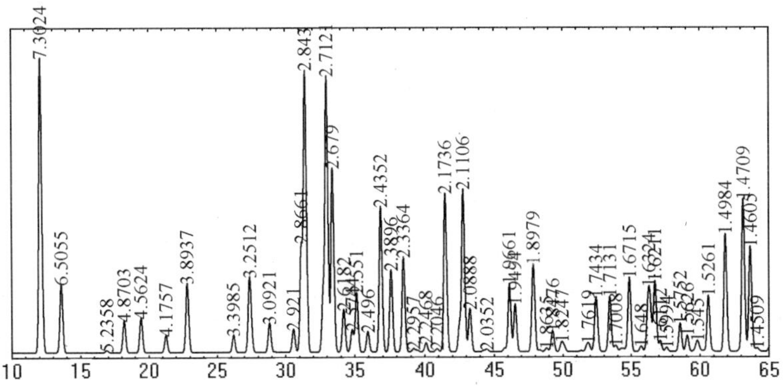

PDF: 25-0149

d	I/I_0	*hkl*
7.3050	70	110
6.5180	18	200
4.8870	10	011
4.5750	16	$\bar{1}11$
4.1720	6	$\bar{1}20$
3.8940	35	211
3.3970	14	$\bar{1}21$
3.2550	55	400
3.2370	4	311
3.0910	18	$\bar{3}20$
3.0530	2	$\bar{4}10$
2.9280	18	002
2.8650	70	130
2.8490	95	$\bar{4}01$
2.8400	95	401
2.7370	19	$\bar{3}21$
2.7300	20	321
2.7210	70	$\bar{1}12$
2.7140	70	112
2.6760	100	230

9-088b 黑柱石(Ilvaite)

$CaFe_2Fe(SiO_7)(O,OH)_2$，379.7

ICSD:31307(续)

Atom		Wcf	x	y	z	Occ
Si2	Si^{4+}	4e	0.32047(3)	0.22720(5)	0.74975(8)	1.0
O1	O^{2-}	4e	0.4906(1)	0.4722(1)	0.2513(3)	1.0
O2	O^{2-}	4e	0.06353(9)	0.2723(1)	0.9839(2)	1.0
O3	O^{2-}	4e	0.06377(9)	0.2724(1)	0.5168(2)	1.0
O4	O^{2-}	4e	0.22271(9)	0.1091(1)	0.7496(2)	1.0
O5	O^{2-}	4e	0.32914(9)	0.3296(1)	0.9820(2)	1.0
O6	O^{2-}	4e	0.32928(9)	0.3301(1)	0.5183(2)	1.0
O7	O^{2-}	4e	0.41525(9)	0.1011(1)	0.7496(2)	1.0
O8	O^{2-}	4e	0.3978(1)	0.0243(1)	0.2505(3)	1.0
O9	O^{2-}	4e	0.20177(9)	0.1094(1)	0.2502(2)	1.0
H1	H^{+}	4e	0.236(4)	0.081(7)	0.26(1)	1.0

PDF:25-0149(续)

d	I/I_0	hkl
2.6170	35	420
2.5720	20	131
2.5580	19	$\bar{2}12$
2.5520	19	212
2.4960	19	510
2.4380	35	022
2.4320	35	231
2.3920	25	$\bar{4}21$
2.3850	25	421
2.3430	30	$\bar{3}12$
2.3360	30	312
2.2970	3	$\bar{5}11$
2.2450	5	331
2.2030	2	040
2.1790	55	$\bar{4}30$
2.1710	55	140
2.1280	10	$\bar{3}22$
2.1210	10	322
2.1160	50	$\bar{4}12$
2.1090	50	412

9-089a 枪晶石(Cuspidine)

$Ca_4F_2Si_2O_7$，366.48

Sys.:Monoclinic S.G.:$P2_1/c$(14) Z:4

a:10.93 b:10.57 c:7.57 β:110.1 Vol.:821.3

ICSD:81612

Atom		Wcf	x	y	z	Occ
Ca1	Ca^{2+}	4e	0.4247(4)	0.1276(4)	0.8388(6)	0.155
Na1	Na^{+}	4e	0.4247(4)	0.1276(4)	0.8388(6)	0.845
Ca2	Ca^{2+}	4e	0.4262(2)	0.1308(2)	0.3409(4)	0.845
Na2	Na^{+}	4e	0.4262(2)	0.1308(2)	0.3409(4)	0.155
Ca3	Ca^{2+}	4e	0.30858(5)	0.40160(4)	0.52890(7)	0.155

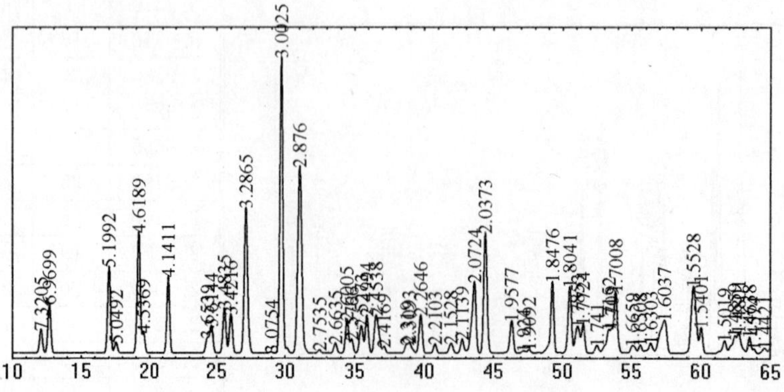

PDF:13-0410

d	I/I_0	hkl
10.1000	14	100
7.3600	10	110
7.1200	4	—
5.2800	4	020
5.1400	6	200
4.6200	2	210
4.5500	6	$\bar{2}11$
4.2300	4	$\bar{1}21$
3.6800	10	220
3.4300	4	300
3.3630	16	$\bar{2}12$
3.2590	30	310
3.0620	100	102
3.0340	25	$\bar{3}02$
2.9430	35	$\bar{2}22$
2.9000	30	131
2.8730	30	$\bar{3}20$
2.5690	8	400
2.5500	8	202
2.5210	6	$\bar{3}31$

9-089b 枪晶石(Cuspidine)

$Ca_4F_2Si_2O_7$, 366.48

ICSD:81612(续)

Atom		Wcf	x	y	z	Occ
Lu1	Lu^{3+}	4e	0.30858(5)	0.40160(4)	0.52890(7)	0.845
Ca4	Ca^{2+}	4e	0.3010(3)	0.3957(2)	0.0257(4)	0.845
Lu2	Lu^{3+}	4e	0.3010(3)	0.3957(2)	0.0257(4)	0.155
Si1	Si^{4+}	4e	0.1276(3)	0.1775(3)	0.7198(4)	1.0
Si2	Si^{4+}	4e	0.1205(3)	0.1769(3)	0.1595(4)	1.0
O1	O^{2-}	4e	0.1373(9)	0.1937(9)	0.9507(13)	1.0
O2	O^{2-}	4e	0.1601(8)	0.0289(7)	0.6939(11)	1.0
O3	O^{2-}	4e	0.1471(8)	0.0248(7)	0.2059(12)	1.0
O4	O^{2-}	4e	0.2403(7)	0.2726(7)	0.7134(12)	1.0
O5	O^{2-}	4e	0.2380(7)	0.2681(7)	0.2831(11)	1.0
O6	O^{2-}	4e	0.9840(7)	0.2215(7)	0.5903(11)	1.0
O7	O^{2-}	4e	0.9808(7)	0.2262(7)	0.1291(12)	1.0
F1	F^-	4e	0.1127(5)	0.4916(6)	0.4465(9)	1.0
F2	F^-	4e	0.1083(5)	0.4949(6)	0.9304(9)	1.0

PDF:13-0410(续)

d	I/I_0	hkl
2.4930	10	410
2.4790	4	041
2.4510	4	330
2.4350	1	$\bar{2}13$
2.4210	4	$\bar{4}21$
2.3070	8	132
2.2890	12	222
2.1580	4	$\bar{3}23$
2.0890	6	340
2.0630	10	232
2.0470	8	$\bar{1}33$
2.0180	18	$\bar{5}21$
1.9940	6	123
1.9840	6	$\bar{4}23$
1.9590	10	250
1.8830	10	213
1.8320	16	$\bar{3}14$
1.8210	12	332
1.8090	10	402
1.7870	4	511

9-090a 锆钽矿(Lavenite)

$(Na,Ca)_2(Mn,Fe)(Zr,Ti)Si_2O_7(O,OH,F)_2$, 392.3

Sys.:Monoclinic　S.G.:$P2_1/a$(14)　Z:4

a:10.783　b:9.962　c:7.158　β:108.02　Vol.:731.2

ICSD:100722

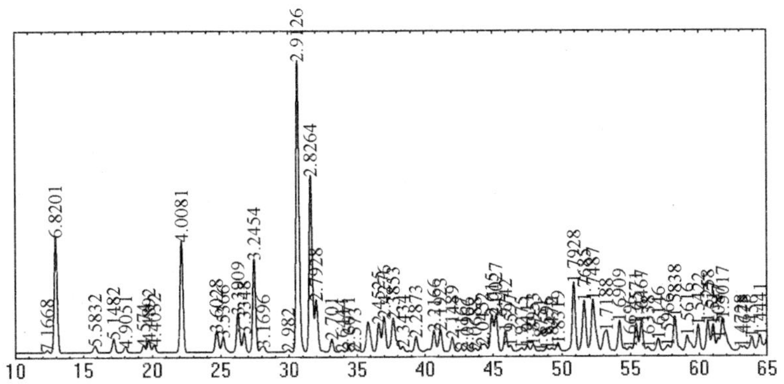

PDF:50-0222

d	I/I_0	hkl
6.8203	70	001
5.5807	10	$\bar{1}11$
5.1287	5	200
4.4794	5	120
4.3809	5	$\bar{2}11$
4.0007	60	$\bar{1}21$
3.6000	15	201
3.3797	20	211
3.3204	10	$\bar{3}11$
3.2399	50	310
2.9057	100	$\bar{1}22$
2.8200	90	320
2.7824	25	$\bar{2}22$
2.6952	20	$\bar{4}01$
2.5982	5	$\bar{4}11$
2.4987	20	202
2.4429	25	$\bar{4}02$
2.4188	25	140
2.3787	20	330
2.2780	10	420

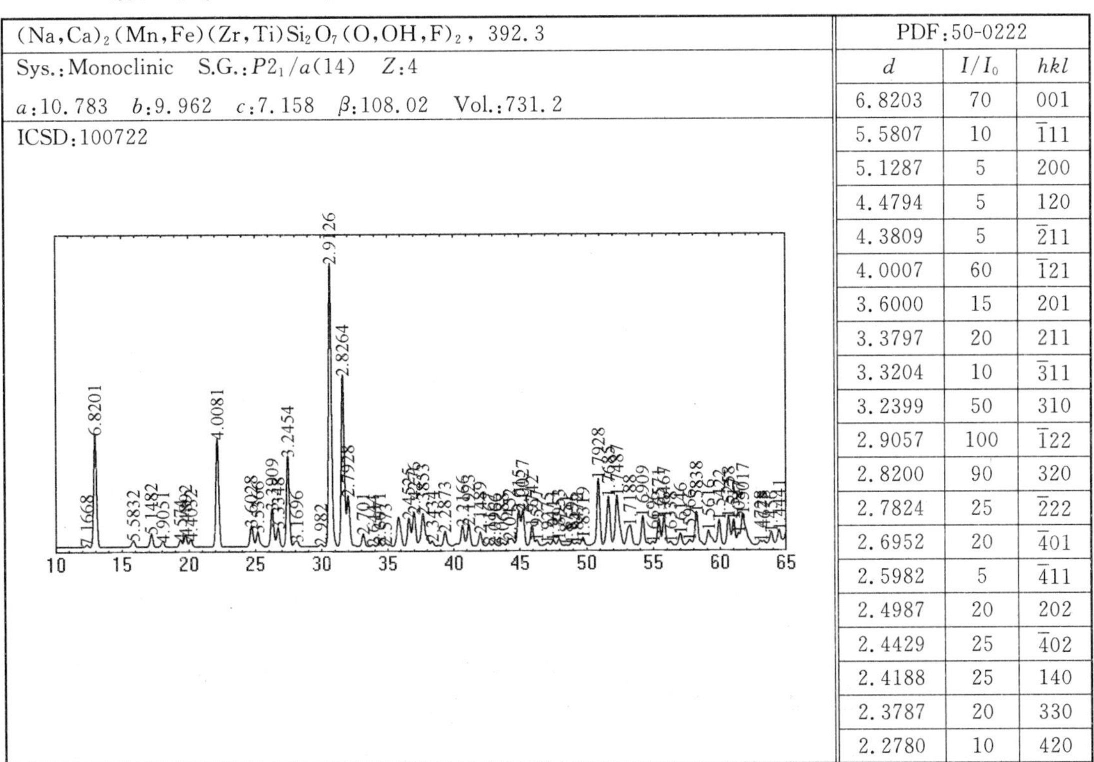

9-090b 锆钽矿(Lavenite)

$(Na,Ca)_2(Mn,Fe)(Zr,Ti)Si_2O_7(O,OH,F)_2$, 392.3

ICSD:100722(续)

Atom		Wcf	*x*	*y*	*z*	Occ
Zr1	Zr^{4+}	4*e*	0.2961(1)	0.1050(1)	0.0253(1)	1.0
Fe1	$Fe^{2.5+}$	4*e*	0.4367(1)	0.3762(1)	0.8535(1)	1.0
Na1	Na^+	4*e*	0.3042(1)	0.1076(1)	0.5262(2)	0.9
Ca1	Ca^{2+}	4*e*	0.3042(1)	0.1076(1)	0.5262(2)	0.1
Na2	Na^+	4*e*	0.4262(2)	0.3792(2)	0.3443(2)	0.6
Ca2	Ca^{2+}	4*e*	0.4262(2)	0.3792(2)	0.3443(2)	0.4
Si1	Si^{4+}	4*e*	0.6236(1)	0.1670(1)	0.2199(2)	1.0
Si2	Si^{4+}	4*e*	0.6195(1)	0.1681(1)	0.6670(2)	1.0
O1	O^{2-}	4*e*	0.6334(3)	0.1690(4)	0.4499(4)	1.0
O2	O^{2-}	4*e*	0.7412(3)	0.2628(3)	0.2072(4)	1.0
O3	O^{2-}	4*e*	0.7490(3)	0.2472(3)	0.8001(3)	1.0
O4	O^{2-}	4*e*	0.6536(3)	0.0152(3)	0.1686(4)	1.0
O5	O^{2-}	4*e*	0.6270(3)	0.0129(3)	0.7363(4)	1.0
O6	O^{2-}	4*e*	0.4805(3)	0.2204(3)	0.0942(4)	1.0
O7	O^{2-}	4*e*	0.4873(3)	0.2412(3)	0.6613(5)	1.0
O8	O^{2-}	4*e*	0.6190(3)	0.4791(4)	0.9573(5)	1.0
F1	F^-	4*e*	0.3865(2)	0.5029(3)	0.6005(4)	1.0

PDF:50-0222(续)

d	I/I_0	*hkl*
2.2132	15	132
2.1860	15	$\bar{3}32$
2.1448	10	$\bar{1}23$
2.0381	5	113
2.0031	30	421
1.9968	30	232
1.9681	30	$\bar{4}32$
1.7890	30	$\bar{2}04$
1.7671	30	242
1.7439	35	$\bar{4}42$
1.7169	5	$\bar{5}23$
1.6851	25	610
1.6551	15	152
1.6421	15	$\bar{3}52$
1.6120	5	$\bar{1}61$
1.5921	5	531
1.5809	20	114
1.5559	5	$\bar{6}32$
1.5381	15	512
1.5232	15	$\bar{2}53$

9-091a 黄硅铌钙矿(Niocalite)

$(Ca,Nb)_4Si_2(O,OH,F)_9$, 360.49

Sys.:Monoclinic S.G.:$P2/a(13)$ Z:2

a:10.83 b:10.42 c:7.38 β:109.7 Vol.:784.08

ICSD:31269

Atom		Wcf	*x*	*y*	*z*	Occ
Ca1	Ca^{2+}	2*a*	0.9253(4)	0.6539(3)	0.4781(6)	1.0
Ca2	Ca^{2+}	2*a*	0.9179(4)	0.6651(3)	0.9733(6)	1.0
Ca3	Ca^{2+}	2*a*	0.8123(4)	0.3743(3)	0.6825(6)	1.0
Ca4	Ca^{2+}	2*a*	0.82	0.3679(3)	0.17	1.0
Nb1	Nb^{5+}	2*a*	0.6823(3)	0.1395(1)	0.8605(3)	1.0
Ca5	Ca^{2+}	2*a*	0.6628(3)	0.1325(3)	0.3504(6)	1.0
Ca6	Ca^{2+}	2*a*	0.5731(5)	−0.1617(3)	0.5523(6)	1.0
Ca7	Ca^{2+}	2*a*	0.5639(4)	−0.1542(3)	0.0428(6)	1.0

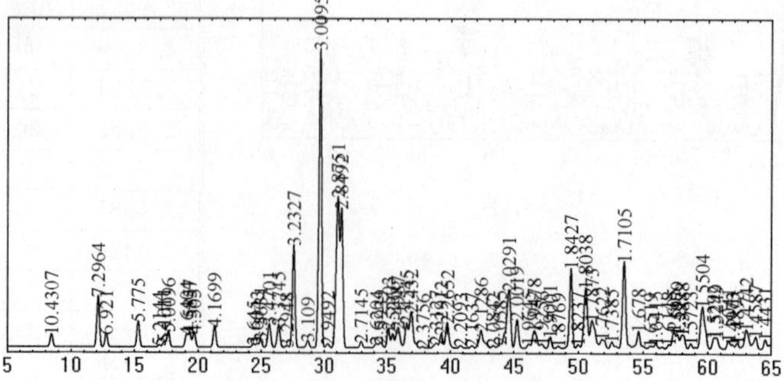

PDF:11-0622

d	I/I_0	*hkl*
7.3100	30	110
6.9700	10	001
5.7700	20	$\bar{1}11$
5.0150	10	$\bar{2}01$
4.6770	10	120
4.5950	10	210
4.5350	10	111
4.1740	20	021
3.4730	10	030
3.3950	10	211
3.2400	50	310
3.1170	10	031
3.0120	100	$\bar{1}22$
2.8910	60	022
2.8520	60	$\bar{2}31$
2.6130	10	$\bar{4}11$
2.5570	30	400
2.5280	10	$\bar{1}32$
2.4930	10	231
2.4600	10	032

9-091b 黄硅铌钙矿(Niocalite)

$(Ca,Nb)_4Si_2(O,OH,F)_9$, 360.49

ICSD:31269(续)

Atom		Wcf	x	y	z	Occ
Si1	Si^{4+}	2a	0.3651(5)	0.0654(4)	0.6663(9)	1.0
Si2	Si^{4+}	2a	0.3776(5)	0.0541(4)	0.2414(8)	1.0
Si3	Si^{4+}	2a	0.6169(5)	0.5578(5)	0.3524(9)	1.0
Si4	Si^{4+}	2a	0.6094(5)	0.5593(4)	0.7925(8)	1.0
O1	O^{2-}	2a	0.506(1)	0.009(1)	0.788(2)	1.0
O2	O^{2-}	2a	0.509(1)	−0.026(1)	0.269(2)	1.0
O3	O^{2-}	2a	0.236(1)	−0.003(1)	0.686(2)	1.0
O4	O^{2-}	2a	0.244(1)	0.005(1)	0.078(2)	1.0
O5	O^{2-}	2a	0.345(1)	0.219(1)	0.680(1)	1.0
O6	O^{2-}	2a	0.404(2)	0.201(1)	0.222(2)	1.0
O7	O^{2-}	2a	0.755(1)	0.502(1)	0.363(2)	1.0
O8	O^{2-}	2a	0.745(1)	0.505(1)	0.921(2)	1.0
O9	O^{2-}	2a	0.493(1)	0.470(1)	0.240(2)	1.0
O10	O^{2-}	2a	0.482(1)	0.475(1)	0.775(2)	1.0
O11	O^{2-}	2a	0.587(1)	0.704(1)	0.300(1)	1.0
O12	O^{2-}	2a	0.578(1)	0.710(1)	0.808(2)	1.0
O13	O^{2-}	2a	0.626(1)	0.239(1)	0.042(2)	1.0
O14	O^{2-}	2a	0.623(1)	0.237(1)	0.622(1)	1.0
F1	F^{-}	2a	0.853(1)	0.246(1)	0.447(2)	1.0
O15	O^{2-}	2a	0.845(1)	0.225(1)	0.937(2)	1.0
O16	O^{2-}	2a	0.339(1)	0.032(1)	0.436(2)	1.0
O17	O^{2-}	2a	0.623(1)	0.533(1)	0.576(2)	1.0

PDF:11-0622(续)

d	I/I_0	hkl
2.4330	30	212
2.2920	20	420
2.2680	20	132
2.1300	20	$\bar{1}42$
2.0310	30	232
2.0060	20	421
1.9490	10	322
1.9010	20	520
1.8440	40	$\bar{2}04$

9-092a 片榍石(Hiortdahlite)

$(Na_{3.2}Ca_{0.8})Ca_8Zr_2(Zr_{0.67}Ti_{0.33}Ca_{0.33}Mn_{0.33}Fe_{0.33})$, 1551.68

Sys.:Triclinic S.G.:$P\bar{1}(2)$ Z:1

a:11.0149 b:10.9409 c:7.3534 α:109.35 β:109.879 γ:83.434 Vol.:1786.3

ICSD:30994

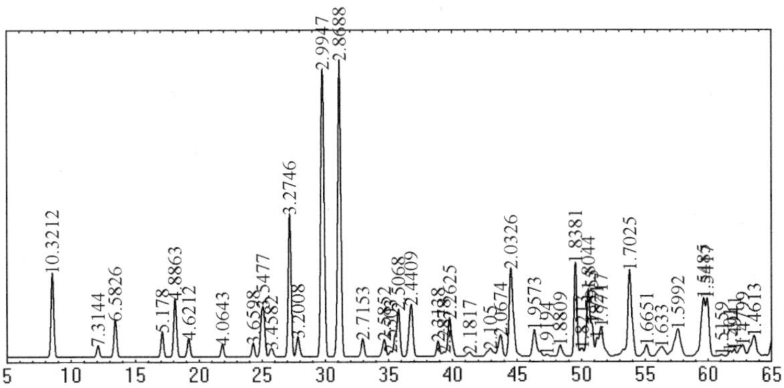

PDF:75-1482

d	I/I_0	hkl
10.3229	494	100
10.3229	494	010
7.3189	62	110
7.3189	62	$\bar{1}10$
6.5900	182	$\bar{1}01$
6.5900	182	$\bar{1}\bar{1}1$
5.1793	121	200
5.1793	121	020
4.8910	242	$\bar{1}11$
4.8910	242	011
4.6162	62	120
4.6162	62	$\bar{1}20$
4.0635	57	$\bar{2}\bar{2}1$
4.0635	57	111
3.6594	59	220
3.6594	59	$\bar{2}20$
3.5652	137	$\bar{3}01$
3.5652	137	$\bar{3}\bar{1}1$
3.5536	123	021
3.5536	123	201

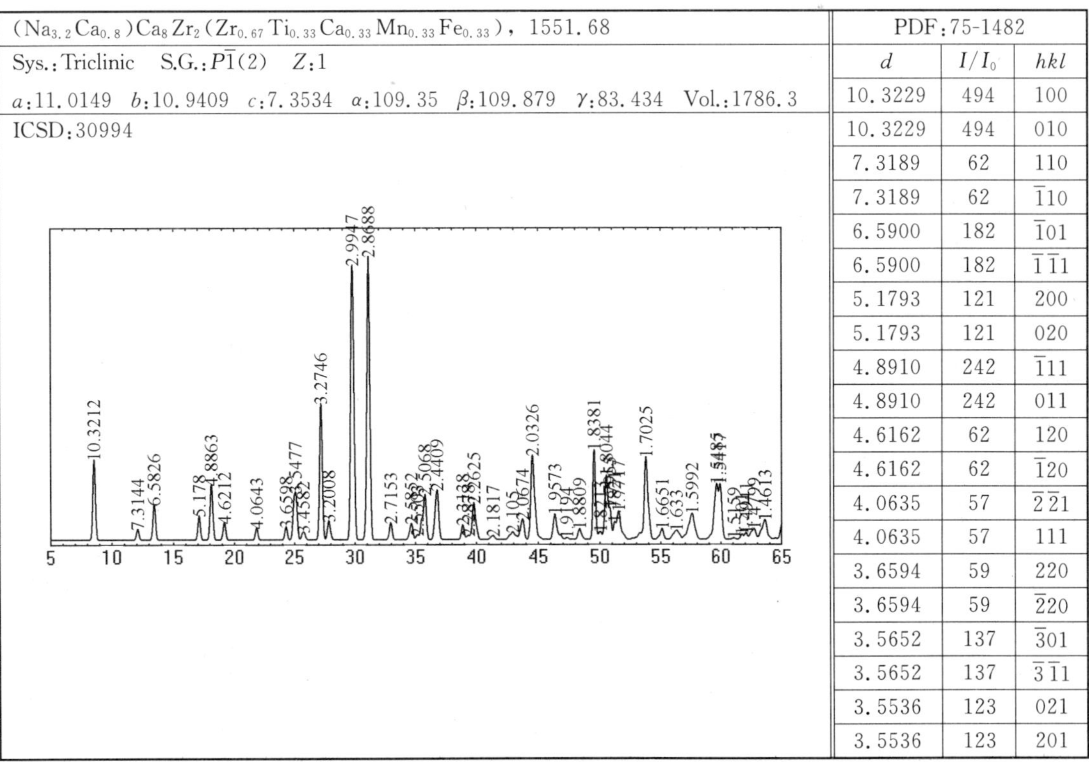

9-092b 片榍石(Hiortdahlite)

$(Na_{3.2}Ca_{0.8})Ca_8Zr_2(Zr_{0.67}Ti_{0.33}Ca_{0.33}Mn_{0.33}Fe_{0.33})$, 1551.68

ICSD:30994(续 1)

Atom		Wcf	x	y	z	Occ
Ca1	Ca^{2+}	2i	0.3074(2)	0.4039(2)	0.2296(3)	1.0
Ca2	Ca^{2+}	2i	0.1928(2)	0.9036(2)	0.4217(3)	1.0
Ca3	Ca^{2+}	2i	0.1912(2)	0.8996(2)	0.9187(2)	1.0
Ca4	Ca^{2+}	2i	0.4232(2)	0.1270(2)	0.8935(3)	1.0
Zr1	Zr^{4+}	2i	0.2968(1)	0.4021(1)	0.7216(1)	1.0
Zr2	Zr^{4+}	2i	0.0680(1)	0.6249(1)	0.4770(2)	0.3333
Ti1	Ti^{4+}	2i	0.0680(1)	0.6249(1)	0.4770(2)	0.1666
Ca5	Ca^{2+}	2i	0.0680(1)	0.6249(1)	0.4770(2)	0.1666
Mn1	Mn^{2+}	2i	0.0680(1)	0.6249(1)	0.4770(2)	0.1666
Fe1	Fe^{2+}	2i	0.0680(1)	0.6249(1)	0.4770(2)	0.1666
Na1	Na^{+}	2i	0.4215(3)	0.1239(3)	0.3983(5)	1.0
Na2	Na^{+}	2i	0.0776(3)	0.6221(3)	0.9682(4)	0.6
Ca6	Ca^{2+}	2i	0.0776(3)	0.6221(3)	0.9682(4)	0.4
Si1	Si^{4+}	2i	0.6219(2)	0.3319(2)	0.8185(4)	1.0
Si2	Si^{4+}	2i	0.6204(2)	0.3304(2)	0.3792(4)	1.0
Si3	Si^{4+}	2i	0.1255(2)	0.1848(2)	0.2460(4)	1.0
Si4	Si^{4+}	2i	0.1248(2)	0.1854(2)	0.8109(4)	1.0
O1	O^{2-}	2i	0.6204(7)	0.3572(7)	0.6114(10)	1.0
O2	O^{2-}	2i	0.1353(8)	0.2149(7)	0.0477(11)	1.0

PDF:75-1482(续 1)

d	I/I_0	hkl
3.5369	165	$\bar{1}\bar{3}1$
3.5369	165	$0\bar{3}1$
3.4690	24	$\bar{2}\bar{1}2$
3.4690	24	$\bar{1}02$
3.4580	27	$\bar{1}\bar{2}2$
3.4580	27	300
3.4410	22	030
3.2727	505	$\bar{3}10$
3.2727	505	130
3.2028	77	$\bar{3}\bar{2}1$
3.2028	77	$\bar{2}21$
3.1842	28	$2\bar{2}1$
3.1842	28	$1\bar{3}1$
3.0017	830	$\bar{3}\bar{1}2$
3.0017	830	$\bar{1}12$
2.9875	863	$1\bar{1}2$
2.9875	863	$\bar{1}\bar{3}2$
2.8674	999	230
2.8674	999	$\bar{3}20$
2.7167	55	301

9-092c 片榍石(Hiortdahlite)

$(Na_{3.2}Ca_{0.8})Ca_8Zr_2(Zr_{0.67}Ti_{0.33}Ca_{0.33}Mn_{0.33}Fe_{0.33})$, 1551.68

ICSD:30994(续 2)

Atom		Wcf	x	y	z	Occ
O3	O^{2-}	2i	0.4871(6)	0.2655(6)	0.2287(9)	1.0
O4	O^{2-}	2i	0.1608(7)	0.0370(6)	0.7222(10)	1.0
O5	O^{2-}	2i	0.7357(7)	0.2308(6)	0.8689(10)	1.0
O6	O^{2-}	2i	0.1485(7)	0.0363(6)	0.2158(10)	1.0
O7	O^{2-}	2i	0.1160(6)	0.4821(7)	0.6525(10)	1.0
O8	O^{2-}	2i	0.7480(6)	0.2467(6)	0.3589(10)	1.0
O9	O^{2-}	2i	−0.0158(6)	0.2343(6)	0.6986(11)	1.0
O10	O^{2-}	2i	0.2409(6)	0.2754(6)	0.8379(10)	1.0
O11	O^{2-}	2i	0.3619(7)	0.5220(6)	0.6137(10)	1.0
O12	O^{2-}	2i	0.4773(6)	0.2881(6)	0.7796(10)	1.0
O13	O^{2-}	2i	0.2461(6)	0.2715(6)	0.4277(9)	1.0
O14	O^{2-}	2i	−0.0124(6)	0.2396(6)	0.2653(10)	1.0
O15	O^{2-}	2i	0.3381(7)	0.5252(6)	0.0161(9)	1.0
F1	F^{-}	2i	0.3907(5)	−0.0090(5)	0.0591(8)	1.0
F2	F^{-}	2i	0.3930(5)	−0.0088(5)	0.5706(8)	1.0
F3	F^{-}	2i	0.1114(4)	0.5051(5)	0.2028(8)	0.6
O16	O^{2-}	2i	0.1114(4)	0.5051(5)	0.2028(8)	0.4

PDF:75-1482(续 2)

d	I/I_0	hkl
2.7167	55	$3\bar{1}1$
2.7077	48	$2\bar{3}1$
2.7077	48	$0\bar{4}1$
2.6019	11	$\bar{3}12$
2.5896	45	112
2.5896	45	400
2.5807	65	040
2.5807	65	$1\bar{3}2$
2.5551	10	$\bar{4}11$
2.5551	10	$\bar{4}\bar{2}1$
2.5492	17	$\bar{2}31$
2.5492	17	311
2.5419	14	$3\bar{2}1$
2.5419	14	$1\bar{4}1$
2.5253	92	$\bar{4}\bar{1}2$
2.5186	63	$\bar{1}22$
2.5086	150	$2\bar{1}2$
2.5086	150	140
2.4518	89	$\bar{4}\bar{2}2$
2.4518	89	$\bar{2}22$

9-093a 锆针钠钙石(Rosenbuschite)

$(Na,Ca)_3(Fe,Ti,Zr)(SiO_4)_2F$, 327.98

Sys.: Triclinic S.G.: $P\bar{1}(2)$ Z: 1

a: 10.126 b: 11.377 c: 7.358 α: 91.3 β: 101.15 γ: 112.02 Vol.: 766.77

ICSD: 22334

Atom		Wcf	x	y	z	Occ
Zr1	Zr^{4+}	2i	0.355	0.283	0.092	1.0
Ti1	Ti^{4+}	1a	0	0	0	0.5
Ti2	Ti^{4+}	1c	0	0.5	0	0.5
Mn1	Mn^{2+}	1a	0	0	0	0.5
Mn2	Mn^{2+}	1c	0	0.5	0	0.5

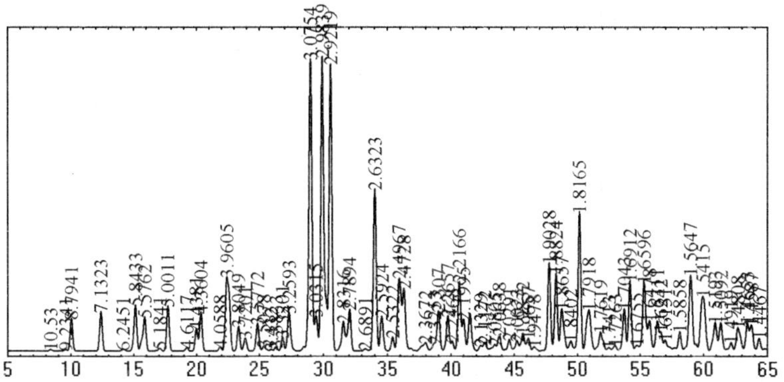

PDF: 14-0447

d	I/I_0	hkl
7.2000	20	001
5.5800	20	$1\bar{2}0$
4.4400	10	$\bar{1}21$
4.3000	20	$\bar{2}01$
4.1400	10	111
3.9600	40	$\bar{2}21$
3.7100	10	210
3.5500	10	$2\bar{2}1$
3.3100	10	$\bar{1}31$
3.2700	20	$0\bar{3}1$
3.2400	10	$3\bar{2}0$
3.0600	80	$\bar{3}01$
2.9400	100	220
2.8300	10	022
2.7800	10	$3\bar{2}1$
2.6300	40	$2\bar{2}2$
2.4800	40	$4\bar{2}0$
2.3000	10	140
2.2300	20	$0\bar{4}2$
2.2000	30	103

9-093b 锆针钠钙石(Rosenbuschite)

$(Na,Ca)_3(Fe,Ti,Zr)(SiO_4)_2F$, 327.98

ICSD: 22334(续 1)

Atom		Wcf	x	y	z	Occ
Ca1	Ca^{2+}	2i	0.365	0.788	0.092	1.0
Ca2	Ca^{2+}	2i	0.365	0.788	0.583	1.0
Ca3	Ca^{2+}	2i	0.003	0.25	0.754	1.0
Ca4	Ca^{2+}	1b	0	0	0.5	1.0
Na1	Na^{+}	2i	0.355	0.283	0.583	1.0
Na2	Na^{+}	2i	−0.003	0.25	0.246	1.0
Na3	Na^{+}	1g	0	0.5	0.5	1.0
Si1	Si^{4+}	2i	0.285	0.013	0.347	1.0
Si2	Si^{4+}	2i	0.285	0.013	0.797	1.0
Si3	Si^{4+}	2i	0.283	0.506	0.347	1.0
Si4	Si^{4+}	2i	0.283	0.506	0.797	1.0
O1	O^{2-}	2i	0.268	0.013	0.563	1.0
O2	O^{2-}	2i	0.268	0.506	0.563	1.0
O3	O^{2-}	2i	0.375	0.156	0.32	1.0
O4	O^{2-}	2i	0.367	0.156	0.875	1.0
O5	O^{2-}	2i	0.363	0.918	0.32	1.0

PDF: 14-0447(续 1)

d	I/I_0	hkl
2.0400	10	$\bar{2}33$
1.9800	10	$\bar{5}11$
1.8900	60	$\bar{5}41$
1.8600	20	$4\bar{5}1$
1.8200	40	$\bar{1}\bar{1}4$
1.7000	20	$\bar{5}23$
1.6700	30	$0\bar{3}4$
1.5700	20	$\bar{2}71$

9-093c 锆针钠钙石(Rosenbuschite)

$(Na,Ca)_3(Fe,Ti,Zr)(SiO_4)_2F$, 327.98

ICSD:22334(续 2)

Atom		Wcf	*x*	*y*	*z*	Occ
O6	O^{2-}	2*i*	0.36	0.918	0.853	1.0
O7	O^{2-}	2*i*	0.118	0.967	0.233	1.0
O8	O^{2-}	2*i*	0.118	0.967	0.825	1.0
O9	O^{2-}	2*i*	0.392	0.65	0.325	1.0
O10	O^{2-}	2*i*	0.392	0.65	0.875	1.0
O11	O^{2-}	2*i*	0.358	0.402	0.308	1.0
O12	O^{2-}	2*i*	0.34	0.402	0.875	1.0
O13	O^{2-}	2*i*	0.125	0.467	0.233	1.0
O14	O^{2-}	2*i*	0.128	0.472	0.829	1.0
O15	O^{2-}	2*i*	0.125	0.183	0.03	1.0
F1	F^-	2*i*	0.117	0.208	0.525	1.0
O16	O^{2-}	2*i*	0.117	0.683	0.03	1.0
F2	F^-	2*i*	0.125	0.7	0.525	1.0

PDF:14-0447(续 2)

d	I/I_0	*hkl*

9-094a 索伦石(Suolunite)

$Ca_2Si_2O_5(OH)_2 \cdot H_2O$, 268.36

Sys.:Orthorhombic S.G.:*Fdd*2(43) *Z*:16

a:11.13 *b*:19.82 *c*:6 Vol.:1323.58

ICSD:87951

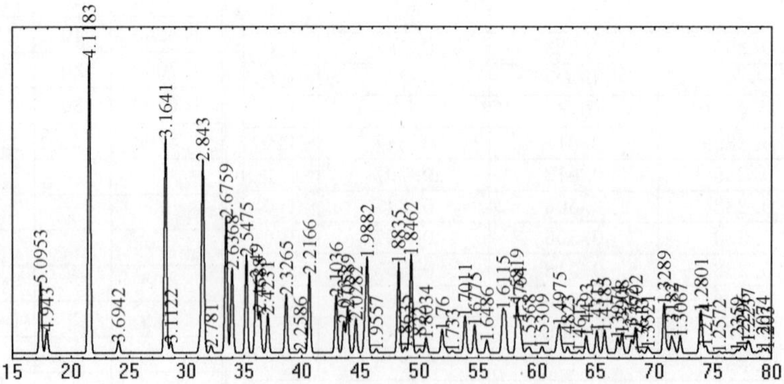

PDF:26-0307

d	I/I_0	*hkl*
5.1200	20	111
4.9600	8	040
4.1300	100	131
3.7000	5	240
3.1740	80	151
3.1200	4	311
2.8510	65	331
2.7840	5	400
2.6810	50	420
2.6420	30	202
2.5520	40	222
2.4980	40	171
2.4790	10	080
2.4730	12	351
2.4280	10	440
2.3310	15	242
2.2700	2	280
2.2240	40	062
2.1080	20	371
2.0760	15	511

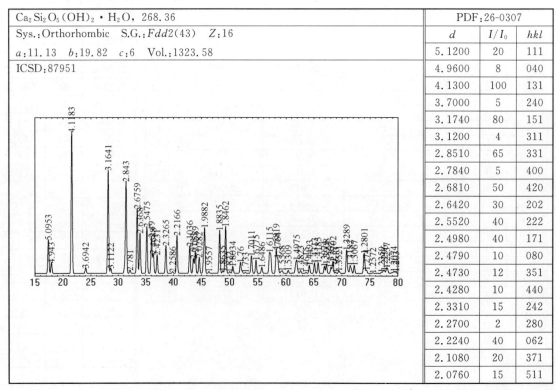

9-094b 索伦石(Suolunite)

$Ca_2Si_2O_5(OH)_2 \cdot H_2O$，268.36

ICSD:87951(续)

Atom		Wcf	*x*	*y*	*z*	Occ
Ca1	Ca^{2+}	16*b*	0.0761(1)	0.0000(1)	0.1621(1)	1.0
Si1	Si^{4+}	16*b*	0.1840(1)	0.5022(1)	0.1609(1)	1.0
O1	O^{2-}	8*a*	0.25	0.5033(3)	0.25	1.0
O2	O^{2-}	16*b*	0.1622(1)	0.7505(2)	0.1285(1)	1.0
O3	O^{2-}	16*b*	0.1266(1)	0.3480(2)	0.2186(1)	1.0
O4	O^{2-}	16*b*	0.2142(1)	0.3873(2)	0.0359(1)	1.0
O5	O^{2-}	8*a*	0.25	0.0283(3)	0.25	1.0
H1	H^{+}	16*b*	0.2730(3)	−0.0574(2)	0.2920(3)	1.0
H2	H^{+}	16*b*	0.1923(3)	0.2603(3)	−0.0078(3)	1.0

PDF:26-0307(续)

d	I/I_0	*hkl*
2.0630	20	262
2.0340	10	191
1.9980	10	422
1.9910	30	531
1.9580	4	113
1.8890	10	133
1.8870	25	442
1.8660	2	$2\underline{10}0$
1.8500	30	480
1.8240	4	620
1.8080	8	282
1.8060	10	391
1.7630	12	153
1.7580	10	313
1.7370	3	640
1.7060	12	$1\underline{11}1$
1.7010	10	33
1.6790	10	57
1.6510	8	$0\underline{12}0$
1.6190	3	660

9-095a 氟钠钛锆石(Seidozerite)

$Na_4MnTi(Zr_{1.5}Ti_{0.5})O_2(F,OH)(Si_2O_7)_2$，742.91

Sys.:Monoclinic　S.G.:$P2/n$(13)　Z:4

a:5.53　b:7.1　c:18.3　β:102.7　Vol.:700.93

ICSD:30386

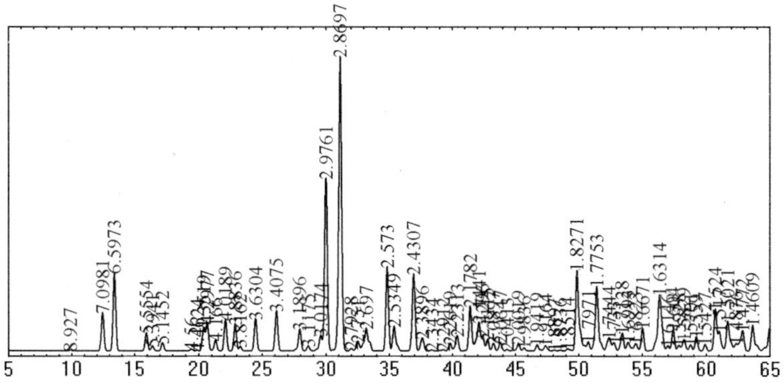

PDF:13-0576

d	I/I_0	*hkl*
3.2900	20	022
3.1500	10	104
2.9700	100	120
2.8700	70	121
2.5800	40	$\bar{2}04$
2.4300	30	$\bar{1}25$
2.2500	30	$\bar{1}08$
2.1400	10	$\bar{1}18$
1.8300	70	$\bar{1}36$
1.7610	30	$\bar{1}1\underline{10}$
1.7140	10	$\bar{3}06$
1.6770	20	$\bar{1}42$
1.6330	40	217
1.6120	10	226
1.5720	10	321
1.5270	30	322
1.5090	10	$\bar{2}2\underline{10}$
1.4810	20	$\bar{2}43$
1.4590	20	$\bar{2}44$
1.4260	20	146

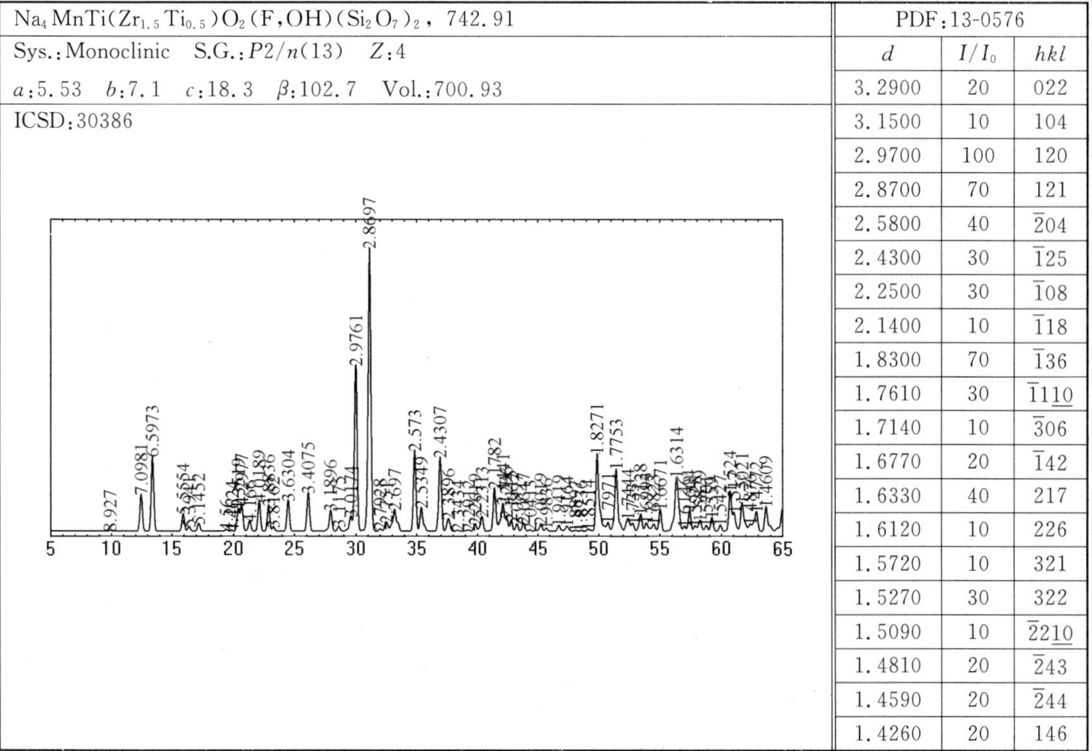

9-095b 氟钠钛锆石(Seidozerite)

$Na_4MnTi(Zr_{1.5}Ti_{0.5})O_2(F,OH)(Si_2O_7)_2$，742.91

ICSD:30386(续)

Atom		Wcf	*x*	*y*	*z*	Occ
Zr1	Zr^{4+}	4*g*	0.2000(2)	0.1190(1)	0.0740(1)	0.75
Ti1	Ti^{4+}	4*g*	0.2000(2)	0.1190(1)	0.0740(1)	0.25
Mn1	Mn^{2+}	2*f*	0.5	0.3500(3)	0.25	1.0
Ti2	Ti^{4+}	2*e*	0	0.1110(4)	0.25	1.0
Si1	Si^{4+}	4*g*	0.718(1)	0.3840(6)	0.1040(3)	1.0
Si2	Si^{4+}	4*g*	0.718(1)	0.8430(6)	0.1040(3)	1.0
Na1	Na^+	4*g*	0.195(1)	0.611(1)	0.0690(5)	1.0
Na2	Na^+	2*e*	0	0.613(1)	0.25	1.0
Na3	Na^+	2*f*	0.5	0.86(1)	0.25	1.0
O1	O^{2-}	4*g*	0.719(2)	0.615(2)	0.105(1)	1.0
O2	O^{2-}	4*g*	0.438(2)	0.327(2)	0.070(1)	1.0
O3	O^{2-}	4*g*	0.438(2)	0.907(2)	0.071(1)	1.0
O4	O^{2-}	4*g*	0.908(2)	0.318(2)	0.050(1)	1.0
O5	O^{2-}	4*g*	0.915(2)	0.912(2)	0.056(1)	1.0
O6	O^{2-}	4*g*	0.804(2)	0.314(2)	0.191(1)	1.0
O7	O^{2-}	4*g*	0.804(2)	0.915(2)	0.192(1)	1.0
O8	O^{2-}	4*g*	0.243(2)	0.121(2)	0.185(1)	1.0
O9	O^{2-}	4*g*	0.294(2)	0.570(2)	0.193(1)	0.5
F1	F^-	4*g*	0.294(2)	0.570(2)	0.193(1)	0.5

PDF:13-0576(续)

d	I/I_0	*hkl*
1.3860	30	$\bar{3}29$
1.3670	20	325
1.2760	20	$\bar{4}21$
1.2160	20	$\bar{3}2\underline{12}$
1.2000	10	$02\underline{14}$

9-096a 钡铁钛石(Bafertisite)

$BaFe_2TiO(Si_2O_7)(OH)_2$，515.1

Sys.:Monoclinic S.G.:*Am*(8) *Z*:8

a:10.6 *b*:13.64 *c*:12.47 *β*:119.5 Vol.:1569.22

ICSD:20369

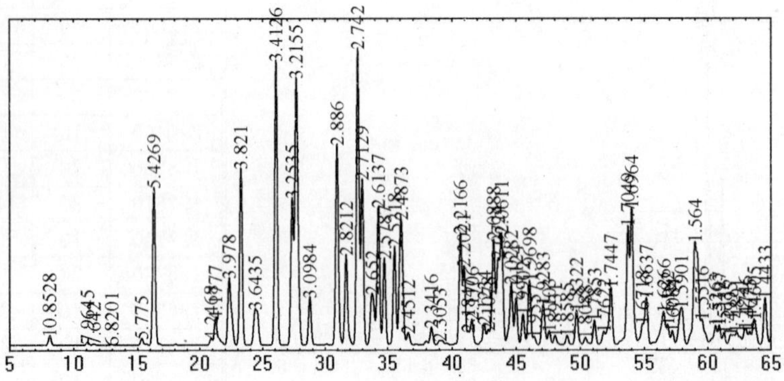

PDF:72-2109

d	I/I_0	*hkl*
10.8533	37	001
7.9613	15	$\bar{1}11$
7.6419	6	110
6.8200	2	020
5.7746	40	021
5.6425	7	$\bar{1}12$
5.4267	562	002
5.2842	8	$\bar{2}01$
4.9023	9	$\bar{2}02$
4.6129	3	200
4.2464	27	022
4.1771	100	$\bar{2}21$
4.1248	26	$\bar{1}31$
4.0783	12	130
3.9806	262	$\bar{2}22$
3.9410	100	$\bar{2}03$
3.8209	641	220
3.6477	125	201
3.6178	108	003
3.5703	5	131

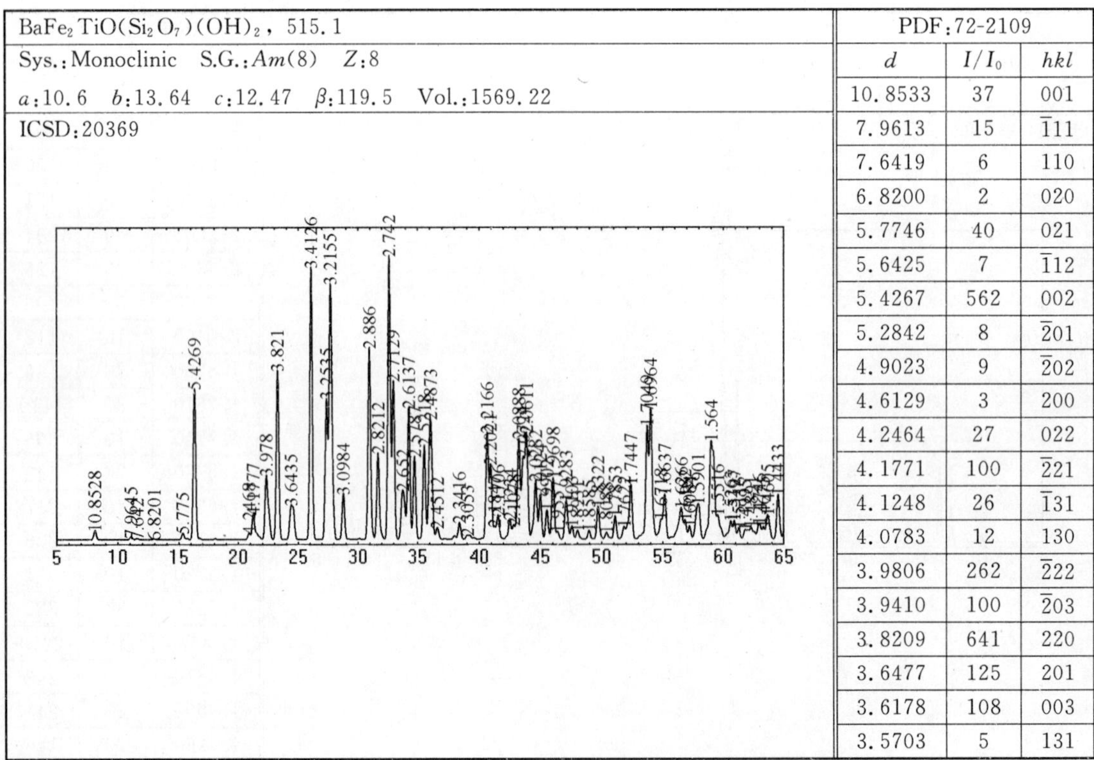

9-096b 钡铁钛石(Bafertisite)

$BaFe_2TiO(Si_2O_7)(OH)_2$，515.1

ICSD:20369(续 1)

Atom		Wcf	*x*	*y*	*z*	Occ
Ba1	Ba^{2+}	2*a*	0.116	0	0.462	1.0
Ba2	Ba^{2+}	2*a*	0.616	0	0.462	1.0
Ba3	Ba^{2+}	4*b*	0.404	0.244	0.525	1.0
Fe1	Fe^{2+}	2*a*	0.005	0	0.983	1.0
Fe2	Fe^{2+}	2*a*	0.505	0	0.983	1.0
Fe3	Fe^{2+}	4*b*	0.255	0.125	0.996	1.0
Fe4	Fe^{2+}	4*b*	0.755	0.125	0.996	1.0
Fe5	Fe^{2+}	4*b*	0.005	0.246	0.988	1.0
Ti1	Ti^{4+}	2*a*	0.008	0	0.707	1.0
Ti2	Ti^{4+}	2*a*	0.508	0	0.707	1.0
Ti3	Ti^{4+}	4*b*	0.006	0.224	0.274	1.0
Si1	Si^{4+}	4*b*	0.232	0.11	0.242	1.0
Si2	Si^{4+}	4*b*	0.732	0.11	0.242	1.0
Si3	Si^{4+}	4*b*	0.284	0.139	0.748	1.0
Si4	Si^{4+}	4*b*	0.784	0.139	0.748	1.0
O1	O^{2-}	2*a*	0.272	0	0.277	1.0
O2	O^{2-}	2*a*	0.772	0	0.277	1.0
O3	O^{2-}	4*b*	0.156	0.124	0.093	1.0
O4	O^{2-}	4*b*	0.393	0.174	0.31	1.0

PDF:72-2109(续 1)

d	I/I_0	*hkl*
3.4123	997	$\bar{2}23$
3.4123	997	040
3.3315	8	$\bar{3}11$
3.2532	506	041
3.2165	895	221
3.1960	256	023
3.0988	165	$\bar{2}04$
3.0568	5	$\bar{1}33$
3.0000	2	310
2.9650	5	$\bar{1}14$
2.9650	5	132
2.8873	593	042
2.8873	593	202
2.8652	57	$\bar{2}41$
2.8212	313	$\bar{2}24$
2.7994	42	$\bar{2}42$
2.7836	16	$\bar{3}32$
2.7421	999	240
2.7421	999	$\bar{3}31$
2.7133	573	004

9-096c 钡铁钛石(Bafertisite)

$BaFe_2TiO(Si_2O_7)(OH)_2$，515.1

ICSD:20369(续 2)

Atom		Wcf	*x*	*y*	*z*	Occ
O5	O^{2-}	4*b*	0.157	0.132	0.308	1.0
O6	O^{2-}	4*b*	0.656	0.124	0.093	1.0
O7	O^{2-}	4*b*	0.893	0.174	0.31	1.0
O8	O^{2-}	4*b*	0.657	0.132	0.308	1.0
O9	O^{2-}	4*b*	0.208	0.25	0.715	1.0
O10	O^{2-}	4*b*	0.123	0.095	0.677	1.0
O11	O^{2-}	4*b*	0.371	0.124	0.683	1.0
O12	O^{2-}	4*b*	0.364	0.132	0.895	1.0
O13	O^{2-}	4*b*	0.623	0.095	0.677	1.0
O14	O^{2-}	4*b*	0.871	0.124	0.683	1.0
O15	O^{2-}	4*b*	0.864	0.132	0.895	1.0
O16	O^{2-}	2*a*	0.104	0	0.875	1.0
O17	O^{2-}	2*a*	0.604	0	0.875	1.0
O18	O^{2-}	4*b*	0.392	0.25	0.113	1.0
O19	O^{2-}	2*a*	0.901	0	0.517	1.0
O20	O^{2-}	2*a*	0.401	0	0.517	1.0
O21	O^{2-}	4*b*	0.147	0.224	0.472	1.0
O22	O^{2-}	2*a*	0.392	0	0.072	1.0
O23	O^{2-}	2*a*	0.892	0	0.072	1.0
O24	O^{2-}	4*b*	0.115	0.25	0.913	1.0

PDF:72-2109(续 2)

d	I/I_0	*hkl*
2.6556	148	222
2.6556	148	$\bar{3}33$
2.6421	131	$\bar{4}02$
2.6282	44	$\bar{1}51$
2.6139	463	150
2.6139	463	$\bar{4}03$
2.5787	300	$\bar{2}43$
2.5473	11	330
2.5211	300	$\bar{4}01$
2.5211	300	024
2.4910	275	$\bar{2}05$
2.4910	275	241
2.4814	261	043
2.4512	44	133
2.4512	44	$\bar{4}04$
2.4408	27	$\bar{4}23$
2.4118	3	$\bar{3}34$
2.3849	1	$\bar{3}15$
2.3661	10	$\bar{4}21$
2.3417	51	$\bar{2}25$

9-097a 钡闪叶石(Barytolamprophyllite)

$(Ba,Na,K)_2(Na,Mn,Ti)_3(OHO,F)_2Ti_2O_2[Si_4O_{14}]$，873.78

Sys.:Monoclinic S.G.:$C2/m$(12) Z:2

a:5.43 b:7.12 c:19.8 β:96.4 Vol.:760.73

ICSD:87952

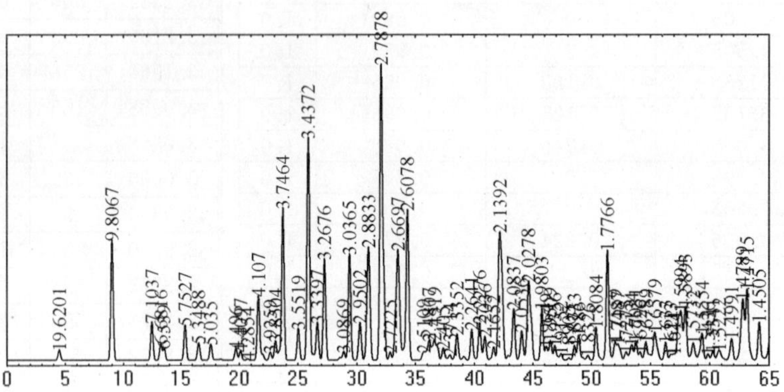

PDF:51-1532

d	I/I_0	hkl
9.8700	96	002
4.9200	2	004
4.1200	29	111
3.8600	8	$10\bar{4}$
3.7500	65	$11\bar{3}$
3.4500	90	104
3.4500	90	015
3.3600	18	022
3.2750	78	006
3.0400	41	$11\bar{5}$
2.9530	16	$10\bar{6}$
2.8940	33	$12\bar{2}$
2.8940	33	024
2.7970	100	122
2.7750	34	115
2.6730	33	$20\bar{2}$
2.6730	33	106
2.6100	43	$12\bar{4}$
2.6100	43	017
2.4730	5	124

9-097b 钡闪叶石(Barytolamprophyllite)

$(Ba,Na,K)_2(Na,Mn,Ti)_3(OHO,F)_2Ti_2O_2[Si_4O_{14}]$，873.78

ICSD:87952(续 1)

Atom		Wcf	x	y	z	Occ
Ba1	Ba^{2+}	$2m$	0.2845(1)	0	0.2669(1)	1.0
Ba2	Ba^{2+}	$2n$	0.2195(1)	0.5	0.7469(1)	0.33
Na1	Na^{+}	$2n$	0.2195(1)	0.5	0.7469(1)	0.3
K1	K^{+}	$2n$	0.2195(1)	0.5	0.7469(1)	0.12
Sr1	Sr^{2+}	$2n$	0.2195(1)	0.5	0.7469(1)	0.05
Si1	Si^{4+}	$4o$	0.1408(1)	0.2853(2)	0.2052(2)	1.0
Si2	Si^{4+}	$4o$	0.3603(1)	0.2169(2)	0.7998(2)	1.0
Ti1	Ti^{4+}	$1b$	0	0.5	0	1.0
Ti2	Ti^{4+}	$1d$	0.5	0	0	1.0
Ti3	Ti^{4+}	$2m$	0.1472(1)	0	0.7068(2)	0.8
Fe1	Fe^{2+}	$2m$	0.1472(1)	0	0.7068(2)	0.2
Ti4	Ti^{4+}	$2n$	0.3534(1)	0.5	0.2950(2)	0.9
Al1	Al^{3+}	$2n$	0.3534(1)	0.5	0.2950(2)	0.1
Na2	Na^{+}	$2k$	0	0.2541(3)	0.5	0.87
Mn1	Mn^{2+}	$2k$	0	0.2541(3)	0.5	0.13
Na3	Na^{+}	$2l$	0.5	0.2299(4)	0.5	0.87
Mg1	Mg^{2+}	$2l$	0.5	0.2299(4)	0.5	0.07
Ca1	Ca^{2+}	$2l$	0.5	0.2299(4)	0.5	0.06

PDF:51-1532(续 1)

d	I/I_0	hkl
2.4730	5	211
2.4500	8	$11\bar{7}$
2.4100	4	026
2.3380	9	$10\bar{8}$
2.2700	10	$12\bar{6}$
2.2330	11	$21\bar{5}$
2.2330	11	033
2.2100	15	$20\bar{6}$
2.1430	40	$22\bar{2}$
2.1430	40	126
2.0840	15	$13\bar{3}$
2.0840	15	019
2.0580	10	222
2.0270	17	215
2.0270	17	028
1.9840	13	$21\bar{7}$
1.9620	7	0010
1.9620	7	$12\bar{8}$
1.8700	7	$22\bar{6}$
1.8700	7	135

9-097c 钡闪叶石(Barytolamprophyllite)

$(Ba,Na,K)_2(Na,Mn,Ti)_3(OHO,F)_2Ti_2O_2[Si_4O_{14}]$, 873.78

ICSD:87952(续 2)

Atom		Wcf	x	y	z	Occ
Na4	Na^+	1*a*	0	0	0	1.0
Na5	Na^+	1*e*	0.5	0.5	0	1.0
Na6	Na^+	2*n*	0.235(2)	0.5	0.865(9)	0.1
Na7	Na^+	2*n*	0.234(3)	0.5	0.646(9)	0.1
O1	O^{2-}	2*m*	0.4417(3)	0	0.267(1)	0.815
F1	F^-	2*m*	0.4417(3)	0	0.267(1)	0.185
O2	O^{2-}	2*n*	0.0565(3)	0.5	0.729(1)	0.815
F2	F^-	2*n*	0.0565(3)	0.5	0.729(1)	0.185
O3	O^{2-}	4*o*	0.1724(2)	0.1823(6)	0.4593(8)	1.0
O4	O^{2-}	4*o*	0.3296(1)	0.3052(5)	0.5321(6)	1.0
O5	O^{2-}	4*o*	0.1742(1)	0.1884(6)	0.9726(6)	1.0
O6	O^{2-}	4*o*	0.3303(1)	0.3127(5)	0.0317(7)	1.0
O7	O^{2-}	2*n*	0.1739(2)	0.5	0.2208(9)	1.0
O8	O^{2-}	2*m*	0.3284(3)	0	0.785(1)	1.0
O9	O^{2-}	4*o*	0.0581(1)	0.2999(5)	0.1774(7)	1.0
O10	O^{2-}	4*o*	0.4411(1)	0.2106(6)	0.8360(8)	1.0
O11	O^{2-}	2*m*	0.0616(3)	0	0.679(1)	1.0
O12	O^{2-}	2*n*	0.4388(2)	0.5	0.338(1)	1.0

PDF:51-1532(续 2)

d	I/I_0	hkl
1.7810	20	040
1.7520	5	$30\bar{4}$
1.7520	5	$04\bar{2}$
1.6750	4	$14\bar{2}$
1.6620	8	$31\bar{5}$
1.6040	12	320
1.6040	12	$11\underline{11}$

9-098a 闪叶石(Lamprophyllite)

$KNa_{0.5}(Na_{0.25}Mn_{0.25}Ca_{0.25}Fe_{0.25})Fe_{0.5}TiSi_2O_8(F,OH)$, 373.04

Sys.: Monoclinic S.G.: $C2/m(12)$ *Z*: 4

a: 19.431 *b*: 7.086 *c*: 5.392 *β*: 96.75 Vol.: 737.27

ICSD:20549

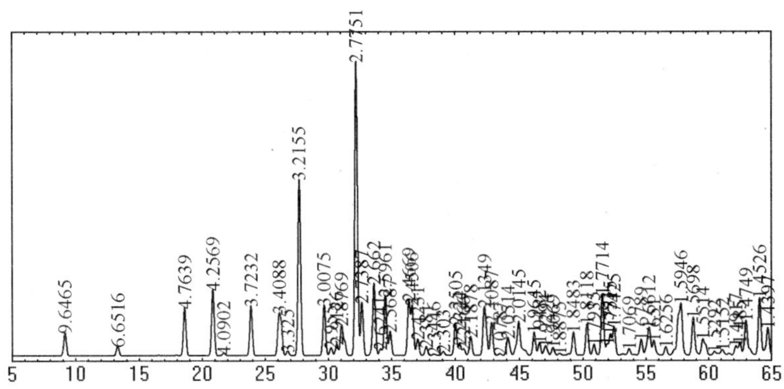

PDF:72-2265

d	I/I_0	hkl
9.6482	108	200
6.6517	44	110
5.3546	2	001
4.9345	6	$\bar{2}01$
4.7626	205	310
4.4646	4	201
4.2562	269	$\bar{1}11$
4.0909	8	111
3.8139	1	$\bar{4}01$
3.7232	175	$\bar{3}11$
3.5430	2	020
3.4142	135	311
3.3892	108	401
3.3892	108	510
3.3258	20	220
3.2161	608	600
3.0075	180	$\bar{5}11$
2.9548	27	021
2.9122	42	$\bar{6}01$
2.8780	114	$\bar{2}21$

9-098b 闪叶石(Lamprophyllite)

$KNa_{0.5}(Na_{0.25}Mn_{0.25}Ca_{0.25}Fe_{0.25})Fe_{0.5}TiSi_2O_8(F,OH)$，373.04

ICSD:20549(续)

Atom		Wcf	*x*	*y*	*z*	Occ
K1	K^+	4*i*	0.2841(1)	0	0.2629(3)	1.0
Na1	Na^+	2*a*	0	0	0	1.0
Na2	Na^+	4*h*	0	0.2591(5)	0.5	0.25
Mn1	Mn^{3+}	4*h*	0	0.2591(5)	0.5	0.25
Ca1	Ca^{2+}	4*h*	0	0.2591(5)	0.5	0.25
Fe1	Fe^{2+}	4*h*	0	0.2591(5)	0.5	0.25
Fe2	Fe^{3+}	2*b*	0	0.5	0	1.0
Ti1	Ti^{4+}	4*i*	0.1493(1)	0	0.7069(6)	1.0
Si1	Si^{4+}	8*j*	0.1425(1)	0.2839(3)	0.2045(7)	1.0
O1	O^{2-}	8*j*	0.0597(3)	0.295(1)	0.172(2)	1.0
O2	O^{2-}	8*j*	0.1739(4)	0.189(1)	0.467(2)	1.0
O3	O^{2-}	8*j*	0.1741(4)	0.187(1)	0.971(2)	1.0
O4	O^{2-}	4*i*	0.1749(5)	0.5	0.217(3)	1.0
O5	O^{2-}	4*i*	0.0621(7)	0	0.665(7)	1.0
O6	O^{2-}	4*i*	0.4433(7)	0	0.273(3)	0.5
F1	F^-	4*i*	0.4433(7)	0	0.273(3)	0.5

PDF:72-2265(续)

d	I/I_0	*hkl*
2.8556	53	420
2.7753	999	221
2.7388	196	511
2.6773	32	002
2.6617	248	$\bar{2}02$
2.6242	28	601
2.5958	219	$\bar{4}21$
2.5691	82	710
2.5193	2	$\bar{1}12$
2.5051	3	202
2.4672	167	$\bar{4}02$
2.4499	137	421
2.4499	137	112
2.4221	50	$\bar{3}12$
2.4221	50	$\bar{7}11$
2.3813	24	620
2.3445	6	130
2.3029	12	$\bar{8}01$
2.2498	87	312
2.2498	87	$\bar{6}21$

9-099a 斜方镁钡闪叶石(Orthoericssonite)

$BaMn_2FeSi_2O_8(OH)$，504.23

Sys.:Orthorhombic S.G.:*Pmmn*(59) *Z*:4

a:20.3 *b*:6.986 *c*:5.387 Vol.:763.96

ICSD:201041

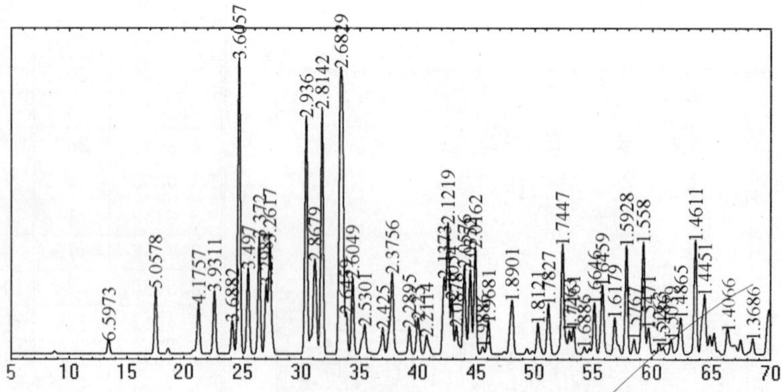

PDF:29-0185

d	I/I_0	*hkl*
10.2000	5	200
5.0800	60	400
4.1800	5	111
3.9400	8	211
3.7000	3	401
3.6100	20	311
3.5100	10	510
3.3800	100	600
3.3000	5	220
3.2700	10	411
2.9420	15	511
2.8690	10	601
2.8160	15	221
2.6830	25	710
2.6060	5	202
2.5360	35	800
2.5100	5	012
2.4010	2	711
2.3780	3	402
2.2950	5	801

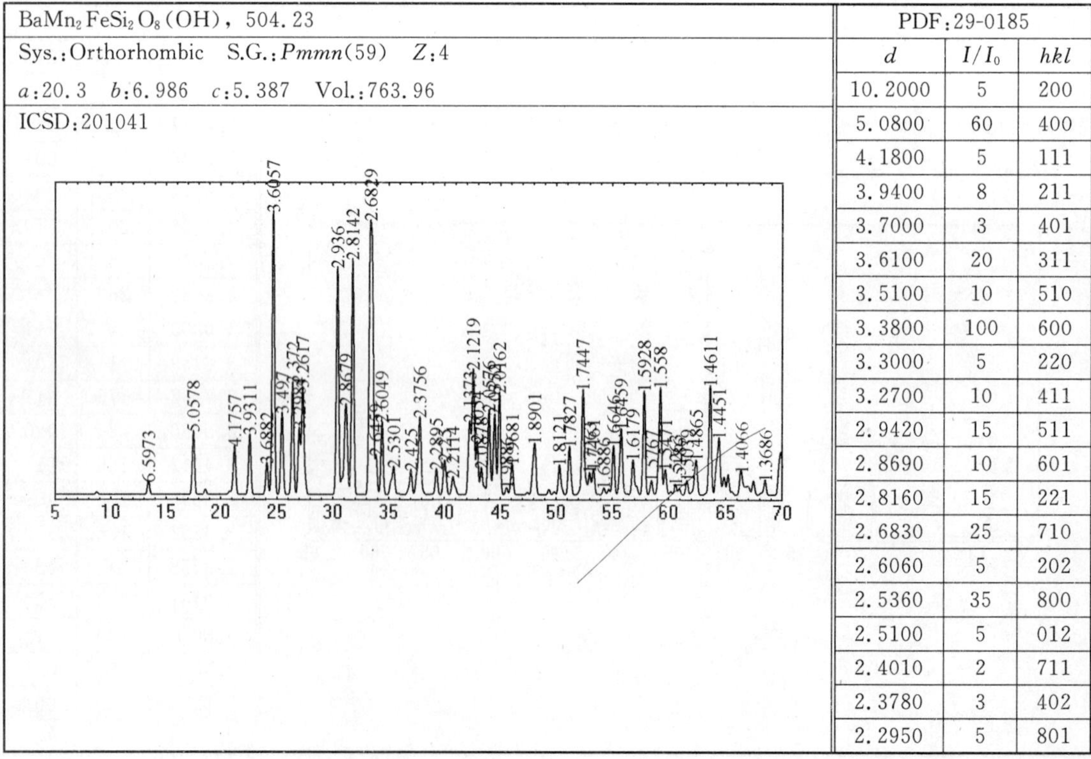

9-099b 斜方镁钡闪叶石(Orthoericssonite)

$BaMn_2FeSi_2O_8(OH)$，504.23

ICSD:201041(续)

Atom		Wcf	x	y	z	Occ
Ba1	Ba^{2+}	4g	0.22483(3)	0	0.1644(1)	0.7
Sr1	Sr^{2+}	4g	0.22483(3)	0	0.1644(1)	0.3
Mn1	Mn^{2+}	4e	0	0.2596(2)	0	0.7
Mn2	Mn^{2+}	2d	0	0	0.5	0.7
Mn3	Mn^{2+}	2c	0	0.5	0.5	0.7
Fe1	$Fe^{2.79+}$	4e	0	0.2596(2)	0	0.3
Fe2	$Fe^{2.79+}$	2d	0	0	0.5	0.3
Fe3	$Fe^{2.79+}$	2c	0	0.5	0.5	0.3
Fe4	$Fe^{2.79+}$	4g	0.14291(6)	0.5	0.1663(3)	0.9
Ti1	Ti^{4+}	4g	0.14291(6)	0.5	0.1663(3)	0.1
Si1	Si^{4+}	8h	0.13640(8)	0.2262(2)	0.6644(4)	1.0
O1	O^{2-}	4g	0.0507(4)	0	0.1657(20)	1.0
O2	O^{2-}	4g	0.1582(4)	0	0.6624(24)	1.0
O3	O^{2-}	8h	0.0567(2)	0.2465(7)	0.6617(12)	1.0
O4	O^{2-}	8h	0.1708(3)	0.3087(10)	0.9137(10)	1.0
O5	O^{2-}	8h	0.1722(3)	0.3086(9)	0.418(1)	1.0
O6	O^{2-}	4g	0.0523(3)	0.5	0.1730(16)	1.0

PDF:29-0185(续)

d	I/I_0	hkl
2.2530	2	412
2.1820	2	811
2.1460	10	910
2.1230	12	122
2.1080	5	602
2.0880	3	222
2.0600	5	721
2.0310	15	$\underline{10}00$
1.9910	2	911
1.8990	5	712
1.8900	5	531
1.7850	5	812
1.7460	3	$\underline{11}01$
1.7330	3	113
1.7180	3	722
1.6950	3	$\underline{11}11$
1.6870	2	313
1.6680	5	$\underline{10}21$
1.6650	5	432

9-100a 硅铁钡石(Andremeyerite)

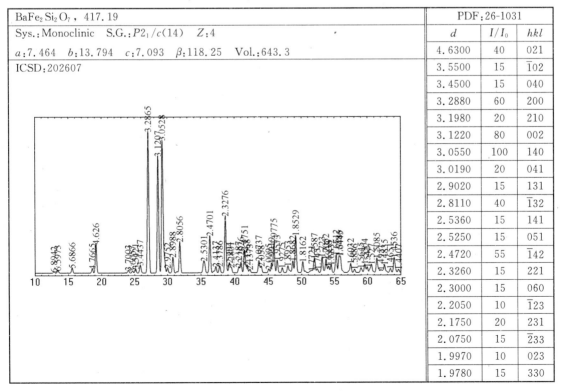

$BaFe_2Si_2O_7$，417.19

Sys.:Monoclinic　S.G.:$P2_1/c$(14)　Z:4

a:7.464　b:13.794　c:7.093　β:118.25　Vol.:643.3

ICSD:202607

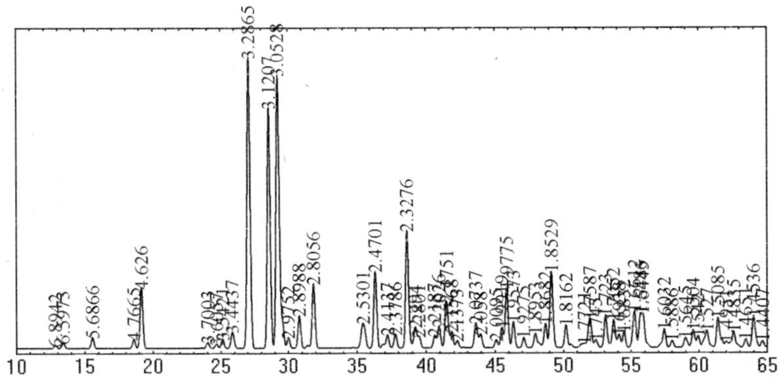

PDF:26-1031

d	I/I_0	hkl
4.6300	40	021
3.5500	15	$\bar{1}02$
3.4500	15	040
3.2880	60	200
3.1980	20	210
3.1220	80	002
3.0550	100	140
3.0190	20	041
2.9020	15	131
2.8110	40	$\bar{1}32$
2.5360	15	141
2.5250	15	051
2.4720	55	$\bar{1}42$
2.3260	15	221
2.3000	15	060
2.2050	10	$\bar{1}23$
2.1750	20	231
2.0750	15	$\bar{2}33$
1.9970	10	023
1.9780	15	330

9-100b 硅铁钡石(Andremeyerite)

$BaFe_2Si_2O_7$, 417.19

ICSD:202607(续)

Atom		Wcf	x	y	z	Occ
Ba1	Ba^{2+}	4e	0.4893(1)	0.1434	0.2940(1)	1.0
Fe1	Fe^{2+}	4e	−0.0024(2)	0.2439(1)	0.3058(2)	1.0
Fe2	Fe^{2+}	4e	−0.0380(2)	0.5016(1)	0.2115(2)	0.92(2)
Mg1	Mg^{2+}	4e	−0.0380(2)	0.5016(1)	0.2115(2)	0.08(2)
Si1	Si^{4+}	4e	0.2765(3)	0.3908(2)	0.2023(4)	1.0
Si2	Si^{4+}	4e	0.7241(3)	0.3833(2)	0.3877(4)	1.0
O1	O^{2-}	4e	0.2262(9)	0.5001(5)	0.1055(9)	1.0
O2	O^{2-}	4e	0.7251(10)	0.4833(5)	0.2737(11)	1.0
O3	O^{2-}	4e	0.2573(9)	0.3118(5)	0.0249(10)	1.0
O4	O^{2-}	4e	0.7270(9)	0.2903(5)	0.2481(11)	1.0
O5	O^{2-}	4e	0.1229(9)	0.3714(4)	0.3016(11)	1.0
O6	O^{2-}	4e	0.9090(9)	0.3763(5)	0.629(1)	1.0
O7	O^{2-}	4e	0.5104(8)	0.3784(4)	0.4021(9)	1.0

PDF:26-1031(续)

d	I/I_0	hkl
1.9590	10	161
1.8530	15	062
1.7240	15	080
1.6620	15	$\bar{1}81$
1.5090	15	$\bar{2}82$

9-101a 硅钛钠石(Murmanite)

$Na_4Ti_4(Si_4O_{18})(H_2O)_4$, 755.95

Sys.:Triclinic S.G.:$P1(1)$ Z:1

a:5.383 b:7.053 c:12.17 α:93.16 β:107.82 γ:90.06 Vol.:439.14

ICSD:56792

Atom		Wcf	x	y	z	Occ
Ti1	Ti^{4+}	2i	0.5848	0.1747	0.7616	1.0
Ti2	Ti^{4+}	2i	0.2788	0.3868	0.5053	1.0
Si1	Si^{4+}	2i	0.0527	0.8772	0.7247	1.0
Si2	Si^{4+}	2i	0.0782	0.4497	0.7406	1.0
Na1	Na^{+}	2i	0.6156	0.6723	0.8009	1.0

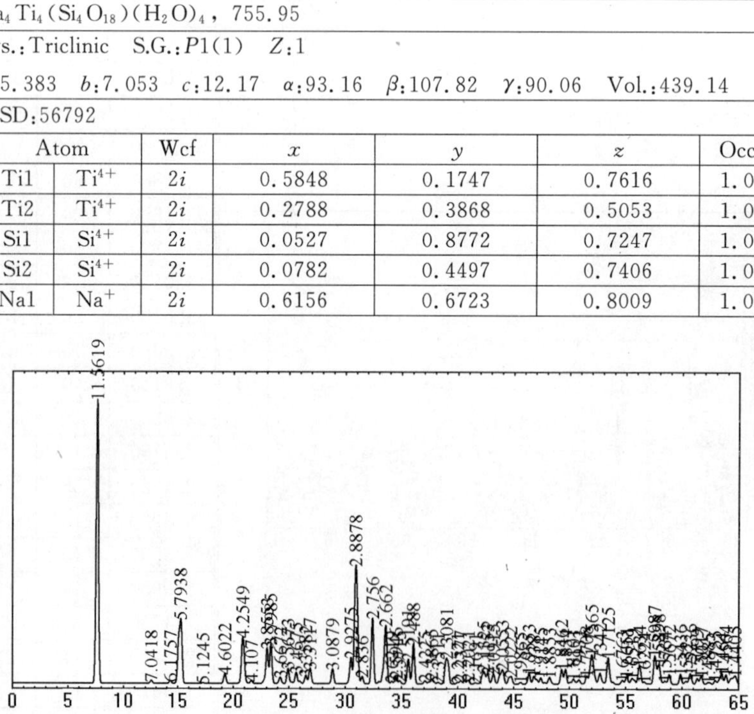

PDF:80-0849

d	I/I_0	hkl
11.5664	999	001
7.0410	14	010
6.1762	7	$0\bar{1}1$
5.8645	111	011
5.7832	184	002
5.3285	1	$\bar{1}01$
5.1238	1	100
4.6024	28	$0\bar{1}2$
4.6024	28	$\bar{1}02$
4.3466	3	012
4.2638	93	$\bar{1}\bar{1}1$
4.2343	60	$\bar{1}11$
4.2343	60	101
4.1806	4	$\bar{1}10$
4.1063	8	110
3.9027	9	$\bar{1}\bar{1}2$
3.8555	82	003
3.7991	89	$\bar{1}12$
3.6680	16	$\bar{1}03$
3.5679	33	111

9-101b 硅钛钠石(Murmanite)

$Na_4Ti_4(Si_4O_{18})(H_2O)_4$，755.95

ICSD:56792(续)

Atom		Wcf	x	y	z	Occ
Na2	Na^+	2*i*	0.2648	0.8896	0.5105	1.0
O1	O^{2-}	2*i*	0.1036	0.6745	0.784	1.0
O2	O^{2-}	2*i*	0.0024	0.4369	0.5981	1.0
O3	O^{2-}	2*i*	0.938	0.8341	0.5845	1.0
O4	O^{2-}	2*i*	0.2562	0.2274	−0.0014	1.0
O5	O^{2-}	2*i*	0.4958	0.6048	0.5866	1.0
O6	O^{2-}	2*i*	0.5301	0.8008	0.3992	1.0
O7	O^{2-}	2*i*	0.8645	0.3631	0.78663	1.0
O8	O^{2-}	2*i*	0.8384	0.98162	0.7706	1.0
O9	O^{2-}	2*i*	0.7178	0.163	0.9574	1.0
O10	O^{2-}	2*i*	0.3662	0.369	0.7981	1.0
O11	O^{2-}	2*i*	0.3302	0.9804	0.7606	1.0

PDF:80-0849(续)

d	I/I_0	hkl
3.5205	3	020
3.4678	27	$0\bar{1}3$
3.4240	5	$0\bar{2}1$
3.3581	18	102
3.3146	24	021
3.3146	24	$\bar{1}\bar{1}3$
3.1986	1	$\bar{1}13$
3.0869	29	$0\bar{2}2$
3.0869	29	$1\bar{1}2$
2.9780	1	112
2.9276	55	$\bar{1}21$
2.9276	55	$\bar{1}20$
2.8916	203	004
2.8764	150	120
2.8358	16	$\bar{1}\bar{2}2$
2.7561	140	$1\bar{2}1$
2.7561	140	$\bar{1}\bar{1}4$
2.7077	7	103
2.6808	22	$\bar{2}01$
2.6808	22	$0\bar{2}3$

9-102a 硅钛铈钇矿(Chevkinite)

(Ce,Ca,Th)$_4$(Fe,Mg)$_2$(Ti,Fe)$_3$Si$_4$O$_{22}$，1080.24

Sys.:Monoclinic　S.G.:$P2_1/a$(14)　Z:2

a:13.37　b:5.66　c:11.28　β:100.9　Vol.:1838.2

ICSD:6251

Atom		Wcf	x	y	z	Occ
Nd1	Nd^{3+}	4*e*	0.35442(4)	0.02260(7)	0.23312(4)	1.0
Nd2	Nd^{3+}	4*e*	0.07127(4)	−0.03662(7)	0.24017(4)	1.0
Si1	Si^{4+}	4*e*	0.2015(2)	0.4972(3)	0.2306(2)	1.0
Si2	Si^{4+}	4*e*	0.3596(2)	0.5019(3)	0.0470(2)	1.0

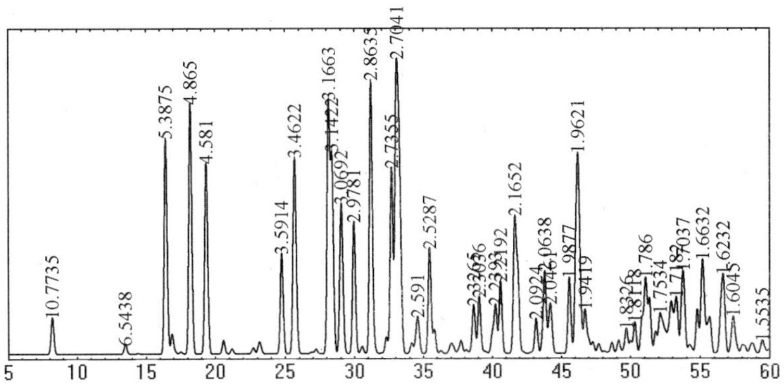

PDF:21-1015

d	I/I_0	hkl
6.6000	10	200
5.4300	20	002
4.8500	30	$\bar{1}11$
4.5800	40	111
3.6100	30	$\bar{2}12$
3.4600	40	310
3.1700	100	311
3.1400	100	$\bar{3}12$
3.0700	30	$\bar{4}02$
2.9900	30	203
2.8600	40	$\bar{4}11$
2.7400	20	$\bar{3}13$
2.7100	100	$\bar{1}21$
2.6100	10	402
2.5200	10	022
2.2300	30	$\bar{2}05$
2.1600	50	$\bar{4}21$
1.9610	50	$\bar{4}23$
1.8150	10	612
1.7830	10	$\bar{1}16$

9-102b 硅钛铈钇矿(Chevkinite)

$(Ce,Ca,Th)_4(Fe,Mg)_2(Ti,Fe)_3Si_4O_{22}$, 1080.24

ICSD:6251(续)

Atom		Wcf	x	y	z	Occ
O1	O^{2-}	4e	0.2393(5)	−0.2098(9)	0.3133(5)	1.0
O2	O^{2-}	4e	0.2170(5)	0.2527(9)	0.3130(5)	1.0
O3	O^{2-}	4e	−0.0247(5)	−0.2527(9)	0.3742(5)	1.0
O4	O^{2-}	4e	−0.0214(5)	0.2448(10)	0.3736(5)	1.0
O5	O^{2-}	4e	0.4131(5)	−0.2493(10)	0.0946(5)	1.0
O6	O^{2-}	4e	0.4437(5)	0.2947(10)	0.0931(5)	1.0
O7	O^{2-}	4e	0.1457(6)	−0.0104(10)	0.4757(5)	1.0
O8	O^{2-}	4e	0.1511(6)	0.5044(10)	0.5099(5)	1.0
O9	O^{2-}	4e	0.0866(6)	0.5469(10)	0.1686(5)	1.0
O10	O^{2-}	4e	0.2741(6)	0.4477(10)	0.1307(6)	1.0
O11	O^{2-}	4e	−0.3132(6)	0.4892(9)	0.0985(5)	1.0
Mg1	Mg^{2+}	2c	0	0.5	0	1.0
Mg2	Mg^{2+}	4e	0.2434(2)	0.2466(3)	0.5000(2)	0.32
Mg3	Mg^{2+}	2b	0	0.5	0.5	0.193(7)
Mg4	Mg^{2+}	2d	0.5	0.5	0.5	0.166(9)
Ti1	Ti^{4+}	4e	0.2434(2)	0.2466(3)	0.5000(2)	0.68
Ti2	Ti^{4+}	2b	0	0.5	0.5	0.807(7)
Ti3	Ti^{4+}	2d	0.5	0.5	0.5	0.834(9)

PDF:21-1015(续)

d	I/I_0	hkl
1.6950	10	206
1.6650	20	$\bar{6}23$
1.6270	10	225
1.5460	10	$\bar{8}04$
1.5120	10	721
1.4950	10	531
1.4300	10	630
1.2630	10	616
1.2040	10	427

9-103a 钛硅铈矿(Perrierite)

$(CeCa)Fe(AlTi)TiSiO_8$, 402.91

Sys.:Monoclinic S.G.:$C2/m(12)$ Z:2

a:13.55 b:5.63 c:11.7 β:113.6 Vol.:817.9

ICSD:43798

Atom		Wcf	x	y	z	Occ
Ti1	Ti^{4+}	4g	0	0.25	0	1.0
Ce1	Ce^{3+}	4i	0.238	0	0.266	0.75
Ca1	Ca^{2+}	4i	0.238	0	0.266	0.25
Ce2	Ce^{3+}	4i	0.047	0	0.742	0.75
Ca2	Ca^{2+}	4i	0.047	0	0.742	0.25

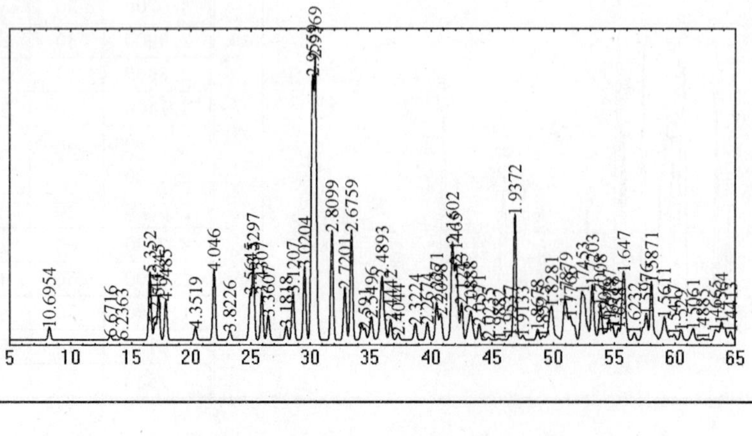

PDF:20-0260

d	I/I_0	hkl
5.3500	10	002
5.1400	8	110
4.9600	6	$\bar{1}11$
3.5800	10	003
3.5200	30	$\bar{3}11$
3.4200	4	112
3.1100	10	400
3.0100	30	$\bar{4}03$
2.9570	90	$\bar{3}13$
2.9280	100	311
2.8190	50	020
2.7170	20	021
2.6790	40	004
2.6000	6	$\bar{2}21$
2.4940	20	312
2.2310	6	$\bar{4}05$
2.1590	10	$\bar{4}21$
2.1490	30	$\bar{4}22$
2.0870	10	420
2.0600	6	$\bar{4}23$

9-103b 钛硅铈矿(Perrierite)

(CeCa)Fe(AlTi)$TiSiO_8$，402.91

ICSD:43798(续)

Atom		Wcf	*x*	*y*	*z*	Occ
Fe1	$Fe^{2.4+}$	2*d*	0	0.5	0.5	1.0
Al1	Al^{3+}	4*i*	0.27	0	0	0.5
Ti2	Ti^{4+}	4*i*	0.27	0	0	0.5
Si1	Si^{4+}	4*i*	0.4085	0	0.734	1.0
Si2	Si^{4+}	4*i*	0.1615	0	0.546	0.8
Al2	Al^{3+}	4*i*	0.1615	0	0.546	0.2
O1	O^{2-}	8*j*	0.085	0.25	0.194	1.0
O2	O^{2-}	8*j*	0.291	0.25	0.123	1.0
O3	O^{2-}	8*j*	0.3745	0.25	0.4	1.0
O4	O^{2-}	4*i*	0.103	0	0.997	1.0
O5	O^{2-}	4*i*	0.397	0	0.003	1.0
O6	O^{2-}	4*i*	0.492	0	0.66	1.0
O7	O^{2-}	4*i*	0.286	0	0.657	1.0
O8	O^{2-}	4*i*	0.1385	0	0.399	1.0

PDF:20-0260(续)

d	I/I_0	*hkl*
1.9400	30	024
1.8230	4	314
1.7960	2	$\bar{2}25$
1.7810	4	$\bar{1}16$
1.7380	6	$\bar{6}06$
1.7170	6	404
1.6820	6	$\bar{8}02$
1.6480	10	$\bar{2}07$
1.5810	6	711

9-104a 粒硅钙石(Tilleyite)

$Ca_5Si_2O_7(CO_3)_2$，488.59

Sys.:Monoclinic　S.G.:$P2_1/n$(14)　*Z*:4

a:15.025　*b*:10.269　*c*:7.628　*β*:105.8　Vol.:1132.47

ICSD:24666

Atom		Wcf	*x*	*y*	*z*	Occ
Ca1	Ca^{2+}	4*e*	0.0056	0	0.7542	1.0
Ca2	Ca^{2+}	4*e*	0.181	0.2112	0.0978	1.0
Ca3	Ca^{2+}	4*e*	0.1806	0.2112	0.6148	1.0
Ca4	Ca^{2+}	4*e*	0.128	0.5867	0.052	1.0
Ca5	Ca^{2+}	4*e*	0.1325	0.5867	0.5561	1.0

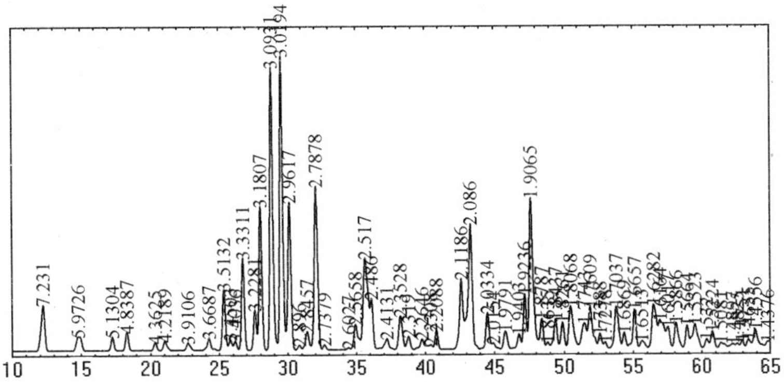

PDF:13-0416

d	I/I_0	*hkl*
7.3300	10	001
5.9900	8	$\bar{1}11$
4.2100	4	021
3.6740	4	002
3.5340	12	320
3.4530	6	012
3.3350	20	130
3.2140	20	$\bar{3}12$
3.1900	30	112
3.0990	60	031
3.0110	100	$\bar{2}22$
2.9820	40	$\bar{4}21$
2.8960	4	$\bar{4}12$
2.8600	4	$\bar{5}11$
2.8030	40	122
2.5660	8	222
2.5350	16	$\bar{2}03$
2.5010	22	$\bar{4}31$
2.3500	8	$\bar{5}22$
2.2480	4	$\bar{5}31$

9-104b 粒硅钙石(Tilleyite)

$Ca_5Si_2O_7(CO_3)_2$, 488.59

ICSD:24666(续)

Atom		Wcf	x	y	z	Occ
Si1	Si^{4+}	4e	0.2071	0.9153	0.1502	1.0
Si2	Si^{4+}	4e	0.2052	0.9153	0.5792	1.0
C1	C^{4+}	4e	0.0297	0.2992	0.347	1.0
C2	C^{4+}	4e	0.0205	0.2992	0.822	1.0
O1	O^{2-}	4e	0.077	0.2093	0.286	1.0
O2	O^{2-}	4e	0.0681	0.2093	0.758	1.0
O3	O^{2-}	4e	0.0713	0.3625	0.479	1.0
O4	O^{2-}	4e	0.058	0.3625	0.958	1.0
O5	O^{2-}	4e	0.0622	0.6742	0.7724	1.0
O6	O^{2-}	4e	0.0671	0.6742	0.3094	1.0
O7	O^{2-}	4e	0.2295	0.7732	0.07	1.0
O8	O^{2-}	4e	0.2255	0.7732	0.6188	1.0
O9	O^{2-}	4e	0.105	0.9708	0.0575	1.0
O10	O^{2-}	4e	0.1	0.9708	0.539	1.0
O11	O^{2-}	4e	0.2176	0.5263	0.88	1.0
O12	O^{2-}	4e	0.2282	0.5263	0.3444	1.0
O13	O^{2-}	4e	0.2206	0.9153	0.3679	1.0

PDF:13-0416(续)

d	I/I_0	hkl
2.1190	20	$\bar{6}22$
2.1000	40	$\bar{7}11$
2.0320	14	150
1.9420	4	151
1.9260	20	$\bar{6}32$
1.9100	20	$\bar{7}22$
1.8960	45	432
1.8400	8	$\bar{5}33$
1.8310	6	$\bar{8}02$
1.8040	12	$\bar{2}43$

9-105a 斜水硅钙石(Killalaite)

$Ca_{6.43}Si_4O_{16}H_{3.17}$, 629.24

Sys.:Monoclinic S.G.:$P2_1/m$(11) Z:2

a:6.807 b:15.459 c:6.811 β:97.76 Vol.:710.15

ICSD:200124

Atom		Wcf	x	y	z	Occ
Ca1	Ca^{2+}	4f	0.3314(3)	−0.0942(2)	0.9308(4)	1.0
Ca2	Ca^{2+}	4f	0.7190(4)	−0.0996(2)	0.3330(4)	1.0
Ca3	Ca^{2+}	2e	0.0125(6)	0.25	0.3375(6)	1.0
Ca4	Ca^{2+}	2e	0.9299(6)	0.25	0.8332(6)	1.0
Ca5	Ca^{2+}	2e	0.520(1)	0.25	0.487(1)	0.43

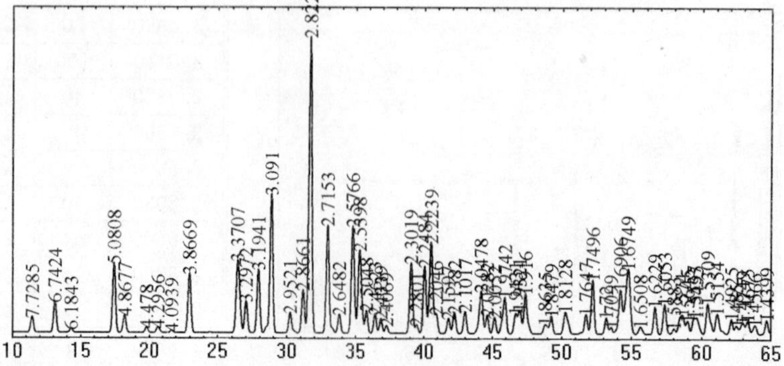

PDF:83-2064

d	I/I_0	hkl
7.7295	116	020
6.7447	188	001
6.7447	188	100
6.1850	19	011
6.1850	19	110
5.0820	299	021
5.0820	299	120
4.8684	62	$\bar{1}11$
4.4779	37	101
4.3011	12	111
4.2740	9	$\bar{1}21$
4.0947	10	031
4.0947	10	130
3.8648	256	121
3.8648	256	040
3.6354	5	$\bar{1}31$
3.3723	263	002
3.3723	263	200
3.3533	112	041
3.3533	112	140

9-105b 斜水硅钙石(Killalaite)

$Ca_{6.43}Si_4O_{16}H_{3.17}$, 629.24

ICSD:200124(续)

Atom		Wcf	x	y	z	Occ
Si1	Si^{4+}	4f	0.8131(4)	−0.0874(2)	0.8374(4)	1.0
Si2	Si^{4+}	4f	0.7804(4)	0.0833(2)	0.6008(4)	1.0
O1	O^{2-}	4f	0.677(1)	−0.0587(5)	0.002(1)	1.0
O2	O^{2-}	4f	0.690(1)	−0.1463(6)	0.662(1)	1.0
O3	O^{2-}	4f	0.004(1)	−0.1440(5)	0.919(1)	1.0
O4	O^{2-}	4f	0.672(2)	0.0489(8)	0.392(2)	1.0
O5	O^{2-}	4f	0.633(1)	0.1316(6)	0.731(1)	1.0
O6	O^{2-}	4f	0.957(1)	0.1504(5)	0.576(1)	1.0
O7	O^{2-}	4f	0.884(2)	0.0004(7)	0.727(2)	1.0
O8	O^{2-}	2e	0.280(2)	0.25	0.762(3)	1.0
O9	O^{2-}	2e	0.660(2)	0.25	0.156(2)	1.0

PDF:83-2064(续)

d	I/I_0	hkl
3.2967	137	012
3.2967	137	210
3.1940	242	$\bar{1}02$
3.1940	242	$\bar{2}01$
3.1292	30	$\bar{1}12$
3.1292	30	$\bar{2}11$
3.0910	515	220
3.0910	515	$\bar{1}41$
2.9519	73	$\bar{1}22$
2.9519	73	$\bar{2}21$
2.9257	11	141
2.8659	158	102
2.8659	158	201
2.8229	999	032
2.8229	999	112
2.7156	393	$\bar{1}32$
2.7156	393	$\bar{2}31$
2.6879	19	122
2.6879	19	221
2.6480	60	$\bar{1}51$

9-106a 硅铅锰矿(Kentrolite)

$Pb_2(Mn,Fe)_2Si_2O_9$, 724.44

Sys.:Orthorhombic　S.G.:$A2_122(20)$　Z:4

a:6.985　b:11.049　c:10.005　Vol.:772.16

ICSD:31846

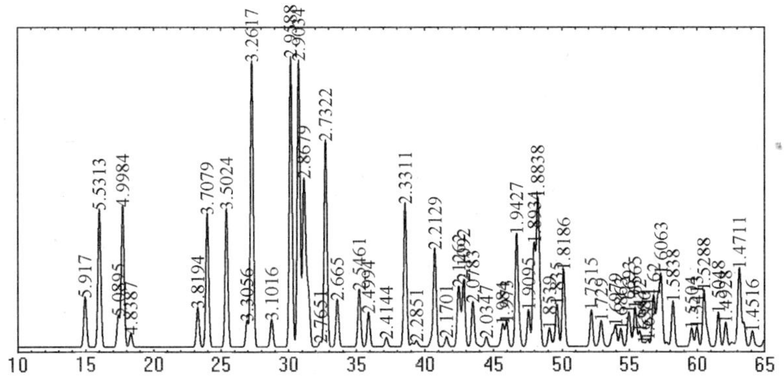

PDF:14-0173

d	I/I_0	hkl
5.5300	80	020
4.9900	60	002
3.7000	60	022
3.4900	80	200
3.2600	80	130
3.0900	20	131
2.9490	20	220
2.8980	100	113
2.8610	60	202
2.8290	40	221
2.7260	100	132
2.6610	20	041
2.5400	20	222
2.5010	20	004
2.1080	40	150
1.9410	60	152
1.8910	60	115
1.8320	20	332

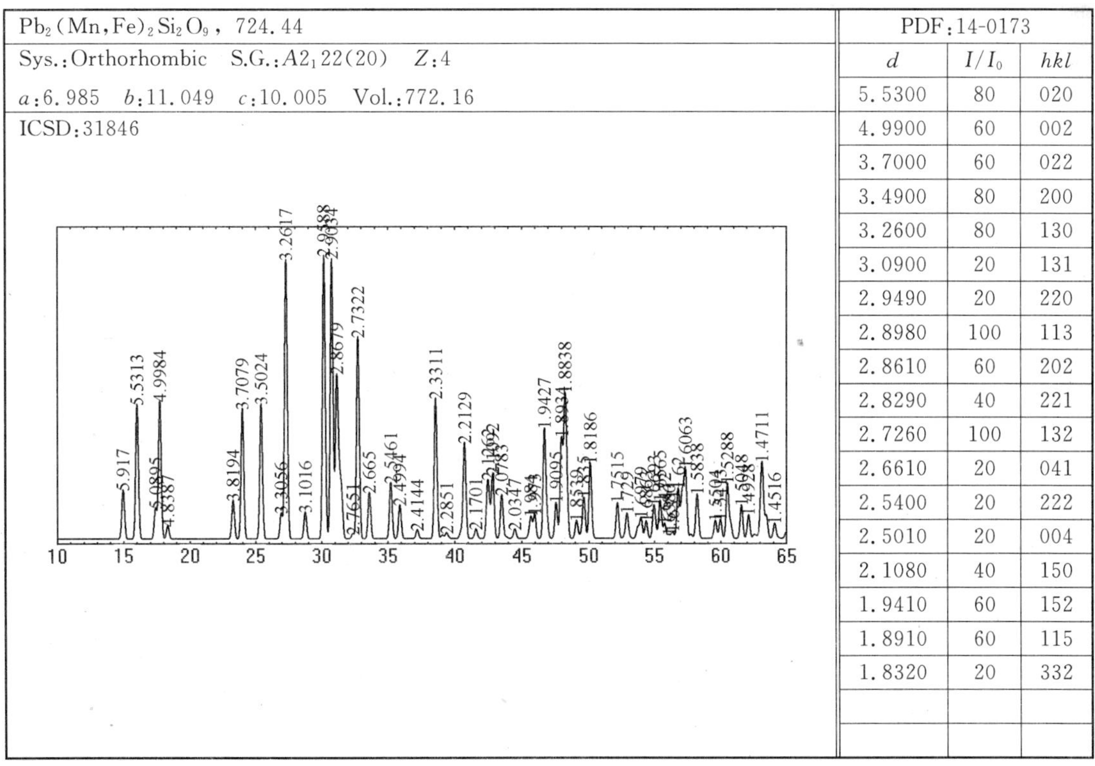

9-106b 硅铅锰矿(Kentrolite)

$Pb_2(Mn,Fe)_2Si_2O_9$，724.44

ICSD:31846(续)

Atom		Wcf	x	y	z	Occ
Pb1	Pb^{2+}	8c	0.017	0.195	0.05	1.0
Mn1	Mn^{3+}	4a	0.65	0	0	1.0
Mn2	Mn^{3+}	4b	0	0.74	0.25	1.0
Si1	Si^{4+}	8c	0.235	0.462	0.25	1.0
O1	O^{2-}	8c	0.69	0.4	0.75	1.0
O2	O^{2-}	8c	0.69	0.606	0.625	1.0
O3	O^{2-}	8c	0.69	0.606	0.875	1.0
O4	O^{2-}	8c	0.05	0.623	0.425	1.0
O5	O^{2-}	4b	0	0.462	0.25	1.0

PDF:14-0173(续)

d	I/I_0	hkl

9-107a 氯硅钙铅矿(Nasonite)

$Pb_6Ca_4(Si_2O_7)_3Cl_2$，1978.93

Sys.:Hexagonal S.G.:$P6_3/m$(176) Z:2

a:10.08 c:13.27 Vol.:11167.68

ICSD:34848

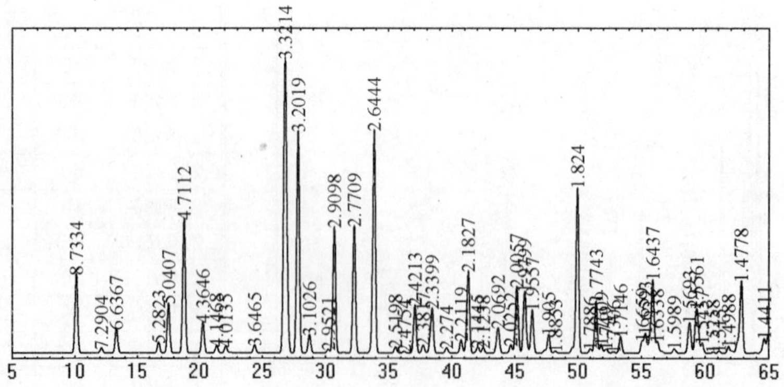

PDF:76-0877

d	I/I_0	hkl
8.7295	464	100
7.2930	28	101
6.6350	126	002
5.2824	56	102
5.0400	267	110
4.7116	644	111
4.3648	138	200
4.1462	32	201
4.0134	29	112
3.9457	3	103
3.6465	36	202
3.3245	972	113
3.3175	999	004
3.2995	338	120
3.2020	961	211
3.1011	79	203
3.1011	79	104
2.9543	18	122
2.9099	522	300
2.8423	6	301

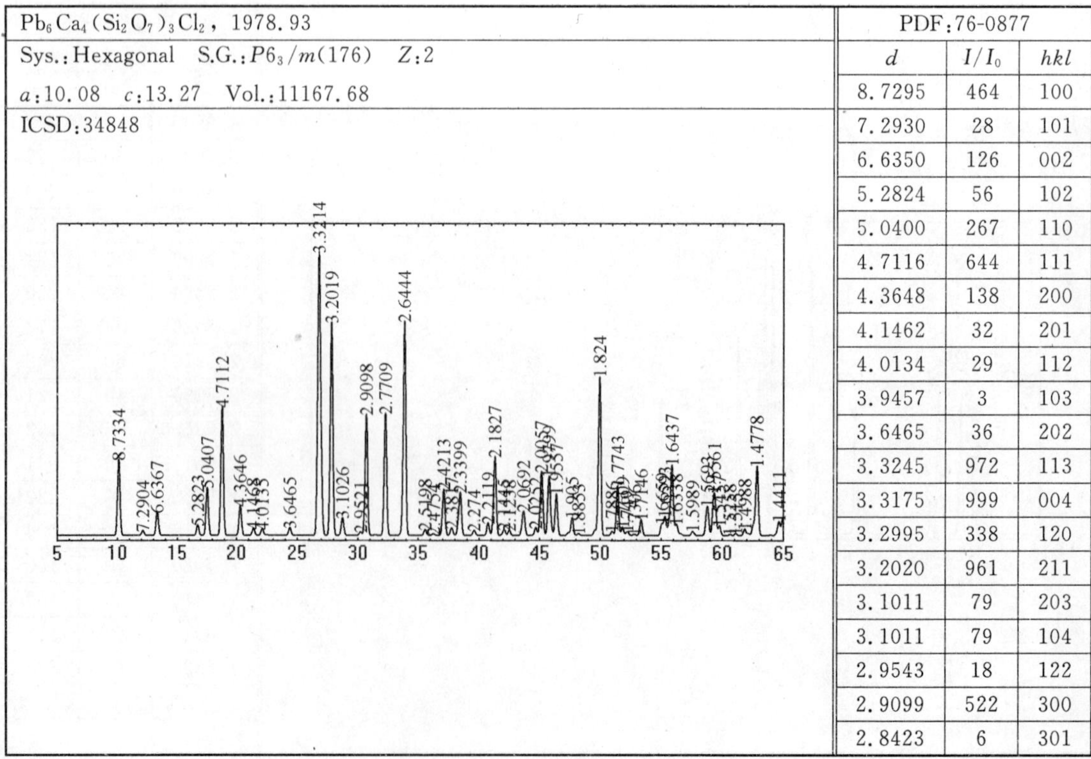

9-107b 氯硅钙铅矿(Nasonite)

$Pb_6Ca_4(Si_2O_7)_3Cl_2$，1978.93

ICSD:34848(续)

Atom		Wcf	x	y	z	Occ
Pb1	Pb^{2+}	12*i*	0.25801(11)	0.26493(11)	0.10862(6)	1.0
Ca1	Ca^{2+}	4*f*	0.3333	0.6667	0.9936(7)	1.0
Ca2	Ca^{2+}	2*c*	0.3333	0.6667	0.25	1.0
Ca3	Ca^{2+}	2*d*	0.6667	0.3333	0.25	1.0
Cl1	Cl^-	2*a*	0	0	0.25	1.0
Cl2	Cl^-	2*b*	0	0	0	1.0
Si1	Si^{4+}	12*i*	0.0259(7)	0.4198(7)	0.3644(4)	1.0
O1	O^{2-}	12*i*	0.0710(22)	0.3291(22)	0.4444(13)	1.0
O2	O^{2-}	12*i*	0.8588(17)	0.3949(17)	0.6208(12)	1.0
O3	O^{2-}	12*i*	0.8545(20)	0.3748(20)	0.3725(13)	1.0
O4	O^{2-}	6*h*	0.0714(29)	0.3830(29)	0.25	1.0

PDF:76-0877(续)

d	I/I_0	*hkl*
2.7711	527	114
2.6447	862	123
2.6447	862	204
2.5200	23	220
2.4758	6	221
2.4211	166	130
2.3818	36	131
2.3483	39	115
2.3394	156	124
2.2744	19	132
2.2677	12	205
2.2117	49	006
2.1824	287	400
2.1535	5	401
2.1439	23	106
2.1238	22	133
2.0731	38	402
2.0680	90	125
2.0253	30	116
2.0067	181	224

9-108 赛黄晶(Danburite)

$CaB_2(SiO_4)_2$，245.87

Sys.:Orthorhombic　S.G.:*Pnam*(62)　*Z*:4

a:8.041　*b*:8.76　*c*:7.737　Vol.:544.99

ICSD:26491

Atom		Wcf	x	y	z	Occ
Ca1	Ca^{2+}	4*c*	0.3858(3)	0.25	0.0765(3)	1.0
Si1	Si^{4+}	8*d*	0.0535(3)	0.9447(3)	0.1926(3)	1.0
B1	B^{3+}	8*d*	0.2597(13)	0.0787(13)	0.4196(13)	1.0
O1	O^{2-}	8*d*	0.1931(9)	0.9964(9)	0.0680(9)	1.0
O2	O^{2-}	8*d*	0.1250(9)	0.9590(9)	0.3655(9)	1.0
O3	O^{2-}	8*d*	0.3996(9)	0.0781(9)	0.3124(9)	1.0
O4	O^{2-}	4*c*	0.4863(9)	0.75	0.3365(9)	1.0
O5	O^{2-}	4*c*	0.1848(9)	0.25	0.4272(9)	1.0

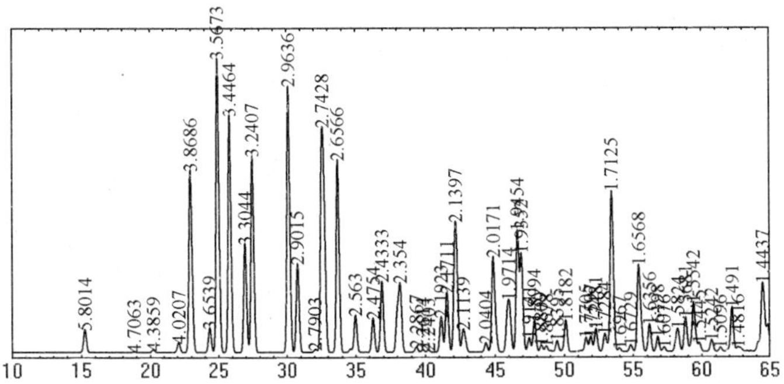

PDF:29-0304

d	I/I_0	*hkl*
4.0200	9	200
3.8700	6	002
3.8500	25	120
3.6500	35	210
3.5700	100	201
3.4400	35	121
3.3000	30	211
3.2400	35	112
2.9610	80	220
2.8980	13	022
2.7840	12	202
2.7660	30	221
2.7430	65	130
2.7290	40	122
2.6550	55	212
2.5880	9	131
2.5650	18	310
2.4710	8	013
2.4340	18	311
2.3620	12	113

9-109a 磷硅钛钠石(Lomonosovite)

$Na_2Ti_2Si_2O_9 \cdot Na_3PO_4$, 505.89

Sys.: Triclinic S.G.: $P\bar{1}(2)$ Z: 2

a: 5.41 b: 7.13 c: 14.52 α: 100 β: 96 γ: 90 Vol.: 548.46

ICSD: 200169

Atom		Wcf	x	y	z	Occ
Ti1	Ti^{4+}	$2i$	0.1658(9)	0.9271(4)	0.2178(2)	1.0
Ti2	Ti^{4+}	$2i$	0.7698(9)	0.3865(5)	−0.0076(2)	1.0
Si1	Si^{4+}	$2i$	0.6671(15)	0.2031(8)	0.1764(4)	1.0
Si2	Si^{4+}	$2i$	0.6487(15)	0.6387(8)	0.1985(4)	1.0
P1	P^{5+}	$2i$	0.1801(15)	0.2242(8)	0.4327(4)	1.0

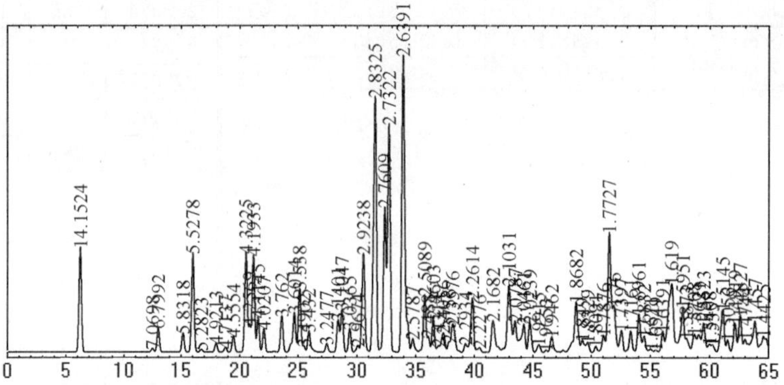

PDF: 53-1040

d	I/I_0	hkl
14.3651	4	001
7.1270	2	002
6.7988	1	$01\bar{1}$
5.5116	3	$01\bar{2}$
4.7389	1	003
4.6052	1	012
4.2882	5	$11\bar{1}$
4.1523	7	$1\bar{1}1$
4.0813	1	102
3.9914	1	$11\bar{2}$
3.7261	1	$1\bar{1}2$
3.6489	4	$1\bar{1}\bar{2}$
3.5510	20	004
3.5133	1	020
3.4270	1	$01\bar{4}$
3.3641	11	112
3.1513	1	$1\bar{1}\bar{3}$
3.0930	1	$02\bar{3}$
2.9103	3	$12\bar{2}$
2.8383	100	005

9-109b 磷硅钛钠石(Lomonosovite)

$Na_2Ti_2Si_2O_9 \cdot Na_3PO_4$, 505.89

ICSD: 200169(续)

Atom		Wcf	x	y	z	Occ
Na1	Na^+	$2i$	0.169(2)	0.418(1)	0.2349(6)	1.0
Na2	Na^+	$2i$	0.757(2)	0.882(1)	−0.0037(7)	1.0
Na3	Na^+	$2i$	0.682(2)	0.973(1)	0.3597(6)	1.0
Na4	Na^+	$2i$	0.677(2)	0.459(1)	0.3975(7)	1.0
Na5	Na^+	$2i$	0.239(2)	0.738(1)	0.4148(7)	1.0
O1	O^{2-}	$2i$	0.671(3)	0.430(2)	0.232(1)	1.0
O2	O^{2-}	$2i$	0.642(4)	0.197(2)	0.066(1)	1.0
O3	O^{2-}	$2i$	0.925(4)	0.120(2)	0.213(11)	1.0
O4	O^{2-}	$2i$	0.432(4)	0.103(2)	0.209(1)	1.0
O5	O^{2-}	$2i$	0.598(4)	0.609(2)	0.084(1)	1.0
O6	O^{2-}	$2i$	0.904(3)	0.753(2)	0.247(1)	1.0
O7	O^{2-}	$2i$	0.413(4)	0.734(2)	0.250(1)	1.0
O8	O^{2-}	$2i$	0.132(4)	0.831(2)	0.091(1)	1.0
O9	O^{2-}	$2i$	0.235(4)	0.034(2)	0.368(1)	1.0
O10	O^{2-}	$2i$	0.092(4)	0.426(2)	0.071(1)	1.0
O11	O^{2-}	$2i$	0.901(4)	0.225(2)	0.443(1)	1.0
O12	O^{2-}	$2i$	0.250(4)	0.400(2)	0.391(1)	1.0
O13	O^{2-}	$2i$	0.326(4)	0.228(2)	0.530(1)	1.0

PDF: 53-1040(续)

d	I/I_0	hkl
2.7503	5	121
2.7447	12	$\bar{1}\bar{2}3$
2.6929	11	$20\bar{1}$
2.6516	4	$1\bar{2}\bar{2}$
2.6041	2	$11\bar{5}$
2.5880	1	201
2.5143	2	$\bar{1}\bar{2}4$
2.4915	1	015
2.3653	8	006
2.3493	1	$03\bar{2}$
2.2748	1	$\bar{1}\bar{2}5$
2.1821	1	$1\bar{2}\bar{4}$
2.1504	1	$1\bar{2}5$
2.0770	4	213
2.0267	3	$2\bar{1}4$

9-110a 磷硅铌钠石(Vuonnemite)

$Na_{11}TiNb_2(Si_2O_7)_2(PO_4)_2O_3(OH)$，1077.88

Sys.:Triclinic S.G.:$P\bar{1}$(2) Z:1

a:5.4984 b:7.161 c:14.45 α:92.6 β:95.3 γ:90.6 Vol.:1565.88

ICSD:76910

Atom		Wcf	x	y	z	Occ
Si1	Si^{4+}	2i	0.18415(10)	0.21928(7)	0.69712(4)	1.0
Si2	Si^{4+}	2i	0.19844(10)	0.79366(7)	0.68464(4)	1.0
P1	P^{5+}	2i	0.31392(9)	0.25633(7)	0.06638(3)	1.0

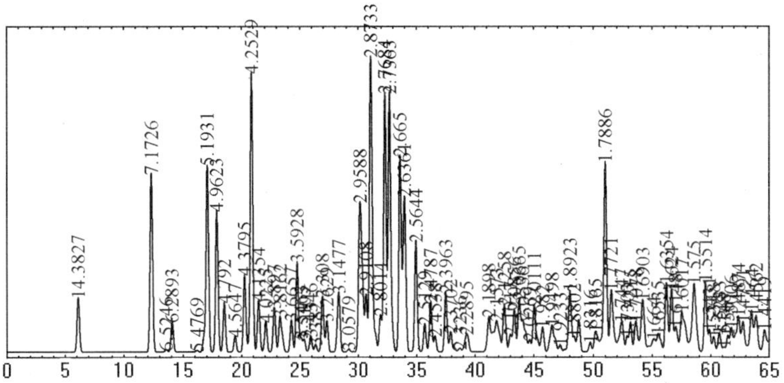

PDF:89-6213

d	I/I_0	hkl
14.3726	554	001
7.1863	826	002
7.1863	826	010
6.5259	7	$0\bar{1}1$
6.2880	114	011
5.4743	13	100
5.2817	55	$\bar{1}01$
5.1918	748	$0\bar{1}2$
4.9646	552	101
4.9646	552	012
4.7909	239	003
4.5640	71	$\bar{1}02$
4.3785	294	$\bar{1}10$
4.3166	51	110
4.2547	999	$\bar{1}\bar{1}1$
4.2547	999	$\bar{1}11$
4.1359	204	$1\bar{1}1$
4.0690	13	$0\bar{1}3$
4.0234	132	111
3.8975	167	013

9-110b 磷硅铌钠石(Vuonnemite)

$Na_{11}TiNb_2(Si_2O_7)_2(PO_4)_2O_3(OH)$，1077.88

ICSD:76910(续)

Atom		Wcf	x	y	z	Occ
Ti1	Ti^{4+}	2i	0.97235(14)	0.00088(12)	0.50766(6)	0.5
Nb1	Nb^{5+}	2i	0.30112(3)	0.49172(2)	0.28387(1)	1.0
Na1	Na^{+}	2i	0.1832(1)	0.9821(1)	0.8997(1)	1.0
Na2	Na^{+}	2i	0.1953(1)	0.5079(1)	0.8660(1)	1.0
Na3	Na^{+}	2i	0.4945(2)	0.2406(1)	0.5010(1)	1.0
Na4	Na^{+}	2i	0.7053(2)	0.9926(1)	0.7358(1)	1.0
Na5	Na^{+}	2i	0.2493(2)	0.7369(1)	0.0803(1)	1.0
Na6	Na^{+}	1g	0	0.5	0.5	1.0
O1	O^{2-}	2i	0.4349(3)	0.3235(2)	0.7427(1)	1.0
O2	O^{2-}	2i	0.2036(3)	0.0057(2)	0.7350(1)	1.0
O3	O^{2-}	2i	0.1614(3)	0.8017(2)	0.5738(1)	1.0
O4	O^{2-}	2i	0.4602(3)	0.7099(2)	0.7190(1)	1.0
O5	O^{2-}	2i	0.0518(3)	0.6964(2)	0.2550(1)	1.0
O6	O^{2-}	2i	0.3231(3)	0.5156(2)	0.4057(1)	1.0
O7	O^{2-}	2i	0.2563(3)	0.4304(2)	0.1302(1)	1.0
O8	O^{2-}	2i	0.2369(3)	0.0734(2)	0.1081(1)	1.0
O9	O^{2-}	2i	0.1602(3)	0.2094(2)	0.5855(1)	1.0
O10	O^{2-}	2i	0.4118(3)	0.7422(2)	0.9434(1)	1.0
O11	O^{2-}	2i	0.1710(3)	0.2745(2)	0.9710(1)	1.0
O12	O^{2-}	2i	0.0173(3)	0.3163(2)	0.2722(1)	1.0
O13	O^{2-}	2i	0.2687(3)	0.0024(2)	0.4230(1)	1.0

PDF:89-6213(续)

d	I/I_0	hkl
3.8177	121	$\bar{1}12$
3.7837	63	$\bar{1}03$
3.6652	121	$1\bar{1}2$
3.5932	330	004
3.5452	60	112
3.5091	43	$0\bar{2}1$
3.4334	50	021
3.3819	35	$\bar{1}\bar{1}3$
3.3085	191	$\bar{1}13$
3.2630	104	$0\bar{2}2$
3.1525	109	014
3.1440	161	022
3.1440	161	$\bar{1}04$
3.0565	16	113
2.9653	302	$\bar{1}\bar{2}1$
2.9574	415	$\bar{1}21$
2.9433	277	$1\bar{2}1$
2.9321	181	$0\bar{2}3$
2.9105	201	$\bar{1}\bar{1}4$
2.8745	951	005

9-111a 铍密黄石(Aminoffite)

$Ca_3(BeOH)_2Si_3O_{10}$，416.53

Sys.: Tetragonal S.G.: $P4_2/n$(86) Z: 4

a: 9.806 c: 9.919 Vol.: 953.79

ICSD: 95362

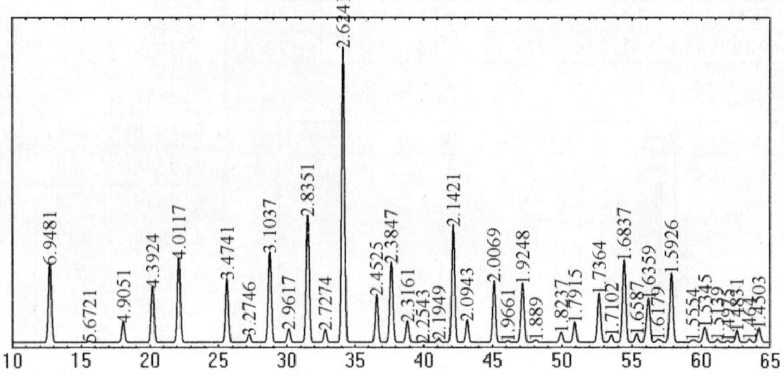

PDF: 23-0080

d	I/I_0	hkl
6.9700	70	101
4.9000	40	200
4.4000	70	201
4.0200	80	211
3.4800	70	202
3.3000	5	212
3.1100	70	301
2.8400	90	222
2.7300	5	302
2.6140	100	321
2.4550	20	400
2.3800	60	401
2.3150	10	411
2.1410	80	421
2.0940	10	332
2.0020	60	422
1.9260	60	501
1.8210	5	502
1.7910	10	521
1.7340	50	440

9-111b 铍密黄石(Aminoffite)

$Ca_3(BeOH)_2Si_3O_{10}$，416.53

ICSD: 95362(续)

Atom		Wcf	x	y	z	Occ
Ca1	Ca^{2+}	8g	0.06286(5)	0.04403(5)	0.25852(5)	1.0
Ca2	Ca^{2+}	4e	0.250	0.750	0.25956(7)	1.0
Si1	Si^{4+}	8g	0.03770(6)	0.76281(6)	0.02968(7)	1.0
Si2	Si^{4+}	4f	0.250	0.250	0.01020(9)	1.0
Be1	Be^{2+}	8g	0.0371(3)	0.7674(3)	0.5268(3)	1.0
O1	O^{2-}	8g	0.3733(2)	0.6099(2)	0.0874(2)	1.0
O2	O^{2-}	8g	0.1054(2)	0.6243(2)	0.0934(2)	1.0
O3	O^{2-}	8g	0.2328(2)	0.3865(2)	0.1010(2)	1.0
O4	O^{2-}	8g	0.6185(2)	0.7272(2)	0.0903(2)	1.0
O5	O^{2-}	8g	0.7898(2)	0.4656(2)	0.1360(2)	1.0
O6	O^{2-}	8g	0.9669(2)	0.2339(2)	0.1341(2)	1.0
H1	H^+	8g	0.756(4)	0.548(2)	0.181(3)	1.0

PDF: 23-0080(续)

d	I/I_0	hkl
1.6810	70	530
1.6340	50	600
1.5900	70	611
1.5320	10	621
1.4800	5	622
1.4470	10	631
1.4040	20	623
1.3880	20	117
1.3590	10	640
1.3340	50	721
1.2880	10	730
1.2440	10	651
1.2300	5	108
1.2080	5	337
1.1910	30	427
1.1740	30	653
1.1570	10	822
1.1410	10	517

9-112 锌黄长石(Hardystonite)

$Ca_2ZnSi_2O_7$, 313.71

Sys.: Tetragonal S.G.: $P\bar{4}2_1/m$(113) Z: 2

a: 7.823 c: 5.013 Vol.: 306.79

ICSD: 18114

Atom		Wcf	x	y	z	Occ
Ca1	Ca^{2+}	4e	0.3322(1)	0.1678(1)	0.5061(3)	1.0
Zn1	Zn^{2+}	2a	0	0	0	1.0
Si1	Si^{4+}	4e	0.1393(2)	0.3607(2)	0.9304(3)	1.0
O1	O^{2-}	2c	0.5	0	0.1771(15)	1.0
O2	O^{2-}	4e	0.1400(5)	0.3600(5)	0.2551(11)	1.0
O3	O^{2-}	8f	0.0818(7)	0.1885(5)	0.7847(9)	1.0

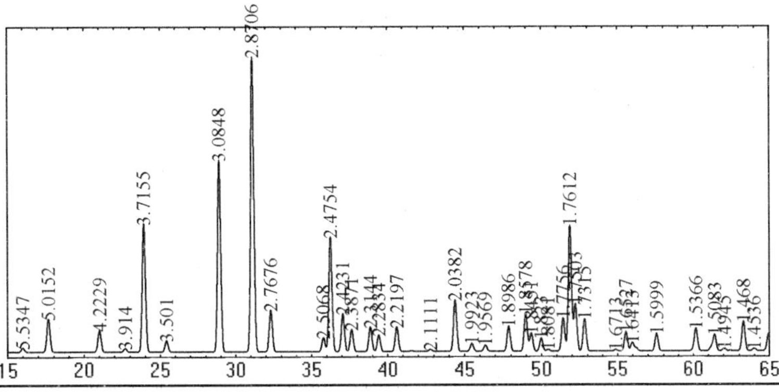

PDF: 12-0453

d	I/I_0	hkl
5.0180	35	001
4.2200	10	101
3.7110	50	111
3.4930	6	210
3.0850	60	201
2.9510	6	—
2.8680	100	211
2.7790	12	220
2.5060	16	002
2.4730	30	310
2.4200	12	221
2.3840	14	102
2.3140	8	301
2.2830	10	112
2.2190	6	311
2.0370	18	212
1.9910	2	321
1.9490	2	400
1.8960	6	410
1.8560	12	222

9-113a 水硅铜钙石(Kinoite)

$Ca_2Cu_2Si_3O_{10} \cdot 2H_2O$, 487.53

Sys.: Monoclinic S.G.: $P2_1/m$(11) Z: 2

a: 6.989 b: 12.904 c: 5.659 β: 96.15 Vol.: 507.43

ICSD: 15185

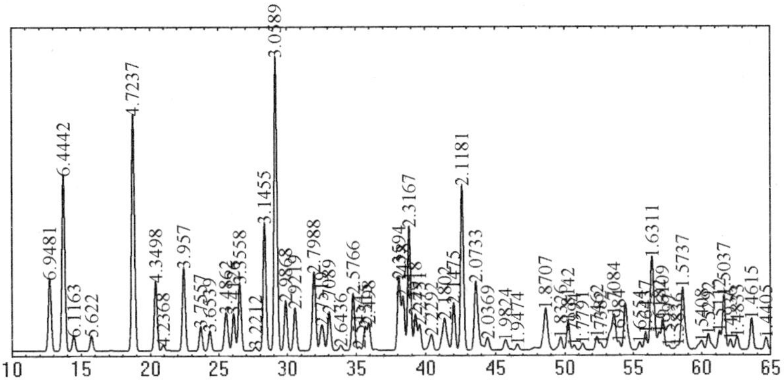

PDF: 54-0730

d	I/I_0	hkl
6.9600	21	100
6.4700	38	020
6.1400	4	110
5.6300	4	001
4.7400	64	120
4.3500	10	$\bar{1}11$
3.9640	15	111
3.7600	5	$\bar{1}21$
3.6610	7	130
3.4820	10	121
3.4820	10	200
3.4190	8	031
3.3580	34	210
3.1500	22	$\bar{1}31$
3.0620	100	220
2.9920	10	131
2.9280	12	140
2.8010	15	$\bar{2}21$
2.8010	15	041
2.7590	4	211

9-113b 水硅铜钙石(Kinoite)

$Ca_2Cu_2Si_3O_{10}\cdot 2H_2O$, 487.53

ICSD:15185(续)

Atom		Wcf	*x*	*y*	*z*	Occ
Cu1	Cu^{2+}	2*e*	0.4819(1)	0.25	0.2179(1)	1.0
Cu2	Cu^{2+}	2*e*	0.4884(1)	0.25	0.7139(1)	1.0
Ca1	Ca^{2+}	4*f*	0.8461(1)	0.1061(1)	0.0269(1)	1.0
Si1	Si^{4+}	4*f*	0.2337(1)	0.0803(1)	0.4518(2)	1.0
Si2	Si^{4+}	2*e*	0.9432(2)	0.25	0.5477(3)	1.0
O1	O^{2-}	2*e*	0.8107(7)	0.25	0.7624(9)	1.0
O2	O^{2-}	4*f*	0.0847(5)	0.1485(3)	0.5901(6)	1.0
O3	O^{2-}	4*f*	0.4348(5)	0.1475(3)	0.4573(6)	1.0
O4	O^{2-}	2*e*	0.8344(7)	0.25	0.2847(9)	1.0
O5	O^{2-}	4*f*	0.1539(5)	0.0498(3)	0.1867(6)	1.0
O6	O^{2-}	4*f*	0.7201(5)	0.0189(3)	0.3676(6)	1.0
O7	O^{2-}	4*f*	0.5073(5)	0.1475(3)	0.9714(6)	1.0
H1	H^+	4*f*	0.4	0.08	0.98	1.0
H2	H^+	4*f*	0.62	0.14	0.8	1.0

PDF:54-0730(续)

d	I/I_0	*hkl*
2.7090	6	$\bar{1}02$
2.6480	2	$\bar{1}12$
2.6480	2	$\bar{1}41$
2.5790	6	221
2.5790	6	022
2.5180	4	$\bar{2}31$
2.5180	4	102
2.4980	5	$\bar{1}22$
2.3630	13	240
2.3630	13	231
2.3450	8	051
2.3450	8	122
2.3180	45	300
2.2920	6	$\bar{1}32$
2.2800	4	310
2.2290	4	$\bar{3}01$
2.1810	9	320
2.1510	8	060
2.1200	17	042
2.0750	7	$\bar{1}42$

9-114a 罗水硅钙石(Rosenhahnite)

$Ca_3(Si_3O_8(OH)_2)$, 366.51

Sys.:Triclinic S.G.:$P\bar{1}$(2) *Z*:2

a:6.954 *b*:6.812 *c*:9.477 *α*:108.67 *β*:95.77 *γ*:94.85 Vol.:419.9

ICSD:100074

Atom		Wcf	*x*	*y*	*z*	Occ
Ca1	Ca^{2+}	2*i*	0.27993(6)	0.34503(5)	0.18405(7)	1.0
Ca2	Ca^{2+}	2*i*	0.09599(6)	0.68010(5)	0.24285(7)	1.0
Ca3	Ca^{2+}	2*i*	0.84648(6)	0.00858(5)	0.26704(7)	1.0
Si1	Si^{4+}	2*i*	0.30412(8)	0.04876(7)	0.27718(9)	1.0
Si2	Si^{4+}	2*i*	0.62432(8)	0.66151(7)	0.32901(9)	1.0

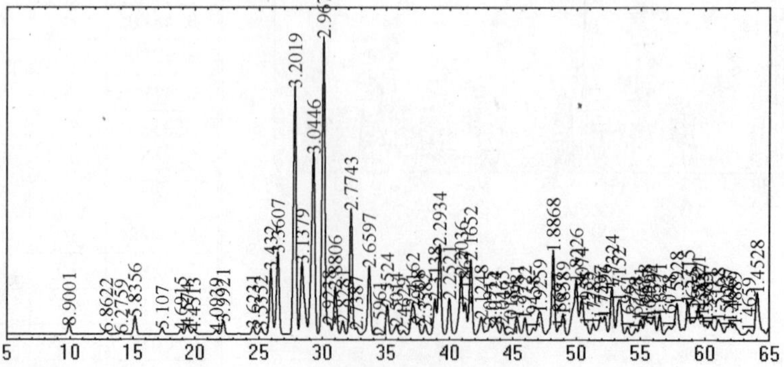

PDF:29-0378

d	I/I_0	*hkl*
8.8400	5	001
6.8600	3	100
5.8100	7	$\bar{1}01$
5.1100	2	101
4.5700	5	$\bar{1}\bar{1}1$
4.4500	2	002
3.9900	7	$\bar{1}02$
3.6300	3	$1\bar{1}2$
3.5410	2	111
3.4310	30	200
3.3570	30	$\bar{2}01$
3.1990	75	020
3.1390	20	$0\bar{2}2$
3.1120	11	$0\bar{1}3$
3.0650	25	201
3.0380	65	$2\bar{1}1$
2.9650	100	003
2.9260	2	$\bar{1}\bar{1}3$
2.9160	7	$\bar{2}02$

9-114b 罗水硅钙石(Rosenhahnite)

$Ca_3(Si_3O_8(OH)_2)$, 366.51

ICSD:100074(续)

Atom		Wcf	*x*	*y*	*z*	Occ
Si3	Si^{4+}	2*i*	0.80203(8)	0.37614(7)	0.27028(9)	1.0
O1	O^{2-}	2*i*	0.1928(2)	0.0874(2)	0.0902(3)	1.0
O2	O^{2-}	2*i*	0.5003(2)	0.9696(2)	0.2131(3)	1.0
O3	O^{2-}	2*i*	0.1594(2)	0.9480(2)	0.3668(3)	1.0
O4	O^{2-}	2*i*	0.3938(2)	0.2132(2)	0.4471(3)	1.0
O5	O^{2-}	2*i*	0.7694(2)	0.7254(2)	0.1969(3)	1.0
O6	O^{2-}	2*i*	0.4085(2)	0.5931(2)	0.2071(2)	1.0
O7	O^{2-}	2*i*	0.7211(2)	0.5330(2)	0.4128(2)	1.0
O8	O^{2-}	2*i*	0.6082(2)	0.2950(2)	0.0911(3)	1.0
O9	O^{2-}	2*i*	0.8560(2)	0.2716(2)	0.4015(3)	1.0
O10	O^{2-}	2*i*	0.9748(2)	0.4193(2)	0.1475(3)	1.0
H1	H^+	2*i*	0.524(8)	0.101(6)	−0.122(8)	1.0
H2	H^+	2*i*	0.602(6)	0.342(4)	−0.020(6)	1.0

PDF:29-0378(续)

d	I/I_0	*hkl*
2.8830	13	$1\bar{2}2$
2.8280	2	$\bar{1}\bar{2}2$
2.7700	40	$\bar{2}\bar{1}2$
2.7400	2	021
2.6810	2	$\bar{1}21$
2.6590	30	$0\bar{2}3$
2.5570	9	202
2.5470	6	$\bar{2}12$
2.4950	3	$\bar{1}\bar{2}3$
2.4630	2	$1\bar{2}3$
2.4240	8	121
2.4130	10	$\bar{2}03$
2.4080	9	$\bar{2}\bar{1}3$
2.3900	5	$\bar{1}13$
2.3570	5	$0\bar{1}4$
2.3140	11	$\bar{2}21$
2.2850	30	$\bar{2}\bar{2}2$
2.2530	13	$0\bar{3}1$
2.2170	6	$2\bar{1}3$
2.2000	17	$0\bar{2}4$

9-115a 水硅锰钙石(Ruizite)

$Ca_2Mn_2Si_4O_{11}(OH)_4 \cdot 2H_2O$, 582.43

Sys.: Monoclinic S.G.: *A*2(5) *Z*: 2

a: 11.95 *b*: 6.17 *c*: 9.03 *β*: 91.375 Vol.: 665.6

ICSD: 201627

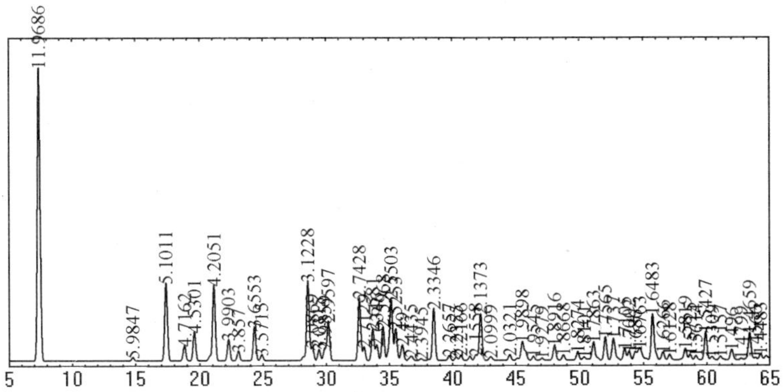

PDF:29-0350

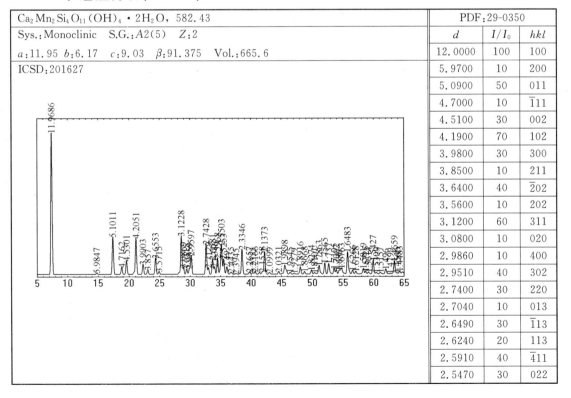

d	I/I_0	*hkl*
12.0000	100	100
5.9700	10	200
5.0900	50	011
4.7000	10	$\bar{1}11$
4.5100	30	002
4.1900	70	102
3.9800	30	300
3.8500	10	211
3.6400	40	$\bar{2}02$
3.5600	10	202
3.1200	60	311
3.0800	10	020
2.9860	10	400
2.9510	40	302
2.7400	30	220
2.7040	10	013
2.6490	30	$\bar{1}13$
2.6240	20	113
2.5910	40	$\bar{4}11$
2.5470	30	022

9-115b 水硅锰钙石(Ruizite)

$Ca_2Mn_2Si_4O_{11}(OH)_4 \cdot 2H_2O$，582.43

ICSD:201627(续)

Atom		Wcf	x	y	z	Occ
Mn1	Mn^{3+}	4e	0.25	0.25	0	1.0
Ca1	Ca^{2+}	4i	0.2054(2)	0.5	0.2599(1)	1.0
Si1	Si^{4+}	4i	0.0355(2)	0	0.1513(2)	1.0
O1	O^{2-}	8j	0.1328(4)	0.2165(6)	0.1291(3)	1.0
O2	O^{2-}	4i	0.3748(6)	0.5	0.0921(5)	1.0
O3	O^{2-}	4i	−0.0063(6)	0	0.2857(4)	1.0
Si2	Si^{4+}	4i	0.1042(2)	0	0.3951(2)	1.0
O4	O^{2-}	8j	0.2056(8)	0.2150(9)	0.3954(5)	0.5
O5	O^{2-}	8j	0.2056(8)	0.2150(9)	0.3954(5)	0.5
O6	O^{2-}	2c	0	0	0.5	1.0
O7	O^{2-}	4i	0.3674(6)	0	0.0459(5)	1.0
O8	O^{2-}	4i	0.4437(8)	0	0.2781(7)	1.0

PDF:29-0350(续)

d	I/I_0	hkl
2.5190	40	$\bar{4}02$
2.4860	20	122
2.4450	10	213
2.3920	5	500
2.3310	30	222
2.2080	5	104
2.1750	5	$\bar{5}11$
2.1540	5	511
2.1320	40	322
2.0920	10	502
2.0270	10	$\bar{4}13$
1.9820	30	413
1.9280	5	422
1.9110	5	$\bar{2}31$
1.8910	10	520
1.8680	5	$\bar{6}11$
1.8230	10	$\bar{4}04$
1.7820	20	404
1.7550	20	$\bar{5}22$
1.7350	20	224

9-116a 羟硅铝锰石(Akatoreite)

$Mn_9(Si,Al)_{10}O_{23}(OH)_9$，1296.35

Sys.:Triclinic S.G.:$P\bar{1}$(2) Z:1

a:8.344 b:10.358 c:7.627 α:104.49 β:93.64 γ:103.95 Vol.:1613.99

ICSD:41243

Atom		Wcf	x	y	z	Occ
Mn1	Mn^{2+}	1g	0	0.5	0.5	1.0
Mn2	Mn^{2+}	2i	0.60854(7)	0.42848(6)	0.36083(8)	1.0
Mn3	Mn^{2+}	2i	0.83621(7)	0.29882(6)	0.08032(8)	1.0
Mn4	Mn^{2+}	2i	0.56978(7)	0.77338(6)	0.05242(8)	1.0
Mn5	Mn^{2+}	2i	0.83542(8)	0.94289(6)	0.37937(8)	1.0
Al1	Al^{3+}	2i	0.2210(1)	0.3686(1)	0.2332(1)	1.0
Si1	Si^{4+}	2i	0.1155(1)	0.3580(1)	−0.1861(1)	1.0
Si2	Si^{4+}	2i	−0.4317(1)	0.1019(1)	−0.7056(1)	1.0

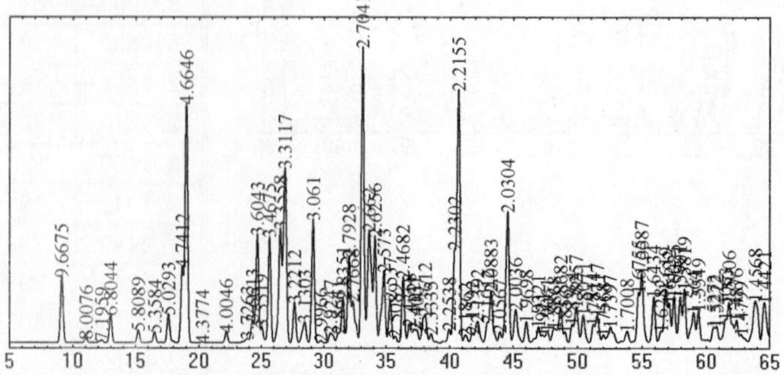

PDF:25-0533

d	I/I_0	hkl
9.6800	60	010
6.7900	20	$01\bar{1}$
5.0300	30	$11\bar{1}$
4.6700	100	021
3.6600	20	002
3.6000	40	021
3.4700	50	$11\bar{2}$
3.3600	40	$21\bar{1}$
3.3100	90	$1\bar{3}0$
3.2200	30	030
3.1400	10	012
3.0600	50	$\bar{1}\bar{2}2$
2.9170	10	$2\bar{3}0$
2.8660	50	$2\bar{3}1$
2.8440	50	$\bar{1}\bar{3}1$
2.7910	30	$1\bar{3}\bar{1}$
2.7040	50	$2\bar{1}2$
2.6600	20	$1\bar{2}\bar{2}$
2.6260	20	$\bar{3}01$
2.5990	20	022

9-116b 羟硅铝锰石(Akatoreite)

$Mn_9(Si,Al)_{10}O_{23}(OH)_9$，1296.35

ICSD:41243(续)

Atom		Wcf	*x*	*y*	*z*	Occ
Si3	Si^{4+}	2*i*	−0.2559(1)	0.2987(1)	−0.3211(1)	1.0
Si4	Si^{4+}	2*i*	0.1910(1)	0.0480(1)	0.1988(1)	1.0
O1	O^{2-}	2*i*	0.1671(3)	0.4991(3)	−0.2526(4)	1.0
O2	O^{2-}	2*i*	0.0953(3)	0.3845(3)	0.0294(3)	1.0
O3	O^{2-}	2*i*	−0.2330(3)	0.4429(3)	−0.3805(4)	1.0
O4	O^{2-}	2*i*	−0.3370(3)	0.3047(3)	−0.1358(4)	1.0
O5	O^{2-}	2*i*	0.2433(4)	0.2643(3)	−0.2440(4)	1.0
O6	O^{2-}	2*i*	−0.3956(3)	0.2212(3)	−0.8120(4)	1.0
O7	O^{2-}	2*i*	−0.3449(4)	−0.0198(3)	−0.7737(4)	1.0
O8	O^{2-}	2*i*	−0.3682(4)	0.1741(3)	−0.4894(4)	1.0
O9	O^{2-}	2*i*	−0.0716(3)	0.2701(3)	−0.3002(4)	1.0
O10	O^{2-}	2*i*	0.0750(3)	0.0573(3)	0.3611(4)	1.0
O11	O^{2-}	2*i*	0.3678(3)	0.0348(3)	0.2767(4)	1.0
O12	O^{2-}	2*i*	0.2138(3)	0.1800(3)	0.1161(4)	1.0
O13	O^{2-}	2*i*	0.0168(3)	0.3125(3)	0.3242(4)	1.0
O14	O^{2-}	2*i*	0.3626(3)	0.3680(3)	0.4465(4)	1.0
O15	O^{2-}	2*i*	0.1094(4)	−0.0957(3)	0.0348(4)	1.0
O16	O^{2-}	2*i*	0.4247(3)	0.4265(3)	0.1448(4)	1.0
H1	H^+	2*i*	0.035(7)	0.235(4)	0.366(7)	1.0
H2	H^+	2*i*	0.330(7)	0.291(4)	0.501(7)	1.0
H3	H^+	2*i*	−0.012(7)	−0.120(6)	0.004(7)	1.0
H4	H^+	2*i*	0.424(7)	0.513(3)	0.118(7)	1.0

PDF:25-0533(续)

d	I/I_0	*hkl*
2.5730	20	$1\bar{4}1$
2.5430	5	202
2.4680	30	$02\bar{3}$
2.4680	30	$11\bar{3}$
2.3730	10	$1\bar{1}3$
2.3660	10	$\bar{2}40$
2.3660	10	131
2.2780	5	$3\bar{1}\bar{2}$
2.2530	5	103
2.2530	5	$\bar{1}13$
2.2370	20	230
2.2140	80	$\bar{1}41$
2.1840	10	$23\bar{2}$
2.1350	10	$2\bar{4}\bar{1}$
2.0890	10	$3\bar{3}2$
2.0890	10	$3\bar{4}1$
2.0300	30	$2\bar{3}3$
2.0080	20	400
1.9730	10	203
1.9730	10	023

9-117a 氯黄晶(Zunyite)

$Al_{13}Si_5O_{20}[(OH)_{14}F_4]Cl$，1160.72

Sys.:Cubic　S.G.:$F\bar{4}3m$(216)　*Z*:4

a:13.8767　Vol.:12672.14

ICSD:32549

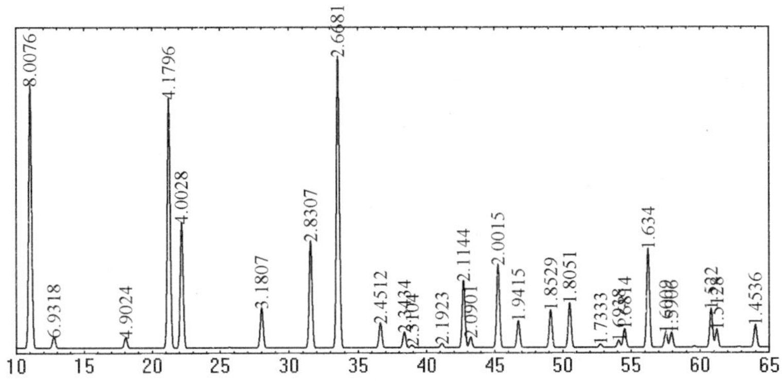

PDF:46-1393

d	I/I_0	*hkl*
7.9850	53	111
6.9160	4	200
4.8980	3	220
4.1850	65	311
4.0080	67	222
3.1820	18	331
2.8310	32	422
2.6730	100	511
2.4530	11	440
2.3440	6	531
2.1150	20	533
2.0920	3	622
2.0030	29	444
1.9430	7	711
1.8540	11	642
1.8060	22	731
1.6960	1	733
1.6830	6	820
1.6350	29	660
1.6020	4	751

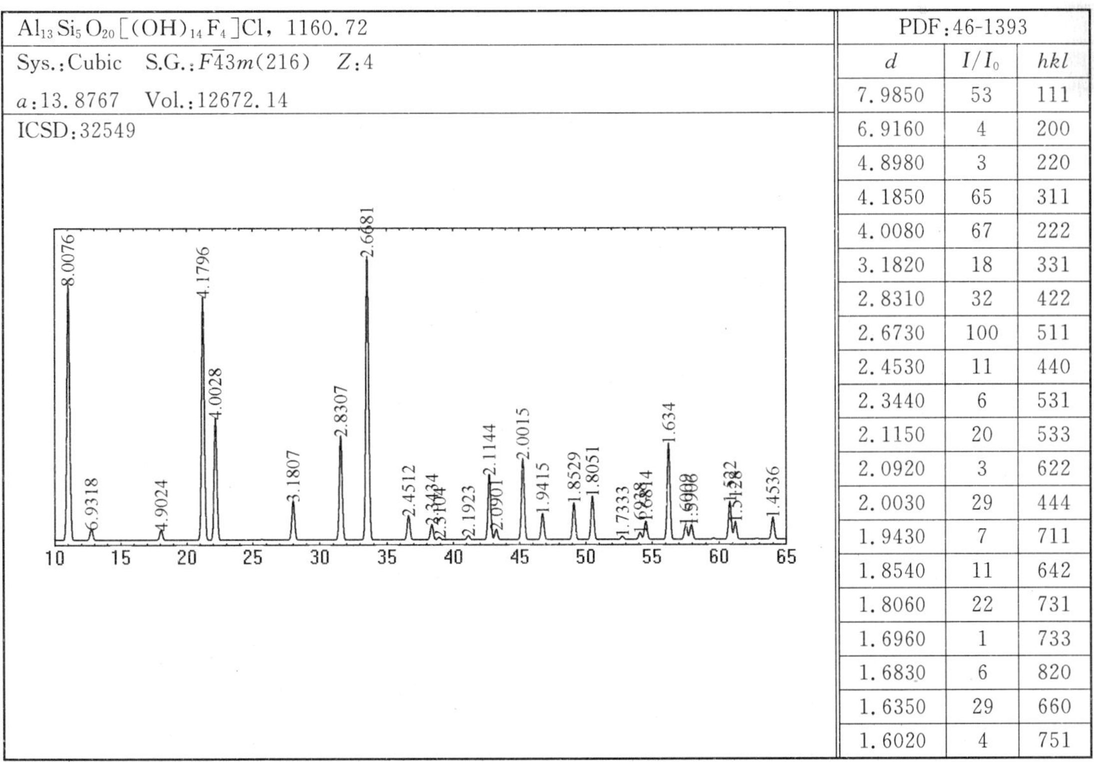

9-117b 氯黄晶(Zunyite)

$Al_{13}Si_5O_{20}[(OH)_{14}F_4]Cl$, 1160.72

ICSD:32549(续)

Atom		Wcf	*x*	*y*	*z*	Occ
Si1	Si^{4+}	4*c*	0.25	0.25	0.25	1.0
Si2	Si^{4+}	16*e*	0.11430(2)	0.11430(2)	0.11430(2)	1.0
Al1	Al^{3+}	4*d*	0.75	0.75	0.75	1.0
Al2	Al^{3+}	48*h*	0.08556(2)	0.08556(2)	0.76670(3)	1.0
O1	O^{2-}	16*e*	0.82478(6)	0.82478(6)	0.82478(6)	1.0
O2	O^{2-}	16*e*	0.18243(7)	0.18243(7)	0.18243(7)	1.0
O3	O^{2-}	24*f*	0.27949(8)	0	0	1.0
O4	O^{2-}	48*h*	0.17870(4)	0.17870(4)	0.54601(6)	0.6667
F1	F^-	48*h*	0.17870(4)	0.17870(4)	0.54601(6)	0.3333
O5	O^{2-}	48*h*	0.13834(4)	0.13834(4)	0.00152(6)	1.0
Cl1	Cl^-	4*b*	0.5	0.5	0.5	1.0
H1	H^+	48*h*	0.228	0.228	0.53	0.333
H2	H^+	48*h*	0.19	0.19	0.48	0.333
H3	H^+	24*f*	0.336	0	0	1.0

PDF:46-1393(续)

d	I/I_0	*hkl*
1.5930	4	662
1.5230	11	911
1.5140	8	842
1.4550	7	931
1.4170	8	844
1.3960	13	933

9-118a 柱晶石(Kornerupine)

$Mg_3Al_6(Si,Al,B)_5O_{21}(OH)$, 728.23

Sys.:Orthorhombic S.G.:*Ccmm*(63) *Z*:4

a:15.999 *b*:13.707 *c*:6.7037 Vol.:1470.11

ICSD:100447

Atom		Wcf	*x*	*y*	*z*	Occ
Mg1	Mg^{2+}	4*a*	0	0	0	0.316(6)
Mg2	Mg^{2+}	8*g*	0.12122(7)	0.14097(8)	0.25	1.0
Mg3	Mg^{2+}	4*c*	0.5	0.14629(11)	0.25	1.0
Al1	Al^{3+}	8*e*	0.21542(5)	0	0	1.0
Al2	Al^{3+}	8*g*	0.31331(6)	0.14198(7)	0.25	0.7

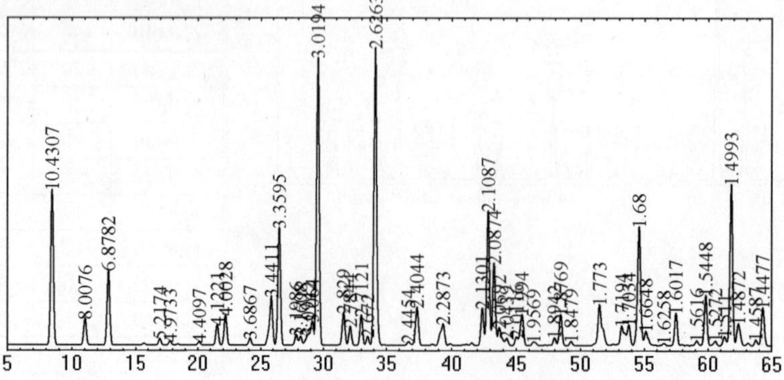

PDF:29-0852

d	I/I_0	*hkl*
10.4000	40	110
7.9930	30	200
6.8410	40	020
4.1090	10	221
3.9960	20	311
3.6730	5	131
3.4690	3	330
3.4250	25	040
3.3530	50	002
3.1850	5	112
3.0870	3	202
3.0730	3	421
3.0470	10	041
3.0080	100	022
2.8240	15	511
2.7780	15	312
2.7030	25	150
2.6650	5	132
2.6200	100	530
2.6040	3	440

9-118b 柱晶石(Kornerupine)

$Mg_3Al_6(Si,Al,B)_5O_{21}(OH)$, 728.23

ICSD:100447(续)

Atom		Wcf	x	y	z	Occ
Mg4	Mg^{2+}	8*g*	0.31331(6)	0.14198(7)	0.25	0.3
Al3	Al^{3+}	8*e*	0.40825(6)	0	0	1.0
Si1	Si^{4+}	8*g*	0.40176(5)	0.35283(6)	0.25	1.0
Si2	Si^{4+}	8*g*	0.17666(6)	0.33386(6)	0.25	0.75
Al4	Al^{3+}	8*g*	0.17666(6)	0.33386(6)	0.25	0.25
Si3	Si^{4+}	4*c*	0	0.34444(16)	0.25	0.442
B1	B^{3+}	4*c*	0	0.34444(16)	0.25	0.558
O1	O^{2-}	8*g*	0.22440(12)	0.04529(14)	0.25	1.0
O2	O^{2-}	8*g*	0.40315(13)	0.04703(14)	0.25	1.0
O3	O^{2-}	8*g*	0.40164(13)	0.23561(14)	0.25	1.0
O4	O^{2-}	16*h*	0.13767(9)	0.09943(10)	−0.05160(23)	1.0
O5	O^{2-}	8*g*	0.23125(14)	0.23700(16)	0.25	1.0
O6	O^{2-}	16*h*	0.31656(9)	0.09594(10)	−0.04875(23)	1.0
O7	O^{2-}	8*g*	0.08065(14)	0.28479(15)	0.25	1.0
O8	O^{2-}	8*f*	0.5	0.08877(14)	−0.05697(35)	1.0
O9	O^{2-}	4*c*	0	0.11340(23)	0.75	1.0
O10	O^{2-}	4*c*	0	0.08735(22)	0.25	1.0

PDF:29-0852(续)

d	I/I_0	*hkl*
2.3970	20	042
2.2930	3	351
2.2810	15	512
2.1260	20	023
2.1040	60	152
2.0810	50	550
2.0640	5	532
2.0380	3	313
2.0070	3	641
1.9889	15	551
1.9568	3	731
1.9434	3	170
1.8878	5	062
1.8718	15	043
1.7685	20	552
1.7628	5	910
1.7549	3	750
1.7131	5	080
1.7063	10	462
1.6984	5	751

9-119a 锰镁云母(Davreuxite)

$MnAl_6Si_4O_{17}(OH)_2$, 635.17

Sys.:Monoclinic　S.G.:$P2_1/m(11)$　*Z*:2

a:9.55　*b*:5.767　*c*:12.077　*β*:108.02　Vol.:632.51

ICSD:30870

Atom		Wcf	x	y	z	Occ
Mn1	Mn^{2+}	2*e*	0.3516(2)	0.25	0.6351(1)	1.0
Si1	Si^{4+}	2*e*	0.8115(3)	0.25	0.4796(1)	1.0
Si2	Si^{4+}	2*e*	0.4962(3)	0.25	0.3911(2)	1.0
Si3	Si^{4+}	2*e*	0.6823(3)	0.25	0.0966(2)	1.0
Si4	Si^{4+}	2*e*	0.8992(3)	0.25	0.8574(2)	1.0

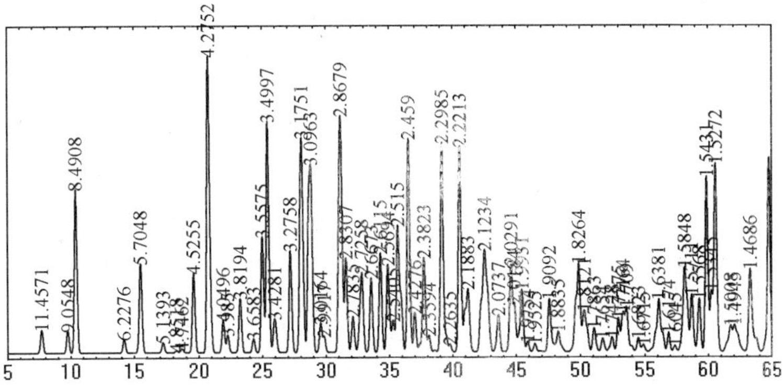

PDF:37-0431

d	I/I_0	*hkl*
11.4700	10	001
8.5100	30	$10\bar{1}$
5.7190	35	$10\bar{2}$
4.5380	10	200
4.2900	40	102
4.2600	10	$20\bar{2}$
4.0620	5	$11\bar{2}$
3.9960	10	$10\bar{3}$
3.8220	30	003
3.5690	10	210
3.5110	100	$20\bar{3}$
3.2850	15	$11\bar{3}$
3.1880	20	103
3.1790	30	$30\bar{1}$
3.1220	25	202
3.1030	45	$30\bar{2}$
3.0260	5	300
2.8700	60	004
2.8400	35	$30\bar{3}$
2.7310	5	$31\bar{2}$

9-119b 锰镁云母(Davreuxite)

$MnAl_6Si_4O_{17}(OH)_2$, 635.17

ICSD:30870(续)

Atom		Wcf	x	y	z	Occ
Al1	Al^{3+}	2e	0.3196(3)	0.25	0.9032(2)	1.0
Al2	Al^{3+}	2e	0.0906(3)	0.25	0.1340(2)	1.0
Al3	Al^{3+}	4f	0.9387(2)	0.9953(3)	0.3075(2)	1.0
Al4	Al^{3+}	4f	0.4026(2)	0.0008(3)	0.1547(2)	1.0
O1	O^{2-}	2e	0.9844(7)	0.25	0.9915(6)	1.0
O2	O^{2-}	2e	0.4742(6)	0.25	0.8548(5)	1.0
O3	O^{2-}	2e	0.5279(6)	0.25	0.1268(5)	1.0
O4	O^{2-}	2e	0.7230(6)	0.25	0.8375(5)	1.0
O5	O^{2-}	2e	0.3656(7)	0.25	0.4535(5)	1.0
O6	O^{2-}	2e	0.6499(7)	0.25	0.4992(5)	1.0
O7	O^{2-}	2e	0.2786(6)	0.25	0.1501(5)	1.0
O8	O^{2-}	2e	0.8290(7)	0.25	0.2097(5)	1.0
O9	O^{2-}	2e	0.9432(7)	0.25	0.6047(5)	1.0
O10	O^{2-}	2e	0.0555(6)	0.25	0.3790(5)	1.0
O11	O^{2-}	2e	0.1720(6)	0.25	0.7733(5)	1.0
O12	O^{2-}	4f	0.8248(4)	0.0158(7)	0.4084(3)	1.0
O13	O^{2-}	4f	0.6829(4)	0.0144(7)	0.0223(3)	1.0
O14	O^{2-}	4f	0.0593(4)	0.9850(7)	0.2017(3)	1.0
O15	O^{2-}	4f	0.4906(4)	0.0209(7)	0.3141(4)	1.0

PDF:37-0431(续)

d	I/I_0	hkl
2.6750	10	$11\bar{4}$
2.6180	5	121
2.5730	5	014
2.5470	5	$31\bar{3}$
2.5210	25	104
2.5050	25	$30\bar{4}$
2.4650	10	$22\bar{1}$
2.4100	5	$10\bar{5}$
2.3880	5	$22\bar{2}$
2.3650	5	$20\bar{5}$
2.3030	10	023
2.2870	5	$40\bar{3}$
2.2260	10	$22\bar{3}$
2.1920	5	$41\bar{1}$
2.1440	5	204
2.1300	30	$40\bar{4}$
2.0790	10	105
2.0340	5	024
2.0220	5	$32\bar{3}$
1.9990	25	$20\bar{6}$

9-120a 褐帘石(Allanite)

$Ca_2Ce_3(SiO_4)(Si_2O_7)(O,OH)_2$, 792.77

Sys.:Monoclinic S.G.:$P2_1/m(11)$ Z:2

a:8.932 b:5.77 c:10.158 β:114.69 Vol.:475.66

ICSD:15190

Atom		Wcf	x	y	z	Occ
Ca1	Ca^{2+}	2e	0.7585(4)	0.75	0.1517(4)	1.0
Ca2	Ca^{2+}	2e	0.5936(1)	0.75	0.4286(1)	0.26
Ce1	Ce^{3+}	2e	0.5936(1)	0.75	0.4286(1)	0.74
Si1	Si^{4+}	2e	0.3389(5)	0.75	0.0369(5)	1.0
Si2	Si^{4+}	2e	0.6866(5)	0.25	0.2799(5)	1.0

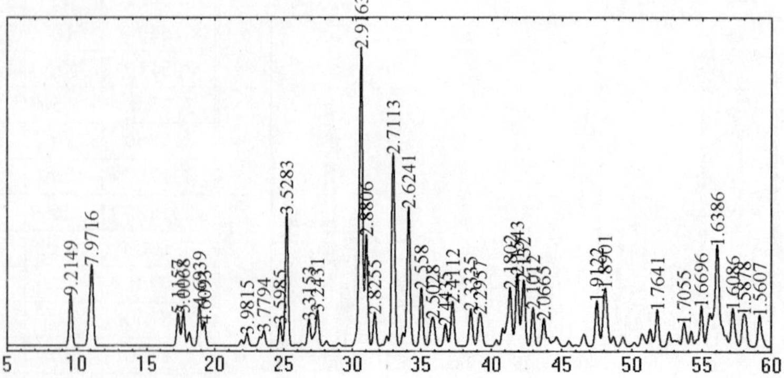

PDF:25-0169

d	I/I_0	hkl
9.2300	8	001
8.1100	11	100
7.9600	17	$\bar{1}01$
5.1200	13	101
5.0200	10	$\bar{1}02$
4.8900	5	011
4.7000	15	110
4.6100	10	002
4.0600	1	200
3.9800	3	$\bar{2}02$
3.8300	4	111
3.7900	8	$\bar{1}12$
3.6000	9	012
3.5300	45	$\bar{2}11$
3.3200	7	210
3.2800	6	$\bar{2}12$
3.2500	13	201
3.1700	2	$\bar{2}03$
2.9200	100	$\bar{1}13$
2.8860	30	020

9-120b 褐帘石(Allanite)

$Ca_2Ce_3(SiO_4)(Si_2O_7)(O,OH)_2$，792.77

ICSD:15190(续)

Atom		Wcf	x	y	z	Occ
Si3	Si^{4+}	2e	0.1880(5)	0.75	0.3240(5)	1.0
Al1	Al^{3+}	2a	0	0	0	0.66
Fe1	$Fe^{2.36+}$	2a	0	0	0	0.34
Al2	Al^{3+}	2c	0	0	0.5	1.0
Al3	Al^{3+}	2e	0.3030(3)	0.25	0.2148(3)	0.17
Fe2	$Fe^{2.36+}$	2e	0.3030(3)	0.25	0.2148(3)	0.83
O1	O^{2-}	4f	0.2339(10)	0.9892(18)	0.0263(9)	1.0
O2	O^{2-}	4f	0.3109(9)	0.9679(18)	0.3630(8)	1.0
O3	O^{2-}	4f	0.7962(9)	0.0144(17)	0.3376(8)	1.0
O4	O^{2-}	2e	0.0561(15)	0.25	0.1306(13)	1.0
O5	O^{2-}	2e	0.0494(15)	0.75	0.1529(13)	1.0
O6	O^{2-}	2e	0.0674(14)	0.75	0.4119(12)	1.0
O7	O^{2-}	2e	0.5070(14)	0.75	0.1779(13)	1.0
O8	O^{2-}	2e	0.5396(15)	0.25	0.3314(14)	1.0
O9	O^{2-}	2e	0.6134(16)	0.25	0.1037(14)	1.0
O10	O^{2-}	2e	0.0858(15)	0.25	0.4280(13)	1.0

PDF:25-0169(续)

d	I/I_0	hkl
2.8290	16	211
2.7530	5	021
2.7140	65	013
2.6580	5	$\bar{3}03$
2.6270	40	$\bar{3}11$
2.5610	20	202
2.5060	10	$\bar{2}04$
2.4470	8	022
2.4130	14	$\bar{3}13$
2.3370	13	$\bar{2}22$
2.3010	8	$\bar{1}14$
2.2910	5	$\bar{3}04$
2.2330	2	$\bar{4}02$
2.2100	7	122
2.1930	12	$\bar{1}23$
2.1820	35	$\bar{4}01$
2.1580	25	$\bar{4}03$
2.1410	13	014
2.1350	19	$\bar{2}23$
2.1050	11	023

9-121a 斜黝帘石(Clinozoisite)

$Ca_2Al_3Si_3O_{12}(OH)$，454.36

Sys.:Monoclinic　S.G.:$P2_1/m(11)$　Z:2

a:8.887　b:5.581　c:10.14　β:115.9　Vol.:452.41

ICSD:9246

Atom		Wcf	x	y	z	Occ
Ca1	Ca^{2+}	2e	0.7617(2)	0.75	0.1555(1)	1.0
Ca2	Ca^{2+}	2e	0.6063(2)	0.75	0.4234(1)	1.0
Al1	Al^{3+}	2a	0	0	0	1.0
Al2	Al^{3+}	2c	0	0	0.5	1.0
Al3	Al^{3+}	2e	0.2873(2)	0.25	0.2238(2)	0.980

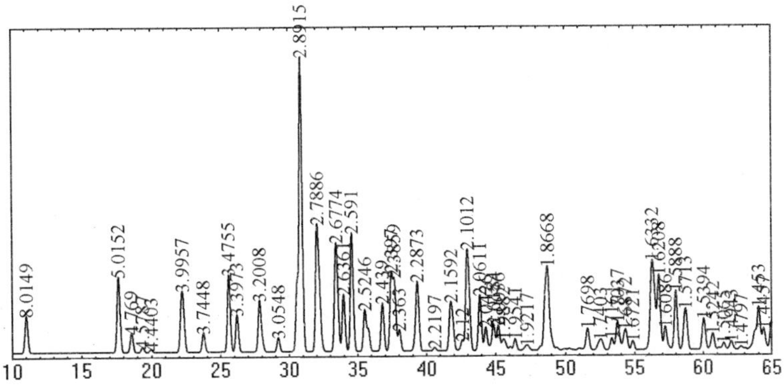

PDF:13-0563

d	I/I_0	hkl
7.9900	25	100
5.0100	35	$\bar{1}02$
4.7600	12	011
4.5700	4	$\bar{1}11$
4.4400	8	$\bar{2}01$
3.9960	30	200
3.7260	12	$\bar{1}12$
3.4770	25	$\bar{2}11$
3.3710	8	$\bar{1}03$
3.2510	6	210
3.1820	16	$\bar{2}03$
3.0330	35	003
2.8850	100	$\bar{1}13$
2.7890	35	020
2.7610	8	$\bar{2}13$
2.6690	30	021
2.6340	16	$\bar{1}21$
2.5870	30	$\bar{3}12$
2.5020	12	103
2.4390	18	121

9-121b 斜黝帘石(Clinozoisite)

$Ca_2Al_3Si_3O_{12}(OH)$，454.36

ICSD:9246(续)

Atom		Wcf	x	y	z	Occ
Fe1	Fe^{3+}	2e	0.2873(2)	0.25	0.2238(2)	0.020
Si1	Si^{4+}	2e	0.3382(2)	0.75	0.0478(2)	1.0
Si2	Si^{4+}	2e	0.6776(2)	0.25	0.2753(2)	1.0
Si3	Si^{4+}	2e	0.1822(2)	0.75	0.3158(2)	1.0
O1	O^{2-}	4f	0.2346(3)	0.9972(6)	0.0452(3)	1.0
O2	O^{2-}	4f	0.3004(3)	0.9867(6)	0.3509(3)	1.0
O3	O^{2-}	4f	0.7874(3)	0.0128(6)	0.3471(3)	1.0
O4	O^{2-}	2e	0.0551(5)	0.25	0.1322(4)	1.0
O5	O^{2-}	2e	0.0395(5)	0.75	0.1433(4)	1.0
O6	O^{2-}	2e	0.0596(5)	0.75	0.4010(4)	1.0
O7	O^{2-}	2e	0.5166(5)	0.75	0.1779(5)	1.0
O8	O^{2-}	2e	0.5090(5)	0.25	0.2950(5)	1.0
O9	O^{2-}	2e	0.6420(6)	0.25	0.1042(5)	1.0
O10	O^{2-}	2e	0.0751(5)	0.25	0.4241(4)	1.0
H1	H^{+}	2e	0.046(8)	0.25	0.341(8)	1.0

PDF:13-0563(续)

d	I/I_0	hkl
2.3970	20	$\bar{3}13$
2.3820	25	022
2.3640	8	$\bar{2}21$
2.3000	4	301
2.2890	16	220
2.2820	16	$\bar{1}14$
2.1520	10	122
2.1250	6	$\bar{3}14$
2.0970	25	$\bar{2}23$
2.0620	10	$\bar{4}12$
2.0140	8	$\bar{4}11$
1.9740	6	$\bar{1}05$
1.9540	6	$\bar{3}05$
1.8790	10	$\bar{4}14$
1.8630	20	123
1.8130	10	130
1.7680	10	$\bar{5}03$
1.6840	6	$\bar{5}13$
1.6300	16	$\bar{1}06$

9-122a 绿帘石(Epidote)

$Ca_2Al_2Fe(SiO_4)(Si_2O_7)(O,OH)_2$，482.22

Sys.:Monoclinic S.G.:$P2_1/m(11)$ Z:2

a:8.9 b:5.63 c:10.2 β:115.4 Vol.:461.69

ICSD:63661

Atom		Wcf	x	y	z	Occ
Al1	Al^{3+}	2a	0	0	0	1.0
Al2	Al^{3+}	2c	0	0	0.5	1.0
Fe1	Fe^{3+}	2e	0.29367(4)	0.25	0.22375(3)	1.0
Ca1	Ca^{2+}	2e	0.75738(7)	0.75	0.15180(6)	1.0
Ca2	Ca^{2+}	2e	0.60663(7)	0.75	0.42524(6)	1.0

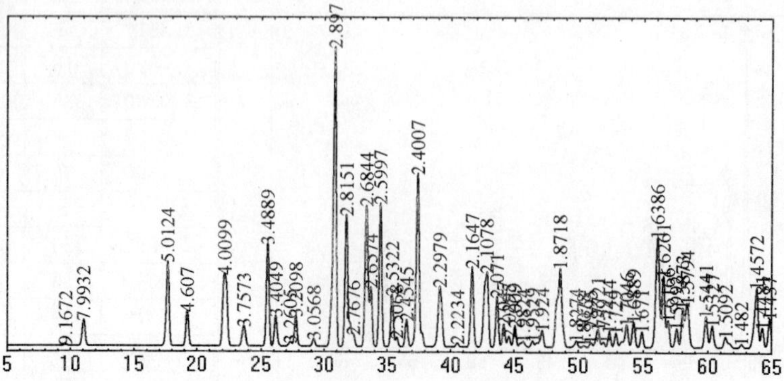

PDF:17-0514

d	I/I_0	hkl
8.0400	10	100
5.0500	25	$\bar{1}02$
4.7900	10	011
4.5900	15	$\bar{1}11$
4.0200	50	200
3.9900	10	$\bar{2}02$
3.7700	20	111
3.4900	30	$\bar{2}11$
3.4000	40	$\bar{1}03$
3.2100	20	201
3.0600	20	003
2.9300	10	$\bar{3}01$
2.9200	25	112
2.9000	100	$\bar{1}13$
2.8170	40	020
2.7860	15	211
2.6880	70	021
2.6790	100	300
2.6560	30	120
2.5990	50	$\bar{3}11$

9-122b 绿帘石(Epidote)

$Ca_2Al_2Fe(SiO_4)(Si_2O_7)(O,OH)_2$，482.22

ICSD:63661(续)

Atom		Wcf	x	y	z	Occ
Si1	Si^{4+}	2e	0.33978(8)	0.75	0.04818(7)	1.0
Si2	Si^{4+}	2e	0.68397(8)	0.25	0.27497(7)	1.0
Si3	Si^{4+}	2e	0.18377(8)	0.75	0.31840(7)	1.0
O1	O^{2-}	4f	0.23435(4)	−0.00501(6)	0.04190(3)	1.0
O2	O^{2-}	4f	0.30358(4)	−0.01724(7)	0.35511(3)	1.0
O3	O^{2-}	4f	0.79469(4)	0.01316(6)	0.34012(3)	1.0
O4	O^{2-}	2e	0.05187(6)	0.25	0.12964(5)	1.0
O5	O^{2-}	2e	0.04109(6)	0.75	0.14531(5)	1.0
O6	O^{2-}	2e	0.06675(6)	0.75	0.40696(5)	1.0
O7	O^{2-}	2e	0.51549(6)	0.75	0.18136(5)	1.0
O8	O^{2-}	2e	0.52512(6)	0.25	0.30915(6)	1.0
O9	O^{2-}	2e	0.62775(6)	0.25	0.09925(5)	1.0
O10	O^{2-}	2e	0.08203(6)	0.25	0.42787(5)	1.0
H1	H^+	2e	0.05362(13)	0.25	0.32379(10)	1.0

PDF:17-0514(续)

d	I/I_0	hkl
2.5310	30	103
2.4600	50	121
2.4090	40	$\bar{3}13$
2.4010	40	022
2.3010	10	$\bar{2}22$
2.2940	30	$\bar{2}14$
2.1660	30	$\bar{1}23$
2.1630	30	$\bar{4}01$
2.1310	10	$\bar{3}14$
2.1170	25	221
2.1090	25	$\bar{2}23$
2.0720	15	$\bar{4}12$
2.0480	20	203
2.0260	10	$\bar{3}22$
2.0100	15	400

9-123a 铅黝帘石(Hancockite)

$CaPbAlAl_{0.86}Fe_{0.14}Al_{0.16}Fe_{0.84}Si_3O_{13}H$，649.77

Sys.:Monoclinic S.G.:$P2_1/m$(11) Z:2

a:8.958 b:5.665 c:10.304 β:114.4 Vol.:476.19

ICSD:15191

Atom		Wcf	x	y	z	Occ
Ca1	Ca^{2+}	2e	0.7639(9)	0.75	0.1559(8)	1.0
Pb1	Pb^{2+}	2e	0.5898(2)	0.75	0.4124(2)	0.5
Sr1	Sr^{2+}	2e	0.5898(2)	0.75	0.4124(2)	0.25
Ca2	Ca^{2+}	2e	0.5898(2)	0.75	0.4124(2)	0.25
Si1	Si^{4+}	2e	0.3370(11)	0.75	0.0399(10)	1.0

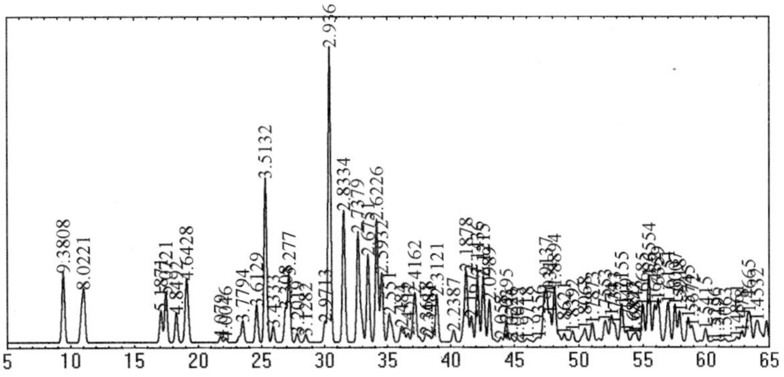

PDF:71-2389

d	I/I_0	hkl
9.3837	787	001
8.1579	479	100
8.0090	364	$\bar{1}01$
5.1865	297	101
5.0724	158	$\bar{1}02$
4.8498	206	011
4.6918	57	002
4.6531	254	110
4.6250	324	$\bar{1}11$
4.4777	4	$\bar{2}01$
4.0790	2	200
4.0045	1	$\bar{2}02$
3.8254	20	111
3.7789	219	$\bar{1}12$
3.6135	259	012
3.5129	738	$\bar{2}11$
3.4328	87	$\bar{1}03$
3.3102	217	210
3.2783	265	201
3.2700	258	$\bar{2}12$

9-123b 铅黝帘石(Hancockite)

$CaPbAlAl_{0.86}Fe_{0.14}Al_{0.16}Fe_{0.84}Si_3O_{13}H$，649.77

ICSD:15191(续)

Atom		Wcf	*x*	*y*	*z*	Occ
Si2	Si^{4+}	2*e*	0.6872(11)	0.25	0.2777(10)	1.0
Si3	Si^{4+}	2*e*	0.1758(11)	0.75	0.3119(10)	1.0
Al1	Al^{3+}	2*a*	0	0	0	0.86
Fe1	Fe^{3+}	2*a*	0	0	0	0.14
Al2	Al^{3+}	2*c*	0	0	0.5	1.0
Al3	Al^{3+}	2*e*	0.2903(6)	0.25	0.2190(5)	0.16
Fe2	Fe^{3+}	2*e*	0.2903(6)	0.25	0.2190(5)	0.84
O1	O^{2-}	4*f*	0.235(2)	0.988(4)	0.040(1)	1.0
O2	O^{2-}	4*f*	0.290(2)	0.979(4)	0.342(1)	1.0
O3	O^{2-}	4*f*	0.796(2)	0.011(4)	0.347(1)	1.0
O4	O^{2-}	2*e*	0.052(3)	0.25	0.129(2)	1.0
O5	O^{2-}	2*e*	0.038(3)	0.75	0.146(2)	1.0
O6	O^{2-}	2*e*	0.062(3)	0.75	0.407(3)	1.0
O7	O^{2-}	2*e*	0.517(3)	0.75	0.169(3)	1.0
O8	O^{2-}	2*e*	0.524(3)	0.25	0.309(3)	1.0
O9	O^{2-}	2*e*	0.642(3)	0.25	0.110(3)	1.0
O10	O^{2-}	2*e*	0.074(3)	0.25	0.422(3)	1.0

PDF:71-2389(续)

d	I/I_0	*hkl*
3.2016	80	$\bar{2}03$
3.1279	22	003
2.9722	100	112
2.9359	999	$\bar{3}02$
2.9359	999	$\bar{1}13$
2.8325	432	211
2.8325	432	020
2.7873	8	$\bar{2}13$
2.7382	421	013
2.7193	84	300
2.7117	105	021
2.6758	299	120
2.6697	262	$\bar{1}21$
2.6697	262	$\bar{3}03$
2.6228	408	$\bar{3}11$
2.6076	70	$\bar{3}12$
2.5932	252	202
2.5853	157	103
2.5519	117	$\bar{1}04$
2.5362	77	$\bar{2}04$

9-124a 红帘石(Piemontite)

$Ca_2Al_2Mn(SiO_4)(Si_2O_7)(O,OH)_2$，481.31

Sys.:Monoclinic S.G.:$P2_1/m$(11)

a:8.843 *b*:5.665 *c*:10.15 *β*:115.25 Vol.:459.89

ICSD:64972

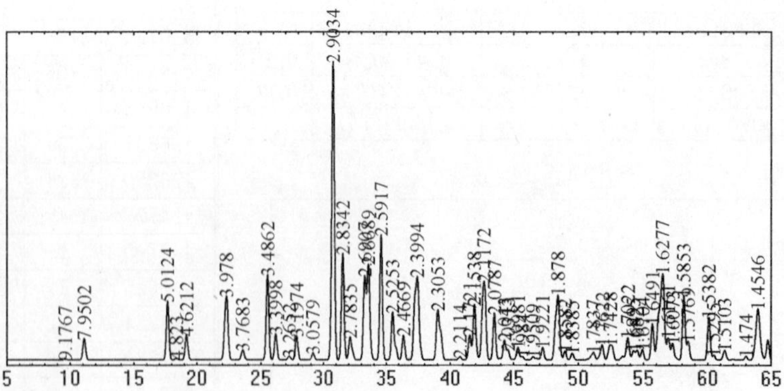

PDF:29-0288

d	I/I_0	*hkl*
9.2300	3	001
8.0000	20	100
5.0200	40	$\bar{1}02$
4.6200	10	110
4.0000	50	200
3.7700	10	111
3.5000	40	$\bar{2}11$
3.4100	20	102
3.2000	30	201
3.0600	7	003
2.9030	100	$\bar{1}13$
2.8310	40	020
2.7880	10	211
2.6900	40	013
2.6700	40	120
2.5980	50	$\bar{3}11$
2.5280	40	202
2.4680	10	$\bar{1}22$
2.4070	50	022
2.3020	30	113

9-124b 红帘石(Piemontite)

$Ca_2Al_2Mn(SiO_4)(Si_2O_7)(O,OH)_2$, 481.31

ICSD:64972(续 1)

Atom		Wcf	*x*	*y*	*z*	Occ
Ca1	Ca^{2+}	2*e*	0.7550(1)	0.75	0.1511(1)	0.8
Mn1	Mn^{2+}	2*e*	0.7550(1)	0.75	0.1511(1)	0.2
Ca2	Ca^{2+}	2*e*	0.5985(1)	0.75	0.4254(1)	0.89
Sr2	Sr^{2+}	2*e*	0.5985(1)	0.75	0.4254(1)	0.03
La2	La^{3+}	2*e*	0.5985(1)	0.75	0.4254(1)	0.08
Si1	Si^{4+}	2*e*	0.3424(1)	0.75	0.0462(1)	1.0
Si2	Si^{4+}	2*e*	0.6865(1)	0.25	0.2733(1)	1.0
Si3	Si^{4+}	2*e*	0.1866(1)	0.75	0.3200(1)	1.0
Al1	Al^{3+}	2*a*	0	0	0	0.76
Mg1	Mg^{2+}	2*a*	0	0	0	0.02
Mn2	Mn^{3+}	2*a*	0	0	0	0.14
Fe1	Fe^{3+}	2*a*	0	0	0	0.08
Al2	Al^{3+}	2*c*	0	0	0.5	1.0
Al3	Al^{3+}	2*e*	0.2977(1)	0.25	0.2226(1)	0.11
Mn3	Mn^{3+}	2*e*	0.2977(1)	0.25	0.2226(1)	0.47

PDF:29-0288(续 1)

d	I/I_0	*hkl*
2.1590	30	$\bar{4}01$
2.1210	30	221
2.0790	20	023
2.0450	20	203
2.0050	15	$\bar{4}13$
1.9830	5	$\bar{1}05$
1.9510	5	$\bar{3}05$
1.9220	10	213
1.8800	40	114
1.8590	6	312
1.8390	6	130
1.7670	10	$\bar{1}32$
1.7440	8	$\bar{4}22$
1.7070	10	230
1.6890	10	$\bar{2}06$
1.6690	10	$\bar{3}06$
1.6510	10	132
1.6390	40	$\bar{1}06$
1.6280	40	124
1.6170	5	322

9-124c 红帘石(Piemontite)

$Ca_2Al_2Mn(SiO_4)(Si_2O_7)(O,OH)_2$, 481.31

ICSD:64972(续 2)

Atom		Wcf	*x*	*y*	*z*	Occ
Fe2	Fe^{3+}	2*e*	0.2977(1)	0.25	0.2226(1)	0.34
Mn4	Mn^{2+}	2*e*	0.2977(1)	0.25	0.2226(1)	0.06
Fe3	Fe^{2+}	2*e*	0.2977(1)	0.25	0.2226(1)	0.02
O1	O^{2-}	4*f*	0.2347(2)	0.9925(3)	0.0368(1)	1.0
O2	O^{2-}	4*f*	0.3075(2)	0.9803(3)	0.3558(1)	1.0
O3	O^{2-}	4*f*	0.7997(2)	0.0160(3)	0.3341(1)	1.0
O4	O^{2-}	2*e*	0.0582(2)	0.25	0.1309(2)	1.0
O5	O^{2-}	2*e*	0.0427(2)	0.75	0.1475(2)	1.0
O6	O^{2-}	2*e*	0.0735(2)	0.75	0.4125(2)	1.0
O7	O^{2-}	2*e*	0.5156(2)	0.75	0.1831(2)	1.0
O8	O^{2-}	2*e*	0.5313(2)	0.25	0.3154(2)	1.0
O9	O^{2-}	2*e*	0.6166(3)	0.25	0.0961(2)	1.0
O10	O^{2-}	2*e*	0.0890(3)	0.25	0.4347(2)	1.0
H1	H^{+}	2*e*	0.069(4)	0.25	0.357(4)	1.0

PDF:29-0288(续 2)

d	I/I_0	*hkl*
1.6070	5	033
1.5870	20	$\bar{5}05$
1.5770	10	115
1.5400	20	412
1.5370	4	$\bar{3}33$
1.5140	5	232
1.4580	30	034
1.4410	10	$\bar{2}07$
1.4170	30	$\bar{4}33$
1.4040	15	215
1.3940	30	$\bar{1}41$
1.3720	10	430
1.3440	15	502
1.3350	4	240
1.3090	7	142
1.2970	15	324
1.2780	6	017
1.2690	8	423
1.2380	10	$\bar{3}18$
1.2210	8	432

9-125a 黝帘石(Zoisite)

$Ca_2Al_3(SiO_4)(Si_2O_7)(O,OH)_2$，453.35

Sys.:Orthorhombic S.G.:*Pbnm*(62) *Z*:4

a:16.15 *b*:5.581 *c*:10.06 Vol.:906.74

ICSD:94655

Atom		Wcf	*x*	*y*	*z*	Occ
Ca1	Ca^{2+}	4*c*	0.3666(4)	0.250	0.4376(6)	1.0
Ca2	Ca^{2+}	4*c*	0.4521(4)	0.250	0.1130(6)	1.0
Al1	Al^{3+}	8*d*	0.2498(5)	0.9972(11)	0.1905(5)	1.0
Al2	Al^{3+}	4*c*	0.1057(6)	0.750	0.3013(8)	1.0
Si1	Si^{4+}	4*c*	0.0817(5)	0.250	0.1054(8)	1.0

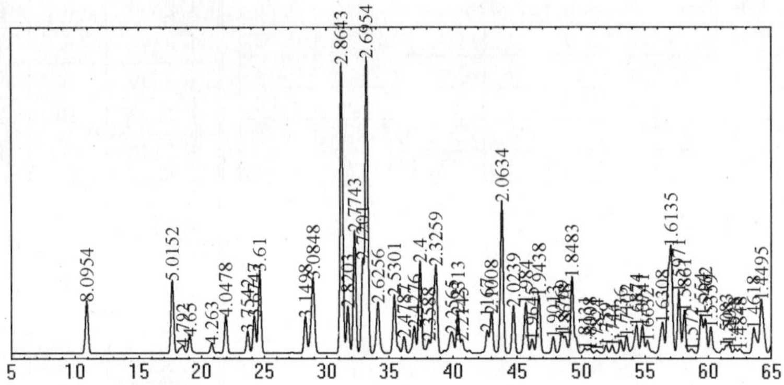

PDF:13-0562

d	I/I_0	*hkl*
8.0900	40	200
6.2900	10	201
5.0100	30	002
4.6700	15	111
4.0300	50	400
3.7580	10	401
3.6460	15	112
3.6090	15	311
3.2690	15	410
3.1490	15	402
3.1110	15	411
3.1040	30	203
3.0680	30	312
2.8740	65	013
2.8340	10	113
2.7900	30	020
2.7200	10	502
2.7080	10	213
2.6930	100	511
2.6530	10	121

9-125b 黝帘石(Zoisite)

$Ca_2Al_3(SiO_4)(Si_2O_7)(O,OH)_2$，453.35

ICSD:94655(续)

Atom		Wcf	*x*	*y*	*z*	Occ
Si2	Si^{4+}	4*c*	0.4101(5)	0.750	0.2816(8)	1.0
Si3	Si^{4+}	4*c*	0.1605(5)	0.250	0.4349(9)	1.0
O1	O^{2-}	8*d*	0.1303(7)	−0.004(2)	0.1434(10)	1.0
O2	O^{2-}	8*d*	0.1018(6)	0.0112(19)	0.4288(11)	1.0
O3	O^{2-}	8*d*	0.3601(7)	0.992(2)	0.2439(11)	1.0
O4	O^{2-}	4*c*	0.2212(10)	0.750	0.3016(15)	1.0
O5	O^{2-}	4*c*	0.2265(11)	0.250	0.3115(15)	1.0
O6	O^{2-}	4*c*	0.2724(10)	0.750	0.0600(16)	1.0
O7	O^{2-}	4*c*	0.9892(10)	0.250	0.1636(16)	1.0
O8	O^{2-}	4*c*	0.9985(12)	0.750	0.2965(16)	1.0
O9	O^{2-}	4*c*	0.4190(10)	0.750	0.4425(19)	1.0
O10	O^{2-}	4*c*	0.2676(11)	0.250	0.0741(14)	1.0
H1	H^+	4*c*	0.26	0.25	0.95	1.0

PDF:13-0562(续)

d	I/I_0	*hkl*
2.6390	30	220
2.5360	10	313
2.5160	5	004
2.4870	15	104
2.4100	15	122
2.3370	20	222
2.2800	10	304
2.1010	20	603
2.0660	20	521
2.0190	35	800
1.9840	20	504
1.6180	20	912
1.6010	35	306
1.5960	30	233
1.5410	20	316

9-126a 绿纤石(Pumpellyite-Al)

$Ca_2MgAl_2(SiO_4)(Si_2O_7)(OH)_2 \cdot H_2O$, 470.71

Sys.: Monoclinic S.G.: $C2/m$(12) Z: 2

a: 8.8204 b: 5.9038 c: 19.118 β: 97.4 Vol.: 987.26

ICSD: 40529

Atom		Wcf	x	y	z	Occ
Ca1	Ca^{2+}	4i	0.25033(8)	0.5	0.33962(4)	1.0
Ca2	Ca^{2+}	4i	0.19044(9)	0.5	0.15553(4)	1.0
Fe1	Fe^{2+}	4f	0.5	0.25	0.25	0.2

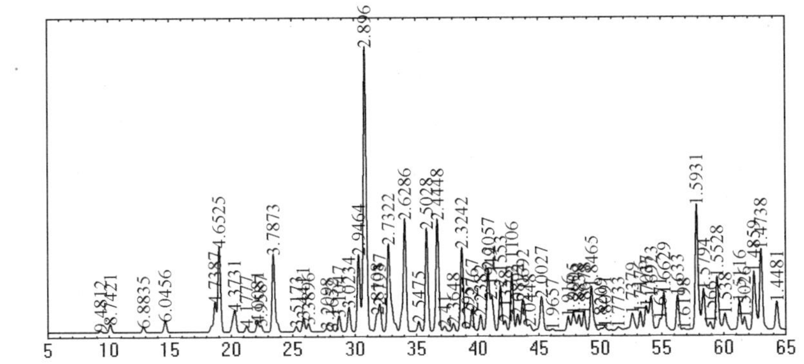

PDF: 25-0156

d	I/I_0	hkl
9.4900	2	002
8.7500	5	100
6.8900	2	$\bar{1}02$
6.0500	3	102
4.8200	4	$\bar{1}11$
4.7400	16	004
4.6600	25	111
4.3700	30	200
4.1800	6	$\bar{2}02$
4.0100	4	$\bar{1}13$
3.9600	2	104
3.7900	30	202
3.7400	4	113
3.5200	20	$\bar{2}11$
3.4400	11	$\bar{2}04$
3.3900	3	211
3.1100	4	$\bar{1}15$
3.1000	5	$\bar{1}06$
3.0300	10	204
2.9520	18	020

9-126b 绿纤石(Pumpellyite-Al)

$Ca_2MgAl_2(SiO_4)(Si_2O_7)(OH)_2 \cdot H_2O$, 470.71

ICSD: 40529(续)

Atom		Wcf	x	y	z	Occ
Mg1	Mg^{2+}	4f	0.5	0.25	0.25	0.3
Al1	Al^{3+}	4f	0.5	0.25	0.25	0.5
Al2	Al^{3+}	8j	0.25469(8)	0.24585(13)	0.49589(4)	1.0
Si1	Si^{4+}	4i	0.05055(10)	0	0.08966(5)	1.0
Si2	Si^{4+}	4i	0.16539(11)	0	0.24764(5)	1.0
Si3	Si^{4+}	4i	0.46524(10)	0	0.40323(5)	1.0
O1	O^{2-}	8j	0.13767(18)	0.22615(30)	0.07086(8)	1.0
O2	O^{2-}	8j	0.26532(20)	0.23090(31)	0.24597(9)	1.0
O3	O^{2-}	8j	0.36694(19)	0.22415(33)	0.41795(9)	1.0
O4	O^{2-}	4i	0.13068(27)	0.5	0.44515(13)	1.0
O5	O^{2-}	4i	0.13328(30)	0	0.45815(15)	1.0
O6	O^{2-}	4i	0.36919(27)	0.5	0.04487(13)	1.0
O7	O^{2-}	4i	0.36712(29)	0	0.03267(13)	1.0
O8	O^{2-}	4i	0.03611(28)	0	0.17546(12)	1.0
O9	O^{2-}	4i	0.47856(29)	0.5	0.17585(13)	1.0
O10	O^{2-}	4i	0.06645(33)	0	0.31367(14)	1.0
O11	O^{2-}	4i	0.50216(30)	0.5	0.31488(14)	1.0
H1	H^{+}	4i	0.069(17)	0	0.466(8)	0.75
H2	H^{+}	4i	0.444(7)	0	0.045(3)	1.0
H3	H^{+}	4i	0.092(13)	0	0.343(6)	0.75
H4	H^{+}	4i	0.443(9)	0	0.155(4)	1.0

PDF: 25-0156(续)

d	I/I_0	hkl
2.9450	16	213
2.9150	55	300
2.8960	100	115
2.8180	6	022
2.7960	6	$\bar{1}20$
2.7340	30	$\bar{2}06$
2.7130	7	$\bar{1}22$
2.6900	5	302
2.6310	20	$\bar{3}11$
2.5500	2	311
2.5060	30	024
2.4460	25	$\bar{1}17$
2.3660	4	$\bar{1}08$
2.3290	13	222
2.3230	13	313
2.2950	2	$\bar{3}06$
2.2790	6	$\bar{3}15$
2.2410	2	$\bar{2}24$
2.2060	25	$\bar{2}08$
2.1930	17	$\bar{4}02$

9-127a 锰帘石(Sursassite)

$Mn_2Al_3(SiO_4)(Si_2O_7)(OH)_3$, 502.09

Sys.: Monoclinic S.G.: $P2_1/m(11)$ Z: 2

a: 8.703 b: 5.7954 c: 9.7871 β: 108.967 Vol.: 466.83

ICSD: 40031

Atom		Wcf	x	y	z	Occ
Mn1	Mn^{2+}	2e	0.1686(2)	0.25	0.3143(2)	0.85
Ca1	Ca^{2+}	2e	0.1686(2)	0.25	0.3143(2)	0.15
Mn2	Mn^{2+}	2e	0.2684(3)	0.25	0.6754(2)	0.85
Ca2	Ca^{2+}	2e	0.2684(3)	0.25	0.6754(2)	0.15

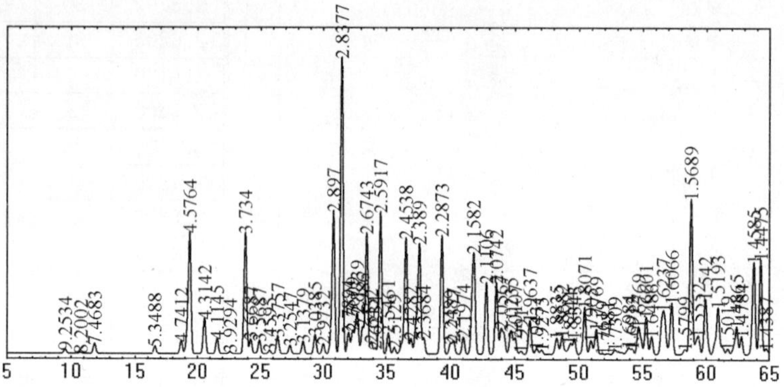

PDF: 37-0479

d	I/I_0	hkl
9.2565	40	001
5.3457	13	101
4.7401	20	$10\bar{2}$
4.7401	20	110
4.6254	60	002
4.5809	600	$11\bar{1}$
4.3191	60	$20\bar{1}$
4.1178	30	200
3.9278	6	111
3.7395	250	$20\bar{2}$
3.6731	40	$11\bar{2}$
3.5674	20	102
3.4609	10	$21\bar{1}$
3.3762	30	201
3.1391	30	$21\bar{2}$
3.0387	50	112
2.9768	30	$20\bar{3}$
2.8976	400	$30\bar{1}$
2.8976	400	020
2.8406	999	$11\bar{3}$

9-127b 锰帘石(Sursassite)

$Mn_2Al_3(SiO_4)(Si_2O_7)(OH)_3$, 502.09

ICSD: 40031(续 1)

Atom		Wcf	x	y	z	Occ
Si1	Si^{4+}	2e	0.3070(4)	0.75	0.1919(3)	1.0
Si2	Si^{4+}	2e	0.2066(4)	0.75	0.8078(3)	1.0
Si3	Si^{4+}	2e	0.1576(4)	0.75	0.4941(3)	1.0
Al1	Al^{3+}	2d	0.5	0	0.5	0.4
Mg1	Mg^{2+}	2d	0.5	0	0.5	0.3
Mn3	Mn^{3+}	2d	0.5	0	0.5	0.3
Al2	Al^{3+}	2b	0.5	0	0	1.0
Al3	Al^{3+}	2a	0	0	0	0.9
Fe1	Fe^{3+}	2a	0	0	0	0.1
O1	O^{2-}	4f	0.2664(6)	0.5146(8)	0.5024(5)	1.0
O2	O^{2-}	4f	0.1927(6)	0.5251(10)	0.1640(5)	1.0
O3	O^{2-}	4f	0.3138(5)	0.5164(10)	0.8340(5)	1.0
O4	O^{2-}	2e	0.4154(8)	0.75	0.0822(7)	1.0
O5	O^{2-}	2e	0.4498(9)	0.75	0.3555(8)	1.0
O6	O^{2-}	2e	0.0842(9)	0.25	0.9315(8)	1.0

PDF: 37-0479(续 1)

d	I/I_0	hkl
2.7900	20	$30\bar{2}$
2.7649	120	021
2.7330	140	120
2.7018	120	$12\bar{1}$
2.6743	160	202
2.6463	13	$21\bar{3}$
2.5944	200	$31\bar{1}$
2.5476	40	121
2.5137	8	$31\bar{2}$
2.4747	30	$12\bar{2}$
2.4560	450	022
2.4270	20	212
2.4063	80	$22\bar{1}$
2.3893	160	113
2.3697	40	220
2.2901	250	$22\bar{2}$
2.2901	250	$31\bar{3}$
2.2523	30	$11\bar{4}$
2.2366	25	311
2.1987	30	221

9-127c 锰帘石(Sursassite)

$Mn_2Al_3(SiO_4)(Si_2O_7)(OH)_3$, 502.09

ICSD:40031(续 2)

Atom		Wcf	x	y	z	Occ
O7	O^{2-}	2e	0.4392(9)	0.25	0.3683(8)	1.0
O8	O^{2-}	2e	0.0712(8)	0.75	0.8949(7)	1.0
O9	O^{2-}	2e	0.0902(8)	0.75	0.6359(7)	1.0
O10	O^{2-}	2e	−0.0055(10)	0.75	0.3571(8)	1.0
O11	O^{2-}	2e	0.4133(9)	0.25	0.0735(8)	1.0
H1	H^+	2e	0.0765	0.25	−0.137	0.5
H2	H^+	2e	0.0785	0.25	0.6434	0.5
H3	H^+	2e	0.3345	0.25	0.0863	0.5
H4	H^+	2e	0.1854	0.25	−0.047	0.5
H5	H^+	2e	0.4423	0.25	0.2992	0.5
H6	H^+	2e	0.3401	0.25	0.1842	0.5

PDF:37-0479(续 2)

d	I/I_0	hkl
2.1646	60	$12\bar{3}$
2.1646	60	$40\bar{1}$
2.1556	80	203
2.1123	250	023
2.0764	200	$22\bar{3}$
2.0582	25	400
2.0492	30	$32\bar{1}$
2.0261	20	$41\bar{1}$
2.0221	20	$41\bar{2}$
2.0109	17	$31\bar{4}$
2.0109	17	$32\bar{2}$
1.9653	40	222
1.8804	25	130
1.8700	80	$13\bar{1}$
1.8452	25	$11\bar{5}$
1.8360	40	$22\bar{4}$
1.8360	40	$30\bar{5}$
1.8173	20	131
1.8083	100	024
1.7903	25	411

9-128a 钙锰帘石(Macfallite)

$Ca_2(Mn,Al)_3(SiO_4)(Si_2O_7)(OH)_3$, 556.25

Sys.:Monoclinic S.G.:$P2_1/m$(11) Z:2

a:10.174 b:6.043 c:8.923 β:110.31 Vol.:514.49

ICSD:201628

Atom		Wcf	x	y	z	Occ
Mn1	Mn^{3+}	2a	0	0	0	0.61
Al1	Al^{3+}	2a	0	0	0	0.39
Mn2	Mn^{3+}	2b	0.5	0	0	1.0
Mn3	Mn^{3+}	2c	0	0	0.5	1.0

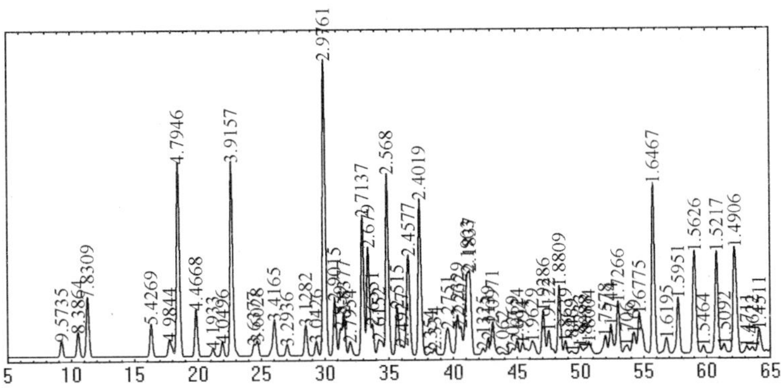

PDF:53-0819

d	I/I_0	hkl
9.5610	30	100
8.3850	8	001
7.8040	17	$\bar{1}01$
5.4230	13	101
4.9430	7	$\bar{2}01$
4.7700	100	$\bar{1}11$
4.4470	28	$\bar{1}02$
4.0420	6	111
3.8920	57	$\bar{2}02$
3.6400	4	201
3.5790	5	$\bar{1}12$
3.5170	5	—
3.4240	20	102
3.2680	3	$\bar{2}12$
3.1080	11	$\bar{3}02$
3.0220	11	020
2.9600	71	112
2.8840	17	$\bar{2}03$
2.7160	90	202
2.6680	32	301

9-128b 钙锰帘石(Macfallite)

$Ca_2(Mn,Al)_3(SiO_4)(Si_2O_7)(OH)_3$，556.25

ICSD：201628(续)

Atom		Wcf	x	y	z	Occ
Ca1	Ca^{2+}	2e	0.6817(4)	0.25	0.7954(5)	1.0
Ca2	Ca^{2+}	2e	0.3128(4)	0.25	0.6687(5)	1.0
Si1	Si^{4+}	2e	0.8107(5)	0.25	0.1905(6)	1.0
O1	O^{2-}	2e	0.6519(13)	0.25	0.0560(15)	1.0
O2	O^{2-}	2e	0.9045(15)	0.25	0.0778(16)	1.0
O3	O^{2-}	4f	0.8387(9)	0.0332(14)	0.306(1)	1.0
Si2	Si^{4+}	2e	0.1956(5)	0.25	0.2929(6)	1.0
O4	O^{2-}	2e	0.1234(14)	0.25	0.4279(14)	1.0
O5	O^{2-}	2e	0.3648(13)	0.25	0.3986(14)	1.0
O6	O^{2-}	4f	0.1635(9)	0.0285(14)	0.1858(10)	1.0
Si3	Si^{4+}	2e	0.5029(5)	0.25	0.3377(6)	1.0
O7	O^{2-}	2e	0.6394(13)	0.25	0.5073(15)	1.0
O8	O^{2-}	4f	0.5010(9)	0.0219(13)	0.2426(10)	1.0
O9	O^{2-}	2e	0.3795(15)	0.25	0.9394(15)	1.0
O10	O^{2-}	2e	0.9324(14)	0.25	0.5860(15)	1.0
O11	O^{2-}	2e	0.0649(16)	0.25	0.9036(16)	1.0

PDF：53-0819(续)

d	I/I_0	hkl
2.6680	32	$\bar{1}13$
2.5540	37	$\bar{2}20$
2.4990	11	$\bar{1}22$
2.4510	29	311
2.4510	29	022
2.3870	23	400
2.3800	27	$\bar{3}13$
2.2940	5	$\bar{4}12$
2.2790	6	113
2.2170	11	410
2.1910	20	$\bar{3}20$
2.1640	11	$\bar{3}22$
2.0930	8	004
1.9850	5	411
1.9110	13	104
1.9110	13	500
1.8720	9	420
1.8590	6	230
1.8190	11	402
1.8150	15	032

9-129a 符山石(Vesuvianite)

$Ca_{19}(Al,Mg,Fe)_{11}(Si,Al)_{18}O_{69}(OH)_9$，2820.88

Sys.：Tetragonal S.G.：$P4/nnc$(126) Z：2

a：15.567 c：11.839 Vol.：22868.96

ICSD：86421

Atom		Wcf	x	y	z	Occ
Ca1	Ca^{2+}	4f	0.75	0.25	0.2497(2)	1.0
Ca2	Ca^{2+}	8g	0.8108(1)	0.0446(1)	0.3799(1)	1.0
Ca3	Ca^{2+}	8g	0.0439(1)	0.8107(1)	0.1204(1)	1.0
Ca4	Ca^{2+}	8g	0.1020(1)	0.1828(1)	0.1097(1)	1.0
Ca5	Ca^{2+}	8g	0.1811(1)	0.1008(1)	0.3849(1)	1.0
Ca6	Ca^{2+}	2c	0.25	0.25	0.8501(4)	0.63

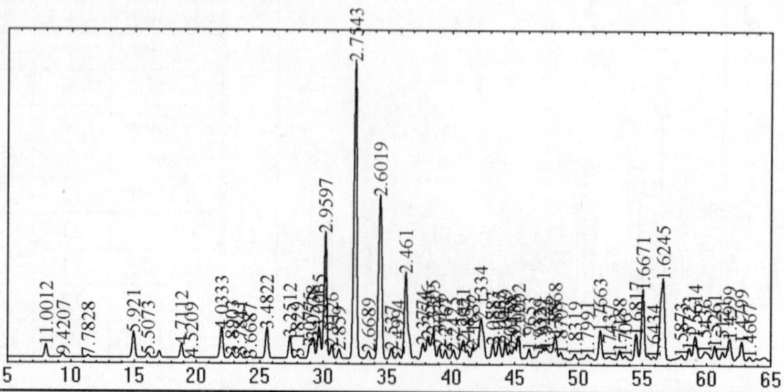

PDF：38-0474

d	I/I_0	hkl
11.0200	2	110
9.4200	1	101
6.0000	3	211
5.9260	8	002
5.5010	1	220
5.2180	2	112
4.9230	1	310
4.7520	2	301
4.7170	4	202
4.5450	1	311
4.5090	1	212
4.0560	4	321
4.0310	10	222
3.8920	3	400
3.7860	2	312
3.6720	1	330
3.4850	12	322
3.4850	12	420
3.4350	1	213
3.2530	9	402

9-129b 符山石(Vesuvianite)

$Ca_{19}(Al,Mg,Fe)_{11}(Si,Al)_{18}O_{69}(OH)_9$, 2820.88

ICSD:86421(续 1)

Atom		Wcf	x	y	z	Occ
Ca7	Ca^{2+}	2c	0.25	0.25	0.6501(6)	0.37
Fe1	Fe^{2+}	2c	0.25	0.25	0.5331(3)	0.47(2)
Al1	Al^{3+}	2c	0.25	0.25	0.5331(3)	0.16(2)
Fe2	Fe^{2+}	2c	0.25	0.25	0.9660(5)	0.34(1)
Al2	Al^{3+}	2c	0.25	0.25	0.9660(5)	0.03(1)
Al3	Al^{3+}	8g	0.8881(1)	0.1217(1)	0.1261(2)	0.98(1)
Fe3	Fe^{2+}	8g	0.8881(1)	0.1217(1)	0.1261(2)	0.02(1)
Al4	Al^{3+}	8g	0.1211(1)	0.8877(1)	0.3734(2)	0.95(1)
Fe4	Fe^{2+}	8g	0.1211(1)	0.8877(1)	0.3734(2)	0.05(1)
Al5	Al^{3+}	4d	0	0	0	1.0
Al6	Al^{3+}	4e	0	0	0.5	1.0
Si1	Si^{4+}	2a	0.75	0.25	0	1.0
Si2	Si^{4+}	2b	0.25	0.75	0.5	1.0
Si3	Si^{4+}	8g	0.8195(1)	0.0410(1)	0.8720(2)	1.0
Si4	Si^{4+}	8g	0.0405(1)	0.8193(1)	0.6292(2)	1.0
Si5	Si^{4+}	8g	0.0843(1)	0.1508(1)	0.6353(2)	1.0
Si6	Si^{4+}	8g	0.1505(1)	0.0827(1)	0.8641(2)	1.0
O1	O^{2-}	8g	0.7803(3)	0.1732(3)	0.0857(4)	1.0
O2	O^{2-}	8g	0.1723(3)	0.7797(3)	0.4143(4)	1.0

PDF:38-0474(续 1)

d	I/I_0	hkl
3.1830	1	412
3.1410	1	303
3.0800	6	313
3.0540	9	510
3.0060	12	501
3.0060	12	422
2.9580	40	004
2.9580	40	511
2.9120	6	323
2.8540	3	114
2.7540	100	432
2.7540	100	440
2.7260	4	413
2.7260	4	214
2.7130	1	512
2.6690	4	530
2.6070	40	224
2.6070	40	531
2.5960	60	522
2.5960	60	600

9-129c 符山石(Vesuvianite)

$Ca_{19}(Al,Mg,Fe)_{11}(Si,Al)_{18}O_{69}(OH)_9$, 2820.88

ICSD:86421(续 2)

Atom		Wcf	x	y	z	Occ
O3	O^{2-}	8g	0.8829(3)	0.1604(3)	0.2787(4)	1.0
O4	O^{2-}	8g	0.1596(3)	0.8824(3)	0.2200(4)	1.0
O5	O^{2-}	8g	0.9515(3)	0.2217(3)	0.0758(4)	1.0
O6	O^{2-}	8g	0.2232(3)	0.9523(3)	0.4237(4)	1.0
O7	O^{2-}	8g	0.9388(3)	0.1065(3)	0.4695(4)	1.0
O8	O^{2-}	8g	0.1065(3)	0.9374(3)	0.0299(4)	1.0
O9	O^{2-}	8g	0.8303(3)	0.0151(3)	0.1792(4)	1.0
O10	O^{2-}	8g	0.0133(3)	0.8285(3)	0.3215(4)	1.0
O11	O^{2-}	8g	0.1188(3)	0.2722(3)	0.9394(5)	1.0
O12	O^{2-}	8g	0.2711(3)	0.1204(3)	0.5589(4)	1.0
O13	O^{2-}	8g	0.0559(3)	0.1737(3)	0.3215(4)	1.0
O14	O^{2-}	8g	0.1719(3)	0.0551(3)	0.1774(4)	1.0
O15	O^{2-}	8g	0.0608(3)	0.0909(3)	0.9322(4)	1.0
O16	O^{2-}	8g	0.0909(3)	0.0609(3)	0.5653(4)	1.0
O17	O^{2-}	8g	0.1446(3)	0.1452(3)	0.7508(4)	1.0
O18	O^{2-}	2c	0.25	0.25	0.1373(10)	1.0
O19	O^{2-}	2c	0.25	0.25	0.3683(10)	1.0
O20	O^{2-}	8g	0.9966(3)	0.0613(3)	0.1357(4)	1.0
O21	O^{2-}	8g	0.0617(3)	0.9950(3)	0.3642(4)	1.0

PDF:38-0474(续 2)

d	I/I_0	hkl
2.5370	4	314
2.4980	2	611
2.4980	2	442
2.4610	35	620
2.4430	9	503
2.4430	9	324
2.4340	3	532
2.4130	1	513
2.4130	1	621
2.3790	6	541
2.3790	6	602
2.3560	7	404
2.3490	6	612
2.3410	3	105
2.3310	9	523
2.3310	9	414
2.3040	3	334
2.2750	3	631
2.2750	3	622
2.2520	1	424

9-130a 鲁硅钙石(Rustumite)

$Ca_{10}(Si_2O_7)_2SiO_4Cl_2(OH)_2$，934.14

Sys.:Monoclinic S.G.:$A2/a$(15) Z:4

a:7.62 b:18.55 c:15.51 β:104.3 Vol.:2124.43

ICSD:20160

Atom		Wcf	x	y	z	Occ
Ca1	Ca^{2+}	8f	0.2582(4)	0.3520(1)	0.2498(2)	1.0
Ca2	Ca^{2+}	8f	0.4399(4)	0.3024(1)	0.6192(2)	1.0
Ca3	Ca^{2+}	8f	0.5760(4)	0.2068(1)	0.4039(2)	1.0
Ca4	Ca^{2+}	8f	0.3298(4)	0.0232(2)	0.4017(2)	1.0
Ca5	Ca^{2+}	8f	0.3106(4)	0.5148(1)	0.3964(2)	1.0

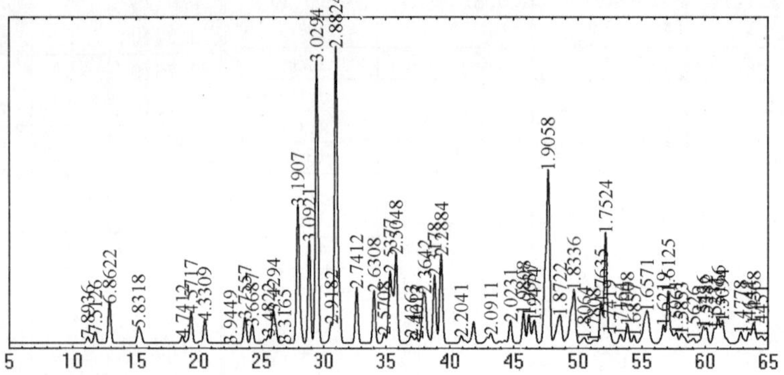

PDF:18-0305

d	I/I_0	hkl
6.9000	25	$\bar{1}11$
5.9100	15	022
5.4600	15	—
4.6000	25	$\bar{1}13$
4.3600	25	$\bar{1}32$
3.7600	25	004
3.1900	80	221
3.1000	25	060
3.0300	100	202
2.8900	90	$\bar{2}42$
2.7500	50	$\bar{1}35$
2.6300	50	063
2.5200	70	045
2.3700	25	260
2.2900	50	$\bar{2}26$
2.2000	15	$\bar{1}17$
2.1600	5	173
2.1000	5	244
2.0300	5	$\bar{2}65$
1.9680	5	$\bar{2}82$

9-130b 鲁硅钙石(Rustumite)

$Ca_{10}(Si_2O_7)_2SiO_4Cl_2(OH)_2$，934.14

ICSD:20160(续)

Atom		Wcf	x	y	z	Occ
Si1	Si^{4+}	8f	0.4420(5)	0.6319(2)	0.5614(2)	1.0
Si2	Si^{4+}	8f	0.3692(5)	0.1340(2)	0.5643(2)	1.0
Si3	Si^{4+}	4e	0.5	0.5276(3)	0.25	1.0
O1	O^{2-}	8f	0.3349(12)	0.3786(5)	0.4161(6)	1.0
O2	O^{2-}	8f	0.4782(12)	0.1759(5)	0.6518(6)	1.0
O3	O^{2-}	8f	0.4318(12)	0.0523(5)	0.5559(6)	1.0
O4	O^{2-}	8f	0.4629(12)	0.5760(5)	0.1594(6)	1.0
O5	O^{2-}	8f	0.3503(13)	0.1770(5)	0.4725(6)	1.0
O6	O^{2-}	8f	0.3767(13)	0.6870(5)	0.4777(6)	1.0
O7	O^{2-}	8f	0.4236(13)	0.3277(5)	0.1516(6)	1.0
O8	O^{2-}	8f	0.3168(13)	0.4778(5)	0.2481(6)	1.0
O9	O^{2-}	8f	0.3695(13)	0.4476(5)	0.0429(6)	1.0
O10	O^{2-}	8f	0.0560(14)	0.5881(5)	0.3535(6)	1.0
Cl1	Cl^{-}	8f	0.2384(6)	0.2961(2)	0.7458(3)	1.0

PDF:18-0305(续)

d	I/I_0	hkl
1.9070	70	245
1.8550	5	$0\underline{10}0$
1.7520	70	283
1.6980	5	176
1.6610	50	441
1.6130	50	$\bar{4}63$
1.5480	5	$\bar{3}94$
1.5150	5	404
1.4650	5	$\bar{4}83$
1.4330	5	$\bar{5}16$
1.4040	5	$0\underline{10}7$
1.3780	5	$\bar{2}\underline{12}4$
1.3500	5	357
1.3210	5	483
1.2600	5	$13\underline{11}$
1.1910	5	$\bar{5}3\underline{10}$
1.1680	5	$0\underline{10}\underline{10}$
1.1510	5	$\bar{5}97$
1.1310	5	$15\underline{12}$
1.1220	5	$04\underline{13}$

9-131a 硅钛钠钡石(Innelite)

$Na_2Ba_3(Ba,K,Mn)(Ca,Na)Ti(TiO_2)_2(Si_2O_7)_2S$, 1371.53

Sys.: Triclinic S.G.: $P1(1)$ Z: 1

a: 14.71 b: 7.115 c: 5.379 α: 90.02 β: 94.68 γ: 98.43 Vol.: 1554.99

ICSD: 23181

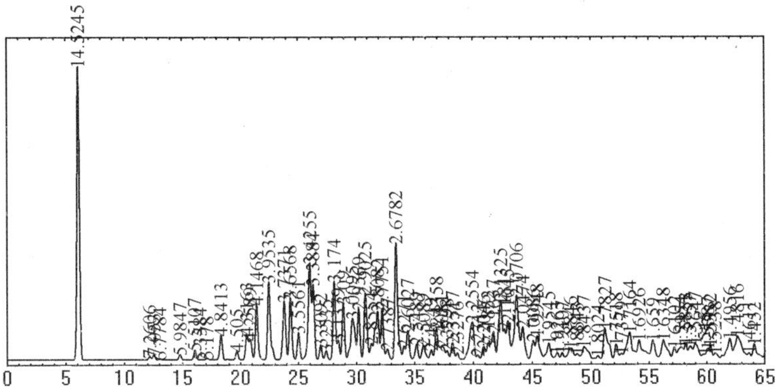

PDF: 53-1204

d	I/I_0	hkl
14.3271	95	100
7.2142	26	200
4.8310	51	300
4.2588	6	$\bar{1}11$
4.1496	15	$1\bar{1}1$
3.9235	21	$\bar{2}11$
3.7384	15	310
3.7384	15	$2\bar{1}1$
3.6454	6	$\bar{2}\bar{1}1$
3.5422	7	$1\bar{2}0$
3.5229	10	020
3.4554	21	301
3.4327	14	211
3.3499	19	$2\bar{2}0$
3.3297	21	120
3.2467	44	$3\bar{1}1$
3.1776	7	$\bar{3}\bar{1}1$
3.1275	29	$\bar{4}01$
3.0785	9	$3\bar{2}0$
2.9825	14	$\bar{4}11$

9-131b 硅钛钠钡石(Innelite)

$Na_2Ba_3(Ba,K,Mn)(Ca,Na)Ti(TiO_2)_2(Si_2O_7)_2S$, 1371.53

ICSD: 23181(续 1)

Atom		Wcf	x	y	z	Occ
Ca1	Ca^{2+}	1a	0.678	0.149	0.784	1.0
Ti1	Ti^{4+}	1a	0.488	0.368	0.602	1.0
Ti2	Ti^{4+}	1a	0.677	0.916	0.319	1.0
Ti3	Ti^{4+}	1a	0.889	0.48	0.976	1.0
Si1	Si^{4+}	1a	0.495	0.652	0.108	1.0
Si2	Si^{4+}	1a	0.5	0.0791	0.0982	1.0
Si3	Si^{4+}	1a	0.877	0.195	0.473	1.0
Si4	Si^{4+}	1a	0.875	0.76	0.474	1.0
S1	S^{6+}	1a	0.204	0.705	0.045	1.0
S2	S^{6+}	1a	0.164	0.122	0.528	1.0
O1	O^{2-}	1a	0.452	0.858	0.106	1.0
O2	O^{2-}	1a	0.61	0.895	0.606	1.0
O3	O^{2-}	1a	0.919	0.295	0.233	1.0
O4	O^{2-}	1a	0.447	0.542	0.845	1.0
O5	O^{2-}	1a	0.0957	0.689	0.0458	1.0
O6	O^{2-}	1a	0.918	0.288	0.733	1.0
O7	O^{2-}	1a	0.771	0.445	0.952	1.0
O8	O^{2-}	1a	0.763	0.742	0.452	1.0

PDF: 53-1204(续 1)

d	I/I_0	hkl
2.9049	100	500
2.8626	16	$\bar{1}\bar{2}1$
2.8133	18	$2\bar{2}1$
2.8003	28	$4\bar{1}1$
2.7779	20	121
2.6858	79	002
2.6676	14	$\bar{1}02$
2.5877	7	$\bar{5}11$
2.4869	7	$\bar{4}21$
2.2502	16	$\bar{4}02$
2.1883	9	610
2.1380	24	031
2.1277	42	$\bar{2}22$
2.0684	16	$2\bar{2}2$
2.0592	22	$\bar{3}22$
1.9996	11	330
1.9927	11	$\bar{4}31$
1.9850	7	$\bar{7}11$
1.7764	14	$1\bar{4}0$

9-131c 硅钛钠钡石(Innelite)

$Na_2Ba_3(Ba,K,Mn)(Ca,Na)Ti(TiO_2)_2(Si_2O_7)_2S$, 1371.53

ICSD:23181(续 2)

Atom		Wcf	*x*	*y*	*z*	Occ
O9	O^{2-}	1*a*	0.125	0.212	0.767	1.0
O10	O^{2-}	1*a*	0.129	0.217	0.295	1.0
O11	O^{2-}	1*a*	0.13	0.919	0.558	1.0
O12	O^{2-}	1*a*	0.264	0.15	0.561	1.0
O13	O^{2-}	1*a*	0.234	0.615	0.284	1.0
O14	O^{2-}	1*a*	0.238	0.619	0.833	1.0
O15	O^{2-}	1*a*	0.244	0.919	0.0721	1.0
O16	O^{2-}	1*a*	0.917	0.675	0.233	1.0
O17	O^{2-}	1*a*	0.919	0.686	0.741	1.0
O18	O^{2-}	1*a*	0.599	0.407	0.605	1.0
O19	O^{2-}	1*a*	0.451	0.172	0.867	1.0
O20	O^{2-}	1*a*	0.453	0.148	0.348	1.0
O21	O^{2-}	1*a*	0.45	0.538	0.333	1.0
O22	O^{2-}	1*a*	0.915	0.994	0.495	1.0
O23	O^{2-}	1*a*	0.767	0.127	0.444	1.0
O24	O^{2-}	1*a*	0.6	0.114	0.127	1.0
O25	O^{2-}	1*a*	0.607	0.683	0.108	1.0
O26	O^{2-}	1*a*	0.752	0.919	0.0167	1.0

PDF:53-1204(续 2)

d	I/I_0	*hkl*

9-132a 锰硅铝矿(Ardennite)

$Mn_4(Al,Mg)_6(AsO_4)(Si_3O_{10})(SiO_4)_2(OH)_6$,1048.34

Sys.:Orthorhombic S.G.:*Pnmm*(59) *Z*:2

a:8.73 *b*:5.82 *c*:18.56 Vol.:1943.01

ICSD:75614

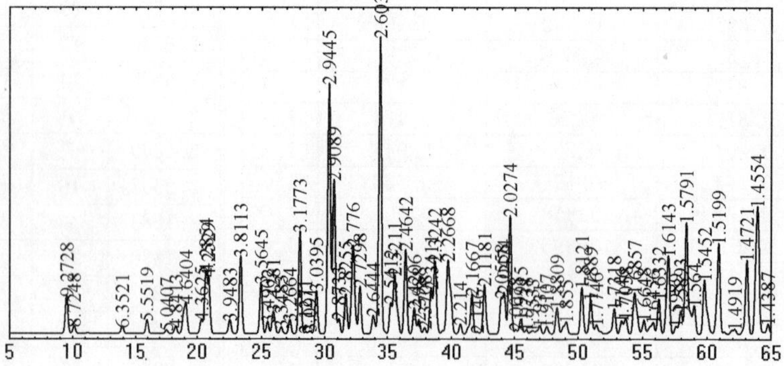

PDF:41-1391

d	I/I_0	*hkl*
9.3170	2	002
8.7550	2	100
5.5680	3	011
4.8470	4	110
4.6900	4	111
4.6430	6	004
4.3630	7	200
4.2910	17	112
4.2510	17	201
4.2510	17	013
3.9530	3	202
3.8150	16	113
3.5670	14	203
3.4930	3	210
3.4310	5	211
3.4310	5	105
3.3450	5	114
3.2700	3	212
3.1790	34	204
3.0420	9	213

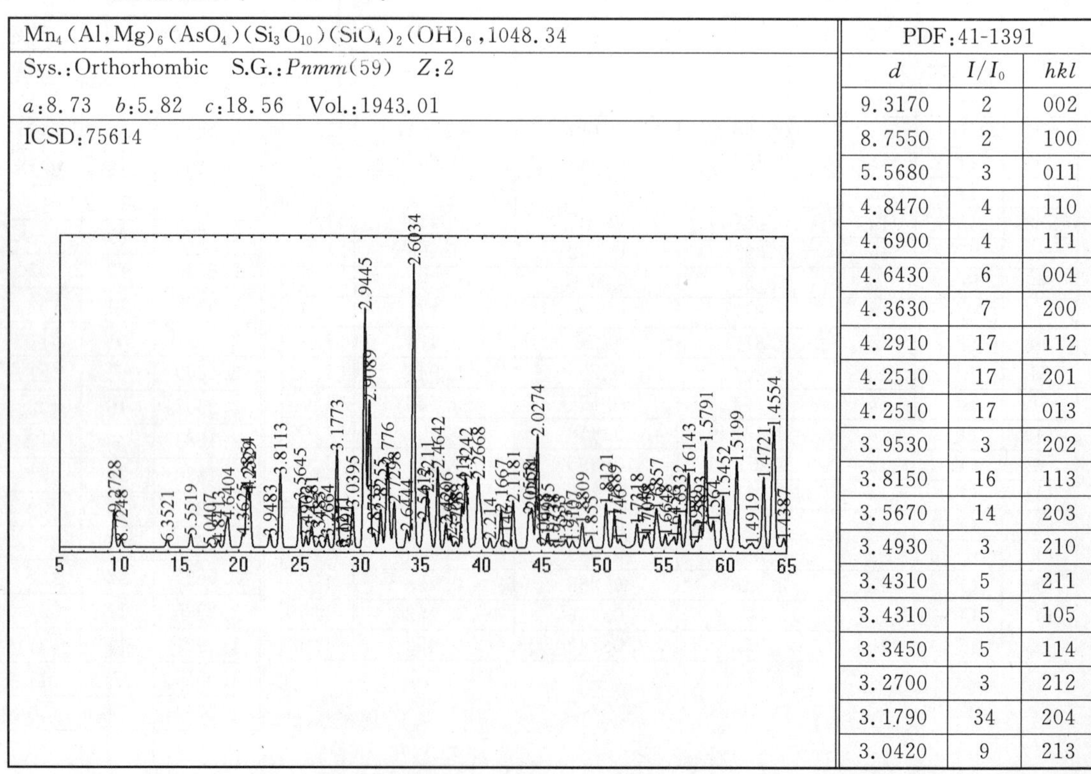

9-132b 锰硅铝矿(Ardennite)

$Mn_4(Al,Mg)_6(AsO_4)(Si_3O_{10})(SiO_4)_2(OH)_6$, 1048.34

ICSD:75614(续 1)

Atom		Wcf	x	y	z	Occ
Mn1	Mn^{2+}	4e	0.9458(1)	0.25	0.1552(1)	0.75
Mg1	Mg^{2+}	4e	0.9458(1)	0.25	0.1552(1)	0.25
Mn2	Mn^{2+}	4e	0.3958(1)	0.75	0.1598(1)	0.6
Ca1	Ca^{2+}	4e	0.3958(1)	0.75	0.1598(1)	0.4
Al1	Al^{3+}	4c	0	0	0	1.0
Al2	Al^{3+}	4d	0.5	0	0	1.0
Mg2	Mg^{2+}	4f	0.6791(2)	−0.0023(3)	0.25	0.5
Al3	Al^{3+}	4f	0.6791(2)	−0.0023(3)	0.25	0.35
Fe1	Fe^{3+}	4f	0.6791(2)	−0.0023(3)	0.25	0.15
Si1	Si^{4+}	4e	0.7635(2)	0.75	0.0964(1)	1.0
Si2	Si^{4+}	4e	0.2781(2)	0.25	0.0951(1)	1.0
Si3	Si^{4+}	2a	0.3445(3)	0.25	0.25	1.0
Si4	Si^{4+}	2b	0.0421(1)	0.75	0.25	0.2
As1	As^{5+}	2b	0.0421(1)	0.75	0.25	0.8

PDF:41-1391(续 1)

d	I/I_0	hkl
2.9460	70	115
2.9080	73	020
2.9080	73	300
2.8750	5	301
2.8280	10	205
2.7780	36	214
2.7780	36	022
2.7310	13	121
2.6450	5	122
2.6450	5	303
2.6040	100	116
2.6040	100	310
2.5430	5	215
2.5220	18	206
2.5220	18	123
2.5070	6	312
2.4650	24	024
2.4650	24	304
2.4210	7	220
2.4000	4	313

9-132c 锰硅铝矿(Ardennite)

$Mn_4(Al,Mg)_6(AsO_4)(Si_3O_{10})(SiO_4)_2(OH)_6$, 1048.34

ICSD:75614(续 2)

Atom		Wcf	x	y	z	Occ
O1	O^{2-}	8g	0.1299(3)	0.0255(5)	−0.0815(1)	1.0
O2	O^{2-}	8g	0.6238(3)	−0.0179(5)	−0.0829(1)	1.0
O3	O^{2-}	4e	0.1112(4)	0.25	0.0535(2)	1.0
O4	O^{2-}	4e	0.6167(4)	0.75	0.0416(2)	1.0
O5	O^{2-}	4f	0.9271(4)	−0.0115(7)	0.25	1.0
O6	O^{2-}	4f	0.4433(4)	0.0102(7)	0.25	1.0
O7	O^{2-}	4e	0.6786(5)	0.75	0.1761(2)	1.0
O8	O^{2-}	4e	0.2264(5)	0.25	0.1808(2)	1.0
O9	O^{2-}	4e	0.1497(5)	0.75	0.1774(2)	1.0
O10	O^{2-}	4e	0.1124(5)	0.75	0.0330(2)	1.0
O11	O^{2-}	4e	0.6135(4)	0.25	0.0362(2)	1.0
O12	O^{2-}	4e	0.6983(1)	0.25	0.1827(2)	1.0
H1	H^+	4e	0.121	0.75	0.642	1.0
H2	H^+	4f	0.728	0.299	0.25	1.0
H3	H^+	8g	0.642	0.025	0.136	0.55

PDF:41-1391(续 2)

d	I/I_0	hkl
2.3720	1	124
2.3420	15	222
2.3250	20	117
2.2680	21	314
2.2680	21	207
2.2540	11	223
2.2150	3	125
2.1820	2	400
2.1670	13	401
2.1190	12	026
2.1190	12	217
2.0600	13	126
2.0600	13	403
2.0500	15	208
2.0500	15	321
2.0290	37	411
2.0290	37	225
1.9922	4	412
1.9922	4	316
1.8815	8	405

9-133a 锰柱石(Orientite)

$Ca_2Mn_3Si_3O_{10}(OH)_4$，557.25

Sys.:Orthorhombic S.G.:*Bbmm*(63) *Z*:1

a:9.048 *b*:19.162 *c*:6.127 Vol.:1062.29

ICSD:201730

Atom		Wcf	*x*	*y*	*z*	Occ
Ca1	Ca^{2+}	2*h*	0.2876	0.5	0.4108(4)	1.0
Ca2	Ca^{2+}	2*g*	0.8136(7)	0	0.4069(4)	1.0
Ca3	Ca^{2+}	2*h*	0.7093(8)	0.5	0.9071(4)	1.0
Ca4	Ca^{2+}	2*g*	0.1836(7)	0	0.9078(4)	1.0
Mn1	$Mn^{2.69+}$	4*i*	0.2560(3)	0.2511(6)	0.2518(2)	1.0

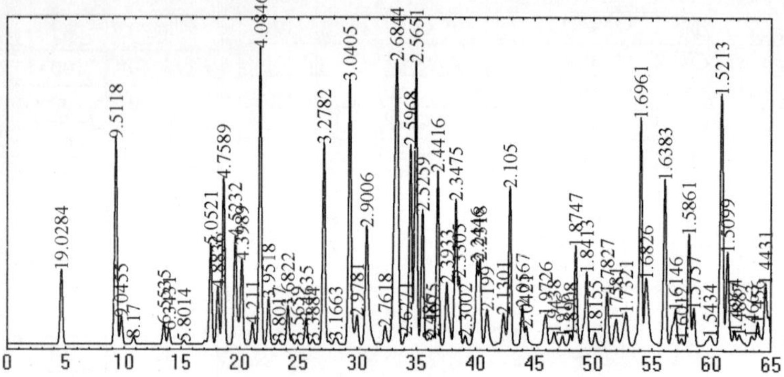

PDF:18-0941		
d	I/I_0	*hkl*
9.5800	70	020
5.0600	90	101
4.9080	30	111
4.7830	10	040
4.5200	50	200
4.3940	90	210
4.0800	50	220
3.2900	60	240
3.0590	70	151
2.9140	50	250
2.7040	100	301
2.6790	50	311
2.6060	30	260
2.5780	40	042
2.5370	20	202
2.4520	40	222
2.4100	20	171
2.3570	60	341
2.2440	30	410
2.1150	30	280

9-133b 锰柱石(Orientite)

$Ca_2Mn_3Si_3O_{10}(OH)_4$，557.25

ICSD:201730(续 1)

Atom		Wcf	*x*	*y*	*z*	Occ
Mn2	$Mn^{2.69+}$	2*f*	0.5507(5)	0.2488(11)	0.5	0.84
Mn3	$Mn^{2.69+}$	4*i*	0.7511(3)	0.2591(7)	0.2472(2)	1.0
Si1	Si^{4+}	2*h*	−0.0256(11)	0.5	0.3434(6)	1.0
Si2	Si^{4+}	2*g*	0.4763(9)	0	0.3506(5)	1.0
Si3	Si^{4+}	1*d*	−0.1026(16)	0.5	0.5	0.84
Si4	Si^{4+}	1*b*	0.1949(14)	0	0.5	0.84
Si5	Si^{4+}	2*h*	0.0454(9)	0.5	0.8463(4)	1.0
Si6	Si^{4+}	2*g*	0.5258(9)	0	0.8471(5)	1.0
Si7	Si^{4+}	1*c*	0.1197(11)	0.5	0	1.0
Si8	Si^{4+}	1*a*	0.6029(40)	0	0	1.0
Mn4	$Mn^{2.69+}$	2*f*	0.0691(40)	0.2295(79)	0.5	0.16
Si9	Si^{4+}	1*b*	0.3929(82)	0	0.5	0.16
Si10	Si^{4+}	1*d*	0.6936(72)	0.5	0.5	0.16
Mn5	$Mn^{2.69+}$	2*e*	0.4615(15)	0.2534(31)	0	0.32
Si11	Si^{4+}	1*a*	0.7956(42)	0	0	0.32
O1	O^{2-}	4*i*	0.3788(15)	0.2143(27)	0.3291(8)	1.0
O2	O^{2-}	4*i*	0.8691(14)	0.2886(24)	0.3281(7)	1.0
O3	O^{2-}	2*h*	0.1394(26)	0.5	0.3116(13)	1.0
O4	O^{2-}	2*g*	0.6301(21)	0	0.3079(11)	1.0

PDF:18-0941(续 1)		
d	I/I_0	*hkl*
2.0680	20	361
1.9820	20	113
1.9510	10	450
1.8860	20	082
1.8460	30	460
1.7910	40	381
1.7430	10	470

9-133c 锰柱石(Orientite)

$Ca_2Mn_3Si_3O_{10}(OH)_4$，557.25

ICSD:201730(续 2)

Atom		Wcf	x	y	z	Occ
O5	O^{2-}	2*f*	0.2932(25)	0.2383(53)	0.5	1.0
O6	O^{2-}	2*f*	0.7910(22)	0.284(4)	0.5	1.0
O7	O^{2-}	2*g*	0.5599(23)	0	0.4279(11)	1.0
O8	O^{2-}	2*h*	0.0110(26)	0.5	0.4310(13)	1.0
O9	O^{2-}	2*g*	0.0694(28)	0	0.4299(14)	1.0
O10	O^{2-}	2*g*	0.1301(23)	0	0.275(11)	1.0
O11	O^{2-}	2*h*	0.6409(21)	0.5	0.2792(11)	1.0
O12	O^{2-}	2*h*	0.5284(31)	0.5	0.4306(16)	1.0
O13	O^{2-}	4*i*	0.6270(13)	0.2137(25)	0.8377(7)	1.0
O14	O^{2-}	4*i*	0.1289(16)	0.2615(33)	0.8357(8)	1.0
O15	O^{2-}	2*h*	−0.1165(25)	0.5	0.8104(13)	1.0
O16	O^{2-}	2*g*	0.3778(22)	0	0.8015(12)	1.0
O17	O^{2-}	2*e*	0.1954(23)	0.2537(48)	0	1.0
O18	O^{2-}	2*g*	0.4813(22)	0	0.9334(11)	1.0
O19	O^{2-}	2*h*	0.0060(22)	0.5	0.9268(11)	1.0
O20	O^{2-}	2*g*	0.8617(21)	0	0.7910(11)	1.0
O21	O^{2-}	2*h*	0.3773(26)	0.5	0.7768(13)	1.0
O22	O^{2-}	2*e*	0.7054(20)	0.2104(35)	0	1.0
O23	O^{2-}	2*g*	−0.0782(29)	0	0.9299(15)	1.0
O24	O^{2-}	2*h*	0.4300(25)	0.5	0.9271(13)	1.0

PDF:18-0941(续 2)

d	I/I_0	hkl

9-134a 斜方硅钙石(Kilchoanite)

$Ca_6(SiO_4)(Si_3O_{10})$，576.81

Sys.:Orthorhombic　S.G.:*Im2a*(46)　*Z*:4

a:11.433　*b*:5.08　*c*:22.017　Vol.:1278.74

ICSD:34354

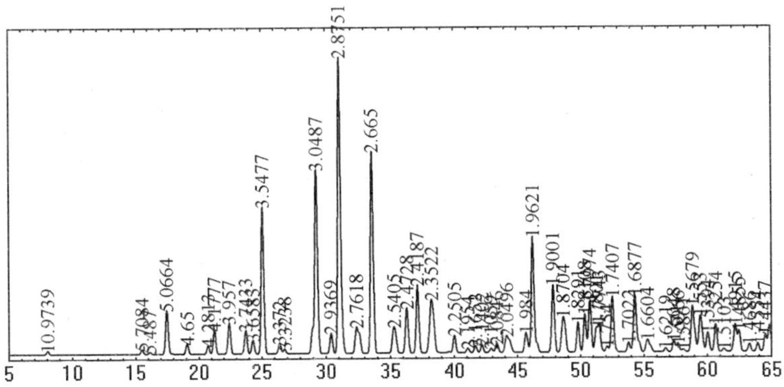

PDF:29-0370

d	I/I_0	hkl
5.7200	2	200
5.0800	18	202
4.6400	3	110
4.2700	3	112
4.1700	9	013
3.9700	13	204
3.7500	8	211
3.6700	5	006
3.5500	50	114
3.3700	3	213
3.0900	8	206
3.0500	60	310
2.9430	7	312
2.8800	100	116
2.8600	5	400
2.7710	9	402
2.7490	7	008
2.6690	70	314
2.5400	14	020
2.4770	12	411

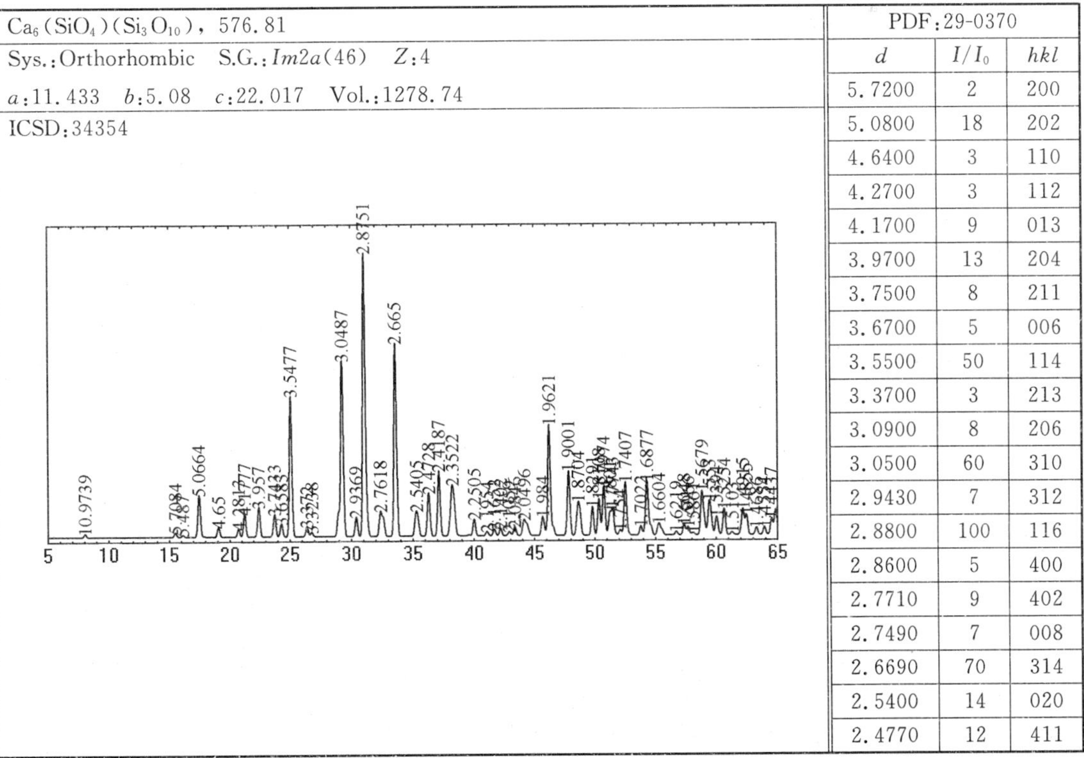

9-134b 斜方硅钙石(Kilchoanite)

$Ca_6(SiO_4)(Si_3O_{10})$，576.81

ICSD:34354(续)

Atom		Wcf	*x*	*y*	*z*	Occ
Ca1	Ca^{2+}	4*a*	0.9866(8)	0	0	1.0
Ca2	Ca^{2+}	4*b*	0.2860(8)	0.003(2)	0.25	1.0
Ca3	Ca^{2+}	8*c*	0.0107(6)	0.005(1)	0.1679(3)	1.0
Ca4	Ca^{2+}	8*c*	0.2177(6)	0.501(1)	0.1040(2)	1.0
Si1	Si^{4+}	4*b*	0.097(1)	0.426(3)	0.25	1.0
Si2	Si^{4+}	8*c*	0.408(1)	0.940(2)	0.0997(3)	1.0
Si3	Si^{4+}	4*a*	0.240(1)	0	0	1.0
O1	O^{2-}	8*c*	0.164(2)	0.297(4)	0.1919(8)	1.0
O2	O^{2-}	4*b*	0.967(3)	0.293(7)	0.25	1.0
O3	O^{2-}	4*b*	0.098(2)	0.759(6)	0.25	1.0
O4	O^{2-}	8*c*	0.346(2)	0.793(4)	0.1584(8)	1.0
O5	O^{2-}	8*c*	0.035(2)	0.707(4)	0.0919(7)	1.0
O6	O^{2-}	8*c*	0.334(2)	0.802(5)	0.0402(8)	1.0
O7	O^{2-}	8*c*	0.404(2)	0.255(4)	0.0954(7)	1.0
O8	O^{2-}	8*c*	0.160(2)	0.179(4)	0.0412(9)	1.0

PDF:29-0370(续)

d	I/I_0	*hkl*
2.4660	3	121
2.4210	19	217
2.3630	4	413
2.3480	19	123
2.2590	6	406
2.2050	2	019
2.1690	2	415
2.1410	2	224
2.0890	2	026
2.0550	3	2010
2.0400	2	318
1.9890	5	1110
1.9650	35	226
1.9490	3	514
1.9010	18	420
1.8740	7	422
1.8680	6	028
1.8350	9	0012
1.8130	11	516

(2) 环状硅酸盐

9-135 硅锆钡石(Bazirite)

$BaZrSi_3O_9$，456.8

Sys.:Hexagonal S.G.:$P\bar{6}c2$(188) *Z*:2

a:6.755 *c*:9.98 Vol.:394.38

ICSD:70105

Atom		Wcf	*x*	*y*	*z*	Occ
Ba1	Ba^{2+}	2*e*	0.6667	0.3333	0	1.0
Zr1	Zr^{4+}	2*c*	0.3333	0.6667	0	0.97
Ti1	Ti^{4+}	2*c*	0.3333	0.6667	0	0.03
Si1	Si^{4+}	6*k*	0.0615(3)	0.2823(3)	0.25	1.0
O1	O^{2-}	6*k*	0.2481(6)	0.1946(7)	0.25	1.0
O2	O^{2-}	12*l*	0.0767(4)	0.4217(4)	0.1151(3)	1.0

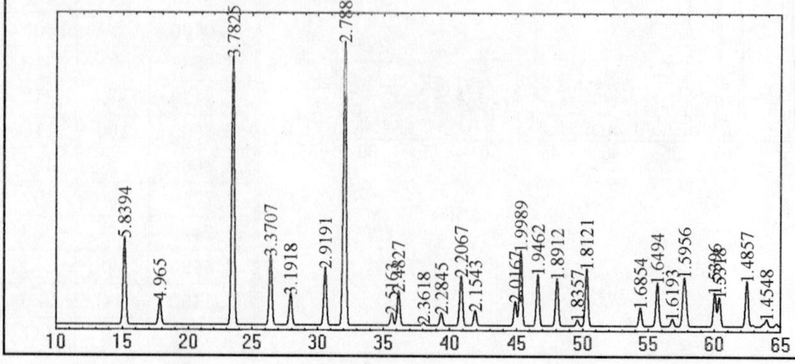

PDF:29-0214

d	I/I_0	*hkl*
5.8200	40	100
4.9800	9	002
3.7900	100	102
3.3800	40	110
3.2000	19	111
2.9240	35	200
2.7970	100	112
2.5230	4	202
2.4960	13	004
2.2970	6	104
2.2100	25	210
2.1580	6	211
2.0220	10	212
2.0090	35	114
1.9500	18	300
1.9000	16	204
1.8420	4	213
1.8170	20	302
1.6890	6	220

9-136 蓝锥矿(Benitoite)

$BaTiSi_3O_9$，413.48

Sys.: Hexagonal　S.G.: $P\bar{6}c2$(188)　Z: 2

a: 6.6409　c: 9.7579　Vol.: 372.68

ICSD: 18100

Atom		Wcf	x	y	z	Occ
Ba1	Ba^{2+}	$2e$	0.6666	0.3333	0	1.0
Ti1	Ti^{4+}	$2c$	0.3333	0.6666	0	1.0
Si1	Si^{4+}	$6k$	0.07113(16)	0.28941(16)	0.25	1.0
O1	O^{2-}	$6k$	0.25348(41)	0.19273(42)	0.25	1.0
O2	O^{2-}	$12l$	0.08800(32)	0.43019(31)	0.11275(18)	1.0

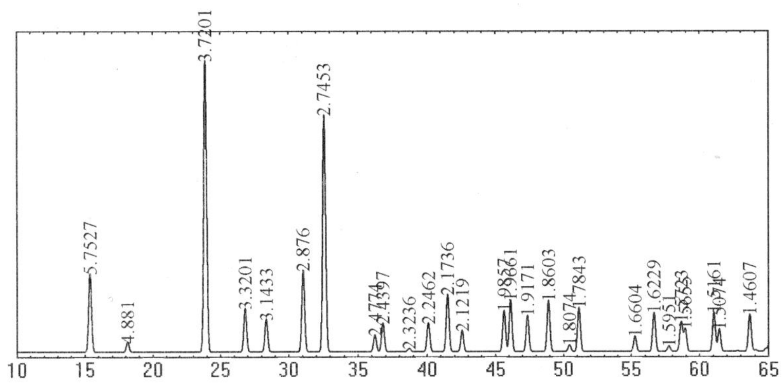

PDF: 38-0464

d	I/I_0	hkl
5.7540	18	100
4.8740	4	002
3.7200	100	102
3.3190	12	110
3.1430	12	111
2.8740	25	200
2.7430	80	112
2.4770	6	202
2.4390	9	004
2.3240	2	113
2.2460	9	104
2.1740	16	210
2.1220	3	211
1.9850	16	212
1.9670	20	114
1.9170	12	300
1.8600	16	204
1.8080	4	213
1.7840	16	302
1.6825	1	115

9-137 硅锡钡石(Pabstite)

$BaSnSi_3O_9$，484.27

Sys.: Hexagonal　S.G.: $P\bar{6}c2$(188)　Z: 2

a: 6.7329　c: 9.8514　Vol.: 386.75

ICSD: 10385

Atom		Wcf	x	y	z	Occ
Ba1	Ba^{2+}	$2e$	0.6667	0.3333	0	1.0
Sn1	Sn^{4+}	$2c$	0.3333	0.6667	0	1.0
Si1	Si^{4+}	$6k$	0.07	0.285	0.25	1.0
O1	O^{2-}	$6k$	0.25	0.191	0.25	1.0
O2	O^{2-}	$12l$	0.087	0.424	0.109	1.0

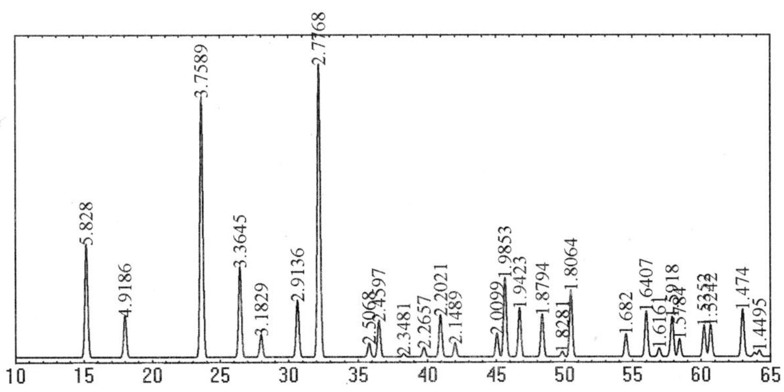

PDF: 43-0633

d	I/I_0	hkl
5.8300	37	100
4.9230	12	002
3.7625	95	102
3.3672	30	110
3.1842	9	111
2.9156	17	200
2.7793	100	112
2.5093	5	202
2.4633	10	004
2.3511	1	113
2.2692	2	104
2.2043	12	210
2.1509	4	211
2.0117	6	212
1.9880	23	114
1.9439	14	300
1.8818	13	204
1.8302	1	213
1.8082	17	302
1.6832	5	220

9-138a 钾钙板锆石(Wadeite)

$K_2ZrSi_3O_9$，397.67

Sys.: Hexagonal S.G.: $P\bar{6}$(174) Z: 2

a: 6.931 c: 10.1966 Vol.: 424.21

ICSD: 56898

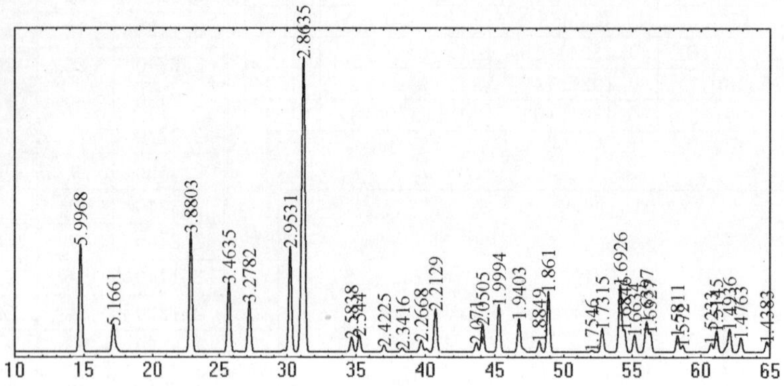

PDF: 43-0231

d	I/I_0	hkl
6.0012	38	100
5.1728	12	101
5.0969	1	002
3.8857	51	102
3.4655	25	110
3.2810	20	111
2.9995	1	200
2.9571	40	103
2.8659	100	112
2.5864	6	202
2.5484	7	004
2.4262	1	113
2.3461	1	104
2.2686	4	210
2.2145	13	211
2.0727	3	212
2.0533	9	114
2.0009	12	300
1.9429	10	204
1.8870	2	213

9-138b 钾钙板锆石(Wadeite)

$K_2ZrSi_3O_9$，397.67

ICSD: 56898(续)

Atom		Wcf	x	y	z	Occ
Zr1	Zr^{4+}	$2g$	0	0	0.2595(4)	1.0
K1	K^+	$2i$	0.66667	0.33333	0.193(4)	1.0
K2	K^+	$2h$	0.33333	0.66667	0.694(4)	1.0
Si1	Si^{4+}	$3k$	0.386(1)	0.259(1)	0.5	1.0
Si2	Si^{4+}	$3j$	0.614(1)	0.741(1)	0	1.0
O1	O^{2-}	$3k$	0.488(2)	0.090(2)	0.5	1.0
O2	O^{2-}	$3j$	0.514(2)	0.911(2)	0	1.0
O3	O^{2-}	$6l$	0.257(2)	0.237(2)	0.633(5)	1.0
O4	O^{2-}	$6l$	0.745(2)	0.767(2)	0.133(5)	1.0

PDF: 43-0231(续)

d	I/I_0	hkl
1.8626	16	302
1.7328	5	220
1.6948	18	214
1.6869	5	205
1.6649	4	310
1.5826	4	312
1.5740	1	304
1.5258	2	116
1.5167	3	215
1.5003	1	400
1.4952	4	313
1.4788	3	206
1.4396	2	402
1.4331	4	224
1.4155	1	107
1.3940	1	314
1.3646	1	321
1.3602	2	216

9-139a 瓦硅钙钡石(Walstromite)

$BaCa_2Si_3O_9$，445.74

Sys.:Triclinic S.G.:$P\bar{1}$(2) Z:2

a:6.743 b:9.607 c:6.687 α:69.85 β:102.2 γ:97.61 Vol.:396.65

ICSD:24426

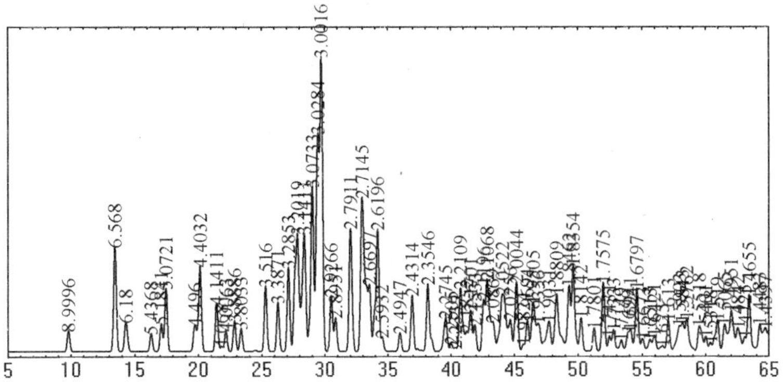

PDF:18-0162

d	I/I_0	hkl
9.0000	5	010
6.5800	20	100
6.1700	5	001
5.4400	5	$1\bar{1}0$
5.0700	10	$\bar{1}11$
4.4000	15	021
4.1300	10	101
4.0200	5	$\bar{1}21$
3.8800	10	$\bar{1}\bar{1}1$
3.5300	5	$1\bar{1}1$
3.3500	15	121
3.2800	10	200
3.2000	15	$\bar{2}11$
3.1500	10	$2\bar{1}0$
3.0600	15	022
2.9900	100	030
2.9100	10	$\bar{2}21$
2.7800	15	$2\bar{1}1$
2.7000	20	112
2.6100	15	$\bar{2}12$

9-139b 瓦硅钙钡石(Walstromite)

$BaCa_2Si_3O_9$，445.74

ICSD:24426(续)

Atom		Wcf	x	y	z	Occ
Ca1	Ca^{2+}	2i	0.272	0.507	0.763	1.0
Ca2	Ca^{2+}	2i	0.435	0.831	0.935	1.0
Ba1	Ba^{2+}	2i	0.049	0.848	0.323	1.0
Si1	Si^{4+}	2i	0.096	0.222	0.145	1.0
Si2	Si^{4+}	2i	0.235	0.484	0.284	1.0
Si3	Si^{4+}	2i	0.442	0.196	0.511	1.0
O1	O^{2-}	2i	0.236	0.251	−0.027	1.0
O2	O^{2-}	2i	−0.098	0.114	0.102	1.0
O3	O^{2-}	2i	0.042	0.366	0.212	1.0
O4	O^{2-}	2i	0.366	0.556	0.089	1.0
O5	O^{2-}	2i	0.125	0.58	0.389	1.0
O6	O^{2-}	2i	0.352	0.365	0.494	1.0
O7	O^{2-}	2i	0.613	0.238	0.368	1.0
O8	O^{2-}	2i	0.517	0.084	0.765	1.0
O9	O^{2-}	2i	0.238	0.13	0.389	1.0

PDF:18-0162(续)

d	I/I_0	hkl
2.5850	5	220
2.4850	5	$\bar{2}02$
2.4250	10	221

9-140a 针硅钙铅矿(Margarosanite)

$Ca_2PbSi_3O_9$, 515.61

Sys.: Triclinic S.G.: $P\bar{1}$(2) Z: 2

a: 6.768 b: 9.575 c: 6.718 α: 110.36 β: 102.98 γ: 83.02 Vol.: 397.27

ICSD: 18098

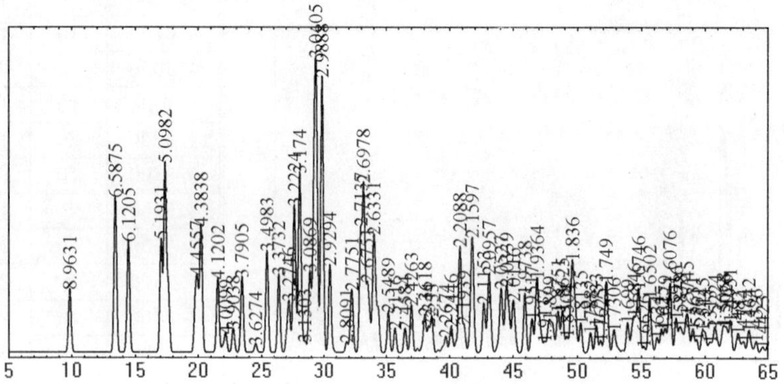

PDF: 27-0079

d	I/I_0	hkl
8.9670	31	010
6.5880	75	100
6.1220	49	$0\bar{1}1$
5.1930	49	$1\bar{1}0$
5.0970	80	$\bar{1}\bar{1}1$
5.0230	37	$\bar{1}01$
4.4830	24	020
4.4440	28	011
4.3840	56	$0\bar{2}1$
4.1210	30	101
4.0500	3	$1\bar{1}1$
4.0090	8	$\bar{1}\bar{2}1$
3.9030	10	$\bar{1}11$
3.7910	29	120
3.6270	4	$1\bar{2}0$
3.4990	38	111
3.3730	28	$1\bar{2}1$
3.2940	9	200
3.2730	19	$0\bar{1}2$
3.2210	54	$\bar{2}\bar{1}1$

9-140b 针硅钙铅矿(Margarosanite)

$Ca_2PbSi_3O_9$, 515.61

ICSD: 18098(续)

Atom		Wcf	x	y	z	Occ
Pb1	Pb^{2+}	2i	0.0886(1)	0.1582(1)	0.2865(1)	1.0
Ca1	Ca^{2+}	2i	0.2700(5)	0.4951(3)	0.7629(5)	1.0
Ca2	Ca^{2+}	2i	0.4430(6)	0.1677(4)	0.9297(5)	1.0
Si1	Si^{4+}	2i	0.0957(7)	0.7817(5)	0.1590(7)	1.0
Si2	Si^{4+}	2i	0.2328(7)	0.5149(5)	0.2803(7)	1.0
Si3	Si^{4+}	2i	0.4382(7)	0.7982(5)	0.5148(7)	1.0
O1	O^{2-}	2i	0.2274(20)	0.7469(13)	0.9779(20)	1.0
O2	O^{2-}	2i	0.1092(19)	0.1245(13)	0.9071(19)	1.0
O3	O^{2-}	2i	0.2299(23)	0.8790(16)	0.3955(24)	1.0
O4	O^{2-}	2i	0.0469(19)	0.6266(13)	0.1967(19)	1.0
O5	O^{2-}	2i	0.3732(20)	0.4380(14)	0.1057(20)	1.0
O6	O^{2-}	2i	0.1238(21)	0.4072(14)	0.3561(21)	1.0
O7	O^{2-}	2i	0.3569(20)	0.6373(13)	0.5073(20)	1.0
O8	O^{2-}	2i	0.4795(20)	0.0977(13)	0.2392(20)	1.0
O9	O^{2-}	2i	0.3885(19)	0.2379(13)	0.6244(19)	1.0

PDF: 27-0079(续)

d	I/I_0	hkl
3.1760	59	$\bar{2}01$
3.1270	8	$0\bar{3}1$
3.0880	32	002
3.0450	78	$2\bar{1}0$
3.0340	91	$\bar{1}02$
2.9890	100	030
2.9290	32	$\bar{1}21$
2.8090	5	$\bar{2}11$
2.7720	20	130
2.7170	43	220
2.6950	54	201
2.6750	25	$1\bar{3}1$
2.6610	18	012
2.6360	35	$\bar{1}\bar{3}2$
2.6260	20	$0\bar{3}2$
2.6070	16	102
2.5490	13	$\bar{2}\bar{2}2$
2.5120	7	$\bar{2}02$
2.4580	8	$\bar{2}\bar{3}1$
2.4260	14	$2\bar{2}1$

9-141a 斜方钠锆石(Gaidonnayite)

$Na_2ZrSi_3O_9 \cdot 2H_2O$，401.48

Sys.:Orthorhombic　S.G.:$P2_1nb$(33)　Z:4

a:11.74　b:12.82　c:6.691　Vol.:1007.04

ICSD:201846

Atom		Wcf	x	y	z	Occ
Na1	Na^+	4a	0.7466(3)	0.1567(2)	0.4307(4)	1.0
Na2	Na^+	4a	−0.0041(3)	0.3876(3)	0.3316(5)	1.0
Zr1	Zr^{4+}	4a	0.25	0.0531(1)	0.1510(1)	1.0
Si1	Si^{4+}	4a	0.2809(1)	0.2883(1)	0.3927(2)	1.0
Si2	Si^{4+}	4a	0.4981(1)	0.4180(1)	0.3911(2)	1.0

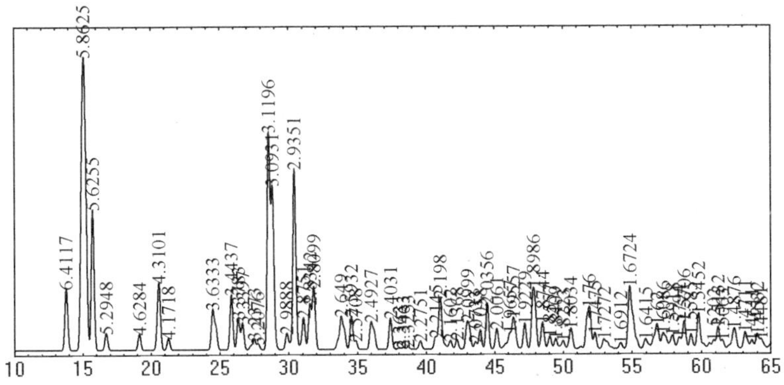

PDF:26-1387

d	I/I_0	hkl
6.4200	30	020
5.9300	80	011
5.8400	80	101
5.6300	50	120
5.2800	10	111
4.6400	10	021
4.3100	30	121
4.1700	15	211
3.6180	20	031
3.4410	30	131
3.3760	5	301
3.3370	5	320
3.2240	5	012
3.1240	100	112
3.0940	80	140
2.9900	5	321
2.9310	40	400
2.8730	20	122
2.8310	30	212
2.8060	30	141

9-141b 斜方钠锆石(Gaidonnayite)

$Na_2ZrSi_3O_9 \cdot 2H_2O$，401.48

ICSD:201846(续)

Atom		Wcf	x	y	z	Occ
Si3	Si^{4+}	4a	0.7144(1)	0.3918(1)	0.1501(2)	1.0
O1	O^{2-}	4a	0.2116(5)	0.3952(3)	0.3644(7)	1.0
O2	O^{2-}	4a	0.4173(4)	0.3155(3)	0.4186(7)	1.0
O3	O^{2-}	4a	0.7417(5)	0.2699(3)	0.1017(6)	1.0
O4	O^{2-}	4a	0.2654(5)	0.2096(3)	0.2065(7)	1.0
O5	O^{2-}	4a	0.4225(4)	0.0149(4)	0.1562(7)	1.0
O6	O^{2-}	4a	0.5759(4)	0.3940(4)	0.1960(7)	1.0
O7	O^{2-}	4a	0.0743(4)	0.0706(4)	0.0898(7)	1.0
O8	O^{2-}	4a	0.2398(5)	0.0361(3)	0.4583(7)	1.0
O9	O^{2-}	4a	0.7817(5)	0.4258(4)	0.3474(6)	1.0
O10	O^{2-}	4a	0.5397(5)	0.1326(4)	0.4739(10)	1.0
O11	O^{2-}	4a	0.9558(7)	0.1991(5)	0.3821(10)	1.0

PDF:26-1387(续)

d	I/I_0	hkl
2.6470	20	222
2.5940	20	241
2.5640	5	132
2.4880	10	312
2.4030	10	232
2.2690	5	142
2.2170	5	251
2.1950	20	013
2.1610	5	113
2.1350	5	060
2.1020	10	160
2.0560	5	213
2.0370	20	061
2.0070	10	260
1.9500	10	133
1.9210	30	252
1.8970	10	540
1.8750	10	360
1.8540	5	323
1.8040	5	352

9-142a 三水钠锆石(Hilairite)

$Na_2ZrSi_3O_9 \cdot 3H_2O$, 419.5

Sys.: Trigonal S.G.: $R\bar{3}m$(166) Z: 6

a: 10.556 c: 15.851 Vol.: 1529.63

ICSD: 20257

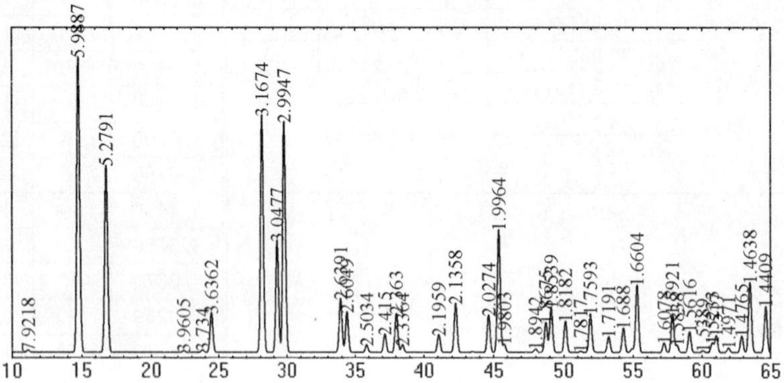

PDF: 26-0975

d	I/I_0	hkl
6.0000	60	012
5.2800	100	110
3.6400	5	104
3.1700	50	122
3.0500	40	300
2.9940	30	024
2.6390	30	220
2.6040	5	214
2.4160	10	312
2.3620	5	116
2.1970	10	107
2.1350	15	134
2.0270	30	232
1.9960	30	306
1.8660	5	413
1.8520	10	324
1.8200	5	208
1.7590	40	330
1.7190	5	128
1.6880	20	422

9-142b 三水钠锆石(Hilairite)

$Na_2ZrSi_3O_9 \cdot 3H_2O$, 419.5

ICSD: 20257(续)

Atom		Wcf	x	y	z	Occ
Zr1	Zr^{4+}	3a	0	0	0	1.0
Zr2	Zr^{4+}	3b	0	0	0.5	1.0
Si1	Si^{4+}	18f	0.4174(1)	0.4128(1)	0.2486	1.0
Na1	Na^{+}	6c	0	0	0.197(1)	0.80(5)
Na2	Na^{+}	9e	0.3888(9)	0	0.5	0.678(33)
O1	O^{2-}	18f	0.0921(6)	0.1846(3)	0.0768(1)	1.0
O2	O^{2-}	18f	0.0989(5)	0.1902(4)	0.5720(1)	1.0
O3	O^{2-}	9d	0.6539(9)	0	0	1.0
O4	O^{2-}	9e	0.6434(8)	0	0.5	1.0
O5	O^{2-}	18f	0.5000(7)	0.1460(7)	0.0630(3)	1.0

PDF: 26-0975(续)

d	I/I_0	hkl
1.6610	20	054
1.6070	10	152
1.5840	10	505
1.5620	5	1010
1.5240	5	600
1.5160	10	514
1.4760	10	342
1.4640	30	603
1.4410	10	2110
1.3730	10	612
1.3440	5	1310
1.3190	15	440
1.2880	10	532

9-143a 包头矿(Baotite)

$Ba_4Ti_4(Ti_{0.48}Nb_{0.36}Fe_{0.16})_4(Si_4O_{12})O_{16}Cl$, 1598.19

Sys.: Tetragonal S.G.: $I4_1/a$(88) Z: 4

a: 19.98 c: 5.9 Vol.: 12355.28

ICSD: 43312

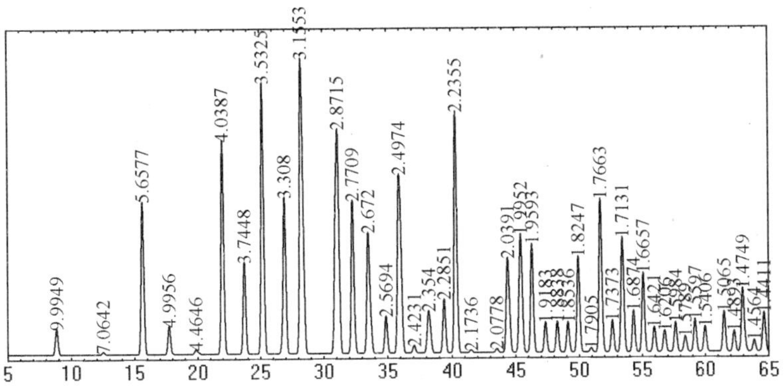

PDF: 89-2659

d	I/I_0	hkl
9.9900	129	200
7.0640	25	220
5.6585	586	101
4.9950	111	400
4.9235	5	121
4.4677	24	240
4.4163	6	301
4.0392	776	231
3.7447	326	141
3.5320	999	440
3.3300	68	600
3.3086	543	341
3.1591	889	620
3.1408	523	521
2.8877	424	112
2.8699	700	611
2.7707	512	460
2.7583	319	451
2.6730	409	312
2.6589	132	631

9-143b 包头矿(Baotite)

$Ba_4Ti_4(Ti_{0.48}Nb_{0.36}Fe_{0.16})_4(Si_4O_{12})O_{16}Cl$, 1598.19

ICSD: 43312(续)

Atom		Wcf	x	y	z	Occ
Ba1	Ba^{2+}	16f	0.0316	0.0984	0.625	1.0
Ti1	Ti^{4+}	16f	0.222	0.6116	0.125	1.0
Ti2	Ti^{4+}	16f	0.222	0.6116	0.625	0.48
Nb1	Nb^{5+}	16f	0.222	0.6116	0.625	0.36
Fe1	$Fe^{3.3+}$	16f	0.222	0.6116	0.625	0.16
Si1	Si^{4+}	16f	0.0916	0.1919	0.125	1.0
O1	O^{2-}	16f	0.0833	−0.0053	0.875	1.0
O2	O^{2-}	16f	0.0833	−0.0053	0.375	1.0
O3	O^{2-}	16f	0.1882	0.06	0.125	1.0
O4	O^{2-}	16f	0.1882	0.06	0.625	1.0
O5	O^{2-}	16f	0.1266	0.162	0.875	1.0
O6	O^{2-}	16f	0.1266	0.162	0.375	1.0
O7	O^{2-}	16f	0.02	0.1615	0.125	1.0
Cl1	Cl^{-}	4b	0	0.25	0.625	1.0

PDF: 89-2659(续)

d	I/I_0	hkl
2.5694	121	701
2.5000	473	332
2.5000	473	800
2.4884	363	721
2.4229	23	280
2.3547	94	152
2.3547	94	660
2.3471	83	561
2.2848	160	471
2.2356	661	352
2.2356	661	480
2.1740	9	381
2.0778	12	901
2.0406	236	712
2.0343	200	671
1.9980	206	860
1.9933	311	581
1.9592	279	2100
1.9184	84	941
1.8840	85	1101

9-144a 硅钛铌钠矿(Nenadkevichite)

(Na,Ca,K)(Nb,Ti)Si_2O_6(O,OH)·$2H_2O$, 320.09

Sys.:Orthorhombic S.G.:*Pbam*(55) *Z*:1

a:7.328 *b*:14.123 *c*:7.115 Vol.:736.36

ICSD:2584

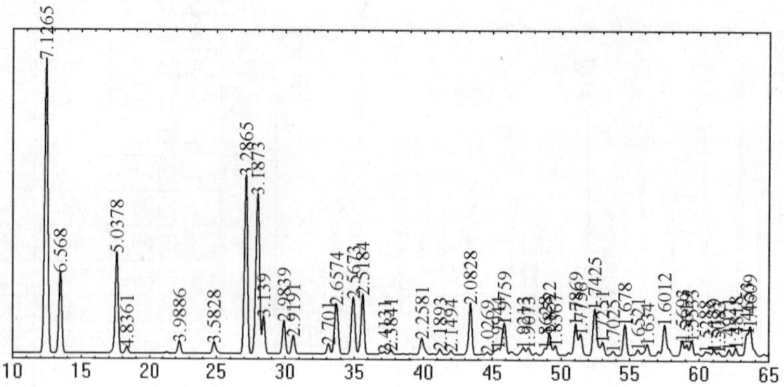

PDF:37-0484

d	I/I_0	*hkl*
7.1080	100	001
7.0400	20	020
6.4980	40	110
5.0090	40	021
4.8100	10	111
3.9560	10	130
3.2560	90	201
3.1780	50	022
3.1590	20	041
3.1200	30	112
2.9620	30	221
2.6550	30	132
2.5540	40	202
2.5410	20	240
2.5030	30	042
2.0680	30	242
1.9650	20	062
1.8330	20	400
1.7790	30	004
1.7620	10	153

9-144b 硅钛铌钠矿(Nenadkevichite)

(Na,Ca,K)(Nb,Ti)Si_2O_6(O,OH)·$2H_2O$, 320.09

ICSD:2584(续)

Atom		Wcf	*x*	*y*	*z*	Occ
Nb1	Nb^{5+}	4*h*	0.28640(7)	0.25956(3)	0.5	0.986(2)
Na1	Na^+	4*g*	0.2586(7)	0.2500(4)	0	0.526(9)
Na2	Na^+	4*h*	0.1952(9)	0.0227(5)	0.5	0.54(1)
Si1	Si^{4+}	8*i*	0.0085(1)	0.38978(5)	0.2247(1)	1.0
O1	O^{2-}	4*g*	0.0091(8)	0.3820(3)	0	1.0
O2	O^{2-}	4*f*	0	0.5	0.2854(6)	1.0
O3	O^{2-}	8*i*	0.1922(4)	0.3449(2)	0.3039(4)	1.0
O4	O^{2-}	8*i*	0.3316(4)	0.1619(2)	0.3044(4)	1.0
O5	O^{2-}	4*h*	0.0131(4)	0.1983(2)	0.5	1.0
O6	O^{2-}	4*g*	0.015(2)	0.1609(6)	0	1.0
O7	O^{2-}	4*e*	0	0	0.267(2)	1.0

PDF:37-0484(续)

d	I/I_0	*hkl*
1.7300	40	262
1.5870	30	422
1.5610	10	224
1.4790	10	442
1.4580	10	510
1.4180	10	273
1.1530	30	393

9-145a 羟铝铜钙石(Papagoite)

$CaCuAl(SiO_3)_2(OH)_3$，333.8

Sys.: Monoclinic S.G.: I_2/m(12) Z: 4

a: 12.91 *b*: 11.48 *c*: 4.69 *β*: 100.6 Vol.: 683.23

ICSD: 30248

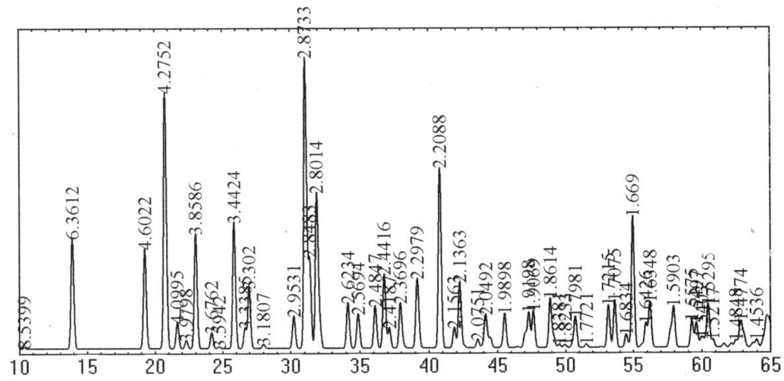

PDF: 13-0372		
d	I/I_0	*hkl*
6.3300	70	200
4.6100	70	001
4.2900	90	$\bar{1}11$
4.1200	10	$\bar{2}01$
3.9500	10	310
3.8500	70	111
3.6700	10	130
3.4400	80	201
3.3400	10	$\bar{2}21$
3.3000	60	$\bar{3}11$
3.1700	5	400
2.9500	20	221
2.8740	100	$\bar{4}01$
2.8330	10	$\bar{3}30$
2.7950	80	131
2.6160	20	$\bar{2}40$
2.5650	20	$\bar{3}31$
2.4770	20	510
2.4370	30	041
2.4090	10	401

9-145b 羟铝铜钙石(Papagoite)

$CaCuAl(SiO_3)_2(OH)_3$，333.8

ICSD: 30248(续)

Atom		Wcf	*x*	*y*	*z*	Occ
Cu1	Cu^{2+}	4*i*	0.231	0	−0.447	1.0
Ca1	Ca^{2+}	4*h*	0	0.159	0.5	1.0
Si1	Si^{4+}	8*j*	0.1135	0.368	−0.067	1.0
Al1	Al^{3+}	4*f*	0.25	0.25	0.5	1.0
O1	O^{2-}	8*j*	0.199	0.368	0.26	1.0
O2	O^{2-}	8*j*	0.16	0.126	0.28	1.0
O3	O^{2-}	8*j*	0.14	0.287	−0.3	1.0
O4	O^{2-}	4*g*	0	0.32	0	1.0
O5	O^{2-}	4*i*	0.088	0.5	−0.16	1.0
O6	O^{2-}	4*i*	0.082	0	−0.25	1.0

PDF: 13-0372(续)		
d	I/I_0	*hkl*
2.3680	40	$\bar{5}11$
2.2990	20	$\bar{1}12$
2.2920	30	331
2.2040	90	241
2.1410	20	$\bar{2}22$
2.1300	10	440
2.0730	5	$\bar{6}01$
2.0520	10	$\bar{4}02$
2.0340	5	511
1.9990	5	$\bar{1}32$
1.9830	10	620
1.9350	5	$\bar{4}22$
1.9120	60	$\bar{3}51$
1.8640	50	$\bar{5}12$
1.8460	5	441
1.7980	30	$\bar{2}42$
1.7190	40	621
1.7020	40	$\bar{6}40$
1.6800	5	$\bar{6}41$
1.6670	7	242

9-146a 钙钇铈矿(Kainosite-Y)

$Ca_2Ln_2Si_4O_{12}CO_3 \cdot H_2O$, 777.02

Sys.: Orthorhombic S.G.: *Pmnb*: (62) *Z*: 4

a: 13.05 *b*: 14.33 *c*: 6.77 Vol.: 1266.03

ICSD: 67039

Atom		Wcf	*x*	*y*	*z*	Occ
Y1	Y^{3+}	8*d*	0.0568	0.2187	0.1117	1.0
Ca1	Ca^{2+}	8*d*	0.0772(1)	0.4523(1)	0.3001(1)	1.0
Si1	Si^{4+}	8*d*	0.1307(1)	0.1469(1)	0.6112(1)	1.0
Si2	Si^{4+}	8*d*	0.1312(1)	0.4309(1)	0.8389(1)	1.0
C1	C^{4+}	4*c*	0.25	0.1243(3)	0.1129(7)	1.0

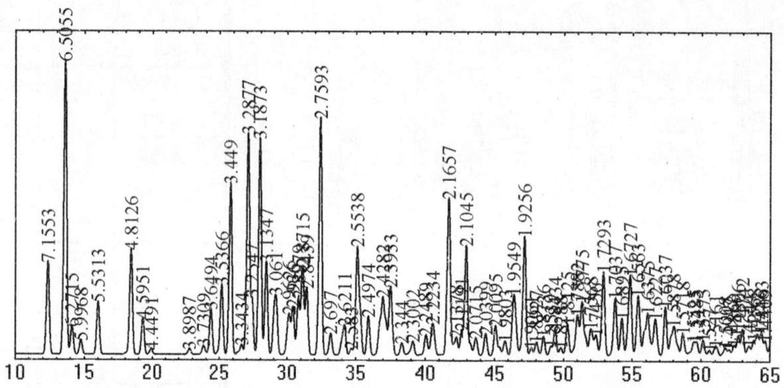

PDF: 14-0332

d	I/I_0	*hkl*
7.1900	40	020
6.5000	100	200
6.2900	2	120
5.5500	15	111
4.8300	50	220
4.6000	8	121
4.4600	1	211
3.6600	20	301
3.5400	30	311
3.4500	70	140
3.2900	80	012
3.2600	5	321
3.1900	75	112
3.1400	30	240
3.0600	40	022
2.9700	5	420
2.9400	10	212
2.9060	20	331
2.8760	20	411
2.8440	20	241

9-146b 钙钇铈矿(Kainosite-Y)

$Ca_2Ln_2Si_4O_{12}CO_3 \cdot H_2O$, 777.02

ICSD: 67039(续)

Atom		Wcf	*x*	*y*	*z*	Occ
O1	O^{2-}	8*d*	0.1127(2)	0.0353(1)	0.5569(3)	1.0
O2	O^{2-}	8*d*	0.0524(2)	0.1707(1)	0.7927(3)	1.0
O3	O^{2-}	8*d*	0.0954(2)	0.2164(2)	0.4382(3)	1.0
O4	O^{2-}	4*c*	0.25	0.1600(2)	0.6729(5)	1.0
O5	O^{2-}	8*d*	0.0525(2)	0.4196(2)	0.6540(3)	1.0
O6	O^{2-}	8*d*	0.1111(2)	0.3613(1)	0.0190(3)	1.0
O7	O^{2-}	4*c*	0.25	0.4266(2)	0.7571(5)	1.0
O8	O^{2-}	8*d*	0.1639(2)	0.0817(2)	0.1148(4)	1.0
O9	O^{2-}	4*c*	0.25	0.2142(2)	0.1078(5)	1.0
O10	O^{2-}	4*c*	0.25	0.3810(3)	0.3625(6)	1.0
H1	H^{+}	4*c*	0.25	0.319	0.335	1.0
H2	H^{+}	4*c*	0.25	0.369	0.506	1.0

PDF: 14-0332(续)

d	I/I_0	*hkl*
2.7640	100	340
2.7050	2	132
2.6290	5	312
2.5570	40	341
2.5430	5	232
2.5020	10	322
2.4380	30	501
2.3970	40	511
2.3520	1	160
2.3050	1	521
2.2510	2	061
2.2240	5	103
2.1700	70	531
2.1070	50	432
2.0740	1	252
2.0450	1	512
2.0140	5	541
1.9830	1	313
1.9570	40	071
1.9290	60	323

9-147a 磷硅铈钠石(Phosinaite-Ce)

$Na_{13}Ca_2(Ce,La)Si_4O_{12}(PO_4)_4$, 1203.37

Sys.: Orthorhombic S.G.: $P22_12_1$(18) Z: 2

a: 12.297 b: 14.66 c: 7.245 Vol.: 11306.09

ICSD: 82476

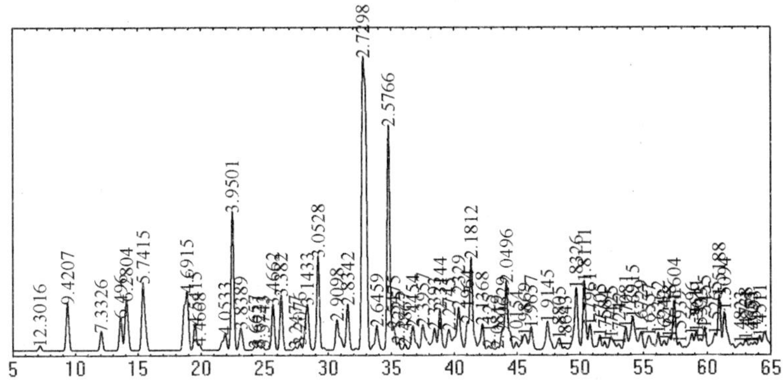

PDF: 49-1876

d	I/I₀	hkl
9.4200	70	110
7.3380	20	020
6.5310	10	011
6.2650	40	101
5.7400	20	111
4.7180	25	220
4.5410	10	130
4.0800	5	300
3.9490	60	221
3.8250	15	230
3.4680	20	311
3.3840	25	231
3.1410	30	122
3.0490	40	212
2.8990	15	032
2.8190	10	401
2.7180	100	302
2.5770	70	042
2.4860	5	251
2.3900	10	350

9-147b 磷硅铈钠石(Phosinaite-Ce)

$Na_{13}Ca_2(Ce,La)Si_4O_{12}(PO_4)_4$, 1203.37

ICSD: 82476(续 1)

Atom		Wcf	x	y	z	Occ
Si1	Si^{4+}	4c	0.3220(1)	0.8891(1)	0.3098(2)	1.0
Si2	Si^{4+}	4c	0.3646(1)	0.9111(1)	0.7449(2)	1.0
P1	P^{5+}	4c	0.9736(2)	0.1255(1)	0.2295(3)	1.0
P2	P^{5+}	4c	0.3064(1)	0.6183(1)	0.7658(2)	1.0
Na1	Na^{+}	4c	0.1829(3)	0.7588(2)	0.5440(5)	1.0
Na2	Na^{+}	4c	0.0030(3)	0.3491(3)	0.2237(5)	1.0
Na3	Na^{+}	2a	0.1714(3)	0.5	0.5	1.0
Na4	Na^{+}	2b	0.1604(4)	0.5	0	1.0
Na5	Na^{+}	2b	0.8772(3)	0.5	0	1.0
Na6	Na^{+}	2b	0.4504(3)	0.5	0	1.0
Na7	Na^{+}	4c	0.3307(2)	0.6398(2)	0.2635(4)	1.0
Na8	Na^{+}	2a	0.4561(3)	0.5	0.5	1.0
Na9	Na^{+}	4c	0.1902(2)	0.7662(1)	0.0240(3)	0.66
Ca1	Ca^{2+}	4c	0.1902(2)	0.7662(1)	0.0240(3)	0.34
Ca2	Ca^{2+}	4c	0.4971(1)	0.7500(1)	0.5210(3)	1.0

PDF: 49-1876(续 1)

d	I/I₀	hkl
2.3460	5	402
2.3150	10	412
2.2740	5	161
2.2320	15	422
2.1780	40	342
2.1380	10	252
2.0500	20	600
2.0370	10	451
1.9880	10	143
1.9650	10	541
1.9130	30	460
1.8830	10	413
1.8350	35	080
1.8110	20	004
1.8000	15	014
1.7680	5	433
1.6910	20	462
1.6740	15	380
1.6560	5	304
1.6350	5	082

9-147c 磷硅铈钠石(Phosinaite-Ce)

$Na_{13}Ca_2(Ce,La)Si_4O_{12}(PO_4)_4$，1203.37

ICSD:82476(续 2)

Atom		Wcf	x	y	z	Occ
Ce1	$Ce^{2.76+}$	2a	0.13955(5)	0	0	0.84
O1	O^{2-}	4c	0.6492(4)	0.8390(3)	0.0896(6)	1.0
O2	O^{2-}	4c	0.8124(4)	0.1480(3)	0.7076(7)	1.0
O3	O^{2-}	4c	0.6873(4)	0.0144(2)	0.7513(6)	1.0
O4	O^{2-}	4c	0.3741(4)	0.7976(3)	0.2360(8)	1.0
O5	O^{2-}	4c	0.1442(4)	0.3424(4)	0.7200(8)	1.0
O6	O^{2-}	4c	0.9812(4)	0.9808(3)	0.7585(9)	1.0
O7	O^{2-}	4c	0.3720(4)	0.3522(3)	0.0636(6)	1.0
O8	O^{2-}	4c	0.0335(4)	0.1476(4)	0.0487(7)	1.0
O9	O^{2-}	4c	0.1963(3)	0.9039(3)	0.2614(7)	1.0
O10	O^{2-}	4c	0.4728(3)	0.8576(3)	0.7912(8)	1.0
O11	O^{2-}	4c	0.3962(3)	0.9789(2)	0.2514(7)	1.0
O12	O^{2-}	4c	0.6704(7)	0.6152(4)	0.0359(7)	1.0
O13	O^{2-}	4c	0.2610(4)	0.1058(3)	0.1330(9)	1.0
O14	O^{2-}	4c	0.9712(5)	0.3363(5)	0.8987(9)	1.0

PDF:49-1876(续 2)

d	I/I_0	hkl
1.6180	5	324
1.6040	20	642
1.5760	5	191
1.5610	10	404
1.5450	5	722
1.5200	20	382
1.5070	15	750

9-148 绿柱石(Beryl)

$Be_3Al_2Si_6O_{18}$，537.5

Sys.:Hexagonal S.G.:$P6/mcc$(192) Z:2

a:9.215 c:9.192 Vol.:675.98

ICSD:70106

Atom		Wcf	x	y	z	Occ
Al1	Al^{3+}	4c	0.6667	0.3333	0.25	1.0
Be1	Be^{2+}	6f	0.5	0	0.25	1.0
Si1	Si^{4+}	12l	0.3875(2)	0.1159(2)	0	1.0
O1	O^{2-}	12l	0.3109(4)	0.2375(5)	0	1.0
O2	O^{2-}	24m	0.4992(3)	0.1462(3)	0.1450(3)	1.0

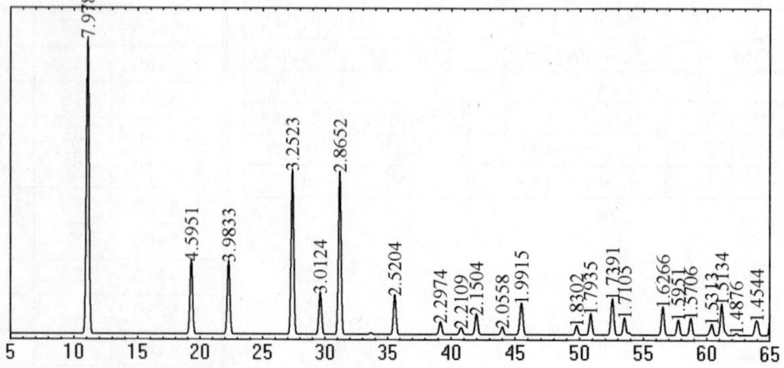

PDF:09-0430

d	I/I_0	hkl
7.9800	90	100
4.6000	50	002
3.9900	45	200
3.2540	95	112
3.0150	35	210
2.8670	100	211
2.6600	4	300
2.5230	30	212
2.2930	12	004
2.2130	8	310
2.2080	4	104
2.1520	16	311
2.0600	4	222
2.0560	6	114
1.9926	20	204
1.8308	8	320
1.7954	18	321
1.7397	20	304
1.7110	14	411
1.7007	4	322

9-149 硅钪铍石(Bazzite)

$Be_3Al_2Si_6O_{18}$, 537.5

Sys.: Hexagonal S.G.: $P6/mcc$(192) Z: 2

a: 9.51 c: 9.11 Vol.: 713.53

ICSD: 37227

Atom		Wcf	x	y	z	Occ
Si1	Si^{4+}	12l	0.367	0.095	0	1.0
O1	O^{2-}	12l	0.294	0.214	0	1.0
O2	O^{2-}	24m	0.489	0.128	0.139	1.0
Al1	Al^{3+}	4c	0.66667	0.33333	0.25	1.0
Be1	Be^{2+}	6f	0.5	0	0.25	1.0

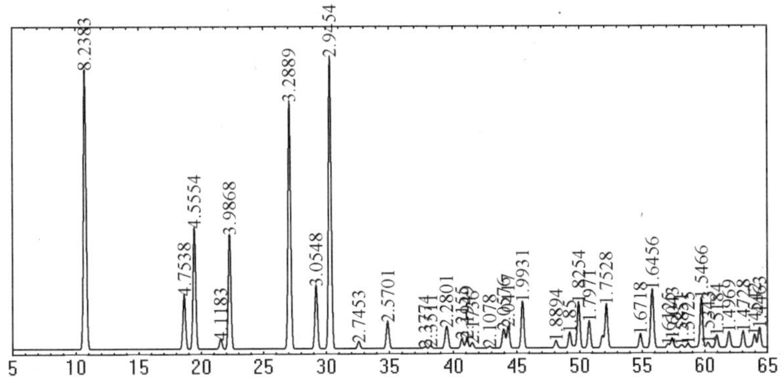

PDF: 76-2368

d	I/I_0	hkl
8.2359	999	100
4.7550	177	110
4.5550	395	002
4.1180	39	200
3.9860	320	102
3.2893	714	112
3.0547	171	202
2.9457	795	211
2.7453	25	300
2.5701	79	212
2.3775	5	220
2.3513	6	302
2.2842	26	310
2.2775	51	004
2.2156	16	311
2.1951	21	104
2.1737	9	213
2.1077	5	222
2.0590	35	400
2.0540	34	114

9-150 印度石(Indialite)

$Mg_2Al_4Si_5O_{18}$, 584.95

Sys.: Hexagonal S.G.: $P6/mcc$(192) Z: 2

a: 9.77 c: 9.352 Vol.: 773.08

ICSD: 75987

Atom		Wcf	x	y	z	Occ
Mg1	Mg^{2+}	4c	0.3333	0.6667	0.25	1.0
Si1	Si^{4+}	6f	0.5	0.5	0.25	0.1
Al1	Al^{3+}	6f	0.5	0.5	0.25	0.9
Si2	Si^{4+}	12l	0.3692(3)	0.2641(3)	0	0.78
Al2	Al^{3+}	12l	0.3692(3)	0.2641(3)	0	0.22
O1	O^{2-}	24m	0.4810(4)	0.3459(4)	0.1433(3)	1.0
O2	O^{2-}	12l	0.2231(6)	0.2990(5)	0	1.0

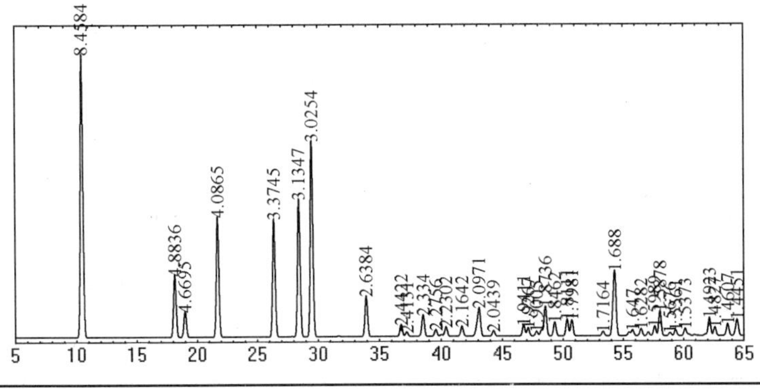

PDF: 13-0293

d	I/I_0	hkl
8.4800	100	100
4.8900	30	110
4.6790	16	002
4.0940	50	102
3.3790	55	112
3.1380	65	202
3.0270	85	211
2.6400	25	212
2.4410	6	220
2.4140	4	302
2.3380	12	004
2.2760	6	311
2.2310	6	213
2.1650	6	222
2.1080	8	114
2.0980	12	312
2.0460	4	204
1.9410	8	320
1.9270	6	402
1.9010	4	321

9-151a 基性异性石(Lovozerite)

$Na_2ZrSi_6O_{15}(H_2O)_3(NaOH)_{0.5}$, 619.75

Sys.: Monoclinic S.G.: C2(5) Z: 2

a: 10.48 b: 10.2 c: 7.33 β: 92.5 Vol.: 782.8

ICSD: 30389

Atom		Wcf	x	y	z	Occ
Zr1	Zr^{4+}	2a	0	0	0	1.0
Si1	Si^{4+}	4c	0.2110(5)	0.4950(5)	0.2650(7)	1.0
Si2	Si^{4+}	4c	0.4950(5)	0.2320(5)	0.7090(7)	1.0
Si3	Si^{4+}	4c	0.48	0.782	0.709	1.0

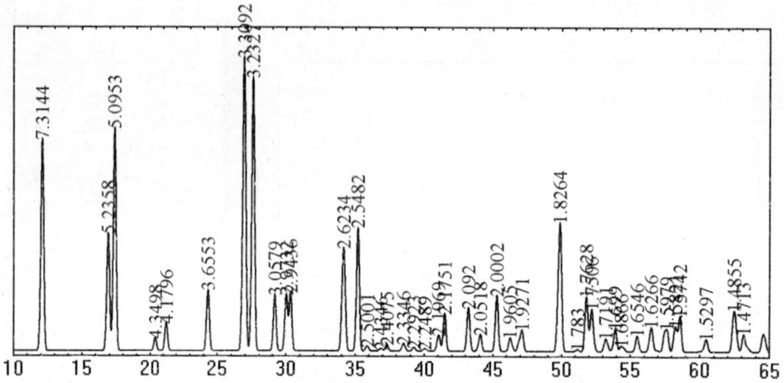

PDF: 72-2302		
d	I/I_0	hkl
7.3061	716	001
7.3061	716	110
5.2350	541	$\bar{1}11$
5.2350	541	200
5.0952	999	020
5.0952	999	111
4.3494	56	$\bar{2}01$
4.1851	105	021
4.1851	105	201
3.6530	233	002
3.6530	233	220
3.3094	796	$\bar{2}21$
3.3094	796	310
3.2342	865	112
3.2342	865	221
3.0579	115	$\bar{2}02$
3.0579	115	$\bar{3}11$
2.9743	177	022
2.9743	177	$\bar{1}31$
2.9647	123	311

9-151b 基性异性石(Lovozerite)

$Na_2ZrSi_6O_{15}(H_2O)_3(NaOH)_{0.5}$, 619.75

ICSD: 30389(续)

Atom		Wcf	x	y	z	Occ
O1	O^{2-}	4c	0.188(2)	0.020(2)	0.893(2)	1.0
O2	O^{2-}	4c	0.270(2)	0.495(2)	0.470(2)	1.0
O3	O^{2-}	4c	0.371(2)	0.135(2)	0.740(2)	1.0
O4	O^{2-}	4c	0.375(2)	0.870(2)	0.780(2)	1.0
O5	O^{2-}	4c	0.628(2)	0.170(2)	0.754(2)	1.0
O6	O^{2-}	4c	0.610(2)	0.840(2)	0.813(2)	1.0
O7	O^{2-}	2b	0.5	0.275(2)	0.5	1.0
O8	O^{2-}	2b	0.5	0.745(2)	0.5	1.0
O9	O^{2-}	4c	0.040(2)	0.855(2)	0.176(2)	1.0
O10	O^{2-}	4c	0.066	0.135	0.196	1.0
Na1	Na^{+}	4c	0.248	0.246	0	1.0
O11	O^{2-}	2b	0	0.015	0.5	0.5
Na2	Na^{+}	2b	0	0.015	0.5	0.5

PDF: 72-2302(续)		
d	I/I_0	hkl
2.9436	190	131
2.9436	190	202
2.6264	293	$\bar{2}22$
2.6175	273	400
2.5476	392	040
2.5476	392	222
2.5041	36	$\bar{3}12$
2.4996	30	$\bar{4}01$
2.4354	22	330
2.4354	22	401
2.4078	31	041
2.4078	31	132
2.3367	36	$\bar{1}13$
2.3287	24	$\bar{3}31$
2.3287	24	420
2.2925	12	240
2.2925	12	331
2.2502	5	$\bar{2}03$
2.2445	6	$\bar{4}21$
2.1998	22	023

9-152a 硅锆钙钠石(Zirsinalite)

$Na_6CaZrSi_6O_{18}$, 725.74

Sys.:Trigonal S.G.:$R\bar{3}m$(166) Z:2

a:10.29 c:13.11 Vol.:1202.17

ICSD:200800

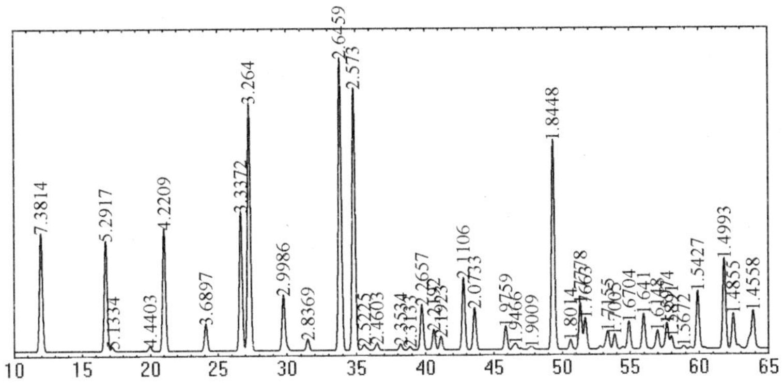

PDF:27-0670

d	I/I_0	hkl
7.4000	25	101
5.2800	30	012
4.2200	40	021
3.6800	40	202
3.3300	40	113
3.2600	60	211
3.0600	5	104
2.9900	20	122
2.6370	90	024
2.5690	80	220
2.4560	5	303
2.3690	3	214
2.2600	15	205
2.2170	5	223
2.1060	25	042
2.0670	25	125
2.0110	2	116
1.9700	10	134
1.9440	5	410
1.8420	100	404

9-152b 硅锆钙钠石(Zirsinalite)

$Na_6CaZrSi_6O_{18}$, 725.74

ICSD:200800(续)

Atom		Wcf	x	y	z	Occ
Zr1	Zr^{4+}	2b	0	0	0	1.0
Ca1	Ca^{2+}	4c	0.3767(3)	0.3767(3)	0.3767(3)	0.5
Si1	Si^{4+}	12f	0.1307(9)	0.1346(9)	0.5853(3)	1.0
Na1	Na^{+}	6d	0.5	0	0	1.0
Na2	Na^{+}	6e	0.743(1)	0.757(1)	0.25	1.0
O1	O^{2-}	12f	0.255(1)	0.296(1)	0.938(1)	1.0
O2	O^{2-}	12f	0.950(1)	0.234(1)	0.968(1)	1.0
O3	O^{2-}	6e	0.013(1)	0.487(1)	0.25	1.0
O4	O^{2-}	6e	0.518(1)	0.982(1)	0.25	1.0

PDF:27-0670(续)

d	I/I_0	hkl
1.7750	25	413
1.7610	20	306
1.7450	2	324
1.7300	2	027
1.7130	12	330
1.6960	15	045
1.6690	12	241
1.6360	20	217
1.6100	10	018
1.5940	10	333
1.5620	2	054
1.5520	4	152
1.5390	40	208
1.4960	40	244
1.4830	13	600
1.4540	25	416
1.4300	2	342
1.4160	12	425
1.4000	5	119
1.3810	20	327

9-153a 硅铁钙钠石(Imandrite)

$Na_{12}Ca_3Fe_2(Si_6O_{18})_2$, 1420.82

Sys.: Orthorhombic S.G.: *Pmnn*(58) *Z*: 1

a: 10.331 *b*: 10.546 *c*: 7.426 Vol.: 1809.07

ICSD: 200805

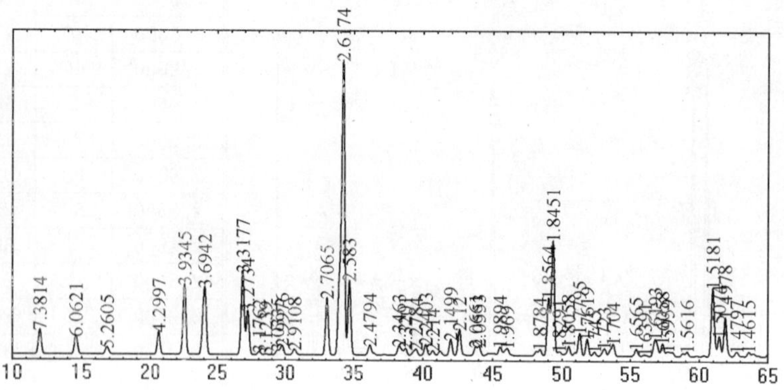

PDF: 84-0037

d	*I*/I_0	*hkl*
7.3800	96	110
6.0718	65	011
6.0299	36	101
5.2730	32	020
5.2346	28	111
5.1655	3	200
4.2994	89	021
3.9344	253	211
3.7130	130	002
3.6900	230	220
3.5023	1	012
3.3169	269	112
3.2736	158	310
3.1773	10	031
3.1241	3	301
3.0369	15	131
3.0369	15	022
3.0149	14	202
2.9954	30	311
2.9127	14	122

9-153b 硅铁钙钠石(Imandrite)

$Na_{12}Ca_3Fe_2(Si_6O_{18})_2$, 1420.82

ICSD: 200805(续)

Atom		Wcf	*x*	*y*	*z*	Occ
Fe1	Fe^{3+}	2*a*	0	0	0	1.0
Ca1	Ca^{2+}	4*g*	0.5	0.2549(5)	0.7563(7)	0.75
Si1	Si^{4+}	8*h*	0.2723(3)	0.9920(4)	0.7152(5)	1.0
Si2	Si^{4+}	4*g*	0.5	0.2184(5)	0.2564(8)	1.0
Na1	Na^{+}	2*c*	0	0	0.5	1.0
Na2	Na^{+}	8*h*	0.2407(5)	0.2334(5)	0.0207(7)	1.0
Na3	Na^{+}	2*b*	0.5	0	0	1.0
O1	O^{2-}	4*g*	0	0.199(1)	0.935(2)	1.0
O2	O^{2-}	8*h*	0.128(1)	0.376(1)	0.755(1)	1.0
O3	O^{2-}	4*g*	0.5	0.290(1)	0.073(2)	1.0
O4	O^{2-}	8*h*	0.364(1)	0.444(1)	0.697(1)	1.0
O5	O^{2-}	8*h*	0.329(1)	0.121(1)	0.787(1)	1.0
O6	O^{2-}	4*f*	0.240(1)	0	0.5	1.0

PDF: 84-0037(续)

d	*I*/I_0	*hkl*
2.7063	170	231
2.6365	272	040
2.6173	999	222
2.5828	256	400
2.4846	10	041
2.4782	21	132
2.4600	2	330
2.4555	2	312
2.4157	2	141
2.4098	4	013
2.4098	4	103
2.3767	1	411
2.3468	22	240
2.3468	22	113
2.3352	13	331
2.3195	18	420
2.2885	9	232
2.2773	15	322
2.2407	29	023
2.2407	29	241

9-154 透视石(Dioptase)

$CuSiO_3 \cdot H_2O$，157.64

Sys.:Trigonal　S.G.:$R\bar{3}$(148)　Z:18

a:14.57　c:7.78　Vol.:1430.31

ICSD:200761

Atom		Wcf	x	y	z	Occ
Cu1	Cu^{2+}	18f	0.2646(2)	0.33762(2)	0.39642(2)	1.0
Si1	Si^{4+}	18f	0.1755(3)	0.2177(3)	0.0411(4)	1.0
O1	O^{2-}	18f	0.1805(2)	0.1095(2)	0.0825(3)	1.0
O2	O^{2-}	18f	0.3520(2)	0.3860(2)	0.6019(3)	1.0
O3	O^{2-}	18f	0.1605(2)	0.2681(2)	0.2141(3)	1.0
O4	O^{2-}	18f	0.1408(3)	0.1804(3)	0.5783(4)	1.0
H1	H^+	18f	0.1512(6)	0.1223(6)	0.5567(9)	1.0
H2	H^+	18f	0.1108(6)	0.1743(6)	0.6911(7)	1.0

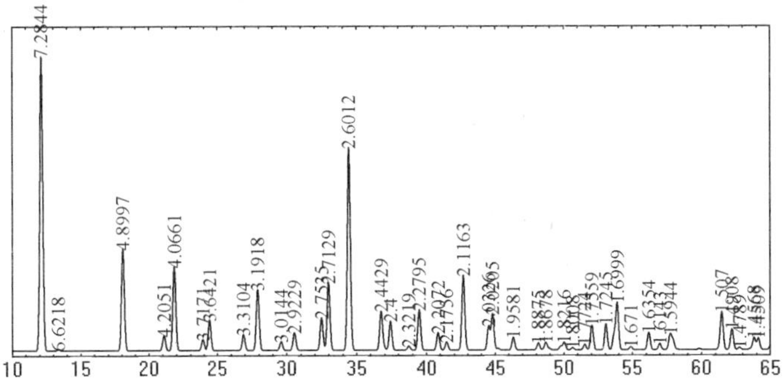

PDF:33-0487

d	I/I_0	hkl
7.2900	50	110
6.6300	4	101
4.9000	25	021
4.2100	5	300
4.0700	30	211
3.7160	7	012
3.6440	9	220
3.3090	9	202
3.1900	15	131
3.0150	5	122
2.9220	6	401
2.7540	9	410
2.7140	20	321
2.6000	100	312
2.4430	60	113
2.4000	15	051
2.3230	1	232
2.2800	10	241
2.2070	9	303
2.1760	3	511

9-155a 硅钛锂钙石(Baratovite)

$Li_3KCa_7(Ti,Zr)_2(Si_6O_{18})_2F_2$，1387.28

Sys.:Monoclinic　S.G.:$A2/a$(15)　Z:4

a:16.941　b:9.746　c:20.907　β:112.5　Vol.:13189.13

ICSD:100493

Atom		Wcf	x	y	z	Occ
Ti1	Ti^{4+}	8f	0.33460(2)	0.07052(3)	0.25190(2)	0.87
Zr1	Zr^{4+}	8f	0.33460(2)	0.07052(3)	0.25190(2)	0.13
Ca1	Ca^{2+}	8f	0.22017(3)	−0.07256(4)	0.51329(2)	1.0
Ca2	Ca^{2+}	8f	0.14518(3)	0.28319(4)	0.50695(2)	1.0
Ca3	Ca^{2+}	8f	0.07260(3)	0.63830(4)	0.50006(2)	1.0

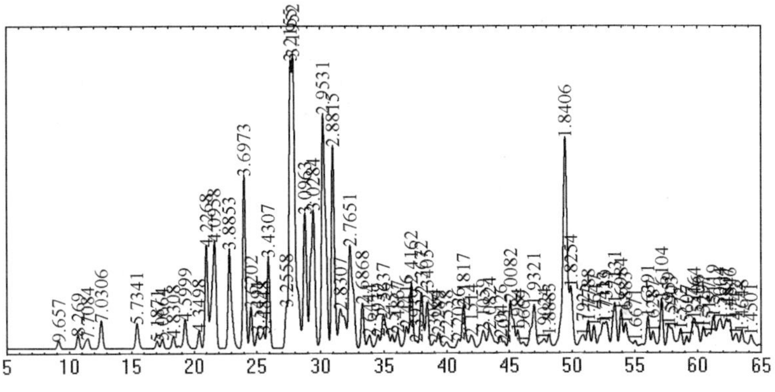

PDF:33-0811

d	I/I_0	hkl
9.6580	6	002
8.2730	3	110
7.8260	3	200
7.6870	5	$\bar{2}02$
7.0240	12	$\bar{1}12$
5.7360	12	112
5.6670	2	$\bar{1}13$
5.1860	3	202
5.0660	4	$\bar{2}04$
4.8290	9	004
4.7250	2	021
4.6000	11	310
4.6000	11	$\bar{1}14$
4.5360	2	$\bar{3}13$
4.3510	7	022
4.2240	43	$\bar{2}21$
4.1690	9	311
4.1370	12	220
4.1160	11	$\bar{2}22$
4.0900	35	$\bar{3}14$

9-155b 硅钛锂钙石(Baratovite)

$Li_3KCa_7(Ti,Zr)_2(Si_6O_{18})_2F_2$, 1387.28

ICSD:100493(续 1)

Atom		Wcf	*x*	*y*	*z*	Occ
Ca4	Ca^{2+}	4*a*	0	0	0	1.0
K1	K^{+}	4*e*	0	0.07116(9)	0.25	1.0
Si1	Si^{4+}	8*f*	0.61404(4)	0.26552(6)	0.36061(3)	1.0
Si2	Si^{4+}	8*f*	0.43105(3)	0.32388(6)	0.36004(3)	1.0
Si3	Si^{4+}	8*f*	0.36923(3)	0.63544(6)	0.35952(3)	1.0
Si4	Si^{4+}	8*f*	0.49150(3)	0.87983(6)	0.36058(3)	1.0
Si5	Si^{4+}	8*f*	0.67409(3)	0.81512(6)	0.35930(3)	1.0
Si6	Si^{4+}	8*f*	0.73852(3)	0.50777(6)	0.36230(3)	1.0
O1	O^{2-}	8*f*	0.65859(9)	0.40248(15)	0.34516(8)	1.0
O2	O^{2-}	8*f*	0.65949(9)	0.22375(15)	0.44124(7)	1.0
O3	O^{2-}	8*f*	0.61253(9)	0.14422(15)	0.30831(8)	1.0
O4	O^{2-}	8*f*	0.51498(9)	0.30992(16)	0.34054(8)	1.0
O5	O^{2-}	8*f*	0.35284(9)	0.24005(15)	0.30572(7)	1.0
O6	O^{2-}	8*f*	0.45297(9)	0.28340(16)	0.43964(7)	1.0
O7	O^{2-}	8*f*	0.41045(10)	0.48836(16)	0.35154(9)	1.0
O8	O^{2-}	8*f*	0.27384(9)	0.65317(15)	0.30411(8)	1.0
O9	O^{2-}	8*f*	0.37909(9)	0.65109(15)	0.43871(7)	1.0

PDF:33-0811(续 1)

d	I/I_0	*hkl*
3.8860	36	023
3.8460	10	114
3.8460	10	$\bar{4}04$
3.8080	2	$\bar{1}15$
3.6970	63	312
3.6200	17	$\bar{3}15$
3.5470	5	222
3.5470	5	204
3.5120	4	$\bar{2}24$
3.4830	6	$\bar{2}06$
3.4300	34	024
3.2590	17	313
3.2190	99	402
3.2190	99	006
3.1910	100	$\bar{3}16$
3.1600	25	$\bar{4}21$
3.1600	25	$\bar{2}25$
3.1460	24	$\bar{4}06$
3.1220	5	$\bar{5}11$
3.0890	47	$\bar{5}14$

9-155c 硅钛锂钙石(Baratovite)

$Li_3KCa_7(Ti,Zr)_2(Si_6O_{18})_2F_2$, 1387.28

ICSD:100493(续 2)

Atom		Wcf	*x*	*y*	*z*	Occ
O10	O^{2-}	8*f*	0.43732(9)	0.74862(15)	0.34060(8)	1.0
O11	O^{2-}	8*f*	0.52081(9)	0.92000(15)	0.44137(7)	1.0
O12	O^{2-}	8*f*	0.44899(9)	0.00464(16)	0.30851(8)	1.0
O13	O^{2-}	8*f*	0.57291(10)	0.82063(18)	0.34558(9)	1.0
O14	O^{2-}	8*f*	0.7290(1)	0.85295(17)	0.43888(8)	1.0
O15	O^{2-}	8*f*	0.69539(9)	0.90634(17)	0.30421(8)	1.0
O16	O^{2-}	8*f*	0.69225(10)	0.65698(17)	0.34453(8)	1.0
O17	O^{2-}	8*f*	0.78585(9)	0.47590(17)	0.31054(8)	1.0
O18	O^{2-}	8*f*	0.80087(10)	0.49875(17)	0.44298(8)	1.0
F1	F^{-}	8*f*	0.10199(8)	0.06911(14)	0.45949(7)	1.0
Li1	Li^{+}	4*e*	0.5	0.0843(6)	0.25	1.0
Li2	Li^{+}	8*f*	0.2465(3)	0.3281(5)	0.2488(2)	1.0

PDF:33-0811(续 2)

d	I/I_0	*hkl*
3.0510	63	420
3.0270	51	025
2.9540	83	132
2.9320	79	$\bar{5}15$
2.8840	90	421
2.8840	90	314
2.8340	15	$\bar{2}26$
2.8230	13	$\bar{3}17$
2.8110	12	$\bar{3}31$
2.7960	16	511
2.7680	32	133
2.7570	29	$\bar{1}34$
2.7410	30	$\bar{3}33$
2.7410	30	$\bar{5}16$
2.6880	21	422
2.6880	21	026
2.6430	10	$\bar{4}26$

9-156a 堇青石(Cordierite)

$(Mg,Fe)_2Al_4Si_5O_{18}$， 584.95

Sys.：Orthorhombic S.G.：*Cccm*(66) *Z*：4

a：17.03 *b*：9.67 *c*：9.35 Vol.：1539.76

ICSD：36248

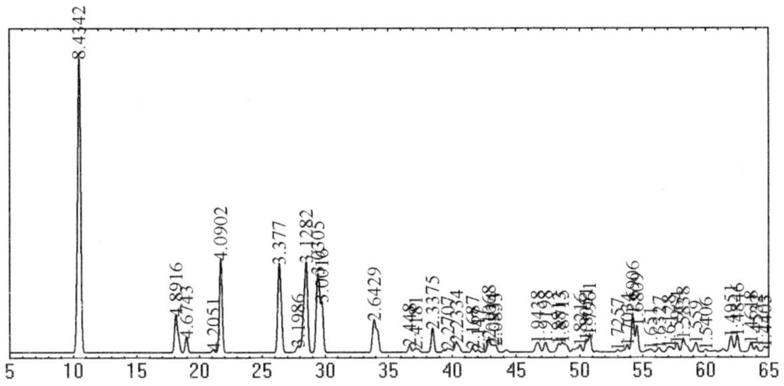

PDF：09-0472

d	I/I_0	*hkl*
8.5800	100	200
4.9200	40	310
4.6900	10	002
4.1100	80	202
3.3800	90	312
3.1800	80	130
3.0400	90	511
2.6500	60	512
2.4500	10	620
2.3400	40	530
2.2400	10	513
2.1800	10	622
2.1100	40	314
2.0500	10	404
1.9500	10	820
1.8780	50	134
1.8050	40	604
1.7150	10	642
1.6920	70	624
1.6650	10	714

9-156b 堇青石(Cordierite)

$(Mg,Fe)_2Al_4Si_5O_{18}$， 584.95

ICSD：36248(续)

Atom		Wcf	*x*	*y*	*z*	Occ
Mg1	Mg^{2+}	8*g*	0.333	0	0.25	1.0
Al1	Al^{3+}	4*b*	0	0.5	0.25	1.0
Al2	Al^{3+}	8*k*	0.25	0.25	0.25	1.0
Al3	Al^{3+}	8*l*	0.19	0.063	0	0.167
Si1	Si^{4+}	8*l*	0.19	0.063	0	0.833
Al4	Al^{3+}	8*l*	0.126	−0.255	0	0.167
Si2	Si^{4+}	8*l*	0.126	−0.255	0	0.833
Al5	Al^{3+}	8*l*	0.062	0.316	0	0.167
Si3	Si^{4+}	8*l*	0.062	0.316	0	0.833
O1	O^{2-}	8*l*	0.032	−0.284	0	1.0
O2	O^{2-}	8*l*	0.126	0.189	0	1.0
O3	O^{2-}	8*l*	0.158	−0.095	0	1.0
O4	O^{2-}	16*m*	0.24	−0.09	0.35	1.0
O5	O^{2-}	16*m*	−0.068	0.405	0.35	1.0
O6	O^{2-}	16*m*	−0.167	−0.315	0.35	1.0

PDF：09-0472(续)

d	I/I_0	*hkl*
1.6150	10	425
1.5900	20	643
1.5570	10	006
1.5310	10	116
1.5010	20	262
1.4850	10	316
1.4640	10	406
1.4460	10	644
1.4010	20	426
1.3650	10	554
1.3500	40	825

9-157a 钙锂电气石(Liddicoatite)

$Ca(Li_2Al)Al_6(BO_3)_3Si_6O_{18}(OH)_4$, 943.79

Sys.: Trigonal S.G.: $R3m$(160) Z: 3

a: 15.847 c: 7.108 Vol.: 1545.87

ICSD: 87954

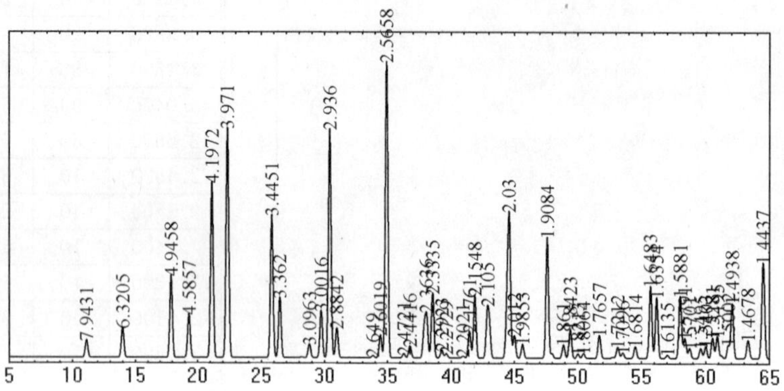

PDF: 30-0748

d	I/I_0	hkl
7.9400	5	110
6.3300	6	101
4.9430	30	021
4.5810	19	300
4.1970	50	211
3.9620	55	220
3.4450	50	012
3.3570	25	131
3.0930	9	401
2.9950	30	410
2.9330	100	122
2.8810	9	321
2.6410	2	330
2.5980	14	312
2.5590	85	051
2.4680	1	042
2.4370	4	241
2.3680	18	003
2.3560	15	232
2.3280	24	511

9-157b 钙锂电气石(Liddicoatite)

$Ca(Li_2Al)Al_6(BO_3)_3Si_6O_{18}(OH)_4$, 943.79

ICSD: 87954(续)

Atom		Wcf	x	y	z	Occ
Ca1	Ca^{2+}	3a	0	0	0.2339(1)	0.483
Na1	Na^{+}	3a	0	0	0.2339(1)	0.412
Al1	Al^{3+}	9b	0.93831(3)	0.06169(3)	0.6289(1)	0.402
Mn1	Mn^{2+}	9b	0.93831(3)	0.06169(3)	0.6289(1)	0.203
Li1	Li^{+}	9b	0.93831(3)	0.06169(3)	0.6289(1)	0.409
Al2	Al^{3+}	18c	0.29730(2)	0.26033(2)	0.61097(6)	0.98
Si1	Si^{4+}	18c	0.19208(2)	0.19020(2)	0.99895(6)	0.98
O1	O^{2-}	9b	0.9887(1)	0.0113(1)	0.7868(5)	0.2
O2	O^{2-}	9b	0.2695(1)	0.1348(1)	0.5085(2)	1.0
O3	O^{2-}	9b	0.06062(5)	0.93928(5)	0.4782(2)	1.0
O4	O^{2-}	9b	0.09253(5)	0.18506(10)	0.0719(2)	1.0
O5	O^{2-}	9b	0.1849(1)	0.0925(1)	0.0938(2)	1.0
O6	O^{2-}	18c	0.19663(5)	0.18679(5)	0.7751(1)	1.0
O7	O^{2-}	18c	0.28586(5)	0.28578(5)	0.0803(1)	1.0
O8	O^{2-}	18c	0.20966(5)	0.27029(5)	0.4409(1)	1.0
B1	B^{3+}	9b	0.10932(6)	0.89068(6)	0.4528(3)	1.0

PDF: 30-0748(续)

d	I/I_0	hkl
2.2880	5	600
2.2700	4	113
2.1730	7	502
2.1510	17	431
2.1050	19	303
2.0950	19	422
2.0330	30	223
2.0250	40	152
2.0080	6	161
1.9800	5	440
1.9054	35	342
1.8901	3	701
1.8582	5	413
1.8375	7	621
1.8031	3	612
1.7619	10	104
1.7200	1	024
1.7061	2	541
1.6812	2	214
1.6781	3	262

9-158a 钙镁电气石(Uvite)

$(Ca,Na)(Mg,Fe)_3Al_5Mg(BO_3)_3Si_6O_{18}(OH,F)_4$, 973.16	PDF:85-1817		
Sys.:Trigonal S.G.:$R3m$(160) Z:3	d	I/I_0	hkl
a:15.973 c:7.213 Vol.:1593.75	7.9865	13	110
ICSD:74189	6.3957	144	101
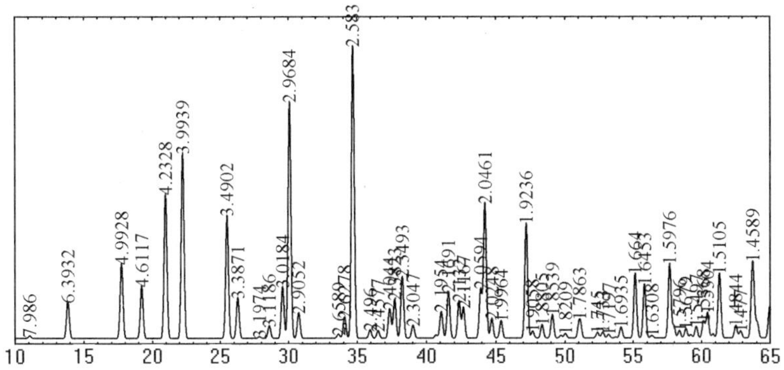	4.9922	267	021
	4.6110	230	300
	4.2332	641	211
	3.9933	728	220
	3.4898	460	012
	3.3872	152	131
	3.1979	4	202
	3.1184	39	401
	3.0186	197	410
	2.9687	818	122
	2.9048	83	321
	2.6622	10	330
	2.6278	77	312
	2.5831	999	051
	2.4961	24	042
	2.4578	26	241
	2.4043	87	003
	2.3825	126	232

9-158b 钙镁电气石(Uvite)

$(Ca,Na)(Mg,Fe)_3Al_5Mg(BO_3)_3Si_6O_{18}(OH,F)_4$, 973.16

ICSD:74189(续)

Atom		Wcf	x	y	z	Occ
Ca1	Ca^{2+}	3a	0	0	0.2291(2)	0.54
Na1	Na^+	3a	0	0	0.2291(2)	0.42
Li1	Li^+	9b	0.12627(2)	0.06313(3)	0.6292(1)	0.002
Mg1	Mg^{2+}	9b	0.12627(2)	0.06313(3)	0.6292(1)	1.003
Fe1	Fe^{3+}	9b	0.12627(2)	0.06313(3)	0.6292(1)	0.0067
Al1	Al^{3+}	18c	0.29802(5)	0.26166(4)	0.6135(1)	0.91
Mg2	Mg^{2+}	18c	0.29802(5)	0.26166(4)	0.6135(1)	0.0833
Ti1	Ti^{4+}	18c	0.29802(5)	0.26166(4)	0.6135(1)	0.0083
B1	B^{3+}	9b	0.1098(1)	0.2196(2)	0.4524(4)	1.0
Si1	Si^{4+}	18c	0.19190(3)	0.19017(4)	0	0.9983
Ti2	Ti^{4+}	18c	0.19190(3)	0.19017(4)	0	0.0017
O1	O^{2-}	3a	0	0	0.7743(4)	0.31
F1	F^-	3a	0	0	0.7743(4)	0.69
O2	O^{2-}	9b	0.06082(7)	0.1216(1)	0.4761(3)	1.0
O3	O^{2-}	9b	0.2677(2)	0.13386(8)	0.5118(3)	1.0
O4	O^{2-}	9b	0.09232(7)	0.1847(2)	0.0716(3)	1.0
O5	O^{2-}	9b	0.1820(2)	0.09100(8)	0.0914(3)	1.0
O6	O^{2-}	18c	0.19604(9)	0.18700(9)	0.7781(2)	1.0
O7	O^{2-}	18c	0.2850(1)	0.28433(9)	0.0812(2)	1.0
O8	O^{2-}	18c	0.2097(1)	0.2702(1)	0.4427(2)	1.0
H1	H^+	18c	0.263(3)	0.131(1)	0.403(5)	0.525

PDF:85-1817(续)

d	I/I_0	hkl
2.3490	203	511
2.3055	40	600
2.3055	40	113
2.2151	9	520
2.1951	96	502
2.1689	124	431
2.1319	114	303
2.1166	94	422
2.0598	150	223
2.0460	380	152
2.0247	60	161
1.9966	49	440
1.9236	324	342
1.9059	23	351
1.8807	39	143
1.8539	66	621
1.8322	8	710
1.8209	13	612
1.7881	34	104
1.7843	50	333

9-159a 布格电气石(Buergerite)

$NaFe_3B_3Al_6Si_6O_{27}(OH)_3F$，1055.37

Sys.:Trigonal S.G.:$R3m$(160) Z:3

a:15.869 c:7.188 Vol.:11567.61

ICSD:15186

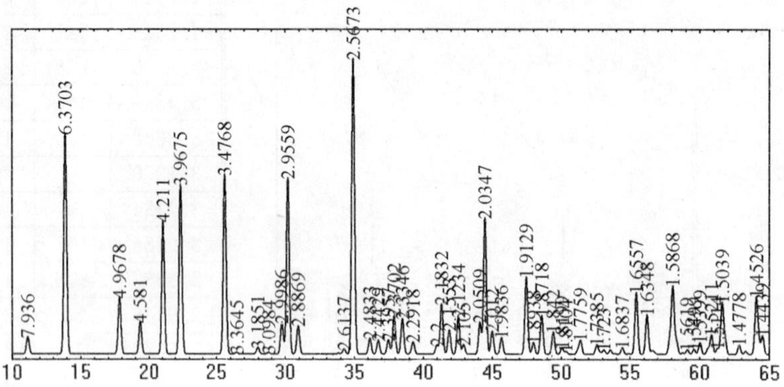

PDF:71-2384

d	I/I_0	hkl
7.9345	79	110
6.3694	840	101
4.9670	232	021
4.5810	153	300
4.2101	574	211
3.9672	658	220
3.4771	659	012
3.3674	10	131
3.1847	18	202
3.0998	8	401
2.9990	126	410
2.9555	624	122
2.8873	91	321
2.6448	3	330
2.6149	20	312
2.5673	999	051
2.4835	45	042
2.4426	42	241
2.3960	48	003
2.3701	122	232

9-159b 布格电气石(Buergerite)

$NaFe_3B_3Al_6Si_6O_{27}(OH)_3F$，1055.37

ICSD:15186(续)

Atom		Wcf	x	y	z	Occ
Na1	Na^+	3a	0	0	0.2119(14)	1.0
B1	B^{3+}	9b	0.11001(9)	−0.11001(9)	0.45172(50)	1.0
Fe1	Fe^{2+}	9b	−0.06614(8)	0.06614(8)	0.62217(48)	1.0
Si1	Si^{4+}	18c	0.19171(17)	0.19087(17)	0	1.0
Al1	Al^{3+}	18c	0.29925(19)	0.25919(18)	0.60450(54)	1.0
F1	F^-	3a	0	0	0.76850(74)	1.0
O1	O^{2-}	9b	0.06042(9)	−0.06042(9)	0.48532(54)	1.0
O2	O^{2-}	9b	−0.13205(10)	0.13205(10)	0.52026(48)	1.0
O3	O^{2-}	9b	0.09463(9)	−0.09463(9)	0.07612(50)	1.0
O4	O^{2-}	9b	−0.09117(11)	0.09117(11)	0.08362(52)	1.0
O5	O^{2-}	18c	0.19320(13)	0.18712(12)	0.77538(41)	1.0
O6	O^{2-}	18c	0.28708(12)	0.28592(11)	0.07513(44)	1.0
O7	O^{2-}	18c	0.20925(13)	0.26971(12)	0.43868(43)	1.0
H1	H^+	9b	−0.1313(19)	0.1313(19)	0.3889(72)	1.0

PDF:71-2384(续)

d	I/I_0	hkl
2.3345	124	511
2.2905	36	113
2.2905	36	600
2.2006	29	520
2.1833	167	502
2.1554	67	431
2.1231	113	303
2.1051	31	422
2.0510	98	223
2.0347	383	152
2.0120	71	161
1.9836	45	440
1.9128	224	342
1.8939	36	701
1.8719	108	143
1.8422	67	621
1.8203	20	710
1.8105	11	612
1.7818	15	104
1.7757	38	333

9-160a 锂电气石(Elbaite)

$Na(Li,Al)_3Al_6(BO_3)_3Si_6O_{18}(OH)_5$, 923.67
Sys.:Trigonal S.G.:$R\bar{3}m$(166) Z:3
a:15.854 c:7.105 Vol.:1546.58
ICSD:76877

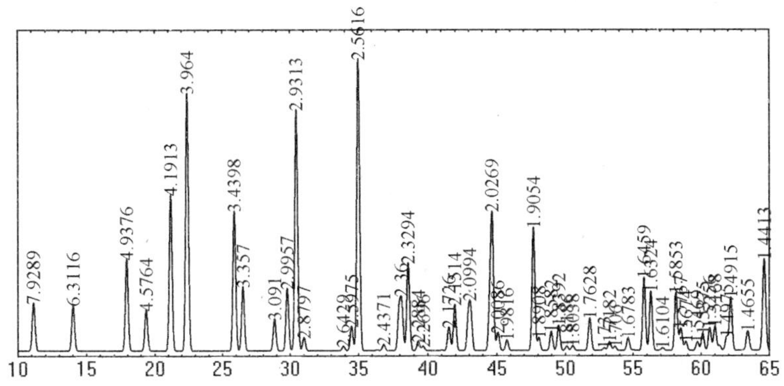

PDF:49-1833		
d	I/I_0	hkl
7.9300	6	110
6.3100	17	101
4.9400	23	021
4.5700	15	300
4.1900	41	211
3.9600	36	220
3.4400	56	012
3.3500	24	131
3.0930	8	401
2.9950	15	410
2.9410	100	122
2.8810	5	321
2.5980	10	312
2.5610	87	051
2.4380	2	241
2.3680	16	003
2.3580	16	232
2.3280	6	511
2.2860	3	600
2.2650	3	113

9-160b 锂电气石(Elbaite)

$Na(Li,Al)_3Al_6(BO_3)_3Si_6O_{18}(OH)_5$, 923.67

ICSD:76877(续)

Atom		Wcf	x	y	z	Occ
Ca1	Ca^{2+}	3a	0	0	0.8408	0.17
Na1	Na^{+}	3a	0	0	0.8408	0.49
Li1	Li^{+}	9b	0.06161(4)	0.93839	0.4415(3)	0.447
Al1	Al^{3+}	9b	0.06161(4)	0.93839	0.4415(3)	0.537
Mn1	Mn^{2+}	9b	0.06161(4)	0.93839	0.4415(3)	0.016
Al2	Al^{3+}	18c	0.26006(3)	0.29682(3)	0.4662(3)	1.0
B1	B^{3+}	9b	0.89110(9)	0.1089	0.6222(4)	1.0
Si1	Si^{4+}	18c	0.18998(3)	0.19193(3)	0.0758(3)	0.983
Al3	Al^{3+}	18c	0.18998(3)	0.19193(3)	0.0758(3)	0.017
O1	O^{2-}	3a	0	0	0.2955(6)	0.48
F1	F^{-}	3a	0	0	0.2955(6)	0.52
O2	O^{2-}	9b	0.93990(6)	0.0602	0.5886(4)	1.0
O3	O^{2-}	9b	0.13256(8)	0.86744	0.5684(4)	1.0
O4	O^{2-}	9b	0.90642(7)	0.09358	0.0027(4)	1.0
O5	O^{2-}	9b	0.09339(7)	0.90661	−0.0200(4)	1.0
O6	O^{2-}	18c	0.18490(8)	0.19516(8)	0.3016(3)	1.0
O7	O^{2-}	18c	0.28614(7)	0.28646(8)	−0.0030(3)	1.0
O8	O^{2-}	18c	0.27000(8)	0.20951(9)	0.6367(3)	1.0

PDF:49-1833(续)		
d	I/I_0	hkl
2.1730	4	502
2.1500	9	431
2.1030	17	303
2.0930	17	422
2.0340	26	223
2.0280	30	152
2.0090	3	161
1.9830	4	440
1.9050	23	342
1.8900	3	701
1.8590	4	413
1.8380	9	621
1.8160	4	710
1.8030	2	612
1.7620	9	333
1.7130	2	072
1.6790	3	214
1.6790	3	262
1.6460	14	603
1.6330	9	271

9-161a 镁电气石(Dravite)

$NaMg_3Al_6(BO_3)_3Si_6O_{18}(OH)_4$, 958.75

Sys.: Trigonal S.G.: $R3m$(160) Z: 3

a: 15.931 c: 7.197 Vol.: 1581.86

ICSD: 31680

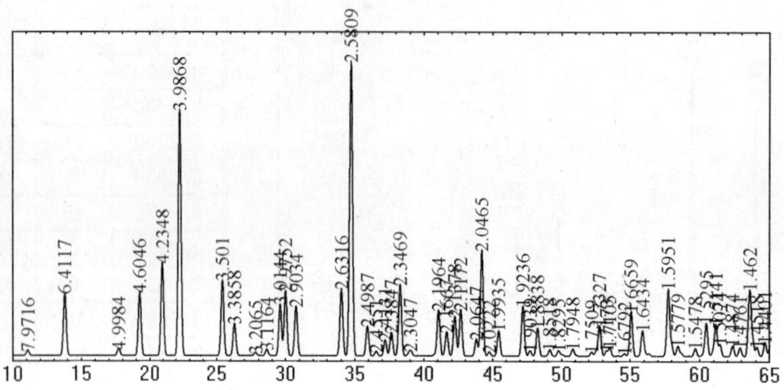

PDF: 14-0076		
d	I/I_0	hkl
6.3800	30	101
4.9800	25	021
4.6000	18	300
4.2200	65	211
3.9900	85	220
3.4800	60	012
3.3800	16	131
3.1100	6	401
3.0100	12	410
2.9610	85	122
2.8970	10	321
2.6560	1	330
2.6220	8	312
2.5760	100	051
2.4900	2	042
2.4510	2	241
2.3960	20	003
2.3760	20	232
2.3420	20	511
2.3000	6	600

9-161b 镁电气石(Dravite)

$NaMg_3Al_6(BO_3)_3Si_6O_{18}(OH)_4$, 958.75

ICSD: 31680(续)

Atom		Wcf	x	y	z	Occ
Na1	Na^+	3a	0	0	0.7860(14)	1.0
Mg1	Mg^{2+}	9b	0.1340(6)	0.067(6)	0.1540(14)	1.0
B1	B^{3+}	9b	0.117(1)	0.234(1)	0	1.0
Al1	Al^{3+}	18c	0.0650(6)	0.3650(6)	0.8340(14)	1.0
Si1	Si^{4+}	18c	0.1920(6)	0.1920(6)	0.5220(14)	1.0
O1	O^{2-}	3a	0	0	0.315(3)	1.0
O2	O^{2-}	9b	0.058(1)	0.116(1)	0	1.0
O3	O^{2-}	9b	0.234(1)	0.117(1)	0.938(3)	1.0
O4	O^{2-}	9b	0.096(1)	0.192(1)	0.593(3)	1.0
O5	O^{2-}	9b	0.160(1)	0.080(1)	0.522(3)	1.0
O6	O^{2-}	18c	0.196(1)	0.196(1)	0.315(3)	1.0
O7	O^{2-}	18c	0.275(1)	0.255(1)	0.671(3)	1.0
O8	O^{2-}	18c	0.050(1)	0.286(1)	0	1.0

PDF: 14-0076(续)		
d	I/I_0	hkl
2.1890	18	502
2.1630	14	431
2.1270	16	303
2.1120	10	422
2.0540	20	223
2.0400	45	152
2.0190	8	161
1.9910	6	440
1.9200	35	342
1.9010	6	351
1.8770	8	413
1.8490	8	621
1.8280	2	710
1.8170	2	612
1.7840	10	104
1.7810	8	333
1.7420	6	024
1.7290	4	072
1.7150	2	541
1.6900	2	262

9-162a 黑电气石(Schorl)

$NaFe_3Al_6(BO_3)_3Si_6O_{18}(OH)_4$, 1053.38

Sys.: Trigonal S.G.: $R3m$(160)

a: 15.992 c: 7.172 Vol.: 11588.46

ICSD: 4380

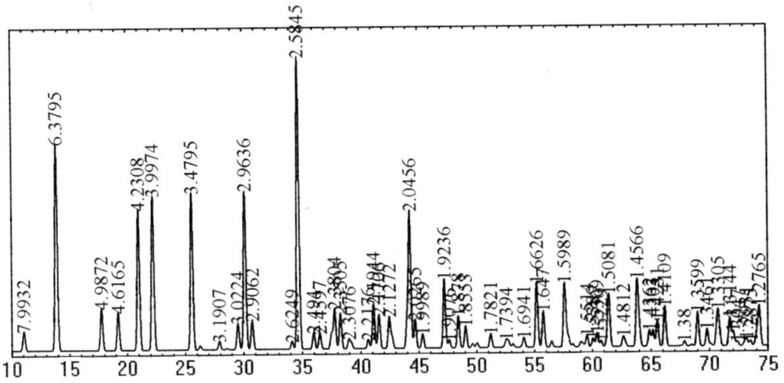

PDF: 43-1464

d	I/I_0	hkl
7.9960	7	110
6.3690	49	101
4.9820	19	021
4.6160	17	030
4.2280	54	211
3.9980	70	220
3.4720	50	012
3.3860	5	131
3.0220	9	140
2.9590	52	122
2.9050	8	321
2.6210	4	312
2.5840	100	051
2.4910	3	042
2.4590	4	241
2.3910	6	003
2.3780	15	232
2.3500	14	511
2.3080	3	060
2.2180	2	250

9-162b 黑电气石(Schorl)

$NaFe_3Al_6(BO_3)_3Si_6O_{18}(OH)_4$, 1053.38

ICSD: 4380(续)

Atom		Wcf	x	y	z	Occ
Na1	Na^+	3a	0	0	0.22353(43)	1.0
Fe1	Fe^{2+}	9b	0.12566(2)	0.06283(1)	0.62792(6)	1.0
Al1	Al^{3+}	18c	0.29883(3)	0.26171(3)	0.61158(6)	1.0
B1	B^{3+}	9b	0.11029(6)	0.22058(12)	0.45461(24)	1.0
Si1	Si^{4+}	18c	0.19177(2)	0.18986(2)	0	1.0
O1	O^{2-}	3a	0	0	0.78366(29)	1.0
O2	O^{2-}	9b	0.06154(5)	0.12308(10)	0.48301(24)	1.0
O3	O^{2-}	9b	0.27060(12)	0.13530(6)	0.51146(18)	1.0
O4	O^{2-}	9b	0.09278(5)	0.18556(10)	0.06907(17)	1.0
O5	O^{2-}	9b	0.18566(12)	0.09283(6)	0.09037(17)	1.0
O6	O^{2-}	18c	0.19772(7)	0.18787(7)	0.77785(11)	1.0
O7	O^{2-}	18c	0.28462(7)	0.28518(7)	0.07966(11)	1.0
O8	O^{2-}	18c	0.20985(7)	0.27048(8)	0.44247(15)	1.0

PDF: 43-1464(续)

d	I/I_0	hkl
2.1920	13	502
2.1700	21	431
2.1230	8	033
2.1140	6	422
2.0520	14	223
2.0440	37	152
2.0260	8	161
1.9990	3	440
1.9220	20	342
1.9070	3	351
1.8750	6	143
1.8550	6	621
1.8340	1	170
1.8200	2	612
1.7800	2	333
1.7780	4	104
1.7360	2	024
1.7320	1	072
1.7210	1	541
1.6930	2	262

9-163a 铬电气石(Chromdravite)

$NaMg_3Cr_6(BO_3)_3Si_6O_{18}(OH)_4$，1108.84

Sys.:Trigonal S.G.:$R3m$(160) Z:3

a:16.11 c:7.27 Vol.:11634.02

ICSD:100358

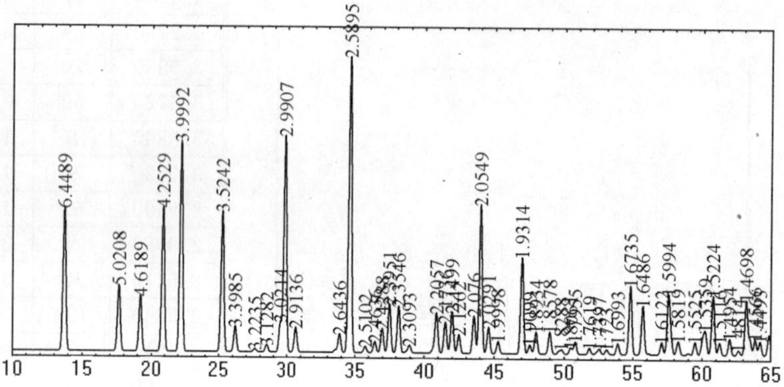

PDF:35-0717

d	I/I_0	hkl
6.5700	50	101
5.1000	35	021
4.6700	20	300
4.3100	40	211
4.0500	50	220
3.5800	75	012
3.1700	15	401
3.0400	75	122
2.6800	15	312
2.6200	100	051
2.4700	15	241
2.4260	25	003
2.3800	15	232
2.2810	10	203
2.2330	20	502
2.1840	30	431
2.1070	15	—
2.0790	50	223
2.0490	15	152
1.9530	35	342

9-163b 铬电气石(Chromdravite)

$NaMg_3Cr_6(BO_3)_3Si_6O_{18}(OH)_4$，1108.84

ICSD:100358(续)

Atom		Wcf	x	y	z	Occ
Na1	Na^{+}	3a	0	0	0.8576	0.84
Ca1	Ca^{2+}	3a	0	0	0.8576	0.16
Mg1	Mg^{2+}	9b	0.0623(1)	−0.0623(1)	0.4527(11)	0.57
Cr1	$Cr^{2.87+}$	9b	0.0623(1)	−0.0623(1)	0.4527(11)	0.43
Mg2	Mg^{2+}	18c	0.2620(1)	0.2980(1)	0.4790(11)	0.198
Al1	Al^{3+}	18c	0.2620(1)	0.2980(1)	0.4790(11)	0.654
Cr2	$Cr^{2.87+}$	18c	0.2620(1)	0.2980(1)	0.4790(11)	0.148
B1	B^{3+}	9b	−0.1097(4)	0.1097(4)	0.6355(17)	1.0
Si1	Si^{4+}	18c	0.1893(1)	0.1908(1)	0.0903(11)	1.0
O1	O^{2-}	3a	0	0	0.3201(18)	1.0
O2	O^{2-}	9b	−0.0608(2)	0.0608(2)	0.6031(14)	1.0
O3	O^{2-}	9b	0.1299(2)	−0.1299(2)	0.5813(14)	1.0
O4	O^{2-}	9b	−0.0932(2)	0.0932(2)	0.0194(15)	1.0
O5	O^{2-}	9b	0.0916(2)	−0.0916(2)	−0.0006(14)	1.0
O6	O^{2-}	18c	0.1839(3)	0.1938(3)	0.3104(13)	1.0
O7	O^{2-}	18c	0.2841(3)	0.2846(3)	0.0138(13)	1.0
O8	O^{2-}	18c	0.2685(3)	0.2083(3)	0.6506(13)	1.0

PDF:35-0717(续)

d	I/I_0	hkl
1.9220	15	701
1.7670	10	024
1.7000	25	081
1.6750	20	603
1.6650	25	271
1.6120	25	550
1.5510	25	900
1.5210	15	820

9-164a 羟硅钡石(Muirite)

$Ba_{10}Ca_2MnTiSi_{10}O_{30}(OH,Cl,F)_{10}$, 2487.21

Sys.: Tetragonal S.G.: *P*4/*mmm*(123) *Z*: 1

a: 14.022 *c*: 5.627 Vol.: 21106.36

ICSD: 23533

Atom		Wcf	*x*	*y*	*z*	Occ
Ba1	Ba^{2+}	4*n*	0.5	0.1656(1)	0	1.0
Ba2	Ba^{2+}	1*a*	0	0	0	1.0
Ba3	Ba^{2+}	2*h*	0.5	0.5	0.2447(8)	0.5
Ba4	Ba^{2+}	4*k*	0.2671(1)	0.2671(1)	0.5	1.0
Ca1	Ca^{2+}	4*m*	0.3635(3)	0	0.5	0.5

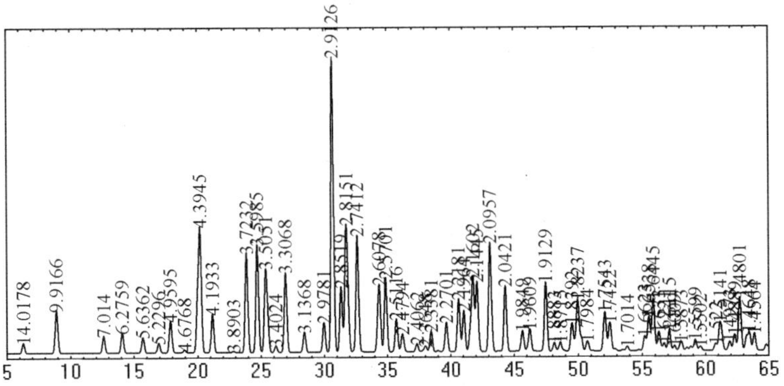

PDF: 18-0161

d	*I*/I_0	*hkl*
10.0000	25	110
7.1700	15	200
6.3300	5	210
5.5700	5	001
5.2000	10	101
4.9500	20	220
4.6700	5	300
4.4200	75	310
4.2100	20	211
3.7300	60	221
3.6000	50	301
3.5100	60	400
3.3100	60	330
3.1400	10	420
2.9700	15	401
2.9100	100	411
2.8500	15	331
2.8140	40	002
2.7430	40	421
2.6070	25	520

9-164b 羟硅钡石(Muirite)

$Ba_{10}Ca_2MnTiSi_{10}O_{30}(OH,Cl,F)_{10}$, 2487.21

ICSD: 23533(续)

Atom		Wcf	*x*	*y*	*z*	Occ
Mn1	Mn^{2+}	4*m*	0.3635(3)	0	0.5	0.25
Ti1	Ti^{4+}	4*m*	0.3635(3)	0	0.5	0.25
Si1	Si^{4+}	8*p*	0.2654(3)	0.1030(3)	0	1.0
Cl1	Cl^-	4*o*	0.5	0.2777(4)	0.5	1.0
Cl2	Cl^-	4*j*	0.3525(3)	0.3525(3)	0	1.0
O1	O^{2-}	4*l*	0.2074(11)	0	0	1.0
O2	O^{2-}	8*r*	0.1801(9)	0.1801(9)	0.0643(31)	0.5
O3	O^{2-}	16*u*	0.3289(5)	0.1141(5)	0.2345(14)	1.0
O4	O^{2-}	4*i*	0.5	0	0.2619(38)	0.5
O5	O^{2-}	4*i*	0.5	0	0.2619(38)	0.5
O6	O^{2-}	4*k*	0.0977(11)	0.0977(11)	0.5	1.0

PDF: 18-0161(续)

d	*I*/I_0	*hkl*
2.5710	20	212
2.5150	15	501
2.4750	10	440
2.4040	15	530
2.3350	15	600
2.2760	15	322
2.2140	25	531
2.1540	40	601
2.0940	40	422
2.0420	25	541

9-165 硅锂锡钾石(Brannockite)

$Li_3KSn_2Si_{12}O_{30}$，1114.31

Sys.:Hexagonal S.G.:$P6/mcc$(192) Z:2

a:10.017 c:14.245 Vol.:11237.85

ICSD:202622

Atom		Wcf	x	y	z	Occ
K1	K^+	$2a$	0	0	0.25	1.0
Sn1	Sn^{4+}	$4c$	0.3333	0.6667	0.25	1.0
Li1	Li^+	$6f$	0.5	0.5	0.25	1.0
Si1	Si^{4+}	$24m$	0.23866(7)	0.35649(7)	0.39057(5)	1.0
O1	O^{2-}	$12l$	0.1318(3)	0.3977(4)	0	1.0
O2	O^{2-}	$24m$	0.2237(2)	0.2807(2)	0.1342(2)	1.0
O3	O^{2-}	$24m$	0.1598(2)	0.5038(2)	0.1726(1)	1.0

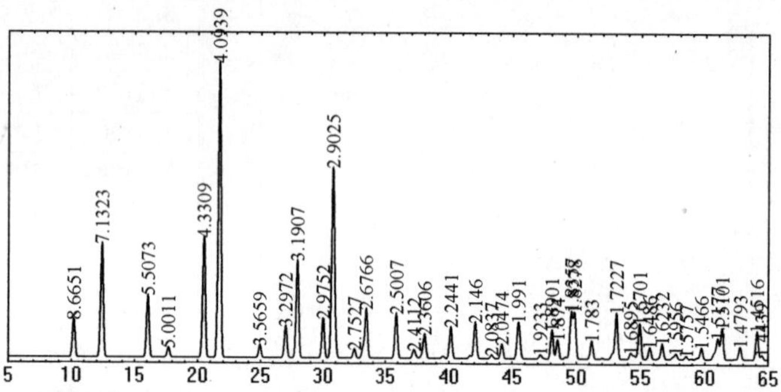

PDF:26-0853

d	I/I_0	hkl
8.6900	60	100
7.1400	80	002
5.5000	70	102
5.0000	20	110
4.3400	80	200
4.1100	100	112
3.7200	10	202
3.5600	20	004
3.4700	10	—
3.3000	40	104
3.2000	50	211
2.9770	30	212
2.9050	90	114
2.7540	10	204
2.6810	60	302
2.5020	60	220
2.4130	20	214
2.3620	50	222
2.2450	50	304
2.1470	60	313

9-166a 硅锆锰钾石(Darapiosite)

$(Mn_{1.47}Zr_{0.28}Y_{0.22}Mg_{0.03})(Na_{1.22}K_{0.36})K(Li_{1.54}Zn_{1.15}Fe_{0.31})Si_{12}O_{30}$，1193.69

Sys.:Hexagonal S.G.:$P6/mcc$(192) Z:2

a:10.262 c:14.307 Vol.:11304.8

ICSD:87755

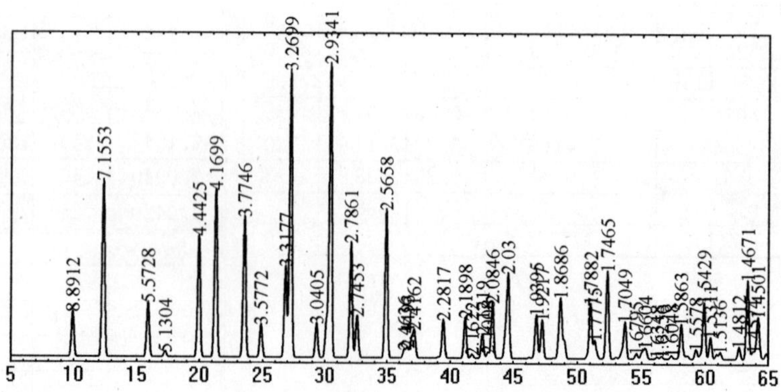

PDF:89-6522

d	I/I_0	hkl
8.8872	172	100
7.1535	674	002
5.5725	220	102
5.1310	42	110
4.4436	493	200
4.1694	603	112
3.7746	492	202
3.5768	131	004
3.3181	316	104
3.2701	975	211
3.0405	112	212
2.9624	147	300
2.9342	999	114
2.7863	380	204
2.7462	135	213
2.7370	92	302
2.5655	492	220
2.4649	23	310
2.4486	52	214
2.4291	88	311

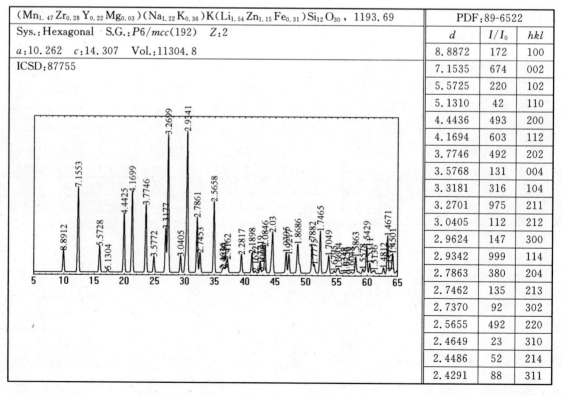

9-166b 硅锆锰钾石(Darapiosite)

$(Mn_{1.47}Zr_{0.28}Y_{0.22}Mg_{0.03})(Na_{1.22}K_{0.36})K(Li_{1.54}Zn_{1.15}Fe_{0.31})Si_{12}O_{30}$，1193.69

ICSD:87755(续)

Atom		Wcf	*x*	*y*	*z*	Occ
Mn1	Mn^{2+}	4*c*	0.3333	0.6667	0.25	0.735
Zr1	Zr^{4+}	4*c*	0.3333	0.6667	0.25	0.14
Y1	Y^{3+}	4*c*	0.3333	0.6667	0.25	0.11
Mg1	Mg^{2+}	4*c*	0.3333	0.6667	0.25	0.015
Na1	Na^{+}	4*d*	0.3333	0.6667	0	0.61
K1	K^{+}	4*d*	0.3333	0.6667	0	0.18
K2	K^{+}	2*a*	0	0	0.25	1.0
Si1	Si^{4+}	24*m*	0.10900(8)	0.34665(8)	0.11042(5)	1.0
Li1	Li^{+}	6*f*	0	0.5	0.25	0.513
Zn1	Zn^{2+}	6*f*	0	0.5	0.25	0.383
Fe1	$Fe^{2.6+}$	6*f*	0	0.5	0.25	0.103
O1	O^{2-}	12*l*	0.1250(4)	0.3857(4)	0	1.0
O2	O^{2-}	24*m*	0.2142(2)	0.2743(2)	0.1355(2)	1.0
O3	O^{2-}	24*m*	0.1530(2)	0.4946(2)	0.1687(1)	1.0

PDF:89-6522(续)

d	I/I_0	*hkl*
2.4149	90	222
2.3845	4	006
2.3304	2	312
2.3030	3	106
2.2815	110	304
2.2218	1	400
2.1897	79	313
2.1624	10	116
2.1218	67	402
2.1011	17	206
2.0847	149	224
2.0389	77	320
2.0296	228	314
1.9608	3	322
1.9393	109	410
1.9218	94	411
1.8873	4	404
1.8718	67	412
1.8675	161	315
1.8575	49	306

9-167 陨铁大隅石(Merrihueite)

$K_2Mg_5Si_{12}O_{30}$，1016.73

Sys.:Hexagonal S.G.:*P*6/*mcc*(192) *Z*:2

a:10.222 *c*:14.152 Vol.:11280.62

ICSD:2717

Atom		Wcf	*x*	*y*	*z*	Occ
K1	K^{+}	2*a*	0	0	0.25	1.0
K2	K^{+}	4*d*	0.3333	0.6666	0	0.5
Mg1	Mg^{2+}	4*c*	0.3333	0.6666	0.25	1.0
Mg2	Mg^{2+}	6*f*	0.5	0	0.25	1.0
Si1	Si^{4+}	24*m*	0.1126(1)	0.3484(1)	0.1124(1)	1.0
O1	O^{2-}	12*l*	0.1239(4)	0.3788(4)	0	1.0
O2	O^{2-}	24*m*	0.2183(3)	0.2763(3)	0.1396(2)	1.0
O3	O^{2-}	24*m*	0.1551(3)	0.4968(3)	0.1708(2)	1.0

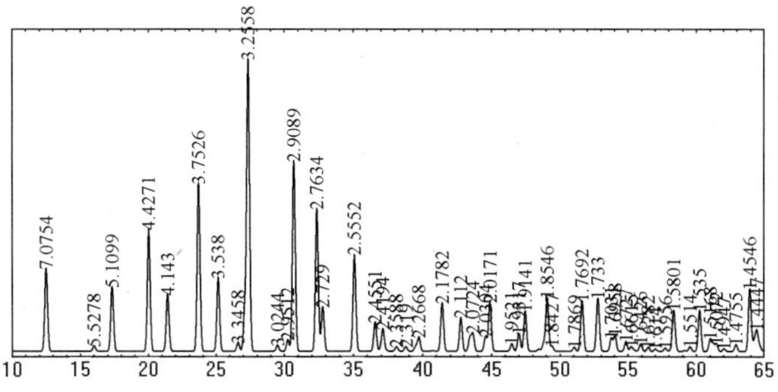

PDF:70-1406

d	I/I_0	*hkl*
8.8525	1	100
7.0760	305	002
5.5273	24	102
5.1110	297	110
4.4263	473	200
4.1432	200	112
3.7526	591	202
3.5380	284	004
3.3459	41	210
3.2853	164	104
3.2562	999	211
3.0248	20	212
2.9508	47	300
2.9090	645	114
2.7636	475	204
2.7291	157	213
2.7291	157	302
2.5555	320	220
2.4553	80	310
2.4310	14	214

9-168a 大隅石(Osumilite-Mg)

$KMg_2Al_3(Si_{10}Al_2)O_{30}$，983.45

Sys.:Hexagonal S.G.:*P*6/*mcc*(192) *Z*:2

a:10.078 *c*:14.317 Vol.:1259.31

ICSD:202734

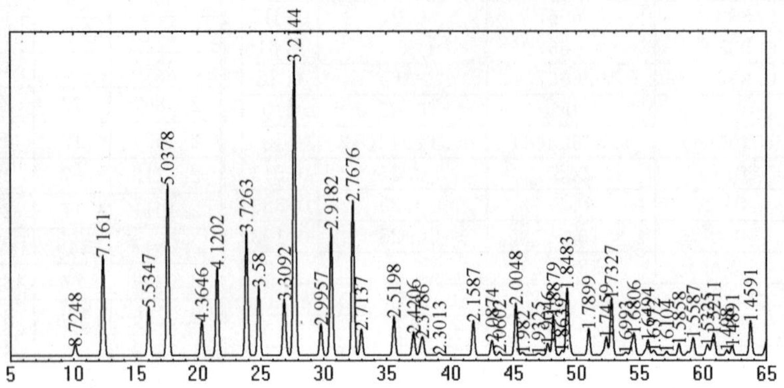

PDF:29-1016		
d	I/I_0	*hkl*
8.7200	3	100
7.1800	50	002
5.5400	15	102
5.0400	60	110
4.3600	14	200
4.1200	40	112
3.7300	45	202
3.5800	50	004
3.3100	30	104
3.2100	100	211
2.9950	11	212
2.9190	60	114
2.7680	65	204
2.7120	12	213
2.5180	14	220
2.4210	11	310
2.3880	3	311
2.3770	6	222
2.1590	12	313
2.0880	4	402

9-168b 大隅石(Osumilite-Mg)

$KMg_2Al_3(Si_{10}Al_2)O_{30}$，983.45

ICSD:202734(续)

Atom		Wcf	*x*	*y*	*z*	Occ
K1	K^+	2*a*	0	0	0.25	0.69(1)
Fe1	$Fe^{2.58+}$	4*c*	0.3333	0.6667	0.25	0.01(1)
Mg1	Mg^{2+}	4*c*	0.3333	0.6667	0.25	0.99(1)
Si1	Si^{4+}	24*m*	0.24734(6)	0.35333(7)	0.39204(4)	0.867
Al1	Al^{3+}	24*m*	0.24734(6)	0.35333(7)	0.39204(4)	0.133
Fe2	$Fe^{2.58+}$	6*f*	0.5	0.5	0.25	0.08(1)
Al2	Al^{3+}	6*f*	0.5	0.5	0.25	0.92(1)
O1	O^{2-}	12*l*	0.1237(3)	0.4071(3)	0	1.0
O2	O^{2-}	24*m*	0.2176(2)	0.2851(2)	0.1318(1)	1.0
O3	O^{2-}	24*m*	0.1410(2)	0.4937(2)	0.1787(1)	1.0

PDF:29-1016(续)		
d	I/I_0	*hkl*
2.0040	15	314
1.9040	2	410
1.8880	10	411
1.8500	20	315
1.7930	14	008
1.7550	2	108
1.7460	6	500
1.7340	18	226
1.6890	4	118
1.6810	6	414
1.6500	4	420
1.5870	3	415
1.5600	4	423

9-169a 硅铁锂钠石(Sugilite)

(K,Na)Na_2(Fe,Na,Mn)$_3$(Li,Al,Fe)$_3$$Si_{12}O_{30}$, 1090.45

Sys.: Hexagonal S.G.: *P*6/*mcc*(192) *Z*: 2

a: 10.0315 *c*: 14.021 Vol.: 11221.92

ICSD: 202624

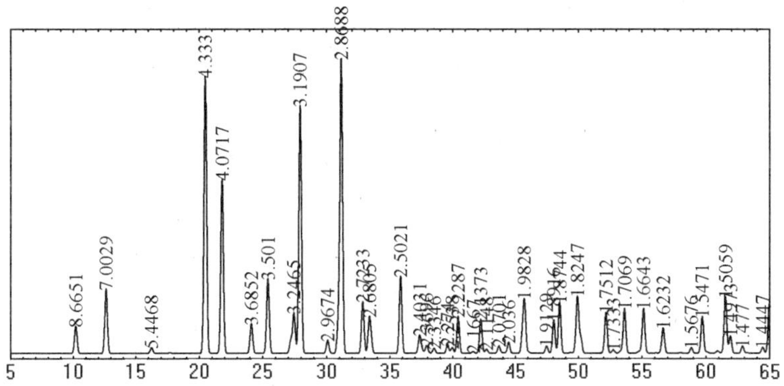

PDF: 47-1840

d	I/I_0	*hkl*
8.6470	12	100
7.0020	21	002
5.4410	7	102
4.3390	100	200
4.0780	52	112
3.6880	14	202
3.5040	30	004
3.2790	26	210
3.2510	29	104
3.1920	96	211
2.9740	11	212
2.8740	80	114
2.8287	12	—
2.7280	21	204
2.5155	24	220
2.4072	13	310
2.3394	13	006
2.2824	15	312
2.2550	10	106
2.2336	15	304

9-169b 硅铁锂钠石(Sugilite)

(K,Na)Na_2(Fe,Na,Mn)$_3$(Li,Al,Fe)$_3$$Si_{12}O_{30}$, 1090.45

ICSD: 202624(续)

Atom		Wcf	*x*	*y*	*z*	Occ
K1	K^+	2*a*	0	0	0.25	1.0
Fe1	$Fe^{3.02+}$	4*c*	0.3333	0.6667	0.25	0.83(1)
Al1	Al^{3+}	4*c*	0.3333	0.6667	0.25	0.17(1)
Li1	Li^+	6*f*	0.5	0.5	0.25	1.0
Si1	Si^{4+}	24*m*	0.23633(5)	0.35620(5)	0.38678(3)	1.0
O1	O^{2-}	12*l*	0.1383(2)	0.3972(2)	0	1.0
O2	O^{2-}	24*m*	0.2232(2)	0.2774(2)	0.13775(9)	1.0
O3	O^{2-}	24*m*	0.1665(1)	0.5091(1)	0.17032(8)	1.0
Na1	Na^+	8*h*	0.3333	0.6667	0.0134(7)	0.49(1)

PDF: 47-1840(续)

d	I/I_0	*hkl*
2.1620	14	400
2.0566	6	206
1.9881	17	314
1.8961	12	410
1.8786	16	411
1.8273	18	315
1.7549	12	413
1.7118	13	217
1.6660	13	414
1.5510	11	511
1.5104	15	334
1.4843	13	424
1.4491	9	600
1.4386	9	228
1.4202	7	431
1.3905	9	520

9-170 整柱石(Milarite)

$KCa_2(Be_4Al)Si_{12}O_{30} \cdot H_2O$，1017.31

Sys.:Hexagonal S.G.:*P*6/*mcc*(192) *Z*:2

a:10.4055 *c*:13.825 Vol.:11296.35

ICSD:20565

Atom		Wcf	*x*	*y*	*z*	Occ
K1	K^+	2*a*	0	0	0.25	1.0
Ca1	Ca^{2+}	4*c*	0.3333	0.6667	0.25	1.0
Be1	Be^{2+}	6*f*	0	0.5	0.25	0.667
Al1	Al^{3+}	6*f*	0	0.5	0.25	0.333
Si1	Si^{4+}	24*m*	0.083	0.333	0.115	1.0
O1	O^{2-}	12*l*	0.09	0.375	0	1.0
O2	O^{2-}	24*m*	0.2	0.28	0.14	1.0
O3	O^{2-}	24*m*	0.12	0.47	0.18	1.0

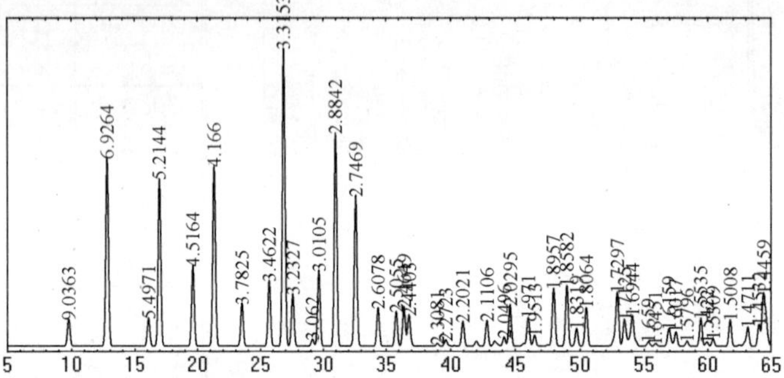

PDF:12-0450

d	*I*/I_0	*hkl*
6.9300	20	002
5.5000	8	102
5.2100	45	110
4.4950	35	200
4.1600	65	112
3.7760	25	202
3.4530	18	004
3.3070	100	211
3.2260	20	104
3.0030	25	300
2.8800	90	114
2.7430	45	204
2.6000	12	220
2.4990	12	310
2.4600	12	311
2.4290	8	214
2.2680	4	304
2.1970	8	313
2.1400	4	402
2.1060	6	116

9-171 硅锂钛锆石(Sogdianite)

$KZr_2Li_{2.7}Si_{12}O_{30}Na$，1080.28

Sys.:Hexagonal S.G.:*P*6/*mcc*(192) *Z*:2

a:10.083 *c*:14.24 Vol.:11253.78

ICSD:10155

Atom		Wcf	*x*	*y*	*z*	Occ
K1	K^+	2*a*	0	0	0.25	1.0
Zr1	Zr^{4+}	4*c*	0.3333	0.6667	0.25	1.0
Li1	Li^+	6*f*	0	0.5	0.25	0.9
Si1	Si^{4+}	24*m*	0.115(1)	0.354(1)	0.110(1)	1.0
O1	O^{2-}	12*l*	0.134(3)	0.400(3)	0	1.0
O2	O^{2-}	24*m*	0.221(2)	0.280(2)	0.137(2)	1.0
O3	O^{2-}	24*m*	0.163(2)	0.504(2)	0.173(2)	1.0
Na1	Na^+	4*d*	0.3333	0.6667	0	0.5

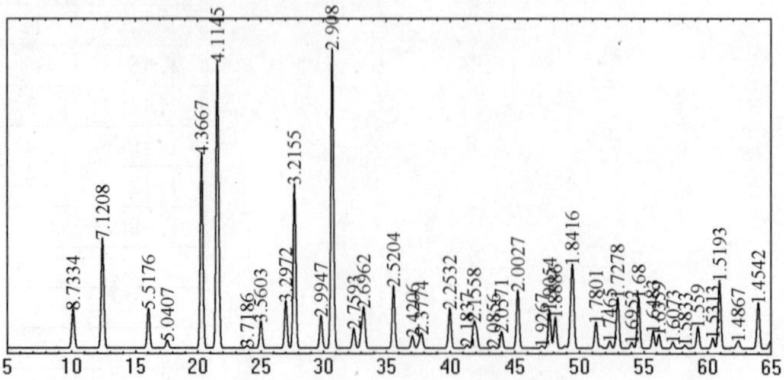

PDF:71-1434

d	*I*/I_0	*hkl*
8.7321	148	100
7.1200	399	002
5.5182	158	102
5.0415	21	110
4.3661	709	200
4.1145	999	112
3.7220	6	202
3.5600	102	004
3.2966	143	210
3.2966	143	104
3.2152	522	211
2.9944	98	212
2.9081	880	300
2.9081	880	114
2.7591	64	204
2.7098	63	213
2.6943	121	302
2.5208	181	220
2.4203	37	310
2.4203	37	214

9-172a 碱硅镁石(Roedderite)

$(Mg_{4.75}Fe_{0.25})Na_{1.02}K_{0.94}(Si_{12}O_{30})$，1006.62

Sys.:Hexagonal S.G.:$P\overline{6}2c$(190) Z:2

a:10.139 c:14.269 Vol.:11270.32

ICSD:68545

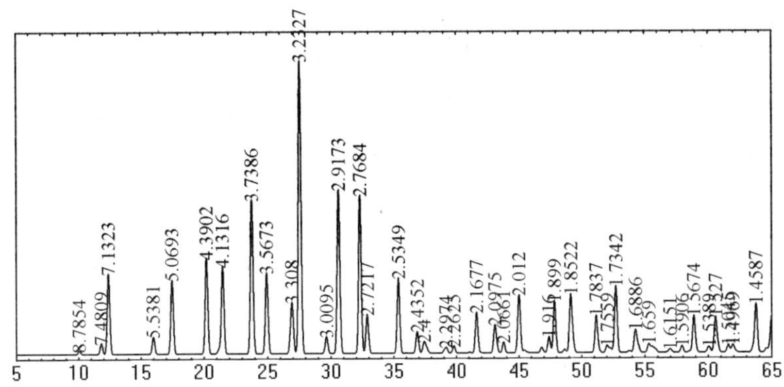

PDF:80-0740

d	I/I_0	hkl
8.7806	14	100
7.4782	40	101
7.1345	393	002
5.5371	87	102
5.0695	359	110
4.3903	378	200
4.1962	70	201
4.1822	67	103
4.1325	373	112
3.7391	657	202
3.5673	271	004
3.3188	75	210
3.3049	172	104
3.2325	999	211
3.2325	999	203
3.0091	62	212
2.9174	564	114
2.7686	522	204
2.7217	122	213
2.7140	84	105

9-172b 碱硅镁石(Roedderite)

$(Mg_{4.75}Fe_{0.25})Na_{1.02}K_{0.94}(Si_{12}O_{30})$，1006.62

ICSD:68545(续)

Atom		Wcf	x	y	z	Occ
K1	K^+	2a	0	0	0	0.94
Na1	Na^+	4f	0.3333	0.6667	0.2723(2)	0.46
Na2	Na^+	4f	0.3333	0.6667	0.7723	0.05
Mg1	Mg^{2+}	4f	0.3333	0.6667	0.5033(2)	0.95
Fe1	Fe^{2+}	4f	0.3333	0.6667	0.5033(2)	0.05
Mg2	Mg^{2+}	6g	0.4962(7)	0	0	0.95
Fe2	Fe^{2+}	6g	0.4962(7)	0	0	0.05
Si1	Si^{4+}	12i	0.23912(7)	0.3546(8)	0.64008(6)	1.0
Si2	Si^{4+}	12i	−0.2355	−0.3515	0.63974(6)	1.0
O1	O^{2-}	6h	0.1438(3)	0.3999(4)	0.25	1.0
O2	O^{2-}	6h	−0.1209(3)	−0.3916(3)	0.25	1.0
O3	O^{2-}	12i	0.2146(2)	0.2704(2)	0.3867(2)	1.0
O4	O^{2-}	12i	−0.2240(2)	−0.2828(2)	0.3807(1)	1.0
O5	O^{2-}	12i	0.1592(3)	0.4992(2)	0.4203(1)	1.0
O6	O^{2-}	12i	−0.1535(2)	−0.4966(2)	0.4231(1)	1.0

PDF:80-0740(续)

d	I/I_0	hkl
2.5347	229	220
2.4927	4	303
2.4353	71	310
2.4298	43	214
2.4006	21	311
2.3927	45	205
2.3885	47	222
2.3047	10	312
2.2955	16	106
2.2627	28	304
2.1952	11	400
2.1677	229	401
2.1677	229	313
2.1638	140	215
2.0981	91	402
2.0911	70	206
2.0662	87	224
2.0433	5	305
2.0113	159	320
2.0113	159	314

9-173a 蓝铜矿(Armenite)

$BaCa_2Al_6Si_9O_{30}\cdot 2H_2O$，1148.16

Sys.:Orthorhombic　S.G.:*Pnna*(52)　*Z*:4

a:13.871　*b*:18.648　*c*:10.695　Vol.:12766.44

ICSD:66342

Atom		Wcf	*x*	*y*	*z*	Occ
Ba1	Ba^{2+}	4*c*	0.25	0	0.0052(2)	1.0
Ca1	Ca^{2+}	8*e*	0.2714(2)	−0.1679(1)	−0.4990(4)	1.0
Al1	Al^{3+}	4*c*	0.75	0	0.4977(9)	1.0
Si1	Si^{4+}	4*d*	0.2461(4)	0.75	0.75	0.5
Al2	Al^{3+}	4*d*	0.2461(4)	0.75	0.75	0.5

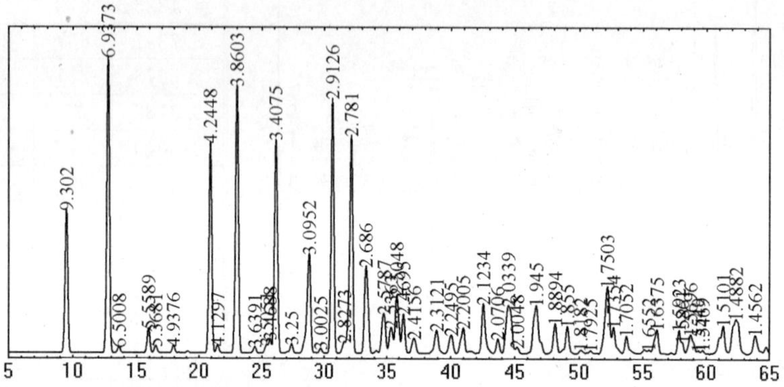

PDF:45-1481		
d	I/I_0	*hkl*
9.2779	32	011
7.6885	1	111
6.9266	55	200
5.5469	5	211
5.3666	5	031
4.6429	1	022
4.2429	69	202
4.1326	2	212
3.8530	100	222
3.5038	5	013
3.4656	8	400
3.4082	85	142
3.3942	66	113
3.2484	5	411
3.1401	4	251
3.1085	27	060
3.0922	67	033
2.9122	97	431
2.8239	6	303
2.7989	17	342

9-173b 蓝铜矿(Armenite)

$BaCa_2Al_6Si_9O_{30}\cdot 2H_2O$，1148.16

ICSD:66342(续 1)

Atom		Wcf	*x*	*y*	*z*	Occ
Si2	Si^{4+}	4*d*	0.2456(5)	0.75	0.25	0.5
Al3	Al^{3+}	4*d*	0.2456(5)	0.75	0.25	0.5
Si3	Si^{4+}	8*e*	0.1161(4)	−0.0435(3)	−0.2914(4)	1.0
Si4	Si^{4+}	8*e*	0.3879(4)	0.1237(2)	0.2113(4)	0.5
Al4	Al^{3+}	8*e*	0.3879(4)	0.1237(2)	0.2113(4)	0.5
Si5	Si^{4+}	8*e*	0.3826(4)	−0.1209(2)	−0.2052(4)	0.5
Al5	Al^{3+}	8*e*	0.3826(4)	−0.1209(2)	−0.2052(4)	0.5
Si6	Si^{4+}	8*e*	0.1137(3)	−0.1655(3)	−0.0802(4)	0.5
Al6	Al^{3+}	8*e*	0.1137(3)	−0.1655(3)	−0.0802(4)	0.5
Si7	Si^{4+}	8*e*	0.1149(3)	0.1630(3)	0.0859(4)	0.5
Al7	Al^{3+}	8*e*	0.1149(3)	0.1630(3)	0.0859(4)	0.5
Si8	Si^{4+}	8*e*	0.6104(4)	0.0404(3)	0.7050(4)	1.0
O1	O^{2-}	8*e*	−0.0523(7)	−0.1748(6)	0.493(1)	1.0
O2	O^{2-}	8*e*	0.3134(8)	−0.2678(6)	0.377(1)	1.0
O3	O^{2-}	8*e*	0.3131(7)	−0.1779(6)	−0.288(1)	1.0
O4	O^{2-}	8*e*	0.1823(8)	−0.0618(6)	−0.413(1)	1.0

PDF:45-1481(续 1)		
d	I/I_0	*hkl*
2.7773	77	422
2.6865	50	062
2.5853	13	071
2.5770	17	053
2.5688	16	024
2.5420	11	171
2.5322	14	153
2.5052	26	262
2.4934	16	204
2.4695	12	442
2.4627	12	413
2.4125	5	224
2.3076	9	433
2.2431	8	611
2.2096	6	280
2.1990	14	244
2.1760	1	513
2.1237	27	631
2.0672	8	453
2.0426	8	282

9-173c 蓝铜矿(Armenite)

$BaCa_2Al_6Si_9O_{30}\cdot 2H_2O$, 1148.16

ICSD:66342(续 2)

Atom		Wcf	x	y	z	Occ
O5	O^{2-}	8e	0.1813(8)	−0.2620(6)	−0.381(1)	1.0
O6	O^{2-}	8e	0.1790(7)	−0.1795(6)	0.301(1)	1.0
O7	O^{2-}	8e	0.3257(8)	−0.0570(7)	0.418(1)	1.0
O8	O^{2-}	8e	0.137(1)	−0.0988(8)	−0.180(1)	1.0
O9	O^{2-}	8e	0.3588(8)	0.1337(6)	0.061(1)	1.0
O10	O^{2-}	8e	0.3571(9)	−0.1264(6)	−0.052(1)	1.0
O11	O^{2-}	8e	0.138(1)	0.0955(8)	0.184(1)	1.0
O12	O^{2-}	8e	0.360(1)	0.0376(8)	0.243(1)	1.0
O13	O^{2-}	8e	0.8554(9)	−0.0347(7)	0.238(1)	1.0
O14	O^{2-}	8e	0.003(1)	0.1396(4)	0.7588(8)	1.0
O15	O^{2-}	8e	0.502(1)	0.9557(4)	0.3300(7)	1.0
O16	O^{2-}	8e	0.501(1)	0.3097(4)	0.5873(7)	1.0

PDF:45-1481(续 2)

d	I/I_0	hkl
2.0339	20	641
2.0255	20	064
2.0218	17	035
2.0007	3	135
1.9512	15	291
1.9455	21	264
1.9406	23	382
1.9275	6	444
1.8907	10	571
1.8861	16	524
1.8643	3	0100
1.8550	18	660
1.8506	16	633
1.8132	2	415
1.7898	1	563
1.7608	5	0102
1.7520	29	662
1.7474	31	435
1.7426	16	184
1.7337	16	800

9-174a 片柱钙石(Scawtite)

$Ca_7(Si_6O_{18})(CO_3)\cdot 2H_2O$, 833.1

Sys.:Monoclinic S.G.:$I2/m$(12) Z:2

a:10.121 b:15.18 c:6.623 β:100.55 Vol.:1000.34

ICSD:2502

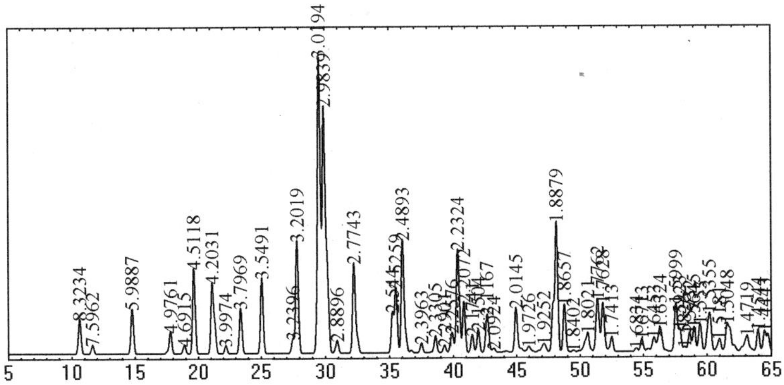

PDF:31-0261

d	I/I_0	hkl
8.2700	9	110
7.5700	4	020
5.9800	19	011
4.9600	14	200
4.7000	5	$\bar{1}21$
4.5100	30	130
4.1900	20	$\bar{2}11$
4.1700	14	220
4.0000	5	031
3.8000	19	040
3.5500	25	211
3.2370	7	310
3.2040	55	$\bar{1}41$
3.0300	45	141
3.0200	100	240
2.9910	80	022
2.9590	40	231
2.9040	2	150
2.8920	9	112
2.7740	25	330

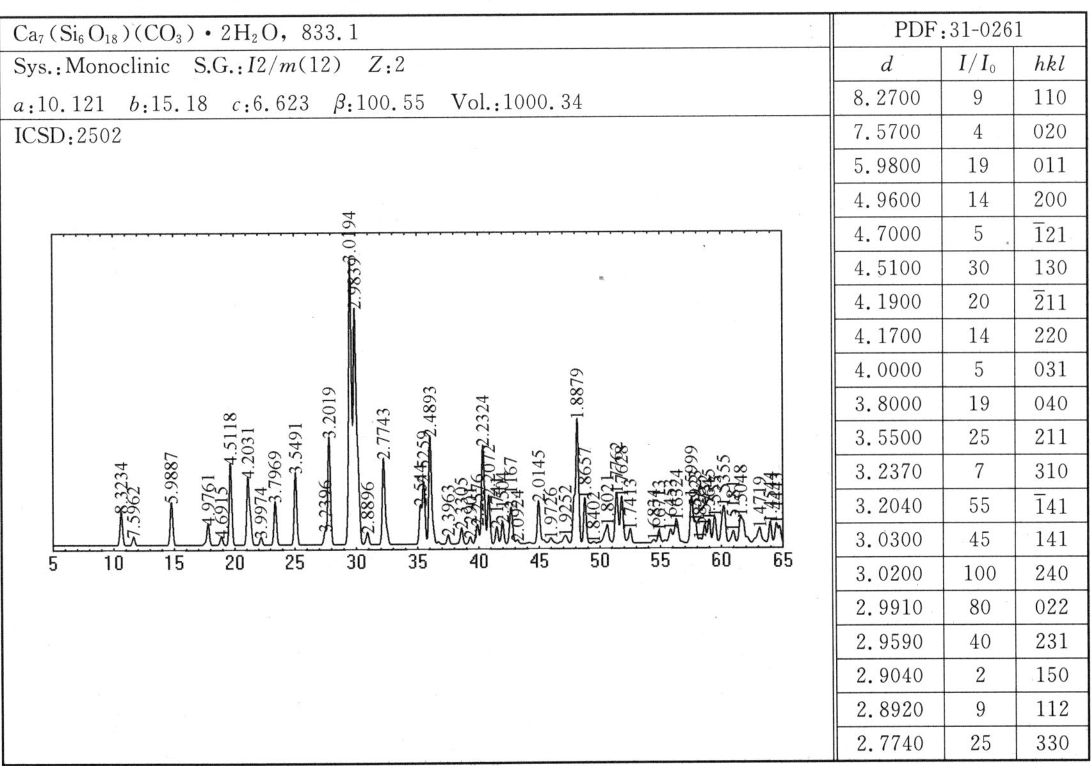

9-174b 片柱钙石(Scawtite)

$Ca_7(Si_6O_{18})(CO_3)\cdot 2H_2O$, 833.1

ICSD:2502(续)

Atom		Wcf	*x*	*y*	*z*	Occ
Ca1	Ca^{2+}	8*j*	0.2120(1)	0.1402(1)	0.1996(2)	1.0
Ca2	Ca^{2+}	4*h*	0.5	0.2495(1)	0	1.0
Ca3	Ca^{2+}	2*d*	0.5	0.5	0	1.0
Si1	Si^{4+}	8*j*	0.7729(1)	0.3957(1)	0.2059(2)	1.0
Si2	Si^{4+}	4*g*	0	0.3233(1)	0	1.0
O1	O^{2-}	8*j*	0.9028(4)	0.3933(3)	0.0901(6)	1.0
O2	O^{2-}	8*j*	0.0879(4)	0.2683(3)	0.1837(6)	1.0
O3	O^{2-}	8*j*	0.6447	0.3756(3)	0.0322(6)	1.0
O4	O^{2-}	8*j*	0.6980(4)	0.1619(2)	0.0918(6)	1.0
O5	O^{2-}	4*i*	0.7409	0	0.2268(8)	1.0
O6	O^{2-}	4*i*	0.3459(7)	0	0.2033(9)	1.0
O7	O^{2-}	8*j*	0.0152(12)	0.0699(9)	0.1024(20)	0.5
O8	O^{2-}	4*i*	0.0665(13)	0	0.1777(18)	0.5
C1	C^{4+}	2*a*	0	0	0	1.0

PDF:31-0261(续)

d	I/I_0	*hkl*
2.7630	5	301
2.5420	14	132
2.5210	18	202
2.4920	35	$\bar{2}51$
2.4740	7	042
2.3950	5	222
2.3300	11	$\bar{1}61$
2.2930	5	$\bar{3}32$
2.2600	2	161
2.2540	7	260
2.2300	40	341
2.2080	30	$\bar{1}03$
2.1690	2	411
2.1500	9	013
2.1200	5	170
2.1120	4	152
2.0950	2	$\bar{4}22$
2.0130	12	431
1.9930	4	033
1.9740	2	123

9-175a 铅蓝方石(Roeblingite)

$Pb_2Ca_6(SO_4)_2(OH)_2(H_2O)_4(Mn(Si_3O_9)_2)$, 1464.51

Sys.:Monoclinic S.G.:*C*2/*m*(12) *Z*:2

a:13.208 *b*:8.287 *c*:13.089 *β*:106.65 Vol.:11372.59

ICSD:40097

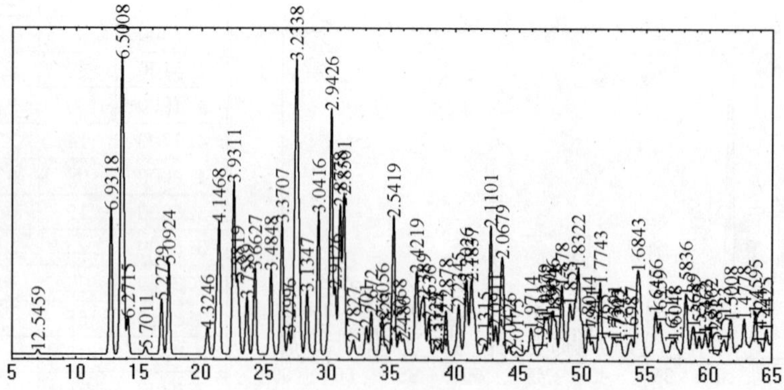

PDF:86-2324

d	I/I_0	*hkl*
12.5402	120	001
6.9327	617	110
6.5158	999	$\bar{1}11$
6.4394	617	$\bar{2}01$
6.2701	138	002
5.7002	23	111
5.2726	179	$\bar{2}02$
5.0924	321	201
4.3248	88	112
4.1801	158	003
4.1435	390	020
4.0641	10	$\bar{2}03$
3.9343	467	021
3.9343	467	202
3.8839	221	$\bar{3}11$
3.8575	94	$\bar{1}13$
3.7591	172	310
3.6629	251	$\bar{3}12$
3.4845	272	$\bar{2}21$
3.4569	35	022

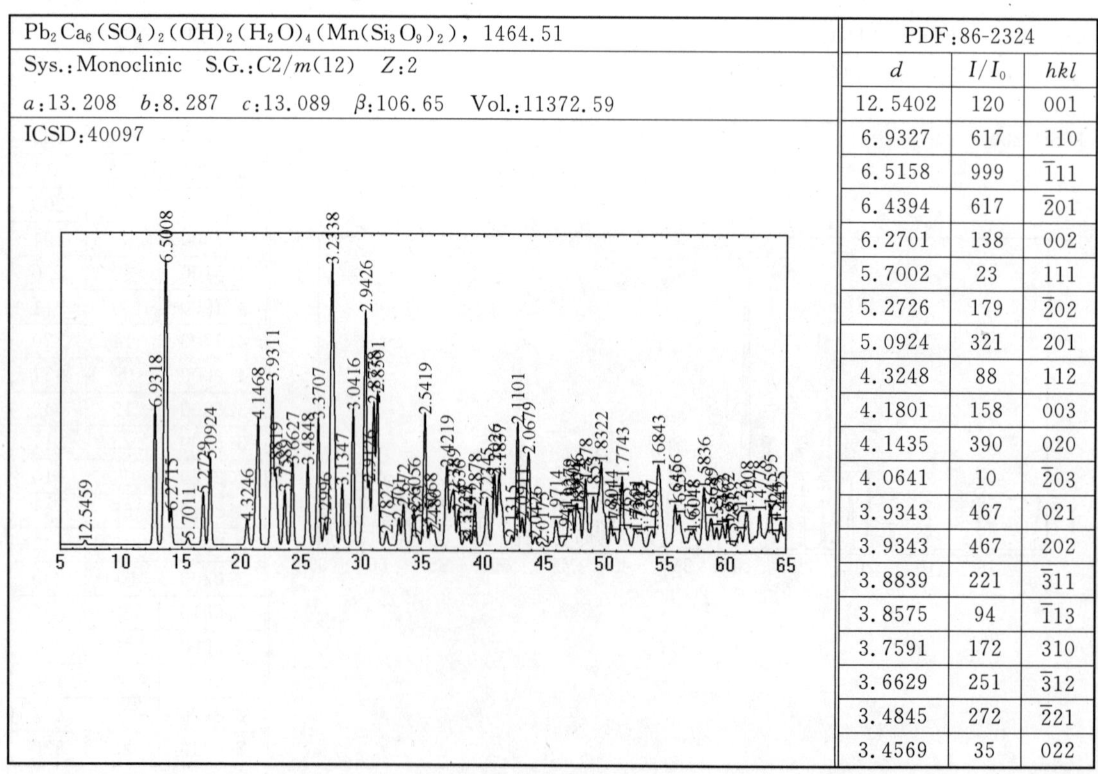

9-175b 铅蓝方石(Roeblingite)

$Pb_2Ca_6(SO_4)_2(OH)_2(H_2O)_4(Mn(Si_3O_9)_2)$, 1464.51

ICSD:40097(续)

Atom		Wcf	*x*	*y*	*z*	Occ
Pb1	Pb^{2+}	4*i*	0.1010(1)	0	0.1450(1)	1.0
Mn1	Mn^{2+}	2*d*	0	0.5	0.5	1.0
Ca1	Ca^{2+}	4*i*	0.0549(3)	0.5	0.2371(3)	1.0
Ca2	Ca^{2+}	8*j*	0.3042(2)	0.2306(3)	0.3307(2)	1.0
Si1	Si^{4+}	4*i*	0.2632(4)	0.5	0.4846(4)	1.0
Si2	Si^{4+}	8*j*	0.0612(2)	0.1732(4)	0.3690(3)	1.0
S1	S^{6+}	4*i*	0.2626(4)	0.5	0.1123(3)	1.0
O1	O^{2-}	4*i*	0.2217(10)	0.5	0.3592(10)	1.0
O2	O^{2-}	4*i*	0.3224(10)	0	0.4472(11)	1.0
O3	O^{2-}	8*j*	0.1552(7)	0.158(1)	0.4802(7)	1.0
O4	O^{2-}	8*j*	0.1173(7)	0.1938(12)	0.2742(7)	1.0
O5	O^{2-}	8*j*	0.4870(7)	0.1768(11)	0.3708(7)	1.0
O6	O^{2-}	4*i*	−0.0011(10)	0	0.3571(12)	1.0
O7	O^{2-}	4*i*	0.2851(13)	0.5	0.0088(12)	1.0
O8	O^{2-}	4*i*	0.1475(13)	0.5	0.1018(14)	1.0
O9	O^{2-}	8*j*	0.3101(9)	0.3581(13)	0.1728(9)	1.0
O10	O^{2-}	4*i*	0.2754(10)	0	0.2143(11)	1.0
O11	O^{2-}	8*j*	0.4460(9)	0.1742(15)	0.0967(9)	1.0

PDF:86-2324(续)

d	I/I_0	*hkl*
3.3718	350	311
3.2999	77	$\bar{4}01$
3.2579	101	$\bar{2}22$
3.2360	791	$\bar{3}13$
3.2140	374	221
3.1971	160	$\bar{2}04$
3.1351	184	004
3.1027	17	203
3.0414	411	$\bar{1}14$
2.9641	77	$\bar{4}03$
2.9427	720	023
2.9127	195	312
2.9014	130	$\bar{2}23$
2.8781	438	401
2.8501	443	222
2.7823	43	$\bar{3}14$
2.7018	78	114
2.7018	78	130
2.6722	117	$\bar{1}31$
2.6363	4	$\bar{4}04$

9-176a 硅钡铁矿(Taramellite)

$Ba_4Fe_3Ti(B_2Si_8O_{27})O_2Cl_{0.89}$, 1506.6

Sys.:Orthorhombic S.G.:*Pmmn*(59) *Z*:2

a:12.15 *b*:13.946 *c*:7.129 Vol.:11207.97

ICSD:100265

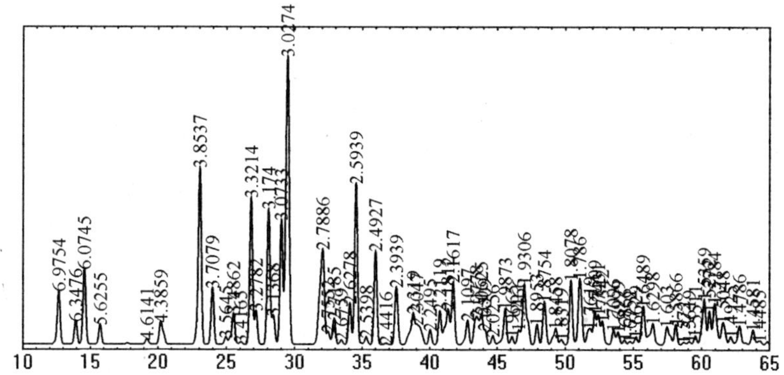

PDF:83-1399

d	I/I_0	*hkl*
9.1610	2	110
6.9730	242	020
6.3477	137	011
6.0750	312	200
5.6262	96	111
4.9849	11	021
4.6118	29	201
4.6118	29	121
4.3889	113	211
4.3417	45	130
3.8939	64	031
3.8939	64	310
3.8536	750	221
3.7082	246	131
3.5645	32	002
3.5214	37	301
3.4865	135	040
3.4143	12	102
3.4143	12	311
3.3219	569	112

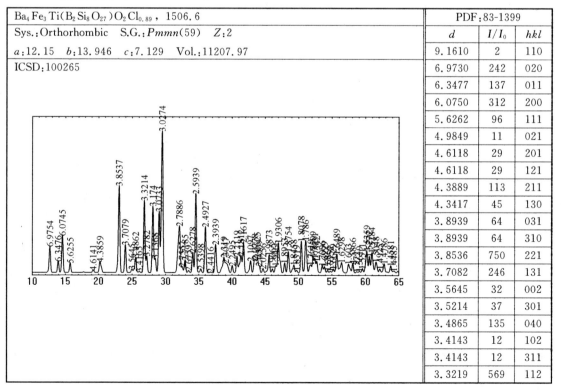

9-176b 硅钡铁矿(Taramellite)

$Ba_4Fe_3Ti(B_2Si_8O_{27})O_2Cl_{0.89}$，1506.6

ICSD:100265(续)

Atom		Wcf	*x*	*y*	*z*	Occ
Ba1	Ba^{2+}	2*b*	0.75	0.25	0.2394(1)	1.0
Ba2	Ba^{2+}	2*a*	0.25	0.25	0.4659(2)	1.0
Ba3	Ba^{2+}	4*e*	0.25	0.4749	0.0070(1)	1.0
Fe1	$Fe^{2.96+}$	8*g*	0.6295(1)	0.5020(1)	0.4765(1)	0.75
Ti1	Ti^{4+}	8*g*	0.6295(1)	0.5020(1)	0.4765(1)	0.25
Si1	Si^{4+}	8*g*	0.4894(1)	0.3662(1)	0.2048(3)	1.0
Si2	Si^{4+}	8*g*	0.4736(2)	0.6441(1)	0.2073(2)	1.0
B1	B^{3+}	4*e*	0.25	0.6593(7)	0.2773(15)	1.0
O1	O^{2-}	4*f*	0.5062(6)	0.25	0.2212(10)	1.0
O2	O^{2-}	4*f*	0.5207(5)	0.75	0.2684(10)	1.0
O3	O^{2-}	4*e*	0.25	0.5767(4)	0.4088(9)	1.0
O4	O^{2-}	4*e*	0.75	0.5715(4)	0.3623(10)	1.0
O5	O^{2-}	8*g*	0.5388(4)	0.6092(3)	0.0167(7)	1.0
O6	O^{2-}	8*g*	0.3798(4)	0.4001(3)	0.3135(6)	1.0
O7	O^{2-}	8*g*	0.6073(3)	0.4110(3)	0.2617(7)	1.0
O8	O^{2-}	8*g*	0.3456(4)	0.6482(3)	0.1479(6)	1.0
O9	O^{2-}	8*g*	0.4946(4)	0.5722(3)	0.3763(7)	1.0
O10	O^{2-}	2*b*	0.25	0.75	0.3803(11)	1.0
Cl1	Cl^{-}	2*a*	0.25	0.25	−0.0088(9)	0.89

PDF:83-1399(续)

d	I/I_0	*hkl*
3.2783	149	231
3.1739	555	022
3.1433	83	321
3.1320	117	041
3.0744	497	202
3.0744	497	122
3.0375	483	400
3.0239	999	240
2.8287	15	032
2.8070	158	331
2.7944	230	401
2.7848	314	420
2.7848	314	241
2.7550	50	132
2.7400	20	411
2.7185	101	150
2.6758	20	302
2.6278	152	312
2.5939	598	051
2.5939	598	421

9-177a 天山石(Tienshanite)

$Na_2BaMnTiB_2Si_6O_{20}$，796.27

Sys.:Hexagonal S.G.:*P*6/*m*(175) *Z*:1

a:16.755 *c*:10.435 Vol.:2536.95

ICSD:200236

Atom		Wcf	*x*	*y*	*z*	Occ
Ba1	Ba^{2+}	6*j*	0.1856	0.5067	0	1.0
Ti1	Ti^{4+}	6*j*	0.3499	0.4206	0	0.712
Nb1	Nb^{5+}	6*j*	0.3499	0.4206	0	0.256
Ta1	Ta^{5+}	6*j*	0.3499	0.4206	0	0.031
Mn1	$Mn^{2.68+}$	6*j*	0.1363	0.2207	0	0.897
Fe1	Fe^{3+}	6*j*	0.1363	0.2207	0	0.103
Ca1	Ca^{2+}	2*d*	0.33333	0.66667	0.5	1.0

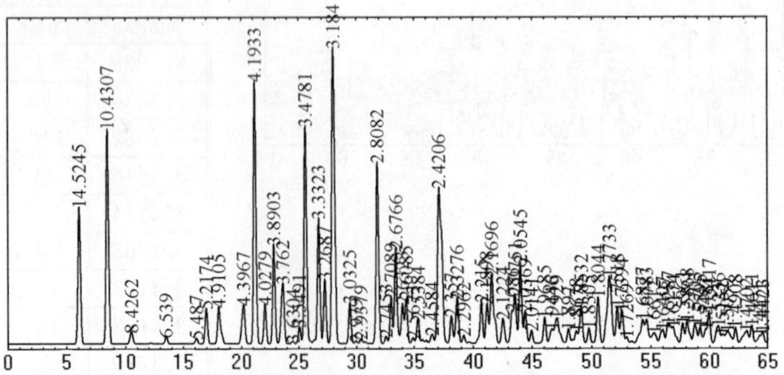

PDF:20-1291

d	I/I_0	*hkl*
10.5000	35	001
4.9100	10	102
4.3900	10	301
4.1900	100	220
4.0400	15	310
3.8900	30	221
3.7600	15	311
3.4700	80	003
3.3300	25	320
3.2700	25	222
3.1800	90	312
3.0300	15	411
2.8030	50	322
2.7120	15	412
2.6740	25	223
2.6020	15	510
2.4190	50	600
2.3290	15	512
2.2130	10	610
2.1680	15	432

9-177b 天山石(Tienshanite)

$Na_2BaMnTiB_2Si_6O_{20}$，796.27

ICSD:200236(续)

Atom		Wcf	x	y	z	Occ
K1	K^+	1*b*	0	0	0.5	1.0
Na1	Na^+	3*g*	0.5	0.5	0.5	1.0
Na2	Na^+	6*k*	0.187	0.342	0.5	1.0
Si1	Si^{4+}	12*l*	0.325	0.505	0.27	1.0
Si2	Si^{4+}	12*l*	0.363	0.348	0.285	1.0
Si3	Si^{4+}	12*l*	0.192	0.163	0.279	1.0
B1	B^{3+}	12*l*	0.176	0.512	0.379	1.0
O1	O^{2-}	3*f*	0.5	0.5	0	1.0
O2	O^{2-}	12*l*	0.372	0.351	0.137	1.0
O3	O^{2-}	12*l*	0.044	0.288	0.34	1.0
O4	O^{2-}	12*l*	0.361	0.514	0.131	1.0
O5	O^{2-}	12*l*	0.324	0.414	0.34	1.0
O6	O^{2-}	12*l*	0.076	0.459	0.362	1.0
O7	O^{2-}	6*j*	0.227	0.358	0	1.0
O8	O^{2-}	12*l*	0.187	0.16	0.134	1.0
O9	O^{2-}	12*l*	0.207	0.613	0.362	1.0
O10	O^{2-}	12*l*	0.22	0.485	0.265	1.0
O11	O^{2-}	6*k*	0.501	0.293	0.5	1.0
O12	O^{2-}	12*l*	0.178	0.068	0.346	1.0
O13	O^{2-}	2*c*	0.3333	0.6667	0	1.0

PDF:20-1291(续)

d	I/I_0	*hkl*
2.0780	15	700
2.0540	20	441
1.8580	15	540
1.8030	15	712
1.7760	20	604
1.7490	10	542
1.7380	15	006
1.5400	15	902
1.4920	15	506
1.4040	25	227
1.3040	20	008
1.2690	25	607
1.2300	15	1030
1.2150	15	816

9-178a 硅钛铁钡石(Traskite)

$Ba_{24}Ti_6Fe_2Fe_8CaSi_{24}O_{78}Cl_6(OH)_{30}(H_2O)_{14}$，7079.02

Sys.:Hexagonal　S.G.:$P\bar{6}m2$(187)　*Z*:1

a:17.89　*c*:12.33　Vol.:73417.55

ICSD:34076

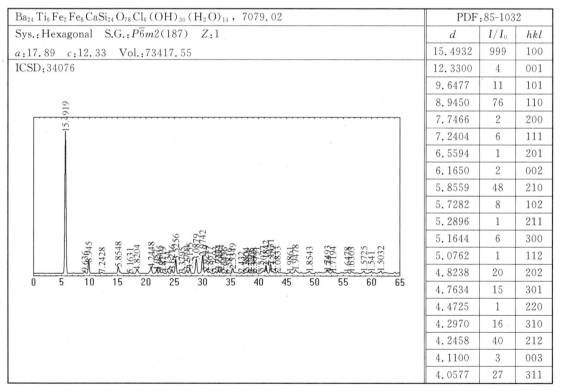

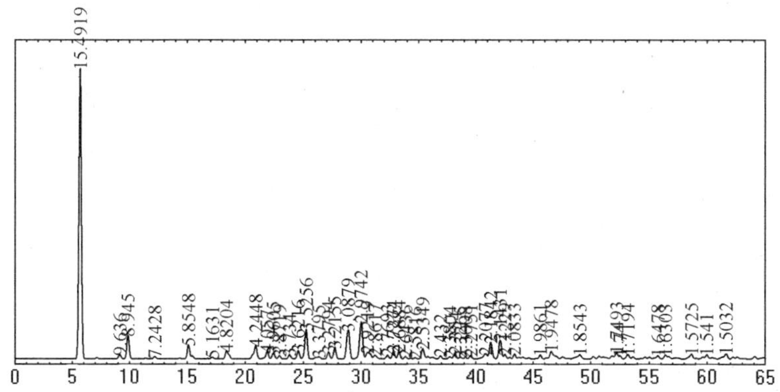

PDF:85-1032

d	I/I_0	*hkl*
15.4932	999	100
12.3300	4	001
9.6477	11	101
8.9450	76	110
7.7466	2	200
7.2404	6	111
6.5594	1	201
6.1650	2	002
5.8559	48	210
5.7282	8	102
5.2896	1	211
5.1644	6	300
5.0762	1	112
4.8238	20	202
4.7634	15	301
4.4725	1	220
4.2970	16	310
4.2458	40	212
4.1100	3	003
4.0577	27	311

9-178b 硅钛铁钡石(Traskite)

$Ba_{24}Ti_6Fe_2Fe_8CaSi_{24}O_{78}Cl_6(OH)_{30}(H_2O)_{14}$，7079.02

ICSD:34076(续 1)

Atom		Wcf	x	y	z	Occ
Ba1	Ba^{2+}	6*n*	0.7793	0.2207	0.243	1.0
Ba2	Ba^{2+}	3*k*	0.4222	0.5778	0.5	1.0
Ba3	Ba^{2+}	6*l*	0.3515	0.3618	0	1.0
Ba4	Ba^{2+}	3*k*	0.5694	0.4306	0.5	1.0
Ba5	Ba^{2+}	6*n*	0.2034	0.7966	0.238	1.0
Ti1	Ti^{4+}	2*i*	0.6667	0.3333	0.271	1.0
Fe1	Fe^{3+}	2*h*	0.3333	0.6667	0.24	1.0
Ca1	Ca^{2+}	1*c*	0.3333	0.6667	0	1.0
Fe2	Fe^{2+}	12*o*	0.4007	0.4062	0.297	0.66
Ti2	Ti^{4+}	12*o*	0.4007	0.4062	0.297	0.33
Si1	Si^{4+}	6*n*	0.569	0.431	0.139	1.0
Si2	Si^{4+}	6*n*	0.44	0.56	0.128	1.0
Si3	Si^{4+}	6*m*	0.092	0.358	0.5	1.0
Si4	Si^{4+}	6*m*	0.736	0.098	0.5	1.0
O1	O^{2-}	12*o*	0.318	0.418	0.395	1.0
O2	O^{2-}	6*m*	0.272	0.267	0.5	1.0
O3	O^{2-}	3*k*	0.833	0.167	0.5	1.0
O4	O^{2-}	3*k*	0.169	0.831	0.5	1.0
O5	O^{2-}	12*o*	0.403	0.311	0.385	1.0

PDF:85-1032(续 1)

d	I/I_0	*hkl*
3.9589	20	302
3.8733	12	400
3.7346	10	113
3.6953	2	401
3.6202	24	203
3.6202	24	222
3.5544	11	320
3.5252	106	312
3.4153	6	321
3.3809	8	410
3.2797	23	402
3.2159	42	303
3.0986	59	500
3.0825	57	004
3.0825	57	322
3.0232	3	223
3.0232	3	104
3.0052	8	501
2.9817	92	330
2.9701	104	313

9-178c 硅钛铁钡石(Traskite)

$Ba_{24}Ti_6Fe_2Fe_8CaSi_{24}O_{78}Cl_6(OH)_{30}(H_2O)_{14}$，7079.02

ICSD:34076(续 2)

Atom		Wcf	x	y	z	Occ
O6	O^{2-}	3*j*	0.571	0.429	0	1.0
O7	O^{2-}	12*o*	0.472	0.095	0.179	1.0
O8	O^{2-}	6*n*	0.387	0.613	0.136	1.0
O9	O^{2-}	3*j*	0.447	0.553	0	1.0
O10	O^{2-}	12*o*	0.377	0.466	0.185	1.0
O11	O^{2-}	6*n*	0.617	0.383	0.172	1.0
Cl1	Cl^{-}	3*j*	0.185	0.815	0	1.0
Cl2	Cl^{-}	3*j*	0.781	0.219	0	1.0
O12	O^{2-}	12*o*	0.289	0.302	0.214	1.0
O13	O^{2-}	6*n*	0.285	0.715	0.388	1.0
O14	O^{2-}	6*n*	0.715	0.285	0.382	1.0
O15	O^{2-}	6*n*	0.509	0.491	0.361	1.0
O16	O^{2-}	6*n*	0.878	0.122	0.246	1.0
O17	O^{2-}	3*j*	0.088	0.912	0	1.0
O18	O^{2-}	3*j*	0.874	0.126	0	1.0
O19	O^{2-}	1*b*	0	0	0.5	1.0
O20	O^{2-}	1*a*	0	0	0	1.0

PDF:85-1032(续 2)

d	I/I_0	*hkl*
2.9701	104	412
2.9279	18	420
2.9143	11	114
2.8981	20	331
2.8641	8	204
2.8487	6	421
2.8188	2	403
2.7827	2	510
2.7686	13	502
2.7277	20	214
2.6885	25	323
2.6885	25	332
2.6448	8	304
2.6448	8	422
2.6110	2	413
2.5822	4	600
2.5363	28	224
2.5363	28	512
2.5274	21	601
2.5047	8	314

9-179a 斜辉石(Clinopyroxene)

$(Al_{0.058}Fe_{0.132}Mg_{0.734}Ti_{0.073}Cr_{0.003})(Ca_{0.569}Fe_{0.231}Mg_{0.183}Mn_{0.017})(Si_{1.792}Al_{0.208}O_6)$, 223.3

Sys.:Monoclinic S.G.:$I2/a(15)$ Z:4

a:9.724 b:8.875 c:5.281 β:107.24 Vol.:435.28

ICSD:71016

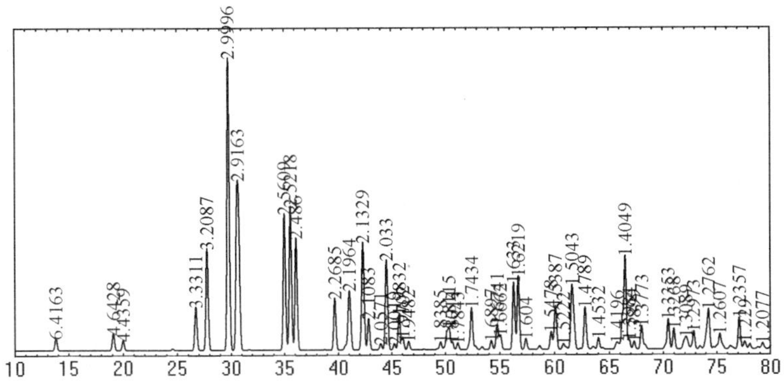

PDF:85-1740		
d	I/I_0	hkl
6.4163	43	110
4.6436	38	200
4.4375	40	020
4.4375	40	$\bar{1}11$
3.6213	6	111
3.3316	171	021
3.2082	343	220
2.9993	999	$\bar{2}21$
2.9230	469	310
2.9063	410	$\bar{3}11$
2.8188	3	130
2.5606	408	$\bar{1}31$
2.5606	408	$\bar{2}02$
2.5219	454	002
2.4862	363	221
2.3714	2	131
2.3218	4	400
2.2685	142	311
2.2152	15	$\bar{2}22$
2.1988	122	112

9-179b 斜辉石(Clinopyroxene)

$(Al_{0.058}Fe_{0.132}Mg_{0.734}Ti_{0.073}Cr_{0.003})(Ca_{0.569}Fe_{0.231}Mg_{0.183}Mn_{0.017})(Si_{1.792}Al_{0.208}O_6)$, 223.3

ICSD:71016(续)

Atom		Wcf	x	y	z	Occ
Al1	Al^{3+}	4e	0	0.9061(2)	0.25	0.058
Fe1	Fe^{2+}	4e	0	0.9061(2)	0.25	0.132
Mg1	Mg^{2+}	4e	0	0.9061(2)	0.25	0.734
Ti1	Ti^{4+}	4e	0	0.9061(2)	0.25	0.073
Cr1	Cr^{2+}	4e	0	0.9061(2)	0.25	0.003
Ca1	Ca^{2+}	4e	0	0.2865(2)	0.25	0.569
Fe2	Fe^{2+}	4e	0	0.2865(2)	0.25	0.231
Mg2	Mg^{2+}	4e	0	0.2218(2)	0.25	0.183
Mn1	Mn^{2+}	4e	0	0.2865(2)	0.25	0.017
Si1	Si^{4+}	8f	0.2917(1)	0.0918(1)	0.2410(3)	0.896
Al2	Al^{3+}	8f	0.2917(1)	0.0918(1)	0.2410(3)	0.104
O1	O^{2-}	8f	0.1165(3)	0.0881(4)	0.1437(6)	1.0
O2	O^{2-}	8f	0.3680(4)	0.2506(4)	0.3358(8)	1.0
O3	O^{2-}	8f	0.3528(4)	0.0196(5)	0.0058(8)	1.0

PDF:85-1740(续)		
d	I/I_0	hkl
2.1925	134	022
2.1388	66	330
2.1322	271	$\bar{3}31$
2.1083	84	$\bar{4}21$
2.0572	16	420
2.0349	155	$\bar{4}02$
2.0309	190	041
2.0020	17	240
1.9833	89	202
1.9696	32	$\bar{1}32$
1.9481	26	$\bar{2}41$
1.8946	3	$\bar{5}11$
1.8497	4	$\bar{4}22$
1.8384	18	331
1.8260	8	$\bar{3}32$
1.8180	43	510
1.8107	52	222
1.8007	19	132
1.7842	19	241
1.7508	15	421

(3) 链状硅酸盐

9-180a 斜顽辉石(Clinoenstatite)

$MgSiO_3$，100.39

Sys.:Monoclinic S.G.:$P2_1/c$(14) Z:8

a:9.6061 b:8.8185 c:5.171 β:108.289 Vol.:415.92

ICSD:201535

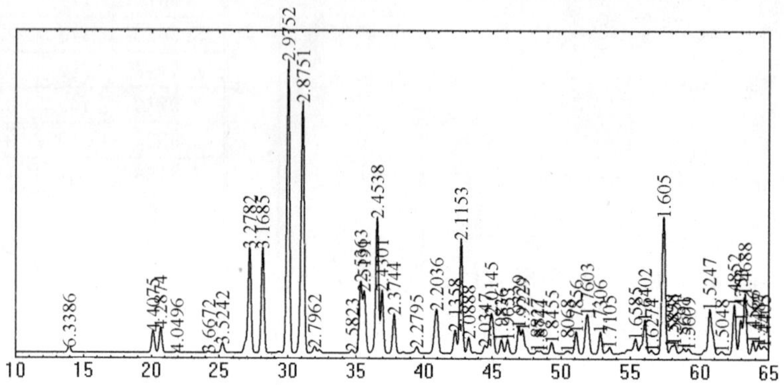

PDF:35-0610

d	I/I_0	hkl
6.3410	1	110
4.4100	9	020
4.3719	3	$\bar{1}11$
4.2931	8	011
4.0485	1	210
3.5303	4	111
3.3162	8	$\bar{1}21$
3.2804	30	021
3.1702	47	220
3.0406	4	300
2.9762	69	$\bar{2}21$
2.8739	100	310
2.7984	3	130
2.7687	2	211
2.5819	2	$\bar{1}02$
2.5389	23	$\bar{1}31$
2.5229	19	031
2.5158	17	$\bar{2}02$
2.4716	13	230

9-180b 斜顽辉石(Clinoenstatite)

$MgSiO_3$，100.39

ICSD:201535(续)

Atom		Wcf	x	y	z	Occ
Mg1	Mg^{2+}	4e	0.25111(7)	0.65330(7)	0.2177(1)	1.0
Mg2	Mg^{2+}	4e	0.25581(8)	0.01312(7)	0.2146(1)	1.0
Si1	Si^{4+}	4e	0.04331(5)	0.34088(6)	0.29449(9)	1.0
Si2	Si^{4+}	4e	0.55339(5)	0.83718(6)	0.23007(9)	1.0
O1	O^{2-}	4e	0.8667(1)	0.3396(1)	0.1851(2)	1.0
O2	O^{2-}	4e	0.1228(1)	0.5009(1)	0.3218(3)	1.0
O3	O^{2-}	4e	0.1066(1)	0.2795(1)	0.6153(3)	1.0
O4	O^{2-}	4e	0.3762(1)	0.8399(1)	0.1247(3)	1.0
O5	O^{2-}	4e	0.6340(1)	0.9825(1)	0.3891(3)	1.0
O6	O^{2-}	4e	0.6053(1)	0.6942(1)	0.4540(3)	1.0

PDF:35-0610(续)

d	I/I_0	hkl
2.4552	35	002
2.4330	14	221
2.3752	11	$\bar{2}31$
2.2805	4	400
2.2091	9	410
2.2036	9	040
2.2036	9	102
2.1443	6	022
2.1443	6	140
2.1380	5	112
2.1166	26	$\bar{3}31$
2.0901	5	$\bar{4}21$
2.0359	3	$\bar{3}22$
2.0248	6	420
2.0193	10	$\bar{1}41$
2.0114	9	041
1.9862	6	240
1.9655	4	$\bar{4}12$
1.9349	8	$\bar{2}41$

9-181a 斜铁辉石(Ferrosilite)

(Fe,Mg)SiO_3, 131.93

Sys.:Orthorhombic S.G.:*Pcab*(61) *Z*:16

a:18.325 *b*:8.918 *c*:5.216 Vol.:852.41

ICSD:64732

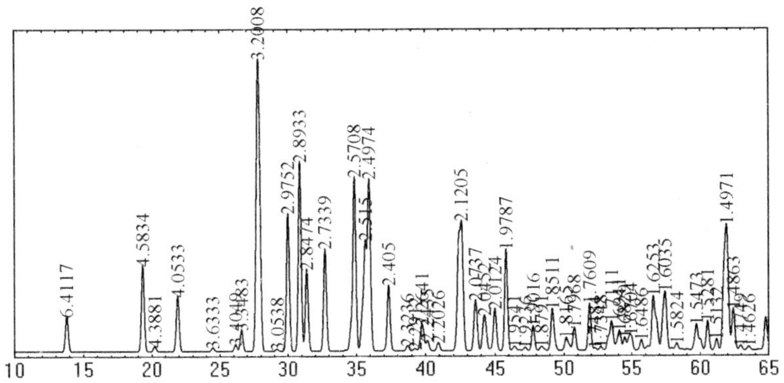

PDF:31-0634

d	I/I_0	*hkl*
6.3800	2	210
4.5700	16	400
4.0300	20	211
3.6200	2	311
3.3300	16	121
3.1800	100	221
2.9600	35	321
2.8830	50	610
2.8350	20	511
2.7210	25	421
2.5550	40	131
2.5100	30	202
2.4840	30	231
2.3990	16	302
2.2560	6	022
2.1940	2	412
2.1220	20	502
2.1090	20	531
2.0650	16	512
2.0340	16	141

9-181b 斜铁辉石(Ferrosilite)

(Fe,Mg)SiO_3, 131.93

ICSD:64732(续)

Atom		Wcf	*x*	*y*	*z*	Occ
Mg1	Mg^{2+}	8*c*	0.3756(1)	0.6546(2)	0.8760(3)	0.553(5)
Mg2	Mg^{2+}	8*c*	0.3778(1)	0.4841(1)	0.3691(2)	0.083(5)
Fe1	Fe^{2+}	8*c*	0.3756(1)	0.6546(2)	0.8760(3)	0.447(5)
Fe2	Fe^{2+}	8*c*	0.3778(1)	0.4841(1)	0.3691(2)	0.885(5)
Ca1	Ca^{2+}	8*c*	0.3778(1)	0.4841(1)	0.3691(2)	0.032
Si1	Si^{4+}	8*c*	0.2717(1)	0.3400(2)	0.0510(4)	1.0
Si2	Si^{4+}	8*c*	0.4738(1)	0.3356(2)	0.7922(4)	1.0
O1	O^{2-}	8*c*	0.1841(2)	0.3381(5)	0.0419(9)	1.0
O2	O^{2-}	8*c*	0.3111(3)	0.4988(6)	0.0580(9)	1.0
O3	O^{2-}	8*c*	0.3024(3)	0.2338(6)	−0.1793(11)	1.0
O4	O^{2-}	8*c*	0.5621(3)	0.3354(6)	0.7924(9)	1.0
O5	O^{2-}	8*c*	0.4341(3)	0.4838(6)	0.6981(9)	1.0
O6	O^{2-}	8*c*	0.4478(3)	0.2037(5)	0.5889(11)	1.0

PDF:31-0634(续)

d	I/I_0	*hkl*
2.0000	16	241
1.9690	20	631
1.8950	4	821
1.8460	8	702
1.8100	4	712
1.7900	6	541
1.7490	8	250
1.7080	6	722
1.6880	4	142
1.6620	2	450
1.6440	2	313
1.6190	16	023
1.5980	16	840
1.5390	6	542
1.5260	6	1200
1.4960	20	133
1.4840	16	642
1.4310	6	623
1.4000	16	1131
1.3870	2	1112

9-182a 锰辉石(Kanoite)

$(Mn,Mg)_2(Si_2O_6)$, 262.04

Sys.: Monoclinic S.G.: $P2_1/c$(14) Z: 4

a: 9.739 b: 8.939 c: 5.26 β: 108.56 Vol.: 434.1

ICSD: 82769

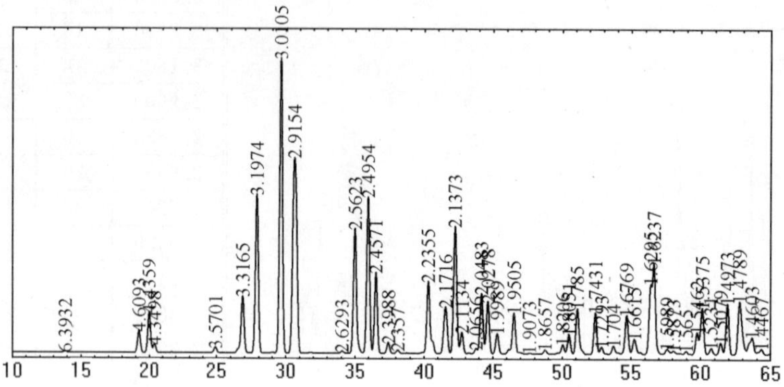

PDF: 29-0865

d	I/I_0	hkl
6.4200	2	110
4.6200	5	200
4.4500	5	$\overline{1}11$
3.3700	3	$\overline{1}21$
3.3200	10	021
3.2100	100	220
3.0200	90	$\overline{2}21$
2.9210	80	$\overline{3}11$
2.9100	90	310
2.5730	30	$\overline{1}31$
2.4930	40	002
2.4620	20	$\overline{2}12$
2.3710	15	131
2.2370	20	311
2.1440	30	$\overline{3}31$
2.0490	25	$\overline{1}41$
2.0380	15	041
2.0090	5	240
1.8260	5	331
1.8090	10	510

9-182b 锰辉石(Kanoite)

$(Mn,Mg)_2(Si_2O_6)$, 262.04

ICSD: 82769(续)

Atom		Wcf	x	y	z	Occ
Mg1	Mg^{2+}	4e	0.25052(9)	0.6543(1)	0.2339(2)	0.976(5)
Mn1	Mn^{2+}	4e	0.25052(9)	0.6543(1)	0.2339(2)	0.024(5)
Mg2	Mg^{2+}	4e	0.25369(5)	0.02375(6)	0.23236(9)	0.155(6)
Mn2	Mn^{2+}	4e	0.25369(5)	0.02375(6)	0.23236(9)	0.775(6)
Ca1	Ca^{2+}	4e	0.25369(5)	0.02375(6)	0.23236(9)	0.07(12)
Si1	Si^{4+}	4e	0.04156(9)	0.34113(9)	0.2711(2)	1.0
Si2	Si^{4+}	4e	0.54704(9)	0.83886(9)	0.2389(2)	1.0
O1	O^{2-}	4e	0.8666(2)	0.33715(2)	0.1652(4)	1.0
O2	O^{2-}	4e	0.3720(2)	0.8377(2)	0.1340(4)	1.0
O3	O^{2-}	4e	0.1179(2)	0.5020(2)	0.3232(4)	1.0
O4	O^{2-}	4e	0.6242(2)	0.9938(2)	0.3591(4)	1.0
O5	O^{2-}	4e	0.1039(2)	0.2608(2)	0.5708(4)	1.0
O6	O^{2-}	4e	0.6048(2)	0.7158(2)	0.4900(4)	1.0

PDF: 29-0865(续)

d	I/I_0	hkl
1.7860	10	222
1.7320	5	421
1.6270	40	$\overline{5}31$
1.5480	20	$\overline{6}02$
1.4870	20	521
1.3920	30	$\overline{5}42$

9-183a 易变辉石(Pigeonite)

$(Mg_{0.39}Fe_{0.52}Ca_{0.09})SiO_3$，118.21

Sys.:Monoclinic　S.G.:$P2_1/c$(14)　Z:8

a:9.706　b:8.95　c:5.246　β:108.59　Vol.:431.94

ICSD:9242

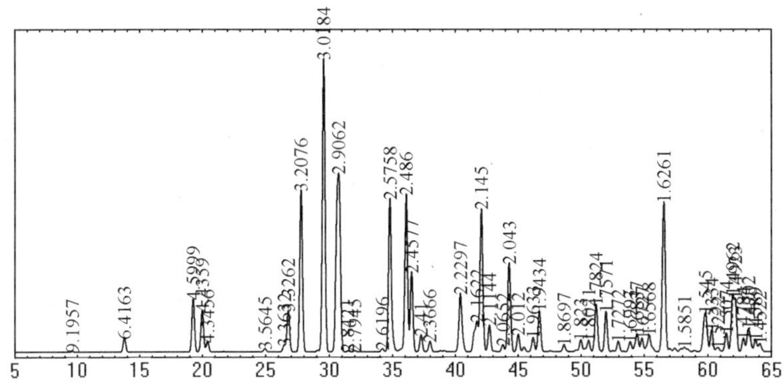

PDF:71-0706

d	I/I_0	hkl
9.1996	4	100
6.4150	42	110
4.5998	149	200
4.4364	144	$\bar{1}11$
4.3465	41	011
4.0911	2	210
4.0242	1	120
3.7186	1	$\bar{2}11$
3.5649	16	111
3.3660	23	$\bar{1}21$
3.3263	161	021
3.2075	540	220
3.0665	13	300
3.0183	999	$\bar{2}21$
2.9178	421	$\bar{3}11$
2.9010	529	310
2.8378	5	130
2.7943	4	211
2.6196	11	$\bar{1}02$
2.5762	462	$\bar{1}31$

9-183b 易变辉石(Pigeonite)

$(Mg_{0.39}Fe_{0.52}Ca_{0.09})SiO_3$，118.21

ICSD:9242(续)

Atom		Wcf	x	y	z	Occ
Mg1	Mg^{2+}	4e	0.2508(4)	0.6548(2)	0.2328(8)	0.720(7)
Fe1	Fe^{2+}	4e	0.2508(4)	0.6548(2)	0.2328(8)	0.280(7)
Mg2	Mg^{2+}	4e	0.2564(3)	0.0183(1)	0.2308(6)	0.060(7)
Fe2	Fe^{2+}	4e	0.2564(3)	0.0183(1)	0.2308(6)	0.760(7)
Ca1	Ca^{2+}	4e	0.2564(3)	0.0183(1)	0.2308(6)	0.18
Si1	Si^{4+}	4e	0.0427(3)	0.3398(5)	0.2797(6)	1.0
Si2	Si^{4+}	4e	0.5504(3)	0.8367(5)	0.2372(6)	1.0
O1	O^{2-}	4e	0.8659(8)	0.3404(13)	0.1715(15)	1.0
O2	O^{2-}	4e	0.1220(9)	0.497(1)	0.3306(16)	1.0
O3	O^{2-}	4e	0.1037(5)	0.2633(6)	0.5779(13)	1.0
O4	O^{2-}	4e	0.3743(8)	0.8342(13)	0.1344(15)	1.0
O5	O^{2-}	4e	0.6290(8)	0.9877(11)	0.3765(17)	1.0
O6	O^{2-}	4e	0.6053(5)	0.7087(6)	0.4773(12)	1.0

PDF:71-0706(续)

d	I/I_0	hkl
2.5582	43	031
2.5582	43	$\bar{2}02$
2.5296	7	320
2.5141	13	$\bar{1}12$
2.4861	495	002
2.4579	263	221
2.4579	263	$\bar{2}12$
2.4099	51	$\bar{2}31$
2.3665	43	131
2.3281	1	$\bar{3}02$
2.3173	3	$\bar{4}11$
2.2999	7	400
2.2531	4	$\bar{3}12$
2.2300	151	311
2.2300	151	102
2.2182	36	$\bar{2}22$
2.1733	48	140
2.1733	48	022
2.1619	85	112
2.1451	369	$\bar{3}31$

9-184a 斜方辉石(Orthopyroxene)

$MgGeO_3$，144.89

Sys.:Orthorhombic S.G.:*Pcab*(61) *Z*:16

a:18.829 *b*:8.952 *c*:5.347 Vol.:901.28

ICSD:201665

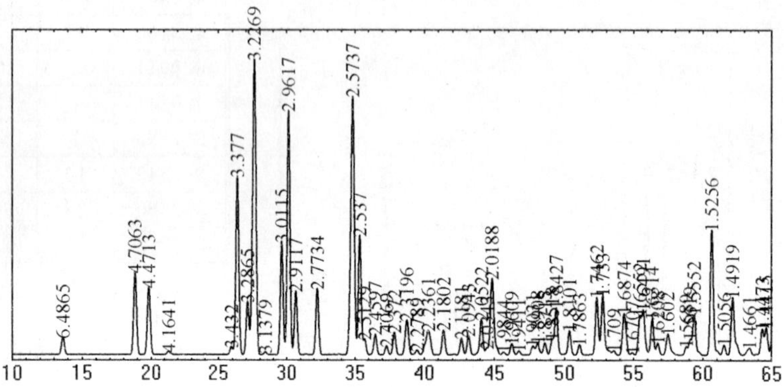

PDF:84-0768

d	I/I_0	*hkl*
9.4145	1	200
6.4874	96	210
4.7073	392	400
4.4760	229	020
4.4760	229	111
4.1664	14	410
4.1261	3	211
4.0424	1	220
3.7052	1	311
3.4322	39	021
3.3765	674	121
3.2865	199	411
3.2437	378	420
3.2246	999	221
3.1382	15	600
3.0113	417	321
2.9615	860	610
2.9115	222	511
2.8445	4	230
2.7733	233	421

9-184b 斜方辉石(Orthopyroxene)

$MgGeO_3$，144.89

ICSD:201665(续)

Atom		Wcf	*x*	*y*	*z*	Occ
Mg1	Mg^{2+}	8*c*	0.1232(2)	0.3440(3)	0.3503(5)	1.0
Mg2	Mg^{2+}	8*c*	0.3774(3)	0.4890(5)	0.3443(9)	1.0
Ge1	Ge^{4+}	8*c*	0.2709(1)	0.3454(2)	0.0408(2)	1.0
Ge2	Ge^{4+}	8*c*	0.4722(1)	0.3393(2)	0.8055(2)	1.0
O1	O^{2-}	8*c*	0.1787(4)	0.3409(13)	0.0188(14)	1.0
O2	O^{2-}	8*c*	0.3119(5)	0.5132(10)	0.0382(18)	1.0
O3	O^{2-}	8*c*	0.3071(5)	0.2104(11)	0.8337(17)	1.0
O4	O^{2-}	8*c*	0.5636(4)	0.3362(13)	0.8147(16)	1.0
O5	O^{2-}	8*c*	0.4299(4)	0.4863(11)	0.6689(19)	1.0
O6	O^{2-}	8*c*	0.4455(4)	0.1794(8)	0.6259(15)	1.0

PDF:84-0768(续)

d	I/I_0	*hkl*
2.6735	3	002
2.6470	4	102
2.5907	82	611
2.5811	348	131
2.5718	787	202
2.5718	787	620
2.5367	405	112
2.5367	405	521
2.5113	65	231
2.4718	8	212
2.4597	78	302
2.4065	24	331
2.3718	79	312
2.3208	78	711
2.3160	88	621
2.2952	3	022
2.2797	19	431
2.2797	19	810
2.2501	33	412
2.2380	69	040

9-185a 顽火辉石(Enstatite)

$MgSiO_3$，100.39

Sys.:Orthorhombic S.G.:*Pcab*(61) *Z*:16

a:18.2 *b*:8.86 *c*:5.2 Vol.:838.51

ICSD:200117

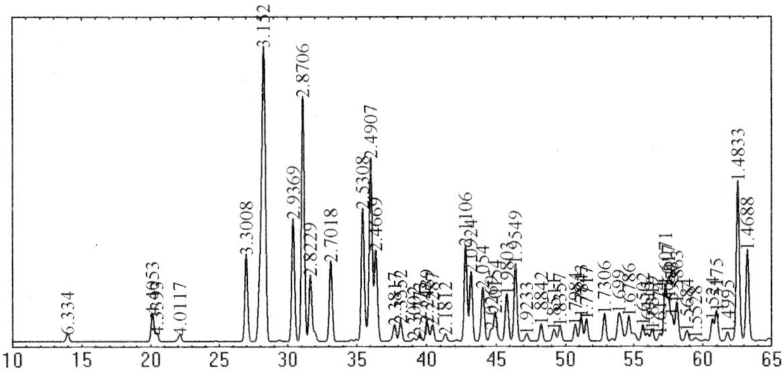

PDF:02-0546

d	I/I_0	*hkl*
4.4100	30	020
3.3000	50	121
3.1600	100	221
2.9500	50	321
2.8600	70	610
2.7000	50	421
2.5300	60	131
2.4700	60	231
2.1100	60	502
2.0500	20	512
1.9700	20	602
1.9600	40	631
1.7800	30	541
1.7300	20	921
1.7000	20	722
1.6000	50	1021
1.5200	40	423
1.4800	60	832
1.4700	30	1012
1.4200	20	433

9-185b 顽火辉石(Enstatite)

$MgSiO_3$，100.39

ICSD:200117(续)

Atom		Wcf	*x*	*y*	*z*	Occ
Mg1	Mg^{2+}	8*c*	0.37580(5)	0.65386(9)	0.8660(2)	1.0
Mg2	Mg^{2+}	8*c*	0.37682(5)	0.4870(1)	0.3587(2)	1.0
Si1	Si^{4+}	8*c*	0.27171(4)	0.34150(8)	0.0503(1)	1.0
Si2	Si^{4+}	8*c*	0.47356(3)	0.33730(8)	0.7982(1)	1.0
O1	O^{2-}	8*c*	0.18332(9)	0.3399(2)	0.0346(3)	1.0
O2	O^{2-}	8*c*	0.3110(1)	0.5024(2)	0.0434(4)	1.0
O3	O^{2-}	8*c*	0.3032(1)	0.2262(2)	−0.1678(4)	1.0
O4	O^{2-}	8*c*	0.5624(1)	0.3402(2)	0.7997(4)	1.0
O5	O^{2-}	8*c*	0.4328(1)	0.4832(2)	0.6890(4)	1.0
O6	O^{2-}	8*c*	0.4477(1)	0.1950(2)	0.6040(3)	1.0

PDF:02-0546(续)

d	I/I_0	*hkl*
1.3900	50	1131
1.3600	20	143
1.3400	20	633
1.3100	30	1202
1.2900	30	951

9-186 透辉石(Diopside)

$Ca(Mg,Al)(Si,Al)_2O_6$，217.02

Sys.:Monoclinic S.G.:$I2/a$(15) Z:4

a:9.732 b:8.867 c:5.2787 β:105.92 Vol.:438.05

ICSD:30522

Atom		Wcf	x	y	z	Occ
Mg1	Mg^{2+}	4e	0	0.90774(3)	0.25	1.0
Ca1	Ca^{2+}	4e	0	0.30122(2)	0.25	1.0
Si1	Si^{4+}	8f	0.28664(2)	0.09315(2)	0.22987(3)	1.0
O1	O^{2-}	8f	0.11572(4)	0.08719(5)	0.14200(8)	1.0
O2	O^{2-}	8f	0.36133(5)	0.25005(5)	0.31881(9)	1.0
O3	O^{2-}	8f	0.35076(4)	0.01767(5)	−0.00429(8)	1.0

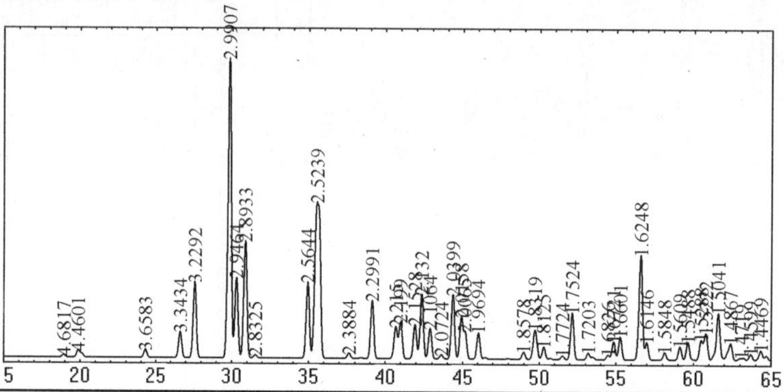

PDF:41-1370

d	I/I_0	hkl
6.4350	1	$\bar{1}10$
4.6830	3	200
4.4340	6	020
4.4110	3	$\bar{1}11$
3.6660	2	111
3.3390	6	021
3.2200	50	$\bar{2}20$
2.9850	100	$\bar{2}21$
2.9430	55	$\bar{3}10$
2.8910	30	$\bar{3}11$
2.8190	2	$\bar{1}30$
2.5550	20	$\bar{1}31$
2.5400	20	$\bar{2}02$
2.5400	20	002
2.5300	16	$\bar{1}12$
2.5120	30	221
2.3820	2	131
2.3390	1	400
2.3010	14	311
2.2280	4	$\bar{3}12$

9-187 钙铁辉石(Hedenbergite)

$CaFeSi_2O_6$，247.73

Sys.:Monoclinic S.G.:$C2/c$(15) Z:4

a:9.865 b:9.047 c:5.259 β:104.97 Vol.:453.43

ICSD:10227

Atom		Wcf	x	y	z	Occ
O1	O^{2-}	8f	0.1195(2)	0.0898(2)	0.1519(3)	1.0
O2	O^{2-}	8f	0.3619(2)	0.2449(2)	0.3211(4)	1.0
O3	O^{2-}	8f	0.3497(2)	0.0180(2)	0.9949(3)	1.0
Si1	Si^{4+}	8f	0.2875(1)	0.0921(1)	0.2329(1)	1.0
Fe1	Fe^{2+}	4e	0	0.9064(1)	0.25	1.0
Ca1	Ca^{2+}	4e	0	0.2993(1)	0.25	1.0

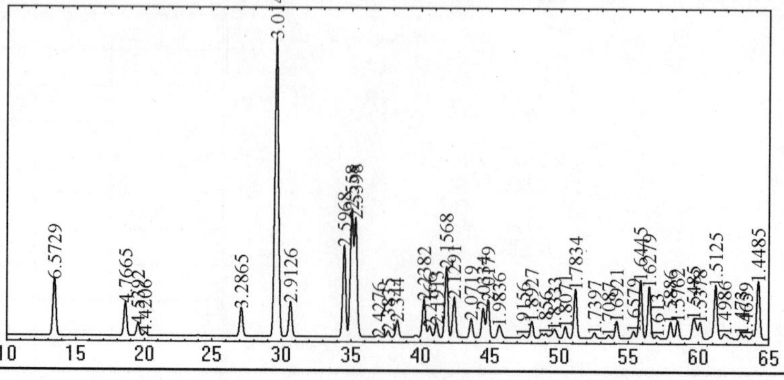

PDF:41-1372

d	I/I_0	hkl
6.5700	25	110
4.7700	20	200
4.5270	12	020
3.3790	4	021
3.2800	30	220
3.0110	100	$\bar{2}21$
2.9980	90	310
2.9110	18	$\bar{3}11$
2.8750	5	130
2.5910	25	$\bar{1}31$
2.5570	45	221
2.5410	30	002
2.5270	8	$\bar{2}02$
2.5270	8	$\bar{1}12$
2.3830	5	400
2.3430	7	311
2.2620	4	040
2.2400	9	112
2.2240	5	$\bar{3}12$
2.2160	5	022

9-188a 普通辉石(Augite)

$Ca(Mg,Fe,Al)(Si,Al)_2O_6$, 217.91

Sys.: Monoclinic S.G.: $I2/a(15)$ Z: 4

a: 9.7428 b: 8.8942 c: 5.2723 β: 106.111 Vol.: 438.92

ICSD: 85152

Atom		Wcf	x	y	z	Occ
Mg1	Mg^{2+}	4e	0	0.9065(1)	0.25	0.708
Al1	Al^{3+}	4e	0	0.9065(1)	0.25	0.057
Fe1	Fe^{2+}	4e	0	0.9065(1)	0.25	0.141
Fe2	Fe^{3+}	4e	0	0.9065(1)	0.25	0.048

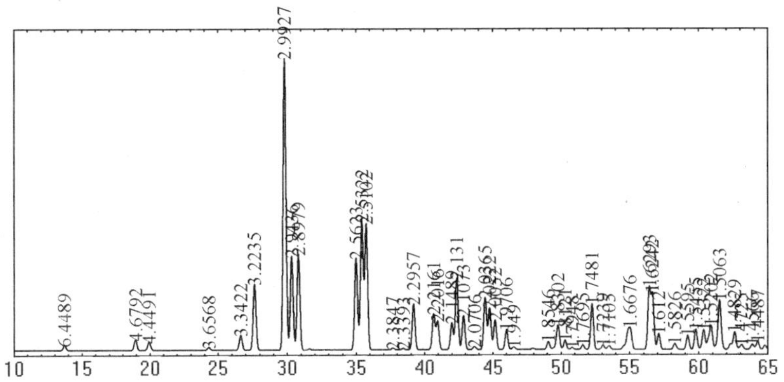

PDF: 41-1483		
d	I/I_0	hkl
4.4467	7	020
3.3470	7	021
3.2223	67	220
2.9907	100	$\bar{2}21$
2.9416	63	310
2.8960	33	$\bar{3}11$
2.5601	39	$\bar{1}31$
2.5314	28	002
2.5108	51	221
2.2984	27	311
2.2165	8	112
2.1999	8	022
2.1493	23	330
2.1295	30	$\bar{3}31$
2.1068	13	$\bar{4}21$
2.0360	17	041
2.0200	11	$\bar{4}02$
2.0073	9	240
1.9681	3	$\bar{1}32$
1.8952	2	$\bar{5}11$

9-188b 普通辉石(Augite)

$Ca(Mg,Fe,Al)(Si,Al)_2O_6$, 217.91

ICSD: 85152(续)

Atom		Wcf	x	y	z	Occ
Cr1	Cr^{3+}	4e	0	0.9065(1)	0.25	0.001
Ti1	Ti^{4+}	4e	0	0.9065(1)	0.25	0.045
Ca1	Ca^{2+}	4e	0	0.2987(1)	0.25	0.807
Na1	Na^{+}	4e	0	0.2987(1)	0.25	0.043
Mg2	Mg^{2+}	4e	0	0.2987(1)	0.25	0.042
Fe3	Fe^{2+}	4e	0	0.2987(1)	0.25	0.089
Mn1	Mn^{2+}	4e	0	0.2987(1)	0.25	0.01
Si1	Si^{4+}	8f	0.2881(1)	0.0927(1)	0.2315(1)	0.9245
Al2	Al^{3+}	8f	0.2881(1)	0.0927(1)	0.2315(1)	0.0755
O1	O^{2-}	8f	0.1153(1)	0.0872(1)	0.1414(3)	1.0
O2	O^{2-}	8f	0.3632(1)	0.2512(1)	0.3236(3)	1.0
O3	O^{2-}	8f	0.3515(1)	0.0190(1)	−0.0035(3)	1.0
Fe4	Fe^{2+}	4e	0	0.2218	0.25	0.009(7)

PDF: 41-1483(续)		
d	I/I_0	hkl
1.8542	4	331
1.8315	11	510
1.7477	17	150
1.7224	2	$\bar{5}12$
1.6715	5	042
1.6659	5	$\bar{3}13$
1.6284	16	$\bar{2}23$
1.6229	18	$\bar{5}31$
1.6119	12	440
1.5816	5	530
1.5589	10	600
1.5445	10	350
1.5317	8	$\bar{6}02$
1.5203	5	402
1.5058	10	$\bar{1}33$
1.4824	5	060
1.4223	21	061
1.4184	4	531
1.4080	11	$\bar{3}52$
1.4050	3	152

9-189 锰钙辉石(Johannsenite)

$CaMnSi_2O_6$，247.19

Sys.:Monoclinic S.G.:$I2/a$(15) Z:1

a:9.875 b:9.044 c:5.274 β:105.54 Vol.:453.8

ICSD:16906

Atom		Wcf	x	y	z	Occ
Ca1	Ca^{2+}	4e	0	0.6981(2)	0.75	1.0
Mn1	Mn^{2+}	4e	0	0.0947(2)	0.75	1.0
Si1	Si^{4+}	8f	0.2129(2)	0.4083(2)	0.7637(4)	1.0
O1	O^{2-}	8f	0.3797(6)	0.4070(5)	0.8459(11)	1.0
O2	O^{2-}	8f	0.1368(5)	0.2569(6)	0.6705(10)	1.0
O3	O^{2-}	8f	0.1518(7)	0.4794(6)	0.0043(12)	1.0

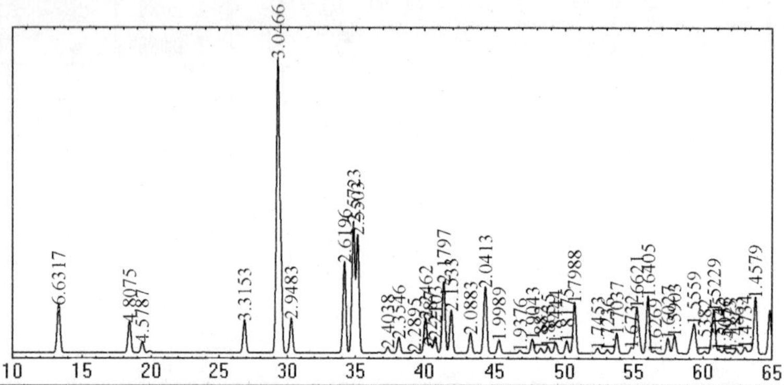

PDF:38-0413

d	I/I_0	hkl
6.6000	7	110
4.7800	7	200
4.5400	6	020
3.2840	18	220
3.0220	100	$\bar{2}21$
2.9980	15	310
2.9220	18	$\bar{3}11$
2.5960	30	$\bar{1}31$
2.5470	65	221
2.5470	65	002
2.3770	4	400
2.3320	10	311
2.2360	12	112
2.1830	5	330
2.1590	16	$\bar{3}31$
2.1310	17	$\bar{4}21$
2.0640	7	041
2.0280	20	202
2.0260	10	$\bar{4}02$
1.9869	2	$\bar{1}32$

9-190a 绿辉石(Omphacite)

(Na,Ca)(Al,Mg)Si_2O_6，211.94

Sys.:Monoclinic S.G.:$I2/a$(15) Z:4

a:9.526 b:8.692 c:5.246 β:107.21 Vol.:414.92

ICSD:63234

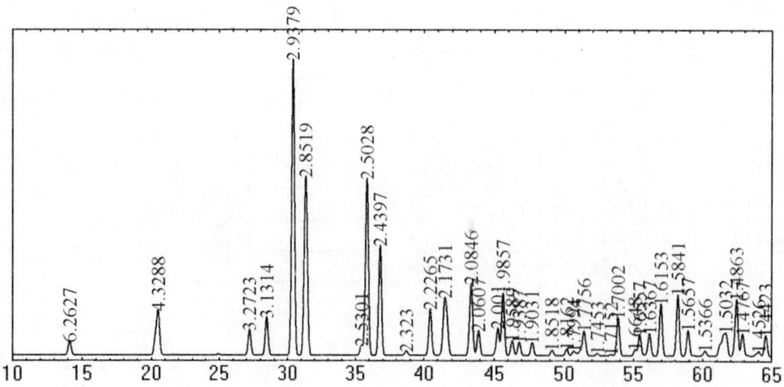

PDF:42-0568

d	I/I_0	hkl
6.2510	17	110
4.3360	54	020
3.7650	5	—
3.6540	4	—
3.2770	10	021
3.1390	25	220
2.9450	97	$\bar{2}21$
2.8610	100	310
2.8610	100	$\bar{3}11$
2.5140	34	$\bar{1}31$
2.5080	31	$\bar{1}12$
2.5080	31	002
2.4460	43	221
2.3310	4	131
2.2320	17	311
2.1800	8	112
2.0910	35	$\bar{3}31$
2.0670	10	$\bar{4}21$
2.0060	6	$\bar{4}02$
1.9940	21	041

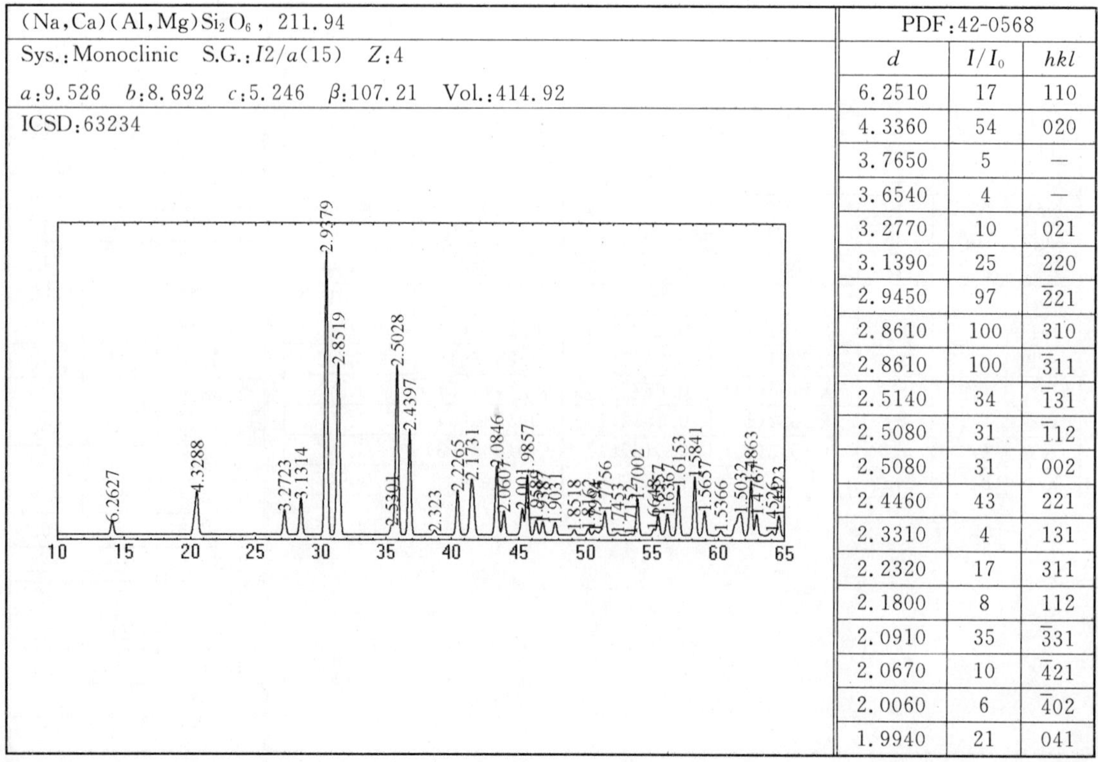

9-190b 绿辉石(Omphacite)

(Na,Ca)(Al,Mg)Si_2O_6， 211.94

ICSD:63234(续)

Atom		Wcf	x	y	z	Occ
Fe1	Fe^{2+}	4e	0	0.90540(5)	0.25	0.069(4)
Al1	Al^{3+}	4e	0	0.90540(5)	0.25	0.931(4)
Ca1	Ca^{2+}	4e	0	0.30090(6)	0.25	0.229(7)
Na1	Na^{+}	4e	0	0.30090(6)	0.25	0.770(7)
Si1	Si^{4+}	8f	0.28947(4)	0.09297(3)	0.22831(6)	0.98
Al2	Al^{3+}	8f	0.28947(4)	0.09297(3)	0.22831(6)	0.02
O1	O^{2-}	8f	0.11043(9)	0.0779(1)	0.1309(2)	1.0
O2	O^{2-}	8f	0.3608(1)	0.2601(1)	0.3005(2)	1.0
O3	O^{2-}	8f	0.35291(9)	0.0108(1)	0.0034(2)	1.0

PDF:42-0568(续)

d	I/I_0	hkl
1.9630	3	202
1.9630	3	240
1.9090	6	$\bar{2}41$
1.8570	3	$\bar{5}11$
1.7810	12	510
1.7070	31	150
1.6580	11	$\bar{3}13$
1.6190	4	$\bar{2}23$
1.5890	40	$\bar{5}31$
1.5710	17	440
1.5420	3	530
1.5160	6	600
1.5090	4	350
1.5090	4	$\bar{3}51$
1.4900	7	$\bar{5}32$
1.4900	7	$\bar{1}33$
1.4490	10	$\bar{1}52$
1.4490	10	060
1.3850	9	$\bar{3}52$
1.3790	20	531

9-191 硬玉(Jadeite)

$NaAlSi_2O_6$， 202.14

Sys.:Monoclinic S.G.:$I2/a$(15) Z:4

a:9.437 b:8.574 c:5.225 β:107.58 Vol.:403.02

ICSD:15489

Atom		Wcf	x	y	z	Occ
Na1	Na^{+}	4e	0	0.3009(2)	0.25	1.0
Al1	Al^{3+}	4e	0	0.0940(1)	0.75	1.0
Si1	Si^{4+}	8f	0.2906(1)	0.0934(1)	0.2277(2)	1.0
O1	O^{2-}	8f	0.1090(2)	0.0763(3)	0.1275(4)	1.0
O2	O^{2-}	8f	0.3608(2)	0.2630(3)	0.2929(4)	1.0
O3	O^{2-}	8f	0.3533(2)	0.0070(3)	0.0058(4)	1.0

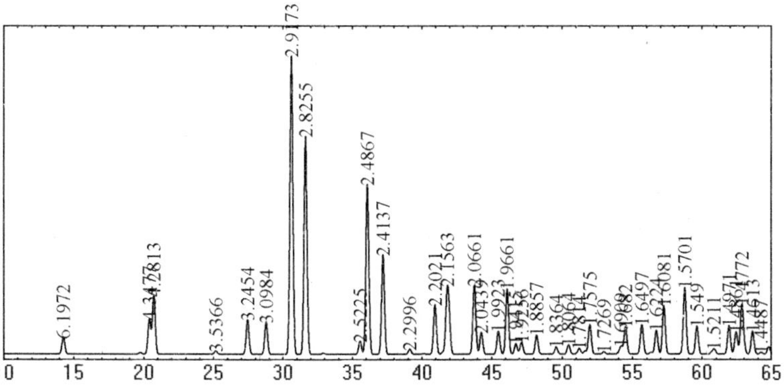

PDF:22-1338

d	I/I_0	hkl
6.2200	15	110
4.5000	5	200
4.3500	5	$\bar{1}11$
4.2900	45	020
3.2500	5	021
3.1000	30	220
2.9220	75	$\bar{2}21$
2.8310	100	310
2.5270	2	$\bar{2}02$
2.4900	20	002
2.4170	25	221
2.2060	10	311
2.1610	5	112
2.0690	30	330
2.0460	10	$\bar{4}21$
1.9930	2	420
1.9680	15	041
1.9300	2	$\bar{1}32$
1.8870	5	$\bar{2}41$
1.8390	2	$\bar{5}11$

9-192 霓石(Aegirine)

$NaFe(SiO_3)_2$，231

Sys.:Monoclinic S.G.:$I2/a$(15) Z:4

a:9.5277 b:8.8067 c:5.287 β:104.686 Vol.:429.13

ICSD:95881

Atom		Wcf	x	y	z	Occ
Fe1	Fe^{3+}	4e	0	0.8989(1)	0.250	1.0
Na1	Na^{+}	4e	0	0.2981(2)	0.250	0.948
Li1	Li^{+}	4e	0	0.2981(2)	0.250	0.052
Si1	Si^{4+}	8f	0.2912(1)	0.0895(1)	0.2376(1)	1.0
O1	O^{2-}	8f	0.1146(2)	0.0787(2)	0.1387(3)	1.0
O2	O^{2-}	8f	0.3589(2)	0.2563(2)	0.3027(3)	1.0
O3	O^{2-}	8f	0.3525(2)	0.9926(2)	0.5152(3)	1.0

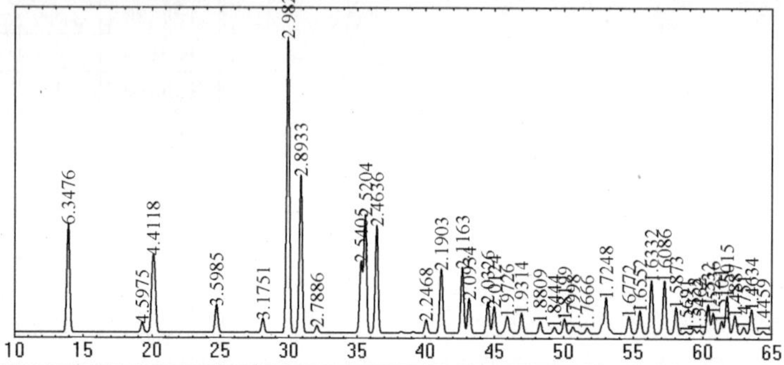

PDF:34-0185

d	I/I_0	hkl
6.3719	21	110
4.6090	1	200
4.4233	29	011
3.6130	9	$\bar{2}11$
3.1848	6	220
2.9846	100	121
2.9008	50	310
2.7976	1	130
2.5456	28	031
2.5233	45	$\bar{2}02$
2.4726	37	$\bar{3}21$
2.2562	3	$\bar{4}11$
2.2116	8	022
2.1964	20	$\bar{3}12$
2.1901	7	$\bar{2}22$
2.1182	20	231
2.0943	12	321
2.0295	10	202
2.0186	10	$\bar{1}41$
1.9796	7	$\bar{4}02$

9-193 锂辉石(Spodumene)

$LiAlSi_2O_6$，186.09

Sys.:Monoclinic S.G.:$I2/a$(15) Z:4

a:9.466 b:8.394 c:5.221 β:110.17 Vol.:389.41

ICSD:280109

Atom		Wcf	x	y	z	Occ
Si1	Si^{4+}	8f	0.29410(1)	0.09347(1)	0.25592(1)	1.0
Al1	Al^{3+}	4e	0	0.90667(1)	0.25	1.0
O1	O^{2-}	8f	0.10971(2)	0.08232(2)	0.14056(4)	1.0
O2	O^{2-}	8f	0.36470(2)	0.26713(2)	0.30048(4)	1.0
O3	O^{2-}	8f	0.35663(2)	0.98674(3)	0.05827(4)	1.0
Li1	Li^{+}	4e	0	0.27467(13)	0.25	1.0

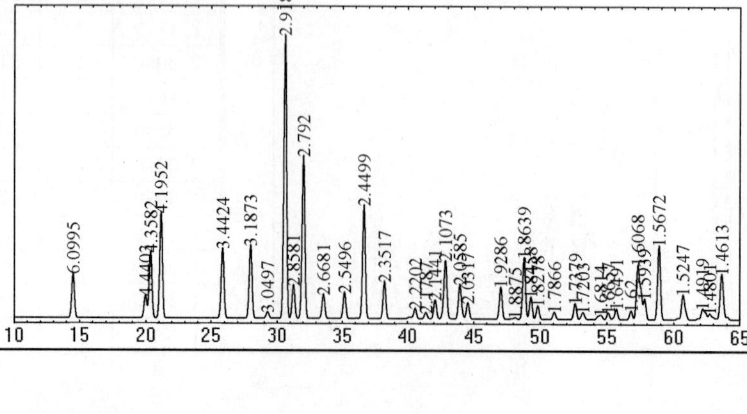

PDF:33-0786

d	I/I_0	hkl
6.1200	40	$\bar{1}10$
4.4500	25	200
4.3600	35	$\bar{1}11$
4.2050	75	020
3.4440	35	111
3.1900	35	021
3.0520	6	220
2.9210	100	$\bar{2}21$
2.8600	12	$\bar{3}11$
2.7930	90	310
2.6690	10	130
2.5510	7	$\bar{2}02$
2.4500	30	$\bar{1}31$
2.4500	30	002
2.3530	10	221
2.2230	4	400
2.1780	2	$\bar{2}22$
2.1460	5	311
2.1070	14	112
2.0590	10	$\bar{3}31$

9-194a 针锰柱石(Carpholite)

$MnAl_2Si_2O_6(OH)_4$, 329.1
Sys.:Orthorhombic S.G.:*Ccca*(68) *Z*:8
a:13.83 *b*:20.31 *c*:5.13 Vol.:1440.95
ICSD:34520

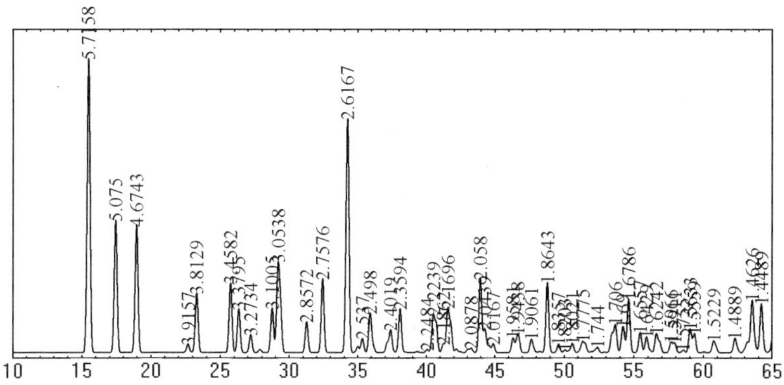

PDF:19-0273

d	*I*/I_0	*hkl*
5.7300	100	220
5.0800	70	040
4.6800	18	111
3.9300	6	131
3.8200	16	221
3.4600	30	400
3.3900	20	060
3.2800	10	420
3.1000	10	151
3.0400	30	260
2.8620	14	440
2.7610	20	421
2.6200	50	351
2.5390	10	080
2.4980	10	441
2.4170	8	511
2.4030	6	202
2.3610	10	132
2.2260	8	312
2.2190	10	371

9-194b 针锰柱石(Carpholite)

$MnAl_2Si_2O_6(OH)_4$, 329.1

ICSD:34520(续)

Atom		Wcf	*x*	*y*	*z*	Occ
Mn1	Mn^{2+}	8*f*	0	0.8727	0.75	1.0
Al1	Al^{3+}	8*e*	0.1933	0.75	0.75	1.0
Al2	Al^{3+}	8*f*	0	0.9614	0.25	1.0
Si1	Si^{4+}	16*i*	0.1941	0.8794	0.413	1.0
O1	O^{2-}	16*i*	0.1035	0.8072	0.8872	1.0
O2	O^{2-}	16*i*	0.2063	0.8	0.4332	1.0
O3	O^{2-}	16*i*	0.2448	0.9114	0.6709	1.0
O4	O^{2-}	16*i*	0.0825	0.8993	0.3983	1.0
O5	O^{2-}	16*i*	0.0687	0.967	0.9312	1.0

PDF:19-0273(续)

d	*I*/I_0	*hkl*
2.1740	10	242
2.1630	10	281
2.0610	18	402
2.0470	8	480
2.0330	8	0100
1.9595	4	262
1.9472	10	2100
1.8661	18	571
1.7049	10	820
1.6923	10	0120
1.6801	12	751
1.6560	8	591
1.6460	6	133
1.6237	8	642
1.5896	4	392
1.5618	6	712
1.5572	6	771
1.5262	8	732
1.5212	8	4120
1.4704	4	5111

9-195 硅钠钛矿(Lorenzenite)

$Na_2Ti_2Si_2O_9$，341.95

Sys.:Orthorhombic　S.G.:*Pcnb*(60)　*Z*:4

a:14.492　*b*:8.699　*c*:5.233　Vol.:659.7

ICSD:20124

Atom		Wcf	*x*	*y*	*z*	Occ
Ti1	Ti^{4+}	8*d*	0.169	0.652	0.631	1.0
Si1	Si^{4+}	8*d*	0.026	0.158	0.206	1.0
Na1	Na^{+}	8*d*	0.155	0.066	0.643	1.0
O1	O^{2-}	4*c*	0.25	0	0.014	1.0
O2	O^{2-}	8*d*	0.072	0.515	0.741	1.0
O3	O^{2-}	8*d*	0.064	0.266	0.449	1.0
O4	O^{2-}	8*d*	0.274	0.182	0.443	1.0
O5	O^{2-}	8*d*	0.085	0.669	0.292	1.0

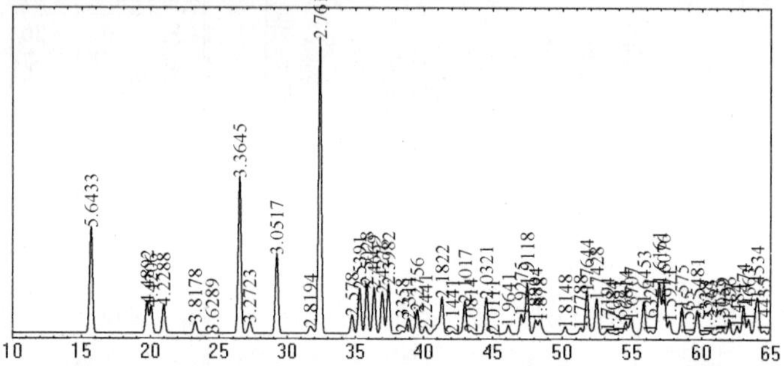

PDF:33-1298		
d	I/I_0	*hkl*
5.5700	35	210
4.4800	8	011
4.3460	10	020
4.2850	8	111
3.7310	4	220
3.3450	90	410
3.2810	4	311
3.2540	12	121
3.0330	25	221
2.7490	100	321
2.6180	3	002
2.5760	12	102
2.5370	8	031
2.4980	12	131
2.4600	25	202
2.4330	10	511
2.3930	3	231
2.2650	4	430
2.2490	8	331
2.2490	8	022

9-196a 单斜硅铜矿(Shattuckite)

$Cu_5(SiO_3)_4(OH)_2$，656.08

Sys.:Orthorhombic　S.G.:*Pcab*(61)　*Z*:4

a:9.878　*b*:19.82　*c*:5.381　Vol.:1053.5

ICSD:24957

Atom		Wcf	*x*	*y*	*z*	Occ
Cu1	Cu^{2+}	8*c*	0.245	0.2805	0.78	1.0
Cu2	Cu^{2+}	8*c*	0.163	0.529	0.565	1.0
Cu3	Cu^{2+}	4*b*	0.5	0.5	0.5	1.0
Si1	Si^{4+}	8*c*	0.462	0.3685	0	1.0
Si2	Si^{4+}	8*c*	0.585	0.3485	0.5	1.0

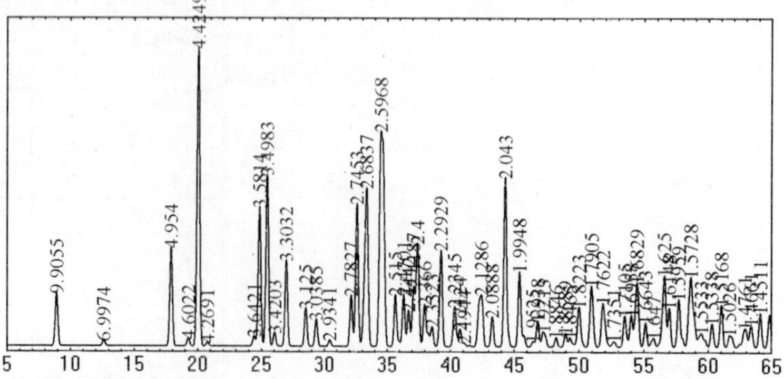

PDF:43-1462		
d	I/I_0	*hkl*
9.9100	18	020
4.9470	90	040
4.9470	90	200
4.4250	100	140
4.4250	100	220
4.2660	2	121
3.6390	5	201
3.4980	50	240
3.4180	5	141
3.4180	5	221
3.3030	90	060
3.1290	5	160
3.1290	5	320
2.9330	9	241
2.7810	7	311
2.7440	35	260
2.7440	35	340
2.7050	5	161
2.7050	5	321
2.6810	3	251

9-196b 单斜硅铜矿(Shattuckite)

$Cu_5(SiO_3)_4(OH)_2$，656.08

ICSD:24957(续)

Atom		Wcf	x	y	z	Occ
Cu1	Cu^{2+}	8c	0.245	0.2805	0.78	1.0
Cu2	Cu^{2+}	8c	0.163	0.529	0.565	1.0
Cu3	Cu^{2+}	4b	0.5	0.5	0.5	1.0
Si1	Si^{4+}	8c	0.462	0.3685	0	1.0
Si2	Si^{4+}	8c	0.585	0.3485	0.5	1.0
O1	O^{2-}	8c	0.302	0.351	0	1.0
O2	O^{2-}	8c	0.473	0.4485	0.05	1.0
O3	O^{2-}	8c	0.502	0.33	0.25	1.0
O4	O^{2-}	8c	0.504	0.332	0.75	1.0
O5	O^{2-}	8c	0.698	0.29	0.5	1.0
O6	O^{2-}	8c	0.645	0.422	0.53	1.0
O7	O^{2-}	8c	0.684	0.548	0.32	1.0
Cu1	Cu^{2+}	8c	0.245	0.2805	0.78	1.0
Cu2	Cu^{2+}	8c	0.163	0.529	0.565	1.0
Cu3	Cu^{2+}	4b	0.5	0.5	0.5	1.0
Si1	Si^{4+}	8c	0.462	0.3685	0	1.0

PDF:43-1462(续)

d	I/I_0	hkl
2.5970	2	022
2.5850	3	331
2.5740	3	112
2.4920	2	032
2.4780	6	080
2.4700	9	400
2.4450	1	261
2.4450	1	341
2.4160	2	132
2.4030	30	180
2.3960	16	420
2.3640	5	042
2.3640	5	202
2.3320	5	360
2.2990	3	142
2.2990	3	222
2.2920	3	351
2.2400	2	401
2.2400	2	271
2.2260	2	052

9-197a 硅灰石(Wollastonite)

$CaSiO_3$，116.16

Sys.:Monoclinic　S.G.:$P2_1/a$(14)　Z:12

a:15.429　b:7.3251　c:7.0692　β:95.38　Vol.:795.43

ICSD:201538

Atom		Wcf	x	y	z	Occ
Ca1	Ca^{2+}	4e	0.40056(6)	0.6248(2)	0.7389(1)	1.0
Ca2	Ca^{2+}	4e	0.39880(6)	0.1191(2)	0.7362(1)	1.0
Ca3	Ca^{2+}	4e	0.24837(6)	0.3744(3)	0.9736(1)	1.0

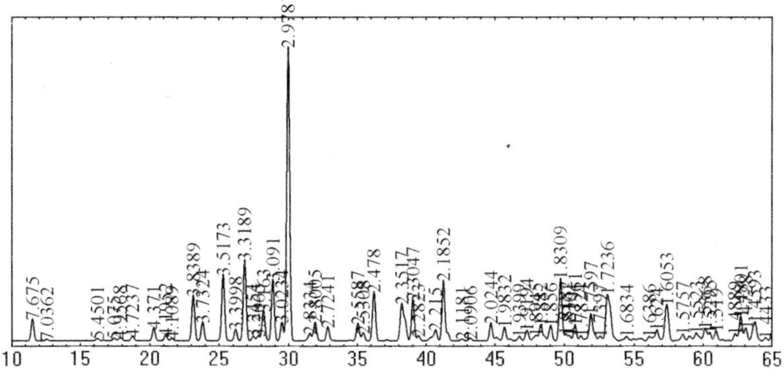

PDF:43-1460

d	I/I_0	hkl
7.6800	9	200
7.0400	1	001
5.4500	2	$\bar{2}01$
5.0750	2	011
4.9620	3	201
4.7250	2	111
3.8400	40	400
3.5190	50	002
3.5190	50	$\bar{4}01$
3.3190	60	$\bar{2}02$
3.2480	4	021
3.2480	4	401
3.2070	3	$\bar{1}21$
3.1700	5	012
3.1700	5	$\bar{4}11$
3.0910	45	202
3.0400	4	$\bar{2}21$
2.9780	100	$\bar{3}20$
2.9470	4	221
2.7990	5	$\bar{3}12$

9-197b 硅灰石(Wollastonite)

$CaSiO_3$，116.16

ICSD:201538(续)

Atom		Wcf	x	y	z	Occ
Si1	Si^{4+}	4e	0.4075(1)	0.6584(2)	0.2311(2)	1.0
Si2	Si^{4+}	4e	0.4077(1)	0.0927(2)	0.2311(2)	1.0
Si3	Si^{4+}	4e	0.3014(1)	0.3761(2)	0.4438(2)	1.0
O1	O^{2-}	4e	0.3485(2)	0.6121(7)	0.0366(4)	1.0
O2	O^{2-}	4e	0.3493(2)	0.1329(8)	0.0369(4)	1.0
O3	O^{2-}	4e	0.2147(2)	0.3712(8)	0.3011(4)	1.0
O4	O^{2-}	4e	0.5083(2)	0.6157(8)	0.2335(4)	1.0
O5	O^{2-}	4e	0.5090(2)	0.1218(8)	0.2367(4)	1.0
O6	O^{2-}	4e	0.2991(2)	0.3703(8)	0.6708(4)	1.0
O7	O^{2-}	4e	0.3914(2)	0.8761(6)	0.2753(4)	1.0
O8	O^{2-}	4e	0.3639(2)	0.1970(5)	0.4053(5)	1.0
O9	O^{2-}	4e	0.3637(2)	0.5550(5)	0.4056(5)	1.0

PDF:43-1460(续)

d	I/I_0	hkl
2.7990	5	$\bar{3}21$
2.7250	12	$\bar{4}02$
2.7110	7	$\bar{5}11$
2.5600	14	600
2.5330	3	$\bar{4}21$
2.5330	3	$\bar{1}22$
2.4810	25	$\bar{6}01$
2.4810	25	402
2.3540	14	$\bar{5}20$
2.3500	16	$\bar{6}11$
2.3500	16	412
2.3370	12	$\bar{3}22$
2.3370	12	601
2.3060	35	$\bar{5}12$
2.3060	35	$\bar{2}03$
2.2820	2	$\bar{5}21$
2.2340	2	013
2.2150	5	322
2.1860	25	$\bar{4}22$

9-198a 钙蔷薇辉石(Bustamite)

Ca(Mn,Ca)Si_2O_6，247.19

Sys.:Triclinic S.G.:$P\bar{1}$(2) Z:12

a:7.848 b:7.263 c:13.968 α:90.16 β:95.25 γ:103.36 Vol.:385.57

ICSD:9298

Atom		Wcf	x	y	z	Occ
Ca1	Ca^{2+}	4i	0.2000(8)	0.4218(7)	0.3776(4)	1.0
Ca2	Ca^{2+}	4i	0.1994(8)	0.9284(7)	0.3755(4)	0.82(4)
Ca3	Ca^{2+}	2f	0.5	0.25	0.25	0.55
Ca4	Ca^{2+}	2e	0.5	0.75	0.25	0.55(6)

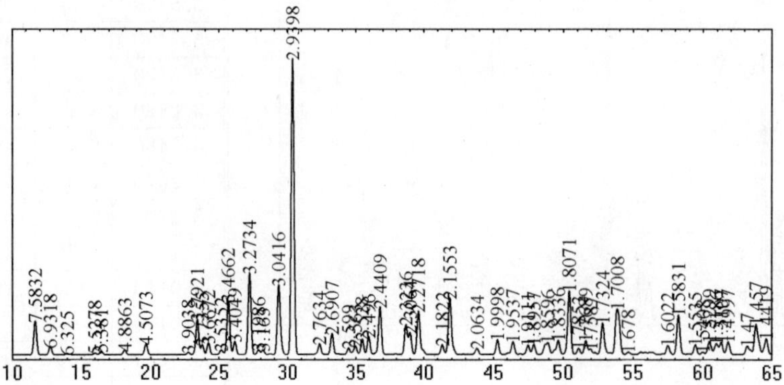

PDF:44-1455

d	I/I_0	hkl
7.6200	31	100
6.9600	5	002
5.3900	4	$\bar{1}02$
4.9050	2	102
4.5170	1	$\bar{1}\bar{1}1$
3.8030	53	200
3.6760	2	$\bar{2}11$
3.4780	50	$\bar{2}02$
3.2790	100	$\bar{1}04$
3.2110	6	202
3.0560	35	104
2.9510	11	$\bar{2}20$
2.6950	24	$\bar{2}04$
2.6060	2	$0\bar{1}5$
2.5740	2	$\bar{1}15$
2.5350	35	300
2.4540	8	$1\bar{2}4$
2.3190	9	$\bar{2}15$
2.3130	12	031
2.2780	49	$\bar{1}06$

9-198b 钙蔷薇辉石(Bustamite)

Ca(Mn,Ca)Si_2O_6，247.19

ICSD:9298(续)

Atom		Wcf	x	y	z	Occ
Fe1	Fe^{2+}	$4i$	0.1994(8)	0.9284(7)	0.3755(4)	0.18(4)
Fe2	Fe^{2+}	$2f$	0.5	0.25	0.25	0.45
Fe3	Fe^{2+}	$2e$	0.5	0.75	0.25	0.45(6)
Si1	Si^{4+}	$4i$	0.1877(9)	0.3980(9)	0.6344(5)	1.0
Si2	Si^{4+}	$4i$	0.1902(10)	0.9475(10)	0.6346(5)	1.0
Si3	Si^{4+}	$4i$	0.3973(7)	0.7244(7)	0.5226(4)	1.0
O1	O^{2-}	$4i$	0.425(3)	0.233(3)	0.403(1)	1.0
O2	O^{2-}	$4i$	0.414(2)	0.727(2)	0.410(1)	1.0
O3	O^{2-}	$4i$	0.318(2)	0.471(2)	0.731(1)	1.0
O4	O^{2-}	$4i$	0.302(3)	0.936(3)	0.724(1)	1.0
O5	O^{2-}	$4i$	0.014(3)	0.629(3)	0.362(3)	1.0
O6	O^{2-}	$4i$	0.009(3)	0.127(3)	0.371(1)	1.0
O7	O^{2-}	$4i$	0.274	0.507(2)	0.543(1)	1.0
O8	O^{2-}	$4i$	0.268(2)	0.883(2)	0.541(1)	1.0
O9	O^{2-}	$4i$	0.224(2)	0.183(2)	0.620(1)	1.0

PDF:44-1455(续)

d	I/I_0	hkl
2.1630	4	222
2.1450	6	$\bar{1}33$
2.0660	10	$\bar{2}06$
1.9620	5	$\bar{3}31$
1.9000	12	017
1.8640	1	320
1.8370	1	$\bar{4}22$
1.7910	6	231
1.7390	18	$\bar{4}04$

9-199a 针钠钙石(Pectolite)

$NaCa_2HSi_3O_9$，332.41

Sys.:Triclinic　S.G.:$P\bar{1}$(2)　Z:2

a:7.999　b:7.033　c:7.032　α:90.51　β:95.21　γ:102.53　Vol.:384.41

ICSD:26820

Atom		Wcf	x	y	z	Occ
Ca1	Ca^{2+}	$2i$	0.8548(1)	0.5936(1)	0.1449(1)	1.0
Ca2	Ca^{2+}	$2i$	0.8467(1)	0.0839(1)	0.1405(1)	1.0
Na1	Na^{+}	$2i$	0.5524(2)	0.2596(2)	0.3433(2)	1.0
H1	H^{+}	$2i$	0.162	0.625	0.53	1.0

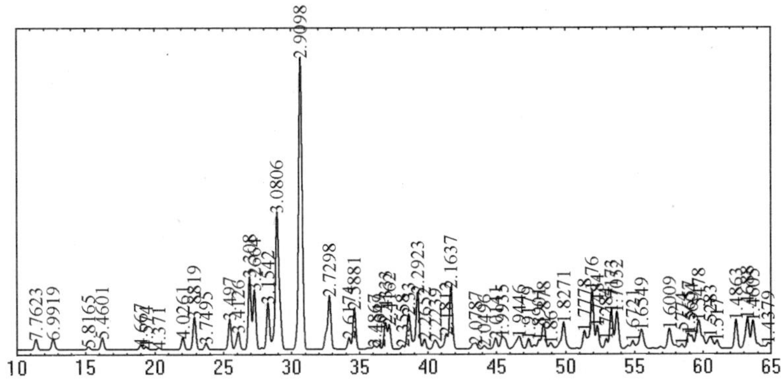

PDF:33-1223

d	I/I_0	hkl
7.7600	2	100
6.9800	4	001
5.8100	1	$\bar{1}10$
5.4500	5	$\bar{1}01$
4.9670	1	101
4.6560	2	110
4.5730	2	$\bar{1}11$
4.3710	1	$1\bar{1}1$
4.0280	4	$11\bar{1}$
3.8830	10	200
3.7500	2	$\bar{2}10$
3.7500	2	111
3.4990	11	002
3.4190	5	$\bar{2}11$
3.3070	16	$\bar{1}02$
3.2680	15	201
3.1540	12	$0\bar{1}2$
3.0820	40	102
3.0820	40	012
3.0610	20	$\bar{1}1\bar{2}$

9-199b 针钠钙石(Pectolite)

$NaCa_2HSi_3O_9$，332.41

ICSD:26820(续)

Atom		Wcf	x	y	z	Occ
Si1	Si^{4+}	2i	0.2185(1)	0.4015(1)	0.3374(1)	1.0
Si2	Si^{4+}	2i	0.2150(1)	0.9544(1)	0.3440(1)	1.0
Si3	Si^{4+}	2i	0.4505(1)	0.7353(1)	0.1447(1)	1.0
O1	O^{2-}	2i	0.6526	0.7871(4)	0.1280(4)	1.0
O2	O^{2-}	2i	0.3300(4)	0.7043(4)	−0.0535(4)	1.0
O3	O^{2-}	2i	0.1864(4)	0.4960(4)	0.5395(4)	1.0
O4	O^{2-}	2i	0.1783(4)	0.8465(4)	0.5411(4)	1.0
O5	O^{2-}	2i	0.0633(4)	0.3860(4)	0.1733(4)	1.0
O6	O^{2-}	2i	0.0600(4)	0.8961(4)	0.1768(4)	1.0
O7	O^{2-}	2i	0.3992(4)	0.5349(4)	0.2720(4)	1.0
O8	O^{2-}	2i	0.3955(4)	0.9092(4)	0.2746(4)	1.0
O9	O^{2-}	2i	0.2628(4)	0.1908(4)	0.3851(4)	1.0

PDF:33-1223(续)

d	I/I_0	hkl
2.9010	100	120
2.9010	100	$\bar{2}20$
2.7460	7	$12\bar{1}$
2.7320	13	$\bar{2}02$
2.7320	13	$\bar{2}21$
2.6220	3	$\bar{3}10$
2.5910	12	300
2.4860	1	$0\bar{2}2$
2.4860	1	202
2.4670	1	$2\bar{1}2$
2.4670	1	$\bar{1}22$
2.4330	8	$1\bar{2}2$
2.4170	7	022
2.3600	2	301
2.3300	11	220
2.3300	11	$\bar{3}20$
2.3080	1	$12\bar{2}$
2.2950	10	$\bar{1}03$
2.2950	10	$\bar{2}22$
2.2660	1	310

9-200a 桃针钠石(Serandite)

$Mn_{1.82}Ca_{0.18}NaH(SiO_3)_3$，359.45

Sys.:Triclinic S.G.:$P\bar{1}$(2) Z:2

a:7.683 b:6.889 c:6.747 α:90.53 β:94.12 γ:102.75 Vol.:347.29

ICSD:12130

Atom		Wcf	x	y	z	Occ
Mn1	Mn^{2+}	2i	0.8527(1)	0.5943(1)	0.1363(1)	0.84
Ca1	Ca^{2+}	2i	0.8527(1)	0.5943(1)	0.1363(1)	0.16
Mn2	Mn^{2+}	2i	0.8497(1)	0.0840(1)	0.1332(1)	0.98
Ca2	Ca^{2+}	2i	0.8497(1)	0.0840(1)	0.1332(1)	0.02
Na1	Na^{+}	2i	0.5574(2)	0.2548(2)	0.3518(2)	1.0

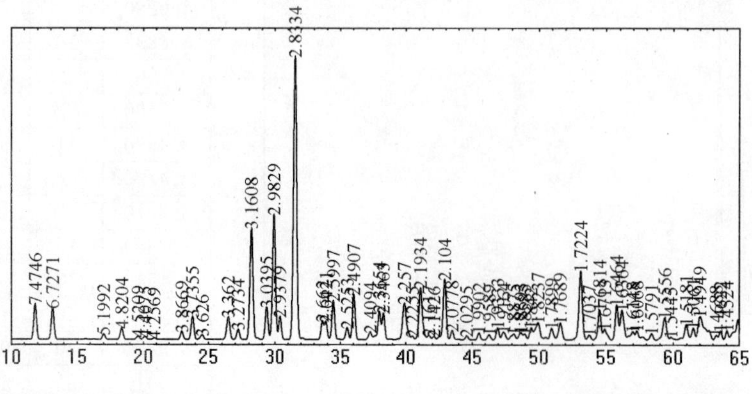

PDF:71-1798

d	I/I_0	hkl
7.4720	174	100
6.7273	183	001
6.7273	183	010
5.6585	2	$\bar{1}10$
5.1992	38	$\bar{1}01$
4.8212	37	101
4.8212	37	$0\bar{1}1$
4.6931	1	011
4.5212	16	110
4.4084	20	$\bar{1}11$
4.2563	7	$1\bar{1}1$
3.8674	39	$\bar{1}\bar{1}1$
3.7360	107	200
3.6473	7	111
3.6245	22	$\bar{2}10$
3.3637	82	002
3.3637	82	020
3.3542	78	$\bar{1}20$
3.2733	45	$\bar{2}11$
3.1581	440	$\bar{1}02$

9-200b 桃针钠石(Serandite)

$Mn_{1.82}Ca_{0.18}NaH(SiO_3)_3$，359.45

ICSD:12130(续)

Atom		Wcf	*x*	*y*	*z*	Occ
Si1	Si^{4+}	2*i*	0.2166(1)	0.4025(1)	0.3414(1)	1.0
Si2	Si^{4+}	2*i*	0.2071(1)	0.9527(1)	0.3506(1)	1.0
Si3	Si^{4+}	2*i*	0.4546(1)	0.7389(1)	0.1429(1)	1.0
O1	O^{2-}	2*i*	0.6643(3)	0.7953(4)	0.1146(4)	1.0
O2	O^{2-}	2*i*	0.3235(3)	0.7079(4)	−0.0568(3)	1.0
O3	O^{2-}	2*i*	0.1809(3)	0.4952(3)	0.5534(4)	1.0
O4	O^{2-}	2*i*	0.1599(3)	0.8458(3)	0.5568(4)	1.0
O5	O^{2-}	2*i*	0.0611(3)	0.3908(4)	0.1683(3)	1.0
O6	O^{2-}	2*i*	0.0531(3)	0.8930(4)	0.1727(3)	1.0
O7	O^{2-}	2*i*	0.4077(3)	0.5331(3)	0.2739(4)	1.0
O8	O^{2-}	2*i*	0.3974(3)	0.9052(3)	0.2880(4)	1.0
O9	O^{2-}	2*i*	0.2614(3)	0.1899(3)	0.3928(3)	1.0

PDF:71-1798(续)

d	I/I_0	*hkl*
3.1143	14	$2\bar{1}1$
3.0392	135	$0\bar{1}2$
3.0392	135	$0\bar{2}1$
3.0117	20	$\bar{1}21$
2.9838	434	102
2.9770	373	012
2.9770	373	021
2.9377	99	$\bar{1}12$
2.8369	751	120
2.8293	999	$\bar{2}20$
2.7843	15	$\bar{1}\bar{1}2$
2.6626	72	211
2.6626	72	$\bar{1}\bar{2}1$
2.6419	71	$\bar{2}21$
2.6206	8	112
2.5996	159	$\bar{2}02$
2.5754	5	$2\bar{2}1$
2.5679	4	121
2.5251	47	$\bar{3}10$
2.4907	183	300

9-201a 针硅钙石(Hillebrandite)

$Ca_2(SiO_3)(OH)_2$，190.26

Sys.:Orthorhombic S.G.:$A2_1am$(36) *Z*:6

a:3.6389 *b*:16.311 *c*:11.829 Vol.:702.1

ICSD:80127

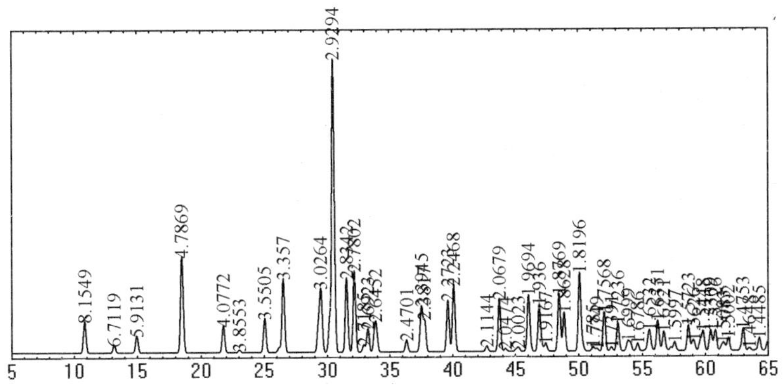

PDF:83-1015

d	I/I_0	*hkl*
8.1555	194	020
6.7144	43	021
5.9145	78	002
4.7880	394	022
4.0778	111	040
3.8551	9	041
3.5499	126	110
3.5499	126	023
3.4016	22	111
3.3572	257	042
3.0448	100	112
3.0241	215	130
2.9573	135	004
2.9299	999	131
2.8346	258	043
2.7801	270	024
2.7185	32	060
2.6926	79	132
2.6494	83	061
2.6389	94	113

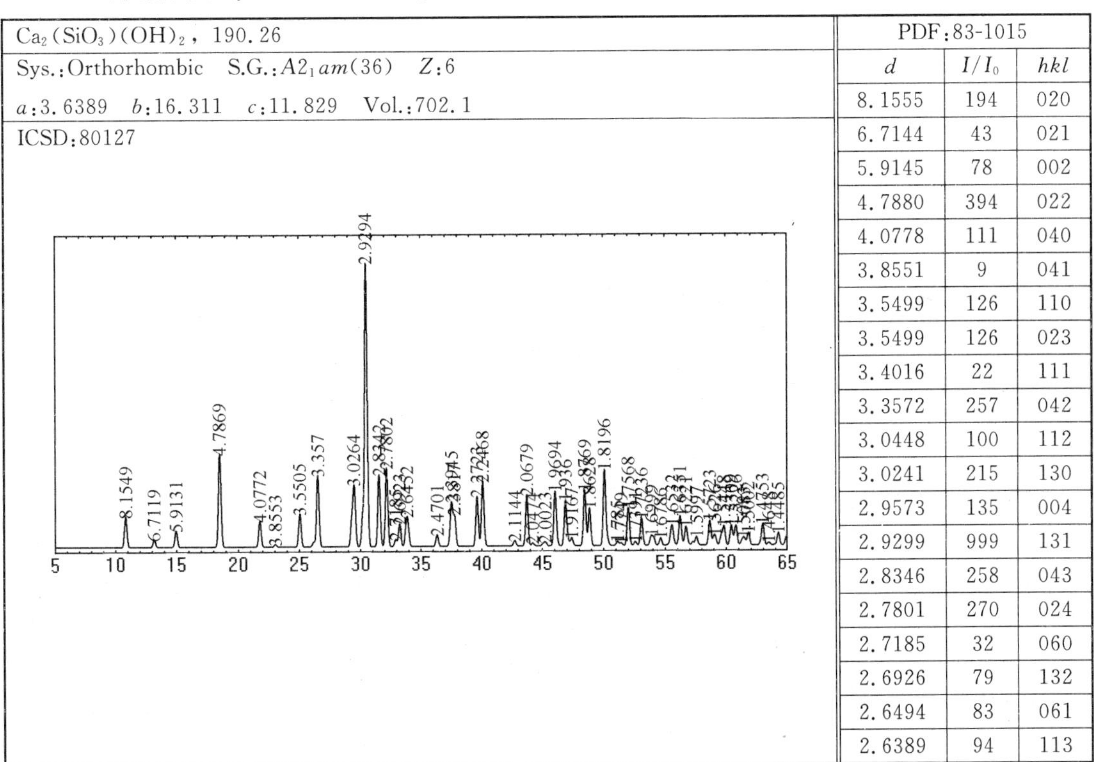

9-201b 针硅钙石(Hillebrandite)

$Ca_2(SiO_3)(OH)_2$，190.26

ICSD:80127(续)

Atom		Wcf	*x*	*y*	*z*	Occ
Ca1	Ca^{2+}	4*a*	0	0.2164(2)	0.064	1.0
Ca2	Ca^{2+}	4*a*	0.5	0.3992(2)	−0.0479(3)	1.0
Ca3	Ca^{2+}	4*a*	0.5	0.0490(2)	0.1888(2)	1.0
Si1	Si^{4+}	8*b*	0.430(2)	0.0863(3)	0.8981(4)	0.5
Si2	Si^{4+}	4*a*	0.5	0.3727(5)	0.2134(6)	0.5
O1	O^{2-}	4*a*	0	0.3091(6)	−0.0812(8)	1.0
O2	O^{2-}	4*a*	0.5	0.1259(6)	0.0198(8)	1.0
O3	O^{2-}	4*a*	0.5	0.4637(7)	0.138(1)	1.0
O4	O^{2-}	4*a*	0.5	0.2964(7)	0.1251(9)	1.0
O5	O^{2-}	4*a*	0	0.4890(6)	0.8877(8)	1.0
O6	O^{2-}	4*a*	0	0.1370(6)	0.2361(8)	1.0
O7	O^{2-}	8*b*	0.364(4)	0.1328(7)	0.795(1)	0.5
O8	O^{2-}	4*a*	0	0.110(1)	0.873(2)	0.5

PDF:83-1015(续)

d	I/I_0	*hkl*
2.4701	39	062
2.3940	137	044
2.3794	89	151
2.2721	152	114
2.2721	152	025
2.2469	187	152
2.2381	107	063
2.1143	18	134
2.0681	150	153
2.0463	10	045
2.0389	6	080
2.0093	8	081
2.0014	12	064
1.9690	149	006
1.9690	149	115
1.9623	84	170
1.9359	131	171
1.9163	24	026
1.8770	161	154
1.8625	108	135

9-202a 水硅锰镁锌矿(Gageite)

$(Mn,Mg)_7Si_2O_7(OH)_8$，688.79

Sys.:Orthorhombic　S.G.:*Pnnm*(58)　*Z*:2

a:13.79　*b*:13.68　*c*:3.279　Vol.:618.57

ICSD:15204

Atom		Wcf	*x*	*y*	*z*	Occ
Mg1	Mg^{2+}	2*b*	0	0	0.5	0.83
Mn1	Mn^{2+}	2*b*	0	0	0.5	0.17
Mg2	Mg^{2+}	4*g*	0.3382(4)	0.3847(4)	0.5	0.59
Mn2	Mn^{2+}	4*g*	0.3382(4)	0.3847(4)	0.5	0.41

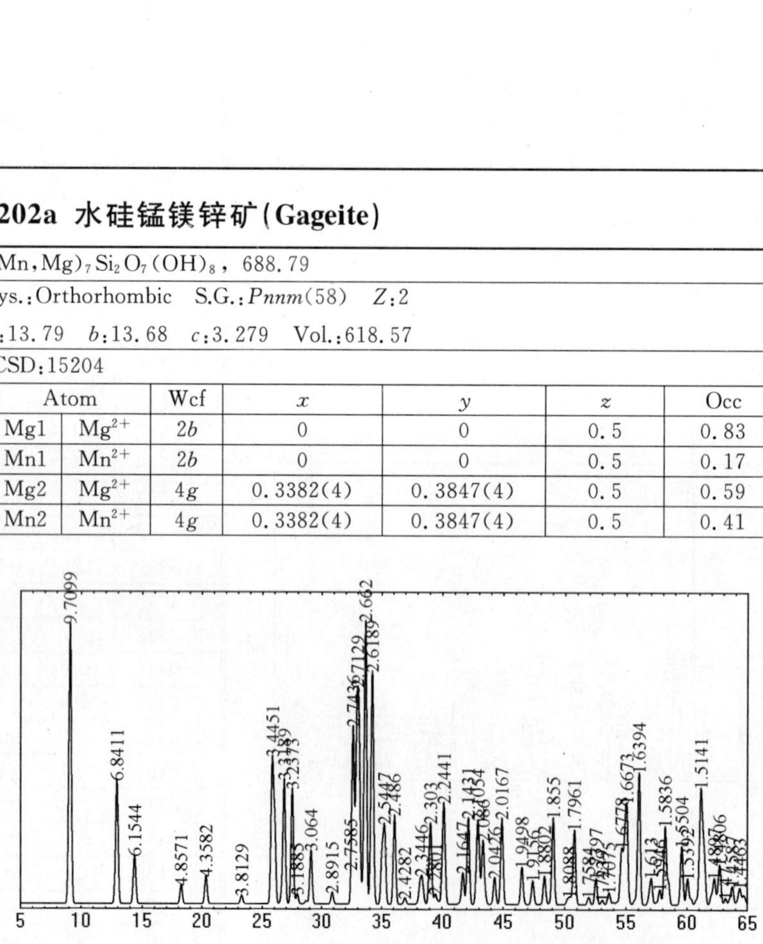

PDF:25-1201

d	I/I_0	*hkl*
9.7120	12	110
6.8950	31	200
6.8400	32	020
6.1280	39	120
4.3570	13	310
4.3290	11	130
3.8150	3	320
3.4480	19	400
3.4200	100	040
3.3430	8	410
3.3190	24	140
3.2370	48	330
3.1900	16	101
3.1070	11	111
3.0640	36	240
2.8940	5	211
2.7440	39	340
2.7170	39	221
2.7040	52	510
2.6620	61	031

9-202b 水硅锰镁锌矿(Gageite)

$(Mn,Mg)_7Si_2O_7(OH)_8$，688.79

ICSD:15204(续)

Atom		Wcf	*x*	*y*	*z*	Occ
Mn3	Mn^{2+}	4*g*	0.4227(3)	0.1520(3)	0	1.0
Mn4	Mn^{2+}	4*g*	0.1013(3)	0.4493(3)	0	1.0
Si1	Si^{4+}	4*g*	0.2111(7)	0.0974(7)	0.5	0.5
Si2	Si^{4+}	4*g*	0.0684(7)	0.1952(7)	0	0.5
O1	O^{2-}	4*g*	0.3316(15)	0.0940(15)	0.5	1.0
O2	O^{2-}	2*d*	0.5	0	0	1.0
O3	O^{2-}	4*g*	0.3411(12)	0.2860(13)	0	1.0
O4	O^{2-}	4*g*	0.4901(15)	0.4029(15)	0.5	0.5
O5	O^{2-}	4*g*	0.3505(15)	0.4895(15)	0	1.0
O6	O^{2-}	4*g*	0.1879(12)	0.3904(12)	0.5	1.0
O7	O^{2-}	4*g*	0.0176(14)	0.3060(14)	0	0.5
O8	O^{2-}	8*h*	0.1556(26)	0.1799(26)	0.323(15)	0.6
O9	O^{2-}	8*h*	0.1928(36)	0.1475(37)	0.024(22)	0.4

PDF:25-1201(续)

d	I/I_0	*hkl*
2.6140	93	131
2.5580	14	520
2.5430	9	250
2.4870	9	321
2.3600	2	530
2.3510	3	350
2.3410	3	411
2.3330	5	141
2.3040	18	331
2.2980	23	600
2.2670	5	610
2.2390	9	241
2.1650	7	260
2.1430	11	450
2.1070	11	431
2.1010	12	051
2.0860	18	511
2.0770	2	151
2.0520	2	630

9-203a 蔷薇辉石(Rhodonite)

$MnSiO_3$，131.02

Sys.:Triclinic S.G.:$P\bar{1}$(2) Z:10

a:7.614 *b*:11.848 *c*:6.699 *α*:92.65 *β*:94.4 *γ*:105.68 Vol.:578.7

ICSD:34342

Atom		Wcf	*x*	*y*	*z*	Occ
Mn1	Mn^{2+}	2*i*	0.8790(2)	0.8520(1)	0.9717(2)	1.0
Mn2	Mn^{2+}	2*i*	0.6839(2)	0.5540(1)	0.8712(2)	1.0
Mn3	Mn^{2+}	2*i*	0.4897(2)	0.2693(1)	0.8130(2)	1.0
Mn4	Mn^{2+}	2*i*	0.2962(2)	0.9718(1)	0.7934(2)	1.0
Mn5	Mn^{2+}	2*i*	0.0366(2)	0.7036(1)	0.6519(2)	1.0

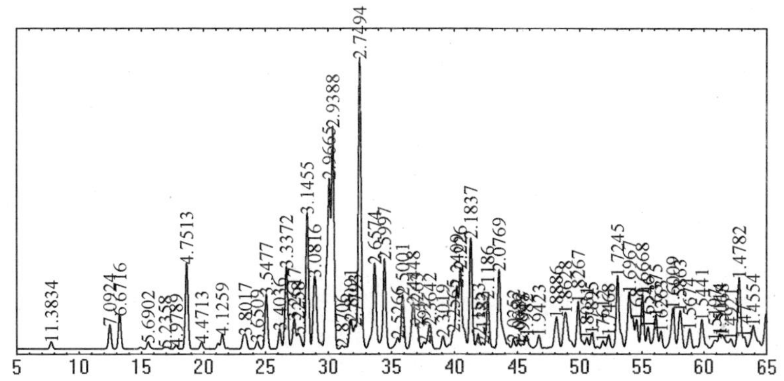

PDF:25-1369

d	I/I_0	*hkl*
7.0900	10	$1\bar{1}0$
6.6500	10	001
4.7400	50	$1\bar{1}1$
4.1200	8	$\bar{1}21$
3.7900	10	$2\bar{1}0$
3.5400	40	$2\bar{2}0$
3.4000	5	$0\bar{3}1$
3.3400	20	$\bar{2}01$
3.3300	30	002
3.1400	30	012
3.0900	20	$2\bar{3}0$
3.0700	20	$\bar{1}12$
2.9610	100	$1\bar{1}2$
2.9400	90	$1\bar{4}0$
2.8060	10	$1\bar{2}2$
2.7770	10	$2\bar{3}1$
2.7490	80	220
2.6560	50	$\bar{1}41$
2.5700	60	$\bar{2}02$
2.3010	5	$3\bar{1}1$

9-203b 蔷薇辉石(Rhodonite)

$MnSiO_3$，131.02

ICSD:34342(续)

Atom		Wcf	x	y	z	Occ
Si1	Si^{4+}	2i	0.2212(4)	0.1250(2)	0.4945(4)	1.0
Si2	Si^{4+}	2i	0.2593(4)	0.4672(2)	0.6366(4)	1.0
Si3	Si^{4+}	2i	0.4518(3)	0.7340(2)	0.7024(4)	1.0
Si4	Si^{4+}	2i	0.7443(4)	0.0892(2)	0.7549(4)	1.0
Si5	Si^{4+}	2i	0.9226(4)	0.3451(2)	0.8483(4)	1.0
O1	O^{2-}	2i	0.9568(9)	0.6808(6)	0.958(1)	1.0
O2	O^{2-}	2i	0.5959(9)	0.7313(6)	0.8908(9)	1.0
O3	O^{2-}	2i	0.7474(9)	0.3891(6)	0.892(1)	1.0
O4	O^{2-}	2i	0.4007(9)	0.4350(6)	0.8034(10)	1.0
O5	O^{2-}	2i	0.5477(9)	0.0958(6)	0.8087(9)	1.0
O6	O^{2-}	2i	0.2010(8)	0.1315(6)	0.7319(10)	1.0
O7	O^{2-}	2i	0.3069(9)	0.8061(6)	0.7405(10)	1.0
O8	O^{2-}	2i	0.9349(9)	0.8561(6)	0.6615(10)	1.0
O9	O^{2-}	2i	0.2549(8)	0.9952(5)	0.4459(9)	1.0
O10	O^{2-}	2i	0.7669(9)	0.5990(6)	0.5807(10)	1.0
O11	O^{2-}	2i	0.8444(8)	0.0402(6)	0.9406(9)	1.0
O12	O^{2-}	2i	0.5772(8)	0.7832(5)	0.5201(9)	1.0
O13	O^{2-}	2i	0.3194(8)	0.6076(6)	0.6164(10)	1.0
O14	O^{2-}	2i	0.0523(8)	0.4375(6)	0.7124(10)	1.0
O15	O^{2-}	2i	0.8587(8)	0.2213(5)	0.7036(9)	1.0

PDF:25-1369(续)

d	I/I_0	hkl
2.2250	40	$2\bar{5}0$
2.1820	50	$\bar{1}03$
2.1530	10	013
2.1200	20	$0\bar{2}3$
2.0750	5	311
2.0650	30	$\bar{3}22$
1.8870	15	$3\bar{3}2$
1.8810	10	$\bar{1}\bar{3}3$
1.8590	20	$0\bar{6}1$
1.8550	10	$\bar{4}11$
1.8240	10	203
1.8160	5	$\bar{4}31$
1.7600	5	$4\bar{3}1$
1.6950	20	$\bar{3}52$
1.6930	25	$2\bar{4}3$
1.6640	20	152
1.5880	10	$\bar{1}24$
1.5820	15	$3\bar{3}3$
1.5440	10	$4\bar{6}0$
1.5410	10	402

9-204a 铁灰石(Babingtonite)

$Ca_2FeSi_5O_{14}(OH)$，517.43

Sys.:Triclinic S.G.:$P\bar{1}$(2) Z:2

a:7.47 b:12.493 c:6.692 α:85.73 β:93.66 γ:112.33 Vol.:575.65

ICSD:92158

Atom		Wcf	x	y	z	Occ
Ca1	Ca^{2+}	2i	0.1606(1)	0.94195(6)	0.8573(1)	1.0
Ca2	Ca^{2+}	2i	0.28242(9)	0.52011(5)	0.6957(1)	1.0
Fe1	Fe^{2+}	2i	0.05007(7)	0.64372(4)	0.93914(7)	0.59
Fe2	Fe^{3+}	2i	0.05007(7)	0.64372(4)	0.93914(7)	0.05
Mg1	Mg^{2+}	2i	0.05007(7)	0.64372(4)	0.93914(7)	0.15

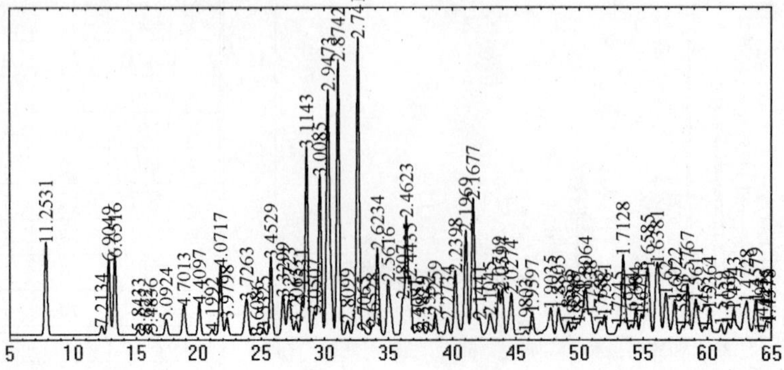

PDF:45-1387

d	I/I_0	hkl
11.2170	6	010
6.9050	40	100
6.6590	68	001
5.0940	8	$\bar{1}11$
4.7040	10	101
4.0740	18	111
3.7130	7	$\bar{2}10$
3.4530	100	200
3.3310	48	002
3.2810	4	$\bar{2}21$
3.1460	14	$0\bar{1}2$
3.1170	94	$2\bar{2}1$
3.0550	14	$10\bar{2}$
3.0100	77	210
2.9490	86	022
2.9270	14	130
2.9060	12	$\bar{1}41$
2.8770	36	040
2.8170	5	$0\bar{2}2$
2.7450	29	$1\bar{4}1$

9-204b 铁灰石(Babingtonite)

$Ca_2FeSi_5O_{14}(OH)$，517.43

ICSD:92158(续 1)

Atom		Wcf	*x*	*y*	*z*	Occ
Mn1	Mn^{2+}	2*i*	0.05007(7)	0.64372(4)	0.93914(7)	0.21
Fe3	Fe^{3+}	2*i*	0.18824(7)	0.23542(4)	0.81574(7)	0.87
Al1	Al^{3+}	2*i*	0.18824(7)	0.23542(4)	0.81574(7)	0.08
Mg2	Mg^{2+}	2*i*	0.18824(7)	0.23542(4)	0.81574(7)	0.05
Si1	Si^{4+}	2*i*	0.7656(1)	0.05311(7)	0.6594(1)	1.0
Si2	Si^{4+}	2*i*	0.8529(1)	0.31325(7)	0.5752(1)	1.0
Si3	Si^{4+}	2*i*	0.6386(1)	0.44490(7)	0.7906(1)	1.0
Si4	Si^{4+}	2*i*	0.7263(1)	0.71334(7)	0.6897(1)	1.0
Si5	Si^{4+}	2*i*	0.5087(1)	0.83531(7)	0.8941(1)	1.0
H1	H^{+}	2*i*	0.796(9)	0.922(5)	0.486(9)	1.0
O1	O^{2-}	2*i*	0.7888(4)	0.9869(2)	0.4659(4)	1.0
O2	O^{2-}	2*i*	0.9506(3)	0.0805(2)	0.8158(3)	1.0
O3	O^{2-}	2*i*	0.7374(3)	0.1710(2)	0.5624(3)	1.0
O4	O^{2-}	2*i*	0.0213(3)	0.3380(2)	0.7544(3)	1.0

PDF:45-1387(续 1)

d	I/I_0	*hkl*
2.6920	6	$1\bar{3}\bar{2}$
2.5490	20	$\bar{2}22$
2.4430	34	$\bar{3}10$
2.4100	6	$2\bar{1}2$
2.3090	3	050
2.2420	4	042
2.1990	25	$\bar{3}41$
2.1700	41	$\bar{1}13$
2.1610	6	$0\bar{1}3$
2.0770	7	$\bar{2}\bar{3}1$
2.0270	15	$\bar{3}\bar{1}1$
1.9630	6	$\bar{2}23$
1.8810	4	$0\bar{3}3$
1.8300	3	$\bar{3}61$
1.7730	6	213
1.6590	22	$\bar{3}\bar{3}1$
1.6170	6	$\bar{2}72$

9-204c 铁灰石(Babingtonite)

$Ca_2FeSi_5O_{14}(OH)$，517.43

ICSD:92158(续 2)

Atom		Wcf	*x*	*y*	*z*	Occ
O5	O^{2-}	2*i*	0.0707(3)	0.6206(2)	0.6352(3)	1.0
O6	O^{2-}	2*i*	0.6922(3)	0.3704(2)	0.6266(3)	1.0
O7	O^{2-}	2*i*	0.4154(3)	0.3843(2)	0.8434(3)	1.0
O8	O^{2-}	2*i*	0.7971(3)	0.4749(2)	0.9735(3)	1.0
O9	O^{2-}	2*i*	0.6427(3)	0.5684(2)	0.6617(3)	1.0
O10	O^{2-}	2*i*	0.8835(3)	0.7550(2)	0.8758(3)	1.0
O11	O^{2-}	2*i*	0.1992(3)	0.2213(2)	0.5221(3)	1.0
O12	O^{2-}	2*i*	0.5332(3)	0.7369(2)	0.7495(3)	1.0
O13	O^{2-}	2*i*	0.2891(3)	0.7985(2)	0.9448(4)	1.0
O14	O^{2-}	2*i*	0.3367(3)	0.1429(2)	0.9172(3)	1.0
O15	O^{2-}	2*i*	0.5736(3)	0.9678(2)	0.7757(4)	1.0

PDF:45-1387(续 2)

d	I/I_0	*hkl*

9-205a 硅铍钠石(Chkalovite)

$Na_2BeSi_2O_6$，207.16

Sys.:Orthorhombic S.G.:*Fd2d*(43) *Z*:8

a:21.188 *b*:21.129 *c*:6.881 Vol.:3080.49

ICSD:34075

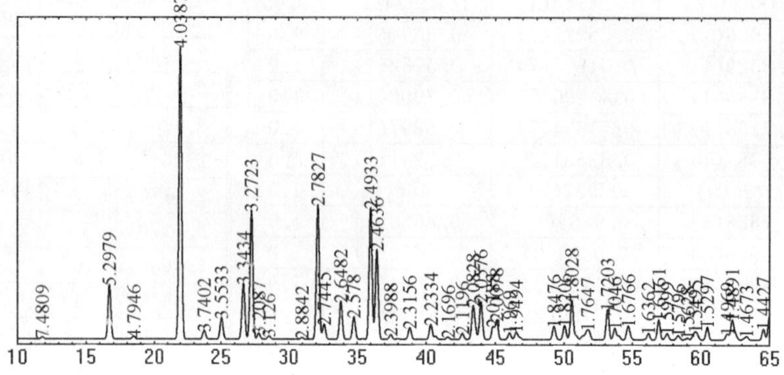

PDF:42-0572		
d	I/I_0	*hkl*
5.2900	10	400
5.2900	10	040
4.8000	1	311
4.8000	1	131
4.0400	100	331
3.7400	1	440
3.5500	8	511
3.5500	8	151
3.3400	30	620
3.3400	30	260
3.2700	30	202
3.2700	30	022
3.2100	1	531
3.2100	1	351
2.7820	30	422
2.7820	30	242
2.7480	7	711
2.7480	7	551
2.6460	8	800
2.6460	8	080

9-205b 硅铍钠石(Chkalovite)

$Na_2BeSi_2O_6$，207.16

ICSD:34075(续)

Atom		Wcf	*x*	*y*	*z*	Occ
Si1	Si^{4+}	8*a*	0	0	0	1.0
Si2	Si^{4+}	8*a*	0	0.5	0.1601(1)	1.0
Si3	Si^{4+}	16*b*	0.1500(1)	0.0124(2)	0.1754(1)	1.0
Si4	Si^{4+}	16*b*	0.1837(1)	0.5068(2)	0.0118(1)	1.0
Be1	Be^{2+}	16*b*	0.1685(3)	0.018(1)	0.8259(3)	1.0
Be2	Be^{2+}	8*a*	0	0	0.3649(4)	1.0
Na1	Na^{+}	8*a*	0	0	0.5116(2)	1.0
Na2	Na^{+}	8*a*	0	0	0.1402(2)	1.0
Na3	Na^{+}	16*b*	0.1732(1)	0.0047(4)	0.0306(2)	1.0
Na4	Na^{+}	16*b*	0.1582(1)	0.0112(4)	0.6646(2)	1.0
O1	O^{2-}	16*b*	0.0143(2)	0.1886(5)	0.7076(2)	1.0
O2	O^{2-}	16*b*	0.1111(2)	0.0852(5)	0.1154(2)	1.0
O3	O^{2-}	16*b*	0.1890(2)	0.2014(5)	0.2038(2)	1.0
O4	O^{2-}	16*b*	0.1509(2)	0.2050(5)	0.4816(2)	1.0
O5	O^{2-}	16*b*	0.2226(2)	0.0697(5)	0.5728(2)	1.0
O6	O^{2-}	16*b*	0.1883(2)	0.1997(5)	0.8703(2)	1.0
O7	O^{2-}	16*b*	0.1167(2)	0.0843(5)	0.7713(2)	1.0
O8	O^{2-}	16*b*	0.0179(2)	0.1883(5)	0.0406(2)	1.0
O9	O^{2-}	16*b*	0.0546(2)	0.0808(5)	0.4128(2)	1.0

PDF:42-0572(续)		
d	I/I_0	*hkl*
2.5750	5	731
2.5750	5	371
2.4930	60	660
2.4620	30	602
2.4620	30	062
2.3960	2	622
2.3960	2	262
2.3670	1	840
2.3670	1	480
2.3150	5	751
2.3150	5	571
2.2310	4	642
2.2310	4	462
2.1180	2	931
2.1180	2	391
2.0800	5	333
2.0800	5	1020
2.0560	8	822
2.0560	8	282
2.0220	5	662

9-206a 锰三斜辉石(Pyroxmangite)

$MnSiO_3$，131.02

Sys.:Triclinic S.G.:$P\bar{1}$(2) Z:2

a:6.717 b:7.603 c:17.448 α:113.83 β:82.35 γ:94.72 Vol.:807.44

ICSD:90882

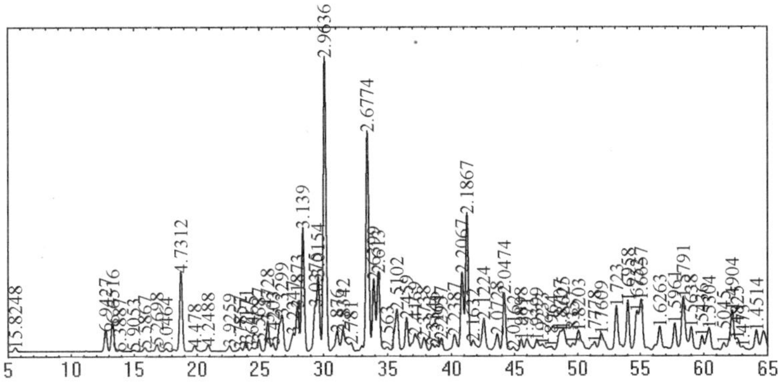

PDF:29-0895

d	I/I_0	hkl
6.9300	9	010
6.6500	10	100
4.7300	35	110
4.2500	4	$0\bar{1}4$
3.9400	1	$\bar{1}03$
3.7800	2	$0\bar{2}2$
3.7100	6	$0\bar{2}1$
3.5700	6	013
3.4700	25	020
3.4200	3	$1\bar{2}2$
3.3400	16	$1\bar{2}1$
3.2300	4	113
3.1800	20	$\bar{1}\bar{2}2$
3.0400	25	$2\bar{1}0$
3.0200	25	$0\bar{2}5$
2.9670	100	203
2.8780	9	211
2.8360	11	121
2.7490	5	$\bar{1}05$
2.7130	3	212

9-206b 锰三斜辉石(Pyroxmangite)

$MnSiO_3$，131.02

ICSD:90882(续 1)

Atom		Wcf	x	y	z	Occ
Mn1	Mn^{2+}	2i	0.04279(4)	0.45953(4)	0.39481(2)	1.0
Mn2	Mn^{2+}	2i	0.17039(4)	0.33233(4)	0.18759(2)	1.0
Mn3	Mn^{2+}	2i	0.06670(4)	0.43037(4)	0.89451(2)	1.0
Mn4	Mn^{2+}	2i	0.16191(4)	0.30861(4)	0.69363(2)	1.0
Mn5	Mn^{2+}	2i	0.26598(4)	0.22591(4)	0.99019(2)	1.0
Mn6	Mn^{2+}	2i	0.79898(4)	0.82604(4)	0.51764(2)	1.0
Mn7	Mn^{2+}	2i	0.62156(4)	0.86087(4)	0.70885(2)	1.0
Si1	Si^{4+}	2i	0.24095(7)	0.85393(7)	0.56493(3)	1.0
Si2	Si^{4+}	2i	0.12124(7)	0.95658(7)	0.74849(3)	1.0
Si3	Si^{4+}	2i	0.32013(7)	0.75625(7)	0.83756(3)	1.0
Si4	Si^{4+}	2i	0.78152(7)	0.13339(7)	0.96950(3)	1.0
Si5	Si^{4+}	2i	0.57784(7)	0.34175(7)	0.88066(3)	1.0
Si6	Si^{4+}	2i	0.67884(7)	0.23759(7)	0.68952(3)	1.0
Si7	Si^{4+}	2i	0.49332(7)	0.41275(7)	0.58900(3)	1.0
O1	O^{2-}	2i	0.0580(2)	0.6996(2)	0.5287(1)	1.0
O2	O^{2-}	2i	0.0687(2)	0.1945(2)	0.2739(1)	1.0
O3	O^{2-}	2i	0.1545(2)	0.5807(2)	0.8107(1)	1.0
O4	O^{2-}	2i	0.0322(2)	0.7126(2)	0.0196(1)	1.0
O5	O^{2-}	2i	0.2491(2)	0.4899(2)	0.1050(1)	1.0

PDF:29-0895(续 1)

d	I/I_0	hkl
2.6800	35	$0\bar{2}6$
2.6460	20	$\bar{1}14$
2.6130	25	$2\bar{2}2$
2.5240	6	$2\bar{2}4$
2.5100	18	213
2.4610	9	$\bar{2}\bar{1}4$
2.4230	5	$\bar{2}04$
2.4030	4	$1\bar{3}2$
2.3680	5	$\bar{2}13$
2.3390	1	$2\bar{1}6$
2.3160	2	030
2.2960	3	$\bar{1}\bar{3}2$
2.2390	4	$0\bar{3}6$
2.2130	25	024
2.1880	45	$3\bar{1}2$
2.1640	3	$\bar{3}01$
2.1280	10	$\bar{2}22$
2.0740	6	$\bar{1}31$
2.0470	17	$2\bar{3}5$
1.9900	3	$3\bar{2}2$

9-206c 锰三斜辉石(Pyroxmangite)

$MnSiO_3$，131.02

ICSD:90882(续 2)

Atom		Wcf	x	y	z	Occ
O6	O^{2-}	$2i$	0.1353(2)	0.6109(2)	0.3068(1)	1.0
O7	O^{2-}	$2i$	0.3509(2)	0.4099(2)	0.3976(1)	1.0
O8	O^{2-}	$2i$	0.2552(2)	0.4415(2)	0.5939(1)	1.0
O9	O^{2-}	$2i$	0.1811(2)	0.0580(2)	0.5705(1)	1.0
O10	O^{2-}	$2i$	0.0705(2)	0.1772(2)	0.7767(1)	1.0
O11	O^{2-}	$2i$	0.5399(2)	0.7138(2)	0.7871(1)	1.0
O12	O^{2-}	$2i$	0.8347(2)	0.9100(2)	0.9271(1)	1.0
O13	O^{2-}	$2i$	0.3542(2)	0.4043(2)	0.9220(1)	1.0
O14	O^{2-}	$2i$	0.7244(2)	0.0164(2)	0.6334(1)	1.0
O15	O^{2-}	$2i$	0.2837(2)	0.8827(2)	0.6612(1)	1.0
O16	O^{2-}	$2i$	0.2399(2)	0.9366(2)	0.8205(1)	1.0
O17	O^{2-}	$2i$	0.3393(2)	0.8411(2)	0.9386(1)	1.0
O18	O^{2-}	$2i$	0.6196(2)	0.1818(2)	0.9183(1)	1.0
O19	O^{2-}	$2i$	0.5850(2)	0.2214(2)	0.7783(1)	1.0
O20	O^{2-}	$2i$	0.4957(2)	0.3157(2)	0.6586(1)	1.0
O21	O^{2-}	$2i$	0.5521(2)	0.2345(2)	0.4969(1)	1.0

PDF:29-0895(续 2)

d	I/I_0	hkl
1.9450	1	$\bar{2}15$
1.8740	5	230
1.8600	7	$0\bar{4}2$
1.8210	3	$\bar{1}17$
1.7250	18	$\bar{2}32$
1.7020	8	$2\bar{4}5$
1.6790	15	134
1.6650	16	402
1.6000	7	324
1.5790	11	412
1.5320	5	$\bar{1}42$
1.5000	6	$1\bar{5}4$
1.4920	13	$\bar{2}\bar{3}9$
1.4390	4	$0\bar{5}8$
1.4300	3	$\bar{1}28$
1.4220	30	$\bar{1}\bar{5}2$
1.3920	2	$4\bar{3}7$
1.3820	4	$\bar{4}\bar{2}5$
1.3750	2	$\bar{1}\bar{5}8$
1.3330	1	$\bar{1}\bar{5}9$

9-207a 铅辉石(Alamosite)

$PbSiO_3$，283.28

Sys.:Monoclinic S.G.:$Pn(7)$ Z:12

a:12.247 b:7.059 c:11.236 β:113.12 Vol.:893.35

ICSD:26812

Atom		Wcf	x	y	z	Occ
Pb1	Pb^{2+}	$4g$	0.5447(1)	0.0667(2)	0.6739(1)	1.0
Pb2	Pb^{2+}	$4g$	0.4096(1)	0.3857(2)	0.8469(1)	1.0
Pb3	Pb^{2+}	$4g$	0.2989(1)	0.3041(2)	0.0999(1)	1.0

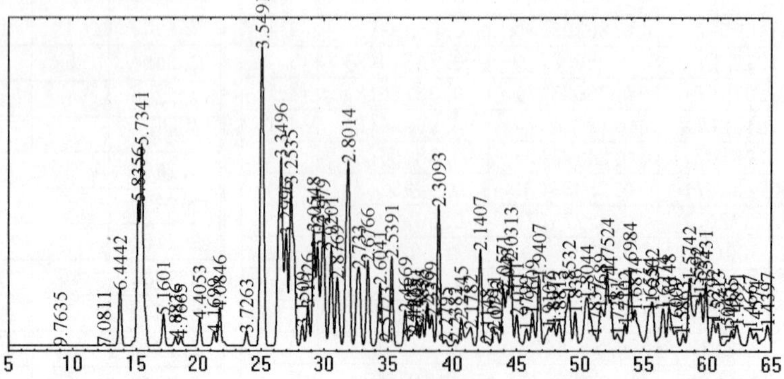

PDF:29-0782

d	I/I_0	hkl
6.4500	25	101
5.8600	55	011
5.7200	55	$\bar{1}11$
5.1800	20	002
4.4100	5	210
4.1800	15	012
4.0800	10	$\bar{3}01$
3.7300	20	$\bar{1}03$
3.5600	95	112
3.5300	75	020
3.3700	45	$\bar{3}12$
3.3400	100	021
3.3000	45	$\bar{1}13$
3.2500	60	$\bar{3}03$
3.2300	70	202
3.1400	10	301
3.1000	20	121
3.0500	50	$\bar{2}21$
3.0200	45	$\bar{4}02$
2.9870	70	$\bar{1}22$

9-207b 铅辉石(Alamosite)

$PbSiO_3$，283.28

ICSD:26812(续)

Atom		Wcf	*x*	*y*	*z*	Occ
Si1	Si^{4+}	4*g*	0.6180(7)	0.1254(12)	0.1539(6)	1.0
Si2	Si^{4+}	4*g*	0.5292(7)	0.4070(12)	0.3914(6)	1.0
Si3	Si^{4+}	4*g*	0.7122(6)	0.1824(12)	0.9616(6)	1.0
O1	O^{2-}	2*c*	0.5	0.5	0.5	1.0
O2	O^{2-}	2*f*	0.75	0.2249(48)	0.25	1.0
O3	O^{2-}	4*g*	0.6418(23)	0.2458(40)	0.4576(2)	1.0
O4	O^{2-}	4*g*	0.6581(18)	0.0597(33)	0.0419(18)	1.0
O5	O^{2-}	4*g*	0.5070(17)	0.2875(31)	0.1071(17)	1.0
O6	O^{2-}	4*g*	0.5758(21)	0.9442(37)	0.2132(19)	1.0
O7	O^{2-}	4*g*	0.4041(19)	0.2935(33)	0.3036(18)	1.0
O8	O^{2-}	4*g*	0.4209(19)	0.4265(34)	0.6710(18)	1.0
O9	O^{2-}	4*g*	0.6269(22)	0.3728(36)	0.9159(20)	1.0
O10	O^{2-}	4*g*	0.7139(17)	0.0497(32)	0.8538(16)	1.0

PDF:29-0782(续)

d	I/I_0	*hkl*
2.9110	40	022
2.8830	30	311
2.8600	10	$\bar{2}22$
2.8150	60	400
2.8000	55	$\bar{2}04$
2.7470	30	113
2.7380	45	221
2.6700	35	$\bar{3}21$
2.5950	20	$\bar{3}22$
2.5320	30	$\bar{2}23$
2.4640	10	023
2.4410	5	$\bar{4}04$
2.4160	5	$\bar{5}01$
2.3800	5	213
2.3470	35	321
2.3000	75	$\bar{4}21$
2.2060	20	114
2.1400	45	$\bar{2}15$
2.0600	20	204
2.0400	25	$\bar{6}02$

9-208a 镁闪石(Magnesiocummingtonite)

$(Fe_{3.17}Mg_{3.83})(Si_8O_{22}(OH)_2)$，880.81

Sys.:Monoclinic　S.G.:C2/*m*(12)　*Z*:2

a:9.498　*b*:18.152　*c*:5.309　*β*:101.99　Vol.:895.34

ICSD:41295

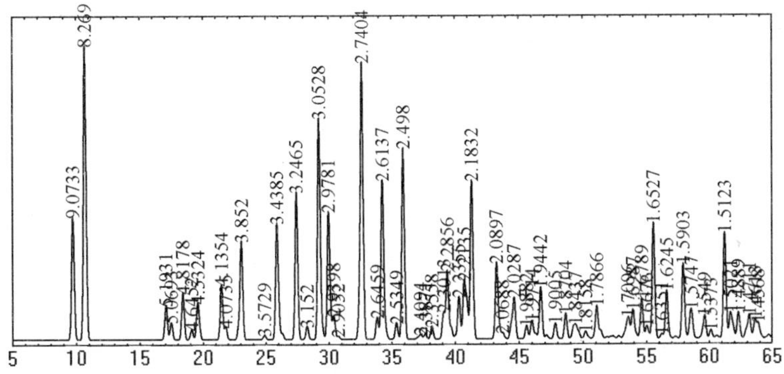

PDF:88-2187

d	I/I_0	*hkl*
9.0760	497	020
8.2704	999	110
5.1932	114	001
5.0702	63	130
4.8175	169	$\bar{1}11$
4.6454	18	200
4.5380	123	040
4.5075	48	021
4.1352	164	220
4.0720	48	111
3.8867	51	$\bar{2}01$
3.8528	317	$\bar{1}31$
3.5729	15	$\bar{2}21$
3.4383	352	131
3.3814	18	150
3.2462	436	240
3.1522	40	201
3.0528	634	310
3.0253	44	060
2.9777	346	221

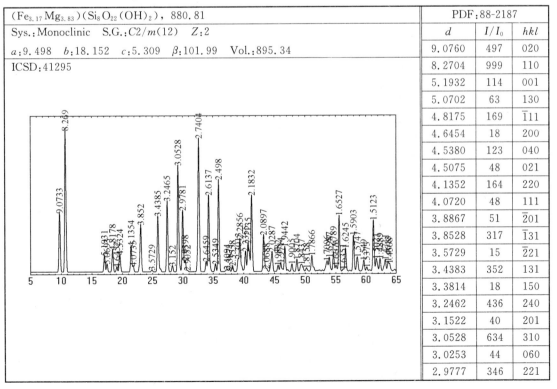

9-208b 镁闪石(Magnesiocummingtonite)

$(Fe_{3.17}Mg_{3.83})(Si_8O_{22}(OH)_2)$，880.81

ICSD:41295(续)

Atom		Wcf	x	y	z	Occ
Fe1	Fe^{2+}	4h	0	0.0871(1)	0.5	0.32
Mg1	Mg^{2+}	4h	0	0.0871(1)	0.5	0.68
Fe2	Fe^{2+}	4g	0	0.1774(1)	0	0.15
Mg2	Mg^{2+}	4g	0	0.1774(1)	0	0.85
Fe3	Fe^{2+}	2a	0	0	0	0.33
Mg3	Mg^{2+}	2a	0	0	0	0.67
Fe4	Fe^{2+}	4h	0	0.2586(1)	0.5	0.95
Mg4	Mg^{2+}	4h	0	0.2586(1)	0.5	0.05
Si1	Si^{4+}	8j	0.2878(1)	0.0841(1)	0.2736(1)	1.0
Si2	Si^{4+}	8j	0.2980(1)	0.1685(1)	0.7804(1)	1.0
O1	O^{2-}	8j	0.1142(1)	0.0873(1)	0.2090(2)	1.0
O2	O^{2-}	8j	0.1236(1)	0.1724(1)	0.7191(2)	1.0
O3	O^{2-}	4i	0.1136(2)	0	0.7070(4)	1.0
O4	O^{2-}	8j	0.3810(1)	0.2450(1)	0.7688(2)	1.0
O5	O^{2-}	8j	0.3514(1)	0.1308(1)	0.0630(2)	1.0
O6	O^{2-}	8j	0.3496(1)	0.1183(1)	0.5578(2)	1.0
O7	O^{2-}	4i	0.3430(2)	0	0.2700(4)	1.0
H1	H^+	4i	0.2073	0	0.7768	1.0

PDF:88-2187(续)

d	I/I_0	hkl
2.9520	38	$\bar{2}41$
2.9370	70	$\bar{1}51$
2.9044	13	$\bar{3}11$
2.7568	131	330
2.7405	761	151
2.6460	70	$\bar{3}31$
2.6141	419	061
2.5966	42	002
2.5889	28	241
2.5351	44	260
2.4983	510	$\bar{2}02$
2.4983	510	022
2.4238	7	$\bar{1}32$
2.4238	7	311
2.4088	14	$\bar{2}22$
2.3874	26	$\bar{2}61$
2.3561	33	350
2.3561	33	112
2.3227	6	400
2.3017	73	$\bar{1}71$

9-209a 镁铁闪石(Cummingtonite)

$(Fe_{0.6}Mg_{0.4})_7Si_8O_{22}(OH)_2$，913.3

Sys.:Monoclinic S.G.:$C2/m(12)$ Z:2

a:9.5531 b:18.3141 c:5.3346 β:101.88 Vol.:913.33

ICSD:15428

Atom		Wcf	x	y	z	Occ
O1	O^{2-}	8j	0.11290(56)	0.08780(26)	0.2056(12)	1.0
O2	O^{2-}	8j	0.12290(57)	0.17130(28)	0.7170(13)	1.0
O3	O^{2-}	4i	0.11350(88)	0	0.7077(18)	1.0
O4	O^{2-}	8j	0.37890(63)	0.24650(32)	0.7740(13)	1.0
O5	O^{2-}	8j	0.35240(65)	0.13120(33)	0.0663(11)	1.0

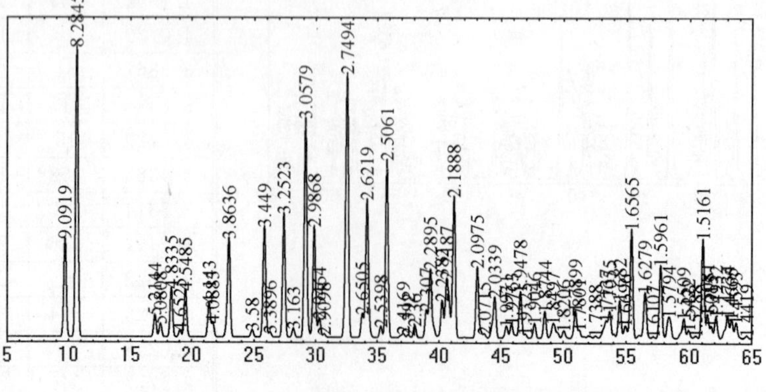

PDF:42-0545

d	I/I_0	hkl
9.1600	40	020
8.3200	100	110
5.2300	3	001
5.1100	2	130
4.8400	3	$11\bar{1}$
4.6800	3	200
4.5800	12	040
4.1600	4	220
3.8790	6	$13\bar{1}$
3.4610	4	131
3.4110	1	150
3.2700	20	240
3.0720	20	310
3.0540	1	060
2.9150	1	$31\bar{1}$
2.7770	6	330
2.7630	16	151
2.6350	30	061
2.6350	30	$11\bar{2}$
2.5550	2	260

9-209b 镁铁闪石(Cummingtonite)

$(Fe_{0.6}Mg_{0.4})_7Si_8O_{22}(OH)_2$，913.3

ICSD:15428(续)

Atom		Wcf	*x*	*y*	*z*	Occ
O6	O^{2-}	8*j*	0.34840(59)	0.11850(31)	0.5616(11)	1.0
O7	O^{2-}	4*i*	0.34240(85)	0	0.2696(17)	1.0
Si1	Si^{4+}	8*j*	0.28800(24)	0.08420(11)	0.27470(46)	1.0
Si2	Si^{4+}	8*j*	0.29760(23)	0.16870(11)	0.78190(45)	1.0
Mg1	Mg^{2+}	4*h*	0	0.08740(14)	0.5	0.67
Fe1	Fe^{2+}	4*h*	0	0.08740(14)	0.5	0.33
Mg2	Mg^{2+}	4*g*	0	0.17750(17)	0	0.85
Fe2	Fe^{2+}	4*g*	0	0.17750(17)	0	0.15
Mg3	Mg^{2+}	4*h*	0	0.25980(9)	0.5	0.25
Fe3	Fe^{2+}	4*h*	0	0.25980(9)	0.5	0.75
Mg4	Mg^{2+}	2*a*	0	0	0	0.67
Fe4	Fe^{2+}	2*a*	0	0	0	0.33

PDF:42-0545(续)

d	I/I_0	*hkl*
2.5100	12	022
2.5100	12	$20\bar{2}$
2.4420	1	311
2.4060	1	$26\bar{1}$
2.3730	1	350
2.3190	2	$17\bar{1}$
2.3190	2	$40\bar{1}$
2.3030	1	$35\bar{1}$
2.2880	3	080
2.2820	1	331
2.2250	6	132
2.2250	6	$31\bar{2}$
2.2000	6	$24\bar{2}$
2.2000	6	261
2.0970	2	081
2.0560	1	280
2.0030	1	370
2.0030	1	152
1.9886	1	190
1.9574	1	$37\bar{1}$

9-210a 铁闪石(Grunerite)

$(Fe_{0.9}Mg_{0.1})_7Si_8O_{22}(OH)_2$，979.54

Sys.:Monoclinic S.G.:$C2/m(12)$ *Z*:2

a:9.562 *b*:18.38 *c*:5.338 *β*:101.86 Vol.:918.12

ICSD:24590

Atom		Wcf	*x*	*y*	*z*	Occ
Fe1	Fe^{2+}	4*h*	0	0.08781(8)	0.5	0.848(8)
Fe2	Fe^{2+}	4*g*	0	0.17936(9)	0	0.773(7)
Fe3	Fe^{2+}	2*a*	0	0	0	0.888(12)
Fe4	Fe^{2+}	4*h*	0	0.25741(8)	0.5	0.985(8)

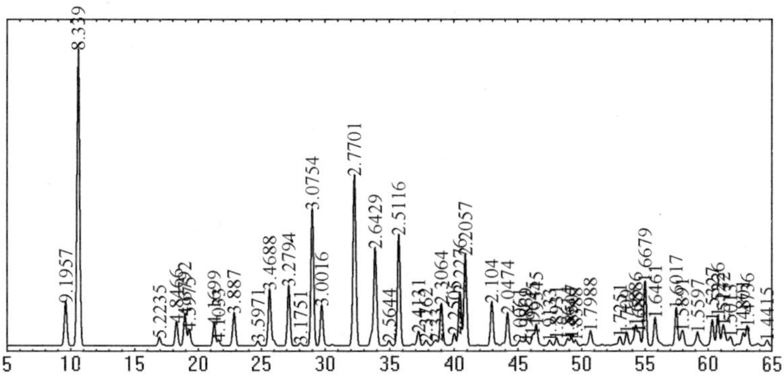

PDF:31-0631

d	I/I_0	*hkl*
9.2100	50	020
8.3300	100	110
5.2000	4	001
4.8400	30	$\bar{1}11$
4.6800	30	200
4.5800	35	040
4.1600	40	220
3.8800	50	$\bar{1}31$
3.5900	4	$\bar{2}21$
3.4700	55	131
3.2800	50	240
3.0700	80	310
2.9970	40	221
2.7660	90	151
2.6390	70	061
2.5070	60	$\bar{2}02$
2.4120	10	$\bar{2}61$
2.3710	4	112
2.3000	40	080
2.2480	4	$\bar{4}21$

9-210b 铁闪石(Grunerite)

$(Fe_{0.9}Mg_{0.1})_7Si_8O_{22}(OH)_2$，979.54

ICSD:24590(续)

Atom		Wcf	*x*	*y*	*z*	Occ
Mg1	Mg^{2+}	4*h*	0	0.08781(8)	0.5	0.152
Mg2	Mg^{2+}	4*g*	0	0.17936(9)	0	0.227
Mg3	Mg^{2+}	2*a*	0	0	0	0.112
Mg4	Mg^{2+}	4*h*	0	0.25741(8)	0.5	0.015
Si1	Si^{4+}	8*j*	0.2867(2)	0.0836(1)	0.2707(3)	1.0
Si2	Si^{4+}	8*j*	0.2993(2)	0.1667(1)	0.7780(4)	1.0
O1	O^{2-}	8*j*	0.1120(5)	0.0882(2)	0.2044(9)	1.0
O2	O^{2-}	8*j*	0.1253(4)	0.1735(2)	0.7142(8)	1.0
O3	O^{2-}	4*i*	0.1147(7)	0	0.7035(13)	0.75
O4	O^{2-}	8*j*	0.3839(5)	0.2416(2)	0.7689(8)	1.0
O5	O^{2-}	8*j*	0.3483(5)	0.1275(2)	0.0519(8)	1.0
O6	O^{2-}	8*j*	0.3478(4)	0.1182(2)	0.5330(8)	1.0
O7	O^{2-}	4*i*	0.3376(6)	0	0.2700(13)	1.0
F1	F^{-}	4*i*	0.1147(7)	0	0.7035(13)	0.25

PDF:31-0631(续)

d	I/I_0	*hkl*
2.2250	40	$\bar{3}12$
2.2020	50	$\bar{2}42$
2.1020	35	081
2.0450	30	351
1.9960	10	190
1.9560	25	$\bar{4}02$
1.9120	4	242
1.8910	4	$\bar{1}91$
1.8590	4	460
1.8370	4	191
1.7970	20	371
1.7240	4	$\bar{2}23$
1.7080	4	$\bar{1}33$
1.6850	10	$\bar{5}12$
1.6660	30	$\bar{3}13$
1.6440	20	1$\underline{11}$0
1.6020	25	$\bar{1}53$
1.5880	10	402
1.5590	10	$\bar{4}03$
1.5310	20	0$\underline{12}$0

9-211a 直闪石(Anthophyllite)

$(Mg,Fe)_7Si_8O_{22}(OH)_2$，780.82

Sys.:Orthorhombic S.G.:*Pmnb*(62) *Z*:4

a:18.524 *b*:17.975 *c*:5.28 Vol.:1758.08

ICSD:30254

Atom		Wcf	*x*	*y*	*z*	Occ
Mg1	Mg^{2+}	8*d*	0.13	0.17	0.38	1.0
Mg2	Mg^{2+}	8*d*	0.13	0.08	−0.13	1.0
Mg3	Mg^{2+}	8*d*	0.13	−0.02	0.38	1.0
Mg4	Mg^{2+}	4*c*	0.13	0.25	−0.13	1.0

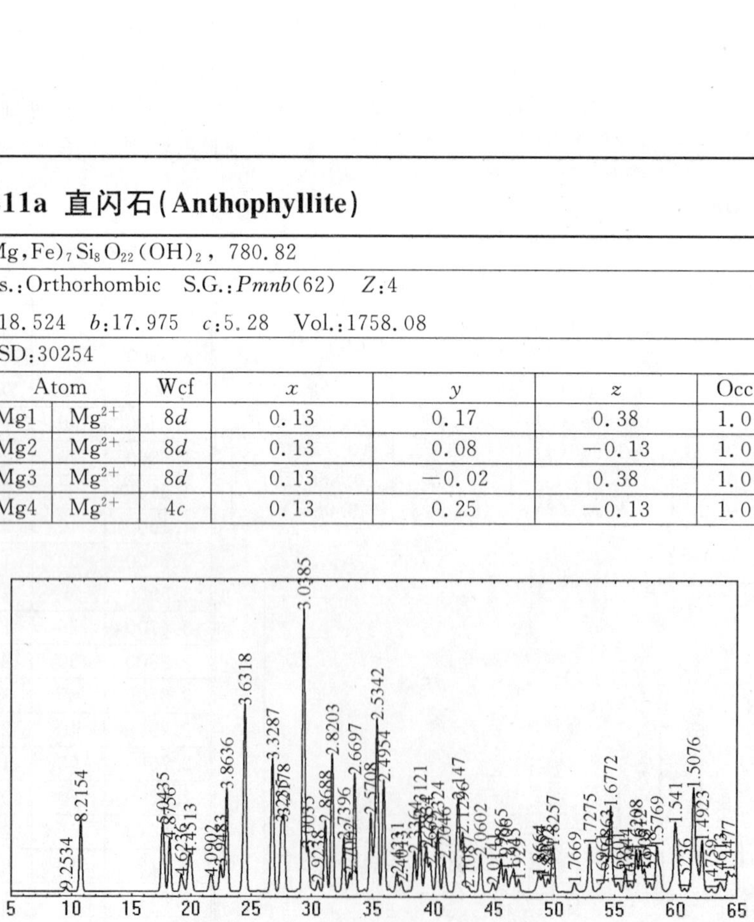

PDF:45-1343

d	I/I_0	*hkl*
8.9886	24	020
8.2603	57	210
5.0419	7	230
4.8689	5	111
4.6036	3	201
4.4928	13	040
4.4372	7	211
4.1122	15	420
3.8667	9	131
3.6377	28	231
3.3498	10	250
3.3313	10	331
3.2307	55	421
3.2307	55	440
3.0400	100	610
3.0040	7	431
3.0040	7	060
2.9299	2	151
2.8685	11	521
2.8313	28	251

9-211b 直闪石(Anthophyllite)

$(Mg,Fe)_7Si_8O_{22}(OH)_2$，780.82

ICSD:30254(续)

Atom		Wcf	x	y	z	Occ
Si1	Si^{4+}	8d	0.03	−0.18	0.29	1.0
Si2	Si^{4+}	8d	0.03	−0.08	−0.21	1.0
Si3	Si^{4+}	8d	0.22	−0.08	0.04	1.0
Si4	Si^{4+}	8d	0.22	−0.18	−0.46	1.0
O1	O^{2-}	8d	0.06	0.07	0.2	1.0
O2	O^{2-}	8d	0.06	0.18	−0.3	1.0
O3	O^{2-}	4c	0.06	−0.25	0.2	1.0
O4	O^{2-}	4c	0.06	0.25	0.2	1.0
O5	O^{2-}	8d	0.06	0	−0.3	1.0
O6	O^{2-}	8d	0.05	−0.13	0.05	1.0
O7	O^{2-}	8d	0.05	−0.13	−0.46	1.0
O8	O^{2-}	8d	0.19	0.18	0.05	1.0
O9	O^{2-}	8d	0.19	0.07	−0.44	1.0
O10	O^{2-}	8d	0.19	0	0.05	1.0
O11	O^{2-}	4c	0.19	−0.25	0.45	1.0
O12	O^{2-}	4c	0.19	0.25	−0.45	1.0
O13	O^{2-}	8d	0.2	−0.13	0.3	1.0
O14	O^{2-}	8d	0.2	−0.13	−0.2	1.0

PDF:45-1343(续)

d	I/I_0	hkl
2.7442	16	630
2.6984	4	531
2.6772	17	351
2.5801	17	161
2.5495	3	621
2.5495	3	640
2.5356	23	202
2.5356	23	022
2.5034	11	261
2.5034	11	451
2.4245	5	302
2.4088	1	312
2.3400	3	650
2.3400	3	232
2.3163	8	551
2.3163	8	800
2.2875	1	721
2.2714	6	461
2.2405	6	820
2.2405	6	271

9-212a 铝直闪石(Gedrite)

$(Fe,Mg,Al)_7Al_2Si_6O_{22}(OH)_2$，999.41

Sys.:Orthorhombic S.G.:*Pmnb*(62) Z:4

a:18.594 b:17.89 c:5.304 Vol.:1764.36

ICSD:34832

Atom		Wcf	x	y	z	Occ
O1	O^{2-}	8d	0.1796(4)	0.1603(4)	0.0312(15)	1.0
O2	O^{2-}	8d	0.0695(5)	0.1584(5)	−0.2860(17)	1.0
O3	O^{2-}	8d	0.1840(5)	0.0737(5)	−0.4436(18)	1.0
O4	O^{2-}	8d	0.0622(4)	0.0742(4)	0.1875(14)	1.0

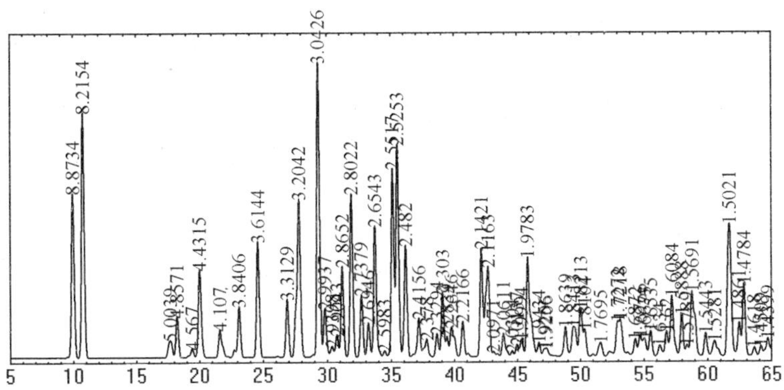

PDF:13-0506

d	I/I_0	hkl
8.9700	50	020
8.2700	80	210
5.0600	20	011
4.9300	20	111
4.6600	20	400
4.4800	40	040
4.1400	30	420
3.8800	30	131
3.6500	40	231
3.3500	40	250
3.2300	70	440
3.0600	100	610
3.0000	10	511
2.9000	10	521
2.8500	30	260
2.8200	30	251
2.7500	30	630
2.7100	10	531
2.6700	30	351
2.5700	20	161

9-212b 铝直闪石(Gedrite)

$(Fe,Mg,Al)_7Al_2Si_6O_{22}(OH)_2$，999.41

ICSD:34832(续 1)

Atom		Wcf	x	y	z	Occ
O5	O^{2-}	4c	0.1797(7)	0.25	−0.4571(27)	1.0
O6	O^{2-}	4c	0.0700(6)	0.25	0.2087(23)	1.0
O7	O^{2-}	8d	0.1868(4)	0.0022(4)	0.0425(16)	1.0
O8	O^{2-}	8d	0.0679(4)	−0.0046(4)	−0.2985(16)	1.0
O9	O^{2-}	8d	0.1968(5)	−0.1090(5)	0.3206(17)	1.0
O10	O^{2-}	8d	0.0549(4)	−0.1026(4)	0.0943(15)	1.0
O11	O^{2-}	8d	0.2022(4)	−0.1313(4)	−0.1752(15)	1.0
O12	O^{2-}	8d	0.0472(5)	−0.1450(5)	−0.4097(18)	1.0
O13	O^{2-}	4c	0.2030(6)	−0.25	0.5138(21)	1.0
O14	O^{2-}	4c	0.0454(7)	−0.25	0.2153(26)	1.0
Si1	Si^{4+}	8d	0.2315(2)	−0.1631(2)	−0.4487(6)	0.66
Al1	Al^{3+}	8d	0.2315(2)	−0.1631(2)	−0.4487(6)	0.34
Si2	Si^{4+}	8d	0.0202(2)	−0.1645(2)	0.2971(6)	0.62
Al2	Al^{3+}	8d	0.0202(2)	−0.1645(2)	0.2971(6)	0.38
Si3	Si^{4+}	8d	0.2278(2)	−0.0760(2)	0.0502(6)	1.0

PDF:13-0506(续 1)

d	I/I_0	hkl
2.5500	30	202
2.5000	40	451
2.4400	30	631
2.3400	20	650
2.3200	30	551
2.2300	20	422
2.1600	30	502
2.1300	30	561
2.0700	20	821
2.0150	20	602
1.9970	30	612
1.9760	20	751
1.8760	20	702
1.8300	20	851
1.7870	10	0100
1.7740	10	1030
1.7450	20	1011
1.6670	10	233
1.6290	10	902

9-212c 铝直闪石(Gedrite)

$(Fe,Mg,Al)_7Al_2Si_6O_{22}(OH)_2$，999.41

ICSD:34832(续 2)

Atom		Wcf	x	y	z	Occ
Si4	Si^{4+}	8d	0.0266(2)	−0.0802(2)	−0.1985(6)	0.84
Al3	Al^{3+}	8d	0.0266(2)	−0.0802(2)	−0.1985(6)	0.16
Mg1	Mg^{2+}	8d	0.1244(2)	0.1611(2)	0.3737(8)	0.88
Fe1	Fe^{2+}	8d	0.1244(2)	0.1611(2)	0.3737(8)	0.12
Al4	Al^{3+}	8d	0.1248(2)	0.0731(2)	−0.1281(7)	0.6
Mg2	Mg^{2+}	8d	0.1248(2)	0.0731(2)	−0.1281(7)	0.36
Fe2	Fe^{2+}	8d	0.1248(2)	0.0731(2)	−0.1281(7)	0.04
Mg3	Mg^{2+}	4c	0.1249(3)	0.25	−0.1248(10)	0.9
Fe3	Fe^{2+}	4c	0.1249(3)	0.25	−0.1248(10)	0.1
Mg4	Mg^{2+}	8d	0.1189(1)	−0.0145(1)	0.3636(5)	0.55
Fe4	Fe^{2+}	8d	0.1189(1)	−0.0145(1)	0.3636(5)	0.42
Ca1	Ca^{2+}	8d	0.1189(1)	−0.0145(1)	0.3636(5)	0.03
Na1	Na^{+}	4c	0.1151(13)	−0.25	0.8533(47)	0.34

PDF:13-0506(续 2)

d	I/I_0	hkl

9-213a 锂蓝闪石(Holmquistite)

$Li_2(Mg,Fe)_3Al_2Si_8O_{22}(OH)_2$, 751.45

Sys.:Orthorhombic S.G.:*Pmnb*(62) *Z*:4

a:18.3 *b*:17.69 *c*:5.3 Vol.:1715.75

ICSD:34157

Atom		Wcf	*x*	*y*	*z*	Occ
Fe1	Fe^{2+}	8*d*	0.1253(2)	0.1602(1)	0.3943(6)	0.12
Mg1	Mg^{2+}	8*d*	0.1253(2)	0.1602(1)	0.3943(6)	0.88
Fe2	Fe^{3+}	8*d*	0.1255(1)	0.0685(1)	0.8962(4)	0.28
Al1	Al^{3+}	8*d*	0.1255(1)	0.0685(1)	0.8962(4)	0.72
Fe3	Fe^{2+}	4*c*	0.1254(2)	0.25	0.8951(8)	0.13

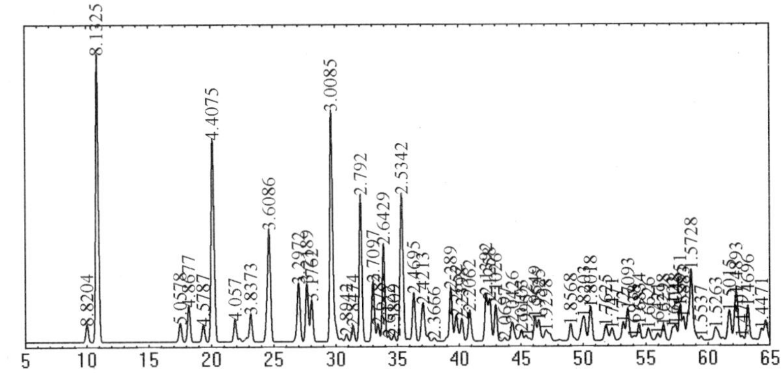

PDF:13-0401

d	I/I_0	*hkl*
8.8150	5	020
8.1070	100	210
5.0720	10	011
4.8660	10	111
4.5720	10	400
4.4270	70	410
4.0500	10	420
3.8320	20	131
3.6120	50	430
3.3390	60	141
3.2120	20	421
3.1760	20	440
3.0000	90	610
2.7970	40	450
2.7010	30	630
2.6430	30	601
2.5980	10	112
2.5380	50	022
2.4720	20	451
2.4060	10	312

9-213b 锂蓝闪石(Holmquistite)

$Li_2(Mg,Fe)_3Al_2Si_8O_{22}(OH)_2$, 751.45

ICSD:34157(续)

Atom		Wcf	*x*	*y*	*z*	Occ
Mg2	Mg^{2+}	4*c*	0.1254(2)	0.25	0.8951(8)	0.87
Li1	Li^{+}	8*d*	0.1245(13)	0.9932(9)	0.3963(42)	1.0
Si1	Si^{4+}	8*d*	0.2302(2)	0.8376(2)	0.5673(5)	1.0
Si2	Si^{4+}	8*d*	0.0194(2)	0.8370(2)	0.2759(5)	1.0
Si3	Si^{4+}	8*d*	0.2266(2)	0.9232(2)	0.0725(5)	1.0
Si4	Si^{4+}	8*d*	0.0240(2)	0.9221(1)	0.7824(5)	1.0
O1	O^{2-}	8*d*	0.1809(4)	0.1587(4)	0.0531(12)	1.0
O2	O^{2-}	8*d*	0.0696(4)	0.1581(4)	0.7349(12)	1.0
O3	O^{2-}	8*d*	0.1839(4)	0.0762(4)	0.5880(13)	1.0
O4	O^{2-}	8*d*	0.0654(4)	0.0753(4)	0.2007(12)	1.0
O5	O^{2-}	4*c*	0.1818(6)	0.25	0.5566(17)	1.0
O6	O^{2-}	4*c*	0.0686(6)	0.25	0.2350(18)	1.0
O7	O^{2-}	8*d*	0.1883(4)	0.0046(4)	0.0647(13)	1.0
O8	O^{2-}	8*d*	0.0644(4)	0.0019(4)	0.7272(13)	1.0
O9	O^{2-}	8*d*	0.2025(4)	0.8705(4)	0.8340(12)	1.0
O10	O^{2-}	8*d*	0.0467(4)	0.8660(4)	0.5494(12)	1.0
O11	O^{2-}	8*d*	0.1955(4)	0.8840(4)	0.3329(12)	1.0
O12	O^{2-}	8*d*	0.0532(4)	0.8869(4)	0.0484(12)	1.0
O13	O^{2-}	4*c*	0.2049(6)	0.75	0.5415(18)	1.0
O14	O^{2-}	4*c*	0.0440(6)	0.75	0.2389(18)	1.0

PDF:13-0401(续)

d	I/I_0	*hkl*
2.2820	30	071
2.2440	10	461
2.2050	20	242
2.1340	40	830
2.1000	20	801
2.0660	5	252
2.0380	10	442
1.9560	10	751
1.9190	5	850
1.8560	10	921
1.8180	30	172
1.8000	20	490
1.7660	10	391
1.7420	10	652
1.7100	20	491
1.6890	5	313
1.6600	5	$1\overline{0}31$
1.6280	5	$1\overline{0}50$
1.5920	20	482
1.5720	40	192

9-214a 透闪石(Tremolite)

$Ca_2Mg_5Si_8O_{22}(OH)_2$，812.37

Sys.:Monoclinic S.G.:$C2/m(12)$ Z:2

a:9.84 b:18.02 c:5.27 β:104.9 Vol.:903.04

ICSD:46173

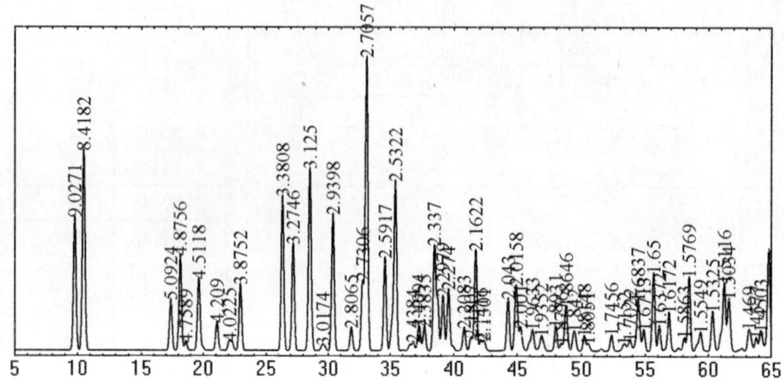

PDF:13-0437

d	I/I_0	hkl
8.9800	16	020
8.3800	100	110
5.0700	16	130
4.8700	10	$\bar{1}11$
4.7600	20	200
4.5100	20	040
4.2000	35	220
3.8700	16	$\bar{1}31$
3.3760	40	041
3.2680	75	240
3.1210	100	310
3.0280	10	$\bar{3}11$
2.9380	40	$\bar{1}51$
2.8050	45	330
2.7300	16	$\bar{3}31$
2.7050	90	151
2.5920	30	061
2.5290	40	$\bar{2}02$
2.4070	8	$\bar{2}61$
2.3800	30	350

9-214b 透闪石(Tremolite)

$Ca_2Mg_5Si_8O_{22}(OH)_2$，812.37

ICSD:46173(续)

Atom		Wcf	x	y	z	Occ
Ca1	Ca^{2+}	$4h$	0	0.2783	0.5	1.0
Mg1	Mg^{2+}	$4h$	0	0.0877	0.5	1.0
Mg2	Mg^{2+}	$4g$	0	0.1761	0	1.0
Mg3	Mg^{2+}	$2a$	0	0	0	1.0
Si1	Si^{4+}	$8j$	0.2791	0.0838	0.2964	1.0
Si2	Si^{4+}	$8j$	0.288	0.1707	0.8042	1.0
O1	O^{2-}	$8j$	0.1134	0.0873	0.2171	1.0
O2	O^{2-}	$8j$	0.1195	0.171	0.724	1.0
O3	O^{2-}	$8j$	0.3651	0.2481	0.7933	1.0
O4	O^{2-}	$8j$	0.3463	0.134	0.0992	1.0
O5	O^{2-}	$8j$	0.3434	0.1179	0.5884	1.0
O6	O^{2-}	$4i$	0.113	0	0.7152(4)	1.0

PDF:13-0437(续)

d	I/I_0	hkl
2.3350	30	$\bar{3}51$
2.3210	40	$\bar{4}21$
2.2980	12	420
2.2730	16	$\bar{3}12$
2.2060	6	$\bar{2}42$
2.1810	6	171
2.1630	35	132
2.0420	18	202
2.0150	45	$\bar{4}02$
2.0020	16	370
1.9630	6	$\bar{2}81$
1.9290	6	421
1.8920	50	510
1.8640	16	460
1.8140	16	530
1.7460	6	$\bar{5}12$
1.6860	10	262
1.6490	40	461
1.6390	10	$\bar{6}01$

9-215a 角闪石(Hornblende)

$(K_{0.3}Na_{0.6})(Ca_{1.7}Mg_{0.3})(Mg_3FeFe_{0.5}Al_{0.3}Ti_{0.2})Al_{1.6}Si_{6.4}O_{22.5}(OH)_{1.5}$，883.73

Sys.:Monoclinic S.G.:*C*2/*m*(12) *Z*:2

a:9.89 *b*:18.03 *c*:5.31 *β*:105.2 Vol.:913.74

ICSD:9667

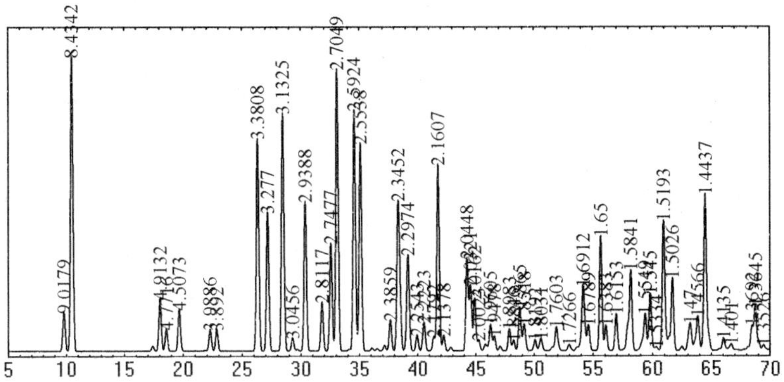

PDF:71-1062

d	I/I_0	*hkl*
9.0150	181	020
8.4351	999	110
5.0857	20	130
4.9138	182	$\overline{1}11$
4.7720	39	200
4.5075	149	040
4.4549	8	021
4.2176	1	220
4.0638	1	$\overline{2}01$
3.9885	78	111
3.8917	79	$\overline{1}31$
3.7048	1	$\overline{2}21$
3.3812	660	131
3.3812	660	150
3.2768	419	240
3.1329	679	310
3.0457	43	$\overline{3}11$
3.0183	4	$\overline{2}41$
3.0050	8	060
2.9393	395	$\overline{1}51$

9-215b 角闪石(Hornblende)

$(K_{0.3}Na_{0.6})(Ca_{1.7}Mg_{0.3})(Mg_3FeFe_{0.5}Al_{0.3}Ti_{0.2})Al_{1.6}Si_{6.4}O_{22.5}(OH)_{1.5}$，883.73

ICSD:9667(续 1)

Atom		Wcf	*x*	*y*	*z*	Occ
K1	K^+	2*b*	0	0.5	0	0.3
Na1	Na^+	2*b*	0	0.5	0	0.6
Mg1	Mg^{2+}	4*h*	0	0.2776(3)	0.5	0.15
Ca1	Ca^{2+}	4*h*	0	0.2776(3)	0.5	0.85
Mg2	Mg^{2+}	4*h*	0	0.0823(2)	0.5	0.6
Mg3	Mg^{2+}	4*g*	0	0.1769(3)	0	0.6
Mg4	Mg^{2+}	2*a*	0	0	0	0.6
Fe1	$Fe^{2.33+}$	4*h*	0	0.0823(2)	0.5	0.3
Fe2	$Fe^{2.33+}$	4*g*	0	0.1769(3)	0	0.3
Fe3	$Fe^{2.33+}$	2*a*	0	0	0	0.3
Ti1	Ti^{4+}	4*h*	0	0.0823(2)	0.5	0.04
Ti2	Ti^{4+}	4*g*	0	0.1769(3)	0	0.04
Ti3	Ti^{4+}	2*a*	0	0	0	0.04
Al1	Al^{3+}	4*h*	0	0.0823(2)	0.5	0.06

PDF:71-1062(续 1)

d	I/I_0	*hkl*
2.9393	395	221
2.8117	141	330
2.7482	298	$\overline{3}31$
2.7048	706	151
2.6266	11	$\overline{1}12$
2.5922	602	061
2.5536	466	$\overline{2}02$
2.5428	275	260
2.4867	7	170
2.4569	6	$\overline{2}22$
2.4285	2	$\overline{1}32$
2.4162	7	$\overline{4}01$
2.4162	7	$\overline{2}61$
2.4103	5	311
2.3856	73	400
2.3856	73	350
2.3464	323	$\overline{3}51$
2.3366	208	$\overline{4}21$
2.2998	134	$\overline{1}71$
2.2949	198	$\overline{3}12$

9-215c 角闪石(Hornblende)

$(K_{0.3}Na_{0.6})(Ca_{1.7}Mg_{0.3})(Mg_3FeFe_{0.5}Al_{0.3}Ti_{0.2})Al_{1.6}Si_{6.4}O_{22.5}(OH)_{1.5}$, 883.73

ICSD:9667(续 2)

Atom		Wcf	x	y	z	Occ
Al2	Al^{3+}	4g	0	0.1769(3)	0	0.06
Al3	Al^{3+}	2a	0	0	0	0.06
Al4	Al^{3+}	8j	0.2844(4)	0.0849(2)	0.300(1)	0.25
Al5	Al^{3+}	8j	0.2910(4)	0.1725(2)	0.8091(9)	0.15
Si1	Si^{4+}	8j	0.2844(4)	0.0849(2)	0.300(1)	0.75
Si2	Si^{4+}	8j	0.2910(4)	0.1725(2)	0.8091(9)	0.85
O1	O^{2-}	8j	0.1077(8)	0.0864(5)	0.2198(14)	1.0
O2	O^{2-}	8j	0.1166(9)	0.1701(5)	0.7338(15)	1.0
O3	O^{2-}	4i	0.1058(10)	0	0.7359(15)	1.0
O4	O^{2-}	8j	0.3655(8)	0.2520(4)	0.7747(16)	1.0
O5	O^{2-}	8j	0.3507(9)	0.1407(5)	0.1076(16)	1.0
O6	O^{2-}	8j	0.3481(8)	0.1157(4)	0.6039(16)	1.0
O7	O^{2-}	4i	0.3465(14)	0	0.274(3)	1.0

PDF:71-1062(续 2)

d	I/I_0	hkl
2.2545	34	331
2.2545	34	080
2.2218	65	$\bar{2}42$
2.1795	36	171
2.1608	341	261
2.1608	341	$\bar{3}32$
2.1380	36	$\bar{1}52$
2.1317	20	$\bar{4}41$
2.1088	7	440
2.0449	179	202
2.0379	106	280
2.0319	150	$\bar{4}02$
2.0164	92	351
2.0019	18	370
1.9943	10	222
1.9785	13	$\bar{3}71$
1.9740	9	401
1.9709	9	$\bar{2}81$
1.9606	51	190
1.9549	30	152

9-216a 阳起石(Actinolite)

$Ca_2(Mg,Fe)_5Si_8O_{22}(OH)_2$, 812.37

Sys.:Monoclinic S.G.:$C2/m(12)$ Z:2

a:9.884 b:18.145 c:5.294 β:104.7 Vol.:918.38

ICSD:86589

Atom		Wcf	x	y	z	Occ
Fe1	Fe^{2+}	4h	0	0.0884(1)	0.5	0.324
Mn1	Mn^{2+}	4h	0	0.0884(1)	0.5	0.008
Mg1	Mg^{2+}	4h	0	0.0884(1)	0.5	0.668
Fe2	Fe^{3+}	4g	0	0.1777(1)	0	0.069
Fe3	Fe^{2+}	4g	0	0.1777(1)	0	0.22
Mn2	Mn^{2+}	4g	0	0.1777(1)	0	0.017
Mg2	Mg^{2+}	4g	0	0.1777(1)	0	0.653

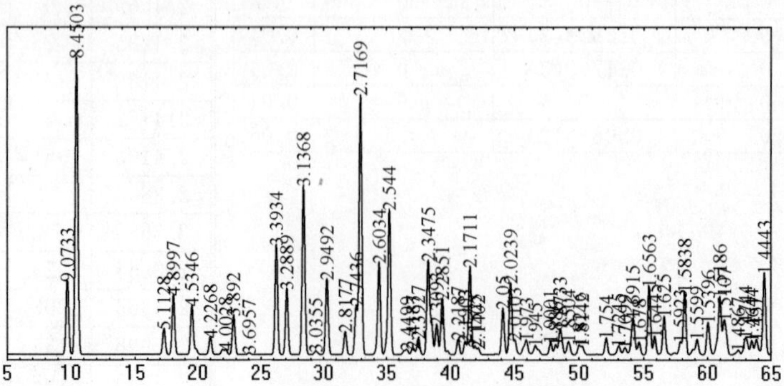

PDF:25-0157

d	I/I_0	hkl
9.1200	60	020
8.4700	70	110
5.1300	40	001
4.9100	70	$\bar{1}11$
4.7800	10	200
4.5400	60	040
4.4600	10	021
4.2300	30	220
3.8920	60	$\bar{1}31$
3.4010	80	041
3.2900	50	240
3.1430	70	310
2.9590	70	$\bar{1}51$
2.8230	30	330
2.7440	40	$\bar{3}31$
2.7190	100	151
2.6440	60	$\bar{1}12$
2.5680	30	241
2.5430	100	$\bar{2}02$
2.5050	10	170

9-216b　阳起石(Actinolite)

$Ca_2(Mg,Fe)_5Si_8O_{22}(OH)_2$，812.37

ICSD:86589(续)

Atom		Wcf	x	y	z	Occ
Al1	Al^{3+}	4g	0	0.1777(1)	0	0.041
Ti1	Ti^{4+}	4g	0	0.1777(1)	0	0.001
Fe4	Fe^{2+}	2a	0	0	0	0.296
Mg4	Mg^{2+}	2a	0	0	0	0.704
Fe5	Fe^{2+}	4h	0	0.2780(1)	0.5	0.009
Mn3	Mn^{2+}	4h	0	0.2780(1)	0.5	0.008
Mg3	Mg^{2+}	4h	0	0.2780(1)	0.5	0.001
Ca1	Ca^{2+}	4h	0	0.2780(1)	0.5	0.961
Na1	Na^{+}	4h	0	0.2780(1)	0.5	0.023
Si1	Si^{4+}	8j	0.2800(1)	0.0841(1)	0.2962(1)	0.972
Al2	Al^{3+}	8j	0.2800(1)	0.0841(1)	0.2962(1)	0.028
Si2	Si^{4+}	8j	0.2889(1)	0.1710(1)	0.8042(1)	1.0
O1	O^{2-}	8j	0.1115(2)	0.0868(1)	0.2153(3)	1.0
O2	O^{2-}	8j	0.1195(2)	0.1724(1)	0.7239(3)	1.0
O3	O^{2-}	4i	0.1107(3)	0	0.7148(5)	1.0
O4	O^{2-}	8j	0.3663(2)	0.2470(1)	0.7926(3)	1.0
O5	O^{2-}	8j	0.3456(2)	0.1339(1)	0.0986(3)	1.0
O6	O^{2-}	8j	0.3429(2)	0.1190(1)	0.5878(3)	1.0
O7	O^{2-}	4i	0.3352(3)	0	0.2909(5)	1.0
Na2	Na^{+}	4i	0.01(4)	0.5	0.084(43)	0.0015
K1	K^{+}	4i	0.01(4)	0.5	0.084(43)	0.0025
H1	H^{+}	4i	0.218(8)	0	0.763(14)	0.96

PDF:25-0157(续)

d	I/I_0	hkl
2.4520	20	$\bar{2}22$
2.4240	20	$\bar{1}32$
2.3920	20	400
2.3440	50	$\bar{3}51$
2.3300	30	$\bar{4}21$
2.3080	40	$\bar{1}71$
2.2880	50	$\bar{3}12$
2.2200	50	$\bar{2}42$
2.1910	30	171
2.1710	50	261
2.1590	20	$\bar{3}32$
2.1390	20	$\bar{1}52$
2.0510	60	202
2.0220	60	$\bar{4}02$
2.0080	30	370
1.9710	30	190
1.9450	30	$\bar{2}62$
1.8970	30	510
1.8720	50	$\bar{1}91$
1.8510	30	$\bar{1}72$

9-217a　镁角闪石(Magnesiohornblende)

$Ca_2(Mg,Fe)_5(Si,Al)_8O_{22}(OH)_2$，812.37

Sys.:Monoclinic　S.G.:$C2/m$(12)　Z:2

a:9.887　b:18.174　c:5.308　β:105　Vol.:921.28

ICSD:79835

Atom		Wcf	x	y	z	Occ
O1	O^{2-}	8j	0.1083	0.08861	0.21544	1.0
O2	O^{2-}	8j	0.11885	0.1737	0.73187	1.0
O3	O^{2-}	4i	0.10967	0	0.71363	1.0
O4	O^{2-}	8j	0.36818	0.2492	0.79077	1.0
O5	O^{2-}	8j	0.34866	0.13774	0.10716	1.0

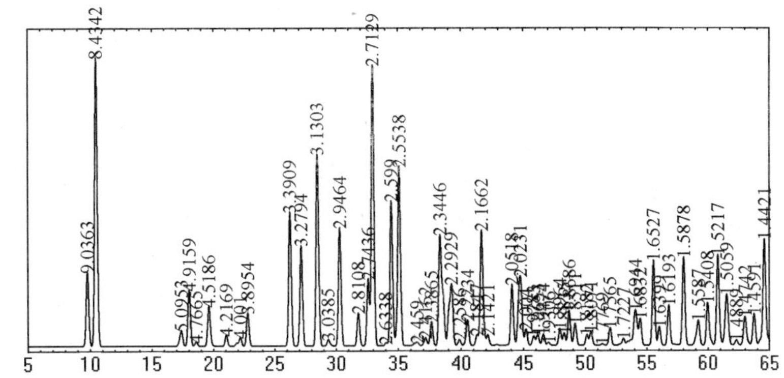

PDF:21-0149

d	I/I_0	hkl
9.1500	4	020
8.5100	55	110
4.5500	6	040
4.2300	6	220
3.4000	12	041
3.2900	25	240
3.1400	100	310
2.9530	14	221
2.8180	20	330
2.7500	14	$\bar{3}31$
2.7200	35	151
2.6060	16	061
2.5580	8	260
2.3950	10	350
2.3880	8	400
2.3510	16	$\bar{3}51$
2.3370	6	$\bar{4}21$
2.1720	20	261
2.0540	4	280
2.0250	10	351

9-217b 镁角闪石(Magnesiohornblende)

$Ca_2(Mg,Fe)_5(Si,Al)_8O_{22}(OH)_2$, 812.37

ICSD:79835(续)

Atom		Wcf	x	y	z	Occ
O6	O^{2-}	8j	0.34296	0.11799	0.59891	1.0
O7	O^{2-}	4i	0.33599	0	0.28481	1.0
Si1	Si^{4+}	8j	0.28052	0.08514	0.30019	0.85
Al1	Al^{3+}	8j	0.28052	0.08514	0.30019	0.15
Si2	Si^{4+}	8j	0.29043	0.17193	0.80997	0.9
Al2	Al^{3+}	8j	0.29043	0.17193	0.80997	0.1
Mg1	Mg^{2+}	4h	0	0.08862	0.5	0.7
Fe1	Fe^{2+}	4h	0	0.08862	0.5	0.3
Mg2	Mg^{2+}	4g	0	0.17797	0	0.55
Al3	Al^{3+}	4g	0	0.17797	0	0.2
Fe2	Fe^{2+}	4g	0	0.17797	0	0.25
Mg3	Mg^{2+}	2a	0	0	0	0.6
Fe3	Fe^{2+}	2a	0	0	0	0.4
Ca1	Ca^{2+}	4h	0	0.27951	0.5	0.81
Fe4	Fe^{2+}	4h	0	0.27951	0.5	0.09
Ca2	Ca^{2+}	4h	0	0.25361	0.5	0.09
Fe5	Fe^{2+}	4h	0	0.25361	0.5	0.01
Na1	Na^{+}	2b	0	0.5	0	0.36
K1	K^{+}	4i	0.03532	0.5	0.07476	0.05
Na2	Na^{+}	4g	0	0.46627	0	0.02
H1	H^{+}	4i	0.1902	0	0.7673	1.0

PDF:21-0149(续)

d	I/I_0	hkl
1.9000	8	510
1.6560	18	461
1.6250	8	$1\bar{1}\bar{1}0$
1.5920	8	600

9-218a 铁角闪石(Ferrohornblende)

$(Na,K)Ca_2(Fe,Mg)_5(Al,Si)_8O_{22}(OH)_2$, 984.24

Sys.:Monoclinic S.G.:$C2/m$(12) Z:2

a:9.96 b:18.19 c:5.32 β:104.87 Vol.:931.56

ICSD:68063

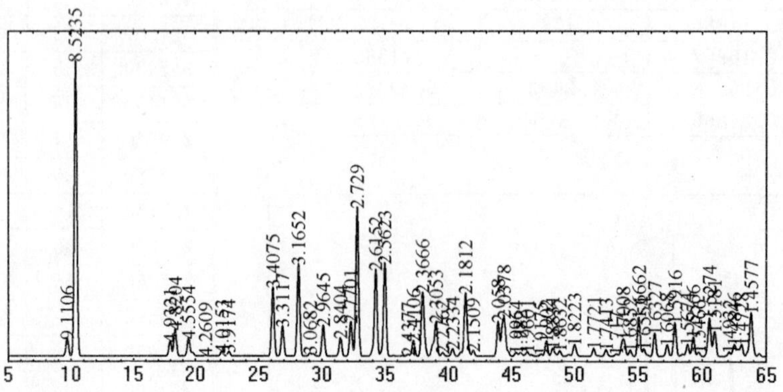

PDF:29-1258

d	I/I_0	hkl
8.5200	100	110
4.9400	10	$\bar{1}11$
4.8300	10	200
4.5400	25	040
4.0300	1	111
3.9300	2	$\bar{1}31$
3.4130	50	041
3.3090	30	240
3.1590	90	310
2.9670	10	$\bar{1}51$
2.8310	15	330
2.7650	5	$\bar{3}31$
2.7280	75	151
2.6100	50	061
2.5650	25	260
2.4060	10	350
2.3600	30	$\bar{3}51$
2.3090	10	$\bar{1}71$
2.1800	40	261
2.0570	10	280

9-218b 铁角闪石(Ferrohornblende)

$(Na,K)Ca_2(Fe,Mg)_5(Al,Si)_8O_{22}(OH)_2$, 984.24

ICSD:68063(续)

Atom		Wcf	*x*	*y*	*z*	Occ
Si1	Si^{4+}	8*j*	0.27483(2)	0.08576(1)	0.30085(1)	1.0
Si2	Si^{4+}	8*j*	0.29057	0.17211	0.81134(1)	1.0
Fe1	$Fe^{1.8+}$	4*h*	0	0.09039(1)	0.5	1.0
Fe2	$Fe^{1.8+}$	4*g*	0	0.17932	0	1.0
Fe3	$Fe^{1.8+}$	2*a*	0	0	0	1.0
Ca1	Ca^{2+}	4*h*	0	0.28067(1)	0.5	1.0
Na1	Na^{+}	2*b*	0	0.5	0	1.0
O1	O^{2-}	8*j*	0.10926(7)	0.09127(1)	0.21465(3)	1.0
O2	O^{2-}	8*j*	0.12452(1)	0.17646(1)	0.73269(1)	1.0
O3	O^{2-}	4*i*	0.11370(1)	0	0.71462(4)	1.0
O4	O^{2-}	8*j*	0.36681(2)	0.24796(2)	0.79095(3)	1.0
O5	O^{2-}	8*j*	0.34650(1)	0.13767(3)	0.09989(14)	1.0
O6	O^{2-}	8*j*	0.34057(1)	0.11872(2)	0.5991	1.0
O7	O^{2-}	4*i*	0.33094(4)	0	0.28852(9)	1.0

PDF:29-1258(续)

d	I/I_0	*hkl*
2.0340	25	351
1.8760	1	242
1.8350	2	530
1.8150	2	191
1.7000	1	$\bar{2}82$
1.6670	30	461
1.6510	1	480
1.6260	10	$1\underline{11}0$
1.6050	5	600
1.5930	5	$\bar{5}52$
1.5700	1	402
1.5520	1	$\bar{6}02$
1.5260	15	282
1.5150	15	$0\underline{12}0$
1.4810	2	442
1.4680	2	$\bar{6}42$
1.4520	40	$4\underline{10}0$
1.3760	10	512
1.3470	10	$\bar{3}\underline{11}2$
1.3240	10	$1\underline{13}1$

9-219a 浅闪石(Edenite)

$NaCa_2Mg_5AlSi_7O_{22}(OH)_2$, 834.26

Sys.:Monoclinic S.G.:$C2/m$(12) *Z*:2

a:9.837 *b*:17.954 *c*:5.307 *β*:105.18 Vol.:904.58

ICSD:39894

Atom		Wcf	*x*	*y*	*z*	Occ
Mg1	Mg^{2+}	4*h*	0	0.089	0.5	0.91
Fe1	Fe^{3+}	4*h*	0	0.089	0.5	0.09
Mg2	Mg^{2+}	4*g*	0	0.1776	0	0.515
Fe2	Fe^{2+}	4*g*	0	0.1776	0	0.28
Ca1	Ca^{2+}	4*g*	0	0.1776	0	0.105
Mn1	Mn^{2+}	4*g*	0	0.1776	0	0.02
Ti1	Ti^{4+}	4*g*	0	0.1776	0	0.08

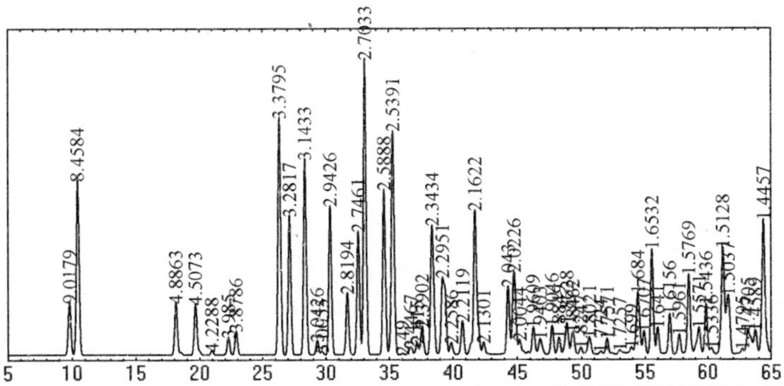

PDF:23-1405

d	I/I_0	*hkl*
9.0100	10	020
8.4300	80	110
4.9100	4	$\bar{1}11$
4.5000	10	040
3.8870	4	$\bar{1}31$
3.3770	12	041
3.2670	40	240
3.1200	100	310
2.9330	12	221
2.8000	18	330
2.7370	10	$\bar{3}31$
2.6990	20	151
2.5870	8	061
2.5490	10	$\bar{2}02$
2.3760	10	350
2.3380	10	$\bar{3}51$
2.2930	4	$\bar{1}71$
2.2210	2	042
2.1550	8	$\bar{3}32$
2.0430	4	202

9-219b 浅闪石(Edenite)

$NaCa_2Mg_5AlSi_7O_{22}(OH)_2$，834.26

ICSD:39894(续)

Atom		Wcf	x	y	z	Occ
Mg3	Mg^{2+}	2a	0	0	0	0.89
Fe3	Fe^{3+}	2a	0	0	0	0.11
Ca2	Ca^{2+}	4h	0.5	0.222	0.5	0.72
Sr1	Sr^{2+}	4h	0.5	0.222	0.5	0.005
Na1	Na^{+}	4h	0.5	0.222	0.5	0.275
Si1	Si^{4+}	8j	0.2797	0.0845	0.3011	0.735
Al1	Al^{3+}	8j	0.2797	0.0845	0.3011	0.265
Si2	Si^{4+}	8j	0.2883	0.1715	0.8071	1.0
K1	K^{+}	2b	0.5	0	0	0.2
Na2	Na^{+}	2b	0.5	0	0	0.3
K2	K^{+}	4i	0.4576(5)	0	0.903(1)	0.065
Na3	Na^{+}	4i	0.4576(5)	0	0.903(1)	0.185
O1	O^{2-}	8j	0.1103(1)	0.0851	0.2197	1.0
O2	O^{2-}	8j	0.1194(1)	0.1702	0.7261(2)	1.0
F1	F^{-}	4i	0.1038(1)	0	0.7143(3)	1.0
O3	O^{2-}	8j	0.3632(1)	0.2488	0.7921(2)	1.0
O4	O^{2-}	8j	0.3474(1)	0.1344	0.1026(2)	1.0
O5	O^{2-}	8j	0.3448(1)	0.117	0.5997(2)	1.0
O6	O^{2-}	4i	0.3408(2)	0	0.2912(4)	1.0

PDF:23-1405(续)

d	I/I_0	hkl
2.0100	10	351
1.9570	2	190
1.8590	2	460

9-220a 韭角闪石(Pargasite)

$NaCa_2Mg_4Al_3Si_6O_{22}(OH)_2$，835.83

Sys.:Monoclinic S.G.:$C2/m(12)$ Z:2

a:9.87 b:18.006 c:5.3 β:105.26 Vol.:908.7

ICSD:64854

Atom		Wcf	x	y	z	Occ
O1	O^{2-}	8j	0.1065	0.0883	0.2152	1.0
O2	O^{2-}	8j	0.1199	0.1741	0.7341	1.0
O3	O^{2-}	4i	0.1086	0	0.7163	0.985
Cl1	Cl^{-}	4i	0.1086	0	0.7163	0.015
O4	O^{2-}	8j	0.3682	0.2501	0.7882	1.0
O5	O^{2-}	8j	0.3503	0.1408	0.113	1.0

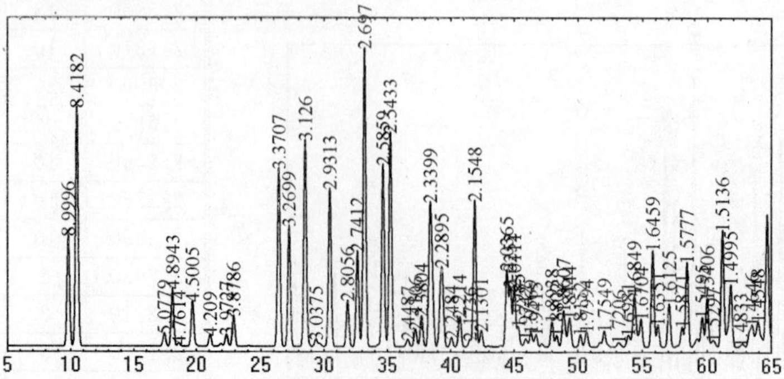

PDF:23-1406

d	I/I_0	hkl
9.0300	12	020
8.4300	40	110
5.0700	4	130
4.9000	6	$\bar{1}11$
4.5000	12	040
3.8820	4	$\bar{1}31$
3.2690	35	240
3.1240	100	310
2.9300	35	221
2.8050	25	330
2.7420	18	$\bar{3}31$
2.6980	30	151
2.5870	16	061
2.5480	14	$\bar{2}02$
2.3790	8	400
2.3420	16	$\bar{3}51$
2.2940	6	$\bar{1}71$
2.1550	20	$\bar{3}32$
2.0390	10	202
2.0310	8	$\bar{4}02$

9-220b 韭角闪石(Pargasite)

$NaCa_2Mg_4Al_3Si_6O_{22}(OH)_2$，835.83

ICSD:64854(续)

Atom		Wcf	x	y	z	Occ
O6	O^{2-}	8*j*	0.3436	0.1162	0.6109	1.0
O7	O^{2-}	4*i*	0.34	0	0.2731	1.0
Si1	Si^{4+}	8*j*	0.2805	0.0854	0.3024	0.58
Al1	Al^{3+}	8*j*	0.2805	0.0854	0.3024	0.42
Si2	Si^{4+}	8*j*	0.2911	0.1731	0.8134	1.0
Mg1	Mg^{2+}	4*h*	0	0.0894	0.5	0.84
Fe1	Fe^{2+}	4*h*	0	0.0894	0.5	0.16
Mg2	Mg^{2+}	4*g*	0	0.1764	0	0.525
Fe2	$Fe^{2.58+}$	4*g*	0	0.1764	0	0.19
Al2	Al^{3+}	4*g*	0	0.1764	0	0.27
Ti1	Ti^{4+}	4*g*	0	0.1764	0	0.015
Mg3	Mg^{2+}	2*a*	0	0	0	0.67
Fe3	Fe^{2+}	2*a*	0	0	0	0.19
Al3	Al^{3+}	2*a*	0	0	0	0.14
Ca1	Ca^{2+}	4*h*	0	0.2801	0.5	0.905
Mg4	Mg^{2+}	4*h*	0	0.2585	0.5	0.02
Fe4	Fe^{2+}	4*h*	0	0.2585	0.5	0.075
Na1	Na^{+}	2*b*	0	0.5	0	0.38
Na2	Na^{+}	4*i*	0.0336	0.5	0.0843	0.1
Na3	Na^{+}	4*g*	0	0.4675	0	0.1
H1	H^{+}	4*i*	0.185	0	0.765	0.985

PDF:23-1406(续)

d	I/I_0	*hkl*
2.0110	10	351
1.9990	6	370
1.8620	4	$\bar{1}91$

9-221a 铁韭闪石(Ferropargasite)

$NaCa_2Fe_4Al(Si_6Al_2)O_{22}(OH)_2$，962

Sys.:Monoclinic　S.G.:$C2/m$(12)　*Z*:2

a:9.95　*b*:18.14　*c*:5.33　*β*:105.3　Vol.:927.93

ICSD:64809

Atom		Wcf	x	y	z	Occ
O1	O^{2-}	8*j*	0.1051(1)	0.0911(1)	0.2141(2)	1.0
O2	O^{2-}	8*j*	0.1199(1)	0.1756(1)	0.7358(2)	1.0
O3	O^{2-}	4*i*	0.1097(2)	0	0.7120(4)	0.86
F1	F^{-}	4*i*	0.1097(2)	0	0.7120(4)	0.14
O4	O^{2-}	8*j*	0.3686(1)	0.2499	0.7924(2)	1.0

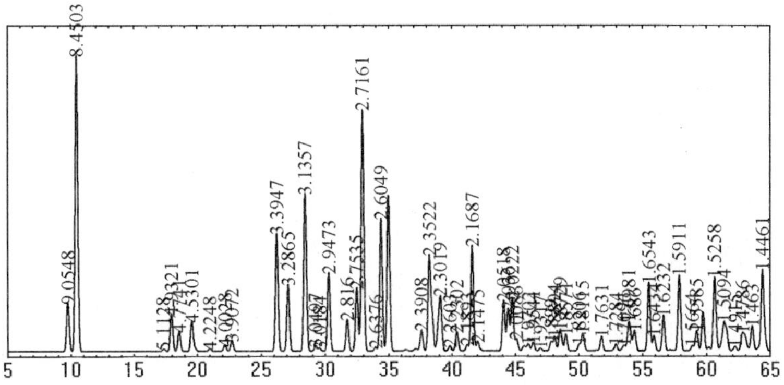

PDF:19-0467

d	I/I_0	*hkl*
8.5000	100	110
4.8000	10	200
4.5400	10	040
3.4000	25	041
3.3000	20	240
3.1500	80	310
2.9510	20	221
2.7660	10	$\bar{3}31$
2.7180	60	151
2.6070	40	061
2.5700	35	002
2.4000	16	350
2.3600	25	$\bar{3}51$
2.3090	16	$\bar{3}12$

9-221b 铁韭闪石(Ferropargasite)

$NaCa_2Fe_4Al(Si_6Al_2)O_{22}(OH)_2$, 962

ICSD:64809(续)

Atom		Wcf	*x*	*y*	*z*	Occ
O5	O^{2-}	8*j*	0.3490(1)	0.1392	0.1087(2)	1.0
O6	O^{2-}	8*j*	0.3426(1)	0.1195	0.6046(3)	1.0
O7	O^{2-}	4*i*	0.3336(2)	0	0.2887(4)	1.0
Si1	Si^{4+}	8*j*	0.2791(1)	0.0860(1)	0.3026(1)	0.52
Al1	Al^{3+}	8*j*	0.2791(1)	0.0860(1)	0.3026(1)	0.48
Si2	Si^{4+}	8*j*	0.2911(1)	0.1732(1)	0.8140(1)	1.0
Mg1	Mg^{2+}	4*h*	0	0.0897(1)	0.5	0.48
Fe1	Fe^{2+}	4*h*	0	0.0897(1)	0.5	0.52
Mg2	Mg^{2+}	4*g*	0	0.1780(1)	0	0.27
Fe2	$Fe^{2.85+}$	4*g*	0	0.1780(1)	0	0.54
Al2	Al^{3+}	4*g*	0	0.1780(1)	0	0.19
Mg3	Mg^{2+}	2*a*	0	0	0	0.34
Fe3	Fe^{2+}	2*a*	0	0	0	0.66
Ca1	Ca^{2+}	4*h*	0	0.2808(1)	0.5	0.97
Na1	Na^{+}	4*h*	0	0.28081(1)	0.5	0.03
Na2	Na^{+}	2*b*	0	0.5	0	0.2
K1	K^{+}	4*i*	0.0336(6)	0.5	0.0734(8)	0.2
Na4	Na^{+}	4*g*	0	0.4714(6)	0	0.05
H1	H^{+}	4*i*	0.1759(2)	0	0.7603(2)	0.86

PDF:19-0467(续)

d	I/I_0	*hkl*

9-222a 镁绿钙闪石(Magnesiohastingsite)

$Ti_{0.315}Fe_{1.534}Mg_{3.136}Ca_{1.90}Na_{0.73}K_{0.35}(Si_{5.94}Al_{2.06})O_{22}(OH)_2$, 857.99

Sys.:Monoclinic S.G.:*C*2/*m*(12) *Z*:2

a:9.88 *b*:18.012 *c*:5.324 *β*:105.26 Vol.:914.05

ICSD:100674

Atom		Wcf	*x*	*y*	*z*	Occ
O1	O^{2-}	8*j*	0.1044(5)	0.0883(3)	0.218(1)	1.0
O2	O^{2-}	8*j*	0.1188(5)	0.1728(3)	0.733(1)	1.0
O3	O^{2-}	4*i*	0.1061(8)	0	0.713(2)	1.0
O4	O^{2-}	8*j*	0.3661(5)	0.2505(3)	0.788(1)	1.0
O5	O^{2-}	8*j*	0.3498(6)	0.1409(3)	0.114(1)	1.0
O6	O^{2-}	8*j*	0.3454(6)	0.1169(3)	0.611(1)	1.0
O7	O^{2-}	4*i*	0.3369(8)	0	0.280(2)	1.0

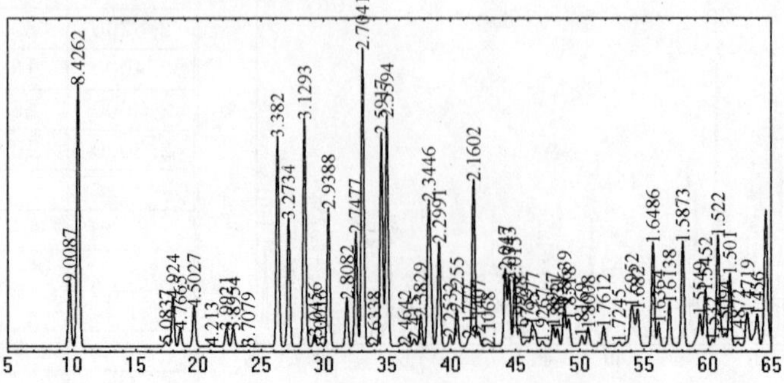

PDF:83-1760

d	I/I_0	*hkl*
9.0060	288	020
8.4247	999	110
5.0802	18	130
4.9241	196	$\bar{1}11$
4.7658	37	200
4.5030	159	040
4.4617	16	021
4.2124	5	220
3.9921	63	111
3.8954	74	$\bar{1}31$
3.7073	7	$\bar{2}21$
3.3824	698	041
3.3824	698	131
3.2731	431	240
3.1289	713	310
3.0458	38	$\bar{3}11$
3.0020	13	060
2.9391	417	221
2.8083	154	330
2.7477	356	$\bar{3}31$

9-222b 镁绿钙闪石(Magnesiohastingsite)

$Ti_{0.315}Fe_{1.534}Mg_{3.136}Ca_{1.90}Na_{0.73}K_{0.35}(Si_{5.94}Al_{2.06})O_{22}(OH)_2$，857.99

ICSD:100674(续)

Atom		Wcf	*x*	*y*	*z*	Occ
Si1	Si^{4+}	8*j*	0.2802(3)	0.0856(2)	0.3037(6)	0.6
Al1	Al^{3+}	8*j*	0.2802(3)	0.0856(2)	0.3037(6)	0.4
Si2	Si^{4+}	8*j*	0.2912(2)	0.1728(1)	0.8137(4)	0.885
Al2	Al^{3+}	8*j*	0.2912(2)	0.1728(1)	0.8137(4)	0.115
Fe1	Fe^{2+}	4*h*	0	0.0864(3)	0.5	0.29
Mg1	Mg^{2+}	4*h*	0	0.0864(3)	0.5	0.71
Fe2	Fe^{2+}	4*g*	0	0.1772(3)	0	0.059
Mg2	Mg^{2+}	4*g*	0	0.1772(3)	0	0.572
Fe3	Fe^{3+}	4*g*	0	0.1772(3)	0	0.264
Ti1	Ti^{4+}	4*g*	0	0.1772(3)	0	0.105
Fe4	Fe^{2+}	2*a*	0	0	0	0.059
Mg3	Mg^{2+}	2*a*	0	0	0	0.572
Fe5	Fe^{3+}	2*a*	0	0	0	0.264
Ti2	Ti^{4+}	2*a*	0	0	0	0.105
Ca1	Ca^{2+}	4*h*	0	0.2792(1)	0.5	0.95
Na1	Na^{+}	4*h*	0	0.2792(1)	0.5	0.05
Na2	Na^{+}	4*g*	0	0.489(2)	0	0.16
K1	K^{+}	4*g*	0	0.489(2)	0	0.085
Na3	Na^{+}	4*i*	0.044(4)	0.5	0.092(9)	0.155
K2	K^{+}	4*i*	0.044(4)	0.5	0.092(9)	0.09

PDF:83-1760(续)

d	I/I_0	*hkl*
2.7045	919	151
2.6333	11	$\bar{1}12$
2.5918	631	061
2.5596	686	$\bar{2}02$
2.5596	686	241
2.4842	4	170
2.4697	5	022
2.4621	10	$\bar{2}22$
2.4155	13	$\bar{4}01$
2.4155	13	$\bar{2}61$
2.4091	14	311
2.3829	93	400
2.3829	93	350
2.3455	391	$\bar{3}51$
2.3355	217	$\bar{4}21$
2.3112	26	112
2.2987	283	$\bar{1}71$
2.2987	283	$\bar{3}12$
2.2532	29	331
2.2532	29	080

9-223a 绿钠闪石(Hastingsite)

$NaCa_2(Fe,Mg)_4FeSi_6Al_2O_{22}(OH)_2$，990.86

Sys.:Monoclinic　S.G.:*C*2/*m*(12)　*Z*:2

a:9.962　*b*:18.283　*c*:5.372　*β*:104.87　Vol.:945.66

ICSD:74472

Atom		Wcf	*x*	*y*	*z*	Occ
Si1	Si^{4+}	8*j*	0.2781(1)	0.0859(1)	0.3013(3)	0.40(8)
Al1	Al^{3+}	8*j*	0.2781(1)	0.0859(1)	0.3013(3)	0.6
Si2	Si^{4+}	8*j*	0.2913(1)	0.1732(1)	0.8116(3)	1.0
Mg1	Mg^{2+}	4*h*	0	0.0945(1)	0.5	0.181(6)
Fe1	Fe^{2+}	4*h*	0	0.0945(1)	0.5	0.819
Mg2	Mg^{2+}	4*g*	0	0.1789(1)	0	0.333

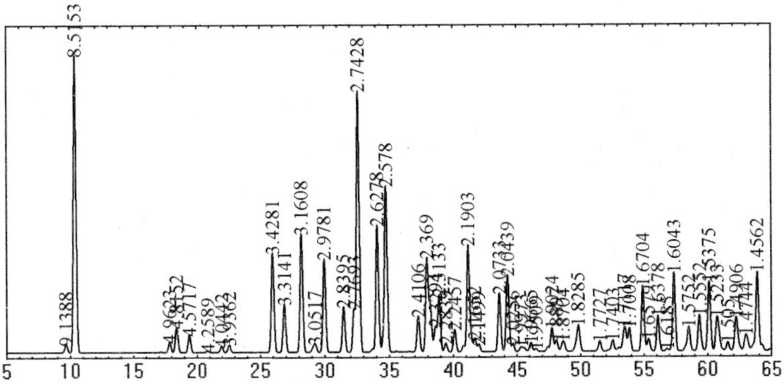

PDF:85-1825

d	I/I_0	*hkl*
9.1415	36	020
8.5192	999	110
5.1495	3	130
4.9625	31	$\bar{1}11$
4.8142	57	200
4.5708	58	040
4.2596	4	220
4.0442	14	111
3.9363	26	$\bar{1}31$
3.7352	1	$\bar{2}21$
3.4285	255	041
3.4285	255	131
3.3147	130	240
3.1611	312	310
3.0662	14	$\bar{3}11$
3.0472	21	$\bar{2}41$
3.0472	21	060
2.9782	217	$\bar{1}51$
2.9782	217	221
2.8397	116	330

9-223b 绿钠闪石(Hastingsite)

$NaCa_2(Fe,Mg)_4FeSi_6Al_2O_{22}(OH)_2$, 990.86

ICSD:74472(续)

Atom		Wcf	x	y	z	Occ
Fe2	Fe^{2+}	4g	0	0.1789(1)	0	0.087
Al2	Al^{3+}	4g	0	0.1789(1)	0	0.072
Fe3	Fe^{3+}	4g	0	0.1789(1)	0	0.46
Ti1	Ti^{4+}	4g	0	0.1789(1)	0	0.048
Mg3	Mg^{2+}	2a	0	0	0	0.057
Fe4	Fe^{2+}	2a	0	0	0	0.943
Ca1	Ca^{2+}	4h	0	0.2810(1)	0.5	0.996
Na1	Na^{+}	4h	0	0.2810(1)	0.5	0.004
Na2	Na^{+}	2b	0.5	0	0	0.247
K1	K^{+}	2b	0.5	0	0	0.685
O1	O^{2-}	8j	0.1040(3)	0.0912(2)	0.2142(7)	1.0
O2	O^{2-}	8j	0.1216(4)	0.1777(2)	0.7350(7)	1.0
O3	O^{2-}	4i	0.1153(10)	0	0.7064(20)	0.55
Cl1	Cl^{-}	4i	0.1639(4)	0	0.7368(8)	0.45
O4	O^{2-}	8j	0.3692(4)	0.2497(2)	0.7951(7)	1.0
O5	O^{2-}	8j	0.3476(4)	0.1365(2)	0.1008(7)	1.0
O6	O^{2-}	8j	0.3427(4)	0.1224(2)	0.5983(7)	1.0
O7	O^{2-}	4i	0.3333(6)	0	0.2990(11)	1.0

PDF:85-1825(续)

d	I/I_0	hkl
2.7703	122	$\bar{3}31$
2.7427	661	151
2.6572	12	$\bar{1}12$
2.6280	308	061
2.5938	42	002
2.5938	42	241
2.5780	409	$\bar{2}02$
2.5780	409	260
2.5208	2	170
2.4973	1	022
2.4577	1	$\bar{1}32$
2.4441	5	$\bar{2}61$
2.4353	4	$\bar{4}01$
2.4121	63	350
2.4071	62	400
2.3691	232	$\bar{3}51$
2.3532	107	$\bar{4}21$
2.3396	22	112
2.3300	60	$\bar{1}71$
2.3300	60	420

9-224a 钛角闪石(Kaersutite)

$NaCa_2(Mg,Fe)_4Ti(Si_6Al_2)O_{22}(OH)_2$, 856.75

Sys.:Monoclinic S.G.:$C2/m(12)$ Z:2

a:9.81 b:18.055 c:5.316 β:105.04 Vol.:909.31

ICSD:87851

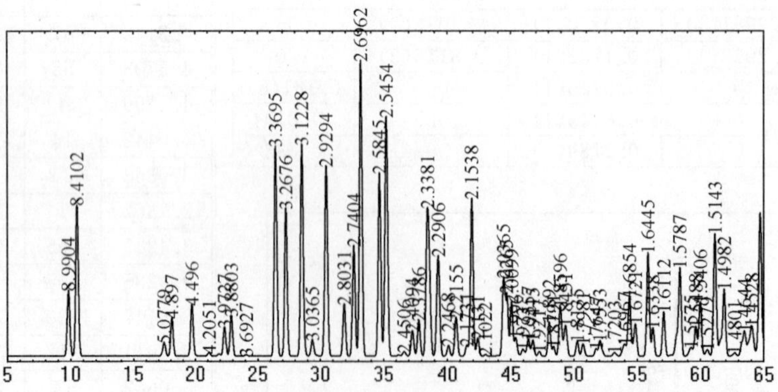

PDF:44-1450

d	I/I_0	hkl
9.0300	4	020
8.3900	80	110
5.0790	3	130
4.7350	10	200
4.5140	3	040
3.8910	3	$13\bar{1}$
3.3820	8	131
3.2700	58	240
3.1130	100	310
2.9350	13	221
2.7951	75	330
2.7336	10	$33\bar{1}$
2.7071	18	151
2.5960	10	061
2.5513	30	$20\bar{2}$
2.3769	22	350
2.3400	11	$35\bar{1}$
2.3220	9	$42\bar{1}$
2.3043	1	$17\bar{1}$
2.2863	4	$31\bar{2}$

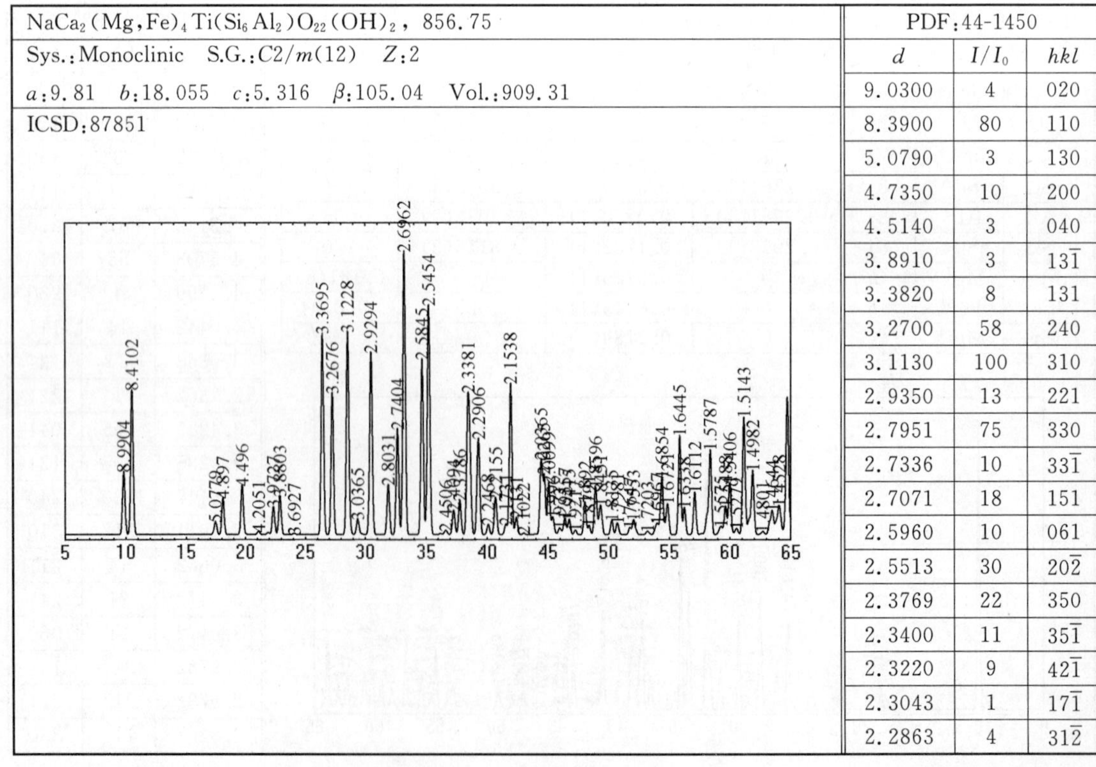

9-224b 钛角闪石(Kaersutite)

$NaCa_2(Mg,Fe)_4Ti(Si_6Al_2)O_{22}(OH)_2$， 856.75

ICSD:87851(续 1)

Atom		Wcf	x	y	z	Occ
O1	O^{2-}	$8j$	0.1070(2)	0.0868(1)	0.2185(3)	1.0
O2	O^{2-}	$8j$	0.1183(2)	0.1722(1)	0.7298(4)	1.0
O3	O^{2-}	$4i$	0.1076(3)	0	0.7147(5)	0.989
F1	F^{-}	$4i$	0.1076(3)	0	0.7147(5)	0.011
O4	O^{2-}	$8j$	0.3662(2)	0.2504(1)	0.7871(4)	1.0
O5	O^{2-}	$8j$	0.3497(2)	0.1399(1)	0.1110(4)	1.0
O6	O^{2-}	$8j$	0.3448(2)	0.1160(1)	0.6104(4)	1.0
O7	O^{2-}	$4i$	0.3407(3)	0	0.2776(6)	1.0
Si1	Si^{4+}	$8j$	0.2811(1)	0.0854(1)	0.3033(1)	0.59
Al1	Al^{3+}	$8j$	0.2811(1)	0.0854(1)	0.3033(1)	0.41
Si2	Si^{4+}	$8j$	0.2903(1)	0.1729(1)	0.8112(1)	0.953
Al2	Al^{3+}	$8j$	0.2903(1)	0.1729(1)	0.8112(1)	0.047
Mg1	Mg^{2+}	$4h$	0	0.0864(1)	0.5	0.84
Ti1	Ti^{4+}	$4h$	0	0.0864(1)	0.5	0.16
Mg2	Mg^{2+}	$4g$	0	0.1768(1)	0	0.72
Ti2	Ti^{4+}	$4g$	0	0.1768(1)	0	0.035

PDF:44-1450(续 1)

d	I/I_0	hkl
2.2225	2	$24\bar{2}$
2.1602	14	261
2.0451	10	202
2.0381	4	280
2.0217	8	$40\bar{2}$
2.0134	22	351
1.9974	8	370
1.9632	4	190
1.8845	16	510
1.8671	6	$19\bar{1}$
1.8077	32	530
1.6940	6	390
1.6783	3	$39\bar{1}$
1.6445	40	46
1.6341	16	48
1.6166	18	1 $\underline{11}$ 0
1.5868	5	$15\bar{3}$
1.5801	30	$55\bar{2}$

9-224c 钛角闪石(Kaersutite)

$NaCa_2(Mg,Fe)_4Ti(Si_6Al_2)O_{22}(OH)_2$， 856.75

ICSD:87851(续 2)

Atom		Wcf	x	y	z	Occ
Al3	Al^{3+}	$4g$	0	0.1768(1)	0	0.245
Mg3	Mg^{2+}	$2a$	0	0	0	0.77
Ti3	Ti^{4+}	$2a$	0	0	0	0.04
Al4	Al^{3+}	$2a$	0	0	0	0.19
Ca1	Ca^{2+}	$4h$	0	0.2791(1)	0.5	0.837
Na1	Na^{+}	$4h$	0	0.2791(1)	0.5	0.043
Mg4	Mg^{2+}	$4h$	0	0.2561(9)	0.5	0.12
Na2	Na^{+}	$2b$	0	0.5	0	0.096
Na3	Na^{+}	$4i$	0.0447(7)	0.5	0.0913(9)	0.017
K1	K^{+}	$4i$	0.0447(7)	0.5	0.0913(9)	0.1
Na4	Na^{+}	$4g$	0	0.4690(6)	0	0.335
H1	H^{+}	$4i$	0.2036	0	0.7853	0.678

PDF:44-1450(续 2)

d	I/I_0	hkl

9-225a 铁钙镁闪石(Ferrotschermakite)

$Ca_2Fe_3Al_2(Si_6Al_2)O_{22}(OH)_2$，910.14

Sys.:Monoclinic S.G.:$C2/m$(12) Z:2

a:9.8179 b:18.106 c:5.3314 β:105 Vol.:915.43

ICSD:9222

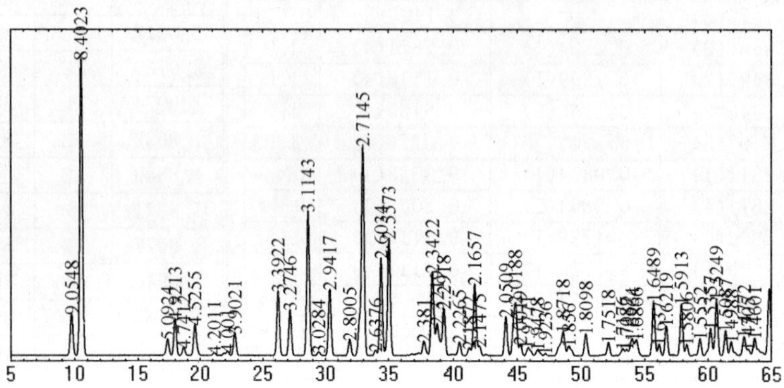

PDF:43-0665

d	I/I_0	hkl
9.0530	11	020
8.4010	100	110
5.0920	4	130
4.9220	12	$\bar{1}11$
4.7420	3	200
4.5260	9	040
3.9020	5	$\bar{1}31$
3.3930	16	131
3.2740	11	240
3.1140	34	310
2.9410	14	221
2.8000	4	330
2.7380	9	$\bar{3}31$
2.7150	46	151
2.6370	2	$\bar{1}12$
2.6040	22	061
2.5570	25	$\bar{2}02$
2.3810	3	350
2.3710	2	400
2.3420	18	$\bar{3}51$

9-225b 铁钙镁闪石(Ferrotschermakite)

$Ca_2Fe_3Al_2(Si_6Al_2)O_{22}(OH)_2$，910.14

ICSD:9222(续 1)

Atom		Wcf	x	y	z	Occ
O1	O^{2-}	8j	0.1046(4)	0.0936(2)	0.2099(7)	1.0
O2	O^{2-}	8j	0.1198(4)	0.1766(2)	0.7419(7)	1.0
O3	O^{2-}	4i	0.1136(6)	0	0.7126(10)	1.0
O4	O^{2-}	8j	0.3713(4)	0.2511(2)	0.7951(7)	1.0
O5	O^{2-}	8j	0.3516(4)	0.1401(2)	0.1093(7)	1.0
O6	O^{2-}	8j	0.3418(4)	0.1206(2)	0.6021(7)	1.0
O7	O^{2-}	4i	0.3323(6)	0	0.2861(12)	1.0
Al1	Al^{3+}	8j	0.2799(1)	0.0864(1)	0.3012(3)	0.38
Si1	Si^{4+}	8j	0.2799(1)	0.0864(1)	0.3012(3)	0.62
Al2	Al^{3+}	8j	0.2926(1)	0.1736(1)	0.8161(2)	0.12
Si2	Si^{4+}	8j	0.2926(1)	0.1736(1)	0.8161(2)	0.88
Fe1	Fe^{2+}	4h	0	0.0902(1)	0.5	0.610(5)
Mg1	Mg^{2+}	4h	0	0.0902(1)	0.5	0.390(5)
Fe2	Fe^{3+}	4g	0	0.1782(1)	0	0.15
Ti1	Ti^{4+}	4g	0	0.1782(1)	0	0.05
Al3	Al^{3+}	4g	0	0.1782(1)	0	0.65
Mg2	Mg^{2+}	4g	0	0.1782(1)	0	0.100(5)

PDF:43-0665(续 1)

d	I/I_0	hkl
2.3220	7	$\bar{4}21$
2.3170	6	112
2.3080	3	$\bar{1}71$
2.2920	10	$\bar{3}12$
2.2270	3	$\bar{2}42$
2.1880	2	171
2.1790	2	132
2.1660	14	261
2.1580	9	$\bar{3}32$
2.1470	2	$\bar{1}52$
2.0510	8	202
2.0430	5	280
2.0250	6	$\bar{4}02$
2.0170	10	351
2.0020	3	370
1.8797	2	$\bar{4}61$
1.8722	4	$\bar{1}91$
1.8682	3	242
1.8562	2	$\bar{1}72$
1.8106	3	0$\underline{10}$0

9-225c 铁钙镁闪石(Ferrotschermakite)

$Ca_2Fe_3Al_2(Si_6Al_2)O_{22}(OH)_2$，910.14

ICSD:9222(续 2)

Atom		Wcf	*x*	*y*	*z*	Occ
Fe3	Fe^{2+}	4*g*	0	0.1782(1)	0	0.050(5)
Fe4	Fe^{2+}	2*a*	0	0	0	0.780(7)
Mg3	Mg^{2+}	2*a*	0	0	0	0.220(7)
Mn1	Mn^{2+}	4*h*	0	0.2806(1)	0.5	0.01
Na1	Na^{+}	4*h*	0	0.2806(1)	0.5	0.05
Ca1	Ca^{2+}	4*h*	0	0.2806(1)	0.5	0.93
Mg4	Mg^{2+}	4*g*	0	0.2806(1)	0	0.010(6)
Na2	Na^{+}	4*g*	0	0.4784(17)	0	0.025(5)
K1	K^{+}	4*g*	0	0.4784(17)	0	0.030(5)
Na3	Na^{+}	4*i*	0.0272(34)	0.5	0.0621(63)	0.04(1)
K2	K^{+}	4*i*	0.0272(34)	0.5	0.0621(63)	0.04(1)
H1	H^{+}	4*i*	0.202(14)	0	0.784(26)	0.99

PDF:43-0665(续 2)

d	I/I_0	*hkl*
1.8106	3	530
1.8063	3	191
1.8063	3	441
1.7518	2	$\bar{5}12$
1.6997	2	$\bar{1}33$
1.6948	3	$\bar{2}82$
1.6915	2	$2\underline{10}0$
1.6865	3	023
1.6830	2	$\bar{3}91$
1.6488	9	461
1.6371	2	480
1.6217	5	$1\underline{11}0$
1.5912	8	$\bar{1}53$
1.5806	2	600
1.5550	3	402
1.5359	4	$\bar{6}02$
1.5295	3	570
1.5249	8	$\bar{2}63$
1.5249	8	192
1.5088	4	$\bar{4}82$

9-226a 蓝透闪石(Winchite)

$(Na,K)CaMg_5Si_8O_{22}(OH)_2$，795.28

Sys.:Monoclinic　S.G.:$C2/m$(12)　*Z*:2

a:9.944　*b*:17.951　*c*:5.271　*β*:104.41　Vol.:911.3

ICSD:56966

Atom		Wcf	*x*	*y*	*z*	Occ
O1	O^{2-}	8*j*	0.111(1)	0.089(2)	0.216(8)	1.0
O2	O^{2-}	8*j*	0.119(2)	0.174(1)	0.730(3)	1.0
O3	O^{2-}	4*i*	0.107(2)	0	0.709(4)	0.885
F1	F^{-}	4*i*	0.107(2)	0	0.709(4)	0.115
O4	O^{2-}	8*j*	0.366(2)	0.2513(9)	0.789(2)	1.0

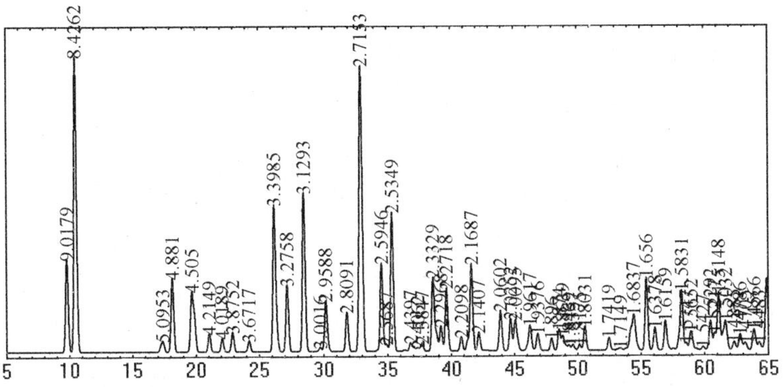

PDF:35-0460

d	I/I_0	*hkl*
8.4570	35	110
4.8090	17	200
4.4840	17	040
3.3820	19	131
3.2810	75	240
3.1570	100	310
3.0410	3	$\bar{3}11$
2.9590	25	221
2.8280	40	330
2.7430	19	$\bar{3}31$
2.7020	30	151
2.5810	12	061
2.5310	5	260
2.4560	5	022
2.3940	17	350
2.3400	35	$\bar{3}51$
2.3400	35	$\bar{4}21$
2.2860	8	$\bar{1}71$
2.1650	25	261
2.0540	3	202

9-226b 蓝透闪石(Winchite)

$(Na,K)CaMg_5Si_8O_{22}(OH)_2$, 795.28

ICSD:56966(续)

Atom		Wcf	x	y	z	Occ
O5	O^{2-}	8j	0.351(2)	0.1258(8)	0.077(4)	1.0
O6	O^{2-}	8j	0.328(2)	0.1141(8)	0.592(4)	1.0
O7	O^{2-}	4i	0.345(2)	0	0.319(6)	1.0
Si1	Si^{4+}	8j	0.275(1)	0.0858(4)	0.302(2)	0.97
Al1	Al^{3+}	8j	0.275(1)	0.0858(4)	0.302(2)	0.03
Si2	Si^{4+}	8j	0.289(1)	0.1746(4)	0.801(2)	1.0
K1	K^{+}	2b	0	0.5	0	0.13
Mg1	Mg^{2+}	4h	0	0.0887(8)	0.5	1.0
Fe2	$Fe^{2.6+}$	4g	0	0.1784(4)	0	0.9
Al3	Al^{3+}	4g	0	0.1784(4)	0	0.1
Fe3	Fe^{2+}	2a	0	0	0	0.13
Mg3	Mg^{2+}	2a	0	0	0	0.79
Mn3	Mn^{2+}	2a	0	0	0	0.07
Ca1	Ca^{2+}	4h	0	0.2761(8)	0.5	0.33
Na1	Na^{+}	4h	0	0.2761(8)	0.5	0.67

PDF:35-0460(续)

d	I/I_0	hkl
2.0270	9	351
2.0050	6	370
1.9510	6	190
1.9160	45	510
1.8830	5	$\bar{4}61$
1.8710	11	460
1.8560	3	$\bar{1}91$
1.8340	8	530
1.8180	3	441
1.7970	8	$0\underline{10}0$
1.6600	40	461
1.6420	13	480
1.6070	20	$1\underline{11}0$
1.5610	5	$\bar{5}71$
1.5430	14	422
1.5150	14	551
1.4970	14	$0\underline{12}0$
1.4800	2	442
1.4480	50	$\bar{6}61$
1.4290	2	$2\underline{12}0$

9-227a 锰闪石(Richterite)

$Na(Ca,Na)Mg_5Si_8O_{22}F_2$, 799.26

Sys.:Monoclinic S.G.:$C2/m(12)$ Z:2

a:9.823 b:17.957 c:5.268 β:104.3 Vol.:900.44

ICSD:83768

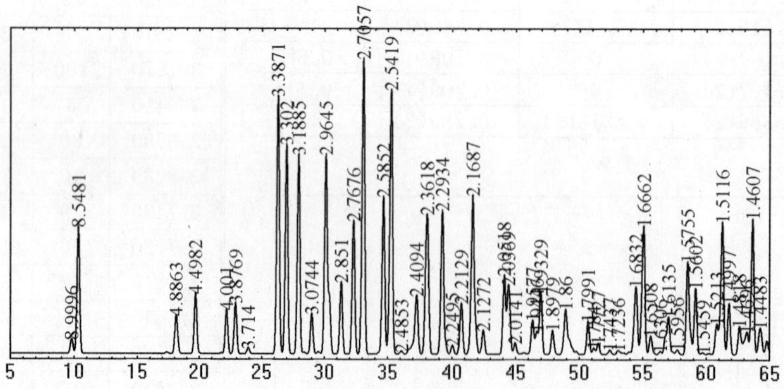

PDF:10-0428

d	I/I_0	hkl
8.9600	4	020
8.4200	99	110
5.0700	4	$\bar{1}30$
4.8600	4	$\bar{1}11$
4.7600	12	200
4.4900	12	040
4.2100	6	220
3.9910	4	111
3.8620	6	$\bar{1}31$
3.3810	12	131
3.3600	4	150
3.2660	59	$\bar{2}40$
3.1250	100	310
2.9450	12	221
2.9280	4	$\bar{1}51$
2.8020	74	330
2.7190	10	$\bar{3}31$
2.7000	20	151
2.5810	8	061
2.5230	8	$\bar{2}02$

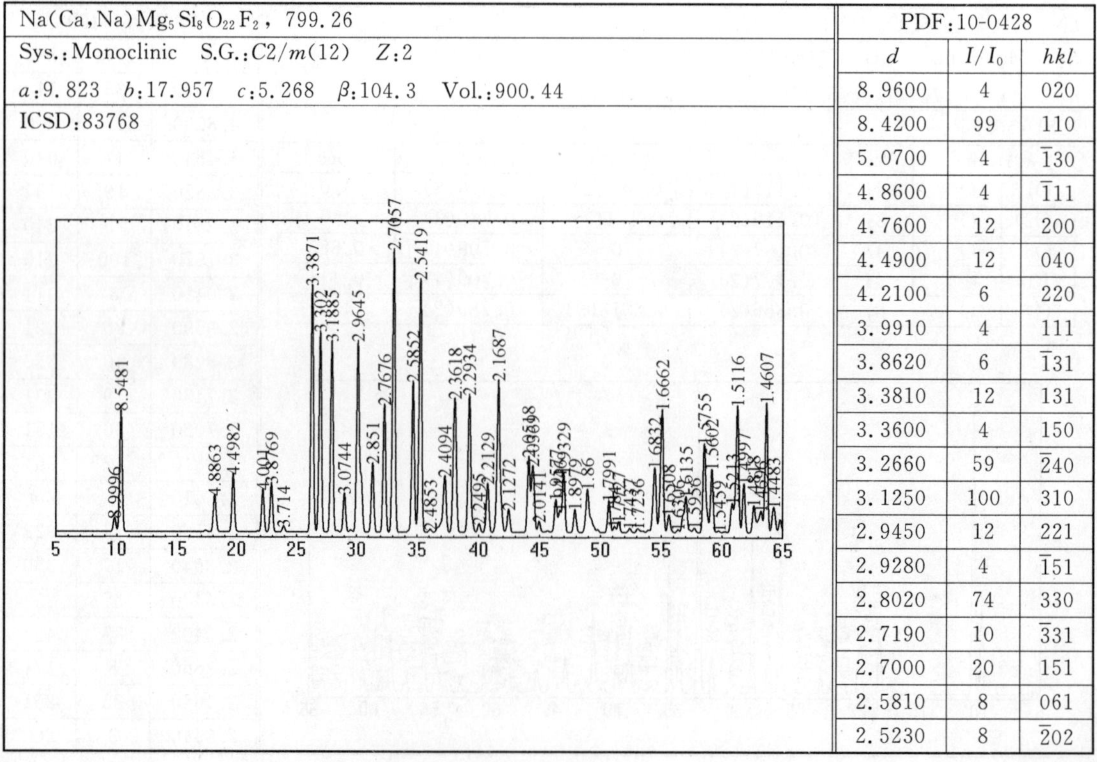

9-227b 锰闪石(Richterite)

$Na(Ca,Na)Mg_5Si_8O_{22}F_2$，799.26

ICSD:83768(续)

Atom		Wcf	x	y	z	Occ
O1	O^{2-}	8*j*	0.1070(14)	0.0881(7)	0.2143(29)	1.0
O2	O^{2-}	8*j*	0.1148(17)	0.1714(7)	0.7184(31)	1.0
O3	O^{2-}	4*i*	0.1079(19)	0	0.7231(45)	1.0
O4	O^{2-}	8*j*	0.3554(17)	0.2484(7)	0.7866(40)	1.0
O5	O^{2-}	8*j*	0.3343(18)	0.1300(7)	0.0954(36)	1.0
O6	O^{2-}	8*j*	0.3402(17)	0.1159(7)	0.6018(35)	1.0
O7	O^{2-}	4*i*	0.3267(21)	0	0.3046(50)	1.0
Si1	Si^{4+}	8*j*	0.2756(8)	0.0859(4)	0.3014(17)	1.0
Si2	Si^{4+}	8*j*	0.2844(9)	0.1710(4)	0.8016(17)	1.0
Mg1	Mg^{2+}	4*h*	0	0.0900(6)	0.5	1.0
Mg2	Mg^{2+}	4*g*	0	0.1799(7)	0	1.0
Mg3	Mg^{2+}	2*a*	0	0	0	1.0
Ca1	Ca^{2+}	4*h*	0	0.2761(5)	0.5	0.535
Na1	Na^{+}	4*h*	0	0.2761(5)	0.5	0.465
K1	K^{+}	4*i*	0.0188(26)	0.5	0.0306(71)	0.465

PDF:10-0428(续)

d	I/I_0	hkl
2.3780	12	$\bar{3}50$
2.3260	8	$\bar{3}51$
2.3140	6	$\bar{4}21$
2.2860	8	$\bar{1}71$
2.1730	4	171
2.1680	4	132
2.1590	10	261
2.0470	4	202
2.0170	6	351
1.9945	6	$\bar{3}70$
1.9526	4	$\bar{1}90$
1.8926	29	510
1.8553	4	$\bar{1}91$
1.8133	10	530
1.7952	4	0$\underline{10}$0
1.7392	4	$\bar{5}12$
1.6496	18	461
1.6327	8	$\bar{4}80$
1.6091	12	$\bar{1}\underline{11}0$

9-228a 铁钠钙闪石(Ferrorichterite)

$Na_2CaFe_5Si_8O_{22}(OH)_2$，975.98

Sys.:Monoclinic　S.G.:$C2/m$(12)　Z:2

a:9.982　b:18.223　c:5.298　β:103.73　Vol.:936.18

ICSD:86601

Atom		Wcf	x	y	z	Occ
Fe1	Fe^{2+}	4*h*	0	0.0891(1)	0.5	0.841
Mn1	Mn^{2+}	4*h*	0	0.0891(1)	0.5	0.026
Mg1	Mg^{2+}	4*h*	0	0.0891(1)	0.5	0.133
Fe2	Fe^{3+}	4*g*	0	0.1791(1)	0	0.06
Fe3	Fe^{2+}	4*g*	0	0.1791(1)	0	0.694
Mn2	Mn^{2+}	4*g*	0	0.1791(1)	0	0.069

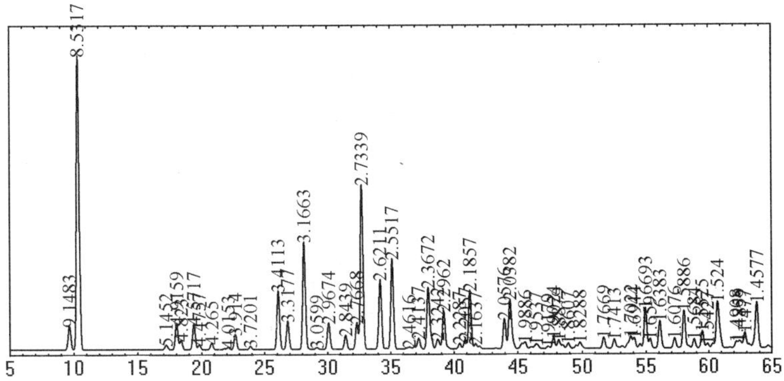

PDF:26-1373

d	I/I_0	hkl
8.5800	100	110
4.8500	10	200
4.5600	20	040
4.0500	5	111
3.9000	10	$\bar{1}31$
3.4300	35	131
3.3200	25	240
3.1800	65	310
2.9960	25	221
2.8530	15	330
2.7390	70	151
2.6150	35	061
2.5400	50	$\bar{2}02$
2.2820	15	$\bar{3}12$
2.0760	10	202
2.0520	20	351

9-228b 铁钠钙闪石(Ferrorichterite)

$Na_2CaFe_5Si_8O_{22}(OH)_2$，975.98

ICSD:86601(续)

Atom		Wcf	x	y	z	Occ
Mg2	Mg^{2+}	4g	0	0.1791(1)	0	0.176
Ti1	Ti^{4+}	4g	0	0.1791(1)	0	0.001
Fe4	Fe^{2+}	2a	0	0	0	0.772
Mg4	Mg^{2+}	2a	0	0	0	0.228
Fe5	Fe^{2+}	4h	0	0.2779(1)	0.5	0.009
Mn3	Mn^{2+}	4h	0	0.2779(1)	0.5	0.003
Ca1	Ca^{2+}	4h	0	0.2779(1)	0.5	0.985
Na1	Na^{+}	4h	0	0.2779(1)	0.5	0.003
Si1	Si^{4+}	8j	0.2787(1)	0.0836(1)	0.2926(2)	0.9935
Al2	Al^{3+}	8j	0.2787(1)	0.0836(1)	0.2926(2)	0.0045
Si2	Si^{4+}	8j	0.2886(1)	0.1699(1)	0.8004(2)	1.0
O1	O^{2-}	8j	0.1130(3)	0.0873(2)	0.2132(5)	1.0
O2	O^{2-}	8j	0.1218(3)	0.1736(2)	0.7205(5)	1.0
O3	O^{2-}	4i	0.1105(4)	0	0.7134(8)	1.0
O4	O^{2-}	8j	0.3669(3)	0.2447(2)	0.7921(5)	1.0
O5	O^{2-}	8j	0.3439(3)	0.1320(2)	0.0940(5)	1.0
O6	O^{2-}	8j	0.3424(3)	0.1187(2)	0.5833(5)	1.0
O7	O^{2-}	4i	0.3328(4)	0	0.2938(8)	1.0
Na2	Na^{+}	4i	0.044(11)	0.5	0.102(19)	0.0055
K1	K^{+}	4i	0.044(11)	0.5	0.102(19)	0.011
H1	H^{+}	4i	0.186(7)	0	0.756(14)	0.94

PDF:26-1373(续)

d	I/I_0	hkl

9-229a 红闪石(Katophorite)

$Na_2Ca(Mg,Fe)_4Al(Si_7Al)O_{22}(OH)_2$，819.84

Sys.:Monoclinic S.G.:$C2/m(12)$ Z:2

a:9.7368 b:17.8751 c:5.314 β:104.643 Vol.:894.84

ICSD:64886

Atom		Wcf	x	y	z	Occ
O1	O^{2-}	8j	0.1054	0.0923	0.2094	1.0
O2	O^{2-}	8j	0.1191	0.1743	0.7438	1.0
O3	O^{2-}	4i	0.1098	0	0.7085	0.875
F1	F^{-}	4i	0.1098	0	0.7085	0.125
O4	O^{2-}	8j	0.3694	0.252	0.7959	1.0
O5	O^{2-}	8j	0.3536	0.1386	0.1053	1.0
O6	O^{2-}	8j	0.3423	0.1188	0.604	1.0

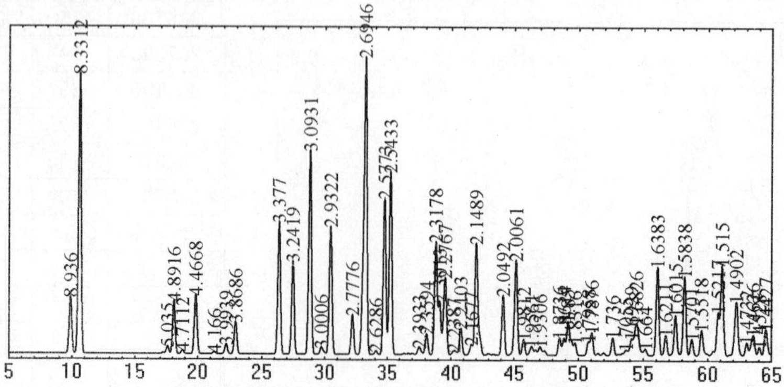

PDF:85-1481

d	I/I_0	hkl
8.9375	241	020
8.3340	999	110
5.1414	5	001
5.0357	30	130
4.8918	187	$\bar{1}11$
4.7103	4	200
4.4688	202	040
4.4688	202	021
4.1670	6	220
3.9947	33	111
3.8683	118	$\bar{1}31$
3.6626	1	$\bar{2}21$
3.3767	413	131
3.3767	413	041
3.2419	287	240
3.0928	598	310
3.0007	22	$\bar{3}11$
2.9792	9	060
2.9323	330	221
2.9247	235	$\bar{1}51$

9-229b 红闪石(Katophorite)

$Na_2Ca(Mg,Fe)_4Al(Si_7Al)O_{22}(OH)_2$, 819.84

ICSD:64886(续)

Atom		Wcf	*x*	*y*	*z*	Occ
O7	O^{2-}	4*i*	0.3372	0	0.2801	1.0
Si1	Si^{4+}	8*j*	0.2811	0.0869	0.3004	0.61
Al1	Al^{3+}	8*j*	0.2811	0.0869	0.3004	0.39
Si2	Si^{4+}	8*j*	0.2924	0.1738	0.8141	1.0
Mg1	Mg^{2+}	4*h*	0	0.0903	0.5	0.745
Fe1	Fe^{2+}	4*h*	0	0.0903	0.5	0.255
Mg2	Mg^{2+}	4*g*	0	0.1784	0	0.185
Al2	Al^{3+}	4*g*	0	0.1784	0	0.61
Fe2	$Fe^{2.65+}$	4*g*	0	0.1784	0	0.185
Ti1	Ti^{4+}	4*g*	0	0.1784	0	0.02
Mg3	Mg^{2+}	2*a*	0	0	0	0.54
Fe3	Fe^{2+}	2*a*	0	0	0	0.46
Na1	Na^{+}	4*h*	0	0.2797	0.5	0.4
Ca1	Ca^{2+}	4*h*	0	0.2797	0.5	0.56
Fe4	Fe^{2+}	4*h*	0	0.2568	0.5	0.04
Na2	Na^{+}	4*i*	0.0437	0.5	0.1004	0.16
K1	K^{+}	4*i*	0.0437	0.5	0.1004	0.01
Na3	Na^{+}	4*g*	0	0.4747	0	0.23
H1	H^{+}	4*i*	0.188	0	0.7562	0.88

PDF:85-1481(续)

d	I/I_0	*hkl*
2.7780	119	330
2.7107	218	$\bar{3}31$
2.6941	850	151
2.6276	12	$\bar{1}12$
2.5777	410	061
2.5707	283	002
2.5430	519	$\bar{2}02$
2.4705	2	022
2.4646	3	170
2.4459	4	$\bar{2}22$
2.4262	5	$\bar{1}32$
2.3995	8	311
2.3926	15	$\bar{2}61$
2.3812	7	$\bar{4}01$
2.3593	50	350
2.3551	35	400
2.3176	315	$\bar{3}51$
2.3176	315	112
2.3009	140	$\bar{4}21$
2.2821	94	$\bar{1}71$

9-230a 绿铁闪石(Taramite magnesian)

$Na_2Ca(Mg,Fe)_3Al_2(Si_6Al_2)O_{22}(OH)_2$, 821.42

Sys.:Monoclinic　S.G.:*C*2/*m*(12)　*Z*:2

a:9.7724　*b*:17.8527　*c*:5.3102　*β*:104.833　Vol.:895.56

ICSD:64884

Atom		Wcf	*x*	*y*	*z*	Occ
O1	O^{2-}	8*j*	0.1048	0.0918	0.2115	1.0
O2	O^{2-}	8*j*	0.1192	0.1737	0.7431	1.0
O3	O^{2-}	4*i*	0.1095	0	0.7093	1.0
O4	O^{2-}	8*j*	0.3685	0.2525	0.7957	1.0

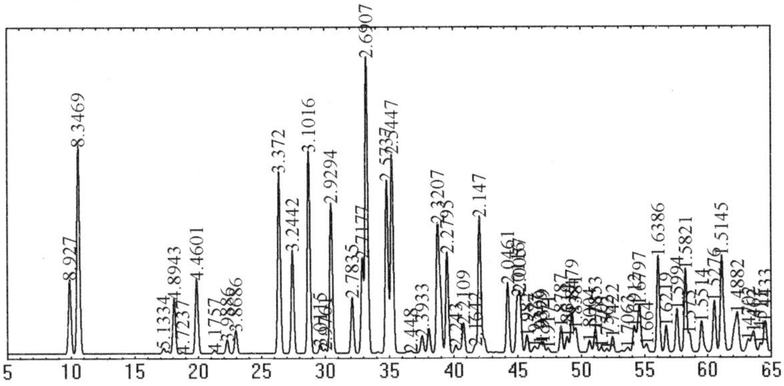

PDF:85-1479

d	I/I_0	*hkl*
8.9263	387	020
8.3498	856	110
5.1332	26	001
5.0351	12	130
4.8950	229	$\bar{1}11$
4.7234	3	200
4.4632	288	040
4.4632	288	021
4.1749	10	220
4.0273	4	$\bar{2}01$
3.9888	53	111
3.8681	101	$\bar{1}31$
3.6710	1	$\bar{2}21$
3.3719	658	131
3.3719	658	041
3.2440	367	240
3.1010	694	201
3.1010	694	310
3.0115	29	$\bar{3}11$
2.9900	5	$\bar{2}41$

9-230b 绿铁闪石(Taramite magnesian)

$Na_2Ca(Mg,Fe)_3Al_2(Si_6Al_2)O_{22}(OH)_2$，821.42

ICSD:64884(续)

Atom		Wcf	*x*	*y*	*z*	Occ
O5	O^{2-}	8*j*	0.3537	0.1398	0.1086	1.0
O6	O^{2-}	8*j*	0.3424	0.1176	0.6095	1.0
O7	O^{2-}	4*i*	0.3382	0	0.2763	1.0
Si1	Si^{4+}	8*j*	0.281	0.087	0.3022	0.56
Al1	Al^{3+}	8*j*	0.281	0.087	0.3022	0.44
Si2	Si^{4+}	8*j*	0.292	0.1741	0.8157	1.0
Mg1	Mg^{2+}	4*h*	0	0.0899	0.5	0.905
Fe1	Fe^{2+}	4*h*	0	0.0899	0.5	0.095
Mg2	Mg^{2+}	4*g*	0	0.1781	0	0.17
Al2	Al^{3+}	4*g*	0	0.1781	0	0.56
Fe2	Fe^{3+}	4*g*	0	0.1781	0	0.25
Ti1	Ti^{4+}	4*g*	0	0.1781	0	0.02
Mg3	Mg^{2+}	2*a*	0	0	0	0.78
Fe3	Fe^{2+}	2*a*	0	0	0	0.22
Na1	Na^{+}	4*h*	0	0.2804	0.5	0.47
Ca1	Ca^{2+}	4*h*	0	0.2804	0.5	0.53
Na2	Na^{+}	4*i*	0.0304	0.5	0.0806	0.1
Na3	Na^{+}	4*g*	0	0.4735	0	0.4
H1	H^{+}	4*i*	0.1981	0	0.7682	1.0

PDF:85-1479(续)

d	I/I_0	*hkl*
2.9755	17	060
2.9306	444	221
2.9231	331	$\bar{1}51$
2.7833	195	330
2.7180	335	$\bar{3}31$
2.6904	999	151
2.6259	8	$\bar{1}12$
2.5743	521	061
2.5666	367	002
2.5450	672	241
2.5450	672	$\bar{2}02$
2.4667	4	022
2.4622	4	170
2.4475	9	$\bar{2}22$
2.4244	3	$\bar{1}32$
2.3931	38	$\bar{2}61$
2.3931	38	$\bar{4}01$
2.3617	74	350
2.3617	74	400
2.3214	406	$\bar{3}51$

9-231a 蓝闪石(Glaucophane)

$Na_2Mg_3Al_2Si_8O_{22}(OH)_2$，783.54

Sys.:Monoclinic S.G.:$C2/m(12)$ *Z*:2

a:9.595 *b*:17.798 *c*:5.307 *β*:103.66 Vol.:880.65

ICSD:41297

Atom		Wcf	*x*	*y*	*z*	Occ
Fe1	Fe^{2+}	4*h*	0	0.0907(1)	0.5	0.25
Mg1	Mg^{2+}	4*h*	0	0.0907(1)	0.5	0.75
Fe2	$Fe^{2.82+}$	4*g*	0	0.1812(1)	0	0.28
Al2	Al^{3+}	4*g*	0	0.1812(1)	0	0.72
Fe3	Fe^{2+}	2*a*	0	0	0	0.46

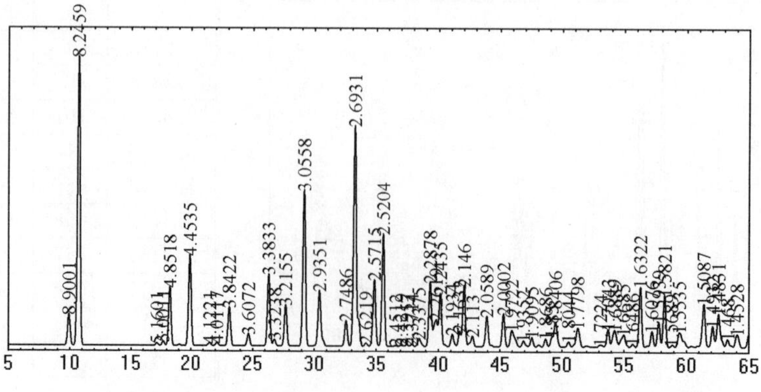

PDF:20-0453

d	I/I_0	*hkl*
8.9000	10	020
8.2600	100	110
4.8500	16	$\bar{1}11$
4.4500	25	040
3.8400	16	$\bar{1}31$
3.3800	25	131
3.2200	20	240
3.0600	65	310
2.9370	25	221
2.7530	16	330
2.6930	60	151
2.6720	16	$\bar{3}31$
2.5710	16	061
2.5230	25	$\bar{2}02$
2.2910	20	$\bar{3}51$
2.2650	14	$\bar{4}21$
2.2460	16	$\bar{3}12$
2.1950	8	$\bar{2}42$
2.1470	20	261
2.0600	14	202

9-231b 蓝闪石(Glaucophane)

$Na_2Mg_3Al_2Si_8O_{22}(OH)_2$，783.54

ICSD:41297(续)

Atom		Wcf	x	y	z	Occ
Mg2	Mg^{2+}	2a	0	0	0	0.54
Na1	Na^{+}	4h	0	0.2768(1)	0.5	0.98
Ca1	Ca^{2+}	4h	0	0.2768(1)	0.5	0.02
Si1	Si^{4+}	8j	0.2833(1)	0.0870(1)	0.2930(1)	1.0
Si2	Si^{4+}	8j	0.2921(1)	0.1726(1)	0.8074(1)	1.0
O1	O^{2-}	8j	0.1095(1)	0.0926(1)	0.2051(2)	1.0
O2	O^{2-}	8j	0.1176(1)	0.1718(1)	0.7455(2)	1.0
O3	O^{2-}	4i	0.1115(2)	0	0.7074(4)	1.0
O4	O^{2-}	8j	0.3680(1)	0.2522(1)	0.8043(2)	1.0
O5	O^{2-}	8j	0.3544(1)	0.1315(1)	0.0886(2)	1.0
O6	O^{2-}	8j	0.3407(1)	0.1222(1)	0.5802(2)	1.0
O7	O^{2-}	4i	0.3318(2)	0	0.2999(4)	1.0
H1	H^{+}	4i	0.1962	0	0.7486	1.0

PDF:20-0453(续)

d	I/I_0	hkl
2.0020	14	351
1.8410	10	$\bar{1}91$
1.7790	10	530
1.7080	6	$\bar{5}12$
1.6880	10	023
1.6340	16	461
1.6090	10	480
1.5940	8	$1\underline{11}0$
1.5820	10	$\bar{1}53$
1.5550	10	402
1.5090	10	$\bar{2}63$
1.4960	6	$\bar{6}02$
1.4830	10	$0\underline{12}0$
1.4350	6	$3\underline{11}0$
1.4050	12	$\bar{6}61$
1.3620	8	512
1.3390	10	$2\underline{12}1$
1.3320	8	$1\underline{11}2$
1.3160	6	$\bar{1}14$

9-232a 铁蓝闪石(Ferroglaucophane)

$Na_2(Al,Fe,Mg)_5Si_8O_{22}(OH)_2$，791.57

Sys.:Monoclinic　S.G.:$C2/m$(12)　Z:2

a:9.543　b:17.726　c:5.302　β:103.72　Vol.:871.29

ICSD:27814

Atom		Wcf	x	y	z	Occ
O1	O^{2-}	8j	0.1089(3)	0.0947(1)	0.2016(5)	1.0
O2	O^{2-}	8j	0.1178(3)	0.1730(1)	0.7478(4)	1.0
O3	O^{2-}	4i	0.1129(4)	0	0.7077(7)	1.0
O4	O^{2-}	8j	0.3695(3)	0.2520(1)	0.8064(5)	1.0
O5	O^{2-}	8j	0.3550(3)	0.1307(1)	0.0884(5)	1.0

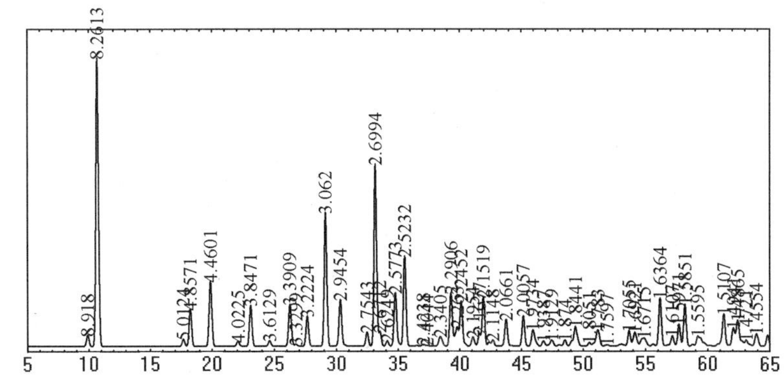

PDF:31-1307

d	I/I_0	hkl
8.8300	6	020
8.2700	90	110
4.8400	8	$\bar{1}11$
4.6200	10	200
4.4500	25	021
4.0100	4	111
3.8400	4	$\bar{1}31$
3.3800	8	131
3.3200	12	150
3.0500	100	310
2.9290	18	221
2.7390	16	330
2.6870	30	151
2.5660	6	061
2.5220	12	$\bar{2}02$
2.2800	8	$\bar{3}51$
2.2450	6	420
2.1860	4	$\bar{2}42$
2.1400	8	261
2.0550	6	202

9-232b 铁蓝闪石(Ferroglaucophane)

$Na_2(Al,Fe,Mg)_5Si_8O_{22}(OH)_2$, 791.57

ICSD:27814(续)

Atom		Wcf	*x*	*y*	*z*	Occ
O6	O^{2-}	8*j*	0.3398(3)	0.1224(1)	0.5793(5)	1.0
O7	O^{2-}	4*i*	0.3288(4)	0	0.3022(7)	1.0
Si1	Si^{4+}	8*j*	0.2824(1)	0.08732(5)	0.2922(2)	0.99
Al1	Al^{3+}	8*j*	0.2824(1)	0.08732(5)	0.2922(2)	0.01
Si2	Si^{4+}	8*j*	0.2926(1)	0.17268(5)	0.8079(2)	0.99
Al2	Al^{3+}	8*j*	0.2926(1)	0.17268(5)	0.8079(2)	0.01
Fe1	Fe^{2+}	4*h*	0	0.09176(7)	0.5	0.585
Mg1	Mg^{2+}	4*h*	0	0.09176(7)	0.5	0.348
Al3	Al^{3+}	4*h*	0	0.09176(7)	0.5	0.067
Fe2	Fe^{3+}	4*g*	0	0.18168(7)	0	0.156
Al4	Al^{3+}	4*g*	0	0.18168(7)	0	0.844
Fe3	Fe^{2+}	2*a*	0	0	0	0.795
Mg2	Mg^{2+}	2*a*	0	0	0	0.205
Na1	Na^{+}	4*h*	0	0.2772(1)	0.5	0.86
Ca1	Ca^{2+}	4*h*	0	0.2772(1)	0.5	0.075
Mg3	Mg^{2+}	4*h*	0	0.2772(1)	0.5	0.065
O1	O^{2-}	8*j*	0.1089(3)	0.0947(1)	0.2016(5)	1.0
O2	O^{2-}	8*j*	0.1178(3)	0.1730(1)	0.7478(4)	1.0
O3	O^{2-}	4*i*	0.1129(4)	0	0.7077(7)	1.0
O4	O^{2-}	8*j*	0.3695(3)	0.2520(1)	0.8064(5)	1.0

PDF:31-1307(续)

d	I/I_0	*hkl*
1.9950	6	351
1.9610	4	370
1.9020	4	421
1.8350	8	$\bar{1}91$
1.7720	6	312
1.7030	2	$\bar{5}12$
1.6870	2	262
1.6650	2	$\bar{2}82$
1.6260	10	461
1.6010	2	043
1.5800	4	$\bar{1}53$
1.5450	2	$\bar{4}23$

9-233a 钠闪石(Riebeckite)

$(Na,Ca)_2(Fe,Mn)_3Fe_2(Si,Al)_8O_{22}(OH,F)_2$, 935.9

Sys.:Monoclinic S.G.:$C2/m$(12) Z:2

a:9.769 b:18.048 c:5.335 β:103.59 Vol.:914.28

ICSD:200423

Atom		Wcf	*x*	*y*	*z*	Occ
O1	O^{2-}	8*j*	0.1098(3)	0.0913(2)	0.2047(6)	1.0
O2	O^{2-}	8*j*	0.1195(3)	0.1723(2)	0.7378(6)	1.0
O3	O^{2-}	4*i*	0.1118(4)	0	0.7095(8)	0.5
F1	F^{-}	4*i*	0.1118(4)	0	0.7095(8)	0.5

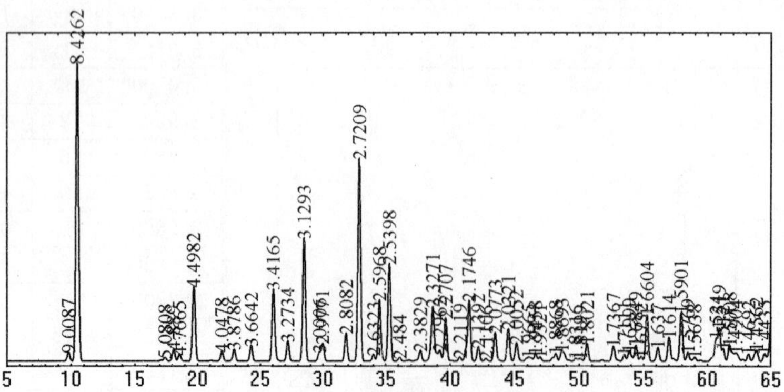

PDF:19-1061

d	I/I_0	*hkl*
9.0200	4	020
8.4000	100	110
4.8900	10	$\bar{1}11$
4.5100	16	040
3.8800	10	$\bar{1}31$
3.6600	10	$\bar{2}21$
3.4200	12	131
3.2700	14	240
3.1200	55	310
2.9760	10	221
2.8010	18	330
2.7260	40	151
2.6020	14	061
2.5410	12	260
2.3240	12	$\bar{3}51$
2.3010	4	$\bar{4}21$
2.2680	10	$\bar{3}12$
2.1910	4	171
2.1760	16	261
2.0790	6	202

9-233b　钠闪石(Riebeckite)

$(Na,Ca)_2(Fe,Mn)_3Fe_2(Si,Al)_8O_{22}(OH,F)_2$, 935.9

ICSD:200423(续)

Atom		Wcf	x	y	z	Occ
O4	O^{2-}	8*j*	0.3656(3)	0.2491(2)	0.8013(6)	1.0
O5	O^{2-}	8*j*	0.3491(3)	0.1282(2)	0.0814(5)	1.0
O6	O^{2-}	8*j*	0.3399(3)	0.1206(2)	0.5778(5)	1.0
O7	O^{2-}	4*i*	0.3325(5)	0	0.3004(8)	1.0
Al1	Al^{3+}	8*j*	0.2796(1)	0.08585(6)	0.2905(2)	0.05
Si1	Si^{4+}	8*j*	0.2796(1)	0.08585(6)	0.2905(2)	0.95
Al2	Al^{3+}	8*j*	0.2901(1)	0.17057(6)	0.8015(2)	0.01
Si2	Si^{4+}	8*j*	0.2901(1)	0.17057(6)	0.8015(2)	0.99
Al3	Al^{3+}	4*g*	0	0.18262(5)	0	0.057
Fe1	Fe^{3+}	4*g*	0	0.18262(5)	0	0.943
Fe2	Fe^{3+}	4*h*	0	0.09069(5)	0.5	0.066
Fe3	Fe^{2+}	4*h*	0	0.09069(5)	0.5	0.934
Fe4	Fe^{2+}	2*a*	0	0	0	0.482
Mn1	Mn^{2+}	2*a*	0	0	0	0.182
Li1	Li^{+}	2*a*	0	0	0	0.336
Ca1	Ca^{2+}	4*h*	0	0.2782(1)	0.5	0.007
Na1	Na^{+}	4*h*	0	0.2782(1)	0.5	0.993
Na2	Na^{+}	4*i*	0.0387(11)	0.5	0.083(2)	0.019
K1	K^{+}	4*i*	0.0387(11)	0.5	0.083(2)	0.145

PDF:19-1061(续)

d	I/I_0	*hkl*
2.0310	8	351
2.0000	4	$\bar{4}02$
1.8880	4	242
1.8660	6	$\bar{4}61$
1.8050	6	$0\underline{10}0$
1.6590	10	461
1.6350	6	480
1.6170	8	$1\underline{11}0$
1.5930	10	$\bar{1}53$
1.5830	8	600
1.5760	6	402
1.5200	4	$\bar{2}63$
1.5090	4	551
1.5040	4	$0\underline{12}0$
1.4290	6	$\bar{6}61$
1.3520	4	263
1.3330	6	$\bar{3}\underline{11}2$
1.3010	6	$0\underline{12}2$

9-234a　氟镁钠闪石(Eckermannite)

$(Na,Ca)_3(Mg,Al)_5Si_8O_{22}(OH)_2$, 801.18

Sys.: Monoclinic　S.G.: $C2/m$(12)　Z: 2

a: 9.803　b: 17.947　c: 5.254　β: 103.72　Vol.: 897.98

ICSD: 76901

Atom		Wcf	x	y	z	Occ
O1	O^{2-}	8*j*	0.1116	0.08702	0.21557	1.0
O2	O^{2-}	8*j*	0.11867	0.16893	0.7283	1.0
F1	F^{-}	4*i*	0.10611	0	0.71014	0.33
O3	O^{2-}	4*i*	0.10611	0	0.71014	0.67
O4	O^{2-}	8*j*	0.3612	0.24896	0.7982	1.0
O5	O^{2-}	8*j*	0.34689	0.12824	0.08423	1.0

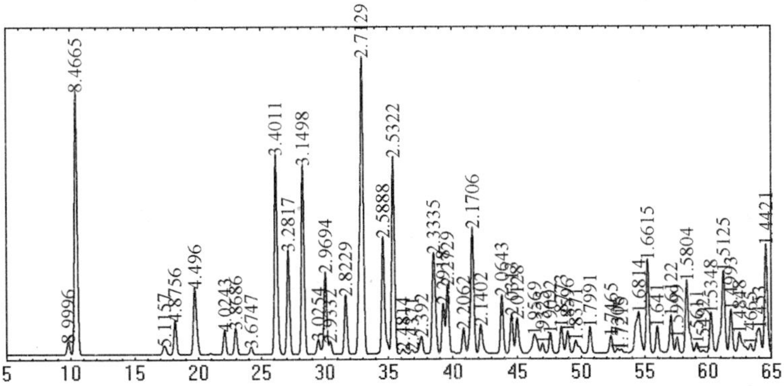

PDF:31-1281

d	I/I_0	*hkl*
8.4600	40	110
5.0800	14	130
4.8500	10	$\bar{1}11$
4.7800	18	200
4.4900	35	040
3.8600	25	$\bar{1}31$
3.4000	12	131
3.2700	40	240
3.1300	100	201
2.9560	35	221
2.7600	18	—
2.7070	85	$\bar{3}31$
2.5830	25	061
2.5140	30	$\bar{2}02$
2.3850	10	$\bar{4}01$
2.1680	35	132
2.0650	10	202
2.0320	10	280

9-234b 氟镁钠闪石(Eckermannite)

$(Na,Ca)_3(Mg,Al)_5Si_8O_{22}(OH)_2$, 801.18

ICSD:76901(续)

Atom		Wcf	*x*	*y*	*z*	Occ
O6	O^{2-}	8*j*	0.34172	0.11832	0.58401	1.0
O7	O^{2-}	4*i*	0.33644	0	0.2964	1.0
Si1	Si^{4+}	8*j*	0.27868	0.0853	0.29392	0.99
Al1	Al^{3+}	8*j*	0.27868	0.0853	0.29392	0.01
Si2	Si^{4+}	8*j*	0.28658	0.17109	0.80029	1.0
Mg1	Mg^{2+}	4*h*	0	0.08821	0.5	0.74
Fe1	Fe^{2+}	4*h*	0	0.08821	0.5	0.22
Ti1	Ti^{4+}	4*h*	0	0.08821	0.5	0.04
Mg2	Mg^{2+}	4*g*	0	0.1818	0	0.44
Fe2	$Fe^{2.49+}$	4*g*	0	0.1818	0	0.495
Ti2	Ti^{4+}	4*g*	0	0.1818	0	0.065
Mg3	Mg^{2+}	2*a*	0	0	0	0.74
Fe3	Fe^{2+}	2*a*	0	0	0	0.23
Li1	Li^{+}	2*a*	0	0	0	0.03
Ca1	Ca^{2+}	4*h*	0	0.27595	0.5	0.2
Na1	Na^{+}	4*h*	0	0.27595	0.5	0.8
Na2	Na^{+}	2*b*	0	0.5	0	0.32
Na3	Na^{+}	4*g*	0	0.47677	0	0.15
K1	K^{+}	4*i*	0.04149	0.5	0.09186	0.165
H1	H^{+}	4*i*	0.17753	0	0.7573	0.59

PDF:31-1281(续)

d	*I*/I_0	*hkl*

9-235a 钠铁闪石(Arfvedsonite)

$(Na,K)_{2.6}Fe_4Fe(Si,Al)_8O_{22}(OH)_2$, 949.69

Sys.:Monoclinic S.G.:*C*2/*m*(12) *Z*:2

a:9.94 *b*:18.17 *c*:5.34 *β*:104.4 Vol.:934.16

ICSD:30122

Atom		Wcf	*x*	*y*	*z*	Occ
K1	K^{+}	4*i*	0.0172(5)	0.5	0.0402(9)	0.353
Na1	Na^{+}	4*i*	0.0172(5)	0.5	0.0402(9)	0.147
Na2	Na^{+}	4*h*	0	0.2779(2)	0.5	0.921
Ca1	Ca^{2+}	4*h*	0	0.2779(2)	0.5	0.079

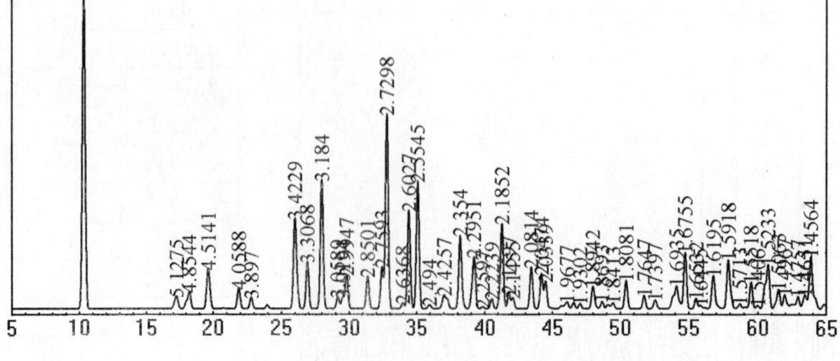

PDF:14-0633

d	*I*/I_0	*hkl*
9.0500	2	020
8.5100	70	110
4.8200	8	200
4.5300	14	040
4.2600	2	220
3.8830	18	$\bar{1}31$
3.4230	45	131
3.2960	20	240
3.1610	100	310
3.0280	4	060
2.9910	16	221
2.8340	12	330
2.7320	80	151
2.6040	35	061
2.5500	25	$\bar{2}02$
2.4060	10	350
2.3450	25	$\bar{4}21$
2.3390	2	112
2.2830	20	331
2.1850	35	261

9-235b 钠铁闪石(Arfvedsonite)

$(Na,K)_{2.6}Fe_4Fe(Si,Al)_8O_{22}(OH)_2$, 949.69

ICSD:30122(续)

Atom		Wcf	x	y	z	Occ
Mg1	Mg^{2+}	2a	0	0	0	0.11
Mn1	Mn^{2+}	2a	0	0	0	0.13
Fe1	Fe^{2+}	2a	0	0	0	0.76
Ti1	Ti^{4+}	4g	0	0.18443(5)	0	0.047
Al1	Al^{3+}	4g	0	0.18443(5)	0	0.073
Fe2	Fe^{2+}	4g	0	0.18443(5)	0	0.42
Fe3	Fe^{3+}	4g	0	0.18443(5)	0	0.46
Fe4	Fe^{2+}	4h	0	0.09205(5)	0.5	1.0
Si1	Si^{4+}	8j	0.2864(1)	0.17104(7)	0.8018(2)	1.0
Al2	Al^{3+}	8j	0.2738(1)	0.08618(7)	0.2917(3)	0.04
Si2	Si^{4+}	8j	0.2738(1)	0.08618(3)	0.2917(3)	0.96
O1	O^{2-}	8j	0.1096(3)	0.0941(2)	0.2082(7)	1.0
O2	O^{2-}	8j	0.1201(4)	0.1731(2)	0.7332(7)	1.0
O3	O^{2-}	4i	0.1074(5)	0	0.7067(9)	0.65
F1	F^{-}	4i	0.1074(5)	0	0.7067(9)	0.35
O4	O^{2-}	8j	0.3643(4)	0.2473(2)	0.7984(7)	1.0
O5	O^{2-}	8j	0.3440(4)	0.1273(2)	0.0827(7)	1.0
O6	O^{2-}	8j	0.3363(4)	0.1172(2)	0.5841(7)	1.0
O7	O^{2-}	4i	0.3262(6)	0	0.2988(10)	1.0

PDF:14-0633(续)

d	I/I_0	hkl
2.0820	16	081
2.0430	20	351

9-236a 纤硅铜矿(Plancheite)

$Cu_8(Si_4O_{11})_2(OH)_4 \cdot H_2O$, 1171.08

Sys.:Orthorhombic S.G.:*Pcnb*:(60) *Z*:4

a:19.043 *b*:20.129 *c*:5.269 Vol.:12019.69

ICSD:100073

Atom		Wcf	x	y	z	Occ
Cu1	Cu^{2+}	8d	0.4592(5)	0.0100(5)	0.269(4)	1.0
Cu2	Cu^{2+}	8d	0.3746(5)	0.0329(4)	0.791(4)	1.0
Cu3	Cu^{2+}	8d	0.2925(5)	0.0563(4)	0.317(3)	1.0
Cu4	Cu^{2+}	8d	0.2518(7)	0.3085(4)	0.713(4)	1.0
Si1	Si^{4+}	8d	0.6408(9)	0.1071(8)	0.941(8)	1.0

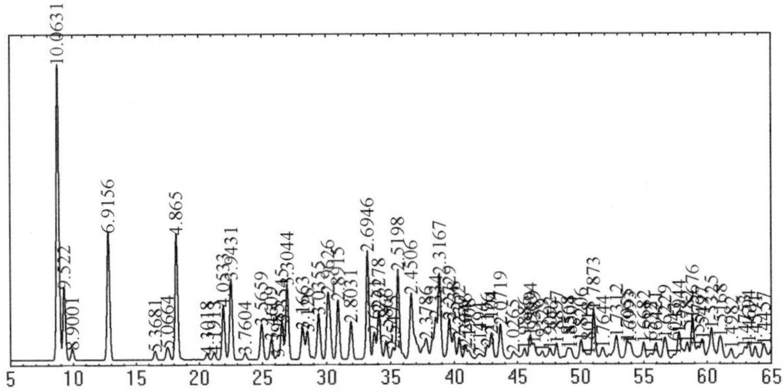

PDF:29-0576

d	I/I_0	hkl
10.1000	100	020
9.5570	40	200
8.9310	15	120
6.9360	70	220
5.3830	5	320
5.0870	10	101
4.8690	50	140
4.7660	4	400
4.3040	3	420
4.1960	5	221
4.0570	85	301
3.9480	40	340
3.7580	6	321
3.5650	30	520
3.4590	15	440
3.3550	25	060
3.3060	40	160
3.1740	15	600
3.0880	10	501
3.0380	30	540

9-236b 纤硅铜矿(Plancheite)

$Cu_8(Si_4O_{11})_2(OH)_4 \cdot H_2O$, 1171.08

ICSD:100073(续)

Atom		Wcf	x	y	z	Occ
Si2	Si^{4+}	8d	0.5635(9)	0.1239(8)	0.422(8)	1.0
Si3	Si^{4+}	8d	0.4073(8)	0.1637(8)	0.505(8)	1.0
Si4	Si^{4+}	8d	0.3323(9)	0.1873(8)	0.997(7)	1.0
O1	O^{2-}	8d	0.629(2)	0.028(2)	0.942(16)	1.0
O2	O^{2-}	8d	0.545(2)	0.047(2)	0.496(17)	1.0
O3	O^{2-}	8d	0.382(2)	0.087(2)	0.504(17)	1.0
O4	O^{2-}	8d	0.302(2)	0.112(2)	0.955(13)	1.0
O5	O^{2-}	8d	0.724(2)	0.126(2)	0.940(15)	1.0
O6	O^{2-}	8d	0.599(2)	0.144(2)	0.173(13)	1.0
O7	O^{2-}	8d	0.620(2)	0.140(2)	0.665(13)	1.0
O8	O^{2-}	8d	0.493(2)	0.165(2)	0.485(14)	1.0
O9	O^{2-}	8d	0.386(2)	0.195(2)	0.769(14)	1.0
O10	O^{2-}	8d	0.373(2)	0.204(2)	0.268(15)	1.0
O11	O^{2-}	8d	0.272(2)	0.246(2)	0.985(14)	1.0
O12	O^{2-}	8d	0.462(2)	0.062(2)	0.981(19)	1.0
O13	O^{2-}	8d	0.287(2)	0.005(2)	0.581(14)	1.0
O14	O^{2-}	4c	0.5	0.25	0.95(6)	0.43

PDF:29-0576(续)

d	I/I_0	hkl
3.0290	2	620
2.9672	30	360
2.9500	18	521
2.8910	20	441
2.8048	7	531
2.7135	3	261
2.6963	30	611
2.6539	2	451
2.6337	6	002
2.6242	25	621
2.5870	4	112
2.5497	15	022
2.5187	15	212
2.4936	3	180
2.4514	10	032
2.4322	13	132
2.4168	18	701
2.3935	3	740
2.3802	13	800
2.3492	13	721

9-237a 双晶石(Eudidymite)

$NaBeSi_3O_7(OH)$, 245.26

Sys.: Monoclinic S.G.: $A2/a$(15) Z: 8

a: 12.62 b: 7.37 c: 13.99 β: 103.7 Vol.: 1264.18

ICSD: 27598

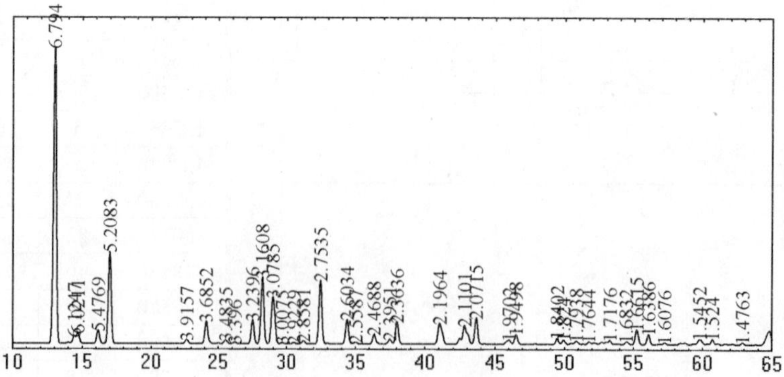

PDF:14-0201

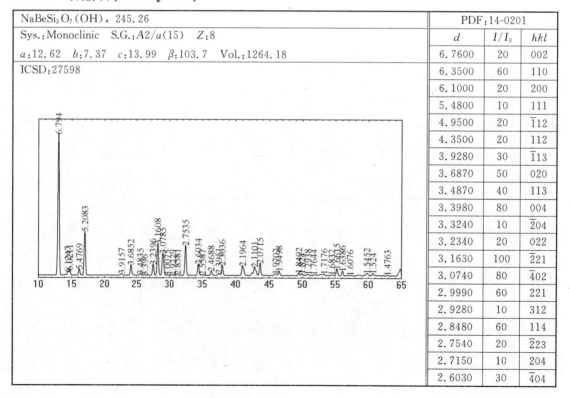

d	I/I_0	hkl
6.7600	20	002
6.3500	60	110
6.1000	20	200
5.4800	10	111
4.9500	20	$\bar{1}12$
4.3500	20	112
3.9280	30	$\bar{1}13$
3.6870	50	020
3.4870	40	113
3.3980	80	004
3.3240	10	$\bar{2}04$
3.2340	20	022
3.1630	100	$\bar{2}21$
3.0740	80	$\bar{4}02$
2.9990	60	221
2.9280	10	312
2.8480	60	114
2.7540	20	$\bar{2}23$
2.7150	10	204
2.6030	30	$\bar{4}04$

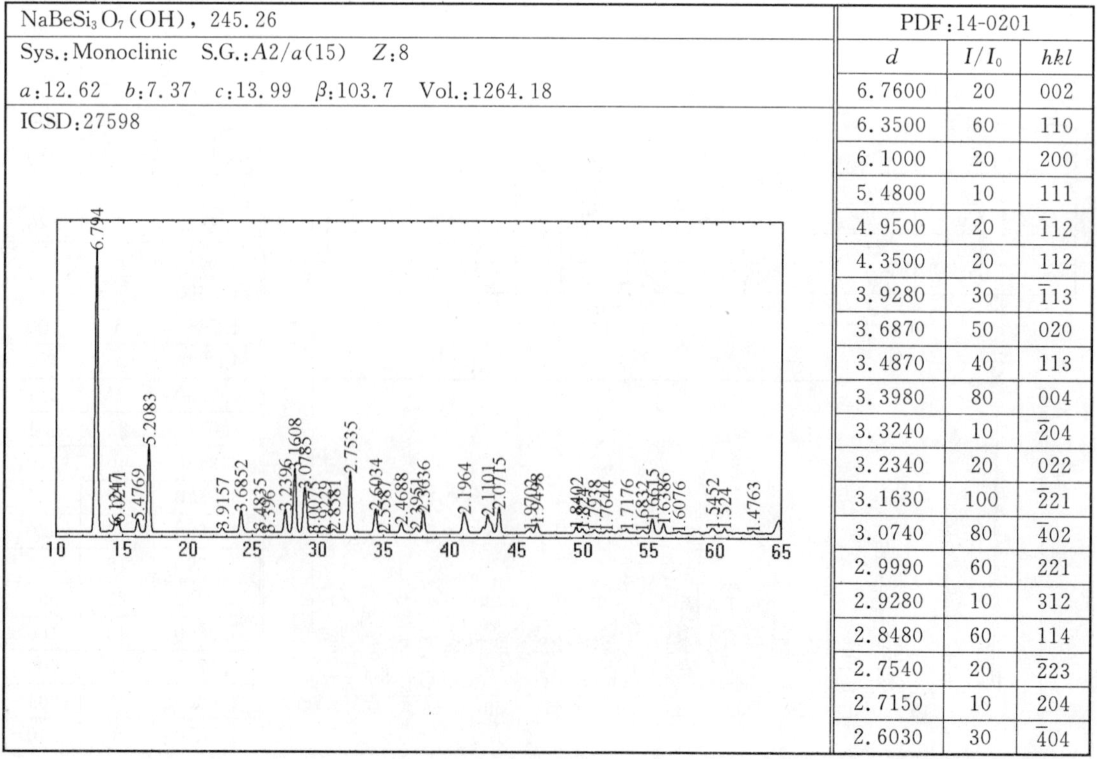

9-237b 双晶石(Eudidymite)

$NaBeSi_3O_7(OH)$，245.26

ICSD:27598(续)

Atom		Wcf	*x*	*y*	*z*	Occ
O1	O^{2-}	8*f*	0.052	0.03	0.396	1.0
O2	O^{2-}	8*f*	0.552	0.03	0.396	1.0
O3	O^{2-}	4*e*	0	0.275	0.25	1.0
O4	O^{2-}	4*e*	0.5	0.275	0.25	1.0
O5	O^{2-}	8*f*	0.161	0.03	0.19	1.0
O6	O^{2-}	8*f*	0.661	0.03	0.19	1.0
O7	O^{2-}	8*f*	0.208	0.315	0.372	1.0
O8	O^{2-}	8*f*	0.708	0.315	0.372	1.0
Si1	Si^{4+}	8*f*	0.063	0.415	0.312	1.0
Si2	Si^{4+}	8*f*	0.563	0.415	0.312	1.0
Si3	Si^{4+}	8*f*	0.241	0.122	0.243	1.0
Na1	Na^+	4*e*	0	0.03	0.25	1.0
Na2	Na^+	4*e*	0.5	0.03	0.25	1.0
Be1	Be^{2+}	8*f*	0.427	0.13	0.32	1.0
O9	O^{2-}	8*f*	0.303	0.19	0.494	1.0

PDF:14-0201(续)

d	I/I_0	*hkl*
2.5600	20	313
2.5010	30	024
2.4560	20	223
2.4160	20	$\bar{3}15$
2.3960	20	$\bar{4}21$
2.3650	10	$\bar{4}22$
2.2630	20	006
2.2210	10	$\bar{1}16$
2.1830	20	224
2.1250	20	$\bar{4}24$
2.0560	20	116
2.0140	50	$\bar{1}34$

9-238a 板晶石(Epididymite)

$NaBeSi_3O_7OH$，245.26

Sys.:Orthorhombic　S.G.:*Pnma*(62)　*Z*:8

a:12.66　*b*:7.33　*c*:13.61　Vol.:1262.98

ICSD:20592

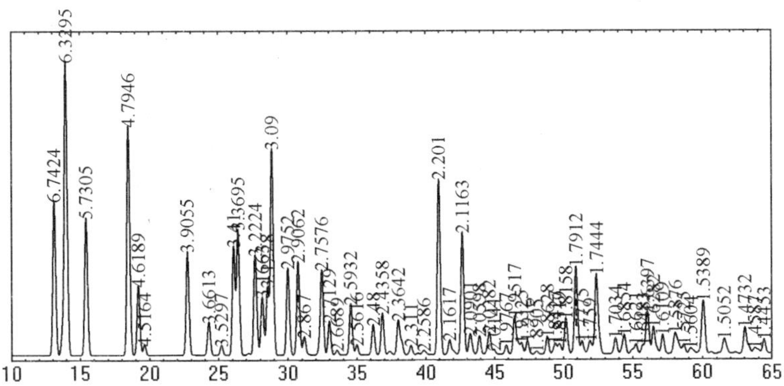

PDF:14-0064

d	I/I_0	*hkl*
6.8000	20	002
6.3000	70	200
5.7800	50	111
4.6400	50	112
3.6500	70	310
3.4000	100	004
3.2200	20	312
3.1700	40	220
3.0900	100	221
2.9900	100	204
2.8800	20	222
2.6000	40	223
2.4900	70	314
2.4000	40	130
2.2600	40	422
2.1300	70	206
2.0700	20	225
2.0230	20	332
1.9650	20	134
1.8360	40	040

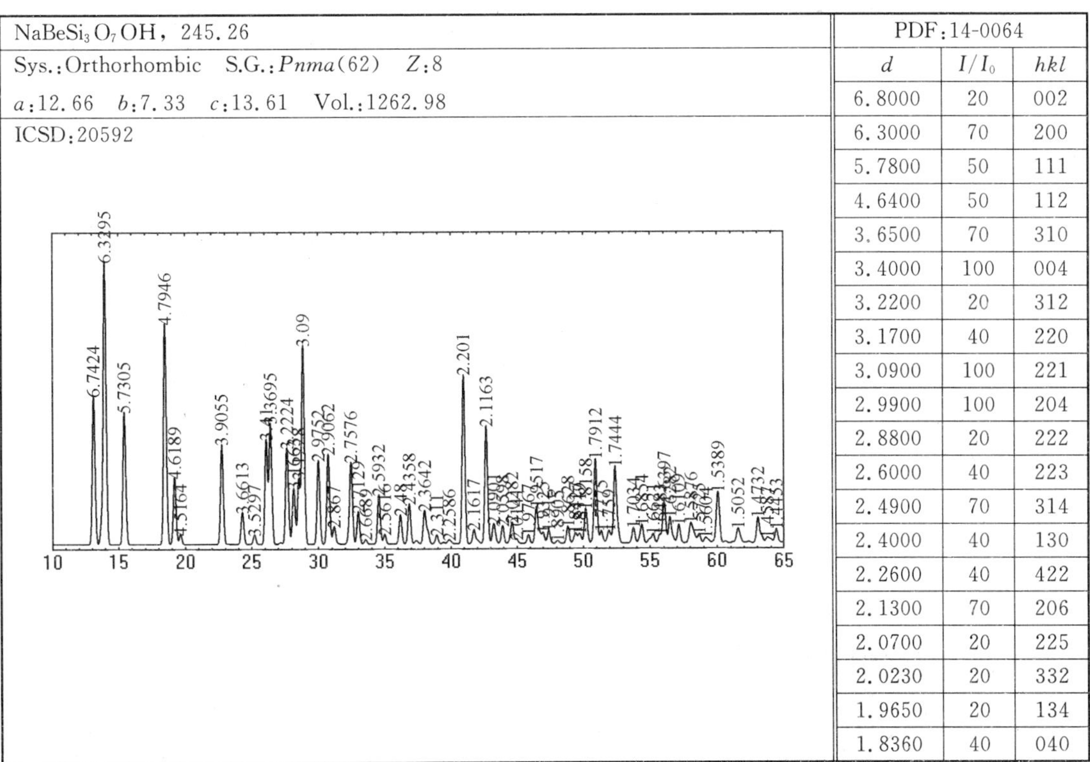

9-238b 板晶石(Epididymite)

$NaBeSi_3O_7OH$，245.26

ICSD:20592(续)

Atom		Wcf	x	y	z	Occ
Si1	Si^{4+}	8d	0.167	0.5	0.15	1.0
Si2	Si^{4+}	8d	0.334	0.207	0.142	1.0
Si3	Si^{4+}	8d	0.152	0.86	0.132	1.0
Na1	Na^{+}	8d	0.194	0.167	0.492	1.0
Be1	Be^{2+}	8d	0.025	0.21	0.017	1.0
O1	O^{2-}	8d	0.4	0.225	0.05	1.0
O2	O^{2-}	4c	0.117	0.483	0.25	1.0
O3	O^{2-}	4c	0.384	0.13	0.25	1.0
O4	O^{2-}	8d	0.075	0.017	0.075	1.0
O5	O^{2-}	4c	0.117	0.9	0.25	1.0
O6	O^{2-}	8d	0.075	0.41	0.075	1.0
O7	O^{2-}	8d	0.278	0.4	0.15	1.0
O8	O^{2-}	8d	0.2	0.684	0.095	1.0
O9	O^{2-}	8d	0.267	0.01	0.125	1.0
O10	O^{2-}	8d	0.06	0.234	0.58	1.0

PDF:14-0064(续)

d	I/I_0	hkl
1.7990	80	425
1.7470	20	235
1.7030	20	532
1.6410	50	243
1.5890	20	327
1.5450	50	606
1.4750	10	715
1.4510	10	542
1.3900	40	536
1.3610	40	0010
1.3260	40	147
1.2840	80	155

9-239a 星叶石(Astrophyllite)

$H_5NaK_2Fe_6MnTi_2Si_8O_{31}$，1312.71

Sys.:Triclinic S.G.:$P\bar{1}$(2) Z:2

a:5.36 b:11.76 c:21.08 α:85.13 β:90 γ:103.22 Vol.:1644.3

ICSD:24911

Atom		Wcf	x	y	z	Occ
Na1	Na^{+}	2g	0	0.5	0	1.0
K1	K^{+}	4i	0.4	0.235(15)	0.002(15)	1.0
Fe1	Fe^{2+}	4i	0.14	0.034(16)	0.260(16)	0.86
Mn1	Mn^{2+}	4i	0.14	0.034(16)	0.260(16)	0.14
Fe2	Fe^{2+}	4i	0.71	0.176(16)	0.256(16)	0.86

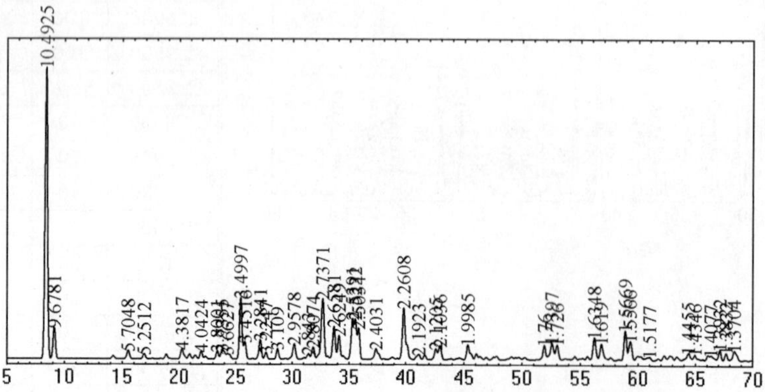

PDF:73-2348

d	I/I_0	hkl
10.4998	999	002
10.4998	999	011
9.6745	111	$0\bar{1}1$
6.2122	11	013
5.7024	30	020
5.2499	12	004
5.0885	1	$1\bar{1}\bar{1}$
5.0414	1	$1\bar{1}1$
4.8373	2	$0\bar{2}2$
4.7097	14	102
4.6352	2	$10\bar{2}$
4.3825	34	$1\bar{2}0$
4.3307	11	111
4.2445	13	$11\bar{1}$
4.1447	11	$1\bar{1}3$
4.1185	4	$1\bar{2}\bar{2}$
4.0420	26	024
3.9741	9	$1\bar{2}2$
3.7994	22	113
3.7994	22	031

9-239b 星叶石(Astrophyllite)

$H_5NaK_2Fe_6MnTi_2Si_8O_{31}$, 1312.71

ICSD:24911(续 1)

Atom		Wcf	x	y	z	Occ
Mn2	Mn^{2+}	4i	0.71	0.176(16)	0.256(16)	0.14
Fe3	Fe^{2+}	4i	0.57	0.891(16)	0.257(16)	0.86
Mn3	Mn^{2+}	4i	0.57	0.891(16)	0.257(16)	0.14
Fe4	Fe^{2+}	2c	0	0.75	0.25	0.85
Mn4	Mn^{2+}	2c	0	0.75	0.25	0.15
Ti1	Ti^{4+}	4i	0.51	0.488(16)	0.097(16)	1.0
Si1	Si^{4+}	4i	0.81	0.049(15)	0.130(15)	1.0
Si2	Si^{4+}	4i	0.98	0.314(15)	0.118(15)	1.0
Si3	Si^{4+}	4i	0.09	0.654(15)	0.115(15)	1.0
Si4	Si^{4+}	4i	0.24	0.920(15)	0.128(15)	1.0
O1	O^{2-}	4i	0.81	0.037(38)	0.202(38)	1.0
O2	O^{2-}	4i	0.38	0.178(38)	0.204(38)	1.0
O3	O^{2-}	4i	0.95	0.321(38)	0.193(38)	1.0
O4	O^{2-}	4i	0.53	0.474(38)	0.187(38)	1.0

PDF:73-2348(续 1)

d	I/I_0	hkl
3.7381	22	104
3.7047	20	$0\bar{2}4$
3.6640	14	$10\bar{4}$
3.6313	13	$11\bar{3}$
3.5000	166	006
3.4700	17	033
3.4700	17	$1\bar{3}\bar{1}$
3.4507	49	$1\bar{2}\bar{4}$
3.3643	2	122
3.3042	7	$1\bar{1}\bar{5}$
3.2842	52	$1\bar{2}4$
3.2248	17	$0\bar{3}3$
3.1103	25	115
3.1103	25	026
3.0337	2	$1\bar{3}3$
2.9891	4	124
2.9578	33	$11\bar{5}$
2.9493	25	035
2.8733	4	$0\bar{2}6$
2.8512	5	040

9-239c 星叶石(Astrophyllite)

$H_5NaK_2Fe_6MnTi_2Si_8O_{31}$, 1312.71

ICSD:24911(续 2)

Atom		Wcf	x	y	z	Occ
O5	O^{2-}	4i	0.1	0.624(38)	0.194(38)	1.0
O6	O^{2-}	4i	0.67	0.765(38)	0.201(38)	1.0
O7	O^{2-}	4i	0.24	0.907(38)	0.203(38)	1.0
O8	O^{2-}	4i	0.88	0.179(38)	0.099(38)	1.0
O9	O^{2-}	4i	0.27	0.356(38)	0.085(38)	1.0
O10	O^{2-}	4i	0.79	0.390(38)	0.086(38)	1.0
O11	O^{2-}	4i	0.29	0.593(38)	0.083(38)	1.0
O12	O^{2-}	4i	0.8	0.622(38)	0.085(38)	1.0
O13	O^{2-}	4i	0.19	0.801(38)	0.098(38)	1.0
O14	O^{2-}	4i	0.52	0.99(10)	0.10(10)	1.0
O15	O^{2-}	4i	0.03	0.98(10)	0.10(10)	1.0
O16	O^{2-}	2h	0.5	0.5	0	1.0

PDF:73-2348(续 2)

d	I/I_0	hkl
2.8410	14	$0\bar{1}7$
2.8117	18	042
2.8117	18	$12\bar{4}$
2.8044	27	$1\bar{2}\bar{6}$
2.7864	4	131
2.7864	4	$1\bar{4}0$
2.7694	13	$1\bar{3}\bar{5}$
2.7434	92	$1\bar{4}\bar{2}$
2.7328	134	$13\bar{1}$
2.7036	7	$0\bar{3}5$
2.6928	6	$0\bar{4}2$
2.6703	12	$1\bar{2}6$
2.6585	85	$2\bar{1}1$
2.6585	85	133
2.6250	68	008
2.6250	68	$1\bar{1}\bar{7}$
2.6025	6	044
2.5943	10	$1\bar{3}5$
2.5788	3	$1\bar{1}7$
2.5513	16	126

9-240a 锰星叶石-1*A*(Kupletskite-1*A*)

$K_2NaMn_7Ti_2Si_8O_{26}(OH)_4F$, 1309.25

Sys.: Triclinic S.G.: $P\bar{1}(2)$ *Z*: 1

a: 5.3925 *b*: 11.9283 *c*: 11.7256 *α*: 113.044 *β*: 94.84 *γ*: 103.064 Vol.: 1663.39

ICSD: 92945

Atom		Wcf	*x*	*y*	*z*	Occ
Mn1	Mn^{2+}	2*i*	0.8500(1)	0.20620(5)	0.47875(6)	0.809(5)
Na1	Na^{+}	2*i*	0.8500(1)	0.20620(5)	0.47875(6)	0.191(5)
Mn2	Mn^{2+}	2*i*	0.27901(9)	0.06668(5)	0.48702(5)	0.974(5)
Mn3	Mn^{2+}	2*i*	0.4223(1)	0.35220(5)	0.48391(5)	0.881(5)

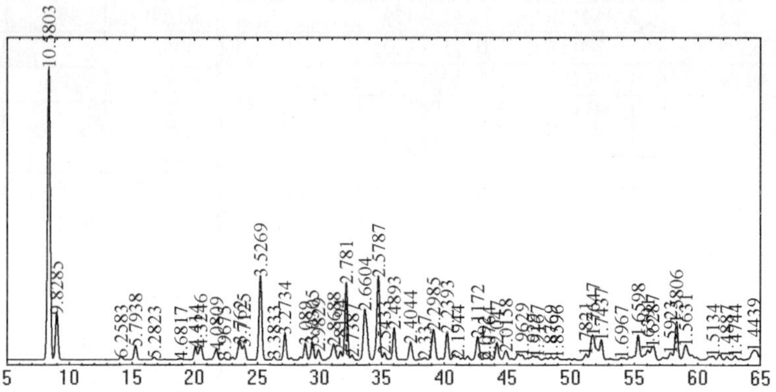

PDF: 54-0739

d	I/I_0	*hkl*
10.5890	100	001
10.5890	100	010
9.8530	30	$0\bar{1}1$
5.7570	20	$0\bar{2}1$
4.4360	10	$\bar{1}\bar{1}1$
4.3380	7	$1\bar{2}0$
4.1110	5	$\bar{1}02$
3.7630	5	$0\bar{2}3$
3.7130	10	$1\bar{2}2$
3.5280	40	003
3.2760	20	$0\bar{3}3$
3.2760	20	$\bar{1}\bar{1}3$
3.0950	12	$\bar{1}22$
3.0350	12	$1\bar{2}3$
2.8610	5	$1\bar{3}3$
2.8200	5	121
2.7820	20	$\bar{1}\bar{3}1$
2.6590	15	$\bar{2}11$
2.6480	12	004
2.5820	35	130

9-240b 锰星叶石-1*A*(Kupletskite-1*A*)

$K_2NaMn_7Ti_2Si_8O_{26}(OH)_4F$, 1309.25

ICSD: 92945(续 1)

Atom		Wcf	*x*	*y*	*z*	Occ
Mg1	Mg^{2+}	2*i*	0.4223(1)	0.35220(5)	0.48391(5)	0.119
Mn4	Mn^{2+}	1*g*	0	0.5	0.5	0.598
Mg2	Mg^{2+}	1*g*	0	0.5	0.5	0.402
Ti1	Ti^{4+}	2*i*	0.0795(1)	0.08598(5)	0.19683(5)	0.948
Nb1	Nb^{5+}	2*i*	0.0795(1)	0.08598(5)	0.19683(5)	0.052
Si1	Si^{4+}	2*i*	0.6785(2)	0.27194(8)	0.23032(9)	1.0
Si2	Si^{4+}	2*i*	0.8128(2)	0.54570(8)	0.25292(9)	1.0
Si3	Si^{4+}	2*i*	0.3781(2)	0.67477(8)	0.25541(9)	1.0
Si4	Si^{4+}	2*i*	0.5081(2)	0.93072(8)	0.23432(9)	1.0
K1	K^{+}	2*i*	0.1321(2)	0.2645(1)	0.9961(1)	0.885
K2	K^{+}	2*i*	0.093(3)	0.186(2)	0.998(2)	0.115
Na2	Na^{+}	1*d*	0.5	0	0	0.644
Ca1	Ca^{2+}	1*d*	0.5	0	0	0.356
O1	O^{2-}	2*i*	0.7290(4)	0.3203(2)	0.3824(2)	1.0
O2	O^{2-}	2*i*	0.1483(4)	0.1593(2)	0.3675(2)	1.0

PDF: 54-0739(续 1)

d	I/I_0	*hkl*
2.4910	15	$\bar{2}12$
2.4050	12	$\bar{1}41$
2.2990	15	131
2.2400	10	$\bar{2}13$
2.1140	15	005
2.1140	15	$\bar{1}\bar{3}5$
2.0450	5	$2\bar{1}3$
2.0150	5	$1\bar{4}5$
1.7660	5	133
1.7430	5	$\bar{2}15$
1.6610	5	$0\bar{7}3$
1.6290	5	$\bar{1}44$
1.5820	5	$\bar{3}\bar{2}2$
1.5820	5	$3\bar{5}1$
1.4430	5	$\bar{1}45$
1.4120	5	$2\bar{1}6$

9-240c 锰星叶石-1A(Kupletskite-1A)

$K_2NaMn_7Ti_2Si_8O_{26}(OH)_4F$, 1309.25

ICSD:92945(续 2)

Atom		Wcf	x	y	z	Occ
O3	O^{2-}	2i	0.1292(4)	0.3949(2)	0.5948(2)	1.0
O4	O^{2-}	2i	0.2935(5)	0.4627(2)	0.3980(2)	1.0
O5	O^{2-}	2i	0.9921(4)	0.1189(2)	0.5951(2)	1.0
O6	O^{2-}	2i	0.5572(4)	0.2586(2)	0.5921(2)	1.0
O7	O^{2-}	2i	0.5749(4)	0.0133(2)	0.3866(2)	1.0
O8	O^{2-}	2i	0.0724(4)	0.5917(2)	0.2007(2)	1.0
O9	O^{2-}	2i	0.2460(5)	0.0417(3)	0.8296(3)	1.0
O10	O^{2-}	2i	0.4319(5)	0.4153(2)	0.7994(2)	1.0
O11	O^{2-}	2i	0.1297(6)	0.8100(3)	0.8330(3)	1.0
O12	O^{2-}	2i	0.2646(5)	0.9567(3)	0.1693(3)	1.0
O13	O^{2-}	2i	0.2665(5)	0.6074(2)	0.8089(2)	1.0
O14	O^{2-}	2i	0.5721(5)	0.2222(2)	0.8031(3)	1.0
O15	O^{2-}	2i	0.3807(5)	0.1906(3)	0.1672(3)	1.0
F1	F^-	1a	0	0	0	1.0

PDF:54-0739(续 2)

d	I/I_0	hkl

9-241 短柱石(Narsarsukite)

$Na_2Ti(Si_4O_{10})O$, 382.21

Sys.:Tetragonal S.G.:$I4/m(87)$ Z:4

a:10.7255 c:7.95 Vol.:914.54

ICSD:16899

Atom		Wcf	x	y	z	Occ
Ti1	Ti^{4+}	4e	0	0	0.2396	1.0
Na1	Na^+	8h	0.1858	0.1378	0.5	1.0
Si1	Si^{4+}	16i	0.0118	0.3085	0.1921	1.0
O1	O^{2-}	2a	0	0	0	1.0
O2	O^{2-}	2b	0	0	0.5	1.0
O3	O^{2-}	8h	−0.04	0.3024	0	1.0
O4	O^{2-}	16i	0.0488	0.1754	0.2684	1.0
O5	O^{2-}	16i	0.1324	0.4023	0.1938	1.0

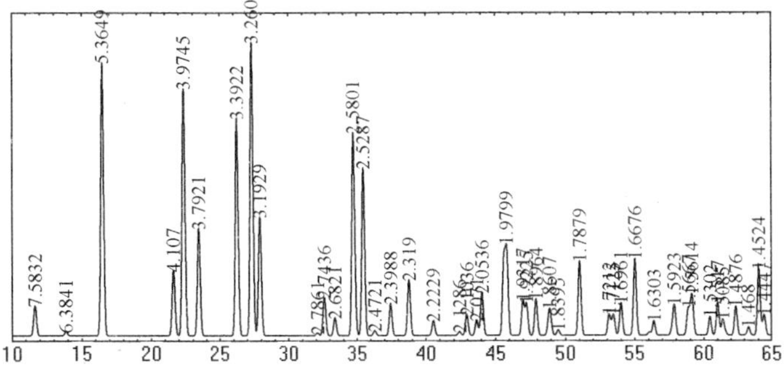

PDF:33-1297

d	I/I_0	hkl
7.5600	6	110
5.3500	80	020
4.1000	60	121
3.9800	100	002
3.7940	30	220
3.3910	75	130
3.2620	100	031
3.1940	32	022
2.7440	18	222
2.6800	10	040
2.5810	65	132
2.5280	55	330
2.4000	11	240
2.3210	25	123
2.2240	6	042
2.1040	7	150
2.0710	5	051
2.0530	14	242
1.9870	25	004
1.9780	20	233

(4) 层状硅酸盐

9-242a 柱星叶石(Neptunite)

$KNa_2LiFe_2Ti_2Si_8O_{24}$，908.18

Sys.:Monoclinic S.G.:$I2/m$(12) Z:4

a:16.43 b:12.51 c:10 β:115.32 Vol.:1857.94

ICSD:35083

Atom		Wcf	x	y	z	Occ
Fe1	Fe^{2+}	8f	0.3402(1)	0.3211(2)	0.0983(4)	0.5
Ti1	Ti^{4+}	8f	0.3402(1)	0.3211(2)	0.0983(4)	0.5
Fe2	Fe^{2+}	8f	0.0883(1)	0.0561(2)	0.1128(4)	0.5
Ti2	Ti^{4+}	8f	0.0883(1)	0.0561(2)	0.1128(4)	0.5
Na1	Na^{+}	8f	0.2640(4)	0.1983(6)	0.3094(11)	1.0

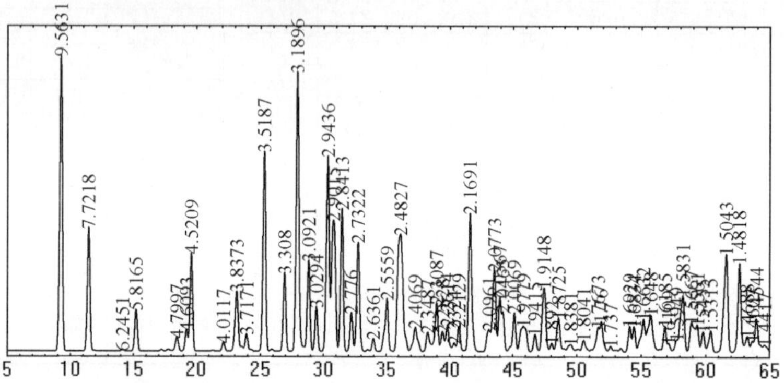

PDF:43-0677

d	I/I_0	hkl
9.5700	78	110
7.7300	21	$\bar{1}11$
5.8100	9	111
4.8100	6	$\bar{2}21$
4.7900	7	220
4.6000	6	$\bar{1}12$
4.5100	18	002
4.0200	16	130
3.8450	18	$\bar{2}22$
3.8370	15	$\bar{1}31$
3.7790	16	$\bar{4}02$
3.7030	9	400
3.5190	46	131
3.3110	25	$\bar{3}31$
3.1920	100	$\bar{1}32$
3.1920	100	330
3.1620	24	$\bar{5}11$
3.1290	5	$\bar{1}13$
3.0910	14	$\bar{5}12$

9-242b 柱星叶石(Neptunite)

$KNa_2LiFe_2Ti_2Si_8O_{24}$，908.18

ICSD:35083(续)

Atom		Wcf	x	y	z	Occ
K1	K^{+}	4e	0	0.4204(3)	0.25	1.0
Li1	Li^{+}	4e	0.5	0.4353(18)	0.25	1.0
Si1	Si^{4+}	8f	0.1452(2)	0.4060(3)	0.0566(7)	1.0
Si2	Si^{4+}	8f	0.5233(2)	0.2280(3)	0.0855(7)	1.0
Si3	Si^{4+}	8f	0.7698(2)	0.4741(3)	0.1083(7)	1.0
Si4	Si^{4+}	8f	0.8942(2)	0.1491(3)	0.0816(8)	1.0
O1	O^{2-}	8f	0.9538(5)	0.0446(10)	0.0688(18)	1.0
O2	O^{2-}	8f	0.4549(5)	0.3253(7)	0.0666(16)	1.0
O3	O^{2-}	8f	0.1099(13)	0.1673(9)	0.2664(18)	1.0
O4	O^{2-}	8f	0.3723(6)	0.4387(10)	0.2348(16)	1.0
O5	O^{2-}	8f	0.2050(6)	0.0796(10)	0.0888(19)	1.0
O6	O^{2-}	8f	0.7122(11)	0.3677(12)	0.0427(19)	1.0
O7	O^{2-}	8f	0.2088(6)	0.3077(10)	0.0707(16)	1.0
O8	O^{2-}	8f	0.8339(5)	0.4919(9)	0.0239(19)	1.0
O9	O^{2-}	8f	0.1592(4)	0.4505(7)	0.2148(15)	1.0
O10	O^{2-}	8f	0.3975(6)	0.2104(7)	0.2541(15)	1.0
O11	O^{2-}	8f	0.4613(7)	0.1173(7)	0.0239(19)	1.0
O12	O^{2-}	8f	0.9291(5)	0.2562(8)	0.0316(14)	1.0

PDF:43-0677(续)

d	I/I_0	hkl
2.9420	34	$\bar{2}23$
2.9030	24	222
2.8860	22	510
2.8390	29	132
2.7710	8	331
2.7340	19	$\bar{5}13$
2.7260	15	312
2.6400	7	$\bar{2}42$
2.5540	11	$\bar{1}33$
2.4930	18	$\bar{6}22$
2.4850	17	$\bar{4}41$
2.4770	21	$\bar{6}21$
2.4700	17	511
2.4490	17	$\bar{3}14$
2.4280	3	$\bar{1}51$
2.4050	8	$\bar{4}42$
2.3880	4	440
2.3450	4	$\bar{1}14$
2.3370	4	151

9-243a 绿泥石(Chlorite)

$Mg_{5.0}Al_{0.75}Cr_{0.25}Al_{1.00}Si_{3.00}O_{10}(OH)_8$, 562.05

Sys.: Triclinic S.G.: $P\bar{1}$(2) Z: 2

a: 5.334 b: 9.228 c: 14.371 α: 90.53 β: 97.43 γ: 89.9 Vol.: 350.7

ICSD: 100246

Atom		Wcf	x	y	z	Occ
Mg1	Mg^{2+}	2a	0	0	0	1.0
Mg2	Mg^{2+}	4i	0.0014(3)	0.3337(2)	0.0000(1)	1.0
Mg3	Mg^{2+}	4i	−0.0006(3)	0.1667(2)	0.5000(1)	1.0
Al1	Al^{3+}	2h	0	0.5	0.5	0.75

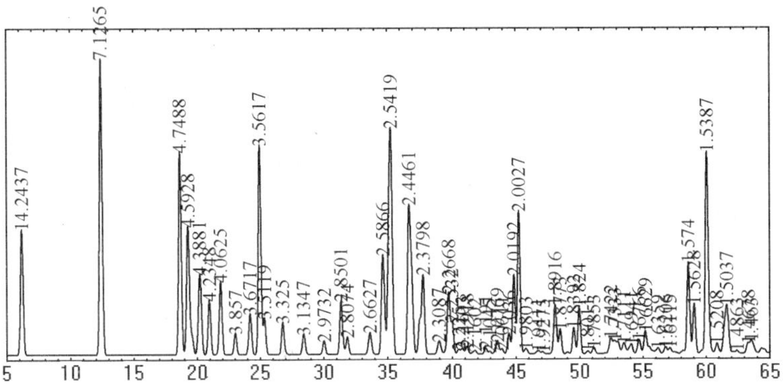

PDF: 83-1381		
d	I/I_0	hkl
14.2497	763	001
7.1249	999	002
4.7499	840	003
4.5899	415	110
4.5899	415	$\bar{1}10$
4.5258	72	$\bar{1}\bar{1}1$
4.5258	72	$\bar{1}11$
4.4012	162	$0\bar{2}1$
4.3778	208	021
4.2360	185	$1\bar{1}1$
4.2360	185	111
4.0614	244	$\bar{1}12$
3.8567	76	022
3.6685	112	112
3.5624	638	004
3.5119	122	$\bar{1}\bar{1}3$
3.3247	105	$0\bar{2}3$
3.1355	61	$1\bar{1}3$
3.1235	44	113
2.9730	33	$\bar{1}14$

9-243b 绿泥石(Chlorite)

$Mg_{5.0}Al_{0.75}Cr_{0.25}Al_{1.00}Si_{3.00}O_{10}(OH)_8$, 562.05

ICSD: 100246(续)

Atom		Wcf	x	y	z	Occ
Cr1	Cr^{3+}	2h	0	0.5	0.5	0.25
Si1	Si^{4+}	4i	0.2326(2)	0.1692(1)	0.1920(1)	0.75
Al2	Al^{3+}	4i	0.2326(2)	0.1692(1)	0.1920(1)	0.25
Si2	Si^{4+}	4i	0.7331(2)	0.0023(1)	0.1919(1)	0.75
Al3	Al^{3+}	4i	0.7331(2)	0.0023(1)	0.1919(1)	0.25
O1	O^{2-}	4i	0.6923(6)	0.3339(4)	0.0731(2)	1.0
O2	O^{2-}	4i	0.1575(7)	−0.0011(4)	0.4302(2)	1.0
O3	O^{2-}	4i	0.1334(6)	0.3402(4)	0.4301(2)	1.0
O4	O^{2-}	4i	0.6335(6)	0.1570(4)	0.4307(2)	1.0
O5	O^{2-}	4i	0.1932(6)	0.1675(4)	0.0766(2)	1.0
O6	O^{2-}	4i	0.6930(6)	0.0009(4)	0.0766(2)	1.0
O7	O^{2-}	4i	0.2108(7)	0.3367(4)	0.2331(2)	1.0
O8	O^{2-}	4i	0.5162(7)	0.1045(4)	0.2340(2)	1.0
O9	O^{2-}	4i	0.0164(7)	0.0682(4)	0.2330(2)	1.0
H1	H^+	4i	0.7054	0.3318	0.1375	1.0
H2	H^+	4i	0.1521	0.0027	0.3625	1.0
H3	H^+	4i	0.132	0.3445	0.3636	1.0
H4	H^+	4i	0.6125	0.1527	0.3617	1.0

PDF: 83-1381(续)		
d	I/I_0	hkl
2.8500	149	005
2.8322	23	$0\bar{2}4$
2.8074	49	024
2.6675	37	114
2.6596	42	130
2.6596	42	$\bar{1}30$
2.5867	224	$1\bar{3}1$
2.5807	234	131
2.5534	296	$\bar{1}\bar{3}2$
2.5386	442	201
2.5386	442	$\bar{1}32$
2.4453	296	$1\bar{3}2$
2.4342	211	$0\bar{2}5$
2.4342	211	132
2.3962	92	$\bar{1}\bar{3}3$
2.3809	180	202
2.3809	180	$\bar{1}33$
2.3119	18	$1\bar{1}5$
2.3037	23	$\bar{2}21$
2.3037	23	115

9-244a 地开石(Dickite)

$Al_2Si_2O_5(OH)_4$, 258.16

Sys.: Monoclinic S.G.: *Aa*(9) *Z*: 4

a: 5.149 *b*: 8.949 *c*: 14.419 *β*: 96.8 Vol.: 659.73

ICSD: 16653

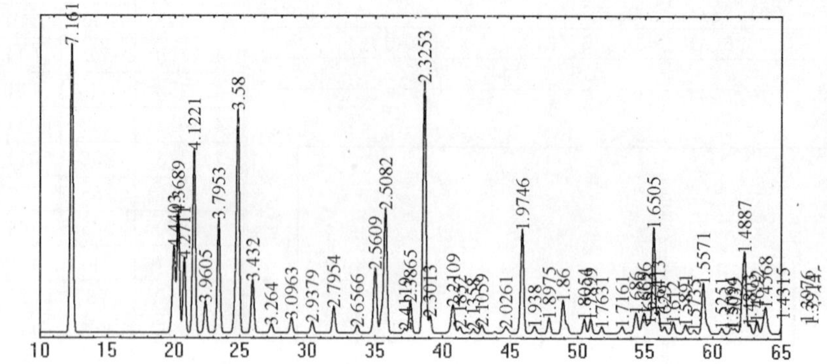

PDF: 10-0430		
d	I/I_0	*hkl*
7.1530	90	002
4.4510	70	110
4.3660	70	$\bar{1}11$
4.2540	40	021
4.1180	80	111
3.9530	40	$\bar{1}12$
3.7900	70	022
3.5780	100	004
3.4280	50	$\bar{1}13$
3.2620	30	023
3.0940	40	113
2.9360	40	$\bar{1}14$
2.7990	40	024
2.6500	10	114
2.5580	70	200
2.5240	5	$\bar{1}15$
2.5030	80	$\bar{2}02$
2.3830	50	006
2.3220	90	202
2.2100	40	041

9-244b 地开石(Dickite)

$Al_2Si_2O_5(OH)_4$, 258.16

ICSD: 16653(续)

Atom		Wcf	*x*	*y*	*z*	Occ
O1	O^{2-}	4*a*	−0.039	0.242	−0.009	1.0
O2	O^{2-}	4*a*	0.273	0.459	0.001	1.0
O3	O^{2-}	4*a*	0.763	0.509	0.001	1.0
O4	O^{2-}	4*a*	0.088	0.383	0.152	1.0
O5	O^{2-}	4*a*	0.528	0.582	0.157	1.0
O6	O^{2-}	4*a*	0.588	0.276	0.157	1.0
O7	O^{2-}	4*a*	0.27	0.264	0.302	1.0
O8	O^{2-}	4*a*	0.77	0.407	0.299	1.0
O9	O^{2-}	4*a*	0.305	0.584	0.3	1.0
Si1	Si^{4+}	4*a*	0.005	0.402	0.041	1.0
Si2	Si^{4+}	4*a*	0.505	0.58	0.04	1.0
Al1	Al^{3+}	4*a*	0.918	0.25	0.233	1.0
Al2	Al^{3+}	4*a*	0.418	0.419	0.232	1.0

PDF: 10-0430(续)		
d	I/I_0	*hkl*
2.1050	30	026
1.9740	70	$\bar{1}35$
1.9350	10	$\bar{1}17$
1.8960	40	044
1.8620	40	135
1.8500	30	$\bar{2}25$
1.8030	30	224
1.7890	40	117
1.7610	20	045
1.7170	20	$\bar{2}26$
1.6860	40	$\bar{3}11$
1.6690	40	$\bar{2}42$
1.6510	70	$\bar{1}37$
1.6440	30	311
1.6260	30	$\bar{2}43$
1.6100	40	242
1.5890	20	$\bar{3}14$
1.5740	20	153
1.5580	40	137

9-245a 埃洛石-10Å(Halloysite-10Å)

$(OH)_8Al_2Si_2O_3$，294.19

Sys.:Monoclinic S.G.:*Am*(8) *Z*:2

a:5.2 *b*:8.92 *c*:10.25 *β*:100 Vol.:468.21

ICSD:26716

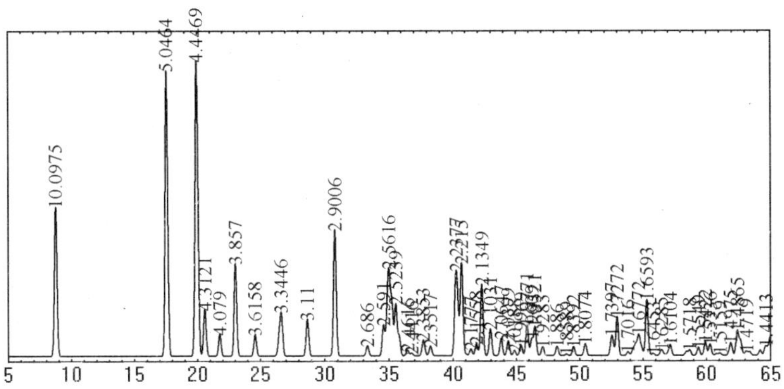

PDF:74-1022

d	I/I_0	*hkl*
10.0943	485	001
5.0471	999	002
4.4412	645	110
4.3115	72	$\bar{1}11$
4.0795	54	021
3.8566	143	111
3.6151	59	$\bar{1}12$
3.3648	60	003
3.3421	118	022
3.1100	97	112
2.9004	281	$\bar{1}13$
2.6861	24	023
2.5915	78	$\bar{2}01$
2.5713	91	130
2.5605	164	200
2.5454	128	$\bar{1}31$
2.5236	102	004
2.5064	45	113
2.4625	13	$\bar{2}02$
2.4414	9	131

9-245b 埃洛石-10Å(Halloysite-10Å)

$(OH)_8Al_2Si_2O_3$，294.19

ICSD:26716(续)

Atom		Wcf	*x*	*y*	*z*	Occ
Al1	Al^{3+}	4*b*	0.25	0.167	0	1.0
Si1	Si^{4+}	4*b*	0.008	0.167	−0.444	1.0
O1	O^{2-}	4*b*	−0.046	−0.167	0.118	1.0
O2	O^{2-}	2*a*	−0.046	0	0.118	1.0
O3	O^{2-}	4*b*	−0.046	0.333	0.397	1.0
O4	O^{2-}	4*b*	−0.046	−0.167	−0.118	1.0
O5	O^{2-}	2*a*	−0.046	0	−0.118	1.0
O6	O^{2-}	2*a*	0.283	0	−0.375	1.0
O7	O^{2-}	4*b*	0.033	0.25	−0.375	1.0

PDF:74-1022(续)

d	I/I_0	*hkl*
2.3852	37	201
2.3765	23	$\bar{1}32$
2.3515	20	$\bar{1}14$
2.2407	137	$\bar{2}21$
2.2330	150	$\bar{2}03$
2.2206	55	220
2.2144	199	132
2.1964	8	024
2.1775	15	041
2.1557	28	$\bar{2}22$
2.1348	149	$\bar{1}33$
2.1033	56	221
2.0646	36	114
2.0398	31	042
2.0189	11	005
1.9967	23	$\bar{2}23$
1.9772	62	$\bar{2}04$
1.9622	36	133
1.9520	58	$\bar{1}15$
1.9283	18	222

9-246 埃洛石-7Å(Halloysite-7Å)

$Al_2Si_2O_5(OH)_4$, 258.16

结构未知

ICSD:暂缺

PDF:29-1487

d	I/I_0	*hkl*
7.3000	65	001
4.4200	100	100
3.6200	60	002
2.5600	25	110
2.3700	1	003
1.6810	16	210
1.4830	30	300

9-247a 准埃洛石(Metahalloysite)

$(OH)_4Si_2Al_2O_5$, 258.16

Sys.: Monoclinic S.G.: *Am*(8) *Z*: 2

a: 5.15 *b*: 8.9 *c*: 7.57 *β*: 100 Vol.: 341.7

ICSD: 26717

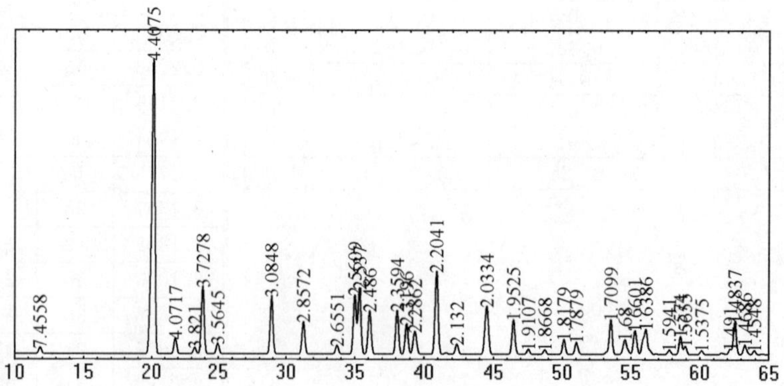

PDF: 74-1023

d	I/I_0	*hkl*
7.4550	36	001
4.4500	338	020
4.4065	999	110
4.0720	25	$\bar{1}11$
3.8210	24	021
3.7275	303	002
3.5651	24	111
3.0846	196	$\bar{1}12$
2.8575	112	022
2.6552	23	112
2.5608	193	130
2.5359	173	$\bar{2}01$
2.5359	173	200
2.4850	114	003
2.3591	137	131
2.3194	86	$\bar{1}13$
2.2897	45	$\bar{2}02$
2.2830	64	201
2.2053	194	$\bar{2}21$
2.2053	194	$\bar{1}32$

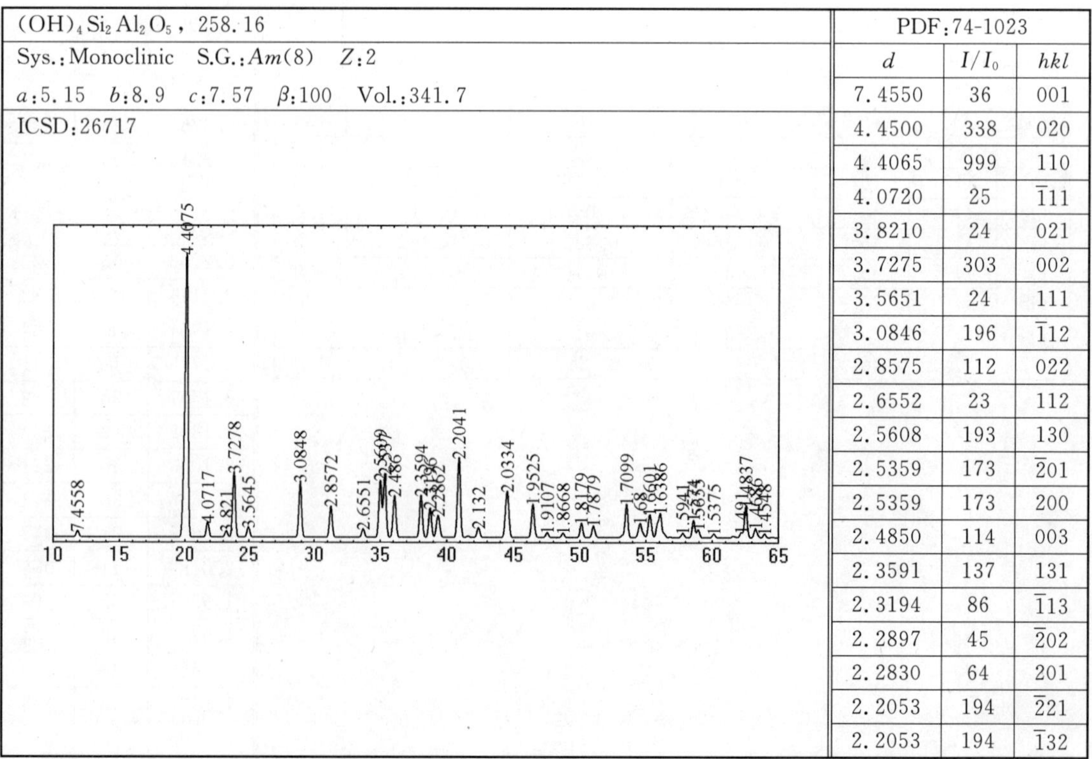

9-247b 准埃洛石(Metahalloysite)

$(OH)_4Si_2Al_2O_5$，258.16

ICSD:26717(续)

Atom		Wcf	*x*	*y*	*z*	Occ
Al1	Al^{3+}	4*b*	0.25	0.167	0	1.0
Si1	Si^{4+}	4*b*	0.008	0.167	0.433	1.0
O1	O^{2-}	2*a*	−0.046	0	0.159	1.0
O2	O^{2-}	4*b*	−0.046	−0.167	−0.159	1.0
O3	O^{2-}	2*a*	−0.046	0	−0.159	1.0
O4	O^{2-}	2*a*	0.283	0	−0.458	1.0
O5	O^{2-}	4*b*	0.033	0.25	−0.458	1.0
O6	O^{2-}	4*b*	−0.046	−0.167	0.159	1.0

PDF:74-1023(续)

d	I/I_0	*hkl*
2.1696	5	023
2.1321	29	041
2.0370	81	113
2.0370	81	$\bar{2}22$
2.0313	121	221
2.0313	121	132
1.9524	93	$\bar{2}03$
1.9454	53	202
1.9105	14	042
1.8670	11	$\bar{1}33$
1.8638	7	004
1.8177	39	$\bar{1}14$
1.7879	32	$\bar{2}23$
1.7825	20	222
1.7191	7	024
1.7100	88	133
1.6832	16	$\bar{3}11$
1.6796	38	150
1.6609	49	310
1.6576	44	043

9-248a 高岭石-1*A*(Kaolinite-1*A*)

$Al_2Si_2O_5(OH)_4$，258.16

Sys.:Triclinic　S.G.:*P*1(1)　*Z*:2

a:5.155　*b*:8.959　*c*:7.407　*α*:91.68　*β*:104.9　*γ*:89.94　Vol.:165.22

ICSD:66571

Atom		Wcf	*x*	*y*	*z*	Occ
Si1	Si^{4+}	2*a*	0.9942	0.3393	0.0909	1.0
Si2	Si^{4+}	2*a*	0.5064	0.1665	0.0913	1.0
Al1	Al^{3+}	2*a*	0.2971	0.4957	0.4721	1.0
Al2	Al^{3+}	2*a*	0.7926	0.33	0.4699	1.0
O1	O^{2-}	2*a*	0.0501	0.3539	0.317	1.0

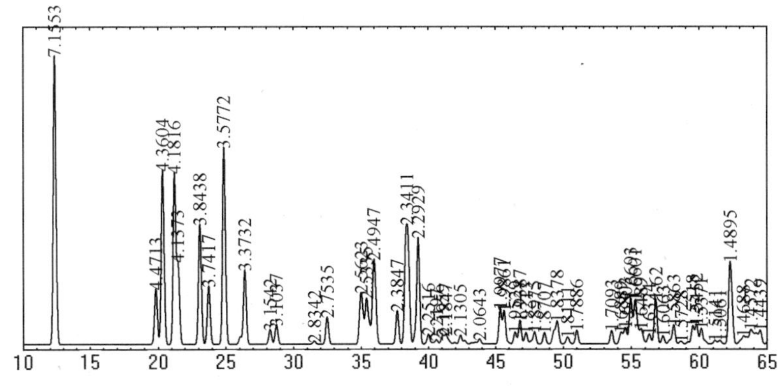

PDF:14-0164

d	I/I_0	*hkl*
7.1700	100	001
4.4780	35	020
4.3660	60	$1\bar{1}0$
4.1860	45	$\bar{1}\bar{1}1$
4.1390	35	$\bar{1}11$
3.8470	40	$0\bar{2}1$
3.7450	25	021
3.5790	80	002
3.4200	5	$1\bar{1}1$
3.3760	35	111
3.1550	20	$\bar{1}\bar{1}2$
3.1070	20	$\bar{1}12$
2.7540	20	022
2.5660	35	$\bar{2}01$
2.5530	25	130
2.5350	35	$\bar{1}\bar{3}1$
2.5190	10	$1\bar{1}2$
2.4950	45	200
2.3850	25	003
2.3470	40	$\bar{2}02$

9-248b 高岭石-1*A*(Kaolinite-1*A*)

$Al_2Si_2O_5(OH)_4$, 258.16

ICSD:66571(续)

Atom		Wcf	*x*	*y*	*z*	Occ
O2	O^{2-}	2*a*	0.1214	0.6604	0.3175	1.0
O3	O^{2-}	2*a*	0	0.5	0	1.0
O4	O^{2-}	2*a*	0.2085	0.2305	0.0247	1.0
O5	O^{2-}	2*a*	0.2012	0.7657	0.0032	1.0
O6	O^{2-}	2*a*	0.051	0.9698	0.322	1.0
O7	O^{2-}	2*a*	0.9649	0.1665	0.6051	1.0
O8	O^{2-}	2*a*	0.0348	0.4769	0.608	1.0
O9	O^{2-}	2*a*	0.0334	0.857	0.6094	1.0
H1	H^+	2*a*	0.1492	0.0664	0.3331	1.0
H2	H^+	2*a*	0.0768	0.1742	0.7363	1.0
H3	H^+	2*a*	0.0353	0.5058	0.7392	1.0
H4	H^+	2*a*	0.0558	0.8175	0.7374	1.0

PDF:14-0164(续)

d	I/I_0	*hkl*
2.3380	40	$1\bar{3}1$
2.3050	5	$\bar{1}13$
2.2930	35	131
2.2530	20	$\bar{1}\bar{3}2$
2.2370	5	040
2.2180	10	$\bar{2}21$
2.1970	20	$\bar{1}32$
2.1860	20	201
2.1730	5	220
2.1510	10	$0\bar{4}1$
2.1330	20	$0\bar{2}3$
2.1160	10	041
2.0930	10	$\bar{2}\bar{2}2$
2.0800	5	023
2.0640	20	$\bar{2}22$
1.9970	35	$\bar{2}03$
1.9870	35	$1\bar{3}2$
1.9740	20	$2\bar{2}1$
1.9520	20	221
1.9390	35	132

9-249 叶蛇纹石(Antigorite)

$3MgO \cdot 2SiO_2 \cdot 2H_2O$, 277.11

Sys.:Orthorhombic S.G.:未知 *Z*:2

a:5.42 *b*:9.238 *c*:7.275 Vol.:364.1

ICSD:暂缺

PDF:02-0100

d	I/I_0	*hkl*
7.2400	100	001
4.6100	40	020
4.1800	20	101
3.8700	10	111
3.6100	100	002
2.5900	20	210
2.5200	90	$\bar{1}31$
2.4400	20	211
2.4100	20	003
2.2300	10	$\bar{1}03$
2.1600	70	$\bar{1}32$
1.8200	40	004
1.7800	30	203
1.7400	30	301
1.5600	50	330
1.5300	50	$\bar{2}04$
1.4600	10	005
1.3100	40	411
1.2800	20	$\bar{4}02$
1.2600	10	163

9-250a 利蛇纹石-1*T*(Lizardite-1*T*)

$(Mg,Al)_3[(Si,Fe)_2O_5](OH)_4$, 277.11

Sys.: Trigonal S.G.: *P*31*m*(157) *Z*: 1

a: 5.3273 *c*: 7.2604 Vol.: 178.45

ICSD: 76914

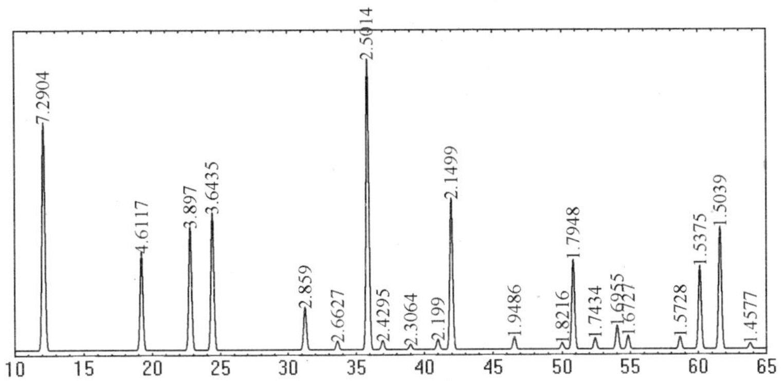

PDF: 50-1625

d	I/I_0	*hkl*
7.2400	100	001
4.6060	10	100
3.8900	7	101
3.6250	59	002
2.8520	2	102
2.6630	1	110
2.4990	29	111
2.4190	3	003
2.1960	1	201
2.1460	12	112
1.9470	1	202
1.8140	1	004
1.7910	7	113
1.7440	1	210
1.6950	1	211
1.6700	1	203
1.5720	1	212
1.5380	9	300
1.5050	5	301
1.5000	6	114

9-250b 利蛇纹石-1*T*(Lizardite-1*T*)

$(Mg,Al)_3[(Si,Fe)_2O_5](OH)_4$, 277.11

ICSD: 76914(续)

Atom		Wcf	*x*	*y*	*z*	Occ
Mg1	Mg^{2+}	3*c*	0.3318(9)	0	0.455(1)	1.0
Si1	Si^{4+}	2*b*	0.3333	0.6667	0.074(1)	1.0
O1	O^{2-}	2*b*	0.3333	0.6667	0.2911	1.0
O2	O^{2-}	3*c*	0.507(2)	0	−0.008(1)	1.0
O3	O^{2-}	3*c*	0.664(2)	0	0.588(1)	1.0
O4	O^{2-}	1*a*	0	0	0.304(2)	1.0
H1	H^+	3*c*	0.583	0	0.732	1.0
H2	H^+	1*a*	0	0	0.197	1.0

PDF: 50-1625(续)

d	I/I_0	*hkl*
1.4520	1	005
1.4260	1	204
1.4160	2	302
1.3320	1	220
1.3100	4	221
1.2980	1	303
1.2760	2	115
1.2600	1	311
1.2510	1	222
1.2290	1	205
1.1670	2	223
1.1020	1	116
1.0740	1	206
1.0560	1	305
0.9970	2	411
0.9820	1	225
0.9710	1	412
0.9670	1	117
0.9520	1	306

9-251a 镁绿泥石-2H_2 (Amesite-2H_2)

$(Mg_2Al)(AlSiO_5)(OH)_4$, 278.68

Sys.: Triclinic S.G.: $P1(1)$ Z: 4

a: 5.299 b: 9.181 c: 14.05 α: 90.06 β: 90.3 γ: 90 Vol.: 341.76

ICSD: 83807

Atom		Wcf	x	y	z	Occ
Al1	Al^{3+}	2a	0.1699(8)	0.1695(4)	0.2341(3)	0.13
Mg1	Mg^{2+}	2a	0.1699(8)	0.1695(4)	0.2341(3)	0.87
Al2	Al^{3+}	2a	0.6663(8)	0.0007(4)	0.2341(3)	0.62
Mg2	Mg^{2+}	2a	0.6663(8)	0.0007(4)	0.2341(3)	0.38
Al3	Al^{3+}	2a	0.6697(7)	0.3322(4)	0.2345(3)	0.15

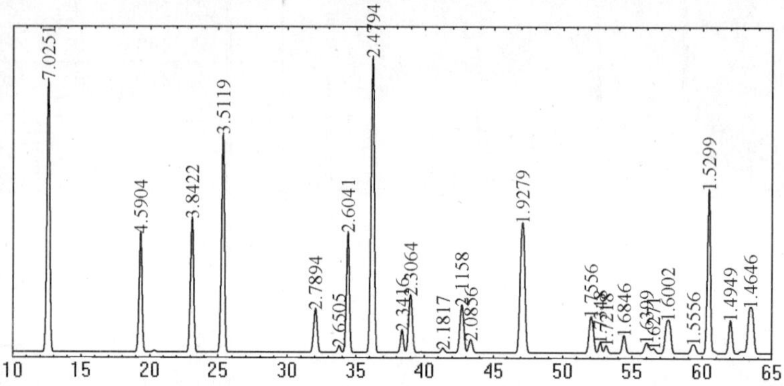

PDF: 87-2057		
d	I/I_0	hkl
14.0498	1	001
7.0249	999	002
4.5905	399	020
4.5905	399	110
4.3622	5	$\bar{1}11$
4.3622	5	021
3.8511	300	$\bar{1}\bar{1}2$
3.8511	300	$\bar{1}12$
3.5125	621	004
3.2845	1	$\bar{1}13$
3.2845	1	$0\bar{2}3$
3.2713	1	$1\bar{1}3$
3.2713	1	113
2.7910	77	$0\bar{2}4$
2.7910	77	024
2.7839	78	$1\bar{1}4$
2.7839	78	114
2.6501	22	130
2.6501	22	200
2.6059	234	$\bar{1}\bar{3}1$

9-251b 镁绿泥石-2H_2 (Amesite-2H_2)

$(Mg_2Al)(AlSiO_5)(OH)_4$, 278.68

ICSD: 83807(续 1)

Atom		Wcf	x	y	z	Occ
Mg3	Mg^{2+}	2a	0.6697(7)	0.3322(4)	0.2345(3)	0.85
Si1	Si^{4+}	2a	0.5000(6)	0.1667(3)	0.0383(3)	0.72
Al4	Al^{3+}	2a	0.5000(6)	0.1667(3)	0.0383(3)	0.28
Si2	Si^{4+}	2a	0.0012(6)	0.3360(4)	0.0388(3)	0.28
Al5	Al^{3+}	2a	0.0012(6)	0.3360(4)	0.0388(3)	0.72
O1	O^{2-}	2a	0.497(1)	0.1632(9)	0.1582(5)	1.0
O2	O^{2-}	2a	−0.003(1)	0.3375(9)	0.1614(6)	1.0
O3	O^{2-}	2a	0.584(1)	0.0036(7)	−0.0023(7)	1.0
O4	O^{2-}	2a	0.215(1)	0.212(1)	−0.0036(7)	1.0
O5	O^{2-}	2a	0.707(1)	0.292(1)	0.0017(8)	1.0
O6	O^{2-}	2a	−0.011(1)	−0.001(1)	0.1615(8)	1.0
O7	O^{2-}	2a	0.330(1)	−0.003(1)	0.3030(8)	1.0
O8	O^{2-}	2a	0.326(1)	0.336(1)	0.3029(5)	1.0
O9	O^{2-}	2a	0.827(1)	0.159(1)	0.303(1)	1.0
Mg4	Mg^{2+}	2a	0.3406(7)	0.3348(4)	0.7342(3)	0.5
Al6	Al^{3+}	2a	0.3406(7)	0.3348(4)	0.7342(3)	0.5
Mg5	Mg^{2+}	2a	0.3430(8)	0.0030(5)	0.7345(3)	0.9

PDF: 87-2057(续 1)		
d	I/I_0	hkl
2.6059	234	131
2.4833	435	$\bar{2}02$
2.4833	435	$\bar{1}32$
2.4747	545	132
2.4747	545	202
2.3955	1	025
2.3955	1	$1\bar{1}5$
2.3416	51	006
2.3112	80	$\bar{2}03$
2.3112	80	$\bar{1}\bar{3}3$
2.3009	105	133
2.3009	105	203
2.2656	2	$0\bar{4}1$
2.2656	2	041
2.1845	6	$\bar{2}\bar{2}2$
2.1845	6	$\bar{2}22$
2.1780	7	$2\bar{2}2$
2.1780	7	222
2.1191	57	$\bar{1}\bar{3}4$
2.1191	57	$\bar{1}34$

9-251c 镁绿泥石-2H_2 (Amesite-2H_2)

$(Mg_2Al)(AlSiO_5)(OH)_4$，278.68

ICSD:83807(续 2)

Atom		Wcf	x	y	z	Occ
Al7	Al^{3+}	2a	0.3430(8)	0.0030(5)	0.7345(3)	0.1
Mg6	Mg^{2+}	2a	0.8409(7)	0.1706(4)	0.7343(3)	0.5
Al8	Al^{3+}	2a	0.8409(7)	0.1706(4)	0.7343(3)	0.5
Si4	Si^{4+}	2a	0.5097(7)	0.1706(4)	0.5390(3)	0.28
Al9	Al^{3+}	2a	0.5097(7)	0.1706(4)	0.5390(3)	0.72
Si5	Si^{4+}	2a	0.0083(6)	0.3344(4)	0.5386(3)	0.72
Al10	Al^{3+}	2a	0.0083(6)	0.3344(4)	0.5386(3)	0.28
O10	O^{2-}	2a	0.519(1)	0.178(1)	0.662(1)	1.0
O11	O^{2-}	2a	0.018(1)	0.333(1)	0.6581(6)	1.0
O12	O^{2-}	2a	0.429(1)	0.0003(7)	0.5001(7)	1.0
O13	O^{2-}	2a	0.290(1)	0.290(1)	0.4960(7)	1.0
O14	O^{2-}	2a	0.799(1)	0.213(1)	0.4972(8)	1.0
O15	O^{2-}	2a	0.007(1)	0.004(1)	0.6627(9)	1.0
O16	O^{2-}	2a	0.179(1)	0.177(1)	0.8037(9)	1.0
O17	O^{2-}	2a	0.191(1)	0.505(1)	0.8040(9)	1.0
O18	O^{2-}	2a	0.677(1)	0.333(1)	0.8047(9)	1.0

PDF:87-2057(续 2)

d	I/I_0	hkl
2.1119	72	134
2.1119	72	204
2.0892	15	$\bar{1}\bar{1}6$
2.0892	15	$\bar{1}16$
2.0824	22	$1\bar{1}6$
2.0824	22	116
2.0565	1	$2\bar{2}3$
2.0565	1	223
2.0071	1	007
1.9313	147	$\bar{1}\bar{3}5$
1.9313	147	$\bar{1}35$
1.9246	195	135
1.9246	195	205
1.8417	1	$\bar{1}17$
1.8417	1	$0\bar{2}7$
1.8383	1	027
1.8383	1	117
1.7578	46	$\bar{1}\bar{3}6$
1.7578	46	$\bar{1}36$
1.7500	51	136

9-251d 镁绿泥石-2H_2 (Amesite-2H_2)

$(Mg_2Al)(AlSiO_5)(OH)_4$，278.68

ICSD:83807(续 3)

Atom		Wcf	x	y	z	Occ
H1	H^+	2a	0.984	0.998	0.089	1.0
H2	H^+	2a	0.353	0.969	0.371	1.0
H3	H^+	2a	0.308	0.325	0.374	1.0
H4	H^+	2a	0.846	0.169	0.378	1.0
H5	H^+	2a	0.006	0.004	0.588	1.0
H6	H^+	2a	0.19	0.197	0.876	1.0
H7	H^+	2a	0.162	0.505	0.878	1.0
H8	H^+	2a	0.685	0.315	0.876	1.0

PDF:87-2057(续 3)

d	I/I_0	hkl
1.7500	51	206
1.7345	22	240
1.7345	22	$\bar{3}10$
1.7226	12	$\bar{2}\bar{4}1$
1.7226	12	241
1.6859	24	$\bar{3}12$
1.6859	24	$\bar{1}\bar{5}2$
1.6833	22	152
1.6833	22	312
1.6431	11	$\bar{2}\bar{2}6$
1.6431	11	$\bar{2}26$
1.6400	14	$0\bar{4}6$
1.6400	14	046
1.6357	12	$2\bar{2}6$
1.6357	12	226
1.6290	6	$\bar{2}\bar{4}3$
1.6290	6	$\bar{2}43$
1.6255	6	153
1.6255	6	313
1.6039	37	$\bar{2}07$

9-252a 叶腊石-1*A*(Pyrophyllite-1*A*)

$Al_2Si_4O_{10}(OH)_2$，360.31

Sys.:Triclinic S.G.:$P\bar{1}$(2) *Z*:2

a:5.161 *b*:8.957 *c*:9.351 *α*:91.03 *β*:100.37 *γ*:89.75 Vol.:212.57

ICSD:30118

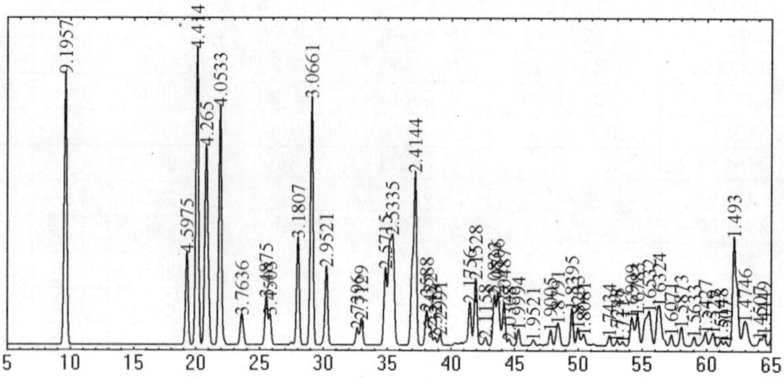

PDF:25-0022		
d	I/I_0	*hkl*
9.2000	90	001
4.6000	30	002
4.4200	100	110
4.2600	80	$\bar{1}\bar{1}1$
4.2300	80	$\bar{1}11$
4.0600	55	$0\bar{2}1$
3.7700	8	$1\bar{1}1$
3.4900	6	$\bar{1}\bar{1}2$
3.4500	6	$\bar{1}12$
3.1800	20	022
3.0700	85	003
2.9530	17	112
2.7410	5	$\bar{1}\bar{1}3$
2.7100	8	$\bar{1}13$
2.5690	25	$\bar{2}01$
2.5470	25	$0\bar{2}3$
2.5320	35	$\bar{1}31$
2.4160	75	$\bar{2}02$
2.3590	6	$1\bar{1}3$
2.3410	4	201

9-252b 叶腊石-1*A*(Pyrophyllite-1*A*)

$Al_2Si_4O_{10}(OH)_2$，360.31

ICSD:30118(续)

Atom		Wcf	*x*	*y*	*z*	Occ
Al1	Al^{3+}	4*i*	0.5	0.167	0	1.0
Si1	Si^{4+}	4*i*	0.748	0	0.289	1.0
Si2	Si^{4+}	4*i*	0.759	0.331	0.289	1.0
O1	O^{2-}	4*i*	0.671	0.004	0.113	1.0
O2	O^{2-}	4*i*	0.721	0.319	0.113	1.0
O3	O^{2-}	4*i*	0.221	0.186	0.113	1.0
O4	O^{2-}	4*i*	0.055	0.387	0.353	1.0
O5	O^{2-}	4*i*	0.724	0.167	0.353	1.0
O6	O^{2-}	4*i*	0.55	0.448	0.336	1.0

PDF:25-0022(续)		
d	I/I_0	*hkl*
2.3220	2	$\bar{1}32$
2.3000	5	004
2.2220	1	$\bar{2}21$
2.2090	1	220
2.1950	1	$\bar{1}\bar{1}4$
2.1720	14	$\bar{1}14$
2.1520	18	132
2.1160	2	$\bar{2}22$
2.0830	15	$\bar{1}\bar{3}3$
2.0700	15	202
2.0540	16	$0\bar{2}4$
2.0260	3	$0\bar{4}2$
1.9980	3	042
1.9520	1	$\bar{2}\bar{2}3$
1.9000	4	$1\bar{3}3$
1.8830	4	$2\bar{2}2$
1.8750	4	133
1.8410	12	005
1.8230	2	$0\bar{4}3$
1.8120	3	$\bar{1}\bar{3}4$

9-253a 叶腊石-2*M*(Pyrophyllite-2*M*)

$Al_2Si_4O_{10}(OH)_2$, 360.31

Sys.: Monoclinic S.G.: *A*2/*a*(15) *Z*: 4

a: 5.175 *b*: 8.902 *c*: 18.673 *β*: 100.1 Vol.: 846.89

ICSD: 26742

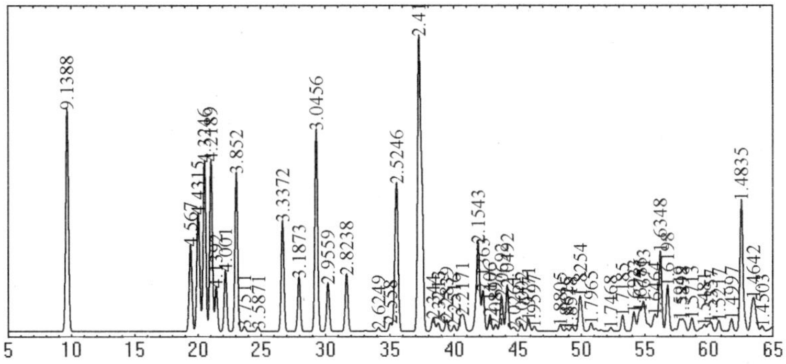

PDF: 46-1308

d	I/I_0	*hkl*
9.1670	82	002
4.5900	52	004
4.4440	13	020
4.2430	10	$\bar{1}12$
4.1720	9	111
3.3410	19	113
3.0620	100	006
2.5700	7	$\bar{1}31$
2.5490	8	200
2.5310	11	$\bar{1}32$
2.4250	9	$\bar{1}17$
2.4110	12	132
2.4110	12	$\bar{2}04$
2.2970	6	008
2.1650	4	042
2.1580	4	221
2.1480	5	$\bar{2}06$
2.0840	6	222
2.0610	5	$\bar{1}36$
1.8910	3	045

9-253b 叶腊石-2*M*(Pyrophyllite-2*M*)

$Al_2Si_4O_{10}(OH)_2$, 360.31

ICSD: 26742(续)

Atom		Wcf	*x*	*y*	*z*	Occ
Al1	Al^{3+}	8*f*	0	0.333	0	1.0
O1	O^{2-}	8*f*	0.203	0.5	0.058	1.0
O2	O^{2-}	8*f*	0.203	0.167	0.058	1.0
O3	O^{2-}	8*f*	0.203	−0.167	0.058	1.0
O4	O^{2-}	8*f*	0.025	0.083	0.176	1.0
O5	O^{2-}	8*f*	−0.475	0.083	0.176	1.0
O6	O^{2-}	8*f*	0.275	0.333	0.176	1.0
Si1	Si^{4+}	8*f*	−0.239	0	0.143	1.0
Si2	Si^{4+}	8*f*	0.261	0.167	0.143	1.0

PDF: 46-1308(续)

d	I/I_0	*hkl*
1.8910	3	136
1.8380	10	$00\underline{10}$
1.8380	10	$\bar{2}27$
1.6870	3	$\bar{2}41$
1.6870	3	$\bar{3}13$
1.6440	5	$\bar{1}1\underline{11}$
1.6440	5	$\bar{1}53$
1.6310	5	$\bar{2}0\underline{10}$
1.6310	5	$\bar{2}29$
1.4940	6	155
1.4940	6	$\bar{2}47$
1.4890	6	314
1.4700	3	330
1.4700	3	$\bar{3}34$
1.4370	2	156
1.4370	2	$\bar{2}48$
1.4240	2	332
1.3830	5	$11\underline{12}$
1.3790	4	$20\underline{10}$
1.3790	4	$\bar{3}37$

9-254a 滑石-1*A*(Talc-1*A*)

$Mg_3(Si_2O_5)_2(OH)_2$, 379.27

Sys.: Triclinic S.G.: $P\bar{1}$(2) *Z*: 2

a: 5.293 *b*: 9.179 *c*: 9.469 *α*: 90.57 *β*: 98.91 *γ*: 90.03 Vol.: 227.24

ICSD: 100682

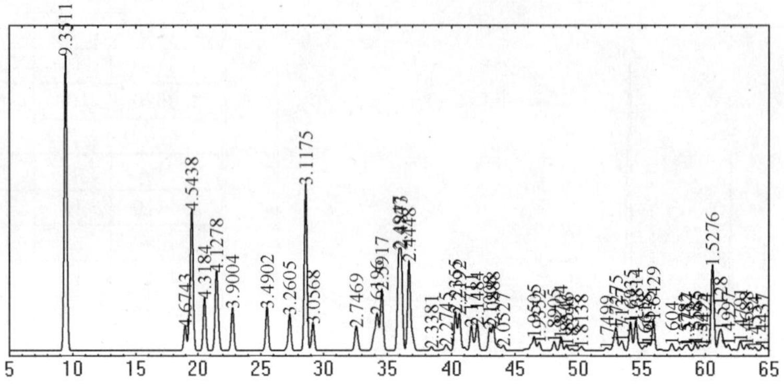

PDF: 73-0147

d	I/I_0	*hkl*
9.3543	999	001
4.6771	126	002
4.5893	108	020
4.5394	429	$\bar{1}10$
4.5394	429	110
4.3279	163	$\bar{1}\bar{1}1$
4.3279	163	$\bar{1}11$
4.1368	236	$0\bar{2}1$
4.1037	90	021
3.8961	132	$1\bar{1}1$
3.4948	123	$\bar{1}12$
3.2925	8	$0\bar{2}2$
3.2592	97	022
3.1181	464	003
3.0677	14	$1\bar{1}2$
3.0517	78	112
2.7558	53	$\bar{1}\bar{1}3$
2.7429	25	$\bar{1}13$
2.6383	44	$\bar{1}30$
2.6383	44	130

9-254b 滑石-1*A*(Talc-1*A*)

$Mg_3(Si_2O_5)_2(OH)_2$, 379.27

ICSD: 100682(续)

Atom		Wcf	*x*	*y*	*z*	Occ
Si1	Si^{4+}	4*i*	0.24527(7)	0.50259(4)	0.29093(3)	1.0
Si2	Si^{4+}	4*i*	0.24590(7)	0.83587(4)	0.29108(3)	1.0
Mg1	Mg^{2+}	2*a*	0	0	0	1.0
Mg2	Mg^{2+}	4*i*	0.50012(8)	0.83332(5)	0.99994(4)	1.0
O1	O^{2-}	4*i*	0.1991(2)	0.8344(1)	0.1176(1)	1.0
O2	O^{2-}	4*i*	0.6970(2)	0.6674(1)	0.1126(1)	1.0
O3	O^{2-}	4*i*	0.1980(2)	0.5012(1)	0.1176(1)	1.0
O4	O^{2-}	4*i*	0.0199(1)	0.9287(1)	0.3481(1)	1.0
O5	O^{2-}	4*i*	0.5202(2)	0.9109(1)	0.3481(1)	1.0
O6	O^{2-}	4*i*	0.2429(2)	0.6699(1)	0.3484(1)	1.0
H1	H^+	4*i*	0.719(4)	0.669(3)	0.203(2)	1.0

PDF: 73-0147(续)

d	I/I_0	*hkl*
2.6257	62	$\bar{2}01$
2.6146	69	200
2.5989	78	$1\bar{3}1$
2.5911	128	$0\bar{2}3$
2.5911	128	$\bar{1}31$
2.4985	233	$1\bar{3}1$
2.4835	245	131
2.4495	222	$\bar{2}02$
2.4289	35	$1\bar{1}3$
2.4226	24	201
2.4176	16	113
2.3729	2	$\bar{1}32$
2.3386	4	004
2.2946	1	040
2.2798	7	$\bar{2}\bar{2}1$
2.2798	7	$\bar{2}21$
2.2738	5	$\bar{2}20$
2.2697	5	220
2.2355	81	$1\bar{3}2$
2.2355	81	$0\bar{4}1$

9-255a 滑石-2*M*(Talc-2*M*)

$Mg_3Si_4O_{10}(OH)_2$，379.27

Sys.:Monoclinic S.G.:*A*2/*a*(15) *Z*:4

a:5.287 *b*:9.158 *c*:18.95 *β*:99.5 Vol.:904.94

ICSD:26741

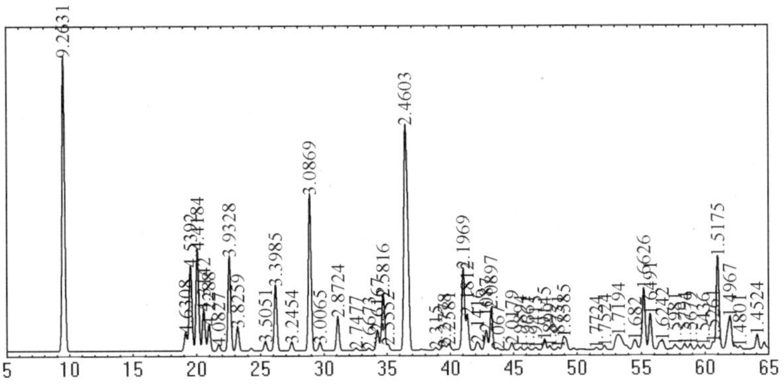

PDF:13-0558

d	*I*/*I*₀	*hkl*
9.3400	100	002
4.6600	90	004
4.5500	30	$\bar{1}11$
3.5100	4	$\bar{1}14$
3.4300	1	113
3.1160	100	006
2.8920	1	025
2.6290	12	$\bar{2}02$
2.5950	30	$\bar{1}32$
2.4760	65	132
2.3350	16	008
2.2120	20	221
2.1960	10	$\bar{2}06$
2.1220	8	204
2.1030	20	$\bar{1}36$
1.9300	6	224
1.8700	40	$00\underline{10}$
1.7250	2	$\bar{2}42$
1.6820	20	152
1.5570	20	$00\underline{12}$

9-255b 滑石-2*M*(Talc-2*M*)

$Mg_3Si_4O_{10}(OH)_2$，379.27

ICSD:26741(续)

Atom		Wcf	*x*	*y*	*z*	Occ
Mg1	Mg^{2+}	4*a*	0	0	0	1.0
Mg2	Mg^{2+}	8*f*	0	0.333	0	1.0
O1	O^{2-}	8*f*	0.203	0.5	0.058	1.0
O2	O^{2-}	8*f*	0.203	0.167	0.058	1.0
O3	O^{2-}	8*f*	0.203	−0.167	0.058	1.0
O4	O^{2-}	8*f*	0.025	0.083	0.176	1.0
O5	O^{2-}	8*f*	−0.475	0.083	0.176	1.0
O6	O^{2-}	8*f*	0.275	0.333	0.176	1.0
Si1	Si^{4+}	8*f*	−0.239	0	0.143	1.0
Si2	Si^{4+}	8*f*	0.261	0.167	0.143	1.0

PDF:13-0558(续)

d	*I*/*I*₀	*hkl*
1.5270	40	060
1.5090	10	330
1.4600	8	332
1.4060	16	316
1.3940	20	$\bar{1}3\underline{12}$
1.3360	16	335
1.3180	10	248
1.2970	10	$\bar{2}64$
1.2690	10	170
1.1690	6	$\bar{3}58$

9-256a 白云母-1*M*(Muscovite-1*M*)

$KMgAlSi_4O_{10}(OH)_2$, 396.74

Sys.: Monoclinic S.G.: *A*2/*m*(12) *Z*: 2

a: 5.208 *b*: 9.006 *c*: 10.071 *β*: 101 Vol.: 463.68

ICSD: 63123

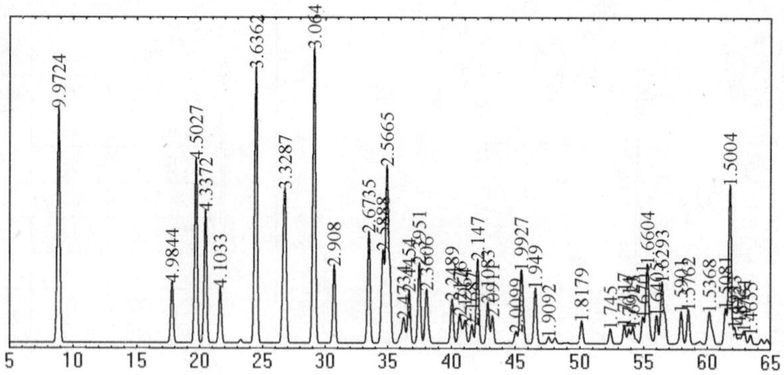

PDF: 21-0993

d	I/I_0	*hkl*
9.9100	85	001
4.9500	30	002
4.5000	100	020
4.3300	45	$\bar{1}11$
4.1000	18	021
3.8200	2	111
3.6200	65	$\bar{1}12$
3.3300	55	022
3.2900	55	003
3.0600	65	112
2.8870	18	$\bar{1}13$
2.6570	30	023
2.5870	50	130
2.5640	75	$\bar{1}31$
2.4710	6	$\bar{2}02$
2.4470	10	131
2.3890	40	$\bar{1}32$
2.3700	25	201
2.2500	18	$\bar{2}21$
2.2250	12	220

9-256b 白云母-1*M*(Muscovite-1*M*)

$KMgAlSi_4O_{10}(OH)_2$, 396.74

ICSD: 63123(续)

Atom		Wcf	*x*	*y*	*z*	Occ
K1	K^+	2*d*	0.5	0	0.5	0.8
Na1	Na^+	2*d*	0.5	0	0.5	0.02
Ca1	Ca^{2+}	2*d*	0.5	0	0.5	0.01
Si1	Si^{4+}	8*j*	0.41719(61)	0.67072(57)	0.26981(43)	0.853
Al1	Al^{3+}	8*j*	0.41719(61)	0.67072(57)	0.26981(43)	0.147
Al2	Al^{3+}	4*g*	0	0.66689(52)	0	0.83
Fe1	Fe^{3+}	4*g*	0	0.66689(52)	0	0.03
Fe2	Fe^{2+}	4*g*	0	0.66689(52)	0	0.01
Mg1	Mg^{2+}	4*g*	0	0.66689(52)	0	0.15
O1	O^{2-}	4*i*	0.41891(84)	0	0.10528(82)	1.0
O2	O^{2-}	8*j*	0.34809(94)	0.69131(72)	0.10971(63)	1.0
O3	O^{2-}	4*i*	0.48142(87)	0.5	0.31989(65)	1.0
O4	O^{2-}	8*j*	0.17221(92)	0.72790(71)	0.33460(65)	1.0
H1	H^+	4*i*	0.212	0	0.141	1.0

PDF: 21-0993(续)

d	I/I_0	*hkl*
2.1940	16	041
2.1680	4	024
2.1370	16	$\bar{1}33$
2.1100	2	202
2.0940	4	221
1.9760	20	$\bar{2}04$
1.9450	8	133
1.8060	6	$\bar{2}24$
1.7040	8	$\bar{3}11$
1.6910	2	$\bar{1}51$
1.6710	2	310
1.6660	2	044
1.6500	20	$\bar{1}35$
1.5880	6	$\bar{2}43$
1.5420	2	242
1.5020	35	312
1.4840	4	061

9-257a 白云母-2M_1 (Muscovite-2M_1)

$H_2KAl_3(SiO_4)_3$, 398.31

Sys.: Monoclinic S.G.: $A2/a$(15) Z:4

a:5.18 b:9.02 c:20.04 β:95.5 Vol.:932.03

ICSD:30297

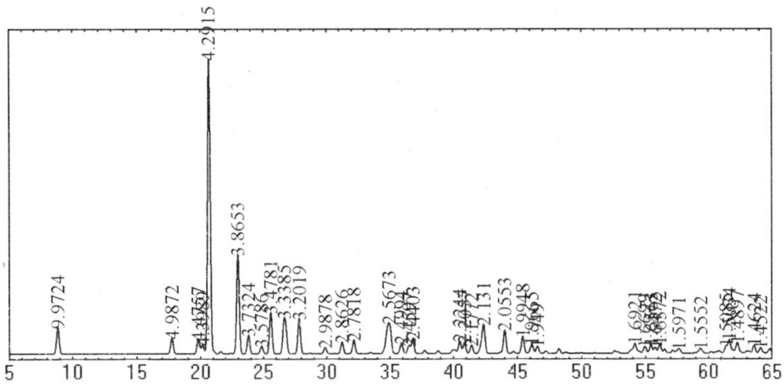

PDF:1-1098

d	I/I_0	hkl
9.9000	60	002
5.0000	27	004
4.4700	53	110
3.8800	20	$\bar{1}13$
3.7200	13	023
3.4900	13	$\bar{1}14$
3.3300	33	006
3.1900	20	114
2.9900	47	025
2.8600	27	115
2.7900	20	$\bar{1}16$
2.5600	100	131
2.4700	27	$\bar{1}33$
2.3800	20	133
2.2800	7	$\bar{1}18$
2.2100	20	204
2.1300	53	135
1.9900	40	029
1.7200	7	$\bar{1}39$
1.6400	20	312

9-257b 白云母-2M_1 (Muscovite-2M_1)

$H_2KAl_3(SiO_4)_3$, 398.31

ICSD:30297(续)

Atom		Wcf	x	y	z	Occ
Si1	Si^{4+}	8f	0.033	0.417	0.135	0.75
Si2	Si^{4+}	8f	0.033	0.25	0.135	0.75
Al1	Al^{3+}	8f	0.033	0.417	0.135	0.25
Al2	Al^{3+}	8f	0.033	0.25	0.135	0.25
Al3	Al^{3+}	8f	0.25	0.083	0	1.0
K1	K^+	4e	0	0.083	0.25	1.0
O1	O^{2-}	8f	0.063	0.083	0.056	1.0
O2	O^{2-}	8f	0.063	0.417	0.056	1.0
O3	O^{2-}	8f	0.063	0.25	0.056	1.0
O4	O^{2-}	8f	0.478	0.083	0.164	1.0
O5	O^{2-}	8f	0.228	0.167	0.164	1.0
O6	O^{2-}	8f	0.228	0.333	0.164	1.0

PDF:1-1098(续)

d	I/I_0	hkl
1.5000	33	$\bar{2}47$

9-258a 白云母-$2M_2$ (Muscovite-$2M_2$)

$K_{0.77}Al_{1.93}(Al_{0.5}Si_{3.5})O_{10}(OH)_2$, 387.98

Sys.: Monoclinic S.G.: $A2/a$(15) Z: 4

a: 8.965 b: 5.175 c: 20.31 β: 100.67 Vol.: 925.97

ICSD: 4368

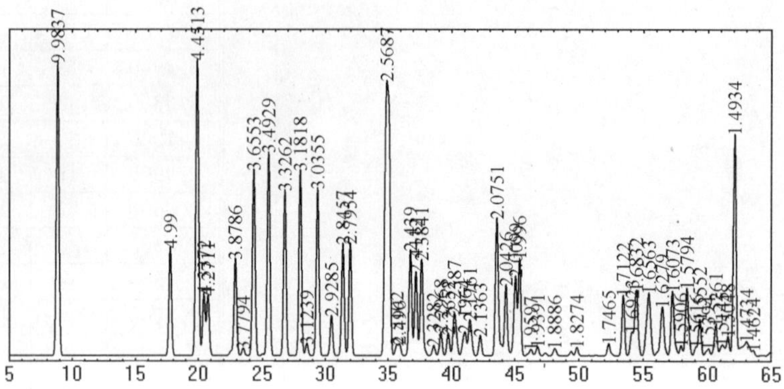

PDF: 70-1869

d	I/I_0	hkl
9.9794	999	002
4.9897	454	004
4.4443	823	$\bar{1}11$
4.3375	226	$\bar{2}02$
4.2702	200	111
3.9382	20	112
3.8779	305	$\bar{1}13$
3.7796	31	202
3.6551	578	$\bar{2}04$
3.5548	12	113
3.4929	635	$\bar{1}14$
3.3265	473	006
3.1812	546	114
3.1242	44	$\bar{1}15$
3.0352	466	204
2.9281	109	$\bar{2}06$
2.8454	304	115
2.7955	291	$\bar{1}16$
2.5760	493	$\bar{3}12$
2.5660	564	021

9-258b 白云母-$2M_2$ (Muscovite-$2M_2$)

$K_{0.77}Al_{1.93}(Al_{0.5}Si_{3.5})O_{10}(OH)_2$, 387.98

ICSD: 4368(续)

Atom		Wcf	x	y	z	Occ
K1	K^+	4e	0	0.0921(17)	0.25	0.77
Al1	Al^{3+}	8f	0.090(1)	0.2468(16)	0.0040(9)	0.965
Si1	Si^{4+}	8f	0.1248(7)	0.5670(15)	0.1348(8)	1.0
Si2	Si^{4+}	8f	0.2964(7)	0.0986(15)	0.1339(7)	0.75
Al2	Al^{3+}	8f	0.2964(7)	0.0986(15)	0.1339(7)	0.25
O1	O^{2-}	8f	−0.0522(12)	0.0657(23)	0.0524(10)	1.0
O2	O^{2-}	8f	0.0853(7)	0.5629(23)	0.054(1)	1.0
O3	O^{2-}	8f	0.2697(16)	0.1313(22)	0.0539(7)	1.0
O4	O^{2-}	8f	0.1941(15)	0.3139(22)	0.1688(8)	1.0
O5	O^{2-}	8f	0.4788(11)	0.1294(20)	0.1675(7)	1.0
O6	O^{2-}	8f	0.2570(14)	−0.1986(26)	0.1571(11)	1.0

PDF: 70-1869(续)

d	I/I_0	hkl
2.5541	555	116
2.5541	555	310
2.5243	15	$\bar{3}13$
2.5119	34	$\bar{1}17$
2.5047	28	022
2.4949	52	008
2.4384	264	$\bar{3}14$
2.4115	215	023
2.3838	242	312
2.3669	19	$\bar{2}08$
2.3283	34	$\bar{3}15$
2.2970	69	024
2.2655	64	313
2.2406	84	$\bar{2}21$
2.2406	84	$\bar{4}02$
2.2311	54	220
2.2221	27	$\bar{2}22$
2.2025	27	$\bar{3}16$
2.2025	27	400
2.1947	54	221

9-259 钠云母-1*M*(Paragonite-1*M*)

$NaAl_2(AlSi_3)O_{10}(OH)_2$, 382.2

Sys.: Monoclinic S.G.: *A*2/*m*(12) *Z*: 2

a: 5.139 *b*: 8.885 *c*: 9.75 *β*: 98.87 Vol.: 439.86

ICSD: 200065

Atom		Wcf	*x*	*y*	*z*	Occ
Al1	Al^{3+}	4*g*	0	0.322(1)	0	1.0
Si1	Si^{4+}	8*j*	0.420(2)	0.330(1)	0.280(1)	0.7725
Al2	Al^{3+}	8*j*	0.420(2)	0.330(1)	0.280(1)	0.2275
Na1	Na^{+}	2*d*	0.5	0	0.5	0.91
O1	O^{2-}	4*i*	0.391(4)	0	0.104(2)	1.0
O2	O^{2-}	8*j*	0.365(4)	0.324(2)	0.112(2)	1.0
O3	O^{2-}	4*i*	0.031(4)	0	0.334(2)	1.0
O4	O^{2-}	8*j*	0.140(4)	0.302(2)	0.344(2)	1.0

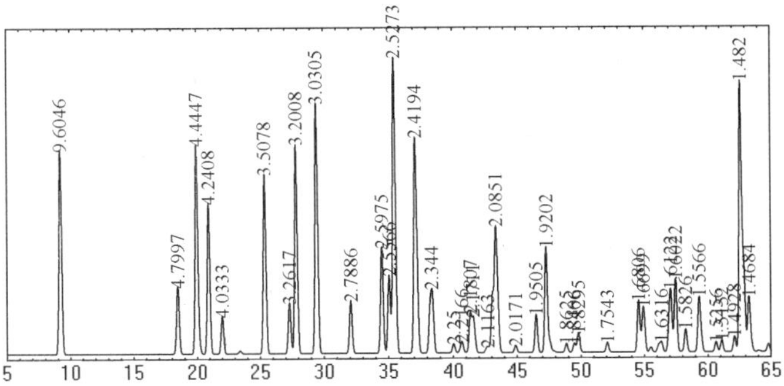

PDF: 24-1047

d	I/I_0	*hkl*
9.6700	80	001
4.8200	50	002
4.4400	35	020
4.2400	20	$\bar{1}11$
4.0300	4	021
3.5000	18	$\bar{1}12$
3.2100	100	003
3.0600	30	112
2.7780	6	$\bar{1}13$
2.6020	8	023
2.5570	12	130
2.5230	20	$\bar{1}31$
2.4260	10	131
2.3640	4	201
2.3360	4	$\bar{1}32$
2.1640	4	041
2.1160	4	202
2.0830	6	$\bar{1}33$
1.9279	25	005
1.6851	4	115

9-260a 钠云母-2M_1(Paragonite-2M_1)

$NaAl_2(AlSi_3O_{10})(OH)_2$, 382.2

Sys.: Monoclinic S.G.: *A*2/*a*(15) *Z*: 4

a: 5.15 *b*: 8.88 *c*: 19.28 *β*: 94.43 Vol.: 879.57

ICSD: 30663

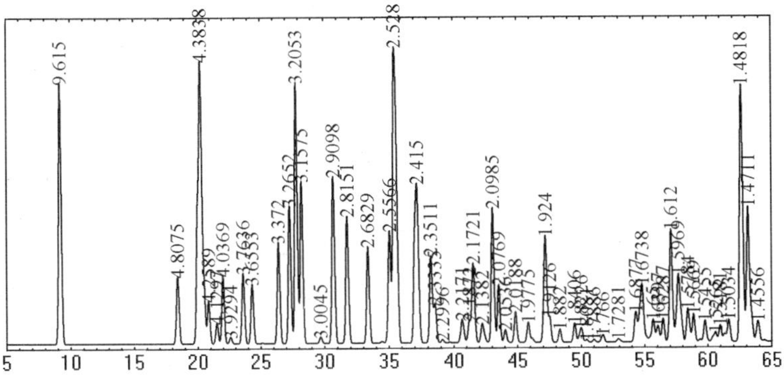

PDF: 12-0165

d	I/I_0	*hkl*
9.7000	80	002
4.9000	60	004
4.4400	100	110
4.2700	40	111
4.1500	20	$\bar{1}12$
4.0600	60	022
3.7900	60	$\bar{1}13$
3.6800	60	023
3.4800	20	—
3.3900	50	$\bar{1}14$
3.3000	50	024
3.2200	60	006
3.1800	50	114
2.9210	70	025
2.8310	70	115
2.7060	60	$\bar{1}16$
2.5710	60	$\bar{1}31$
2.5360	90	116
2.4300	80	202
2.3560	60	027

9-260b 钠云母-2M_1(Paragonite-2M_1)

$NaAl_2(AlSi_3O_{10})(OH)_2$, 382.2

ICSD:30663(续)

Atom		Wcf	x	y	z	Occ
Al1	Al^{3+}	8f	0.9528(3)	0.4288(2)	0.1409(1)	0.25
Si1	Si^{4+}	8f	0.9528(2)	0.4288(2)	0.1409(1)	0.75
Al2	Al^{3+}	8f	0.4401(3)	0.2578(2)	0.1409(1)	0.25
Si2	Si^{4+}	8f	0.4401(3)	0.2578(2)	0.1409(1)	0.75
Al3	Al^{3+}	8f	0.2499(3)	0.0832(2)	−0.00002(10)	1.0
Na1	Na^{+}	4e	0	0.0941(5)	0.25	1.0
O1	O^{2-}	8f	0.9574(7)	0.4439(7)	0.0554(2)	1.0
O2	O^{2-}	8f	0.3795(7)	0.2516(4)	0.0554(2)	1.0
O3	O^{2-}	8f	0.3739(8)	0.0914(5)	0.1743(2)	1.0
O4	O^{2-}	8f	0.7491(8)	0.2960(4)	0.1628(2)	1.0
O5	O^{2-}	8f	0.2475(8)	0.3818(4)	0.1748(2)	1.0
O6	O^{2-}	8f	0.9518(7)	0.0628(4)	0.0512(2)	1.0
H1	H^{+}	8f	0.8866	0.1458	0.0706	1.0

PDF:12-0165(续)

d	I/I_0	hkl
2.2220	30	041
2.1860	60	$\bar{1}35$
2.1460	20	$\bar{2}23$
2.1030	60	135
2.0670	20	118
2.0270	30	044
1.9890	30	$\bar{1}19$
1.9330	60	045
1.8950	20	$\bar{2}26$
1.8340	30	$\bar{2}08$
1.7440	20	047
1.7280	10	138
1.6870	50	150
1.6580	20	$\bar{3}13$
1.6390	20	0211
1.6160	60	$\bar{2}44$
1.5830	30	154
1.5490	20	049
1.5140	20	$\bar{1}56$
1.4860	80	$\bar{3}31$

9-261a 绿鳞石-1M(Celadonite-1M)

$K(Mg,Fe,Al)_2(Si,Al)_4O_{10}(OH)_2$, 394.06

Sys.:Monoclinic S.G.:$A2/m$(12) Z:2

a:5.23 b:9.06 c:10.13 β:100.9 Vol.:471.34

ICSD:200064

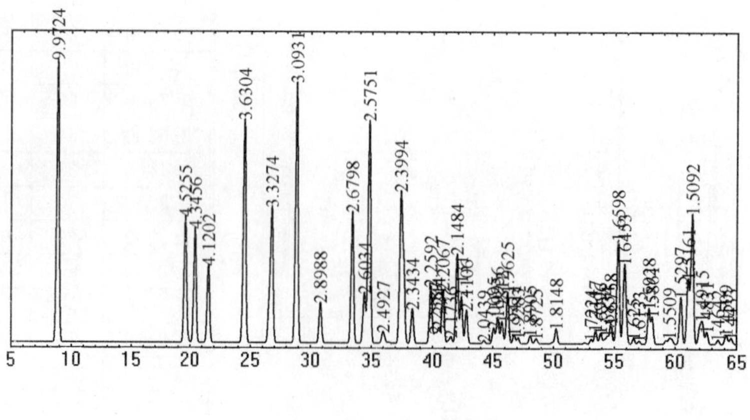

PDF:17-0521

d	I/I_0	hkl
9.9700	45	001
4.5300	85	020
4.3500	40	$\bar{1}11$
4.1400	35	021
3.6400	80	$\bar{1}12$
3.3500	60	022
3.3200	70	003
3.0900	80	112
2.9000	10	$\bar{1}13$
2.6780	75	023
2.6040	70	130
2.5800	100	$\bar{1}31$
2.4020	75	$\bar{1}32$
2.2640	20	040
2.2090	25	041
2.1480	30	$\bar{1}33$
2.0920	10	221
1.6500	15	$\bar{1}52$
1.5090	60	$\bar{3}31$

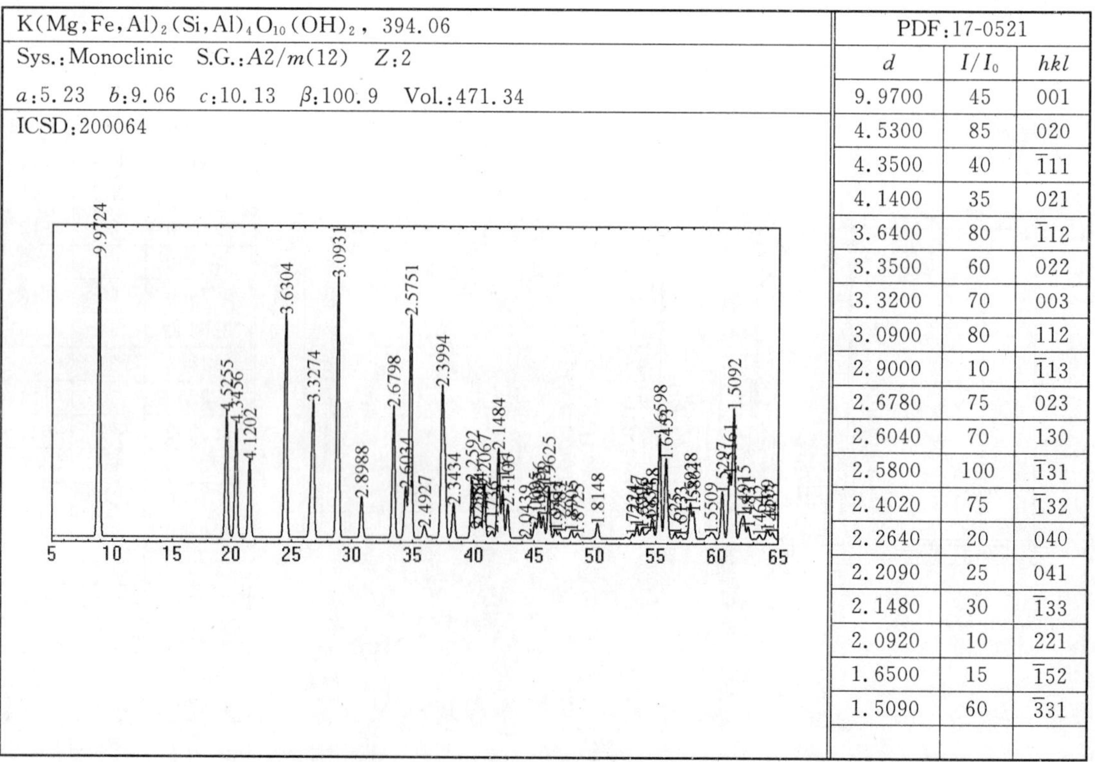

9-261b 绿鳞石-1*M*(Celadonite-1*M*)

$K(Mg,Fe,Al)_2(Si,Al)_4O_{10}(OH)_2$, 394.06

ICSD:200064(续)

Atom		Wcf	*x*	*y*	*z*	Occ
Fe1	Fe^{3+}	4*g*	0.5	0.1648(9)	0	0.55
Fe2	Fe^{2+}	4*g*	0.5	0.1648(9)	0	0.2
Mg1	Mg^{2+}	4*g*	0.5	0.1648(9)	0	0.25
Si1	Si^{4+}	8*j*	0.421(2)	0.3326(10)	0.275(2)	1.0
K1	K^{+}	2*d*	0.5	0	0.5	1.0
O1	O^{2-}	8*j*	0.367(3)	0.324(2)	0.111(3)	1.0
O2	O^{2-}	4*i*	0.386(3)	0	0.116(3)	1.0
O3	O^{2-}	8*j*	0.187(3)	0.254(2)	0.338(3)	1.0
O4	O^{2-}	4*i*	0.445(3)	0.5	0.338(3)	1.0

PDF:17-0521(续)

d	I/I_0	*hkl*

9-262a 金云母-1*M*(Phlogopite-1*M*)

$KMg_3(AlSi_3O_{10})(OH)_2$, 417.26

Sys.:Monoclinic S.G.:$A2/m$(12) *Z*:2

a:5.387 *b*:9.324 *c*:10.054 *β*:97.03 Vol.:501.2

ICSD:67630

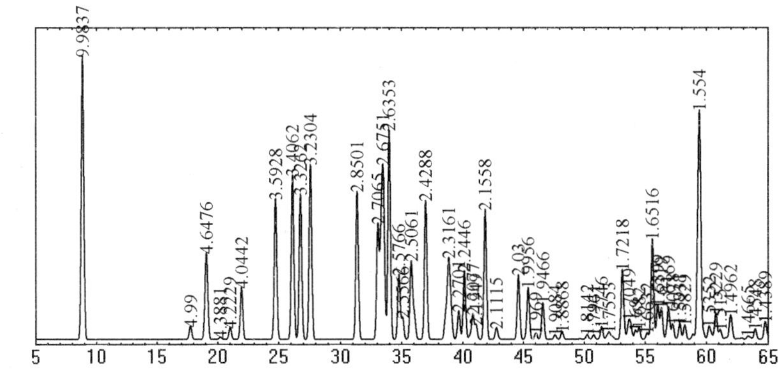

PDF:79-2364

d	I/I_0	*hkl*
9.9784	999	001
4.9892	76	002
4.6620	173	020
4.6381	251	110
4.3878	9	$\bar{1}11$
4.2238	42	021
4.0450	182	111
3.5925	442	$\bar{1}12$
3.4063	504	022
3.3261	411	003
3.2303	513	112
2.8500	390	$\bar{1}13$
2.7077	294	023
2.6870	271	130
2.6733	413	200
2.6650	292	$\bar{2}01$
2.6356	574	$\bar{1}31$
2.5765	159	113
2.5554	48	131
2.5066	195	201

9-262b 金云母-1M(Phlogopite-1M)

$KMg_3(AlSi_3O_{10})(OH)_2$，417.26

ICSD:67630(续)

Atom		Wcf	x	y	z	Occ
Si1	Si^{4+}	8j	0.0634	0.3338	0.2274	0.75
Al1	Al^{3+}	8j	0.0634	0.3338	0.2274	0.25
Mg1	Mg^{2+}	2d	0	0.5	0.5	1.0
Mg2	Mg^{2+}	4h	0	0.1745	0.5	1.0
K1	K^{+}	2a	0	0	0	1.0
O1	O^{2-}	8j	0.3064	0.2661	0.1682	1.0
O2	O^{2-}	4i	0.0061	0.5	0.1666	1.0
O3	O^{2-}	8j	0.1277	0.3352	0.394	1.0
O4	O^{2-}	4i	0.1158	0	0.3818	1.0
H1	H^{+}	4i	0.069	0	0.2844	1.0

PDF:79-2364(续)

d	I/I_0	hkl
2.4946	77	004
2.4864	61	$\bar{2}02$
2.4289	358	$\bar{1}32$
2.3310	55	040
2.3190	115	220
2.3137	148	$\bar{2}21$
2.3072	117	132
2.3013	59	$\bar{1}14$
2.2699	68	041
2.2447	153	202
2.2206	15	$\bar{2}03$
2.2078	65	221
2.1995	38	024
2.1939	39	$\bar{2}22$
2.1560	289	$\bar{1}33$
2.1119	29	042
2.1057	19	114
2.0300	147	133
2.0048	8	$\bar{2}23$
1.9957	117	005

9-263a 金云母-2M_1(Phlogopite-2M_1)

$KMg_3AlSi_3O_{10}OHF$，419.25

Sys.:Monoclinic S.G.:$A2/a$(15) Z:4

a:5.3 b:9.2 c:20.2 β:95 Vol.:981.2

ICSD:24164

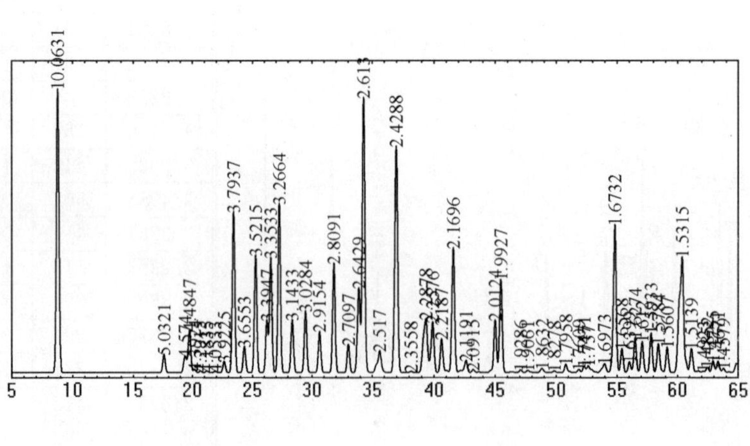

PDF:73-1658

d	I/I_0	hkl
10.0616	999	002
5.0308	84	004
4.5793	65	110
4.5400	32	$\bar{1}11$
4.4843	125	021
4.3939	11	111
4.2921	4	$\bar{1}12$
4.1835	2	022
4.0540	8	112
3.9226	37	$\bar{1}13$
3.7936	431	023
3.6555	82	113
3.5216	343	$\bar{1}14$
3.3948	150	024
3.3539	307	006
3.2658	459	114
3.1431	140	$\bar{1}15$
3.0290	175	025
2.9157	105	115
2.8089	261	$\bar{1}16$

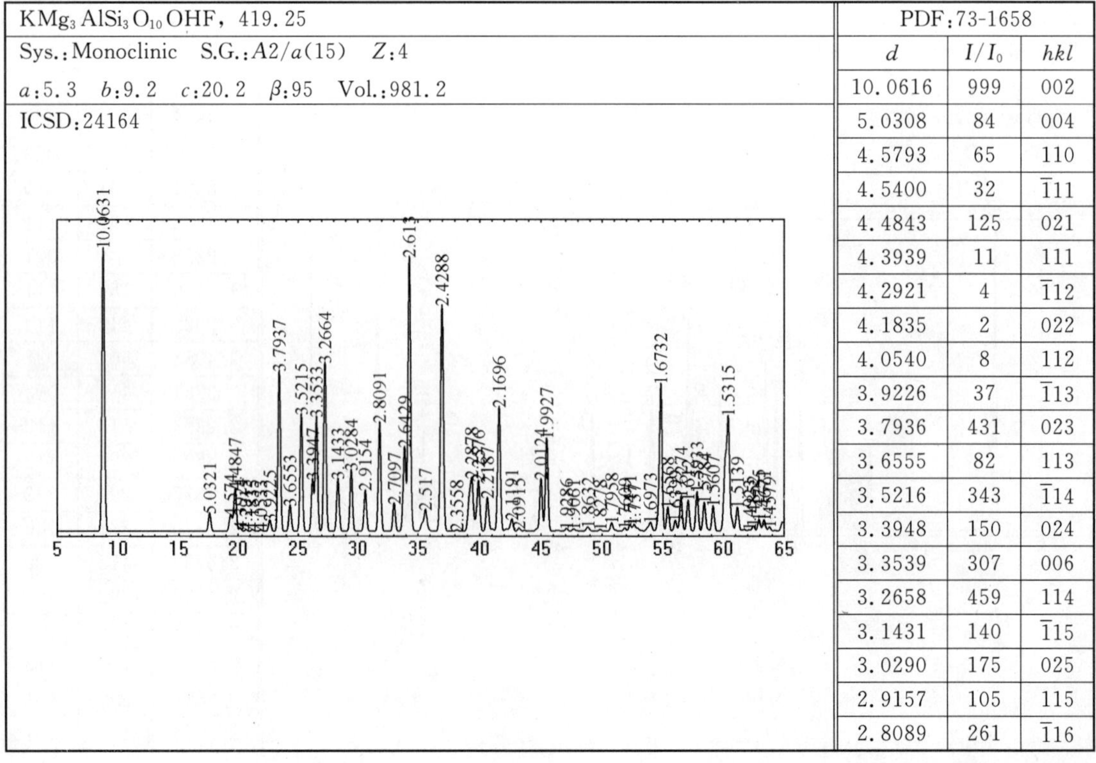

9-263b 金云母-$2M_1$ (Phlogopite-$2M_1$)

$KMg_3AlSi_3O_{10}OHF$，419.25

ICSD:24164(续)

Atom		Wcf	x	y	z	Occ
K1	K^+	4e	0	0.083	0.25	1.0
Mg1	Mg^{2+}	8f	0.25	0.083	0	1.0
Mg2	Mg^{2+}	4d	0.75	0.25	0	1.0
Al1	Al^{3+}	8f	−0.033	−0.25	0.135	0.25
Al2	Al^{3+}	8f	−0.033	0.417	0.135	0.25
Si1	Si^{4+}	8f	−0.033	−0.25	0.135	0.75
Si2	Si^{4+}	8f	−0.033	0.417	0.135	0.75
O1	O^{2-}	8f	0.228	0.333	0.164	1.0
O2	O^{2-}	8f	0.228	−0.167	0.164	1.0
O3	O^{2-}	8f	0.48	0.083	0.164	1.0
O4	O^{2-}	8f	−0.062	−0.167	0.055	1.0
O5	O^{2-}	8f	−0.062	0.417	0.055	1.0
O6	O^{2-}	8f	−0.062	0.083	0.058	0.5
F1	F^-	8f	−0.062	0.083	0.058	0.5

PDF:73-1658(续)

d	I/I_0	hkl
2.7100	68	026
2.6441	182	$\bar{1}31$
2.6441	182	200
2.6143	591	131
2.6143	591	$\bar{2}02$
2.5370	19	132
2.5154	63	008
2.4300	413	133
2.4262	383	$\bar{2}04$
2.3894	3	$\bar{1}34$
2.3559	3	117
2.3000	51	040
2.2945	58	$\bar{2}21$
2.2897	64	220
2.2851	96	041
2.2786	49	$\bar{1}18$
2.2700	23	$\bar{2}22$
2.2559	102	204
2.2559	102	221
2.2188	75	$\bar{2}23$

9-264a 金云母-$3T$ (Phlogopite-$3T$)

$KMg_3AlSi_3O_{10}OHF$，419.25

Sys.:Trigonal　S.G.:$P3_112$(151)　Z:3

a:5.3　c:30　Vol.:729.8

ICSD:24165

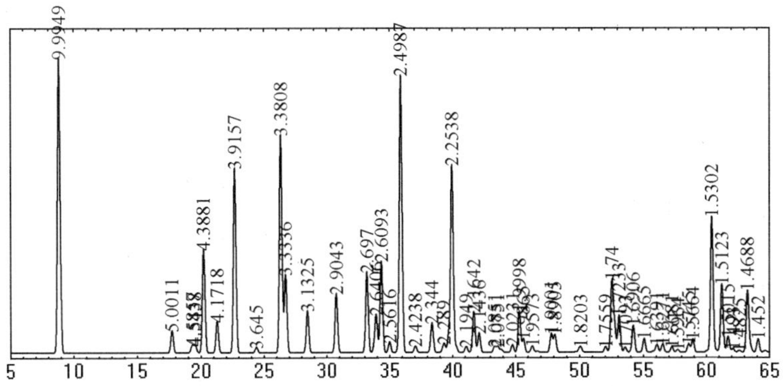

PDF:73-1659

d	I/I_0	hkl
10.0000	999	003
5.0000	88	006
4.5899	28	100
4.5371	24	101
4.3891	316	102
4.1715	91	103
3.9150	532	104
3.6456	14	105
3.3813	590	106
3.3333	203	009
3.1325	102	107
2.9040	154	108
2.6971	188	109
2.6500	26	110
2.6397	95	$\bar{1}\bar{1}1$
2.6096	225	112
2.5616	28	113
2.4986	666	$\bar{1}\bar{1}4$
2.4241	14	$\bar{1}\bar{1}5$
2.3446	56	$10\underline{11}$

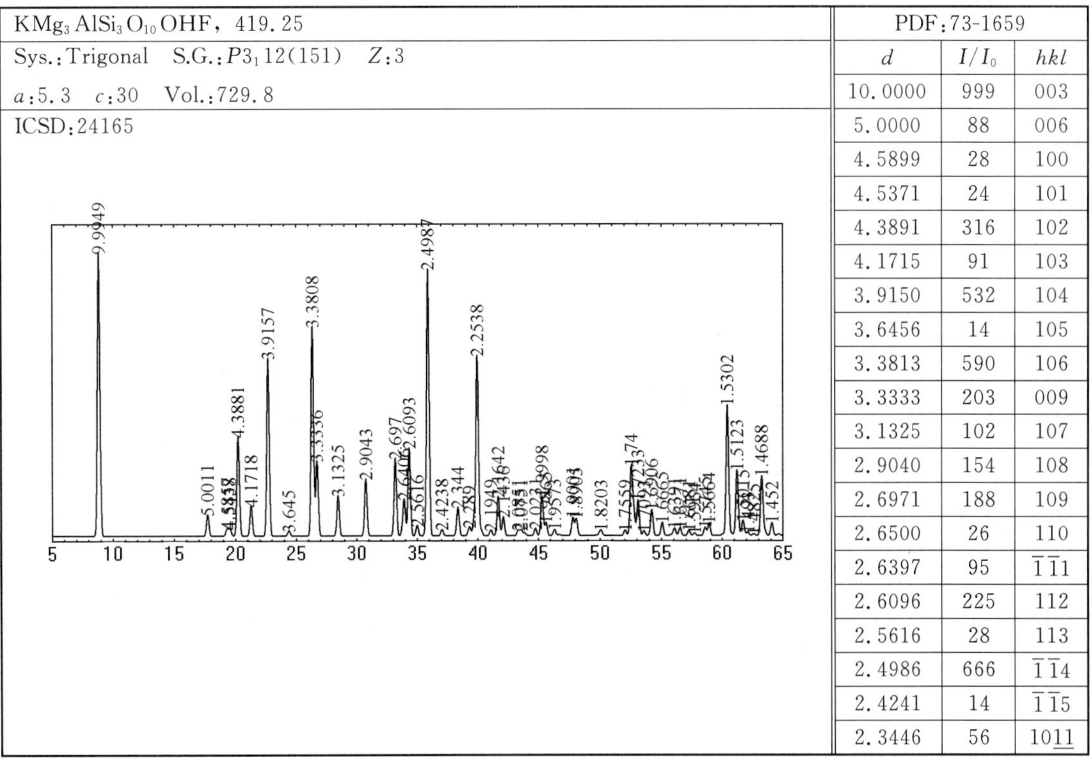

9-264b 金云母-3T(Phlogopite-3T)

$KMg_3AlSi_3O_{10}OHF$, 419.25

ICSD:24165(续)

Atom		Wcf	x	y	z	Occ
K1	K^+	3a	0.1111	0.0555	0	1.0
Mg1	Mg^{2+}	3b	0.1111	0.2222	0.1667	1.0
Mg2	Mg^{2+}	3b	−0.2222	−0.4444	0.1667	1.0
Mg3	Mg^{2+}	3b	0.4444	0.8888	0.1667	1.0
Al1	Al^{3+}	6c	−0.22	0.22	0.078	0.25
Al2	Al^{3+}	6c	0.44	−0.44	0.078	0.25
Si1	Si^{4+}	6c	−0.22	0.22	0.078	0.75
Si2	Si^{4+}	6c	0.44	−0.44	0.078	0.75
O1	O^{2-}	6c	0.11	0.39	0.06	1.0
O2	O^{2-}	6c	−0.39	−0.11	0.06	1.0
O3	O^{2-}	6c	−0.39	0.39	0.06	1.0
O4	O^{2-}	6c	−0.22	0.22	0.13	1.0
O5	O^{2-}	6c	0.44	−0.44	0.13	1.0
O6	O^{2-}	6c	0.11	−0.11	0.13	0.5
F1	F^-	6c	0.11	−0.11	0.13	0.5

PDF:73-1659(续)

d	I/I_0	hkl
2.3446	56	$\bar{1}\bar{1}6$
2.2950	7	200
2.2883	23	201
2.2686	47	202
2.2539	397	$\bar{1}\bar{1}7$
2.2368	22	203
2.1945	14	$10\underline{12}$
2.1945	14	204
2.1642	97	$\bar{1}\bar{1}8$
2.1435	43	205
2.0858	13	206
2.0744	14	$\bar{1}\bar{1}9$
2.0618	7	$10\underline{13}$
2.0231	17	207
2.0000	85	$00\underline{15}$
1.9861	29	$\bar{1}\bar{1}\underline{10}$
1.9575	14	208
1.9417	3	$10\underline{14}$
1.9006	39	$\bar{1}\bar{1}\underline{11}$
1.8903	37	209

9-265a 黑云母-1M(Biotite-1M)

$K(Mg,Fe)_3(Si_3Al)O_{10}(OH)_2$, 448.8

Sys.:Monoclinic S.G.:$A2/m$(12) Z:2

a:5.335 b:9.239 c:10.172 β:100.11 Vol.:493.59

ICSD:34856

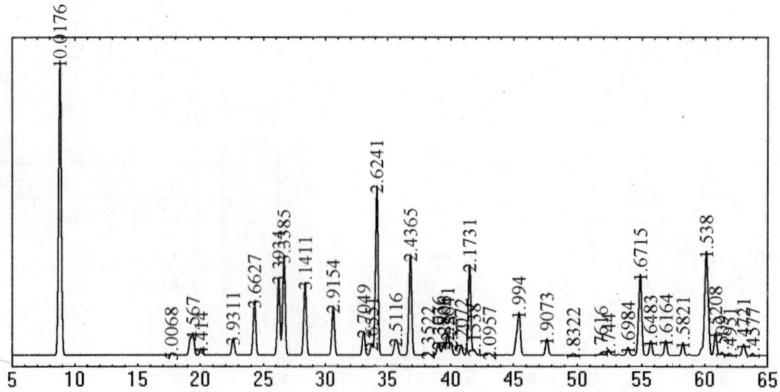

PDF:42-0603

d	I/I_0	hkl
10.0200	100	001
4.5800	30	020
4.5800	30	110
3.9300	25	111
3.6690	35	$11\bar{2}$
3.3990	35	022
3.3340	80	003
3.1420	35	112
2.9190	30	$11\bar{3}$
2.7020	10	023
2.6260	60	$13\bar{1}$
2.6260	60	200
2.5040	15	004
2.4380	55	$13\bar{2}$
2.4380	55	201
2.3050	5	040
2.3050	5	$22\bar{1}$
2.2650	5	132
2.2090	2	$22\bar{2}$
2.1750	30	$13\bar{3}$

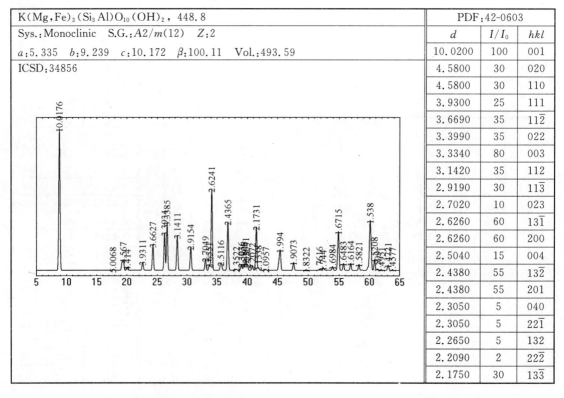

9-265b 黑云母-1*M*(Biotite-1*M*)

$K(Mg,Fe)_3(Si_3Al)O_{10}(OH)_2$, 448.8

ICSD:34856(续)

Atom		Wcf	*x*	*y*	*z*	Occ
Mg1	Mg^{2+}	2*c*	0	0	0.5	0.537
Fe1	$Fe^{2.39+}$	2*c*	0	0	0.5	0.29
Ti1	Ti^{4+}	2*c*	0	0	0.5	0.11
Al1	Al^{3+}	2*c*	0	0	0.5	0.063
Mg2	Mg^{2+}	4*h*	0	0.3392(1)	0.5	0.546
Fe2	$Fe^{2.39+}$	4*h*	0	0.3392(1)	0.5	0.281
Ti2	Ti^{4+}	4*h*	0	0.3392(1)	0.5	0.11
Al2	Al^{3+}	4*h*	0	0.3392(1)	0.5	0.063
K1	K^{+}	2*b*	0	0.5	0	0.78
Na1	Na^{+}	2*b*	0	0.5	0	0.22
Si1	Si^{4+}	8*j*	0.0745(2)	0.1671(1)	0.2242(1)	0.71
Al3	Al^{3+}	8*j*	0.0745(2)	0.1671(1)	0.2242(1)	0.29
O1	O^{2-}	4*i*	0.0165(7)	0	0.1674(4)	1.0
O2	O^{2-}	8*j*	0.3240(5)	0.2310(3)	0.1660(3)	1.0
O3	O^{2-}	8*j*	0.1310(4)	0.1684(3)	0.3906(2)	1.0
O4	O^{2-}	4*i*	0.1312(6)	0.5	0.3985(3)	1.0

PDF:42-0603(续)

d	I/I_0	*hkl*
2.1750	30	202
2.0020	25	005
1.9930	15	20$\bar{4}$
1.9930	15	133
1.9060	10	13$\bar{4}$
1.9060	10	203
1.6710	50	13$\bar{5}$
1.6710	50	204
1.6470	2	31$\bar{3}$
1.6470	2	311
1.6170	10	24$\bar{3}$
1.6170	10	152
1.5820	5	15$\bar{3}$
1.5820	5	242
1.5390	60	33$\bar{1}$
1.5390	60	060
1.5340	40	20$\bar{6}$
1.5340	40	135
1.5220	15	33$\bar{2}$
1.5220	15	330

9-266a 锂云母-1*M*(Lepidolite-1*M*)

$KLi_{1.56}Al_{1.3}Al_{0.51}Si_{3.49}O_{10}F_2$, 394.77

Sys.:Monoclinic S.G.:*A*2/*m*(12) *Z*:2

a:5.209 *b*:9.011 *c*:10.149 *β*:100.77 Vol.:467.99

ICSD:30785

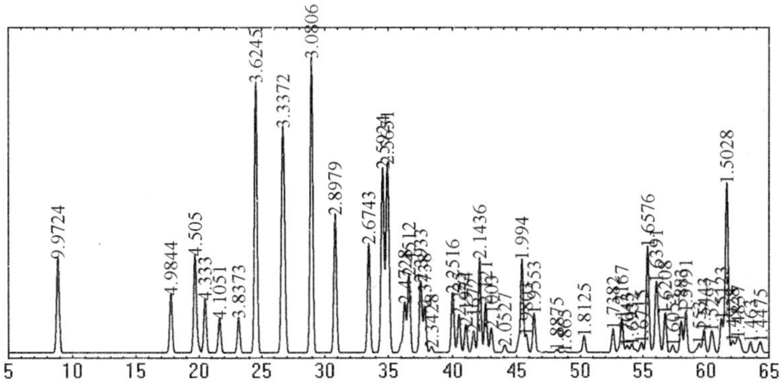

PDF:85-0911

d	I/I_0	*hkl*
9.9702	446	001
4.9851	334	002
4.5055	417	020
4.4498	46	110
4.3340	231	$\bar{1}$11
4.1057	142	021
3.8380	131	111
3.6252	999	$\bar{1}$12
3.3426	665	022
3.3234	401	003
3.0803	997	112
2.8981	432	$\bar{1}$13
2.6745	325	023
2.5980	264	$\bar{2}$01
2.5904	543	130
2.5670	514	$\bar{1}$31
2.5586	463	200
2.4926	45	004
2.4717	124	$\bar{2}$02
2.4514	204	131

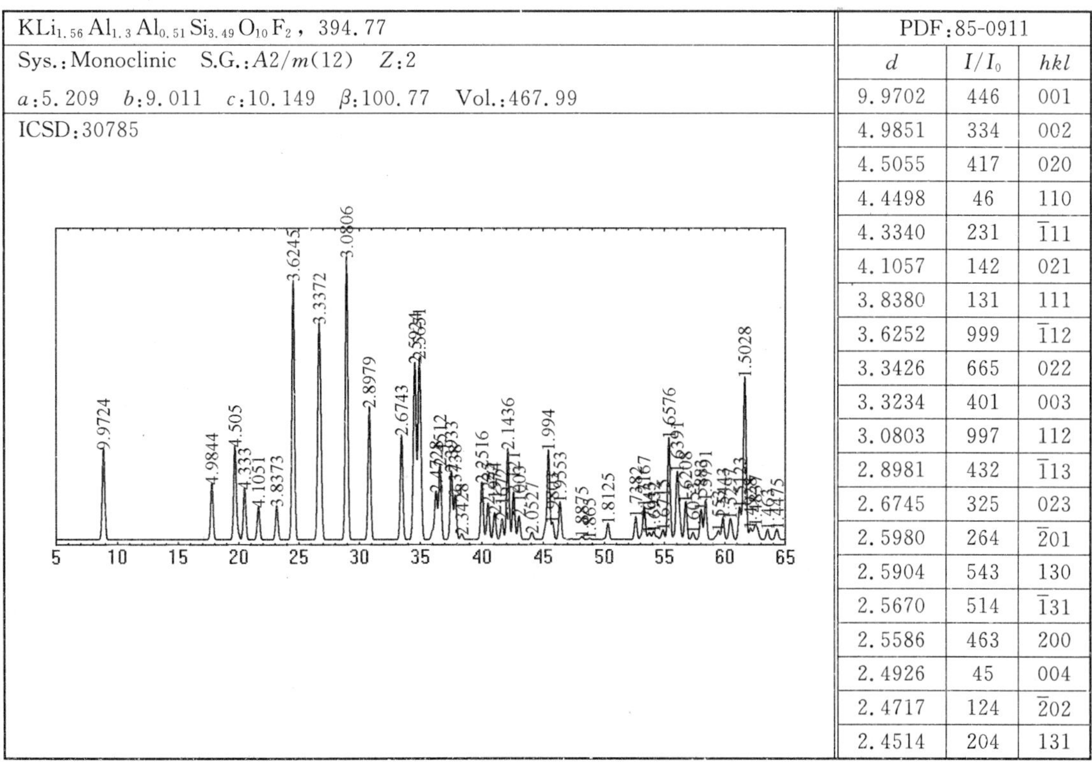

9-266b 锂云母-1*M*(Lepidolite-1*M*)

$KLi_{1.56}Al_{1.3}Al_{0.51}Si_{3.49}O_{10}F_2$，394.77

ICSD:30785(续)

Atom		Wcf	*x*	*y*	*z*	Occ
K1	K^+	2*b*	0	0.5	0	1.0
Li1	Li^+	2*c*	0	0	0.5	1.0
Al1	Al^{3+}	4*h*	0	0.3289(1)	0.5	0.65
Li2	Li^+	4*h*	0	0.3289(1)	0.5	0.28
Al2	Al^{3+}	8*j*	0.08100(8)	0.16860(5)	0.23203(4)	0.1275
Si1	Si^{4+}	8*j*	0.08100(8)	0.16860(5)	0.23203(4)	0.8725
O1	O^{2-}	4*i*	0.0218(4)	0	0.1750(2)	1.0
O2	O^{2-}	8*j*	0.3252(2)	0.2319(2)	0.1680(1)	1.0
O3	O^{2-}	8*j*	0.1418(3)	0.1768(1)	0.3945(1)	1.0
F1	F^-	4*i*	0.1076(3)	0.5	0.4017(2)	1.0

PDF:85-0911(续)

d	I/I_0	*hkl*
2.3931	236	$\bar{1}32$
2.3738	157	201
2.3430	15	$\bar{1}14$
2.2506	116	040
2.2506	116	$\bar{2}21$
2.2249	88	220
2.1974	85	041
2.1810	5	024
2.1670	59	$\bar{2}22$
2.1438	226	$\bar{1}33$
2.1210	125	202
2.1002	77	221
2.0529	21	042
2.0380	2	114
2.0056	40	$\bar{2}23$
1.9941	247	005
1.9799	53	$\bar{2}04$
1.9554	109	133
1.9412	7	$\bar{1}15$
1.9190	3	222

9-267a 锂云母-2M_1(Lepidolite-2M_1)

$K(Al_{0.62}Li_{0.38})_2Li_{0.92}(Si_{3.58}Al_{0.42}O_{10})(OH)_{0.485}F_{1.515}$ 393.02

Sys.:Monoclinic S.G.:*A*2/*a*(15) *Z*:4

a:5.209 *b*:9.053 *c*:20.053 *β*:95.74 Vol.:940.9

ICSD:100414

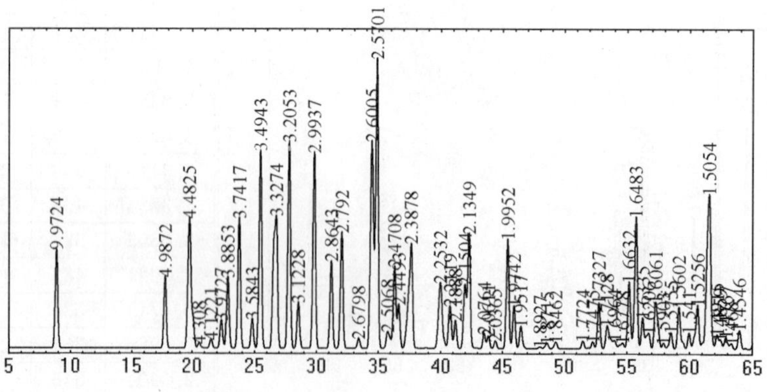

PDF:83-1528

d	I/I_0	*hkl*
9.9762	471	002
4.9881	466	004
4.4979	351	110
4.4719	462	$\bar{1}11$
4.4143	151	021
4.3083	24	111
4.2406	4	$\bar{1}12$
4.1220	40	022
3.9732	124	112
3.8856	306	$\bar{1}13$
3.7421	553	023
3.5843	130	113
3.4947	822	$\bar{1}14$
3.3521	416	024
3.3254	470	006
3.2049	817	114
3.1226	183	$\bar{1}15$
2.9934	726	025
2.8642	321	115
2.7923	410	$\bar{1}16$

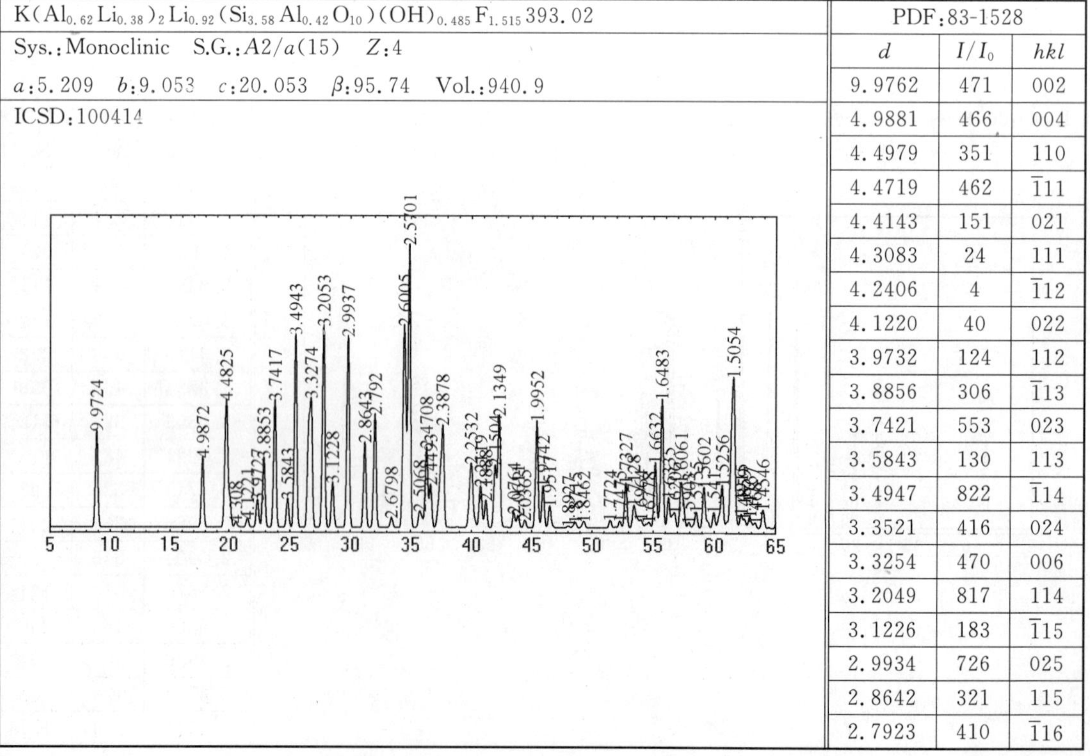

9-267b 锂云母-2M_1（Lepidolite-2M_1）

$K(Al_{0.62}Li_{0.38})_2Li_{0.92}(Si_{3.58}Al_{0.42}O_{10})(OH)_{0.485}F_{1.515}$ 393.02

ICSD:100414(续)

Atom		Wcf	x	y	z	Occ
Si1	Si^{4+}	8f	0.4614(7)	0.9244(3)	0.1340(1)	0.85
Al1	Al^{3+}	8f	0.4614(7)	0.9244(3)	0.1340(1)	0.15
Si2	Si^{4+}	8f	0.4558(7)	0.2554(3)	0.1341(1)	0.94
Al2	Al^{3+}	8f	0.4558(7)	0.2554(3)	0.1341(1)	0.06
Al3	Al^{3+}	8f	0.2550(11)	0.0851(6)	0.0001(2)	0.62
Li1	Li^{+}	8f	0.2550(11)	0.0851(6)	0.0001(2)	0.38
Li2	Li^{+}	4d	0.25	0.75	0	0.92
K1	K^{+}	4e	0	0.0906(4)	0.25	1.0
O1	O^{2-}	8f	0.4417(20)	0.9281(10)	0.0525(4)	1.0
O2	O^{2-}	8f	0.4153(19)	0.2517(10)	0.0529(4)	1.0
O3	O^{2-}	8f	0.4396(19)	0.0898(10)	0.1658(4)	1.0
O4	O^{2-}	8f	0.2353(21)	0.8217(11)	0.1629(5)	1.0
O5	O^{2-}	8f	0.2394(20)	0.3546(11)	0.1670(5)	1.0
O6	O^{2-}	8f	0.4435(18)	0.5701(9)	0.0498(4)	0.243
F1	F^{-}	8f	0.4435(18)	0.5701(9)	0.0498(4)	0.757

PDF:83-1528(续)

d	I/I_0	hkl
2.6799	36	026
2.6027	668	$\bar{1}31$
2.5914	427	200
2.5693	999	116
2.5693	999	131
2.5081	60	$\bar{1}17$
2.4941	66	008
2.4941	66	132
2.4705	256	$\bar{1}33$
2.4493	145	202
2.4120	48	027
2.3999	188	$\bar{2}04$
2.3874	382	133
2.3603	7	$\bar{1}34$
2.3184	2	117
2.2633	33	134
2.2633	33	040
2.2567	130	$\bar{2}21$
2.2488	145	220
2.2488	145	041

9-268a 锂云母-2M_2（Lepidolite-2M_2）

$K(Al_{0.63}Li_{0.37})_2(Li_{0.95}Al_{0.05})(Si_{3.36}Al_{0.64})O_{10}(F_{1.53}(OH)_{0.47})$，394.86

Sys.:Monoclinic　S.G.:$A2/a$(15)　Z:4

a:9.04　b:5.22　c:20.21　β:99.58　Vol.:940.39

ICSD:34737

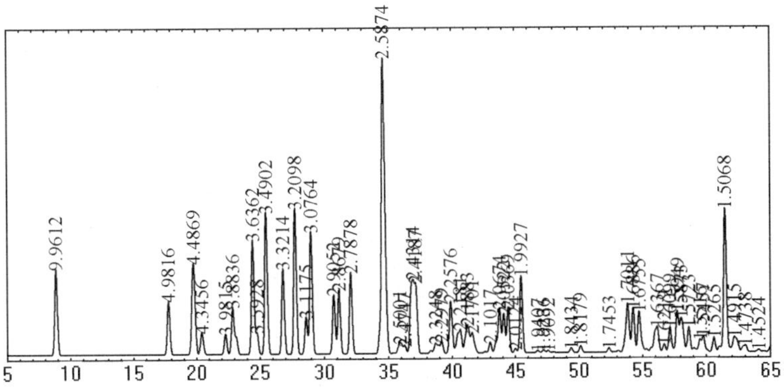

PDF:76-0802

d	I/I_0	hkl
9.9641	564	002
4.9820	432	004
4.5045	345	110
4.4753	397	$\bar{1}11$
4.4753	397	200
4.3471	133	$\bar{2}02$
4.3163	35	111
4.2406	2	$\bar{1}12$
3.9808	121	112
3.8829	271	$\bar{1}13$
3.8374	103	202
3.6360	628	$\bar{2}04$
3.5905	133	113
3.4905	775	$\bar{1}14$
3.3214	417	006
3.2097	756	114
3.1179	194	$\bar{1}15$
3.0770	616	204
2.9049	279	$\bar{2}06$
2.8676	310	115

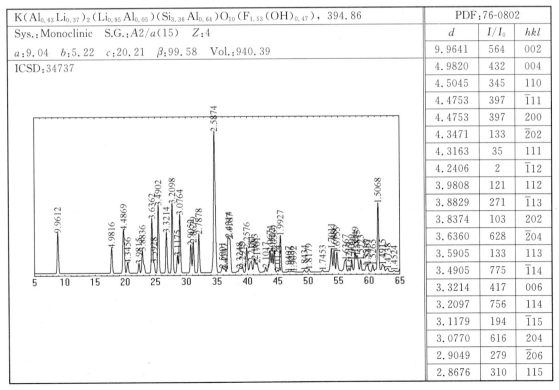

9-268b 锂云母-$2M_2$(Lepidolite-$2M_2$)

$K(Al_{0.63}Li_{0.37})_2(Li_{0.95}Al_{0.05})(Si_{3.36}Al_{0.64})O_{10}(F_{1.53}(OH)_{0.47})$，394.86

ICSD:34737(续)

Atom		Wcf	*x*	*y*	*z*	Occ
Si1	Si^{4+}	8*f*	0.2937(4)	0.0935(10)	0.1338(2)	0.84
Al1	Al^{3+}	8*f*	0.2937(4)	0.0935(10)	0.1338(2)	0.16
Si2	Si^{4+}	8*f*	0.1251(4)	0.5865(10)	0.1338(2)	0.84
Al2	Al^{3+}	8*f*	0.1251(4)	0.5865(10)	0.1338(2)	0.16
Al3	Al^{3+}	8*f*	0.0857(6)	0.2583(15)	0.0003(3)	0.63
Li1	Li^{+}	8*f*	0.0857(6)	0.2583(15)	0.0003(3)	0.37
Al4	Al^{3+}	4*d*	0.25	0.75	0	0.05
Li2	Li^{+}	4*d*	0.25	0.75	0	0.95
K1	K^{+}	4*e*	0	0.0916(11)	0.25	1.0
O1	O^{2-}	8*f*	0.2675(10)	0.1055(26)	0.0534(5)	1.0
O2	O^{2-}	8*f*	0.0908(10)	0.5730(25)	0.0530(4)	1.0
O3	O^{2-}	8*f*	0.445(1)	0.5743(26)	0.0497(4)	0.24
F1	F^{-}	8*f*	0.445(1)	0.5743(26)	0.0497(4)	0.76(16)
O4	O^{2-}	8*f*	0.2070(12)	0.3243(24)	0.1663(5)	1.0
O5	O^{2-}	8*f*	0.2366(13)	0.8217(25)	0.1616(5)	1.0
O6	O^{2-}	8*f*	0.4722(11)	0.1241(26)	0.1655(5)	1.0

PDF:76-0802(续)

d	I/I_0	*hkl*
2.7876	374	$\bar{1}16$
2.6094	142	020
2.6094	142	$\bar{3}11$
2.5879	999	021
2.5823	994	310
2.5338	16	$\bar{3}13$
2.5248	13	022
2.5149	13	311
2.5035	48	$\bar{1}17$
2.4910	73	008
2.4733	37	206
2.4414	252	$\bar{3}14$
2.4292	282	023
2.4163	292	312
2.3472	12	$\bar{2}08$
2.3261	59	$\bar{3}15$
2.3200	37	117
2.3120	49	024
2.2972	72	313
2.2593	135	$\bar{2}21$

9-269a 锂云母-$3T$(Lepidolite-$3T$)

$(K_2(Al_{2.32}Mn_{0.11}Li_{3.46})(Si_7AlO_{20})F_3(OH))_{1.5}$，1182.64

Sys.:Trigonal S.G.:$P3_112(151)$ *Z*:1

a:5.2 *c*:29.76 Vol.:1696.9

ICSD:100634

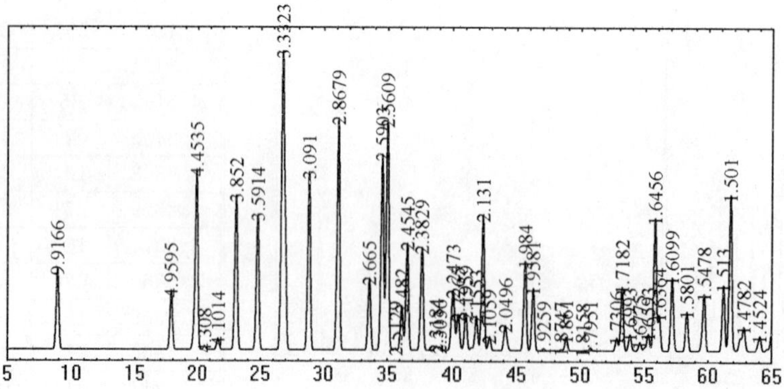

PDF:83-1729

d	I/I_0	*hkl*
9.9200	231	003
4.9600	342	006
4.5033	79	100
4.4526	747	101
4.3103	16	102
4.1006	42	103
3.8526	582	104
3.5912	476	105
3.3341	999	106
3.3067	402	009
3.0914	568	107
2.8680	710	108
2.6653	195	109
2.5901	616	$\bar{1}\bar{1}1$
2.5612	720	112
2.5151	9	$\bar{1}\bar{1}3$
2.4828	121	$10\underline{10}$
2.4828	121	$00\underline{12}$
2.4544	288	$\bar{1}\bar{1}4$
2.3826	339	$\bar{1}\bar{1}5$

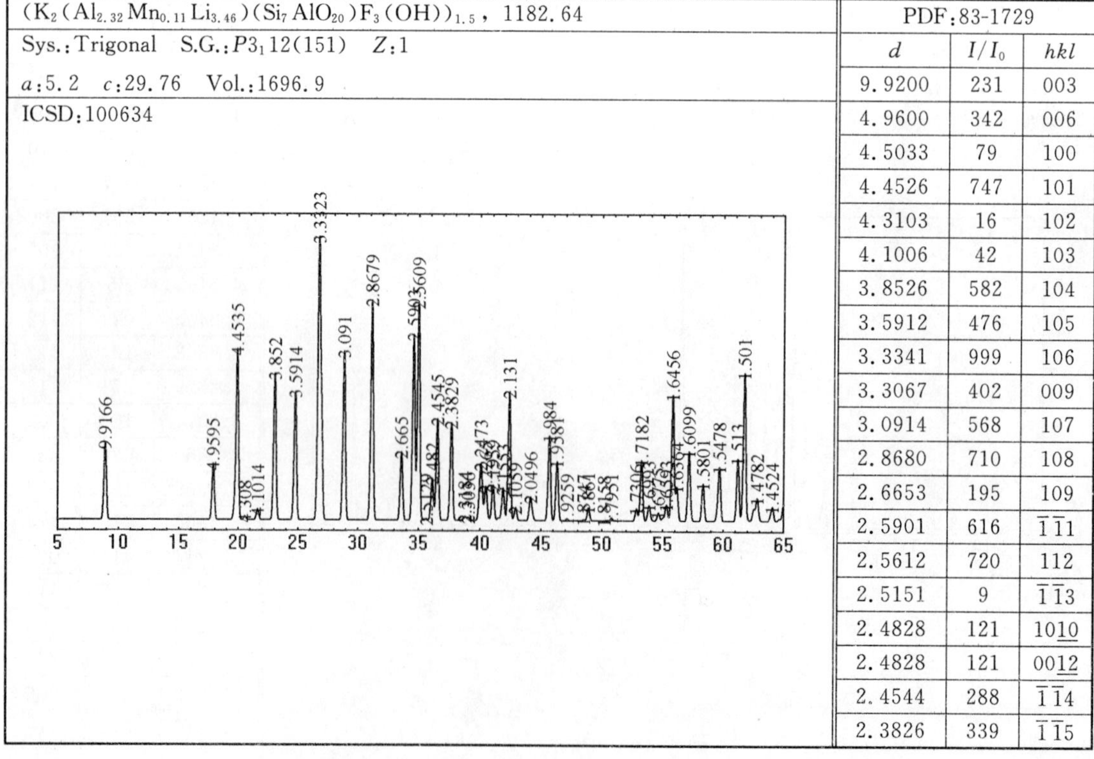

9-269b 锂云母-3*T*(Lepidolite-3*T*)

$(K_2(Al_{2.32}Mn_{0.11}Li_{3.46})(Si_7AlO_{20})F_3(OH))_{1.5}$，1182.64

ICSD:100634(续)

Atom		Wcf	*x*	*y*	*z*	Occ
K1	K^+	3*b*	0.1111	0.8889	0.8333	1.0
Li1	Li^+	3*a*	0.421(4)	0.579(4)	0.3333	0.7
Al1	Al^{3+}	3*a*	0.421(4)	0.579(4)	0.3333	0.3
Li2	Li^+	3*a*	0.779(3)	0.221(3)	0.3333	0.89
Mn1	Mn^{5+}	3*a*	0.779(3)	0.221(3)	0.3333	0.055
Li3	Li^+	3*a*	0.121(2)	0.879(2)	0.3333	0.14
Al2	Al^{3+}	3*a*	0.121(2)	0.879(2)	0.3333	0.86
Si1	Si^{4+}	6*c*	0.7867(8)	0.2127(7)	−0.0890(1)	0.75
Al3	Al^{3+}	6*c*	0.7867(8)	0.2127(7)	−0.0890(1)	0.25
Si2	Si^{4+}	6*c*	0.4572(8)	0.5555(8)	−0.0903(1)	1.0
O1	O^{2-}	6*c*	0.777(2)	0.172(2)	−0.0349(3)	1.0
O2	O^{2-}	6*c*	0.446(2)	0.571(2)	−0.0356(3)	1.0
O3	O^{2-}	6*c*	0.090(2)	0.864(2)	−0.0333(3)	1.0
O4	O^{2-}	6*c*	0.654(2)	0.874(2)	−0.1116(2)	1.0
O5	O^{2-}	6*c*	0.120(3)	0.426(2)	−0.1076(2)	1.0
O6	O^{2-}	6*c*	0.583(2)	0.350(2)	−0.1121(3)	0.25
F1	F^-	6*c*	0.583(2)	0.350(2)	−0.1121(3)	0.75

PDF:83-1729(续)

d	I/I_0	*hkl*
2.3191	8	$10\underline{11}$
2.3028	10	$\bar{1}\bar{1}6$
2.2517	72	200
2.2453	125	201
2.2263	84	202
2.2181	54	$\bar{1}\bar{1}7$
2.1958	87	203
2.1724	7	$10\underline{12}$
2.1551	88	204
2.1311	334	$\bar{1}\bar{1}8$
2.1060	37	205
2.0503	70	206
2.0439	45	$\bar{1}\bar{1}9$
1.9840	224	$00\underline{15}$
1.9580	148	$\bar{1}\bar{1}\underline{10}$
1.9263	8	208
1.9223	6	$10\underline{14}$
1.8747	6	$\bar{1}\bar{1}\underline{11}$
1.8611	33	209
1.8156	1	$10\underline{15}$

9-270a 锂云母-6*M*(Lepidolite-6*M*)

$KMg_3AlSi_3O_{10}OHF$，419.25

Sys.:Monoclinic S.G.:*Aa*(9) *Z*:12

a:9 *b*:5.3 *c*:60 *β*:90 Vol.:2862

ICSD:24166

Atom		Wcf	*x*	*y*	*z*	Occ
K1	K^+	4*a*	0	0.3333	0.0825	1.0
K2	K^+	4*a*	0.3333	0.6667	0.2492	1.0
K3	K^+	4*a*	0.1667	0.8333	0.4158	1.0
Mg1	Mg^{2+}	4*a*	0	0	0	1.0
Mg2	Mg^{2+}	4*a*	0	0	0.1667	1.0
Mg3	Mg^{2+}	4*a*	0	0	0.3333	1.0

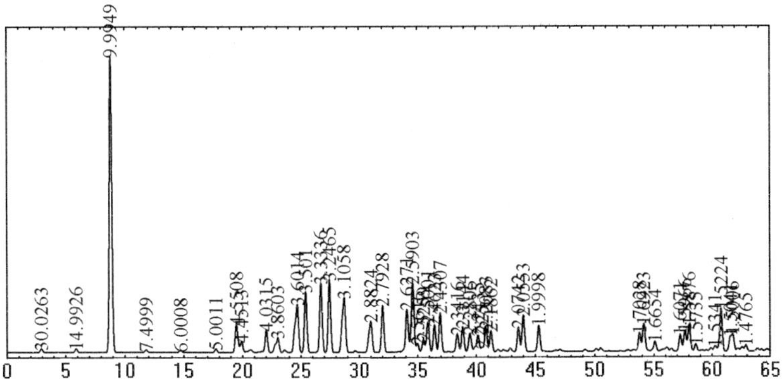

PDF:73-1660

d	I/I_0	*hkl*
30.0000	25	002
15.0000	23	004
10.0000	999	006
7.5000	14	008
6.0000	10	$00\underline{10}$
5.0000	15	$00\underline{12}$
4.5538	94	$\bar{1}11$
4.5538	94	111
4.5149	82	$\bar{1}12$
4.5149	82	200
4.4502	34	$\bar{1}13$
4.4502	34	202
4.3689	31	$\bar{1}14$
4.3689	31	114
4.3102	7	$\bar{2}04$
4.3102	7	204
4.2857	6	$00\underline{14}$
4.2683	6	$\bar{1}15$
4.2683	6	115
4.1542	13	$\bar{1}16$

9-270b 锂云母-6*M*(Lepidolite-6*M*)

$KMg_3AlSi_3O_{10}OHF$，419.25

ICSD:24166(续 1)

Atom		Wcf	*x*	*y*	*z*	Occ
Mg4	Mg^{2+}	4*a*	0.1667	0.5	0	1.0
Mg5	Mg^{2+}	4*a*	0.1667	0.5	0.1667	1.0
Mg6	Mg^{2+}	4*a*	0.1667	0.5	0.3333	1.0
Mg7	Mg^{2+}	4*a*	0.3333	0	0	1.0
Mg8	Mg^{2+}	4*a*	0.3333	0	0.1667	1.0
Mg9	Mg^{2+}	4*a*	0.3333	0	0.3333	1.0
Al1	Al^{3+}	4*a*	0.3333	0.3333	0.044	0.25
Al2	Al^{3+}	4*a*	0	0.6667	0.2107	0.25
Al3	Al^{3+}	4*a*	0	0.3333	0.3773	0.25
Al4	Al^{3+}	4*a*	0.1667	0.8333	0.044	0.25
Al5	Al^{3+}	4*a*	0.1667	0.1667	0.2107	0.25
Al6	Al^{3+}	4*a*	0.3333	0.3333	0.3773	0.25
Al7	Al^{3+}	4*a*	0	0.6667	−0.044	0.25
Al8	Al^{3+}	4*a*	0.1667	0.8333	0.1227	0.25
Al9	Al^{3+}	4*a*	0	0.6667	0.2893	0.25
Al10	Al^{3+}	4*a*	0.3333	0.6667	−0.044	0.25
Al11	Al^{3+}	4*a*	0.3333	0.3333	0.1227	0.25
Al12	Al^{3+}	4*a*	0.1667	0.1667	0.2893	0.25
Si1	Si^{4+}	4*a*	0.3333	0.3333	0.044	0.75

PDF:73-1660(续 1)

d	I/I_0	*hkl*
4.1542	13	116
4.1037	4	$\bar{2}06$
4.1037	4	206
4.0305	67	$\bar{1}17$
4.0305	67	117
3.9007	17	$\bar{1}18$
3.9007	17	118
3.8587	40	$\bar{2}08$
3.8587	40	208
3.7677	8	$\bar{1}19$
3.7677	8	119
3.6340	109	$\bar{1}1\underline{10}$
3.6340	109	$11\underline{10}$
3.6000	130	$\bar{2}0\underline{10}$
3.6000	130	$20\underline{10}$
3.5016	159	$\bar{1}1\underline{11}$
3.5016	159	$11\underline{11}$
3.3720	10	$\bar{1}1\underline{12}$
3.3720	10	$11\underline{12}$
3.3333	164	$00\underline{18}$

9-270c 锂云母-6*M*(Lepidolite-6*M*)

$KMg_3AlSi_3O_{10}OHF$，419.25

ICSD:24166(续 2)

Atom		Wcf	*x*	*y*	*z*	Occ
Si2	Si^{4+}	4*a*	0	0.6667	0.2107	0.75
Si3	Si^{4+}	4*a*	0	0.3333	0.3773	0.75
Si4	Si^{4+}	4*a*	0.1667	0.8333	0.044	0.75
Si5	Si^{4+}	4*a*	0.1667	0.1667	0.2107	0.75
Si6	Si^{4+}	4*a*	0.3333	0.3333	0.3773	0.75
Si7	Si^{4+}	4*a*	0	0.6667	−0.004	0.75
Si8	Si^{4+}	4*a*	0.1667	0.8333	0.1227	0.75
Si9	Si^{4+}	4*a*	0	0.6667	0.2893	0.75
Si10	Si^{4+}	4*a*	0.3333	0.6667	−0.044	0.75
Si11	Si^{4+}	4*a*	0.3333	0.3333	0.1227	0.75
Si12	Si^{4+}	4*a*	0.1667	0.1667	0.2893	0.75
O1	O^{2-}	4*a*	0.25	0.0833	0.053	1.0
O2	O^{2-}	4*a*	0.0833	0.4167	0.2197	1.0
O3	O^{2-}	4*a*	0.1667	0.333	0.3863	1.0
O4	O^{2-}	4*a*	0.25	0.5833	0.053	1.0
O5	O^{2-}	4*a*	0.3333	0.1667	0.2197	1.0
O6	O^{2-}	4*a*	0.4167	0.0833	0.3863	1.0
O7	O^{2-}	4*a*	0.5	0.3333	0.053	1.0
O8	O^{2-}	4*a*	0.0833	−0.0833	0.2197	1.0

PDF:73-1660(续 2)

d	I/I_0	*hkl*
3.2463	182	$\bar{1}1\underline{13}$
3.2463	182	$11\underline{13}$
3.1252	81	$\bar{1}1\underline{14}$
3.1252	81	$11\underline{14}$
3.1035	128	$\bar{2}0\underline{14}$
3.1035	128	$20\underline{14}$
3.0090	4	$\bar{1}1\underline{15}$
3.0090	4	$11\underline{15}$
3.0000	3	$00\underline{20}$
2.8982	46	$\bar{1}1\underline{16}$
2.8982	46	$11\underline{16}$
2.8808	67	$\bar{2}0\underline{16}$
2.8808	67	$20\underline{16}$
2.7927	107	$\bar{1}1\underline{17}$
2.7927	107	$11\underline{17}$
2.7273	1	$00\underline{22}$
2.6924	7	$\bar{1}1\underline{18}$
2.6924	7	$11\underline{18}$
2.6785	3	$\bar{2}0\underline{18}$
2.6785	3	$20\underline{18}$

9-270d 锂云母-6*M*(Lepidolite-6*M*)

$KMg_3AlSi_3O_{10}OHF$，419.25

ICSD:24166(续 3)

Atom		Wcf	*x*	*y*	*z*	Occ
O9	O^{2-}	4*a*	0.4167	0.5833	0.3863	1.0
O10	O^{2-}	4*a*	0.3333	0.3333	0.017	1.0
O11	O^{2-}	4*a*	0	0.6667	0.1837	1.0
O12	O^{2-}	4*a*	0	0.3333	0.3503	1.0
O13	O^{2-}	4*a*	0.1667	0.8333	0.017	1.0
O14	O^{2-}	4*a*	0.1667	0.1667	0.1837	1.0
O15	O^{2-}	4*a*	0.3333	0.3333	0.3503	1.0
O16	O^{2-}	4*a*	0	0.6667	−0.017	1.0
O17	O^{2-}	4*a*	0.1667	0.8333	0.1497	1.0
O18	O^{2-}	4*a*	0	0.6667	0.3163	1.0
O19	O^{2-}	4*a*	0.3333	0.6667	−0.017	1.0
O20	O^{2-}	4*a*	0.3333	0.3333	0.1497	1.0
O21	O^{2-}	4*a*	0.1667	0.1667	0.3163	1.0
O22	O^{2-}	4*a*	0.1667	0.6667	−0.053	1.0
O23	O^{2-}	4*a*	0	0.8333	0.1137	1.0
O24	O^{2-}	4*a*	0.0833	0.4167	0.2803	1.0
O25	O^{2-}	4*a*	0.4167	0.4167	−0.053	1.0
O26	O^{2-}	4*a*	0.25	0.0833	0.1137	1.0
O27	O^{2-}	4*a*	0.0833	−0.0833	0.2803	1.0
O28	O^{2-}	4*a*	0.4167	−0.0833	−0.053	1.0

PDF:73-1660(续 3)

d	I/I_0	*hkl*
2.6500	11	020
2.6500	11	021
2.6270	153	023
2.6108	29	310
2.6108	29	024
2.5974	53	312
2.5974	53	$11\underline{19}$
2.5888	206	$\bar{3}13$
2.5888	206	313
2.5616	26	026
2.5261	46	$\bar{3}16$
2.5261	46	316
2.5074	24	$\bar{1}1\underline{20}$
2.5074	24	$11\underline{20}$
2.5000	71	$00\underline{24}$
2.5000	71	$20\underline{20}$
2.4626	64	$\bar{3}18$
2.4626	64	029
2.4310	111	$\bar{3}19$
2.4310	111	319

9-270e 锂云母-6*M*(Lepidolite-6*M*)

$KMg_3AlSi_3O_{10}OHF$，419.25

ICSD:24166(续 4)

Atom		Wcf	*x*	*y*	*z*	Occ
O29	O^{2-}	4*a*	0.25	0.5833	0.1137	1.0
O30	O^{2-}	4*a*	0.3333	0.1667	0.2803	1.0
O31	O^{2-}	4*a*	0	0.3333	0.017	0.5
O32	O^{2-}	4*a*	0.3333	0.6667	0.1837	0.5
O33	O^{2-}	4*a*	0.1667	0.8333	0.3503	0.5
O34	O^{2-}	4*a*	0.1667	0.1667	−0.017	0.5
O35	O^{2-}	4*a*	0	0.3333	0.1497	0.5
O36	O^{2-}	4*a*	0.3333	0.6667	0.3163	0.5
F1	F^-	4*a*	0	0.3333	0.017	0.5
F2	F^-	4*a*	0.3333	0.6667	0.1837	0.5
F3	F^-	4*a*	0.1667	0.8333	0.3503	0.5
F4	F^-	4*a*	0.1667	0.1667	−0.017	0.5
F5	F^-	4*a*	0	0.3333	0.1497	0.5
F6	F^-	4*a*	0.3333	0.6667	0.3163	0.5

PDF:73-1660(续 4)

d	I/I_0	*hkl*
2.4241	65	$02\underline{10}$
2.4241	65	$\bar{1}1\underline{21}$
2.3940	2	$\bar{3}1\underline{10}$
2.3940	2	$31\underline{10}$
2.3836	2	$02\underline{11}$
2.3549	3	$\bar{3}1\underline{11}$
2.3549	3	$31\underline{11}$
2.3415	40	$\bar{1}1\underline{22}$
2.3415	40	$02\underline{12}$
2.3324	24	$\bar{2}0\underline{22}$
2.3324	24	$20\underline{22}$
2.3143	80	$\bar{3}1\underline{12}$
2.3143	80	$31\underline{12}$
2.3077	46	$00\underline{26}$
2.2818	14	$\bar{2}21$
2.2818	14	221
2.2769	17	$\bar{2}22$
2.2769	17	222
2.2687	10	$\bar{2}23$
2.2687	10	223

9-271a 铁锂云母-1M(Zinnwaldite-1M)

$KLiFeAl(AlSi_3)O_{10}(F,OH)_2$, 438.1

Sys.: Monoclinic S.G.: $A2(5)$ Z: 2

a: 5.296 b: 9.14 c: 10.096 β: 100.83 Vol.: 480

ICSD: 10401

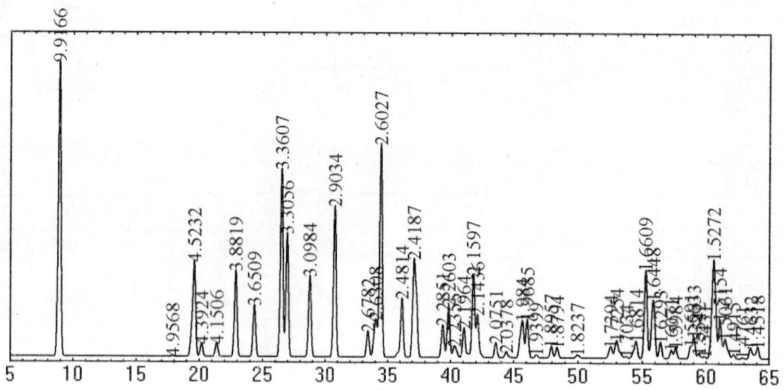

PDF: 71-1660		
d	I/I_0	hkl
9.9162	999	001
4.9581	13	002
4.5700	255	020
4.5208	298	110
4.3932	250	$\bar{1}11$
4.1504	172	021
3.8812	205	111
3.6506	341	$\bar{1}12$
3.3603	340	022
3.3054	305	003
3.0982	367	112
2.9037	270	$\bar{1}13$
2.6783	144	023
2.6404	47	$\bar{2}01$
2.6289	93	130
2.6031	467	$\bar{1}31$
2.6031	467	200
2.5049	11	$\bar{2}02$
2.4821	85	113
2.4821	85	004

9-271b 铁锂云母-1M(Zinnwaldite-1M)

$KLiFeAl(AlSi_3)O_{10}(F,OH)_2$, 438.1

ICSD: 10401(续)

Atom		Wcf	x	y	z	Occ
K1	K^+	2a	0	0.5028(2)	0	0.9
Na1	Na^+	2a	0	0.5028(2)	0	0.05
Fe1	Fe^{3+}	2b	0	−0.0069(3)	0.5	0.16
Ti1	Ti^{4+}	2b	0	−0.0069(3)	0.5	0.01
Fe2	Fe^{2+}	2b	0	−0.0069(3)	0.5	0.61
Mn1	Mn^{2+}	2b	0	−0.0069(3)	0.5	0.05
Al1	Al^{3+}	2b	0	0.3217(3)	0.5	1.0
Li1	Li^+	2b	0.5	0.1631(3)	0.5	0.67
Fe3	Fe^{2+}	2b	0.5	0.1631(3)	0.5	0.16
Mg1	Mg^{2+}	2b	0.5	0.1631(3)	0.5	0.01
Si1	Si^{4+}	4c	0.0745(2)	0.1688(3)	0.2276(1)	0.773
Al2	Al^{3+}	4c	0.0745(2)	0.1688(3)	0.2276(1)	0.227
Si2	Si^{4+}	4c	0.5844(2)	0.3323(3)	0.2275(1)	0.773
Al3	Al^{3+}	4c	0.5844(2)	0.3323(3)	0.2275(1)	0.227
O1	O^{2-}	4c	0.0289(6)	−0.0002(5)	0.1720(3)	1.0
O2	O^{2-}	4c	0.3248(7)	0.2350(5)	0.1725(4)	1.0
O3	O^{2-}	4c	0.8177(7)	0.2641(5)	0.1597(4)	1.0
O4	O^{2-}	4c	0.1155(6)	0.1748(4)	0.3939(3)	1.0
O5	O^{2-}	4c	0.6639(5)	0.3271(5)	0.3928(3)	1.0
F1	F^-	4c	0.1089(5)	0.4715(3)	0.3989(3)	1.0

PDF: 71-1660(续)		
d	I/I_0	hkl
2.4197	227	$\bar{1}32$
2.4072	145	201
2.3408	11	$\bar{1}14$
2.2850	66	$\bar{2}21$
2.2850	66	040
2.2604	65	$\bar{2}03$
2.2604	65	220
2.2364	33	132
2.2266	28	041
2.1966	37	$\bar{2}22$
2.1791	8	024
2.1599	162	$\bar{1}33$
2.1435	86	202
2.1298	40	221
2.0752	31	042
2.0379	11	114
2.0264	20	$\bar{2}23$
1.9910	36	$\bar{2}04$
1.9832	71	005
1.9685	77	133

9-272a 铁锂云母-2M_1 (Zinnwaldite-2M_1)

KLiFeAl(AlSi$_3$)O$_{10}$(F,OH), 419.1

Sys.: Monoclinic S.G.: Aa(9) Z: 4

a: 5.292 b: 9.187 c: 19.935 β: 95.4 Vol.: 964.89

ICSD: 82497

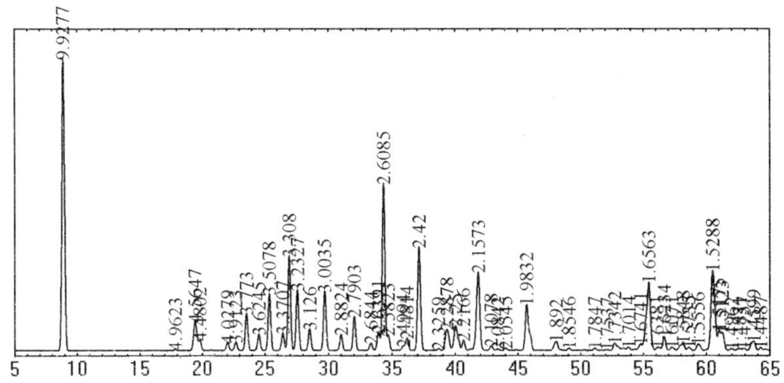

PDF: 86-1403

d	I/I_0	hkl
9.9233	999	002
4.9616	3	004
4.5703	95	110
4.5355	49	$\bar{1}11$
4.4752	43	021
4.3763	1	111
4.2863	3	$\bar{1}12$
4.1686	1	022
4.0281	28	112
3.9126	30	$\bar{1}13$
3.7731	119	023
3.6244	52	113
3.5073	177	$\bar{1}14$
3.3707	57	024
3.3078	268	006
3.2326	180	114
3.1258	61	$\bar{1}15$
3.0034	164	025
2.8826	45	115
2.7900	89	$\bar{1}16$

9-272b 铁锂云母-2M_1 (Zinnwaldite-2M_1)

KLiFeAl(AlSi$_3$)O$_{10}$(F,OH), 419.1

ICSD: 82497(续 1)

Atom		Wcf	x	y	z	Occ
K1	K^+	4a	0	0.0894(2)	0.25	0.978
Fe1	$Fe^{2.05+}$	4a	0.2611(9)	0.7539(2)	0.0000(2)	0.590
Li1	Li^+	4a	0.2611(9)	0.7539(2)	0.0000(2)	0.270
Al1	Al^{3+}	4a	0.7657(9)	0.5882(2)	0.0001(2)	0.90
Fe2	Fe^{3+}	4a	0.7657(9)	0.5882(2)	0.0001(2)	0.10
Li2	Li^+	4a	0.2579(8)	0.4192(2)	−0.0005(2)	0.216
Fe3	$Fe^{2.05+}$	4a	0.2579(8)	0.4192(2)	−0.0005(2)	0.644
Si1	Si^{4+}	4a	0.4629(7)	0.9256(2)	0.1365(2)	0.75
Al2	Al^{3+}	4a	0.4629(7)	0.9256(2)	0.1365(2)	0.25
Si2	Si^{4+}	4a	0.5372(7)	0.0822(2)	0.8637(2)	0.75
Al3	Al^{3+}	4a	0.5372(7)	0.0822(2)	0.8637(2)	0.25
Si3	Si^{4+}	4a	0.9621(9)	0.7531(2)	0.1371(2)	0.75
Al4	Al^{3+}	4a	0.9621(9)	0.7531(2)	0.1371(2)	0.25
Si4	Si^{4+}	4a	0.0443(9)	0.2451(2)	0.8643(2)	0.75
Al5	Al^{3+}	4a	0.0443(9)	0.2451(2)	0.8643(2)	0.25
O1	O^{2-}	4a	0.4337(13)	0.9390(7)	0.0545(4)	1.0
O2	O^{2-}	4a	0.5521(13)	0.0877(6)	−0.0526(3)	1.0
O3	O^{2-}	4a	0.9344(15)	0.7417(6)	0.0541(4)	1.0
O4	O^{2-}	4a	0.0921(15)	0.2365(7)	−0.0524(4)	1.0

PDF: 86-1403(续 1)

d	I/I_0	hkl
2.6842	20	026
2.6408	47	$\bar{1}31$
2.6343	49	200
2.6082	462	131
2.6082	462	$\bar{2}02$
2.5814	44	116
2.5285	2	132
2.5025	10	$\bar{1}17$
2.5025	10	$\bar{1}33$
2.4808	43	008
2.4189	250	$\bar{2}04$
2.4189	250	133
2.4127	143	027
2.3257	4	117
2.2915	31	$\bar{2}21$
2.2915	31	134
2.2852	30	220
2.2815	29	041
2.2677	5	$\bar{2}22$
2.2523	50	$\bar{1}35$

9-272c 铁锂云母-$2M_1$ (Zinnwaldite-$2M_1$)

KLiFeAl(AlSi$_3$)O$_{10}$(F,OH)，419.1

ICSD:82497(续 2)

Atom		Wcf	x	y	z	Occ
O5	O^{2-}	4a	0.9466(16)	0.5898(6)	0.1699(5)	1.0
O6	O^{2-}	4a	0.0629(17)	0.4128(6)	0.8363(4)	1.0
O7	O^{2-}	4a	0.2403(15)	0.8240(8)	0.1637(4)	1.0
O8	O^{2-}	4a	0.7679(14)	0.1774(8)	0.8360(4)	1.0
O9	O^{2-}	4a	0.7384(14)	0.8543(8)	0.1644(4)	1.0
O10	O^{2-}	4a	0.2663(14)	0.1496(8)	0.8308(4)	1.0
O11	O^{2-}	4a	0.4873(13)	0.5874(6)	0.0507(4)	0.545
F1	F^-	4a	0.4873(13)	0.5874(6)	0.0507(4)	0.455
O12	O^{2-}	4a	0.5980(13)	0.4401(7)	−0.0497(4)	0.545
F2	F^-	4a	0.5980(13)	0.4401(7)	−0.0497(4)	0.455

PDF:86-1403(续 2)

d	I/I_0	hkl
2.2523	50	221
2.2410	30	204
2.2376	27	042
2.2165	24	$\bar{2}23$
2.1881	5	222
2.1828	4	028
2.1697	19	043
2.1622	83	$\bar{2}06$
2.1560	170	135
2.1075	12	118
2.1075	12	223
2.0843	4	044
2.0543	6	$\bar{2}25$
2.0543	6	$\bar{1}19$
2.0209	1	136
2.0141	1	224
1.9824	85	00$\underline{10}$
1.9824	85	$\bar{1}37$
1.9722	39	206
1.9255	1	119

9-273a 铁锂云母-$3T$ (Zinnwaldite-$3T$)

K$_{0.974}$(Fe$_{1.4}$Li$_{0.75}$Al$_{0.854}$)(Al$_{0.83}$Si$_{2.85}$O$_{10}$)((OH)$_{0.94}$F$_{1.06}$)，443.07

Sys.:Trigonal S.G.:$P3_112$(151) Z:3

a:5.309 c:29.818 Vol.:727.84

ICSD:66679

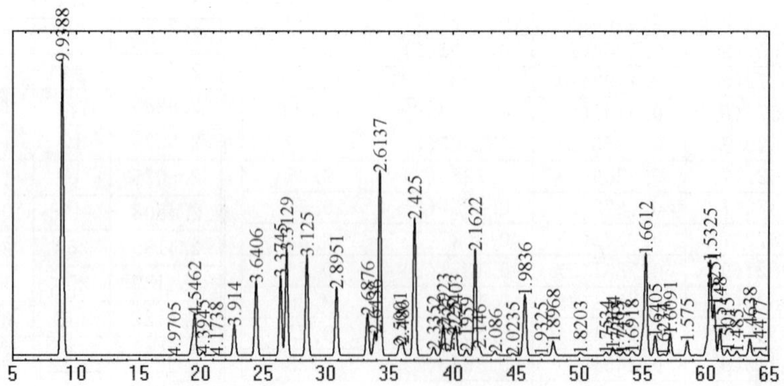

PDF:79-1668

d	I/I_0	hkl
9.9393	999	003
4.9697	7	006
4.5977	30	100
4.5440	100	101
4.3936	7	102
4.1729	4	103
3.9133	79	104
3.6412	174	105
3.3749	186	106
3.3131	246	009
3.1247	216	107
2.8954	143	108
2.6879	81	109
2.6440	44	111
2.6134	399	$\bar{1}\bar{1}2$
2.5017	21	10$\underline{10}$
2.5017	21	114
2.4848	31	00$\underline{12}$
2.4251	288	$\bar{1}\bar{1}5$
2.3351	14	10$\underline{11}$

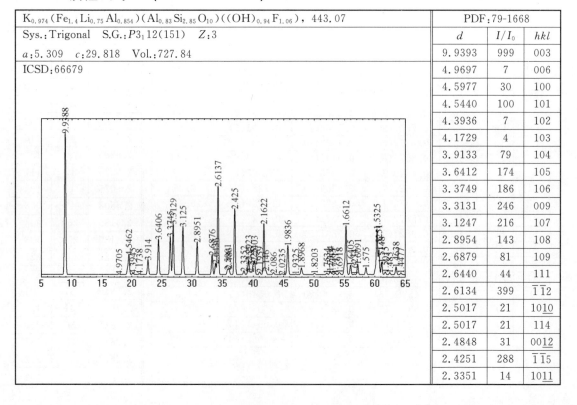

9-273b 铁锂云母-3T(Zinnwaldite-3T)

$K_{0.974}(Fe_{1.4}Li_{0.75}Al_{0.854})(Al_{0.83}Si_{2.85}O_{10})((OH)_{0.94}F_{1.06})$，443.07

ICSD：66679(续)

Atom		Wcf	x	y	z	Occ
K1	K^+	3b	−0.1178(1)	0.1178(1)	0.8333	0.974
Fe1	Fe^{3+}	3a	0.8976(8)	0.4488(4)	0	0.594
Li1	Li^+	3a	0.8976(8)	0.4488(4)	0	0.406
Fe2	Fe^{3+}	3a	0.2356(5)	0.1178(3)	0	0.146
Al1	Al^{3+}	3a	0.2356(5)	0.1178(3)	0	0.854
Fe3	Fe^{2+}	3a	0.5613(4)	0.7806(2)	0	0.658
Li2	Li^+	3a	0.5613(4)	0.7806(2)	0	0.342
Al2	Al^{3+}	6c	0.2212(3)	−0.2093(3)	−0.0913(1)	0.26
Si1	Si^{4+}	6c	0.2212(3)	−0.2093(3)	−0.0913(1)	0.74
Al3	Al^{3+}	6c	0.5496(3)	0.4454(3)	−0.0911(1)	0.22
Si2	Si^{4+}	6c	0.5496(3)	0.4454(3)	−0.0911(1)	0.78
O1	O^{2-}	6c	0.2330(16)	−0.1873(13)	−0.0362(3)	1.0
O2	O^{2-}	6c	0.5372(10)	0.4269(10)	−0.0356(2)	1.0
O3	O^{2-}	6c	0.3664(10)	0.1199(16)	−0.1132(1)	1.0
O4	O^{2-}	6c	−0.1163(16)	0.5963(10)	−0.1095(1)	1.0
O5	O^{2-}	6c	0.407(1)	−0.3622(10)	−0.1099(1)	1.0
O6	O^{2-}	6c	−0.0683(9)	0.1137(14)	−0.0343(1)	0.47
F1	F^-	6c	−0.0683(9)	0.1137(14)	−0.0343(1)	0.53

PDF：79-1668(续)

d	I/I_0	hkl
2.2989	14	200
2.2921	52	201
2.2720	12	202
2.2529	45	$\bar{1}\bar{1}7$
2.2397	49	203
2.1968	11	204
2.1622	205	$\bar{1}\bar{1}8$
2.1450	20	205
2.0865	8	206
2.0716	1	$\bar{1}\bar{1}9$
2.0525	1	$10\underline{13}$
2.0231	3	207
1.9879	38	$00\underline{15}$
1.9827	110	$\bar{1}\bar{1}\underline{10}$
1.9566	1	208
1.9326	2	$10\underline{14}$
1.8966	30	$\bar{1}\bar{1}\underline{11}$
1.8206	5	$20\underline{10}$
1.8141	3	$\bar{1}\bar{1}\underline{12}$
1.7533	6	$20\underline{11}$

9-274a 伊利石-2M_1(Illite-2M_1)

$(K,H_3O)Al_2Si_3AlO_{10}(OH)_2$，398.31

Sys.：Monoclinic S.G.：$A2/a$(15) Z：4

a：5.19 b：9 c：20.16 β：95.18 Vol.：937.83

ICSD：90144

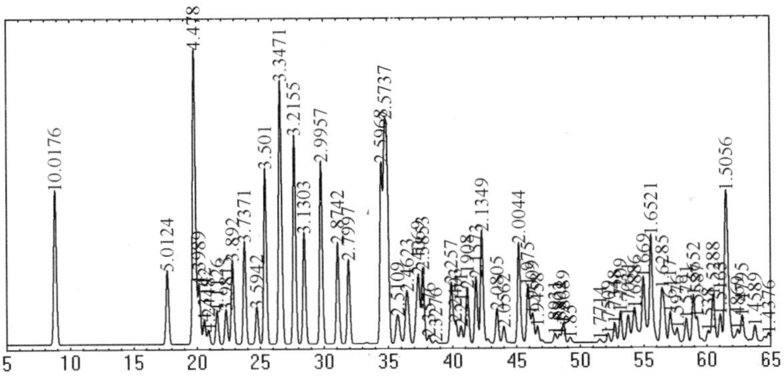

PDF：26-0911

d	I/I_0	hkl
10.0000	90	002
5.0200	50	004
4.4800	16	110
4.4400	14	$\bar{1}11$
3.8900	8	$\bar{1}13$
3.7200	12	023
3.4600	14	$\bar{1}14$
3.3400	100	006
3.2000	16	114
2.9880	18	025
2.8670	12	115
2.7990	12	$\bar{1}16$
2.5580	12	131
2.5090	8	008
2.4630	8	$\bar{1}33$
2.2410	4	220
2.0050	50	136
1.4990	14	$\bar{3}31$

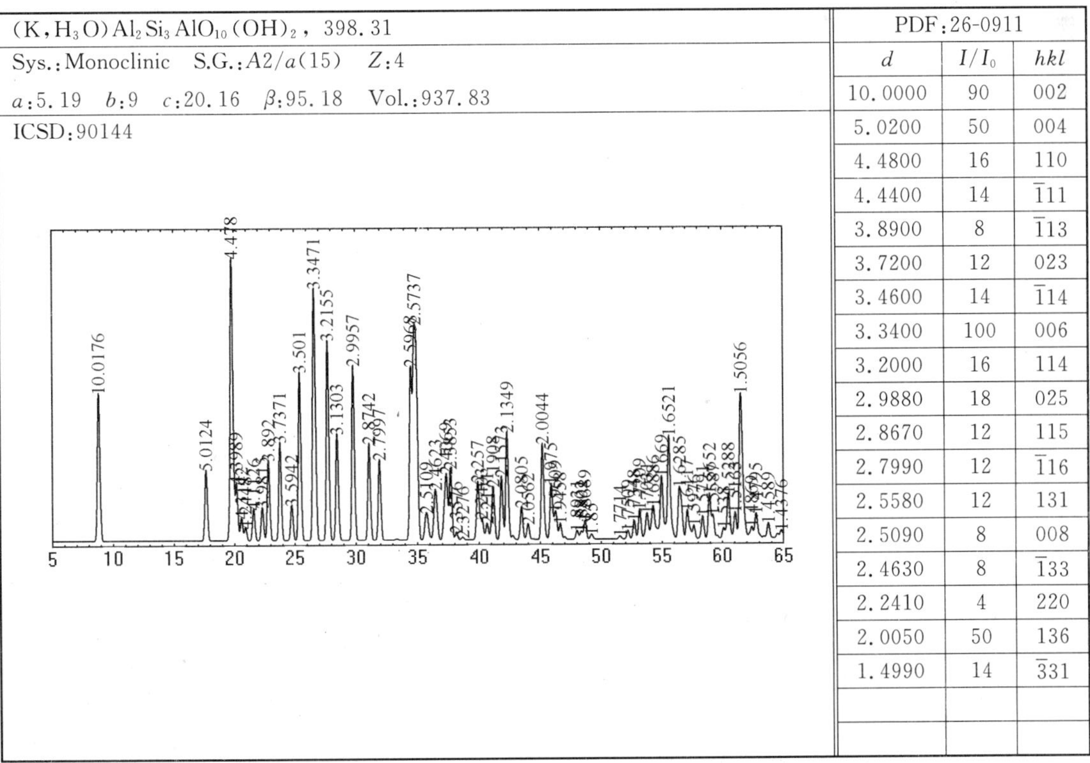

9-274b 伊利石-2M_1 (Illite-2M_1)

$(K,H_3O)Al_2Si_3AlO_{10}(OH)_2$，398.31

ICSD:90144(续)

Atom		Wcf	x	y	z	Occ
Si1	Si^{4+}	8f	0.4825(26)	0.9297(27)	0.1370(94)	1.0
Al1	Al^{3+}	8f	0.4432(50)	0.2635(94)	0.1365(85)	1.0
Al2	Al^{3+}	8f	0.2586(44)	0.0828(86)	0.0068(14)	1.0
K1	K^{+}	4e	0	0.0901(91)	0.25	1.0
O1	O^{2-}	8f	0.4623(51)	0.9194(12)	0.0505(43)	1.0
O2	O^{2-}	8f	0.3835(53)	0.2665(11)	0.0663(81)	1.0
O3	O^{2-}	8f	0.4259(44)	0.1039(78)	0.1530(92)	1.0
O4	O^{2-}	8f	0.2226(28)	0.8368(58)	0.1685(82)	1.0
O5	O^{2-}	8f	0.2735(49)	0.3722(30)	0.1678(53)	1.0
O6	O^{2-}	8f	0.4080(71)	0.5671(79)	0.0454(85)	1.0

PDF:26-0911(续)

d	I/I_0	hkl

9-275a 蛭石(Vermiculite)

$22MgO \cdot 5Al_2O_3 \cdot Fe_2O_3 \cdot 22SiO_2 \cdot 40H_2O$，3598.66

Sys.:Monoclinic S.G.:$A2/a$(15) Z:4

a:5.3 b:9.2 c:28.7 β:97.15 Vol.:31388.53

ICSD:34812

Atom		Wcf	x	y	z	Occ
Mg4	Mg^{2+}	4a	0	0	0	0.41
O7	O^{2-}	8f	0.3363(50)	0.9736(32)	0.0397(6)	0.62
O8	O^{2-}	8f	0.3515(45)	0.3274(45)	0.0412(5)	0.62
O9	O^{2-}	8f	0.3832(40)	0.652(4)	0.0414(5)	0.62

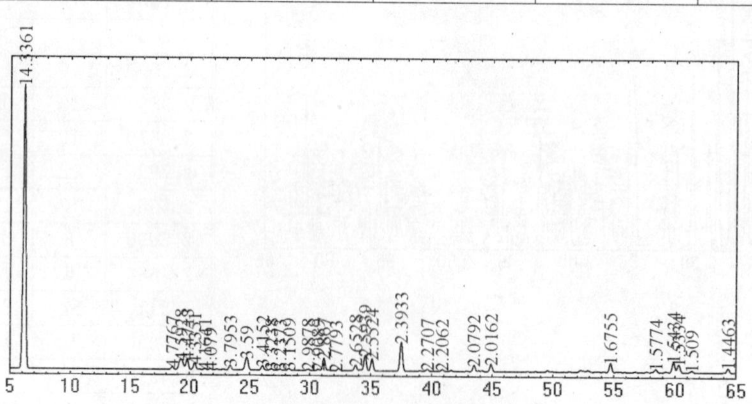

PDF:02-0021

d	I/I_0	hkl
14.1000	100	002
7.1000	3	004
4.7100	5	006
4.6000	10	020
3.5300	30	008
2.8200	40	028
2.5900	10	$\bar{1}33$
2.5300	10	202
2.3700	30	204
2.1900	10	044
2.0600	10	$\bar{1}1\underline{13}$
2.0200	10	$11\underline{12}$
2.0000	10	208
1.8200	10	$20\underline{10}$
1.6600	20	$02\underline{16}$
1.5600	5	$\bar{3}1\underline{10}$
1.5200	40	$20\underline{14}$
1.5000	5	$13\underline{15}$
1.4300	10	$\bar{1}5\underline{12}$
1.4100	10	068

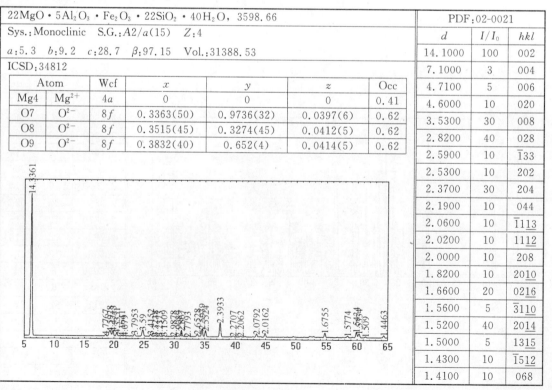

9-275b 蛭石(Vermiculite)

$22MgO \cdot 5Al_2O_3 \cdot Fe_2O_3 \cdot 22SiO_2 \cdot 40H_2O$，3598.66

ICSD:34812(续)

Atom		Wcf	*x*	*y*	*z*	Occ
Mg1	Mg^{2+}	4*e*	0	0.1638(11)	0.25	1.0
Mg2	Mg^{2+}	4*e*	0	0.4997(10)	0.25	1.0
Mg3	Mg^{2+}	4*e*	0	0.8332(11)	0.25	1.0
Al1	Al^{3+}	8*f*	0.1042(7)	0.9997(7)	0.1545(2)	0.285
Si1	Si^{4+}	8*f*	0.1042(7)	0.9997(7)	0.1545(2)	0.715
Al2	Al^{3+}	8*f*	0.1026(7)	0.6647(15)	0.1547(1)	0.285
Si2	Si^{4+}	8*f*	0.1026(7)	0.6647(15)	0.1547(1)	0.715
O1	O^{2-}	8*f*	0.1424(28)	0.0039(14)	0.2132(4)	1.0
O2	O^{2-}	8*f*	0.1410(18)	0.6683(18)	0.2113(3)	1.0
O3	O^{2-}	8*f*	0.1420(19)	0.3380(24)	0.2129(4)	1.0
O4	O^{2-}	8*f*	0.3579(23)	0.0697(16)	0.1338(4)	1.0
O5	O^{2-}	8*f*	0.3529(18)	0.5964(16)	0.1346(4)	1.0
O6	O^{2-}	8*f*	0.5593(14)	0.3316(21)	0.1339(3)	1.0

PDF:02-0021(续)

d	I/I_0	*hkl*
1.3500	5	$06\underline{10}$
1.3100	20	$\bar{4}06$
1.2800	10	$31\underline{13}$

9-276 蒙脱石-15Å(Montmorillonite-15Å)

$Ca_{0.2}(Al,Mg)_2Si_4O_{10}(OH)_2 \cdot 4H_2O$，440.39

结构未知

ICSD:暂缺

PDF:13-0135

d	I/I_0	*hkl*
15.0000	100	001
5.0100	60	003
4.5000	80	100
3.7700	20	004
3.5000	10	—
3.3000	10	103
3.0200	60	005
2.5800	40	110
2.5000	40	006
2.2600	10	200
2.1500	10	007
1.8800	10	008
1.7000	30	210
1.5000	50	$00\underline{10}$
1.4930	50	300
1.2850	20	221
1.2430	20	310

9-277a 铝绿泥石-1M_{IIb} (Sudoite-1M_{IIb})

$Mg_2Al_3(Si_3Al)O_{10}(OH)_8$, 536.85

Sys.: Monoclinic S.G.: $A2/m$(12) Z: 2

a: 5.237 b: 9.07 c: 14.285 β: 97 Vol.: 673.47

ICSD: 16910

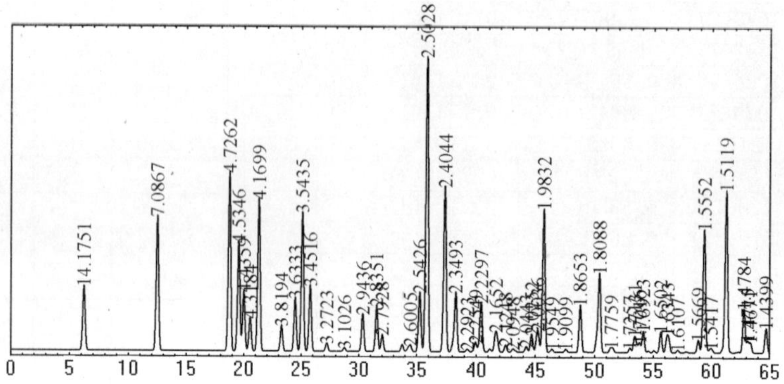

PDF: 19-0751

d	I/I_0	hkl
14.2000	80	001
7.1300	70	002
4.7400	80	003
4.5200	85	110
4.3100	6	021
4.1800	6	111
4.0200	6	$\bar{1}12$
3.8400	2	022
3.5500	65	004
3.2700	2	023
3.0800	4	113
2.9230	2	$\bar{1}14$
2.8390	20	005
2.7830	2	024
2.6060	10	200
2.5440	25	131
2.5010	100	$\bar{1}32$
2.4090	50	132
2.3480	25	$\bar{1}33$
2.2300	25	133

9-277b 铝绿泥石-1M_{IIb} (Sudoite-1M_{IIb})

$Mg_2Al_3(Si_3Al)O_{10}(OH)_8$, 536.85

ICSD: 16910(续)

Atom		Wcf	x	y	z	Occ
Si1	Si^{4+}	$8j$	0.2312	0.1667	0.1909	0.83
Al1	Al^{3+}	$8j$	0.2312	0.1667	0.1909	0.17
Al2	Al^{3+}	$4g$	0	0.3333	0	1.0
Mg1	Mg^{2+}	$4h$	0	0.1667	0.5	0.77
Al3	Al^{3+}	$4h$	0	0.1667	0.5	0.23
Mg2	Mg^{2+}	$2d$	0	0.5	0.5	0.77
Al4	Al^{3+}	$2d$	0	0.5	0.5	0.23
O1	O^{2-}	$8j$	0.1909	0.1667	0.072	1.0
O2	O^{2-}	$4i$	0.1909	0.5	0.072	1.0
O3	O^{2-}	$4i$	0.1943	0	0.2368	1.0
O4	O^{2-}	$8j$	0.5066	0.2335	0.2332	1.0
O5	O^{2-}	$4i$	0.1421	0	0.4243	1.0
O6	O^{2-}	$8j$	0.1421	0.3333	0.4243	1.0

PDF: 19-0751(续)

d	I/I_0	hkl
2.1600	2	042
2.0240	6	007
1.9840	50	204
1.8680	16	135
1.8120	25	205
1.7100	16	240
1.6430	6	$\bar{2}43$
1.5560	40	137
1.5110	60	207
1.4780	10	$\bar{3}33$
1.4390	6	$\bar{3}34$
1.4180	2	$00\underline{10}$
1.3890	40	315
1.3310	2	$\bar{3}36$
1.2970	16	$\bar{2}62$
1.2740	18	335
1.2560	10	$\bar{4}22$
1.2170	10	403
1.1820	2	$00\underline{12}$
1.1630	2	$\bar{1}75$

9-278a 斜绿泥石-2*M*(Clinochlore-2*M*)

$Mg_5Al(Si_3Al)O_{10}(OH)_8$，555.8

Sys.:Monoclinic S.G.:*A*2/*m*(12) *Z*:4

a:5.324 *b*:9.224 *c*:14.42 *β*:97.1 Vol.:702.72

ICSD:26850

Atom		Wcf	*x*	*y*	*z*	Occ
Mg1	Mg^{2+}	4*a*	0	0	0	1.0
Mg2	Mg^{2+}	8*f*	0	0.3333	0	1.0
Mg3	Mg^{2+}	4*e*	0	0.1667	0.25	0.6777
Al1	Al^{3+}	4*e*	0	0.1667	0.25	0.3333
Mg4	Mg^{2+}	4*e*	0	−0.1667	0.25	0.6777

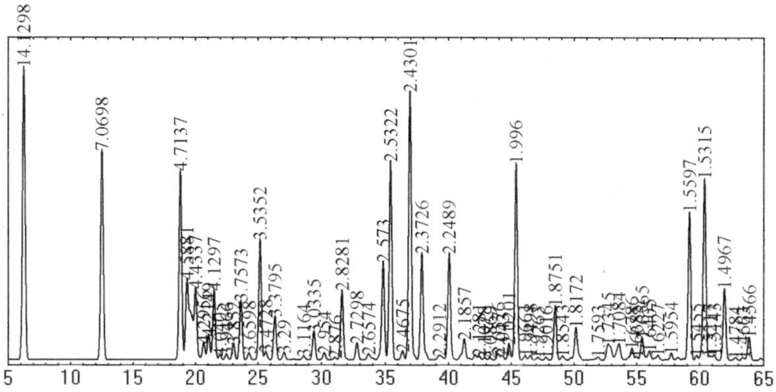

PDF:26-1211		
d	I/I_0	*hkl*
14.1000	80	001
7.1400	80	002
4.7600	80	003
4.5900	40	110
4.4900	20	$\bar{1}$11
4.3700	20	021
4.2400	20	111
3.8800	20	022
3.6700	20	112
3.5700	100	004
2.8640	40	005
2.6910	20	114
2.6560	20	$\bar{2}$01
2.5840	60	$\bar{2}$02
2.5400	100	201
2.4410	80	132
2.3850	60	006
2.2600	60	133
2.0410	20	007
2.0080	100	204

9-278b 斜绿泥石-2*M*(Clinochlore-2*M*)

$Mg_5Al(Si_3Al)O_{10}(OH)_8$，555.8

ICSD:26850(续)

Atom		Wcf	*x*	*y*	*z*	Occ
Al2	Al^{3+}	4*e*	0	−0.1667	0.25	0.3333
Mg5	Mg^{2+}	4*e*	0	0.5	0.25	0.6667
Al3	Al^{3+}	4*e*	0	0.5	0.25	0.3333
Si1	Si^{4+}	8*f*	−0.269	0	0.094	0.75
Al4	Al^{3+}	8*f*	−0.269	0	0.094	0.25
Si2	Si^{4+}	8*f*	−0.269	−0.3333	0.094	0.75
Al5	Al^{3+}	8*f*	−0.269	−0.3333	0.094	0.25
O1	O^{2-}	8*f*	−0.308	0.3333	0.039	1.0
O2	O^{2-}	8*f*	−0.308	−0.3333	0.039	1.0
O3	O^{2-}	8*f*	−0.308	0	0.039	1.0
O4	O^{2-}	8*f*	−0.006	0.083	0.114	1.0
O5	O^{2-}	8*f*	−0.006	−0.417	0.114	1.0
O6	O^{2-}	8*f*	−0.256	−0.1667	0.114	1.0
O7	O^{2-}	8*f*	0.142	0	0.211	1.0
O8	O^{2-}	8*f*	0.142	0.3333	0.211	1.0
O9	O^{2-}	8*f*	0.142	−0.3333	0.211	1.0

PDF:26-1211(续)		
d	I/I_0	*hkl*
1.8890	40	135
1.8310	40	205
1.7240	20	$\bar{2}$07
1.6710	20	$\bar{1}$37
1.5730	60	137
1.5390	100	060
1.5020	60	331
1.4630	20	$\bar{3}$34
1.4550	10	119
1.4120	20	333
1.4030	40	208
1.3290	10	$\bar{2}$010
1.3210	20	$\bar{2}$62
1.3010	20	$\bar{2}$63
1.2920	30	$\bar{4}$04
1.2210	20	264
1.1920	20	404
1.1310	10	266

9-279a 鲕绿泥石(Chamosite)

$(Mg_{1.5}Fe_{7.9}Al_{2.6})(Si_{6.2}Al_{1.8}O_{20})(OH)_{16}$, 1362.6

Sys.: Monoclinic S.G.: *A*2/*m*(12) *Z*: 1

a: 5.401 *b*: 9.359 *c*: 14.028 *β*: 90 Vol.: 1709.09

ICSD: 64735

Atom		Wcf	*x*	*y*	*z*	Occ
O1	O^{2-}	4*i*	0.167	0	0.23	1.0
O2	O^{2-}	8*j*	0.083	0.25	0.769	1.0
O3	O^{2-}	8*j*	0.167	0.167	0.072	1.0
O4	O^{2-}	4*i*	0.333	0	0.935	1.0
O5	O^{2-}	4*i*	0.333	0	0.568	1.0

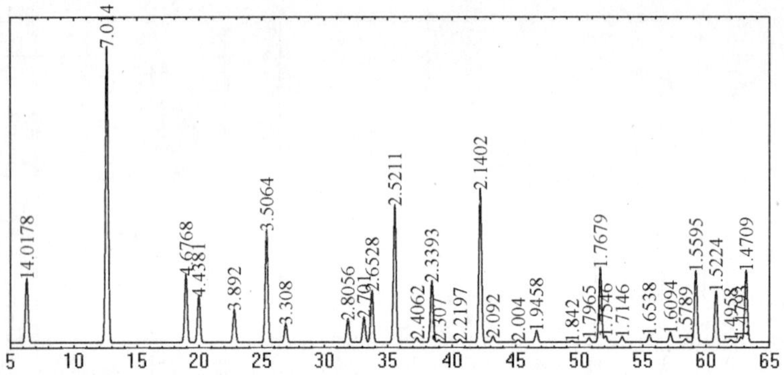

PDF: 85-1356

d	*I*/I_0	*hkl*
14.0280	356	001
7.0140	999	002
4.6760	243	110
4.6760	243	003
4.4377	158	$\bar{1}11$
4.4377	158	111
3.8918	104	$\bar{1}12$
3.8918	104	112
3.5070	317	004
3.3071	56	$\bar{1}13$
3.3071	56	113
2.8056	64	$\bar{1}14$
2.8056	64	005
2.7014	72	130
2.7014	72	200
2.6527	137	$\bar{1}31$
2.6527	137	201
2.5209	367	132
2.5209	367	$\bar{2}02$
2.4063	12	025

9-279b 鲕绿泥石(Chamosite)

$(Mg_{1.5}Fe_{7.9}Al_{2.6})(Si_{6.2}Al_{1.8}O_{20})(OH)_{16}$, 1362.6

ICSD: 64735(续)

Atom		Wcf	*x*	*y*	*z*	Occ
O6	O^{2-}	8*j*	0.167	0.167	0.431	1.0
Fe1	Fe^{2+}	2*a*	0	0	0	0.658
Mg1	Mg^{2+}	2*a*	0	0	0	0.125
Al1	Al^{3+}	2*a*	0	0	0	0.217
Fe2	Fe^{2+}	2*c*	0	0	0.5	0.658
Mg2	Mg^{2+}	2*c*	0	0	0.5	0.125
Al2	Al^{3+}	2*c*	0	0	0.5	0.217
Fe3	Fe^{2+}	4*g*	0	0.333	0	0.658
Mg3	Mg^{2+}	4*g*	0	0.333	0	0.125
Al3	Al^{3+}	4*g*	0	0.333	0	0.217
Fe4	Fe^{2+}	4*h*	0	0.333	0.5	0.658
Mg4	Mg^{2+}	4*h*	0	0.333	0.5	0.125
Al4	Al^{3+}	4*h*	0	0.333	0.5	0.217
Si1	Si^{4+}	8*j*	0.167	0.167	0.186	0.775
Al5	Al^{3+}	8*j*	0.167	0.167	0.186	0.225

PDF: 85-1356(续)

d	*I*/I_0	*hkl*
2.4063	12	$\bar{1}15$
2.3391	138	133
2.3391	138	006
2.3071	5	$\bar{2}21$
2.3071	5	221
2.2195	6	042
2.2195	6	222
2.1401	355	$\bar{1}34$
2.1401	355	$\bar{2}04$
2.0919	14	$\bar{2}23$
2.0919	14	$\bar{1}16$
2.0040	5	007
1.9460	25	$\bar{1}35$
1.9460	25	205
1.8421	2	$\bar{1}17$
1.8421	2	117
1.7965	10	$\bar{2}25$
1.7965	10	225
1.7678	156	136
1.7678	156	$\bar{2}06$

9-280a 葡萄石(Prehnite)

$Ca_2Al_2Si_3O_{10}(OH)_2$，412.39

Sys.:Orthorhombic S.G.:*Pbm*2(28) *Z*:2

a:4.642 *b*:5.487 *c*:18.49 Vol.:470.95

ICSD:16900

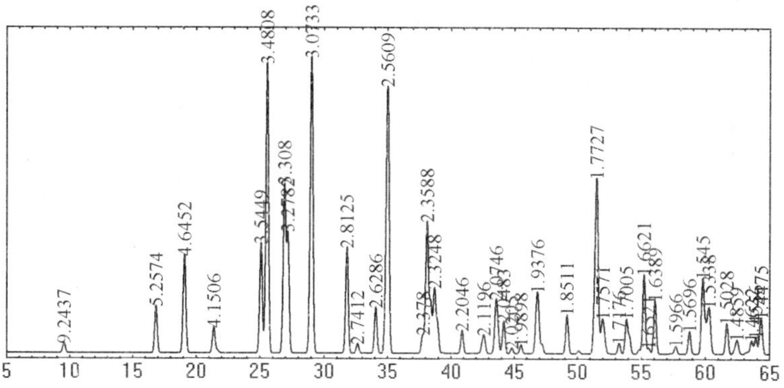

PDF:29-0290		
d	I/I_0	*hkl*
9.2800	14	002
5.2670	25	011
4.6410	30	100
4.1490	7	102
3.5440	45	110
3.4810	90	111
3.3110	60	112
3.2760	40	104
3.0790	100	006
2.8110	35	114
2.6300	15	022
2.5640	70	106
2.3800	10	017
2.3600	35	024
2.3410	18	121
2.3160	35	008
2.2040	5	025
2.1180	4	117
2.0720	12	204
2.0500	4	026

9-280b 葡萄石(Prehnite)

$Ca_2Al_2Si_3O_{10}(OH)_2$，412.39

ICSD:16900(续)

Atom		Wcf	*x*	*y*	*z*	Occ
Ca1	Ca^{2+}	4*e*	0	0.5	0.0992(2)	1.0
Al1	Al^{3+}	2*a*	0	0	0	1.0
Si1	Si^{4+}	4*f*	0.5	0	0.1195(3)	1.0
Si2	Si^{4+}	4*g*	0.1895(12)	0.25	0.25	0.5
Al2	Al^{3+}	4*g*	0.1895(12)	0.25	0.25	0.5
O1	O^{2-}	8*i*	0.7511(21)	0.1323(18)	0.0739(6)	1.0
O2	O^{2-}	8*i*	0.3686(21)	0.2130(18)	0.1716(6)	1.0
O3	O^{2-}	4*e*	0	0	0.2687(9)	1.0
O4	O^{2-}	4*h*	0.2054(32)	0.3018(27)	0	1.0

PDF:29-0290(续)		
d	I/I_0	*hkl*
1.9380	15	118
1.8500	12	215
1.7720	30	220
1.7000	9	034
1.6600	11	217

9-281a 鱼眼石(Apophyllite)

$KCa_4(Si_4O_{10})_2F(H_2O)_8$，907.21

Sys.:Tetragonal S.G.:*P4/mnc*:(128) *Z*:2

a:8.96 *c*:15.8 Vol.:1268.45

ICSD:34849

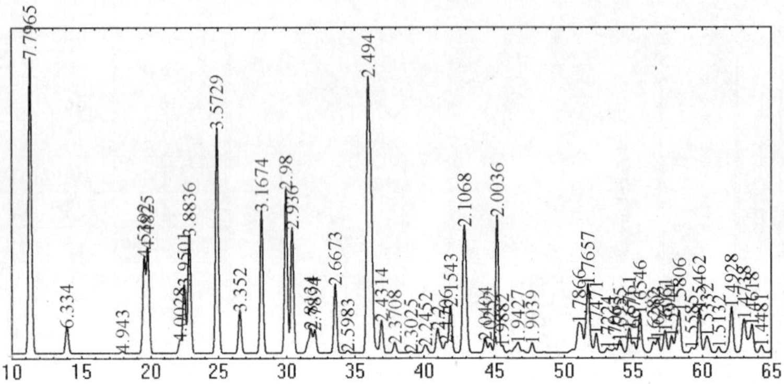

PDF:76-0878

d	I/I_0	*hkl*
7.7940	999	101
6.3357	109	110
4.9425	5	112
4.5404	283	103
4.4800	251	200
4.0070	44	210
3.9500	166	004
3.8841	326	211
3.5736	553	212
3.3519	83	114
3.1678	288	220
2.9801	361	105
2.9347	240	222
2.9347	240	301
2.8334	17	310
2.8130	51	214
2.7889	42	311
2.6671	133	312
2.6333	2	006
2.5980	6	303

9-281b 鱼眼石(Apophyllite)

$KCa_4(Si_4O_{10})_2F(H_2O)_8$，907.21

ICSD:34849(续)

Atom		Wcf	*x*	*y*	*z*	Occ
F1	F^-	2*a*	0	0	0	1.0
K1	K^+	2*b*	0	0	0.5	1.0
Ca1	Ca^{2+}	8*h*	0.1110(3)	0.2473(3)	0	1.0
Si1	Si^{4+}	16*i*	0.2267(2)	0.0866(2)	0.1896(1)	1.0
O1	O^{2-}	8*g*	0.3636(3)	0.1364(3)	0.25	1.0
O2	O^{2-}	16*i*	0.0846(2)	0.1897(2)	0.2169(1)	1.0
O3	O^{2-}	16*i*	0.2657(2)	0.1018(2)	0.0924(1)	1.0
O4	O^{2-}	16*i*	0.2154(2)	0.4500(2)	0.0893(1)	1.0
H1	H^+	16*i*	0.4490(4)	0.1730(4)	0.0889(2)	1.0
H2	H^+	16*i*	0.2244(5)	0.4255(4)	0.1481(2)	0.875
H3	H^+	4*e*	0	0	0.065(1)	0.5

PDF:76-0878(续)

d	I/I_0	*hkl*
2.4952	548	313
2.4851	344	320
2.4813	348	215
2.4713	204	224
2.4549	16	321
2.4317	59	116
2.3705	28	322
2.3023	3	314
2.2702	1	206
2.2474	13	323
2.2400	11	400
2.2007	45	216
2.1888	17	107
2.1706	22	410
2.1706	22	305
2.1550	74	402
2.1550	74	411
2.1096	144	330
2.1096	144	315
2.1034	201	324

9-282a 碱硅钙石(Carletonite)

$KNa_4Ca_4Si_8O_{18}(CO_3)_4(OH,F) \cdot H_2O$, 1079.11

Sys.: Tetragonal S.G.: *P*4/*mbm*(127) *Z*: 4

a: 13.178 *c*: 16.695 Vol.: 12899.25

ICSD: 12100

Atom		Wcf	*x*	*y*	*z*	Occ
Si1	Si^{4+}	16*l*	0.0731(1)	0.2644(1)	0.4077(1)	0.965
Si2	Si^{4+}	16*l*	0.2162(1)	0.1189(1)	0.3077(1)	0.972
Al1	Al^{3+}	16*l*	0.2162(1)	0.1189(1)	0.3077(1)	0.028
Ca1	Ca^{2+}	16*l*	0.0604(1)	0.1773(1)	0.1416	0.940

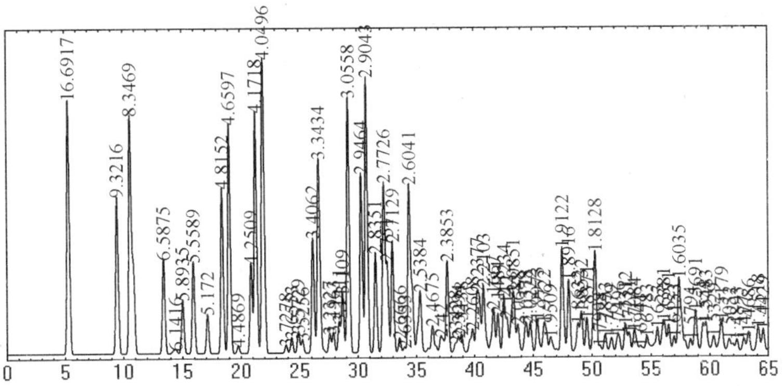

PDF: 25-0628

d	*I*/*I*₀	*hkl*
16.7000	40	001
9.3200	30	110
8.3500	100	002
6.5800	20	200
5.8900	10	210
5.5600	25	211
5.1700	10	202
4.8200	40	212
4.6600	30	220
4.2500	10	203
4.1700	100	310
4.0500	50	213
3.5700	5	321
3.4100	25	214
3.3400	40	005
3.2400	10	401
3.2000	5	410
3.1400	5	411
3.1100	10	224
3.0600	40	402

9-282b 碱硅钙石(Carletonite)

$KNa_4Ca_4Si_8O_{18}(CO_3)_4(OH,F) \cdot H_2O$, 1079.11

ICSD: 12100(续)

Atom		Wcf	*x*	*y*	*z*	Occ
K1	K^{+}	4*f*	0.5	0	0.2962(1)	0.882
Na1	Na^{+}	4*e*	0	0	0.2754(2)	0.923
Na2	Na^{+}	8*k*	0.1399(3)	0.6399(3)	0.1424(2)	0.905
Na3	Na^{+}	4*g*	0.2227(4)	0.2773(4)	0	0.925
C1	C^{4+}	8*i*	0.2127(5)	0.0572(5)	0	1.0
C2	C^{4+}	8*k*	0.1197(7)	0.3803(7)	0.1674(4)	1.0
O1	O^{2-}	16*l*	0.1475(2)	0.1807(2)	0.3722(2)	1.014
O2	O^{2-}	16*l*	0.2718(2)	0.0308(2)	0.3559(2)	1.004
O3	O^{2-}	16*l*	0.1517(2)	0.0783(2)	0.2357(2)	0.991
O4	O^{2-}	8*k*	0.3072(4)	0.1928(4)	0.2776(2)	1.019
O5	O^{2-}	8*k*	0.1251(5)	0.3749(5)	0.4020(3)	1.005
O6	O^{2-}	8*j*	0.0509(3)	0.2358(3)	0.5	1.025
O7	O^{2-}	16*l*	0.2110(2)	0.1046(2)	0.0674(2)	0.97
O8	O^{2-}	8*k*	0.1834(5)	0.3166(5)	0.1360(3)	0.984
O9	O^{2-}	8*i*	0.0389(3)	0.2146(4)	0	0.969
O10	O^{2-}	16*l*	0.0306(2)	0.3497(2)	0.1825(2)	0.913
O11	O^{2-}	4*e*	0	0	0.4157(6)	0.791
O12	O^{2-}	4*g*	0.4452(30)	0.0548(30)	0	0.554
F1	F^{-}	4*e*	0	0	0.1179(3)	0.41
O13	O^{2-}	4*e*	0	0	0.1179(3)	0.59

PDF: 25-0628(续)

d	*I*/*I*₀	*hkl*
2.9450	25	420
2.9030	90	421
2.8350	15	403
2.7770	40	422
2.7500	15	324
2.7130	20	333
2.6670	5	116
2.6040	40	423
2.5840	5	510
2.5400	15	414
2.4660	10	325
2.4210	5	521
2.3840	60	007
2.3290	10	440
2.2650	5	530
2.2390	10	531
2.2090	15	425
2.1650	10	610
2.1490	10	443
2.1210	15	227

9-283a 纤硅碱钙石(Rhodesite)

$HKCa_2Si_8O_{19}(H_2O)_5$, 739.01

Sys.: Orthorhombic S.G.: *Pmmb*: (51) *Z*: 2

a: 23.428 *b*: 6.557 *c*: 7.064 Vol.: 1085.15

ICSD: 36553

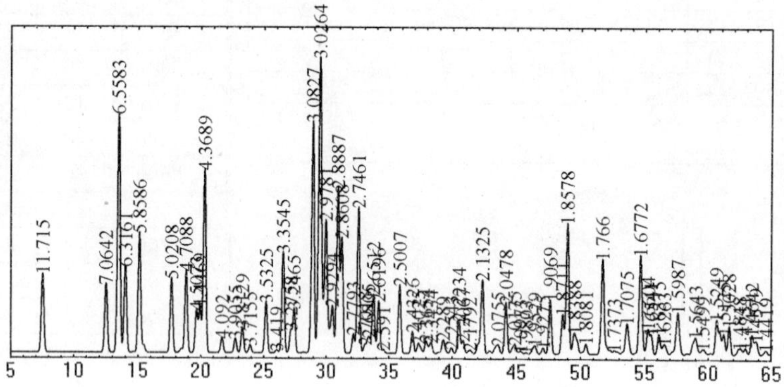

PDF: 76-2055		
d	I/I_0	*hkl*
11.7140	303	200
7.0640	403	001
6.5570	999	010
6.3144	399	110
6.0492	6	201
5.8570	543	400
5.7216	46	210
5.0216	310	310
4.8057	25	011
4.7077	325	111
4.5088	161	401
4.4461	180	211
4.3681	581	410
4.0929	70	311
3.9047	31	600
3.8123	91	510
3.7152	33	411
3.5320	127	002
3.4173	19	601
3.3549	319	511

9-283b 纤硅碱钙石(Rhodesite)

$HKCa_2Si_8O_{19}(H_2O)_5$, 739.01

ICSD: 36553(续)

Atom		Wcf	*x*	*y*	*z*	Occ
K1	K^+	2*e*	0.25	0.4487(10)	0	1.0
Ca1	Ca^{2+}	2*c*	0	0.5	0	1.0
Ca2	Ca^{2+}	2*d*	0	0.5	0.5	1.0
Si1	Si^{4+}	8*l*	0.1170(1)	0.2892(4)	0.2198(3)	1.0
Si2	Si^{4+}	4*j*	0.1837(1)	0.5417(6)	0.5	1.0
Si3	Si^{4+}	4*j*	0.1024(1)	0.9306(6)	0.5	1.0
O1	O^{2-}	8*l*	0.0593(2)	0.4084(9)	0.2500(9)	1.0
O2	O^{2-}	8*l*	0.1722(2)	0.4077(9)	0.3111(8)	1.0
O3	O^{2-}	8*l*	0.1165(3)	0.0616(8)	0.3120(8)	1.0
O4	O^{2-}	4*i*	0.1351(3)	0.2555(14)	0	1.0
O5	O^{2-}	4*j*	0.1460(4)	0.7394(15)	0.5	1.0
O6	O^{2-}	4*j*	0.0375(4)	0.8583(16)	0.5	1.0
O7	O^{2-}	2*f*	0.25	0.6049(19)	0.5	1.0
O8	O^{2-}	4*i*	0.0379(6)	0.8315(19)	0	1.0
O9	O^{2-}	4*i*	0.3317(6)	0.7792(21)	0	1.0
O10	O^{2-}	4*k*	0.25	0.0204(39)	0.1874(49)	0.5
O11	O^{2-}	2*f*	0.25	0.052(14)	0.5	0.220

PDF: 76-2055(续)		
d	I/I_0	*hkl*
3.3549	319	610
3.2785	59	020
3.2469	119	120
3.1572	6	220
3.0825	627	112
3.0246	749	402
3.0246	749	320
3.0055	129	212
2.9810	259	710
2.9738	313	021
2.9502	63	121
2.9285	149	800
2.8890	448	312
2.8824	283	221
2.8608	311	420
2.7791	68	321
2.7465	403	412
2.7465	403	711
2.7052	37	801
2.6862	30	520

9-284a 片硅碱钙石(Delhayelite)

$Na_3K_7Ca_5Al_2Si_{14}O_{38}F_4Cl_2$，1745.09

Sys.:Orthorhombic　S.G.:*Pmmn*(59)　*Z*:1

a:24.86　*b*:7.07　*c*:6.53　Vol.:11147.71

ICSD:24616

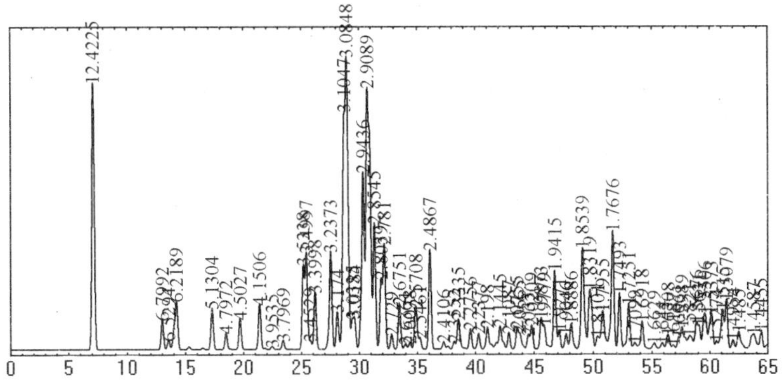

PDF:73-2068

d	I/I_0	*hkl*
12.4300	999	200
6.8003	122	110
6.5300	36	001
6.3158	85	101
6.2150	221	400
5.7808	17	201
5.3785	7	310
5.1289	153	301
4.7970	57	011
4.7101	3	111
4.5019	90	401
4.1516	139	311
4.1516	139	600
4.0670	5	510
3.9558	10	501
3.7974	31	411
3.5350	242	020
3.4985	268	601
3.4522	31	511
3.4002	148	220

9-284b 片硅碱钙石(Delhayelite)

$Na_3K_7Ca_5Al_2Si_{14}O_{38}F_4Cl_2$，1745.09

ICSD:24616(续)

Atom		Wcf	*x*	*y*	*z*	Occ
Na1	Na^+	4*c*	0	0	0	0.75
K1	K^+	4*f*	0.1322(2)	0.25	0.7804(8)	0.88
K2	K^+	2*a*	0.25	0.25	0.3721(14)	0.9
K3	K^+	2*b*	0.25	0.75	0.0195(16)	0.85
Ca1	Ca^{2+}	4*c*	0	0	0	0.25
Ca2	Ca^{2+}	4*f*	0.0067(1)	0.75	0.5034(7)	1.0
Si1	Si^{4+}	8*g*	0.1125(1)	0.4656(8)	0.2818(4)	1.0
Al1	Al^{3+}	4*f*	0.1828(2)	0.75	0.5342(8)	0.5
Si2	Si^{4+}	4*f*	0.1828(2)	0.75	0.5342(8)	0.5
Si3	Si^{4+}	4*f*	0.1065(2)	0.75	0.9188(7)	1.0
O1	O^{2-}	8*g*	0.0550(4)	0.4818(20)	0.3845(18)	1.0
O2	O^{2-}	8*g*	0.1618(4)	0.5510(21)	0.4135(17)	1.0
O3	O^{2-}	8*g*	0.1124(4)	0.5675(19)	0.0601(15)	1.0
O4	O^{2-}	4*f*	0.0491(5)	0.75	0.8164(20)	1.0
O5	O^{2-}	4*f*	0.1580(6)	0.75	0.7738(24)	1.0
O6	O^{2-}	4*f*	0.1295(6)	0.25	0.2433(25)	1.0
O7	O^{2-}	2*b*	0.25	0.75	0.5392(32)	1.0
F1	F^-	4*f*	0.0297(4)	0.25	0.8146(17)	1.0
Cl1	Cl^-	2*a*	0.25	0.25	0.8793(17)	1.0

PDF:73-2068(续)

d	I/I_0	*hkl*
3.2650	27	002
3.2372	249	102
3.1735	105	710
3.1199	194	701
3.1075	576	021
3.1075	576	800
3.0847	680	121
3.0727	495	420
3.0377	95	302
3.0158	86	221
2.9642	78	012
2.9433	468	112
2.9106	666	321
2.8904	524	402
2.8833	393	212
2.8543	357	711
2.8060	156	801
2.7910	80	312
2.7803	308	421
2.7292	34	502

9-285a 淡钡钛石(Leucosphenite)

$Na_4BaB_2Ti_2Si_{10}O_{30}$，1107.55

Sys.:Monoclinic S.G.:$C2/m$(12) Z:2

a:9.781 b:16.854 c:7.208 β:93.27 Vol.:11186.3

ICSD:28010

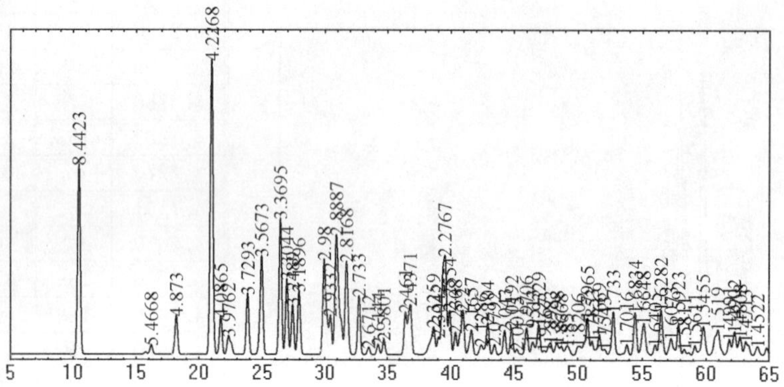

PDF:25-0784

d	I/I_0	hkl
8.4500	90	$\bar{1}10$
4.8700	20	130
4.2200	100	$\bar{2}20$
4.0900	20	$\bar{1}31$
3.9800	10	131
3.9400	10	201
3.7300	20	$\bar{2}21$
3.5700	30	221
3.3700	70	$\bar{1}12$
3.3100	50	022
3.2500	30	112
3.1900	30	240
2.9820	30	$\bar{3}11$
2.9300	10	$\bar{1}51$
2.8910	60	151
2.8550	10	132
2.8130	40	$\bar{3}30$
2.7320	40	042
2.6160	10	061
2.5770	5	331

9-285b 淡钡钛石(Leucosphenite)

$Na_4BaB_2Ti_2Si_{10}O_{30}$，1107.55

ICSD:28010(续)

Atom		Wcf	x	y	z	Occ
Na1	Na^+	$4h$	0.5	0.222	0.5	1.0
Na2	Na^+	$4i$	0.3	0	0.5	1.0
Ba1	Ba^{2+}	$2a$	0	0	0	1.0
Ti1	Ti^{4+}	$4h$	0	0.086	0.5	1.0
B1	B^{3+}	$8j$	0.494	0.082	0.198	0.5
Si1	Si^{4+}	$8j$	0.494	0.082	0.198	0.5
Si2	Si^{4+}	$8j$	0.249	0.167	0.766	1.0
Si3	Si^{4+}	$8j$	0.222	0.152	0.19	1.0
O1	O^{2-}	$4i$	0.096	0	0.625	1.0
O2	O^{2-}	$8j$	0.12	0.093	0.286	1.0
O3	O^{2-}	$8j$	0.123	0.166	0.623	1.0
O4	O^{2-}	$4i$	0.456	0	0.287	1.0
O5	O^{2-}	$4g$	0.5	0.09	0	1.0
O6	O^{2-}	$8j$	0.181	0.246	0.216	1.0
O7	O^{2-}	$8j$	0.203	0.133	−0.028	1.0
O8	O^{2-}	$8j$	0.63	0.11	0.305	1.0
O9	O^{2-}	$8j$	0.378	0.141	0.276	1.0

PDF:25-0784(续)

d	I/I_0	hkl
2.4600	10	$\bar{3}12$
2.4340	30	260
2.3270	5	$\bar{2}61$
2.3060	5	023
2.2800	40	113
2.2550	5	$\bar{3}51$
2.2310	5	$\bar{1}71$
2.2160	5	171
2.2030	5	$\bar{2}03$
2.1690	5	332
2.1300	5	$\bar{2}23$
2.1050	20	203
2.0770	5	$\bar{4}02$
2.0450	10	$\bar{2}62$
2.0180	10	$\bar{4}22$
1.9720	10	$\bar{3}13$
1.9520	5	$\bar{2}43$
1.9330	10	$\bar{1}53$
1.8990	5	153
1.8820	5	243

9-286a 硅钠锶镧石(Nordite-La)

$Na_3SrLaCe(Zn,Mg,Fe,Mn)Si_6O_{17}$， 941.5

Sys.:Orthorhombic S.G.:*Pbab*(54) *Z*:4

a:14.4357 *b*:5.1909 *c*:19.819 Vol.:1485.12

ICSD:15179

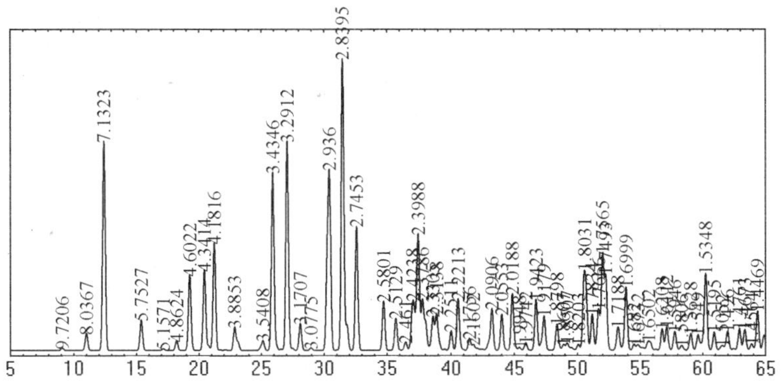

PDF:46-1413

d	I/I_0	*hkl*
7.2500	36	200
4.6900	5	104
4.3000	35	302
4.2200	89	210
3.9300	5	113
3.5900	1	014
3.4800	40	114
3.4800	40	311
3.3300	100	312
3.2100	2	214
3.0000	5	206
2.9600	95	410
2.8760	95	314
2.8420	4	412
2.7870	19	016
2.5960	68	020
2.5410	9	414
2.5410	9	121
2.4980	1	504
2.4980	1	008

9-286b 硅钠锶镧石(Nordite-La)

$Na_3SrLaCe(Zn,Mg,Fe,Mn)Si_6O_{17}$， 941.5

ICSD:15179(续)

Atom		Wcf	*x*	*y*	*z*	Occ
La1	La^{3+}	4*d*	0.25	0	0.3194	1.0
Sr1	Sr^{2+}	4*d*	0.25	0	0.0217(2)	1.0
Zn1	Zn^{2+}	4*e*	0.25	0.5	0.1687(3)	1.0
Si1	Si^{4+}	8*f*	0.0980(7)	0.4542(23)	0.0623(4)	1.0
Si2	Si^{4+}	8*f*	0.1019(7)	0.5433(23)	0.2747(4)	1.0
Si3	Si^{4+}	8*f*	0.1116(5)	0.5516(17)	−0.0819(4)	1.0
Na1	Na^{+}	4*a*	0	0	0	1.0
Na2	Na^{+}	8*f*	0.0696(10)	0.0125(81)	0.1693(8)	1.0
O1	O^{2-}	8*f*	0.9955(16)	0.3389(53)	0.0811(14)	1.0
O2	O^{2-}	8*f*	0.1701(18)	0.2995(71)	0.1101(12)	1.0
O3	O^{2-}	8*f*	0.1172(18)	0.3537(59)	−0.0131(12)	1.0
O4	O^{2-}	8*f*	0.1019(16)	0.7640(68)	0.0672(12)	1.0
O5	O^{2-}	4*c*	0	0.6366(96)	0.25	1.0
O6	O^{2-}	8*f*	0.1783(18)	0.7090(69)	0.2321(12)	1.0
O7	O^{2-}	8*f*	0.1221(19)	0.6503(58)	0.3532(13)	1.0
O8	O^{2-}	8*f*	0.1178(18)	0.2392(58)	0.2714(12)	1.0
O9	O^{2-}	8*f*	0.1857(15)	0.2226(58)	0.4173(14)	1.0

PDF:46-1413(续)

d	I/I_0	*hkl*
2.4430	43	220
2.4060	14	600
2.3830	11	123
2.3830	11	415
2.3610	16	513
2.3520	1	217
2.3520	1	208
2.2730	7	124
2.2730	7	321
2.2480	7	514
2.1500	1	125
2.1470	1	218
2.1070	27	420
2.0740	21	324
2.0410	17	026
2.0230	1	126
1.9620	14	226
1.9430	7	606
1.9430	7	424
1.9200	1	521

9-287a 钠锆石(Elpidite)

$Na_2ZrSi_6O_{15} \cdot 3H_2O$，599.75

Sys.:Orthorhombic S.G.:*Pmab*(57) *Z*:4

a:7.116 *b*:14.65 *c*:14.599 Vol.:1521.94

ICSD:10277

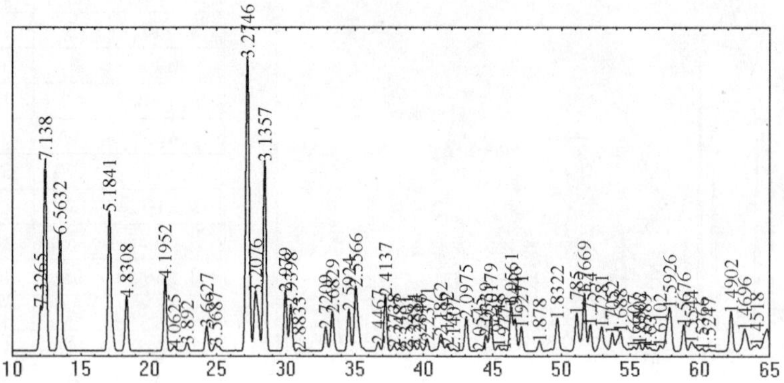

PDF:50-0223		
d	*I*/*I*₀	*hkl*
7.3023	40	002
7.1094	90	100
6.5588	85	021
5.1822	85	022
4.8243	50	121
4.1869	60	122
4.0474	5	023
3.8700	5	131
3.8700	5	113
3.6479	40	004
3.5436	5	200
3.5436	5	041
3.2714	100	024
3.1832	60	141
3.1243	90	221
2.9689	75	142
2.9689	75	124
2.9299	65	222
2.7103	45	025
2.6726	50	223

9-287b 钠锆石(Elpidite)

$Na_2ZrSi_6O_{15} \cdot 3H_2O$，599.75

ICSD:10277(续)

Atom		Wcf	*x*	*y*	*z*	Occ
Zr1	Zr^{4+}	4*c*	0.4950(5)	0.25	0.5	1.0
Si1	Si^{4+}	8*e*	0.772(1)	0.3854(4)	0.6462(4)	1.0
Si2	Si^{4+}	8*e*	0.5086(10)	0.0476(2)	0.6413(3)	1.0
Si3	Si^{4+}	8*e*	0.217(1)	0.3928(4)	0.6435(4)	1.0
O1	O^{2-}	8*e*	0.9966(26)	0.4047(7)	0.6392(7)	1.0
O2	O^{2-}	4*d*	0.7156(32)	0.3538(14)	0.75	1.0
O3	O^{2-}	8*e*	0.7077(23)	0.3099(13)	0.5772(14)	1.0
O4	O^{2-}	8*e*	0.6781(21)	0.4825(11)	0.6277(12)	1.0
O5	O^{2-}	4*d*	0.5285(31)	0.0713(10)	0.75	1.0
O6	O^{2-}	8*e*	0.4904(26)	0.1405(7)	0.5886(7)	1.0
O7	O^{2-}	8*e*	0.3029(19)	0.4888(9)	0.6119(9)	1.0
O8	O^{2-}	4*d*	0.2881(29)	0.3770(13)	0.75	1.0
O9	O^{2-}	8*e*	0.2928(20)	0.3097(11)	0.5823(12)	1.0
Na1	Na^+	4*d*	0.4362(17)	0.2299(8)	0.75	1.0
Na2	Na^+	4*c*	−0.0027(23)	0.25	0.5	1.0
O10	O^{2-}	8*e*	0.0104(28)	0.1130(9)	0.5810(9)	1.0
O11	O^{2-}	4*d*	0.1233(38)	0.1895(17)	0.75	1.0

PDF:50-0223(续)		
d	*I*/*I*₀	*hkl*
2.5873	70	044
2.5460	75	240
2.5460	75	204
2.4436	15	060
2.4082	70	242
2.4082	70	061
2.3667	5	153
2.3667	5	135
2.3186	5	062
2.2802	5	161
2.2289	10	321
2.2289	10	312
2.1829	30	063
2.1541	10	322
2.0909	40	244
2.0264	30	064
2.0264	30	046
2.0132	40	260
1.9509	70	164
1.9509	70	146

9-288a 透锂长石-1M(Petalite-1M)

$LiAlSi_4O_{10}$，306.26

Sys.:Monoclinic S.G.:Pn(7) Z:2

a:11.76 b:5.14 c:7.62 β:112.4 Vol.:425.85

ICSD:15415

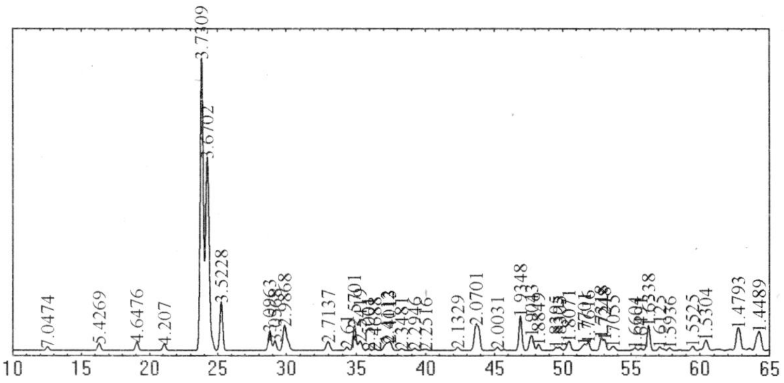

PDF:72-0103

d	I/I_0	hkl
7.0450	10	001
5.4363	31	200
5.4363	31	$20\bar{1}$
5.1400	1	010
4.6469	39	110
4.2067	29	$11\bar{1}$
3.7284	999	210
3.7284	999	$21\bar{1}$
3.6789	488	201
3.6605	512	$20\bar{2}$
3.6177	57	111
3.5225	193	002
3.0967	67	$31\bar{1}$
3.0570	34	$11\bar{2}$
2.9916	62	211
2.9817	74	$21\bar{2}$
2.9620	30	310
2.9057	1	012
2.7182	20	$31\bar{2}$
2.7182	20	400

9-288b 透锂长石-1M(Petalite-1M)

$LiAlSi_4O_{10}$，306.26

ICSD:15415(续)

Atom		Wcf	x	y	z	Occ
Si1	Si^{4+}	2a	0.9985	0.519	0.2893	1.0
Si2	Si^{4+}	2a	0.5015	0.519	0.7107	1.0
Si3	Si^{4+}	2a	0.1467	0.011	0.2893	1.0
Si4	Si^{4+}	2a	0.3533	0.011	0.7107	1.0
O1	O^{2-}	2a	0.0155	0.48	0.5115	1.0
O2	O^{2-}	2a	0.26	0.975	0.492	1.0
O3	O^{2-}	2a	0.0902	0.2985	0.2635	1.0
O4	O^{2-}	2a	0.4098	0.2985	0.7365	1.0
O5	O^{2-}	2a	0.3603	0.5337	0.1335	1.0
O6	O^{2-}	2a	0.1397	0.5337	0.8665	1.0
O7	O^{2-}	2a	0.0403	0.8075	0.2635	1.0
O8	O^{2-}	2a	0.4597	0.8075	0.7365	1.0
O9	O^{2-}	2a	0.2057	0.9685	0.1335	1.0
O10	O^{2-}	2a	0.2943	0.9685	0.8665	1.0
Li1	Li^{+}	2a	0.25	0.26	0	1.0
Al1	Al^{3+}	2a	0.25	0.755	0	1.0

PDF:72-0103(续)

d	I/I_0	hkl
2.7082	23	$40\bar{2}$
2.6100	11	112
2.5700	84	020
2.5464	22	202
2.5362	24	$20\bar{3}$
2.5011	4	120
2.4695	4	311
2.4249	8	$12\bar{1}$
2.4144	22	021
2.4029	28	410
2.3960	37	$41\bar{2}$
2.3484	9	003
2.3219	3	220
2.3219	3	$22\bar{1}$
2.2944	5	121
2.2817	2	212
2.2744	2	$21\bar{3}$
2.2628	1	401
2.2485	2	$40\bar{3}$
2.2485	2	$11\bar{3}$

9-289a 硅钠钙石(Fedorite)

$(K,Na)_{2.5}(Ca,Na)_7Si_{16}O_{38}(OH,F)_2 \cdot H_2O$, 1487.68

Sys.: Triclinic S.G.: $P\bar{1}$(2) Z: 2

a: 9.676 b: 16.706 c: 13.233 α: 93.35 β: 114.96 γ: 90.03 Vol.: 1967.62

ICSD: 20853

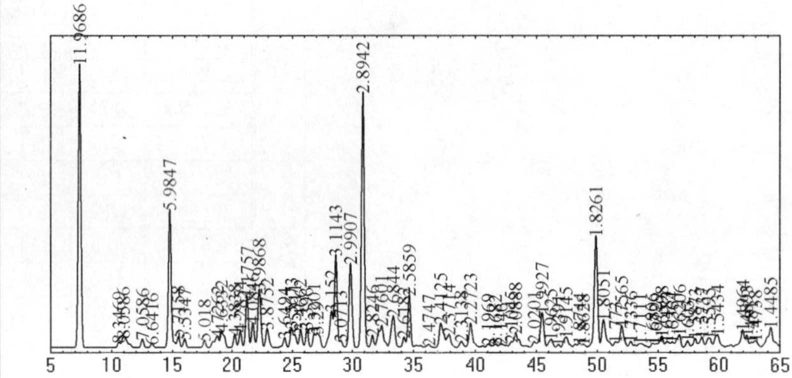

PDF: 19-0466

d	I/I_0	hkl
11.7000	80	001
7.9000	20	1$\bar{1}$0
6.0000	80	002
4.6700	30	130
4.3800	10	200
4.2100	70	$\bar{1}$13
4.0000	60	112
3.8500	20	041
3.7800	10	220
3.6500	10	201
3.5600	20	$\bar{2}\bar{2}$3
3.3500	40	$\bar{1}$33
3.2400	10	132
3.1300	80	1$\bar{1}$3
3.0400	40	$\bar{2}$42
2.9700	90	1$\bar{5}$1
2.9300	100	$\bar{2}$24
2.8000	40	2$\bar{4}$1
2.7400	20	$\bar{3}\bar{3}$1
2.6700	30	061

9-289b 硅钠钙石(Fedorite)

$(K,Na)_{2.5}(Ca,Na)_7Si_{16}O_{38}(OH,F)_2 \cdot H_2O$, 1487.68

ICSD: 20853(续 1)

Atom		Wcf	x	y	z	Occ
Na1	Na^+	2h	0.5	0	0.5	1.0
Na2	Na^+	4i	0.8446(3)	0.0689(2)	0.4912(2)	0.35
Ca1	Ca^{2+}	4i	0.8446(3)	0.0689(2)	0.4912(2)	0.65
Na3	Na^+	4i	0.9286(2)	0.2821(1)	0.4996(2)	0.35
Ca2	Ca^{2+}	4i	0.9286(2)	0.2821(1)	0.4996(2)	0.65
Na4	Na^+	4i	0.2764(3)	0.3579(1)	0.4857(2)	0.35
Ca3	Ca^{2+}	4i	0.2764(3)	0.3579(1)	0.4857(2)	0.65
Si1	Si^{4+}	4i	0.0735(3)	0.3409(2)	0.1303(2)	1.0
Si2	Si^{4+}	4i	0.2126(3)	0.1986(2)	0.2721(2)	1.0
Si3	Si^{4+}	4i	0.9068(3)	0.1358(2)	0.2746(2)	1.0
Si4	Si^{4+}	4i	0.4595(3)	0.0774(2)	0.2732(2)	1.0
Si5	Si^{4+}	4i	0.9005(3)	0.3890(2)	0.2702(2)	1.0
Si6	Si^{4+}	4i	0.9261(3)	0.3272(2)	0.8630(2)	1.0
Si7	Si^{4+}	4i	0.5956(3)	0.3278(2)	0.2722(2)	1.0
Si8	Si^{4+}	4i	0.3460(3)	0.4505(2)	0.2698(2)	1.0
O1	O^{2-}	4i	0.9452(9)	0.1589(5)	0.4010(7)	1.0
O2	O^{2-}	4i	0.2989(9)	0.2305(5)	0.3978(7)	1.0
O3	O^{2-}	4i	0.5813(9)	0.0984(5)	0.3975(7)	1.0
O4	O^{2-}	4i	0.3667(11)	0.4475(6)	0.3945(8)	1.0

PDF: 19-0466(续 1)

d	I/I_0	hkl
2.6000	60	$\bar{1}\bar{1}$5
2.4200	40	$\bar{1}\bar{3}$5
2.3600	30	044
2.3200	10	$\bar{3}\bar{5}$2
2.2600	50	$\bar{4}$21
2.0900	30	3$\bar{5}$1
2.0200	10	172
1.9810	50	262
1.9560	10	154
1.9150	30	$\bar{3}$71
1.8730	10	$\bar{4}$26
1.8260	90	$\bar{4}$62
1.8000	20	083
1.7450	40	4$\bar{6}$0
1.7220	10	371
1.6980	20	460
1.6740	10	$\bar{5}\bar{5}$3
1.6570	30	$\bar{1}\bar{9}$4
1.6420	10	1$\bar{9}$3
1.6150	30	$\bar{5}\bar{5}$5

9-289c 硅钠钙石(Fedorite)

$(K,Na)_{2.5}(Ca,Na)_7Si_{16}O_{38}(OH,F)_2 \cdot H_2O$，1487.68

ICSD:20853(续 2)

Atom		Wcf	x	y	z	Occ
O5	O^{2-}	$4i$	0.0097(10)	0.3680(5)	0.3946(7)	1.0
O6	O^{2-}	$4i$	0.6599(9)	0.3068(5)	0.3988(7)	1.0
O7	O^{2-}	$4i$	0.7228(9)	0.3661(5)	0.2372(7)	1.0
O8	O^{2-}	$4i$	0.8755(9)	0.0397(5)	0.2393(7)	1.0
O9	O^{2-}	$4i$	0.3031(9)	0.1269(5)	0.2366(7)	1.0
O10	O^{2-}	$4i$	0.4702(9)	0.3980(5)	0.2441(7)	1.0
O11	O^{2-}	$4i$	0.5189(9)	0.0925(5)	0.1763(7)	1.0
O12	O^{2-}	$4i$	0.5149(9)	0.2534(5)	0.1811(7)	1.0
O13	O^{2-}	$4i$	0.1805(10)	0.4229(5)	0.1735(7)	1.0
O14	O^{2-}	$4i$	0.1792(9)	0.2640(5)	0.1807(7)	1.0
O15	O^{2-}	$4i$	0.0479(9)	0.1559(6)	0.2425(7)	1.0
O16	O^{2-}	$4i$	0.9374(10)	0.3450(5)	0.1712(7)	1.0
O17	O^{2-}	$4i$	0.3986(10)	−0.0154(5)	0.2534(7)	1.0
O18	O^{2-}	$4i$	0.7603(10)	0.1764(5)	0.1840(7)	1.0
O19	O^{2-}	$4i$	0.0001(14)	0.3307(7)	0.0037(10)	1.0
O20	O^{2-}	$4i$	0.2348(18)	0.0230(9)	0.4171(13)	0.5
F1	F^-	$4i$	0.2348(18)	0.0230(9)	0.4171(13)	0.5
Na5	Na^+	$4i$	0.8751(8)	0.0112(4)	0.7788(6)	0.42

PDF:19-0466(续 2)

d	I/I_0	hkl
1.5960	20	$\bar{2}28$
1.5800	30	$0\underline{10}2$
1.5420	40	$2\underline{\overline{10}}1$
1.4850	60	$\bar{6}42$
1.4690	10	$\bar{3}\bar{1}9$
1.4430	40	$3\bar{5}5$
1.3730	20	$3\bar{3}6$
1.3380	50	$\bar{5}92$
1.3220	20	$\bar{2}\underline{12}2$
1.3000	30	$\bar{2}\bar{2}\underline{10}$
1.2860	10	$2\bar{6}7$
1.2750	10	—
1.2590	30	—
1.2040	10	—
1.1860	30	—
1.1730	20	—
1.1480	60	—
1.1370	10	—
1.1290	30	—

9-289d 硅钠钙石(Fedorite)

$(K,Na)_{2.5}(Ca,Na)_7Si_{16}O_{38}(OH,F)_2 \cdot H_2O$，1487.68

ICSD:20853(续 3)

Atom		Wcf	x	y	z	Occ
K1	K^+	$4i$	0.8751(8)	0.0112(4)	0.7788(6)	0.33
K2	K^+	$2d$	0.75	0.25	0	0.33
O21	O^{2-}	$2a$	0	0	0	1.0
K3	K^+	$2e$	0.5	0	0	0.33
K4	Na^+	$2c$	0.25	0.25	0	0.33

PDF:19-0466(续 3)

d	I/I_0	hkl

9-290a 白钙沸石(Gyrolite)

$Ca_4(Si_6O_{15})(OH)_2 \cdot 3H_2O$, 656.88

Sys.: Triclinic S.G.: $P\bar{1}$(2) Z: 1

a: 9.74 b: 9.74 c: 22.4 α: 95.7 β: 91.5 γ: 120 Vol.: 1824.13

ICSD: 68199

Atom		Wcf	x	y	z	Occ
Ca1	Ca^{2+}	2i	0.7048(6)	0.3902(6)	0.1673(2)	1.0
Ca2	Ca^{2+}	2i	0.2762(6)	0.1014(6)	0.1446(2)	1.0
Ca3	Ca^{2+}	2i	−0.0176(6)	0.2425(6)	0.1448(2)	1.0
Ca4	Ca^{2+}	2i	−0.1596(6)	−0.1941(6)	0.1447(2)	1.0

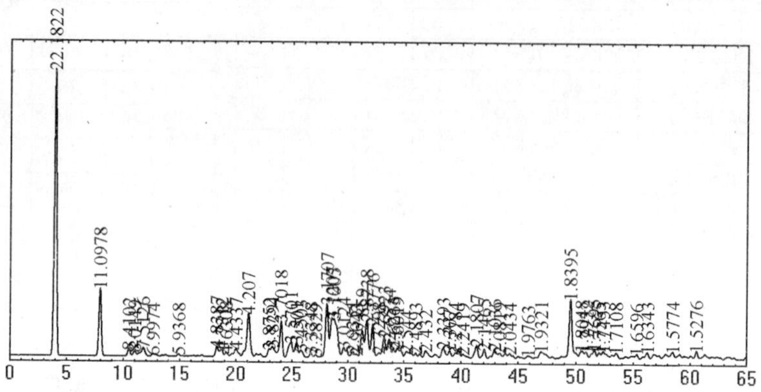

PDF: 42-1452

d	I/I_0	hkl
22.0000	100	001
11.1000	70	002
8.4200	40	$\bar{1}10$
8.0100	30	$1\bar{1}1$
7.7500	30	$\bar{1}11$
6.4300	5	102
4.8600	20	$\bar{2}10$
4.7700	15	$\bar{2}11$
4.4300	10	005
4.2140	60	$\bar{2}20$
4.0200	5	$2\bar{1}3$
3.8300	10	113
3.7500	15	022
3.6860	40	006
3.5800	25	$0\bar{2}4$
3.1590	100	120
3.1000	85	$0\bar{1}7$
2.9270	10	$3\bar{2}3$
2.8700	30	$3\bar{1}3$
2.8120	60	$0\bar{3}1$

9-290b 白钙沸石(Gyrolite)

$Ca_4(Si_6O_{15})(OH)_2 \cdot 3H_2O$, 656.88

ICSD: 68199(续 1)

Atom		Wcf	x	y	z	Occ
Ca5	Ca^{2+}	2i	0.4259(6)	0.5357(6)	0.1684(2)	1.0
Ca6	Ca^{2+}	2i	−0.4387(6)	−0.0311(6)	0.1682(2)	1.0
Ca7	Ca^{2+}	2i	0.1281(6)	−0.3299(6)	0.1674(2)	1.0
Si1	Si^{4+}	2i	0.2193(8)	0.3284(8)	0.0331(3)	1.0
Si2	Si^{4+}	2i	0.3086(8)	0.0952(8)	−0.0329(3)	1.0
Si3	Si^{4+}	2i	0.1130(8)	0.8012(8)	0.0328(3)	1.0
Si4	Si^{4+}	2i	0.3447(8)	0.6838(8)	0.0485(3)	1.0
Si5	Si^{4+}	2i	0.4267(8)	0.3319(8)	0.2829(3)	1.0
Si6	Si^{4+}	2i	0.8238(8)	0.2215(8)	0.2831(3)	1.0
Si7	Si^{4+}	2i	0.9367(8)	0.7301(8)	0.2818(3)	1.0
Si8	Si^{4+}	2i	0.1873(8)	0.4602(8)	0.2820(3)	1.0
Si9	Si^{4+}	2i	0.6996(8)	0.8544(8)	0.2808(3)	1.0
Si10	Si^{4+}	2i	0.3056(8)	0.9699(8)	0.2800(3)	1.0
Si11	Si^{4+}	2i	0.7461(8)	0.4528(8)	0.3557(3)	1.0
Si12	Si^{4+}	2i	0.4169(8)	0.7889(8)	0.3516(3)	0.5
O1	O^{2-}	2i	0.2416(20)	0.3011(20)	0.1008(8)	1.0
O2	O^{2-}	2i	0.2372(20)	0.0092(20)	−0.0999(8)	1.0
O3	O^{2-}	2i	0.0663(20)	0.8143(20)	0.1002(8)	1.0

PDF: 42-1452(续 1)

d	I/I_0	hkl
2.7730	50	$\bar{3}31$
2.7040	25	$3\bar{1}4$
2.6650	20	$\bar{2}34$
2.5980	10	$\bar{3}04$
2.4360	15	$2\bar{4}1$
2.3390	15	$1\bar{4}1$
2.2710	5	$3\bar{4}3$
2.2270	2	208
2.1800	10	$2\bar{3}8$
2.0890	8	$\bar{4}41$
1.9340	20	$\bar{3}\bar{2}1$
1.9180	15	$0\bar{2}\underline{11}$
1.8390	80	$\bar{2}47$
1.8070	30	$4\bar{2}8$
1.7730	10	$\bar{3}54$
1.7610	8	406
1.7080	8	$00\underline{13}$
1.5910	15	$4\bar{6}2$
1.5780	15	$\bar{6}42$
1.5270	6	—

9-290c 白钙沸石(Gyrolite)

$Ca_4(Si_6O_{15})(OH)_2 \cdot 3H_2O$, 656.88

ICSD:68199(续 2)

Atom		Wcf	x	y	z	Occ
O4	O^{2-}	2i	0.5166(20)	0.138(2)	0.1165(8)	1.0
O5	O^{2-}	2i	−0.0717(20)	0.4364(20)	0.1164(8)	1.0
O6	O^{2-}	2i	−0.3671(20)	−0.4522(20)	0.1160(8)	1.0
O7	O^{2-}	2i	0.1851(20)	0.4871(20)	0.2127(8)	1.0
O8	O^{2-}	2i	0.6391(20)	0.7963(20)	0.2100(8)	1.0
O9	O^{2-}	2i	0.3234(20)	0.9359(20)	0.2096(8)	1.0
O10	O^{2-}	2i	0.4659(20)	0.342(2)	0.2138(8)	1.0
O11	O^{2-}	2i	0.777(2)	0.2193(20)	0.2130(8)	1.0
O12	O^{2-}	2i	0.8981(20)	0.6557(20)	0.2126(8)	1.0
O13	O^{2-}	2i	0.040(2)	0.0638(20)	0.1878(8)	1.0
O14	O^{2-}	2i	0.3617(20)	0.7079(20)	0.1205(8)	1.0
O15	O^{2-}	2i	0.2541(20)	0.2287(20)	−0.0207(8)	1.0
O16	O^{2-}	2i	0.2418(20)	0.9794(20)	0.0202(8)	1.0
O17	O^{2-}	2i	0.0295(20)	0.266(2)	0.0202(8)	1.0
O18	O^{2-}	2i	0.328(2)	0.5155(20)	0.0216(8)	1.0
O19	O^{2-}	2i	0.4959(20)	0.8188(20)	0.0230(8)	1.0
O20	O^{2-}	2i	0.1921(20)	0.6884(20)	0.0214(8)	1.0
O21	O^{2-}	2i	0.3011(20)	0.3917(20)	0.2985(8)	1.0
O22	O^{2-}	2i	0.770(2)	1.0424(20)	0.2996(8)	1.0
O23	O^{2-}	2i	1.1205(20)	0.8575(20)	0.2955(8)	1.0

PDF:42-1452(续 2)

d	I/I_0	hkl

9-290d 白钙沸石(Gyrolite)

$Ca_4(Si_6O_{15})(OH)_2 \cdot 3H_2O$, 656.88

ICSD:68199(续 3)

Atom		Wcf	x	y	z	Occ
O24	O^{2-}	2i	0.340(2)	1.1518(20)	0.2994(8)	1.0
O25	O^{2-}	2i	1.0175(20)	0.3269(20)	0.2999(8)	1.0
O26	O^{2-}	2i	0.8543(20)	0.8299(20)	0.2985(8)	1.0
O27	O^{2-}	2i	0.4366(20)	0.8193(20)	0.4241(8)	1.0
O28	O^{2-}	2i	0.7686(20)	0.4817(20)	0.4268(8)	1.0
O29	O^{2-}	2i	0.244(2)	0.6236(20)	0.3252(8)	1.0
O30	O^{2-}	2i	0.562(2)	0.7669(20)	0.3239(8)	1.0
O31	O^{2-}	2i	0.4212(20)	0.9385(20)	0.3214(8)	1.0
O32	O^{2-}	2i	0.5802(20)	0.438(2)	0.3304(8)	1.0
O33	O^{2-}	2i	0.7402(20)	0.287(2)	0.3271(8)	1.0
O34	O^{2-}	2i	0.8904(20)	0.597(2)	0.3246(8)	1.0
Ca8	Ca^{2+}	2i	0.3302(1)	0.6718(11)	0.4983(4)	1.0
O35	O^{2-}	2i	0.2919(53)	0.8740(52)	0.5464(21)	1.0
O36	O^{2-}	2i	0.0784(49)	0.5475(48)	0.4391(20)	1.0
O37	O^{2-}	2i	0.3931(66)	0.4892(67)	0.4478(28)	1.0
O38	O^{2-}	2i	0.5877(69)	0.8303(69)	0.5582(29)	1.0
Na1	Na^{+}	1b	0	0	0.5	1.0
O39	O^{2-}	2i	0.7684(77)	0.7748(77)	0.4422(33)	1.0
O40	O^{2-}	2i	0.9470(97)	0.8255(98)	0.5864(44)	1.0
O41	O^{2-}	2i	0.8687(96)	1.1174(96)	0.5489(40)	1.0
Al1	Al^{3+}	2i	0.4169(8)	0.7889(8)	0.3516(3)	0.5

PDF:42-1452(续 3)

d	I/I_0	hkl

9-291a 斑硅锰石(Bannisterite)

$(K,Ca)_{0.5}(Mn,Fe,Zn)_4(Si,Al)_7O_{14}(OH)_8$, 795.95

Sys.: Monoclinic S.G.: $C2/c$(15) Z: 8

a: 22.2 b: 16.32 c: 24.7 β: 94.33 Vol.: 8923.37

ICSD: 80078

Atom		Wcf	x	y	z	Occ
Mn1	Mn^{2+}	8f	0.06395(5)	0.39172(7)	0.25824(4)	0.615
Fe1	Fe^{2+}	8f	0.06395(5)	0.39172(7)	0.25824(4)	0.143
Mg1	Mg^{2+}	8f	0.06395(5)	0.39172(7)	0.25824(4)	0.142
Zn1	Zn^{2+}	8f	0.06395(5)	0.39172(7)	0.25824(4)	0.1

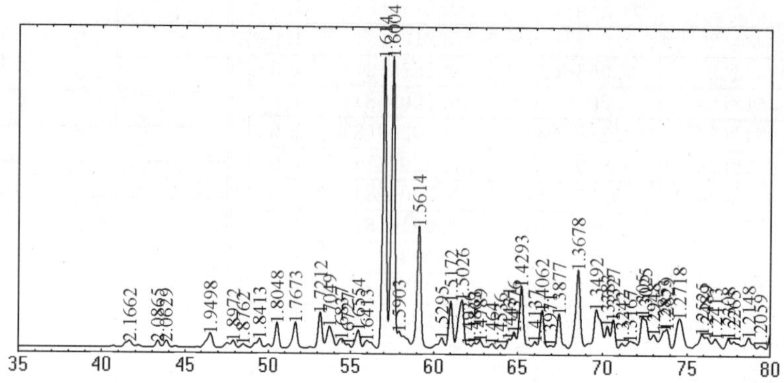

PDF: 21-0057

d	I/I_0	hkl
12.3000	100	002
11.5000	2	111
8.7800	2	$\bar{2}11$
8.4300	2	211
7.9500	2	202
7.1100	4	$\bar{1}13$
6.8200	4	113
6.6100	2	$\bar{3}11$
6.3800	2	311
6.1600	2	004
5.9300	2	213
5.5600	6	$\bar{2}04$
5.2000	6	$\bar{4}11$
4.9100	2	402
4.7100	2	015
4.5900	10	$\bar{2}24$
4.2800	6	$\bar{4}04$
4.2100	2	$\bar{3}24$
4.0900	16	040
3.7900	8	$\bar{4}24$

9-291b 斑硅锰石(Bannisterite)

$(K,Ca)_{0.5}(Mn,Fe,Zn)_4(Si,Al)_7O_{14}(OH)_8$, 795.95

ICSD: 80078(续 1)

Atom		Wcf	x	y	z	Occ
Mn2	Mn^{2+}	8f	0.06248(5)	0.19552(6)	0.24150(4)	0.615
Fe2	Fe^{2+}	8f	0.06248(5)	0.19552(6)	0.24150(4)	0.143
Mg2	Mg^{2+}	8f	0.06248(5)	0.19552(6)	0.24150(4)	0.142
Zn2	Zn^{2+}	8f	0.06248(5)	0.19552(6)	0.24150(4)	0.1
Mn3	Mn^{2+}	8f	0.18958(5)	0.48451(6)	0.25857(4)	0.615
Fe3	Fe^{2+}	8f	0.18958(5)	0.48451(6)	0.25857(4)	0.143
Mg3	Mg^{2+}	8f	0.18958(5)	0.48451(6)	0.25857(4)	0.142
Zn3	Zn^{2+}	8f	0.18958(5)	0.48451(6)	0.25857(4)	0.1
Mn4	Mn^{2+}	8f	0.18614(5)	0.28580(7)	0.23989(4)	0.615
Fe4	Fe^{2+}	8f	0.18614(5)	0.28580(7)	0.23989(4)	0.143
Mg4	Mg^{2+}	8f	0.18614(5)	0.28580(7)	0.23989(4)	0.142
Zn4	Zn^{2+}	8f	0.18614(5)	0.28580(7)	0.23989(4)	0.1
Mn5	Mn^{2+}	8f	0.18593(5)	0.08659(6)	0.23173(4)	0.615
Fe5	Fe^{2+}	8f	0.18593(5)	0.08659(6)	0.23173(4)	0.143
Mg5	Mg^{2+}	8f	0.18593(5)	0.08659(6)	0.23173(4)	0.142
Zn5	Zn^{2+}	8f	0.18593(5)	0.08659(6)	0.23173(4)	0.1
Mn6	Mn^{2+}	8f	0.31203(5)	0.38372(6)	0.24574(4)	0.615
Fe6	Fe^{2+}	8f	0.31203(5)	0.38372(6)	0.24574(4)	0.143
Mg6	Mg^{2+}	8f	0.31203(5)	0.38372(6)	0.24574(4)	0.142
Zn6	Zn^{2+}	8f	0.31203(5)	0.38372(6)	0.24574(4)	0.1

PDF: 21-0057(续 1)

d	I/I_0	hkl
3.6900	2	600
3.5700	6	424
3.4400	20	017
3.4000	2	044
3.3600	10	117
3.3100	2	$\bar{6}22$
3.2400	2	$\bar{5}33$
3.2100	2	613
3.1300	2	$\bar{4}35$
3.0800	12	008
3.0200	2	$\bar{4}17$
2.9700	4	435
2.9100	2	208
2.8400	2	$\bar{2}28$
2.7900	8	451
2.7500	8	$\bar{3}28$
2.7100	2	$\bar{1}55$
2.6400	16	642
2.6100	12	408
2.4800	2	$\bar{1}64$

9-291c 斑硅锰石(Bannisterite)

$(K,Ca)_{0.5}(Mn,Fe,Zn)_4(Si,Al)_7O_{14}(OH)_8$, 795.95

ICSD:80078(续 2)

Atom		Wcf	x	y	z	Occ
Mn7	Mn^{2+}	8f	0.31049(5)	0.18732(6)	0.23522(4)	0.615
Fe7	Fe^{2+}	8f	0.31049(5)	0.18732(6)	0.23522(4)	0.143
Mg7	Mg^{2+}	8f	0.31049(5)	0.18732(6)	0.23522(4)	0.142
Zn7	Zn^{2+}	8f	0.31049(5)	0.18732(6)	0.23522(4)	0.1
Mn8	Mn^{2+}	8f	0.43868(5)	0.49424(6)	0.26580(4)	0.615
Fe8	Fe^{2+}	8f	0.43868(5)	0.49424(6)	0.26580(4)	0.143
Mg8	Mg^{2+}	8f	0.43868(5)	0.49424(6)	0.26580(4)	0.142
Zn8	Zn^{2+}	8f	0.43868(5)	0.49424(6)	0.26580(4)	0.1
Mn9	Mn^{2+}	8f	0.43620(5)	0.29186(6)	0.24771(4)	0.615
Fe9	Fe^{2+}	8f	0.43620(5)	0.29186(6)	0.24771(4)	0.143
Mg9	Mg^{2+}	8f	0.43620(5)	0.29186(6)	0.24771(4)	0.142
Zn9	Zn^{2+}	8f	0.43620(5)	0.29186(6)	0.24771(4)	0.1
Mn10	Mn^{2+}	8f	0.43463(5)	0.09284(6)	0.23280(4)	0.615
Fe10	Fe^{2+}	8f	0.43463(5)	0.09284(6)	0.23280(4)	0.143
Mg10	Mg^{2+}	8f	0.43463(5)	0.09284(6)	0.23280(4)	0.142
Zn10	Zn^{2+}	8f	0.43463(5)	0.09284(6)	0.23280(4)	0.1
Si1	Si^{4+}	8f	0.12270(8)	0.40077(11)	0.14081(7)	1.0
Si2	Si^{4+}	8f	0.39940(8)	0.40175(11)	0.14188(7)	1.0
Si3	Si^{4+}	8f	0.52182(9)	0.31674(11)	0.14681(7)	1.0
Si4	Si^{4+}	8f	0.52240(9)	0.13016(11)	0.12889(7)	1.0

PDF:21-0057(续 2)

d	I/I_0	hkl
2.4600	2	$\bar{7}35$
2.4100	10	$\bar{4}62$
2.3800	10	$\bar{3}64$
2.3300	2	$12\underline{10}$
2.3000	2	$\bar{4}48$
2.2500	4	751
2.2200	4	$\bar{7}53$
2.2000	2	$32\underline{10}$
2.1600	6	$\bar{1}0\underline{13}$
2.1100	2	$\bar{9}26$
1.9980	2	$\bar{4}59$
1.9300	4	$44\underline{10}$
1.9160	2	$\bar{2}84$
1.8850	2	953
1.8600	2	377
1.8310	2	$42\underline{12}$
1.7860	2	$\bar{2}91$
1.7540	2	919
1.7200	2	$\underline{10}37$
1.7080	4	$\bar{7}82$

9-291d 斑硅锰石(Bannisterite)

$(K,Ca)_{0.5}(Mn,Fe,Zn)_4(Si,Al)_7O_{14}(OH)_8$, 795.95

ICSD:80078(续 3)

Atom		Wcf	x	y	z	Occ
Si5	Si^{4+}	8f	0.64491(9)	0.04461(11)	0.12863(7)	1.0
Si6	Si^{4+}	8f	0.63959(9)	0.41334(11)	0.15176(7)	1.0
Si7	Si^{4+}	8f	0.76218(9)	0.32817(10)	0.15285(7)	1.0
Si8	Si^{4+}	8f	0.76175(9)	0.14303(10)	0.14316(7)	1.0
Si9	Si^{4+}	8f	0.87565(9)	0.04426(11)	0.12768(7)	1.0
Si10	Si^{4+}	8f	0.88471(8)	0.41233(11)	0.15251(7)	1.0
Si11	Si^{4+}	8f	0.00114(8)	0.31556(10)	0.14498(7)	1.0
Si12	Si^{4+}	8f	0.99855(9)	0.12907(11)	0.12746(7)	1.0
Si13	Si^{4+}	8f	0.11195(9)	0.10663(11)	0.06457(7)	0.812
Al13	Al^{3+}	8f	0.11195(9)	0.10663(11)	0.06457(7)	0.188
Si14	Si^{4+}	8f	0.18290(9)	0.27325(11)	0.06420(7)	0.645
Al14	Al^{3+}	8f	0.18290(9)	0.27325(11)	0.06420(7)	0.355
Si15	Si^{4+}	8f	0.32666(9)	0.27436(11)	0.06447(8)	0.446
Al15	Al^{3+}	8f	0.32666(9)	0.27436(11)	0.06447(8)	0.554
Si16	Sl^{4+}	8f	0.39832(8)	0.10806(11)	0.06528(7)	0.921
Al16	Al^{3+}	8f	0.39832(8)	0.10806(11)	0.06528(7)	0.079
O1	O^{2-}	8f	0.1376(2)	0.3892(3)	0.2052(2)	1.0
O2	O^{2-}	8f	0.3955(2)	0.3924(3)	0.2069(2)	1.0
O3	O^{2-}	8f	0.4797(2)	0.1919(3)	0.2884(2)	1.0
O4	O^{2-}	8f	0.4824(2)	0.3917(3)	0.3077(2)	1.0

PDF:21-0057(续 3)

d	I/I_0	hkl
1.6680	2	—
1.6570	2	—
1.6330	4	—
1.6140	8	—
1.5990	8	—
1.5730	2	—
1.5610	4	—
1.5460	2	—
1.5370	2	—
1.5160	2	—
1.5050	2	—
1.4510	2	—
1.4420	2	—
1.4300	2	—
1.4070	2	—
1.3860	2	—
1.3670	2	—
1.3490	2	—
1.3430	2	—
1.3320	2	—

9-291e 斑硅锰石(Bannisterite)

$(K,Ca)_{0.5}(Mn,Fe,Zn)_4(Si,Al)_7O_{14}(OH)_8$, 795.95

ICSD:80078(续 4)

Atom		Wcf	x	y	z	Occ
O5	O^{2-}	8f	0.3570(2)	0.4795(3)	0.3083(2)	1.0
O6	O^{2-}	8f	0.3564(2)	0.0855(3)	0.2829(2)	1.0
O7	O^{2-}	8f	0.2323(2)	0.1795(3)	0.2823(2)	1.0
O8	O^{2-}	8f	0.2324(2)	0.3728(3)	0.2925(2)	1.0
O9	O^{2-}	8f	0.1129(2)	0.4785(3)	0.3089(2)	1.0
O10	O^{2-}	8f	0.1081(2)	0.0883(3)	0.2825(2)	1.0
O11	O^{2-}	8f	0.0129(2)	0.3051(3)	0.2098(2)	1.0
O12	O^{2-}	8f	0.0125(2)	0.1081(3)	0.1913(2)	1.0
O13	O^{2-}	8f	0.1029(2)	0.0964(3)	−0.0007(2)	1.0
O14	O^{2-}	8f	0.1662(2)	0.3003(3)	0.0009(2)	1.0
O15	O^{2-}	8f	0.1300(2)	0.4961(3)	0.1258(2)	1.0
O16	O^{2-}	8f	0.0536(2)	0.3725(3)	0.1235(2)	1.0
O17	O^{2-}	8f	0.1678(2)	0.3514(3)	0.1054(2)	1.0
O18	O^{2-}	8f	0.1406(2)	0.1956(3)	0.0820(2)	1.0
O19	O^{2-}	8f	0.0469(2)	0.0914(3)	0.0899(2)	1.0
O20	O^{2-}	8f	0.1557(2)	0.0336(3)	0.0909(2)	1.0
O21	O^{2-}	8f	0.2553(2)	0.2530(3)	0.0762(2)	1.0
O22	O^{2-}	8f	0.3923(2)	0.4979(3)	0.1276(2)	1.0
O23	O^{2-}	8f	0.4644(2)	0.3715(3)	0.1242(2)	1.0
O24	O^{2-}	8f	0.3472(2)	0.3541(3)	0.1064(2)	1.0

PDF:21-0057(续 4)

d	I/I_0	hkl
1.3200	2	—
1.3110	2	—
1.3000	2	—
1.2870	2	—
1.2780	2	—
1.2690	2	—

9-291f 斑硅锰石(Bannisterite)

$(K,Ca)_{0.5}(Mn,Fe,Zn)_4(Si,Al)_7O_{14}(OH)_8$, 795.95

ICSD:80078(续 5)

Atom		Wcf	x	y	z	Occ
O25	O^{2-}	8f	0.3720(2)	0.1943(3)	0.0827(2)	1.0
O26	O^{2-}	8f	0.3594(2)	0.0352(3)	0.0905(2)	1.0
O27	O^{2-}	8f	0.4673(2)	0.0933(3)	0.0911(2)	1.0
O28	O^{2-}	8f	0.4791(2)	0.2721(3)	0.3808(2)	1.0
O29	O^{2-}	8f	0.2992(2)	0.1252(3)	0.3695(2)	1.0
O30	O^{2-}	8f	0.4181(2)	0.1402(3)	0.3714(2)	1.0
O31	O^{2-}	8f	0.4164(2)	0.4063(3)	0.3917(2)	1.0
O32	O^{2-}	8f	0.3010(2)	0.3947(3)	0.3828(2)	1.0
O33	O^{2-}	8f	0.2389(2)	0.2621(3)	0.3739(2)	1.0
O34	O^{2-}	8f	0.1811(2)	0.1234(3)	0.3684(2)	1.0
O35	O^{2-}	8f	0.0632(2)	0.1434(3)	0.3713(2)	1.0
O36	O^{2-}	8f	0.0006(2)	0.2728(3)	0.3831(2)	1.0
O37	O^{2-}	8f	0.0674(2)	0.4063(3)	0.3925(2)	1.0
O38	O^{2-}	8f	0.1818(2)	0.3971(3)	0.3845(2)	1.0
O39	O^{2-}	8f	0.0203(2)	0.4961(3)	0.2229(2)	1.0
O40	O^{2-}	8f	0.3926(2)	0.1967(3)	0.1983(2)	1.0
O41	O^{2-}	8f	0.2704(2)	0.4897(3)	0.2159(2)	1.0
O42	O^{2-}	8f	0.2656(2)	0.2898(3)	0.2005(2)	1.0
O43	O^{2-}	8f	0.2684(2)	0.0841(3)	0.1937(2)	1.0

PDF:21-0057(续 5)

d	I/I_0	hkl

9-291g 斑硅锰石(Bannisterite)

$(K,Ca)_{0.5}(Mn,Fe,Zn)_4(Si,Al)_7O_{14}(OH)_8$, 795.95

PDF:21-0057(续 6)

ICSD:80078(续 6)

Atom		Wcf	x	y	z	Occ
O44	O^{2-}	8f	0.1393(2)	0.1924(3)	0.1975(2)	1.0
O45	O^{2-}	8f	0.3552(2)	0.2839(3)	0.2874(2)	1.0
O46	O^{2-}	8f	0.1092(2)	0.2856(3)	0.2895(2)	1.0
Ca1	Ca^{2+}	8f	0.2309(2)	0.5613(3)	0.0010(4)	0.5
K1	K^{+}	8f	0.2653(18)	0.9560(9)	−0.0030(22)	0.188(5)
K2	K^{+}	8f	0.0182(6)	0.9721(8)	0.0012(5)	0.192(4)
O47	O^{2-}	8f	0.2550(3)	0.4707(4)	0.0753(3)	1.0
O48	O^{2-}	8f	0.1496(6)	0.4745(7)	0.0003(5)	0.5
O49	O^{2-}	8f	0.1360(9)	0.6495(11)	−0.0009(7)	0.5
O50	O^{2-}	8f	0.2594(29)	0.6961(10)	−0.0036(18)	0.5
O51	O^{2-}	8f	0.3393(9)	0.5582(18)	0.0012(7)	0.5
O52	O^{2-}	8f	0.1716(12)	0.8285(12)	−0.0003(7)	0.5
O53	O^{2-}	8f	0.4098(18)	0.4543(15)	0.0021(9)	0.5
O54	O^{2-}	4e	0.25	0.1054(16)	0	0.43(2)
O55	O^{2-}	8f	0.5000(27)	0.2932(26)	−0.0007(9)	0.46(2)
O56	O^{2-}	8f	0.4670(12)	0.5607(20)	0.0092(12)	0.67(4)
O57	O^{2-}	8f	0.3837(16)	0.7969(16)	−0.0003(9)	0.5

d	I/I_0	hkl

9-292a 铅铝硅石(Wickenburgite)

$CaPb_3Al_2Si_{10}O_{24}(OH)_6$, 1482.53

Sys.:Hexagonal　S.G.:$P6_3/mmc$(194)　Z:2

a:8.53　c:20.16　Vol.:11270.34

ICSD:79154

Atom		Wcf	x	y	z	Occ
Pb1	Pb^{2+}	6c	0.2920(1)	0.2586(1)	0	1.0
Ca1	Ca^{2+}	2a	0	0	0.1462(3)	1.0
Al1	Al^{3+}	2b	0.6667	0.3333	0.4854(4)	0.81
Fe1	Fe^{3+}	2b	0.6667	0.3333	0.4854(4)	0.19
Al2	Al^{3+}	2b	0.3333	0.6667	0.3633(4)	1.0

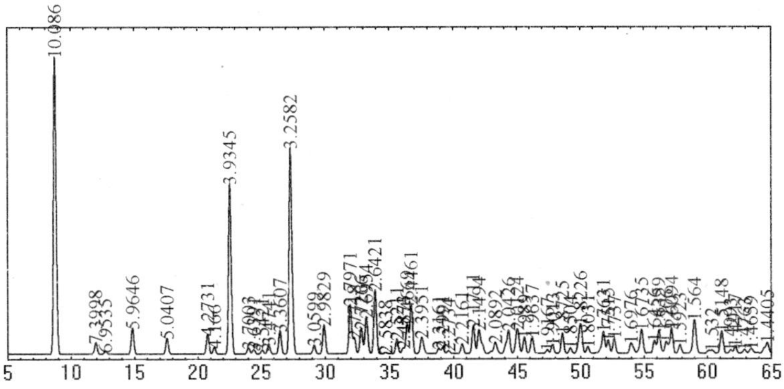

PDF:21-0148

d	I/I_0	hkl
10.1000	100	002
7.3900	20	100
6.9600	10	101
5.9600	30	102
5.0400	30	004
4.2700	20	110
4.1600	10	104
3.9300	60	112
3.7000	10	200
3.5400	10	105
3.4800	20	202
3.3600	40	006
3.2600	80	114
3.0600	10	106
2.9800	20	204
2.7910	30	210
2.7670	10	211
2.7260	20	205
2.6910	20	212
2.6390	40	116

9-292b 铅铝硅石(Wickenburgite)

$CaPb_3Al_2Si_{10}O_{24}(OH)_6$, 1482.53

ICSD:79154(续)

Atom		Wcf	x	y	z	Occ
Si1	Si^{4+}	2b	0.6667	0.3333	0.1306(4)	1.0
Si2	Si^{4+}	2a	0	0	0.3749(4)	1.0
Si3	Si^{4+}	2b	0.6667	0.3333	0.2875(4)	1.0
Si4	Si^{4+}	2b	0.3333	0.6667	0.1983(4)	1.0
Si5	Si^{4+}	6c	0.3833(5)	0.0599(5)	0.3760(2)	1.0
Si6	Si^{4+}	6c	0.0596(5)	0.4139(6)	0.0965(2)	1.0
O1	O^{2-}	2b	0.3333	0.6667	0.278(1)	1.0
O2	O^{2-}	2b	0.6667	0.3333	0.209(1)	1.0
O3	O^{2-}	2a	0	0	0.455(1)	1.0
O4	O^{2-}	6c	0.150(2)	0.493(2)	0.169(1)	1.0
O5	O^{2-}	6c	0.487(1)	0.159(1)	0.105(1)	1.0
O6	O^{2-}	6c	0.519(1)	0.135(1)	0.314(1)	1.0
O7	O^{2-}	6c	0.126(1)	0.569(1)	0.041(1)	1.0
O8	O^{2-}	6c	0.191(2)	0.031(2)	0.347(1)	1.0
O9	O^{2-}	6c	0.083(1)	0.243(1)	0.075(1)	1.0
O10	O^{2-}	6c	0.229(2)	0.197(2)	0.218(1)	1.0
O11	O^{2-}	6c	0.447(1)	0.211(1)	0.436(1)	1.0
O12	O^{2-}	6c	0.509(1)	0.639(1)	0.397(1)	1.0

PDF:21-0148(续)

d	I/I_0	hkl
2.5200	20	008
2.4660	20	300
2.4460	30	301
2.3910	20	302
2.3140	10	303
2.2770	10	207
2.2150	15	304
2.1710	30	118
2.1440	25	109
2.0880	10	222
2.0440	20	310
2.0120	30	0010
1.9870	20	306
1.9630	10	224
1.9000	10	314
1.8720	20	307
1.8480	10	400
1.8220	15	1110
1.7640	20	308
1.7500	10	316

9-293a 坡缕石(Palygorskite)

$(Mg,Al)_5(Si,Al)_8O_{20}(OH)_2 \cdot 8H_2O$, 844.33

Sys.:Orthorhombic S.G.:*Pbmn*(53) *Z*:2

a:12.725 *b*:17.872 *c*:5.242 Vol.:1192.14

ICSD:75975

Atom		Wcf	x	y	z	Occ
Si1	Si^{4+}	8i	0.2669(8)	0.0913(4)	0.799(2)	1.0
Si2	Si^{4+}	8i	0.1948(6)	0.1677(5)	0.322(2)	1.0
Mg1	Mg^{2+}	4f	0	0.072(2)	0.5	0.248(20)
Al1	Al^{3+}	4f	0	0.072(2)	0.5	0.123(10)
Mg2	Mg^{2+}	4e	0	0.173(1)	0	0.669

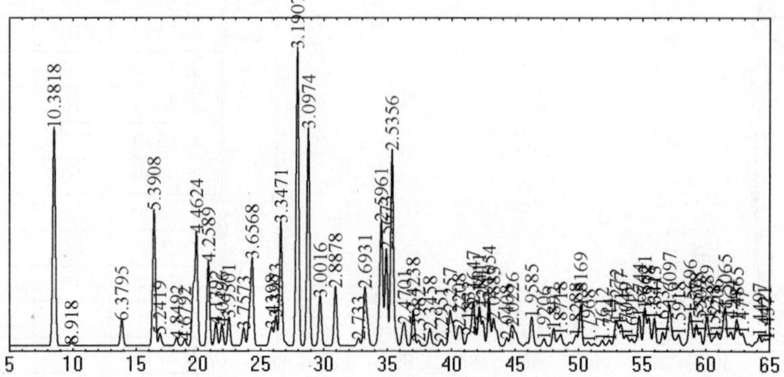

PDF:21-0550

d	I/I_0	hkl
10.4000	100	110
6.3600	14	200
5.4000	10	130
4.4700	20	040
4.2600	20	121
4.1300	2	310
3.6800	16	221
3.4400	2	150
3.3500	8	231
3.1800	12	400
3.1000	16	321
2.8890	4	331
2.6790	8	251
2.5890	10	061
2.5670	12	102
2.5390	20	161

9-293b 坡缕石(Palygorskite)

$(Mg,Al)_5(Si,Al)_8O_{20}(OH)_2 \cdot 8H_2O$, 844.33

ICSD:75975(续)

Atom		Wcf	x	y	z	Occ
Al2	Al^{3+}	4e	0	0.173(1)	0	0.331
O1	O^{2-}	1h	0.070(2)	0	0.220(5)	1.0
O2	O^{2-}	8i	0.034(1)	0.0798(8)	0.788(3)	1.0
O3	O^{2-}	8i	0.0694(8)	0.172(1)	0.372(3)	1.0
O4	O^{2-}	8i	0.089(1)	0.255(1)	0.854(3)	1.0
O5	O^{2-}	4h	0.262(2)	0	0.854(4)	1.0
O6	O^{2-}	4g	0.25	0.25	0.385(5)	1.0
O7	O^{2-}	8i	0.270(1)	0.1162(9)	0.504(2)	1.0
O8	O^{2-}	8i	0.233(2)	0.126(1)	0.068(2)	1.0
O9	O^{2-}	8i	0.360(5)	0.153(4)	0.86(2)	0.24(2)
O10	O^{2-}	4e	0	0.441(2)	0	1.21(6)
O11	O^{2-}	4f	0	0.359(3)	0.5	1.07(6)
O12	O^{2-}	8i	0.405(3)	0.031(3)	0.243(8)	0.53(3)
Mg3	Mg^{2+}	4h	0.249(3)	0	0.250(9)	0.12(2)
Al3	Al^{3+}	4h	0.249(3)	0	0.250(9)	0.06(1)

PDF:21-0550(续)

d	I/I_0	hkl

9-294a 海泡石(Sepiolite)

$Mg_4Si_6O_{15}(OH)_2 \cdot 6H_2O$, 647.83

Sys.:Orthorhombic　S.G.:*Pncn*(52)　*Z*:2

a:13.43　*b*:26.88　*c*:5.281　Vol.:1906.43

ICSD:31142

Atom		Wcf	x	y	z	Occ
Mg1	Mg^{2+}	4c	0	0.028	0.25	1.0
Mg2	Mg^{2+}	4c	0	0.916	0.25	1.0
Mg3	Mg^{2+}	4c	0	0.14	0.25	1.0
Mg4	Mg^{2+}	4c	0	0.804	0.25	1.0

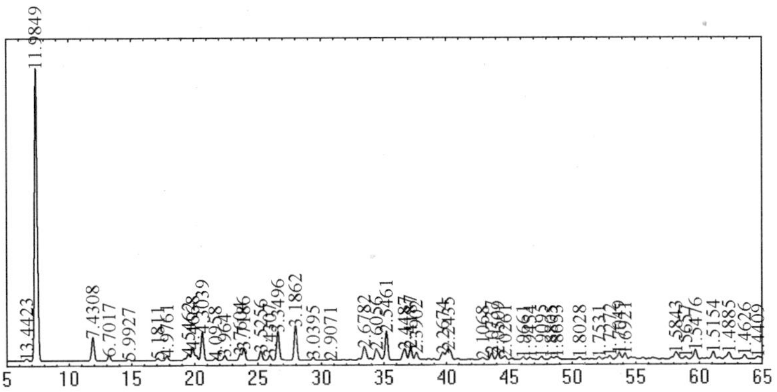

PDF:26-1226

d	I/I_0	hkl
12.2000	50	110
7.5300	25	130
6.7300	30	040
5.0400	13	150
4.5200	40	031
4.3200	40	131
4.0000	11	330
3.7600	55	231
3.5400	19	241
3.3600	100	080
3.2000	55	331
3.0500	20	261
2.8310	5	271
2.6900	50	0100
2.6230	30	281
2.5650	40	530
2.4490	20	212
2.4050	20	1110
2.2600	30	2101
2.1240	11	640

9-294b 海泡石(Sepiolite)

$Mg_4Si_6O_{15}(OH)_2 \cdot 6H_2O$, 647.83

ICSD:31142(续)

Atom		Wcf	*x*	*y*	*z*	Occ
O1	O^{2-}	4*c*	0	0.672	0.25	1.0
O2	O^{2-}	4*c*	0	0.485	0.25	1.0
O3	O^{2-}	4*d*	0.25	0.25	0.062(5)	1.0
Si1	Si^{4+}	8*e*	0.208	0.028	0.562	1.0
Si2	Si^{4+}	8*e*	0.208	0.14	0.562	1.0
Si3	Si^{4+}	8*e*	0.208	0.196	0.062	1.0
O4	O^{2-}	8*e*	0.084	0.028	0.562	1.0
O5	O^{2-}	8*e*	0.084	0.14	0.562	1.0
O6	O^{2-}	8*e*	0.084	0.196	0.062	1.0
O7	O^{2-}	8*e*	0.24	0	0.312	1.0
O8	O^{2-}	8*e*	0.24	0.084	0.562	1.0
O9	O^{2-}	8*e*	0.24	0.168	0.312	1.0
O10	O^{2-}	8*e*	0.24	0.168	0.812	1.0
O11	O^{2-}	8*e*	0.084	0.084	0.062	1.0
O12	O^{2-}	8*e*	0.083	0.25	0.5	1.0
O13	O^{2-}	8*e*	0.083	0.416	0.916	1.0

PDF:26-1226(续)

d	I/I_0	*hkl*
2.0720	30	272
1.8790	8	512
1.7590	1	4121
1.7000	16	213
1.5940	35	592
1.5890	35	173
1.5800	35	4112
1.5500	16	712
1.5190	11	283
1.4150	30	812
1.3500	8	1172
1.2990	40	902

9-295 硅钡石(Sanbornite)

$BaSi_2O_5$, 273.5

Sys.:Orthorhombic S.G.:*Pmnb*(62) *Z*:4

a:7.6922 *b*:13.525 *c*:4.6336 Vol.:482.07

ICSD:10162

Atom		Wcf	*x*	*y*	*z*	Occ
Ba1	Ba^{2+}	4*c*	0.278	0.25	0.043	1.0
Si1	Si^{4+}	8*d*	0.371	0.054	0.319	1.0
O1	O^{2-}	4*c*	0.412	0.25	0.343	1.0
O2	O^{2-}	8*d*	0.148	0.043	0.232	1.0
O3	O^{2-}	8*d*	0.238	0.947	0.409	1.0

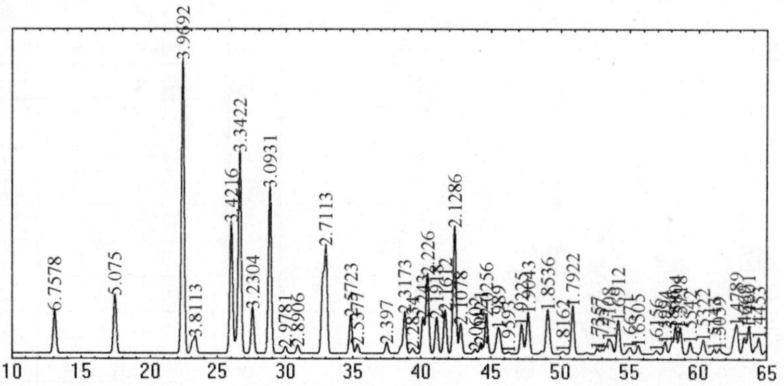

PDF:26-0176

d	I/I_0	*hkl*
6.7700	40	020
5.0800	25	120
3.9730	85	101
3.8440	6	200
3.8080	9	111
3.4240	50	121
3.3820	16	040
3.3430	70	220
3.2340	30	031
3.0970	100	140
2.9810	4	131
2.8920	5	211
2.7320	35	041
2.7120	40	221
2.5750	18	141
2.5390	6	240
2.3990	4	320
2.3370	8	051
2.3170	13	002
2.2850	3	012

9-296a 水硅钒钙石(Cavansite)

$Ca(VO)Si_4O_{10} \cdot 4H_2O$，451.42

Sys.:Orthorhombic S.G.:*Pcmn*(62) *Z*:4

a:9.778 *b*:13.678 *c*:9.601 Vol.:1284.07

ICSD:39688

Atom		Wcf	*x*	*y*	*z*	Occ
Si1	Si^{4+}	8*d*	0.0954(1)	0.0333(1)	0.1829(1)	1.0
Si2	Si^{4+}	8*d*	0.3165(1)	0.0431(1)	0.3926(1)	1.0
Ca1	Ca^{2+}	4*c*	0.0821(1)	0.25	0.3821(1)	1.0
V1	V^{4+}	4*c*	0.4039(1)	0.25	0.5259(1)	1.0
O1	O^{2-}	8*d*	0.0859(3)	0.1502(2)	0.1775(3)	1.0

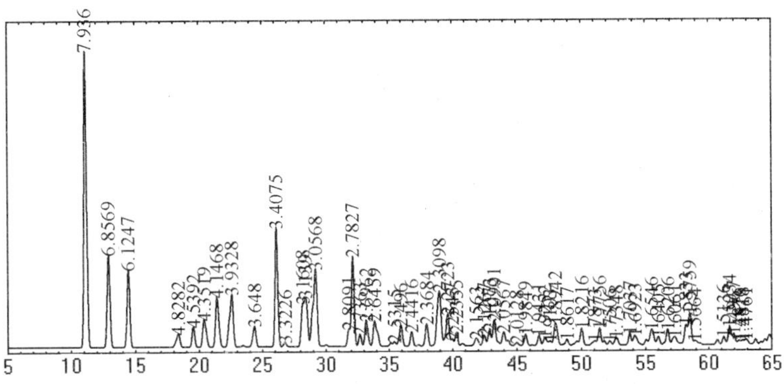

PDF:25-0182

d	I/I_0	*hkl*
7.9640	100	110
6.8540	50	101
6.1320	25	111
4.8410	6	121
4.5310	13	012
4.3620	6	201
4.3100	6	102
4.1580	6	211
3.9780	5	220
3.9300	25	022
3.6470	3	122
3.4200	25	040
3.3230	2	212
3.1710	3	310
3.1330	3	132
3.0870	5	301
3.0620	13	222
3.0400	2	103
2.9700	1	113
2.8130	3	321

9-296b 水硅钒钙石(Cavansite)

$Ca(VO)Si_4O_{10} \cdot 4H_2O$，451.42

ICSD:39688(续)

Atom		Wcf	*x*	*y*	*z*	Occ
O2	O^{2-}	8*d*	0.2945(3)	0.1576(2)	0.4120(3)	1.0
O3	O^{2-}	8*d*	0.4484(2)	0.0205(2)	0.2968(3)	1.0
O4	O^{2-}	8*d*	0.1660(3)	−0.0111(2)	0.0420(3)	1.0
O5	O^{2-}	8*d*	0.1856(2)	−0.0047(2)	0.3143(3)	1.0
O6	O^{2-}	4*c*	0.5517(5)	0.25	0.4570(5)	1.0
O7	O^{2-}	8*d*	0.9475(5)	0.1189(3)	0.4712(5)	1.0
O8	O^{2-}	4*c*	0.3737(8)	0.25	0.1373(6)	1.0
O9	O^{2-}	4*c*	0.812(1)	0.25	0.283(1)	1.0
H1	H^{+}	8*d*	0.580(9)	0.085(7)	0.059(9)	1.0
H2	H^{+}	8*d*	0.860(9)	0.115(7)	0.430(9)	1.0
H3	H^{+}	8*d*	0.422(8)	0.205(7)	0.159(9)	1.0
H4	H^{+}	4*c*	0.72(1)	0.25	0.34(1)	1.0
H5	H^{+}	4*c*	0.74(1)	0.25	0.19(1)	1.0

PDF:25-0182(续)

d	I/I_0	*hkl*
2.7790	25	123
2.7390	5	232
2.6960	6	302
2.6480	2	312
2.6350	2	150
2.4950	2	223
2.4440	3	400
2.4020	2	004
2.3750	2	052
2.3640	9	014
2.3200	3	332
2.3090	9	233
2.2980	2	114
2.2740	5	143
2.1230	2	034
2.1090	3	243
2.0950	3	350
1.9883	1	440
1.9421	1	403
1.9265	2	144

9-297a 五角水硅钒钙石(Pentagonite)

$Ca(VO)Si_4O_{10}\cdot 4H_2O$, 451.42
Sys.: Orthorhombic S.G.: *Ccm*21(36) *Z*: 4
a: 10.298 *b*: 13.999 *c*: 8.891 Vol.: 1281.74
ICSD: 10262

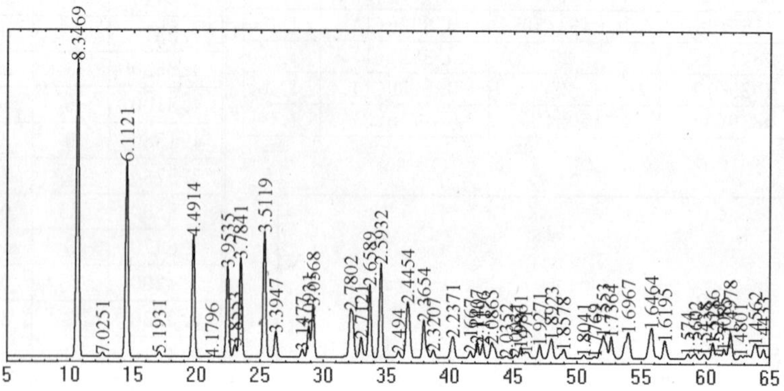

PDF: 25-0181

d	I/I_0	*hkl*
8.2980	70	110
7.0060	2	020
6.0710	100	111
4.4460	25	002
3.9200	100	112
3.7550	100	022
3.5000	36	040
3.3640	9	202
3.0720	2	132
3.0340	9	222
2.7640	13	330
2.7520	9	241
2.6400	25	331
2.5690	36	203
2.4750	2	401
2.4310	25	133
2.4250	7	242
2.3480	4	332
2.2230	9	004
2.2130	2	313

9-297b 五角水硅钒钙石(Pentagonite)

$Ca(VO)Si_4O_{10}\cdot 4H_2O$, 451.42

ICSD: 10262(续)

Atom		Wcf	*x*	*y*	*z*	Occ
Ca1	Ca^{2+}	4*a*	0.2403(5)	0	0.2674(20)	1.0
V1	V^{4+}	4*a*	−0.0224(4)	0	0.0553(30)	1.0
Si1	Si^{4+}	8*b*	0.1272(6)	0.2062(4)	0.0871(7)	1.0
Si2	Si^{4+}	8*b*	0.1232(6)	0.2074(4)	0.4265(8)	1.0
O1	O^{2-}	8*b*	0.1231(15)	0.0927(10)	0.0842(19)	1.0
O2	O^{2-}	8*b*	0.1201(16)	0.0934(1)	0.4358(17)	1.0
O3	O^{2-}	8*b*	0.2532(18)	0.2468(19)	0.0115(18)	1.0
O4	O^{2-}	8*b*	0.0036(19)	0.2540(8)	0.0075(18)	1.0
O5	O^{2-}	8*b*	0.1229(13)	0.2455(9)	0.2573(18)	1.0
O6	O^{2-}	4*a*	−0.0887(22)	0	0.2136(24)	1.0
O7	O^{2-}	8*b*	0.3968(20)	0.1188(12)	0.2425(27)	1.0
O8	O^{2-}	4*a*	0.6250(34)	0	−0.0035(33)	1.0
O9	O^{2-}	4*a*	0.353(5)	0	−0.096(12)	1.0

PDF: 25-0181(续)

d	I/I_0	*hkl*
1.8760	9	044

(5) 架状硅酸盐

9-298a 正长石(Orthoclase)

$KAlSi_3O_8$, 278.33

Sys.: Monoclinic S.G.: $I2/m$(12) Z: 4

a: 8.556 b: 12.98 c: 7.205 β: 116.01 Vol.: 719.12

ICSD: 30650

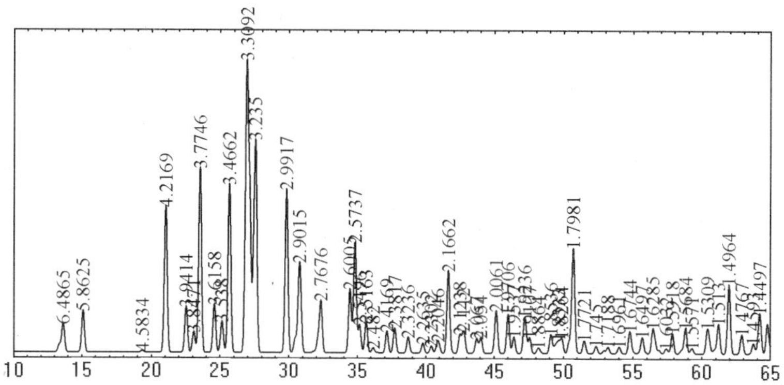

PDF: 31-0966

d	I/I_0	hkl
6.6200	6	110
6.4800	12	001
5.8600	12	$\bar{1}11$
4.5800	4	021
4.2200	70	$\bar{2}01$
3.9400	16	111
3.8500	6	200
3.7700	80	130
3.6100	16	$\bar{1}31$
3.5400	12	$\bar{2}21$
3.4700	45	$\bar{1}12$
3.3100	100	220
3.2900	60	$\bar{2}02$
3.2500	20	040
3.2400	65	002
2.9920	50	131
2.9340	8	$\bar{2}22$
2.9010	30	041
2.7830	2	$\bar{3}11$

9-298b 正长石(Orthoclase)

$KAlSi_3O_8$, 278.33

ICSD: 30650(续)

Atom		Wcf	x	y	z	Occ
O1	O^{2-}	$4g$	0	0.153	0	1.0
O2	O^{2-}	$4i$	0.667	0	0.303	1.0
O3	O^{2-}	$8j$	0.819	0.153	0.228	1.0
O4	O^{2-}	$8j$	0.042	0.317	0.261	1.0
O5	O^{2-}	$8j$	0.172	0.128	0.417	1.0
Si1	Si^{4+}	$8j$	0.009	0.187	0.225	0.5
Al1	Al^{3+}	$8j$	0.009	0.187	0.225	0.5
Si2	Si^{4+}	$8j$	0.709	0.116	0.347	1.0
K1	K^{+}	$4i$	0.292	0	0.139	1.0

PDF: 31-0966(续)

d	I/I_0	hkl
2.7690	20	$\bar{1}32$
2.6010	18	$\bar{3}12$
2.5760	4	221
2.5710	30	$\bar{2}41$
2.5530	8	112
2.5150	8	310
2.4800	4	240
2.4150	10	$\bar{1}51$
2.3800	10	$\bar{2}03$
2.3280	6	$\bar{1}13$
2.2630	2	$\bar{3}32$
2.2340	2	$\bar{2}23$
2.2060	2	330
2.2000	4	151
2.1630	25	060
2.1240	8	241
2.1130	4	$\bar{4}01$
2.1080	4	$\bar{4}02$
2.0700	2	202

9-299a 透长石(Sanidine)

$KAlSi_3O_8$，278.33

Sys.:Monoclinic S.G.:$I2/m$(12) Z:4

a:8.604 b:13.035 c:7.175 β:116 Vol.:723.26

ICSD:69965

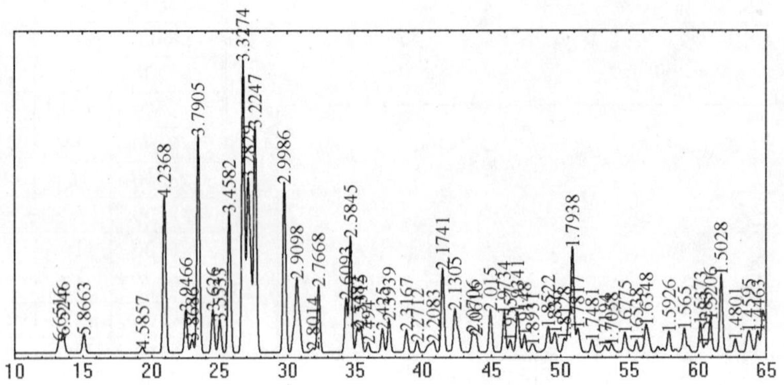

PDF:25-0618

d	I/I_0	hkl
6.6500	6	110
6.5200	4	020
6.4500	1	001
5.8700	1	$\bar{1}11$
4.5800	1	021
4.2400	55	$\bar{2}01$
3.9500	10	111
3.8700	6	200
3.7900	55	$\bar{1}30$
3.6200	11	$\bar{1}31$
3.5500	12	$\bar{2}21$
3.4600	30	$\bar{1}12$
3.3300	100	220
3.2800	60	$\bar{2}02$
3.2600	18	040
3.2300	50	002
2.9970	30	131
2.9330	7	$\bar{2}22$
2.9090	14	041
2.8900	6	022

9-299b 透长石(Sanidine)

$KAlSi_3O_8$，278.33

ICSD:69965(续)

Atom		Wcf	x	y	z	Occ
K1	K^+	4i	0.2865(1)	0	0.1382(2)	1.0
Si1	Si^{4+}	8j	0.0100(1)	0.18572(6)	0.2238(1)	0.71
Al1	Al^{3+}	8j	0.0100(1)	0.18572(6)	0.2238(1)	0.29
Si2	Si^{4+}	8j	0.7107(1)	0.11825(6)	0.3442(1)	0.79
Al2	Al^{3+}	8j	0.7107(1)	0.11825(6)	0.3442(1)	0.21
O1	O^{2-}	4g	0	0.1474(3)	0	1.0
O2	O^{2-}	4i	0.6398(4)	0	0.2850(6)	1.0
O3	O^{2-}	8j	0.8299(3)	0.1482(2)	0.2265(4)	1.0
O4	O^{2-}	8j	0.0362(3)	0.3109(2)	0.2576(3)	1.0
O5	O^{2-}	8j	0.1788(3)	0.1268(2)	0.4035(3)	1.0

PDF:25-0618(续)

d	I/I_0	hkl
2.8160	1	201
2.7990	2	$\bar{3}11$
2.7660	14	$\bar{1}32$
2.6080	17	$\bar{3}12$
2.5850	35	221
2.5830	35	$\bar{2}41$
2.5490	6	112
2.5290	8	310
2.4920	3	$\bar{2}40$
2.4710	1	150
2.4230	7	$\bar{1}51$
2.3920	11	$\bar{3}31$
2.3720	1	$\bar{2}03$
2.3170	5	$\bar{1}13$
2.3130	5	$\bar{2}42$
2.2700	8	$\bar{3}32$
2.2300	1	132
2.2290	1	$\bar{2}23$
2.2170	2	330
2.2060	2	151

9-300a 微斜长石(Microcline)

$KAlSi_3O_8$，278.33

Sys.:Triclinic S.G.:$P\bar{1}$(2) Z:4

a:8.56 b:12.97 c:7.21 α:90.3 β:116.1 γ:89 Vol.:359.37

ICSD:9542

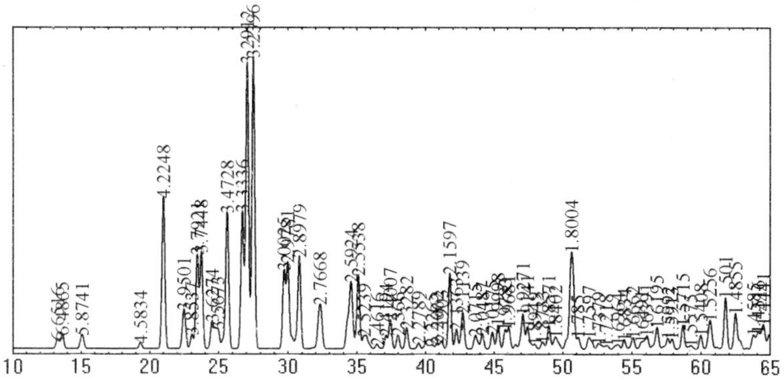

PDF:19-0932

d	I/I_0	hkl
6.6600	2	110
6.5700	2	$1\bar{1}0$
6.4800	8	020
5.8900	4	$\bar{1}\bar{1}1$
5.8400	2	$\bar{1}11$
4.5900	2	021
4.2200	45	$\bar{2}01$
3.9600	8	111
3.9300	6	$1\bar{1}1$
3.8500	2	200
3.8000	20	130
3.7400	14	$1\bar{3}0$
3.6300	6	$\bar{1}\bar{3}1$
3.5900	4	$\bar{1}31$
3.5600	2	$\bar{2}\bar{2}1$
3.5100	2	$\bar{2}21$
3.4800	16	$\bar{1}\bar{1}2$
3.4700	12	$\bar{1}12$
3.3300	14	220
3.2900	50	$\bar{2}02$

9-300b 微斜长石(Microcline)

$KAlSi_3O_8$，278.33

ICSD:9542(续)

Atom		Wcf	x	y	z	Occ
K1	K^+	4i	0.2837(2)	−0.0032(1)	0.1378(2)	1.0
Al1	Al^{3+}	4i	0.0095(2)	0.1856(1)	0.2214(2)	0.58
Al2	Al^{3+}	4i	0.0095(2)	0.8173(1)	0.2280(2)	0.25
Al3	Al^{3+}	4i	0.7098(2)	0.1189(1)	0.3421(2)	0.09
Al4	Al^{3+}	4i	0.7076(2)	0.8833(1)	0.3466(2)	0.08
Si1	Si^{4+}	4i	0.0095(2)	0.1856(1)	0.2214(2)	0.42
Si2	Si^{4+}	4i	0.0095(2)	0.8173(1)	0.2280(2)	0.75
Si3	Si^{4+}	4i	0.7098(2)	0.1189(1)	0.3421(2)	0.91
Si4	Si^{4+}	4i	0.7076(2)	0.8833(1)	0.3466(2)	0.92
O1	O^{2-}	4i	0.0005(5)	0.1447(4)	−0.0072(6)	1.0
O2	O^{2-}	4i	0.6369(5)	0.0020(3)	0.2857(6)	1.0
O3	O^{2-}	4i	0.8238(5)	0.1468(4)	0.2239(6)	1.0
O4	O^{2-}	4i	0.8279(5)	0.8545(4)	0.2331(6)	1.0
O5	O^{2-}	4i	0.0350(5)	0.3153(3)	0.2549(6)	1.0
O6	O^{2-}	4i	0.0366(5)	0.6914(3)	0.2635(6)	1.0
O7	O^{2-}	4i	0.1842(5)	0.1245(3)	0.4065(6)	1.0
O8	O^{2-}	4i	0.1777(5)	0.8741(3)	0.4095(6)	1.0

PDF:19-0932(续)

d	I/I_0	hkl
3.2400	100	040
3.0100	10	131
2.9740	14	$1\bar{3}1$
2.9490	2	$\bar{2}\bar{2}2$
2.9160	2	$\bar{2}22$
2.9020	14	041
2.8960	8	$0\bar{4}1$
2.7730	6	$\bar{3}11$
2.7610	8	$\bar{1}32$
2.6080	6	$\bar{3}\bar{1}2$
2.5910	14	$\bar{2}\bar{4}1$
2.5660	2	$2\bar{2}1$
2.5560	6	112
2.5500	6	$\bar{2}41$
2.5220	2	310
2.5050	2	$3\bar{1}0$
2.4230	2	$\bar{1}\bar{5}1$
2.4010	4	$\bar{1}51$
2.3610	2	$\bar{3}31$
2.3280	4	$\bar{1}13$

9-301a 歪长石(Anorthoclase)

$Na_{0.71}K_{0.29}AlSi_3O_8$，266.89

Sys.: Triclinic S.G.: $P\bar{1}$(2) Z: 4

a: 8.279 b: 12.949 c: 7.149 α: 91.31 β: 116.3 γ: 90.11 Vol.: 686.83

ICSD: 34742

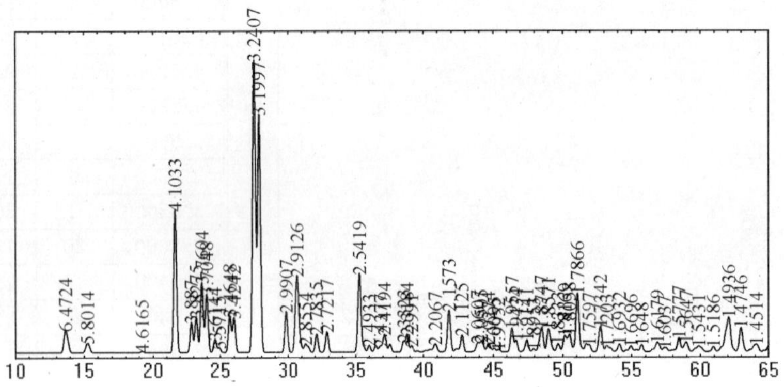

PDF: 10-0361

d	I/I_0	hkl
6.4600	10	$\bar{1}01$
5.8170	4	$\bar{1}\bar{1}1$
5.7570	2	$\bar{1}11$
4.0920	40	$\bar{2}01$
3.8880	10	$1\bar{1}1$
3.8350	10	111
3.7550	30	$1\bar{3}0$
3.7100	16	200
3.6150	4	$\bar{1}31$
3.4640	10	$\bar{1}\bar{1}2$
3.4260	10	$\bar{1}12$
3.2350	100	$\bar{2}02$
3.2040	70	002
2.9880	10	$1\bar{3}1$
2.9150	16	131
2.5370	16	$\bar{3}12$

9-301b 歪长石(Anorthoclase)

$Na_{0.71}K_{0.29}AlSi_3O_8$，266.89

ICSD: 34742(续)

Atom		Wcf	x	y	z	Occ
Na1	Na^+	4i	0.2748(1)	0.0020(1)	0.1355(2)	0.7
K1	K^+	4i	0.2748(1)	0.0020(1)	0.1355(2)	0.3
Al1	Al^{3+}	4i	0.0082(1)	0.1739(1)	0.2205(1)	0.29
Si1	Si^{4+}	4i	0.0082(1)	0.1739(1)	0.2205(1)	0.71
Al2	Al^{3+}	4i	0.0065(1)	0.8178(1)	0.2257(1)	0.26
Si2	Si^{4+}	4i	0.0065(1)	0.8178(1)	0.2257(1)	0.74
Al3	Al^{3+}	4i	0.6942(1)	0.1133(1)	0.3334(1)	0.23
Si3	Si^{4+}	4i	0.6942(1)	0.1133(1)	0.3334(1)	0.77
Al4	Al^{3+}	4i	0.6929(1)	0.8810(1)	0.3469(1)	0.24
Si4	Si^{4+}	4i	0.6929(1)	0.8810(1)	0.3469(1)	0.76
O1	O^{2-}	4i	0.0028(3)	0.1379(1)	0.9934(3)	1.0
O2	O^{2-}	4i	0.6048(3)	0.9966(1)	0.2840(3)	1.0
O3	O^{2-}	4i	0.8250(3)	0.1253(2)	0.2172(3)	1.0
O4	O^{2-}	4i	0.8229(3)	0.8567(2)	0.2340(3)	1.0
O5	O^{2-}	4i	0.0226(3)	0.3004(1)	0.2629(3)	1.0
O6	O^{2-}	4i	0.0225(3)	0.6907(1)	0.2385(3)	1.0
O7	O^{2-}	4i	0.1900(3)	0.1195(1)	0.3974(3)	1.0
O8	O^{2-}	4i	0.1872(3)	0.8717(1)	0.4129(3)	1.0

PDF: 10-0361(续)

d	I/I_0	hkl

9-302a 钠长石(Albite)

$Na(Si_3Al)O_8$, 262.22

Sys.: Triclinic S.G.: $P\bar{1}(2)$ Z: 4

a: 8.165 b: 12.872 c: 7.111 α: 93.45 β: 116.4 γ: 90.28 Vol.: 333.9

ICSD: 34916

Atom		Wcf	x	y	z	Occ
Na1	Na^+	$4i$	0.2689(4)	0.0040(4)	0.1331(6)	0.75
Ca1	Ca^{2+}	$4i$	0.2689(4)	0.0040(4)	0.1331(6)	0.25
Al1	Al^{3+}	$4i$	0.0078(2)	0.1658(1)	0.2124(3)	0.63
Si1	Si^{4+}	$4i$	0.0078(2)	0.1658(1)	0.2124(3)	0.37

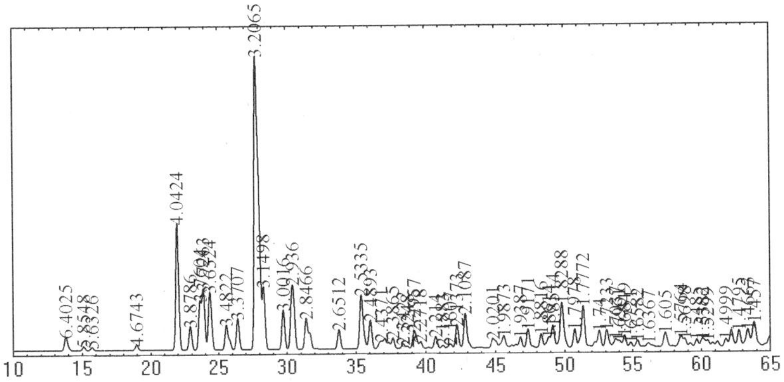

PDF: 10-0393

d	I/I_0	hkl
6.4280	8	020
6.3570	10	001
5.8410	2	$\bar{1}\bar{1}1$
5.6660	2	$\bar{1}11$
4.6900	2	$0\bar{2}1$
4.0400	16	$\bar{2}01$
3.8810	12	$1\bar{1}1$
3.7520	30	$1\bar{3}0$
3.6390	12	130
3.4760	6	$\bar{1}\bar{1}2$
3.3700	8	$\bar{1}12$
3.2110	30	040
3.1760	100	002
3.1290	12	220
3.0160	8	$1\bar{3}1$
2.9500	10	$0\bar{4}1$
2.9270	12	$0\bar{2}2$
2.9170	2	$\bar{2}\bar{2}2$
2.8300	12	131
2.6540	4	$\bar{1}32$

9-302b 钠长石(Albite)

$Na(Si_3Al)O_8$, 262.22

ICSD: 34916(续)

Atom		Wcf	x	y	z	Occ
Al2	Al^{3+}	$4i$	0.0035(2)	0.8178(1)	0.2328(3)	0.22
Si2	Si^{4+}	$4i$	0.0035(2)	0.8178(1)	0.2328(3)	0.78
Al3	Al^{3+}	$4i$	0.6882(2)	0.1095(1)	0.3169(3)	0.21
Si3	Si^{4+}	$4i$	0.6882(2)	0.1095(1)	0.3169(3)	0.79
Al4	Al^{3+}	$4i$	0.6824(2)	0.8796(1)	0.3574(3)	0.22
Si4	Si^{4+}	$4i$	0.6824(2)	0.8796(1)	0.3574(3)	0.78
O1	O^{2-}	$4i$	0.0049(7)	0.1304(4)	0.9766(7)	1.0
O2	O^{2-}	$4i$	0.5871(5)	0.9938(3)	0.2789(7)	1.0
O3	O^{2-}	$4i$	0.8135(6)	0.1072(3)	0.1903(7)	1.0
O4	O^{2-}	$4i$	0.8189(7)	0.8511(4)	0.2507(9)	1.0
O5	O^{2-}	$4i$	0.0148(6)	0.2949(3)	0.2771(7)	1.0
O6	O^{2-}	$4i$	0.0188(6)	0.6902(3)	0.2187(7)	1.0
O7	O^{2-}	$4i$	0.2007(6)	0.1091(3)	0.3866(7)	1.0
O8	O^{2-}	$4i$	0.1878(6)	0.8670(4)	0.4320(7)	1.0

PDF: 10-0393(续)

d	I/I_0	hkl
2.5180	8	$\bar{2}\bar{4}1$
2.5060	8	$\bar{2}41$
2.4500	2	$1\bar{5}0$
2.3690	4	240
2.3010	2	$\bar{3}31$
2.2810	2	$\bar{3}\bar{3}1$
2.2660	2	$\bar{1}13$
2.2450	2	$1\bar{3}2$
2.1820	2	042
2.1400	8	060
2.1200	6	$2\bar{4}1$
2.1000	4	151
1.9920	2	$\bar{1}33$
1.9870	2	061
1.9410	2	$\bar{2}\bar{4}3$
1.9240	2	$\bar{4}22$
1.8730	6	222
1.8500	2	$\bar{4}03$
1.8260	8	400
1.8190	1	260

9-303a 中长石(Andesine)

0.62NaAlSi$_2$O$_8$ · 0.38CaAl$_2$Si$_2$O$_8$，250.88

Sys.: Triclinic S.G.: $P\bar{1}$(2) Z: 4

a: 8.164 b: 12.857 c: 7.118 α: 93.69 β: 116.3 γ: 89.59 Vol.: 334.11

ICSD: 66126

Atom		Wcf	x	y	z	Occ
Ca1	Ca^{2+}	4i	0.26775(12)	−0.01756(9)	0.16714(15)	0.15
Na1	Na^{+}	4i	0.26775(12)	−0.01756(9)	0.16714(15)	0.29
Ca2	Ca^{2+}	4i	0.27167(7)	0.02751(5)	0.10131(10)	0.33
Na2	Na^{+}	4i	0.27167(7)	0.02751(5)	0.10131(10)	0.23
Al1	Al^{3+}	4i	0.00676(4)	0.16413(2)	0.21481(4)	0.372

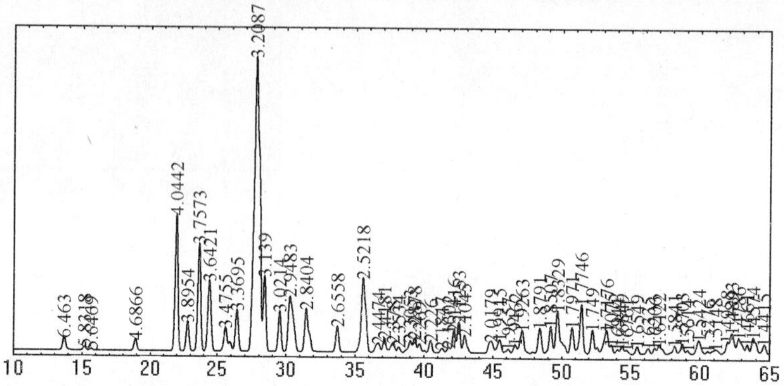

PDF: 10-0359

d	I/I_0	hkl
6.4100	50	020
5.8600	20	$\bar{1}\bar{1}1$
5.6600	20	$\bar{1}11$
4.6800	20	$0\bar{2}1$
4.0400	80	$\bar{2}01$
3.8800	50	$1\bar{1}1$
3.7600	70	111
3.7200	60	$1\bar{3}0$
3.6500	70	130
3.4700	50	$\bar{1}\bar{1}2$
3.4400	30	$\bar{2}\bar{2}1$
3.3700	60	$\bar{1}12$
3.2100	100	$2\bar{2}0$
3.1800	90	002
3.1400	70	220
3.0000	60	$1\bar{3}1$
2.9300	70	$0\bar{2}2$
2.8400	60	131
2.6500	50	$\bar{1}32$
2.5300	70	$2\bar{2}1$

9-303b 中长石(Andesine)

0.62NaAlSi$_2$O$_8$ · 0.38CaAl$_2$Si$_2$O$_8$，250.88

ICSD: 66126(续)

Atom		Wcf	x	y	z	Occ
Si1	Si^{4+}	4i	0.00676(4)	0.16413(2)	0.21481(4)	0.6265
Al2	Al^{3+}	4i	0.00323(3)	0.81648(2)	0.23087(4)	0.372
Si2	Si^{4+}	4i	0.00323(3)	0.81648(2)	0.23087(4)	0.6265
Al3	Al^{3+}	4i	0.68625(3)	0.10900(2)	0.31833(4)	0.372
Si3	Si^{4+}	4i	0.68625(3)	0.10900(2)	0.31833(4)	0.6265
Al4	Al^{3+}	4i	0.68191(3)	0.87882(2)	0.35629(4)	0.372
Si4	Si^{4+}	4i	0.68191(3)	0.87882(2)	0.35629(4)	0.6265
O1	O^{2-}	4i	0.00424(10)	0.13009(6)	0.98124(12)	1.0
O2	O^{2-}	4i	0.58250(9)	0.99185(5)	0.27843(11)	1.0
O3	O^{2-}	4i	0.81416(10)	0.10547(5)	0.19152(13)	1.0
O4	O^{2-}	4i	0.81622(10)	0.85266(6)	0.24473(14)	1.0
O5	O^{2-}	4i	0.01478(9)	0.29124(6)	0.27976(12)	1.0
O6	O^{2-}	4i	0.01469(10)	0.68743(6)	0.21517(12)	1.0
O7	O^{2-}	4i	0.1974(1)	0.10866(5)	0.38381(11)	1.0
O8	O^{2-}	4i	0.18965(10)	0.86665(6)	0.42927(12)	1.0

PDF: 10-0359(续)

d	I/I_0	hkl
2.4900	60	$\bar{2}41$

9-304a 倍长石(Bytownite)

$Ca_{0.85}Na_{0.14}Al_{1.86}Si_{2.14}O_8$, 275.57

Sys.: Triclinic S.G.: $P\bar{1}$(2) Z: 8

a: 8.188 b: 12.882 c: 14.196 α: 93.37 β: 116.04 γ: 90.87 Vol.: 670.82

ICSD: 30932

Atom		Wcf	x	y	z	Occ
Ca1	Ca^{2+}	$2i$	0.2669(2)	0.9838(2)	0.0876(1)	0.848
Na1	Na^{+}	$2i$	0.2669(2)	0.9838(2)	0.0876(1)	0.144
Ca2	Ca^{2+}	$2i$	0.7742(2)	0.5336(1)	0.5460(1)	0.848
Na2	Na^{+}	$2i$	0.7742(2)	0.5336(1)	0.5460(1)	0.144
Ca3	Ca^{2+}	$2i$	0.2680(4)	0.0310(2)	0.5436(2)	0.848

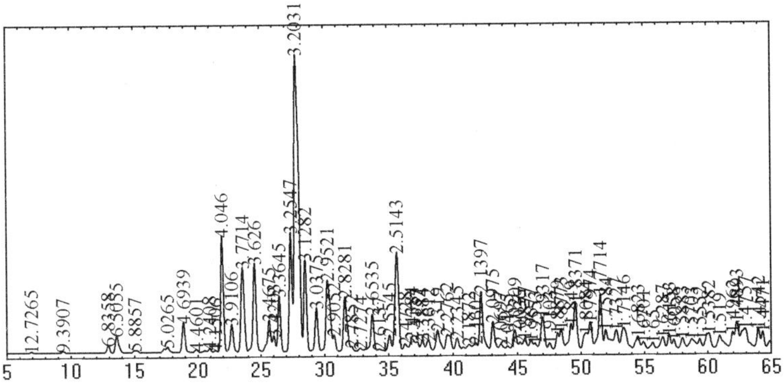

PDF: 85-0916

d	I/I_0	hkl
9.3875	8	$0\bar{1}1$
8.7268	1	011
8.0933	1	$\bar{1}01$
6.5085	87	$\bar{1}10$
6.4231	12	020
6.3605	4	002
5.8102	11	$\bar{1}\bar{1}2$
5.6567	1	$\bar{1}12$
5.4135	1	101
5.0215	26	$\bar{1}21$
5.0215	26	$\bar{1}\bar{2}1$
4.6937	125	$0\bar{2}2$
4.3634	1	022
4.2780	3	$1\bar{2}1$
4.1508	10	$0\bar{3}1$
4.0467	511	$\bar{2}02$
3.9718	11	031
3.9421	20	013
3.9104	121	$1\bar{1}2$
3.8728	14	$\bar{1}\bar{2}3$

9-304b 倍长石(Bytownite)

$Ca_{0.85}Na_{0.14}Al_{1.86}Si_{2.14}O_8$, 275.57

ICSD: 30932(续 1)

Atom		Wcf	x	y	z	Occ
Na3	Na^{+}	$2i$	0.2680(4)	0.0310(2)	0.5436(2)	0.144
Ca4	Ca^{2+}	$2i$	0.7648(4)	0.5146(3)	0.0641(2)	0.848
Na4	Na^{+}	$2i$	0.7648(4)	0.5146(3)	0.0641(2)	0.144
Si1	Si^{4+}	$2i$	0.0030(5)	0.1624(3)	0.1035(3)	0.9
Al1	Al^{3+}	$2i$	0.0030(5)	0.1624(3)	0.1035(3)	0.1
Si2	Si^{4+}	$2i$	0.5107(1)	0.6555(1)	0.6046(1)	0.96
Al2	Al^{3+}	$2i$	0.5107(1)	0.6555(1)	0.6046(1)	0.04
Si3	Si^{4+}	$2i$	0.0063(5)	0.1614(3)	0.6110(3)	0.02
Al3	Al^{3+}	$2i$	0.0063(5)	0.1614(3)	0.6110(3)	0.98
Al4	Al^{3+}	$2i$	0.4992(5)	0.6681(3)	0.1118(3)	1.0
Al5	Al^{3+}	$2i$	0.9929(5)	0.8119(3)	0.1178(3)	1.0
Si6	Si^{4+}	$2i$	0.5057(4)	0.3187(3)	0.6199(3)	0.22
Al6	Al^{3+}	$2i$	0.5057(4)	0.3187(3)	0.6199(3)	0.78
Si7	Si^{4+}	$2i$	0.0114(2)	0.8217(1)	0.6133(1)	1.0
Si8	Si^{4+}	$2i$	0.4992(2)	0.3132(1)	0.1114(1)	0.9
Al8	Al^{3+}	$2i$	0.4992(2)	0.3132(1)	0.1114(1)	0.1
Si9	Si^{4+}	$2i$	0.6876(4)	0.1109(2)	0.1524(2)	0.18
Al9	Al^{3+}	$2i$	0.6876(4)	0.1109(2)	0.1524(2)	0.82
Si10	Si^{4+}	$2i$	0.1877(4)	0.6128(2)	0.6625(2)	0.11
Al10	Al^{3+}	$2i$	0.1877(4)	0.6128(2)	0.6625(2)	0.89
Si11	Si^{4+}	$2i$	0.6790(4)	0.1053(2)	0.6645(2)	0.92
Si12	Si^{4+}	$2i$	0.1762(4)	0.6064(2)	0.1532(2)	0.98

PDF: 85-0916(续 1)

d	I/I_0	hkl
3.7757	262	$\bar{1}30$
3.7556	199	112
3.6886	10	$\bar{1}23$
3.6746	13	200
3.6284	318	130
3.6163	265	$\bar{1}\bar{3}2$
3.5708	10	$\bar{2}\bar{1}3$
3.5376	4	$\bar{2}13$
3.5059	22	$\bar{1}32$
3.4682	107	$\bar{1}\bar{1}4$
3.4177	62	$\bar{2}\bar{2}2$
3.3646	223	$\bar{1}14$
3.2543	445	$\bar{2}20$
3.2024	999	$\bar{2}04$
3.1803	709	004
3.1285	356	220
3.1285	356	$2\bar{1}1$
3.0377	159	211
3.0377	159	$1\bar{3}2$
2.9548	240	$0\bar{4}2$

9-304c 倍长石(Bytownite)

$Ca_{0.85}Na_{0.14}Al_{1.86}Si_{2.14}O_8$, 275.57

ICSD:30932(续 2)

Atom		Wcf	*x*	*y*	*z*	Occ
Al12	Al^{3+}	2*i*	0.1762(4)	0.6064(2)	0.1532(2)	0.02
Si13	Si^{4+}	2*i*	0.6769(2)	0.8831(1)	0.1875(1)	0.93
Al13	Al^{3+}	2*i*	0.6769(2)	0.8831(1)	0.1875(1)	0.07
Si14	Si^{4+}	2*i*	0.1771(2)	0.3803(1)	0.6767(1)	0.95
Al14	Al^{3+}	2*i*	0.1771(2)	0.3803(1)	0.6767(1)	0.05
Si15	Si^{4+}	2*i*	0.6801(5)	0.8727(3)	0.6714(3)	0.12
Al15	Al^{3+}	2*i*	0.6801(5)	0.8727(3)	0.6714(3)	0.88
Si16	Si^{4+}	2*i*	0.1862(5)	0.3777(3)	0.1804(3)	0.06
Al16	Al^{3+}	2*i*	0.1862(5)	0.3777(3)	0.1804(3)	0.94
O1	O^{2-}	2*i*	0.0250(4)	0.1250(2)	0.9950(2)	1.0
O2	O^{2-}	2*i*	0.4935(5)	0.6270(3)	0.4881(3)	1.0
O3	O^{2-}	2*i*	0.9756(4)	0.1237(3)	0.4830(3)	1.0
O4	O^{2-}	2*i*	0.5086(4)	0.6281(3)	0.9922(3)	1.0
O5	O^{2-}	2*i*	0.5774(4)	0.9924(2)	0.1455(2)	1.0
O6	O^{2-}	2*i*	0.0768(4)	0.4883(3)	0.6341(3)	1.0
O7	O^{2-}	2*i*	0.5736(4)	0.9901(3)	0.6311(3)	1.0
O8	O^{2-}	2*i*	0.0727(4)	0.4928(2)	0.1425(2)	1.0
O9	O^{2-}	2*i*	0.8103(4)	0.1041(3)	0.0804(3)	1.0
O10	O^{2-}	2*i*	0.3279(4)	0.5980(3)	0.5988(3)	1.0
O11	O^{2-}	2*i*	0.8110(6)	0.0995(4)	0.6057(4)	1.0
O12	O^{2-}	2*i*	0.2918(7)	0.6039(4)	0.0852(4)	1.0
O13	O^{2-}	2*i*	0.8206(5)	0.8522(3)	0.1426(3)	1.0

PDF:85-0916(续 2)

d	I/I_0	*hkl*
2.9364	168	$0\bar{2}4$
2.9051	61	033
2.9051	61	$\bar{2}\bar{2}4$
2.8982	41	$\bar{2}\bar{3}1$
2.8982	41	$1\bar{2}3$
2.8298	195	132
2.8298	195	$\bar{2}24$
2.8187	124	$\bar{2}\bar{3}3$
2.8187	124	$\bar{1}05$
2.8125	83	$\bar{1}\bar{3}4$
2.7324	1	123
2.7068	3	202
2.6938	6	$\bar{3}03$
2.6938	6	$\bar{2}\bar{1}5$
2.6869	5	141
2.6752	11	$\bar{3}12$
2.6537	116	$\bar{3}\bar{1}2$
2.6537	116	$\bar{1}34$
2.6433	70	$\bar{2}15$
2.6433	70	$\bar{1}\bar{2}5$

9-304d 倍长石(Bytownite)

$Ca_{0.85}Na_{0.14}Al_{1.86}Si_{2.14}O_8$, 275.57

ICSD:30932(续 3)

Atom		Wcf	*x*	*y*	*z*	Occ
O14	O^{2-}	2*i*	0.3003(5)	0.3579(3)	0.6156(3)	1.0
O15	O^{2-}	2*i*	0.8095(4)	0.8545(3)	0.6023(3)	1.0
O16	O^{2-}	2*i*	0.3309(5)	0.3566(3)	0.1239(3)	1.0
O17	O^{2-}	2*i*	0.0057(4)	0.2819(2)	0.1298(2)	1.0
O18	O^{2-}	2*i*	0.5204(5)	0.7781(3)	0.6423(3)	1.0
O19	O^{2-}	2*i*	0.0189(5)	0.2927(3)	0.6455(3)	1.0
O20	O^{2-}	2*i*	0.5098(11)	0.7969(7)	0.1503(7)	1.0
O21	O^{2-}	2*i*	0.0024(4)	0.6773(3)	0.1110(3)	1.0
O22	O^{2-}	2*i*	0.5148(4)	0.1841(2)	0.6054(2)	1.0
O23	O^{2-}	2*i*	0.0183(5)	0.6955(3)	0.5976(3)	1.0
O24	O^{2-}	2*i*	0.4992(4)	0.1886(2)	0.1023(2)	1.0
O25	O^{2-}	2*i*	0.1811(4)	0.1053(3)	0.1922(3)	1.0
O26	O^{2-}	2*i*	0.6979(5)	0.6075(3)	0.6839(3)	1.0
O27	O^{2-}	2*i*	0.2142(4)	0.1044(2)	0.6852(2)	1.0
O28	O^{2-}	2*i*	0.6930(5)	0.6035(3)	0.1959(3)	1.0
O29	O^{2-}	2*i*	0.2079(4)	0.8722(2)	0.2108(2)	1.0
O30	O^{2-}	2*i*	0.6908(5)	0.3653(3)	0.7254(3)	1.0
O31	O^{2-}	2*i*	0.1721(4)	0.8581(3)	0.7197(3)	1.0
O32	O^{2-}	2*i*	0.6966(5)	0.3662(3)	0.2051(3)	1.0

PDF:85-0916(续 3)

d	I/I_0	*hkl*
2.5852	2	$\bar{1}43$
2.5541	38	$0\bar{5}1$
2.5541	38	$2\bar{2}2$
2.5205	192	$\bar{2}42$
2.5205	192	$\bar{3}\bar{1}4$
2.5107	300	$\bar{2}\bar{4}2$
2.5107	300	$\bar{3}14$
2.4748	18	$\bar{2}40$
2.4606	9	015
2.4606	9	$\bar{1}50$
2.4567	9	114
2.4385	30	222
2.4268	32	$\bar{3}10$
2.4127	29	$\bar{1}\bar{5}2$
2.4057	18	$\bar{3}\bar{2}1$
2.3864	32	310
2.3652	21	240
2.3574	33	$\bar{3}05$
2.3574	33	$\bar{1}52$
2.3489	17	$\bar{2}\bar{3}5$

9-305a 钙长石(Anorthite)

$CaAl_2Si_2O_8$, 278.21	PDF:41-1486
Sys.:Triclinic S.G.:$P\bar{1}$(2) Z:8	
a:8.1756 b:12.872 c:14.1827 α:93.172 β:115.911 γ:91.199 Vol.:1338.75	
ICSD:67953	

Atom		Wcf	x	y	z	Occ
O1	O^{2-}	4i	0.00575(11)	0.12575(6)	0.99095(5)	1.0
O2	O^{2-}	4i	0.99991(11)	0.12644(6)	0.49063(6)	1.0
O3	O^{2-}	4i	0.57459(9)	0.98969(5)	0.13922(6)	1.0
O4	O^{2-}	4i	0.57278(9)	0.99083(5)	0.63823(6)	1.0
O5	O^{2-}	4i	0.82185(10)	0.09991(6)	0.09279(7)	1.0
O6	O^{2-}	4i	0.79672(11)	0.10160(6)	0.59167(8)	1.0

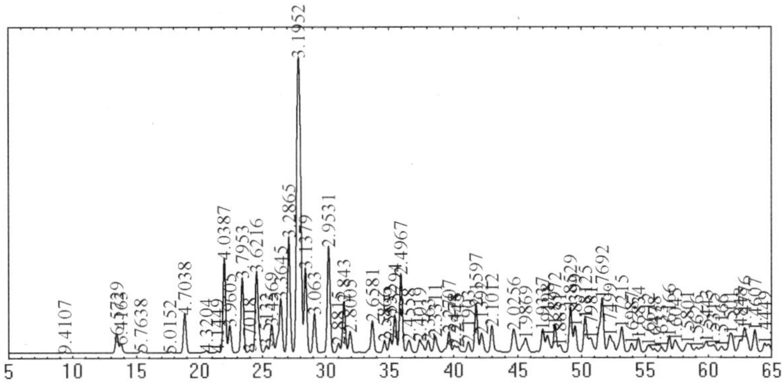

d	I/I_0	hkl
6.5292	4	$\bar{1}10$
5.9129	1	$0\bar{2}1$
4.6889	9	$0\bar{2}2$
4.6116	2	$12\bar{2}$
4.0404	22	$\bar{2}02$
3.9105	5	$1\bar{1}2$
3.7792	14	$\bar{1}30$
3.7525	10	112
3.6230	15	130
3.4660	4	$\bar{1}\bar{1}4$
3.3631	10	$\bar{1}14$
3.2581	20	$\bar{2}20$
3.2086	88	040
3.1962	69	$\bar{2}04$
3.1806	100	004
3.1249	15	220
3.0384	9	211
2.9520	17	$0\bar{4}2$
2.9340	11	$0\bar{2}4$
2.8886	3	140

9-305b 钙长石(Anorthite)

$CaAl_2Si_2O_8$, 278.21	PDF:41-1486(续)
ICSD:67953(续)	

Atom		Wcf	x	y	z	Occ
O7	O^{2-}	4i	0.80690(27)	0.85718(16)	0.12462(19)	1.0
O8	O^{2-}	4i	0.82446(28)	0.85585(17)	0.61729(19)	1.0
O9	O^{2-}	4i	0.01346(10)	0.27861(6)	0.13676(7)	1.0
O10	O^{2-}	4i	0.0182(1)	0.29337(6)	0.65039(7)	1.0
O11	O^{2-}	4i	0.00656(10)	0.67953(5)	0.10811(6)	1.0
O12	O^{2-}	4i	0.00414(10)	0.69102(5)	0.59989(6)	1.0
O13	O^{2-}	4i	0.19079(11)	0.10619(6)	0.18469(6)	1.0
O14	O^{2-}	4i	0.19978(11)	0.10183(6)	0.69296(6)	1.0
O15	O^{2-}	4i	0.19605(29)	0.86758(17)	0.22135(17)	1.0
O16	O^{2-}	4i	0.18645(30)	0.86109(17)	0.70771(17)	1.0
Si1	Si^{4+}	4i	0.00731(11)	0.15824(7)	0.10453(7)	1.0
Al1	Al^{3+}	4i	0.00226(14)	0.16362(8)	0.61238(8)	1.0
Al2	Al^{3+}	4i	0.00056(14)	0.81484(8)	0.11987(8)	1.0
Si2	Si^{4+}	4i	0.00384(11)	0.81706(7)	0.61151(7)	1.0
Al3	Al^{3+}	4i	0.68827(14)	0.11332(8)	0.16084(9)	1.0
Si3	Si^{4+}	4i	0.67603(12)	0.10581(7)	0.65744(7)	1.0
Si4	Si^{4+}	4i	0.67654(12)	0.88202(7)	0.18056(7)	1.0
Al4	Al^{3+}	4i	0.68411(14)	0.87544(8)	0.67800(8)	1.0
Ca1	Ca^{2+}	4i	0.27454(18)	0.03427(13)	0.04480(13)	0.6667
Ca2	Ca^{2+}	4i	0.26877(38)	0.02939(22)	0.54825(20)	0.6667
Ca3	Ca^{2+}	4i	0.2670(4)	−0.01052(37)	0.08331(31)	0.3333
Ca4	Ca^{2+}	4i	0.26579(75)	0.00566(49)	0.57379(45)	0.3333

d	I/I_0	hkl
2.8289	12	$\bar{2}24$
2.8073	3	$13\bar{4}$
2.6557	7	$\bar{1}34$
2.5565	1	$2\bar{2}2$
2.5439	3	$22\bar{5}$
2.5238	10	$\bar{2}42$
2.5054	9	$\bar{3}14$
2.4358	2	$\bar{2}\bar{4}3$
2.4049	1	$15\bar{2}$
2.3840	2	$1\bar{5}1$
2.3593	2	240
2.3230	2	$\bar{3}32$
2.2646	3	$\bar{1}16$
2.2365	2	$1\bar{5}2$
2.1852	1	$\bar{1}\bar{4}5$
2.1741	1	$\bar{3}30$
2.1401	14	$2\bar{4}2$
2.1190	7	$24\bar{5}$
2.0961	6	152
2.0239	2	$\bar{4}13$

9-306a 霞石(Nepheline)

$K(Na,K)_3Al_4Si_4O_{16}$，148.1

Sys.:Hexagonal S.G.:$P6_3$(173) Z:2

a:10.06 c:8.417 Vol.:737.71

ICSD:37354

Atom		Wcf	x	y	z	Occ
Na1	Na^+	6c	0.4436(4)	0.9964(4)	0.9952(14)	1.0
K1	K^+	2a	0	0	0.9966(21)	1.0
Si1	Si^{4+}	2b	0.6667	0.3333	0.1872(14)	0.3
Al1	Al^{3+}	2b	0.6667	0.3333	0.1872(14)	0.7
Si2	Si^{4+}	2b	0.6667	0.3333	0.7995(13)	0.86

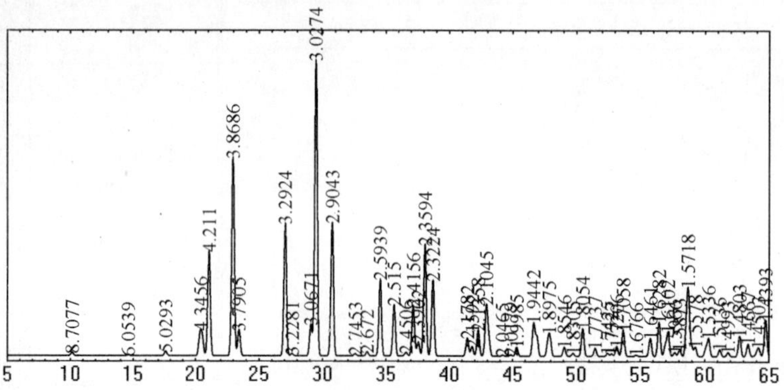

PDF:09-0338

d	I/I_0	hkl
5.0300	4	110
4.3500	10	200
4.3200	10	111
4.2100	35	002
3.8700	60	201
3.7890	6	102
3.2940	40	210
3.0650	10	211
3.0270	100	202
2.9050	35	300
2.6700	2	103
2.5930	20	212
2.5150	16	220
2.4150	10	310
2.3900	4	302
2.3590	30	203
2.3220	20	311
2.1773	6	400
2.1582	2	222
2.1350	8	213

9-306b 霞石(Nepheline)

$K(Na,K)_3Al_4Si_4O_{16}$，148.1

ICSD:37354(续)

Atom		Wcf	x	y	z	Occ
Al2	Al^{3+}	2b	0.6667	0.3333	0.7995(13)	0.14
Si3	Si^{4+}	6c	0.3336(3)	0.0957(4)	0.3095	0.92
Al3	Al^{3+}	6c	0.3336(3)	0.0957(4)	0.3095	0.08
Si4	Si^{4+}	6c	0.3329(4)	0.0933(4)	0.6824(4)	0.18
Al4	Al^{3+}	6c	0.3329(4)	0.0933(4)	0.6824(4)	0.82
O1	O^{2-}	6c	0.7011(23)	0.3357(43)	0.9860(55)	0.3333
O2	O^{2-}	6c	0.3163(10)	0.0293(7)	0.4909(24)	1.0
O3	O^{2-}	6c	0.5221(10)	0.1720(9)	0.7401(19)	1.0
O4	O^{2-}	6c	0.5099(11)	0.1653(12)	0.2571(23)	1.0
O5	O^{2-}	6c	0.2902(8)	0.2318(9)	0.3127(18)	1.0
O6	O^{2-}	6c	0.2611(10)	0.2195(11)	0.6966(25)	1.0

PDF:09-0338(续)

d	I/I_0	hkl
2.1046	16	004
2.0920	6	312
1.9990	2	320
1.9450	8	321
1.9390	6	114
1.9000	6	410
1.8950	6	204
1.8527	2	411
1.8047	6	322
1.7200	2	403
1.7051	6	304
1.6458	4	420
1.6276	8	323
1.6094	4	502
1.5740	6	413
1.5705	16	205

9-307a 白榴石(Leucite)

$KAlSi_2O_6$, 218.25

Sys.: Tetragonal S.G.: $I4_1/a$(88) Z: 16

a: 13.0654 c: 13.7554 Vol.: 2348.11

ICSD: 66919

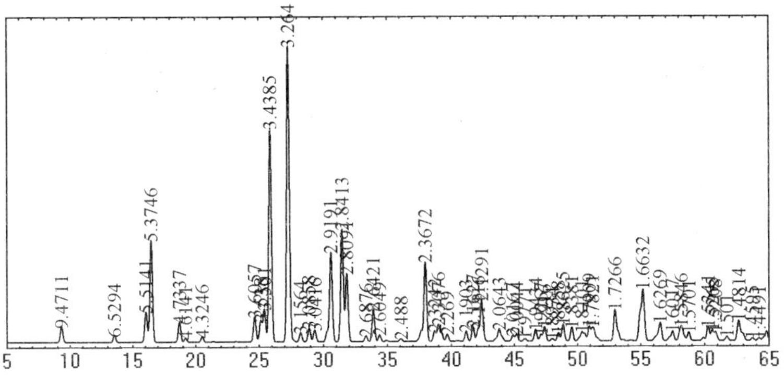

PDF: 38-1423

d	I/I_0	hkl
9.4815	3	101
6.5358	3	200
5.5167	7	112
5.3808	37	211
4.7376	7	202
4.6230	1	220
4.3247	2	103
3.6068	8	213
3.5429	9	312
3.5061	13	321
3.4383	69	004
3.2668	100	400
3.1582	5	303
3.0880	5	411
3.0436	4	204
2.9507	8	402
2.9221	29	420
2.8434	44	323
2.8109	23	332
2.6905	2	105

9-307b 白榴石(Leucite)

$KAlSi_2O_6$, 218.25

ICSD: 66919(续)

Atom		Wcf	x	y	z	Occ
K1	K^+	16f	0.3659(9)	0.3637(7)	0.1169(10)	1.0
Al1	Al^{3+}	16f	0.0574(6)	0.3969(6)	0.1665(5)	0.3333
Si1	Si^{4+}	16f	0.0574(6)	0.3969(6)	0.1665(5)	0.6667
Al2	Al^{3+}	16f	0.1675(6)	0.6116(5)	0.1287(6)	0.3333
Si2	Si^{4+}	16f	0.1675(6)	0.6116(5)	0.1287(6)	0.6667
Al3	Al^{3+}	16f	0.3930(6)	0.6420(6)	0.0862(6)	0.3333
Si3	Si^{4+}	16f	0.3930(6)	0.6420(6)	0.0862(6)	0.6667
O1	O^{2-}	16f	0.1324(5)	0.3141(4)	0.1099(4)	1.0
O2	O^{2-}	16f	0.0908(4)	0.5112(4)	0.1308(5)	1.0
O3	O^{2-}	16f	0.1461(3)	0.6808(4)	0.2278(4)	1.0
O4	O^{2-}	16f	0.1331(5)	0.6851(4)	0.0348(4)	1.0
O5	O^{2-}	16f	0.2889(4)	0.5756(4)	0.1204(5)	1.0
O6	O^{2-}	16f	0.4836(4)	0.6172(5)	0.1673(4)	1.0

PDF: 38-1423(续)

d	I/I_0	hkl
2.6430	12	314
2.6067	3	413
2.4884	3	215
2.4000	3	512
2.3893	3	521
2.3682	20	404
2.3261	4	305
2.3089	5	440
2.2942	3	334
2.2702	3	503
2.1909	3	325
2.1634	5	206
2.1450	5	523
2.1312	9	532
2.0777	3	415
2.0653	11	620
2.0186	3	541
1.9435	3	107
1.9291	3	631
1.9172	3	444

9-308 方钠石(Sodalite)

$Na_4Al_3Si_3O_{12}Cl$, 484.61

Sys.: Cubic S.G.: $P\bar{4}3n$(218) Z: 1

a: 8.8784 Vol.: 699.85

ICSD: 41188

Atom		Wcf	x	y	z	Occ
Cl1	Cl^-	2a	0	0	0	1.0
Na1	Na^+	8e	0.1758(5)	0.1758(5)	0.1758(5)	1.0
Al1	Al^{3+}	6c	0.25	0.5	0	1.0
Si1	Si^{4+}	6d	0.25	0	0.5	1.0
O1	O^{2-}	24i	0.1521(10)	0.1373(9)	0.4391(7)	1.0

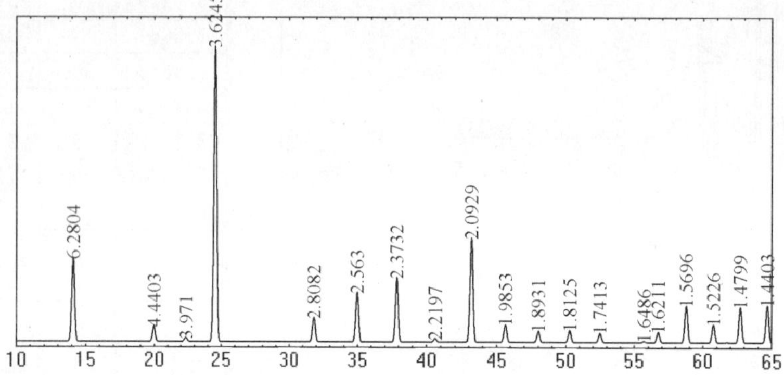

PDF: 37-0476

d	I/I_0	hkl
6.2800	40	110
4.4400	5	200
3.9700	1	210
3.6240	100	211
2.8070	8	310
2.6770	1	311
2.5630	16	222
2.3730	16	321
2.2190	1	400
2.0930	20	330
1.9850	3	420
1.8930	3	332
1.8122	2	422
1.7756	1	430
1.7413	2	510
1.6486	1	520
1.6210	2	521
1.5696	5	440
1.5455	1	522
1.5227	3	530

9-309a 黝方石(Nosean)

$Na_8Al_6Si_6O_{24}SO_4$, 994.36

Sys.: Cubic S.G.: $P\bar{4}3m$(215) Z: 1

a: 9.0778 Vol.: 748.07

ICSD: 203102

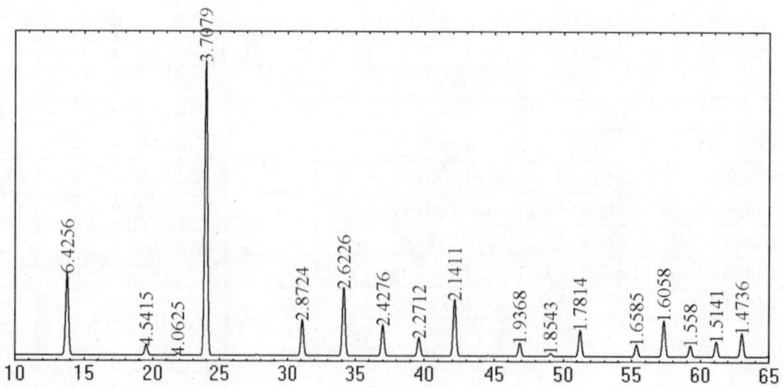

PDF: 17-0538

d	I/I_0	hkl
9.0900	65	100
6.4500	70	110
5.2600	12	111
4.5500	16	200
4.0800	14	210
3.7100	100	211
3.0300	10	300
2.8710	50	310
2.6280	75	222
2.5130	12	320
2.4300	14	321
2.2700	25	400
2.1400	45	330
1.9370	6	332
1.7810	30	510
1.6580	8	521
1.6060	25	440
1.5550	10	530
1.5120	2	600
1.4710	18	611

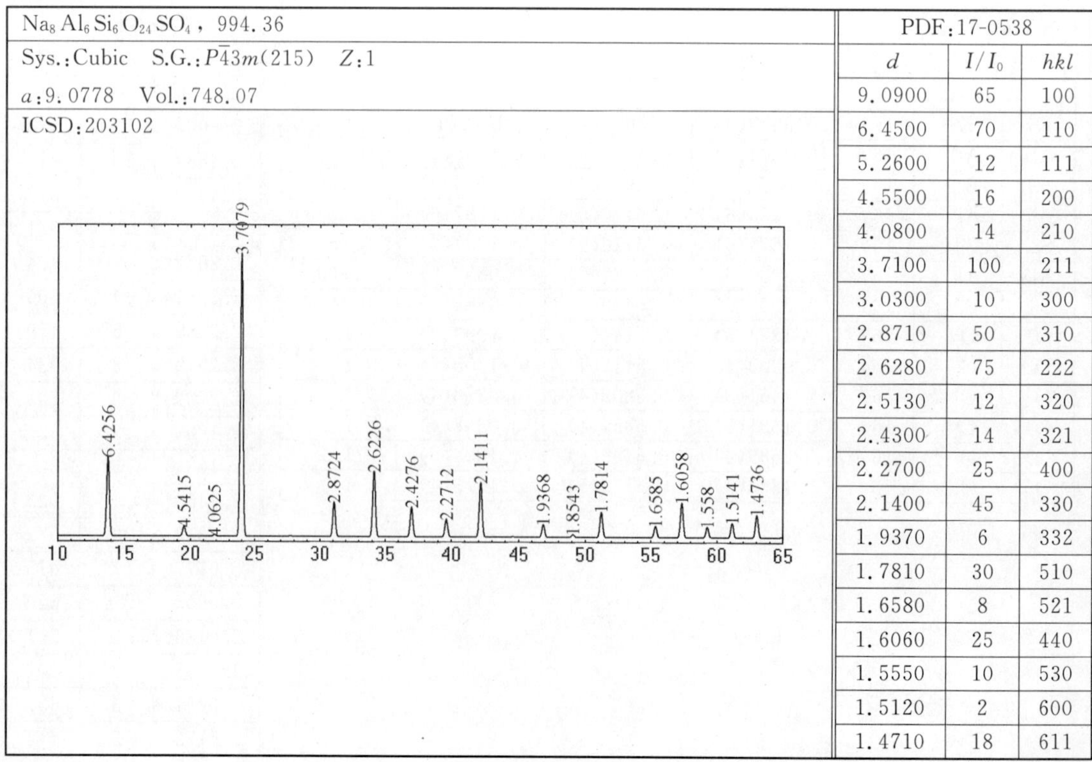

9-309b 黝方石(Nosean)

$Na_8Al_6Si_6O_{24}SO_4$, 994.36

ICSD:203102(续)

Atom		Wcf	x	y	z	Occ
Al1	Al^{3+}	6d	0.25	0	0.5	1.0
Si1	Si^{4+}	6c	0.25	0.5	0	1.0
O1	O^{2-}	24i	0.137(3)	0.146(3)	0.544(2)	0.5
O2	O^{2-}	24i	0.153(3)	0.160(3)	0.475(2)	0.5
Na1	Na^{+}	8e	0.303(2)	0.303(2)	0.303(2)	0.21
Na2	Na^{+}	8e	0.674(1)	0.674(1)	0.674(1)	0.34
Na3	Na^{+}	8e	0.733(1)	0.733(1)	0.733(1)	0.46
O3	O^{2-}	8e	0.470(3)	0.470(3)	0.470(3)	0.12
S1	S^{6+}	2a	0	0	0	0.49
O4	O^{2-}	8e	0.405(3)	0.405(3)	0.405(3)	0.49

PDF:17-0538(续)

d	I/I_0	hkl
1.3680	18	622
1.3380	6	631
1.3090	12	444
1.2840	6	550
1.2340	18	721
1.2110	2	642
1.1900	2	730
1.1520	4	651
1.1350	2	800
1.1160	2	811
1.1000	2	820
1.0830	2	653
1.0560	2	750
1.0410	2	662
1.0280	4	752
1.0150	6	840
0.9791	2	921
0.9571	4	930
0.9358	2	932
0.9260	4	844

9-310a 蓝方石(Hauyne)

$Na_6Ca_2Al_6Si_6O_{24}(SO_4)_2$, 1124.6

Sys.:Cubic S.G.:$P\bar{4}3n$(218) Z:1

a:9.1199 Vol.:1758.53

ICSD:39952

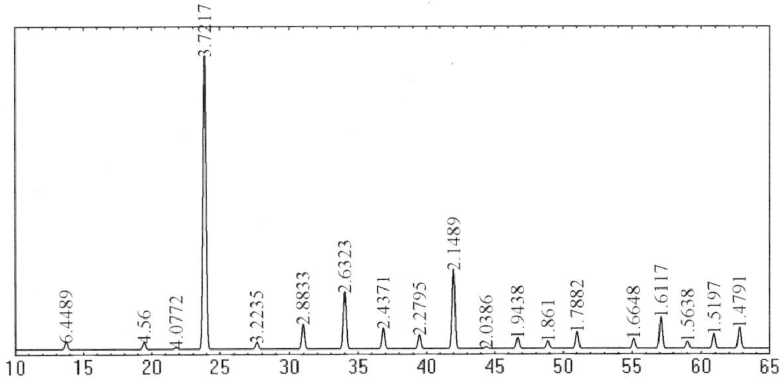

PDF:37-0473

d	I/I_0	hkl
6.4500	9	110
4.5590	2	200
4.0800	2	210
3.7230	100	211
3.2250	2	220
2.8850	12	310
2.7500	1	311
2.6330	20	222
2.5290	1	320
2.4380	5	321
2.2800	5	400
2.2120	1	410
2.1500	16	330
2.0390	1	420
1.9920	1	421
1.9450	3	332
1.8610	1	422
1.7880	5	510
1.7550	1	511
1.6652	2	521

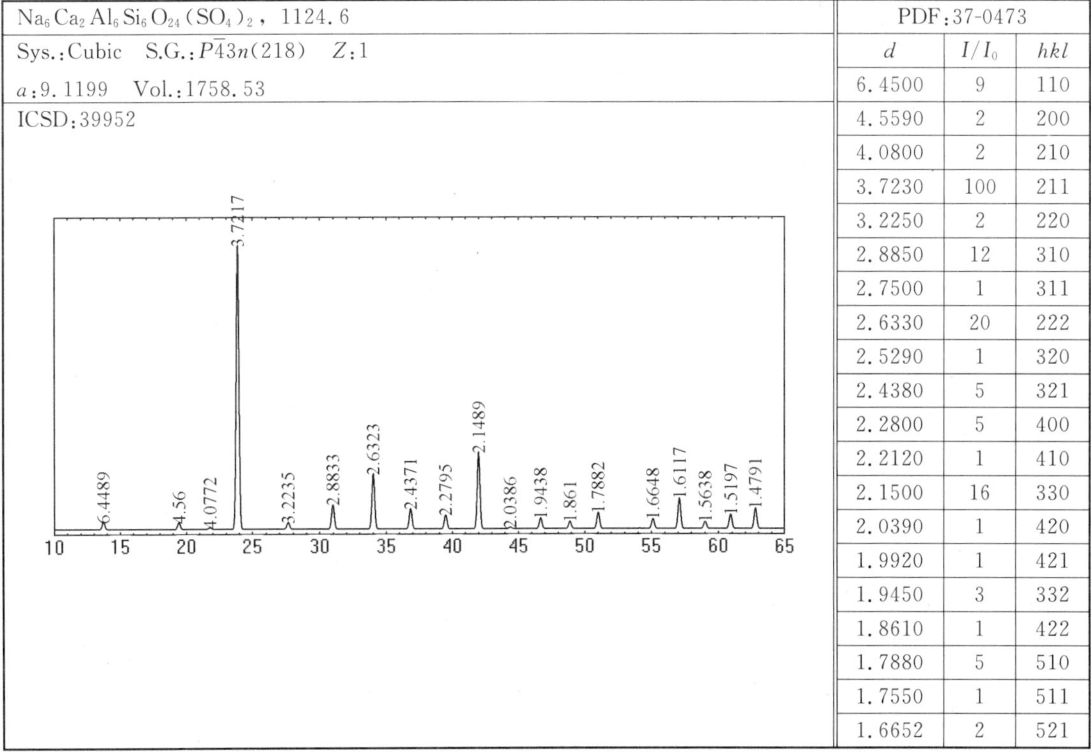

9-310b 蓝方石(Hauyne)

$Na_6Ca_2Al_6Si_6O_{24}(SO_4)_2$，1124.6

ICSD:39952(续)

Atom		Wcf	*x*	*y*	*z*	Occ
Al1	Al^{3+}	6*d*	0.5	0.25	0	1.0
Si1	Si^{4+}	6*c*	0.5	0	0.25	1.0
O1	O^{2-}	24*i*	0.3558(2)	0.0327(3)	0.3457(2)	1.0
K1	K^{+}	8*e*	0.3271(4)	0.3271(4)	0.3271(4)	0.174
Na1	Na^{+}	8*e*	0.3271(4)	0.3271(4)	0.3271(4)	0.116
Na2	Na^{+}	8*e*	0.2969(6)	0.2969(6)	0.2969(6)	0.24
Ca1	Ca^{2+}	8*e*	0.2659(5)	0.2659(5)	0.2659(5)	0.236
Na3	Na^{+}	8*e*	0.2659(5)	0.2659(5)	0.2659(5)	0.194
S1	S^{6+}	2*a*	0	0	0	0.92
O2	O^{2-}	8*e*	0.094(4)	0.094(4)	0.094(4)	0.46
O3	O^{2-}	8*e*	0.409(3)	0.409(3)	0.409(3)	0.44

PDF:37-0473(续)

d	I/I_0	*hkl*
1.6123	5	440
1.5641	3	530
1.5415	1	531
1.5197	2	600
1.4993	1	610
1.4795	2	611
1.4420	1	620
1.4073	1	541
1.3907	1	533
1.3749	4	622
1.3595	1	630
1.3445	1	631
1.3164	2	444
1.3029	1	632
1.2897	1	710
1.2770	1	711
1.2646	1	640
1.2527	1	720
1.2411	3	721
1.2186	1	642

9-311a 青金石(Lazurite)

$Na_6Ca_2Al_6Si_6O_{24}(SO_4)_2$，1124.6

Sys.:Cubic S.G.:$P\bar{4}3n$(218) *Z*:1

a:9.072 Vol.:1746.64

ICSD:49760

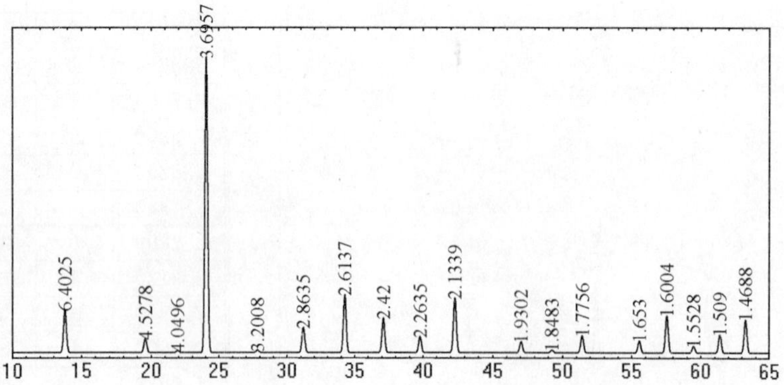

PDF:42-1312

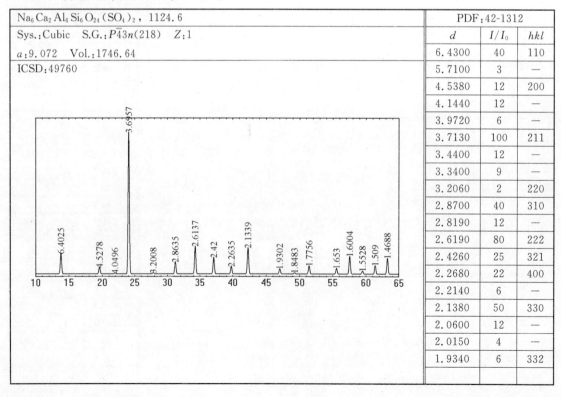

d	I/I_0	*hkl*
6.4300	40	110
5.7100	3	—
4.5380	12	200
4.1440	12	—
3.9720	6	—
3.7130	100	211
3.4400	12	—
3.3400	9	—
3.2060	2	220
2.8700	40	310
2.8190	12	—
2.6190	80	222
2.4260	25	321
2.2680	22	400
2.2140	6	—
2.1380	50	330
2.0600	12	—
2.0150	4	—
1.9340	6	332

9-311b 青金石(Lazurite)

$Na_6Ca_2Al_6Si_6O_{24}(SO_4)_2$，1124.6

ICSD:49760(续)

Atom		Wcf	x	y	z	Occ
Al1	Al^{3+}	6*d*	0.25	0	0.5	1.0
Si1	Si^{4+}	6*c*	0.25	0.5	0	1.0
O1	O^{2-}	24*i*	0.133(2)	0.144(2)	0.551(1)	0.5
O2	O^{2-}	24*i*	0.153(2)	0.161(2)	0.474(2)	0.5
Na1	Na^{+}	8*e*	0.196(1)	0.196(1)	0.196(1)	0.43
Na2	Na^{+}	8*e*	0.245(2)	0.245(2)	0.245(2)	0.3
Na3	Na^{+}	8*e*	0.317(2)	0.317(2)	0.317(2)	0.29
S1	$S^{3.48+}$	2*a*	0	0	0	1.0
O3	O^{2-}	8*e*	0.598(3)	0.598(3)	0.598(3)	0.36
O4	O^{2-}	8*e*	0.402	0.402	0.402	0.21

PDF:42-1312(续)

d	I/I_0	*hkl*

9-312 铍方钠石(Tugtupite)

$Na_4AlBeSi_4O_{12}Cl$，467.74

Sys.:Tetragonal　S.G.:$I\bar{4}$(82)　*Z*:1

a:8.6396　*c*:8.871　Vol.:662.16

ICSD:69958

Atom		Wcf	x	y	z	Occ
Al1	Al^{3+}	2*d*	0	0.5	0.75	1.0
Be1	Be^{2+}	2*c*	0	0.5	0.25	1.0
Si1	Si^{4+}	8*g*	0.0127(1)	0.2533(1)	0.4958(1)	1.0
O1	O^{2-}	8*g*	0.1504(3)	0.1343(2)	0.4417(2)	1.0
O2	O^{2-}	8*g*	0.3472(2)	0.0385(3)	0.6488(2)	1.0
O3	O^{2-}	8*g*	0.4256(2)	0.1486(2)	0.1377(3)	1.0
Na1	Na^{+}	8*g*	0.1563(2)	0.1972(2)	0.1818(2)	1.0
Cl1	Cl^{-}	2*a*	0	0	0	1.0

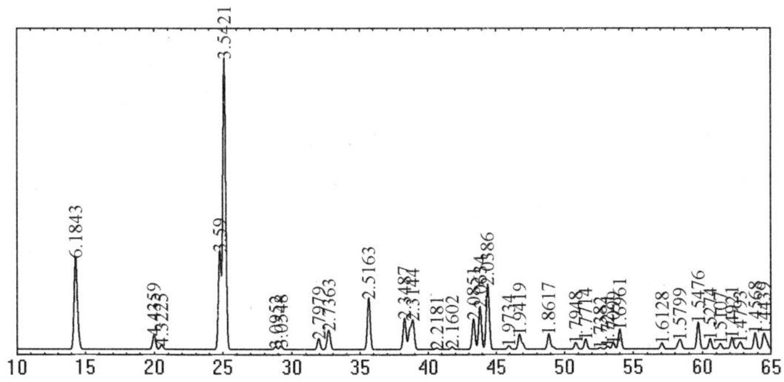

PDF:38-0472

d	I/I_0	*hkl*
6.1890	35	101
6.1090	7	110
4.4360	8	002
4.3200	3	200
3.5890	40	112
3.5420	100	211
3.0950	2	202
3.0550	2	220
2.7980	5	103
2.7390	6	301
2.7320	6	310
2.5160	16	222
2.3480	8	213
2.3260	5	312
2.3130	8	321
2.2180	1	004
2.1600	1	400
2.0850	7	114
2.0630	9	303
2.0380	12	411

9-313 锰铁闪石(Danalite)

$(Fe,Mn)_4Be_3Si_3O_{12}S$, 558.73

Sys.: Cubic S.G.: $P\bar{4}3n$(218) Z: 1

a: 8.207 Vol.: 552.78

ICSD: 201640

Atom		Wcf	x	y	z	Occ
Fe1	Fe^{2+}	8e	0.1687(1)	0.1687(1)	0.1687(1)	1.0
O1	O^{2-}	24i	0.1394(5)	0.1400(5)	0.4114(4)	1.0
Be1	Be^{2+}	6d	0.25	0	0.5	1.0
Si1	Si^{4+}	6c	0.25	0.5	0	1.0
S1	S^{2-}	2a	0	0	0	1.0

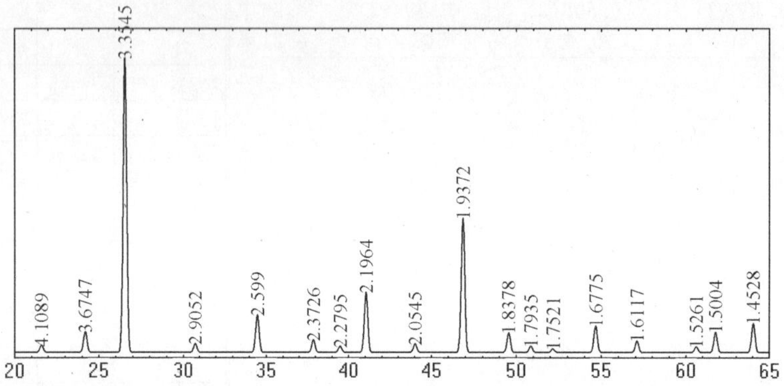

PDF: 11-0491

d	I/I_0	hkl
4.0900	10	200
3.6800	40	210
3.3500	100	211
2.8970	10	220
2.5910	30	310
2.3680	20	222
2.2740	10	320
2.1930	50	321
2.1290	10	—
2.0520	10	400
1.9320	70	330
1.8330	20	420
1.7900	10	421
1.6780	30	422
1.6070	20	510
1.5240	10	520
1.4980	20	521
1.4510	40	440
1.4100	30	530
1.3680	30	600

9-314 锌榴石(Genthelvite)

$Zn_4Be_3Si_3O_{12}S$, 596.87

Sys.: Cubic S.G.: $P\bar{4}3n$(218) Z: 1

a: 8.1171 Vol.: 534.81

ICSD: 201642

Atom		Wcf	x	y	z	Occ
Zn1	Zn^{2+}	8e	0.1668(1)	0.1668(1)	0.1668(1)	1.0
O1	O^{2-}	24i	0.1377(7)	0.1381(7)	0.4060(5)	1.0
Be1	Be^{2+}	6d	0.25	0	0.5	1.0
Si1	Si^{4+}	6c	0.25	0.5	0	1.0
S1	S^{2-}	2a	0	0	0	1.0

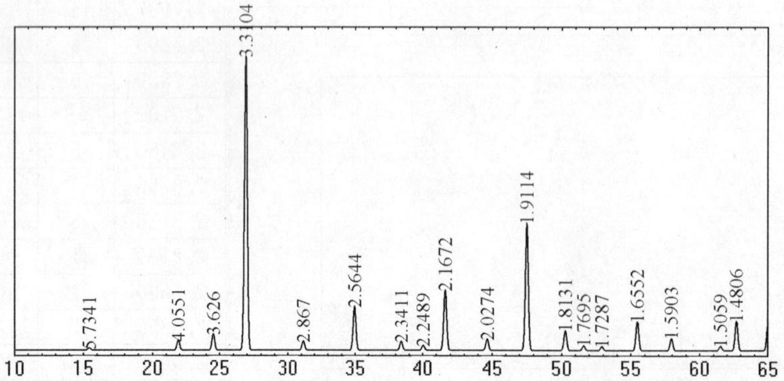

PDF: 38-0467

d	I/I_0	hkl
5.7400	1	110
4.0590	3	200
3.6300	7	210
3.3140	100	211
2.8700	4	220
2.5670	14	310
2.3430	4	222
2.2510	2	320
2.1690	20	321
2.0290	3	400
1.9130	40	330
1.8149	6	420
1.7715	2	421
1.7309	1	332
1.6568	7	422
1.5921	3	510
1.5072	2	520
1.4819	7	521
1.4350	7	440
1.3921	5	530

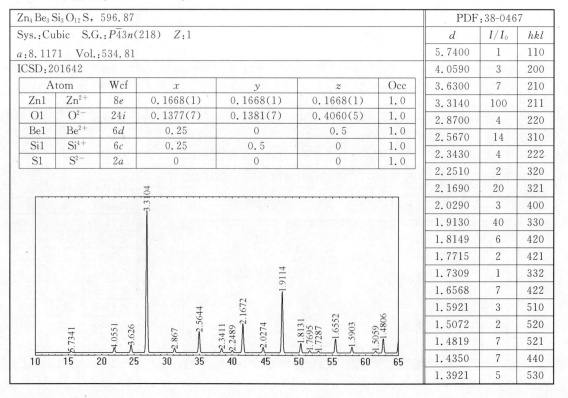

9-315a 钙霞石(Cancrinite)

$Na_6Ca_2Al_6Si_6O_{24}(CO_3)_2 \cdot 2H_2O$, 1088.54

Sys.: Hexagonal S.G.: $P6_3$(173) Z: 1

a: 12.605 c: 5.126 Vol.: 1705.33

ICSD: 77746

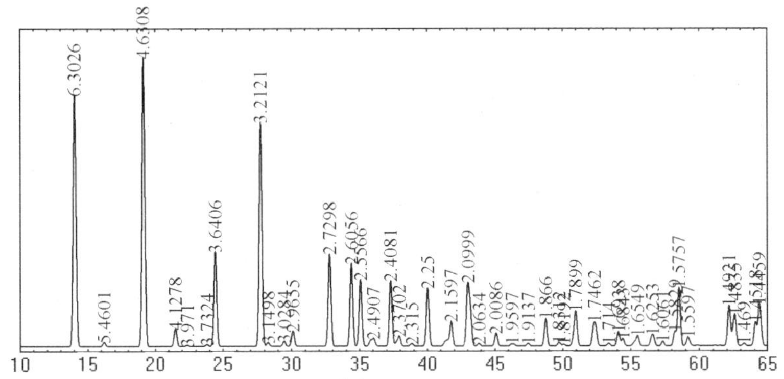

PDF: 46-1332

d	I/I_0	hkl
10.9000	10	100
6.3000	50	110
5.4600	3	200
4.6400	50	101
4.1300	12	210
3.7340	3	201
3.6410	83	300
3.2160	100	211
3.0350	7	310
2.9700	7	301
2.7310	58	400
2.6080	25	311
2.5630	19	002
2.5070	4	230
2.4960	4	102
2.4090	28	401
2.3830	3	140
2.3190	1	202
2.2500	13	321
2.1830	5	500

9-315b 钙霞石(Cancrinite)

$Na_6Ca_2Al_6Si_6O_{24}(CO_3)_2 \cdot 2H_2O$, 1088.54

ICSD: 77746(续)

Atom		Wcf	x	y	z	Occ
Si1	Si^{4+}	6c	0.33	0.4115	0.75	1.0
Al1	Al^{3+}	6c	0.0772	0.4121	0.75	1.0
O1	O^{2-}	6c	0.2019	0.4035	0.6586	1.0
O2	O^{2-}	6c	0.1157	0.5619	0.7248	1.0
O3	O^{2-}	6c	0.0329	0.3526	0.0588	1.0
O4	O^{2-}	6c	0.3161	0.3582	0.0486	1.0
Na1	Na^+	2b	0.6667	0.3333	0.1043(29)	1.0
Na2	Na^+	6c	0.1214(26)	0.2506(6)	0.2846(29)	1.0
C1	C^{4+}	2a	0	0	0.559(14)	0.311
O5	O^{2-}	6c	0.067(10)	0.1286(14)	0.559(14)	0.311
C2	C^{4+}	2a	0	0	0.8036(96)	0.161
O6	O^{2-}	6c	0.067(10)	0.1286(14)	0.8036(96)	0.161

PDF: 46-1332(续)

d	I/I_0	hkl
2.1800	3	122
2.1600	11	411
2.1000	28	330
2.0070	7	501
1.9580	1	312
1.9140	2	241
1.8680	8	402
1.7920	10	430
1.7470	12	520
1.7460	12	412
1.7150	1	601
1.6950	4	431
1.6620	2	502
1.6530	2	251
1.6300	2	203
1.5840	6	611
1.5760	11	213
1.5600	3	530
1.4930	16	701
1.4840	10	602

9-316a 钾钙霞石(Davyne)

$(Na,Ca)_8Al_6Si_6O_{24}(Cl,CO_3,SO_4)_3$, 1004.67

Sys.: Hexagonal S.G.: $P6_3$(173) Z:1

a:12.6711 c:5.3278 Vol.:1740.81

ICSD:69211

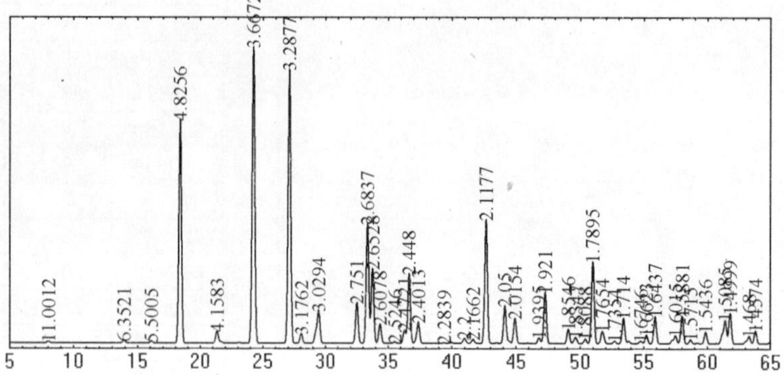

PDF:50-1578

d	I/I_0	hkl
10.9742	15	100
6.3432	5	110
5.4905	4	200
4.7896	73	101
4.1469	17	210
4.0755	1	111
3.8195	2	201
3.6584	100	300
3.2723	70	211
3.1675	2	220
3.0427	5	310
3.0165	5	301
2.7437	4	400
2.6628	19	002
2.6414	16	311
2.5882	6	102
2.4552	3	112
2.4385	22	401
2.3946	7	410
2.2757	2	321

9-316b 钾钙霞石(Davyne)

$(Na,Ca)_8Al_6Si_6O_{24}(Cl,CO_3,SO_4)_3$, 1004.67

ICSD:69211(续)

Atom		Wcf	x	y	z	Occ
Si1	Si^{4+}	6h	0.3284(2)	0.4093(2)	0.75	1.0
Al1	Al^{3+}	6h	0.0691(2)	0.4086(2)	0.75	1.0
O1	O^{2-}	6h	0.2145(4)	0.4307(4)	0.75	1.0
O2	O^{2-}	6h	0.1002(4)	0.5567(4)	0.75	1.0
O3	O^{2-}	12i	−0.0087(3)	0.3230(3)	0.0084(8)	1.0
Ca1	Ca^{2+}	2d	0.3333	0.6667	0.75	1.0
Cl1	Cl^-	6h	0.3150(14)	0.6372(6)	0.25	0.333
Na1	Na^+	6h	0.1510(9)	0.3097(13)	0.25	0.5
K1	K^+	6h	0.2217(9)	0.1136(7)	0.75	0.29
Na2	Na^+	6h	0.2217(9)	0.1136(7)	0.75	0.21
S1	S^{6+}	2a	0	0	0.25	0.333
O4	O^{2-}	12i	0.04	0.02	0.02	0.056
O5	O^{2-}	12i	0.0701	0.1132	0.3746	0.167
Cl2	Cl^-	12i	0.049	0.04	−0.075	0.056

PDF:50-1578(续)

d	I/I_0	hkl
2.1939	2	500
2.1529	2	302
2.1116	48	330
2.0738	2	420
2.0391	5	222
2.0300	2	501
2.0049	4	312
1.9630	1	331
1.9322	1	421
1.9107	6	402
1.8480	4	511
1.8289	2	600
1.8041	2	430
1.7811	19	412
1.7531	4	103
1.7294	1	601
1.7087	5	431
1.6941	1	502
1.6901	1	203
1.6730	1	610

9-317a 硫酸钙霞石(Vishnevite)

$Na_8Al_6Si_6O_{24}(SO_4)\cdot 2H_2O$, 1030.39

Sys.: Hexagonal S.G.: $P6_3$(173) Z: 1

a: 12.789 c: 5.236 Vol.: 1741.66

ICSD: 201804

Atom		Wcf	x	y	z	Occ
O1	O^{2-}	6c	0.2017(3)	0.4049(3)	0.6698(8)	1.0
O2	O^{2-}	6c	0.1175(3)	0.5527(3)	0.7278(11)	1.0
O3	O^{2-}	6c	0.0406(3)	0.3599(3)	0.0393(7)	1.0
O4	O^{2-}	6c	0.3255(3)	0.3522(3)	0.0561(7)	1.0
Al1	Al^{3+}	6c	0.3380(1)	0.4137(1)	0.7506(5)	1.0

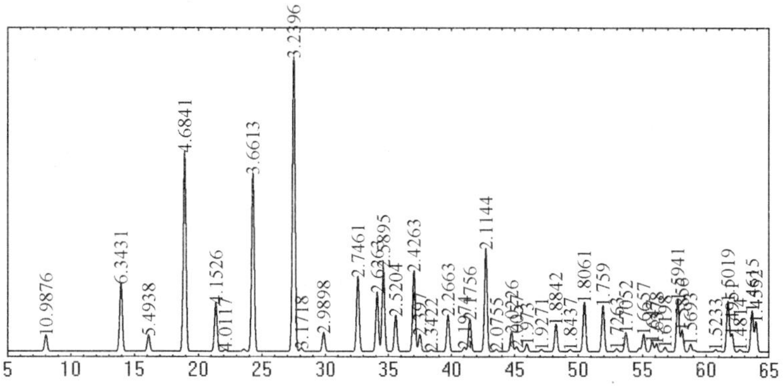

PDF: 46-1333		
d	I/I_0	hkl
11.1000	3	100
6.4000	25	110
5.5400	10	200
4.7420	50	101
4.1920	23	210
3.8180	2	201
3.6950	88	300
3.2730	100	211
3.0720	4	310
3.0200	10	301
2.7690	65	400
2.6490	28	311
2.6210	18	002
2.5450	8	102
2.4470	21	401
2.4200	4	140
2.2860	10	321
2.2180	2	500
2.1940	4	411
2.1320	27	330

9-317b 硫酸钙霞石(Vishnevite)

$Na_8Al_6Si_6O_{24}(SO_4)\cdot 2H_2O$, 1030.39

ICSD: 201804(续)

Atom		Wcf	x	y	z	Occ
Si1	Si^{4+}	6c	0.0831(1)	0.4124(1)	0.75	1.0
O5	O^{2-}	6c	0.0615(18)	0.1133(18)	0.6725(39)	0.24
O6	O^{2-}	6c	0.0496(28)	0.1090(26)	0.9541(63)	0.24
S1	S^{6+}	2a	0	0	0.2918(35)	0.48
O7	O^{2-}	2a	0	0	0.0737(83)	0.48
O8	O^{2-}	6c	0.6184(14)	0.3043(35)	0.6893(30)	0.33
Na1	Na^{+}	2b	0.6667	0.3333	0.1272(12)	1.0
Na2	Na^{+}	6c	0.1319(3)	0.2611(4)	0.2885(6)	0.75
K1	K^{+}	6c	0.1319(3)	0.2611(4)	0.2885(6)	0.2
Ca1	Ca^{2+}	6c	0.1319(3)	0.2611(4)	0.2885(6)	0.02

PDF: 46-1333(续)		
d	I/I_0	hkl
2.0380	3	501
1.9910	3	312
1.9440	1	241
1.9020	8	402
1.8220	5	430
1.7740	10	520
1.7200	4	431
1.6790	4	251
1.6090	8	611
1.5990	10	440
1.5820	1	530
1.5160	8	701
1.5120	7	602
1.4780	6	403
1.4730	7	621
1.4670	6	252
1.4360	1	323
1.3820	1	800
1.3630	8	442
1.3580	3	720

9-318a 钠柱石(Marialite)

$Na_4Al_3Si_9O_{24}Cl$, 845.11

Sys.: Tetragonal S.G.: $I4/m$(87) Z: 2

a: 12.0391 c: 7.5421 Vol.: 1093.15

ICSD: 87538

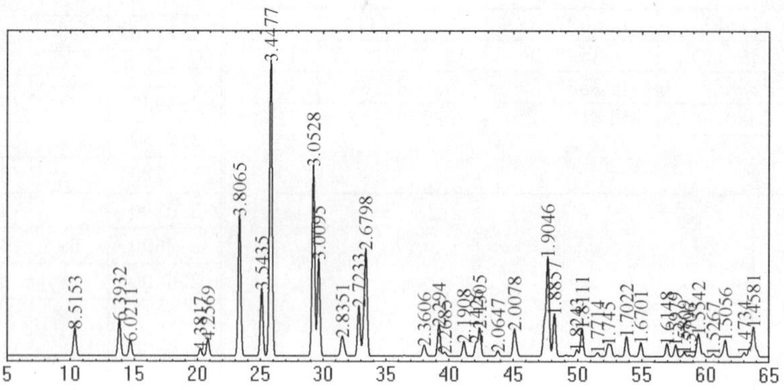

PDF: 49-1854

d	I/I_0	hkl
6.3937	9	011
6.0223	3	020
4.3840	2	121
4.2591	7	220
3.8083	57	310
3.5424	27	031
3.4478	100	112
3.0539	71	231
3.0096	41	040
2.8361	6	330
2.8247	3	222
2.7234	18	141
2.6791	35	132
2.4598	1	013
2.3600	3	150
2.2929	12	341
2.2674	2	332
2.1904	4	422
2.1436	4	521
2.1301	8	033

9-318b 钠柱石(Marialite)

$Na_4Al_3Si_9O_{24}Cl$, 845.11

ICSD: 87538(续)

Atom		Wcf	x	y	z	Occ
Na1	Na^+	8h	0.3718(5)	0.2981(6)	0.5	1.0
Al1	Al^{3+}	8h	0.3392(5)	0.4109(5)	0	0.25
Si1	Si^{4+}	8h	0.3392(5)	0.4109(5)	0	0.75
Al2	Al^{3+}	16i	0.6616(3)	0.9149(3)	0.7930(3)	0.25
Si2	Si^{4+}	16i	0.6616(3)	0.9149(3)	0.7930(3)	0.75
O1	O^{2-}	8h	0.4564(6)	0.3507(6)	0	1.0
O2	O^{2-}	8h	0.6919(8)	0.8789(8)	0	1.0
O3	O^{2-}	16i	0.3519(9)	0.9495(5)	0.7847(9)	1.0
O4	O^{2-}	16i	0.2681(6)	0.3710(5)	0.8231(9)	1.0
Cl1	Cl^-	2a	0.5	0.5	0.5	1.0

PDF: 49-1854(续)

d	I/I_0	hkl
2.0642	2	350
2.0078	9	233
1.9141	10	611
1.9043	32	143
1.8857	11	004
1.8240	2	451
1.8112	9	352
1.7711	1	062
1.7459	4	361
1.7392	3	053
1.7236	1	224
1.7026	7	710
1.6991	1	262
1.6705	4	253
1.6154	4	271
1.5979	4	044
1.5809	1	730
1.5552	6	163
1.5519	3	712
1.5101	1	561

9-319a 钙柱石(Meionite)

$(Ca,Na)_2(Si,Al)_6O_{12}(CO_3)_{0.5}$，457.77

Sys.:Tetragonal S.G.:$I4/m$(87) Z:2

a:12.1376 c:7.563 Vol.:1114.19

ICSD:89846

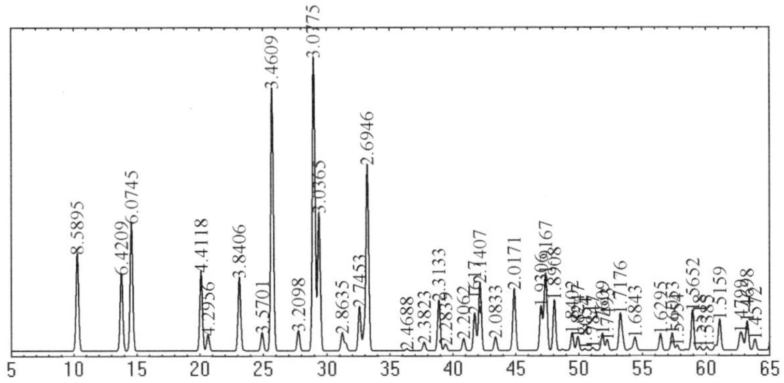

PDF:44-1399

d	I/I_0	hkl
8.5789	2	110
6.4216	1	101
6.0718	9	200
4.4107	3	211
4.2949	2	220
3.8375	24	310
3.7815	2	002
3.5679	6	301
3.4590	100	112
3.2092	9	202
3.0761	43	321
3.0322	88	400
2.8596	5	330
2.8372	3	222
2.7440	7	411
2.7132	11	420
2.6940	29	312
2.3805	1	510
2.3110	6	431
2.2821	1	332

9-319b 钙柱石(Meionite)

$(Ca,Na)_2(Si,Al)_6O_{12}(CO_3)_{0.5}$，457.77

ICSD:89846(续)

Atom		Wcf	x	y	z	Occ
Na1	Na^+	8h	0.3589(3)	0.2843(5)	0.5	0.2925
K1	K^+	8h	0.3589(3)	0.2843(5)	0.5	0.05
Ca1	Ca^{2+}	8h	0.3589(3)	0.2843(5)	0.5	0.705
Si1	Si^{4+}	8h	0.3403(5)	0.4099(5)	0	0.875
Al1	Al^{3+}	8h	0.3403(5)	0.4099(5)	0	0.15
Si2	Si^{4+}	16i	0.6592(3)	0.9132(3)	0.7929(5)	0.45
Al2	Al^{3+}	16i	0.6592(3)	0.9132(3)	0.7929(5)	0.5375
O1	O^{2-}	8h	0.4580(8)	0.3502(8)	0	1.0
O2	O^{2-}	8h	0.6852(8)	0.8744(8)	0	1.0
O3	O^{2-}	16i	0.3516(6)	0.9522(6)	0.7911(9)	1.0
O4	O^{2-}	16i	0.2693(6)	0.3685(5)	0.8239(9)	1.0
Cl1	Cl^-	2a	0.5	0.5	0.5	0.19

PDF:44-1399(续)

d	I/I_0	hkl
2.2048	1	422
2.1600	6	521
2.1396	13	303
2.0813	10	530
2.0174	4	323
2.0148	10	512
1.9289	16	611
1.9187	7	620
1.9150	12	413
1.8893	10	004
1.8388	3	541
1.8236	2	532
1.7597	2	631
1.7165	6	550
1.7116	2	622
1.6830	4	640
1.6282	2	721
1.6046	2	404
1.5940	1	730
1.5640	10	613

9-320a 肉色柱石(Sarcolite)

Na(Ca,Na)$_7$Al$_4$Si$_6$(S,P,Si)O$_{27}$F，1044.42

Sys.：Tetragonal S.G.：$I4/m$(87) Z：4

a：12.378 c：15.48 Vol.：12371.77

ICSD：41032

Atom		Wcf	x	y	z	Occ
Na1	Na^+	4e	0	0	0.2738(2)	0.553
Ca1	Ca^{2+}	4e	0	0	0.2738(2)	0.447
Na2	Na^+	8g	0	0.5	0.227	0.21
Ca2	Ca^{2+}	8h	0.2636(1)	0.3990(1)	0	0.966
Na3	Na^+	8h	0.2636(1)	0.3990(1)	0	0.034
Ca3	Ca^{2+}	16i	0.0747(1)	0.2083(1)	0.1340(1)	1.0

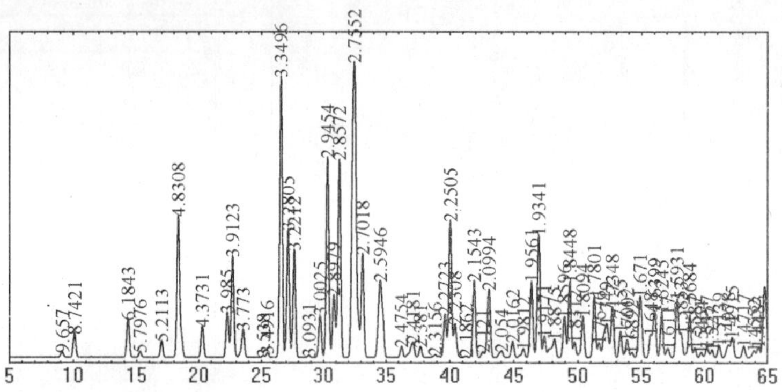

PDF：42-1367		
d	I/I_0	hkl
6.1860	11	200
5.8050	6	112
5.2250	9	211
4.8360	52	202
4.3750	15	220
3.9870	20	301
3.9130	34	310
3.7740	15	213
3.3520	78	321
3.2810	50	204
3.2230	40	303
3.0050	19	105
2.9460	86	411
2.9000	37	224
2.8760	28	402
2.8570	82	323
2.7640	75	420
2.7520	100	314
2.7300	20	332
2.7020	42	215

9-320b 肉色柱石(Sarcolite)

Na(Ca,Na)$_7$Al$_4$Si$_6$(S,P,Si)O$_{27}$F，1044.42

ICSD：41032(续)

Atom		Wcf	x	y	z	Occ
Si1	Si^{4+}	8h	0.3717(1)	0.0130(1)	0	1.0
Si2	Si^{4+}	16i	0.2463(1)	0.3893(1)	0.2000(1)	1.0
Al1	Al^{3+}	16i	0.3766(1)	0.1870(1)	0.1462(1)	1.0
O1	O^{2-}	4c	0	0.5	0	1.0
O2	O^{2-}	8h	0.0999(4)	0.3075(5)	0	1.0
O3	O^{2-}	16i	0.3362(2)	0.0744(2)	0.0875(2)	1.0
O4	O^{2-}	16i	0.2218(2)	0.4881(2)	0.1341(2)	1.0
O5	O^{2-}	16i	0.2829(2)	0.2929(2)	0.1332(2)	1.0
O6	O^{2-}	16i	0.1657(2)	0.0805(2)	0.2282(2)	1.0
O7	O^{2-}	16i	0.1332(2)	0.3457(2)	0.2420(2)	1.0
O8	O^{2-}	8h	0.3978(8)	0.2512(8)	0	0.25
F1	F^-	8h	0.3978(8)	0.2512(8)	0	0.25
Si3	Si^{4+}	2a	0	0	0	0.5
P1	P^{5+}	2a	0	0	0	0.5
S1	S^{6+}	8h	−0.008	0.018	0.5	0.25
O9	O^{2-}	8h	0.0857	0.099	0	0.125
O10	O^{2-}	8h	0.0658	−0.113	0	0.125
O11	O^{2-}	16i	−0.075	0.007	0.0855	0.125
O12	O^{2-}	16i	0.089	0.042	0.059	0.25
O13	O^{2-}	16i	0.017	−0.046	0.578	0.25
O14	O^{2-}	8h	0.058	0.118	0.5	0.25
O15	O^{2-}	8h	−0.124	0.047	0.5	0.25

PDF：42-1367(续)		
d	I/I_0	hkl
2.6060	18	422
2.5950	26	413
2.5790	24	006
2.4740	6	305
2.4740	6	116
2.4180	9	404
2.2730	17	521
2.2510	41	424
2.2320	13	433
2.1560	21	415
2.1560	21	316
2.1000	21	523
2.0180	10	611
1.9810	4	406
1.9570	17	620
1.9350	56	008
1.8880	5	426
1.8600	13	534
1.8600	13	327
1.8460	23	525

9-321a 紫脆石(Ussingite)

$Na_2AlSi_3O_8(OH)$，302.22

Sys.:Triclinic S.G.:$P\bar{1}(2)$ Z:2

a:7.256 b:7.686 c:8.683 α:90.75 β:99.75 γ:122.48 Vol.:399.44

ICSD:6265

Atom		Wcf	x	y	z	Occ
Na1	Na^+	$2i$	0.1759(2)	0.3924(2)	0.0555(2)	1.0
Na2	Na^+	$2i$	0.8214(2)	0.2342(2)	0.4421(2)	1.0
Al1	Al^{3+}	$2i$	0.2422(1)	0.0457(1)	0.8551(1)	1.0
Si1	Si^{4+}	$2i$	0.2463(1)	0.1935(1)	0.3626(1)	1.0
Si2	Si^{4+}	$2i$	0.3203(1)	0.4147(1)	0.6924(1)	1.0

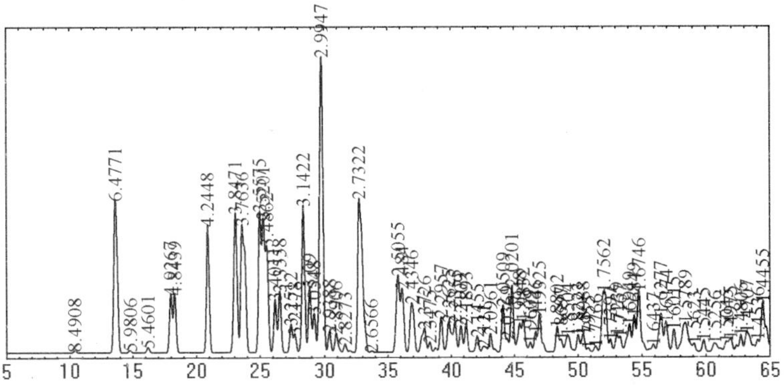

PDF:28-1037

d	I/I_0	hkl
8.4900	2	001
6.5020	69	$\bar{1}10$
6.4330	50	010
5.4590	3	$\bar{1}01$
4.9280	33	$1\bar{1}1$
4.8440	28	011
4.2450	54	002
3.8650	27	$\bar{1}02$
3.8420	52	$\bar{1}20$
3.7660	53	$0\bar{1}2$
3.7310	43	$\bar{1}12$
3.5590	51	$\bar{2}10$
3.5250	44	110
3.5020	31	$\bar{1}\bar{1}1$
3.4810	38	$\bar{1}21$
3.4010	19	$1\bar{1}2$
3.3550	23	012
3.2510	11	$\bar{2}20$
3.2160	7	020
3.1410	49	$0\bar{2}1$

9-321b 紫脆石(Ussingite)

$Na_2AlSi_3O_8(OH)$，302.22

ICSD:6265(续)

Atom		Wcf	x	y	z	Occ
Si3	Si^{4+}	$2i$	0.7014(1)	0.1041(1)	0.8129(1)	1.0
O1	O^{2-}	$2i$	0.0021(3)	0.1358(3)	0.2792(3)	1.0
O2	O^{2-}	$2i$	0.1419(4)	0.4749(3)	0.6515(3)	1.0
O3	O^{2-}	$2i$	0.2767(4)	−0.0021(3)	0.3473(2)	1.0
O4	O^{2-}	$2i$	0.3010(3)	0.2970(3)	0.8489(2)	1.0
O5	O^{2-}	$2i$	0.4442(4)	0.0224(3)	0.7955(3)	1.0
O6	O^{2-}	$2i$	0.4231(3)	0.3818(3)	0.2768(3)	1.0
O7	O^{2-}	$2i$	0.7980(4)	0.0344(4)	0.9625(3)	1.0
O8	O^{2-}	$2i$	0.8580(4)	0.3557(3)	0.8210(3)	1.0
O9	O^{2-}	$2i$	0.2973(4)	0.2604(3)	0.5485(3)	1.0
H1	H^+	$2i$	0.979(9)	0.405(8)	0.765(6)	1.0

PDF:28-1037(续)

d	I/I_0	hkl
3.0900	25	$2\bar{1}1$
3.0550	17	111
2.9930	100	200
2.9390	10	$2\bar{2}1$
2.8900	7	021
2.8710	3	$1\bar{2}2$
2.8270	4	$\bar{1}22$
2.7340	51	$0\bar{2}2$
2.7160	43	$\bar{2}22$
2.6960	11	$\bar{1}13$
2.5140	13	$2\bar{1}2$
2.5040	25	$1\bar{1}3$
2.4880	17	112
2.4790	19	013
2.4380	14	$\bar{2}13$
2.4270	13	$\bar{2}31$
2.3860	4	$\bar{3}21$
2.3710	6	$\bar{1}\bar{2}1$
2.3480	3	120
2.3220	2	$\bar{2}\bar{1}1$

(6) 沸　石

9-322 方沸石(Analcime)

$Na(Si_2Al)O_6 \cdot H_2O$, 220.15

Sys.:Cubic S.G.:$Ia\bar{3}d$(230) Z:16

a:13.7067 Vol.:2575.13

ICSD:15811

Atom		Wcf	x	y	z	Occ
Si1	Si^{4+}	48g	0.1626(2)	0.0874(2)	0.625	0.67
Al1	Al^{3+}	48g	0.1626(2)	0.0874(2)	0.625	0.33
Na1	Na^{+}	24c	0.125	0	0.25	0.67
O1	O^{2-}	96h	0.1042(8)	0.1344(2)	0.7134(3)	1.0
O2	O^{2-}	16b	0.125	0.125	0.125	1.0

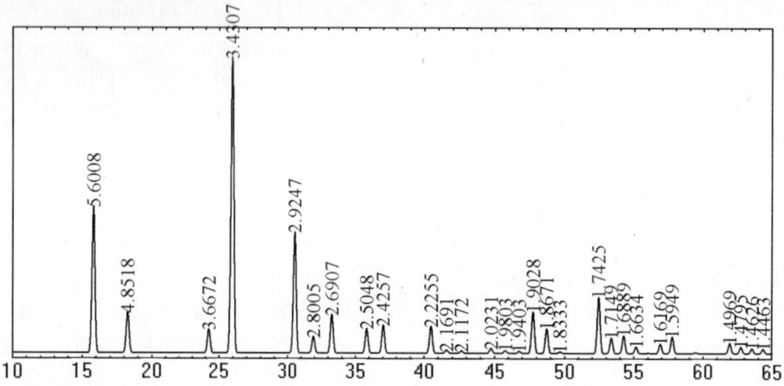

PDF:41-1478

d	I/I_0	hkl
5.5901	60	211
4.8438	11	220
3.6671	5	321
3.4254	100	400
2.9209	40	332
2.7970	6	422
2.6875	12	431
2.5007	11	521
2.4231	8	440
2.2223	9	611
2.0204	1	631
1.9375	1	543
1.9012	10	640
1.8653	7	721
1.7406	20	651
1.7128	8	800
1.6868	6	741
1.6612	3	820
1.6150	3	660

9-323 铯榴石(Pollucite)

$Cs_2Fe_2Si_4O_{12}$, 681.84

Sys.:Cubic S.G.:$Ia\bar{3}d$(230) Z:16

a:13.66 Vol.:2548.9

ICSD:15837

Atom		Wcf	x	y	z	Occ
Cs1	Cs^{+}	16b	0.125	0.125	0.125	1.0
Fe1	Fe^{3+}	48g	0.661	0.589	0.125	0.333
Si1	Si^{4+}	48g	0.661	0.589	0.125	0.667
O1	O^{2-}	96h	0.111	0.131	0.722	1.0

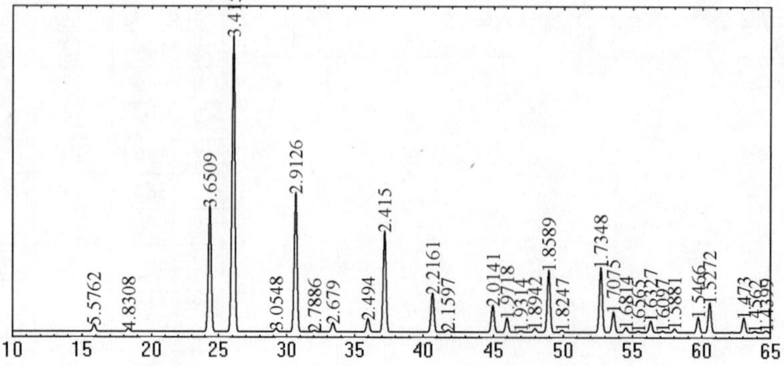

PDF:43-1486

d	I/I_0	hkl
5.5767	30	211
4.8295	10	220
3.6508	416	321
3.4150	999	400
3.0545	11	420
2.9123	438	332
2.7883	5	422
2.6789	29	431
2.4940	32	521
2.4148	287	440
2.2159	97	532
2.1598	7	620
2.1078	1	541
2.0141	67	631
1.9716	35	444
1.9318	4	543
1.8943	11	640
1.8589	158	633
1.8254	7	642

9-324a 斜钙沸石(Wairakite)

$CaAl_2Si_4O_{12}\cdot 2H_2O$, 434.41
Sys.: Monoclinic S.G.: $I2/a(15)$ Z: 8
a: 13.6947 b: 13.6377 c: 13.5498 β: 90.55 Vol.: 2530.5
ICSD: 54152

Atom		Wcf	x	y	z	Occ
Ca1	Ca^{2+}	4e	0.25	0.127(3)	0	0.2425
Ca2	Ca^{2+}	4e	0.75	0.385(3)	0	0.1975
Ca3	Ca^{2+}	8f	0.011(1)	0.248(1)	0.118(1)	0.78
Si1	Si^{4+}	8f	0.117(1)	0.155(1)	0.419(1)	1.0
Si2	Si^{4+}	8f	0.877(1)	0.341(1)	0.407(1)	1.0

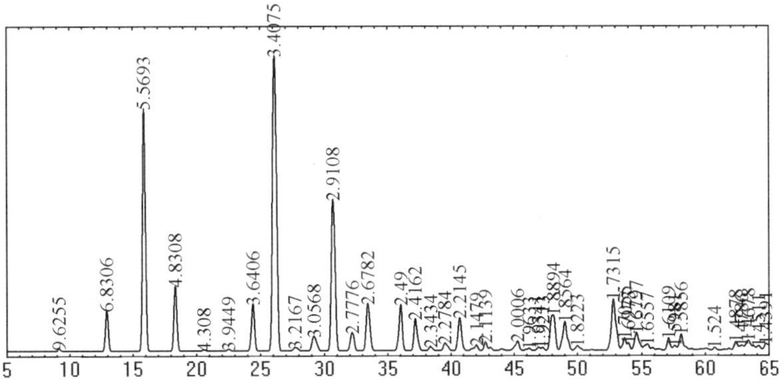

PDF: 42-1451		
d	I/I_0	hkl
6.8300	30	200
6.8300	30	020
5.5600	80	211
5.5600	80	121
4.8280	23	220
3.6300	18	$\bar{1}23$
3.6300	18	312
3.4230	41	400
3.4090	47	040
3.3860	100	004
3.2260	1	$\bar{4}11$
3.2260	1	330
3.2170	1	411
3.2170	1	$\bar{1}41$
3.2030	1	033
3.2030	1	$\bar{1}14$
3.0670	4	$\bar{4}02$
3.0450	5	042
3.0450	5	402
3.0250	1	204

9-324b 斜钙沸石(Wairakite)

$CaAl_2Si_4O_{12}\cdot 2H_2O$, 434.41
ICSD: 54152(续)

Atom		Wcf	x	y	z	Occ
Si3	Si^{4+}	8f	0.423(1)	0.130(1)	0.153(1)	1.0
Si4	Si^{4+}	8f	0.591(1)	0.367(1)	0.164(1)	1.0
Al1	Al^{3+}	8f	0.170(1)	0.416(1)	0.139(1)	1.0
Al2	Al^{3+}	8f	0.844(1)	0.088(1)	0.119(1)	1.0
O1	O^{2-}	8f	0.110(1)	0.350(2)	0.231(1)	1.0
O2	O^{2-}	8f	0.907(1)	0.138(2)	0.217(1)	1.0
O3	O^{2-}	8f	0.385(1)	0.138(2)	0.462(1)	1.0
O4	O^{2-}	8f	0.599(1)	0.355(1)	0.477(1)	1.0
O5	O^{2-}	8f	0.208(1)	0.116(2)	0.352(1)	1.0
O6	O^{2-}	8f	0.777(1)	0.394(2)	0.374(1)	1.0
O7	O^{2-}	8f	0.128(1)	0.466(1)	0.397(1)	1.0
O8	O^{2-}	8f	0.834(1)	0.045(1)	0.362(1)	1.0
O9	O^{2-}	8f	0.387(1)	0.224(1)	0.084(1)	1.0
O10	O^{2-}	8f	0.645(1)	0.277(1)	0.112(1)	1.0
O11	O^{2-}	8f	0.477(1)	0.385(2)	0.141(1)	1.0
O12	O^{2-}	8f	0.545(1)	0.111(1)	0.170(1)	1.0
O13	O^{2-}	8f	0.137(1)	0.116(2)	0.134(1)	1.0
O14	O^{2-}	8f	0.880(1)	0.381(2)	0.112(1)	1.0

PDF: 42-1451(续)		
d	I/I_0	hkl
2.9160	39	$\bar{3}32$
2.9160	39	$\bar{3}23$
2.9110	34	$\bar{2}33$
2.9010	23	332
2.8940	26	233
2.8940	26	323
2.7820	5	$\bar{2}24$
2.7650	5	224
2.6790	8	$\bar{3}41$
2.6790	8	$\bar{3}14$
2.5050	2	$\bar{5}12$
2.4870	17	512
2.4870	17	152
2.4160	8	440
2.3430	2	530
2.3430	2	350
2.3300	1	035
2.2810	3	$\bar{4}42$
2.2810	3	$\bar{4}24$
2.2740	1	$\bar{2}44$

9-325a 浊沸石(Laumontite)

$Ca_4Al_8Si_{16}O_{48}\cdot 16H_2O$, 1881.75

Sys.: Monoclinic S.G.: *Im*(8) *Z*: 4

a: 14.747 *b*: 13.075 *c*: 7.552 *β*: 111.95 Vol.: 11350.6

ICSD: 63502

Atom		Wcf	*x*	*y*	*z*	Occ
Ca1	Ca^{2+}	4*i*	0.7268(4)	0	0.7422(7)	1.0
Si1	Si^{4+}	8*j*	0.2607(3)	0.3818(4)	0.3412(6)	1.0
Si2	Si^{4+}	8*j*	0.4175(3)	0.3834(4)	0.1728(6)	1.0
Al1	Al^{3+}	8*j*	0.3717(3)	0.3100(4)	0.7661(6)	1.0
O1	O^{2-}	4*i*	0.738(1)	0	0.270(2)	1.0

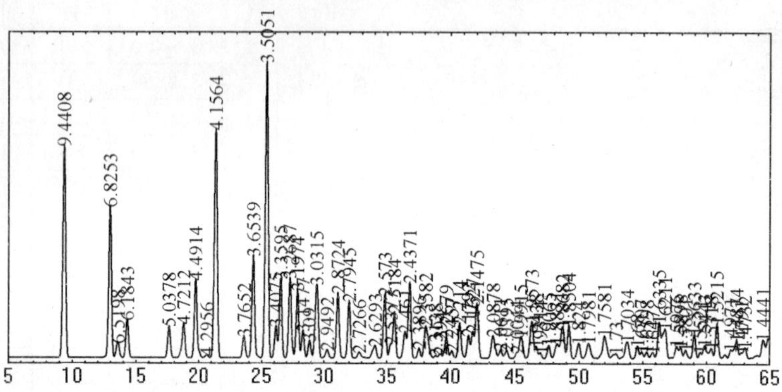

PDF: 47-1785

d	I/I_0	*hkl*
9.4400	100	110
6.8400	19	200
6.1800	1	$\bar{2}01$
5.0460	2	111
4.7230	13	220
4.4910	3	$\bar{2}21$
4.1520	23	130
3.7620	1	$\bar{1}31$
3.6560	4	$\bar{4}01$
3.5060	8	002
3.4100	2	131
3.3570	2	$\bar{3}12$
3.2670	11	040
3.1970	4	311
3.1490	11	330
3.0290	13	420
2.9480	2	240
2.8760	4	$\bar{5}11$
2.7940	2	$\bar{4}22$
2.6300	1	331

9-325b 浊沸石(Laumontite)

$Ca_4Al_8Si_{16}O_{48}\cdot 16H_2O$, 1881.75

ICSD: 63502(续)

Atom		Wcf	*x*	*y*	*z*	Occ
O2	O^{2-}	8*j*	0.2902(7)	0.3783(8)	0.571(1)	1.0
O3	O^{2-}	8*j*	0.3524(7)	0.3823(9)	0.947(1)	1.0
O4	O^{2-}	8*j*	0.3513(8)	0.3399(8)	0.287(1)	1.0
O5	O^{2-}	8*j*	0.3368(7)	0.1825(8)	0.767(1)	1.0
O6	O^{2-}	4*i*	0.948(1)	0	0.237(2)	1.0
O7	O^{2-}	8*j*	0.4915(7)	0.3094(9)	0.779(1)	1.0
O8	O^{2-}	8*j*	0.384(1)	0.113(1)	0.191(3)	0.775
O9	O^{2-}	4*i*	0.583(1)	0	0.445(2)	0.8
O10	O^{2-}	4*g*	0	0.435(2)	0	0.5
O11	O^{2-}	8*j*	0.404(4)	0.122(5)	0.349(8)	0.224
H1	H^+	8*j*	0.400(6)	0.063(6)	0.13(1)	1.0
H2	H^+	8*j*	0.114(5)	0.546(7)	0.47(1)	0.775
H3	H^+	8*j*	0.358(6)	0.144(7)	0.12(1)	1.0

PDF: 47-1785(续)

d	I/I_0	*hkl*
2.5750	4	241
2.5410	1	132
2.5190	2	222
2.4600	1	$\bar{6}01$
2.4370	5	$\bar{4}41$
2.3610	7	151
2.2690	4	350
2.2150	1	$\bar{6}22$
2.1790	2	060
2.1520	4	620
2.0870	1	332

9-326a 香花石(Hsianghualite)

$Li_2Ca_3Be_3(SiO_4)_3F_2$，475.4
Sys.:Cubic　S.G.:$I2_13$(199)　Z:8
a:12.88　Vol.:2136.72
ICSD:39389

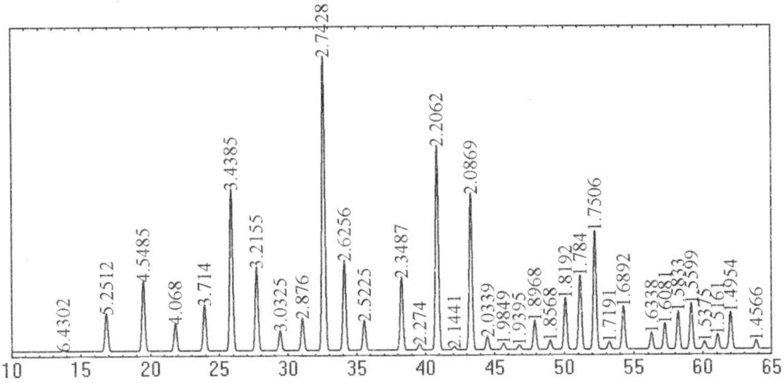

PDF:36-0412		
d	I/I_0	hkl
5.2550	4	211
4.5540	15	220
4.0710	5	310
3.7190	10	222
3.4430	60	321
3.2210	40	400
3.0340	7	411
2.8790	7	420
2.7460	100	332
2.6300	30	422
2.5270	15	510
2.3520	40	521
2.2090	100	530
2.0900	90	611
2.0360	3	620
1.9880	2	514
1.9410	2	622
1.9000	20	613
1.8570	2	444
1.8220	35	710

9-326b 香花石(Hsianghualite)

$Li_2Ca_3Be_3(SiO_4)_3F_2$，475.4

ICSD:39389(续)

Atom		Wcf	x	y	z	Occ
Si1	Si^{4+}	24c	0.1239(1)	0.1553(1)	0.4203(1)	1.0
Be1	Be^{2+}	24c	0.3708(6)	0.3296(6)	0.0935(6)	1.0
Ca1	Ca^{2+}	12b	0.0863(1)	0	0.25	1.0
Ca2	Ca^{2+}	12b	0.5	0.25	0.3445(1)	1.0
Li1	Li^{+}	8a	0.4769(8)	0.4769(8)	0.4769(8)	1.0
Li2	Li^{+}	8a	0.2296(6)	0.2296(6)	0.2296(6)	1.0
O1	O^{2-}	24c	0.1034(3)	0.3934(3)	0.0121(3)	1.0
O2	O^{2-}	24c	0.0674(3)	0.3824(3)	0.2077(3)	1.0
O3	O^{2-}	24c	0.3584(3)	0.1495(3)	0.2620(3)	1.0
O4	O^{2-}	24c	0.3670(3)	0.1824(3)	0.4573(3)	1.0
F1	F^{-}	8a	0.3954(3)	0.3954(3)	0.3954(3)	1.0
F2	F^{-}	8a	0.1454(3)	0.1454(3)	0.1454(3)	1.0

PDF:36-0412(续)		
d	I/I_0	hkl
1.7850	40	640
1.7530	70	721
1.7210	4	642
1.6910	52	730
1.6350	15	372
1.6090	20	800
1.5860	20	811
1.5620	3	820
1.5390	8	653
1.5170	25	822
1.4970	8	831
1.4590	5	752
1.4050	8	842
1.3890	15	921
1.3730	12	664
1.3580	20	851
1.3280	30	763
1.3010	10	770
1.2750	10	772
1.2510	10	934

9-327a 菱沸石(Chabazite)

$Ca_2Al_4Si_8O_{24} \cdot 12H_2O$，1012.94

Sys.：Trigonal S.G.：$R\bar{3}m$(166) Z：1

a：13.784 c：14.993 Vol.：12467

ICSD：84255

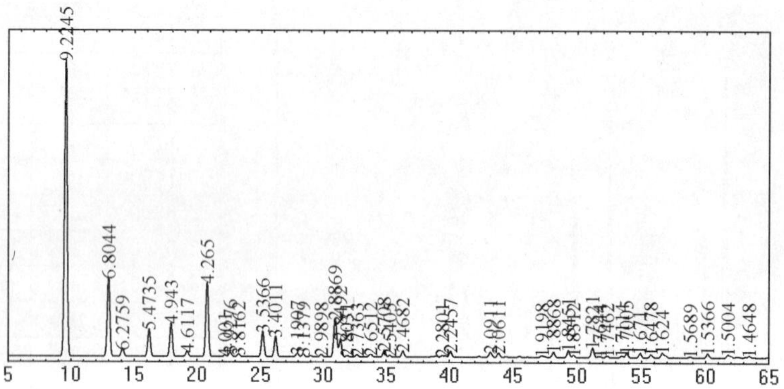

PDF：34-0137

d	I/I_0	hkl
9.3400	54	101
6.8900	13	110
6.3600	7	012
5.5520	26	021
5.0010	29	003
4.6670	6	202
4.3230	100	211
4.0530	2	113
3.9780	4	300
3.8650	21	122
3.5760	42	104
3.4460	19	220
3.2360	5	131
3.1760	11	024
2.9270	93	401
2.9080	21	015
2.8820	45	214
2.8380	6	223
2.7750	4	042
2.6930	4	321

9-327b 菱沸石(Chabazite)

$Ca_2Al_4Si_8O_{24} \cdot 12H_2O$，1012.94

ICSD：84255(续)

Atom		Wcf	x	y	z	Occ
Si1	Si^{4+}	36i	0.2273(4)	0.2277(4)	0.6039(3)	0.9422
Al1	Al^{3+}	36i	0.2273(4)	0.2277(4)	0.6039(3)	0.0578
O1	O^{2-}	18g	0	0.7365(4)	0.5	1.0
O2	O^{2-}	18h	0.8786(2)	0.7572(4)	0.3703(4)	1.0
O3	O^{2-}	18h	0.4716(4)	0.2358(2)	0.7134(3)	1.0
O4	O^{2-}	18f	0	0.6448(3)	0	1.0
H1	H^+	36i	−0.027(7)	0.650(4)	0.492(8)	0.040
H2	H^+	18h	0.892(2)	0.784(5)	0.311(3)	0.083

PDF：34-0137(续)

d	I/I_0	hkl
2.6780	9	205
2.6060	20	410
2.5720	4	232
2.4970	21	006
2.4970	21	125
2.3510	3	116
2.3100	4	413
2.2980	5	330
2.2750	3	502
2.2310	1	241
2.1590	2	422
2.1220	1	511
2.0870	9	333
2.0600	1	152
2.0130	1	054
1.9455	1	431
1.9126	2	520
1.8664	9	505
1.8515	4	018
1.8035	18	416

9-328a 菱钾铝矿(Offretite)

$(K,Ca,Mg)_3Al_5Si_{13}O_{36} \cdot 14H_2O$, 1445.51

Sys.: Hexagonal S.G.: $P\bar{6}m2$(187) Z: 1

a: 13.291 c: 7.582 Vol.: 11159.92

ICSD: 2747

Atom		Wcf	x	y	z	Occ
K1	K^{+}	1b	0	0	0.5	1.0
Ca1	Ca^{2+}	2i	0.6666	0.3333	0.377(5)	0.39
Ca2	Ca^{2+}	2g	0	0	0.13(1)	0.07
Mg1	Mg^{2+}	1c	0.3333	0.6666	0	0.82
Si1	Si^{4+}	12o	0.0027(5)	0.2342(4)	0.2085(7)	0.6266

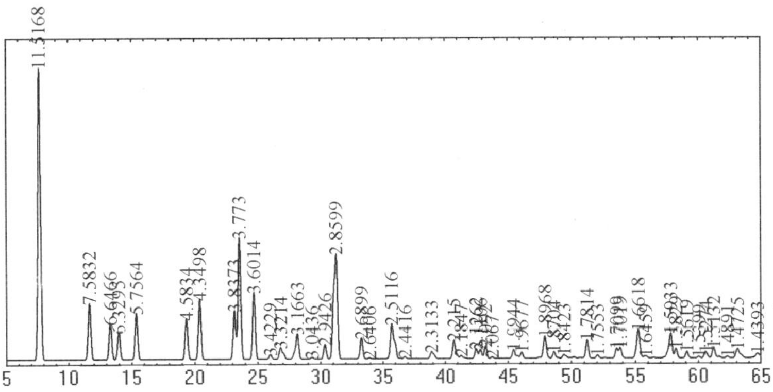

PDF: 22-0803

d	I/I_0	hkl
11.5000	100	100
6.6400	20	110
5.7600	35	200
4.5800	4	201
4.3500	60	210
3.8400	45	300
3.7700	10	211
3.6000	4	102
3.4300	2	301
3.3200	20	220
3.1900	18	310
2.9420	4	311
2.8800	65	400
2.8580	16	212
2.6930	4	401
2.6420	4	320
2.5100	20	410
2.3000	6	500
2.2140	20	330
2.1770	2	420

9-328b 菱钾铝矿(Offretite)

$(K,Ca,Mg)_3Al_5Si_{13}O_{36} \cdot 14H_2O$, 1445.51

ICSD: 2747(续)

Atom		Wcf	x	y	z	Occ
Al1	Al^{3+}	12o	0.0027(5)	0.2342(4)	0.2085(7)	0.3734
Si2	Si^{4+}	6m	0.0930(6)	0.4251(5)	0.5	1.0
O1	O^{2-}	12o	0.029(1)	0.351(1)	0.329(2)	1.0
O2	O^{2-}	6n	0.101(2)	0.202(2)	0.257(4)	1.0
O3	O^{2-}	6n	0.255(2)	0.1275(3)	0.293(4)	1.0
O4	O^{2-}	6l	0.012(2)	0.267(2)	0	1.0
O5	O^{2-}	3k	0.230(3)	0.460(3)	0.5	1.0
O6	O^{2-}	3k	0.075(2)	0.5375(2)	0.5	1.0
O7	O^{2-}	2h	0.3333	0.6666	0.261(5)	0.90
O8	O^{2-}	3j	0.243(6)	0.486(6)	0	0.34
O9	O^{2-}	6l	0.16(1)	0.52(1)	0	0.14
O10	O^{2-}	3k	0.485(6)	0.2425(8)	0.5	0.58
O11	O^{2-}	6n	0.562(7)	0.438(7)	0.172(9)	0.47
O12	O^{2-}	6l	0.53(3)	0.35(3)	0	0.17
O13	O^{2-}	2i	0.6666	0.3333	0.24(2)	0.30

PDF: 22-0803(续)

d	I/I_0	hkl
2.1260	4	331
2.1100	2	303
2.0910	2	421
2.0680	2	510
1.9950	2	511
1.9670	2	502
1.8930	2	430
1.8440	4	520
1.8380	6	431

9-329a 毛沸石(Erionite)

$(Na,K)_8(Si,Al)_{36}O_{72}\cdot 23H_2O$, 2761.3

Sys.: Hexagonal S.G.: $P6_3/mmc$(194) Z: 1

a: 13.214 c: 15.041 Vol.: 22274.45

ICSD: 23491

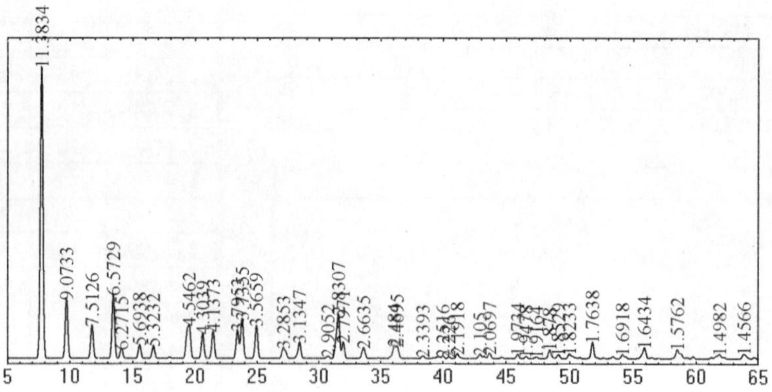

PDF: 22-0854

d	I/I_0	hkl
11.4000	100	100
9.0700	12	101
7.5100	8	002
6.6100	75	110
6.2800	6	102
5.7200	16	200
5.3400	14	201
4.6000	8	103
4.5500	12	202
4.3200	65	210
4.1600	25	211
3.8100	35	300
3.7500	65	212
3.5700	25	104
3.4000	4	302
3.3000	40	220
3.2800	26	213
3.2700	26	114
3.1100	12	311
2.9230	10	312

9-329b 毛沸石(Erionite)

$(Na,K)_8(Si,Al)_{36}O_{72}\cdot 23H_2O$, 2761.3

ICSD: 23491(续)

Atom		Wcf	x	y	z	Occ
Ca1	Ca^{2+}	2b	0	0	0.25	1.0
Si1	Si^{4+}	24l	0.2328	0	0.1064	1.0
Si2	Si^{4+}	12j	0.4255	0.0938	0.75	0.6667
Al1	Al^{3+}	12j	0.4255	0.0938	0.75	0.3333
O1	O^{2-}	24l	0.3475	0.0273	0.664	1.0
O2	O^{2-}	12k	0.1973	0.0987	0.6223	1.0
O3	O^{2-}	12k	0.252	0.126	−0.637	1.0
O4	O^{2-}	12i	0.2672	0	0	1.0
O5	O^{2-}	6h	0.4573	0.2286	0.75	1.0
O6	O^{2-}	6h	0.5419	0.4583	0.75	1.0
O7	O^{2-}	4f	0.6667	0.3333	0.0702	1.0

PDF: 22-0854(续)

d	I/I_0	hkl
2.9100	10	105
2.8600	60	400
2.8390	50	214
2.8120	50	401
2.6760	16	304
2.6720	12	402
2.6620	8	205
2.4960	20	410
2.4800	18	322
2.2000	12	330
2.1130	6	332
2.0790	6	422
1.9820	4	512
1.8820	6	430
1.8340	8	520

9-330a 钠菱沸石(Gmelinite)

$Na_2Al_2Si_4O_{12} \cdot 6H_2O$, 512.37

Sys.: Hexagonal S.G.: $P6_3/mmc$(194) Z: 4

a: 13.75 c: 10.056 Vol.: 1646.5

ICSD: 33668

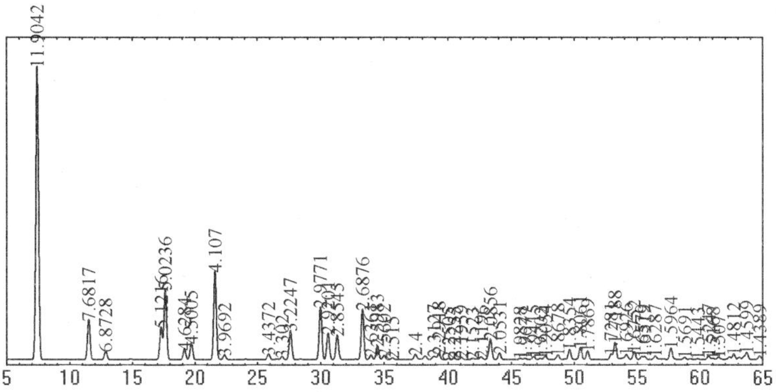

PDF: 38-0435

d	I/I_0	hkl
11.9000	63	100
7.6800	29	101
6.8750	10	110
5.9500	9	200
5.1210	23	201
5.0260	28	002
4.6260	5	102
4.4980	25	210
4.1060	100	211
3.9700	4	300
3.4400	21	220
3.3480	2	212
3.3020	6	310
3.2270	41	103
3.1380	1	311
3.1160	1	302
2.9780	55	400
2.9220	18	203
2.8550	42	401
2.7340	1	320

9-330b 钠菱沸石(Gmelinite)

$Na_2Al_2Si_4O_{12} \cdot 6H_2O$, 512.37

ICSD: 33668(续)

Atom		Wcf	x	y	z	Occ
Ca1	Ca^{2+}	4f	0.3333	0.6667	0.0735	1.0
Al1	Al^{3+}	24l	0.441	0.106	0.093	0.3333
Si1	Si^{4+}	24l	0.441	0.106	0.093	0.6667
O1	O^{2-}	12k	−0.202	−0.404	0.063	1.0
O2	O^{2-}	12k	0.575	0.15	0.064	1.0
O3	O^{2-}	12j	0.411	0.067	0.25	1.0
O4	O^{2-}	12i	0.354	0	0	1.0
O5	O^{2-}	12j	0.2	0.54	0.25	0.3333
O6	O^{2-}	12k	0.22	0.44	0.99	0.3333
O7	O^{2-}	12k	0.43	0.86	0.97	0.3333
O8	O^{2-}	6h	0.17	0.34	0.25	0.6667
O9	O^{2-}	12k	0.08	0.16	0.89	0.3333
O10	O^{2-}	12k	0.1	0.2	0.06	0.3333

PDF: 38-0435(续)

d	I/I_0	hkl
2.6900	44	213
2.6360	3	321
2.5970	14	410
2.5610	2	402
2.5610	2	303
2.5130	1	411
2.5130	1	004
2.4000	1	322
2.3550	1	114
2.3550	1	313
2.3170	4	501
2.3100	4	412
2.2930	3	330
2.1950	2	421
2.1950	2	214
2.1240	2	304
2.1180	2	323
2.0860	12	511
2.0860	12	332
2.0540	4	422

9-331a 八面沸石(Faujasite-K)

$K_{69.8}Al_{69.8}Si_{122.2}O_{384}$，4188.19

Sys.:Cubic S.G.:$Fd\bar{3}m$(227) Z:1

a:24.973 Vol.:415574.43

ICSD:9446

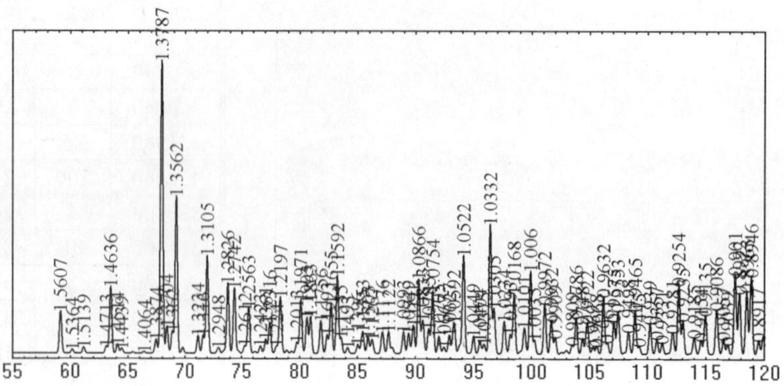

PDF:26-0893

d	I/I_0	hkl
14.4000	100	111
8.8300	8	220
7.5300	8	311
5.7300	12	331
4.8100	5	511
4.4100	1	440
3.9490	2	620
3.8080	1	533
3.7650	4	622
3.3370	7	642
3.2510	1	731
3.0510	2	733
2.9430	4	822
2.8840	7	751
2.7920	8	840
2.7410	2	911
2.6620	3	664
2.6180	3	931
2.4030	1	1022
2.2070	4	880

9-331b 八面沸石(Faujasite-K)

$K_{69.8}Al_{69.8}Si_{122.2}O_{384}$，4188.19

ICSD:9446(续)

Atom		Wcf	x	y	z	Occ
Ca1	Ca^{2+}	16c	0	0	0	0.83
Ca2	Ca^{2+}	32e	0.05897(52)	0.05897(52)	0.05897(52)	0.16
Ca3	Ca^{2+}	32e	0.22366(10)	0.22366(10)	0.22366(10)	0.78
Al1	Al^{3+}	192i	0.12277(6)	−0.05542(5)	0.03506(5)	0.4
Si1	Si^{4+}	192i	0.12277(6)	−0.05542(5)	0.03506(5)	0.6
O1	O^{2-}	96h	−0.10974(11)	0	0.10974(11)	1.0
O2	O^{2-}	96g	0.25330(12)	0.25330(12)	0.14167(16)	1.0
O3	O^{2-}	96g	0.18469(12)	0.18469(12)	−0.03598(16)	1.0
O4	O^{2-}	96g	0.17266(13)	0.17266(13)	0.31077(17)	1.0

PDF:26-0893(续)

d	I/I_0	hkl
2.1110	2	1062
1.9270	1	1082
1.7660	2	1420
1.7190	2	1193
1.6020	2	1533
1.5140	2	1640
1.4720	1	1644
1.3790	2	1820
1.3560	1	1771
1.3110	1	1911
1.2740	1	1688
2.1110	2	1062
1.9270	1	1082
1.7660	2	1420
1.7190	2	1193

9-332a 插晶菱沸石(Levyne)

$Al_2CaO_{12}Si_{46}\cdot H_2O$，1595.98

Sys.:Trigonal S.G.:$R\bar{3}m$(166) Z:1

a:13.387 c:22.992 Vol.:13568.4

ICSD:83005

Atom		Wcf	x	y	z	Occ
Si1	Si^{4+}	36i	0.0002(1)	0.2307(1)	0.0706	0.6524
Al1	Al^{3+}	36i	0.0002(1)	0.2307(1)	0.0706	0.3476
Si2	Si^{4+}	18g	0.2385(1)	0	0.5	0.6524
Al2	Al^{3+}	18g	0.2385(1)	0	0.5	0.3476
O1	O^{2-}	36i	0.0358(2)	0.3511(2)	0.1074(1)	1.0

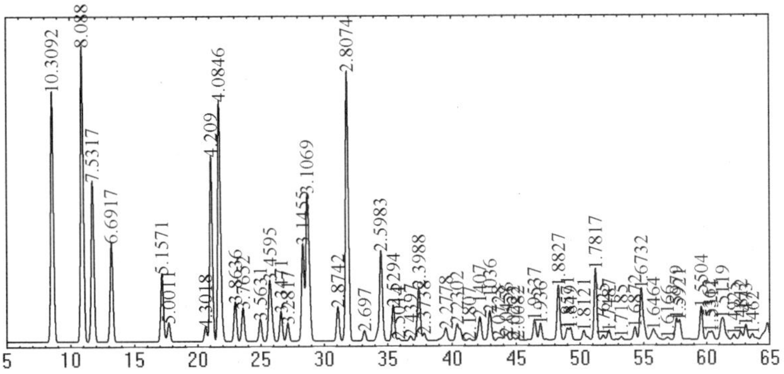

PDF:17-0535

d	I/I_0	hkl
10.4000	35	101
8.1900	65	012
7.6900	18	003
6.7200	18	110
5.6400	4	021
5.1900	30	202
4.2800	50	015
4.1000	100	122
3.8700	20	300
3.8400	6	006
3.6100	6	205
3.4900	16	214
3.4600	6	303
3.3500	14	220
3.1700	50	125
3.1000	20	312
2.8820	10	401
2.8610	10	027
2.8150	80	042
2.7250	6	306

9-332b 插晶菱沸石(Levyne)

$Al_2CaO_{12}Si_{46}\cdot H_2O$，1595.98

ICSD:83005(续)

Atom		Wcf	x	y	z	Occ
O2	O^{2-}	18h	0.0914(2)	0.1828(3)	0.0853(1)	1.0
O3	O^{2-}	18h	0.1287(2)	0.2574(3)	−0.0931(1)	1.0
O4	O^{2-}	18f	0.2606(2)	0	0	1.0
O5	O^{2-}	18h	0.2219(2)	0.4437(3)	0.1793(1)	1.0
Ca1	Ca^{2+}	6c	0	0	0.1422(1)	0.79(1)
Na1	Na^{+}	6c	0	0	0.4046(12)	0.30(4)
K1	K^{+}	6c	0	0	0.4303(17)	0.11(2)
Na2	Na^{+}	6c	0	0	0.4878(9)	0.18(1)
O6	O^{2-}	18h	0.1537(4)	0.0768(2)	0.2146(2)	1.0
O7	O^{2-}	18h	0.1303(6)	0.2607(11)	0.2638(5)	0.52(1)
O8	O^{2-}	18h	0.1650(15)	0.0825(8)	0.3363(8)	0.41(1)
O9	O^{2-}	18h	0.1508(11)	0.3016(22)	0.3597(10)	0.32(1)
O10	O^{2-}	36i	0.1407(26)	0.1648(30)	0.3233(14)	0.17(1)

PDF:17-0535(续)

d	I/I_0	hkl
2.6340	40	315
2.5930	6	232
2.5340	16	410
2.4530	2	045
2.4060	16	128
2.3030	10	235
2.2560	4	$10\underline{10}$
2.2340	14	330
2.1360	18	$02\underline{10}$
2.1130	2	416
2.0720	6	505
2.0500	4	152
1.9810	2	425
1.9600	6	514
1.8960	6	155

9-333a 水钙沸石(Gismondine)

$CaAl_2Si_2O_8 \cdot 4H_2O$，350.27

Sys.:Monoclinic S.G.:$P2_1/c$(14) Z:4

a:10.021 b:10.637 c:9.836 β:92.47 Vol.:1047.48

ICSD:15838

Atom		Wcf	x	y	z	Occ
Si1	Si^{4+}	4e	0.415	0.113	0.182	1.0
Si2	Si^{4+}	4e	0.908	0.87	0.16	1.0
Al1	Al^{3+}	4e	0.097	0.113	0.17	1.0
Al2	Al^{3+}	4e	0.59	0.867	0.149	1.0
Ca1	Ca^{2+}	4e	0.72	0.077	0.354	1.0

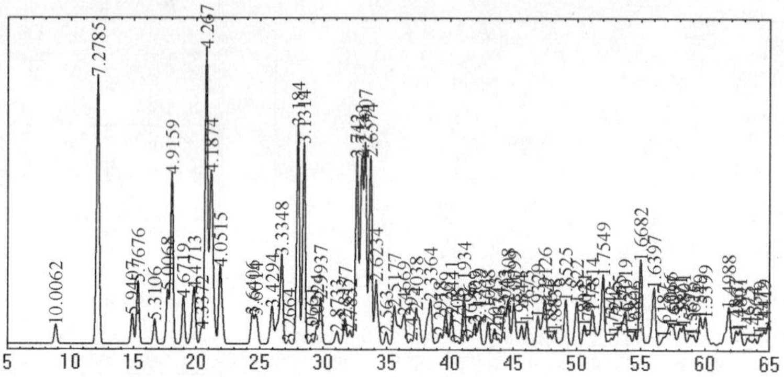

PDF:39-1373

d	I/I_0	hkl
10.0000	3	100
7.3000	63	110
5.9400	7	$11\bar{1}$
5.7700	15	111
5.3200	4	020
5.0000	17	200
4.9100	52	002
4.6800	17	021
4.4600	10	012
4.3300	6	102
4.2700	100	$12\bar{1}$
4.2100	51	121
4.1800	34	$21\bar{1}$
4.0500	30	211
4.0200	6	112
3.6420	8	220
3.6060	8	022
3.5870	5	$20\bar{2}$
3.4310	16	$12\bar{2}$
3.3830	8	221

9-333b 水钙沸石(Gismondine)

$CaAl_2Si_2O_8 \cdot 4H_2O$，350.27

ICSD:15838(续)

Atom		Wcf	x	y	z	Occ
O1	O^{2-}	4e	0.078	0.154	−0.001	1.0
O2	O^{2-}	4e	0.262	0.075	0.212	1.0
O3	O^{2-}	4e	0.438	0.145	0.026	1.0
O4	O^{2-}	4e	0.246	0.407	0.303	1.0
O5	O^{2-}	4e	0	−0.017	0.215	1.0
O6	O^{2-}	4e	0.044	0.242	0.261	1.0
O7	O^{2-}	4e	0.463	0.224	0.276	1.0
O8	O^{2-}	4e	0.511	−0.005	0.226	1.0
O9	O^{2-}	4e	0.257	0.107	0.505	1.0
O10	O^{2-}	4e	0.59	0.127	0.539	1.0
O11	O^{2-}	4e	0.911	0.119	0.501	1.0
O12	O^{2-}	4e	0.77	0.21	0.17	0.5
O13	O^{2-}	4e	0.74	0.18	0.895	0.5

PDF:39-1373(续)

d	I/I_0	hkl
3.3380	47	031
3.1860	90	310
3.1320	71	013
3.0650	4	$31\bar{1}$
3.0220	5	$11\bar{3}$
2.9930	16	311
2.9550	1	113
2.8730	4	032
2.8250	5	320
2.7820	11	$13\bar{2}$
2.7440	76	$32\bar{1}$
2.7140	59	$12\bar{3}$
2.6930	78	321
2.6620	69	123
2.6580	72	040
2.6240	17	312
2.6070	11	213
2.5670	7	041
2.5210	15	$23\bar{2}$
2.4920	7	$14\bar{1}$

9-334a 斜碱沸石(Amicite)

$K_2Na_2Al_4Si_4O_{16}\cdot 5H_2O$, 690.51

Sys.: Monoclinic S.G.: $I2(5)$ Z: 1

a: 10.226 b: 10.422 c: 9.884 β: 88.32 Vol.: 1052.94

ICSD: 8253

Atom		Wcf	x	y	z	Occ
Si1	Si^{4+}	4c	0.1523(1)	−0.0133	0.3261(1)	1.0
Si2	Si^{4+}	4c	0.1534(1)	0.2615(1)	0.8263(1)	1.0
Al1	Al^{3+}	4c	0.1546(1)	0.2491(2)	0.1546(1)	1.0
Al2	Al^{3+}	4c	0.1582(1)	0.0027(2)	0.6512(1)	1.0
O1	O^{2-}	4c	0.0010(3)	−0.0471(3)	0.3037(3)	1.0

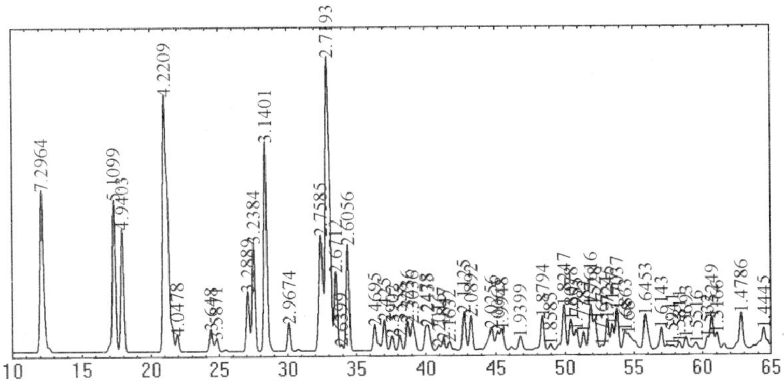

PDF: 33-1273		
d	I/I_0	hkl
7.2950	55	110
7.1950	10	101
7.1950	10	011
5.1080	40	200
4.9390	30	002
4.2200	90	121
4.2200	90	211
4.1800	40	$\bar{1}21$
4.1200	8	112
4.1200	8	$\bar{2}11$
4.0500	4	$\bar{1}12$
3.6470	7	220
3.5850	5	022
3.2890	30	130
3.2890	30	031
3.2380	45	310
3.1410	80	013
2.9650	10	222
2.7590	35	321
2.7220	100	$\bar{1}32$

9-334b 斜碱沸石(Amicite)

$K_2Na_2Al_4Si_4O_{16}\cdot 5H_2O$, 690.51

ICSD: 8253(续)

Atom		Wcf	x	y	z	Occ
O2	O^{2-}	4c	−0.0030(2)	0.2956(3)	0.2047(3)	1.0
O3	O^{2-}	4c	0.2031(3)	0.1401(3)	0.7354(3)	1.0
O4	O^{2-}	4c	0.1810(3)	0.0304(3)	0.4785(3)	1.0
O5	O^{2-}	4c	0.1712(3)	0.2264(3)	0.9833(3)	1.0
O6	O^{2-}	4c	0.1989(3)	0.1018(3)	0.2263(3)	1.0
O7	O^{2-}	4c	0.2620(3)	0.3610(3)	0.2184(3)	1.0
O8	O^{2-}	4c	0.7558(3)	0.3812(3)	0.2177(3)	1.0
Na1	Na^{+}	4c	0.4312(2)	0.2559(2)	0.6716(2)	1.0
K1	K^{+}	4c	0.3071(1)	−0.0040(2)	0.9692(1)	1.0
O9	O^{2-}	4c	0.3435(3)	0.2507(5)	0.4539(3)	1.0
O10	O^{2-}	4c	0.4779(3)	0.0682(4)	0.2179(4)	1.0
O11	O^{2-}	2b	0	0.3191(5)	0.5	1.0
O12	O^{2-}	2a	0.5	0.4729(9)	0.5	0.53(1)

PDF: 33-1273(续)		
d	I/I_0	hkl
2.7220	100	$\bar{3}21$
2.7040	50	123
2.6740	20	$\bar{3}12$
2.6740	20	$\bar{1}23$
2.6050	40	040
2.4700	5	004
2.4240	8	411
2.3900	7	$\bar{4}11$
2.3900	7	033
2.3550	3	114
2.3240	7	$\bar{1}14$
2.3240	7	240
2.3050	7	042
2.3050	7	402
2.2490	5	204
2.2430	7	$\bar{4}02$
2.2430	7	024
2.1830	4	233
2.1830	4	323
2.1650	3	$\bar{3}32$

9-335a 交沸石(Harmotome)

$Ba(Si_2Al_2)O_8 \cdot 3H_2O$, 1447.78

Sys.: Monoclinic S.G.: $P2_1/m$(11) Z: 1

a: 9.876 b: 14.13 c: 8.68 β: 124.43 Vol.: 999.08

ICSD: 69419

Atom		Wcf	x	y	z	Occ
Si1	Si^{4+}	4f	0.7370(2)	0.0264(1)	0.2844(2)	0.65
Al1	Al^{3+}	4f	0.7370(2)	0.0264(1)	0.2844(2)	0.35
Si2	Si^{4+}	4f	0.4221(2)	0.1416(1)	0.0123(2)	0.85
Al2	Al^{3+}	4f	0.4221(2)	0.1416(1)	0.0123(2)	0.15
Si3	Si^{4+}	4f	0.0596(2)	0.0060(1)	0.2917(2)	0.75

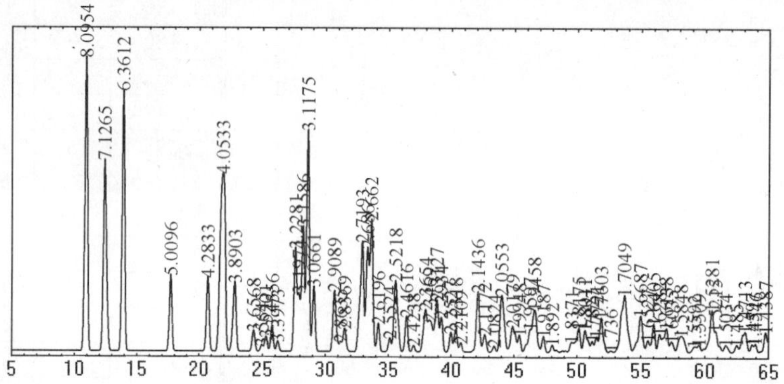

PDF: 39-1377

d	I/I_0	hkl
8.1200	60	$10\bar{1}$
7.1600	65	001
7.0500	19	110
7.0500	19	$11\bar{1}$
6.3900	95	011
5.0300	32	021
4.3100	33	101
4.3000	35	$10\bar{2}$
4.1100	56	111
4.1100	56	$11\bar{2}$
4.0700	67	$13\bar{1}$
4.0500	59	$22\bar{1}$
3.8950	32	$21\bar{2}$
3.6670	10	$12\bar{2}$
3.5730	5	002
3.5280	10	040
3.4660	18	012
3.4100	5	$23\bar{1}$
3.2410	62	$14\bar{1}$
3.1950	28	022

9-335b 交沸石(Harmotome)

$Ba(Si_2Al_2)O_8 \cdot 3H_2O$, 1447.78

ICSD: 69419(续)

Atom		Wcf	x	y	z	Occ
Al3	Al^{3+}	4f	0.0596(2)	0.0060(1)	0.2917(2)	0.25
Si4	Si^{4+}	4f	0.1247(2)	0.1387(1)	0.0383(2)	0.75
Al4	Al^{3+}	4f	0.1247(2)	0.1387(1)	0.0383(2)	0.25
O1	O^{2-}	4f	0.1058(6)	0.0858(4)	0.1922(6)	1.0
O2	O^{2-}	4f	0.6460(5)	0.5717(3)	0.1649(5)	1.0
O3	O^{2-}	4f	0.6159(4)	0.1223(3)	0.1753(5)	1.0
O4	O^{2-}	4f	0.0015(5)	0.9054(3)	0.1751(6)	1.0
O5	O^{2-}	4f	0.9091(5)	0.0532(3)	0.3005(5)	1.0
O6	O^{2-}	4f	0.3183(5)	0.3689(3)	0.1038(6)	1.0
O7	O^{2-}	4f	0.7764(5)	0.4830(3)	0.4952(5)	1.0
O8	O^{2-}	2e	0.5956(7)	0.75	0.0660(8)	1.0
O9	O^{2-}	2e	0.0728(7)	0.25	0.0328(9)	1.0
Ba1	Ba^{2+}	2e	0.8661(1)	0.25	0.1958(1)	1.0
O10	O^{2-}	2e	0.8033(10)	0.75	0.4971(10)	1.0
O11	O^{2-}	2e	0.1085(9)	0.75	0.4592(9)	1.0
O12	O^{2-}	4f	0.2971(8)	0.8633(5)	0.1275(8)	1.0
O13	O^{2-}	2e	0.5027(29)	0.25	0.4855(25)	1.0
O14	O^{2-}	4f	0.4926(17)	0.565(15)	0.4661(22)	0.5

PDF: 39-1377(续)

d	I/I_0	hkl
3.1690	70	041
3.1260	100	$31\bar{2}$
3.0750	31	230
3.0750	31	$23\bar{2}$
2.9180	29	$32\bar{2}$
2.8970	13	$20\bar{3}$
2.8470	10	032
2.7470	27	$10\bar{3}$
2.7300	54	141
2.7300	54	$14\bar{2}$
2.6970	61	112
2.6970	61	$11\bar{3}$
2.6780	54	$22\bar{3}$
2.6710	64	150
2.6710	64	$15\bar{1}$
2.6280	15	051
2.5610	9	$12\bar{3}$
2.5290	33	$32\bar{3}$
2.5150	20	042
2.4700	11	$40\bar{2}$

9-336a 钙十字沸石(Phillipsite)

$K_{0.8}Na_{0.7}Ca_{0.7}Al_{2.8}Si_{5.1}O_{16}\cdot 6.4H_2O$，665.5

Sys.:Orthorhombic S.G.:*Ama*2(40) *Z*:2

a:9.914 *b*:14.282 *c*:14.306 Vol.:2025.61

ICSD:51637

Atom		Wcf	*x*	*y*	*z*	Occ
Al1	Al^{3+}	8*c*	0.6243(34)	0.0209(20)	0.1403(19)	0.3938
Si1	Si^{4+}	8*c*	0.6243(34)	0.0209(20)	0.140(20)	0.6063
Al2	Al^{3+}	8*c*	0.4598(31)	0.1365(11)	−0.0246(19)	0.3938
Si2	Si^{4+}	8*c*	0.4598(31)	0.1365(11)	−0.0246(19)	0.6063
Al3	Al^{3+}	8*c*	−0.0329(34)	0.0232(19)	0.1508(17)	0.3938

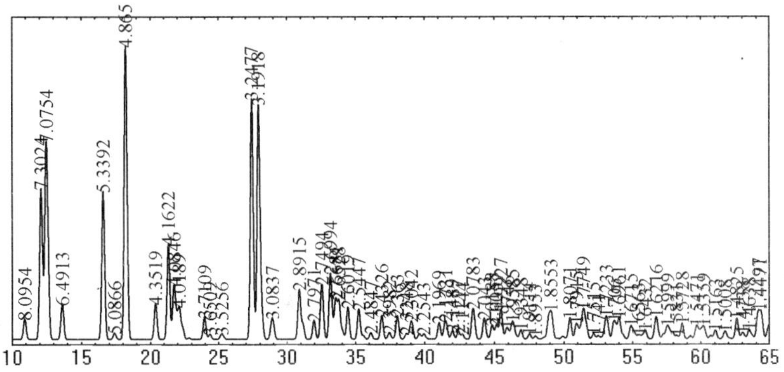

PDF:34-0542		
d	I/I_0	*hkl*
8.1900	5	101
7.1900	100	002
7.1900	100	020
6.4100	12	012
5.3700	10	121
5.0600	25	022
4.9800	17	200
4.6900	3	—
4.3100	10	103
4.1300	40	113
4.1300	40	131
4.0700	13	202
4.0700	13	220
3.9600	6	032
3.7000	3	123
3.5400	6	222
3.4700	6	014
3.2600	30	141
3.1900	85	024
3.1900	85	042

9-336b 钙十字沸石(Phillipsite)

$K_{0.8}Na_{0.7}Ca_{0.7}Al_{2.8}Si_{5.1}O_{16}\cdot 6.4H_2O$，665.5

ICSD:51637(续)

Atom		Wcf	*x*	*y*	*z*	Occ
Si3	Si^{4+}	8*c*	−0.0329(34)	0.0232(19)	0.1508(17)	0.6063
Al4	Al^{3+}	8*c*	0.1138(31)	0.1415(18)	−0.0196(20)	0.3938
Si4	Si^{4+}	8*c*	0.1138(31)	0.1415(18)	−0.0196(20)	0.6063
O1	O^{2-}	8*c*	0.0145(37)	0.0962(35)	0.0651(22)	1.0
O2	O^{2-}	8*c*	0.5197(44)	0.5646(29)	0.1061(26)	1.0
O3	O^{2-}	8*c*	0.5565(40)	0.0954(33)	0.0628(26)	1.0
O4	O^{2-}	8*c*	0.0347(58)	0.9394(36)	0.0841(36)	1.0
O5	O^{2-}	8*c*	0.7967(35)	0.0180(30)	0.1275(23)	1.0
O6	O^{2-}	8*c*	0.2868(31)	0.3570(30)	−0.0255(31)	1.0
O7	O^{2-}	8*c*	0.5593(80)	0.4990(70)	0.25(35)	1.0
O8	O^{2-}	4*b*	0.4793(88)	0.75	0.0093(39)	1.0
O9	O^{2-}	4*b*	0.143(11)	0.25	−0.0602(51)	1.0
Mg1	Mg^{2+}	8*c*	0.148(4)	0.1243(32)	0.1756(27)	0.61
K1	K^{+}	4*b*	0.221(6)	0.75	0.278(4)	0.26
O10	O^{2-}	4*b*	0.4948(54)	0.75	0.1761(37)	1.0
O11	O^{2-}	8*c*	0.7733(56)	0.1456(28)	0.0192(32)	1.0
O12	O^{2-}	8*c*	0.120(10)	0.2727(74)	0.2781(63)	1.0
O13	O^{2-}	8*c*	0.2298(41)	0.5915(25)	0.1666(28)	1.0
O14	O^{2-}	4*b*	0.4835(80)	0.25	0.2268(50)	1.0

PDF:34-0542(续)		
d	I/I_0	*hkl*
3.1400	35	311
2.9300	14	321
2.8900	6	204
2.8900	6	240
2.8600	4	034
2.7500	20	105
2.7500	20	143
2.7000	35	115
2.7000	35	151
2.6700	9	313
2.6700	9	331
2.5800	6	125
2.5400	8	323
2.3900	8	341
2.3100	2	412
2.2600	4	026
2.2600	4	062
2.1600	4	305
2.1600	4	343
2.1400	3	315

9-337a 针沸石(Mazzite)

$K_2CaMg_2(Si,Al)_{36}O_{72}\cdot 28H_2O$, 2834.35

Sys.: Hexagonal S.G.: $P6_3/mmc$(194) Z: 1

a: 18.392 c: 7.646 Vol.: 22239.87

ICSD: 6258

Atom		Wcf	x	y	z	Occ
Si1	Si^{4+}	12j	0.4902(2)	0.1583(2)	0.25	1.0
Si2	Si^{4+}	24l	0.0933(1)	0.3536(1)	0.0444(3)	1.0
O1	O^{2-}	6h	0.5178(6)	0.2589(6)	0.25	1.0
O2	O^{2-}	6h	0.5752(6)	0.1504(6)	0.25	1.0
O3	O^{2-}	12j	0.1004(4)	0.3821(5)	0.25	1.0

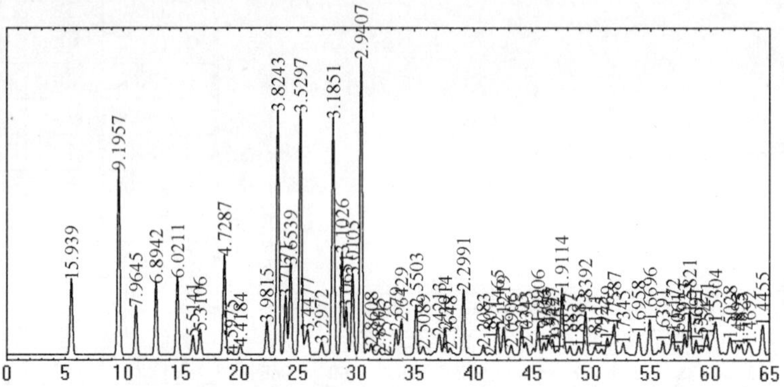

PDF: 38-0426

d	I/I_0	hkl
15.9300	35	100
9.2000	60	110
7.9600	35	200
6.8900	25	101
6.0200	53	210
5.5300	12	201
5.3100	17	300
4.7290	50	211
4.4230	12	310
3.9860	20	400
3.8240	95	311
3.8240	95	002
3.7170	25	102
3.6550	47	320
3.5310	90	112
3.4740	12	410
3.4520	10	202
3.1850	100	500
3.1020	30	302
3.0650	38	330

9-337b 针沸石(Mazzite)

$K_2CaMg_2(Si,Al)_{36}O_{72}\cdot 28H_2O$, 2834.35

ICSD: 6258(续)

Atom		Wcf	x	y	z	Occ
O4	O^{2-}	24l	0.1116(3)	0.4353(3)	−0.0723(7)	1.0
O5	O^{2-}	12k	0.1612(4)	0.3224(4)	0.0005(9)	1.0
O6	O^{2-}	12i	0	0.2740(4)	0	1.0
K1	K^{+}	6g	0.5	0	0	0.46
Mg1	Mg^{2+}	2c	0.3333	0.6666	0.25	1.0
Ca1	Ca^{2+}	4e	0	0	0.068(12)	0.21
O7	O^{2-}	12k	0.533(1)	0.066(1)	−0.342(3)	0.57
O8	O^{2-}	4f	0.3333	0.6666	−0.016(2)	1.0
O9	O^{2-}	6h	0.271(2)	0.542(2)	0.25	0.40
O10	O^{2-}	12j	0.355(2)	0.567(2)	0.25	0.30
O11	O^{2-}	24l	0.145(2)	0.022(3)	0.048(6)	0.25
O12	O^{2-}	6h	0.178(2)	0.089(2)	0.25	0.81
O13	O^{2-}	12k	0.077(3)	0.154(3)	0.228(31)	0.39

PDF: 38-0426(续)

d	I/I_0	hkl
3.0100	40	420
2.9410	100	501
2.9410	100	222
2.8650	10	510
2.6810	12	511
2.6430	16	322
2.5520	20	520
2.5110	5	601
2.4460	1	502
2.4220	9	203
2.4220	9	521
2.3930	1	332
2.3020	22	440
2.2980	22	303
2.2100	9	620
2.2100	9	313
2.1470	10	403
2.1230	17	621
2.1230	17	522
2.0370	10	540

9-338a 麦钾沸石(Merlinoite)

$K_5Ca_2(Al_9Si_{23}O_{64}) \cdot 24H_2O$, 2620.78

Sys.:Orthorhombic S.G.:*Immm*(71) *Z*:1

a:14.116 *b*:14.229 *c*:9.946 Vol.:21997.72

ICSD:100419

Atom		Wcf	*x*	*y*	*z*	Occ
Si1	Si^{4+}	16*o*	0.1097(2)	0.2473(2)	0.1563(4)	0.71
Al1	Al^{3+}	16*o*	0.1097(2)	0.2473(2)	0.1563(4)	0.29
Si2	Si^{4+}	16*o*	0.2816(2)	0.1102(2)	0.1596(4)	0.71
Al2	Al^{3+}	16*o*	0.2816(2)	0.1102(2)	0.1596(4)	0.29

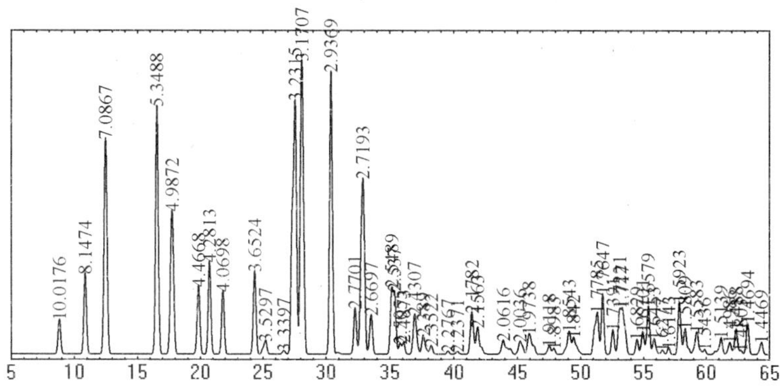

PDF:29-0989

d	I/I_0	*hkl*
10.0000	12	110
8.1500	12	011
7.1200	90	020
7.0800	90	200
5.3600	40	121
5.0300	35	220
4.9800	20	002
4.4800	35	310
4.2900	30	031
4.0700	8	202
3.6600	18	231
3.5600	5	040
3.5300	4	222
3.3400	2	330
3.2600	45	141
3.2400	40	411
3.2300	40	013
3.1800	100	240
2.9350	35	213
2.7700	16	510

9-338b 麦钾沸石(Merlinoite)

$K_5Ca_2(Al_9Si_{23}O_{64}) \cdot 24H_2O$, 2620.78

ICSD:100419(续 1)

Atom		Wcf	*x*	*y*	*z*	Occ
O1	O^{2-}	8*n*	0.1235(10)	0.2830(8)	0	1.0
O2	O^{2-}	8*n*	0.3089(9)	0.1177(8)	0	1.0
O3	O^{2-}	8*l*	0	0.2155(9)	0.1839(12)	1.0
O4	O^{2-}	8*m*	0.2767(9)	0	0.2096(14)	1.0
O5	O^{2-}	16*o*	0.1765(6)	0.1568(6)	0.1924(10)	1.0
O6	O^{2-}	16*o*	0.3661(7)	0.1638(7)	0.2454(10)	1.0
K1	K^+	4*f*	0.156(1)	0.5	0	0.42
Ba1	Ba^{2+}	4*f*	0.156(1)	0.5	0	0.04
K2	K^+	4*h*	0.5	0.192(1)	0	0.41
Ba2	Ba^{2+}	4*h*	0.5	0.192(1)	0	0.04
Ca1	Ca^{2+}	4*i*	0.5	0.5	0.275(7)	0.16
K3	K^+	4*i*	0.5	0.5	0.275(7)	0.09
Na1	Na^+	4*i*	0.5	0.5	0.275(7)	0.05
Ca2	Ca^{2+}	8*n*	0.390(9)	0.363(9)	0	0.06
K4	K^+	8*n*	0.390(9)	0.363(9)	0	0.04
Na2	Na^+	8*n*	0.390(9)	0.363(9)	0	0.02

PDF:29-0989(续 1)

d	I/I_0	*hkl*
2.7300	25	341
2.7200	30	033
2.6700	11	422
2.5520	16	251
2.5400	12	521
2.5350	12	233
2.5070	11	440
2.4350	8	350
2.4280	8	530
2.3910	4	143
2.3860	3	413
2.3540	2	600
2.1810	6	532
2.0650	4	253
2.0050	4	550
1.9770	4	701
1.9725	4	015
1.8550	2	730
1.8430	2	453
1.8380	3	543

9-338c 麦钾沸石(Merlinoite)

$K_5Ca_2(Al_9Si_{23}O_{64})\cdot 24H_2O$，2620.78

ICSD:100419(续 2)

Atom		Wcf	x	y	z	Occ
Ca3	Ca^{2+}	8n	0.333(5)	0.380(5)	0	0.10
K5	K^+	8n	0.333(5)	0.380(5)	0	0.06
Na3	Na^+	8n	0.333(5)	0.380(5)	0	0.04
O7	O^{2-}	2b	0.5	0	0	1.0
O8	O^{2-}	4j	0	0.5	0.158(3)	1.0
O9	O^{2-}	8m	0.385(3)	0.5	0.159(5)	0.6
O10	O^{2-}	2c	0.5	0.5	0	0.2
O11	O^{2-}	8n	0.459(7)	0.274(8)	0	0.20
O12	O^{2-}	8n	0.251(5)	0.464(5)	0	0.21
O13	O^{2-}	16o	0.446(6)	0.420(7)	0.062(9)	0.2
O14	O^{2-}	4e	0.443(7)	0.5	0.5	0.44

PDF:29-0989(续 2)

d	I/I_0	hkl
1.7870	6	561
1.7800	14	633
1.7640	6	800
1.7390	3	732
1.7350	3	471
1.7230	5	703
1.7170	5	064
1.7110	5	820
1.6830	2	273
1.6710	5	660
1.6460	4	750
1.5920	5	563
1.5820	4	840
1.5580	3	183
1.5150	2	165
1.4990	2	390
1.4880	4	581
1.4280	2	491
1.4220	3	075
1.4120	2	10 0 0

9-339 丝光沸石(Montesommaite)

$K_{4.5}(Al_{4.5}Si_{11.5}O_{32})(H_2O)_4$，1204.38

Sys.:Tetragonal S.G.:$I4_1/amd$(141) Z:1

a:7.141 c:17.307 Vol.:1882.55

ICSD:40111

Atom		Wcf	x	y	z	Occ
Si1	Si^{4+}	16h	0	0.463(4)	0.090(2)	0.72
Al1	Al^{3+}	16h	0	0.463(4)	0.090(2)	0.28
O1	O^{2-}	8e	0	0.25	0.116(8)	1.0
O2	O^{2-}	16g	0.186(7)	0.436(7)	0.875	1.0
O3	O^{2-}	8c	0	0	0	1.0
K1	K^+	8d	0	0	0.5	0.56
O4	O^{2-}	8e	0	0.25	0.342(15)	0.5

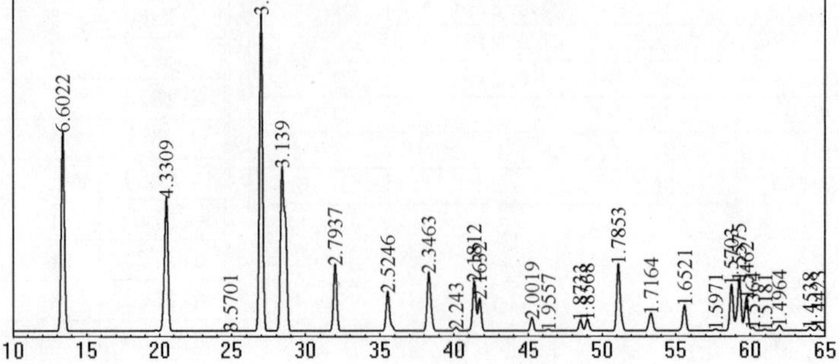

PDF:86-2338

d	I/I_0	hkl
6.6012	928	101
4.4875	5	103
4.3613	170	112
4.3267	429	004
3.5705	4	200
3.3006	999	202
3.1405	521	211
3.1148	391	105
2.7940	200	213
2.5247	134	220
2.5046	16	116
2.3472	167	215
2.3364	63	107
2.2438	19	206
2.1806	107	224
2.1634	80	008
2.0019	37	314
1.9613	2	305
1.9550	3	217
1.8732	30	323

9-340a 片沸石(Heulandite)

$Ca_{3.6}K_{0.8}Al_{8.8}Si_{27.4}O_{72}\cdot 26.1H_2O$，2804.7

Sys.:Monoclinic S.G.:$I2/m(12)$ Z:1

a:17.671 b:17.875 c:7.412 β:116.39 Vol.:22097.24

ICSD:34180

Atom		Wcf	x	y	z	Occ
Si1	Si^{4+}	8j	0.1790(1)	0.1702(1)	0.0957(1)	0.75
Al1	Al^{3+}	8j	0.1790(1)	0.1702(1)	0.0957(1)	0.25
Si2	Si^{4+}	8j	0.2123(1)	0.4101(1)	0.5011(1)	0.6
Al2	Al^{3+}	8j	0.2123(1)	0.4101(1)	0.5011(1)	0.4
Si3	Si^{4+}	8j	0.2084(1)	0.1907(1)	0.7170(1)	0.75
Al3	Al^{3+}	8j	0.2084(1)	0.1907(1)	0.7170(1)	0.25

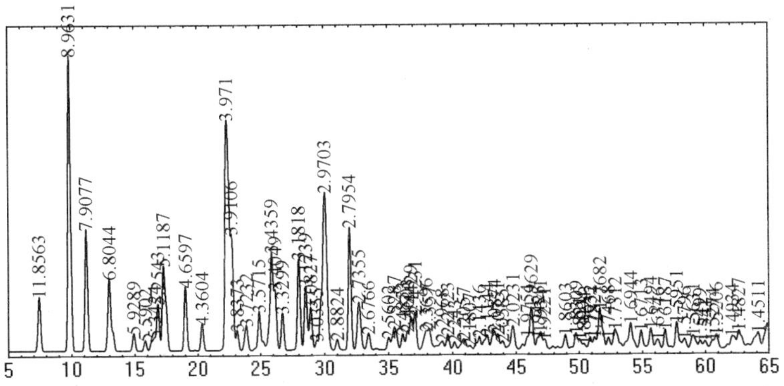

PDF:53-1176		
d	I/I_0	hkl
8.9342	100	020
7.9140	41	200
6.7839	25	$\bar{2}01$
6.6371	12	001
5.3307	7	021
5.2431	24	$\bar{3}11$
5.1111	27	111
5.0619	14	310
4.6441	28	$\bar{1}31$
4.3554	9	$\bar{4}01$
3.9742	64	131
3.9567	19	400
3.9498	33	330
3.9154	19	$\bar{4}21$
3.8918	32	240
3.8322	9	221
3.7048	9	$\bar{2}02$
3.5575	14	$\bar{3}12$
3.4650	6	$\bar{5}11$
3.4218	33	$\bar{2}22$

9-340b 片沸石(Heulandite)

$Ca_{3.6}K_{0.8}Al_{8.8}Si_{27.4}O_{72}\cdot 26.1H_2O$，2804.7

ICSD:34180(续)

Atom		Wcf	x	y	z	Occ
Si4	Si^{4+}	8j	0.0650(1)	0.2990(1)	0.4120(1)	1.0
Si5	Si^{4+}	4g	0	0.2144(1)	0	1.0
O1	O^{2-}	4i	0.1969(3)	0.5	0.4586(7)	1.0
O2	O^{2-}	8j	0.2322(2)	0.1200(2)	0.6140(5)	1.0
O3	O^{2-}	8j	0.1835(2)	0.1549(2)	0.8855(5)	1.0
O4	O^{2-}	8j	0.2369(2)	0.1069(2)	0.2530(4)	1.0
O5	O^{2-}	4h	0	0.3250(3)	0.5	1.0
O6	O^{2-}	8j	0.0819(2)	0.1602(2)	0.0618(4)	1.0
O7	O^{2-}	8j	0.1278(2)	0.2348(2)	0.5488(5)	1.0
O8	O^{2-}	8j	0.0096(2)	0.2678(2)	0.1851(5)	1.0
O9	O^{2-}	8j	0.2102(2)	0.2539(2)	0.1771(5)	1.0
O10	O^{2-}	8j	0.1156(2)	0.3730(2)	0.4012(5)	1.0
O11	O^{2-}	4i	0.2244(4)	0.5	−0.002(1)	1.0
O12	O^{2-}	4i	0.0849(13)	0	0.8721(31)	0.5
O13	O^{2-}	8j	0.0773(3)	0.4197(3)	0.9687(8)	0.9
O14	O^{2-}	2d	0	0.5	0.5	1.0
O15	O^{2-}	8j	0.0278(9)	0.0868(9)	0.5013(26)	0.3
O16	O^{2-}	4i	0.0951(9)	0	0.2879(23)	0.5
O17	O^{2-}	4i	0.0702(38)	0	0.2034(89)	0.25
Na1	Na^{+}	4i	0.1526(3)	0	0.6612(7)	0.275
Ca1	Ca^{2+}	4i	0.1526(3)	0	0.6612(7)	0.275
Ca2	Ca^{2+}	4i	0.0401(2)	0.5	0.2106(5)	0.45

PDF:53-1176(续)		
d	I/I_0	hkl
3.3924	18	$\bar{4}02$
3.3204	13	002
3.1710	33	$\bar{4}22$
3.1189	25	$\bar{4}41$
3.0717	17	$\bar{1}32$
2.9951	17	$\bar{3}51$
2.9698	37	151
2.9593	32	350
2.9516	16	112
2.8820	5	401
2.7959	33	530
2.7934	15	$\bar{6}21$
2.7280	7	$\bar{2}61$
2.7183	6	061
2.4378	8	261
2.4219	7	441
2.4182	7	$\bar{7}12$
2.3637	6	$\bar{4}23$
2.0868	5	621
1.9573	10	$\bar{1}53$

9-341a 斜发沸石(Clinoptilolite)

$KNa_2Ca_2(Si_{29}Al_7)O_{72}\cdot 24H_2O$, 2752.91

Sys.: Monoclinic S.G.: $I2/m$(12) Z: 1

a: 17.671 b: 17.912 c: 7.41 β: 116.37 Vol.: 22101.38

ICSD: 87846

Atom		Wcf	x	y	z	Occ
Si1	Si^{4+}	8j	0.1783(4)	0.1704(4)	0.0982(11)	0.812
Al1	Al^{3+}	8j	0.1783(4)	0.1704(4)	0.0982(11)	0.188
Si2	Si^{4+}	8j	0.2119(5)	0.4118(4)	0.5060(11)	0.812
Al2	Al^{3+}	8j	0.2119(5)	0.4118(4)	0.5060(11)	0.188
Si3	Si^{4+}	8j	0.2098(5)	0.1914(4)	0.7103(10)	0.812

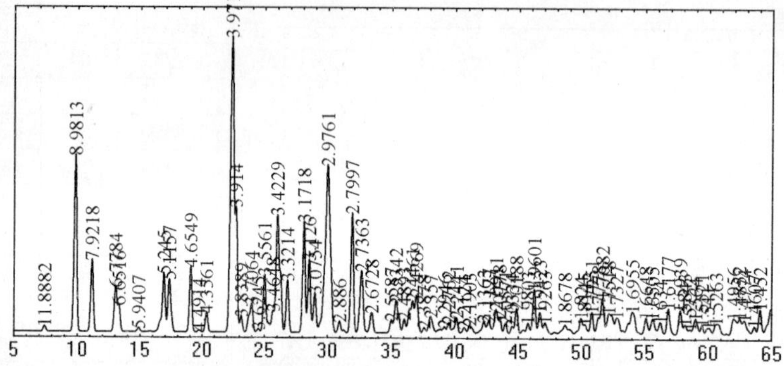

PDF: 39-1383

d	I/I_0	hkl
8.9500	100	020
7.9300	13	200
6.7800	9	$20\bar{1}$
5.9400	3	220
5.5900	5	130
5.2400	10	$31\bar{1}$
5.1200	12	11
4.6500	19	$13\bar{1}$
4.3500	5	$40\bar{1}$
3.9760	61	131
3.9550	63	400
3.9550	63	330
3.9050	48	240
3.8350	7	221
3.7380	6	$24\bar{1}$
3.7070	5	041
3.5540	9	$31\bar{2}$
3.5130	4	$11\bar{2}$
3.4240	18	$22\bar{2}$
3.3920	12	$40\bar{2}$

9-341b 斜发沸石(Clinoptilolite)

$KNa_2Ca_2(Si_{29}Al_7)O_{72}\cdot 24H_2O$, 2752.91

ICSD: 87846(续 1)

Atom		Wcf	x	y	z	Occ
Al3	Al^{3+}	8j	0.2098(5)	0.1914(4)	0.7103(10)	0.188
Si4	Si^{4+}	8j	0.0686(4)	0.2998(4)	0.4192(10)	0.812
Al4	Al^{3+}	8j	0.0686(4)	0.2998(4)	0.4192(10)	0.188
Si5	Si^{4+}	4g	0	0.2185(5)	0	0.812
Al5	Al^{3+}	4g	0	0.2185(5)	0	0.188
O1	O^{2-}	4i	0.1941(12)	0.5	0.4597(27)	1.0
O2	O^{2-}	8j	0.2316(8)	0.1242(6)	0.6019(19)	1.0
O3	O^{2-}	8j	0.1842(10)	0.1575(7)	0.8819(18)	1.0
O4	O^{2-}	8j	0.2323(8)	0.1046(7)	0.2493(16)	1.0
O5	O^{2-}	4h	0	0.3275(11)	0.5	1.0
O6	O^{2-}	8j	0.0785(6)	0.1599(6)	0.0599(20)	1.0
O7	O^{2-}	8j	0.1265(7)	0.2342(7)	0.5573(19)	1.0
O8	O^{2-}	8j	0.0114(7)	0.2769(6)	0.1830(15)	1.0
O9	O^{2-}	8j	0.2113(8)	0.2526(7)	0.1843(19)	1.0
O10	O^{2-}	8j	0.1169(7)	0.3764(6)	0.4214(21)	1.0
Na1	Na^{+}	4i	0.138(5)	0	0.692(10)	0.33
Ca1	Ca^{2+}	4i	0.047(1)	0.5	0.196(3)	0.43

PDF: 39-1383(续 1)

d	I/I_0	hkl
3.3160	6	002
3.1700	16	$42\bar{2}$
3.1200	15	$44\bar{1}$
3.0740	9	$13\bar{2}$
2.9980	18	$35\bar{1}$
2.9710	47	151
2.7950	16	530
2.7950	16	$62\bar{1}$
2.7300	16	$26\bar{1}$
2.6670	4	202
2.6670	4	042
2.5270	6	620
2.5270	6	170
2.4850	3	351
2.4850	3	$71\bar{1}$
2.4580	3	$64\bar{1}$
2.4370	8	261
2.4370	8	511
2.4220	5	441
2.3190	2	$37\bar{1}$

9-341c 斜发沸石(Clinoptilolite)

$KNa_2Ca_2(Si_{29}Al_7)O_{72}\cdot 24H_2O$，2752.91

ICSD:87846(续 2)

Atom		Wcf	x	y	z	Occ
K1	K^+	$4i$	0.242(2)	0.5	0.041(4)	0.32
Mg1	Mg^{2+}	$2c$	0	0	0.5	0.26
O11	O^{2-}	$4i$	0.321(4)	0	0.073(4)	0.68
O12	O^{2-}	$4i$	0.131(6)	0	0.926(14)	0.30
O13	O^{2-}	$8j$	0.081(1)	0.414(1)	0.961(3)	1.00
O14	O^{2-}	$2d$	0.5	0	0.5	1.0
O15	O^{2-}	$8j$	0.016(2)	0.096(2)	0.414(5)	0.50
O16	O^{2-}	$4i$	0.091(6)	0	0.316(13)	0.50
O17	O^{2-}	$4i$	0.085(6)	0	0.704(11)	0.50
O18	O^{2-}	$4i$	0.051(4)	0	0.099(10)	0.49
O19	O^{2-}	$4i$	0.149(6)	0	0.624(18)	0.48
O20	O^{2-}	$4i$	0.008(11)	0	0.753(21)	0.26

PDF:39-1383(续 2)

d	I/I_0	hkl
2.0890	3	$37\bar{2}$
2.0890	3	621
2.0560	2	113
2.0560	2	371
2.0160	2	$64\bar{3}$
2.0160	2	$75\bar{2}$
1.9740	4	190

9-342a 辉沸石(Stilbite)

$Ca_4Al_9Si_{27}O_{72}\cdot 32H_2O$，2889.91

Sys.:Monoclinic　S.G.:$C2/m$(12)　Z:1

a:13.595　b:18.306　c:11.238　β:127.53　Vol.:22217.96

ICSD:31200

Atom		Wcf	x	y	z	Occ
Al1	Al^{3+}	$8j$	0.99309(10)	0.19272(7)	0.25505(12)	0.2347
Si1	Si^{4+}	$8j$	0.99309(10)	0.19272(7)	0.25505(12)	0.6566
Al2	Al^{3+}	$8j$	0.26117(10)	0.30682(7)	0.25557(11)	0.2367
Si2	Si^{4+}	$8j$	0.26117(10)	0.30682(7)	0.25557(11)	0.6621
Al3	Al^{3+}	$8j$	0.2000(1)	0.08843(6)	0.49954(12)	0.2633
Si3	Si^{4+}	$8j$	0.2000(1)	0.08843(6)	0.49954(13)	0.7367
Al4	Al^{3+}	$8j$	0.11365(9)	0.31659(6)	0.50045(11)	0.2633

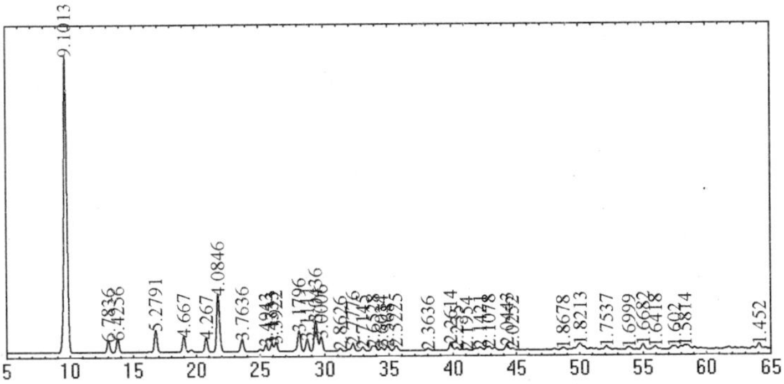

PDF:22-0518

d	I/I_0	hkl
9.1500	50	020
5.3100	6	130
4.6600	26	$\bar{2}22$
4.2700	6	$\bar{3}11$
4.0600	100	131
4.0100	10	022
3.7400	10	$\bar{2}03$
3.5000	4	141
3.4000	16	$\bar{4}02$
3.1900	20	042
3.1000	6	$\bar{3}30$
3.0400	45	$\bar{1}52$
2.8850	4	241
2.7770	20	$\bar{3}14$

9-342b 辉沸石(Stilbite)

$Ca_4Al_9Si_{27}O_{72}\cdot 32H_2O$，2889.91

ICSD:31200(续)

Atom		Wcf	*x*	*y*	*z*	Occ
Si4	Si^{4+}	8*j*	0.11365(9)	0.31659(6)	0.50045(11)	0.7367
Al5	Al^{3+}	4*g*	0	0.25007(9)	0	0.2633
Si5	Si^{4+}	4*g*	0	0.25007(9)	0	0.7367
O1	O^{2-}	8*j*	0.9804(3)	0.1987(2)	0.1018(2)	1.0
O2	O^{2-}	8*j*	0.1203(2)	0.3021(2)	0.1050(3)	1.0
O3	O^{2-}	8*j*	0.0617(3)	0.2668(2)	0.3557(3)	1.0
O4	O^{2-}	8*j*	0.0693(3)	0.1189(2)	0.3500(3)	1.0
O5	O^{2-}	8*j*	0.2927(3)	0.2325(2)	0.3535(3)	1.0
O6	O^{2-}	8*j*	0.2812(3)	0.3790(2)	0.3521(3)	1.0
O7	O^{2-}	8*j*	0.3513(3)	0.3123(2)	0.2054(3)	1.0
O8	O^{2-}	8*j*	0.3182(3)	0.1103(2)	0.4996(3)	1.0
O9	O^{2-}	4*i*	0.1871(4)	0	0.5028(5)	1.0
O10	O^{2-}	4*h*	0	0.3460(2)	0.5	1.0
Na1	Na^+	8*j*	0.2323(12)	0.2780(7)	−0.0339(14)	0.1813
Na2	Na^+	2*d*	0	0.5	0.5	0.87
Na3	Na^+	4*i*	0.3860(7)	0.5	0.2702(8)	0.695
Al6	Al^{3+}	8*j*	0.0960(12)	0.2039(8)	0.2918(14)	0.0204
Si6	Si^{4+}	8*j*	0.0960(12)	0.2039(8)	0.2918(14)	0.0571
Al7	Al^{3+}	8*j*	0.1936(13)	0.2955(8)	0.2954(15)	0.0175
Si7	Si^{4+}	8*j*	0.1936(13)	0.2955(8)	0.2954(15)	0.0488

PDF:22-0518

d	I/I_0	*hkl*

9-343a 淡红沸石(Stellerite)

$Ca_2Al_4Si_{14}O_{36}\cdot 14H_2O$，1409.47

Sys.:Orthorhombic S.G.:*Fmmm*(69) *Z*:1

a:13.599 *b*:18.222 *c*:17.863 Vol.:14426.47

ICSD:4395

Atom		Wcf	*x*	*y*	*z*	Occ
Ca1	Ca^{2+}	8*i*	0.5	0	0.2910(2)	0.9154
Si1	Si^{4+}	32*p*	0.3857(2)	0.3072(1)	0.3769(1)	1.0
Si2	Si^{4+}	16*o*	0.3013(3)	0.4112(1)	0.5	1.0
Si3	Si^{4+}	16*o*	0.3883(3)	0.1833(1)	0.5	1.0
Si4	Si^{4+}	8*f*	0.25	0.25	0.25	1.0

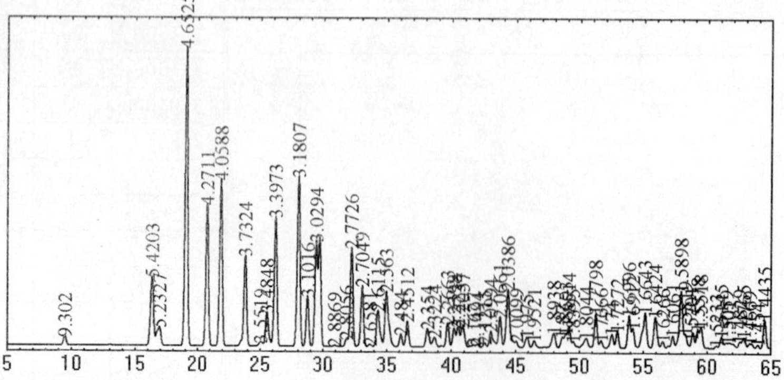

PDF:25-0124

d	I/I_0	*hkl*
9.0300	100	020
6.3700	1	022
5.4400	2	220
5.4100	3	202
5.2900	4	131
4.6600	15	222
4.5600	4	040
4.4700	2	004
4.2800	6	311
4.0600	45	133
4.0100	6	024
3.7800	1	240
3.7300	5	204
3.4800	3	242
3.4000	7	400
3.1800	7	402
3.1000	3	333
3.0300	25	153
3.0000	10	422
2.9760	1	006

9-343b 淡红沸石(Stellerite)

$Ca_2Al_4Si_{14}O_{36}\cdot 14H_2O$，1409.47

ICSD:4395(续)

Atom		Wcf	*x*	*y*	*z*	Occ
O1	O^{2-}	32*p*	0.3175(6)	0.3046(3)	0.3018(3)	1.0
O2	O^{2-}	32*p*	0.3721(6)	0.2321(3)	0.4251(3)	1.0
O3	O^{2-}	32*p*	0.3577(6)	0.3802(3)	0.4239(3)	1.0
O4	O^{2-}	16*m*	0.5	0.3141(4)	0.3493(5)	1.0
O5	O^{2-}	16*o*	0.3135(8)	0.1129(4)	0.5	1.0
O6	O^{2-}	8*g*	0.3100(11)	0.5	0.5	1.0
O7	O^{2-}	8*h*	0.5	0.1495(6)	0.5	1.0
O8	O^{2-}	32*p*	0.395(3)	0.098(2)	0.313(2)	0.2
O9	O^{2-}	16*m*	0.5	0.128(1)	0.303(1)	0.80
O10	O^{2-}	16*n*	0.459(2)	0	0.423(1)	0.37
O11	O^{2-}	16*n*	0.376(5)	0	0.390(3)	0.45
O12	O^{2-}	16*n*	0.459(2)	0.5	0.339(1)	0.43
O13	O^{2-}	16*n*	0.368(3)	0.5	0.312(2)	0.62
O14	O^{2-}	32*p*	0.321(5)	0.056(3)	0.288(3)	0.2

PDF:25-0124(续)

d	I/I_0	*hkl*
2.8750	2	062
2.8270	1	026
2.8040	1	351
2.7710	8	260
2.7030	2	404
2.6080	2	442
2.5620	4	353
2.5460	1	335
2.5320	1	171
2.5120	1	064
2.5080	1	155
2.4940	2	046
2.4850	2	117
2.4520	1	513
2.3510	2	173
2.3180	1	137
2.2670	1	600
2.2390	1	371
2.2330	1	008
2.2230	1	355

9-344a 板沸石(Barrerite)

$(Na,K,Ca)_2(Si,Al)_9O_{18}\cdot 7H_2O$，712.84

Sys.:Orthorhombic　S.G.:*Ccmm*(63)　*Z*:1

a:13.643　*b*:18.2　*c*:17.842　Vol.:4430.22

ICSD:4396

Atom		Wcf	*x*	*y*	*z*	Occ
Na1	Na^+	4*c*	0.25	0	0.0417(5)	0.72
Na2	Na^+	4*c*	0.25	0	0.4558(3)	0.61
Na3	Na^+	16*h*	0.0482(24)	0.0624(9)	0.0446(18)	0.14
Na4	Na^+	16*h*	0.0369(18)	0.0634(15)	0.4792(14)	0.25
Na5	Na^+	8*f*	0.1611(26)	0	0.2386(31)	0.25

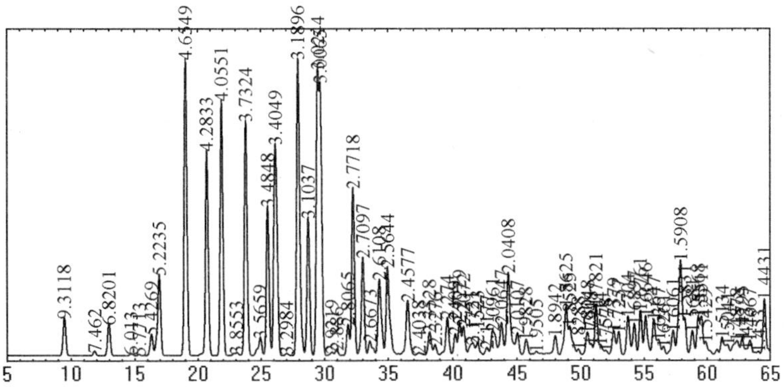

PDF:29-1185

d	I/I_0	*hkl*
9.1000	100	020
6.8300	4	200
5.3010	6	131
5.2270	5	113
4.6590	20	222
4.5520	6	040
4.4610	3	004
4.2850	12	311
4.0540	100	042
4.0060	13	024
3.7320	12	204
3.5660	1	051
3.4830	12	242
3.4080	11	400
3.3930	11	115
3.1890	16	402
3.1030	7	333
3.0280	80	153
3.0040	25	324
2.9740	4	006

9-344b 板沸石(Barrerite)

$(Na,K,Ca)_2(Si,Al)_9O_{18}\cdot 7H_2O$, 712.84

ICSD:4396(续 1)

Atom		Wcf	*x*	*y*	*z*	Occ
Si1	Si^{4+}	16*h*	0.1356(1)	0.3037(1)	0.1248(1)	0.812
Si2	Si^{4+}	16*h*	0.1363(1)	0.3122(1)	0.3724(1)	0.812
Si3	Si^{4+}	16*h*	0.0512(1)	0.4110(1)	0.2433(1)	0.812
Si4	Si^{4+}	16*h*	0.1386(1)	0.1846(1)	0.2541(1)	0.812
Si5	Si^{4+}	8*e*	0	0.2399(1)	0	0.812
Al1	Al^{3+}	16*h*	0.1356(1)	0.3037(1)	0.1248(1)	0.188
Al2	Al^{3+}	16*h*	0.1363(1)	0.3122(1)	0.3724(1)	0.188
Al3	Al^{3+}	16*h*	0.0512(1)	0.4110(1)	0.2433(1)	0.188
Al4	Al^{3+}	16*h*	0.1386(1)	0.1846(1)	0.2541(1)	0.188
Al5	Al^{3+}	8*e*	0	0.2399(1)	0	0.188
O1	O^{2-}	16*h*	0.0699(3)	0.2937(2)	0.0495(2)	1.0
O2	O^{2-}	16*h*	0.0664(3)	0.3136(2)	0.4475(2)	1.0
O3	O^{2-}	16*h*	0.1195(3)	0.2338(2)	0.1806(2)	1.0
O4	O^{2-}	16*h*	0.1247(3)	0.2331(2)	0.3299(2)	1.0
O5	O^{2-}	16*h*	0.1062(3)	0.3806(2)	0.1677(2)	1.0
O6	O^{2-}	16*h*	0.1060(3)	0.3810(2)	0.3188(2)	1.0
O7	O^{2-}	8*g*	0.25	0.3104(3)	0.0971(3)	1.0
O8	O^{2-}	8*g*	0.25	0.3219(3)	0.4007(3)	1.0
O9	O^{2-}	16*h*	0.0656(2)	0.1142(2)	0.2550(2)	1.0

PDF:29-1185(续 1)

d	I/I_0	*hkl*
2.8850	2	244
2.8710	3	062
2.8240	3	253
2.8050	3	235
2.7730	20	260
2.7270	3	206
2.7090	3	404
2.6090	4	344
2.5630	6	353
2.5240	1	017
2.5070	5	522
2.4874	3	306
2.3535	3	264
2.3470	3	173
2.2741	1	600
2.2665	1	460
2.2250	3	355
2.2037	2	602
2.1637	1	028
2.1215	4	208

9-344c 板沸石(Barrerite)

$(Na,K,Ca)_2(Si,Al)_9O_{18}\cdot 7H_2O$, 712.84

ICSD:4396(续 2)

Atom		Wcf	*x*	*y*	*z*	Occ
O10	O^{2-}	8*f*	0.0546(4)	0.5	0.2435(3)	1.0
O11	O^{2-}	8*g*	0.25	0.1508(3)	0.2540(3)	1.0
O12	O^{2-}	16*h*	0.1911(22)	0.116(1)	0.0519(9)	0.49
O13	O^{2-}	16*h*	0.0894(14)	0.0824(11)	0.4356(10)	0.41
O14	O^{2-}	8*g*	0.25	0.1259(11)	0.0557(10)	0.32
O15	O^{2-}	8*g*	0.25	0.1313(6)	0.4421(6)	0.91
O16	O^{2-}	8*f*	0.1750(22)	0	0.1764(16)	0.38
O17	O^{2-}	8*f*	0.2177(14)	0	0.3221(10)	0.46
O18	O^{2-}	8*f*	0.0915(23)	0	0.1217(17)	0.5
O19	O^{2-}	8*f*	0.1479(23)	0	0.3869(18)	0.5
O20	O^{2-}	8*f*	0.2174(21)	0.5	0.0917(15)	0.20
O21	O^{2-}	8*f*	0.1966(19)	0.5	0.4154(12)	0.42
O22	O^{2-}	8*f*	0.1251(10)	0.5	0.0607(7)	0.83
O23	O^{2-}	8*f*	0.0814(21)	0.5	0.4349(13)	0.50
O24	O^{2-}	4*c*	0.25	0.5	0.1615(34)	0.5
O25	O^{2-}	4*c*	0.25	0.5	0.3615(7)	0.5

PDF:29-1185(续 2)

d	I/I_0	*hkl*
2.0965	3	282
2.0843	1	337
2.0752	1	175
2.0621	3	157
2.0395	2	535
2.0338	3	640
2.0253	3	604
2.0180	2	464
2.0124	1	446
1.8926	3	480
1.8702	1	571
1.8640	2	722
1.8595	2	555
1.8545	2	517
1.8366	1	391
1.8192	17	660
1.8040	4	177

9-345a 钠沸石(Natrolite)

$Na_2Al_2Si_3O_{10}\cdot 2H_2O$, 380.22

Sys.:Orthorhombic S.G.:*Fdd*2(43) *Z*:8

a:18.3006 *b*:18.659 *c*:6.5885 Vol.:2249.78

ICSD:69409

Atom		Wcf	*x*	*y*	*z*	Occ
Na1	Na^+	16*b*	0.22082(14)	0.03054(14)	0.61746(66)	1.0
Si1	Si^{4+}	8*a*	0	0	0	0.92
Al1	Al^{3+}	8*a*	0	0	0	0.08
Si2	Si^{4+}	16*b*	0.15339(8)	0.21138(8)	0.62316(47)	0.92

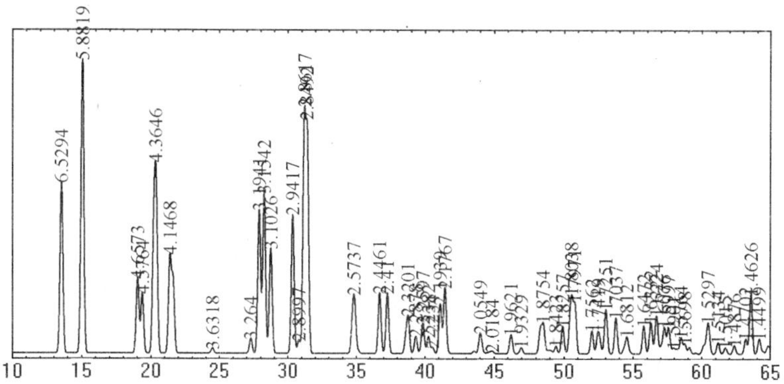

PDF:45-1413		
d	I/I_0	*hkl*
6.5448	52	220
5.8931	100	111
4.6702	21	040
4.5813	14	400
4.3963	37	131
4.3563	41	311
4.1587	24	240
4.1096	16	420
3.6355	2	331
3.2680	4	440
3.1998	34	151
3.1547	34	511
3.1057	25	022
2.9435	35	260
2.9435	35	222
2.9005	4	620
2.8683	54	351
2.8471	47	531
2.5829	8	242
2.5705	12	460

9-345b 钠沸石(Natrolite)

$Na_2Al_2Si_3O_{10}\cdot 2H_2O$, 380.22

ICSD:69409(续)

Atom		Wcf	*x*	*y*	*z*	Occ
Al2	Al^{3+}	16*b*	0.15339(8)	0.21138(8)	0.62316(47)	0.08
Si3	Si^{4+}	16*b*	0.03740(9)	0.09378(9)	0.61532(49)	0.12
Al3	Al^{3+}	16*b*	0.03740(9)	0.09378(9)	0.61532(49)	0.88
O1	O^{2-}	16*b*	0.02266(24)	0.06857(23)	0.86591(95)	1.0
O2	O^{2-}	16*b*	0.07002(21)	0.18177(22)	0.60982(89)	1.0
O3	O^{2-}	16*b*	0.09821(24)	0.03506(23)	0.50069(92)	1.0
O4	O^{2-}	16*b*	0.20680(23)	0.15280(24)	0.72596(87)	1.0
O5	O^{2-}	16*b*	0.18047(24)	0.22735(26)	0.38976(93)	1.0
O6	O^{2-}	16*b*	0.05638(30)	0.18962(30)	0.1115(11)	1.0
H1	H^+	16*b*	0.0535	0.1498	0.0617	1.0
H2	H^+	16*b*	0.0919	0.1896	0.1756	1.0

PDF:45-1413(续)		
d	I/I_0	*hkl*
2.5705	12	422
2.5534	1	640
2.4498	14	171
2.4108	13	711
2.3332	3	080
2.3199	8	442
2.2881	3	800
2.2622	6	731
2.2622	6	062
2.2386	3	602
2.2228	2	820
2.1961	11	262
2.1775	13	660
2.1775	13	622
2.1652	1	113
2.0779	1	480
2.0543	4	840
2.0543	4	313
2.0183	1	642
1.9669	2	191

9-346a 中沸石(Mesolite)

$Na_2Ca_2Al_6Si_9O_{30} \cdot 8H_2O$，1164.9

Sys.:Orthorhombic　S.G.:*Fdd*2(43)　*Z*:8

a:56.7　*b*:6.53　*c*:18.47　Vol.:16838.54

ICSD:90038

Atom		Wcf	*x*	*y*	*z*	Occ
Si1	Si^{4+}	8*a*	0.75	0.75	0	1.0
Si2	Si^{4+}	16*b*	0.00431(2)	0.83181(5)	0.2775(1)	1.0
Si3	Si^{4+}	16*b*	0.15500(2)	0.76431(5)	0.8722(1)	1.0
Si4	Si^{4+}	16*b*	0.08791(2)	0.84687(5)	0.6522(1)	1.0
Si5	Si^{4+}	16*b*	0.90185(2)	0.81979(5)	0.6506(1)	1.0

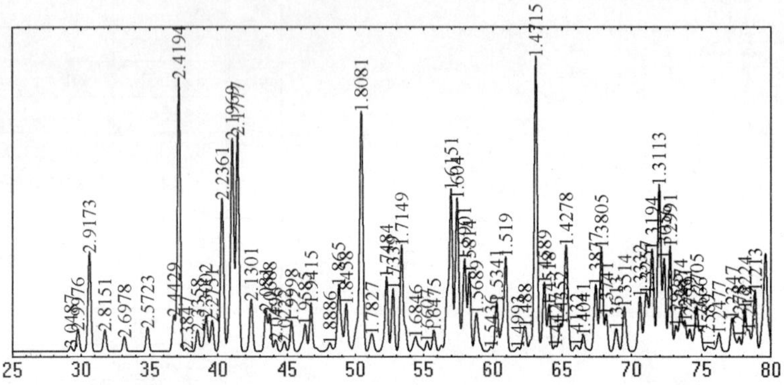

PDF:24-1064

d	I/I_0	*hkl*
6.6000	60	602
6.1500	10	111
5.9000	65	311
5.4000	10	511
4.9300	4	711
4.7200	45	1200
4.6200	30	004
4.4100	55	911
4.3700	45	313
4.2100	30	1202
4.1500	18	604
3.9500	8	1111
3.9300	10	713
3.8600	8	804
3.6500	8	913
3.5600	4	1311
3.3700	6	1113
3.3000	8	1204
3.2300	30	1511
3.1700	30	315

9-346b 中沸石(Mesolite)

$Na_2Ca_2Al_6Si_9O_{30} \cdot 8H_2O$，1164.9

ICSD:90038(续 1)

Atom		Wcf	*x*	*y*	*z*	Occ
Al1	Al^{3+}	16*b*	0.78692(2)	0.78024(5)	0.6131(1)	1.0
Al2	Al^{3+}	16*b*	0.95151(2)	0.86235(5)	0.8930(1)	1.0
Al3	Al^{3+}	16*b*	0.03627(2)	0.80211(5)	0.8930(1)	1.0
O1	O^{2-}	16*b*	0.02290(5)	0.80807(2)	0.1523(2)	1.0
O2	O^{2-}	16*b*	0.98495(6)	0.85318(2)	0.1283(2)	1.0
O3	O^{2-}	16*b*	0.76808(6)	0.77289(2)	0.8649(2)	1.0
O4	O^{2-}	16*b*	0.82359(5)	0.80834(2)	0.5965(2)	1.0
O5	O^{2-}	16*b*	0.16645(5)	0.85931(2)	0.6711(2)	1.0
O6	O^{2-}	16*b*	0.07259(5)	0.77381(2)	0.8636(2)	1.0
O7	O^{2-}	16*b*	0.09621(5)	0.82336(2)	0.7947(2)	1.0
O8	O^{2-}	16*b*	0.88932(5)	0.84186(2)	0.8016(2)	1.0
O9	O^{2-}	16*b*	0.84344(5)	0.75870(2)	0.5153(2)	1.0
O10	O^{2-}	16*b*	0.20948(5)	0.78462(2)	0.9593(2)	1.0
O11	O^{2-}	16*b*	0.02187(5)	0.86354(2)	0.7179(2)	1.0
O12	O^{2-}	16*b*	0.95582(5)	0.80064(2)	0.7530(2)	1.0
O13	O^{2-}	16*b*	0.93731(5)	0.82794(2)	0.4339(2)	1.0

PDF:24-1064(续 1)

d	I/I_0	*hkl*
3.0900	20	515
2.9880	4	715
2.9400	45	1711
2.8940	100	1513
2.8660	70	915
2.7300	4	1115
2.5780	10	1222
2.4740	14	2111
2.4230	16	317
2.3620	4	2400
2.3150	8	1715
2.2920	6	2402
2.2700	12	1820
2.2380	10	026
2.2010	25	1822
2.1810	8	626
2.1320	4	1624
2.1030	4	2404
2.0890	4	731
2.0710	4	2115

9-346c 中沸石(Mesolite)

$Na_2Ca_2Al_6Si_9O_{30}\cdot 8H_2O$，1164.9

ICSD:90038(续 2)

Atom		Wcf	x	y	z	Occ
O14	O^{2-}	16*b*	0.07621(5)	0.83890(2)	0.4132(2)	1.0
O15	O^{2-}	16*b*	0.18021(5)	0.75698(2)	0.6416(2)	1.0
Na1	Na^{+}	16*b*	0.96747(3)	0.76095(1)	0.6316(2)	1.0
Ca1	Ca^{2+}	16*b*	0.22803(1)	0.82739(5)	0.8815(1)	1.0
O16	O^{2-}	16*b*	0.7815(1)	0.81608(3)	0.0760(3)	1.0
O17	O^{2-}	16*b*	0.20078(8)	0.84820(3)	0.1835(3)	1.0
O18	O^{2-}	16*b*	0.05341(7)	0.76845(2)	0.3771(3)	1.0
O19	O^{2-}	16*b*	0.81792(6)	0.85685(2)	0.3648(3)	1.0
H1	H^{+}	16*b*	0.773(1)	0.8044(3)	0.009(5)	1.0
H2	H^{+}	16*b*	0.823(1)	0.8199(7)	0.038(8)	1.0
H3	H^{+}	16*b*	0.160(1)	0.8435(6)	0.234(6)	1.0
H4	H^{+}	16*b*	0.217(1)	0.8568(5)	0.269(4)	1.0
H5	H^{+}	16*b*	0.046(1)	0.7821(3)	0.316(5)	1.0
H6	H^{+}	16*b*	0.095(1)	0.7697(4)	0.430(5)	1.0
H7	H^{+}	16*b*	0.862(1)	0.8540(6)	0.315(8)	1.0
H8	H^{+}	16*b*	0.805(2)	0.8713(4)	0.330(9)	1.0

PDF:24-1064(续 2)

d	I/I_0	hkl
2.0440	7	931
1.9970	4	1131
1.9890	4	733
1.9560	5	2315
1.9100	3	1133
1.8690	8	428
1.8520	8	3002

9-347a 钙沸石(Scolecite)

$CaAl_2Si_3O_{10}\cdot 3H_2O$，392.34

Sys.:Monoclinic　S.G.:*Cc*(9)　*Z*:8

a:18.48　*b*:18.96　*c*:6.548　*β*:90.75　Vol.:2294.1

ICSD:30804

Atom		Wcf	x	y	z	Occ
Si1	Si^{4+}	8*a*	0	0.00438(7)	0	1.0
Si2	Si^{4+}	8*a*	0.14964(8)	0.20681(7)	0.6197(2)	1.0
Si3	Si^{4+}	8*a*	−0.16558(8)	−0.20765(7)	0.6250(2)	1.0
Al1	Al^{3+}	8*a*	0.03279(9)	0.09168(8)	0.6107(3)	1.0
Al2	Al^{3+}	8*a*	−0.04985(9)	−0.08722(9)	0.6154(3)	1.0

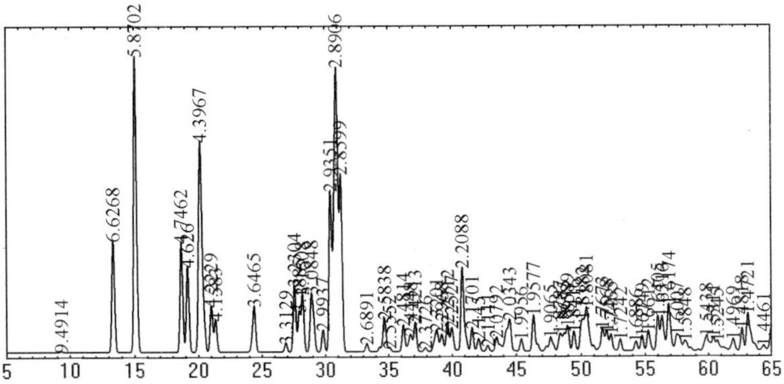

PDF:41-1355

d	I/I_0	hkl
6.6320	100	220
5.8700	59	$11\bar{1}$
4.7410	74	040
4.6240	49	400
4.4010	35	131
4.3840	37	$31\bar{1}$
4.3390	8	311
4.2180	31	240
4.1560	20	420
3.6430	10	331
3.3080	4	440
3.2220	14	151
3.1870	10	$51\bar{1}$
3.1580	14	511
3.0830	7	$20\bar{2}$
3.0650	4	202
2.9910	12	260
2.9340	31	$22\bar{2}$
2.9340	31	620
2.9020	40	$35\bar{1}$

9-347b 钙沸石(Scolecite)

$CaAl_2Si_3O_{10}\cdot 3H_2O$，392.34

ICSD:30804(续)

Atom		Wcf	*x*	*y*	*z*	Occ
O1	O^{2-}	8*a*	0.01586(7)	0.07440(6)	0.8682(2)	1.0
O2	O^{2-}	8*a*	−0.01706(7)	−0.06189(6)	0.8557(2)	1.0
O3	O^{2-}	8*a*	0.07071(6)	0.17454(6)	0.5749(2)	1.0
O4	O^{2-}	8*a*	−0.08738(6)	−0.17097(6)	0.6395(2)	1.0
O5	O^{2-}	8*a*	0.09207(6)	0.02618(6)	0.5237(2)	1.0
O6	O^{2-}	8*a*	−0.10754(6)	−0.02053(6)	0.5303(2)	1.0
O7	O^{2-}	8*a*	0.20445(6)	0.14628(6)	0.7085(2)	1.0
O8	O^{2-}	8*a*	−0.23041(6)	−0.15649(6)	0.6869(2)	1.0
O9	O^{2-}	8*a*	0.18274(6)	0.23351(6)	0.4024(2)	1.0
O10	O^{2-}	8*a*	−0.17841(6)	−0.23515(6)	0.3886(2)	1.0
O11	O^{2-}	8*a*	0.02959(10)	0.20108(8)	0.0616(2)	1.0
O12	O^{2-}	8*a*	−0.05416(9)	−0.20522(9)	0.1633(2)	1.0
O13	O^{2-}	8*a*	0.06289(9)	0.32057(7)	0.3577(2)	1.0
H1	H^{+}	8*a*	0.02608(16)	0.15595(14)	−0.0059(4)	1.0
H2	H^{+}	8*a*	0.06191(20)	0.22954(17)	−0.0167(5)	1.0
H3	H^{+}	8*a*	−0.09260(16)	−0.21643(16)	0.2548(4)	1.0
H4	H^{+}	8*a*	−0.02131(18)	−0.17597(19)	0.2368(5)	1.0
H5	H^{+}	8*a*	0.11235(16)	0.31614(17)	0.3353(5)	1.0
H6	H^{+}	8*a*	0.04938(15)	0.36853(13)	0.3779(4)	1.0
Ca1	Ca^{2+}	8*a*	0.22378(8)	0.01824(7)	0.6141(2)	1.0

PDF:41-1355(续)

d	I/I_0	*hkl*
2.8890	54	351
2.8820	48	$53\bar{1}$
2.8580	42	531
2.6070	3	460
2.5840	9	$24\bar{2}$
2.5840	9	640
2.5790	7	$42\bar{2}$
2.4790	8	$17\bar{1}$
2.4790	8	171
2.4480	2	551
2.4400	3	$71\bar{1}$
2.4210	8	711
2.3710	1	080
2.3360	1	$44\bar{2}$
2.3220	3	$37\bar{1}$
2.3160	4	442
2.3160	4	371
2.2960	4	280
2.2930	4	$73\bar{1}$
2.2720	4	062

9-348a 钡沸石(Edingtonite)

$BaAl_2Si_3O_{10}\cdot 4H_2O$，507.6

Sys.:Orthorhombic S.G.:$P2_12_12(18)$ *Z*:2

a:9.534 *b*:9.649 *c*:6.507 Vol.:598.6

ICSD:29517

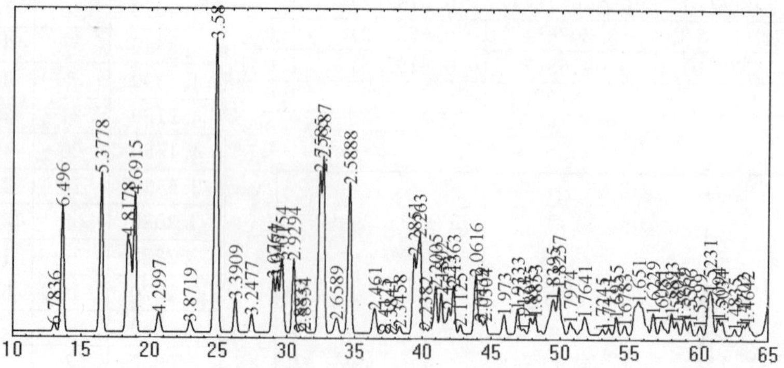

PDF:25-0060

d	I/I_0	*hkl*
6.7800	6	110
6.5100	100	001
5.3700	60	101
4.8200	35	020
4.7700	30	200
4.7000	70	111
4.3000	6	120
4.2700	4	210
3.8760	4	021
3.8460	2	201
3.5900	65	121
3.5720	55	211
3.3910	12	220
3.2540	10	002
3.0830	20	012
3.0480	14	130
3.0190	14	310
3.0070	10	221
2.9340	30	112
2.8830	2	031

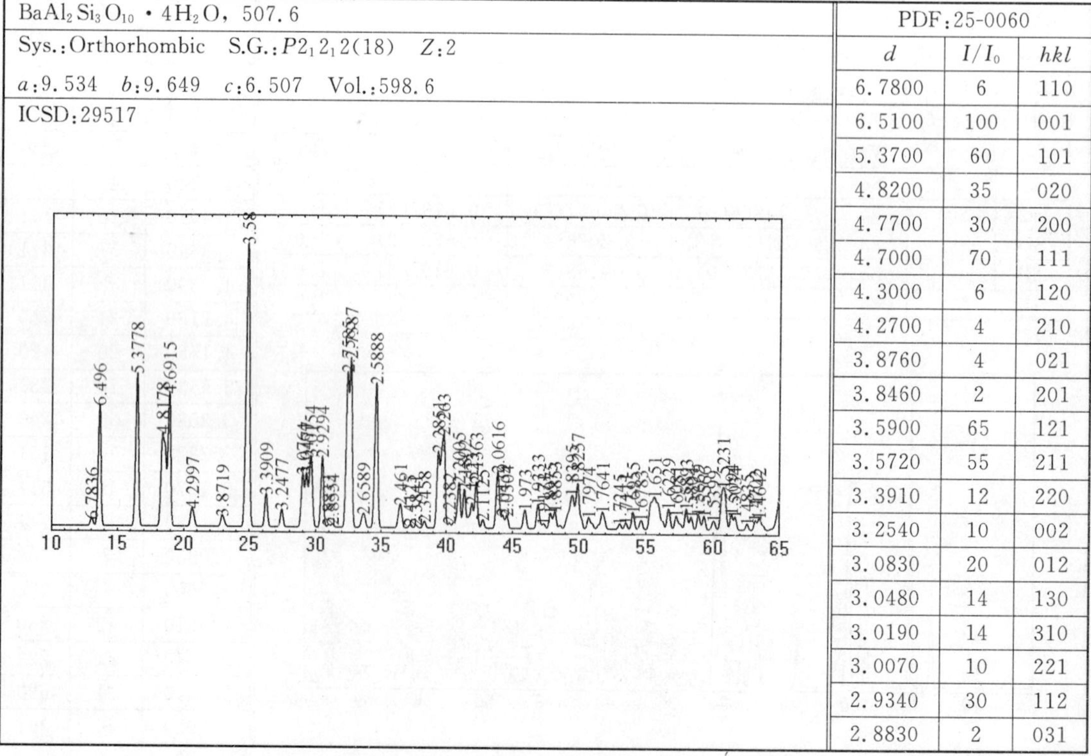

9-348b 钡沸石(Edingtonite)

$BaAl_2Si_3O_{10}\cdot 4H_2O$，507.6

ICSD:29517(续)

Atom		Wcf	x	y	z	Occ
Si1	Si^{4+}	2*a*	0	0	0.0133(6)	1.0
Si2	Si^{4+}	4*c*	−0.1768(3)	0.0937(3)	0.3888(5)	1.0
Al1	Al^{3+}	4*c*	0.0917(4)	0.1721(4)	0.6263(6)	1.0
O1	O^{2-}	4*c*	0.1726(2)	0.3325(2)	0.6340(4)	1.0
O2	O^{2-}	4*c*	−0.0535(3)	0.1967(2)	0.4641(4)	1.0
O3	O^{2-}	4*c*	0.1986(2)	0.0373(2)	0.5407(4)	1.0
O4	O^{2-}	4*c*	0.0330(2)	0.1352(2)	0.8777(3)	1.0
O5	O^{2-}	4*c*	−0.1368(3)	0.0326(2)	0.1577(3)	1.0
Ba1	Ba^{2+}	2*b*	0.5	0	0.6369(8)	1.0
O6	O^{2-}	4*c*	0.1771(4)	0.3220(4)	0.1461(6)	0.877
O7	O^{2-}	4*c*	0.3769(5)	0.1240(5)	−0.0197(8)	0.882
H1	H^{+}	4*c*	0.1279(10)	0.2615(8)	0.0523(12)	0.877
H2	H^{+}	4*c*	0.2287(12)	0.3750(12)	0.0496(18)	0.877
H3	H^{+}	4*c*	0.3003(9)	0.0928(11)	0.0535(13)	0.882
H4	H^{+}	4*c*	0.409(1)	0.2066(9)	0.0390(13)	0.882

PDF:25-0060(续)

d	I/I_0	hkl
2.8550	2	301
2.7600	55	131
2.7400	55	311
2.6960	1	022
2.6870	1	202
2.6650	2	230
2.6550	4	320
2.5950	25	122
2.5890	30	212
2.4660	4	231
2.4570	4	321
2.4100	2	040
2.3830	1	400
2.3470	2	222
2.2870	20	032
2.2730	16	302
2.2600	20	330
2.2380	1	401
2.2240	1	132
2.2120	1	312

9-349a 变杆沸石(Gonnardite)

$(Ca,Na)_2(Si,Al)_5O_{10}\cdot 3H_2O$，394.11

Sys.:Tetragonal　S.G.:$I\bar{4}2d$(122)　Z:1

a:13.29　c:6.59　Vol.:1163.95

ICSD:71820

Atom		Wcf	x	y	z	Occ
Al1	Al^{3+}	4*a*	0	0	0	0.45
Si1	Si^{4+}	4*a*	0	0	0	0.55
Al2	Al^{3+}	16*e*	0.1329(3)	0.0559(6)	0.3798(9)	0.45
Si2	Si^{4+}	16*e*	0.1329(3)	0.0559(6)	0.3798(9)	0.55
O1	O^{2-}	8*d*	0.25	0.1025(9)	0.375	1.0

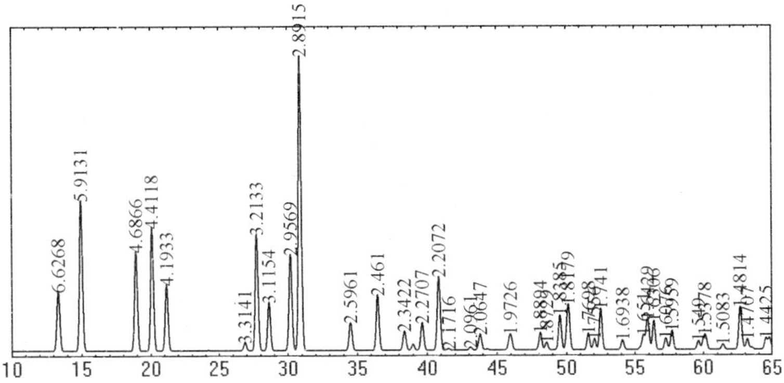

PDF:42-1380

d	I/I_0	hkl
6.6420	80	200
5.8980	90	101
4.6980	80	220
4.4090	90	211
4.1990	50	310
3.6780	10	301
3.3240	10	400
3.2190	70	321
3.1100	40	112
2.9540	50	420
2.9540	50	202
2.8970	100	411
2.5990	40	510
2.5990	40	312
2.4660	50	431
2.3500	5	440
2.3500	5	402
2.3110	5	521
2.2710	20	530
2.2710	20	332

9-349b 变杆沸石(Gonnardite)

$(Ca,Na)_2(Si,Al)_5O_{10}\cdot 3H_2O$, 394.11

ICSD:71820(续)

Atom		Wcf	*x*	*y*	*z*	Occ
O2	O^{2-}	16*e*	0.0916(6)	0.4497(7)	0.109(1)	1.0
O3	O^{2-}	16*e*	0.4372(6)	0.3735(7)	0.035(1)	1.0
Ca1	Ca^{2+}	8*d*	0.307(1)	0.25	0.125	0.168
Na1	Na^{+}	8*d*	0.307(1)	0.25	0.125	0.613
Ca2	Ca^{2+}	16*e*	0.318(4)	0.238(5)	−0.03(1)	0.016
Na2	Na^{+}	16*e*	0.318(2)	0.238(5)	−0.03(1)	0.0585
O4	O^{2-}	8*d*	0.25	0.141(1)	0.875	0.819
O5	O^{2-}	16*e*	0.256(5)	0.101(3)	0.001(6)	0.181
O6	O^{2-}	16*e*	0.091(4)	0.202(4)	0.10(1)	0.145
O7	O^{2-}	16*e*	0.169(4)	0.259(6)	0.012(8)	0.15

PDF:42-1380(续)

d	I/I_0	*hkl*
2.2120	50	600
2.2120	50	422
2.1050	5	620
2.0630	20	611
2.0630	20	213
1.9720	10	541
1.9720	10	303
1.8840	20	631
1.8840	20	323
1.8450	10	640
1.8450	10	602
1.8170	30	701
1.8170	30	413
1.7710	10	622
1.7490	20	721
1.7490	20	730
1.6940	10	503
1.6480	30	800
1.6480	30	651
1.6340	20	712

9-350a 杆沸石(Thomsonite)

$NaCa_2Al_5Si_5O_{20}\cdot 6H_2O$, 806.56

Sys.:Orthorhombic S.G.:*Pnnb*(52) *Z*:4

a:13.051 *b*:13.092 *c*:13.263 Vol.:2266.17

ICSD:61166

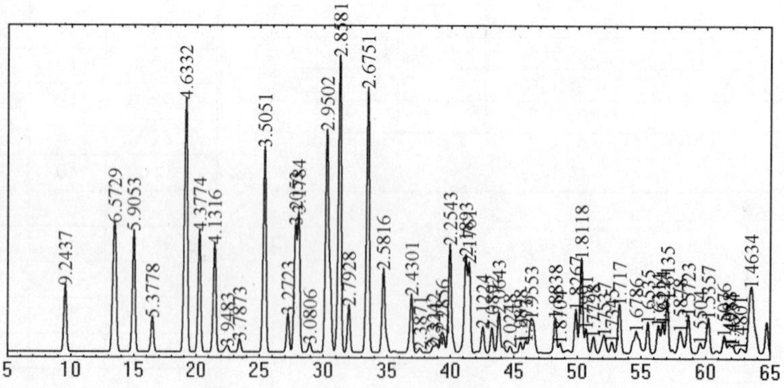

PDF:35-0498

d	I/I_0	*hkl*
9.2050	20	110
6.5660	70	020
5.9010	60	012
5.3910	15	112
4.6250	100	220
4.3770	30	212
4.1330	30	130
3.9600	5	131
3.7920	10	222
3.5040	70	312
3.2730	5	040
3.1940	70	223
2.9440	100	042
2.9440	100	240
2.8570	100	412
2.7930	15	332
2.6740	100	242
2.6740	100	422
2.5790	30	143
2.4300	25	432

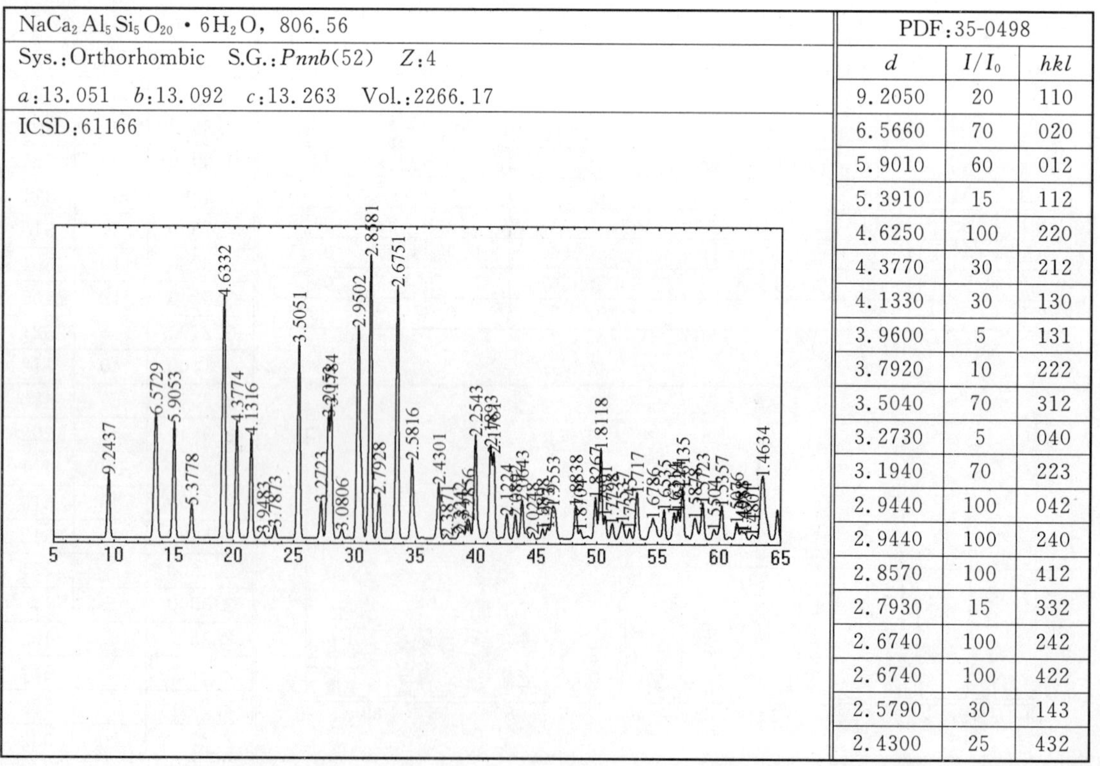

9-350b 杆沸石(Thomsonite)

$NaCa_2Al_5Si_5O_{20}\cdot 6H_2O$, 806.56

ICSD:61166(续 1)

Atom		Wcf	*x*	*y*	*z*	Occ
Na1	Na^+	8*e*	0.05820(7)	0.50360(11)	0.36141(7)	0.5
Ca1	Ca^{2+}	8*e*	0.05820(7)	0.50360(11)	0.36141(7)	0.5
Ca2	Ca^{2+}	8*e*	0.49939(28)	0.47837(11)	0.49952(27)	0.5
Si1	Si^{4+}	4*d*	0.25	0.25	0.68850(11)	1.0
Al1	Al^{3+}	4*d*	0.25	0.75	0.69049(13)	1.0
Si2	Si^{4+}	8*e*	0.11291(6)	0.69558(7)	0.50065(7)	1.0
Al2	Al^{3+}	8*e*	0.11939(8)	0.30543(9)	0.49655(8)	1.0
Si3	Si^{4+}	8*e*	0.30820(7)	0.38501(7)	0.37805(7)	1.0
Al3	Al^{3+}	8*e*	0.30947(8)	0.62405(8)	0.38045(8)	1.0
O1	O^{2-}	8*e*	0.16863(6)	0.31051(6)	0.61839(5)	1.0
O2	O^{2-}	8*e*	0.15818(5)	0.69179(6)	0.61444(5)	1.0
O3	O^{2-}	8*e*	0.31248(6)	0.33136(5)	0.75655(5)	1.0
O4	O^{2-}	8*e*	0.31152(6)	0.65725(5)	0.76318(5)	1.0
O5	O^{2-}	8*e*	0.00216(6)	0.63793(4)	0.50143(7)	1.0
O6	O^{2-}	8*e*	0.18380(5)	0.62980(6)	0.42414(6)	1.0
O7	O^{2-}	8*e*	0.19038(5)	0.38476(6)	0.41668(6)	1.0
O8	O^{2-}	8*e*	0.10438(5)	0.81313(6)	0.46106(6)	1.0
O9	O^{2-}	8*e*	0.11829(6)	0.18031(6)	0.45256(6)	1.0
O10	O^{2-}	8*e*	0.35586(4)	0.49928(6)	0.38346(4)	1.0

PDF:35-0498(续 1)

d	I/I_0	*hkl*
2.2520	30	343
2.2520	30	334
2.1820	70	060
2.1220	15	532
2.0880	15	206
2.0620	15	620
1.9520	15	452
1.8820	10	326
1.8240	5	064
1.8110	30	640
1.7770	5	721
1.7550	10	264
1.7550	10	624
1.7140	15	730
1.6760	5	643
1.6530	5	008
1.6340	15	526
1.6130	10	714
1.5870	5	280
1.5710	10	365

9-350c 杆沸石(Thomsonite)

$NaCa_2Al_5Si_5O_{20}\cdot 6H_2O$, 806.56

ICSD:61166(续 2)

Atom		Wcf	*x*	*y*	*z*	Occ
O11	O^{2-}	8*e*	0.12597(6)	0.50192(9)	0.18859(7)	1.0
O12	O^{2-}	8*e*	0.39173(7)	0.4976(1)	0.63937(6)	1.0
O13	O^{2-}	4*c*	0	0.64972(12)	0.75	1.0
O14	O^{2-}	4*c*	0	0.34436(11)	0.75	1.0
H1	H^+	8*e*	0.15914(16)	0.43727(15)	0.66171(16)	1.0
H2	H^+	8*e*	0.15747(18)	0.55922(15)	0.66161(18)	1.0
H3	H^+	8*e*	0.37012(20)	0.43800(17)	0.67748(18)	1.0
H4	H^+	8*e*	0.37158(20)	0.55535(17)	0.68126(17)	1.0
H5	H^+	8*e*	0.04695(18)	0.69037(22)	0.71194(20)	1.0
H6	H^+	8*e*	0.05008(18)	0.30291(22)	0.71828(24)	1.0

PDF:35-0498(续 2)

d	I/I_0	*hkl*
1.5350	10	347
1.5080	5	238
1.4630	30	480
1.4630	30	636
1.4390	10	735
1.3880	7	319
1.3880	7	384
1.3310	7	094
1.3160	7	249
1.3050	7	1000
1.2820	5	862
1.2710	5	934
1.2590	5	386
1.2130	10	1104
1.1909	10	387
1.1381	10	882

9-351a 柱沸石(Epistilbite)

$Ca(Al_2Si_6O_{16})\cdot 5H_2O$, 608.62

Sys.: Monoclinic S.G.: $C2(5)$ Z: 1

a: 8.92 b: 17.73 c: 10.21 β: 124.0 Vol.: 1338.67

ICSD: 18124

Atom		Wcf	x	y	z	Occ
Si1	Si^{4+}	4c	0.342(4)	0.089(4)	0.337(5)	0.75
Si2	Si^{4+}	4c	−0.342(4)	−0.089(4)	−0.337(5)	0.75
Si3	Si^{4+}	4c	0.405(5)	0.209(5)	0.111(5)	0.85
Si4	Si^{4+}	4c	−0.405(5)	−0.209(5)	−0.111(5)	0.85
Si5	Si^{4+}	4c	0.610(5)	0.303(5)	0.401(6)	0.6

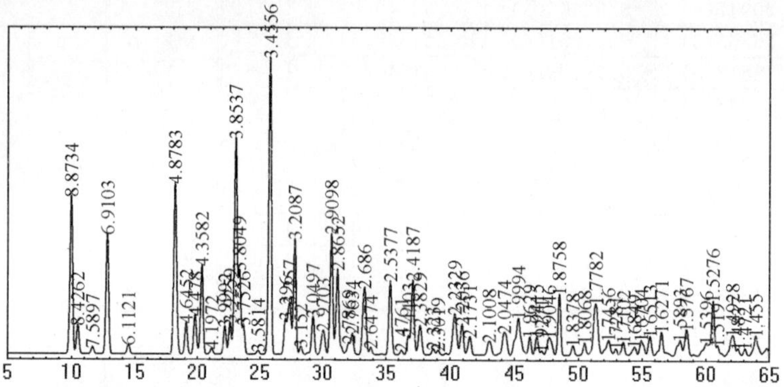

PDF: 11-0058

d	I/I_0	hkl
8.8400	80	020
6.8100	70	110
4.8200	80	$\bar{1}31$
4.3100	40	111
3.8300	100	022
3.4300	100	032
3.1900	90	150
2.8850	80	$\bar{2}33$
2.6670	50	$\bar{1}43$
2.5220	50	$\bar{2}14$
2.3920	50	170
2.2010	30	$\bar{2}63$
1.9890	20	$\bar{3}54$
1.9410	10	172
1.8590	20	$\bar{1}25$
1.7780	50	114
1.6690	10	$\bar{5}05$
1.5750	10	1110
1.5280	40	055
1.4880	10	224

9-351b 柱沸石(Epistilbite)

$Ca(Al_2Si_6O_{16})\cdot 5H_2O$, 608.62

ICSD: 18124(续 1)

Atom		Wcf	x	y	z	Occ
Si6	Si^{4+}	4c	−0.610(5)	−0.303(5)	−0.401(6)	0.6
Al1	Al^{3+}	4c	0.342(4)	0.089(4)	0.337(5)	0.25
Al2	Al^{3+}	4c	−0.342(4)	−0.089(4)	−0.337(5)	0.25
Al3	Al^{3+}	4c	0.405(5)	0.209(5)	0.111(5)	0.15
Al4	Al^{3+}	4c	−0.405(5)	−0.209(5)	−0.111(5)	0.15
Al5	Al^{3+}	4c	0.610(5)	0.303(5)	0.401(6)	0.4
Al6	Al^{3+}	4c	−0.610(5)	−0.303(5)	−0.401(6)	0.4
O1	O^{2-}	4c	0.304(12)	0	0.285(21)	1.0
O2	O^{2-}	2b	0.5	0.098(22)	0.5	1.0
O3	O^{2-}	2b	0.5	−0.098(22)	0.5	1.0
O4	O^{2-}	2b	0	0.176(21)	0.5	1.0
O5	O^{2-}	2b	0	−0.176(21)	0.5	1.0
O6	O^{2-}	2a	0.5	0.182(17)	0	1.0
O7	O^{2-}	2a	0.5	−0.182(17)	0	1.0
O8	O^{2-}	4c	0.182(18)	0.115(15)	0.370(16)	1.0
O9	O^{2-}	4c	−0.182(18)	−0.115(15)	−0.370(16)	1.0
O10	O^{2-}	4c	0.358(13)	0.137(13)	0.178(18)	1.0
O11	O^{2-}	4c	−0.358(13)	−0.137(13)	−0.178(18)	1.0
O12	O^{2-}	4c	0.467(18)	0.281(14)	0.207(22)	1.0

PDF: 11-0058(续 1)

d	I/I_0	hkl
1.4470	10	$\bar{2}113$
1.4080	10	422
1.3680	30	471
1.3440	10	046
1.3150	10	$\bar{6}21$
1.2810	10	$\bar{6}74$
1.2580	10	$\bar{7}24$
1.2070	20	$\bar{5}48$
1.1820	10	0150

9-351c 柱沸石(Epistilbite)

$Ca(Al_2Si_6O_{16})\cdot 5H_2O$，608.62

ICSD:18124(续 2)

Atom		Wcf	*x*	*y*	*z*	Occ
O13	O^{2-}	4*c*	0.449(16)	0.755(14)	0.733(22)	1.0
O14	O^{2-}	4*c*	0.217(16)	0.227(14)	0.964(23)	1.0
O15	O^{2-}	4*c*	0.277(17)	0.238(20)	0.561(20)	1.0
O16	O^{2-}	4*c*	0.799(21)	0.084(20)	0.191(28)	1.0
O17	O^{2-}	4*c*	0.771(27)	0.916(20)	0.231(27)	1.0
O18	O^{2-}	2*b*	0	0	0.5	1.0
O19	O^{2-}	2*a*	0.5	0	0	0.5
O20	O^{2-}	2*a*	0	0.079(5)	0	0.7
O21	O^{2-}	2*a*	0	−0.079(5)	0	0.7
O22	O^{2-}	2*a*	0	0	0	0.3
O23	O^{2-}	4*c*	0.247(26)	0	0.003(34)	0.13
Ca1	Ca^{2+}	4*c*	0.990(8)	0	0.750(9)	0.58
Ca2	Ca^{2+}	4*c*	0.247(26)	0	0.003(34)	0.16

PDF:11-0058(续 2)

d	I/I_0	*hkl*

9-352a 环晶石(Dachiardite)

$(Ca,Na,K,Mg)_4(Si,Al)_{24}O_{48}\cdot 13H_2O$，1786.72

Sys.:Monoclinic S.G.:$I2/m$(12) *Z*:1

a:18.647 *b*:7.489 *c*:10.227 *β*:107.85 Vol.:11359.42

ICSD:31383

Atom		Wcf	*x*	*y*	*z*	Occ
Al1	Al^{3+}	8*j*	0.2905(4)	0.2084(11)	0.1496(7)	0.102
Si1	Si^{4+}	8*j*	0.2905(4)	0.2084(11)	0.1496(7)	0.398
Al2	Al^{3+}	8*j*	0.2846(4)	0.2053(10)	0.1660(7)	0.102
Si2	Si^{4+}	8*j*	0.2846(4)	0.2053(10)	0.1660(7)	0.398
Al3	Al^{3+}	8*j*	0.1914(3)	0.2901(8)	0.3371(5)	0.102
Si3	Si^{4+}	8*j*	0.1914(3)	0.2901(8)	0.3371(5)	0.398
Al4	Al^{3+}	8*j*	0.1929(3)	0.2978(7)	0.3714(5)	0.102

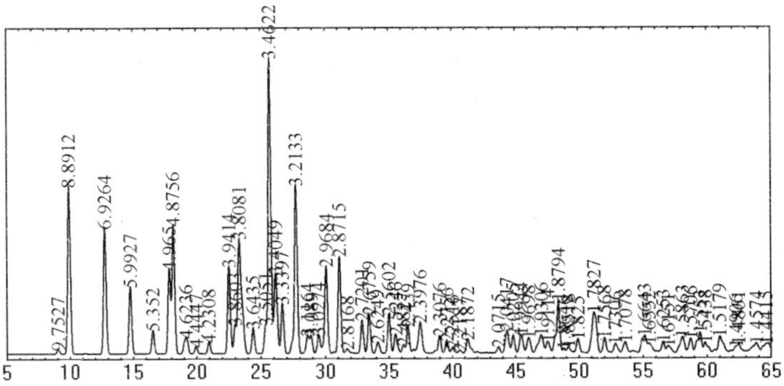

PDF:18-0467

d	I/I_0	*hkl*
9.7900	10	001
8.9000	50	200
6.9100	50	110
6.0000	35	$\bar{1}11$
5.3500	20	111
4.9700	50	$\bar{2}02$
4.8800	50	002
4.6100	10	$\bar{4}01$
4.4500	10	400
4.2300	10	$\bar{1}12$
3.9320	50	$\bar{4}02$
3.8480	10	311
3.8010	50	202
3.7730	20	112
3.7500	20	020
3.6340	20	401
3.4980	20	021
3.4520	100	220
3.3960	35	$\bar{2}03$
3.3750	20	$\bar{2}21$

9-352b 环晶石(Dachiardite)

$(Ca,Na,K,Mg)_4(Si,Al)_{24}O_{48}\cdot 13H_2O$, 1786.72

ICSD:31383(续)

Atom		Wcf	x	y	z	Occ
Si4	Si^{4+}	8j	0.1929(3)	0.2978(7)	0.3714(5)	0.398
Al5	Al^{3+}	4i	0.0964(1)	0	0.7007(3)	0.204
Si5	Si^{4+}	4i	0.0964(1)	0	0.7007(3)	0.796
Al6	Al^{3+}	4i	0.0816(1)	0	0.3793(3)	0.204
Si6	Si^{4+}	4i	0.0816(1)	0	0.3793(3)	0.796
O1	O^{2-}	8j	0.3636(3)	0.3239(7)	0.2168(6)	1.0
O2	O^{2-}	8j	0.1162(3)	0.1770(7)	0.3265(5)	1.0
O3	O^{2-}	8j	0.2188(6)	0.2642(16)	0.2070(12)	0.5
O4	O^{2-}	8j	0.2382(7)	0.2370(19)	0.2652(14)	0.5
O5	O^{2-}	4i	0.1002(4)	0	0.5457(8)	1.0
O6	O^{2-}	4i	0.1688(5)	0.5	0.3487(9)	1.0
O7	O^{2-}	4i	0.3098(5)	0	0.1759(8)	1.0
O8	O^{2-}	8j	0.2335(6)	0.2452(19)	0.0131(13)	0.5
O9	O^{2-}	8j	0.2427(7)	0.2777(17)	0.5249(12)	0.5
O10	O^{2-}	4i	0.0103(3)	0	0.7080(7)	1.0
O11	O^{2-}	4i	−0.0084(4)	0.5	0.2668(11)	1.0
O12	O^{2-}	4i	0.0884(15)	0	0.033(3)	0.5
O13	O^{2-}	8j	0.0694(19)	0.1037(46)	0.0261(40)	0.25
O14	O^{2-}	8j	0.0724(18)	0.3931(42)	0.0258(38)	0.25
O15	O^{2-}	4i	0.0860(14)	0.5	0.0310(29)	0.5
Ca1	Ca^{2+}	8j	−0.0091(4)	0.2598(11)	0.1297(9)	0.345
K1	K^{+}	4i	0.0456(17)	0.5	0.5374(35)	0.156

PDF:18-0467(续)

d	I/I_0	hkl
3.3280	35	$\bar{5}11$
3.2040	100	510
3.1140	10	$\bar{4}03$
3.0770	10	$\bar{1}13$
3.0180	20	312
2.9640	50	$\bar{6}02$
2.8620	50	420
2.7120	50	$\bar{4}22$
2.6660	50	222
2.6070	10	421
2.5500	50	$\bar{2}04$
2.5170	20	$\bar{2}23$
2.4720	20	130
2.4490	20	023
2.4160	10	$\bar{1}31$
2.3870	20	$\bar{1}14$
2.3060	20	403
2.2730	10	$\bar{7}13$
2.2340	10	223
2.2160	10	114

9-353a 镁碱沸石(Ferrierite)

$NaMg(Si_{15}Al_3)O_{36}\cdot 9H_2O$, 1287.64

Sys.:Orthorhombic S.G.:*Immm*(71) *Z*:1

a:19.202 *b*:14.138 *c*:7.498 Vol.:12035.54

ICSD:30929

Atom		Wcf	x	y	z	Occ
Si1	Si^{4+}	4e	0.1552(2)	0	0	0.806
Al1	Al^{3+}	4e	0.1552(2)	0	0	0.194
Si2	Si^{4+}	8n	0.0843(2)	0.2031(3)	0	0.806
Al2	Al^{3+}	8n	0.0843(2)	0.2031(3)	0	0.194
Si3	Si^{4+}	8m	0.2718(2)	0	0.2920(6)	0.806

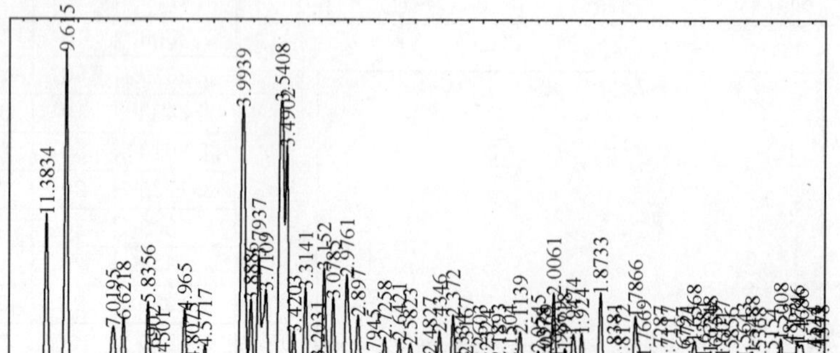

PDF:39-1382

d	I/I_0	hkl
11.3800	3	110
9.6000	100	200
6.9800	5	101
6.6300	3	011
5.8400	18	310
4.9700	2	121
4.8000	5	400
4.5800	2	130
4.0100	21	321
3.9740	38	420
3.8880	14	411
3.7970	20	330
3.7080	31	510
3.5620	14	112
3.5350	26	040
3.4930	22	202
3.4160	8	501
3.3180	7	240
3.3100	6	022
3.1990	9	600

9-353b 镁碱沸石(Ferrierite)

$NaMg(Si_{15}Al_3)O_{36}\cdot 9H_2O$，1287.64

ICSD:30929(续)

Atom		Wcf	x	y	z	Occ
Al3	Al^{3+}	8*m*	0.2718(2)	0	0.2920(6)	0.194
Si4	Si^{4+}	16*o*	0.3229(1)	0.2024(2)	0.2072(3)	0.806
Al4	Al^{3+}	16*o*	0.3229(1)	0.2024(2)	0.2072(3)	0.194
O1	O^{2-}	4*g*	0	0.216(1)	0	1.0
O2	O^{2-}	4*f*	0.249(1)	0	0.5	1.0
O3	O^{2-}	8*n*	0.1020(6)	0.0901(9)	0	1.0
O4	O^{2-}	8*m*	0.2021(7)	0	0.179(2)	1.0
O5	O^{2-}	8*k*	0.25	0.25	0.25	1.0
O6	O^{2-}	8*n*	0.3428(8)	0.220(1)	0	1.0
O7	O^{2-}	16*o*	0.1157(4)	0.2501(8)	0.182(1)	1.0
O8	O^{2-}	16*o*	0.3211(5)	0.0914(6)	0.248(1)	1.0
Mg1	Mg^{2+}	2*c*	0	0	0.5	1.0
O9	O^{2-}	4*i*	0	0	0.233(2)	1.0
O10	O^{2-}	8*n*	0.403(1)	0.429(3)	0	0.4
O11	O^{2-}	8*n*	0.450(3)	0.366(3)	0	0.6
O12	O^{2-}	8*m*	0.440(3)	0	0.23(1)	0.32
O13	O^{2-}	8*l*	0.5	0.126(7)	0.20(1)	0.76
O14	O^{2-}	4*f*	0.38(1)	0.5	0	0.5
Na1	Na^{+}	4*e*	0.4286(6)	0	0	0.05
K1	K^{+}	4*e*	0.4386(6)	0	0	0.2

PDF:39-1382(续)

d	I/I_0	hkl
3.1510	10	141
3.1300	4	222
3.0760	12	521
2.9770	13	530
2.9550	4	402
2.9010	4	132
2.8460	1	440
2.7260	5	422
2.6960	6	710
2.6430	3	051
2.5810	4	350
2.5810	4	701
2.5720	3	042
2.4320	4	602
2.3720	9	730
2.3190	1	451
2.2550	2	811
2.2120	2	323
2.1900	2	712
2.1150	4	460

9-354a 锶沸石(Brewsterite)

$(Sr,Ba,Ca)Al_2Si_6O_{16}\cdot 5H_2O$，656.16

Sys.:Monoclinic　S.G.:$P2_1/m$(11)　Z:2

a:7.74　b:17.51　c:6.77　β:94.3　Vol.:914.94

ICSD:15885

Atom		Wcf	x	y	z	Occ
O1	O^{2-}	2*e*	0.0545(44)	0.25	0.4703(21)	0.98
O2	O^{2-}	4*f*	0.9319(44)	0.1469(9)	0.1537(21)	0.98
O3	O^{2-}	2*e*	0.5896(44)	0.25	0.0256(21)	0.98
O4	O^{2-}	2*e*	0.0544(44)	0.25	0.8642(21)	0.98
O5	O^{2-}	4*f*	0.3461(26)	0.1057(48)	0.0286(11)	1.0

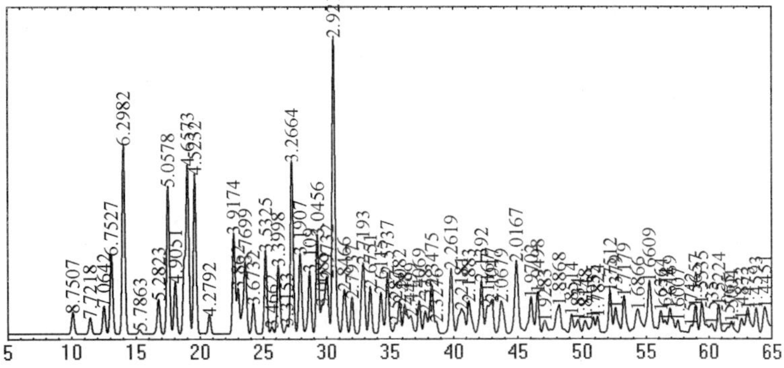

PDF:15-0582

d	I/I_0	hkl
8.7500	20	020
7.0700	10	110
6.7600	12	001
6.3000	30	011
5.2900	8	$\bar{1}01$
5.0600	16	$\bar{1}11$
4.9100	8	101
4.6600	100	130
4.5200	30	$\bar{1}21$
3.9200	25	$\bar{1}31$
3.8590	16	200
3.8120	16	140
3.7680	20	210
3.6770	10	041
3.5320	16	220
3.3990	8	$\bar{2}11$
3.2680	40	141
3.1920	30	211
3.1130	20	051
3.0450	10	221

9-354b 锶沸石(Brewsterite)

$(Sr,Ba,Ca)Al_2Si_6O_{16} \cdot 5H_2O$，656.16

ICSD:15885(续)

Atom		Wcf	x	y	z	Occ
O6	O^{2-}	4f	0.4244(26)	0.1227(48)	0.3600(11)	1.0
O7	O^{2-}	4f	0.7909(26)	0.1214(48)	0.5466(11)	1.0
O8	O^{2-}	4f	0.4519(26)	0.1406(48)	0.7141(11)	1.0
O9	O^{2-}	4f	0.0731(26)	0.0915(48)	0.7604(11)	1.0
O10	O^{2-}	4f	0.2212(26)	0.9970(48)	0.2379(11)	1.0
O11	O^{2-}	4f	0.3835(26)	0.9920(48)	0.7959(11)	1.0
O12	O^{2-}	2c	0	0	0.5	1.0
O13	O^{2-}	2e	0.5765(26)	0.25	0.4986(11)	1.0
Al1	Al^{3+}	4f	0.3187(10)	0.0814(15)	0.8220(34)	0.33
Al2	Al^{3+}	4f	0.4053(10)	0.0568(15)	0.2105(34)	0.33
Al3	Al^{3+}	4f	0.5566(10)	0.1584(15)	0.5345(34)	0.33
Si1	Si^{4+}	4f	0.3187(10)	0.0814(15)	0.8220(34)	0.67
Si2	Si^{4+}	4f	0.4053(10)	0.0568(15)	0.2105(34)	0.67
Si3	Si^{4+}	4f	0.5566(10)	0.1584(15)	0.5345(34)	0.67
Si4	Si^{4+}	4f	0.9106(10)	0.0527(15)	0.6412(34)	1.0
Sr1	Sr^{2+}	2e	0.2507(4)	0.25	0.17780(14)	1.0

PDF:15-0582(续)

d	I/I_0	hkl
2.9220	80	032
2.7970	6	$\bar{1}32$
2.7290	25	160
2.6770	6	132
2.5740	10	$\bar{1}42$
2.5090	10	161
2.3480	18	301
2.2640	10	321
2.2200	4	340
2.1890	20	080
2.0180	8	$\bar{3}51$
1.9490	8	351
1.8880	10	190

9-355a 汤河原沸石(Yugawaralite)

$Ca(Si_6Al_2)O_{16} \cdot 4H_2O$，590.61

Sys.:Monoclinic S.G.:Pn(7) Z:2

a:6.728 b:14.007 c:10.056 β:111.2 Vol.:883.53

ICSD:29505

Atom		Wcf	x	y	z	Occ
Si1	Si^{4+}	2a	0.34121(25)	0.14798(8)	0.98083(19)	1.0
Si2	Si^{4+}	2a	0.71051(24)	0.03650(8)	0.19124(18)	1.0
Si3	Si^{4+}	2a	0.40911(25)	0.12450(8)	0.69431(19)	1.0
Si4	Si^{4+}	2a	0.02736(24)	0.47598(8)	0.43748(19)	1.0
Si5	Si^{4+}	2a	0.36039(24)	0.37327(8)	0.96046(19)	1.0

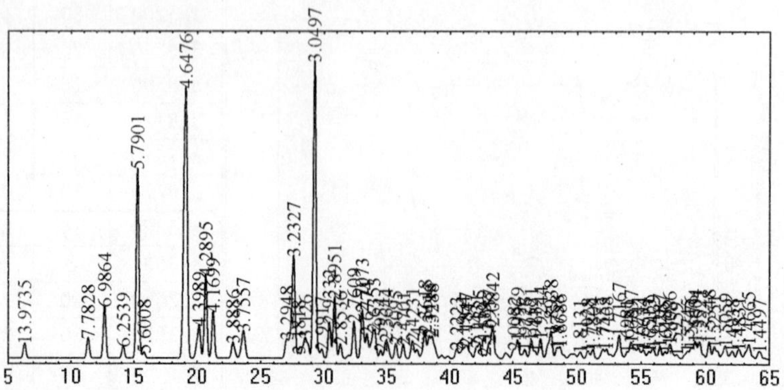

PDF:39-1372

d	I/I_0	hkl
14.0100	2	010
7.8000	4	011
7.0100	26	020
6.2800	4	100
5.8200	55	$11\bar{1}$
5.6100	2	021
4.6700	100	120
4.6700	100	030
4.4400	9	012
4.4100	12	$11\bar{2}$
4.3000	30	111
4.1800	16	031
3.8960	8	022
3.7690	9	$13\bar{1}$
3.3070	8	032
3.2720	10	$21\bar{1}$
3.2370	36	102
3.1940	5	$20\bar{2}$
3.1350	9	200
3.1150	8	$21\bar{2}$

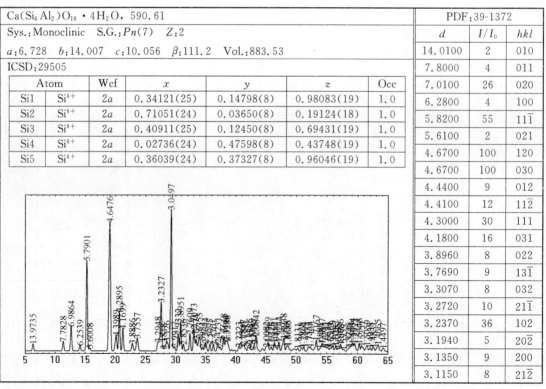

9-355b 汤河原沸石(Yugawaralite)

$Ca(Si_6Al_2)O_{16}\cdot 4H_2O$，590.61

ICSD:29505(续 1)

Atom		Wcf	*x*	*y*	*z*	Occ
Si6	Si^{4+}	2*a*	0.74211(23)	0.49757(8)	0.62097(18)	1.0
Al1	Al^{3+}	2*a*	0	0.00710(9)	0	1.0
Al2	Al^{3+}	2*a*	0.39614(28)	0.35598(9)	0.65361(20)	1.0
O1	O^{2-}	2*a*	0.10689(22)	0.10638(6)	0.94844(17)	1.0
O2	O^{2-}	2*a*	0.85591(23)	0.04834(6)	0.09817(17)	1.0
O3	O^{2-}	2*a*	0.19153(22)	0.07642(6)	0.59056(17)	1.0
O4	O^{2-}	2*a*	0.50365(22)	0.10778(6)	0.13425(16)	1.0
O5	O^{2-}	2*a*	0.43489(23)	0.11736(7)	0.86004(17)	1.0
O6	O^{2-}	2*a*	0.61915(23)	0.07317(6)	0.67971(17)	1.0
O7	O^{2-}	2*a*	0.84451(22)	0.06416(6)	0.35574(17)	1.0
O8	O^{2-}	2*a*	0.33904(23)	0.26252(6)	−0.00394(18)	1.0
O9	O^{2-}	2*a*	0.39913(23)	0.23277(5)	0.63939(17)	1.0
O10	O^{2-}	2*a*	0.16380(23)	0.42664(6)	0.98834(17)	1.0
O11	O^{2-}	2*a*	0.83032(22)	0.48293(6)	0.49303(17)	1.0
O12	O^{2-}	2*a*	0.17154(22)	0.38236(6)	0.49904(17)	1.0
O13	O^{2-}	2*a*	0.57911(22)	0.41154(6)	0.08345(17)	1.0
O14	O^{2-}	2*a*	0.36053(23)	0.39320(6)	0.80583(17)	1.0
O15	O^{2-}	2*a*	0.62998(22)	0.40026(6)	0.64000(17)	1.0
O16	O^{2-}	2*a*	0.93634(22)	0.47014(6)	0.26478(16)	1.0
Ca1	Ca^{2+}	2*a*	0.05134(24)	0.21654(7)	0.42364(19)	1.0
O17	O^{2-}	2*a*	0.98759(34)	0.24929(13)	0.17041(25)	0.744

PDF:39-1372(续 1)

d	I/I_0	*hkl*
3.0490	93	140
3.0490	93	013
2.9970	5	$12\bar{3}$
2.9380	17	122
2.9060	24	$22\bar{2}$
2.8630	5	220
2.8540	5	023
2.7690	18	141
2.7190	15	$21\bar{3}$
2.6850	13	051
2.6580	6	132
2.6470	11	211
2.6380	10	$23\bar{2}$
2.6020	2	230
2.5750	7	$22\bar{3}$
2.5590	4	150
2.5150	5	$10\bar{4}$
2.4740	5	$11\bar{4}$
2.4270	7	113
2.4040	3	052

9-355c 汤河原沸石(Yugawaralite)

$Ca(Si_6Al_2)O_{16}\cdot 4H_2O$，590.61

ICSD:29505(续 2)

Atom		Wcf	*x*	*y*	*z*	Occ
O18	O^{2-}	2*a*	0.0417(30)	0.27602(96)	0.2062(14)	0.182
H1	H^{+}	2*a*	0.95821(60)	0.19582(22)	0.10667(37)	0.825
H2	H^{+}	2*a*	0.03505(65)	0.30007(25)	0.12817(42)	0.883
H3	H^{+}	2*a*	0.0591(41)	0.3499(13)	0.2132(24)	0.157
O19	O^{2-}	2*a*	0.90310(24)	0.23331(7)	0.61844(18)	1.0
H4	H^{+}	2*a*	0.87938(55)	0.18305(18)	0.67456(38)	1.0
H5	H^{+}	2*a*	0.81676(40)	0.28638(15)	0.62799(32)	1.0
O20	O^{2-}	2*a*	0.70811(23)	0.29016(7)	0.32835(18)	0.978
H6	H^{+}	2*a*	0.59175(71)	0.2728(5)	0.34773(68)	0.482
H7	H^{+}	2*a*	0.6529(13)	0.33338(60)	0.39098(76)	0.417
H8	H^{+}	2*a*	0.66062(41)	0.32229(17)	0.23748(28)	1.001
O21	O^{2-}	2*a*	0.36920(36)	0.15938(14)	0.36919(24)	0.887
O22	O^{2-}	2*a*	0.3328(24)	0.12668(97)	0.3581(16)	0.128
H9	H^{+}	2*a*	0.39007(48)	0.14373(22)	0.28329(32)	0.910
H10	H^{+}	2*a*	0.49359(83)	0.13517(40)	0.44553(52)	0.704
H11	H^{+}	2*a*	0.4515(29)	0.1538(42)	0.4078(41)	0.314
O23	O^{2-}	2*a*	0.8165(14)	0.25961(65)	0.9249(12)	0.119
H12	H^{+}	2*a*	0.9089(28)	0.2061(12)	0.9198(22)	0.098
H13	H^{+}	2*a*	0.8786(58)	0.3172(15)	0.9031(42)	0.119

PDF:39-1372(续 2)

d	I/I_0	*hkl*
2.3640	6	$12\bar{4}$
2.3600	7	$24\bar{2}$
2.3450	7	004
2.3360	8	231
2.2920	1	$21\bar{4}$
2.2270	3	212
2.2050	3	$31\bar{2}$
2.1910	5	$16\bar{1}$
2.1790	4	133
2.1480	5	222
2.1360	6	241
2.1190	2	152
2.1050	4	$25\bar{2}$
2.1050	4	$31\bar{3}$
2.0890	9	300
2.0420	3	$14\bar{4}$
2.0140	4	143
2.0140	4	$33\bar{2}$
2.0030	5	$33\bar{1}$
2.0030	5	070

9-356a 透锂铝石(Bikitaite)

$LiAlSi_2O_6 \cdot H_2O$，204.11

Sys.:Triclinic S.G.:$P1(1)$ Z:2

a:8.611 b:4.96 c:7.61 α:90 β:114.4 γ:90 Vol.:296

ICSD:6250

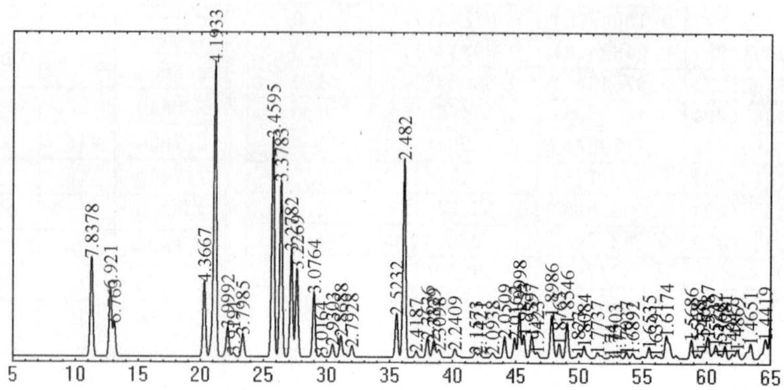

PDF:14-0168		
d	I/I_0	hkl
7.8700	80	100
6.9300	50	001
6.7300	30	$\bar{1}01$
4.3700	40	101
4.2700	10	$\bar{2}01$
4.2000	90	$\bar{1}\bar{1}0$
4.0200	20	$0\bar{1}1$
3.9900	10	$\bar{1}\bar{1}1$
3.9300	10	200
3.8100	30	$\bar{1}02$
3.4600	100	002
3.3700	100	$\bar{2}02$
3.2800	40	$1\bar{1}1$
3.2200	40	$\bar{2}\bar{1}1$
3.0800	40	$\bar{2}\bar{1}0$
3.0200	10	$\bar{1}\bar{1}2$
2.9300	10	201
2.8700	20	$\bar{3}01$
2.7940	10	$\bar{2}\bar{1}2$
2.7390	10	102

9-356b 透锂铝石(Bikitaite)

$LiAlSi_2O_6 \cdot H_2O$，204.11

ICSD:6250(续)

Atom		Wcf	x	y	z	Occ
Al1	Al^{3+}	$2a$	0.10364(14)	0.86463(40)	0.09564(16)	0.5
Si1	Si^{4+}	$2a$	0.10364(14)	0.86463(40)	0.09564(16)	0.5
Si2	Si^{4+}	$2a$	0.10577(16)	0.79994	0.50849(18)	1.0
Al2	Al^{3+}	$2a$	0.38093(14)	0.87443(40)	0.93740(16)	0.5
Si3	Si^{4+}	$2a$	0.38093(14)	0.87443(40)	0.93740(16)	0.5
Li1	Li^{+}	$2a$	0.3041(11)	0.3646(24)	0.1341(14)	1.0
O1	O^{2-}	$2a$	0.26662(43)	0.74342(72)	0.05003(52)	1.0
O2	O^{2-}	$2a$	−0.07630(46)	0.69636(86)	−0.03344(56)	1.0
O3	O^{2-}	$2a$	0.15760(46)	0.82766(97)	0.33043(47)	1.0
O4	O^{2-}	$2a$	0.05937(50)	0.48682(90)	0.52684(66)	1.0
O5	O^{2-}	$2a$	0.26459(43)	0.89502(96)	0.69869(43)	1.0
O6	O^{2-}	$2a$	0.55519(44)	0.68878(83)	0.97699(50)	1.0
O7	O^{2-}	$2a$	0.40402(57)	0.3245(11)	0.42167(70)	1.0

PDF:14-0168(续)		
d	I/I_0	hkl
2.6290	10	300
2.5230	20	$2\bar{1}1$
2.4790	90	020
2.4230	10	$1\bar{1}2$
2.3640	20	$\bar{1}\bar{2}0$
2.3370	10	$0\bar{2}1$
2.3230	10	$\bar{1}\bar{2}1$
2.3160	10	$\bar{3}\bar{1}0$
2.2400	10	$\bar{1}\bar{1}3$
2.1670	10	301
2.1410	10	$\bar{2}\bar{2}1$
2.0970	10	$\bar{2}\bar{2}0$
2.0940	10	$0\bar{1}3$
2.0770	20	$\bar{1}\bar{2}2$
2.0120	10	$0\bar{2}2$
2.0050	10	103
1.9960	10	$\bar{2}\bar{2}2$
1.9880	10	$3\bar{1}1$
1.9590	10	$\bar{4}\bar{1}1$
1.9470	10	$\bar{4}\bar{1}2$

(7) 未 分 类

9-357a 铝硅钡石(Cymrite)

$BaAl_2Si_2O_8H_2O$，393.47

Sys.: Monoclinic S.G.: $P2_1$(4) Z: 8

a: 5.33 b: 36.6 c: 7.67 β: 90 Vol.: 1496.25

ICSD: 24972

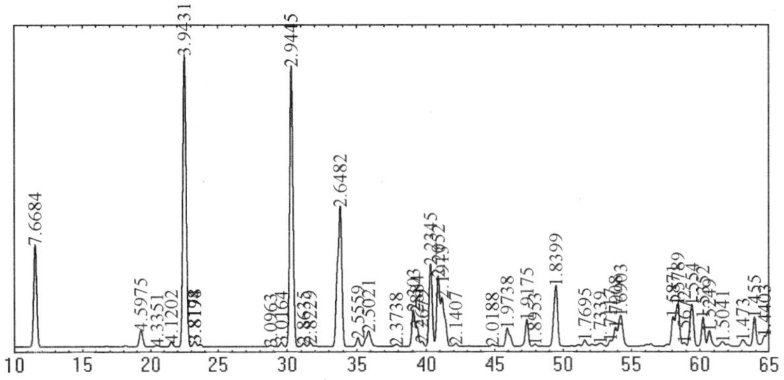

PDF: 73-2394

d	I/I_0	hkl
18.3000	1	020
9.1500	1	040
7.6700	546	001
7.0738	1	021
6.4934	1	031
6.1000	1	060
5.8780	1	041
5.2744	2	051
5.2744	2	110
5.1174	1	120
4.8842	4	130
4.6056	62	140
4.5750	36	080
4.3460	4	$\bar{1}11$
4.3460	4	111
4.3202	3	071
4.3088	3	150
4.2569	1	$\bar{1}21$
4.2569	1	121

9-357b 铝硅钡石(Cymrite)

$BaAl_2Si_2O_8 \cdot H_2O$，393.47

ICSD: 24972(续 1)

Atom		Wcf	x	y	z	Occ
Ba1	Ba^{2+}	$2a$	−0.0249	−0.0015	0.0083	1.0
Ba2	Ba^{2+}	$2a$	0.5267	0.1235	0.0083	1.0
Ba3	Ba^{2+}	$2a$	0.0292	0.2485	0.0083	1.0
Ba4	Ba^{2+}	$2a$	0.5267	0.3735	−0.0083	1.0
Al1	Al^{3+}	$2a$	0.506	0.0416	0.28	0.5
Al2	Al^{3+}	$2a$	0.51	0.0416	−0.27	0.5
Al3	Al^{3+}	$2a$	0.0092	0.083	0.304	0.5
Al4	Al^{3+}	$2a$	0.0204	0.083	−0.265	0.5
Al5	Al^{3+}	$2a$	0.0292	0.167	0.302	0.5
Al6	Al^{3+}	$2a$	0.0283	0.167	−0.268	0.5
Al7	Al^{3+}	$2a$	0.529	0.208	0.302	0.5
Al8	Al^{3+}	$2a$	0.527	0.208	−0.26	0.5
Al9	Al^{3+}	$2a$	0.535	0.292	0.292	0.5
Al10	Al^{3+}	$2a$	0.528	0.292	−0.265	0.5
Al11	Al^{3+}	$2a$	0.0308	0.333	0.302	0.5
Al12	Al^{3+}	$2a$	0.0308	0.333	−0.26	0.5
Al13	Al^{3+}	$2a$	0.0304	0.417	0.3	0.5
Al14	Al^{3+}	$2a$	0.0204	0.417	−0.265	0.5
Al15	Al^{3+}	$2a$	0.521	0.458	0.302	0.5

PDF: 73-2394(续 1)

d	I/I_0	hkl
4.1198	23	$\bar{1}31$
4.1198	23	131
3.9484	999	$\bar{1}41$
3.9484	999	141
3.8350	23	002
3.8141	24	012
3.7566	12	$\bar{1}51$
3.7566	12	151
3.6585	2	0100
3.6585	2	032
3.5929	1	091
3.5562	1	$\bar{1}61$
3.5562	1	161
3.4715	1	180
3.3970	1	052
3.3562	1	$\bar{1}71$
3.3562	1	171
3.3032	1	0101
3.2331	1	190

9-357c 铝硅钡石(Cymrite)

$BaAl_2Si_2O_8 \cdot H_2O$，393.47

ICSD:24972(续 2)

Atom		Wcf	x	y	z	Occ
Al16	Al^{3+}	2a	0.521	0.458	−0.267	0.5
Si1	Si^{4+}	2a	0.506	0.0416	0.28	0.5
Si2	Si^{4+}	2a	0.51	0.0416	−0.27	0.5
Si3	Si^{4+}	2a	0.0092	0.083	0.304	0.5
Si4	Si^{4+}	2a	0.0204	0.083	−0.265	0.5
Si5	Si^{4+}	2a	0.0292	0.167	0.302	0.5
Si6	Si^{4+}	2a	0.0283	0.167	−0.268	0.5
Si7	Si^{4+}	2a	0.529	0.208	0.302	0.5
Si8	Si^{4+}	2a	0.527	0.208	−0.26	0.5
Si9	Si^{4+}	2a	0.535	0.292	0.292	0.5
Si10	Si^{4+}	2a	0.528	0.292	−0.265	0.5
Si11	Si^{4+}	2a	0.0308	0.333	0.302	0.5
Si12	Si^{4+}	2a	0.0308	0.333	−0.26	0.5
Si13	Si^{4+}	2a	0.0304	0.417	0.3	0.5
Si14	Si^{4+}	2a	0.0204	0.417	−0.265	0.5
Si15	Si^{4+}	2a	0.521	0.458	0.302	0.5
Si16	Si^{4+}	2a	0.521	0.458	−0.267	0.5
O1	O^{2-}	2a	0.516	0.0416	0.506	1.0
O2	O^{2-}	2a	0.0158	0.0835	0.522	1.0

PDF:73-2394(续 2)

d	I/I_0	hkl
3.1018	3	$\bar{1}12$
3.1018	3	112
3.0924	6	072
3.0524	2	$0\underline{11}1$
3.0524	2	$0\underline{12}0$
3.0163	19	$\bar{1}32$
3.0163	19	132
2.9471	850	$\bar{1}42$
2.9471	850	142
2.9390	867	082
2.8647	16	$\bar{1}52$
2.8647	16	152
2.8225	16	$1\underline{11}0$
2.7901	3	092
2.7728	2	$\bar{1}62$
2.7728	2	162
2.6650	273	200
2.6580	195	210
2.6472	514	$\bar{1}\underline{11}1$
2.6472	514	$1\underline{12}0$

9-357d 铝硅钡石(Cymrite)

$BaAl_2Si_2O_8 \cdot H_2O$，393.47

ICSD:24972(续 3)

Atom		Wcf	x	y	z	Occ
O3	O^{2-}	2a	0.0375	0.167	0.514	1.0
O4	O^{2-}	2a	0.525	0.21	0.516	1.0
O5	O^{2-}	2a	0.536	0.29	0.516	1.0
O6	O^{2-}	2a	0.0258	0.333	0.516	1.0
O7	O^{2-}	2a	0.0204	0.416	0.52	1.0
O8	O^{2-}	2a	0.51	0.458	0.516	1.0
O9	O^{2-}	2a	0.474	0	0.194	1.0
O10	O^{2-}	2a	0.544	−0.0006	−0.222	1.0
O11	O^{2-}	2a	0.294	0.072	0.218	1.0
O12	O^{2-}	2a	0.218	0.05	−0.221	1.0
O13	O^{2-}	2a	0.766	0.062	0.185	1.0
O14	O^{2-}	2a	0.75	0.064	−0.171	1.0
O15	O^{2-}	2a	−0.0416	0.125	0.225	1.0
O16	O^{2-}	2a	0.036	0.125	−0.18	1.0
O17	O^{2-}	2a	0.311	0.178	0.23	1.0
O18	O^{2-}	2a	0.77	0.186	−0.18	1.0
O19	O^{2-}	2a	0.811	0.196	0.23	1.0
O20	O^{2-}	2a	0.27	0.189	−0.18	1.0
O21	O^{2-}	2a	0.453	0.25	0.23	1.0

PDF:73-2394(续 3)

d	I/I_0	hkl
2.6372	308	220
2.6036	4	230
2.5567	37	240
2.5567	37	003
2.5505	25	013
2.5174	28	$\bar{2}01$
2.5174	28	201
2.5114	22	$\bar{2}11$
2.5114	22	211
2.5024	59	$\bar{1}\underline{12}1$
2.5024	59	$1\underline{12}1$
2.4939	35	$\bar{2}21$
2.4939	35	221
2.4894	19	$1\underline{13}0$
2.4654	2	$\bar{2}31$
2.4654	2	043
2.4272	1	$\bar{2}41$
2.4272	1	241
2.4137	1	053
2.3805	2	$\bar{2}51$

9-357e 铝硅钡石(Cymrite)

$BaAl_2Si_2O_8 \cdot H_2O$, 393.47

ICSD:24972(续 4)

Atom		Wcf	x	y	z	Occ
O22	O^{2-}	2a	0.527	0.25	−0.185	1.0
O23	O^{2-}	2a	0.811	0.304	0.233	1.0
O24	O^{2-}	2a	0.269	0.311	−0.174	1.0
O25	O^{2-}	2a	0.324	0.324	0.24	1.0
O26	O^{2-}	2a	0.77	0.314	−0.18	1.0
O27	O^{2-}	2a	−0.047	0.375	0.23	1.0
O28	O^{2-}	2a	0.025	0.375	−0.184	1.0
O29	O^{2-}	2a	0.307	0.431	0.226	1.0
O30	O^{2-}	2a	0.77	0.436	−0.18	1.0
O31	O^{2-}	2a	0.805	0.444	0.225	1.0
O32	O^{2-}	2a	0.267	0.439	−0.179	1.0
O33	O^{2-}	2a	−0.025	−0.002	0.387	0.5
O34	O^{2-}	2a	0.527	0.124	0.387	0.5
O35	O^{2-}	2a	0.029	0.248	0.387	0.5
O36	O^{2-}	2a	0.527	0.374	−0.387	0.5
O37	O^{2-}	2a	−0.025	0.006	0.624	0.5
O38	O^{2-}	2a	0.527	0.131	0.624	0.5
O39	O^{2-}	2a	0.029	0.256	0.624	0.5
O40	O^{2-}	2a	0.527	0.382	−0.624	0.5

PDF:73-2394(续 4)

d	I/I_0	hkl
2.3805	2	251
2.3744	6	270
2.3744	6	1102
2.3678	6	$\bar{1}$131
2.3678	6	1131
2.3028	117	280
2.3028	117	113
2.2968	70	073
2.2875	67	0160
2.2875	67	123
2.2682	18	$\bar{2}$71
2.2682	18	271
2.2353	217	$\bar{1}$43
2.2353	217	143
2.2318	188	083
2.2318	188	290
2.2055	235	$\bar{2}$81
2.2055	235	281
2.1987	144	$\bar{1}$53
2.1987	144	153

9-358a 硅钙铅矿(Ganomalite)

$Pb_9Ca_6[(Si_2O_7)_3(SiO_4)_3]$, 2886.03

Sys.:Trigonal S.G.:$P3$(143) Z:1

a:9.875 c:10.176 Vol.:2859.37

ICSD:50268

Atom		Wcf	x	y	z	Occ
Pb1	Pb^{2+}	6l	0.26780(9)	0.26951(9)	0.17827(6)	1.0
Pb2	Pb^{2+}	3k	0.98852(14)	0.25428(13)	0.5	1.0
Mn1	Mn^{2+}	1e	0.6667	0.3333	0	0.56
Ca1	Ca^{2+}	2h	0.3333	0.6667	0.3367(6)	1.0

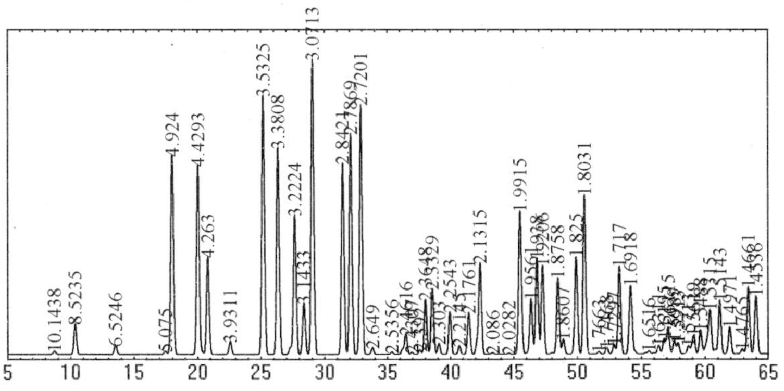

PDF:45-1361

d	I/I_0	hkl
8.5396	2	100
6.5436	1	011
4.9347	30	110
4.4401	40	111
4.2730	20	200
3.9396	5	201
3.5420	80	112
3.3921	60	003
3.2733	2	202
3.2303	40	210
3.1519	15	103
3.0815	90	211
2.8509	80	300
2.7962	90	113
2.7273	100	212
2.6580	5	203
2.4873	1	302
2.4694	8	220
2.3994	2	221
2.3707	20	310

9-358b 硅钙铅矿(Ganomalite)

$Pb_9Ca_6[(Si_2O_7)_3(SiO_4)_3]$，2886.03

ICSD:50268(续)

Atom		Wcf	x	y	z	Occ
Ca2	Ca^{2+}	1*c*	0.3333	0.6667	0	1.0
Ca3	Ca^{2+}	2*i*	0.6667	0.3333	0.3229(6)	1.0
Ca4	Ca^{2+}	1*e*	0.6667	0.3333	0	0.44
Si1	Si^{4+}	3*k*	0.4090(8)	0.3850(8)	0.5	1.0
Si2	Si^{4+}	6*l*	0.0232(7)	0.4068(7)	0.1486(7)	1.0
O1	O^{2-}	6*l*	0.5129(18)	0.1558(18)	0.1514(12)	1.0
O2	O^{2-}	3*j*	0.0745(18)	0.3751(19)	0	1.0
O3	O^{2-}	6*l*	0.1342(15)	0.5973(18)	0.1655(12)	1.0
O4	O^{2-}	3*k*	0.1540(23)	0.6566(27)	0.5	1.0
O5	O^{2-}	6*l*	0.3508(16)	0.2658(16)	0.3763(14)	1.0
O6	O^{2-}	6*l*	0.0779(14)	0.3191(15)	0.2546(12)	1.0
O7	O^{2-}	3*k*	0.5987(26)	0.4749(23)	0.5	1.0

PDF:45-1361(续)

d	I/I_0	hkl
2.3392	30	213
2.3098	5	311
2.2618	20	114
2.2207	5	222
2.1816	15	033
2.1498	5	312
2.1387	50	400
1.9964	90	223
1.9612	20	320
1.9446	40	313
1.9267	40	321
1.8820	40	115
1.8667	7	410
1.8305	70	322
1.8087	80	403
1.7717	2	224
1.7521	5	412
1.7345	5	314
1.7217	50	215
1.6963	40	006

9-359a 白针柱石(Leifite)

$Na_6Si_{16}Al_2(BeOH)_2O_{39}\cdot1.5H_2O$，1344.31

Sys.:Trigonal S.G.:$P\bar{3}m1$(164) Z:1

a:14.352 c:4.852 Vol.:1865.52

ICSD:2031

Atom		Wcf	x	y	z	Occ
Si1	Si^{4+}	6*h*	0	0.2163(2)	0.5	0.66
Si2	Si^{4+}	6*g*	0	0.3441(2)	0	1.0
Si3	Si^{4+}	6*i*	0.4476(1)	0.5524	0.3055(5)	1.0
Al1	Al^{3+}	6*h*	0	0.2163(2)	0.5	0.33

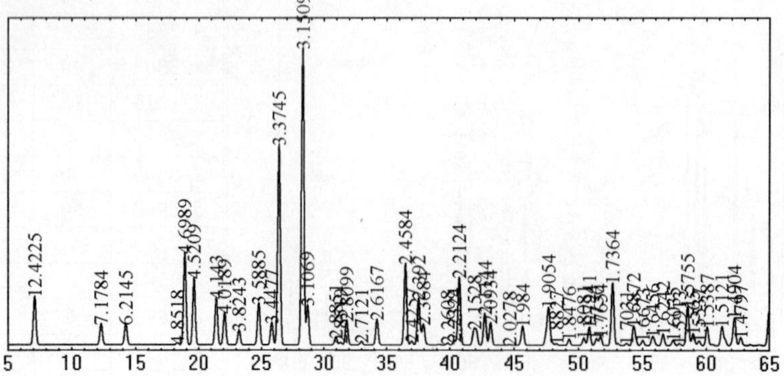

PDF:27-0001

d	I/I_0	hkl
12.4290	25	100
7.1760	16	110
6.2150	10	200
4.6980	40	210
4.5200	25	101
4.1430	17	300
4.0190	14	111
3.8240	6	201
3.5880	17	220
3.4470	9	310
3.3750	70	211
3.1510	100	301
3.1070	15	400
2.8850	3	221
2.8100	8	311
2.6170	8	401
2.4580	25	321
2.4260	2	002
2.3920	13	330
2.3670	6	411

9-359b 白针柱石(Leifite)

$Na_6Si_{16}Al_2(BeOH)_2O_{39}\cdot 1.5H_2O$, 1344.31

ICSD:2031(续)

Atom		Wcf	x	y	z	Occ
Be1	Be^{2+}	2*d*	0.3333	0.6667	0.3727(45)	1.0
Na1	Na^{+}	6*i*	0.7505(2)	0.2495	0.2038(7)	1.0
O1	O^{2-}	6*i*	0.1003(3)	0.8997	0.3953(13)	1.0
O2	O^{2-}	12*j*	0.3070(4)	0.2607(4)	0.2480(8)	1.0
O3	O^{2-}	12*j*	0.3592(4)	0.4583(4)	0.1021(8)	1.0
O4	O^{2-}	3*f*	0.5	0.5	0.5	1.0
O5	O^{2-}	6*i*	0.3944(2)	0.6056	0.4836(11)	1.0
O6	O^{2-}	1*a*	0	0	0	1.0
O7	O^{2-}	1*b*	0	0	0.5	0.56
O8	O^{2-}	2*d*	0.3333	0.6667	0.0409(16)	0.4
F1	F^{+}	2*d*	0.3333	0.6667	0.0409(16)	0.6

PDF:27-0001(续)

d	I/I_0	*hkl*
2.2320	2	510
2.2120	16	501
2.1560	4	212
2.1450	4	331
2.1140	7	421
2.0930	6	302
1.9839	4	312
1.9122	3	402
1.9052	9	601
1.7940	4	440
1.7655	2	611
1.7362	13	502
1.6875	4	422
1.6463	2	710
1.6242	2	621
1.5754	7	602
1.5387	3	522
1.5121	3	541
1.4902	5	631
1.4346	5	403

第二部分

索 引

X 射线粉晶数据索引

d	d	d	I	I	I	矿物名称	英文名称	矿物编号
24.000—10.000								
13.780	23.867	11.933	1	10	1	黄磷铁矿	Cacoxenite	8-005
11.933	23.867	13.780	1	10	1	黄磷铁矿	Cacoxenite	8-005
23.867	11.933	13.780	10	1	1	黄磷铁矿	Cacoxenite	8-005
10.459	9.617	7.294	10	4	3	簇磷铁矿	Beraunite	8-022
10.849	8.631	8.167	10	4	3	蓝磷铁矿	Vauxite	8-036
13.640	7.875	2.735	10	10	3	毛青铜矿	Buttgenbachite	6-056
14.250	7.125	3.562	8	10	6	绿泥石	Chlorite	9-243
14.028	7.014	2.521	4	10	4	鲕绿泥石	Chamosite	9-279
11.400	6.610	4.320	10	8	7	毛沸石	Erionite	9-329
10.845	5.742	5.628	8	10	2	羟磷硝铜矿	Likasite	6-057
14.400	5.730	8.830	10	1	1	八面沸石	Faujasite-K	9-331
10.094	5.047	4.441	5	10	6	埃洛石-10Å	Halloysite-10Å	9-245
10.123	4.672	4.322	10	9	5	准蓝磷铝铁矿	Meta-vauxite	8-059
12.100	4.570	6.980	10	5	4	纤铁矾	Fibroferrite	7-035
15.000	4.500	5.010	10	8	6	蒙脱石-15Å	Montmorillonite-15Å	9-276
10.400	4.470	4.260	10	2	2	坡缕石	Palygorskite	9-293
12.000	4.190	3.120	10	7	6	水硅锰钙石	Ruizite	9-115
11.900	4.106	2.978	6	10	6	钠菱沸石	Gmelinite	9-330
10.100	4.057	6.936	10	9	7	纤硅铜矿	Plancheite	9-236
10.300	3.590	5.200	10	10	7	翠砷铜铀矿	Zeunerite	8-074
12.000	3.570	2.950	10	8	7	砷铋铜矿	Mixite	8-073
10.350	3.569	5.185	9	10	7	钙铀云母	Autunite	8-023
10.589	3.528	2.582	10	4	4	锰星叶石-1*A*	Kupletskite-1*A*	9-240
15.493	3.525	2.970	10	1	1	硅钛铁钡石	Traskite	9-178
10.500	3.500	2.733	10	2	1	星叶石	Astrophyllite	9-239
10.300	3.460	2.871	10	4	3	钠硝矾	Darapskite	6-058
12.300	3.440	2.640	10	2	2	斑硅锰石	Bannisterite	9-291
10.000	3.340	5.020	9	10	5	伊利石-2M_1	Illite-2M_1	9-274
10.020	3.334	2.626	10	8	6	黑云母-1*M*	Biotite-1*M*	9-265
10.100	3.260	3.930	10	8	6	铅铝硅石	Wickenburgite	9-292
22.000	3.159	3.100	10	10	9	白钙沸石	Gyrolite	9-290
12.000	3.150	5.000	9	10	9	绿磷铁矿	Dufrenite	8-007
12.430	3.085	2.911	10	7	7	片硅碱钙石	Delhayelite	9-284
10.300	3.070	7.350	8	10	9	柱钾铁矾	Goldichite	7-012
10.300	2.940	5.890	10	4	3	锑线石	Holtite	9-061
14.327	2.905	2.686	10	10	8	硅钛钠钡石	Innelite	9-131
11.566	2.892	5.783	10	2	2	硅钛钠石	Murmanite	9-101
11.500	2.880	4.350	10	7	6	菱钾铝矿	Offretite	9-328
11.820	2.869	2.965	6	10	8	褐锌锰矿	Hodgkinsonite	9-030
13.977	2.824	3.552	9	10	8	氟菱钙铈矿	Parisite	6-038
14.100	2.820	1.520	10	4	4	蛭石	Vermiculite	9-275
10.062	2.614	3.266	10	6	5	金云母-2M_1	Phlogopite-2M_1	9-263
10.000	2.589	3.246	10	2	2	锂云母-6*M*	Lepidolite-6*M*	9-270
14.200	2.501	4.520	8	10	9	铝绿泥石-1M_{IIb}	Sudoite-1M_{IIb}	9-277
10.000	2.499	3.381	10	7	6	金云母-3*T*	Phlogopite-3*T*	9-264
9.999—9.000								
9.617	10.459	7.294	4	10	3	簇磷铁矿	Beraunite	8-022

续表

d	d	d	I	I	I	矿物名称	英文名称	矿物编号
9.160	8.320	2.635	4	10	3	镁铁闪石	Cummingtonite	9-209
9.015	7.930	3.723	9	10	7	矾石	Aluminite	7-033
9.820	6.371	3.186	8	10	6	磷铁铝矿	Paravauxite	8-046
9.200	5.790	2.899	4	10	8	水菱镁矿	Hydromagnesite	6-048
9.720	5.610	3.873	10	8	3	钙矾石	Ettringite	7-036
9.160	4.590	4.430	10	7	6	水硅钙铀矿	Haiweeite	9-058
9.910	4.500	2.564	9	10	8	白云母-1M	Muscovite-1M	9-256
9.979	4.444	3.493	10	8	6	白云母-2M_2	Muscovite-2M_2	9-258
9.700	4.440	2.536	8	10	9	钠云母-2M_1	Paragonite-2M_1	9-260
9.200	4.420	3.070	9	10	9	叶腊石-1A	Pyrophyllite-1A	9-252
9.340	4.323	2.927	5	10	9	菱沸石	Chabazite	9-327
9.440	4.152	6.840	10	2	2	浊沸石	Laumontite	9-325
9.150	4.060	3.040	5	10	5	辉沸石	Stilbite	9-342
9.030	4.060	3.030	10	5	3	淡红沸石	Stellerite	9-343
9.100	4.054	3.028	10	10	8	板沸石	Barrerite	9-344
9.600	3.974	3.708	10	4	3	镁碱沸石	Ferrierite	9-353
9.670	3.210	4.820	8	10	5	钠云母-1M	Paragonite-1M	9-259
9.570	3.192	3.519	8	10	5	柱星叶石	Neptunite	9-242
9.354	3.118	4.539	10	5	4	滑石-1A	Talc-1A	9-254
9.340	3.116	4.660	10	10	9	滑石-2M	Talc-2M	9-255
9.167	3.062	4.590	8	10	5	叶腊石-2M	Pyrophyllite-2M	9-253
9.384	2.936	3.513	8	10	7	铅黝帘石	Hancockite	9-123
9.160	2.855	4.576	6	10	6	磷锌矿	Hopeite	8-047
9.142	2.806	3.558	10	7	6	氟碳钙铈矿	Synchysite	6-036
9.870	2.797	3.450	10	10	9	钡闪叶石	Barytolamprophyllite	9-097
9.420	2.718	2.577	7	10	7	磷硅铈钠石	Phosinaite-Ce	9-147
9.978	2.636	3.230	10	6	5	金云母-1M	Phlogopite-1M	9-262
9.939	2.613	2.425	10	4	3	铁锂云母-3T	Zinnwaldite-3T	9-273
9.923	2.608	3.308	10	5	3	铁锂云母-2M_1	Zinnwaldite-2M_1	9-272
9.916	2.603	3.098	10	5	4	铁锂云母-1M	Zinnwaldite-1M	9-271
9.330	2.598	3.420	9	10	8	硅锌镁锰石	Gerstmannite	9-031
9.900	2.560	4.470	6	10	5	白云母-2M_1	Muscovite-2M_1	9-257
8.999—8.000								
8.830	14.400	5.730	1	10	1	八面沸石	Faujasite-K	9-331
8.631	10.849	8.167	4	10	3	蓝磷铁矿	Vauxite	8-036
8.167	10.849	8.631	3	10	4	蓝磷铁矿	Vauxite	8-036
8.320	9.160	2.635	10	4	3	镁铁闪石	Cummingtonite	9-209
8.420	8.670	5.650	10	10	5	银星石	Wavellite	8-019
8.670	8.420	5.650	10	10	5	银星石	Wavellite	8-019
8.359	5.898	4.179	10	2	2	硅镁铀矿	Sklodowskite	9-057
8.950	5.291	5.333	10	4	4	纤磷锰铁矿	Strunzite	8-056
8.475	4.999	6.190	4	10	5	球方解石	Vaterite	6-012
8.860	4.438	3.383	9	10	6	磷叶石	Phosphophyllite	8-048
8.575	4.291	3.745	10	4	2	磷钙锌矿	Scholzite	8-039
8.450	4.220	3.370	9	10	7	淡钡钛石	Leucosphenite	9-285
8.350	4.170	2.903	10	10	9	碱硅钙石	Carletonite	9-282
8.190	4.100	2.815	7	10	8	插晶菱沸石	Levyne	9-332
8.934	3.974	7.914	10	6	4	片沸石	Heulandite	9-340
8.950	3.955	3.976	10	6	6	斜发沸石	Clinoptilolite	9-341
8.850	3.755	3.295	10	6	4	准翠砷铜铀矿	Metazeunerite	8-075
8.660	3.679	3.484	10	7	2	准铜铀云母	Metatorbernite	8-026
8.460	3.620	2.615	10	6	3	准钙铀云母	Metaautunite	8-025

续表

d	d	d	I	I	I	矿物名称	英文名称	矿物编号
8.900	3.452	3.204	5	10	10	环晶石	Dachiardite	9-352
8.580	3.380	3.040	10	9	9	堇青石	Cordierite	9-156
8.281	3.364	2.760	8	10	8	针绿矾	Coquimbite	7-026
8.510	3.161	2.732	7	10	8	钠铁闪石	Arfvedsonite	9-235
8.520	3.159	2.728	10	9	8	铁角闪石	Ferrohornblende	9-218
8.090	3.152	2.992	7	10	7	红磷锰矿	Hureaulite	8-032
8.500	3.150	2.718	10	8	6	铁韭闪石	Ferropargasite	9-221
8.510	3.140	2.720	6	10	4	镁角闪石	Magnesiohornblende	9-217
8.460	3.130	2.707	4	10	9	氟镁钠闪石	Eckermannite	9-234
8.420	3.125	2.802	10	10	7	锰闪石	Richterite	9-227
8.430	3.124	3.269	4	10	4	韭角闪石	Pargasite	9-220
8.380	3.121	2.705	10	10	9	透闪石	Tremolite	9-214
8.430	3.120	3.267	8	10	4	浅闪石	Edenite	9-219
8.400	3.120	2.726	10	6	4	钠闪石	Riebeckite	9-233
8.390	3.113	2.795	8	10	8	钛角闪石	Kaersutite	9-224
8.270	3.060	3.230	8	10	7	铝直闪石	Gedrite	9-212
8.260	3.060	2.693	10	7	6	蓝闪石	Glaucophane	9-231
8.270	3.050	2.687	9	10	3	铁蓝闪石	Ferroglaucophane	9-232
8.260	3.040	3.231	6	10	6	直闪石	Anthophyllite	9-211
8.480	3.027	3.138	10	9	7	印度石	Indialite	9-150
8.107	3.000	4.427	10	9	7	锂蓝闪石	Holmquistite	9-213
8.236	2.946	3.289	10	8	7	硅钪铍石	Bazzite	9-149
8.750	2.920	4.380	6	10	9	三方硼砂	Tincalconite	6-071
8.330	2.766	3.070	10	9	8	铁闪石	Grunerite	9-210
8.519	2.743	2.578	10	7	4	绿钠闪石	Hastingsite	9-223
8.270	2.741	3.053	10	8	6	镁闪石	Magnesiocummingtonite	9-208
8.580	2.739	3.180	10	7	7	铁钠钙闪石	Ferrorichterite	9-228
8.401	2.715	3.114	10	5	3	铁钙镁闪石	Ferrotschermakite	9-225
8.435	2.705	3.133	10	7	7	角闪石	Hornblende	9-215
8.425	2.705	3.129	10	9	7	镁绿钙闪石	Magnesiohastingsite	9-222
8.334	2.694	3.093	10	9	6	红闪石	Katophorite	9-229
8.350	2.690	3.101	9	10	7	绿铁闪石	Taramite magnesian	9-230
8.123	2.487	2.708	10	10	7	氯碳酸钠镁石	Northupite	6-043
8.170	1.933	2.891	6	10	8	氟硅钙石	Bultfonteinite	9-052
7.999—7.000								
7.125	14.250	3.562	10	8	6	绿泥石	Chlorite	9-243
7.875	13.640	2.735	10	10	3	毛青铜矿	Buttgenbachite	6-056
7.294	10.459	9.617	3	10	4	簇磷铁矿	Beraunite	8-022
7.930	9.015	3.723	10	9	7	矾石	Aluminite	7-033
7.914	8.934	3.974	4	10	6	片沸石	Heulandite	9-340
7.964	6.854	6.132	10	5	3	水硅钒钙石	Cavansite	9-296
7.930	6.730	3.210	1	10	2	蓝铁矿	Vivianite	8-018
7.720	5.140	3.580	7	10	7	水钙硝石	Nitrocalcite	6-053
7.982	4.608	3.259	10	2	2	毒铁矿	Pharmacosiderite	8-072
7.300	4.420	3.620	7	10	6	埃洛石-7Å	Halloysite-7Å	9-246
7.186	4.255	2.875	8	10	10	磷硅铌钠石	Vuonnemite	9-110
7.503	4.180	3.008	10	10	5	针磷钇铒矿	Churchite-Y	8-057
7.140	4.110	2.905	8	10	9	硅锂锡钾石	Brannockite	9-165
7.900	3.950	2.633	10	9	4	硅钙铀矿	Uranophane	9-056
7.796	3.900	2.334	10	3	2	鳞镁铁矿	Pyroaurite	6-047
7.150	3.836	2.773	10	4	4	蓝柱石	Euclase	9-028
7.240	3.625	2.499	10	6	3	利蛇纹石-1*T*	Lizardite-1*T*	9-250

续表

d	d	d	I	I	I	矿物名称	英文名称	矿物编号
7.240	3.610	2.520	10	10	9	叶蛇纹石	Antigorite	9-249
7.910	3.600	3.090	10	8	6	水碳铝铅矿	Dundasite	6-046
7.170	3.579	4.366	10	8	6	高岭石-1*A*	Kaolinite-1*A*	9-248
7.153	3.578	4.118	9	10	8	地开石	Dickite	9-244
7.794	3.574	2.495	10	6	5	鱼眼石	Apophyllite	9-281
7.166	3.455	3.583	8	10	5	硼钙石	Calciborite	6-063
7.109	3.271	3.124	9	10	9	钠锆石	Elpidite	9-287
7.108	3.256	3.178	10	9	5	硅钛铌钠矿	Nenadkevichite	9-144
7.190	3.190	4.130	10	9	4	钙十字沸石	Phillipsite	9-336
7.120	3.180	7.080	9	10	9	麦钾沸石	Merlinoite	9-338
7.080	3.180	7.120	9	10	9	麦钾沸石	Merlinoite	9-338
7.350	3.070	10.300	9	10	8	柱钾铁矾	Goldichite	7-012
7.154	2.934	3.270	7	10	10	硅锆锰钾石	Darapiosite	9-166
7.980	2.867	3.254	9	10	10	绿柱石	Beryl	9-148
7.915	2.766	3.238	7	10	7	斜晶石	Clinohedrite	9-029
7.160	2.643	2.571	10	7	7	水钒铜矿	Volborthite	8-082
7.290	2.600	2.443	5	10	6	透视石	Dioptase	9-154
7.014	2.521	14.028	10	4	4	鲕绿泥石	Chamosite	9-279
7.025	2.475	2.483	10	5	4	镁绿泥石-2H_2	Amesite-2H_2	9-251
6.999—6.000								
6.980	12.100	4.570	4	10	5	纤铁矾	Fibroferrite	7-035
6.610	11.400	4.320	8	10	7	毛沸石	Erionite	9-329
6.936	10.100	4.057	7	10	9	纤硅铜矿	Plancheite	9-236
6.371	9.820	3.186	10	8	6	磷铁铝矿	Paravauxite	8-046
6.840	9.440	4.152	2	10	2	浊沸石	Laumontite	9-325
6.854	7.964	6.132	5	10	3	水硅钒钙石	Cavansite	9-296
6.132	7.964	6.854	3	10	5	水硅钒钙石	Cavansite	9-296
6.545	5.893	2.868	5	10	5	钠沸石	Natrolite	9-345
6.000	5.280	3.170	6	10	5	三水钠锆石	Hilairite	9-142
6.190	4.999	8.475	5	10	4	球方解石	Vaterite	6-012
6.020	4.780	3.484	4	10	8	铁明矾	Halotrichite	7-025
6.632	4.741	5.870	10	7	6	钙沸石	Scolecite	9-347
6.510	4.700	3.590	10	7	7	钡沸石	Edingtonite	9-348
6.298	4.560	3.348	10	10	10	硅铀矿	Soddyite	9-059
6.071	3.920	3.755	10	10	10	五角水硅钒钙石	Pentagonite	9-297
6.500	3.910	2.530	7	10	7	水胆矾	Brochantite	7-027
6.450	3.710	2.628	7	10	8	黝方石	Nosean	9-309
6.782	3.697	2.626	10	4	4	绿铜锌矿	Aurichalcite	6-045
6.166	3.670	2.901	6	10	7	绿松石	Turquoise	8-050
6.960	3.642	4.489	4	10	3	磷砷锌铜矿	Veszelyite	8-017
6.280	3.624	2.093	4	10	2	方钠石	Sodalite	9-308
6.189	3.542	3.589	4	10	4	铍方钠石	Tugtupite	9-312
6.399	3.514	3.107	10	3	3	钒钾铀矿	Carnotite anhydrous	8-083
6.710	3.356	5.360	10	9	9	章氏硼镁石	Hungchaoite	6-072
6.601	3.301	3.141	9	10	5	丝光沸石	Montesommaite	9-339
6.290	3.263	2.913	10	8	7	柱钠铜矾	Kroehnkite	7-010
6.516	3.236	2.943	10	8	7	铅蓝方石	Roeblingite	9-175
6.730	3.210	7.930	10	2	1	蓝铁矿	Vivianite	8-018
6.410	3.210	4.500	10	10	5	针碳钠钙石	Gaylussite	6-034
6.399	3.199	2.542	4	10	3	砷华	Arsenolite	4-059
6.080	3.184	5.940	6	10	3	天然硼酸	Sassolite	6-062
6.107	3.161	2.345	10	4	2	勃姆矿	Boehmite	4-074

续表

d	d	d	I	I	I	矿物名称	英文名称	矿物编号
6.390	3.126	3.169	10	10	7	交沸石	Harmotome	9-335
6.600	3.104	3.288	9	10	8	异极石	Hemimorphite	9-084
6.200	3.102	3.895	10	10	7	硅硼钙石	Howlite	6-068
6.150	3.072	3.136	8	10	10	天蓝石	Lazulite	8-009
6.110	3.055	2.848	10	7	6	磷镧镨矿	Rhabdophane	8-042
6.557	3.025	3.083	10	7	6	纤硅碱钙石	Rhodesite	9-283
6.030	3.017	1.845	3	10	3	细晶石	Microlite	4-019
6.720	3.003	3.227	10	5	4	钴华	Erythrite	8-070
6.502	2.993	4.245	7	10	5	紫脆石	Ussingite	9-321
6.580	2.990	2.700	2	10	2	瓦硅钙钡石	Walstromite	9-139
6.660	2.982	3.198	10	5	4	镍华	Annabergite	8-071
6.000	2.950	1.827	8	10	8	锑钙石	Romeite	8-086
6.820	2.906	2.820	7	10	9	锆钽矿	Lavenite	9-090
6.001	2.866	3.886	4	10	5	钾钙板锆石	Wadeite	9-138
6.697	2.815	5.198	4	10	3	磷铝铁石	Childrenite	8-044
6.035	2.796	4.320	5	10	6	水氯钙石	Sinjarite	5-028
6.500	2.764	3.290	10	10	8	钙钇铈矿	Kainosite-Y	9-146
6.270	2.664	2.089	10	7	7	硼镁石	Szaibelyite	6-067
6.910	2.624	3.454	10	8	6	铜硝石	Gerhardtite	6-055
6.163	2.623	2.706	10	2	2	辉钨矿-3*R*	Tungstenite-3*R*	3-051
6.369	2.567	3.477	8	10	7	布格电气石	Buergerite	9-159
6.770	2.480	2.720	10	7	6	水锌矿	Hydrozincite	6-044
6.180	2.277	2.731	10	4	3	辉钨矿-2*H*	Tungstenite-2*H*	3-050
6.155	2.277	1.830	10	6	3	辉钼矿-2*H*	Molybdenite-2*H*	3-032
6.931	2.228	4.066	10	4	3	黑锌锰矿	Chalcophanite	4-077
6.110	2.193	2.350	10	3	3	辉钼矿-3*R*	Molybdenite-3*R*	3-033
6.170	2.058	2.782	10	3	3	三斜磷锌矿	Tarbuttite	8-014
5.999—5.500								
5.730	14.400	8.830	1	10	1	八面沸石	Faujasite-K	9-331
5.783	11.566	2.892	2	10	2	硅钛钠石	Murmanite	9-101
5.742	10.845	5.628	10	8	2	羟磷硝铜矿	Likasite	6-057
5.890	10.300	2.940	3	10	4	锑线石	Holtite	9-061
5.610	9.720	3.873	8	10	3	钙矾石	Ettringite	7-036
5.650	8.670	8.420	5	10	10	银星石	Wavellite	8-019
5.898	8.359	4.179	2	10	2	硅镁铀矿	Sklodowskite	9-057
5.870	6.632	4.741	6	10	7	钙沸石	Scolecite	9-347
5.824	5.866	3.163	10	8	2	水铁盐	Hydromolysite	5-037
5.866	5.824	3.163	8	10	2	水铁盐	Hydromolysite	5-037
5.628	5.742	10.845	2	10	8	羟磷硝铜矿	Likasite	6-057
5.724	5.398	3.174	4	10	5	雄黄	Realgar	3-041
5.609	5.210	3.168	10	7	1	绿硫钒矿	Patronite	3-035
5.583	5.116	3.292	8	10	7	副雄黄	Pararealgar	3-042
5.730	5.080	2.620	10	7	5	针锰柱石	Carpholite	9-194
5.850	5.060	3.430	10	9	6	蓝线石	Dumortierite	9-060
5.807	4.820	2.908	8	10	8	磷铜矿	Libethenite	8-010
5.820	4.670	3.049	6	10	9	汤河原沸石	Yugawaralite	9-355
5.659	4.589	2.829	10	6	4	锰辉石	Kanonaite	9-035
5.549	4.531	2.774	10	8	7	红柱石	Andalusite	9-034
5.609	4.472	3.178	8	10	9	臭葱石	Scorodite	8-069
5.820	3.790	2.797	4	10	10	硅锆钡石	Bazirite	9-135
5.590	3.425	2.921	6	10	4	方沸石	Analcime	9-322
5.560	3.386	3.409	8	10	5	斜钙沸石	Wairakite	9-324

续表

d	d	d	I	I	I	矿物名称	英文名称	矿物编号
5.922	3.298	2.305	9	10	6	氯铝石	Chloraluminite	5-038
5.940	3.184	6.080	3	10	6	天然硼酸	Sassolite	6-062
5.930	3.124	5.840	8	10	8	斜方钠锆石	Gaidonnayite	9-141
5.840	3.124	5.930	8	10	8	斜方钠锆石	Gaidonnayite	9-141
5.990	3.080	3.670	8	10	7	砷菱铅矾	Beudantite	8-076
5.965	2.982	1.826	5	10	4	烧绿石	Pyrochlore，	4-020
5.890	2.945	2.567	10	5	1	氯镁石	Chloromagnesite	5-026
5.760	2.915	3.445	10	4	3	托氯铜石	Tolbachite	5-033
5.790	2.899	9.200	10	8	4	水菱镁矿	Hydromagnesite	6-048
5.530	2.898	2.726	8	10	10	硅铅锰矿	Kentrolite	9-106
5.898	2.897	4.409	9	10	9	变杆沸石	Gonnardite	9-349
5.900	2.894	2.866	7	10	7	中沸石	Mesolite	9-346
5.893	2.868	6.545	10	5	5	钠沸石	Natrolite	9-345
5.710	2.855	3.165	6	10	8	钾石膏	Syngenite	7-009
5.830	2.779	3.763	4	10	10	硅锡钡石	Pabstite	9-137
5.536	2.762	4.228	10	8	6	罗水氯铁石	Rokuhnite	5-027
5.570	2.749	3.345	4	10	9	硅钠钛矿	Lorenzenite	9-195
5.900	2.680	2.080	3	10	4	铁盐	Molysite	5-036
5.850	2.592	3.161	10	8	3	氯锰石	Scacchite	5-025
5.520	2.562	4.960	7	10	7	碳酸钠钙石	Shortite	6-026
5.900	2.540	1.800	6	10	6	陨氯铁	Lawrencite	5-024
5.499-5.000								
5.010	15.000	4.500	6	10	8	蒙脱石-15Å	Montmorillonite-15Å	9-276
5.200	10.300	3.590	7	10	10	翠砷铜铀矿	Zeunerite	8-074
5.333	8.950	5.291	4	10	4	纤磷锰铁矿	Strunzite	8-056
5.291	8.950	5.333	4	10	4	纤磷锰铁矿	Strunzite	8-056
5.140	7.720	3.580	10	7	7	水钙硝石	Nitrocalcite	6-053
5.360	6.710	3.356	9	10	9	章氏硼镁石	Hungchaoite	6-072
5.280	6.000	3.170	10	6	5	三水钠锆石	Hilairite	9-142
5.060	5.850	3.430	9	10	6	蓝线石	Dumortierite	9-060
5.080	5.730	2.620	7	10	5	针锰柱石	Carpholite	9-194
5.210	5.609	3.168	7	10	1	绿硫钒矿	Patronite	3-035
5.116	5.583	3.292	10	8	7	副雄黄	Pararealgar	3-042
5.030	5.480	2.278	7	10	7	氯铜矿	Atacamite	5-040
5.480	5.030	2.278	10	7	7	氯铜矿	Atacamite	5-040
5.392	4.945	3.362	9	10	7	蓝硒铜矿	Chalcomenite	7-037
5.047	4.441	10.094	10	6	5	埃洛石-10Å	Halloysite-10Å	9-245
5.440	4.298	4.053	4	10	5	钾明矾	Potassiumalum	7-013
5.350	4.210	2.677	3	10	3	泻利盐	Epsomite	7-022
5.300	4.200	2.850	6	10	3	碧矾	Morenosite	7-023
5.350	3.980	3.262	8	10	10	短柱石	Narsarsukite	9-241
5.185	3.569	10.350	7	10	9	钙铀云母	Autunite	8-023
5.150	3.516	3.674	6	10	5	蓝铜矿	Azurite	6-039
5.360	3.463	2.556	8	10	5	钨华	Tungstite	4-070
5.080	3.380	2.536	6	10	4	斜方镁钡闪叶石	Orthoericssonite	9-099
5.020	3.340	10.000	5	10	9	伊利石-2M_1	Illite-2M_1	9-274
5.064	3.246	2.658	6	10	5	钒铜铅矿	Mottramite	8-080
5.095	3.234	3.309	10	9	8	基性异性石	Lovozerite	9-151
5.290	3.229	3.127	3	10	3	黄钼铀矿	Iriginite	7-047
5.079	3.221	2.897	7	10	6	钒铅锌矿	Descloizite	8-079
5.040	3.210	2.768	6	10	7	大隅石	Osumilite-Mg	9-168
5.398	3.174	5.724	10	5	4	雄黄	Realgar	3-041

续表

d	d	d	I	I	I	矿物名称	英文名称	矿物编号
5.000	3.150	12.000	9	10	9	绿磷铁矿	Dufrenite	8-007
5.308	3.142	2.924	10	10	10	红锑矿	Kermesite	3-027
5.180	3.140	2.965	6	10	7	钪钇石	Thortveitite	9-070
5.090	3.080	3.110	7	10	8	黄钾铁矾	Jarosite	7-031
5.360	3.041	4.260	7	10	7	磷铝石	Variscite	8-016
5.097	2.989	3.034	8	10	9	针硅钙铅矿	Margarosanite	9-140
5.380	2.898	3.041	10	6	4	泡碱	Natron	6-029
5.010	2.885	2.789	4	10	4	斜黝帘石	Clinozoisite	9-121
5.338	2.866	3.025	7	10	9	氟磷铁锰矿	Triplite	8-030
5.055	2.857	3.693	8	10	9	孔雀石	Malachite	6-040
5.220	2.822	4.131	6	10	4	磷铝锰矿	Eosphorite	8-043
5.198	2.815	6.697	3	10	4	磷铝铁石	Childrenite	8-044
5.246	2.763	1.855	2	10	1	顾家石	Gugiaite	9-082
5.449	2.758	2.261	10	7	5	副氯铜矿	Paratacamite	5-041
5.081	2.737	1.705	4	10	3	氧硅钛钠石	Natisite	9-049
5.060	2.704	4.394	9	10	9	锰柱石	Orientite	9-133
5.150	2.666	2.576	10	10	10	钙水碱	Pirssonite	6-033
5.171	2.643	2.629	10	9	7	六水碳钙石	Ikaite	6-031
5.467	2.638	4.050	10	8	6	水氯铜石	Eriochalcite	5-032
5.160	2.580	2.372	5	10	3	硼铁矿	Vonsenite	6-061
5.120	2.547	2.515	10	7	7	硼镁铁矿	Ludwigite	6-060
4.999—4.800								
4.999	6.190	8.475	10	5	4	球方解石	Vaterite	6-012
4.820	5.807	2.908	10	8	8	磷铜矿	Libethenite	8-010
4.945	5.392	3.362	10	9	7	蓝硒铜矿	Chalcomenite	7-037
4.870	4.900	3.776	5	10	6	水绿矾	Melanterite	7-020
4.820	4.870	3.760	6	10	8	赤矾	Bieberite	7-021
4.906	4.797	2.856	3	10	3	雌黄	Orpiment	3-034
4.947	4.425	3.303	9	10	9	单斜硅铜矿	Shattuckite	9-196
4.850	4.370	4.320	10	2	1	三水铝石	Gibbsite	4-076
4.883	4.293	2.442	7	10	7	紫磷铁锰矿	Purpurite	8-060
4.913	3.956	2.767	9	10	8	板磷铁矿	ludlamite	8-011
4.900	3.776	4.870	10	6	5	水绿矾	Melanterite	7-020
4.870	3.760	4.820	10	8	6	赤矾	Bieberite	7-021
4.848	3.596	2.128	10	6	5	块铜矾	Antlerite	7-028
4.800	3.500	4.300	10	10	6	镁明矾	Pickeringite	7-024
4.901	3.486	2.752	4	10	8	铁板钛矿	Pseudobrookite	4-017
4.820	3.210	9.670	5	10	8	钠云母-1*M*	Paragonite-1*M*	9-259
4.840	3.200	3.570	5	10	5	铁锰绿铁矿	Rockbridgeite	8-034
4.880	3.190	2.854	8	10	9	硅铅锌矿	Larsenite	9-006
4.990	3.167	3.599	10	5	1	基铁矾	Butlerite	7-034
4.840	2.996	2.954	7	10	10	钨锰矿	Hubnerite	7-042
4.885	2.976	4.816	8	10	6	橄榄铜矿	Olivenite	8-063
4.816	2.976	4.885	6	10	8	橄榄铜矿	Olivenite	8-063
4.893	2.975	2.700	7	10	7	水砷锌矿	Adamite	8-064
4.904	2.887	3.572	9	10	9	氟碳铈矿	Bastnaesite	6-035
4.892	2.647	3.071	6	10	8	天然碱	Trona	6-003
4.922	2.627	1.795	7	10	3	羟钙石	Portlandite	4-083
4.860	2.566	2.846	6	10	8	硼砂	Borax	6-070
4.960	2.562	5.520	7	10	7	碳酸钠钙石	Shortite	6-026
4.813	2.512	2.083	7	10	6	镁铬铁矿	Magnesiochromite	4-037

续表

d	d	d	I	I	I	矿物名称	英文名称	矿物编号
4.799—4.600								
4.672	10.123	4.322	9	10	5	准蓝磷铝铁矿	Meta-vauxite	8-059
4.660	9.340	3.116	9	10	10	滑石-2*M*	Talc-2*M*	9-255
4.608	7.982	3.259	2	10	2	毒铁矿	Pharmacosiderite	8-072
4.741	6.632	5.870	7	10	6	钙沸石	Scolecite	9-347
4.700	6.510	3.590	7	10	7	钡沸石	Edingtonite	9-348
4.719	3.695	3.966	10	7	6	胆矾	Chalcanthite	7-017
4.790	3.658	3.272	7	10	7	钾钙霞石	Davyne	9-316
4.720	3.550	2.676	9	10	8	钍石	Thorite	9-026
4.644	3.499	2.702	6	10	10	钒铋矿	Pucherite	8-078
4.780	3.484	6.020	10	8	4	铁明矾	Halotrichite	7-025
4.740	3.440	3.350	10	10	10	钛铀矿	Brannerite	4-004
4.670	3.310	2.214	10	9	8	羟硅铝锰石	Akatoreite	9-116
4.715	3.241	2.900	7	10	7	绿磷铅铜矿	Tsumebite	8-049
4.650	3.164	2.968	9	10	10	锂磷铝石	Amblygonit	8-001
4.698	3.151	3.375	4	10	7	白针柱石	Leifite	9-359
4.765	3.105	2.843	8	10	4	白钨矿	Scheelite	7-043
4.760	3.100	1.929	3	10	3	钼钙矿	Powellite	7-045
4.725	3.086	2.999	10	8	8	水磷铝钠石	Wardite	8-055
4.740	3.062	2.318	6	10	5	水硅铜钙石	Kinoite	9-113
4.670	3.049	5.820	10	9	6	汤河原沸石	Yugawaralite	9-355
4.730	2.967	2.188	4	10	5	锰三斜辉石	Pyroxmangite	9-206
4.625	2.944	2.857	10	10	10	杆沸石	Thomsonite	9-350
4.736	2.940	3.745	4	10	4	钨铁矿	Ferberite	7-040
4.788	2.930	2.780	4	10	3	针硅钙石	Hillebrandite	9-201
4.660	2.922	3.268	10	8	4	锶沸石	Brewsterite	9-354
4.797	2.856	4.906	10	3	3	雌黄	Orpiment	3-034
4.740	2.818	2.814	8	10	10	硅铍钇矿	Gadolinite	9-064
4.690	2.812	2.635	8	10	8	钙铒钇矿	Hellandite	9-065
4.680	2.799	3.493	4	10	5	硼硅钡钇矿	Cappelenite-Y	9-066
4.659	2.784	3.078	7	10	6	无水芒硝	Thenardite	7-003
4.770	2.716	3.892	10	9	6	钙锰帘石	Macfallite	9-128
4.758	2.705	4.552	10	10	8	准磷铝石	Metavariscite	8-012
4.680	2.448	2.343	10	10	6	钡硝石	Nitrobarite	6-052
4.785	2.367	1.572	5	10	3	水镁石	Brucite	4-073
4.599—4.400								
4.500	15.000	5.010	8	10	6	蒙脱石-15Å	Montmorillonite-15Å	9-276
4.570	12.100	6.980	5	10	4	纤铁矾	Fibroferrite	7-035
4.470	10.400	4.260	2	10	2	坡缕石	Palygorskite	9-293
4.444	9.979	3.493	8	10	6	白云母-2M_2	Muscovite-2M_2	9-258
4.500	9.910	2.564	10	9	8	白云母-1*M*	Muscovite-1*M*	9-256
4.539	9.354	3.118	4	10	5	滑石-1*A*	Talc-1*A*	9-254
4.420	9.200	3.070	10	9	9	叶腊石-1*A*	Pyrophyllite-1*A*	9-252
4.590	9.160	4.430	7	10	6	水硅钙铀矿	Haiweeite	9-058
4.430	9.160	4.590	6	10	7	水硅钙铀矿	Haiweeite	9-058
4.438	8.860	3.383	10	9	6	磷叶石	Phosphophyllite	8-048
4.427	8.107	3.000	7	10	9	锂蓝闪石	Holmquistite	9-213
4.420	7.300	3.620	10	7	6	埃洛石-7Å	Halloysite-7Å	9-246
4.560	6.298	3.348	10	10	10	硅铀矿	Soddyite	9-059
4.589	5.659	2.829	6	10	4	锰辉石	Kanonaite	9-035
4.531	5.549	2.774	8	10	7	红柱石	Andalusite	9-034
4.441	5.047	10.094	6	10	5	埃洛石-10Å	Halloysite-10Å	9-245
4.425	4.947	3.303	10	9	9	单斜硅铜矿	Shattuckite	9-196

续表

d	d	d	I	I	I	矿物名称	英文名称	矿物编号
4.552	4.758	2.705	8	10	10	准磷铝石	Metavariscite	8-012
4.407	4.450	3.728	10	3	3	准埃洛石	Metahalloysite	9-247
4.450	4.407	3.728	3	10	3	准埃洛石	Metahalloysite	9-247
4.470	4.260	4.120	10	10	8	赵石墨	Chaoite	1-045
4.570	4.250	2.964	4	10	2	镍矾	Retgersite	7-019
4.420	4.030	2.965	10	9	8	锌铁矾	Bianchite	7-018
4.489	3.642	6.960	3	10	4	磷砷锌铜矿	Veszelyite	8-017
4.557	3.595	3.581	5	10	8	氮化磷	Phosphorus Nitride	2-021
4.453	3.334	2.561	7	10	7	锂云母-3*T*	Lepidolite-3*T*	9-269
4.434	3.302	2.518	5	10	5	锆石	Zircon	9-025
4.430	3.295	2.925	6	10	8	水镁硝石	Nitromagnesite	6-054
4.500	3.210	6.410	5	10	10	针碳钠钙石	Gaylussite	6-034
4.472	3.178	5.609	10	9	8	臭葱石	Scorodite	8-069
4.521	3.151	3.556	6	10	6	青铅矿	Linarite	7-029
4.590	3.062	9.167	5	10	8	叶腊石-2*M*	Pyrophyllite-2*M*	9-253
4.480	3.050	2.331	9	10	5	氯钙石	Hydrophilite	5-031
4.420	2.910	3.730	8	10	6	羟硅钡石	Muirite	9-164
4.409	2.897	5.898	9	10	9	变杆沸石	Gonnardite	9-349
4.576	2.855	9.160	6	10	6	磷锌矿	Hopeite	8-047
4.581	2.841	2.456	6	10	5	锰帘石	Sursassite	9-127
4.583	2.839	3.237	10	10	6	五水碳镁石	Lansfordite	6-032
4.430	2.809	3.634	4	10	6	角铅矿	Phosgenite	6-041
4.540	2.748	3.886	6	10	7	冰晶石	Cryolite	5-013
4.480	2.717	3.180	7	10	8	硅钙石	Rankinite	9-074
4.530	2.580	3.640	9	10	8	绿鳞石-1*M*	Celadonite-1*M*	9-261
4.470	2.560	9.900	5	10	6	白云母-2M_1	Muscovite-2M_1	9-257
4.440	2.536	9.700	10	9	8	钠云母-2M_1	Paragonite-2M_1	9-260
4.520	2.501	14.200	9	10	8	铝绿泥石-1M_{IIb}	Sudoite-1M_{IIb}	9-277
4.449	2.456	2.965	10	9	8	硬绿泥石	Chloritoid	9-047
4.580	2.415	2.043	5	10	6	塔菲石	Taaffeite	4-040
4.476	2.392	3.060	10	3	3	假孔雀石	Pseudomalachite	8-033
4.399—4.200								
4.350	11.500	2.880	6	10	7	菱钾铝矿	Offretite	9-328
4.320	11.400	6.610	7	10	8	毛沸石	Erionite	9-329
4.260	10.400	4.470	2	10	2	坡缕石	Palygorskite	9-293
4.322	10.123	4.672	5	10	9	准蓝磷铝铁矿	Meta-vauxite	8-059
4.291	8.575	3.745	4	10	2	磷钙锌矿	Scholzite	8-039
4.220	8.450	3.370	10	9	7	淡钡钛石	Leucosphenite	9-285
4.366	7.170	3.579	6	10	8	高岭石-1*A*	Kaolinite-1*A*	9-248
4.228	5.536	2.762	6	10	8	罗水氯铁石	Rokuhnite	5-027
4.210	5.350	2.677	10	3	3	泻利盐	Epsomite	7-022
4.200	5.300	2.850	10	6	3	碧矾	Morenosite	7-023
4.293	4.883	2.442	10	7	7	紫磷铁锰矿	Purpurite	8-060
4.370	4.850	4.320	2	10	1	三水铝石	Gibbsite	4-076
4.320	4.850	4.370	1	10	2	三水铝石	Gibbsite	4-076
4.300	4.800	3.500	6	10	10	镁明矾	Pickeringite	7-024
4.250	4.570	2.964	10	4	2	镍矾	Retgersite	7-019
4.260	4.470	4.120	10	10	8	赵石墨	Chaoite	1-045
4.338	4.393	3.899	10	7	4	铵矾	Mascagnite	7-001
4.393	4.338	3.899	7	10	4	铵矾	Mascagnite	7-001
4.366	4.115	2.908	7	10	9	硅锂钛锆石	Sogdianite	9-171
4.327	4.079	3.273	10	8	8	铵明矾	Tschermigite	7-014

续表

d	d	d	I	I	I	矿物名称	英文名称	矿物编号
4.298	4.053	5.440	10	5	4	钾明矾	Potassiumalum	7-013
4.385	3.807	2.543	6	10	8	羟硅铍石	Bertrandite	9-083
4.341	3.401	1.848	1	10	2	β-石英	Quartz-β	4-031
4.281	3.372	1.834	2	10	1	块磷铝矿	Berlinite	8-035
4.257	3.342	1.818	2	10	1	石英	Quartz	4-030
4.240	3.330	3.280	6	10	6	透长石	Sanidine	9-299
4.220	3.310	3.770	7	10	8	正长石	Orthoclase	9-298
4.250	3.250	2.790	10	8	8	硫铁银矿	Sternbergite	3-046
4.220	3.240	3.290	5	10	5	微斜长石	Microcline	9-300
4.339	3.192	2.874	10	10	8	硅铁锂钠石	Sugilite	9-169
4.270	3.186	2.693	10	9	8	水钙沸石	Gismondine	9-333
4.324	3.069	1.928	10	6	5	单水碳钙石	Monohydrocalcite	6-030
4.260	3.041	5.360	7	10	7	磷铝石	Variscite	8-016
4.280	3.029	1.966	10	6	6	锂冰晶石	Cryolithionite	5-015
4.277	3.008	2.525	8	10	8	磷铁锂矿	Triphylite	8-015
4.245	2.993	6.502	5	10	7	紫脆石	Ussingite	9-321
4.323	2.927	9.340	10	9	5	菱沸石	Chabazite	9-327
4.205	2.921	2.793	8	10	9	锂辉石	Spodumene	9-193
4.380	2.920	8.750	9	10	6	三方硼砂	Tincalconite	6-071
4.370	2.896	2.915	3	10	6	绿纤石	Pumpellyite-Al	9-126
4.255	2.875	7.186	10	10	8	磷硅铌钠石	Vuonnemite	9-110
4.290	2.874	3.440	9	10	8	羟铝铜钙石	Papagoite	9-145
4.280	2.871	2.684	9	10	5	石膏	Gypsum	7-016
4.336	2.861	2.945	5	10	10	绿辉石	Omphacite	9-190
4.290	2.831	2.922	5	10	8	硬玉	Jadeite	9-191
4.350	2.800	2.390	5	10	6	硫铋锑镍矿	Hauchecornite	3-024
4.320	2.796	6.035	6	10	5	水氯钙石	Sinjarite	5-028
4.256	2.775	3.216	3	10	6	闪叶石	Lamprophyllite	9-098
4.220	2.722	3.141	9	10	8	斜碱沸石	Amicite	9-334
4.394	2.704	5.060	9	10	9	锰柱石	Orientite	9-133
4.228	2.584	3.998	5	10	7	黑电气石	Schorl	9-162
4.320	2.552	3.522	8	10	8	锰磷锂矿	Lithiophilite	8-053
4.266	2.228	3.694	8	10	7	十二硼化锆	Zirconium Boride (1/12)	2-039
4.260	1.453	3.250	2	10	4	溴汞石	Kuzminite	5-044
4.199—4.000								
4.190	12.000	3.120	7	10	6	水硅锰钙石	Ruizite	9-115
4.106	11.900	2.978	10	6	6	钠菱沸石	Gmelinite	9-330
4.057	10.100	6.936	9	10	7	纤硅铜矿	Plancheite	9-236
4.152	9.440	6.840	2	10	2	浊沸石	Laumontite	9-325
4.060	9.150	3.040	10	5	5	辉沸石	Stilbite	9-342
4.054	9.100	3.028	10	10	8	板沸石	Barrerite	9-344
4.060	9.030	3.030	5	10	3	淡红沸石	Stellerite	9-343
4.179	8.359	5.898	2	10	2	硅镁铀矿	Sklodowskite	9-057
4.170	8.350	2.903	10	10	9	碱硅钙石	Carletonite	9-282
4.180	7.503	3.008	10	10	5	针磷钇铒矿	Churchite-Y	8-057
4.130	7.190	3.190	4	10	9	钙十字沸石	Phillipsite	9-336
4.066	6.931	2.228	3	10	4	黑锌锰矿	Chalcophanite	4-077
4.050	5.467	2.638	6	10	8	水氯铜石	Eriochalcite	5-032
4.120	4.470	4.260	8	10	10	赵石墨	Chaoite	1-045
4.030	4.420	2.965	9	10	8	锌铁矾	Bianchite	7-018
4.079	4.327	3.273	8	10	8	铵明矾	Tschermigite	7-014
4.053	4.298	5.440	5	10	4	钾明矾	Potassiumalum	7-013

续表

d	d	d	I	I	I	矿物名称	英文名称	矿物编号
4.006	3.909	2.915	4	10	5	汤霜晶石	Thomsenolite	5-016
4.156	3.706	4.064	9	10	10	软钾镁矾	Picromerite	7-011
4.064	3.706	4.156	10	10	9	软钾镁矾	Picromerite	7-011
4.118	3.578	7.153	8	10	9	地开石	Dickite	9-244
4.007	3.344	3.517	3	10	6	光彩石	Augelite	8-004
4.160	3.307	2.880	7	10	9	整柱石	Milarite	9-170
4.011	3.292	2.522	8	10	4	羟氯铅矿	Laurionite	5-042
4.092	3.235	3.204	4	10	7	歪长石	Anorthoclase	9-301
4.040	3.210	3.180	8	10	9	中长石	Andesine	9-303
4.047	3.202	3.180	5	10	7	倍长石	Bytownite	9-304
4.190	3.180	3.470	10	9	8	天山石	Tienshanite	9-177
4.130	3.174	2.851	10	8	7	索伦石	Suolunite	9-094
4.150	3.170	2.067	8	10	4	汞膏	Calomel	5-023
4.024	3.130	3.158	9	10	5	钡解石-单斜相	Barytocalcite-mon	6-025
4.198	3.074	2.862	7	10	6	硅钍石	Huttonite	9-027
4.158	2.939	1.859	5	10	5	六硼化镧	Lanthanum Boride (1/6)	2-040
4.115	2.908	4.366	10	9	7	硅锂钛锆石	Sogdianite	9-171
4.110	2.905	7.140	10	9	8	硅锂锡钾石	Brannockite	9-165
4.000	2.903	2.598	5	10	5	红帘石	Piemontite	9-124
4.131	2.822	5.220	4	10	6	磷铝锰矿	Eosphorite	8-043
4.100	2.815	8.190	10	8	7	插晶菱沸石	Levyne	9-332
4.164	2.812	2.918	9	10	8	扎布耶石	Zabuyelite	6-018
4.030	2.693	2.874	5	10	7	黝帘石	Zoisite	9-125
4.158	2.681	2.754	3	10	6	四硼化硅	Silicon Boride (1/4)	2-046
4.185	2.673	4.008	7	10	7	氯黄晶	Zunyite	9-117
4.008	2.673	4.185	7	10	7	氯黄晶	Zunyite	9-117
4.101	2.643	2.883	10	9	7	水氯镁石	Bischofite	5-034
4.020	2.614	2.840	8	10	9	铍密黄石	Aminoffite	9-111
4.080	2.589	3.485	10	6	4	硼锂石	Diomignite	6-065
4.057	2.549	2.434	10	4	3	拉锰矿	Ramsdellite	4-021
4.137	2.534	1.644	10	2	1	β-方石英	Cristobalitea-β	4-029
4.040	2.493	3.340	10	6	3	硅铍钠石	Chkalovite	9-205
4.183	2.450	2.693	10	5	4	针铁矿	Goethite	4-079
4.040	2.342	2.489	10	2	2	方石英	Cristobalite	4-028
3.999—3.900								
3.930	10.100	3.260	6	10	8	铅铝硅石	Wickenburgite	9-292
3.974	9.600	3.708	4	10	3	镁碱沸石	Ferrierite	9-353
3.976	8.950	3.955	6	10	6	斜发沸石	Clinoptilolite	9-341
3.955	8.950	3.976	6	10	6	斜发沸石	Clinoptilolite	9-341
3.974	8.934	7.914	6	10	4	片沸石	Heulandite	9-340
3.950	7.900	2.633	9	10	4	硅钙铀矿	Uranophane	9-056
3.900	7.796	2.334	3	10	2	鳞镁铁矿	Pyroaurite	6-047
3.910	6.500	2.530	10	7	7	水胆矾	Brochantite	7-027
3.920	6.071	3.755	10	10	10	五角水硅钒钙石	Pentagonite	9-297
3.956	4.913	2.767	10	9	8	板磷铁矿	ludlamite	8-011
3.966	4.719	3.695	6	10	7	胆矾	Chalcanthite	7-017
3.980	3.750	2.296	6	10	9	碘银矿	Iodargyrite	5-046
3.900	3.660	2.250	10	10	9	冰	Ice	4-012
3.961	3.369	2.740	10	10	8	锂霞石	Eucryptite	9-003
3.980	3.262	5.350	10	10	8	短柱石	Narsarsukite	9-241
3.995	3.243	2.536	10	10	4	黄河矿	Huanghoite	6-037
3.973	3.097	3.343	9	10	7	硅钡石	Sanbornite	9-295

续表

d	d	d	I	I	I	矿物名称	英文名称	矿物编号
3.915	3.082	2.535	5	10	3	菱碱土矿	Benstonite	6-024
3.948	2.939	2.947	10	9	9	铝硅钡石	Cymrite	9-357
3.962	2.933	2.559	6	10	9	钙锂电气石	Liddicoatite	9-157
3.909	2.915	4.006	10	5	4	汤霜晶石	Thomsenolite	5-016
3.950	2.891	2.221	8	10	8	二磷化铜	Copper Phosphide(1/2)	2-058
3.900	2.823	3.624	7	10	8	磷钠铍石	Beryllonite	8-045
3.987	2.819	1.783	10	5	4	羟铟石	Dzhalindite	4-078
3.930	2.740	3.850	9	10	9	钠铌矿	Lueshite	4-062
3.998	2.584	4.228	7	10	5	黑电气石	Schorl	9-162
3.993	2.583	2.969	7	10	8	钙镁电气石	Uvite	9-158
3.990	2.576	2.961	9	10	9	镁电气石	Dravite	9-161
3.990	2.317	2.131	10	6	5	硬水铝石	Diaspore	4-075
3.930	2.159	2.792	9	10	8	南极石	Antarcticite	5-029
3.899—3.800								
3.873	9.720	5.610	3	10	8	钙矾石	Ettringite	7-036
3.836	7.150	2.773	4	10	4	蓝柱石	Euclase	9-028
3.892	4.770	2.716	6	10	9	钙锰帘石	Macfallite	9-128
3.899	4.338	4.393	4	10	7	铵矾	Mascagnite	7-001
3.840	3.720	2.596	10	10	8	锂铍石	Liberite	9-004
3.890	3.579	2.776	8	10	6	氯铅矿	Cotunnite	5-030
3.808	3.448	3.054	6	10	7	钠柱石	Marialite	9-318
3.830	3.430	3.190	10	10	9	柱沸石	Epistilbite	9-351
3.803	3.279	2.278	5	10	5	钙蔷薇辉石	Bustamite	9-198
3.810	3.260	3.463	8	10	6	钼华	Molybdite	4-069
3.850	3.210	3.100	10	5	4	硫	Sulfur	1-039
3.824	3.185	2.941	10	10	10	针沸石	Mazzite	9-337
3.876	3.165	1.828	10	8	5	氮化锂	Lithium Nitride	2-014
3.829	3.123	3.809	3	10	9	硼铍石	Hambergite	6-066
3.809	3.123	3.829	9	10	3	硼铍石	Hambergite	6-066
3.895	3.102	6.200	7	10	10	硅硼钙石	Howlite	6-068
3.870	3.027	3.294	6	10	4	霞石	Nepheline	9-306
3.854	3.024	2.594	8	10	6	硅钡铁矿	Taramellite	9-176
3.860	3.015	2.656	4	10	4	钡白云石	Norsethite	6-022
3.820	2.980	2.670	9	10	10	冰石盐	Hydrohalite	5-019
3.853	2.912	3.408	10	10	9	蓝铜矿	Armenite	9-173
3.886	2.866	6.001	5	10	4	钾钙板锆石	Wadeite	9-138
3.886	2.748	4.540	7	10	6	冰晶石	Cryolite	5-013
3.850	2.740	3.930	9	10	9	钠铌矿	Lueshite	4-062
3.807	2.543	4.385	10	8	6	羟硅铍石	Bertrandite	9-083
3.883	2.458	2.512	7	10	7	镁橄榄石	Forsterite	9-009
3.830	1.918	2.710	4	10	5	氟镁钠石	Neighborite	5-009
3.799—3.700								
3.708	9.600	3.974	3	10	4	镁碱沸石	Ferrierite	9-353
3.755	8.850	3.295	6	10	4	准翠砷铜铀矿	Metazeunerite	8-075
3.745	8.575	4.291	2	10	4	磷钙锌矿	Scholzite	8-039
3.723	7.930	9.015	7	10	9	矾石	Aluminite	7-033
3.755	6.071	3.920	10	10	10	五角水硅钒钙石	Pentagonite	9-297
3.776	4.900	4.870	6	10	5	水绿矾	Melanterite	7-020
3.760	4.870	4.820	8	10	6	赤矾	Bieberite	7-021
3.728	4.407	4.450	3	10	3	准埃洛石	Metahalloysite	9-247
3.706	4.064	4.156	10	10	9	软钾镁矾	Picromerite	7-011
3.720	3.840	2.596	10	10	8	锂铍石	Liberite	9-004

续表

d	d	d	I	I	I	矿物名称	英文名称	矿物编号
3.740	3.783	3.037	8	10	8	钾硝石	Niter	6-051
3.722	3.662	2.150	10	5	2	毒重石	Witherite	6-014
3.728	3.661	3.679	10	5	5	透锂长石-1*M*	Petalite-1*M*	9-288
3.763	3.381	3.010	10	4	4	磷铜铁矿	Chalcosiderite	8-006
3.760	3.360	3.200	6	10	6	海泡石	Sepiolite	9-294
3.710	3.350	3.160	8	10	10	β-磷化锌	Zinc Phosphide (1/2)-β	2-054
3.770	3.310	4.220	8	10	7	正长石	Orthoclase	9-298
3.753	3.256	2.909	6	10	6	陨铁大隅石	Merrihueite	9-167
3.739	3.233	2.917	7	10	6	碱硅镁石	Roedderite	9-172
3.752	3.176	3.211	3	10	3	钠长石	Albite	9-302
3.770	3.058	3.744	2	10	2	铌钙矿	Fersmite	4-064
3.744	3.058	3.770	2	10	2	铌钙矿	Fersmite	4-064
3.783	3.037	3.740	10	8	8	钾硝石	Niter	6-051
3.780	3.005	2.072	6	10	4	硒	Selenium	1-040
3.720	2.952	2.734	4	10	4	泡铋矿	Bismutite	6-042
3.785	2.950	1.826	7	10	3	菱镉矿	Otavite	6-010
3.745	2.940	4.736	4	10	4	钨铁矿	Ferberite	7-040
3.750	2.936	1.816	2	10	2	锰方解石	Kutnohorite	6-021
3.730	2.910	4.420	6	10	8	羟硅钡石	Muirite	9-164
3.711	2.868	3.085	5	10	6	锌黄长石	Hardystonite	9-112
3.710	2.800	1.945	3	10	3	氯锑铅矿	Nadorite	5-043
3.790	2.797	5.820	10	10	4	硅锆钡石	Bazirite	9-135
3.763	2.779	5.830	10	10	4	硅锡钡石	Pabstite	9-137
3.720	2.743	2.874	10	8	3	蓝锥矿	Benitoite	9-136
3.723	2.633	2.150	10	2	2	蓝方石	Hauyne	9-310
3.710	2.628	6.450	10	8	7	黝方石	Nosean	9-309
3.713	2.619	2.138	10	8	5	青金石	Lazurite	9-311
3.783	2.377	2.565	5	10	6	碳化硼	Boron Carbide	2-010
3.750	2.296	3.980	10	9	6	碘银矿	Iodargyrite	5-046
3.699—3.600								
3.679	8.660	3.484	7	10	2	准铜铀云母	Metatorbernite	8-026
3.620	8.460	2.615	6	10	3	准钙铀云母	Metaautunite	8-025
3.600	7.910	3.090	8	10	6	水碳铝铅矿	Dundasite	6-046
3.625	7.240	2.499	6	10	3	利蛇纹石-1*T*	Lizardite-1*T*	9-250
3.610	7.240	2.520	10	10	9	叶蛇纹石	Antigorite	9-249
3.642	6.960	4.489	10	4	3	磷砷锌铜矿	Veszelyite	8-017
3.697	6.782	2.626	4	10	4	绿铜锌矿	Aurichalcite	6-045
3.624	6.280	2.093	10	4	2	方钠石	Sodalite	9-308
3.658	4.790	3.272	10	7	7	钾钙霞石	Davyne	9-316
3.695	4.719	3.966	7	10	6	胆矾	Chalcanthite	7-017
3.620	4.420	7.300	6	10	7	埃洛石-7Å	Halloysite-7Å	9-246
3.660	3.900	2.250	10	10	9	冰	Ice	4-012
3.679	3.728	3.661	5	10	5	透锂长石-1*M*	Petalite-1*M*	9-288
3.661	3.728	3.679	5	10	5	透锂长石-1*M*	Petalite-1*M*	9-288
3.662	3.722	2.150	5	10	2	毒重石	Witherite	6-014
3.674	3.516	5.150	5	10	6	蓝铜矿	Azurite	6-039
3.651	3.415	2.912	4	10	4	铯榴石	Pollucite-Fe	9-323
3.604	3.322	2.932	7	10	10	光卤石	Carnallite	5-039
3.695	3.273	2.769	9	10	7	硫酸钙霞石	Vishnevite	9-317
3.641	3.216	2.731	8	10	6	钙霞石	Cancrinite	9-315
3.643	3.155	1.903	10	4	3	磷化氢	Phosphane	2-059
3.660	3.119	2.518	8	10	8	硅铍石	Phenakite	9-001

续表

d	d	d	I	I	I	矿物名称	英文名称	矿物编号
3.670	3.080	5.990	7	10	8	砷菱铅矾	Beudantite	8-076
3.625	3.080	3.343	10	10	7	锂云母-1*M*	Lepidolite-1*M*	9-266
3.640	3.050	2.026	8	10	6	硅硼镁石	Garrelsite	9-068
3.680	3.043	3.177	7	10	7	蓝磷铜矿	Cornetite	8-037
3.681	3.002	1.840	1	10	1	复稀金矿	Polycrase	4-016
3.640	2.970	1.720	7	10	9	钽铁矿	Tantalite	4-041
3.648	2.953	2.483	5	10	6	黑钨矿	Wolframite	7-041
3.693	2.937	3.195	6	10	7	黄玉	Topaz	9-039
3.670	2.901	6.166	10	7	6	绿松石	Turquoise	8-050
3.616	2.864	3.143	10	9	8	粒硅锰矿	alleghanyite	9-041
3.693	2.857	5.055	9	10	8	孔雀石	Malachite	6-040
3.667	2.850	1.767	3	10	3	菱锰矿	Rhodochrosite	6-007
3.680	2.840	2.620	3	10	3	重碳酸钾石	Kalicinite	6-002
3.624	2.823	3.900	8	10	7	磷钠铍石	Beryllonite	8-045
3.634	2.809	4.430	6	10	4	角铅矿	Phosgenite	6-041
3.601	2.759	2.970	4	10	4	密黄长石	Meliphanite	9-081
3.604	2.756	2.968	4	10	3	白铍石	Leucophanite	9-080
3.634	2.664	2.584	5	10	6	钙镁橄榄石	Monticellite	9-012
3.640	2.580	4.530	8	10	9	绿鳞石-1*M*	Celadonite-1*M*	9-261
3.655	2.458	3.354	10	2	2	铌铁矿	Columbite	4-007
3.694	2.228	4.266	7	10	8	十二硼化锆	Zirconium Boride (1/12)	2-039
3.599—3.500								
3.525	15.493	2.970	1	10	1	硅钛铁钡石	Traskite	9-178
3.570	12.000	2.950	8	10	7	砷铋铜矿	Mixite	8-073
3.528	10.589	2.582	4	10	4	锰星叶石-1*A*	Kupletskite-1*A*	9-240
3.500	10.500	2.733	2	10	1	星叶石	Astrophyllite	9-239
3.569	10.350	5.185	10	9	7	钙铀云母	Autunite	8-023
3.590	10.300	5.200	10	10	7	翠砷铜铀矿	Zeunerite	8-074
3.558	9.142	2.806	6	10	7	氟碳钙铈矿	Synchysite	6-036
3.574	7.794	2.495	6	10	5	鱼眼石	Apophyllite	9-281
3.579	7.170	4.366	8	10	6	高岭石-1*A*	Kaolinite-1*A*	9-248
3.578	7.153	4.118	10	9	8	地开石	Dickite	9-244
3.562	7.125	14.250	6	10	8	绿泥石	Chlorite	9-243
3.590	6.510	4.700	7	10	7	钡沸石	Edingtonite	9-348
3.514	6.399	3.107	3	10	3	钒钾铀矿	Carnotite anhydrous	8-083
3.516	5.150	3.674	10	6	5	蓝铜矿	Azurite	6-039
3.580	5.140	7.720	7	10	7	水钙硝石	Nitrocalcite	6-053
3.599	4.990	3.167	1	10	5	基铁矾	Butlerite	7-034
3.596	4.848	2.128	6	10	5	块铜矾	Antlerite	7-028
3.500	4.800	4.300	10	10	6	镁明矾	Pickeringite	7-024
3.550	4.720	2.676	10	9	8	钍石	Thorite	9-026
3.579	3.890	2.776	10	8	6	氯铅矿	Cotunnite	5-030
3.581	3.595	4.557	8	10	5	氮化磷	Phosphorus Nitride	2-021
3.500	3.590	2.490	4	10	2	白铅矿	Cerussite	6-016
3.542	3.589	6.189	10	4	4	铍方钠石	Tugtupite	9-312
3.595	3.581	4.557	10	8	5	氮化磷	Phosphorus Nitride	2-021
3.557	3.575	3.051	8	10	8	辉锑矿	Stibnite	3-047
3.589	3.542	6.189	4	10	4	铍方钠石	Tugtupite	9-312
3.590	3.500	2.490	10	4	2	白铅矿	Cerussite	6-016
3.583	3.455	7.166	5	10	8	硼钙石	Calciborite	6-063
3.535	3.450	2.053	10	7	5	碳锶矿	Strontianite	6-015
3.517	3.344	4.007	6	10	3	光彩石	Augelite	8-004

续表

d	d	d	I	I	I	矿物名称	英文名称	矿物编号
3.560	3.340	3.530	10	10	8	铅辉石	Alamosite	9-207
3.530	3.340	3.560	8	10	10	铅辉石	Alamosite	9-207
3.522	3.225	2.546	5	10	10	砷铅铁矿	Carminite	8-067
3.570	3.200	4.840	5	10	5	铁锰绿铁矿	Rockbridgeite	8-034
3.519	3.192	9.570	5	10	8	柱星叶石	Neptunite	9-242
3.583	3.160	3.367	8	10	6	硫镉矿	Greenockite	3-023
3.532	3.159	2.870	10	9	7	包头矿	Baotite	9-143
3.556	3.151	4.521	6	10	6	青铅矿	Linarite	7-029
3.510	3.120	2.950	4	10	4	钽锑矿	Stibiotantalite	4-065
3.560	3.118	2.811	10	10	7	辉铋矿	Bismuthinite	3-006
3.575	3.051	3.557	10	8	8	辉锑矿	Stibnite	3-047
3.503	3.032	2.612	10	7	5	紫硅铝镁石	Yoderite	9-036
3.519	2.978	3.319	5	10	6	硅灰石	Wollastonite	9-197
3.570	2.961	2.743	10	8	7	赛黄晶	Danburite	9-108
3.513	2.936	9.384	7	10	8	铅黝帘石	Hancockite	9-123
3.530	2.920	2.714	5	10	7	褐帘石	Allanite	9-120
3.520	2.920	3.060	6	10	8	硅铅铀矿	Kasolite	9-055
3.530	2.917	2.605	10	6	5	硫碳酸铅矿	Leadhillite	6-049
3.557	2.904	1.901	2	10	6	砷化铟-立方相 2	Indium Arsenide-cub2	2-032
3.512	2.900	3.465	10	9	8	板钛矿	Brookite	4-005
3.572	2.887	4.904	9	10	9	氟碳铈矿	Bastnaesite	6-035
3.511	2.870	3.103	10	6	5	锰镁云母	Davreuxite	9-119
3.551	2.838	2.745	2	10	1	磷硅钛钠石	Lomonosovite	9-109
3.552	2.824	13.977	8	10	9	氟菱钙铈矿	Parisite	6-038
3.530	2.816	2.540	10	10	10	水硅锌钙石	Junitoite	9-085
3.500	2.797	1.856	10	9	5	块黑铅矿	Plattnerite	4-024
3.520	2.771	1.879	3	10	3	砷	Arsenic	1-038
3.560	2.764	2.229	4	10	4	三斜石	Trimerite	9-005
3.550	2.750	1.703	5	10	5	菱锌矿	Smithsonite	6-009
3.551	2.743	1.702	4	10	3	菱钴矿	Sphaerocobaltite	6-008
3.512	2.708	1.681	5	10	5	菱镍矿	Gaspeite	6-011
3.580	2.620	3.040	8	10	8	铬电气石	Chromdravite	9-163
3.522	2.552	4.320	8	10	8	锰磷锂矿	Lithiophilite	8-053
3.550	2.510	2.048	10	7	2	钡解石-三方相	Paralstonite-tri	6-023
3.579	2.193	1.870	10	8	5	钡萤石	Frankdicksonite	5-006
3.531	2.166	2.745	3	10	7	二硼化锆	Zirconium Boride (1/2)	2-038
3.505	2.044	3.024	5	10	9	方硼石	Boracite	6-069
3.570	2.008	1.539	10	10	10	斜绿泥石-2M_{IIb}	Clinochlore-2M_{IIb}	9-278
3.520	1.892	2.378	10	4	2	锐钛矿	Anatase	4-002
3.499—3.400								
3.440	12.300	2.640	2	10	2	斑硅锰石	Bannisterite	9-291
3.460	10.300	2.871	4	10	3	钠硝矾	Darapskite	6-058
3.493	9.979	4.444	6	10	8	白云母-2M_2	Muscovite-2M_2	9-258
3.484	8.660	3.679	2	10	7	准铜铀云母	Metatorbernite	8-026
3.455	7.166	3.583	10	8	5	硼钙石	Calciborite	6-063
3.454	6.910	2.624	6	10	8	铜硝石	Gerhardtite	6-055
3.430	5.850	5.060	6	10	9	蓝线石	Dumortierite	9-060
3.445	5.760	2.915	3	10	4	托氯铜石	Tolbachite	5-033
3.425	5.590	2.921	10	6	4	方沸石	Analcime	9-322
3.463	5.360	2.556	10	8	5	钨华	Tungstite	4-070
3.484	4.780	6.020	8	10	4	铁明矾	Halotrichite	7-025
3.470	4.190	3.180	8	10	9	天山石	Tienshanite	9-177

续表

d	d	d	I	I	I	矿物名称	英文名称	矿物编号
3.485	4.080	2.589	4	10	6	硼锂石	Diomignite	6-065
3.408	3.853	2.912	9	10	10	蓝铜矿	Armenite	9-173
3.430	3.830	3.190	10	10	9	柱沸石	Epistilbite	9-351
3.450	3.535	2.053	7	10	5	碳锶矿	Strontianite	6-015
3.465	3.512	2.900	8	10	9	板钛矿	Brookite	4-005
3.428	3.390	2.206	10	10	6	莫来石	Mullite	9-033
3.410	3.390	2.310	9	10	4	氟硼钠石	Ferruccite	5-011
3.409	3.386	5.560	5	10	8	斜钙沸石	Wairakite	9-324
3.460	3.370	2.479	10	10	9	透锂铝石	Bikitaite	9-356
3.415	3.366	2.204	10	4	3	矽线石	Sillimanite	9-032
3.440	3.350	4.740	10	10	10	钛铀矿	Brannerite	4-004
3.480	3.280	3.030	6	10	7	铬铅矿	Crocoite	7-039
3.438	3.267	2.843	7	10	4	白榴石	Leucite	9-307
3.463	3.260	3.810	6	10	8	钼华	Molybdite	4-069
3.410	3.260	3.060	10	8	8	氟硼钾石	Avogadrite	5-010
3.454	3.245	2.771	5	10	4	砒霜	Claudetite	4-071
3.493	3.217	3.232	6	10	8	方黄铜矿	Cubanite	3-017
3.452	3.204	8.900	10	10	5	环晶石	Dachiardite	9-352
3.494	3.142	3.117	3	10	8	锑华	Valentinite	4-044
3.428	3.130	2.864	4	10	5	磷铍钙石	Herderite	8-008
3.453	3.117	2.949	10	9	9	铁灰石	Babingtonite	9-204
3.404	3.117	2.856	7	10	7	硅硼钙石	Datolite	9-062
3.446	3.105	2.532	10	5	4	水铁矾	Szomolnokite	7-015
3.445	3.103	2.121	10	10	8	重晶石	Barite	7-004
3.400	3.090	2.990	10	10	10	板晶石	Epididymite	9-238
3.481	3.079	2.564	9	10	7	葡萄石	Prehnite	9-280
3.448	3.054	3.808	10	7	6	钠柱石	Marialite	9-318
3.462	3.041	3.086	7	10	5	镁磷石	Newberyite	8-041
3.459	3.032	3.076	10	9	4	钙柱石	Meionite	9-319
3.404	2.988	1.873	9	10	6	副黄碲矿	Paratellurite	4-063
3.430	2.970	2.090	8	10	6	方铅矿	Galena	3-020
3.430	2.960	2.130	10	10	8	磷硼硅铈矿	Stillwellite-Ce	9-067
3.470	2.950	1.954	4	10	5	铈硅石	Cerite	9-050
3.440	2.941	2.561	6	10	9	锂电气石	Elbaite	9-160
3.415	2.912	3.651	10	4	4	铯榴石	Pollucite-Fe	9-323
3.440	2.874	4.290	8	10	9	羟铝铜钙石	Papagoite	9-145
3.499	2.850	2.328	10	3	2	硬石膏	Anhydrite	7-007
3.485	2.835	2.634	7	10	9	硅锌矿	Willemite	9-002
3.421	2.835	2.849	1	10	7	硫锡铅矿	Teallite	3-049
3.461	2.826	1.850	2	10	6	砷化镓-立方相 2	Gallium Arsenide-cub2	2-027
3.457	2.803	3.155	7	10	7	斧石	Axinite	9-086
3.493	2.799	4.680	5	10	4	硼硅钡钇矿	Cappelenite-Y	9-066
3.450	2.797	9.870	9	10	10	钡闪叶石	Barytolamprophyllite	9-097
3.486	2.752	4.901	10	8	4	铁板钛矿	Pseudobrookite	4-017
3.412	2.742	3.217	10	10	9	钡铁钛石	Bafertisite	9-096
3.401	2.719	2.543	8	10	10	阳起石	Actinolite	9-216
3.499	2.702	4.644	10	10	6	钒铋矿	Pucherite	8-078
3.439	2.693	1.757	6	10	7	白铁矿	Marcasite	3-039
3.452	2.642	1.793	10	5	4	砷钇矿	Chernovite	8-062
3.405	2.639	1.782	10	2	2	水锰矿	Manganite	4-081
3.465	2.616	3.315	2	10	3	硫铜银矿	Stromeyerite	3-048
3.420	2.614	2.662	10	9	6	水硅锰镁锌矿	Gageite	9-202

续表

d	d	d	I	I	I	矿物名称	英文名称	矿物编号
3.420	2.598	9.330	8	10	9	硅锌镁锰石	Gerstmannite	9-031
3.491	2.588	2.582	8	10	10	锂云母-$2M_2$	Lepidolite-$2M_2$	9-268
3.495	2.569	3.205	8	10	8	锂云母-$2M_1$	Lepidolite-$2M_1$	9-267
3.477	2.567	6.369	7	10	8	布格电气石	Buergerite	9-159
3.450	2.560	1.768	10	5	5	磷钇矿	Xenotime	8-021
3.469	2.430	2.744	9	10	9	镍橄榄石	Liebenbergite	9-010
3.437	2.430	1.984	3	10	2	辉银矿	Argentite	3-001
3.489	2.234	2.909	10	5	3	碘汞矿	Moschelite	5-049
3.459	2.196	2.419	8	10	8	硬锰矿	Romanechite	4-022
3.460	2.190	2.880	7	10	7	硬锰矿	Psilomelane	4-082
3.498	2.142	1.826	10	6	4	砷化铟-立方相 1	Indium Arsenide-cub1	2-031
3.493	2.139	1.824	10	6	3	碘铜矿	Marshite	5-048
3.401	1.848	4.341	10	2	1	β-石英	Quartz-β	4-031
3.399—3.300								
3.334	10.020	2.626	8	10	6	黑云母-1M	Biotite-1M	9-265
3.381	10.000	2.499	6	10	7	金云母-3T	Phlogopite-3T	9-264
3.340	10.000	5.020	10	9	5	伊利石-$2M_1$	Illite-$2M_1$	9-274
3.308	9.923	2.608	3	10	5	铁锂云母-$2M_1$	Zinnwaldite-$2M_1$	9-272
3.380	8.580	3.040	9	10	9	堇青石	Cordierite	9-156
3.356	6.710	5.360	9	10	9	章氏硼镁石	Hungchaoite	6-072
3.301	6.601	3.141	10	9	5	丝光沸石	Montesommaite	9-339
3.348	6.298	4.560	10	10	10	硅铀矿	Soddyite	9-059
3.386	5.560	3.409	10	8	5	斜钙沸石	Wairakite	9-324
3.309	5.095	3.234	8	10	9	基性异性石	Lovozerite	9-151
3.380	5.080	2.536	10	6	4	斜方镁钡闪叶石	Orthoericssonite	9-099
3.362	4.945	5.392	7	10	9	蓝硒铜矿	Chalcomenite	7-037
3.310	4.670	2.214	9	10	8	羟硅铝锰石	Akatoreite	9-116
3.334	4.453	2.561	10	7	7	锂云母-3T	Lepidolite-3T	9-269
3.383	4.438	8.860	6	10	9	磷叶石	Phosphophyllite	8-048
3.302	4.434	2.518	10	5	5	锆石	Zircon	9-025
3.303	4.425	4.947	9	10	9	单斜硅铜矿	Shattuckite	9-196
3.372	4.281	1.834	10	2	1	块磷铝矿	Berlinite	8-035
3.342	4.257	1.818	10	2	1	石英	Quartz	4-030
3.370	4.220	8.450	7	10	9	淡钡钛石	Leucosphenite	9-285
3.340	4.040	2.493	3	10	6	硅铍钠石	Chkalovite	9-205
3.369	3.961	2.740	10	10	8	锂霞石	Eucryptite	9-003
3.310	3.770	4.220	10	8	7	正长石	Orthoclase	9-298
3.381	3.763	3.010	4	10	4	磷铜铁矿	Chalcosiderite	8-006
3.360	3.760	3.200	10	6	6	海泡石	Sepiolite	9-294
3.354	3.655	2.458	2	10	2	铌铁矿	Columbite	4-007
3.343	3.625	3.080	7	10	10	锂云母-1M	Lepidolite-1M	9-266
3.340	3.560	3.530	10	10	8	铅辉石	Alamosite	9-207
3.344	3.517	4.007	10	6	3	光彩石	Augelite	8-004
3.370	3.460	2.479	10	10	9	透锂铝石	Bikitaite	9-356
3.350	3.440	4.740	10	10	10	钛铀矿	Brannerite	4-004
3.390	3.428	2.206	10	10	6	莫来石	Mullite	9-033
3.366	3.415	2.204	4	10	3	矽线石	Sillimanite	9-032
3.390	3.410	2.310	10	9	4	氟硼钠石	Ferruccite	5-011
3.318	3.325	3.202	10	10	10	氯硅钙铅矿	Nasonite	9-107
3.325	3.318	3.202	10	10	10	氯硅钙铅矿	Nasonite	9-107
3.330	3.280	4.240	10	6	6	透长石	Sanidine	9-299
3.350	3.180	1.962	7	10	6	蓝晶石	Kyanite	9-037

续表

d	d	d	I	I	I	矿物名称	英文名称	矿物编号
3.398	3.163	3.074	8	10	8	双晶石	Eudidymite	9-237
3.367	3.160	3.583	6	10	8	硫镉矿	Greenockite	3-023
3.350	3.160	3.710	10	10	8	β-磷化锌	Zinc Phosphide (1/2)-β	2-054
3.375	3.151	4.698	7	10	4	白针柱石	Leifite	9-359
3.308	3.099	2.871	7	10	7	独居石	Monazite	8-013
3.343	3.097	3.973	7	10	9	硅钡石	Sanbornite	9-295
3.301	3.077	2.697	5	10	3	硅钛钡石	Fresnoite	9-078
3.376	3.070	3.054	3	10	4	柯石英	Coesite	4-032
3.319	2.978	3.519	6	10	5	硅灰石	Wollastonite	9-197
3.330	2.960	2.876	10	10	10	硅钠锶镧石	Nordite-La	9-286
3.322	2.932	3.604	10	10	7	光卤石	Carnallite	5-039
3.313	2.931	1.913	10	6	6	磷化铝-六方相	Aluminum Phosphide-hex	2-056
3.310	2.926	3.129	10	9	8	纤锌矿-2*H*	Wurtzite-2*H*	3-053
3.380	2.905	2.788	10	5	4	铅丹	Minium	4-057
3.307	2.880	4.160	10	9	7	整柱石	Milarite	9-170
3.361	2.865	3.165	10	9	2	辰砂	Cinnabar	3-013
3.350	2.858	2.368	6	10	8	硫铜钴矿	Carrollite	3-008
3.364	2.760	8.281	10	8	8	针绿矾	Coquimbite	7-026
3.345	2.749	5.570	9	10	4	硅钠钛矿	Lorenzenite	9-195
3.320	2.748	3.193	5	10	5	碳化钙	Calcium Carbide	2-002
3.397	2.702	1.977	10	6	6	文石	Aragonite	6-013
3.317	2.617	2.637	3	10	3	硅铁钙钠石	Imandrite	9-153
3.315	2.616	3.465	3	10	2	硫铜银矿	Stromeyerite	3-048
3.360	2.572	1.744	10	10	10	重钽铁矿	Tapiolite	4-042
3.348	2.081	1.958	10	1	1	石墨	Graphite-3*R*	1-043
3.378	2.068	1.764	10	6	5	黑辰砂	Metacinnabar	3-014
3.335	2.068	3.008	7	10	9	硫酸铅矿	Anglesite	7-006
3.356	2.034	1.157	10	2	1	石墨	Graphite-2*H*	1-042
3.388	1.956	1.814	10	6	6	砷化镓-六方相	Gallium Arsenide-hex	2-028
3.300	1.935	3.159	4	10	6	斑铜矿	Bornite	3-007
3.350	1.932	2.193	10	7	5	锰铁闪石	Danalite	9-313
3.314	1.913	2.169	10	4	2	锌榴石	Genthelvite	9-314
3.314	1.771	2.345	10	4	3	水钙钛矿	Kassite	4-061
3.330	1.750	2.630	8	10	8	锡石	Cassiterite	4-023
3.299—3.200								
3.260	10.100	3.930	8	10	6	铅铝硅石	Wickenburgite	9-292
3.266	10.062	2.614	5	10	6	金云母-2M_1	Phlogopite-2M_1	9-263
3.246	10.000	2.589	2	10	2	锂云母-6*M*	Lepidolite-6*M*	9-270
3.230	9.978	2.636	5	10	6	金云母-1*M*	Phlogopite-1*M*	9-262
3.210	9.670	4.820	10	8	5	钠云母-1*M*	Paragonite-1*M*	9-259
3.295	8.850	3.755	4	10	6	准翠砷铜铀矿	Metazeunerite	8-075
3.289	8.236	2.946	7	10	8	硅钪铍石	Bazzite	9-149
3.259	7.982	4.608	2	10	2	毒铁矿	Pharmacosiderite	8-072
3.271	7.109	3.124	10	9	9	钠锆石	Elpidite	9-287
3.256	7.108	3.178	9	10	5	硅钛铌钠矿	Nenadkevichite	9-144
3.210	6.730	7.930	2	10	1	蓝铁矿	Vivianite	8-018
3.227	6.720	3.003	4	10	5	钴华	Erythrite	8-070
3.236	6.516	2.943	8	10	7	铅蓝方石	Roeblingite	9-175
3.290	6.500	2.764	8	10	10	钙钇铈矿	Kainosite-Y	9-146
3.210	6.410	4.500	10	10	5	针碳钠钙石	Gaylussite	6-034
3.263	6.290	2.913	8	10	7	柱钠铜矾	Kroehnkite	7-010
3.298	5.922	2.305	10	9	6	氯铝石	Chloraluminite	5-038

续表

d	d	d	I	I	I	矿物名称	英文名称	矿物编号
3.229	5.290	3.127	10	3	3	黄钼铀矿	Iriginite	7-047
3.292	5.116	5.583	7	10	8	副雄黄	Pararealgar	3-042
3.234	5.095	3.309	9	10	8	基性异性石	Lovozerite	9-151
3.221	5.079	2.897	10	7	6	钒铅锌矿	Descloizite	8-079
3.246	5.064	2.658	10	6	5	钒铜铅矿	Mottramite	8-080
3.200	4.840	3.570	10	5	5	铁锰绿铁矿	Rockbridgeite	8-034
3.268	4.660	2.922	4	10	8	锶沸石	Brewsterite	9-354
3.273	4.327	4.079	8	10	8	铵明矾	Tschermigite	7-014
3.250	4.250	2.790	8	10	8	硫铁银矿	Sternbergite	3-046
3.292	4.011	2.522	10	8	4	羟氯铅矿	Laurionite	5-042
3.243	3.995	2.536	10	10	4	黄河矿	Huanghoite	6-037
3.262	3.980	5.350	10	10	8	短柱石	Narsarsukite	9-241
3.210	3.850	3.100	5	10	4	硫	Sulfur	1-039
3.260	3.810	3.463	10	8	6	钼华	Molybdite	4-069
3.279	3.803	2.278	10	5	5	钙蔷薇辉石	Bustamite	9-198
3.233	3.739	2.917	10	7	6	碱硅镁石	Roedderite	9-172
3.273	3.695	2.769	10	9	7	硫酸钙霞石	Vishnevite	9-317
3.272	3.658	4.790	7	10	7	钾钙霞石	Davyne	9-316
3.216	3.641	2.731	10	8	6	钙霞石	Cancrinite	9-315
3.245	3.454	2.771	10	5	4	砒霜	Claudetite	4-071
3.204	3.452	8.900	10	10	5	环晶石	Dachiardite	9-352
3.267	3.438	2.843	10	7	4	白榴石	Leucite	9-307
3.260	3.410	3.060	8	10	8	氟硼钾石	Avogadrite	5-010
3.200	3.360	3.760	6	10	6	海泡石	Sepiolite	9-294
3.280	3.330	4.240	6	10	6	透长石	Sanidine	9-299
3.202	3.318	3.325	10	10	10	氯硅钙铅矿	Nasonite	9-107
3.240	3.290	4.220	10	5	5	微斜长石	Microcline	9-300
3.206	3.246	3.152	10	8	5	多铁天蓝石	Scorzalite	8-029
3.290	3.240	4.220	5	10	5	微斜长石	Microcline	9-300
3.204	3.235	4.092	7	10	4	歪长石	Anorthoclase	9-301
3.217	3.232	3.493	10	8	6	方黄铜矿	Cubanite	3-017
3.232	3.217	3.493	8	10	6	方黄铜矿	Cubanite	3-017
3.246	3.206	3.152	8	10	5	多铁天蓝石	Scorzalite	8-029
3.235	3.204	4.092	10	7	4	歪长石	Anorthoclase	9-301
3.219	3.191	2.884	10	10	9	硅钛锂钙石	Baratovite	9-155
3.209	3.181	3.196	9	10	7	钙长石	Anorthite	9-305
3.210	3.180	4.040	10	9	8	中长石	Andesine	9-303
3.202	3.180	4.047	10	7	5	倍长石	Bytownite	9-304
3.211	3.176	3.752	3	10	3	钠长石	Albite	9-302
3.212	3.164	2.962	10	10	9	磷锂铝石	Montebrasite	8-028
3.281	3.157	2.828	8	10	4	蓝透闪石	Winchite	9-226
3.269	3.124	8.430	4	10	4	韭角闪石	Pargasite	9-220
3.267	3.120	8.430	4	10	8	浅闪石	Edenite	9-219
3.251	3.113	1.906	4	10	6	纤锌矿-6*H*	Wurtzite-6*H*	3-055
3.288	3.104	6.600	8	10	9	异极石	Hemimorphite	9-084
3.259	3.062	2.943	3	10	4	枪晶石	Cuspidine	9-089
3.230	3.060	8.270	7	10	8	铝直闪石	Gedrite	9-212
3.288	3.055	3.122	6	10	8	硅铁钡石	Andremeyerite	9-100
3.231	3.040	8.260	6	10	6	直闪石	Anthophyllite	9-211
3.280	3.030	3.480	10	7	6	铬铅矿	Crocoite	7-039
3.294	3.027	3.870	4	10	6	霞石	Nepheline	9-306
3.210	3.020	2.910	10	9	9	锰辉石	Kanoite	9-182

续表

d	d	d	I	I	I	矿物名称	英文名称	矿物编号
3.208	3.018	2.901	5	10	5	易变辉石	Pigeonite	9-183
3.248	2.995	2.615	10	8	7	榍石	Titanite	9-048
3.222	2.991	2.942	7	10	6	普通辉石	Augite	9-188
3.220	2.985	2.943	5	10	6	透辉石	Diopside	9-186
3.295	2.972	2.731	10	10	6	天青石	Celestite	7-005
3.225	2.962	2.572	10	9	8	斜方辉石	Orthopyroxene	9-184
3.270	2.934	7.154	10	10	7	硅锆锰钾石	Darapiosite	9-166
3.207	2.927	2.901	9	10	10	准钡铀云母	Meta-uranocircite	8-058
3.201	2.927	3.130	10	7	6	纤锌矿-4*H*	Wurtzite-4*H*	3-054
3.295	2.925	4.430	10	8	6	水镁硝石	Nitromagnesite	6-054
3.256	2.909	3.753	10	6	6	陨铁大隅石	Merrihueite	9-167
3.241	2.900	4.715	10	7	7	绿磷铅铜矿	Tsumebite	8-049
3.254	2.867	7.980	10	10	9	绿柱石	Beryl	9-148
3.237	2.839	4.583	6	10	10	五水碳镁石	Lansfordite	6-032
3.240	2.805	1.691	8	10	10	硫钌矿	Laurite	3-028
3.219	2.788	1.971	10	3	3	方锑矿	Senarmontite	4-033
3.216	2.775	4.256	6	10	3	闪叶石	Lamprophyllite	9-098
3.203	2.774	1.962	5	10	5	角银矿	Chlorargyrite	5-021
3.210	2.768	5.040	10	7	6	大隅石	Osumilite-Mg	9-168
3.238	2.766	7.915	7	10	7	斜晶石	Clinohedrite	9-029
3.217	2.742	3.412	9	10	10	钡铁钛石	Bafertisite	9-096
3.223	2.717	2.722	10	5	5	钒钡铜矿	Vesignieite	8-081
3.290	2.691	1.768	3	10	8	硅-立方相 2	Silicon-cub2	1-048
3.257	2.670	2.854	10	8	7	砷铜铅矿	Duftite	8-066
3.293	2.660	2.489	10	10	9	氮化硅-六方相	Silicon Nitride-hex	2-023
3.270	2.577	2.753	7	10	6	四硼化镧	Lanthanum Boride (1/4)	2-041
3.205	2.569	3.495	8	10	8	锂云母-2M_1	Lepidolite-2M_1	9-267
3.225	2.546	3.522	10	10	5	砷铅铁矿	Carminite	8-067
3.269	2.508	1.700	10	4	4	金红石	Rutile	4-026
3.294	2.473	1.935	10	8	7	纤铁矿	Lepidocrocite	4-080
3.234	2.351	2.228	10	4	3	碲	Tellurium	1-041
3.200	2.300	2.210	10	5	5	二磷化三钙	Calcium Phosphide (3/2)	2-052
3.230	2.280	1.950	10	8	8	黄碘银矿	Miersite	5-047
3.280	2.273	2.370	10	4	4	铋	Bismuth	1-027
3.267	2.231	1.711	10	8	6	氟镁石	Sellaite	5-004
3.223	2.221	1.735	10	9	8	氟铝钙锂石	Colquiriite	5-012
3.250	2.139	2.621	7	10	7	硼铝镁石	Sinhalite	6-059
3.228	2.063	2.683	4	10	9	二硼化钽	Tantalum Boride (1/2)	2-050
3.228	2.025	2.074	10	5	4	氟铈矿	Fluocerite-Ce	5-007
3.228	2.025	2.074	10	5	4	氟镧矿	Fluocerite-La	5-008
3.248	2.024	1.661	10	4	4	钨铅矿	Stolzite	7-044
3.245	2.022	2.718	10	2	2	钼铅矿	Wulfenite	7-046
3.260	1.999	1.704	10	4	4	砷化镓-立方相 1	Gallium Arsenide-cub1	2-026
3.210	1.964	2.781	5	10	5	蓝灰铜矿	Digenite	3-018
3.234	1.689	1.980	10	6	6	方钍矿	Thorianite	4-068
3.250	1.453	4.260	4	10	2	溴汞石	Kuzminite	5-044
3.199—3.100								
3.159	22.000	3.100	10	10	9	白钙沸石	Gyrolite	9-290
3.100	22.000	3.159	9	10	10	白钙沸石	Gyrolite	9-290
3.150	12.000	5.000	10	9	9	绿磷铁矿	Dufrenite	8-007
3.120	12.000	4.190	6	10	7	水硅锰钙石	Ruizite	9-115
3.192	9.570	3.519	10	8	5	柱星叶石	Neptunite	9-242

续表

d	d	d	I	I	I	矿物名称	英文名称	矿物编号
3.118	9.354	4.539	5	10	4	滑石-1*A*	Talc-1*A*	9-254
3.116	9.340	4.660	10	10	9	滑石-2*M*	Talc-2*M*	9-255
3.180	8.580	2.739	7	10	7	铁钠钙闪石	Ferrorichterite	9-228
3.159	8.520	2.728	9	10	8	铁角闪石	Ferrohornblende	9-218
3.140	8.510	2.720	10	6	4	镁角闪石	Magnesiohornblende	9-217
3.150	8.500	2.718	8	10	6	铁韭闪石	Ferropargasite	9-221
3.138	8.480	3.027	7	10	9	印度石	Indialite	9-150
3.133	8.435	2.705	7	10	7	角闪石	Hornblende	9-215
3.124	8.430	3.269	10	4	4	韭角闪石	Pargasite	9-220
3.120	8.430	3.267	10	8	4	浅闪石	Edenite	9-219
3.129	8.425	2.705	7	10	9	镁绿钙闪石	Magnesiohastingsite	9-222
3.125	8.420	2.802	10	10	7	锰闪石	Richterite	9-227
3.114	8.401	2.715	3	10	5	铁钙镁闪石	Ferrotschermakite	9-225
3.120	8.400	2.726	6	10	4	钠闪石	Riebeckite	9-233
3.113	8.390	2.795	10	8	8	钛角闪石	Kaersutite	9-224
3.121	8.380	2.705	10	10	9	透闪石	Tremolite	9-214
3.152	8.090	2.992	10	7	7	红磷锰矿	Hureaulite	8-032
3.190	7.190	4.130	9	10	4	钙十字沸石	Phillipsite	9-336
3.180	7.120	7.080	10	9	9	麦钾沸石	Merlinoite	9-338
3.178	7.108	3.256	5	10	9	硅钛铌钠矿	Nenadkevichite	9-144
3.198	6.660	2.982	4	10	5	镍华	Annabergite	8-071
3.104	6.600	3.288	10	9	8	异极石	Hemimorphite	9-084
3.199	6.399	2.542	10	4	3	砷华	Arsenolite	4-059
3.107	6.399	3.514	3	10	3	钒钾铀矿	Carnotite anhydrous	8-083
3.126	6.390	3.169	10	10	7	交沸石	Harmotome	9-335
3.186	6.371	9.820	6	10	8	磷铁铝矿	Paravauxite	8-046
3.102	6.200	3.895	10	10	7	硅硼钙石	Howlite	6-068
3.161	6.107	2.345	4	10	2	勃姆矿	Boehmite	4-074
3.184	6.080	5.940	10	6	3	天然硼酸	Sassolite	6-062
3.124	5.930	5.840	10	8	8	斜方钠锆石	Gaidonnayite	9-141
3.161	5.850	2.592	3	10	8	氯锰石	Scacchite	5-025
3.163	5.824	5.866	2	10	8	水铁盐	Hydromolysite	5-037
3.168	5.609	5.210	1	10	7	绿硫钒矿	Patronite	3-035
3.174	5.398	5.724	5	10	4	雄黄	Realgar	3-041
3.142	5.308	2.924	10	10	10	红锑矿	Kermesite	3-027
3.170	5.280	6.000	5	10	6	三水钠锆石	Hilairite	9-142
3.167	4.990	3.599	5	10	1	基铁矾	Butlerite	7-034
3.105	4.765	2.843	10	8	4	白钨矿	Scheelite	7-043
3.151	4.521	3.556	10	6	6	青铅矿	Linarite	7-029
3.178	4.472	5.609	9	10	8	臭葱石	Scorodite	8-069
3.192	4.339	2.874	10	10	8	硅铁锂钠石	Sugilite	9-169
3.186	4.270	2.693	9	10	8	水钙沸石	Gismondine	9-333
3.180	4.190	3.470	9	10	8	天山石	Tienshanite	9-177
3.170	4.150	2.067	10	8	4	汞膏	Calomel	5-023
3.174	4.130	2.851	8	10	7	索伦石	Suolunite	9-094
3.130	4.024	3.158	10	9	5	钡解石-单斜相	Barytocalcite-mon	6-025
3.165	3.876	1.828	8	10	5	氮化锂	Lithium Nitride	2-014
3.100	3.850	3.210	4	10	5	硫	Sulfur	1-039
3.190	3.830	3.430	9	10	10	柱沸石	Epistilbite	9-351
3.123	3.809	3.829	10	9	3	硼铍石	Hambergite	6-066
3.176	3.752	3.211	10	3	3	钠长石	Albite	9-302
3.119	3.660	2.518	10	8	8	硅铍石	Phenakite	9-001

续表

d	d	d	I	I	I	矿物名称	英文名称	矿物编号
3.155	3.643	1.903	4	10	3	磷化氢	Phosphane	2-059
3.143	3.616	2.864	8	10	9	粒硅锰矿	Alleghanyite	9-041
3.160	3.583	3.367	10	8	6	硫镉矿	Greenockite	3-023
3.118	3.560	2.811	10	10	7	辉铋矿	Bismuthinite	3-006
3.159	3.532	2.870	9	10	7	包头矿	Baotite	9-143
3.103	3.511	2.870	5	10	6	锰镁云母	Davreuxite	9-119
3.120	3.510	2.950	10	4	4	钽锑矿	Stibiotantalite	4-065
3.117	3.453	2.949	9	10	9	铁灰石	Babingtonite	9-204
3.105	3.446	2.532	5	10	4	水铁矾	Szomolnokite	7-015
3.103	3.445	2.121	10	10	8	重晶石	Barite	7-004
3.117	3.404	2.856	10	7	7	硅硼钙石	Datolite	9-062
3.163	3.398	3.074	10	8	8	双晶石	Eudidymite	9-237
3.151	3.375	4.698	10	7	4	白针柱石	Leifite	9-359
3.165	3.361	2.865	2	10	9	辰砂	Cinnabar	3-013
3.180	3.350	1.962	10	7	6	蓝晶石	Kyanite	9-037
3.160	3.350	3.710	10	10	8	β-磷化锌	Zinc Phosphide (1/2)-β	2-054
3.129	3.310	2.926	8	10	9	纤锌矿-2*H*	Wurtzite-2*H*	3-053
3.141	3.301	6.601	5	10	9	丝光沸石	Montesommaite	9-339
3.157	3.281	2.828	10	8	4	蓝透闪石	Winchite	9-226
3.124	3.271	7.109	9	10	9	钠锆石	Elpidite	9-287
3.127	3.229	5.290	3	10	3	黄钼铀矿	Iriginite	7-047
3.191	3.219	2.884	10	10	9	硅钛锂钙石	Baratovite	9-155
3.164	3.212	2.962	10	10	9	磷锂铝石	Montebrasite	8-028
3.180	3.210	4.040	9	10	8	中长石	Andesine	9-303
3.181	3.209	3.196	10	9	7	钙长石	Anorthite	9-305
3.152	3.206	3.246	5	10	8	多铁天蓝石	Scorzalite	8-029
3.180	3.202	4.047	7	10	5	倍长石	Bytownite	9-304
3.130	3.201	2.927	6	10	7	纤锌矿-4*H*	Wurtzite-4*H*	3-054
3.196	3.181	3.209	7	10	9	钙长石	Anorthite	9-305
3.140	3.170	2.710	10	10	10	硅钛铈钇矿	Chevkinite	9-102
3.120	3.156	1.912	7	10	7	纤锌矿-10*H*	Wurtzite-10*H*	3-057
3.117	3.142	3.494	8	10	3	锑华	Valentinite	4-044
3.170	3.140	2.710	10	10	10	硅钛铈钇矿	Chevkinite	9-102
3.158	3.130	4.024	5	10	9	钡解石-单斜相	Barytocalcite-mon	6-025
3.175	3.126	3.110	8	10	8	钙芒硝	Glauberite	7-008
3.169	3.126	6.390	7	10	10	交沸石	Harmotome	9-335
3.110	3.126	3.175	8	10	8	钙芒硝	Glauberite	7-008
3.156	3.120	1.912	10	7	7	纤锌矿-10*H*	Wurtzite-10*H*	3-057
3.142	3.117	3.494	10	8	3	锑华	Valentinite	4-044
3.126	3.110	3.175	10	8	8	钙芒硝	Glauberite	7-008
3.155	3.092	2.801	3	10	4	红钇矿	Thalenite	9-071
3.160	3.090	2.883	10	10	10	磷铀矿	Phosphuranylite	8-051
3.110	3.080	5.090	8	10	7	黄钾铁矾	Jarosite	7-031
3.198	3.074	3.120	9	10	8	纤锌矿-8*H*	Wurtzite-8*H*	3-056
3.120	3.074	3.198	8	10	9	纤锌矿-8*H*	Wurtzite-8*H*	3-056
3.136	3.072	6.150	10	10	8	天蓝石	Lazulite	8-009
3.122	3.055	3.288	8	10	6	硅铁钡石	Andremeyerite	9-100
3.177	3.043	3.680	7	10	7	蓝磷铜矿	Cornetite	8-037
3.190	3.030	2.890	8	10	9	鲁硅钙石	Rustumite	9-130
3.106	2.975	3.024	4	10	8	易解石	Aeschynite-Ce	4-001
3.164	2.968	4.650	10	10	9	锂磷铝石	Amblygonit	8-001
3.199	2.965	3.038	8	10	7	罗水硅钙石	Rosenhahnite	9-114

续表

d	d	d	I	I	I	矿物名称	英文名称	矿物编号
3.140	2.965	5.180	10	7	6	钪钇石	Thortveitite	9-070
3.185	2.941	3.824	10	10	10	针沸石	Mazzite	9-337
3.195	2.937	3.693	7	10	6	黄玉	Topaz	9-039
3.180	2.930	3.090	8	10	9	基性磷铁锰矿	Wolfeite	8-020
3.180	2.883	2.555	10	5	4	斜铁辉石	Ferrosilite	9-181
3.170	2.874	2.976	5	10	7	斜顽辉石	Clinoenstatite	9-180
3.198	2.873	2.600	5	10	6	白磷钙石	Whitlockite	8-003
3.130	2.864	3.428	10	5	4	磷铍钙石	Herderite	8-008
3.160	2.860	2.530	10	7	6	顽火辉石	Enstatite	9-185
3.165	2.855	5.710	8	10	6	钾石膏	Syngenite	7-009
3.190	2.854	4.880	10	9	8	硅铅锌矿	Larsenite	9-006
3.165	2.841	2.623	10	7	2	斜锆石	Baddeleyite	4-066
3.122	2.841	2.602	8	10	7	砷钙铜矿	Conichalcite	8-065
3.120	2.835	3.106	8	10	8	兴安石	Hingganite-Y	9-063
3.106	2.835	3.120	8	10	8	兴安石	Hingganite-Y	9-063
3.174	2.834	2.727	10	10	7	桂硅钙石	Afwillite	9-051
3.158	2.829	2.837	4	10	8	桃针钠石	Serandite	9-200
3.115	2.809	1.872	10	6	4	密陀僧	Litharge	4-053
3.155	2.803	3.457	7	10	7	斧石	Axinite	9-086
3.193	2.748	3.320	5	10	5	碳化钙	Calcium Carbide	2-002
3.153	2.733	1.933	10	5	5	晶质铀矿	Uraninite	4-043
3.161	2.732	8.510	10	8	7	钠铁闪石	Arfvedsonite	9-235
3.141	2.722	4.220	8	10	9	斜碱沸石	Amicite	9-334
3.180	2.717	4.480	8	10	7	硅钙石	Rankinite	9-074
3.170	2.710	1.750	10	10	10	软铋矿	Sillenite	4-060
3.130	2.707	8.460	10	9	4	氟镁钠闪石	Eckermannite	9-234
3.101	2.690	8.350	7	10	9	绿铁闪石	Taramite magnesian	9-230
3.117	2.524	2.761	6	10	9	水钙锰榴石	Henritermierite	9-023
3.110	2.407	1.623	10	6	6	软锰矿	Pyrolusite	4-025
3.176	2.291	2.203	10	6	6	磷化钙	Calcium Phosphide (1/1)	2-051
3.109	2.248	1.368	10	7	7	锑	Antimony	1-026
3.150	2.224	1.816	10	6	2	钾盐	Sylvite	5-018
3.159	1.935	3.300	6	10	4	斑铜矿	Bornite	3-007
3.153	1.931	1.647	9	10	4	萤石	Fluorite	5-005
3.100	1.929	4.760	10	3	3	钼钙矿	Powellite	7-045
3.138	1.920	1.638	10	6	4	硅-立方相 1	Silicon-cub1	1-047
3.130	1.917	1.635	10	5	3	磷化铝-立方相	Aluminum Phosphide-cub	2-055
3.127	1.915	1.633	10	6	3	铜盐	Nantokite	5-022
3.124	1.913	1.632	10	5	4	方铈矿	Cerianite-Ce	4-067
3.129	1.912	1.926	10	3	2	黝锡矿	Stannite	3-045
3.123	1.912	1.633	10	5	3	闪锌矿	Sphalerite	3-044
3.113	1.908	1.894	10	3	1	辉砷铜矿	Lautite	3-029
3.113	1.906	3.251	10	6	4	纤锌矿-6*H*	Wurtzite-6*H*	3-055
3.108	1.902	1.623	10	7	4	块硫锑铜矿	Famatinite	3-019
3.170	1.858	2.018	10	10	4	银镍黄铁矿	Argentopentlandite	3-003
3.099—3.000								
3.085	12.430	2.911	7	10	7	片硅碱钙石	Delhayelite	9-284
3.098	9.916	2.603	4	10	5	铁锂云母-1*M*	Zinnwaldite-1*M*	9-271
3.062	9.167	4.590	10	8	5	叶腊石-2*M*	Pyrophyllite-2*M*	9-253
3.028	9.100	4.054	8	10	10	板沸石	Barrerite	9-344
3.030	9.030	4.060	3	10	5	淡红沸石	Stellerite	9-343
3.040	8.580	3.380	9	10	9	堇青石	Cordierite	9-156

续表

d	d	d	I	I	I	矿物名称	英文名称	矿物编号
3.027	8.480	3.138	9	10	7	印度石	Indialite	9-150
3.093	8.334	2.694	6	10	9	红闪石	Katophorite	9-229
3.070	8.330	2.766	8	10	9	铁闪石	Grunerite	9-210
3.060	8.270	3.230	10	8	7	铝直闪石	Gedrite	9-212
3.053	8.270	2.741	6	10	8	镁闪石	Magnesiocummingtonite	9-208
3.050	8.270	2.687	10	9	3	铁蓝闪石	Ferroglaucophane	9-232
3.060	8.260	2.693	7	10	6	蓝闪石	Glaucophane	9-231
3.040	8.260	3.231	10	6	6	直闪石	Anthophyllite	9-211
3.000	8.107	4.427	9	10	7	锂蓝闪石	Holmquistite	9-213
3.090	7.910	3.600	6	10	8	水碳铝铅矿	Dundasite	6-046
3.008	7.503	4.180	5	10	10	针磷钇铒矿	Churchite-Y	8-057
3.070	7.350	10.300	10	9	8	柱钾铁矾	Goldichite	7-012
3.003	6.720	3.227	5	10	4	钴华	Erythrite	8-070
3.083	6.557	3.025	6	10	7	纤硅碱钙石	Rhodesite	9-283
3.025	6.557	3.083	7	10	6	纤硅碱钙石	Rhodesite	9-283
3.055	6.110	2.848	7	10	6	磷镧镨矿	Rhabdophane	8-042
3.017	6.030	1.845	10	3	3	细晶石	Microlite	4-019
3.080	5.990	3.670	10	8	7	砷菱铅矾	Beudantite	8-076
3.041	5.380	2.898	4	10	6	泡碱	Natron	6-029
3.062	4.740	2.318	10	6	5	水硅铜钙石	Kinoite	9-113
3.086	4.725	2.999	8	10	8	水磷铝钠石	Wardite	8-055
3.049	4.670	5.820	9	10	6	汤河原沸石	Yugawaralite	9-355
3.050	4.480	2.331	10	9	5	氯钙石	Hydrophilite	5-031
3.060	4.476	2.392	3	10	3	假孔雀石	Pseudomalachite	8-033
3.070	4.420	9.200	9	10	9	叶腊石-1*A*	Pyrophyllite-1*A*	9-252
3.069	4.324	1.928	6	10	5	单水碳钙石	Monohydrocalcite	6-030
3.029	4.280	1.966	6	10	6	锂冰晶石	Cryolithionite	5-015
3.041	4.260	5.360	10	7	7	磷铝石	Variscite	8-016
3.074	4.198	2.862	10	7	6	硅钍石	Huttonite	9-027
3.040	4.060	9.150	5	10	5	辉沸石	Stilbite	9-342
3.097	3.973	3.343	10	9	7	硅钡石	Sanbornite	9-295
3.082	3.915	2.535	10	5	3	菱碱土矿	Benstonite	6-024
3.027	3.870	3.294	10	6	4	霞石	Nepheline	9-306
3.015	3.860	2.656	10	4	4	钡白云石	Norsethite	6-022
3.024	3.854	2.594	10	8	6	硅钡铁矿	Taramellite	9-176
3.037	3.783	3.740	8	10	8	钾硝石	Niter	6-051
3.005	3.780	2.072	10	6	4	硒	Selenium	1-040
3.058	3.770	3.744	10	2	2	铌钙矿	Fersmite	4-064
3.010	3.763	3.381	4	10	4	磷铜铁矿	Chalcosiderite	8-006
3.002	3.681	1.840	10	1	1	复稀金矿	Polycrase	4-016
3.043	3.680	3.177	10	7	7	蓝磷铜矿	Cornetite	8-037
3.050	3.640	2.026	10	8	6	硅硼镁石	Garrelsite	9-068
3.080	3.625	3.343	10	10	7	锂云母-1*M*	Lepidolite-1*M*	9-266
3.051	3.575	3.557	8	10	8	辉锑矿	Stibnite	3-047
3.032	3.503	2.612	7	10	5	紫硅铝镁石	Yoderite	9-036
3.079	3.481	2.564	10	9	7	葡萄石	Prehnite	9-280
3.041	3.462	3.086	10	7	5	镁磷石	Newberyite	8-041
3.076	3.459	3.032	4	10	9	钙柱石	Meionite	9-319
3.032	3.459	3.076	9	10	4	钙柱石	Meionite	9-319
3.054	3.448	3.808	7	10	6	钠柱石	Marialite	9-318
3.060	3.410	3.260	8	10	8	氟硼钾石	Avogadrite	5-010
3.090	3.400	2.990	10	10	10	板晶石	Epididymite	9-238

续表

d	d	d	I	I	I	矿物名称	英文名称	矿物编号
3.099	3.308	2.871	10	7	7	独居石	Monazite	8-013
3.077	3.301	2.697	10	5	3	硅钛钡石	Fresnoite	9-078
3.030	3.280	3.480	7	10	6	铬铅矿	Crocoite	7-039
3.020	3.210	2.910	9	10	9	锰辉石	Kanoite	9-182
3.018	3.208	2.901	10	5	5	易变辉石	Pigeonite	9-183
3.074	3.198	3.120	10	9	8	纤锌矿-8*H*	Wurtzite-8*H*	3-056
3.074	3.163	3.398	8	10	8	双晶石	Eudidymite	9-237
3.090	3.160	2.883	10	10	10	磷铀矿	Phosphuranylite	8-051
3.072	3.136	6.150	10	10	8	天蓝石	Lazulite	8-009
3.055	3.122	3.288	10	8	6	硅铁钡石	Andremeyerite	9-100
3.080	3.110	5.090	10	8	7	黄钾铁矾	Jarosite	7-031
3.011	3.099	1.896	10	6	5	粒硅钙石	Tilleyite	9-104
3.054	3.070	3.376	4	10	3	柯石英	Coesite	4-032
3.010	3.060	2.962	9	10	7	砷铅矿	Mimetite	8-068
3.070	3.054	3.376	10	4	3	柯石英	Coesite	4-032
3.079	3.053	2.699	5	10	6	硫银锗矿	Argyrodite	3-004
3.086	3.041	3.462	5	10	7	镁磷石	Newberyite	8-041
3.099	3.011	1.896	6	10	5	粒硅钙石	Tilleyite	9-104
3.060	3.010	2.962	10	9	7	砷铅矿	Mimetite	8-068
3.011	2.998	2.557	10	9	5	钙铁辉石	Hedenbergite	9-187
3.072	2.992	2.980	9	10	8	钒铅矿	Vanadinite	8-077
3.020	2.991	2.959	10	8	4	片柱钙石	Scawtite	9-174
3.034	2.989	5.097	9	10	8	针硅钙铅矿	Margarosanite	9-140
3.078	2.988	2.960	10	8	4	黄铬钾石	Tarapacaite	7-038
3.024	2.975	3.106	8	10	4	易解石	Aeschynite-Ce	4-001
3.038	2.965	3.199	7	10	8	罗水硅钙石	Rosenhahnite	9-114
3.062	2.943	3.259	10	4	3	枪晶石	Cuspidine	9-089
3.060	2.940	1.890	8	10	6	锆针钠钙石	Rosenbuschite	9-093
3.090	2.930	3.180	9	10	8	基性磷铁锰矿	Wolfeite	8-020
3.050	2.925	2.992	9	10	10	硅钡铍矿	Barylite	9-069
3.060	2.920	3.520	8	10	6	硅铅铀矿	Kasolite	9-055
3.082	2.901	3.061	4	10	2	针钠钙石	Pectolite	9-199
3.061	2.901	3.082	2	10	4	针钠钙石	Pectolite	9-199
3.012	2.891	2.852	10	6	6	黄硅铌钙矿	Niocalite	9-091
3.030	2.890	3.190	10	9	8	鲁硅钙石	Rustumite	9-130
3.050	2.880	2.669	6	10	7	斜方硅钙石	Kilchoanite	9-134
3.087	2.872	2.478	2	10	2	镁黄长石	Akermanite	9-075
3.085	2.868	3.711	6	10	5	锌黄长石	Hardystonite	9-112
3.002	2.867	2.988	8	10	9	片榍石	Hiortdahlite	9-092
3.025	2.866	5.338	9	10	7	氟磷铁锰矿	Triplite	8-030
3.091	2.823	2.716	5	10	4	斜水硅钙石	Killalaite	9-105
3.048	2.813	1.896	7	10	8	铜蓝	Covellite	3-016
3.092	2.801	3.155	10	4	3	红钇矿	Thalenite	9-071
3.070	2.787	2.649	9	10	10	哈硅钙石	Hatrurite	9-053
3.078	2.784	4.659	6	10	7	无水芒硝	Thenardite	7-003
3.050	2.730	2.500	10	7	7	褐硫锰矿	Hauerite	3-025
3.040	2.730	2.950	3	10	3	暧昧石	Griphite	8-027
3.019	2.701	2.635	7	10	7	灰硅钙石	Spurrite	9-054
3.053	2.699	3.079	10	6	5	硫银锗矿	Argyrodite	3-004
3.015	2.696	1.611	6	10	6	钙铁榴石	Andradite	9-019
3.010	2.688	1.607	7	10	5	钙钒榴石	Goldmanite	9-022
3.040	2.682	2.713	10	9	8	淡磷钙铁矿	Collinsite	8-024

续表

d	d	d	I	I	I	矿物名称	英文名称	矿物编号
3.088	2.675	1.891	2	10	5	方氟钾石	Carobbiite	5-002
3.071	2.647	4.892	8	10	6	天然碱	Trona	6-003
3.050	2.625	1.741	10	4	4	硅钍钇矿	Yttrialite-Y	9-072
3.040	2.620	3.580	8	10	8	铬电气石	Chromdravite	9-163
3.008	2.620	2.104	10	10	6	柱晶石	Kornerupine	9-118
3.004	2.603	1.840	10	3	3	水锑铅矿	Bindheimite	8-084
3.022	2.547	2.596	10	7	3	锰钙辉石	Johannsenite	9-189
3.008	2.525	4.277	10	8	8	磷铁锂矿	Triphylite	8-015
3.047	2.466	2.715	5	10	7	锌黑锰矿	Hetaerolite	4-056
3.009	2.399	2.695	8	10	9	十字石	Staurolite	9-038
3.030	2.311	2.810	10	3	2	钠硝石	Nitratine	6-050
3.035	2.285	2.095	10	2	2	方解石	Calcite	6-004
3.061	2.248	2.807	10	8	5	铅铁矾	Plumbojarosite	7-032
3.058	2.230	2.639	10	8	8	块硅镁石	Norbergite	9-040
3.008	2.068	3.335	9	10	7	硫酸铅矿	Anglesite	7-006
3.024	2.044	3.505	9	10	5	方硼石	Boracite	6-069
3.054	1.870	1.595	10	7	4	硫锗铜矿	Germanite	3-021
3.039	1.856	1.870	10	3	2	黄铜矿	Chalcopyrite	3-012
3.030	1.775	1.931	8	10	5	镍黄铁矿	Pentlandite	3-036
2.999—2.900								
2.970	15.493	3.525	1	10	1	硅钛铁钡石	Traskite	9-178
2.905	14.327	2.686	10	10	8	硅钛钠钡石	Innelite	9-131
2.911	12.430	3.085	7	10	7	片硅碱钙石	Delhayelite	9-284
2.950	12.000	3.570	7	10	8	砷铋铜矿	Mixite	8-073
2.940	10.300	5.890	4	10	3	锑线石	Holtite	9-061
2.936	9.384	3.513	10	8	7	铅黝帘石	Hancockite	9-123
2.903	8.350	4.170	9	10	10	碱硅钙石	Carletonite	9-282
2.946	8.236	3.289	8	10	7	硅钪铍石	Bazzite	9-149
2.982	6.660	3.198	5	10	4	镍华	Annabergite	8-071
2.990	6.580	2.700	10	2	2	瓦硅钙钡石	Walstromite	9-139
2.943	6.516	3.236	7	10	8	铅蓝方石	Roeblingite	9-175
2.993	6.502	4.245	10	7	5	紫脆石	Ussingite	9-321
2.913	6.290	3.263	7	10	8	柱钠铜矾	Kroehnkite	7-010
2.950	6.000	1.827	10	8	8	锑钙石	Romeite	8-086
2.982	5.965	1.826	10	5	4	烧绿石	Pyrochlore	4-020
2.945	5.890	2.567	5	10	1	氯镁石	Chloromagnesite	5-026
2.915	5.760	3.445	4	10	3	托氯铜石	Tolbachite	5-033
2.975	4.893	2.700	10	7	7	水砷锌矿	Adamite	8-064
2.976	4.885	4.816	10	8	6	橄榄铜矿	Olivenite	8-063
2.908	4.820	5.807	8	10	8	磷铜矿	Libethenite	8-010
2.930	4.788	2.780	10	4	3	针硅钙石	Hillebrandite	9-201
2.940	4.736	3.745	10	4	4	钨铁矿	Ferberite	7-040
2.999	4.725	3.086	8	10	8	水磷铝钠石	Wardite	8-055
2.922	4.660	3.268	8	10	4	锶沸石	Brewsterite	9-354
2.944	4.625	2.857	10	10	10	杆沸石	Thomsonite	9-350
2.965	4.449	2.456	8	10	9	硬绿泥石	Chloritoid	9-047
2.965	4.420	4.030	8	10	9	锌铁矾	Bianchite	7-018
2.910	4.420	3.730	10	8	6	羟硅钡石	Muirite	9-164
2.920	4.380	8.750	10	9	6	三方硼砂	Tincalconite	6-071
2.927	4.323	9.340	9	10	5	菱沸石	Chabazite	9-327
2.964	4.250	4.570	2	10	4	镍矾	Retgersite	7-019
2.939	4.158	1.859	10	5	5	六硼化镧	Lanthanum Boride (1/6)	2-040

续表

d	d	d	I	I	I	矿物名称	英文名称	矿物编号
2.908	4.115	4.366	9	10	7	硅锂钛锆石	Sogdianite	9-171
2.905	4.110	7.140	9	10	8	硅锂锡钾石	Brannockite	9-165
2.978	4.106	11.900	6	10	6	钠菱沸石	Gmelinite	9-330
2.903	4.000	2.598	10	5	5	红帘石	Piemontite	9-124
2.947	3.948	2.939	9	10	9	铝硅钡石	Cymrite	9-357
2.939	3.948	2.947	9	10	9	铝硅钡石	Cymrite	9-357
2.915	3.909	4.006	5	10	4	汤霜晶石	Thomsenolite	5-016
2.912	3.853	3.408	10	10	9	蓝铜矿	Armenite	9-173
2.950	3.785	1.826	10	7	3	菱镉矿	Otavite	6-010
2.952	3.720	2.734	10	4	4	泡铋矿	Bismutite	6-042
2.901	3.670	6.166	7	10	6	绿松石	Turquoise	8-050
2.961	3.570	2.743	8	10	7	赛黄晶	Danburite	9-108
2.917	3.530	2.605	6	10	5	硫碳酸铅矿	Leadhillite	6-049
2.900	3.512	3.465	9	10	8	板钛矿	Brookite	4-005
2.909	3.489	2.234	3	10	5	碘汞矿	Moschelite	5-049
2.949	3.453	3.117	9	10	9	铁灰石	Babingtonite	9-204
2.970	3.430	2.090	10	8	6	方铅矿	Galena	3-020
2.960	3.430	2.130	10	10	8	磷硼硅铈矿	Stillwellite-Ce	9-067
2.921	3.425	5.590	4	10	6	方沸石	Analcime	9-322
2.912	3.415	3.651	4	10	4	铯榴石	Pollucite-Fe	9-323
2.988	3.404	1.873	10	9	6	副黄碲矿	Paratellurite	4-063
2.990	3.400	3.090	10	10	10	板晶石	Epididymite	9-238
2.905	3.380	2.788	5	10	4	铅丹	Minium	4-057
2.960	3.330	2.876	10	10	10	硅钠锶镧石	Nordite-La	9-286
2.932	3.322	3.604	10	10	7	光卤石	Carnallite	5-039
2.978	3.319	3.519	10	6	5	硅灰石	Wollastonite	9-197
2.931	3.313	1.913	6	10	6	磷化铝-六方相	Aluminum Phosphide-hex	2-056
2.926	3.310	3.129	9	10	8	纤锌矿-2*H*	Wurtzite-2*H*	3-053
2.972	3.295	2.731	10	10	6	天青石	Celestite	7-005
2.925	3.295	4.430	8	10	6	水镁硝石	Nitromagnesite	6-054
2.934	3.270	7.154	10	10	7	硅锆锰钾石	Darapiosite	9-166
2.909	3.256	3.753	6	10	6	陨铁大隅石	Merrihueite	9-167
2.995	3.248	2.615	8	10	7	榍石	Titanite	9-048
2.900	3.241	4.715	7	10	7	绿磷铅铜矿	Tsumebite	8-049
2.917	3.233	3.739	6	10	7	碱硅镁石	Roedderite	9-172
2.962	3.225	2.572	9	10	8	斜方辉石	Orthopyroxene	9-184
2.991	3.222	2.942	10	7	6	普通辉石	Augite	9-188
2.910	3.210	3.020	9	10	9	锰辉石	Kanoite	9-182
2.927	3.201	3.130	7	10	6	纤锌矿-4*H*	Wurtzite-4*H*	3-054
2.965	3.199	3.038	10	8	7	罗水硅钙石	Rosenhahnite	9-114
2.937	3.195	3.693	10	7	6	黄玉	Topaz	9-039
2.941	3.185	3.824	10	10	10	针沸石	Mazzite	9-337
2.968	3.164	4.650	10	10	9	锂磷铝石	Amblygonit	8-001
2.962	3.164	3.212	9	10	10	磷锂铝石	Montebrasite	8-028
2.992	3.152	8.090	7	10	7	红磷锰矿	Hureaulite	8-032
2.924	3.142	5.308	10	10	10	红锑矿	Kermesite	3-027
2.965	3.140	5.180	7	10	6	钪钇石	Thortveitite	9-070
2.950	3.120	3.510	4	10	4	钽锑矿	Stibiotantalite	4-065
2.930	3.090	3.180	10	9	8	基性磷铁锰矿	Wolfeite	8-020
2.901	3.082	3.061	10	4	2	针钠钙石	Pectolite	9-199
2.988	3.078	2.960	8	10	4	黄铬钾石	Tarapacaite	7-038
2.960	3.078	2.988	4	10	8	黄铬钾石	Tarapacaite	7-038

续表

d	d	d	I	I	I	矿物名称	英文名称	矿物编号
2.992	3.072	2.980	10	9	8	钒铅矿	Vanadinite	8-077
2.943	3.062	3.259	4	10	3	枪晶石	Cuspidine	9-089
2.962	3.060	3.010	7	10	9	砷铅矿	Mimetite	8-068
2.940	3.060	1.890	10	8	6	锆针钠钙石	Rosenbuschite	9-093
2.920	3.060	3.520	10	8	6	硅铅铀矿	Kasolite	9-055
2.989	3.034	5.097	10	9	8	针硅钙铅矿	Margarosanite	9-140
2.975	3.024	3.106	10	8	4	易解石	Aeschynite-Ce	4-001
2.991	3.020	2.959	8	10	4	片柱钙石	Scawtite	9-174
2.959	3.020	2.991	4	10	8	片柱钙石	Scawtite	9-174
2.901	3.018	3.208	5	10	5	易变辉石	Pigeonite	9-183
2.998	3.011	2.557	9	10	5	钙铁辉石	Hedenbergite	9-187
2.923	2.999	2.522	5	10	5	斜辉石	Clinopyroxene	9-179
2.954	2.996	4.840	10	10	7	钨锰矿	Hubnerite	7-042
2.901	2.995	2.886	10	9	7	单钾芒硝	Arcanite	7-002
2.980	2.992	3.072	8	10	9	钒铅矿	Vanadinite	8-077
2.925	2.992	3.050	10	10	9	硅钡铍矿	Barylite	9-069
2.942	2.991	3.222	6	10	7	普通辉石	Augite	9-188
2.959	2.985	2.885	10	10	6	磷铝铅矿	Pyromorphite	8-002
2.943	2.985	3.220	6	10	5	透辉石	Diopside	9-186
2.901	2.985	2.523	5	10	5	霓石	Aegirine	9-192
2.941	2.983	2.162	10	5	4	纤磷钙铝石	Crandallite	8-038
2.930	2.970	1.826	10	9	9	硅钠钙石	Fedorite	9-289
2.940	2.961	2.749	9	10	8	蔷薇辉石	Rhodonite	9-203
2.985	2.959	2.885	10	10	6	磷铝铅矿	Pyromorphite	8-002
2.928	2.957	2.819	10	9	5	钛硅铈矿	Perrierite	9-103
2.996	2.954	4.840	10	10	7	钨锰矿	Hubnerite	7-042
2.985	2.943	3.220	10	6	5	透辉石	Diopside	9-186
2.983	2.941	2.162	5	10	4	纤磷钙铝石	Crandallite	8-038
2.961	2.940	2.749	10	9	8	蔷薇辉石	Rhodonite	9-203
2.956	2.936	2.600	7	10	10	苏打石	Nahcolite	6-001
2.970	2.930	1.826	9	10	9	硅钠钙石	Fedorite	9-289
2.957	2.928	2.819	9	10	5	钛硅铈矿	Perrierite	9-103
2.901	2.927	3.207	10	10	9	准钡铀云母	Meta-uranocircite	8-058
2.992	2.925	3.050	10	10	9	硅钡铍矿	Barylite	9-069
2.999	2.923	2.522	10	5	5	斜辉石	Clinopyroxene	9-179
2.995	2.901	2.886	9	10	7	单钾芒硝	Arcanite	7-002
2.985	2.901	2.523	10	5	5	霓石	Aegirine	9-192
2.927	2.901	3.207	10	10	9	准钡铀云母	Meta-uranocircite	8-058
2.915	2.896	4.370	6	10	3	绿纤石	Pumpellyite-Al	9-126
2.990	2.890	2.293	10	10	8	明矾石	Alunite	7-030
2.976	2.874	3.170	7	10	5	斜顽辉石	Clinoenstatite	9-180
2.970	2.870	1.830	10	7	7	氟钠钛锆石	Seidozerite	9-095
2.965	2.869	11.820	8	10	6	褐锌锰矿	Hodgkinsonite	9-030
2.988	2.867	3.002	9	10	8	片榍石	Hiortdahlite	9-092
2.945	2.861	4.336	10	10	5	绿辉石	Omphacite	9-190
2.972	2.836	2.409	10	7	6	橙汞矿	Montroydite	4-052
2.922	2.831	4.290	8	10	5	硬玉	Jadeite	9-191
2.906	2.820	6.820	10	9	7	锆钽矿	Lavenite	9-090
2.918	2.812	4.164	8	10	9	扎布耶石	Zabuyelite	6-018
2.921	2.793	4.205	10	9	8	锂辉石	Spodumene	9-193
2.915	2.793	2.017	10	9	7	β-锡	Tin-β	1-021
2.957	2.765	2.675	10	8	8	硅铅矿	Barysilite	9-073

续表

d	d	d	I	I	I	矿物名称	英文名称	矿物编号
2.970	2.759	3.601	4	10	4	密黄长石	Meliphanite	9-081
2.968	2.756	3.604	3	10	4	白铍石	Leucophanite	9-080
2.958	2.754	2.596	4	10	6	符山石	Vesuvianite	9-129
2.946	2.752	2.857	9	10	8	肉色柱石	Sarcolite	9-320
2.950	2.730	3.040	3	10	3	暧昧石	Griphite	8-027
2.920	2.714	3.530	10	7	5	褐帘石	Allanite	9-120
2.999	2.684	1.603	7	10	6	钙铬榴石	Uvarovite	9-021
2.900	2.679	2.688	10	10	7	绿帘石	Epidote	9-122
2.980	2.670	3.820	10	10	9	冰石盐	Hydrohalite	5-019
2.962	2.650	1.583	4	10	3	钙铝榴石	Grossular	9-020
2.964	2.631	2.696	7	10	6	钙锰橄榄石	Glaucochroite	9-014
2.927	2.617	1.561	5	10	3	锰铝榴石	Spessartine	9-018
2.955	2.612	2.687	7	10	7	钙铁橄榄石	Kirschsteinite	9-013
2.946	2.604	2.908	7	10	7	锰硅铝矿	Ardennite	9-132
2.908	2.604	2.946	7	10	7	锰硅铝矿	Ardennite	9-132
2.936	2.600	2.956	10	10	7	苏打石	Nahcolite	6-001
2.969	2.583	3.993	8	10	7	钙镁电气石	Uvite	9-158
2.961	2.576	3.990	9	10	9	镁电气石	Dravite	9-161
2.967	2.574	1.821	10	8	8	黄锑矿	Stibiconite	8-085
2.941	2.561	3.440	10	9	6	锂电气石	Elbaite	9-160
2.933	2.559	3.962	10	9	6	钙锂电气石	Liddicoatite	9-157
2.984	2.543	1.491	4	10	4	锌铁尖晶石	Franklinite	4-035
2.968	2.531	1.484	3	10	3	磁铁矿	Magnetite	4-038
2.958	2.522	1.479	4	10	4	镁铁矿	Magnesioferrite	4-055
2.953	2.483	3.648	10	6	5	黑钨矿	Wolframite	7-041
2.938	2.398	2.077	10	5	3	硼化钙	Calcium Boride	2-036
2.963	2.367	2.544	8	10	8	钠碳石	Natrite	6-017
2.949	2.207	1.892	10	9	5	菱磷铝锶石	Svanbergite	8-061
2.967	2.188	4.730	10	5	4	锰三斜辉石	Pyroxmangite	9-206
2.971	2.053	2.632	5	10	4	磁黄铁矿-1*T*	Pyrrhotite-1*T*	3-040
2.958	1.981	1.531	10	4	4	斯石英	Stishovite	4-027
2.950	1.954	3.470	10	5	4	铈硅石	Cerite	9-050
2.904	1.901	3.557	10	6	2	砷化铟-立方相 2	Indium Arsenide-cub2	2-032
2.936	1.816	3.750	10	2	2	锰方解石	Kutnohorite	6-021
2.934	1.796	1.532	10	5	4	贝塔石	Betafite	4-018
2.901	1.795	2.201	10	3	2	铁白云石	Ankerite	6-020
2.970	1.720	3.640	10	9	7	钽铁矿	Tantalite	4-041
2.940	0.847	2.400	10	10	8	六硼化硅	Silicon Boride (1/6)	2-047
2.899—2.800								
2.820	14.100	1.520	4	10	4	蛭石	Vermiculite	9-275
2.824	13.977	3.552	10	9	8	氟菱钙铈矿	Parisite	6-038
2.892	11.566	5.783	2	10	2	硅钛钠石	Murmanite	9-101
2.880	11.500	4.350	7	10	6	菱钾铝矿	Offretite	9-328
2.871	10.300	3.460	3	10	4	钠硝矾	Darapskite	6-058
2.855	9.160	4.576	10	6	6	磷锌矿	Hopeite	8-047
2.806	9.142	3.558	7	10	6	氟碳钙铈矿	Synchysite	6-036
2.815	6.697	5.198	10	4	3	磷铝铁石	Childrenite	8-044
2.848	6.110	3.055	6	10	7	磷镧镨矿	Rhabdophane	8-042
2.897	5.898	4.409	10	9	9	变杆沸石	Gonnardite	9-349
2.868	5.893	6.545	5	10	5	钠沸石	Natrolite	9-345
2.899	5.790	9.200	8	10	4	水菱镁矿	Hydromagnesite	6-048
2.829	5.659	4.589	4	10	6	锰辉石	Kanonaite	9-035

续表

d	d	d	I	I	I	矿物名称	英文名称	矿物编号
2.898	5.380	3.041	6	10	4	泡碱	Natron	6-029
2.822	5.220	4.131	10	6	4	磷铝锰矿	Eosphorite	8-043
2.885	5.010	2.789	10	4	4	斜黝帘石	Clinozoisite	9-121
2.887	4.904	3.572	10	9	9	氟碳铈矿	Bastnaesite	6-035
2.856	4.797	4.906	3	10	3	雌黄	Orpiment	3-034
2.812	4.690	2.635	10	8	8	钙铒钇矿	Hellandite	9-065
2.857	4.625	2.944	10	10	10	杆沸石	Thomsonite	9-350
2.839	4.583	3.237	10	10	6	五水碳镁石	Lansfordite	6-032
2.841	4.581	2.456	10	6	5	锰帘石	Sursassite	9-127
2.800	4.350	2.390	10	5	6	硫铋锑镍矿	Hauchecornite	3-024
2.874	4.339	3.192	8	10	10	硅铁锂钠石	Sugilite	9-169
2.874	4.290	3.440	10	9	8	羟铝铜钙石	Papagoite	9-145
2.871	4.280	2.684	10	9	5	石膏	Gypsum	7-016
2.875	4.255	7.186	10	10	8	磷硅铌钠石	Vuonnemite	9-110
2.850	4.200	5.300	3	10	6	碧矾	Morenosite	7-023
2.812	4.164	2.918	10	9	8	扎布耶石	Zabuyelite	6-018
2.851	4.130	3.174	7	10	8	索伦石	Suolunite	9-094
2.883	4.101	2.643	7	10	9	水氯镁石	Bischofite	5-034
2.815	4.100	8.190	8	10	7	插晶菱沸石	Levyne	9-332
2.819	3.987	1.783	5	10	4	羟铟石	Dzhalindite	4-078
2.891	3.950	2.221	10	8	8	二磷化铜	Copper Phosphide(1/2)	2-058
2.866	3.886	6.001	10	5	4	钾钙板锆石	Wadeite	9-138
2.874	3.720	2.743	3	10	8	蓝锥矿	Benitoite	9-136
2.800	3.710	1.945	10	3	3	氯锑铅矿	Nadorite	5-043
2.857	3.693	5.055	10	9	8	孔雀石	Malachite	6-040
2.840	3.680	2.620	10	3	3	重碳酸钾石	Kalicinite	6-002
2.850	3.667	1.767	10	3	3	菱锰矿	Rhodochrosite	6-007
2.809	3.634	4.430	10	6	4	角铅矿	Phosgenite	6-041
2.823	3.624	3.900	10	8	7	磷钠铍石	Beryllonite	8-045
2.864	3.616	3.143	9	10	8	粒硅锰矿	alleghanyite	9-041
2.838	3.551	2.745	10	2	1	磷硅钛钠石	Lomonosovite	9-109
2.870	3.532	3.159	7	10	9	包头矿	Baotite	9-143
2.816	3.530	2.540	10	10	10	水硅锌钙石	Junitoite	9-085
2.870	3.511	3.103	6	10	5	锰镁云母	Davreuxite	9-119
2.850	3.499	2.328	3	10	2	硬石膏	Anhydrite	7-007
2.865	3.361	3.165	9	10	2	辰砂	Cinnabar	3-013
2.876	3.330	2.960	10	10	10	硅钠锶镧石	Nordite-La	9-286
2.880	3.307	4.160	9	10	7	整柱石	Milarite	9-170
2.843	3.267	3.438	4	10	7	白榴石	Leucite	9-307
2.854	3.257	2.670	7	10	8	砷铜铅矿	Duftite	8-066
2.867	3.254	7.980	10	10	9	绿柱石	Beryl	9-148
2.897	3.221	5.079	6	10	7	钒铅锌矿	Descloizite	8-079
2.884	3.191	3.219	9	10	10	硅钛锂钙石	Baratovite	9-155
2.854	3.190	4.880	9	10	8	硅铅锌矿	Larsenite	9-006
2.883	3.180	2.555	5	10	4	斜铁辉石	Ferrosilite	9-181
2.834	3.174	2.727	10	10	7	柱硅钙石	Afwillite	9-051
2.855	3.165	5.710	10	8	6	钾石膏	Syngenite	7-009
2.841	3.165	2.623	7	10	2	斜锆石	Baddeleyite	4-066
2.883	3.160	3.090	10	10	10	磷铀矿	Phosphuranylite	8-051
2.860	3.160	2.530	7	10	6	顽火辉石	Enstatite	9-185
2.828	3.157	3.281	4	10	8	蓝透闪石	Winchite	9-226
2.803	3.155	3.457	10	7	7	斧石	Axinite	9-086

续表

d	d	d	I	I	I	矿物名称	英文名称	矿物编号
2.864	3.130	3.428	5	10	4	磷铍钙石	Herderite	8-008
2.802	3.125	8.420	7	10	10	锰闪石	Richterite	9-227
2.841	3.122	2.602	10	8	7	砷钙铜矿	Conichalcite	8-065
2.835	3.120	3.106	10	8	8	兴安石	Hingganite-Y	9-063
2.811	3.118	3.560	7	10	10	辉铋矿	Bismuthinite	3-006
2.856	3.117	3.404	7	10	7	硅硼钙石	Datolite	9-062
2.809	3.115	1.872	6	10	4	密陀僧	Litharge	4-053
2.843	3.105	4.765	4	10	8	白钨矿	Scheelite	7-043
2.871	3.099	3.308	7	10	7	独居石	Monazite	8-013
2.801	3.092	3.155	4	10	3	红钇矿	Thalenite	9-071
2.823	3.091	2.716	10	5	4	斜水硅钙石	Killalaite	9-105
2.872	3.087	2.478	10	2	2	镁黄长石	Akermanite	9-075
2.868	3.085	3.711	10	6	5	锌黄长石	Hardystonite	9-112
2.862	3.074	4.198	6	10	7	硅钍石	Huttonite	9-027
2.807	3.061	2.248	5	10	8	铅铁矾	Plumbojarosite	7-032
2.890	3.030	3.190	9	10	8	鲁硅钙石	Rustumite	9-130
2.810	3.030	2.311	2	10	3	钠硝石	Nitratine	6-050
2.866	3.025	5.338	10	9	7	氟磷铁锰矿	Triplite	8-030
2.891	3.012	2.852	6	10	6	黄硅铌钙矿	Niocalite	9-091
2.852	3.012	2.891	6	10	6	黄硅铌钙矿	Niocalite	9-091
2.890	2.990	2.293	10	10	8	明矾石	Alunite	7-030
2.867	2.988	3.002	10	9	8	片榍石	Hiortdahlite	9-092
2.885	2.985	2.959	6	10	10	磷铝铅矿	Pyromorphite	8-002
2.874	2.976	3.170	10	7	5	斜顽辉石	Clinoenstatite	9-180
2.836	2.972	2.409	7	10	6	橙汞矿	Montroydite	4-052
2.870	2.970	1.830	7	10	7	氟钠钛锆石	Seidozerite	9-095
2.869	2.965	11.820	10	8	6	褐锌锰矿	Hodgkinsonite	9-030
2.861	2.945	4.336	10	10	5	绿辉石	Omphacite	9-190
2.819	2.928	2.957	5	10	9	钛硅铈矿	Perrierite	9-103
2.831	2.922	4.290	10	8	5	硬玉	Jadeite	9-191
2.896	2.915	4.370	10	6	3	绿纤石	Pumpellyite-Al	9-126
2.820	2.906	6.820	9	10	7	锆钽矿	Lavenite	9-090
2.886	2.901	2.995	7	10	9	单钾芒硝	Arcanite	7-002
2.866	2.894	5.900	7	10	7	中沸石	Mesolite	9-346
2.894	2.866	5.900	10	7	7	中沸石	Mesolite	9-346
2.835	2.849	3.421	10	7	1	硫锡铅矿	Teallite	3-049
2.829	2.837	3.158	10	8	4	桃针钠石	Serandite	9-200
2.849	2.835	3.421	7	10	1	硫锡铅矿	Teallite	3-049
2.888	2.833	1.972	2	10	3	碳酸钙镁矿	Huntite	6-027
2.837	2.829	3.158	8	10	4	桃针钠石	Serandite	9-200
2.814	2.818	4.740	10	10	8	硅铍钇矿	Gadolinite	9-064
2.818	2.814	4.740	10	10	8	硅铍钇矿	Gadolinite	9-064
2.837	2.780	2.748	10	8	6	氯磷灰石	Chlorapatite	8-052
2.803	2.753	2.431	10	10	10	辉铜银矿	Jalpaite	3-026
2.857	2.752	2.946	8	10	9	肉色柱石	Sarcolite	9-320
2.898	2.726	5.530	10	10	8	硅铅锰矿	Kentrolite	9-106
2.817	2.723	2.780	10	6	5	羟磷灰石	Hydroxylapatite	8-054
2.804	2.711	2.764	10	5	5	磷灰石	Apatite	8-040
2.800	2.702	2.772	10	6	6	氟磷灰石	Fluorapatite	8-031
2.817	2.695	2.788	5	10	5	铍柱石	Harstigite	9-079
2.874	2.693	4.030	7	10	5	黝帘石	Zoisite	9-125
2.887	2.683	2.711	10	8	3	水硅锰矿	Leucophoenicite	9-043

续表

d	d	d	I	I	I	矿物名称	英文名称	矿物编号
2.849	2.676	2.840	10	10	10	黑柱石	Ilvaite	9-088
2.840	2.676	2.849	10	10	10	黑柱石	Ilvaite	9-088
2.880	2.669	3.050	10	7	6	斜方硅钙石	Kilchoanite	9-134
2.835	2.634	3.485	10	9	7	硅锌矿	Willemite	9-002
2.840	2.614	4.020	9	10	8	铍密黄石	Aminoffite	9-111
2.873	2.600	3.198	10	6	5	白磷钙石	Whitlockite	8-003
2.887	2.582	1.601	3	10	3	铁铝榴石	Almandine	9-017
2.846	2.566	4.860	8	10	6	硼砂	Borax	6-070
2.865	2.562	1.531	6	10	6	镁铝榴石	Pyrope	9-016
2.867	2.560	2.607	9	10	7	锰橄榄石	Tephroite	9-011
2.847	2.545	2.324	7	10	6	辉砷镍矿	Gersdorffite	3-022
2.883	2.538	2.593	10	10	9	氮化硅-三方相	Silicon Nitride-tri	2-022
2.837	2.517	1.883	5	10	8	碳化钨	Tungsten Carbide	2-001
2.829	2.500	2.565	9	10	5	铁橄榄石	Fayalite	9-008
2.804	2.489	2.545	8	10	7	橄榄石	Olivine	9-007
2.814	2.476	2.603	6	10	4	红锌矿	Zincite	4-045
2.855	2.475	1.493	10	5	3	铅	Lead	1-007
2.884	2.459	1.442	6	10	4	铁尖晶石	Hercynite	4-054
2.860	2.439	1.430	7	10	4	锌尖晶石	Gahnite	4-036
2.810	2.391	1.196	3	10	3	珲春矿	Hunchunite	1-029
2.858	2.368	3.350	10	8	6	硫铜钴矿	Carrollite	3-008
2.841	2.356	1.666	10	5	6	硫钴矿	Linnaeite	3-030
2.840	2.355	1.665	10	7	6	硫镍钴矿	Siegenite	3-043
2.840	2.318	2.240	10	5	4	锑铅金矿	Anyuiite	1-028
2.889	2.282	2.432	2	10	3	硼化二钽	Tantalum Boride (2/1)- β	2-049
2.886	2.192	1.786	10	3	3	白云石	Dolomite	6-019
2.880	2.190	3.460	7	10	7	硬锰矿	Psilomelane	4-082
2.886	2.041	1.667	10	6	2	溴银矿	Bromargyrite	5-045
2.868	2.030	2.345	10	9	8	钾冰晶石	Elpasolite	5-014
2.849	2.023	2.775	4	10	5	α-磷化锌	Zinc Phosphide(3/2)- α	2-053
2.821	1.994	1.628	10	6	2	石盐	Halite	5-017
2.833	1.972	2.888	10	3	2	碳酸钙镁矿	Huntite	6-027
2.891	1.933	8.170	8	10	6	氟硅钙石	Bultfonteinite	9-052
2.857	1.930	1.819	10	6	6	钙铝黄长石	Gehlenite	9-076
2.813	1.896	3.048	10	8	7	铜蓝	Covellite	3-016
2.826	1.850	3.461	10	6	2	砷化镓-立方相2	Gallium Arsenide-cub2	2-027
2.822	1.772	2.305	7	10	6	斜硅锰矿	Sonolite	9-045
2.850	1.760	2.440	10	10	7	黄长石	Melilite	9-077
2.805	1.691	3.240	10	10	8	硫钌矿	Laurite	3-028
2.858	1.675	2.370	10	6	5	硫镍矿	Polydymite	3-037
2.799—2.700								
2.733	10.500	3.500	1	10	2	星叶石	Astrophyllite	9-239
2.797	9.870	3.450	10	10	9	钡闪叶石	Barytolamprophyllite	9-097
2.718	9.420	2.577	10	7	7	磷硅铈钠石	Phosinaite-Ce	9-147
2.739	8.580	3.180	7	10	7	铁钠钙闪石	Ferrorichterite	9-228
2.728	8.520	3.159	8	10	9	铁角闪石	Ferrohornblende	9-218
2.743	8.519	2.578	7	10	4	绿钠闪石	Hastingsite	9-223
2.718	8.500	3.150	6	10	8	铁韭闪石	Ferropargasite	9-221
2.705	8.435	3.133	7	10	7	角闪石	Hornblende	9-215
2.705	8.425	3.129	9	10	7	镁绿钙闪石	Magnesiohastingsite	9-222
2.715	8.401	3.114	5	10	3	铁钙镁闪石	Ferrotschermakite	9-225
2.726	8.400	3.120	4	10	6	钠闪石	Riebeckite	9-233

续表

d	d	d	I	I	I	矿物名称	英文名称	矿物编号
2.705	8.380	3.121	9	10	10	透闪石	Tremolite	9-214
2.766	8.330	3.070	9	10	8	铁闪石	Grunerite	9-210
2.741	8.270	3.053	8	10	6	镁闪石	Magnesiocummingtonite	9-208
2.735	7.875	13.640	3	10	10	毛青铜矿	Buttgenbachite	6-056
2.773	7.150	3.836	4	10	4	蓝柱石	Euclase	9-028
2.720	6.770	2.480	6	10	7	水锌矿	Hydrozincite	6-044
2.764	6.500	3.290	10	10	8	钙钇铈矿	Kainosite-Y	9-146
2.731	6.180	2.277	3	10	4	辉钨矿-2*H*	Tungstenite-2*H*	3-050
2.782	6.170	2.058	3	10	3	三斜磷锌矿	Tarbuttite	8-014
2.706	6.163	2.623	2	10	2	辉钨矿-3*R*	Tungstenite-3*R*	3-051
2.774	5.549	4.531	7	10	8	红柱石	Andalusite	9-034
2.762	5.536	4.228	8	10	6	罗水氯铁石	Rokuhnite	5-027
2.758	5.449	2.261	7	10	5	副氯铜矿	Paratacamite	5-041
2.763	5.246	1.855	10	2	1	顾家石	Gugiaite	9-082
2.737	5.081	1.705	10	4	3	氧硅钛钠石	Natisite	9-049
2.704	5.060	4.394	10	9	9	锰柱石	Orientite	9-133
2.716	4.770	3.892	9	10	6	钙锰帘石	Macfallite	9-128
2.705	4.758	4.552	10	10	8	准磷铝石	Metavariscite	8-012
2.784	4.659	3.078	10	7	6	无水芒硝	Thenardite	7-003
2.796	4.320	6.035	10	6	5	水氯钙石	Sinjarite	5-028
2.790	4.250	3.250	8	10	8	硫铁银矿	Sternbergite	3-046
2.722	4.220	3.141	10	9	8	斜碱沸石	Amicite	9-334
2.740	3.961	3.369	8	10	10	锂霞石	Eucryptite	9-003
2.767	3.956	4.913	8	10	9	板磷铁矿	ludlamite	8-011
2.740	3.930	3.850	10	9	9	钠铌矿	Lueshite	4-062
2.748	3.886	4.540	10	7	6	冰晶石	Cryolite	5-013
2.797	3.790	5.820	10	10	4	硅锆钡石	Bazirite	9-135
2.779	3.763	5.830	10	10	4	硅锡钡石	Pabstite	9-137
2.743	3.720	2.874	8	10	3	蓝锥矿	Benitoite	9-136
2.756	3.604	2.968	10	4	3	白铍石	Leucophanite	9-080
2.776	3.579	3.890	6	10	8	氯铅矿	Cotunnite	5-030
2.743	3.570	2.961	7	10	8	赛黄晶	Danburite	9-108
2.764	3.560	2.229	10	4	4	三斜石	Trimerite	9-005
2.743	3.551	1.702	10	4	3	菱钴矿	Sphaerocobaltite	6-008
2.750	3.550	1.703	10	5	5	菱锌矿	Smithsonite	6-009
2.771	3.520	1.879	10	3	3	砷	Arsenic	1-038
2.708	3.512	1.681	10	5	5	菱镍矿	Gaspeite	6-011
2.797	3.500	1.856	9	10	5	块黑铅矿	Plattnerite	4-024
2.702	3.499	4.644	10	10	6	钒铋矿	Pucherite	8-078
2.799	3.493	4.680	10	5	4	硼硅钡钇矿	Cappelenite-Y	9-066
2.752	3.486	4.901	8	10	4	铁板钛矿	Pseudobrookite	4-017
2.742	3.412	3.217	10	10	9	钡铁钛石	Bafertisite	9-096
2.702	3.397	1.977	6	10	6	文石	Aragonite	6-013
2.788	3.380	2.905	4	10	5	铅丹	Minium	4-057
2.760	3.364	8.281	8	10	8	针绿矾	Coquimbite	7-026
2.749	3.345	5.570	10	9	4	硅钠钛矿	Lorenzenite	9-195
2.769	3.273	3.695	7	10	9	硫酸钙霞石	Vishnevite	9-317
2.771	3.245	3.454	4	10	5	砒霜	Claudetite	4-071
2.718	3.245	2.022	2	10	2	钼铅矿	Wulfenite	7-046
2.766	3.238	7.915	10	7	7	斜晶石	Clinohedrite	9-029
2.722	3.223	2.717	5	10	5	钒钡铜矿	Vesignieite	8-081
2.717	3.223	2.722	5	10	5	钒钡铜矿	Vesignieite	8-081

续表

d	d	d	I	I	I	矿物名称	英文名称	矿物编号
2.788	3.219	1.971	3	10	3	方锑矿	Senarmontite	4-033
2.775	3.216	4.256	10	6	3	闪叶石	Lamprophyllite	9-098
2.731	3.216	3.641	6	10	8	钙霞石	Cancrinite	9-315
2.768	3.210	5.040	7	10	6	大隅石	Osumilite-Mg	9-168
2.774	3.203	1.962	10	5	5	角银矿	Chlorargyrite	5-021
2.748	3.193	3.320	10	5	5	碳化钙	Calcium Carbide	2-002
2.717	3.180	4.480	10	8	7	硅钙石	Rankinite	9-074
2.727	3.174	2.834	7	10	10	柱硅钙石	Afwillite	9-051
2.710	3.170	1.750	10	10	10	软铋矿	Sillenite	4-060
2.710	3.170	3.140	10	10	10	硅钛铈钇矿	Chevkinite	9-102
2.732	3.161	8.510	8	10	7	钠铁闪石	Arfvedsonite	9-235
2.733	3.153	1.933	5	10	5	晶质铀矿	Uraninite	4-043
2.720	3.140	8.510	4	10	6	镁角闪石	Magnesiohornblende	9-217
2.707	3.130	8.460	9	10	4	氟镁钠闪石	Eckermannite	9-234
2.795	3.113	8.390	8	10	8	钛角闪石	Kaersutite	9-224
2.730	3.050	2.500	7	10	7	褐硫锰矿	Hauerite	3-025
2.730	3.040	2.950	10	3	3	暧昧石	Griphite	8-027
2.713	3.040	2.682	8	10	9	淡磷钙铁矿	Collinsite	8-024
2.700	2.990	6.580	2	10	2	瓦硅钙钡石	Walstromite	9-139
2.700	2.975	4.893	7	10	7	水砷锌矿	Adamite	8-064
2.731	2.972	3.295	6	10	10	天青石	Celestite	7-005
2.759	2.970	3.601	10	4	4	密黄长石	Meliphanite	9-081
2.749	2.961	2.940	8	10	9	蔷薇辉石	Rhodonite	9-203
2.765	2.957	2.675	8	10	8	硅铅矿	Barysilite	9-073
2.734	2.952	3.720	4	10	4	泡铋矿	Bismutite	6-042
2.752	2.946	2.857	10	9	8	肉色柱石	Sarcolite	9-320
2.780	2.930	4.788	3	10	4	针硅钙石	Hillebrandite	9-201
2.793	2.921	4.205	9	10	8	锂辉石	Spodumene	9-193
2.714	2.920	3.530	7	10	5	褐帘石	Allanite	9-120
2.793	2.915	2.017	9	10	7	β-锡	Tin-β	1-021
2.726	2.898	5.530	10	10	8	硅铅锰矿	Kentrolite	9-106
2.711	2.887	2.683	3	10	8	水硅锰矿	Leucophoenicite	9-043
2.789	2.885	5.010	4	10	4	斜黝帘石	Clinozoisite	9-121
2.745	2.838	3.551	1	10	2	磷硅钛钠石	Lomonosovite	9-109
2.780	2.837	2.748	8	10	6	氯磷灰石	Chlorapatite	8-052
2.748	2.837	2.780	6	10	8	氯磷灰石	Chlorapatite	8-052
2.716	2.823	3.091	4	10	5	斜水硅钙石	Killalaite	9-105
2.780	2.817	2.723	5	10	6	羟磷灰石	Hydroxylapatite	8-054
2.723	2.817	2.780	6	10	5	羟磷灰石	Hydroxylapatite	8-054
2.764	2.804	2.711	5	10	5	磷灰石	Apatite	8-040
2.711	2.804	2.764	5	10	5	磷灰石	Apatite	8-040
2.753	2.803	2.431	10	10	10	辉铜银矿	Jalpaite	3-026
2.772	2.800	2.702	6	10	6	氟磷灰石	Fluorapatite	8-031
2.702	2.800	2.772	6	10	6	氟磷灰石	Fluorapatite	8-031
2.727	2.796	1.996	10	9	9	硅钙铅矿	Ganomalite	9-358
2.780	2.795	2.744	9	10	10	斜硅钙石	Larnite	9-024
2.744	2.795	2.780	10	10	9	斜硅钙石	Larnite	9-024
2.795	2.780	2.744	10	9	10	斜硅钙石	Larnite	9-024
2.753	2.768	2.372	6	10	6	水碱	Thermonatrite	6-028
2.768	2.753	2.372	10	6	6	水碱	Thermonatrite	6-028
2.796	2.727	1.996	9	10	9	硅钙铅矿	Ganomalite	9-358
2.788	2.695	2.817	5	10	5	铍柱石	Harstigite	9-079

续表

d	d	d	I	I	I	矿物名称	英文名称	矿物编号
2.754	2.681	4.158	6	10	3	四硼化硅	Silicon Boride (1/4)	2-046
2.787	2.649	3.070	10	10	9	哈硅钙石	Hatrurite	9-053
2.701	2.635	3.019	10	7	7	灰硅钙石	Spurrite	9-054
2.770	2.630	1.920	8	10	8	钙铁石	Brownmillerite	4-058
2.720	2.618	2.125	10	7	7	硬柱石	Lawsonite	9-087
2.754	2.596	2.958	10	6	4	符山石	Vesuvianite	9-129
2.753	2.577	3.270	6	10	7	四硼化镧	Lanthanum Boride (1/4)	2-041
2.751	2.564	2.142	5	10	5	氯氟钙石	Rorisite	5-035
2.754	2.544	1.868	10	7	4	钛铁矿	Ilmenite	4-013
2.719	2.543	3.401	10	10	8	阳起石	Actinolite	9-216
2.761	2.524	3.117	9	10	6	水钙锰榴石	Henritermierite	9-023
2.700	2.519	1.694	10	7	5	赤铁矿	Hematite	4-011
2.789	2.495	2.279	9	10	9	辉砷钴矿	Cobaltite	3-015
2.768	2.487	1.544	9	10	5	黑锰矿	Hausmannite	4-010
2.708	2.487	8.123	7	10	10	氯碳酸钠镁石	Northupite	6-043
2.715	2.466	3.047	7	10	5	锌黑锰矿	Hetaerolite	4-056
2.762	2.437	2.593	6	10	5	氮化镓-六方相	Gallium Nitride-hex	2-024
2.744	2.430	3.469	9	10	9	镍橄榄石	Liebenbergite	9-010
2.769	2.398	1.696	4	10	5	石灰	Lime	4-050
2.712	2.355	2.336	10	1	1	褐锰矿	Braunite	4-072
2.741	2.305	1.997	10	6	3	辉铜矿-四方相	Chalcocite-*Q*	3-010
2.715	2.298	1.683	10	4	2	锇	Osmium	1-010
2.746	2.209	2.090	10	10	9	香花石	Hsianghualite	9-326
2.745	2.166	3.531	7	10	3	二硼化锆	Zirconium Boride (1/2)	2-038
2.792	2.159	3.930	8	10	9	南极石	Antarcticite	5-029
2.775	2.023	2.849	5	10	4	α-磷化锌	Zinc Phosphide(3/2)-α	2-053
2.781	1.964	3.210	5	10	5	蓝灰铜矿	Digenite	3-018
2.750	1.945	1.588	10	6	2	砷化铟-立方相 3	Indium Arsenide-cub3	2-033
2.710	1.918	3.830	5	10	4	氟镁钠石	Neighborite	5-009
2.703	1.913	1.909	10	4	4	钙钛矿	Perovskite	4-014
2.777	1.863	2.513	10	10	7	针镍矿	Millerite	3-031
2.774	1.749	2.554	9	10	9	斜硅镁石	Clinohumite	9-044
2.795	1.732	1.738	10	4	3	菱铁矿	Siderite	6-006
2.740	1.700	2.100	10	9	8	菱镁矿	Magnesite	6-005
2.706	1.633	2.421	10	7	5	黄铁矿	Pyrite	3-038
2.730	1.580	1.930	10	2	1	硇砂	Salammoniac	5-020
2.699—2.600								
2.640	12.300	3.440	2	10	2	斑硅锰石	Bannisterite	9-291
2.614	10.062	3.266	6	10	5	金云母-2M_1	Phlogopite-2M_1	9-263
2.626	10.020	3.334	6	10	8	黑云母-1*M*	Biotite-1*M*	9-265
2.636	9.978	3.230	6	10	5	金云母-1*M*	Phlogopite-1*M*	9-262
2.613	9.939	2.425	4	10	3	铁锂云母-3*T*	Zinnwaldite-3*T*	9-273
2.608	9.923	3.308	5	10	3	铁锂云母-2M_1	Zinnwaldite-2M_1	9-272
2.603	9.916	3.098	5	10	4	铁锂云母-1*M*	Zinnwaldite-1*M*	9-271
2.615	8.460	3.620	3	10	6	准钙铀云母	Metaautunite	8-025
2.690	8.350	3.101	10	9	7	绿铁闪石	Taramite magnesian	9-230
2.694	8.334	3.093	9	10	6	红闪石	Katophorite	9-229
2.635	8.320	9.160	3	10	4	镁铁闪石	Cummingtonite	9-209
2.693	8.260	3.060	6	10	7	蓝闪石	Glaucophane	9-231
2.633	7.900	3.950	4	10	9	硅钙铀矿	Uranophane	9-056
2.643	7.160	2.571	7	10	7	水钒铜矿	Volborthite	8-082
2.624	6.910	3.454	8	10	6	铜硝石	Gerhardtite	6-055

续表

d	d	d	I	I	I	矿物名称	英文名称	矿物编号
2.626	6.782	3.697	4	10	4	绿铜锌矿	Aurichalcite	6-045
2.664	6.270	2.089	7	10	7	硼镁石	Szaibelyite	6-067
2.623	6.163	2.706	2	10	2	辉钨矿-3*R*	Tungstenite-3*R*	3-051
2.620	5.730	5.080	5	10	7	针锰柱石	Carpholite	9-194
2.638	5.467	4.050	8	10	6	水氯铜石	Eriochalcite	5-032
2.643	5.171	2.629	9	10	7	六水碳钙石	Ikaite	6-031
2.629	5.171	2.643	7	10	9	六水碳钙石	Ikaite	6-031
2.627	4.922	1.795	10	7	3	羟钙石	Portlandite	4-083
2.693	4.270	3.186	8	10	9	水钙沸石	Gismondine	9-333
2.677	4.210	5.350	3	10	3	泻利盐	Epsomite	7-022
2.693	4.183	2.450	4	10	5	针铁矿	Goethite	4-079
2.643	4.101	2.883	9	10	7	水氯镁石	Bischofite	5-034
2.673	4.008	4.185	10	7	7	氯黄晶	Zunyite	9-117
2.633	3.723	2.150	2	10	2	蓝方石	Hauyne	9-310
2.619	3.713	2.138	8	10	5	青金石	Lazurite	9-311
2.628	3.710	6.450	8	10	7	黝方石	Nosean	9-309
2.620	3.580	3.040	10	8	8	铬电气石	Chromdravite	9-163
2.676	3.550	4.720	8	10	9	钍石	Thorite	9-026
2.605	3.530	2.917	5	10	6	硫碳酸铅矿	Leadhillite	6-049
2.612	3.503	3.032	5	10	7	紫硅铝镁石	Yoderite	9-036
2.642	3.452	1.793	5	10	4	砷钇矿	Chernovite	8-062
2.662	3.420	2.614	6	10	9	水硅锰镁锌矿	Gageite	9-202
2.614	3.420	2.662	9	10	6	水硅锰镁锌矿	Gageite	9-202
2.639	3.405	1.782	2	10	2	水锰矿	Manganite	4-081
2.616	3.315	3.465	10	3	2	硫铜银矿	Stromeyerite	3-048
2.660	3.293	2.489	10	10	9	氮化硅-六方相	Silicon Nitride-hex	2-023
2.670	3.257	2.854	8	10	7	砷铜铅矿	Duftite	8-066
2.615	3.248	2.995	7	10	8	榍石	Titanite	9-048
2.658	3.246	5.064	5	10	6	钒铜铅矿	Mottramite	8-080
2.623	3.165	2.841	2	10	7	斜锆石	Baddeleyite	4-066
2.697	3.077	3.301	3	10	5	硅钛钡石	Fresnoite	9-078
2.647	3.071	4.892	10	8	6	天然碱	Trona	6-003
2.639	3.058	2.230	8	10	8	块硅镁石	Norbergite	9-040
2.699	3.053	3.079	6	10	5	硫银锗矿	Argyrodite	3-004
2.687	3.050	8.270	3	10	9	铁蓝闪石	Ferroglaucophane	9-232
2.625	3.050	1.741	4	10	4	硅钍钇矿	Yttrialite-Y	9-072
2.682	3.040	2.713	9	10	8	淡磷钙铁矿	Collinsite	8-024
2.696	3.015	1.611	10	6	6	钙铁榴石	Andradite	9-019
2.656	3.015	3.860	4	10	4	钡白云石	Norsethite	6-022
2.688	3.010	1.607	10	7	5	钙钒榴石	Goldmanite	9-022
2.620	3.008	2.104	10	10	6	柱晶石	Kornerupine	9-118
2.603	3.004	1.840	3	10	3	水锑铅矿	Bindheimite	8-084
2.684	2.999	1.603	10	7	6	钙铬榴石	Uvarovite	9-021
2.670	2.980	3.820	10	10	9	冰石盐	Hydrohalite	5-019
2.631	2.964	2.696	10	7	6	钙锰橄榄石	Glaucochroite	9-014
2.650	2.962	1.583	10	4	3	钙铝榴石	Grossular	9-020
2.675	2.957	2.765	8	10	8	硅铅矿	Barysilite	9-073
2.612	2.955	2.687	10	7	7	钙铁橄榄石	Kirschsteinite	9-013
2.600	2.936	2.956	10	10	7	苏打石	Nahcolite	6-001
2.617	2.927	1.561	10	5	3	锰铝榴石	Spessartine	9-018
2.604	2.908	2.946	10	7	7	锰硅铝矿	Ardennite	9-132
2.686	2.905	14.327	8	10	10	硅钛钠钡石	Innelite	9-131

续表

d	d	d	I	I	I	矿物名称	英文名称	矿物编号
2.688	2.900	2.679	7	10	10	绿帘石	Epidote	9-122
2.679	2.900	2.688	10	10	7	绿帘石	Epidote	9-122
2.683	2.887	2.711	8	10	3	水硅锰矿	Leucophoenicite	9-043
2.669	2.880	3.050	7	10	6	斜方硅钙石	Kilchoanite	9-134
2.693	2.874	4.030	10	7	5	黝帘石	Zoisite	9-125
2.600	2.873	3.198	6	10	5	白磷钙石	Whitlockite	8-003
2.684	2.871	4.280	5	10	9	石膏	Gypsum	7-016
2.676	2.849	2.840	10	10	10	黑柱石	Ilvaite	9-088
2.602	2.841	3.122	7	10	8	砷钙铜矿	Conichalcite	8-065
2.620	2.840	3.680	3	10	3	重碳酸钾石	Kalicinite	6-002
2.614	2.840	4.020	10	9	8	铍密黄石	Aminoffite	9-111
2.634	2.835	3.485	9	10	7	硅锌矿	Willemite	9-002
2.695	2.817	2.788	10	5	5	铍柱石	Harstigite	9-079
2.635	2.812	4.690	8	10	8	钙铒钇矿	Hellandite	9-065
2.649	2.787	3.070	10	10	9	哈硅钙石	Hatrurite	9-053
2.630	2.770	1.920	10	8	8	钙铁石	Brownmillerite	4-058
2.681	2.754	4.158	10	6	3	四硼化硅	Silicon Boride (1/4)	2-046
2.618	2.720	2.125	7	10	7	硬柱石	Lawsonite	9-087
2.635	2.701	3.019	7	10	7	灰硅钙石	Spurrite	9-054
2.617	2.637	3.317	10	3	3	硅铁钙钠石	Imandrite	9-153
2.696	2.631	2.964	6	10	7	钙锰橄榄石	Glaucochroite	9-014
2.637	2.617	3.317	3	10	3	硅铁钙钠石	Imandrite	9-153
2.687	2.612	2.955	7	10	7	钙铁橄榄石	Kirschsteinite	9-013
2.664	2.584	3.634	10	6	5	钙镁橄榄石	Monticellite	9-012
2.666	2.576	5.150	10	10	10	钙水碱	Pirssonite	6-033
2.607	2.560	2.867	7	10	9	锰橄榄石	Tephroite	9-011
2.670	2.520	2.360	6	10	8	α-碳化硅-2*H*	Moissanite-2*H*	2-006
2.621	2.511	1.311	4	10	4	α-碳化硅-6*H*	Moissanite-6*H*	2-008
2.603	2.476	2.814	4	10	6	红锌矿	Zincite	4-045
2.676	2.444	2.659	8	10	7	毒砂	Arsenopyrite	3-005
2.659	2.444	2.676	7	10	8	毒砂	Arsenopyrite	3-005
2.600	2.443	7.290	10	6	5	透视石	Dioptase	9-154
2.653	2.421	1.789	10	4	3	锑硫镍矿	Ullmannite	3-052
2.613	2.420	1.775	10	8	5	砷化铟-四方相	Indium Arsenide-tet	2-034
2.695	2.399	3.009	9	10	8	十字石	Staurolite	9-038
2.695	2.371	2.490	10	8	6	氮化铝-六方相	Aluminum Nitride-hex	2-013
2.699	2.338	1.653	10	1	4	方铁锰矿	Bixbyite	4-003
2.685	2.325	1.644	10	7	4	一硼化锆	Zirconium Boride (1/1)	2-037
2.621	2.139	3.250	7	10	7	硼铝镁石	Sinhalite	6-059
2.674	2.130	1.543	3	10	2	硼化镁	Magnesium Boride	2-035
2.680	2.080	5.900	10	4	3	铁盐	Molysite	5-036
2.683	2.063	3.228	9	10	4	二硼化钽	Tantalum Boride (1/2)	2-050
2.632	2.053	2.971	4	10	5	磁黄铁矿-1*T*	Pyrrhotite-1*T*	3-040
2.625	2.037	1.515	6	10	3	二硼化钛	Titanium Boride (1/2)	2-045
2.632	1.964	2.434	10	5	3	硼铝钙石	Johachidolite	6-064
2.675	1.891	3.088	10	5	2	方氟钾石	Carobbiite	5-002
2.612	1.847	1.509	10	5	2	硫锰矿	Alabandite	3-002
2.637	1.842	2.569	9	10	8	硅锆钙钠石	Zirsinalite	9-152
2.691	1.768	3.290	10	8	3	硅-立方相 2	Silicon-cub2	1-048
2.662	1.761	2.124	6	10	6	氮化镁	Magnesium Nitride	2-015
2.693	1.757	3.439	10	7	6	白铁矿	Marcasite	3-039
2.630	1.750	3.330	8	10	8	锡石	Cassiterite	4-023

续表

d	d	d	I	I	I	矿物名称	英文名称	矿物编号
2.614	1.739	2.254	6	10	10	粒硅镁石	Chondrodite	9-042
2.620	1.604	2.270	10	3	3	磷化硼	Boron Phosphide	2-060
2.599—2.500								
2.582	10.589	3.528	4	10	4	锰星叶石-1A	Kupletskite-1A	9-240
2.589	10.000	3.246	2	10	2	锂云母-6M	Lepidolite-6M	9-270
2.560	9.900	4.470	10	6	5	白云母-2M_1	Muscovite-2M_1	9-257
2.598	9.330	3.420	10	9	8	硅锌镁锰石	Gerstmannite	9-031
2.578	8.519	2.743	4	10	7	绿钠闪石	Hastingsite	9-223
2.520	7.240	3.610	9	10	10	叶蛇纹石	Antigorite	9-249
2.571	7.160	2.643	7	10	7	水钒铜矿	Volborthite	8-082
2.521	7.014	14.028	4	10	4	鲕绿泥石	Chamosite	9-279
2.567	6.369	3.477	10	8	7	布格电气石	Buergerite	9-159
2.540	5.900	1.800	10	6	6	陨氯铁	Lawrencite	5-024
2.567	5.890	2.945	1	10	5	氯镁石	Chloromagnesite	5-026
2.592	5.850	3.161	8	10	3	氯锰石	Scacchite	5-025
2.562	5.520	4.960	10	7	7	碳酸钠钙石	Shortite	6-026
2.580	5.160	2.372	10	5	3	硼铁矿	Vonsenite	6-061
2.547	5.120	2.515	7	10	7	硼镁铁矿	Ludwigite	6-060
2.515	5.120	2.547	7	10	7	硼镁铁矿	Ludwigite	6-060
2.512	4.813	2.083	10	7	6	镁铬铁矿	Magnesiochromite	4-037
2.580	4.530	3.640	10	9	8	绿鳞石-1M	Celadonite-1M	9-261
2.501	4.520	14.200	10	9	8	铝绿泥石-1M_{IIb}	Sudoite-1M_{IIb}	9-277
2.564	4.500	9.910	8	10	9	白云母-1M	Muscovite-1M	9-256
2.536	4.440	9.700	9	10	8	钠云母-2M_1	Paragonite-2M_1	9-260
2.534	4.137	1.644	2	10	1	β-方石英	Cristobalite-β	4-029
2.589	4.080	3.485	6	10	4	硼锂石	Diomignite	6-065
2.549	4.057	2.434	4	10	3	拉锰矿	Ramsdellite	4-021
2.584	3.998	4.228	10	7	5	黑电气石	Schorl	9-162
2.576	3.990	2.961	10	9	9	镁电气石	Dravite	9-161
2.530	3.910	6.500	7	10	7	水胆矾	Brochantite	7-027
2.596	3.840	3.720	8	10	10	锂铍石	Liberite	9-004
2.543	3.807	4.385	8	10	6	羟硅铍石	Bertrandite	9-083
2.510	3.550	2.048	7	10	2	钡解石-三方相	Paralstonite-tri	6-023
2.540	3.530	2.816	10	10	10	水硅锌钙石	Junitoite	9-085
2.552	3.522	4.320	10	8	8	锰磷锂矿	Lithiophilite	8-053
2.569	3.495	3.205	10	8	8	锂云母-2M_1	Lepidolite-2M_1	9-267
2.556	3.463	5.360	5	10	8	钨华	Tungstite	4-070
2.560	3.450	1.768	5	10	5	磷钇矿	Xenotime	8-021
2.532	3.446	3.105	4	10	5	水铁矾	Szomolnokite	7-015
2.536	3.380	5.080	4	10	6	斜方镁钡闪叶石	Orthoericssonite	9-099
2.572	3.360	1.744	10	10	10	重钽铁矿	Tapiolite	4-042
2.561	3.334	4.453	7	10	7	锂云母-3T	Lepidolite-3T	9-269
2.518	3.302	4.434	5	10	5	锆石	Zircon	9-025
2.522	3.292	4.011	4	10	8	羟氯铅矿	Laurionite	5-042
2.577	3.270	2.753	10	7	6	四硼化镧	Lanthanum Boride (1/4)	2-041
2.508	3.269	1.700	4	10	4	金红石	Rutile	4-026
2.536	3.243	3.995	4	10	10	黄河矿	Huanghoite	6-037
2.572	3.225	2.962	8	10	9	斜方辉石	Orthopyroxene	9-184
2.546	3.225	3.522	10	10	5	砷铅铁矿	Carminite	8-067
2.542	3.199	6.399	3	10	4	砷华	Arsenolite	4-059
2.555	3.180	2.883	4	10	5	斜铁辉石	Ferrosilite	9-181
2.530	3.160	2.860	6	10	7	顽火辉石	Enstatite	9-185

续表

d	d	d	I	I	I	矿物名称	英文名称	矿物编号
2.518	3.119	3.660	8	10	8	硅铍石	Phenakite	9-001
2.535	3.082	3.915	3	10	5	菱碱土矿	Benstonite	6-024
2.564	3.079	3.481	7	10	9	葡萄石	Prehnite	9-280
2.500	3.050	2.730	7	10	7	褐硫锰矿	Hauerite	3-025
2.594	3.024	3.854	6	10	8	硅钡铁矿	Taramellite	9-176
2.596	3.022	2.547	3	10	7	锰钙辉石	Johannsenite	9-189
2.547	3.022	2.596	7	10	3	锰钙辉石	Johannsenite	9-189
2.557	3.011	2.998	5	10	9	钙铁辉石	Hedenbergite	9-187
2.525	3.008	4.277	8	10	8	磷铁锂矿	Triphylite	8-015
2.522	2.999	2.923	5	10	5	斜辉石	Clinopyroxene	9-179
2.523	2.985	2.901	5	10	5	霓石	Aegirine	9-192
2.543	2.984	1.491	10	4	4	锌铁尖晶石	Franklinite	4-035
2.583	2.969	3.993	10	8	7	钙镁电气石	Uvite	9-158
2.574	2.967	1.821	8	10	8	黄锑矿	Stibiconite	8-085
2.522	2.958	1.479	10	4	4	镁铁矿	Magnesioferrite	4-055
2.561	2.941	3.440	9	10	6	锂电气石	Elbaite	9-160
2.559	2.933	3.962	9	10	6	钙锂电气石	Liddicoatite	9-157
2.598	2.903	4.000	5	10	5	红帘石	Piemontite	9-124
2.582	2.887	1.601	10	3	3	铁铝榴石	Almandine	9-017
2.593	2.883	2.538	9	10	10	氮化硅-三方相	Silicon Nitride-tri	2-022
2.538	2.883	2.593	10	10	9	氮化硅-三方相	Silicon Nitride-tri	2-022
2.560	2.867	2.607	10	9	7	锰橄榄石	Tephroite	9-011
2.545	2.847	2.324	10	7	6	辉砷镍矿	Gersdorffite	3-022
2.566	2.846	4.860	10	8	6	硼砂	Borax	6-070
2.500	2.829	2.565	10	9	5	铁橄榄石	Fayalite	9-008
2.513	2.777	1.863	7	10	10	针镍矿	Millerite	3-031
2.524	2.761	3.117	10	9	6	水钙锰榴石	Henritermierite	9-023
2.596	2.754	2.958	6	10	4	符山石	Vesuvianite	9-129
2.544	2.754	1.868	7	10	4	钛铁矿	Ilmenite	4-013
2.564	2.751	2.142	10	5	5	氯氟钙石	Rorisite	5-035
2.543	2.719	3.401	10	10	8	阳起石	Actinolite	9-216
2.577	2.718	9.420	7	10	7	磷硅铈钠石	Phosinaite-Ce	9-147
2.519	2.700	1.694	7	10	5	赤铁矿	Hematite	4-011
2.576	2.666	5.150	10	10	10	钙水碱	Pirssonite	6-033
2.584	2.664	3.634	6	10	5	钙镁橄榄石	Monticellite	9-012
2.511	2.621	1.311	10	4	4	α-碳化硅-6*H*	Moissanite-6*H*	2-008
2.582	2.588	3.491	10	10	8	锂云母-2M_2	Lepidolite-2M_2	9-268
2.588	2.582	3.491	10	10	8	锂云母-2M_2	Lepidolite-2M_2	9-268
2.513	2.573	2.352	8	10	9	α-碳化硅-4*H*	Moissanite-4*H*	2-007
2.532	2.524	2.324	4	10	10	黑铜矿	Tenorite	4-051
2.565	2.500	2.829	5	10	9	铁橄榄石	Fayalite	9-008
2.545	2.489	2.804	7	10	8	橄榄石	Olivine	9-007
2.512	2.458	3.883	7	10	7	镁橄榄石	Forsterite	9-009
2.576	2.449	2.263	6	10	7	硅镁石	Humite	9-046
2.593	2.437	2.762	5	10	6	氮化镓-六方相	Gallium Nitride-hex	2-024
2.565	2.377	3.783	6	10	5	碳化硼	Boron Carbide	2-010
2.544	2.367	2.963	8	10	8	钠碳石	Natrite	6-017
2.520	2.360	2.670	10	8	6	α-碳化硅-2*H*	Moissanite-2*H*	2-006
2.573	2.352	2.513	10	9	8	α-碳化硅-4*H*	Moissanite-4*H*	2-007
2.541	2.347	2.137	10	9	7	硼化钛-斜方相	Titanium Boride-ort	2-044
2.524	2.324	2.532	10	10	4	黑铜矿	Tenorite	4-051
2.557	2.244	2.342	3	10	3	钛-六方相	Titanium-hex	1-024

续表

d	d	d	I	I	I	矿物名称	英文名称	矿物编号
2.523	2.227	2.208	10	10	10	铜汞合金	Belendorffite	1-031
2.568	2.223	1.571	6	10	6	方锰矿	Manganosite	4-049
2.551	2.199	2.168	9	10	9	硼化钽	Tantalum Boride (1/1)	2-048
2.504	2.169	1.309	10	7	5	氮化钽	Tantalum Nitride	2-018
2.551	2.085	1.601	10	10	8	刚玉	Corundum	4-008
2.527	2.048	1.987	7	10	10	磷化三铜	Copper Phosphide(3/1)	2-057
2.517	1.883	2.837	10	8	5	碳化钨	Tungsten Carbide	2-001
2.569	1.842	2.637	8	10	9	硅锆钙钠石	Zirsinalite	9-152
2.554	1.749	2.774	9	10	9	斜硅镁石	Clinohumite	9-044
2.599	1.592	1.358	10	2	1	氮化镓-立方相	Gallium Nitride-cub	2-025
2.520	1.541	1.314	10	4	3	β-碳化硅	Silicon Carbide-β	2-009
2.507	1.535	1.309	10	4	2	氮化铝-立方相2	Aluminum Nitride-cub2	2-012
2.562	1.531	2.865	10	6	6	镁铝榴石	Pyrope	9-016
2.531	1.484	2.968	10	3	3	磁铁矿	Magnetite	4-038
2.526	1.481	1.613	10	5	4	铬铁矿	Chromite	4-034
2.499—2.400								
2.499	10.000	3.381	7	10	6	金云母-3*T*	Phlogopite-3*T*	9-264
2.425	9.939	2.613	3	10	4	铁锂云母-3*T*	Zinnwaldite-3*T*	9-273
2.487	8.123	2.708	10	10	7	氯碳酸钠镁石	Northupite	6-043
2.495	7.794	3.574	5	10	6	鱼眼石	Apophyllite	9-281
2.499	7.240	3.625	3	10	6	利蛇纹石-1*T*	Lizardite-1*T*	9-250
2.483	7.025	2.475	4	10	5	镁绿泥石-2H_2	Amesite-2H_2	9-251
2.475	7.025	2.483	5	10	4	镁绿泥石-2H_2	Amesite-2H_2	9-251
2.480	6.770	2.720	7	10	6	水锌矿	Hydrozincite	6-044
2.448	4.680	2.343	10	10	6	钡硝石	Nitrobarite	6-052
2.456	4.449	2.965	9	10	8	硬绿泥石	Chloritoid	9-047
2.442	4.293	4.883	7	10	7	紫磷铁锰矿	Purpurite	8-060
2.450	4.183	2.693	5	10	4	针铁矿	Goethite	4-079
2.434	4.057	2.549	3	10	4	拉锰矿	Ramsdellite	4-021
2.493	4.040	3.340	6	10	3	硅铍钠石	Chkalovite	9-205
2.489	4.040	2.342	2	10	2	方石英	Cristobalite	4-028
2.458	3.883	2.512	10	7	7	镁橄榄石	Forsterite	9-009
2.458	3.655	3.354	2	10	2	铌铁矿	Columbite	4-007
2.490	3.590	3.500	2	10	4	白铅矿	Cerussite	6-016
2.430	3.469	2.744	10	9	9	镍橄榄石	Liebenbergite	9-010
2.479	3.460	3.370	9	10	10	透锂铝石	Bikitaite	9-356
2.430	3.437	1.984	10	3	2	辉银矿	Argentite	3-001
2.473	3.294	1.935	8	10	7	纤铁矿	Lepidocrocite	4-080
2.489	3.293	2.660	9	10	10	氮化硅-六方相	Silicon Nitride-hex	2-023
2.407	3.110	1.623	6	10	6	软锰矿	Pyrolusite	4-025
2.409	2.972	2.836	6	10	7	橙汞矿	Montroydite	4-052
2.483	2.953	3.648	6	10	5	黑钨矿	Wolframite	7-041
2.400	2.940	0.847	8	10	10	六硼化硅	Silicon Boride (1/6)	2-047
2.459	2.884	1.442	10	6	4	铁尖晶石	Hercynite	4-054
2.478	2.872	3.087	2	10	2	镁黄长石	Akermanite	9-075
2.439	2.860	1.430	10	7	4	锌尖晶石	Gahnite	4-036
2.475	2.855	1.493	5	10	3	铅	Lead	1-007
2.440	2.850	1.760	7	10	10	黄长石	Melilite	9-077
2.456	2.841	4.581	5	10	6	锰帘石	Sursassite	9-127
2.476	2.814	2.603	10	6	4	红锌矿	Zincite	4-045
2.489	2.804	2.545	10	8	7	橄榄石	Olivine	9-007
2.431	2.803	2.753	10	10	10	辉铜银矿	Jalpaite	3-026

续表

d	d	d	I	I	I	矿物名称	英文名称	矿物编号
2.495	2.789	2.279	10	9	9	辉砷钴矿	Cobaltite	3-015
2.487	2.768	1.544	10	9	5	黑锰矿	Hausmannite	4-010
2.437	2.762	2.593	10	6	5	氮化镓-六方相	Gallium Nitride-hex	2-024
2.466	2.715	3.047	10	7	5	锌黑锰矿	Hetaerolite	4-056
2.421	2.706	1.633	5	10	7	黄铁矿	Pyrite	3-038
2.490	2.695	2.371	6	10	8	氮化铝-六方相	Aluminum Nitride-hex	2-013
2.444	2.676	2.659	10	8	7	毒砂	Arsenopyrite	3-005
2.421	2.653	1.789	4	10	3	锑硫镍矿	Ullmannite	3-052
2.434	2.632	1.964	3	10	5	硼铝钙石	Johachidolite	6-064
2.420	2.613	1.775	8	10	5	砷化铟-四方相	Indium Arsenide-tet	2-034
2.443	2.600	7.290	6	10	5	透视石	Dioptase	9-154
2.460	2.309	1.684	7	10	6	砷化镓-斜方相 2	Gallium Arsenide-ort2	2-030
2.482	2.302	2.415	8	10	7	砷化镓-斜方相 1	Gallium Arsenide-ort1	2-029
2.415	2.302	2.482	7	10	8	砷化镓-斜方相 1	Gallium Arsenide-ort1	2-029
2.432	2.282	2.889	3	10	2	硼化二钽	Tantalum Boride (2/1)-β	2-049
2.449	2.263	2.576	10	7	6	硅镁石	Humite	9-046
2.419	2.196	3.459	8	10	8	硬锰矿	Romanechite	4-022
2.499	2.164	1.530	8	10	6	碳化钛	Khamrabaevite	2-004
2.490	2.153	1.523	8	10	6	方铁矿	Wustite	4-047
2.465	2.135	1.510	10	4	3	赤铜矿	Cuprite	4-009
2.440	2.120	1.496	8	10	6	氮化钛	Osbornite	2-017
2.426	2.101	1.486	10	3	3	硼化钛-立方相	Titanium Boride-cub	2-043
2.473	2.091	2.308	5	10	4	锌	Zinc	1-025
2.412	2.089	1.477	6	10	4	绿镍矿	Bunsenite	4-048
2.415	2.043	4.580	10	6	5	塔菲石	Taaffeite	4-040
2.403	1.975	1.880	8	10	7	辉铜矿-六方相	Chalcocite high	3-009
2.403	1.880	1.975	7	10	7	辉铜矿-单斜相	Chalcocite low	3-011
2.447	1.434	2.028	10	6	4	尖晶橄榄石	Ringwoodite	9-015
2.439	1.430	2.022	10	6	5	尖晶石	Spinel	4-039
2.399—2.300								
2.334	7.796	3.900	2	10	3	鳞镁铁矿	Pyroaurite	6-047
2.350	6.110	2.193	3	10	3	辉钼矿-3*R*	Molybdenite-3*R*	3-033
2.345	6.107	3.161	2	10	4	勃姆矿	Boehmite	4-074
2.367	4.785	1.572	10	5	3	水镁石	Brucite	4-073
2.392	4.476	3.060	3	10	3	假孔雀石	Pseudomalachite	8-033
2.342	4.040	2.489	2	10	2	方石英	Cristobalite	4-028
2.317	3.990	2.131	6	10	5	硬水铝石	Diaspore	4-075
2.378	3.520	1.892	2	10	4	锐钛矿	Anatase	4-002
2.328	3.499	2.850	2	10	3	硬石膏	Anhydrite	7-007
2.310	3.390	3.410	4	10	9	氟硼钠石	Ferruccite	5-011
2.345	3.314	1.771	3	10	4	水钙钛矿	Kassite	4-061
2.305	3.298	5.922	6	10	9	氯铝石	Chloraluminite	5-038
2.370	3.280	2.273	4	10	4	铋	Bismuth	1-027
2.351	3.234	2.228	4	10	3	碲	Tellurium	1-041
2.300	3.200	2.210	5	10	5	二磷化三钙	Calcium Phosphide (3/2)	2-052
2.318	3.062	4.740	5	10	6	水硅铜钙石	Kinoite	9-113
2.331	3.050	4.480	5	10	9	氯钙石	Hydrophilite	5-031
2.311	3.030	2.810	3	10	2	钠硝石	Nitratine	6-050
2.398	2.938	2.077	5	10	3	硼化钙	Calcium Boride	2-036
2.345	2.868	2.030	8	10	9	钾冰晶石	Elpasolite	5-014
2.370	2.858	1.675	5	10	6	硫镍矿	Polydymite	3-037
2.368	2.858	3.350	8	10	6	硫铜钴矿	Carrollite	3-008

续表

d	d	d	I	I	I	矿物名称	英文名称	矿物编号
2.356	2.841	1.666	5	10	6	硫钴矿	Linnaeite	3-030
2.355	2.840	1.665	7	10	6	硫镍钴矿	Siegenite	3-043
2.318	2.840	2.240	5	10	4	锑铅金矿	Anyuiite	1-028
2.391	2.810	1.196	10	3	3	珲春矿	Hunchunite	1-029
2.390	2.800	4.350	6	10	5	硫铋锑镍矿	Hauchecornite	3-024
2.372	2.768	2.753	6	10	6	水碱	Thermonatrite	6-028
2.305	2.741	1.997	6	10	3	辉铜矿-四方相	Chalcocite-*Q*	3-010
2.355	2.712	2.336	1	10	1	褐锰矿	Braunite	4-072
2.336	2.712	2.355	1	10	1	褐锰矿	Braunite	4-072
2.338	2.699	1.653	1	10	4	方铁锰矿	Bixbyite	4-003
2.399	2.695	3.009	10	9	8	十字石	Staurolite	9-038
2.371	2.695	2.490	8	10	6	氮化铝-六方相	Aluminum Nitride-hex	2-013
2.325	2.685	1.644	7	10	4	一硼化锆	Zirconium Boride (1/1)	2-037
2.372	2.580	5.160	3	10	5	硼铁矿	Vonsenite	6-061
2.352	2.573	2.513	9	10	8	α-碳化硅-4*H*	Moissanite-4*H*	2-007
2.377	2.565	3.783	10	6	5	碳化硼	Boron Carbide	2-010
2.324	2.545	2.847	6	10	7	辉砷镍矿	Gersdorffite	3-022
2.367	2.544	2.963	10	8	8	钠碳石	Natrite	6-017
2.347	2.541	2.137	9	10	7	硼化钛-斜方相	Titanium Boride-ort	2-044
2.324	2.524	2.532	10	10	4	黑铜矿	Tenorite	4-051
2.360	2.520	2.670	8	10	6	α-碳化硅-2*H*	Moissanite-2*H*	2-006
2.302	2.482	2.415	10	8	7	砷化镓-斜方相 1	Gallium Arsenide-ort1	2-029
2.309	2.460	1.684	10	7	6	砷化镓-斜方相 2	Gallium Arsenide-ort2	2-030
2.343	2.448	4.680	6	10	10	钡硝石	Nitrobarite	6-052
2.342	2.244	2.557	3	10	3	钛-六方相	Titanium-hex	1-024
2.306	2.241	1.869	10	6	5	碳化铬	Tongbaite	2-005
2.308	2.091	2.473	4	10	5	锌	Zinc	1-025
2.358	2.082	2.217	3	10	3	铬-六方相	Chromium-hex	1-003
2.367	2.076	2.160	4	10	4	锇	Osmium	1-017
2.389	2.069	1.463	8	10	4	氮化钒	Vanadium Nitride	2-019
2.346	2.067	2.184	2	10	2	氮铁矿	Siderazot	2-016
2.337	2.061	2.189	9	10	6	铍石	Bromellite	4-046
2.359	2.044	1.231	10	4	3	银-立方相	Silver-cub	1-008
2.355	2.039	1.230	10	5	4	金	Gold	1-006
2.344	2.030	1.435	10	4	2	钛-立方相 1	Titanium-cub1	1-022
2.338	2.024	1.221	10	5	2	铝	Aluminum	1-004
2.335	2.023	1.430	3	10	6	氮化铝-立方相 1	Aluminum Nitride-cub1	2-011
2.351	2.016	1.965	8	10	8	硼化铬	Chromium Boride	2-042
2.325	2.013	1.424	10	10	5	葛氟锂石	Griceite	5-003
2.305	1.772	2.822	6	10	7	斜硅锰矿	Sonolite	9-045
2.398	1.696	2.769	10	5	4	石灰	Lime	4-050
2.317	1.638	1.338	10	4	1	氟盐	Villiaumite	5-001
2.341	1.352	1.656	10	2	1	钛-立方相 2	Titanium-cub2	1-023
2.299—2.200								
2.228	6.931	4.066	4	10	3	黑锌锰矿	Chalcophanite	4-077
2.277	6.180	2.731	4	10	3	辉钨矿-2*H*	Tungstenite-2*H*	3-050
2.277	6.155	1.830	6	10	3	辉钼矿-2*H*	Molybdenite-2*H*	3-032
2.278	5.480	5.030	7	10	7	氯铜矿	Atacamite	5-040
2.261	5.449	2.758	5	10	7	副氯铜矿	Paratacamite	5-041
2.214	4.670	3.310	8	10	9	羟硅铝锰石	Akatoreite	9-116
2.228	4.266	3.694	10	8	7	十二硼化锆	Zirconium Boride (1/12)	2-039
2.250	3.900	3.660	9	10	10	冰	Ice	4-012

续表

d	d	d	I	I	I	矿物名称	英文名称	矿物编号
2.296	3.750	3.980	9	10	6	碘银矿	Iodargyrite	5-046
2.234	3.489	2.909	5	10	3	碘汞矿	Moschelite	5-049
2.204	3.415	3.366	3	10	4	矽线石	Sillimanite	9-032
2.206	3.390	3.428	6	10	10	莫来石	Mullite	9-033
2.273	3.280	2.370	4	10	4	铋	Bismuth	1-027
2.278	3.279	3.803	5	10	5	钙蔷薇辉石	Bustamite	9-198
2.231	3.267	1.711	8	10	6	氟镁石	Sellaite	5-004
2.228	3.234	2.351	3	10	4	碲	Tellurium	1-041
2.280	3.230	1.950	8	10	8	黄碘银矿	Miersite	5-047
2.221	3.223	1.735	9	10	8	氟铝钙锂石	Colquiriite	5-012
2.210	3.200	2.300	5	10	5	二磷化三钙	Calcium Phosphide (3/2)	2-052
2.291	3.176	2.203	6	10	6	磷化钙	Calcium Phosphide (1/1)	2-051
2.203	3.176	2.291	6	10	6	磷化钙	Calcium Phosphide (1/1)	2-051
2.224	3.150	1.816	6	10	2	钾盐	Sylvite	5-018
2.248	3.109	1.368	7	10	7	锑	Antimony	1-026
2.248	3.061	2.807	8	10	5	铅铁矾	Plumbojarosite	7-032
2.230	3.058	2.639	8	10	8	块硅镁石	Norbergite	9-040
2.285	3.035	2.095	2	10	2	方解石	Calcite	6-004
2.293	2.990	2.890	8	10	10	明矾石	Alunite	7-030
2.207	2.949	1.892	9	10	5	菱磷铝锶石	Svanbergite	8-061
2.201	2.901	1.795	2	10	3	铁白云石	Ankerite	6-020
2.221	2.891	3.950	8	10	8	二磷化铜	Copper Phosphide(1/2)	2-058
2.240	2.840	2.318	4	10	5	锑铅金矿	Anyuiite	1-028
2.229	2.764	3.560	4	10	4	三斜石	Trimerite	9-005
2.209	2.746	2.090	10	10	9	香花石	Hsianghualite	9-326
2.298	2.715	1.683	4	10	2	锇	Osmium	1-010
2.270	2.620	1.604	3	10	3	磷化硼	Boron Phosphide	2-060
2.223	2.568	1.571	10	6	6	方锰矿	Manganosite	4-049
2.244	2.557	2.342	10	3	3	钛-六方相	Titanium-hex	1-024
2.227	2.523	2.208	10	10	10	铜汞合金	Belendorffite	1-031
2.208	2.523	2.227	10	10	10	铜汞合金	Belendorffite	1-031
2.279	2.495	2.789	9	10	9	辉砷钴矿	Cobaltite	3-015
2.263	2.449	2.576	7	10	6	硅镁石	Humite	9-046
2.282	2.432	2.889	10	3	2	硼化二钽	Tantalum Boride (2/1) -β	2-049
2.241	2.306	1.869	6	10	5	碳化铬	Tongbaite	2-005
2.217	2.082	2.358	3	10	3	铬-六方相	Chromium-hex	1-003
2.265	1.962	1.183	10	5	3	铂	Platinum	1-019
2.246	1.945	1.376	10	4	3	钯	Palladium	1-018
2.217	1.920	1.157	10	5	5	铱	Iridium	1-016
2.254	1.739	2.614	10	10	6	粒硅镁石	Chondrodite	9-042
2.199—2.100								
2.193	6.110	2.350	3	10	3	辉钼矿-3*R*	Molybdenite-3*R*	3-033
2.128	4.848	3.596	5	10	6	块铜矾	Antlerite	7-028
2.131	3.990	2.317	5	10	6	硬水铝石	Diaspore	4-075
2.159	3.930	2.792	10	9	8	南极石	Antarcticite	5-029
2.150	3.723	2.633	2	10	2	蓝方石	Hauyne	9-310
2.150	3.722	3.662	2	10	5	毒重石	Witherite	6-014
2.138	3.713	2.619	5	10	8	青金石	Lazurite	9-311
2.193	3.579	1.870	8	10	5	钡萤石	Frankdicksonite	5-006
2.142	3.498	1.826	6	10	4	砷化铟-立方相 1	Indium Arsenide-cub1	2-031
2.139	3.493	1.824	6	10	3	碘铜矿	Marshite	5-048
2.190	3.460	2.880	10	7	7	硬锰矿	Psilomelane	4-082

续表

d	d	d	I	I	I	矿物名称	英文名称	矿物编号
2.196	3.459	2.419	10	8	8	硬锰矿	Romanechite	4-022
2.121	3.445	3.103	8	10	10	重晶石	Barite	7-004
2.130	3.430	2.960	8	10	10	磷硼硅铈矿	Stillwellite-Ce	9-067
2.193	3.350	1.932	5	10	7	锰铁闪石	Danalite	9-313
2.169	3.314	1.913	2	10	4	锌榴石	Genthelvite	9-314
2.139	3.250	2.621	10	7	7	硼铝镁石	Sinhalite	6-059
2.104	3.008	2.620	6	10	10	柱晶石	Kornerupine	9-118
2.188	2.967	4.730	5	10	4	锰三斜辉石	Pyroxmangite	9-206
2.162	2.941	2.983	4	10	5	纤磷钙铝石	Crandallite	8-038
2.192	2.886	1.786	3	10	3	白云石	Dolomite	6-019
2.166	2.745	3.531	10	7	3	二硼化锆	Zirconium Boride (1/2)	2-038
2.100	2.740	1.700	8	10	9	菱镁矿	Magnesite	6-005
2.125	2.720	2.618	7	10	7	硬柱石	Lawsonite	9-087
2.130	2.674	1.543	10	3	2	硼化镁	Magnesium Boride	2-035
2.142	2.564	2.751	5	10	5	氯氟钙石	Rorisite	5-035
2.199	2.551	2.168	10	9	9	硼化钽	Tantalum Boride (1/1)	2-048
2.137	2.541	2.347	7	10	9	硼化钛-斜方相	Titanium Boride-ort	2-044
2.169	2.504	1.309	7	10	5	氮化钽	Tantalum Nitride	2-018
2.164	2.499	1.530	10	8	6	碳化钛	Khamrabaevite	2-004
2.153	2.490	1.523	10	8	6	方铁矿	Wustite	4-047
2.135	2.465	1.510	4	10	3	赤铜矿	Cuprite	4-009
2.120	2.440	1.496	10	8	6	氮化钛	Osbornite	2-017
2.101	2.426	1.486	3	10	3	硼化钛-立方相	Titanium Boride-cub	2-043
2.168	2.199	2.551	9	10	9	硼化钽	Tantalum Boride (1/1)	2-048
2.160	2.076	2.367	4	10	4	锇	Osmium	1-017
2.184	2.067	2.346	2	10	2	氮铁矿	Siderazot	2-016
2.189	2.061	2.337	6	10	9	铍石	Bromellite	4-046
2.190	2.060	1.260	10	10	8	六方金刚石	Lansdaleite	1-046
2.107	2.013	2.068	6	10	7	陨碳铁矿	Cohenite	2-003
2.196	1.902	1.147	10	5	3	铑	Rhodium	1-020
2.135	1.889	2.025	3	10	3	ε-铁	Iron-ε	1-014
2.165	1.875	1.131	10	4	2	金三铜矿	Auricupride	1-030
2.110	1.827	1.292	10	4	2	γ-铁	Iron-γ	1-012
2.124	1.761	2.662	6	10	6	氮化镁	Magnesium Nitride	2-015
2.106	1.489	0.942	10	4	2	方镁石	Periclase	4-015
2.099—2.000								
2.089	6.270	2.664	7	10	7	硼镁石	Szaibelyite	6-067
2.058	6.170	2.782	3	10	3	三斜磷锌矿	Tarbuttite	8-014
2.093	3.624	6.280	2	10	4	方钠石	Sodalite	9-308
2.008	3.570	1.539	10	10	10	斜绿泥石-$2M_{IIb}$	Clinochlore-$2M_{IIb}$	9-278
2.048	3.550	2.510	2	10	7	钡解石-三方相	Paralstonite-tri	6-023
2.053	3.535	3.450	5	10	7	碳锶矿	Strontianite	6-015
2.068	3.378	1.764	6	10	5	黑辰砂	Metacinnabar	3-014
2.034	3.356	1.157	2	10	1	石墨	Graphite-2H	1-042
2.081	3.348	1.958	1	10	1	石墨	Graphite-3R	1-043
2.024	3.248	1.661	4	10	4	钨铅矿	Stolzite	7-044
2.022	3.245	2.718	2	10	2	钼铅矿	Wulfenite	7-046
2.074	3.228	2.025	4	10	5	氟铈矿	Fluocerite-Ce	5-007
2.074	3.228	2.025	4	10	5	氟镧矿	Fluocerite-La	5-008
2.025	3.228	2.074	5	10	4	氟铈矿	Fluocerite-Ce	5-007
2.025	3.228	2.074	5	10	4	氟镧矿	Fluocerite-La	5-008
2.067	3.170	4.150	4	10	8	汞膏	Calomel	5-023

续表

d	d	d	I	I	I	矿物名称	英文名称	矿物编号
2.018	3.170	1.858	4	10	10	银镍黄铁矿	Argentopentlandite	3-003
2.026	3.050	3.640	6	10	8	硅硼镁石	Garrelsite	9-068
2.095	3.035	2.285	2	10	2	方解石	Calcite	6-004
2.044	3.024	3.505	10	9	5	方硼石	Boracite	6-069
2.068	3.008	3.335	10	9	7	硫酸铅矿	Anglesite	7-006
2.072	3.005	3.780	4	10	6	硒	Selenium	1-040
2.053	2.971	2.632	10	5	4	磁黄铁矿-1*T*	Pyrrhotite-1*T*	3-040
2.090	2.970	3.430	6	10	8	方铅矿	Galena	3-020
2.077	2.938	2.398	3	10	5	硼化钙	Calcium Boride	2-036
2.017	2.915	2.793	7	10	9	β-锡	Tin-β	1-021
2.041	2.886	1.667	6	10	2	溴银矿	Bromargyrite	5-045
2.030	2.868	2.345	9	10	8	钾冰晶石	Elpasolite	5-014
2.023	2.775	2.849	10	5	4	α-磷化锌	Zinc Phosphide(3/2)-α	2-053
2.090	2.746	2.209	9	10	10	香花石	Hsianghualite	9-326
2.063	2.683	3.228	10	9	4	二硼化钽	Tantalum Boride (1/2)	2-050
2.080	2.680	5.900	4	10	3	铁盐	Molysite	5-036
2.037	2.625	1.515	10	6	3	二硼化钛	Titanium Boride (1/2)	2-045
2.085	2.551	1.601	10	10	8	刚玉	Corundum	4-008
2.083	2.512	4.813	6	10	7	镁铬铁矿	Magnesiochromite	4-037
2.091	2.473	2.308	10	5	4	锌	Zinc	1-025
2.028	2.447	1.434	4	10	6	尖晶橄榄石	Ringwoodite	9-015
2.022	2.439	1.430	5	10	6	尖晶石	Spinel	4-039
2.043	2.415	4.580	6	10	5	塔菲石	Taaffeite	4-040
2.089	2.412	1.477	10	6	4	绿镍矿	Bunsenite	4-048
2.069	2.389	1.463	10	8	4	氮化钒	Vanadium Nitride	2-019
2.076	2.367	2.160	10	4	4	锇	Osmium	1-017
2.044	2.359	1.231	4	10	3	银-立方相	Silver-cub	1-008
2.039	2.355	1.230	5	10	4	金	Gold	1-006
2.030	2.344	1.435	4	10	2	钛-立方相 1	Titanium-cub1	1-022
2.024	2.338	1.221	5	10	2	铝	Aluminum	1-004
2.061	2.337	2.189	10	9	6	铍石	Bromellite	4-046
2.013	2.325	1.424	10	10	5	葛氟锂石	Griceite	5-003
2.082	2.217	2.358	10	3	3	铬-六方相	Chromium-hex	1-003
2.060	2.190	1.260	10	10	8	六方金刚石	Lansdaleite	1-046
2.067	2.184	2.346	10	2	2	氮铁矿	Siderazot	2-016
2.013	2.068	2.107	10	7	6	陨碳铁矿	Cohenite	2-003
2.053	2.025	2.009	5	10	9	铜铝合金	Cupalite	1-033
2.009	2.025	2.053	9	10	5	铜铝合金	Cupalite	1-033
2.068	2.013	2.107	7	10	6	陨碳铁矿	Cohenite	2-003
2.025	2.009	2.053	10	9	5	铜铝合金	Cupalite	1-033
2.048	1.987	2.527	10	10	7	磷化三铜	Copper Phosphide(3/1)	2-057
2.016	1.965	2.351	10	8	8	硼化铬	Chromium Boride	2-042
2.025	1.889	2.135	3	10	3	ε-铁	Iron-ε	1-014
2.088	1.808	1.278	10	5	2	铜	Copper	1-005
2.080	1.800	1.083	10	8	8	β-镍纹石	Taenite-β	1-035
2.079	1.800	1.273	10	4	2	铬-立方相 2	Chromium-cub2	1-002
2.047	1.773	1.253	10	4	2	铁镍矿	Awaruite	1-036
2.034	1.762	1.246	10	4	2	镍	Nickel	1-015
2.088	1.618	1.613	8	10	10	金绿宝石	Chrysoberyl	4-006
2.023	1.430	2.335	10	6	3	氮化铝-立方相 1	Aluminum Nitride-cub1	2-011
2.087	1.279	1.090	10	2	1	氮化硼	Boron Nitride	2-020
2.060	1.261	1.075	10	3	2	金刚石	Diamond	1-044

续表

d	d	d	I	I	I	矿物名称	英文名称	矿物编号
2.080	1.203	1.474	10	3	2	张衡矿	Zhanghengite	1-032
2.073	1.197	1.466	10	3	1	δ-铁	Iron-δ	1-013
2.039	1.177	0.912	10	3	2	铬-立方相 1	Chromium-cub1	1-001
2.028	1.171	1.434	10	2	1	α-铁纹石	Kamacite-α	1-034
2.027	1.170	1.433	10	3	2	α-铁	Iron-α	1-011
2.019	1.166	1.428	10	4	2	铁钴矿	Wairauite	1-037
1.999—1.900								
1.933	8.170	2.891	10	6	8	氟硅钙石	Bultfonteinite	9-052
1.928	4.324	3.069	5	10	6	单水碳钙石	Monohydrocalcite	6-030
1.966	4.280	3.029	6	10	6	锂冰晶石	Cryolithionite	5-015
1.903	3.643	3.155	3	10	4	磷化氢	Phosphane	2-059
1.977	3.397	2.702	6	10	6	文石	Aragonite	6-013
1.956	3.388	1.814	6	10	6	砷化镓-六方相	Gallium Arsenide-hex	2-028
1.932	3.350	2.193	7	10	5	锰铁闪石	Danalite	9-313
1.958	3.348	2.081	1	10	1	石墨	Graphite-3*R*	1-043
1.913	3.314	2.169	4	10	2	锌榴石	Genthelvite	9-314
1.913	3.313	2.931	6	10	6	磷化铝-六方相	Aluminum Phosphide-hex	2-056
1.935	3.294	2.473	7	10	8	纤铁矿	Lepidocrocite	4-080
1.999	3.260	1.704	4	10	4	砷化镓-立方相 1	Gallium Arsenide-cub1	2-026
1.980	3.234	1.689	6	10	6	方钍矿	Thorianite	4-068
1.950	3.230	2.280	8	10	8	黄碘银矿	Miersite	5-047
1.971	3.219	2.788	3	10	3	方锑矿	Senarmontite	4-033
1.964	3.210	2.781	10	5	5	蓝灰铜矿	Digenite	3-018
1.962	3.180	3.350	6	10	7	蓝晶石	Kyanite	9-037
1.935	3.159	3.300	10	6	4	斑铜矿	Bornite	3-007
1.912	3.156	3.120	7	10	7	纤锌矿-10*H*	Wurtzite-10*H*	3-057
1.933	3.153	2.733	5	10	5	晶质铀矿	Uraninite	4-043
1.931	3.153	1.647	10	9	4	萤石	Fluorite	5-005
1.920	3.138	1.638	6	10	4	硅-立方相 1	Silicon-cub1	1-047
1.917	3.130	1.635	5	10	3	磷化铝-立方相	Aluminum Phosphide-cub	2-055
1.926	3.129	1.912	2	10	3	黝锡矿	Stannite	3-045
1.912	3.129	1.926	3	10	2	黝锡矿	Stannite	3-045
1.915	3.127	1.633	6	10	3	铜盐	Nantokite	5-022
1.913	3.124	1.632	5	10	4	方铈矿	Cerianite-Ce	4-067
1.912	3.123	1.633	5	10	3	闪锌矿	Sphalerite	3-044
1.908	3.113	1.894	3	10	1	辉砷铜矿	Lautite	3-029
1.906	3.113	3.251	6	10	4	纤锌矿-6*H*	Wurtzite-6*H*	3-055
1.902	3.108	1.623	7	10	4	块硫锑铜矿	Famatinite	3-019
1.929	3.100	4.760	3	10	3	钼钙矿	Powellite	7-045
1.981	2.958	1.531	4	10	4	斯石英	Stishovite	4-027
1.954	2.950	3.470	5	10	4	铈硅石	Cerite	9-050
1.901	2.904	3.557	6	10	2	砷化铟-立方相 2	Indium Arsenide-cub2	2-032
1.930	2.857	1.819	6	10	6	钙铝黄长石	Gehlenite	9-076
1.972	2.833	2.888	3	10	2	碳酸钙镁矿	Huntite	6-027
1.994	2.821	1.628	6	10	2	石盐	Halite	5-017
1.945	2.800	3.710	3	10	3	氯锑铅矿	Nadorite	5-043
1.962	2.774	3.203	5	10	5	角银矿	Chlorargyrite	5-021
1.945	2.750	1.588	6	10	2	砷化铟-立方相 3	Indium Arsenide-cub3	2-033
1.997	2.741	2.305	3	10	6	辉铜矿-四方相	Chalcocite-*Q*	3-010
1.930	2.730	1.580	1	10	2	硇砂	Salammoniac	5-020
1.996	2.727	2.796	9	10	9	硅钙铅矿	Ganomalite	9-358
1.918	2.710	3.830	10	5	4	氟镁钠石	Neighborite	5-009

续表

d	d	d	I	I	I	矿物名称	英文名称	矿物编号
1.913	2.703	1.909	4	10	4	钙钛矿	Perovskite	4-014
1.909	2.703	1.913	4	10	4	钙钛矿	Perovskite	4-014
1.964	2.632	2.434	5	10	3	硼铝钙石	Johachidolite	6-064
1.920	2.630	2.770	8	10	8	钙铁石	Brownmillerite	4-058
1.984	2.430	3.437	2	10	3	辉银矿	Argentite	3-001
1.975	2.403	1.880	10	8	7	辉铜矿-六方相	Chalcocite high	3-009
1.962	2.265	1.183	5	10	3	铂	Platinum	1-019
1.945	2.246	1.376	4	10	3	钯	Palladium	1-018
1.920	2.217	1.157	5	10	5	铱	Iridium	1-016
1.902	2.196	1.147	5	10	3	铑	Rhodium	1-020
1.987	2.048	2.527	10	10	7	磷化三铜	Copper Phosphide(3/1)	2-057
1.965	2.016	2.351	8	10	8	硼化铬	Chromium Boride	2-042
1.975	1.880	2.403	7	10	7	辉铜矿-单斜相	Chalcocite low	3-011
1.931	1.775	3.030	5	10	8	镍黄铁矿	Pentlandite	3-036
1.899—1.800								
1.830	6.155	2.277	3	10	6	辉钼矿-2*H*	Molybdenite-2*H*	3-032
1.828	3.876	3.165	5	10	8	氮化锂	Lithium Nitride	2-014
1.870	3.579	2.193	5	10	8	钡萤石	Frankdicksonite	5-006
1.892	3.520	2.378	4	10	2	锐钛矿	Anatase	4-002
1.856	3.500	2.797	5	10	9	块黑铅矿	Plattnerite	4-024
1.826	3.498	2.142	4	10	6	砷化铟-立方相 1	Indium Arsenide-cub1	2-031
1.824	3.493	2.139	3	10	6	碘铜矿	Marshite	5-048
1.848	3.401	4.341	2	10	1	β-石英	Quartz-β	4-031
1.814	3.388	1.956	6	10	6	砷化镓-六方相	Gallium Arsenide-hex	2-028
1.834	3.372	4.281	1	10	2	块磷铝矿	Berlinite	8-035
1.818	3.342	4.257	1	10	2	石英	Quartz	4-030
1.858	3.170	2.018	10	10	4	银镍黄铁矿	Argentopentlandite	3-003
1.816	3.150	2.224	2	10	6	钾盐	Sylvite	5-018
1.872	3.115	2.809	4	10	6	密陀僧	Litharge	4-053
1.894	3.113	1.908	1	10	3	辉砷铜矿	Lautite	3-029
1.870	3.054	1.595	7	10	4	硫锗铜矿	Germanite	3-021
1.870	3.039	1.856	2	10	3	黄铜矿	Chalcopyrite	3-012
1.856	3.039	1.870	3	10	2	黄铜矿	Chalcopyrite	3-012
1.845	3.017	6.030	3	10	3	细晶石	Microlite	4-019
1.896	3.011	3.099	5	10	6	粒硅钙石	Tilleyite	9-104
1.840	3.004	2.603	3	10	3	水锑铅矿	Bindheimite	8-084
1.840	3.002	3.681	1	10	1	复稀金矿	Polycrase	4-016
1.873	2.988	3.404	6	10	9	副黄碲矿	Paratellurite	4-063
1.826	2.982	5.965	4	10	5	烧绿石	Pyrochlore	4-020
1.830	2.970	2.870	7	10	7	氟钠钛锆石	Seidozerite	9-095
1.821	2.967	2.574	8	10	8	黄锑矿	Stibiconite	8-085
1.827	2.950	6.000	8	10	8	锑钙石	Romeite	8-086
1.826	2.950	3.785	3	10	7	菱镉矿	Otavite	6-010
1.892	2.949	2.207	5	10	9	菱磷铝锶石	Svanbergite	8-061
1.890	2.940	3.060	6	10	8	锆针钠钙石	Rosenbuschite	9-093
1.859	2.939	4.158	5	10	5	六硼化镧	Lanthanum Boride (1/6)	2-040
1.816	2.936	3.750	2	10	2	锰方解石	Kutnohorite	6-021
1.826	2.930	2.970	9	10	9	硅钠钙石	Fedorite	9-289
1.819	2.857	1.930	6	10	6	钙铝黄长石	Gehlenite	9-076
1.850	2.826	3.461	6	10	2	砷化镓-立方相 2	Gallium Arsenide-cub2	2-027
1.896	2.813	3.048	8	10	7	铜蓝	Covellite	3-016
1.863	2.777	2.513	10	10	7	针镍矿	Millerite	3-031

续表

d	d	d	I	I	I	矿物名称	英文名称	矿物编号
1.879	2.771	3.520	3	10	3	砷	Arsenic	1-038
1.855	2.763	5.246	1	10	2	顾家石	Gugiaite	9-082
1.868	2.754	2.544	4	10	7	钛铁矿	Ilmenite	4-013
1.891	2.675	3.088	5	10	2	方氟钾石	Carobbiite	5-002
1.842	2.637	2.569	10	9	8	硅锆钙钠石	Zirsinalite	9-152
1.847	2.612	1.509	5	10	2	硫锰矿	Alabandite	3-002
1.800	2.540	5.900	6	10	6	陨氯铁	Lawrencite	5-024
1.883	2.517	2.837	8	10	5	碳化钨	Tungsten Carbide	2-001
1.880	2.403	1.975	10	7	7	辉铜矿-单斜相	Chalcocite low	3-011
1.869	2.306	2.241	5	10	6	碳化铬	Tongbaite	2-005
1.875	2.165	1.131	4	10	2	金三铜矿	Auricupride	1-030
1.827	2.110	1.292	4	10	2	γ-铁	Iron-γ	1-012
1.808	2.088	1.278	5	10	2	铜	Copper	1-005
1.800	2.080	1.083	8	10	8	β-镍纹石	Taenite-β	1-035
1.800	2.079	1.273	4	10	2	铬-立方相 2	Chromium-cub2	1-002
1.889	2.025	2.135	10	3	3	ε-铁	Iron-ε	1-014
1.880	1.975	2.403	7	10	8	辉铜矿-六方相	Chalcocite high	3-009
1.799—1.700								
1.783	3.987	2.819	4	10	5	羟铟石	Dzhalindite	4-078
1.793	3.452	2.642	4	10	5	砷钇矿	Chernovite	8-062
1.768	3.450	2.560	5	10	5	磷钇矿	Xenotime	8-021
1.782	3.405	2.639	2	10	2	水锰矿	Manganite	4-081
1.764	3.378	2.068	5	10	6	黑辰砂	Metacinnabar	3-014
1.744	3.360	2.572	10	10	10	重钽铁矿	Tapiolite	4-042
1.750	3.330	2.630	10	8	8	锡石	Cassiterite	4-023
1.771	3.314	2.345	4	10	3	水钙钛矿	Kassite	4-061
1.700	3.269	2.508	4	10	4	金红石	Rutile	4-026
1.711	3.267	2.231	6	10	8	氟镁石	Sellaite	5-004
1.704	3.260	1.999	4	10	4	砷化镓-立方相 1	Gallium Arsenide-cub1	2-026
1.735	3.223	2.221	8	10	9	氟铝钙锂石	Colquiriite	5-012
1.750	3.170	2.710	10	10	10	软铋矿	Sillenite	4-060
1.741	3.050	2.625	4	10	4	硅钍钇矿	Yttrialite-Y	9-072
1.775	3.030	1.931	10	8	5	镍黄铁矿	Pentlandite	3-036
1.720	2.970	3.640	9	10	7	钽铁矿	Tantalite	4-041
1.796	2.934	1.532	5	10	4	贝塔石	Betafite	4-018
1.795	2.901	2.201	3	10	2	铁白云石	Ankerite	6-020
1.786	2.886	2.192	3	10	3	白云石	Dolomite	6-019
1.767	2.850	3.667	3	10	3	菱锰矿	Rhodochrosite	6-007
1.760	2.850	2.440	10	10	7	黄长石	Melilite	9-077
1.772	2.822	2.305	10	7	6	斜硅锰矿	Sonolite	9-045
1.738	2.795	1.732	3	10	4	菱铁矿	Siderite	6-006
1.732	2.795	1.738	4	10	3	菱铁矿	Siderite	6-006
1.703	2.750	3.550	5	10	5	菱锌矿	Smithsonite	6-009
1.702	2.743	3.551	3	10	4	菱钴矿	Sphaerocobaltite	6-008
1.700	2.740	2.100	9	10	8	菱镁矿	Magnesite	6-005
1.705	2.737	5.081	3	10	4	氧硅钛钠石	Natisite	9-049
1.757	2.693	3.439	7	10	6	白铁矿	Marcasite	3-039
1.768	2.691	3.290	8	10	3	硅-立方相 2	Silicon-cub2	1-048
1.761	2.662	2.124	10	6	6	氮化镁	Magnesium Nitride	2-015
1.789	2.653	2.421	3	10	4	锑硫镍矿	Ullmannite	3-052
1.795	2.627	4.922	3	10	7	羟钙石	Portlandite	4-083
1.775	2.613	2.420	5	10	8	砷化铟-四方相	Indium Arsenide-tet	2-034

续表

d	d	d	I	I	I	矿物名称	英文名称	矿物编号
1.749	2.554	2.774	10	9	9	斜硅镁石	Clinohumite	9-044
1.739	2.254	2.614	10	10	6	粒硅镁石	Chondrodite	9-042
1.773	2.047	1.253	4	10	2	铁镍矿	Awaruite	1-036
1.762	2.034	1.246	4	10	2	镍	Nickel	1-015
1.699—1.600								
1.644	4.137	2.534	1	10	2	β-方石英	Cristobalite-β	4-029
1.661	3.248	2.024	4	10	4	钨铅矿	Stolzite	7-044
1.689	3.234	1.980	6	10	6	方钍矿	Thorianite	4-068
1.638	3.138	1.920	4	10	6	硅-立方相 1	Silicon-cub1	1-047
1.635	3.130	1.917	3	10	5	磷化铝-立方相	Aluminum Phosphide-cub	2-055
1.633	3.127	1.915	3	10	6	铜盐	Nantokite	5-022
1.632	3.124	1.913	4	10	5	方铈矿	Cerianite-Ce	4-067
1.633	3.123	1.912	3	10	5	闪锌矿	Sphalerite	3-044
1.623	3.110	2.407	6	10	6	软锰矿	Pyrolusite	4-025
1.623	3.108	1.902	4	10	7	块硫锑铜矿	Famatinite	3-019
1.667	2.886	2.041	2	10	6	溴银矿	Bromargyrite	5-045
1.675	2.858	2.370	6	10	5	硫镍矿	Polydymite	3-037
1.666	2.841	2.356	6	10	5	硫钴矿	Linnaeite	3-030
1.665	2.840	2.355	6	10	7	硫镍钴矿	Siegenite	3-043
1.628	2.821	1.994	2	10	6	石盐	Halite	5-017
1.691	2.805	3.240	10	10	8	硫钌矿	Laurite	3-028
1.683	2.715	2.298	2	10	4	锇	Osmium	1-010
1.681	2.708	3.512	5	10	5	菱镍矿	Gaspeite	6-011
1.633	2.706	2.421	7	10	5	黄铁矿	Pyrite	3-038
1.694	2.700	2.519	5	10	7	赤铁矿	Hematite	4-011
1.653	2.699	2.338	4	10	1	方铁锰矿	Bixbyite	4-003
1.611	2.696	3.015	6	10	6	钙铁榴石	Andradite	9-019
1.607	2.688	3.010	5	10	7	钙钒榴石	Goldmanite	9-022
1.644	2.685	2.325	4	10	7	一硼化锆	Zirconium Boride (1/1)	2-037
1.603	2.684	2.999	6	10	7	钙铬榴石	Uvarovite	9-021
1.604	2.620	2.270	3	10	3	磷化硼	Boron Phosphide	2-060
1.601	2.582	2.887	3	10	3	铁铝榴石	Almandine	9-017
1.613	2.526	1.481	4	10	5	铬铁矿	Chromite	4-034
1.696	2.398	2.769	5	10	4	石灰	Lime	4-050
1.656	2.341	1.352	1	10	2	钛-立方相 2	Titanium-cub2	1-023
1.638	2.317	1.338	4	10	1	氟盐	Villiaumite	5-001
1.684	2.309	2.460	6	10	7	砷化镓-斜方相 2	Gallium Arsenide-ort2	2-030
1.601	2.085	2.551	8	10	10	刚玉	Corundum	4-008
1.647	1.931	3.153	4	10	9	萤石	Fluorite	5-005
1.613	1.618	2.088	10	10	8	金绿宝石	Chrysoberyl	4-006
1.618	1.613	2.088	10	10	8	金绿宝石	Chrysoberyl	4-006
1.599—1.500								
1.520	14.100	2.820	4	10	4	蛭石	Vermiculite	9-275
1.539	3.570	2.008	10	10	10	斜绿泥石-2M_{IIb}	Clinochlore-2M_{IIb}	9-278
1.595	3.054	1.870	4	10	7	硫锗铜矿	Germanite	3-021
1.531	2.958	1.981	4	10	4	斯石英	Stishovite	4-027
1.532	2.934	1.796	4	10	5	贝塔石	Betafite	4-018
1.588	2.750	1.945	2	10	6	砷化铟-立方相 3	Indium Arsenide-cub3	2-033
1.580	2.730	1.930	2	10	1	硇砂	Salammoniac	5-020
1.583	2.650	2.962	3	10	4	钙铝榴石	Grossular	9-020
1.561	2.617	2.927	3	10	5	锰铝榴石	Spessartine	9-018
1.509	2.612	1.847	2	10	5	硫锰矿	Alabandite	3-002

续表

d	d	d	I	I	I	矿物名称	英文名称	矿物编号
1.592	2.599	1.358	2	10	1	氮化镓-立方相	Gallium Nitride-cub	2-025
1.531	2.562	2.865	6	10	6	镁铝榴石	Pyrope	9-016
1.541	2.520	1.314	4	10	3	β-碳化硅	Silicon Carbide-β	2-009
1.535	2.507	1.309	4	10	2	氮化铝-立方相 2	Aluminum Nitride-cub2	2-012
1.544	2.487	2.768	5	10	9	黑锰矿	Hausmannite	4-010
1.510	2.465	2.135	3	10	4	赤铜矿	Cuprite	4-009
1.572	2.367	4.785	3	10	5	水镁石	Brucite	4-073
1.571	2.223	2.568	6	10	6	方锰矿	Manganosite	4-049
1.530	2.164	2.499	6	10	8	碳化钛	Khamrabaevite	2-004
1.523	2.153	2.490	6	10	8	方铁矿	Wustite	4-047
1.543	2.130	2.674	2	10	3	硼化镁	Magnesium Boride	2-035
1.515	2.037	2.625	3	10	6	二硼化钛	Titanium Boride (1/2)	2-045
1.499—1.400								
1.453	3.250	4.260	10	4	2	溴汞石	Kuzminite	5-044
1.493	2.855	2.475	3	10	5	铅	Lead	1-007
1.491	2.543	2.984	4	10	4	锌铁尖晶石	Franklinite	4-035
1.484	2.531	2.968	3	10	3	磁铁矿	Magnetite	4-038
1.481	2.526	1.613	5	10	4	铬铁矿	Chromite	4-034
1.479	2.522	2.958	4	10	4	镁铁矿	Magnesioferrite	4-055
1.442	2.459	2.884	4	10	6	铁尖晶石	Hercynite	4-054
1.434	2.447	2.028	6	10	4	尖晶橄榄石	Ringwoodite	9-015
1.430	2.439	2.022	6	10	5	尖晶石	Spinel	4-039
1.430	2.439	2.860	4	10	7	锌尖晶石	Gahnite	4-036
1.486	2.426	2.101	3	10	3	硼化钛-立方相	Titanium Boride-cub	2-043
1.435	2.344	2.030	2	10	4	钛-立方相 1	Titanium-cub1	1-022
1.496	2.120	2.440	6	10	8	氮化钛	Osbornite	2-017
1.489	2.106	0.942	4	10	2	方镁石	Periclase	4-015
1.477	2.089	2.412	4	10	6	绿镍矿	Bunsenite	4-048
1.474	2.080	1.203	2	10	3	张衡矿	Zhanghengite	1-032
1.466	2.073	1.197	1	10	3	δ-铁	Iron-δ	1-013
1.463	2.069	2.389	4	10	8	氮化钒	Vanadium Nitride	2-019
1.434	2.028	1.171	1	10	2	α-铁纹石	Kamacite-α	1-034
1.433	2.027	1.170	2	10	3	α-铁	Iron-α	1-011
1.430	2.023	2.335	6	10	3	氮化铝-立方相 1	Aluminum Nitride-cub1	2-011
1.428	2.019	1.166	2	10	4	铁钴矿	Wairauite	1-037
1.424	2.013	2.325	5	10	10	葛氟锂石	Griceite	5-003
1.443	1.240	1.170	10	10	9	银-六方相	Silver-hex	1-009
1.399—1.300								
1.368	3.109	2.248	7	10	7	锑	Antimony	1-026
1.358	2.599	1.592	1	10	2	氮化镓-立方相	Gallium Nitride-cub	2-025
1.314	2.520	1.541	3	10	4	β-碳化硅	Silicon Carbide-β	2-009
1.311	2.511	2.621	4	10	4	α-碳化硅-6*H*	Moissanite-6*H*	2-008
1.309	2.507	1.535	2	10	4	氮化铝-立方相 2	Aluminum Nitride-cub2	2-012
1.309	2.504	2.169	5	10	7	氮化钽	Tantalum Nitride	2-018
1.352	2.341	1.656	2	10	1	钛-立方相 2	Titanium-cub2	1-023
1.338	2.317	1.638	1	10	4	氟盐	Villiaumite	5-001
1.376	2.246	1.945	3	10	4	钯	Palladium	1-018
1.299—1.200								
1.231	2.359	2.044	3	10	4	银-立方相	Silver-cub	1-008
1.230	2.355	2.039	4	10	5	金	Gold	1-006
1.221	2.338	2.024	2	10	5	铝	Aluminum	1-004
1.260	2.190	2.060	8	10	10	六方金刚石	Lansdaleite	1-046

续表

d	d	d	I	I	I	矿物名称	英文名称	矿物编号
1.292	2.110	1.827	2	10	4	γ-铁	Iron-γ	1-012
1.278	2.088	1.808	2	10	5	铜	Copper	1-005
1.279	2.087	1.090	2	10	1	氮化硼	Boron Nitride	2-020
1.203	2.080	1.474	3	10	2	张衡矿	Zhanghengite	1-032
1.273	2.079	1.800	2	10	4	铬-立方相 2	Chromium-cub2	1-002
1.261	2.060	1.075	3	10	2	金刚石	Diamond	1-044
1.253	2.047	1.773	2	10	4	铁镍矿	Awaruite	1-036
1.246	2.034	1.762	2	10	4	镍	Nickel	1-015
1.240	1.443	1.170	10	10	9	银-六方相	Silver-hex	1-009
1.199—0.800								
1.157	3.356	2.034	1	10	2	石墨	Graphite-2*H*	1-042
1.196	2.391	2.810	3	10	3	珲春矿	Hunchunite	1-029
1.183	2.265	1.962	3	10	5	铂	Platinum	1-019
1.157	2.217	1.920	5	10	5	铱	Iridium	1-016
1.147	2.196	1.902	3	10	5	铑	Rhodium	1-020
1.131	2.165	1.875	2	10	4	金三铜矿	Auricupride	1-030
1.090	2.087	1.279	1	10	2	氮化硼	Boron Nitride	2-020
1.083	2.080	1.800	8	10	8	β-镍纹石	Taenite-β	1-035
1.197	2.073	1.466	3	10	1	δ-铁	Iron-δ	1-013
1.075	2.060	1.261	2	10	3	金刚石	Diamond	1-044
1.177	2.039	0.912	3	10	2	铬-立方相 1	Chromium-cub1	1-001
1.171	2.028	1.434	2	10	1	α-铁纹石	Kamacite-α	1-034
1.170	2.027	1.433	3	10	2	α-铁	Iron-α	1-011
1.166	2.019	1.428	4	10	2	铁钴矿	Wairauite	1-037
1.170	1.443	1.240	9	10	10	银-六方相	Silver-hex	1-009
0.847	2.940	2.400	10	10	8	六硼化硅	Silicon Boride (1/6)	2-047
0.942	2.106	1.489	2	10	4	方镁石	Periclase	4-015
0.912	2.039	1.177	2	10	3	铬-立方相 1	Chromium-cub1	1-001

中文矿物名称索引(笔画顺序)

一画

一硼化锆	Zirconium Boride (1/1)	2-037

二画

二硼化钛	Titanium Boride (1/2)	2-045
二硼化钽	Tantalum Boride (1/2)	2-050
二硼化锆	Zirconium Boride (1/2)	2-038
二磷化三钙	Calcium Phosphide (3/2)	2-052
二磷化铜	Copper Phosphide(1/2)	2-058
八面沸石	Faujasite-K	9-331
十二硼化锆	Zirconium Boride (1/12)	2-039
十字石	Staurolite	9-038

三画

三方硼砂	Tincalconite	6-071
三水钠锆石	Hilairite	9-142
三水铝石	Gibbsite	4-076
三斜石	Trimerite	9-005
三斜磷锌矿	Tarbuttite	8-014
大隅石	Osumilite-Mg	9-168

四画

中长石	Andesine	9-303
中沸石	Mesolite	9-346
五水碳镁石	Lansfordite	6-032
五角水硅钒钙石	Pentagonite	9-297
六方金刚石	Lansdaleite	1-046
六水碳钙石	Ikaite	6-031
六硼化硅	Silicon Boride (1/6)	2-047
六硼化镧	Lanthanum Boride (1/6)	2-040
双晶石	Eudidymite	9-237
天山石	Tienshanite	9-177
天青石	Celestite	7-005
天然硼酸	Sassolite	6-062
天然碱	Trona	6-003
天蓝石	Lazulite	8-009
孔雀石	Malachite	6-040
扎布耶石	Zabuyelite	6-018
文石	Aragonite	6-013
方石英	Cristobalite	4-028
β-方石英	Cristobalite-β	4-029
方沸石	Analcime	9-322
方钍矿	Thorianite	4-068
方氟钾石	Carobbiite	5-002
方钠石	Sodalite	9-308
方铁矿	Wustite	4-047
方铁锰矿	Bixbyite	4-003
方铅矿	Galena	3-020
方铈矿	Cerianite-Ce	4-067
方黄铜矿	Cubanite	3-017
方锑矿	Senarmontite	4-033
方硼石	Boracite	6-069
方解石	Calcite	6-004
方锰矿	Manganosite	4-049
方镁石	Periclase	4-015
无水芒硝	Thenardite	7-003
毛沸石	Erionite	9-329
毛青铜矿	Buttgenbachite	6-056
水钒铜矿	Volborthite	8-082
水胆矾	Brochantite	7-027
水钙沸石	Gismondine	9-333
水钙钛矿	Kassite	4-061
水钙硝石	Nitrocalcite	6-053
水钙锰榴石	Henritermierite	9-023
水砷锌矿	Adamite	8-064
水铁矾	Szomolnokite	7-015
水铁盐	Hydromolysite	5-037
水硅钒钙石	Cavansite	9-296
水硅钙铀矿	Haiweeite	9-058
水硅铜钙石	Kinoite	9-113
水硅锌钙石	Junitoite	9-085
水硅锰矿	Leucophoenicite	9-043
水硅锰钙石	Ruizite	9-115
水硅锰镁锌矿	Gageite	9-202
水绿矾	Melanterite	7-020
水菱镁矿	Hydromagnesite	6-048
水氯钙石	Sinjarite	5-028
水氯铜石	Eriochalcite	5-032
水氯镁石	Bischofite	5-034

水锌矿	Hydrozincite	6-044
水锑铅矿	Bindheimite	8-084
水锰矿	Manganite	4-081
水碱	Thermonatrite	6-028
水碳铝铅矿	Dundasite	6-046
水镁石	Brucite	4-073
水镁硝石	Nitromagnesite	6-054
水磷铝钠石	Wardite	8-055
片沸石	Heulandite	9-340
片柱钙石	Scawtite	9-174
片硅碱钙石	Delhayelite	9-284
片榍石	Hiortdahlite	9-092
瓦硅钙钡石	Walstromite	9-139
贝塔石	Betafite	4-018

五画

丝光沸石	Montesommaite	9-339
包头矿	Baotite	9-143
叶蛇纹石	Antigorite	9-249
叶腊石-1*A*	Pyrophyllite-1*A*	9-252
叶腊石-2*M*	Pyrophyllite-2*M*	9-253
四硼化硅	Silicon Boride (1/4)	2-046
四硼化镧	Lanthanum Boride (1/4)	2-041
布格电气石	Buergerite	9-159
正长石	Orthoclase	9-298
白云母-1*M*	Muscovite-1*M*	9-256
白云母-$2M_1$	Muscovite-$2M_1$	9-257
白云母-$2M_2$	Muscovite-$2M_2$	9-258
白云石	Dolomite	6-019
白针柱石	Leifite	9-359
白钙沸石	Gyrolite	9-290
白钨矿	Scheelite	7-043
白铁矿	Marcasite	3-039
白铅矿	Cerussite	6-016
白铍石	Leucophanite	9-080
白榴石	Leucite	9-307
白磷钙石	Whitlockite	8-003
石灰	Lime	4-050
石英	Quartz	4-030
β-石英	Quartz-β	4-031
石盐	Halite	5-017
石膏	Gypsum	7-016
石墨-2*H*	Graphite-2*H*	1-042
石墨-3*R*	Graphite-3*R*	1-043
闪叶石	Lamprophyllite	9-098
闪锌矿	Sphalerite	3-044

六画

交沸石	Harmotome	9-335
伊利石-$2M_1$	Illite-$2M_1$	9-274
光卤石	Carnallite	5-039
光彩石	Augelite	8-004
兴安石	Hingganite-Y	9-063
冰	Ice	4-012
冰石盐	Hydrohalite	5-019
冰晶石	Cryolite	5-013
刚玉	Corundum	4-008
印度石	Indialite	9-150
地开石	Dickite	9-244
多铁天蓝石	Scorzalite	8-029
尖晶石	Spinel	4-039
尖晶橄榄石	Ringwoodite	9-015
异极石	Hemimorphite	9-084
托氯铜石	Tolbachite	5-033
汤河原沸石	Yugawaralite	9-355
汤霜晶石	Thomsenolite	5-016
灰硅钙石	Spurrite	9-054
红闪石	Katophorite	9-229
红钇矿	Thalenite	9-071
红帘石	Piemontite	9-124
红柱石	Andalusite	9-034
红锌矿	Zincite	4-045
红锑矿	Kermesite	3-027
红磷锰矿	Hureaulite	8-032
纤铁矾	Fibroferrite	7-035
纤铁矿	Lepidocrocite	4-080
纤硅铜矿	Plancheite	9-236
纤硅碱钙石	Rhodesite	9-283
纤锌矿-10*H*	Wurtzite-10*H*	3-057
纤锌矿-2*H*	Wurtzite-2*H*	3-053
纤锌矿-4*H*	Wurtzite-4*H*	3-054
纤锌矿-6*H*	Wurtzite-6*H*	3-055
纤锌矿-8*H*	Wurtzite-8*H*	3-056
纤磷钙铝石	Crandallite	8-038
纤磷锰铁矿	Strunzite	8-056
肉色柱石	Sarcolite	9-320

七画

阳起石	Actinolite	9-216
利蛇纹石-1*T*	Lizardite-1*T*	9-250
块硅镁石	Norbergite	9-040
块铜矾	Antlerite	7-028
块硫锑铜矿	Famatinite	3-019
块黑铅矿	Plattnerite	4-024
块磷铝矿	Berlinite	8-035
张衡矿	Zhanghengite	1-032
杆沸石	Thomsonite	9-350
汞膏	Calomel	5-023
苏打石	Nahcolite	6-001
角闪石	Hornblende	9-215
角铅矿	Phosgenite	6-041
角银矿	Chlorargyrite	5-021
赤矾	Bieberite	7-021
赤铁矿	Hematite	4-011
赤铜矿	Cuprite	4-009
辰砂	Cinnabar	3-013
针沸石	Mazzite	9-337
针钠钙石	Pectolite	9-199
针铁矿	Goethite	4-079
针硅钙石	Hillebrandite	9-201
针硅钙铅矿	Margarosanite	9-140
针绿矾	Coquimbite	7-026
针锰柱石	Carpholite	9-194
针碳钠钙石	Gaylussite	6-034
针镍矿	Millerite	3-031
针磷钇铒矿	Churchite-Y	8-057
麦钾沸石	Merlinoite	9-338

八画

单水碳钙石	Monohydrocalcite	6-030
单钾芒硝	Arcanite	7-002
单斜硅铜矿	Shattuckite	9-196
坡缕石	Palygorskite	9-293
拉锰矿	Ramsdellite	4-021
斧石	Axinite	9-086
明矾石	Alunite	7-030
易变辉石	Pigeonite	9-183
易解石	Aeschynite-Ce	4-001
板沸石	Barrerite	9-344
板钛矿	Brookite	4-005
板晶石	Epididymite	9-238
板磷铁矿	ludlamite	8-011
枪晶石	Cuspidine	9-089
泡铋矿	Bismutite	6-042
泡碱	Natron	6-029
泻利盐	Epsomite	7-022
浅闪石	Edenite	9-219
环晶石	Dachiardite	9-352
直闪石	Anthophyllite	9-211
矽线石	Sillimanite	9-032
矾石	Aluminite	7-033
细晶石	Microlite	4-019
罗水硅钙石	Rosenhahnite	9-114
罗水氯铁石	Rokuhnite	5-027
软钾镁矾	Picromerite	7-011
软铋矿	Sillenite	4-060
软锰矿	Pyrolusite	4-025
金	Gold	1-006
金三铜矿	Auricupride	1-030
金云母-1*M*	Phlogopite-1*M*	9-262
金云母-2M_1	Phlogopite-2M_1	9-263
金云母-3*T*	Phlogopite-3*T*	9-264
金刚石	Diamond	1-044
金红石	Rutile	4-026
金绿宝石	Chrysoberyl	4-006
钍石	Thorite	9-026
钒钡铜矿	Vesignieite	8-081
钒钾铀矿	Carnotite anhydrous	8-083
钒铅矿	Vanadinite	8-077
钒铅锌矿	Descloizite	8-079
钒铋矿	Pucherite	8-078
钒铜铅矿	Mottramite	8-080
青金石	Lazurite	9-311
青铅矿	Linarite	7-029
鱼眼石	Apophyllite	9-281

九画

勃姆矿	Boehmite	4-074
南极石	Antarcticite	5-029
变杆沸石	Gonnardite	9-349
哈硅钙石	Hatrurite	9-053
复稀金矿	Polycrase	4-016
星叶石	Astrophyllite	9-239
柯石英	Coesite	4-032

柱沸石	Epistilbite	9-351
柱星叶石	Neptunite	9-242
柱钠铜矾	Kroehnkite	7-010
柱钾铁矾	Goldichite	7-012
柱晶石	Kornerupine	9-118
歪长石	Anorthoclase	9-301
毒砂	Arsenopyrite	3-005
毒重石	Witherite	6-014
毒铁矿	Pharmacosiderite	8-072
氟钠钛锆石	Seidozerite	9-095
氟盐	Villiaumite	5-001
氟铈矿	Fluocerite-Ce	5-007
氟硅钙石	Bultfonteinite	9-052
氟菱钙铈矿	Parisite	6-038
氟铝钙锂石	Colquiriite	5-012
氟硼钠石	Ferruccite	5-011
氟硼钾石	Avogadrite	5-010
氟碳钙铈矿	Synchysite	6-036
氟碳铈矿	Bastnaesite	6-035
氟镁石	Sellaite	5-004
氟镁钠石	Neighborite	5-009
氟镁钠闪石	Eckermannite	9-234
氟磷灰石	Fluorapatite	8-031
氟磷铁锰矿	Triplite	8-030
氟镧矿	Fluocerite-La	5-008
浊沸石	Laumontite	9-325
独居石	Monazite	8-013
砒霜	Claudetite	4-071
胆矾	Chalcanthite	7-017
赵石墨	Chaoite	1-045
重钽铁矿	Tapiolite	4-042
重晶石	Barite	7-004
重碳酸钾石	Kalicinite	6-002
钙十字沸石	Phillipsite	9-336
钙水碱	Pirssonite	6-033
钙长石	Anorthite	9-305
钙芒硝	Glauberite	7-008
钙钇铈矿	Kainosite-Y	9-146
钙沸石	Scolecite	9-347
钙矾石	Ettringite	7-036
钙钒榴石	Goldmanite	9-022
钙柱石	Meionite	9-319
钙钛矿	Perovskite	4-014
钙铀云母	Autunite	8-023
钙铁石	Brownmillerite	4-058
钙铁辉石	Hedenbergite	9-187
钙铁榴石	Andradite	9-019
钙铁橄榄石	Kirschsteinite	9-013
钙铒钇矿	Hellandite	9-065
钙铝黄长石	Gehlenite	9-076
钙铝榴石	Grossular	9-020
钙铬榴石	Uvarovite	9-021
钙锂电气石	Liddicoatite	9-157
钙锰帘石	Macfallite	9-128
钙锰橄榄石	Glaucochroite	9-014
钙蔷薇辉石	Bustamite	9-198
钙镁电气石	Uvite	9-158
钙镁橄榄石	Monticellite	9-012
钙霞石	Cancrinite	9-315
钛-六方相	Titanium-hex	1-024
钛-立方相 2	Titanium-cub2	1-023
钛-立方相 1	Titanium-cub1	1-022
钛角闪石	Kaersutite	9-224
钛铀矿	Brannerite	4-004
钛铁矿	Ilmenite	4-013
钛硅铈矿	Perrierite	9-103
钠云母-1*M*	Paragonite-1*M*	9-259
钠云母-2M_1	Paragonite-2M_1	9-260
钠长石	Albite	9-302
钠闪石	Riebeckite	9-233
钠沸石	Natrolite	9-345
钠柱石	Marialite	9-318
钠铁闪石	Arfvedsonite	9-235
钠铌矿	Lueshite	4-062
钠菱沸石	Gmelinite	9-330
钠硝石	Nitratine	6-050
钠硝矾	Darapskite	6-058
钠锆石	Elpidite	9-287
钠碳石	Natrite	6-017
钡白云石	Norsethite	6-022
钡闪叶石	Barytolamprophyllite	9-097
钡沸石	Edingtonite	9-348
钡铁钛石	Bafertisite	9-096
钡萤石	Frankdicksonite	5-006
钡硝石	Nitrobarite	6-052
钡解石-三方相	Paralstonite-tri	6-023
钡解石-单斜相	Barytocalcite-mon	6-025
钨华	Tungstite	4-070

钨铁矿	Ferberite	7-040
钨铅矿	Stolzite	7-044
钨锰矿	Hubnerite	7-042
钪钇石	Thortveitite	9-070
钯	Palladium	1-018
陨铁大隅石	Merrihueite	9-167
陨氯铁	Lawrencite	5-024
陨碳铁矿	Cohenite	2-003
韭角闪石	Pargasite	9-220
香花石	Hsianghualite	9-326

十画

倍长石	Bytownite	9-304
准钙铀云母	Metaautunite	8-025
准钡铀云母	Meta-uranocircite	8-058
准埃洛石	Metahalloysite	9-247
准铜铀云母	Metatorbernite	8-026
准蓝磷铝铁矿	Meta-vauxite	8-059
准翠砷铜铀矿	Metazeunerite	8-075
准磷铝石	Metavariscite	8-012
埃洛石-10Å	Halloysite-10Å	9-245
埃洛石-7Å	Halloysite-7Å	9-246
桂硅钙石	Afwillite	9-051
桃针钠石	Serandite	9-200
氧硅钛钠石	Natisite	9-049
海泡石	Sepiolite	9-294
烧绿石	Pyrochlore	4-020
珲春矿	Hunchunite	1-029
砷	Arsenic	1-038
砷化铟-四方相	Indium Arsenide-tet	2-034
砷化铟-立方相 1	Indium Arsenide-cub1	2-031
砷化铟-立方相 2	Indium Arsenide-cub2	2-032
砷化铟-立方相 3	Indium Arsenide-cub3	2-033
砷化镓-六方相	Gallium Arsenide-hex	2-028
砷化镓-立方相 1	Gallium Arsenide-cub1	2-026
砷化镓-立方相 2	Gallium Arsenide-cub2	2-027
砷化镓-斜方相 1	Gallium Arsenide-ort1	2-029
砷化镓-斜方相 2	Gallium Arsenide-ort2	2-030
砷华	Arsenolite	4-059
砷钇矿	Chernovite	8-062
砷钙铜矿	Conichalcite	8-065
砷铅矿	Mimetite	8-068
砷铅铁矿	Carminite	8-067
砷铋铜矿	Mixite	8-073
砷菱铅矾	Beudantite	8-076
砷铜铅矿	Duftite	8-066
索伦石	Suolunite	9-094
臭葱石	Scorodite	8-069
莫来石	Mullite	9-033
透长石	Sanidine	9-299
透闪石	Tremolite	9-214
透视石	Dioptase	9-154
透辉石	Diopside	9-186
透锂长石-1M	Petalite-1M	9-288
透锂铝石	Bikitaite	9-356
钴华	Erythrite	8-070
钼华	Molybdite	4-069
钼钙矿	Powellite	7-045
钼铅矿	Wulfenite	7-046
钽铁矿	Tantalite	4-041
钽锑矿	Stibiotantalite	4-065
钾石膏	Syngenite	7-009
钾冰晶石	Elpasolite	5-014
钾明矾	Potassiumalum	7-013
钾钙板锆石	Wadeite	9-138
钾钙霞石	Davyne	9-316
钾盐	Sylvite	5-018
钾硝石	Niter	6-051
α-铁	Iron-α	1-011
γ-铁	Iron-γ	1-012
δ-铁	Iron-δ	1-013
ε-铁	Iron-ε	1-014
铁白云石	Ankerite	6-020
铁闪石	Grunerite	9-210
铁尖晶石	Hercynite	4-054
铁灰石	Babingtonite	9-204
α-铁纹石	Kamacite-α	1-034
铁角闪石	Ferrohornblende	9-218
铁明矾	Halotrichite	7-025
铁板钛矿	Pseudobrookite	4-017
铁钙镁闪石	Ferrotschermakite	9-225
铁钠钙闪石	Ferrorichterite	9-228
铁韭闪石	Ferropargasite	9-221
铁盐	Molysite	5-036
铁钴矿	Wairauite	1-037
铁铝榴石	Almandine	9-017
铁锂云母-1M	Zinnwaldite-1M	9-271
铁锂云母-2M_1	Zinnwaldite-2M_1	9-272

铁锂云母-3*T*	Zinnwaldite-3*T*	9-273
铁蓝闪石	Ferroglaucophane	9-232
铁锰绿铁矿	Rockbridgeite	8-034
铁橄榄石	Fayalite	9-008
铁镍矿	Awaruite	1-036
铂	Platinum	1-019
铅	Lead	1-007
铅丹	Minium	4-057
铅铁矾	Plumbojarosite	7-032
铅铝硅石	Wickenburgite	9-292
铅辉石	Alamosite	9-207
铅蓝方石	Roeblingite	9-175
铅黝帘石	Hancockite	9-123
铈硅石	Cerite	9-050
铋	Bismuth	1-027
铌钙矿	Fersmite	4-064
铌铁矿	Columbite	4-007
铍方钠石	Tugtupite	9-312
铍石	Bromellite	4-046
铍柱石	Harstigite	9-079
铍密黄石	Aminoffite	9-111
顽火辉石	Enstatite	9-185
顾家石	Gugiaite	9-082
高岭石-1*A*	Kaolinite-1*A*	9-248

十一画

假孔雀石	Pseudomalachite	8-033
副黄碲矿	Paratellurite	4-063
副氯铜矿	Paratacamite	5-041
副雄黄	Pararealgar	3-042
基性异性石	Lovozerite	9-151
基性磷铁锰矿	Wolfeite	8-020
基铁矾	Butlerite	7-034
堇青石	Cordierite	9-156
密陀僧	Litharge	4-053
密黄长石	Meliphanite	9-081
斜方钠锆石	Gaidonnayite	9-141
斜方硅钙石	Kilchoanite	9-134
斜方辉石	Orthopyroxene	9-184
斜方镁钡闪叶石	Orthoericssonite	9-099
斜水硅钙石	Killalaite	9-105
斜发沸石	Clinoptilolite	9-341
斜钙沸石	Wairakite	9-324
斜铁辉石	Ferrosilite	9-181
斜顽辉石	Clinoenstatite	9-180
斜硅钙石	Larnite	9-024
斜硅锰矿	Sonolite	9-045
斜硅镁石	Clinohumite	9-044
斜绿泥石-2M_{IIb}	Clinochlore-2M_{IIb}	9-278
斜晶石	Clinohedrite	9-029
斜辉石	Clinopyroxene	9-179
斜锆石	Baddeleyite	4-066
斜碱沸石	Amicite	9-334
斜黝帘石	Clinozoisite	9-121
淡红沸石	Stellerite	9-343
淡钡钛石	Leucosphenite	9-285
淡磷钙铁矿	Collinsite	8-024
球方解石	Vaterite	6-012
硅-立方相 2	Silicon-cub2	1-048
硅-立方相 1	Silicon-cub1	1-047
硅灰石	Wollastonite	9-197
硅钍石	Huttonite	9-027
硅钍钇矿	Yttrialite-Y	9-072
硅钙石	Rankinite	9-074
硅钙铀矿	Uranophane	9-056
硅钙铅矿	Ganomalite	9-358
硅钛钠石	Murmanite	9-101
硅钛钠钡石	Innelite	9-131
硅钛钡石	Fresnoite	9-078
硅钛铁钡石	Traskite	9-178
硅钛铈钇矿	Chevkinite	9-102
硅钛铌钠矿	Nenadkevichite	9-144
硅钛锂钙石	Baratovite	9-155
硅钠钙石	Fedorite	9-289
硅钠钛矿	Lorenzenite	9-195
硅钠锶镧石	Nordite-La	9-286
硅钡石	Sanbornite	9-295
硅钡铁矿	Taramellite	9-176
硅钡铍矿	Barylite	9-069
硅钪铍石	Bazzite	9-149
硅铀矿	Soddyite	9-059
硅铁钡石	Andremeyerite	9-100
硅铁钙钠石	Imandrite	9-153
硅铁锂钠石	Sugilite	9-169
硅铅矿	Barysilite	9-073
硅铅铀矿	Kasolite	9-055
硅铅锌矿	Larsenite	9-006
硅铅锰矿	Kentrolite	9-106

硅铍石	Phenakite	9-001
硅铍钇矿	Gadolinite	9-064
硅铍钠石	Chkalovite	9-205
硅锂钛锆石	Sogdianite	9-171
硅锂锡钾石	Brannockite	9-165
硅锆钙钠石	Zirsinalite	9-152
硅锆钡石	Bazirite	9-135
硅锆锰钾石	Darapiosite	9-166
硅锌矿	Willemite	9-002
硅锌镁锰石	Gerstmannite	9-031
硅硼钙石	Howlite	6-068
硅硼钙石	Datolite	9-062
硅硼镁石	Garrelsite	9-068
硅锡钡石	Pabstite	9-137
硅镁石	Humite	9-046
硅镁铀矿	Sklodowskite	9-057
硇砂	Salammoniac	5-020
硒	Selenium	1-040
章氏硼镁石	Hungchaoite	6-072
符山石	Vesuvianite	9-129
粒硅钙石	Tilleyite	9-104
粒硅锰矿	alleghanyite	9-041
粒硅镁石	Chondrodite	9-042
绿纤石	Pumpellyite-Al	9-126
绿帘石	Epidote	9-122
绿松石	Turquoise	8-050
绿泥石	Chlorite	9-243
绿柱石	Beryl	9-148
绿钠闪石	Hastingsite	9-223
绿铁闪石	Taramite magnesian	9-230
绿铜锌矿	Aurichalcite	6-045
绿硫钒矿	Patronite	3-035
绿辉石	Omphacite	9-190
绿镍矿	Bunsenite	4-048
绿磷铁矿	Dufrenite	8-007
绿磷铅铜矿	Tsumebite	8-049
绿鳞石-1M	Celadonite-1M	9-261
羟钙石	Portlandite	4-083
羟硅钡石	Muirite	9-164
羟硅铍石	Bertrandite	9-083
羟硅铝锰石	Akatoreite	9-116
羟铝铜钙石	Papagoite	9-145
羟铟石	Dzhalindite	4-078
羟氯铅矿	Laurionite	5-042
羟磷灰石	Hydroxylapatite	8-054
羟磷硝铜矿	Likasite	6-057
菱沸石	Chabazite	9-327
菱钴矿	Sphaerocobaltite	6-008
菱钾铝矿	Offretite	9-328
菱铁矿	Siderite	6-006
菱锌矿	Smithsonite	6-009
菱锰矿	Rhodochrosite	6-007
菱碱土矿	Benstonite	6-024
菱镁矿	Magnesite	6-005
菱镉矿	Otavite	6-010
菱镍矿	Gaspeite	6-011
菱磷铝锶石	Svanbergite	8-061
萤石	Fluorite	5-005
铑	Rhodium	1-020
铜	Copper	1-005
铜汞合金	Belendorffite	1-031
铜盐	Nantokite	5-022
铜铝合金	Cupalite	1-033
铜硝石	Gerhardtite	6-055
铜蓝	Covellite	3-016
铝	Aluminum	1-004
铝直闪石	Gedrite	9-212
铝硅钡石	Cymrite	9-357
铝绿泥石-1M_{IIb}	Sudoite-1M_{IIb}	9-277
锇	Osmium	1-010
铬-六方相	Chromium-hex	1-003
铬电气石	Chromdravite	9-163
铬-立方相 1	Chromium-cub1	1-001
铬-立方相 2	Chromium-cub2	1-002
铬铁矿	Chromite	4-034
铬铅矿	Crocoite	7-039
铯榴石	Pollucite-Fe	9-323
铱	Iridium	1-016
铵明矾	Tschermigite	7-014
铵矾	Mascagnite	7-001
银-六方相	Silver-hex	1-009
银-立方相	Silver-cub	1-008
银星石	Wavellite	8-019
银镍黄铁矿	Argentopentlandite	3-003
黄长石	Melilite	9-077
黄玉	Topaz	9-039
黄河矿	Huanghoite	6-037
黄钼铀矿	Iriginite	7-047

黄钾铁矾	Jarosite	7-031
黄铁矿	Pyrite	3-038
黄硅铌钙矿	Niocalite	9-091
黄铜矿	Chalcopyrite	3-012
黄铬钾石	Tarapacaite	7-038
黄锑矿	Stibiconite	8-085
黄碘银矿	Miersite	5-047
黄磷铁矿	Cacoxenite	8-005

十二画

塔菲石	Taaffeite	4-040
插晶菱沸石	Levyne	9-332
斑硅锰石	Bannisterite	9-291
斑铜矿	Bornite	3-007
斯石英	Stishovite	4-027
普通辉石	Augite	9-188
晶质铀矿	Uraninite	4-043
氮化钒	Vanadium Nitride	2-019
氮化钛	Osbornite	2-017
氮化钽	Tantalum Nitride	2-018
氮化硅-三方相	Silicon Nitride-tri	2-022
氮化硅-六方相	Silicon Nitride-hex	2-023
氮化铝-六方相	Aluminum Nitride-hex	2-013
氮化铝-立方相 1	Aluminum Nitride-cub1	2-011
氮化铝-立方相 2	Aluminum Nitride-cub2	2-012
氮化锂	Lithium Nitride	2-014
氮化硼	Boron Nitride	2-020
氮化镁	Magnesium Nitride	2-015
氮化镓-六方相	Gallium Nitride-hex	2-024
氮化镓-立方相	Gallium Nitride-cub	2-025
氮化磷	Phosphorus Nitride	2-021
氮铁矿	Siderazot	2-016
氯氟钙石	Rorisite	5-035
氯钙石	Hydrophilite	5-031
氯铅矿	Cotunnite	5-030
氯硅钙铅矿	Nasonite	9-107
氯铜矿	Atacamite	5-040
氯铝石	Chloraluminite	5-038
氯黄晶	Zunyite	9-117
氯锑铅矿	Nadorite	5-043
氯锰石	Scacchite	5-025
氯碳酸钠镁石	Northupite	6-043
氯镁石	Chloromagnesite	5-026
氯磷灰石	Chlorapatite	8-052
滑石-1*A*	Talc-1*A*	9-254
滑石-2*M*	Talc-2*M*	9-255
短柱石	Narsarsukite	9-241
硫	Sulfur	1-039
硫钌矿	Laurite	3-028
硫钴矿	Linnaeite	3-030
硫铁银矿	Sternbergite	3-046
硫铋锑镍矿	Hauchecornite	3-024
硫铜钴矿	Carrollite	3-008
硫铜银矿	Stromeyerite	3-048
硫银锗矿	Argyrodite	3-004
硫锗铜矿	Germanite	3-021
硫锡铅矿	Teallite	3-049
硫锰矿	Alabandite	3-002
硫碳酸铅矿	Leadhillite	6-049
硫酸钙霞石	Vishnevite	9-317
硫酸铅矿	Anglesite	7-006
硫镉矿	Greenockite	3-023
硫镍矿	Polydymite	3-037
硫镍钴矿	Siegenite	3-043
硬水铝石	Diaspore	4-075
硬玉	Jadeite	9-191
硬石膏	Anhydrite	7-007
硬柱石	Lawsonite	9-087
硬绿泥石	Chloritoid	9-047
硬锰矿	Romanechite	4-022
硬锰矿	Psilomelane	4-082
紫脆石	Ussingite	9-321
紫硅铝镁石	Yoderite	9-036
紫磷铁锰矿	Purpurite	8-060
葛氟锂石	Griceite	5-003
葡萄石	Prehnite	9-280
蛭石	Vermiculite	9-275
辉沸石	Stilbite	9-342
辉钨矿-3*R*	Tungstenite-3*R*	3-051
辉钨矿-2*H*	Tungstenite-2*H*	3-050
辉砷钴矿	Cobaltite	3-015
辉砷铜矿	Lautite	3-029
辉砷镍矿	Gersdorffite	3-022
辉钼矿-3*R*	Molybdenite-3*R*	3-033
辉钼矿-2*H*	Molybdenite-2*H*	3-032
辉铋矿	Bismuthinite	3-006
辉铜矿-六方相	Chalcocite high	3-009
辉铜矿-四方相	Chalcocite-*Q*	3-010

辉铜矿-单斜相	Chalcocite low	3-011
辉铜银矿	Jalpaite	3-026
辉银矿	Argentite	3-001
辉锑矿	Stibnite	3-047
锂云母-1*M*	Lepidolite-1*M*	9-266
锂云母-2M_1	Lepidolite-2M_1	9-267
锂云母-2M_2	Lepidolite-2M_2	9-268
锂云母-3*T*	Lepidolite-3*T*	9-269
锂云母-6*M*	Lepidolite-6*M*	9-270
锂电气石	Elbaite	9-160
锂冰晶石	Cryolithionite	5-015
锂铍石	Liberite	9-004
锂辉石	Spodumene	9-193
锂蓝闪石	Holmquistite	9-213
锂磷铝石	Amblygonit	8-001
锂霞石	Eucryptite	9-003
锆石	Zircon	9-025
锆针钠钙石	Rosenbuschite	9-093
锆钽矿	Lavenite	9-090
锇	Osmium	1-017
锌	Zinc	1-025
锌尖晶石	Gahnite	4-036
锌铁尖晶石	Franklinite	4-035
锌铁矾	Bianchite	7-018
锌黄长石	Hardystonite	9-112
锌黑锰矿	Hetaerolite	4-056
锌榴石	Genthelvite	9-314
锐钛矿	Anatase	4-002
锑	Antimony	1-026
锑华	Valentinite	4-044
锑线石	Holtite	9-061
锑钙石	Romeite	8-086
锑铅金矿	Anyuiite	1-028
锑硫镍矿	Ullmannite	3-052
雄黄	Realgar	3-041
鲁硅钙石	Rustumite	9-130
黑云母-1*M*	Biotite-1*M*	9-265
黑电气石	Schorl	9-162
黑辰砂	Metacinnabar	3-014
黑柱石	Ilvaite	9-088
黑钨矿	Wolframite	7-041
黑铜矿	Tenorite	4-051
黑锌锰矿	Chalcophanite	4-077
黑锰矿	Hausmannite	4-010

十三画

微斜长石	Microcline	9-300
溴汞石	Kuzminite	5-044
溴银矿	Bromargyrite	5-045
硼化二钽	Tantalum Boride (2/1)-*β*	2-049
硼化钙	Calcium Boride	2-036
硼化钛-立方相	Titanium Boride-cub	2-043
硼化钛-斜方相	Titanium Boride-ort	2-044
硼化钽	Tantalum Boride (1/1)	2-048
硼化铬	Chromium Boride	2-042
硼化镁	Magnesium Boride	2-035
硼砂	Borax	6-070
硼钙石	Calciborite	6-063
硼铁矿	Vonsenite	6-061
硼铍石	Hambergite	6-066
硼硅钡钇矿	Cappelenite-Y	9-066
硼铝钙石	Johachidolite	6-064
硼铝镁石	Sinhalite	6-059
硼锂石	Diomignite	6-065
硼镁石	Szaibelyite	6-067
硼镁铁矿	Ludwigite	6-060
碘汞矿	Moschelite	5-049
碘铜矿	Marshite	5-048
碘银矿	Iodargyrite	5-046
蒙脱石-15Å	Montmorillonite-15Å	9-276
蓝方石	Hauyne	9-310
蓝闪石	Glaucophane	9-231
蓝灰铜矿	Digenite	3-018
蓝线石	Dumortierite	9-060
蓝柱石	Euclase	9-028
蓝透闪石	Winchite	9-226
蓝铁矿	Vivianite	8-018
蓝硒铜矿	Chalcomenite	7-037
蓝铜矿	Azurite	6-039
蓝铜矿	Armenite	9-173
蓝晶石	Kyanite	9-037
蓝锥矿	Benitoite	9-136
蓝磷铁矿	Vauxite	8-036
蓝磷铜矿	Cornetite	8-037
β-锡	Tin-*β*	1-021
锡石	Cassiterite	4-023
锰三斜辉石	Pyroxmangite	9-206
锰方解石	Kutnohorite	6-021

锰闪石	Richterite	9-227
锰帘石	Sursassite	9-127
锰星叶石-1*A*	Kupletskite-1*A*	9-240
锰柱石	Orientite	9-133
锰钙辉石	Johannsenite	9-189
锰铁闪石	Danalite	9-313
锰硅铝矿	Ardennite	9-132
锰铝榴石	Spessartine	9-018
锰辉石	Kanonaite	9-035
锰辉石	Kanoite	9-182
锰镁云母	Davreuxite	9-119
锰橄榄石	Tephroite	9-011
锰磷锂矿	Lithiophilite	8-053

十四画

暧昧石	Griphite	8-027
榍石	Titanite	9-048
碧矾	Morenosite	7-023
碱硅钙石	Carletonite	9-282
碱硅镁石	Roedderite	9-172
碲	Tellurium	1-041
碳化钙	Calcium Carbide	2-002
碳化钛	Khamrabaevite	2-004
碳化钨	Tungsten Carbide	2-001
β-碳化硅	Silicon Carbide-β	2-009
α-碳化硅-2*H*	Moissanite-2*H*	2-006
α-碳化硅-4*H*	Moissanite-4*H*	2-007
α-碳化硅-6*H*	Moissanite-6*H*	2-008
碳化铬	Tongbaite	2-005
碳化硼	Boron Carbide	2-010
碳酸钙镁矿	Huntite	6-027
碳酸钠钙石	Shortite	6-026
碳锶矿	Strontianite	6-015
磁铁矿	Magnetite	4-038
磁黄铁矿-1*T*	Pyrrhotite-1*T*	3-040
翠砷铜铀矿	Zeunerite	8-074
蔷薇辉石	Rhodonite	9-203
褐帘石	Allanite	9-120
褐硫锰矿	Hauerite	3-025
褐锌锰矿	Hodgkinsonite	9-030
褐锰矿	Braunite	4-072
赛黄晶	Danburite	9-108
锶沸石	Brewsterite	9-354
镁电气石	Dravite	9-161
镁闪石	Magnesiocummingtonite	9-208
镁角闪石	Magnesiohornblende	9-217
镁明矾	Pickeringite	7-024
镁铁闪石	Cummingtonite	9-209
镁铁矿	Magnesioferrite	4-055
镁绿泥石-2H_2	Amesite-2H_2	9-251
镁绿钙闪石	Magnesiohastingsite	9-222
镁铝榴石	Pyrope	9-016
镁铬铁矿	Magnesiochromite	4-037
镁黄长石	Akermanite	9-075
镁碱沸石	Ferrierite	9-353
镁橄榄石	Forsterite	9-009
镁磷石	Newberyite	8-041
雌黄	Orpiment	3-034
鲕绿泥石	Chamosite	9-279

十五画

橄榄石	Olivine	9-007
橄榄铜矿	Olivenite	8-063
镍	Nickel	1-015
镍华	Annabergite	8-071
β-镍纹石	Taenite-β	1-035
镍矾	Retgersite	7-019
镍黄铁矿	Pentlandite	3-036
镍橄榄石	Liebenbergite	9-010
整柱石	Milarite	9-170
橙汞矿	Montroydite	4-052

十六至二十画

霓石	Aegirine	9-192
磷化三铜	Copper Phosphide(3/1)	2-057
磷化氢	Phosphane	2-059
磷化钙	Calcium Phosphide (1/1)	2-051
磷化铝-六方相	Aluminum Phosphide-hex	2-056
磷化铝-立方相	Aluminum Phosphide-cub	2-055
α-磷化锌	Zinc Phosphide(3/2)-α	2-053
β-磷化锌	Zinc Phosphide (1/2)-β	2-054
磷化硼	Boron Phosphide	2-060
磷叶石	Phosphophyllite	8-048
磷灰石	Apatite	8-040
磷钇矿	Xenotime	8-021
磷钙锌矿	Scholzite	8-039
磷钠铍石	Beryllonite	8-045
磷砷锌铜矿	Veszelyite	8-017

磷铀矿	Phosphuranylite	8-051
磷铁铝矿	Paravauxite	8-046
磷铁锂矿	Triphylite	8-015
磷铍钙石	Herderite	8-008
磷硅钛钠石	Lomonosovite	9-109
磷硅铈钠石	Phosinaite-Ce	9-147
磷硅铌钠石	Vuonnemite	9-110
磷铜矿	Libethenite	8-010
磷铜铁矿	Chalcosiderite	8-006
磷铝石	Variscite	8-016
磷铝铁石	Childrenite	8-044
磷铝铅矿	Pyromorphite	8-002
磷铝锰矿	Eosphorite	8-043
磷锂铝石	Montebrasite	8-028
磷锌矿	Hopeite	8-047
磷硼硅铈矿	Stillwellite-Ce	9-067
磷镧镨矿	Rhabdophane	8-042
簇磷铁矿	Beraunite	8-022
霞石	Nepheline	9-306
黝方石	Nosean	9-309
黝帘石	Zoisite	9-125
黝锡矿	Stannite	3-045
鳞镁铁矿	Pyroaurite	6-047

中文矿物名称索引(拼音顺序)

a

埃洛石-10Å	Halloysite-10Å	9-245
埃洛石-7Å	Halloysite-7Å	9-246
暧昧石	Griphite	8-027
铵矾	Mascagnite	7-001
铵明矾	Tschermigite	7-014

b

八面沸石	Faujasite-K	9-331
钯	Palladium	1-018
白钙沸石	Gyrolite	9-290
白磷钙石	Whitlockite	8-003
白榴石	Leucite	9-307
白铍石	Leucophanite	9-080
白铅矿	Cerussite	6-016
白铁矿	Marcasite	3-039
白钨矿	Scheelite	7-043
白云母-1*M*	Muscovite-1*M*	9-256
白云母-2M_1	Muscovite-2M_1	9-257
白云母-2M_2	Muscovite-2M_2	9-258
白云石	Dolomite	6-019
白针柱石	Leifite	9-359
斑硅锰石	Bannisterite	9-291
斑铜矿	Bornite	3-007
板沸石	Barrerite	9-344
板晶石	Epididymite	9-238
板磷铁矿	ludlamite	8-011
板钛矿	Brookite	4-005
包头矿	Baotite	9-143
贝塔石	Betafite	4-018
钡白云石	Norsethite	6-022
钡沸石	Edingtonite	9-348
钡解石-单斜相	Barytocalcite-mon	6-025
钡解石-三方相	Paralstonite-tri	6-023
钡闪叶石	Barytolamprophyllite	9-097
钡铁钛石	Bafertisite	9-096
钡硝石	Nitrobarite	6-052
钡萤石	Frankdicksonite	5-006
倍长石	Bytownite	9-304
铋	Bismuth	1-027
碧矾	Morenosite	7-023
变杆沸石	Gonnardite	9-349
冰	Ice	4-012
冰晶石	Cryolite	5-013
冰石盐	Hydrohalite	5-019
勃姆矿	Boehmite	4-074
铂	Platinum	1-019
布格电气石	Buergerite	9-159

c

插晶菱沸石	Levyne	9-332
辰砂	Cinnabar	3-013
橙汞矿	Montroydite	4-052
赤矾	Bieberite	7-021
赤铁矿	Hematite	4-011
赤铜矿	Cuprite	4-009
臭葱石	Scorodite	8-069
磁黄铁矿-1*T*	Pyrrhotite-1*T*	3-040
磁铁矿	Magnetite	4-038
雌黄	Orpiment	3-034
簇磷铁矿	Beraunite	8-022
翠砷铜铀矿	Zeunerite	8-074

d

大隅石	Osumilite-Mg	9-168
单钾芒硝	Arcanite	7-002
单水碳钙石	Monohydrocalcite	6-030
单斜硅铜矿	Shattuckite	9-196
胆矾	Chalcanthite	7-017
淡钡钛石	Leucosphenite	9-285
淡红沸石	Stellerite	9-343
淡磷钙铁矿	Collinsite	8-024
氮化钒	Vanadium Nitride	2-019
氮化硅-六方相	Silicon Nitride-hex	2-023
氮化硅-三方相	Silicon Nitride-tri	2-022
氮化镓-立方相	Gallium Nitride-cub	2-025
氮化镓-六方相	Gallium Nitride-hex	2-024
氮化锂	Lithium Nitride	2-014
氮化磷	Phosphorus Nitride	2-021

氮化铝-立方相 1	Aluminum Nitride-cub1	2-011
氮化铝-立方相 2	Aluminum Nitride-cub2	2-012
氮化铝-六方相	Aluminum Nitride-hex	2-013
氮化镁	Magnesium Nitride	2-015
氮化硼	Boron Nitride	2-020
氮化钛	Osbornite	2-017
氮化钽	Tantalum Nitride	2-018
氮铁矿	Siderazot	2-016
地开石	Dickite	9-244
碲	Tellurium	1-041
碘汞矿	Moschelite	5-049
碘铜矿	Marshite	5-048
碘银矿	Iodargyrite	5-046
毒砂	Arsenopyrite	3-005
毒铁矿	Pharmacosiderite	8-072
毒重石	Witherite	6-014
独居石	Monazite	8-013
短柱石	Narsarsukite	9-241
多铁天蓝石	Scorzalite	8-029
e		
锇	Osmium	1-017
鲕绿泥石	Chamosite	9-279
二磷化三钙	Calcium Phosphide (3/2)	2-052
二磷化铜	Copper Phosphide(1/2)	2-058
二硼化锆	Zirconium Boride (1/2)	2-038
二硼化钛	Titanium Boride (1/2)	2-045
二硼化钽	Tantalum Boride (1/2)	2-050
f		
矾石	Aluminite	7-033
钒钡铜矿	Vesignieite	8-081
钒铋矿	Pucherite	8-078
钒钾铀矿	Carnotite anhydrous	8-083
钒铅矿	Vanadinite	8-077
钒铅锌矿	Descloizite	8-079
钒铜铅矿	Mottramite	8-080
方沸石	Analcime	9-322
方氟钾石	Carobbiite	5-002
方黄铜矿	Cubanite	3-017
方解石	Calcite	6-004
方镁石	Periclase	4-015
方锰矿	Manganosite	4-049
方钠石	Sodalite	9-308
方硼石	Boracite	6-069
方铅矿	Galena	3-020
β-方石英	Cristobalite-β	4-029
方石英	Cristobalite	4-028
方铈矿	Cerianite-Ce	4-067
方锑矿	Senarmontite	4-033
方铁矿	Wustite	4-047
方铁锰矿	Bixbyite	4-003
方钍矿	Thorianite	4-068
氟硅钙石	Bultfonteinite	9-052
氟镧矿	Fluocerite-La	5-008
氟磷灰石	Fluorapatite	8-031
氟磷铁锰矿	Triplite	8-030
氟菱钙铈矿	Parisite	6-038
氟铝钙锂石	Colquiriite	5-012
氟镁钠闪石	Eckermannite	9-234
氟镁钠石	Neighborite	5-009
氟镁石	Sellaite	5-004
氟钠钛锆石	Seidozerite	9-095
氟硼钾石	Avogadrite	5-010
氟硼钠石	Ferruccite	5-011
氟铈矿	Fluocerite-Ce	5-007
氟碳钙铈矿	Synchysite	6-036
氟碳铈矿	Bastnaesite	6-035
氟盐	Villiaumite	5-001
符山石	Vesuvianite	9-129
斧石	Axinite	9-086
复稀金矿	Polycrase	4-016
副黄碲矿	Paratellurite	4-063
副氯铜矿	Paratacamite	5-041
副雄黄	Pararealgar	3-042
g		
钙长石	Anorthite	9-305
钙铒钇矿	Hellandite	9-065
钙矾石	Ettringite	7-036
钙钒榴石	Goldmanite	9-022
钙沸石	Scolecite	9-347
钙铬榴石	Uvarovite	9-021
钙锂电气石	Liddicoatite	9-157
钙铝黄长石	Gehlenite	9-076
钙铝榴石	Grossular	9-020
钙芒硝	Glauberite	7-008
钙镁电气石	Uvite	9-158

钙镁橄榄石	Monticellite	9-012
钙锰橄榄石	Glaucochroite	9-014
钙锰帘石	Macfallite	9-128
钙蔷薇辉石	Bustamite	9-198
钙十字沸石	Phillipsite	9-336
钙水碱	Pirssonite	6-033
钙钛矿	Perovskite	4-014
钙铁橄榄石	Kirschsteinite	9-013
钙铁辉石	Hedenbergite	9-187
钙铁榴石	Andradite	9-019
钙铁石	Brownmillerite	4-058
钙霞石	Cancrinite	9-315
钙钇铈矿	Kainosite-Y	9-146
钙铀云母	Autunite	8-023
钙柱石	Meionite	9-319
杆沸石	Thomsonite	9-350
橄榄石	Olivine	9-007
橄榄铜矿	Olivenite	8-063
刚玉	Corundum	4-008
高岭石-1*A*	Kaolinite-1*A*	9-248
锆石	Zircon	9-025
锆钽矿	Lavenite	9-090
锆针钠钙石	Rosenbuschite	9-093
葛氟锂石	Griceite	5-003
铬电气石	Chromdravite	9-163
铬-立方相 2	Chromium-cub2	1-002
铬-立方相 1	Chromium-cub1	1-001
铬-六方相	Chromium-hex	1-003
铬铅矿	Crocoite	7-039
铬铁矿	Chromite	4-034
汞膏	Calomel	5-023
钴华	Erythrite	8-070
顾家石	Gugiaite	9-082
光彩石	Augelite	8-004
光卤石	Carnallite	5-039
硅钡铍矿	Barylite	9-069
硅钡石	Sanbornite	9-295
硅钡铁矿	Taramellite	9-176
硅钙铅矿	Ganomalite	9-358
硅钙石	Rankinite	9-074
硅钙铀矿	Uranophane	9-056
硅锆钡石	Bazirite	9-135
硅锆钙钠石	Zirsinalite	9-152
硅锆锰钾石	Darapiosite	9-166
硅灰石	Wollastonite	9-197
硅钪铍石	Bazzite	9-149
硅锂钛锆石	Sogdianite	9-171
硅锂锡钾石	Brannockite	9-165
硅-立方相 1	Silicon-cub1	1-047
硅-立方相 2	Silicon-cub2	1-048
硅镁石	Humite	9-046
硅镁铀矿	Sklodowskite	9-057
硅钠钙石	Fedorite	9-289
硅钠锶镧石	Nordite-La	9-286
硅钠钛矿	Lorenzenite	9-195
硅硼钙石	Howlite	6-068
硅硼钙石	Datolite	9-062
硅硼镁石	Garrelsite	9-068
硅铍钠石	Chkalovite	9-205
硅铍石	Phenakite	9-001
硅铍钇矿	Gadolinite	9-064
硅铅矿	Barysilite	9-073
硅铅锰矿	Kentrolite	9-106
硅铅锌矿	Larsenite	9-006
硅铅铀矿	Kasolite	9-055
硅钛钡石	Fresnoite	9-078
硅钛锂钙石	Baratovite	9-155
硅钛钠钡石	Innelite	9-131
硅钛钠石	Murmanite	9-101
硅钛铌钠矿	Nenadkevichite	9-144
硅钛铈钇矿	Chevkinite	9-102
硅钛铁钡石	Traskite	9-178
硅铁钡石	Andremeyerite	9-100
硅铁锂钠石	Sugilite	9-169
硅铁钙钠石	Imandrite	9-153
硅钍石	Huttonite	9-027
硅钍钇矿	Yttrialite-Y	9-072
硅锡钡石	Pabstite	9-137
硅锌矿	Willemite	9-002
硅锌镁锰石	Gerstmannite	9-031
硅铀矿	Soddyite	9-059
桂硅钙石	Afwillite	9-051

h

哈硅钙石	Hatrurite	9-053
海泡石	Sepiolite	9-294
褐帘石	Allanite	9-120
褐硫锰矿	Hauerite	3-025

褐锰矿	Braunite	4-072
褐锌锰矿	Hodgkinsonite	9-030
黑辰砂	Metacinnabar	3-014
黑电气石	Schorl	9-162
黑锰矿	Hausmannite	4-010
黑铜矿	Tenorite	4-051
黑钨矿	Wolframite	7-041
黑锌锰矿	Chalcophanite	4-077
黑云母-1*M*	Biotite-1*M*	9-265
黑柱石	Ilvaite	9-088
红帘石	Piemontite	9-124
红磷锰矿	Hureaulite	8-032
红闪石	Katophorite	9-229
红锑矿	Kermesite	3-027
红锌矿	Zincite	4-045
红钇矿	Thalenite	9-071
红柱石	Andalusite	9-034
滑石-1*A*	Talc-1*A*	9-254
滑石-2*M*	Talc-2*M*	9-255
环晶石	Dachiardite	9-352
黄长石	Melilite	9-077
黄碘银矿	Miersite	5-047
黄铬钾石	Tarapacaite	7-038
黄硅铌钙矿	Niocalite	9-091
黄河矿	Huanghoite	6-037
黄钾铁矾	Jarosite	7-031
黄磷铁矿	Cacoxenite	8-005
黄钼铀矿	Iriginite	7-047
黄锑矿	Stibiconite	8-085
黄铁矿	Pyrite	3-038
黄铜矿	Chalcopyrite	3-012
黄玉	Topaz	9-039
灰硅钙石	Spurrite	9-054
珲春矿	Hunchunite	1-029
辉铋矿	Bismuthinite	3-006
辉沸石	Stilbite	9-342
辉钼矿-2*H*	Molybdenite-2*H*	3-032
辉钼矿-3*R*	Molybdenite-3*R*	3-033
辉砷钴矿	Cobaltite	3-015
辉砷镍矿	Gersdorffite	3-022
辉砷铜矿	Lautite	3-029
辉锑矿	Stibnite	3-047
辉铜矿-单斜相	Chalcocite low	3-011
辉铜矿-六方相	Chalcocite high	3-009
辉铜矿-四方相	Chalcocite-*Q*	3-010
辉铜银矿	Jalpaite	3-026
辉钨矿-2*H*	Tungstenite-2*H*	3-050
辉钨矿-3*R*	Tungstenite-3*R*	3-051
辉银矿	Argentite	3-001

j

基铁矾	Butlerite	7-034
基性磷铁锰矿	Wolfeite	8-020
基性异性石	Lovozerite	9-151
钾冰晶石	Elpasolite	5-014
钾钙板锆石	Wadeite	9-138
钾钙霞石	Davyne	9-316
钾明矾	Potassiumalum	7-013
钾石膏	Syngenite	7-009
钾硝石	Niter	6-051
钾盐	Sylvite	5-018
假孔雀石	Pseudomalachite	8-033
尖晶橄榄石	Ringwoodite	9-015
尖晶石	Spinel	4-039
碱硅钙石	Carletonite	9-282
碱硅镁石	Roedderite	9-172
交沸石	Harmotome	9-335
角铅矿	Phosgenite	6-041
角闪石	Hornblende	9-215
角银矿	Chlorargyrite	5-021
金	Gold	1-006
金刚石	Diamond	1-044
金红石	Rutile	4-026
金绿宝石	Chrysoberyl	4-006
金三铜矿	Auricupride	1-030
金云母-1*M*	Phlogopite-1*M*	9-262
金云母-2M_1	Phlogopite-2M_1	9-263
金云母-3*T*	Phlogopite-3*T*	9-264
堇青石	Cordierite	9-156
晶质铀矿	Uraninite	4-043
韭角闪石	Pargasite	9-220

k

钪钇石	Thortveitite	9-070
柯石英	Coesite	4-032
孔雀石	Malachite	6-040
块硅镁石	Norbergite	9-040
块黑铅矿	Plattnerite	4-024

块磷铝矿	Berlinite	8-035
块硫锑铜矿	Famatinite	3-019
块铜矾	Antlerite	7-028

l

拉锰矿	Ramsdellite	4-021
蓝方石	Hauyne	9-310
蓝灰铜矿	Digenite	3-018
蓝晶石	Kyanite	9-037
蓝磷铁矿	Vauxite	8-036
蓝磷铜矿	Cornetite	8-037
蓝闪石	Glaucophane	9-231
蓝铁矿	Vivianite	8-018
蓝铜矿	Azurite	6-039
蓝铜矿	Armenite	9-173
蓝透闪石	Winchite	9-226
蓝硒铜矿	Chalcomenite	7-037
蓝线石	Dumortierite	9-060
蓝柱石	Euclase	9-028
蓝锥矿	Benitoite	9-136
铑	Rhodium	1-020
锂冰晶石	Cryolithionite	5-015
锂电气石	Elbaite	9-160
锂辉石	Spodumene	9-193
锂蓝闪石	Holmquistite	9-213
锂磷铝石	Amblygonit	8-001
锂铍石	Liberite	9-004
锂霞石	Eucryptite	9-003
锂云母-1*M*	Lepidolite-1*M*	9-266
锂云母-2M_1	Lepidolite-2M_1	9-267
锂云母-2M_2	Lepidolite-2M_2	9-268
锂云母-3*T*	Lepidolite-3*T*	9-269
锂云母-6*M*	Lepidolite-6*M*	9-270
利蛇纹石-1*T*	Lizardite-1*T*	9-250
粒硅钙石	Tilleyite	9-104
粒硅镁石	Chondrodite	9-042
粒硅锰矿	alleghanyite	9-041
磷钙锌矿	Scholzite	8-039
磷硅铌钠石	Vuonnemite	9-110
磷硅铈钠石	Phosinaite-Ce	9-147
磷硅钛钠石	Lomonosovite	9-109
磷化钙	Calcium Phosphide (1/1)	2-051
磷化铝-立方相	Aluminum Phosphide-cub	2-055
磷化铝-六方相	Aluminum Phosphide-hex	2-056
磷化硼	Boron Phosphide	2-060
磷化氢	Phosphane	2-059
磷化三铜	Copper Phosphide(3/1)	2-057
α-磷化锌	Zinc Phosphide(3/2)-α	2-053
β-磷化锌	Zinc Phosphide (1/2)-β	2-054
磷灰石	Apatite	8-040
磷镧镨矿	Rhabdophane	8-042
磷锂铝石	Montebrasite	8-028
磷铝锰矿	Eosphorite	8-043
磷铝铅矿	Pyromorphite	8-002
磷铝石	Variscite	8-016
磷铝铁石	Childrenite	8-044
磷钠铍石	Beryllonite	8-045
磷硼硅铈矿	Stillwellite-Ce	9-067
磷铍钙石	Herderite	8-008
磷砷锌铜矿	Veszelyite	8-017
磷铁锂矿	Triphylite	8-015
磷铁铝矿	Paravauxite	8-046
磷铜矿	Libethenite	8-010
磷铜铁矿	Chalcosiderite	8-006
磷锌矿	Hopeite	8-047
磷叶石	Phosphophyllite	8-048
磷钇矿	Xenotime	8-021
磷铀矿	Phosphuranylite	8-051
鳞镁铁矿	Pyroaurite	6-047
菱沸石	Chabazite	9-327
菱镉矿	Otavite	6-010
菱钴矿	Sphaerocobaltite	6-008
菱钾铝矿	Offretite	9-328
菱碱土矿	Benstonite	6-024
菱磷铝锶石	Svanbergite	8-061
菱镁矿	Magnesite	6-005
菱锰矿	Rhodochrosite	6-007
菱镍矿	Gaspeite	6-011
菱铁矿	Siderite	6-006
菱锌矿	Smithsonite	6-009
硫	Sulfur	1-039
硫铋锑镍矿	Hauchecornite	3-024
硫镉矿	Greenockite	3-023
硫钴矿	Linnaeite	3-030
硫钌矿	Laurite	3-028
硫锰矿	Alabandite	3-002
硫镍钴矿	Siegenite	3-043
硫镍矿	Polydymite	3-037

硫酸钙霞石	Vishnevite	9-317
硫酸铅矿	Anglesite	7-006
硫碳酸铅矿	Leadhillite	6-049
硫铁银矿	Sternbergite	3-046
硫铜钴矿	Carrollite	3-008
硫铜银矿	Stromeyerite	3-048
硫锡铅矿	Teallite	3-049
硫银锗矿	Argyrodite	3-004
硫锗铜矿	Germanite	3-021
六方金刚石	Lansdaleite	1-046
六硼化硅	Silicon Boride (1/6)	2-047
六硼化镧	Lanthanum Boride (1/6)	2-040
六水碳钙石	Ikaite	6-031
鲁硅钙石	Rustumite	9-130
铝	Aluminum	1-004
铝硅钡石	Cymrite	9-357
铝绿泥石-1M_{IIb}	Sudoite-1M_{IIb}	9-277
铝直闪石	Gedrite	9-212
绿辉石	Omphacite	9-190
绿帘石	Epidote	9-122
绿磷铅铜矿	Tsumebite	8-049
绿磷铁矿	Dufrenite	8-007
绿鳞石-1M	Celadonite-1M	9-261
绿硫钒矿	Patronite	3-035
绿钠闪石	Hastingsite	9-223
绿泥石	Chlorite	9-243
绿镍矿	Bunsenite	4-048
绿松石	Turquoise	8-050
绿铁闪石	Taramite magnesian	9-230
绿铜锌矿	Aurichalcite	6-045
绿纤石	Pumpellyite-Al	9-126
绿柱石	Beryl	9-148
氯氟钙石	Rorisite	5-035
氯钙石	Hydrophilite	5-031
氯硅钙铅矿	Nasonite	9-107
氯黄晶	Zunyite	9-117
氯磷灰石	Chlorapatite	8-052
氯铝石	Chloraluminite	5-038
氯镁石	Chloromagnesite	5-026
氯锰石	Scacchite	5-025
氯铅矿	Cotunnite	5-030
氯碳酸钠镁石	Northupite	6-043
氯锑铅矿	Nadorite	5-043
氯铜矿	Atacamite	5-040
罗水硅钙石	Rosenhahnite	9-114
罗水氯铁石	Rokuhnite	5-027

m

麦钾沸石	Merlinoite	9-338
毛沸石	Erionite	9-329
毛青铜矿	Buttgenbachite	6-056
镁电气石	Dravite	9-161
镁橄榄石	Forsterite	9-009
镁铬铁矿	Magnesiochromite	4-037
镁黄长石	Akermanite	9-075
镁碱沸石	Ferrierite	9-353
镁角闪石	Magnesiohornblende	9-217
镁磷石	Newberyite	8-041
镁铝榴石	Pyrope	9-016
镁绿钙闪石	Magnesiohastingsite	9-222
镁绿泥石-2H_2	Amesite-2H_2	9-251
镁明矾	Pickeringite	7-024
镁闪石	Magnesiocummingtonite	9-208
镁铁矿	Magnesioferrite	4-055
镁铁闪石	Cummingtonite	9-209
蒙脱石-15Å	Montmorillonite-15Å	9-276
锰方解石	Kutnohorite	6-021
锰钙辉石	Johannsenite	9-189
锰橄榄石	Tephroite	9-011
锰硅铝矿	Ardennite	9-132
锰辉石	Kanonaite	9-035
锰辉石	Kanoite	9-182
锰帘石	Sursassite	9-127
锰磷锂矿	Lithiophilite	8-053
锰铝榴石	Spessartine	9-018
锰镁云母	Davreuxite	9-119
锰三斜辉石	Pyroxmangite	9-206
锰闪石	Richterite	9-227
锰铁闪石	Danalite	9-313
锰星叶石-1A	Kupletskite-1A	9-240
锰柱石	Orientite	9-133
密黄长石	Meliphanite	9-081
密陀僧	Litharge	4-053
明矾石	Alunite	7-030
莫来石	Mullite	9-033
钼钙矿	Powellite	7-045
钼华	Molybdite	4-069
钼铅矿	Wulfenite	7-046

n

钠长石	Albite	9-302
钠沸石	Natrolite	9-345
钠锆石	Elpidite	9-287
钠菱沸石	Gmelinite	9-330
钠铌矿	Lueshite	4-062
钠闪石	Riebeckite	9-233
钠碳石	Natrite	6-017
钠铁闪石	Arfvedsonite	9-235
钠硝矾	Darapskite	6-058
钠硝石	Nitratine	6-050
钠云母-1*M*	Paragonite-1*M*	9-259
钠云母-2M_1	Paragonite-2M_1	9-260
钠柱石	Marialite	9-318
南极石	Antarcticite	5-029
硇砂	Salammoniac	5-020
铌钙矿	Fersmite	4-064
铌铁矿	Columbite	4-007
霓石	Aegirine	9-192
镍	Nickel	1-015
镍矾	Retgersite	7-019
镍橄榄石	Liebenbergite	9-010
镍华	Annabergite	8-071
镍黄铁矿	Pentlandite	3-036
β-镍纹石	Taenite-β	1-035

p

泡铋矿	Bismutite	6-042
泡碱	Natron	6-029
硼钙石	Calciborite	6-063
硼硅钡钇矿	Cappelenite-Y	9-066
硼化二钽	Tantalum Boride (2/1)-β	2-049
硼化钙	Calcium Boride	2-036
硼化铬	Chromium Boride	2-042
硼化镁	Magnesium Boride	2-035
硼化钛-立方相	Titanium Boride-cub	2-043
硼化钛-斜方相	Titanium Boride-ort	2-044
硼化钽	Tantalum Boride (1/1)	2-048
硼锂石	Diomignite	6-065
硼铝钙石	Johachidolite	6-064
硼铝镁石	Sinhalite	6-059
硼镁石	Szaibelyite	6-067
硼镁铁矿	Ludwigite	6-060
硼铍石	Hambergite	6-066
硼砂	Borax	6-070
硼铁矿	Vonsenite	6-061
砒霜	Claudetite	4-071
铍方钠石	Tugtupite	9-312
铍密黄石	Aminoffite	9-111
铍石	Bromellite	4-046
铍柱石	Harstigite	9-079
片沸石	Heulandite	9-340
片硅碱钙石	Delhayelite	9-284
片榍石	Hiortdahlite	9-092
片柱钙石	Scawtite	9-174
坡缕石	Palygorskite	9-293
葡萄石	Prehnite	9-280
普通辉石	Augite	9-188

q

铅	Lead	1-007
铅丹	Minium	4-057
铅辉石	Alamosite	9-207
铅蓝方石	Roeblingite	9-175
铅铝硅石	Wickenburgite	9-292
铅铁矾	Plumbojarosite	7-032
铅黝帘石	Hancockite	9-123
浅闪石	Edenite	9-219
枪晶石	Cuspidine	9-089
蔷薇辉石	Rhodonite	9-203
羟钙石	Portlandite	4-083
羟硅钡石	Muirite	9-164
羟硅铝锰石	Akatoreite	9-116
羟硅铍石	Bertrandite	9-083
羟磷灰石	Hydroxylapatite	8-054
羟磷硝铜矿	Likasite	6-057
羟铝铜钙石	Papagoite	9-145
羟氯铅矿	Laurionite	5-042
羟铟石	Dzhalindite	4-078
青金石	Lazurite	9-311
青铅矿	Linarite	7-029
球方解石	Vaterite	6-012

r

肉色柱石	Sarcolite	9-320
软铋矿	Sillenite	4-060
软钾镁矾	Picromerite	7-011

软锰矿	Pyrolusite	4-025
锐钛矿	Anatase	4-002

s

赛黄晶	Danburite	9-108
三方硼砂	Tincalconite	6-071
三水铝石	Gibbsite	4-076
三水钠锆石	Hilairite	9-142
三斜磷锌矿	Tarbuttite	8-014
三斜石	Trimerite	9-005
铯榴石	Pollucite-Fe	9-323
闪锌矿	Sphalerite	3-044
闪叶石	Lamprophyllite	9-098
烧绿石	Pyrochlore	4-020
砷	Arsenic	1-038
砷铋铜矿	Mixite	8-073
砷钙铜矿	Conichalcite	8-065
砷华	Arsenolite	4-059
砷化镓-立方相 1	Gallium Arsenide-cub1	2-026
砷化镓-立方相 2	Gallium Arsenide-cub2	2-027
砷化镓-六方相	Gallium Arsenide-hex	2-028
砷化镓-斜方相 1	Gallium Arsenide-ort1	2-029
砷化镓-斜方相 2	Gallium Arsenide-ort2	2-030
砷化铟-立方相 1	Indium Arsenide-cub1	2-031
砷化铟-立方相 2	Indium Arsenide-cub2	2-032
砷化铟-立方相 3	Indium Arsenide-cub3	2-033
砷化铟-四方相	Indium Arsenide-tet	2-034
砷菱铅矾	Beudantite	8-076
砷铅矿	Mimetite	8-068
砷铅铁矿	Carminite	8-067
砷铜铅矿	Duftite	8-066
砷钇矿	Chernovite	8-062
十二硼化锆	Zirconium Boride (1/12)	2-039
十字石	Staurolite	9-038
石膏	Gypsum	7-016
石灰	Lime	4-050
石墨-2*H*	Graphite-2*H*	1-042
石墨-3*R*	Graphite-3*R*	1-043
石盐	Halite	5-017
β-石英	Quartz-β	4-031
石英	Quartz	4-030
铈硅石	Cerite	9-050
双晶石	Eudidymite	9-237
水胆矾	Brochantite	7-027
水钒铜矿	Volborthite	8-082
水钙沸石	Gismondine	9-333
水钙锰榴石	Henritermierite	9-023
水钙钛矿	Kassite	4-061
水钙硝石	Nitrocalcite	6-053
水硅钒钙石	Cavansite	9-296
水硅钙铀矿	Haiweeite	9-058
水硅锰钙石	Ruizite	9-115
水硅锰矿	Leucophoenicite	9-043
水硅锰镁锌矿	Gageite	9-202
水硅铜钙石	Kinoite	9-113
水硅锌钙石	Junitoite	9-085
水碱	Thermonatrite	6-028
水磷铝钠石	Wardite	8-055
水菱镁矿	Hydromagnesite	6-048
水绿矾	Melanterite	7-020
水氯钙石	Sinjarite	5-028
水氯镁石	Bischofite	5-034
水氯铜石	Eriochalcite	5-032
水镁石	Brucite	4-073
水镁硝石	Nitromagnesite	6-054
水锰矿	Manganite	4-081
水砷锌矿	Adamite	8-064
水碳铝铅矿	Dundasite	6-046
水锑铅矿	Bindheimite	8-084
水铁矾	Szomolnokite	7-015
水铁盐	Hydromolysite	5-037
水锌矿	Hydrozincite	6-044
丝光沸石	Montesommaite	9-339
斯石英	Stishovite	4-027
锶沸石	Brewsterite	9-354
四硼化硅	Silicon Boride (1/4)	2-046
四硼化镧	Lanthanum Boride (1/4)	2-041
苏打石	Nahcolite	6-001
索伦石	Suolunite	9-094

t

塔菲石	Taaffeite	4-040
钛硅铈矿	Perrierite	9-103
钛角闪石	Kaersutite	9-224
钛-立方相 1	Titanium-cub1	1-022
钛-立方相 2	Titanium-cub2	1-023
钛-六方相	Titanium-hex	1-024
钛铁矿	Ilmenite	4-013

钛铀矿	Brannerite	4-004
钽锑矿	Stibiotantalite	4-065
钽铁矿	Tantalite	4-041
碳化钙	Calcium Carbide	2-002
碳化铬	Tongbaite	2-005
β-碳化硅	Silicon Carbide-β	2-009
α-碳化硅-2H	Moissanite-2H	2-006
α-碳化硅-4H	Moissanite-4H	2-007
α-碳化硅-6H	Moissanite-6H	2-008
碳化硼	Boron Carbide	2-010
碳化钛	Khamrabaevite	2-004
碳化钨	Tungsten Carbide	2-001
碳锶矿	Strontianite	6-015
碳酸钙镁矿	Huntite	6-027
碳酸钠钙石	Shortite	6-026
汤河原沸石	Yugawaralite	9-355
汤霜晶石	Thomsenolite	5-016
桃针钠石	Serandite	9-200
锑	Antimony	1-026
锑钙石	Romeite	8-086
锑华	Valentinite	4-044
锑硫镍矿	Ullmannite	3-052
锑铅金矿	Anyuiite	1-028
锑线石	Holtite	9-061
天蓝石	Lazulite	8-009
天青石	Celestite	7-005
天然碱	Trona	6-003
天然硼酸	Sassolite	6-062
天山石	Tienshanite	9-177
α-铁	Iron-α	1-011
γ-铁	Iron-γ	1-012
δ-铁	Iron-δ	1-013
ε-铁	Iron-ε	1-014
铁白云石	Ankerite	6-020
铁板钛矿	Pseudobrookite	4-017
铁钙镁闪石	Ferrotschermakite	9-225
铁橄榄石	Fayalite	9-008
铁钴矿	Wairauite	1-037
铁灰石	Babingtonite	9-204
铁尖晶石	Hercynite	4-054
铁角闪石	Ferrohornblende	9-218
铁韭闪石	Ferropargasite	9-221
铁蓝闪石	Ferroglaucophane	9-232
铁锂云母-1M	Zinnwaldite-1M	9-271
铁锂云母-2M_1	Zinnwaldite-2M_1	9-272
铁锂云母-3T	Zinnwaldite-3T	9-273
铁铝榴石	Almandine	9-017
铁锰绿铁矿	Rockbridgeite	8-034
铁明矾	Halotrichite	7-025
铁钠钙闪石	Ferrorichterite	9-228
铁镍矿	Awaruite	1-036
铁闪石	Grunerite	9-210
α-铁纹石	Kamacite-α	1-034
铁盐	Molysite	5-036
铜	Copper	1-005
铜汞合金	Belendorffite	1-031
铜蓝	Covellite	3-016
铜铝合金	Cupalite	1-033
铜硝石	Gerhardtite	6-055
铜盐	Nantokite	5-022
透长石	Sanidine	9-299
透辉石	Diopside	9-186
透锂长石-1M	Petalite-1M	9-288
透锂铝石	Bikitaite	9-356
透闪石	Tremolite	9-214
透视石	Dioptase	9-154
钍石	Thorite	9-026
托氯铜石	Tolbachite	5-033

W

瓦硅钙钡石	Walstromite	9-139
歪长石	Anorthoclase	9-301
顽火辉石	Enstatite	9-185
微斜长石	Microcline	9-300
文石	Aragonite	6-013
钨华	Tungstite	4-070
钨锰矿	Hubnerite	7-042
钨铅矿	Stolzite	7-044
钨铁矿	Ferberite	7-040
无水芒硝	Thenardite	7-003
五角水硅钒钙石	Pentagonite	9-297
五水碳镁石	Lansfordite	6-032

X

矽线石	Sillimanite	9-032
硒	Selenium	1-040
β-锡	Tin-β	1-021
锡石	Cassiterite	4-023

细晶石	Microlite	4-019
霞石	Nepheline	9-306
纤硅碱钙石	Rhodesite	9-283
纤硅铜矿	Plancheite	9-236
纤磷钙铝石	Crandallite	8-038
纤磷锰铁矿	Strunzite	8-056
纤铁矾	Fibroferrite	7-035
纤铁矿	Lepidocrocite	4-080
纤锌矿-10*H*	Wurtzite-10*H*	3-057
纤锌矿-2*H*	Wurtzite-2*H*	3-053
纤锌矿-4*H*	Wurtzite-4*H*	3-054
纤锌矿-6*H*	Wurtzite-6*H*	3-055
纤锌矿-8*H*	Wurtzite-8*H*	3-056
香花石	Hsianghualite	9-326
斜发沸石	Clinoptilolite	9-341
斜方硅钙石	Kilchoanite	9-134
斜方辉石	Orthopyroxene	9-184
斜方镁钡闪叶石	Orthoericssonite	9-099
斜方钠锆石	Gaidonnayite	9-141
斜钙沸石	Wairakite	9-324
斜锆石	Baddeleyite	4-066
斜硅钙石	Larnite	9-024
斜硅镁石	Clinohumite	9-044
斜硅锰矿	Sonolite	9-045
斜辉石	Clinopyroxene	9-179
斜碱沸石	Amicite	9-334
斜晶石	Clinohedrite	9-029
斜绿泥石-2M_{IIb}	Clinochlore-2M_{IIb}	9-278
斜水硅钙石	Killalaite	9-105
斜铁辉石	Ferrosilite	9-181
斜顽辉石	Clinoenstatite	9-180
斜黝帘石	Clinozoisite	9-121
泻利盐	Epsomite	7-022
榍石	Titanite	9-048
锌	Zinc	1-025
锌黑锰矿	Hetaerolite	4-056
锌黄长石	Hardystonite	9-112
锌尖晶石	Gahnite	4-036
锌榴石	Genthelvite	9-314
锌铁矾	Bianchite	7-018
锌铁尖晶石	Franklinite	4-035
兴安石	Hingganite-Y	9-063
星叶石	Astrophyllite	9-239
雄黄	Realgar	3-041
溴汞石	Kuzminite	5-044
溴银矿	Bromargyrite	5-045

y

阳起石	Actinolite	9-216
氧硅钛钠石	Natisite	9-049
叶腊石-1*A*	Pyrophyllite-1*A*	9-252
叶腊石-2*M*	Pyrophyllite-2*M*	9-253
叶蛇纹石	Antigorite	9-249
一硼化锆	Zirconium Boride (1/1)	2-037
伊利石-2M_1	Illite-2M_1	9-274
铱	Iridium	1-016
异极石	Hemimorphite	9-084
易变辉石	Pigeonite	9-183
易解石	Aeschynite-Ce	4-001
锇	Osmium	1-010
银-立方相	Silver-cub	1-008
银-六方相	Silver-hex	1-009
银镍黄铁矿	Argentopentlandite	3-003
银星石	Wavellite	8-019
印度石	Indialite	9-150
萤石	Fluorite	5-005
硬绿泥石	Chloritoid	9-047
硬锰矿	Romanechite	4-022
硬锰矿	Psilomelane	4-082
硬石膏	Anhydrite	7-007
硬水铝石	Diaspore	4-075
硬玉	Jadeite	9-191
硬柱石	Lawsonite	9-087
黝方石	Nosean	9-309
黝帘石	Zoisite	9-125
黝锡矿	Stannite	3-045
鱼眼石	Apophyllite	9-281
陨氯铁	Lawrencite	5-024
陨碳铁矿	Cohenite	2-003
陨铁大隅石	Merrihueite	9-167

z

扎布耶石	Zabuyelite	6-018
张衡矿	Zhanghengite	1-032
章氏硼镁石	Hungchaoite	6-072
赵石墨	Chaoite	1-045
针沸石	Mazzite	9-337
针硅钙铅矿	Margarosanite	9-140

针硅钙石	Hillebrandite	9-201
针磷钇铒矿	Churchite-Y	8-057
针绿矾	Coquimbite	7-026
针锰柱石	Carpholite	9-194
针钠钙石	Pectolite	9-199
针镍矿	Millerite	3-031
针碳钠钙石	Gaylussite	6-034
针铁矿	Goethite	4-079
整柱石	Milarite	9-170
正长石	Orthoclase	9-298
直闪石	Anthophyllite	9-211
蛭石	Vermiculite	9-275
中长石	Andesine	9-303
中沸石	Mesolite	9-346
重晶石	Barite	7-004
重钽铁矿	Tapiolite	4-042
重碳酸钾石	Kalicinite	6-002
柱沸石	Epistilbite	9-351
柱钾铁矾	Goldichite	7-012
柱晶石	Kornerupine	9-118
柱钠铜矾	Kroehnkite	7-010
柱星叶石	Neptunite	9-242
准埃洛石	Metahalloysite	9-247
准钡铀云母	Meta-uranocircite	8-058
准翠砷铜铀矿	Metazeunerite	8-075
准钙铀云母	Metaautunite	8-025
准蓝磷铝铁矿	Meta-vauxite	8-059
准磷铝石	Metavariscite	8-012
准铜铀云母	Metatorbernite	8-026
浊沸石	Laumontite	9-325
紫脆石	Ussingite	9-321
紫硅铝镁石	Yoderite	9-036
紫磷铁锰矿	Purpurite	8-060

英文矿物名称索引(字母顺序)

A

Actinolite 阳起石 9-216
Adamite 水砷锌矿 8-064
Aegirine 霓石 9-192
Aeschynite-Ce 易解石 4-001
Afwillite 桂硅钙石 9-051
Akatoreite 羟硅铝锰石 9-116
Akermanite 镁黄长石 9-075
Alabandite 硫锰矿 3-002
Alamosite 铅辉石 9-207
Albite 钠长石 9-302
Allanite 褐帘石 9-120
alleghanyite 粒硅锰矿 9-041
Almandine 铁铝榴石 9-017
Aluminite 矾石 7-033
Aluminum 铝 1-004
Aluminum Nitride-cub1 氮化铝-立方相 1 2-011
Aluminum Nitride-cub2 氮化铝-立方相 2 2-012
Aluminum Nitride-hex 氮化铝-六方相 2-013
Aluminum Phosphide-cub 磷化铝-立方相 2-055
Aluminum Phosphide-hex 磷化铝-六方相 2-056
Alunite 明矾石 7-030
Amblygonit 锂磷铝石 8-001
Amesite-2H_2 镁绿泥石-2H_2 9-251
Amicite 斜碱沸石 9-334
Aminoffite 铍密黄石 9-111
Analcime 方沸石 9-322
Anatase 锐钛矿 4-002
Andalusite 红柱石 9-034
Andesine 中长石 9-303
Andradite 钙铁榴石 9-019
Andremeyerite 硅铁钡石 9-100
Anglesite 硫酸铅矿 7-006
Anhydrite 硬石膏 7-007
Ankerite 铁白云石 6-020
Annabergite 镍华 8-071
Anorthite 钙长石 9-305
Anorthoclase 歪长石 9-301
Antarcticite 南极石 5-029
Anthophyllite 直闪石 9-211
Antigorite 叶蛇纹石 9-249
Antimony 锑 1-026
Antlerite 块铜矾 7-028
Anyuiite 锑铅金矿 1-028
Apatite 磷灰石 8-040
Apophyllite 鱼眼石 9-281
Aragonite 文石 6-013
Arcanite 单钾芒硝 7-002
Ardennite 锰硅铝矿 9-132
Arfvedsonite 钠铁闪石 9-235
Argentite 辉银矿 3-001
Argentopentlandite 银镍黄铁矿 3-003
Argyrodite 硫银锗矿 3-004
Armenite 蓝铜矿 9-173
Arsenic 砷 1-038
Arsenolite 砷华 4-059
Arsenopyrite 毒砂 3-005
Astrophyllite 星叶石 9-239
Atacamite 氯铜矿 5-040
Augelite 光彩石 8-004
Augite 普通辉石 9-188
Aurichalcite 绿铜锌矿 6-045
Auricupride 金三铜矿 1-030
Autunite 钙铀云母 8-023
Avogadrite 氟硼钾石 5-010
Awaruite 铁镍矿 1-036
Axinite 斧石 9-086
Azurite 蓝铜矿 6-039

B

Babingtonite 铁灰石 9-204
Baddeleyite 斜锆石 4-066
Bafertisite 钡铁钛石 9-096
Bannisterite 斑硅锰石 9-291
Baotite 包头矿 9-143
Baratovite 硅钛锂钙石 9-155
Barite 重晶石 7-004
Barrerite 板沸石 9-344
Barylite 硅钡铍矿 9-069

Barysilite	硅铅矿	9-073
Barytocalcite-mon	钡解石-单斜相	6-025
Barytolamprophyllite	钡闪叶石	9-097
Bastnaesite	氟碳铈矿	6-035
Bazirite	硅锆钡石	9-135
Bazzite	硅钪铍石	9-149
Belendorffite	铜汞合金	1-031
Benitoite	蓝锥矿	9-136
Benstonite	菱碱土矿	6-024
Beraunite	簇磷铁矿	8-022
Berlinite	块磷铝矿	8-035
Bertrandite	羟硅铍石	9-083
Beryl	绿柱石	9-148
Beryllonite	磷钠铍石	8-045
Betafite	贝塔石	4-018
Beudantite	砷菱铅矾	8-076
Bianchite	锌铁矾	7-018
Bieberite	赤矾	7-021
Bikitaite	透锂铝石	9-356
Bindheimite	水锑铅矿	8-084
Biotite-1*M*	黑云母-1*M*	9-265
Bischofite	水氯镁石	5-034
Bismuth	铋	1-027
Bismuthinite	辉铋矿	3-006
Bismutite	泡铋矿	6-042
Bixbyite	方铁锰矿	4-003
Boehmite	勃姆矿	4-074
Boracite	方硼石	6-069
Borax	硼砂	6-070
Bornite	斑铜矿	3-007
Boron Carbide	碳化硼	2-010
Boron Nitride	氮化硼	2-020
Boron Phosphide	磷化硼	2-060
Brannerite	钛铀矿	4-004
Brannockite	硅锂锡钾石	9-165
Braunite	褐锰矿	4-072
Brewsterite	锶沸石	9-354
Brochantite	水胆矾	7-027
Bromargyrite	溴银矿	5-045
Bromellite	铍石	4-046
Brookite	板钛矿	4-005
Brownmillerite	钙铁石	4-058
Brucite	水镁石	4-073
Buergerite	布格电气石	9-159
Bultfonteinite	氟硅钙石	9-052
Bunsenite	绿镍矿	4-048
Bustamite	钙蔷薇辉石	9-198
Butlerite	基铁矾	7-034
Buttgenbachite	毛青铜矿	6-056
Bytownite	倍长石	9-304

C

Cacoxenite	黄磷铁矿	8-005
Calciborite	硼钙石	6-063
Calcite	方解石	6-004
Calcium Boride	硼化钙	2-036
Calcium Carbide	碳化钙	2-002
Calcium Phosphide (1/1)	磷化钙	2-051
Calcium Phosphide (3/2)	二磷化三钙	2-052
Calomel	汞膏	5-023
Cancrinite	钙霞石	9-315
Cappelenite-Y	硼硅钡钇矿	9-066
Carletonite	碱硅钙石	9-282
Carminite	砷铅铁矿	8-067
Carnallite	光卤石	5-039
Carnotite anhydrous	钒钾铀矿	8-083
Carobbiite	方氟钾石	5-002
Carpholite	针锰柱石	9-194
Carrollite	硫铜钴矿	3-008
Cassiterite	锡石	4-023
Cavansite	水硅钒钙石	9-296
Celadonite-1*M*	绿鳞石-1*M*	9-261
Celestite	天青石	7-005
Cerianite-Ce	方铈矿	4-067
Cerite	铈硅石	9-050
Cerussite	白铅矿	6-016
Chabazite	菱沸石	9-327
Chalcanthite	胆矾	7-017
Chalcocite high	辉铜矿-六方相	3-009
Chalcocite low	辉铜矿-单斜相	3-011
Chalcocite-*Q*	辉铜矿-四方相	3-010
Chalcomenite	蓝硒铜矿	7-037
Chalcophanite	黑锌锰矿	4-077
Chalcopyrite	黄铜矿	3-012
Chalcosiderite	磷铜铁矿	8-006
Chamosite	鲕绿泥石	9-279
Chaoite	赵石墨	1-045
Chernovite	砷钇矿	8-062

Chevkinite	硅钛铈钇矿	9-102
Childrenite	磷铝铁石	8-044
Chkalovite	硅铍钠石	9-205
Chloraluminite	氯铝石	5-038
Chlorapatite	氯磷灰石	8-052
Chlorargyrite	角银矿	5-021
Chlorite	绿泥石	9-243
Chloritoid	硬绿泥石	9-047
Chloromagnesite	氯镁石	5-026
Chondrodite	粒硅镁石	9-042
Chromdravite	铬电气石	9-163
Chromite	铬铁矿	4-034
Chromium-cub1	铬-立方相 1	1-001
Chromium-cub2	铬-立方相 2	1-002
Chromium-hex	铬-六方相	1-003
Chromium Boride	硼化铬	2-042
Chrysoberyl	金绿宝石	4-006
Churchite-Y	针磷钇铒矿	8-057
Cinnabar	辰砂	3-013
Claudetite	砒霜	4-071
Clinochlore-$2M_{IIb}$	斜绿泥石-$2M_{IIb}$	9-278
Clinoenstatite	斜顽辉石	9-180
Clinohedrite	斜晶石	9-029
Clinohumite	斜硅镁石	9-044
Clinoptilolite	斜发沸石	9-341
Clinopyroxene	斜辉石	9-179
Clinozoisite	斜黝帘石	9-121
Cobaltite	辉砷钴矿	3-015
Coesite	柯石英	4-032
Cohenite	陨碳铁矿	2-003
Collinsite	淡磷钙铁矿	8-024
Colquiriite	氟铝钙锂石	5-012
Columbite	铌铁矿	4-007
Conichalcite	砷钙铜矿	8-065
Copper	铜	1-005
Copper Phosphide(1/2)	二磷化铜	2-058
Copper Phosphide(3/1)	磷化三铜	2-057
Coquimbite	针绿矾	7-026
Cordierite	堇青石	9-156
Cornetite	蓝磷铜矿	8-037
Corundum	刚玉	4-008
Cotunnite	氯铅矿	5-030
Covellite	铜蓝	3-016
Crandallite	纤磷钙铝石	8-038
Cristobalite	方石英	4-028
Cristobalite-β	β-方石英	4-029
Crocoite	铬铅矿	7-039
Cryolite	冰晶石	5-013
Cryolithionite	锂冰晶石	5-015
Cubanite	方黄铜矿	3-017
Cummingtonite	镁铁闪石	9-209
Cupalite	铜铝合金	1-033
Cuprite	赤铜矿	4-009
Cuspidine	枪晶石	9-089
Cymrite	铝硅钡石	9-357
D		
Dachiardite	环晶石	9-352
Danalite	锰铁闪石	9-313
Danburite	赛黄晶	9-108
Darapiosite	硅锆锰钾石	9-166
Darapskite	钠硝矾	6-058
Datolite	硅硼钙石	9-062
Davreuxite	锰镁云母	9-119
Davyne	钾钙霞石	9-316
Delhayelite	片硅碱钙石	9-284
Descloizite	钒铅锌矿	8-079
Diamond	金刚石	1-044
Diaspore	硬水铝石	4-075
Dickite	地开石	9-244
Digenite	蓝灰铜矿	3-018
Diomignite	硼锂石	6-065
Diopside	透辉石	9-186
Dioptase	透视石	9-154
Dolomite	白云石	6-019
Dravite	镁电气石	9-161
Dufrenite	绿磷铁矿	8-007
Duftite	砷铜铅矿	8-066
Dumortierite	蓝线石	9-060
Dundasite	水碳铝铅矿	6-046
Dzhalindite	羟铟石	4-078
E		
Eckermannite	氟镁钠闪石	9-234
Edenite	浅闪石	9-219
Edingtonite	钡沸石	9-348
Elbaite	锂电气石	9-160
Elpasolite	钾冰晶石	5-014

Elpidite 钠锆石 9-287
Enstatite 顽火辉石 9-185
Eosphorite 磷铝锰矿 8-043
Epididymite 板晶石 9-238
Epidote 绿帘石 9-122
Epistilbite 柱沸石 9-351
Epsomite 泻利盐 7-022
Eriochalcite 水氯铜石 5-032
Erionite 毛沸石 9-329
Erythrite 钴华 8-070
Ettringite 钙矾石 7-036
Euclase 蓝柱石 9-028
Eucryptite 锂霞石 9-003
Eudidymite 双晶石 9-237

F

Famatinite 块硫锑铜矿 3-019
Faujasite-K 八面沸石 9-331
Fayalite 铁橄榄石 9-008
Fedorite 硅钠钙石 9-289
Ferberite 钨铁矿 7-040
Ferrierite 镁碱沸石 9-353
Ferroglaucophane 铁蓝闪石 9-232
Ferrohornblende 铁角闪石 9-218
Ferropargasite 铁韭闪石 9-221
Ferrorichterite 铁钠钙闪石 9-228
Ferrosilite 斜铁辉石 9-181
Ferrotschermakite 铁钙镁闪石 9-225
Ferruccite 氟硼钠石 5-011
Fersmite 铌钙矿 4-064
Fibroferrite 纤铁矾 7-035
Fluocerite-Ce 氟铈矿 5-007
Fluocerite-La 氟镧矿 5-008
Fluorapatite 氟磷灰石 8-031
Fluorite 萤石 5-005
Forsterite 镁橄榄石 9-009
Frankdicksonite 钡萤石 5-006
Franklinite 锌铁尖晶石 4-035
Fresnoite 硅钛钡石 9-078

G

Gadolinite 硅铍钇矿 9-064
Gageite 水硅锰镁锌矿 9-202
Gahnite 锌尖晶石 4-036
Gaidonnayite 斜方钠锆石 9-141
Galena 方铅矿 3-020
Gallium Arsenide-cub1 砷化镓-立方相 1 2-026
Gallium Arsenide-cub2 砷化镓-立方相 2 2-027
Gallium Arsenide-hex 砷化镓-六方相 2-028
Gallium Arsenide-ort1 砷化镓-斜方相 1 2-029
Gallium Arsenide-ort2 砷化镓-斜方相 2 2-030
Gallium Nitride-cub 氮化镓-立方相 2-025
Gallium Nitride-hex 氮化镓-六方相 2-024
Ganomalite 硅钙铅矿 9-358
Garrelsite 硅硼镁石 9-068
Gaspeite 菱镍矿 6-011
Gaylussite 针碳钠钙石 6-034
Gedrite 铝直闪石 9-212
Gehlenite 钙铝黄长石 9-076
Genthelvite 锌榴石 9-314
Gerhardtite 铜硝石 6-055
Germanite 硫锗铜矿 3-021
Gersdorffite 辉砷镍矿 3-022
Gerstmannite 硅锌镁锰石 9-031
Gibbsite 三水铝石 4-076
Gismondine 水钙沸石 9-333
Glauberite 钙芒硝 7-008
Glaucochroite 钙锰橄榄石 9-014
Glaucophane 蓝闪石 9-231
Gmelinite 钠菱沸石 9-330
Goethite 针铁矿 4-079
Gold 金 1-006
Goldichite 柱钾铁矾 7-012
Goldmanite 钙钒榴石 9-022
Gonnardite 变杆沸石 9-349
Graphite-2*H* 石墨-2*H* 1-042
Graphite-3*R* 石墨-3*R* 1-043
Greenockite 硫镉矿 3-023
Griceite 葛氟锂石 5-003
Griphite 暧昧石 8-027
Grossular 钙铝榴石 9-020
Grunerite 铁闪石 9-210
Gugiaite 顾家石 9-082
Gypsum 石膏 7-016
Gyrolite 白钙沸石 9-290

H

Haiweeite 水硅钙铀矿 9-058

Halite	石盐	5-017
Halloysite-10Å	埃洛石-10Å	9-245
Halloysite-7Å	埃洛石-7Å	9-246
Halotrichite	铁明矾	7-025
Hambergite	硼铍石	6-066
Hancockite	铅黝帘石	9-123
Hardystonite	锌黄长石	9-112
Harmotome	交沸石	9-335
Harstigite	铍柱石	9-079
Hastingsite	绿钠闪石	9-223
Hatrurite	哈硅钙石	9-053
Hauchecornite	硫铋锑镍矿	3-024
Hauerite	褐硫锰矿	3-025
Hausmannite	黑锰矿	4-010
Hauyne	蓝方石	9-310
Hedenbergite	钙铁辉石	9-187
Hellandite	钙铒钇矿	9-065
Hematite	赤铁矿	4-011
Hemimorphite	异极石	9-084
Henritermierite	水钙锰榴石	9-023
Hercynite	铁尖晶石	4-054
Herderite	磷铍钙石	8-008
Hetaerolite	锌黑锰矿	4-056
Heulandite	片沸石	9-340
Hilairite	三水钠锆石	9-142
Hillebrandite	针硅钙石	9-201
Hingganite-Y	兴安石	9-063
Hiortdahlite	片榍石	9-092
Hodgkinsonite	褐锌锰矿	9-030
Holmquistite	锂蓝闪石	9-213
Holtite	锑线石	9-061
Hopeite	磷锌矿	8-047
Hornblende	角闪石	9-215
Howlite	硅硼钙石	6-068
Hsianghualite	香花石	9-326
Huanghoite	黄河矿	6-037
Hubnerite	钨锰矿	7-042
Humite	硅镁石	9-046
Hunchunite	珲春矿	1-029
Hungchaoite	章氏硼镁石	6-072
Huntite	碳酸钙镁矿	6-027
Hureaulite	红磷锰矿	8-032
Huttonite	硅钍石	9-027
Hydrohalite	冰石盐	5-019
Hydromagnesite	水菱镁矿	6-048
Hydromolysite	水铁盐	5-037
Hydrophilite	氯钙石	5-031
Hydroxylapatite	羟磷灰石	8-054
Hydrozincite	水锌矿	6-044

I

Ice	冰	4-012
Ikaite	六水碳钙石	6-031
Illite-2M_1	伊利石-2M_1	9-274
Ilmenite	钛铁矿	4-013
Ilvaite	黑柱石	9-088
Imandrite	硅铁钙钠石	9-153
Indialite	印度石	9-150
Indium Arsenide-cub1	砷化铟-立方相1	2-031
Indium Arsenide-cub2	砷化铟-立方相2	2-032
Indium Arsenide-cub3	砷化铟-立方相3	2-033
Indium Arsenide-tet	砷化铟-四方相	2-034
Innelite	硅钛钠钡石	9-131
Iodargyrite	碘银矿	5-046
Iridium	铱	1-016
Iriginite	黄钼铀矿	7-047
Iron-α	α-铁	1-011
Iron-δ	δ-铁	1-013
Iron-ε	ε-铁	1-014
Iron-γ	γ-铁	1-012

J

Jadeite	硬玉	9-191
Jalpaite	辉铜银矿	3-026
Jarosite	黄钾铁矾	7-031
Johachidolite	硼铝钙石	6-064
Johannsenite	锰钙辉石	9-189
Junitoite	水硅锌钙石	9-085

K

Kaersutite	钛角闪石	9-224
Kainosite-Y	钙钇铈矿	9-146
Kalicinite	重碳酸钾石	6-002
Kamacite-α	α-铁纹石	1-034
Kanoite	锰辉石	9-182
Kanonaite	锰辉石	9-035
Kaolinite-1A	高岭石-1A	9-248
Kasolite	硅铅铀矿	9-055

Kassite	水钙钛矿	4-061
Katophorite	红闪石	9-229
Kentrolite	硅铅锰矿	9-106
Kermesite	红锑矿	3-027
Khamrabaevite	碳化钛	2-004
Kilchoanite	斜方硅钙石	9-134
Killalaite	斜水硅钙石	9-105
Kinoite	水硅铜钙石	9-113
Kirschsteinite	钙铁橄榄石	9-013
Kornerupine	柱晶石	9-118
Kroehnkite	柱钠铜矾	7-010
Kupletskite-1*A*	锰星叶石-1*A*	9-240
Kutnohorite	锰方解石	6-021
Kuzminite	溴汞石	5-044
Kyanite	蓝晶石	9-037

L

Lamprophyllite	闪叶石	9-098
Lansdaleite	六方金刚石	1-046
Lansfordite	五水碳镁石	6-032
Lanthanum Boride (1/4)	四硼化镧	2-041
Lanthanum Boride (1/6)	六硼化镧	2-040
Larnite	斜硅钙石	9-024
Larsenite	硅铅锌矿	9-006
Laumontite	浊沸石	9-325
Laurionite	羟氯铅矿	5-042
Laurite	硫钌矿	3-028
Lautite	辉砷铜矿	3-029
Lavenite	锆钽矿	9-090
Lawrencite	陨氯铁	5-024
Lawsonite	硬柱石	9-087
Lazulite	天蓝石	8-009
Lazurite	青金石	9-311
Lead	铅	1-007
Leadhillite	硫碳酸铅矿	6-049
Leifite	白针柱石	9-359
Lepidocrocite	纤铁矿	4-080
Lepidolite-1*M*	锂云母-1*M*	9-266
Lepidolite-2M_1	锂云母-2M_1	9-267
Lepidolite-2M_2	锂云母-2M_2	9-268
Lepidolite-3*T*	锂云母-3*T*	9-269
Lepidolite-6*M*	锂云母-6*M*	9-270
Leucite	白榴石	9-307
Leucophanite	白铍石	9-080
Leucophoenicite	水硅锰矿	9-043
Leucosphenite	淡钡钛石	9-285
Levyne	插晶菱沸石	9-332
Liberite	锂铍石	9-004
Libethenite	磷铜矿	8-010
Liddicoatite	钙锂电气石	9-157
Liebenbergite	镍橄榄石	9-010
Likasite	羟磷硝铜矿	6-057
Lime	石灰	4-050
Linarite	青铅矿	7-029
Linnaeite	硫钴矿	3-030
Litharge	密陀僧	4-053
Lithiophilite	锰磷锂矿	8-053
Lithium Nitride	氮化锂	2-014
Lizardite-1*T*	利蛇纹石-1*T*	9-250
Lomonosovite	磷硅钛钠石	9-109
Lorenzenite	硅钠钛矿	9-195
Lovozerite	基性异性石	9-151
ludlamite	板磷铁矿	8-011
Ludwigite	硼镁铁矿	6-060
Lueshite	钠铌矿	4-062

M

Macfallite	钙锰帘石	9-128
Magnesiochromite	镁铬铁矿	4-037
Magnesiocummingtonite	镁闪石	9-208
Magnesioferrite	镁铁矿	4-055
Magnesiohastingsite	镁绿钙闪石	9-222
Magnesiohornblende	镁角闪石	9-217
Magnesite	菱镁矿	6-005
Magnesium Boride	硼化镁	2-035
Magnesium Nitride	氮化镁	2-015
Magnetite	磁铁矿	4-038
Malachite	孔雀石	6-040
Manganite	水锰矿	4-081
Manganosite	方锰矿	4-049
Marcasite	白铁矿	3-039
Margarosanite	针硅钙铅矿	9-140
Marialite	钠柱石	9-318
Marshite	碘铜矿	5-048
Mascagnite	铵矾	7-001
Mazzite	针沸石	9-337
Meionite	钙柱石	9-319
Melanterite	水绿矾	7-020

Melilite 黄长石 9-077
Meliphanite 密黄长石 9-081
Merlinoite 麦钾沸石 9-338
Merrihueite 陨铁大隅石 9-167
Mesolite 中沸石 9-346
Metaautunite 准钙铀云母 8-025
Metacinnabar 黑辰砂 3-014
Metahalloysite 准埃洛石 9-247
Metatorbernite 准铜铀云母 8-026
Meta-uranocircite 准钡铀云母 8-058
Metavariscite 准磷铝石 8-012
Meta-vauxite 准蓝磷铝铁矿 8-059
Metazeunerite 准翠砷铜铀矿 8-075
Microcline 微斜长石 9-300
Microlite 细晶石 4-019
Miersite 黄碘银矿 5-047
Milarite 整柱石 9-170
Millerite 针镍矿 3-031
Mimetite 砷铅矿 8-068
Minium 铅丹 4-057
Mixite 砷铋铜矿 8-073
Moissanite-2*H* α-碳化硅-2*H* 2-006
Moissanite-4*H* α-碳化硅-4*H* 2-007
Moissanite-6*H* α-碳化硅-6*H* 2-008
Molybdenite-2*H* 辉钼矿-2*H* 3-032
Molybdenite-3*R* 辉钼矿-3*R* 3-033
Molybdite 钼华 4-069
Molysite 铁盐 5-036
Monazite 独居石 8-013
Monohydrocalcite 单水碳钙石 6-030
Montebrasite 磷锂铝石 8-028
Montesommaite 丝光沸石 9-339
Monticellite 钙镁橄榄石 9-012
Montmorillonite-15Å 蒙脱石-15Å 9-276
Montroydite 橙汞矿 4-052
Morenosite 碧矾 7-023
Moschelite 碘汞矿 5-049
Mottramite 钒铜铅矿 8-080
Muirite 羟硅钡石 9-164
Mullite 莫来石 9-033
Murmanite 硅钛钠石 9-101
Muscovite-1*M* 白云母-1*M* 9-256
Muscovite-2M_1 白云母-2M_1 9-257
Muscovite-2M_2 白云母-2M_2 9-258

N

Nadorite 氯锑铅矿 5-043
Nahcolite 苏打石 6-001
Nantokite 铜盐 5-022
Narsarsukite 短柱石 9-241
Nasonite 氯硅钙铅矿 9-107
Natisite 氧硅钛钠石 9-049
Natrite 钠碳石 6-017
Natrolite 钠沸石 9-345
Natron 泡碱 6-029
Neighborite 氟镁钠石 5-009
Nenadkevichite 硅钛铌钠矿 9-144
Nepheline 霞石 9-306
Neptunite 柱星叶石 9-242
Newberyite 镁磷石 8-041
Nickel 镍 1-015
Niocalite 黄硅铌钙矿 9-091
Niter 钾硝石 6-051
Nitratine 钠硝石 6-050
Nitrobarite 钡硝石 6-052
Nitrocalcite 水钙硝石 6-053
Nitromagnesite 水镁硝石 6-054
Norbergite 块硅镁石 9-040
Nordite-La 硅钠锶镧石 9-286
Norsethite 钡白云石 6-022
Northupite 氯碳酸钠镁石 6-043
Nosean 黝方石 9-309

O

Offretite 菱钾铝矿 9-328
Olivenite 橄榄铜矿 8-063
Olivine 橄榄石 9-007
Omphacite 绿辉石 9-190
Orientite 锰柱石 9-133
Orpiment 雌黄 3-034
Orthoclase 正长石 9-298
Orthoericssonite 斜方镁钡闪叶石 9-099
Orthopyroxene 斜方辉石 9-184
Osbornite 氮化钛 2-017
Osmium 锇 1-010
Osmium 锇 1-017
Osumilite-Mg 大隅石 9-168
Otavite 菱镉矿 6-010

P

Pabstite 硅锡钡石 9-137
Palladium 钯 1-018
Palygorskite 坡缕石 9-293
Papagoite 羟铝铜钙石 9-145
Paragonite-1*M* 钠云母-1*M* 9-259
Paragonite-2M_1 钠云母-2M_1 9-260
Paralstonite-tri 钡解石-三方相 6-023
Pararealgar 副雄黄 3-042
Paratacamite 副氯铜矿 5-041
Paratellurite 副黄碲矿 4-063
Paravauxite 磷铁铝矿 8-046
Pargasite 韭角闪石 9-220
Parisite 氟菱钙铈矿 6-038
Patronite 绿硫钒矿 3-035
Pectolite 针钠钙石 9-199
Pentagonite 五角水硅钒钙石 9-297
Pentlandite 镍黄铁矿 3-036
Periclase 方镁石 4-015
Perovskite 钙钛矿 4-014
Perrierite 钛硅铈矿 9-103
Petalite-1*M* 透锂长石-1*M* 9-288
Pharmacosiderite 毒铁矿 8-072
Phenakite 硅铍石 9-001
Phillipsite 钙十字沸石 9-336
Phlogopite-1*M* 金云母-1*M* 9-262
Phlogopite-2M_1 金云母-2M_1 9-263
Phlogopite-3*T* 金云母-3*T* 9-264
Phosgenite 角铅矿 6-041
Phosinaite-Ce 磷硅铈钠石 9-147
Phosphane 磷化氢 2-059
Phosphophyllite 磷叶石 8-048
Phosphorus Nitride 氮化磷 2-021
Phosphuranylite 磷铀矿 8-051
Pickeringite 镁明矾 7-024
Picromerite 软钾镁矾 7-011
Piemontite 红帘石 9-124
Pigeonite 易变辉石 9-183
Pirssonite 钙水碱 6-033
Plancheite 纤硅铜矿 9-236
Platinum 铂 1-019
Plattnerite 块黑铅矿 4-024
Plumbojarosite 铅铁矾 7-032
Pollucite-Fe 铯榴石 9-323
Polycrase 复稀金矿 4-016
Polydymite 硫镍矿 3-037
Portlandite 羟钙石 4-083
Potassiumalum 钾明矾 7-013
Powellite 钼钙矿 7-045
Prehnite 葡萄石 9-280
Pseudobrookite 铁板钛矿 4-017
Pseudomalachite 假孔雀石 8-033
Psilomelane 硬锰矿 4-082
Pucherite 钒铋矿 8-078
Pumpellyite-Al 绿纤石 9-126
Purpurite 紫磷铁锰矿 8-060
Pyrite 黄铁矿 3-038
Pyroaurite 鳞镁铁矿 6-047
Pyrochlore 烧绿石 4-020
Pyrolusite 软锰矿 4-025
Pyromorphite 磷铝铅矿 8-002
Pyrope 镁铝榴石 9-016
Pyrophyllite-1*A* 叶腊石-1*A* 9-252
Pyrophyllite-2*M* 叶腊石-2*M* 9-253
Pyroxmangite 锰三斜辉石 9-206
Pyrrhotite-1*T* 磁黄铁矿-1*T* 3-040

Q

Quartz 石英 4-030
Quartz-*β* *β*-石英 4-031

R

Ramsdellite 拉锰矿 4-021
Rankinite 硅钙石 9-074
Realgar 雄黄 3-041
Retgersite 镍矾 7-019
Rhabdophane 磷镧镨矿 8-042
Rhodesite 纤硅碱钙石 9-283
Rhodium 铑 1-020
Rhodochrosite 菱锰矿 6-007
Rhodonite 蔷薇辉石 9-203
Richterite 锰闪石 9-227
Riebeckite 钠闪石 9-233
Ringwoodite 尖晶橄榄石 9-015
Rockbridgeite 铁锰绿铁矿 8-034
Roeblingite 铅蓝方石 9-175
Roedderite 碱硅镁石 9-172

Rokuhnite	罗水氯铁石	5-027
Romanechite	硬锰矿	4-022
Romeite	锑钙石	8-086
Rorisite	氯氟钙石	5-035
Rosenbuschite	锆针钠钙石	9-093
Rosenhahnite	罗水硅钙石	9-114
Ruizite	水硅锰钙石	9-115
Rustumite	鲁硅钙石	9-130
Rutile	金红石	4-026

S

Salammoniac	硇砂	5-020
Sanbornite	硅钡石	9-295
Sanidine	透长石	9-299
Sarcolite	肉色柱石	9-320
Sassolite	天然硼酸	6-062
Scacchite	氯锰石	5-025
Scawtite	片柱钙石	9-174
Scheelite	白钨矿	7-043
Scholzite	磷钙锌矿	8-039
Schorl	黑电气石	9-162
Scolecite	钙沸石	9-347
Scorodite	臭葱石	8-069
Scorzalite	多铁天蓝石	8-029
Seidozerite	氟钠钛锆石	9-095
Selenium	硒	1-040
Sellaite	氟镁石	5-004
Senarmontite	方锑矿	4-033
Sepiolite	海泡石	9-294
Serandite	桃针钠石	9-200
Shattuckite	单斜硅铜矿	9-196
Shortite	碳酸钠钙石	6-026
Siderazot	氮铁矿	2-016
Siderite	菱铁矿	6-006
Siegenite	硫镍钴矿	3-043
Silicon-cub1	硅-立方相 1	1-047
Silicon-cub2	硅-立方相 2	1-048
Silicon Boride (1/4)	四硼化硅	2-046
Silicon Boride (1/6)	六硼化硅	2-047
Silicon Carbide-β	β-碳化硅	2-009
Silicon Nitride-hex	氮化硅-六方相	2-023
Silicon Nitride-tri	氮化硅-三方相	2-022
Sillenite	软铋矿	4-060
Sillimanite	矽线石	9-032
Silver-cub	银-立方相	1-008
Silver-hex	银-六方相	1-009
Sinhalite	硼铝镁石	6-059
Sinjarite	水氯钙石	5-028
Sklodowskite	硅镁铀矿	9-057
Smithsonite	菱锌矿	6-009
Sodalite	方钠石	9-308
Soddyite	硅铀矿	9-059
Sogdianite	硅锂钛锆石	9-171
Sonolite	斜硅锰矿	9-045
Spessartine	锰铝榴石	9-018
Sphaerocobaltite	菱钴矿	6-008
Sphalerite	闪锌矿	3-044
Spinel	尖晶石	4-039
Spodumene	锂辉石	9-193
Spurrite	灰硅钙石	9-054
Stannite	黝锡矿	3-045
Staurolite	十字石	9-038
Stellerite	淡红沸石	9-343
Sternbergite	硫铁银矿	3-046
Stibiconite	黄锑矿	8-085
Stibiotantalite	钽锑矿	4-065
Stibnite	辉锑矿	3-047
Stilbite	辉沸石	9-342
Stillwellite-Ce	磷硼硅铈矿	9-067
Stishovite	斯石英	4-027
Stolzite	钨铅矿	7-044
Stromeyerite	硫铜银矿	3-048
Strontianite	碳锶矿	6-015
Strunzite	纤磷锰铁矿	8-056
Sudoite-1M_{IIb}	铝绿泥石-1M_{IIb}	9-277
Sugilite	硅铁锂钠石	9-169
Sulfur	硫	1-039
Suolunite	索伦石	9-094
Sursassite	锰帘石	9-127
Svanbergite	菱磷铝锶石	8-061
Sylvite	钾盐	5-018
Synchysite	氟碳钙铈矿	6-036
Syngenite	钾石膏	7-009
Szaibelyite	硼镁石	6-067
Szomolnokite	水铁矾	7-015

T

Taaffeite	塔菲石	4-040

Taenite-β	β-镍纹石	1-035
Talc-1*A*	滑石-1*A*	9-254
Talc-2*M*	滑石-2*M*	9-255
Tantalite	钽铁矿	4-041
Tantalum Boride (1/1)	硼化钽	2-048
Tantalum Boride (1/2)	二硼化钽	2-050
Tantalum Boride (2/1)-β	硼化二钽	2-049
Tantalum Nitride	氮化钽	2-018
Tapiolite	重钽铁矿	4-042
Taramellite	硅钡铁矿	9-176
Taramite magnesian	绿铁闪石	9-230
Tarapacaite	黄铬钾石	7-038
Tarbuttite	三斜磷锌矿	8-014
Teallite	硫锡铅矿	3-049
Tellurium	碲	1-041
Tenorite	黑铜矿	4-051
Tephroite	锰橄榄石	9-011
Thalenite	红钇矿	9-071
Thenardite	无水芒硝	7-003
Thermonatrite	水碱	6-028
Thomsenolite	汤霜晶石	5-016
Thomsonite	杆沸石	9-350
Thorianite	方钍矿	4-068
Thorite	钍石	9-026
Thortveitite	钪钇石	9-070
Tienshanite	天山石	9-177
Tilleyite	粒硅钙石	9-104
Tin-β	β-锡	1-021
Tincalconite	三方硼砂	6-071
Titanite	榍石	9-048
Titanium-cub1	钛-立方相 1	1-022
Titanium-cub2	钛-立方相 2	1-023
Titanium-hex	钛-六方相	1-024
Titanium Boride (1/2)	二硼化钛	2-045
Titanium Boride-cub	硼化钛-立方相	2-043
Titanium Boride-ort	硼化钛-斜方相	2-044
Tolbachite	托氯铜石	5-033
Tongbaite	碳化铬	2-005
Topaz	黄玉	9-039
Traskite	硅钛铁钡石	9-178
Tremolite	透闪石	9-214
Trimerite	三斜石	9-005
Triphylite	磷铁锂矿	8-015
Triplite	氟磷铁锰矿	8-030
Trona	天然碱	6-003
Tschermigite	铵明矾	7-014
Tsumebite	绿磷铅铜矿	8-049
Tugtupite	铍方钠石	9-312
Tungsten Carbide	碳化钨	2-001
Tungstenite-2*H*	辉钨矿-2*H*	3-050
Tungstenite-3*R*	辉钨矿-3*R*	3-051
Tungstite	钨华	4-070
Turquoise	绿松石	8-050

U

Ullmannite	锑硫镍矿	3-052
Uraninite	晶质铀矿	4-043
Uranophane	硅钙铀矿	9-056
Ussingite	紫脆石	9-321
Uvarovite	钙铬榴石	9-021
Uvite	钙镁电气石	9-158

V

Valentinite	锑华	4-044
Vanadinite	钒铅矿	8-077
Vanadium Nitride	氮化钒	2-019
Variscite	磷铝石	8-016
Vaterite	球方解石	6-012
Vauxite	蓝磷铁矿	8-036
Vermiculite	蛭石	9-275
Vesignieite	钒钡铜矿	8-081
Vesuvianite	符山石	9-129
Veszelyite	磷砷锌铜矿	8-017
Villiaumite	氟盐	5-001
Vishnevite	硫酸钙霞石	9-317
Vivianite	蓝铁矿	8-018
Volborthite	水钒铜矿	8-082
Vonsenite	硼铁矿	6-061
Vuonnemite	磷硅铌钠石	9-110

W

Wadeite	钾钙板锆石	9-138
Wairakite	斜钙沸石	9-324
Wairauite	铁钴矿	1-037
Walstromite	瓦硅钙钡石	9-139
Wardite	水磷铝钠石	8-055
Wavellite	银星石	8-019
Whitlockite	白磷钙石	8-003

Wickenburgite	铅铝硅石	9-292
Willemite	硅锌矿	9-002
Winchite	蓝透闪石	9-226
Witherite	毒重石	6-014
Wolfeite	基性磷铁锰矿	8-020
Wolframite	黑钨矿	7-041
Wollastonite	硅灰石	9-197
Wulfenite	钼铅矿	7-046
Wurtzite-10*H*	纤锌矿-10*H*	3-057
Wurtzite-2*H*	纤锌矿-2*H*	3-053
Wurtzite-4*H*	纤锌矿-4*H*	3-054
Wurtzite-6*H*	纤锌矿-6*H*	3-055
Wurtzite-8*H*	纤锌矿-8*H*	3-056
Wustite	方铁矿	4-047

X

Xenotime	磷钇矿	8-021

Y

Yoderite	紫硅铝镁石	9-036
Yttrialite-Y	硅钍钇矿	9-072
Yugawaralite	汤河原沸石	9-355

Z

Zabuyelite	扎布耶石	6-018
Zeunerite	翠砷铜铀矿	8-074
Zhanghengite	张衡矿	1-032
Zinc	锌	1-025
Zinc Phosphide (1/2)-β	β-磷化锌	2-054
Zinc Phosphide(3/2)-α	α-磷化锌	2-053
Zincite	红锌矿	4-045
Zinnwaldite-1*M*	铁锂云母-1*M*	9-271
Zinnwaldite-3*T*	铁锂云母-3*T*	9-273
Zinnwaldite-2M_1	铁锂云母-2M_1	9-272
Zircon	锆石	9-025
Zirconium Boride (1/1)	一硼化锆	2-037
Zirconium Boride (1/12)	十二硼化锆	2-039
Zirconium Boride (1/2)	二硼化锆	2-038
Zirsinalite	硅锆钙钠石	9-152
Zoisite	黝帘石	9-125
Zunyite	氯黄晶	9-117